采矿工程设计手册

（下　册）

张荣立　何国纬　李　铎　主编

煤炭工业出版社

目 录

上 册

第一篇 常用技术资料

第一章 常用数学公式、力学
公式 …………………………… 2
第一节 常用数学公式 …………………… 2
一、代 数 …………………………… 2
二、平面三角函数、反三角函数与
双曲函数 …………………… 15
三、微 分 …………………………… 20
四、积 分 …………………………… 26
五、几 何 …………………………… 38
六、概率论与数理统计 …………… 58
七、线性规划及网络技术 ………… 92
第二节 常用力学公式 ………………… 121
一、静力学、运动学、动力学 …… 121
二、工程力学 ……………………… 127
三、强度校核理论 ………………… 150
四、各种形状截面的几何特性 …… 152

第二章 常用符号、计量单位及
换算 …………………………… 157
第一节 字母表 ………………………… 157
第二节 常用计量单位及换算 ………… 158
一、中华人民共和国法定计量单位 … 158
二、中华人民共和国法定计量单位
名词解释 ……………………… 162
三、中华人民共和国法定计量单位
使用方法 ……………………… 163
四、计量单位换算 ………………… 167

第三章 采矿制图与图纸编号 … 171
第一节 制图一般规定 ………………… 171
一、图纸幅面尺寸 ………………… 171
二、图框格式 ……………………… 172
三、标题栏 ………………………… 173
第二节 比 例 ………………………… 174
第三节 字母代号 ……………………… 175

第四节 图线及画法 …………………… 176
一、图 线 ………………………… 176
二、图线的画法 …………………… 176
第五节 剖面（断面）符号及画法 …… 178
第六节 尺寸标注方法 ………………… 179
一、基本规则 ……………………… 179
二、尺寸数字、尺寸线和尺寸界线 … 179
三、标注尺寸的符号 ……………… 183
四、简化注法 ……………………… 184
第七节 平面直角坐标、提升方位角
及标高的标注 ………………… 186
一、平面直角坐标的标注 ………… 186
二、井口方位角的标注 …………… 188
三、井口标高的标注 ……………… 190
四、井口坐标、提升方位角及标高的
联合标注 ……………………… 192
第八节 编号、代号及文字说明
标注 …………………………… 192
第九节 采矿图形符号 ………………… 193
一、对采矿图形符号的几点要求 … 193
二、采矿图形符号规定 …………… 194
三、常用地质图例 ………………… 209
第十节 设计图纸分类及符号 ………… 217
一、设计图纸的分类 ……………… 217
二、各类图纸的符号及代号 ……… 218
三、图号组成 ……………………… 218
第十一节 固定图号 …………………… 221
一、矿井设计固定图号 …………… 221
二、矿井设计采矿专业固定
图号 …………………………… 222

第四章 岩石性质与围岩分类 …… 224
第一节 岩石和岩体的性质 …………… 224
一、岩石的物理力学性质 ………… 224

二、岩石的物理力学性质指标 …… 228

三、岩石的抗拉强度、抗剪强度和

抗弯强度与抗压强度之间的

经验关系 …… 232

四、几种岩石力学强度的经验数据 …… 232

五、松软岩石的某些力学特性 …… 233

六、松碎岩石、松软岩石同松软

膨胀岩石的关系 …… 234

七、岩体的工程性质 …… 234

第二节 土的物理力学性质 …… 241

一、土的物理力学性质指标 …… 241

二、土的物理力学性质指标的应用 …… 242

三、有关土的物理力学性质的经验

数据 …… 244

四、边坡稳定性指标 …… 249

第三节 围岩分类 …… 251

一、锚喷围岩分类 …… 251

二、普氏岩石分类 …… 254

三、铁路、公路隧道围岩分类 …… 255

四、缓倾斜、倾斜煤层回采巷道

围岩分类 …… 257

五、工程岩体分级标准 …… 258

六、国外巷道围岩分类 …… 262

第四节 煤层及其顶、底板分类 …… 264

一、煤层分类 …… 264

二、煤层构造分类 …… 265

三、煤层结构分类 …… 265

四、采煤工作面顶、底板分类 …… 265

第五章 煤的性质、分类及

用途 …… 271

第一节 煤的性质 …… 271

一、煤的物理性质 …… 271

二、煤的化学性质 …… 271

三、煤的工艺性质 …… 274

四、煤的工业分析及元素分析 …… 276

五、中国不同牌号煤的主要指标 …… 288

第二节 煤的分类及用途 …… 289

一、中国煤炭分类 …… 289

二、国际煤炭分类 …… 291

三、主要煤质指标的分级及可选性、

可浮性等级 …… 294

四、煤的特性及用途 …… 301

第三节 各种工业用煤的技术

要求 …… 306

一、炼焦用煤的质量要求 …… 306

二、动力用煤的质量要求 …… 308

三、气化用煤的质量要求 …… 309

四、高炉喷吹用煤的质量要求 …… 312

五、其他工业用煤的质量要求 …… 312

第六章 矿井开采抗震设计资料 …… 314

第一节 概述 …… 314

一、地震烈度 …… 314

二、震级与震中烈度之间的关系 …… 315

三、岩石性质对地震烈度的影响 …… 316

四、水文地质条件对地震烈度的

影响 …… 316

五、地震时砂土液化的地质特征 …… 316

六、地形地质条件对地震烈度的

影响 …… 317

七、建筑抗震设防分类及标准 …… 317

八、建筑地震破坏等级 …… 318

九、我国煤矿区地震烈度划分 …… 318

十、煤炭生产建筑设防等级 …… 319

十一、名词术语含义 …… 319

第二节 井巷工程震害与采矿抗震

设计的有关规定 …… 320

一、地震对井巷工程的影响 …… 320

二、采矿抗震设计的有关规定 …… 321

第三节 新建工程抗震设防有关

规定 …… 322

第七章 保护煤柱留设 …… 324

第一节 基本概念 …… 324

第二节 保护煤柱的留设方法 …… 330

一、保护煤柱的设计原则 …… 330

二、保护煤柱的设计方法 …… 333

第三节 保护煤柱设计实例 …… 340

一、立井井筒保护煤柱的设计 …… 340

二、急倾斜煤层群立井井筒保护

煤柱设计 …… 341

三、斜井井筒保护煤柱设计 …… 342

四、反斜井井筒及工业场地保护

煤柱设计 …… 343

五、工业场地保护煤柱设计 …… 344

六、长方形工业场地保护煤柱设计 …… 345

七、铁路保护煤柱设计 …………… 346
八、铁路立交桥保护煤柱设计 …… 347
九、水体安全保护煤柱设计 ……… 350

第八章　常用工程材料 ……………… 352
第一节　钢铁材料 …………………… 352
一、各种型钢的型号、规格尺寸、
　　重量及有关参数 …………… 352
二、常用钢板规格尺寸、重量及
　　有关参数 …………………… 378
三、钢管 ………………………… 386
四、矿用钢 ……………………… 406
五、钢轨及附件 ………………… 415
六、钢丝绳及绳具 ……………… 420
第二节　石、砂材料 ………………… 430
一、石料 ………………………… 430
二、石子 ………………………… 431
三、砂 …………………………… 433
第三节　水泥及水泥砂浆 …………… 435
一、水泥 ………………………… 435
二、水泥砂浆 …………………… 437
第四节　混凝土及钢筋混凝土 ……… 441
一、混凝土 ……………………… 441
二、钢筋化学成分 ……………… 442
三、钢筋力学性能 ……………… 443
四、混凝土与钢筋应用要求 …… 447
五、混凝土保护层最小厚度 …… 448
六、钢筋混凝土构件纵向钢筋最小
　　配筋百分率 ………………… 449
七、常用混凝土配合比参考表 … 449
八、常用混凝土外掺剂及其配方 … 451
九、矿用菱镁混凝土制品 ……… 453
十、铁钢砂混凝土 ……………… 456
十一、喷射混凝土 ……………… 457
十二、冻结井壁低温早强高强硅粉
　　　混凝土 …………………… 458
十三、混凝土标号与强度等级换算表
　　　以及钢筋常用数据表 …… 460
第五节　注浆材料 …………………… 464
一、一般概念 …………………… 464
二、无机系浆液 ………………… 465
三、有机化学浆液材料 ………… 471
四、注浆材料的选择 …………… 474

第六节　其他材料 …………………… 475
一、铸石 ………………………… 475
二、树脂 ………………………… 477
三、树脂锚杆锚固剂 …………… 478
四、胶管 ………………………… 480
五、塑料制品 …………………… 482
六、保温隔热材料 ……………… 484
七、煤矿假顶用菱形金属网 …… 485
八、煤矿用风筒 ………………… 487
九、煤矿用隔爆水槽和隔爆水袋 … 488
十、玻璃钢及其复合材料 ……… 489
十一、液压支架用乳化油 ……… 492

**第九章　采掘设备及部分煤矿
　　　　　专用设备** ……………… 495
第一节　采煤机械 …………………… 495
一、滚筒式采煤机 ……………… 495
二、刨煤机 ……………………… 525
三、连续采煤机 ………………… 526
第二节　煤矿支护设备 ……………… 532
一、液压支架 …………………… 532
二、单体支柱 …………………… 551
三、其他支护设备 ……………… 563
第三节　综采工作面配套设备 ……… 567
一、破碎机 ……………………… 567
二、乳化液泵站 ………………… 569
三、喷雾泵站 …………………… 572
第四节　综合机械化采煤工作面配套
　　　　设备实例 ………………… 574
第五节　掘进、装载机械 …………… 577
一、掘进机 ……………………… 577
二、全液压双臂履带掘进钻车 … 580
三、全液压钻车 ………………… 580
四、全液压钻装锚机 …………… 581
五、双臂液压钻装机 …………… 582
六、凿岩机组 …………………… 582
七、矿用隔爆支腿式电动凿岩机 … 584
八、气腿式凿岩机 ……………… 584
九、旋转式岩石电钻 …………… 585
十、煤电钻 ……………………… 585
十一、风镐 ……………………… 587
十二、耙斗装岩机 ……………… 587
十三、铲斗装岩机 ……………… 591

十四、立爪装岩机 …………………… 593
十五、蟹爪式装煤机 ………………… 594
十六、煤巷装运机 …………………… 594
十七、水仓清理机 …………………… 595
第六节 综合机械化掘进设备配套
　　　 实例 ………………………… 596
第七节 煤矿井巷工程设备 ………… 597
一、单体锚杆钻机 …………………… 597
二、台车式锚杆打眼安装机 ………… 598
三、MFC 系列风动单体锚杆钻机 … 599
四、锚杆拉力计 ……………………… 599
五、干式混凝土喷射机 ……………… 600
六、潮（湿）式混凝土喷射机 ……… 601
七、螺旋式混凝土搅拌机 …………… 602
八、蜗浆式混凝土搅拌机 …………… 603
九、喷射混凝土液压机械手 ………… 603
十、矿用滑片移动式空气压缩机 …… 604
十一、发爆器 ………………………… 604
十二、激光指向仪 …………………… 605
第八节 矿井小绞车 ………………… 606
一、滚筒式提升绞车 ………………… 606
二、调度绞车 ………………………… 610
三、回柱绞车 ………………………… 611
四、风动回柱绞车 …………………… 612
五、慢速绞车 ………………………… 612
六、双速多用绞车 …………………… 613
七、无极绳绞车 ……………………… 614

八、乘人器运输绞车 ………………… 614
九、液压安全绞车 …………………… 615
第九节 工业泵 ……………………… 615
一、采掘工作面小水泵 ……………… 615
二、污水泵 …………………………… 616
三、风动潜水泵 ……………………… 618
四、煤水泵 …………………………… 619
五、煤层注水泵 ……………………… 619
六、清仓泵 …………………………… 620
七、YD 系列煤矿井下移动式瓦斯
　　 抽放泵 ………………………… 620
第十节 通风、除尘设备 …………… 621
一、矿用隔爆型局部通风机 ………… 621
二、斜流式通风机 …………………… 622
三、对旋轴流式局部通风机 ………… 622
四、矿用建井风机 …………………… 622
五、湿式除尘风机 …………………… 624
第十一节 钻机 ……………………… 625
一、TXU 钻机 ……………………… 625
二、MYZ 钻机 ……………………… 625
三、MAZ－200 钻机 ………………… 626
四、反井钻机 ………………………… 627
第十章 有关法律、法规及标准 …… 628
第一节 有关法律、法规目录 ……… 628
第二节 有关规程规范目录 ………… 629
第三节 有关采矿专业设计标准目录 … 630
主要参考资料 ………………………… 632

第二篇 矿区开发和井田开拓

第一章 矿区、矿井设计程序、
　　　 依据及内容 ……………… 636
第一节 矿区设计程序、依据及
　　　 内容 ………………………… 636
一、矿区设计程序 …………………… 636
二、矿区综合开发规划 ……………… 637
第二节 矿井设计程序、依据及
　　　 内容 ………………………… 640
一、矿井设计程序 …………………… 640
二、矿井设计依据及内容 …………… 640

第二章 矿区、矿井地质资料分析
　　　 评价与现场调查研究 ……… 650
第一节 矿区、矿井地质资料分析
　　　 评价 ………………………… 650
一、地质报告的重要性及设计与
　　 地质的配合 …………………… 650
二、地质报告分析评价内容及
　　 方法 …………………………… 651
第二节 现场调查研究 ……………… 660
一、矿区内现有生产、在建矿井

（露天矿）情况 ················· 660
二、邻近矿区生产建设的基本
情况 ······················· 660
第三章　矿区开发 ··············· 661
第一节　矿区开发设计原则 ········ 661
第二节　井田划分 ················· 661
一、井田划分考虑的主要因素 ····· 662
二、井田划分方法 ················ 667
三、井田尺寸 ····················· 676
四、井田划分与矿井设计生产能力
方案比较方法 ················· 678
五、井田划分实例 ················ 679
第三节　矿井设计生产能力 ········ 695
一、矿井井型分类 ················ 695
二、确定矿井设计生产能力的主要
因素 ························· 696
第四节　矿区建设规模与均衡生产
年限 ····················· 700
一、矿区建设规模 ················ 700
二、矿区均衡生产年限 ··········· 701
第五节　矿区建设顺序 ············ 703
一、编制矿区、矿井建设顺序的
原则 ························· 703
二、编制矿井建设顺序的依据 ····· 704
第六节　煤炭工业环境保护 ········ 704
一、煤炭工业环境保护的原则 ····· 704
二、煤炭工业建设项目环境管理 ··· 705
三、矿区环境治理 ················ 706
四、环境监测 ····················· 707
第四章　井田开拓 ··············· 709
第一节　开拓方式 ················· 709
一、开拓方式分类 ················ 709
二、主要开拓方式的选择 ········· 713
第二节　井口位置和数量 ·········· 762
一、井口位置 ····················· 762
二、井筒数量 ····················· 763
三、井口坐标计算、提升方位角及
井筒方位角 ··················· 767
四、井口标高及洪水位标高 ······· 775
第三节　开拓水平划分及上、下山
开采 ······················· 777

一、上、下山开采 ················ 777
二、水平（或阶段）垂高 ········· 778
三、水平的设置 ··················· 781
第四节　主要巷道布置 ············ 784
一、主要运输大巷布置 ··········· 784
二、总回风巷道布置 ·············· 786
第五节　采区划分与接替计划 ······ 788
一、采区划分的原则 ·············· 788
二、开采顺序和接替计划 ········· 789
三、实　例 ······················· 790
第六节　改扩建矿井开拓 ·········· 792
一、改扩建的条件和要求 ········· 792
二、改扩建矿井井田开拓系统的
主要类型 ····················· 794
三、矿井改扩建开拓实例 ········· 805
第五章　井田开拓方案比较 ········ 814
第一节　方案编制步骤及技术分析 ·· 814
一、方案编制步骤 ················ 814
二、技术分析 ····················· 814
第二节　设计方案的经济比较 ······ 817
一、方案比较的原则及注意事项 ··· 817
二、设计方案的经济比较方法 ····· 817
三、参数的选取计算 ·············· 824
第三节　井田开拓方案比较内容 ···· 826
一、矿井设计生产能力方案比较
内容 ························· 826
二、井筒（平硐）形式和井口位置
方案比较内容 ················· 827
三、水平划分方案比较内容 ······· 830
四、运输大巷布置方案比较内容 ··· 830
五、总回风道布置方案比较内容 ··· 831
第四节　井田开拓方案比较实例 ···· 831
一、概　况 ······················· 831
二、矿井设计生产能力 ··········· 832
三、井田开拓方案比较 ··········· 833
附录一　煤田地质 ················· 848
附录二　煤、泥炭地质勘查规范 ···· 887
附录三　固体矿产资源/储量分类 ··· 926
附录四　煤炭工业环境保护设计规范及
条文说明（煤矿、选煤厂） ··· 939
主要参考资料 ····················· 958

第三篇　采煤方法和采区巷道布置

第一章　采区布置及主要参数 …………… 960
第一节　采区布置设计依据及要求 …………… 960
一、采区布置设计依据 ……………………… 960
二、采区布置要求 …………………………… 960
第二节　采煤工作面长度 ………………… 962
一、采煤工作面长度的确定 ………………… 962
二、影响采煤工作面长度的因素 …………… 962
三、确定采煤工作面长度参考资料 ………… 963
四、区段长度 ………………………………… 964
五、工作面连续推进长度 …………………… 964
六、同时回采工作面错距 …………………… 967
七、上行开采层间距 ………………………… 968
第三节　采区尺寸 ………………………… 969
一、采区尺寸范围 …………………………… 969
二、影响采区尺寸的因素 …………………… 970
三、采区走向长度的优化 …………………… 971
四、采区尺寸设计参考资料 ………………… 971
第四节　采区生产能力 …………………… 972
一、影响采区生产能力的因素 ……………… 972
二、确定采区生产能力的方法 ……………… 972
三、确定采煤工作面生产能力参考
　　资料 ……………………………………… 975
第五节　采区煤柱及回采率 ……………… 990
一、采区煤柱 ………………………………… 990
二、工作面回采率 …………………………… 991
三、采区储量损失 …………………………… 992
四、采区回采率（采出率） ………………… 992

第二章　采煤方法 …………………………… 993
第一节　采煤方法、工艺及设备
　　　　　选择 ………………………………… 993
一、采煤方法分类及其选择 ………………… 993
二、长壁采煤工艺特征及适用条件 ………… 993
三、综合机械化采煤设备的选型 …………… 994
四、普通机械化采煤设备的选型 …………… 1015
五、爆破落煤采煤设备的选型 ……………… 1017
第二节　缓及倾斜煤层长壁垮落
　　　　　采煤法 …………………………… 1018
一、薄及中厚煤层采煤法 …………………… 1018

二、厚煤层采煤法 …………………………… 1038
第三节　放顶煤采煤法 …………………… 1058
一、综采放顶煤采煤法 ……………………… 1059
二、普采放顶煤采煤法 ……………………… 1105
三、炮采放顶煤采煤法 ……………………… 1110
四、放顶煤开采安全技术 …………………… 1111
五、放顶煤开采中顶煤冒放性评价
　　方法及步骤 ……………………………… 1113
第四节　急倾斜煤层采煤法 ……………… 1115
一、急倾斜特厚煤层水平分段
　　放顶煤采煤法 …………………………… 1115
二、急倾斜煤层走向长壁采煤法 …………… 1116
三、伪倾斜柔性掩护支架采煤法 …………… 1117
四、急倾斜煤层其他采煤法 ………………… 1120
第五节　充填采煤法 ……………………… 1129
一、水力充填采煤法 ………………………… 1129
二、风力充填采煤法 ………………………… 1132
第六节　连续采煤机房柱式采煤法 ……… 1135
一、适用条件 ………………………………… 1136
二、巷道布置及盘区准备 …………………… 1136
三、连续采煤机配套设备 …………………… 1136
四、采煤工艺 ………………………………… 1137
五、劳动组织及技术指标 …………………… 1140
六、连续采煤机房柱式采煤应用
　　实例 ……………………………………… 1140
七、连续采煤机高效短壁柱式采
　　煤法——旺格维利采煤法在
　　神东矿区的应用实践 …………………… 1148

第三章　采（盘）区巷道布置 ……………… 1156
第一节　采煤工作面与采区巷道矿山
　　　　　压力显现规律及应用 …………… 1156
一、采煤工作面采动后压力显现的
　　状况 ……………………………………… 1156
二、采区巷道受压后的一般状态 …………… 1158
三、采区巷道矿山压力显现规律
　　及巷道维护措施 ………………………… 1160
四、无煤柱开采沿空留巷 …………………… 1165
第二节　煤层群分组开采和采区巷道
　　　　　联合布置 ………………………… 1169

一、煤层群分组的主要依据 …………… 1170
二、采区巷道联合布置的适用范围 …… 1171
三、采区巷道联合布置实例 …………… 1176
第三节　倾斜、缓倾斜及近水平煤层
　　　　采（盘）区巷道布置 ………… 1183
一、采区（盘区）巷道布置 …………… 1183
二、倾斜长壁开采巷道布置 …………… 1193
三、综采采区巷道布置 ………………… 1200
第四节　急倾斜煤层采区巷道布置 …… 1208
一、急倾斜煤层采区巷道布置的
　　特点 ………………………………… 1208
二、急倾斜煤层采区巷道布置
　　方式 ………………………………… 1209
第五节　有煤（岩）与瓦斯（二氧化碳）
　　　　突出危险煤层的采区巷道
　　　　布置 …………………………… 1218
一、有煤与瓦斯突出危险煤层
　　开采的有关规定 …………………… 1218
二、开采保护层 ………………………… 1219
三、井下瓦斯抽放巷道布置方式 ……… 1223
四、采区巷道布置 ……………………… 1228
第四章　采掘关系 …………………… 1229
第一节　配采 …………………………… 1229
一、配采计划 …………………………… 1229
二、编制配采计划的方法和步骤 ……… 1229
三、编制配采计划时的原则及应
　　注意的问题 ………………………… 1230
第二节　巷道掘进工程排队 …………… 1230
一、接替时间要求和巷道掘进速度 …… 1230
二、巷道掘进工程排队和进度图表
　　编制 ………………………………… 1234
第三节　采掘关系的有关指标 ………… 1235
一、采掘面比 …………………………… 1235
二、掘进率 ……………………………… 1235
三、采掘面比和掘进率的参考
　　资料 ………………………………… 1236
第四节　采掘机械配备 ………………… 1237
第五章　建（构）筑物、铁路和
　　　　水体压煤开采 ……………… 1239
第一节　岩层与地表移动的一般
　　　　特征 …………………………… 1239

一、上覆岩层移动的一般特征 ………… 1239
二、地表移动的一般特征 ……………… 1241
第二节　地表移动和变形的预计 ……… 1242
一、地表移动和变形的基本概念 ……… 1242
二、地表移动和变形的主要参数 ……… 1244
三、地表移动和变形的预计方法 ……… 1250
第三节　建（构）筑物压煤开采 ……… 1259
一、地表移动和变形对建（构）
　　筑物的影响 ………………………… 1259
二、建（构）筑物的保护 ……………… 1260
三、建筑物下安全开采条件的确定 …… 1263
四、建（构）筑物下采煤设计 ………… 1264
五、减少地表移动和变形的开采
　　措施 ………………………………… 1265
六、建（构）筑物的地面加固保护
　　措施 ………………………………… 1270
七、建（构）筑物下采煤实例 ………… 1270
第四节　铁路压煤开采 ………………… 1276
一、铁路压煤开采的特点和要求 ……… 1276
二、地表移动对线路的影响 …………… 1276
三、铁路压煤安全开采条件的确定 …… 1277
四、铁路压煤开采设计 ………………… 1278
五、开采技术措施 ……………………… 1279
六、铁路压煤开采的线路维修措施 …… 1280
七、铁路压煤开采实例 ………………… 1280
第五节　水体压煤开采 ………………… 1285
一、影响水体下采煤的地质及水文
　　地质因素 …………………………… 1285
二、水体压煤开采的一般途径 ………… 1287
三、覆岩破坏的基本特征及分布
　　形态 ………………………………… 1287
四、水体压煤安全开采条件的确定 …… 1288
五、水体压煤开采设计 ………………… 1290
六、水体下采煤的开采技术措施 ……… 1295
七、水体下采煤实例 …………………… 1297
第六节　堤（坝）压煤开采 …………… 1298
一、采动地表变形引起地表及堤
　　（坝）开裂的规律 ………………… 1299
二、解决堤（坝）压煤开采的
　　一般途径 …………………………… 1299
三、堤（坝）压煤开采措施 …………… 1300
四、堤（坝）压煤开采实例 …………… 1301

第七节　井筒及工业场地保护煤柱的
　　　　开采 …………………………… 1301
　一、立井保护煤柱开采对立井
　　　井筒的影响 …………………… 1302
　二、井筒变形预计 ………………… 1302
　三、井筒保护煤柱回收设计 ……… 1303
　四、立井煤柱回收的技术措施 …… 1304
　五、斜井井筒保护煤柱的回收 …… 1306
　六、回收井筒煤柱的观测工作 …… 1307
第八节　石灰岩承压含水层上带压
　　　　开采 …………………………… 1307
　一、石灰岩承压含水层上采煤防治
　　　水途径及技术应用特点 ……… 1307
　二、石灰岩承压含水层上带压开采的
　　　技术条件及影响因素 ………… 1308
　三、石灰岩承压含水层上带压开采的
　　　适用条件及技术措施 ………… 1309
　四、石灰岩承压含水层上带压开采
　　　实例 …………………………… 1310
第六章　水力采煤 ……………………… 1311

第一节　水采适用条件与生产工艺 ……… 1311
　一、中国现有水采矿井、采区概况 …… 1311
　二、水力采煤的适用条件 ………… 1313
　三、水力采煤生产工艺 …………… 1317
第二节　采煤方法及巷道布置 ………… 1321
　一、水力落煤及短壁无支护采煤法 …… 1321
　二、采掘工作面供水工艺、设备及
　　　管道 …………………………… 1334
　三、水力采煤巷道布置 …………… 1341
第三节　大巷运输与提升 ……………… 1351
　一、大巷运输与提升方式 ………… 1351
　二、煤水管道运输 ………………… 1357
第四节　煤水制备储运硐室 …………… 1370
　一、工艺分类及硐室组成 ………… 1370
　二、筛机硐室 ……………………… 1373
　三、块煤破碎工艺及硐室 ………… 1381
　四、煤水仓 ………………………… 1383
　五、污水储集与浓缩硐室 ………… 1396
　六、煤水泵房 ……………………… 1402
主要参考资料 …………………………… 1407

中　册

第四篇　井筒及相关硐室

第一章　立井井筒平面布置 …………… 1410
第一节　概　述 ………………………… 1410
　一、井筒断面形状 ………………… 1410
　二、井筒名称 ……………………… 1410
第二节　井筒平面布置 ………………… 1412
　一、井筒平面布置设计依据和要求 …… 1412
　二、井筒平面布置形式 …………… 1412
　三、立井提升容器布置形式 ……… 1414
第三节　井筒断面的确定 ……………… 1427
　一、井筒断面确定步骤 …………… 1428
　二、刚性罐道的井筒断面确定 …… 1428
　三、钢丝绳罐道的井筒断面确定 … 1433
　四、风井井筒断面确定 …………… 1433
　五、井筒断面积计算 ……………… 1434

　六、井筒断面布置实例 …………… 1434
第二章　立井井筒装备 ………………… 1440
第一节　钢丝绳罐道 …………………… 1440
　一、概　述 ………………………… 1440
　二、钢丝绳罐道布置原则及形式 … 1441
　三、钢丝绳罐道安全间隙的确定 … 1442
　四、钢丝绳罐道使用实例 ………… 1443
第二节　刚性罐道 ……………………… 1448
　一、概　述 ………………………… 1448
　二、罐道梁 ………………………… 1448
　三、罐　道 ………………………… 1452
　四、罐道布置形式 ………………… 1460
　五、罐道梁固定方式 ……………… 1460
　六、树脂锚杆 ……………………… 1465

七、托　架 …………………… 1466
第三节　刚性罐道的计算 …………… 1473
　　一、荷载分析 ………………… 1473
　　二、罐道、罐道梁上的荷载计算 … 1474
　　三、断绳制动荷载为主时罐道、
　　　　罐道梁的计算 …………… 1478
　　四、水平运行荷载为主时罐道、
　　　　罐道梁的计算 …………… 1482
　　五、悬臂式罐道梁计算 ……… 1483
　　六、罐道梁层间距的确定 …… 1484
　　七、计算实例 ………………… 1485
第四节　罐道与罐道、罐道与罐道
　　　　梁的连接 ………………… 1496
　　一、罐道接头 ………………… 1496
　　二、钢罐道梁接头 …………… 1501
　　三、罐道与罐道梁的连接 …… 1502
第五节　管路敷设及梯子间 ………… 1508
　　一、管路布置及管子梁的选择 … 1508
　　二、电缆布置与敷设 ………… 1511
　　三、梯子间 …………………… 1511
第六节　井筒装备的防腐 …………… 1519
　　一、井筒中钢材构件的防腐 … 1520
　　二、井筒中木质构件的处理 … 1525
　　三、老矿井井筒装备防腐 …… 1525
第七节　井筒装备材料消耗 ………… 1526
第八节　立井垂直胶带提升系统 …… 1531
第三章　立井井筒支护 …………… 1533
第一节　支护类型、材料及施工
　　　　方法 …………………… 1533
　　一、井壁支护设计依据及要求 … 1533
　　二、支护类型及支护材料 …… 1533
　　三、立井施工方法 …………… 1538
第二节　井筒支护设计参数和常用
　　　　资料 …………………… 1539
　　一、立井地压计算 …………… 1539
　　二、井壁厚度及圆环内力计算 … 1543
　　三、混凝土、钢筋混凝土构件及
　　　　计算 …………………… 1549
　　四、砖石构件（砂浆砌体）的强度
　　　　计算 …………………… 1554
第三节　基岩井筒支护 ……………… 1558

一、一般基岩井壁厚度的确定 … 1558
二、井筒过煤层措施 …………… 1558
三、深井（千米立井）井筒支护 … 1559
第四节　井筒锚喷临时支护 ………… 1560
　　一、支护参数的选择 ………… 1560
　　二、立井锚喷支护计算 ……… 1564
第五节　井筒注浆 …………………… 1570
　　一、注浆法的分类及适用条件 … 1570
　　二、浆液注入量的计算 ……… 1572
　　三、常用的注浆材料 ………… 1572
　　四、地面预注浆 ……………… 1573
　　五、工作面注浆 ……………… 1573
　　六、设计计算实例 …………… 1577
第六节　壁座设计和梁窝计算 ……… 1578
　　一、壁座设计 ………………… 1578
　　二、梁窝尺寸计算 …………… 1581
第四章　冻结法凿井井壁设计 … 1586
第一节　概　述 ……………………… 1586
第二节　冻结深度及壁座位置的
　　　　选择 …………………… 1592
　　一、冻结深度的确定 ………… 1592
　　二、壁座（或内外壁整体浇筑段）
　　　　位置的选择 …………… 1592
第三节　设计荷载 …………………… 1592
　　一、冻结井壁受力的一般规律 … 1592
　　二、地　压 …………………… 1593
　　三、不均匀地压 ……………… 1594
　　四、冻结压力 ………………… 1594
　　五、纵向力和负摩擦力 ……… 1599
　　六、冻结井壁的温度应力 …… 1600
　　七、基岩交界面剪力及纵向弯矩 … 1604
第四节　混凝土及钢筋混凝土井壁
　　　　设计 …………………… 1605
　　一、井壁安全度的确定 ……… 1605
　　二、混凝土井壁的设计计算 … 1606
　　三、钢筋混凝土井壁的设计计算 … 1610
　　四、冻结井筒混凝土井壁强度增长
　　　　特点及对策 …………… 1617
　　五、混凝土外加剂 …………… 1620
第五节　复合井壁 …………………… 1624
　　一、复合井壁的类型 ………… 1624
　　二、复合井壁的材料及使用条件 … 1626

三、复合井壁的组成和作用 ……… 1644

四、复合井壁的设计计算 ……… 1651

五、壁座设计 ……………… 1673

第六节　井塔荷载作用下的井壁结构

　　　　计算 ……………… 1676

一、概　述 ………………… 1676

二、井塔基础不与井筒相联时井壁

　　圆环受力计算 …………… 1677

三、井塔直接支承在井筒上时井壁

　　结构设计计算 …………… 1678

第七节　冻结法井壁设计计算实例 … 1695

一、计算原则 ……………… 1696

二、确定井壁厚度 …………… 1696

三、井壁环向稳定性验算 ……… 1697

四、按冻胀力对外层井壁环向

　　配筋的计算 ……………… 1699

五、内层井壁按承受静水压力的

　　环向配筋计算 …………… 1700

六、把内外层井壁看作整体结构，

　　按共同承受水土压力校核 …… 1701

七、按吊挂力计算外层井壁竖向

　　钢筋及抗裂验算 ………… 1704

八、井壁竖向荷载计算 ……… 1706

九、壁座设计计算 …………… 1707

十、基岩与表土交界面处井壁

　　设计计算 ……………… 1709

第五章　立井钻井法井壁结构

　　　　设计 ……………… 1712

第一节　概　述 ……………… 1712

一、钻井法凿井特点 ………… 1712

二、井壁结构的一般形式和要求 … 1713

三、煤炭系统钻井法凿井施工情况 1714

四、国内外立井钻机主要技术

　　特征 ………………… 1714

第二节　钻井井壁设计基本参数的

　　　　确定 ……………… 1717

一、钻井法施工井筒直径的确定 … 1717

二、井壁厚度的确定及限量 …… 1718

三、荷载计算 ……………… 1719

四、结构安全度的确定 ……… 1722

第三节　预制钢筋混凝土井壁的设计

　　　　计算 ……………… 1722

一、井壁内力及配筋计算 ……… 1722

二、井壁稳定性验算 ………… 1725

三、施工过程井壁强度验算 …… 1728

四、壁后补注浆井壁强度校核 …… 1730

五、井壁接头设计 …………… 1731

第四节　钢板混凝土复合井壁的设计

　　　　计算 ……………… 1736

一、钢板混凝土复合井壁设计一般

　　要求 ………………… 1736

二、井壁内力计算 …………… 1737

三、井壁内层钢板锚卡设计 …… 1739

四、井壁接头设计 …………… 1740

五、节间注浆孔的留设 ……… 1741

六、钢板防腐 ……………… 1743

第五节　井壁底的设计 ………… 1743

一、浅碟式井壁底 …………… 1743

二、截锥式井壁底 …………… 1747

三、半球和削球式井壁底 ……… 1748

四、半椭圆回转扁球壳井壁底 … 1750

五、回转椭圆扁球壳井壁底的计算

　　实例 ………………… 1757

第六节　使用小型钻机时的井壁结构

　　　　形式 ……………… 1767

一、钻井机类型 …………… 1767

二、井壁结构形式 …………… 1768

第六章　立井沉井法结构设计 …… 1769

第一节　概　述 ……………… 1769

一、沉井法分类 …………… 1770

二、沉井法的适用条件 ……… 1770

三、国内煤矿沉井技术特征 …… 1771

第二节　沉井井壁结构设计 …… 1779

一、设计依据及所需资料 ……… 1779

二、设计步骤 ……………… 1779

三、沉井井筒设计 …………… 1779

第三节　沉井刃脚设计 ………… 1790

一、刃脚的作用及形状 ……… 1790

二、刃脚受力计算 …………… 1792

三、刃脚的配筋计算 ………… 1794

四、刃脚钢靴钢板厚度的计算 … 1795

五、刃脚基座的设置 ………… 1796

第四节　沉井构造要求 ………… 1796

第五节　套井结构设计 ………… 1797

一、套井尺寸的确定 ……… 1797
二、套井结构型式及特点 ……… 1799
第六节 沉井结构计算实例 ……… 1800
一、地质情况 ……… 1800
二、沉井井筒尺寸确定 ……… 1800
三、按下沉条件验算井壁厚度 ……… 1802
四、井壁环向配筋计算 ……… 1803
五、竖向钢筋计算 ……… 1804
六、联系钢筋 ……… 1805
七、沉井的刃脚计算 ……… 1805

第七章 立井混凝土帷幕 ……… 1809
第一节 概 述 ……… 1809
一、帷幕法的工艺流程和特点 ……… 1809
二、帷幕法适用条件和一般要求 ……… 1811
三、常用的造孔设备 ……… 1811
四、国内帷幕法施工简况 ……… 1813
第二节 混凝土帷幕设计 ……… 1816
一、帷幕深度的确定 ……… 1816
二、帷幕厚度的确定 ……… 1816
三、钻孔容许最大偏斜率 ……… 1817
四、混凝土帷幕槽孔段数的划分 ……… 1817
五、立井混凝土帷幕内套砌井壁
厚度的确定 ……… 1817
六、壁座设计 ……… 1818
第三节 混凝土帷幕的结构及建造
要求 ……… 1818
一、护 井 ……… 1818
二、混凝土帷幕 ……… 1819
第四节 井筒掘砌设计应注意的
问题 ……… 1825
一、井筒掘砌 ……… 1825
二、帷幕底部壁座的施工 ……… 1825
三、帷幕内表面与套壁结合面的
处理 ……… 1825

第八章 立井井筒相关硐室设计 ……… 1826
第一节 罐笼立井井筒与井底车场
连接处 ……… 1826
一、设计依据 ……… 1826
二、连接处形式 ……… 1826
三、连接处尺寸的确定 ……… 1827
四、连接处断面形状及支护 ……… 1831
五、连接处附属硐室及行人通道 ……… 1831

六、其他要求 ……… 1833
七、部分矿井副井连接处设计
索引 ……… 1833
第二节 罐笼立井井底水窝 ……… 1842
一、设计依据 ……… 1842
二、井底水窝分类 ……… 1842
三、井底水窝深度的确定 ……… 1842
四、井底水窝结构及支护 ……… 1847
五、井底水窝梯子间及平台梁 ……… 1847
六、井底水窝清理及排水方式 ……… 1847
七、副井井底清理斜巷及排水硐室
通用设计索引 ……… 1850
第三节 休息硐室 ……… 1851
一、设计依据 ……… 1851
二、休息硐室的布置 ……… 1851
三、断面及支护 ……… 1852
第四节 井底煤仓及箕斗装载硐室 ……… 1852
一、设计依据 ……… 1852
二、井底煤仓与装载硐室布置 ……… 1853
三、井底煤仓 ……… 1855
四、箕斗装载硐室 ……… 1879
五、装载带式输送机巷及机头、
给煤机、贮气罐硐室 ……… 1885
六、配煤带式输送机巷 ……… 1890
七、井底煤仓、箕斗装载硐室设计
索引 ……… 1890
第五节 箕斗立井井底清理撒煤硐室
及水窝泵房 ……… 1899
一、设计依据 ……… 1899
二、箕斗立井井底清理撒煤系统
布置方式 ……… 1899
三、井底受煤漏斗、挡煤器及撒煤
溜道 ……… 1899
四、沉淀池硐室及水仓、水窝泵房 ……… 1906
五、清理斜巷及绞车房 ……… 1910
六、索引及实例 ……… 1914
第六节 立风井井口及井底车场 ……… 1918
一、设计依据 ……… 1918
二、井口布置 ……… 1919
三、立风井井底车场 ……… 1926
四、风井井底连接处通用设计索引 ……… 1930
第九章 斜井井筒分类、断面形状

　　　　　　　　及主要设计原则 ……… 1935
　第一节　斜井井筒分类 …………… 1935
　　一、按用途分类 ………………… 1935
　　二、按提升方式分类 …………… 1935
　第二节　斜井井筒断面形状 ……… 1937
　　一、断面形状及适用范围 ……… 1937
　　二、国内斜井井筒断面形状及支护
　　　　实例 ………………………… 1938
　第三节　斜井穿过松软土层和流砂
　　　　层的施工方法 …………… 1939
　　一、简易施工方法 ……………… 1939
　　二、特殊施工方法 ……………… 1941
　第四节　设计中考虑的主要原则 … 1943

第十章　斜井井筒浅部地压和支护
　　　　计算 ……………………… 1944
　第一节　斜井井筒浅部地压估算 … 1944
　第二节　斜井井筒浅部支护计算 … 1945
　　一、支护要求 …………………… 1945
　　二、支护厚度的确定 …………… 1946

第十一章　斜井井筒装备、设施
　　　　及斜风井 ………………… 1947
　第一节　轨　道 …………………… 1947
　　一、轨型选择 …………………… 1947
　　二、轨道固定形式 ……………… 1947
　　三、轨道防滑 …………………… 1947
　　四、铺轨及轨道布置 …………… 1955
　第二节　水沟及排水斜井 ………… 1956
　　一、水沟设置原则 ……………… 1956
　　二、水沟布置形式 ……………… 1957
　　三、排水斜井 …………………… 1958
　第三节　人行台阶与扶手 ………… 1958
　　一、设置原则 …………………… 1958
　　二、布置形式 …………………… 1959
　　三、台阶踏步尺寸的确定 ……… 1959
　　四、台阶材料消耗 ……………… 1959
　　五、扶　手 ……………………… 1962
　第四节　管线敷设 ………………… 1963
　　一、敷设要求 …………………… 1963
　　二、管路敷设形式 ……………… 1964
　　三、电缆敷设形式 ……………… 1966
　第五节　斜风井 …………………… 1968

　　一、斜风井井筒布置一般规定 … 1968
　　二、回风斜井 …………………… 1969
　　三、进风斜井 …………………… 1974

第十二章　带式输送机斜井井筒
　　　　及硐室 ………………… 1975
　第一节　普通带式输送机斜井井筒
　　　　及硐室 ………………… 1975
　　一、井筒断面布置 ……………… 1975
　　二、普通带式输送机系统 ……… 1977
　　三、硐　室 ……………………… 1978
　第二节　钢绳芯带式输送机斜井井筒
　　　　及硐室 ………………… 1983
　　一、井筒断面布置 ……………… 1983
　　二、钢绳芯带式输送机系统 …… 1983
　　三、硐　室 ……………………… 1986
　第三节　钢丝绳牵引带式输送机斜井
　　　　井筒及硐室 …………… 2004
　　一、井筒断面 …………………… 2004
　　二、钢丝绳牵引带式输送机系统 … 2004
　　三、硐　室 ……………………… 2009
　第四节　大倾角带式输送机斜井井筒
　　　　及硐室 ………………… 2042
　　一、井筒断面的布置 …………… 2042
　　二、大倾角带式输送机 ………… 2043
　　三、硐　室 ……………………… 2049

第十三章　串车斜井井筒及硐室 …… 2051
　第一节　井筒断面及线路布置 …… 2051
　　一、井筒断面布置 ……………… 2051
　　二、线路布置 …………………… 2060
　第二节　斜井井筒内人员运送 …… 2060
　　一、人员运送的要求 …………… 2060
　　二、斜井人车类型 ……………… 2060
　第三节　硐　室 …………………… 2060
　　一、乘人车场 …………………… 2060
　　二、人车存车场 ………………… 2061
　　三、等候室 ……………………… 2061
　　四、信号硐室 …………………… 2061
　　五、躲避硐室 …………………… 2062
　第四节　斜井井筒跑车防护装置 … 2062
　　一、绳压式跑车防护装置 ……… 2062
　　二、主提升机控制式跑车防护装置 …… 2063

第十四章　箕斗斜井井筒及硐室 ……… 2065
　第一节　井筒断面及线路布置 ……… 2065
　　一、井筒断面布置 ……… 2065
　　二、线路布置 ……… 2068
　第二节　硐　室 ……… 2069

　　一、装载硐室及煤仓 ……… 2069
　　二、信号硐室 ……… 2076
　　三、躲避硐室 ……… 2082
　　四、清理撒煤硐室 ……… 2082
　主要参考资料 ……… 2086

第五篇　井底车场及硐室

第一章　窄轨铁路道岔与线路
　　　　　联接 ……… 2090
　第一节　窄轨铁路道岔 ……… 2090
　　一、窄轨铁路道岔的类型和系列 ……… 2090
　　二、窄轨铁路道岔选用说明 ……… 2108
　　三、1996 年以来新增标准设计道岔
　　　　系列品种及主要参数 ……… 2110
　　四、警冲标 ……… 2112
　　五、低合金钢整体铸造式辙叉 ……… 2112
　　六、异型鱼尾板 ……… 2113
　　七、扳道器的布置 ……… 2114
　第二节　窄轨铁路道岔线路联接 ……… 2122
　　一、单开道岔非平行线路联接 ……… 2122
　　二、单开道岔平行线路联接 ……… 2122
　　三、对称道岔线路联接 ……… 2123
　　四、渡线道岔线路联接 ……… 2123
　　五、三角道岔线路联接 ……… 2123
　　六、对称组合道岔线路联接 ……… 2127
　　七、四轨套线道岔线路联接 ……… 2128
　　八、道岔与曲线间插入直线段的
　　　　长度 ……… 2128
　　九、双轨线路的分岔 ……… 2129
　第三节　窄轨曲线道岔及线路联接 ……… 2132
　　一、概　况 ……… 2132
　　二、曲线道岔的特点 ……… 2132
　　三、曲线道岔的类型和系列 ……… 2132
　　四、主要部件结构概述 ……… 2134
　　五、曲线道岔经济效益分析 ……… 2135
　　六、使用范围及应用前景 ……… 2138
　　七、单开曲线道岔非平行线路联接 ……… 2138
　　八、同侧双边曲线道岔线路联接 ……… 2138
　　九、对称三开曲线道岔线路联接 ……… 2140
第二章　井底车场设计依据及
　　　　　分类 ……… 2141

　第一节　井底车场设计依据及要求 ……… 2141
　　一、设计依据 ……… 2141
　　二、设计要求 ……… 2142
　第二节　井底车场类型及形式选择 ……… 2143
　　一、井底车场类型 ……… 2143
　　二、井底车场形式选择 ……… 2144
第三章　井底车场的平面布置 ……… 2147
　第一节　线路平面布置的基本要求 ……… 2147
　第二节　井底车场的平面布置 ……… 2147
　　一、井底车场线路布置 ……… 2147
　　二、井底车场硐室布置 ……… 2152
　第三节　井底车场调车方式 ……… 2153
　　一、固定式矿车的列车调车方式 ……… 2153
　　二、底纵（侧）卸式矿车的列车
　　　　调车方式 ……… 2156
　第四节　井底车场巷道断面 ……… 2158
　　一、断面设计的要求 ……… 2158
　　二、主要线路断面的选择 ……… 2158
　第五节　带式输送机立井井底车场的
　　　　　布置 ……… 2159
　　一、概述 ……… 2159
　　二、车场及硐室设计依据和一般
　　　　要求 ……… 2160
　　三、车场及硐室的组成 ……… 2160
　　四、车场的布置方式 ……… 2160
　　五、带式输送机车场与辅助井底
　　　　车场联络方式 ……… 2161
　　六、实例 ……… 2162
第四章　井底车场线路坡度设计 ……… 2167
　第一节　设计要求 ……… 2167
　第二节　线路坡度的确定 ……… 2168
　　一、矿车运行阻力系数 ……… 2169
　　二、坡度计算的基本公式 ……… 2171

三、不设摇台双罐笼井筒与井底车场
　　连接处矿车自动滑行计算 ………… 2172
四、线路坡度闭合计算 ……………… 2174
第三节　斜井井底甩车场坡度及
　　　　双钩串车提升时的游车
　　　　操车方法 ………………………… 2174
一、斜井井底单、双钩甩车场坡度
　　计算 …………………………………… 2174
二、双钩串车提升时的游车操车
　　方法 …………………………………… 2174
三、斜井双钩提升地面车场 …………… 2175
第四节　双钩提升暗斜井上部平
　　　　车场 ……………………………… 2176
一、车场线路布置型式及坡度选择 … 2176
二、车场平面尺寸设计计算 …………… 2182
三、暗斜井上部平车场设计示例 ……… 2185

第五章　井底车场通过能力 ………… 2188
第一节　井底车场通过能力的确定
　　　　方法 ……………………………… 2188
一、机车在井底车场内运行图表的
　　编制 …………………………………… 2188
二、井底车场调度图表的编制 ………… 2193
第二节　通过能力计算 ………………… 2195
一、井底车场通过能力计算 …………… 2195
二、提高井底车场通过能力的
　　措施 …………………………………… 2197

第六章　井底车场设计实例 ………… 2199
第一节　设计实例简图 ………………… 2199
第二节　设计示例 ……………………… 2231
一、例一 ………………………………… 2231
二、例二 ………………………………… 2238
三、例三 ………………………………… 2244
四、例四 ………………………………… 2248
第三节　国外部分煤矿矿井井底
　　　　车场布置 ………………………… 2253
一、采用矿车运煤的井底车场布置 … 2253
二、采用带式输送机运煤的井底
　　车场布置 ……………………………… 2257

第七章　主排水系统硐室 …………… 2259
第一节　吸入式主排水泵硐室 ………… 2259
一、一般规定和要求 …………………… 2259

二、主排水泵硐室布置 ………………… 2260
三、主排水泵硐室尺寸 ………………… 2262
四、水泵基础尺寸 ……………………… 2262
五、D型、MD型和PJ型水泵
　　特征 …………………………………… 2264
六、不同规格硐室断面特征 …………… 2273
七、吸入式主排水泵硐室设计
　　实例 …………………………………… 2275
第二节　压入式主排水泵硐室 ………… 2279
一、水泵硐室布置特点 ………………… 2279
二、一般规定和要求 …………………… 2279
三、水泵硐室有关的安全措施 ………… 2279
四、压入式水泵硐室布置实例 ………… 2279
第三节　潜水泵主排水泵硐室 ………… 2283
第四节　管子道 ………………………… 2284
一、一般规定和要求 …………………… 2284
二、管子道布置 ………………………… 2284
三、不同规格管子道断面特征 ………… 2285
四、管子道的设计实例 ………………… 2286
第五节　排水钻孔 ……………………… 2287
一、设计时应注意的问题 ……………… 2287
二、排水钻孔平面布置实例 …………… 2289
第六节　水　仓 ………………………… 2289
一、一般规定和要求 …………………… 2289
二、水仓及清仓绞车房布置 …………… 2290
三、水仓设计 …………………………… 2291
四、提高水仓利用率的措施 …………… 2292
五、水仓清理 …………………………… 2294
六、沉淀池的布置、计算和清理 ……… 2296

**第八章　水砂充填矿井水仓的
　　　　沉淀和清理** …………………… 2299
第一节　水仓的沉淀方式 ……………… 2299
一、流水沉淀及计算 …………………… 2299
二、静水沉淀及水仓数量 ……………… 2299
第二节　水仓清理 ……………………… 2299
一、射流泵清理、泥浆泵排泥 ………… 2300
二、压气罐清理、密闭泥仓排泥 ……… 2300
三、两种清理方式的优缺点 …………… 2305
第三节　排水系统巷道布置 …………… 2305
一、巷道布置特点 ……………………… 2305
二、排水系统巷道布置实例 …………… 2306

第九章　主变电所 …………………… 2309

一、一般规定及要求 ……… 2309
二、设计依据 …………… 2309
三、主变电所设计应注意的问题 … 2310
四、主变电所布置 …………… 2310
五、动力变压器技术特征 ……… 2311
六、不同规格硐室断面特征 …… 2312
七、设计实例 ……………… 2312

第十章　运输硐室 ……… 2315
第一节　井下机车修理间、变流室
　　　　及其他硐室 ……… 2315
一、一般规定及要求 ……… 2315
二、井下架线式电机车修理间及
　　变流室 ……………… 2317
三、井下蓄电池式电机车修理间、
　　变流室及充电室 ……… 2321
四、井下防爆柴油机机车修理间、
　　加油站及加水站 ……… 2336
五、硐室断面形状及支护 …… 2337
第二节　推车机及翻车机硐室 …… 2341
一、概　述 ……………… 2341
二、一般规定及要求 ……… 2341
三、设计基础资料 ………… 2342
四、硐室的布置形式 ……… 2342
五、硐室尺寸的确定 ……… 2351
六、硐室断面形状及支护 …… 2363
七、实　例 ……………… 2363
第三节　自卸式矿车卸载站硐室 … 2363
一、概　述 ……………… 2363
二、一般规定及要求 ……… 2363
三、设计的基础资料 ……… 2364
四、底卸式矿车的类型、特征及
　　卸载站硐室的布置形式 … 2364
五、卸载站硐室与煤仓上口的联接
　　布置 ………………… 2383
六、边　梁 ……………… 2388
七、硐室尺寸的确定 ……… 2397
八、硐室断面形状及支护 …… 2398
九、实　例 ……………… 2398
第四节　带式输送机机头硐室 …… 2400
一、概　述 ……………… 2400
二、一般规定及要求 ……… 2400
三、设计的基础资料 ……… 2400

四、机头硐室的组成及布置形式 … 2400
五、硐室尺寸的确定 ……… 2400
六、硐室断面形状及支护 …… 2402
七、实　例 ……………… 2402
第五节　暗井提升系统硐室 …… 2406
一、概　述 ……………… 2406
二、一般规定及要求 ……… 2406
三、设计基础资料 ………… 2406
四、绞车硐室布置 ………… 2408
五、绳道及天轮硐室布置 …… 2423
六、绞车硐室尺寸确定 …… 2434
七、绞车硐室断面形状及支护 … 2437
八、绞车硐室支护计算 …… 2438
九、绞车基础验算 ………… 2460
十、实　例 ……………… 2462
第六节　井下调度室 ………… 2462
一、一般规定及要求 ……… 2462
二、硐室的布置形式 ……… 2463
三、硐室尺寸的确定 ……… 2463
四、实　例 ……………… 2463

第十一章　井下爆炸材料库及
　　　　　爆炸材料发放硐室 … 2468
第一节　井下爆炸材料库 …… 2468
一、一般规定及要求 ……… 2468
二、设计依据 …………… 2469
三、井下爆炸材料库布置形式和
　　殉爆安全距离 ………… 2469
四、库容量及库房布置 …… 2475
五、硐室的断面形状及支护方式 … 2481
六　使用中存在的问题 …… 2481
第二节　井下爆炸材料发放硐室 … 2481
一、一般规定及要求 ……… 2481
二、硐室的布置形式 ……… 2483

第十二章　安全设施硐室 … 2484
第一节　井下消防材料库 …… 2484
一、一般规定及要求 ……… 2484
二、设计依据 …………… 2484
三、井下消防材料库材料种类、
　　数量 ………………… 2485
四、井下消防列车的装备 …… 2485
五、硐室的布置形式及尺寸确定 … 2486
六、井下消防材料库设计实例 … 2486

第二节　防水闸门硐室 …………………… 2493
　一、一般规定及要求 ……………………… 2493
　二、设计依据 ……………………………… 2493
　三、结构形式 ……………………………… 2494
　四、设计参数的确定 ……………………… 2494
　五、防水闸门硐室墙体长度计算
　　　公式及适用范围 ……………………… 2496
　六、防水闸门硐室泄水方式的选择 …… 2496
　七、防水闸门设计的其他技术问题 …… 2500
　八、实　例 ………………………………… 2507
　九、计算实例 ……………………………… 2507
第三节　井下密闭门硐室 ………………… 2514
　一、一般规定及要求 ……………………… 2514
　二、密闭门硐室设计所需资料 ………… 2515
　三、硐室尺寸参数 ………………………… 2515
　四、实　例 ………………………………… 2515
第四节　井下防火门、防火栅栏
　　　两用门硐室 ………………………… 2521
　一、一般规定及要求 ……………………… 2521
　二、实　例 ………………………………… 2522

第五节　抗冲击波活门、抗冲击波
　　　密闭门硐室 ………………………… 2528
　一、一般规定及要求 ……………………… 2528
　二、结构与功能 …………………………… 2529
　三、硐室尺寸参数 ………………………… 2531
　四、实　例 ………………………………… 2532
第十三章　其他硐室 ……………………… 2540
第一节　井下急救站 ……………………… 2540
　一、一般规定及要求 ……………………… 2540
　二、井下急救站平面布置形式 ………… 2540
　三、井下急救站主要技术特征 ………… 2541
第二节　井下等候室 ……………………… 2541
　一、一般规定及要求 ……………………… 2541
　二、井下等候室平面布置形式 ………… 2541
　三、硐室尺寸确定 ………………………… 2541
　四、设计实例 ……………………………… 2543
第三节　井下工具备品保管室 …………… 2545
　一、一般规定及要求 ……………………… 2545
　二、实　例 ………………………………… 2546
主要参考资料 ……………………………… 2547

下　册

第六篇　巷道及采区车场

第一章　巷道断面设计 …………………… 2550
第一节　巷道断面设计的依据及
　　　要求 ………………………………… 2550
　一、巷道断面设计所需资料 …………… 2550
　二、有关规定 ……………………………… 2550
第二节　巷道断面 ………………………… 2552
　一、巷道断面形状的选择 ……………… 2552
　二、拱形、梯形及矩形巷道断面
　　　尺寸的确定 ………………………… 2553
　三、封闭拱形巷道断面的计算 ………… 2564
　四、曲线巷道 ……………………………… 2565
　五、水　沟 ………………………………… 2568
　六、巷道管线布置 ………………………… 2578
　七、轨道铺设 ……………………………… 2579

第三节　巷道矿山压力计算、测试
　　　和控制 ……………………………… 2589
　一、巷道矿山压力计算 ………………… 2589
　二、巷道矿山压力的测试 ……………… 2596
　三、巷道矿山压力控制 ………………… 2608
第四节　巷道支护 ………………………… 2611
　一、巷道支护的分类及选型要求 …… 2611
　二、刚性支护 ……………………………… 2616
　三、巷道锚杆及锚喷支护 ……………… 2662
　四、可缩性金属支架支护 ……………… 2692
　五、煤柱护巷 ……………………………… 2724
　六、沿空巷道的护巷 …………………… 2728
　七、软岩巷道支护 ………………………… 2742
第二章　平巷交岔点 ……………………… 2758

第一节 交岔点分类及计算 …………… 2758
　　一、交岔点分类 …………… 2758
　　二、交岔点平面尺寸的确定 ………… 2759
　　三、交岔点柱墙、墙高及斜率 ……… 2766
第二节 交岔点支护 …………………… 2767
　　一、交岔点支护的一般原则 ………… 2767
　　二、交岔点矿压计算特点 …………… 2767
　　三、交岔点混凝土（料石）砌碹
　　　　支护 …………………………… 2768
　　四、交岔点金属支架 ………………… 2774
　　五、交岔点锚杆及其组合支架 ……… 2779
第三节 交岔点工程量及材料
　　　　消耗量 ………………………… 2784
第三章 采区车场 ……………………… 2787
第一节 采区车场设计依据与要求 …… 2787
　　一、有关规定 …………………… 2787
　　二、设计依据 …………………… 2788
　　三、设计要求 …………………… 2789
第二节 采区上部车场 ……………… 2789
　　一、上部车场形式 ………………… 2789
　　二、上部车场线路布置和上部车场
　　　　线路坡度 …………………… 2790
　　三、上部车场有关尺寸的确定 …… 2791
　　四、采区上部车场实例 …………… 2794
第三节 采区中部车场 ……………… 2797
　　一、中部车场形式 ………………… 2797
　　二、甩车场设计主要参数的选择 … 2799
　　三、甩车场线路设计 ……………… 2803
　　四、甩车场交岔点设计 …………… 2819
　　五、采区中部甩车场实例 ………… 2823
　　六、接力车场设计 ………………… 2831
　　七、吊桥式车场 …………………… 2833
　　八、甩车道吊桥式车场设计 ……… 2844
第四节 采区下部车场 ……………… 2845
　　一、下部车场基本形式 …………… 2845
　　二、采区装车站设计 ……………… 2847
　　三、下部车场设计 ………………… 2852
　　四、采区下部车场实例 …………… 2859

第五节 乘人车场、人车存车场 ……… 2869
　　一、一般规定 …………………… 2869
　　二、乘人车场设计 ………………… 2869
　　三、人车存车场设计 ……………… 2870
第六节 无极绳运输车场 …………… 2870
　　一、无极绳运输车场形式 ………… 2870
　　二、无极绳运输车场设计 ………… 2871
　　三、下绳式无极绳运输车场的曲线
　　　　设计 …………………………… 2876
第四章 采区硐室 …………………… 2877
第一节 采区煤仓 …………………… 2877
　　一、一般规定及要求 ……………… 2877
　　二、煤仓布置形式 ………………… 2877
　　三、煤仓容量 …………………… 2877
　　四、煤仓的尺寸及仓口布置 ……… 2880
　　五、采区煤仓实例 ………………… 2885
第二节 采区绞车房 ………………… 2891
　　一、一般规定及要求 ……………… 2891
　　二、绞车房布置形式 ……………… 2892
　　三、绞车房尺寸的确定 …………… 2892
　　四、绞车房断面形状及支护 ……… 2896
　　五、设备基础 …………………… 2896
　　六、采区绞车房实例 ……………… 2896
第三节 采区变电所 ………………… 2898
　　一、一般规定及要求 ……………… 2898
　　二、变电所布置形式 ……………… 2899
　　三、变电所尺寸的确定 …………… 2899
　　四、变电所断面形状及支护 ……… 2900
　　五、采区变电所实例 ……………… 2902
第四节 井下空气压缩机硐室 ……… 2902
　　一、一般规定及要求 ……………… 2902
　　二、空气压缩机硐室布置形式 …… 2903
　　三、空气压缩机硐室尺寸的确定 … 2903
　　四、空气压缩机硐室断面形状及
　　　　支护 …………………………… 2904
　　五、水池、地沟及基础 …………… 2906
　　六、空气压缩机硐室实例 ………… 2906
主要参考资料 ……………………… 2907

第七篇　井　下　运　输

第一章　井下运输设计技术原则 ········ 2910
　一、设计技术原则 ············· 2910
　二、选择矿井运输方式和设备应
　　满足的要求 ·············· 2910
第二章　大巷煤炭运输 ·············· 2913
　第一节　大巷煤炭运输方式 ······ 2913
　　一、输送机运输 ············· 2913
　　二、轨道运输 ·············· 2914
　　三、水力运输 ·············· 2914
　第二节　大巷煤炭运输方式的选择 ··· 2915
　　一、概述 ················ 2915
　　二、选择原则 ············· 2915
　　三、大巷煤炭运输方式的适用
　　　条件和优缺点 ············ 2916
　　四、各类运输方式的运输能力 ··· 2921
　第三节　大巷运输方案技术经济
　　　比较内容和实例 ········ 2926
　第四节　大巷煤炭运输设备选型
　　　设计 ··············· 2929
　　一、带式输送机运输 ········· 2929
　　二、架线式电机车运输 ········ 2934
　　三、蓄电池电机车运输 ········ 2943
　　四、柴油机车运输 ··········· 2946
　　五、无极绳运输 ············ 2949
　第五节　矿井车辆配备及井巷铺轨 ······· 2955
　　一、矿车配备 ············· 2955
　　二、井巷铺轨 ············· 2968
　附录　运输辅助设备 ··········· 2969
　　一、井下放料闸门 ··········· 2969
　　二、振动放煤机 ············ 2971
　　三、板式给料机 ············ 2971
　　四、给料机 ·············· 2972
　　五、料仓振动装置 ··········· 2991
　　六、破碎机 ·············· 2991
　　七、翻车机 ·············· 2995
　　八、推车机 ·············· 2996
　　九、阻车器 ·············· 2996
　　十、限速器 ·············· 3001
　　十一、高度补偿器 ··········· 3001

　　十二、矿车清理设备 ········· 3001
　　十三、窄轨转盘 ············ 3004
　　十四、矿车卸载站 ··········· 3005
　　十五、脱轨复位器 ··········· 3005
　　十六、轨道衡 ············· 3006
　　十七、除铁器 ············· 3006
　　十八、胶带秤 ············· 3006
　　十九、胶带硫化器 ··········· 3009
　　二十、输送带捕捉器 ········· 3009
　　二十一、斜井防跑车装置 ······ 3009
第三章　采区煤炭运输 ·············· 3012
　第一节　煤炭运输方式的选择 ······· 3012
　　一、设计技术原则 ··········· 3012
　　二、采区上、下山煤炭运输方式 ···· 3013
　第二节　回采工作面运输设备的
　　　选型 ··············· 3014
　　一、工作面输送机能力的确定 ···· 3014
　　二、工作面运输巷设备选型 ····· 3015
　第三节　采区上、下山煤炭运输
　　　设备选型 ············ 3023
　　一、普通带式输送机选型 ······ 3023
　　二、上链式输送机选型 ········ 3024
　　三、大倾角带式输送机选型 ····· 3040
　　四、铸石溜槽和搪瓷溜槽选型 ···· 3054
　　五、提升绞车选型 ··········· 3058
　第四节　采区掘进煤的处理 ········· 3077
　　一、一般处理方式 ··········· 3077
　　二、混入回采煤流处理方式 ····· 3077
第四章　井下辅助运输 ·············· 3080
　第一节　辅助运输方式 ············ 3080
　　一、概述 ················ 3080
　　二、辅助运输现状 ··········· 3082
　第二节　辅助运输方式选择 ········· 3084
　　一、辅助运输的要求和规定 ····· 3084
　　二、辅助运输方式选择 ········ 3085
　　三、辅助运输系统设计 ········ 3087
　　四、改扩建矿井辅助运输系统
　　　设计 ··············· 3089
　　五、辅助运输系统设计举例 ····· 3090

第三节　单轨吊 …………………… 3094
　一、概　述 …………………… 3094
　二、防爆柴油机单轨吊 ………… 3095
　三、防爆蓄电池单轨吊 ………… 3101
　四、绳牵引单轨吊 ……………… 3102
　五、风动单轨吊 ………………… 3102
　六、单轨吊配套设备 …………… 3104
　七、单轨吊轨道系统 …………… 3105
　八、单轨吊运输能力计算 ……… 3108
　九、单轨吊巷道断面 …………… 3115
　十、单轨吊硐室 ………………… 3116
　十一、单轨吊应用举例 ………… 3119
第四节　卡轨车 …………………… 3124
　一、概　述 …………………… 3124
　二、防爆柴油机卡轨车 ………… 3125
　三、绳牵引卡轨车 ……………… 3125
　四、卡轨车配套设备 …………… 3129
　五、卡轨车轨道系统 …………… 3129
　六、卡轨车运输能力计算 ……… 3133
　七、卡轨车硐室 ………………… 3137
　八、卡轨车应用举例 …………… 3138
第五节　齿轨车、齿轨卡轨车 …… 3140
　一、概　述 …………………… 3140
　二、柴油机齿轨卡轨车 ………… 3141
　三、齿轨车轨道系统 …………… 3144

　四、齿轨机车运输能力计算 …… 3147
　五、齿轨车硐室设计 …………… 3150
　六、齿轨车应用举例 …………… 3151
第六节　无轨胶轮车 ……………… 3153
　一、概　述 …………………… 3153
　二、柴油机无轨胶轮车 ………… 3153
　三、蓄电池无轨胶轮车 ………… 3162
　四、无轨胶轮车巷道断面设计 … 3162
　五、无轨胶轮车道路设计 ……… 3166
　六、无轨胶轮车硐室 …………… 3167
　七、无轨胶轮车运输能力计算 … 3168
　八、无轨胶轮车应用举例 ……… 3170
第七节　胶套轮机车 ……………… 3175
　一、概　述 …………………… 3175
　二、柴油机胶套轮机车 ………… 3175
　三、蓄电池胶套轮机车 ………… 3178
　四、胶套轮机车运输能力计算 … 3178
第八节　井下索道架空人车 ……… 3179
　一、概　述 …………………… 3179
　二、结构特点 …………………… 3180
　三、索道架空人车的有关规定 … 3180
　四、架空人车托梁及驱动装置的
　　　布置 ………………………… 3180
　五、架空人车运输能力计算 …… 3181
主要参考资料 ……………………… 3184

第八篇　通风与安全

第一章　井下空气 ………………… 3186
第一节　井下空气的成分、特征与
　　　　安全浓度 ………………… 3186
　一、地面空气 …………………… 3186
　二、井下空气 …………………… 3186
　三、井下空气的安全浓度 ……… 3187
第二节　矿井瓦斯 ………………… 3190
　一、瓦斯成分 …………………… 3190
　二、瓦斯参数 …………………… 3190
　三、瓦斯的爆炸性 ……………… 3192
　四、矿井瓦斯等级 ……………… 3196
　五、瓦斯气体常数计算 ………… 3196
第三节　矿井粉尘 ………………… 3198
　一、粉尘及其危害 ……………… 3198

　二、煤尘的爆炸性 ……………… 3200
第四节　井下气候条件 …………… 3202
　一、井下气候条件的规定及评价 … 3202
　二、井下空气的温度 …………… 3204
　三、井下空气的湿度 …………… 3204
第二章　矿井通风 ………………… 3206
第一节　矿井通风设计依据及主要
　　　　内容 ……………………… 3206
　一、矿井通风设计依据 ………… 3206
　二、矿井通风设计的主要步骤及
　　　内容 ………………………… 3206
第二节　矿井通风系统 …………… 3207
　一、选择矿井通风系统的主要原则 … 3207
　二、通风系统 …………………… 3207

三、通风方式 …………… 3211

四、采区通风系统 ………… 3212

五、掘进通风 ……………… 3217

六、矿井通风系统图 ……… 3223

第三节　井下通风构筑物 …… 3223

第三章　矿井风量计算及分配 3226

第一节　风量计算 ………… 3226

一、风量计算的标准及原则 … 3226

二、矿井风量计算 ………… 3226

第二节　矿井总风量分配 …… 3236

一、风量分配方法及原则 …… 3236

二、风量分配后的风速校核 … 3236

第四章　矿井通风阻力计算 3238

第一节　摩擦阻力 ………… 3238

一、摩擦阻力计算 ………… 3238

二、摩擦阻力系数 α 及其与空气

容重 γ 和达西系数 λ 的关系 …… 3238

第二节　局部阻力 ………… 3242

一、局部阻力计算 ………… 3242

二、局部阻力系数 ξ ……… 3242

第三节　自然风压 ………… 3245

一、自然风压的产生 ……… 3245

二、影响自然风压的因素 …… 3245

三、自然风压的计算 ……… 3246

第四节　井巷通风总阻力 …… 3249

一、井巷通风总阻力计算 …… 3249

二、井巷通风总阻力计算注意事项 3251

三、矿井等积孔 …………… 3252

第五章　通风网络解算及通风

系统图绘制 …………… 3254

第一节　通风网络中风流的一般规律 … 3254

一、通风网络中风流的基本规律 … 3254

二、通风网络中风流的特殊规律 … 3254

三、通讯网络中角联巷道的风向

变化规律 …………… 3255

第二节　复杂通风网络的解算 … 3260

一、复杂通风网络的人工解算 … 3260

二、复杂通风网络的电子计算机

解算 ……………… 3265

第三节　矿井通风系统图绘制 … 3271

第六章　开采煤与瓦斯突出煤层

防突措施 …………… 3274

第一节　突出矿井设计要点 … 3274

一、突出矿井设计有关规定 … 3274

二、突出矿井特点 ………… 3274

三、突出矿井防突设计要点 … 3275

第二节　防突措施 ………… 3276

一、开采保护层 …………… 3276

二、其他防突措施 ………… 3284

三、煤与瓦斯突出预测仪器 … 3311

四、避灾硐室设计 ………… 3311

第三节　开采冲击地压煤层群的防治

措施 ……………… 3318

一、煤层冲击地压倾向性 …… 3318

二、设计程序与设计内容 …… 3319

三、防治措施 ……………… 3320

四、开采技术措施 ………… 3321

五、煤体注水工程设计 …… 3321

六、煤层钻孔爆破卸压工程设计 … 3324

七、冲击地压预测仪器 …… 3326

第七章　矿井抽放瓦斯 …… 3327

第一节　矿井抽放瓦斯设计依据及

内容 ……………… 3327

一、设计依据 ……………… 3327

二、设计内容 ……………… 3327

第二节　建立瓦斯抽放系统的条件

和指标 …………… 3327

一、回采工作面瓦斯涌出量参考

指标 ……………… 3328

二、邻近层瓦斯涌出量参考指标 … 3330

三、矿井抽放瓦斯参考指标 … 3331

四、本煤层瓦斯抽放参考指标

（W_{OB}）…………… 3331

五、抽放瓦斯难易程度参考指标 … 3331

第三节　煤层瓦斯基础参数测算 … 3332

一、瓦斯风化带 …………… 3332

二、瓦斯压力计算及测定 …… 3334

三、煤层瓦斯含量计算 …… 3339

四、瓦斯储量计算 ………… 3350

五、瓦斯涌出量计算 ……… 3350

六、煤层透气性系数 ……… 3359

七、百米钻孔瓦斯流量衰减系数 … 3362

八、瓦斯抽放率和可抽量计算 … 3362

第四节　抽放瓦斯系统 …………………… 3364
　一、选择抽放瓦斯系统的一般原则 …… 3364
　二、井下临时抽放系统 …………… 3364
　三、矿井集中抽放系统 …………… 3373
　四、地面钻孔抽放系统 …………… 3373
第五节　抽放瓦斯方法及钻场布置 ……… 3387
　一、抽放方法分类 ………………… 3387
　二、抽放方法选择 ………………… 3389
　三、抽放钻场布置 ………………… 3407
　四、抽放钻孔封孔方法 …………… 3415
第六节　瓦斯管路布置及选择 …………… 3415
　一、瓦斯管路的布置及敷设 ……… 3415
　二、管路选择 ……………………… 3416
第七节　瓦斯泵及附属装置选择 ………… 3422
　一、瓦斯泵选择 …………………… 3422
　二、瓦斯抽放泵房设备布置 ……… 3426
　三、瓦斯管路系统附属装置的选择 … 3437
　四、瓦斯抽放监测系统 …………… 3449
第八节　地面钻孔生产设备及设施 ……… 3450
　一、产出水的收集、计量及处理 … 3450
　二、瓦斯的收集及计量 …………… 3451
　三、气体压缩机 …………………… 3451
　四、气体脱水设备 ………………… 3452
　五、地面其他生产设施选择 ……… 3452

第八章　煤层自燃及其预防 …………… 3453
第一节　煤层自燃及其预防措施 ………… 3453
　一、煤层自燃的因素与特征 ……… 3453
　二、煤层自燃的阶段及征兆 ……… 3454
　三、煤层自燃倾向性等级及其早期
　　　识别 …………………………… 3454
　四、煤层自燃预防措施 …………… 3457
第二节　预防性灌浆 ……………………… 3460
　一、设计依据及主要内容 ………… 3460
　二、灌浆系统及方法 ……………… 3460
　三、灌浆参数计算及选择 ………… 3463
　四、灌浆材料 ……………………… 3467
　五、泥浆的制备 …………………… 3472
　六、灌浆管道和泥浆泵选择 ……… 3480
第三节　氮气防灭火 ……………………… 3487
　一、设计技术要求 ………………… 3487
　二、设计依据及内容 ……………… 3487
　三、注氮工艺、设备和方法 ……… 3488

　四、参数计算 ……………………… 3492
第四节　阻化剂防灭火 …………………… 3494
　一、设计技术要求 ………………… 3494
　二、设计依据及内容 ……………… 3494
　三、材料及工艺 …………………… 3495
　四、参数计算 ……………………… 3501
　五、阻化剂喷洒压注配套设备 …… 3503
　六、阻化汽雾防火工艺系统及设备 … 3503
　七、实　例 ………………………… 3506
第五节　均压防灭火 ……………………… 3507
　一、设计技术要求 ………………… 3507
　二、设计依据及主要内容 ………… 3507
　三、均压方式和均压措施 ………… 3508
　四、压能图绘制 …………………… 3508
　五、风窗、辅助通风机及风窗与
　　　辅助通风机均压设计 ………… 3512
　六、均压气室设计 ………………… 3518
第六节　束管监测系统 …………………… 3523
　一、建立束管监测系统的规定 …… 3523
　二、束管监测系统的种类及应用 … 3524
　三、井下采样点设置原则 ………… 3527

第九章　井下防尘、防爆及隔爆 ……… 3529
第一节　防治技术措施 …………………… 3529
　一、防尘措施 ……………………… 3529
　二、防爆措施 ……………………… 3532
　三、隔爆措施 ……………………… 3534
第二节　煤层注水防尘 …………………… 3535
　一、设计基础资料和主要内容 …… 3535
　二、注水方式及其选择 …………… 3536
　三、注水工艺及参数确定 ………… 3540
　四、煤层注水的效果 ……………… 3555
　五、煤层注水设备 ………………… 3560
第三节　灌水防尘 ………………………… 3560
　一、灌水方法分类 ………………… 3560
　二、技术效果 ……………………… 3560
　三、存在问题 ……………………… 3563
第四节　隔爆水棚 ………………………… 3563
　一、结构与布置 …………………… 3563
　二、水棚计算 ……………………… 3567

第十章　矿井水害防治 ………………… 3568
第一节　矿井突水预测 …………………… 3568
　一、突水征兆 ……………………… 3568

二、突水水源分析 ……………… 3568
三、影响底板突水的主要因素 …… 3570
第二节　防水煤（岩）柱的留设 …… 3571
一、防水煤（岩）柱的种类 ……… 3571
二、防水煤（岩）柱的留设原则 … 3571
三、防水煤（岩）柱的留设方法
及宽度计算 ………………… 3571
第三节　井下探放水 ……………… 3581
一、探水原则 …………………… 3581
二、探放水方法的确定 ………… 3582
第四节　疏干降压 ………………… 3587
一、疏干方式 …………………… 3587
二、疏干工程 …………………… 3588
第五节　注浆堵水 ………………… 3589
一、注浆堵水方法及工艺 ……… 3589
二、注浆参数选择 ……………… 3593
三、注浆堵水材料 ……………… 3594
四、注浆设备 …………………… 3600
第六节　井下防排水设施及设备 … 3602
一、强行排水 …………………… 3602
二、防水闸门硐室及水闸墙 …… 3616
三、排水设备 …………………… 3625

第十一章　矿井气象条件预测及
热害防治 ………………… 3628
第一节　矿井气象条件预测 ……… 3628
一、矿井气象条件预测基础资料 … 3628
二、矿井气象条件预测内容 …… 3639
三、矿井气象条件预测方法 …… 3640
四、矿井气象参数预测程序 …… 3646
五、计算实例 …………………… 3646
第二节　矿井热害防治 …………… 3654
一、非人工制冷降温措施 ……… 3654
二、人工制冷降温措施 ………… 3657

三、矿井热害防治设计程序 …… 3666
四、矿井降温工程设计实例 …… 3670
第十二章　矿井集中安全监测 …… 3672
第一节　设计依据及内容 ………… 3672
一、主要设计原则 ……………… 3672
二、设计依据 …………………… 3672
三、设计内容 …………………… 3672
第二节　监测地点、内容和参数 … 3673
一、回采工作面 ………………… 3673
二、掘进工作面 ………………… 3675
三、串联通风的工作面 ………… 3676
四、其他地点 …………………… 3677
第三节　井下传感器装备量 ……… 3681
一、井下传感器装备水平 ……… 3681
二、井下传感器装备量 ………… 3681
三、传感器备用量 ……………… 3687
第十三章　矿井通风安全装备及
矿山救护队 ……………… 3689
第一节　矿井主要通风安全设备 … 3689
一、通风检测设备 ……………… 3689
二、瓦斯及其他气体检测 ……… 3690
三、粉尘检测 …………………… 3694
四、矿山压力及地质测量 ……… 3694
五、矿山救护 …………………… 3694
六、火灾检测及防灭火 ………… 3731
第二节　通风安全设备装备参考
标准 ……………………… 3731
一、通风安全设备装备依据和内容 … 3731
二、装备标准 …………………… 3738
第三节　矿山救护队的设置及装备 … 3742
一、矿山救护队的设置 ………… 3742
二、矿山救护队装备 …………… 3744
主要参考资料 ……………………… 3748

第九篇　计算机应用

第一章　计算机软件开发 ………… 3752
第一节　软件开发过程 …………… 3752
一、软件工程 …………………… 3752
二、软件开发的阶段划分 ……… 3753
三、可行性研究 ………………… 3754

四、需求分析 …………………… 3756
五、概要设计 …………………… 3757
六、详细设计 …………………… 3758
七、编码及单元测试 …………… 3759
八、总体测试 …………………… 3760
九、软件维护 …………………… 3760

第二节　计算机辅助设计软件 …………… 3760
　一、AutoCAD 开发平台 ……… 3761
　二、Minescape 开发平台 ……… 3768

第二章　采矿计算机优化（优选）
　　　　软件开发 ……… 3774
第一节　采矿计算机优化（优选）
　　　　软件开发方法 ……… 3774
　一、采矿优化设计及软件开发的
　　　特点 ……… 3774
　二、采矿优化设计软件开发步骤 … 3774
　三、采矿优化设计数学模型及其
　　　类型 ……… 3775
　四、数学模型的构成要素及表达式 … 3775
　五、采矿优化软件开发应注意的
　　　问题 ……… 3778
第二节　煤矿采矿设计软件包 ……… 3779
　一、采矿设计软件包开发 ……… 3779
　二、软件包系统组成及系统流程 … 3780
　三、各系统功能及数据流程 ……… 3780

第三章　采矿施工图计算机辅助
　　　　设计软件开发 ……… 3793
第一节　采矿施工图计算机辅助设计
　　　　软件的开发方法 ……… 3793

　一、参数化绘图软件开发 ……… 3793
　二、智能型交互式绘图软件开发 … 3793
　三、图形数据库软件开发 ……… 3794
　四、专用工具软件包 ……… 3794
第二节　立井井筒设计软件 ……… 3795
　一、钻井法井壁结构设计软件 … 3795
　二、主副井井筒装备零构件设计
　　　软件 ……… 3795
　三、风井井筒装备软件 ……… 3795
第三节　井底车场设计软件 ……… 3797
　一、巷道断面设计软件 ……… 3797
　二、交岔点设计软件 ……… 3797
　三、井底车场设计软件 ……… 3798
第四节　采区车场设计软件 ……… 3801
　一、软件功能 ……… 3801
　二、系统流程 ……… 3802
第五节　硐室设计软件 ……… 3802
　一、爆破材料库设计软件 ……… 3802
　二、井底水仓设计软件 ……… 3802
　三、井下中央变电所设计软件 … 3804
　四、采区煤仓及区段溜煤眼设计
　　　软件 ……… 3805
主要参考资料 ……… 3806

第十篇　矿井技术经济

第一章　矿井建设工程造价 ……… 3808
第一节　矿井建设项目的划分与费用
　　　　构成 ……… 3808
　一、矿井建设项目的划分 ……… 3808
　二、矿井投资范围及划分 ……… 3809
　三、矿井建设单位工程名称及划分 … 3810
　四、矿井建设项目工程造价费用
　　　构成 ……… 3823
　五、建筑安装工程费用构成 ……… 3824
第二节　投资估算 ……… 3827
　一、投资估算的作用 ……… 3827
　二、投资估算的依据 ……… 3827
　三、投资估算方法 ……… 3827
　四、估算书的组成 ……… 3828
第三节　设计概算 ……… 3835

　一、概算的作用 ……… 3835
　二、编制依据 ……… 3835
　三、编制方法 ……… 3835
　四、概算书的组成及表格 ……… 3839
第四节　施工图预算 ……… 3846
　一、施工图预算的作用 ……… 3846
　二、编制依据 ……… 3846
　三、编制方法 ……… 3846
　四、预算书的组成 ……… 3847
第五节　附录 ……… 3857
　一、编制说明 ……… 3857
　二、井巷工程投资指标 ……… 3857
　三、工作面设备及安装费 ……… 3861
　四、采区工作面主要机械设备费
　　　汇总表 ……… 3862

五、矿井概算投资汇总表 …………… 3868
六、矿井生产环节概算投资比例 …… 3870

第二章　原煤成本计算方法 …… 3872
第一节　原煤成本的构成 …………… 3872
一、现行原煤成本的项目划分 …… 3872
二、原煤成本的费用要素划分 …… 3872
三、原煤制造成本和有关费用与
费用要素的相互关系 ………… 3873
第二节　原煤成本的费用要素计算
方法 ……………………… 3873
一、材　料 ………………………… 3873
二、动　力 ………………………… 3875
三、工　资 ………………………… 3875
四、职工福利费 …………………… 3876
五、修理费 ………………………… 3876
六、地面塌陷赔偿费 ……………… 3877
七、其他支出 ……………………… 3877
八、折旧费 ………………………… 3878
九、井巷工程费 …………………… 3879
十、摊销费 ………………………… 3879
十一、利息支出 …………………… 3880
十二、原煤成本计算需注意的
问题 ……………………… 3881
第三节　达产前逐年成本计算 …… 3881
一、固定成本与可变成本 ………… 3881
二、达产前逐年经营成本 ………… 3882
三、达产前逐年总成本 …………… 3882
第四节　原煤成本计算实例 ……… 3883
一、原煤成本计算 ………………… 3883
二、固定成本与可变成本计算 …… 3885
三、达产前逐年单位经营成本
计算 ……………………… 3885
四、达产前逐年单位成本计算 …… 3886
第五节　附　录 …………………… 3887
一、劳动定员 ……………………… 3887
二、劳动生产率 …………………… 3888
第三章　煤炭产品出厂定价方法 … 3889
第一节　需求导向定价法 ………… 3889
一、煤炭出厂价格的确定准则 …… 3889
二、煤炭出厂价格的定价方法 …… 3889
三、煤炭产品比价表 ……………… 3892
第二节　实　例 …………………… 3898

一、实例 1 ………………………… 3898
二、实例 2 ………………………… 3899

**第四章　建设项目经济分析与
评价** ………………… 3901
第一节　资金时间价值的常用计算
公式 ……………………… 3901
一、资金时间价值的概念 ………… 3901
二、资金时间价值的计算 ………… 3901
第二节　经济评价的几种价格 …… 3902
一、世界银行推荐的几种价格的
概念 ……………………… 3902
二、时价的计算方法 ……………… 3902
三、实价的计算方法 ……………… 3903
四、应用举例 ……………………… 3903
五、关于价格的有关规定 ………… 3905
第三节　流动资金 ………………… 3906
一、流动资金的估算方法 ………… 3906
二、流动资金的处理规定 ………… 3906
三、流动资金借款利息计算 ……… 3906
第四节　资金筹措 ………………… 3907
一、资金总额的构成 ……………… 3907
二、资金筹措规划 ………………… 3908
三、企业自有资金筹措 …………… 3908
四、国内债务资金筹措 …………… 3908
五、国外债务资金筹措 …………… 3909
六、BOT 融资 ……………………… 3910
七、ABS 融资 ……………………… 3910
第五节　税金计算 ………………… 3911
一、固定资产投资中的税金计算 … 3911
二、销售成本中的税金计算 ……… 3912
三、销售收入中的税金计算 ……… 3913
四、利润中的税金计算 …………… 3914
第六节　财务评价 ………………… 3914
一、财务评价的概念及作用 ……… 3914
二、财务评价方法及指标 ………… 3915
三、财务评价的步骤 ……………… 3919
第七节　国民经济评价 …………… 3920
一、国民经济评价与财务评价的
关系 ……………………… 3920
二、国民经济评价方法及指标 …… 3920
三、影子价格的确定 ……………… 3923
四、国民经济评价的步骤 ………… 3925

第八节　财务评价与国民经济评价
　　　　基本报表及辅助报表格式 ……… 3926
　一、财务评价基本报表及辅助报表
　　　格式 ……………………………… 3926
　二、国民经济评价基本报表及辅助
　　　报表格式 …………………………… 3935
第九节　改扩建项目经济评价 …………… 3939
　一、改扩建项目经济评价的特点 …… 3939
　二、改扩建项目经济评价方法 ……… 3939
　三、改扩建项目经济评价基本报表
　　　及辅助报表 ……………………… 3942
第十节　不确定性分析 …………………… 3943
　一、盈亏平衡分析 ………………… 3943
　二、敏感性分析 …………………… 3943
　三、概率分析 ……………………… 3944
第十一节　矿井财务评价实例 …………… 3944
　一、工程概况 ……………………… 3944
　二、基础数据 ……………………… 3945
　三、财务盈利能力分析 …………… 3946
　四、财务清偿能力分析 …………… 3946
　五、不确定性分析 ………………… 3946
　六、财务评价其他报表 …………… 3957
第十二节　矿井国民经济评价实例 ……… 3957
　一、费用效益值调整 ……………… 3957
　二、经济盈利能力分析 …………… 3959
　三、敏感性分析 …………………… 3959
第五章　矿井技术经济附录 …………… 3960
　第一节　市场调查提纲 ……………… 3960

一、矿井建设工程造价计算调查
　　提纲 ……………………………… 3960
二、矿井原煤设计成本计算调查
　　提纲 ……………………………… 3960
三、煤炭产品价格计算调查提纲 ……… 3961
第二节　世界银行贷款项目财务分析
　　　　特点与处理方法简介 ……… 3961
　一、世行贷款软、硬贷款 ………… 3961
　二、主要特点 ……………………… 3962
　三、投资估算 ……………………… 3962
　四、经营及生产成本 ……………… 3964
　五、产品销售及价格 ……………… 3964
　六、财务分析 ……………………… 3965
　七、集团项目费用及销售量汇总 … 3966
　八、设计阶段及优化 ……………… 3968
第三节　中国造价工程师执业
　　　　资格制度简介 ……………… 3968
　一、中国造价工程师执业资格制度的
　　　基本概念及其特征 …………… 3968
　二、造价工程师的任务和业务范围 … 3969
　三、建立中国造价工程师执业资格
　　　制度的作用和意义 …………… 3970
第四节　世界部分国家工程造价
　　　　管理简况 …………………… 3971
　一、美国 …………………………… 3971
　二、英国 …………………………… 3974
　三、澳大利亚 ……………………… 3976
主要参考资料 ……………………………… 3981

第六篇

巷道及采区车场

编 写 单 位　煤炭工业邯郸设计研究院

主　　　编　冯冠学

副 主 编　李成彬　汤明甫　查名扬

编 写 人　孔征军　许贵峰　汤明甫（第一、二章）

　　　　　　周龙元　许贵峰　安春平（第三章）

　　　　　　孙琢福　查名扬　孔征军（第四章）

第 六 篇

巷道及采区车场

第一章 巷道断面设计

第一节 巷道断面设计的依据及要求

一、巷道断面设计所需资料

1) 巷道层位的地质资料。

2) 巷道的服务年限、用途及对通风、排水、防火、卫生等方面的要求。

3) 运输设备类型、规格尺寸及与其他巷道的关系。

4) 巷道内的装备、管道和电缆的规格尺寸、数量及架设检修要求。

5) 其他巷道硐室对巷道的位置要求。

6) 支护材料供应的情况，施工技术及其装备条件。

二、有关规定

1.《煤矿安全规程》的规定

1) 主要运输巷和主要风巷的净高，自轨面起不得低于 2m；自轨面算起，电机车架空线的悬挂高度应符合下列要求：

(1) 在井底车场内，从井底到乘人车场不小于 2.2m。

(2) 在行人的巷道内、车场内以及人行道与运输巷道交叉的地方不小于 2m；在不行人的巷道内不小于 1.9m。

2) 采区（包括盘区）内的上山、下山和平巷的净高不得低于 2.0m。薄煤层内的不得低于 1.8m。

3) 电机车架空线和巷道顶或棚梁之间的距离不得小于 0.2m。悬吊绝缘子距电机车架空线的距离，每侧不得超过 0.25m。

4) 运输巷道两侧（包括管、线、电缆）与运输设备最突出部分之间的距离，应符合下列要求：

(1) 新建矿井、生产矿井新掘运输巷的一侧，从巷道道碴面起 1.6m 的高度内，必须留有宽 0.8m（综合机械化采煤矿井为 1m）以上的人行道，管道吊挂高度不得低于 1.8m；巷道另一侧的宽度不得小于 0.3m（综合机械化采煤矿井为 0.5m）。巷道内安设输送机时，输送机与巷帮支护的距离不得小于 0.5m；输送机机头和机尾处与巷帮支护的距离应满足设备检查和维修的需要，并不得小于 0.7m。巷道内移动变电站或平板车上综采设备的最突出部分，与巷帮支护间的距离不得小于 0.3m。

生产矿井的已有巷道人行道的宽度不符合上述要求时,必须在巷道的一侧设置躲避硐。两个躲避硐之间的距离,不得超过 40m。躲避硐宽度不得小于 1.2m,深度不得小于 0.7m,高度不得小于 1.8m,躲避硐内严禁堆积物料。

(2)在人车停车地点的巷道上下人侧,从巷道道碴面起 1.6m 的高度内,必须留有宽 1m 以上的人行道,管道吊挂高度不得低于 1.8m。

5)在双轨运输巷中,两列列车最突出部分之间的距离,对开时不得小于 0.2m。采区装载点不得小于 0.7m;矿车摘挂钩地点不得小于 1.0m。

6)如果电缆同压风管、供水管在巷道同一侧敷设时,必须敷设在管子上方,并保持 0.3m 以上的距离。在有瓦斯抽放管路的巷道内、电缆(包括通信、信号电缆必须与瓦斯抽放管路分挂在巷道两侧。

井筒和巷道内的通信和信号电缆,应与电力电缆分挂在井巷的两侧,如果受条件所限,在巷道内,应敷设在电力电缆的上方 0.1m 以上的地方。

高、低压电力电缆敷设在巷道同一侧时,高、低压电缆相互的间距应大于 0.1m;高压电缆之间、低压电缆之间的距离不得小于 50mm。

2.《煤炭工业矿井设计规范》、《煤矿矿井巷道断面及交岔点设计规范》的规定

1)巷道净断面,必须满足行人、运输、通风、设备和管线安装、检修和施工等需要,且必须按服务期间支护最大允许变形后的断面计算。综采工作面运输巷的净断面积不得小于 12m²,回风巷的净断面积不得小于 10m²,输送机上、下山的净断面积不宜小于 12m²,运料、通风和行人上、下山的净断面积不宜小于 10m²。高档普采工作面运输、回风巷的净断面积不得小于 6m²。

2)铺设胶带输送机的大巷,宜采用混凝土铺底。其巷道断面布置应便于检修。

3)底卸式、侧卸式矿车运输含水量大的煤时,大巷铺轨宜采用固定道床。

4)井巷铺轨的轨型,应根据运输设备类型、使用地点确定,并应符合表 6-1-1 的规定。

表 6-1-1 井 巷 铺 轨 轨 型

使用地点	运 输 设 备	钢 轨 规 格 (kg/m)
斜 井	箕 斗 人 车 运送液压支架设备车	30、38
	1、1.5t 矿车	22
平 硐 大 巷 井底车场	8t 及以上机车 3t 及以上矿车 2.4Mt/a 及以上矿井运送液压支架设备车	30
	1、1.5t 矿车	22
采区巷道	2.4Mt/a 及以上矿井运送液压支架设备车	30、22
	1、1.5t 矿车	22、15

注:卡轨车、齿轨车和胶套轮车运行的轨道应采用不小于 22kg/m 的钢轨。

5）井下巷道铺轨，除使用上有特殊要求外，还应采用钢筋混凝土轨枕。道床高度应符合规定。

倾角大于 15°的斜井和主要上、下山铺设轨道时，应采取防滑措施。

6）大巷水沟应布置在人行道同侧。水沟宜采用混凝土浇灌，并设置预制钢筋混凝土盖板。

7）进回风井、风硐和主要进回风巷道的风速，应小于国家现行标准《煤矿安全规程》规定的风速。

抽放瓦斯专用巷道的风速不应低于 0.5m/s。

3.《煤炭工业抗震设计规定》的要求

详见第一篇有关部分。

4.《锚杆喷射混凝土支护技术规范》的规定

1）锚喷支护的设计，宜采用工程类比法，必要时应结合监控量测法及理论验算法。

2）对围岩整体稳定性验算，可采用数值解法或解析解法；对局部可能失稳的围岩块体的稳定性验算，可采用块体极限平衡方法。

3）理论计算和监控设计所需围岩物理力学计算指标，应通过现场实测取得。

4）下述情况的锚喷支护设计，还应遵守下列相应的规定：

（1）隧洞交岔点、断面变化处，洞轴线变化段等特殊部位，均应加强支护结构；

（2）对与喷射混凝土难以保证粘结的光滑岩面，应以锚杆或钢筋网喷射混凝土支护为主；

（3）围岩较差地段的支护，必须向围岩较好地段适当延伸；

（4）Ⅰ、Ⅱ、Ⅲ级围岩中的个别断层或不稳定块体，应进行局部加固；

（5）如遇岩溶，应进行处理或局部加固；

（6）对可能发生大体积围岩失稳或需对围岩提供较大支护力时，应采用预应力锚杆加固。

5）对下列地质条件的锚喷支护设计，应通过试验后确定：

（1）膨胀性岩体；

（2）未胶结的松散岩体；

（3）有严重湿陷性的黄土层；

（4）大面积淋水地段；

（5）能引起严重腐蚀的地段；

（6）严寒地区的冻胀岩体。

第二节   巷 道 断 面

一、巷道断面形状的选择

主要巷道宜采用拱形断面；采区巷道可选用拱形、矩形、梯形断面。在特殊地质条件下，可选用圆形、马蹄形和带底拱的断面。

1. 选择断面形状应考虑的因素

1）巷道所处的位置及围岩的物理力学性质、矿山压力的大小及作用方向；

2）巷道的服务年限和用途；

3）巷道支护方式和支护材料；

4）施工技术及其装备的情况；

5）邻近矿井同类巷道的断面形状及其维护情况等。

当巷道围岩比较稳定，矿山压力不大，服务年限不长时，一般宜选用矿用工字钢支架、锚杆或钢筋混凝土支架进行支护，其断面形状一般为梯形或矩形。如采区内的准备巷道和回采巷道。

当巷道围岩不太稳定，矿山压力较大，且服务年限较长时，一般宜采用锚喷、混凝土砌碹、料石砌碹或 U 形钢可缩性支架进行支护，断面形状一般为拱形、圆形或椭圆形。如井底车场巷道、主要运输大巷、回风大巷或服务年限较长的采区准备巷道等。

在具体条件下，上述因素有主次之分。例如一些服务年限较长的巷道，虽然所处位置的矿山压力并不太大，围岩也比较稳定，但为了减少使用过程中的巷道维护费用，也可采用锚喷、料石砌碹或混凝土砌碹支护的拱形断面。而另一些服务年限较短的巷道，虽然巷道所在位置的围岩不太稳定，受采动影响，矿山压力也较大，有时也采用锚杆、木棚或混凝土棚支护的梯形或矩形断面。

2. 选择巷道断面形状及适用条件

常用巷道断面和几种封闭形断面形状及其适用条件，见表 6—1—2。

二、拱形、梯形及矩形巷道断面尺寸的确定

巷道断面净尺寸，应根据该巷道内运行车辆或其他运输设备的最大轮廓尺寸以及架设管线、行人、设备的运送、安装、检修和施工要求等因素确定，并应按通风要求进行验算。

1. 巷道断面净宽度的确定

巷道净宽度，是运输设备的最大轮廓尺寸、《煤矿安全规程》所规定的人行道宽度及有关安全间隙相加之和。

巷道安全间隙不应小于表 6—1—3 的规定。

另外，当水沟设于人行侧，且水沟净宽大于 500mm 时，应根据轨道铺设的要求加宽人行道。

直墙巷道的净宽度系指两墙内侧的水平距离。梯形巷道，当运行电机车或矿车时，则净宽度系指自道碴面起电机车或矿车车体最大高度处的巷道宽度；当铺设输送机时，系指自巷道底板（或地板）起 1.6m 处的巷道宽度。

拱形断面的主要运输巷道净宽度，综采矿井不宜小于 3.0m，其他矿井不宜小于 2.2m，拱形巷道的其他巷道净宽度不宜小于 2.0m；矩形巷道断面净宽不宜小于 2.0m；梯形巷道断面顶部净宽不宜小于 1.8m。

巷道净宽度（图 6—1—1）按以下公式计算：

1）双轨（包括输送机和轨道合一）巷道净宽度：

$$B = a_1 + b + c_1 \qquad (6-1-1)$$

2）单轨（包括单输送机）巷道净宽度：

$$B = a_1 + c_1 \qquad (6-1-2)$$

式中　B——巷道净宽度，mm；

a_1、c_1——分别为非人行侧和人行侧轨道（或输送机）中线到巷道墙之间的距离，mm；

b——轨道（或轨道与输送机）中线之间的距离，mm。

按以上公式所计算的巷道净宽度 B 值，应根据只进不舍的原则以 100mm 进级。

表 6-1-2　巷道断面形状及其适用条件

| 断面形状 | | 适　用　条　件 |
名　称	图　示	
半圆拱形		目前开拓、准备巷道和硐室普遍采用的断面形状。多在顶压大、侧压小、无底鼓的条件下使用
圆弧拱形		由于光爆锚喷支护的推广,拱部成形好,施工方便,多用于准备巷道。当跨度较大时,较半圆拱形断面利用率高
三心圆拱形		与半圆拱形相比,拱顶承压能力差,但断面利用率较高,适用于围岩坚硬的开拓巷道、上(下)山和硐室
梯　形		顶板暴露面积较矩形小,可减少顶压,能承受稍大的侧压,多用于采区巷道

断面形状		适 用 条 件
名　称	图　示	
矩　形		断面利用率较高,多用于顶压、侧压都较小,维护时间不长的回采巷道
马蹄形		用于围岩松软、有膨胀性、顶、侧压力很大,且有一定底压的巷道
圆　形		围岩松软、有膨胀性、四周压力均很大,用其它形状不能抵抗周围压力时采用
椭圆形		当巷道四周压力很大,且分布不均时,根据顶压和侧压的大小,采用竖直或水平布置
不规则形		在薄煤层中,为了不破坏顶板,使顶板保持其一定的稳定性,断面形状视煤层赋存条件而定

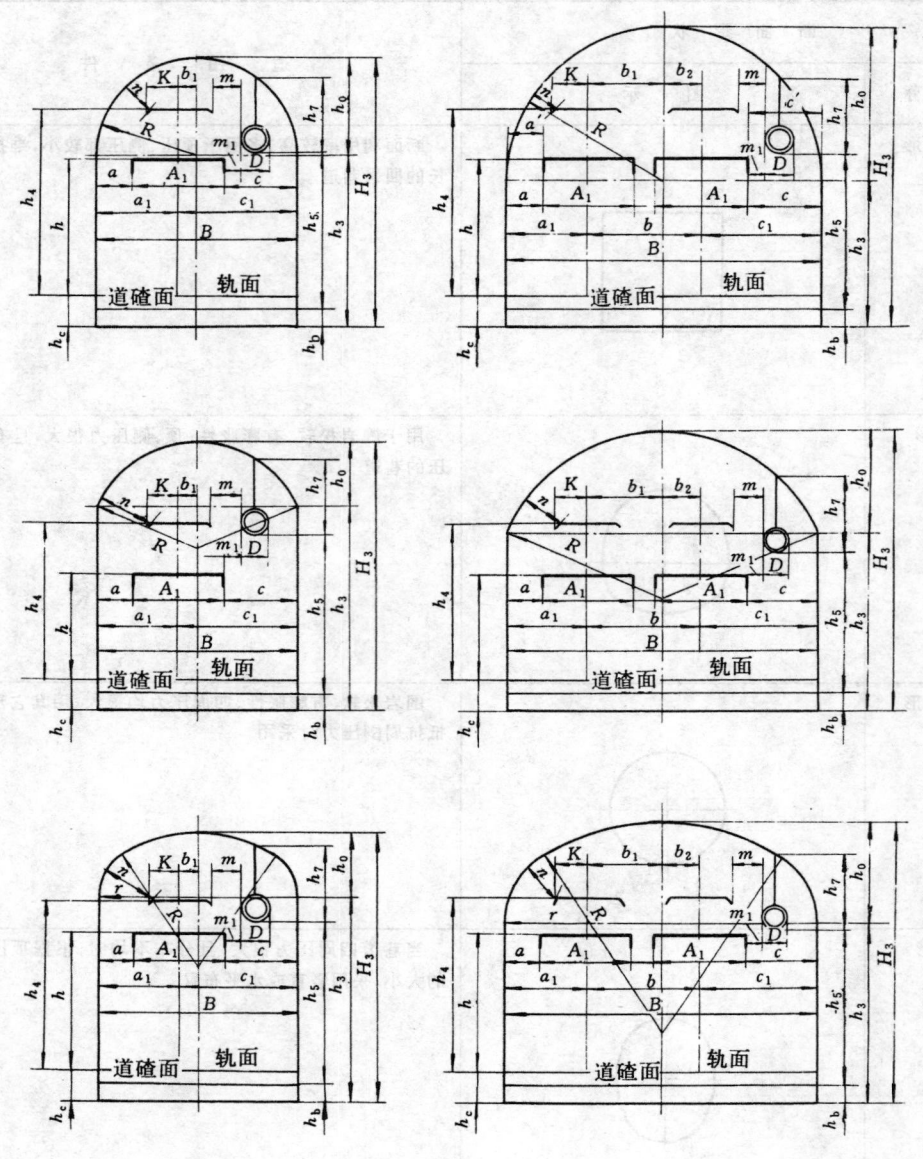

图 6—1—1   巷道断面净尺寸计算图

双轨巷道轨心距参见表 6—1—4 选取。

3）无轨运输巷道净宽度：

无轨运输巷道断面净宽度确定主要运输巷道应留有宽度在 1.2m 以上的人行道；另一侧宽度也应不小于 0.5m；两辆车对开最突出部分之间的距离不小于 0.5m（图 6—1—2）。其他巷道，人行道宽度可按 0.8~1.0m 留设；另一侧宽度可按 0.3~0.5m 留设。

在巷道转弯或交叉处，无轨运输车的间距必须满足安全运输的要求，此时巷道的宽度 B 应根据无轨运输车的转弯半径和运输间距来确定（图 6—1—3）。

表 6-1-3 巷 道 安 全 间 隙 表   mm

项　　　　目		规 定 数 值
人行侧从道碴面起 1.6m 高度范围内设备与拱、壁间	综采矿井	1000
	其他矿井	800
非人行侧设备与拱、壁间	综采矿井	500
	其他矿井	300
移动变电站或平板车上综采设备最突出部分	与拱、壁间	300
	与输送机间	700
人车停车地点人行侧从道碴面起 1.6m 高度范围内设备与拱、壁间		1000
安设输送机巷道输送机与拱、壁间		500
两列对开列车最突出部分间		200
采区装载点两列车最突出部分间		700
电机车架空线与巷道顶或棚梁间		200
导电弓距拱、壁间		300
矿车摘挂钩地点两列车最突出部分间		1000
导电弓距管子最突出部分间		300
运输设备距管子最突出部分间		300
设备上面最突出部分距巷道顶或棚梁间、壁间		300
用架空乘人装置运送人员时,蹬座中心至巷道一侧的距离		700

表 6-1-4 双 轨 巷 道 轨 心 距 表   mm

运 输 设 备	600mm 轨距		900mm 轨距	
	直 线	曲 线	直 线	曲 线
1.0t 矿车	1100	1300		
1.5t 矿车	1300	1500	1400	1600
7t、10t、14t 架线机车	1300	1600	1600	1900
3.0t 矿车			1600	1800
3.0t 底卸式矿车	1500	1700		
5.0t 底卸式矿车	1600	1800	1800	2000
8t、12t 蓄电池机车	1300	1600	1600	1900

$$B \geqslant R_1 - R_2 + 1.2 + 0.5 \qquad (6-1-3)$$

式中　R_1——运输车转弯外半径,m;

　　　R_2——运输车转弯内半径,m。

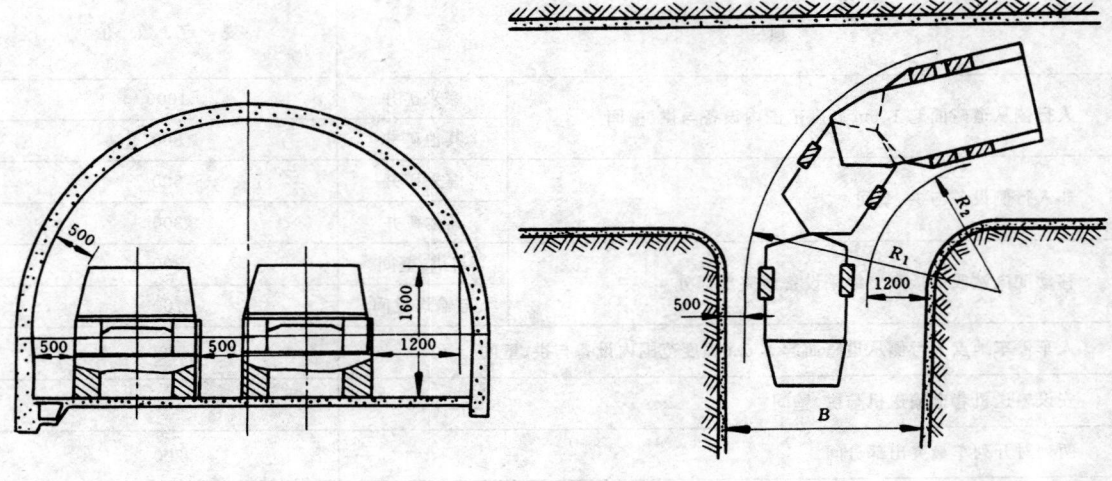

图 6—1—2　无轨胶轮车直线运输巷道宽度　　　　图 6—1—3　无轨胶轮车转弯时巷道宽度

4）单轨吊运行的巷道净宽度：

单轨吊运行中摆动幅度较大，上下约 200mm，左右各为 150mm，可有 15°的摆动角，因此所需巷道宽度应增加 150mm，双向运行时增加 300mm，则巷道要求的最小宽度 B（指巷道高 1.8m 处的宽度）（图 6—1—4）。

$$B=b_1+b_2+b_3 \qquad （单行） \qquad (6-1-4)$$
$$B=b_1+2b_2+b_3+b_4 \quad （双行） \qquad (6-1-5)$$

式中　b_1——巷道不行人一侧机车距支架距离，m；

　　　b_2——列车装货物运行时的最大宽度，m；

　　　b_3——巷道行人一侧机车距支架的距离 m；

　　　b_4——两列对开单轨列车间的安全间隙，m。

当有其他运输设备在同一巷道运行时，其断面尺寸可参照图 6—1—4c、d 选取。根据运送设备的不同类型和布置方式，可适当加大巷道断面宽度或高度。

2．巷道断面净高度的确定

1）拱形巷道净高度：

$$H=h_3-h_b+h_0 \qquad (6-1-6)$$

式中　H——净高度，mm；

　　　h_3——墙高，mm；

　　　h_b——从巷道底板到道碴面的高度，由铺轨参数确定，mm；

　　　h_0——拱高，mm。

（1）拱高 h_0：

半圆拱形拱高为巷道净宽度 B 之半，即 $h_0=B/2$；圆弧拱形及三心圆拱拱高，煤矿一般采用 $h_0=B/3$，在其他矿山也有采用 $h_0=2B/5$ 或 $h_0=B/4$ 的。

（2）墙高 h_3：

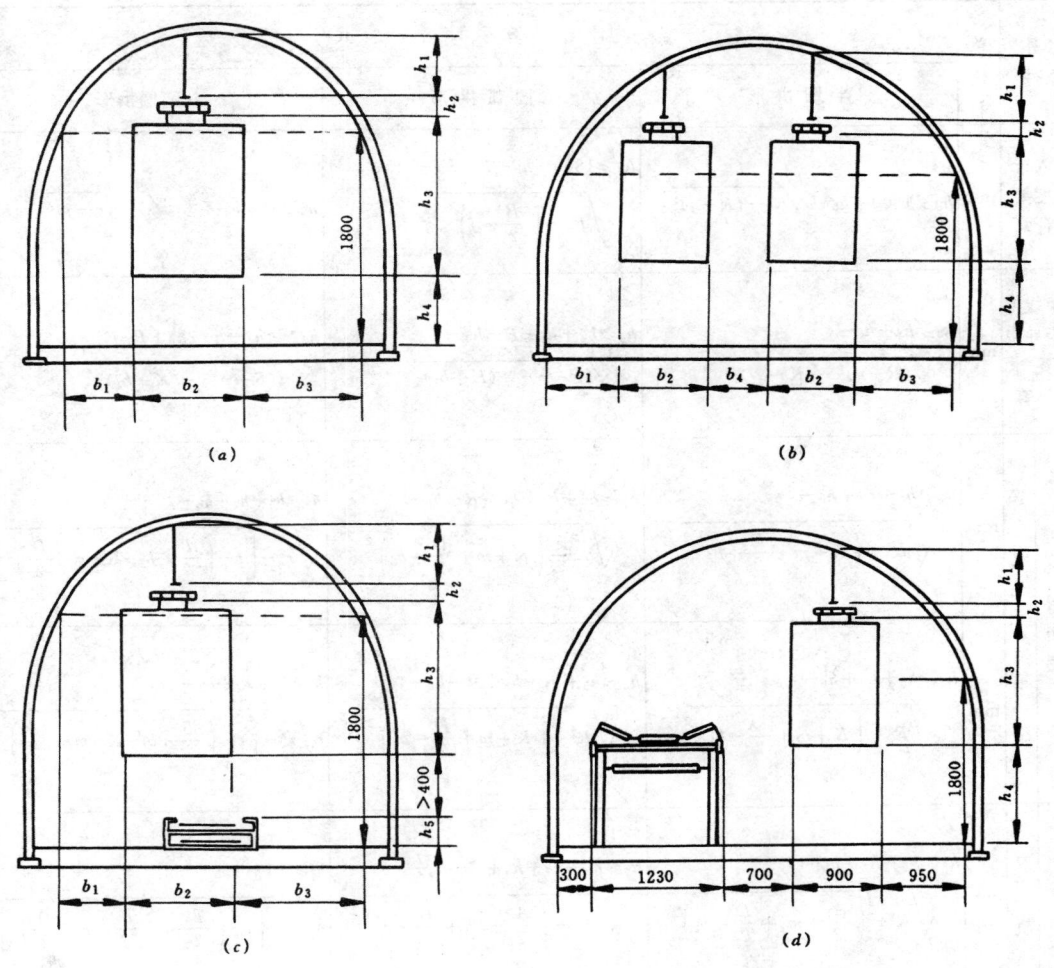

图 6—1—4 单轨吊运输的巷道断面

为了满足行人安全、运输通畅、设备运送、安装和检修的需要，拱形巷道墙高在一般情况下按表 6—1—5 中的公式计算确定。

对于架线电机车运输的巷道，一般情况下，按架线高度和管子架设要求计算；其他如矿车运输、只铺设输送机和无运输设备的巷道，只按行人要求计算。但在人行道范围内不得敷设管、线、电缆及其他固定设施。

计算结果必须按只进不舍的原则，以 100mm 进级。凡用两种以上方法计算者，取其最大值。

2）梯形和矩形巷道净高度：

（1）主要运输巷道：

$$H = h_1 + h_c - h_b \qquad (6-1-7)$$

式中　H——梯形（或矩形）巷道净高度，mm；

　　　h_1——从轨面到顶梁的巷道高度，mm；

表6-1-5　拱形巷道墙高 h_3 计算公式

计算条件		单位	计算公式		
			半圆拱形	圆弧拱形	三心圆拱形
按人行高度要求计算		mm	$h_3 \geqslant 1800 + h_b - \sqrt{R^2 - (R-j)^2}$	$h_3 \geqslant 1800 + h_b + R - h_0 - \sqrt{R^2 - \left(\dfrac{B}{2} - j\right)^2}$	$h_3 \geqslant 1800 + h_b - \sqrt{r^2 - (r-j)^2}$
按架线电机车导电弓要求计算		mm	$h_3 \geqslant h_4 + h_c - \sqrt{(R-n)^2 - (K+b_1)^2}$	$h_3 \geqslant h_4 + h_c + R - h_0 - \sqrt{(R-n)^2 - (K+b_1)^2}$	$h_3^* \geqslant h_4 + h_c - h_0 + R - \sqrt{(R-n)^2 - (K+b_1)^2}$
按管子悬吊高度要求计算 — 按导电弓	双轨 mm		$h_3 \geqslant h_5 + h_7 + h_b - \sqrt{R^2 - \left(K + m + \dfrac{D}{2} + b_2\right)^2}$	$h_3 \geqslant h_5 + h_7 + h_b + R - h_0 - \sqrt{R^2 - \left(K + m + \dfrac{D}{2} + b_2\right)^2}$	$h_3 \geqslant h_5 + h_7 + h_b - \sqrt{r^2 - \left[r - \left(\dfrac{B}{2} - b_2 - K - m - \dfrac{D}{2}\right)\right]^2}$
按导电弓	单轨 mm		$h_3 \geqslant h_5 + h_7 + h_b - \sqrt{R^2 - \left(K + m + \dfrac{D}{2} - b_1\right)^2}$	$h_3 \geqslant h_5 + h_7 + h_b + R - h_0 - \sqrt{R^2 - \left(K + m + \dfrac{D}{2} - b_1\right)^2}$	$h_3 \geqslant h_5 + h_7 + h_b - \sqrt{r^2 - \left[r - \left(\dfrac{B}{2} + b_1 - K - m_1 - \dfrac{D}{2}\right)\right]^2}$
按电机车	双轨 mm		$h_3 \geqslant h_5 + h_7 + h_b - \sqrt{R^2 - \left(\dfrac{A_1}{2} + m_1 + \dfrac{D}{2} + b_2\right)^2}$	$h_3 \geqslant h_5 + h_7 + h_b + R - h_0 - \sqrt{R^2 - \left(\dfrac{A_1}{2} + m_1 + \dfrac{D}{2} + b_2\right)^2}$	$h_3 \geqslant h_5 + h_7 + h_b - \sqrt{r^2 - \left[r - \left(\dfrac{B}{2} - b_2 - \dfrac{A_1}{2} - m_1 - \dfrac{D}{2}\right)\right]^2}$
按电机车	单轨 mm		$h_3 \geqslant h_5 + h_7 + h_b - \sqrt{R^2 - \left(\dfrac{A_1}{2} + m_1 + \dfrac{D}{2} - b_1\right)^2}$	$h_3 \geqslant h_5 + h_7 + h_b + R - h_0 - \sqrt{R^2 - \left(\dfrac{A_1}{2} + m_1 + \dfrac{D}{2} - b_1\right)^2}$	$h_3 \geqslant h_5 + h_7 + h_b - \sqrt{r^2 - \left[r - \left(\dfrac{B}{2} + b_1 - \dfrac{A_1}{2} - m_1 + \dfrac{D}{2}\right)\right]^2}$
按1.6m高度内人行宽度要求计算	双轨 mm		$h_3 \geqslant 1600 + h_b - \sqrt{R^2 - \left(C' + \dfrac{A_1}{2} + b_2\right)^2}$	$h_3 \geqslant 1600 + h_b + R - h_0 - \sqrt{R^2 - \left(C' + \dfrac{A_1}{2} + b_2\right)^2}$	$h_3 \geqslant 1600 + h_b - \sqrt{r^2 - \left[r - \left(\dfrac{B}{2} - b_2 - \dfrac{A_1}{2} - C'\right)\right]^2}$
	单轨 mm		$h_3 \geqslant 1600 + h_b - \sqrt{R^2 - \left(C' + \dfrac{A_1}{2} - b_1\right)^2}$	$h_3 \geqslant 1600 + h_b + R - h_0 - \sqrt{R^2 - \left(C' + \dfrac{A_1}{2} - b_1\right)^2}$	$h_3 \geqslant 1600 + h_b - \sqrt{r^2 - \left[r - \left(\dfrac{B}{2} + b_1 - \dfrac{A_1}{2} - C'\right)\right]^2}$

计算条件		单位	计 算 公 式		
			半圆拱形	圆弧拱形	三心圆拱形
按设备上缘至拱壁最小安全间隙要求计算	人行侧 双轨	mm	$h_3 \geqslant h + h_c - \sqrt{R^2 - \left(C' + \dfrac{A_1}{2} + b_2\right)^2}$	$h_3 \geqslant h + h_c + R - h_0 - \sqrt{R^2 - \left(C' + \dfrac{A_1}{2} + b_2\right)^2}$	$h_3 \geqslant h + h_c - \sqrt{r^2 - \left[r - \left(\dfrac{B}{2} - b_2 - \dfrac{A_1}{2} - C'\right)\right]^2}$
	人行侧 单轨	mm	$h_3 \geqslant h + h_c - \sqrt{R^2 - \left(C' + \dfrac{A_1}{2} - b_1\right)^2}$	$h_3 \geqslant h + h_c + R - h_0 - \sqrt{R^2 - \left(C' + \dfrac{A_1}{2} - b_1\right)^2}$	$h_3 \geqslant h + h_c - \sqrt{r^2 - \left[r - \left(\dfrac{B}{2} + b_1 - \dfrac{A_1}{2} - C'\right)\right]^2}$
	非人行侧	mm	$h_3 \geqslant h + h_c - \sqrt{R^2 - \left(a' + \dfrac{A_1}{2} + b_1\right)^2}$	$h_3 \geqslant h + h_c + R - h_0 - \sqrt{R^2 - \left(a' + \dfrac{A_1}{2} + b_1\right)^2}$	$h_3 \geqslant h + h_c - \sqrt{r^2 - \left[r - \left(\dfrac{B}{2} - b_1 - \dfrac{A_1}{2} - a'\right)\right]^2}$

符号注释

h_3—从巷道底板算起巷道的墙高,mm;
h_b—底板至道碴面高度,mm;
h_c—底板至轨面高度,mm;
h_4—从轨面起至电机车架线高度,mm;
h_0—巷道拱高,mm;
h_7—管子悬吊件总高,取900mm;
h_5—从道碴面起至管子悬吊高度,mm;
h—从轨面起至车辆上缘高度,mm;
n—导电弓距拱壁间安全距离,可取300mm;
K—导电弓宽度之半,取360mm;
B—巷道净宽度,mm;
b_1、b_2—轨道(输送机)中线与巷道中线间的距离,mm;

m—导电弓距管子安全距离,取$m \geqslant 300$mm;
m_1—电机车距管子安全距离,取$m_1 \geqslant 200$mm;
R—半圆拱形、圆弧拱形半径,或三心圆拱形大圆半径,mm;
r—三心拱形小圆半径,mm;
A_1—电机车(或矿车)最大宽度,mm;
a_1、c_1—分别为非人行侧和人行侧轨道(或输送机)中线到巷道墙间距离,mm;
a'、C'—当运输设备上缘进入巷道拱部范围时,设备上缘到拱内侧的距离,mm;
j—巷道有效净高不小于1800mm处到墙的水平距离,可取200mm;
D—管子直径,mm

图示

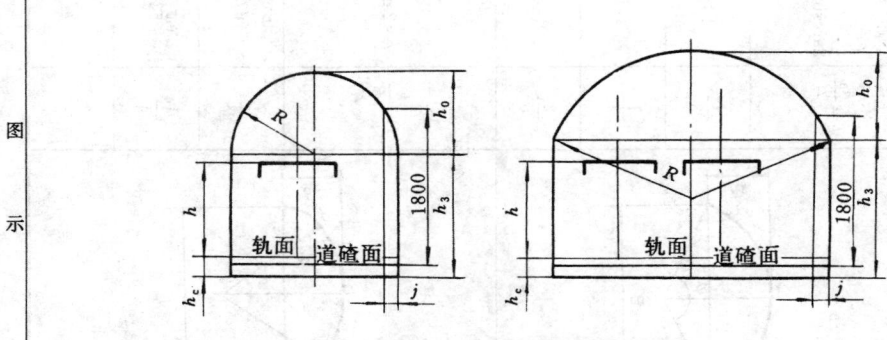

按人行高度要求计算墙高

注:h_3^* 系 $\dfrac{r - a_1 + K}{r - n} < \cos\beta$ 时之墙高值,当 $\dfrac{r - a_1 + K}{r - n} < \cos\beta$ 时,$h_3 \geqslant h_4 + h_c - \sqrt{(r - n)^2 - (r + K - a_1)^2}$,式中 β 为三心拱小圆圆心角,见表6—1—6。

表6-1-6　圆弧拱形及三心圆拱形拱部几何参数

拱型	图示	矢跨比 $f=\dfrac{h_0}{B}$	大圆圆心角	小圆圆心角	大圆半径	小圆半径	弧长	面积
圆弧拱形	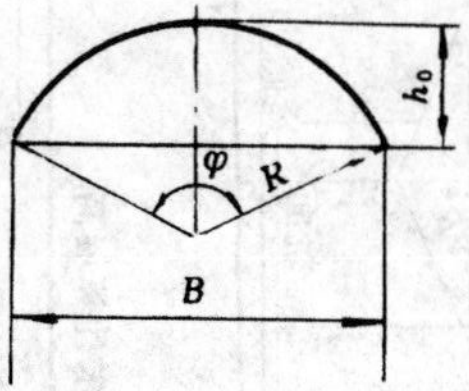	计算公式	$\varphi=2\arcsin\dfrac{4f}{1+4f^2}$		$R=\dfrac{(1+4f^2)B}{8f}$		$l=\dfrac{\pi\varphi R}{180°}$	$S=\dfrac{R^2}{2}\left(\dfrac{\pi\varphi}{180°}-\sin\varphi\right)$
		$\dfrac{1}{3}$	134°46′		0.542B		1.274B	0.241B^2
		$\dfrac{1}{4}$	106°16′		0.625B		1.159B	0.175B^2
		$\dfrac{2}{5}$	154°38′		0.512B		1.383B	0.298B^2
三心圆拱形	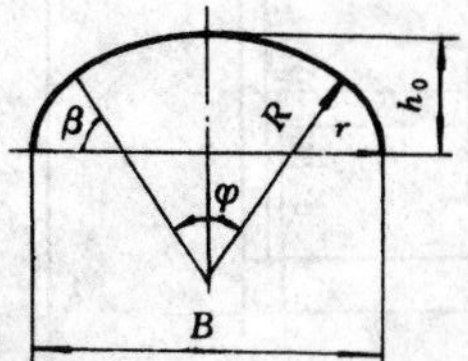	计算公式	$\varphi=2\arctan 2f$	$\beta=90°-\dfrac{\varphi}{2}$	$R=\left(\dfrac{\frac{1}{2}\sqrt{\frac{1}{4}+f^2}+\frac{1}{4}+f^2}{2f\left(\frac{1}{2}+f+\sqrt{\frac{1}{4}+f^2}\right)}\right)B$	$r=\left[\dfrac{2f^2\sqrt{\frac{1}{4}+f^2}+2f\left(\frac{1}{4}+f^2\right)}{\frac{1}{2}+f+\sqrt{\frac{1}{4}+f^2}}\right]B$	$l=\dfrac{\pi}{180°}(R\varphi+2r\beta)$	$S=\dfrac{\pi}{180°}(\varphi R^2+\beta r^2)-\dfrac{1}{2}(B-2r)(R-fB)$
		$\dfrac{1}{3}$	67°23′	56°19′	0.692B	0.261B	1.329B	0.264B^2
		$\dfrac{1}{4}$	53°08′	63°26′	0.904B	0.173B	1.221B	0.198B^2
		$\dfrac{2}{5}$	77°19′	51°21′	0.593B	0.346B	1.420B	0.315B^2

h_c——从巷道底板到轨面高度，mm；

h_b——从巷道底板到道碴面高度，mm；无道碴面时，$h_b = 0$。

（2）采区巷道：

$$H \geqslant 2000mm$$

对于薄煤层

$$H \geqslant 1800mm$$

3）无轨运输巷道净高度：

无轨运输（包括汽车运输）巷道最小高度除满足行人、通风等要求外，运输设备的顶部距巷道顶部（支护）或管线下缘的距离不得小于 0.6m。最后确定的净高度要满足安全间隙对巷道高度的要求。

4）单轨吊运输巷道净高度：

对于仅有辅助运输设备的轨道运输巷（图 6－1－4a、b），其巷道最小高度 H 为：

$$H \geqslant h_1 + h_2 + h_3 + h_4 \qquad (6-1-8)$$

式中 h_1——吊轨顶面至棚梁的距离，大于或等于 300mm；

h_2——吊轨轨高，工 140E 轨道高 155mm；

h_3——单轨吊车本身或载物的高度，mm；

h_4——运输物件底或单轨吊车底至巷道底面安全高度，一般取 300～500mm 则巷道最小净高度为 1900～2300mm。

3. 圆弧拱形及三心圆弧拱形几何参数

圆弧拱形及三心圆弧拱形巷道断面的拱高可分别采用不同数值，设计中，在确定了巷道宽度 B 和矢跨比 f 后，按表 6－1－6 中的公式计算其几何参数。

4. 按通风条件校核巷道断面

按照上述有关规定和方法确定的巷道断面，必须按《煤矿安全规程》规定的井巷中风流速度（见表 6－1－7）及《煤炭工业矿井设计规范》有关条文进行校核。另外，在计算矿井通

表 6－1－7 井 巷 风 流 速 度 表

井 巷 名 称	容 许 风 速 （m/s）	
	最 低	最 高
无提升设备的风井和风硐		15
专为升降物料的井筒		12
风 桥		10
升降人员和物料的井筒		8
主要进、回风巷		8
架线电机车巷道	1.0	8
运输机巷，采区进、回风巷	0.25	6
采煤工作面、掘进中的煤巷和半煤岩巷	0.25	4
掘进中的岩巷	0.15	4
其他通风人行巷道	0.15	

风负压时，如某段风路负压过大，影响合理地选用扇风机，也需加大该段巷道断面。

抽放瓦斯专用巷道的风速不低于 0.5m/s。

设计时，应在不违反《煤矿安全规程》的条件下，并按设计规范要求确定巷道断面，并留有适当余地。

5. 经济断面

在巷道断面设计中，不仅要考虑到掘进工程量的大小，而且要考虑到巷道的支护、维修和通风等费用的高低。经济断面是指巷道年综合费用为最小时的巷道断面。一般利用优化的方法和计算机手段达到此目的。

体现巷道经济效果的目标函数表达式为：

$$Z_{min} = \Sigma f_i (S_x) \qquad\qquad (6-1-9)$$

式中　Z——每米巷道的年综合费用，元/a·m；

　$f_i(S_x)$——每米巷道的掘进费，支护费以及服务期间的维修费和通风费用等；计算式中 S_x 为不同的断面积。

与上式 Z 的最小值相对应的巷道断面积，即为所确定的最优经济断面积。

三、封闭拱形巷道断面的计算

1. 适用条件

1）巷道围岩为稳定性较差的松软破碎岩层，并具有较大的膨胀性，易产生塑性变形及蠕变变形；

2）距地表较深，有明显深层矿压显现；

3）存在地质构造应力场的影响，使巷道具有较大的多向的不稳定矿压显现时，可选用封闭的拱形巷道断面，如：马蹄形、圆形、椭圆形或带底拱的其他封闭拱形等。

当巷道底鼓比较严重时，一般采用底拱方式进行封底；当底鼓现象轻微时，也可采用平底方式封底。

2. 断面净尺寸的确定

封闭拱形巷道净断面尺寸的确定和常用的巷道断面基本相同。首先，由运输设备的尺寸，人行道尺寸以及必要的安全间隙构成基本矩形断面，然后，使该矩形内接于所选择的断面形状，如马蹄形、圆形和椭圆形等。使之既符合《煤矿安全规程》的有关规定，又尽量缩小断面积，以减少掘砌工程量。在个别情况下，会出现有的安全间隙不能满足规程的要求，或断面过大，可通过调整有关间隙、加大或缩小基础矩形解决。此外，也可采用作图法确定所选净断面的尺寸。若把支护厚度考虑到净断面有关公式的半径里，则可求出巷道的设计掘进高、宽和断面积。

3. 封闭拱形巷道断面的支护

常用的巷道断面支护参数，通过工程类比选取。目前普遍采用刚柔结合的支护方式，即在巷道掘出后，先以锚喷支护，待围岩变形能大部分释放后，再用刚性支护（料石或混凝土块砌碹等）或再复喷一层适当厚度的混凝土，作为永久支护。在封闭拱砌碹支护的巷道中，当地压很大时，其砌块接缝之间可嵌入木条，壁后充填采用河砂、碎石等材料，尽量避免对碹拱形成局部应力集中，并使支护结构具有一定的可缩性。

四、曲线巷道

(一) 曲线轨道半径

为使车辆通过弯道时，其轮缘在曲线轨道上都能正常内接，要求曲线轨道的半径不得小于允许的最小值 R_{min}，R_{min} 的大小取决于车辆的轴距 S_B 和行车速度 V。

井下曲线轨道常用半径，一般可按表 6—1—8 选取。对于双轨曲线巷道半径的选取，应使曲线内侧线路的半径大于或等于 R_{min} 的值。

(二) 曲线巷道加宽值

车辆沿曲线巷道运行时，由于车体中线和线路中线不相吻合，使车箱的四角外伸或内移。为保持车辆外缘和巷道墙间的安全间隙，需将巷道加宽。

1. 外侧、内侧及双轨中线距加宽值

曲线巷道外侧加宽值 Δ_1、内侧加宽值 Δ_2 及双轨中线距加宽值 Δ_s 的图示及计算公式，见表 6—1—9。双轨曲线巷道两轨道中线距加宽，一般多采用移动外侧线路的方式。曲线巷道和加宽范围内与其直接相连的巷道双轨中心距取值参见双轨中心距表 6—1—4。

表 6—1—8　井下曲线轨道常用半径

曲线轨道半径允许最小值 R_{min}(m) 的计算公式	$R_{min}=CS_B$ 式中　C—系数,按行车速度取值;$v<1.5\text{m/s},C=7\sim10;1.5<v<3.5\text{m/s},C=10\sim12;v>3.5\text{m/s},C\geqslant15$; S_B—车辆的轴距,m				
使用地点	运 输 设 备		轨 距 (mm)	曲 线 半 径 (m)	
	牵 引 设 备	矿 车 类 型		一 般 最 小	建 议
井下运输不频繁地点	非动力牵引	1(1.5)t 固定式	600(900)	6(9)~15 6(9)	9
井底车场及运输巷道	无极绳绞车	1t 固定式	600	30~50 15	30
	5t 及 5t 以下电机车	1(1.5)t 固定式	600(900)	12(15)~15(20) 12(15)	12(15)
	10t 及 10t 以下架线式电机车和 12t 及 12t 以下蓄电池机车	1(1.5)t 固定式	600(900)	15~20(25) 12(15)	15(20)
		3t 底卸式	600	25~30 20	25
		5t 底卸式	900	30~40 20	35
	14t 架线式电机车	5t 底卸式	900	30~40 25	40
	20t 架线式电机车	5t 底卸式	900	40~50 40	45

表 6-1-9 曲线巷道内、外侧及双轨中线距加宽值

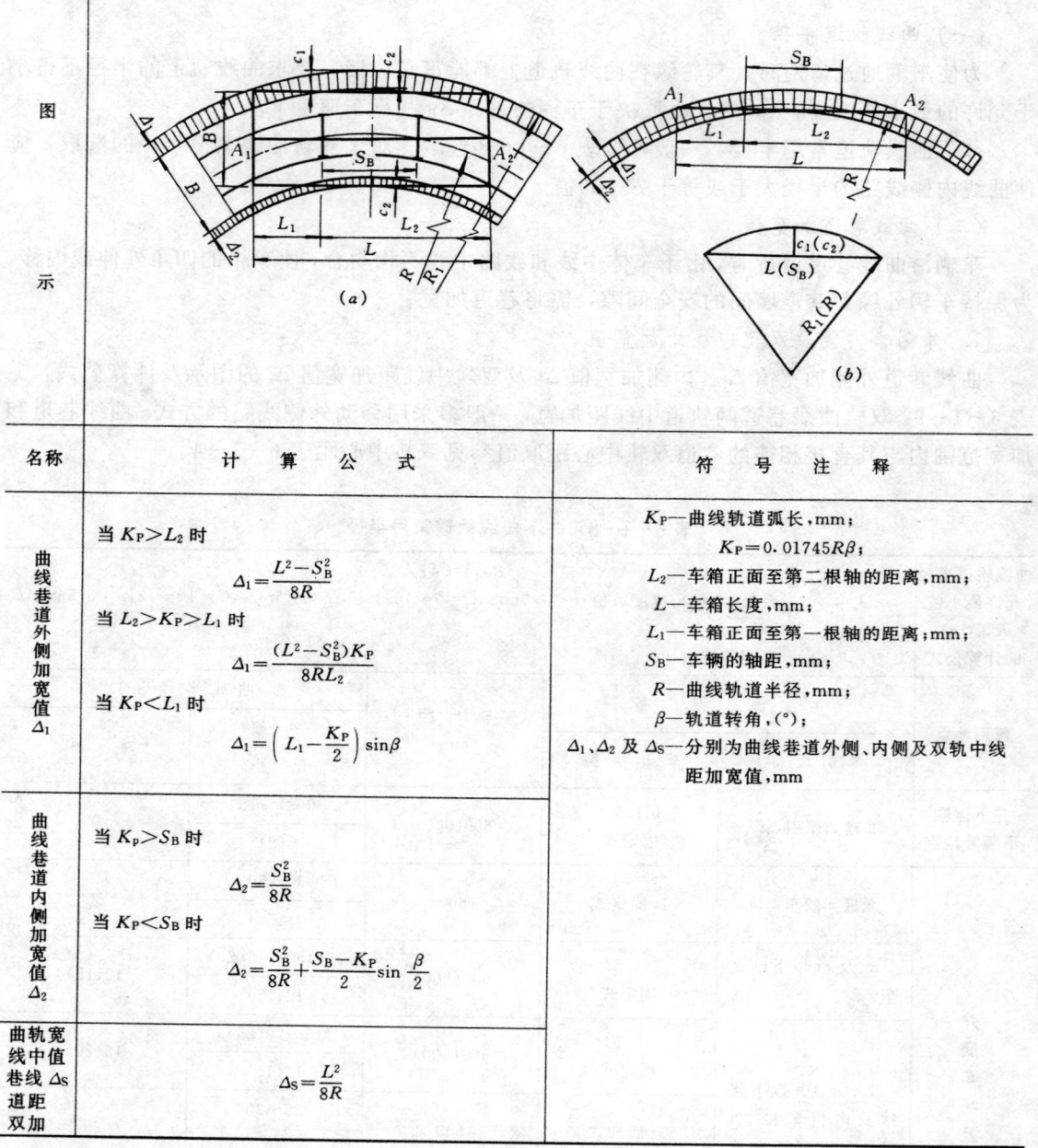

名称	计　算　公　式	符　号　注　释
曲线巷道外侧加宽值 Δ_1	当 $K_P>L_2$ 时 $$\Delta_1=\frac{L^2-S_B^2}{8R}$$ 当 $L_2>K_P>L_1$ 时 $$\Delta_1=\frac{(L^2-S_B^2)K_P}{8RL_2}$$ 当 $K_P<L_1$ 时 $$\Delta_1=\left(L_1-\frac{K_P}{2}\right)\sin\beta$$	K_P—曲线轨道弧长,mm; 　　　$K_P=0.01745R\beta$; L_2—车箱正面至第二根轴的距离,mm; L—车箱长度,mm; L_1—车箱正面至第一根轴的距离;mm; S_B—车辆的轴距,mm; R—曲线轨道半径,mm; β—轨道转角,(°); Δ_1、Δ_2 及 Δ_S—分别为曲线巷道外侧、内侧及双轨中线距加宽值,mm
曲线巷道内侧加宽值 Δ_2	当 $K_P>S_B$ 时 $$\Delta_2=\frac{S_B^2}{8R}$$ 当 $K_P<S_B$ 时 $$\Delta_2=\frac{S_B^2}{8R}+\frac{S_B-K_P}{2}\sin\frac{\beta}{2}$$	
曲轨宽线中值道线距双加 Δ_S	$$\Delta_S=\frac{L^2}{8R}$$	

当 $K_P>L_2$ 时,几种车辆及机车的曲线巷道外侧加宽值 Δ_1 见表 6-1-10。
当 $K_P>S_B$ 时,几种车辆及机车的曲线巷道内侧加宽值 Δ_2 见表 6-1-11。
采用机车运输时,在曲线巷道的两侧,应在直线巷道允许安全间隙的基础上,内侧加宽不宜小于 100mm;外侧加宽不宜小于 200mm。小型矿井也可根据实际计算确定内、外侧加宽值。

2. 曲线巷道加宽的范围
曲线巷道内外侧加宽要从曲线巷道两侧直线段开始。因此,与曲线巷道相连的直线段加

宽长度，应自曲线巷道起不小于运行车辆正面至第二根轴的距离，其数值可参照表 6—1—12 选取。

表 6—1—10 $K_P > L_2$ 几种车辆及机车的曲线巷道外侧加宽值 Δ_1 mm

设备类型		1t 固定式矿车	1.5t 固定式矿车	3t 底卸式矿车	5t 底卸式矿车	7(10)t 架线式或 8t 蓄电池机车	14t 架线式机车	20t 架线式机车
轴距		550	750	1100	1600	1100	1700	2500
曲线半径(m)	6	47	72					
	9	31	48			264		
	12	24	36	126		198	220	
	15	19	29	101		159	176	
	20	14	21	76		119	132	
	25	11	17	61	85	95	106	243
	30		14	50	71	79	88	202
	35		12	43	61	68	75	173
	40		11	38	53	60	66	152
	45		10	34	47	53	59	135
	50		9	30	42	48	53	121

表 6—1—11 $K_P > S_B$ 几种车辆及机车的曲线巷道内侧加宽值 Δ_2 mm

设备类型		1t 固定式矿车	1.5t 固定式矿车	3t 底卸式矿车	5t 底卸式矿车	7(10)t 架线式或 8t 蓄电池机车	14t 架线式机车	20t 架线式机车
轴距		550	750	1100	1600	1100	1700	2500
曲线半径(m)	6	6	12					
	9	4	8			17		
	12		6	13		13	30	
	15		5	10		10	24	
	20			8		8	18	
	25			6	13	6	14	31
	30			5	11	5	12	26
	35				9		10	22
	40				8		9	20
	45				7		8	17
	50				6		7	16

表 6—1—12　曲线巷道两侧直线段加宽长度　　　　　　　　mm

车辆类型	车辆正面距第二根 轴的距离 L_2	与曲线巷道相连的直线段 巷道加宽的最小长度
1t 固定式矿车	1275	1500
1.5t 固定式矿车	1575	2000
3t 底卸式矿车	2375	2500
5t 底卸式矿车	3300	3500
7(10)t 架线式机车	2800	3000
8t 蓄电池式机车	2800	3000
14t 架线式机车	3300	3500
20t 架线式机车	4950	5000

一般情况下，直接与曲线巷道相连的巷道，加宽段的长度不宜小于 5.0m。

双轨曲线巷道，两轨道中线距加宽起点也应从直线段开始。其长度对机车可取 5m；3t 或 5t 底卸式矿车也可取 5m；1t 矿车可取 2m。

3. 曲线轨道的外轨超高值

为了平衡矿车在曲线轨道上运行时产生的离心力，需要将曲线轨道的外轨适当抬高 Δh。设计时 Δh 值可参照表 6—1—13 选取。

超高应从直线段开始，以 0.003～0.01 的坡度逐渐增加，并在曲线段处达到需要值。

4. 曲线轨道的轨距加宽值

曲线轨道轨距加宽值 ΔS_P，常采用移动内轨线法计算，其值取决于轨道的曲线半径和车辆的轴距。曲线轨道轨距加宽值可按表 6—1—14 选取。

五、水　沟

1. 水沟布置

1) 水平巷道及小于 16° 倾斜巷道的水沟，一般布置在人行侧。当非人行侧有适当空间时，亦可布置。应尽量避免穿越轨道或输送机。

2) 在倾角大于 16° 的巷道中，当涌水量小或巷道较窄时，水沟与人行台阶可在巷道同侧平行或重叠布置；当涌水量较大或巷道较宽时，水沟和人行台阶可分设在巷道两侧。

表 6—1—13　曲线轨道外轨超高 Δh 值

计算公式	$\Delta h = 100V^2/K = 100SV^2/R$
符号注释	Δh—曲线轨道外轨超高值, mm; V—车辆运行速度, m/s; K—曲线轨道的半径与轨距之比, $K=R/S$; R—曲线轨道的半径, m; S—轨距, m

轨距(mm)	600					900				
平均速度 (m/s)	1.5	2.0	2.5	3.0	3.5	1.5	2.0	2.5	3.0	3.5
曲线半径(m) 6	23	40								
9	15	27				23	40			
12	11	20	31			17	30			
15	9	16	25	36	49	14	24	38	54	
20	7	12	19	27	37	10	18	28	41	55
25	5	10	15	22	29	8	14	23	32	44
30	5		13	18	25	7	12	19	27	37
35		7	11	15	21	6	10	16	23	32
40		6	9	14	18	5	9	14	20	28
45		5	8	12	16		8	13	18	25
50		5	8	11	15		7	11	16	22

表 6-1-14　曲线轨道轨距加宽值 $\triangle S_P$

计算公式	$\triangle S_P = 0.18 S_B^2/R$						
符号注释	$\triangle S_P$—曲线轨道轨距加宽值,mm;　S_B—车辆的轴距,mm;　R—曲线轨道的半径,mm						
设备类型	1t 固定式 矿　车	1.5t 固定式 矿　车	3t 底卸式 矿　车	5t 底卸式 矿　车	7(10)t 架线式 或 8t 蓄 电池机车	14t 架线式 机　车	20t 架线式 机　车
轴 距(mm)	550	750	1100	1600	1100	1700	2500
曲线半径(m) 6	9	17					
9	6	11			24		
12	5	8	18		18	43	
15	4	7	15		15	35	
20	3	5	11		11	26	
25	2	4	9	18	9	21	45
30			7	15	7	17	38
35			6	13		15	32
40			5	12	5	13	28
45			5	10		12	25
50			4	9	4	10	23

3）金属或木棚巷道的水沟为使柱腿牢固和流水畅通，水沟中线与柱腿之间的距离应大于 0.5m，或者水沟与柱腿的最小距离应大于 0.3m。

4）专用排水巷道、中间设人行道的巷道、有底鼓的巷道和铺设整体道床的巷道，水沟也可布置在巷道中间。

5）巷道横向水沟，一般应布置在含水层的下方、上（下）山下部车场的上方、胶带机接头硐室的下方或出水点处。

6）当矿井涌水量很大时，可根据巷道宽度、岩性及设备布置等情况，布置一条集中大断面水沟，或两条并列水沟，必要时开掘专用流水巷道。

7）在水平和倾斜的砌碹巷道，可将沿水沟一侧的巷道基础加宽 50mm 以上，以便搭设水沟盖板，同时应使水沟底板掘进面比巷道基础浅 50～100mm。

8）在倾角小于或等于 10°的行人及车辆来往频繁的主要巷道，水沟上面要加设盖板，盖板顶面应与道碴面齐平。

2. 水沟砌筑

根据水沟服务年限，一般将水沟分为永久性水沟和临时性水沟两类。永久性水沟应砌筑，临时性水沟可不砌筑。

1）井底车场、主要运输大巷、上（下）山等永久性水沟均应砌筑。

2）水沟一般可用混凝土现浇或片石砌筑，也可采用钢筋混凝土预制。见图 6—1—5。

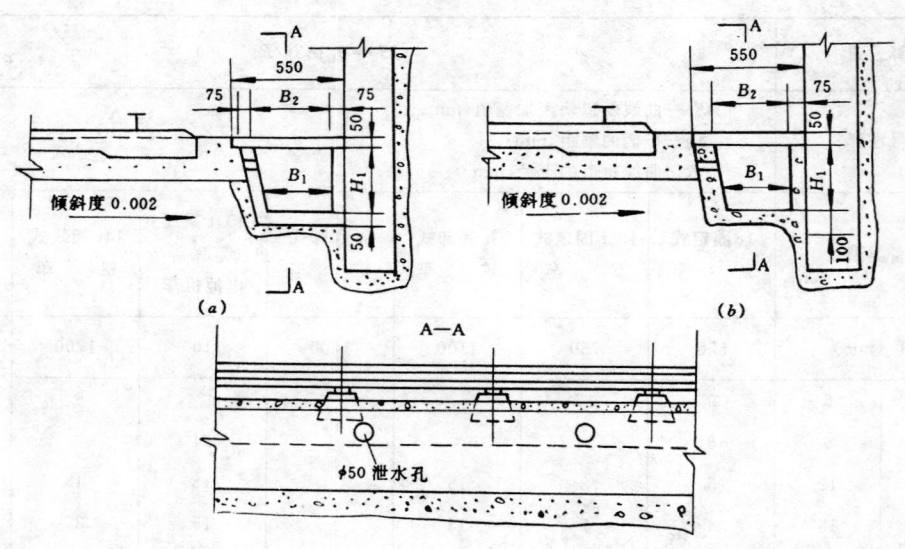

图 6—1—5 水沟的砌筑方式

a—混凝土板砌；b—混凝土浇注

3）采区巷道的水沟，根据底板岩性、服务年限、流量大小和运输条件等因素确定其砌筑与否。

4）如果水沟的围岩坚硬，不会被矿井水腐蚀剥落，或者服务年限较短，可按临时水沟设置。

3. 水沟坡度及流速

1）水沟坡度：

旱采矿井水沟坡度应与巷道坡度一致，考虑到流水通畅，平巷坡度不宜小于 3‰；巷道中横向水沟坡度，不宜小于 2‰。采区巷道水沟坡度不宜小于 4‰。

在黄泥灌浆和水砂充填矿井，运输巷道和运输石门的坡度，为疏水顺利，可选用 5‰；采区巷道的坡度应考虑巷道的用途、疏水、煤损和充填料含泥率等因素确定。为了避免大量泥沙沉积和减小水沟的清理工作，比陷落法开采的巷道坡度应适当加大。

（1）采区胶带机道可选用 5‰；

（2）分层运输道和运输煤门可选用 5‰；

（3）采区回风道、分层回风巷等，可选用 5‰；

（4）采区专用流水道是采区充填疏水的主要通路，要求减小泥沙沉积，可选用较大的坡度，一般取 7‰～10‰，甚至可达 20‰；

（5）专用管子道，应保证管路下坡敷设，一般选用 3°～5°为宜。

2）水沟流速：

水沟最大流速按表 6—1—15 选取。

表 6—1—15　水　沟　最　大　流　速

砌　筑　材　料	混　凝　土	木　板	不　衬　砌
最大流速(m/s)	5～10	6.5	3～4.5

在确定水沟最小流速时，应不使煤泥等杂物沉淀为原则，其值一般不应小于 0.5m/s。

4. 水沟断面和流量计算

常用水沟断面有对称倒梯形、半倒梯形和矩形三种。其断面尺寸应根据水沟流量、坡度、砌筑材料和断面形状等因素决定。

1）水沟断面和流量的计算公式：

几种常用水沟断面和流量的计算公式见表 6—1—16、表 6—1—17、表 6—1—18。

2）大巷、中巷、上（下）山水沟的断面、流量、规格及材料消耗量：

（1）大巷水沟的断面、流量、规格及材料消耗量见表 6—1—19；

（2）中巷及小于 15°上（下）山水沟的断面、流量、规格及材料消耗量见表 6—1—20；

（3）大于 15°上（下）山水沟的断面、流量、规格及材料消耗量见表 6—1—21；

（4）对称倒梯形水沟断面、流量、规格及材料消耗量可按表 6—1—22 选取。

5. 水沟盖板

1）为行人方便，大巷及小于 15°上（下）山的水沟，一般设置盖板。其规格及材料消耗量，见表 6—1—23。

2）无运输设备的巷道、大于 15°上（下）山，和采区巷道的水沟一般可不设盖板。

表 6—1—16 水沟断面和流量计算公式

计算项目			计 算 公 式	符 号 注 释
水沟断面计算	计算净断面积		$$F=\frac{(B_1+B_2)}{2}\times H_1$$	F—计算净断面积,m^2;
	过水断面积	有盖板	$$F'=0.75F=0.375(B_2+B_1)H_1$$	B_2—计算上部净宽,m; B_1—计算下部净宽,m; H_1—计算净深度,m;
		无盖板	对称倒梯形: $$F'=\frac{B'+B_1}{2}\times(H_1-H'')$$ $$=(B_1+mH')H'$$ 半倒梯形: $$F'=\frac{B'+B_1}{2}\times(H_1-H'')$$ $$=\left(B_1+\frac{mH'}{2}\right)H'$$	F'—有效断面(过水断面积),m^2; 0.75—充满系数; m—水沟横向坡度系数, 对称倒梯形 $m=\dfrac{B_2-B_1}{2H_1}=\dfrac{B''}{H'}$ 半倒梯形 $m=\dfrac{B_2-B_1}{H_1}=\dfrac{B''}{H'}$ 一般 $m=0.1\sim0.25$; H'—过水深度,m; B'—过水断面上宽,m; 对称倒梯形:$B''=\dfrac{B'-B_1}{2}$,m; 半倒梯形: $B''=B'-B_1$,m;
	过水深度及过水断面上宽	有盖板	对称倒梯形:$B'=B_1+2mH'$ $$H'=\frac{-B_1+\sqrt{B_1^2+3mF}}{2m}$$ 半倒梯形:$B'=B_1+mH'$ $$H'=\frac{-B_1+\sqrt{B_1^2+1.5mF}}{m}$$ 矩形: $B'=B_2$ $$H'=\frac{0.75F}{B_1}$$	H''—无盖板时的水沟超高(即保护高度),$H''=0.05$m; Q—流量,m^3/s; V—水流速度,m/s; R—水力半径,m,其值等于过水断面 F' 与过水周界 P 之比,即 $R=\dfrac{F'}{P}$; 对称倒梯形 $P=B_1+2H'\times\sqrt{1+m^2}$,m;
		无盖板	$$H'=H_1-H''$$	半倒梯形 $P=B_1+H'(1+\sqrt{1+m^2})$,m; 矩形 $P=B_1+2H'$,m;
	流量计算		$$Q=F'V$$ 按谢基公式 $$V=C\sqrt{Ri}$$ 按巴甫洛夫斯基公式(适用范围:0.1m<R<3m,对明渠及管道计算均适用) $$C=\frac{1}{n}R^y$$ $$y=2.5\sqrt{n}-0.13-0.75\sqrt{R}(\sqrt{n}-0.1)$$ 或采用近似公式: 当 $R<1$ 时, $y=1.5\sqrt{n}$; $R>1$ 时, $y=1.3\sqrt{n}$	i—水沟底板坡度,‰; C—谢基系数,与水沟断面形状、大小和粗糙系数有关,可按表6—1—17选取; n—水沟粗糙系数或称粗糙度可参照明渠并按表6—1—18选取,混凝土捣制水沟取 $n=0.017$; y—与 n 及 R 有关的指数
	水沟断面和流量计算图		(a)　　　(b)　　　(c)	

表 6—1—17 谢 基 系 数 C 值

R(m)	n				
	0.014	0.015	0.017	0.018	0.02
0.01	32.51	29.85	24.11	21.82	18.11
0.02	37.62	33.78	27.68	25.23	21.21
0.03	40.17	36.31	30.01	27.45	23.26
0.04	42.26	38.22	31.77	29.15	24.84
0.05	43.87	39.77	33.21	30.54	26.13
0.06	45.24	41.08	34.43	31.72	27.23
0.07	46.41	42.25	35.51	32.75	28.22
0.08	47.46	43.24	36.45	33.68	29.07
0.09	48.40	44.16	37.31	34.51	29.85
0.10	49.43	45.07	38.00	35.06	30.85
0.12	50.86	46.47	39.29	36.34	32.05
0.14	52.14	47.74	40.47	37.50	33.10
0.16	53.29	48.80	41.53	38.50	34.05
0.18	54.29	49.80	42.47	39.45	34.90
0.20	55.21	50.74	43.35	40.28	35.65
0.22	56.07	51.54	44.11	40.89	36.40
0.24	56.86	52.34	44.88	41.78	37.05
0.26	57.75	53.00	45.53	42.45	37.70
0.28	58.29	53.67	46.17	43.06	38.25
0.30	58.93	54.34	46.82	43.67	38.85
0.32	59.50	54.94	47.35	44.23	39.35
0.34	60.07	55.47	47.94	44.78	39.85
0.36	60.64	56.07	48.47	45.28	40.35

表 6—1—18　各种不同粗糙面的粗糙度

壁面种类及衬砌材料	n	$\frac{1}{n}$	$\sqrt{n}$
一般砖砌体,一般混凝土面	0.014	71.4	0.118
粗糙的砖砌体	0.015	66.7	0.122
普通块石砌体,粗糙的混凝土面	0.017	58.8	0.130
复有稳定的厚淤泥层渠道	0.018	55.6	0.134
很粗糙的块石砌体、岩石中开凿的渠道	0.020	50.0	0.141

表 6-1-19　大巷水沟断面、流量、规格及材料消耗量

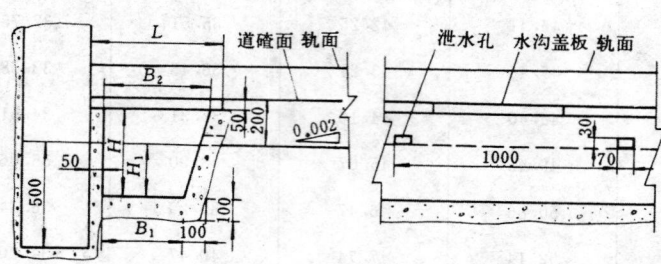

编号	巷道类别	流量(m³/h)			净尺寸(mm)			断面(m²)		每米材料消耗量			水沟充满系数
		坡　度　(‰)			宽 B		深 H	净	掘进	盖　板		水沟	
		3	4	5	上宽 B₂	下宽 B₁				钢筋(kg)	混凝土(m³)	混凝土(m³)	
1	锚喷	0~86	0~97	0~112	300		350	0.105	0.144	1.336	0.0226	0.114	
	砌碹	0~96	0~110	0~123	350	300	350	0.114	0.139	1.336	0.0226	0.099	
2	锚喷	86~172	97~205	112~227	400		400	0.160	0.203	1.633	0.0276	0.133	
	砌碹	96~197	110~227	123~254	400	350	450	0.169	0.207	1.633	0.0276	0.120	
3	锚喷	172~302	205~349	227~382	500		450	0.225	0.272	2.036	0.0323	0.152	
	砌碹	197~340	227~403	254~450	500	450	500	0.238	0.278	2.036	0.0323	0.137	
4	锚喷	302~374	349~432	382~472	500		500	0.250	0.306	2.036	0.0323	0.161	
	砌碹	349~397	403~458	450~512	500	450	550	0.261	0.309	2.036	0.0323	0.145	0.75
5	锚喷	374~554	432~662	472~716	600		550	0.330	0.390	2.436	0.0371	0.180	
	砌碹	397~629	458~726	512~812	600	550	600	0.345	0.395	2.436	0.0371	0.162	
6	锚喷	554~662	662~748	716~846	600		600	0.360	0.429	2.436	0.0371	0.189	
	砌碹	620~727	726~840	812~939	600	550	650	0.374	0.432	2.436	0.0371	0.170	
7	锚喷	662~921	748~1083	846~1206	700		650	0.455	0.528	3.086	0.0427	0.208	
	砌碹	727~1018	840~1175	939~1314	700	650	700	0.473	0.533	3.086	0.0427	0.188	
8	锚喷	921~1069	1088~1249	1206~1382	700		700	0.490	0.572	3.086	0.0427	0.214	
	砌碹	1018~1150	1175~1320	1314~1485	700	650	750	0.506	0.574	3.086	0.0427	0.195	

表 6—1—20 中巷及小于 15°上（下）山水沟断面、流量、规格及材料消耗量

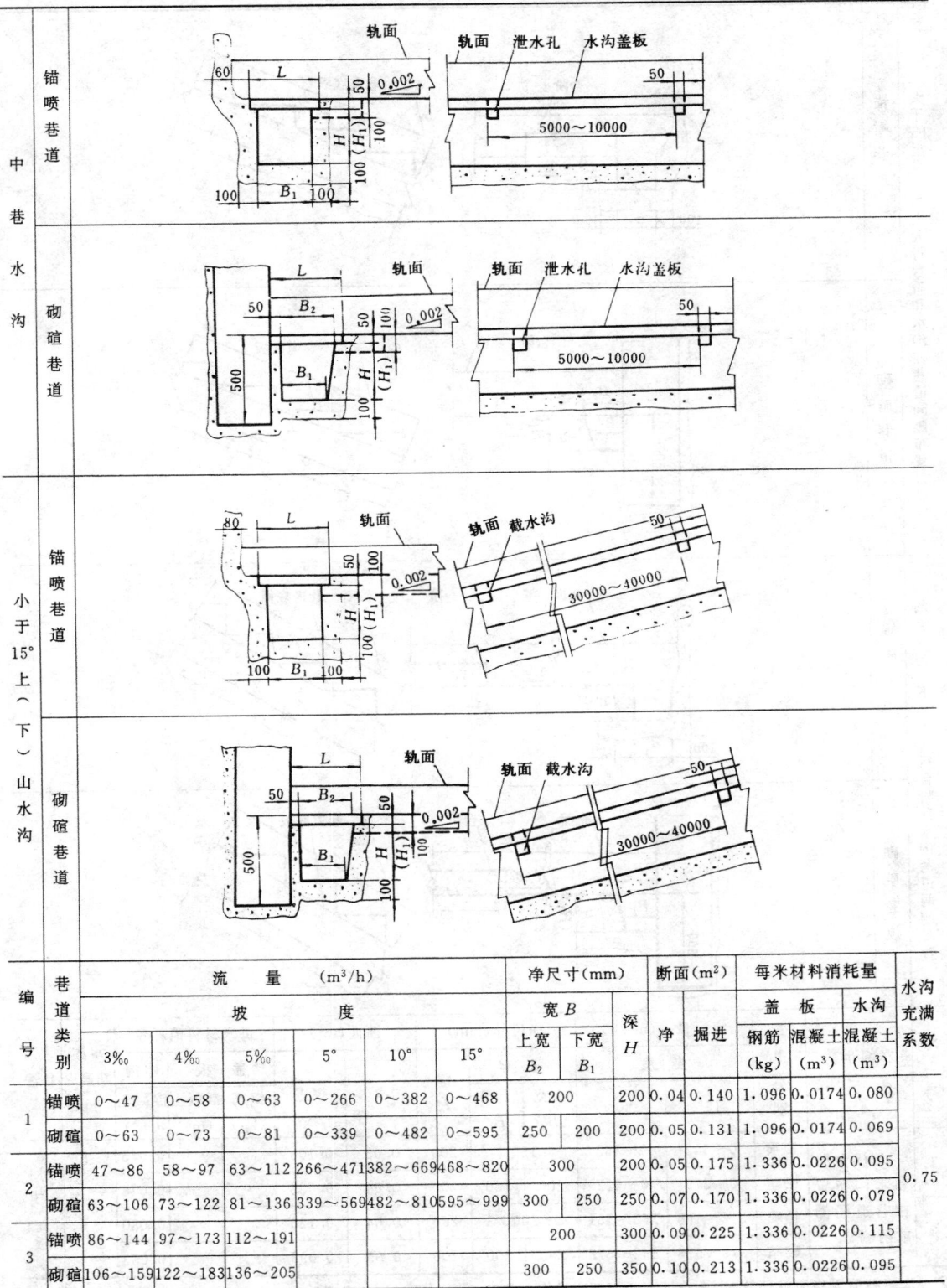

巷道编号	巷道类别	流量（m³/h）						净尺寸(mm)			断面(m²)		每米材料消耗量			水沟充满系数
		坡度						宽 B		深 H	净	掘进	盖板		水沟	
								上宽 B₂	下宽 B₁				钢筋(kg)	混凝土(m³)	混凝土(m³)	
		3‰	4‰	5‰	5°	10°	15°									
1	锚喷	0～47	0～58	0～63	0～266	0～382	0～468	200		200	0.04	0.140	1.096	0.0174	0.080	
	砌碹	0～63	0～73	0～81	0～339	0～482	0～595	250	200	200	0.05	0.131	1.096	0.0174	0.069	
2	锚喷	47～86	58～97	63～112	266～471	382～669	468～820	300		200	0.05	0.175	1.336	0.0226	0.095	0.75
	砌碹	63～106	73～122	81～136	339～569	482～810	595～999	300	250	250	0.07	0.170	1.336	0.0226	0.079	
3	锚喷	86～144	97～173	112～191				200		300	0.09	0.225	1.336	0.0226	0.115	
	砌碹	106～159	122～183	136～205				300	250	350	0.10	0.213	1.336	0.0226	0.095	

表 6-1-21　大于 15°上（下）山水沟断面、流量、规格及材料消耗量

编号	水沟布置方式	巷道类别	流量（m³/h）		净尺寸(mm)			断面(m²)		每米材料消耗量			水沟超高①(mm)	备注
			坡度		宽 B		深 H	净	掘进	盖板		水沟		
			15°	20°	上宽 B₂	下宽 B₁				钢筋(kg)	混凝土(m³)	混凝土(m³)		
1	人行台阶和水沟布置在巷道同侧或两侧	锚喷	0～312	0～363	150		200	0.03	0.105			0.075	50	水沟无盖板
		砌碹	0～379	0～422	200	150	200	0.04	0.083			0.048		
2		锚喷	312～468	363～551	200		200	0.04	0.120			0.080		
		砌碹	379～578	442～673	250	200	200	0.05	0.098			0.053		

①水沟超高值系指流量计算时,水沟过水断面深度按水面低于水沟上缘 50mm 考虑。

表 6-1-22　对称倒梯形水沟的流量、规格及材料消耗量

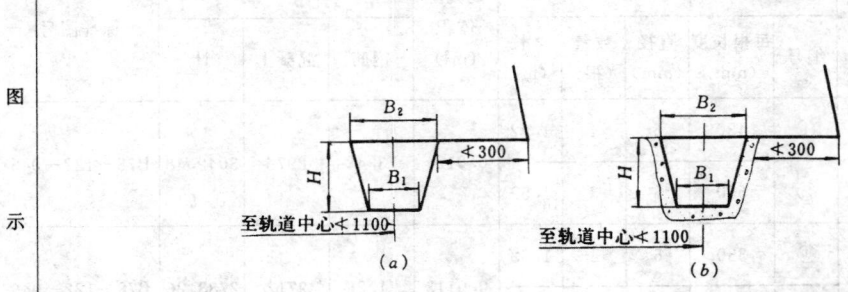

编号	支护方式	流量　（m³/h）			净尺寸(mm)			断面(m²)		每米混凝土消耗量（m³）	水沟超高(mm)
		坡　度　（‰）			上宽 B_2	下宽 B_1	深 H	净	掘进		
		3	4	5							
1	不砌筑	0~73	0~84	0~94	360	200	220	0.06	0.060		
	混凝土砌筑	0~78	0~90	0~100	230	180	260	0.05	0.146	0.093	
2	不砌筑	73~146	84~169	94~189	450	250	280	0.10	0.100		
	混凝土砌筑	78~118	90~136	100~152	250	220	300	0.07	0.174	0.104	
3	不砌筑	146~208	169~240	189~268	520	280	300	0.12	0.120		50
	混凝土砌筑	118~157	136~181	152~202	280	250	320	0.08	0.195	0.110	
4	不砌筑	208~283	240~326	268~365	550	300	350	0.15	0.150		
	混凝土砌筑	157~243	181~280	202~313	350	300	350	0.11	0.236	0.122	
5	混凝土砌筑	243~314	280~363	313~405	420	370	350	0.14	0.268	0.130	

注：上表计算均按水沟无盖板考虑，不砌筑的水沟壁面粗糙度 $n=0.020$，混凝土砌筑的水沟壁面粗糙度 $n=0.017$。

表 6-1-23　水沟盖板规格及材料消耗量

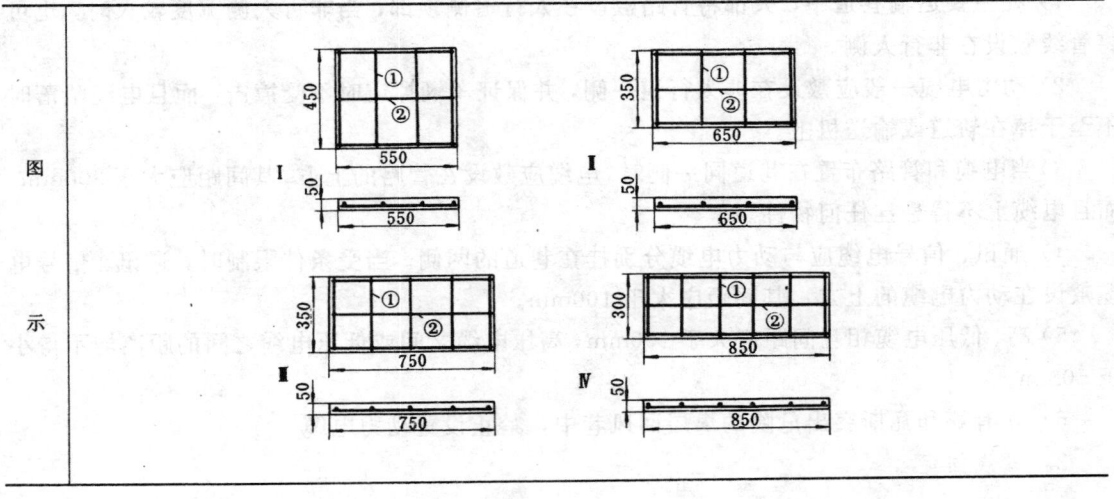

续表

盖板号	水沟宽(mm)	盖板规格 长×宽×厚 (mm)	钢筋 编号	每根长度 (mm)	直径 (mm)	数量 (根)	全长 (m)	混凝土体积 (m³)	每百块重(kg) 钢筋	混凝土	计	标准图号
I	400 300	550×450×50	①	430	6	4	1.72	0.0124	73.48	2976	3049.48	B78—122—045
			②	530	6	3	1.59					
II	500 200	650×350×50	①	330	6	4	1.32	0.0113	71.26	2712	2783.26	B78—122—046
			②	630	6	3	1.89					
III	600 200	750×350×50	①	330	6	5	1.65	0.0130	85.25	3144	3229.25	B78—122—047
			②	730	6	3	2.19					
IV	700	850×300×50	①	280	6	6	1.68	0.0128	92.57	3048	3140.57	B78—122—048
			②	830	6	3	2.49					

注：1. 混凝土为C18；

2. 用 $\phi6$ 的 3 号冷拔钢筋。

3）盖板的宽度一般比水沟净宽加宽150mm，主要巷道的水沟盖板宽度应不大于500mm。

4）盖板一般为钢筋混凝土预制板。每块的质量不宜超过35kg，厚度不应小于50mm，可用设计强度等级不低于 C18 的混凝土、$\phi6$ 直径的冷拔 3 号钢筋进行制作。

六、巷道管线布置

管线布置的原则，主要是保证安全和便于安装，检修。

1. 管线布置位置

1）在主要运输巷道中，大都将管路敷设在人行道侧顶部；当非行人侧宽度较大时，也可将管线敷设在非行人侧。

2）动力电缆一般应敷设在非人行道一侧，并保证车辆掉道时不受撞击，而且电缆坠落时不至于掉在轨道或输送机上。

3）当电缆和管路布置在巷道同一侧时，电缆应敷设在管路的上方，其间距应大于300mm，而且电缆上不得悬挂任何物件。

4）通讯、信号电缆应与动力电缆分别挂在巷道的两侧。当受条件限制时，通讯、信号电缆敷设在动力电缆的上方，其间距应大于 100mm。

5）高、低压电缆相互间距应大于100mm，高压电缆之间或低压电缆之间的距离均不得小于 50mm。

6）在有煤和瓦斯突出危险的煤层回风巷中，禁止设置动力电缆。

2. 管线固定

　　1）砌碹支护的主要运输巷道，一般用槽钢或角钢将管子支托在人行侧的顶部；锚喷支护的主要运输巷道，可将管路锚吊在行人侧的顶部。也可采用毛料石或混凝土墩柱支托管子。当设置多趟管路时，也可将管子架设在钢支架上。

　　2）在倾角小于30°的巷道中，电缆应用吊钩悬挂；在倾角大于30°的巷道中，电缆应用夹持装置进行敷设。

　　3）井下电缆的敷设应符合《煤矿安全规程》的有关规定。

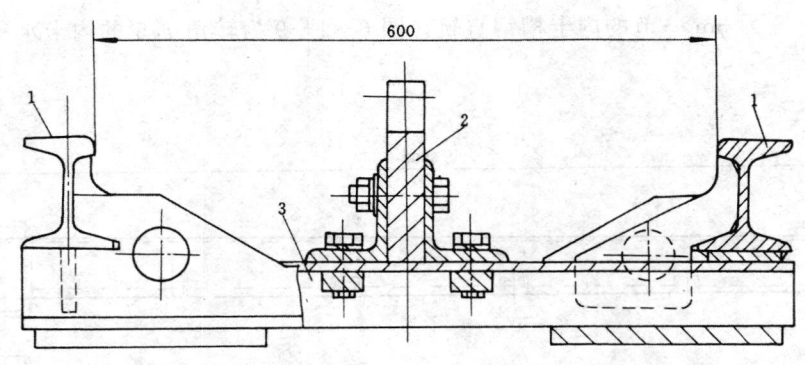

图 6-1-6　异型轨

1—改制异型轨；2—齿轨；3—槽钢轨枕

七、轨道铺设

（一）轨　道

1. 普通轨

　　对轨道铺设的要求是：钢轨的型号应与行驶车辆的类型相适应；轨道铺设应平直，且具有一定的强度和弹性，在弯道处，轨道联接应光滑，且外轨抬高 Δh 值，轨距加宽 ΔS_P 值（Δh、ΔS_P 取值见表 6-1-13、表 6-1-14）括号，以确保行车平稳。

　　钢轨型号用每米长度的质量（kg/m）表示。其选型取决于使用地点、运量、运输方式、车辆质量和轨距等，一般可按表 6-1-1 选取。

　　运输巷道内同一线路必须采用同一型号的钢轨。道岔的型号不得低于线路的钢轨型号。

　　在倾角大于15°的巷道中，轨道的铺设应采取防滑措施。

2. 异型轨

　　目前出现的异型轨是采用 11 号矿用工字钢经改制而成。这种轨道适用于专用卡轨车辆运行，

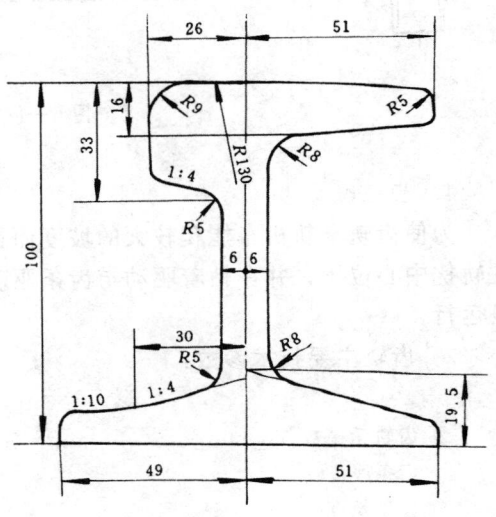

图 6-1-7　专用轨道断面图

也能使普通矿车顺利行驶,铺设如图 6—1—6 所示。图 6—1—7 为专用异型轨断面图。

3. 槽钢轨

槽钢轨为专用卡轨轨道,有内卡式、外卡式两种。每一轨道标准段长 3m。每段有一根槽钢轨枕,轨道标准段之间采用固定在轨道上的连接副件(楔块)连接。在弯道上多采用法兰盘连接。轨道接头水平方向允许有不大于 1°的差角,垂直方向允许有小于 5°~8°的差角。轨道段与巷道底板之间用锚杆固定,不需碎石道床,锚杆固定的间距将根据巷道的坡度和机车牵引力的大小来确定。

图 6—1—8 为 3m 一节的内卡槽钢直轨,图 6—1—9 为转角 7.5°的内卡水平弯轨。

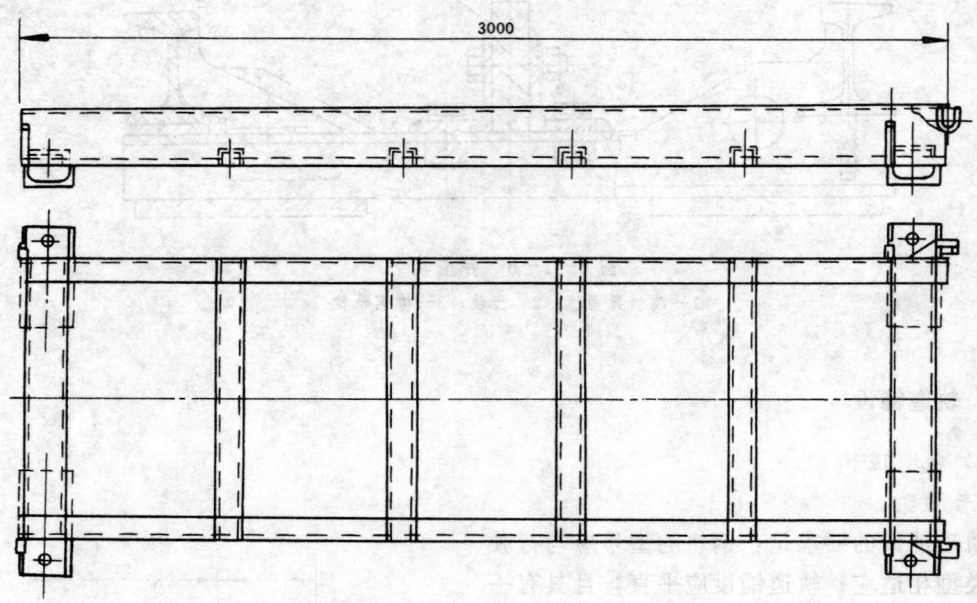

图 6—1—8   内卡槽钢直轨

4. 齿   轨

为使齿轨卡轨机车能爬较大的坡度而在轨道中间增加了齿条,即齿轨。齿轨靠螺栓固定在轨枕中心位置,并在粘着驱动与齿条驱动连接处装有齿轨导入装置,使机车顺利进入齿轨段运行。

齿轨主要技术参数:

齿轨轮模数	32
齿条厚度	25mm
齿条长度	1、3、6m
齿顶高出轨面高度	49mm
水平弯齿条每节弧长	1m
垂直弯齿条每节弧长	3m

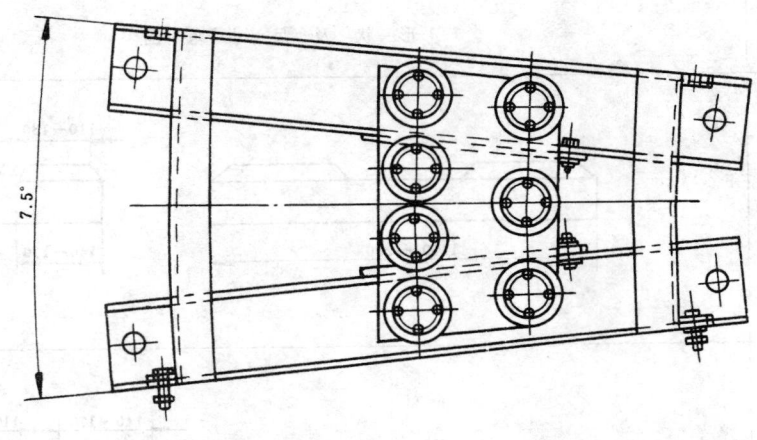

图 6—1—9　内卡槽钢弯轨

齿轨与普通轨道之间的关系如图 6—1—10。

齿轨机车轨道铺设，在 3°以上坡道时，一般采用金属轨枕，如 11 号或 12 号槽钢轨枕。

5. 单轨吊用单轨

单轨吊用单轨由工 140E 工字钢制成，分直轨和曲轨两种。国产直轨每节长分 1.5m 和 3m 两种；曲轨分水平和垂直两类。水平曲轨曲线半径为 4m，弧长分别为 1.42m 和 3m 两种；垂直曲轨有曲线半径为 10m 的凹凸两种。

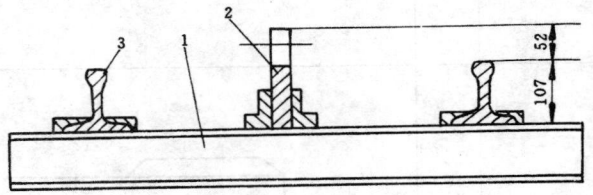

图 6—1—10　齿轨与普通轨道的关系
1—槽钢轨枕；2—齿条；3—普通轨

（二）轨　枕

矿井多使用钢筋混凝土轨枕和木轨枕，个别地点也有用钢轨枕的。混凝土轨枕主要用于井底车场、运输大巷、上（下）山和中巷；木轨枕主要用于道岔等处；钢轨枕主要用于固定道床。

1. 混凝土轨枕

混凝土轨枕与木轨枕相比，弹性稍差，铺设较复杂，但坚固耐用，制造容易，节约木材。混凝土轨枕分类及外形尺寸范围见表 6—1—24。

采用混凝土轨枕需注意：

1）混凝土轨枕一般不得与木轨枕掺杂使用，必须成段铺设或成段更换，其中每段的轨枕根数应不少于 20 根；

2）在混凝土轨枕与木轨枕分界处，至少应离开钢轨接缝有 3～5 根以上的轨枕距离。

在下列条件下不宜采用混凝土轨枕；

（1）路基面凸凹不平，未经整治不符合铺设要求的巷道；

表 6—1—24   混凝土轨枕分类及外形尺寸范围   mm

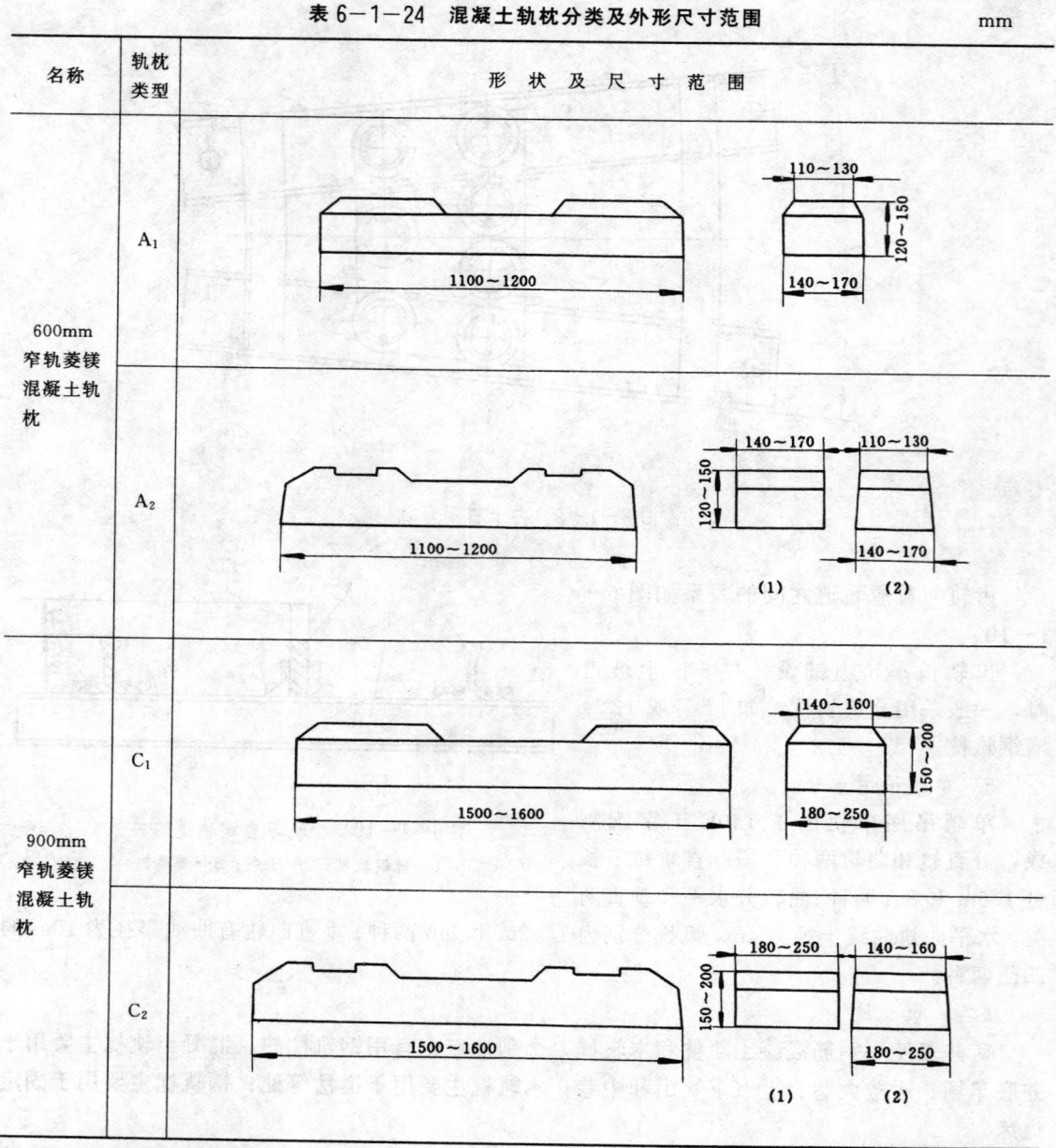

名称	轨枕类型	形状及尺寸范围
600mm 窄轨菱镁 混凝土轨 枕	A₁	
	A₂	
900mm 窄轨菱镁 混凝土轨 枕	C₁	
	C₂	

注:(1)、(2)图代表有两种断面。

   (2) 有底鼓或底板翻浆,未经整治不符合铺设要求的巷道;

   (3) 斜巷人车与铺混凝土轨枕不相适应时。

  2. 木轨枕

   井下使用的木轨枕,材质必须坚韧,有一定的弹性并需作防腐处理。一般采用的木材有红松、杉木、桦木及栎木等,其规格参照表 6—1—25 选取。

  (三) 道   床

  1. 道碴道床

表6-1-25 木 轨 枕 规 格

木轨枕断面	轨距 (mm)	轨型 (kg/m)	规格 (mm)			
			长度	宽度		高度 H
				上宽 B_1	下宽 B_2	
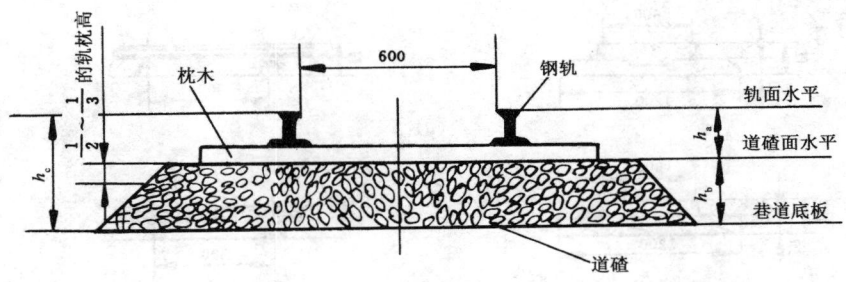	600	15	1200	120	150	120
		22	1200	130	160	140
	900	15	1600	120	150	120
		22	1600	130	160	140
允许误差			±20	—	±10	±10

道碴道床由钢轨及其联接件、轨枕、道碴等组成，道碴道床铺设如图6-1-11所示。

图 6-1-11 道碴道床铺设图

道碴道床的优点是施工简单，容易更换，工程造价较低，有一定的弹性和良好的排水性，并有利于轨道调平。但在生产过程中，煤、岩粉洒落在道床上之后，使其弹性降低，排水受到阻碍，可能影响机车正常运行。但只要加强维修，这种道床完全能够满足机车运行要求。

在井底车场、主要运输大巷和有电机车通行的巷道一般都应使用道碴道床。

1）道碴：道碴应选用坚硬和不易风化的碎石或卵石，其普氏系数 f 不应小于5，粒度以20～40mm为宜，并不得掺有碎末等杂物，碴体应具有适当的孔隙度，使其具有良好的弹性和排水性。

2）道床厚度和宽度：主要运输巷道道床必须平整，要

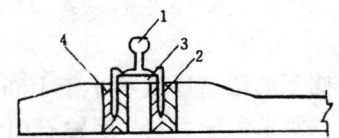

图 6-1-12 预应力钢筋
混凝土轨枕联结方式

1—15 或 22kg/m 钢轨；2—钩头道钉
($d12$, $l=110$mm)；3—垫板（10mm×
72mm×120mm 用于 15kg/m 钢轨，
10mm×76mm×120mm 用于 22kg/m
钢轨）；4—木栓

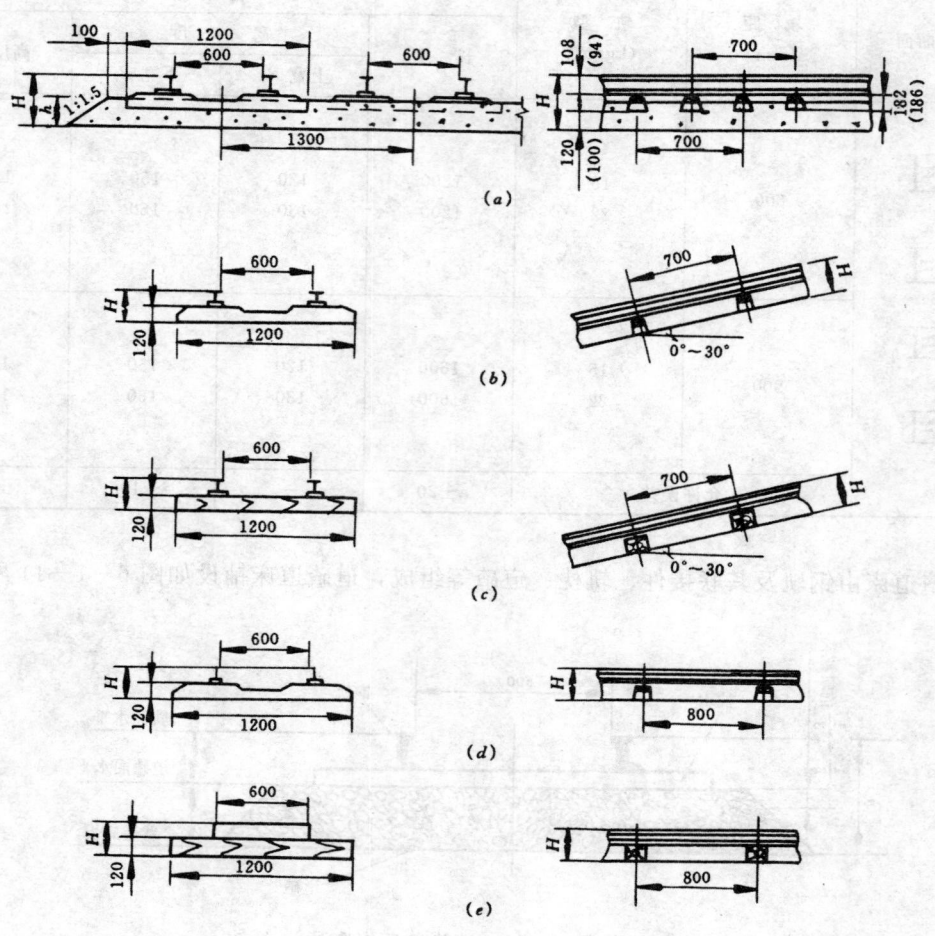

图 6—1—13　600mm 轨距巷道轨道铺设

a—主要运输大巷；b—混凝土轨枕上（下）山；c—木轨枕上（下）山；d、e—中巷

求轨枕下的道碴厚度不小于100mm，并至少要把轨枕的 1/2～1/3 的高度埋入道碴内。道碴总厚度，要求运输大巷、运输石门和倾角小于或等于10°的中央上（下）山或集中上（下）山为200～220mm；采区上（下）山倾角小于15°及中间巷道，可不铺设道碴，轨枕沿底板浮放，其轨枕两侧亦可充填掘进矸石，也可采用木枕挖槽敷设。常用的道床铺设高度可按表 6—1—26 选取。

　　600mm 轨距单轨木枕的道床上部宽度，应不小于1400mm，900mm 轨距的道床上部宽度不小于1800mm；铺设钢筋混凝土轨枕的道床宽度一般可按轨枕长再加宽 200mm 考虑。

　　3）轨枕铺设及轨道与钢筋混凝土轨枕联结方式：

轨枕间距采用 0.7～0.8m，钢轨接头及弯道处应适当缩小。

在倾角大于15°的巷道，轨道防滑见斜井井筒部分。

表 6-1-26　常用道床铺设高度　　　　　　　　　mm

钢轨型号 （kg/m）	运输巷道（铺道碴）		运输巷道（不铺道碴）
	总高度 H	道碴高度 h	总高度 H
30	410	220	280
22	380	220	250
15	350	200	220

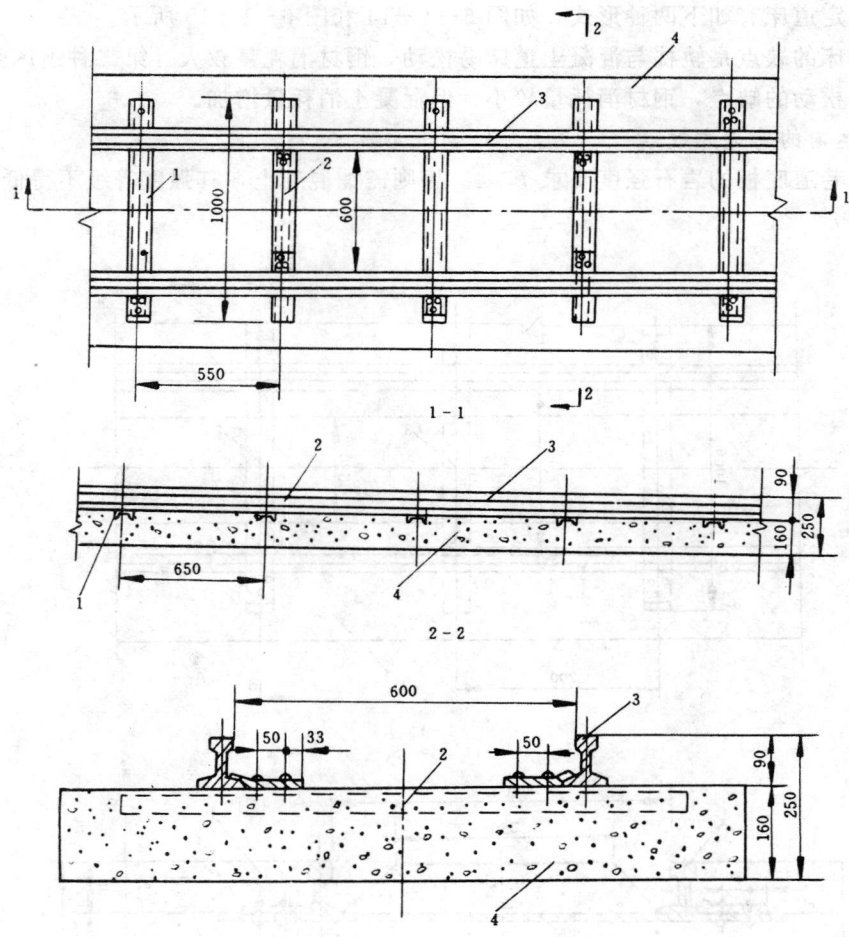

图 6-1-14　槽钢轨枕混凝土浇筑固定道床
1—拉板，80×43×5.0 槽钢；2—支板，80×43×5.0 槽钢；3—钢轨，22kg/m；
4—C20 混凝土浇筑道床

　　轨道与钢筋混凝土轨枕联结方式、扣件类型及主要零件规格、用量见表 6-1-27。预应力钢筋混凝土轨枕联结方式见图 6-1-12。

4）轨道铺设：

600mm 轨距的主要运输大巷（钢筋混凝土轨枕）、上（下）山（钢筋混凝土轨枕及木轨枕）和中巷（钢筋混凝土轨枕及木轨枕）的轨道铺设，见图 6—1—13。

900mm 轨距巷道的轨道铺设，原则上与 600mm 轨距线路相同。

上（下）山轨道防滑，见斜井井筒部分。

2. 固定道床

固定道床一般是用混凝土整体浇筑，将轨道与道床固定在一起，这种道床具有维修工程量小，运营费用低，车辆运行平稳、运行速度高，服务年限长等优点。因此，这种道床主要用于大型矿井的斜井井筒、井底车场和个别运输大巷的轨道铺设中。但这种道床初期投资高，施工复杂，道床的弹性也较差。

常用的固定道床有如下两种形式，如图 6—1—14 和图 6—1—15 所示。

第一种道床的缺点是轨枕与混凝土道床易松动，钢材消耗量较大。第二种道床克服了轨枕与道床易于松动的缺点，钢材消耗量较小，但混凝土消耗量增加。

3. 无轨运输的巷道底板

无轨运输巷道底板的岩石强度要求 $f \geqslant 4$。否则需铺混凝土，其强度等级不得低于 C20。

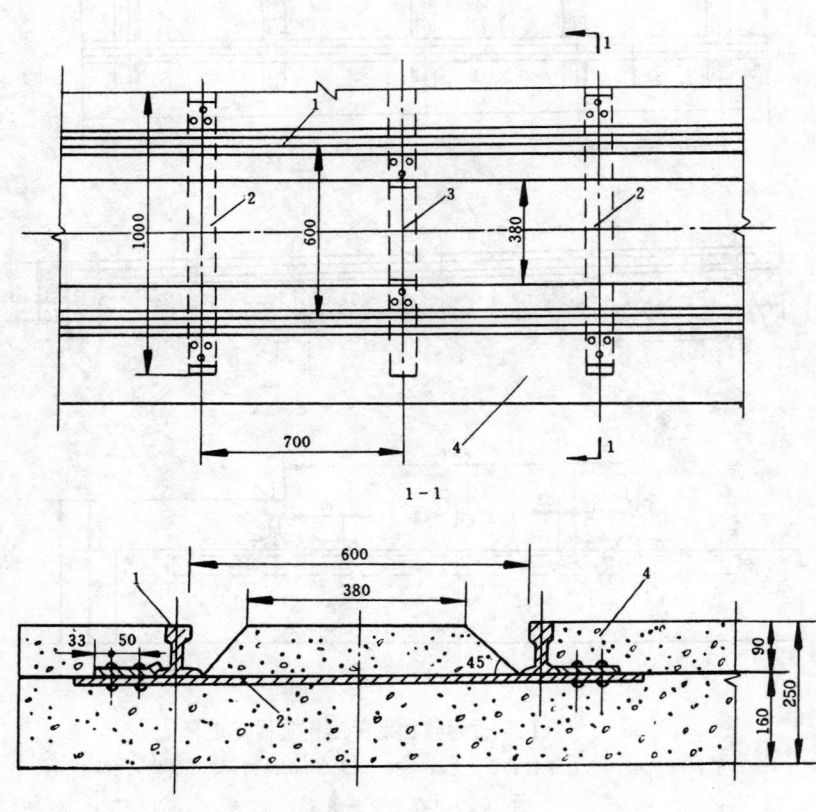

1—1

图 6—1—15　钢板轨枕混凝土浇筑固定道床

1—钢轨；22kg/m；2—拉板，1000mm×100mm×10mm 钢板；3—支板，1000mm×100mm×10mm 钢板；4—C20 混凝土浇筑道床

表6-1-27　钢筋混凝土轨枕扣件类型及主要零部零件规格、用量

扣件型式	扣件装配示例	图注号	零件名称	主要零件 适用轨距(mm)/轨型(kg/m) 900/22 规格(mm)	主要零件 适用轨距(mm)/轨型(kg/m) 600/15 规格(mm)	每根轨枕的用量
木栓道钉式（弹性垫板）		1	木栓	d52×110	d52×110	4
		2	螺旋	d3×d60×90	d3×d60×90	4
		3	弹性垫板	14×14×120	12×12×120	2
		4	道钉			4
木栓道钉式（木垫板）		1	木栓	d52×110	d52×110	4
		2	螺旋	d3×d60×90	d3×d60×90	4
		3	木垫板	190×120×10~15	190×120×10~15	2
		4	道钉	14×14×130~135	12×12×130~135	4

续表

扣件型式	扣件装配示例	图注号	扣件零件名称	主要零件 规格 适用轨距(mm)/轨型(kg/m) 900/22	主要零件 规格 适用轨距(mm)/轨型(kg/m) 600/15 (mm)	每根轨枕的用量
不设铁卡块T形螺栓扣板式(见右图左半边)	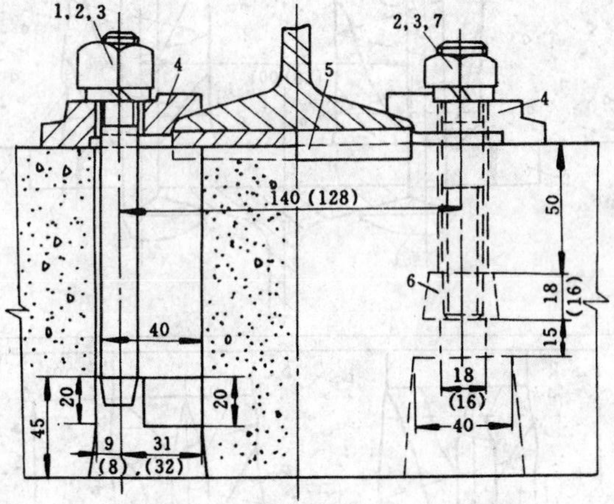	1	T形螺栓	M16×125	M14×110	4
		2	螺母	M16	M14	4
		3	垫圈	16	16	4
		4	扣板			4
		5	弹性垫板			2
预埋螺母螺栓扣板式(见右图右半边)		2	螺母	M16	M14	4
		3	垫圈	16	14	4
		4	扣板			4
		5	弹性垫板			2
		6	预埋螺母	M16	M14	4
		7	螺栓	M16×90	M14×90	4
设铁卡块T形螺栓扣板式	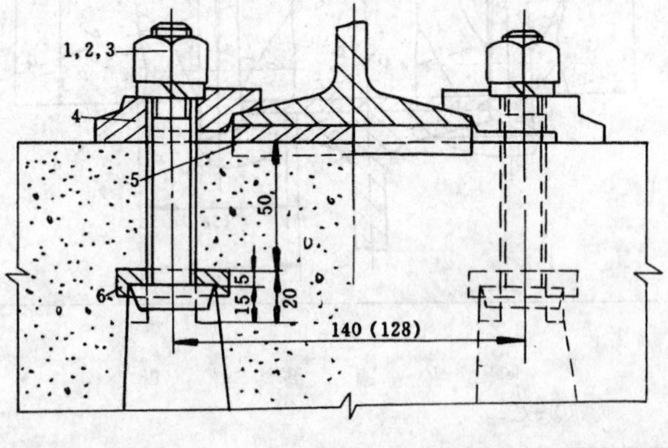	1	T形螺栓	M16×95	M14×90	4
		2	螺母	M16	M14	4
		3	垫圈	16	14	4
		4	扣板			4
		5	弹性垫板			2
		6	铁卡块			4

第三节 巷道矿山压力计算、测试和控制

一、巷道矿山压力计算

巷道矿山压力计算主要有工程类比、松散体理论和弹塑性力学等计算方法。有限单元法、边界单元法等数值分析方法在岩体力学中的应用，使巷道围岩压力计算、围岩应力分布、构造裂隙和支护体的影响等问题，在接近工程实践假设的基础上获得较满意的数值解答。然而，真正切合实际的方法还是进行矿压实测。

1. 工程类比法

1）巷道矿山压力计算见表 6—1—28、表 6—1—29。

2）估算地压的经验数据见表 6—1—30。

表 6—1—28 工程类比法矿山压力计算

名称	公　式	符　号　注　释	说　　明
铁道工程设计规范推荐的方法	1. 顶压计算： $P_d=0.45\times2^{6-s}\cdot\gamma\cdot\omega$ 2. 侧压力计算： Ⅳ～Ⅴ类围岩 　　　$P_{zh}=0$ Ⅳ类围岩 　$P_{zh}=\left(0\sim\dfrac{1}{6}\right)P_d$ Ⅲ类围岩 　$P_{zh}=\left(\dfrac{1}{6}\sim\dfrac{1}{3}\right)P_d$ Ⅱ类围岩 　$P_{zh}=\left(\dfrac{1}{3}\sim\dfrac{1}{2}\right)P_d$ Ⅰ类围岩 　$P_{zh}=\left(\dfrac{1}{2}\sim1\right)P_d$	s—围岩类别，见备注铁道围岩分类 ω—宽度（跨度）影响系数 $\omega=1+i\ (2a-5)$ i—巷道跨度每增减 1m 时，压力的增减率 当 $2a<5$m 时，$i=0.2$ 当 $2a>5$m 时，$i=0.1$ γ—围岩容重，t/m^3 P_d—围岩顶压值，kN/m^2 a—巷道掘进断面跨度之半，m	公式适用条件： 1. 高跨比<1.7 2. 深埋巷道 3. 不产生显著偏压及膨胀力的一般围岩 4. 采用钻爆法及传统支护（砌碹）的巷道
山岩压力系数法	1. 顶压计算： 　$P_d=S_z\cdot\gamma\cdot2a$ 2. 侧压力计算： 　$P_{zh}=S_x\cdot\gamma\cdot H$	H—巷道高度，m S_z、S_x—山岩压力系数，见表 6—1—29 其他符号同上	1. 假定山岩压力为均布 2. 适用于 $H\leqslant1.5\ (2a)$ 的巷道

<table>
<tr><td rowspan="3">备注</td><td colspan="7" align="center">铁路隧道围岩分类
（按弹性波纵波速度划分）</td></tr>
<tr><td>围岩类别</td><td>Ⅵ</td><td>Ⅴ</td><td>Ⅳ</td><td>Ⅲ</td><td>Ⅱ</td><td>Ⅰ</td></tr>
<tr><td>围岩弹性波速度 V_p（km/s）</td><td>>4.5</td><td>3.5～4.5</td><td>2.5～4.0</td><td>1.5～3.0</td><td>1.0～2.0</td><td><1.0
饱和状态时
<1.5</td></tr>
</table>

表 6-1-29 山岩压力系数 S_z、S_x 值

岩石坚硬程度	代表性岩石	节理裂隙发育情况及风化程度	山岩压力系数	
			铅直的 S_z	水平的 S_x
坚 硬	石英岩、花岗岩、流纹斑岩、厚层硅质灰岩等	1. 节理裂隙少、新鲜的 2. 节理裂隙不太发育、微风化 3. 节理裂隙发育、弱风化	0～0.05 0.05～0.1 0.1～0.2	
中等坚硬	砂岩、石灰岩、白云岩、砾岩	1. 节理裂隙少、新鲜的 2. 节理裂隙不太发育、微风化 3. 节理裂隙发育、弱风化	0.05～0.1 0.1～0.2 0.2～0.3	0～0.05
软 弱	砂页岩互层、粘土质岩石、致密的泥灰岩	1. 节理裂隙少、新鲜的 2. 节理裂隙不太发育、微风化 3. 节理裂隙发育、弱风化	0.1～0.2 0.2～0.3 0.3～0.5	0～0.05 0.05～0.1
松 软	严重风化及十分破碎的岩石、断层或破碎带		0.3～0.5 或更大	0.05～0.5 或更大

注: 1. 不适用于立井和埋藏特别深及浅的隧洞（确定山岩压力时应特别注意分析具体地质条件）;
2. S_z、S_x 一般无直接关系。S_x 栏中未列数值的, 是否应计算水平山岩压力, 应根据具体地质条件分析确定;
3. 计算公式中 P_d 与 $2a$、P_{zh} 与 H 均成直线关系。当 $2a$ 与 H 相差较大时, 应根据地质情况适当考虑开挖面形状的影响。

表 6-1-30 估算地压的经验数据

围岩情况	岩层倾角	$\dfrac{\gamma H}{R}$	围岩移动量 (mm)	围岩压力 (t/m²)	适 用 条 件
稳定围岩	缓倾斜和倾斜	<0.25	50～80	3～5	1. 巷道埋深 100～1000m;
	急倾斜	<0.30			2. R 为 400～800kg/cm²;
中等稳定围岩	缓倾斜和倾斜	0.25～0.4	150～200	10～15	3. 净宽度为 2.2～5m 的巷道
	急倾斜	0.3～0.45			
不稳定围岩	缓倾斜和倾斜	>0.4	300～350	≥15～30	
	急倾斜	>0.45			
符号注释	γ—围岩容重, t/m³; H—巷道所处深度, m; R—岩石单轴抗压强度, t/m²				

3）太沙基及日本公路隧道地压估算公式见表 6-1-31、表 6-1-32。

4）不同围岩类型的矿山压力值见表 6-1-34。

表 6-1-31 太沙基顶压估算公式

地 层 性 状	顶压载荷高度（m）	备 注
坚硬地层或成薄层	$0\sim0.5b$	
大块的，有轻微裂隙	$0\sim0.25b$	
有轻微碎块，未活动的	$0.25b\sim0.35C^*$	$b=\dfrac{1}{2}$（跨度），m
强烈破碎，未活动的	$0.35C\sim1.1C^*$	$C=b+$净高，m
成碎块的，未解体	$1.1C^*$	适用条件：
有压力的，覆盖较薄	$1.1C\sim2.1C$	埋深$>1.5C$
有压力的，覆盖较厚	$2.1C\sim4.5C$	
有膨胀压力	可达80	
砂	$4.6C\sim1.4C$	

* 坑道位于地下水位以上时，表列值可减少 50%，该表在西欧国家应用较多。

表 6-1-32 日本公路隧道地压估算公式

岩石分类	岩 体 性 状			地 压 估 算 公 式	
	完整程度	细 节 描 述	涌水程度	顶压载荷高度 H_p （m）	侧 压
I	完整	极 坚 硬	无 水 或微量	$(0\sim0.075)B$	无
II	比较完整	中等程度的节理	微 少	$(0\sim0.075)B$	无
		岩层层状 铅垂层	少 量	$(0\sim0.075)B$	无
		水平层	微 少	$(0\sim0.15)B$	无
		倾斜层	少 量	$(0\sim0.15)B$	有
III	节理裂隙发育	裂隙发育程度中等 非脆性而为粘韧性状态	比较多量	$(0.075\sim0.105)(B+H_1)$	无
			多 量	$(0.105\sim0.33)(B+H_1)$	无或微小
IV	完全破碎	砂 状	大 量	$0.33(B+H_1)$	有
V	粘土层	挤出性 中等深度 (50~150m)	微 少	$(0.33\sim0.64)(B+H_1)$	侧压：$\frac{1}{3}H_P$ 底压：$\frac{1}{2}H_P$
		大深度 (>150m)	无 水	$(0.64\sim1.37)(B+H_1)$	侧压：$\frac{1}{3}H_P$ 底压：$\frac{1}{2}H_P$
		膨胀性	无 水	最大 75m	侧压：$\frac{1}{3}H_P$ 底压：$\frac{1}{2}H_P$

注：B—巷道跨度；H_1—巷道高度。

表 6—1—33　浅部巷道矿压计算公式

公式名称	计算图示	计算公式	符号说明	适用条件
浅部顶压计算公式	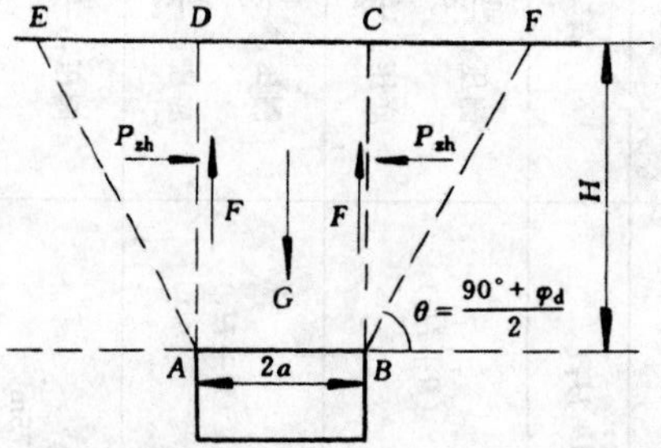	$$P_d = \gamma_d H\left[2a - H\tan^2\left(45° - \frac{\varphi_0}{2}\right)\right]\tan\varphi_0$$	P_d—沿巷道轴线每米顶压值,kN/m P_{zh}—沿巷道一侧每米巷道侧压值,kN/m γ_d—顶板岩土层容重,kN/m³ φ_0—顶板岩土层内摩擦角,(°) a—巷道掘进断面跨度之半,m λ—水平应力与垂直应力之比值	巷道两帮完整,顶部破坏 适用深度按下式决定: $$H < \frac{2a}{\tan^2\left(45° - \frac{\varphi_0}{2}\right)}\tan\varphi_0$$
太沙基(K.Terzaghi)公式	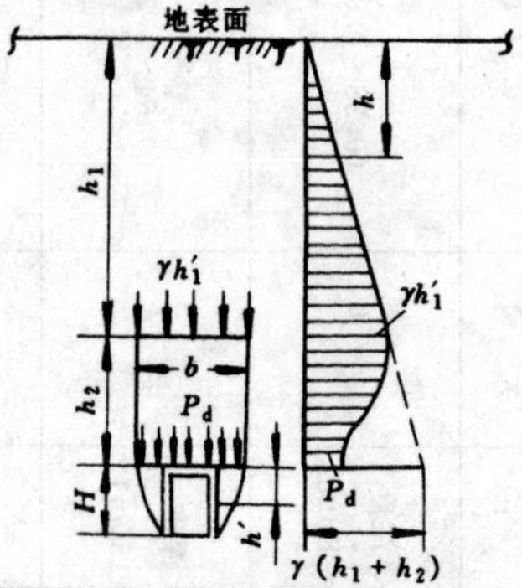	顶压: $$P_d = \frac{\gamma b - 2\tau_0}{2\lambda\tan\varphi}\left(1 - e^{-2\lambda\frac{h}{b}\tan\varphi}\right)$$ 侧压: $$P_{zh} = (\gamma h'_1 + P_d)\frac{1 - \sin\varphi}{1 + \sin\varphi}$$	γ—岩土体容重,kN/m³ φ—岩土体内摩擦角 τ_0—粘土体粘结系数,kN/m²	
我国铁道部门采用的公式	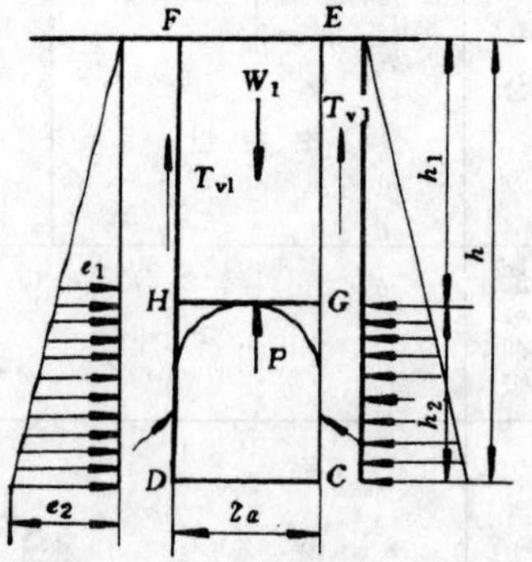	$$P_d = \gamma h_1\left(1 - \frac{H\lambda_1\tan\theta}{2a}\right)$$;当 $h_1 > \dfrac{a}{\lambda_1\tan\theta}$时 $$P_{dmax} = \frac{\gamma a}{2\lambda_1\tan\theta} = 常数$$ 式中 $$\lambda_1 = \frac{\tan\beta - \tan\theta}{\tan\beta[1 + \tan\beta(\tan\varphi - \tan\theta) + \tan\varphi \cdot \tan\theta] + \sqrt{\frac{(\tan^2\varphi + 1)\tan\varphi}{\tan\varphi - \tan\theta}}}$$ $$\tan\beta = \tan\varphi + \sqrt{\frac{(\tan^2\varphi + 1)\tan\varphi}{\tan\varphi - \tan\theta}}$$ $$P_{zh}^2 = \gamma h_1\lambda_1$$ $$P_{zh}^h = \gamma(h_1 + h_2) \cdot \lambda_1$$	P_{dmax}—单位面积顶压的最大值,kN/m² θ—沿FD及EC面未达到抗剪强度时的每单位摩擦角(表6—1—35、表6—1—36)—1—36),(°) φ—似内摩擦角,(°) P_{zh}^2—巷道上端单位面积侧压力,kN/m² P_{zh}^h—巷道下端单位面积侧压力,kN/m²	

表 6-1-34　不同围岩类型的巷道矿山压力值

类别	名　称	岩体结构特征	岩石湿抗压强度 R_b (MPa)	矿山压力 (kN/m²)	
				垂直 P_d	水平 P_{zh}
I	完整坚硬岩体	岩体完整，裂隙间距 $D>1$m	>80	0	0
II	完整中等坚硬岩体 II₁	岩体完整，裂隙间距 $D>1$m	$30\sim80$	$0.1\times(2a)\gamma$	0
	块状坚硬岩体 II₂	块状结构 $D=0.2\sim1.0$m	>80		
III	完整软岩体 III₁ 块状中等坚硬岩体 III₂ 破碎坚硬岩体 III₃	同 I 类 同 II₂ 类 碎裂结构 $D<0.2$m	$10\sim30$ $30\sim80$ >80	$0.15\times\left(2a+\dfrac{H}{2}\right)\gamma$	0
IV	块状软岩体 IV₁ 碎裂中等坚硬岩体 IV₂	同 II₂ 类 同 III₃ 类	>10 >30	$0.35\times\left(2a+\dfrac{H}{2}\right)\gamma$	$0.15P_d$
V	松　软　体	土或夹泥的断层破碎带、全风化带及破碎的软岩体等	<10	$>0.55\times\left(2a+\dfrac{H}{2}\right)\gamma$	$>0.25P_d$

注：$2a$—巷道跨距，m；γ—围岩容重，kN/m³；H—巷道高度，m。

2．松散体理论计算方法

1）浅部巷道矿压计算公式见表 6-1-33、表 6-1-34、表 6-1-35、表 6-1-36。

2）深部巷道矿压计算公式见表 6-1-37、表 6-1-38 及图 6-1-16、图 6-1-17。

表 6-1-35　巷道顶部岩土柱两侧摩擦角 θ 值

土柱内摩擦角 φ'	θ	土柱内摩擦角 φ'	θ
$<20°$	$(0\sim0.1)\varphi$	$45°\sim50°$	$(0.5\sim0.6)\varphi$
$20°\sim30°$	$(0.1\sim0.2)\varphi$	$50°\sim55°$	$(0.6\sim0.7)\varphi$
$30°\sim35°$	$(0.2\sim0.3)\varphi$	$55°\sim60°$	$(0.7\sim0.8)\varphi$
$35°\sim40°$	$(0.3\sim0.4)\varphi$	$60°\sim65°$	$(0.8\sim0.9)\varphi$
$40°\sim45°$	$(0.4\sim0.5)\varphi$	$>65°$	0.9φ

表 6-1-36　各类围岩的 θ 值

围岩类别	I	II	III	IV	V	VI
θ	7°30′	12°30′	23°	43°	60°	73°
备　注	按中国铁路隧道围岩分类表					

表 6-1-37　深部巷道矿压计算公式

公式名称	计算图示	计算公式	符号说明	适用条件
普氏公式　顶压公式	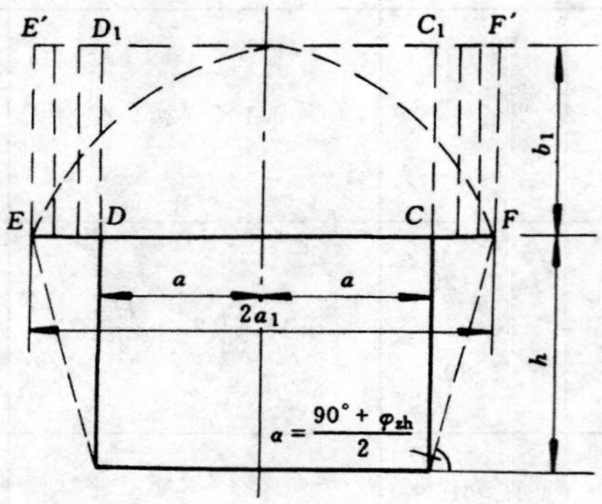	两帮破坏时：$$P_d = 2a\gamma_d$$ $$b_1 = \frac{a + h\tan\left(45° - \frac{\varphi_{zh}}{2}\right)}{\tan\varphi'_d}$$ 两帮稳定时：$$P_d = \frac{2\gamma_d a}{f_d}$$	γ_d、γ_{zh}、γ_{d1}—巷道顶板、两帮及底板围岩容重，kN/m^3 a—巷道跨度之半，m φ'_d、φ'_{zh}、φ'_{d1}—巷道顶板、两帮、底板围岩之似内摩擦角，(°) h—巷道高度，m h_0—换算高度，m $h_0 = \dfrac{b_1\gamma_d + h\gamma_{zh}}{\gamma_{d1}}$ f_d—顶板岩石坚固性系数 X_0—底板岩石颗粒能发生移动的极限深度 $X_0 = \dfrac{h_0\tan^4\left(45° - \frac{\varphi'_{d1}}{2}\right)}{1 - \tan^4\left(45° - \frac{\varphi'_{d1}}{2}\right)}$ P_d—由 EDCF 产生的被动力，kN/m D_0—由 F_{zh}、P_b 产生的压力差，kN/m N—沿巷道轴线每米巷道之底压值，kN/m a_1—压力拱跨之半，当 $f \geqslant 2$ 时，a_1 可考虑同硐跨之半 a f—岩石坚固性系数	普氏公式可用于原围岩分类中丁类岩石，也可用于丙类岩石之辅助计算。计算结果往往与实际情况有不同程度的出入
侧压公式		$$P_{zh} = \frac{1}{2}\gamma_{zh}\cdot h(2b_1 + h)$$ $$\times\tan^2\left(45° - \frac{\varphi'_{zh}}{2}\right)$$ $$b_1 = \frac{a + h\tan\left(45° - \frac{\varphi'_{zh}}{2}\right)}{\tan\varphi'_d}$$ （$f < 3$） 当 $f \geqslant 3$ 时，$P_{zh} \approx 0$		
底压公式	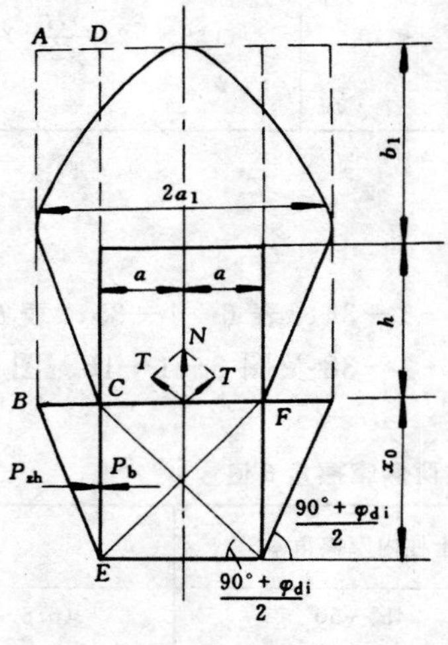	$f \leqslant 2$ 时 $$N = D_0\tan\left(45° - \frac{\varphi'_{d1}}{2}\right)$$ $$D_0 = \frac{\gamma_{d1}X_0}{2}(2h_0 + X_0)$$ $$\times\tan^2\left(45° - \frac{\varphi'_{d1}}{2}\right)$$ $$-\frac{\gamma_{d1}X_0}{2}\times\tan^2\left(45° - \frac{\varphi'_{d1}}{2}\right)$$		
太沙基公式	同表 6-1-33 相应图	$$P_d = \frac{\gamma b - 2\tau_0}{2\lambda\tan\varphi}\times\left(1 - e^{-2\lambda\frac{h}{b}\cdot\mathrm{g}\varphi}\right)$$ $$P_{zh} = (\gamma' h_1 + P_d)\times\frac{1 - \sin\varphi}{1 + \sin\varphi}$$		当 $\dfrac{h}{b}$ 值大于 5 时，P_d 式中括弧内第二项可忽略不计

表 6-1-38 安全系数(K)与载荷高度

f	K	载荷高度(m)
≥4~5	0(或防护措施)	0
3~4	1	$0.08(2a)+0.03H$
2~3	1.5	$0.19(2a)+0.08H$
1~2	2~2.5	$0.5(2a)+0.41H$
0.6	3	$1.25(2a)+1.44H$

注：表中 $2a$ 为巷道跨度，H 为巷道高度。

3）弹塑性理论结合实测数据的圆形巷道矿压计算方法见表 6-1-39、表 6-1-40 及图 6-1-16、图 6-1-17。

表 6-1-39 弹塑性理论计算公式

公 式 名 称	公 式	适 用 条 件
塑性应力平衡公式（卡斯特纳方程）	$P_1=-C \cdot \cot\varphi+(P_0+C \cdot \cot\varphi)\times$ $(1-\sin\varphi)\left(\dfrac{\gamma}{R}\right)^{\frac{2\sin\varphi}{1-\sin\varphi}}$	1. 可用于原建委围岩分类中之丙类围岩以及乙类、丁类围岩之辅助计算 2. 该式宜用于锚喷支护参数计算
塑性应力承载公式（卡柯—塔罗波方程）	$P_3=-C \cdot \cot\varphi+C \cdot \cot\varphi\left(\dfrac{\gamma}{R}\right)^{\frac{2\sin\varphi}{1-\sin\varphi}}+$ $\dfrac{\gamma\varphi(1-\sin\varphi)}{3\sin\varphi-1}\left[1-\left(\dfrac{\gamma}{R}\right)^{\frac{3\sin\varphi}{1-\sin\varphi}}\right]$	1. 适用条件同上 1 2. 该式宜用于砌碹巷道参数计算
松动压力计算公式	$P_g=K_1 \cdot \gamma-K_2 \cdot C$	同卡柯—塔罗波方程
破碎带压力计算公式	圆巷 $P_g=(R_p-r)\gamma$ 非圆巷 $P_g=\left(R_P-\dfrac{h}{2}\right)\gamma$	适用脆性岩石圆形巷道，非圆形巷道需进行等效圆换算
符 号 说 明	P_1—巷道（硐室）径向压力，kN/m^2 P_g—巷道（硐室）径向松动压力，kN/m^2 P_t—初始应力，可采用 $P_t=\gamma H$，kN/m^2（最好由测试得出） γ—围岩容重，kN/m^3 H—巷道（硐室）埋深，cm C,φ—围岩粘结强度和内摩擦角 r—巷道（硐室）半径，cm h—巷道（硐室）高度，cm	R—塑性圈半径，cm（可用超声波测试而得） P_h—巷道（硐室）拱顶径向压力，kN/m^2 $K_1、K_2$ 系数，见图 6-1-16、图 6-1-17，图中 $C_g、\varphi_e$ 为折减后的围岩粘结强度与内摩擦角，折减办法见表 6-1-40 R_p—巷道（硐室）破碎半径，cm $R_p=r \cdot \sqrt{\dfrac{\gamma H}{\gamma H\sin\varphi+C \cdot \cos\varphi}}$

表 6—1—40　岩体粘结力与内摩擦角折减办法

围岩情况	岩体裂隙充泥较多,地下水较大,施工中爆破震动造成裂隙多,永久支护不及时	岩体虽有多组裂隙,但属闭合型或很少充泥,地下水较小,支护及时	备　　注
C_g	0	$(0.2\sim0.25)C$	C、φ岩体粘结力与内摩擦角,C_g、φ_g 为折减后岩体的粘结力与内摩擦角
$tg\varphi_g$	$(0.6\sim0.7)tg\varphi$	$(0.67\sim0.8)tg\varphi$	

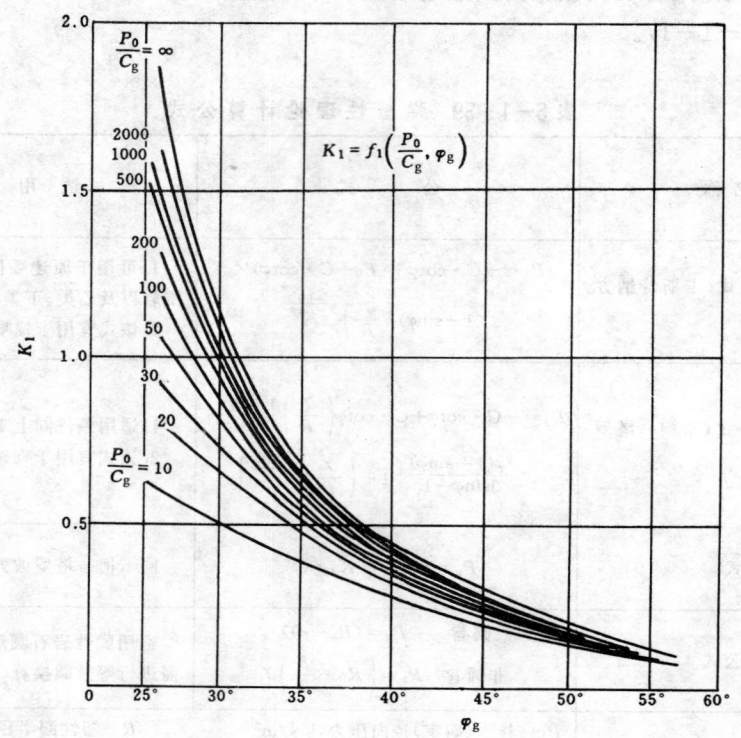

图 6—1—16　K_1 曲线图

P_0—上覆岩层压力, $P_0=\Sigma\gamma_1h_1$

二、巷道矿山压力的测试

（一）巷道矿压观测的内容

1）选择巷道布置方式：包括巷道围岩移动量；巷道维修周期；巷道维护费用等。

2）选择底板巷道合理位置：包括底板岩性及岩石抗压强度；受回采影响时，底板中沿垂直方向变化规律；各种岩巷在受采动影响时的围岩移动量。

3）选择与设计新支架：包括巷道围岩移动量；支架载荷；支架变形与错位量；支架损坏

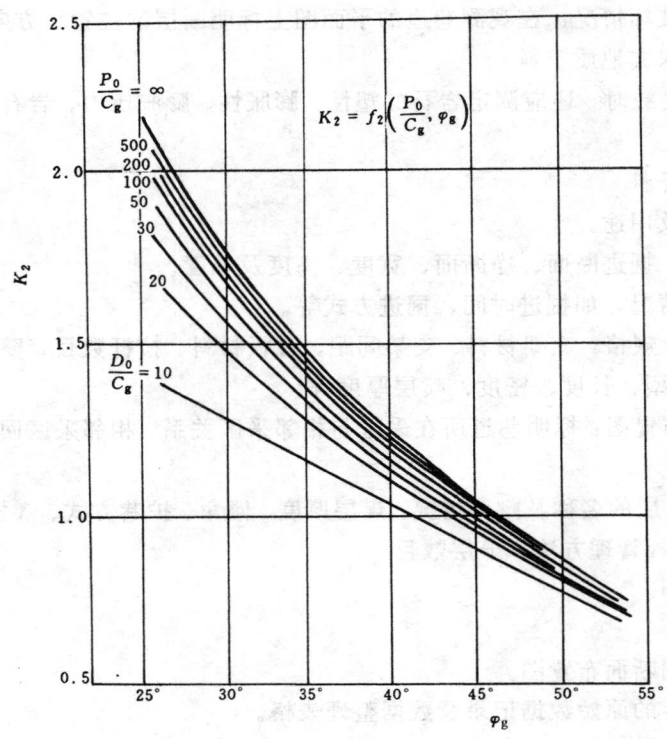

图 6-1-17 K_2 曲线图

的统计；巷道维修周期；巷道维护费用。

4）不同支架的支护效果：包括支架变形量；各种支架的维修周期；巷道维护费用。

5）锚杆支架参数的确定：包括巷道围岩松动圈半径；巷道围岩移动量；顶板离层深度、巷道冒落拱高度、锚杆锚固力。

6）锚喷支护效果：包括巷道围岩表面及深部移动量；巷道围岩及深部应力；锚杆锚固力；锚杆应变及应力；喷层离层阻力；喷层应变。

7）工作面采动对回采巷道的影响：包括受采动影响时的压力超前距离和滞后距离；距工作面不同距离处的围岩移动量和移动速度；巷道支架载荷。

8）工作面端头支护效果：包括端头支架载荷；端头区围岩移动量；端头区支架变形量；端头区围岩应力。

9）护巷煤柱尺寸的确定：包括煤柱深部应力；煤柱深部水平方向的移动距离；巷道围岩移动量；顶底板及煤帮抗压强度。

10）沿空留巷效果：包括顶底板移动量；煤帮深部移动量；支架载荷；支架变形量；支架折损统计。

（二）有关地质及生产技术资料的收集

1. 地质资料

1）地质柱状图：注明岩层名称、厚度、岩石特征；煤、岩的物理力学性质；巷道顶底板的结构特征，以及巷道的埋藏深度。

2）地质构造破坏情况：在观测巷道的平面图上标明断层的位置、方向、落差。

3）观测区的水文地质资料。

4）当巷道有底鼓时，还应测定岩石的塑性、膨胀性、膨胀压力、岩石的颗粒组成及化学成分等指标。

2. 生产技术资料

1）巷道名称及用途。

2）巷道规格：掘进断面、净断面、宽度、高度及长度。

3）巷道施工情况，如掘进时间、掘进方式等。

4）支架形式及规格，支架材料、支架间距、背板材料、拉杆数目，壁后充填方式，支架承载能力，锚杆类型、长度、密度、喷层厚度等。

5）采区巷道布置图：标明巷道所在采区与相邻采区关系，相邻采区回采情况，观测巷道位置。

6）巷道所在煤层的名称及赋存情况：煤层厚度、倾角、护巷方式、煤柱尺寸、采煤方法、工作面长度，顶底板管理方法，分层数目。

7）巷道断面图。

3. 有关图表

1）测站及观测断面布置图。

2）各观测内容的原始数据记录及数据整理表格。

（三）巷道矿压观测技术

以回采巷道矿压观测技术为例，其他巷道可以参考。

1. 巷道围岩变形的观测

1）围岩表面移动量观测技术见表 6—1—41。

表 6—1—41　巷道围岩表面移动量观测技术

观测站布置	1. 在每一条观测巷道内，测站数不得少于 3 个，各测站间距不得小于 40m 　2. 每个测站内观测断面不得少于 3 个，其间距为 1~2m 　3. 测站布置方式（右图）	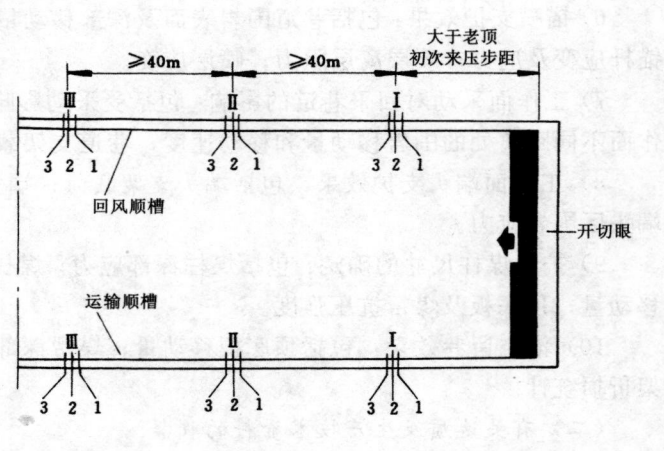

基点布置方式	1. 基点的主要布置方式是，在观测断面的顶底设置一组，两帮设置一组，共两组基点（下图） 2. 测取围岩相对移近量：顶底量测 $\overline{AC}$（$y+y'$）两帮量测 $\overline{BD}$（$x+x'$） 3. 测取顶板下沉、底臌及上（左）帮、下（右）帮移动量，可量测 $\overline{AC}$、$\overline{AB}$、$\overline{BC}$ 及 $\overline{BD}$ 或 $\overline{AC}$、$\overline{AB}$、$\overline{BD}$ 及 $\overline{AD}$	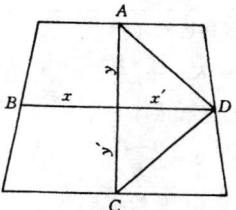 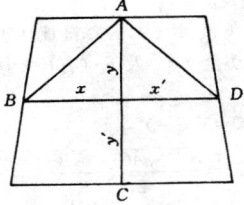
测点安设	1. 巷道刚掘成后，立即布置基点。基点应设在围岩表面比较稳固的部位，若基点被破坏应立即补上 2. 安设基点时，先在预定位置钻一个深 200～400mm 的钻孔，具体深度视围岩强度而定。孔内打入一相应长度的木桩。木桩露出的端部打入一个长度为 40mm 的特制铁钉，其头部有一个凹坑，以便支设测杆。如采用测枪时，每对基点中应有一个基点为弯钩钉（右图）	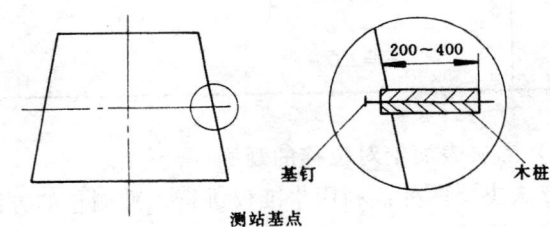 测站基点 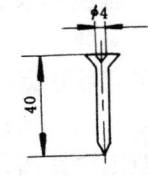 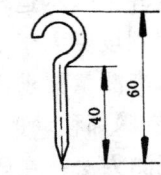 基钉
测读时间与记录	1. 测定受采动影响不明显的巷道时，总的观测时间为 5 个月 2. 测定受回采影响的巷道时，一般应在工作面前方 100m 以外设置测点；当工作面推过测点 100m 以后或围岩移动稳定时才停止观测 3. 观测频度见右表	**观测频度表** {table below}

观测频度表

巷道变形速度 （mm/d）	量测间隔时间
1	1 次/周
1～3	2～3 次/周
3	1 次/d
3～5	1 次/班
>5	2～3 次/班

观测仪器	常用的有 BHS−5/10 型测枪、DDF−2.5 型测杆、KY−80 型顶板动态仪及 DJ−Ⅰ 型顶板下沉量警报仪等
观测结果	1. 顶底板移近率（K） $$K = \frac{H - H'}{H}, \%$$ 2. 两帮移近率（S） $$S = \frac{B - B'}{B}, \%$$ 式中　H—巷道的原始高度； 　　　H'—观测高度； 　　　B—巷道的原始宽度； 　　　B'—观测宽度 3. 顶板下沉量（P）、底臌量（Q）、上（左）帮移动量（R）及下（右）帮移动量（W） $$Q = Y'_{前} - Y'_{后}$$ $$Y' = \frac{\overline{BC^2} + \overline{AC^2} - \overline{AB^2}}{2AC}$$ $$P = Y_{前} - Y_{后}$$ $$Y = AC - Y'$$ $$R = x_{前} - x_{后}$$ $$x = \sqrt{\overline{AB^2} - y^2}$$ $$W = x'_{前} - x'_{后}$$ $$x' = \overline{BD} - x$$

2）围岩表面绝对位移的观测：

方法主要两种：利用水准仪进行水准测量的方法、利用经纬仪进行导线测量的方法。另外有三点要求：

（1）从井下基本运输大巷 1 级高程控制水准点及经纬仪导线点引向位移测站；

（2）遇到坡度大于 7°的上、下山，需进行三角高程测量；

（3）水准测量要求用两次仪器沿路线往返测量，三角高程也要求往返测量。

3）围岩深部移动的观测：

（1）观测方法：在研究的围岩范围内钻孔，在孔内不同深度上设置基点。用多点位移计测量多基点的相对（一个点）移动量。用上述测量围岩表面绝对位移的方法，测量一个基点（一般是表面基点）的绝对位移量，于是便可得到所有基点的绝对位移量。

（2）基点设置：最深基点应设在巷道开挖与采动影响范围之外（一般＞12m），并应紧跟掘进工作面钻孔设点，基点安设之后，立即记录初读数。

（3）测量间隔时间，应根据工程重要性与围岩移动速度确定，以不丢失位移变化的突变点和转折点为原则，一般 3 次/d～1 次/周。

4）巷道围岩表面移动观测数据的整理：

首先以观测断面为单位，将其观测数据按一定标准取算术平均值作为测站的整理数据，再将各测站的数据取平均值作为巷道的数据。步骤如下：

（1）按测站整理。若观测断面未严格按测站区分，要求先划分测站，其两端观测断面之间的距离应大于 5m；

（2）在同一坐标系中作各测站位移折线，然后在横坐标上取点作垂线，在垂线与各折线的交点上取值求它们的平均值，并用求得的平均值在图中作移近量和速度的折线。

采动影响范围，一般取工作面前后各 100m。凡是晚设的点或由于测点破坏又重新在原来位置补设的点，都应补上设点前巷道已产生的位移量。可取本测站中相邻断面的位移量。

2. 巷道支架变形与错位的观测（表 6—1—42）

表 6—1—42　支架变形与错位的观测

项　目	说　　　明	图　　　　示
支架变形	支架变形包括支架在顶底板和两帮方向的相对变形、支护断面缩小、各构件弹性变形以及相互间的滑移 观测方法与围岩变形的观测方法基本相同。测点布置在支架构件上 测量仪器可用测枪或钢板尺	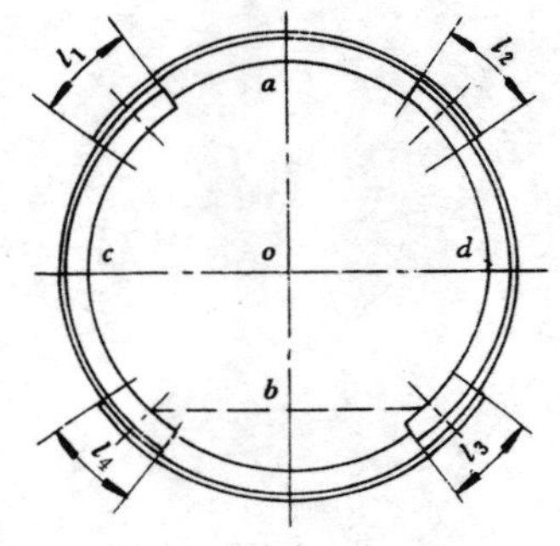 （a） 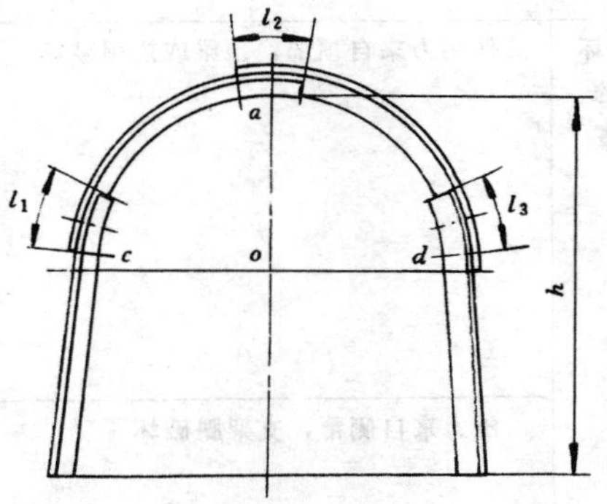 （b） 测量 l_1、l_2、l_3、l_4 及 ab、cd、ao、co、h 等值的变化量 a—圆形；b—拱形
支架错位	支架错位，即支架变形后所处的位置与原来安设位置在空间上发生的错位，包括支架沿巷道的横向错位和轴向错位 观测方法与围岩表面绝对位移的观测方法基本相同	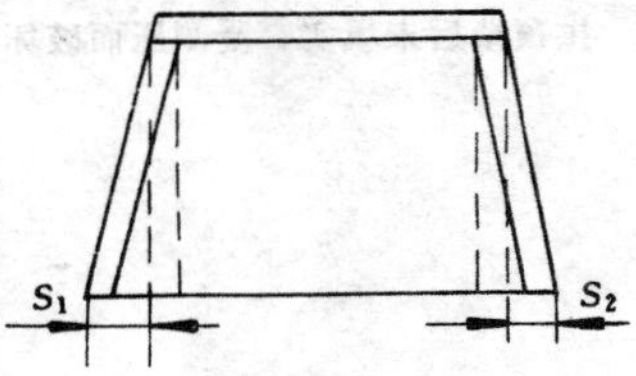 支架腿向巷内移动

项　目	说　　明	图　　示
支架错位	支架错位,即支架变形后所处的位置与原来安设位置在空间上发生的错位,包括支架沿巷道的横向错位和轴向错位 　观测方法与围岩表面绝对位移的观测方法基本相同	 支架向采空区方向错位 沿巷道轴向错位 测量 S、S_1、S_2、S_3、S_4 及 θ、θ_1、θ_2 等值
支架破坏形式的调查	作用力来自顶部,顶梁或拱顶破坏	 拱顶压平
	压力来自侧帮,支架腿破坏	
	拱顶壁后未填实,受侧压而破坏	

项　目	说　　　明	图　　　示
支架破坏形式的调查	作用力方向垂直于顶板，拱顶一侧受压破坏	
	沿空留巷中，侧压力大，拱顶侧方受压变形破坏	

3. 巷道支架压力的观测（表 6—1—43）

表 6—1—43　巷 道 支 架 压 力 的 测 量

支架形式	压力方向	测力计布置位置	图　　　示
梯形支架	垂直压力	巷道底板比较坚硬时，测力计直接布置在支架底部	
		底板比较松软时，测力计布置在支架顶部	
	水平压力	仪器与煤体，岩石（或矸石）之间应垫以传力板	

支架形式	压力方向	测力计布置位置	图　　示
拱形可缩性支架	垂直压力	底板比较坚硬时，测力计直接安在柱腿下	
	顶压及侧压	一般拱顶上方与棚腿外侧都安测力计，而且仪器与煤（岩）壁之间加垫传力板	
圆形可缩性支架	围压	支架顶底及两帮都安设测力计	
沿空留巷巷旁支护	顶压	密集支柱测力计的安装	

支架形式	压力方向	测力计布置位置	图　　示
沿空留巷巷旁支护	顶　压	料石垛中测力计安装	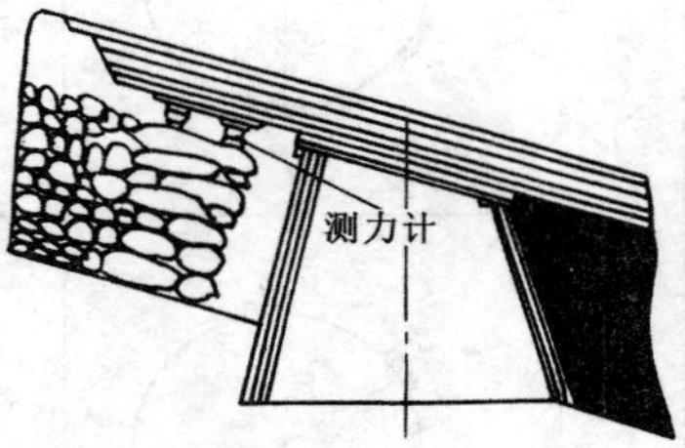

4. 锚喷支护参数的测量（表 6—1—44～表 6—1—47）

表 6—1—44　锚　固　力　的　测　量

目　　的	1. 检查锚杆施工质量 2. 研究改进锚杆的锚固力 3. 对比各种锚杆锚固力
锚固力的定义及相互关系	锚固力：使锚固部件滑移量不大于 10～15mm 时的拉力 屈服力：使杆体产生屈服变形的拉力 拉断力：使杆体断裂的拉力 屈服或拉断力应稍高于锚固力，否则无法测得锚固力 总之，按下列原则为宜： 屈服性材料　　锚固力≤屈服力 非屈服性材料　　锚固力≤拉断力
测量原理图示	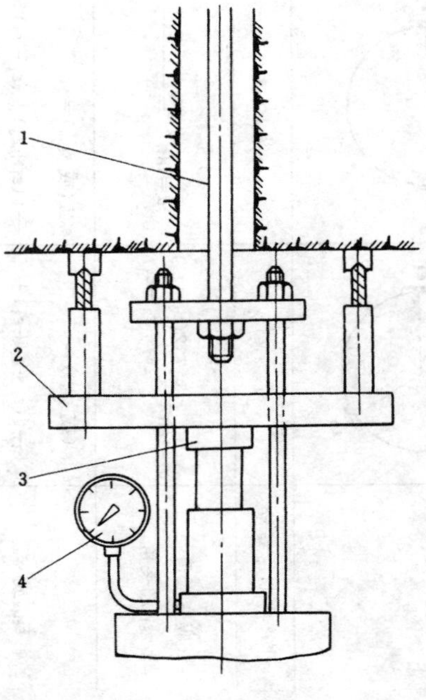 1—锚杆； 2—拉力变换架； 3—千斤顶； 4—压力表

表 6-1-45　锚杆杆体轴向合成应变计算公式

布片方式	三应变片	四应变片		六应变片		
图示	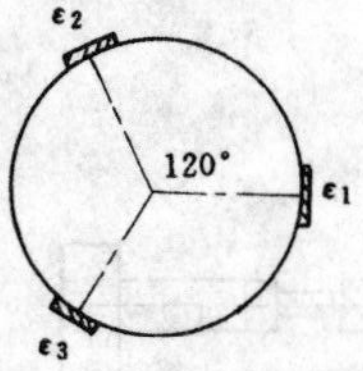 120°	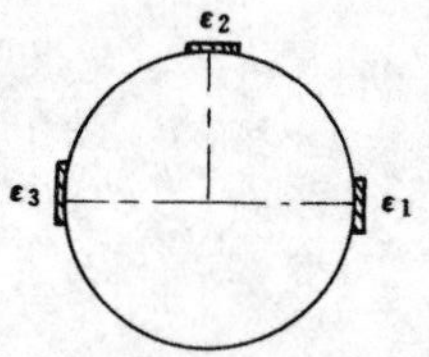 (十字布片)	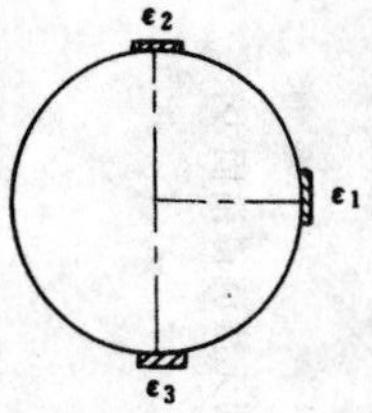 (十字布片)	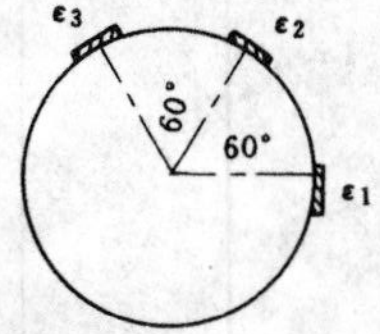 60°／90°	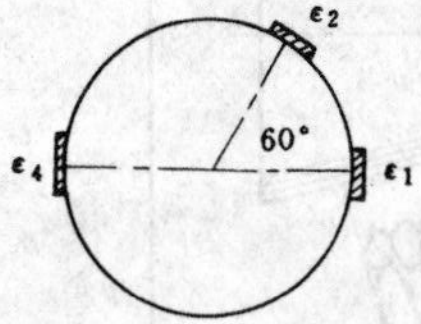 60°	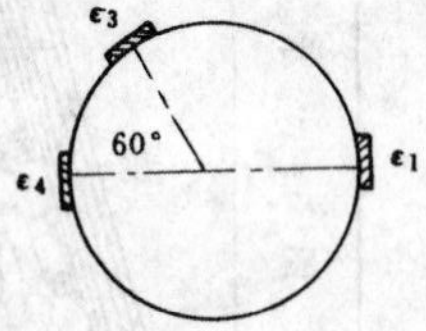 60°
计算应变片编号	$\varepsilon_1,\varepsilon_2,\varepsilon_3$	$\varepsilon_1,\varepsilon_2,\varepsilon_3$	$\varepsilon_1,\varepsilon_2,\varepsilon_3$	$\varepsilon_1,\varepsilon_2,\varepsilon_3$	$\varepsilon_1,\varepsilon_2,\varepsilon_4$	$\varepsilon_1,\varepsilon_3,\varepsilon_4$
应变极值与 ε_1 之夹角 θ	$\theta=\tan^{-1}\dfrac{1.732(\varepsilon_2-\varepsilon_3)}{2\varepsilon_1-\varepsilon_2-\varepsilon_3}$	$\theta=\tan^{-1}\dfrac{2\varepsilon_2-\varepsilon_1-\varepsilon_3}{\varepsilon_2-\varepsilon_1}$	$\theta=\tan^{-1}\dfrac{3\varepsilon_2-2\varepsilon_1-\varepsilon_3}{\varepsilon_2-\varepsilon_3}$ 0.577	$\theta=\tan^{-1}$ 0.577$\dfrac{3\varepsilon_2-2\varepsilon_1-\varepsilon_3}{\varepsilon_2-\varepsilon_3}$	$\theta=\tan^{-1}$ 0.577$\dfrac{4\varepsilon_2-3\varepsilon_1-\varepsilon_4}{\varepsilon_1-\varepsilon_4}$	$\theta=\tan^{-1}$ 0.577$\dfrac{4\varepsilon_3-3\varepsilon_4}{\varepsilon_1-\varepsilon_4}$
ε_{max} 或 ε_{min} 计算公式	$\varepsilon_{max}(\text{或}\varepsilon_{min})=$ $\frac{1}{3}[(\varepsilon_1+\varepsilon_2+\varepsilon_3)+(2\varepsilon_1-\varepsilon_2-\varepsilon_3)\cos\theta+1.732(\varepsilon_2-\varepsilon_3)\sin\theta]$	$\varepsilon_{max}(\text{或}\varepsilon_{min})=$ $\frac{1}{2}[((\varepsilon_1+\varepsilon_3)+(\varepsilon_1-\varepsilon_3)\times\cos\theta+(2\varepsilon_2-\varepsilon_1-\varepsilon_3)\times\sin\theta]$	$\varepsilon_{max}(\text{或}\varepsilon_{min})=$ $\frac{1}{2}[(\varepsilon_2+\varepsilon_4)+(2\varepsilon_1-\varepsilon_2-\varepsilon_4)\cos\theta+(\varepsilon_2-\varepsilon_4)\sin\theta]$	$\varepsilon_{max}(\text{或}\varepsilon_{min})=$ $\frac{1}{2}[(\varepsilon_1+\varepsilon_3)+(2\varepsilon_1-\varepsilon_2-\varepsilon_3)\cos\theta+0.577(3\varepsilon_2-2\varepsilon_1-\varepsilon_3)\sin\theta]$	$\varepsilon_{max}(\text{或}\varepsilon_{min})=$ $\frac{1}{2}[(\varepsilon_1+\varepsilon_4)+(\varepsilon_1-\varepsilon_4)\cos\theta+0.577(4\varepsilon_2-3\varepsilon_1-\varepsilon_4)\sin\theta]$	$\varepsilon_{max}(\text{或}\varepsilon_{min})=$ $\frac{1}{2}[(\varepsilon_1+\varepsilon_4)+(\varepsilon_1-\varepsilon_4)\cos\theta+0.577(4\varepsilon_3-3\varepsilon_4)\sin\theta]$
轴向合成应变作用点至边距离		$\bar{Z}=\dfrac{d}{3}\cdot\dfrac{\varepsilon_{max}+2\varepsilon_{min}}{\varepsilon_{max}+\varepsilon_{min}}$				
合成应变计算公式		$\varepsilon_1=\dfrac{\pi d^2}{4}\cdot\dfrac{(\varepsilon_{max}+\varepsilon_{min})}{2}=0.3927d^2(\varepsilon_{max}+\varepsilon_{min})\ (d\text{—杆体直径})$				
备注	任意 1 片以上失效，则无法计算	任意连续 3 片有效，可按上式计算，但需注意调整脚标与上式一致	任意 1 片失效，可按上式计算，但需注意调整脚标与上式一致	任意连续 3 片有效，可按上式计算	任意连续 4 片之第 3 片失效，可按上式计算	任意连续 4 片之第 2 片失效，可按上式计算
				任意各同隔 1 片之应变片三应变片有效，计算公式同三应变片		

表 6—1—46 锚杆杆体受力测量方法

杆尾测力法	在杆尾托板、垫圈之间装置一测力计。测力计可用简易的特制硬橡胶圈，游标卡尺测读其压缩量变化；或用液压测力计由压力表直接读数；或用电阻片式测力计，由电阻应变仪测读应变变化 预先进行相应标定及调整好初读数，即可测得杆体拉、压力变化
杆体串联振弦法	将杆体中部截断后串接一个振弦式锚杆测力计。振弦位于杆体中心线上，预先调整好振弦初始频率，即可用钢弦频率仪测量振弦频率增减变化，从标定曲线查出杆体拉、压力变化
杆体表面贴片法	在杆体上、中、下部（或只在中部稍偏下部）沿圆周，顺轴向贴 4 片（至少 3 片）或 6 片电阻应变片，用电阻应变仪测量每片应变值。然后根据表 6—1—45 所列公式计算杆体轴向合成应变大小

表 6—1—47 巷 道 喷 层 应 力 测 量

方法分类			要　　点	图示及计算公式	适用条件	主要仪器
光弹应力计法			普通光经偏振镜而偏振。偏振光通过光敏材料时沿主应力方向产生双折射现象，再经检偏镜干涉合成黑白明暗或彩色图像。将空心圆柱形玻璃制光弹应力计粘面于喷层，随受力增加在小孔斜 45°对角线点依次出现"黄—红—蓝"色。应力继续增加，"黄—红—蓝"色周而复出现，每出现一轮称为一级条纹，相应应力，称为条纹值。条纹值在地面标定好，在井下观测条纹级数，据条纹值换算应力大小。主应力方向则为对称条纹图案的对称轴方向	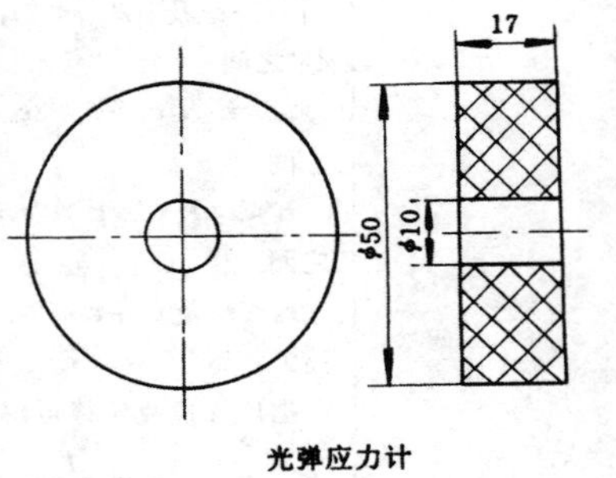 光弹应力计	1. 施工期间有条件安装光弹应力计 2. 安装地点始终易于观测 3. 不受潮湿影响，可长期观测	WZF 型反射式光弹仪或手持式光弹仪
应变花法	电阻应变片应变花	直读法	将大基距（100mm）电阻应变片用 502 胶或环氧树脂粘结剂在喷层表面粘固成等边三角形应变花。用电阻应变仪读取初读数，并定期测读各片应变变化，然后根据右栏公式计算主应力大小和方向	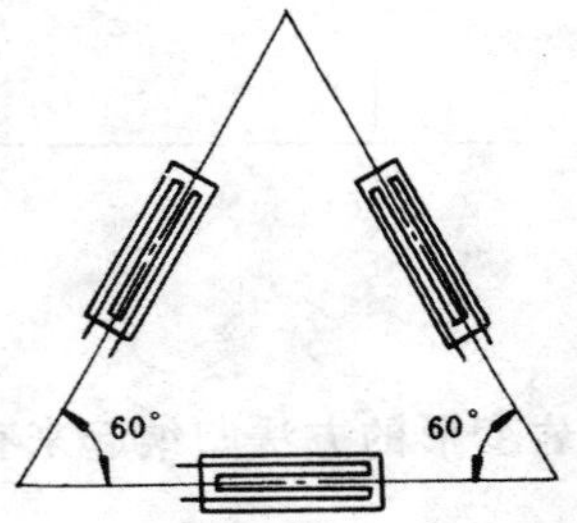 电阻应变片应变花	1. 施工期间有条件安装应变花 2. 防潮不易，难以进行数月以上的长期观测	YJSK 型或 KJY 型静态电阻应变仪

方法分类		要 点	图示及计算公式	适用条件	主要仪器
电阻应变片应变花	应力解除法应变花	应变花型式同上，但迟后一段时间才粘贴测读。此时不知喷层初应变大小，故需在应变花外套钻，使与周围喷层脱离而卸载。卸载后，应变片读数与喷层真实应变的大小相等，而方向相反 套钻直径为应变花尺寸之二三倍，深度为 1 倍	 **百分表应变花**	施工期间未安装应变花，而事后需要测定喷层应力时用之	除上述的电阻应变仪之外，尚需要套钻设备（视现场条件而定）
应变花法	百分表应变花	将精制六角螺母粘固于喷层表面等边三角形顶点作测点。以带接长杆的百分表量测螺母间距离变化，求出各边应变。然后按右栏公式计算主应力大小和方向	$\left.\begin{array}{r}\text{最大主应变 }\varepsilon_1\\\text{最小主应变 }\varepsilon_2\end{array}\right\} = \dfrac{\varepsilon_a + \varepsilon_b + \varepsilon_c}{3} \pm \dfrac{\sqrt{2}}{3} \times$ $\sqrt{(\varepsilon_a - \varepsilon_b)^2 + (\varepsilon_b - \varepsilon_c)^2 + (\varepsilon_c - \varepsilon_a)^2}$ 最大主应变方向 $$a = \frac{1}{2}\operatorname{tg}^{-1}\frac{\sqrt{3}\,(\varepsilon_b - \varepsilon_c)}{2\varepsilon_a - \varepsilon_b - \varepsilon_c}$$ a 为由 ε_a 按逆时针方向量至 ε_1 之角度，且当 $\varepsilon_b > \varepsilon_c$ 及 $\varepsilon_b + \varepsilon_c < 2\varepsilon_a$ 时，a 为正，在 $0°\sim$ $45°$ 之间 $\varepsilon_b > \varepsilon_c$ 及 $\varepsilon_b + \varepsilon_c > 2\varepsilon_a$，$a$ 为负，在 $45°\sim90°$ 之间 $\varepsilon_b < \varepsilon_c$ 及 $\varepsilon_b + \varepsilon_c > 2\varepsilon_a$，$a$ 为正，在 $90°\sim135°$ 之间 $\varepsilon_b < \varepsilon_c$ 及 $\varepsilon_b + \varepsilon_c < 2\varepsilon_a$，$a$ 为负，在 $135°\sim$ $180°$ 之间 据广义虎克定律可解得最小主应力 $$a_2 = \frac{E}{1 - \mu^2}(\varepsilon_2 + \mu\varepsilon_1)$$ 最大主应力 $$\sigma_1 = E\varepsilon_1 + \mu\sigma_2$$ E—喷混凝土弹性模量 μ—喷混凝土波松比	施工期间有条件安装应变花 百分表精度不及电阻应变片或钢弦，但因测点间基离距可取大至 $400\sim500$ mm，故亦有足够的量测精度	通用的百分表

三、巷道矿山压力控制

控制巷道矿山压力和围岩变形的方法归纳起来有巷道布置、巷道保护、巷道卸压及巷道支护等四大类。

1. 巷道布置

从矿山压力控制出发，对巷道布置的要求和建议如下：

1）巷道布置应避免回采引起的支承压力的强烈作用，缩短支承压力的影响时间；

2）避免支承压力作用的有效方法是将巷道布置在已采空区下方或采空区内；

3）开采邻近煤层时，尽可能采用上部煤层预先开采，或者跨越下部巷道回采，使巷道位于上部煤层采空区下方；

4）开采邻近煤层时，上部煤层应采用无煤柱开采，不应遗留煤柱，尤其应尽量避免多侧采空的煤柱对下部煤层的开采和巷道维护的严重危害；

5）邻近煤层开采后如遗留煤柱，则回采巷道不应布置在煤柱的下方或上方；

6）相邻煤层开采时，保护上（下）山和石门的煤柱，上、下应重叠布置；

7）位于采空区下方的巷道，要注意勿紧靠承受强大支承压力的煤柱，应与煤柱边缘之间保持一定的水平距离，底板岩巷还应与上部煤层之间保持一定的垂直距离；

8）相邻区段间尽可能不留区段煤柱，采用无煤柱护巷；

9）应尽量避免或减少相邻巷道之间互相影响，以及巷道密度过大对煤柱的破坏；

10）应尽量避免在正在采动的回采空间附近（支承压力显现最强烈时期）布置和开掘巷道，尤其应避免对着回采工作面推进方向掘进巷道；

11）应尽量待回采空间上覆岩层运动及回采引起的应力分布趋向稳定后，再在回采空间附近开掘巷道；

12）回采工作面推进方向尽可能做到向着实体煤层和背着已采区，以避免工作面前方煤体上支承压力的叠加；

13）区段的回采顺序尽可能自上而下进行，以保证工作面运输巷不受支承压力的叠加影响。同时保证采区上（下）山服务期间受采动影响的期限，尤其是两侧采动的期限最短；

14）应将巷道布置在比较稳定的岩层或煤层内，尽量减少水对松软和易膨胀岩层的影响；

15）选择巷道位置时，如诸因素有矛盾时，应首先确保巷道布置在稳定的围岩内；

16）尽可能不沿岩层背斜或向斜底部，及平行于断层布置巷道，应尽量垂直于断层带及背斜或向斜布置巷道；

17）巷道的轴线方向尽可能平行构造应力场的最大主应力方向，避免巷道轴线与最大主应力方向相垂直；

18）回采巷道与回采工作面应保持垂直。否则有碍回采工作和易发生顶板事故。

2．巷道保护

从矿山压力控制出发，对巷道保护的要求和建议如下：

1）采区内区段之间尽可能不留煤柱，即回采巷道尽可能采用无煤柱护巷；

2）在开采厚煤层上分层、邻近煤层的上部煤层，以及使用底板岩巷的布置方式时，回采巷道应采用无煤柱护巷；

3）沿空掘巷须在回采空间上覆岩层运动和采动引起的应力分布趋向稳定后，才沿采空区边缘掘进，通常应滞后工作面3个月或200m以上。尤应避免对着回采工作面推进方向沿空掘巷；

4）在厚煤层和厚度较大的中厚煤层内通常以沿空掘巷较为经济，除非因上、下区段回采工作面接续急需等才采用沿空留巷。在薄煤层内通常可采用沿空留巷；

5）沿空留巷在煤层开采厚度较大时，需在巷旁砌筑结构物，采用泵送高水发泡材料可提高巷旁充填的质量和机械化程度；

6）煤柱宽度决定着巷道与回采空间之间的距离，从而决定回采引起的支承压力对巷道的影响程度。煤柱宽度应根据回采深度、煤层的厚度及煤层和围岩的稳定性、周围的采动状况、煤柱内巷道的密集度、以及巷道服务期限等诸因素来确定；

7）煤柱的形状和尺寸对它的稳定性影响很大，务必减少对煤柱的切割；

8）对于服务年限较长的采区上（下）山，主要石门及主要大巷，以不受回采引起的支承压力强烈影响为准，可适当加大煤柱宽度，在巷道废弃时再回收煤柱。

3. 巷道卸压

由于条件限制，无法将巷道布置在低应力区内时，必要时可采用人为卸压，以减免掘巷和回采引起的应力集中。巷道人为卸压的措施如下：

1）位于松软岩层内邻近回采工作面的重要硐室，若须避免回采引起的支承压力的作用，可采用在巷道顶部的岩层或薄煤层内开挖卸压槽的措施；

2）在强烈底鼓的松软岩层内，可采用先使底板松动爆破卸压，然后灌浆加固的措施；

3）在底板松软的薄煤层内布置巷道，采用宽面掘巷，可减少巷道的强烈底鼓；

4）巷道两帮赋存松软的岩层或薄煤层，可采用掘巷时挖掉软岩，然后进行充填的措施。

4. 巷道支护

为了有效地控制矿山压力，发挥支护效能，巷道支护选型应注意以下各项：

1）围岩性质是影响巷道稳定性诸因素中最为重要的因素，最大限度地利用围岩的自稳能力是提高巷道稳定性的重要手段；

2）在软岩中更需注意使巷道具有较稳定的断面形状，一般情况下，刚性和可缩性拱形支架的宽度与高度的比值可取 1.2～1.5。如果预计顶板下沉量较大，则可取 1.2～1.3；如两帮移近量较大，则宽高比可取 1.4～1.5；

3）应积极发展煤岩加固技术，采用人为加固巷道围岩的方法，对裂隙发育的围岩进行注浆，使松散岩块固结成完整岩体，可明显提高围岩的稳定性；

4）采用喷射混凝土封闭围岩，可提高围岩的自稳能力，与锚杆、金属网等配合应用，结构参数可灵活掌握，围岩自稳效果良好；

5）尽量扩大锚杆支护的使用范围，在围岩变形量大，岩层松软及受采动影响的巷道内，可采用锚梁网（锚杆、型钢梁和金属网），锚喷网（锚杆、喷浆和金属网），锚托网（锚杆、托板和金属网）等联合支护，以及采用桁架式锚杆和可拉伸锚杆，使锚杆作用得以充分发挥；

6）采用架后充填可弥补现有被动承载支护的缺陷。使支架及早均匀承载，提高承载能力，以及封闭围岩等，充分发挥支架对围岩的支护作用；

7）拉杆与背板等构件能将单独的框式支架组合成整体，对提高支架整体承载能力十分重要，如采用架后充填，则成效更加显著；

8）应紧随掘进及早支护，设法提高支架的初撑力，对控制围岩变形有重要作用；

9）对围岩变形量大的巷道应采用可缩性支架，一般情况下，支架的缩量不小于 400mm。松软围岩的支架缩量应大于 800mm；

10）对围岩松软的巷道，支架应具有增阻－恒阻的特性，支架的增阻速度应不小于 3kPa/min，恒阻阶段支架对围岩的阻力应不小于 0.2～0.3MPa；

11）梯形支架通常只适用于中、小断面和压力不大的巷道，否则应采用拱形支架，在底板容易膨胀的岩层内，应采用封闭式支架；

12）在围岩松软的巷道内，支护须适应掘进初期的急剧变形，有效地控制围岩持续不断的流变及防止环境变化而引起围岩再次急剧变形；

图 8-1-19　巷道支架

1—钢筋水泥支架；2—π形工钢梯形支架；3—π形工钢梯形支架（有中柱）；梯形金属可缩支架；4—梯形混凝土支架；5—π形工钢梯形支架（工字梁）；6—金属拱形可缩支架（封底）；7—混凝土砌碹；8—工字钢环形封闭支架；9—环形金属可缩支架；10—工字钢弧形顶梁支架；11—环形锚喷支架；12—混凝土弧形顶梁支架；13—金属拱形可缩支架；14—混凝土砌碹喷锚支架；15—锚喷弧形支架；16—混凝土砌碹支架；17—混凝土弧形顶梁支架（封底）；18—U形钢梯形支架；19—砌碹环形支架；20—金属环形可缩支架（封底）；21—U形钢弧形支架；22—金属环形封闭支架；23—砌碹环形

13）为了有效控制软岩巷道的矿山压力，通常可采用二次支护和联合支护的方式，采用锚杆和喷浆作为临时支护，以提高围岩的自稳能力，U 型钢或大弧板等作为永久支护，并在支架与围岩之间采用泵送充填，形成"先柔后刚"，利用围岩自稳能力，具有高支撑力、整体性和封闭式的支护体系；

14）对巷道围岩的变形量和变形特征进行预测，据此选择支架形式、结构和有关参数，实现巷道支架在服务期间不需翻修，是巷道支护的发展方向。

第四节 巷 道 支 护

一、巷道支护的分类及选型要求

（一）对巷道支架的要求

1）在巷道整个服务期间，支架能承受住围岩压力而不破坏，保证正常使用的断面面积，并有良好的技术经济指标。

2）有助于生产活动的正常进行。

3）在受采动影响等情况下，支架要具有合适的工作阻力和可缩性。

4）在支设以后，支架应尽快达到承载能力。

5）有良好的工作特性。当支架达到极限承载能力时，其变形应是逐渐发生，避免突然破坏，以保证人员和设备的安全。

6）支架尽可能少占巷道空间且风流阻力系数小。

7）支架构件应具有一定的抗压、抗拉和抗剪强度，以适应井下拉伸、弯曲、压缩、剪切、扭转等复杂的受力状态。材料的抗弯截面模数 W_x 和 W_y 应比较接近。

8）支架材料的机械性能和物理化学性能稳定，要能防腐、防锈、无毒。

9）制造工艺简单，零部件互换性好，且便于组装、保管、拆卸和运输，并尽可能满足支护机械化的要求。

10）支架的材料费，制造费，运输、架设和维修费用总和最低。

（二）巷道支架选型条件

1）巷道类型和用途；

2）巷道的服务年限；

3）巷道围岩的物理力学性质；

4）巷道埋深、围岩状况及地质构造；

5）巷道的断面形状；

6）巷道布置与护巷方式；

7）巷道的施工方法；

8）材料选择、加工条件及技术经济合理性等。

（三）巷道支护分类

巷道支护分类见图 6—1—18。

（四）主要支护形式

主要支护形式见表 6—1—48、图 6—1—19。

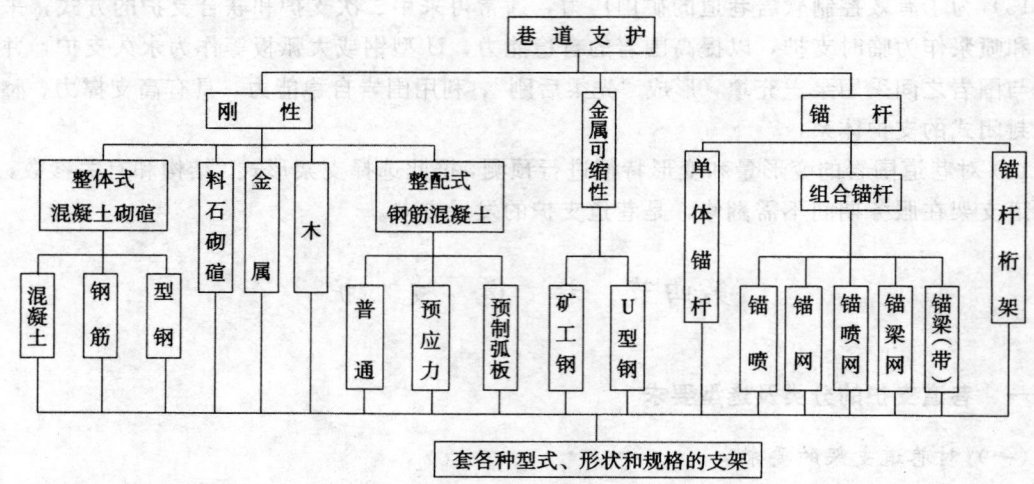

图 6—1—18 巷道支护分类

表 6—1—48 主 要 支 护 型 式

支架型式	适 用 条 件 及 优 缺 点
金属支架	适用条件：煤矿井下的各种巷道，以及交岔点、马头门、井底车场和硐室的支护 优点： 1. 适应性强，承载能力大 2. 可加工性好，用矿工钢与U型钢可加工成各种形式的支架 3. 支架构件在达到屈服强度以后塑性工作范围大，安全性好 4. 易修复，可多次复用，经济效果好 缺点：初期一次投资大，用钢量多
钢筋混凝土支架	适用条件：压力大、不受回采影响的开拓巷道和准备巷道 优点： 1. 承载能力大 2. 结构简单。有两种形式，即梯形钢筋混凝土支架和拱形钢筋混凝土支架。其结构都由一个顶梁、两根柱腿组成 3. 预应力钢筋混凝土支架，承载能力高、构件重量小 缺点：与其他支架相比重量较大
锚杆及组合锚杆支护	适用条件：不受采动影响和某些受采动影响的巷道，以及同其他支护形式相结合支护的各种巷道 优点： 1. 锚杆支护是一种积极的支护形式，它能提高巷道围岩自身稳定性和承载能力，并与围岩构成共同承载的整体，有效地支护巷道围岩 2. 重量轻，省材料，易安装，成本低 3. 锚杆支护本身所占的巷道断面比其他棚式支护少得多。棚式支架支护时的掘进超控量约占设计断面的15%～20%，而锚杆支护的掘进超控量只在3%以下 4. 与相应的机械配套，锚杆支护可提高掘进速度 5. 易解决紧跟掘进工作面支护问题 缺点： 支护参数不易准确确定

续表

支架型式	适 用 条 件 及 优 缺 点
联合支护	联合支护的形式： 1. 锚杆＋喷射混凝土 2. 锚杆＋金属网＋喷射混凝土 3. 锚杆＋钢带（梁） 4. 锚杆＋金属网＋钢带 5. 锚杆＋喷射混凝土＋金属支架＋喷射混凝土 特点：根据具体条件确定合适的支护技术，可以取得较好的技术经济效果
砌碹支护	适用条件：煤矿井下的不受回采影响、服务期长的巷道 优点：本身是连续整体，对围岩能起封闭并防止风化作用。较坚固、耐久、防火、阻水、通风阻力小 缺点：主要承受顶压、对顶压不均匀或不对称，以及侧压较大的情况，受力较差，易出现裂缝

（五）临时支护与永久支护

有些巷道需要临时支护，在适当的时机改为永久支护。一般临时支护的特点是，服务年限短，并常常是紧跟掘进工作面，以保护施工人员的安全；除锚喷支护以外，临时支架均可回收复用；若用锚喷作为临时支护，可作为永久支护的一部分。

永久支护是根据设计图纸的规定进行施工的，服务年限长，一般不可能回收复用。根据永久支护结构的特点，可分为锚杆支护、装配式支护和整体式支护 3 种。

1. 临时支护种类和特点

临时支护种类和特点见表 6—1—49。

2. 永久支护种类和特点

永久支护种类和特点见表 6—1—50。

表 6—1—49　临时支护种类和特点

种 类 与 图 示	特 点	适用范围
锚喷支护 1600 50	1. 节省坑木 2. 支护可紧跟工作面，不留空顶，有利于安全 3. 既是临时支护，又是永久支护的一部分，经济安全 4. 喷射时粉尘浓度较大，需加强防护措施，例如可采用湿喷或湿喷新工艺或佩戴防尘用具	1. 岩石破碎，特别是风化性岩石 2. 遇水遇风即膨胀或变质的岩石

续表

种 类 与 图 示	特 点	适用范围
锚杆支护 	1. 支护简单,节省材料 2. 可以根据岩石情况确定锚杆数量及排列方式 3. 可配合大托板或金属网,以扩大维护顶帮面积	1. 非风化性岩石 2. 岩石虽破碎,但不很严重
金属拱形支架 	1. 采用 22kg/m 旧钢轨、槽钢或矿用工字钢制作,一般可分成4节 2. 坚固耐用,节省坑木	1. 围岩较稳定,压力中等的巷道 2. 巷道规格单一,越长越经济
金属拱形无腿支架 1—支架;2—半圆垫板;3—圆垫木;4—托钩	1 采用 22kg/m 钢轨或其他小型钢材制作,用托钩承托 2. 因无腿、不妨碍砌墙工作,简化了工序,有利于安全 3. 不易被掘进放炮所崩倒	1. 适用于两帮岩石较为稳定的巷道 2. 巷道规格单一,变化小

种　类　与　图　示	特　　点	适用范围
梯形木支架 1—棚梁；2—棚腿；3—楔子；4—刹杆；5—撑木	1.加工简单，可在井上或井下加工 2.对岩石较破碎，压力较大的巷道适应性强 3.为节省坑木，应尽可能不采用	1.岩石较破碎，地压较大的巷道，特别是有冒顶危险的巷道 2.长度不大，但断面变化多的巷道
无腿木支架 1—棚梁；2—刹杆；3—托钩	1.使用灵活方便，井下可现加工 2.支架的长短可视具体情况而定 3.一般少量使用或局部处理用	1.适用于巷道两帮较稳定的岩石 2.个别或局部地区需要处理的巷道
前探支护 1—矿工钢；2—支架顶梁；3—被悬吊的支架顶梁； 4—卡子；5—螺栓；6—吊钩	1.没有空顶距，能将顶梁送至工作面，及时支撑顶板，安全性好 2.可以在未立柱腿之前先将顶梁架好并背严 3.可避免放炮崩倒棚子	适用于围岩破碎，顶板易于冒落的巷道

续表

种类与图示	特点	适用范围
盘式支架 1—托钩；2—顶柱；3—盘梁；4—盘柱	1. 倾角大、不能采用普通支架的巷道 2. 支架由 3 根圆木组成，靠底板一侧由于出碴需要，不设盘梁 3. 每隔一定距离（如 10 架左右），必须用托钩将盘柱固定在岩帮上 4. 有利于工作面蹬盘作业	倾角大于 45°的上山

表 6—1—50　永久支护种类和特点

分类	支护形式	特点	适用条件
锚喷支护	1. 单一锚杆 2. 喷浆 3. 喷射混凝土 4. 锚喷 5. 锚网喷 6. 锚网钢带 7. 锚网钢带喷 8. 锚杆桁架 9. 与棚式支架联合支护	1. 各种支护形式，可以单独使用，也可以联合使用 2. 具有速度快、效率高、成本低、节约木材和钢材等优点，是发展最快的支护新技术 3. 粉尘浓度较大，是目前攻关课题之一 4. 锚喷施工与掘进施工间隔时间必须严格掌握，以防围岩松动	除岩石膨胀严重、矿压特大以及煤质松软、顶板破碎的条件外，均可采用
装配式支护	1. 金属支架 2. 钢筋混凝土支架	1. 支架型式很多，地面加工，井下现场安装 2. 架设效率较高 3. 矿压大时可做成可缩性	1. 围岩压力中等 2. 岩石膨胀挤压现象不严重 3. 可缩性支架可用于受采动影响的巷道
整体式支护	1. 混凝土砌碹 2. 钢筋混凝土砌碹 3. 混凝土砌块 4. 料石或毛石砌碹	1. 现场浇注或砌筑，效率低，材料损耗大 2. 进度慢，成本高 3. 机械化程度低，劳动强度大 4. 适应性强	1. 矿压大、松软破碎的不稳定岩层 2. 各种硐室和巷道 3. 服务年限较长

二、刚性支护

（一）刚性金属支架

1. 刚性金属支架形式（表 6—1—51）

表6—1—51　刚性金属支架形式

型 式	图 示	材 料	备 注
梯形		各种矿工钢	接榫结构见图6—1—20 支架系列见表6—1—52
拱形		各种矿工钢或旧钢轨	 矿工钢连接方式 1—矿工钢；2—螺栓； 3—金属夹板
圆形		各种矿工钢或旧钢轨	

2. 矿用工字钢梯形刚性支架

这种支架在中国的巷道金属支架系列中采用两种型号的矿用工字钢（11号和12号），共有15种规格尺寸，见图6—1—20和表6—1—52。

（二）砌碹支架

（1）支架形式（表6—1—53）。

（2）拱形砌碹支架结构类型与适用范围（表6—1—54）。

（3）拱形砌碹巷道支护厚度的估算和掘砌工程量计算。

巷道支护厚度估算的经验公式见表6—1—56～表6—1—58，经验数据见表6—1—59～表6—1—61。每米半圆拱及三心拱断面巷道掘砌工程量的计算公式见表6—1—62。

表 6—1—52　梯形刚性支架系列
(MT143—86)

序号	支架型号	型钢号	巷道断面参数					支架结构参数						支架质量 (kg)			
			净高 H_1 (mm)	上顶宽 B_3 (mm)	下底宽 B_4 (mm)	净断面 S_1 (m²)	掘进断面 S_m (m²)	H (mm)	B (mm)	H_1+H_4 (mm)	L_1 (mm)	L_2 (mm)	α (°)	型钢	底座	接榫	总重
1	$5T_1$-3	I 11	2000	2000	2700	4.7	5.7	2310	2920	2200	2300	2230	80	176	3.0	8.0	187
2	$5T_2$-3	I 11	2200	2000	2770	5.2	6.3	2510	2980	2400	2300	2430	80	186	3.0	8.0	197
3	$6T_1$-3	I 11	2200	2200	2970	5.7	6.8	2510	3130	2400	2500	2430	80	191	3.0	8.0	202
4	$6T_2$-3	I 11	2400	2200	3040	6.3	7.5	2710	3260	2600	2500	2630	80	202	3.0	8.0	213
5	$7T_1$-3	I 11	2400	2400	3240	6.8	8.0	2710	3460	2600	2700	2630	80	207	3.0	8.0	218
6	$7T_2$-3	I 11	2400	2600	3440	7.2	8.4	2710	3660	2600	2900	2630	80	212	3.0	8.0	223
7	$8T_1$-3	I 11	2400	2800	3640	7.7	9.0	2710	3860	2600	3100	2630	80	217	3.0	8.0	228
8	$8T_2$-3	I 11	2400	3000	3840	8.2	9.5	2710	4060	2600	3300	2630	80	223	3.0	8.0	234
9	$8T_3$-3	I 11	2400	2600	3480	7.6	8.9	2810	3700	2700	2900	2730	80	217	3.0	8.0	228
10	$8T_4$-3	I 11	2500	2800	3680	8.1	9.4	2810	3900	2700	3100	2730	80	223	3.0	8.0	234
11	$9T_1$-3	I 11	2500	3000	3880	8.6	9.9	2810	4100	2700	3300	2730	80	228	3.0	8.0	239
12	$8T_5$-3	I 12	2400	2800	3640	7.7	9.1	2720	3880	2600	3100	2630	80	261	3.0	8.0	272
13	$8T_6$-3	I 12	2400	3000	3840	8.2	9.6	2720	4080	2600	3300	2630	80	267	3.0	8.0	278
14	$8T_7$-3	I 12	2500	2800	3680	8.1	9.5	2820	3900	2700	3100	2730	80	267	3.0	8.0	278
15	$9T_2$-3	I 12	2500	3000	3880	8.6	10.0	2820	4100	2700	3300	2730	80	273	3.0	8.0	284

说明：1. 顶梁与柱腿接口长度 150mm
2. 柱腿扎角 (α)80°（也可自行调整）
3. 材料为矿工钢

表 6—1—53　砌 碹 支 架 型 式

型　式	结　构　特　点	图　　　示
非封闭式	非封闭式结构，适用于底板较硬、柱腿或墙基不易插入底板条件	拱顶直墙碹 马蹄形(多心)碹
封闭式	封闭式结构，适于底板较软、柱腿或墙基易陷入底板条件	圆碹　　　椭圆碹 带底拱的拱顶直墙碹

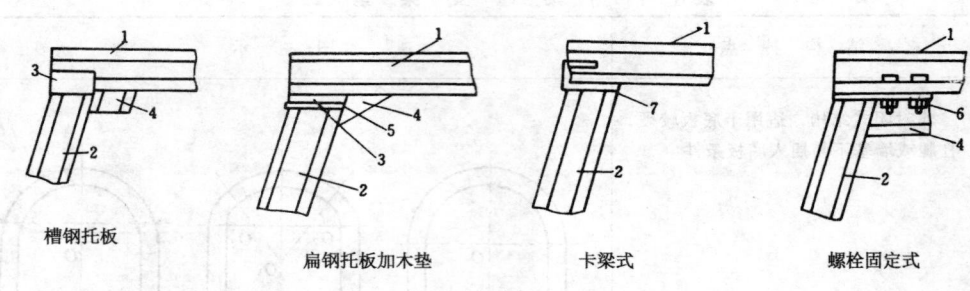

槽钢托板　　　　　扁钢托板加木垫　　　　卡梁式　　　　螺栓固定式

图 6-1-20　刚性矿工钢支架接榫结构

1—顶梁；2—柱腿；3—托板；4—挡块；5—不垫板；6—螺栓；7—卡梁

表 6-1-54　拱形砌碹支架结构类型与适用范围

结构类型	对支护材料的要求	优缺点及适用范围
料石拱	料石厚度不小于 150mm，长度应适应设计规定的砌体厚度，抗压强度不低于 30MPa，无裂纹，不带风化皮层，加工后表面凸凹不超过 10mm，荒料石表面凸凹不得超过 20mm，形状大致成六面体 砌筑水泥砂浆不低于 M7.5，炉白灰水泥浆强度等级不应低于 M4	可就地取材，能承受较大的压力，除淋水大、压力很大，以及有严重底鼓的地段外均可采用，是我国目前应用较多的一种拱形砌碹支架。但施工效率低，不易机械化，劳动强度大。地质条件较好时，可采用毛料石砌体。胶结材料用炉白灰水泥浆时，配合比见表 6-1-55
混凝土砌块拱	要求混凝土强度等级＞C15。砌块尺寸由结构要求而定。墙砌块常用长方形，拱部砌块为楔形	无特殊优越性，且耗用大量水泥，很少采用
现浇混凝土拱	根据设计要求确定混凝土强度等级＞C10	整体性及隔水性好，强度和耐久性高。缺点是耗用大量水泥和模板，且不能立即承压。多用于少数压力大的破碎带和要求不准渗漏水的爆炸材料库、机电硐室等工程
现浇钢筋混凝土拱	强度等级、钢筋直径及配筋必须符合设计要求	强度高，整体性好，能承受更高的压力，且能承受不同程度的偏压。多用在少数压力特大或有偏压的地段及煤仓等大断面硐室。一般不宜采用

表 6-1-55　炉白灰水泥浆配合比

水泥：炉白灰	1：7.5	1：5.0	1：3.7
强度等级	M2.5	M3.5	M5

注：炉白灰浆配合比为白灰：炉灰＝1：3。

表 6-1-56 砌碹拱形巷道支护厚度估算的经验公式

公 式 名 称		计 算 公 式	公 式 说 明	符 号 说 明
国内公式	单线隧道（净跨度 4.9m）	$d_0 = (0.06 \sim 1.00) f_d$	该式为铁道设计院建议的公式。式中低值用于 $f_d = 5$ 的坚硬岩层，高值用于 $f_d = 0.6$ 的软岩 混凝土强度等级 C15	d_0—拱顶厚度，m d_n—拱脚厚度，m d_{cm}—边墙厚度，m d_g—底拱厚度，m h_x—基础宽度，m
	双线隧道（净跨度 8.9m）	$d_0 = (0.08 \sim 1.6) f_d$ $d_n = (1.0 \sim 1.5) d_0$ $d_{cm} = (1.0 \sim 1.6) d_0$ $d_g = (0.6 \sim 0.8) d_0$ $h_x = (1.0 \sim 1.8) d_n$		f_d—顶板岩石坚固性系数 a—拱净跨之半，cm h_0—拱的净矢高，cm
国外经验公式		$d_0 = 0.06 \sqrt{\eta} \left(1 + \sqrt{\dfrac{2a}{f_d}}\right)$ $d_n = (1.25 \sim 1.5) d_0$ $d_{cm} = (1 \sim 2) d_n$ $d_g = (0.5 \sim 0.8) d_0$ $h_x = (1 \sim 1.5) d_{cm}$ 底拱矢高 $= (1/10 \sim 1/15)$ 底拱跨度	当 $f_d > 4$ 时，用低值 $f_d < 0.8$ 时，用高值 该式中 a 值采用单位为 m，与其他式不同	σ_a—砌体容许应力（表 6-1-57），MPa η—拱的跨高比（表 6-1-58）
	达维道夫经验公式	$d_0 = 8.5 \sqrt{\dfrac{a}{h_0}} \left(1 + \sqrt{\dfrac{2a}{100 f_d}}\right)$	左边三个公式所得结果为 cm，与其他式不同	
	普氏经验公式	$d_0 = 0.44 \dfrac{a}{[a_0] \sqrt{f_d}} \times \sqrt[3]{\dfrac{a}{h_0}}$		
	校核稳定性经验公式	$d_0 = \dfrac{4a}{12 \sim 14}$		
	单线隧道	$d_0 = (0.07 \sim 0.6) f_d$	该式适用于混凝土强度等级 C15~C20 $f_d > 4$ 时，用低值 $f_d < 0.8$ 时，用高值	
	双线隧道	$d_0 = (0.1 \sim 1.0) f_d$ $d_{cm} = (1.4 \sim 2.0) d_0$ $d_g = (0.5 \sim 0.8) d_0$ $h_x = (1.2 \sim 1.6) d_{cm}$ 与中心线成 60°角的拱圈断面 $= (1.2 \sim 1.4) d_0$		

表 6-1-57 砌 体 容 许 抗 压 应 力

拱 顶 材 料	料 石	混凝土块	素混凝土 （C10~C20）	钢筋混凝土
容许抗压应力（MPa）	1.5~2.5	2.5~3.5	3.5~4.5	4.5~5.5

注：料石砌体数值偏低，可适当提高使用。

表 6-1-58 η 值

f_d	0.3~0.5	0.6~0.8	I	1.5	2	3~4	5~6	≥ 8
$\eta = \dfrac{2a}{h_0} \leqslant$	2.5	3	3.5	4	4.5	5	5.5	6

表 6-1-59　半圆拱形砌碹巷道支护厚度　　　　　　　　　mm

巷道净宽 \ 材料 f	料石和混凝土砌块			混凝土		
	2~3	4~6	7~10	2~3	4~6	7~10
2000	250	200	200	200	200	200
2100~2500	300	250	200	250	200	200
2600~3000	300	250	200	250	250	200
3100~3500	350	300	250	300	250	250
3600~4000	350	300	250	300	300	250
4100~4500	415	350	300	350	300	250
4600~5000	415	350	300	400	350	300
5100~5500	465	415	350	400	350	300
5600~6000	515	465	350	450	400	350
6100~6500	565	465	415	500	400	350
6600~7000	565	465	415	500	450	400
7100~7500	—	515	415	—	450	400
7600~8000	—	515	415	—	450	400
8100~8500	—	—	515	—	500	450
8600~9000	—	—	515	—	500	450

注：表中黑折线以下参数不推荐采用（引自《煤矿矿井巷道断面及交岔点设计规范》）。

表 6-1-60　混凝土拱、料石壁厚度经验数据　　　　　　　　mm

巷道净跨度 (m)	半圆拱						三心拱					
	f=3		f=4~6		f=7~10		f=3		f=4~6		f=7~10	
	拱厚	壁厚	拱厚	壁厚	拱厚	壁厚	拱厚	壁厚	拱厚	壁厚	拱厚	壁厚
2.0 以下	170	250	170	200			170	250	170	200		
2.1~2.3	170	250	170	250			200	250	170	250		
2.4~2.7	200	300	170	250			200	300	200	250		
2.8~3.0	200	300	200	250			200	300	200	300		
3.1~3.3	200	300	200	300			230	350	230	300		
3.4~3.7	230	350	230	300			230	350	230	300		
3.8~4.0	230	350	230	300			250	350	250	350		
4.1~4.3	250	350	250	350			270	415	250	350		
4.4~4.7	270	415	250	350			300	415	270	350		
4.8~5.0	300	415	270	350	230	300	300	465	270	415	230	300
5.1~5.3	300	465	270	415	230	300	330	515	300	415	250	350
5.4~5.7	330	465	300	415	250	300	350	515	300	465	250	350
5.8~6.0	350	515	300	415	250	350	370	565	330	465	270	350
6.1~6.3	370	515	330	465	270	350	400	565	330	515	270	415
6.4~6.7	400	565	330	465	270	350	430	615	350	515	300	415
6.8~7.0	400	565	350	515	270	350	430	615	370	565	300	415

注：壁后应充填 50mm。

壁后充填应选用较坚硬、遇水不变质、不风化的碎石，在地质变化大或淋水地段应采用低强度混凝土或片石砂浆充填。

表 6-1-61 混凝土、料石、混凝土块拱（壁）厚度经验数据   mm

巷道净跨度 (m)	$f=4\sim6$			$f=3$		
	混凝土	混凝土块	料 石	混凝土	混凝土块	料 石
1.8~3.0	200	250	250	250	250	300
3.0~3.5	250	300	300	300	300	350
3.5~4.0	300	300	300	350	350	350
4.0~5.0	300	350	350	350	350	350
5.0~5.5	300	350	350	350	350	—
5.5~6.0	300	350	350	400	—	—

注：1. 采用料石、混凝土块支护时，壁后应充填厚 50mm 的混凝土；
    2. 本表为冶金矿山常用石材拱形支架厚度表。

表 6-1-62 半圆拱形、圆弧拱形、三心圆拱形巷道砌碹工程量及主要材料消耗量计算公式

项 目	单位	符 号 及 计 算 公 式		
		半圆拱形	圆弧拱形	三心圆拱形
巷道拱顶砌碹厚度	mm	d_0	d_0	d_0
巷道墙砌碹厚度	mm	T	T	T
巷道掘进超挖误差值	mm	$\delta=75$	$\delta=75$	$\delta=75$
巷道净宽度	mm	B	B	B
巷道设计掘进宽度	mm	$B_1=B+2T$	$B_1=B+2T$	$B_1=B+2T$
巷道计算掘进宽度	mm	$B_2=B_1+2\delta$	$B_2=B_1+2\delta$	$B_2=B_1+2\delta$
从道碹面起巷道墙高	mm	h_2	h_2	h_2
从底板起巷道墙高	mm	h_3	h_3	h_3
净断面积	m²	$S=B(0.39B+h_2)$	$S=B(0.24B+h_2)$	$S=B(0.26B+h_2)$
设计掘进断面积($d_0=T$)	m²	$S_1=B_1(0.39B_1+h_3)$	$S_1=B_1(0.39B_1-0.15B+h_3)$	$S_1=B_1[0.26(B_1+T)+h_3]$
设计掘进断面积($d_0\neq T$)	m²	$S_1'=B_1[0.39(B+2d_0)+h_3]$	$S_1'=0.24B^2+[1.27B+0.79\times(T+d_0)]\times(T+d_0)/2+B_1h_3$	$S_1'=B_1[0.26(B+3d_0)+h_3]$
计算掘进断面积($d_0=T$)	m²	$S_2=B_2(0.39B_2+h_3)$	$S_2=B_2(0.39B_2-0.15B+h_3)$	$S_2=B_2[0.26(B_2+T+\delta)+h_3]$
计算掘进断面积($d_0\neq T$)	m²	$S_2'=B_2[0.39(B+2d_0+2\sigma)+h_3]$	$S_2'=0.24B^2+\{1.27B+1.57\times[(T+d_0)/2+\delta]\}\times[(T+d_0)/2+\delta]+B_2h_3$	$S_2'=B_2[0.26(B+3d_0+3\delta)+h_3]$
净周长	m	$P=2.57B+2h_2$	$P=2.27B+2h_2$	$P=2.33B+2h_2$
砌拱所需材料消耗($d_0=T$)	m³	$V_1=1.57(B+T)T$	$V_1=(1.27B+1.57T)T$	$V_1=1.33(B+T)T$
砌拱所需材料消耗($d_0\neq T$)	m³	$V_1'=0.79(B_1d_0+BT)$	$V_1'=[1.27B+0.79(T+d_0)](T+d_0)/2$	$V_1'=0.26(3B_1d_0+2BT)$
砌墙所需材料	m³	$V_2=2h_3T$	$V_2=2h_3T$	$V_2=2h_3T$
砌基础所需材料($e=0$)	m³	$V_3=(m_1+m_2)T$	$V_3=(m_1+m_2)T$	$V_3=(m_1+m_2)T$
砌基础所需材料($e\geqslant50$)	m³	$V_3=(m_1+m_2)T+(m_1+h_b-50)e$	$V_3=(m_1+m_2)T+(m_1+h_b-50)e$	$V_3=(m_1+m_2)T+(m_1+h_b-50)e$
充填所需材料	m³	$V_4=1.57B_2\delta+2h_3\delta+V'_4$	$V_4=1.27B_2\delta+2h_3\delta+V'_4$	$V_4=1.33B_2\delta+2h_3\delta+V'_4$
充填基础材料($e\geqslant50$)	m³	$V_4'=(m_1+2m_2+2T+3\delta+e)\delta$	$V_4'=(m_1+2m_2+2T+3\delta+e)\delta$	$V_4'=(m_1+2m_2+2T+3\delta+e)\delta$

续表

项　目	单位	符　号　及　计　算　公　式		
		半圆拱形	圆弧拱形	三心圆拱形
充填基础材料($e=0$)	m³	$V_4'=2(m_1+m_2+T+2\delta)\delta$	$V_4'=2(m_1+m_2+T+2\delta)\delta$	$V_4'=2(m_1+m_2+T+2\delta)\delta$
基础计算掘进体积($e\geqslant50$)	m³	$V_0'=(m_1+\delta)(T+\delta+e)+(m_2+\delta)(T+2\delta)$	$V_0'=(m_1+\delta)(T+\delta+e)+(m_2+\delta)(T+2\delta)$	$V_0'=(m_1+\delta)(T+\delta+e)+(m_2+\delta)(T+2\delta)$
基础计算掘进体积($e=0$)	m³	$V_0'=(m_1+m_2+2\delta)(T+2\delta)$	$V_0'=(m_1+m_2+2\delta)(T+2\delta)$	$V_0'=(m_1+m_2+2\delta)(T+2\delta)$
基础设计掘进体积($e\geqslant50$)	m³	$V_0=m_1(T+e)+m_2T$	$V_0=m_1(T+e)+m_2T$	$V_0=m_1(T+e)+m_2T$
基础设计掘进体积($e=0$)	m³	$V_0=(m_1+m_2)T$	$V_0=(m_1+m_2)T$	$V_0=(m_1+m_2)T$
巷道粉刷面积	m²	$S_n=1.57B+2h_2$	$S_n=1.27B+2h_2$	$S_n=1.33B+2h_2$
有水沟侧基础深	mm	一般取 $m_1=500$		
无水沟侧基础深	mm	一般取 $m_2=250$		
e 值	mm	随砌水沟方法不同而定，$e\geqslant50$，一般取 50；或 $e=0$		
巷道设计掘进体积	m³	$V_1'=S_1+V_0$	$V_1'=S_1+V_0$	$V_1'=S_1+V_0$
巷道计算掘进体积	m³	$V_2=S_2+V_0'$	$V_2=S_2+V_0'$	$V_2=S_2+V_0'$

图　　示

一、巷道断面

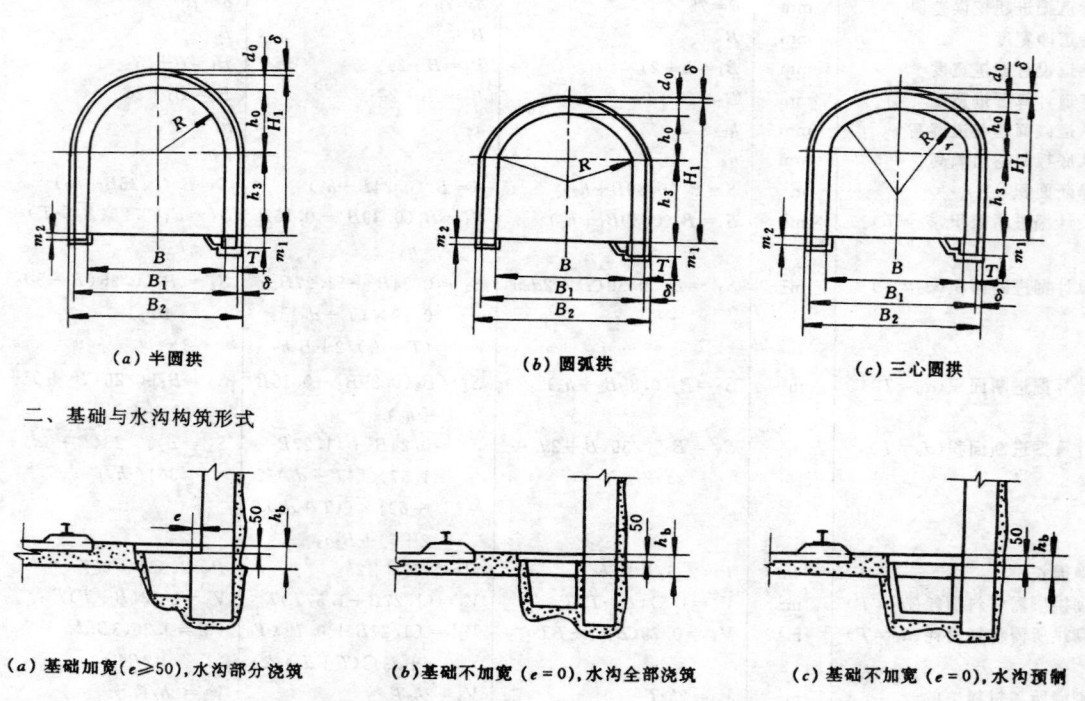

（a）半圆拱　　　　　　（b）圆弧拱　　　　　　（c）三心圆拱

二、基础与水沟构筑形式

（a）基础加宽（$e\geqslant50$），水沟部分浇筑　　　（b）基础不加宽（$e=0$），水沟全部浇筑　　　（c）基础不加宽（$e=0$），水沟预制

（三）现浇混凝土砌碹

　　现浇混凝土支护是混凝土直接浇灌成各种拱形和圆形的刚性支护。常用的刚性现浇混凝土支架有拱顶直墙形结构，如图 6-1-21a 所示，适用于中等以上围岩，带底拱的拱顶直墙形结构，如图 6-1-21b 所示，适用于较软岩；圆形及带底拱马蹄形结构，如图 6-1-21c 所示，适用于围岩压力为 0.35～0.5MPa，遇水膨胀的围岩或地质条件复杂的岩层。

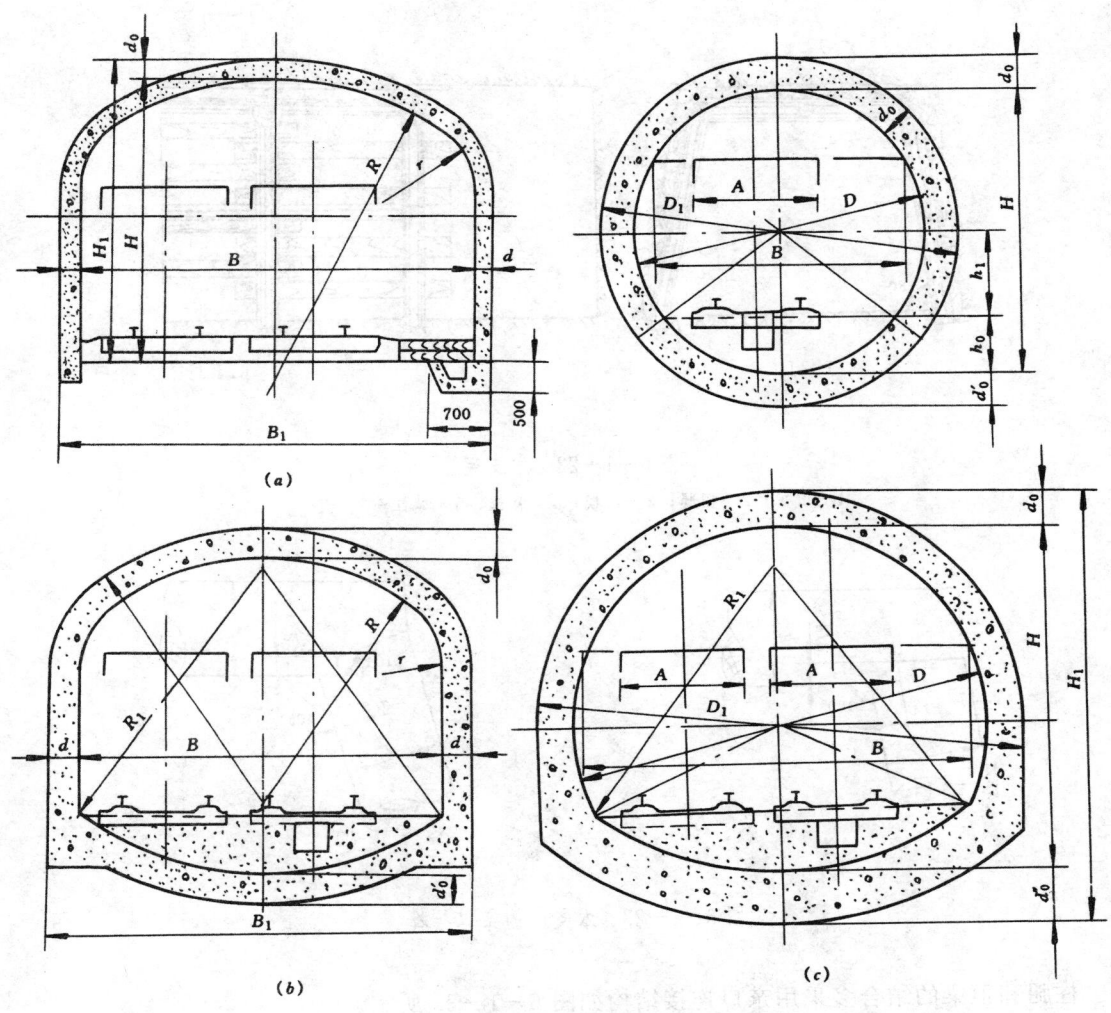

图 6—1—21 常用现浇混凝土支护形式

a—直墙拱顶形结构；b—带底拱的直墙拱顶形结构；c—圆形及带底拱的马蹄形结构

　　非封闭式拱形直墙刚性现浇混凝土支护由拱顶、直墙和基础构成,用强度等级不低于 C15 的混凝土浇灌而成。基础深度通常在水沟侧为 500mm,无水沟侧为 250mm。支架的拱厚可根据巷道的净宽,岩石硬度及拱顶形式按经验选取,再经计算校验。

　　封闭式刚性现浇混凝土支架,多用于不稳定岩层,用强度等级不低于 C20 的混凝土浇灌而成。支架厚度可根据巷道净尺寸及实际围岩压力计算确定。

　　(四) 木支架

　　木支架由于其工作特性与大多数巷道围岩的变形规律不相适应,而且我国森林资源较少,应尽量不用或少用木支架。

　　1. 木支架结构

　　木支架的形式主要是一梁二柱亲口式梯形支架。常用梯形木支架的结构如图 6—1—22 所

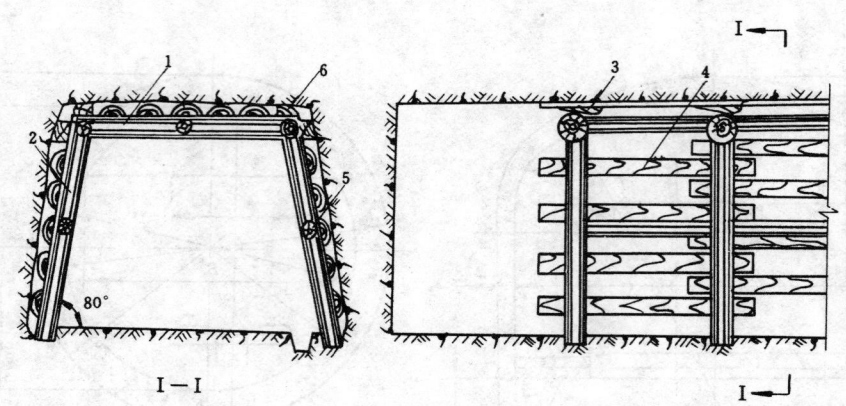

图 6—1—22　木支架
1—顶梁；2—棚腿；3—木楔；4—背板；5—撑柱；6—楔子

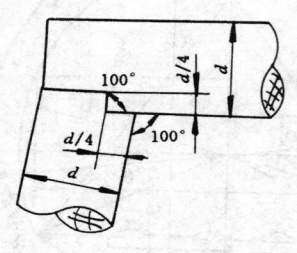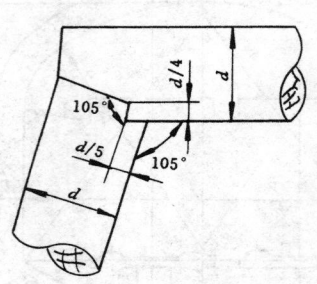

图 6—1—23　木支架的亲口接榫

示。柱腿和顶梁的结合多采用亲口连接结构如图 6—1—23 所示。

2. 木支架架设

支架架设时，要求梁柱位于同一平面内，支架平面和巷道轴线垂直（斜巷除外）。柱腿扎角一致（一般为 80°），并应插到坚实的底板岩石上。背板和楔子要打紧，背板通常可用板皮、次木材或柴束，根据围岩坚固程度，背板有密集布置的，或间隔放置的，背板后面和围岩间若有空隙，应用废木材或矸石填实。支架之间打上小圆木或方木制作的撑柱或钉上拉条，以提高支架的纵向稳定性。四个楔子要把梁腿接口处与顶帮围岩之间楔紧。

根据巷道顶梁处的净宽度，支架坑木直径和每米巷道架棚数目可按表 6—1—63～表 6—1—65 选取。本支架主要用于地压不大，断面较小，服务年限短的采区巷道和失修巷道的维护，在服务年限较长的巷道掘进施工中作为临时支护。

（五）钢筋（或型钢）混凝土支架

1. 整体式钢筋混凝土支架

1）整体式钢筋混凝土拱形支架：

表 6-1-63 坑木直径与每米巷道木支架棚数

巷道顶梁处净宽 (m)	坑木直径 (mm)	每 米 巷 道 支 架 数		
		$f=3$	$f=4\sim6$	$f=8\sim10$
1.5~1.8	160	1.0	1.0	1.0
1.9~2.0	160	1.0	1.0	1.0
2.1~2.2	180	1.5	1.0	1.0
2.3~2.4	180	1.5	1.5	1.0
2.5~2.6	180	2.0	1.5	1.0
2.7~2.8	200	2.0	2.0	1.0
2.9~3.0	200	2.0~2.5	2.0	1.0
3.1~3.2	200	2.5~3.0	2.0~2.5	1.5
3.3~3.4	200~220	2.5~3.5	2.0~2.5	1.5
3.5~3.6	220	3.0~4.0	2.5~3.0	1.5
3.7~3.8	220	3.0~4.0	2.5~3.0	2.0
3.9~4.2	220	3.0~4.0	3.0~3.5	2.0
4.3~4.5	220	3.0~4.0	3.0~4.0	2.0~2.5
>4.5	220	—	—	2.5

表 6-1-64 坑木的规格及材质要求

名称		规格 (cm)				材 质 要 求				适用树种
		端径	径级进位	长度	长级进位	内腐	弯 曲	外腐漏节	虫 害	
坑木	小径	8~12	2	200及以上	20	不许有	长2~3m，3% 长3.2~4.8m，5% 长5m以上，7%	不许有	不许有（表皮虫沟和小虫眼不计）	所有针、阔叶树种
	大径	14~24			50					

表 6-1-65 原 木 材 积 表   m³

小头直径 (cm)	木 材 长 (m)										
	1.5	1.6	1.8	2.0	2.2	2.4	2.5	2.6	2.7	2.8	3.0
10	0.0132	0.0142	0.0161	0.0181	0.0201	0.0222	0.0232	0.0243	0.0253	0.0264	0.0286
12	0.019	0.020	0.023	0.026	0.029	0.032	0.033	0.035	0.036	0.038	0.041
14	0.026	0.028	0.031	0.035	0.039	0.043	0.045	0.047	0.049	0.051	0.055
16	0.034	0.036	0.041	0.045	0.051	0.056	0.058	0.061	0.063	0.066	0.071
18	0.043	0.046	0.052	0.058	0.064	0.070	0.074	0.077	0.080	0.083	0.090
20	0.053	0.057	0.064	0.072	0.079	0.087	0.091	0.095	0.098	0.102	0.110

注：原木材积计算方法 $V=L[D^2(0.003895L+0.8982)+D(0.39L-1.219)+(0.5796L\div3.067)]1/10000$

式中 V—材积，m³；L—材长，m；D—小头直径，cm。

现浇整体式钢筋混凝土拱形支架的混凝土强度、钢筋直径及配筋应根据钢筋混凝土结构设计规范的规定确定，常用的配筋形式如图 6-1-24 所示。图中 a 是拱形支架结构截面全部配筋形式图，钢骨架由环向受力钢筋、环向构造钢筋、纵向分布钢架和钢箍组成。图中 b 是经过改进的配筋形式，仅在截面产生较大拉应力的部位配筋，环向受力钢筋沿拱形支架环向布置，主要承受由弯矩及轴向力产生的拉应力。当轴向力很大，而截面尺寸又不能增大，以致混凝土受压区的承载能力不足时，也可布置受压钢筋。通常在受力较大的截面上配置双面钢筋。另外当支架在不同的载荷组合下，截面承受不同的荷载组合作用下，截面承受不同符号的弯矩，则截面内外缘均可能产生拉应力，因而也需要配置双面钢筋。

受力钢筋直径不得小于 12mm，常用 12～16mm。钢筋间距沿巷道轴线方向每米至少布置 3 根，常用间距为 125～250mm，当配筋根数多，排成一排有困难时，也可排成双排。环向构造钢筋是当按计算需要时，只在拱的局部配置受力钢筋，其余部位可适当配置环向构造钢筋。构造钢筋直径采用 10～14mm，与受力钢筋的搭接长度 10～15cm，两端不作弯钩。为了节约钢材，也可在局部设环向构造钢筋，如图 6—1—24c 所示。

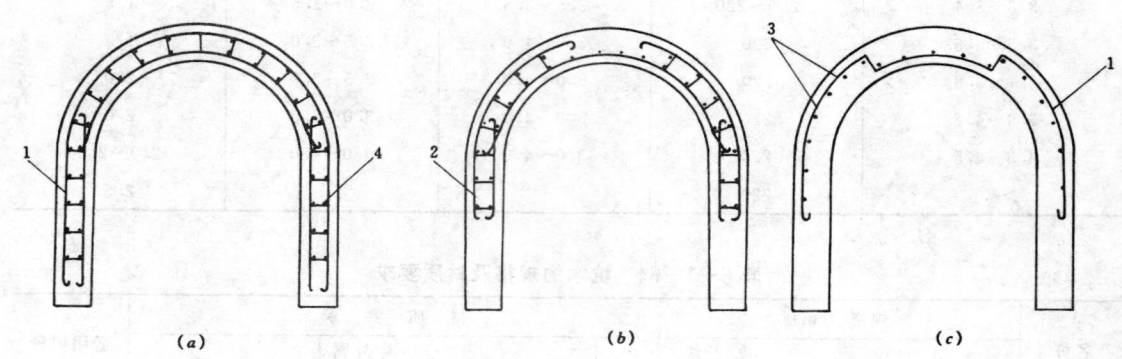

图 6—1—24　现浇整体式钢筋混凝土支架配筋形式

a—支架结构截面全部配筋；b—支架结构截面部分配筋（有环向构造钢筋）；c—支架结构截面部分配筋（无环向构造钢筋）；1—环向受力钢筋；2—环向构造钢筋；3—纵向分布钢筋；4—钢箍

纵向分布钢筋沿巷道轴向布置，钢筋直径常用 φ8～12mm，间距不少于每米 3 根。钢箍是为固定内、外两层钢筋之用，常用 φ6～8mm 呈梅花状排列，间距 50cm 左右。钢筋骨架靠岩石面应留 30mm 混凝土保护层，有侵蚀性地下水时，靠岩石面保护层加大到 50mm。钢筋混凝土支架拱部的配筋率为 0.75%～1.5%。

2）整体式型钢混凝土拱形支架：

整体式型钢混凝土拱形支架适用于围岩不稳定和因开掘或翻修巷道易造成不稳定岩石强烈塌落的岩层中。这种支架由矿用工字钢或 U 型钢制作的金属拱形棚式支架和混凝土充填物组成。

2. 装配式钢筋混凝土支架

装配式钢筋混凝土支架适用于支护围岩稳定，不受回采影响的水平与缓倾斜巷道。这种支架分两类，一类是普通钢筋混凝土支架，另一类是预应力钢筋混凝土支架。

1）普通钢筋混凝土支架：

普通钢筋混凝土支架（简称为钢筋混凝土支架）有两种形式，即梯形钢筋混凝土支架与拱形钢筋混凝土支架。

（1）梯形钢筋混凝土支架（图 6—1—25）：

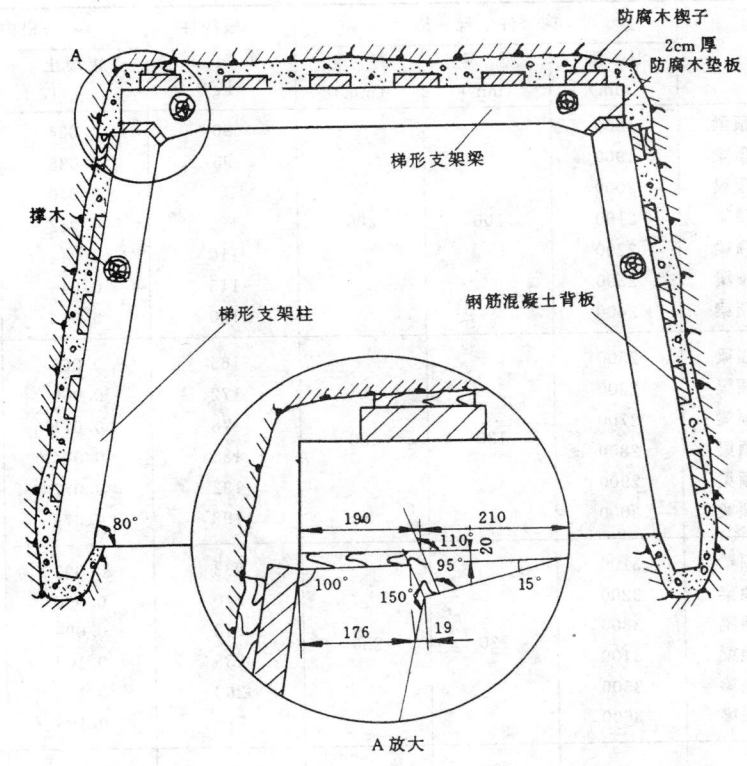

图 6—1—25　梯形钢筋混凝土支架

①梯形钢筋混凝土支架由 19 种不同长度的梁、6 种不同长度的柱组合成了 110 余种不同规格的梯形支架。梁的长度变化以 10cm 为模数，柱的长度变化以 20cm 为模数。各种构件的规格、质量及材料消耗见表 6—1—66。

②梁与柱采用平接连接，所有接头规格尺寸均已统一，以利互用。梁与柱之间连接处应垫以 15～20mm 防腐木板。

③构件断面有 100mm×200mm、120mm×200mm、120mm×220mm 及 120mm×250mm 共 4 种尺寸，选用梁及柱的断面时，其宽度尺寸应一致，即梁长在 2.4m 以内者（包括 2.4m）采用 100mm 宽的柱；2.5m 以上的梁（包括 2.5m）采用 120mm 宽的柱。

④混凝土强度等级一律采用 C20。为了节约钢材应优先采用 A5 及低碳冷拔丝。采用钢 A5 时，钢筋两端可不弯钩（材料表中，当用钢 A5 时，已扣除了弯钩长度）。

⑤对于不同规格构件的支架，设计的支架间距可参考表 6—1—67。

⑥支架架设后，可用钢筋混凝土背板或用其他材料刹严帮、顶，防止集中载荷作用在构件中间。

⑦支架构件结构与材料

图 6—1—26，表 6—1—68 为梯形钢筋混凝土顶梁结构材料。图 6—1—27，表 6—1—69 为梯形钢筋混凝土柱腿结构材料。各种规格顶梁和柱腿的详细结构参考有关资料。

为了节约钢材，应优先采用 A5 主筋、冷拔丝配筋。

表 6—1—66　梯形支架各种构件规格、质量及材料消耗

构件名称	构件规格			一根构件质量（kg）	一根构件材料消耗	
	长度（mm）	宽度（mm）	高度（mm）		混凝土（m³）	钢筋（kg）
1.8m 梯形支架顶梁	1800			90	0.036	4.95 (7.36)
1.9m 梯形支架顶梁	1900			95	0.038	6.28 (9.08)
2.0m 梯形支架顶梁	2000			100	0.040	6.53 (9.53)
2.1m 梯形支架顶梁	2100	100	200	105	0.042	8.31 (11.59)
2.2m 梯形支架顶梁	2200			110	0.044	8.53 (12.23)
2.3m 梯形支架顶梁	2300			115	0.046	10.52 (14.80)
2.4m 梯形支架顶梁	2400			120	0.048	10.91 (15.25)
2.5m 梯形支架顶梁	2500			165	0.066	13.66 (19.06)
2.6m 梯形支架顶梁	2600			172	0.069	14.14 (19.63)
2.7m 梯形支架顶梁	2700	120	220	178	0.071	14.61 (20.15)
2.8m 梯形支架顶梁	2800			185	0.074	18.12 (23.93)
2.9m 梯形支架顶梁	2900			192	0.077	15.68 (21.58)
3.0m 梯形支架顶梁	3000			198	0.079	16.26 (22.43)
3.1m 梯形支架顶梁	3100			233	0.093	16.89 (23.35)
3.2m 梯形支架顶梁	3200			240	0.096	17.49 (24.24)
3.3m 梯形支架顶梁	3300	120	250	248	0.099	21.14 (28.82)
3.4m 梯形支架顶梁	3400			255	0.102	21.65 (29.31)
3.5m 梯形支架顶梁	3500			263	0.105	25.75 (34.36)
3.6m 梯形支架顶梁	3600			270	0.108	30.29 (39.15)
2.0m 梯形支架柱腿	2000	100		100	0.040	5.00 (7.35)
		120		120	0.048	5.05 (7.47)
2.2m 梯形支架柱腿	2200	100		110	0.044	5.51 (8.12)
		120		132	0.053	5.57 (8.26)
2.4m 梯形支架柱腿	2400	100	200	120	0.048	6.02 (8.88)
		120		144	0.058	6.09 (9.04)
2.6m 梯形支架柱腿	2600	100		130	0.052	6.47 (9.51)
		120		156	0.062	6.54 (9.68)
2.8m 梯形支架柱腿	2800	100		140	0.056	8.43 (12.08)
		120		168	0.067	8.53 (12.25)
3.0m 梯形支架柱腿	3000	100		150	0.060	9.05 (12.97)
		120		180	0.072	9.14 (13.16)

注：钢材消耗一栏中括号内数值系指配筋采用 A2、A1，不带括号的数值系指配筋采用 A5 及冷拔丝。

表 6—1—67　不同顶板强度下的支架间距　　　　　　　　　　　　m

梯形支架顶梁长度（mm）	2 倍巷道高度范围内顶板各层岩石强度的加权平均值（MPa）		
	30~40	50~70	80~100
1800~2800	0.7	1.0	1.2
2900~3600	0.5	0.7	1.0

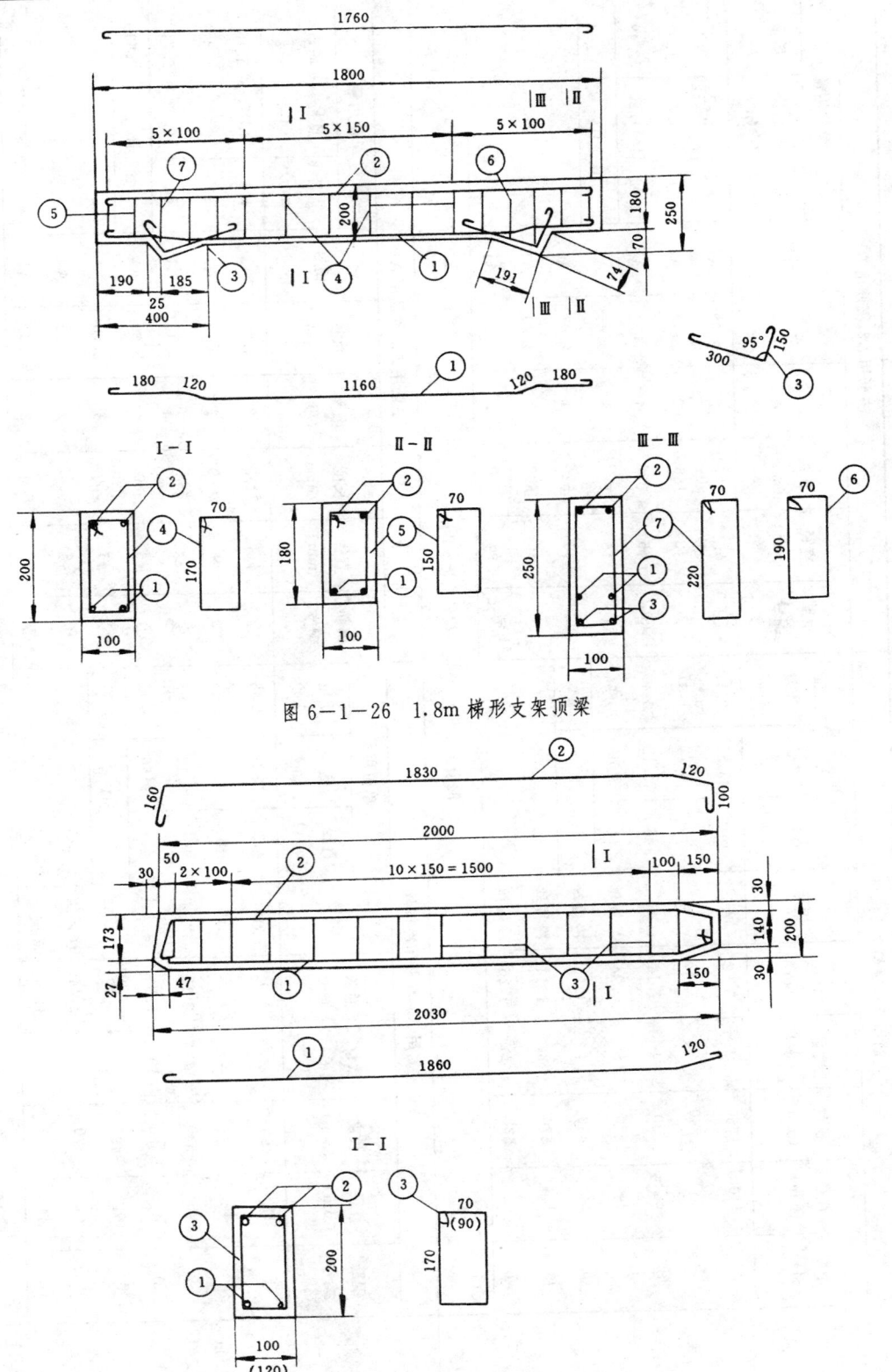

图 6-1-26　1.8m 梯形支架顶梁

图 6-1-27　2.0m 梯形支架柱腿

表 6-1-68 梯形支架顶梁材料

1.8m 支架

主筋用 A5，箍筋用冷拔丝

钢筋编号	直径(mm)	长度(mm)	数量(根)	总长(m)	钢号	单位用量 直径(mm)	单位用量 总长(m)	单位用量 质量(kg)
①	φ10	1760	2	3.52	A5	φ10	3.52	2.17
②	φ8	1860	2	3.72	A2	φ8	3.72	1.47
③	φ6	530	4	2.12	A1	φ6	2.12	0.47
④	φ4	530	8	4.24	冷拔丝	φ4	8.00	0.84
⑤	φ4	490	4	1.96	冷拔丝	合计		4.95
⑥	φ4	570	2	1.14	冷拔丝			
⑦	φ4	630	2	1.26	冷拔丝			

主筋用 A2，箍筋用 A1

钢筋编号	直径(mm)	长度(mm)	数量(根)	总长(m)	钢号	单位用量 直径(mm)	单位用量 总长(m)	单位用量 质量(kg)
①	φ12	1910	2	3.82	A2	φ12	3.82	3.40
②	φ8	1860	2	3.72	A2	φ8	3.72	1.47
③	φ6	530	4	2.12	A1	φ6	11.20	2.49
④	φ6	560	8	4.48	A1	合计		7.35
⑤	φ6	520	4	2.08	A1			
⑥	φ6	600	2	1.20	A1			
⑦	φ6	660	2	1.32	A1			

混凝土体积 0.036m³，构件质量 90kg

2.0m 支架

主筋用 A5，箍筋用冷拔丝

钢筋编号	直径(mm)	长度(mm)	数量(根)	总长(m)	钢号	单位用量 直径(mm)	单位用量 总长(m)	单位用量 质量(kg)
①	φ12	1960	2	3.92	A5	φ12	3.92	3.48
②	φ8	2060	2	4.12	A2	φ8	4.12	1.63
③	φ6	530	4	2.12	A1	φ6	2.12	0.47
④	φ4	530	10	5.30	冷拔丝	φ4	9.66	0.95
⑤	φ4	490	4	1.96	冷拔丝	合计		6.53
⑥	φ4	570	2	1.14	冷拔丝			
⑦	φ4	630	2	1.26	冷拔丝			

主筋用 A2，箍筋用 A1

钢筋编号	直径(mm)	长度(mm)	数量(根)	总长(m)	钢号	单位用量 直径(mm)	单位用量 总长(m)	单位用量 质量(kg)
①	φ14	2135	2	4.27	A2	φ14	4.27	5.16
②	φ8	2060	2	4.12	A2	φ8	4.12	1.63
③	φ6	530	4	2.12	A1	φ6	12.32	2.74
④	φ6	560	10	5.60	A1	合计		9.53
⑤	φ6	520	4	2.08	A1			
⑥	φ6	600	2	1.20	A1			
⑦	φ6	660	2	1.32	A1			

混凝土体积 0.04m³，构件质量 100kg

续表

2.2m支架

主筋用A5，箍筋用冷拔丝

钢筋编号	直径(mm)	长度(mm)	数量(根)	总长(m)	钢号	单位用量		
						直径(mm)	总长(m)	质量(kg)
①	φ14	2160	2	4.32	A5	φ14	4.32	5.22
②	φ8	2260	2	4.52	A2	φ8	4.52	1.79
③	φ6	530	4	2.12	A1	φ6	2.12	0.47
④	φ4	530	12	6.36	冷拔丝	φ4	10.72	1.05
⑤	φ4	490	4	1.96	冷拔丝	合计		8.53
⑥	φ4	570	2	1.14	冷拔丝			
⑦	φ4	630	2	1.26	冷拔丝			

混凝土体积0.04m³，构件质量110kg

主筋用A2，箍筋用A1

钢筋编号	直径(mm)	长度(mm)	数量(根)	总长(m)	钢号	单位用量		
						直径(mm)	总长(m)	质量(kg)
①	φ16	2360	2	4.72	A2	φ16	4.72	7.45
②	φ8	2260	2	4.52	A2	φ8	4.52	1.79
③	φ6	530	4	2.12	A1	φ6	13.44	2.99
④	φ6	560	12	6.72	A1	合计		12.23
⑤	φ6	520	4	2.08	A1			
⑥	φ6	600	2	1.20	A1			
⑦	φ6	660	2	1.32	A1			

2.4m支架

主筋用A5，箍筋用冷拔丝

钢筋编号	直径(mm)	长度(mm)	数量(根)	总长(m)	钢号	单位用量		
						直径(mm)	总长(m)	质量(kg)
①	φ16	2360	2	4.72	A5	φ16	4.72	7.45
②	φ8	2460	2	4.92	A2	φ8	4.92	1.94
③	φ6	530	4	2.12	A1	φ6	2.12	0.47
④	φ4	530	12	6.36	冷拔丝	φ4	10.72	1.05
⑤	φ4	490	4	1.96	冷拔丝	合计		10.91
⑥	φ4	570	2	1.14	冷拔丝			
⑦	φ4	630	2	1.26	冷拔丝			

混凝土体积0.048m³，构件质量120kg

主筋用A2，箍筋用A1

钢筋编号	直径(mm)	长度(mm)	数量(根)	总长(m)	钢号	单位用量		
						直径(mm)	总长(m)	质量(kg)
①	φ18	2585	2	5.17	A2	φ18	5.17	10.32
②	φ8	2460	2	4.92	A2	φ8	4.92	1.94
③	φ6	530	4	2.12	A1	φ6	13.44	2.99
④	φ6	560	12	6.72	A1	合计		15.25
⑤	φ6	520	4	2.08	A1			
⑥	φ6	600	2	1.20	A1			
⑦	φ6	660	2	1.32	A1			

续表

2.6m 支架

主筋用 A5，箍筋用冷拔丝

钢筋编号	直径(mm)	长度(mm)	数量(根)	总长(m)	钢号	单位用量 直径(mm)	单位用量 总长(m)	单位用量 质量(kg)
①	φ18	2560	2	5.12	A5	φ18	5.12	10.24
②	φ8	2660	2	5.32	A2	φ8	5.32	2.10
③	φ6	530	4	2.12	A1	φ6	2.12	0.47
④	φ4	610	14	8.54	冷拔丝	φ4	13.54	1.33
⑤	φ4	570	4	2.28	冷拔丝	合　计		14.14
⑥	φ4	650	2	1.30	冷拔丝			
⑦	φ4	710	2	1.42	冷拔丝			

混凝土体积 0.0686m³，构件质量 172kg

主筋用 A2，箍筋用 A1

钢筋编号	直径(mm)	长度(mm)	数量(根)	总长(m)	钢号	单位用量 直径(mm)	单位用量 总长(m)	单位用量 质量(kg)
①	φ20	2820	2	5.64	A2	φ20	5.64	13.91
②	φ8	2660	2	5.32	A2	φ8	5.32	2.10
③	φ6	530	4	2.12	A1	φ6	16.32	3.62
④	φ6	640	14	8.96	A1	合　计		19.63
⑤	φ6	600	4	2.40	A1			
⑥	φ6	680	2	1.36	A1			
⑦	φ6	740	2	1.48	A1			

2.8m 支架

主筋用 A5，箍筋用冷拔丝

钢筋编号	直径(mm)	长度(mm)	数量(根)	总长(m)	钢号	单位用量 直径(mm)	单位用量 总长(m)	单位用量 质量(kg)
①	φ18	2760	2	5.52	A5	φ18	5.52	11.03
②	φ12	2910	2	5.82	A2	φ12	5.82	5.17
③	φ6	530	4	2.12	A1	φ6	2.12	0.47
④	φ4	610	16	9.76	冷拔丝	φ4	14.76	1.45
⑤	φ4	570	4	2.28	冷拔丝	合　计		18.12
⑥	φ4	650	2	1.30	冷拔丝			
⑦	φ4	710	2	1.47	冷拔丝			

混凝土体积 0.074m³，构件质量 185kg

主筋用 A2，箍筋用 A1

钢筋编号	直径(mm)	长度(mm)	数量(根)	总长(m)	钢号	单位用量 直径(mm)	单位用量 总长(m)	单位用量 质量(kg)
①	φ20	3010	2	6.02	A2	φ20	6.02	14.85
②	φ12	2910	2	5.82	A2	φ12	5.82	5.17
③	φ6	530	4	2.12	A1	φ6	17.60	3.91
④	φ6	640	16	10.24	A1	合　计		23.93
⑤	φ6	600	4	2.40	A1			
⑥	φ6	680	2	1.36	A1			
⑦	φ6	740	2	1.48	A1			

续表

3.0m 支架

主筋用 A5,箍筋用冷拔丝

钢筋编号	直径(mm)	长度(mm)	数量(根)	总长(m)	钢号	单位用量		
						直径(mm)	总长(m)	质量(kg)
①	φ18	2960	2	5.92	A5	φ18	5.92	11.80
②	φ8	3060	2	6.12	A2	φ8	6.12	2.42
③	φ6	530	4	2.12	A1	φ6	2.12	0.47
④	φ4	610	18	10.98	冷拔丝	φ4	15.98	1.57
⑤	φ4	570	4	2.28	冷拔丝	合 计		16.26
⑥	φ4	650	2	1.30	冷拔丝			
⑦	φ4	710	2	1.42	冷拔丝			

混凝土体积 0.0792m³,构件质量 198kg

主筋用 A2,箍筋用 A1

钢筋编号	直径(mm)	长度(mm)	数量(根)	总长(m)	钢号	单位用量		
						直径(mm)	总长(m)	质量(kg)
①	φ20	3210	2	6.42	A2	φ20	6.42	15.82
②	φ8	3060	2	6.12	A2	φ8	6.12	2.42
③	φ6	530	4	2.12	A1	φ6	18.88	4.19
④	φ6	640	18	11.52	A1	合 计		22.43
⑤	φ6	660	4	2.40	A1			
⑥	φ6	680	2	1.36	A1			
⑦	φ6	740	2	1.48	A1			

3.2m 支架

主筋用 A5,箍筋用冷拔丝

钢筋编号	直径(mm)	长度(mm)	数量(根)	总长(m)	钢号	单位用量		
						直径(mm)	总长(m)	质量(kg)
①	φ18	3160	2	6.32	A5	φ18	6.32	12.60
②	φ8	3260	2	6.52	A2	φ8	6.52	2.57
③	φ6	530	4	2.12	A1	φ6	2.12	0.47
④	φ4	670	20	13.40	冷拔丝	φ4	18.88	1.85
⑤	φ4	630	4	2.52	冷拔丝	合 计		17.49
⑥	φ4	710	2	1.42	冷拔丝			
⑦	φ4	770	2	1.54	冷拔丝			

混凝土体积 0.096m³,构件质量 240kg

主筋用 A2,箍筋用 A1

钢筋编号	直径(mm)	长度(mm)	数量(根)	总长(m)	钢号	单位用量		
						直径(mm)	总长(m)	质量(kg)
①	φ20	3410	2	6.82	A2	φ20	6.82	16.82
②	φ8	3260	2	6.52	A2	φ8	6.52	2.57
③	φ6	530	4	2.12	A1	φ6	21.84	4.85
④	φ6	700	20	14.00	A1	合 计		24.24
⑤	φ6	660	4	2.64	A1			
⑥	φ6	740	2	1.48	A1			
⑦	φ6	800	2	1.60	A1			

混凝土体积 0.096m³,构件质量 240kg

续表

3.4m 支架

主筋用 A5,箍筋用冷拔丝

钢筋编号	直径(mm)	长度(mm)	数量(根)	总长(m)	钢号	单位用量 直径(mm)	单位用量 总长(m)	单位用量 质量(kg)
①	φ20	3360	2	6.72	A5	φ20	6.72	16.60
②	φ8	3460	2	6.92	A2	φ8	6.92	2.73
③	φ6	530	4	2.12	A1	φ6	2.12	0.47
④	φ4	670	20	13.40	冷拔丝	φ4	18.88	1.85
⑤	φ4	630	4	2.52	冷拔丝	合　计		21.65
⑥	φ4	710	2	1.42	冷拔丝			
⑦	φ4	770	2	1.54	冷拔丝			

混凝土体积 0.102m³,构件质量 255kg

主筋用 A2,箍筋用 A1

钢筋编号	直径(mm)	长度(mm)	数量(根)	总长(m)	钢号	单位用量 直径(mm)	单位用量 总长(m)	单位用量 质量(kg)
①	φ22	3640	2	7.28	A2	φ22	7.28	21.73
②	φ8	3460	2	6.92	A2	φ8	6.92	2.73
③	φ6	530	4	2.12	A1	φ6	21.84	4.85
④	φ6	700	20	14.60	A1	合　计		29.31
⑤	φ6	660	4	2.64	A1			
⑥	φ6	740	2	1.48	A1			
⑦	φ6	800	2	1.60	A1			

3.6m 支架

主筋用 A5,箍筋用冷拔丝

钢筋编号	直径(mm)	长度(mm)	数量(根)	总长(m)	钢号	单位用量 直径(mm)	单位用量 总长(m)	单位用量 质量(kg)
①	φ22	3560	2	7.12	A5	φ22	7.12	21.24
②	φ12	3710	2	7.42	A2	φ12	7.42	6.59
③	φ6	530	4	2.12	A1	φ6	2.12	0.47
④	φ4	670	22	14.74	冷拔丝	φ4	20.22	1.99
⑤	φ4	630	4	2.52	冷拔丝	合　计		30.29
⑥	φ4	710	2	1.42	冷拔丝			
⑦	φ4	770	2	1.54	冷拔丝			

混凝土体积 0.108m³,构件质量 270kg

主筋用 A2,箍筋用 A1

钢筋编号	直径(mm)	长度(mm)	数量(根)	总长(m)	钢号	单位用量 直径(mm)	单位用量 总长(m)	单位用量 质量(kg)
①	φ24	3860	2	7.72	A2	φ24	7.72	27.40
②	φ12	3710	2	7.42	A2	φ12	7.42	6.59
③	φ6	530	4	2.12	A1	φ6	23.24	5.16
④	φ6	700	22	15.40	A1	合　计		39.15
⑤	φ6	660	4	2.64	A1			
⑥	φ6	740	2	1.48	A1			
⑦	φ6	800	2	1.60	A1			

表 6-1-69　梯 形 支 架 柱 腿 材 料

| 柱宽
(mm) | 主筋用A5,箍筋用冷拔丝 | | | | | | | 主筋用A2,箍筋用A1 | | | | | | |
	钢筋 编号	直径 (mm)	长度 (mm)	数量 (根)	总长 (m)	质量 (kg)	钢号	钢筋 编号	直径 (mm)	长度 (mm)	数量 (根)	总长 (m)	质量 (kg)	钢号
2.0m支架	100	①	φ10	1980	2	3.96	2.44	A5	①	φ12	2130	2	4.26	3.78	A2
		②	φ8	2310	2	4.62	1.825	A2	②	φ8	2310	2	4.62	1.83	A2
		③	φ4	530	14	7.42	0.73	冷拔丝	③	φ6	560	14	7.84	1.74	A1
					合　计		5.0					合　计		7.35	
		混凝土体积0.04m³,构件质量100kg													
	120	①	φ10	1980	2	3.96	2.44	A5	①	φ12	2130	2	4.26	3.78	A2
		②	φ8	2310	2	4.62	1.825	A3	②	φ8	2310	2	4.62	1.83	A2
		③	φ4	570	14	7.98	0.78	冷拔丝	③	φ6	600	14	8.4	1.86	A1
					合　计		5.05					合　计		7.47	
		混凝土体积0.048m³,构件质量120kg													

| 柱宽
(mm) | 主筋用A5,箍筋用冷拔丝 | | | | | | | 主筋用A2,箍筋用A1 | | | | | | |
	钢筋 编号	直径 (mm)	长度 (mm)	数量 (根)	总长 (m)	质量 (kg)	钢号	钢筋 编号	直径 (mm)	长度 (mm)	数量 (根)	总长 (m)	质量 (kg)	钢号
2.2m支架	100	①	φ10	2180	2	4.36	2.69	A5	①	φ12	2330	2	4.66	4.14	A2
		②	φ8	2510	2	5.02	1.99	A2	②	φ8	2510	2	5.02	1.99	A2
		③	φ4	530	16	8.48	0.83	冷拔丝	③	φ6	560	16	8.96	1.99	A1
					合　计		5.51					合　计		8.12	
		混凝土体积0.044m³,构件质量110kg													
	120	①	φ10	2180	2	4.36	2.69	A5	①	φ12	2330	2	4.66	4.14	A2
		②	φ8	2510	2	5.02	1.99	A2	②	φ8	2510	2	5.02	1.99	A2
		③	φ4	570	16	9.12	0.89	冷拔丝	③	φ6	600	16	9.6	2.13	A1
					合　计		5.57					合　计		8.26	
		混凝土体积0.053m³,构件质量132kg													

| 柱宽
(mm) | 主筋用A5,箍筋用冷拔丝 | | | | | | | 主筋用A2,箍筋用A1 | | | | | | |
	钢筋 编号	直径 (mm)	长度 (mm)	数量 (根)	总长 (m)	质量 (kg)	钢号	钢筋 编号	直径 (mm)	长度 (mm)	数量 (根)	总长 (m)	质量 (kg)	钢号
2.4m支架	100	①	φ10	2380	2	4.76	2.94	A5	①	φ12	2530	2	5.06	4.50	A2
		②	φ8	2710	2	5.42	2.14	A2	②	φ8	2710	2	5.42	2.14	A2
		③	φ4	530	18	9.54	0.94	冷拔丝	③	φ6	560	18	10.08	2.24	A1
					合　计		6.02					合　计		8.88	
		混凝土体积0.048m³,构件质量120kg													
	120	①	φ10	2380	2	4.76	2.94	A5	①	φ12	2530	2	5.06	4.50	A2
		②	φ8	2710	2	5.42	2.14	A2	②	φ8	2710	2	5.42	2.14	A2
		③	φ4	570	18	10.26	1.01	冷拔丝	③	φ6	600	18	10.80	2.40	A1
					合　计		6.09					合　计		9.04	
		混凝土体积0.058m³,构件质量144kg													

柱宽(mm)	主筋用A5,箍筋用冷拔丝							主筋用A2,箍筋用A1						
	钢筋编号	直径(mm)	长度(mm)	数量(根)	总长(m)	质量(kg)	钢号	钢筋编号	直径(mm)	长度(mm)	数量(根)	总长(m)	质量(kg)	钢号
2.6 m 支架														
100	①	φ10	2580	2	5.16	3.18	A5	①	φ12	2730	2	5.46	4.85	A2
	②	φ8	2910		5.82	2.30	A2	②	φ8	2910	2	5.82	2.30	A2
	③	φ4	530	19	10.10	0.99	冷拔丝	③	φ6	560	19	10.64	2.36	A1
				合　计		6.47					合　计		9.51	
	混凝土体积0.052m³,构件质量130kg													
120	①	φ10	2580	2	5.16	3.18	A5	①	φ12	2730	2	5.46	4.85	A2
	②	φ8	2910		5.82	2.30	A2	②	φ8	2910	2	5.82	2.30	A2
	③	φ4	570	19	10.8	1.06	冷拔丝	③	φ6	600	19	11.4	2.53	A1
				合　计		6.54					合　计		9.68	
	混凝土体积0.062m³,构件质量156kg													
2.8 m 支架														
100	①	φ12	2780	2	5.56	4.95	A5	①	φ14	2960	2	5.92	7.13	A2
	②	φ8	3110	2	6.22	2.46	A2	②	φ8	3110	2	6.22	2.46	A2
	③	φ4	530	20	10.6	1.02	冷拔丝	③	φ6	560	20	11.2	2.49	A1
				合　计		8.43					合　计		12.08	
	混凝土体积0.056m³,构件质量140kg													
120	①	φ12	2780	2	5.56	4.95	A5	①	φ14	2960	2	5.82	7.13	A2
	②	φ8	3110	2	6.22	2.46	A2	②	φ8	3110	2	6.22	2.46	A2
	③	φ4	570	20	11.4	1.12	冷拔丝	③	φ6	600	20	12.0	2.66	A1
				合　计		8.53					合　计		12.25	
	混凝土体积0.067m³,构件质量168kg													
3.0 m 支架														
100	①	φ12	2980	2	5.96	5.30	A5	①	φ14	3160	2	6.32	7.62	A2
	②	φ8	3310	2	6.62	2.61	A2	②	φ8	3310	2	6.62	2.61	A2
	③	φ4	530	22	11.66	1.14	冷拔丝	③	φ6	560	22	12.32	2.74	A1
				合　计		9.05					合　计		12.97	
	混凝土体积0.06m³,构件质量150kg													
120	①	φ12	2980	2	5.96	5.30	A5	①	φ14	3160	2	6.32	7.62	A2
	②	φ8	3310	2	6.62	2.61	A2	②	φ8	3310	2	6.62	2.61	A2
	③	φ4	570	22	12.54	1.23	冷拔丝	③	φ6	600	22	13.2	2.93	A1
				合　计		9.14					合　计		13.16	
	混凝土体积0.072m³,构件质量180kg													

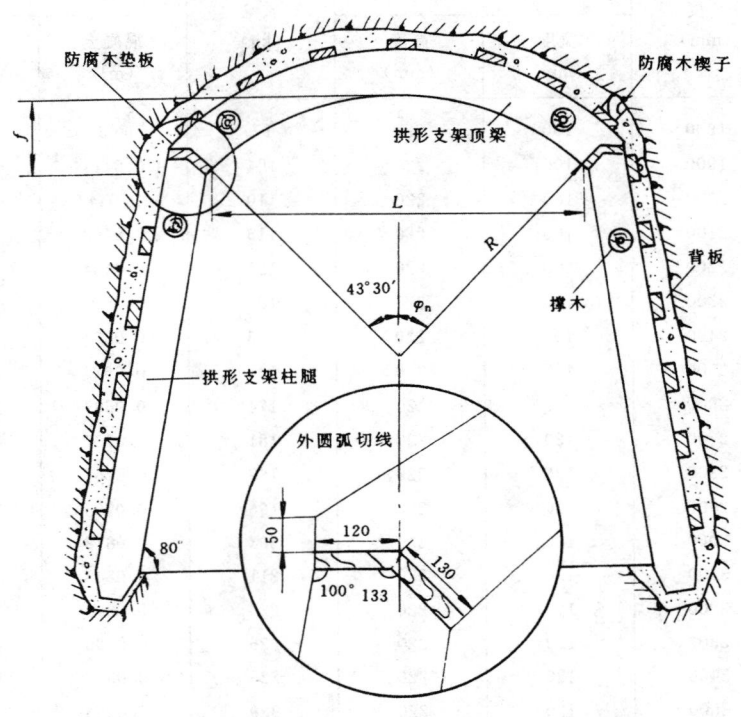

图 6—1—28 拱形钢筋混凝土支架

L—拱梁净跨；R—拱梁内半径；φ_n—拱梁半圆心角=43°30′；f—拱梁内矢高；f/L—拱梁矢跨比=1/5

(2) 拱形钢筋混凝土支架见图 6—1—28。

①拱形钢筋混凝土支架的顶梁为拱形，有 19 种不同长度，长度变化以 10cm 为模数；有 6 种不同长度的柱腿，长度变化以 20cm 为模数。选用时，可在模数范围内调整，而无须改变钢筋直径。各种构件的规格、质量及材料消耗见表 6—1—70。

②柱腿断面宽度有 100mm 及 120mm 两种，设计装配时应与拱梁断面相同，且梁长小于或等于 2.4m 时采用宽度为 100mm 的柱，梁长大于或等于 2.5m 时采用宽度为 120mm 的柱。柱腿倾角为 80°。梁与柱的接榫处应垫以 15~20mm 厚的防腐木板。

③拱形钢筋混凝土支架的架间距可参照梯形钢筋混凝土支架的架间距。

④混凝土强度等级为 C20。配筋应优先采用 A5 及冷拔丝，以节约钢材。

⑤支架顶梁结构与材料见图 6—1—29，表 6—1—71。

⑥支架柱腿结构与材料见图 6—1—30，表 6—1—72。

(3) 装配式钢筋混凝土弧板支架：

弧板支架是利用超高强混凝土在地面预制，井下装配组成全断面封闭的密集连续式板块结构巷道支架。弧板的混凝土强度等级为 C60 和 C100，截面含钢筋率为 1.3%；板厚 0.2~0.25m，宽 0.32~0.49m，重 650~800kg。由 4~5 块弧板组成一圈支架，每 2~3 圈连续支

表 6-1-70 拱形支架各种构件规格、质量及材料消耗

构件名称	长度 (mm)	构件断面		质量 (kg)	材料用量表	
		宽度 (mm)	高度 (mm)		混凝土 (m³)	钢筋 (kg)
拱形支架顶梁	1800	100	220	97	0.039	5.03 (7.34)
	1900	100	220	104	0.0414	5.31 (7.68)
	2000	100	220	110	0.044	5.59 (8.17)
	2100	100	220	115	0.0462	7.07 (10.05)
	2200	100	220	121	0.0484	7.40 (10.57)
	2300	100	220	127	0.051	7.81 (13.00)
	2400	100	220	133	0.0534	9.61 (13.51)
	2500	120	220	148	0.0615	10.08 (14.11)
	2600	120	220	174	0.0697	10.51 (14.70)
	2700	120	220	181	0.0727	10.88 (15.21)
	2800	120	220	189	0.0757	11.24 (15.67)
	2900	120	220	196	0.0785	11.64 (16.15)
	3000	120	220	203	0.0812	12.02 (16.75)
	3100	120	220	211	0.0845	12.47 (17.32)
	3200	120	220	220	0.0879	12.85 (17.80)
	3300	120	220	226	0.0905	13.33 (18.47)
	3400	120	220	233	0.0932	13.61 (18.84)
	3500	120	220	239	0.0956	14.06 (19.48)
	3600	120	220	245	0.098	14.30 (19.85)
拱形支架柱腿	2000	100	220	113	0.045	5.09 (7.60)
		120		135	0.054	5.15 (7.72)
	2200	100	220	123	0.049	5.60 (8.39)
		120		148	0.059	5.67 (8.54)
	2400	100	220	133	0.053	6.07 (9.04)
		120		160	0.064	6.13 (9.19)
	2600	100	220	143	0.057	6.54 (9.70)
		120		173	0.069	6.61 (9.86)
	2800	100	220	153	0.061	8.58 (12.34)
		120		185	0.074	8.66 (12.57)
	3000	100	220	163	0.065	9.14 (13.16)
		120		198	0.079	9.23 (13.35)
钢筋混凝土背板	500	200	50	12.5	0.005	0.17 (0.399)
	700	200	50	17.5	0.007	0.222 (0.51)
	900	200	50	22.5	0.009	0.35 (0.815)
	1200	200	50	30.0	0.012	0.575 (1.32)

注：括号外数字为采用 A5 及冷拔丝时钢筋用量，括号内数字为采用 A2 及 A1 时钢筋用量。

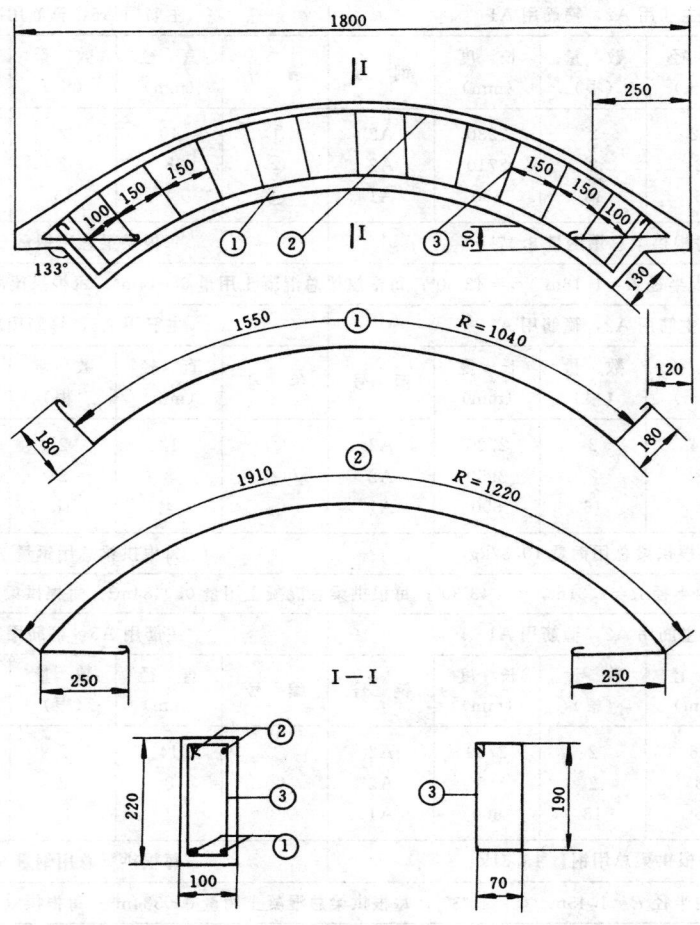

图 6-1-29　1.8m 拱形支架顶梁

表 6-1-71　拱 形 支 架 顶 梁 材 料

	主筋用 A2，箍筋用 A1				主筋用 A5，箍筋用冷拔丝				
	编号	直径 (mm)	数量 (根)	长度 (mm)	钢号	编号	直径 (mm)	数量 (根)	长度 (mm)	钢号
1.8 m 支架	①	12	2	2060	A2	①	10	2	1910	A5
	②	8	2	2510	A2	②	8	2	2510	A2
	③	6	13	600	A1	③	4	13	570	冷拔丝
	每根拱梁总用钢量 7.34kg					每根拱梁总用钢量 5.03kg				
	拱梁内半径 $R=1.02$m，$\varphi_h=43°30'$；每根拱梁总混凝土用量 0.0388m³；每根拱梁质量 97kg									

<table>
<tr><td rowspan="3">2.0
m
支
架</td><td colspan="5" align="center">主筋用A2，箍筋用A1</td><td colspan="5" align="center">主筋用A5，箍筋用冷拔丝</td></tr>
<tr><td>编号</td><td>直径
(mm)</td><td>数量
(根)</td><td>长度
(mm)</td><td>钢号</td><td>编号</td><td>直径
(mm)</td><td>数量
(根)</td><td>长度
(mm)</td><td>钢号</td></tr>
<tr><td></td><td></td><td></td><td></td><td></td><td></td><td></td><td></td><td></td><td></td></tr>
<tr><td></td><td>①</td><td>12</td><td>2</td><td>2280</td><td>A2</td><td>①</td><td>10</td><td>2</td><td>2130</td><td>A5</td></tr>
<tr><td></td><td>②</td><td>8</td><td>2</td><td>2710</td><td>A2</td><td>②</td><td>8</td><td>2</td><td>2710</td><td>A2</td></tr>
<tr><td></td><td>③</td><td>6</td><td>15</td><td>600</td><td>A1</td><td>③</td><td>4</td><td>15</td><td>570</td><td>冷拔丝</td></tr>
<tr><td></td><td colspan="5" align="center">每根拱梁总用钢量 8.17kg</td><td colspan="5" align="center">每根拱梁总用钢量 5.59kg</td></tr>
<tr><td></td><td colspan="10" align="center">拱梁内半径 $R=1.16$m，$\varphi_h=43°30'$；每根拱梁总混凝土用量 0.044m³；每根拱梁质量 110kg</td></tr>
</table>

<table>
<tr><td rowspan="3">2.2
m
支
架</td><td colspan="5" align="center">主筋用A2，箍筋用A1</td><td colspan="5" align="center">主筋用A5，箍筋用冷拔丝</td></tr>
<tr><td>编号</td><td>直径
(mm)</td><td>数量
(根)</td><td>长度
(mm)</td><td>钢号</td><td>编号</td><td>直径
(mm)</td><td>数量
(根)</td><td>长度
(mm)</td><td>钢号</td></tr>
<tr><td></td><td>①</td><td>14</td><td>2</td><td>2520</td><td>A2</td><td>①</td><td>12</td><td>2</td><td>2350</td><td>A5</td></tr>
<tr><td></td><td>②</td><td>8</td><td>2</td><td>2950</td><td>A2</td><td>②</td><td>8</td><td>2</td><td>2950</td><td>A2</td></tr>
<tr><td></td><td>③</td><td>6</td><td>16</td><td>600</td><td>A1</td><td>③</td><td>4</td><td>16</td><td>570</td><td>冷拔丝</td></tr>
<tr><td></td><td colspan="5" align="center">每根拱梁总用钢量 10.57kg</td><td colspan="5" align="center">每根拱梁总用钢量 7.40kg</td></tr>
<tr><td></td><td colspan="10" align="center">拱梁内半径 $R=1.31$m，$\varphi_h=43°30'$；每根拱梁总混凝土用量 0.0484m³；每根拱梁质量 121kg</td></tr>
</table>

<table>
<tr><td rowspan="3">2.4
m
支
架</td><td colspan="5" align="center">主筋用A2，箍筋用A1</td><td colspan="5" align="center">主筋用A5，箍筋用冷拔丝</td></tr>
<tr><td>编号</td><td>直径
(mm)</td><td>数量
(根)</td><td>长度
(mm)</td><td>钢号</td><td>编号</td><td>直径
(mm)</td><td>数量
(根)</td><td>长度
(mm)</td><td>钢号</td></tr>
<tr><td></td><td>①</td><td>16</td><td>2</td><td>2760</td><td>A2</td><td>①</td><td>14</td><td>2</td><td>2560</td><td>A5</td></tr>
<tr><td></td><td>②</td><td>8</td><td>2</td><td>3160</td><td>A2</td><td>②</td><td>8</td><td>2</td><td>3160</td><td>A2</td></tr>
<tr><td></td><td>③</td><td>6</td><td>18</td><td>600</td><td>A1</td><td>③</td><td>4</td><td>18</td><td>570</td><td>冷拔丝</td></tr>
<tr><td></td><td colspan="5" align="center">每根拱梁总用钢量 13.51kg</td><td colspan="5" align="center">每根拱梁总用钢量 9.61kg</td></tr>
<tr><td></td><td colspan="10" align="center">拱梁内半径 $R=1.45$m，$\varphi_h=43°30'$；每根拱梁总混凝土用量 0.0534m³；每根拱梁质量 133kg</td></tr>
</table>

<table>
<tr><td rowspan="3">2.6
m
支
架</td><td colspan="5" align="center">主筋用A2，箍筋用A1</td><td colspan="5" align="center">主筋用A5，箍筋用冷拔丝</td></tr>
<tr><td>编号</td><td>直径
(mm)</td><td>数量
(根)</td><td>长度
(mm)</td><td>钢号</td><td>编号</td><td>直径
(mm)</td><td>数量
(根)</td><td>长度
(mm)</td><td>钢号</td></tr>
<tr><td></td><td>①</td><td>16</td><td>2</td><td>2990</td><td>A2</td><td>①</td><td>14</td><td>2</td><td>2790</td><td>A5</td></tr>
<tr><td></td><td>②</td><td>8</td><td>2</td><td>3390</td><td>A2</td><td>②</td><td>8</td><td>2</td><td>3390</td><td>A2</td></tr>
<tr><td></td><td>③</td><td>6</td><td>19</td><td>640</td><td>A1</td><td>③</td><td>4</td><td>19</td><td>610</td><td>冷拔丝</td></tr>
<tr><td></td><td colspan="5" align="center">每根拱梁总用钢量 14.70kg</td><td colspan="5" align="center">每根拱梁总用钢量 10.51kg</td></tr>
<tr><td></td><td colspan="10" align="center">拱梁内半径 $R=1.6$m，$\varphi_h=43°30'$；每根拱梁总混凝土用量 0.0697m³；每根拱梁质量 174kg</td></tr>
</table>

<table>
<tr><td rowspan="3">2.8
m
支
架</td><td colspan="5" align="center">主筋用A2，箍筋用A1</td><td colspan="5" align="center">主筋用A5，箍筋用冷拔丝</td></tr>
<tr><td>编号</td><td>直径
(mm)</td><td>数量
(根)</td><td>长度
(mm)</td><td>钢号</td><td>编号</td><td>直径
(mm)</td><td>数量
(根)</td><td>长度
(mm)</td><td>钢号</td></tr>
<tr><td></td><td>①</td><td>16</td><td>2</td><td>3210</td><td>A2</td><td>①</td><td>14</td><td>2</td><td>3010</td><td>A5</td></tr>
<tr><td></td><td>②</td><td>8</td><td>2</td><td>3600</td><td>A2</td><td>②</td><td>8</td><td>2</td><td>3600</td><td>A2</td></tr>
<tr><td></td><td>③</td><td>6</td><td>19</td><td>640</td><td>A1</td><td>③</td><td>4</td><td>19</td><td>610</td><td>冷拔丝</td></tr>
<tr><td></td><td colspan="5" align="center">每根拱梁总用钢量 15.67kg</td><td colspan="5" align="center">每根拱梁总用钢量 11.24kg</td></tr>
<tr><td></td><td colspan="10" align="center">拱梁内半径 $R=1.74$m，$\varphi_h=43°30'$；每根拱梁总混凝土用量 0.0757m³；每根拱梁质量 189kg</td></tr>
</table>

	主筋用A2，箍筋用A1				主筋用A5，箍筋用冷拔丝			
	编　号	直　径(mm)	数　量(根)	长　度(mm)	钢　号	编　号	直　径(mm)	数　量(根)	长　度(mm)	钢　号

3.0m 支架

编号	直径(mm)	数量(根)	长度(mm)	钢号	编号	直径(mm)	数量(根)	长度(mm)	钢号
①	16	2	3410	A2	①	14	2	3210	A5
②	8	2	3810	A2	②	8	2	3810	A2
③	6	21	640	A1	③	4	21	610	冷拔丝

每根拱梁总用钢量 16.75kg　　　每根拱梁总用钢量 12.02kg

拱梁内半径 $R=1.88m$，$\varphi_n=43°30'$；每根拱梁总混凝土用量 $0.0812m^3$；每根拱梁质量 203kg

3.2m 支架

编号	直径(mm)	数量(根)	长度(mm)	钢号	编号	直径(mm)	数量(根)	长度(mm)	钢号
①	16	2	3070	A2	①	14	2	3470	A5
②	8	2	4070	A2	②	8	2	4070	A2
③	6	21	640	A1	③	4	21	610	冷拔丝

每根拱梁总用钢量 17.80kg　　　每根拱梁总用钢量 12.85kg

拱梁内半径 $R=2.05m$，$\varphi_n=43°30'$；每根拱梁总混凝土用量 $0.0879m^3$；每根拱梁质量 220kg

3.4m 支架

编号	直径(mm)	数量(根)	长度(mm)	钢号	编号	直径(mm)	数量(根)	长度(mm)	钢号
①	16	2	3870	A2	①	14	2	3670	A5
②	8	2	4270	A2	②	8	2	4270	A2
③	6	23	640	A1	③	4	23	610	冷拔丝

每根拱梁总用钢量 18.84kg　　　每根拱梁总用钢量 13.61kg

拱梁内半径 $R=2.18m$，$\varphi_n=43°30'$；每根拱梁总混凝土用量 $0.0932m^3$；每根拱梁质量 233kg

3.6m 支架

编号	直径(mm)	数量(根)	长度(mm)	钢号	编号	直径(mm)	数量(根)	长度(mm)	钢号
①	16	2	4050	A2	①	14	2	3850	A5
②	8	2	4450	A2	②	8	2	4450	A2
③	6	25	640	A1	③	4	25	610	冷拔丝

每根拱梁总用钢量 19.85kg　　　每根拱梁总用钢量 14.30kg

拱梁内半径 $R=2.3m$，$\varphi_n=43°30'$；每根拱梁总混凝土用量 $0.098m^3$；每根拱梁质量 245kg

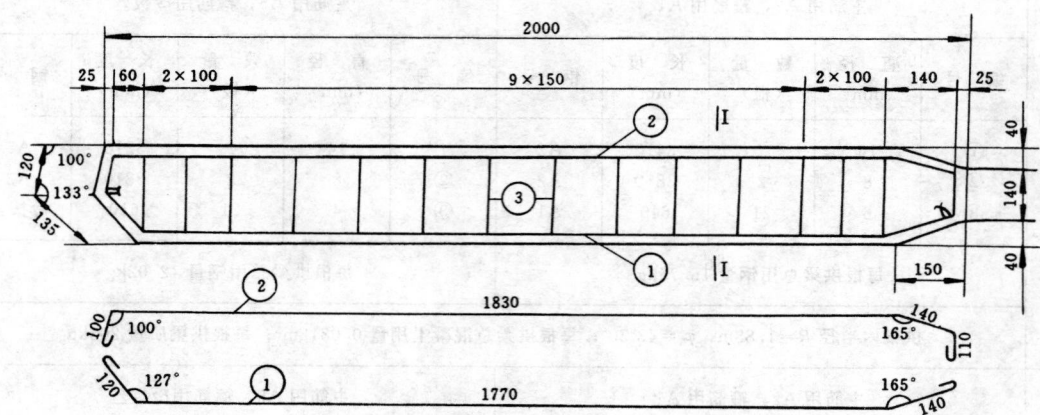

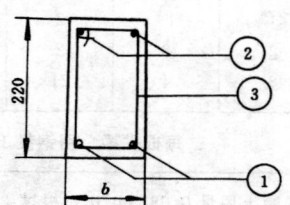 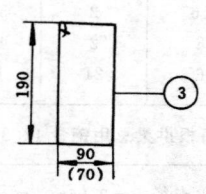

图 6—1—30   2.0m 拱形支架柱腿

表 6—1—72   拱 形 支 架 柱 腿 材 料

	主筋用A5，箍筋用冷拔丝					主筋用A2，箍筋用A1				
	编 号	直 径 (mm)	长 度 (mm)	数量 (根)	钢 号	编 号	直 径 (mm)	长 度 (mm)	数量 (根)	钢 号
2.0 m 支 架	①	φ10	2030	2	A5	①	φ12	2180	2	A2
	②	φ8	2280	2	A2	②	φ8	2280	2	A2
	③ $b=100$	φ4	570	14	冷拔丝	③ $b=100$	φ6	600	14	A1
	$b=120$	φ4	610	14	冷拔丝	$b=120$	φ6	640	14	A1
	每根柱总用钢量 (kg)	$b=100$	5.09			每根柱总用钢量 (kg)	$b=100$	7.60		
		$b=120$	5.15				$b=120$	7.72		
	每根柱混凝土用量 (m³)	$b=100$	0.045			每根柱混凝土用量 (m³)	$b=100$	0.045		
		$b=120$	0.054				$b=120$	0.054		
	每根柱总质量 (kg)	$b=100$	113			每根柱总质量 (kg)	$b=100$	113		
		$b=120$	135				$b=120$	135		

续表

2.2 m 支架

主筋用 A5，箍筋用冷拔丝					主筋用 A2，箍筋用 A1				
编号	直径(mm)	长度(mm)	数量(根)	钢号	编号	直径(mm)	长度(mm)	数量(根)	钢号
①	$\phi 10$	2230	2	A5	①	$\phi 12$	2380	2	A2
②	$\phi 8$	2480	2	A2	②	$\phi 3$	2480	2	A2
③ $b=100$	$\phi 4$	570	16	冷拔丝	③ $b=100$	$\phi 6$	600	16	A1
$b=120$	$\phi 4$	610	16	冷拔丝	$b=120$	$\phi 6$	640	16	A1
每根柱总用钢量(kg)	$b=100$	5.60			每根柱总用钢量(kg)	$b=100$	8.39		
	$b=120$	5.67				$b=120$	8.54		
每根柱混凝土用量(m³)	$b=100$	0.049			每根柱混凝土用量(m³)	$b=100$	0.049		
	$b=120$	0.059				$b=120$	0.059		
每根柱总质量(kg)	$b=100$	123			每根柱总质量(kg)	$b=100$	123		
	$b=120$	148				$b=120$	148		

2.4 m 支架

主筋用 A5，箍筋用冷拔丝					主筋用 A2，箍筋用 A1				
编号	直径(mm)	长度(mm)	数量(根)	钢号	编号	直径(mm)	长度(mm)	数量(根)	钢号
①	$\phi 10$	2430	2	A5	①	$\phi 12$	2580	2	A2
②	$\phi 8$	2680	2	A2	②	$\phi 8$	2680	2	A2
③ $b=100$	$\phi 4$	570	17	冷拔丝	③ $b=100$	$\phi 6$	600	17	A1
$b=120$	$\phi 4$	610	17	冷拔丝	$b=120$	$\phi 6$	640	17	A1
每根柱总用钢量(kg)	$b=100$	6.07			每根柱总用钢量(kg)	$b=100$	9.04		
	$b=120$	6.13				$b=120$	9.19		
每根柱混凝土用量(m³)	$b=100$	0.053			每根柱混凝土用量(m³)	$b=100$	0.053		
	$b=120$	0.064				$b=120$	0.064		
每根柱总质量(kg)	$b=100$	133			每根柱总质量(kg)	$b=100$	133		
	$b=120$	160				$b=120$	160		

2.6 m 支架

主筋用 A5，箍筋用冷拔丝					主筋用 A2，箍筋用 A1				
编号	直径(mm)	长度(mm)	数量(根)	钢号	编号	直径(mm)	长度(mm)	数量(根)	钢号
①	$\phi 10$	2630	2	A5	①	$\phi 12$	2780	2	A2
②	$\phi 8$	2880	2	A2	②	$\phi 8$	2880	2	A2
③ $b=100$	$\phi 4$	570	18	冷拔丝	③ $b=100$	$\phi 6$	600	18	A1
$b=120$	$\phi 4$	610	18	冷拔丝	$b=120$	$\phi 6$	640	18	A1

续表

	主筋用 A5，箍筋用冷拔丝					主筋用 A2，箍筋用 A1				
	编　号	直　径 (mm)	长　度 (mm)	数　量 (根)	钢　号	编　号	直　径 (mm)	长　度 (mm)	数　量 (根)	钢　号
2.6 m 支架	每根柱总用钢量 (kg)	$b=100$ $b=120$	6.54 6.61			每根柱总用钢量 (kg)	$b=100$ $b=120$	9.70 9.86		
	每根柱混凝土用量 (m^3)	$b=100$ $b=120$	0.057 0.069			每根柱混凝土用量 (m^3)	$b=100$ $b=120$	0.057 0.069		
	每根柱总质量 (kg)	$b=100$ $b=120$	143 173			每根柱总质量 (kg)	$b=100$ $b=120$	143 173		

	主筋用 A5，箍筋用冷拔丝					主筋用 A2，箍筋用 A1				
	编　号	直　径 (mm)	长　度 (mm)	数　量 (根)	钢　号	编　号	直　径 (mm)	长　度 (mm)	数　量 (根)	钢　号
2.8 m 支架	① ②	$\phi12$ $\phi8$	2830 3080	2 2	A5 A2	① ②	$\phi14$ $\phi8$	2980 3080	2 2	A2 A2
	③ $b=100$ $b=120$	$\phi4$ $\phi4$	570 610	20 20	冷拔丝 冷拔丝	③ $b=100$ $b=120$	$\phi6$ $\phi6$	600 640	20 20	A1 A1
	每根柱总用钢量 (kg)	$b=100$ $b=120$	8.58 8.66			每根柱总用钢量 (kg)	$b=100$ $b=120$	12.34 12.57		
	每根柱混凝土用量 (m^3)	$b=100$ $b=120$	0.061 0.074			每根柱混凝土用量 (m^3)	$b=100$ $b=120$	0.061 0.074		
	每根柱总质量 (kg)	$b=100$ $b=120$	153 185			每根柱总质量 (kg)	$b=100$ $b=120$	153 185		

	主筋用 A5，箍筋用冷拔丝					主筋用 A2，箍筋用 A1				
	编　号	直　径 (mm)	长　度 (mm)	数　量 (根)	钢　号	编　号	直　径 (mm)	长　度 (mm)	数　量 (根)	钢　号
3.0 m 支架	① ②	$\phi12$ $\phi8$	3030 3280	2 2	A5 A2	① ②	$\phi14$ $\phi8$	3180 3280	2 2	A2 A2
	③ $b=100$ $b=120$	$\phi4$ $\phi4$	570 610	21 21	冷拔丝 冷拔丝	③ $b=100$ $b=120$	$\phi6$ $\phi6$	600 640	21 21	A1 A1
	每根柱总用钢量 (kg)	$b=100$ $b=120$	9.14 9.23			每根柱总用钢量 (kg)	$b=100$ $b=120$	13.16 13.35		
	每根柱混凝土用量 (m^3)	$b=100$ $b=120$	0.065 0.079			每根柱混凝土用量 (m^3)	$b=100$ $b=120$	0.065 0.079		
	每根柱总质量 (kg)	$b=100$ $b=120$	163 198			每根柱总质量 (kg)	$b=100$ $b=120$	163 198		

护即成巷 1.0m。弧板端头处以平滑可缩垫层或使用实心钢管绞接，可调整弧板内的弯矩受力情况。弧板支架四周的架后空间用粉煤灰、石灰等混合材料充填密实，每米巷道弧板支架的极限承载能力达 50000～70000kN。

　　2）预应力钢筋混凝土支架：

　　（1）支架材料：

　　①混凝土：采用 C40 混凝土，普通硅酸盐水泥或矿渣硅酸盐水泥。

　　②钢筋：用高强度普通低合金钢筋，如 45MnSi、45Si$_2$Ti、40Si$_2$V、44Mn$_2$Si 等钢种，应优先采用前两种。如无Ⅳ级钢筋，可用Ⅲ级钢筋代替，其配筋和用量见表 6-1-73。

表 6-1-73　采用 25MnSi（Ⅲ级钢筋）代替Ⅳ级钢筋时的配筋和用钢量

构件规格		主、副筋规格		每根构件钢材用量（kg）				
		主　筋	副　筋	Φ 12	Φ 10	Φ 8	Φ 4	总用量
顶 梁	2.0m	2 Φ 10	1 Φ 8		2.47	0.79	1.07	4.33
	2.2m	2 Φ 10	1 Φ 8		2.71	0.87	1.14	4.72
	2.4m	2 Φ 10	1 Φ 8		2.96	0.95	1.17	5.03
	2.6m	2 Φ 12	1 Φ 8	4.62		1.03	1.25	6.90
	2.8m	2 Φ 12	1 Φ 8	4.98		1.11	1.32	7.41
	3.3m	2 Φ 12	1 Φ 8	5.86		1.30	2.13	9.29
	3.5m	2 Φ 12	1 Φ 8	6.22		1.38	2.20	9.80
柱 腿	2.0m	2 Φ 8	1 Φ 8			2.37	0.85	3.22
	2.2m	2 Φ 8	1 Φ 8			2.61	0.92	3.53
	2.4m	2 Φ 10	1 Φ 8		2.96	0.95	0.98	4.87
	2.6m	2 Φ 10	1 Φ 8		3.21	1.03	1.02	5.25
	2.8m	2 Φ 10	1 Φ 8		3.45	1.11	1.10	5.66

　　（2）构件截面：

　　支架的顶梁和柱腿一律采用工字型截面，如图 6-1-31 所示。

　　（六）刚性支护的计算

　　1. 刚性支护构件计算公式

　　详见表 6-1-74。

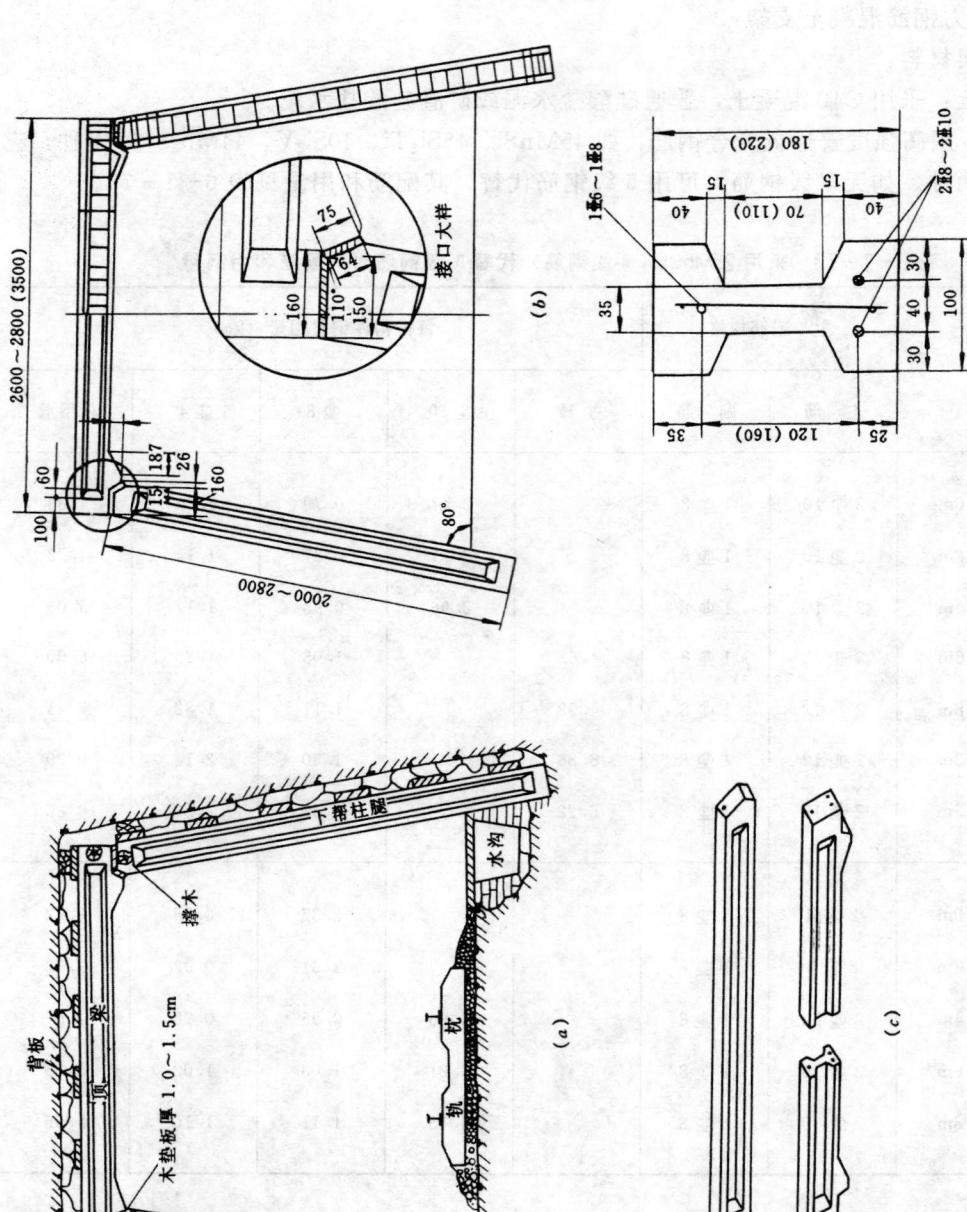

图 6—1—31　预应力梯形钢筋混凝土支架结构及构件截面

a—巷道断面；b—支架结构；c—梁、柱立体示意图；d—构件截面图（括号内数字为 3.3～3.5m 顶梁）

表6-1-74　刚性支护构件计算原则与经验公式

支架类型		图示	计算公式	符号注解	适用条件
平顶巷道	平顶梁	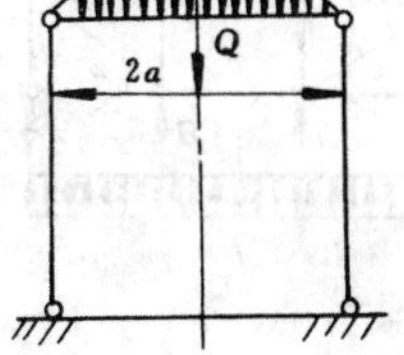	顶压按抛物线或均匀分布，顶梁按简支梁计算 按抛物线分布时 $M_{max}=\dfrac{5}{16}Qa$ $W_b=\dfrac{M_{max}}{[\sigma_w]}$	W_b—由构件断面形状尺寸定的断面模量 $[\sigma_w]$—构件材料的容许抗弯应力	两帮不支护，只有顶压，很小或无侧压
	矩形支架		顶梁计算同上栏 立柱按轴心受压柱计算 $\dfrac{N}{\lambda F_c}\leqslant[\sigma_c]$ $N=\dfrac{Q}{2}$	λ—容许应力折减系数，取决于两端固定情况及立柱尺寸 $[\sigma_c]$—构件材料的容许压应力 F_c—立柱截面积	顶压较大，侧压较小
	金属梁砌石墙混合支架	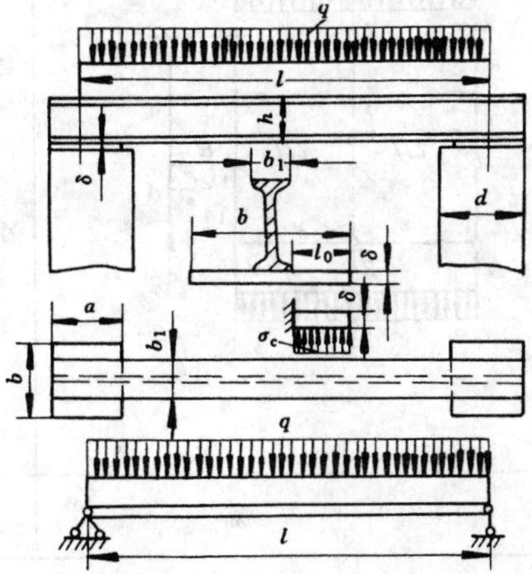	顶压均匀分布，顶梁按简支梁计算 $M_{max}=\dfrac{1}{8}ql^2$ $W_b=\dfrac{M_{max}}{[\sigma_w]}$	W_b—由构件断面形状尺寸而定的断面模量 $[\sigma_w]$取值（MPa）： 砖　　　　1.2~1.5 混凝土砖　2.5~3.0 混凝土　　3.0~5.0	顶压较大，侧压较小

续表

支架类型			图示	计算公式	符号注解	适用条件
平顶巷道	矩形加强支架	双跨	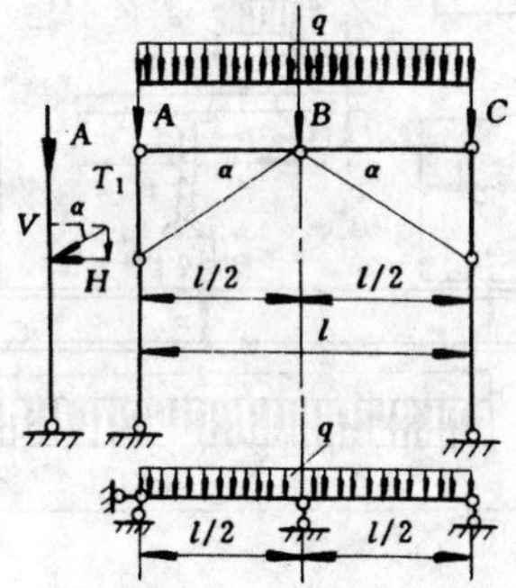	顶压均匀分布，顶梁按两跨连续梁计算 最大弯矩 $M_{max}=\dfrac{ql^2}{32}$ 支座反力 $A=C=\dfrac{3}{16}ql$ $B=\dfrac{5}{8}ql$ 斜撑内力 $T_1=\dfrac{5}{16}\cdot\dfrac{ql}{\sin\alpha}$ 立柱内力（不论顶梁有多少个支座）$N=\dfrac{ql}{2}$	q—均匀顶压集度 l—顶梁计算跨度	顶压较大，侧压较小 为避免水平推力 H 引起立柱弯曲，在斜撑与柱连接处的外侧应楔紧
		三跨	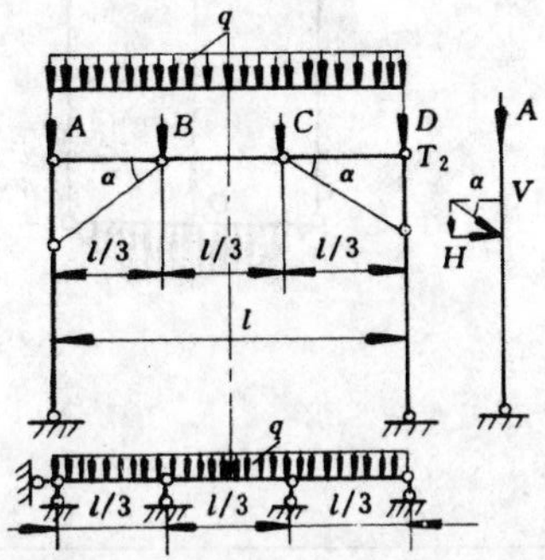	顶压均匀分布，顶梁按三跨连续梁计算 最大弯矩 $M_{max}=\dfrac{ql^2}{90}$ 支座反力 $A=D=\dfrac{2}{15}ql$ $B=C=\dfrac{11}{30}ql$ 斜撑内力 $T_2=\dfrac{11}{30}\cdot\dfrac{ql}{\sin\alpha}$ 立柱内力（不论顶梁有多少个支座）$N=\dfrac{ql}{2}$	q—均匀顶压集度 l—顶梁计算跨度	顶压较大，侧压较小 为避免水平推力 H 引起立柱弯曲，在斜撑与柱连接处的外侧应楔紧

续表

支架类型		图示	计算公式	符号注解	适用条件
平顶巷道	梯形	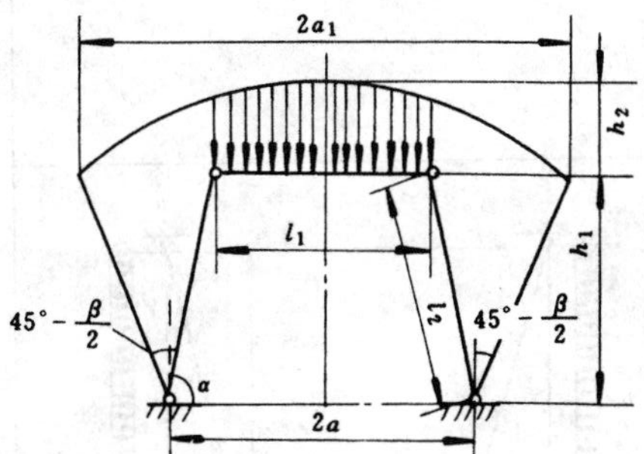	顶压分布集度 $$q_1 = \gamma h_2 L$$ 顶梁按简支压弯构件计算 $$\frac{(M_{max})_b}{W_b} + \frac{N_1 e_1}{\varphi F_b} \leq [\sigma_0]_b$$ $$(M_{max})_b = \frac{q_1 l_1^2}{8} = \frac{\gamma h_2 L L_1^2}{8}$$ $$N_1 = \frac{1}{2} q_2 l_2 \sin\alpha$$ 侧压均匀分布集度 $$q_2 = \gamma (h_1 + h_2)\,\mathrm{tg}^2\left(45° - \frac{\beta}{2}\right)$$ 立柱按简支压弯构件计算 $$\frac{(M_{max})_0}{W_0} + \frac{N_2 e_2}{\varphi F_0} < [\sigma_0]_0$$ $$(M_{max})_0 = \frac{1}{8} q_2 l_2^2$$ $$N_2 = \frac{1}{2} q_1 l_1 \sin\alpha$$	L—棚距 N_1—立柱给予顶梁的轴向力,即立柱上端反力 e_1—立柱上端反力对顶梁轴线的偏心距 $[\sigma_0]_b$—顶梁材料的容许抗压应力 N_2—顶梁给予立柱的轴向力,即顶梁两端反力 e_2—顶梁两端反力对立柱轴线的偏心距 $[\sigma_0]_0$—立柱材料的容许抗压应力	有顶压及侧压时(当有底梁时,底梁计算原则与顶梁相同)
三铰拱形巷道	只有顶压	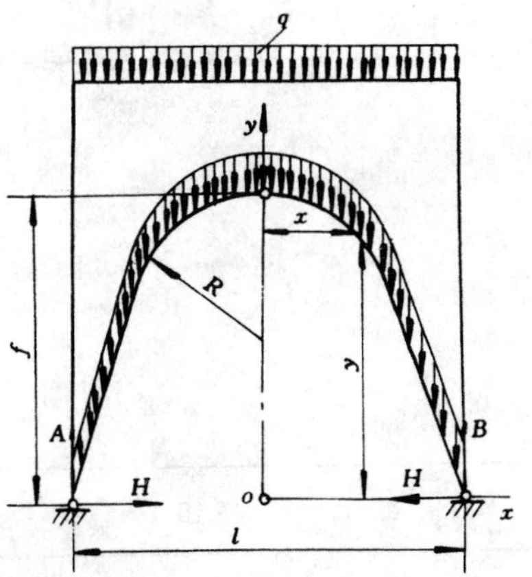	顶压均布的载集度 顶压均布,按静定三铰拱计算支座反力 $$A = B = \frac{1}{2} q l$$ 支座水平推力 $$H = \frac{q l^2}{8f}$$ 任意截面弯矩 $$M_x = M_x^0 - H y$$ $$M_x^0 = \frac{q l}{2}\left(\frac{l}{2} - x\right) - \frac{q}{2}\left(\frac{l}{2} - x\right)^2$$ 任意截面轴向力 $$N_x = -q x \cos\beta - H \sin\beta$$	x、y—任意截面的横、纵坐标 q—均布顶压集度	只有顶压

续表

支架类型		图示	计算公式	符号注解	适用条件
三铰拱形巷道	只有顶压		$\cos\beta = \dfrac{x}{R}$，$\sin\beta = \sqrt{\dfrac{R^2-x^2}{R}}$ 任意截面法向应力 $\sigma_x = \dfrac{N_x}{F} \pm \dfrac{M_x}{W}$ 据三铰拱几何轴线方程，可按极值原理求出最大弯矩截面之横坐标 x_0，则按强度校核条件 $\sigma_{max} = \dfrac{Nx_0}{F} \pm \dfrac{Mx_0}{W} \leqslant (\sigma)$	R—三铰拱拱圆弧部分的半径 F—构件横截面积 W—构件截面模量	
	有顶压及侧压	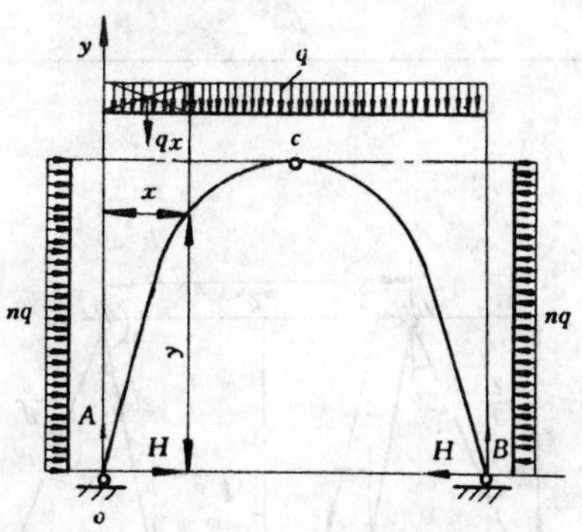	计算公式步骤同上栏。据静力平衡条件 $\Sigma x = 0$，$\Sigma y = 0$，$\Sigma M = 0$，可求出 A，B 及 H 任意截面弯矩 $M_x = A_x - Hy - \dfrac{nqy^2}{2} - \dfrac{qx^2}{2}$ $n = \dfrac{q'}{q}$	n—侧压与顶压之比 q'—均布侧压集度 q—均布顶压集度	有顶压及侧压
拱顶直墙砌碹巷道	不配筋拱部		顶压均匀分布。等分半拱部为 10~16 块楔形块，中心弧长为 ΔS，求出每块之顶压 Q_1，Q_2，Q_3，…，楔块与充填物自重 G_1，G_2，G_3，…，合成合力 P_1，P_2，P_3，…，则得 拱顶水平推力 $x_1 = \dfrac{\Sigma y \Sigma M_p - \Sigma M_p y}{(\Sigma y)^2 - \Sigma y^2}$ 拱顶弯矩 $x_2 = \dfrac{\Sigma M_p \Sigma y^2 - \Sigma y \Sigma M_p y}{(\Sigma y)^2 - \Sigma y^2}$	M_p—外力对各楔块重心引起之弯矩，取负号	只有顶压

续表

支架类型	图示	计算公式	符号注解	适用条件
拱顶直墙砌碹巷道　拱部　不配筋	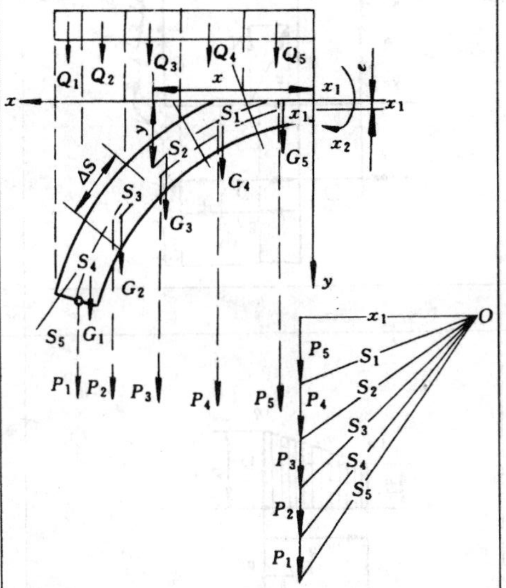	据 x_1 及 P_1, P_2, P_3, ……，可作出力多边形 据压力曲线 x_1, S_1, S_2, S_3, … 据压力曲线位置及各截面之内力，可找出最危险截面之轴力 N_x 与弯矩 M_x，则强度校核条件为 $$\sigma_{max}=\frac{N_x}{F}+\frac{M_x}{W}\leqslant[\sigma]$$ 拱顶合力偏心距 $e=\frac{x_2}{x_1}$ 拱部任意截面合力作用点不应超出截面核心（截面中部三分之一），或偏心距 $e\leqslant\frac{d_0}{6}$，否则将出现拉应力 当 $e>\frac{d_0}{6}$，则 1. 修改拱轴曲线，重新计算，至满足安全条件为止 2. 进行配筋（见本表下栏）	F—拱部横截面积； W—拱部截面模量	
拱顶直墙砌碹巷道　拱部　配筋	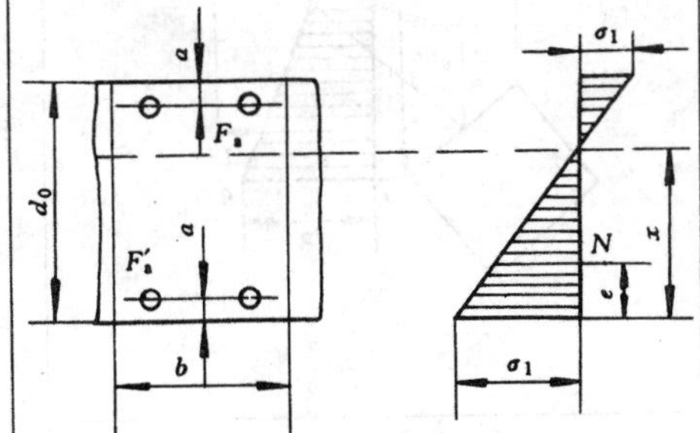	内力计算同上栏 取配筋系数 $$\mu=\frac{F_a+F'_a}{l_0}=0.75\%\sim1.5\%$$ 双筋对称布置，钢筋工作面积 $$F_a+F'_a=\frac{\pi d_a^2}{4}\cdot m$$ 混凝土中应力 $\sigma_0=\dfrac{20Nx}{bx^2+2nF_a(2x-d_0)}$ 钢筋应力 $\sigma_a=\dfrac{n(d_0-a-x)}{x}\sigma_0$ 中性轴位置由下式决定 $$x^3-3ex^2+\frac{6n}{b}F_a(d_0-2e)\times x-\frac{6n}{b}F_a$$ $$\times[(d_a-a)^2-ed_0+a^2]=0$$	d_a—钢筋直径，cm m—每米钢筋根数 σ_0—混凝土中心最大应力，MPa $h=\dfrac{E_a}{E_0}$ σ_a—钢筋应力，MPa d_0—拱厚，cm a—钢筋中心至外缘距离，cm b—拱截面宽度，cm N—拱截面轴力，kN x—受压边缘至中性轴距离，cm e—受压边缘至轴力 N 作用点之距离，cm	顶压较大或不均匀

续表

支架类型		图示	计算公式	符号注解	适用条件
拱顶直墙砌碹巷道	无侧压（墙）	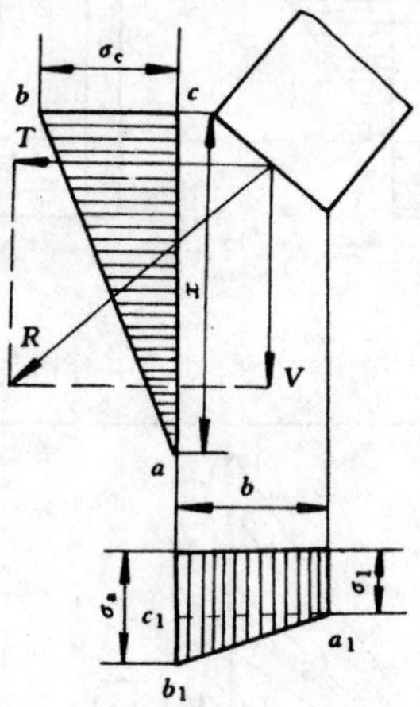	假设围岩抗力为三角形分布，且 $\triangle abc$ 与 $\triangle a_1b_1c_1$ 相似，则 $$\frac{\sigma_a}{x} = \frac{\sigma_a - \sigma_1}{b}$$ 抗力最大集度 $\sigma_0 = \frac{x(\sigma_a - \sigma_1)}{1b}$ 抗力合力 $R_a = \frac{x\sigma_0}{2} = \frac{x^2(\sigma_a - \sigma_1)}{2b}$ 抗力分布高度 $x = \sqrt{\frac{2bR_0}{\sigma_a - \sigma_1}}$ 墙基分布应力按偏心受压公式计算 $\sigma_a = \frac{V_1}{b}\left(1 + \frac{6e}{b}\right)$，$\sigma_1 = \frac{V_1}{b}\left(1 - \frac{6e}{b}\right)$ 当近似地取 $R_0 \approx T$，$V_1 \approx V$，则 $$x \approx 0.408b\sqrt{\frac{Tb}{Ve}}$$ 墙中应力据 V、V_1 及偏心距确定，并用墙材料容许应力校核，同时注意最大集度 $\sigma_a = \frac{2R_0}{x}$ 不应超过帮岩体的容许耐压力	V_1—所有竖向力的合力 e—V_1 作用点之偏心距	
	有侧压		与普通挡土墙相似		
	基础部	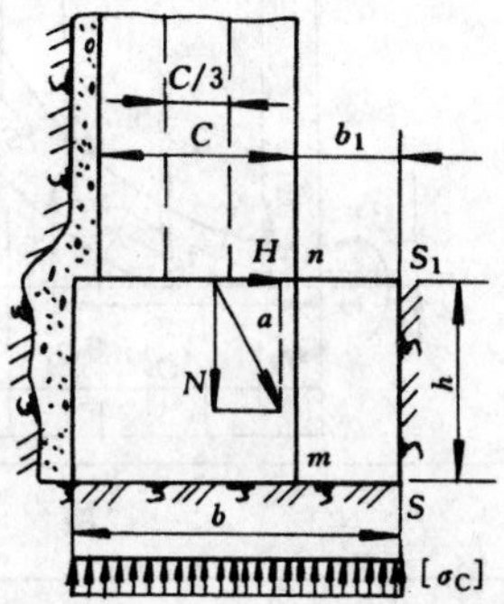	基础埋置深度 $$h = \frac{h_0}{\tan\left(45° - \dfrac{\beta}{2}\right)}$$ 基础宽度强度校核公式 $$\frac{N + Q_F}{b} \le [\sigma_0]$$	h_0—相当于 N 力大小的换算岩柱高度 β—底板岩体似内摩擦角（内阻力角） Q_F—基础自重 $[\sigma_0]$—底板岩体容许耐压力	

2. 巷道支架的受力分析

巷道围岩移动，作用于支架上力的方向都是向着巷道内侧的。巷道支架以两种形式承受围岩压力，即沿构件纵向的压应力（轴向力）和垂直构件纵轴的弯曲力矩，内力简图列于表6—1—75。

表 6—1—75 巷道支架受力分析

架型	载荷分布方式	图 示		
		计算载荷 q（kN/m）	弯矩 M（kN·m）	轴力 N（kN）
直腿墙拱形	均布	60kN/m	8 / 16	160 / 151
	顶压大	60kN/m 90° 20kN/m 20kN/m	19 / 25	109 / 126 / 122
	侧压大	20kN/m 90° 60kN/m 60kN/m	30 / 37	105 / 79
	一侧压力大	60kN/m 20kN/m	54 / 24 / 79 / 82 / 30	101 / 137 / 81 / 121

架型	载荷分布方式	图　　　　　　　　　　　示		
		计算载荷 q （kN/m）	弯矩 M （kN·m）	轴力 N （kN）
直腿墙拱形	一侧肩压大	60kN/m 30° 90° 25° 35° 20kN/m 10kN/m	85	15 76 31 61
外扎角曲腿拱形	均布	60kN/m 140°	15 23	169 158
	顶压大	60kN/m 20kN/m 20kN/m	17 19	115 130 127
	侧压大	20kN/m 60kN/m 60kN/m	36 46	110 84
	一侧压力大	60kN/m 20kN/m	96	105 140 85 126

续表

架型	载荷分布方式	图 示		
		计算载荷 q (kN/m)	弯矩 M (kN·m)	轴力 N (kN)
外扎角曲腿拱形	一侧肩压大	60kN/m 35° 90° 25° 35° 20kN/m 10kN/m	98	16 81 36 65
内扎角曲腿拱形	均布	60kN/m	1.3 1	144 143
	顶压大	60kN/m 90° 20kN/m 20kN/m	26 31	93 117 101
	侧压大	20kN/m 90° 60kN/m 60kN/m	27 31	91 84
	一侧压力大	60kN/m 20kN/m	88	60 132 89 102

架型	载荷分布方式	图　　　　　示		
		计算载荷 q（kN/m）	弯矩 M（kN·m）	轴力 N（kN）
内扎角曲腿拱形	一侧肩压大	60kN/m 30° 90° 25° 35° 20kN/m 10kN/m	86	9　74 41　45
圆 形	均 布	60kN/m	0.24	84
	4个45°斜角处压力大	60kN/m 20kN/m	3　3 3　3	48　48 52　52
	顶、底压力大	60kN/m 20kN/m	15 17　17	51 73　73

架型	载荷分布方式	图　　　　　　示		
		计算载荷 q (kN/m)	弯矩 M (kN·m)	轴力 N (kN)
圆形	侧压大			
方环形	均布			
	4个斜顶角处压力大			
	侧压大			

续表

架型	载荷分布方式	图　　　　示		
		计算载荷 q (kN/m)	弯矩 M (kN·m)	轴力 N (kN)
方环形	顶压大	60kN/m 20kN/m	20 11　　11	31 58　　58

表 6—1—76　刚性支架承载能力计算方法简介

刚架结构承载能力的计算	支架支座的约束情况	计算中作如下规定：对拱形支架和有些马蹄形支架，用固定铰支座的约束方式，即约束端 X 方向和 Y 方向位移为零，把拱形结构视为两铰拱　　对圆形、环形支架，考虑到支架形状及载荷分布的对称性，取如下约束方式，X 方向位移为零，角位移为零；或 Y 方向位移为零，角位移为零。约束条件见图 6—1—32
	认为支架是一个刚架结构	刚架的节点全部为刚性节点，各杆为等截面杆。刚架由单一的弹性材料组成
	平面刚架的有限元计算方法	忽略剪切变形，只考虑杆件的弯曲变形和轴向变形。形成整体刚度矩阵时采用刚度集成法，解方程时采用高斯消去法。先求出危险截面上由压缩与弯曲组合变形所产生的应力，再根据强度条件求出支架的极限承载能力
	误差分析	由于选择的约束条件与实际的约束情况有一定差别及杆件长度与弯矩之间的相互影响，计算值与实际值有些出入，但接近井下实测数据，因而计算结果有一定的实用价值
计算步骤	求危险截面上的轴力和弯矩	用矩阵位移法中的直接刚度法程序求出危险截面上的轴力和弯矩。计算时取典型情况下的载荷值，危险截面的确定以弯矩为主要依据，即取弯矩最大的截面
	求危险截面上的应力	根据压缩与弯曲组合时的应力计算公式，$\left\| \sigma_{压max} \right\| = \left\| \dfrac{N}{F} + \dfrac{M_{max}}{W_z} \right\|$　　求出危险截面上的正应力 $\sigma_{压max}$，式中 N 为支架的轴力，F 为型钢横截面面积，M_{max} 为支架的最大弯矩，W_x 为抗弯截面模量
	求支架的承载能力	首先求出在这种典型载荷作用下支架的承载能力 D，再令 $$A = \frac{[\sigma_w]}{\|\sigma_{压max}\|}$$ 式中　$[\sigma_w]$—材料的许用应力；　　　A—比例系数　　在外载分布状态及杆件形状保持不变的情况下，支架的承载能力由下式求出：$$B = D \times A$$ 式中　B—支架的承载能力；　　　D—典型载荷作用下支架的承载能力

注：选自《有限元法概论》龙驭球编。

3. 计算方法

计算巷道支架承载能力可采用杆系结构有限单元法，选用"平面刚架有限元法"计算程序。计算方法见表6-1-76。

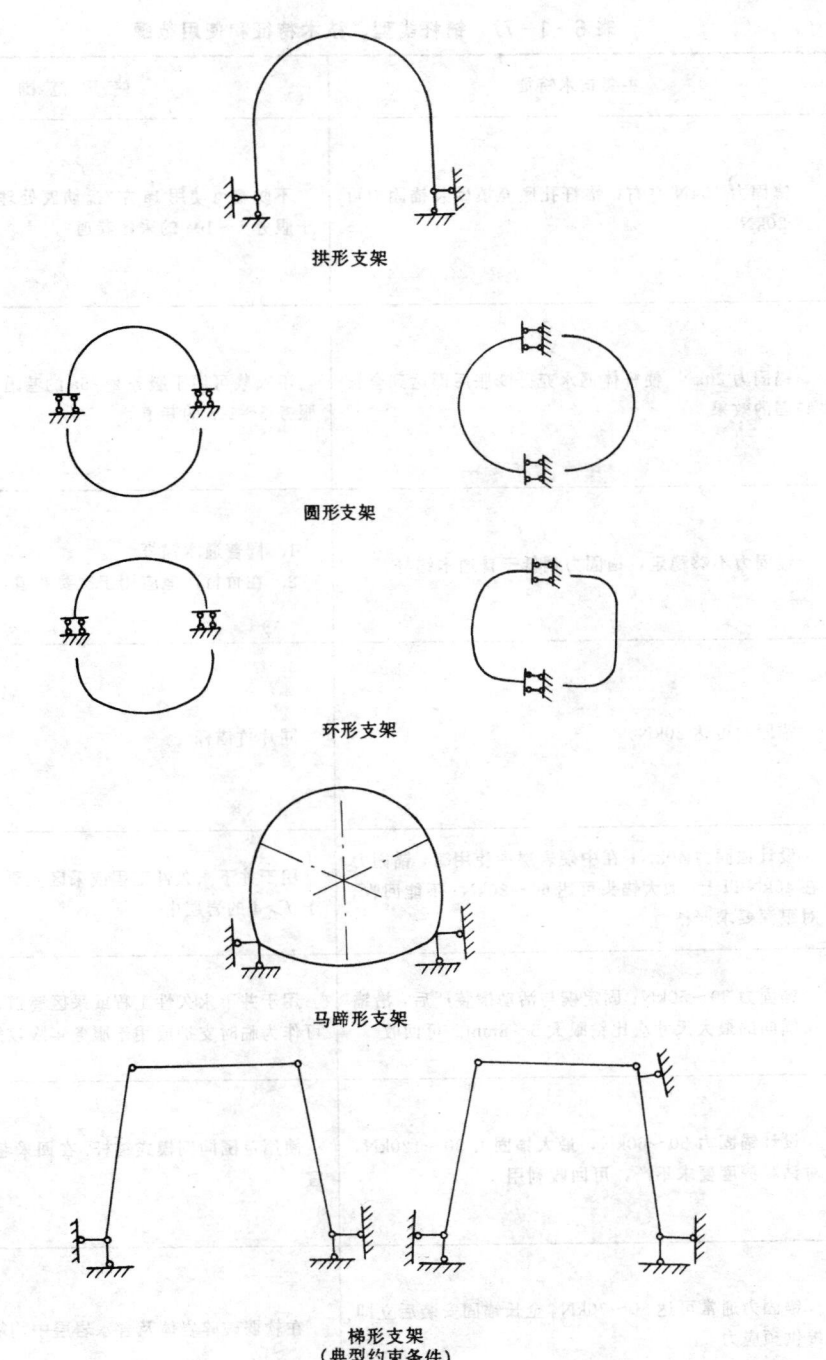

拱形支架

圆形支架

环形支架

马蹄形支架

梯形支架
（典型约束条件）

图 6-1-32 各种支架的约束条件

三、巷道锚杆及锚喷支护

（一）锚杆类型及使用范围（表6—1—77）

表6—1—77   锚杆类型、技术特征和使用范围

类型		主要技术特征	使 用 范 围
木锚杆	普通木锚杆	锚固力10kN左右；锚杆孔底充填砂浆锚固力可达20kN	不防腐可使用1a左右。防腐处理后，配合喷浆可用于服务5～10a的采区巷道
	压缩木锚杆	锚固力20kN。使杆体遇水充分膨胀后即达到全长锚固的效果	不喷浆可用于服务2～5a的巷道，配合喷浆可用于服务5～10a的巷道
竹锚杆	片竹锚杆	锚固力不够稳定，锚固力稍低于普通木锚杆	1. 同普通木锚杆 2. 在竹材产地应用于次要巷道，成本可大大降低
	百夹竹锚杆	锚固力可达20kN	同片竹锚杆
金属锚杆	楔缝式	设计锚固力40kN；在中硬岩层中使用时，锚固力在40kN以上，加大锚头可达60～80kN；不能回收，对眼深要求严格	用于井下永久性工程或采区主要巷道、硐室，适用于 $f > 4$ 的岩层中
	倒楔式	锚固力30～50kN；固定楔与活动楔装严后，沿锚头横向的最大尺寸应比钻眼大5～8mm。可回收	用于井下永久性工程或采区巷道、硐室。回收后，还可作为临时支护或用于服务年限较短的工程
	带钩倒楔式	设计锚固力50～60kN，最大锚固力90～120kN。对钻眼深度要求不严，可回收利用	使用范围同倒楔式锚杆。在回采巷道中使用更为适宜
缝管式锚杆		锚固力通常可达50～70kN。全长锚固安装后立即提供预应力	在软弱破碎岩体及含水岩层中均能使用

续表

类型		主要技术特征	使用范围
水泥砂浆锚杆		属全长锚固锚杆，钢筋、钢丝绳砂浆锚杆的锚固力为50kN	钢筋、钢丝绳砂浆锚杆用于井下永久性工程或采区主要硐室。竹筋砂浆锚杆的使用范围同普通木锚杆
树脂锚杆	杆体	可分为金属杆体、木杆体和玻璃钢杆体，其锚固力可达60kN以上。锚固方式可分为端锚和全锚两种	树脂木锚杆同普通木锚杆；树脂金属锚杆同金属锚杆
	树脂锚固剂	应贮存在25℃以下有通风、阴暗、干燥的防火仓库或有通风的井下硐室中　具体品牌树脂锚固剂规格与性能见表6—1—78、表6—1—79	参见《锚杆喷射混凝土支护技术规范》
快硬水泥锚杆		分端锚和全锚两种。锚固力不如树脂锚杆	可用于容许1h以内承载的各类岩体加固工程、固定罐梁，电机车架线以及地面土建安装工程
可伸缩锚杆		分为结构可伸缩和杆体可伸缩两种。初锚力20kN左右	可用于软岩，膨胀变形较大的岩层
锚杆桁架	单式	支架除有锚杆的作用外，还有支撑顶板的作用	适用于复杂地质条件、软弱破碎顶板、围岩变形量大的软岩巷道。巷道跨度4m以下。服务年限2~5a的采区巷道
	复式	分双交叉式和双内外式	使用于巷道跨度在4m以上的巷道
	双拉杆式	主要有普通锚杆桁架、连续锚杆桁架、三路和四路锚杆桁架、切割顶板的锚杆桁架	多用于顶板中水平拉力大、裂隙发育的大巷和采准巷道；巷道丁字交岔口和十字交岔点可分别用三路、四路交岔点锚杆桁架
预应力锚索（杆）		目前有胀壳式钢绞线预应力锚索、砂浆粘结式预应力锚索等几种。预应力一般为600kN以上	适用于复杂地质条件、各种岩体，也可用在地表的永久性工程加固

1. 树脂锚杆

药包式树脂锚杆是树脂锚杆的主要形式，由树脂药包和杆体两部分组成。

1) 树脂药包：

树脂药包是把锚固剂分成两个组分，树脂与速凝剂为一组分，固化剂为另一组分，互相分隔在玻璃管或塑料卷中。美亚牌树脂药包规格及特点见表6—1—78、表6—1—79。

树脂锚固剂应贮存在25℃以下有通风、阴暗、干燥的防火仓库或有通风的井下硐室中。

2）锚杆杆体：

（1）金属杆体：

金属杆体的结构，根据锚固方式不同而采用不同的结构。端锚树脂锚杆，杆体采用普通圆钢加工而成。杆体的锚固端被砸扁、拧转成反麻花状，沿杆体纵轴均匀扭转180°，它可把锚固剂搅拌均匀并推送至孔底，而且固化后使杆体具有较大的结构阻力，增强了锚固的可靠性。对直径16～20mm的杆体，锚固长度应为200～250mm。杆体端头横向压扁，其顶部宽度 B 为38mm，厚度尽可能大，砸扁部分截面积不能小于杆体毛截面积的80%。从圆钢至砸扁截面之间应有40～50mm长的渐变过渡段，以防止截面突然变化而产生的应力集中。顶部可做成劈叉式或平头式，劈叉槽口深15～20mm，叉口开口距5～10mm。为防止树脂外流，保证所需锚固长度，锚固段下端必须焊上挡圈。挡圈厚2mm、外径38mm，距砸扁起点约10mm。

表6—1—78　美亚牌树脂锚固剂的型号与规格

	类型代号	Z 型				K 型	
锚固剂型号规格	规格代号	Z35300	Z35370	Z23350	Z23240	K35300	K23350
	直 径（mm）	35	35	23	23	35	23
	长 度（mm）	300	370	350	240	300	350
	质 量（g）	500±10	700±10	300±5	200±5	550±10	300±5
	凝固时间（min）	4～6	4～6	4～6	4～6	0.5～1	0.5～1
	钻孔直径（mm）	42	42	28～32	28～32	42	28～32
配用钢杆体规格	材　质	A3圆钢	A3圆钢	A3圆钢	A3圆钢	A3圆钢	A3圆钢
	直径（mm）	16	25～27	14～16	12～14	16	14～16
	锚头结构与尺寸（mm）　型式	反麻花	反麻花	桨式	桨式	反麻花	桨式
	宽度	37	37	24～28	24～28	37	24～28
	拍扁长度	200	330～350	200	190	200	200
	锚固长度	210	350～370	220	200	210	220
	挡圈直径	38	38	24～28	24～28	38	24～28
	设计锚固力（kN）	≥50	≥80	≥50	≥30	≥50	≥50
	用 途	锚喷支护	立井安装	锚喷支护	抗震加固	锚喷支护	锚喷支护

表 6—1—79 树脂锚固剂的性能

性 能	单 位	数 值
单向抗压强度	MPa	≥60
剪切强度	MPa	≥350
压缩弹性模量	MPa	≥$1.6×10^4$
剪切弹性模量	MPa	≥$0.64×10^4$
波松比		≥0.3
振动疲劳寿命	次	300 万
对杆体锚固强度*	MPa	3.5~4.5
对岩石粘结强度*：砂岩	MPa	5~8
泥岩	MPa	3.5~5.5
煤	MPa	1~2
C25 混凝土	MPa	≥7
适用环境温度	℃	−30~60
贮存期	月	≥9

* 试验用 A3 圆钢，直径 $d=16$mm，锚固长度≥10~12d。

整个锚长（由挡圈至顶端距离）必须符合设计要求，误差为±5mm。

全锚固树脂锚杆，杆体采用螺纹钢筋加工而成，其结构如图 6—1—33。

全长锚固树脂锚杆的锚固力应充分保证，为了搅拌与安装方便，在杆体头部可制成尖头与平头两种，尾部可采用丝扣以便安装螺母与托板。为了使搅拌工具能与杆体快速连接，在尾部丝扣下部可做成方头。同时，全长锚固树脂锚杆，其装填的树脂药包不止一个，而是充满整个锚孔，装入多个药包。

金属杆体的材质，根据围岩的性质和所需锚固力等合理选用。一般采用 3 号钢与 16 锰钢，也有采用 5 号钢与 25 锰硅钢的。

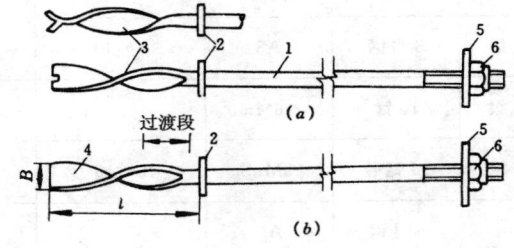

图 6—1—33 M—1 型树脂锚杆杆体结构

a—顶端为劈叉式；b—顶端为平头式

1—杆体；2—挡圈；3—劈叉式麻花头；

4—平头式麻花头；5—托板；6—螺母

为了能搅破树脂药卷，树脂锚杆杆体直径不应小于 14mm。一般采用直径为 16~20mm。为了充分利用钢材强度，其锚固力应接近或超过杆体本身承载力。常用杆体毛截面的屈服载荷与极限（断裂）载荷见表 6—1—80。

（2）木杆体：

木杆体树脂锚杆通常采用端部锚固型式，其结构如图 6—1—34，为了便于搅破树脂药包，把杆体端头削成 45°尖角，端锚的锚长采用 0.3m，实际因杆体较粗，端锚长度往往超过这一长度，锚固力往往超过杆体的强度。为适应锚固力的要求，宜在尾部托板下加一个加固钢套（铁垫板）。这样杆体尾部销紧力可提高到 40kN 左右，否则其销紧力仅 20kN 左右。木杆体材质要求平直、少节、无病害。顺纹抗拉强度大于 80MPa，抗压强度大于 40MPa。考虑到材料的不均质因素，直径 35mm 的杆体，其破断力达 70~80kN，设计锚固力取 30~40kN，即按 40%~50% 计算。制作锚杆的木材有柞木、水曲柳，榆木及红松等。一般杆径与锚杆孔径差

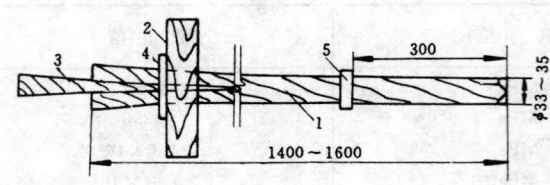

图 6—1—34　常用木杆体树脂锚杆结构

1—木杆体；2—托板；3—木楔；4—加固钢套；5—塑料挡圈

8～10mm。德国用聚氨酯树脂药包的木杆体直接采用 28mm×32mm 硬方木条，以便加工制作提高成材率。

木杆体含水量对强度影响很大，要注意防潮，杆体应置通风阴凉处。服务期限较长时杆体应进行防腐处理。

（3）玻璃钢杆体：

玻璃钢杆体即为玻璃纤维增强塑料杆体。其杆体以中碱玻璃纱为骨料。杆体用低温低压挤拉成型，头部模压成反螺旋180°，麻花状，尾部用加固钢套保护的楔缝式结构。玻璃钢杆体力学性能如表 6—1—81。

表 6—1—80　杆体常用钢筋类别及性能

钢筋类别	材　质		直径 （mm）	屈服强度 （MPa）	抗拉强度 （MPa）	延伸率（%）	
	钢号	代号				δ_5	δ_{10}
Ⅰ级	3号钢	A3	6～40	240	380	25	21
Ⅱ级	16锰	16Mn	6～25 28～40	340 320	520 500	16	—
Ⅲ级	25锰硅	25MnSi	6～40	400	600	14	—
	5号钢	A5	—	280	500	19	15

表 6—1—81　玻璃钢杆体力学性能

力　学　性　能			ϕ18mm 杆体	ϕ20mm 杆体
拉伸	弹性模量	（MPa）	4×10^4	4×10^4
	破坏应力	（MPa）	593	607
	破坏荷载	（kN）	153	190
弯曲	破坏应力	（MPa）		760
	破坏荷载	（kN）		15
剪切	破坏应力	（MPa）	144	144
	破坏荷载	（kN）	73	92.5

3）锚固力和粘结强度：

树脂锚杆的锚固力是指锚杆被拔出的最大载荷。其大小主要取决于锚固剂与杆体之间的粘结强度、锚固剂与锚固体（围岩、混凝土等）之间的粘结强度和杆体本身的强度。锚固剂与杆体之间的锚固力与粘结强度见表 6—1—82～表 6—1—84。锚固剂与锚固体间的粘结力见表 6—1—85。

树脂木锚杆的使用范围同普通木锚杆；树脂金属锚杆同金属倒楔式锚杆。

表 6—1—82 圆钢与锚固剂之间的锚固力与粘结力

直 径 (mm)	锚 长 (mm)	试件 数量	锚 固 力 (kN)			粘 结 力 (MPa)		
			平均值	最大值	最小值	平均值	最大值	最小值
22	80	16	72.9	92.5	59	13.15	16.7	10.7
25	250	7	139.0	142	132	7.1	7.25	6.73

表 6—1—83 螺纹钢筋与锚固剂的锚固力与粘结力

直 径 (mm)	锚 长 (mm)	试件 数量	锚 固 力 (kN)			粘 结 力 (MPa)		
			平均值	最大值	最小值	平均值	最大值	最小值
22	80	13	110	135	91	20	24.4	16.7
16	80	6	90	106	76	22.3	26.4	18.8
16	100	6	125	127	121	24.8	25.3	24.06
平 均 值		25				21.7	26.4	16.7

表 6—1—84 麻花杆体的锚固力与粘结力

直 径 (mm)	杆体材质	试件 数量	锚 固 力 (kN)		杆体应力 (MPa)		粘 结 力 (MPa)	
			平均值	变化范围	平均值	变化范围	平均值	变化范围
18	3 号钢	13	80	72~90	315.2	282.9~353.0	6.91	6.2~8.01
	25 锰硅	8	111	102~117	436.1	400.8~459.7	11.0	9.63~12.49
25	3 号钢	12	152	140~180	310.3	285.1~360.0	6.99	6.0~8.26
	25 锰硅	5	197	172~234	401.6	350.3~476.5	10.04	8.76~11.92

表 6—1—85 锚固剂与锚固体间的粘结力

	锚 固 体	粘结力（MPa)
中 国	C25 混凝土	7.9~12.6
日 本	花岗岩	14.0
	安山岩	15.5
	砂 岩	16.7
	大理岩	8.1
	混凝土	12.3
	钢 管	11.8
德 国	C35 混凝土	15.0
	C45 混凝土	22.5
	C60 混凝土	23.5
	砂 岩	25.0

表 6-1-86（a）　锚喷支护形式和参数　　　　　　　　　mm

围岩类别	支护方式	巷道净宽 B		不受采动影响的巷道				
				$2000 \leqslant B$ <3500	$3500 \leqslant B$ <5000	$5000 \leqslant B$ <6500	$6500 \leqslant B$ <8000	$8000 \leqslant B$ $\leqslant 9000$
I	喷射混凝土厚度			—	(20)	(20)	50	80
II	锚喷	喷射混凝土厚度		80	100	120	—	—
		锚杆	锚深	—	—	—	1800	1800
			间距	—	—	—	900	800
		喷射混凝土厚度		—	—	—	50	80
III	锚喷	锚杆	锚深	1600	2000	2000	2000	2200
			间距	800	900	800	800	700
		喷射混凝土厚度		50	80	80	80	100
IV	锚喷	锚杆	锚深	1600	2000	2000	2000	2200
			间距	800	800	700	700	600
		钢筋网		—	加	加	加	加
		喷射混凝土厚度		80	100	100	120	120
V	锚喷	锚杆	锚深	1600	2000	2000	2200	2200
			间距	700	700	600	600	500
		钢筋网		加	加	加	加	加
		喷射混凝土厚度		120	150	150	150	180

注：服务年限小于 10 年的巷道，表中的支护参数可根据具体情况适当减小。

表 6-1-86（b）　锚喷支护形式和参数　　　　　　　　　mm

围岩类别	支护方式	巷道净宽 B		受采动影响的巷道			
				$2000 \leqslant B$ <3500	$3500 \leqslant B$ <5000	$5000 \leqslant B$ <6500	$6500 \leqslant B$ $\leqslant 8000$
I	锚喷	喷射混凝土厚度		80	—	—	—
		锚杆	锚深	—	1800	1800	1800
			间距	—	900	900	800
		喷射混凝土厚度		—	—	—	50
II	锚喷	锚杆	锚深	1600	1800	1800	1800
			间距	800	900	800	800
		喷射混凝土厚度		—	50	50	80

续表

围岩类别	支护方式	巷道净宽 B	受采动影响的巷道			
			2000≤B<3500	3500≤B<5000	5000≤B<6500	6500≤B≤8000
Ⅲ	锚喷	锚杆 锚深	1600	2000	2000	2200
		锚杆 间距	800	800	700	700
		喷射混凝土厚度	50	50	80	80
Ⅳ	锚喷	锚杆 锚深	1600	2000	2200	2200
		锚杆 间距	700	700	700	600
		钢筋网	—	加	加	加
		喷射混凝土厚度	80	100	100	120
Ⅴ	锚喷	锚杆 锚深	1800	2000	2200	2200
		锚杆 间距	700	600	600	500
		钢筋网	加	加	加	加
		喷射混凝土厚度	120	120	150	150

注：根据巷道受采动影响的程度，可以对表中的支护参数做适当调整。

表6-1-86（c） 锚喷支护形式和参数　　mm

围岩类别	支护方式	巷道净宽 B	矩形断面的回采		
			2000≤B<3000	3000≤B<4000	4000≤B≤5000
Ⅱ	锚杆	顶锚杆 锚深	—	1800	1800
		顶锚杆 间距	—	900	800
		帮锚杆 锚深	—	—	1800
		帮锚杆 间距	—	—	900
Ⅲ	锚杆	顶锚杆 锚深	1600	1800	1800
		顶锚杆 间距	800	800	800
		帮锚杆 锚深	—	1800	1800
		帮锚杆 间排距	—	900	800
		塑料网	—	—	加
Ⅳ	锚杆	顶锚杆 锚深	1800	1800	2000
		顶锚杆 间排距	800	700	700
		帮锚杆 锚深	—	1800	1800
		帮锚杆 间排距	—	800	800
		塑料网	—	加	加

注：表中的支护参数是以煤层坚固性系数 f 为 1.5～2.0 的基础制定的。

2. 水泥锚固锚杆

水泥锚固锚杆以快硬水泥药包代替树脂药包，杆体与杆头部结构与树脂锚杆相同。使用的主要区别在于水泥卷要外加水浸入，使水泥充分水化而粘结于岩孔壁和锚杆杆体上。其主要工艺操作方式为将水泥卷放入水桶中浸入若干秒以至 2～3min，再放入锚杆孔底部，通过杆体搅破水泥卷，凝固粘结于岩孔及杆体。

水泥锚杆粘结方式也有端头粘固和全长粘固两种：水泥卷内包装的胶结材料由早强水泥和双快水泥按一定比例混合而成。如果在水泥中添加外加剂，还可制成快硬膨胀水泥卷，它具有速凝、早强、减水、膨胀等作用，特别是膨胀水泥的膨胀率可达 1h 为 0.4%～0.6%、8h 为 0.7%～0.8%、1d 为 1.1%～1.3%，从而有助于杆体与孔壁的粘结、提高锚固力。

水泥锚固锚杆具有适应性较好、锚固迅速可靠、可以施加预应力、抗震动和冲击等特点，并且价格低廉、施工简便。但是，它的锚固力及其他技术性能不如树脂锚杆，因此，在永久性主要地下工程中，特别在淋水或渗水严重的巷道中应用受到限制。水泥卷见图 6—1—35。

快硬水泥锚杆可用于容许 1h 以内承载的各类岩体加固工程、固定罐梁、电机车架线以及地面土建安装工程。

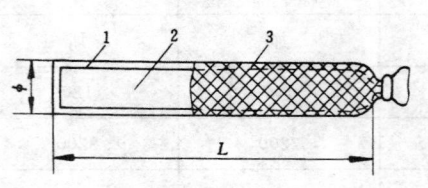

图 6—1—35　水泥卷
1—滤纸内套；2—快硬水泥；
3—玻璃纤维纱网外套

（二）锚喷支护设计

锚喷支护设计应按《锚杆喷射混凝土支护技术规范》（GB50086—2001）进行。

锚喷支护设计主要用工程类比法。只有在复杂地质条件下，对于重点工程和大跨度巷道、硐室等以及缺乏恰当类比对象时，才进行监控法设计和解析法验证。

1. 工程类比法

根据《锚杆喷射混凝土支护技术规范》中国锚喷支护使用的围岩分类法表将围岩共分五类。

中国煤炭系统总结多年实践经验，制定了表 6—1—86 所示巷道和硐室锚喷支护参数，可用于锚喷支护设计。

2. 围岩松动圈分类法

巷道围岩松动圈分类及锚喷支护建议如表 6—1—87 所示。

表 6—1—87　巷道围岩松动圈分类及锚喷支护建议

围岩类别	围岩稳定性	松动圈范围（cm）	锚喷支护类型	锚喷参数计算法	备　注
I	稳　定	0～40	喷混凝土	—	围岩整体性好，不易风化可不支护
II	较稳定	40～100	锚杆及局部喷射混凝土	锚杆悬吊理论	必要时可用刚性支架
III	中等稳定	100～150	锚杆及局部喷射混凝土	锚杆悬吊理论	刚性支架

围岩类别	围岩稳定性	松动圈范围（cm）	锚喷支护类型	锚喷参数计算法	备　注
Ⅳ	较不稳定	150~200	锚杆、喷层及局部挂金属网	锚杆组合拱理论	可缩性支架
Ⅴ	不稳定	200~300	锚杆、喷层及局部挂金属网	锚杆组合拱理论	可缩性支架

使用围岩松动圈分类法时，首先应选择有代表性的巷道围岩，以超声波松动圈测定仪测出松动圈范围，然后进行分类。在施工过程中，对于软岩巷道，即松动圈大于150cm的情况，应进行巷道表面变形量测，用于监测围岩变形状态和支护效果，必要时修改支护参数，以及确定二次支护时间等。

3. 解析法

1）锚喷参数单体计算方法（表6—1—88）；

2）锚喷参数整体计算方法（表6—1—89、表6—1—90）；

表 6—1—88　锚喷参数单体计算方法

项目	原则与假设	计算图示与公式	说　明	适用条件
锚杆长度 l	按单体锚杆悬吊作用计算	$l = l_1 + l_2 + l_3$	l_1—外露长度（cm），取决于锚杆类型与构造要求： 砂浆锚杆：l_1=喷厚+（2~5） 钢锚杆：l_1=木托板厚+铁垫板厚+螺母厚+（2~3） 竹、木锚杆：l_1=木托板厚+（3~5） l_3—伸入老顶长度，可按经验取 $l_3 \geqslant$ 30cm，或按锚固粘结力（$\pi d \tau_c l_3$）等于杆体屈服（软钢）或拉断承载力 $\left(\dfrac{\pi}{4}d^2\sigma_t\right)$ 而得的公式估算： $$l_3 = \dfrac{d\sigma_t}{4\tau_c}$$ d—锚杆直径，cm σ_t—杆体材料的设计抗拉强度，MPa τ_c—锚杆与砂浆的粘结强度；圆钢 $\tau_c \approx 2.5$MPa，螺纹钢 $\tau_c \approx 5.0$MPa，所得 l_3，尚需对砂浆与孔壁岩石间粘结强度（如下页）进行校核	1. 层状岩体、平顶巷道的顶板锚杆 2. 距顶板周边往上 1~1.5m 处最好有一层厚度大于 2m 的坚固稳定老顶 3. 上述范围没有老顶时，公式仍可套用。此时老顶概念可以载荷高度、免压拱高度、破碎带高度以外的非破碎稳定带的概念所取代

项目	原则与假设	计算图示与公式	说　明	适用条件
锚杆长度 l	按单体锚杆悬吊作用计算		（见下文）	1. 层状岩体、平顶巷道的顶板锚杆 2. 距顶板周边往上 $1\sim1.5$m 处最好有一层厚度大于 2m 的坚固稳定老顶 3. 上述范围没有老顶时，公式仍可套用。此时老顶概念可以载荷高度、免压拱高度、破碎带高度以外的非破碎稳定带的概念所取代

说明栏内容：

岩石名称	花岗岩	凝灰岩	石灰岩	粘土岩
砂浆与岩石粘结强度 (MPa)	2.4	2.0	2.5	1.8

l_2 的取法：

1. 有界限分明易调查清楚的伪顶时，$l_2 \geqslant$ 伪顶厚度，m
2. 有范围易调查确定的易碎直接顶，$l_2 \geqslant$ 易碎直接顶厚度，m
3. l_2 取不同岩体的经验载荷高度
4. l_2 取普氏免压拱高（b 或 b_1）

当 $f \geqslant 3$ 时，$l_2 = b = \dfrac{B}{2f}$，m

当 $f \leqslant 2$ 时，$l_2 = b_1 = \dfrac{1}{f} \times \left[\dfrac{B}{2} + H\cot\left(45° + \dfrac{\varphi_w}{2}\right) \right]$，m

B—巷道掘进跨度，m

f—巷道顶板的普氏岩石坚固性系数

H—巷道掘进高度，m

φ_w—两帮岩层的似内摩擦角，(°)

5. l_2 取为巷道顶板岩体破碎带高度：

$$l_2 = R_p - h，\text{m}$$

$$R_p = R_0 \sqrt{\dfrac{\gamma Z}{\gamma Z\sin\varphi + C\cos\varphi}}，\text{m}$$

R_0—圆形巷道（或非圆形巷道的等效圆）的掘进半径，m

γ—岩体容重，多种岩层时取加权平均容重，kN/m³

Z—巷道中心距地表深度，m

φ—岩体内摩擦角，(°)

C—岩体粘结强度，kN/m²

h—圆巷 $h = R_0$，非圆巷 $h =$ 等效圆中心至顶板的距离，m

R_p—岩体破碎带半径，m

项目	原则与假设	计算图示与公式	说　明	适用条件
锚杆直径 d	按杆体承载力与锚固力等强度原则	各种类型锚杆的锚固力 Q，锚杆杆体承载力 P：$$P=\frac{\pi}{4}d^2\sigma_t$$ 由 $P=Q$ 得：$$d=1.13\sqrt{\frac{Q}{\sigma_t}}$$	Q 的取定： 1. 按现场锚固力拉拔试验数据的平均值 2. 按经验数据 3. 楔缝式锚杆锚固力可按下列经验公式计算 $f=3\sim7$，$Q=18.5f-12$，kN $f=8\sim12$，$Q=181.0-6.3f$，kN f—普氏岩石坚固性系数	1. 层状岩体、平顶巷道的顶板锚杆 2. 距顶板周边往上 $1\sim1.5$m 处最好有一层厚度大于 2m 的坚固稳定老顶 3. 上述范围没有老顶时，公式仍可套用。此时老顶概念可以载荷高度、免压拱高度、破碎带高度以外的非破碎稳定带的概念所取代
锚杆间距 a	按单体锚杆悬吊作用计算	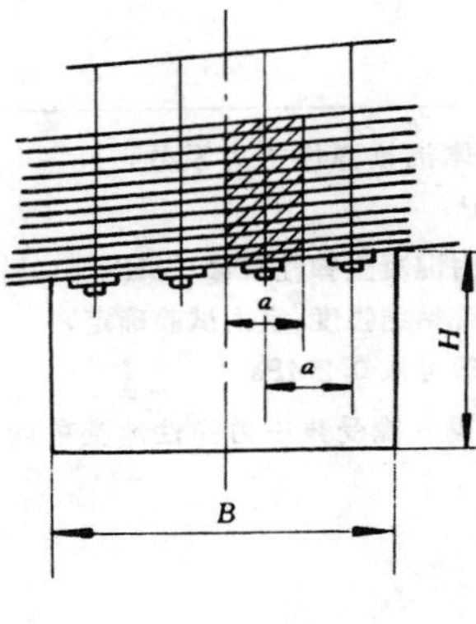 $$a=\sqrt{\frac{Q}{k\gamma l_2}}\text{ 或 }a=0.887d\sqrt{\frac{\sigma_t}{k\gamma l_2}}$$	σ_t—杆体抗拉强度，MPa γ—岩体容重，kN/m³ k—安全系数，一般取 $1.5\sim1.8$ 　通常 $a=b$ 　锚杆悬吊岩体质量：$G=a^2l_2\gamma$ 　由 $kG=Q$ 　或 $kG=\frac{\pi}{4}d^2\sigma_t$（杆体承载力） 　即得左等式 l_2—巷道顶板岩体破碎带高度，m d—锚杆杆体直径，mm a—锚杆间距，mm	1. 层状岩体、平顶巷道的顶板锚杆 2. 距顶板周边往上 $1\sim1.5$m 处最好有一层厚度大于 2m 的坚固稳定老顶 3. 上述范围没有老顶时，公式仍可套用。此时老顶概念可以载荷高度、免压拱高度、破碎带高度以外的非破碎稳定带的概念所取代

项目	原则与假设	计算图示与公式	说　明	适用条件
喷 厚 t	按冲切破坏作用计算	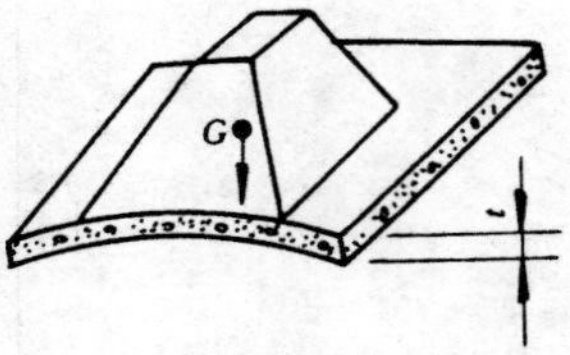 $t > \dfrac{kG}{75SR_t}$	其基础是认为岩体坠滑是从某块"冠石"（如下图岩块 A）坠滑而引起邻近岩块（如 B、C、D、E、$F\cdots$等）连锁反应地相继失稳。喷层的强度如能有效支撑住冠石 A，就能避免大范围岩块冒顶或片帮 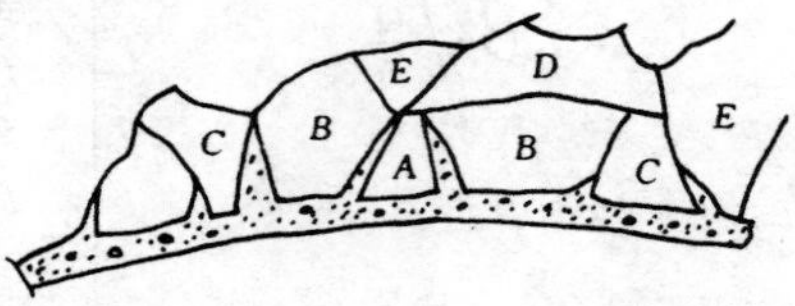 喷层在冠石 A 的质量 G 的作用下，可能遭受冲切破坏（左图），或者混凝土与岩体间的粘结力遭受破坏而被"撕开" G—冠石或其他危石（险石）的质量，由工程地质调查确定，N k—冲切强度计算安全系数，一般取 3.0 S—冠石或其他危石与喷层接触面的周长，由工程地质调查确定，cm R_t—喷射混凝土的抗拉计算强度，MPa	岩体存在多组裂隙，X 型节理发育，切割成块状镶嵌结构
	按粘结破坏（撕开）作用计算	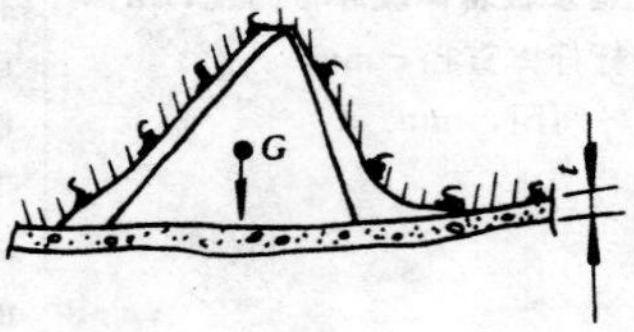 $t > 1.7\left[\dfrac{G}{S\,[R_c]}\right]^{\frac{4}{3}} \times \left(\dfrac{K}{E}\right)^{\frac{4}{3}}$	K—岩体抗拉弹性抗力系数，N/cm^3 E—喷射混凝土弹性模量，MPa $[R_c]$—允许粘结强度，宜由试验确定，一般可取 0.2MPa 左式是根据一端受集中力弹性地基梁计算公式导出	岩体存在多组裂隙，X 型节理发育，切割成块状镶嵌结构

项目	原则与假设	计算图示与公式	说　明	适用条件
喷厚 t	按锚杆间活石载荷计算	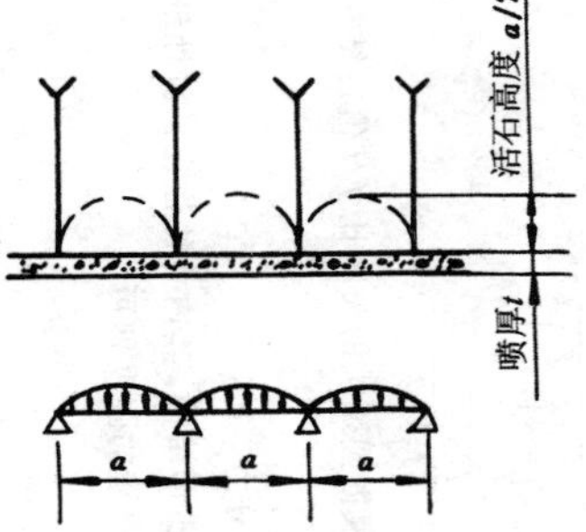 　活石高度 a/2　喷厚 t　喷层最大拉应力　$\sigma_{max}=8.33\times10^{-7}\gamma\dfrac{a^3}{t^2}\leqslant[\sigma_t]$ 支座处最大剪力　$\tau_{max}=1.7\times10^{-6}\dfrac{\gamma a^2}{t}\leqslant[\tau]$（间、排距相等）	左图把锚杆作为支点，按连续梁计算喷层（有效截面按 2 倍喷厚考虑）跨中及支座处的拉应力及剪应力　跨中最大弯矩为　$$M_{max}=\frac{1}{18}\gamma a^4$$　断面系数 $W=\dfrac{1}{6}a\ (2t)^2$　跨中弯曲应力 $\sigma_{max}=\dfrac{M_{max}}{W}$　故得左上式　γ—岩体容重，kN/m^3　$[\sigma_t]$—喷混凝土抗拉设计强度，MPa　$[\tau]$—喷混凝土抗剪设计强度，MPa　根据左等式，当已知 a、γ、$[\sigma_t]$、$[\tau]$ 时可求喷厚 t　a—锚杆间距，cm	
	按剪切破坏理论计算	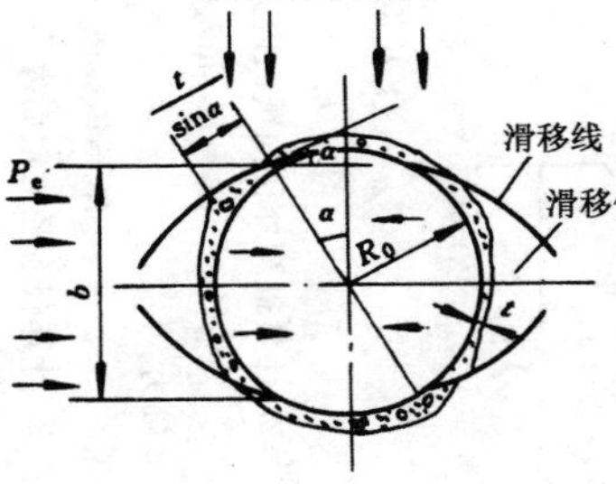 　最大主应力方向　P_e　t　$sin\alpha$　滑移线　滑移体　b　R_0　α　t　$$t=\frac{\sigma_r b\sin\alpha}{2\tau_b}=\frac{2.5\sigma_r R_0\sin2\alpha}{\sigma_t}$$	认为喷层中弯矩值很小，基本上不出现拉应力，喷层主要表现为剪切破坏形式，剪切破坏面是与巷道轴线成 20°～30°的莫尔面　σ_r—作用于喷层的径向应力，可实测决定，或由卡斯特纳方程计算，MPa　b—两剪切破坏面之间的高度，cm　τ_b—喷混凝土抗剪强度，一般取 $\tau_b=0.2\sigma_t$，MPa　σ_t—喷混凝土抗拉强度，MPa　$\alpha\leqslant23°6'$	喷厚与巷道跨度的比值 < 0.014，喷层主要承受压剪作用，不会出现弯曲受拉破坏

注：计算中，所采用的岩体力学参数值，应与岩石试块的各力学参数值相区分；岩体的抗拉、抗压、粘结强度为岩石试块相应强度的 1/5～1/20，一般取 1/10；其他参数（如容重、内摩擦角等）不予折减。t 为喷层厚度，cm。

表 6-1-89　锚喷参数整体计算方法

依据原则	基 本 假 设	计 算 图 示 与 公 式	说　　明	适 用 条 件
喷射混凝土岩石组合拱原理	依靠喷混凝土与岩面的粘结,将第一层岩石(被邻近割切表面的切向缝切割而成)与喷混凝土缝切割成整体,形成一组合拱; 假定为两端固定支承割圆拱(圆弧拱),以承受围岩载荷,此载荷以自重形式均匀分布于拱轴线上,该拱为二次超静定结构	 计算步骤: 1. 绘制计算方案 $$q = (\gamma_y h_h + \gamma_w d)\, b_0$$ $$h_z = h_y + d$$ 2. 计算拱脚处径向截面剪力: $$Q_n = H_n \sin\theta_n - V_n \cos\theta_n$$ 轴力: $$N_n = V_n \sin\theta_n + H_n \cos\theta_n$$ 3. 计算任意径向截面内力 弯矩: $$M_\theta = M_0 + N_0 r'(1-\cos\theta) - qr'^2(\theta\sin\theta+\cos\theta-1)$$	q—组合拱承受的自重载荷,kN/m γ_y—围岩容重,kN/m³ γ_w—喷混凝土容重,kN/m³ d—喷混凝土厚度,m b_0—组合拱纵向单位宽度,m h_h—围岩载荷高度,m h_y—组合拱采取的岩石拱厚度,可根据实际地质构造确定,m h_z—组合拱厚度,m r—圆拱半径,m $$\sin\theta_n = \dfrac{4\dfrac{f}{l}}{1+4\left(\dfrac{f}{l}\right)^2}$$ $$\cos\theta_n = \dfrac{1-4\left(\dfrac{f}{l}\right)^2}{1+4\left(\dfrac{f}{l}\right)^2}$$ $$r = \dfrac{l^2}{8f}+\dfrac{f}{2}$$ H_n、M_n、M_0、V_n 可根据圆弧拱的矢跨比 f/l 值由结构静力计算手册查出 N_0—中心截面作用的水平分力,kN 在自重载荷作用下的拱形结构,其内力在在拱脚处最大,故只校核拱脚处径向缝的强度即可	拱顶巷道,拱顶岩体被若干组径向、切向和斜向裂缝所切割

续表

依据原则	基本假设	计算图示与公式	说明	适用条件
喷射混凝土岩石组合拱原理		剪力： $$Q_\theta = N_0\sin\theta - qr\theta + \cos\theta$$ 轴力： $$N_\theta = qr\theta\sin\theta + N_0\cos\theta$$ $$N_0 = H_n$$ 4. 径向缝强度校核 （1）抗弯强度核算 $$e_\theta = \frac{M_\theta}{N_\theta} \leq \frac{h_z}{6}$$ $$\sigma_{0a} = 10^{-3} \times \left(\frac{N_\theta}{F} + \frac{M_\theta}{W}\right) \begin{cases} \leq [\sigma_a]_y \\ \leq [\sigma_a]_w \end{cases}$$ $$\sigma_{0t} = 10^{-3} \times \left(\frac{N_\theta}{F} - \frac{M_\theta}{W}\right) \leq [\sigma_t]_w$$ （2）抗剪强度校核 $Q_\theta \leq (Q_\theta)_y + (Q_\theta)_w$ $$(Q_\theta)_y = \left[10^3 \times C + \frac{N_\theta}{b_0(h_y+d)}\tan\varphi\right] b_0 h_y$$ $$(Q_\theta)_w = 10^3 \times [\tau]_w b_0 d$$ 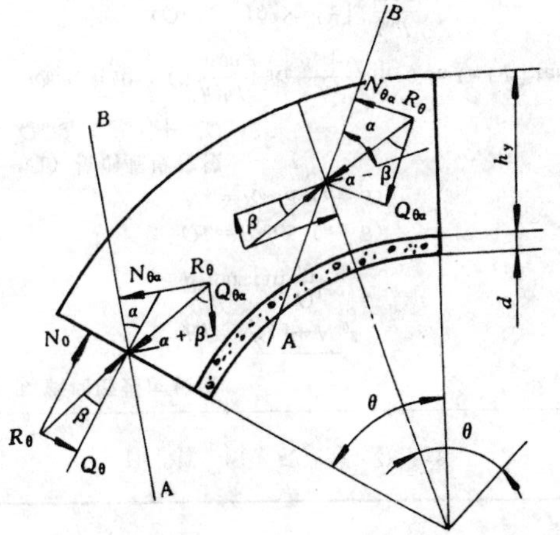	e_θ——偏心距，m F——组合拱截面积，m^2 W——组合拱抗弯截面系数，m^3 $[\sigma_a]_y$——岩体容许抗压强度，MPa $[\sigma_a]_w$——喷混凝土容许抗压强度，MPa $[\sigma_t]_w$——喷混凝土容许抗拉强度，MPa $[容许强度] = \dfrac{极限强度}{安全系数}$ 安全系数 Q_θ——径向缝的剪力，N $(Q_\theta)_y$——组合拱径向缝上岩石的抗剪力，N $(Q_\theta)_w$——组合拱径向缝上喷混凝土的抗剪力，N $[\tau]_w$——喷混凝土径向缝上容许抗剪强度，MPa C——在该径向缝上岩石的粘结强度，MPa φ——在该径向缝上岩石的内摩擦角，(°)	

续表

依据原则	基本假设	计算图示与公式	说明	适用条件
喷射混凝土岩石组合拱原理		5. 斜向缝强度校核 $R_0 = \sqrt{Q_0^2 + N_0^2}$ $\beta = \arctan \dfrac{Q_0}{N_0}$ （α±β） $Q_{0a} = R_0 \cos(\alpha \pm \beta)$ $N_{0a} = R_0 \sin(\alpha \pm \beta)$ （1）抗剪强度校核 $Q_{0a} \leqslant (Q_{0a})_y + (Q_{0a})_w$ $(Q_{0a})_y = 10^6 \times C_1 \times \dfrac{h_y b_0}{\sin\alpha} + R_0 \dfrac{h_y}{h_y+d} \sin \times \sin(\alpha+\beta)\tan\varphi$ $(Q_{0a})_w = 10^6 \times [\tau]_w \times \dfrac{b_0 d}{\sin\alpha}$ （2）抗弯强度校核 $\sigma_a = 10^{-3}\left(\dfrac{N_{0a}}{F_x} + \dfrac{M_{0a}}{W_x}\right) \leqslant [\sigma]_w$ $F_x = \dfrac{b_0(h_y+d)}{\sin\alpha}$ $W_x = \dfrac{1}{6} b_0 \left(\dfrac{h_y+d}{\sin\alpha}\right)^2$	当斜向缝 AB 与合力 R_0 在拱轴线的同一侧用 α−β，若在两侧用 α+β， $(Q_{0a})_y$—斜向缝 AB 上岩石的抗剪力，kN $(Q_{0a})_w$—斜向缝 AB 上喷混凝土沿斜向缝的抗剪力，kN C_1—斜向缝 AB 上的岩石粘结强度，MPa φ—斜向缝 AB 上的岩石内摩擦角，(°) h_y—岩石拱厚度，取第一层岩石平均厚，m d—喷混凝土厚度，m 一般情况下，抗压强度都足够，只需进行抗拉强度核算	
锚杆喷射混凝土岩石组合拱原理	围岩切向缝的抗剪强度由锚杆提供，斜向缝由喷射混凝土、锚杆和岩石共同提供，径向缝的抗剪强度由喷射混凝土和岩石共同提供，混凝土沿切向岩石上的粘结力可能完全丧失，且径向应力甚小，不能保证提供摩擦力，故可认为为切	计算步骤： 1. 绘制计算方案图 2. 计算拱脚处的径向截面内力 3. 计算拱任意径向截面内力 4. 1、2、3 项的方法，公式均同本表上栏 4. 径向缝强度校核 锚杆长度计算： $l_m = l_y + l_w$ 组合拱计算跨度： $l = l_0 + h_y + d$ 组合拱承受的载荷： $q = (\Upsilon_y h_n + \Upsilon_w d) b$	l_m—锚杆计算长度，m l_y—锚杆在岩体中长度，m l_w—锚杆外露长度，m l_0—巷道掘进跨度，m h_y—组合拱中岩石拱厚，为 $\dfrac{l_y}{K}$，m K—安全系数，取 1.2 b—锚杆纵向间距，m 其余符号同前	

续表

依据原则	基本假设	计算图示与公式	说　明	适用条件
锚杆喷射混凝土岩石组合拱原理	径向缝上的剪力完全由径向布置的锚杆承受	抗剪强度校核: $Q_0 < (Q_0)_y + (Q_0)_w$ $(Q_0)_y = [10^3 \times C + \dfrac{N_0}{b(h_y+d)}\tan\varphi]\,bh_y$ $(Q_0)_w = [10^3 \times [\tau]_w\,bd$ 抗弯强度校核: $\sigma_0 = \dfrac{M_0}{N_0} < \dfrac{h_y+d}{6}$ 5. 斜向缝强度校核: $(Q_0)_a < (Q_{0a})_m + (Q_{0a})_w$ $(Q_{0a})_m = 10^3 \times C_1 \dfrac{h_y b}{\sin\alpha} + R_0 \dfrac{h_y}{h_y+d} \times \sin(\alpha\pm\beta)\tan\varphi$ $(Q_{0a})_m = 10^3 \times \dfrac{[\tau]_m F_m}{\cos\alpha}$ $(Q_{0a})_w = 10^3 \times \dfrac{bd\,[\tau]_m}{\sin\alpha}$ 6. 切向缝径向缝上的剪力: $\tau_0 = 10^{-3} \times \dfrac{Q_0 S}{Jb}$ $S = b\left(\dfrac{h_z}{2}-y_0\right)\left(\dfrac{h_z}{4}+\dfrac{y_0}{2}\right)$ $= \dfrac{b}{2}\left(\dfrac{h_z^2}{4}-y_0^2\right)$ $h_z = h_y + d$ 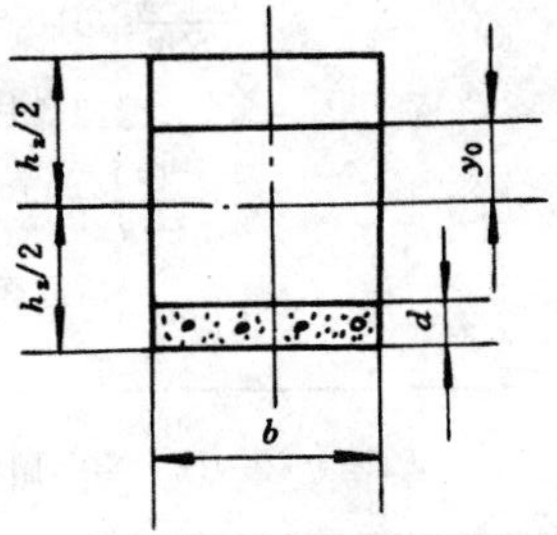 	$(Q_0)_y$ —— 径向缝上岩石抗剪力, kN $(Q_0)_w$ —— 径向缝上喷混凝土抗剪力, kN 其余符号同前 $(Q_0)_a$ —— 斜向缝上剪力, 公式同前类组合拱, kN $(Q_{0a})_y$ —— 斜向缝上岩石抗剪力, kN $(Q_{0a})_m$ —— 径向布置锚杆对斜向缝的抗剪力, kN $[\tau]_m$ —— 锚杆容许抗剪强度, MPa F_m —— 锚杆截面积, m² $(Q_{0a})_w$ —— 斜向缝上喷混凝土抗剪力, kN Q_0 —— 所求截面处的剪力, kN b —— 组合拱纵向截面间距, 即为锚杆间距, m J —— 组合拱全截面惯性矩, m⁴ S —— 切向缝以上或组合拱全截面积对岩石拱全截面中和轴的静面积矩 a —— 锚杆横向间距	

续表

依据原则	基本假设	计算图示与公式	说　明	适用条件
锚杆喷射混凝土组合拱加固岩石原理	根据弹塑性岩体极限平衡理论,存在一个使岩体处于极限平衡状态,而不造成松散岩石压力的最小支护抗力	单位弧长所需锚杆截面积: $$F_m = \frac{ba\tau_0}{[\tau]_m}$$ 拱脚处剪力确定锚杆截面积: $$F_m = 10^{-3} \frac{aQ_n S}{[\tau]_m J}$$ 拱轴($y_0=0$)切向缝处的静面积矩: $$S = \frac{bh_z^2}{8}$$ 根据拱脚截面剪力确定的锚杆截面积: $$F_m = 1.5 \times 10^{-3} \times \frac{aQ_n}{h_x [\tau]_m}$$	在自重载荷作用下的割圆拱,拱脚处剪力为最大 拱轴切向缝处($y_0=0$),剪应力为最大	
锚喷支护按最大剪切与极限平衡原理计算方法	锚喷支护实际提供的抗力,大于此最小抗力就可保证围岩稳固,且支护受力最小 锚喷支护的抗力由喷射混凝土层、锚杆及钢筋网三者联合(添加)提供 非圆形巷道不便计算,一律化为等效圆巷计算	已知条件: 巷道形式与规格 岩体性质参数:γ, C, φ 巷道深度:Z 计算步骤: 1. 选取等效圆半径 R_e 圆形巷道 $R_e = r_0$ 非圆形巷道 $\dfrac{H}{b_0} \approx 1$ 时, $R_e = \dfrac{b_0}{2K_t}$ $\dfrac{H}{b_0} > 1$ 时, $R_e = \dfrac{\eta H}{2\sin 2\alpha}$ $\alpha = 45° - \dfrac{\varphi}{2}$ 2. 初选锚喷支护参数 预选锚杆类型、直径 ϕ、长度 l、同距 c、排距 i、喷厚 d 及钢筋网规格尺寸	γ—上覆岩体容重,kN/m³ C—岩体粘结强度,MPa φ—岩体内摩擦角,(°) r_0—圆巷净半径,m H—墙高,m b_0—跨度,m K_t—形状修正系数,由矢跨比确定: 表: h_1/b_0: 0.5 / 0.4 / 0.3 / 0.2 / 0.1 / 0 K_t: 1.0 / 0.93 / 0.87 / 0.8 / 0.73 / 0.67 h_1—拱矢高,m η—系数,可取为 0.85 α—破裂面与最大主平面夹角,(°)	弹塑性岩体强度曲线为斜直线型或近似斜直线型 各类断面形状的巷道或硐室

说明列中表格:

h_1/b_0	0.5	0.4	0.3	0.2	0.1	0
K_t	1.0	0.93	0.87	0.8	0.73	0.67

续表

依据原则	基本假设	计算图示与公式	说明	适用条件
锚喷支护（整体加固）按最大剪切与极限平衡原理计算方法		· 所选锚杆长度 l，必须大于初始楔体嵌环深度 l_1，即 $$l > l_1$$ $$l_1 = \frac{\eta H}{2}\tan\alpha$$ 锚杆长度也可根据施工条件和工程实践经验，先在下列范围内选定 l/r_0 的比值： $$\frac{l}{r_0} = 0.16 \sim 0.70$$ 3. 计算保持周岩板限平衡状态所需最小支护抗力 P_{1min} 依次计算下列系数： $$a_1 = C \cdot \text{ctg}\varphi$$ $$a_2 = (P_0 + a_1)(1 - \sin\varphi)$$ $$a_3 = \frac{\gamma R_e(1-\sin\varphi)}{3\sin\varphi - 1}$$ $$A = \frac{a_1 + a_3}{a_2}$$ $$B = \frac{a_3}{a_2}$$ 利用曲线（图6-1-36）求 x 在图中找两个点： $x=0, f_1=A, x=1, f_2=A-B$。将此两点 $(0, A)$ 及 $(1, A-B)$ 连成一直线，与相应 φ 值的曲线相交，则 x 等于交点的横坐标值，求 P_{1min} $$P_{1min} = a_3(1-x)$$ 4. 计算锚喷支护抗力 (1) 喷混凝土抗力 $$P_1 = 10^3 \times \frac{d\tau^c\cos\psi}{\frac{b}{2}\sin\alpha},\ \text{kN/m}^2$$ (2) 锚杆抗力	曲线一方程为 $$\frac{n}{x^{n-1}} + B_x = A$$ 令 $f_1 = x\zeta$ $\qquad f_2 = A - B_x$ 当 $x=0$ $\quad f_2 = A$ $\quad x=1$ $\quad f_2 = A - B$ 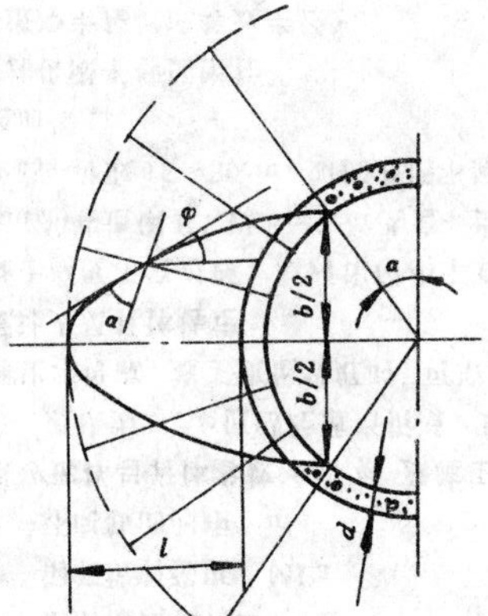 d——喷层厚度，m τ^c——喷混凝土抗剪强度，MPa α——岩石剪切滑移面与最大主平面夹角，(°) $$\alpha = 45° - \varphi/2$$ φ——岩石内摩擦角，(°) ψ——剪切滑移面倾斜角，(°) $$\psi = \theta - \frac{3\pi}{4} + \frac{\varphi}{2}$$ b——剪切区高度，$b = 2r_0\cos\varphi$，m	

续表

依据原则	基本假设	计算图示与公式	说明	适用条件
锚喷支护（按整体加固最大剪切与极限平衡原理）计算方法		$$P_i^A = 10^3 \times \frac{\alpha F^{st}\sigma_p^{st}\cos\beta}{e\cdot i\left(\frac{b}{2}\right)},\ \text{kN/m}^2$$ $$\alpha = R_{\text{中}}\frac{\pi}{180}(90°-\rho)$$ (3) 钢筋网抗力 $$P_i^T = 10^3 \times \frac{f^{st}\tau^{st}\cos\varphi}{E\frac{b}{2}\sin\alpha},\ \text{kN/m}^2$$ (4) 锚喷支护总抗力 P_i^w 为三部分抗力之和 $$P_i^w = P_i^s + P_i^A + P_i^T$$ 5. 判定支护方案的合理性与可靠性 (1) 实际支护抗力与最小支护抗力之比（安全系数 n）为 1.5~4.5 时，既可靠又合理，即 $$n = \frac{P_i^w}{P_{1min}} = 1.5\sim4.5$$ 当 $n<1.5$ 或 $n>4.5$ 时，说明初选锚喷参数偏低或偏高，都需另选参数，重新计算。 (2) 锚杆长度的可靠性，用锚杆加固长度 (l) 与松动范围 ($R-r_0$) 之比来衡量，一般当 $$\frac{l}{R-r_0} = 0.38\sim0.93$$ 且安全系数满足 (1) 项要求时，锚杆加固长度就可认为可靠。 $\frac{l}{R-r_0}$ 比值的求法： (1) 计算 $K = \frac{P_0 + 10^3 \times C\cot\varphi}{P_i^w + 10^3 \times C\cot\varphi}$ (2) 由 K、φ 值在曲线图 6-1-37 上查出 $\frac{R}{r_0}$ 值，则 $$\frac{R}{r_0} - 1 = \frac{R-r_0}{r_0}$$ $$\frac{l/r_0}{(R-r_0)/r_0} = \frac{l}{R-r_0}$$	a—剪切区弧长之半，m 已知 φ 值及查图 6-1-38 得 ρ e、i—锚杆间、排距，m F^{st}—锚杆截面积，m² σ_p^{st}—锚杆材料抗拉强度（或屈服限），MPa β—锚杆倾斜角，可取 $\frac{1}{2}(90°-\rho)$，(°) f^{st}—钢筋截面积，m² τ^{st}—钢筋抗剪强度，MPa E—环向筋的间距，m 安全系数选择与岩体参数（C，φ）及施工质量、材料质量有关，一般认为 φ 值已经适当折减，地质条件较好、情况掌握比较好时，施工质量较好时可靠，可取 1.5；反之，可取 1.5。一般跨度较大、厚跨比应过厚，厚跨比应小于 0.014；当跨度较大的巷道峒室，以 5~7cm 为宜；当跨度较大，可取 15~30cm，如抗力仍不满足要求时，可用钢筋网加强 R—塑性极限平衡区半径（或等效半径） r_0—巷道净半径 P_0—原岩铅直应力，kN/m²，$P_0=\gamma Z$ γ—上覆岩层容重，kN/m³ Z—巷道深度，m	

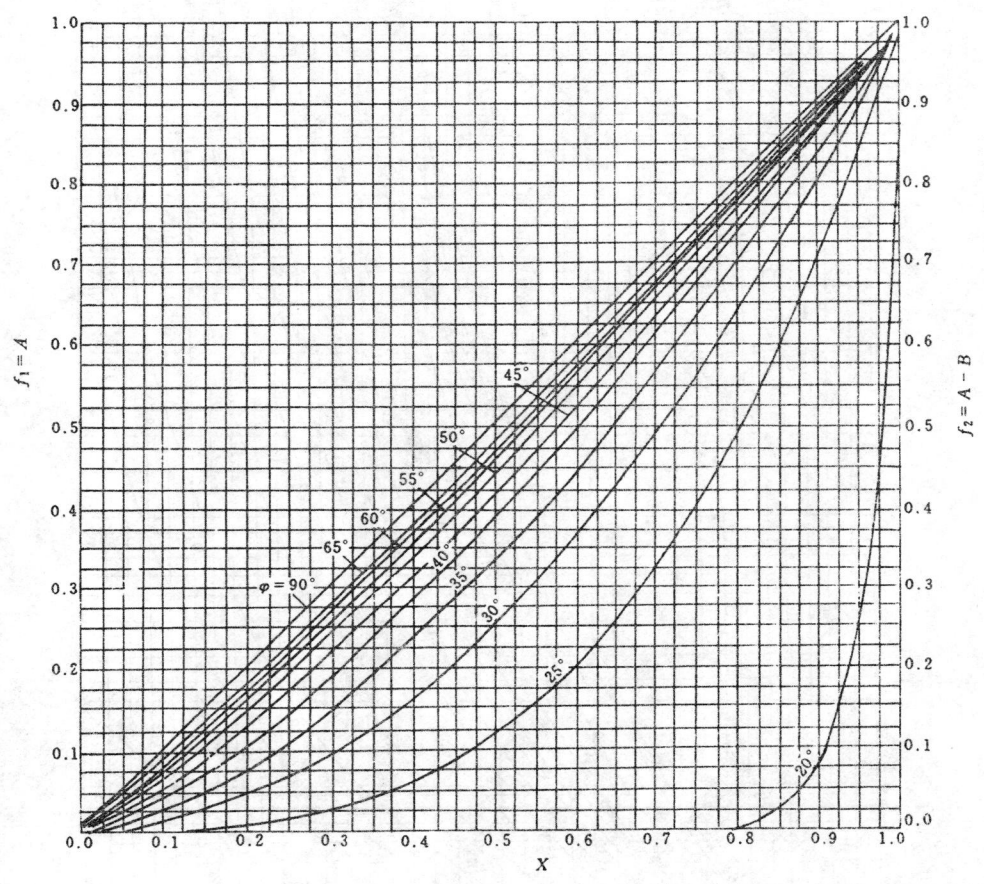

图 6-1-36　计算锚喷支护最小抗力曲线

（三）动压巷道锚喷支护

　　动压巷道锚喷支护结构，既要有足够的支护抗力，以满足围岩稳定的要求；又要有较大的柔性、可塑性和可缩性，以适应围岩变形剧烈，位移较大的特点。同时，还要考虑到动压巷道受集中应力影响，在位置上的局限性与交替性；在时间上的短暂性与长期性；围岩位移压力由低到高与再由高到更低的变化性，受动压影响的一次性与多次性。尤其要考虑动压巷道，特别是煤层动压巷道，服务期短、数量大、要求施工速度快，位移压力变化剧烈的特点。使选择的锚喷支护结构，使用可靠、技术先进、经济合理。

　　动压巷道支护结构应遵循以锚为主、以薄喷为辅、锚杆与钢筋网或苊片并重，必要时与可缩性金属支架构成混合支护。

　　1．锚杆支护结构

　　在围岩或煤层强度较高、整体性较好、不易风化掉块、服务期不太长的动压巷道中。动压巷道锚杆支护结构，应相应增大锚杆密度。同时，要选择相适应的锚杆类型与参数。特别是采用既有较大锚固力，又达到锚固力后有良好滑移让压特性的锚杆。

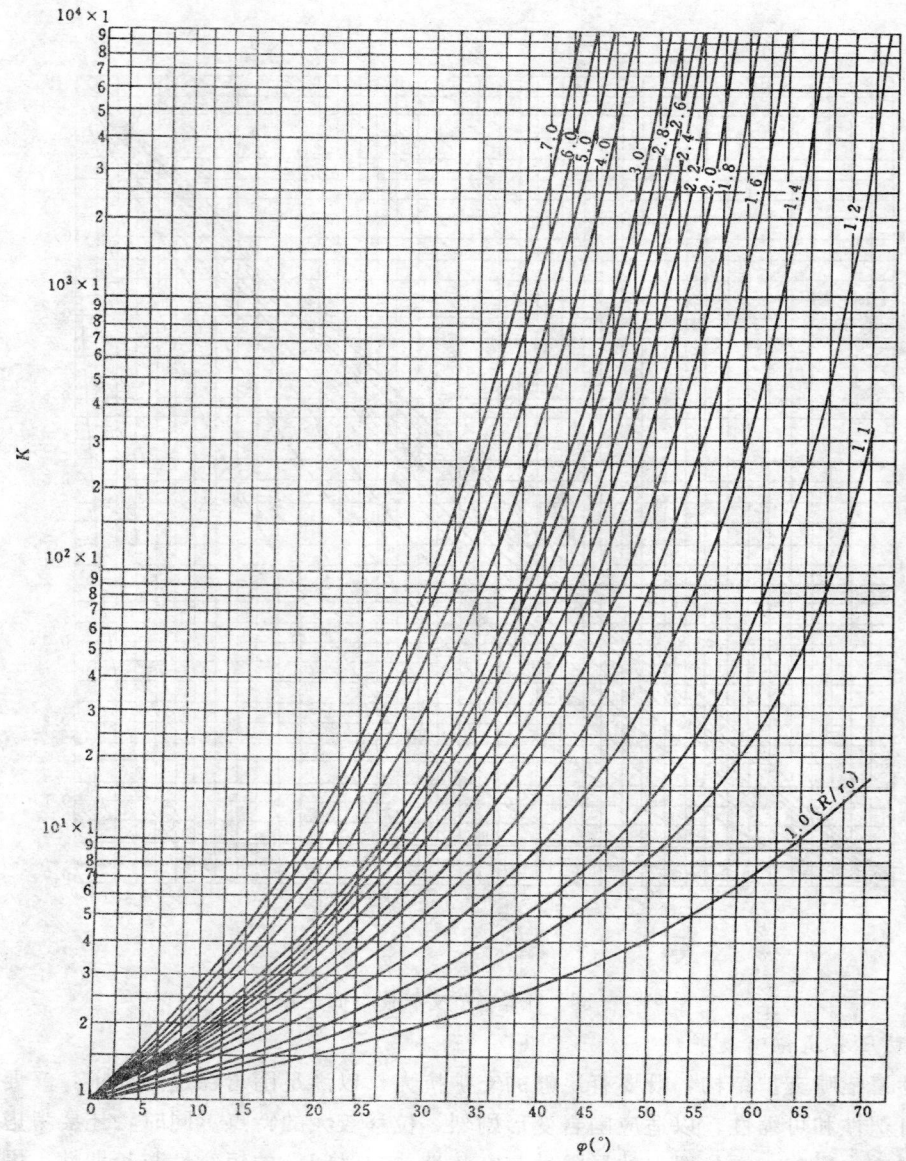

图 6—1—37 R/r_0 与 K、φ 的关系曲线

　　锚杆不仅要匹配与锚固力相称的垫板、托板、螺帽等配件，而且要求托板的规格尺寸应适当增大，使锚固力更均匀分布于围岩。尤其是煤层动压巷道，足够大的托板能起到背板作用。动压巷道中不宜使用钢筋砂浆锚杆。

　　动压巷道锚杆支护结构，仍可采取喷薄层混凝土或砂浆，此时，薄喷层只起在比较短的**静压**期间封闭围岩防止风化、防止锚杆锈蚀的作用。

　　2.锚网锚笆支护结构

　　锚网主要用在服务期较长的动压巷道，锚笆主要用于服务期较短的煤层动压巷道。

　　锚网锚笆支护结构，主要适用在围岩强度低、整体性差、裂隙节理发育、易片帮冒顶、自

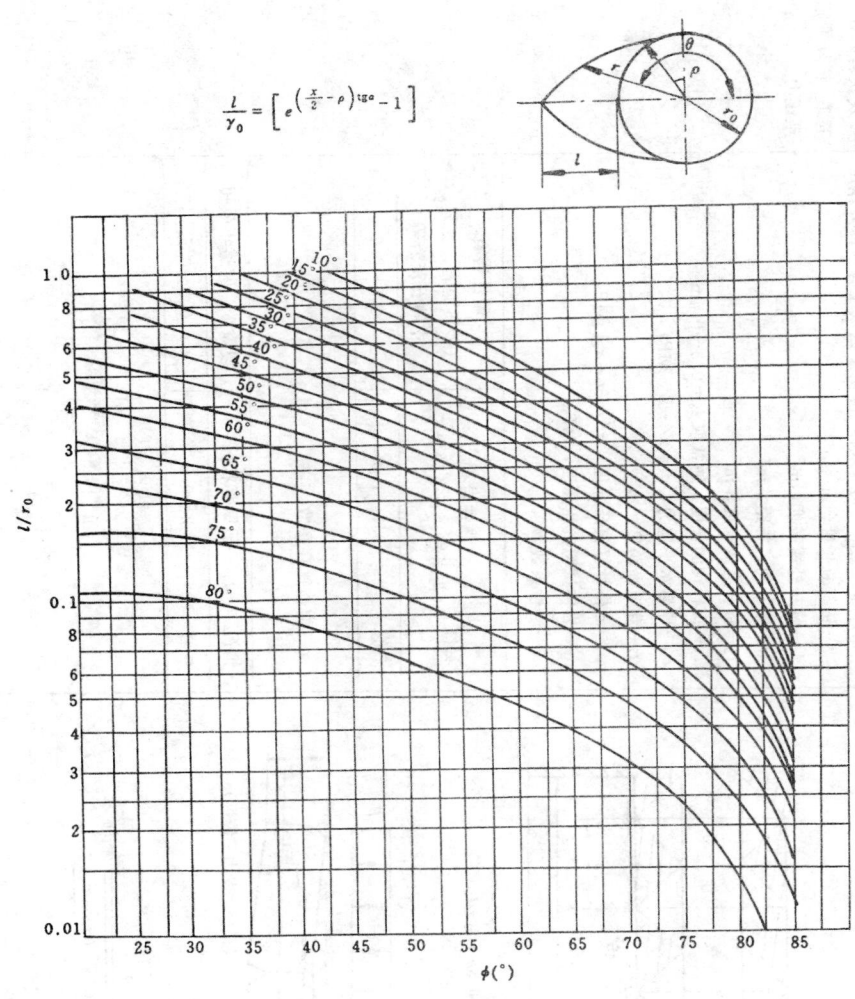

$$\frac{l}{\gamma_0} = \left[e^{\left(\frac{\pi}{2} - \rho \right) \mathrm{tg}\phi} - 1 \right]$$

图 6—1—38 ρ 角求法

稳能力差和采动集中应力较大、围岩位移、压力大且变化剧烈的动压巷道中。

锚杆的垫板托板，应适当增加其几何尺寸，以压紧和固结钢筋网与笆片。钢筋网、笆片的网格不宜过大，一般小于 50～100mm。但网、笆的规格要适当大一些，以与断面轮廓和锚杆间排距相配合，保持较高的整体性。

在锚网、锚笆支护结构中，也可采取喷薄层混凝土或砂浆的措施。起到防止围岩风化、保护围岩强度和封闭网、笆、锚杆、托板等防止腐蚀作用。

3. 混合支护结构

混合支护结构是指锚杆、锚网、锚笆支护与非锚喷支护（主要是各种支架、特别是可缩性金属支架）相结合的支护。

混合支护结构主要适用于下述情况：一是不宜单独采用锚杆、锚网和锚笆支护结构的动压巷道。如围岩强度低、整体性差、裂隙节理发育，受动压影响大，以及受长期的固定位置

表 6—1—90　锚杆参数整体计算方法

整体设计依据原则	基本假设	计算图示与公式	说　明	适用条件
按三铰拱原理	岩体穿入锚杆后，岩块相互挤压形成类似三铰拱系统而稳定	 $l = l_1 + 0.5a + l_2 + l_3$ $l_2 = \dfrac{L}{\sqrt{1.5 \times 10^3 \times \dfrac{(\sigma_y' - \sigma_x)}{Pk_1} + f_0}}$ （虚线为受力三铰拱） $f_0 = 0.156 \dfrac{k_2 PL^4}{\xi l_2^3}$	锚杆邻近范围受到有效作用，阴影区域没有锚杆力作用，通常取 $l_3 = 0.3\sim0.4\,\mathrm{m}$ l—锚杆总长度，m l_1—锚杆外露长度，m a—锚杆间、排距，m l_2—锚杆有效长度，m l_3—锚杆锚固长度，通常取 $l_3 = 0.3\sim0.4\,\mathrm{m}$ σ_x—原岩水平应力，$\sigma_x = \lambda\gamma\cdot Z$，MPa L—巷道净跨度，m σ_y'—岩体计算抗压强度，$\sigma_y' = \xi\eta\cdot\sigma_y$，MPa σ_y—岩体试验抗压强度，MPa ξ—岩性系数 　岩性：脆性岩石（花岗岩、石英砂岩等）ξ值 $0.7\sim1.0$；塑性岩石（砂质泥岩、泥岩、中硬石灰岩等）ξ值 $0.5\sim0.7$ η—岩体赋存系数 　情况：一般赋存状况 η值 $0.2\sim0.3$；裂隙少，巷道年限短 η值 $0.4\sim0.5$	块状岩体，平顶巷道，锚杆可施加预应力

说明中岩性系数与赋存系数表：

岩性	脆性岩石（花岗岩、石英砂岩等）	塑性岩石（砂质泥岩、泥岩、中硬石灰岩等）
ξ值	$0.7\sim1.0$	$0.5\sim0.7$

情况	一般赋存状况	裂隙少，巷道年限短
η值	$0.2\sim0.3$	$0.4\sim0.5$

续表

整体设计依据原则	基本假设	计算图示与公式	说　明	适用条件
按三铰拱原理		实用时，f_0 可忽略不计，则 $$l_2 = \sqrt{\dfrac{L}{\dfrac{1.5 \times 10^3 \times (\sigma_y' - \sigma_x)}{P k_1}}}$$ 所选锚杆长度，还须用锚固层的抗剪能力和锚杆悬吊能力进行验算	k_1—安全系数
情况	掘进机掘进	爆破法掘进	巷道受回采工作面爆破及动压影响时
k_1值	2~3	3~5	5~6

k_2—岩体流变性系数

情况	脆性岩石	脆、塑性岩石
k_2值	3~5	5~7

P—三铰拱上部均布载荷，可取为原岩铅直应力 γZ 的一部分，或按其他方法决定
γ—上覆岩体容重，kN/m³
Z—巷道距地表深度，m
λ—原岩水平应力系数

原岩体状态	弹性	弹塑性	静水平衡
λ值	$\dfrac{\mu}{1-\mu}$	$\dfrac{\mu}{1-\mu}<\lambda<1$	1.0

μ—岩体泊松比
f_0—岩梁中间的挠度，cm 或 m | |

续表

整体设计依据原则	基本假设	计算图示与公式	说　明	适用条件
按组合梁原理	锚杆群的预压力,使在巷道周边一定范围的多层岩层压紧联系而成"组合梁"	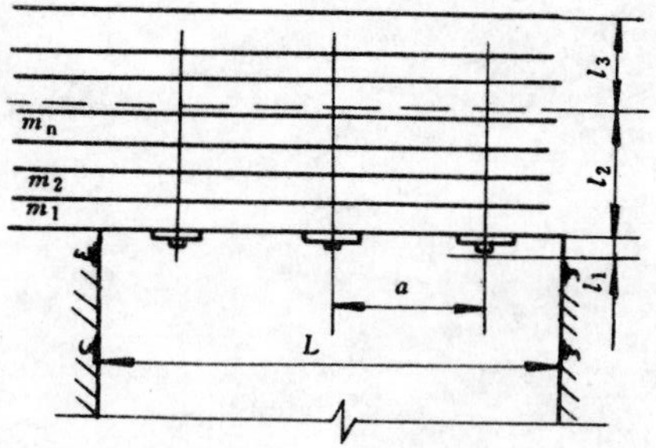 $l = l_1 + l_2 + l_3$ $l_2 = 1.935L\sqrt{\dfrac{k_1 P}{\psi(\sigma_1 + \sigma_t)}}$ 所选锚杆长度,还须验算组合梁各层岩层面间不发生相对滑动,并保证最下一层岩层的稳定性,即锚杆间距满足下式要求: $a \leqslant 51.55 m_1 \sqrt{\dfrac{\sigma_t'}{kP'}}$	ψ — 与组合岩层数有关的系数 <table><tr><td>组合岩层数</td><td>1</td><td>2</td><td>3</td><td>≥4</td></tr><tr><td>ψ值</td><td>1</td><td>0.75</td><td>0.7</td><td>0.65</td></tr></table> σ_t — 岩层抗拉计算强度,可取为试验强度的 0.6~0.8 倍,MPa m_1 — 最下面一层岩层的厚度,m k — 安全系数,取 8~10 P' — 本层岩自重布载荷,$P' = \gamma_1 m_1$,kN/m² γ_1 — 最下一层岩层的容重,kN/m³ σ_t' — 最下一层岩层抗拉计算强度,可取试验强度的 0.3~0.4 倍,MPa 其余符号同本表上栏 左式只适用于 $m_1 > 0.1 \sim 0.15$m 的情况,否则应加大托板	层状完整岩体,平顶巷道周边,锚杆能施加预压力
按拱形均匀压缩带原理	锚杆的预压力,使邻近巷道一定范围的岩体组成能承受一定载荷的均匀压缩带——承重环	 各相邻锚杆锚杆预压力形成的双端圆锥体(布氏压缩体) $\alpha = 45^\circ + \dfrac{\varphi}{2}$	P — 作用于均匀压缩带上缘的径向岩体压力载荷,kN/m² t — 均匀压缩带厚度,m <table><tr><td>锚杆长度/锚带间距</td><td>3</td><td>2</td><td>1.33</td></tr><tr><td>锚带厚度 t(最小值)/锚杆长度</td><td>2/3</td><td>1/3</td><td>1/10</td></tr></table> r_1,r_2 及 r_0' — 均压带内、外及平均半径,m N — 根锚杆施加的预压力,kN	拱顶巷道,岩体,锚固存在多组岩理节理,锚杆可施加预压力

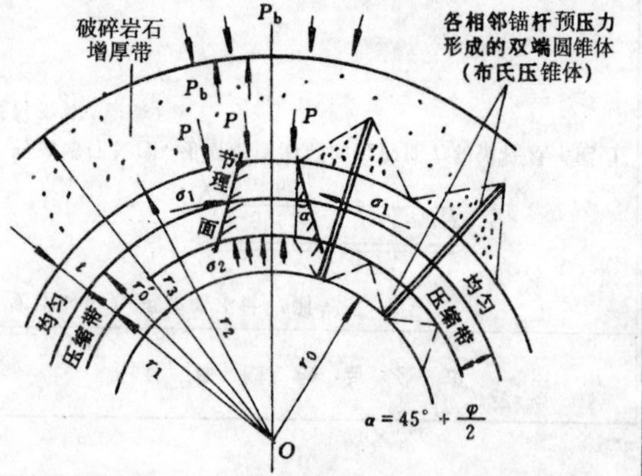

续表

整体设计依据原则	基本假设	计 算 图 示 与 公 式	说　　明	适用条件
按拱形匀压缩带原理		预选锚杆直径 d 及间距（等于排距）a，然后按下式验算节理面的稳定性： $P \leqslant 10^3 \dfrac{t}{r_0} q\sigma_2$ 〔当岩体松散，节理面粘聚力 $C=0$ 时〕 $P \leqslant 10^3 \dfrac{t}{r_0}(R_b + q\sigma_2)$ 〔C，$\varphi \neq 0$ 的匀岩体〕 $\sigma_2 = 10^{-3}\dfrac{N}{a^2}$ $N = (0.5 \sim 0.8)\,2.5\pi d^2 \cdot \sigma_y$ 或 $(0.5 \sim 0.8)\,Q$ $q = \tan^2\left(45° + \dfrac{\varphi}{2}\right)$	σ_2 —作用于压缩带下缘的径向顶压应力，MPa σ_y —锚杆钢材的屈服极限，MPa φ —岩体节理面的内摩擦角，(°) R_b —岩体的凝抗压强度，MPa q —侧应力系数 Q —锚杆锚固力，kN d —锚杆直径，mm	
按能量平衡原理计算锚杆能量重量原理的简化计算方法	决定锚杆参数的基本因素是：锚杆形式、巷道跨深度、巷道埋藏深度与围岩坚固性，选定标准条件，按能量重量原理计算锚杆参数，条件改变时，用综合修正系数改定新条件下的锚杆参数	锚杆有效长度： $h = K_h h_0$ 一根锚杆分配的顶板面积： $S = K_s S_0$ 综合修正系数： $K_h = K'_l K'_t K'_H$ （图 6-1-39） $K_s = K''_l K''_t K''_H$ （图 6-1-40）	标准计算条件: 表： 巷道跨度：2m；巷道顶板岩层坚固性系数：$f=3$；巷道埋藏深度表深度：100m；锚杆与顶板倾角面所成角度：$\alpha \leqslant 25°$，$\beta=90°$；锚杆安装时的初始张力：$P_0 = 40kN$（砂浆锚杆 $P_0=0$） h_0 —标准条件下计算所得锚杆有效长度 S_0 —标准条件下计算所得一根锚杆分配的顶板面积 基础参数值： | 锚杆型式	h_0 (m) I	II	S_0 (m²) I	II
张壳式金属锚杆 ($d=20mm$)	1.1	1.25	1.05	0.95
楔缝式金属锚杆 ($d=24mm$)	1.1	1.25	0.95	0.85
竹节钢筋砂浆锚杆 ($d=24mm$)	1.1	—	1.2	—	 注：I 栏用于不受回采工作影响的巷道，II 栏适用于回采巷道 K'_l，K''_l —巷道跨度影响系数 K'_t，K''_t —岩层坚固性影响系数 K'_H，K''_H —巷道深度影响系数	普氏岩石坚固性系数 $f=3 \sim 12$，巷道倾角 $0° \sim 25°$，巷道跨度 $2 \sim 6m$，巷道埋藏深度 $100 \sim 900m$

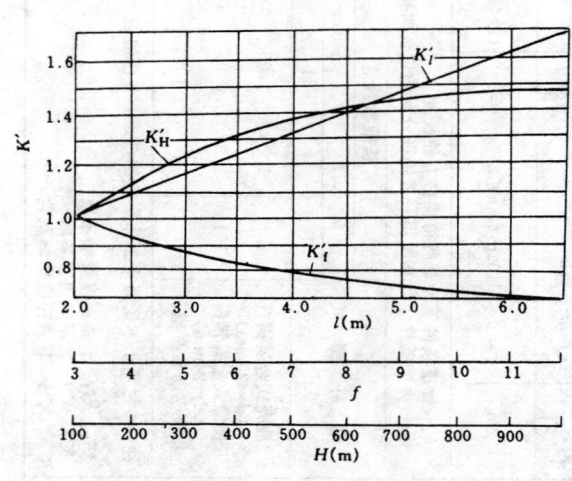

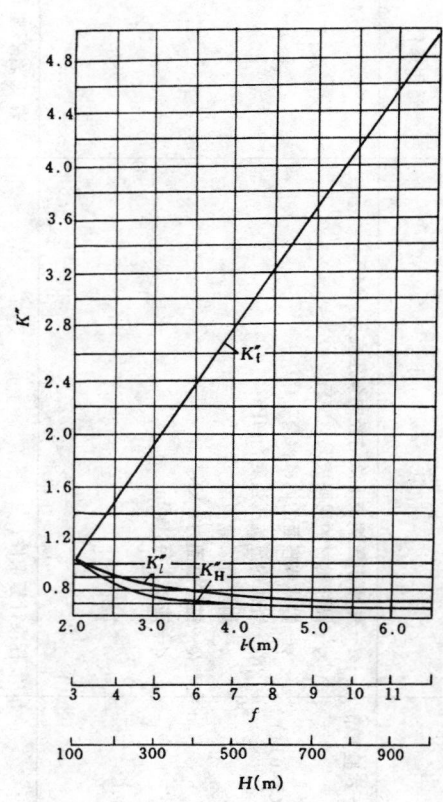

图6-1-39　求锚杆不同有效长度的修
正系数值的曲线

图6-1-40　求一根锚杆所分配顶板
面积修正系数值的曲线

的煤柱集中应力影响的巷道。二是采动影响大且主要受回采工作面超前集中应力影响的巷道。
三是厚煤层的中、下分层煤巷，近距离煤层群的层间距小于锚杆长度的下层煤巷等。因顶板
不能锚固或锚固效果差，但两帮却完全可以采用锚杆、锚网或锚笆支护。此时采用混合支护
结构，可确保围岩特别是顶板的稳定。

　　动压巷道的混合支护结构是多种多样的，应根据不同的条件，因地制宜地选择应用。

　　（四）锚喷支护监测

　　锚喷支护监测是支护成败的重要环节之一。现场监测可以为锚喷工程的质量管理提供基
础数据，因此，监测工作应作为锚喷支护的基本组成部分。本条扼要介绍锚喷支护监测的基
本内容，其具体监测方法详见有关参考书。

　　锚喷支护的监测通常包括岩体现场调查，岩石现场原位和实验室试验，以及支护与地下
工程围岩特性的现场量测工作等。根据量测的目的不同，可将量测内容分为必测项目（A
类）与选测项目（B类和C类）两种。前者是现场量测的核心，是任何锚喷支护地下工程设
计与施工中必须进行的常规量测，而后者则应根据具体工程需要选定，并在设计与施工中根
据具体情况有所增减。表6-1-91是根据日本隧道技术协会制定的《新奥法量测指南（草
案）》条目及中国有关规范列出的监控量测项目表。表中对于量测时间间隔、测站间隔、测点

表 6-1-91　现场监控量测项目和内容

量测项目		量测内容与成果	量测间隔	测点布置	量测次数（次）			
					0～9d	10～30d	＞30d	
现场调查与岩体试验	巷道内目测观察*	1. 掌握岩性、不连续面、褶皱、变质带性质 2. 支护结构变形情况	巷道全长	—	1次/d	1次/d	1次/d	(A)
	巷道弹性波测定	掌握松动圈范围、节理裂隙分布、变质程度、岩体强度		—	—	—	—	(B)
	岩体直剪试验	岩体峰值抗剪强度和残余抗剪强度（C、φ）		—	—	—	—	(C)
	岩体载荷试验	岩体变形模量 E_1、强度特征值		—	—	—	—	(C)
岩石试件试验	单轴压缩试验	单轴抗压强度 σ_0，静弹性模量 E，静泊桑比 μ	每巷道每种岩石	—	—	—	—	(B)
	岩块超声波测定	P—波和 S—波波速，动弹性模量 E_d、动泊桑比 μ_d	每巷道每种岩石	—	—	—	—	(C)
	物理性质试验	容量、含水率、孔隙度、吸水率	每巷道每种岩石	—	—	—	—	(C)
	劈裂试验	单轴抗拉强度 σ_t	每巷道每种岩石	—	—	—	—	(C)
	流变试验	粘滞系数 η	每巷道每种岩石	—	—	—	—	(C)
	三轴压缩试验	粘聚力 C、内摩擦角 φ,残余强度（C'、φ'）	每巷道每种岩石	—	—	—	—	(C)
现场监控量测	两帮收敛量测	两帮相对位移、变形速度、两帮收敛与工作面位置及时间关系	每20～50m		—	—	—	(A)
	顶板下沉	同上，判断锚喷型式，布置与参数	每20～50m	1点4线	每日1次	每2日1次	每周1次	(A)
	底鼓	同上，判断锚喷型式，布置与参数	每20～50m	1点4线	每日1次	每2日1次	每周1次	(A)
	围岩位移量测	判断松动区范围，确定合适锚杆长度	每20～500m	3～5点	每日1次	每2日1次	每周1次	(A)
	锚杆拉拔试验	判断锚杆拉拔，决定锚杆种类、锚固方式等	每50～100m	每个测定断面3根				(A)
	锚杆轴向力	了解锚杆应力分布状态，判定锚杆长度是否合适	每200～500m	选有代表性地段	每日1次	每2日1次	每周1次	(B)
	喷层受力量测	了解喷层切向力和径向力	每20～500m	选有代表性地段	每日1次	每2日1次	每周1次	(B)
	喷层厚度	判定喷层厚度	每20～50m	3～5点	每日1次	—	—	(A)

注：1）A 种量测是为确保巷道围岩稳定性，并向设计和施工反馈信息而进行的日常量测工作；

2）B 种量测是为解决相邻井巷或矿山设计和施工的工程类比数据，在有代表性的位置进行的补充量测；

3）C 种量测属于追加项目现场岩体力学性质试验及其他现场监控量测项目属于追加量测项目，量测进行到何时，应根据量测目的及对量测结果的评价确定；

4）现场量测中测点布置、量测间隔和量测频度等要根据量测目的，依现场情况决定，在遇到下列情况时需作出调整：
(1)围岩有明显蠕变；(2)开挖施工进度缓慢；(3)巷道走向长很短；(4)地质条件良好并保持稳定；(5)地质条件显著改变。

布置等也给出了有关建议。对于矿山工程，有关量测项目可以适当减少，表中以 * 号的几项是必不可少的。对于特定条件和具体工程，应仔细研究量测项目和确定量测方案。

四、可缩性金属支架支护

可缩性金属支架适用于各类围岩变形较大的巷道，尤其是受回采动压影响的巷道。

（一）支架设计

有关可缩性金属支架参数符号说明见表 6-1-92。

表 6-1-92 支 架 参 数 符 号 说 明

序号	名　称	符号	单位	备注	序号	名　称	符号	单位	备注
1	梁、腿展开长度	L	mm	圆、方(长)环形	23	型钢高度	h_1	mm	
2	顶梁展开长度	L_1	mm		24	背板及壁后充填厚度	h_2	mm	
3	柱腿展开长度	L_2、L_3	mm		25	圆形支架底梁联结板厚度	h_3	mm	
4	底梁展开长度	L_4	mm		26	基本矩形（或拱形）断面宽度	b	mm	
5	支架曲率半径	R	mm	圆、方(长)环形,半圆拱形	27	支架接头搭接长度	C	mm	
6	支架顶梁曲率半径	R_1	mm		28	支架节数	N	节	
7	支架柱腿曲率半径	R_2	mm		29	梯形支架柱腿与底板夹角	α	(°)	
8	支架底梁曲率半径	R_3	mm	马蹄形	30	支架顶梁圆心角	α_1	(°)	
9	小曲率半径	R_4	mm	方(长)环形	31	支架柱腿圆心角	α_2	(°)	
10	设计依据断面宽度	B_0	mm		32	支架底梁圆心角	α_3	(°)	
11	支架总宽度	B	mm		33	曲腿支架内曲角	α_4	(°)	
12	巷道初始净宽	B_1	mm		34	支架过渡弧圆心角	α_5	(°)	半径 R_2、R_3
13	封闭式支架垫底宽度（巷道初始净宽）	B_2	mm		35	支架节间搭接段的圆心角	β_1	(°)	半径 R、R_1
14	梯形巷道顶部初始净宽	B_3	mm		36	支架节间搭接段的圆心角	β_2、β_3	(°)	方(长)环形
15	梯形巷道底板初始净宽	B_4	mm		37	圆形支架垫底圆心角	β_4	(°)	
16	设计依据断面高度	H_0	mm		38	曲腿支架内曲角	β_5	(°)	
17	支架总高度	H	mm		39	巷道净断面	S_j	m²	
18	巷道初始净高	H_1	mm		40	巷道掘进断面	S_m	m²	
19	封闭式支架垫底高度	H_2	mm		41	巷道垫底断面	S_d	m²	
20	拱形支架柱腿直线段高度	H_3	mm		42	梁腿 L 的运输长度	l	mm	
21	支架柱窝深度	H_4	mm		43	顶梁 L_1 的运输长度	l_1	mm	
22	基本矩形（或拱形）断面高度	h	mm		44	柱腿 L_2、L_3 的运输长度	l_2、l_3	mm	
					45	底梁 L_4 的运输长度	l_4	mm	

1. 设计原则和方法

巷道断面设计原则和方法见表 6-1-93。

表 6—1—93 设 计 原 则 和 方 法

设计原则和方法	说 明
确定满足运输设备与管线布置、行人所需要的基本矩形断面	《煤矿安全规程》规定的巷道安全间隙取值见表 6—1—3
确定巷道预留变形断面	设巷道顶底板相对移近率为 K_1，两帮相对移近率为 K_2 使用梯形可缩性支架、拱形可缩性支架的巷道，其预留变形，K_1 取 15%、20%、25%、30%、35% 5 种。使用拱形可缩性支架的 K_2 取 $0.5K_1$；使用封闭式可缩性支架的巷道，其预留变形，K_1 取 10%、15%、20%、25% 4 种，并取 $K_2=K_1$；使用梯形刚性支架的巷道，K_1 取 5%、10%、K_2 取 5%
巷道初始净断面的确定	巷道初始净断面应大于设计依据断面。对于梯形、方环形、长环形可缩性支架，设计依据断面（Ⅲ）等于基本矩形断面（Ⅰ）与预留变形断面（Ⅱ）之和，如图所示 对于拱形、马蹄形可缩性支架，设计依据断面（Ⅲ′）等于基本拱形断面（Ⅰ′）与预留变形断面（Ⅱ′）之和，如图所示
确定巷道掘进断面	是巷道初始净断面加上支架型钢的高度、背板及壁后充填厚度而得到的。对于封闭式支架，还要增加垫底断面积 背板及壁后充填厚度各按 25mm 计算
支架一些参数的确定	支架节长，一般 ≥3500mm 可缩性支架节间搭接长度（C）： 支架净断面面积 <10m² 时，$C=400mm$ 支架净断面面积 =10～15m² 时，$C=450mm$ 支架净断面面积 >15m² 时，$C=500mm$ 卡缆采用双槽形夹板式卡缆 柱窝深度，一般取 200mm

规范规定的型钢支护型式及参数

巷道围岩类别	围岩稳定状况	巷道顶底板移近率（%）	支护强度（kN/m²）	支护型式	主要支护参数（mm）		
					支架间距	垂直可缩量	侧向可缩量
Ⅰ	非常稳定	<5	0～30	不支护点柱	1000 左右	—	—
Ⅱ	稳定	5～10	30～70	刚性金属支架	800 左右	—	—
Ⅲ	中等稳定	10～20	70～150	梯形可缩支架	600～800	200～400	—
				拱形可缩支架	600～800	200～400	200～400
Ⅳ	不稳定	20～35	100～200	梯形可缩支架	600～800	400～600	—
				拱形可缩支架	600～800	400～600	400～600
Ⅴ	极不稳定	>35	150～250	封闭可缩支架	600 左右	400～600	400～600
				拱形可缩支架	600 左右	600～800	600 左右

2. 支架断面参数的计算（表6—1—94）

表6—1—94　支架断面参数的计算

图 示 及 给 定 条 件

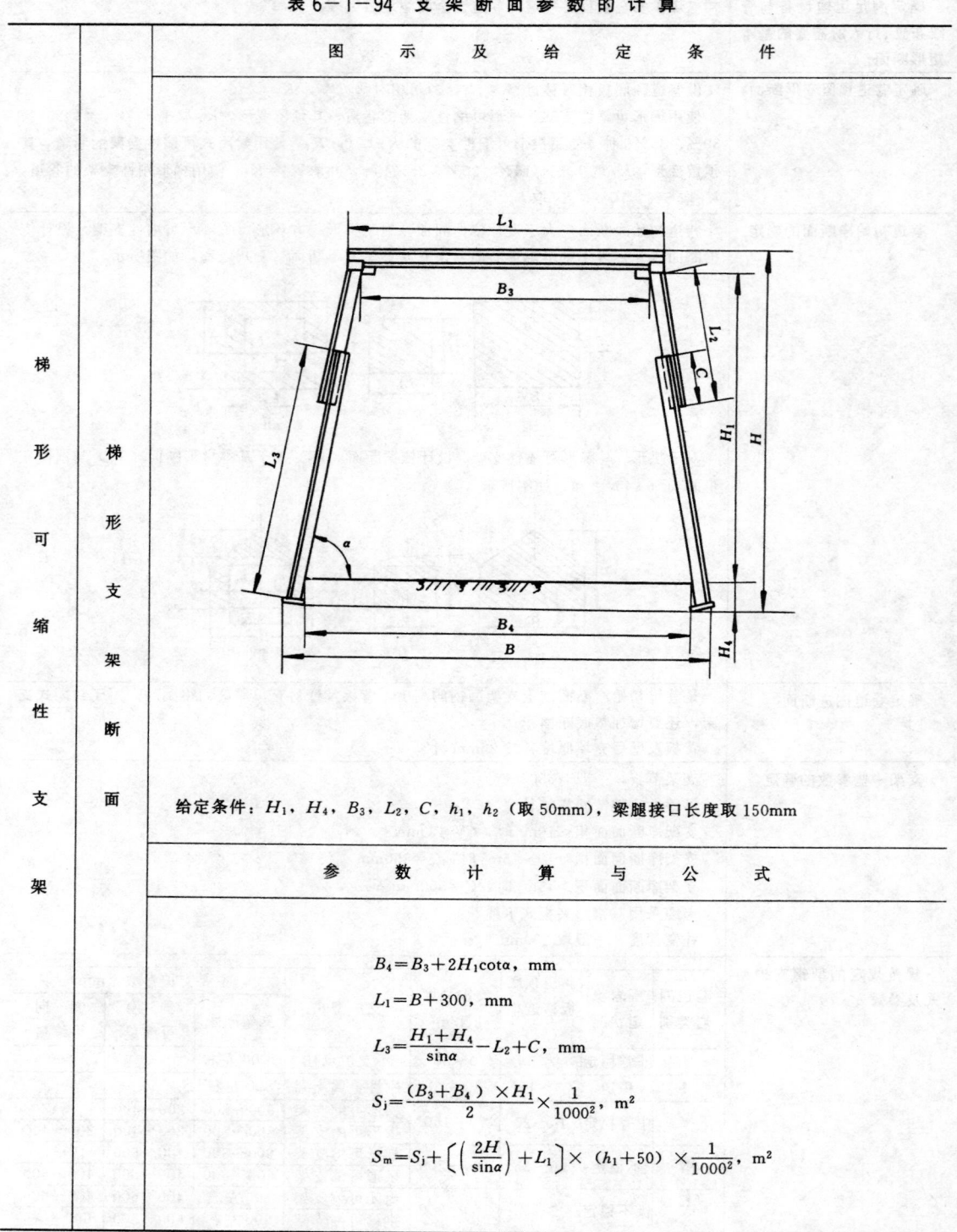

给定条件：H_1，H_4，B_3，L_2，C，h_1，h_2（取50mm），梁腿接口长度取150mm

参 数 计 算 与 公 式

（左侧栏：梯 形 可 缩 性 支 架　梯 形 支 架 断 面）

$$B_4 = B_3 + 2H_1 \cot\alpha, \text{ mm}$$

$$L_1 = B + 300, \text{ mm}$$

$$L_3 = \frac{H_1 + H_4}{\sin\alpha} - L_2 + C, \text{ mm}$$

$$S_j = \frac{(B_3 + B_4) \times H_1}{2} \times \frac{1}{1000^2}, \text{ m}^2$$

$$S_m = S_j + \left[\left(\frac{2H}{\sin\alpha} \right) + L_1 \right] \times (h_1 + 50) \times \frac{1}{1000^2}, \text{ m}^2$$

圆 形 可 缩 性 支 架	确 定 基 本 圆 形 断 面	图 示 及 给 定 条 件

给定条件：基本矩形断面 $mnpq$

		参 数 计 算 与 公 式

作基本矩形断面的外接圆，b、h 分别为基本矩形断面的宽和高，H_2 为垫底高度，r 为圆半径，H_5 为基本圆形断面的净高

	设 计 圆 形 巷 道 初 始 断 面	图 示 及 给 定 条 件

给定条件：H_2，H_5，K_4（巷道顶底相对移近率）

		参 数 计 算 与 公 式

$H=H_1+H_2$，$K_1=\dfrac{H_1-H_5}{H_1}$，$H_1=\dfrac{H_5}{1-K_1}$　设巷道垫底高度 H_2 不变，则以 $\dfrac{H_1+H_2}{2}$ 为半径作圆，得到巷道初始净断面

	四 节 圆 形 支 架	参 数 计 算 与 公 式

$$R=\frac{H_1+H_2}{2},\ \mathrm{mm}$$

$$\beta_1=\frac{C\times 180°}{\pi(R+h_1)},\ (°)$$

$$\beta_4=2\cos^{-1}\left(\frac{R-H_2}{R}\right),\ (°)$$

$$B_2=2R\sin\left(\frac{\beta_4}{2}\right),\ \mathrm{mm}$$

$$L=\frac{\alpha_1+\beta_1}{180°}\times\pi\left(R+\frac{h_1}{2}\right),\ \mathrm{mm}$$

$$l=2(R+h_1)\sin\left(\frac{\alpha_1+\beta_1}{2}\right),\ \mathrm{mm}$$

$$S_d=\left[\frac{\beta_2}{360°}\times\pi R^2-\frac{1}{2}B_2(R-H_2)\right]\times\frac{1}{1000^2},\ \mathrm{m^2}$$

$$S_j=\pi R^2\frac{1}{1000^2}-S_d,\ \mathrm{m^2}$$

$$S_m=\pi(R+h_1+50)^2\frac{1}{1000^2},\ \mathrm{m^2}$$

续表

圆形可缩性支架

四节圆形支架

图　示　及　给　定　条　件

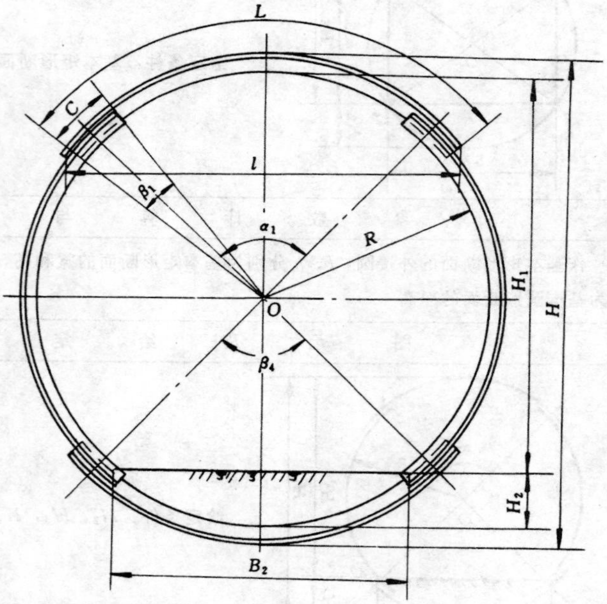

四节

给定条件：H_1，H_2，C，α_1，H_1，H_2（取 50mm）

五节、六节圆形支架

图　示　及　给　定　条　件

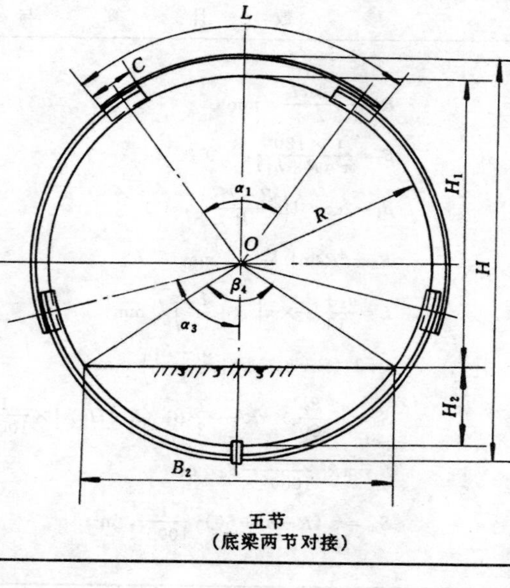

五节
（底梁两节对接）

图 示 及 给 定 条 件

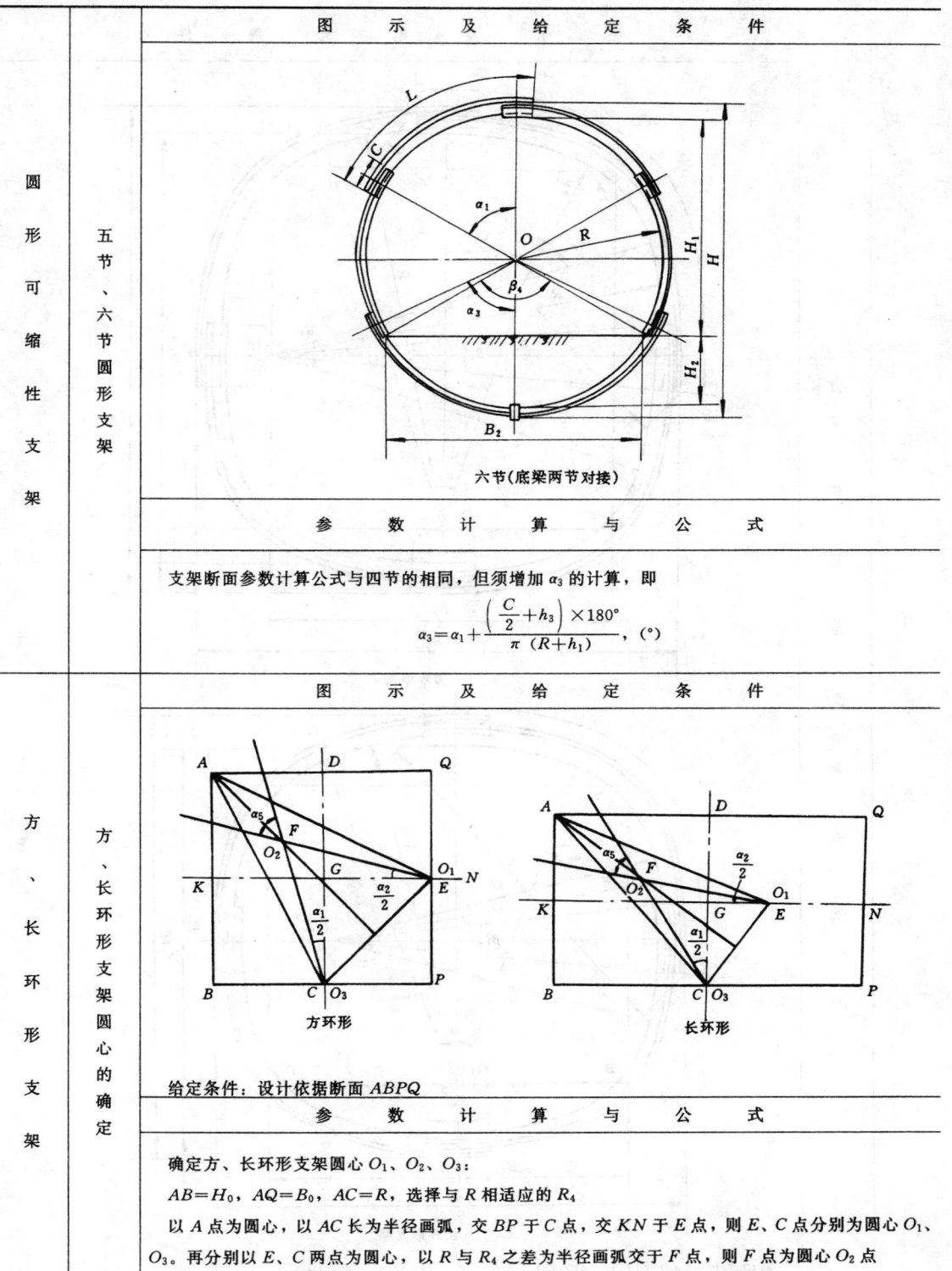

六节(底梁两节对接)

圆 形 可 缩 性 支 架 / 五 节 、 六 节 圆 形 支 架

参 数 计 算 与 公 式

支架断面参数计算公式与四节的相同，但须增加 α_3 的计算，即

$$\alpha_3 = \alpha_1 + \frac{\left(\dfrac{C}{2} + h_3\right) \times 180°}{\pi\,(R + h_1)}, \quad (°)$$

图 示 及 给 定 条 件

方环形

长环形

方 、 长 环 形 支 架 / 方 、 长 环 形 支 架 圆 心 的 确 定

给定条件：设计依据断面 $ABPQ$

参 数 计 算 与 公 式

确定方、长环形支架圆心 O_1、O_2、O_3：

$AB = H_0$，$AQ = B_0$，$AC = R$，选择与 R 相适应的 R_4

以 A 点为圆心，以 AC 长为半径画弧，交 BP 于 C 点，交 KN 于 E 点，则 E、C 点分别为圆心 O_1、O_3。再分别以 E、C 两点为圆心，以 R 与 R_4 之差为半径画弧交于 F 点，则 F 点为圆心 O_2 点

图 示 及 给 定 条 件

方、长环形支架

方、长环形支架断面

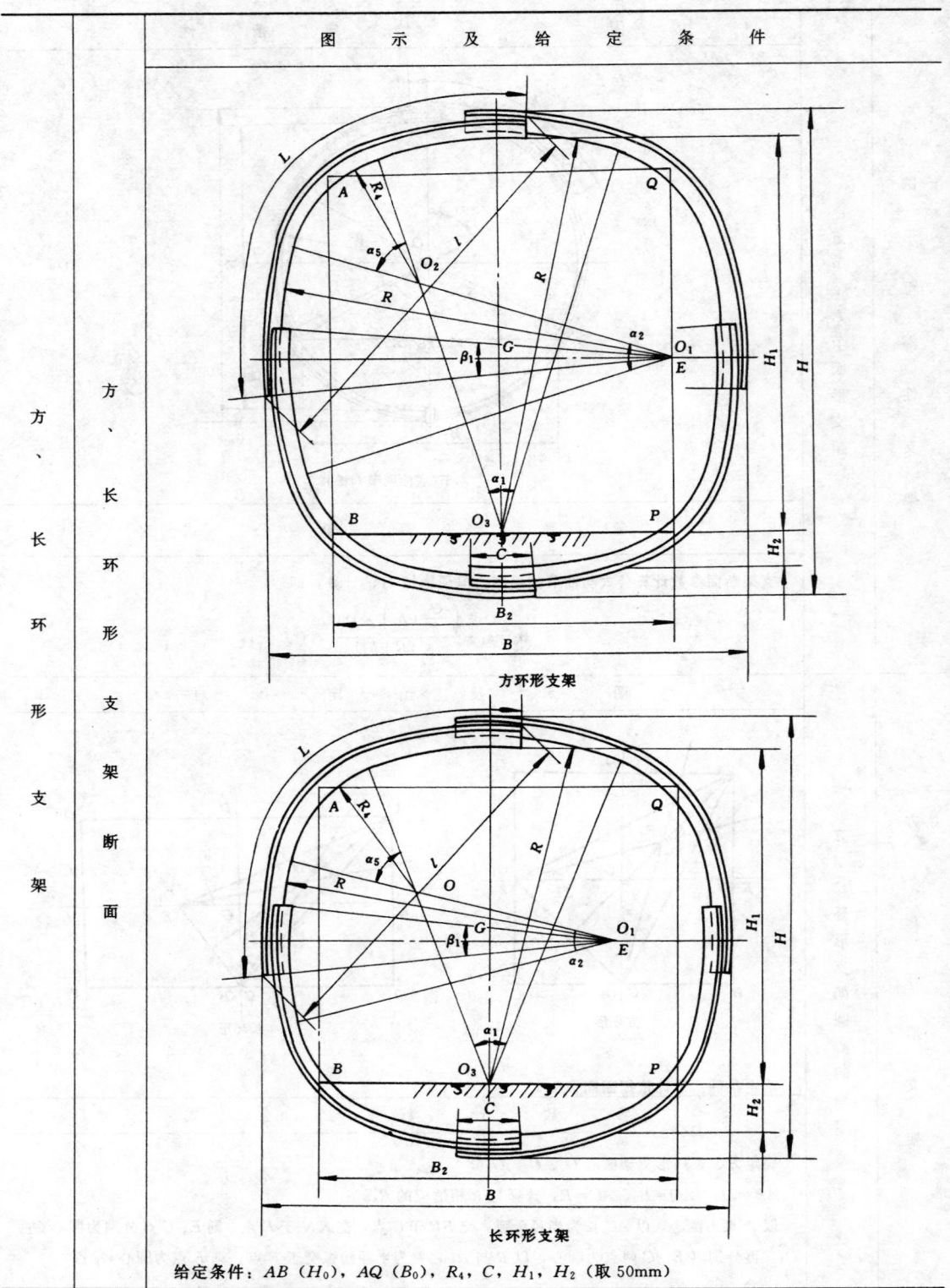

方环形支架

长环形支架

给定条件：AB（H_0），AQ（B_0），R_4，C，H_1，H_2（取 50mm）

续表

参 数 计 算 与 公 式

<table>
<tr><td rowspan="2">方、长环形支架</td><td rowspan="2">方、长环形支架断面</td><td>

$$R\sqrt{AB^2+\left(\frac{AQ}{2}\right)^2}\text{, mm}$$

$$\alpha_5=\angle EFC=2\sin^{-1}\left[\frac{CE}{2\,(R-R_4)}\right]\text{, (°)}$$

$$\alpha_1=2\left[90°-\frac{\alpha_5}{2}-\sin^{-1}\left(\frac{GE}{CE}\right)\right]\text{, (°)}$$

$$\alpha_2=2\left[\sin^{-1}\left(\frac{GE}{CE}\right)-\frac{\alpha_5}{2}\right]\text{, (°)}$$

$$H_2=R-AB\text{, mm}$$

$$H=R+H_2+2h_1\text{, mm}$$

$$B=2\,(R-GE)\text{, mm}$$

$$\beta_1=\frac{C\times180°}{\pi\left(R+\frac{h_1}{2}\right)}\text{, (°)}$$

$$L=\left(R+\frac{h_1}{2}\right)(\alpha_1+\alpha_2+\beta_1)\frac{\pi}{360°}+\left(R_4+\frac{h_1}{2}\right)\frac{\pi}{180°}\times\alpha_5\text{, mm}$$

$$S_d=\left[\frac{R^2\pi\gamma_1}{180°}-AB\times AD\right]\times\frac{1}{1000^2}\text{, m}^2$$

$$S_j=2\left[\frac{R^2\pi}{180°}(r_1+r_2)-\frac{1}{2}AB\times KE\right]\times\frac{1}{1000^2}-S_d\text{, m}^2$$

$$S_m=2\left[(R+h_1+50)^2\frac{\pi}{180°}(r_1+r_2)-\frac{1}{2}AB\times KE\right]\times\frac{1}{1000^2}\text{, m}^2$$

$$l=\sqrt{\left(R-\frac{AB}{2}+h_1+0.46C\right)^2+(R-GE+h_1+0.46C)^2}\text{, mm}$$

说明：S_d、S_j、S_m 取近似计算　搭接段的直线长度＝0.92C

</td></tr>
</table>

<table>
<tr><td rowspan="9">拱形、马蹄形支架</td><td rowspan="9">拱形、马蹄形支架结构参数的选取范围</td><td>参　　数</td><td>选 择 范 围</td><td>备　　　注</td></tr>
<tr><td>R_2/R_1</td><td>1.0～1.3</td><td>$(R_2-R_1)\leqslant800$</td></tr>
<tr><td>α_1（°）</td><td>100～140</td><td rowspan="2">支架节数增加，α_1 相应增大</td></tr>
<tr><td>H_3（mm）</td><td>$\leqslant1000$</td></tr>
<tr><td rowspan="3">C（mm）</td><td>400</td><td>$S_j\leqslant10\text{m}^2$</td></tr>
<tr><td>450</td><td>$10<S_j\leqslant15\text{m}^2$</td></tr>
<tr><td>500</td><td>$S_j>15\text{m}^2$</td></tr>
<tr><td>α_4（°）
H_2（mm）
L_1 与 L_2（mm）
L_{max}（mm）</td><td><16
300～700
尽量等长
$\leqslant3500$</td><td></td></tr>
</table>

图 示 及 给 定 条 件

拱形、马蹄形支架

三节、四节、五节半圆拱形支架

三节

四节

图　示　及　给　定　条　件
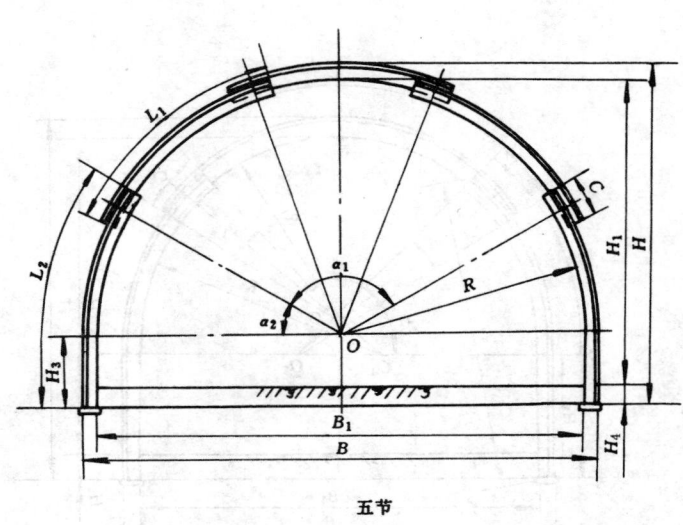 五节
给定条件：R，H_1，H_3，H_4（取 200mm），C，h_1，h_2（取 50mm），α_1，α_2，B_1

拱形、马蹄形形支架

三节、四节、五节半圆拱形支架

参　数　计　算　与　公　式

$$\beta_1=\frac{C\times 180°}{\pi\ (R+h_1)},\ (°)$$

$$L_1=\frac{\alpha_1+\beta_1}{180°}\times \pi\left(R+\frac{1}{2}h_1\right),\ \text{mm}$$

$$L_2=\frac{\alpha_2+\frac{1}{2}\beta_1}{180°}\times \pi\left(R+\frac{1}{2}h_1\right)+H_3,\ \text{mm}$$

$$l_1=2\ (R+h_1)\ \sin\frac{\alpha_1+\beta_1}{2},\ \text{mm}$$

$$l_2=\sqrt{\left[H_3+\ (R+h_1)\ \sin\left(\alpha_2+\frac{1}{2}\beta_1\right)\right]^2+\left[R+h_1-\ (R+h_1)\ \cos\left(\alpha_2+\frac{1}{2}\beta_1\right)\right]^2},\ \text{mm}$$

$$S_j=\left[\frac{1}{2}\pi R^2+B_1\ (H_3-200)\right]\times \frac{1}{1000^2},\ \text{m}^2$$

$$S_m=S_j+\ (L_1+2L_2-2C-400)\ (h_1+50)\ \times \frac{1}{1000^2},\ \text{m}^2$$

四节、五节半圆拱支架断面参数计算公式与三节半圆拱支架相类似

图　示　及　给　定　条　件

拱

形

、

马

蹄

形

支

架

三

节

、

四

节

、

五

节

直

腿

三

心

拱

形

支

架

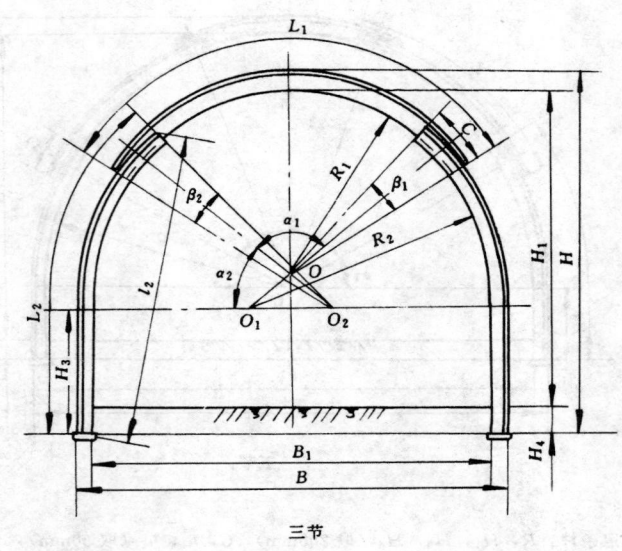

三节

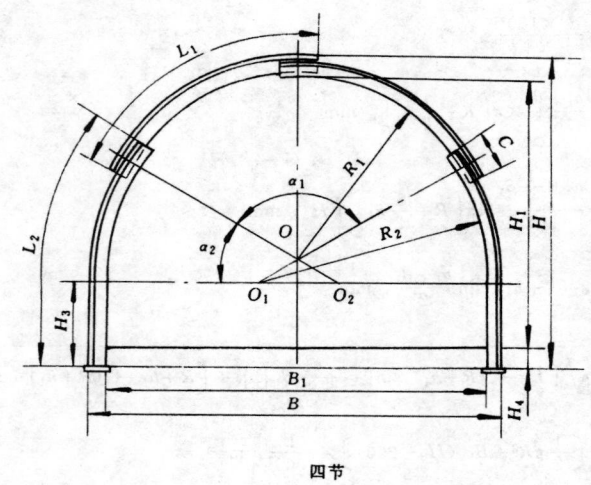

四节

图　示　及　给　定　条　件

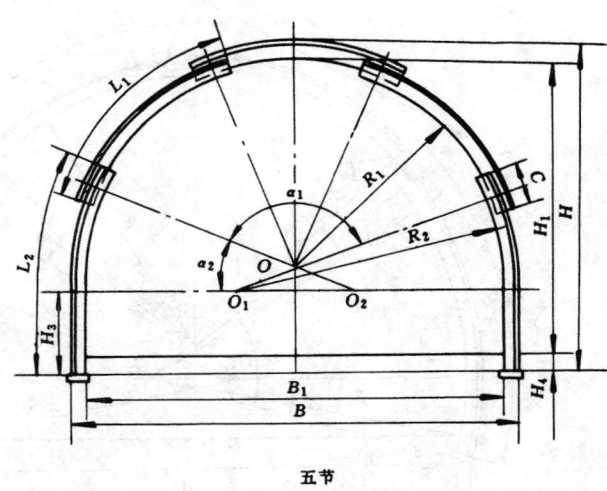

五节

给定条件：R_1，R_2，H_3，H_4（取 200mm），h_1，h_2（取 50mm），C，α_1，α_2，B_1

参　数　计　算　与　公　式

$$\beta_1 = \frac{C \times 180°}{\pi \ (R_1 + h_1)} , \ (°)$$

$$\beta_2 = \frac{C \times 180°}{\pi \ (R_2 + h_1)} , \ (°)$$

$$L_1 = \frac{\alpha_1 + \beta_1}{180°} \times \pi \left(R_1 + \frac{h_1}{2} \right) , \ mm$$

$$L_2 = \frac{\alpha_2 + \dfrac{\beta_2}{2}}{180°} \times \pi \left(R_2 + \frac{h_1}{2} \right) + H_3 , \ mm$$

$$l_1 = 2 \ (R_1 + h_1) \ \sin \frac{\alpha_1 + \beta_1}{2} , \ mm$$

$$l_2 = \sqrt{ \left[H_3 + \ (R_2 + h_1) \ \sin \left(\alpha_2 + \frac{\beta_2}{2} \right) \right]^2 + \left[R_2 + h_1 - \ (R_2 + h_1) \ \cos \left(\alpha_2 + \frac{\beta_2}{2} \right) \right]^2 } , \ mm$$

$$S_j = \left[\frac{\alpha_1}{360°} \pi R_1^2 + \frac{2\alpha_2}{360°} \pi R_2^2 - \frac{1}{2} \ (R_2 - R_1)^2 \sin\alpha_1 + B_1 \ (H_3 - 200) \right] \times \frac{1}{1000^2} , \ m^2$$

$$S_m = S_j + \ (L_1 + 2L_2 - 2C - 400) \times \ (h_1 + 500) \times \frac{1}{1000^2} , \ m^2$$

四节、五节三心拱直腿可缩性支架断面参数计算公式与三节三心拱相类似

拱形、马蹄形支架

三节、四节、五节直腿三心拱形支架

拱　形　、　马　蹄　形　支　架

四　节　、　五　节　曲　腿　三　心　拱　形　支　架

图　示　及　给　定　条　件

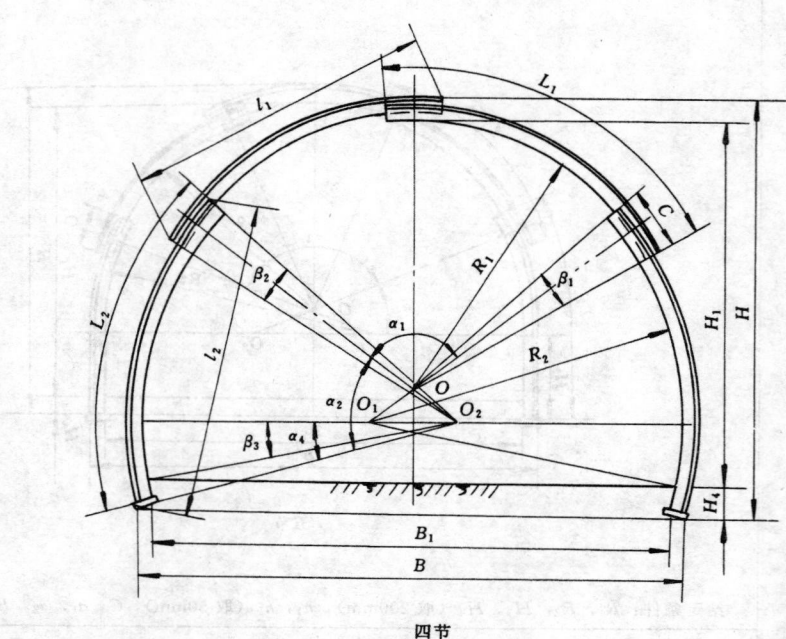

四节

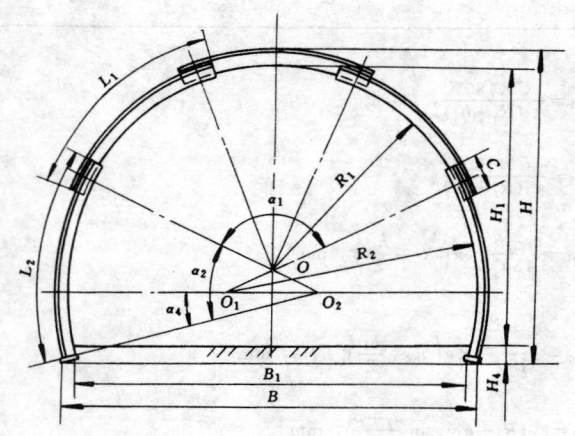

给定条件：R_1，R_2，H_4，h_1，h_2，C，α_1，α_2，α_4，B_1

参　数　计　算　与　公　式

四节曲腿三心拱支架计算：

$$\beta_1 = \frac{C \times 180°}{\pi \, (R_1 + h_1)}, \ (°)$$

$$\beta_2 = \frac{C \times 180°}{\pi \, (R_2 + h_1)}, \ (°)$$

参　数　计　算　与　公　式

拱形、马蹄形支架

四节、五节曲腿三心拱形支架

$$\beta_3 = \arcsin \frac{(R_2+h_1)\ \sin\left(\dfrac{\alpha_1}{2}+\alpha_2-90°\right)-200}{R_2},\ (°)$$

$$L_1 = \frac{\dfrac{\alpha_1}{2}+\beta_1}{180°} \times \pi \left(R_1+\frac{h_1}{2}\right),\ mm$$

$$L_2 = \frac{\dfrac{\alpha_2}{2}+\dfrac{\beta_2}{2}}{180°} \times \pi \left(R_2+\frac{h_1}{2}\right),\ mm$$

$$l_1 = 2\ (R_1+h_1)\ \sin\left(\frac{\alpha_1}{4}+\frac{\beta_1}{2}\right),\ mm$$

$$l_2 = 2\ (R_2+h_1)\ \sin\left(\frac{\alpha_2}{2}+\frac{\beta_2}{4}\right),\ mm$$

$$S_j = \left\{ \frac{\alpha_1}{360°}\pi R_1^2 + \frac{2\ (\alpha_2-\alpha_4)}{180°}\pi R_2^2 - \frac{1}{2}\ (R_2-R_1)^2 \sin\alpha_1 - (R_2-R_1)^2 \sin^2\frac{\alpha_1}{2}\tan\beta_2 \right.$$
$$\left. + \frac{B_1}{2}\left[R_2 - \frac{(R_2-R_1)\ \sin\dfrac{\alpha_1}{2}}{\cos\beta_3}\right]\sin\beta_2 + \frac{2\beta}{360}\pi R_2^2 \right\} \times \frac{1}{1000^2},\ m$$

$$S_m = S_j + (2L_1+2L_2-3C-400) \times (h_1+50) \times \frac{1}{1000^2},\ m^2$$

五节三心拱曲腿支架断面参数计算公式与四节三心拱曲腿支架相类似

图　示　及　给　定　条　件

拱形、马蹄形支架

六节、七节马蹄形支架

六节

图　示　及　给　定　条　件

拱
形
、
马
蹄
形
支
架

六
节
、
七
节
马
蹄
形
支
架

七节

给定条件：R_1，R_2，R_3，α_1，α_2，α_3，α_4，H_2，h_1，h_2（可取 50mm），C，B_2

参　数　计　算　与　公　式

六节马蹄形支架计算：

$$\beta_1 = \frac{C \times 180°}{\pi (R_1 + h_1)}, \ (°)$$

$$\beta_2 = \frac{C \times 180°}{\pi (R_2 + h_1)}, \ (°)$$

$$\beta_5 = \frac{C \times 180°}{\pi (R_3 + h_1)}, \ (°)$$

$$L_1 = \frac{0.5\alpha_1 + \beta_1}{180°} \times \pi (R_1 + 0.5h_1), \ \text{mm}$$

$$L_2 = \frac{\alpha_2 + 0.5\beta_2}{180°} \times \pi (R_2 + 0.5h_1), \ \text{mm}$$

$$L_4 = \frac{\alpha_3 + \beta_5}{360°} \times \pi (R_3 + 0.5h_1), \ \text{mm}$$

$$l_1 = 2 (R_1 + h_1) \times \sin\left(\frac{\alpha_1}{4} + \frac{\beta_1}{2}\right), \ \text{mm}$$

$$l_2 = 2 (R_2 + h_1) \times \sin\left(\frac{\alpha_2}{2} + \frac{\beta_2}{2}\right), \ \text{mm}$$

$$l_4 = 2 (R_3 + h_1) \times \sin\left(\frac{\alpha_3}{4} + \frac{\beta_5}{4}\right), \ \text{mm}$$

$$S_j = \left\{ \frac{\alpha_1}{360°}\pi R_1^2 + \frac{\alpha_2}{180°}\pi R_2^2 - \left[(R_2 - R_1)^2 \sin^2 \frac{\alpha_1}{2}\tan\alpha_4 + \frac{1}{2} (R_2 - R_1)^2 \sin\alpha_1 \right] + \left[R_2\cos\alpha_4 \right. \right.$$
$$\left. \left. - (R_2 - R_1) \sin \frac{\alpha_1}{2} \right] \left[R_2\sin\alpha_4 - (R_2 - R_1) \sin \frac{\alpha_1}{2}\tan\alpha_4 \right] \right\} \times \frac{1}{1000^2}, \ \text{m}^2$$

拱形、马蹄形支架	六节、七节马蹄形支架	参　数　计　算　与　公　式
		$S_m = \left\{ \dfrac{\alpha_1}{360°}\pi\ (R_1+h_1+h_2)^2 + \dfrac{\alpha_2}{180°}\pi\ (R_2+h_1+h_2)^2 - (R_2-R_1)^2 \left(\sin^2\dfrac{\alpha_1}{2}\tan\alpha_4 + \dfrac{1}{2}\sin\alpha_1 \right) \right.$ $+ \left[(R_2+h_1+h_2)\ \cos\alpha_4 - (R_2-R_1)\ \sin\dfrac{\alpha_1}{2} \right] \left[(R_2+h_1+h_2)\ \sin\alpha_4 - (R_2-R_1)\ \sin\dfrac{\alpha_1}{2}\tan\alpha_4 \right]$ $\left. + \left(\dfrac{\alpha_3}{360°}\pi - \dfrac{1}{2}\sin\alpha_3 \right)\ (R_3+h_1)^2 \right\} \times \dfrac{1}{1000^2},\ \text{m}^2$ $S_d = \dfrac{\alpha_3}{360°}\pi R_3^2 - \dfrac{1}{2}R_3^2\sin\alpha_3$ 七节马蹄形支架断面参数的计算公式与六节马蹄形支架相类似

(二) 选择支架的步骤和方法

1. 选择支架的步骤 (表 6—1—95)

表 6—1—95　选择支架的步骤

步　　骤	说　　明
1. 确定巷道的基本矩形断面	根据巷道的运输、安装与通过的设备、行人等需要，选择巷道基本矩形断面
2. 预计巷道整个服务期间顶底板(或两帮)的相对移近量	确定巷道围岩稳定性类别
3. 选择支架架型	根据各种支架架型的力学特性进行选择 (表 6—1—96)
4. 选择支架型号	根据"巷道金属支架系列"表中"支架适用条件表"选择
5. 验算巷道最终净断面	从"巷道金属支架系列"表中查出巷道初始净断面、掘进断面，并从"支架适用条件表"中查出巷道最终净断面，然后按通风要求验算巷道最终净断面能否满足生产需要

2. 支架架型的确定 (表 6—1—96)

表 6—1—96　各种支架架型的力学特性和适用条件

支　架　架　型	主要力学特性	适　用　条　件
梯形可缩性支架	双向可缩，承载能力较小	围岩较稳定，顶压较大，侧压较小，巷道净断面小于 10m^2，K_1 在 $10\%\sim35\%$ 之间
半圆拱可缩性支架	承载能力较大，特别是在均压时	围岩压力较大，特别是在压力较均匀或有一定侧压时，K_1 在 $10\%\sim35\%$ 之间
三心拱直腿可缩性支架	承载能力较大，特别是在顶压大时	围岩压力较大，特别是在顶压大时，K_1 在 $10\%\sim35\%$ 之间
三心拱曲腿可缩性支架	承载能力较大，抗侧压能力较大	围岩压力较大，压力较均匀，顶压大及侧压较大时，K_1 在 $10\%\sim35\%$ 之间
马蹄形可缩性支架	承载能力大，有一定的抗底臌和两帮移近的能力	围岩松软，移近量较大，特别是在底臌和两帮移近较严重，使用非封闭式支架时 $K_1 \geqslant 30\%\sim35\%$
圆形可缩性支架	承载能力大，抗底臌和两帮移近的能力大，特别是在均压时	围岩松软，移近量大，底臌和两帮移近较严重，在使用非封闭式支架时 $K_1 \geqslant 30\%\sim35\%$，于压力较均匀时使用更有利
方环形、长环形可缩性支架	承载能力大，抗底臌和两帮移近的能力大，特别是在肩压大、压力不太均匀时	围岩松软，移近量大，底臌和两帮移近严重，在使用非封闭式支架时 $K_1 \geqslant 30\%\sim35\%$，于压力不太均匀时使用更有利

注: K_1 为顶底板相对移近率。

表 6-1-97　梯 形 可 缩 性 支 架 系 列

序号	支架型号	型钢号	巷道断面			断面参数		支架结构参数								支架质量				
			净高 H_1 (mm)	顶净宽 B_3 (mm)	底净宽 B_4 (mm)	净断面 S_j (m²)	掘进断面 S_m (m²)	H (mm)	B (mm)	H_1+H_4 (mm)	L_1 (mm)	L_2 (mm)	L_3 (mm)	α (°)	C (mm)	型钢	卡缆	底座	接棒	总质量 (kg)
1	5TK₁-5	11 I / 25U	2200	2000	2800	5.3	6.4	2510	3020	2400	2300	1000	1840	80	400	200	35	3.0	8.0	246
2	6TK₁-5	11 I / 25U	2400	2000	2800	5.8	7.0	2710	3020	2600	2300	1000	2040	80	400	210	35	3.0	8.0	256
3	6TK₂-5	11 I / 25U	2400	2200	3000	6.3	7.5	2710	3220	2600	2500	1000	2040	80	400	216	35	3.0	8.0	262
4	7TK₁-5	11 I / 25U	2400	2400	3200	6.7	8.0	2710	3420	2600	2700	1000	2040	80	400	221	35	3.0	8.0	267
5	7TK₂-5	11 I / 25U	2400	2600	3400	7.2	8.5	2710	3620	2600	2900	1000	2040	80	400	226	35	3.0	8.0	272
6	8TK₁-5	11 I / 25U	2400	2800	3600	7.7	9.0	2710	3820	2600	3100	1000	2040	80	400	231	35	3.0	8.0	277
7	8TK₂-5	11 I / 25U	2400	3000	3800	8.2	9.5	2710	4020	2600	3300	1000	2040	80	400	237	35	3.0	8.0	283
8	8TK₃-5	11 I / 25U	2600	2800	3700	8.5	9.9	2910	3920	2800	3100	1200	2040	80	400	242	35	3.0	8.0	288
9	9TK₁-5	11 I / 25U	2600	3000	3900	9.0	10.4	2910	4120	2800	3300	1200	2040	80	400	246	35	3.0	8.0	292
10	9TK₂-5	11 I / 25U	2600	3200	4000	9.4	10.8	2910	4220	2800	3500	1200	2040	80	400	252	35	3.0	8.0	298
11	10TK₁-5	11 I / 25U	2700	3200	4100	9.9	11.4	3010	4320	2900	3500	1300	2090	80	450	259	35	3.0	8.0	305
12	8TK₄-5	12 I / 29U	2400	3000	3800	8.2	9.6	2720	4050	2600	3300	1000	2040	80	400	279	38	3.0	8.0	328
13	9TK₃-5	12 I / 29U	2600	3000	3900	8.9	10.5	2920	4150	2800	3500	1200	2040	80	400	291	38	3.0	8.0	340
14	9TK₄-5	12 I / 29U	2600	3200	4000	9.3	10.9	2920	4250	2800	3500	1200	2040	80	400	297	38	3.0	8.0	346
15	10TK₂-5	12 I / 29U	2700	3200	4100	9.9	11.5	3020	4350	2900	3500	1300	2090	80	450	306	38	3.0	8.0	355

说明：1. 顶梁与柱腿接口长度 150mm；
2. 柱腿扎角 (α) 80°（也可自行调整），柱腿为 U 型钢；
3. 顶梁为矿工钢，柱腿为 U 型钢；
4. 表中符号见表 6-1-94。

表6-1-98　半圆拱直腿可缩性支架系列

序号	支架型号	型钢号	巷道断面参数				支架结构参数											支架质量			
			净高 H_1 (mm)	净宽 B_1 (mm)	净断面 S_j (m²)	掘进断面 S_m (m²)	H (mm)	B (mm)	H_3 (mm)	R (mm)	α_1 (°)	α_2 (°)	L_1 (mm)	l_1 (mm)	L_2 (mm)	l_2 (mm)	C (mm)	型钢	卡缆	底座	总质量 (kg)
1	6YG—3	25U	2300	3000	5.9	7.1	2610	3220	1000	1500	100.0	40.0	3110	2710	2290	2250	400	190	35	5.0	230
2	7YG₁—3	25U	2400	3200	6.6	7.9	2710	3420	1000	1600	100.0	40.0	3290	2870	2360	2310	400	193	35	5.0	238
3	7YG₂—3	25U	2500	3400	7.3	8.7	2810	3620	1000	1700	100.0	40.0	3460	3020	2420	2380	400	205	35	5.0	245
4	8YG—4	25U	2600	3800	8.3	9.5	2910	4020	900	1900	110.5	34.7	2290	2220	2290	2260	400	226	53	5.0	284
5	10YG—4	29U	2700	4200	9.4	10.9	3020	4450	800	2100	105.9	37.1	2400	2340	2400	2370	400	278	57	5.0	340
6	11YG—4	29U	2900	4400	10.7	12.2	3220	4650	900	2200	107.1	36.5	2560	2500	2560	2530	450	297	57	5.0	359
7	12YG—4	29U	3000	5000	12.3	14.0	3320	5250	700	2500	110.0	35.0	2900	2820	2490	2470	450	313	57	5.0	375
8	14YG—4	29U	3200	5200	13.7	15.5	3520	5450	800	2600	110.0	35.0	3000	2920	2650	2620	450	328	57	5.0	390
9	16YG—4	36U	3400	5600	15.7	17.8	3740	5880	800	2800	110.0	35.0	3250	3160	2800	2770	500	436	62	5.0	503
10	17YG—4	36U	3600	5600	16.8	18.9	3940	5880	1000	2800	110.0	35.0	3250	3160	3000	2970	500	450	62	5.0	517
11	18YG—4	36U	3700	5800	17.9	20.0	4040	6080	1000	2900	110.0	35.0	3350	3250	3060	3030	500	461	62	5.0	528
12	12YG—5	29U	3000	5000	12.3	14.1	3320	5250	700	2500	120.7	29.6	2250	2230	2250	2240	450	326	76	5.0	407
13	14YG—5	29U	3200	5200	13.7	15.5	3520	5450	800	2600	122.9	28.6	2350	2330	2350	2340	450	341	76	5.0	422
14	16YG—5	36U	3400	5600	15.7	17.6	3740	5880	800	2800	121.2	29.4	2520	2500	2520	2510	500	454	82	5.0	541
15	17YG—5	36U	3600	5600	16.8	18.8	3940	5880	1000	2800	126.0	27.0	2600	2570	2600	2590	500	468	82	5.0	555
16	18YG—5	36U	3700	5800	17.9	20.0	4040	6080	1000	2900	125.4	27.3	2670	2640	2670	2650	500	480	82	5.0	567
17	20YG—5	36U	3900	6200	20.1	22.2	4240	6480	1000	3100	124.3	27.9	2790	2760	2790	2780	500	502	82	5.0	589

系　列

表6—1—99　三心拱直腿可缩性支架系列

序号	支架型号	型钢号	巷道断面参数				支架结构参数												支架质量 (kg)			
			净高 H_1 (mm)	净宽 B_1 (mm)	净断面 S_j (m²)	掘进断面 S_m (m²)	H (mm)	B (mm)	H_3 (mm)	R_1 (mm)	α_1 (°)	R_2 (mm)	α_2 (°)	L_1 (mm)	l_1 (mm)	L_2 (mm)	l_2 (mm)	C (mm)	型钢	卡缆	底座	总质量
1	6GZ-3	25U	2300	2990	5.8	6.9	2610	3210	840	1400	100.0	1800	40.0	2940	2560	2330	2290	400	187	35	5.0	227
2	7GZ-3	25U	2400	3190	6.5	7.6	2710	3410	840	1500	100.0	1900	40.0	3110	2710	2400	2360	400	195	35	5.0	235
3	8GZ-3	25U	2500	3590	7.5	8.7	2810	3810	740	1700	100.0	2100	40.0	3460	3020	2440	2400	400	206	35	5.0	246
4	7GZ-4	25U	2600	3310	7.4	8.5	2910	3530	970	1600	125.0	2100	27.5	2200	2110	2200	2190	400	218	53	5.0	276
5	8GZ-4	25U	2700	3740	8.5	9.8	3020	3960	850	1800	118.4	2300	30.8	2316	2230	2316	2300	400	229	53	5.0	287
6	9GZ-4	25U	2800	3920	9.2	10.5	3110	4140	890	1900	116.7	2300	31.7	2390	2310	2390	2370	400	236	53	5.0	294
7	10GZ-4	29U	2900	4130	10.0	11.5	3230	4370	890	2000	114.8	2400	32.6	2520	2430	2520	2490	450	292	57	5.0	354
8	11GZ-4	29U	3000	4330	10.9	12.4	3320	4580	880	2100	113.5	2500	33.2	2590	2510	2590	2560	450	301	57	5.0	363
9	12GZ-4	29U	3100	4750	12.1	13.7	3420	5000	760	2300	109.0	2700	35.5	2700	2620	2700	2660	450	313	57	5.0	375
10	13GZ-4	29U	3200	5030	13.2	14.8	3520	5270	650	2400	108.6	3000	35.7	2780	2700	2780	2750	450	323	57	5.0	385
11	14GZ-4	29U	3300	5010	13.6	15.3	3620	5260	760	2400	110.9	3000	34.6	2830	2750	2830	2800	450	329	57	5.0	391
12	15GZ-4	36U	3400	5480	15.2	17.1	3740	5750	590	2600	106.9	3300	36.6	2990	2910	2990	2950	500	430	62	5.0	497
13	16GZ-4	36U	3500	5460	15.6	17.6	3840	5740	690	2600	108.8	3300	35.6	3030	2950	3030	3000	500	437	62	5.0	504
14	17GZ-4	36U	3700	5650	17.2	19.2	4040	5930	800	2700	110.2	3400	34.9	3160	3070	3160	3120	500	455	62	5.0	522
15	11GZ-5	29U	3000	4290	10.8	12.3	3330	4530	880	2100	136.1	2700	21.9	2160	2130	2160	2160	450	313	76	5.0	394
16	12GZ-5	29U	3100	4490	11.7	13.2	3420	4740	870	2200	134.8	2800	22.6	2220	2190	2220	2220	450	322	76	5.0	403
17	14GZ-5	29U	3300	4900	13.5	15.2	3630	5150	870	2400	132.9	3000	23.6	2350	2320	2350	2350	450	341	76	5.0	422
18	15GZ-5	36U	3400	5120	14.5	16.4	3740	5400	820	2500	131.8	3200	24.1	2420	2390	2420	2420	450	436	82	5.0	523
19	16GZ-5	36U	3600	5320	16.0	18.0	3950	5590	930	2600	132.9	3300	23.5	2560	2530	2560	2560	500	462	82	5.0	544
20	17GZ-5	36U	3700	5540	17.0	19.0	4030	5820	870	2700	131.8	3500	24.1	2620	2590	2620	2620	500	472	82	5.0	559
21	19GZ-5	36U	3900	5950	19.2	21.4	4240	6220	870	2900	130.4	3700	24.8	2750	2720	2750	2750	500	495	82	5.0	582

表6-1-100 三心拱曲腿可缩性支架系列

序号	支架型号	型钢型号	净高 H₁(mm)	净宽 B₁(mm)	净断面 S₁(m²)	掘进断面 Sₘ(m²)	H(mm)	B(mm)	R₁(mm)	α₁(°)	R₂(mm)	α₂(°)	α₄(°)	L₁(mm)	l₁(mm)	L₂(mm)	l₂(mm)	C(mm)	型钢	卡缆	底座	总质量(kg)
1	7GQ-4	25U	2400	3680	7.3	8.5	2710	3820	1800	109.8	2200	50.1	15.0	2180	2120	2180	2150	400	215	53	5.0	273
2	8GQ-4	25U	2500	3740	7.8	9.0	2810	3880	1800	113.2	2400	47.1	13.8	2230	2160	2230	2210	400	220	53	5.0	278
3	9GQ-4	25U	2600	3900	8.5	9.6	2910	4030	1900	111.8	2400	49.0	14.9	2310	2240	2310	2280	400	228	53	5.0	286
4	10GQ-4	29U	2800	4110	9.7	11.2	3120	4270	2000	113.6	2600	48.1	14.9	2440	2370	2440	2420	400	283	57	5.0	345
5	11GQ-4	29U	2900	4530	10.9	12.4	3220	4700	2200	108.2	2700	48.9	13.0	2580	2520	2580	2550	450	299	57	5.0	361
6	12GQ-4	29U	3100	4690	12.2	13.8	3420	4850	2300	110.0	2800	49.8	14.8	2710	2640	2710	2670	450	314	57	5.0	376
7	14GQ-4	29U	3200	5150	13.5	15.1	3520	5330	2500	106.0	3000	48.5	11.5	2820	2750	2820	2780	450	326	57	5.0	388
8	15GQ-4	36U	3400	5370	15.1	17.0	3740	5580	2600	107.8	3200	47.8	11.7	2960	2880	2960	2920	450	425	62	5.0	492
9	16GQ-4	36U	3600	5270	16.0	17.8	3940	5450	2600	111.6	3200	49.8	15.6	3100	3000	3100	3050	500	445	62	5.0	512
10	17GQ-4	36U	3700	5540	17.1	19.2	4040	5730	2700	111.0	3400	48.3	13.8	3180	3090	3180	3130	500	457	62	5.0	524
11	12GQ-5	29U	3000	4610	11.6	13.2	3320	4730	2300	128.6	2800	49.8	14.2	2210	2190	2210	2200	450	321	76	5.0	402
12	13GQ-5	29U	3200	4810	13.0	14.6	3520	4970	2400	130.6	3000	39.9	14.5	2320	2290	2320	2310	450	336	76	5.0	417
13	14GQ-5	29U	3300	4980	13.8	15.6	3620	5140	2500	129.8	3000	39.2	15.2	2380	2360	2380	2370	450	345	76	5.0	426
14	15GQ-5	36U	3400	5260	14.9	16.9	3740	5470	2600	129.0	3300	40.3	12.3	2450	2430	2450	2440	450	441	82	5.0	528
15	16GQ-5	36U	3500	5470	16.0	18.0	3840	5680	2700	127.6	3400	37.8	11.8	2550	2530	2550	2540	500	459	82	5.0	546
16	17GQ-5	36U	3700	5600	17.4	19.5	4040	5790	2800	129.0	3400	38.0	14.3	2650	2620	2650	2640	500	478	82	5.0	565
17	19GQ-5	36U	3900	5820	19.2	21.4	4240	6020	2900	131.0	3700	39.8	13.6	2750	2720	2750	2740	500	496	82	5.0	583

表6—1—101　马蹄形可缩性支架系列

序号	支架型号	型钢号	净高 H_1 (mm)	净宽 B_2 (mm)	垫底高 H_2 (mm)	净断面 S_j (m²)	掘进断面 S_m (m²)	垫底断面 S_d (m²)	H (mm)	B (mm)	R_1 (mm)	α_1 (°)	R_2 (mm)	α_2 (°)	R_3 (mm)	α_3 (°)	α_4 (°)	L_1 (mm)	l_1 (mm)	L_2 (mm)	l_2 (mm)	L_4 (mm)	l_4 (mm)	C (mm)	型钢 (kg)	卡缆 (kg)	总质量 (kg)
1	7M₁—6	29U	2400	3250	300	6.7	9.1	0.7	2950	3500	1600	111.2	2100	48.6	4500	42.3	14.2	2030	1980	2030	2020	1880	1960	400	343	76	419
2	7M₂—6	29U	2500	3460	350	7.4	10.0	0.8	3100	3710	1700	110.8	2200	48.1	4500	45.2	13.5	2100	2050	2100	2080	2000	2010	400	359	76	435
3	8M—6	29U	2700	3660	350	8.4	11.4	0.9	3300	3910	1800	113.2	2400	47.2	5000	42.9	13.8	2240	2180	2240	2230	2090	2110	400	380	76	456
4	10M—6	29U	2800	4110	400	9.7	12.9	1.1	3450	4360	2000	113.6	2600	43.6	5500	43.9	10.4	2440	2370	2220	2210	2330	2340	400	406	76	482
5	11M—6	29U	2900	4530	440	10.9	14.6	1.3	3590	4780	2200	108.0	2700	44.7	6000	44.3	8.7	2580	2510	2380	2360	2570	2580	400	436	76	512
6	12M—6	29U	3100	4690	480	12.2	16.0	1.5	3830	4940	2300	110.0	2800	45.6	6000	46.0	10.6	2710	2640	2500	2480	2660	2660	450	456	76	532
7	14M—6	29U	3200	5150	530	13.5	17.9	1.9	3980	5400	2500	106.0	3000	44.6	6500	46.7	7.6	2820	2750	2610	2580	2900	2900	450	482	76	558
8	15M—6	36U	3400	5080	520	14.6	19.2	1.8	4200	5360	2500	106.0	3000	48.5	6500	46.0	11.5	2820	2760	2820	2790	2860	2870	450	612	82	694
9	16M—6	36U	3600	5300	520	16.1	20.9	1.9	4410	5580	2600	107.8	3200	47.8	7000	44.5	11.7	2960	2880	2960	2920	2970	2980	450	639	82	721
10	17M—6	36U	3700	5310	520	16.7	21.5	1.9	4510	5590	2600	109.6	3300	47.6	7000	44.5	12.4	3050	2960	3050	3010	2990	3000	500	654	82	736
11	10M—7	29U	3000	3900	400	10.3	13.5	1.0	3650	4150	2000	135.8	2700	37.8	5000	45.9	15.7	2030	2010	2030	2030	2230	2240	400	422	95	517
12	11M—7	29U	3100	4120	400	11.2	14.5	1.1	3750	4370	2100	133.8	2800	38.1	5500	44.0	15.0	2130	2110	2130	2120	2360	2370	450	445	95	540
13	13M—7	29U	3200	4530	480	12.6	16.3	1.3	3890	4780	2300	121.6	2800	39.9	6000	44.3	14.2	2210	2190	2210	2200	2570	2580	450	470	95	565
14	14M—7	29U	3400	4720	480	14.0	18.0	1.5	4130	4970	2400	130.6	3000	39.2	6000	46.3	14.5	2320	2290	2320	2310	2670	2680	450	491	95	586
15	15M—7	36U	3500	4890	480	14.9	19.3	1.6	4260	5170	2500	129.8	3000	40.3	6500	44.2	15.2	2390	2370	2390	2390	2760	2770	450	628	103	731
16	16M—7	36U	3600	5190	540	16.0	20.8	1.9	4420	5470	2600	129.0	3300	37.8	6500	47.1	12.3	2450	2430	2450	2440	2920	2930	450	651	103	754
17	17M—7	36U	3700	5400	540	17.0	22.0	2.0	4520	5680	2700	127.6	3400	38.0	7000	45.1	11.8	2550	2530	2550	2540	3050	3060	500	679	103	782
18	19M—7	36U	3900	5510	560	18.5	23.7	2.1	4740	5790	2800	129.0	3400	39.7	7000	46.4	14.2	2650	2620	2650	2640	3110	3120	500	701	103	804

表6—1—102　圆形可缩性支架系列

序号	支架型号	型钢号	巷道断面参数						支架结构参数									支架质量(kg)			
			净高 H_1 (mm)	净宽 B_2 (mm)	垫底高 H_2 (mm)	净断面 S_j (m²)	掘进断面 S_m (m²)	垫底断面 S_d (m²)	H (mm)	H_1+H_2 (mm)	R (mm)	β_4 (°)	L (mm)	l (mm)	α_1 (°)	α_3 (°)	C (mm)	型钢	卡缆	连结板	总质量
1	6Y—4	29U	2500	2000	400	6.0	8.0	0.6	3148	2900	1450	87	2780	2400	90		400	322	76		398
2	7Y₁—4	29U	2600	2040	400	7.0	9.0	0.6	3248	3000	1500	85.7	2850	2470	90		400	331	76		407
3	7Y₂—4	29U	2700	2320	500	7.0	10.0	0.8	3448	3200	1600	93	3010	2620	90		400	349	76		425
4	8Y—4	29U	2800	2590	600	8.0	11.0	1.0	3648	3400	1700	99.3	3170	2760	90		400	368	76		444
5	9Y—4	29U	2900	2850	700	9.0	12.0	1.0	3848	3600	1800	104.6	3320	2900	90		400	385	76		461
6	10Y₁—4	29U	3000	3090	800	10.0	14.0	2.0	4048	3800	1900	109.2	3480	3040	90		400	404	76		480
7	10Y₂—5	29U	3100	3340	900	10.0	15.0	2.0	4248	4000	2000	113.4	2950	2710	69.5	75.7	450	428	76	5.0	509
8	12Y—5	29U	3300	3440	900	12.0	16.0	2.0	4448	4200	2100	110.2	3080	2820	69.6	75.6	450	446	76	5.0	527
9	13Y—5	29U	3500	3540	900	13.0	18.0	2.0	4648	4400	2200	107.5	3200	2940	69.6	75.3	450	464	76	5.0	545
10	16Y—5	36U	3800	4270	1200	16.0	23.0	4.0	5276	5000	2500	117.3	3100	2920	58.1	63.7	500	668	103	5.0	776
11	17Y—6	36U	3900	4500	1300	17.0	24.0	4.0	5476	5200	2600	119.9	3210	3020	58.2	63.5	500	690	103	5.0	798
12	19Y—6	36U	4100	4610	1300	19.0	26.0	4.0	5676	5400	2700	117.5	3320	3120	58.2	63.4	500	713	103	5.0	821
13	20Y—6	36U	4200	4850	1400	20.0	28.0	5.0	5876	5600	2800	120	3420	3220	58.3	63.3	500	736	103	5.0	844
14	21Y—6	36U	4300	4900	1400	21.0	29.0	5.0	5976	5700	2850	118.8	3470	3190	58.3	63.2	500	747	103	5.0	855

（三）可缩性金属支架系列及其附件和背板

1. 说　明

本系列包括 8 种架型、116 种规格的支架，系列中的符号说明见表 6−1−92。支架材料、梯形可缩性支架用矿用工字钢和 U 型钢，其他形式的支架都用 U 型钢。U 型钢有 18U、25U、29U、36U 四种规格，材质要求 16Mn。

巷道金属支架型号由汉语拼音字母和阿拉伯数字组成，字母与数字的排列顺序是：

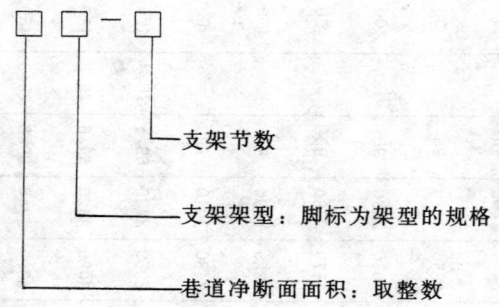

　　　　　　　　　　支架节数

　　　　　　　　支架架型：脚标为架型的规格

　　　　　　巷道净断面面积：取整数

2. 可缩性金属支架系列

可缩性金属支架系列见表 6−1−97～表 6−1−102。

3. 卡　缆

可缩性金属支架的卡缆，外形为双槽形夹板式，并带有限位块。使用时应根据 U 型钢的型号分别选用 25U、29U 或 36U 型钢支架卡缆（图 6−1−41，表 6−1−103、表 6−1−104）

4. 矿工字钢梯形支架的几种架型（表 6−1−105）

表 6−1−103　双槽形夹板式卡缆主要技术参数

卡缆型号	外　形　尺　寸　（mm）					推荐螺母扭矩（N·m）	每套卡缆质量（kg）
	B_1	B_2	H_1	H_2	H_3		
25U	246	174	173	15	0	150～200	8.7
29U	262	190	191.5	14	7	200～250	9.5
36U	282	210	208.5	14	7	300～350	10.3

表 6-1-104 两段型钢接头的卡缆螺母扭矩与滑动阻力之间的关系

螺母扭矩 (N·m)	滑 动 阻 力 (kN)		
	25U 卡 缆	29U 卡 缆	36U 卡 缆
150	100~120		
200	160~180	170~190	190~210
250	200~220	210~230	230~250
300		240~260	240~260
350			280~300
400			310~330
450			380~400

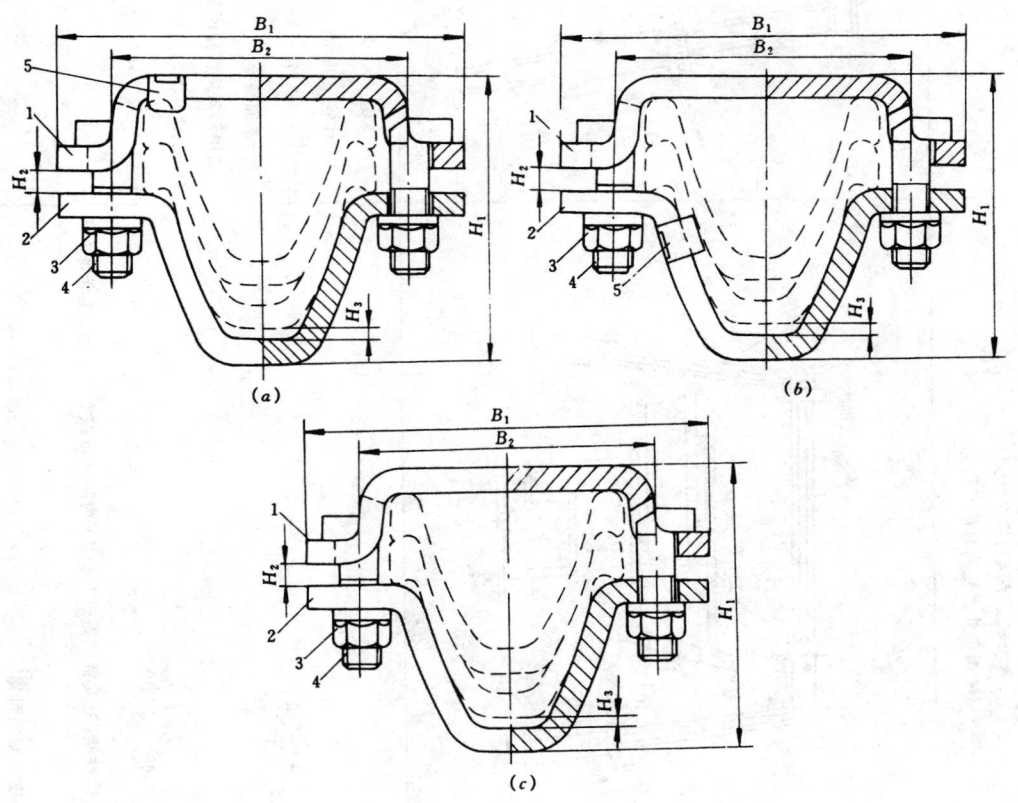

图 6-1-41 双槽形夹板式卡缆

a—上限位卡缆;b—下限位卡缆;c—中间卡缆

1—上槽形夹板;2—下槽形夹板;3—螺母;4—螺栓;5—上、下限位块

表6—1—105　矿工钢梯形可缩性支架的几种架型

名称	套筒式工字钢可缩性支架 (中国矿业大学北京研究生部)	对接式工字钢可缩性支架 (西安矿业学院)
图示	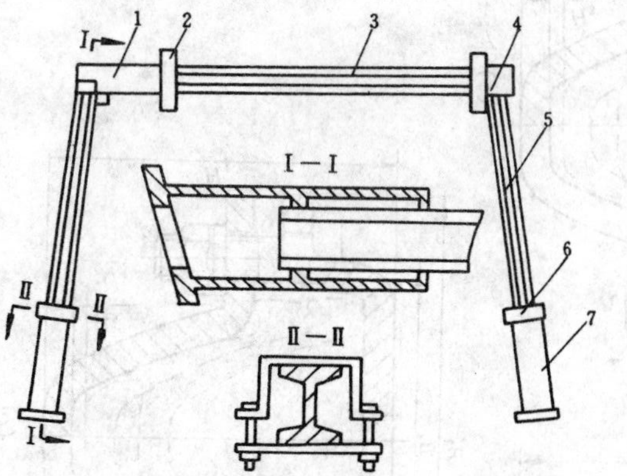	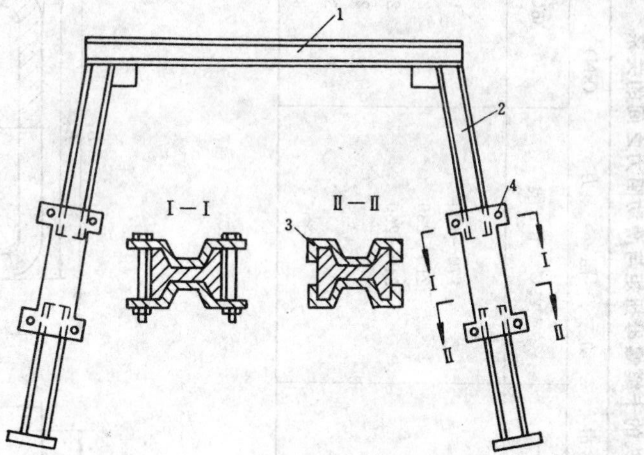
结构特点	1—套筒1 2—卡子1 3—顶梁 4—托槽 5—柱腿 6—卡子2 7—套筒2 为保证支架可缩性能,在套筒内壁每有凸块.为防止可缩空间不足,在套筒7下端留有方形孔 依靠套筒实现支架双向可缩	1—顶梁 2—柱腿 3—波形钢板 4—紧固螺栓 由中部对接柱腿间的间隙提供可缩空间,由波形钢板与螺栓决定支架工作特性 为单(纵)向可缩性支架

续表

名称	GTK-1工字钢梯形可缩性支架（中国矿业大学采矿系）	楔阻式工字钢可缩性支架（西安矿业学院）
图示	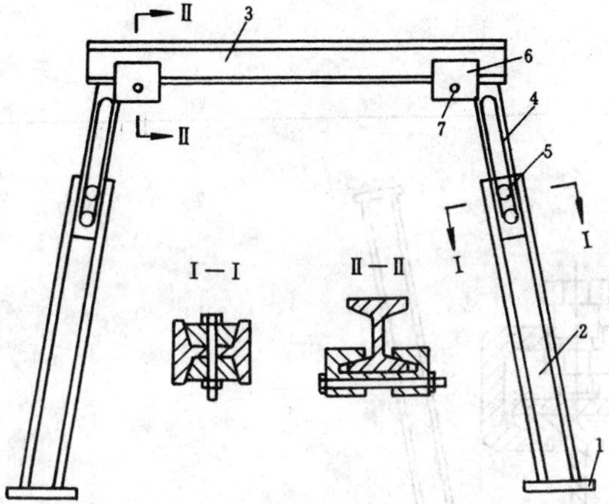	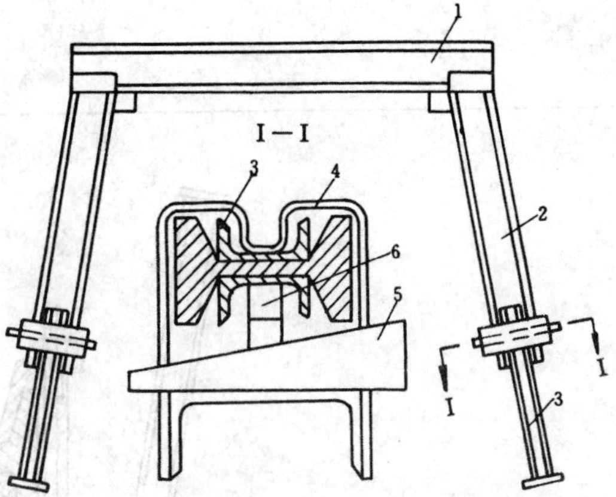
结构特点	1—垫板 2—柱腿 3—顶梁 4—柱腿可缩件 5—螺栓 6—顶梁滑移块 7—螺栓 依靠滑移块与螺栓实现支架双向可缩性	1—顶梁 2—柱腿 3—槽钢 4—卡缆 5—紧固楔 6—增阻楔 由两个相背焊在同一底座上的槽钢与楔式卡缆式楔钢卡缆决定支架工作特性为单（纵）向可缩性支架

续表

名称	图示	结构特点
KGTS型工字钢可缩性支架（煤炭科学研究总院）	I—I　II—II	1—顶梁 2—柱腿 3—顶梁滑块 4—特种槽钢 5—顶紧螺栓 6—紧固螺栓 支架为双向可缩

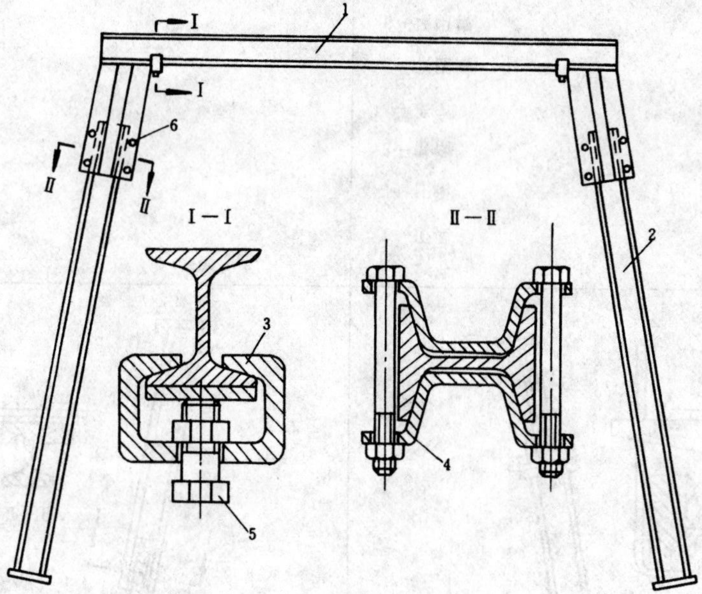

5. 可缩性金属支架附件、背板

1）支架附件（表6-1-106）

表6-1-106 可缩性金属支架附件

种 类		结 构 型 式
支架（矿工钢）柱腿底座		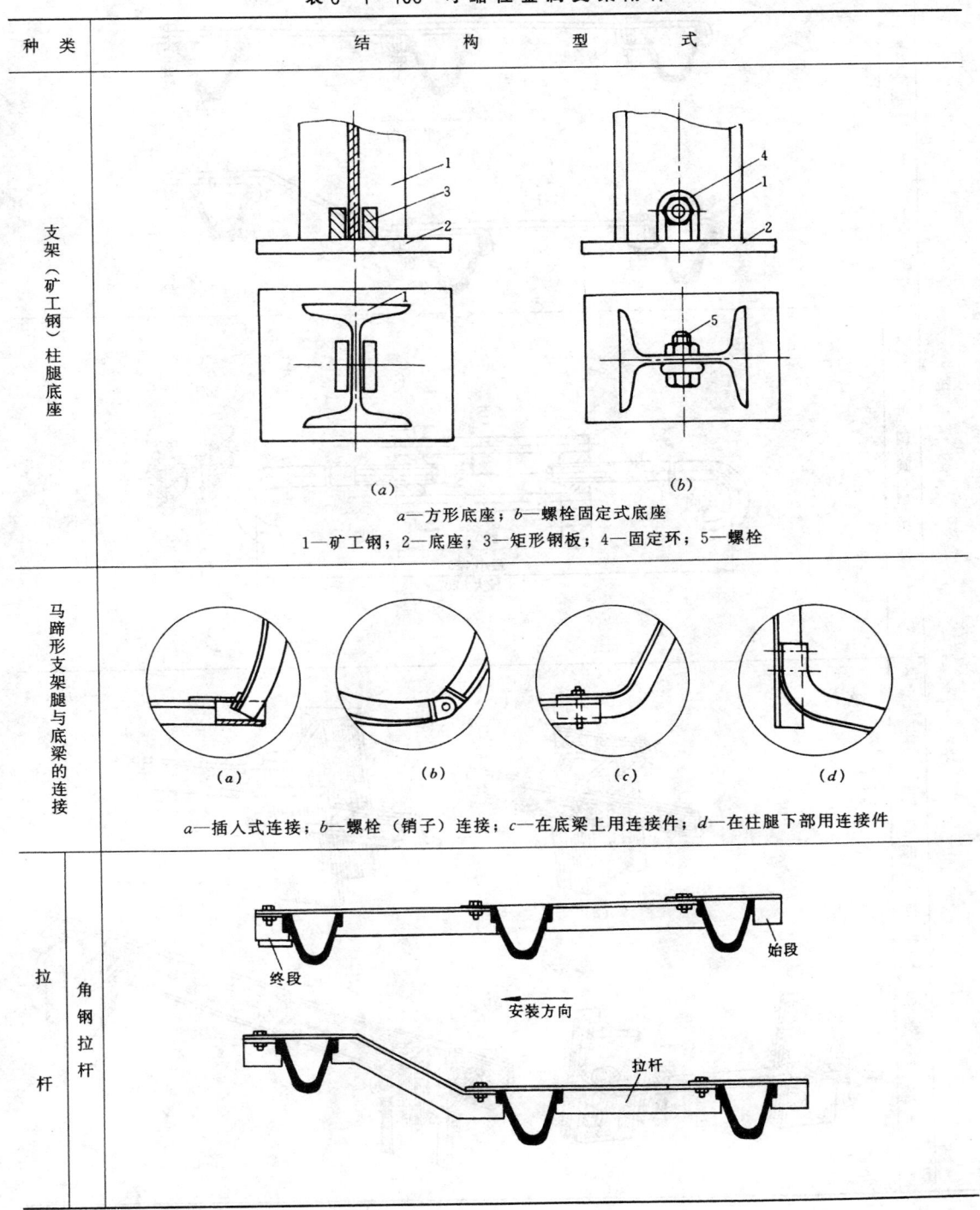 （a）　　　　　　　　　（b） a—方形底座；b—螺栓固定式底座 1—矿工钢；2—底座；3—矩形钢板；4—固定环；5—螺栓
马蹄形支架腿与底梁的连接		（a）　　（b）　　（c）　　（d） a—插入式连接；b—螺栓（销子）连接；c—在底梁上用连接件；d—在柱腿下部用连接件
拉杆	角钢拉杆	终段　　安装方向　　始段 拉杆

续表

种　类	结　构　型　式

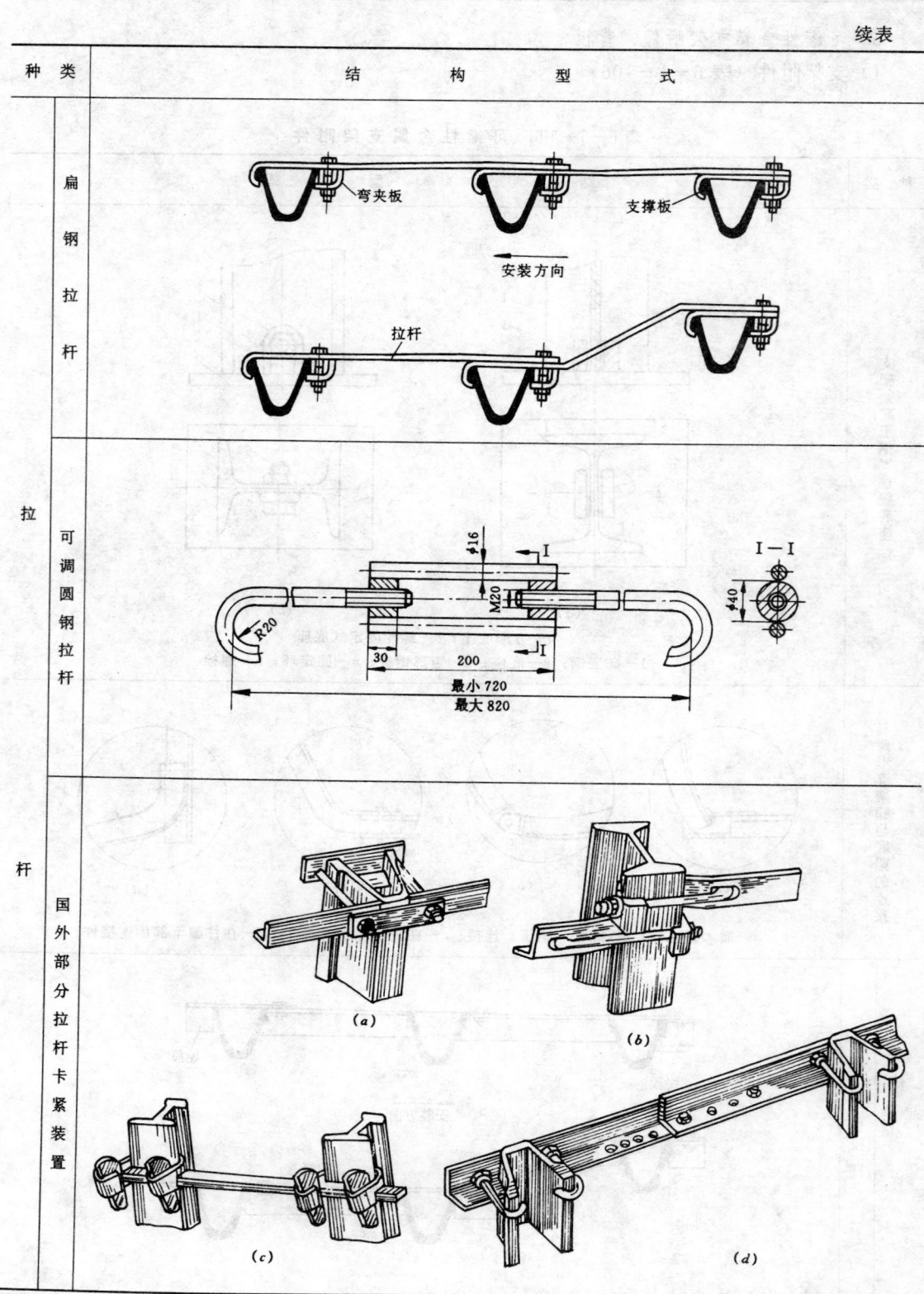

扁钢拉杆

弯夹板　支撑板

安装方向

拉杆

拉　杆

可调圆钢拉杆

R20　φ16　M20　I—I　φ40

30　200

最小 720
最大 820

国外部分拉杆卡紧装置

(a)　(b)

(c)　(d)

种类	结 构 型 式
拉杆 国外部分拉杆卡紧装置	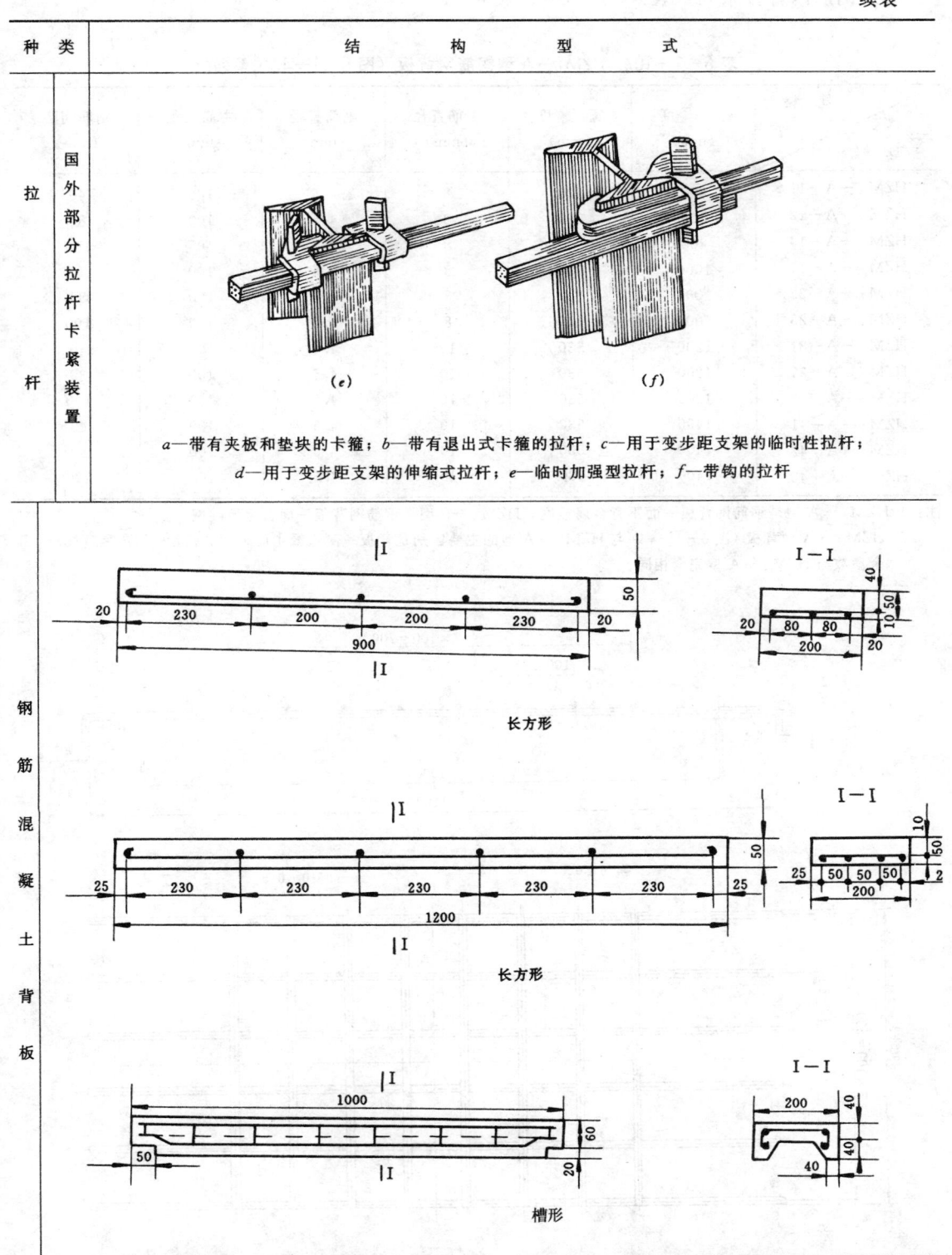

（e） （f）

a—带有夹板和垫块的卡箍；b—带有退出式卡箍的拉杆；c—用于变步距支架的临时性拉杆；
d—用于变步距支架的伸缩式拉杆；e—临时加强型拉杆；f—带钩的拉杆

2）钢筋网背板系列（表6—1—107、表6—1—108）

表6—1—107 HZM₁—A型钢筋网背板（图6—1—42）系列

规 格 型 号	长 度 (mm)	宽 度 (mm)	主筋直径 (mm)	副筋直径 (mm)	主筋间距 (mm)	副筋间距 (mm)
HZM₁—A—11	800	530	8	4.5	100	40
HZM₁—A—12	800	530	8	4.5	100	80
HZM₁—A—13	800	530	8	4.5	100	100
HZM₁—A—21	1000	530	8	4.5	100	40
HZM₁—A—22	1000	530	8	4.5	100	80
HZM₁—A—23	1000	530	8	4.5	100	100
HZM₁—A—31	1200	530	10	4.5	100	40
HZM₁—A—32	1200	530	10	4.5	100	80
HZM₁—A—33	1200	530	10	4.5	100	100
HZM₁—A—41	1400	530	10	4.5	100	40
HZM₁—A—42	1400	530	10	4.5	100	80
HZM₁—A—43	1400	530	10	4.5	100	100

注：1. HZM₁—A型是钢筋网背板一面不背金属纱网，HZM₁—B型是钢筋网背板一面背金属纱网。

2. HZM₁—A型背板（图6—1—43）与HZM₁—A型的主要区别是背板一侧边缘主筋未弯成钩形，仍然是直线段，其余参数与HZM₁—A型完全相同。

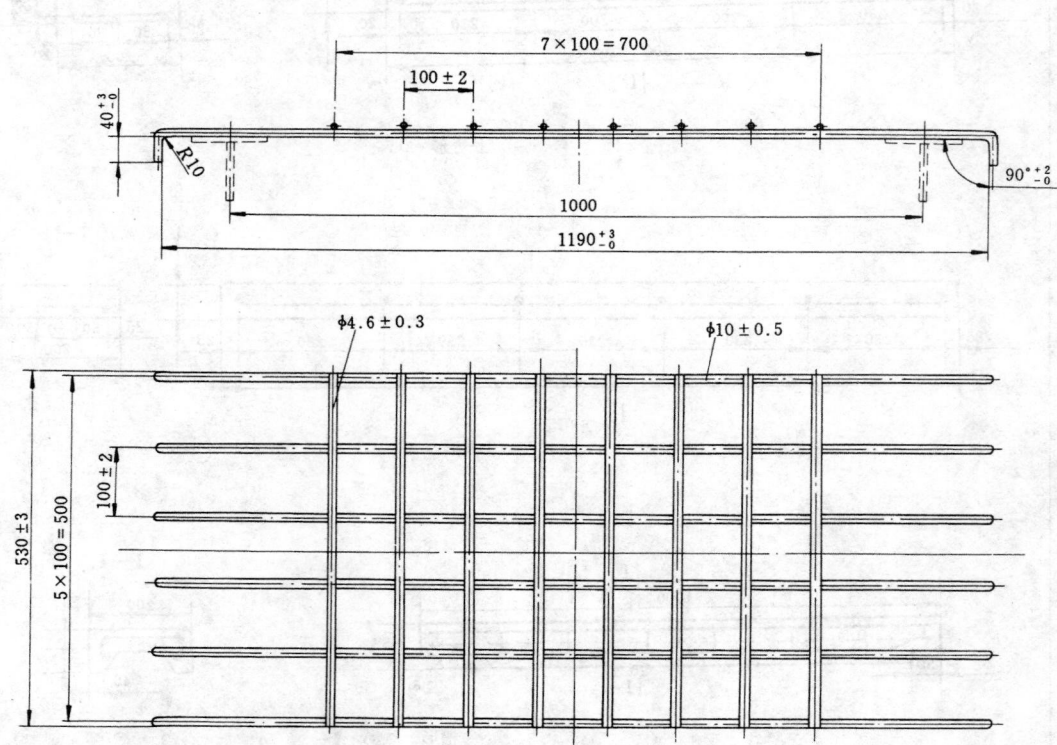

图6—1—42 HZM₁—A型钢筋网背板

表6—1—108　HZM₁—B型钢筋网背板（图6—1—44）系列

型　号	长度 (mm)	宽度 (mm)	主筋直径 (mm)	副筋直径 (mm)	主筋间距 (mm)	副筋间距 (mm)	纱网规格（mm）	
							网丝直径	网　孔
HZM₁—B—11	800	530	8	4.5	100	100	0.25	1.4×1.4
HZM₁—B—12	800	530	8	4.5	100	100	0.6	6×6
HZM₁—B—21	1000	530	8	4.5	100	100	0.25	1.4×1.4
HZM₁—B—22	1000	530	8	4.5	100	100	0.6	6×6
HZM₁—B—31	1200	530	10	4.5	100	100	0.25	1.4×1.4
HZM₁—B—32	1200	530	10	4.5	100	100	0.6	6×6
HZM₁—B—41	1400	530	10	4.5	100	100	0.25	1.4×1.4
HZM₁—B—42	1400	530	10	4.5	100	100	0.6	6×6

注：HZM₁—B型背板（图6—1—45）与HZM₁—B型的主要区别是背板一侧边缘主筋未弯成钩形，仍然是直线段，其他
　　参数与HZM₁—B型完全相同。

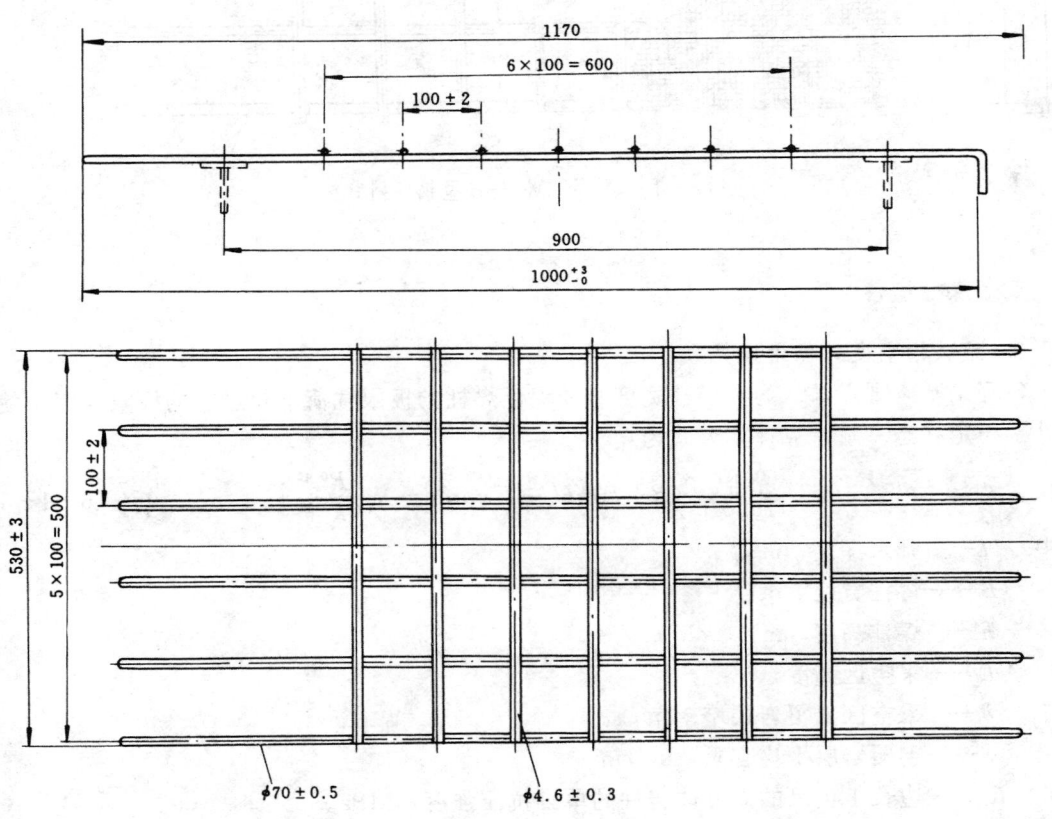

图6—1—43　HZM₁—A型钢筋网背板

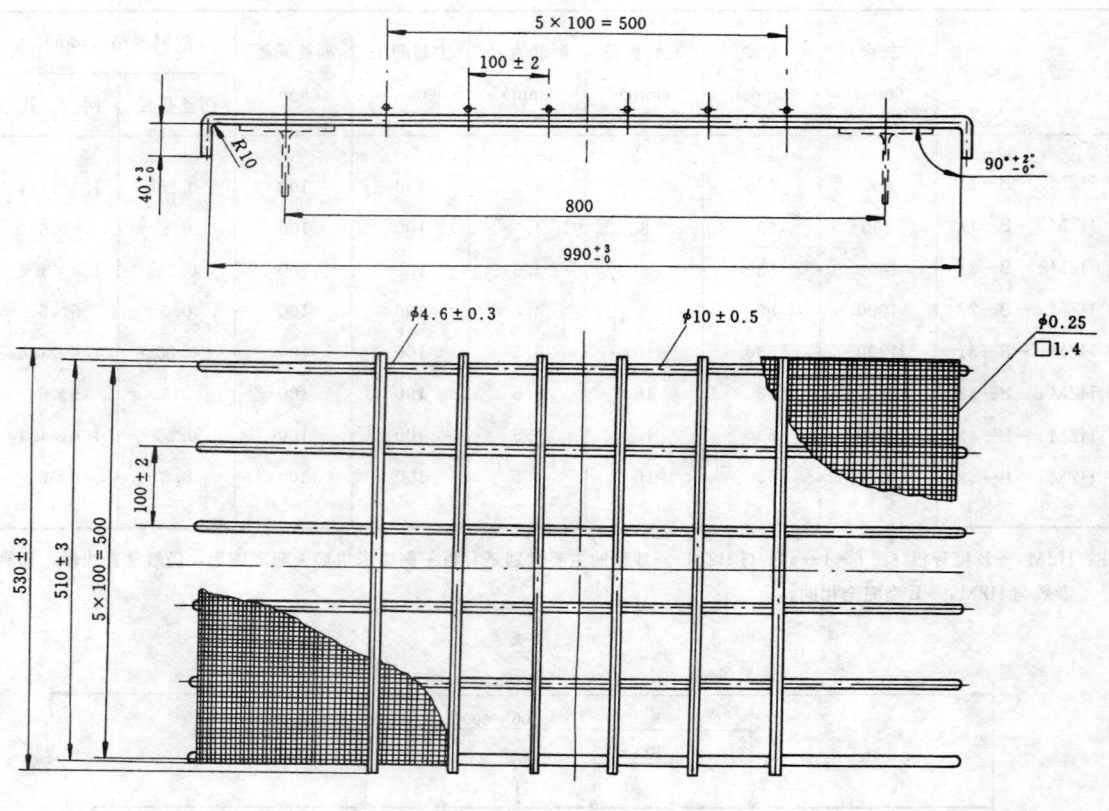

图 6-1-44 HZM_I-B 型钢筋网背板

五、煤柱护巷

(一)煤柱宽度的理论计算

各理论基本观点都认为:煤柱宽度必须保证煤柱的极限载荷不超过它的极限强度,使煤柱处于稳定状态。威特克计算公式为:

$$\frac{9.8\gamma}{1000B}\Big[(B+L)\ H\ \frac{1}{4}L^2\cot\delta\Big]=R_c\Big[\frac{B^{0.46}}{h^{0.66}}\Big]\qquad(6-1-10)$$

式中 H——开采深度,m;

   B——煤柱宽度,m;

   h——煤柱高度,m;

   L——采空区高度,m;

   δ——采空区上覆岩层垮落角;

   γ——上覆岩层平均容重,kN/m³;

   R_c——边长1英尺的立方体岩柱的单轴抗压强度,MPa。

上述计算结果为极限宽度,一般取安全系数为2。现有理论计算法缺乏煤柱稳定性与巷道维护之间的关系及其影响因素的研究,难于广泛应用于各种地质和开采条件。

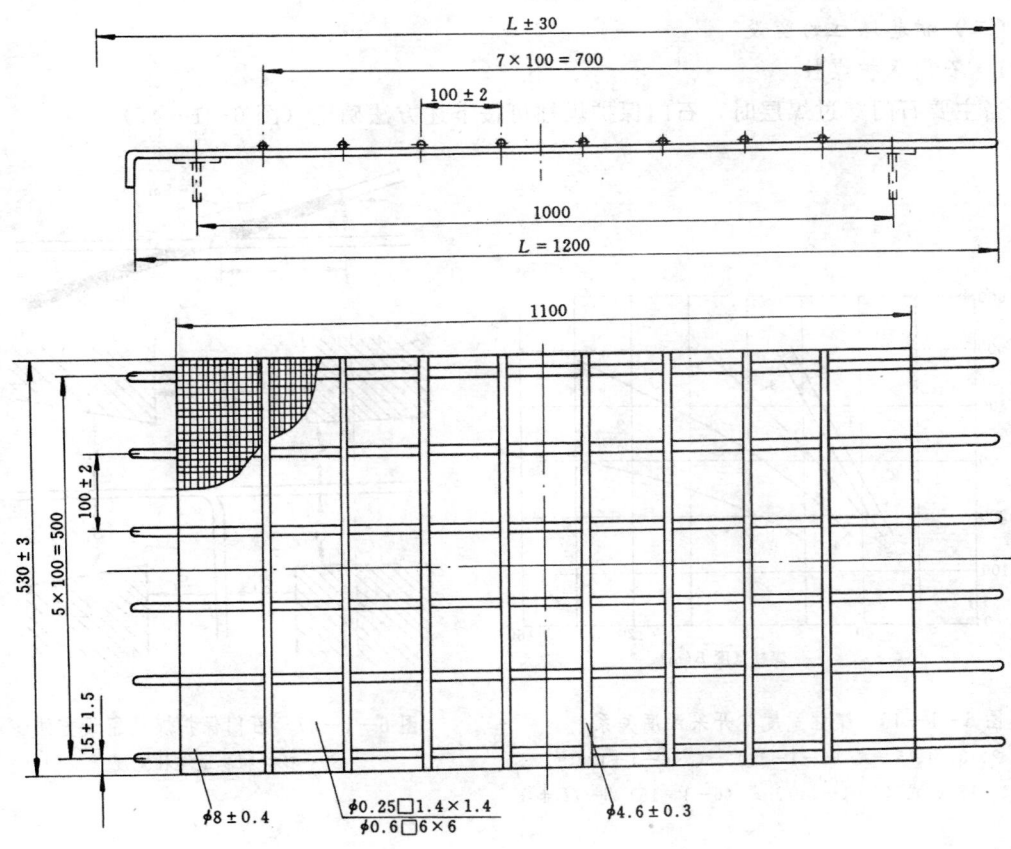

图 6—1—45 HZM₁—B 型钢筋网背板

(二) 选择煤柱宽度经验公式

英国的经验公式:

$$B = 0.1H + 13.7, \text{ m} \tag{6-1-11}$$

美国的经验公式:

$$B = 0.1H + 4M + 6.1, \text{ m} \tag{6-1-12}$$

西安煤矿设计院的经验公式:

中等稳定围岩

$$B = 17.6708 + 8.2249(H/100) + 1.3393(H/100)^2, \text{m} \tag{6-1-13}$$

底部为薄层软岩

$$B = 49.586 - 15.3474(H/100) + 7.1151(H/100)^2, \text{m} \tag{6-1-14}$$

底部为较厚软岩

$$B = -0.212 + 27.743(H/100) + 6.9729(H/100)^2, \text{m} \tag{6-1-15}$$

式中 B——煤柱宽度,m;

  H——矿井开采深度,m;

  M——煤柱高度,m。

图 6—1—46 分别为它们的 $B-H$ 关系曲线。

（三）护巷煤柱的留设

1. 石门保护煤柱

当主要石门穿过煤层时，石门保护煤柱可按下述方法确定（图 6—1—47）。

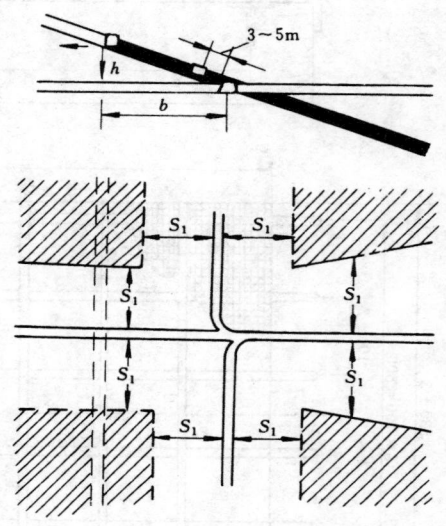

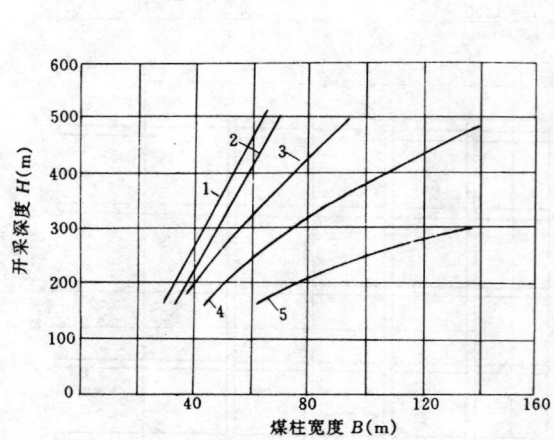

图 6—1—46 煤柱宽度与开采深度关系

1、2、3、4、5—式（6—1—11）、式（6—1—12）、式（6—1—13）、式（6—1—14）、式（6—1—15）$B-H$ 曲线

图 6—1—47 石门保护煤柱留设方法

S_1—石门和巷道煤柱宽度

1）对倾角小于或等于 35°的煤层，穿煤点上方的石门保护煤柱的水平投影长度 b，可按下式计算确定：

$$b = \frac{h}{\tan\alpha} \text{ (m)} \tag{6-1-16}$$

式中 h——穿煤点上方保护煤柱的垂高，m，

$$h = 30 - 25\frac{\alpha}{\rho} \tag{6-1-17}$$

α——煤层倾角；

ρ——常数，为 57.3°。

2）对倾角大于 35°的煤层，石门上方煤柱垂高一般可取为 10m。

3）如果煤层底板为厚度大于 20m 的坚硬岩层（如石英砂岩等）时，石门上方可只留设 3～5m 煤柱作为护巷煤柱，而不留设石门保护煤柱。

4）穿煤点下方的石门保护煤柱从护巷煤柱边界起，以岩层移动角圈定（图 6—1—48）。

2. 大巷及上下山保护煤柱

1）大巷及上下山位于煤层中时，其护巷煤柱宽度可按下式计算确定（图 6—1—49），或按实测资料取煤层中固定支承压力带的宽度确定（一般为 20～80m）。

煤层（倾角小于 35°时）中的巷道保护煤柱宽度 S 为：

$$S = 2S_1 - 2a \tag{6-1-18}$$

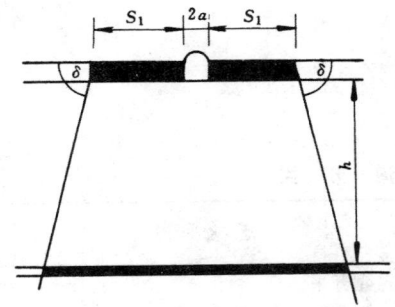
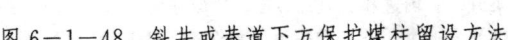

图 6-1-48　斜井或巷道下方保护煤柱留设方法

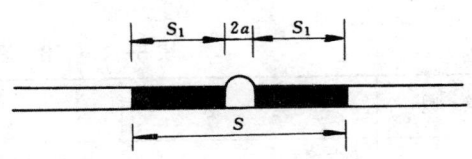

图 6-1-49　斜井或巷道煤柱留设方法

式中　S_1——巷道保护煤柱的水平宽度（m），可按下式计算确定：

$$S_1 = \sqrt{\frac{H(2.5 + 0.6M)}{f}} \qquad (6-1-19)$$

　　a——受护巷道宽度的一半，m；

　　H——巷道的最大垂深，m；

　　M——煤厚，m；

　　f——煤的强度系数，$f = 0.1\sqrt{10R_c}$；

　　R_c——煤的单向抗压强度，MPa。

　2）大巷及上下山位于煤层顶板岩层中时，其保护煤柱留设方法及宽度同上述第4）项。

　3）对位于单一煤层底板或煤层群底板岩层中，且与煤层倾角相同的上下山，应根据它们至煤层的法线距离（图6-1-50）、煤层厚度及其间的岩性参照表6-1-109确定是否留设煤柱。当该法线距离大于或等于表6-1-109中的数值时，受护巷道上方的

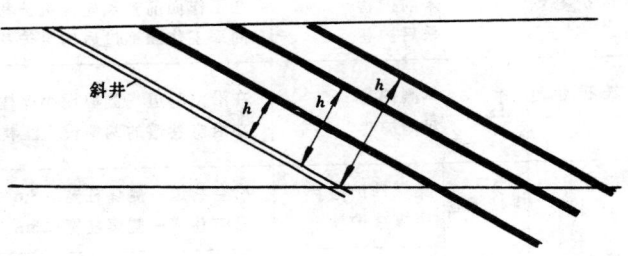

图 6-1-50　斜井上方保护煤柱的留设

h—临界法线距离

煤层可不留设保护煤柱。当该法线距离小于表6-1-109中的数值时，巷道上方的煤层应留设保护煤柱。

表 6-1-109　斜井上方煤层中留设保护煤柱的临界法线距离

岩　性	岩　石　名　称	临界法线距离 h（m）	
		薄、中厚煤层	厚煤层
坚　硬	石英砂岩、砾岩、石灰岩、砂质泥岩	$(6\sim10)M$	$(6\sim8)M$
中　硬	砂岩、砂质泥岩、泥质灰岩、泥岩	$(10\sim15)M$	$(8\sim10)M$
软　弱	泥岩、铝土泥岩、铝土岩、泥质砂岩	$(15\sim25)M$	$(10\sim15)M$

注：M为斜井上方各煤层的厚度。

六、沿空巷道的护巷

(一) 沿空巷道与护巷方法分类

1. 沿空巷道分类 (表6—1—110)

表6—1—110　沿 空 巷 道 分 类

原　则	类　型	使　用　范　围
按巷道形成方式	沿空掘巷 沿空留巷 沿空先掘后留巷(混合型)	后退式的U型、Y型和W型开采 前进式U型、W型开采;前进和后退式Z型、Y型开采 超前掘进的U型和W型前进开采;改善通风条件的H型和W型开采
按巷道利用方式	一次性巷道 二次利用巷道 短时二次利用巷道	后退式U型和W型开采的沿空掘巷;前进式U型和W型开采的沿空留巷 Z型和Y型开采的沿空留巷;H型和W型开采的沿空掘、留巷 对拉工作面(属W型开采)的中间巷道;相邻工作面间隔同时推进的共用巷道

2. 护巷方式分类 (表6—1—111)

表6—1—111　护 巷 方 式 分 类

原　则	类　别		说　明	使　用　范　围
按护巷时间	采前护巷 采后护巷		在工作面前方预先构筑护巷带 回采工作面推过后构筑护巷带	沿空掘巷和宽面掘巷 沿空留巷
按护巷范围	单侧护巷 双侧护巷		在沿空巷道一侧留设小煤柱或人工构筑物 在沿空巷道的两侧设人工构筑物	各种沿空留巷和掘巷前进式U型开采的沿空留巷、宽面掘巷
按护巷带种类	煤柱护巷	宽煤柱护巷 窄煤柱护巷	沿空巷道一侧煤柱宽>3m 沿空巷道一侧煤柱宽<3m	沿空掘巷和沿空留巷
	无煤柱护巷	人造护巷带护巷 无护巷带护巷	沿空巷道一侧或两侧构筑人工护巷带 沿空巷道一侧或两侧无煤柱或人工构筑物	沿空留巷和沿空掘巷
		整体护巷	沿空巷道一侧或两侧全部充填	水砂充填与风力充填工作面的留巷与沿充填体掘巷
按护巷带位置	巷旁护巷 巷内护巷		巷道断面以外的护巷 巷道断面内靠采空区侧的护巷	沿空留、掘巷 沿空留、掘巷
按护巷手段	手工护巷 机械护巷		人工构筑护巷带 机械构筑护巷带	对护巷带承载性能要求不高的沿空留巷
	风力充填护巷 泵送充填护巷		风力充填构筑护巷带 水力充填构筑护巷带	要求快速、高质量构筑护巷带的沿空留巷

3. 巷旁支护类型 (表6—1—112、表6—1—113)

表 6－1－112　巷旁支护类型及其特征比较

类型		可缩性	早承载能力	晚承载能力	接顶性	挡矸性	稳定性	密闭性	卸载性	辅助工作量	劳动强度	使用范围	图示
木垛	单排木垛	大(40%)	小	大	差	好	好	差	不易	小	较小	薄煤层(M<1.5m)，α<35°	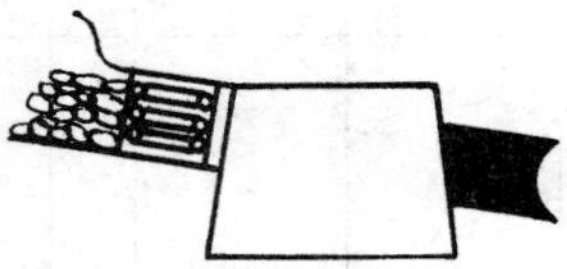
	双排木垛	较大(40%)	较小	大	差	好	好	差	不易	小	较大	同单排木垛使用范围，以及顶压较大的破碎顶板	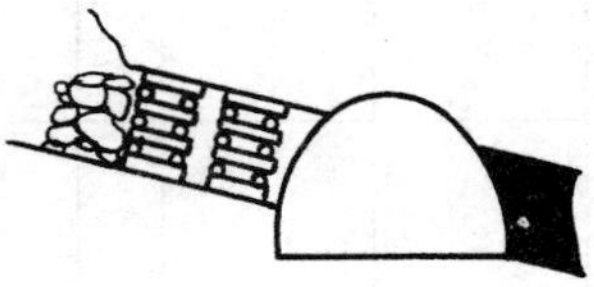
密集支柱	单排密柱	较小	较大	较大	差	差	差	极差	易插入顶底板卸载	小	小	煤层厚度 M<2.0m，α<30°，顶板中等稳定	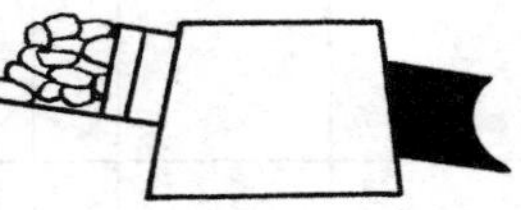
	双排密柱	较小	大	大	差	较差	较差	差	易插入顶底板而卸载	小	小	煤层厚度，M<2.0m，α<30°，顶板较硬，难冒落	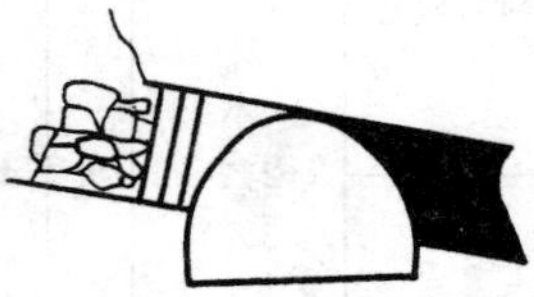
	丛柱	较小	大	大	差	差	较强	差	易插入顶底板而卸载	小	小		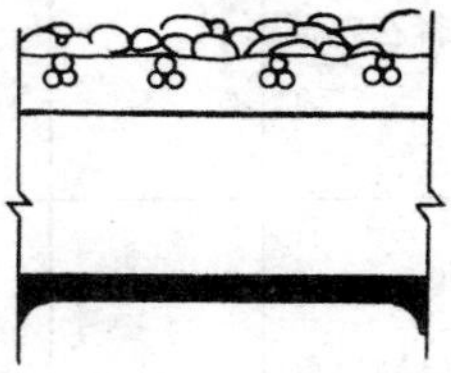
矸石带	普通矸石带	大(>40%)	小	大	较差	好	较好	较好	不易	大	大	薄煤层(M<1.5m)，顶板缓慢下沉，α<30°	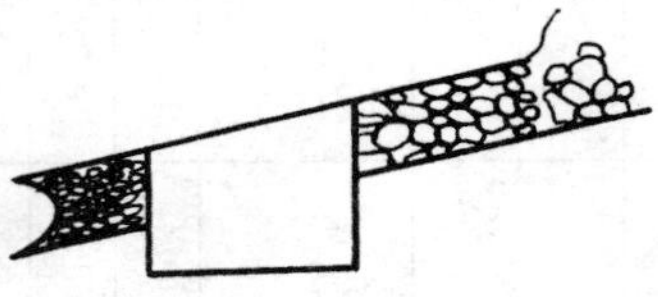
	矸石垛	大(>40%)	小	较大	差	较差	较差	差	较易	较大	大	薄煤层，倾角小，顶板缓慢下沉	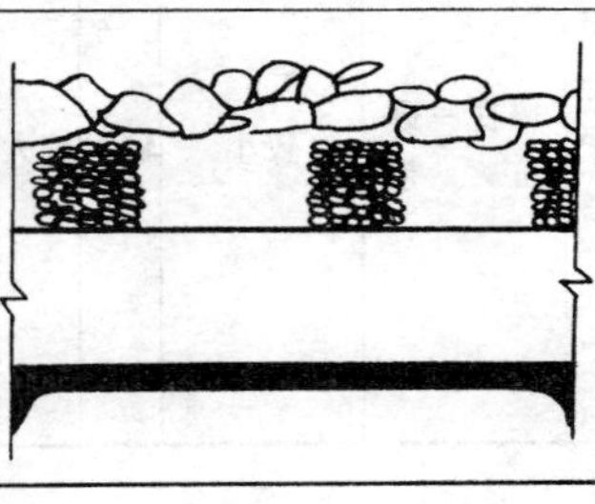

续表

类　　型		可缩性	早承载能力	晚承载能力	接顶性	挡矸性	稳定性	密闭性	卸载性	辅助工作量	劳动强度	使用范围	图　　示
矸石带	岩墙砌巷	大	小	较大	差	好	较好	较好	不易	大	大	薄煤层,小断面巷道	
	袋装矸石带	较小	较大	大	较差	好	好	好	不易	大	大	可用在较厚煤层和较大断面的巷道	
料石砌块	料石砌垛 料石砌带	小 (2%~3%)	大	大	较好	好	较差	较好	较易	大	大	用于缓倾斜薄煤层需切顶的巷道	
	轻型混凝土块砌带	小	较大	较大	较好	好	较好	较好	较易	大	大	用于缓倾斜较薄煤层,顶板易切断	
组合护巷带	密柱—矸石带	较小	较大	较大	较差	好	好	较差	不易	大	大	取各类巷旁支护之长,用于不同要求的小于35°的薄煤层	

续表

类 型		可缩性	早承载能力	晚承载能力	接顶性	挡矸性	稳定性	密闭性	卸载性	辅助工作量	劳动强度	使用范围	图　示
组合护巷带	木垛—矸石带	大	小	大	较好	好	好	较好	不易	大	大	取各类巷旁支护之长，用于不同要求的小于35°的薄煤层	
	实心木垛	大	小	大	较差	好	好	较差	不易	大	大		
	木垛密柱	较小	较大	较大	差	好	好	差	不易	较小	较小		
凝固材料护巷带	人工混凝土墙	小(2%~5%)	大	大	较好	好	好	好	不易	大	大	用于厚2.0m以下缓倾斜煤层	
	风力充填护巷带	小(2%~5%)	大	大	好	好	好	好	不易	小	小	各类采高、矿压显现大的大断面巷道	
	泵送充填护巷带	较小	较小	较大	较好	好	较好	较好	不易	小	小	采高2.5m以下矿压显现中等以下的大断面巷道	
机械化支架护巷带		小	较大	大	较好	较好	好	差	好	小	小	用于巷内护巷	
无护巷带		大	小	小	好	好	好	差		小	小	直接顶厚，易冒落，冒落块度小	

注：除了根据表6—1—112所列比较内容选择巷旁支护类型外，还必须考虑煤矿地质和技术、经济要求等条件。例如，在采高不大、顶板下沉量大且不易切顶冒落，煤层倾角又不大的条件下，应选择可缩性较大，晚期承载能力强，稳定性好的木垛或矸石带护巷，同时辅以防漏措施。如果巷道断面较大，采高大和工作面推进速度很快，在这种情况下手工劳动大的木垛、矸石等护巷方式就完全不适合，应选用效率高效果好的风力或泵送充填凝固材料护巷带护巷方式。

表6—1—113　巷旁支护型式分类

原　则	类　别	巷　旁　支　护　类　型
按力学特性	刚性的 有限可缩的 可缩的	浇注形成的各种凝固材料充填带、不加木垫的各种料石砌带（垛）等 加木垫的各种料石砌带（垛）、各种密集支柱等 各种矸石带和木垛等
按护巷带宽度	宽幅的（$W>1.0h$） 窄幅的（$W<1.0h$）	矸石带、双排木垛、组合护巷带、泵送充填带等 刚性巷旁充填带、料石砌带（垛）、密集支柱等

注：W—护巷带宽度；

　　h—工作面采高或护巷带高度。

（二）风力充填构筑凝固材料护巷带

1. 充填材料

1）对充填材料的要求见表6—1—114。

表6—1—114　对充填材料的要求

合适的力学性能	有较高的早期和晚期承载能力，增阻速度快。对软顶（或底）板条件要有一定的可缩性
优越的物理化学性能	能保持一定的粒度级配，以便形成致密的充填体；研磨性小，以减少设备和管路的磨损；不易起尘，亲水性好；材料应具有惰性、不燃、无毒、无腐蚀、无污染等特性；在凝固过程中最好带有膨胀性
良好的工艺性	易于加工、混合、贮存和运送，不结块；加水后能马上成型；易于实现机械化作业，劳动强度小，效率高
合理的经济性	材料来源广泛，加工便利，成本低

2）充填材料分类及技术特征：

根据形成充填体的凝固速度和强度，三类充填材料（德国烟煤协会）的标准见表6—1—115。如图6—1—51所示。

表6—1—115　充填材料分类标准

（德　国）

类　别	不同凝固时间的抗压强度（MPa）							
	15min	1h	3h	5h	24h	48h	7d	28d
立即凝固	2	5	7.5	10	30	30	30	30
早　强		2		5	15	20	26	30
后　强				5	8	14	20	

早期强度可以不同，但要求28d后的最终强度都不应小于20MPa。

适于风力运送的充填材料很多。按主料的粒度分为颗粒材料和粉末材料，其主要技术特征见表6—1—116。

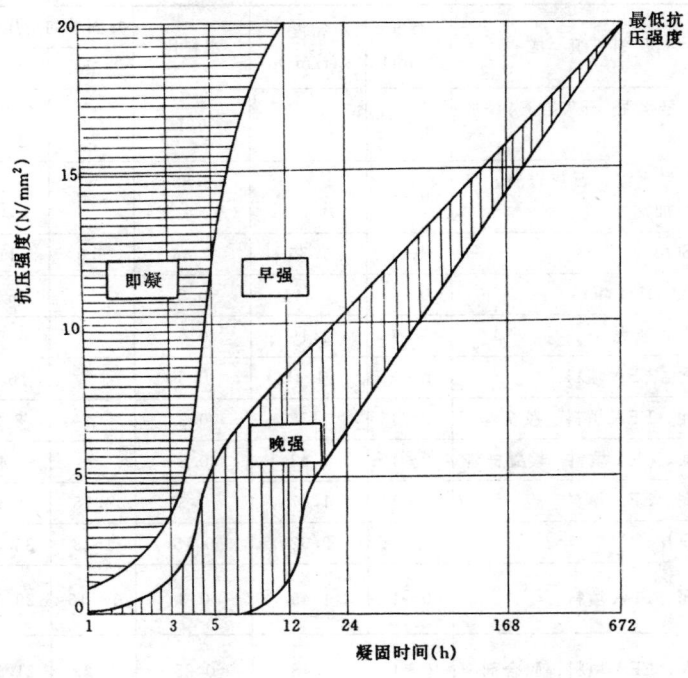

图 6—1—51　巷旁充填材料分类范围

（德国）

表 6—1—116　充填材料主要技术特征

（德国、中国）

材　料	材 料 组 成	粒度 (mm)	密度 (t/m³)	水料比	凝固单向抗压强度（MPa）			备注
					5h	24h	28d	
D16S	450 号水泥、石灰岩渣、轻骨料	0～16	1.5～1.7	0.12～0.14	1～1.1	17	34.5	晚强
D8	水泥、石灰岩渣、EFA 填料	0～8	1.84	0.15	1.04	9.33	29.55	晚强
矿用砂浆 H	水泥、助熔石灰石	0～4	1.7～1.9	0.10～0.16	0	11.2	34.0	晚强
矿用砂浆 F	水泥、助熔石灰石	0～4	1.95	0.10～0.16	0.74	18.2	48.0	晚强
天然石膏	CaSO₄	0～10	2.0～2.2	0.07～0.1	5～7	20.0	45.0	早强
天然石膏（速凝）	CaSO₄（加添加剂）	0～10	1.98～2.02	0.09～0.15	12.16	18.46	41.6	早强
D8S	水泥、石灰岩渣、EFA 填料	0～8	1.8	0.13～0.15	12.0	19.7	58.8	早强
矿用砂浆 P	水泥、助熔石灰石	0～8	2.0～2.2	0.08～0.11	6	21	30.6	早强
HökoLiti	REA 材料、水泥、石灰	0～5	1.57	0.25	20.3	25.8	44.2	早强
开滦范各庄矿用材料（实验室）	525 号水泥、过火矸、添加剂	0～20		0.175～0.20		8.95～11.95		晚强

续表

材料	材料组成	粒度 (mm)	密度 (t/m³)	水料比	凝固单向抗压强度 (MPa)			备注
					5h	24h	28d	
唐山矿用材料（现场实测）	325号水泥、石灰岩渣、添加剂	0～6		0.1		2.01～2.84	8.75～10.78	晚强
兖州矿区用材料（实验室）	325号水泥、石灰岩渣、飞灰、添加剂	0～6		0.88（水/水泥）	3.45	7.95	23.8	晚强
合成石膏	CaSO₄	0～1	1.35	0.36	3.0	11	32.6	晚强
Stöc－ker砂浆	水泥、IFA填料	0～1	1.4	0.3		6.2	42.3	晚强
BlitzdämmerC	水泥、灰泥	0～1	1.19	0.5		6.35	29.8	晚强
HT2	水泥、EFA填料	0～1	1.4	0.3		16.4	46.5	晚强
DM1	水泥、EFA填料、胶合剂	0～1	1.38	0.3		8.2	40.9	晚强
SD1	水泥、EFA填料、絮凝材料	0～1	1.42	0.3		6.48	28.77	晚强
Beta-FullerC	水泥、EFA填料	0～1	1.67	0.3	4.18	9.61	42.8	早强
合成石膏	CaSO₄	0～1	2.02	0.15	15.8	35.65	83.5	早强
MS-CS速凝Stöc-ker砂浆	水泥、EFA填料	0～1	1.45	0.3	13.16	29.30	45.6	早强
DM1S	水泥、EFA填料、胶合剂	0～1	1.48	0.25	7.29	21.15	54.1	早强
HT2（专用材料）	水泥、EFA填料	0～1	1.58	0.25	4.81	8.80	22.0	早强

注：1. 按粒度分，0～1mm为粉末材料，粒度＞1mm为颗粒材料。
　　2. EFA填料即电厂飞灰。

3）水灰比对充填材料强度的影响见表6－1－117、图6－1－52。

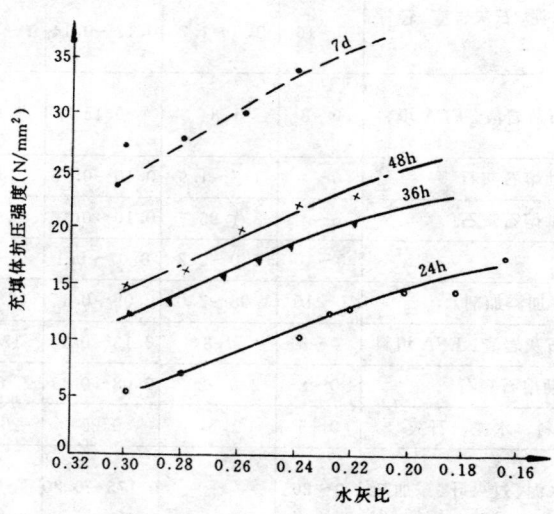

图6－1－52　充填体（不同时间）抗压强度与水灰比关系

表6-1-117 德国充填材料凝固强度与水灰比的关系

（实验室）

水 灰 比	凝 固 单 向 抗 压 强 度 （MPa）			
	24h	36h	48h	7d
0.22	13	21	23	37
0.24	10	16	22	35
0.26	12	19	20	31
0.28	10	15	16	28
0.30	8	12	14	24

2. 风力充填工艺（表6-1-118）

表6-1-118 风 力 充 填 工 艺

充填方式	工 艺 特 点	工 艺 说 明
干式充填	1. 从充填站至充填地点，充填材料全部管路风力输送 2. 充填材料在管路中（距出口3～5m）与水混合	充填站设在采区合适的地点。料仓或料场的充填材料，用螺旋输送器或扒斗装进充填机后喂到充填管路，然后用压风送往充填地点。充填管末端接有软管。充填钢管与软管之间装有喷水环。高速流动的充填材料通过喷水环即被均匀湿润，由管路出口喷出充入充填空间内，然后凝固形成护巷充填带 一个充填站可以轮流为数个充填地点服务。典型的干式充填系统和工艺流程如图6-1-53
湿式充填	1. 充填站至充填地点，充填材料接力输送 2. 充填材料与水先搅拌呈稠糊状，然后再沿管路挤送至充填带 3. 适于粉末状充填材料	设在采区附近的充填站，将充填材料用干式充填方法（出口不加水）送到充填地点附近（不超过50m）的湿式充填站的临时料仓。用螺旋输送器将临时料仓的充填材料转送到搅拌装置内，与水搅拌至规定的稠度后，用专用充填机沿管路挤送至充填地点 图6-1-54是典型的湿式充填系统和工艺流程。之所以要用湿式充填转送充填材料，主要是因为粉末状充填材料在压气中很难和水混合，不仅充填体质量不好，而且充填地点粉尘太大
实例:开滦唐山矿风力充填护巷工艺	干式充填	充填站设在采区边界上山侧。加工好的充填材料用3t矿车(加盖)由地面运到井下再到充填站。用液压翻车机将充填材料倒进料仓。用螺旋输送器将料仓的充填材料送到罐式充填机，然后沿 ϕ125 充填管，由风力输送700m，在出口前3～5m与喷水环喷出的水混合后经软管充到充填空间。所用的充填材料为粒径＜20mm 的矸石(或石灰岩渣)、水泥及添加剂。充填系统和工艺流程如图6-1-55

3. 风力充填系统设计与计算（表6-1-119、表6-1-120）

表6-1-119 物料悬浮运动的临界速度

物 料 粒 度（mm）	临 界 速 度 （m/s）		
	大	小	平 均
0～5	15.5	10.2	12.8
5～10	19.4	9.8	14.4
10～20	22.5	18.9	20.7
20～30			19.2

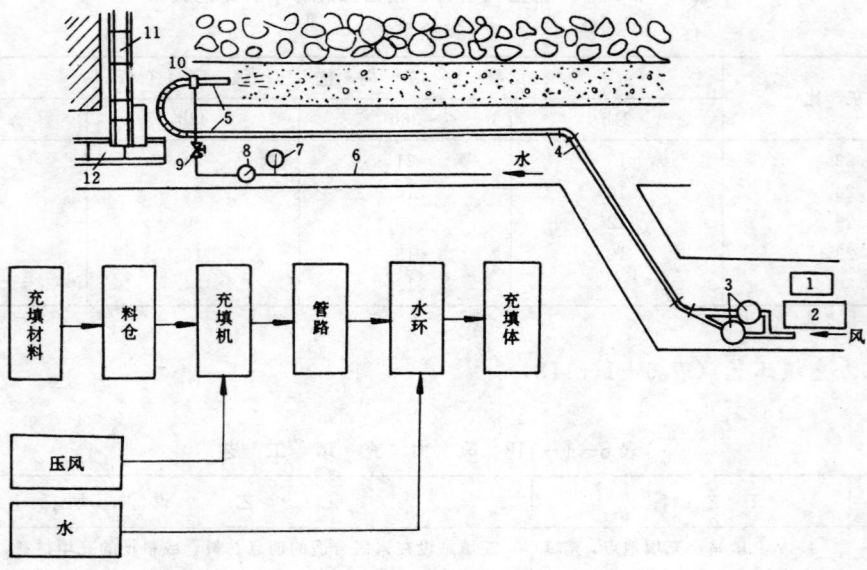

图6-1-53   干式充填系统与工艺流程

1—料车；2—料仓；3—双罐充填机；4—充填管；5—软管；6—水管；

7—水压表；8—流量计；9—水阀；10—喷水环；11—刮板输送机；12—转载机

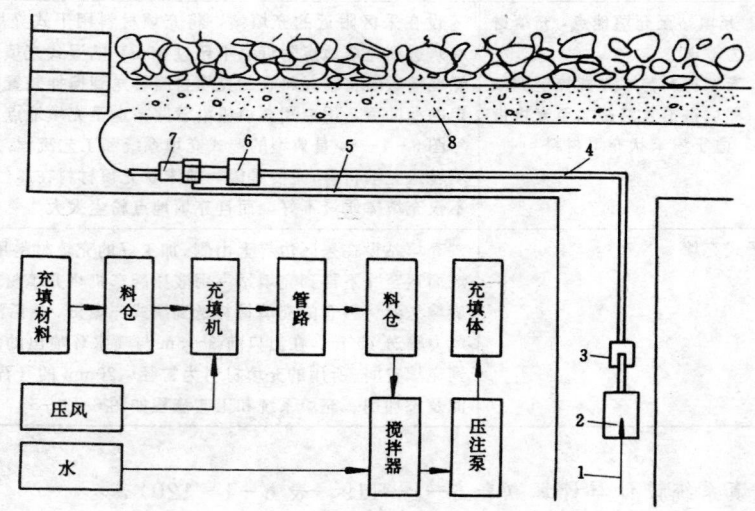

图6-1-54   湿式充填系统与工艺流程

1—料与压风管；2—料仓；3—风力充填机；4—充填管；5—水管；6—料仓；7—压注泵；8—充填体

（三）泵送充填构筑凝固材料护巷带

1. 泵送充填系统分类

表6-1-121为英国不同泵送充填系统的充填材料及其技术特征。

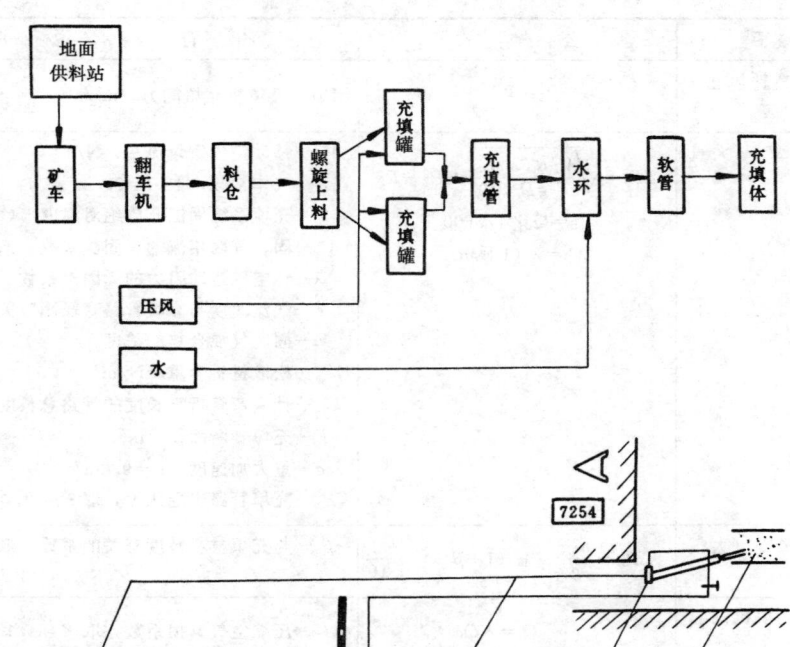

图 6—1—55　开滦唐山矿护巷风力充填系统与工艺流程

1—水泵；2—空气压缩机；3—水管；4—轨道；5—压风管；6—翻车机及料仓；
7—矿车；8—螺旋上料机；9—充填机；10—充填管；11—水环；12—充填带

表 6—1—120　风 量 风 压 计 算

项　　目	公　　式	符　号　说　明
风量 Q_B（m³/h）	$Q_B = 3600\dfrac{\pi D^2}{4}u_0$ $u_0 = n_1 \cdot u_*$ $u_* = 5.3\sqrt{d'\dfrac{\gamma'_m}{\gamma'_B}}$	D—管路直径，m u_0—管路出口处气流速度，m/s n_1—风力输送可靠性系数，取 $n_1 = 1.5$ u_*—运输常数 d'—充填材料最大粒度，mm γ'_m—实体充填材料容重，N/m³ γ'_B—自由空气容重，N/m³

项　目	公　式	符　号　说　明
单位充填材料耗风量 ε（m^3/m^3）	$\varepsilon = \dfrac{Q_B}{V_M}$	V_M—充填机充填能力，m^3/h
需要的静压 ΔP_J（大气压）	$\Delta P_J = \sqrt{\dfrac{V_B^2 R T \lambda^* L_{np}}{F^2 g D \times 10^8} + P_2^2} - P_2$ $V_B = Q_B \gamma'_m / 3600$ $\lambda^* = \lambda (1 + \phi \mu)$	V_B—移动空气重量流量，N/s R—气体常数，取 $R = 29.3$ T—充填系统周围介质绝对温度，(°) λ^*—固、气两相流的无固次系数 　λ—纯空气运动阻力的无因次系数，取 $\lambda = 0.02$ 　ϕ—气流速度与充填管路直径函数关系值，$\phi = 0.08$ 　μ—固、气混合物的浓度 γ'_m—松散材料容重，N/m^3 L_{np}—计入弯管折算长度的管路总长度，m F—充填管断面积，m^2 g—重力加速度，$g = 9.8 m/s^2$ P_2—充填管路末端压力，取 $P_2 = 1.02$ 绝对大气压
需要的动压 ΔP_D（大气压）	$\Delta P_D = \dfrac{u_0^2}{2g} \cdot \gamma'_m (1 + \beta_0 \mu) \cdot \dfrac{1}{10^4}$	β_0—与充填材料粒度有关的系数，取 $\beta_0 = 0.4$
空压机供给充填机的总风量 Q_r（m^3/h）	$Q_r = K Q_B$	K—压缩空气漏损系数，取 $K = 1.1$
空压机绝对压力 P_z（绝对大气压）	$P_z = \Delta P + 1$	
空压机电动机总容量 N（kW）	$N = \dfrac{K' \cdot A \cdot Q}{102 \times 0.7\eta}$ $A = 23030 P_c \cdot \lg \dfrac{P_z}{P_c}$	K'—备用系数，取 $K' = 1.15$ A—等温过程下压缩 $1 m^3$ 空气所做的功，$N \cdot m/m^3$ P_c—压缩的初压，1 个绝对大气压 η—空气压缩机全效率，取 $\eta = 0.7$

表 6—1—121　泵送充填材料及其主要技术特征

充填系统	主要固体材料	用料量（kg/m^3）		单向抗压强度（MPa）			浆液可在管路中存放时间
		固体材料	水	2h	1d	7d	
Thyssens	煤粉、水泥	1295	450	0.45	3.5	5.0	30min
Anpak	石　膏	1900	270	0.1	7.0	17.0	
Aquapak	高铝水泥、膨润土	575	850	0.6	1.2	4.0	45min
Tekpak	高铝水泥、膨润土	354	920	1.20	3.5	4.3	3～24h
Elashpack	飞灰、水泥	1260	500	0.4	1.6	6.0	120min

2. Aquapak 和 Tekpak 泵送充填（表 6—1—122）

表 6—1—122　两种泵送充填系统比较及泵送充填工艺

项　目	Aquapak 系　统	Tekpak 系　统
主要材料	Aquacem（由普通硅酸盐水泥、高铝水泥和无水硫酸钙组成的特种水泥加缓凝剂） Aquabent（膨润土加速凝剂）	Tekcem（以高铝水泥和无水硫酸钙为主制成的特种水泥加缓凝剂） Tekbent（膨润土加速凝剂）

项 目	Aquapak 系 统	Tekpak 系 统
水和固体材料比（按体积）	85：15 （其中充填材料 14，速凝剂 1）	91：9
可泵时间	30～45min （指 Aquacem）	3～24h Tekpak＊3h；Tekpak＊＊24h
泵送距离	Aquabent 1500m Aquacem＜500m	Tekpak＊1500m Tekpak＊＊3000～5000m
优 缺 点	1. 有腐蚀性 2. 泵送结束后需立即冲洗设备和管路 3. Aquapak 用两个相距较远的泵送站时，工作不方便 4. 两种浆液可自然混合（在充填袋内）	1. pH＜11 无腐蚀影响 2. 泵送后 24h 内可不冲洗设备和管路 3. 泵站在一个地点，工作方便 4. 两种浆液需飞溅混合（在充填袋内，要求充分混合）

泵送充填工艺	充填前准备	1. 清除充填空间内的浮煤和杂物 2. 挂金属网骨架。骨架由 $\phi5$ 以上钢筋焊接而成，网孔 100×100。按每次充填步距沿充填体的外围挂满金属网（底板和原充填端面可不挂），彼此互相拴牢成笼 3. 在挂好的金属网骨架内，挂设充填袋。充填袋的四角要与金属笼四角联接，将充填袋撑开 4. 接充填软管于充填袋上
	双泵方式	两种材料用两个搅拌器和两台泵分别沿两条 $\phi25$ 管路泵送。两个泵送站可以设在同一地点，也可以设在相距较远的不同地点（Aquapak 系统）。由于泵送压力很大，管路必须使用耐压胶管和钢管。护巷充填带是由充填袋单元排列组成。充填袋规格根据不同采高等条件选定
	单泵方式	这种方式是用一台双作用泵将分别搅拌的两种材料用两条管路分别泵送到充填袋内。每种材料都有两个搅拌筒，每个筒的容量都与泵送能力相配合。充填时，先将材料（每袋 25kg）按规定数量倒入搅拌筒中，然后按比例加水，启动搅拌。用双作用泵将同时搅拌好的两种浆液泵送到充填地点。当第一个搅拌筒排浆液时，第二个搅拌筒进行拌料。第一个搅拌筒浆液排完转泵第二搅拌筒的浆料（早已搅拌好，待排），如此交替连续泵送，直至充满充填袋。为便于操作，两种材料搅拌时的加料量和配水量都是相同的。双作用泵的管路流量相同，所以两个搅拌筒内的浆液也同时泵完。每个充填带的入口处都装有一个混合器（塑料的），两个管路来的浆液由三通会合通过混合器使两种材料飞溅混合（更均匀）
	收尾工作	1. 掌握好充填量，使泵送结束时搅拌筒内不剩余浆液 2. 拆卸与充填袋联接的软管 3. 泵送清水，清洗泵送设备和管路。要求管路出口见清水后再泵送冲洗 3min。对 Tekpak 系统，如果距下次充填不超过 24h，可以不用清洗 4. 挂好管路，清理现场

注：Aquapak 和 Tekpak 泵送充填工艺系统基本上相同，所用的原材料主要组分也是相同的。所不同的是后者的可泵时间（浆料在管路中允许滞留时间）长于前者，用水量大于前者，充填后凝固速度快，早期强度高。

（四）沿空巷道护巷带参数的选择、计算与观测

1. 充填体载荷的确定（表 6—1—123）

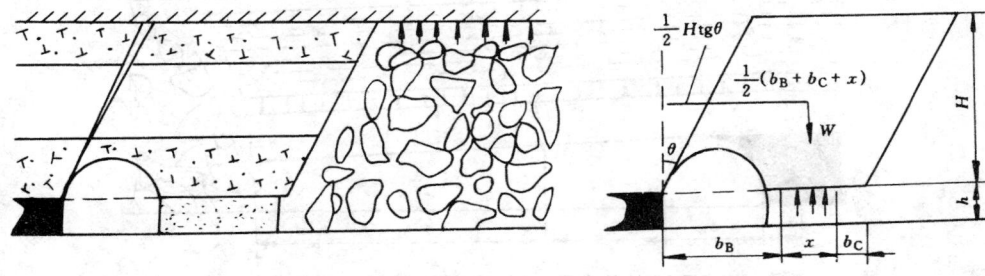

图 6—1—56　用分离岩块法计算充填体载荷的力学模型

表 6—1—123　充 填 体 载 荷 确 定

项　　目	分 离 岩 块 法	切 顶 法
理论依据	沿空巷道和充填体上方一定范围内分离岩块的重量构成了充填体载荷。巷旁充填带处于未采动煤体的高压力区和冒落矸石之间，是一个降压区（图 6—1—56）岩块一边的采空区提供一个主要自由面。因岩块呈层状，可能在一定高度 H 上产生离层，导致岩块沿煤壁以 θ 角断裂，进入完全自由状态，成为充填体的载荷。一般 $H=4h$，$\theta=26°$	在工作面前方某一距离处，顶板开始出现微小的不对称下沉，越接近工作面下沉越大，结果使下部岩层的挠度达到临界值。工作面过后相当于撤除了巷道顶板的一个支座，顶板急剧下沉，在巷旁支护阻止下，悬伸下沉着的岩梁很快就在巷旁支护采空区侧边缘处达到了极限力矩而折断。在冒落矸石被压实到一定程度后，巷道上方有相对稳定的压力拱形成，顶板岩层活动得到限制（图 6—1—57）
计算条件(假设)	1. 在充填体上，岩块在重力作用下是静止的，在其顶部及两边都没有力的作用 2. 岩块两边的剪切角相等 3. 把岩块看作是在一个平面上三个力作用下平衡的刚体。三个力的作用线是平行的 4. 力的总和为零。在力作用面上的任何一点，力矩的总和也为零	1. 该问题是一个平面问题 2. 把悬伸的岩层看成梁。当梁厚为梁长的 0.15～0.25 倍时是允许的 3. 梁上载荷均布 4. 接触面的相互作用力作为安全储备 发生在梁 A 处的最大弯矩为 $M=q_bb_k^2/z$；强度条件为 $\dfrac{M}{W}\leqslant[\sigma_p]$
载荷计算公式	$$q=\frac{8h\tan\theta+2(b_B+x+b_c)}{x}\times\frac{h(b_B+x+b_c)\gamma_s}{b_B+\frac{1}{2}x}$$	$$q=\frac{\sigma_p h_H^2 L^2/6b_k}{x(b_M+b_B+x/2)}-\frac{q_k b_B(b_M+b_B/2)}{x(b_M+b_B+x/2)}$$
符号说明	q—充填体载荷 b_B—充填体内侧到煤壁的距离 x—充填体宽 b_c—充填体外侧悬顶距 γ_s—岩块密度 h—采高 θ—剪切角 H—冒高（$H=4h$）	q—充填体载荷 b_B—充填体内侧到煤壁的距离 x—充填体宽 q_k—每 m 悬臂岩块重量 b_k—充填体外侧悬顶距 b_M—顶板断裂线距煤壁距离 L—顶板断裂线到自由端的总长度 h_H—悬梁厚度
适用条件	适用于前进开采或后退开采滞后高压区以前的地段 充填体应构筑在顶板岩块质量中心线位置	可以用于后退开采条件

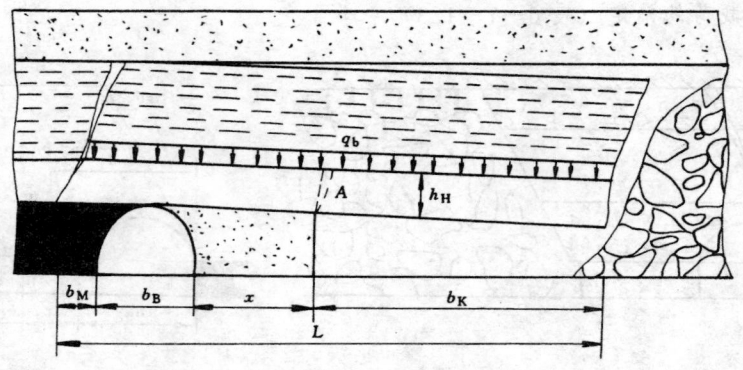

图 6—1—57　用切顶法计算充填体载荷的力学模型

2.巷旁支护材料强度与充填带宽度

1）材料强度见表6-1-124、表6-1-125、表6-1-126、图6-1-58、图6-1-59。

表6-1-124　松散材料(矸石)和可缩材料(木垛)强度特性　　　　　kN/m²

材　　料		压　缩　率　(%)									
		3.5	5	10	15	20	25	30	35	40	45
泥岩、矸石			15	50	95	170	300	450	750	1250	2100
不同木梁断面(cm²)的木垛	15×15	450	480	680	840	910	930				
	12.5×12.5	320	360	540	670	760	830				
	10×10	280	300	400	480	540	600				
	7.5×7.5	160	180	230	290	320	350				
	5×5	80	80	110	130	150	160				

注：1.木垛压缩率到3.5%时的强度为木材的屈服强度。

　　2.试验木垛高100cm，长×宽为60cm×60cm。

表6-1-125　几种护巷材料的强度

材　料　类　型	单向抗压强度 (kN/m²)
石膏(100%)	28000
石膏(75%)+矸石(25%)	14000
石膏(50%)+矸石(50%)	5600
石膏(25%)+矸石(75%)	1400
粉煤(85%)+水泥(15%)	770
矸石(85%)+水泥(15%)	1100
轻质混凝土砌块	2600～4000

注：碎石掺量对石膏强度的影响见图6-1-58、图6-1-59。

表6-1-126　巷旁充填材料特性指数 (德　国)

巷旁充填材料类型	特　性　指　数
速凝早强刚性材料	1
木垛或木排柱	2
碎矸石	3
软底板条件下的刚性墙	2
一直堆到巷道支架的风力充填材料	2

注：充填材料特性指数是衡量巷旁充填体刚度的标准。认为石膏刚度最大，其指数定为1，其他材料指数是与石膏刚度比较而得。

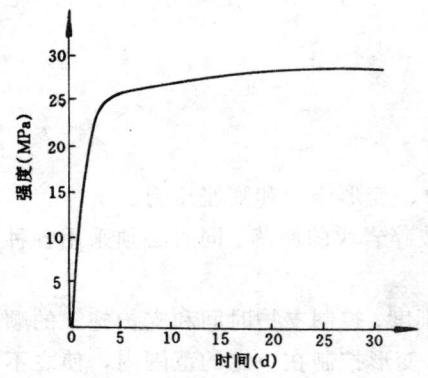

图6-1-58　100%石膏的凝固强度发展情况

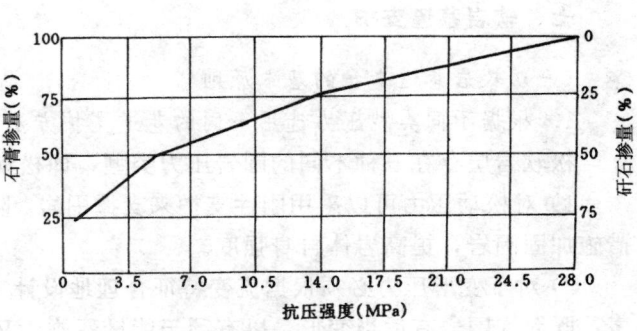

图6-1-59　碎石掺量对石膏凝固强度的影响

2)充填带宽度：

英国泵送充填的充填带宽度为煤厚或采高(h)的1～1.5倍。德国风力充填的护巷带宽度是根据不同采煤工艺和煤层顶底板条件确定的(表6-1-127)。中国风力充填带的宽度是根据实测资料计算确定的(表6-1-128)。

表6-1-127 使用与顶板接触好,能早期承载的充填材料时,推荐的充填体宽度[①]

(采高 h 的倍数)

煤层倾角(°)	0～25		25～40		40～55	
开 采 方 式	后 退	前 进	后 退	前 进	后 退	前 进
开始阶段 初次放顶后:	0.7	0.7	1.5	1.5	2	2
坚硬围岩	0～0.7	1	0～1[②]	1.5	0～1[②]	2
中硬围岩	0～0.5	0.7	0～0.7[②]	0.7	0～1[②]	1.5
松软围岩	0～0.35	0.35	0～0.5[②]	0.5	0～0.7[②]	1

①最小宽度不小于 0.6m。
②当巷道立即报废时。

表6-1-128 根据唐山矿实测资料计算的充填体宽度

(平均采高 2.3m)

距工作面距离 (m)	充填体实测载荷 (kN/m)	充填体凝固强度 (kN/m²)	充填体宽度 (m)	相当于采高 (h) 的倍数
15	2010	2010	1.47	0.64
25	3888	3560	1.60	0.70
40	6006	5320	1.65	0.72
80	8076	10780	1.18	0.51

注：从经济角度出发，在满足力学性能要求前提下，充填体宽度越小越好。根据开滦唐山矿的实践，充填体的经济宽度

$$W = \frac{K_2 Q}{(1-K_1)\, S} \ (m)$$

式中 Q——充填体载荷，kN/m；
K_1——受顶板夹压影响充填材料凝固强度降低系数，取 $K_1=0.25$；
K_2——可靠性系数，$K_2=1.1$；
S——充填体凝固强度，kN/m²。

七、软岩巷道支护

(一)软岩巷道支护的基本原则

1. 根据不同类型压力选用不同的巷道支护方法

松软岩层存在三种不同的围岩压力类型，即松动压力、变形压力和膨胀压力。

1)对松动压力可以采用刚性支护来支撑围岩，防止破碎岩块的垮落。同时必须采用各种措施加固围岩，提高岩体自身强度。

2)对于变形压力必须根据流变特征合理地设计支护刚度，控制支护时间和支护施工的顺序，既允许围岩有适当变形，以有利于能量释放，又能将变形控制在一定的范围内，使之不发生为松动压力。

3)对于膨胀压力 除采用与控制变形压力相同的措施外，还要特别注意预防围岩的物理化

学效应，防止围岩脱水风干。

2. 改善围岩力学性质充分发挥围岩自稳能力

其主要措施是可采用封闭暴露面，安装锚杆，向岩体内注浆以及支架壁后充填等方法。封闭暴露面的主要方法是采用喷层支护（喷砂浆或混凝土），以便在巷道周壁上形成保护层。

3. 选择合适的支护特性

软岩中不宜采用刚性支架。工程实践中常采用金属可缩性支架，混凝土板块缩缝和可塑垫层等措施。支护体刚性或柔性的确定，目前尚无可靠的计算方法，只能在现场试验的基础上通过经验对比的方法加以确定。

4. 选择合适的二次支护时间

在松软岩层中应采用先"柔"后"刚"的二次支护。

一次支护应紧跟掘进尽早安设。刚性永久支架通常应在掘巷引起的围岩变形基本上趋于稳定时安设，一般约掘后50d左右。可缩量较大的永久支架可提前到掘后10d左右安设，并应在设计巷道断面时考虑足够的变形余量。

根据现场经验和理论计算，作为一次支护的混凝土厚度以50～120mm较适合。

在掘进引起的围岩变形量特别大，流变速度很大且持续时间很长，可采用先开小断面导硐，采用临时支护，待能量充分释放，围岩变形趋向稳定后，再按要求刷大巷道断面，安设承载能力和刚度都较大的永久支护。

5. 设计合理的加固和支护系统

从支架—围岩相互关系考虑，设计加固和支护系统应遵循以下原则：

1）巷道开掘后紧靠工作面应立即采取加固措施（在某些情况下超前工作面采取加固措施）；

2）围岩与支护之间应接触良好；

3）支护系统应能灵活地适应不断变化的围岩条件和巷道断面尺寸，加固件的变形特性应能与巷道周边位移相协调；

4）支护系统应能适应围岩变化的规律和特征，初始时具有较大的初撑力，以后应拥有适当的可缩量，以控制并适应围岩急剧变形；

5）理想的支护系统应有利于防止围岩的力学特性由于风化而随时间恶化，以及水的浸蚀；

6）应避免支护构件经常拆移，反复翻修；

7）在整个服务期内巷道尽量少受扰动。

6. 支护应有较高的初撑力、初期增阻速度和工作阻力

根据现场经验，软岩巷道的支护必须及早承载；支架的初期增阻速度应达3kPa/mm；支架的工作阻力应不小于300kPa；支架达到额定工作阻力后，均匀下缩保持恒阻状态，使支架与围岩长期处于平衡状态；就能有效地控制围岩变形发展，使支架保持良好状态。

7. 加强对巷道底板的支护

尤其是遇水崩解和膨胀的粘土岩，及时封闭，防止脱水后又浸水，是控制底板强烈膨胀的根本措施。应用封闭式支护时应在支架架后充填，封闭围岩防止水的浸入和风化，才能更有效地控制底鼓。

8. 控制超挖

尽量采用光面爆破技术。

9. 减少震动

尽可能采用机械开挖。如果不具备机掘条件，应采用控制爆破的方法。

10. 实行设计、施工、监测相结合的方法

在进行软岩巷道的支护时，根据新奥法的基本思想，应重视施工过程中的监控量测，然后根据量测信息的反馈来调整支护参数。

(二) 软岩巷道的支护措施和方法

1. 软岩巷道的围岩加固

1）围岩注浆；

2）围岩锚固。

在软岩中采用锚喷支护应注意如下几点：

(1) 适当增加锚杆长度和密度，其长度尽可能超过围岩破裂圈的深度，增加锚杆密度，有助于对围岩施加比较均匀的锚固力。锚杆应尽可能沿垂直于失稳块体主滑动面的方向布置。显然，在层状岩体中应在垂直于层面的方向布置；

(2) 使用钢筋、钢条、钢带和钢梁等把单根锚杆组合成整体的支护体系，使碎裂结构的岩体转化成为锒嵌结构以致块状结构，巷道周边轮廓形成能承受较大压力的闭合拱，以防止松动圈的扩大及岩块的冒落；

(3) 混凝土喷层应分两步进行，巷道掘进后，作为一次支护的喷层须紧跟工作面，然后挂网打上锚杆。作为二次支护的复喷混凝土，应按二次支护原则，滞后适当时间和距离施工。

3）疏干与及时封闭：对含水量大，渗透性强的含水层，可采取疏干措施。疏干包括开挖前地面打钻排水和巷道打钻排水。地面打钻排水多用于大孔径潜水泵。巷道打钻排水是在掘进工作面前方按放射状或定向打孔排水，采取"排""掘"相间，交替作业进行。

在水量不大，或渗透性较差的含水层中开掘巷道，则大都采用及时封闭的技术措施。

2. 可缩性金属支架支护措施

在软岩及采动影响强烈的巷道中，使用 U 型钢可缩性支架需采取以下技术措施：

1）所有支护用的型钢都应经过热处理。经验表明：U 型钢经热处理后，其屈服强度可提高 40% 以上；

2）在断面和压力均较大的巷道中，尽量选用重型 U 型钢（36kg/m）；

3）卡缆（带限位块、耳定位、卡缆板和螺栓都经过处理的双槽夹板卡缆）应保证拧紧力矩达到 400N·m 而不产生塑性变形，并有利于支架构件的滑移。经过热处理的 U29 支架，卡缆的拧紧力矩不应低于 300N·m，U36 支架的卡缆拧紧力矩不应低于 400N·m，保证支架有足够的阻力控制围岩强烈变形；

4）根据围岩变形规律和特性，因地制宜地选择支架形式、结构和参数。在十分松软的岩层内应选用封闭式支架；

5）支架之间应设拉杆，架后应铺设钢筋网并进行充填；

6）支架卡缆的拧紧、支架的安装、回收和运输都需要使用机具。

应用实例：

谢桥矿东风井 −440m 水平回风大巷位于风化的泥岩和砂质泥岩内，岩石的单轴抗压强度分别为 10.3MPa 和 19.7MPa，浸水后都迅速崩解和泥化，属极软岩。该大巷采用 U 型钢

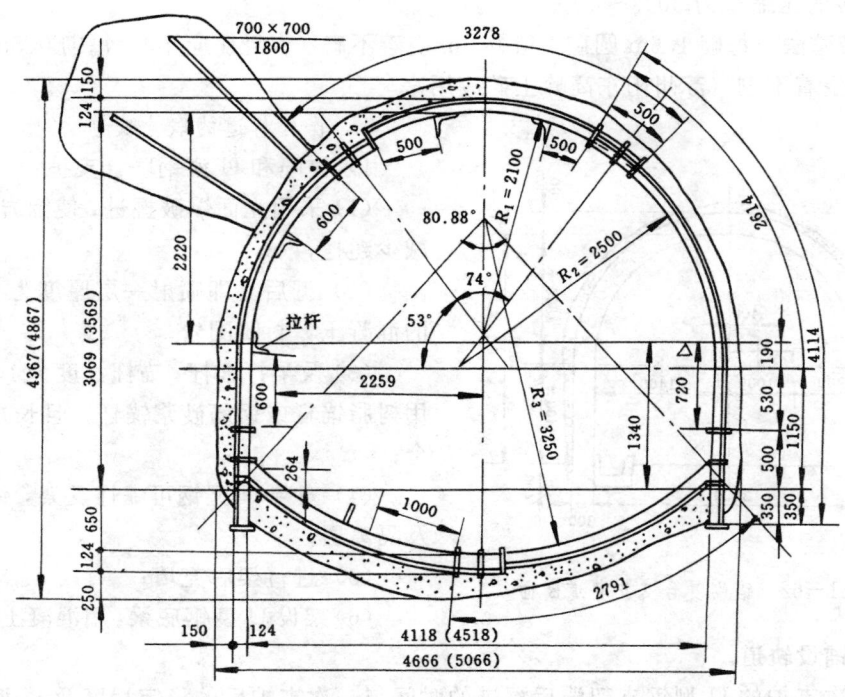

图 6—1—60　谢桥矿极软岩巷道马蹄形 U 型钢支架断面

可缩性支架支护并采取了以下措施：

（1）对 U 型钢构件进行了专门的调质处理，使 29kg/mU 型钢的屈服强度提高 48%，相当于 36kg/mU 型钢的强度；

（2）采用带限位块经热处理的高强度双槽夹板卡缆，使用风动扭力扳手，与原有卡缆相比，拧紧力矩达到 350N·m，提高了 2 倍；卡缆始终紧贴型钢，确保型钢平稳滑动，使支架处于恒阻状态。每个接头使用 3 副卡缆，使卡缆阻力与支架承载能力得到合理匹配；

（3）采用了马蹄形 U 型钢支架（图 6—1—60），加强对底鼓的控制能力，底梁与柱腿之间采用双向可缩、便于安装的镶嵌式连接件（图 6—1—61）；

（4）支架之间用 12 副强力拉杆，保证了支架的整体效应；

（5）最为重要的技术措施为 U 型钢支架架设后，在支架与围岩之间进行壁后充填，拱顶和两帮的充填厚度为 150mm，底部为 300mm，使支架、围岩、充填体三者组成共同的承载体系。

3．封闭式碹体支护措施

在软岩中可使用断面为封闭式且可缩的碹体。

主要有两种方法：

1）加木砖法：料石圆碹施工时，沿碹体均匀加上 4～8 块木砖，每块木砖的厚度为 20～

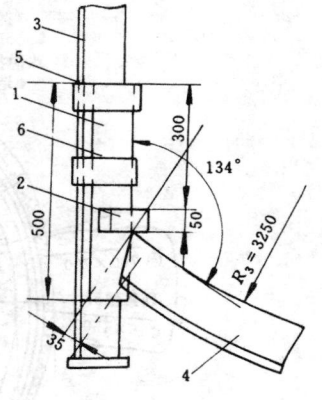

图 6—1—61　双向可缩马蹄形 U 型钢支架柱腿与底梁的连接件

1—短节；2—凸块；3—柱腿；

4—底梁；5—卡缆（带限位块）；

6—卡缆（不带限位块）

60mm，木砖的压缩率为 30%~40%；

2）条带碹法：每砌 1.6m 圆碹，留 0.6m 空着不砌（吉舒矿应用）；每砌 0.5m 圆碹，留 0.2~0.3m 空着不砌（苏州阳东高岭土矿应用）。

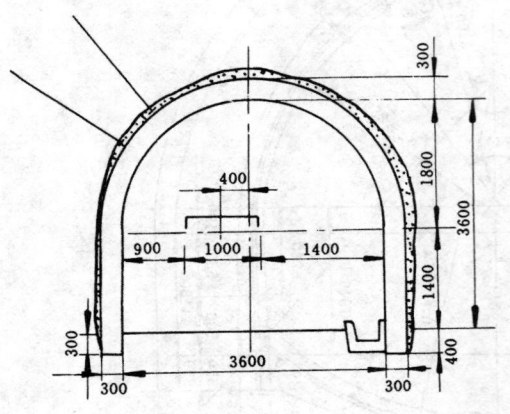

图 6—1—62 锚砌复合支护巷道断面

4. 软岩巷道的联合支护

1）锚喷和 U 型钢联合支护：

（1）采用光面爆破掘进，使围岩周边规整，减少超挖；

（2）掘后立即喷射一层厚度为 30~50mm 的混凝土，封闭围岩；

（3）及早打锚杆，锚杆长度为 1.6~1.9m，用树脂锚杆或钢筋砂浆锚杆，且长短锚杆相结合；

（4）安装 U 型钢可缩性支架，钢筋网背板及隔离层；

（5）进行架后充填；

（6）架设 U 型钢底梁，用混凝土浇注底板，砌筑水沟，铺设轨道。

作为二次支护的 U 型钢支架滞后掘进的时间与一次支护后的稳定程度及 U 型钢支架允许的缩量等有关，一般以 10d 为宜。

2）锚喷和砌碹复合支护（图 6—1—62）：

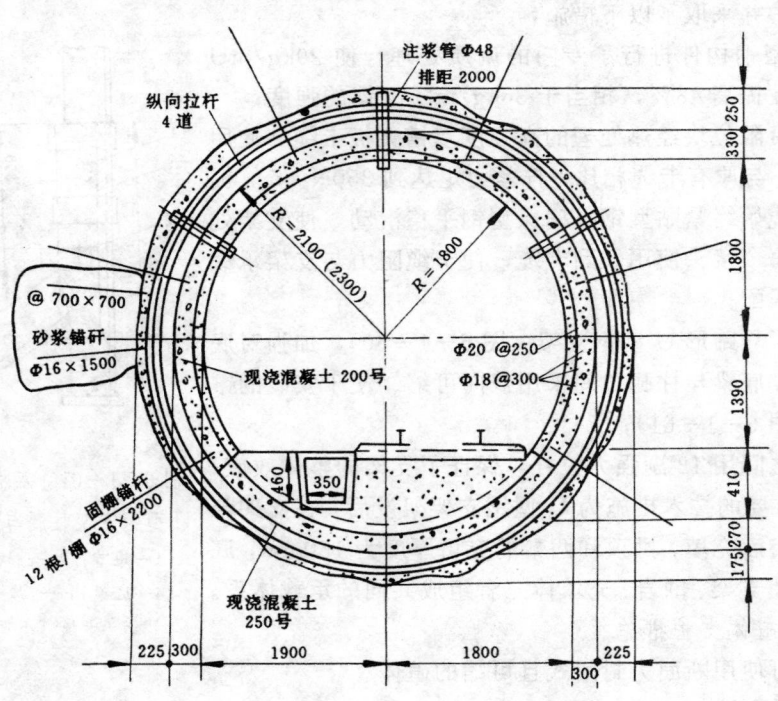

图 6—1—63 潘二矿—530 西—B 组运输石门复合支护

施工技术措施为：

（1）第一次锚喷支护时，先封闭围岩，若喷层出现裂纹，须补喷一次；

（2）在围岩变形速度趋向基本稳定后，再进行砌碹；

（3）在碹体和锚喷之间进行充填，充填材料具有一定的可缩性。

碹类复合支护，根据使用条件不同而有多种形式。淮南潘二矿在－530m 水平西－B 组运输石门在通过断层破碎带时，使用了"锚喷加 U 型钢支架加钢筋混凝土碹加壁后注浆"的复合支护（图 6－1－63），取得了成功。谢一矿－780m 水平运输巷采用"锚喷加高强混凝土砌块加壁后注浆"的复合支护（图 6－1－64）。

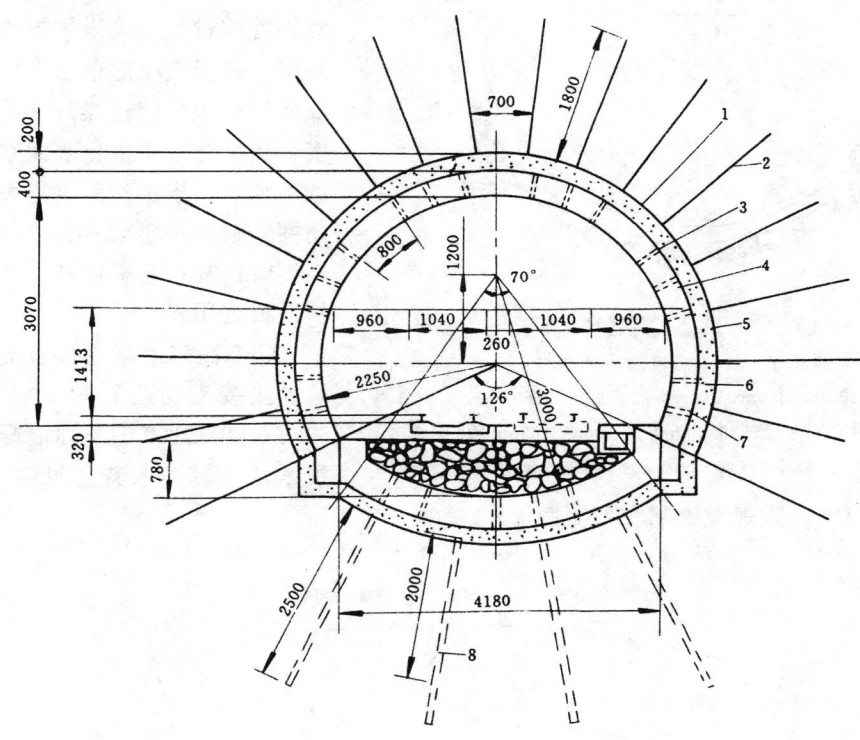

图 6－1－64　谢一矿－780 水平运输巷预制混凝土大砌块碹支护

1—链锁拉条；2—树脂锚杆；3—可缩衬垫；4—预制混凝土砌块；

5—30mm 砂浆喷层；6—注充缓冲层；7—预留孔；8—注浆钢管

3）锚喷和弧板联合支护：

一次支护为锚网喷，二次支护为钢筋混凝土弧板。沈阳大桥矿使用的弧板宽 400mm，厚 200mm，每圈为五块，底板两块较短，每块长 1.59m，重 294kg，三块较大，每块弧长 2.25m，重 435kg。孔集煤矿的弧板支架由四块大弧板和一块小弧板组成，形成封闭的圆形巷道支护。弧板断面宽 320mm，厚 230mm。弧板接头处垫一块厚 20～30mm 木板作为可缩层。为缓冲围岩压力和使来压均匀，多在混凝土板块与围岩之间充填袋装灰砂。或者用泵充填混凝土，充填工作可在支护安装后，利用板块上预留的充填孔分段进行。

5. 大弧板支护

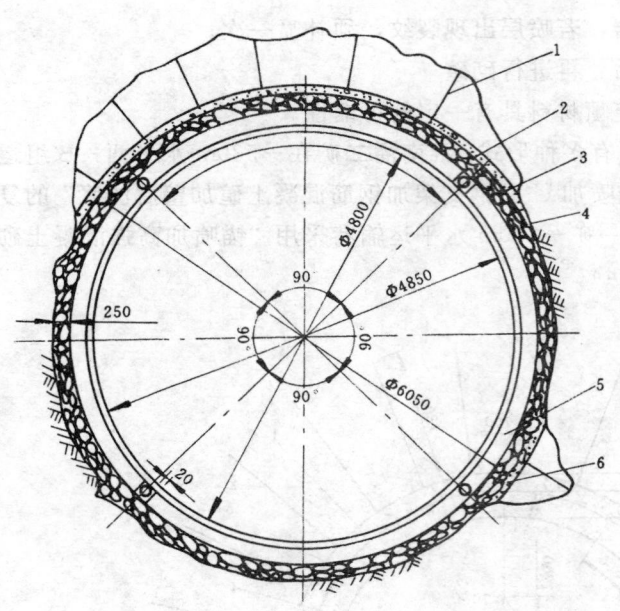

图 6—1—65 C60 混凝土高强度弧板支架断面图

1—L=2000 树脂锚杆；2—金属网；3—喷混凝土层厚度 100mm；
4—柔性材料袋厚度 250mm；5—高强度弧板（600 号），4 块/1 圈，
三圈支护 1m 巷道；尺寸：3950mm×320mm×250mm（长×宽×厚），
质量为 780kg/块；6—ϕ108 接头钢管

及表 6—1—129。大弧板钢筋布置见图 6—1—68。

1) 大弧板支架的结构及技术性能：

高强或超高强混凝土弧板的混凝土等级为 C60 或 C100；截面含钢率为 1.5％或 1.3％；板厚 0.25 或 0.23m；板宽 0.32m；弧板块重 780kg 或 650kg。由四块或 4.5 块组成一圈环筒形支架，每三环弧板圈相接支护成巷 1m。环内诸弧板端头相接处垫可缩性钢管成铰接或夹以平接柔性可压缩垫层。弧板支架的壁后和围岩间的空隙使用软包装的粉煤灰和石灰充填密实，还可注以高水比水泥浆材料进行壁后加固。当工作面掘进爆破后立即向围岩喷敷一层（3～5cm）混凝土层，必要时再补打若干锚杆，作为临时支护顶板之用。

C60 高强混凝土弧板支架及其可缩铰接接头构造见图 6—1—65、图 6—1—66；C100 超高强混凝土弧板支护结构及其技术特征见图 6—1—67

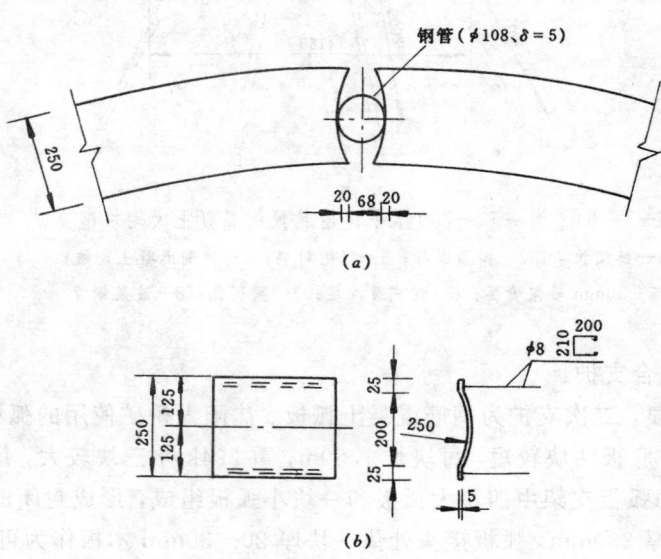

图 6—1—66 C60 大弧板结构图

a—弧板接头部；b—钢管接头端部构造

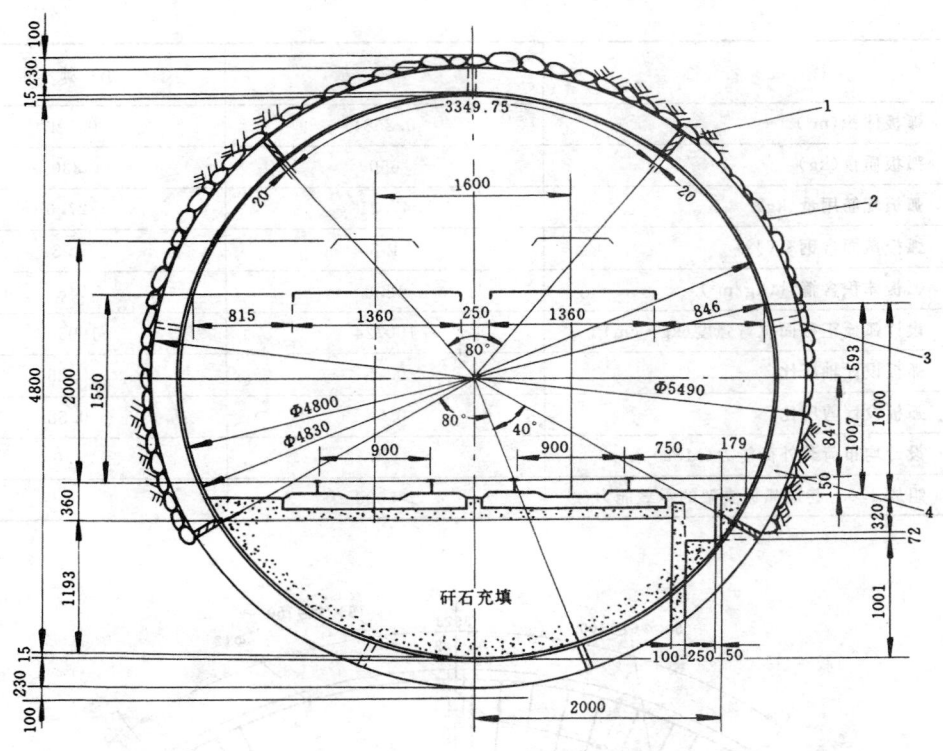

图 6—1—67　C100 混凝土大弧板支护

1—平滑可缩夹层，5 块/圈，夹层规格 20×230×320；2—袋包装充填
材料（系水泥、粉煤灰混合）；3—吊装孔、注浆预留孔；4—C100 混凝
土高强弧板，4.5 块/圈，弧板尺寸：3349.75mm×320mm×230mm，650kg/块
说明：1. 弧板支架安装净直径支架收缩后的尺寸；2. 净直径 φ4800 是弧板支架
收缩后的尺寸；3. 弧板支架每圈 4.5 块弧板；4. 三圈弧板支架支护一米巷道

表 6—1—129　超高强混凝土弧板结构技术特征表

顺序	特征名称	大弧板	小弧板
1	弧板系列编号	φ483×32×23S1—1	φ483×32×23S1—2
2	混凝土设计等级	C100±10	C100±10
3	弧板几何尺寸(mm) 外弧(内弧)长×宽×厚	3673(3352)×320×230	1826.6(1666)×320×230
4	内弦长度、外弦长度(mm)	3085、3380	1632、1789
5	弧板弧度圆心角(°)	80	40
6	弧板平均拱高(mm)	585.25	149.05
7	弧板平均跨度(mm)	3236.58	1711.1
8	弧板拱的高跨比	0.1808	0.087
9	弧板重心(距板中央内壁距离) (板内为正，板外为负)	−97	+46

续表

顺序	特 征 名 称	大 弧 板	小 弧 板
10	弧板体积(m³)	0.2584	0.1292
11	弧板质量(kg)	650	330
12	弧板配筋用量(kg)	47.21	27.6
13	弧板截面含钢率(%)	1.3	1.3
14	弧板体积含箍量(kg/m³)	42.6	46
15	设计弧板正截面抗弯强度(kg·cm)	100724	190368
16	弧板设计轴压比	0.25	0.25
17	弧板设计剪压比	0.58	0.58
18	设计均布荷载外荷能力(MPa)	4.0	4.0
19	组成1.0m巷道弧板支架的承载能力(t)	＞5000	

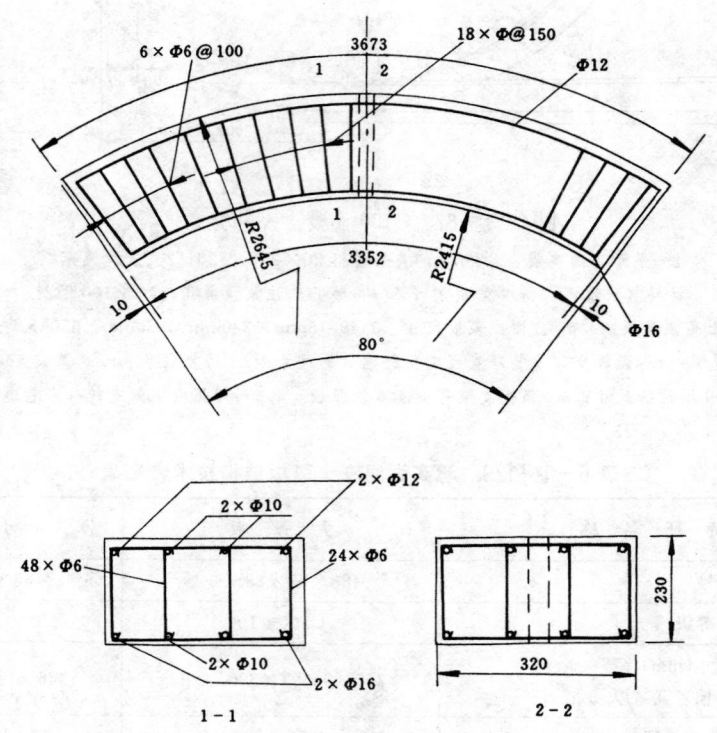

图6－1－68　C100大弧板钢筋布置示意图

2）大弧板支架的设计理论及计算：

（1）大弧板支架的外荷载：圆巷围岩的力学计算模式如图6－1－69，巷道的围岩为"应力松弛区"，俗称"松动圈"；其外围为弹性应力区。假定松弛区内围岩体积的碎胀系数K＝1.05，若弧板支架的允许可缩径向移动量为0.2m，则根据硐径缩小变形和补偿松弛区岩体碎胀体积的关系，可算得松弛区半径 R_p 为：

$$R_p = \sqrt{\frac{(k-1)\ {r_0}^2 + 2r_0\Delta r - \Delta r^2}{(K-1)}} \qquad (6-1-20)$$

式中 r_0——圆巷掘进半径，m；

   K——围岩松动碎胀系数；

   Δr——允许径向可缩变形量，m。

在已知 R_p 大小的情况下，便可按照 R·芬纳方程得出支架上的外荷载如下：

$$P_1 = (\sigma_0 + C \cdot \cot\psi)(1 - \sin\psi)\left[\frac{r_0}{R_p}\right]^{2\frac{\sin\psi}{(1-\sin\psi)} - C \cdot \cot\psi} \qquad (6-1-21)$$

式中 P_1——支架的外荷载，也就是支护的抗力，MPa；

   R_p——围岩松弛区或松动圈的半径，m；

   r_0——巷道的掘进半径，m；

   C——围岩的粘结力系数，取 $C = 0.1$MPa；

   ψ——围岩的内摩擦角，取 $\psi = 20°$。

（2）大弧板块数的设计：一环圈弧板支架的块数是根据预制弧板块的允许弦长以及安装弧板的专用机械手的提吊能力来决定的。可按下式计算：

$$n = \left[\frac{180}{\sin^{-1}(L_{允许}/D_0)} + 1\right] \qquad (6-1-22)$$

式中 n——预制弧板组成一环圈的块数；

   $L_{允许}$——预制弧板的弦长，mm；

   D_0——圈弧板支架的净直径，mm；

   $[\ ]$——取整数。

（3）弧板厚度的力学验算：弧板的最大切向应力和最大压应力应小于 C60 或 C100 级混凝土的允许压强。

计算图见图 6—1—70。

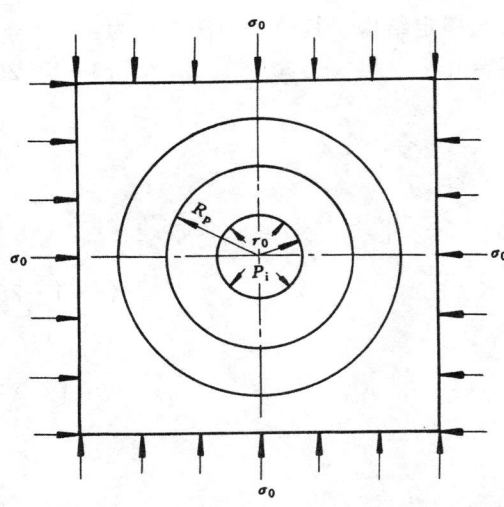

图 6—1—69　地层围岩压力计算图

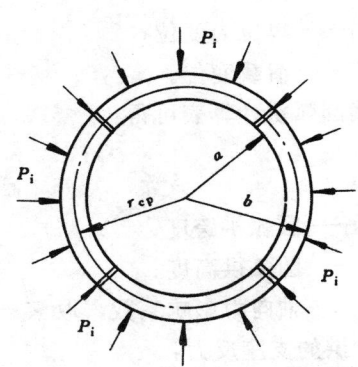

图 6—1—70　弧板支架环的计算

最大切向应力：

$$\sigma_\theta = \frac{2P_i}{1-(a/b)^2} \tag{6-1-23}$$

最大压应力：

$$\sigma_c = \frac{P_i r_{cp}}{b-a} \tag{6-1-24}$$

式中　　　　　P_i——弧板支架的外荷载；

　　　　　　　b——弧板支架环的外半径；

　　　　　　　a——弧板支架环的内半径；

　　$r_{cp}=(a+b)/2$——平均半径。

（4）弧板截面内最大弯矩的计算：实验室表明，弧板支架圈工作的最不利载荷状况是外荷作用在一块弧板上主动向巷道内移动，而其余弧板则作被动支承（图6-1-71）。

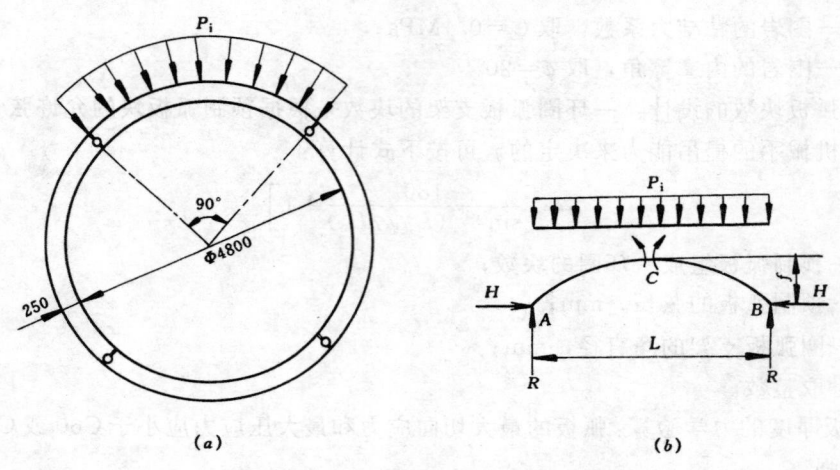

图 6-1-71　弧板支架工作的不利载荷系统图

在计算上可把该弧板看作"双铰拱"，为一次超静定结构，其典型力法方程为：

$$\delta_{11}H + \Delta 1P = 0 \tag{6-1-25}$$

式中　H——赘余力；

　　　δ_{11}——单位力变位；

　　　$\Delta 1P$——荷载变位。

查阅圆弧拱计算表可得：

$$H = \frac{P_i L^2}{8f}K \tag{6-1-26}$$

式中　L——圆弧拱跨度；

　　　f——圆弧拱高度；

　　　K——轴向力影响系数，取$K=0.95$。

双铰拱的支座反力：

$$R = \frac{P_i L}{2} \tag{6-1-27}$$

拱顶处的最大弯矩 M_c 为：

$$M_c = R\frac{L}{2} - \left(Hf + \frac{P_iL^2}{8}\right) \tag{6-1-28}$$

当弧板截面内的最大弯矩 M_c 为已知时，则可按钢筋混凝土结构理论，设计混凝土截面的钢筋含量及其布置。

（三）巷道底鼓的防治方法

1. 加固法

1）底板锚杆。主要适用于底板为中硬层状岩体。锚杆的长度应使锚杆穿透全部可能鼓起的岩层。底板岩层鼓起的深度一般为巷道宽度的 0.75 倍，大跨度巷道不适用。

2）底板注浆。施工工艺为：先向底板钻孔，装入少量炸药（一般采用药壶爆破法），通过爆破使底板深部岩体得到松动，注浆浆液容易掺入缝隙，得以充填加固。施工的次序为：分段进行爆破，每隔 2～6m 爆破一次。炮眼深度和装药量以爆破时不破坏直接底板和不向巷道内抛出岩块为准。然后沿底板喷射混凝土，起到封闭底板防止水的浸入及注浆时止浆垫的作用。再向已松动的底板钻孔注浆，不需很大的泵压，就可以在巷道深部形成卸压区，浅部形成强度较大的反拱。另一种方法是巷道掘进时就在底板按预定深度进行松动爆破，将原定的底板标高以上的矸石运出后，再向底板钻孔注浆，使破碎的底板岩层重新固结起来，形成碎石垫层反拱。

底板加固适用于加固比较破碎的底板岩层。

3）封闭性可缩性金属支架。使用 U 型钢可缩性支架，并且其金属底梁之间采用拉杆固定，铺设钢筋网并进行架后充填，使封闭式支架及底梁均成为整体结构。

4）混凝土反拱。混凝土反拱是一种适用于永久性巷道的底板支护措施。在巷道底板上先按预定深度和形状挖出坑槽，再浇注混凝土使之成为反拱。混凝土反拱通常配合砌碹支护使用。为了加强混凝土反拱，也可与金属可缩性底梁联合使用，使其获得较大抗底鼓的残余变形阻力。从经济上考虑，混凝土反拱的厚度不宜大于 600mm。

2. 卸压法

卸压法基本上还处于理论分析和实验室研究阶段。

1）切缝卸压：据研究，底板切缝的深度应大于巷道宽度的一半，切缝的宽度需 20～30cm 左右。在切缝中用充填材料填塞。切缝法主要适用于防治挠曲褶皱性底鼓。

2）钻孔卸压：适用条件与切缝法类似。

3）松动爆破卸压：在底板松动爆破后再安设加强支架，效果较佳。适用于应力高而围岩比较坚硬的巷道。

4）卸压槽：硐室顶部开一几何尺寸比较合理的卸压槽。

（四）巷道围岩注浆加固技术

1. 注浆材料

按照材料的成分组成，注浆材料大致可分为两大类：即水泥浆液和化学浆液，巷道注浆材料同一般注浆材料相同。

2. 注浆孔布置

1）孔径：煤矿井下巷道围岩注浆用的注浆孔多为小直径孔，孔径通常为 42～60mm，可采用普通风钻或小型钻机钻孔。

2）孔深：孔深主要根据被加固岩层的松动圈深度而定，一般选取加固深度与松动圈深度大体相当。松动圈深度可采用声波测试仪在现场测定。如果松动圈深度较深，而围岩较破碎，打深孔较困难，则可采取由浅入深分段打眼、分段注浆固结的方法，每段注浆深度可不超过2m。

3）孔的排列方式和孔间距：注浆孔布置应使相邻两孔固结浆液的径向分布在一定程度上互相贯透，且浆液的多余部分能充填固结体之间的空隙。孔的排列方式一般有按行排列及三角形排列两种。孔间距则应根据每个注浆孔的扩散半径及孔的排列方式而定。当采用按行排列方式时（如图6—1—72）孔间距 $d=1.57R$。

R 为每一注浆孔的扩散半径（可根据实验或现场实测确定）。

若注浆孔按等边三角形布置时 $d=1.77R$。

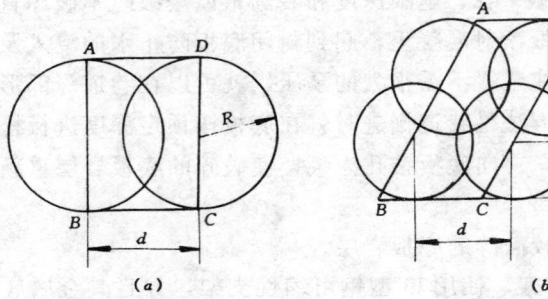

图6—1—72　注浆孔的排列方式

a—按行排列；b—三角形排列

（五）巷道支架架后充填

1．架后充填材料

1）低水充填材料：

通常将配制后水灰比（水∶骨料）低于0.25的充填材料称为低水充填材料。目前中国已进行试验和应用的实用型低水充填材料主要有两大类：即粉煤灰类和煤矸石类。

（1）粉煤灰类是电厂的工业废料，来源丰富，价格低廉，便于泵送或风力充填，同时又具有一定强度的固体材料。见表6—1—130。

（2）矸石粉类充填材料

表6—1—130　几种粉煤灰类充填材料性能

配　比	强度（MPa）			
	1d	3d	7d	28d
粉煤灰∶生石灰=3∶1	0.6	1.8	2.5	4.5
粉煤灰∶生石灰∶水泥 =3∶0.5∶0.5	1.1	2.3	3.5	7.9
粉煤灰∶水泥=3∶1	1.4	3.1	6.0	19.0

表6—1—131　矸石粉类充填材料性能

配　比	强度（MPa）			
	1d	3d	7d	28d
矸石粉∶水泥=5∶1	0.8	2.2	3.2	10.0
矸石粉∶水泥=4∶1	1.4	2.6	4.9	13.0
矸石粉∶水泥=3∶1	2.0	6.1	9.1	22.0

表 6-1-131 为几种不同配比的矸石粉类充填材料的性能。从表中可看出，在同样的水泥含量下，矸石粉类充填料的早期和后期强度都较高，是一种经济的工程实用充填材料。

2）中水充填材料：

水灰比为 0.25~0.6 的充填材料通常称为中水充填材料。

将磷石膏配制成水灰比为 0.35~0.37 的灰浆后即可作为架后充填材料。其初凝时间为 8~11min，终凝时间为 20~22min。初凝抗压强度为 1.5~1.6MPa，1d 后强度为 1.7~1.9MPa，7d 后强度可达 2.5~3.5MPa。为节省磷石膏的用量，可加入砂、碎石等中性填料，但其含量最多不能超过总量的 50%。

前苏联、英国、德国曾采用合成硬石膏，掺加速凝剂后，配制成水灰比为 0.35 左右的灰浆进行架后充填，取得了较好的巷道维护效果。

国内部分矿井曾采用 300 号以上硅酸盐水泥配制成水灰比为 0.3~0.4 的水泥砂浆或混凝土浆作砌碹巷道的架后充填材料，其特点是固后强度较高，刚度较大，但可缩性很小。

3）膨胀发泡充填材料：

在巷道掘进过程中，为了对巷道周边的空隙和冒落洞穴及时充填和封闭，防止瓦斯积聚等灾害事故，可采用膨胀发泡型材料进行充填。

前苏联曾试验利用聚氨酯树脂与松散料（木屑、锯末、岩粉），硬化剂、阻燃添加剂等混合后起化学反应而生产高倍率的发泡充填材料。

德国使用一种由 BK－树脂溶液和 B 泡沫溶液混合而成的一种为 ISOCHAUM 的高倍率泡沫材料。

2．架后充填工艺

按所采用的充填材料的不同，泵送充填工艺分干式充填和湿式充填两种，其主要区别在于充填材料骨料与水混合的地点和方式的不同。

1）湿式充填（图 6-1-73）：适于充填较小颗粒，要求水灰比较大的充填材料，输送距离不能很远，一般充填机设在离充填点不远于 50m 的位置。

在充填前将已架设支架的巷道在架后空间沿巷道纵向分成 6~8m 长的充填隔断，从而使每一隔断内的架后空间与相邻隔断隔离，充填工作分段独立进行，以保证充填密实。

2）干式充填：干式充填适用于要求水灰比较低的充填材料。按一定配比混合搅拌均匀的充填干料一般借风力经管道输送至充填地点，然后在出口处与水混合后直接射入架后空间。通常采用轴向充填方式，即直接从掘进头向后方的支架架后空间中喷射充填。

（六）深部巷道围岩控制

深部开采的深度标准，因各国煤矿的地质条件、开采技术水平，以及矿井装备的差异而不尽相同。多数国家深部开采的深度标准定为 800m。英国与波兰煤矿把深部开采起点定为 750m，日本定为 600m，前苏联定为 800m，德国煤矿则把 800~1200m 定为深部开采，而把 1200m 以上称为超深开采。中国尚无明确规定，一般认为采深 800m 为深部开采。

深部巷道围岩控制的原则是尽可能将巷道布置在应力降低区内，或者采取卸压的方法改变巷道围岩的应力分布。此外，还必须从力学性能的结构上采用适应深部巷道围岩变形和矿压显现特点的巷道支护型式。

1．无煤柱回采

在深部开采条件下，采用无煤柱护巷是改善深部巷道围岩控制的一个重要途径。无煤柱

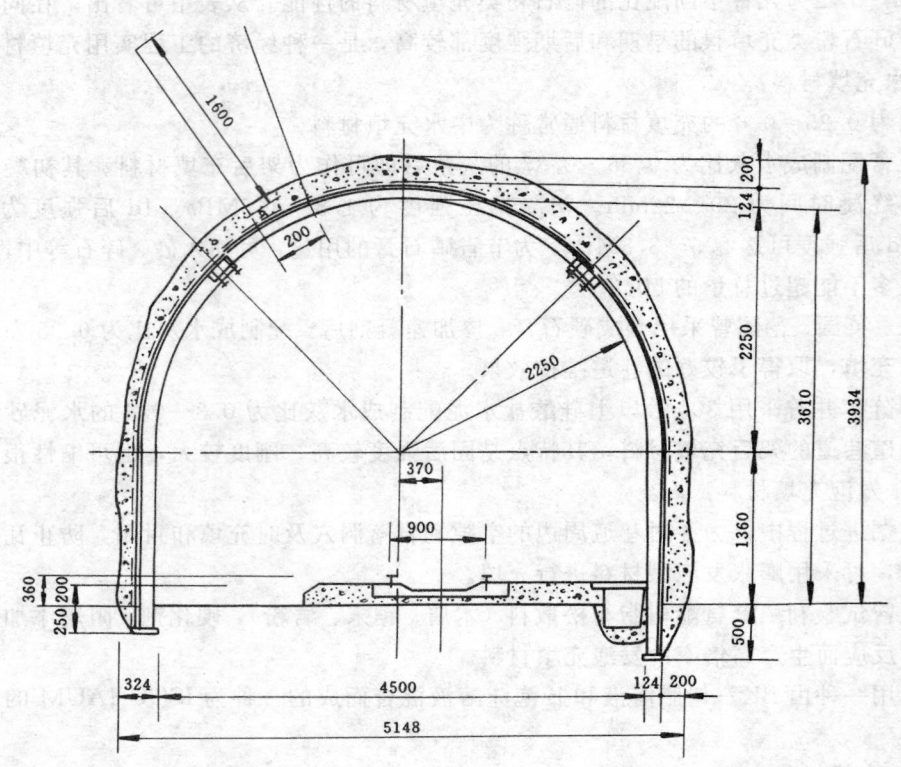

图 6—1—73 谢—矿 U 型钢可缩支架架后充填巷道断面图

护巷可分为两大类：

1）沿采空区边缘布置巷道，这类巷道大都为回采巷道，主要有沿空掘巷和沿空留巷两种；

2）将巷道布置在回采空间下方，适用于邻近煤层和底板岩层巷道的布置。这类巷道可以利用上部回采工作面跨越巷道进行卸压，又可掘前预采卸压。深部开采无煤柱护巷应注意的问题，原则上与浅部或中深度条件时相同。

2. 巷道围岩卸压

目前正在试验的卸压法主要有以下几种：

1）通过在巷道周边的岩体内切缝、钻孔和松动爆破等手段，人为地使巷道周边的集中应力向岩体深部转移，以充分利用更大范围内岩体的承压能力；

2）卸压煤（岩）柱。这种方法可使掘巷时在巷道周边形成的集中应力向巷道围岩深部转移。其效果取决于合理确定卸压巷的尺寸及让压煤（岩）柱的宽度；

3）顶部卸压槽。这种方法的实质是通过顶部卸压槽使巷道围岩应力重新分布，开掘巷道引起的集中应力及由回采引起的支承应力由顶部槽两帮的岩体来承受，并传递到远离巷道的围岩深部，从而在保持巷道周边岩体完整的前提下使巷道处于应力降低区内。

为保持巷道顶板的完整性，卸压巷与被保护巷道顶部的距离，在除去卸压巷底板内拉断区的深度外还应保留不小于 2.0m 厚的完整岩体。卸压巷的宽度愈大，被保护巷道周边形成的低应力区范围也愈大，但与此同时，卸压巷施工工程量也就愈大。考虑顶部卸压巷两角底板中将形成应力核，将 4rH 的等应力线作为应力核的边界，设 E 点为无卸压及不受采动影响时巷道侧向支承应力峰值作用位置（图 6-1-74），则合理的卸压巷宽度应使得应力核边界延伸线与硐室底板延伸线的交点正好通过 E 点（图 6-1-74b）。若该交点落于 E 点外侧（图 6-1-74a），说明卸压巷太宽，若该交点落于 E 点内侧（图 6-1-74c），说明卸压巷太窄。

4）开掘导硐卸压。在掘巷和架设永久支架前，先开挖一小断面导硐，采用临时的简易支护，允许其变形破坏，待巷道压力缓和及变形趋向稳定后，再刷大和整修巷道，安设承载能力和刚度都较大的永久支护。

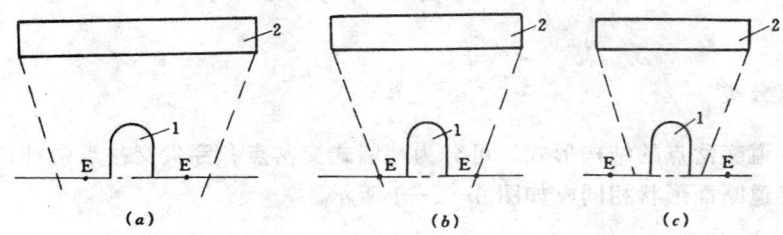

图 6-1-74　顶部卸压巷设计方案

1—硐室；2—卸压巷

3. 巷道支护

根据深井开采的矿压显现特点，进行深部巷道支护应注意的问题有：

1）在掌握地质条件和巷道的围岩性质，以及预测巷道围岩变形规律、特征和位移量的基础上，正确选择巷道支护的型式、结构、阻力、刚度，以及二次支护的时间等；

2）只有在巷道围岩比较稳定的条件下，才适用刚性框式支架或普通锚杆支护；

3）在巷道围岩中等稳定的条件下，可采用锚喷网等组合支护及可缩性拱形支架；

4）在巷道围岩比较松软的条件下，应采用高阻力、大缩量，并进行壁后充填的重型 U 型钢支架，以及各种联合支护。根据底板的稳定性，选用拱形或环形支架。高强混凝土弧板支架具有承载能力大，便于机械化施工的优点，适用于围岩压力很大的主要巷道。

第二章　平巷交岔点

第一节　交岔点分类及计算

一、交岔点分类

矿井水平巷道交岔点的结构形式，可分为柱墙式交岔点和穿尖交岔点两种；其断面形状宜与相连接的巷道断面形状相同。如图 6—2—1 所示。

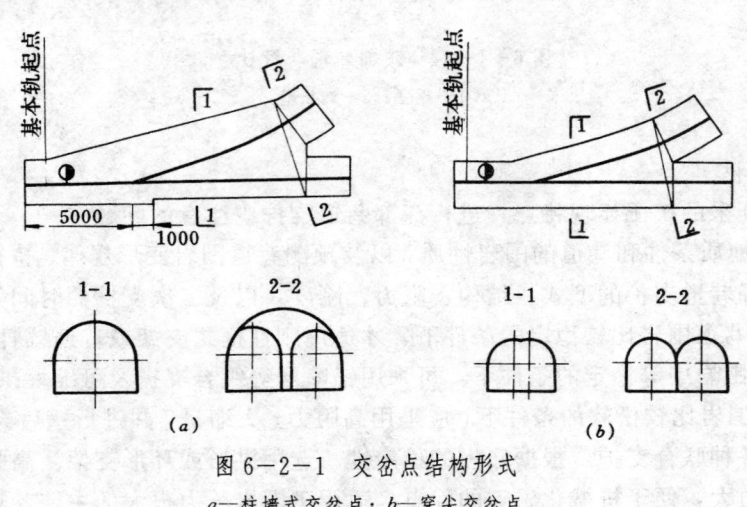

图 6—2—1　交岔点结构形式

a—柱墙式交岔点；b—穿尖交岔点

（一）柱墙式交岔点

柱墙式交岔点又称"牛鼻子"碹岔，在各类围岩的巷道中均可使用。在该交岔点长度内两巷道的相交部分，共同形成一个渐变跨度的大断面，其最大断面的跨度和拱高是由相交巷道的宽度和柱墙的宽度决定的。

这种交岔点较穿尖式交岔点工程量大，施工时间长，但具有受力条件好，容易维护等特点，所以得到普遍应用。

（二）穿尖式交岔点

穿尖式交岔点一般在围岩稳定坚硬，跨度小的巷道中使用。在交岔点的长度内，两巷道为自然相交，其相交部分保持各自的巷道断面。拱高不是以两条巷道的最大跨度来决定，而是以巷道自身的跨度来决定。因此，碹岔中间断面的高度不超过两相交巷道中宽巷的高度。由于拱高低、长度短、断面尺寸不渐变，从而使工程量减小，施工时间缩短，通风阻力小，也使设计工作简化。但它较柱墙式交岔点在相同条件下具有拱部承载能力小、仅适用于围岩坚硬、稳定、跨度较小的巷道。

二、交岔点平面尺寸的确定

1. 确定交岔点平面尺寸的依据

巷道交岔点的布置和断面设计应满足矿井井下运输、管线布置、通风、行人和安全的要求；所用钢轨轨型，应与其相连接的直线巷道（正线）的轨型相一致，也可选大一级的钢轨型号。交岔点道岔型号及曲线半径应根据所采用的运输车辆的型号、运量和运行速度确定，并应符合《煤矿矿井井底车场设计规范》中的有关规定，见表 6-2-1。

表 6-2-1 线路轨型、道岔及平曲线半径

运 输 设 备		轨距 (mm)	轨型 (kg/m)	辙叉号码		平曲线半径 (m)
牵引设备类型	矿车类型			单开	对称	
20t 以上机车	5.0t 及其以上底卸式	900	38～43	6	4	40～50
14～20t 机车	3.0t 底卸式	900	30～38	5、6	4	30～35
	5.0t 底卸式	900	30～38	6	4	35～40
8～12t 机车	1.0t 固定式	600	30	4、5	3	15～20
	1.5t 固定式	600	30	4、5	3	15～20
	1.5t 固定式	900	30	4、5	3	20～25
	3.0t 固定式	900	30	5	3	20～25
	3.0t 底卸式	600	30	5	4	25～30
	5.0t 底卸式	600 900	30	5、6	4	30～40
7t 及其以下机车	1.0t 固定式	600	22	4	3	12～15
	1.5t 固定式	600 900	22～30	4、5	3	15～20
	3.0t 固定式	900	30	5	3	20～25
无极绳绞车	1.0t 固定式	600	15～22	4、5	3	30～50
非机械牵引	1.0t 固定式	600	15～22	2、3	3	9～12
	1.5t 固定式	600 900	15～22	3、4	3	9～12
	3.0t 固定式	900	22	3、4	3	12～15

注：1. 采用渡线道岔时可按表中单开道岔号码选取；

　　2. 中、小型矿井可取小值。

交岔点内的道岔处车辆与巷道两侧的安全间隙，应在直线巷道（正线）安全间隙的基础上加宽；其加宽值应符合下列规定：

1）道岔处车辆与巷道两侧安全间隙加宽值，单开道岔的非分岔一侧加宽不宜小于 200mm，分岔一侧加宽不宜小于 100mm；对称道岔的两侧加宽均不宜小于 200mm。

2）道岔处双轨中心线间距加宽值，直线为双轨、岔线为单轨，加宽值不宜小于 200mm；直线一端为单轨、岔线为双轨，加宽值不宜小于 300mm；道岔为对称道岔，加宽值不宜小于 400mm。

3）无道岔交岔点的双轨中心线间距应加宽，即：分岔巷道一条为直线、另一条为弯道时，加宽值不宜小于 200mm；分岔巷道均为弯道时，加宽值不宜小于 400mm。

4）单轨巷道交岔点，巷道断面的加宽范围见图 6-2-2，图中 c 值见表 6-2-2。

5）双轨巷道交岔点的双轨中心线间距和巷道的加宽范围见图 6－2－3。图中的 c 值见表 6－2－2。

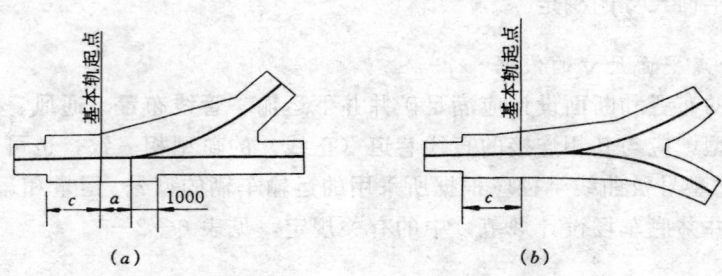

图 6－2－2　单轨交岔点加宽范围
a—单开道岔交岔点；b—对称道岔交岔点

表 6－2－2　直线巷道加宽最小长度值

车辆类型	直线巷道加宽最小长度 c 值 (mm)	车辆类型	直线巷道加宽最小长度 c 值 (mm)
1.0t 固定式矿车	1500	7 (10) t 架线式机车	3000
1.5t 固定式矿车	2000	8t 蓄电池机车	3000
3.0t 固定式矿车	2500	5.0t 底卸式矿车	3500
3.0t 底卸式矿车	2500	14t 架线式机车	3500

图 6－2－3（c）中，当运输设备为 10t 及 10t 以下电机车和 3t 以下矿车时，L 取 5000mm；当运输设备为 10t 以上电机车和 5t 底卸式矿车时，L 取 6000mm。

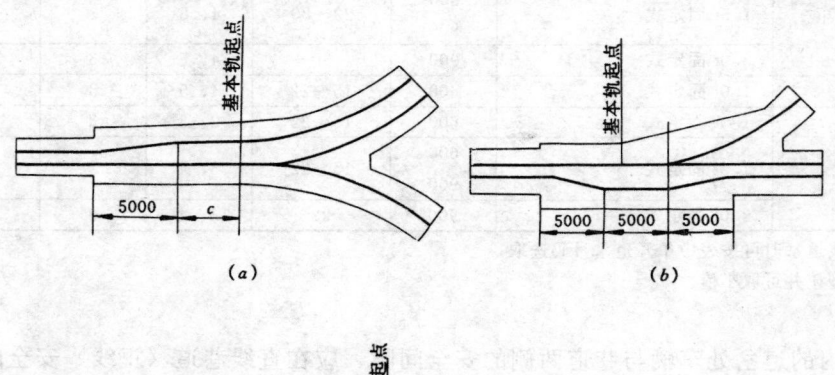

（a）　　　　　　　　　（b）

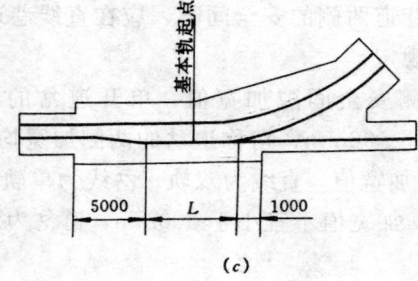

（c）

图 6－2－3　双轨巷道交岔点双轨中心线间距和巷道断面加宽范围
a—双轨对称道岔交岔点；b—双轨直线单开道岔交岔点
c—双轨岔线单开道岔交岔点

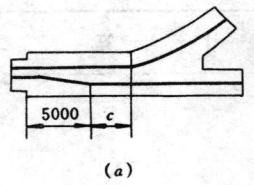 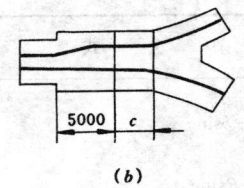

(a) 　　　　　　　　　　　　　　(b)

图6-2-4　无道岔交岔点双轨中心线间距和巷道断面加宽范围

a—单开式分岔；b—对称式分岔

6）无道岔交岔点双轨中心线间距和巷道断面的加宽范围见图6-2-4，图中c值见表6-2-2。

2. 交岔点平面尺寸计算公式

为了与《窄轨道岔线路联接手册》相适应，其常用交岔点计算公式见表6-2-3。

表6-2-3　交岔点计算公式表

	计　算　公　式	计　算　图
单轨单侧分岔交岔点	$H = R\cos\alpha + b\sin\alpha$ $D = b\cos\alpha - R\sin\alpha$ $\theta = \arccos\dfrac{H - b_2 - 500}{R + b_3}$ $l_1 = (R + b_3)\sin\theta \pm D$ $L_1 = l_1 + a$ $\overline{WN} = B_3\cos\theta + 500 + B_2$ $\overline{NM} = B_3\sin\theta$ $\overline{WM} = \sqrt{\overline{WN^2} + \overline{NM^2}}$ $L_0 = \dfrac{\overline{WN} - B_1}{i}$ $y = L_1 - L_0 - \overline{NM}$	

计 算 公 式	计 算 图
双轨巷道单侧分岔交岔点 $H = R\cos\alpha + b\sin\alpha$ $D = b\cos\alpha - R\sin\alpha$ $\cos\theta = \dfrac{H - 500 - b_2}{R + b_3}$ $l_1 = (R + b_3)\sin\theta \pm D$ $\overline{WN} = B_3\cos\theta + 500 + B_2$ $\overline{MN} = B_3\sin\theta$ $\overline{WM} = \sqrt{\overline{WN}^2 + \overline{MN}^2}$ $L_1 = l_1 + 5000 + 5000$ $L_0 = \dfrac{\overline{WN} - B_1}{i}$ $y = L_1 - \overline{MN} - L_0$	
双轨巷道单侧弯道交岔点 $\cos\theta = \dfrac{R + S - 500 - b_2}{R + b_3}$ $\overline{MN} = B_3\sin\theta$ $\overline{WN} = B_3\cos\theta + 500 + B_2$ $\overline{WM} = \sqrt{\overline{WN}^2 + \overline{MN}^2}$ $l_1 = (R + b_3)\sin\theta$ $L_1 = l_1 + 5000$ $L_0 = \dfrac{\overline{WN} - B_1}{i}$ $y = L_1 - \overline{MN} - L_0$	

计 算 公 式	计 算 图
单轨巷道对称分岔交岔点 $H=R\cos\dfrac{\alpha}{2}+b\sin\dfrac{\alpha}{2}$ $D=b\cos\dfrac{\alpha}{2}-R\sin\dfrac{\alpha}{2}$ $\cos\theta=\dfrac{H-250}{R+b_3}$ $\overline{M'N'}=B_3\sin\theta$ $\overline{WM}=2B_3\cos\theta+500$ $l_1=(R+b_3)\sin\theta\pm D$ $L_1=a+l_1$ $L_0=\dfrac{\overline{WM}-B_1}{2i}$	
双轨巷道单侧分岔、弯道交岔点 $H=R\cos\alpha+b\sin\alpha$ $D=b\cos\alpha-R\sin\alpha$ $\cos\theta=\dfrac{H-500-b_2}{R+b_3}$ $l_1=(R+b_3)\sin\theta\pm D$ $\overline{WN}=B_3\cos\theta+500+B_2$ $\overline{MN}=B_3\sin\theta$ $\overline{WM}=\sqrt{\overline{WN}^2+\overline{MN}^2}$ $L_1=l_1+a$ $L_0=\dfrac{\overline{WN}-B_1}{i}$ $y=L_1-\overline{MN}-L_0$	
双轨巷道对称道岔、弯道交岔点 $H=R\cos\dfrac{\alpha}{2}+b\sin\dfrac{\alpha}{2}$ $D=b\cos\dfrac{\alpha}{2}-R\sin\dfrac{\alpha}{2}$ $\cos\theta=\dfrac{H-250}{R+b_3}$ $J=a\pm D$ $J_1=a-R_1\tan\dfrac{\alpha}{4}$ $l_1=(R+b_3)\sin\theta\pm D$ $L_1=a+l_1$ $\overline{WM}=\sqrt{\left[(B_2+B_3)\cos\left(\dfrac{\alpha}{2}+\beta\right)+500\right]^2 +\left[(B_3-B_2)\sin\left(\dfrac{\alpha}{2}+\beta\right)\right]^2}$ $b_2=b_3$	

计　算　公　式	计　算　图

双轨巷道对称分岔交岔点

$$\cos\theta=\frac{R+\dfrac{S}{2}-250}{R+b_2}$$

$$L_1=(R+b_2)\sin\theta$$

$$L_0=L_1-B_2\sin\theta$$

$$\overline{WM}=2B_2\cos\theta+500$$

直交三角交岔点（一组对称两组单开道岔）

$$n=H_1\pm D$$

$$m=H$$

$$\beta_3=90°-\theta_1-\theta$$

$$P=2H_1-2l_1\pm 2D$$

计　算　公　式	计　算　图

斜交三角交岔点（一组对称两组单开道岔）

$$m=\frac{H_1\sin(90°-\beta)+H}{\sin\beta}\pm D_1$$

$$m_1=\frac{H-R\cos\gamma}{\sin\gamma}$$

$$n=R\sin\gamma-m_1\cos\gamma\pm D$$

$$m_2=\frac{\left.\begin{array}{l}D_1\cos(90°-\beta)+H_1\sin(90°-\beta)+\\+H-\left(b_1+R\tan\frac{\beta_2}{2}\right)\times\\\times\cos\left(\frac{\alpha_1}{2}+90°-\beta\right)\end{array}\right\}}{\sin\gamma}$$
$$-m_1-R\tan\frac{\beta_2}{2}$$

$$n_1=n+\left(m_1+m_2+R\tan\frac{\beta_2}{2}\right)\cos\gamma$$
$$+\left(b_1+R\tan\frac{\beta_2}{2}\right)\sin\left(\frac{\alpha_1}{2}+90°-\beta\right)$$
$$-m\cos\beta$$

$$n_2=H_1\cos(90°-\beta)\pm D+[H_1\sin(90°-\beta)$$
$$+H]\cot\beta$$

$$\beta_1=\beta-\theta_1-\theta$$

$$\beta_2=\theta_1-\frac{\alpha_1}{2}$$

$$\gamma=\beta-\frac{\alpha_1}{2}-\beta_2$$

$$\beta_3=180°-\beta-\theta_1-\theta$$

斜交三角交岔点（三组单开道岔）

$$m=H\cos(90°-\beta)+\frac{(H_1+L)\sin(90°-\beta)}{\sin\beta}$$
$$\pm D_1$$

$$m_1=\frac{H-R\cos\beta}{\sin\beta}$$

$$m_2=m-m_1$$

$$l_1=(R+b_2)\sin\theta_1\pm D_1$$

$$m_3=m_2-l_1$$

$$n_1=R\sin\beta-m_1\cos\beta\pm D$$

$$L=H\sin(90°-\beta)$$

$$n_2=(H_1+L)\cos(90°-\beta)$$
$$+\frac{(H_1+L)\sin(90°-\beta)}{\tan\beta}\pm D$$

$$l_2=(R+b_2)\sin\theta\pm D$$

$$P=n_1+n_2-2l_2$$

$$\beta_1=180°-\beta-\theta_1-\theta$$

三、交岔点柱墙、墙高及斜率

1. 交岔点柱墙及墙高

1）交岔点柱墙（牛鼻子）的最小宽度，宜取 500mm。

2）交岔点柱墙的长度，在直线分岔巷道一侧不得小于 2000mm；曲线分岔巷道一侧，沿轨道中心线不得小于 2000mm。

3）交岔点柱墙采用砌碹支护时，其基础深度，无水沟时，不得小于 250mm；有水沟时，可取 500mm，且墙基掘进底面不得高于水沟掘进底面。

4）在交岔点的巷道断面宽度变化区段内，墙高应随巷道断面宽度的增加而相应降低。降低后的墙高应符合安全间隙、行人、运输要求。如墙高的降低值小于 200mm 时，可不降低，墙高最大降低值不应大于 500mm。墙高的降低值，除根据运输设备、管线敷设、行人高度等因素确定外，还要使大断面的拱能与正线及分岔巷道相切，一般情况下可降低 200～500mm。墙高的降低既有利于施工，也增加了交岔点的承载能力。

2. 交岔点斜率

大断面宽度 B_4 减去小断面宽度 B_1 与 B_1 至 B_4 两断面之间变化段的长度 L_0 的比值 i 为交岔点斜率。小断面一般位于道岔基本轨起点，也可以根据矿车及设备运行的安全间隙计算选取。

为方便设计和施工，选取常用斜率表示巷道宽度的变化规律。一般的常用斜率为 0.2、0.3、0.4、0.5、0.6。

设计交岔点时，经计算选取与其接近的常用斜率后，需按下式算出断面变化段的水平距离 L_0 及起点位置，再逐一计算每间隔 1m 的断面宽度，见图 6-2-5。

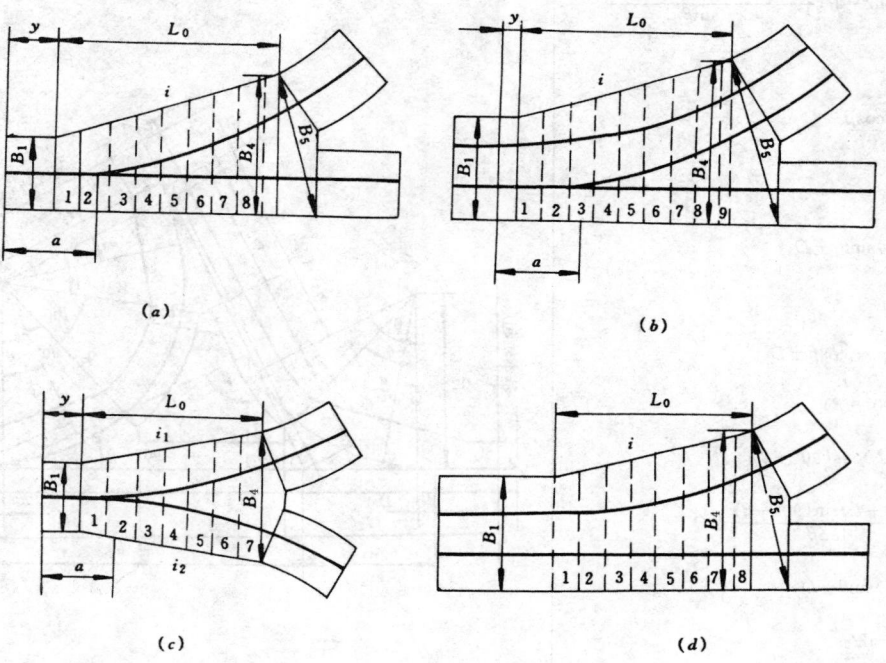

(a)

(b)

(c)

(d)

图 6-2-5　柱墙式交岔点的斜率

断面变化段水平距离计算公式为：

$$L_0 = \frac{B_4 - B_1}{i} \qquad\qquad (6-2-1)$$

式中　L_0——断面变化段水平距离，mm；

　　　B_4——交岔点大断面宽度，mm；

　　　B_1——交岔点小断面宽度，mm；

　　　i——交岔点常用斜率，见图 6—2—5，在对称道岔交岔点中，$i = i_1 + i_2$，首先确定 i，再计算 i_1 和 i_2。

选择常用斜率后，交岔点最小断面和最大断面处需对运输设备、管线敷设、人行及安全要求进行验算。

第二节　交岔点支护

一、交岔点支护的一般原则

1）锚喷支护交岔点的支护参数，应按交岔点最大宽度选取，并取上限值。

2）交岔点分岔巷道的加强支护长度，应根据围岩性质确定，宜取 2～5m。

3）砌碹支护的交岔点，砌碹厚度应按交岔点最大宽度选取。分岔巷道的砌碹厚度，当 $f \geqslant 3$ 时，应按各自的宽度选取；当 $f < 3$ 时，应按交岔点最大宽度选取。

4）交岔点柱墙是两条分岔巷道顶板的支撑点，应采用料石或混凝土砌筑。锚喷支护交岔点当不用混凝土或料石砌筑柱墙时，其柱墙处应采取措施加强支护。

二、交岔点矿压计算特点

（一）矿压计算特点（表 6—2—4）

表 6—2—4　交岔点矿压计算特点

交岔点矿压计算图	顶梁 CD 的顶压计算原则	抬棚梁 AD 或 CB 的计算原则	
		抬棚梁上架梁数＜6 架	抬棚梁上架梁数≥6 架
	因交岔处两巷道互相削弱，使冒落拱高及底跨均加大。计算顶梁 CD 的顶压时，冒落拱底跨取为（1.25～1.50）l_m，l_m 为交岔点最长对角线长度	抬棚梁按承受集中载荷简支梁计算	抬棚梁按承受均布载荷简支梁计算，载荷集度为 $$q_t = q_g + \frac{q l_1}{2d}$$ 式中　q_g——顶梁自重，N/cm；　q——顶梁所受顶压集度，N/cm；　l_1——顶梁实际跨度，cm；　d——顶梁间距，cm

（二）交岔点应力集中的特点

两条交岔巷道两侧的支承压会产生相互叠加。正在开凿第一巷道时的应力集中系数 K_θ 比开凿前增大 $10\% \sim 15\%$；交岔点第二巷道掘进后，应力集中系数 K_θ 比开凿前增大 $40\% \sim 50\%$。

巷道交岔点的交叉角度 θ 和交叉巷道数目 n，对交岔点拐角岩柱应力集中系数 K_θ 的相互关系可用下式表达：

$$K_\theta = \frac{K_1 + K_2}{2} \sqrt{\frac{n}{\sin \frac{\theta}{2}}} \qquad (6-2-2)$$

式中 K_1、K_2——分别为交岔点区域外与拐角岩柱相毗连巷道两帮中相应的压应力集中系数；此值由巷道断面形状和巷道掘进宽度 B_i（$2a_i$）与掘进高度 h_i 的比值确定，见表 6-2-5。

表 6-2-5 应 力 集 中 系 数 K_i

（$i=1$，2）

巷道断面形状	当 $2a_i/h_i$ 为下列值时 K_i 的值					
	1	1.25	1.5	1.75	2	2.25
矩 形	2.8	2.9	3.0	3.1	3.2	3.3
梯 形	2.6	2.65	2.7	2.75	2.8	
拱 形	2.0	2.25	2.5	2.7		
弓 形	1.8	1.9	2.0	2.1		
圆 形	2.0					
多边形	2.5					

三、交岔点混凝土（料石）砌碹支护

（一）交岔点混凝土支护的类型及结构

1. 现浇整体混凝土支护

现浇混凝土支护一般包括顶拱和侧墙两部分。拱的形式可分半圆拱、三心拱和圆弧拱。两条单轨巷道交岔点的整体混凝土支护结构，如图 6-2-6 所示。

虽然交岔点的岩石轮廓不平，但沿整体周边的支护厚度应保持在计算限度之内（如虚线所示）。拱顶厚度 δ_0，根据使用条件，可变动在 $200 \sim 500$mm 之间。在拱基处拱的厚度取 $1.5\delta_0$。基础埋深，在水沟侧为 500mm，另一侧为 250mm。柱墙宽度一般为 500mm，长度通常取 2m。混凝土强度等级不低于 C20。

交岔点中间断面处，宽度逐渐加大，拱高逐渐加高。因此，可以按一定的斜率降低墙高，或采用调整拱形、改变拱高的办法，使交岔点中间断面高度的增加幅度不致过大。

交岔点支护在较大荷载和不均匀围岩压力作用下，或交岔点跨度较大时，可用锚杆加强混凝土支护。双轨巷道单侧分岔交岔点锚杆混凝土组合支护如图 6-2-7 所示。每根锚杆极限承载能力为 55kN，混凝土拱厚 350mm，锚杆间距 $0.8 \sim 1.0$m，锚杆长度 2.2m。

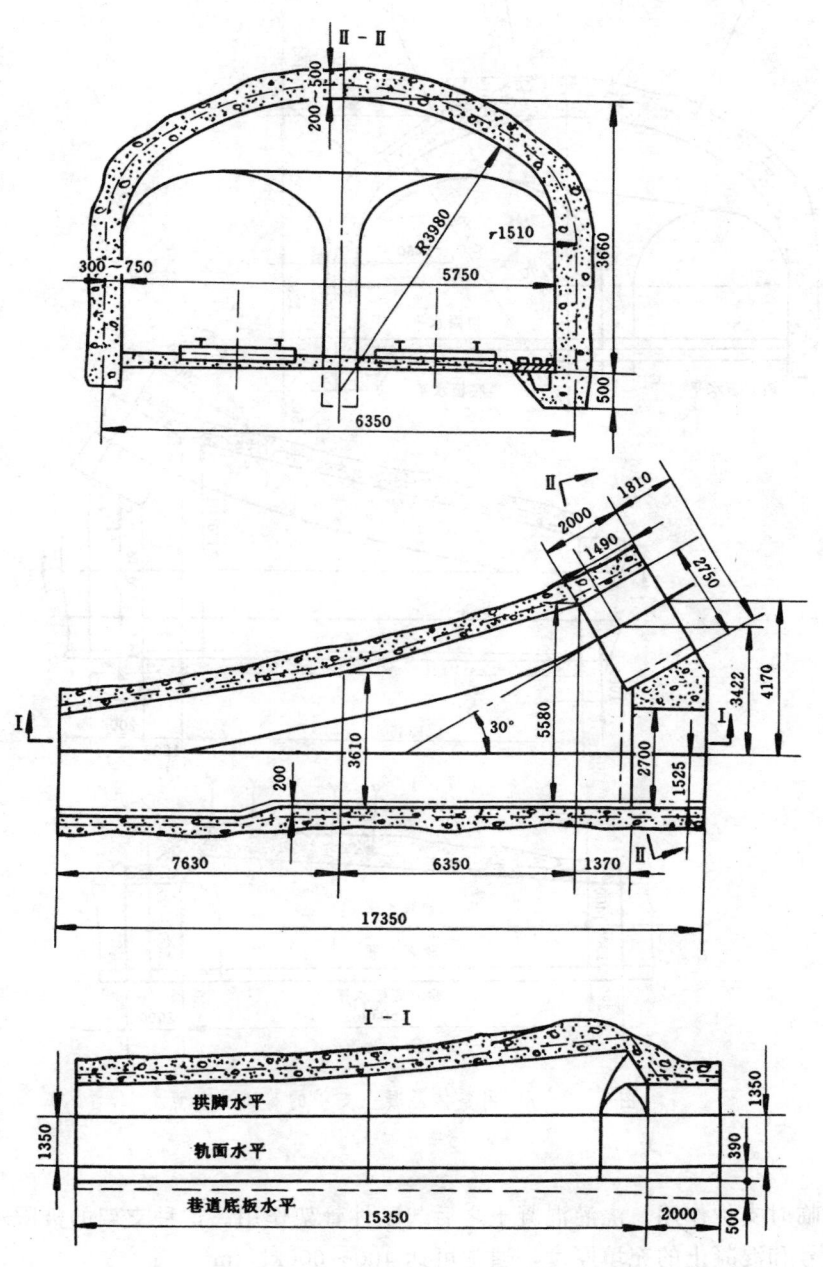

图6—2—6 用整体混凝土支护的巷道交岔点

（无锚杆加强）

　　上述两种交岔点混凝土支护，适用于普通工作条件下，f＝4～6的巷道交岔点支护。

　　在深井和地质复杂情况下，交岔点可采用如图6—2—8所示型钢混凝土交岔点支护。型钢骨架采用工字钢或U型钢，待巷道周边的剧烈位移停止后，再浇灌混凝土。型钢拱形金属

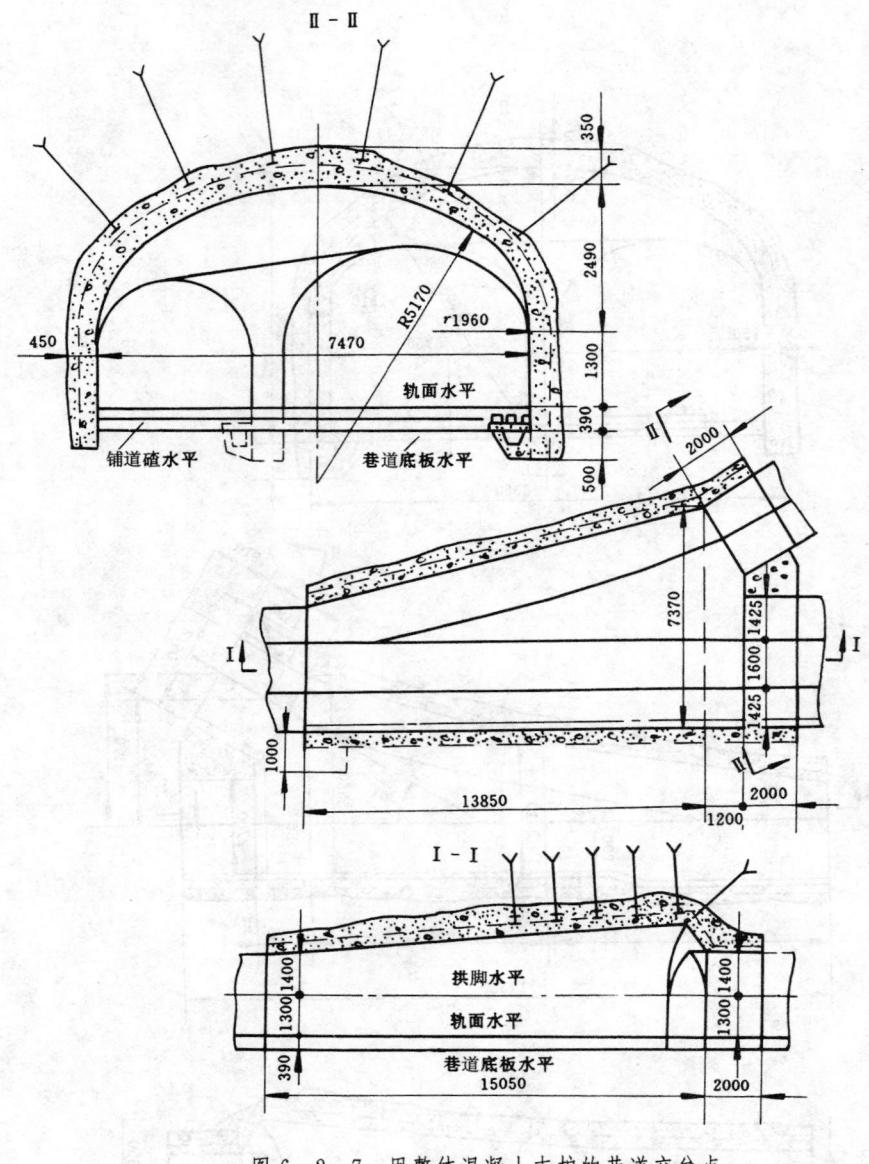

图 6－2－7　用整体混凝土支护的巷道交岔点

（锚杆加强）

支架开始起临时支护作用，浇灌混凝土之后起刚性骨架作用。这种支架的极限承载能力取决于型钢的型号和混凝土的充填厚度，通常可达 $400 \sim 600 \mathrm{kN/m^2}$。

当巷道交岔点所处的地压很大时，还可采用钢筋混凝土支护。通常把钢筋布置在混凝土支护的内外边缘处，即采用双面钢筋。靠外缘的钢筋受压，靠内缘钢筋可承受拉伸荷载。

2. 装配式钢筋混凝土弧板支架

如图 6－2－9 所示，交岔点中间的变断面巷道可划分为几个区段，根据每个区段的掘进高度 H，净半径 R 和掘进宽度 $2a$，选择交岔点弧板块的尺寸和数量。弧板块支护的一侧支承在底板，另一侧支承在槽钢上，槽钢与 50 号工字钢组成抬棚的支承梁刚性连接。抬棚支承柱

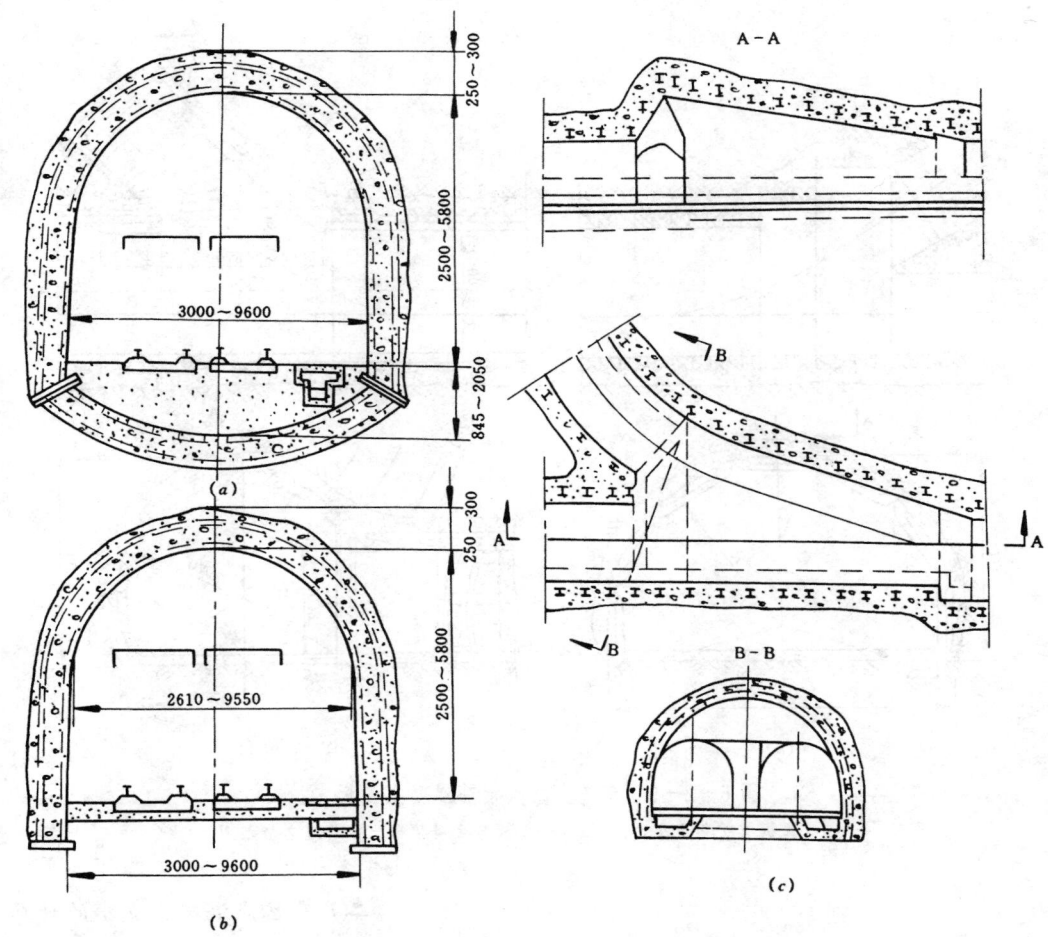

图6—2—8 巷道交岔点型钢混凝土支护

a—带反拱支护；b—不带反拱的支护；c—不带反拱支架支护交岔点全貌图

和梁用混凝土浇灌。在巷道交岔点的分岔巷道段的混凝土平顶用20号工字钢按扇形布置加强，并用锚杆支护增加顶板岩石的稳定性。

3. 交岔点料石支护

料石支护虽然可就地取材，但此工艺落后，已很少使用，现从技术角度出发仍作简述。

1）料石支护：

直墙拱顶巷道的料石支护，料石厚度为200～300mm，每块重量不超过40kg，抗压强度不应低于40MPa，如使用混凝土块，其强度不低于C20，适用于中等以上围岩条件。

2）双层料石圆碹支护：

第一种交岔点支护是在双层料石（每层厚300mm）圆碹间的拱部增设厚200mm的河砂缓冲带，如图6—2—10所示。

第二种交岔点支护是料石—U型钢可缩支护，如图6—2—11所示。这种支架减小了交岔点长度和跨度，将圆形断面改为马蹄形断面。支护结构由双层料石改为单层料石，内套U型钢支架。

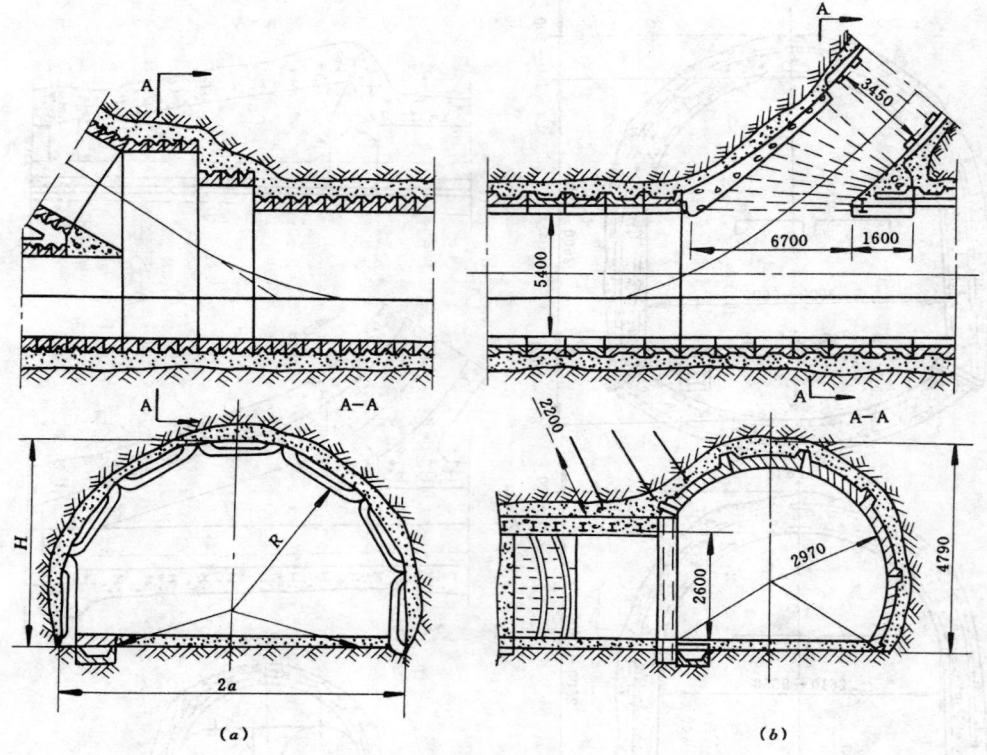

图 6—2—9   巷道交岔点钢筋混凝土弧板支护

a—弧板支护巷道交岔点图；b—弧板与金属抬棚支护巷道交岔点图

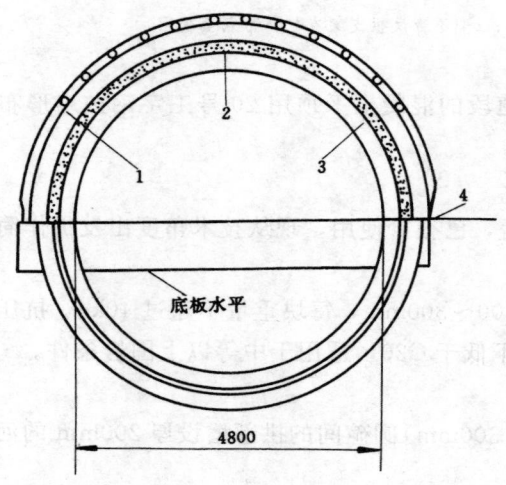

图 6—2—10   双料石圆碹支护单行作业二次施工图

1—掩护帽；2—缓冲带；3—抗压帽；4—拱基线

（二）交岔点混凝土支护的计算

1. 交岔点现浇整体混凝土支护的计算

交岔点现浇整体混凝土支护的计算是在交岔点最大跨度处截取 1m 长的巷道单元体，其顶板和两帮以均布荷载作用考虑，然后计算交岔点混凝土支护的拱顶厚度 δ_0。混凝土墙的厚度一般可取 $1.5\delta_0$。

不考虑支架自重时，交岔点混凝土支护拱顶厚度可按下式计算：

$$\delta_0 = \frac{L_g}{2} \cdot \frac{\sqrt{\dfrac{3K_a q_d}{\sigma_c}}}{\sqrt[4]{1 + 3\left(\dfrac{2f_g}{L_g}\right)^2}} \qquad (6-2-3)$$

考虑支架自重时，交岔点混凝土支护拱顶厚度可按下式计算：

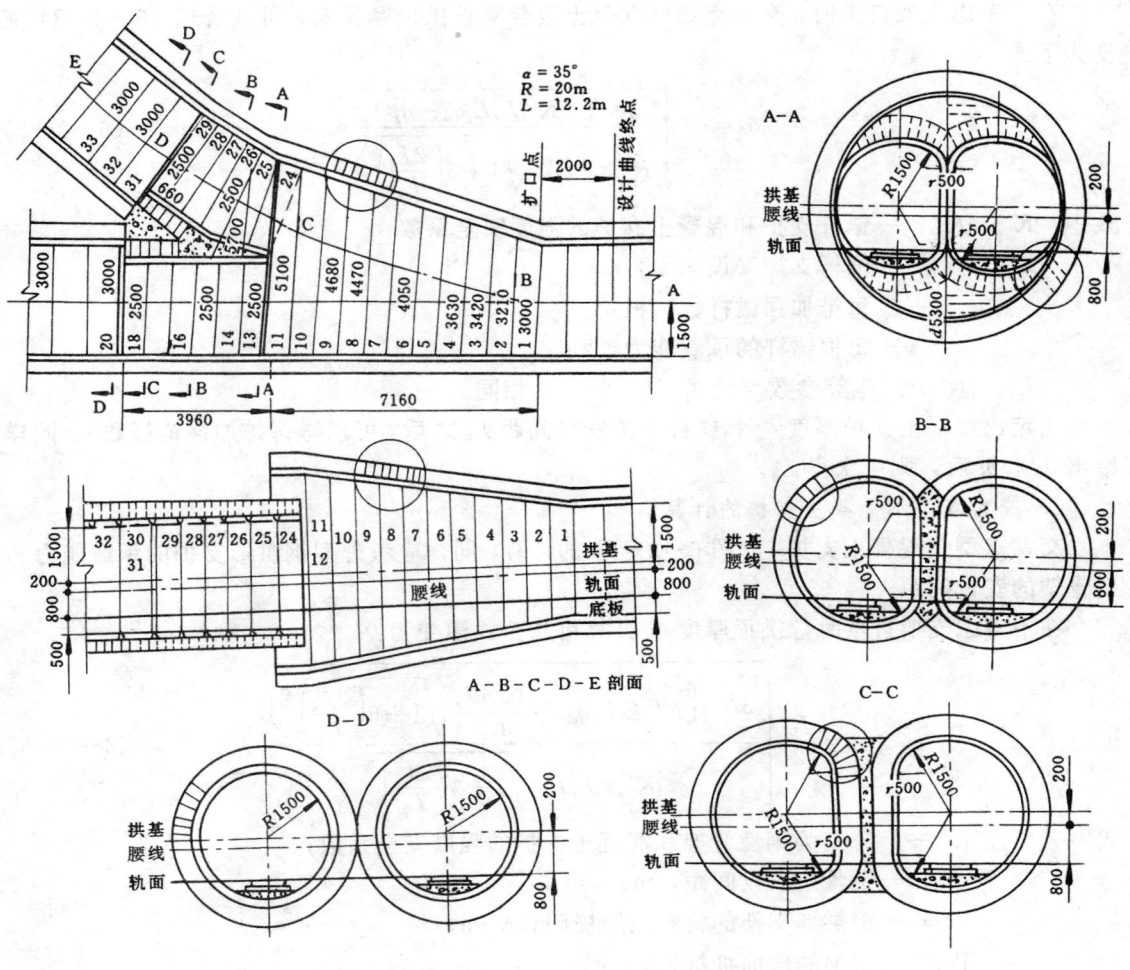

图 6-2-11 巷道交岔点料石 U 型钢可缩支护

$$\delta_0 = \frac{30K_a\rho_b L_g^2}{8\sigma_c\sqrt{1+3\left(\dfrac{2f_g}{L_g}\right)^2}}\left[1+\sqrt{1+\frac{16\sigma_c q_d\sqrt{1+3\left(\dfrac{2f_g}{L_g}\right)^2}}{300K_a\rho_b^2 L_g^2}}\right] \qquad (6-2-4)$$

式中　L_g——拱的净跨度，m；

　　　f_g——拱高，m；

　　　q_d——作用在交岔点支架上的荷载，kPa；

　　　K_a——混凝土强度安全系数；

　　　σ_c——混凝土的弯曲抗压强度极限，kPa；

　　　ρ_b——混凝土凝固后的密度，t/m³。

2. 交岔点锚杆混凝土组合支护的计算

交岔点锚杆混凝土组合支护（图 6-2-7）的参数计算，应考虑到混凝土支护和加强锚杆支护的共同作用。

在不考虑支架自重时，交岔点锚杆混凝土组合支护拱顶厚度 δ_0，可从公式（6－2－3）演变为下式：

$$\delta_0=\frac{L_g}{2}\sqrt{\frac{3K''_a\ (K'_aL_kL_gq_d-np)}{K'_a\sigma_cL_kL_g\sqrt{1+3\left(\dfrac{2f_g}{L_g}\right)^2}}} \qquad (6-2-5)$$

式中 K'_a、K''_a——锚杆支护和混凝土支护的强度安全系数；

L_k——锚杆支护安设间距，m；

n——每排加强锚杆数，根；

p——每根锚杆的承载能力，kN；

L_g、q_d、σ_c、f_g 等参数与公式（6－2－3）相同。

当定出混凝土支护厚度 δ_0 和锚杆支护安设间距 L_k 之后，可求得每排加强锚杆数 n。同样给出 δ_0 和 n 后，则可求得 L_k。

3. 交岔点型钢混凝土支护的计算

交岔点型钢混凝土支护（如图6－2－8）的计算，同样应考虑型钢拱形支护的承载能力和钢骨架的安设间距。

在不考虑支架自重时，拱顶厚度 δ_0 计算可从公式演变为：

$$\delta_0=\frac{L_g}{2}\sqrt{\frac{3K''_a\left[K'_aL_kL_gq_d-\dfrac{10\sigma_gW_x}{L_g}\sqrt{1+6\left(\dfrac{2f_g}{L_g}\right)^2}\right]}{K'_a\sigma_cL_kL_g\sqrt{1+3\left(\dfrac{2f_g}{L_g}\right)^2}}} \qquad (6-2-6)$$

式中 K'_a、K''_a——分别为刚性骨架和混凝土支护的强度安全系数；

L_k——钢骨架安设间距，m；

σ_g——钢拱形支护的材料屈服极限，MPa；

W_x——型钢的截面抵抗矩，cm^3；

L_g、q_d、σ_c、f_g 与公式（6－2－3）相同。

4. 交岔点圆形断面石材支护的承载能力估算

当支架附加地受到侧向荷载作用时，拱顶截面的外弯矩减小，支架基本上受压。因此在均布荷载作用下，环形支护最为理想。当采用料石、混凝土砖、或混凝土块圆形支架支护巷道交岔点时，在初选支护厚度 δ_0 之后，可用下式估算石材支架的承载能力，即：

$$q_h=\frac{2\sigma_c\delta_0}{2K_aR+K_a\delta_0} \qquad (6-2-7)$$

式中 δ_0——交岔点圆形石材支架的厚度，m；

K_a——石材支架的强度安全系数；

R——圆形石材支架的净半径，m；

σ_c——支架材料的抗压强度极限，kPa；

q_h——圆形石材支架的环形荷载，kN/m^2，即支架的承载能力。

四、交岔点金属支架

（一）交岔点金属支架的形式及结构

1. 形 式

金属支架是采准巷道交岔点支架的主要形式；通常采用矿用 U 型钢和工字钢制作，在交岔点的关键部位（拐角处和最大跨度处）要浇灌混凝土柱墩，或设置金属抬棚，或用锚杆支护加固顶帮。如图 6－2－12 所示。

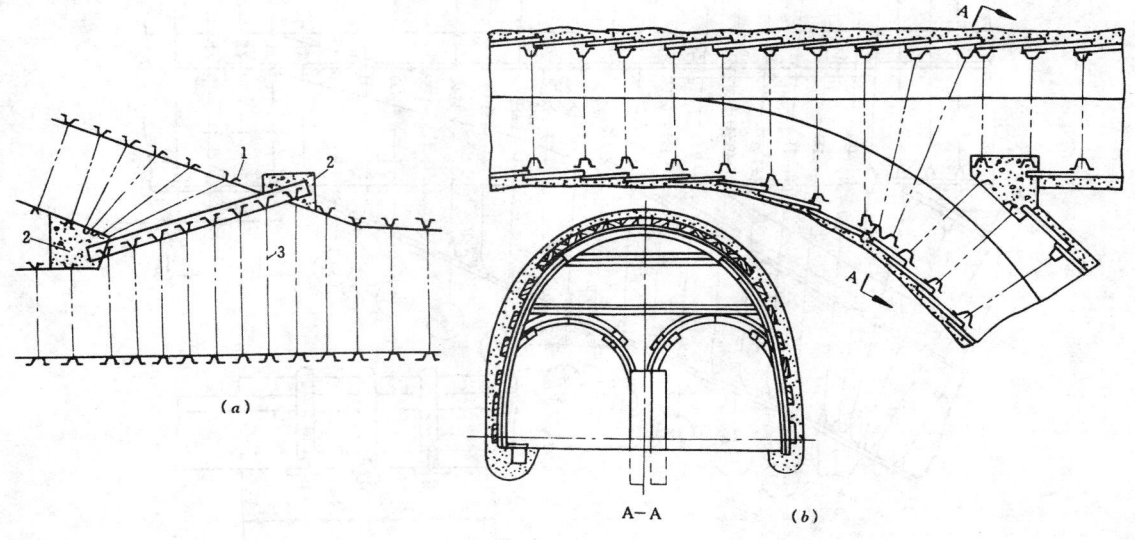

图 6－2－12 交岔点金属拱形支架形式

a—有抬棚；b—无抬棚；

1—抬棚梁；2—混凝土柱墩；3—半拱形金属支架

图 6－2－12a 是有抬棚和支承梁的交岔点金属拱形可缩性支架。图 6－2－12b 是无抬棚和支承梁的交岔点金属拱形可缩性支架，全部交岔点都用拱形支架支护。

交岔点金属支架与巷道金属支架的主要不同之处是：交岔点跨度大，需要加密支架；交岔点处巷道断面在变化，需要采用非标准巷道拱形支架；交岔点处高度大，为节省开挖量，通常改变拱顶形状，由高拱改为低拱（弓形拱或微拱）；为使井下支架的运输、安装方便和满足可缩性要求，通常将交岔点拱形支架裁成 4～6 节。

2. 结 构

1）交岔点 U 型钢拱形金属可缩支架：

巷道交岔点 U 型钢金属可缩支架形式有完全拱顶形 U 型钢可缩支架和不完全拱平顶形 U 型钢可缩支架。图 6－2－13 为不完全拱平顶形交岔点 U 型钢可缩支架，适应于较稳定、不易破碎的岩层中拱形断面的采准巷道交岔点支护。交岔点小跨度断面 $i=1～12$ 之间（即第 1 至 12 支架之间）用 4 节 U 型钢金属拱形支架，两节为标准拱腿，两节为弓形顶；弓形顶支架的节长 $L_i=1.2+0.1i$（m）$(i=1～12)$。交岔点大跨度断面 $i=13～18$ 之间（即第 13 至 18 架金属支架之间）用 5 节 U 型钢金属平顶形支架，两节标准拱腿，两节弯曲的标准拱腿，一节平顶梁；平顶梁的节长为 $L_i=0.8+0.22(i-13)$（m），$(i=13～18)$。全部交岔点段 18 架组合支架的间距均为 0.5m。可根据地质条件，调节支架间距，增减组合支架数目。五节拱形 U 型金属支架可用槽钢与长 2.0m 锚杆组成的锚梁加固，以保证交岔点拱形 U 型钢支架的稳定。

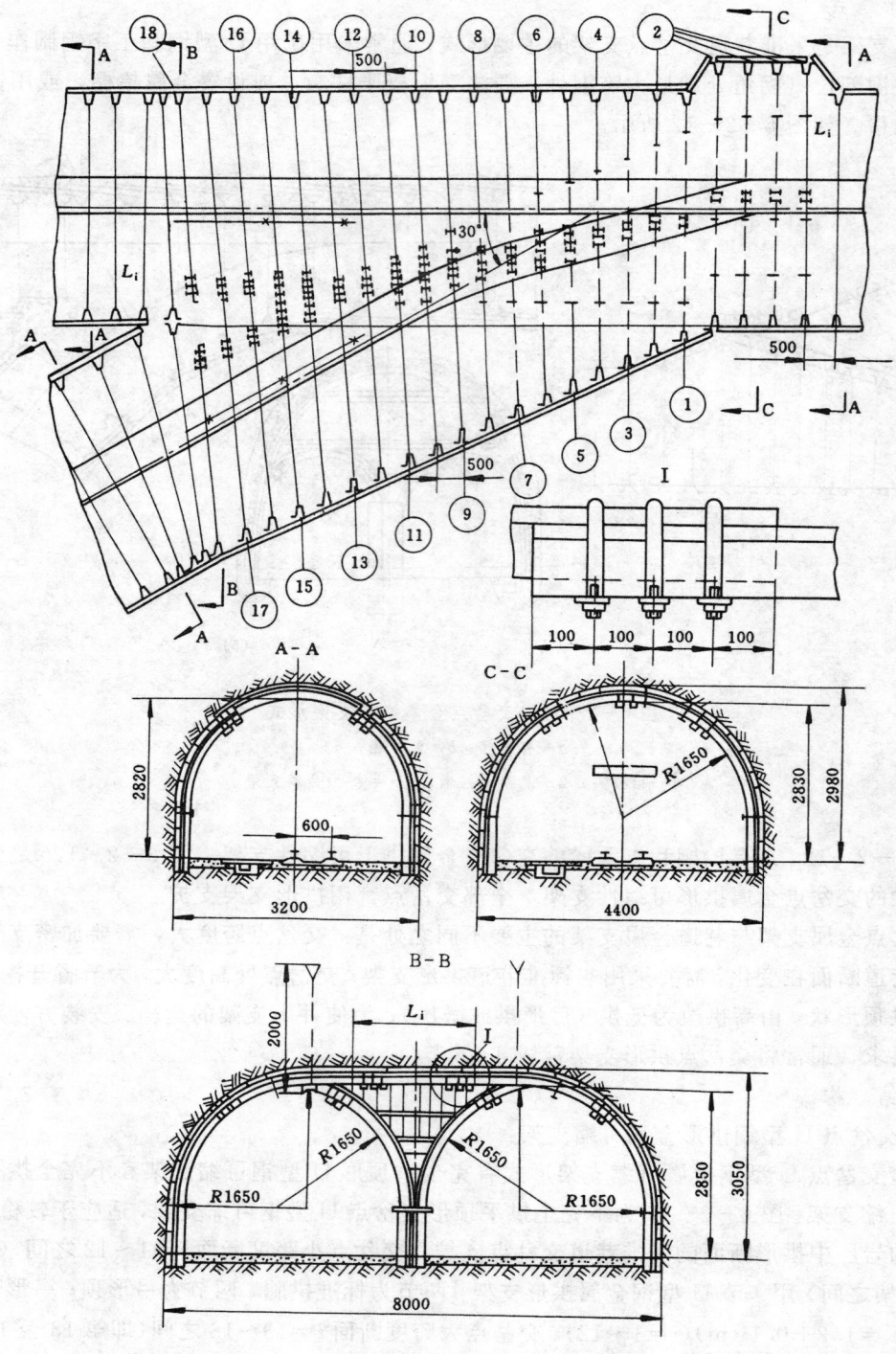

图 6—2—13 不完全拱平顶形交岔点矿用 U 型钢可缩支架

2) 交岔点工字钢梯形金属刚性支架：

在围岩 $f>4$，不受采动影响，位移量小的静压巷道交岔点，可用梯形工字钢金属刚性支架。通常梯形支架的立柱和顶梁采用工字钢。立柱上端焊接一块槽钢，下端焊接钢板。支架顶梁离两端225mm各焊一块等边角钢。借助立柱上端焊接的槽钢和顶梁两端焊接的角钢，保证立柱与顶梁连接。

图6-2-14是双轨运输巷道交岔点工字钢金属刚性支架图。支承梁1为30～32号工字钢，长6.1m，安设在混凝土柱墩2和3上。交岔点处支架间距由运输巷道的0.7～0.8m缩小到0.4～0.5m。两条运输支巷内5～7排工字钢梯形支架靠近柱墩侧的立柱5与柱墩混凝土浇灌在一起。交岔点处两巷道支架的顶梁4依次安设到支承梁1上。为了增加交岔点支架纵向的稳定性，每隔5～10排用锚杆加固梯形金属支架。

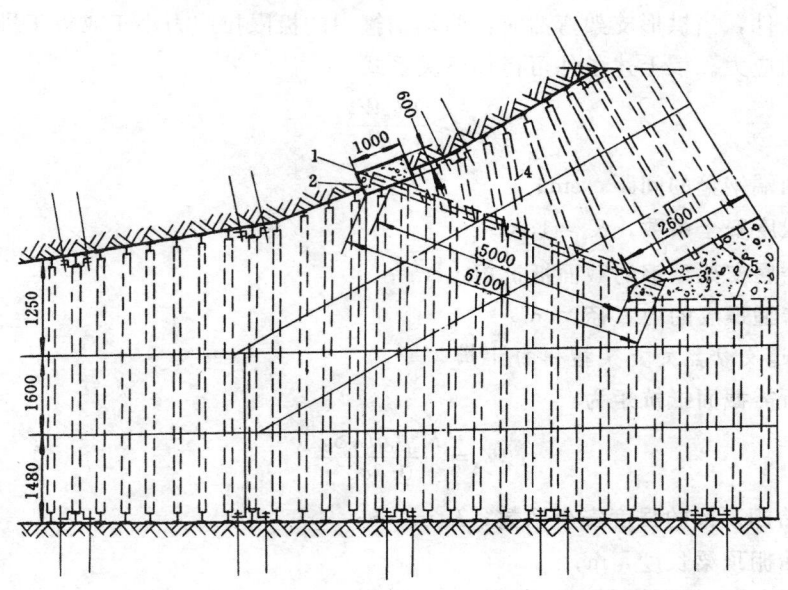

图6-2-14 双轨运输巷道交岔点工字钢金属刚性支架

1—支承梁；2、3—混凝土柱墩；4—分岔巷道的顶梁；5—工字钢立柱

(二) 交岔点金属支架的计算

1. 交岔点金属可缩支架的承载能力计算

巷道交岔点处金属支架构件间通常用三个卡箍联接，拧卡箍螺帽的力矩应不小于100～150N·m。一架这样的拱形金属支架在可缩状态下的承载能力 R_a，可按下列半经验公式计算：

$$R_a = (10+16\varepsilon)\sqrt{W_x}\sqrt{\left[\frac{10\sigma_T}{L_a\sqrt{W_x}}\right]^2 + \left[n_0 - \left[\frac{10\sigma_T}{L_a\sqrt{W_x}}\right]^2\left(\frac{4f_a}{L_a}\right)^2\right]} \qquad (6-2-8)$$

式中　ε——支架的可缩量，一般 $\varepsilon \leqslant 0.35$m；

　　　W_x——矿用U型钢的截面抵抗矩，cm^3；

　　　σ_T——钢材的屈服极限，kPa；

　　　f_a——在两侧可缩节点水平上的顶拱矢高，cm；

　　　L_a——在两侧可缩节点水平上的顶拱宽度，cm；

　　　n_0——交岔点支架可缩节点上的卡箍数目，一般巷道支架 $n_0=2$，交岔点支架 $n_0=3$。

2．金属拱形可缩支架在交岔点区域内的安设间距

$$L_c = \frac{R_a}{20K_a \cdot \rho_d \cdot b \cdot a_c} \tag{6-2-9}$$

式中　K_a——交岔点金属拱形支架的强度安全系数，$K_a = 1.5$；

　　　ρ_d——交岔点处顶板岩石的平均密度，t/m^3；

　　　b——构成支架荷载的交岔点处顶板有效移动高度，m；

　　　a_c——支架的宽度之半，m。

3．金属拱形可缩支架节点钢卡箍间距计算

按等强度条件，当拱形支架弯曲时，两端钢箍中的极限拉应力小于或等于拱形支架整体部分的最大弯曲应力。依上述条件可得如下关系式：

$$L_x \geqslant \frac{2K_a W_x}{\pi d^2} \tag{6-2-10}$$

式中　L_x——两端钢箍的间距，cm；

　　　K_a——强度安全系数，$K_a = 1.8$；

　　　W_x——金属支架型钢的截面抵抗矩，cm^3；

　　　d——卡箍螺纹的内直径，cm。

4．采准巷道交岔点处支架抬棚的计算

抬棚顶梁所需截面抵抗矩为：

$$W_x = \frac{K_a \rho_d b L_B S_d}{0.8 \sigma_c} \tag{6-2-11}$$

式中　K_a——抬棚顶梁的强度安全系数，$K_a = 1.8$；

　　　L_B——抬棚顶梁长度，m；

　　　S_d——抬棚顶梁支护的顶板面积，m^2；

　　　σ_c——抬棚顶梁材料的抗弯强度极限，kPa。

抬棚立柱可采用与顶梁相同的型钢，并与混凝土柱墩浇灌在一起，见图6-2-15。

5．交岔点断面最弱处混凝土柱墩的截面积可按下式计算：

$$S_h = \frac{K_a \rho_d b S_d}{0.1 \sigma_c} \tag{6-2-12}$$

式中　K_a——混凝土柱墩强度安全系数；

　　　S_d——混凝土柱墩支护的顶板面积，m^2；

　　　σ_c——混凝土抗压强度极限，kPa。

6．抬棚顶梁防止扭转角度 ψ 的计算

为防止顶梁扭转，应使顶梁绕纵轴向不完全顶拱方向转动一 ψ 角安设。这样大约能减少顶梁重量和金属材料消耗量的 $1/6 \sim 2/7$。转动角可按下式计算：

$$\psi = \arctan\left(\frac{L_d}{4f_d}\right) \tag{6-2-13}$$

式中　L_d——抬棚顶梁水平处交岔点支架的顶拱宽度，m；

　　　f_d——拱形支架的矢高，m。

五、交岔点锚杆及其组合支架

在坚硬岩层中的巷道交岔点，可单独使用锚杆支护，受到采动影响的巷道交岔点，可以使用锚杆、柔性托架、金属网背板支架；在复杂的地质条件下，巷道交岔点应采用锚杆组合支架（锚杆与喷射混凝土支架、金属拱形支架、梯形木材棚子等组合使用）。

（一）交岔点锚杆及其组合支架的形式及结构

巷道交岔点锚杆组合支架由锚杆、托梁和背板（或金属网）组成。

用锚杆支架支护巷道交岔点时，在交岔点区域和离交岔点 1～2m 的分巷道区段内，应增大锚杆安设密度（比分岔巷道提高 1～2 倍）或者增加锚杆长度。在交岔点范围内，既增大锚杆的安装密度，又增加锚杆的长度。交岔点锚杆支架用的刚性托梁如图 6—2—16 所示。一般用扁钢、槽钢、矿用 U 形钢制作或用钢筋焊接而成。此外，交岔点锚杆支架还可用由扁钢制作成预应力柔性托梁。托梁的两端设置专用定位器，使托梁紧贴在交叉点巷道顶板上，从而形成"支架—岩石"预应力结构体系。通过托梁中间孔安装锚杆，以提高支护强度。

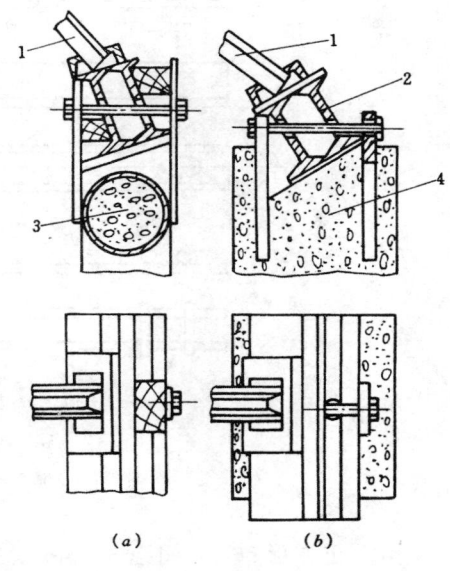

（a）　　　　（b）

图 6—2—15　金属抬棚顶梁与支柱的联接
1—金属拱形支架；2—抬棚顶梁；
3—钢管混凝土柱墩；4—混凝土柱墩

组合锚杆支护的巷道交岔点见图 6—2—17，在主岔巷道纵向布置四条扁钢托梁锚杆支架，并拉紧交岔点区的顶板和煤柱的金属网，以钢丝绳来加强交岔点处锚杆支架。钢绳的两端用锚杆固定在交岔点两帮。在交岔点两帮的拐角处，拧紧锚杆螺帽时，卡箍随着移动，并拉紧钢丝绳。钢丝绳固定拉紧后，再安设交岔点顶板锚杆。

巷道交叉点处的煤柱用锚杆、柔性托架、金属网加固。当煤柱厚度小于 2m 时，可用两端有螺纹的拉杆穿通煤柱拉固，拧紧拉杆和锚杆螺帽即能可靠地加固煤柱。另外还可用树脂浆液封堵裂隙，加固煤（岩），可获高于裂隙岩层强度 1～2 倍的整体坚固的岩层。

锚杆联合支护中，锚杆作为加固型支架能阻止岩石离层，并有助于使作用在支撑式支架上的荷载更均匀地分布，锚杆与支撑式支架可以交替支护。阜新王家营立井在距地表垂深 820m 井底车场的几个三角硐岔（即三角交岔点），采用矿用 18 号 U 型钢可缩支架和钢筋网、锚喷三层联合支护结构及缓压施工方法，取得良好效果。第一次支护喷射 50～80mm 厚砂浆封闭围岩，允许围岩与支架同步变形。若封闭喷层脱落，则进行复喷，不使围岩暴露。当围岩变形趋向稳定后，进行第二次支护。第二次支护为 $\phi16mm$ 及 $\phi14mm$ 圆钢制作的 200mm×200mm 钢筋网，绑扎在 U 型钢骨架上，然后将钢骨架和钢筋网喷平、喷齐形成三角交岔点的永久支护。淮南潘三矿在西二采区下部车场的软岩交岔点采用锚喷网全断面封闭支护取得良好的效果，如图 6—2—18 所示。交岔点长 15.56m，最大宽度为 9.78m，采用 $\phi43mm$ 缝管锚

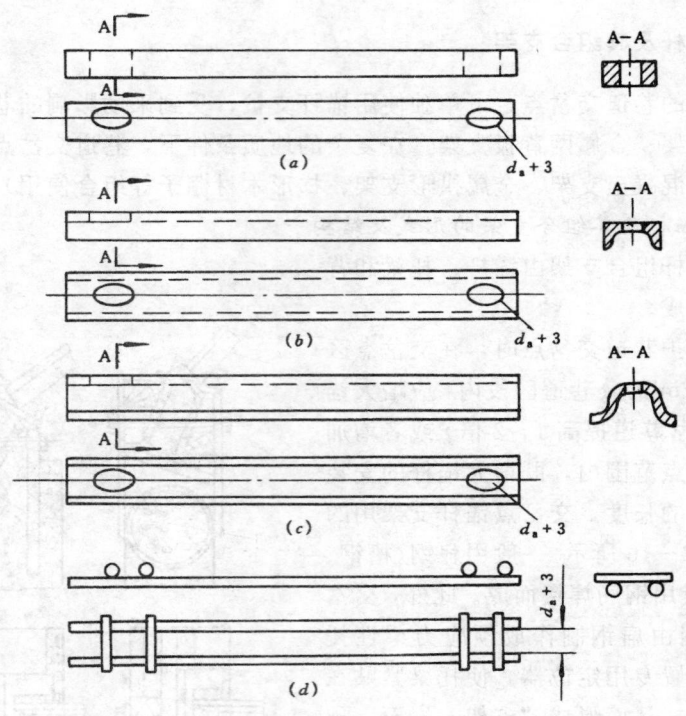

图 6—2—16 交岔点锚杆支架的刚性托梁

a—扁钢；*b*—槽钢；*c*—矿用 U 型钢；*d*—钢筋焊接

杆长 1.8m，正方形布置，间距 500mm×500mm，交岔点的两端墙正面锚杆长 2m，端墙两侧为螺栓锚杆，以便固定钢筋网。喷混凝土包括初喷、二次喷，两次喷总厚度为 120mm，喷射混凝土强度等级不小于 C20。钢筋网采用 φ6mm 圆钢以 125mm×125mm 网格点焊而成，纵向搭接长度为 125mm。

（二）交岔点锚杆及其组合支架的参数计算

1. 交岔点锚杆支架的参数计算

锚杆长度及其安设密度是锚杆支架的基本参数。根据悬吊（组合梁）原理，交岔点处锚杆长度 L_d 为：

$$L_d = b + b_1 + b_2 \qquad (6-2-14)$$

式中   *b*——交岔点处顶板岩石的有效离层深度，m；

      b_1——伸出在巷道空间内的锚杆长度，m；即背板托梁、垫圈厚度和螺帽高度、间隙尺寸之和。不同结构的锚杆支架 b_1 值变化在 0.1~0.25m；

      b_2——取决于所支护的岩石质量、锚杆杆体的拉力、锚头附近的岩石强度等。

$$b_2 \geqslant \sqrt{\frac{20K_3 bLL_0\rho_k + 2R_0}{\pi K_k \zeta \sigma_p}} \qquad (6-2-15)$$

式中 K_k——顶板强度降低系数；

      K_3——安全系数；

      ρ_k——顶板岩石密度，t/m³；

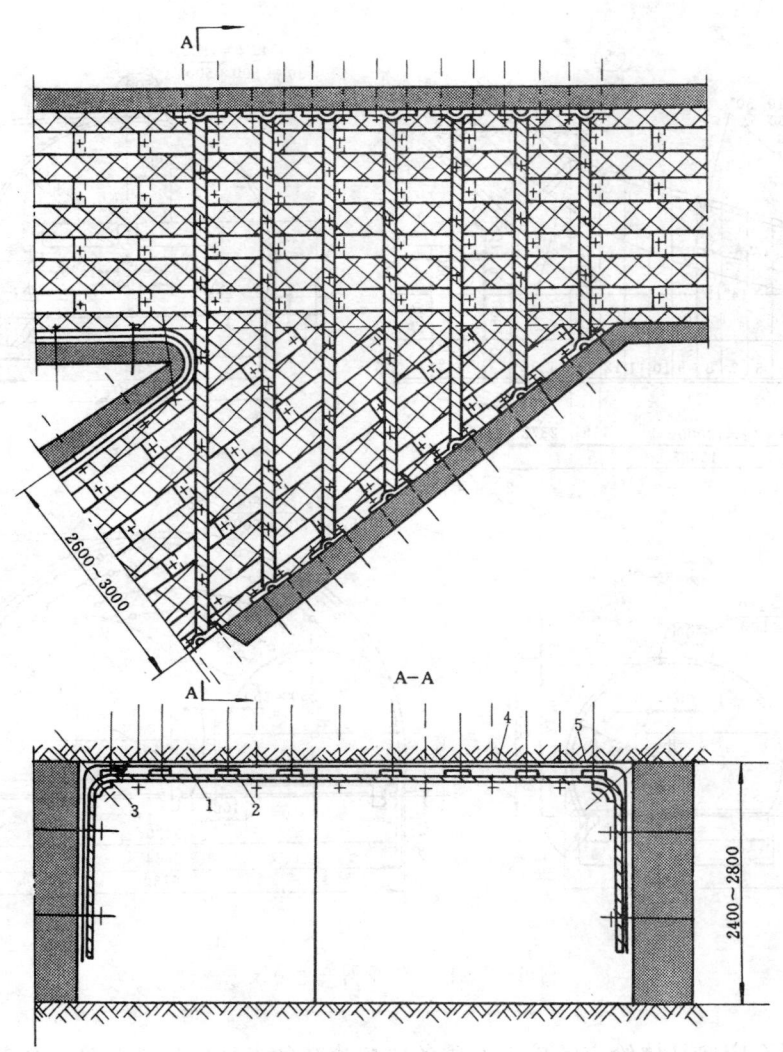

图6—2—17 组合锚杆支护的交岔点

1—金属网；2—加强钢丝绳；3—拉紧卡箍；4—锚杆；5—扁钢托梁锚杆支架

L——沿交岔点巷道方向的锚杆安设间距，m；

L_0——沿交岔点巷道宽度的锚杆安设间距，m；

R_0——锚杆杆体的拉力，kN；

ζ——侧推力系数；

σ_p——岩石抗拉强度极限，kPa。

在有两帮挤进及两帮岩石不稳定的情况下，安装在交岔点两帮的锚杆长度，可按下式确定：

$$L_b = c + b_1 + b_2 \qquad\qquad (6-2-16)$$

式中 c——交岔点两帮岩石挤进量，m。

由式（6—2—14）确定的锚杆杆体长度不应超过交岔点的高度，否则锚杆的安设和固定

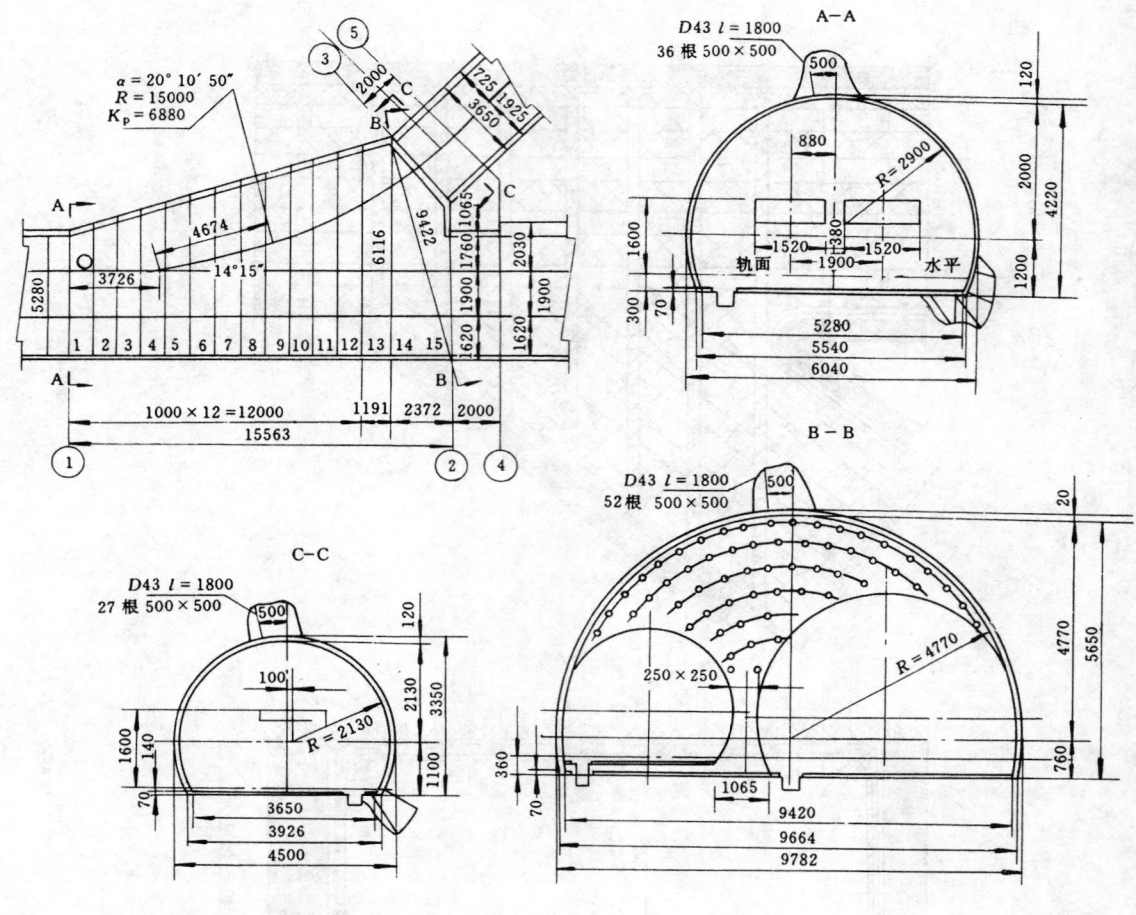

图 6—2—18 锚喷网交岔点支护

都很困难；因而应按具体给定的矿山地质条件校验交岔点处的等效跨度，使其不超过（6—2—17)式计算值。否则必须采用锚杆组合支架，或改用其它形式的支架。即：

$$\overline{L} \leqslant 2K_k f_k \ (h-b_1-b_2) \qquad (6-2-17)$$

式中 $\overline{L}$ ——交岔点的等效跨度，m；

K_k ——交岔点顶板强度降低系数，可取 $K_k = 0.45$；

f_k ——顶板岩石的普氏系数；

h ——交岔点的高度，m。

交岔点顶板中锚杆的安设密度 F_d 和安设间距 L_d 可用下式确定：

$$F_d = \frac{10K_3\rho_k b}{p_d} \qquad 根/m^2 \qquad (6-2-18)$$

$$L_d = \frac{n_i P_d}{20a_i K_3 \rho_k b} \qquad m \qquad (6-2-19)$$

式中 P_d ——交岔点顶板锚杆的锚固强度，kN；

a_i——交岔点范围内安设锚杆支架的巷道宽度之半，m；

n_i——按方格网布置时，沿巷道宽度每排中的合理锚杆数目，即：

$$n_i = 2a_i \sqrt{\frac{10K_3\rho_k b}{p_d}} \qquad (6-2-20)$$

n_i 可以为 0.5 的倍数，但锚杆的排列需按整数调整。即按原一排为 $n_i + 0.5$ 根，另一排为 $n_i - 0.5$ 根的方式顺序安设锚杆。

交岔点两帮的锚杆安设密度 F_c 和安设间距 L_c 可用下式确定：

$$F_c = \frac{K_3 q_c}{h p_c} \qquad (6-2-21)$$

$$L_c = \frac{n_c p_c}{K_3 q_c} \qquad (6-2-22)$$

式中 q_c——侧帮的荷载强度，kN/m；

h——交岔点高度，m；

p_c——交岔点两帮锚杆的锚固强度，kN/m^2；

n_c——沿交岔点顶部每排锚杆的数目，根。

根据柔索力学定律，可建立相邻锚杆间柔性托梁的弯曲曲线方程，再考虑交岔点被锚固顶板的稳定性条件，可得出柔性托梁两端固定时，交岔点区域内沿巷道方向锚杆支架合理安设间距的计算公式，即：

$$L_i \leqslant \frac{0.2 p_d}{K_3 \rho_k b L \sqrt{1 + \left(\frac{5L}{b}\right)^2}} \qquad (6-2-23)$$

式中 L——柔性托梁两固定点间的距离，m。

若将 $L = \dfrac{2a_i}{n_i - 1}$ 代入上式，可得用三根或更多根锚杆固定柔性托梁时锚杆支架的合理安设间距。

2. 交岔点锚杆联合支架的参数计算

锚杆支架的承载能力取决于锚杆结构及围岩的坚固性，并由锚杆强度来确定。

构件用普通螺栓连接的金属拱形支架，当拧紧螺帽的扭力矩为 $100\sim150\text{N}\cdot\text{m}$ 时，其承载能力为：

$$R_a = (10 + 16\varepsilon)\sqrt{2W_x} \qquad (6-2-24)$$

式中 ε——支架的可缩储备量，m；

W_x——支架型钢的截面抵抗矩，cm^3。

金属拱形可缩支架的承载能力为：

$$R_t' = 2R_x \qquad (6-2-25)$$

式中 R_x——可缩节点的承载能力，kN。

金属拱形刚性支架的承载能力为：

$$R_a = \frac{7\sigma_T \cdot W_x}{L} \qquad (6-2-26)$$

式中 σ_T——支架钢材的屈服极限；MPa；

L——拱形支架的宽度，cm。

金属梯形刚性支架的承载能力为：

$$R_T = \frac{\sigma_T W_x}{L_b} \qquad (6-2-27)$$

式中　L_b——梯形支架的宽度，cm。

采准巷道交岔点联合支架的安设间距，可用下式确定：

$$L_k = \frac{1}{20\rho_k b a_i}\left(\frac{R_1}{K_3'} + \frac{R_2}{K_3''}\right) \qquad (6-2-28)$$

式中　ρ_k——交岔点直接顶板岩石的平均密度，t/m^3；

　　　b——构成支架荷载的交岔点顶板有效移动高度，m；

　　　a_i——交岔点巷道的跨度之半，m；

　R_1，R_2——联合支架第 I 、 II 种支架的极限承载能力，kN；

　K_3'，K_3''——分别为联合支架第 I 、 II 种支架的强度安全系数。

第三节　交岔点工程量及材料消耗量

交岔点工程量及材料消耗量计算方法是将交岔点分为 I 、 II 、 III 、 IV 、 V 、 VI 六个部分。见图 6-2-19。分别计算各部分工程量及材料消耗量之和，即为交岔点的工程量及材料消耗量。

交岔点工程量和材料消耗是从基本轨起点算起，到柱墙面后的主、支巷各延长 2m 处计。可按几何图形分块计算。现以单轨单侧交岔点为例（图 6-2-19），计算方法列于表 6-2-6 中。

上述交岔点掘进工程量及材料消耗的分块计算，虽然详尽，但太繁琐，有时为简化起见可用下式估算：

$$V_掘 \approx \left[\frac{1}{2}(L_0+L_2)(S_1+S_3) + 2(S_4+S_5) + S_1 y\right]K \qquad (6-2-29)$$

式中　K——富余系数，三心拱断面 $K=1.04$；半圆拱断面 $K=1.0$；

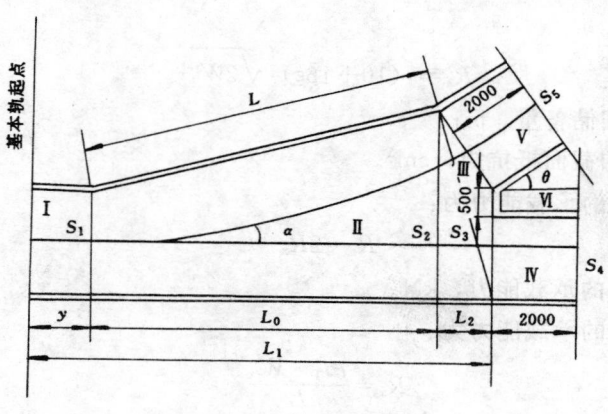

图 6-2-19　单轨单侧交岔点

$S_1 \cdots S_5$——相应的掘进断面积，其余符号见图 6-2-19。

变换使用上式中一些符号意义，也可估算出材料消耗量。

表 6-2-6　交岔点工程量、材料消耗量计算表

项　目　名　称	单　位	符　号　及　计　算　公　式
巷道掘进工程量	m³	$V_巷 = Ⅰ + Ⅱ + Ⅲ + Ⅳ + Ⅴ + Ⅵ$
各相应断面处的掘进断面积	m²	S_1、S_2、S_3、S_4、S_5
各相应剖面间的长度	m	y、L_0、L_2
第Ⅰ部分掘进工程量	m³	$Ⅰ = S_1 \cdot y$
第Ⅱ部分掘进工程量	m³	$Ⅱ = \dfrac{S_1 + S_2}{2} \cdot L_0$
第Ⅲ部分掘进工程量	m³	$Ⅲ = \dfrac{S_2 + S_3 + S_4}{3} \cdot L_2$
第Ⅳ部分掘进工程量	m³	$Ⅳ = S_4 \cdot 2$
第Ⅴ部分掘进工程量	m³	$Ⅴ = S_5 \cdot 2$
第Ⅵ部分掘进工程量	m³	按经验数取 4.0m³
基础掘进工程量	m³	$V_基 = Ⅰ + Ⅱ + Ⅲ + Ⅳ + Ⅴ + Ⅵ$
各相应断面处基础断面积	m²	M_1、$M_2 M_2'$（各为巷道一侧）、M_3、M_4、M_5
第Ⅰ部分基础工程量	m³	$Ⅰ = M_1 y$
第Ⅱ部分基础工程量	m³	$Ⅱ = M_2 \cdot L_0 + M_2' \cdot L$
第Ⅲ部分基础工程量	m³	$Ⅲ = M_3 \cdot L_2$
第Ⅳ+Ⅴ部分基础工程量	m³	$Ⅳ + Ⅴ = 2(M_4 + M_5)$
第Ⅵ部分基础工程量	m³	$Ⅵ = (1 + 2\tan\theta) \cdot h_5$
柱墩基础深度	m	h_5
掘进工程总量	m³	$V_巷 + V_基$
（一）拱顶材料消耗总量	m³	$V_拱 = Ⅰ + Ⅱ + Ⅲ + Ⅳ + Ⅴ + Ⅵ$
各相应断面处的拱顶面积	m³	A_1、A_2、A_3、A_4、A_5
第Ⅰ部分拱顶材料消耗	m³	$Ⅰ = y \cdot A_1$
第Ⅱ部分拱顶材料消耗	m³	$Ⅱ = \dfrac{A_1 + A_2}{2} \cdot L_0$
第Ⅲ部分拱顶材料消耗	m³	$Ⅲ = \dfrac{A_1 + A_2 + A_3}{3} \cdot L_2$
第Ⅳ部分拱顶材料消耗	m³	$Ⅳ = A_4 \cdot 2$
第Ⅴ部分拱顶材料消耗	m³	$Ⅴ = A_5 \cdot 2$
牛鼻子端墙材料消耗	m³	$Ⅵ = [S_3' - (S_4' + S_5')] T$
S_3、S_4、S_5 断面处拱顶部分净断面积	m²	S_3'、S_4'、S_5'
端墙厚度（T）	m	一般取 0.3~0.35
（二）砌墙材料消耗总量	m³	$V_墙 = Ⅰ + Ⅱ + Ⅲ + Ⅳ + Ⅴ + Ⅵ$
各相应断面处墙厚	m	T_1、T_2、T_3、T_4、T_5
各相应断面处墙高（自底板起）	m	h_1、h_2、h_4、h_5
第Ⅰ部分砌墙材料消耗	m³	$Ⅰ = 2 y h_1 T_1$
第Ⅱ部分砌墙材料消耗	m³	$Ⅱ = T_2 h_2 (L_0 + L)$
第Ⅲ部分砌墙材料消耗	m³	$Ⅲ = T_3 h_2 L_2$
第Ⅳ部分砌墙材料消耗	m³	$Ⅳ = 2 T_4 h_4$
第Ⅴ部分砌墙材料消耗	m³	$Ⅴ = 2 T_5 h_5$
第Ⅵ部分砌墙材料消耗	m³	$Ⅵ = (1 + 2\tan\theta) h_柱$
柱墩墙高	m	$h_柱$
（三）充填材料消耗总量	m³	$V_充 = Ⅰ + Ⅱ + Ⅲ + Ⅳ + Ⅴ + Ⅵ$
巷道充填的平均厚度	m	δ
各相应断面处拱顶充填面积	m²	N_1、N_2、N_3、N_4、N_5

项　目　名　称	单位	符　号　及　计　算　公　式
各相应断面处基础充填面积	m²	D_1、$D_2 D_2'$（分别各为一侧）、D_3、D_4、D_5
第 I 部分充填材料消耗量	m³	$I = y\,(2h_1\delta + N_1 + D_1)$
第 II 部分充填材料消耗量	m³	$II = \left[h_2\delta\,(L_0 + L) + \dfrac{N_1 + N_2}{2}L_0 + D_2 L_0 + D_2' L\right]$
第 III 部分充填材料消耗量	m³	$III = h_3 L_2 \delta + \dfrac{N_2 + N_3 + N_4}{3}L_2 + D_3 L_2$
第 IV 部分充填材料消耗量	m³	$IV = 2\,(h_4\delta + N_4 + D_4)$
第 V 部分充填材料消耗量	m³	$V = 2\,(h_5\delta + N_5 + D_5)$
第 VI 部分充填材料消耗量	m³	$VI = (1 + 2\tan\theta)\,\delta$
（四）粉刷面积总量	m²	$V_{粉} = I + II + III + IV + V + VI$
各相应断面的粉刷周长	m	p_1、p_2、p_3、p_4、p_5
第 I 部分粉刷面积	m²	$I = y p_1$
第 II 部分粉刷面积	m²	$II = \dfrac{p_1 + p_2}{2}\cdot L_0$
第 III 部分粉刷面积	m²	$III = \dfrac{p_2 + p_3 + p_4}{3}\cdot L_2$
第 IV 部分粉刷面积	m²	$IV = 2 p_4$
第 V 部分粉刷面积	m²	$V = 2 p_5$
牛鼻子端面粉刷面积	m²	$VI = [S_3' - (S_4' + S_5')]$

第三章 采 区 车 场

第一节 采区车场设计依据与要求

一、有关规定

1.《煤矿安全规程》的规定

1) 在双轨运输巷道中 2 列列车车体的最突出部分之间的距离,采区装载点不得小于 0.7m,矿车摘挂钩地点不得小于 1m。

2) 使用绞车提升的倾斜井巷上端,必须有足够的过卷距离。过卷距离根据巷道倾角、设计载荷、最大提升速度和实际制动力等参量计算确定,并有 1.5 倍的备用系数。

3) 串车提升的各车场必须设有信号硐室及躲避硐;运人斜井各车场设有信号和候车硐室,候车硐室具有足够的空间。

4) 倾斜井巷内使用串车提升时必须遵守下列规定:

(1) 在倾斜井巷内安设能够将运行中断绳、脱钩的车辆阻止住的跑车防护装置。

(2) 在各车场安设能够防止带绳车辆误入非运行车场或区段的阻车器。

(3) 在上部平车场入口安设能够控制车辆进入挂摘钩地点的阻车器。

(4) 在上部平车场接近变坡点处,安设能够阻止未连挂的车辆滑入斜巷的阻车器。

(5) 在变坡点下方略大于 1 列车长度的地点,设置能够防止未连挂的车辆继续往下跑车的挡车栏。

(6) 在各车场安设甩车时能发出警号的信号装置。

2.《煤矿矿井采区车场和硐室设计规范》的规定

1) 采区车场和硐室的设计,应根据采区巷道布置、采区生产能力和服务年限、运输方式和矿车类型、地质构造和围岩性质、煤尘、瓦斯及水文情况等因素进行全面考虑确定。

2) 采区车场和硐室应根据围岩情况尽量布置在稳定岩层或煤层内。

3) 采区车场巷道断面形状应根据围岩情况确定,可为半圆拱形,跨度较大时视围岩情况也可采用三心拱形。应优先选择锚喷支护,当锚喷支护有困难时,也可采用其他支护方式。

4) 采区上、中、下部车场摘挂钩段人行道布置应符合下列规定:

(1) 单道布置时应设两侧人行道;

(2) 双道布置时应设中间人行道及一侧人行道。中部车场的一侧人行道可设在低道侧,下部车场的一侧人行道可设在高道侧;

(3) 中间人行道宽度不得小于 1.0m;

(4) 一侧或两侧人行道宽度:从道渣面起 1.6m 高度内,综采采区不得小于 1.0m;非综采采区不得小于 0.8m;

（5）非摘挂钩地点的巷道断面应符合《煤矿矿井巷道断面及交岔点设计规范》的有关规定。

5）采区车场信号硐室和躲避硐规定：

（1）上部平车场应设信号硐室，信号硐室设在分车道岔人行道侧；

（2）上部车场为甩车场和中部车场应设信号硐室和躲避硐。信号硐室可设在分车道岔岔心相对的上（下）山巷道侧；躲避硐可设在轨道上山人行道侧；

（3）下部车场应设信号硐室和躲避硐，信号硐室可设在起坡点处高道一侧；躲避硐可设在起坡点附近人行道一侧；

（4）信号硐室和躲避硐的尺寸为：净宽 1.4～2.0m，净高 2.0～2.2m，净深 1.4～2.0m。

6）采区车场安设风门的规定：

（1）根据通风要求，采区上部车场可在存车线进车侧道岔外安设风门，两道风门的间距按需要确定。

（2）中部车场内设有风门时，应设在存车线末端道岔以外的单道上。两道风门间的最小距离应符合下列规定：

①单辆矿车运行时，1.0t 和 1.5t 矿车取 6m，3.0t 矿车取 9m；

②小型机车牵引时，一列车长加 3m；

③其他机械牵引时，一串车长加 3m。

7）甩车场排水，可在低道起坡点处水沟最低点向上（下）山侧开凿泄水孔洞或预埋泄水管道。

二、设计依据

1. 地质资料

1）采区上（下）山附近的地质剖面图和钻孔柱状图。

2）采区车场围岩及煤层地质资料。

3）采区瓦斯、煤尘及水文地质资料。

4）采区上部车场附近的煤层露头、风氧化带、防水煤岩柱及相邻煤矿巷道开采边界等资料。

2. 设计资料

1）采区巷道布置及机械配备图。

2）采区生产能力及服务年限。

3）采区上（下）山条数及其相互关系位置和巷道断面图。

4）轨道上（下）山提升任务，提升设备型号、主要技术特征，提升最大件外形尺寸，提升一钩最多串车数。

5）大巷运输方式，矿车类型，轨距，列车组成。

6）采区辅助运输方式及牵引设备选型。

7）采区上（下）山人员运送方式及设备主要技术参数。

8）井底车场布置图及卸载站调车方式。

三、设计要求

1) 采区车场设计必须符合国家现行的有关规程、规范的规定。

2) 采区车场应满足采区安全生产、通风、运输、排水、行人、供电及管线敷设等各方面的要求。

3) 采区车场布置应紧凑合理，操作安全，行车顺畅，效率高，工程量省，方便施工。

4) 采区车场装车设备和调车、摘钩应尽量采用机械和电气操作。

第二节 采区上部车场

一、上部车场形式

采区上部车场基本形式有平车场、甩车场和转盘车场三类。上部平车场又分为顺向平车场和逆向平车场。见表6—3—1。

表6—3—1 采区上部车场基本形式

分　类	图　示	图　注	优缺点	适用条件
平车场 顺向平车场		1—总回风巷； 2—轨道上山； 3—运输上山； 4—绞车房； 5—阻车器； 6—回风巷； K—变坡点	车辆运输顺当； 调车方便； 回风巷短； 通过能力较大； 车场巷道断面大	绞车房位置选择受到限制时或绞车房距总回风巷较近时采用
逆向平车场			摘挂钩操作方便安全； 车辆需反向运行； 调车时间长； 运输能力较小	煤层群联合布置的采区，具有采区回风石门与煤层小阶段平巷相连时采用；运输量小；可用小于8°的甩车场代替

续表

分　类	图　示	图　注	优缺点	适用条件
甩车场	单侧甩车场		1—总回风巷； 2—轨道上山； 3—运输上山； 4—绞车房； 5—阻车器； 6—回风巷； 7—转盘； K—变坡点	使用方便、安全可靠； 效率高； 劳动量小； 绞车房回风有时有下行风	凡用逆向平车场的地方都可用甩车场代替，适用于各种提升量的上部车场
	双侧甩车场			绞车房有时有下行风，两个甩车口交岔点断面大，不易维护；两翼人员行走不便	采区两翼回风水平标高不一致时采用
	转盘车场			工程量省； 调车简单； 运输量小； 劳动量大	小型采区的辅助提升用

二、上部车场线路布置和上部车场线路坡度

（一）上部车场线路布置

1）采区上部车场的线路布置可采取单道变坡方式。当采区生产能力大，采区上山作主提升；下山采区的上部车场和接力车场的第二车场运输量大，车辆来往频繁时，也可采取双道变坡的线路布置方式。

2）采区上部平车场曲线半径和道岔应按表6-3-2的规定选择。

3）采区上部甩车场曲线半径和道岔可参照中部车场选择。

4）存车线有效长度应符合下列规定：

（1）上山采区上部车场进、出车采用小型电机车牵引时为1列车长；其他牵引方式为2～3钩串车长；

表6-3-2　曲线半径和道岔选择

名　称		非综采采区	综采采区
曲线半径（m）	平曲线	6～12	12～20
	竖曲线	9～15	
道　岔		根据提升量大小选用4号或5号	

（2）下山采区上部车场为 1 列车长加 5m；

（3）年生产能力在 0.9Mt 及以上的综采采区上部车场为 1.5 列车长。

（二）上部平车场线路坡度

1. 上部平车场线路坡度确定

1）单道变坡和不设高低道的双道变坡轨道坡度应以 3‰～5‰向绞车房方向下坡；

2）上山采区上部车场水沟坡度以 3‰～4‰向上山方向下坡；

3）下山采区上部车场以 3‰～5‰向运输大巷方向下坡。

2. 设高低道的双道变坡轨道坡度

1）高道坡度为 9‰～11‰；

2）低道坡度为 7‰。

3. 高、低道最大高差不宜大于 0.6m

三、上部车场有关尺寸的确定

（一）平车场的尺寸计算

1. 单道变坡平车场的尺寸计算

1）单道变坡平车场计算（表 6—3—3）：

表 6—3—3 单道变坡平车场计算

名称	顺 向 平 车 场		逆 向 平 车 场	
	单 轨	双 轨	单 轨	双 轨
上部车场形式				
剖 面				

名称	顺 向 平 车 场		逆 向 平 车 场	
	单　轨	双　轨	单　轨	双　轨
A'	10～30m	10～30m		
A	5m	5m	5～10m	5～10m
B	一钩串车长	一钩串车长	一钩串车长	一钩串车长
T	$R\mathrm{stan}\dfrac{\beta}{2}$	$R\mathrm{stan}\dfrac{\beta}{2}$	$R\mathrm{stan}\dfrac{\beta}{2}$	$R\mathrm{stan}\dfrac{\beta}{2}$
R_P	非综采区 6～12m，综采区 12～20m			
R_S	非综采区 9～15m，综采区 12～20m			
L_K	$a+S\cot\alpha_1+R\tan\dfrac{\alpha_1}{2}$			
d'	1.5～2.0m			
m_1			$a+b\cos\alpha_1+R_P-R_P\sin\alpha_1$	
m_2		$a_1+\left[b_1+a_2+S\cot\alpha_2+R_P\tan\dfrac{\alpha_2}{2}+d+(R_P+S)\tan\dfrac{90°-\alpha_1}{2}\right]\cos\alpha_1$		
L_{AK}	$d'+B+A+A'$	$d'+L_K+B+A+A'$	m_1+B+A	m_2+B+A
符号注释	A'—平曲线起点至绞车房外壁距离，m； B——钩串车长，m； R_S—竖曲线半径，m； L_K—单开道岔平行线路连接长，m； m_1—单开道岔单轨垂直线路连接尺寸，m； m_2—单开道岔双轨垂直线路连接尺寸，m； S—双轨轨道中心距，m；		A—过卷距离，m； T—竖曲线切线长，m； R_P—平曲线半径，m； K—变坡点； β—上山倾角，(°)； d'—变坡点至阻车器挡面间距，m； L_{AK}—变坡点至采区绞车房外壁距离，m； d—反向曲线之间插入的直线段，m	

2）变坡点与采区绞车房的关系：

变坡点与绞车房的关系主要决定于上山绞车允许的偏角（1°30′），提升过卷距离和串车总长。根据以往部分绞车尺寸，变坡点至采区绞车房外壁最小距离 L_{AK}，见表 6—3—4。

变坡点至采区绞车房外壁距离 L_{AK}，按表 6—3—3 和表 6—3—4 计算结果取大值。

表 6—3—4 变坡点至绞车房外壁最小距离

绞 车 型 号	L_{AK}（m）	符 号 注 释
JT800×600—30	12+B+A	
JT1200×1000—30	19+B+A	
JT1600×1200—30	23+B+A	A—过卷距离，m；按提升速度确定；
2JT1600×900—20	35+B+A	B——钩串车总长，m
XKT1×2.0×1.5	29+B+A	

表6—3—5 双道变坡顺向平车场高低道计算

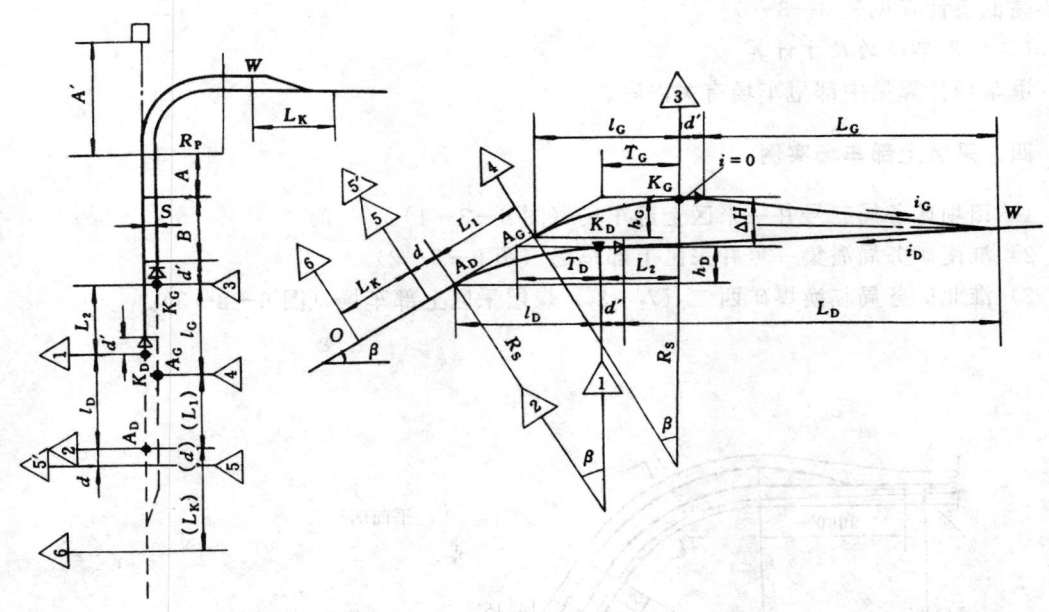

计算顺序	计算公式	计算顺序	计算公式
1	对称道岔 $L_C=a+\dfrac{1}{2}S\cot\dfrac{\alpha}{2}+R\tan\dfrac{\alpha}{4}$ 单开道岔 $L_K=a+S\cot\alpha+R\tan\dfrac{\alpha}{2}$	7	$\triangle 2 = \triangle 1 - h_D$ $\triangle 5 = \triangle 2 - d\sin\beta$
2	$d=1000\sim2000$mm	8	**高道车线标高** $\triangle 3 = \triangle 1 + \Delta H$ $\triangle 4 = \triangle 3 - h_G$ $\triangle 5 = \triangle 4 - (d+L_1)\sin\beta$
3	$T_D=T_G=R\tan\dfrac{\beta}{2}$ $K_{PD}=K_{PG}=R_s\dfrac{\beta}{57.296}$ $l_D=l_G=R_s\sin\beta$ $h_D=h_G=T_D\sin\beta$		
4	$\Delta H=L_D i_D+L_G i_G$ 取整数，最大不大于0.6m		
5	$L_2=\Delta H\cot\beta$		
6	$L_1=\dfrac{\Delta H}{\sin\beta}$或$L_1=\dfrac{L_2}{\cos\beta}$	9	**基本轨起点标高** $\triangle 6 = \triangle 5 - L_C\sin\beta$ 对称道岔 $\triangle 6 = \triangle 5 - L_K\sin\beta$ 单开道岔
7	**低道车线标高** $\triangle 1 = \pm 0.000$		
符号注释	L_C、L_K—对称、单开道岔平行线路连接长，m； d—平、竖曲线之间插入直线段，m； T_G、T_D—高、低道竖曲线切线长，m； K_{PG}、K_{PD}—高、低道竖曲线弧长，m； l_G、l_D—高、低道竖曲线水平投影长，m； h_G、h_D—高、低道竖曲线起、终点高差，m；		ΔH—高、低道最大高差，m，<0.6m； L_G、L_D—高、低道存车线有效长度，m； i_G—高道坡度，9‰～11‰； i_D—低道坡度，7‰； L_1—高、低道竖曲线起点斜距，m； L_2—高、低道竖曲线终点错距，m

其他符号见表6—3—3中注释

2. 双道变坡平车场的尺寸计算

双道变坡平车场中的 A'、A、B、d' 各段尺寸与表 6−3−3 的计算相同。双道变坡顺向平车场高低道计算见表 6−3−5。

（二）甩车场的尺寸计算

甩车场计算见中部甩车场有关内容。

四、采区上部车场实例

1）田坝矿务局三号井一采区上部车场（图 6−3−1）。

2）淮南矿务局潘集一号井采区上部车场（图 6−3−2）。

3）淮北矿务局临涣煤矿西二（7_2−8_2）煤层采区上部车场（图 6−3−3）。

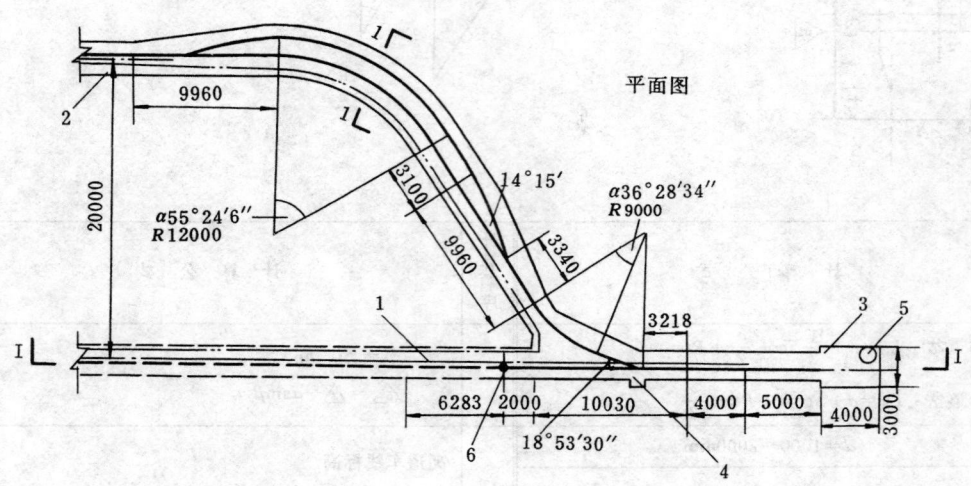

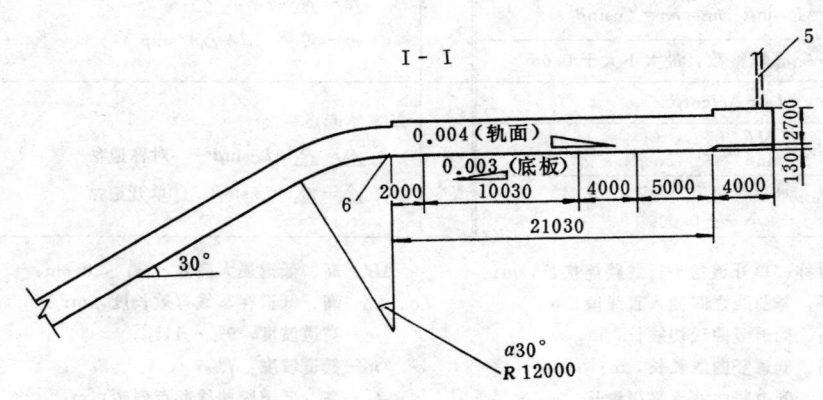

图 6−3−1　田坝矿务局三号井一采区上部车场

（单道变坡逆向平车场）

1—轨道上山；2—采区石门；3—绞车房；4—信号硐室；5—通风孔；6—变坡点

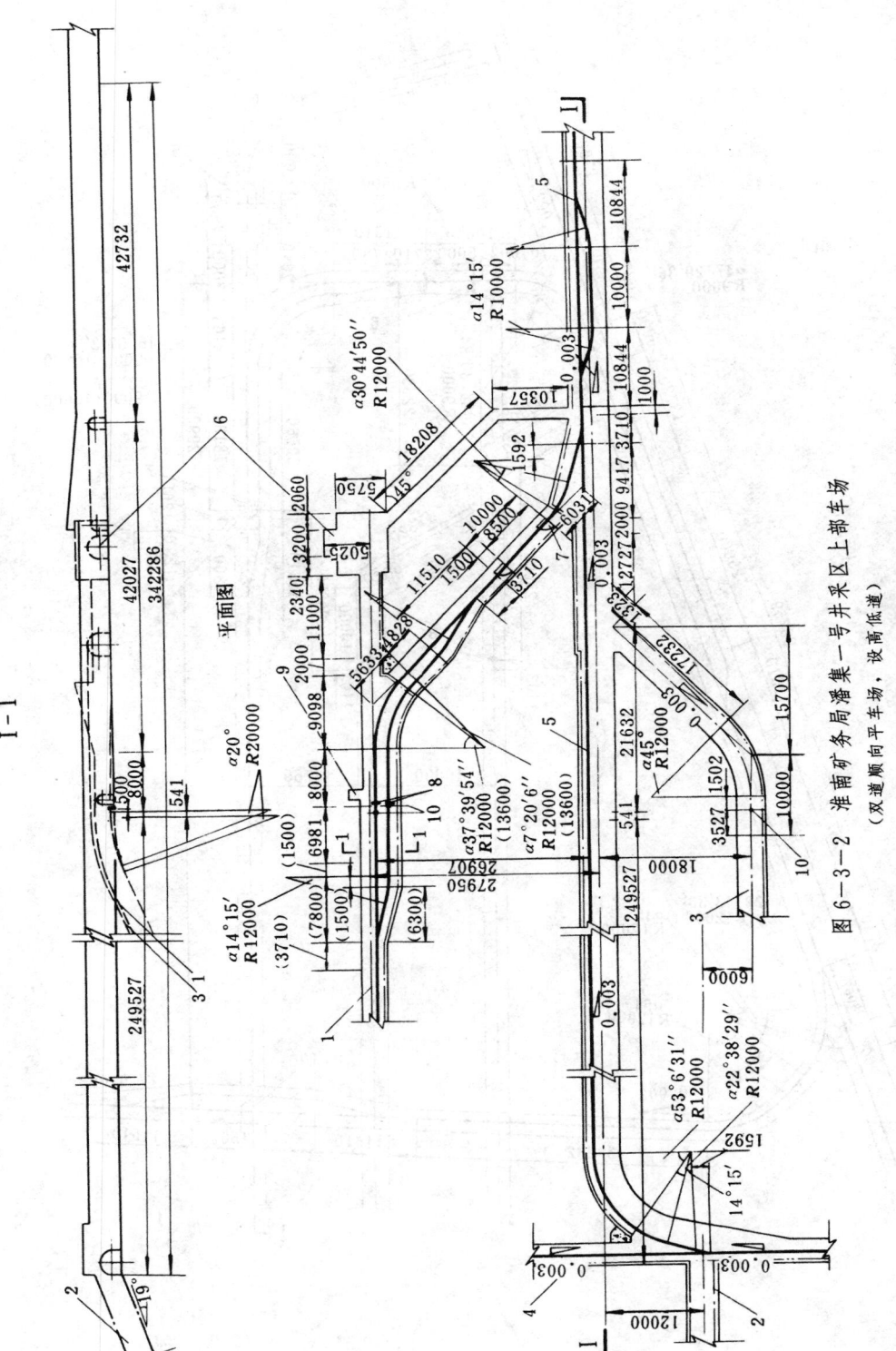

图 6－3－2 淮南矿务局潘集一号井采区上部车场
（双道顺向平车场，设弯低道）

1—轨道上山；2—运煤上山；3—通风行人上山；4—岩石集中回风巷；5—采区回风石门；
6—上山绞车房；7—风门；8—阻车器；9—把钩硐室；10—变坡点

平面图

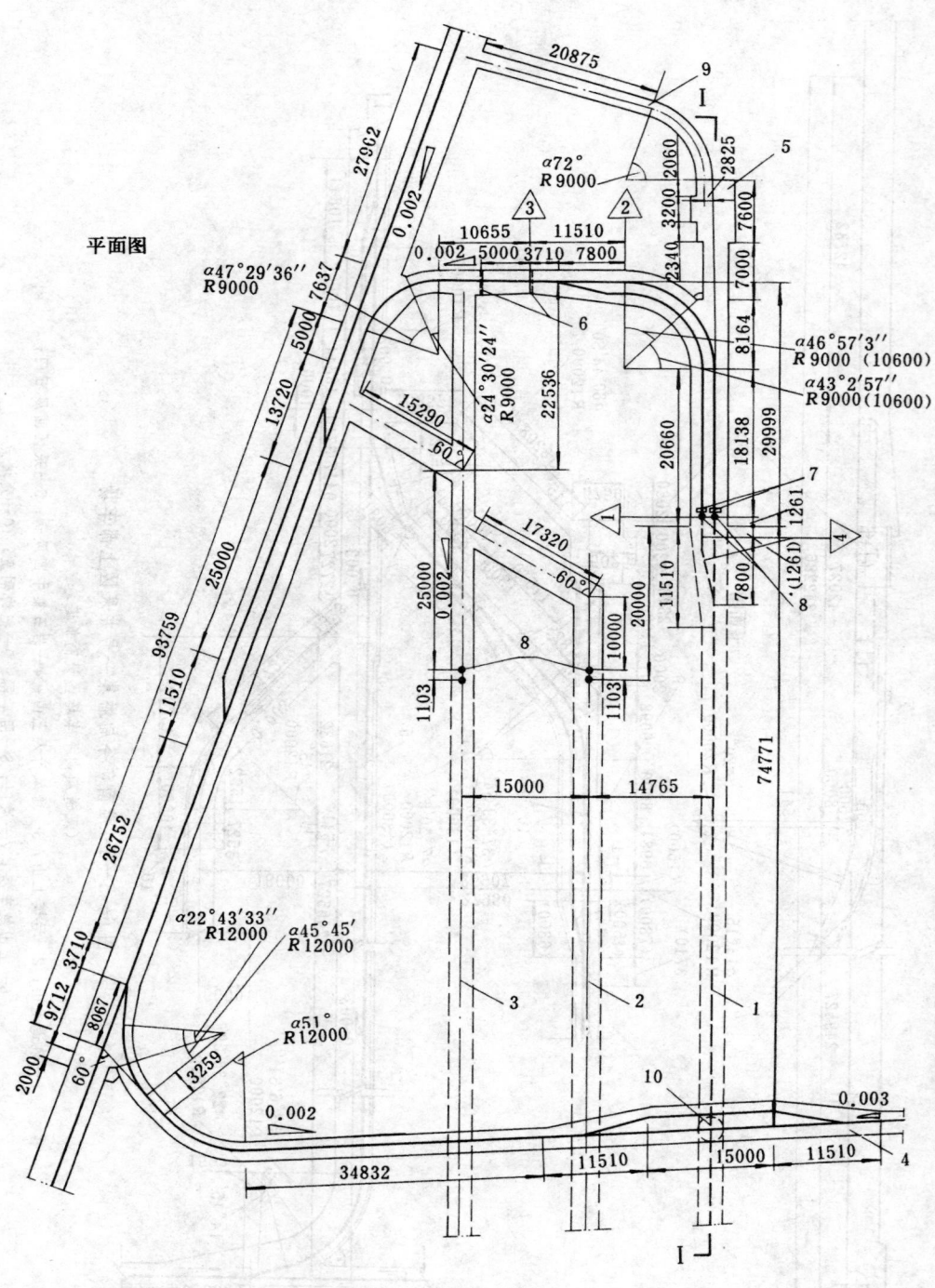

(1)

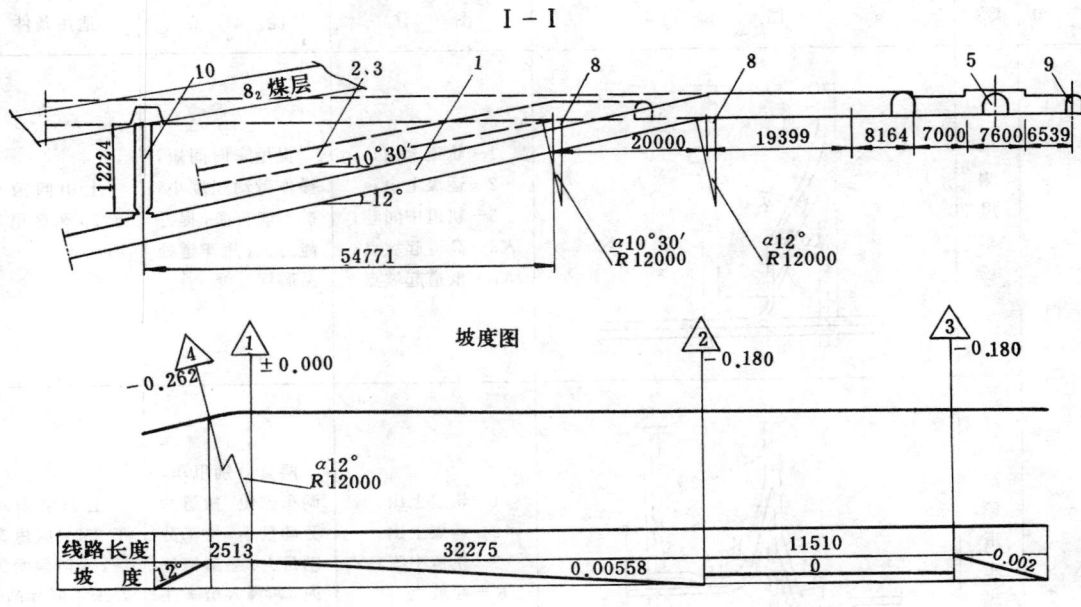

(2)

图 6—3—3 临涣矿西二煤层采区上部车场

（双道变坡顺向平车场，不设高低道）

1—轨道上山；2—行人上山；3—运煤上山；4—8$_2$层西翼回风巷；5—绞车房；

6—风门；7—阻车器；8—变坡点；9—绞车房回风巷；10—溜矸眼

第三节 采区中部车场

一、中部车场形式

（一）采区中部车场基本形式

采区中部车场基本形式有：甩车场、吊桥式车场和甩车道吊桥式车场三类。

当上（下）山倾角小于和等于 20°时，应采用甩车场；当上（下）山倾角大于 20°时，也可采用吊桥式车场或甩车道吊桥式车场。

采区中部车场基本形式见表 6—3—6。

（二）中部车场线路布置

1）甩车场的线路布置可分为单道起坡和双道起坡两种，一般情况下，宜采用双道起坡。

2）双道起坡甩车场的道岔布置，可采用甩车道岔和分车道岔直接相连接。分车道岔可采用向外、向内分岔的布置方式。围岩条件好、提升量大时，可采用内分岔的布置方式。

3）甩车场平、竖曲线位置有以下三种布置方式，一般情况下宜采用前两种布置方式：

（1）先转弯后变平，即先在斜面上进行平行线路联接，再接竖曲线变平，平、竖曲线间应插入不少于矿车轴距 1.5～2.0 倍的直线段，起坡点在联接点曲线之后；

表 6-3-6　中 部 车 场 基 本 形 式

分　类		图　示	图　注	优　缺　点	适用条件
甩车场	单侧甩车场		1—轨道上山； 2—运煤上山； 3—轨道中间巷； K_G—高道起坡点； K_D—低道起坡点	提甩车时间短，操作劳动强度小，矿车能自溜，提升能力大；甩车道处易磨钢丝绳	上山倾角小于25°采区甩车场
	双侧甩车场		1—轨道上山； 2—运煤上山； 3—轨道中间巷； K—起坡点	两翼分别甩车，调车方便，搬道岔劳动量小；推车劳动量大；易磨钢丝绳，两翼人员来往困难，工程量大	上山倾角小于25°采区甩车场，小阶段两翼开采不同标高
吊桥式车场	单轨平道吊桥		1—吊桥； 2—车场平巷； 3—轨道上山	不磨钢丝绳，线路布置简单；矿车不能自溜，人推车劳动强度大；调车时间长，影响采区通风，吊桥加工、操作、维修量大、竖曲线半径小	上山倾角20°～30°，低瓦斯矿井围岩条件好，提升量小
	双轨高低道吊桥		1—低道吊桥； 2—车场平巷； 3—轨道上山； 4—高道吊桥	不磨钢丝绳；空重车能自溜，调车方便；车场联接处施工复杂；上山内要十字道岔，影响采区通风，工程量较大，吊桥加工、操作、维修量大、竖曲线半径小	上山倾角20°～30°，低瓦斯矿井，围岩条件好，双钩提升
	单轨桥式车场		1—轨桥； 2—车场平巷； 3—轨道上山	无起吊构件，操作简单，搬道岔劳动量小，通过能力较大；巷道较宽，联接处施工复杂，矿车不能自溜，人推车	上山倾角20°～30°，围岩条件好，提升量小

分　类		图　示	图　注	优缺点	适用条件
吊桥式车场	桥式车场 双轨桥式车场		1—轨桥； 2—车场平巷； 3—轨道上山	无起吊构件，操作简单，通过能力大；巷道既宽且高，联接处施工复杂；矿车不能自溜，人推车；平巷处需用十字道岔	上山倾角20°～30°、围岩条件好，双钩提升
甩车道吊桥式车场			1—吊桥； 2—车场平巷； 3—轨道上山； 4—甩车道	调车方便，车场联接处施工复杂；矿车能自溜，通过能力大，巷道较宽吊桥加工、操作、维修量大、竖曲线半径小	上山倾角20°～30°，低瓦斯矿井围岩条件好，提升量较大

　　（2）先变平后转弯，即在分车道岔后直接布置竖曲线变平，然后再在平面上进行线路联接，起坡点在联接点曲线之前；

　　（3）边转弯边变平，平、竖曲线部分重合布置。

　　4）单、双道起坡甩车场斜面线路布置方式见表6—3—7。

二、甩车场设计主要参数的选择

　　（一）甩车场提升牵引角 φ

　　甩车场的提升牵引角 φ（矿车上提时，钩头车的运行方向与提升钢丝绳的牵引方向间的夹角。如图6—3—4）不应大于20°，以10°～15°为宜。

　　设计中常采用下述方法来减少甩车场提升牵引角：

　　1）采用小角度道岔（4号、5号）；

　　2）单道变坡二次斜面回转角 δ 或双道变坡二次斜面回转角（$\alpha_1+\alpha_2$）一般不大于30°；

　　3）双道变坡方式的甩车道岔与分车道岔直接相连接；

　　4）设置立滚。即在上山底板直埋一根钢管，管上套一个长滚轮构成（也

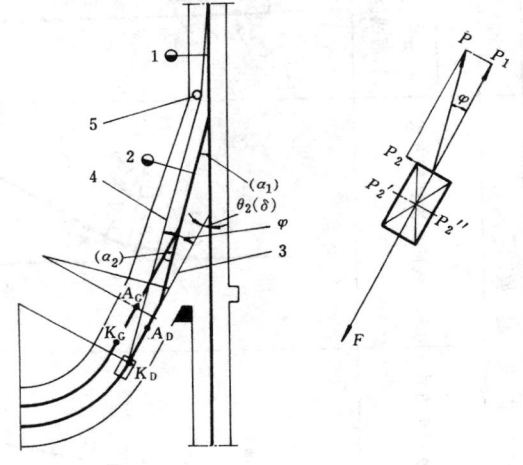

图6—3—4　甩车场提升牵引角

1——一号道岔（甩车道岔）；2——二号道岔（分车道岔）；3—起钩方向；4—提升钢丝绳；5—立滚；

φ—提升牵引角；θ_2—二次水平投影角；

α_1——一次斜面回转角；δ——二次斜面回转角

表6-3-7　甩车场斜面线路布置方式

起坡点	单道起坡	双道起坡			
		道岔一起坡		道岔二起坡	
类别	斜面线路二次回转方式	分车道岔向内分岔 斜面线路一次回转方式	分车道岔向外分岔 斜面线路一次回转方式	斜面线路二次回转方式	斜面线路先变平后转专方式
布置形式					
图注	1—甩车道岔； 2—分车道岔； R_P—斜面曲线半径； $α_1$—斜面一次回转角（甩车道岔角）； $α_2$—斜面二次回转角（分车道岔角）； $γ$—斜面回转角；	K—起坡点； A—竖曲线起点； R_{P1}—平曲线半径；	R_P—平曲线半径（落平点）； K—起坡点（落平点）； A—竖曲线起点； R_{P2}—平曲线半径； K_G—高道起坡点、钢丝绳； K_D—低道起坡点；	A_G—高道竖曲线起点； A_D—低道竖曲线起点； $δ$——二次斜面回转角	
优缺点	提升牵引角小，交岔点巷道断面小，易于维护，推车空重车倒车时同长，运量大，推车劳动强度大	提升牵引角小，钢丝绳磨损小，提升能力大，断面大，交岔点长	提升牵引角小，磨损小，操车方便，有利于减少线路短，交岔点长，对开岔点时间，交岔点长，维护不利	提升能力大，交岔点空间大，便于操作，提升牵引角较小	提升牵引角小，线路布置集中，交岔点断面大，施工维护不利，二次斜面回转角
适用条件	围岩条件好，提升量小的采区车场	围岩条件好，提升量大的采区车场	围岩条件差提升量大的采区车场，是目前广泛采用的道岔布置形式之一	围岩条件好提升量大的采区车场，是目前采用的道岔布置形式之一	围岩条件好、提升量大的采区车场，由于交岔断面大及落平段断面大，很少采用

有不套滚轮的）。其位置一般设在甩车道岔岔尖附近，靠分岔巷道侧的墙边，与轨道中心线距 $B \geqslant \frac{1}{2} B_K + 300\text{mm}$（$B_K$ 为矿车宽度）。

（二）道　岔

甩车场的道岔型号可按表6－3－8选择。

表6－3－8　甩车场道岔型号

道 岔 名 称	主 提 升	辅 助 提 升
甩车道岔	5号	4号、5号
分车道岔	4号、5号	4号
末端道岔	4号、5号	4号

（三）平、竖曲线半径

1. 平曲线半径

平曲线半径 R_P 取决于轨距、矿车轴距及行车速度。平曲线半径可按表6－3－9选取。

2. 竖曲线半径

竖曲线半径 R_S 是甩车场中一个重要参数。R_S 过大，增加甩车场竖曲线弧长，推后摘挂钩点位置，延长提升时间。R_S 过小，矿车变位太快，使相邻两车箱上缘挤撞，从而造成矿车联接处车轮悬空而掉道。另外，R_S 过小，运送长材料时产生搁置于轨道上，影响提升或矿车掉道。

竖曲线半径可按表6－3－10选取。

表6－3－9　平曲线半径（m）

调车方式	轨 距　（mm）	
	600	900
机械调车	9、12、15、20	12、15、20
人力推车	6、9、12、15	9、12、15

表6－3－10　竖曲线半径

矿车类型	半 径　（m）
1.0t、1.5t 矿车	9、12、15、20
3.0t 矿车	12、15、20

（四）甩车场线路的坡度

甩车场空重车线的坡度与矿车型式、铺轨质量、车场有无弯道及自动滑行要求等因素有关。

（1）设高低道的甩车场空重车线坡度应按表6－3－11选取。

表6－3－11　甩车场空、重车线坡度

矿 车 类 型	线 路 形 式	空车线 i_G（‰）	重车线 i_D（‰）
1.0t、1.5t 矿车	直　线	7～12	5～10
	曲　线	11～18	9～15
3.0t 矿车	直　线	6～9	5～7
	曲　线	10～15	8～12

设计中为了计算方便,空、重车线中的直线和曲线段可采用平均坡度计算高低道的最大高差 ΔH。一般空车线 $i_G = 11‰$,重车线 $i_D = 9‰$。然后在存车线高低道闭合点标高计算中进行部分调整。

(2) 不设高、低道的甩车场坡度,应采用 $3‰ \sim 4‰$ 向上(下)山方向下坡。

(五) 甩车场存车线长度

甩车场存车线有效长度可按表 6-3-12 选取。

表 6-3-12 存 车 线 有 效 长 度

中间轨道巷牵引方式	主 提 升	辅 助 提 升
小型电机车	1.5 列车	1.0 列车、0.9Mt/a 以上采区为 1.5 列车
小 绞 车	3～4 钩中巷串车	2～3 钩中巷串车
无 极 绳	3～4 钩上山串车	2～3 钩上山串车
人 推 车	3～4 钩上山串车	2～3 钩上山串车

(六) 甩车场的高低道

1. 高、低道最大高差 ΔH

双道起坡甩车场由空重车线两个相反的坡度而形成高低道。高低道标高差在竖曲线起坡点 (K_G、K_D) 附近达最大值 ΔH:

$$\Delta H = i_G L_{ZG} + i_D L_{ZD} \qquad (6-3-1)$$

式中　i_G、i_D——高、低道坡度,‰;

L_{ZG}、L_{ZD}——高、低道存车线有效长度,m。

在采区中部甩车场设计中,一般 ΔH 为 0.5m 左右,设计规范规定最大高差不宜大于 0.8m。

2. 高、低道竖曲线起点错距 L_2

为了操作方便安全,空重车线高低道竖曲线最好是一点起坡(落平),使摘挂钩点之间没有前后错距,或者高道起坡点适当超前低道起坡点一定错距 L_2。一般为 1.5m 左右,设计规范规定最大错距应不大于 2.0m。

在甩车场高、低道竖曲线设计中采取以下两种方法实现一点起坡(落平)的要求:

1) 以自然高差 Δh 作为高低道的最大高差 ($\Delta h = \Delta H$),高低道竖曲线采用相同半径 ($R_G = R_D$)。该方法适于存车线长度小,高低道高差要求不大的甩车场;

2) 高道竖曲线采用大半径,使高道竖曲线切线长度满足以下条件:

(1) 一次回转方式　　　　　$T_G = T_D + (\Delta H - \Delta h_1) \cot \beta_1$ 　　　　　　(6-3-2)

(2) 二次回转方式　　　　　$T_G = T_D + (\Delta H - \Delta h_2) \cot \beta_2$ 　　　　　　(6-3-3)

该方法适于高低道高差大,上山倾角 $\beta > 12°$ 的甩车场。

对于小于 12° 的轨道上山,高低道高差要求在 0.5m 以下时,用高道竖曲线大半径的方法,使高低道竖曲线起坡点错距 L_2 达到限定值以内。

3. 高、低道线路中心距

高、低道线路中心距 S 可按表 6-3-13 选取。

表 6—3—13　高、低道线路中心距　　　　　　　　　mm

矿车类型	轨距	
	600	900
1.0t 矿车	1900	2200
1.5t 矿车	2100	

三、甩车场线路设计

甩车场线路主要包括三个部分：斜面线路，竖曲线及平面存车线路。甩车场的设计计算，主要是计算甩车道的平、立面尺寸。在此基础上，算出一个车场的闭合线路，即由轨道上山甩车道岔算至轨道巷（石门、绕道）存车线道岔末端的全部平、立面尺寸，从而构成一个完整的甩车场线路。

甩车场的作图方法有两种：一是斜面线路按真实的斜面尺寸作图——层面图；二是将斜面尺寸投影到平面上，按平面尺寸作图——平面图，平面图上的一次和二次回转角应按水平投影角 θ_1 和 θ_2 作图。尺寸标注：斜面尺寸加括号表示，平面尺寸不加括号。设计中常用层面图作图法绘施工图。

（一）角度计算

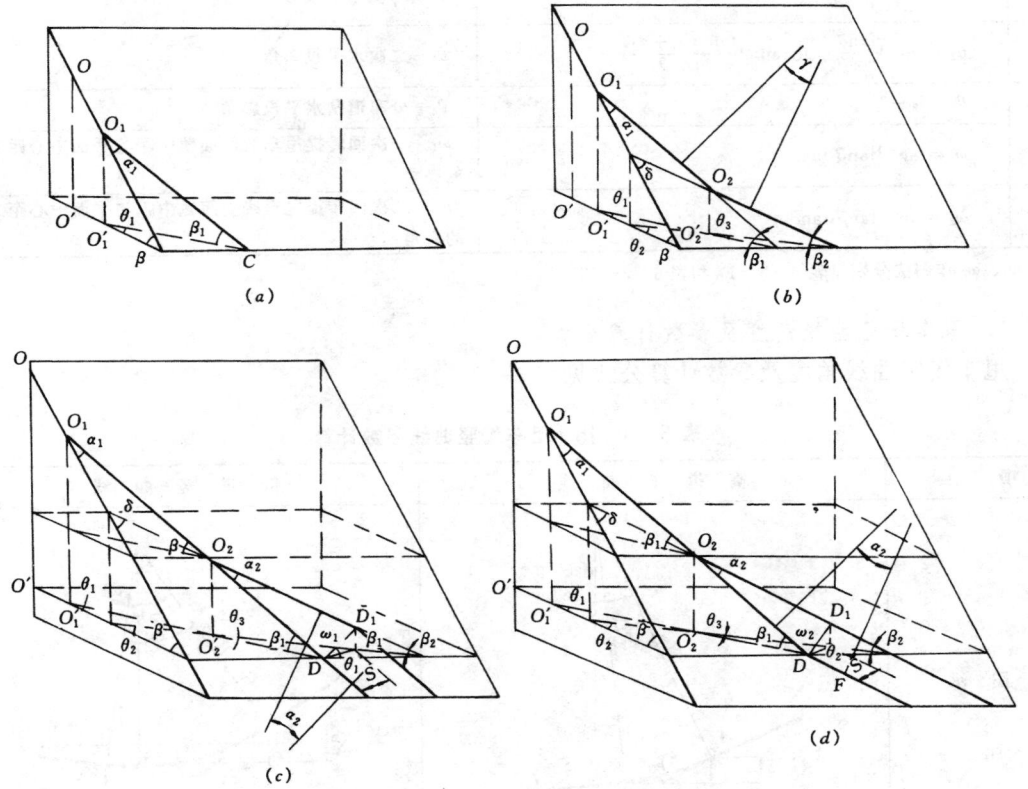

图 6—3—5　甩车场斜面角度计算图

a—单道起坡一次回转；b—单道起坡二次回转；c—双道起坡一次回转；d—双道起坡二次回转

甩车道为伪倾斜立体布置,包括平面、斜面和立面尺寸。平、斜、立面尺寸以角度为纽带而互为因果。为了正确计算甩车场的各部尺寸,必须先计算平、斜、立面相互关系的各种角度。

1. 甩车场斜面线路角度计算图

甩车场斜面线路角度计算见图6—3—5。

2. 甩车场斜面线路角度计算

甩车场斜面线路角度计算见表6—3—14。

表6—3—14　甩车场斜面线路角度计算公式

顺序	计 算 公 式	符 号 注 释
1	β	β—轨道上山倾角
2	α_1	α_1—甩车道岔辙叉角 (一次斜面回转角)
3	α_2	α_2—分车道岔角
4	$\delta=\alpha_1+\gamma$ (单道起坡)　　$\delta=\alpha_1+\alpha_2$ (双道起坡) $\delta=\tan^{-1}\tan\theta_2\cos\beta$	δ—二次斜面回转角
5	$\gamma=\delta-\alpha_1$ (单道起坡)　　$\gamma=\alpha_2$ (双道起坡)	γ—斜面线路转角
6	$\beta_1=\sin^{-1}\sin\beta\cos\alpha_1$	β_1——次伪倾角
7	$\beta_2=\sin^{-1}\sin\beta\cos\delta$	β_2—二次伪倾角
8	$\theta_1=\tan^{-1}\dfrac{\tan\alpha_1}{\cos\beta}$	θ_1——次水平投影角
9	$\theta_2=\tan^{-1}\dfrac{\tan\delta}{\cos\beta}$　或 $\tan^{-1}\dfrac{\tan(\alpha_1+\alpha_2)}{\cos\beta}$	θ_2—二次水平投影角
10	$\theta_3=\theta_2-\theta_1$	θ_3—分车道岔水平投影角
11	$\omega_1=\tan^{-1}\tan\beta_1\tan\theta_1$	ω_1——次回转提甩车线斜面轨中距与平面中心距之间的夹角
12	$\omega_2=\tan^{-1}\tan\beta_2\tan\theta_2$	ω_2—二次回转提甩车线斜面轨中距与平面中心距之间的夹角

注: ω_1、ω_2 作图法分别见表6—3—17和表6—3—18。

3. 甩车场竖曲线角度及参数计算公式

甩车场竖曲线角度及参数计算公式见表6—3—15。

表6—3—15　甩车场竖曲线参数计算

项　目	高 道 竖 曲 线	低 道 竖 曲 线
图示		

续表

项　目		高　道　竖　曲　线		低　道　竖　曲　线	
计算公式	线路转次	一次回转	二次回转	一次回转	二次回转
	竖曲线夹角	$\beta_G=\beta_1-\delta_G$	$\beta_G=\beta_2-\delta_G$	$\beta_D=\beta_1+\delta_D$	$\beta_G=\beta_2+\delta_D$
	切　线	$T_G=R_{SG}\tan\dfrac{\beta_1-\delta_G}{2}$	$T_G=R_{SG}\tan\dfrac{\beta_2-\delta_G}{2}$	$T_D=R_{SD}\tan\dfrac{\beta_1+\delta_D}{2}$	$T_D=R_{SD}\tan\dfrac{\beta_2+\delta_D}{2}$
	水平投影	$L_G=R_{SG}(\sin\beta_1-\sin\delta_G)$	$L_G=R_{SG}(\sin\beta_2-\sin\delta_G)$	$L_D=R_{SD}(\sin\beta_1+\sin\delta_D)$	$L_D=R_{SD}(\sin\beta_2+\sin\delta_D)$
	起终点高差	$h_G=R_{SG}(\cos\delta_G-\cos\beta_1)$	$h_G=R_{SG}(\cos\delta_G-\cos\beta_2)$	$h_D=R_{SD}(\cos\delta_D-\cos\beta_1)$	$h_D=R_{SD}(\cos\delta_D-\cos\beta_2)$
	弧　长	$K_{PG}=R_{SG}\dfrac{\beta_1-\delta_G}{57.296}$	$K_{PG}=R_{SG}\dfrac{\beta_2-\delta_G}{57.296}$	$K_{PD}=R_{SD}\dfrac{\beta_1+\delta_D}{57.296}$	$K_{PD}=R_{SD}\dfrac{\beta_2+\delta_D}{57.296}$

图　示	

项　目					
计算公式	线路转次	一次回转	二次回转	一次回转	二次回转
	竖曲线夹角	$\beta_G=\beta_1=\beta_D$	$\beta_G=\beta_2=\beta_D$	$\beta_D=\beta_1=\beta_G$	$\beta_D=\beta_2=\beta_G$
	切　线	$T_G=R_{SG}\tan\dfrac{\beta_1}{2}$	$T_G=R_{SG}\tan\dfrac{\beta_2}{2}$	$T_D=R_{SD}\tan\dfrac{\beta_1}{2}$	$T_D=R_{SD}\tan\dfrac{\beta_2}{2}$
	水平投影	$L_G=R_{SG}\sin\beta_1$	$L_G=R_{SG}\sin\beta_2$	$L_D=R_{SD}\sin\beta_1$	$L_D=R_{SD}\sin\beta_2$
	起终点高差	$h_G=T_G\sin\beta_1$	$h_G=T_G\sin\beta_2$	$h_D=T_D\sin\beta_1$	$h_D=T_D\sin\beta_2$
	弧　长	$K_{PG}=R_{SG}\dfrac{\beta_1}{57.296}$	$K_{PG}=R_{SG}\dfrac{\beta_2}{57.296}$	$K_{PD}=R_{SD}\dfrac{\beta_1}{57.296}$	$K_{PD}=R_{SD}\dfrac{\beta_2}{57.296}$

注：1. 上栏为高、低道坡度角（δ_G、δ_D）插入竖曲线计算。下栏为高、低道起坡点前设一段平坡（1～2m）。高、低道坡度角（δ_G、δ_D）不插入竖曲线计算；

　　2. 为了简化线路计算和方便施工测量，本采区车场线路设计中的竖曲线参数计算均采用下栏计算公式。

（二）单道起坡甩车场线路计算

单道起坡甩车场的范围系指从甩车场道岔基本轨起点到竖曲线起坡点（落平点）的一段线路。因此这种车场的计算，就是斜面上的单侧非平行线路连接点、竖曲线及各点标高的计算。斜面一次回转与二次回转仅在于公式中的伪倾角取 β_1 或 β_2 的区别。

单道起坡甩车场二次回转斜面和竖曲线线路计算见表 6—3—16。

（三）双道起坡甩车场线路计算

双道起坡甩车场是目前设计中常用的中部车场形式。其中平、竖曲线先转弯后变平布置方式的一次回转和二次回转甩车场，不论主提升或辅助提升都被广泛应用。

双道起坡甩车场斜面线路（包括竖曲线计算）计算方法较多。为了简化计算、提高计算精度和便于施工（施工测量），根据近年设计实践，综合归类如下计算方法。

表 6-3-16   单道起坡甩车场二次回转斜面和竖曲线线路计算公式

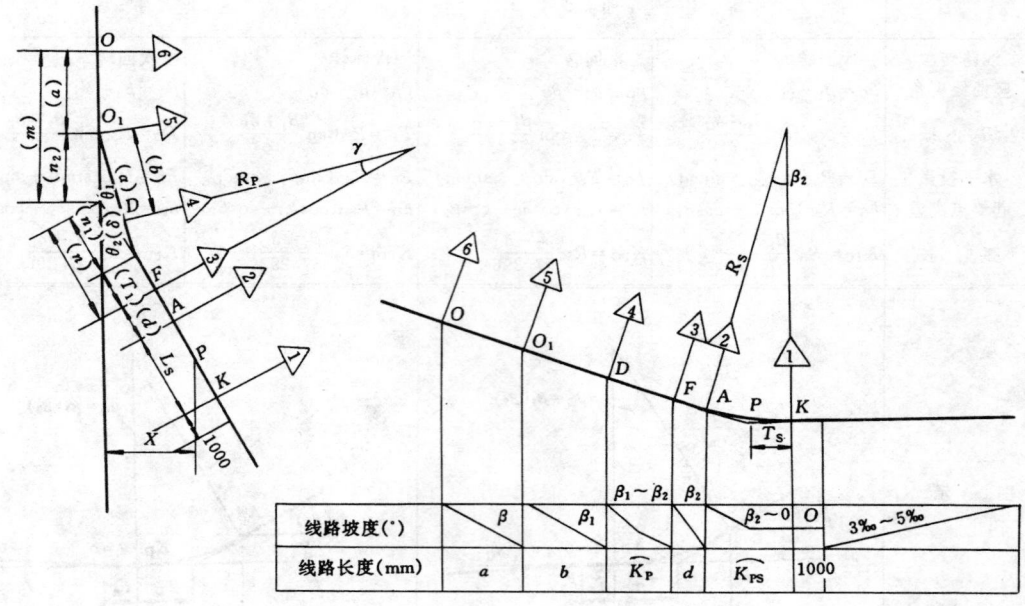

线路坡度(°)	β	β₁	β₁~β₂	β₂	β₂~0	O	3‰~5‰

表记：线路坡度(°)栏依次为 β、β_1、$\beta_1\sim\beta_2$、β_2、$\beta_2\sim0$、O、3‰~5‰；线路长度(mm)栏依次为 a、b、$\widehat{K_P}$、d、$\widehat{K_{PS}}$、1000。

计算顺序	计 算 公 式	计算顺序	计 算 公 式
1	$OO_1=a$	8	$X=(n+d+T_s)\cos\beta_2\sin\theta_2$
2	$O_1D=b$		**各点标高计算**
3	$T_1=R_P\tan\dfrac{\gamma}{2}\qquad K_P=R_P\dfrac{\gamma}{57.296}$	9	①$=\pm0.000$
4	$d=1000\sim2000\text{mm}$		②$=$①$+T_s\cdot\sin\beta_2$
5	$n_2=(b+T_1)\dfrac{\sin\gamma}{\sin\delta}$, $m=a+n_2$		③$=$②$+d\sin\beta_2$
6	$n_1=(b+T_1)\dfrac{\sin\alpha}{\sin\delta}$, $n=T_1+n_1$		④$=$③$+T_1(\sin\beta_2+\sin\beta_1)$
7	$T_s=R_s\tan\dfrac{\beta_2}{2}\qquad K_{PS}=R_s\dfrac{\beta_2}{57.296}$ $L_s=R_s\sin\beta_2\quad h_s=T_s\sin\beta_2$ 或 $h_s=R_s(1-\cos\beta_2)$		⑤$=$④$+b\sin\beta_1$
			⑥$=$⑤$+a\sin\beta$

1. 平、竖曲线先转弯后变平布置方式甩车场斜面线路计算

1) 逐段投影计算法：

(1) 计算方法要点和计算步骤：

①计算从甩车道岔 a_1 起点开始，甩车道双轨中心距以水平投影为计算基础。水平投影的双轨中心距 S 为摘挂钩点的车场双轨中心距。

②按规定平竖曲线之间插入不少于矿车轴距 1.5~2.0 倍的直线段 d。一般 d 值取 1.0~2.0m（1.0t 矿车取 1.0m，1.5t 矿车取 1.5m，3.0t 矿车取 2.0m）。

③求提甩车线斜面线路自然高差 Δh 和水平投影 ΔL。

④根据存车线长度和高低道自动滑行坡度确定最大高差 ΔH。一般取整数 $\Delta H = 0.3 \sim 0.5\text{m}$。最大不大于 0.8m。

⑤在提甩车线竖曲线起坡点（K_D、K_G）前设一段平坡，以避免高、低道坡度角（δ_G、δ_D）插入竖曲线段。据此进行竖曲线参数及提甩车线竖曲线的起点间距 L_1 和终点错距 L_2 的计算。

⑥以提车线竖曲线起坡点（K_D）轨面标高为 ±0.000，从下向上求算提、甩车线各点标高。

（2）求自然高差及其水平投影：

双道起坡甩车场提、甩车线在伪倾斜斜面平行线路段形成自然高差 Δh。其值取决于提、甩车线轨道中心距以及与轨道上山相对应的水平投影角和伪倾角。其计算方法如下：

①一次回转线路的自然高差 Δh_1、水平投影 ΔL_1 如表 6-3-17。

②二次回转线路的自然高差 Δh_2、水平投影 ΔL_2 如表 6-3-18。

表 6-3-17　一次回转线路的自然高差 ΔL_1

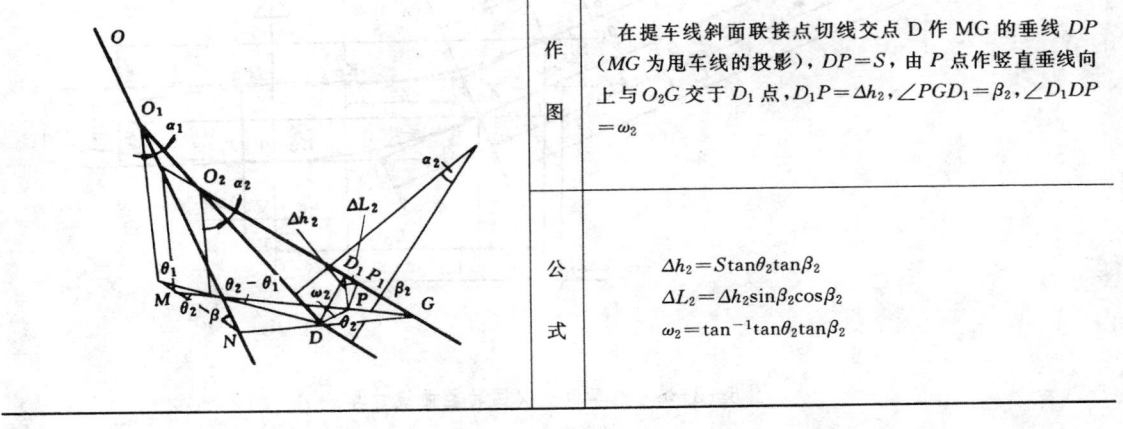

作图	在甩车线斜面联接点切线交点 D_1 作竖直垂线交 MG 于 P，由 P 作 $PD \perp O_2 D$，$PD = S$，$D_1 P = \Delta h_1$ 联 PG_1（PG_1 为甩车线投影）$\angle PG_1 D_1 = \beta_1$，$\angle D_1 DP = \omega_1$
公式	$\Delta h_1 = S \tan\theta_1 \tan\beta_1$ $\Delta L_1 = \Delta h_1 \sin\beta_1 \cos\beta_1$ $\omega_1 = \tan^{-1}\tan\theta_1 \tan\beta_1$

表 6-3-18　二次回转线路的自然高差 Δh_2、水平投影 ΔL_2

作图	在提车线斜面联接点切线交点 D 作 MG 的垂线 DP（MG 为甩车线的投影），$DP = S$，由 P 点作竖直垂线向上与 $O_2 G$ 交于 D_1 点，$D_1 P = \Delta h_2$，$\angle PGD_1 = \beta_2$，$\angle D_1 DP = \omega_2$
公式	$\Delta h_2 = S \tan\theta_2 \tan\beta_2$ $\Delta L_2 = \Delta h_2 \sin\beta_2 \cos\beta_2$ $\omega_2 = \tan^{-1}\tan\theta_2 \tan\beta_2$

（3）甩车道斜面线路及竖曲线计算：

①一次回转方式斜面线路及竖曲线计算：

双道起坡甩车场一次回转斜面线路和竖曲线逐段投影法图示和计算公式见图6-3-6和表6-3-19。

②二次回转方式斜面线路及竖曲线计算：

双道起坡甩车场二次回转斜面线路和竖曲线逐段投影法图示和计算公式见图6-3-7和表6-3-20。

2）一点落平计算法：

如前所述，在甩车场高、低道竖曲线设计中可采取两种方法实现一点起坡（落平）。下面介绍高道竖曲线采用大半径实现一点落平的线路计算方法。

（1）一次回转线路一点落平计算法：

双道起坡甩车场一次回转斜面线路和竖曲线一点落平法计算图示和计算公式见图6-3-8和表6-3-21。

（2）二次回转线路一点落平计算法：

双道起坡甩车场二次回转斜面线路和竖曲线一点落平法计算图示和计算公式见图6-3-9和表6-3-22。

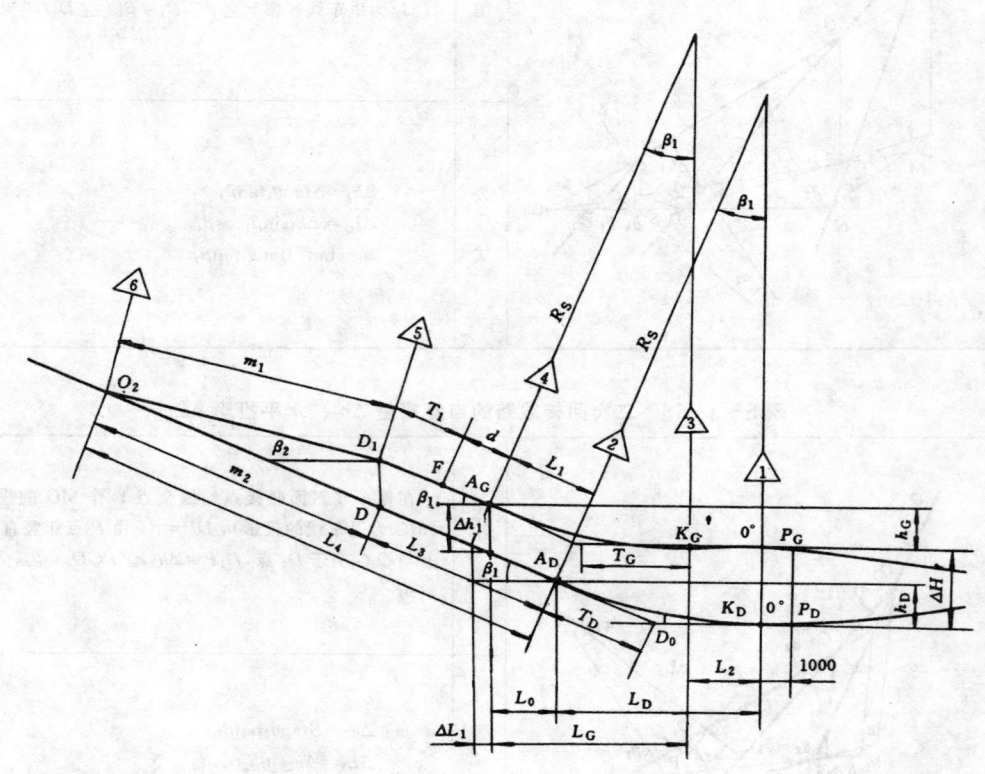

图6-3-6　甩车道一次回转竖曲线计算

（相同半径）

表 6-3-19 双道起坡甩车场一次回转斜面线路和竖曲线逐段投影计算法

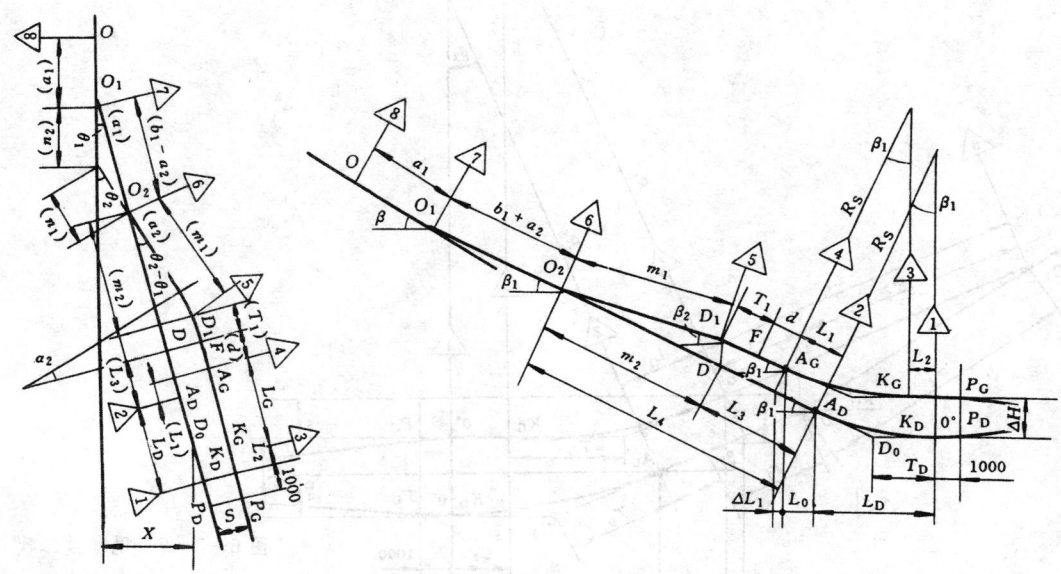

计算顺序	计 算 公 式	计算顺序	计 算 公 式
1	$OO_I = a_1$	15	$n_1 = (b_1 + a_2) \dfrac{\sin\alpha_1}{\sin(\alpha_1 + \alpha_2)}$
2	$O_1O_2 = b_1 + a_2$	16	$n_2 = n_1 \dfrac{\sin\alpha_2}{\sin\alpha_1}$
3	$m_1 = \dfrac{S}{\sin(\theta_2 - \theta_1)\,\cos\beta_2}$	17	$X = (b_1 + a_2 + L_4 + T_D)\,\cos\beta_1\sin\theta_1$
4	$m_2 = \dfrac{S}{\tan(\theta_2 - \theta_1)\,\cos\beta_1}$	18	提车线标高 ①$= \pm 0.000$ ②$=$①$+ T_D\sin\beta_1$ ⑥$=$②$+ L_4\sin\beta_1$
5	$T_1 = R_P\tan\dfrac{\alpha_2}{2}$　　$K_P = R_P\dfrac{\alpha_2}{57.296}$		
6	$d = 1000 \sim 2000\text{mm}$		
7	$T_G = T_D = R_S\tan\dfrac{\beta_1}{2}$　　$K_{PG} = K_{PD} = R_S\dfrac{\beta_1}{57.296}$ $L_G = L_D = R_S\sin\beta_1$　　$h_G = h_D = T_G\sin\beta_1$		
8	$\Delta h_1 = S\tan\theta_1\tan\beta_1$ 或 $\Delta h_1 = S\tan\omega_1$	19	甩车线标高 ③$=$①$+ \Delta H$ ④$=$③$+ T_G\sin\beta_1$ ⑤$=$④$+ (T_1 + d)\,\sin\beta_1$ ⑥$=$⑤$+ m_1\sin\beta_2$
9	$\Delta L_1 = \Delta h_1\sin\beta_1\cos\beta_1$		
10	$\Delta H = L_{ZG}i_G + L_{ZD}i_D$ 取整数、最大 800mm		
11	$L_0 = L_2 = (\Delta H - \Delta h_1)\,\text{ctg}\beta_1$		
12	$L_1 = \dfrac{L_0 + \Delta L_1}{\cos\beta_1}$	20	基本轨起点标高 ⑦$=$⑥$+ (b_1 + a_2)\,\sin\beta_1$ ⑧$=$⑦$+ a_1\sin\beta$
13	$L_3 = T_1 + d + \dfrac{L_0}{\cos\beta_1}$		
14	$L_4 = L_3 + m_2$		

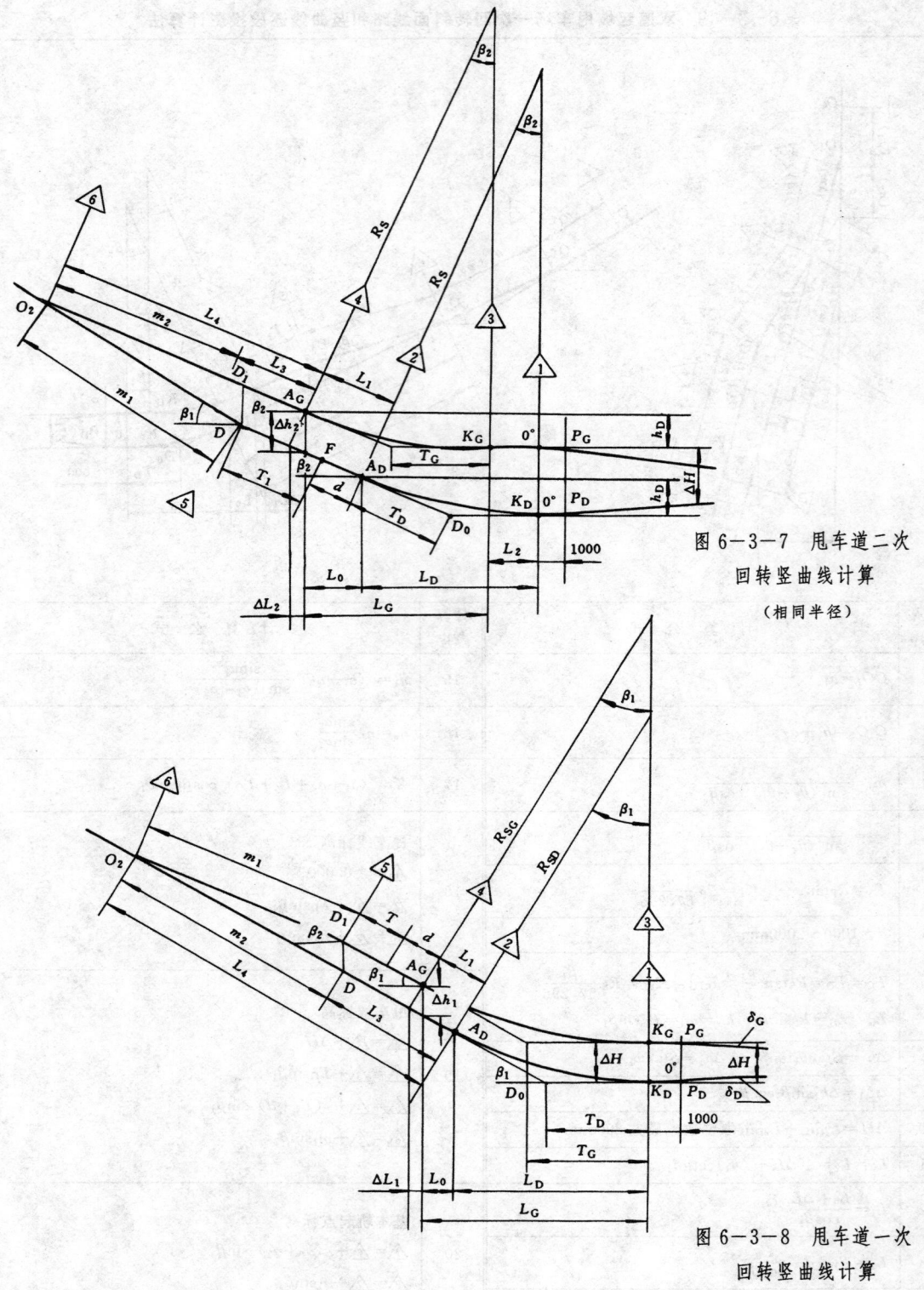

图 6-3-7　甩车道二次
回转竖曲线计算

（相同半径）

图 6-3-8　甩车道一次
回转竖曲线计算

（一点落平）

表 6—3—20 双道起坡甩车场二次回转斜面线路和竖曲线逐段投影计算法

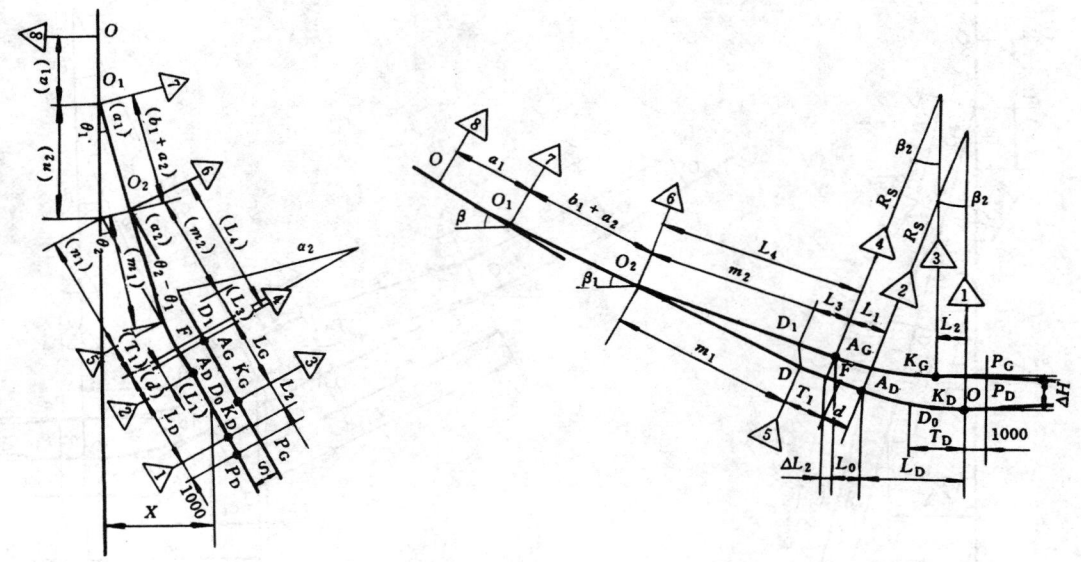

计算顺序	计 算 公 式	计算顺序	计 算 公 式
1	$OO_1 = a_1$	15	$n_1 = (b_1 + a_2 + m_1)\ \dfrac{\sin\alpha_1}{\sin\ (\alpha_1 + \alpha_2)}$
2	$O_1O_2 = b_1 + a_2$	16	$n_2 = n_1 \dfrac{\sin\alpha_2}{\sin\alpha_1}$
3	$m_1 = \dfrac{S}{\sin\ (\theta_2 - \theta_1)\ \cos\beta_1}$	17	$X = (n_1 + T_1 + d + T_D)\ \cos\beta_2\sin\theta_2$
4	$m_2 = \dfrac{S}{\tan\ (\theta_2 - \theta_1)\ \cos\beta_1}$	18	提车线标高 $\\ ①= \pm 0.000 \\ ②= ① + T_D\sin\beta_2 \\ ⑤= ② + (T_1 + d)\ \sin\beta_2 \\ ⑥= ⑤ + m_1\sin\beta_1$
5	$T_1 = R_P\tan\dfrac{\alpha_2}{2}\quad K_P = R_P\dfrac{\alpha_2}{57.296}$		
6	$d = 1000 \sim 2000\text{mm}$		
7	$T_D = T_G = R_S\tan\dfrac{\beta_2}{2}\quad K_{PG} = K_{PD} = R_S\dfrac{\beta_2}{57.296} \\ L_G = L_D = R_S\sin\beta_2\quad h_G = h_D = T_G\sin\beta_2$		
8	$\Delta h_2 = S\tan\theta_2\tan\beta_2$ 或 $\Delta h_2 = S\tan\omega_2$	19	甩车线标高 $\\ ③= ① + \Delta H \\ ④= ③ + T_G\sin\beta_2 \\ ⑥= ④ + L_4\sin\beta_2$
9	$\Delta L_2 = \Delta h_2\sin\beta_2\cos\beta_2$		
10	$\Delta H = L_{ZG}i_G + L_{ZD}i_D$ 取整数、最大 800mm		
11	$L_0 = L_2 = (\Delta H - \Delta h_2)\ \cot\beta_2$		
12	$L_1 = \dfrac{L_0 + \Delta L_2}{\cos\beta_2}$	20	基本轨起点标高 $\\ ⑦= ⑥ + (b_1 + a_2)\ \sin\beta_1 \\ ⑧= ⑦ + a_1\sin\beta$
13	$L_3 = T_1 + d - \dfrac{L_0}{\cos\beta_2}$		
14	$L_4 = L_3 + m_2$		

表6-3-21　双道起坡甩车场一次回转斜面线路和竖曲线一点落平计算法

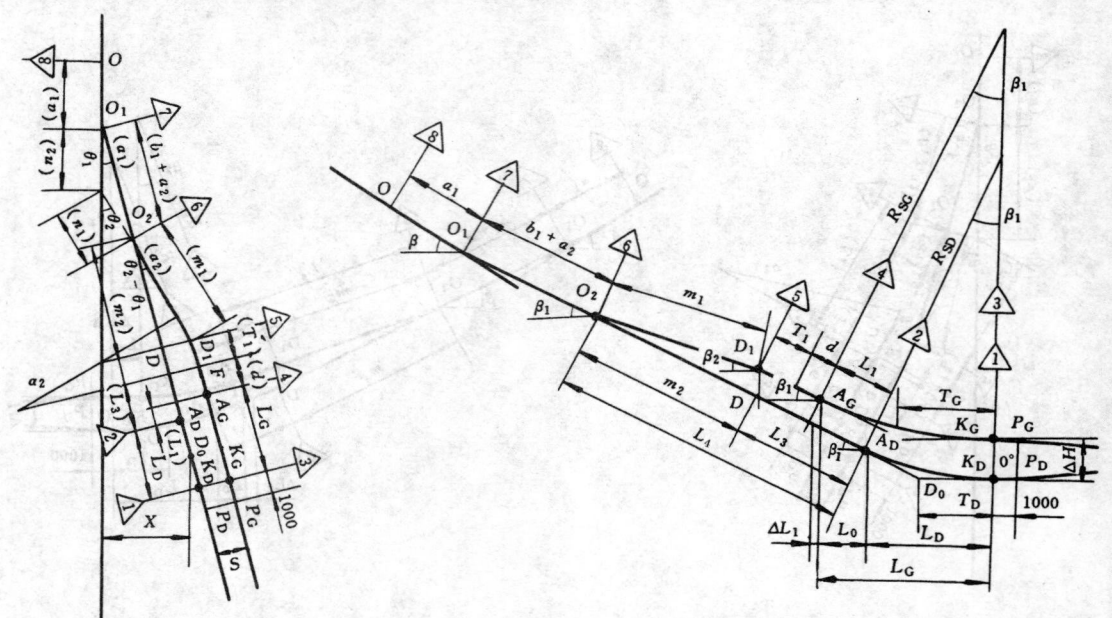

计算顺序	计 算 公 式	计算顺序	计 算 公 式
1	$OO_1 = a_1$	14	$L_3 = T_1 + d + \dfrac{L_0}{\cos\beta_1}$
2	$O_1O_2 = b_1 + a_2$	15	$L_4 = L_3 + m_2$
3	$m_1 = \dfrac{S}{\sin(\theta_2-\theta_1)\cos\beta_2}$	16	$n_1 = (b_1+a_2)\dfrac{\sin\alpha_1}{\sin(\alpha_1+\alpha_2)}$
4	$m_2 = \dfrac{S}{\tan(\theta_2-\theta_1)\cos\beta_1}$	17	$n_2 = n_1\dfrac{\sin\alpha_2}{\sin\alpha_1}$
5	$T_1 = R_P\tan\dfrac{\alpha_2}{2}\qquad K_P = R_P\dfrac{\alpha_2}{57.296}$	18	$X = (b_1+a_2+L_4+T_D)\cos\beta_1\sin\theta_1$
6	$d = 1000 \sim 2000\text{mm}$	19	提车线标高 $\triangle{1} = \pm0.000$ $\triangle{2} = \triangle{1} + T_D\sin\beta_1$ $\triangle{6} = \triangle{2} + L_4\sin\beta_1$
7	$T_D = R_{SD}\tan\dfrac{\beta_1}{2}\qquad K_{PD} = R_{SD}\dfrac{\beta_1}{57.296}$ $L_D = R_{SD}\sin\beta_1\qquad h_D = T_D\cdot\sin\beta_1$		
8	$\Delta h_1 = S\tan\theta_1\tan\beta_1$ 或 $\Delta h_1 = S\tan\omega_1$	20	甩车线标高 $\triangle{3} = \triangle{1} + \Delta H$ $\triangle{4} = \triangle{3} + T_G\sin\beta_1$ $\triangle{5} = \triangle{4} + (T_1+d)\sin\beta_1$ $\triangle{6} = \triangle{5} + m_1\sin\beta_2$
9	$\Delta L_1 = \Delta h_1\sin\beta_1\cos\beta_1$		
10	$\Delta H = L_{ZG}i_G + L_{ZD}i_D$ 取整数、最大不大于0.8mm		
11	$T_G = (\Delta H - \Delta h_1)\cot\beta_1 + T_D\qquad R_{SG} = T_G\cot\dfrac{\beta_1}{2}$ $K_{PG} = R_{SG}\dfrac{\beta_1}{57.296}\qquad L_G = R_{SG}\sin\beta_1\qquad h_G = T_G\cdot\sin\beta_1$	21	基本轨起点标高 $\triangle{7} = \triangle{6} + (b_1+a_2)\sin\beta_1$ $\triangle{8} = \triangle{1} + a_1\sin\beta$
12	$L_0 = L_G - L_D$		
13	$L_1 = \dfrac{L_0 + \Delta L_1}{\cos\beta_1}$		

表 6−3−22 双道起坡甩车场二次回转斜面线路和竖曲线一点落平计算法

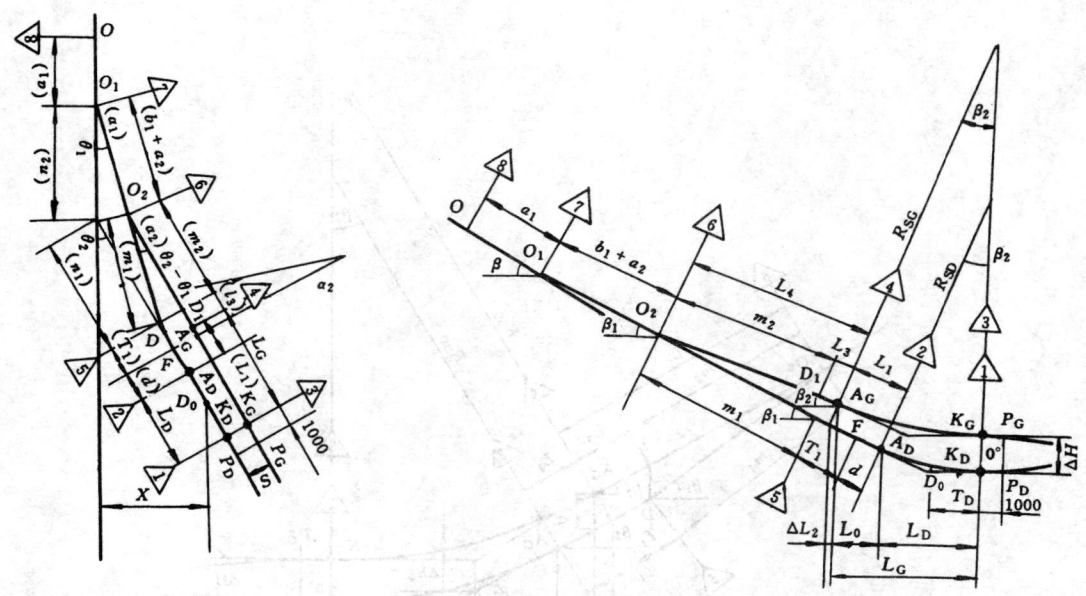

计算顺序	计 算 公 式	计算顺序	计 算 公 式
1	$OO_1 = a_1\cos\beta$	15	$L_4 = L_3 + m_2$
2	$O_1O_2 = b_1 + a_2$	16	$n_1 = (b_1 + a_2 + m_2)\dfrac{\sin\alpha_1}{\sin(\alpha_1 + \alpha_2)}$
3	$m_1 = \dfrac{S}{\sin(\theta_2 - \theta_1)\,\cos\beta_1}$	17	$n_2 = n_1\dfrac{\sin\alpha_2}{\sin\alpha_1}$
4	$m_2 = \dfrac{S}{\tan(\theta_2 - \theta_1)\,\cos\beta_2}$	18	$X = (n_1 + T_1 + d + T_D)\cos\beta_2\sin\theta_2$
5	$T_1 = R_P\tan\dfrac{\alpha_2}{2} \quad K_P = R_P\dfrac{\alpha_2}{57.296}$		提车线标高
6	$d = 1000 \sim 2000\text{mm}$	19	$\triangle\!\!\!1 = \pm0.000$
7	$T_D = R_{SD}\tan\dfrac{\beta_2}{2} \quad K_{PD} = R_{SD}\dfrac{\beta_2}{57.296}$ $L_D = R_{SD}\sin\beta_2 \quad h_0 = T_D\cdot\sin\beta_2$		$\triangle\!\!\!2 = \triangle\!\!\!1 + T_D\sin\beta_2$ $\triangle\!\!\!5 = \triangle\!\!\!2 + (T_1 + d)\sin\beta_2$ $\triangle\!\!\!6 = \triangle\!\!\!5 + m_1\sin\beta_1$
8	$\Delta h_2 = S\tan\theta_2\tan\beta_2$ 或 $\Delta h_2 = S\tan\omega_2$		
9	$\Delta L_2 = \Delta h_2\sin\beta_2\cos\beta_2$		甩车线标高
10	$\Delta H = L_{ZG}i_G + L_{ZD}i_D$ 取整数、最大 800mm	20	$\triangle\!\!\!3 = \triangle\!\!\!1 + \Delta H$ $\triangle\!\!\!4 = \triangle\!\!\!3 + T_G\sin\beta_2$ $\triangle\!\!\!6 = \triangle\!\!\!4 + L_4\sin\beta_2$
11	$T_G = (\Delta H - \Delta h_2)\cot\beta_2 + T_D \quad R_{SG} = T_G\cot\dfrac{\beta_2}{2}$ $K_{PG} = R_{SG}\dfrac{\beta_2}{57.296} \quad L_G = R_{SG}\sin\beta_2 \quad h_G = T_G\cdot\sin\beta_2$		
12	$L_0 = L_G - L_D$		基本轨起点标高
13	$L_1 = \dfrac{L_0 + \Delta L_2}{\cos\beta_2}$	21	$\triangle\!\!\!7 = \triangle\!\!\!6 + (b_1 + a_2)\sin\beta_1$ $\triangle\!\!\!8 = \triangle\!\!\!7 + a_1\sin\beta$
14	$L_3 = T_1 + d - \dfrac{L_0}{\cos\beta_2}$		

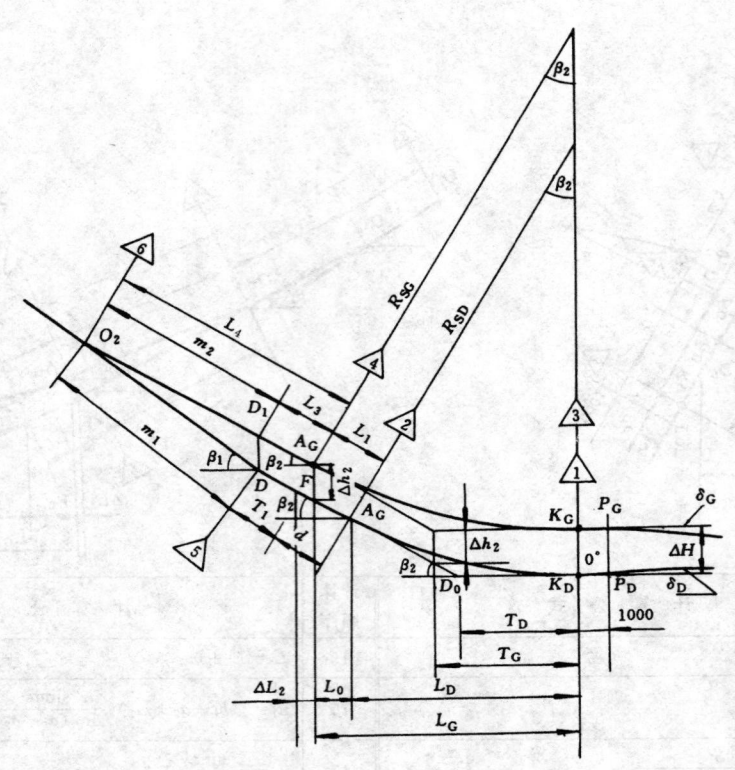

图 6—3—9　甩车道二次回转竖曲线计算

（一点落平）

2. 平、竖曲线先变平后转弯布置方式甩车场斜面线路计算

见表 6—3—7 中布置形式图和图 6—3—10。

1）O 至 O_2 段线路计算公式与先转弯后变平布置方式的逐段投影计算法相同。

2）O_2 点至高低道落平点（K_G、K_D）间的线路计算公式：

$$L_5 = \frac{(b_2+d_1)\ \cos\beta_2\cos\ (\theta_2-\theta_1)}{\cos\beta_1} \tag{6—3—4}$$

$$L_1 = \frac{(b_2+d_1+T_G)\ \sin\beta_2 + \Delta H - (L_5+T_D)\ \sin\beta_1}{\sin\beta_1} \tag{6—3—5}$$

$$L_2 = (L_5+L_1)\ \cos\beta_1 + L_D - [\ (b_2+d_1)\ \cos\beta_2 + L_G]\ \cos\ (\theta_2-\theta_1) \tag{6—3—6}$$

3）由于这种布置方式的平行线路联接在竖曲线之后，则有一段双轨中心距是变化的。为了达到要求的双轨中心距 S，高道平曲线插入 d_G，低道平曲线插入 d_D。其计算公式：

$$d_G = \frac{A\sin\ (\theta_2-\theta_1)}{\sin\theta_1} - S\cot\theta_1 - T_G + T_D \tag{6—3—7}$$

$$d_D = \frac{A\sin\theta_2 - S}{\sin\theta_1} - B - T_D \tag{6—3—8}$$

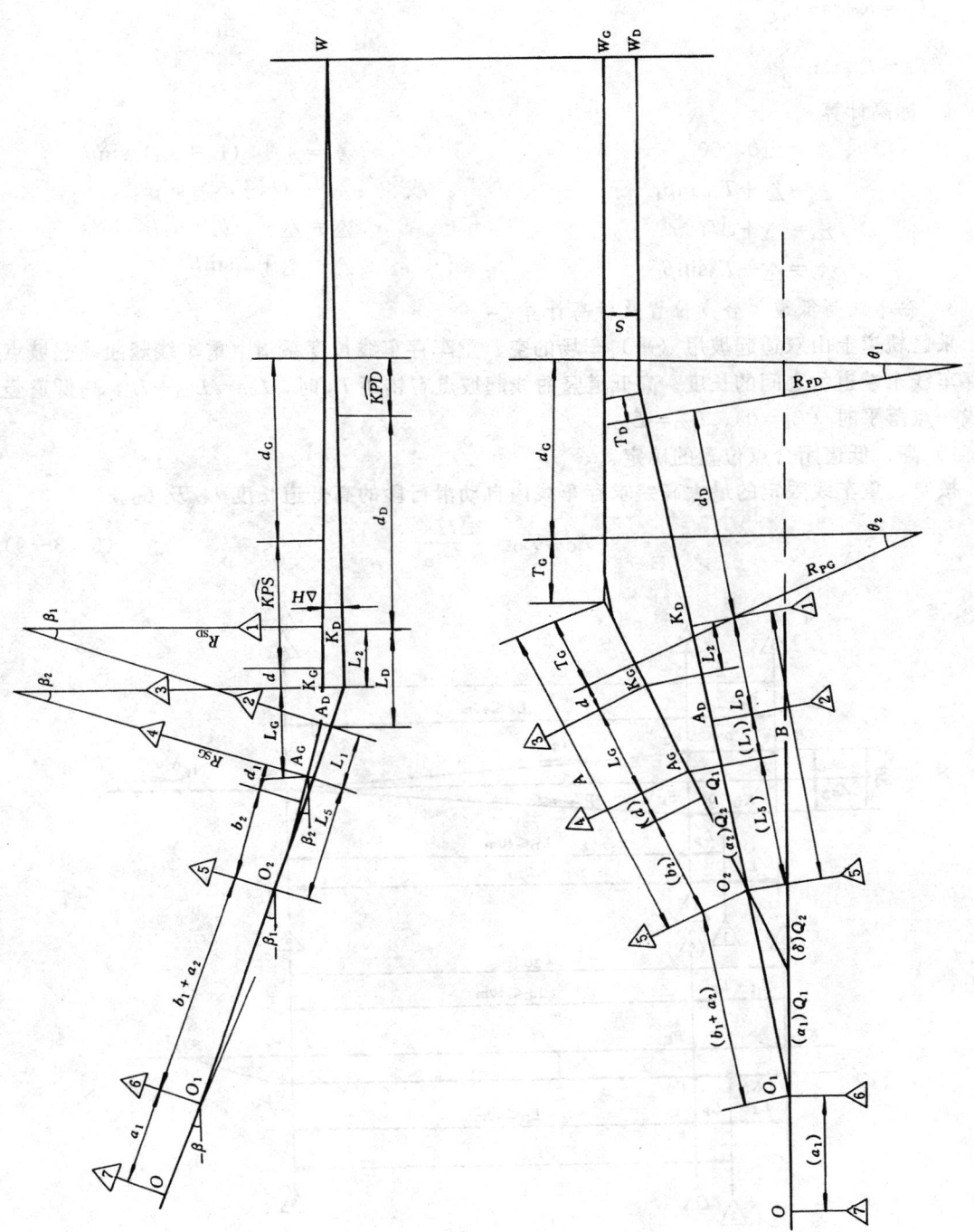

图 6-3-10 甩车道先竖后平线路计算

式中　$A=(b_2+d)\cos\beta_2+L_G+d+T_G$

　　　$B=(L_5+L_1)\cos\beta_1+L_D$

　　　$T_D=R_{PD}\tan\dfrac{\theta_1}{2}$

　　　$T_G=R_{PG}\tan\dfrac{\theta_2}{2}$

4）标高计算：

$\triangle①=\pm0.000$　　　　　　　　　$\triangle⑥=\triangle⑤+(L_1+L_5)\sin\beta_1$

$\triangle②=\triangle①+T_D\sin\beta_1$　　　　或　　$\triangle⑤+(b_2+d_1)\sin\beta_2$

$\triangle③=\triangle②+\Delta H$　　　　　　　$\triangle⑦=\triangle⑥+(b_1+a_2)\sin\beta_1$

$\triangle④=\triangle③+T_G\sin\beta_2$　　　　　$\triangle⑧=\triangle⑦+a_1\sin\beta$

3. 存车线高低道闭合点位置及标高计算

采区轨道上山双道起坡甩（平）车场的空、重车存车线长度系指空重车线竖曲线起坡点至存车线末端道岔之间的长度。高低道竖曲线起坡点有错距 L_2 时，$L_{ZG}=L_{ZD}+L_2$，高低道竖曲线一点落平时（$L_2=0$），$L_{ZG}=L_{ZD}$。

1）高、低道闭合点位置的确定：

按空、重车线限定的最大高差求存车线内自动滑行段的高低道长度 L_G 及 L_D。

$$L_G=L_D=\frac{\Delta H}{i_G+i_D} \qquad\qquad (6-3-9)$$

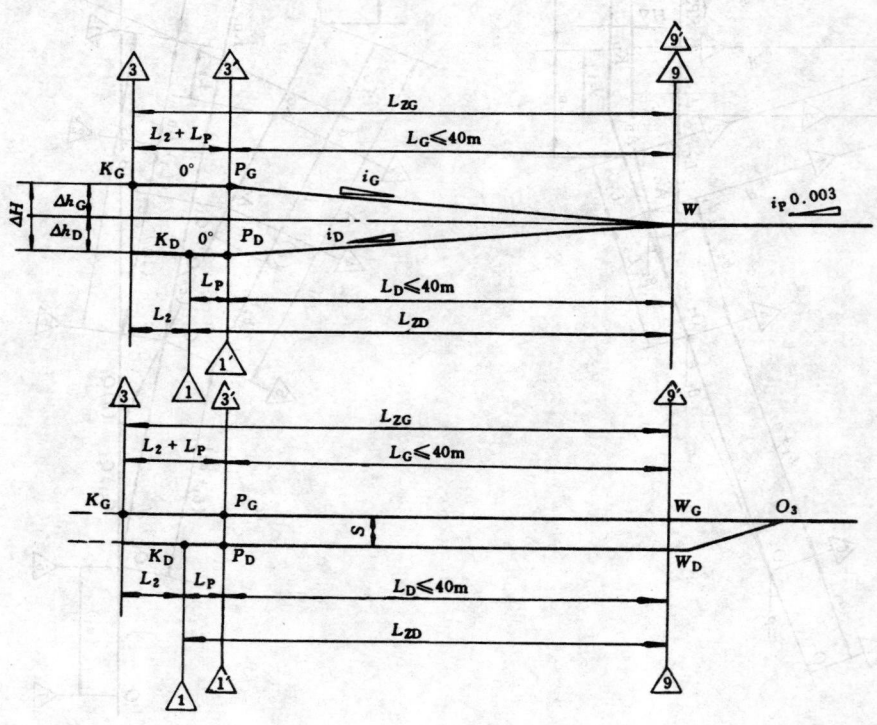

图 6-3-11　存车线高低道闭合点计算

（$L_{ZD}-L_P\leqslant40\text{m}$）

设最大高差 $\Delta H = 0.8\text{m}$，$i_G = 11\text{‰}$、$i_D = 9\text{‰}$ 代入上式得：

$$L_G = L_D = \frac{0.8}{0.011 + 0.009} = 40\text{m}$$

据此（1）当 $L_{ZD} - L_P \leqslant 40\text{m}$ 时（L_P——低道起坡点前的平坡长度，取 1m），闭合点在存车线末端道岔平行线路联接点 W 处。如图 6—3—11。（2）当 $L_{ZD} - L_P > 40\text{m}$ 时，存车线分两段坡度，闭合点在存车线内 W 点处。如图 6—3—12。WP 段为正常流水坡度，$i_P = 3\text{‰} \sim 5\text{‰}$。

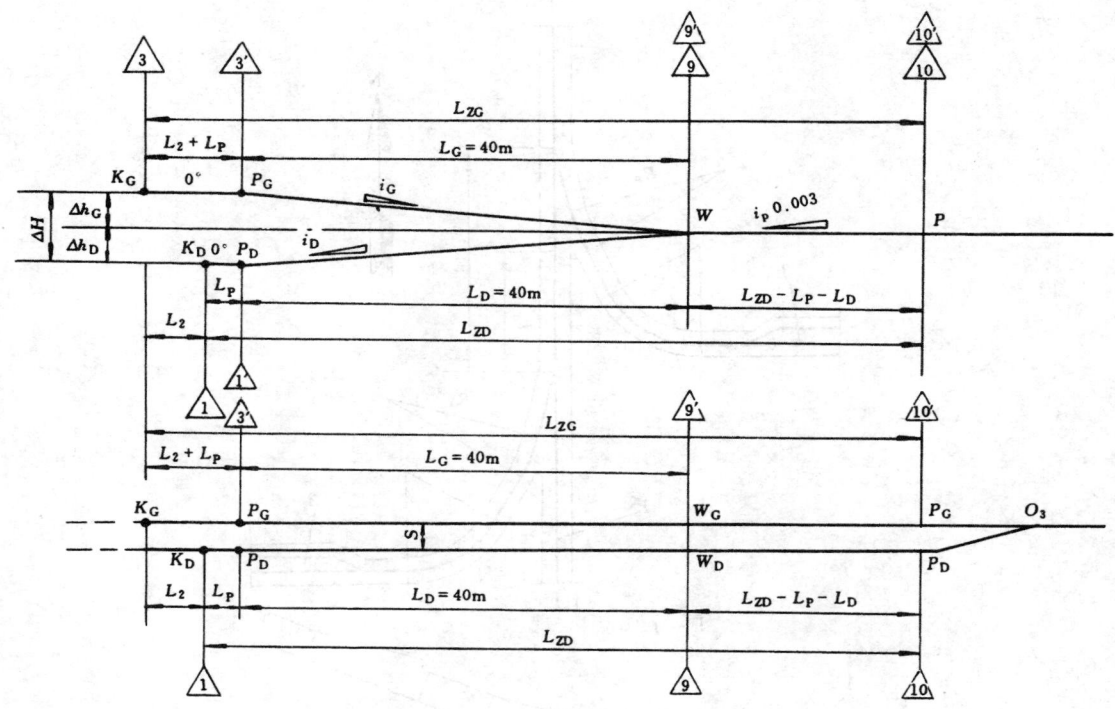

图 6—3—12　存车线高低道闭合点计算

$(L_{ZD} - L_P > 40\text{m})$

2）高低道闭合点标高计算：

（1）存车线长度 $L_{ZD} \leqslant 40\text{m}$ 时（图 6—3—11）

W 点标高　　　　　$\triangle_9 = \triangle_9 = \triangle_1 + \Delta h_D = \triangle_1 + L_D i_D$

高道　$\triangle_3$—$\triangle_9$ 段（L_G）坡度　　$i_G = \dfrac{\Delta H - \Delta h_D}{L_G}$

（2）存车线长度 $L_{ZD} > 40\text{m}$ 时（图 6—3—12）

W 点标高　　　　　$\triangle_9 = \triangle_9 = \triangle_1 + \Delta h_D = \triangle_1 + L_D i_D$

高道 $\triangle_3$—$\triangle_9$ 段（L_G）坡度　　$i_G = \dfrac{\Delta H - \Delta h_D}{L_G}$

P 点标高　　　　　$\triangle_{10} = \triangle_{10} = \triangle_9 + (L_{ZD} - L_P - L_D) i_P$

上述公式适于直线存车线的计算。若存车线有弯道时，其曲线段应按弧长计算。处于外曲线的存车线增加了 ΔK_P 的长度，为使高低道在 W 点闭合，该 ΔK_P 长度应取平坡，并设在竖曲线变坡点 K_G（K_D）前的平坡段内，以减少存车线的分段变坡数。

（四）双侧甩车场线路设计

采区两翼同时开采，两翼轨道巷标高不一致，就要采用双侧甩车场。如图 6—3—13。两翼轨道巷同一标高，有时为了节省绕道岩石工程量和避免绕道跨上山，也可采用双侧甩车场，如图 6—3—14。

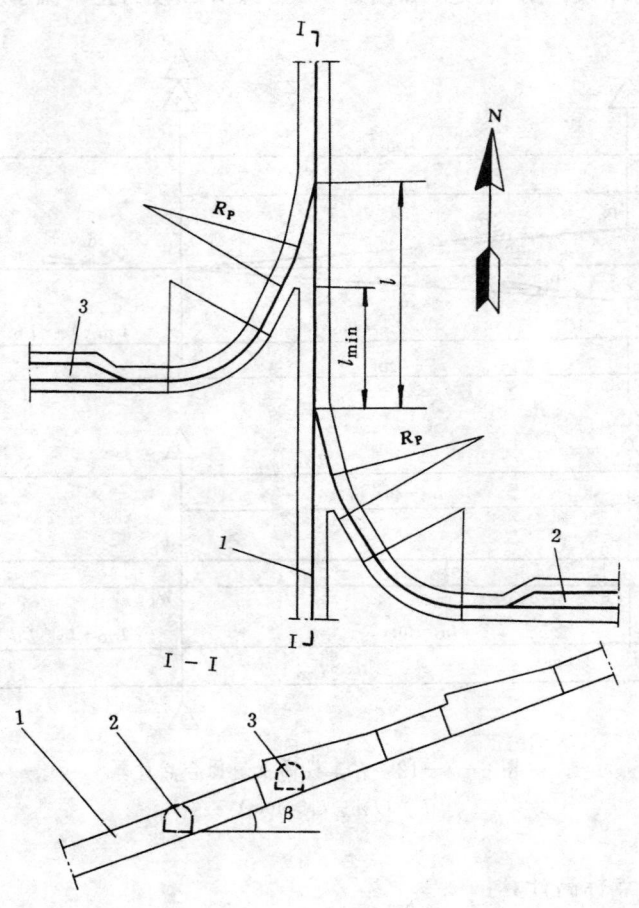

图 6—3—13   两翼不同标高双侧甩车场
1—轨道上山；2—东翼轨道巷；3—西翼轨道巷

双侧甩车场的优点是两翼运输单一，互不影响，节省绕道工程量。缺点是上山提升系统复杂，操车分散，两翼人员联系不便，增加交岔点，且两交岔点紧邻，施工复杂不利维护，一般尽量少用。

双侧甩车场由两个反向的单侧甩车场组成，两个交岔点开口位置错开。设计规范规定双侧甩车两甩车口的间距，从上交岔点的柱墩尖（牛鼻子）到下交岔点甩车道岔基本轨起点间的距离应视围岩情况确定，但不应小于 5.0m。

双侧甩车的线路尺寸均可采用相应的单侧甩车场公式计算，但两侧同标高甩车场为了达到两翼甩车落平在同一标高的要求，必须在层面上插入一段直线 x，x 值按图 6-3-14 和下列公式求得：

$$x=\frac{l\cos\beta}{\cos\theta_2\cos\beta_2} \tag{6-3-10}$$

式中　l——两侧甩车场开口中心点间的斜距，m；

　　　β——上山倾角，(°)；

　　　θ_2——二次水平投影角，(°)；

　　　β_2——二次伪倾角，(°)。

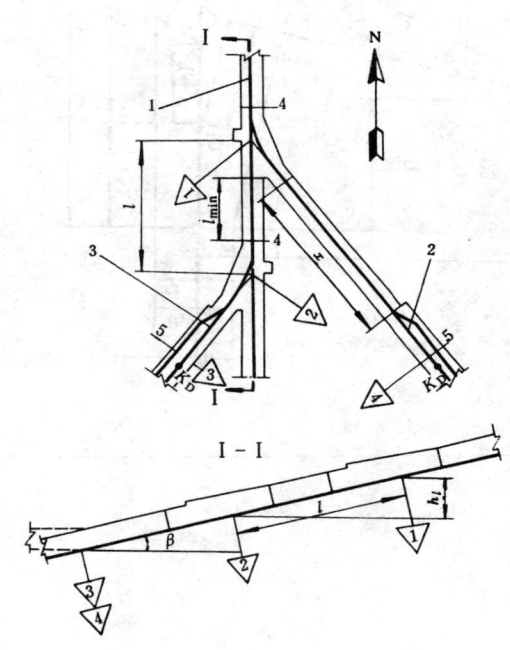

图 6-3-14　两翼同标高双侧甩车场

1—轨道上山；2—东翼甩车道；3—西翼甩车道；4—基本轨起点；5—切线交点

四、甩车场交岔点设计

甩车场交岔点按线路布置、道岔型号、上山断面、平巷存车线断面进行设计。

1. 计算公式

甩车场交岔点按线路布置可分为单道和双道两种；若按交岔点结构形式分则有多种。当围岩稳定，为便于操作和方便施工多采用平巷普通交岔点的结构形式。

单道起坡二次回转甩车场交岔点斜面尺寸计算见表 6-3-23。

双道起坡一次回转甩车场交岔点斜面尺寸计算见表 6-3-24。

双道起坡二次回转甩车场交岔点斜面尺寸计算见表 6-3-25。

2. 交岔点支护

表 6—3—23　单道起坡二次回转甩车场交岔点斜面尺寸计算

符号	图示	计算公式	说明

图示

计算公式

1. $\psi = \tan^{-1}\sin\delta\tan\beta$ 或 $\psi = \sin^{-1}\sin\delta\sin\beta$

2. $H = b\sin\alpha + R\cos\alpha$

3. $J = a + b\cos\alpha - R\sin\alpha$

4. $l = \dfrac{B_3}{\cos\psi}\sin\delta$

5. $B_4 = \dfrac{B_3}{\cos\psi}\cos\delta + 500 + B_2$

6. $FN = \sqrt{B_4^2 + l_2^2}$

7. $n_2 = (b+T)\dfrac{\sin\gamma}{\sin\delta}$

8. $n_1 = n_2\dfrac{\sin\alpha}{\sin\gamma}$

9. $n = n_1 + T$ 或 $n = \dfrac{H - R\cos\delta}{\sin\delta}$

10. $L_0 = n_2 + (500 + d_2)\cot\delta + \dfrac{c_3}{\cos\psi\sin\delta} - l$

11. $\Delta B = \dfrac{B_4 - B_1}{a + L_0}$

12. $K = \dfrac{500 + d_2}{\sin\delta} + \dfrac{c_3}{\cos\psi}\cot\delta - n$

说明

1. 图中带括号为斜面尺寸，不带括号为平面尺寸；
2. 斜面尺寸换算为水平尺寸时，分别乘以对应的 $\cos\beta$、$\cos\beta_1$、$\cos\beta_2$；
3. 平面尺寸 B_3、d_3、S、c_3 按斜面尺寸计算时，都应除以 $\cos\psi$。

符号注释

ψ—由于 F、E 两点标高差而形成的 B_3 平面尺寸与 F、E 斜面尺寸间夹角，根据 F、E 两点的高差等于 M、N 两点高差求得；

ΔB—交岔点变断面宽度斜率；

g—交岔点柱墩长度一般 2～3m

表6-3-24　双道起坡一次回转甩车场交岔点斜面尺寸计算

计　算　公　式	图　示
1. $\psi_1 = \tan^{-1}\sin\alpha_1\tan\beta$ 或 $\psi_1 = \sin^{-1}\sin\alpha_1\sin\beta$	
2. $m = \dfrac{S}{\sin(\beta_2-\theta_1)}\cos\beta_2$	
3. $n_2 = (b_1+a_2)\dfrac{\sin\alpha_2}{\sin(\alpha_1+a_2)}$	
4. $n_1 = n_2\dfrac{\sin\alpha_1}{\sin\alpha_2}$	
5. $H = R\cos(\alpha_1+\alpha_2) - (n_1+m-T)\sin(\alpha_1+\alpha_2) + R\sin(\alpha_1+\alpha_2)$	
6. $J = a_1+n_2 + (n_1+m-T)\cos(\alpha_1+\alpha_2)$	
7. $l = \dfrac{B_3}{\cos\psi_1}\sin\alpha_1$	
8. $B_4 = \dfrac{B_3}{\cos\psi_1}\cos\alpha_1 + 500 + B_2$	
9. $FN = \sqrt{B_4^2+l^2}$	
10. $L_0 = (500+d_2)\cot\alpha_1 + \dfrac{c_3}{\cos\psi_1\sin\alpha_1} - l$	
11. $\Delta B = \dfrac{B_4-B_1}{a_1+L_0}$	
12. $K = b_1+a_2 + \dfrac{S\cot(\beta_2-\theta_1)}{\cos\beta_1} + T - \dfrac{500+d_2}{\sin\alpha_1} - \dfrac{c_3\cot\alpha_1}{\cos\psi_1}$	

符号	m—平行线路斜边联接尺寸
注释	ψ、ΔB、g—见表6-3-23

说明	见表6-3-23

表6—3—25　双道起坡二次回转甩车场交岔点斜面尺寸计算

图　示	计　算　公　式
	1. $\psi_2 = \tan^{-1}\sin(\alpha_1+\alpha_2)\tan\beta$ 或 $\psi_2 = \sin^{-1}\sin(\alpha_1+\alpha_2)\sin\beta$
	2. $m = \dfrac{S}{\sin(\beta_2-\theta_1)\cos\beta_1}$
	3. $n_2 = (b_1+a_2+m)\dfrac{\sin\alpha_2}{\sin(\alpha_1+\alpha_2)}$
	4. $n_1 = n_2\dfrac{\sin\alpha_1}{\sin\alpha_2}$
	5. $H = (b_1+a_2+m-T)\sin\alpha_1+R\cos\alpha_1$
	6. $J = a_1 + (b_1+a_2+m-T)\cos\alpha_1 - R\sin\alpha_1$
	7. $l = \dfrac{B_3}{\cos\psi_2}\sin(\alpha_1+\alpha_2)$
	8. $B_4 = \dfrac{B_3}{\cos\psi_2}\cos(\alpha_1+\alpha_2)+500+B_2$
	9. $FN = \sqrt{B_4^2+l^2}$
	10. $L_0 = n_2 + (500+d_2)\cot(\alpha_1+\alpha_2)+\dfrac{c_3}{\cos\psi_2\sin(\alpha_1+\alpha_2)}-l$
	11. $\Delta B = \dfrac{B_4-B_1}{a_1+L_0}$
	12. $K = n_1 + T - \dfrac{500+d_2}{\sin(\alpha_1+\alpha_2)}-\dfrac{c_3}{\cos\psi_2}\cot(\alpha_1+\alpha_2)$

符号注释	ψ、ΔB、g—见表6—3—23　　m—平行线路斜边联接尺寸
说明	见表6—3—23

甩车场交岔点断面形状、支护材料一般皆与其相连接的斜巷、平巷存车线的断面相同。惟选择支护参数时，要考虑加强。

交岔点巷道断面的尺寸确定、支护参数的选取及工程数量计算方法，参见本篇第二章的有关内容。

3. 设计甩车场交岔点的几个问题

1）交岔点最大断面处拱部形式：

按甩车场交岔点 4—4 与 5—5 断面之间（见图 6—3—15）Ⅰ—Ⅰ 剖面所示设计。若围岩稳定，也可将该处拱部逐渐降低与两相连接断面的拱部直接相接。

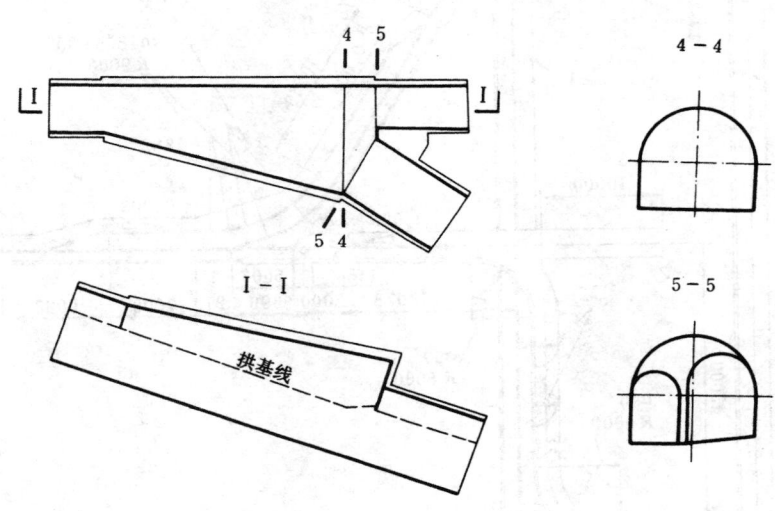

图 6—3—15 甩车场砌碹交岔点

2）交岔点最大断面墙高：

锚喷支护在 5—5 断面处两相交巷道各自按正常断面墙高设计；若采用砌碹支护时，5—5 断面两侧的墙高由于倾斜巷道一侧低于平巷的墙高，所以必须加高，如Ⅰ—Ⅰ剖面所示，使 4—4、5—5 断面之间拱基线呈水平线。

3）柱墙（俗称牛鼻子）：

沿斜巷长度，一般取 2000～3000mm，以能保留岩柱为准。

柱墙处若有水沟，其基础深度应比水沟深 100mm。

五、采区中部甩车场实例

1）大屯矿务局姚桥矿井一采区第一中部车场（图 6—3—16）

2）峰峰矿务局万年矿井北三采区中部车场（图 6—3—17）

3）大同矿务局燕子山矿井西一分区第一中部车场（图 6—3—18）

4）邢台矿务局东庞矿井南一采区中部车场（图 6—3—19）

5）窑街矿务局三号井采区中部车场（图 6—3—20）

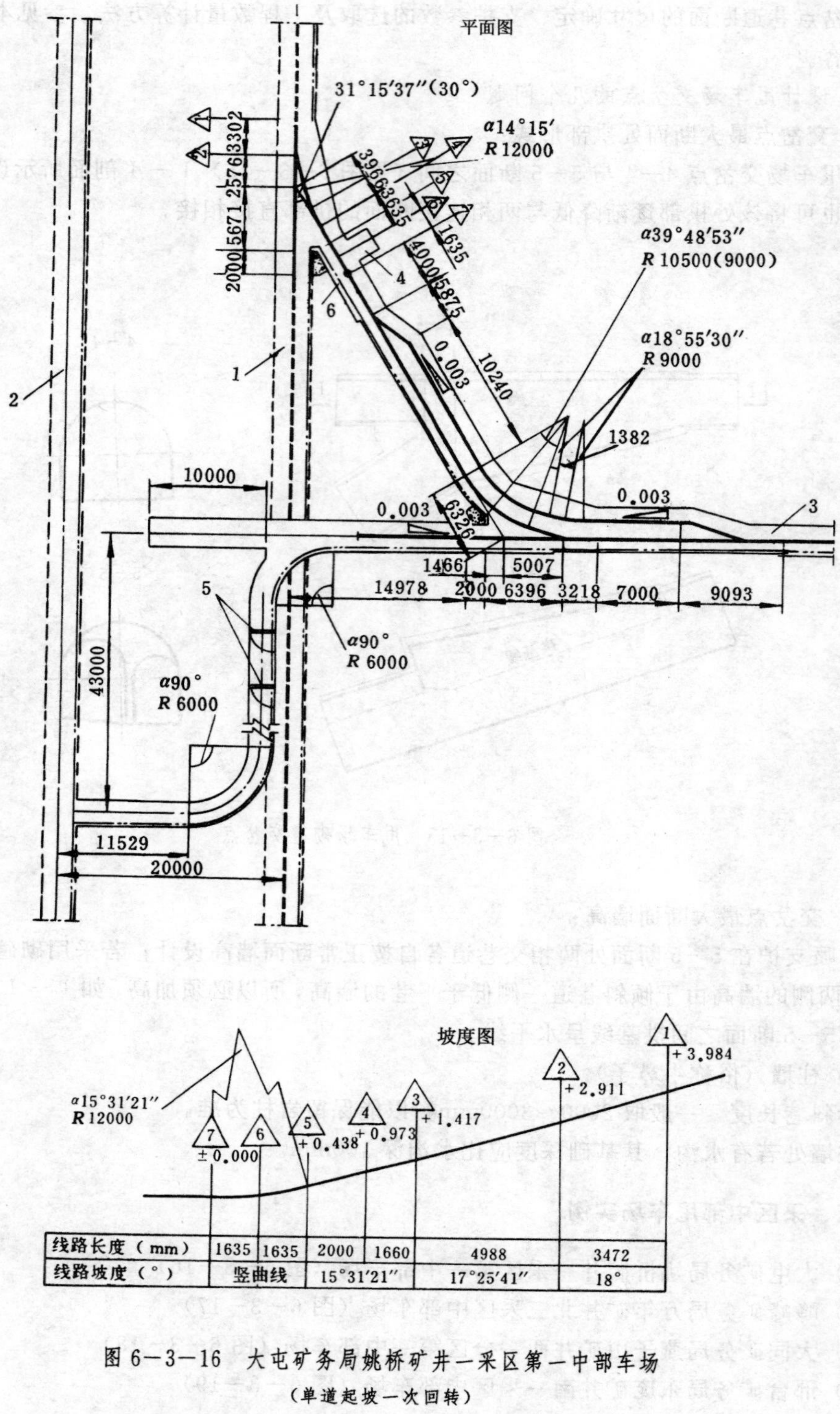

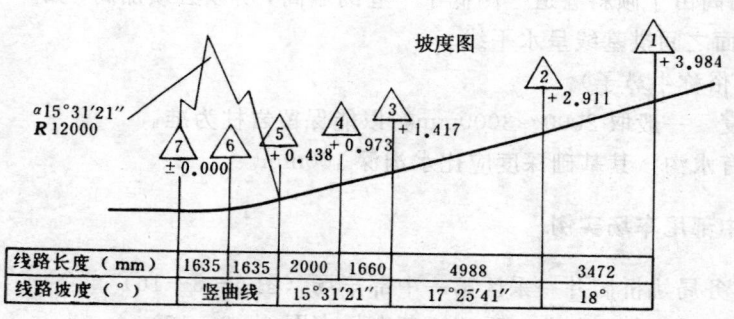

平面图

坡度图

线路长度（mm）	1635	1635	2000	1660	4988	3472
线路坡度（°）	竖曲线		15°31′21″	17°25′41″		18°

图 6—3—16　大屯矿务局姚桥矿井一采区第一中部车场
（单道起坡一次回转）

1—轨道上山；2—运煤上山；3—岩石集中轨道巷；4—信号硐室；5—木风门；6—起坡点

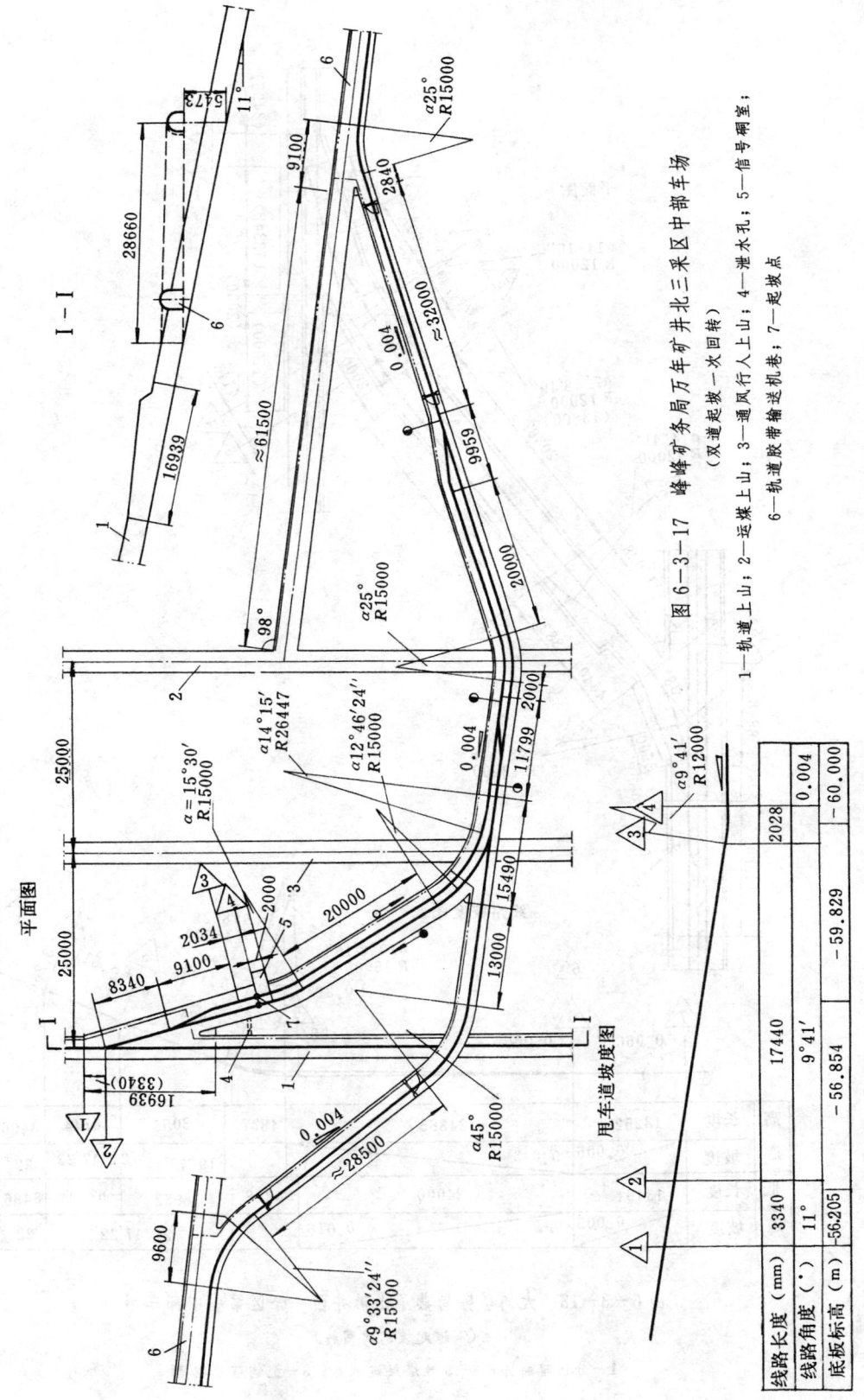

图 6－3－17 峰峰矿务局万年矿井北三采区中部车场
（双道起坡一次回转）

1—轨道上山；2—运煤上山；3—通风行人上山；4—泄水孔；5—信号硐室；
6—轨道胶带输送机巷；7—起坡点

线路长度（mm）	3340	17440	2028	0.004	
线路角度（°）	11°	9°41′			
底板标高（m）	−56.205	−56.854	−59.829	−60.000	

甩车道坡度图

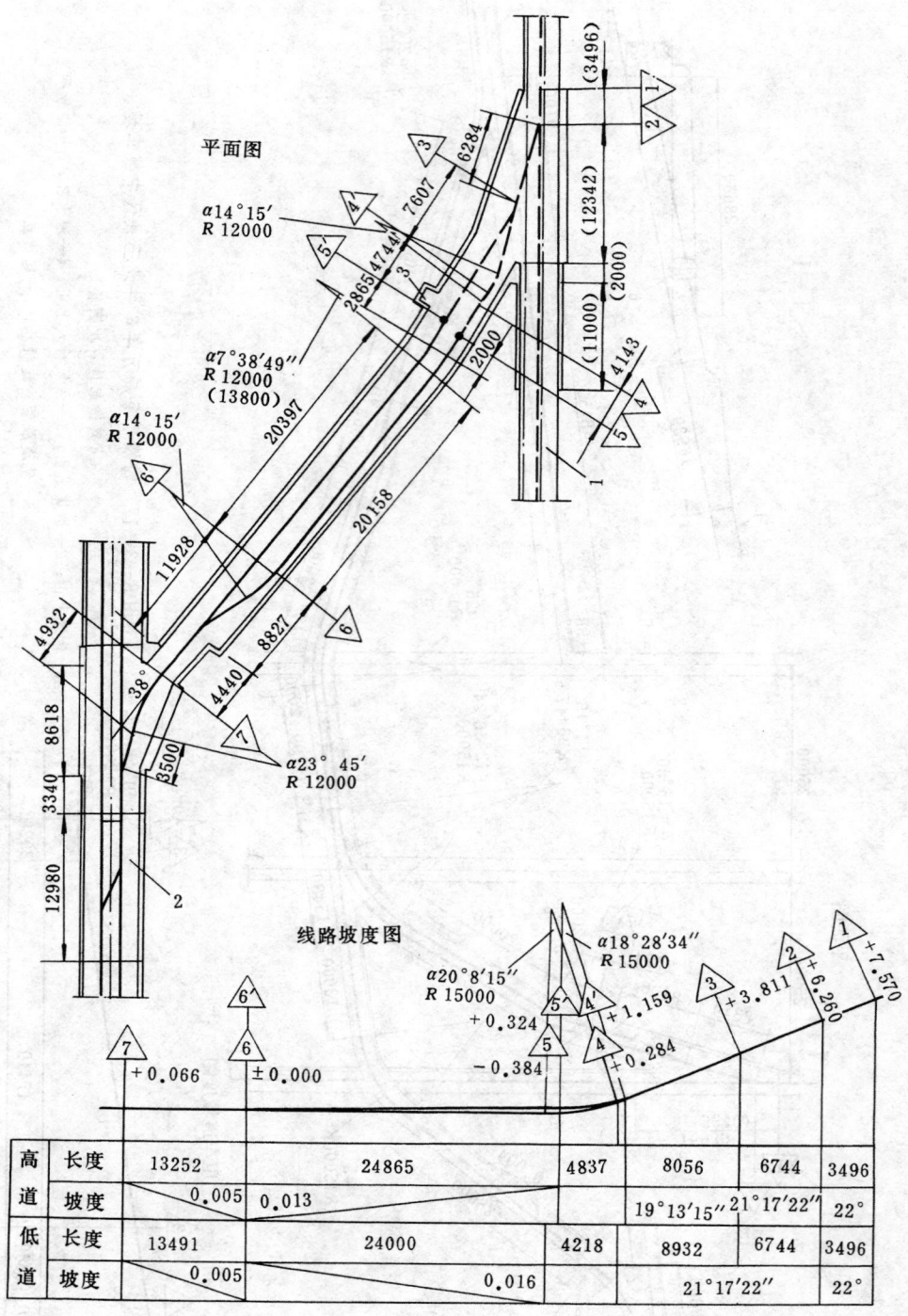

平面图

图6—3—18　大同矿务局燕子山矿井西一分区第一中部车场

（双道起坡二次回转）

1—分区暗斜井；2—8号煤层进风巷；3—把钩信号硐室

高道	长度	13252	24865		4837	8056	6744	3496
	坡度	0.005	0.013			19°13′15″	21°17′22″	22°
低道	长度	13491	24000		4218	8932	6744	3496
	坡度	0.005		0.016		21°17′22″		22°

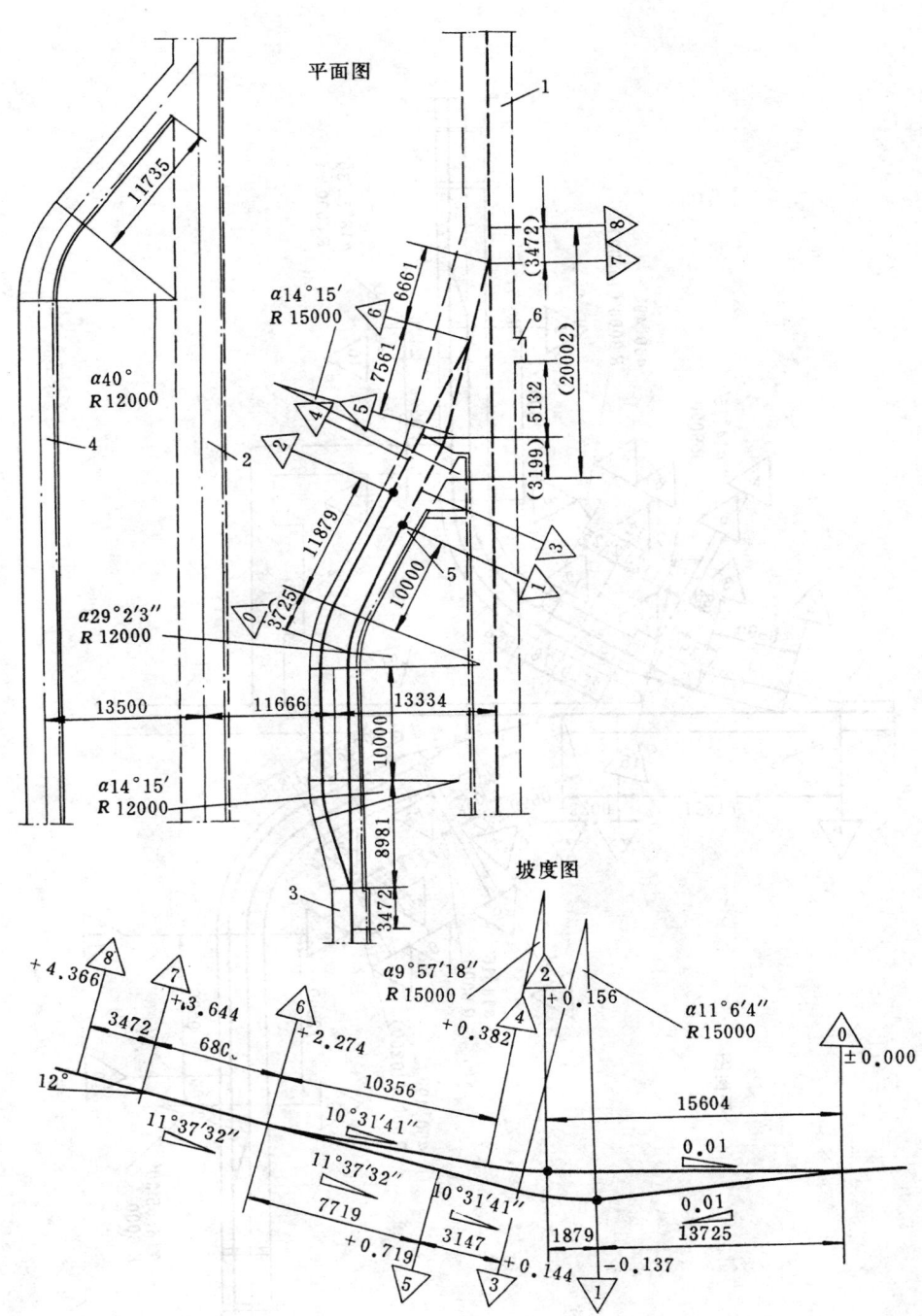

图6—3—19　邢台矿务局东庞矿井南—采区中部车场

(双道起坡二次回转)

1—轨道上山；2—运煤上山；3—中间轨道石门；4—中间石门；5—变坡点；6—信号硐室；7—泄水孔

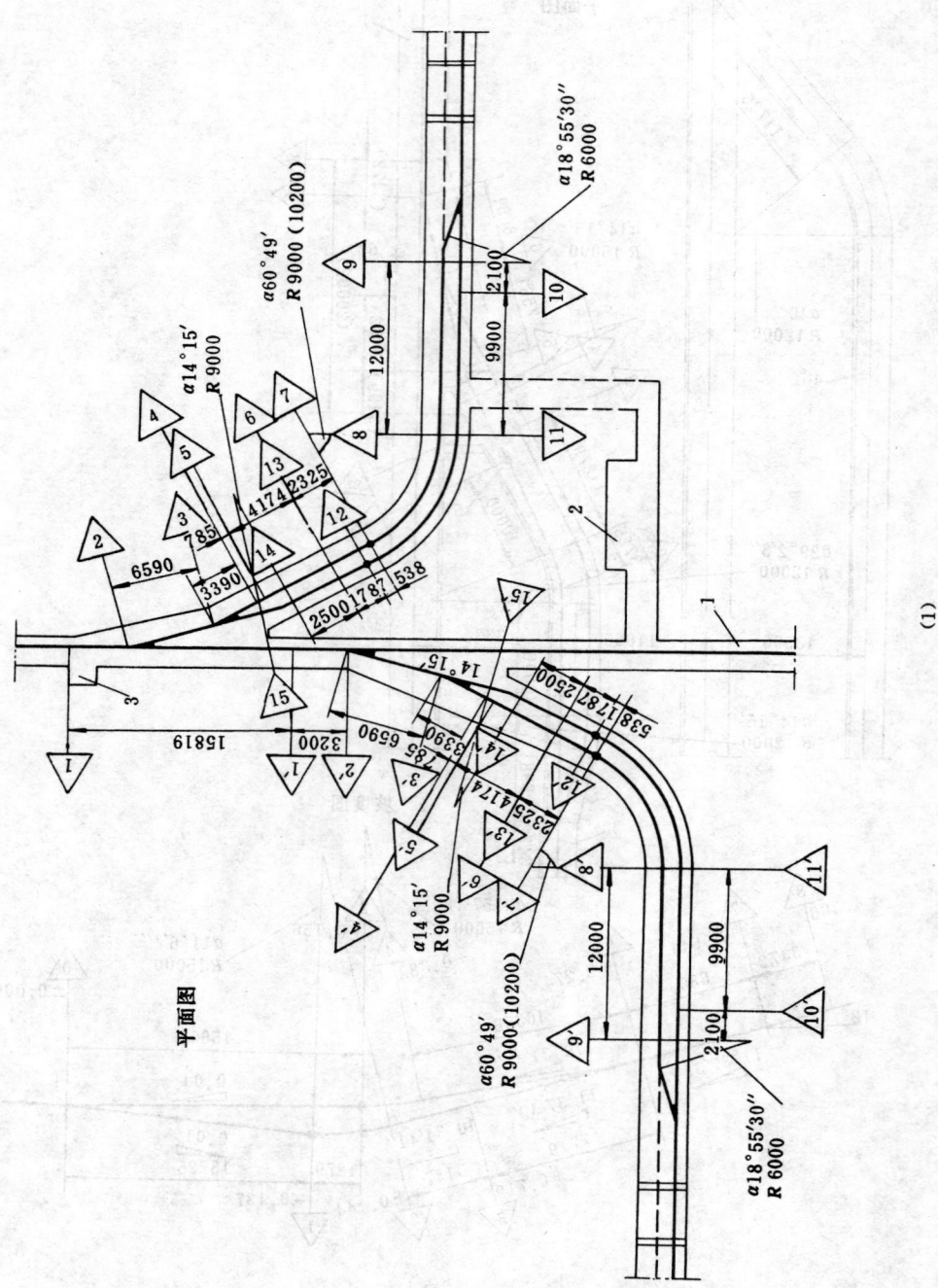

平面图

(1)

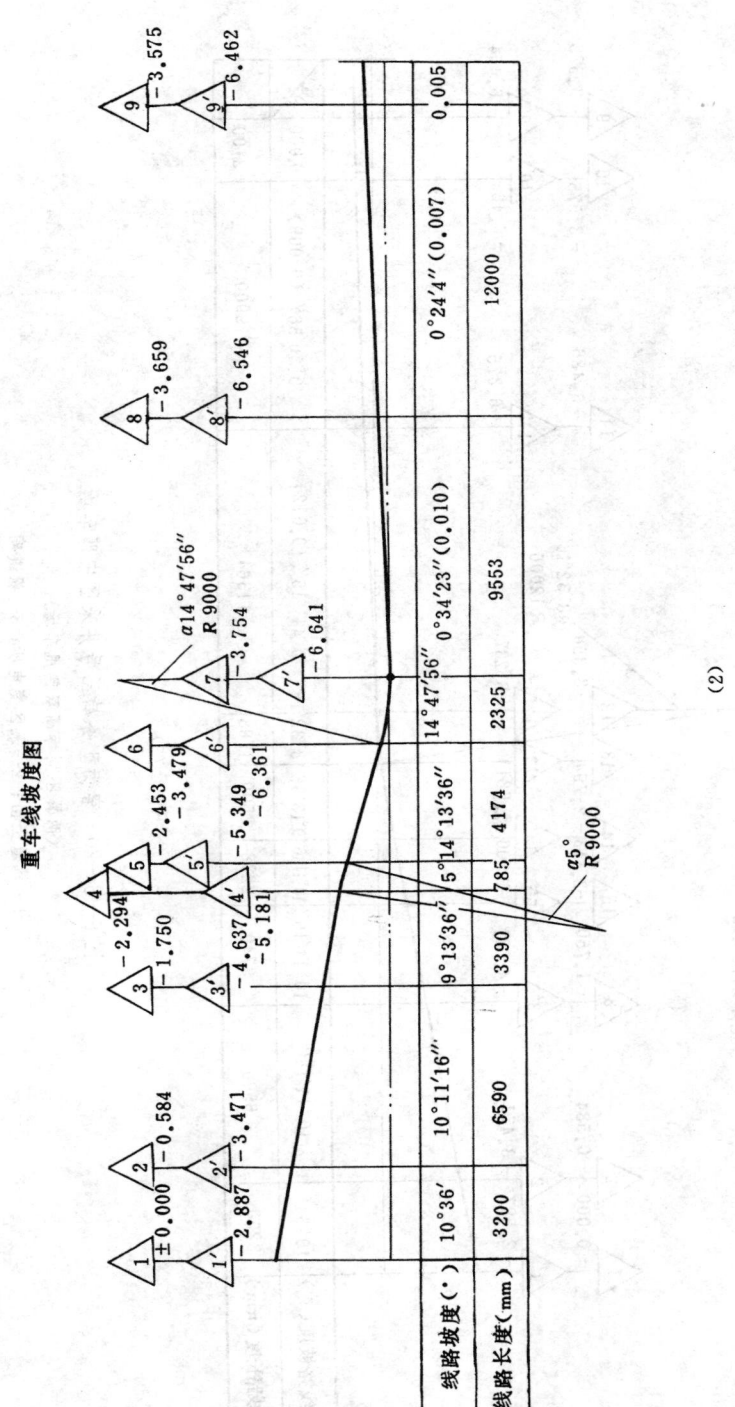

重车线坡度图

（2）

线路坡度（°）	10°36′	10°11′16″	9°13′36″	5°14′13′36″	14°47′56″	0°34′23″(0.010)	0°24′4″(0.007)	0.005
线路长度（mm）	3200	6590	3390	785	4174	2325	9553	12000

空车线坡度图

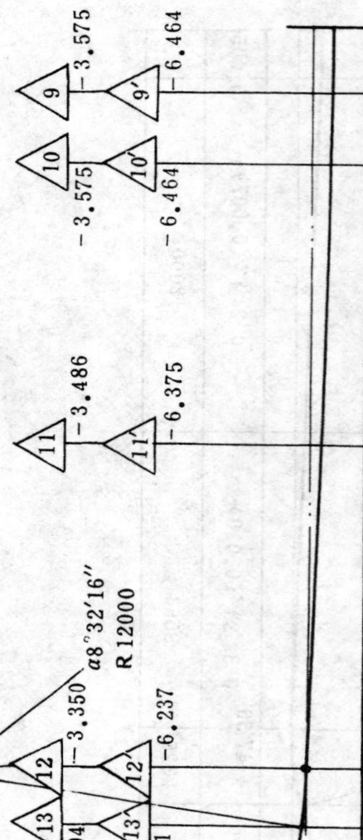

线路坡度（°）	10°31′	10°11′16″	10°11′16″	10°11′16″	9°13′36″	8°32′16″	0°41′15″（0.012）	0°30′56″（0.009）	0.000	0.005
线路长度（mm）	3200	6590	3749	2238	2500	1788	11364	9900	2100	

（3）

图 6－3－20　窑街矿务局三号井采区中部车场

（两翼不同标高双侧甩车场）

1—轨道上山；2—采区变电所；3—躲避硐

六、接力车场设计

当采区斜长大、采用分段提升，矿车在分段间进行中转，从而构成接力车场。另外，在近水平煤层盘区巷道综合布置中，有时也需用接力车场。

（一）接力车场形式

接力车场基本形式有上、下接力车场（第一车场为下部车场，第二车场为上部车场），下、中接力车场（第一车场为下部车场，第二车场为中部车场），中部接力车场（两车场均为中部车场）和反向上山接力车场四种。接力车场基本形式见表6-3-26。

表6-3-26 接力车场（联络车场）形式

分类形式	图 示	优 缺 点	适 用 条 件
上、下接力车场	 1—第一车场；2—第二车场；3—绞车房； 4—上段上山；5—下段下山	车场内运行顺畅，操车方便简单，车场巷道易于排水；人工推车劳动强度大，上段跑车时，威胁下段安全	适用于上山倾角较小，运量不大时采用
下、中接力车场	 1—第一车场；2—第二车场；3—绞车房； 4—上段上山；5—下段下山	矿车运行顺畅，操车简便，上段跑车不威胁下段安全；车场排水不便	两上山处于不同层位，运量较大时采用
中部接力车场 同侧甩车单跨上山式	 1—第一车场；2—第二车场；3—绞车房； 4—上段上山；5—下段下山	提甩车顺当；两车场联系方便，运行较安全；排水方便。两个车场都可用泄水孔排水。跨上山段要加强支护	两段提升，上段上山需延伸提升时，或一个甩车场、一个逆向平车场相接时采用

分类形式		图　　　示	优　缺　点	适　用　条　件
中部接力车场	异侧甩车双跨上山式	1—第一车场；2—第二车场；3—绞车房； 4—上段上山；5—下段下山	由于有一个车场外提内甩以致操车不便；排水方便，两个车场都可用泄水孔排水；跨上山段要加强支护	两段上山相距较近，存车线要求太长，单跨上山不够时才采用
	异侧甩车不跨上山式	1—第一车场；2—第二车场；3—绞车房； 4—上段上山；5—下段下山	由于有一个车场外提内甩以致操车不便，安全性差，排水方便，上下段上山间距大，上山煤柱多	当上下两段上山相距较远或前后错开较大的距离时采用
反向上山接力车场		1—第一车场；2—第二车场；3—绞车房； 4—上段上山；5—下段下山	车辆运行顺当；调车方便；排水不便，尤其是第一车场的低道需要专用排水设备	联合开拓的采区、当上下段上山穿层反向布置时采用

（二）接力车场布置的一般要求

1）尽可能利用上下两段车场本身的巷道，以减少工程量。

2）车场内空重车线布置合理，调车方便，行车安全可靠。

3）为尽量减小上下山煤柱，上下段上山间距一般小于 30m。

4）接力车场的存车线长度（第一车场落平点到第二车场起坡点之间的线路长度）可按下列规定确定：

（1）提升为 5～6 钩串车长；

（2）辅助提升为 4～5 钩串车长。

5）采用绕道跨越上山时，要保证绕道和上山间的净岩柱不小于 2.0m，以便于车场和上山的维护。

（三）接力车场的设计程序

1）在选定了车场布置形式后，按上、中、下车场的计算方法求出第一车场和第二车场的各部尺寸。

2）根据上山间距 L_S 求出车场存车线长度 L_z，具体就是第一、二车场落平点间距离。

3）以第一车场的低道落平点为零点标高，分别计算两车场甩车道的各点标高值。

（四）接力车场实例

乌达矿务局五虎山矿井第一采区中间接力车场见图6－3－21。

七、吊桥式车场

吊桥式车场是车场平巷与上山重叠布置，矿车由轨道上山巷道顶部进出的一种采区中部车场。

吊桥式车场分为吊桥车场和桥式车场两类，宜采用桥式车场。见表6－3－6。

吊桥式车场在倾角大于20°、提升量不大，围岩稳定的采区上山采用。

（一）吊桥车场设计

吊桥式存车线长度可为1～2钩串车长。吊桥式车场桥上可设平坡，其他地段可设3‰～5‰的向上（下）山方向下坡。

1. 吊桥车场的组成和存车线布置

吊桥车场由吊桥起吊装置、吊桥硐室（竖直交岔点）、把钩信号硐室和存车线组成。

吊桥车场线路简单，存车线布置形式类似下部单道起坡平车场。

2. 吊桥设计的主要参数（图6－3－22）

1）吊桥开启高度 H：

$$H = h_k + h_a \qquad (6-3-11)$$

式中　h_k——车辆或最大件从轨面算起的高度，m；

　　　h_a——安全高度，m；$h_a = 0.3 \sim 0.4$m。

一般 $H \geqslant 1.8$m。

2）吊桥计算长度 L_0：

L_0 系指吊桥转轴中心 O 至吊桥轨面与上山轨面交点的水平距离。

$$L_0 = \frac{H + H_4 + h}{\sin\beta} - h_2\tan\beta \qquad (6-3-12)$$

式中　H——吊桥开启高度，m；

　　　H_4——吊桥轨枕高度，m；

　　　h——吊桥钢轨高度，m；

　　　h_2——吊桥转轴中心 O 到吊桥轨面高度，m；

　　　β——上山倾角，(°)。

3）吊桥梁间距 B：

$$B = B_k + S + 2\Delta \qquad (6-3-13)$$

式中　B_k——车辆或最大件的宽度，m；

　　　S——双轨中心距，m，单轨时 $S = 0$；

　　　Δ——矿车边缘至吊桥梁边（或墙边）的安全距离，$\Delta = 0.3 \sim 0.4$m。

4）吊桥宽度 B_d：

$$B_d = B + 2\Delta L_M \qquad (6-3-14)$$

式中　ΔL_M——轨枕搭接长度，m；一般 $\Delta L_M = 0.1 \sim 0.2$m。

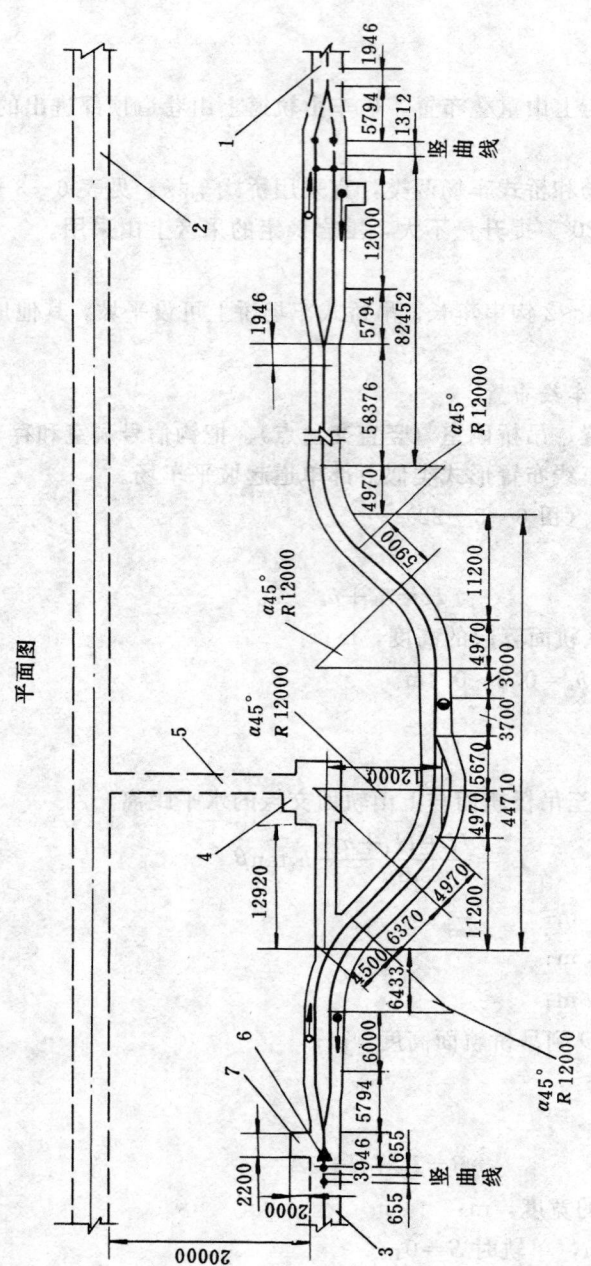

平面图

图 6—3—21   乌达矿务局五虎山矿井第一采区中间接力车场
（上、下接力车场）

1—上段轨道上山；2—运煤上山；3—下段轨道上山；4—绞车房；5—回风巷；6—阻车器；7—信号硐室

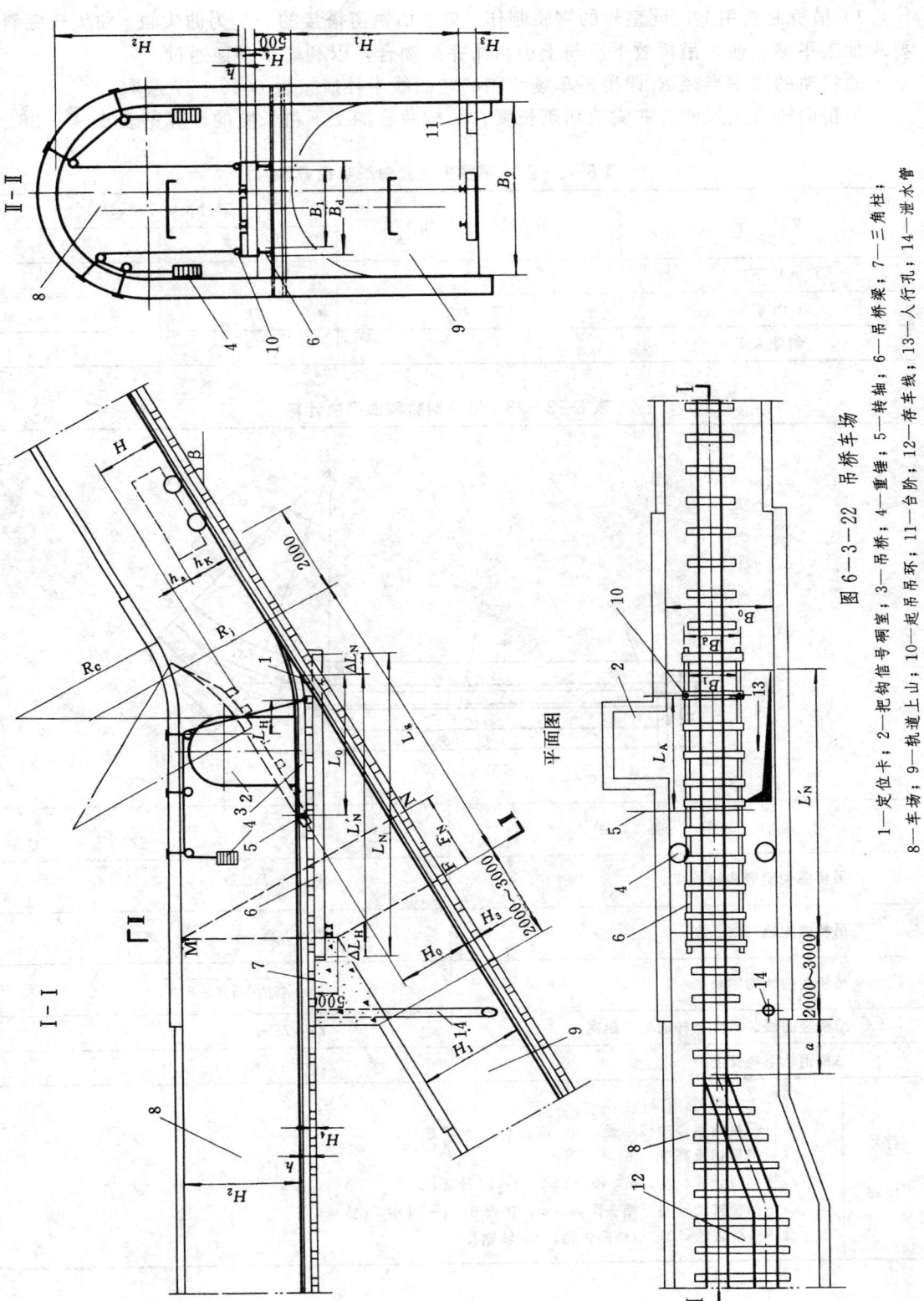

图 6—3—22 吊桥车场

1—定位卡；2—把钩信号硐室；3—吊桥；4—重锤；5—转轴；6—吊桥梁；7—三角柱；
8—车场；9—轨道上山；10—起吊吊环；11—台阶；12—存车线；13—人行孔；14—泄水管

3. 吊桥主要构件设计

1) 吊桥曲轨用上山同型号的钢轨制作。与上山轨道搭接的一端为曲尖轨。曲尖轨底斜面要求加工平整，使之吊桥放下后与上山轨面完全吻合，以利矿车平稳通过。

曲尖轨的曲率半径 R_j 即吊桥车场线路的竖曲线半径应按表 6—3—27 选取。

吊桥曲轨有关尺寸、曲尖轨切割长度、吊桥曲轨加工下料长度的计算见表 6—3—28。

表 6—3—27　吊桥尖轨竖曲线半径 R_j 值

矿　　车	不通过长材时（m）	通过长材长度（m）	
		8	10
1.0t 以下矿车	2～3	6	8
1.0t 矿车	3～4	6	8
斜巷人车	8	8	10

表 6—3—28　吊桥钢轨和曲尖轨计算

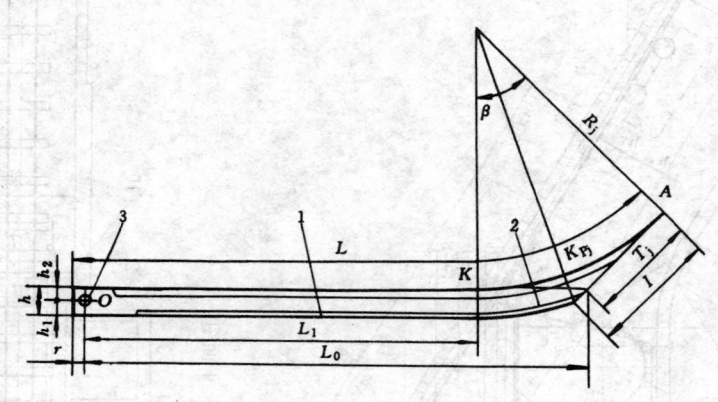

计　算　项　目	计　算　公　式
吊桥曲尖轨竖曲线长度	$K_{Pj} = \dfrac{R_j \beta}{57.296}$
吊桥曲尖轨切线长度	$T_j = R_j \tan \dfrac{\beta}{2}$
吊桥曲尖轨切割长度	$I = \sqrt{(R_j + h)^2 - R_j^2}$
吊桥竖曲线起坡点至转动轴心距离	$L_1 = L_0 - T_j$
吊桥钢轨下料长度	$L = L_1 + K_{Pj} + r$

符号注释	β—上山倾角，(°)； R_j—吊桥曲轨竖曲线半径，m，按表 6—3—27 选取； h—吊桥钢轨高度，m； L_0—吊桥计算长度，m，按公式 6—3—12 计算； r—吊桥转动轴心至端头距离，m，按表 6—3—29 中 L_5 选取； 1—吊桥直轨；2—吊桥曲尖轨；3—转轴孔

2）吊桥曲轨与车场平巷钢轨的联接部分要求：结构简单，转动灵活，装拆方便，牢固可靠。一般采用插入铰接方式（表 6-3-29）。

表 6-3-29　插入铰接方式尺寸

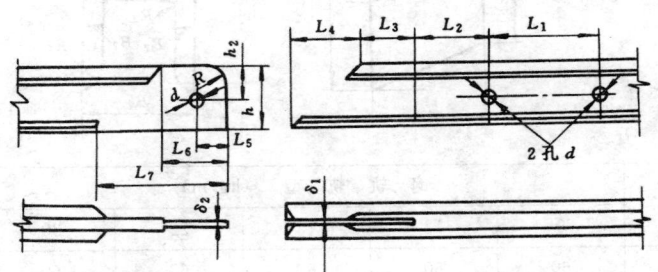

轨型	尺　寸　名　称　（mm）												
（kg/m）	L_1	L_2	L_3	L_4	L_5	L_6	L_7	h	h_2	δ_1	δ_2	d	R
12	100	50	90	80	38	88	168	69.85	36	9	7	17	30
15	100	56	100	91	42	98	189	79.37	46	9	7	19	32
22	100	56	99	90	42	97	187	93.66	52	12	10	19	32
30	100	48	117	107	50	115	222	107.95	61	12	10	21	35

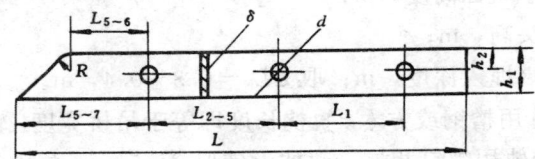

钢轨连接板

轨型	尺　寸　名　称　（mm）								
（kg/m）	L	L_1	L_{2-5}	L_{5-6}	L_{5-7}	d	R	δ	h_1	h_2
12	340	100	90	30	120	17	20	10	38	19
15	375	100	100	36	135	19	22	10	43	21
22	375	100	100	35	132	19	22	12	50	25
30	400	100	100	46	160	21	25	14	58	29

3）定位卡是焊在尖轨底面的部件，当吊桥下放时，它卡在上山轨道上，防止吊桥摆动，并保护尖轨不致变形。尺寸如表 6-3-30。

4）吊桥梁是吊桥的主要承重构件，一端搭于三角柱上，一端支承在上山底板的梁窝里。吊桥梁可采用 20 号工字钢。

吊桥梁长度 L_N

$$L_N = \frac{H_3 + H_1}{\sin\beta} + \frac{0.5}{\tan\beta} + 2\Delta L_N \qquad (6-3-15)$$

式中　β——上山倾角，（°）；

　　　H_1——上山断面净高，m；

表6-3-30　定　位　卡　尺　寸

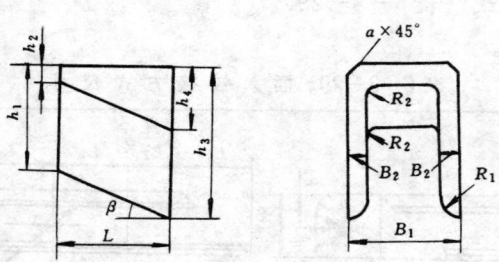

尺寸名称	钢　轨　轨　型　（kg/m）					计算公式
	9	12	15	22	30	
L	60	60	60	60	60	
h_1	35	42	50	55	55	
h_2	8	10	10	10	10	
B_1	52	62	67	79	89	$h_3 = h_1 + L\tan\beta$
B_2	8	10	10	12	12	$h_4 = h_2 + L\tan\beta$
R_1	8	10	10	10	10	
R_2	5	7	7	7	13	

H_3——上山底板至轨面高度，m；

0.5——三角柱端头高，m；

ΔL_N——吊桥梁一端埋入深度，m；取 $\Delta L_N = 0.3 \sim 0.4$，m。

5）吊桥轨枕一般选用槽钢或方木。轨枕长度即等于吊桥宽度。轨枕间距为 $500 \sim 700$mm。吊桥轨枕与吊桥钢轨用螺钉相连，轨枕上铺厚 $\delta \geqslant 50$mm 的木板或 $3 \sim 6$mm 厚的纹形钢板，以便于行人。吊桥上的第一根轨枕安设吊桥吊环，如图6-3-23。

6）吊桥的起动和重锤的形式：

吊桥起动方式有手动、气动和电动3种。常用手动重锤起动方式。

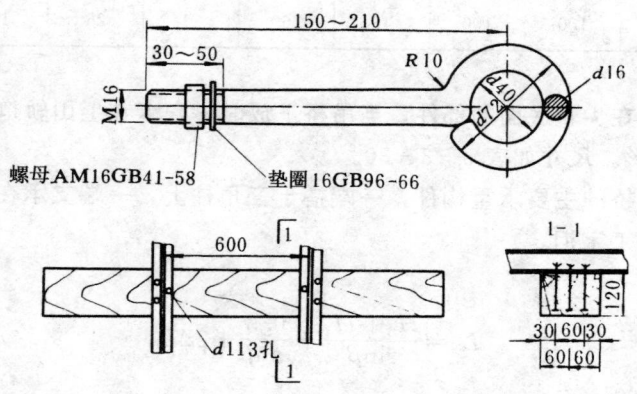

图6-3-23　起吊吊环、轨枕与螺栓孔布置

对手动起动方式的要求：起动灵活，操作简便，结构简单，起动时间短，一般不宜超过20s；吊桥在任何角度均能自锁，也不发生自坠和自起现象；起动力一般不宜超过400N，便于1人操作。

吊桥起动可采用重锤式，每个重锤重15～20kg，直径250～300mm，可用铸铁或混凝土制成。

为了便于调配，重锤可做成厚薄两种规格，厚30～60mm。

4. 吊桥车场交岔点设计

1）上山断面净高 H_1 的验算（图6-3-22）：

为保证交岔点处吊桥开启后不触顶板，在吊桥尖轨处，上山断面从轨面算起的净高 H_1，必须满足下列条件：

$$H_1 > R_j(1-\cos\beta) + H + H_4 + h \qquad (6-3-16)$$

式中　H——吊桥开启高度，m；

　　　H_4——吊桥轨枕高度，m；

　　　R_j——尖轨曲线半径，m；

　　　h——吊桥钢轨高度，m。

若 H_1 小于上式计算值时，应将该段上山（斜长约3～4m）部分加高。

2）吊桥交岔点尺寸计算（图6-3-22）：

$$FN = (H_2 + h + H_4 + 0.5)\sin\beta \qquad (6-3-17)$$
$$MN = FN\cot\beta + H_1 + H_3 \qquad (6-3-18)$$
$$MF = \sqrt{FN^2 + MN^2} \qquad (6-3-19)$$
$$L_g = FN + H_1\text{ctg}\beta + R_j\tan\frac{\beta}{2} \qquad (6-3-20)$$

式中　H_2——车场平巷净高，m；

　　　其他符号见公式（6-3-15）注释。

3）竖直交岔点支护设计要求：

（1）支护强度（厚度）应比同类岩性、同宽度巷道的支护强度（厚度）提高一级；

（2）三角柱（上山与车场平巷顶底相交结合部）采用混凝土砌筑，并在端部横向布置1～2根工字钢或钢轨，以提高抗弯能力。三角柱端头高0.5m，长度视岩性而定，一般取2～3m。

（二）桥式车场设计

桥式车场是在吊桥车场的基础上演化而来的。其主要特征是在上山斜面上设分车道岔，矿车经分车道岔线路从上山巷旁顶部进入车场平巷，分车道岔线路跨上山悬空部分设固定桥梁，以支撑轨道；跨上山不悬空时，则不需设桥梁。这种车场不设起吊构件，免去操作麻烦，克服了吊桥车场的主要缺点，是一种使用效果好的采区中部车场形式。

1. 单钩提升桥式车场

单钩提升，上山设一分车道岔，形成单钩提升桥式车场。

单钩提升桥式车场计算见表6-3-31。

2. 双钩提升桥式车场

双钩提升桥式车场等于两个单钩提升桥式车场，只有上山作主提升时才采用。其工程量比双钩甩车场为小，适应上山倾角大。提甩车运行顺畅，是一种比较好的双钩提升桥式车场

表6-3-31　桥 式 车 场 设 计 计 算

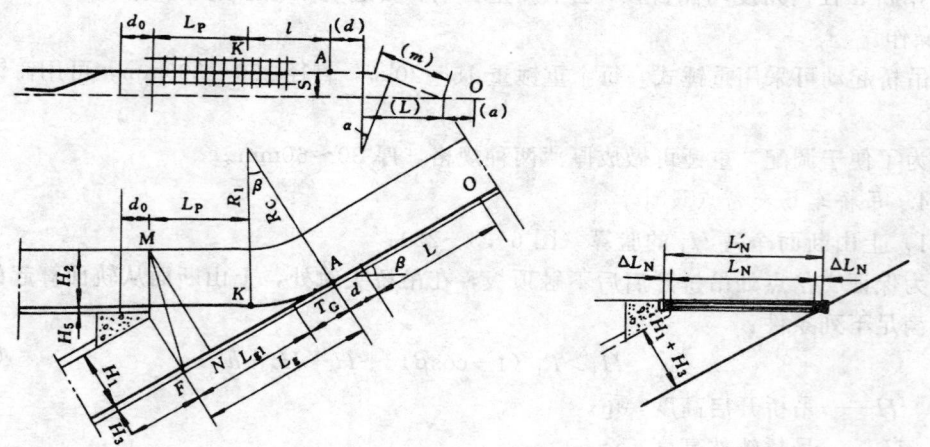

计算项目		计 算 公 式 及 数 据		
		道岔：主提升5号，辅助提升4号或5号		
参数选择	平竖曲线		半　径　（m）	
			主 提 升	辅 助 提 升
	平 曲 线		9～12	6～12
	竖 曲 线		12～15	9～15
	桥梁处轨道中心线间距 S：1.0t 标准矿车　　$S=1300$mm 车场坡度：单道起坡点位于桥上　$i=0$			
斜面线路	$m=\dfrac{S}{\sin\alpha}$　　$L=S\cot\alpha+T_1$　　$T_1=R_{\mathrm{P}}\tan\dfrac{\alpha}{2}$　　$d=1000$mm			
竖曲线	$T_{\mathrm{G}}=R_{\mathrm{j}}\tan\dfrac{\beta}{2}$　　$K_{\mathrm{Pj}}=\dfrac{R_{\mathrm{j}}\beta}{57.3}$　　$l=R_{\mathrm{j}}\sin\beta$			
平面线路	$L_{\mathrm{P}}=\dfrac{H_1}{\sin\beta}+(H_5+0.5)\cot\beta-T_{\mathrm{G}}$　　$d_0=1000$mm			
钢梁	长度	$L_{\mathrm{N}}=\dfrac{H_1}{\sin\beta}+(H_5+0.5)\cot\beta$　　$L'_{\mathrm{N}}=L_{\mathrm{N}}+2\Delta L_{\mathrm{N}}$　　$\Delta L_{\mathrm{N}}=200\sim300$mm		
	型号	可采用20号、22号工字钢		
竖直交岔 点计算		$FN=(H_2+H_5+0.5)\sin\beta$ $MN=FN\cot\beta+H_1+H_3$ $MF=\sqrt{FN^2+MN^2}$ $L_{\mathrm{g}}=FN+H_1\cot\beta+T_{\mathrm{G}}$		

　　布置形式。缺点是车场巷道既高且宽，要求围岩条件好，地质构造简单的地段。设计计算过程同单钩提升桥式车场。

　　3. 吊桥式车场实例

　　1）广旺矿务局代池坝煤矿上山桥式车场（图6-3-24）。

　　2）涟邵矿务局化溪矿井11采区桥式车场（图6-3-25）。

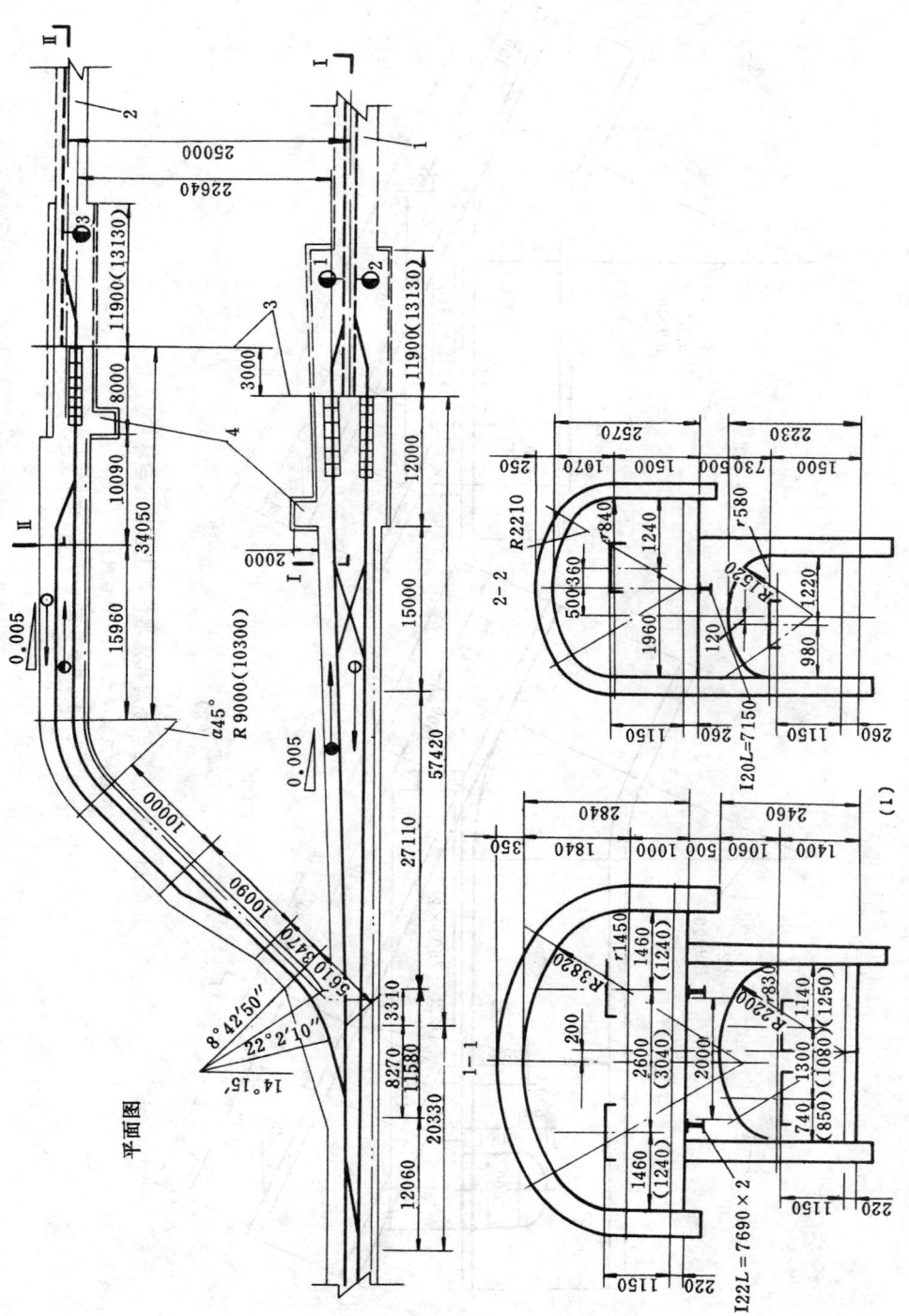

平面图

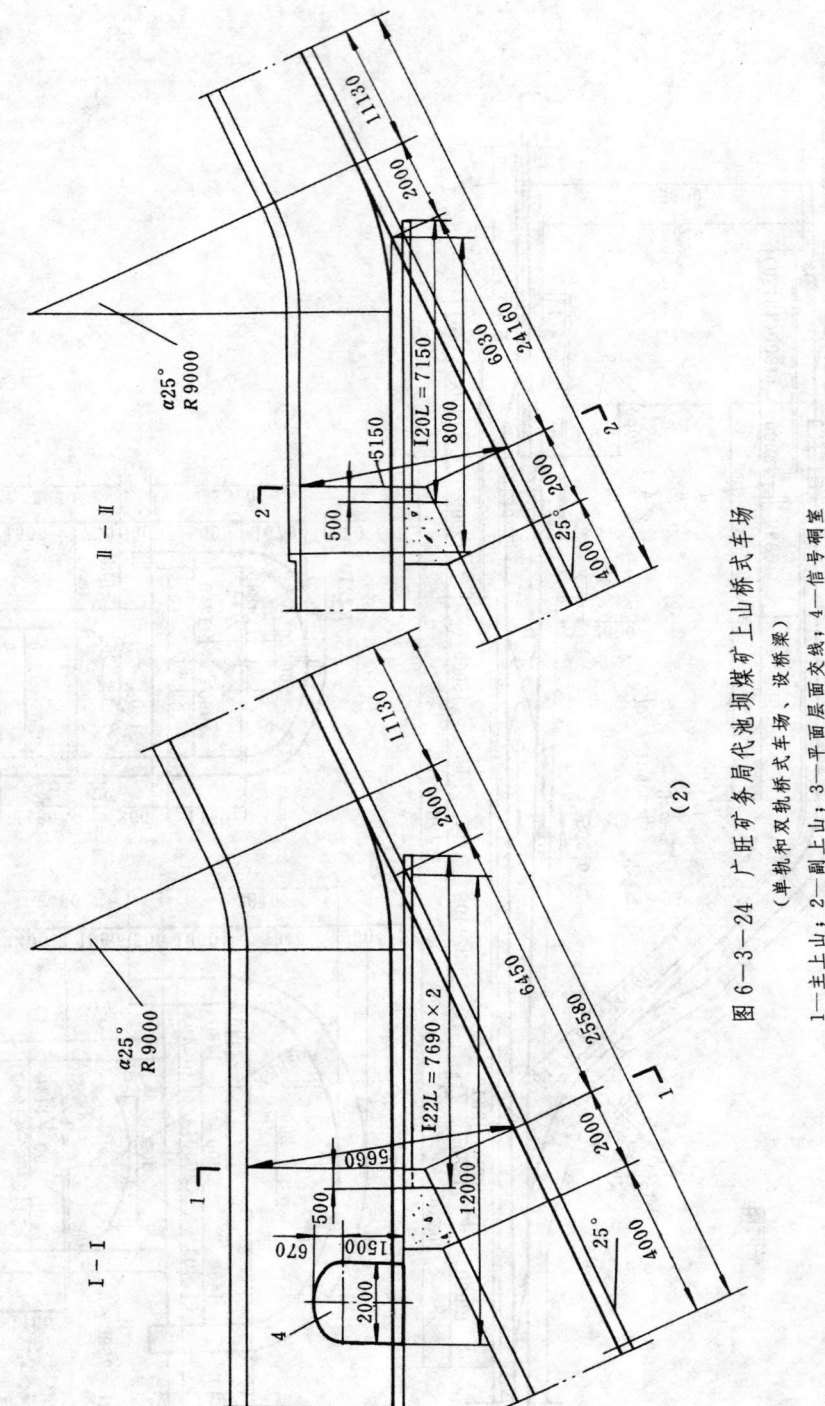

Ⅱ—Ⅱ

Ⅰ—Ⅰ

(2)

图6—3—24　广旺矿务局代池坝煤矿上山桥式车场

（单轨和双轨桥式车场、设桥梁）

1—主上山；2—副上山；3—平面层面交线；4—信号硐室

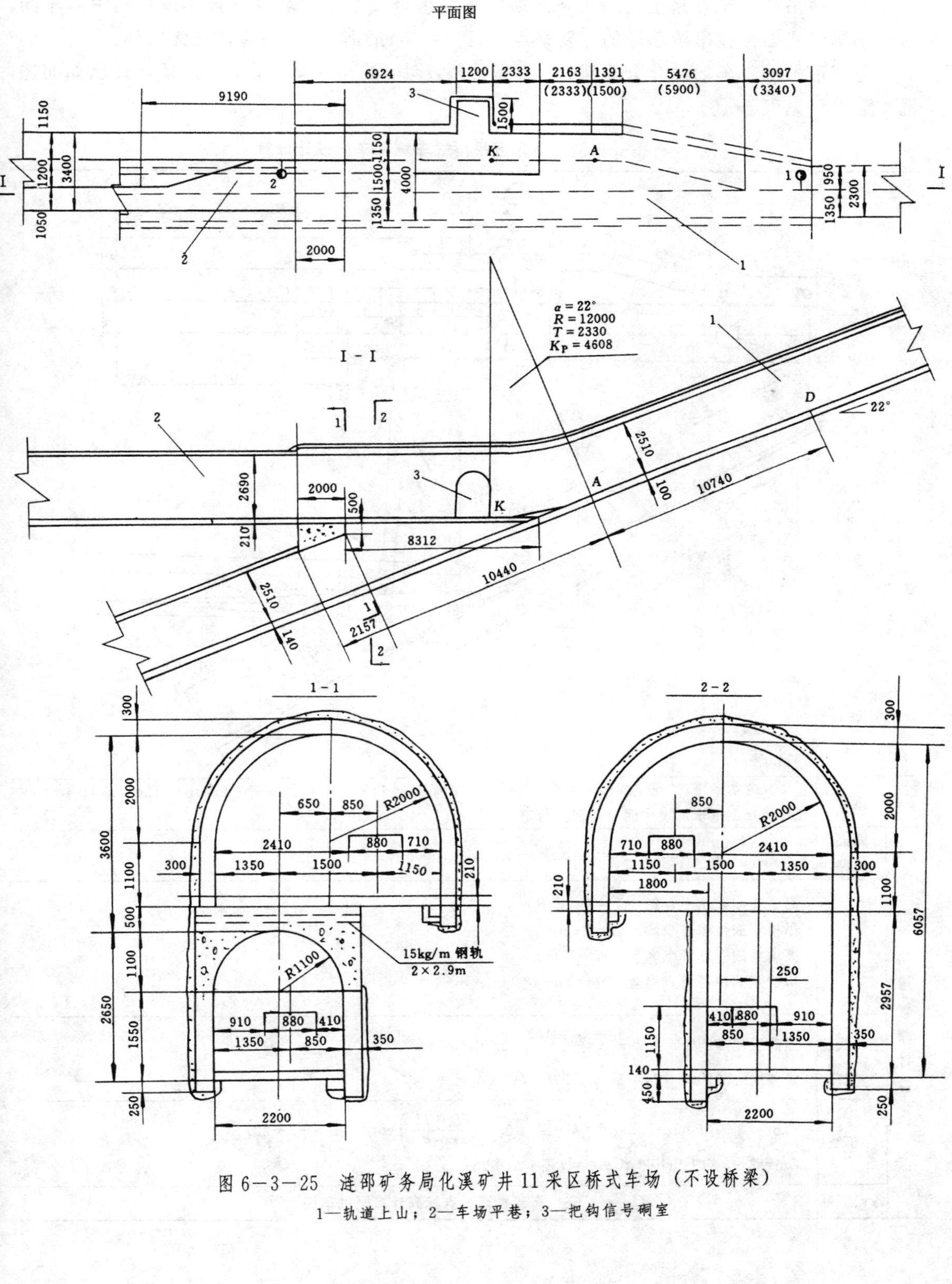

平面图

$\alpha = 22°$
$R = 12000$
$T = 2330$
$K_P = 4608$

I—I

图6—3—25 涟邵矿务局化溪矿井11采区桥式车场（不设桥梁）

1—轨道上山；2—车场平巷；3—把钩信号硐室

八、甩车道吊桥式车场设计

甩车道吊桥式车场是由吊桥车场和桥式车场组合成双道起坡并可自动滑行的中部车场。这种车场形式因存在吊桥车场的主要缺点，且交岔点断面高大，在煤矿尚无实例。

甩车道吊桥式车场设计分两部分：一是吊桥设计，二是甩车道设计。吊桥设计已如前述，甩车道设计见表 6—3—32。

表 6—3—32　甩车道吊桥式车场甩车道设计计算

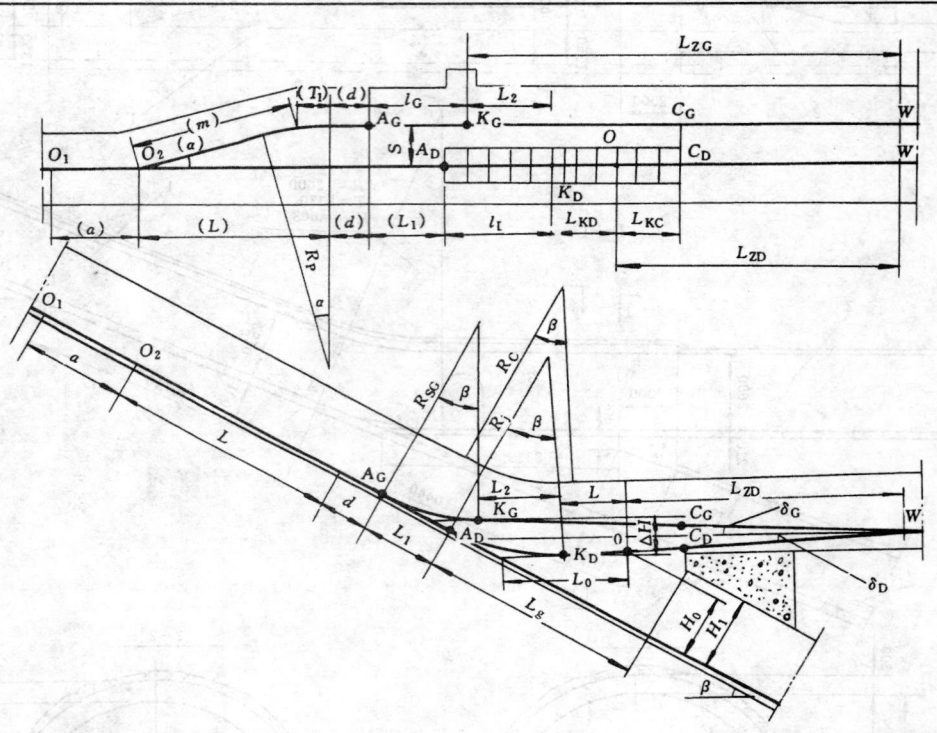

参数选择		1. 道岔 4 号、5 号；2. $R_{SG}=9\sim15$m；3. $i_G=9‰\sim11‰$，$i_D=7‰\sim9‰$（或 $i_D=0‰\sim3‰$）；4. $S=1900$mm，甩车道设中间及一侧人行道
轨道线路计算	斜面线路	$m=\dfrac{S}{\sin\alpha}$　$T_1=R_P\tan\dfrac{\alpha}{2}$　$L=S\cot\alpha+T_1$　$d=1000$mm
	竖曲线	高道竖曲线水平投影　$l_G=R_{SG}\sin\beta$ 吊桥竖曲线水平投影　$l_D=R_j\sin\beta$ 高道竖曲线起终点高差　$h_G=T_G\sin\beta$ 吊桥竖曲线起终点高差　$h_D=T_D\sin\beta$
	竖曲线相对位置	竖曲线起点间距　$L_1=\dfrac{h_G-h_D+\Delta H}{\sin\beta}$　$\Delta H\leqslant300$mm 竖曲线终点间距　$L_2=L_1\cos\beta+l_D-l_G$
	存车线	$L_{KD}=L_0-R_j\tan\dfrac{\beta}{2}$　$L_{KC}=\left(h+H_4+0.5+\dfrac{H_1-H_0}{\cos\beta}\right)\cot\beta$（图 6—3—22） $L_{ZD}=2\sim3$ 钩上山串车长　$L_{ZG}=L_{ZD}+L_2+L_{KD}$
各点标高		纵剖面各点标高计算同甩车场

第四节 采区下部车场

一、下部车场基本形式

采区下部车场包括采区装车站和轨道上山下部车场两部分，其相对位置根据采区巷道布置及调车方式确定。当轨道上山作主提升或运输大巷用胶带输送机运煤时，都不设采区装车站。因此，这两种情况只有轨道上山下部车场。

采区下部车场的基本形式，根据装车地点的不同可分为大巷装车式、石门装车式、绕道装车式及轨道上山作主提升的下部车场。采区下部车场的基本形式见表6-3-33。

表6-3-33 采区下部车场基本形式

车场形式		图 示	图 注	优缺点	适用条件
大巷装车式	轨道上山跨越运输大巷 立式绕道			下部车场布置紧凑，工程量省，调车方便；绕道维护条件较差	煤层倾角大于12°，运输大巷距上山落平点较远，且顶板围岩条件较好时采用
	卧式绕道		1—运输大巷； 2—运煤上山； 3—轨道上山； 4—下部车场绕道； 5—采区煤仓； 6—空车存车线； 7—重车存车线； 8—通过线	调车方便；工程量较大	煤层倾角大于12°，运输大巷距上山落平点较近，围岩条件较好，存车线长时采用
	斜式绕道			工程量较省，调车方便；绕道维护条件较差	煤层倾角大于12°，存车线较长，立式布置下不下，而卧式布置工程量太大时采用

车场形式		图　示	图　注	优缺点	适用条件
轨道上山不跨越运输大巷大巷装车式	立式绕道			工程量省，弯道省，绕道维护条件较好；绕道出口交岔点距装车站近，车场绕道调车受一定影响，煤仓维护较困难	煤层倾角小于12°，轨道上山提前下扎，使其起坡角达20°～25°上山落平点距运输大巷较远时采用
	卧式绕道		1—运输大巷；2—运煤上山；3—轨道上山；4—下部车场绕道；5—采区煤仓；6—空车存车线；7—重车存车线；8—通过线	调车方便，线路布置容易；工程量大，煤仓维护较困难	煤层倾角小于12°，轨道上山提前下扎，使其起坡角达20°～25°，上山落平点距运输大巷较近、存车线长时采用
	斜式绕道			调车方便，线路布置容易；工程量较大，煤仓维护较困难	煤层（上山）倾角小于12°，轨道上山提前下扎，使其起坡角达20°～25°，存车线较长用立式布置不下，而用卧式布置工程量又太大时采用
石门装车式	环形绕道		1—采区石门；2—运煤上山；3—轨道上山；4—下部车场绕道；5—采区煤仓；6—空车存车线；7—重车存车线；8—通过线	绕道弯道长，上山护巷煤柱多	煤层群联合布置或分组布置的采区，当轨道上山距采区石门较远时采用
	卧式绕道			绕道布置紧凑，工程量小	当轨道上山距采区石门较近时采用

车场形式		图 示	图 注	优缺点	适用条件
绕道装车站式	底板绕道	单向绕道			不影响大巷运输能力；工程量较大	煤层倾角大于12°，大型矿井大巷运输能力或石门长度受限制，或底卸式矿车运输井底车场为折返式时采用
		三角岔单向绕道		1—运输大巷；2—运煤上山；3—轨道上山；4—下部车场绕道；5—采区煤仓；6—空车存车线；7—重车存车线；8—通过线；9—空列车折返线	对大巷运输影响较小，装车站调车比下列环形绕道形式好；工程量较大	煤层倾角大于12°，大型矿井底卸式矿车运输井底车场为环形式时采用
		环形绕道			对大巷运输影响较小；装车站调车不如三角岔单向绕道，工程量大	煤层倾角大于12°，大型矿井底卸式矿车运输井底车场为环形式时采用
	顶板绕道	单向绕道			不影响大巷运输能力；工程量较大	煤层倾角小于12°，大型矿井大巷运输能力受限制，底卸式矿车运输井底车场为折返式时采用

二、采区装车站设计

(一) 采区装车站线路设计与坡度、长度的确定

1. 线路设计

采区装车站的线路布置主要取决于装车站所在位置（大巷、石门、绕道）装车站的调车方式、底卸式矿车运输的井底车场形式以及有无矸石仓、煤仓个数等因素。

采区装车站线路设计应符合下列规定：

1) 大巷采用固定式矿车列车运输时,装车站空、重车线存车线有效长度各 1.25 列车长,调车宜采用机械作业 (调度绞车或推车机);

2) 大、中型矿井采用调度绞车装、调车作业的装车站应集中操作,调度绞车宜设在煤仓中心线出车侧 2~3m 的壁龛中。壁龛尺寸可根据设备外形尺寸和便于人员操作确定。当巷道一侧能安设绞车时,可不设壁龛;

3) 当采用底卸式矿车列车运输时,装车站的布置形式应与井底车场的布置形式相协调,即井底车场的矿车卸煤线路是环形式,则采区装车站也应设环形绕道。井底车场采用折返式,则采区装车站也应采用折返式的。其空、重车线存车线有效长度各为 1 列车长加 5m。

2. 坡度的确定

装车站线路坡度确定应符合下列规定:

1) 采用调度绞车或电机车调车时,装车站线路的坡度可与所在巷道的轨道线路坡度一致;

2) 采用自动滑行的装车站,矿车自动滑行的方向朝向井底车场,装车站各段线路坡度应符合下列规定:

(1) 调车线、通过线线路坡度同大巷坡度;

(2) 顶车线线路坡度不应大于 5‰,由闭合计算确定;

(3) 空车存车线线路坡度取 9‰~11‰;

(4) 装车点至阻车器段坡度取 0‰;

(5) 重车存车线坡度取 7‰~9‰。

3) 空车线自滑坡度终点应设置制动装置。

3. 长度的确定

采区装车站长度 L_D 系指从空车存车线端至重车存车线端 (包括两端线路联接道岔长度 L_K 或 L_X) 之间线路长度的总和。

各种布置形式及调车方式的装车站线路长度计算公式见表 6-3-34。

表 6-3-34　装车站线路长度计算公式

形　式		图　　示	计　算　公　式
大巷式装车站	通过式		$L_D = 2L_H + 3L_X + l_1$ 式中　L_H—空重车存车线长度,一般为 1.25 列车长度;如为底卸式矿车,则 L_H 一般为一列车长加 5m; L_X—渡线道岔长度,m; l_1—机车加半辆矿车的长度,m
			$L_D = 2L_H + 2L_K + L_X + l_1$ 式中　L_K—单开道岔联接点长度,m

形　式		图　　　示	计算公式
大巷式装车站	尽头式		$L_D = 2L_H + l_1 + L_K$ 符号注释同上
			$L_D = 2L_H + l_1 + 2L_K$ 符号注释同上
石门式装车站	单煤仓		$L_D = 4L_H + 3L_X + L_K + 2l_1$ 符号注释同上
	双煤仓		$L_D = 2L_H + l_1 + L_X + 2L_K$ 符号注释同上
	煤矸同站		$L_D = 2L_H + 2L_X + L_K + l_0$ 式中　l_0—煤仓与矸石仓中心距， 　　　　m； 　其余同上 ⊗煤仓 ⊕矸石仓
	煤矸分站		$L_D = 3L_H + 3L_X + 2l_1 + L_K$ 符号注释同上

续表

形　式		图　　示	计算公式
绕道式装车站	单向绕道		$L_D = 2L_H + 2L_K + l_1$ 符号注释同上
	三角岔单向绕道		$L_D = 2L_H + l_1$ 符号注释同上
	环形绕道		$L_D = 2L_H + 2L_K$ 符号注释同上
自动滑行式装车站	通过式		$L_D = L_d + L_{H1} + L_{H2} + L_{H3}$ 　　$+ L_{H4} + 2L_X + l_1$ 式中　L_d—调车线长度，m，取 1 　　　列车长（包括机车）； $L_{H1} + L_{H2}$—空车存车线长度，m； 　　　取 1.5～2.0 列车长 　　　度； $L_{H3} + L_{H4}$—重车存车线长度，m； 　　　取 1.5 列车长度； l_1—装车点中心距阻车器 　　　的距离按本表末图计 　　　算
	尽头式		$L_D = L_H + L_{H3} + L_{H4} + 2L_X$ 　　$+ L_K + l_1 + L_d$ 符号注释同上
自动滑行式装车站装车点中心至阻车器距离			1t 矿车一次装载； 　　$l_1 = l_K + \dfrac{S_B}{2} + r$ 3t 矿车二次装载； 　　$l_1 = l_K + r$ 式中　l_K—矿车全长，m； 　　　S_B—矿车轴距，m； 　　　r—矿车车轮半径，m

（二）采区装车站调车方式

采区装车站的调车方式有四种：调度绞车调车、电机车调车、推车机调车和自动滑行调车。一般常用调度绞车调车和电机车调车。

当固定式矿车运输时，常用调度绞车牵引整列车实现不摘钩连续装调车。

当底卸式矿车运输时，由于装车站存车线不留底车，因此常用电机车牵引整列车进行不摘钩连续装调车。

1. 调度绞车调车方式（图6—3—26）

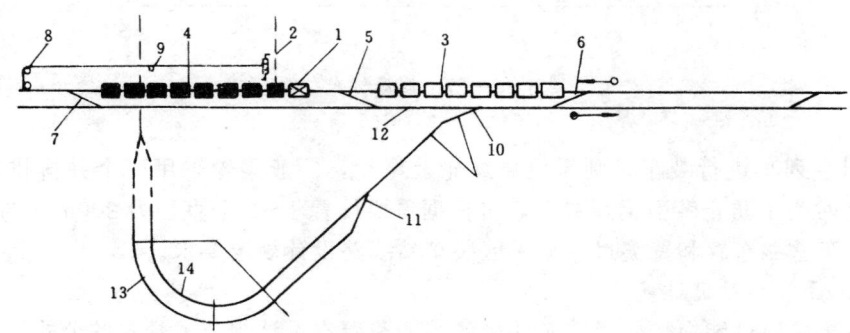

图6—3—26 调度绞车调车系统

1—机车；2—调度绞车；3—空车存车线；4—重车存车线；5—装车点道岔；6、7—渡线道岔；
8—尾轮；9—导绳轮；10、11—单开道岔；12—通过线；13—材料车线；14—矸石车线

纯煤列车调度：机车牵引空列车进入空车存车线3，机车摘钩，单独进入重车存车线4（不过煤仓）挂上重列车，经渡线道岔5拉出，驶向井底车场。

在机车拉重列车时，重列车尾部的牵引钢绳随其拉出。当拉过渡线道岔5，空重列车成并列时，迅速摘下牵引钢绳，将它挂在空列车上，由调度绞车2通过导绳轮8牵引空列车进行装煤。

2. 电机车调车方式

装车站线路布置同图6—3—26。

机车牵引空列车进入空车存车线3，机车摘钩，单独经渡线道岔5，通过线12及渡线道岔6。机车反向，顶整列空车至装载点进行连续装车，待整列车装满后，机车挂上重列车，经渡线道岔5拉出，驶向井底车场。

3. 自动滑行调车方式

自动滑行调车装车站，其装煤过程中空车与重车的调度，都是借助线路的坡度使矿车自动滑行进行的。

由于自动滑行调车方式，自动滑行坡度不易控制，线路施工与管理复杂，且采区结束后还需将装车线轨道调整到运输通过线路的正常坡度，增加工程量和影响运输。因此这种调车方式极少采用。

（三）调度绞车及壁龛布置

调度绞车的布置位置一般有两种，如图6—3—27。为了集中操作和控制，常采用调度绞车设在装载点附近的布置方式。

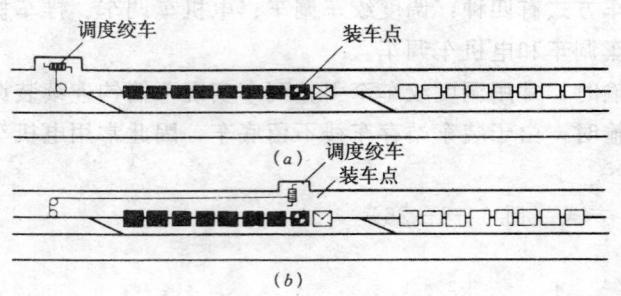

图 6-3-27　调度绞车位置

为牵引空列车进行装车,则需设导绳轮及尾轮,一般尾轮采用两个并排排列,直径为 300mm。有时为了防止牵引钢绳跳动,可根据需要设置 1~2 个直径为 200mm 的导绳轮。

调度绞车壁龛布置和壁龛尺寸见采区装车站线路设计规定要求。

(四)采区装车站通过能力

采区装车站通过能力按《煤矿矿井采区车场和硐室设计规范》规定的公式计算:

$$A_N = \frac{NGN_r T_s 60}{T_z K_b (1+K_g)} \qquad (6-3-21)$$

式中　A_N——装车站年通过能力,t;

　　N——1 列车矿车数量,辆;

　　G——矿车载重,t;

　　N_r——年工作日数,取 300d;

　　T_s——日生产小时数,取 14h;

　　T_z——列车进入车场平均间隔时间,min。可按车场运行图表计算,无运行图表时,可取 4~5min;

　　K_b——不均匀系数,机采取 1.15~1.2,炮采取 1.5;

　　K_g——矸石系数,根据煤层赋存情况,采煤方法及巷道布置等条件选取,可取 0.1~0.25。

采用上式求出的装车站能力值应大于采区生产能力的 1.3 倍。

三、下部车场设计

采区轨道上山下部车场由轨道上山下部斜面线路、竖曲线和平面绕道线路组成。其中平面绕道线路包括存车线路和存车线末端道岔与大巷或石门相连的联接线路。

(一)采区轨道上山下部车场设计一般规定及主要参数的选择

1. 采区下部车场绕道布置

1)下部车场绕道线路出口,可朝向井底车场方向。出口处轨道应尽量与通过线连接,当必须使绕道口布置在装载点空、重车线一侧,而影响空、重车线有效长度时,可适当延长绕道长度;

2)当煤层倾角为 12°~25° 时,宜采用顶板绕道;煤层倾角为 12° 以下时,可采用底板绕道。

表 6—3—35　采区下部车场绕道与运输大巷关系

形式	图　　示	适用条件	布　置　特　点
顶板绕道	$\beta_0 = \beta$ 1—运输大巷；2—绕道	$\beta = 20° \sim 25°$	轨道上山不变坡，直接设竖曲线落平
	$\beta_0 = \beta + \Delta\beta$ 1—运输大巷；2—绕道	$\beta = 12° \sim 19°$	为减少下车场工程量，轨道上山提前下扎 $\Delta\beta$ 角，使坡坡角 β_0 达 $20° \sim 25°$
底板绕道	$\beta_0 = \beta + \Delta\beta$ 1—运输大巷；2—绕道	$\beta < 12°$	为减少下车场工程量，轨道上山提前下扎 $\Delta\beta$ 角，使坡坡角 β_0 达 $20° \sim 25°$

见表 6—3—35。

3）绕道线路与运输大巷线路间的平面距离，可视围岩条件确定，但应大于 15～20m，绕道线路转角取 30°～90°。

2．采区上山下部平车场设计

1）平车场线路的平、竖曲线半径可取 9、12、15、20m；

2）平、竖曲线之间应插入矿车轴距 1.5～3.0 倍的直线段；当轨道上山作主提升时，应插入一钩串车长度的直线段；

3）平车场存车线有效长度：

（1）运输材料、设备及矸石的下部车场进、出车线长度取 0.5 列车长；

（2）轨道上山作混合提升或主提升时，进、出车线长度不小于 1.0 列车长；

（3）采用人力推车时，进、出车线长度取 5～10 辆矿车长。

3．采区上山下部车场高、低道布置

1）高、低道两起坡点间的最大高差不宜大于 0.8m；

2）竖曲线起点前后错距不大于 2.0m；

3）当上山倾角较大，高、低道高差也较大时，甩车线可上提 3°角；当上山倾角较小，高、低道高差较小时，提车线可下扎 3°角。上抬角和下扎角不应超过 5°。

4．采区上山下部车场线路坡度

1）高道存车线坡度取 11‰；

2）低道存车线坡度取 9‰。

（二）平面绕道线路尺寸的确定

采区轨道上山下部车场存车线平面绕道有与大巷联接和与采区石门联接两种方式。其中与大巷联接的下部车场绕道又分为顶板绕道和底板绕道。

下部车场绕道线路主要是满足空重车存车线的要求而设置的。为了减少车场绕道工程量，设计中应将存车线末端道岔尽量靠近绕道出口处布置，以充分利用车场绕道线路的有效长度。

1. 联接大巷绕道线路尺寸的确定

1）大巷顶板绕道线路：

（1）顶板立式绕道线路尺寸计算见图6－3－28及图6－3－29。

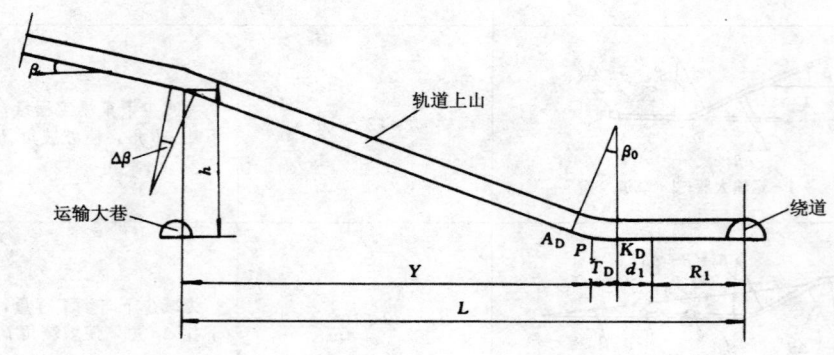

图6－3－28   大巷顶板绕道起坡点位置计算

根据运输大巷通过线与轨道上山落平点车场绕道内侧的相对位置，计算大巷通过线与轨道上山低道竖曲线切线交点（P）的水平距离Y和车场绕道内侧线路的水平距离L。然后分别计算车场绕道各分段的有关尺寸。其计算公式如下：

$$Y = h\cot\beta_0 \qquad\qquad (6-3-22)$$

$$L = Y + T_D + d_1 + R_1 \qquad\qquad (6-3-23)$$

$$L_1 = L - R_1 - L_K - d_2 - n \qquad\qquad (6-3-24)$$

$$L_{ZD} = d_1 + \pi R_1 + L_1 \qquad\qquad (6-3-25)$$

$$X = m + 2R_1 + \frac{S}{2} \qquad\qquad (6-3-26)$$

式中 h——大巷通过线轨面至轨道上山轨面之间的垂线距离，一般为15～20m；

β_0——轨道上山下段倾角（起坡角），为减少车场工程量，一般取20°～25°；

T_D——低道竖曲线切线长度，m；

d_1——平竖曲线之间插入直线段，m；

R_1——绕道内侧弯道曲线半径，m；

L_1——绕道出口端存车线直线段长度，m；

L_{ZD}——绕道内侧线路存车线长度，m；

d_2——平曲线与道岔间的插入段，一般取2m；

L_K——单开道岔平行线路联接长度，m；

n、m——由单开道岔非平行线路联接公式求得，m；

X——绕道出口交岔点道岔基本轨起点G至轨道上山轨道中心距离，m；

S——空重车线摘挂钩点活动段的双轨中心距，m；

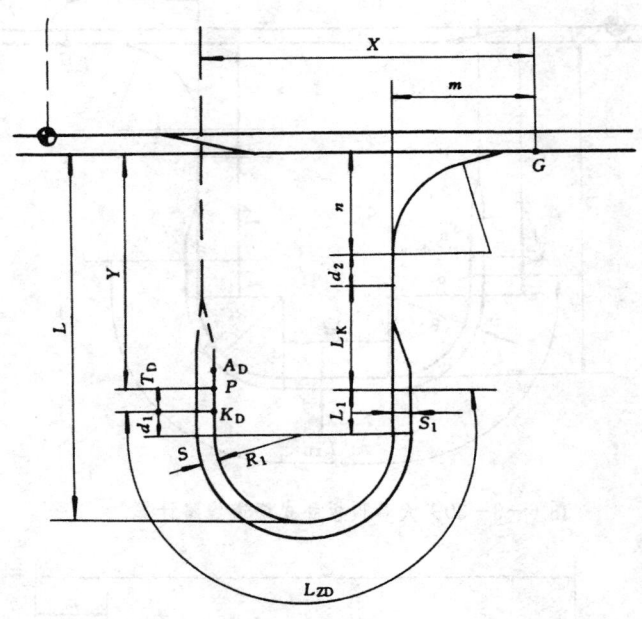

图 6—3—29 大巷顶板立式绕道线路计算

S_1——空重车存车线非摘挂钩段双轨中心距，m。

（2）顶板卧式绕道线路尺寸计算：

同理由图 6—3—28 及公式（6—3—22）、公式（6—3—23）计算 Y 及 L 值，再由图 6—3—30 计算车场绕道各分段有关尺寸。

计算公式：
$$L_1 = L - R_1 - L_K - d_2 - n \qquad (6-3-27)$$
$$L_2 = L_{ZD} - d_1 - L_1 - \pi R_1 \qquad (6-3-28)$$
$$X = m + 2R_1 + L_2 + \frac{S}{2} \qquad (6-3-29)$$

式中 L_2——存车线两弯道之间的直线长度，m；

其他符号见顶板立式绕道线路尺寸计算式中注释。

（3）顶板斜式绕道线路尺寸计算：

同理由图 6—3—28 及公式（6—3—22）、公式（6—3—23）计算 Y 及 L 值，再由图 6—3—31 计算车场绕道分段有关尺寸。

计算公式：
$$L_1 = \frac{L}{\sin\delta} - n - d_2 - L_K - T_1 \qquad (6-3-30)$$
$$L_{ZD} = d_1 + K_{P1} + L_1 \qquad (6-3-31)$$
$$X = m + L\cot\delta + T_1 + R_1 + \frac{S}{2} \qquad (6-3-32)$$

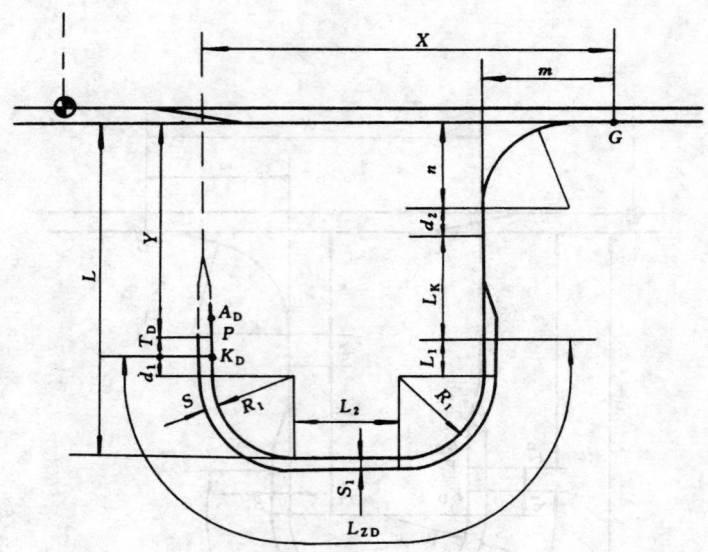

图 6-3-30　大巷顶板卧式绕道线路计算

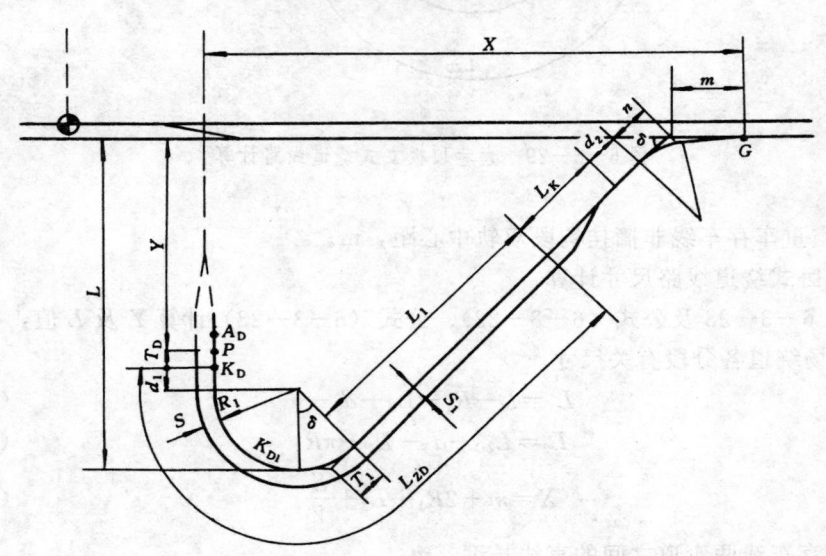

图 6-3-31　大巷顶板斜式绕道线路计算

式中　K_{P1}——绕道弯道内侧线路弧长，m；

$$K_{P1}=R_1\frac{(90°+\delta)}{57.296}$$

δ——绕道线路转角，一般取 30°～45°；

其他符号见顶板立式绕道线路尺寸计算式中注释。

2）大巷底板绕道线路：

（1）底板卧式绕道线路尺寸计算见图 6-3-32。

计算公式：

$$Y=T_D+d_1+R_1+S_1+L \qquad\qquad (6-3-33)$$

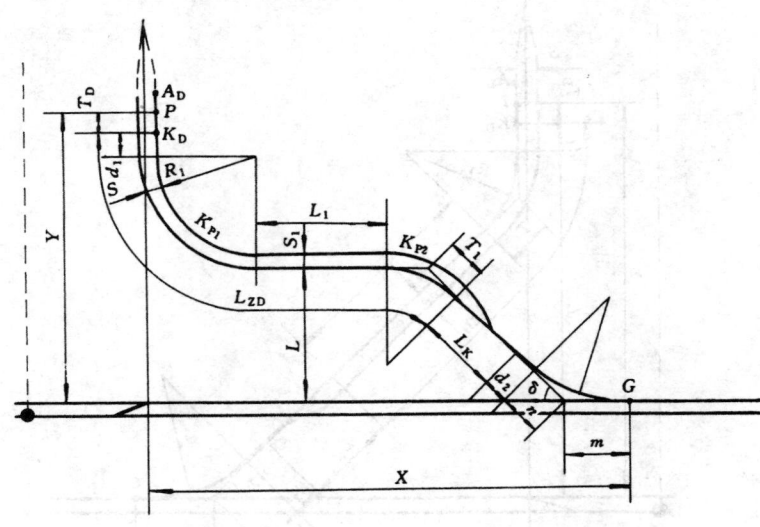

图 6—3—32 大巷底板卧式绕道线路计算

$$d_2 = \frac{L}{\sin\delta} - T_1 - L_K - n \quad \text{应大于 2m} \qquad (6-3-34)$$

$$L_1 = L_{ZD} - d_1 - K_{P1} - K_{P2} \qquad (6-3-35)$$

$$X = m + L\cot\delta + T_1 + L_1 + R_1 + \frac{S}{2} \qquad (6-3-36)$$

式中 Y——大巷通过线与轨道上山低道竖曲线切线交点（P）的水平距离，m；

L——绕道线路（靠大巷侧）与大巷通过线的间距，m；一般应大于 15～20m；

δ——绕道线路转角，（°），一般取 30°～45°；

K_{P1}、K_{P2}——分别为存车线弯道内、外轨道线路弧长，m；

其他符号见顶板立式绕道线路尺寸计算式中注释。

（2）底板斜式绕道线路尺寸计算见图 6—3—33。

计算公式：

$$L_1 = L_Z - d_1 - K_{p1} \qquad (6-3-37)$$

$$L = (T_1 + L_1 + L_K + d_2 + n)\sin\delta + T_1 \qquad (6-3-38)$$

$$Y = L + d_1 + T_D \qquad (6-3-39)$$

$$X = m + (T_1 + L_1 + L_K + d_2 + n)\cos\delta + \frac{S}{2} \qquad (6-3-40)$$

其他符号见顶板立式绕道和底板卧式绕道线路尺寸计算式中注释。

2. 联接石门绕道线路尺寸的确定

联接石门的轨道上山下部车场有环形绕道和卧式绕道两种。一般采用平行石门的卧式绕道形式，如图 6—3—34。

线路尺寸计算公式如下：

$$L_1 = L_{ZD} - K_{p1} \qquad (6-3-41)$$

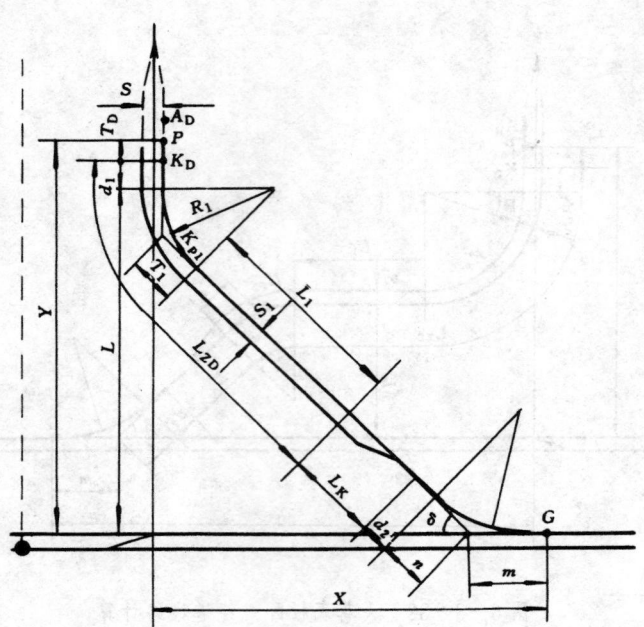

图 6—3—33　大巷底板斜式绕道线路计算

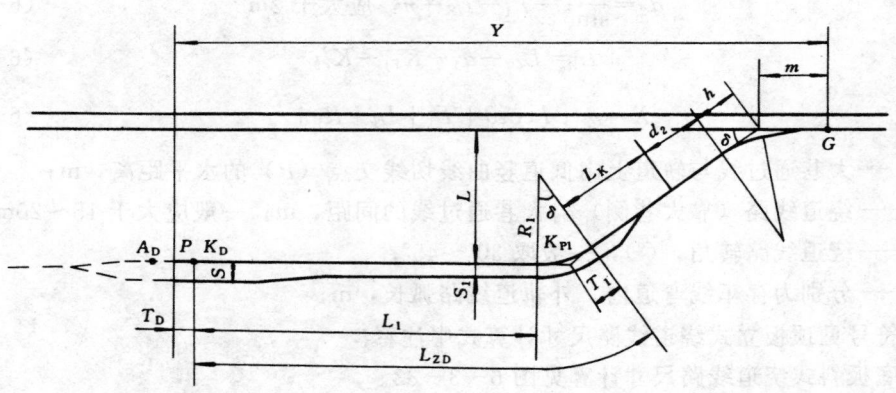

图 6—3—34　石门卧式绕道线路计算

$$d_2 = \frac{L}{\sin\delta} - T_1 - L_K - n \qquad (6-3-42)$$

$$Y = m + L\cot\delta + T_1 + L_1 + T_D \qquad (6-3-43)$$

式中　L_1——存车线直线段长度，m；

　　　δ——绕道线路转角，(°)；一般取 30°～45°；

　　　Y——绕道出口交岔点道岔基本轨起点 G 至轨道上山低道竖曲线切线交点 P 的水平距离，m；

　　　其他符号见顶板立式绕道线路尺寸计算式中注释。

（三）斜面线路和竖曲线线路尺寸计算

1. 起坡角、起坡点位置的确定

1）起坡角的确定：由于轨道上山下部平车场设在运输大巷水平，轨道上山一般不再向下延深，因此其起坡角可视下述情况确定：

当轨道上山的倾角为 20°～25°时，可不改变上山倾角，直接设竖曲线落平；

当轨道上山的倾角小于 20°时，为减少上山的工程量，可根据车场布置要求，将轨道上山提前下扎一定的角度（$\Delta\beta$），一般起坡角（β_0）为 20°～25°。

2）起坡点位置的确定：轨道上山下部车场常用双道起坡。而双道起坡又分不设高、低道的普通坡度（流水坡度）起坡和设高、低道起坡两种。

轨道上山下部车场为普通坡度平车场时，其提甩车线起坡点没有前后错距，即一点落平，线路尺寸计算简单。

轨道上山下部车场存车线采用高、低道布置时，其提甩车线起坡点的位置有前后错距 L_2，（$L_2=\Delta H\cot\beta_0$）。规定 L_2 不大于 2.0m。

2. 设高、低道的斜面线路和竖曲线线路尺寸计算

高、低道的形成和高、低道最大高差 ΔH 的计算，在中部甩车场已叙述。同理，为了简化计算，在高、低道竖曲线起坡点前设 1.0m 平坡，使高、低道竖曲线夹角均等于上山起坡角 β_0。

轨道上山一般为单钩提升，轨道上山单轨线路与提、甩车线的联接可用对称道岔或 5 号、4 号单开道岔。

设高、低道的斜面线路和竖曲线线路尺寸计算有三种方法：

1）高、低道竖曲线半径相同（$R_{SG}=R_{SD}$）斜面线路和竖曲线线路计算法：

当 $\Delta H\cot\beta_0$ 值小于 2.0m 时，可采用高低道竖曲线相同的半径（$R_{SG}=R_{SD}$）进行线路计算。其线路计算公式和图示，见表 6—3—36。

2）高、低道竖曲线半径不同（$R_{SG}>R_{SD}$）斜面线路和竖曲线线路计算法：

当高低道最大高差 ΔH 大、上山起坡角 β_0 小、$\Delta H\cot\beta_0$ 值大于 2.0m 时，为使高、低道起坡点之间错距 L_2 不大于 2.0m，可采取高道竖曲线半径 R_{SG} 大于低道竖曲线半径 R_{SD}，分别计算高、低道竖曲线各参数，然后再求 L_1 及 L_2 值。其线路计算公式和图示见表 6—3—37。

3）一点落平斜面线路和竖曲线线路计算法：

高、低道竖曲线一点落平计算法在中部甩车场线路计算中已有叙述。同理，采区下部平车场也可使高、低道竖曲线设计为一点落平，以达到 $L_2=0$ 的目的。其方法是使 $T_G=T_D+\Delta H\text{ctg}\beta_0$，然后根据 T_G 计算高道竖曲线半径 R_{SG}，再求 L_1 等有关尺寸。其线路计算公式和图示见表 6—3—38。

（四）下部平车场存车线高、低道标高闭合点位置及标高计算

采区轨道上山设高、低道的双道起坡下部平车场的存车线高、低道标高闭合点位置确定和标高计算方法，见采区中部甩车场存车线高、低道标高闭合点位置和标高计算。

四、采区下部车场实例

1）涟邵矿务局恩口煤矿一号井二采区下部车场（图 6—3—35）。

2）达县矿务局金刚煤矿西北采区下部车场（图 6—3—36）。

3）邢台矿务局东庞矿井南一采区下部车场（图 6—3—37）。

4）镇巴煤矿盐场平硐庙沟采区下部车场（图6—3—38）。

5）韩城矿务局马沟渠煤矿中央采区下部车场（图6—3—39）。

6）淮北矿务局临涣煤矿东一采区下部车场（图6—3—40）。

表6—3—36　下部平车场双道起坡高低道竖曲线半径相同（$R_{SG} = R_{SD}$）斜面线路计算

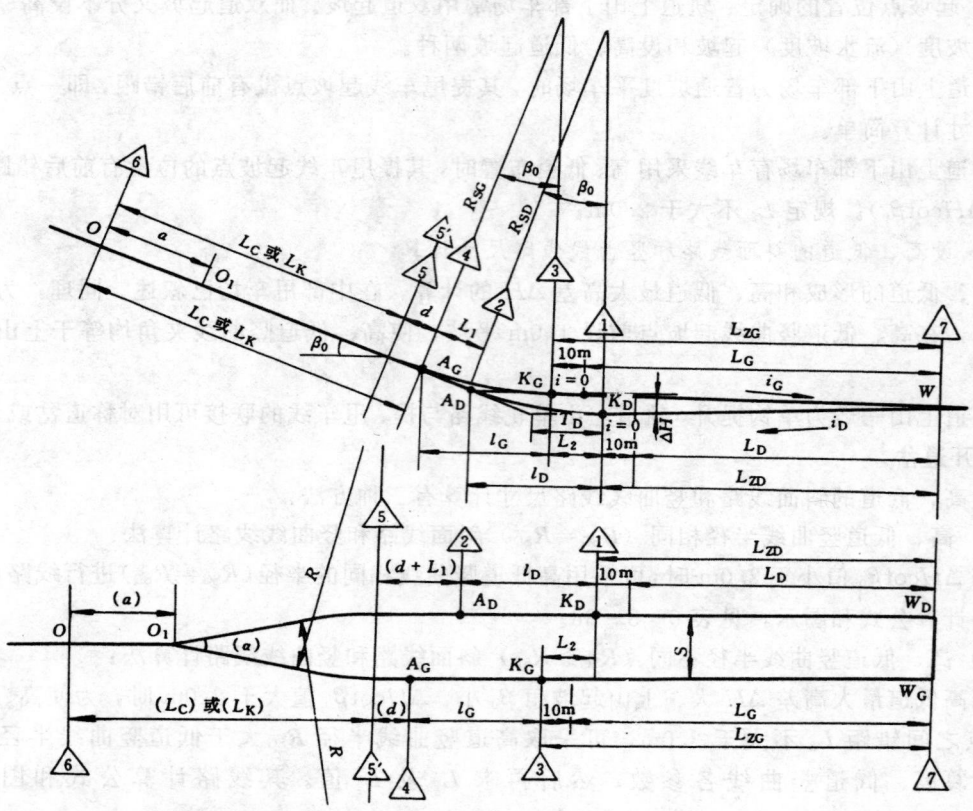

计算顺序	计算公式	计算顺序	计算公式
1	对称道岔　$L_C = a + \dfrac{1}{2} S \cot \dfrac{\alpha}{2} + R \tan \dfrac{\alpha}{4}$ 单开道岔　$L_K = a + S \cot \alpha + R \tan \dfrac{\alpha}{2}$	7	提车线标高 ①$= \pm 0.000$ ②$=$①$+ h_D$ ③$=$②$+ (d + L_1) \sin \beta_0$
2	$d = 1000 \sim 2000\,\text{mm}$		
3	$T_D = T_G = R_S \tan \dfrac{\beta_0}{2}$　$K_{PD} = K_{PG} = R_S \dfrac{\beta_0}{57.296}$ $l_D = l_G = R_S \sin \beta_0$　$h_D = h_G = T_D \sin \beta_0$	8	甩车线标高 ①$=$①$+ \Delta H$ ④$=$①$+ h_G$ ⑤$=$④$+ d \sin \beta_0$
4	$\Delta H = L_D i_D + L_G i_G$ 取整数，最大不大于0.8m		
5	$L_2 = \Delta H \cot \beta_0$	9	基本轨起点标高 ⑥$=$⑤$+ L_C \sin \beta_0$　对称道岔 ⑥$=$⑤$+ L_K \sin \beta_0$　单开道岔
6	$L_1 = \dfrac{\Delta H}{\sin \beta_0}$ 或 $L_1 = \dfrac{L_2}{\cos \beta_0}$		

表6-3-37　下部平车场双道起坡高道竖曲线半径不同（$R_{SG}>R_{SD}$）斜面线路计算

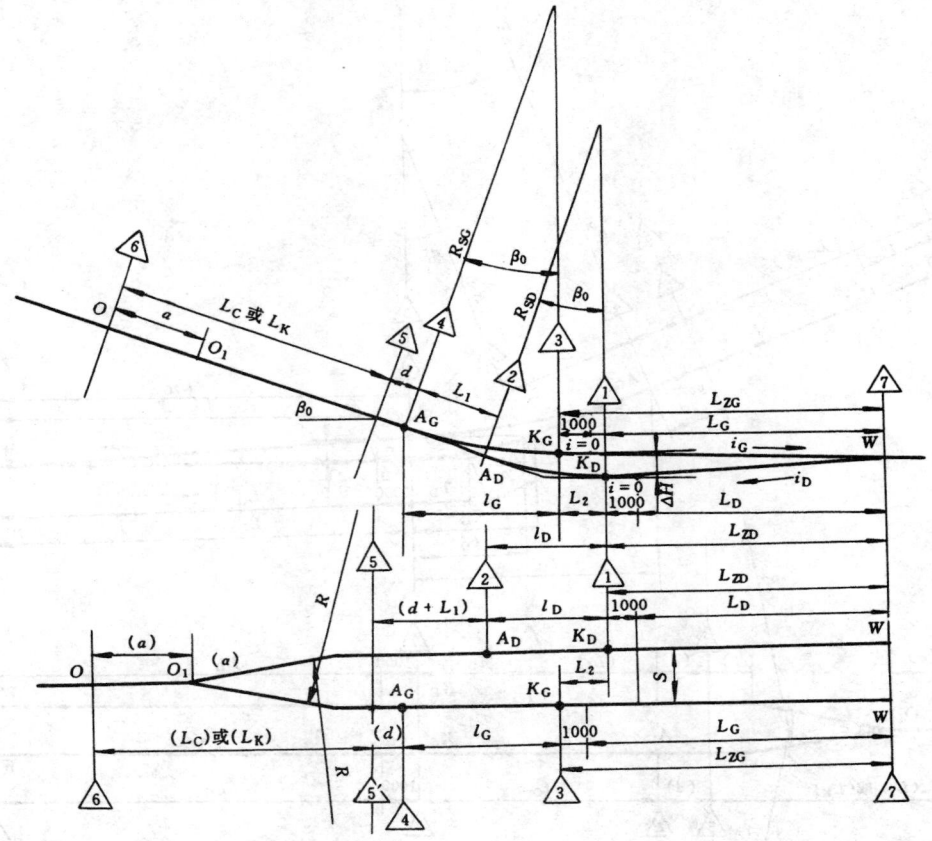

计算顺序	计 算 公 式	计算顺序	计 算 公 式
1	对称道岔　$L_C=a+\dfrac{1}{2}S\cot\dfrac{\alpha}{2}+R\tan\dfrac{\alpha}{4}$ 单开道岔　$L_K=a+S\cot\alpha+R\tan\dfrac{\alpha}{2}$	8	提车线标高 $\triangle 1=\pm0.000$ $\triangle 2=\triangle 1+h_D$ $\triangle 5=\triangle 2+(d+L_1)\sin\beta_0$
2	$d=1000\sim2000mm$		
3	低道竖曲线半径取 9m、12m $T_D=R_{SD}\tan\dfrac{\beta_0}{2}$　$K_{PD}=R_{SD}\dfrac{\beta_0}{57.296}$ $l_D=R_{SD}\sin\beta_0$　$h_D=T_D\sin\beta_0$	9	甩车线标高 $\triangle 3=\triangle 1+\Delta H$ $\triangle 4=\triangle 3+h_G$ $\triangle 5=\triangle 4+d\sin\beta_0$
4	$\Delta H=L_Di_D+L_Gi_G$ 取整数、最大不大于 0.8m		
5	高道竖曲线半径取：15m、20m $T_G=R_{SG}\tan\dfrac{\beta_0}{2}$　$K_P=R_S\dfrac{\beta_0}{57.296}$ $l_G=R_{SG}\sin\beta_0$　$h_G=T_G\sin\beta_0$	10	基本轨起点标高 $\triangle 6=\triangle 5+L_C\sin\beta_0$　对称道岔 $\triangle 6=\triangle 5+L_K\sin\beta_0$　单开道岔
6	$L_2=\Delta H\cot\beta_0+T_G-T_D$		
7	$L_1=\dfrac{\Delta H}{\sin\beta_0}+T_G-T_D$		

表6−3−38　下部平车场双道起坡高低道竖曲线一点落平（$L_2 = 0$）斜面线路计算

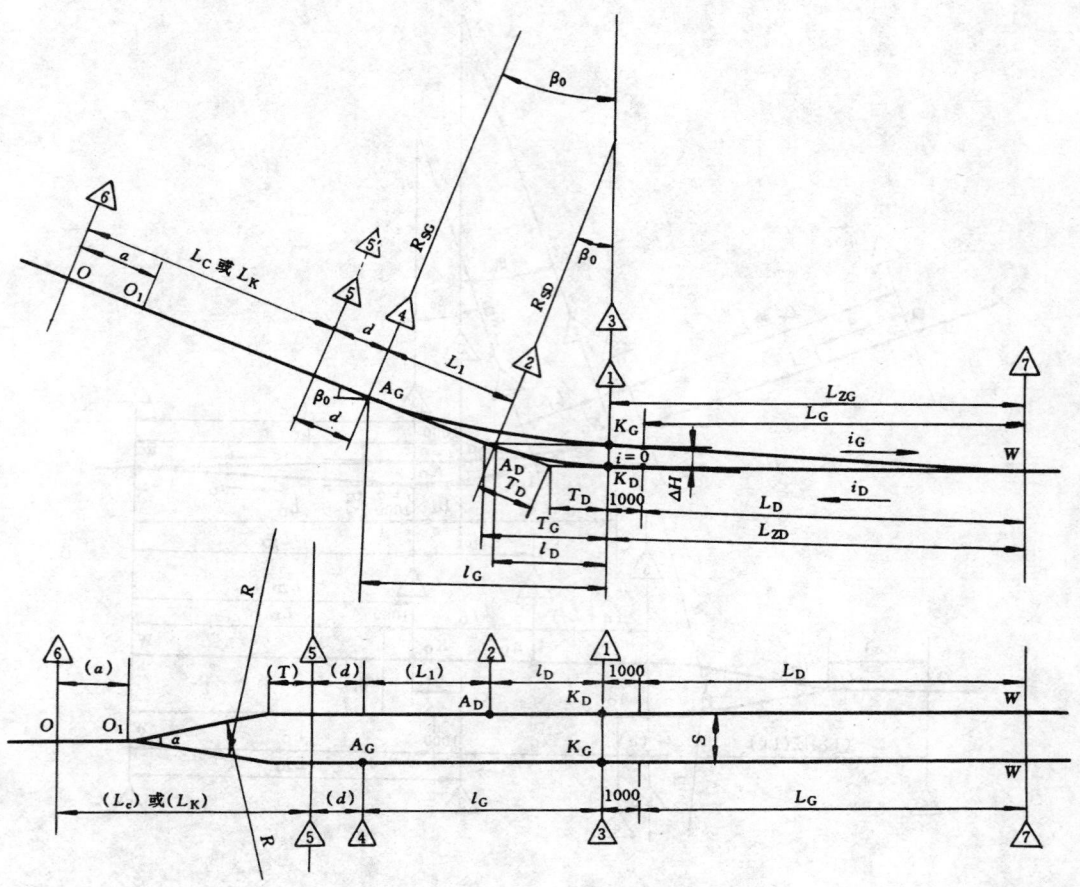

计算顺序	计 算 公 式	计算顺序	计 算 公 式
1	对称道岔　$L_C = a + \dfrac{1}{2}S\cot\dfrac{\alpha}{2} + R\tan\dfrac{\alpha}{4}$ 单开道岔　$L_K = a + S\cot\alpha + R\tan\dfrac{\alpha}{2}$	7	提车线标高 ①$= \pm 0.000$ ②$=$①$+ h_D$ ⑤$=$②$+ (d + L_1)\sin\beta_0$
2	$d = 1000 \sim 2000\text{mm}$	8	甩车线标高 ③$=$①$+ \Delta H$ ④$=$③$+ h_G$ ⑤$=$④$+ d\sin\beta_0$
3	$T_D = R_{SD}\tan\dfrac{\beta_0}{2}$　$K_{PD} = R_{SD}\dfrac{\beta_0}{57.296}$ $l_D = R_{SD}\sin\beta_0$　$h_D = T_D\sin\beta_0$		
4	$\Delta H = L_D i_D + L_G i_G$ 取整数，最大不大于 0.8m		
5	$T_G = T_D + \Delta H\cot\beta_0$　$R_{SG} = T_G\cot\dfrac{\beta_0}{2}$ $K_{PG} = R_{SG}\dfrac{\beta_0}{57.296}$　$l_G = R_{SG}\sin\beta_0$　$h_G = T_G\sin\beta_0$	9	基本轨起点标高 ⑥$=$⑤$+ L_C\sin\beta_0$　　对称道岔 ⑥$=$⑤$+ L_K\sin\beta_0$　　单开道岔
6	$L_1 = \dfrac{l_G - l_D}{\cos\beta_0}$		

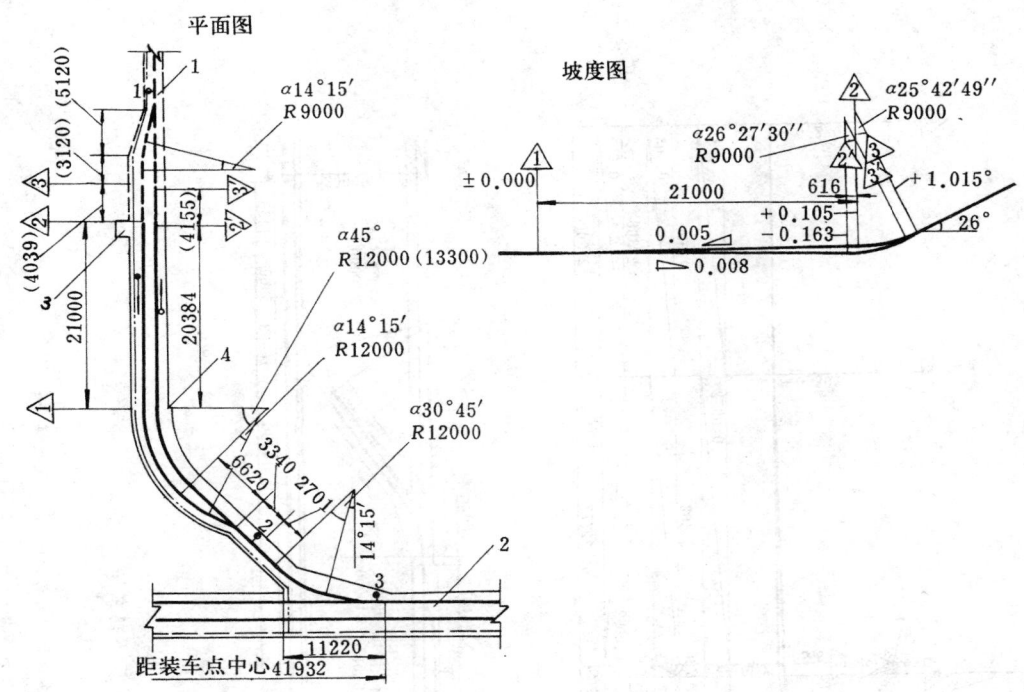

图 6—3—35 涟昭矿务局恩口煤矿一号井二采区下部车场
（大巷装车底板立式绕道车场）

1—轨道上山；2—运输大巷；3—信号硐室；4—电机车架空线止；注：调车线路未画入

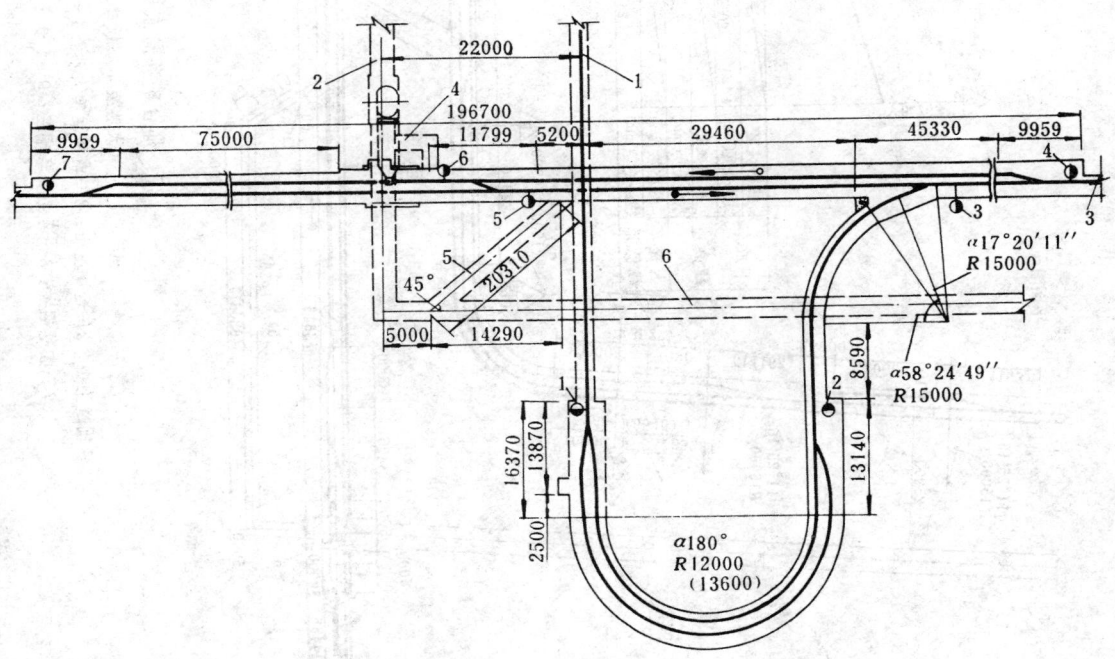

图 6—3—36 达县矿务局金刚煤矿西北采区下部车场
（大巷装车顶板立式绕道车场）

1—轨道上山；2—溜煤上山；3—运输大巷；4—煤仓检查巷；5—人行眼；6—配风巷

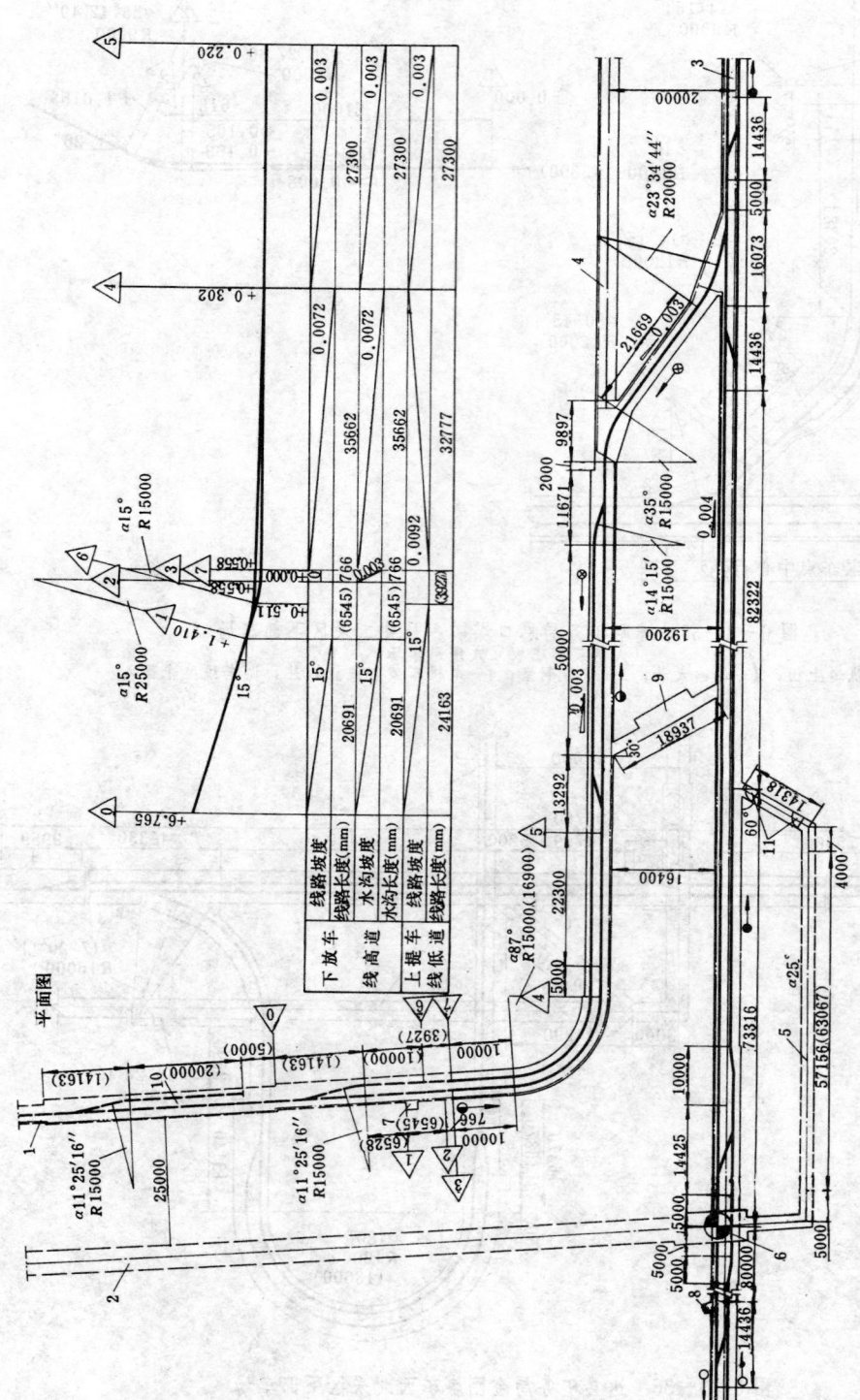

图 6—3—37 邢台矿务局东庞矿井南一采区下部车场
（大巷装车底板卧式绕道车场）

1—轨道上山；2—运煤上山；3—南翼运输大巷；4—配风巷；5—通风行人斜巷；6—南一采区煤仓；
7—信号硐室；8—调度绞车硐室；9—1号变电所；10—入车停车场；11—调节风门

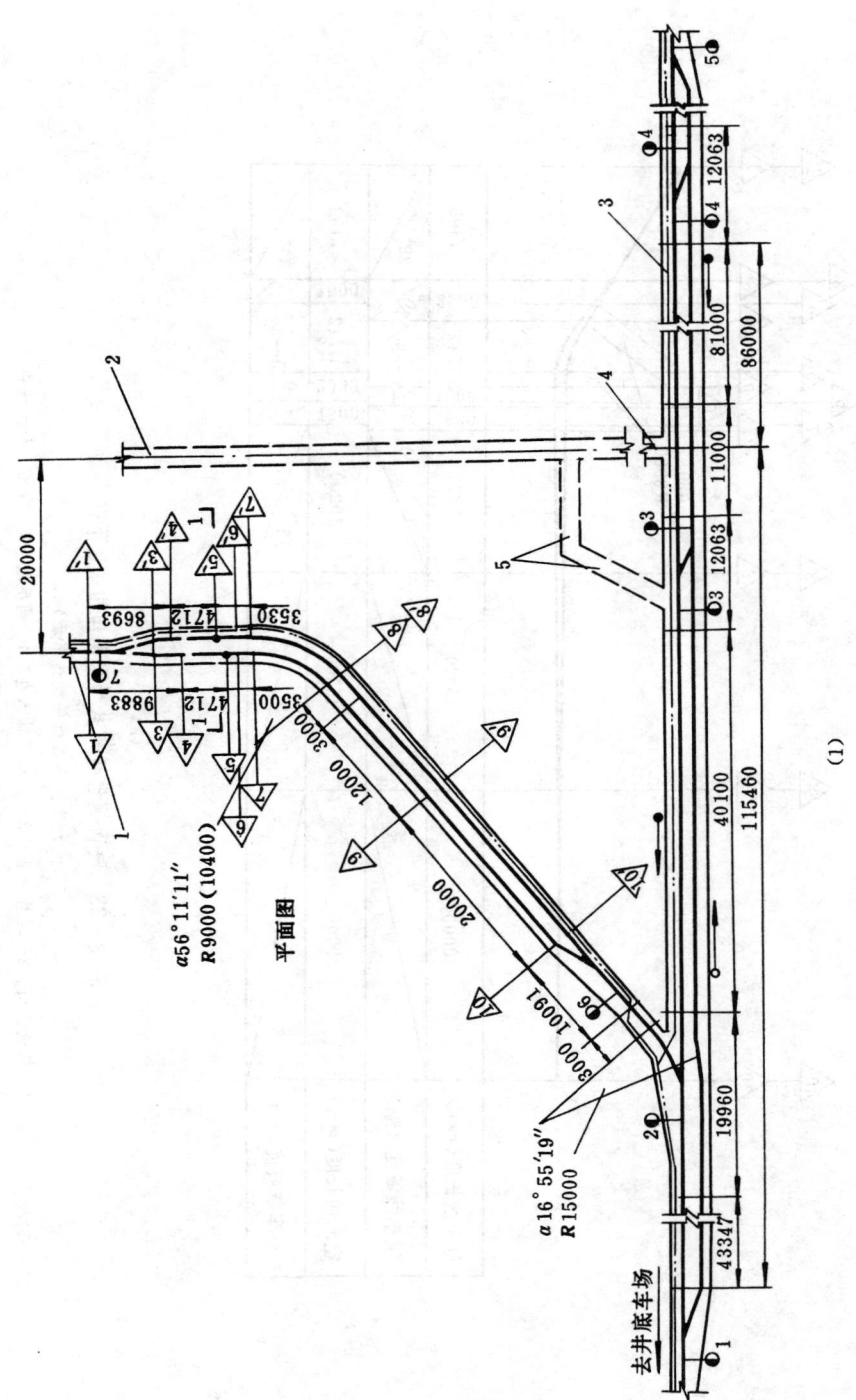

平面图

$\alpha 56°11'11''$
$R9000（10400）$

$\alpha 16°55'19''$
$R15000$

去井底车场

(1)

坡度图

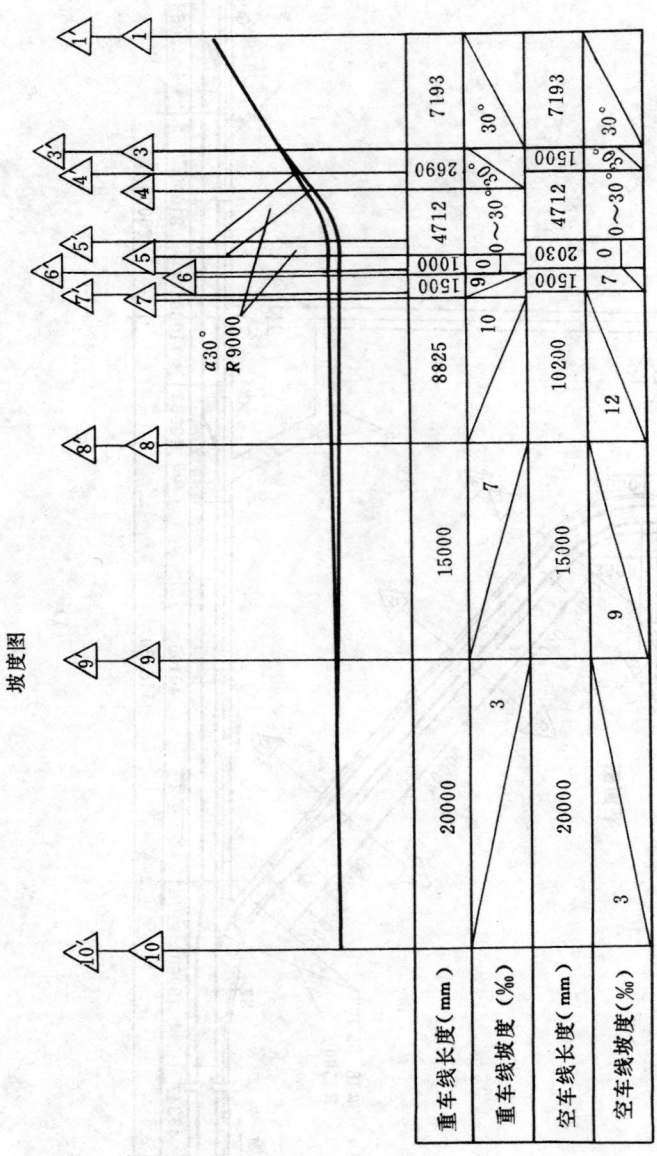

重车线长度（mm）	重车线坡度（‰）	空车线长度（mm）	空车线坡度（‰）

图6—3—38　陕西镇巴煤矿盐场平硐庙沟采区下部车场

（大巷表车底车底板斜料绕道车场）

1—轨道上山；2—运煤上山；3—末部运输大巷；4—调度绞车硐室；5—人行斜巷

（2）

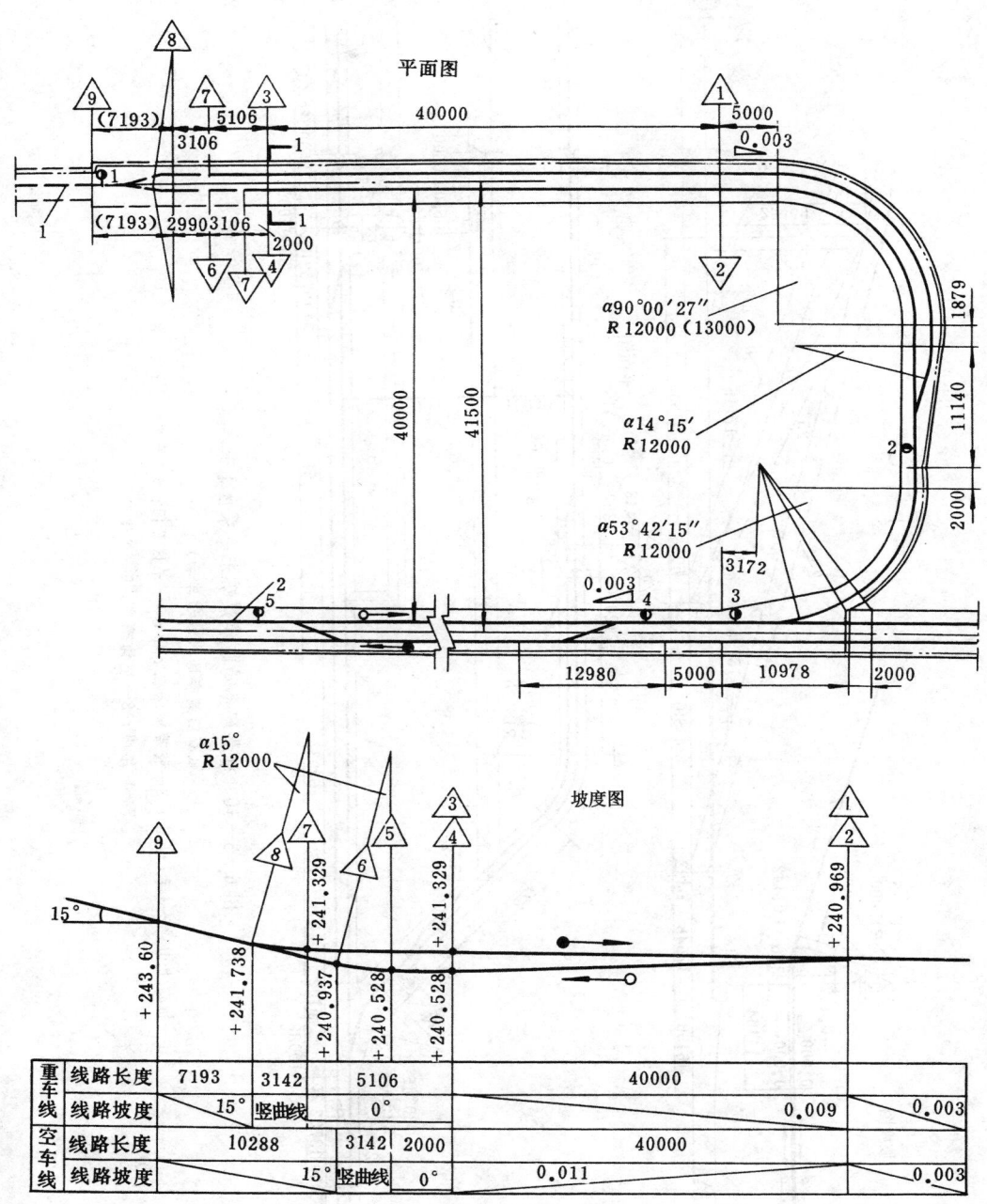

图 6-3-39 韩城矿务局马沟渠煤矿中央采区下部车场

（石门装车环形绕道车场）

1—轨道上山；2—主要运输石门

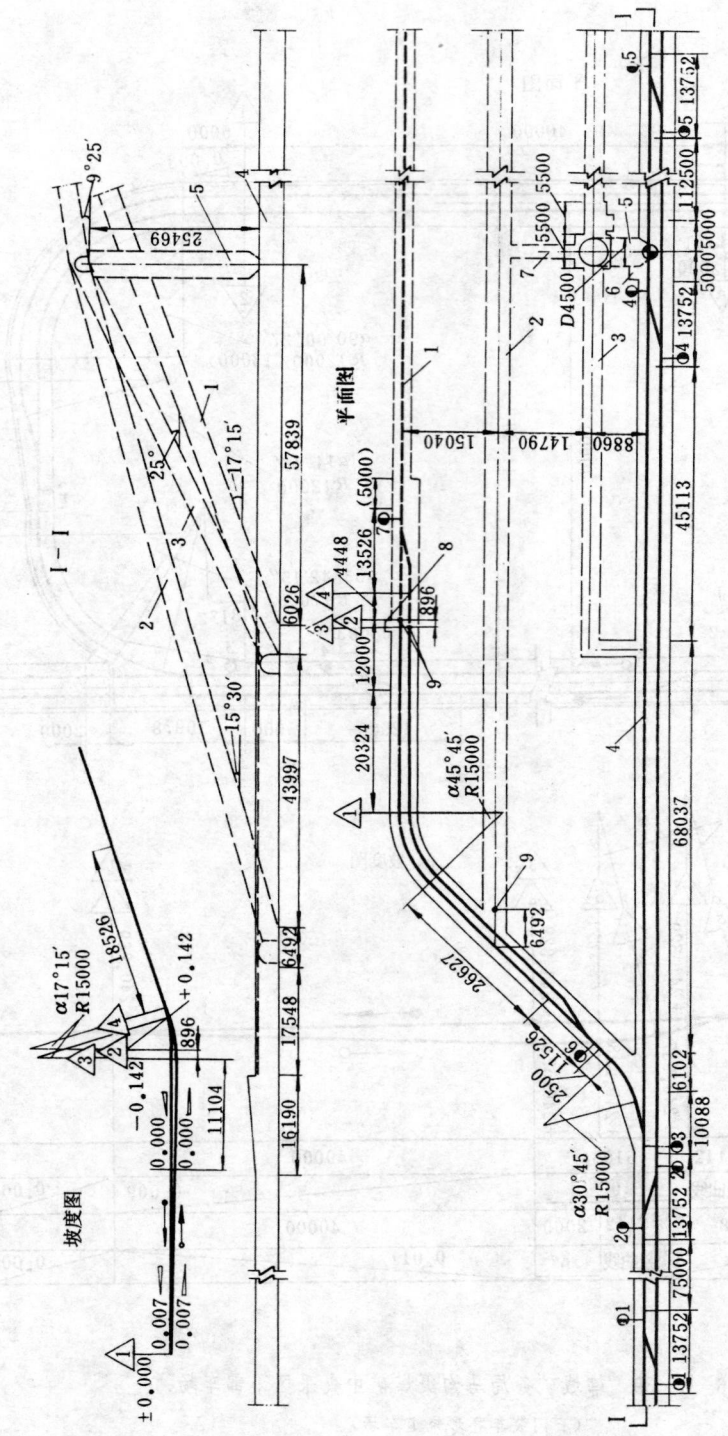

图 6—3—40 淮北矿务局临涣煤矿东一采区下部车场
（石门装车卧式绕道车场）

1—轨道上山；2—行人上山；3—胶带输送机上山；4—采区石门；5—采区煤仓；6—绞车房；
7—联络眼；8—把钩硐室；9—起坡点

第五节 乘人车场、人车存车场

一、一般规定

上、下人员的轨道上（下）山，当垂深超过 50m 时，应设置运送人员的人车，并在上、中、下部车场设乘人车场，在上、下部车场设人车存车场。当人车存车场便于上、下人员时也可作为乘人车场。

二、乘人车场设计

（1）乘人车场的位置可设于下列地点：

1）上部车场的乘人车场可设在变坡点以下的轨道上（下）山内。

2）中部车场的乘人车场可设于第一组道岔以上的轨道上（下）山内，如图 6—3—41。

3）下部车场的乘人车场可设于一号道岔以上的轨道上（下）山内。

（2）乘人车场长度应根据人车类型和数量确定，并应不小于一组人车长度的 1.5 倍。

（3）乘人车场必须在两侧从巷道

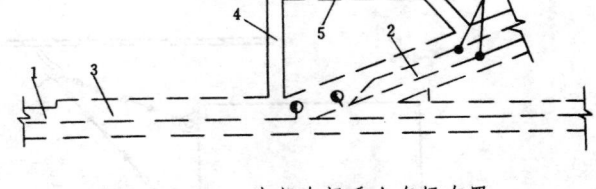

图 6—3—41 中部车场乘人车场布置
1—轨道上山；2—中部车场；3—乘人车场；
4—候车硐室；5—通道；6—落平点

底板起 1.6m 高度内留有不小于 1.0m 宽的人行道。

（4）人行台阶和扶手设置应符合下列规定：

1）当人行车场倾角不大于 16°时应设置人行台阶。

2）当乘人车场倾角大于 16°时应设置台阶和扶手。

3）扶手高度从台阶面起为 0.8～1.0m。

（5）乘人车场应设置信号硐室和候车硐室。候车硐室应设在靠近乘人车场便于上、下人员的地方。候车硐室的尺寸应根据候车人员数量确定。

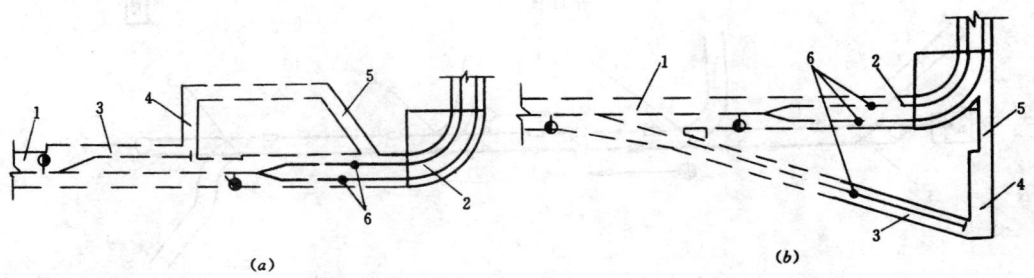

(a)   (b)

图 6—3—42 下部车场人车存车场布置
a—巷道加宽式；b—另掘巷道式
1—轨道上山；2—下部平车场；3—人车存车场（兼作乘人车场）；4—候车硐室；5—通道；6—落平点

三、人车存车场设计

人车存车场可采用巷道加宽式或另掘巷道。人车存车场的位置应符合下列规定：

（1）轨道上山的人车存车场可设在下部车场附近便于摘挂钩的地点，如图6－3－42。

（2）轨道下山的人车存车场可设在上部车场附近便于摘挂钩的地点。

第六节 无极绳运输车场

一、无极绳运输车场形式

1. 无极绳运输方式

无极绳运输，一般在小型矿井的采区上（下）山及起伏不平的平巷使用，其运输方式有上绳式和下绳式两种，如图6－3－43，两种运输方式车场的线路设计基本相同。但矿车在车

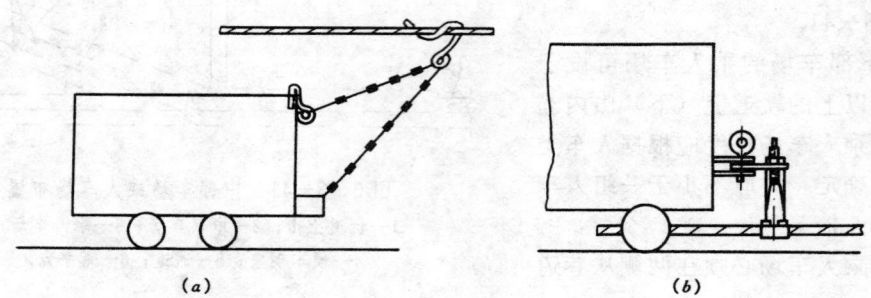

图6－3－43 无极绳运输方式

a—上绳式；b—下绳式

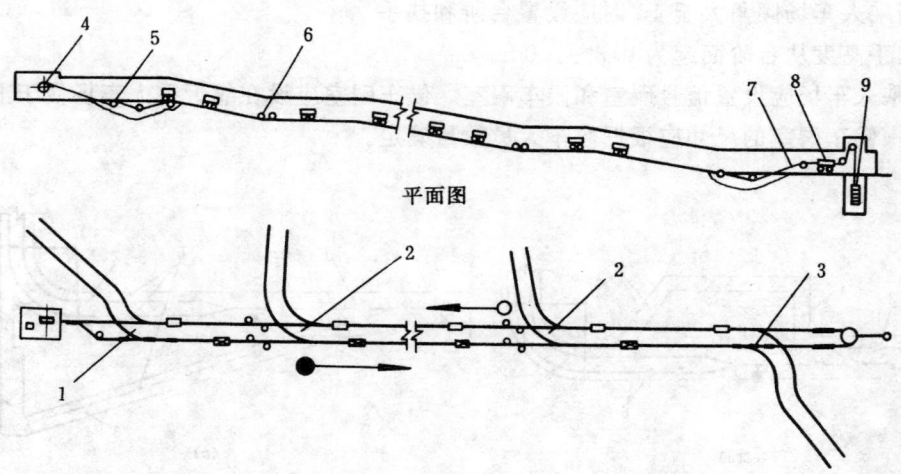

图6－3－44 下绳式无极绳运输系统

1—上部车场；2—中部车场；3—下部车场；4—绞车；5—导绳轮；6—星形压绳轮；

7—钢丝绳；8—尾轮拉紧装置；9—重锤

场运行的辅助设备各异：上绳式要在巷道顶架设托绳轮，托绳轮高度大于1.8m，间距2～3m；下绳式要设压绳道岔和压绳轮。

上绳式适用于倾角 $\beta \leqslant 15°$ 的上下山及平巷运输。下绳式适用于倾角 $\beta \leqslant 10°$ 的上下山及平巷运输。

2. 无极绳运输系统（图6—3—44）

3. 无极绳运输车场形式

无极绳运输车场形式分平车场和甩车场两类。由于平车场摘挂钩安全，操作简便，所以无论上绳式运输或下绳式运输大都采用平车场形式，并在车场中设自动滑行坡度调车。只有在个别情况下，上绳式运输才考虑选取甩车场形式。

二、无极绳运输车场设计

（一）无极绳运输上部车场

1. 上部车场的结构

下绳式无极绳运输的上部车场包括空重车摘挂钩线路、去回风巷的曲线部分（即存车线或当回风巷也采用无极绳运输时的交替线路）、绞车房、传动轮、压绳轮等，如图6—3—45。绞车房及传动部分的布置有三种位置：一是在上山的延长线上；二是与上山垂直；三是和上山成一角度。井下常用第一种方式，即图6—3—45（a）方式。

2. 上部车场尺寸计算

下绳式无极绳上部车场尺寸计算列入表6—3—39。

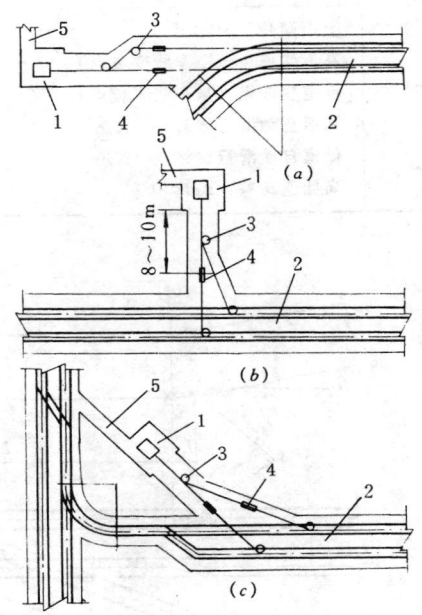

图6—3—45 无极绳运输上部车场结构

1—无极绳绞车房；2—车场；3—导绳轮；
4—压绳轮；5—回风巷

表6-3-39 下绳式无极绳上部车场计算

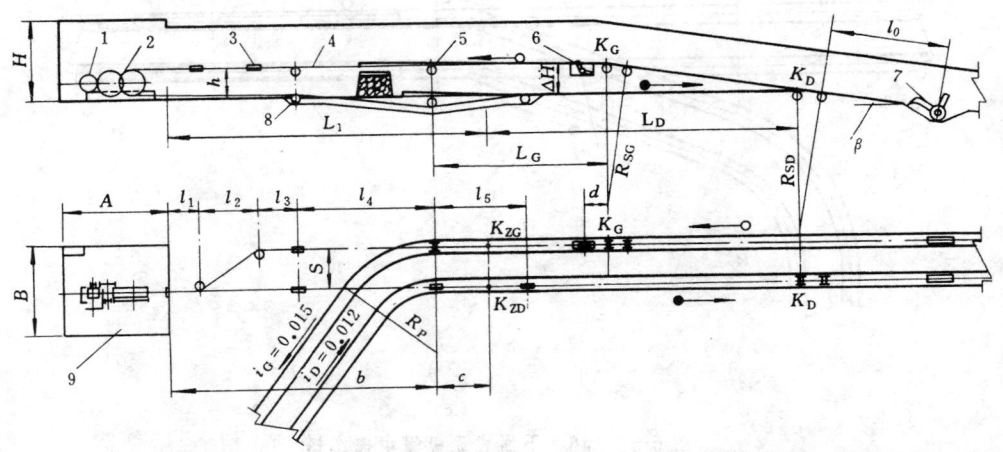

1—电动机；2—无极绳绞车；3—导绳轮；4—钢丝绳；5—托辊；6—阻车挡；7—捞车器；8—压绳轮；9—绞车房

续表

车场 尺寸 (m)	重车挂钩距离　$L_D=15\sim20$；$i_D=0$ 空车摘钩距离　$L_G=10\sim15$；$i_G=3‰$		$d=1\sim2$ $l_0=8\sim15$
	竖曲线 半　径	高道　$R_{SG}=9\sim12$ 低道　$R_{SD}=9\sim12$	$l_5=5\sim8$ $R_P=6\sim9$
	上山倾角　$\beta\leqslant10°$ 高道变坡点（空车线变坡点）　K_G 低道变坡点（重车线变坡点）　K_D 高道自动滑行坡起点　K_{ZG} 低道自动滑行坡终点　K_{ZD} 高低道高差　$\Delta H<0.8$		$S=1.2\sim1.6$ $l_1=2.0$ $l_2=5.0$ $l_3=2.0$ $l_4=5\sim8$ $C=3\sim5$

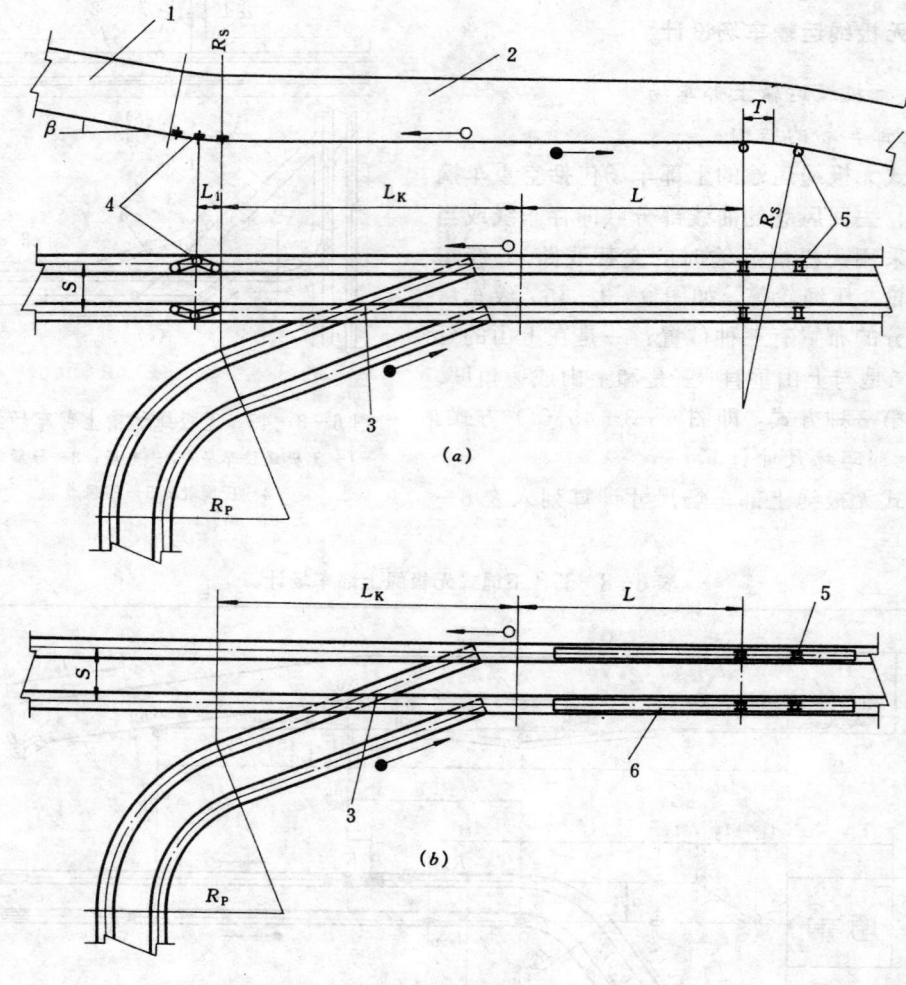

图 6—3—46　下绳式无极绳中部车场

1—轨道上山；2—车场；3—压绳道岔；4—星形压绳轮；5—地辊；6—地沟

3．绞车房及导绳轮

当无极绳绞车房处于上山的延长线上时，绞车牵引中心线与重车线轨道中心线一致，以减小钢丝绳重载侧的张力。绞车房内不设起重梁。绞车房前面的导绳轮直径一般按牵引钢丝绳直径的 20 倍设计。

（二）中部车场

1．中部车场布置形式

为了摘挂钩的安全及操车方便，无极绳的中部车场一般都设计成平车场。下绳式无极绳中部车场线路布置一般有两种方式：

1）当上山倾角 $\beta=8°\sim10°$ 时，在车场由斜变平的竖曲线位置设压绳轮，线路长度 3～5m。如图 6－3－46（a）。

2）当上山倾角 $\beta<8°$ 时，因上山倾角更小，仅于车场由平变斜的竖曲线段设置地沟，以保持钢丝绳始终沿巷道底板运行。地沟长度，在竖曲线两端各 10m 左右。如图 6－3－46（b）。

2．中部车场尺寸计算（图 6－3－46）

1）L_K，压绳道岔联接尺寸，一般采用 3 号和 4 号道岔。当轨心距 $S=1.2\sim1.6m$ 时，$L_K=8\sim12m$，坡度 $i_k=0$。

2）L，摘挂钩操作段，$L=10\sim20m$，坡度 $i=3‰\sim5‰$。

3）R_S，竖曲线半径，一般 $R_S=9\sim12m$。

4）L_1，布置星形压绳轮的尺寸，$L_1=1.5\sim2.5m$。

3．中部车场的道岔形式

下绳式无极绳中部车场的道岔，要求在钢丝绳运行中矿车能自由往来，因此必须采用特制的轨道道岔。

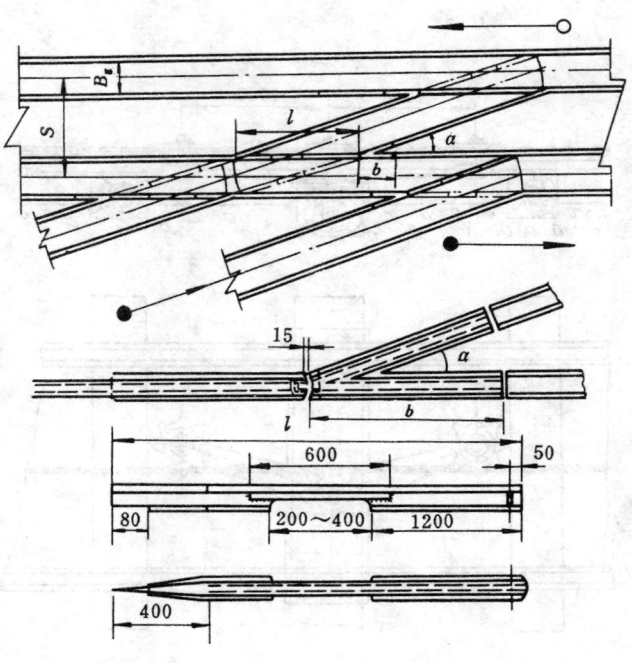

图 6－3－47　压绳道岔

1) 压绳道岔（图 6—3—47）：

这种道岔是在岔尖钢轨上割出 300～400mm 的长孔，牵引钢丝绳在道岔下从长孔中通过。道岔由人工搬动。

2) 槽沟式固定道岔（图 6—3—48）：

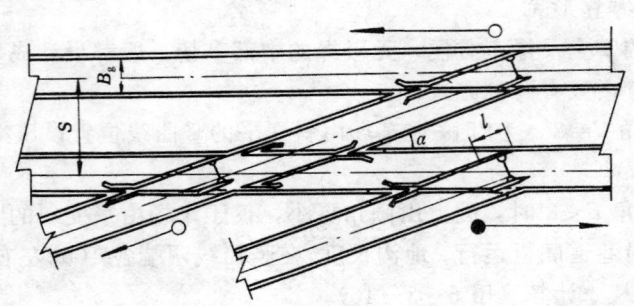

图 6—3—48　槽沟式固定道岔

这种道岔是将轨道中间钢丝绳通过的地方留出一个 40mm 左右的槽沟。运行中的钢丝绳在槽沟中通过，以不影响矿车过道岔。岔尖 l 的长度稍大于矿车轴距 S_B，一般 $l = (1.05～1.10)S_B$。岔尖与钢轨铰接处用折叶板联接。道岔由人工搬动。

4. 压绳轮

星形压绳轮是下绳式无极绳中部车场常用的压绳轮装置，如图 6—3—49。压绳轮是为了

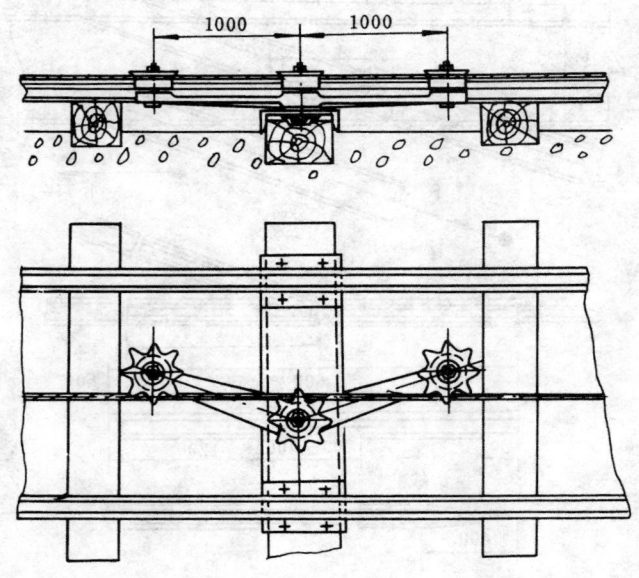

图 6—3—49　星形压绳轮

在巷道凹形变坡处使钢丝绳不致抬起而设置的一种装置。以保持钢丝绳始终沿巷道底板运行。轮缘的星爪长度要求大于钢丝绳直径 10～20mm，一般设 6～8 个爪子。轮径 150～200mm。三个为一组，安置在同一个曲柄连杆（铸钢制成）上，两端的星轮位置可绕中间轴旋转。

（三）下部车场

1. 下部车场形式

无极绳下部车场包括车场线路系统及变向轮拉紧装置。车场的布置形式与变向轮拉紧装置直接相关。拉紧装置的布置，有和上山成一直线的，有垂直于上山轴线的，采区上下山运输一般采用前一种形式。如图 6—3—50。

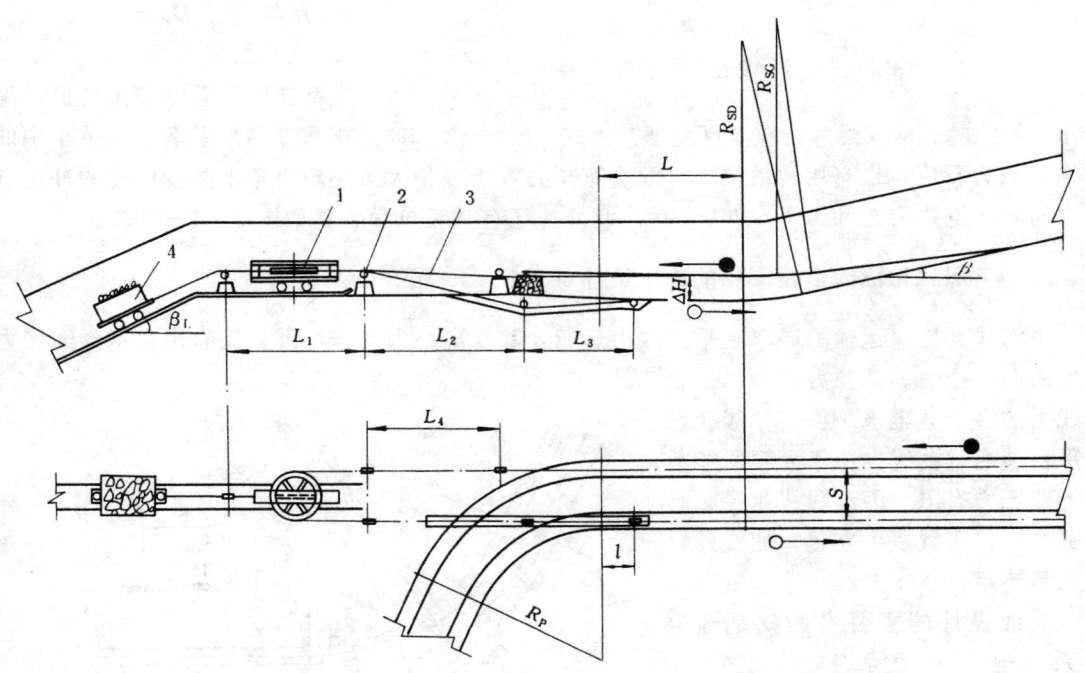

图 6—3—50　无极绳下部车场

1—尾轮车；2—导绳轮；3—钢丝绳；4—配重车

2. 下部车场尺寸计算（图 6—3—50）

1）L，摘挂钩操作段，$L=10～15m$，坡度取 $i_G=3‰$。

2）R_P，曲线半径，一般取 $R_P=6～9m$。

3）$l=1～2m$。

4）L_1，尾轮车长度 L_C 加上尾轮车在轨道上前后移动的距离 L_d，$L_1=L_C+L_d$。L_d 不小于运输距离的 5‰。

5）$L_2=7～10m$；$L_3=5～8m$；$L_4=5～8m$。

6）ΔH，空重车存车线由自动滑行坡度形成的高差。一般 $\Delta H<0.8m$，自动滑行距离一般为 K_P+L_Z（K_P 为曲线弧长）。

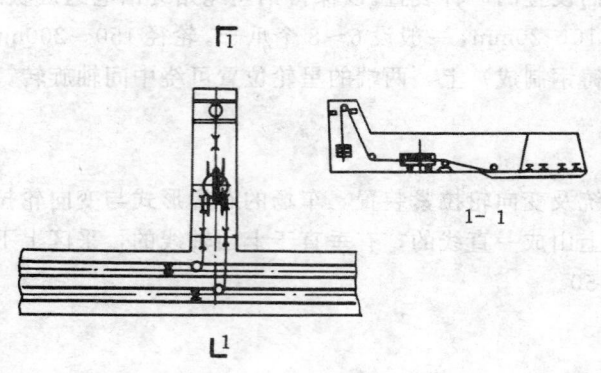

图 6—3—51　重锤拉紧装置

7）L_z，存车线有效长度：大巷为电机车运输时一般 L_z 为半列车长；大巷为无极绳运输时，L_z 为两段无极绳间交替的轨道线路长度，一般为 20～40m，上山和大巷都用无极绳串车运输时，L_z 一般为 3～4 串车长度。

8）$S=1.2～1.6m$ 为双轨中心距。

9）尾轮直径 $D_m=S$。

3. 尾部拉紧装置

尾部拉紧装置一般由轨道、尾轮车、导绳轮、钢丝绳和配重车（重锤）组成。图 6—3—50 为配重车拉紧装置。配重车中的重物一般为石块，也有用铸铁块的。配重车拉力等于或稍大于尾轮小车上的变向轮的冲遇点张力与奔离点张力之和。$\beta_L=25°～30°$。此外，还有重锤拉紧装置如图 6—3—51。

三、下绳式无极绳运输车场的曲线设计（图 6—3—52）

下绳式无极绳运输的矿车在平曲线上运行，除受离心力的作用外，还有牵引钢丝绳张力产生的向心拉力。此拉力必须以设在曲线上的多个立辊来平衡，才能使矿车平稳地通过曲线。由于立辊所能承受的侧压力有限，因此曲线半径必须足够大，以布置多个立辊。曲线外轨也无需超高。

曲线设计的主要目的就是确定 R_P 和立辊间距、数量及安装位置。一般 γ 不大于 90°。R_P 按下式计算（180°$-\alpha=\gamma$）：

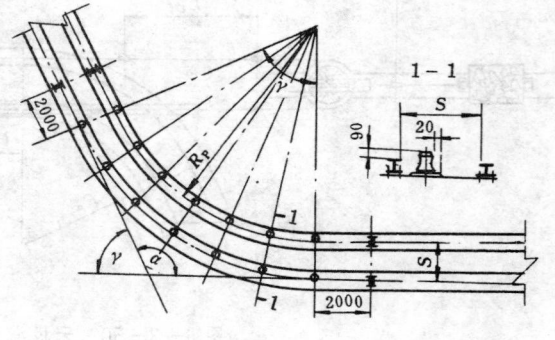

图 6—3—52　曲线设计

$$R_P=\frac{180-\alpha}{K_w} \qquad (6—3—44)$$

式中　K_w——曲线的弯度系数，$K_w=1.5～2.0$。

计算出的 R_P 值为内轨中心线的曲线半径。立辊间距 $K_{PL}=2～3m$（弧长）。立辊数量 n 按下式求出并取整数。

$$n=\frac{\gamma\pi R_P}{180 K_{PL}} \qquad (6—3—45)$$

计算出 n 值亦为曲线内侧立辊数。

曲线弧两末端，距立辊 2m 处，安设托绳地滚。曲线段的坡度一般为 0。

第四章 采区硐室

第一节 采区煤仓

一、一般规定及要求

1. 设计所需资料

1）煤仓所处位置的水文、地质资料。

2）采区煤仓与邻巷相互关系的平、剖、断面图。

3）采区生产能力，煤种，块度。

4）装车站通过能力、装车要求和胶带输送机上（下）山输送机的运量。

5）采区煤仓装、卸载设备布置图（含调度绞车安装位置）；通讯及洒水设备布置。

6）采区煤仓闸门安装结构图。

7）闸门操纵硐室尺寸。

2. 有关规定

1）采区输送机上（下）山应设采区煤仓。

2）采区输送机上（下）山与运输大巷或石门之间的煤仓，应根据其位置的相互关系选择煤仓的布置形式，输送机上（下）山与运输大巷或石门之间有一定高差，宜采用垂直圆形煤仓；输送机上（下）山与运输大巷均布置在煤层中，应采用水平煤仓。

3）垂直圆形煤仓下口收口角度为 55°～60°，有条件时，煤仓收口可采用双曲线形式；斜煤仓倾角不应小于 60°。斜煤仓应采用耐磨材料铺底。

4）煤仓必须有防止人员、物料坠入和煤、矸堵塞的设施。严禁煤仓兼做流水道；煤仓内有淋水时，必须采取封堵疏干措施，没有得到妥善处理不得使用。

5）井下煤仓放煤口必须安设喷雾装置或除尘器。

二、煤仓布置形式

煤仓与邻巷相互关系见表 6-4-1。

煤仓的布置形式及断面形状见表 6-4-2。

三、煤仓容量

当采区上（下）山和运输大巷采用输送机连续运输时，煤仓容量为上（下）山输送机 0.5h 的运量；

当大巷采用矿车运输且采区高峰生产能力大于采区装车站能力时，煤仓容量可按下式计算：

表 6−4−1　采区煤仓与邻巷相互关系

下车场形式	图　　　示	说　　　明
		1—运煤上山； 2—轨道上山； 3—煤仓； 4—大巷
大 巷 装 车		1—运煤上山； 2—轨道上山； 3—煤仓； 4—大巷
		1—运煤上山； 2—轨道上山； 3—煤仓； 4—大巷； 5—通风行人上山； 6—车场回风道
绕 道 装 车		1—运煤上山； 2—轨道上山； 3—煤仓； 4—大巷； 5—绕道

续表

下车场形式	图 示	说 明
石门装车	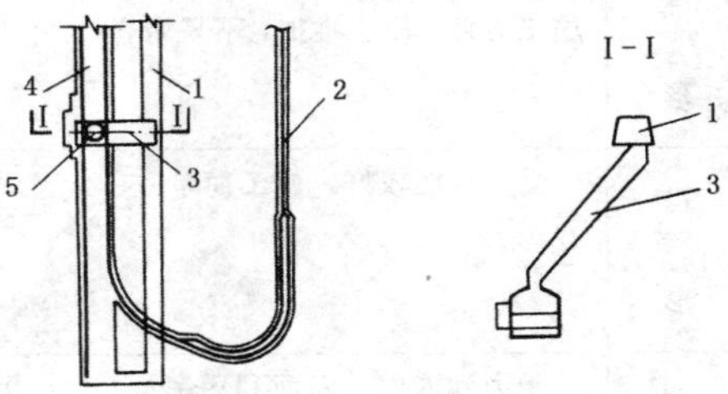	1—运煤上山； 2—轨道上山； 3—煤仓； 4—石门； 5—装车点

表 6—4—2 煤仓的布置形式及断面形状

分类原则	图 示	形式	主要优缺点	适 用 条 件
按煤仓仓体分	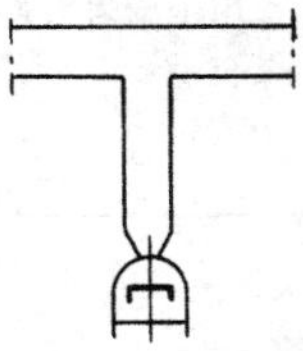	垂直式	仓体受力性能好，较少发生堵塞现象；但受条件限制	煤仓上下口巷道在一个垂直线上
	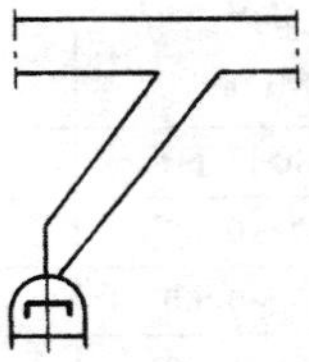	倾斜式	适应性大，施工方便；受力性能稍差，铺底工作量大	煤仓上下口巷道不在一个垂直线上
	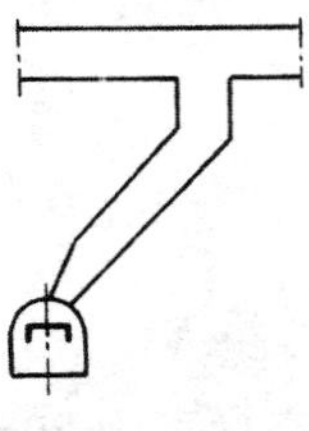	混合式	拐弯多，施工不便，但适应性最大	煤仓上下口巷道不在一个垂直线上
	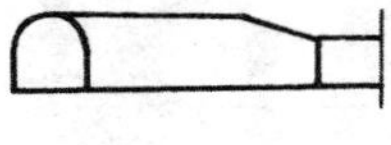	水平式	块煤率高，不堵仓，施工方便；设备投资高	大巷和采区上（下）山在同一煤层中

续表

分类原则	图　示	形式	主要优缺点	适用条件
按煤仓断面形状分		圆形	受力性能好，断面利用率高，施工方便，便于维护，不易堵仓	多用于垂直式大容量煤仓
		拱形	受力性能较好，施工简单	用于倾斜式煤仓
		方形	受力性能差，断面利用率低；但施工简单	用于围岩条件好断面较小的煤仓
		椭圆形	断面利用率高，受力性能较好；但施工较复杂	多用于垂直式需要留人行间的煤仓
		矩形	受力性能差，断面利用率低；但施工简单	用于围岩条件好，断面较小的煤仓

$$Q=\left(A_g-A_n\right)T_gK_b \qquad\qquad (6-4-1)$$

式中　Q——采区煤仓容量，t；

A_g——采区高峰生产能力，t/h。高峰期间的小时产量为平均产量的 1.5～2.0 倍；

A_n——装车站通过能力，t/h。为平均产量的 1.0～1.3 倍；

T_g——采区高峰生产持续时间，h。机采取 1.0～1.5h，炮采取 1.5～2.0h；

K_b——不均匀系数，机采取 1.15～1.20，炮采取 1.50。

一般采区煤仓容量可按表6-4-3选取。

表 6-4-3　采区煤仓容量

采区生产能力 (Mt/a)	煤仓容量 (t)
0.30 以下	50～100
0.30～0.45	100～200
0.45～0.60	200～300
0.60～1.00	300～500
1.00 以上	大于 500

注：小型矿井采区煤仓容量可适当减少。

四、煤仓的尺寸及仓口布置

（一）立式和斜式采区煤仓

1. 煤　仓

1）采区煤仓有关尺寸的确定：

煤仓高度以 20m 为宜。采区生产能力大于 0.6Mt/a 时，煤仓高度可为 20～40m。

圆形断面煤仓直径宜取 2.5～5.5m；拱形断面煤仓，断面宽度可为 3.0m，高度大于 2.0m。

2）防堵及处理堵仓措施

预防及处理堵仓，防止人员和物料坠入的常用有效措施有：

（1）在煤仓上口设 300mm×300mm 孔眼的铁算子；

（2）在煤仓下口收口侧壁设压风喷嘴、预留钎孔；

（3）在煤仓内设压气破拱装置、空气炮等；

（4）在垂直煤仓中也可采用螺旋溜槽，减少煤仓入口处煤的自由落体高度；条件适宜时也可采用水平煤仓。

2. 煤仓下口装车闸门和给煤机硐室的布置

1）装车闸门的布置：

溜口与矿车的相对位置见图6－4－1。

煤仓溜口按装车方向分为顺向、侧向和垂直3种。见图6－4－2。常用第一种，第二种次之，第三种较少采用。

煤仓溜口闸门处的有效尺寸一般为700mm×700mm，800mm×800mm，1000mm×800mm和1200mm×800mm等几种规格。大容量的煤仓，要求装车速度快，应选用大型闸门或布置两个装车溜口。

闸门的开启方式分手动、电动、气动和液压传动四种。

采区煤仓常用的几种闸门的布置形式及技术特征见图6－4－3、图6－4－4、图6－4－5、图6－4－6。

2）给煤机硐室布置：

当煤仓下口的运输设备要求连续、均匀给煤时，溜口下方要设置给煤机。按给煤机向输送机给煤方向不同分为顺向给煤和侧向给煤。前者装载效果好，得到广泛采用。

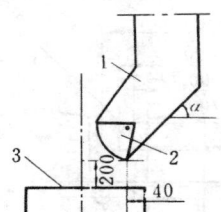

图6－4－1 溜口与矿车的相对位置
1—溜口；2—闸门；3—矿车

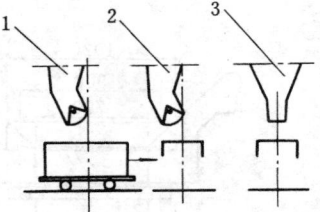

图6－4－2 溜口的方向
1—顺向；2—侧向；3—垂直

采区煤仓常用K系列给煤机。给煤机硐室的布置尺寸，结合设备选型的最大外形尺寸及规程、规范要求确定安装、检修尺寸。

3. 煤仓上口铁箅子的布置

铁箅子一般用旧钢轨（8～22kg/m），工字钢（10～20号），也有用粗圆钢（ϕ＝16～28mm）焊接而成。网孔尺寸一般采用300mm×300mm。用钢轨铺设时，轨头朝下。铁箅子的布置见图6－4－7。

网孔上大块煤炭的破碎及杂物的清理工作，可在煤仓上部巷道（煤仓上口）直接进行或设置专门的破碎硐室。几种破碎硐室的布置形式见图6－4－8。

（二）水平式采区煤仓

水平煤仓的几种形式及其优缺点见表6－4－4和图6－4－9、图6－4－10、图6－4－11、图6－4－12。

水平煤仓有关尺寸需根据所选设备的最大外形尺寸及运输、安装、检修等要求确定。

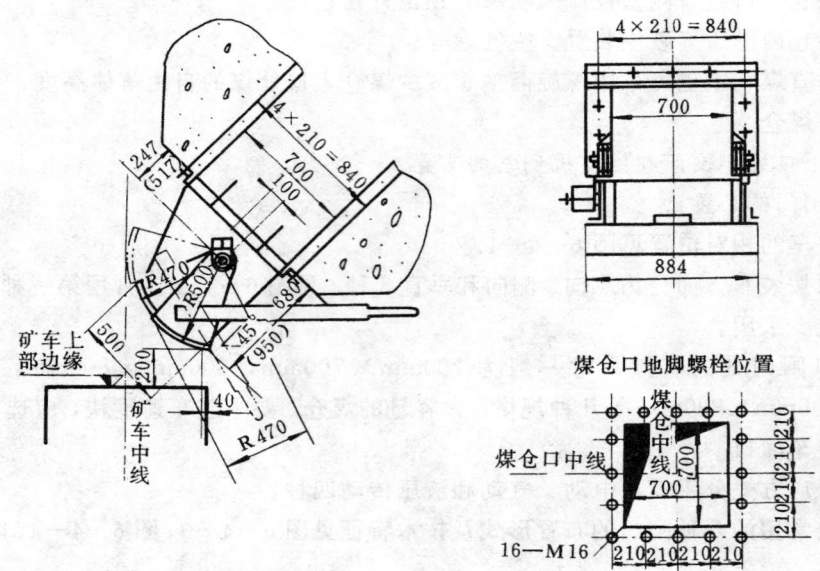

图6—4—3　采区煤仓手动侧装闸门

说明：1. 在施工煤仓口时，应预埋M16地脚螺栓，螺栓长度不小于300mm。
　　　2. 括号内的尺寸是双轨巷道闸门的尺寸，其余为公用尺寸。

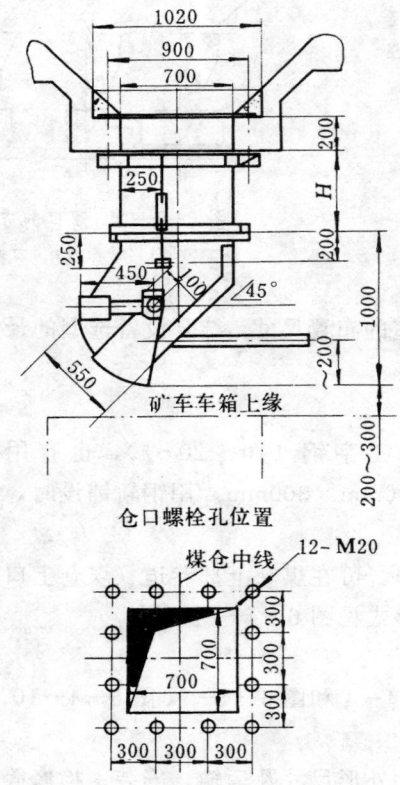

仓口螺栓孔位置

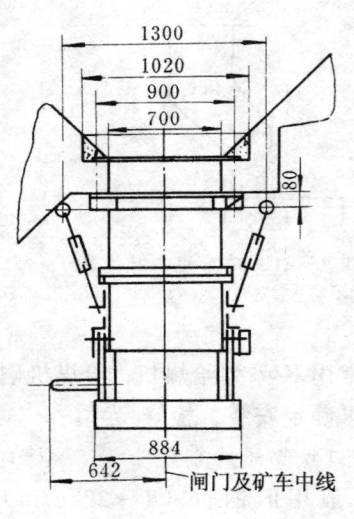

闸门及矿车中线

图6—4—4　采区煤仓
手动顺装闸门

说明

本设计由于 H 尺寸不同分三种形式

Ⅰ型　$H=0$　　质量　380kg

Ⅱ型　$H=250$　质量　463kg

Ⅲ型　$H=500$　质量　510kg

在采用时应予注明。

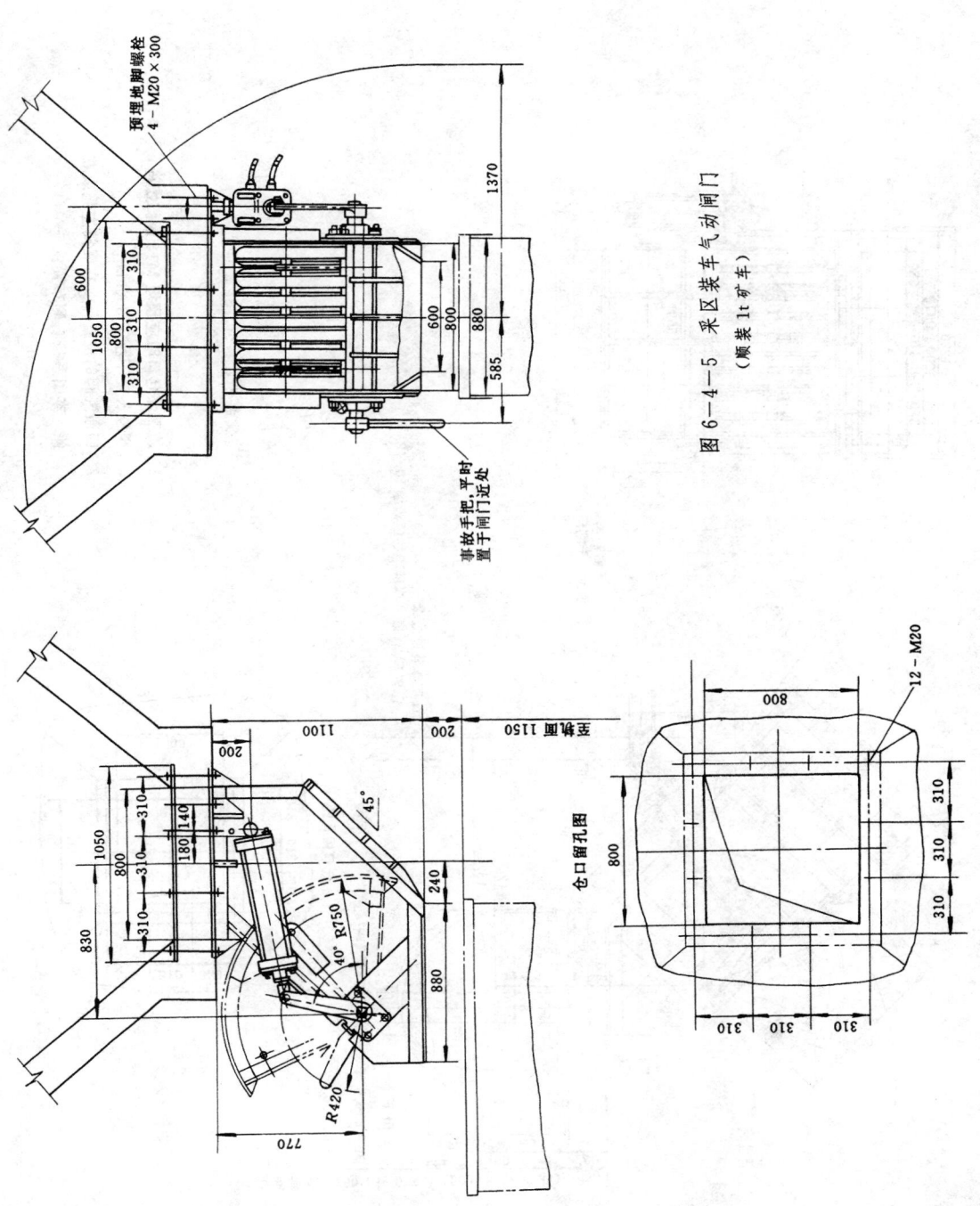

图 6—4—5 采区装车气动闸门
（顺装 1t 矿车）

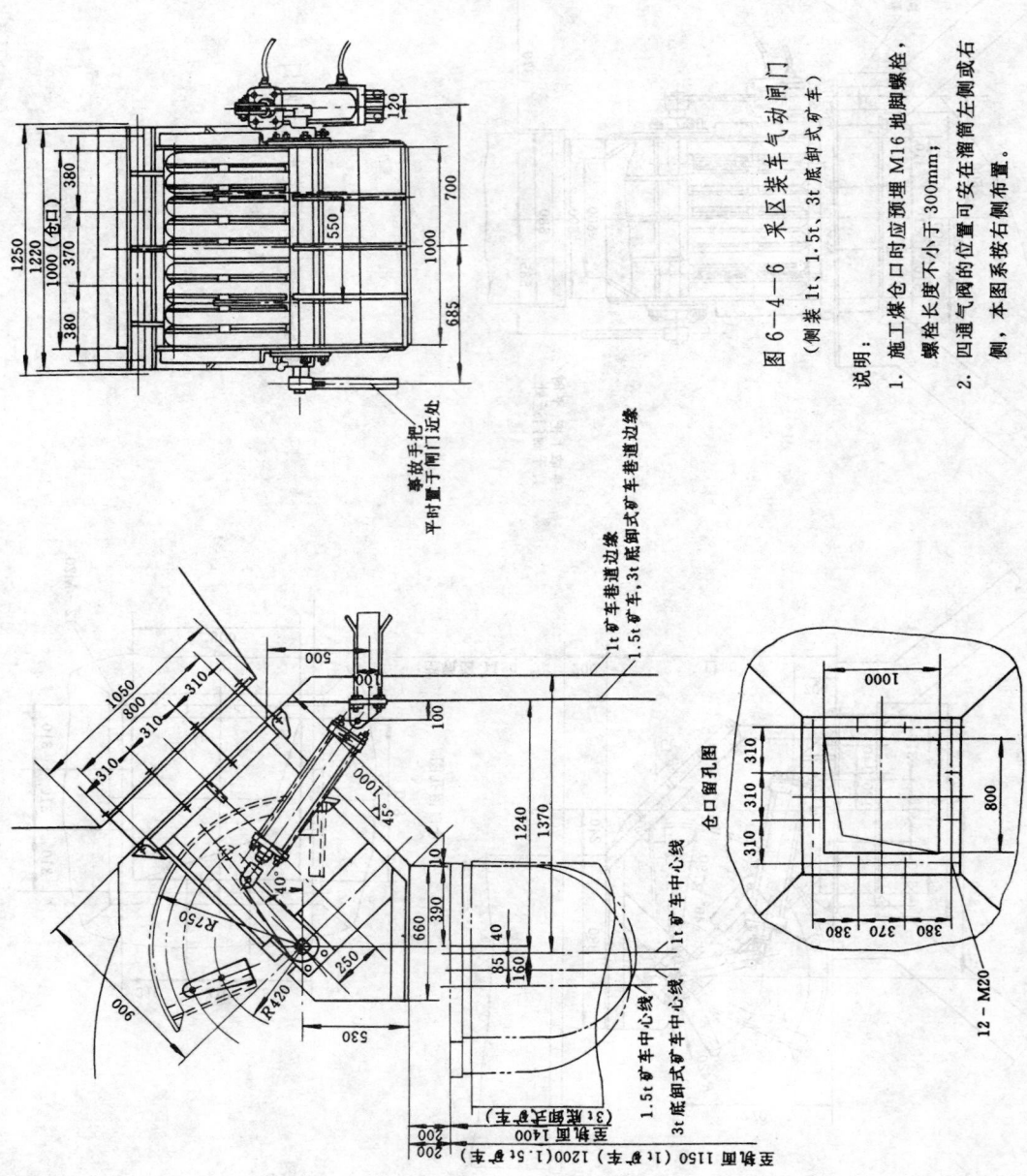

图 6—4—6　采区装车气动闸门
（侧装 1t、1.5t、3t 底卸式矿车）

说明：
1. 施工煤仓口时应预埋 M16 地脚螺栓，螺栓长度不小于 300mm；
2. 四通气阀的位置可安在溜筒左侧或右侧，本图系按右侧布置。

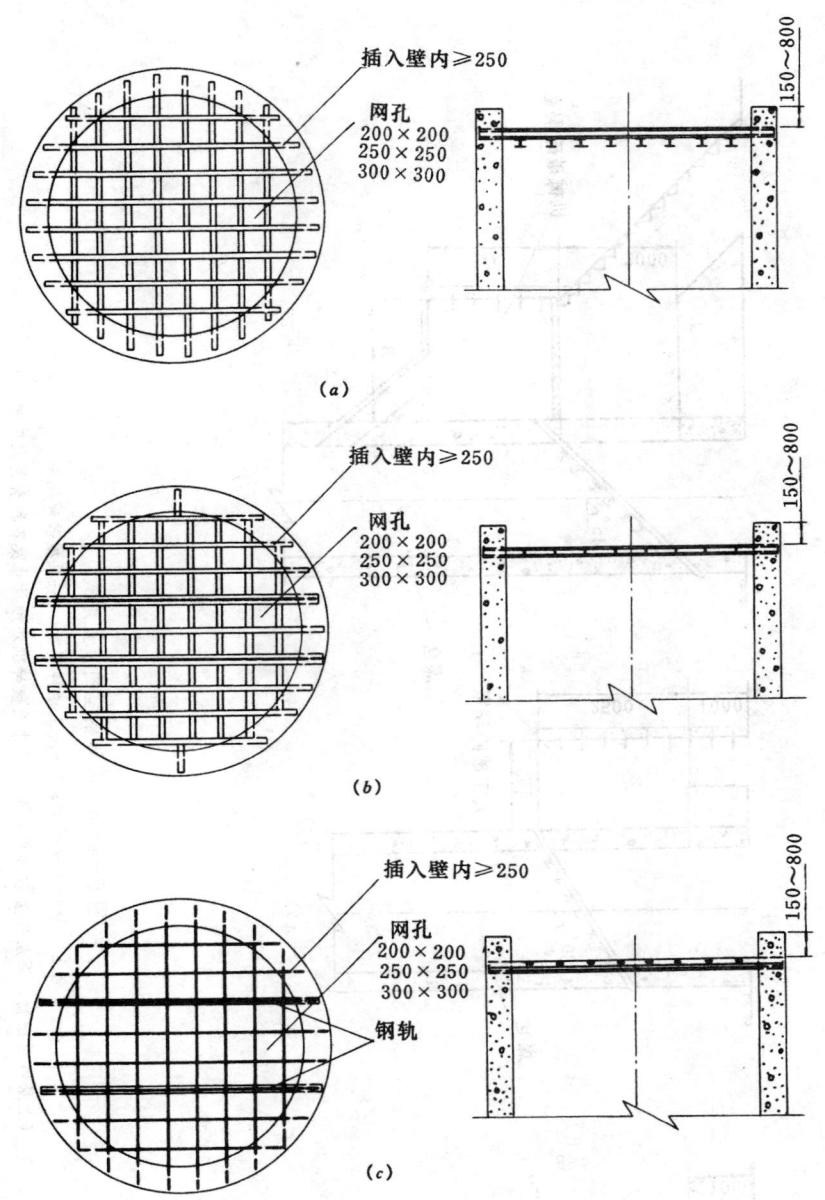

图 6—4—7　煤仓上口铁箅子的位置

a—用钢轨上下层互相垂直排列而成的铁箅子；b—用钢轨分组焊接而成的铁箅子；
c—用圆钢焊接而成的铁箅子

五、采区煤仓实例

1）晋城矿务局古书院煤矿××盘区水平煤仓（图 6—4—13）。

2）淮北矿务局临涣煤矿东—7 和 8 煤层采区煤仓（图 6—4—14）。

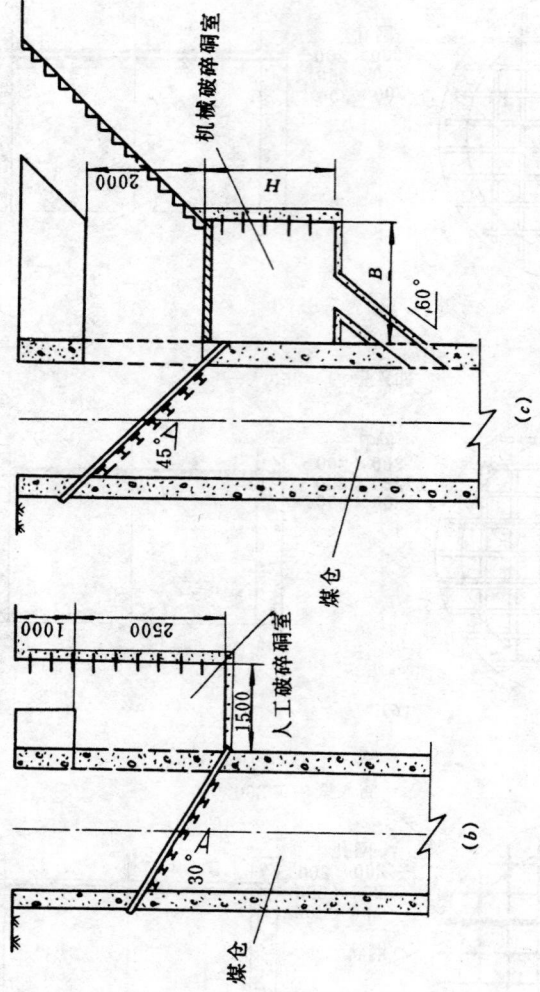

图6-4-8　破碎硐室的布置形式

a—煤仓上口兼作破碎硐室；b—人工破碎硐室；c—机械破碎硐室
（上层清理杂物，下层安装破碎机，硐室尺寸按破碎机外形尺寸及各种有关因素确定）

表6—4—4　水平煤仓形式

形　式	优　缺　点
巷道底板式	煤仓容量大（一般400～1000t），直接利用巷道作煤仓，设备投资少，搬运安装容易，操作简单；单边卸煤时巷道利用率较低
箱体静贮式	煤仓容量大（一般200～1000t），返煤不用装煤机，箱体保证每米长度最大存量；但要求巷道断面大，结构复杂，钢材消耗量大
活动列车式	煤仓容量大，可达千吨，定点装卸；所需巷道断面大，钢材消耗量大
活动仓底式	煤仓容量受限制（一般50～100t），定点装卸，运输和维修都较方便；钢材消耗量较大，装备费用较高

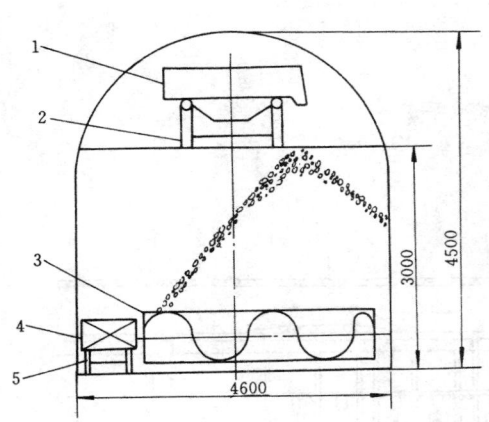

图6—4—9　巷道底板式水平煤仓

1—卸煤犁；2—胶带机；3—装煤螺旋；
4—装煤机；5—刮板机

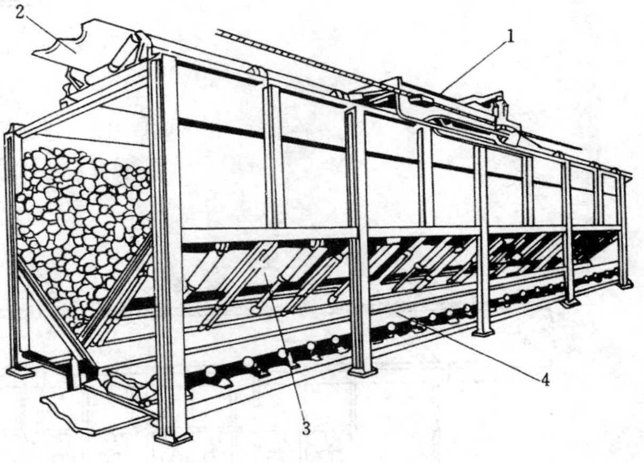

图6—4—10　箱体静贮式水平煤仓

1—卸煤犁；2—胶带机；3—液压闸门；
4—输出输送机

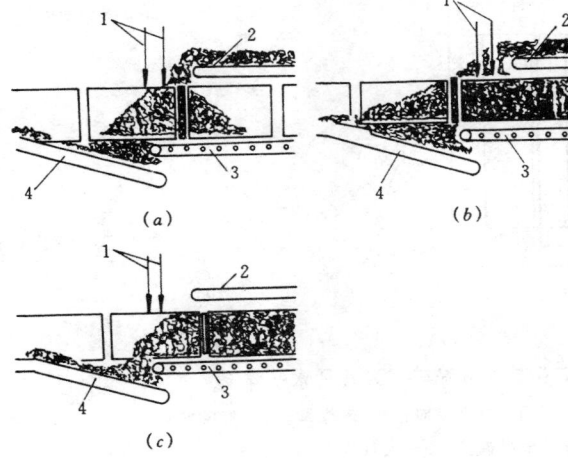

(a)

(b)

(c)

图6—4—11　活动列车式水平煤仓

a—正常生产时；b—往车内存煤时；
c—车内存煤向外运煤时

1—探针；2—来煤输送机；3—封底胶
带机；4—外运输送机

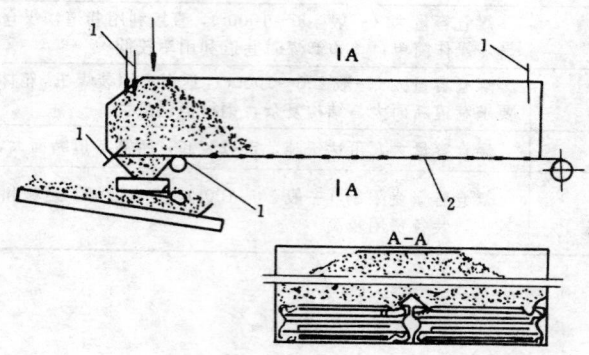

图 6—4—12   活动仓底式水平煤仓
1—探针；2—双排链输送机

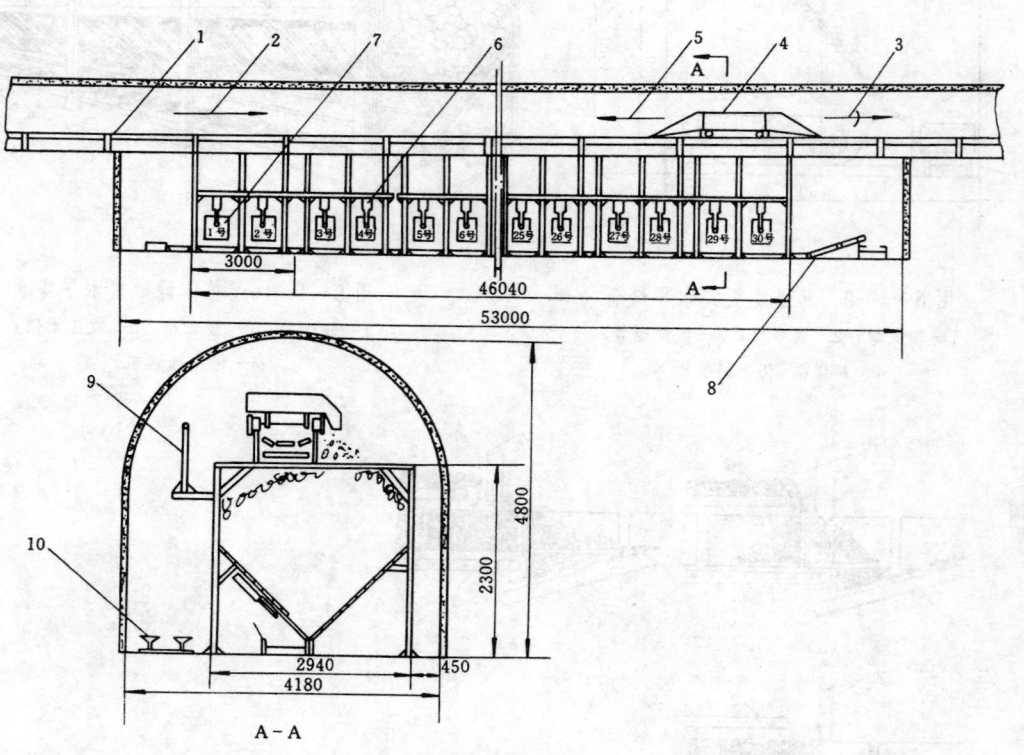

图 6—4—13   晋城矿务局古书院矿××盘区水平煤仓
1—胶带机；2—胶带机运行方向；3—卸煤方向；4—卸煤犁；5—装煤方向；
6—油缸；7—卸煤门；8—刮板机；9—人行道；10—轨道

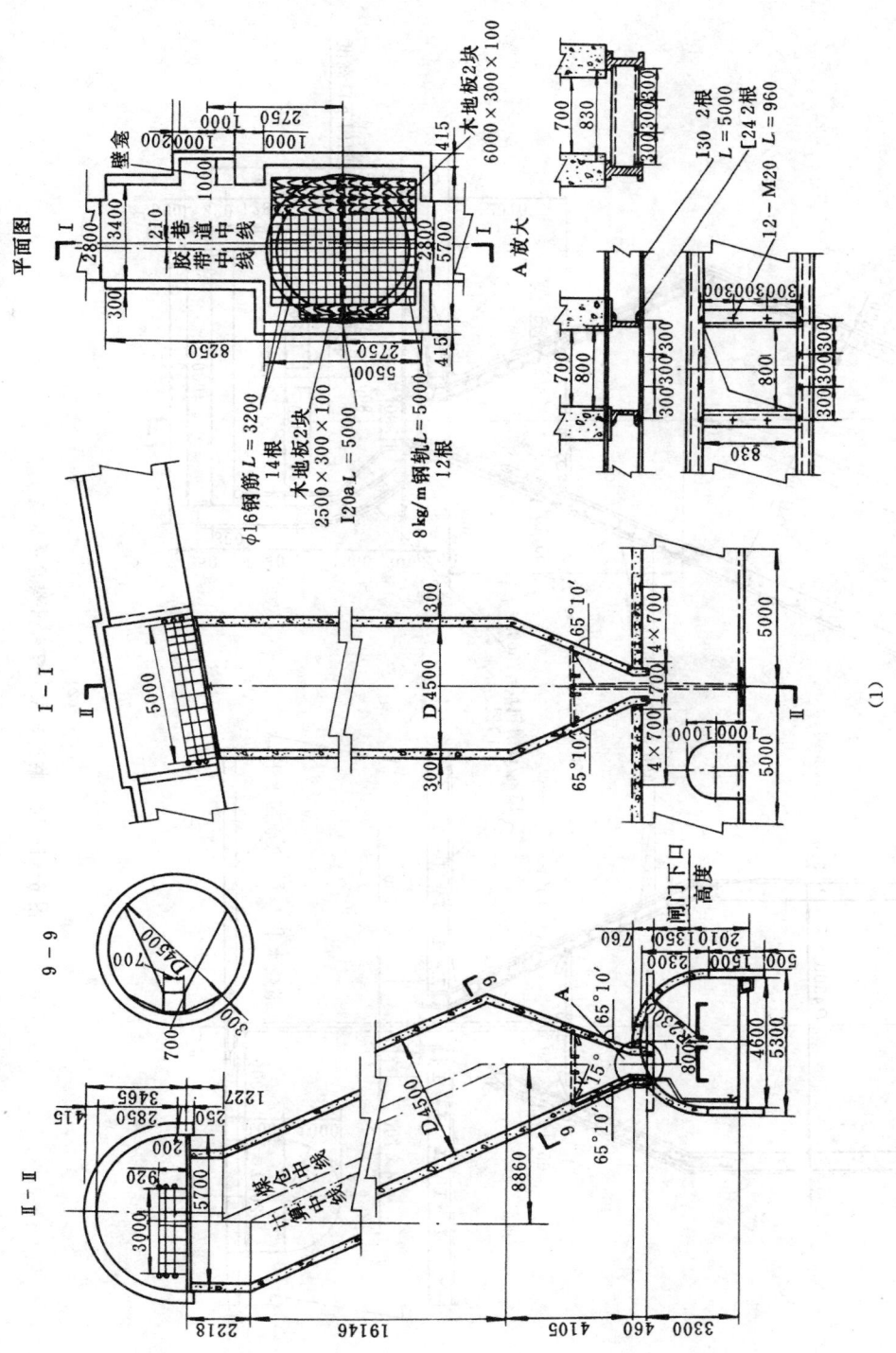

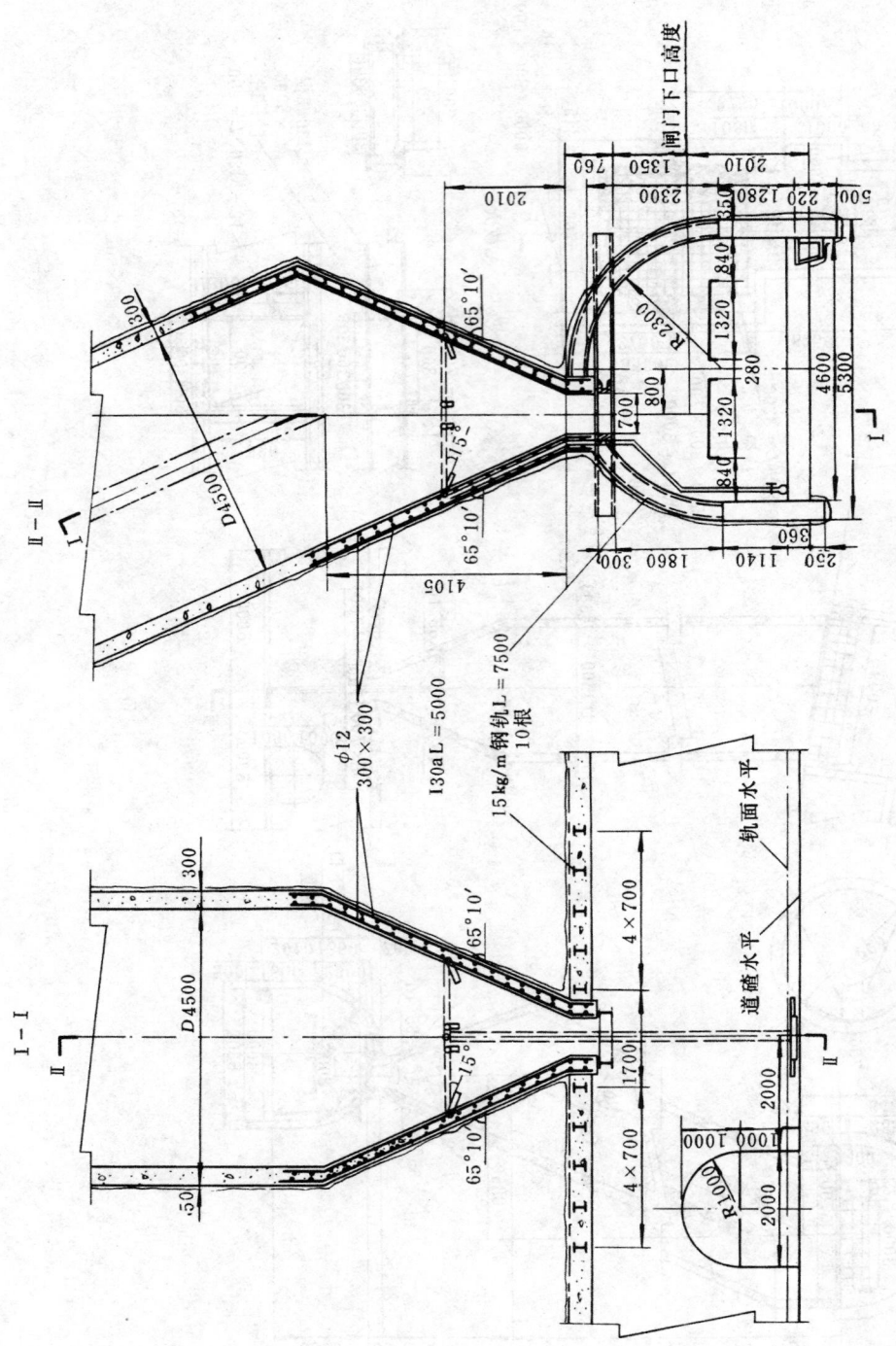

图 6—4—14   临涣矿东—7 和 8 煤层采区煤仓

(2)

第二节　采区绞车房

一、一般规定及要求

1. 设计所需资料

1) 绞车房硐室所处位置的水文、地质资料。

2) 绞车房硐室与邻巷相互关系的平、剖、断面图。

3) 上（下）山长度、坡度、运量及最大件质量。

4) 绞车安装布置尺寸。

5) 天轮（导绳轮）安装位置及尺寸。

6) 起重梁型号、长度及数量、位置。

2. 有关规定

1) 硐室必须设在进风风流中。如果硐室深度不超过 6m，入口宽度不小于 1.5m 而无瓦斯涌出时，可采用扩散通风。机电硐室的空气温度不得超过 30℃，硐室风量应取 1～3m³/s。

2) 硐室必须用不燃性材料支护。应备有灭火器材。

3) 硐室内各种设备同墙壁之间，应留出 0.5m 以上的通道，各种设备相互之间应留出 0.8m 以上的通道。如果不需从两侧或后面进行检修的设备，可不留通道。

4) 带油的电气设备必须设在机电设备硐室内，并严禁设集油坑。硐室内不应有滴水现象。

5) 电缆穿过墙壁部分，应用套管保护，并严密封堵管口。

6) 机电设备硐室必须有足够的照明。

7) 机电设备硐室，应设置瓦斯自动检测报警断电仪，并配备便携式个体检测设备。

8) 硐室高度应根据设备安装高度和检修时悬吊设备的高度确定，可取 3.0～4.5m。

9) 硐室地面应高出邻近巷道底板 0.3～0.5m，应采用混凝土等不燃性材料铺底，厚度不小于 100mm，并设 3‰的向外流水坡度。

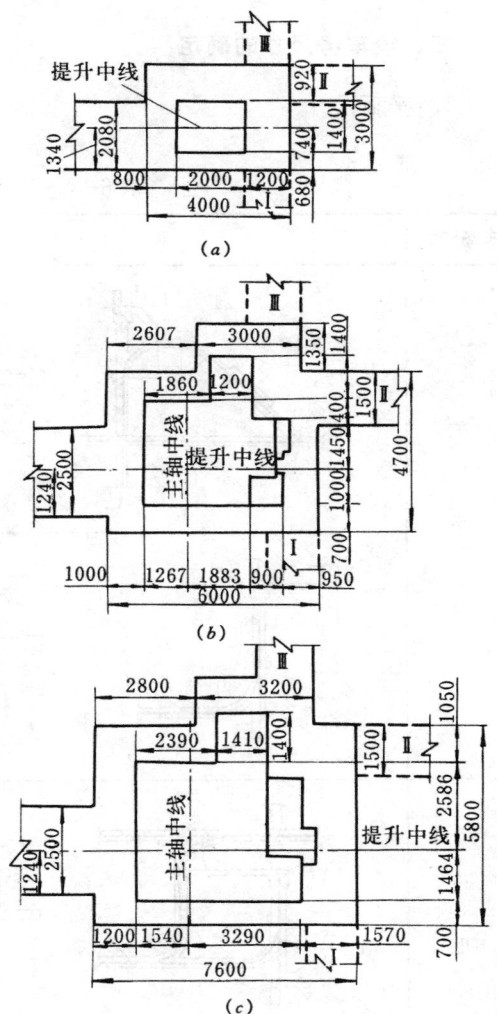

图 6—4—15　JT 型绞车房平面尺寸

Ⅰ、Ⅱ、Ⅲ—通道位置

a—滚筒直径为 800mm；b—滚筒直径为 1200mm；

c—滚筒直径为 1600mm

10) 硐室应有两个安全出口，即钢丝绳通道和通风巷道。通风巷道应安设调节风门。

11) 采区绞车房的位置应选择在坚硬、稳定的岩层或煤层中，应避开较大的地质构造、较大的含水层以及有煤和瓦斯突出的煤层；同时应考虑不受正常开采岩层移动的影响。绞车房与相邻巷道间应留有不小于10m的岩（煤）柱。

12）滚筒直径为 2m 及以上的绞车房，电气设备应与操作室隔开。

二、绞车房布置形式

绞车房与邻巷相互关系见表6－4－5。

JT 型采区绞车房平面布置主要尺寸见图6－4－15。

三、绞车房尺寸的确定

1. 平面尺寸

表6－4－5　绞车房与邻巷相互关系

车场形式	图　　示	图　　注
平车场		1—绞车房； 2—轨道上山； 3—轨道巷； 风道在左侧，防过卷距离5～10m
平车场		1—绞车房； 2—轨道上山； 3—轨道巷； 风道在左侧，防过卷距离5～10m
甩车场		1—绞车房； 2—轨道上山； 3—轨道巷； 风道在右侧，l 等于一钩长加防过卷距离
甩车场		1—绞车房； 2—轨道上山； 3—轨道巷； 风道在后面，l 等于一钩长加防过卷距离

续表

车场形式	图　　示	图　　注
转盘式车场		1—绞车房； 2—轨道上山； 3—轨道巷； 扩散通风，$l \leqslant 6\text{m}$

平面尺寸是根据绞车（包括电动机）基础与四周硐壁的距离要求确定。

绞车房应有两个安全出口，一是钢丝绳通道，根据绞车最大件的运输要求，宽度一般为 2.0～2.5m；二是通风巷道，宽度一般为 1.2～1.5m。

2. 硐室高度

硐室高度应根据安装和检修起吊设备高度的要求确定，一般为 3～4.5m。

硐室高度 H 可用下式计算：

$$H = h_1 + h_2 + h_3 + h_4 + h_5 \qquad (6-4-2)$$

式中　h_1——部件起吊高度，m；

　　　h_2——部件高度，m；

　　　h_3——起吊葫芦长度，m；

　　　h_4——工字梁高度，m；

　　　h_5——工字梁至拱顶高度，m。一般取 200～500mm。

起重设施可用起重梁，起重梁用 I 20～I 40 工字钢。安设时将工字钢插入壁内 300～400mm。安装 1.2m 以下的绞车，一般可用三角架。

3. 硐室主要尺寸

1）部分绞车房硐室主要尺寸见表 6-4-6。

2）JK、JKB 系列提升绞车技术参数见第一篇。

3）JTY、JKY 系列防爆液压提升绞车技术参数见第一篇。

表 6-4-6　部分绞车房硐室主要尺寸　　　　　　mm

系列	绞车型号	宽　　度			高　　度			长　　度			采用实例特征（地点）
		左侧人行道	右侧人行道	净宽	自地面起墙高	拱高	净高	前面人行道宽	后面人行道宽	净长	
老系列	JT800×600-30	600	1000	3000	1200	1500	27	800	1200	4000	
	JT1200×1000-24	700	950	4700	800	2350	3150	1000	1000	6000	
	JT1600×1200-20	700	1050	5800	1200	2900	4100	1200	1560	7600	
	2JT1600×900-20	850	1020	6400	900	3200	4100	1200	1560	7600	
新系列	JTB1.6×1.2	700	1020	8000	1150	4000	5150	1200	1000	7800	云驾岭矿
	JTB1.6×1.5	700	1020	8000	1150	4000	5150	1300	900	7800	东庞矿
	JTY1.2×1.0B	1150	1050	5000	1500	2500	4000	970	1600	7300	贵石沟矿
	JTY1.6×1.2	1300	1700	5700	1450	2850	4300	1000	800	9000	童亭矿

表6-4-7　采区变电所特征

图示	图　号	设备图号	防火栅栏两用门图号	支护形式与材料	主要材料消耗量 (m³)		掘进工程量 (m³)	说　明
					混凝土	料　石		
	TS0607-161(1)-01	TS0607 $\frac{214}{161}$-6		钢筋混凝土梯形	19.63 / 21.54	0 / 0	171.8 / 171.8	1. a×b为8×3.6 (m²)
	TS0607-161(2)-05	TS0607 $\frac{214}{161}$-2		半圆全料石	6.38 / 6.78	36.19 / 43.08	161.1 / 169.0	2. $\frac{f=4\sim6}{f=3}$
	TS0607-161(3)-09	TS0607 $\frac{214}{161}$-2		半圆混凝土料石墙	22.97 / 24.67	20.55 / 24.63	159.4 / 165.6	3. 适用于"一"与"L"形布置
	TS0607-161(1)-02	TS0607 $\frac{214}{161}$-7		钢筋混凝土梯形	22.08 / 24.32	0 / 0	197.0 / 197.0	4. 1×180kVA
	TS0607-161(2)-06	TS0607 $\frac{214}{161}$-3		半圆全料石	7.10 / 7.50	41.49 / 49.32	185.4 / 194.4	1. a×b为10×3.6 (m²)
	TS0607-161(3)-10	TS0607 $\frac{214}{161}$-3	TS0415(1)-376-00	钢筋混凝土拱料石墙	27.58 / 29.65	22.17 / 26.53	183.3 / 190.2	2. $\frac{f=4\sim6}{f=3}$
	TS0607-161(1)-03	TS0607 $\frac{214}{161}$-8		钢筋混凝土梯形	24.73 / 27.60	0 / 0	227.2 / 227.2	3. 适用于"一"与"L"形布置
	TS0607-161(2)-07	TS0607 $\frac{214}{161}$-4		半圆全料石	8.00 / 8.40	48.11 / 57.11	215.8 / 226.0	4. 1×320kVA
	TS0607-161(3)-11	TS0607 $\frac{214}{161}$-4		半圆混凝土拱料石墙	33.35 / 35.83	24.19 / 28.90	213.2 / 220.8	1. a×b为12.5×3.6 (m²)
	TS0607-161(1)-04	TS0607 $\frac{214}{161}$-9		钢筋混凝土梯形	28.48 / 31.36	0 / 0	272.6 / 272.6	2. $\frac{f=4\sim6}{f=3}$
	TS0607-161(2)-08	TS0607 $\frac{214}{161}$-5		半圆全料石	9.26 / 9.66	57.39 / 68.04	258.2 / 270.4	3. 适用于"L""一"与"门"形布置
	TS0607-161(3)-12	TS0607 $\frac{214}{161}$-5		半圆混凝土拱料石墙	41.44 / 44.48	27.03 / 32.23	254.9 / 263.8	4. 2×320kVA

说明（续）：
- 适用于"L""一"与"门"形布置
- 2×180kVA

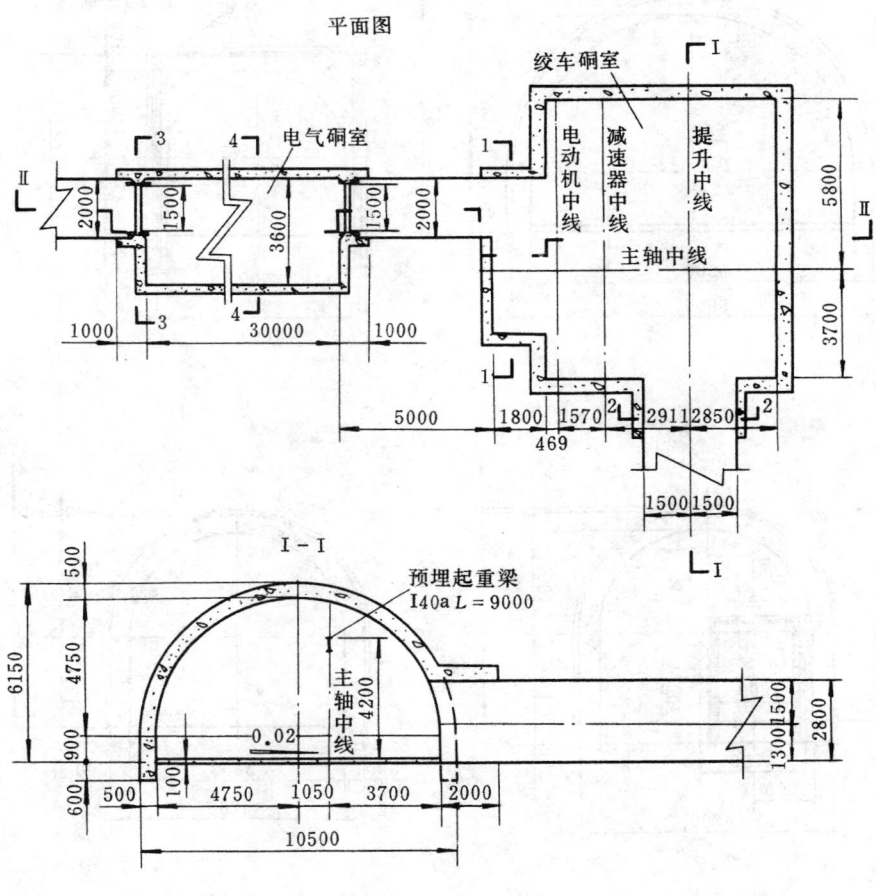

平面图

I—I

Ⅱ—Ⅱ

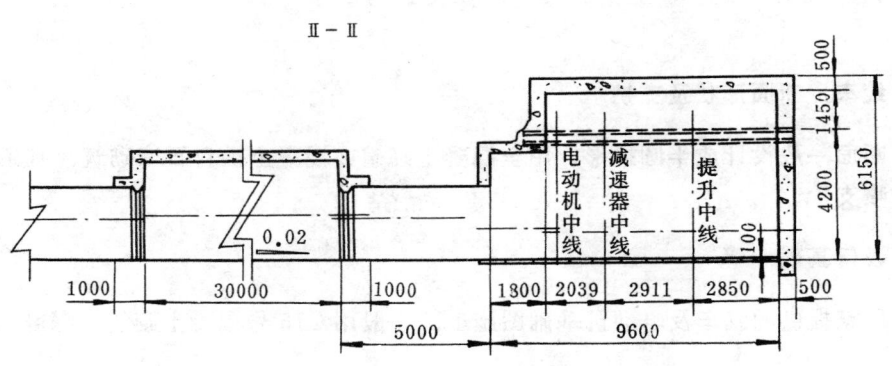

(1)

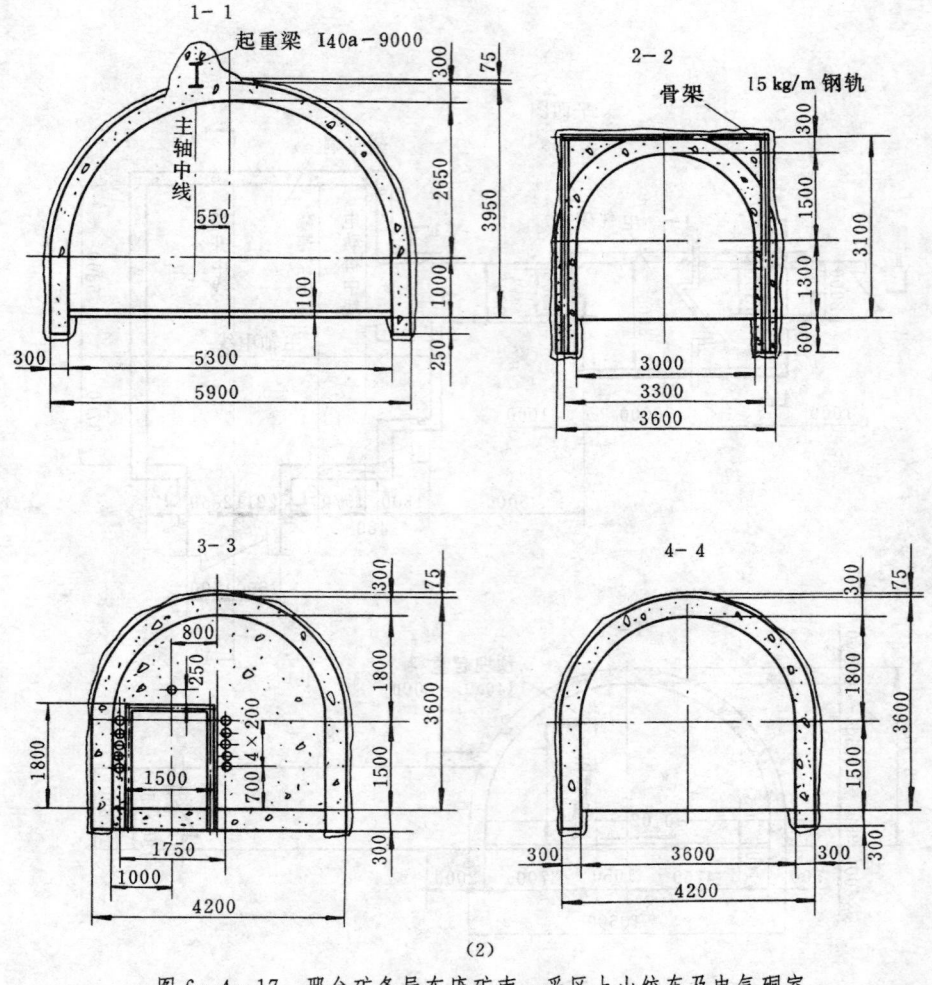

图 6-4-17 邢台矿务局东庞矿南一采区上山绞车及电气硐室

注：绞车滚筒直径为 2m

四、绞车房断面形状及支护

硐室断面一般设计成半圆拱形，用全混凝土砌碹或混凝土拱料石墙砌筑。有条件的地方可采用锚喷支护。

五、设备基础

根据厂家提供的绞车及电动机基础图施工。一般用 C15 号混凝土砌筑，深度 2m 左右。

六、采区绞车房实例

1）鹤壁矿务局冷泉矿井 11 采区上山绞车硐室（图 6-4-16）（液压传动系统）。

2）邢台矿务局东庞矿井南一采区上山绞车及电气硐室（图 6-4-17）。

3）雁北地区王坪矿井东一采区无极绳绞车硐室（图 6-4-18）、尾轮硐室（图 6-4-19）。

10）机电硐室，应设置瓦斯自动检测报警断电仪，并配备便携式个体检测设备。

11）硐室通道的尺寸以能通过最大件设备及安装标准防火栅栏两用门为原则，宽可取2.0m，高可取2.3～2.5m。

12）硐室地面应高出邻近巷道底板0.3～0.5m，应采用混凝土或其他不燃性材料铺底，厚100mm，并设3‰的向外流水坡度。

二、变电所布置形式

采区变电所的形式有一字形，L形和Ⅱ形等几种。一字形的布置最简单，得到广泛应用。L形和Ⅱ形是在硐室长度受到巷道布置限制时采用。

采区变电所特征见表6－4－7。

采区变电所电气设备布置见图6－4－20。

三、变电所尺寸的确定

1. 平面尺寸

平面尺寸是根据变电所内设备布置、设备外形尺寸、设备维修和行人安全间隙来确定。宽

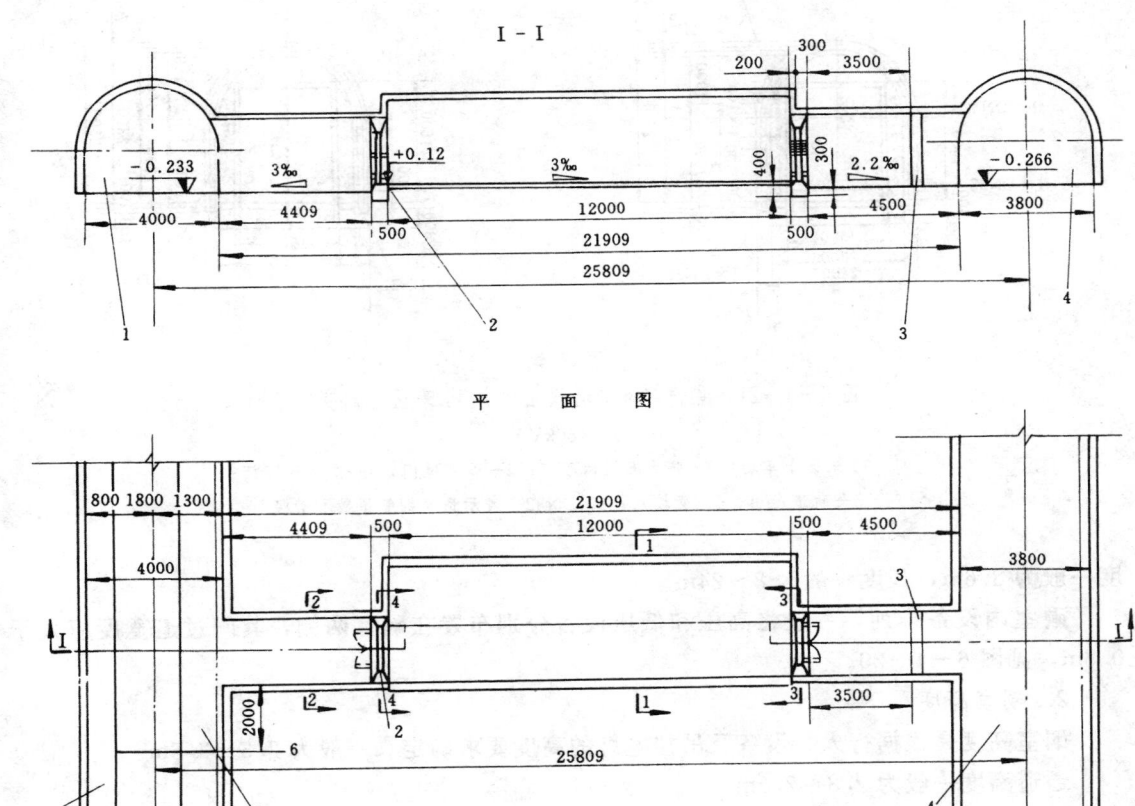

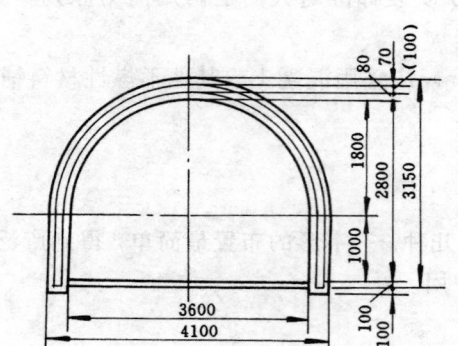
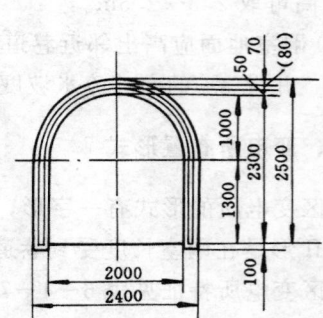
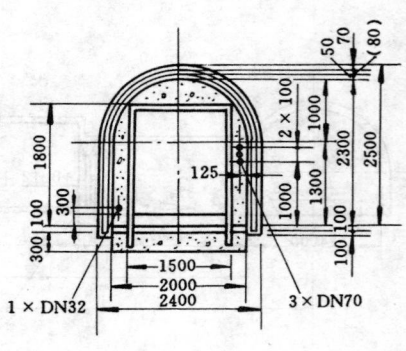

(2)

图 6—4—21　焦作矿务局古汉山矿井 11 采区上部变电所

(2×180kVA)

1—11 采区上车场；2—防火栅栏两用门；3—调节风门；4—东回风石门；

5—轨道上山；6—变坡点；1×DN32—表示预埋钢管根数和管径

度一般为 3.6m，长度一般为 8～24m。

硐室内设备排列，一般将高压和低压设备分别布置在硐室两侧，其间过道宽度应大于 0.8m，见图 6—4—20。

2. 硐室高度

硐室高度是根据行人、设备及吊挂电灯的高度要求确定。一般为 2.5～3.5m。

通道高度一般为 2.3～2.5m。

四、变电所断面形状及支护

硐室断面一般为半圆拱形，用混凝土砌筑。有时采用梯形断面，用钢筋混凝土棚支护。

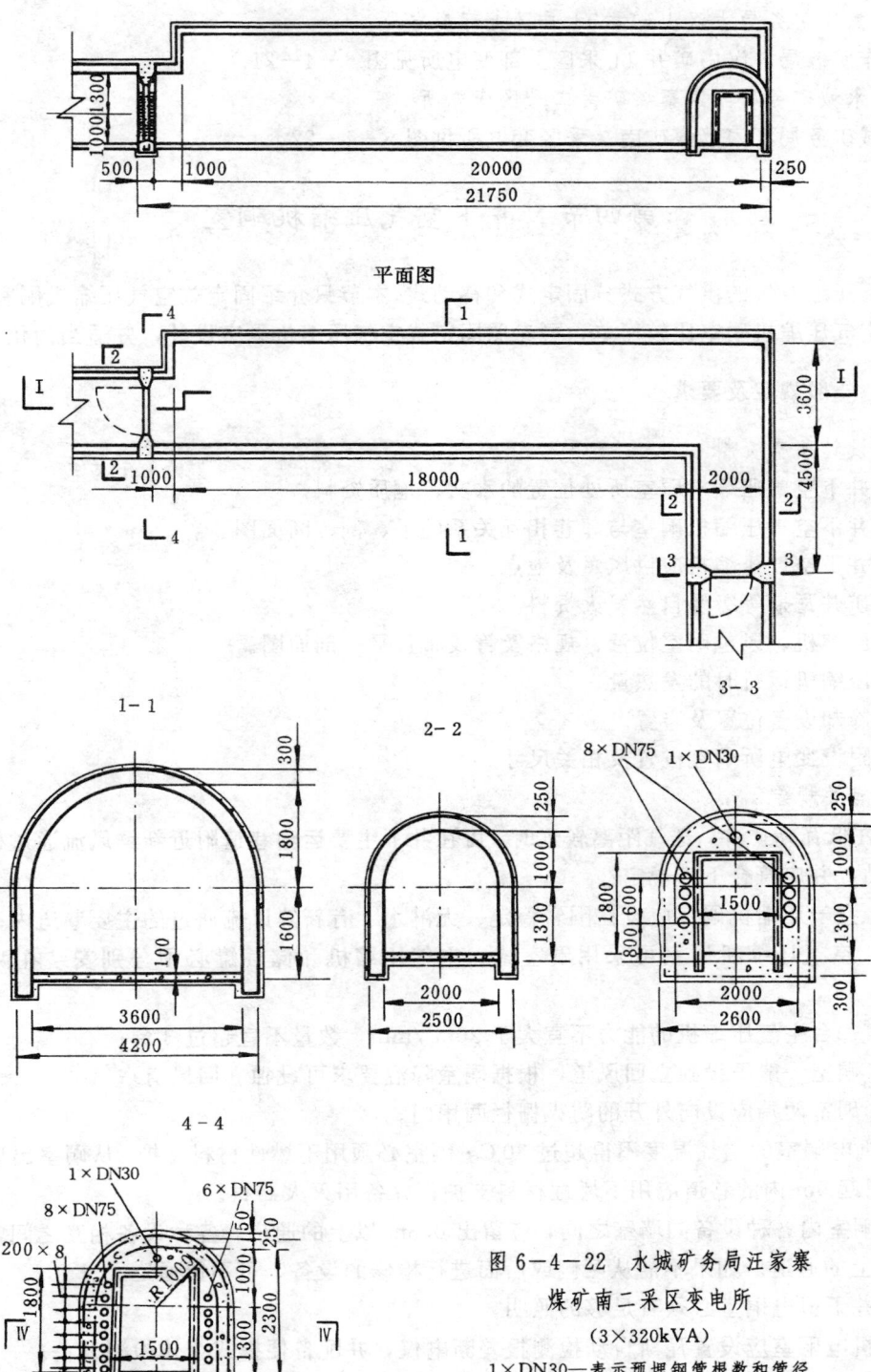

图 6—4—22 水城矿务局汪家寨
煤矿南二采区变电所
（3×320kVA）
1×DN30—表示预埋钢管根数和管径

五、采区变电所实例

1. 焦作矿务局古汉山矿井 11 采区上部变电所

焦作矿务局古汉山矿井 11 采区上部变电所见图 6—4—21。

2. 水城矿务局汪家寨煤矿南二采区变电所

水城矿务局汪家寨煤矿南二采区变电所见图 6—4—22。

第四节   井下空气压缩机硐室

井下压缩空气的供气方式分固定式和移动式。本节只介绍固定式空气压缩机硐室的设计。移动式空气压缩机硐室比较简单，可参照固定式空气压缩机硐室设计，并适当简化。

一、一般规定及要求

1. 设计所需资料

1）井下空气压缩机硐室所处位置的水文、地质资料。

2）井下空气压缩机硐室与邻巷相互关系的平、剖、断面图。

3）井下空气压缩机应供风量及地点。

4）矿井瓦斯等级及自然发火资料。

5）压缩机、风包硐室位置、规格及管线布置平、剖面图。

6）压缩机运行时的发热量。

7）冷却设备位置及布置。

8）附设变电所硐室位置及相关尺寸。

2. 有关规定

1）在低瓦斯矿井，送气距离较远时，可在井下主要运输巷道附近新鲜风流通过处设置压缩空气站，并应符合下列规定：

（1）空气压缩机硐室应设在围岩稳定、无淋水、有新鲜风流通过的主要巷道内；

（2）空气压缩机硐室可采用硐室式，空气压缩机和储气罐必须分别安装在两个硐室内；

（3）每台空气压缩机的能力不宜大于 20m³/min，数量不宜超过 3 台；

（4）硐室一般不设独立回风道，根据硐室降温要求可设独立回风道；

（5）硐室两端应设向外开的防火栅栏两用门。

2）机电硐室的空气温度不得超过 30℃；硐室必须用不燃性材料支护，从硐室出口防火栅栏两用门起 5m 内的巷道应用不燃性材料支护；并备用灭火器材。

3）硐室内各种设备同墙壁之间，应留出 0.5m 以上的通道，各种设备相互之间，应留出 0.8m 以上的通道。如果不需从两侧或后面进行检修的设备，可不留通道。

4）井下机电硐室必须有足够的照明。

5）机电硐室应设置瓦斯自动检测报警断电仪，并配备便携式个体检测设备。

6）单机容量为 20m³/min，且总容量不小于 60m³/min 的压缩空气站，宜设手动单梁起重机；小于以上规模的压缩空气站，宜设起重梁。

7）压缩空气站内的噪声值不应超过 85dB，并设隔音值班室。

8）压缩空气站宜设一台备用空气压缩机。如有几个空气压缩机站，各站之间又有管道连通时，应统一设置备用空气压缩机。压缩机硐室应尽量靠近用气地点。

9）硐室地面应高出邻近巷道底板 0.3～0.5m，应采用混凝土或其它不燃性材料铺底，厚度不小于 100mm，并设 3‰ 向外流水坡度。

二、空气压缩机硐室布置形式

空气压缩机硐室包括主硐室和附属硐室。一般主硐室设有空气压缩机、电动机、冷却器等，水泵、鼓风机、钳工台等有时也放在机器间内。附属硐室有储气罐硐室、变电和配电间、水池等。

空气压缩机硐室的布置形式见表 6—4—8。

空气压缩机在硐室内的布置形式见图 6—4—23 和图 6—4—24。

三、空气压缩机硐室尺寸的确定

1．平面尺寸

平面尺寸是根据硐室内设备运输、安装、运行、管理、维护和检修以及行人安全的要求

表 6—4—8 空气压缩机硐室布置形式

形　式	图　示	适　用　条　件
硐室式		多用于较好的围岩
巷道式（Z形）		任何围岩条件都适用
巷道式（一形）		任何围岩条件都适用
通道式		多用于较好的围岩

注：1—设备间；2—通道；3—储气罐硐室。

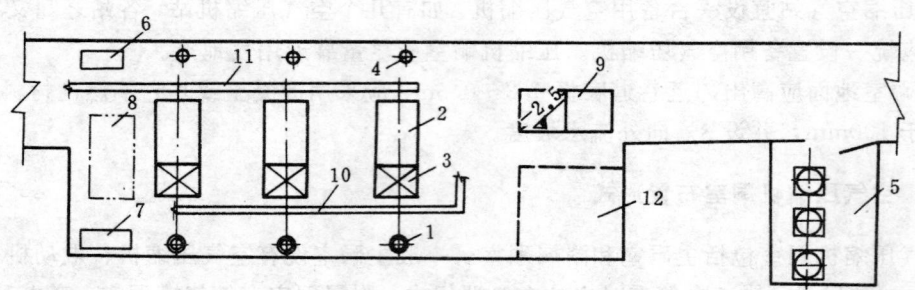

图 6—4—23　空气压缩机垂直巷道单排布置

1—空气过滤器；2—空气压缩机；3—电动机；4—后冷却器；5—储气罐；6—废油收集器（放在室外）；

7—钳工台；8—检修场地；9—水池；10—电缆沟；11—管道沟；12—电气设备间

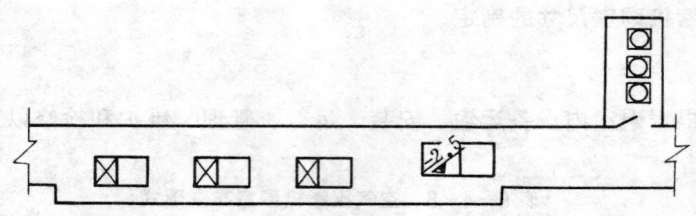

图 6—4—24　空气压缩机平行巷道单排布置

来确定。对于卧式气缸的空气压缩机，还应考虑抽出活塞杆的水平距离。

　　各空气压缩机之间一般应保持 1.5m 的通道。空气压缩机的外缘和硐室壁的距离不宜小于 1.0m。机器间的主要通道，应满足设备运输的要求，一般为 1.5～2.0m。

　　储气罐和硐室壁的距离不小于 0.5m。各储气罐之间的净空不小于 1.0m。储气罐硐室的过道一般为 1.5～2.0m。

　　2. 硐室高度

　　空气压缩机硐室的高度是根据设备、起吊设备安装高度以及有关间隙来确定。一般净高不小于 4m。对于安装矮小的空气压缩机，可以适当降低其高度。

　　储气罐硐室高度是根据储气罐高度或直径大小，基础高度，外加安全阀活动高度确定。2.5m³ 容积及其以下的储气罐硐室高度，立式安装一般为 4～4.5m；卧式安装一般为 2.5～3.0m。

四、空气压缩机硐室断面形状及支护

　　硐室断面一般为半圆拱形，用料石或混凝土砌筑。跨度特大时用钢筋混凝土砌筑，有条件的地方可用锚喷支护。

　　设备较大时在通道一侧铺设轨道，最好铺整体道床。

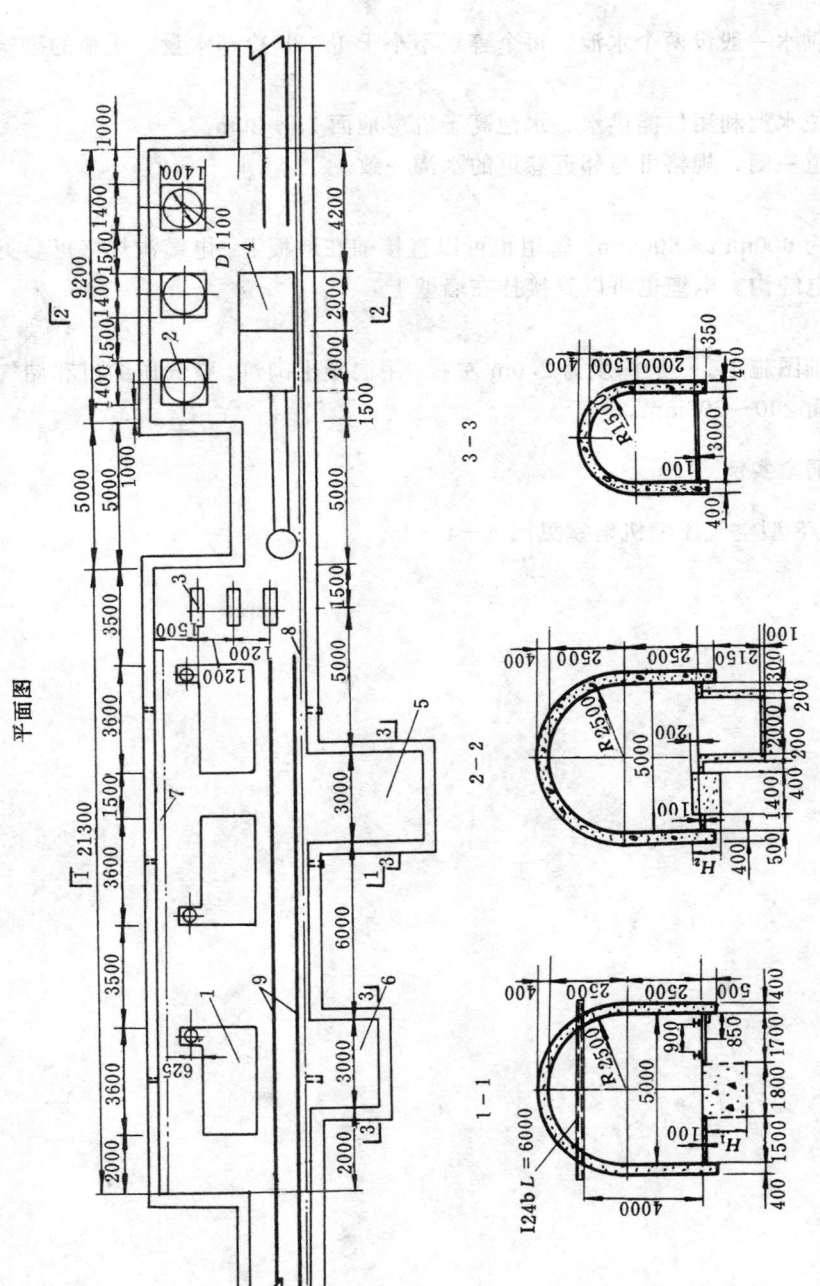

图 6-4-25 安装三台 4L-20/8 空气压缩机硐室

1一空气压缩机, 电动机; 2一储气罐; 3一水泵及电动机; 4一水池; 5一变电间;
6一值班室深 2.5m; 7一管道沟; 8一水沟; 9一轨道

五、水池、地沟及基础

1．水　池

用水泵直接加压供水一般设两个水池，每个容积不小于 $1\sim2h$ 冷却水量。水池的砌筑见图 6－4－25。

另外，也可筑高位水池利用位能供水。水池高于机房地面 $15\sim20m$。

水沟一般设在通道一侧，规格可与邻近巷道的水沟一致。

2．地　沟

管道沟规格一般为 $600mm\times600mm$。管道也可以直接铺在地板上。电缆沟规格可参见主排水泵房或主变电所电缆沟。电缆也可以直接挂在墙壁上。

3．基　础

按厂家提供的基础图施工。一般深度为 $2.0m$ 左右，用混凝土砌筑。空气压缩机和储气罐基础一般高出硐室地面 $200\sim300mm$。

六、空气压缩机硐室实例

安装三台 4L－20/8 型空气压缩机硐室见图 6－4－25。

主 要 参 考 资 料

1. 国家煤矿安全监察局制定. 煤矿安全规程. 煤炭工业出版社，2001

2. 中华人民共和国煤炭工业部制定. 煤炭工业矿井设计规范 GB50215－94. 中国计划出版社，1995

3. 《煤矿矿井采矿手册》编制组. 煤矿矿井采矿设计手册. 煤炭工业出版社，1984

4. 刘吉昌主编. 矿井设计指南. 中国矿业大学出版社，1994

5. 中煤建设开发总公司编. 现代矿井辅助运输设备选型及计算. 煤炭工业出版社，1994

6. 周维恒主编. 高等岩石力学. 中国水利电力出版社，1990

7. 邢福康、蔡坫、刘玉堂等编著. 煤矿支护手册. 煤炭工业出版社，1993

8. 陈炎光、陆士良主编. 中国煤矿巷道围岩控制. 中国矿业大学出版社，1994

9. 王焕文、王继良等编. 锚喷支护. 煤炭工业出版社，1989

10. 井巷锚杆及锚喷支护技术. 山西人民出版社，1984

11. 中国煤矿软岩支护推广中心. 中国煤矿软岩巷道支护理论与实践. 中国矿业大学出版社，1996

12. 王继良主编. 煤矿支护技术手册. 江苏科学技术出版社，1991

13. 中华人民共和国煤炭工业部制定. 建筑物、水体、铁路及主要井巷煤柱留设与压煤开采规程. 煤炭工业出版社，1985

14. 康红普编著. 软岩巷道底鼓的机理及防治. 煤炭工业出版社，1993

15. 淮南煤炭学院《井巷设计》编写组. 井巷设计. 煤炭工业出版社，1983

16. 煤炭工业部西安设计研究院编. 煤矿矿井巷道断面及交岔点设计规范. MT/T 5024－1999、1999

17. 煤炭工业部沈阳设计研究院编. 煤矿矿井采区车场和硐室设计规范. MT/T 5028－1999. 1999

18. 煤炭工业部武汉设计研究院编. 窄轨道岔线路联接手册. 1992

19. 北京煤炭设计研究院编. 煤矿专用设备图册. 1990

20. 国家质量监督检验检疫总局、建设部联合发布. 锚杆喷射混凝土支护技术规范. 中国计划出版社，2001

第七篇

井 下 运 输

编 写 单 位　煤炭工业太原设计研究院
主　　　编　杨永恭
副 主 编　张成仁　李宏达
编 写 人　张成仁　杨永恭(第一、四章)
　　　　　　李德楷　杨会时　杨永恭　杨春亨
　　　　　　严慕兰　高永录(第二、三章)

第七篇

井 下 运 输

第一章　井下运输设计技术原则

一、设计技术原则

井下运输设计,应对井下煤炭、矸石、材料、设备及人员等的运输作统筹安排。运输方式与设备的选型,应根据矿井设计生产能力、煤层赋存条件、瓦斯情况、采煤方法等因素确定。

采区运输:大、中型矿井的采区,要积极采用连续化运输,发展重载下运带式输送机。辅助运输要采用高效能、适应性能强、单机服务范围广的设备,减少环节逐步发展集装箱运输,要根据条件采用单轨吊车、卡轨车、胶套轮机车、齿轨机车、无轨胶轮车或其他运输设备,逐步实现全矿井辅助运输的机械化、连续化。

大巷运输:主要运输大巷的运输方式应根据运量、运距和技术经济效果优化确定。凡井型较大、采区生产集中、条件适合的矿井,可采用带式输送机,实现全矿井的连续运输。采用轨道运输的矿井,要发展底卸式或侧卸式矿车。要研制改造与底卸式矿车配套的双轨同步牵引电机车,大功率电机车和防爆柴油机车。

采区运输、大巷运输、矿井提升和地面储、装、运生产系统,要发展自动化集中控制,配备先进可靠的保护装置。

二、选择矿井运输方式和设备应满足的要求

(1) 必须考虑矿井开拓系统状况,并与运输系统统一规划,注意上下环节运输能力的配合,以及局部运输与总体运输的统一。

(2) 必须做到井上下两个运输环节设备能力基本一致,设计时应合理地选择生产不均匀系数和设备能力的备用系数;为缓和井上下两个运输环节的生产不均匀性或不连续性,要采取一些缓冲措施,应设置煤仓或储车线等;采区煤仓的容量,要保证回采工作面的正常连续生产,煤仓设计中要有防堵措施和处理堵仓的措施。井底煤仓的容量,应满足最大限度发挥提升、运输能力的需要。

(3) 运输系统尽量简化,注意尽量减少运输转载的次数,不要出现输送机——轨道——输送机——轨道的情况。

(4) 必须使设备的运输、安装和检修方便,运行安全可靠,工作条件舒适,并应考虑运输设备对通风、供电的要求是否合理,电压等级是否相符合等。

(5) 必须在决定主要运输的同时,统一考虑辅助运输是否合理经济。

国内部分矿井井下运输情况,见表7—1—1。

表7-1-1　国内部分矿井井下运输情况一览表

顺序	矿井名称	设计能力(Mt/a)	井田面积(km²) / 走向(km)×倾斜(km)	煤层倾角(°)	开拓方式	准备方式	初期采区至主井底距离(m)	大巷运煤方式	采区上(下)山运煤方式	辅助运输 大巷	辅助运输 采区	备注
1	大柳塔	3.6	131.54 / 14.4×13.8	1~2	平峒	盘区条带	中央采区	带式输送机	带式输送机	无轨胶轮车	无轨胶轮车	
2	灵新	2.4	21.3 / 8.5×2.3	13~14	斜井	上山采区	中央采区	带式输送机	带式输送机	电机车	绞车	
3	玉华	1.5	34.0 / 7.0~10.5×2.8~5.0	一般3~5 个别20	立井	上山采区	1500~2000	3t底卸式矿车	带式输送机	电机车	齿轨车	
4	朱家河	0.9	45.0 / 8.0~9.5×3.0~5.0	一般3~7	斜井	上山采区	750~1450	3t底卸式矿车	带式输送机	电机车	绞车	
5	朴连塔	0.3	41.10 / 6.0×5.6~8.1	1~3	斜井	中央采区		带式输送机	带式输送机	无轨胶轮车	无轨胶轮车	
6	平十三	1.8	45.0 / 6.0×2.3~5.0	11~38	立井	上山采区	东3300 西1200	3t底卸式矿车	大倾角带式输送机	电机车	绞车	
7	古城	0.9	28.0 / 6.5×2.3~5.7	10~29 一般15	立井	下山采区	500	下山直接至上仓带式输送机	深槽高度带式输送机	1t矿车牵引	D=2.5m 绞车 1t矿车	
8	冷泉	0.6	8.0 / 10.0×0.6~1.2	22~44	立井	上山采区	200	初期胶带输送机 后期1t矿车	铸石槽箱刮板	1t矿车牵引	D=2.0m 绞车 1t矿车	
9	古汉山	1.2	17.0 / 10.0×1.7	12~17 一般15	立井	上山采区	650	3t侧底卸式矿车	铸石槽箱刮板	1t矿车牵引	D=1.6m 绞车 1t矿车	
10	沙曲	3.0	135.0 / 22.0×4.5~8.0	4~10	综合	倾斜长壁	2500	带式输送机	无	齿轨车	齿轨车	
11	寺河	4.00	西区23.5 / 7.3×6.7　东区23.5 / 7.3×7.4	4~6	斜井	倾斜长壁	500	带式输送机	无	齿轨车	齿轨车	
12	象山	1.2	40 / 15.4×2.43	3~6	平-斜	上山采区	600	3t底卸式矿车	带式输送机	电机车	单轨吊	
13	姚桥	1.2~3.0	56.7 / 13.0×4.35	6~10	立井		200	带式输送机	带式输送机	电机车	绞车	

续表

顺序	矿井名称	设计能力 (Mt/a)	井田面积(km²) 走向(km)×倾斜(km)	煤层倾角 (°)	开拓方式	准备方式	初期采区至主井底距离(m)	大巷运煤方式	采区上(下)山运煤方式	辅助运输 大巷	辅助运输 采区	备注
14	常村	4.0	$\dfrac{83.7}{17.0\times5.4}$	3~6	立井	上下山	500~1300	带式输送机	带式输送机	电机车牵引 3t矿车	上下山卡轨车 顺槽单轨吊	
15	四台沟	5.0	$\dfrac{82.5}{13.5\times7.5}$	1~7	综合	倾斜条带	1500	带式输送机	带式输送机	电机车牵引 1.5t矿车	绞车	
16	东曲	4.0	$\dfrac{77.0}{11.0\times8.0}$	3~8	平硐	倾斜条带	1000	5t底卸式矿车	带式输送机	电机车牵引 1.5t矿车	绞车	
17	团柏	0.6	$\dfrac{36.0}{9.5\times3.8}$	3~8	斜井	上下山	1450	1t矿车	带式输送机	电机车	绞车	
18	兴隆庄	3.0	$\dfrac{61.0}{10.6\times5.5}$	5~7	立井	上下山	800~1000	带式输送机	带式输送机	电机车	绞车	
19	济宁三号	5.0	$\dfrac{110.0}{10.0\times10.0\sim13.0}$	5~9	立井	条带	400~890	带式输送机	无	无轨胶轮车	无轨胶轮车	
20	大雁三矿	3.0	$\dfrac{28.25}{8.68\times3.87}$	15~20 最大28	立井	采区	684~2542	带式输送机	带式输送机	电机车	绞车 顺槽卡轨车	
21	红阳四井	0.75	$\dfrac{30.0}{7.5\times4.0}$	东翼5~25 西翼30~50	立井	采区	1180	3t侧卸式矿车	带式输送机	电机车牵引 1t矿车	1t矿车 D=2.0m绞车	
22	谢桥	4.0	$\dfrac{50.0}{11.5\times4.3}$	8~15	立井	石门上下山	1000	带式输送机	带式输送机	蓄电池机车 牵引1t矿车	绞车	
23	张集	4.0	$\dfrac{60.0}{7.0\times8.5}$	东翼3~5 西翼10	立井	条	1000	带式输送机	带式输送机	齿轨卡轨车	顺槽胶套轮	
24	济宁二号	4.0	$\dfrac{90.0}{10.0\times9.0}$	0~15 一般8	立井	上下山	500~1000	带式输送机	带式输送机	齿轨车	齿轨车	
25	祁南	1.8	$\dfrac{62.5}{10.5\times3.0\sim8.5}$	东部7~15 北部20~30	立井	上下山	500	3t底卸式矿车	带式输送机	1t矿车	1t矿车	
26	潘三	2.1	$\dfrac{35.0}{12.0\times(1.3\sim4.5)}$	北翼20~30 南翼10	立井	采区	1800	5t底卸式矿车	带式输送机	蓄电池电机车牵 引1.5t矿车	绞车	
27	凤凰山	4.0	$\dfrac{32.0}{7.8\times4.2}$	<10	斜井	盘区石门	1200	6t底卸式矿车	无	电机车	小绞车	

第二章　大巷煤炭运输

第一节　大巷煤炭运输方式

大巷煤炭运输方式目前有带式输送机运输、轨道运输和水力运输 3 种，见表 7－2－1。

表 7－2－1　大巷煤炭运输方式

运输方式	运输机械	技 术 特 征
带式输送机	普　通	带宽(mm)：600 800 1000 1200 1400
	钢绳芯	带宽(mm)：800 1000 1200 1400 1600 1800 2000
	钢丝绳牵引	带宽(mm)：800 1000 1200
轨道	架线式电机车	在 3‰左右坡度上运行，分单机和双机牵引
	蓄电池电机车	在 3‰左右坡度上运行，用于有爆炸危险环境
	低污染防爆内燃机车	用于环境有爆炸危险场所
	无极绳	可在坡度 14°及以下，起伏不平的巷道中运行
水力	溜槽	无　压
	管道	自然压力
		动力加压

一、输送机运输

大型矿井，特别是设计高产高效矿井，为确保综采设备充分发挥效能，大巷运输在条件许可时应采用带式输送机作为主要运输设备。目前，重点发展 DX 型系列钢绳芯带式输送机，也可使用 GD 型系列钢丝绳牵引带式输送机。

DX 型系列按胶带宽度不同，分为 800mm、1000mm、1200mm、1400mm、1600mm、1800mm、2000mm 共 7 种规格，带宽 1400mm 以上的最高带速可达 5m/s。

GD 型系列胶带宽度有 800mm、1000mm、1200mm 3 种规格（带宽系指两侧绳槽间距）。胶带速度为 1.6m/s、2.0m/s、2.5m/s、3.15m/s 四种，并在运煤同时还可以向两个方向运送上下班人员，运人速度低于 1.6m/s。

上述两种带式输送机相比较，后者存在一些较明显的缺点，即驱动部分结构庞大、复杂，用于井下，驱动硐室体积很大，工程费用很高；同样带宽，输送机能力比前者为低；在运行中输送带易发生脱槽掉带事故；牵引钢丝绳、托绳轮衬和输送带芯的钢条等寿命低，维修工作量较大等。因此，后者使用范围大大缩小，在生产系统布置中，如条件许可，也可使用后者，但需经方案比较。

普通型带式输送机一般很少在大巷中应用，因普通胶带的带强较低，单机长度只能达到 300～400m 左右。

大巷采用带式输送机运输煤炭时，还需考虑配备相应的辅助运输系统。

二、轨道运输

轨道运输是以有轨机车或固定绞车牵引矿车将煤炭从采区运输到井底卸载点的运输方式。

（一）轨 距

井下窄轨运输，目前普遍采用 600mm、900mm 两种标准轨距。采用时要通过分析比较确定。

对于高瓦斯矿井，巷道断面大，井型在 3.0Mt/a 以上，列车通过次数较多的，应选用 900mm 标准轨距。

（二）矿 车

大巷运煤系统的矿车类型分为 1、3、5t 三种，可按表 7－2－2 选取。当有运距和运量要求时，经技术经济论证，也可采用大于 5t 的矿车。

表 7－2－2 运 煤 矿 车 类 型

矿井设计生产能力 （Mt/a）	矿 车 类 型	轨 距 （mm）
3.0 及以上	5t 底卸式 5t 侧卸式	600、900
0.9～2.4	3t 底卸式 3t 侧卸式	600、900
0.6 及以下	1t 固定式	600

（三）牵引设备

牵引设备一般采用电机车，也可以采用柴油机车，小型矿井亦可采用无极绳绞车。

井下运输牵引机车，也可依据矿井设计生产能力、运量、运距、开采技术条件、巷道系统特征等因素，进行综合分析确定。当设计生产能力为 2.4Mt/a 及以上的矿井，煤炭运输采用底卸式或侧卸式矿车时，宜选用粘着质量大于 10t 的机车。

三、水力运输

煤矿采用水力运输以采用水沙充填采煤法的地区为最早。东北地区的抚顺、扎赉诺尔等矿区本世纪初期已经应用于工业生产。50 年代后期又逐步用于煤炭运输。水力运输又分无压和有压运输。

无压运输主要依靠各种不同的断面和衬质的溜槽或渠沟，利用起讫点的自然高差来实现。

有压运输均采用管道，并多数采用机械加压，少数情况下也可以利用煤浆的自然压力。井下采用水力运输时，辅助运输仍需采用其他运输方式。

另外根据矿井条件的变化，大巷运煤可采用多种混合运输方式，有的初期采用带式输送机运输，后期采用轨道运输；有的一翼采用带式输送机运输，另一翼采用轨道运输，以充分发挥带式输送机连续运输能力大和轨道运输机动灵活的优点，取得良好的技术经济效果。

第二节　大巷煤炭运输方式的选择

一、概　述

选择矿井大巷煤炭运输方式和设备主要考虑以下因素。

（1）矿井的设计特征：井型、服务年限、开拓准备方式、采掘工作面集中程度、通风方式、巷道断面、巷道布置情况（分岔弯曲起伏）。

高产高效矿井，井型大，采掘工作面集中，为保证煤流的连续性，宜选用带式输送机运煤；当采用条带式布置倾斜长壁工作面时选择带式输送机较为有利；当采用盘区石门装煤，由于巷道分支多，采用矿车运输较为有利；若巷道有平面弯曲，矿车运输能适应变化方向的巷道网；带式输送机则能适应起伏不平的巷道布置。

当煤层埋藏较浅时，一般多为斜井开拓，斜井为带式输送机提煤时，从运输大巷至地面宜采用带式输送机连续运煤系统。

如果一个矿井的开拓准备系统一旦定下来，在很大程度上就决定了该矿井的运输方式，所以在确定开拓准备系统时，应该为矿井运输创造有利的条件。

（2）设计针对产品与运输的特殊要求：要提高块煤率时，选择带式输送机较为有利；要求多煤类，多品种分运时则选择矿车运输较为有利。

（3）要考虑带式输送机和矿车两种设备的自身特点。带式输送机具有连续运输生产能力大，操纵简单，容易实现自动化，装卸载附属设备少等特点，但需要增设辅助运输系统，投资较大；它适用于生产集中，运量较大的大中型矿井。带式输送机运输连续与采煤工艺相适应，增产潜力大，它将是机械化、自动化大型矿井运输的主要发展趋势。矿车运输能力大、机动性强；根据运量运距可随时调整机车的台数；对巷道弯曲、转折适应性强；接轨、展线方便；可与矿井辅助运输机车共用；运费比较低，系统投资少，维护比较简单。国内外得到广泛应用。它适用于井田面积较大，生产分散的矿井大巷运煤系统。采用矿车运输时，应根据运量大小，距离长短和安全要求确定牵引设备类型，低瓦斯矿井一般以架线式电机车为主。高瓦斯矿井可选用蓄电池机车或防爆低污染柴油机车，小型矿井亦可采用无极绳牵引。矿车的类型因井型而异。

（4）以上三点只是一般规律，不能机械照搬，只有通过综合技术和经济比较分析，选择投资省、管理方便、成本低、效益好的大巷运煤方式。

二、选择原则

主要运输大巷煤炭运输设备的选用，应首先考虑以下情况：

（1）大型矿井条件适宜，技术经济合理时，大巷煤炭运输应选用带式输送机；

（2）当斜井为带式输送机提煤时，从运输大巷至地面宜采用带式输送机连续运煤系统；

（3）大巷钢丝绳牵引带式输送机可兼作运人，但必须符合《煤矿安全规程》第三百七十五条规定；

（4）大巷运煤系统采用轨道运输时，应根据运量、运距、坡度和环境要求，选择机车和矿车。

目前，大、中型矿井集中生产程度普遍提高，高产高效矿井相继产生，大巷运输的瞬时强度和连续运量有较大差别，在选择运输方式时要充分考虑这一情况。此外要考虑大力改善与提高运输效率及自动化程度，并应适当留有增产和进一步提高机械化程度的余地。

三、大巷煤炭运输方式的适用条件和优缺点

大巷煤炭运输常用设备的适用条件和优缺点可参看表7-2-3。

表7-2-3 大巷煤炭运输常用设备

运输方式	运输机械		适 用 条 件	优 缺 点
输送机	普通胶带		运输距离较短的中、小型矿井	运输连续，运量大。单台运距不能过长
	钢绳芯胶带		大中型矿井长距离运煤	长距离，大运量，运输连续。初期投资较高
轨道	机车	架线式	在3‰～5‰的坡度上运行,环境无瓦斯爆炸危险，采取措施也可用于瓦斯矿井	可多品种多环节运输，能力大，可分期发展。不能在大坡道上运行
		蓄电池	在3‰～5‰的坡度上运行,环境有瓦斯爆炸或煤与瓦斯突出危险	能多品种运输,能力较大,可分期发展。不能在大坡道上运行,效率较低
		柴油机	在3‰～5‰的坡度上运行,环境有瓦斯爆炸或煤与瓦斯突出危险	运输成本低,效率较高,环节少。能给井下空气带来一定污染,不能在大坡道上运行
	无极绳		中小型矿井,坡度10°左右,个别不大于14°	设备简单,煤炭和辅助运输可合用一套设备。运量小,劳动强度大
水力	溜槽		运距不长,起止点应有高差	设备简单,无动力,运量大。受高差限制,有局限性
	管道		多用于水采矿井,可与井下排水合并	水采水运机械单一。效率较低,煤的粒度应较小

（一）带式输送机运输方式

一般情况下，对于运输量大，连续性强，装载点集中，采区距离提升井筒较近的或主斜井为带式输送机提煤时，其大巷运输均应采用带式输送机运煤。

带式输送机运输有下列优点：

（1）运输能力大，连续性强，装载点集中；

（2）运输巷道可以稍有起伏，适应多作煤巷，少开岩巷的情况；

（3）装、卸载附属设备少，不需要调车场，操作简单，用人少；

（4）卸载均匀，可以减少卸载煤仓容量；

（5）大运量或长距离带式输送机可以多电动机传动，单机功率小。可以采用交流拖动，控制比较简单；

（6）由于每台电动机功率较小，在瓦斯矿井中，电动机防爆问题比较容易解决；

（7）生产安全性能好，据统计，事故概率仅是矿车运输的 6.40％；

（8）主、辅助运输互不干扰，可提高辅助运输的效率和速度；

（9）能保证综采工作面的连续工作，提高机时利用率，提高产量，降低成本。

带式输送机不适合泥水量多的或大块煤炭，一般最大粒度不应超过 300mm，否则可能损坏胶带或溜槽等。使用带式输送机运输煤炭时，还必须另设一套辅助运输设备，如轨道机车运输，以便运输人员、材料、设备和矸石等。

国内部分矿井大巷采用带式输送机运输情况，见表 7-2-4。

（二）电机车运输方式

大中型矿井大巷运输距离较长或巷道弯曲，装车点较多或需要分期发展的，宜采用电机车运输。小型矿井也可以用电机车运输或无极绳运输。

电机车运输有以下特点：

（1）运输能力大，机动性强，随着运距和运量变化，可以增减机车台数，改变运行路线，在运量小时，一翼机车台数不超过 2 台，可以采用单轨巷道；

（2）对巷道布置的适应性强，大巷弯曲、分叉均不受影响，接轨展线方便，但对坡度要求严格；

（3）不同煤种的运输以及全部辅助运输均可以统一解决；

（4）大巷断面可以充分利用，在高瓦斯矿井可以省去专用通风大巷或缩小通风大巷断面；

（5）占用设备数量多，人员多，维修量较大，运输效率低；

（6）运输故障多，安全性差，据统计事故概率达 0.00357，是带式输送机的 15.5 倍。

在瓦斯矿井中使用电机车运输时，必须符合《煤矿安全规程》第三百四十七条的要求：

（1）在低瓦斯矿井进风（全风压通风）的主要运输巷道内，可使用架线电机车，但巷道必须使用不燃性材料支护。

（2）在高瓦斯矿井进风（全风压通风）的主要运输巷道内，应使用矿用防爆特殊型蓄电池机车或矿用防爆柴油机车。如果使用架线电机车，必须遵守以下规定：

①沿煤层或穿过煤层的巷道必须砌碹或锚喷支护；

②有瓦斯涌出的掘进巷道的回风流，不得进入有架线的巷道中；

③采用碳素滑板或其他能减小火花的集电器；

④架线电机车必须装设便携式甲烷检测报警仪。

（3）掘进的岩石巷道中，可使用矿用防爆特殊型蓄电池机车或矿用防爆柴油机车。

（4）瓦斯矿井的主要回风道和采区进、回风巷内，应使用矿用防爆特殊型蓄电池机车或矿用防爆柴油机车。

（5）煤（岩）与瓦斯突出矿井和瓦斯喷出区域中，如果在全风压通风的主要风巷内使用机车运输，必须使用矿用防爆特殊型蓄电池机车或矿用防爆柴油机车。

井下大巷电机车运输，在我国一直广泛使用直流架线机车和蓄电池机车。直流架线机车结构简单，工作可靠，维护方便，噪音低，无污染，可以在低瓦斯矿井的大巷中使用。对于高瓦斯矿井，在采取必要的措施后也可以在主要巷道内使用。但是，架线机车不能进入有煤（岩）与瓦斯（二氧化碳）突出和瓦斯喷出的巷道。这时就应使用矿用防爆特殊型蓄电池机车或矿用防爆柴油机车。

（三）柴油机车运输方式

表 7-2-4　国内部分矿井大巷采用带式输送机运输情况一览表

顺序	矿井名称	设计能力 (Mt/a)	提升方式	输送机布置形式	机长 (m)	倾角 (°)	运量 (t/h)	带宽 (mm)	带速 (m/s)	功率 (kW)	胶带强度 (N/mm)	备注
1	大柳塔	3.6	带式输送机	中央大巷一个仓	4602	0~8	2200	1200	4.9	400×4	2000	平硐大巷一条胶带
2	灵新	2.4	带式输送机	单翼大巷一个仓	1950	0~12	1200	1200	3.4	400×2	2000	
3	林连塔	3.0	带式输送机		1820	2.5	2000	1200	4.0	280×3	2000	
4	沙曲	3.0	带式输送机	双翼两仓	北翼 4284 / 南翼1号 70 / 南翼2号 2302	-2°20'~14° / 0 / -2~14	2000 / 1600 / 1600	1200	2.5	185×4 / 45 / 250×4	2500 / / 3500	
5	寺河	4.0	带式输送机	双翼两仓	7020 / 2800	-1.3~3	2000 / 1000	1200 / 1000	3.95 / 3.57	450×3 / 280×3	2000	
6	常村	4.0	箕斗	双翼一个仓	北翼 800 / 南翼1号 500 / 南翼2号 500	0°~14°58'4' / 0.3°~14.29° / 0°	1660 / 1500 / 750	1200	3.35 / 3.35 / 3.15	315×3 / 132×3 / 250×2	2000 / 1000 / 1600	
7	四台沟	5.0	带式输送机	单翼两个仓	1500	0~7	1550	1400	2.5	315×2	1600	
8	兴隆庄	3.0	箕斗	双翼三个仓	1760 / 870 / 620 / 783	2°06' / 39'36'' / 0° / 6°54'	800 / 800 / 1200 / 1200	1000 / / 1200 /	2.5	160×4 / 132×2 / 200 / 200×2	2450 / 980 / 980 / 2450	改扩建井
9	济宁三号	5.0	箕斗	三翼三个仓	东翼 1500 / 南翼 1910 / 北翼 540	平均~3.18 / 0~10 / 0~12	1500 / 2500 / 1500	1200 / 1400 / 1200	3.15 / 4 / 3.15	200 / 320 / 630	1000 / 4000 / 1600	
10	赵化	0.9	箕斗	初期单翼一个仓	550	0~11.5	250	800	1.6	2×37		
11	大雁三矿	3.0	箕斗	双翼一个仓	北翼 684 / 西翼 2542	-10°04'04'' / 1°20'6''	800	1200	2.0 / 3.15	160×2 / 315×3	1600 / 2500	
12	谢桥	4.0	箕斗	双翼两个仓	1455 / 1746	0	1340 / 900	1400 / 1200	2.5	250×2 / 250×2	1600	
13	张集	4.0	箕斗	单翼两个仓	东翼 900+720 / 西翼 1350	0~3	1900	1400 / 1000	3.15 2.5 / 2.5	315 185 / 200	1600	
14	济宁二号	4.0	箕斗	双翼一个仓	1600 / 1200	0~7	2000	1200	4.0	315×3 / 200×2	2500 / 1250	

　　矿用防爆特殊型蓄电池机车虽然能进入有爆炸危险的区域，并且可省去架线。大巷和采区可以使用同一型式机车。但其充放电时电能利用效率低，运行费用高，牵引能力和工作时间相对不足，需要经常充电。为了克服这种电机车的缺点，就提出了使用防爆柴油机车的问题。

　　柴油机车适用的范围是：

　　(1) 低瓦斯、高瓦斯及有煤与瓦斯突出的矿井，有煤尘爆炸危险的矿井，总之，各种环境下均可以使用；

　　(2) 运输坡度在 15‰ 以内；

　　(3) 井下不宜采用架线式电机车的矿井；

　　(4) 运输大巷沿煤层布置的矿井。

　　在地温异常的井下，一般不宜采用柴油机车。

　　柴油机车用于煤矿井下，首先要解决防爆和空气污染这两大问题。近年来，国外在研制柴油机防爆和废气净化技术方面发展较快，防爆低污染柴油机车有可能成为煤矿井下的主要牵引设备。我国研制煤矿井下特殊型柴油机车的工作已经起步。长沙重型机器厂生产的 JX40KB 型 40 马力防爆低污染柴油机车 1988 年已开始小批量生产。

　　防爆低污染柴油机车和电机车比较，它不需沿轨道架线，没有杂散电流带来的各种危害，不需要配备整流设备或充电设备，不需要定时更换蓄电池等工作。

　　防爆低污染柴油机车具有以下一些特点：

　　(1) 安全可靠：井下用防爆低污染柴油机车具有完善的防爆装置，在进、排气系统都设有防爆栅栏，有完善的冷却系统，保证使柴油机零件外露的表面温度小于 150℃，最终排气温度小于 70℃。

　　(2) 废气较少：机内净化措施有：推迟喷油，定时和提高喷油速度、降低使用功率、减少转速等；机外净化措施有：对废气进行水洗和喷淋，并在废气未排入大气前进行稀释。这些措施有效地减少了废气中有害气体的浓度，达到了国家规定的要求。

　　(3) 效率较高：柴油机车机动性好，运输效率高。柴油机车与电机车相比，运输效率一般提高 20% 左右。

　　(4) 初期投资低：柴油机车与电机车相比，可节省初期投资。

　　(5) 牵引力大：柴油机车的牵引力较大，JX40KB 型粘着质量为 7t，但其牵引力大于 8t 蓄电池机车，速度大大高于蓄电池机车，见表 7—2—5。

　　(6) 适用范围广：防爆低污染柴油机车属特殊防爆型，既可用于低瓦斯矿井，又可用于高瓦斯矿井及煤和瓦斯突出矿井。因此在大巷运输和回风巷运输就可以用同一型号机车。

　　柴油机车存在的问题：

　　(1) 废气污染：柴油机车排出的废气中含有多种有害气体，主要是一氧化碳和氮氧化物，对井下作业人员的身体健康有一定的危害，其危害性大于煤尘。

　　(2) 发热问题：柴油机车在工作时要释放出大量的热，使作业地点的温度升高，甚至可能使井下空气温度超过规定。

　　(3) 噪声问题：柴油机在运转过程中所产生的噪声要比电动机大，形成噪声污染。

　　(4) 结构较复杂、维修、保养技术要求较高。

　　国内部分矿井大巷采用机车运输情况，见表 7—2—6。

表7—2—5　机车牵引力比较表

类别	型号	粘着质量 (t)	功率 (kW)	速度 (km/h)	轮缘牵引力 (kN)
架线	ZK7—6/550	7	2×24	11（小时制）	15.1（小时制）
	ZK10—6/550	10	2×24	11（小时制）	15.1（小时制）
蓄电池	XK5—6/90	5	2×7.5	7（小时制）	7.06（小时制）
	XK8—6/110A	8	2×11	6.2（小时制）	11.2（小时制）
内燃	JX40KB	7	26	4.25 6.3 12.7 19.3	15.68 12.20 6.115 3.989

表7—2—6　部分矿井大巷采用机车运输情况一览表

顺序	矿井名称	设计能力 (Mt/a)	提升方式	运距 (km)	机车类型/数量 (辆)	矿车类型/数量 (辆)		备注
						主运	辅运	
1	玉华	1.5	箕斗	1.5	10t 电机车/12	3t 侧底卸/130	1t/328	
2	朱家河	0.9	带式输送机	1.9	10t 电机车/6	3t 侧底卸/10	1t/210	
3	平十三	1.8	箕斗	东3.3 西1.2	14t 机车	3t 底卸	3t 固定	
4	告成	0.9	箕斗	0.8	10t 电机车/7	3t 底卸	1t 固定	
5	东曲	4.0	矿车	东3.8 西2.8	26t 电机车/14 10t 电机车/3	5t 底卸/432	1.5t 底卸/432	平硐
6	团柏	0.6	带式输送机	1.45	7t 电机车/5	1t 固定/460		主辅运都 为 1t 系列
7	红阳四井	0.75	箕斗	1.18	8t 蓄电池机车/10	3t 侧底卸/80	1t/270	
8	祁南	1.8	箕斗	北1.0 西0.5	14t 电机车/10	3t 底卸	1t 固定	
9	潘二	2.1	箕斗	西7.0 南2.8	12t 蓄电池机车/19	5t 底卸/144	1.5t/507	
10	凤凰山	4.0	带式输送机	3.2~2.2	14t 电机车/15	6t 底卸/180	2t/380	

（四）无极绳运输方式

小型矿井大巷也可以采用无极绳运输。无极绳运输的优点是：

（1）运输能力不受运输距离的影响，可适应较长的运输线路，可实现双向运输；

（2）煤炭和辅助运输可以合用同一运输系统，减少了运输设备；

（3）运输适应性强，能在巷道弯曲，坡度变化条件下运输，还可以在运输中途摘挂车，并可根据需要，延长或缩短运输距离；

（4）设备简单，价格低廉，安装不复杂，电控也简单；

（5）对轨道和道岔等铺设要求不高，一般使用12kg/m～15kg/m钢轨即可；

（6）能适用于坡度在14°以下的各种运输坡度，因此，有可能水平大巷和斜井联起来用一条无极绳运输，简化运输环节；

（7）无极绳绞车电动机功率较小，防爆设备容易解决，适合于高瓦斯或有瓦斯突出危险的矿井中使用；

（8）无极绳绞车安装位置比较灵活。如用平硐开拓或斜井倾角不大于14°，无极绳绞车可以设在地面；

（9）为了减少摘挂车次数或增加运输能力，当坡度不大时，也可以采用每次挂两辆矿车的办法。

无极绳运输的缺点是：

（1）运行速度低，车与车之间必须保持一定距离，因此运量有限，只适合于中、小型矿井的井下运输；

（2）大巷运输中，如果运输距离较长，一部绞车满足不了要求，需要多部绞车接力，增加转载环节，增加摘、挂钩人员；

（3）需在运行中摘、挂钩，安全性差。工人劳动强度大，每处车场都需有固定的摘、挂人员，运输距离较长时，途中还需设专人紧钩，占用人员多；

（4）无极绳运输系统不能运送人员；

（5）钢丝绳和地滚等设施易磨损，维修工作量较大。

山西省阳泉矿务局过去大量使用无极绳运输，积累了丰富的经验，在煤炭运输中起到了重要的作用。但是，随着该局各矿生产能力扩大，矿井垂深增大，水平运距越来越长，大、重型设备运量增加，特别是人员运送等问题的出现，现在的阳泉矿务局，在井下运输中，大巷已不再使用无极绳，而是用电机车代替。无极绳只用于采区或顺槽作辅助运输之用。

（五）水力运输方式

详见第三篇第六章。

四、各类运输方式的运输能力

由于井型、采区布置集中程度、采煤机械化程度不同，井田两翼产量会有变化，大巷运输必须满足最大运输能力要求。一般按开采计划选取运输能力大、距离远的装载点，并以计划产量再乘以运输不均衡系数以选择设备。

（一）带式输送机

目前，新型高强度带式输送机已普遍使用，其带强大大超过普通胶带，单机长度可超过4km以上，带速由过去的2m/s增至5m/s以上，运输量提高2倍以上。

带式输送机运输能力按式（7—2—1）计算。

$$Q = KB^2 v \gamma \qquad\qquad (7-2-1)$$

式中　Q——运输能力，t/h；

　　　K——断面系数；

B——胶带宽度，m；

v——带速，m/s；

γ——煤的松散密度，t/m^3，一般取 0.85～1.0t/m^3。

目前使用的新型带式输送机有 DX 型及 GD 型两种，运输能力可供设计人员选用。DX 型系列钢绳芯带式输送机运输能力见表 7－2－7，GD 型钢绳牵引带式输送机运输能力见表 7－2－8。

表 7－2－7 DX 型系列带式输送机水平运输能力

带 宽 B (mm)	侧堆积角 ρ_0	带 速 v（m/s）				
		2.0	2.5	3.15	4.0	5.0
		输 送 能 力 （m³/h）				
800	10°	388	485	612		
	15°	424	530	670		
	20°	470	588	740		
	25°	502	628	790		
	30°	550	688	865		
1000	10°	632	790	1000		
	15°	690	863	1085		
	20°	768	960	1210		
	25°	820	1025	1290		
	30°	888	1110	1400		
1200	10°	926	1168	1460	1852	
	15°	1006	1258	1580	2012	
	20°	1112	1390	1750	2224	
	25°	1190	1488	1875	2380	
	30°	1300	1625	2050	2600	
1400	10°	1276	1595	2010	2552	3190
	15°	1390	1738	2190	2780	3475
	20°	1540	1925	2420	3080	3850
	25°	1620	2025	2550	3240	4050
	30°	1800	2250	2830	3600	4500

续表

带 宽 B (mm)	侧堆积角 ρ_0	带 速 v (m/s)				
		2.0	2.5	3.15	4.0	5.0
		输 送 能 力 （m³/h）				
1600	10°	1700	2125	2680	3400	4250
	15°	1856	2320	2920	3712	4640
	20°	2040	2550	3220	4080	5100
	25°	2180	2725	3440	4360	5450
	30°	2380	2975	3850	4760	5950
1800	10°	2180	2725	3440	4360	5450
	15°	2380	2975	3850	4760	5950
	20°	2630	3230	4150	5260	6460
	25°	2810	3513	4420	5620	7025
	30°	3070	3838	4840	6140	7675
2000	10°	2740	3425	4320	5480	6850
	15°	3000	3750	4720	6000	7500
	20°	3300	4125	5200	6600	8250
	25°	3580	4475	5640	7160	8950
	30°	3840	4800	6050	7680	9600

注：1. 表中数据按下列条件计算：

  a. 槽角 $\alpha=30°$；带面上物料为梯形截面；下底边 $L=（0.9B-0.05）$ m；上周边为圆弧形。

  b. 按 DX 型系列托辊尺寸，胶带按 $\delta=22$mm，用作图法配合计算。

 2. 公式（7—2—1）运算时按本表初选参数，并反过来校核。

表 7—2—8　GD 系列各种带宽运输能力

胶带速度（m/s）	胶 带 宽 度 B (mm)		
	800	1000	1200
	运 输 能 力 Q (t/h)		
1.6	285	450	650
2.0	360	560	810
2.5	450	700	1000
3.15	560	880	1280

  采用 DX 型钢绳芯带式输送机运输时需单独设置辅助运输系统，采用 GD 型钢绳牵引带式输送机运输时可同时运送人员，每小时运送人数按式（7—2—2）计算。

$$\eta=\frac{3600v}{L}$$

（7—2—2）

式中　η——运人数，人/h；

　　　　v——运人带速，m/s；

　　　　L——带面上人与人间距，m，$L>4m$。

根据人员间距不同，每小时运人量可参考表 7—2—9。

表 7—2—9　不同间距每小时运人数

v (m/s) ＼ L (m)	4.0	4.5	5.0	5.5	6.0
1.25	1125	1000	900	810	750
1.60	1440	1280	1150	1045	960
1.80	1620	1440	1295	1175	1080

DX 型钢绳芯带式输送机机头机尾结构较简单，硐室工程量小，运行可靠，相同带宽，其运输能力较 GD 型系列高 50%。

（二）电机车运输

常用的井下大巷电机车运输有直流架线机车和蓄电池机车。架线机车常用的粘着质量有 7t、10t、14t 等。近年我国已有 20t 架线机车。为适应大型矿井生产的需要，架线机车已有 10t、14t 和 20t 双机车牵引产品。

电机车牵引列车的有效质量，需按列车起动、制动和电机发热等条件进行计算。为了简化计算，采矿专业一般按机车粘着质量的 5 倍估算。如果井型和运输距离已经确定，工作电机车台数可按公式（7—2—3）作近似计算，对于双机牵引则 N 需乘以 2。

$$N=\frac{1.5A_b}{2100P}(10L+\theta) \tag{7—2—3}$$

式中　N——工作电机车台数，台；

　　　　A_b——每班煤产量，t；

　　　　L——运输距离，km；

　　　　P——电机车粘着质量，t；

　　　　θ——装车及调车时间，min，一般 $\theta=20\sim30min$。

检修及备用电机车台数取工作电机车台数 25%，但不少于 1 台。

由于井下通风的需要，运输大巷普遍采用双轨。随着井型变化，可以增减机车台数调节运输能力。除非运距小于 1km，班产量小于 350t，工作电机车不足 1 台，不能充分发挥机车效率，只能起调车作用，则应考虑改用其他运输方式，如采用无极绳运输。

大型矿井机车台数多，大巷运输距离长，为提高运输能力，可划分为较小的信号闭塞分区，组织好多机车追踪运行。为此要配备完善的自动闭塞信号装置。并应验算列车密度最大分区双线轨道的通过能力是否符合要求。各分区的最大通过能力决定于列车运行间隔最小时间，按公式（7—2—4）计算。

当采用二显示自动闭塞，列车追踪运行最小间隔时间为

$$T_s=\frac{l_1+l_2+l_3}{60v_p} \tag{7—2—4}$$

式中　T_s——通过信号自动闭塞分区列车间隔最小时间，min；

　　　v_p——列车通过闭塞分区的平均速度，m/s；

　　　l_1——全列车长度，m；

　　　l_2——列车制动允许最小距离，m，按《煤矿安全规程》第三百五十一条规定，运送物料时不得超过 40m；

　　　l_3——列车最小间隔，m，按《煤矿安全规程》第三百五十一条规定，两列车在同一轨道同一方向行驶时，必须保持不少于 100m 的距离。

按矿井产量，大巷运输列车间隔时间为

$$T_g = \frac{1400P}{A_b} \qquad\qquad (7-2-5)$$

式中　T_g——按班产量列车最小间隔时间，min；

　　　A_b——班产量，t；

　　　P——电机车粘着质量，t，双机牵引时应乘以 2。

大巷电机车运输应满足 $T_g > T_s$，否则就说明即使采用分区信号自动闭塞也不能完成运输任务。这时应采用其他运输方式。

〔举例〕

1. 计算原始资料

1）矿井年产煤 3.0Mt，即每班 5.0kt；

2）瓦斯等级：低瓦斯；

3）矿井两翼开采

东翼班产 3.5kt，大巷运距 1.2km；

西翼班产 1.5kt，大巷运距 1.4km；

4）工作制度：年工作 300d，每天两班出煤，每班运输 7h，装车及调车时间 $\theta = 20$min。

2. 设计计算

1）矿井生产能力属大型矿井。设计决定采用架线电机车牵引矿车运输。用 5t 底卸式矿车，每列车由两台 10t 机车双机牵引，有效牵引质量按机车粘着质量 5 倍估算，每列车有效牵引质量 100t，即由 20 辆 5t 底卸矿车组成列车

2）加权平均运距

$$L = \frac{A_1 L_1 + A_2 L_2}{A_1 + A_2} = \frac{3.5 \times 1.2 + 1.5 \times 1.4}{3.5 + 1.5} = 1.26 \text{km}$$

3）运煤机车台数按公式

$$N = \frac{1.5 \times (3500 + 1500)}{2100 \times 10 \times 2} (10 \times 1.26 + 20) = 5.82 \text{ 台}$$

双机牵引时货运电机车台数　　　$2 \times 5.82 = 11.64 \approx 12$ 台

备用及检修机车台数为 $12 \times 25\% = 3$ 台，考虑到双机牵引，前后两台机车配套工作，因此取 4 台。

4）大巷列车间隔时间验算

按产量大的东翼进行验算

$$T_g = \frac{1400P}{A_b} = \frac{1400 \times 2 \times 10}{3500} = 8 \text{min}$$

即东翼运输大巷列车运行间隔时间不大于 8min 就能完成规定的运输量。

机车长时运行速度如按 16km/h，列车平均运行速度为 0.75×16＝12km/h，经 8min 运行，两列车相互距离达 1.6km，已超过东翼运距 1.2km，因此不需要再分区了。

如为单翼开采，列车追踪运行间隔时间不得小于按公式（7－2－5）计算的时间 T_g。此时要验算井底车场咽喉道岔，卸载方式，线路布置及调车时间的实际允许间隔。

（三）无极绳运输

无极绳运输普遍采用 600mm 轨距、1t 标准矿车。因摘挂钩要求，绳速较低，一般为 0.75～1.2m/s。运输能力主要决定于矿车间隔。矿车间隔因送车方式和摘挂钩所需时间而异。各种送车方式和摘挂钩方法允许的最小挂钩间隔时间见表 7－2－10。

表 7－2－10　挂钩最小间隔时间

挂钩与送车方式	最小间隔时间（s）
自动摘挂钩	20～22
自溜或机械方法供给矿车	25
人 推 车	45

通常以自溜或机械方法供给矿车，向钢丝绳上挂车的最小间隔时间取 $t＝25s$，其最大运输能力为

$$A＝3.6\frac{q}{t}＝3.6×\frac{1000}{25}＝144\text{t/h}$$

式中　A——无极绳运输能力，t/h；

　　　q——矿车装载质量，kg；

　　　t——挂钩最小间隔时间，s。

由于每小时最大运输能力仅 144t，只适合于中小型矿井。如为单翼井田，矿井产量全部集中由一条大巷运输，只能满足年产量 0.45Mt 的运输任务。如为双翼井田，两翼产量能够保持长期相对均衡，可以满足年产 0.60Mt 以下中小型矿井大巷运输要求。

为了提高无极绳运输能力，当坡度不大时，有的矿井采用双矿车串联挂车法，即每挂钩一次挂两辆矿车。使挂钩时间大为缩短。由于挂钩强度和对钢丝绳握紧力的关系，这种做法通常只适用于坡度较小的平巷，并应验算钢丝绳的安全系数和绞车牵引力是否满足要求。

（四）水力运输

详见第三篇第六章。

第三节　大巷运输方案技术经济比较内容和实例

随着煤矿机械化水平的不断提高和生产集中化的发展，大中型矿井在进行设计和技术改造中的重要问题之一，是如何合理选择大巷运输方式，它直接关系到矿井建设和技术改造需要投入的资金及反映在生产后长时期内的经济效益问题。

目前在大、中型矿井设计中，对井下运输方式的选择主要有带式输送机和矿车两种运输方式，其技术功能上各具优缺点。对生产条件不同的矿井，究竟选用哪种运输方式较为合理，要从矿井实际出发，应结合该项目的地质条件、瓦斯等级、采区布置、技术装备、投资条件等因素，综合全面技术经济分析，权衡利弊，作出最终合理的选择。比较内容见表 7－2－11。

表 7-2-11　大巷运输方式方案比较内容

项　目	比　较　内　容
主要运输方式	运输设备及数量，运输能力，动力类型
辅助运输方式	运输设备及数量
工　程　量	大巷数量、断面、长度（初期、后期）；采区装车站（初期、后期）、煤仓及井底车场
大巷工期	大巷工程工期
建设投资（万元）	大巷工程（包括铺轨）投资；设备投资与安装费
生产经营费（万元/a）	大巷运输费，巷道维护费
其　他	不同牌号煤的运输；通风阻力与通风费

实例：某矿井井下运输方案选择，设计有两个方案：

方案 I ：采用钢绳芯带式输送机运输方式。

井巷工程、设备及安装工程基本建设投资为5427.6万元，年生产运营成本为325.6万元。

方案 II ：采用矿车运输方式，即14t架线式电机车牵引5t底卸式矿车。

井巷工程、设备及安装工程基本建设投资为5090.06万元；年生产运营成本为352.8万元。

上述两个方案的比较，通过表7-2-12矿井井下运输方案技术经济比较表及表7-2-13矿井井下运输方案费用现值的比较表计算，可知第 I 方案费用现值较 II 方案小，故 I 方案可取。

表 7-2-12　矿井井下运输方案技术经济比较表

方案比较内容	各方案费用（万元）	方案 I	方案 II
一、基本投资	井巷工程		
	硐室、溜煤眼、巷道及铺轨	873.6	2991.66
	设备及安装		
	主要运输设备及安装	4554.0	2098.4
	基本投资合计	5427.6	5090.06
二、建设工期（a）		4	3
三、生产运营费	第一年	97.68	105.84
	第二年	260.48	282.24
	第三年至第十五年	325.60	352.80
四、现值（$i=10\%$）		6027.72	6249.75

表 7-2-13 井下运输方案费用现值比较表

万元

方案	费用	合计	1	2	3	4	5	6	7	8	9	10	11	12	13	14	15	16	17	18	19	20
I	固定资产投资	5427.6	2258.40	1260.24	998.16	910.80																	−100
	流动资金						23	10	10														−33
	经营费用						97.68	260.48	325.60	325.60	325.60	325.60	325.60	325.60	325.60	325.60	325.60	325.60	325.60	325.60	325.60	325.60
	费用合计		2258.40	1260.24	998.16	910.80	120.68	270.48	325.60	325.60	325.60	325.60	325.60	325.60	325.60	325.60	325.60	325.60	325.60	325.60	325.60	192.60
	费用现值	6027.72	2052.89	1040.96	749.62	622.08	74.94	152.55	167.03	152.06	138.05	125.68	113.96	103.87	94.42	85.63	77.82	70.98	64.47	58.61	53.40	28.70
II	固定资产投资	5090.06	2335.19	1826.18	928.69																		−60
	流动资金					21	10																−31
	经营费用					105.84	282.24	352.80	352.80	352.80	352.80	352.80	352.80	352.80	352.80	352.80	352.80	352.80	352.80	352.80	352.80	352.80
	费用合计		2335.19	1826.18	928.69	126.84	292.24	352.80	352.80	352.80	352.80	352.80	352.80	352.80	352.80	352.80	352.80	352.80	352.80	352.80	352.80	261.80
	费用现值	6249.75	2122.69	1508.42	697.45	86.63	181.48	198.98	180.99	164.76	149.59	136.18	123.48	112.54	102.31	92.79	84.32	76.91	69.85	63.51	57.86	39.01

鉴于上述两方案的计算，宜采用年费用比较法。按上表 $i=10$，$n=20a$，根据年费用 AC 计算表达式中：资金回收系数（A/P、i、n）为 0.1175，则井下运输两方案的年费用计算结果如下：

方案 I ：　　　　　年费用＝6027.72 万元×0.1175＝708.26 万元

方案 II：　　　　　年费用＝6249.75 万元×0.1175＝734.35 万元

比较结果表明，方案 I 低于方案 II，所以年费用较低的方案 I 为可取方案。

第四节　大巷煤炭运输设备选型设计

一、带式输送机运输

带式输送机是一种连续运输方式的运输设备，它具有生产能力大、安全可靠、操作简便、维修工作量小、自动化程度高等优点。

随着钢丝绳芯输送胶带等高强度胶带的推广使用，带式输送机已具有了长距离、大运量、高速度等特点。

对于大型矿井，采区生产集中、大巷布置为一直线、运输距离较短时，为保证煤流运输的大运量和连续性，大巷运输采用带式输送运输机是适宜的。对主斜井采用带式输送机提升的高产高效矿井，尤为适宜。

（一）带式输送机类型

由于高强度新型胶带的普遍使用，大巷运输已很少使用普通带式输送机。目前，我国重点发展 DX 型系列钢绳芯带式输送机。GD 型系列钢丝绳牵引带式输送机除特定条件时使用外，一般已很少使用于大巷运输。

1. DX 型系列钢绳芯带式输送机

其优点为：

（1）胶带强度高，输送机单机长度，国外最长达 13km，国内目前可达到 3～4km，使用于大巷运输，可省去普通带式输送机的多点搭接头硐室，较 GD 型带式输送机可大大节省驱动装置硐室的工程量。

（2）胶带伸缩量小，仅为普通胶带的 1/3，可节省尾部拉紧硐室的工程量。

（3）胶带成槽性能好，可以增大物料横截面，提高运输量。

（4）抗冲击性能及抗弯曲疲劳性能好，使用寿命长。

2. GD 型钢绳牵引带式输送机

其优点为：

（1）运输距离长，国外最长可达 50km，国内可达 4km，胶带寿命长，运行平稳，安全可靠。

（2）运输物料，亦可运送人员。

缺点为：

（1）驱动装置和拉紧装置机械结构复杂，输送机头部和尾部占用硐室空间较大，工程费高。

（2）运输带成槽性差，胶带呈水平状，运输量小，较 DX 型钢绳芯带式输送机小 30%，因此，选用 GD 型钢绳牵引带式输送机，带宽有可能升级，增加设备投资。

（3）局部过载时，反应敏感，胶带易脱槽。

（4）设备结构复杂，维修量大。

（5）牵引钢丝绳易磨损，寿命短。

因此，在大巷运输时，本手册不推荐使用 GD 型钢绳牵引带式输送机，但在条件适合经过技术经济比较是可以采用的。

DX 型系列目前按胶带宽度不同，分为 800、1000、1200、1400、1600、1800、2000mm 7 种。

带速分为 2.0、2.5、3.15、4.0、5.0m/s 5 档。

DX 型系列钢绳芯带式输送机胶带强度见表 7－2－14。

钢绳芯输送带规格系列参数见表 7－2－15。

当选用沈阳矿山机器厂 DX·S 型系列产品时，带宽可增加 2200、2400mm 两种，带速可增加 6.3m/s 一种。但在大巷运输中不宜采用。

当大巷采用带式输送机运输煤炭时，其他辅助运输仍采用轨道运输或其他运输方式。

（二）运输能力和带宽计算

当大巷运输采用带式输送机运输时，为了适应高产高效工作面及高档普采工作面的峰值产量，其运输能力推荐按式（7－2－6）进行计算。

$$Q = \Sigma Q_i - \frac{0.5 - K_3}{7 \cdot K_1 K_2} \cdot Q_{imax}, \text{t/h} \qquad (7-2-6)$$

式中 Q——大巷带式输送机高峰小时运输量，t/h；

$\Sigma Q_i = Q_1 + Q_2 + \cdots\cdots + Q_n$——回采工作面高峰小时生产能力总和，t/h，

            7——矿井井下每班有效生产时间，h；

         K_1——回采工作面设备利用系数，一般取 $K_1 = 0.4$；

         K_2——工作面同时生产系数。当一个工作面生产时，取 $K_2 = 1$。二个或二个以上工作面同时生产时，取 $K_2 = 0.3 \sim 0.5$，此时，K_2 取值应考虑回采工作面个数、设备配置条件、煤层条件等因素。一般情况，二个工作面同时生产，取 $K_2 = 0.5$；

         K_3——掘进煤量系数，$K_3 = 6\% \sim 13\%$，煤巷多时取高值，岩巷多时取低值，掘进煤量 $= K_3 \cdot Q_1$，t/h；

         0.5——采区煤仓容量为上（下）山运输机 0.5h 的运量，即 $0.5 Q_{imax}$，t/h。

〔举例〕某高产高效矿井，由两个回采工作面同时出煤，回采工作面高峰小时能力均为 2000t/h，岩巷掘进，求大巷胶带输送机运输能力。

$$Q_{imax} = Q_1 = Q_2 = 2000\text{t/h}$$

取 $K_1 = 0.5, K_2 = 0.4, K_3 = 0.06$

大巷胶带输送机运输能力

$$Q = 2000 + 2000 - \frac{0.5 - 0.06}{7 \times 0.5 \times 0.4} \times 2000$$
$$= 3370\text{t/h}$$

输送带宽度计算：

表 7-2-14　DX 型系列钢绳芯带式输送机胶带强度

胶带型号		GX650	GX800	GX1000	GX1250	GX1600	GX2000	GX2500	GX3000	GX3500	GX4000	GX4500	GX5000	GX5450	GX6000
胶带强度	kgf/cm	650	800	1000	1250	1600	2000	2500	3000	3500	4000	4500	5000	5450	6000
	N/mm	650	800	1000	1250	1600	2000	2500	3000	3500	4000	4500	5000	5450	6000

胶带许用最大张力(kN)

带宽 B(mm)	产品代号	GX650	GX800	GX1000	GX1250	GX1600	GX2000	GX2500	GX3000	GX3500	GX4000	GX4500	GX5000	GX5450	GX6000
800	DX3	52	64	80	100	128	160	200	240	280	320	360	400	436	480
1000	DX4		80	100	125	160	200	250	300	350	400	450	500	545	600
1200	DX5			120	150	192	240	300	360	420	480	540	600	654	720
1400	DX6				175	224	280	350	420	490	560	630	700	763	840
1600	DX7					256	320	400	480	560	640	720	800	872	960
1800	DX8					288	360	450	540	630	720	810	900	981	1080
2000	DX9						400	500	600	700	800	900	1000	1090	1200

带速 v(m/s)

产品代号	2.0	2.5	3.15	4.0	5.0
DX3	∨	∨	∨	—	—
DX4	∨	∨	∨	—	—
DX5	∨	∨	∨	∨	—
DX6	∨	∨	∨	∨	—
DX7	∨	∨	∨	∨	∨
DX8	∨	∨	∨	∨	∨
DX9	∨	∨	∨	∨	∨

注:表中许用最大张力是按安全系数 $m=10$ 计算的。

表 7-2-15　钢绳芯输送带规格系列参数表

型　号	ST630	ST800	ST1000	ST1250	ST1600	ST2000	ST2500	ST3150	ST4000
胶带强度 (N/mm)	630	800	1000	1250	1600	2000	2500	3150	4000
GB9770要求最大钢丝绳直径 (mm)	3.0	3.5	4.0	4.5	5.0	6.0	7.5	8.1	9.1
选用钢丝绳直径 (mm)	3.0	3.2	4.0	4.5	5.0	5.7	7.2	7.6	9.1
钢丝绳结构	7×7	7×7	7×7	7×19	7×19	7×19	7×19W (标准级)	7×19W (标准级)	7×19W (较强级)
单根钢丝绳最小破断拉力 (kN)	7.49	9.39	13.56	17.94	24.36	27.08	41.74	53.60	76.33
钢丝绳单位重量 (g/m)	33.6	42.1	63.70	83.20	105.90	125.6	203.10	252.7	354.9
钢丝绳中心距 (mm)	10	10	12	12	12	12	15	15	17
胶带厚度 (mm)	13~17	14~20	16~19	17~19	17~23	20~23	22~26	24	25~28
上覆盖层厚度 (mm)	5~7	5~8	6~7.5	6~7	6~9	8~9.5	8~10	8	8~9.5
下覆盖层厚度 (mm)	5~7	5~8	6~7.5	6~7	6~9	6~7.5	6~8	8	8~9.5
胶带参考重量 (kg/m²) 普通型	18~22	20~26.3	23~26.4	25.5~27.7	27~33.7	34~37	39.7~43.8	42	46~49
胶带参考重量 (kg/m²) 难燃型	20.7~26.5	23~31.3	26~30.4	28.8~31.7	30~38.7	38~42	43~48	46	50~54

钢丝绳根数 n　边胶宽度 A

胶带宽度 (mm)	ST630 n	ST630 A	ST800 n	ST800 A	ST1000 n	ST1000 A	ST1250 n	ST1250 A	ST1600 n	ST1600 A	ST2000 n	ST2000 A	ST2500 n	ST2500 A	ST3150 n	ST3150 A	ST4000 n	ST4000 A
800	75	30	75	30	63	28	63	28	63	28	63	28	50	32	50	50		
1000	95	30	95	30	79	32	79	32	79	32	79	32	64	27	64	27	56	32
1200	113	40	113	40	94	42	94	42	94	42	94	42	76	37	76	37	68	30
1400	133	35	133	35	111	40	111	40	111	40	111	40	89	40	89	40	79	37
1600	151	50	151	50	126	50	126	50	126	50	126	50	101	50	101	50	91	35
1800			171	50	143	48	143	48	143	48	143	48	114	52	114	52	103	33
2000					159	52	159	52	159	52	159	52	128	47	128	47	114	39

注:1. 钢丝绳结构中 7×7,7×19,7×19W 即 6×7+1WS,6×19+1WS,6×19W+1WS;
2. 如超出表中规定或输送方式等有特殊要求时,可另行协商确定;
3. 本表系列参数为沈阳胶带总厂产品(93.6)。

$$B=\sqrt{\frac{Q}{K\gamma vC\xi}}\qquad(7-2-7)$$

式中　B——胶带宽度，m；

$\quad\quad K$——断面系数，K 值与物料的动堆积角 ρ 及带宽 B 有关，K 值见表 7-2-16；

$\quad\quad \gamma$——物料散密度，t/m³；

$\quad\quad v$——带速，m/s；

$\quad\quad C$——倾角系数，见表 7-2-17；

$\quad\quad \xi$——速度系数，见表 7-2-18。

表 7-2-16　断　面　系　数　K

槽角 α		20°					30°					45°				
动堆积角 ρ		15°	20°	25°	30°	35°	15°	20°	25°	30°	35°	15°	20°	25°	30°	35°
B (mm)	800 1000	270	300	340	380	415	335	360	400	435	470	400	420	450	480	505
	1200 1400	290	315	360	400	440	355	380	420	455	500	420	440	475	505	535
	≥1600	300	330	370	410	455	360	395	430	470	510	430	455	490	520	550

表 7-2-17　倾　角　系　数　C

带式输送机倾角 β	≤6°	8°	10°	12°	14°	16°	18°	20°	22°	24°	25°
倾角系数 C	1.0	0.96	0.94	0.92	0.90	0.88	0.85	0.81	0.76	0.74	0.72

表 7-2-18　速　度　系　数　ξ

v (m/s)	≤1.6	≤2.5	≤3.15	≤4.0	≤6.3
ξ	1.0	0.98～0.95	0.94～0.90	0.84～0.80	0.74～0.70

输送带宽度的校核：

根据输送量计算所选用的带宽 B，还需用物料的块度来校核。各种带宽能够输送的物料块度推荐按表 7-2-19 选取。

表 7-2-19　各种带宽推荐输送的物料块度　　　mm

带宽 B(mm)	800	1000	1200	1400	1600	1800	2000	＞2200
100%均匀块度	150	200	240	280	320	360	400	450
10%最大块度	300	350	400	450	530	600	680	750

如果带宽不能满足块度的要求，则可把带宽提高一级，但不能单从块度考虑把带宽提高二级或三级以上，以免造成浪费。

根据选取的 Q、B 值，查表 7—2—7 进行校核。

使用于大巷运输的胶带必须是阻燃型的。

二、架线式电机车运输

（一）原始数据

（1）矿井原煤产量及矸石量；

（2）矿井瓦斯等级，有无煤（岩）与瓦斯突出；

（3）工作制度：通常为年工作 300d，每天两班运输，最大班作业时间不应超过 7h；

（4）运输线路平均坡度，通常为 3‰ 重列车下坡运行；

（5）矿车型式及轨距；

（6）调车时间，包括采区装车和井底车场卸车、调车时间，通常为 20～30min；

（7）每班每翼运人数；

（8）运输不均衡系数，一般采用 1.25，综合机械化采煤时，取 1.35；

（9）矿井运输翼数，各翼初、后期运距及运量。电机车同时服务于一个以上装车站时，进行运输计算可按加权平均运输距离，即

$$L = \frac{A_1 L_1 + A_2 L_2 + \cdots}{A_1 + A_2 + \cdots} \qquad (7-2-8)$$

式中 L——加权平均运输距离，km；

L_1、L_2——各装车站至井底车场的运输距离，km；

A_1、A_2——各装车站班产量，t。

（二）电机车选择

电机车的选择包括电机车型号、电机车牵引列车组成计算和电机车台数确定等。

（1）根据矿井瓦斯情况，按《煤矿安全规程》三百四十七条规定，确定是否采用架线电机车；

（2）根据矿井井下采用的轨距，确定电机车的轨距；

（3）电机车粘着质量，按照中国设计实践，一般可参考表 7—2—20 初步选定。

常用架线式电机车主要技术特征见表 7—2—24。

表 7—2—20 电机车粘着质量选择

矿井年产量 （Mt）	架线式 （t）	蓄电池式 （t）	配套矿车 （t）	说明
0.6 及以下	7 及以下	8 及以下	1.0	矿车固定式
0.6～0.9	7～10	8	1.5～3.0	矿车固定式 或底卸式
1.2～1.8	10～14	8	3.0	底卸式或 侧卸式
1.8 以上	14～20 或 10～14 双机	8～12	3～5	底卸式或 侧卸式

（三）列车组成计算

列车组成计算，就是确定列车应由多少辆矿车组成。通常按三个条件进行计算，即：按重列车上坡起动、牵引电动机温升和重列车下坡制动。取其中最小者作为列车组成。根据计算经验：重列车下坡制动条件最为严重。

1. 按重列车上坡起动条件

当电机车粘着质量和矿车规格确定后，列车组成按式（7—2—9）计算

$$Q \leqslant \frac{P_n g \psi_q}{1.075a + (\omega_q + i)\, g} - P \qquad (7-2-9)$$

式中 Q——重车组质量，t；

P_n——电机车粘着质量，t，如电机车的全部轮对均为主动轮，则其粘着质量等于电机车的质量，即：

$$P_n = P$$

P——电机车质量，t；

g——重力加速度，m/s²，取 $g = 9.8$m/s²；

ψ_q——电机车撒沙起动的粘着系数，取 $\psi_q = 0.24$。见表7—2—21；

a——列车起动加速度，m/s²，一般取 $a = 0.04$m/s²；

ω_q——重列车起动阻力系数，见表7—2—22；

i——运输线路平均坡度，‰，对于运输大巷，一般取 $i = 3$‰。

表7—2—21 电机车运输粘着系数

工作状态	撒 沙		不 撒 沙		
	起 动	制 动	起 动	制 动	运 行
ψ_q 值	0.24	0.17	0.20	0.09	0.12

表7—2—22 矿车运行阻力系数

矿车名义装载质量（t）	列车起动		列车运行	
	重 车	空 车	重 车	空 车
1.0	0.0135	0.0165	0.0090	0.0110
1.5	0.0120	0.0150	0.0075	0.0095
3.0	0.0105	0.0135	0.0070	0.0090
5.0	0.0090	0.0120	0.0060	0.0080

2. 按牵引电动机允许温升条件

$$Q \leqslant \frac{F_d}{\alpha \sqrt{\tau}\,(\omega_y - i_d)\, g} - P \qquad (7-2-10)$$

式中　F_d——电机车等值牵引力，kN，可取电机车长时牵引力；

　　　α——电机车调车时电能消耗系数，见表7—2—23；

　　　ω_y——重列车运行阻力系数，见表7—2—22；

　　　i_d——等阻坡度，‰，对于滚动轴承的矿车，一般为 $i_d=2‰$；

　　　τ——相对运行时间。

$$\tau=\frac{T_1}{T_1+\theta} \qquad (7-2-11)$$

式中　θ——调车及停车时间，min，一般取 $\theta=20\sim30$min；

　　　T_1——列车往返一次运行时间，min。

$$T_1=\frac{2L\times60}{0.75v} \qquad (7-2-12)$$

　　　L——加权平均运输距离，km；

　　　v——机车平均速度，km/h，取机车长时速度。

表 7—2—23　调 车 电 能 消 耗 系 数

运输距离 （km）	<1.0	1.0～1.5	1.5～2.0	>2.0
α 值	1.40	1.25	1.15	1.10

3. 按重列车下坡制动条件

根据《煤矿安全规程》第三百五十一条，列车制动距离，运送物料时不得超过40m；运送人员时不得超过20m。在列车组成计算时，一般只按运送物料下坡制动不超过40m计算。

列车制动时的速度按机车长时运行速度，则制动减速度为：

$$b=0.03858\frac{v^2}{l} \qquad (7-2-13)$$

式中　b——列车制动减速度，m/s²；

　　　v——电机车长时运行速度，km/h；

　　　l——允许的制动距离，m，运送物料时，取 $l=40$m。

按重列车下坡制动条件，求重车组的质量，见式（7—2—14）。

$$Q\leqslant\frac{P_zg\psi_z}{1.075b-(\omega_y-i)g}-P \qquad (7-2-14)$$

式中　P_z——电机车的制动质量，t，等于电机车的全部质量。如有制动矿车还应包括制动矿车的全部质量；

　　　P——电机车质量，t；

　　　ψ_z——制动时的粘着系数，按撒沙时取 $\psi_z=0.17$；

　　　b——制动减速度，m/s²，按公式（7—2—13）计算；

　　　ω_y——重列车运行阻力系数，见表7—2—22。

按上述三个条件计算 Q 值。取其最小者计算列车组中的矿车数。如果按前两个条件计算

Q 值适中，而按制动条件 Q 值过小，也就是列车中的矿车数过少，是不经济的。这时可以用限制列车运行速度或增加制动矿车的办法以增加矿车数。限制速度的办法：在重列车下坡时机车上的两台牵引电动机由并联改为串联运行；或者每隔一定时间切断电源，或采用其他电机调速方法，以降低运行速度。对于大吨位的矿车，也可以采用增加制动矿车以加大制动质量，缩短制动距离。

车组中矿车数 n 可按式（7—2—15）求得：

$$n=\frac{Q}{q+q_0} \tag{7—2—15}$$

式中　Q——重车组质量，t；

　　q——矿车装载质量，t；

　　q_0——矿车质量，t，见表7—2—32～表7—2—44。

4．验算制动距离

选定列车组成后，用式（7—2—16）校验制动距离：

$$l=\frac{0.04147v^2}{\dfrac{P_zg\psi_z}{P+n\ (q+q_0)}+\ (\omega_y-i)\ g} \tag{7—2—16}$$

式中　l——制动距离，m，在运送物料时应小于 40m；

　　v——列车制动时的速度，km/h，取机车长时速度；

　　ψ_z——制动时的粘着系数，撒沙时取 $\psi_z=0.17$。

（四）电机车台数

确定电机车台数时，应考虑全矿井（或水平）投产初期和达到设计产量时不同的条件因素。按初期所需台数购置电机车，按达产时所需要的台数选择供电设备。

电机车台数按下列步骤计算。

1．电机车往返一次所需时间为

$$T=T_1+\theta \tag{7—2—17}$$

式中　T——电机车往返一次所需总时间，min；

　　T_1——列车往返一次运行时间，min，按公式（7—2—12）计算；

　　θ——调车及停车时间，min，一般取 $\theta=20\sim30$min。

2．每台电机车每班可能运输次数

$$m=\frac{60T_b}{T} \tag{7—2—18}$$

式中　T_b——电机车每班工作小时数，h。

3．每班货运需要的列车数

$$m_1=\frac{k_1k_2A_b}{nq} \tag{7—2—19}$$

式中　m_1——每班货运需要的列车数，列；

　　k_1——运输不平衡系数，一般为 1.25，综采时为 1.35；

　　k_2——矸石系数；

　　A_b——矿井（水平）每班产量，t；

　　n——列车中的矿车数，辆；

q——矿车装载质量，t。

4. 每班运人所需列车数

《煤矿安全规程》第三百五十八条规定：距离超过 1.5km 的主要运输平巷，上下班时必须采用机械运送人员。矿井每班每翼用电机车牵引平巷人车运人按一次考虑。因此，如为单翼开采，则运人列车数为一次（$m_2=1$）；两翼开采时为两次（$m_2=2$），运输距离小于 1.5km 时，不运送人员（$m_2=0$）。

5. 矿井（水平）所需电机车总台数

$$N = 1.25 \times \frac{m_1 + m_2}{m} \qquad (7-2-20)$$

式中　1.25——备用和检修电机车占工作电机车台数的系数。

表 7-2-24　架线式电机车主要技术特征

项　目		单位	电 机 车 型 号				
			ZK3—6/7/9/250	ZK7₁₀—6/7/9/250	ZK7₁₀—6/7/9/550	ZK14—6/7/9/550	ZK20—6/7/9/550
粘着质量		t	3	7;10	7;10	14	20
轨　距		mm	600;762;900	600;762;900	600;762;900	762;900	762;900
供电电压		V	250	250	550	550	550
最小曲线半径		m	6	7	7	10	25
受弓器工作高度		m	1.8~2.2	1.8~2.2	1.8~2.2	2.0~3.2	2.4~3.4
固定轴距		mm	816	1100	1100	1700	2500
车轮直径		mm	650	680	680	760	840
联接器高度		mm	210;320	320;430	320;430	320;430	600
制动方式			机械	机、电	机、电	机、电、气	机、电、气
速度	小时制	km/h	9.1	11	11	12.9	13.2
	长时制	km/h	12	16.9	16	17.7	19.7
	最　大	km/h	15	25	25	26	26
牵引力	小时制	kN	4.70	13.030	15.10	26.65	41.16
	长时制	kN	1.51	3.33	4.32	9.60	13.03

项　目		单位	电机车型号				
			ZK3—6/7/9/250	ZK$\overset{4}{10}$—6/7/9/250	ZK$\overset{7}{10}$—6/7/9/550	ZK14—6/7/9/550	ZK20—6/7/9/550
牵引电动机	型　号		ZQ—12	ZQ—21	ZQ—24	ZQ—52	ZQ—82
	台　数	台	1	2	2	2	2
	电　压	V	250	250	550	550	550
	功率 小时制	kW	12.2	21	24	52	82
	功率 长时制	kW		7.4	9.6	22.5	38
	电流 小时制	A	58	95	50.5	105	162
	电流 长时制	A	25	34	19.6	50	75
外形尺寸	长	mm	2700	4500	4500	4900	7400
	宽	mm	950;1250	1060;1360;1360	1060;1360;1360	1355	1600
	高	mm	1550	1550	1550	1550	1900

（五）电机车双机牵引

井下大巷机车运输，对于中、小型矿井，通常采用单机牵引，即一列车由一台机车牵引。而大型矿井为了增加运输量，要求加大矿车容量以增加整列车有效装载量，就要求加大机车的牵引力和粘着质量。但井下受巷道尺寸、轨距和转弯半径等的限制，使用大吨位机车有一定困难。但可以由两台机车共同牵引一列车，这就是双机牵引。

根据两台机车在列车中的位置来区分，双机牵引有三种型式：

（1）两台机车串联置于列车首部，也叫双机重联牵引；

（2）两台机车分别置于列车首部和中部，也叫双机首中部牵引；

（3）两台机车分别置于列车的首部和尾部，也叫双机首尾部牵引。

我国煤矿中通常都是采用双机首尾部牵引。习惯上所说的双机牵引，就是对这种牵引方式而言的。

煤矿井下运输使用双机牵引单元列车，必须由不摘钩的底卸矿车或底侧卸矿车组成，列车中的矿车数是固定的。列车可双向行驶，能有效地控制卸载速度。这种运输方式的特点是：装载和卸载都不摘钩，列车装载质量大、运输能力大，还可使井底车场和采区车场布置成最简单的折返式或尽头式车场。单元列车不摘钩梭式运行，既能大大节省辅助调车作业时间，提高生产率，减轻工人的体力劳动，又能在卸载站合理控制运行速度，使卸载平稳，实现装、运、卸的连续循环作业，为最终实现自动化提供可能。通常用于年产量1.8Mt及以上的矿井。

双机牵引车，由于列车的总质量甚大，在重列车下坡制动时，虽然有两台机车同时制动，有时也难以满足《煤矿安全规程》对制动距离的要求（小于40m）。为了增加制动时的粘着质量，可采用专用制动车或制动矿车。制动矿车就是在列车中的个别矿车设制动装置，并与机车同步制动。

双机牵引中的主要技术问题是：两台机车实现同步控制和同步制动。我国在10t电机车双机牵引产品中，已经实现。湘潭电机厂生产的10t电机车双机牵引5t底卸式矿车，可配首、尾各一辆制动矿车，减少了制动距离。

湘潭电机厂设计制造的 ZK10—9/550—6C 型直流架线式井下矿用双机牵引电机车主要技术数据：公称粘着质量 2×10t（不包括制动矿车），小时制速度 10.5km/h，小时制牵引力 2×18.93kN；长时制速度 15.9km/h，长时牵引力 2×5.458kN；电机功率 $2\times2\times30$kW；单机外形尺寸 4950mm×1520mm×1600mm。电气主回路用司机控制器加启动和制动电阻的间接控制方式，具有电机串联和并联二个经济运行级。司机操纵控制器，由单片机实行数字编码调制处理，利用双芯屏蔽电缆，将讯号传至另一台单片机进行解调译码处理并发出控制指令，实现前后机车同步运行。机车有空气、电气和机械三种制动方式，并有气压控制的制动矿车前后各一辆。该型号电机车的主要优点是：

（1）采用单片机控制，只用双芯电缆联结首、尾机车，双机同步控制性能可以保证。

（2）采用了空气、电气、机械三种制动方式，并增设了制动矿车，提高了制动性能。

双机牵引的列车组成计算与单机牵引相似，仅需注意粘着质量和牵引力的不同。为了便于使用，兹将双机牵引列车组成计算公式分列于下：

$$Q_1 \leqslant \frac{2Pg\psi_q}{1.075a + (\omega_q + i)\, g} - 2P \qquad (7-2-21)$$

$$Q_2 \leqslant \frac{2F_d}{\alpha\ \sqrt{\tau}\ (\omega_y - i_d)\, g} - 2P \qquad (7-2-22)$$

$$Q_3 \leqslant \frac{P_z g \psi_z}{1.075b - (\omega_y - i)\, i} - 2P \qquad (7-2-23)$$

$$n = \frac{Q}{q + q_0} \qquad (7-2-24)$$

$$l = \frac{0.04147 v^2}{\dfrac{P_z g \psi_z}{2P + n\ (q + q_0)} + \ (\omega_y - i)\, g} \qquad (7-2-25)$$

式中 Q_1——按起动条件计算的重车组质量，t；

Q_2——按牵引电动机允许温升条件计算的重车组质量，t；

Q_3——按制动条件计算的重车组质量，t；

Q——取 Q_1、Q_2、Q_3 三者中的最小值，t；

n——列车中的矿车数，辆；

q——矿车装载质量，t；

q_0——矿车质量，t；

l——重列车下坡制动距离，m；

P——每台电机车质量，t；

P_z——列车中制动质量之和，t，双机牵引没有制动车时，$P_z=2P$，双机牵引加 2 辆制动车时 $P_z=2(P+q+q_0)$；

g——重力加速度，m/s^2，取 $g=9.8m/s^2$；

ψ_q——电机车撒沙起动的粘着系数，取 $\psi_q=0.24$；

ψ_z——撒沙制动时的粘着系数，取 $\psi_z=0.17$；

a——列车起动加速度，取 $a=0.04m/s^2$；

b——列车制动减速度，m/s^2，按式（7-2-13）计算；

ω_q——重列车起动阻力系数，见表 7-2-22；

ω_y——重列车运行阻力系数，见表 7-2-22；

i——运输线路平均坡度，‰，运输大巷 $i=3$‰

i_d——等阻坡度，‰，一般取 $i_d=2$‰；

F_d——电机车等值牵引力，kN，可取电机车长时牵引力；

α——电机车调车电能消耗系数，见表 7-2-23；

τ——相对运行时间，按公式（7-2-11）计算；

v——电机车长时运行速度，km/h。

（六）举　例

1. 计算原始数据

（1）矿井年产量 3.0Mt，即每班 5.0kt；

（2）矿井瓦斯等级：低瓦斯；

（3）矿井两翼开采：

东翼班产 3.5kt，大巷运距 1.2km；

西翼班产 1.5kt，大巷运距 1.4km。

（4）工作制度：年工作 300d，每天两班出煤，每班货运工作 7.0h；

（5）大巷运输线路平均坡度 $i=3$‰，重列车下坡运行；

（6）矿车型式及轨距：5t 底卸式矿车，轨距 900mm；

（7）调车时间：包括采区装车和井底车场调车时间合计 20min；

（8）矿井矸石量：10%原煤产量；

（9）每班每翼一列人车。

2. 电机车选型

（1）电机车类型：低瓦斯矿井主要进风运输巷道内的轨道运输，可选用架线式电机车；

（2）电机车粘着质量：运量较大，选用粘着质量为 10t 的电机车双机牵引；

（3）电机车型号：选用 ZK10—9/550—6C 型架线式电机车双牵引，粘着质量 2×10t，轨距 900mm，额定电压直流 550V。是否需要制动矿车，经计算后确定。

3. 列车组成计算

在计算之前，首先确定有关数据：$P=10t$、$q=5t$、$q_0=3t$、$g=9.8m/s^2$、$\psi_q=0.24$、$\psi_z=0.17$、$a=0.04m/s^2$、$\omega_q=0.009$、$\omega_y=0.006$、$i=0.003$、$i_d=0.002$、$F_d=5.458kN$（每台机车）、$v=15.9km/h$。

列车制动减速度，按制动距离不超过 40m。

$$b = 0.03858 \frac{v^2}{l} = 0.03858 \frac{15.9^2}{40} = 0.2438 \text{m/s}^2$$

加权平均运输距离

$$L = \frac{1.2 \times 3.5 + 1.4 \times 1.5}{3.5 + 1.5} = 1.26 \text{km}$$

查表 7-2-23，$\alpha = 1.25$。

列车往返一次运行时间：

$$T_1 = \frac{2L \times 60}{0.75v} = \frac{2 \times 1.26 \times 60}{0.75 \times 15.9} = 12.68 \text{min}$$

调车及停车时间 $\theta = 20 \text{min}$，所以

$$\tau = \frac{T_1}{T_1 + \theta} = \frac{12.68}{12.68 + 20} = 0.388$$

按重列车上坡起动条件

$$Q_1 \leqslant \frac{2Pg\psi_q}{1.075a + (\omega_q + i) g} - 2P$$

$$= \frac{2 \times 10 \times 9.8 \times 0.24}{1.075 \times 0.04 + (0.009 + 0.003) \times 9.8} - 2 \times 10 = 273 \text{t}$$

按牵引电动机允许温升条件

$$Q_2 \leqslant \frac{2F_d}{\alpha \sqrt{\tau} (\omega_y - i_d) g} - 2P$$

$$= \frac{2 \times 5.458}{1.25 \times \sqrt{0.388} \times (0.006 - 0.002) \times 9.8} - 2 \times 10 = 338 \text{t}$$

按重列车下坡制动距离不超过 40m 条件，并且不设置制动矿车，则 $P_z = 2P$

$$Q_3 \leqslant \frac{P_z g \psi_z}{1.075b - (\omega_y - i) g} - 2P$$

$$= \frac{2 \times 10 \times 9.8 \times 0.17}{1.075 \times 0.2438 - (0.006 - 0.003) \times 9.8} - 2 \times 10$$

$$= 123.2 \text{t}$$

取三式中最小值即 $Q_3 = 123.2 \text{t}$。当不设制动矿车时，10t 电机车双机牵引 5t 矿车时每列车中的矿车数为

$$n = \frac{Q}{q + q_0} = \frac{123.2}{5 + 3} = 15.4 \text{辆}$$

列车中的矿车数太少，应设两辆制动矿车，则 $P_z = 2 (P + q + q_0) = 2 \times (10 + 5 + 3) = 36 \text{t}$，此时的 Q_3 为

$$Q_3 \leqslant \frac{36 \times 9.8 \times 0.17}{1.075 \times 0.2438 - (0.006 - 0.003) \times 9.8} - 2 \times 10$$

$$= 238 \text{t}$$

列车中的矿车数为

$$n = \frac{238}{5 + 3} = 29.7 \text{辆}$$

10t 电机车双机牵引 5t 底卸矿车，在没有制动矿车时，为满足制动距离小于 40m 的要求，列车只能由 15 辆矿车组成。列车牵引矿车太少，显然是不经济的。因此，有的矿井采用每列

车由 20 辆矿车组成。这时要满足制动距离的要求，只能在重车下坡运行时降低行车速度。但是降低速度也减少了运输能力，而且用非电机调速的方法来降低速度，实际操作也很难掌握。如果增加 2 辆制动车，则可以由 29 辆矿车组成，因此采用制动矿车的办法是有效的。

本例中在由 10t 电机车双机牵引 5t 底卸矿车时，考虑到车场长度和制动距离宜留有余地等因素，每列车由 25 辆矿车组成（含 2 辆制动矿车）是合理的。

拉 25 辆矿车的制动距离为

$$l = \cfrac{0.04147 v^2}{\cfrac{2(P+q+q_0) \, g\psi_z}{2P+n(q+q_0)} + (\omega_y - i) \, g}$$

$$= \cfrac{0.04147 \times 15.9^2}{\cfrac{2 \times (10+5+3) \times 9.8 \times 0.17}{2 \times 10 + 25 \times (5+3)} + (0.006 - 0.003) \times 9.8}$$

$$= 34.7 \text{m}$$

满足制动距离小于 40m 的要求，并留有余地。

4. 电机车台数

（1）电机车往返一次所需时间

$$T = T_1 + \theta = 12.68 + 20 = 32.68 \text{min}$$

（2）每台电机车每班可能运输次数

$$m = \frac{60 T_b}{T} = \frac{60 \times 7}{32.68} = 12.85 \text{ 次}$$

（3）每班运煤列车数

$$m_1 = \frac{k_1 A_b}{nq} = \frac{1.35 \times 5000}{25 \times 5} = 54 \text{ 列}$$

（4）双机牵引运煤列车数和台数

$$N = \frac{m_1}{m} = \frac{54}{12.85} = 4.2 \text{ 列}$$

考虑到备用列车，$1.25 \times 4.2 = 5.25$ 列，取 6 列，即双机牵引的电机车为 12 台。

（5）运人及矸石电机车台数：

运人采用单机牵引，每翼 1 台，两翼同时运人，考虑备用共 3 台。运矸石由小吨位矿车组成，亦由单机牵引，本例不再计算。

三、蓄电池电机车运输

（一）概　述

按照《煤矿安全规程》第三百四十七条的有关规定采用防爆特殊型蓄电池电机车。

蓄电池机车由于不需要加架线，凡是铺设轨道的大巷，都可以行驶。运行比较灵活，没有沿巷道底板流动杂散电流对金属的腐蚀。但其动力来自蓄电池，必须经常充电才能正常工作，而且效率较低。因此只有在不允许使用架线电机车的场合，才考虑用蓄电池机车。

常用蓄电池电机车主要技术特征见表 7－2－25。

表 7—2—25 蓄电池式电机车主要技术特征

项 目	单位	电 机 车 型 号					
		XK2.5—6/48A—THXK2.5—648—1A	XK2.5—9/48A—THXK2.5—9/48—1A	XK—6/110—1A	XK8—9/132—1A	XK8—6/100—1A	XK8—9/120—1A
粘着质量	t	2.5	2.5	8	8	8	8
轨距 b	mm	600	900	600	900	600	900
最小曲线半径	m	5	5	7	7	7	7
连接器距轨面高	mm	270;320	270;320	320;430	320;430	320;430	320;430
固定轴距	mm	650	650	1100	1100	1100	1100
主动轮直径	mm	460	460	680	680	680	680
传动比		19.5	19.5	6.92	6.92	6.92	6.92
制动方式		机械	机械	机械	机械	机械	机械
外形尺寸 长 L	mm	2100	2100	4500	4500	4500	4500
宽 B	mm	920	1040	1060	1360	1060	1360
高 H	mm	1550	1550	1550	1550	1550	1550
牵引力 小时制	kN	2.548	2.548	11.172	11.172	11.172	11.172
长时制	kN			2.94	2.94	2.94	2.94
速度 小时制	km/h	4.54	4.54	6.2	7.5	5.7	6.8
长时制	km/h	6.1	6.1	10.5	12.4	12.4	12.4
最 大	km/h	10	10	25	25	25	25
牵引电动机 型 式		ZQ—4B	ZQ—4B	ZQ—11B	ZQ—11B	ZQ—11B	ZQ—11B
台 数	台	1	1	2	2	2	2
电 压	V	42	42	110	132	100	120
功率 小时制	kW	3.5	3.5	11	11	11	11
长时制	kW	1.37	1.37	4.3	4.3	4.3	4.3
电流 小时制	A	105	105	112	112	112	112
长时制	A	42	42	44	44	44	44
转数 小时制	r/min	960	960	370	370	370	370
长时制	r/min	1850	1850	580	580	580	580
蓄电池组 型 号		6DG—308	6DG—308	DG—400	DG—400	TN—350	TN—350
电 压	V	48	48	110	132	100	120
容量(5h)	Ah	308	308	400	400	350	350
电池个数	个	24	24	55	66	80	96

（二）蓄电池机车计算特点

在选型计算中，蓄电池机车的牵引质量、机车台数等项都可以参照架线电机车的有关计算公式。除此之外，对于蓄电池机车还应按蓄电池组的容量来确定矿车组质量。所遵循的原则是：每台蓄电池机车可以在一个班内完成运输工作而不需更换蓄电池组。

1. 电机车在最大运距上，一个往返周期内所做的功

$$A=(F_z+F_k)L_m \qquad (7-2-26)$$

式中　A——往返周期内所做的功，MJ；

F_z——重列车牵引力，kN；

F_k——空列车牵引力，kN；

L_m——最大运输距离，km。

2. 蓄电池组在一个往返周期内输出的能量

$$A'=\frac{\alpha\,(F_z+F_k)\,L_m}{3.6\eta} \qquad (7-2-27)$$

式中　A'——蓄电池组在一个往返周期内输出的能量，kWh；

α——调车电能消耗系数，见表7-2-23；

η——从牵引电动机到蓄电池组的总效率，取 $\eta=0.7$。

列车在等阻坡度条件下运行时，空列车牵引力和重列车牵引力相等，即 $F_k=F_z$

$$F_z+F_k=2F_z=2(P+Q_z)(\omega_y-i_d)g \qquad (7-2-28)$$

式中　P——电机车质量，t；

Q_z——重车组质量，t；

ω_y——重列车运行阻力系数，见表7-2-22；

i_d——等阻坡度，‰，一般 $i_d=2‰$；

g——重力加速度，$g=9.8m/s^2$。

3. 一台机车在一个班内的电能消耗

将式（7-2-28）代入式（7-2-27）中，并考虑一台机车在一个班内往返次数，得

$$A'_b=\frac{\alpha L_m gm\times 2}{3.6\eta}\,(P+Q_z)\,(\omega_y-i_d)$$

式中　m——一台机车在一个班内往返次数；

A'_b——一台机车在一个班内的电能消耗，kWh。

4. 蓄电池的放电容量

$$A_b=\frac{WU}{1000} \qquad (7-2-29)$$

式中　W——蓄电池组的放电容量，Ah；

U——蓄电池组平均放电电压，V。

5. 重车组总质量

按在一个班内一台机车的电能消耗 A'_b 必须与蓄电池组放电容量 A_b 相等，即 $A'_b=A_b$，求 Q_2 得下式

$$Q_2=\frac{3.6}{2g}\times\frac{WU\eta}{\alpha L_m m\,(\omega_z-i_d)\times 1000}-P \qquad (7-2-30)$$

四、柴油机车运输

柴油机车运输的选型设计和其他类型的机车相似。当机车粘着质量和矿车规格确定后,由重列车上坡起动和重列车下坡制动条件确定牵引矿车数,并按空、重列车运行阻力不大于机车牵引力进行校验。

常用井巷柴油机车技术特征见表7-2-26。

表7-2-26　井巷柴油机车主要技术特征

名　称		井巷柴油小机车	防爆低污染柴油小机车	井巷柴油小机车	防爆低污染柴油小机车	防爆低污染柴油小机车
项　目	型号单位	JX20	JX20KB	JX40	JX40KB	JX60KB
装机功率	马力	20	20	40	40	60
整体质量	t	2.7	3.5	6.5	7	8.5
轨距	mm	600	600	600;762	600;762;900	600
轴距	mm	750	866	960	1000	1100
最小转弯半径	m	6	6	7	7	8
运行速度	km/h	7;10;16	48;7.8;12.8	4.25;6.3;12.7;19.3	4.25;6.3;12.7;19.3	4.5~15
最大牵引力	kN	6.8	7.2	17.6	16.0	19.6
车钩高度	mm	205;305 395	210;320	210;326	210;320	320;430
传动方式		机械	机械	机械	机械	液力
起动方式		电起动	液压	电起动	液压电起动	液压
制动方式		脚、手	脚、手	手	手	手
燃料箱容量	L	30	30	68	57	90
外形尺寸	长 mm	2360	2980	3700	4000	4650
	宽 mm	910	1000	1140	1060	1060
	高 mm	1750	1600	1680	1600	1600
排气净化指标 PPM					CO<1000 NOx<8000	CO<1000 NOx>800
生产厂家		长沙重型机器厂				

(一)列车组成计算

1. 按列车起动条件

重列车上坡起动时机车牵引矿车数按下式计算:

$$n=\frac{P}{q+q_0}\left(\frac{g\psi_{\mathrm{q}}}{1.075a+(\omega_{\mathrm{q}}+i)\,g}-1\right) \tag{7-2-31}$$

2. 按列车制动条件

重列车下坡制动时机车牵引矿车数按下式计算：

$$n=\frac{P}{q+q_0}\left(\frac{g\psi_{\mathrm{z}}}{1.075b-(\omega_{\mathrm{y}}-i)\,g}-1\right) \tag{7-2-32}$$

以上两种式中

n——列车中的矿车数，辆；

P——机车质量，t；

q——矿车装载质量，t；

q_0——矿车质量，t；

g——重力加速度，m/s²，取 $g=9.8\mathrm{m/s^2}$；

ψ_{q}——起动粘着系数，撒沙取 $\psi_{\mathrm{q}}=0.24$；

ψ_{z}——制动粘着系数，撒沙取 $\psi_{\mathrm{z}}=0.17$；

i——运输线路坡度，‰，对于运输大巷，一般为 3‰，即 $i=0.003$；

a——列车起动加速，m/s²，一般取 $a=0.04\mathrm{m/s^2}$；

b——制动减速度，m/s²，按下式，即

$$b=0.03858\frac{v^2}{l}$$

v——机车运行速度，km/h；

l——列车制动距离，m，按《煤矿安全规程》第三百五十一条，运送物料时，$l\leqslant40\mathrm{m}$。

3. 按列车运行条件

空、重列车的运行阻力应小于机车的牵引力。

空列车上坡时运行阻力：

$$W_{\mathrm{k}}=[P+nq_0](\omega_{\mathrm{k}}+i)g$$

重列车下坡时运行阻力：

$$W_{\mathrm{z}}=[P+n(q+q_0)](\omega_{\mathrm{z}}-i)g$$

以上两式中

W_{k}——空列车上坡运行阻力，kN；

W_{z}——重列车下坡运行阻力，kN；

ω_{k}——空列车运行阻力系数，见表 7-2-22；

ω_{z}——重列车运行阻力系数，见表 7-2-22。机车的牵引力是由机车功率和运行速度决定的，一般由生产厂提供。

（二）机车台数计算

每班工作的柴油机车台数按下式计算：

$$N=\frac{k_1k_2A_{\mathrm{b}}}{60T_{\mathrm{b}}nq}\left(160\frac{L}{v}+\theta\right)$$

式中　N——货运工作机车台数，台；

k_1——运输不均衡系数，一般取 $k_1=1.25$，综采时取 $k_1=1.35$；

k_2——矸石系数；

A_b——每班煤产量，t；

T_b——每班工作时间，h，一般 $T_b=7$h；

n——列车中的矿车数，辆；

q——矿车装载质量，t；

L——运输距离，km；

v——机车速度，km/h；

θ——装车及调车时间，min，一般为 $\theta=20\sim30$min。

（三）举 例

1. 计算原始数据

某矿年产煤 3.0Mt，两班生产，班产 $A_b=5000$t，高瓦斯矿井，两翼开采，加权平均运距 $L=1.26$km，运输不均衡系数 $k_1=1.35$，矸石系数 $k_2=1.1$，大巷运输坡度 $i=0.003$，重列车下坡运行，每班运矿物工作时间 $T_b=7$h，装车及调车时间 $\theta=25$min。

采用矿车为 3t 搭接式底卸矿车，载煤 $q=3$t，矿车质量 $q_0=1.9$t。机车采用长沙重型机器厂生产的 JX40KB 型防爆低污染内燃机车，机车轨距 600mm，整机质量 7t，功率 40 马力。

JX40KB 型机车速度与轮缘牵引力见下表

挡 位	1	2	3	4
速度(km/h)	4.25	6.30	12.70	19.30
牵引力(kN)	15.68	12.20	6.115	3.989

2. 列车组成计算

首先确定有关数据：$P=7$t，$q=3$t，$q_0=1.9$t，$g=9.8$m/s²，$a=0.04$m/s²，$\psi_q=0.24$，$\varphi_z=0.17$，$i=0.003$，$\omega_q=0.0105$，$\omega_y=0.007$，$\omega_k=0.009$，$\omega_z=0.007$。

按重列车上坡起动条件求列车中矿车数

$$n=\frac{P}{q+q_0}\left(\frac{g\psi_q}{1.075a+(\omega_q+i)g}-1\right)$$
$$=\frac{7}{3+1.9}\left(\frac{9.8\times0.24}{1.075\times0.04+(0.0105+0.003)\times9.8}-1\right)$$
$$=17.7 \text{ 辆}$$

首先确定运行速度，按机车运行在三挡，即 $v=12.7$km/h，以制动距离不超过 40m，求制动时减速度。

$$b=0.03858\frac{v^2}{l}=0.03858\times\frac{12.7^2}{40}=0.15556\text{m/s}^2$$

重列车下坡制动时机车牵引的矿车数为

$$n=\frac{P}{q+q_0}\left(\frac{g\psi_z}{1.075b-(\omega_y-i)g}-1\right)$$
$$=\frac{7}{3+1.9}\left(\frac{9.8\times0.17}{1.075\times0.15556-(0.007-0.003)\times9.8}-1\right)$$
$$=17.16 \text{ 辆}$$

按起动和制动条件，矿车数应为 17 辆，为适当留有余地，取 $n=16$ 辆。

牵引 16 辆矿车时运行阻力：

空列车上坡运行阻力

$$W_k = (P+nq_0)(\omega_k+i)g$$
$$= (7+16\times1.9)(0.009+0.003)\times9.8 = 4.4\text{kN}$$

重列车下坡运行阻力

$$W_z = [P+n(q+q_0)](\omega_z-i)g$$
$$= [7+16(3+1.9)](0.007-0.003)\times9.8 = 3.35\text{kN}$$

当牵引 16 辆矿车时，空、重列运行阻力都小于机车三档速度时的牵引力 6.115kN，因此机车运行在三档速度（$v=12.7$km/h）是合理的，同时也满足了起动和制动要求。如果机车运行在四档时，重车下坡牵引力不够，而且由于机车运行速度高（19.30km/h），在列车制动时，不能在 40m 内使列车停止。因此机车不能运行在四档。在有关的设计中宜对这一问题加以说明。

机车台数计算

$$N = \frac{k_1 k_2 A_b}{60 T_b nq}\left(160\,\frac{L}{v}+\theta\right)$$
$$= \frac{1.35\times1.1\times5000}{60\times7\times16\times3}\left(160\times\frac{1.26}{12.7}+25\right) = 15.05\text{ 台}$$

运煤机车取 16 台，运人机车每翼各 1 台。考虑到备用机车，则机车总台数为 $1.25\times(16+2)=22.5$ 台，取 23 台。运矸石用小吨位矿车，本例不再计算。

五、无极绳运输

（一）设备运输能力

无极绳运输是连续式运输，其能力为

$$A = 3.6\,\frac{q}{t}$$

式中　A——无极绳运输能力，t/h；

$\quad\quad q$——矿车装载质量，kg，如果是 1t 矿车每次挂一辆，$q=1000$kg，1t 矿车每次挂两辆则 $q=2\times1000$kg；

$\quad\quad t$——挂钩间隔时间，s，见表 7—2—10；通常取 $t=25$s。

（二）重列车侧（或空车侧）挂车数

$$n = \frac{L}{l}$$

式中　L——运输线路距离，m；

$\quad\quad l$——矿车（车组）间距，m，

$$l = vt$$

$\quad\quad v$——无极绳绞车运行速度，m/s；

$\quad\quad t$——挂钩间隔时间，s，见表 7—2—10。

（三）钢丝绳选择

无极绳运输用钢丝绳，一般选用〔绳 6×7 股（$1+6$）绳纤维芯〕圆形钢丝绳，其直径应考虑摘挂钩的可靠和方便，一般选用 13～34mm。钢丝绳公称抗拉强度选用 1520N/mm²。

钢丝绳选择按下式

$$p=\frac{n\ (q+q_0)\ (\omega\cos\beta\pm\sin\beta)\ g+S_{\min}}{\dfrac{\sigma_{\mathrm{B}}}{\gamma_0 m}-L\ (f\cos\beta\pm\sin\beta)\ g} \tag{7-2-33}$$

式中　p——钢丝绳单位长度质量，kg/m；

n——运输线路上每侧所挂矿车数，辆；

q——矿车装载质量，kg；

q_0——矿车质量，kg；

$S_{\min}$——钢丝绳最小张力，N，一般不小于2940N；

ω——矿车阻力系数，取 $\omega=0.015$；

f——钢丝绳阻力系数，取 $f=0.25$；

σ_{B}——钢丝绳抗拉强度，N/mm²，一般取1470N/mm²；

γ_0——钢丝绳密度，kg/m³；对于 6×7 钢丝绳取 $\gamma_0=9550$kg/m³；

m——钢丝绳安全系数，《煤矿安全规程》第四百条，规定无极绳运输运物时 $m=5.0-0.001L$ 最小不得小于3.5；

L——运输线路距离，m；

g——重力加速度，m/s²，$g=9.8$m/s²；

β——运输线路倾角，(°)，当线路倾角有变化时，用其加权平均值。

在式（7-2-33）中，当重车上坡运行取"＋"号，重车下坡运行取"－"号。

根据 p 计算值，在表7-2-27中选取钢丝绳。如果选用的钢丝绳直径过小（小于13mm），则应适当加大直径，以便可靠挂钩，如果直径过大（大于34mm）则不能挂钩。这时

表7-2-27　绳 6×7（1+6）绳纤维芯钢丝绳

直　径		钢丝总断面积	参考质量	钢丝绳公称抗拉强度 (N/mm²)			
钢丝绳	钢　丝			1370	1520	1670	1810
				钢丝破断拉力总和			
mm		mm²	kg/100m	N（不小于）			
15	1.6	84.40	80.60	115640	127890	140140	152880
16	1.7	95.28	90.99	130340	144550	158270	172480
17	1.8	106.82	102.00	146510	162190	177870	193550
18.5	2.0	131.88	125.90	180810	199920	219520	238630
20.5	2.2	159.57	152.40	218540	242060	265580	289100
22.5	2.4	189.91	181.40	260190	288120	316050	343980
24.5	2.6	222.88	212.90	305760	338100	370930	403760
26.0	2.8	258.48	256.80	354270	392490	430220	468440
28.0	3.0	296.73	283.40	406700	450310	493920	537530
30.0	3.2	337.61	322.40	463050	512540	562030	612010

应减少运输距离或加大挂车距离。

大巷运输线路坡度很小时，可以近似认为 $\sin\beta=\mathrm{tg}\beta=i$，$\cos\beta=1$。则上式变为

$$p=\frac{n(q+q_0)(\omega\pm i)g+S_{\min}}{\dfrac{\sigma_{\mathrm{B}}}{\gamma_0 m}-L(f\pm i)g} \tag{7-2-34}$$

式中　i——运输线路平均坡度，‰，对于运输大巷，一般取 $i=3$‰。

钢丝绳规格确定后，应校验安全系数 m 是否满足要求。即

$$\frac{F_{\mathrm{p}}}{S_{\mathrm{m}}}\geqslant m \tag{7-2-35}$$

$$m=5.0-0.001L \tag{7-2-36}$$

式中　F_{p}——钢丝绳中钢丝破断拉力之和，N；

　　　S_{m}——运输系统中最大静张力，N，在大巷无极绳运输中，应为主绳轮进绳点张力 S_5。见下一节。

　　　L——运输距离，m；

　　　m——钢丝绳安全系数。

（四）各点张力计算

大巷无极绳运输属于重车向下、空车向上、传动装置在下端的微小坡度运输系统。见图 $7-2-1$。

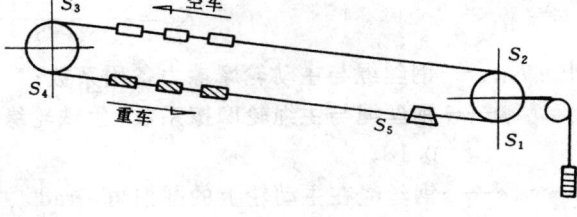

1. 空、重车段阻力

空车向上运输，其阻力为

图 $7-2-1$　无极绳运输系统图

$$F_{\mathrm{k}}=[nq_0(\omega+i)+pLf]g \tag{7-2-37}$$

重车向下运输，其阻力为

$$F_{\mathrm{z}}=[n(q+q_0)(\omega-i)+pLf]g \tag{7-2-38}$$

式中　F_{k}——空车段阻力，N；

　　　F_{z}——重车段阻力，N；

　　　ω——矿车阻力系数，取 $\omega=0.015$；

　　　f——钢丝绳运行阻力系数，取 $f=0.25$。

2. 运输系统各点张力

首先要确定运输系统中最小张力点：在微小坡度上（$i=3$‰～6‰）重车向下运输时，$F_{\mathrm{k}}>0$，$F_{\mathrm{z}}>0$，而且 $|F_{\mathrm{z}}|>F_{\mathrm{k}}$。此时最小张力点在主动绳轮的绕出点 S_1。一般最小张力按不小于 2940N 考虑。

各点张力为：

$$S_1=S_{\min}=2940\mathrm{N} \tag{7-2-39}$$

$$S_2=KS_1 \tag{7-2-40}$$

$$S_3=S_2+F_{\mathrm{k}}=KS_1+F_{\mathrm{k}} \tag{7-2-41}$$

$$S_4=KS_3=K(KS_1+F_{\mathrm{k}}) \tag{7-2-42}$$

$$S_5=S_4+F_{\mathrm{z}}=K(KS_1+F_{\mathrm{k}})+F_{\mathrm{z}} \tag{7-2-43}$$

式中　K——钢丝绳绕导向轮的阻力系数，取 $K=1.06$。

（五）无极绳绞车选择计算

1. 静张力和静张力差

运输系统中的最大静张力，最大静张力差都不得大于无极绳绞车设备的相应值。

$$F > S_5 \tag{7-2-44}$$

$$F_c > S_5 - S_1 \tag{7-2-45}$$

式中　F——设备表中最大静张力，N；

　　　　F_c——设备表中最大静张力差，N；

　　　　S_1——运输系统最小张力，N；

　　　　S_5——运输系统最大静张力；N。

2. 速　度

无极绳绞车的运输速度通常有两种，可根据运输能力要求，选择运输速度。

3. 摩擦力校验

$$K_m = \frac{S_1 \ (e^{\mu\alpha} - 1)}{S_5 - S_1} \geqslant 1.15 \tag{7-2-46}$$

式中　K_m——钢丝绳与主动轮摩擦力备用系数；

　　　　μ——钢丝绳与主绳轮摩擦系数；生铁轮缘为 0.12～0.14；镶木材或皮革时为 0.16～0.18；

　　　　α——钢丝绳在主动轮上的围抱角，rad。

4. 制动可靠性校验

当电动机处于发电机方式运转时，必须校验制动的可靠性。即在制动过程中，制动距离不超过 3.0m 的条件下，验算主动绳轮不打滑的条件。

1）制动时减速度

$$b = \frac{v^2}{2l} \tag{7-2-47}$$

式中　b——制动时减速度，m/s²；

　　　　v——钢丝绳运行速度，m/s；

　　　　l——制动距离，m，取 $l = 3.0$m。

2）制动时下放重车段增加的张力

$$F_x = b \ [n \ (q+q_0) \ + pL] \tag{7-2-48}$$

式中　F_x——制动时下放重车段增加的张力，N；

　　　　n——重车侧挂车数量，辆。

3）制动时上提空车段减少的张力

$$F_s = b \ [nq_0 + pL] \tag{7-2-49}$$

式中　F_s——制动时上提空车段减少的张力，N。

4）钢丝绳不打滑条件验算

按照摩擦传动条件，$S_1 \leqslant S_5 e^{\mu\alpha}$，则在制动时，使钢丝绳不打滑，必须满足下列关系。

$$S_1 + F_x \leqslant (S_5 - F_s) \ e^{\mu\alpha} \tag{7-2-50}$$

$e^{\mu\alpha}$值，见表 7-2-28。

当运输线路长度 $L > 2.0$km 时，宜设置双向拉紧装置，以防制动时掉车。

5. 电动机功率

$$N=K_b \frac{(S_5-S_1)\,v}{1000\eta} \qquad (7-2-51)$$

式中　N——无极绳绞车电动机功率，kW；

K_b——功率备用系数，一般取 1.15～1.20；

v——无极绳绞车运行速度，m/s；

η——机械传动效率，一般取 $\eta=0.80～0.85$。

无极绳绞车的电动机功率、转速应按制造厂配备的数值选择。

表 7-2-28　$e^{\mu\alpha}$ 值

α(rad) \ μ	0.12	0.14	0.16	0.18
π	1.458	1.552	1.653	1.760
1.25π	1.602	1.733	1.874	2.028
1.50π	1.760	1.934	2.125	2.336
1.75π	1.934	2.159	2.410	2.690
2.0π	2.125	2.410	2.733	3.099
2.25π	2.336	2.690	3.099	3.569
2.50π	2.566	3.003	3.514	4.111
2.75π	2.820	3.352	3.984	4.736
3.0π	3.099	3.741	4.518	5.455
4.0π	4.518	5.808	7.468	9.602

（六）大巷无极绳运输实用选型表

1. 概　述

鉴于大巷无极绳运输中，大多数的相关条件已经确定。不同矿井仅在速度和运输距离方面有区别。每一台无极绳绞车的速度只有两种可供选择，而且相差不大，可按需要的运输能力加以确定。因此运输距离就是选择绞车的主要因素。

常用无极绳绞车技术特征见表 7-2-29。

为了使用方便，特制作大巷无极绳运输实用选型表。在表中是按大巷的相关情况制定的。以不同运输坡度并按以下三个条件反求出运输距离。

（1）根据无极绳绞车的最大静张力等于运输系统的最大张力求运输距离 L_1；

（2）根据无极绳绞车的最大静张力差等于运输系统的最大张力差求运输距离 L_2；

（3）根据钢丝绳安全系数和运输系统最大张力求运输距离 L_3。当安全系数采用最大不变值时（$m=5.0$），所求得的运输距离都大于 L_1 及 L_2。

按 L_1、L_2 及 L_3 取其中最小值，并乘以 0.95 的系数，作为设计推荐值 L。

表 7－2－29 无极绳绞车技术特征

| 型 号 | 荷 载 (kN) | | 绳速 (m/s) | 卷筒直径 (mm) | 钢丝绳直径 (mm) | 减速比 | 电 动 机 | | | 外形尺寸 长×宽×高 (mm) | 质量 (kg) |
	最大静张力	最大静张力差					型 号	功率 (kW)	电压 (V)		
JW500/33	12	10	0.8 1.2	500	13	33	YB180L－6	15	380 660	1670×738 ×623	835
JW950/48	25	20	0.75 1.0	950 大端	18.5	48	YB225M－8 YB225M－6	22 30	380 660	2060×1268 ×950	3000
JW1200/60	35	30	0.75 1.0	1200 大端	21.5	60	YB250M－8 YB250M－6	30 37	380 660	2568×1448 ×1200	3900
JW1600/80	60	50	0.75 1.0	1600 大端	28	80	Y280M－8 Y280M－6	55 75	380 660	3245×1710 ×1600	5000
JW2100/100	120	96	0.75 1.0	2100	34	100	JR125－8 JR125－6	95 100	380 660	5585×3900 ×1605	17570

在制表时采用的有关数据如下：

(1) 运输系统：大巷无极绳运输，重车下坡，空车上坡，传动装置和拉紧装置均在下端；

(2) 挂车间隔距离：$l=20$m；

(3) 巷道坡度：$i=3‰～6‰$，在此坡度下，重车段拉力大于空车段拉力并大于零；

(4) 最小张力：$S_{min}=300×9.8$N；

(5) 使用矿车：1t 固定矿车，矿车质量 610kg，装载质量 1000kg；

(6) 各种参数：

矿车阻力系数：$\omega=0.015$；

钢丝绳阻力系数：$f=0.25$；

钢丝绳绕过导向轮阻力系数：$K=1.06$。

2. 举 例

某矿年产煤 0.45Mt，井下大巷采用无极绳运输，矿车使用 1t 固定矿车，运输距离 800m，巷道坡度 3‰重车下坡，选无极绳绞车设备。

矿井产量
$$A_1=\frac{0.45×10^6}{300×14}=107.1t/h$$

摘挂钩时间按 25s 则无极绳绞车的能力为

$$A_2=3.6×\frac{1000}{25}=144t/h$$

因此，大巷采用无极绳运输能满足矿井产量的要求。

按运输距离 800m 查表 7－2－30，当选用 JW950/48 型无极绳绞车时，其最大运输距离设计推荐可达 865m，能满足要求。

从本例中可知，大巷无极绳运输，一般可不必进行设备选型计算，只要按运输坡度和运输距离，从表 7－2－30 中就可查出需要的无极绳绞车设备型号。

表 7−2−30　大巷无极绳运输实用选择表

项目 \ 型号	单位	JW500/33				JW950/48				JW1200/60				JW1600/80			
卷筒直径	mm	500				950				1200				1600			
最大静张力	kN	12				25				35				60			
最大静张力差	kN	10				20				30				50			
钢丝绳速度	m/s	0.8/1.2				0.75/1.0				0.75/1.0				0.5/1.0			
允许钢丝绳最大直径	mm	13				18.5				21.5				28			
		最大运输距离 (m)				最大运输距离 (m)				最大运输距离 (m)				最大运输距离 (m)			
		L_1	L_2	L_3	L	L_1	L_2	L_3	L	L_1	L_2	L_3	L	L_1	L_2	L_3	L
大巷坡度 ‰	3	475	527	788	450	1008	912	1526	865	1386	1296	1767	1230	1923	1684	2647	1600
	4	488	541	809	460	1303	932	1560	885	1415	1323	1804	1255	1954	1711	2690	1625
	5	501	555	831	475	1054	954	1596	905	1446	1352	1843	1285	1983	1739	2735	1650
	6	515	571	854	490	1079	976	1634	925	1478	1381	1884	1310	2020	1769	2781	1680

注:表中"L"栏为设计推荐的最大运输距离。

第五节　矿井车辆配备及井巷铺轨

一、矿车配备

(一) 排列法

这是一种最常用的确定矿车数量的方法,适用于任何井型、任何运煤方式的矿井,矿井设计时一般应采用该法。

采用固定式矿车运煤时,矿井需用的列车数量和矿车数量,应按表 7−2−31 确定。

采用底卸式矿车运煤时,应根据列车运行图表,计算需用底卸式矿车数量;辅助运输用固定式矿车数量,也应按表 7−2−31 确定。

大巷煤炭运输采用带式输送机时,应根据掘进煤运输方式确定固定式矿车数量。

备用矿车数量宜为使用数量的 20%。

平板车数量应根据采煤机械化程度确定。综合机械化采煤的矿井,每一个综采工作面配备放置设备的平板车宜为 25 辆;全矿可配备工作面搬迁时运送设备平板车宜为 60 辆,并应另外配备运送其他设备的平板车 20 辆。普通机械化采煤的矿井,配备平板车宜为 20 辆;平板车备用量应为使用量的 10%。各类材料车数量应根据运距和运量计算,其备用量应为使用量的 10%。

大巷采用人车运送人员时,人车数量按最大班人员在 40~60min 内运完计算,另加 10%

表7-2-31 矿 车 数 量 表

顺 序	用 车 地 点	单 位	数 量
1	主井井底车场	列	1.5~2.0
2	副井井底车场	列	0.5~1.5
3	每台工作机车	列	1.0
4	每一采区下部装车站	列	0.5~1.0
5	每一采区矸石材料车场	列	0.5
6	每一运输大巷掘进组	列	0.5~1.0
7	副井井口车场	列	0.5~1.0
8	地面矸石系统	列	0.5~1.0
9	清理井底	辆	3~5
10	井筒运行		根据井筒运行装备而定
11	每一采区顺槽掘进组	辆	5~10(用输送机时不计)
12	其 他	列	0.5~1.0

备用量。主要倾斜井巷采用人车运送人员时，其人车数量根据计算确定，另加一辆备用。

（二）计算法

根据最近几年推广使用底卸式矿车经验,各种矿车数量均应根据运输能力经计算确定。对于不升井不进采区的大容量（大于1.5t）矿车或底卸式矿车，可按公式（7-2-52）近似计算使用矿车数量。

$$W=\frac{5PN}{G} \qquad (7-2-52)$$

式中 W——矿车数，辆；

P——机车质量，t；

N——工作电机车台数（见公式7-2-3），辆；

G——矿车装载质量，t。

备用和修理矿车数量仍为矿车使用量的20%。如为双机牵引，备用数量必须大于1列车。

辅助运输使用的小容量（1.5t以下）矿车和材料车应单独按周转率计算。因为周转率不仅需要考虑总的运输量，其中也包括有时间因素在内。目前矸石和材料车的周转每天约1~2次。需要运送的坑木、支架等材料，可按每采1000t煤消耗3.3~10m³考虑。矸石和半煤岩掘进总体积（总重量），可按掘进出矸量和出煤量计算。

对于地面或其他生产水平以及各个采区内部仍需要使用矿车运输煤炭时，应分区计算矿车数量。

平板车数量仍按排列法规定选择，若运送重型液压支架，应特制加重平板车。

各种车辆技术特征见表7-2-32～表7-2-44。

表 7-2-32 固定式矿车技术特征表

名 称	型 号	容积 (m³)	名义载重量 (t)	轨距 (mm)	轴距 (mm)	牵引高度 (mm)	缓冲器 型式	最大牵引力 (kN)	外形尺寸 (长×宽×高)(mm)	车轮直径 (mm)	质量 (kg)	生产厂家
0.6t固定式矿车	MGC0.6-6	0.6	0.5	600	450	320			1450×900×980	300	510	①
0.6t固定式矿车	MGC0.6-6	0.6	0.5	600		293		30	1424×880×1090	300	386	⑫
0.6t固定式矿车	MGC0.6-6C	0.6	0.5	600	500				1320×874×1150	300		⑬
1t固定箱式矿车	MGC1.1-6A	1.1	1	600	550	320	单列弹簧式	60	2000×880×1150	300	592	①②③④⑧⑰⑲㉓
1t固定箱式矿车	MG1.1-6B	1.1	1	600	550	320		60	2000×880×1150	300	592	⑯⑱⑳㉑㉓
1t固定箱式矿车	MG1.1-6C	1.1	1	600	550	320		60	2000×880×1150	300	592	⑯⑱⑳㉑㉓
1t固定箱式矿车	MGQ1.1-6	1.1	1	600	550	320		60	2000×880×1150	300	592	㉑
1t固定箱式矿车	MGU1.1-6	1.1	1	600	550	320		60	2000×880×1150	300	592	㉑
1t固定箱式矿车	MGC1.1-6	1.1	1	600	550	320	双列弹性,刚性	60	2000×880×1150	300	630	⑨获国家专利
1t固定式箱式矿车	2KC-1U	1.1	1	600	550	320		60	2000×880×1150	300	590	⑩
U型固定式矿车	U 型	1.1	1	600		320		60	2000×880×1150	300	618	⑪
1t固定式矿车	308DU	1.1	1	600		320		60	2000×880×1150	300	592	⑮
1.5t固定箱式矿车	MG1.7-6A	1.7	1.5	600	750	320	单列弹簧式	60	2400×1050×1200	300	718	②⑤⑥⑨㉓
1.5t固定箱式矿车	MG1.7-9B	1.7	1.5	900	750	320	双列弹簧式	60	2400×1050×1150	350	974	⑤⑦㉓
2t固定箱式矿车	JG2.0-6	2	2	600	800	320	弹簧	60	3000×1200×1200	400	1100	②
3t固定式矿车	MG3.3-9B	3.3	3	900	1100	320	双列弹簧式	60	3450×1320×1300	350	1315	①②⑤⑦⑯㉓
1t固定式矿车	3KC1.1	1.07	1	600	550	320			2000×880×1150	300	600	㉒
1t固定式矿车	MGC1.1-6	1.1	1	600	550	320		60	2000×828×1143	300	653	⑨⑬⑭

注：生产厂家：①淮南省连部机械厂；②山西矿山运输机械厂；③山西省原平起重运输机械总厂；④四川省煤矿机械厂；⑤兰州矿山机械厂；⑥常州市矿车厂；⑦锦州矿山机械厂；⑧湖南省连邵部机械厂；⑨徐州矿务局第二机械厂；⑩院南煤矿机械厂；⑪四川省宜宾煤矿机械厂；⑫山西省磁窑煤矿机械厂；⑬北票矿山机械厂；⑭沈阳煤矿建设机械厂；⑮吉林矿山机械厂；⑯温县煤矿矿设备厂；⑰洛阳市煤矿设备厂；⑱山西煤矿机械厂；⑲江西煤矿机械厂；⑳黄山矿山机械厂；㉑山西省煤矿机械厂；㉒广东省汕头矿矿机设备电器栈；㉓鹤岗市起重运输机械总厂。

表 7—2—33　底 卸 式 矿 车 技 术 特 征 表

名　称	型　号	容积 (m³)	名义载重量 (t)	轨距 (mm)	轴距 (mm)	牵引高度 (mm)	车轮直径 (mm)	卸载角度 (°)	缓冲器 型式	缓冲器 最大牵引力 (kN)	外形尺寸 (长×宽×高)(mm)	质量 (kg)	生产厂家
0.6t底卸式矿车	MDC0.6—6	0.6	0.5	600							1320×874×1150		⑤
1t底卸式矿车	MDC1.1—6	1.1	1	600							1804×880×1150		⑤
1t底卸式矿车	MD1.1—6	1.1	1	600	550	320					2000×800×1150	590	⑨
1t手动底卸式矿车	MD1.1—9	1.1	1	900	900	340			单列木制	30	2000×1102×1100	622	⑧⑩
3t底卸式矿车	MD3.3—6	3.3	3	600	1100	320	350	45~55	双列弹簧式	60	3450×1200×1400	1800	①②③④⑦⑧
底卸搭接式硬连接型矿车	MDYD3.3—6	3.3	3	600	1100	320		≥50			4030×1200×1400	1850	④
3t底卸式矿车	MD3.3—9	3.3	3	900	1100	320		≥53		58.8	3000×1520×1550	1730	④
5t底卸式矿车	MD5.5—9	5.5	5	900	1350	430			双列弹簧式		4200×1520×1550	2896	①③④⑦⑧
底卸搭接式硬连接型矿车	MDYD5.5—9	5.5	5	900	1350	430		≥50		58.8	4840×1520×1550	2950	④
5t底卸式矿车	MDCC5.5—6	5.5	5	600	1600	430	400	55	双列双簧	60	5050×1360×1600	3328	③
5t底卸式矿车	MDCC5.5—6	5.5	5	600	1600	430	400	55	蝶型弹簧	60	5482×1360×1600	3357	③
10t底卸式矿车		11	10	900	2300	660		55	橡胶弹簧	60	6460×1650×1950	6500	⑬
3t底卸侧卸式矿车	MDC3.4—6B	3.4	3	600	1100	430		50	双列弹簧	60	3680×1200×1400	1750	⑧
3t底卸式矿车	MDC3.4—9B	3.4	3	900	1000	320		50~55	双列弹簧式	60	3340×1520×1500	1803	⑧
3t底卸式矿车	K12D	3.3	3	600		430					3680×1200×1400	1750	⑧
	K83	3.3	3	600		430					3680×1200×1400	2650	⑧
	TC2.5	2.5	6.25	600		320		45			3650×1250×1300	2000	⑧
	KC24	4	10	762		430		48			3900×1460×1650	3200	⑧
	KZ10	5.5	5	600							4800×1360×1550	2948	⑧
正底卸式矿车	KDC6	6.0											⑪
卸载站(配 6m³ 矿车)	XKZ6												⑪
侧底卸式矿车	MDCYD7—9	7	6.3	900	1900	630		60		58.8	5765×1633×1800	3830	④

续表

名　称	型　号	容积 (m³)	名义载重量 (t)	轨距 (mm)	轴距 (mm)	牵引高度 (mm)	车轮直径 (mm)	卸载角度 (°)	缓冲器 型式	缓冲器 最大牵引力 (kN)	外形尺寸 (长×宽×高) (mm)	质量 (kg)	生产厂家
侧底卸式矿车	MDCYD5.5-9	5.5	5	900 600	1500	430		60		58.8	4200×1520×1550	3200 3100	④
侧底卸式矿车	MDCYD3.3-6	3.3	3	600	1100	320		60		58.8	3780×1300×1300	2000	④
双开门自卸式矿车	SK0.87-6	0.87	0.7	600	550	210	300	30			1784×885×1173	453	⑫
双开门自卸式矿车	SK0.6-5.9	0.6	0.5	590		165	160	30			1610×825×920	286	⑫
2m³曲轨侧卸式矿车	BK2.0-762	2	4.0	762	800	345	400			60	2700×1300×1350	1564	③

注：生产厂家：①兰州煤矿机械厂；②湖南省诸部机械厂；③山西省原平起重运输机械总厂；④淮南矿山运输机械厂；⑤北票矿山运输机械厂；⑥六盘水煤机厂；⑦温县煤矿设备厂；⑧吉林市矿山机械厂；⑨皖南煤矿机械厂；⑩鹤岗市起重运输机械厂；⑪常州工矿电车厂；⑫四川省宜宾煤矿机械厂；⑬北京煤炭设计研究院设计。

表7-2-34　翻斗式矿车技术特征表

名　称	型　号	容积 (m³)	名义载重 (t)	轨距 (mm)	最大载重 (t)	轴距 (mm)	牵引高度 (mm)	牵引力 (kN)	车轮直径 (mm)	卸载角度 (°)	外形尺寸 (长×宽×高) (mm)	质量 (kg)	生产厂家
0.6m³翻斗式矿车	MF0.6-6-G1	0.6	0.9	600		500	320		300	40	1700×900×110	442	①
0.5m³翻斗式矿车	MF0.5-6U	0.5	0.6	600		500	330		300		1500×840×1075	410	⑨
0.5m³翻斗式矿车	MF0.6-6U	0.5	0.6	600		500	305		250		1500×840×1050	370	⑨
0.75m³翻斗式矿车	MF0.75-6	0.85	1.1	600		500	320	30		40	1700×900×1050	374	②
0.6m³翻斗式矿车	MF0.6-6	0.6		600	0.96	500	320		250	42	1700×900×1050	374	⑤
0.6m³V型翻斗式矿车	MF0.6-6	0.6		600	1.0	900	320				1780×1250×1100	400	④⑥
0.75m³V型翻斗式矿车	V型	0.75	0.7	600	1.2		296	30	300	40	1820×960×1245	540	⑧

续表

名称	型号	容积 (m³)	名义载重 (t)	最大载重 (t)	轨距 (mm)	轴距 (mm)	牵引高度 (mm)	牵引力 (kN)	车轮直径 (mm)	卸载角度 (°)	外形尺寸 (长×宽×高)(mm)	质量 (kg)	生产厂家
1.1m³V型翻斗式矿车	MF1.1-6	1.1		1.8	600	900	320				2120×1410×1315	600	①
1.1m³V型翻斗式矿车	MF1.1-9	1.1		1.8	900	900	320				2120×1435×1315	758	④
1.2m³V型翻斗式矿车	MF1.2-9	1.2		2.0	900	900	320				2280×1720×799	710	①
1.4m³V型翻斗式矿车	S1181-367.1-00X	1.4		3.0	900	1100	320				3450×1406×1434	1194	①
0.75m³翻斗式矿车	YFC0.75-6	0.75	1.0	1.875	600 762	650	296	30	300	40	1820×960×1245	591	③
0.6m³U型翻斗式矿车	MFC0.6-6	0.6	0.9	0.96	600	500	320		300	40	1700×900×1050	400	①
0.55m³U型翻斗式矿车	MFC0.55-6	0.55	0.5	0.9	60	500	320		300	40	1500×850×1045	400	④
0.6m³翻斗式矿车	GA810-7	0.6		1.0					300	37	1845×1240×1150	457	⑤
1m³翻斗式矿车	GA810-8	1.0		1.6					300	38	2040×1410×1315	606	⑤
1m³带刹翻斗式矿车	FFL	1.0	1.0				320	60			2050×1330×1275		⑦
0.96m³翻斗式矿车	FK0.96-6	0.96	0.75		600		350		300		2240×920×1282	760	⑧
1.1m³V型翻斗式矿车	WF1.1-6V	1.1	1		600	500	325				2090×1370×1225	640	⑨
1.845m³翻斗车	MFC1.845-9	1.845		2.029	900	1450	320				1750×1760×1430	1463	④
2.2m³三面翻矸车	PGSC-2.2	2.2		4.0	1200	1500	75				2873×2332×2065	2306	④
3.4m³三面翻矸车	PGSC-3.4	3.4		6.0	1200	1500	100				3903×2540×2584	3670	④
双面气翻车	KQC10-9		20										⑩
气动气翻车	QF20	11	20		762 900	1300	600		650	45	9720×2430×1990		⑪

注：生产厂家：①兰州煤矿机械厂；②湖南省涟邵起重运输机械总厂；③山西省原平起重运输机械总厂；④淮南矿山运输机械总厂；⑤鹤岗市起重运输机械总厂；⑥北票矿山机械厂；⑦山西省磁窑煤矿机械厂；⑧四川省宜宾煤矿机械厂；⑨皖南煤矿山机械厂；⑩常州工矿电机车厂；⑪吉林矿山机械厂。

表 7-2-35　梭式搭接式矿车技术特征表

型号	容积 (m³)	载重 (t)	轨距 (mm)	最小转弯半径 (m)	装载高度 (m)	适用巷道规格 (m)	卸载时间 (min)	最大运行速度 (km/h)	电动机 型号	电动机 功率 (kW)	外形尺寸 (长×宽×高) (mm)	质量 (kg)	生产厂家
S4	4	10	600	8	1.25	2.2×2.2	1	20	JBI^2	7.5	6265×1280×1610	5550	①
S6	6	15	600	15	1.25	2.4×2.4			JⅠ^{2}或JBI^2	10.5	7160×1450×1650	7650	①
S8	8	20	600 762 900	15	1.25	3.0×3.0			JⅠ^{2}或JBI^2	13	9540×1570×1640	10000	①
S8D(SD8)	8	20	600 762 900	12	1.2	3.0×3.0	2		JBI^2	18.5	9600×1560×1780	9280	①②

注：生产厂家：①吉林市矿山机械厂；②湘潭煤矿机械厂。

表 7-2-36　平板车技术特征表

名称	型号	名义载重量 (t)	最大载重量 (t)	轨距 (mm)	轴距 (mm)	牵引高度 (mm)	车轮直径 (mm)	最大牵引力 (kN)	连接器型式	缓冲器型式	外形尺寸 (长×宽×高) (mm)	质量 (kg)	生产厂家
1t平板车	MP1-6A	1.0	2.0	600	550	320	300	60	单环链	单列弹簧式	2000×880×1150	464	①
1t平板车	MP1-6A	1.0	2.0	600	550	320	300	60	三环链 万向链	单列弹簧式	2400×1150×480	438	②
1t平板车	MP1-6A	1.0	2.0	600	550	320	300	60	单环链	单列弹簧式	2000×880×410	465	③⑤⑥⑦⑧⑨⑩⑫
1t平板车	MP1-6B	1.0	2.0	600	550	320	300	60	单环链	双列弹簧式	2000×880×410	482	⑥⑦⑩⑫
1.5t平板车	MP1.5-6A	1.5	2.9	600	750	320	300	60	三环链	单列弹簧式	2400×1050×415	530	⑪⑫
1.5t平板车	MP1.5-9B	1.5	2.9	900	750	320	300	60	三环链	双列弹簧式	2400×1150×480	790	⑪⑫
2t平板车	P2-6	2.0		600	650	320	300	60	单环链	单列弹簧式	1894×1200×368	400	④
3t平板车	MP3-762	3.0		762	1000	320	350	60	单环链	单列弹簧式	3000×1200×466	750	④
3t平板车	MP3-6	3.0		600	1100	320	350	60	三环链	单列弹簧式	3410×1520×480	835	⑩
3t平板车	MP3-9B	3.0	5.5	900	1000	320	350	60	三环链	双列弹簧式	3450×1320×480	910	⑪⑫
16t平板车	MP16-6	16		600	1000	200	200				2700×1200×300	811	⑦
1t平板车	MPC1-6A	1.0	2.0	600	550	320	300	60	单环链	三环链	2000×880×410	464	⑬

续表

名　称	型　号	名义载重量(t)	最大载重量(t)	轨距(mm)	轴距(mm)	牵引高度(mm)	车轮直径(mm)	最大牵引力(kN)	连接器型式	缓冲器型式	外形尺寸(长×宽×高)(mm)	质量(kg)	生产厂家
1t平板车	MPC1-6B	1.0	2.0	600	750	320					2000×880×410	482	⑬
1.5t平板车	MPC1.5-6A	1.5	2.9	600	750	320					2000×900×410	527	⑬
1.5t平板车	MPC1.5-9B	1.5	2.9	900	750	320					2400×1150×480	788	⑬
2t平板车	MPC2-6	2.0	2.9	600	550	320					2000×880×410	490	⑬
3t平板车	MPC3-6	3.0	5.5	600	1100	320					2400×1050×415	530	⑬
3t平板车	MPC3-9B	3.0	5.5	900	1100	320					3450×1320×480	992	⑬
10t重型平板车	SI366-366.1-00		10	900	1100	238					3410×1320×480	992	⑬
13.5t重型平板车	MPC13.5-6	15	15	600	1100	238					2500×1400×342	1050	⑬
15t重型平板车	MPC15-6	15	17	600	1100	238					2500×1500×340	1030	⑬
18t重型平板车	MPC18-9	18	20	900	1100	225					2900×1300×298	1050	⑬

注：生产厂家：①兰州煤矿机械厂；②湖南省涟邵机械厂；③皖南省谁部机械厂；④山西省原平起重运输机械总厂；⑤山西省磁窑煤矿机械总厂；⑥温县煤矿设备厂；⑦山西煤矿机械厂；⑧黄石煤矿机械厂；⑨辽宁省煤矿机械厂；⑩吉林省矿山机械厂；⑪淮南市矿山车厂；⑫鹤岗市起重运输机械总厂；⑬淮南矿山运输机械厂。

表 7-2-37　材料车技术特征表

名　称	型　号	名义载重量(t)	最大载重量(t)	轨距(mm)	轴距(mm)	车轮直径(mm)	连接器型式	缓冲器型式	牵引高度(mm)	最大牵引力(kN)	外形尺寸(长×宽×高)(mm)	质量(kg)	生产厂家
1t材料车	MC1-6A	1.0	2.0	600	550	300	三环链万向链	单列弹簧式	320	60	2000×880×1150	494	①②⑤⑥
1t材料车	MLC1-6	1.0	2.0	600	550	300			320	60	2000×880×1150	511	④
1t材料车	MC1-6B	1.0	2.0	600	550	300	三环链	双列弹簧式	320	60	2000×880×1150	515	⑤⑧
1t材料车		1.0		660	750	300	单环链		325	60	2000×825×1150		⑦
1.5t材料车	MC1.5-6A	1.5	2.9	600	550	300	单环链	单列弹簧式	320	60	2400×1050×1200	566	③⑤⑧⑨

续表

名称	型号	名义载重量(t)	最大载重量(t)	轨距(mm)	轴距(mm)	车轮直径(mm)	连接器型式	缓冲器型式	牵引高度(mm)	最大牵引力(kN)	外形尺寸(长×宽×高)(mm)	质量(kg)	生产厂家
1.5t材料车	MC1.5-9B	1.5	2.9	900	750		万能、单环三环	双列弹簧式	320	60	2400×1150×1150	795	⑤⑧
2t材料车	MLC2-6	2	2	600	600				320	60	2000×880×1150	580	④
3t材料车	MC3-9B	3	5.5	900	1100	350	单环链三环链		320	60	3450×1320×1300	935	③⑤⑧
3t材料车	MC3-9G	3	5.5	900	1100	350		双列弹簧式	335	60	3450×1320×1300	1100	⑤
3t材料车	MLC3-6	3	3	600	750				320	60	2400×1050×1200	564	④
3t材料车	MLC3-9	3	3	900	750				320	60	2400×1150×1150	794	④
5t材料车	MLC5-6	5	5	600	1100				320	60	3450×1200×1200	920	④
5t材料车	MLC5-9	5	5	900	600				320	60	2100×1150×1300	790	④
5t材料车	MLC5-9	5	5.5	900	1100				320	60	3450×1320×1250	940	④
3t养护车	Y3-750	3		750	560	300	自动挂钩				1650×1040×382	7455	③

注：生产厂家：①兰州煤矿机械厂；②湖南省涟邵机械厂；③山西省原平起重机运输机械总厂；④淮南矿山运输机械总厂；⑤鹤岗市起重机运输机械厂；⑥皖南煤矿机械厂；⑦徐州矿务局第二机械厂；⑧淮南市矿平车厂；⑨常州市第二煤机厂。

表7-2-38　PRC型平巷人车技术特征表

型号	乘坐人数每节车	轨距(mm)	轴距(mm)	适用轨型(kg/m)	巷道坡度(°)	最大牵引力(kN)	最大行车速度(m/s)	最小弯道半径 水平方向(m)	最小弯道半径 垂直方向(m)	适用道床	外形尺寸(长×宽×高)(mm)	牵引高(mm)	质量(kg)	生产厂家
PRC8-6/6	8	600			1.5	60	3	8	8		3460×1024×1520	320	1300	②
PRC12-6/6	12	600			1.5	60	3	8	8		4460×1024×1520	320	1460	②
PRC18-9/6	18	900			1.5	60	3	9	9		4460×1300×1520	320	1690	②
PR12-6/3	12	600	1500			30	3	8			4280×1030×1575		1480	①
PR18-9/4	18	900	2500			40	3.5	8			4460×1320×1520		1750	①

续表

型　号	每节车乘坐人数	轨距(mm)	轴距(mm)	适用轨型(kg/m)	最大牵引力(kN)	最大行车速度(m/s)	最小弯道半径 水平方向(m)	最小弯道半径 垂直方向(m)	巷道坡度(°)	适用道床	外形尺寸(长×宽×高)(mm)	牵引高(mm)	质量(kg)	生产厂家
PRC-12	12	600	1500	22~30	30	3	8	8	1.5	木轨枕或水泥轨枕整体道床	4280×1020×1525		1448	③
PRC-18	18	762 900	1500	22~30	30	3	8	8	1.5	木轨枕或水泥轨枕整体道床	4280×1300×1525		1492	③
PR8-6	8	600			60	3	8	8	1.5		2884×954×1615			⑤
PR6-6	6	600'			60	3	8	8	1.5		2500×954×1650			⑤
PR4-6	4	600			60	3	8	8	15		1900×950×1566			⑤

注：生产厂家：①湖南省涟邵机械厂；②焦作煤矿设备厂；③吉林市矿山机械厂；④淮南矿山运输机械厂；⑤徐州矿务局第二机械厂。

表7-2-39　XRB和XRC型斜井人车技术特征表

型　号	列车组成节	乘坐人数(人) 每节	乘坐人数(人) 列车满载	轨距(mm)	轴距(mm)	安全制动方式	适用轨型(kg/m)	最大牵引力(kN)	最大行车速度(m/s)	最小弯道半径 水平方向(m)	最小弯道半径 垂直方向(m)	巷道坡度(°)	适用道床	外形尺寸(长×宽×高)(mm)	质量 头车(kg)	质量 挂车(kg)	生产厂家
XRB8-6/3	首车1 尾车1~2	8	16~24	600	1000	抱轨	15~30	30	3.5	10	8	8~40	各种类型的轨枕	3020×1045×1487	1600	1000	①
XRB8-6/4	首车1 尾车1~2	8	15~30	600	1000	抱轨	15~24	39.2	4	10	12	10~40	各种类型的轨枕	3185×1070×1579	1800	950	②
XRB12-6/6-S	首车2 尾车1~2	12	22~30	600	3300	抱轨	18~24	58.8	5	12	12	10~40	木轨枕或水泥轨枕整体道床	4700×1040×1536	2100	1250	③
XRB15-6/6	首车2 尾车1~3	15	45~75	600	1300	抱轨	22~30	60	4	12	12	8~40	各种类型的轨枕	4203×1200×1538	2200	1000	①

续表

型号	列车组成节	乘坐人数(人) 每节	列车满载	轨距(mm)	轴距(mm)	安全制动方式	适用轨型(kg/m)	最大牵车引力(kN)	最大行车速度(m/s)	最小弯道半径 水平方向(m)	最小弯道半径 垂直方向(m)	巷道坡度(°)	适用道床	外形尺寸(长×宽×高)(mm)	质量 头车	质量 挂车	生产厂家
XRB15—6/6	首车2 尾车1~3	15	45~75	600	1200	抱轨	22~30	58.8	4	12	12	10~40	木轨枕或水泥轨枕整体道床	3960×1200×1538	2200	1000	③
XRB15—9/6	首车2 尾车1~2	15	45~60	900	3200	抱轨	30	60	4	12	12	6~30	木轨枕或水泥轨枕整体道床	4600×1408×1495	2480	1373	③
XRC10—6/6	首车1 尾车4	10	40~50	600	3200	插爪	15~30	60	4	12	12	6~30	木轨枕	4970×1010×1474	1750	1810	③
XRC10—6/6	首车1 尾车4	10	40~50	600	3200	插爪	15~30	60	4	12	12	6~30	木轨枕	4970×1010×1474	1750	1810	③
XRC15—6/6	首车1 尾车4	15	60~75	600	3200	插爪	15~30	60	4	12	12	6~30	木轨枕	4970×1200×1474	1756	1903	③
XRC15—7/6	首车1 尾车4	15	60~75	762	3200	插爪	15~30	60	4	12	12	6~30	木轨枕	4970×1200×1474	1756	1903	③
XRC15—9/6	首车1 尾车4	15	60~75	900	3200	插爪	15~30	60	4	12	12	6~30	木轨枕	4970×1334×1474	1937	2087	③
XRC15—9/6	首车1 尾车3	20	80	900	3200	插爪	15~30	60	4	12	12	6~30	木轨枕	4970×1540×1474	1937	2087	③
XRB10—6/6	首车1 尾车1~3	10	30~40	600	450	插爪	15~30	60	58.8	12	12	6~30	木轨枕	4550×1035×1450	1750		④
XRB15—7/6	首车1 尾车1~3	15	45~60	762	450	插爪	15~30					6~30	木轨枕	4550×1035×1450	1850		④
XRB15—9/6	首车1 尾车1~3	15	45~60	900	450	插爪	15~30		58.8			6~30	木轨枕	4550×1035×1450	1950		④
XRB10—6/5—4.5	首车2 尾车1	10	30	600			22~30	19	4.5	12	12	22~30		4550×1060×1482	4575		⑤

注:生产厂家:①湖南省造船机械厂;②桐乡煤矿机械厂;③吉林市矿山机械厂;④淮南矿山运输机械厂;⑤徐州矿务局第二机械厂。

表7-2-40 BWC型保温水车技术特征表

型　号	容积 (m³)	装载量 (t)	轮距 (mm)	外形尺寸 (长×宽×高) (mm)	轴距 (mm)	轮径 (mm)	牵引高 (mm)	质量 (kg)	生产厂家
BWC0.6-6	0.6	0.6	600	2400×1028×1290	750	300	320	911	①
BWC1-9	1	1	900	2400×1150×1450	800	350	320	1300	①

注：生产厂家：①淮南矿山运输机械厂。

表7-2-41 JHC型救护人车技术特征表

型　号	名义载重	外形尺寸 (长×宽×高) (mm)	轨距 (mm)	轴距 (mm)	牵引高 (mm)	最大牵引力 (kN)	最大行驶 速　度 (m/s)	生产厂家
JHC₁-9	担架2副，伤员2人，救护人员6人	4300×1400×1520	900	1500	320	29.4	5	①
JHC-6	担架1副，伤员1人，救护人员6人	4280×1030×1520	600	1500	320	29.4	5	①
JJC		2900×1100×1600	600	1000	300			②
KJ84		2870×1100×1520	600	1000	300			②

注：生产厂家：①淮南矿山运输机械厂；②徐州矿务局第二机械厂。

表7-2-42 MYC型油品专用车技术特征表

型　号	容积 (m³)	装载量 (t)	轮距 (mm)	外形尺寸 (长×宽×高) (mm)	轴距 (mm)	轮径 (mm)	牵引高 (mm)	质量 (kg)	生产厂家
MYC1.6-9-00	1.6	1.5	900	2580×1150×1233	800	350	320	1118	①
MYC1.5-9-01	0.5×2 1.0	1.2	900	2580×1150×1233	800	350	320	1136	①
MYC1.1-6-$\frac{01}{02}$	0.4×2 0.8	1.1	600	2400×1050×1190	750	300	320	905	①

注：1. MYC1.5-9-01可装两种油；
　　2. 生产厂家：①淮南矿山运输机械厂。

表7-2-43 散装水泥车技术特征表

产品名称	外形尺寸 (长×宽×高) (mm)	轨距 (mm)	轴距 (mm)	牵引高 (mm)	轨距 (mm)	质　量 (kg)	生产厂家
散装水泥车	2202×1320×1300	900	900	320	350	1098	①

注：生产厂家：①淮南矿山运输机械厂。

表7-2-44　煤炭部系列标准矿车型号、图号及技术特征

设备名称	型号	图号	容积(m³)	轨距(mm)	轴距(mm)	车轮直径(mm)	连接器型式	连接器至轨面高(mm)	外形尺寸(长×宽×高)(mm)	质量(kg)	编制单位	备注
1t固定车箱式矿车	MG1.1-6A	B74-364.1	1.1	600	550	300	单环、三环或万能	320	2000×880×1150	592	沈阳院	(75)738
1t固定车箱式矿车	MG1.1-6B	B74-364.2	1.1	600	550	300	单环、三环或万能	320	2000×880×1150		沈阳院	(75)738
1.5t固定车箱式矿车	MG1.7-6A	B74-364.3	1.7	600	750	300	单环、三环或万能	320	2400×1050×1200	718	沈阳院	(75)738
1.5t固定车箱式矿车	MG1.7-9B	B74-364.4	1.7	900	750	350	单环、三环或万能	320	2400×1150×1150	974	沈阳院	(75)738
3t固定车箱式矿车	MG3.3-9B	B74-364.5	3.3	900	1100	350	单环、三环或万能	320	3450×1320×1300	1315	沈阳院	(75)738
0.5t翻斗式矿车	MF0.6-6	B74-364.21	0.6	600	500	250	单环	320	1700×900×1050	374	沈阳院	(75)738
1t手动底卸式矿车	MD1.1-9	B74-364.11		900	800	300	单环	360	2000×1100×1100	628	沈阳院	(75)738
3t底卸式矿车	MD3.3-6	T76-364.12	3.3	600	1100	350	单环	320	3450×1200×1400	1680	北京院	(77)419
5t底卸式矿车	MD5.5-9	T78-364.13	5.5	900					4400×1520×1550	2845	平顶山设计处	(78)950
3t底卸式矿车卸载站	(第一套设计)	T76-364.12X	适用MD3.3-6型底卸式矿车、粘性大的煤							10400	北京院	(77)419
3t底卸式矿车卸载站	(第二套设计)	T79-364.12X	适用MD3.3-6型底卸式矿车、粘性大的煤							10536	北京院	(79)72
5t底卸式矿车卸载站		T76-364.13X	适用MD5.5-9型底卸式矿车							14400	平顶山设计处	(78)950
1t材料车	MC1-6A	B74-365.1		600	550	300	单环	320	2000×880×1150	494		(75)738
1t材料车	MC1-6B	B74-365.2		600	550	300	单环	320	2000×880×1150	564	沈阳院	
1.5t材料车	MC1.5-6A	B74-365.3		600	750	300	单环	320	2400×1050×1200	793	沈阳院	(75)738
1.5t材料车	MC1.5-9B	B74-365.4		900	750	350	单环	320	2400×1150×1150	931	沈阳院	(75)738
3t材料车	MC3-9B	B74-365.5		900	1100	350	单环	320	3450×1320×1300	464	沈阳院	(75)738
1t平板车	MP1-6A	B74-366.1		600	550	300	单环	320	2000×880×410	527	沈阳院	(75)738
1t平板车	MP1-6B	B74-366.2		600	550	300	单环	320	2000×880×410	788	沈阳院	(75)738
1.5t平板车	MP1.5-6A	B74-366.3		600	750	300	单环	320	2400×1050×415	909		(75)738
1.5t平板车	MP1.5-9B	B74-366.4		900	750	350	单环	320	2400×1150×480		沈阳院	(75)738
3t平板车	MP3-9B	B74-366.5		900	1100	350	单环	320	3450×1320×480		沈阳院	(75)738

二、井巷铺轨

井巷铺轨的轨型，应根据运输设备类型、使用地点确定，大、中型矿井应符合表7—2—45的规定，小型矿井应符合表7—2—46的规定。

表 7—2—45 井 巷 铺 轨 轨 型

使 用 地 点	运 输 设 备	钢轨规格 (kg/m)
斜　　井	箕　斗 人　车 运送液压支架设备车	30、38
	1t、1.5t 矿车	22
平　硐 大　巷 井底车场	8t 及以上机车 3t 以上矿车 运送液压支架设备车	30
	1t、1.5t 矿车	22
采区巷道	运送液压支架设备车	30、22
	1t、1.5t 矿车	22、15

表 7—2—46 井 巷 铺 轨 类 型

使 用 地 点	运 输 设 备	钢轨型号 (kg/m)
斜　　井	矿车、箕斗	22～30
井底车场及运输大巷	7～8t 电机车	22
	2.5～5t 电机车	15～22
上、下山	1t 矿车	12～22
中　巷	1t 及以下矿车	12～15

注：6～15 万 t/a，取小值。

井下巷道铺轨，除使用上有特殊要求外，还应采用钢筋混凝土轨枕。道床高度应符合规定。

倾角大于 15°的斜井和主要上、下山铺设轨道时，应采取防滑措施。

大巷水沟应布置在人行道同侧。水沟宜采用混凝土浇灌，并设置预制钢筋混凝土盖板。当水中含煤泥较多、沿沟清理不便时，应在适当地点设置小型沉淀池。

当大巷采用带式输送机运煤时，为了保证带式输送机安装质量，便于清理巷道中的撒煤，规定大巷宜采用 C10 混凝土铺底。在带式输送机的另一侧是否铺设为安装和检修设备用的轨道，规范未明确规定，设计可根据具体条件确定。

附录

运 输 辅 助 设 备

煤矿井下运输设备分主要运输设备及运输辅助设备。运输设备除机车、矿车、带式输送机等主要运输设备及人车、材料车、平板车、保温水车、救护人车、油品专用车、散装水泥车等辅助作业车辆和服务运输车辆在有关章节介绍外，现就下列一些主要运输辅助设备作一简述。这些设备主要有：

(1) 放料闸门：用于料仓放料，将仓中的料装入矿车；

(2) 振动放煤机：用于料仓放料，将仓中的料装入矿车中；

(3) 板式给料机：用于料仓放料，将仓中的料装入矿车中；用于向输送机、破碎机以及箕斗装料计量装置给料；

(4) 给料机：用于向带式输送机、破碎机以及箕斗装料计量装置均匀给料；

(5) 料仓振动装置：用于消除料仓中物料成拱，促进物料顺利畅流；

(6) 破碎机：用于破碎大块物料，满足生产工艺要求；

(7) 翻车机：用于固定车箱式矿车卸料；

(8) 推车机：用于推动矿车；

(9) 阻车器：使自溜运行中的矿车停止运行；

(10) 限速器：使自溜运行中的矿车减速运行；

(11) 高度补偿器：补偿矿车在自溜运行中的高度损失；

(12) 矿车清理设备：用于清理矿车结底；

(13) 窄轨转盘：用于改向单个矿车运行方向，而不需设置弯道；

(14) 底卸式（侧底卸式）矿车卸载站：用于底卸式（侧底卸式）矿车卸料；

(15) 脱轨复位器：用于机车、矿车掉轨的复位；

(16) 轨道衡：用于对以一定车速行走中的列车不摘钩、停车或自动连续称量；其中静态衡停车动态衡不停车作业。

(17) 除铁器：用于清除连续输送过程中混入物料中的铁器；

(18) 胶带秤及核子秤：用于对输送机上的物料进行连续动态计量；

(19) 胶带硫化器：用于输送带接头的硫化接合；

(20) 输送带捕捉器：用于大倾角带式输送机发生倒转时，将输送带进行捕捉，阻止带式输送机的倒转；

(21) 斜井防跑车装置：用于防止提升车辆发生断绳后跑车事故发生。

这里所介绍的设备是与采矿工程直接有关的运输辅助设备。目前众多的运输辅助设备，基本上有了定型产品，满足了井下特殊复杂环境的使用要求，井下设备应选用防爆产品，电源电压依要求而定。

一、井下放料闸门

(1) 用途：用于井底、采区（分采区）煤仓卸料，并把煤炭或矸石装入矿车中。配合使用的矿车有 1t、1.5t、3t、5t 固定车箱式、底卸、侧底卸式矿车，轨距为 600mm 或 900mm。

(2) 结构：由溜筒、扇形闸门、手柄（汽缸、液压缸、电动机）及减速器等主要部件组成。

(3) 类型：按料仓在巷道中的布置位置不同有顺装和侧装两种形式；按动力分有手动、电动、气动和液压传动形式。

(4) 特征：一般采用气动闸门，其次采用电动或液压传动，只有小型煤矿或放料量不大的煤仓才采用手动闸门。

闸门放料口有效截面尺寸主要根据物料粒度确定。对未筛分的物料一般按公式（7-2-53）和公式（7-2-54）式确定。

出口高度 $\qquad A = (1.5 \sim 2.2)d_{max}$ $\qquad$ (7-2-53)

出口宽度 $\qquad B = (2.4 \sim 3)d_{max}$ $\qquad$ (7-2-54)

式中 d_{max}——物料最大粒度，mm。

闸门溜槽倾角与物料自然安息角有关，通常取 $\geqslant 45°$。

闸门口下缘与矿车上缘净空间距离保持在 200mm 之内，以减少物料破碎及煤尘飞扬。

(5) 技术性能表：技术性能见表 7-2-47、表 7-2-48、表 7-2-49 及表 7-2-50。

表 7-2-47 技术性能表（手动闸门）

产品名称	图 号	仓口断面 (mm)	溜筒口断面 (mm)	结构特征	装车方式	质 量 (kg)	生产厂家
采区手动闸门（双轨巷道）	TS0627（1）-394-00	700×700	500×700	双扇手动	侧装	298	①②③④
采区手动闸门	TS0627（2）-394-00					247	
采区手动闸门	TS0627（4）-394-00		550×700	单扇手动	顺装	$H=0$，380 $H=250$，463 $H=500$，510	

注：生产厂家：①山东泰安煤矿机械厂；②西安煤矿机械厂；③石龙煤矿机械厂；④江苏江阴煤矿机械厂。

表 7-2-48 技术性能表（电动闸门）

产品名称	图 号	仓口断面 (mm)	结构特征	适用矿车	电动机		减速器		质量 (kg)	生产厂家
					型 号	功率 (kW)	型 号	速比		
采区电动闸门（顺装）	B80-360 Ⅲ·1-00	800×800	扇形栅板式	1t 矿车	YB132M1-6	4	NGW62-18	100	1690	①②③
	B80-360 Ⅲ·2-00			1.5t 矿车 3t 底卸式矿车					1670	
采区电动闸门（侧装）	B80-360 Ⅲ·3-00	800×1000	扇形栅板式	1t 矿车 1.5t 矿车 3t 底卸式矿车					1680	

注：生产厂家：①山东泰安煤矿机械厂；②西安煤矿机械厂；③秦皇岛煤矿机械厂。

表7－2－49　技术性能表（气动闸门）

产品名称	图　号	仓口断面 (m)	结构特征	适用矿车	气缸 活塞直径 (mm)	气缸 活塞行程 (mm)	气缸 工作压力 (MPa)	质量 (kg)	生产厂家
采区气动闸门 （侧装）	TS0627(3)－394－00	700×700	单扇气动		100	230	0.44 ～ 0.55	384	①②
	TS0627(5)－94－00							550	
采区气动闸门 （顺装）	B80－360Ⅲ·4－00	800×800	扇形栅板式	1t 矿车 1.5t 矿车 3t 底卸式矿车				1050	①②③
	B80－360Ⅲ·5－00							1040	
采区气动闸门 （侧装）	B80－360Ⅲ·6－00	1000×800		1t 矿车 1.5t 矿车 3t 底卸式矿车	160	500	0.4 ～ 0.6	1160	

注：生产厂家：①山东泰安煤矿机械厂；②西安煤矿机械厂；③秦皇岛煤矿机械厂。

表7－2－50　技术性能表（液压传动）

产品名称	图　号	仓口断面 (mm)	结构特征	适用矿车	电动机 型号	电动机 功率 (kW)	供油压力 (MPa)	质　量 (kg)
采区液压闸门 （顺装）	重料83－1－00	1200×800	单扇液压	3t 矿车	YB180L	6.15	5.5	1141
	重料83－2－00			5t 矿车				1423

二、振动放煤机

(1) 用途：用于采区煤仓或井底煤仓放煤，可取代放料闸门。

(2) 结构：由振动台、台座、激振器和电器部分组成。

(3) 类型：按振动台出口宽度分有三种。

(4) 特征：改善煤炭的流动性，减少仓内煤炭结拱，消除煤仓放煤时的堵仓和跑煤。

给料连续、均匀、准确，放煤过程中物料不仅受到重力作用，同时还受到振动波的作用，致排料过程中无物料粒度偏析，并有一定的混合作用。

结构简单、安装操作简便、运行可靠；噪音低，有利于改善工作环境。

兼有给料、破拱、关闭三种功能。

(5) 技术性能表：技术性能见表7－2－51。

三、板式给料机

(1) 用途：重型板式给料机是运输机械的辅助设备。用于料仓放料及料仓向输送机均匀给料，也可用于短距离输送粒度和密度较大的物料。

中型板式给料机系间歇给料机械，用于短距离输送料粒度400mm以下的块状物料，广泛用于从贮料仓往矿车、破碎、运输等机械的均匀间歇给料。

轻型板式给料机是连续给料设备，用于短距离输送给料粒度在160mm以下的块状物料，用于向破碎机、输送机等工作机械或向料仓、漏斗及其他容器连续均匀给散密度不大于1.2t/m³，块重不超过140kg的物料。

表7-2-51　振动放煤机技术性能表

型　号	激振力 (kN)	激振频率 (次/min)	双振幅 (mm)	振动台面倾角 (°)	连续放煤能力 (t/h)	振动台宽度 (mm)	振动台长度 (mm)
ZMJ-1100	15～40	1020	2～5	10	180～220	1100	2600
ZMJ-1250	35～70	1000	1.6～7	10	240～260	1250	2800
ZMJ-1400	30～80	1000	3～6	10	300～450	1400	2900

型　号	电动机			外型尺寸 长×宽×高 (mm)	质量 (kg)	生产厂家
	型　号	功率 (kW)	电压 (V)			
ZMJ-1100		7.5	380/660	2750×1600×913	1930	营城煤机厂舒兰矿务局机电总厂
ZMJ-1250	YB160M-4	11	380/660	2950×1660×1060	2450	营城煤机厂
ZMJ-1400	YB160L-4	15	380/660	3060×1810×1100	2759	

（2）结构：由输送槽、受料漏斗、卸料密封罩及防爆电器部分组成。

（3）类型：根据使用条件要求分有重型、中型、轻型三种。

（4）特征：可以水平安装，也可以倾斜安装，其向上最大倾角重型为12°、中型为25°、轻型为20°。

重型板式给料机为避免物料直接撞击给料机，要求料仓不要出现卸空状态。

传动装置的布置方式可最大限度的减少给料机的横向尺寸；驱动系统的机座和给料机支座设计成一体，方便了安装、调试和维护保养工作；输送槽具有良好的刚性，能承受料仓物料的压力；由内链输送槽和外链输送槽相互交迭组成输送回路，槽体交迭处间隙为2mm，能有效的防止物料的撒落现象。头部装有卸料密封罩，用以减少卸料过程粉尘的飞扬，保护头部机件和作业环境。受料漏斗和卸料罩均用支架与主机架联接成一体，不需要另外增设安装位置。在板式给料机安装高度较大时，可以设置人行走道，工作平台及保护装置。

（5）技术性能：

重型板式给料机技术性能见表7-2-52及表7-2-53。

中型板式给料机技术性能见表7-2-54、表7-2-55及表7-2-56。

轻型板式给料机技术性能见表7-2-57、表7-2-58、表7-2-59及表7-2-60。

四、给料机

（1）用途：用于将煤炭均匀地向输送机、破碎机、箕斗装料计量装置均匀连续或定量地给料。

（2）结构：由机架底板、传动平台、漏斗闸门、托滚等组成。

（3）类型：K型、GMW型、JK型三种。

表7—2—52　GBZ系列重型板式给料机技术性能表

型　号	GBZ120—4.5	GBZ120—5	GBZ120—5.6	GBZ120—6	GBZ120—8	GBZ120—8.7
规　格	1200×4500	1200×5000	1200×5600	1200×6000	1200×8000	1200×8700
链板 宽度(mm)	1200					
链板 长度(mm)	4500	5000	5600	6000	8000	8700
链板 速度(m/s)	0.05	0.05	0.05	0.05	0.05	0.05
总速比	896.89					
矿石粒度(mm)	≤500					
额定给料量(m³/h)	100	100	100	100	100	100
外型尺寸 长(mm)	6983	7593	8183	8683	10533	11833
外型尺寸 宽(mm)	5229	5229	5229	5229	5293	5293
外型尺寸 高(mm)	2080	2080	2080	2080	2080	2080
自身重量(t)	31.729	33.437	34.321	35.900	41.539	43.164
减速器 型式	平行轴式传动					
减速器 型号	1100	1100	1100	1100	1100	1100
减速器 传动比	276.82	276.82	276.82	276.82	276.82	276.82
电动机 型号	Y160L—4	Y160L—4	Y160L—4	Y160L—4	Y180L—4	Y180L—4
电动机 功率(kW)	15	15	15	15	22	22
电动机 转速(r/min)	1460	1460	1460	1460	1470	1470
总图号	D41P	D42P	D43P	D44P	D45P	D46P
说　明	可以配调速电机	可以配调速电机	可以配调速电机	可以配调速电机	可以配调速电机	可以配调速电机

续表

型　　号		GBZ120—10	GBZ120—12	GBZ120—15	GBZ150—4	GBZ150—6	GBZ150—7
规　　格		1200×10000	1200×12000	1200×15000	1500×4000	1500×6000	1500×7000
主要技术特征	链板 宽度(mm)		1200			1500	
	链板 长度(mm)	10000	12000	15000	4000	6000	7000
	速度(m/s)	0.05	0.05	0.05	0.05	0.05	0.05
	总 速 比		896.89	922.29		896.89	
	矿石粒度(mm)		≤500			≤600	
	额定给料量(m³/h)	100	100	100	150	150	150
	外型尺寸 长(mm)	12583	14653	17658	6613	8683	9633
	外型尺寸 宽(mm)	5293	5293	5506	5228	5593	5593
	外型尺寸 高(mm)	2080	2080	2080	2080	2080	2080
	自身重量(t)	46.988	51.892	62.144	33.197	39.757	43.399
配套部件	减速器 型　式			平行轴式传动			
	减速器 型　号	1100	1100	1450	1100	1100	1100
	减速器 传动比	276.82	276.82	284.66	276.82	276.82	276.82
	电动机 型　号	Y180L—4	Y180L—4	Y200L—4	Y160L—4	Y180L—4	Y180L—4
	电动机 功率(kW)	22	22	30	15	22	22
	电动机 转速(r/min)	1470	1470	1470	1470	1470	1470
总图号		D47P	D48P	D49P	D50P	D53P	D54P
说　　明		可以配调速电机	可以配调速电机	可以配调速电机	可以配调速电机		可以配调速电机

续表

型号		GBZ150-8	GBZ150-9	GBZ150-12	GBZ180-8	GBZ180-9.5	GBZ180-10
规格		1500×8000	1500×9000	1500×12000	1800×8000	1800×9500	1800×10000
主要技术特征	链板 宽度(mm)	1500	1500	1500	1800	1800	1800
	链板 长度(mm)	8000	9000	12000	8000	9500	10000
	链板 速度(m/s)	0.05	0.05	0.05	0.05	0.05	0.05
	总速比	922.92	922.92	922.92	922.92	922.92	922.92
	矿石粒度(mm)	≤600	≤600	≤600	≤800	≤800	≤800
	额定给料量(m³/h)	150	150	150	240	240	240
	外型尺寸 长(mm)	16533	11683	14653	10533	12033	12593
	外型尺寸 宽(mm)	5593	5668	5923	6188	6188	6222
	外型尺寸 高(mm)	2080	2080	2080	2080	2080	2080
	自身重量(t)	45.692	50.522	59.995	51.36	57.477	59.625
配套部件	减速器 型式	平行轴式传动					
	减速器 型号	1100	1450	1450	1450	1450	1450
	减速器 传动比	276.82	284.66	284.66	284.66	284.66	284.66
	电动机 型号	Y180L-4	Y200L-4	Y225L-4	Y225M-4	Y225M-4	Y225M-4
	电动机 功率(kW)	22	30	45	45	45	45
	电动机 转速(r/min)	1470	1470	1470	1480	1480	1480
总图图号		D56P	D57P	D58P	D66P	D67P	D68P
说明		可以配调速电机	可以配调速电机	可以配调速电机	可以配调速电机	可以配调速电机	可以配调速电机

续表

主要技术特征 / 配套部件		GBZ180—12	GBZ240—4	GBZ240—5	GBZ240—5.6	GBZ240—10
型　号						
规　格		1800×12000	2400×4000	2400×5000	2400×5600	2400×10000
链板	宽度(mm)	1800	2400	2400	2400	2400
	长度(mm)	12000	4000	5000	5600	10000
	速度(m/s)	0.05	0.05	0.05	0.05	0.05
总　速　比				922.29		
矿石粒度(mm)				≤1000		
额定给料量(m³/h)		240	400	400	400	400
外型尺寸	长(mm)	14653	6613	7533	8133	12593
	宽(mm)	6705	6706	6586	6076	6822
	高(mm)	2080	2080	2080	2080	2080
自身重量(t)		66.109				
减速器	型式			平行轴式传动		
	型号	1450	1450	1450	1450	1450
	传动比	284.66	922.29	922.29	922.29	922.29
电动机	型号	Y225M—4	Y200L—4	Y200L—4	Y200L—4	Y250M—4
	功率(kW)	45	30	30	30	45
	转速(r/min)	1480	1470	1470	1470	1480
总图号		D69P	D70P	D71P	D72P	D78P
说　明		可以配调速电机	可以配调速电机	可以配调速电机	可以配调速电机	可以配调速电机
生产厂家				沈阳矿山机器厂		

表7-2-53　BZ系列重型板式给料机技术性能表

技术参数		型号	BZ1000-4~20	BZ1250-4~20	BZ1600-6~18	BZ2000-6~18	BZ2500-6~16	BZ3150-8~12
主要技术特征	链板	宽度(mm)	1000	1250	1600	2000	2500	3150
		长度(mm)	4000~20000	4000~20000	6000~18000	6000~18000	6000~16000	8000~12000
		速度(m/s)	0.05~0.2	0.05~0.2	0.05~0.2	0.05~0.2	0.05~0.2	0.05~0.2
	总速比		0.05~0.2					
	矿石粒度(mm)		≤300	≤400	≤600	≤800	≤1200	≤1500
	额定给料量(m³/h)		65~260	105~425	180~720	290~1160	465~1865	750~2410
	外型尺寸	长(mm)						
		宽(mm)						
		高(mm)	1528	1528	1528	1528	1615	1615
	自身重量(t)		30~55	35~60	45~80	50~85	75~110	90~115
配套部件	减速器	型式	直交轴式传动和平行轴式传动					
		型号	BZ或NGW				BJZ NGW	
		传动比	180~580	180~580	180~580	180~580	180~580	180~580
	电动机	型号	Y系列或JZJ₃系列					
		功率(kW)	4~55	4~2×45	10~2×75	18~2×90	37~2×110	55~2×110
		转速(r/min)	730(Y系列),400~1200(JZJ₃系列)					
总图号								
说明			本机分左,右两种传动型式;分定速和调速两种					
生产厂家			沈阳矿山机器厂					

表7-2-54　GBH系列中型板式给料机技术性能表

型号		GBH80-2.2	GBH80-4	GBH80-15	GBH80-15.2	GBH100-1.6	GBH100-1.6	GBH100-3	GBH100-3
规格		800×2200	800×4000	800×15000	800×15200	1000×1600	1000×1600	1000×3000	1000×3000
链板	宽度(mm)	800	800	800	800	1000	1000	1000	1000
	长度(mm)	2200	4000	15000	15200	1600	1600	3000	3000
	速度(m/s)	0.025~0.15	0.025~0.15	0.0085~0.1663	0.006~0.06	0.025~0.15	0.025~0.15	0.025~0.15	0.0065~0.195
总速比									
主要技术特征	矿石粒度(mm)	≤400	≤400	≤400	≤400	≤400	≤400	≤400	≤400
	额定给料量(m³/h)	15~91	15~91	65~120	12~55	22~130	22~130	22~130	5.15~170
外型尺寸	长(mm)	3840	5640	17016	17590	3240	3240	4640	4640
	宽(mm)	2853	2863	4046	3696	3053	3285	3123	3520
	高(mm)	1185	1185	1495	1235	1235	1110	1235	1110
	自身重量(t)	3.722	4.903	21.502	20.8	3.561	3.981	4.548	5.21
减速器	型式	平行轴式传动	平行轴式传动	平行轴式传动	平行轴式传动	平行轴式传动	平行轴式传动	平行轴式传动	平行轴式传动
	型号	SKH350	ZL60	ZL42.5	SKH350	ZL50	SKH350	ZL50	
	传动比	3.15	45	20	31.5	20	31.15	20	
配套部件 电动机	型号	Y132M-4	Y132M-4	JZTT61-4/6	JZT52-4	Y132M-4	Y160M-6	Y132M-6	JXT51-4
	功率(kW)	7.5	7.5	15/10	10	7.5	7.5	7.5	7.5
	转速(r/min)	1440	1440	1200~700~60	240~1200	1440	970	970	240~1200
总图号		702-1P	702-2P	D31-P	D736P	702-3P	D22P	702-4P	D21P
说明				配调速电机	配调速电机 α=25°				配调速电机

续表

型号		GBH100-12	GBH120-1.8	GBH120-2.2	GBH120-2.6	GBH120-3	GBH120-4	GBH120-4.5	GBH120-6
规格		1000×12000	1200×1800	1200×2200	1200×2600	1200×3000	1200×4000	1200×4500	1200×6000
链板	宽度(mm)	1000	1200	1200	1200	1200	1200	1200	1200
	长度(mm)	12000	1800	2200	2600	3000	4000	4500	6000
主要技术特征	速度(m/s)	0.0075~0.16935	0.025~0.15	0.025~0.15	0.025~0.15	0.025~0.15	0.025~0.15	0.025~0.15	0.0085~0.04
	总速比								
	矿石粒度(mm)	≤400							
	额定给料量(m³/h)	10~192	35~217	35~217	35~217	35~217	35~217	35~217	9~63
	外型尺寸 长(mm)	14018	3440	3840	4240	4640	5640	6140	7460
	宽(mm)	4246	3323	3323	3323	3323	3323	3323	3586
	高(mm)	1461	1285	1285	1285	1285	1285	1285	1253
	自身重量(t)	19.405	3.965	4.382	4.572	4.886	5.706	6.126	8.004
	式	平行轴式传动							
配套部件	减速器 型号	ZL60	SKH350	SKH350	SKH350	SKH350	SKH350	SKH350	ZS75
	传动比	45	31.15	31.15	31.15	31.15	31.15	31.15	56
	电动机 型号	YZTT61-46	Y160M-6	Y160M-6	Y160M-6	Y160M-6	Y160M-6	Y160M-6	Y160L-8
	功率(kW)	15/10	7.5	7.5	7.5	7.5	7.5	7.5	7.5
	转速(r/min)	60~700~1200	970	970	970	970	970	970	920
总图号		D23P	702-5P	702-6P	702-7P	702-8P	702-9P	702-10P	D20P
说明		配调速电动机							
生产厂家		沈阳矿山机器厂							

表7-2-55　HBG系列中型板式给料机技术性能表

型号	规格(mm)	链带速度(m/s)	给料能力(m³/h)	给料粒度(mm)	最大倾角(°)	配套动力 型号	配套动力 功率(kW)	外形尺寸 长×宽×高(mm)	质量(kg)	生产厂家
HBG800	800×4000		73~120					5640×3142×1192	5512	
HBG1000	1000×4000	0.1~0.16	100~165			JZY51-4	7.5	5690×3342×1242	5872	
HBG1200	1200×4000		140~230					5690×3542×1292	6372	
HBG1250	1250×4000	0.07~0.14	110~210			JZY61-4	15	5690×3625×1292	6750	唐山冶金矿山机械厂 溧阳县矿山机械厂 浙江省长兴煤矿矿机械厂
HBG1600	1600×4000		125~250	0~400	20	JZY62-4	18.5	5690×4104×1350	7792	
HBG1800	1800×4000	0.06~0.12	140~280			JZY71-4	22	5690×4621×1400	8782	
HBG2000	2000×4000		170~340					5690×4821×1425	9322	
HBG2200	2200×4000	0.03~0.07	95~220			JZY61-4	15	5690×4862×1450	9872	
HBG2500	2500×4000		120~270					5690×4862×1450	10372	

表7-2-56　B系列中型板式给料机技术性能表

型号	规格 (mm)	链带速度 (m/s)	给料能力 (m³/h)	给料粒度 (mm)	最大倾角 (°)	电动机功率 (kW)	外形尺寸 长×宽×高 (mm)	质量 (kg)	生产厂家
B800—3	800×3000	0.03~0.25	20~320	0~350	25	2.2~7.5	4750×1380×1400	4300	眉山冶金矿山机械厂
B800—4.5	800×4500					2.2~7.5	6250×1380×1400	5500	
B800—6	800×6000					2.2~7.5	7750×1380×1400	6800	
B800—9	800×9000					3~11	10950×1430×1400	9600	
B800—12	800×12000					3~11	13950×1430×1400	12500	
B800—15	800×15000					3~11	16950×1430×1400	16000	
B1000—3	1000×3000	0.03~0.25	30~480	0~450	25	3~11	4950×1610×1600	5500	
B1000—4.5	1000×4500					3~11	6450×1610×1600	6800	
B1000—6	1000×6000					3~11	7950×1660×1600	8200	
B1000—9	1000×9000					4~15	11150×1660×1600	16000	
B1000—12	1000×12000					4~15	14150×1660×1600	14000	
B1000—15	1000×15000					5.5~18.5	17150×1660×1600	17000	
B1000—18	1000×18000					5.5~18.5	20150×1660×1600	20000	
B1250—3	1250×3000	0.02~0.25	40~680	0~580	25	4~15	5260×1910×1850	7000	
B1250—4.5	1250×4500					4~15	6760×1910×1850	8800	
B1250—6	1250×6000					4~15	8260×1910×1850	10500	
B1250—9	1250×9000					5.5~22	11460×1960×1850	14000	
B1250—12	1250×12000					5.5~22	14460×1960×1850	18000	
B1250—15	1250×15000					7.5~30	17460×1960×1850	22000	
B1250—18	1250×18000					7.5~30	20460×1960×1850	26000	

续表

型号	规格(mm)	链带速度(m/s)	给料能力(m³/h)	给料粒度(mm)	最大倾角(°)	电动机功率(kW)	外形尺寸 长×宽×高(mm)	质量(kg)	生产厂家
B1600-4.5	1600×4500					5.5~22	7060×2320×2120	12000	
B1600-6	1600×6000	0.02~0.2	45~900	0~700			8560×2320×2120	15000	
B1600-9	1600×9000					7.5~30	11800×2390×2120	20000	
B1600-12	1600×12000					11~37	14800×2390×2120	26000	
B1600-15	1600×15000						17800×2390×2120	32000	
B1600-18	1600×18000						20800×2390×2120	38000	
B1800-4.5	1800×4500				25	7.5~30	7370×2610×2400	16000	唐山冶金矿山机械厂
B1800-6	1800×6000	0.01~0.2	50~1100	0~800			8870×2610×2400	19000	
B1800-9	1800×9000					11~37	12070×2670×2400	25000	
B1800-12	1800×12000						15070×2670×2400	32000	
B1800-15	1800×15000					15~45	18070×2670×2400	38000	
B1800-18	1800×18000						21070×2670×2400	45000	
B2000-4.5	2000×4500					11~37	7570×2940×2700	20000	
B2000-6	2000×6000	0.01~0.2	60~1350	0~900			9070×2940×2700	26000	
B2000-9	2000×9000					15~45	12350×3000×2700	32000	
B2000-12	2000×12000						15350×3000×2700	40000	
2000-15	2000×15000					18.5~55	18350×3000×2700	48000	
B2000-18	2000×18000						21350×3000×2700	56000	
B2200-4.5	2200×4500	0.01~0.16	70~1300	0~1000		15~45	7830×3180×3000	25000	
B2200-6	2200×6000						9330×3180×3000	32000	

续表

型　号	规　格 (mm)	链带速度 (m/s)	给料能力 (m³/h)	给料粒度 (mm)	最大倾角 (°)	电动机功率 (kW)	外形尺寸 长×宽×高 (mm)	质量 (kg)	生产厂家
B2200—9	2200×9000	0.01~0.16	70~1300	0~1000	25	18.5~55	12620×3260×3000	39000	唐山冶金矿山机械厂
B2200—12	2200×12000					18.5~55	15620×3260×3000	48000	
B2200—15	2200×15000					22~75	18620×3260×3000	56000	
B2200—18	2200×18000					22~75	21620×3260×3000	64000	
B2500—4.5	2500×4500	0.01~0.16	80~1800	0~1150		18.5~55	8100×3560×3400	32000	唐山冶金矿山机械厂 溧阳县矿山机械厂 浙江省长兴煤矿机械厂
B2500—6	2500×6000					18.5~55	9600×3560×3400	40000	
B2500—9	2500×9000					22~75	12900×3640×3400	48000	
B2500—12	2500×12000					22~75	15900×3640×3400	60000	
B2500—15	2500×15000					30~90	18900×3640×3400	72000	
B2500—18	2500×18000					30~90	21900×3640×3400	84000	

表7—2—57　GBQ系列轻型板式给料机技术性能表

型　　号		GBQ50—6	GBQ50—9.5	GBQ50—12	GBQ50—14	GBQ80—6	GBQ80—10	GBQ80—12
规　　格		500×6000	500×9500	500×12000	500×14000	800×6000	800×10000	800×12000
链板	宽度(mm)	500	500	500	500	800	800	800
	长度(mm)	6000	9500	12000	14000	6000	10000	12000
	速度(m/s)	0.16	0.16	0.1	0.16	0.16	0.16	0.16
总速比		124.11		182.81		124.11		
主要技术特征	矿石粒度(mm)	≤160						
	额定给料量(m³/h)	62		41	60		107	
外型尺寸	长(mm)	7476	10972	14276	15476	7476	11476	13476
	宽(mm)	2736	2720	2796	2826	3045	3045	3126
	高(mm)	980						
自身重量(t)		3.894	5.048	6.183	7.315	4.274	5.832	6.556
配套部件	减速器 型式	平行轴式传动						
	型号	ZL50						
	传动比	31.5		46.4			31.5	
	电动机 型号	Y160M—6	Y160M—6	Y160M—6	Y160L—6	Y160M—6	Y160M—6	Y160L—6
	功率(kW)	7.5	7.5	7.5	11	7.5	7.5	11
	转速(r/min)	970	970	970	970	970	970	970
总图号		D28P	D28P	D27P	D16P	D34P	D35P	D30P
生产厂家		沈阳矿山机器厂						

表 7-2-58　BQ 轻型型板式给料机技术性能表

型号	规格 (mm)	链带速度 (m/s)	给料能力 (m³/s)	给料粒度 (mm)	最大倾角 (°)	电动机 型号	电动机 功率 (kW)	外形尺寸 长×宽×高 (mm)	质量 (kg)	生产厂家
BQ500-2	500×2000	0.05~0.4	7~88	0~180	15		1.1~3	3530×2100×1400	3000	唐山冶金矿山机械厂
BQ500-3	500×3000							4530×2100×1400	3600	
BQ500-4.5	500×4500							6030×2100×1400	4200	
BQ500-6	500×6000							7530×2100×1400	4800	
BQ500-9	500×9000						1.5~4	10530×2100×1400	5800	
BQ500-12	500×12000							13530×2100×1400	6100	
BQ500-15	500×15000							16530×2100×1400	8100	
BQ630-3	630×3000		11~175	0~200				4730×2400×1500	3800	
BQ630-4.5	630×4500							6230×2400×1500	4700	
BQ630-6	630×6000							7730×2400×1500	5600	
BQ630-9	630×9000						2.2~5.5	10730×2400×1500	7100	
BQ630-12	630×12000							13730×2400×1500	9000	
BQ630-15	630×15000	0.04~0.4						16730×2400×1500	11000	
BQ800-3	800×3000		19~308	0~350				4940×2700×1700	4200	
BQ800-4.5	800×4500							6440×2700×1700	3500	
BQ800-6	800×6000						2.2~7.5	7940×2700×1700	6100	
BQ800-9	800×9000							10940×2700×1700	7900	
BQ800-12	800×12000						3~11	13940×2700×1700	9600	
BQ800-15	800×15000							16940×2700×1700	11600	
BQ800-18	800×18000							19940×2700×1700	14000	

续表

型号	规格 (mm)	链带速度 (m/s)	给料能力 (m³/s)	给料粒度 (mm)	最大倾角 (°)	电动机 型号	电动机 功率 (kW)	外形尺寸 长×宽×高 (mm)	质量 (kg)	生产厂家
BQ1000—3	1000×3000	0.03~0.4	25~507	0~460	15		3~7.5	5140×3000×1900	5800	唐山冶金矿山机械厂 溧阳县矿山机械厂
BQ1000—4.5	1000×4500							6640×3000×1900	6900	
BQ1000—6	1000×6000							8140×3000×1900	8100	
BQ1000—9	1000×9000						3~13	11140×3000×1900	10500	
BQ1000—12	1000×12000							14100×3000×1900	12800	
BQ1000—15	1000×15000							17140×3000×1900	15300	
BQ1000—18	1000×18000							20140×3000×1900	19000	
BQ1250—3	1250×3000		40~845	0~600			4~15	5350×3000×2100	7500	
BQ1250—4.5	1250×4500							6850×3000×2100	8500	
BQ1250—6	1250×6000							8350×3000×2100	9700	
BQ1250—9	1250×9000						4~18.5	11350×3000×2100	12200	
BQ1250—12	1250×12000							14350×3000×2100	147000	
BQ1250—15	1250×15000						5.5~22	17350×3000×2100	17300	
BQ1250—18	1250×18000							20350×3000×2100	20000	

表7-2-59　QBG系列轻型板式给料机技术性能表

型　号	QBG	QBG	QBG	QBG	QBG	QBG	QBG	QBG
规　格	500×2000	500×5000	500×6000	650×2000	650×5000	650×10000	800×6000	8×10000
链板　宽度(mm)	500			650			800	
链板　长度(mm)	2000	5000	6000	2000	5000	10000	6000	10000
链板　速度(m/s)	0.1~0.16	0.1~0.16	0.1~0.16	0.1~0.16	0.1~0.16	0.1~0.16	0.1~0.16	0.1~0.16
总速比	3.94							
矿石粒度(mm)	0~160							
额定给料量(m³/h)	16~57	16~57	16~57	21~68	21~68	21~68	26~100	26~100
外型尺寸　长(mm)	3416	6476	7476	3476	6476	11476	7476	11476
外型尺寸　宽(mm)	2687	2687	2687	2836	2836	2836	3036	3036
外型尺寸　高(mm)	920				980			
自身重量(t)	2.493	3.727	3.749	2.589	3.520	5.070	4.148	5.715
减速器　型式	JZQ500Ⅰ/JZQ500Ⅲ							
减速器　型号								
减速器　传动比	48.57/81.5							
电动机　型号	Y132M$_2$-6/Y160M-6							
电动机　功率(kW)	5.5/7.5	5.5/7.5	5.5/7.5	5.5/7.5	5.5/7.5	5.5/7.5	5.5/7.5	5.5/7.5
电动机　转速(r/min)	960/970	960/970	960/970	960/970	960/970	960/970	960/970	960/970
生产厂家	芜湖超重运输机器厂;溧阳县矿山机器厂							

表7—2—60 QBG系列轻型板式给料机技术性能表

型　号	规　格 (mm)	链带速度 (s/m)	给料能力 (m³/s)	给料粒度 (mm)	最大倾角 (°)	电动机		外形尺寸 长×宽×高 (mm)	质量 (kg)	生产厂家
						型号	功率 (kW)			
QBG500	500×6000		25～57			Y152M—4	7.5	7476×2687×980	3749	唐山冶金矿山机械厂 深阳县矿山机械厂
QBG650	650×10000	0.16	33～68	0～160	20	Y160M—6	7.5	11476×2836×980	5070	
QBG800	800×15000		42～109			Y180M—8	11	16476×2836×980	7675	

（4）特征：具备了构造简单、结构坚固、耐用、使用可靠、检修方便、维修工作量小的特点。K601型采取了封闭式刚度大的框架结构，驱动装置对称布置并采用了双推杆，使传动平稳、受力均匀，装设了限矩型液力偶合器，能满载启动及过载保护。

（5）技术性能：技术性能见表7—2—61、表7—2—62、表7—2—63、表7—2—64及表7—2—65。

表7—2—61 K型往复式给料机技术性能表

型　号		K_0				K_1				K_2				K_3				K_4			
底板行程 (mm)		50	100	150	200	50	100	150	200	50	100	150	200	50	100	150	200	60	120	180	240
生产能力 (t/h)	烟　煤	22	45	67	90	34	68	100	135	50	100	150	200	75	100	220	300	132	268	395	530
	无烟煤	25	50	75	100	38	75	112	150	55	113	170	225	83	165	247	330	148	295	440	590
最大粒度含量 (mm)	10%以上	200				300				350				450				550			
	10%以下	250				350				400				500				700			
曲柄转数 (r/min)		57				57				57				61.5				61.5			
减速机	型　号	JZQ350—Ⅶ—3Z				JZQ350—Ⅶ—3Z				JZQ350—Ⅶ—3Z				JZQ400—Ⅶ—3Z				JZQ400—Ⅶ—3Z			
	速　比	12.64				12.64				12.64				15.75				15.75			
电动机	型　号	YB160M₁—8				YB160M₁—8				YB160M₁—8				YB160M₁—6				YB160L—6			
	功率 (kW)	4				4				4				7.5				17			
	转速 (r/min)	720				720				720				970				970			
总质量 (kg)	带漏斗	1160				1253				1420				1980				2880			
	不带漏斗	1080				1157				1286				1830				2680			
外形尺寸 (mm)		3100×1360×1051				3100×1360×1051				3500×1360×1297				3950×1352×1341				4740×1622×1543			
生产厂家		①广东省石龙煤矿机械厂　②浙江省长兴煤矿矿山机械厂　③大同市矿山机械厂　④温县黄河煤矿机械厂　⑤唐山冶金矿山机械厂　⑥淮北矿山机械厂　⑦忻州市通用机械厂　⑧祁县矿用设备厂																			

表 7—2—62　K501 型往复式给料机技术性能表

给料能力（t/h）	底板行程	烟　煤	900
	（mm）	无烟煤	1000
最大粒度含量（mm）	10％以上		550
	10％以下		700
曲柄转数（r/min）	62		
减　速　器	型　号		ZQA65—6—Ⅶ
	速　比		16
	质量（kg）		880
电　动　机	型　号		YB2000L$_2$—6
	功率（kW）		22
	转数（r/min）		1000
	质量（kg）		260
整机质量（kg）	带漏斗		3469
	不带漏斗		3287
生产厂家	唐山冶金矿山机械厂		

表 7—2—63　K601 型双推杆给料机技术性能表

物　料　特　性	容重（t/m³）	1.1
	最大粒度（mm）	550
电　动　机	型　号	YB280S—6
	功率（kW）	4.5
	电压（V）	660
	转数（r/min）	980
	防爆性能	KB（橡胶电缆）
	安装形式	B3
曲柄转数（r/min）	60	
工作行程（m）	115；172；230	
给料能力（t/h）	600；900；1200	
限矩型液力偶合器	型　号	YOX562
	功率（kW）	45～90
	转数（r/min）	1000
减　速　器	型　号	TPS25—9—YF
	速　比	16
	安装形式	扇冷，双轴伸
整机质量（kg）	1100	
生产厂家	唐山冶金矿山机械厂	

表7-2-64　GMW型往复式给料机技术性能表

型　号			GMW-0	GMW-1	GMW-2	GMW-3	GMW-4
规格尺寸（mm）			500×500	750×500	750×750	1000×750	1250×900
槽　宽（mm）			500	750	750	1000	1250
槽　高（mm）			500	500	750	750	900
煤仓口漏斗尺寸	长（mm）		750	750	1000	1250	1500
	宽（mm）		500	750	750	1000	1250
在以下含量时原煤最大块度（mm）	10%以下		250	350	400	500	700
	10%以上		200	300	350	450	550
额定给料量（t/h）	曲柄外壳孔位号	№1 煤	22	34	50	75	132
		№1 无烟煤	25	38	55	83	148
		№2 煤	45	68	100	150	265
		№2 无烟煤	50	75	113	165	295
		№3 煤	67	100	150	220	395
		№3 无烟煤	75	112	170	247	440
		№4 煤	90	135	200	300	530
		№4 无烟煤	100	150	225	330	590
底板行程（mm）			50；100 150；200	50；100 150；200	50；100 150；200	50；100 150；200	60；120 180；240
曲柄转数（r/min）			57	57	57	61.5	61.5
电动机	型　号		YB160M₁-8			YB160M-6	YB160L₁-6
	功率（kW）		4	4	4	7.5	18.5
	转速（r/min）		750	750	750	1000	1000
	质量（kg）		115	115	115	125	230
减速器	型　号		ZQ35-7	ZQ35-7	ZQ35-7	ZQ40-6	ZQ50-6
	装配方式		Ⅲ	Ⅲ	Ⅲ	Ⅲ	Ⅲ
	传动比 i		12.635	12.635	12.635	15.57	15.57
	质量（kg）		200	200	200	250	390
自身重量（kg）（包括电动机和减速器）			1233 (1244)	1322 (1333)	1547 (1559)	2020 (2058)	2966 (2992)
生产厂家			唐山冶金矿山机械厂；吉林省辽源重型机器厂；忻州市通用机器厂；温县黄河煤矿机械厂				

表 7—2—65　JK 系列给煤机技术性能表

型　号	JK—0				JK—1				JK—2				JK—3				JK—4			
曲柄转速（r/min）	57				57				57				61.5				61.5			
底板行程（mm）	200	150	100	50	200	150	100	50	200	150	100	50	200	150	100	50	240	180	120	60
曲柄位置	4	3	2	1	4	3	2	1	4	3	2	1	4	3	2	1	4	3	2	1
产量（t/h） 烟煤	90	67	45	22	135	100	68	34	200	150	100	50	300	220	150	75	630	395	263	132
产量（t/h） 无烟煤	100	75	50	25	150	112	75	38	225	170	113	55	330	247	165	83	590	440	295	148
最大料度（mm） 10%以下	250				350				400				500				700			
最大料度（mm） 10%以上	200				300				350				450				550			
电动机 型号	YB160M$_1$—8												YB160M$_1$—6				YB160L$_1$—6			
电动机 功率（kW）	4				4				4				7.5				18.5			
电动机 同步转速(r/min)	750				750				750				1000				1000			
减速器 型号	JZQ330				JZQ350				JZQ350				JZQ400				JZQ500			
减速器 装配方式	3				3				3				3				3			
减速器 速比	12.62				12.63				12.63				15.75				15.75			
质量（kg） 带漏斗	1160				1253				1425				1960				2660			
质量（kg） 不带漏斗	1080				1157				1286				1830				2650			
生产厂家	山东矿山机械厂																			

五、料仓振动装置

（1）用途：用于防止和清除各种类型料仓、料斗、溜井、溜坡的物料起拱、成块、粘仓堵塞等现象的专用装置，对混凝土、钢、木、塑料制成的仓、斗均适用。

（2）结构：空气炮为整体容器型式；机械式振动器由振动板、支架、电动机组成。

（3）类型：按动力分为空气炮清堵器及机械式振动器。空气炮又分 KL 及 KT 型。

（4）特征：机械式振动器必须安装在料仓装料部分的斜壁上，安全、可靠，但振动大、噪音高，目前除特殊条件下使用外，一般很少采用。

空气炮具有安全、能量大、能耗低、噪音低等特点。空气炮由于空气从容器中喷射时间极短喷射次数有限，给仓的构筑物不会造成大的冲击和振动，由于采用了无火花开关，对周围介质不会造成爆炸危险。

空气炮清堵器是利用储气罐中的气体突然爆发所产生的冲击力直接喷射闭塞成拱区，破拱清堵及助流。

空气炮系间歇工作，并且充气时间很短，由于仓中物料吸收了膨胀释放的压缩空气的声音，所以噪音低、能耗少。

空气炮应按照国家规定的容器规范进行设计、制造。

（5）技术性能表：技术性能见表 7—2—66。

六、破碎机

（1）用途：用来把块状物料按工艺及管理的要求破碎到一定粒度。用于煤矿井下采区顺

表 7—2—66　空气炮技术性能表

型号	容量 (L)	A (mm)	B (mm)	C (mm)	φD (mm)	E1 (mm)	E2 (mm)	F (mm)	φG 喷管通径 (mm)	φH 吊环孔 (mm)	K 进气孔	工作压力 (MPa)	冲击力 (N)	爆炸能量 (kgfm)	质量 (kg)	生产厂家
KL—14	14	535	290	400	219	280		65	50	14	G1/2"	0.4~0.8	980~2940	1904	28	郑州市空气炮厂
KL—30	30	610	375	480	312	330		70	50	14	G1/2"	0.4~0.8	1176~3720	4080	35	
KL—50	50	700	430	568	362	400		70	50	14	G1/2"	0.4~0.8	1370~4120	6800	43	
KT—75	75	956	486	680	412	365	165	115	100	16	G1/2"	0.4~0.8	1620~5200	10200	80	
KT—100	100	1160	480	873	412	480	203	115	100	18	G1/2"	0.4~0.8	1810~7160	13600	100	
KT—150	150	1175	580	890	512	460	225	115	100	18	G1/2"	0.4~0.8	4300~9600	20400	110	
KT—300	300	1472	680	1187	612	685	262	115	100	18	G1/2"	0.4~0.8	5100~11500	40800	154	
KT—500	500	1705	788	1421	712	870	286	115	100	20	G1"	0.4~0.8	14200~29400	68000	174	

槽内对输送中的中硬以下原煤进行破碎，亦可与桥式转载机配套使用。

（2）结构：依破碎机在运转中产生的挤压、劈裂、折断、冲击、磨剥等机械力产生了各种结构的破碎机械。其结构不甚相似。

（3）类型：根据工作机构不同分为轮式、锤式、颚式、辊式等破碎机。由电动机通过减速箱驱动，在一个半闭合的箱体内将在中部槽上输送的煤破碎，并带有灭尘及安全装置。

（4）特征：颚式破碎机构造简单、坚固、耐用、维护方便、高度小、工作可靠。辊式破碎机是早期产品，由于构造简单、性能可靠、能耗低、粉化程度低，适用破碎脆性及韧性中、软矿石的特点，目前仍在采用。

（5）技术性能：复摆颚式破碎机技术性能见表 7－2－67。

表 7－2－67　复摆颚式破碎机技术性能表

型　号		PE－500×750	PE－600×900 焊　接	PE－600×900 铸　接	PE－750×1060	PE－900×1200
进料口尺（mm）		500×750	600×900	600×900	750×1060	900×1060
最大进料粒度（mm）		425	500	500	630	750
排料口调整范围（mm）		50－100	65－160	65－160	80－140	95－165
主轴转速（r/min）		280	250	250	250	225
生产能力（t/h）		15－65	60	60	110	180
电动机	型　号	YR280M－6	Y315M－8	Y315M－8	YR315M$_2$－8	JR126－8
	功率（kW）	55	75	75	90	110
	转速（r/min）	985	730	730	735	730
质量(不包括电动机)(kg)		11000	14209	16900	25700	46330
外形尺寸:长×宽×高(mm)		2035×1921 ×2200	2576×3244 ×2392	2575×3723 ×2373	2360×1600 ×3100	5000×4471 ×3280
生产厂家		山东矿山机械厂				

型　号		PE150×250	PE250×400	PE250×400A	PE250×400B	PE400×600	PE400×600A
进料口尺寸(mm)		150×250	250×400	250×400	250×400	400×600	400×600
最大进料粒度(mm)		130	210	210	210	350	350
排料口调整范围(mm)		10～40	20～80	20～80	20～60	40～100	40～100
主轴转速(r/min)		300	300	300	300	250	285
生产能力(m³/h)		1～3	4～14	7.5	10	8～20	8～25
电动机	型　号	Y132S－4	Y180L－6	Y160L－4	Y180L－6	Y250M－8	Y225M－6
	功率(kW)	5.5	15	15	15	30	30
	转速(r/min)	1440	970	1460	970	730	960
质量(不包括电动机)(kg)		1100	2750	1960	2255	6482	5750
外形尺寸:长×宽×高(mm)		896×745 ×935	1430×1310 ×1336	1108×1087 ×1329	1033×1016 ×1140	1700×1732 ×1653	1450×1720 ×1642
生产厂家		山东矿山机械厂					

表7-2-68　翻车机技术性能表

产品名称	型号	轨距(mm)	每次翻车辆数	翻车次数(次/min)	生产率(t/h)	滚筒直径(mm)	减速器型号	速比	电动机型号	功率(kW)	减速比	外形尺寸 长×宽×高(mm)	质量(kg)	生产厂家
1t矿车单车摘钩翻车机	TSO206-326 (3)(左)(4)(右)	600	1	3~4	180~240	2000	ZQ35	31.5	YB132S-4	5.5	157.5	3935×2550×2328	4214	①⑤⑥
1t矿车手动翻车机	FSD-1											2300×2000×2187	750	②
1t矿车双车不摘钩翻车机	FSB-1Z SFB-1Y		2	2.5	300				YB160M-6	7.5	98.5	7990×3500×3400	12000	①②⑧
1t矿车单车不摘钩翻车机	FDB-1Z FDB-1Y		1	3.5	180~240	2500			YB132S-4	5.5	157.5	7180×3511×2906	8730	①②③④⑥⑦⑧
1t矿车单车摘钩翻车机	FDZ-1Z FDZ-1Y								YB132M₂-4			6600×3511×2906	8700	
1t矿车单车不摘钩翻车机	FDBZ-1/6 FDBY-1/6						行星轮式 XCJ-15	15.71	YB132M₂-6	5.5	98.2	7040×3511×2906	9110	③④
1t矿车单车摘钩翻车机	FDZZ-1/6 FDZY-1/6			2.5	210							6670×2986×2906	8447	③
1t矿车双车不摘钩翻车机	FSBZ-1/6 FSBY-1/6		2	3	300				YB160L-6	11		9140×3511×2906	12100	②③
1.5t矿车单车不摘钩翻车机	FDZZ-1.5/6 FDZY-1.5/6		1	2.5	270	2700			YB160L-8	7.5	84.8	6935×3300×3136	11415	
1.5t矿车单车不摘钩翻车机	FDBZ-1.5/6 FDBY-1.5/6		2	3	450				YB180L-8	11	84.8	7900×3696×3136	12600	③
1.5t矿车双车不摘钩翻车机	FDBZ-1.5/6 FDBY-1.5/6											10400×3300×3136	15500	
1.5t矿车单车摘钩翻车机	FDZZ-1.5/9 FDZY-1.5/9		1	3	270				YB160L-8	7.5	84.8	6935×3300×3136	11538	②③
1.5t矿车单车不摘钩翻车机	FDBZ-1.5/9 FDBY-1.5/9											7900×3696×3136	12700	
3t车翻车机	T326·01-00Z T326·01-00Y	900	1		540	3000			1JB12-6	8	123	8150×4200×3420	14357	⑫
1t简易电动翻车机		600		3~4	180~240	2200	ZQ35	20.4	YB132S-4	5.5		4005×2850×2159	3380	⑪
1t矿车摘钩翻车机	FDZ-1		1	4	240	1920			YB132M-4	5.5	157.5	3810×2850×1881	3188	⑦
0.5t矿车手动翻车机	FSZ-0.5				40~60	1800						1880×1800×1960	424	⑨

注：生产厂家：①泰安煤矿机械厂；②郑州矿机械厂；③黄石煤矿机械厂；④温县煤矿机械厂；⑤辽宁煤矿机械厂；⑥常州第二煤矿机械厂；⑦石龙煤矿机械厂；⑧通化矿务局总机厂；⑨枣庄矿务局一机厂；⑩广西合山煤矿机械厂；⑪新疆煤矿机械厂；⑫开滦煤矿务局机电修配厂。

七、翻车机

（1）用途：用于运输系统中作为固定车箱式矿车卸料的一种主要专用设备。

（2）结构：整个滚圈手动或电动回转，分左侧式及右侧式，可与列车推车机、阻车器配套使用，可以实现联锁自动电控系统，连续翻转列车，实现自动化；亦可手动按钮控制。前倾翻车架采用手动翻转，高位翻车架采用液压传动式翻转。

（3）类型：按翻车形式分有圆形、前倾、高位翻车机；按动力分有手动、电动、液压传动翻车机；按矿车连接链状态分有摘钩式、不摘钩式翻车机；按翻卸矿车数目分有单车式、双车式翻车机；按翻车机滚圈回转方向分有左侧式、右侧式翻车机；前倾翻车机布置分有尽头式、通过式翻车机。

（4）特征：电动翻车机机械化程度高，生产能力大，可以实现翻卸系统的自动化。

矿车连接链采用单环链或三环链连接的列车需要摘钩翻卸，采用万能链连接的列车能实现不摘钩翻卸。

从进车方向看，滚圈逆时针方向回转者为左侧式，顺时针方向回转者为右侧式。

前倾式翻车机结构简单、重量轻、安装方便、容易操作，卸载时粉尘飞扬严重。

液压高位翻车机可以直接将矿车内的物料卸于矿车或其他输送设备上，同时能够整机迁移，目前只能与1t、5t固定车箱式矿车配套使用。

（5）技术性能表：翻车机技术性能见表7－2－68、表7－2－69、表7－2－70。

表 7－2－69　前倾式翻车机技术性能表

名　　称	图　　号	轨距 (mm)	适用矿车	生产能力 (t/h)	矿车进入翻车机速度 (m/s)	外形尺寸 长×宽×高 (mm)	质量 (kg)
手动前倾式翻车机（尽头式）	T78－326·81－00	600	1t 矿车	120～150	≤1	2210×1564×1600	688
手动前倾式翻车机	T78－326·82－00	600	1t 矿车	120～150	0.75～1	3440×1850×1780	1358

表 7－2－70　高位翻车机技术性能表

名称	型　号	轨距 (mm)	翻车次数 次/min	生产能力 (t/h)	电动机 型　号	电动机 功率 (kW)	卸载高度 (mm)	适用矿车	外形尺寸 长×宽×高 (mm)	质量 (t)	生产厂家
液压传动高位翻车机	GFZ－1/6 GFY－1/6	600	2	115	Y230L－4	30	1650	MG1.1－a MG1.1－b	2380×2000 ×2100	3.5	黄石煤矿机械厂
	GFZ－1.5/6 GFY－1.5/6			173	Y225S－4	37	1600	MG1.7－a MG1.7－b	2500×2000 ×2400	4.2	徐州矿山设备制造二厂
	GFZ－3.3/9 GFY－3.3/6	900 900		360	Y200L－4	30	2000	MG3.3－9B MG3.3－3B	3400×3400 ×2400	4.8	徐州矿山设备制造二厂

八、推车机

（1）用途：用于井底车场运输线路上，作为推动矿车进行调车作业、推引列车组在料仓下面进行连续装载、推动矿车进出翻车机。

（2）结构：由推爪、钢丝绳或链条、防爆电动机、减速器、电磁铁、行程开关等组成。

（3）类型：按用途分有罐笼前装罐推车机与列车推车机；按结构型式分有绳式推车机与链式推车机；按传动装置布置形式分有左侧式与右侧式推车机；板链式推车机、气动推车机、液压推车机鉴于制造与维修费用很高，因此很少采用。

（4）特征：列车推车机推力较大，速度较慢，推爪作循环或往复运动。一般推动不经摘钩的整列车，每次将一辆或两辆矿车推入翻车机内进行翻卸。

钢丝绳列车推车机结构简单，可以有较长的行程。缺点是，绳在滚筒上承受严重的摩擦和反复弯曲，绳与滚筒易损坏，同时不易自动控制。

圆环链列车推车机结构简单，链条强度高，牵引力大，寿命长，已列入煤炭部专用设备。在焊接圆环链、滚子链及模锻链中优先采用焊接圆环链推车机。

直线电机推车机结构简单、重量轻、造价低、占地面积小、运行安全可靠。

煤矿井下辅助设备应优先采用焊接圆环链推车机，其次采用绳式推车机。

（5）技术性能表：推车机技术性能见表7—2—71。

新研制成功的销齿操车装置由操车器、传动装置及轨道等组成。操车器的底部全长设置由多段等节距销轴的销车用销轴连接而成，上有推爪、拉爪、操车器由滚轮支承在钢轨内的护轨上，传动齿轮通过销齿传动带动操车器沿护轨往复运行，由推爪或拉爪实现操车的目的。销齿操车装置具有结构简单，一机多用，适应性强，效率高，传动系统紧凑，布置灵活，性能可靠，制造容易，工艺简单，装修方便等优点。应用销齿传动原理研制的操车装置，是操车设备继进罐推车机研制成功之后又一新突破，是短程输送窄轨车辆实现无链传动的最简单、最合理的设备。

九、阻车器

（1）用途：用于窄轨线路上控制矿车运行、防止自溜跑车、进行分车及摘挂钩等工序的一种安全专用设备。

（2）结构：由钢轨、护轨、阻爪、金属结构及连杆、手柄（气缸、液压缸、电动机）减速器等组成。

（3）类型：按用途分有单式单道、单式双道阻车器及复式单道、复式双道阻车器；按轨距分有600mm、900mm两种；按阻车部位分有阻矿车车轮式、阻矿车车轴式、阻矿车挡板式及阻矿车碰头式；按动力分有手动、电动、气动、液压以及机械联动方式；按布置型式分有左侧式及右侧式。

（4）特征：单式阻车器作为停车使用；复式阻车器除阻车外还能起配车作用，具有多种配车型式，线路上一般使用前阻爪阻矿车碰头，后阻爪阻挡车轴，ZDQ和ZFQ型阻车器阻爪上下运转由气（液）缸带动。

现有阻车器中有阻矿车车轮式、阻矿车车轴式和阻矿车挡板式，后两种对矿车零部件受力极为不利；阻车轮式结构简单，阻车可靠，应用较广。

表7－2－71　推车机技术性能表

产品名称	型　号	应推矿车 轨距(mm)	应推矿车 吨位(t)	数量	额定推力(kN)	推车距离(mm)	推车速度(m/s)	推爪间距(mm)	电动机 型　号	电动机 功率(kW)	质量(kg)	生产厂家
1t矿车井底绳式装罐推车机	TL1－2Z TL1－2Y	600	1	1	5.98	5275	0.84		YB132M－4	7.5	5275	①③④⑤
3t矿车井底绳式装罐推车机	TL3－2Z TL3－2Y	900	3	1~2	7.00	7900	0.67		YB160M－4	11	6800	③④⑤
井底电动链式装罐推车机	TZL－7.5/1.5	600	1~1.5	1	5.00	5902	0.76		YB132M－4	7.5	2370	①②③④⑤⑥⑦
井底电动链式装罐推车机	TZL－7.5/2.3	900	1~1.5	2	4.90	6705	0.77		YB132M－4	7.5	2544	
井底电动链式装罐推车机	TZL－15/0.8 (原TZL－13/2.3)	600	3	1	9.00	8864	0.77		Y160L－4	15	3146	②⑤
井底电动链式装罐推车机	TZL－15/3.0 (原TZL－13/3.0)	900	3	1		10136			Y160L－4	15	3253	①②③④⑤⑥
1t矿车链式列车推车机	TL6－1Z TL6－1Y	600	1	60	34.50	2176	0.41	2176	$YB200L_2$－6	22	4525	②③④⑤
1.5t矿车链式列车推车机	TL6－1.5Z TL6－1.5Y	600	1.5	40		2560		2560	$YB200L_2$－6	22		
1t矿车绳式列车推车机	T1－1Z T1－1Y	600	1	1~2	30.00	1个车2000 2个车4000	0.50		YB200L－8	15	3242	①②③④⑤⑥
3t矿车绳式列车推车机	T1－3Z T1－3Y	900	3		60.00	11000 23000 29000 41000 55000			YB250M－6	30	6710 7912 8513 9712 10901	①③④⑤

续表

产品名称	型号	应推矿车			额定推力 (kN)	推车距离 (mm)	推车速度 (m/s)	推爪间距 (mm)	电动机		质量 (kg)	生产厂家
		轨距 (mm)	吨位 (t)	数量					型号	功率 (kW)		
绳式装罐推车机	TZS-1.1	600	1	1	5.13		0.8~1.0		Y160M-4	11		②
	TZS-1.1B			2	7.10					11		
	TZS-1.7		1.5	1	7.43				Y160L-4	15		
	TZS-1.7B			2	9.40				Y180M-4	18.5		
	TZS-3.3	900	3	1	12.80							
绳式列车推车机	LS-600Z LS-600Y	600	1~1.5		20~34		0.44~0.7		Y225S-8	18.5		②
	LS-900Z LS-900Y	900	3		35~60		0.5~0.8		Y250M-8	30		
	TS6(9)-11	600 (900)	1~1.5		15		0.51		YB180L-8	11	5130 (5184)	
1t矿车圆环链列车推车机	TLL-1/6Z TLL-1/6Y	600	1	60	35.00		0.53	2048	YB200L₂-6	22	6350	⑤⑨
1.5t矿车圆环链列车推车机	TLL-1.5/6Z TLL-1.5/6Y		1.5	38	35.00			2432			6449	
1t矿车双车不摘钩链式推车机	图号 TSO632-327 (左右)	600		2	30.00	2000	0.50		1JB31-8	15	6120	①②
1t矿车单车不摘钩链式推车机	图号 TSO635-327 (左右)		1	1	30.00							②
3t矿车不摘钩链式推车机(左)		900	3	37	67.00	3500	0.52		JB42-8	32	8217	⑧

注：生产厂家代码见表7-2-73表注。

　　芙蓉矿务局白皎煤矿研制的自动复位阻车器，具有安全、可靠、灵敏度高的特点，既减轻了信号工的劳动强度又降低了维护工作量。

　　（5）技术性能表：阻车器技术性能见表7－2－72、表7－2－73、表7－2－74。

表7－2－72　ZS型阻车器技术性能表

产品名称	型号	矿车		单车冲击阻车器最大速度（m/s）			允许承受的车数（辆）				阻车器前允许停靠矿车数（辆）				质量（kg）	生产厂家
		吨位（t）	轨距（mm）	矸石车	煤车	空车	速度（m/s）	车类			线路坡度	车类				
								矸石车	煤车	空车		矸石车	煤车	空车		
600轨距单式单道阻车器（左右侧共用）	ZS－1	1	600	1.2	1.46	2.4	1.20 1.00 0.75 0.60	1 1 3 4	1 2 4 7	4 7 12 19	0.020 0.025	3	4	10	410	①②③④⑤⑥⑦⑧⑨
600轨距单式双道阻车器（左右侧共用）	ZS－2														814	①②③④⑤⑦⑨
600轨距复式单道阻车器（左右侧共用）	ZS－3											4	6	13	724	①②③④⑤⑥⑦⑨
600轨距复式双道阻车器（左右侧共用）	ZS－4														1482	①②③④⑤⑨
900轨距单式单道阻车器（左右侧共用）	ZS－5	3	900	1.0			0.50 0.33 0.25	5,11, 19	7 16 28	21	0.016 0.012	5 2	7 3		787	③⑤⑧⑨
900轨距复式单道阻车器（左右侧共用）	ZS－6							5,16, 19							1427	③⑥⑨

注：生产厂家代号见表7－2－73表注。

表7－2－73　气动阻车器技术性能表

产品名称	型号	矿车		单车允许最大速度（m/s）			允许最大变形能（kN）	允许阻爪最大工作位移（mm）	气缸			质量（kg）	生产厂家
		吨位（t）	轨距（mm）	煤车	矸石车	空车			直径（mm）	工作压力（MPa）	行程（mm）		
600轨距单式单道气动阻车器	ZDQ－6	1.0	600	1.46	1.20	2.37	178.00	100	125	0.4～0.6	290	1560	③④⑤⑥
600轨距单式单道气动阻车器	ZDQ－6	1.5		1.54	1.23	2.70	267.00						

续表

产品名称	型号	矿车		单车允许最大速度(m/s)			允许最大变形能(kN)	允许阻爪最大工作位移(mm)	气缸			质量(kg)	生产厂家
		吨位(t)	轨距(mm)	煤车	矸石车	空车			直径(mm)	工作压力(MPa)	行程(mm)		
900 轨距单式单道气动阻车器	ZDQ—9												
900 轨距单式单道气动阻车器	ZDQ—9	1.5	900	1.19	1.40	2.32	267.00					1621	
600 轨距复式单道气动阻车器	ZFQ—6	1.0	600	1.46	1.20	2.37	178.00	100	125	0.4～0.6	290	2910	③④⑤⑥
600 轨距复式单道气动阻车器	ZFQ—6	1.5		1.54	1.23	2.70	267.00						
900 轨距复式单道气动阻车器	ZFQ—9											3026	
900 轨距复式单道气动阻车器	ZFQ—9	1.5	900	1.40	1.19	2.32	267.00						

注：生产厂家：①泰安煤矿机械厂；②郑州煤矿机械厂；③扬州市煤矿机械厂；④秦皇岛市煤矿机械厂；⑤温县煤矿机械厂；⑥沈阳煤矿建设机械厂；⑦新疆煤矿机械厂；⑧开滦矿务局机电修配厂；⑨淮南煤矿机械厂。

表 7-2-74 Z 型阻车器技术性能表

产品名称	型号	质量(kg)	生产厂家
600 轨距单式单道阻车器（右侧）	1Z6—Y	524	
600 轨距单式单道阻车器（左侧）	1Z6—Z	524	
600 轨距单式双道阻车器（右侧）	2Z6—Y	1048	淮南煤矿机械厂
600 轨距单式双道阻车器（左侧）	2Z6—Z	1048	郑州煤矿机械厂
600 轨距复式单道阻车器（右侧）	3Z6—Y	742	西北煤矿机械总厂二厂
600 轨距复式单道阻车器（左侧）	3Z6—Z	742	
600 轨距复式双道阻车器（右侧）	4Z6—Y	1486	
600 轨距复式双道阻车器（左侧）	4Z6—Z	1486	
900 轨距单式单道阻车器（右侧）	1Z9—Y	906	
900 轨距单式单道阻车器（左侧）	1Z9—Z	906	
900 轨距单式双道阻车器（右侧）	2Z9—Y	1656	
900 轨距单式双道阻车器（左侧）	2Z9—Z	1656	淮南煤矿机械厂
900 轨距复式单道阻车器（右侧）	3Z9—Y	1805	郑州煤矿机械厂
900 轨距复式单道阻车器（左侧）	3Z9—Z	1805	
900 轨距复式双道阻车器（右侧）	4Z9—Y	3290	
900 轨距复式双道阻车器（左侧）	4Z9—Z	3290	

十、限速器

（1）用途：用于窄轨线路上自溜运动中的矿车减速，并使矿车停止和定位。

（2）结构：由限速板、限速器支架、气缸、橡胶弹簧、阻爪、气缸组成限速阻车器。

（3）类型：目前只有由一个阻轮轴气动单式阻车器与一个限速板组合而成。

（4）特征：限速器容许矿车有较大的临近速度，限速阻车器制动时，限速板落下，与车轮踏面相摩擦，使矿车逐渐减速，同时阻爪抬高，阻挡轮轴，矿车被阻而停止，当阻爪落下，限速板升起，便放出矿车。目前尚无定型产品。

十一、高度补偿器

（1）用途：用于窄轨线路上补偿矿车自动滑行的高度损失而装设的专用设备，又名爬车机。

（2）结构：由带爬车爪的牵引链（绳）、传动装置、金属结构等组成。

（3）类型：按布置型式分左侧式和右侧式；按牵引型式分链式和绳式两种；链式型式有模锻链、板链和焊接圆环链。

（4）特征：牵引链中，板链结构及其制作工艺复杂，备件需特制特备；模锻链加工工艺复杂，成本颇高；高强度圆环链结构简单、强度大、重量轻、经久耐用，维护方便且工作量小，不需特制备品配件，用 SGW—44 型可弯曲刮板输送机的圆环焊接链即可。

绳式爬车机虽有结构简单、钢丝绳货源方便，易更换，但钢丝绳只能作缠绕式牵引传动，爬爪只作往复运动，从而导致钢丝绳易磨损，电机要经常正反转，运输能力受到了一定限制。

（5）技术性能表：技术性能见表 7—2—75 及表 7—2—76。

十二、矿车清理设备

（1）用途：用于清理矿车结底。解决矿车的粘接问题，是清理 U 型矿车内壁残留煤的专用设备。

（2）结构：主要由油泵、操纵阀、升降、行走和开合机构、电动机等组成。

（3）类型：按清理手段分为人工清理、高压气吹扫、高压水冲洗、液压铲斗、机械振动器、矿车不粘接技术等。

（4）特征：人工清理劳动强度大对矿车损坏严重；高压气（水）吹冲结构复杂，设备累赘，尤其冬季造成不良后果及环境；液压铲斗及机械振动器，效果欠佳；矿车不粘接技术是根据电化电渗效应的原理，使物料与车箱分离达到卸料干净的目的，但该技术要求车箱内壁加若干组与车箱绝缘的电极，清理时根据车型及物料性质，通过 20～250V 的直流电 3～8min 即可卸料，该技术效果虽好但矿车价格较高，不宜采用推广。

目前国内使用较好的是 YQ 型液压清车机，可供煤矿井下使用。该机有手动及电动两种操作方式。工作原理是启动电动机使油泵产生高压动力油，经操纵阀由油管进入油缸，靠油缸伸缩驱动升降、行走和开合机构来实现铲、挖、运、卸等清车动作。操作位置应高于清车机底铲平面 500mm，使操作人员能看到被清矿车车底。整个作业过程中的铲挖、提升、平移、卸载为一个作业循环，仅需 18s，如果车箱内积煤未清净可反复清理，直至清净为止。

（5）技术性能表：技术性能见表 7—2—77。

表 7-2-75　圆环链爬车机技术性能表

型号	轨距(mm)	爬高(mm)	爬车倾角(°)	爬链速度(m/s)	头尾轮中心距(mm)	爬链规格(mm)	减速比	最大同时爬车数(辆) 空车	煤车	矸石车	钢机(kg/m)	电动机 型号	功率(kW)	质量(kg)	生产厂家
PH6-5.5hZ PH6-5.5hY	600	1.0		0.33		φ18×64	31.5	1t 矿车 5辆 或 1.5t 矿车 4辆	1t 矿车 2辆 或 1.5t 矿车 1辆	1t 矿车 2辆 或 1.5t 矿车 1辆	24	YB132M₂-6	5.5	3702	淮南矿矿机械厂
		1.2												3892	
		1.4												4136	
		1.6												4328	
		1.8												4539	泰安煤矿机械厂
		2.0												4762	
		2.2												4975	扬州市煤矿机械厂
		2.4												5221	
		2.6												5431	
		2.8												5622	温县煤矿机械厂
		3.0												5867	
		3.2												6056	
		3.4												6301	
		3.6												6492	
PH6-15-4.3Z	600	4.34	7°54′18″	0.354	34854	φ18×64		重车 4辆				YB200L-8	15	20690	沈阳煤矿建设机械厂
PH6-15-4.3Y		4.34												20482	
PH6-15-2.8Z		2.85			25932									16502	
PH6-15-2.8Y		2.85												16250	

续表

型号	轨距 (mm)	爬高 (m)	爬车倾角 (°)	爬链速度 (m/s)	头尾轮中心距 (mm)	爬链规格 (mm)	减速比	最大同时爬车数 (辆) 空车	煤车	矸石车	钢轨 (kg/m)	电动机 型号	功率 (kW)	质量 (kg)	生产厂家
PH6—22—hZ PH6—22—hY	600	1.0		0.33		φ18×64	31.5	1t矿车5辆 或 1.5t 5辆	1t矿车5辆 或 1.5t 4辆	1t矿车5辆 或 1.5t 4辆	24	YB12M$_2$—6	22	6031	淮南煤矿机械厂
		1.2												6221	
		1.4												6475	
		1.6												6657	泰安煤矿机械厂
		1.8												6868	
		2.0												7091	
		2.2												7304	扬州市煤矿机械厂
		2.4												7550	
		2.6												7760	温县煤矿机械厂
		2.8												7951	
		3.0												8196	
		3.2												8386	
		3.4												8630	
		3.6												8821	
PH9—22—hZ PH9—22—hY	900	1.0		0.333		φ18×64	3.15	1.5t矿车5辆	1.5t矿车4辆	1.5t矿车3辆	24	YB200L$_2$—6	22	6069	淮南煤矿机械厂
		1.2												6271	
		1.4												6529	
		1.6												6732	
		1.8												6955	
		2.0												7190	
		2.2												7414	扬州市煤矿机械厂
		2.4												7676	
		2.6												7900	温县煤矿机械厂
		2.8												8102	
		3.0												8359	
		3.2												8561	
		3.4												8817	
		3.6												9021	

表 7-2-76　链式爬车机技术性能表

型号	轨距 (mm)	爬高 (mm)	直线段长度 (mm)	爬行速度 (m/min)	爬链节距 (mm)	最大同时爬车数		钢轨 (kg/m)	电动机		质量 (kg)	生产厂家
						空车	重车		型号	功率 (kW)		
P6-1		1023	0								2348	
P6-2		1230	800								2463	淮南煤矿机械厂
P6-3		1437	1600								2569	
P6-4		1644	2400								2694	
P6-5		1851	3200			1t矿车3辆	1t矿车1辆				2787	
P6-6	600	2058	4000	18.96	200			24	Y132M₂-6	5.5	2903	泰安煤矿机械厂
P6-7		2265	4800								3006	
P6-8		2472	5600								3111	
P6-9		2679	6400								3215	
P6-10		2886	7200								3357	
P6-11		3093	8000								3459	
P9-1		1023	0								2562	
P9-2		1230	800								2677	
P9-3		1437	1600								2782	
P9-4		1644	2400								2907	
P9-5		1851	3200			3t矿车3辆	3t矿车1辆				2999	淮南煤矿机械厂
P9-6	900	2058	4000	19.14	200			24	YB160L-6	11	3114	
P9-7		2265	4800								3217	
P9-8		2472	5600								3321	
P9-9		2679	6400								3425	
P9-10		2886	7200								3566	
P9-11		3093	8000								3666	

表 7-2-77　液压清车机技术性能表

型　号	YQ-1	YQ-3
适用矿车	1tU 型标准矿车	3tU 型标准矿车
铲挖力（1）	37kN	30kN
铲入力（2）	80kN	80kN
额定工作压力	10MPa	12MPa
铲斗最大开距	1550mm	2850mm
机器质量	4350kg	5830kg
配用油泵	最大压力 17MPa	流量 55L/min
生产厂家	铜川煤矿机械厂	

注：1. 铲挖力，指清车时两铲斗铲刃处合拢的力；

　　2. 铲入力，指两铲斗铲刃垂直压的力。

十三、窄轨转盘

（1）用途：用于单个车辆从一条线路转入另一条线路的线路交叉处，转盘是运输线路上单个车辆改向的一种专用设备。

（2）结构：由盘体、转向轮组与电动机及减速器等组成。

（3）类型：按轨距分有 600mm 及 900mm；按动力分有手动式及电动式；按载重量分有轻型及重型；按布置型式及回转方向分为左侧式及右侧式。

（4）特征：具有使用方便、转动灵活、占地面积小、操作简单、性能可靠的特点。

（5）技术性能表：技术性能见表 7－2－78。

表 7－2－78 窄 轨 转 盘 技 术 性 能 表

型号	图 号	轨距 (mm)	名义载重 (t)	电 动 机 型 号	功率 (kW)	适用矿车	质量 (kg)	生产厂家
转 盘	标 66－332（1）－00	600				1t；1.5t	250	
转 盘	标 66－332（2）－00	900				1.5t；3t	360	
重型转盘	AT85－332·1－00	600	20				1100	
重型转盘	AT84－332·1－00	900	20				1070	
电动转盘	T88－332·1－00	600		Y132S－4	5.5	1t；1.5t	6000	
电动转盘	T88－332·2－00	900		Y132M－4	7.5	3t	6500	
电动转盘	DP2－4·4Z（Y）		2	JZR－31－6	11	2t 以下	9639	

十四、矿车卸载站

（1）用途：用于底（侧底）卸矿车自动卸料。

（2）结构：由卸载站、卸载曲轨组成，6m³ 底卸式矿车卸载站还设有限速器。

（3）类型：有电机车两侧加焊翼板，并靠曲轨托轮支撑电机车与列车组不摘钩并由电机车牵引列车组通过卸载曲轨的通过式；有电机车与列车组在通过卸载曲轨前先摘钩，而后电机车绕行至列车组后面推动列车组通过曲轨，而电机车不通过卸载曲轨的不通过式两种类型。

（4）特征：卸载站的托轮组是由左右两排单托轮组成，支撑托轮的倾角向内、向下倾斜 10°左右，托轮间距 400mm 左右，卸载曲轨分为卸载段、水平段、复位段，卸载段及复位段要求接头平整光滑，找正定位后焊死，连接板定位后四周焊死。

（5）技术性能：原煤炭部已有标准制造图及其设备。

十五、脱轨复位器

（1）用途：用于煤矿机车、矿车掉轨的复位。

（2）结构：由底盘、提升板、泵体、油箱、活塞杆等组成。

（3）类型：液压手动柱塞式。

（4）特征：起重量为 10t，可进行起重后的移位，还具有一般千斤顶的功能。

（5）技术性能表：技术性能见表 7－2－79。

表 7—2—79 脱轨复位器技术性能表

型 号	起重量 (t)	起重高度 (mm)	手柄力 (kN)	系统压力 (MPa)	外形尺寸 高×宽 (mm)	质 量 (kg)	生 产 厂 家
SYYK—10	10	300	0.25	34.2	378×232	33	张家口煤机厂

十六、轨道衡

（1）用途：用于窄轨车辆装车后集中动态检秤和快速定量装车的专用设备。

（2）结构：由承载台面、传感器、金属结构等组成。

（3）类型：按车辆被称量时的状态分有静态轨道衡及动态轨道衡；按被称量值传递原理分有机械轨道衡和电子轨道衡；按每辆被称车辆的称量分有整车计量、转向架及轴计量方式；按被称车辆轨距分有标准轨轨道衡及窄轨轨道衡。

（4）特征：动态电子轨道衡分整车计量、转向架计量、轴计量三种。动态电子轨道衡已实现了微机化，对于加速车辆的周转，提高企业效益有着广阔的前景。

目前适应窄轨系列的动态电子轨道衡有 KZ 系列微机窄轨矿车衡。

（5）技术性能：技术性能见表 7—2—80。

表 7—2—80 矿 车 衡 技 术 性 能 表

型号	额定量程 (t)	轨距 (mm)	称量方式	称量速度 (km/h)	称量精度 (%)	生 产 厂 家
KZ	3；10；15 20；30；40	600 900 726	整体称量	3～12	4	

注：本系列为微机窄轨矿车衡。

十七、除铁器

（1）用途：用于清除输送物料中所含铁器、金属、雷管。

（2）结构：依类型不同结构亦相应不同。

（3）类型：有悬挂式、滚筒式、带式三种。

（4）特征：永磁式悬挂除铁器安装在输送机上方或前方，当输送机所输送的物料中夹杂着铁质夹杂物经过除铁器下方时，被迅速吸起，按弃铁方式分自卸式和人工卸铁式，自卸式是利用除铁器配套运行的胶带将铁器抛出，人工卸铁式是人为的强制将铁器除去。

（5）技术性能：技术性能见表 7—2—81、表 7—2—82 及表 7—2—83。

十八、胶带秤

（1）用途：用于各类带式输送机动态连续计量的专用设备。电子胶带秤用于主斜井及采

表 7-2-81 电磁辊式磁选机技术性能表

型　号		JK-506550	JK-506550A
适用 TD75 型皮带宽度（mm）		500；650；800	500；650；800；1000；12000
电磁辊转速（m/s）		1.25～1.60	
驱动功率（kW）		1.5	
驱动装置		电动滚筒	
含铁磁杂物状况		松　散	
电磁辊	型　号	SA925	
	直径（mm）	300～500	
电磁辊表面磁场强度 O_c		1500	
公称分离层平均厚度（mm）		50～100	
激磁功率（kW）		1.17	
质　量（kg）		1100	1200
生产厂家		山东济宁除铁设备厂	

注：该系列产品系专利产品。

表 7-2-82 KCT 系列永磁滚筒主要技术性能表

型　号	皮带宽度 B（mm）	筒表磁场 O_e	皮带速度（m/s）	质　量（kg）	生产厂家
KCT50/50	500	1400	≤1.2	～460	
		2000	≤1.5		
KCT50/65	650	1500	≤1.2	～700	
		2500	≤1.5		
KCT63/65		1500	≤1.2	～1100	
		2500	≤1.5		
KCT50/80	800	1500	≤1.2	～900	
		2500	≤1.5		
KCT63/80		1600	≤1.2	～1120	山西远洋煤炭工业设备研制所
		3000	≤2.5		
KCT80/80		1600	≤2.0	～1720	
		3000	≤2.5		
KCT63/100	1000	1600	≤2.0	～1480	
		3000	≤2.5		
KCT80/100		2000	≤2.0	～2100	
		3000	≤2.5		
KCT63/120	1200	2000	≤2.0	～1650	
		3000	≤2.5		
KCT80/120		2000	≤2.0	～2530	
		3000	≤2.5		

注：与 TD75 型带式输送机配套使用。

表 7—2—83　KCX 系列永磁悬挂式除铁器主要技术性能表

型号	输送皮带宽 (mm)	输送皮带速度 (m/s)	弃铁方式	表面场强 Q_a	额定悬挂高度 (mm)	驱动电机功率 (kW)	质量 (kg)	生产厂家
KCX50	500	≤1.5	Z	2500	125	1.5	～660	山西远洋煤炭工业设备研制所
		≤2.0	R	2500	125			
KCX65	650	≤1.8	Z	3000	150	1.5	～785	
		≤2.5	R	3000	150			
KCX80	800	≤2.2	Z	3000	200	2.2	～910	
		≤2.5	R	3200	200			
KCX100	1000	≤2.5	Z	3000	250	3	～1310	
		≤2.5	R	3200	250			
KCX120	1200	≤2.5	Z	3200	300	4	～1625	

注：Z—自卸式；R—人工卸铁式。

区带式输送机巷原煤计量；核子秤主要用于各采掘队组的原煤计量。

（2）结构：电子胶带秤由称重控制显示器、秤架、称重传感器、测速传感器组成。

核子秤由放射源、电离室、测速机构、支架等组成。

（3）类型：核子秤有一机一秤、一机多秤；电子胶带秤目前只有一种。

（4）特征：核子秤具有对流动物料进行非接触式计量，安装方便且时间短，工作量小，适应输送机经常移动位置的场所；无需机械维修，故障率较低；动态计量、精度高、长期工作、稳定可靠；不受温度、湿度、冲击、振动、张力因素的影响，本安型一机多秤系统具有适应各类输送机的要求的特点。

电子胶带秤仅用于带式输送机上。但具有机壳外形尺寸小，具有防水、防尘优良性能；仪表有半自动调零、自动调零、数字修正量程、电子校准、故障自检、停电保持等功能；仪表和秤架可安装于现场，仪表串行口可送到总控室计算机，输送距离可达 4000m；计算机具有控制仪表、打印、显示各种数据等功能。

（5）技术性能表：技术性能见表 7—2—84、表 7—2—85。

表 7—2—84　电子胶带秤技术性能表

规格型号	准确度等级	适应带速 (m/s)	常用带宽 (mm)	称量范围 (t/h)	生产厂家
ICS—ST2	1.0	0.2～4	500～2000	10～2000	徐州衡器总厂
ICS—ST4	0.5	0.2～4	650～2000	10～2000	
ICS—XE4	0.25	0.2～4	650～2000	50～4000	
ICS—DT	1.0；2.0	0.1～3	300～1000	1～200	
KICS—ST2	1.0	0.2～4	500～2000	10～2000	

表 7-2-85　微 机 核 子 秤 系 统

型 号	RH-92A	RH-92BⅠ	RH-92BⅡ	RH-92D	RH-92EⅠ	RH-92EⅡ
特 点	一机一秤	新型一机一秤	新型一机一秤	新型一机多秤	新型一机多秤	新型一机多秤
生产厂家	北京海育燃化技术研究所；西安核仪器厂；中国辐射防护研究所太原八达科技开发公司；徐州衡器总厂研究所均生产类似防爆型核子秤。					

十九、胶带硫化器

(1) 用途：是用于带式输送机帆布、尼龙、涤纶和钢绳芯胶带接头的胶接，使其形成无极回转带的一种专用设备。

(2) 结构：由硫化板、机架、水压板、主机、挡板等组成。

(3) 类型：按结构型式分有胶带热接、胶带冷接；按胶接部位分有接头胶接及修补胶接。

(4) 特征：热接法是经加热硫化反应使胶带获得最佳粘接强度，粘接抗拉强度达到原胶带抗拉强度的 90% 以上，接头光滑与原带无异。电热式 KLH 型、BDL 型及专利产品 DBL-1200 型皆属于此。

冷接法是近年来发展起来的技术，该工艺具有用料少，不需加热，操作简便等优点。

(5) 技术性能表：技术性能见表 7-2-86 及表 7-2-87。

二十、输送带捕捉器

(1) 用途：用于大倾角带式输送机发生倒转或断带时捕捉胶带的专用设备。

(2) 结构：由支承架、制动靴组件、信息机构组件、长轴、制动板等组成。

(3) 类型：可以满足各种类型的胶带使用。

(4) 特征：捕捉器既可作为断带保护，又可作为倒转保护的防爆安全装置，在整台输送机沿线上，每隔一段距离，在输送机的两侧成对安装一副捕捉器。

(5) 技术性能表：目前原山西矿业学院研制的捕捉器已进行了工业试验及鉴定，系列产品已正式编制。

二十一、斜井防跑车装置

(1) 用途：用于矿井主斜井、井下暗斜井、上下山运输斜巷或地面矸石山，防止提升车辆发生断绳后自溜跑车事故发生。

(2) 结构：分别由立柱、横梁、中木、挡车栏等组成。

(3) 类型：按矿车通过放挡车栏的前后次序分常开式系统及常闭式系统。按控制方式分提升绞车钢丝绳控制的绳压式、联动式及碰撞式。

(4) 特征：绳压式主要特点是当未提升或下放串车时，钢丝绳处于松弛状态，挡车栏由于中木自重使挡车栏闭合，当提升或下放矿车时，钢丝绳受力处于张紧状态，压迫连接绳头滑头，使挡车栏开启，串车顺利通过。联动式是采用先进的电子设备使挡车栏同绞车实现联锁。碰撞式是一种简单的机械装置，利用碰撞原理自动操作，其较好的缓冲性能可保证防跑器具有较高的强度及安全可靠性，重量轻，体积小，造价低廉，适用于小型煤矿的斜井、大

表 7-2-86　DBL 型电热式防爆硫化器技术性能表

序号	名称		单位	DBL-650	DBL-800	DBL-1000	DBL-1200	DBL-1400
				系列硫化器数据				
1	胶接运输胶带带宽规格		mm	650	800	1000	1200	1400
2	硫化温度		℃	145				
3	硫化升温时间		min	≤50				
4	硫化工作压力		MPa	2				
5	电源电压		V	660　380	660　380	660　380	660　380	660　380
6	总功率		kW	8	9	11.5	13.6	15.65
7	硫化板	有效工作面尺寸(长×宽)	mm	770×625	920×625	1120×625	1320×625	1530×625
		功率	kW	4	4.75	5.75	6.80	7.825
		线电流	A	3.50　6.08	4.15　7.22	5.03　8.74	5.94　10.33	6.85　11.89
		质量	kg	94	107	124	141	159
8	机架	数量	支	8				
		外形尺寸(长×宽×高)	mm	1130×100×200	1280×116×250	1480×116×250	1680×122×280	1895×122×280
		单支质量	kg	38.4	56.4	63.8	79.4	88.7
9	水压板	外形尺寸(长×宽)	mm	786×625	930×625	1146×625	1326×625	1545×625
		质量	kg	51	60	72.4	84.3	98.5
10	主机	外形尺寸(长×宽×高)	mm	240×625×693	390×625×793	590×625×793	1790×625×860	2005×625×860
		总质量(不包括挡铁)	kg	652	845	961	1173	1309
11	生产厂家			锡山市硫化器厂				

表 7-2-87　KLH 型电热式防爆硫化器技术性能表

序号	名称		单位	KLH-650	KLH-800	KLH-1000	KLH-1200	KLH-1400	备注
				系列硫化器数据					
1	硫化胶接运输胶带规格		mm	650	800	1000	1200	1400	
2	硫化温度		℃	根据胶带种类而设定(0-200℃)可调					
3	硫化保温时间		min	根据胶带厚度而定					
4	硫化升温时间		min	≤50					
5	硫化工作压力		MPa	≤2					
6	硫化工作电源电压		V	660　380	660　380	660　380	660　380	660　380	
7	总功率		kW	7.4	8.8	10.8	12.6	14.40	
8	硫化板	有效工作面尺寸(长×宽)	mm	780×550	930×550	1130×550	1330×550	1530×550	
		功率	kW	3.7	4.4	5.4	6.3	7.2	
		线电流	A	3.23　5.62	3.85　6.68	4.72　8.20	5.50　9.57	6.30　10.90	
		质量	kg	75.9	90.5	110	129	149	

续表

序号	名　称		单位	系　列　硫　化　器　数　据					备注
				KLH－650	KLH－800	KLH－1000	KLH－1200	KLH－1400	
9	机架	数　量	支	6					
		外形尺寸(长×宽×高)	mm	1130×130×200	1280×130×200	1480×130×200	1680×130×200	1880×130×250	
		单支质量	kg	57.1	65	74.8	84	93.2	
10	水压板	外形尺寸(长×宽)	mm	775×550	925×550	1125×550	1325×550	1525×550	
		质　量	kg	50.8	60.7	73.8	86.9	100	
11	主机	外形尺寸(长×宽×高)	mm	1150×550×805	1300×550×805	1500×550×805	1700×550×805	1900×550×905	
		总质量	kg	654	739	852	965	1079	
12	主要附件及配套件	1　KZX 电气控制箱	只	1					每台1只
		2　一次电源电缆	mm²	U－1000 3×6＋1×6					每台1根
		3　二次电源电缆	mm²	U－1000 3×4＋1×4					每台2根
		4　屏蔽测温电缆	mm²						每台2根
		5　SSY12.5/4 手动水压泵	MPa	4					每台1只
		6　棘轮扳手	只	1					
		7　WSS－301 温度计	只	2					备　用
		8　水管(带快速接头)	支	1					
13	生　产　厂　家			锡山市硫化器厂					

中型煤矿的地面矸石山及井下的材料上下山。

（5）技术性能：

煤矿专用设备图册中已列有一些产品，但使用中尚有欠妥之处。东滩煤矿研制成功的常闭防跑车系统及内江市楠木寺煤矿将现有手动防跑车挡车栏改造为绳压式挡车栏使用情况较好。

XFQ－1 型斜井防跑车器是目前较好的一种装置。该设备由江苏省高邮市东方动力机械厂制造，由劳动部矿山安全局于 1995 年 6 月 26 日以劳矿局字〔1995〕11 号文《关于加强控制跑车事故的通知》中明确提到 XFQ－1 型斜井防跑器，原理先进、构思巧妙、结构简单、运行可靠、安装方便。文中同时指出"目前也有些防跑车装置，起不到防止跑车事故的作用。所以，要加强对防跑车装置的选择、安装、维护等工作的监督和检查，切实做好对防跑车事故的控制。"

第三章　采区煤炭运输

第一节　煤炭运输方式的选择

一、设计技术原则

（一）设计大中型矿井时应遵循的原则

1）采区上、下山煤炭运输方式应遵循的规定：

（1）开采倾斜、急倾斜煤层时，采用大倾角带式输送机、上链式输送机、搪瓷溜槽、铸石溜槽或溜煤眼；

（2）开采缓倾斜煤层，普通带式输送机向上运煤的倾角不应大于18°，向下运煤的倾角不应大于16°。

2）回采工作面及回采工作面顺槽的煤炭运输，应采用输送机，并应符合下列规定：

（1）回采工作面输送机小时运输能力，应大于回采工作面采煤机设计采用的小时生产能力；

（2）回采工作面运输顺槽输送机小时运输能力，不应小于回采工作面输送机的小时运输能力；

（3）采区内只有一个回采工作面生产时，采区上、下山输送机小时运输能力，不应小于回采工作面顺槽输送机小时运输能力；当采区内有一个以上采煤工作面同时生产时，应根据条件计算上、下山输送机能力。当有条件时，应在回采工作面运输顺槽与上、下山交汇处设置缓冲煤仓。

3）采区输送机上、下山与运输大巷或石门之间的煤仓，应根据其位置的相互关系选择煤仓类型及容量，应符合下列规定：

（1）输送机上、下山与运输大巷或石门之间有一定高差，宜采用圆形直仓；输送机上、下山与运输大巷均布置在煤层中，应采用水平煤仓；

（2）斜煤仓倾角不应小于60°；

（3）煤仓容量可为上、下山输送机0.5h的运量；

（4）煤仓应有防堵塞和处理堵塞的设施。

（二）当设计小型矿井时应遵循以下原则

回采工作面和回采工作面运输顺槽的运输设备，当采用机械采煤时，应选择与其采煤机械生产能力相适应的刮板输送机、转载机、可伸缩带式输送机等运输设备；当采用炮采或其他回采工艺时，应以工作面循环产量为依据，按1.5的运输不均衡系数和运输时间计算选择运输设备。每班净运输时间规定如下：

（1）采煤工作面5h。

（2）顺槽采用输送机运输时，当只有一个采煤工作面生产时为 5h，两个工作面生产时为 5.5h。轨道运输时为 5.5h。

采区上、下山的煤炭运输设备，当回采工作面采用机械采煤时，宜采用带式输送机。当采用炮采或其他回采工艺时，应根据采区上下山的倾角、采区生产能力和工作面数量及分布情况选择运输设备，如带式输送机、铸石槽箱输送机、刮板输送机、搪瓷溜槽及提升绞车等，每班净运输时间采用 5～6h。作为辅助提升的采区上、下山提升绞车净运行时间采用 5.5～6.5h。

当采区上、下山采用溜槽或输送机时，应设置采区煤仓，其容量一般不小于 2 列车煤量或上、下山输送机 1h 的运量。

二、采区上、下山煤炭运输方式

采区上、下山煤炭运输方式见表 7－3－1。

表 7－3－1 采区上、下山煤炭运输方式表

运输方式			适用条件	优 点	缺 点
输送机	上链式刮板输送机		向下运输不大于 20°，向上运输一般不大于 15°，每台使用长度为 150～300m	耐磨、耐蚀、结构简单、维修方便、撒煤量少	电耗较大
	刮板输送机		上山倾角较小，生产能力不大	运输连续	出现断链事故影响生产
	带式输送机	强 力	生产能力大，上运 18°，下运 16°	运量大，铺设长度长连续运输安全可靠	铺设困难，投资高
		普 通	上山倾角较小的矿井	运输能力大，电耗少连续性好	铺设困难，制动能力差
		吊 挂	上山倾角 14°，下山倾角 17°以下	可适应巷道高低不平	运营费用高
		大倾角	上山倾角 17°以上	运量大，连续性好	投资高
矿车	绞 车		小型矿井工作面产量低，倾角在 6°～25°之间	矿车可以进采区	运输不连续，效率低
	无极绳		小型矿井工作面产量低，倾角不大	矿车可以进采区	运输不连续，效率低，钢丝绳损耗大
自溜	搪瓷溜槽铸石溜槽混凝土溜槽		上山倾角 30°～35°为宜，当煤层倾角接近 25°，采区上山布置在底板岩石中可适当增加上山坡度有可能采用自溜	设备简单，运输费用低，生产能力较大	对施工质量要求较严，粉尘大

第二节　回采工作面运输设备的选型

一、工作面输送机能力的确定

1. 炮采工作面

$$Q_{运} \geqslant \frac{LSm\gamma c}{5 \times 2} \times 1.5 \qquad (7-3-1)$$

式中　$Q_{运}$——输送机小时输送能力，t/h；

　　　L——工作面长度，m；

　　　S——工作面推进度，m/d；

　　　m——采高，m；

　　　γ——煤的容重，t/m³；

　　　c——工作面回采率，%；

　　1.5——运输不均衡系数；

　　　2——每日生产班数。

　　　5——每班运输时间，h。

2. 机采工作面

$$Q_{运} = Q_m K_1 K_2 K_3 \qquad (7-3-2)$$

式中　Q_m——采煤机的实际生产能力，t/h；

　　　K_1——采煤机和运输机同方向运行时调整数，

$$K_1 = \frac{V_{运}}{V_{链} - V_{采}} ;$$

　　　$V_{链}$——工作面输送机链速，m/min；

　　　$V_{采}$——采煤机平均牵引速度，m/min；

　　　K_2——输送机装载不均匀系数，取 1.5；

　　　K_3——煤层倾角和运输方向的关系系数。

上式 K_3 的取值方法为：

当煤层倾角 5°~10°时，向下运输 $K_3 = 0.9$，向上运输 $K_3 = 1.3$；

当煤层倾角大于 10°时，向下运输 $K_3 = 0.7$，向上运输 $K_3 = 1.5$。

3. 工作面输送机选型原则

（1）刮板输送机输送能力应大于采煤机的最大生产能力，一般取 1.2 倍。

（2）要根据刮板链的负荷情况，确定链条数目，结合煤质硬度选择链条的结构形式，煤质较硬块度较大时优先选用双边链，煤质较软时可选用单链或双中链。

（3）输送机中部槽的结构，一般应选用开底式，封底式一般用于煤层底板较松软的煤层条件。中部槽宽度尺寸应尽可能选用通用尺寸，并应考虑能与采煤机底托架和行走机构尺寸相匹配；中部槽的长度与支架的宽度相匹配，中部槽要与液压支架的推移千斤顶连接装置间距结构相匹配，并能沿垂直和水平方向弯曲，尤其是液压支架的中心距不等于中心槽的长度时应更要注意。

（4）在传动装置布置方式、电动机台数和铺设长度方面，通常采用多电机驱动，一般为2～4台。应优先选用双电机双机头驱动方式。为了便于采煤机工作，尽量将传动装置布置在采空区一侧。

（5）为了配合滚筒采煤机自开切口，应优先选用短机头架和机尾架，中板升角不宜过大以减少通过压链块的能量消耗。

（6）为了配合采煤机有链牵引的需要，在机头和机尾部应附设采煤机牵引链的张紧装置及其固定装置。而与总链牵引的采煤机配套时应附设结构型式相应的齿轮和销轨与采煤机的行走轮齿相啮合。

（7）为了防止重型刮板输送机下滑，应在机头、机尾安装防滑锚固装置。当工作面倾角较大时，选用工作面输送机防滑装置。

（8）刮板输送机中部槽两侧应附设采煤机滑靴或行走滚轮跑道，为防止采煤机掉道，还应设有导向装置。

（9）为了配合采煤机双向往复采煤的需要，应在输送机靠煤壁一侧附设铲煤板，以清理机道的浮煤。

（10）为配合采煤机行走时能自动铺设拖移电缆和水管，应在输送机靠采空区一侧附设电缆槽。

工作面刮板输送机见表7－3－2、表7－3－3。

二、工作面运输巷设备选型

1. 桥式转载机选型原则

（1）转载机的运输能力应大于工作面输送机的能力（一般为1.2倍），它的溜槽宽度或链速一般应大于工作面输送机。

（2）转载机的机型，即机头传动装置及电动机和中部槽的类型及刮板链类型，应尽量和工作面刮板输送机机型一致，以便日常维修和管理。

（3）转载机尾部和工作面输送机头部有一定的卸载高度（约600mm）以避免工作面输送机底链回煤。

（4）转载机机头搭接带式输送机的连接装置应与带式输送机机尾结构以及重叠长度相匹配，搭接处的最大机高要适应巷道动压后的支护高度，转载机高架段中部槽的长度，既要满足转载机前移重叠长度的要求，又要考虑工作面采后超前动压对巷道顶板移近量的作用大小。通常对于超前动压影响距离远且矿压显现剧烈的巷高较低的平巷，转载机应选用机身较长（回空段）及较大的功率，巷道易底鼓时，采用不直接骑在带式输送机机尾轨道上，而是选用跨接在两侧的专用地轨上。

（5）对平巷内水患大，带式输送机需要铺在上帮侧时，转载机增设S变型中间槽，而机尾仍在巷道的下帮侧，以保持工作面输送机机头进入顺槽，利于采煤机自开缺口。

（6）在煤质较硬块度较大的工作面，可在桥式转载机机尾水平部分，安装破碎机，以免砸伤带式输送机堵塞煤仓。转载机设备见表7－3－4。

2. 破碎机选型原则

（1）破碎机的类型和破碎能力,应满足工作面生产可能出现的大块煤（岩）等状况的需要。

（2）破碎机的结构与所选转载机结构尺寸相适应。

表 7-3-2　可弯曲刮板输送机

序号	型号	适用条件	出厂长度(m)	小时运量(t)	链速(m/s)	电动机型号	电动机功率(kW)	电动机电压(V)	链破断力(kN)	外形尺寸 长×宽×高(mm)	质量(t)	生产厂家	备注
1	SGD-730/180	缓斜 1.8~3.5m 综采工作面	150	500	0.92	DSB-90	90×2	660/1140	850	1500×730×220	110	山西煤机厂/西北煤机厂	
2	SGD-630/180	缓斜 1.7~2.9m 高档普采工作面	150	400	0.92	DSB-90	90×2	660/1140	850	1500×630×220	100	山西煤机厂/西北煤机厂	
3	SGD-730/320	缓斜 2.8~4.5m 综采工作面	150	700	0.93	YSB-160	160×2	660/1140	1130	1500×730×220	140	西北煤机厂	
4	SGB-764/264	缓斜中厚煤层综采面	150	600	1.12	YSB-132	132×2	1140	610	1500×764×222	160	山西煤机厂	
5	SCZ-730/320	缓斜 2.8~4.5m 综采工作面	150	700	0.95	YSBS-80/160	160×2	1140	850	1500×764×222	160	山西煤机厂	
6	SCEC-730/400	缓斜 2.8~4.5m 长壁综采面	200	900	1.05	YBKYS-200	200×2	1140	850	1500×764×222	155	西北煤机厂	
7	SGZC-764/400	缓斜 2.8~4.5m 综采面	150	800	1.1	YBKYS-100/200-8/4	200×2	1140	850	1500×764×222	200	山西煤机厂	
8	SGEC-830/500	缓斜 3.5~5m 综采面	200	1000	1.05	YBKYS-250	250×2	660/1110	1130	1500×830×260	200	西北煤机厂	
9	SGB-630/150C	缓斜 1.7~2.9m 高档普采面	200	250	0.868	DSB-75	75×2	380/660	410	1500×630×190	88	山西煤机厂/兖州煤机厂	
10	SGB-620/80T	缓斜炮采面	150	150	0.86	DSB-40	40×2	380/660	410	1500×620×180	26	山西煤机厂	
11	SGB-620/40T	缓斜炮采面	100	150	0.86	DSB-40	40	380/660	410	1500×620×180	17.5	山西煤机厂/兖州煤机厂	
12	SGB-630/40CS	中厚煤层炮采工作面和中间巷道运输	120	150	0.85	YDB-30/55-8/4	55/30	660	320	1500×620×180	21.2	南京煤机厂	
13	SGB-630/55S	中厚煤层炮采工作面和中间巷道运输	120	150	0.85	YDB-30/55-8/4	55/30	660	320	1500×620×180	21.2	南京煤机厂	
14	SGD-420/30A	煤层 0.8m 以上,倾角±15°中间的炮采及顺槽运输	100	80	0.75	JDSB-30	30	380/660	320	1200×420×160	10.8	南京煤机厂	
15	SGD-420/22	煤层 0.8m 以上,倾角±15°中间炮采面及顺槽运输	80	60	0.63	JDSB-22	22	380/660	250	1200×420×150	7.8	南京煤机厂	

注：4、5、6、7、8 五种产品可为侧卸端卸和用单速双速或双速电机驱动。

表 7—3—3 煤炭科学研究总院太原分院设计定型刮板输送机系列性能参数表

序号	产品名称	产品型号	链条型式	主要参数						使用范围	生产厂家
				设计长度(m)	输送量(t/h)	电机功率(kW)	刮板链速(m/s)	链条规格(mm)	中部槽 长×宽×高(mm)		
1	边双链刮板输送机	SGB620/40	边双链型	100	150	40	0.85	18×64	1500×620×180	普采工作面中间巷道	①②③⑦
2	边双链刮板输送机	SGB630/150	边双链型	200	250	2×75	0.868	18×64	1500×630×190	缓斜中厚煤层高档普采	①②④⑦
3	中双链刮板输送机	SGZ630/220	中双链型	180	450	2×110	1	22×86	1500×630×222	缓斜中厚煤层高档普采	①②
4	准边双链刮板输送机	SGZ630/220	准边双链型	180	500	2×110/55 双速电机	1.07	26×92	1500×730×222	缓斜中厚煤层综采	①④⑤⑥
5	中双链侧卸式刮板输送机	SGZ764/400	中双链型	200	1000	2×200/100 双速电机	1	30×108	1500×76×222	缓斜中厚煤层综采	①②
6	中双链交叉侧卸刮板输送机	SGZ764/500	中双链型	200	1000	2×250×125 双速电机	1.129	30×108	1500×764×222	缓斜中厚煤层综采	②
7	中双链交叉侧卸刮板输送机	SGZ880/500	中双链型	250	1500	2×400/200 双速电机	1.2	34×126	1500×880×320	缓斜中厚煤层综采	②
8	中双链输送机	SGZ830/630	中双链型	200	1200	315×2	1.03		1500×830×270	缓斜中厚煤层综采	③

注：生产厂家：①张家口煤机厂；②西北煤机厂；③山西煤机厂；④蚊河煤机厂；⑤昆明煤机厂；⑥淮南矿山机器厂；⑦兖州煤机厂。

表 7-3-4　转载机

序号	型号	适用条件	出厂长度(m)	小时运量(t)	链速(m/s)	有效搭接长度(m)	爬坡角度(°)	爬坡长度(m)	水平段装载长度(m)	链条破断力(kN)	电动机型号	电动机功率(kW)	电动机电压(V)	中部槽外形尺寸 长×宽×高(mm)	质量(t)	生产厂家	备注
1	SZD-730/90		30	750	1.31	11.6	20	3.81	17.3	850	DSB-90	90	660 1140	1500×730×220	24.2	山西煤机厂	
2	SZB-764/132		29.7	700	1.34	11.44	20	4.44	10.9	850 1130	YSB-110/160	132	660 1140	1500×730×220	24.9	山西煤机厂	
3	SZD-630/75P		31	450	0.92	9.4	20	4.48	11.2	850	DSB-75	75	660 1140	1500×630×220	17.5	西北煤机厂	
4	SZZ-730/132	3.5m 厚煤层顺槽转载	43	630	1.28	10.0	12	5.0		850	KBY550-132	132	1140	1500×764×222		张家口煤机厂	中双链
5	SZZ-764/132	中厚煤层顺槽转载	41.2	1100	1.28	12.4	12	5.5		850	KBY550-132	132	1140	1500×764×222	32	山西煤机厂	中双链
6	SZB-730/40	中厚煤层槽转载	25	400	0.85	12	10	6.5		350	DSB-40	40	600	1500×730×190		张家口煤机厂	边双链
7	SZB-730/75	中厚煤层顺槽转载	25	630	1.33	12	10	6.5	350		DSB-75	75	660 1140	1500×730×190		张家口煤机厂	边双链
8	SZB-764/132	中厚煤层顺槽转载	29.7	700	1.34	11.4	10	6.5		850	KDY550-132	132	1140	1500×764×220		张家口煤机厂	边双链
9	SZB-764/132	中厚煤层顺槽转载	39.7	700	1.34	11.4	10	6.5			KDY550-132	132	1140	1500×764×220		张家口煤机厂	边双链
10	SZP-830/180		37.7	1200	1.45	12.4	10	7.4			DSB-90	2×90	1140	1500×830×222		张家口煤机厂	

表7-3-5 破碎机技术性能表

型号	生产能力(t/h)	破碎能力(t/h)	进料口宽度(mm)	进料口高度(mm)	出料粒度(mm)	电动机型号	功率(kW)	电压(V)	外形尺寸 长×宽×高(mm)	配套转载机型号	质量(t)	生产厂家
LPS-500	1000	500	700	600	150~300	YSB-75	75		3255×1500×1755	SZD-630/180	8.00	西北煤矿机械总厂一厂
LPS-1000	1000	1000	900	920	150~300	YSB-110	110		4500×1970×1819	SZD-730/160(110)	14.00	西北煤矿机械总厂一厂
PCM100	1000	1000	700	700	150~350	YSB-110	110	660/1140	4560×2025×1808	SZD-730/160(110) SZB-764-132	12.66	张家口煤矿机械厂
PCM110Ⅰ	1000				≤300	YSB-110	110	660/1140	4560×2025×1808	SZZ-764-132a SZZ-764-160	13.60	西北煤矿机厂
LPS-2000		2000	1400	1000	≤300	YSB-160	160	660/1140			26.00	西北煤矿机厂
PCM132	1200	1200	800	800	150~400	KBY550-132	132	1140	4560×2095×1742	SZB-330-180	14.80	石家庄煤矿机械厂
PEM980×815	1100	650	980	815	90~370	JBY91-4/55	55	1140	9000×2260×1650	SZZ-730-132	14.00	石家庄煤矿机械厂
PEM1000×650	1100	600	1000	650	40~370	DSB-55QⅡ	55	660/1140	3270×2260×1430	SZZ-764/132AⅡ	11.90	石家庄煤矿机械厂
PEM1000×650Ⅰ	1100	450	1000	650	60~370	JBY91-4/55	55	1140	3270×2260×1430	SZB-764/132AⅡ	10.70	张家口煤矿机械厂
PEM1000×650Ⅱ	1100	450	1000		40~370	JBY91-4/55	55	1140		SZB-764/132Ⅱ	13.60	张家口煤矿机械厂
PEM1000×650Ⅲ	1100	600	1000	1000	40~370	DSB-55QⅡ	55	660/1140	3270×2260×1430	SZZ-730/40(75)	12.80	张家口煤矿机械厂
PEM1000×1000	1200	700	1000	1000	40~370	DSB-55QⅡ	55	660/1140	3270×2260×1780	SZZ-764/132A	13.3	石家庄煤矿机械厂
PGM10	1000	500	700	700		JBY91-4/55	110	1140	5800×1950×1750	SZB-764/110	13.7	太原矿山机器厂

表 7-3-6　可伸缩带式输送机

序号	型号	适用条件	运输能力 (t/h)	运距 (m)	运速 (m)	胶带 种类	胶带 带宽 (mm)	贮带长度 (m)	电动机 型号	电动机 功率 (kW)	电动机 电压 (V)	机头部外形尺寸 长×宽×高 (mm)	质量 (t)	生产厂家	备注
1	SDJ-150 SSJ1000/125	综采普采工作面的工作面运输巷运输和巷道掘进运运输	630	1000	1.9 2.0	尼龙	1000	50 60		75×2 125	660 1140	1755×2266×1615 1203×2662×1665	89.3 93.0	淮南煤机厂、东莞煤机厂、西北煤机厂	
2	SSD800/2×40 SJ-80	综采普采工作面工作面运输巷运输和巷道掘进运输	400	800	2.0	难燃带 尼龙带	800	100 50		40×2	660 1140	1230×1961×1443	50.0 12.3	淮南煤机厂、兖州煤机厂、东莞煤机厂	
3	SD-14 SJ-14	综采普采工作面工作面运输巷和巷道掘进运输	200	800	1.6	难燃带	650	100 50		22×2	380 660	3890×1736×1366	18.7	淮南煤机厂、兖州煤机厂	
4	SSJ1000/160	井下工作面运输巷、巷道掘进集中运输	800	1000	2.5 2.0	尼龙	1000	60		160	660 1140	1203×2870×1781	93	西北煤机厂、东莞煤机厂	
5	DSP-1010/800	井下工作面运输巷、巷道集中运输	400	1000	2	尼龙	800	100		90	660 1140	3271×2151×1697	78	西北煤机厂、焦作起重运输机厂	
6	SSJ650/40	井下工作面运输巷、巷道掘进	400	1000	1.6	尼龙	650	100		40	660 1140	3160×1919×1460	58	西北煤机厂、山西煤机厂、东莞煤机厂	
7	S-100/261	井下工作面运输巷、集中运输巷、巷道掘测进	700	1000	2.5	尼龙	1000	100		2×132	660 1140	8640×2011×2020	117	西北煤机厂	
8	SSJ1000/2×200X	工作面运输巷、掘进输送	1000	1000	2.7		1000	100	KBYD-200-4/8	2×200	660 /1140	7023×3150×1700	104	原平起重运输机械总厂	0~15°
9	SSJ1200/2×250	工作面运输巷、掘进输送	2000	1000	3.5		1200	100	YBS-250	2×250	1140 /660	8744×3250×2200	124	原平起重运输机械总厂	0°
10	SSJ1200/3×200	工作面运输巷、掘进输送	1600	1500	3.15		1200	100	YBS-200	3×200	1140 /660	8744×3250×2200	188	原平起重运输机械总厂	0°
11	SSJ1200/2×200A	工作面运输巷、掘进输送	1600	1000	3.15		1200			2×200					淮南煤机厂	0~3°
12	SSJ1200/3×200M	工作面运输巷、掘进输送	1200	1500	3.15		1200			3×200					淮南煤机厂	0~3°
13	SSJ1200/5×200	工作面运输巷、掘进输送	1800	2000	3.15		1200			5×200					淮南煤机厂	
14	SSJ1400/3×355 (400)	工作面运输巷	2500~3500	2000	3.55 ~4.5	PVG 1800S	1400	≥120		3×355 3×400	6000	14000×5340 ×2360	318	兖州煤机厂	6~12°

表 7-3-7 平巷带式输送机

序号	型号与名称	适用条件	带宽(mm)	带速(m/s)	运量(t/h)	最大运距(m)	电动机功率(kW)	传动滚筒直径(mm)	托滚直径(mm)	机头部外形尺寸 长×宽×高(mm)	整机质量(t)	生产厂家	备注
1	STD1000/2×75 STJ1000/2×75	有煤尘和瓦斯的矿井可适用,适用于井下集中运输巷	1000	1.9	630	1000	75×2	630	108	1755×2266×1615	68.0	淮南煤机厂 东莞煤机厂	主要零部件在相同宽的情况时可以通用
2	STD1000/75 STJ800/75	有煤尘和瓦斯的矿井可适用,适用于井下集中运输巷	1000	1.9	630	500	75	630	108	1400×2266×1615	60.0	徐州矿机厂 兖州煤机厂	主要零部件在相同宽的情况时可以通用
3	STD800/2×40 STJ800/2×40	有煤尘和瓦斯的矿井可适用,适用于井下集中运输巷	800	2	400	800	40×2	500	89	1235×1961×1445	41.7	淮南煤机厂 东莞煤机厂	主要零部件在相同宽的情况时可以通用
4	STD800/40 STJ800/40	有煤尘和瓦斯的矿井可适用,适用于井下集中运输巷	800	2	400	400	40	500	89	1755×1961×1445	20.0	淮南煤机厂 东莞煤机厂	主要零部件在相同宽的情况时可以通用
5	STD650/2×22 STJ650/2×22	有煤尘和瓦斯的矿井可适用,适用于井下集中运输巷	650	1.6	200	800	22×2	500	89	1990×1663×1348	42.5	兖州煤机厂 淮南煤机厂 东莞煤机厂	主要零部件在相同宽的情况时可以通用
6	STD650/22 STJ650/22	有煤尘和瓦斯的矿井可适用,适用于井下集中运输巷	650	1.6	200	400	22	500	89	3990×1751×1348	20.6	淮南煤机厂 兖州煤机厂	主要零部件在相同宽的情况时可以通用

表 7—3—8　固定式带式输送机

序号	型号	带宽 (mm)	动堆积角 (°)	倾角 (°)	输送能力 (m³/h) 平形托辊带速 (m/s)						槽形托辊带速 (m/s)								生产厂家	备注
					0.8	1.0	1.25	1.60	2.0	2.5	0.8	1.0	1.25	1.60	2.0	2.5	3.45	4.0		
1		500	30	0~7	11	52	66	84	103	125	78	97	122	156	191	232			衡阳运输机厂,温县煤机厂,焦作起重运输厂	r=1时
2	D75	650	30	0~7	67	88	110	112	171	221	131	161	206	261	23	391			衡阳运输机厂,温县煤机厂,焦作起重运输厂	r=1时
3		800	30	0~7	118	141	181	236	289	350		278	318	445	546	661	824		衡阳运输机厂,温县煤机厂,焦作起重运输厂	r=1时
4		1000	30	0~7		230	288	368	451	516		435	544	696	853	1033	1233		衡阳运输机厂,温县煤机厂,焦作起重运输厂	r=1时
5	D75	1200	30	0~7		345	432	553	677	821		655	819	1048	1281	1556	1858	2202	衡阳运输机厂,温县煤机厂,焦作起重运输厂	r=1时
6		1400	30	0~7		469	588	753	922	1117		891	1115	1127	1718	2118	2528	2996	衡阳运输机厂,温县煤机厂,焦作起重运输厂	r=1时
7	STJ800 /90	800				400													山西煤矿机械厂	
8	STJ100 /125	1000				630													山西煤矿机械厂	
9	STJ1000 /2×75	1000				630													山西煤矿机械厂	

（3）破碎机与其安装位置相适应。破碎机设备见表7－3－5。

3．可伸缩带式输送机选择原则

（1）工作面运输巷带式输送机运输能力，要大于工作面刮板输送机的能力。

（2）根据采区布置及顺槽长度超过800～1000m时，可选用两台。靠近转载机处的可选用可伸缩式，另一台可选用不伸缩式，有水患和巷道底鼓的可选用钢丝绳吊挂式，巷道平均倾角大于±5°时，应加装制动装置或防逆转装置。

（3）生产能力大时，可选用双电机，双滚筒或多点驱动，输送机能力较小时，可选用单电机驱动。

（4）储带和拉紧装置：储带达到50～100m时，活拉紧滚筒宜选2～3个，以缩短储带仓长度。拉紧装置可选用自拉式。

（5）移机尾装置，有液压式或绞车式两种，宜选用液压式。

（6）输送带选择，根据输送能力需要选用高强度带或普通胶带。

（7）保护装置，电机有短路、过载、漏电和欠电压保护，输送带有低速、防跑偏、煤位和温度保护；要有程序控制和信号监控装置。

可伸缩带式输送机的计算参阅第三节。

工作面运输巷、集中运输巷设备见表7－3－6、表7－3－7、表7－3－8。

第三节　采区上、下山煤炭运输设备选型

采区上、下山输送机能力的确定原则为：采区上、下山输送机的小时输送能力应与分阶段运输巷中的输送机小时总输送能力相适应；运输设备的选型，应留有适当的余地，以便满足采区增产的需要；各运输环节的设备要配套，避免某一环节的能力过小而影响整个采区的运输效率；运输系统力求减少运输环节和设备台数，以利于采用自动化集控。

一、普通带式输送机选型设计

开采缓倾斜煤层，炮采工作面或普采工作面，采区上、下山煤炭运输一般均采用SPJ、SD型绳架式带式输送机或DP型固定式带式输送机。向上运输的倾角不大于18°，向下运输的倾角不大于16°，带宽为650～1200mm，运量为200～1800t/h，机长为100～1500m，电动机功率为22～250kW。

根据生产能力的要求，确定输送机的宽度，计算输送带的运行阻力和张力，验算输送带的强度，确定电动机功率，从而选择合适的带式输送机产品。表7－3－9～表7－3－13为常用的上、下山运煤普通带式输送机部分产品，供选型时参考，但准确的参数应以设备制造厂提供的数据为准。

输送带宽度计算：

$$B=\sqrt{\frac{Q}{K\gamma vC\xi}}\qquad\qquad(7-3-3)$$

式中　Q——采区设计高峰生产能力，t/h；

　　　K——断面系数，K值与物料的动堆积角ρ及带宽B有关，K值见表7－3－14；

　　　C——倾角系数，见表7－2－17；

γ——物料的散密度，t/m³；

v——带速，m/s；

ξ——速度系数，见表7—2—18；

B——输送带宽度，mm。

表7—3—9　绳架式带式输送机

序号	型号	适应环境	运输能力(t/h)	运输距离(m)	运输速度(m/s)	胶带 种类	胶带 宽度(mm)	电动机 型号	电动机 功率(kW)	电动机 电压(V)	外形尺寸 长×宽×高 机头(mm)	外形尺寸 长×宽×高 机尾(mm)	重量(t)	生产厂家
1	SPJ—800	近水平、适用于集中运输和顺槽	350	300	1.63	普通橡胶	800	YB180M—4 YB200L—4	18.5 +30	380 660	6600×2100×1300	2075×1200×700	25	原平、东莞、西北、淮南兖州煤机厂
2	SPJ—1000	集中运输巷、顺槽或采区上山	630	300	2.0	普通橡胶	1000	DSB—40	2×40	380 660	8150×2200×1615		31	原平、焦作起重运输机厂
3	SPJ—650	集中运输巷、顺槽或采区上山	200	100	1.63	普通橡胶	650	YB180M—4 YB200L—4	18.5 +30	380 660	6600×1960×1350		22	中州、许昌煤机厂

注：选用时以工厂提供的规格为准。

输送带宽度的校核：

根据输送量计算所选用的带宽值，还需用物料块度来校核，不同带宽推荐输送机物料的最大块度见表7—3—15。如果带宽不能满足块度的要求，则可把带宽提高一级。但不能单从块度考虑把带宽提高二级或二级以上，以免造成浪费。

使用于采区运输的胶带必须是阻燃型的。宜选用PVC、PVG整芯阻燃输送带、"EP"阻燃输送带或尼龙阻燃输送带。

二、上链式输送机选型设计

（一）适用范围

上链式输送机亦称铸石槽箱刮板输送机，在煤矿中应用，主要用于井下输送煤炭。

该输送机适宜铺设在无底鼓或无侧压现象，且顶、底板稳定的巷道中，用于生产服务年限两年以上的集中运输上山，也可以用于其他半永久性的运输巷道。输送机可布置成水平式或倾斜式。布置成倾斜式时，主要用于向下运输，下运倾角一般不大于20°。用于向上运输时，上运倾角一般不大于15°。

近年来的生产实践证明，对于运煤上山，倾角在17°~32°之间，因条件限制，不宜使用带式输送机或自溜运输时，使用上链铸石槽箱刮板输送机是可行的。为了防止断链时打坏中部槽体及减轻联结链环时的笨重体力劳动，应把机头设置在上山的上方，在槽体上每隔一段距离安设一个逆止阀，以解决断链打滑问题。

表7-3-10 DP固定带式输送机

序号	用途	机型	运量 (t/h)	运距 (m)	带宽 (mm)	带速 (m/s)	运输倾角 (°) 上运+ 下运-	功率 (kW)	运输带 型式	运输带 强度 (kg/cm)	储带长度 (m)	驱动方式	整机总重 (kg)	生产厂家	备注
1	中巷或集中运输巷	SPJ-800	350	300	800	1.63	近水平	18.5+30	帆布分层带	56		集中驱动		西北煤机二厂	
2	下山(上运)	DP 340/800	400	300	800	2	近水平	40	维纶整芯	60		集中驱动	28898.5 落地	西北煤机二厂	
		DP 1040/1000	400	1000	800	2	近水平	90	尼龙整芯	600		集中驱动	58732	西北煤机二厂	
		DP 1063/1000	630	1000	1000	2	近水平	125	尼龙整芯	600		集中驱动	86967.6	西北煤机二厂	机械抱闸 加逆止器
		DP 340/800	400	70	800	1.6	+16	40	尼龙整芯	600		集中驱动	24969.6	西北煤机二厂	机械抱闸 加逆止器
		SL 800S/90	275	140	800	2	+17	75	尼龙整芯	800		集中驱动	33004	西北煤机二厂	
		DP 263S/1000	400	300	1000	2	+10	90	尼龙整芯	600		集中驱动	28967.3	西北煤机二厂	
		DP 720S/1000	630	160	1000	2	+10	125	尼龙整芯	600		集中驱动	23684	西北煤机二厂	
		DP 280S/1200	200	700	1200	2	+10	2×125	尼龙整芯	1163		集中驱动	65601	西北煤机二厂	
3	上山(下运)	DP 280S/1200	800	200	1200	1.5	-10	75	帆布分层带	56		集中驱动	28085	西北煤机二厂	机械抱闸
		DP 353/1000X	530	300	1000	1.45	-10	75	尼龙整芯	600		集中驱动		西北煤机二厂	

表7-3-11　半固定式带式输送机

序号	型号	适用条件	运输能力 (t/h)	运输速度 (m/s)	运输距离 (m)	胶带宽度 (mm)	电动机 型号	功率 (kW)	电压 (V)	外形尺寸 长×宽×高 (mm)	重量 (t)	生产厂家	备注
1	DP G₁P1063/1000	井下水平巷采区上下山运输	630	2	1000	1000	JDSB-125	125			83 73	焦作起重运输机厂	
2	DP G₁P763/1000	井下水平巷采区上下山运输	630	2	1000	1000	JDSB-125	125			60 55.4	焦作起重运输机厂	
3	DP-630/1000	井下水平巷采区上下山运输	630	2	600	1000	JDSB-125	125			54	焦作起重运输机厂	
4	DP G₁P563/1000	井下水平巷采区上下山运输	630	2	500	1000	DSB-75	75			47 46.4	焦作起重运输机厂	
5	DP-363/1000	井下水平巷采区上下山运输	630	2	300	1000	DSB-75	75			33	焦作起重运输机厂	
6	SD-75P SD-150P	井下水平巷采区上下山运输	630	1.9	400 800	1000	DSB-75	75 75×2			37 60	焦作起重运输机厂	
7	SD 22P SJ	平巷运输	200	1.6	400	650		22			21.5	兖州煤机厂	
8	SD 44P SJ	平巷运输	200	1.6	800	650		22×2			42	兖州煤机厂	
9	SD 40P SJ	平巷运输	400	2	400	800		40			30.3	兖州煤机厂	
10	KDS-30	平巷运输	80 120 180	0.67 1.0 1.5	300	700	YB200L₁-6 YB180L-4 YB180M-4	18.5 22 18.5				太原市三北煤矿设备成套联合公司	

注：选用时以工厂提供的规格为准。

表 7-3-12 上运带式输送机

序号	型号与名称	适用条件及特点	带宽 (mm)	带速 (m/s)	运量 (t/h)	主电机功率 (kW)	最大倾角 (°)	传动滚筒直径 (mm)	托滚直径 (mm)	机头部外形尺寸 长×宽×高 (mm)	整机重量 (t)	最大运距 (m)	生产厂家	备注
1	SD-500X SJ-500X	该机防爆适用于井下集中下山运送煤及物料	1000	2	630	125×4	18	800	108	6708×5308×2596	143.974 98	根据运输倾角决定	淮南煤机厂	
2	SD-375X SJ-375X	该机防爆适用于井下集中下山运送煤及物料	1000	2	630	125×3	18	800	108	7647×3500×1810	114.986 32		淮南煤机厂	
3	SD-250X SJ-250X	该机防爆适用于井下集中下山运送煤及物料	1000	2	630	125×2	18	800	108	6708×2654×1298	85.997 66		淮南煤机厂	
4	SD-150X SDJ-150X	该机防爆适用于井下集中下山运送煤及物料	1000	1.9	630	75×2	18	800	108	4755×2266×1615	57.009		淮南煤机厂	
5	SDJ-75X SD-75X	该机防爆适用于井下集中下山运送煤及物料	1000	1.9	630	75	18	800	108	4755×2266×1615	59.107 992		淮南煤机厂	
6	SD-80X SJ-80X	该机防爆适用于井下集中下山运送煤及物料	800	2	400	40×2	18	500	89	5535×1961×1240	11.527		淮南煤机厂	
7	SD-40X SJ-40X	该机防爆适用于井下集中下山运送煤及物料	800	2	400	40	18	500	89	7880×2125×1432	9.446		淮南煤机厂	
8	SD-44X SJ-44X	该机防爆适用于井下集中下山运送煤及物料	650	1.6	200	22×2	18	500	89	4990×1663×1348	10.986		淮南煤机厂	
9	SD-22X SJ-22X	该机防爆适用于井下集中下山运送煤及物料	650	1.6	200	22	18	500	89	3540×1663×1348	9.653		淮南煤机厂	

表 7-3-13　下运带式输送机

序号	型号与名称	适用条件及特点	带宽 (mm)	带速 (m/s)	运量 (t/h)	主电机功率 (kW)	最大倾角 (°)	传动滚筒直径 D (mm)	托滚直径 φ (mm)	机头部外形尺寸 长×宽×高 (mm)	最大运距 (m)	整机重量 (t)	生产厂家	备注
1	SDG-200S SJG-200S	该机防爆适用于矿井集中上山运送煤及物料	1000	2	630	200	-8~-16	800	108	4312×4585×2146	根据运输倾角决定	131.585	淮南煤机厂	
2	SDG-132S SJG-132S	该机防爆适用于矿井集中上山运送煤及物料	1000	2	630	132	-8~-16	800	108	4570×4545×2535		89.535	淮南煤机厂	
3	SDG-1255	该机防爆适用于矿井集中上山运送煤及物料	1000	1.6	500	125	-8~-16	630	108	4327×2643×1290		81.326 574	淮南煤机厂	
4	STJ-800/75S STG-800/75S	该机防爆适用于矿井集中上山运送煤及物料	800	2	400	75	-8~-16	630	108	6898×3720×1376		33.152 08	淮南煤机厂	
5	SD-40S SJ-40S	该机防爆适用于矿井集中上山运送煤及物料	800	2	400	40	-8	500	89	3500×2125×1015		32.420	淮南煤机厂	
6	SD-22S SJ-22S	该机防爆适用于矿井集中上山运送煤及物料	650	1.6	200	22	-10	500	89	4973×2819×1348		86.435	淮南煤机厂	
7	SD-75S		1000	2.0	630	75	-14	630	89					

注：在表 7-3-9～表 7-3-13 中，S（第一字母）—带式输送机；T—通用；D—绳架吊挂；G—钢架吊挂；J—钢架落地；P—水平运输；S—上山运输（下运），X—下山运输（下运），S—上山运输（上运）。

表 7-3-14　断　面　系　数　K

B (mm)	ρ									
	15°		20°		25°		30°		35°	
	K									
	槽形	平形	槽形	平形	槽形	平形	槽形	平形	槽形	平形
500 650	300	105	320	130	355	170	390	210	420	250
800 1000	335	115	360	145	400	190	435	230	270	270
1200 1400	355	125	380	150	420	200	455	240	500	285

表 7-3-15

B (mm)		500	650	800	1000	1200	1400
块度 (mm)	筛分过	100	130	180	250	300	350
	未筛分	150	200	300	400	500	600

　　本机与 SGW—44 型或 SGW—40T 型刮板输送机及绳架式胶带输送机相比，具有槽箱耐磨、耐腐蚀、结构简单、维修方便、巷道撒煤量少等优点。但也存在一定缺点，即电耗较带式输送机高，使用范围有局限性。在一定条件下，铸石槽箱刮板机在井下使用是可取的，特别是在向下 15°～32°的运输巷道中使用，经济而又安全，具有较显著的优越性。

（二）结构形式

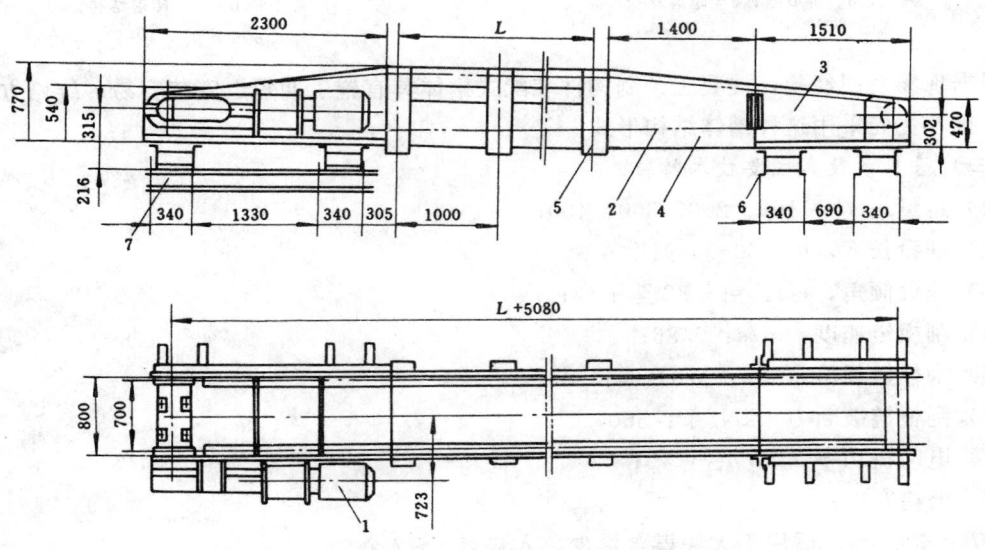

图 7-3-1　SGZ—840I 型铸石槽刮板输送机

1—驱动装置；2—刮板链；3—机尾；4—过渡槽；5—中部槽体；6—底座；7—卸煤口钢梁

上链式铸石槽箱刮板输送机是用铸石砌成固定的承载槽，刮板链的下链在槽内运煤，上链架设在承载槽上面返回。本机主要由驱动装置、刮板链、机尾、过渡槽、中部槽体组成，其结构如图7－3－1所示。

为便于统一订货、制造，配件应实现标准化、系列化、通用化，本手册推荐的上链式铸石槽箱刮板输送机均采用SGW－40T型刮板输送机的电动机、液力联轴器、连接罩、减速器、链轮、刮板链、机尾轴等零部件。

中部槽体：有混凝土预制构件装配式槽体和砖砌槽体两种结构形式。如图7－3－2、图7－3－3。

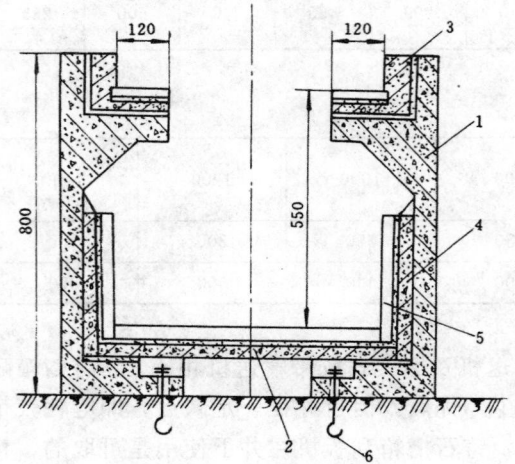 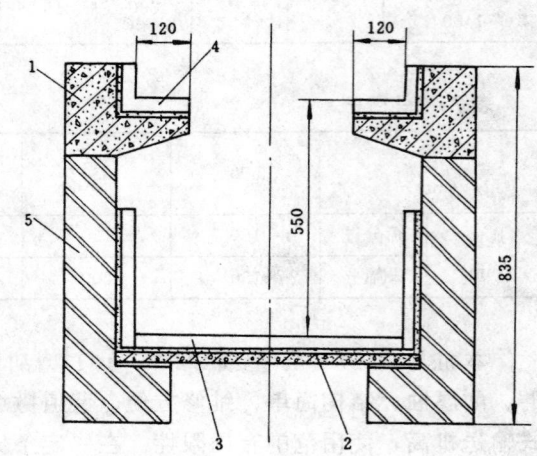

图7－3－2　混凝土预制构件装配式槽体

1—支架；2—底板；3—角板；

4—侧板；5—铸石板；6—地脚螺栓

图7－3－3　砖砌槽体

1—角板；2—底板；3—铸石板；

4—角形铸石；5—砖砌结构

根据现场使用经验，混凝土预制构件装配式槽体具有施工期短、安装容易、维修方便等优点，推荐优先采用这种槽体结构形式。

（三）基本参数和主要技术特征

（1）运量，t/h：100、200、300、400；

（2）铺设长度，m：60～489；

（3）铺设倾角，(°)：由－32至＋15；

（4）刮板链速度，m/s：0.86；

（5）刮板链规格，mm：$\phi18\times64$；

（6）刮板链破断力，kN/条：350；

（7）电动机功率，kW/台：40；

（8）槽箱宽度：

①$B=600$mm，适用于大块煤含量少，入料点1～2个。

②$B=800$mm，适用于大块煤含量多，多点入料。

（9）中部槽体断面面积的确定

中部槽断面有效装载面积按下式计算：

$$F = \frac{Q}{3600v\psi\gamma} \qquad (7-3-4)$$

式中 Q——运输量，t/h；

　　v——刮板链速度，m/s；

　　γ——煤的散密度，取 $\gamma = 0.9$t/m³；

　　ψ——装满系数，ψ 值受链速、物料品种、粒度及水分等多种因素影响，一般取 $\psi = 0.5$ ～0.75，考虑本机主要用于水平和向下输送，取 $\psi = 0.8$。

将上述各项数值代入公式（7-3-4），求得中部槽断面有效装载面积 $F = 0.180$m²。

煤在槽体内形成的理论断面形状如图 7-3-4 中的斜线部分。为了适应多点来煤及来煤不均的特点，避免在高峰负荷时造成满槽、溢流，有效装载面积按矩形断面计算。

即 $$F = B \cdot H \qquad (7-3-5)$$

式中 B——槽宽，m；

　　H——槽箱有效高度（即铸石衬砌的最小高度），m。

将槽宽值代入公式（7-3-5），求得槽箱有效高度：

当 $B = 600$mm 时，$H = 295$mm，取 $H = 300$mm；

当 $B = 800$mm 时，$H = 222$mm，取 $H = 250$mm。

（四）系列型号

以 SGW-40T 型刮板输送机传动装置的功率 40kW 为基数，按照四种运量、八种倾角等条件，并满足单机最大铺设长度的要求，组合成头部驱动功率值 40kW、80kW；头尾部同时驱动时功率值 80kW、120kW 等四种驱动方式，共编制成八种系列型号及其技术特征，如表7-3-16 所示。

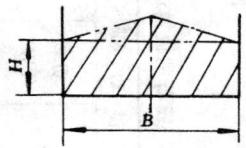

图 7-3-4 煤流断面

（五）设计计算

1. 运行阻力计算

1）输送机每米长度上货载质量

$$q = \frac{Q}{3.6v} \qquad (7-3-6)$$

式中代号与公式（7-3-4）相同。计算结果列于表 7-3-17。

2）刮板链每米长度质量（见表 7-3-18）

3）刮板链空段阻力

$$W_K = q_0 L (f\cos\beta \pm \sin\beta) g \qquad (7-3-7)$$

式中 W_K——空段阻力，N；

　　q_0——每米长度上刮板链质量，kg/m；

　　L——输送机铺设长度，m；

　　f——刮板链在铸石上运行的阻力系数，取 $f = 0.25$；

　　β——输送机铺设倾角，(°)；

　　g——重力加速度，$g = 9.81$m/s²。

4）刮板链重段阻力

表7-3-16　铸石刮板输送机系列型号表

序号	型号	适用范围	槽宽 (mm)	小时运量 (t/h)	铺设长度 (m)	铺设角度 (°)	电动机 型号	电动机 功率 (kW)	电动机 电压 (V)	刮板链 型式	刮板链 链规格 (mm)	刮板链 单链破断力 (kN)	刮板链 链速 (m/s)	生产厂家	备　注
1	SGZ-640 I	井下大巷上、下山中巷运输	600～800	最大 400	60～271	+15～-20	DSB40	40	380/660	双边链	Φ18×64	350	0.86	秦皇岛市煤机厂	中间槽为水泥或铸石砌,内衬为铸石
2	ZGZ-680 II				64～444		DSB40/2台	40×2	380/660					秦皇岛市煤机厂	中间槽为水泥或铸石砌,内衬为铸石
3	SGZ-680 III				64～444		DSB40/2台	40×2	380/660					秦皇岛市煤机厂	中间槽为水泥或铸石砌,内衬为铸石
4	SGZ-6120 IV				96～489		DSB40/3台	40×3	380/660					秦皇岛市煤机厂	中间槽为水泥或铸石砌,内衬为铸石
5	SGZ-840 I				63～255		DSB40	40	380/660					秦皇岛市煤机厂	中间槽为水泥或铸石砌,内衬为铸石
6	SGZ-880 II				64～422		DSB40/2台	40×2	380/660					秦皇岛市煤机厂	中间槽为水泥或铸石砌,内衬为铸石
7	SGZ-880 III				64～422		DSB40/2台	40×2	380/660					秦皇岛市煤机厂	中间槽为水泥或铸石砌,内衬为铸石
8	SGZ-8120 IV				96～471		DSB40/3台	40×3	380/660					秦皇岛市煤机厂	中间槽为水泥或铸石砌,内衬为铸石

注:1. 型号标记:S—输送机;G—刮板;Z—铸石机;首位数字—槽宽;其余数字—总功率;罗马字—驱动方式;
　　2. 驱动方式:I—头,尾部单电机驱动;II—头部单电机同时驱动;III—头部双电机驱动;IV—一头部双电机驱动,尾部单电机同时驱动。

表 7-3-17　输送机每米长度上货载质量

Q（t/h）	100	200	300	400
q（kg/m）	32.3	64.6	96.9	129.2

表 7-3-18　刮板链每米长度质量

槽　度 B （mm）	600	800
单　重 q_0 （kg/m）	19.5	21.1

$$W_z=q_0L\ (f\cos\beta\pm\sin\beta)\ g+qL\ (\omega\cos\beta\pm\sin\beta)\ g \qquad (7-3-8)$$

式中　W_z——重段阻力，N；

　　　q——每米长度上货载质量，kg/m；

　　　ω——煤在铸石上运行的阻力系数，根据湖北煤矿设计院 1973 年所作试验数据取 $\omega=0.45$；

　　　其他代号与公式（7-3-7）相同。

公式（7-3-7）、公式（7-3-8）中符号的选取：输送机向上输送时取上面的符号，向下输送时取下面的符号。

2. 功率计算

1）轴功率

$$N_0=\frac{(W_K+W_Z)v}{1000} \qquad (7-3-9)$$

2）额定功率

$$N_g=\frac{K\cdot N_0}{\eta}=\frac{K\ (W_K+W_Z)\ v}{1000\eta}$$

式中　N_0——轴功率，kW；

　　　N_g——额定功率，kW；

　　　K——功率备用系数，$K=1.25\sim1.3$，对单机驱动取 1.25，对多机驱动取 1.3；

　　　η——传动装置效率（包括液力联轴器效率）$\eta=0.85$。

为计算方便令：
$$K_1=\frac{Kv}{1000\eta}$$

所以
$$N_g=K_1\ (W_K+W_Z) \qquad (7-3-10)$$

单机驱动时：
$$K_1=\frac{1.25\times0.86}{1000\times0.85}=0.001264$$

多机驱动时：
$$K_1=\frac{1.3\times0.86}{1000\times0.85}=0.001315$$

3）水平输送时额定功率

$$N_g=K_1L(0.5q_0+0.45q)g \qquad (7-3-11)$$

4）向上输送时额定功率

$$N_g = K_1 L [(0.5q_0 + 0.45q)\cos\beta + q\sin\beta]g \qquad (7-3-12)$$

5) 向下运送时额定功率

$$N_g = K_1 L [(0.5q_0 + 0.45q)\cos\beta + q\sin\beta]g \qquad (7-3-13)$$

输送机额定功率计算分别列入表 7—3—19、表 7—3—20。

表 7—3—19 输送机功率（kW）计算表

（$B=600$）

L (m)	100				150			
β (°) ＼ Q (t/h)	100	200	300	400	100	200	300	400
+15°	40	68	96	125	61	102	144	187
+10°	37	62	87	113	56	93	130	169
+5°	34	56	78	99	51	84	116	149
0°	31	49	67	86	46	73	101	128
−5°	27	41	56	71	40	62	84	107
−10°	23	34	45	55	35	51	68	83
−15°	19	26	33	40	29	39	50	61
−20°	15	18	21	24	22	27	32	37

表 7—3—20 输送机功率（kW）计算表

（$B=800$）

L (m)	100				150			
β (°) ＼ Q (t/h)	100	200	300	400	100	200	300	400
+15°	41	69	97	126	61	104	146	189
+10°	38	63	88	113	57	95	132	170
+5°	35	57	78	100	52	85	117	150
0°	32	50	68	86	47	75	102	130
−5°	28	43	57	72	42	64	86	108
−10°	24	35	46	57	36	52	69	85
−15°	20	27	34	41	30	41	51	62
−20°	16	19	22	26	24	28	34	38

3. 铺设长度计算

1) 水平输送

$$L = \frac{N_g}{K_1(0.5q_0 + 0.45q)g} \qquad (7-3-14)$$

2) 向上输送

$$L = \frac{N_g}{K_1[(0.5q_0 + 0.45q)\cos\beta - q\sin\beta]g} \tag{7-3-15}$$

3）向下输送

$$L = \frac{N_g}{K_1[(0.5q_0 + 0.45q)\cos\beta - q\sin\beta]g} \tag{7-3-16}$$

4. 刮板链强度验算

1）单电机驱动时刮板链静张力，N；

按传动装置设在货载的前方计算，图7-3-5。

设 $S_1 = S_{min}$

式中　S_{min}——链条初张力，根据 SGW-40T 型可弯曲刮板输送机，取 $S_{min}=5000N$。

$$S_2 = 5000 + W_K = 5000 + q_0 L(f\cos\beta \pm \sin\beta)g + qL(\omega\cos\beta \pm \sin\beta)g \tag{7-3-17}$$

$$S_3 = 1.06 S_2 \tag{7-3-18}$$

式中系数 1.06 为考虑刮板链通过被动轮时链环弯曲及轴承中的阻力而增加的系数。

$$S_4 = S_3 + W_z = S_3 + q_0 L(f\cos\beta)g + qL(\omega\cos\beta \pm \sin\beta)g \tag{7-3-19}$$

（1）水平输送时：

$$S_{max} = S_4 = 5300 + L(2.06q_0 f + q\omega)g$$

（2）向上输送时：

$$S_{max} = S_4 = 5300 + L[(2.06q_0 f + q\omega)\cos\beta + (q - 0.06q_0)\sin\beta]g$$

（3）向下输送时：

$$S_{max} = S_4 = 5300 + L[(2.06q_0 f + q\omega)\cos\beta - (q - 0.06q_0)\sin\beta]g$$

2）多电机驱动时刮板链静张力，N；

（1）机头机尾均设有传动装置（包括三台电机驱动），图7-3-6

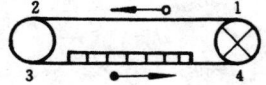
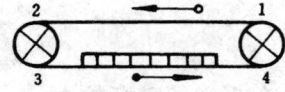

图7-3-5　单机驱动张力计算图　　　　图7-3-6　多机驱动张力计算图

设 $S_{min} = S_3 = 5000N$

$$S_4 = S_3 + W_z$$

$$S_4 = 5000 + L[(q_0 f + q\omega)\cos\beta \pm (q_0 + q)\sin\beta]g \tag{7-3-20}$$

由于在电动机额定功率计算式中已考虑了多机驱动时电动机功率分配不均的因素，因此每端的电动机应克服的阻力 W_0 可按下式计算。

$$W_0 = \frac{W_K + W_z}{2} = \frac{L}{2}[(2q_0 f + q\omega)\cos\beta \pm q\sin\beta]g$$

$$S_1 = S_4 - W_0 = 5000 + \frac{L}{2}[(q\omega\cos\beta \pm (2q_0 + q)\sin\beta]g \tag{7-3-21}$$

$$S_2 = S_1 - W_K S_2 = 5000 + \frac{L}{2}[(2q_0 f + q\omega)\cos\beta \pm q\sin\beta]g \tag{7-3-22}$$

a. 水平输送时：

$$S_{max}=S_4=5000+L\ (q_0f+q\omega)\ g$$

b. 向上输送时：

$$S_{max}=S_4=5000+L[(q_0f+q\omega)\cos\beta+(q_0+q)\sin\beta]g$$

c. 向下输送时：

$$S_4=5000+L[(q_0f+q\omega)\cos\beta-(q_0+q)\sin\beta]g$$

$$S_2=5000+L\left[\left(q_0f+\frac{1}{2}q\omega\right)\cos\beta-\left(q_0+\frac{1}{2}q\right)\sin\beta\right]g$$

最大张力根据计算确定。

（2）机头双机传动时

刮板链的静张力计算公式与单机传动时相同。

3）刮板链的动张力

一般刮板输送机（长度在 20m 以上）的刮板链最大动张力，在计算链子强度时取其等于最大静张力的 20％即

$$S_{dmax}=0.2S_{max} \tag{7-3-23}$$

4）刮板链的最大总张力

$$S_{zmax}=S_{max}+S_{dmax}=1.2S_{max}$$

式中　S_{max}——刮板链最大静张力，N；

　　　S_{dmax}——刮板链最大张力，N。

5）刮板链的安全系数

井下刮板输送机链条安全系数，一般取 3～3.5，考虑当前链条材质，加工工艺存在的问题，实际上未能达到理论的强度。本机主要在集中上、下山使用，铺设长度较长，链子间载荷不均匀系数可能低于 0.85，而且又无断链保护装置，为了确保安全生产，将安全系数许用值提高到 5。

$$n=\frac{S_pi\lambda}{S_{zmax}}\geqslant5 \tag{7-3-24}$$

式中　S_p——单根链子破断拉力，$S_p=350000N$；

　　　i——链子的条数，$i=2$；

　　　λ——链子间载荷不均匀系数，$\lambda=0.85$。

5. 主要参数选择

利用公式（7-3-14）、式（7-3-15）、式（7-3-16）分别按头部驱动时，功率值为 40kW、80kW 和头、尾部驱动时功率值为 80kW、120kW 计算，求得在八种倾角和四种运量时的铺设长度许用值。列于表 7-3-21、表 7-3-22 中。采用时可按已知条件，从表中选用合理的参数。

（六）计算举列

设计条件：

已知：采区上山长 600m，倾角 20°，运输量 200t/h，煤的松散容重 $\gamma=0.9t/m^3$，块煤含量较多，入料点三个。试选配铸石槽箱刮板输送机。

根据已知条件，选用槽宽 $B=800mm$，参照表 7-3-22 可选用单机长度为 210m 和单机

表 7-3-21 铸石槽箱刮板输送机主要参数选择表
（槽宽 600mm）

驱动方式		头部驱动								头尾部驱动						
功率（kW）		40				80				80				120			
铺设长度(m) / 倾角		100	200	300	400	100	200	300	400	100	200	300	400	100	200	300	400
向上输送	15°	100				200	118	84	64	200	118	84	64	300	177	126	96
	10°	108	64			216	128	94	78	216	128	94	78	324	192	141	117
	5°	118	72			236	144	104	80	236	144	104	80	354	216	156	120
水平输送	0°	131	82	60		262	164	120	94	262	164	120	94	393	246	180	141
向下输送	−5°	149	96	71		298	192	142	114	298	192	142	114	447	288	213	171
	−10°	174	118	89	72	348	236	178	144	348	236	178	144		354	267	216
	−15°	211	153	120	99	422	306	240	198	422	306	240	198		459	360	297
	−20°	271	222	188	163		444	376	326		444	376	326				489
型 号		SGZ−640 I				SGZ−Ⅲ				SGZ−680Ⅱ				SGZ−6120Ⅳ			
图 号		B79−344.1−00				B79−344.5−00				B79−344.3−00				B79−344.7−00			

注：表中所列的铺设长度，已根据链条强度和链轮轴的强度进行验算。链条的安全系数均大于5。轴的弯曲应力均小于9000N/cm²。

表 7-3-22 铸石槽箱刮板输送机主要参数选择表
（槽宽 800mm）

驱动方式		头部驱动								头尾部驱动						
功率（kW）		40				80				80				120			
铺设长度(m) / 倾角		100	200	300	400	100	200	300	400	100	200	300	400	100	200	300	400
向上输送	15°	98				196	116	82	64	196	116	82	64	294	174	123	96
	10°	105	63			210	126	90	70	210	126	90	70	315	189	135	105
	5°	115	71			230	142	102	80	230	142	102	80	345	213	153	120
水平输送	0°	127	80			254	160	118	92	254	160	118	92	381	240	177	138
向下输送	−5°	144	94	70		288	188	140	112	288	188	140	112	432	282	210	168
	−10°	167	115	87	70	334	230	174	140	334	230	174	140		345	261	210
	−15°	201	148	117	97	402	296	234	194	402	296	234	194		444	351	291
	−20°	255	211	180	157		422	360	314		422	360	314				471
型 号		SGZ−840 I				SGZ−880Ⅲ				SGZ−880Ⅱ				SGZ−8120Ⅳ			
图 号		B79−344.2−00				B79−344.6−00				B79−344.4−00				B79−344.8−00			

注：与7-3-21注释内容相同。

长度为 400m 输送机各一台搭接。计算如下：

1. 单机长度为 210m 时

1）运行阻力

（1）刮板链空段阻力：

$$W_K = q_0 L(f\cos\beta + \sin\beta)g$$

由表 7－3－18 查得 $q_0 = 21.1\text{kg/m}$，取 $f = 0.25$

$$W_K = 21.1 \times 210\ (0.25 \times 0.9397 + 0.3420) \times 9.18 = 25079\text{N}$$

（2）刮板链重段阻力：

$$W_Z = q_0 L\ (f\cos\beta - \sin\beta)\ g + (\omega\cos\beta - \sin\beta)\ g$$

由表 7－3－17 查得 $q = 64.6\text{kg/m}$，取 $\omega = 0.45$

$$W_Z = 21.1 \times 210\ (0.25 \times 0.9397 - 0.3420) \times 9.18 + 64.6$$
$$\times 210\ (0.45 \times 0.9397 - 0.3420) \times 9.81 = 6107\text{N}$$

2）功率计算

（1）轴功率：

$$N_0 = \frac{(W_K + W_Z)v}{1000} = \frac{(25079 + 6107) \times 0.86}{1000} = 26.80\text{kW}$$

（2）额定功率：

$$N_g = \frac{kN_0}{\eta} = \frac{1.25 \times 26.80}{0.85} = 39.4\text{kW}$$

因此，选用 40kW 电机 1 台可满足要求。

3）核算铺设长度

$$L = \frac{N_g}{K_1[(0.5q_0 + 0.45q)\cos\beta - q\sin\beta]}$$
$$= \frac{40}{0.001264[(0.5 + 21.1 + 0.45 \times 64.6)0.9397 - 64.6 \times 0.3420] \times 9.81}$$
$$= 213\text{m}$$

因此，初定机长 210m 能满足要求。

4）刮板链强度的验算

计算简图见图 7－3－5。

（1）静张力：

设　$S_1 = S_{\min} = 5000\text{N}$

$S_2 = S_1 + W_K = 5000 + 25079 = 30079\text{N}$

$S_3 = 1.06S_2 = 1.06 \times 30079 = 31884\text{N}$

$S_4 = S_3 + W_Z = 31884 + 6107 = 37991\text{N}$

$S_{\max} = S_4 = 37991\text{N}$

（2）刮板链最大总张力：

$$S_{z\max} = 1.2S_{\max} = 1.2 \times 37991 = 45589\text{N}$$

（3）刮板链安全系数：

$$n = \frac{S_p i\lambda}{S_{z\max}}$$

由式（7－3－24）知 $S_p = 350000\text{N}$，$i = 2$，$\lambda = 0.85$

$$n = \frac{350000 \times 2 \times 0.85}{45589} = 13.05$$

$n > 5$,安全。

2.单机长度为 400m 时

按机头机尾均设有传动装置考虑,计算简图见图 7—3—6。

1)运行阻力

(1)刮板链空段阻力:

$W_K = q_0 L (f\cos\beta + \sin\beta) g = 21.1 \times 400 (0.25 \times 0.9397 + 0.3420) \times 9.18$

$\qquad = 47765N$

(2)刮板链重段阻力:

$W_Z = q_0 L (f\cos\beta - \sin\beta) g + qL (\omega\cos\beta - \sin\beta) g$

$\qquad = 400 [21.1 (0.25 \times 0.9397 - 0.3420) + 64.6 (0.45 \times 0.9397 - 0.3420)] \times 9.81$

$\qquad = 11634N$

2)功率计算

(1)轴功率:

$$N_0 = \frac{(W_K + W_Z) v}{1000} = \frac{(47765 + 11634) 0.86}{1000} = 51.08kW$$

(2)额定功率:

$$N_g = \frac{kN_0}{\eta} = \frac{1.3 \times 51.08}{0.85} = 78kW$$

因此,选用 40kW 电机两台可满足要求。

3)核算铺设长度

$$L = \frac{N_g}{K_1 [(0.5q_0 + 0.45q) \cos\beta - q\sin\beta]}$$

$$= \frac{80}{0.001315 [(0.5 \times 21.1 + 0.45 \times 64.6) 0.9397 - 64.6 \times 0.3420]}$$

$$= 410m$$

因此,初定机长 400m 能满足要求。

4)刮板链强度的验算

(1)静张力:

设 $\quad S_3 = S_{min} = 5000N$

$\quad S_4 = S_3 + W_Z = 5000 + 11634 = 16634N$

$\quad W_0 = \dfrac{W_K + W_Z}{2} = \dfrac{47765 + 11634}{2} = 29700N$

$\quad S_1 = S_4 - W_0 = 16634 - 29700 = -13066N$

$\quad S_2 = S_1 + W_K = -13066 + 47765 = +34699N$

$\quad S_{max} = S_2 = 34699N$

(2)刮板链最大总张力:

$$S_{zmax} = 1.2 S_{max} = 1.2 \times 34699 = 41639N$$

(3)刮板链安全系数:

$$n = \frac{S_p i\lambda}{S_{zmax}} = \frac{350000 \times 2 \times 0.85}{41639} = 14.3$$

$n>5$，安全。

因此，可选用 SGZ—840 I 型单机长度 210m 和 SGZ—880 II 型单机长度 400m 各一台搭接安装或者选用 SGZ—840 I 型单机长度 210m 三台搭接安装。

三、大倾角带式输送机选型

在开采倾斜、急倾斜煤层时，由于煤层赋存条件及采区开拓布置的需要，采区上、下山运输要求设置大倾角带式输送机。

普通带式输送机的倾角一般不大于 18°，而大倾角带式输送机的倾角可大大超过 18°，甚至可以达到垂直提升。目前国内外均在开发各种形式的大倾角带式输送机，例如托辊卷管式带式输送机、夹带式大倾角带式输送机、大倾角夹运物料带式输送机等等，均取得显著的成效。它的优点是减少占地面积，在矿井井下可缩短巷道，减少工程量、缩短运距、降低运输成本、提高经济效益。但是大倾角带式输送机胶带的结构及带式输送机的工艺技术均较复杂，设备造价较高。本手册根据目前技术发展的状况，选取几种造价较低、技术比较成熟、宜于矿井井下使用的产品供设计中选用。

（一）花纹带式输送机选型设计

1. 适用条件

（1）适用于输送散密度为 0.4～2.5t/m³ 物料，煤矿井下宜于输送原煤；

（2）适用于倾斜输送，其倾角较普通带式输送机允许最大倾角高出 10° 左右；

（3）输送原煤的最大带速为 2.0m/s；

（4）可用于向上输送，也可用于向下输送，向下输送时，其允许最大倾角为向上输送允许最大倾角的 80%；

（5）不能用双滚筒驱动及中间卸料，按单滚筒驱动选用，围包角取 200°，摩擦系数取 $\mu=0.4$；

（6）花纹带式输送机的输送能力见表 7—3—23。

表 7—3—23 花纹带式输送机输送能力

托辊槽角 α	带 速 v (m/s)	带 宽 B (mm)					
		500	650	800	1000	1200	1400
		输送能力 Q (m³/h)					
20°	0.8	60	101	153	240	346	470
	1.0	75	127	192	300	432	588
	1.25	94	158	240	375	540	735
	1.60	110	186	282	440	634	862
	2.0	125	211	320	500	720	980

注：1. 表中数值系按静自然堆积角 $\rho=30°$，输送机倾角 $\beta=20°$，$C=1$ 时计算后所取的圆整值；

2. 当静自然堆积角不同时，表中数值应乘以下列系数：$\rho=35°$ 时，乘以 1.08；$\rho=40°$ 时，乘以 1.175；$\rho=45°$ 时，乘以 1.27；

3. 槽角 $\alpha=30°$ 时，表中数值乘以 1.1～1.15，v 大或 β 大时，取小值；

4. 当 C 不等于 1 时，表中数值需乘以实际 C 值。

2. 主要参数选择

（1）花纹胶带带宽系列及花纹的主要尺寸见表 7-3-24。青岛第六橡胶厂生产的花纹输送带规格及主要技术参数见表 7-3-25。花纹胶带用于井下必须为阻燃型，其安全性能必须符合化工部标准 $HG_4-1619-87$ 及煤炭部标准 $MT-147-87$。

花纹胶带有条状花纹与点状花纹两种形式，推荐采用前者。

（2）带速系列为 $v=0.8$、1.0、1.25、1.6、$2.0m/s$。

表 7-3-24

带　宽		500	650	800	1000	1200	1400
花纹高	mm	15	15	20	20	20	20
花纹间距		180	200	220	250	300	350

表 7-3-25

品　　种	主要技术参数		带芯材料	特　点
	花纹参数（mm）	带宽（mm）		
V 型花纹输送带	花纹高 3.5	500~1600	EP，NN VV，CC	高倾角
圆柱形花纹输送带	花纹高 25	500~1600	EP，NN VV，CC	
花纹滤带	花纹高 4 花纹间距 4	800~1600	EP，VV CC	

输送原煤时带速选择：

$B=500$、$650mm$，$v=0.8~1.6m/s$；

$B=800$、$1000mm$，$v=1.0~2.0m/s$；

$B=1200$、$1400mm$，$v=1.0~2.0m/s$。

在同一输送机上具有多个给料点时，其带速一般取 $v=0.8~1.25m/s$。

输送机倾角大时，选较低带速。

3. 总机典型布置

花纹带式输送机的布置形式有倾斜，由倾斜转水平及由水平转倾斜等三种。运输方向有向上运输及向下运输，见图 7-3-7。

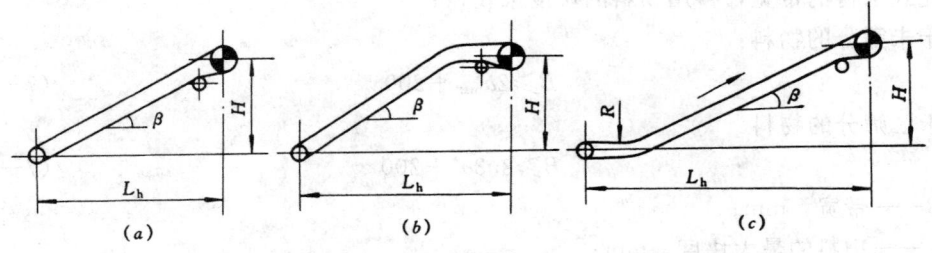

图 7-3-7　总机布置三种形式

4. 选型设计计算

选型设计计算内容不包括施工图设计计算内容。

花纹带式输送机系列中，除部分零部件如花纹胶带、转刷清扫器及进料斗为本系列专用零部件外，其余均按 TD75 标准的零部件及设计参数。

1) 输送能力

$$Q = KB^2 v \gamma C \alpha_K \qquad (7-3-25)$$

式中　Q——输送能力，t/h；

　　　K——断面系数，K 值见表 7-3-26；

　　　B——带宽，m；

　　　v——带速，m/s；

　　　C——倾角系数，见表 7-3-27；

　　　γ——物料散密度，t/m；

　　　α_K——托辊槽角影响系数，取 $\alpha_K = 1.1 \sim 1.15$。

当输送机倾角大、带速大时，取小值。

表 7-3-26　断　面　系　数　K

物料静态自然堆积角，ρ			30°	35°	40°	45°
带速 v (m/s)	0.8、1.0、1.25	K 值	300	325	355	380
	1.6		275	295	325	350
	2.0		250	270	295	320

表 7-3-27　倾　角　系　数　C

输送机倾角 β	20°	25°	28°	30°	33°	35°
C	1	0.87	0.79	0.73	0.65	0.57

2) 带宽计算

已知输送能力求带宽

$$B = \sqrt{\frac{Q}{K v \gamma C \alpha_K}} \qquad (7-3-26)$$

按此式求得的带宽，再用物料的块度来校核；

对于未筛分的物料：

$$B \geqslant 2a_{max} + 200 \qquad (7-3-27)$$

对于已筛分的物料

$$B \geqslant 3.3a' + 200 \qquad (7-3-28)$$

式中　B——带宽，mm；

　　　a_{max}——物料的最大块度，mm；

　　　a'——物料的平均块度，mm。

（二）深槽带式输送机选型设计

深槽带式输送机，又称 U 型带式输送机，它与花纹带式输送机一样，能用于大倾角输送，具有输送量大等特点。目前国家尚无系列设计及定型产品，北京钢铁设计院、东北电力设计院等单位曾设计过，并成功地在工程中使用。煤科院上海分院开发了此项产品，在施工图设计阶段可与之联系。

1. 特　点

（1）托辊槽角加大至 45°，最大可达 60°。

（2）输送能力大，在不同槽角情况下，输送机的输送能力可参考表 7−3−28。从表中可以看出当槽角为 45°时的输送能力比槽角为 30°（TD75 标准）时的约增加 10％。

表 7−3−28　深槽带式输送机输送能力表

槽　角	带　宽　B(mm)					
	500	600	800	1000	1200	1400
	输送能力 Q（t/h）					
30°（TD75）	97	164	240	389	56	762
45°	107	181	274	428	616	839
50°	108	183	276	432	622	847
55°	108	183	276	432	622	847
60°	107	181	275	429	618	841

注：表中 Q 值是当 $\gamma=1$t/m³、$\rho=30$°、$v=1$m/s 和 $C=1$ 时的计算值。

（3）允许胶带的倾角大，一般可达 22°～25°，比普通带式输送机的约大 5°～7°。如运送中等块度的煤，常用的最大倾角为 18°，而本机可达 22°；如运送末煤，则可达 25°。这样，能使输送系统布置紧凑，减少占地，井下可缩短上、下山长度，减少工程量。

（4）运送平稳，不易撒煤。

（5）如装料点位于水平段，可不用导料槽，减少胶带的磨损及因设置导料槽而产生的附加阻力。

（6）设备简单，便于制造，也便于改造原有的带式输送机以达到提高输送能力的目的。

（7）经济效果好，比同样输送机能力的普通带式输送机节省胶带约 20％。

（8）能在与输送机头尾中心线成 6°以下的水平弯曲时输送。而普通胶带输送机只能直线输送。

2. 部件选用要点

（1）为满足大槽角的要求，输送带需有较好的成槽性能，推荐采用阻燃型的涤纶帆布芯输送带（即"EP"输送带）、尼龙输送带、维尼纶输送带和钢绳芯输送带。输送层数太多时，带的成槽性不好，层数太少时，输送带易损坏。因此，带芯层数的选择应与带宽和物料粒度相适应。推荐带宽与带芯层数的关系如表 7−3−29。

胶带的上、下覆盖胶厚度按表 7−3−30 选取。

（2）驱动滚筒选用包胶或铸胶以提高胶带与滚筒面的摩擦系数 μ 值，从而提高滚筒所传递的功率。为减少带芯纵向的弯曲应力，提高输送带的寿命，滚筒直径与输送带芯层数的关系应满足下式：

$$D \geqslant KZ \qquad (7-3-29)$$

式中 D——驱动滚筒直径，mm；

K——系数，见表 $7-3-31$；

Z——输送带带芯层数。

表 $7-3-29$

带宽 B (mm)	带芯经向扯断强力（N/cm·层）						
	700	1000	1500	2000	2500	3000	4000
500	2～4	2～3	2～3				
650	3～5	3～4	2～4	2～4	3～4		
800		4～6	3～5	3～5	3～5	3～4	3～4
1000			4～6	4～6	4～6	4～5	3～4
1200					5～6	5～6	4～5

表 $7-3-30$

输送物料名称	上胶厚（mm）	下胶厚（mm）
原 煤	4.5	3
块煤、矸山	4.5～6	1.5～3
小块煤、粉煤	3～4.5	0.75～1.5

表 $7-3-31$

带芯径向扯断强力（N/cm·层）	单驱动滚筒	多驱动滚	尾部滚筒	拉紧装置	改向滚筒
	K 值				
700	120	130	100	80	60
1000	140	150	120	100	80
1500	180	190	160	140	120
2000	220	230	200	180	160
2500	220	230	200	180	160
3000	240	250	220	200	180
4000	240	250	220	200	180

(3) 拉紧行程："EP"带取全机长的 4％，尼龙带取 3％，维尼纶带取 2％，钢绳芯带取 0.2％，拉紧装置宜采用重锤形式，较长的运输机可采取重锤与绞车拉紧的联合形式。

(4) 深槽托辊的槽角，一般带宽 500mm 以上为三节式 45°，带宽 1000mm 以上为五节式 60°。上托辊间距与输送物料的散密度、带宽、槽角有关，见表 $7-3-32$。

(5) 深槽带式输送机宜采用高强力输送带，因此单机运距较长。当驱动功率较小时，可采用单电动机驱动；当驱动功率较大时，可采用单滚筒双电动机或双滚筒多电动机驱动。后者应采用液力联轴器，以解决电动机的启动、过载及调节多电动机驱动时的扭矩分配不平衡问题。

表 7-3-32

槽 角	输送物料散密度 (t/m³)	带 宽 B（mm）		
		500	650	≥800
		上托辊间距		
45°	≤1.6	1100	1100	1200
60°	>1.6	1000	1000	1000

3. 选型设计计算

输送能力与带宽计算

1）输送能力

$$Q=B^2K\gamma vC \tag{7-3-30}$$

式中　Q——输送能力，t/h；

　　　B——带宽，m；

　　　K——断面系数。见表 7-3-33；

　　　γ——物料散密度，t/m³；

　　　v——带速，m/s；

　　　C——倾角系数。见表 7-3-34。

2）带宽计算

$$B=\sqrt{\frac{Q}{K\gamma vC}} \tag{7-3-31}$$

表 7-3-33

槽 角	物料动堆积角 ρ					
	10°	15°	20°	25°	30°	35°
	断 面 系 数 K					
45°	324	349	375	401	428	456
50°	337	360	383	407	432	458
55°	345	366	388	410	432	456
60°	349	369	388	408	429	451

注：表中数值是按三节式托辊，底边为带宽的 0.4 倍，物料占带宽的 0.8 倍而得到的。

表 7-3-34

输送机倾角	0°	18°	25°	28°
倾角系数 C	1.0	0.87	0.81	0.71

注：当输送机倾角为其他值时，C 值可用插入法推算。

（三）DJⅡ型波状挡边带式输送机

1. 适用条件

1）产品特点及应用范围

（1）本产品选自北京起重机械研究所及青岛运输设备制造厂合编的系列标准。

（2）本系列产品用于一般散状物料连续运输，采用的是具有波状挡边并带有横隔板的输送胶带，因此特别适用于大倾角输送，最大倾角为90°，最大输送粒度为300mm。

（3）输送物料包括：煤炭、粮食、建材、化工原料等，适用环境温度－19～＋40℃，输送物料散密度为0.5～2.5t/m³。

（4）可使用于煤矿井下上、下山大倾角输送，但输送带必须为阻燃型，电动机及电器元件必须是防爆型的。

2）产品的主要性能和参数（见表7－3－35）

表7－3－35

带宽 B(mm)	400			500			650			800			1000		
挡边高 H(mm)	60	80	120	80	120	160	80	120	160	120	160	200	160	200	240
带速 v(m/s)	0.8～2.0			0.8～2.0						0.8～2.0			1.0～2.5		
倾角 β(°)	30～90			30～90											
最大输送量 Q (m³/h)	28	54	94	78	104	130	118	156	210	248	340	370	465	518	708
功率 N(kW)	1.5～18.5			1.5～18.5			1.5～22			2.2～45			4.0～75		

带宽 B(mm)	1200				1400				1600			
挡边高 H(mm)	160	200	240	300	200	240	300	400	200	240	300	400
带速 v(m/s)	1.0～3.15								1.0～3.15			
倾角 β(°)	30～90								30～90			
最大输送量 Q (m³/h)	702	788	1077	1292	942	1329	1613	2457	1118	1578	1934	2961
功率 N(kW)	5.5～110				5.5～160				5.5～160			

注：表中输送量 Q 按输送倾角 $\beta=30°$、该规格许用最大带速、最小横隔板间距计算；

3）产品的名称、型号及规格

（1）名称：本系列名称为波状挡边带式输送机。

（2）型号：本系列产品的标记为DJⅡ，其中DJ表示波状挡边带式输送机，Ⅱ表示改进型。

（3）规格：本系列产品按不同的带宽 B、挡边高 H 和传动滚筒直径 D，可组合成57种规格，见表7－3－36。

表 7-3-36

B·D (cm)(cm)	4040	5040	5050	6550	6563	8050	8063	8080	10063	10080	100100
H (mm)	60	80	80	80	80	120	120	120	160	160	160
	80	120	120	120	120	160	160	160	200	200	200
	120		160	160	160		200	200		240	240

B·D (cm)(cm)	12063	12080	120100	14080	140100	140125	16080	160100	160125
H (mm)	160	160	160	200	200	200	200	200	200
	200	200	200	240	240	240	240	240	240
		240	240		300	300		300	300
			300			400			400

（4）产品规格标记举例：

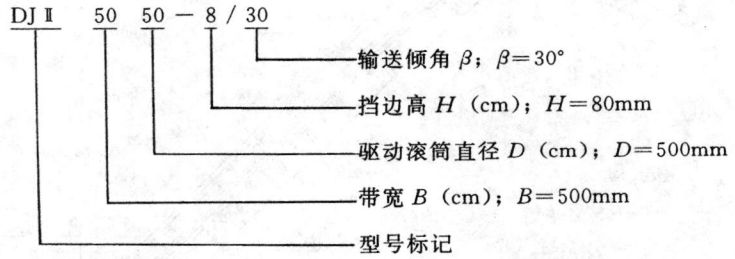

　　输送倾角 β；$\beta = 30°$
　　挡边高 H（cm）；$H = 80$mm
　　驱动滚筒直径 D（cm）；$D = 500$mm
　　带宽 B（cm）；$B = 500$mm
　　型号标记

4）布置形式

（1）基本形式

波状挡边带式输送机可采用如图 7-3-8 所示的 6 种基本布置形式。

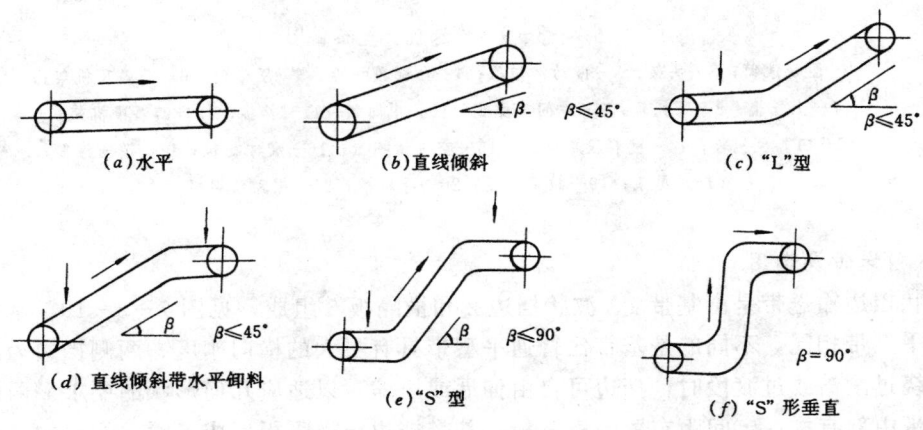

（a）水平　　　（b）直线倾斜　$\beta \leqslant 45°$　　　（c）"L"型　$\beta \leqslant 45°$

（d）直线倾斜带水平卸料　$\beta \leqslant 45°$　　　（e）"S"型　$\beta \leqslant 90°$　　　（f）"S"形垂直　$\beta = 90°$

图 7-3-8　基本布置形式

这是 6 种最基本形式。实际上，由于采用了波状挡边输送带和压带轮等过渡装置，波状挡边带式输送机可在同一垂直面内多次弯曲，实现更为复杂的布置形式。对此，可根据设计要求，向设备制造厂提出订货要求。

（2）典型布置形式

为获得较好的受料和卸料条件，特别是在输送倾角大于 45° 的情况下，本系列推荐采用"S"型布置形式，即设有上水平段、下水平段和倾斜段。在下水平段受料、在上水平段卸料。上水平段与倾斜段之间采用凸弧段机架连接；下水平段与倾斜段之间采用凹弧段机架连接，以实现波状挡边输送带的圆滑过渡，见图 7—3—9。

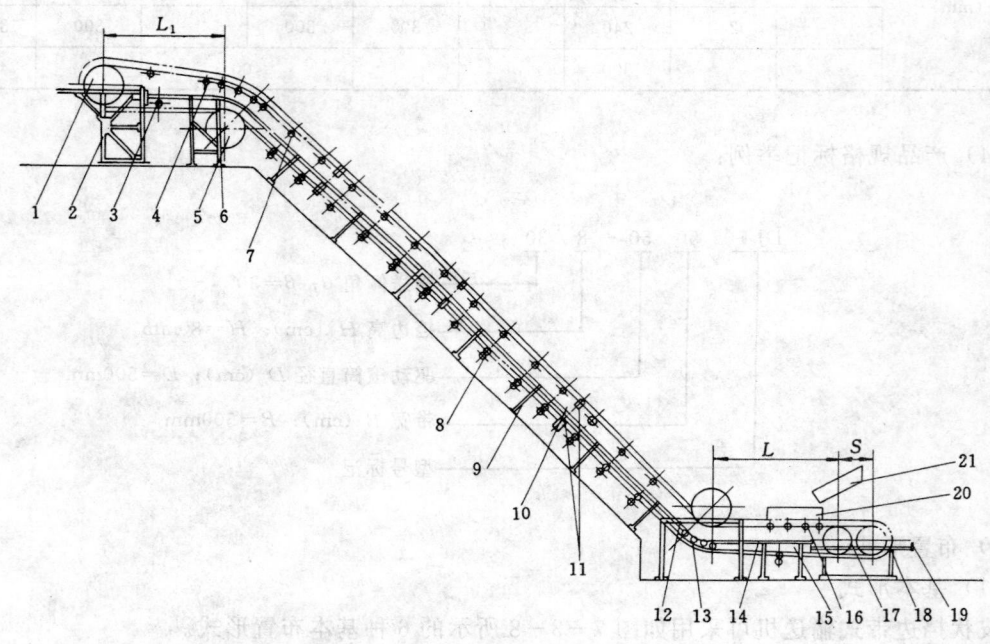

图 7—3—9　输送机典型布置图

1—驱动滚筒；2—头架；3—振动清扫器；4—凸弧段托辊；5—压带轮；6—凸弧段机架；

7—上托辊；8—下托辊；9—中间架支腿；10—中间架；11—挡辊；12—凹弧段机架；

13—凹弧段托辊；14—受料段中间架；15—空段清扫器；16—缓冲托辊；17—改向滚筒；

18—尾架；19—拉紧装置；20—导料槽；21—振动给料机

2. 输送带及选用

波状挡边输送带是由基带 1、波状挡边 2 和横隔板 3 组成，见图 7—3—10。基带的外型与普通平型带相同，不同的是基带比普通平型带具有更大的横向刚度。两侧挡边为波状，当输送带绕过滚筒或过渡段时，挡边可自由伸展或压缩，以适应几何形状的要求。两侧挡边之间的基带中部有按一定间距布置的横隔板，基带挡边与横隔板形成了输送物料的"匣"形容器，从而实现大倾角输送。

1）基带

（1）本系列采用棉帆布芯层橡胶基带，帆布经向扯断强度为 56N/mm·层。也可采用涤棉、尼龙或钢绳芯橡胶基带，订货时应标明。

（2）基带的带宽 B 和帆布层数 Z，见表 7－3－37。

表 7－3－37

带宽 B（mm）	500	650	800
Z	3～4	4～5	4～6
带宽 B（mm）	1000	1200	1400
Z	5～8	5～10	6～12

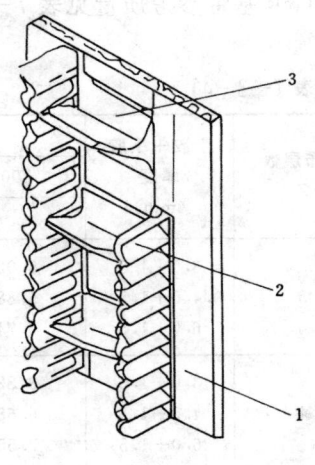

图 7－3－10　波状挡边输送带
1—基带；2—波状挡边；3—横隔板

（3）基带覆盖胶的厚度按表 7－3－38 选取。

表 7－3－38

物　料　特　性	物　料　名　称	覆盖胶厚度（mm）	
		上胶厚	下胶厚
$\gamma<2t/m^3$、中小粒度或磨损性小的物料	焦炭、煤、白云石、石灰石、石灰石烧结混合料、砂等	3.0	1.5
$\gamma<2t/m^3$、块度≤200mm 磨损性较大的物料	破碎后的矿石、选矿产品、各种岩石、油母页岩等	4.5	1.5
$\gamma>2t/m^3$、磨损性大的大块物料	大块铁矿石，油母页岩等	6.0	1.5

注：表中 γ 为物料散密度。

（4）基带的横向刚度必须满足表 7－3－39 的要求。

表 7－3－39

带宽 B（mm）	400	500	650	800	1000	1200	1400	1600
横向刚度 λ（%）	5	4	3	2.5	2	1.75	1.5	1.25

注：横向刚度 $\lambda=\dfrac{\text{基带中心处的下挠值}\times100}{\text{基带宽}}\leqslant$ 表中值。

（5）基带的安全系数按表 7－3－40 选取。

表 7－3－40

帆布层数 Z	3～4	5～8	9～12
安全系数 m	8	9	10

（6）基带参考质量见表7-3-41。

表7-3-41

帆布层数 Z	上胶+下胶厚度 (mm)	带　宽　B (mm)					
		500	650	800	1000	1200	1400
		q_0 (kg/m)					
3	3.0+1.5	5.02					
	4.5+1.5	5.88					
	6.0+1.5	6.74					
4	3.0+1.5	8.82	7.57	0.31			
	4.5+1.5	6.68	8.70	10.70			
	6.0+1.5	7.55	9.82	12.10			
5	3.0+1.5		8.62	10.60	13.25	15.90	18.55
	4.5+1.5		9.73	11.98	14.98	17.95	20.92
	6.0+1.5		10.87	13.38	16.71	20.05	24.00
6	3.0+1.5			11.80	14.86	17.82	20.80
	4.5+1.5			13.28	16.59	10.00	23.20
	6.0+1.5			14.65	18.32	22.00	25.65
7	3.0+1.5				16.47	19.80	23.10
	4.5+1.5				18.20	21.85	25.50
	6.0+1.5				19.93	23.95	27.95
8	3.0+1.5				18.08	21.65	25.30
	4.5+1.5				19.81	23.80	27.75
	6.0+1.5				21.54	25.82	30.10
9	3.0+1.5					23.60	27.55
	4.5+1.5					25.70	30.00
	6.0+1.5					27.80	32.40
10	3.0+1.5					25.55	29.80
	4.5+1.5					27.65	32.25
	6.0+1.5					29.70	34.70
11	3.0+1.5						32.10
	4.5+1.5						34.50
	6.0+1.5						36.80
12	3.0+1.5						34.30
	4.5+1.5						36.70
	6.0+1.5						39.20

2）波状挡边

（1）本系列推荐采用"S"型挡边，见图7-3-11，其主要参数及每米质量见表7-3-42。

表 7—3—42

挡边高 H (mm)	波顶宽 W_b (mm)	波底宽 W_f (mm)	波形距 S (mm)	每米质量 q_s (kg/m)
60				1.3
80	44	50	43	1.5
120				2.3
160				3.2
200	66	75	63	4.0
240				6.3
300	88	100	84	12
400				17

注：表中质量为参考值，不同制造厂的产品质量可能不同，实际质量以制造厂提供的为准。

（2）本系列也可采用其他型式的波状边，如"W"型或"WM"型，但其波顶宽和波底宽应小于或等于表 7—3—42 所给出的数值。

（3）本系列不推荐选用矩形波状挡边。

3）横隔板及其间距

（1）本系列推荐采用"T"型、"C"型和"TC"型横隔板（见图 7—3—12），主要参数及每米质量见表 7—3—43。

（2）"T"型横隔板适用于输送机倾角 $\beta=40°$ 的场合。

（3）"C"型和"TC"型横隔板适用于输送机倾角 $\beta > 40°$ 的场合。"C"型横隔板适用于粘性较大的物料，"TC"型横隔板用于流动性较好、块度较大的物料。

为使波状挡边输送带具有合理的装料截面，本系列推荐按表 7—3—44 选择横隔板间距（t_s）。

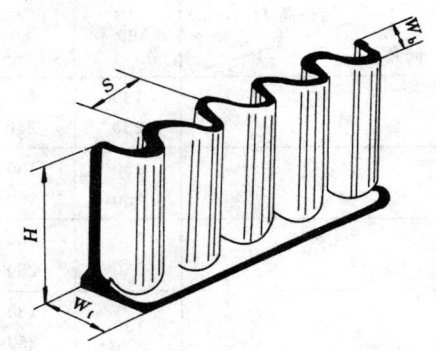

图 7—3—11　波状挡边

4）有效带宽

本系列推荐按表 7—3—45 选取有效带宽 B_f，带宽尺寸见图 7—3—13。

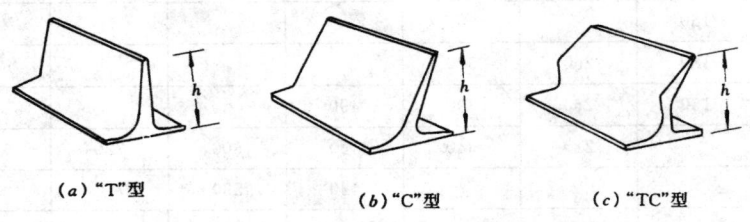

(a)"T"型　　(b)"C"型　　(c)"TC"型

图 7—3—12　横隔板

表 7-3-43

横隔板高 h (mm)	挡边高 H (mm)	每米质量 q_t (kg/m)		
		"T" 型	"C" 型	"TC" 型
50	60	1.1	0.9	
70	80	1.6	1.4	1.8
110	120	2.7	2.3	2.8
140	160	5.7	5.7	5.6
180	200	6.8	7.3	6.9
220	240	9.1	10.6	10.1
260	300			19.5
360	400			22.5

表 7-3-44　横隔板间距 t_s

倾角 β ＼ 挡边高 H (mm)	60	80	120	160	200	240	300	400
30°	130 250	130 250	250 380	250 380	380 510	380 500	380 500	380 500
40°	130 250	130 250	250 380	250 380	380 500	380 500	380 500	380 500
50°	130 250	130 250	130 250	250 380	250 380	380 500	380 500	380 500
60°	130	130 250	130 250	250 380	250 380	250 380	380 500	380 500
70°	130	130	130 250	250 380	250 380	250 380	380 500	380 500
90°	130	130	130	250	250 380	250 380	380 500	380 500

表 7-3-45

挡边高 H (mm)	带　宽　B (mm)							
	400	500	650	800	1000	1200	1400	1600
	有效带宽 B_f (mm)							
60	180							
80	180	260	390					
120	160	260	390	490				
160		210	340	440	600	720		
200				420	590	710	850	1010
240				570	690		850	1010
300						640	800	960
400							780	940

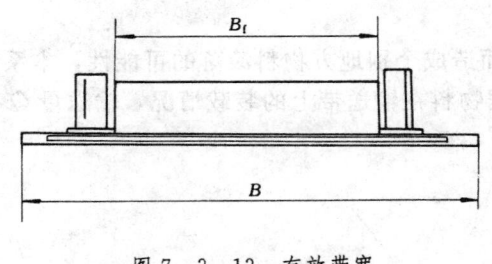

图 7—3—13　有效带宽

5）输送带的标注

本系列按如下方法标注波状挡边输送带。例如：

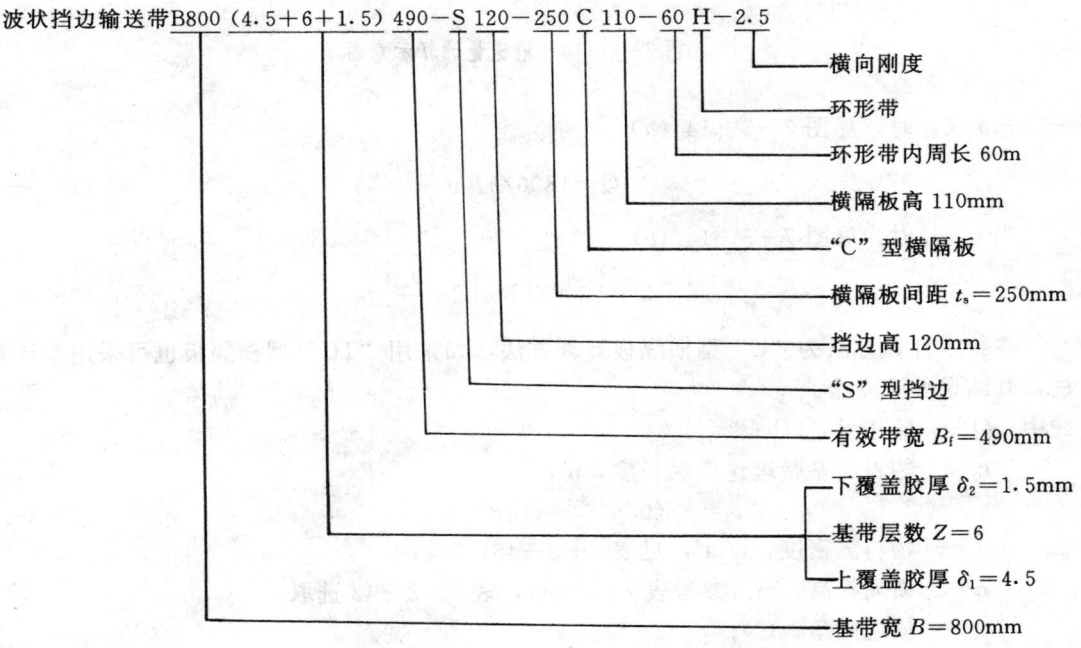

波状挡边输送带B800（4.5+6+1.5）490—S 120—250 C 110—60 H—2.5

- 横向刚度
- 环形带
- 环形带内周长 60m
- 横隔板高 110mm
- "C"型横隔板
- 横隔板间距 $t_s = 250$mm
- 挡边高 120mm
- "S"型挡边
- 有效带宽 $B_f = 490$mm
- 下覆盖胶厚 $\delta_2 = 1.5$mm
- 基带层数 $Z = 6$
- 上覆盖胶厚 $\delta_1 = 4.5$
- 基带宽 $B = 800$mm

3．设计计算

1）原始数据及工作条件

波状挡边带式输送机的计算应具有下列原始数据：

（1）物料名称和输送量；

（2）物料性质：

①粒度大小、最大粒度和粒度组成情况；

②散密度、动堆积角；

③温度、含水率、粘度、磨琢性等。

（3）环境温度

（4）输送机的布置形式和尺寸

2）输送量计算

为了减小因加料不均而造成个别地方物料滚落的可能性，本系列按装载水平截面计算输送量（图7-3-14）。根据物料在输送带上的装载情况，输送量 Q 分别按如下两式计算。

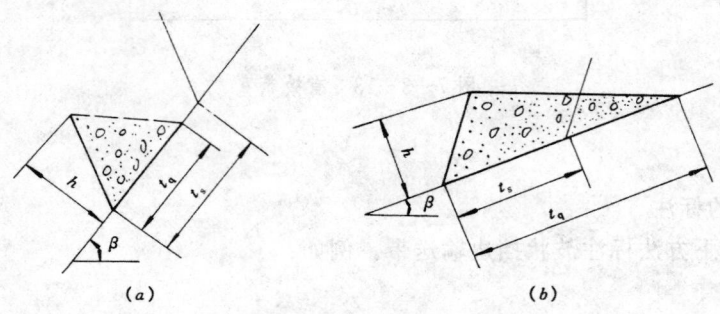

图7-3-14 输送量计算示意图

当 $t_q \leqslant t_s$ 时，见图7-3-14（a）

$$Q = 1800 \gamma h B_f v \frac{t_q}{t_s} \tag{7-3-32}$$

当 $t_q > t_s$ 时，见图7-3-14（b）

$$Q = 1800 \gamma h B_f v \left(2 - \frac{t_q}{t_s} \right) \tag{7-3-33}$$

注：本计算方法为"C"型横隔板计算方法，如采用"TC"型横隔板也可采用本计算方法，其结果偏于安全。

式中　Q——输送量，t/h；

　　　t_q——物料与基带理论接触长度，m，

$$t_q = h (0.5774 + \text{ctg}\beta) \tag{7-3-34}$$

　　　γ——物料散密度，t/m³，见表7-3-46；

　　　h——横隔板高，m。参考表7-3-47，表7-3-43选取；

　　　β——输送倾角，（°）；

　　　t_s——横隔板间距，m，参考表7-3-49、表7-3-44选取；

　　　B_f——有效带宽，m，参考表7-3-45选取；

　　　v——带速，m/s，参考表7-3-48、表7-3-35选取。

A. 常用物料的散密度见表7-3-46。

B. 本系列产品推荐输送最大物料粒度，mm，见表7-3-47。

C. 本系列产品推荐选用的最大带速 m/s，见表7-3-48。

D. 本系列产品的输送量见表7-3-49。

四、铸石溜槽和搪瓷溜槽选型

在开采倾斜、急倾斜煤层时，采区上、下山运输可以采用铸石溜槽或搪瓷溜槽。

表 7-3-46

物料名称	γ (t/m³)	物料名称	γ (t/m³)
煤	0.8~1.0	小块石灰石	1.2~1.5
煤渣	0.6~0.9	烧结混合料	1.6
焦炭	0.5~0.7	砂	1.6
锰矿	1.7~1.8	碎石和砾石	1.8
黄铁矿	2.0	干松泥土	1.2
富铁矿	2.5	盐	0.8~1.2
贫铁矿	2.0	粉状生石灰	0.55
铁精矿	1.6~2.5	粉状熟石灰	0.55
白云石	1.2~1.6	石灰石	1.6~2.0

表 7-3-47

挡边高 H (mm)	60	80	120	160	200	240	300	400
最大物料粒度 A (mm)	30	50	80	120	160	200	250	300

表 7-3-48　推荐选用的最大带速 V 表　　　　　　　　　m/s

挡边高 H (mm)	倾角	物料粒度 (mm)		
		≤100	≤160	≤300
≤120	≤35°	2.0		
	≤50°	1.6		
	≤90°	1.25		
≤200	≤35°	2.5	2.0	
	≤50°	2.0	1.6	
	≤90°	1.6	1.25	
≤400	≤35°	3.15	2.5	2.0
	≤50°	2.5	2.0	2.0
	≤90°	2.5	2.0	1.6

表 7-3-49　输　送　量　表　　　　　　　　　t/h

带宽 B (mm)		400				500			650		
挡边高 H (mm)		60	80	120		80	120	160	80	120	160
横隔板间距 t_s (mm)	130	250	130	250	130 (380)	250	130 250	130 (380) 250	250 380	130 250	130 (380) 250	250 380
倾角 β 30°	14	7	27	15	(21)	32	39 21	(34) 52	65 45	59 32	(52) 78	105 73
40°	11	6	21	11	(16)	25	31 16	(26) 40	52 34	47 24	(40) 60	85 56
50°	9	5	17	9	37	20	25 13	60 32	42 27	37 19	90 48	68 45
60°	7		14	7	31	16	20 11	50 26	34 23	31 16	75 39	55 36
70°	6		11		25	13	17	41 21	28 18	25	62 32	45 30
90°	4		7		15	10	25	17	15	38	28	

续表

带宽 B(mm)	800						1000						1200							
挡边高 H (mm)	120		160		200		160		200		240		160		200		240		300	
横隔板间距 ts(mm)	130(380)	250	250	380	250(500)	380	250	380	250(500)	380	250(500)	380	250	380	250(500)	380	250(500)	380	380	500
倾角 β　30°	(65)	99	136	94	(113)	148	186	129	(159)	207	(229)	283	223	154	(191)	250	(278)	342	410	350
40°	(50)	76	110	72	(87)	114	150	99	(122)	160	(176)	231	180	118	(147)	193	(213)	280	352	276
50°	113	60	88	58	139	91	120	79	195	128	(141)	185	144	95	235	154	(170)	224	290	221
60°	95	49	72	47	113	74	98	64	159	105	229	151	117	77	191	126	278	183	237	180
70°	77	40	58	38	92	61	80	52	130	85	187	123	96	63	156	103	226	149	193	147
90°	47		36		57	37	49		80	52	115	76	59		96	63	139	91	118	90

带宽 B(mm)	1400								1600							
挡边高 H (mm)	200		240		300		400		200		240		300		400	
横隔板间距 ts(mm)	250(500)	380	250(500)	380	380	500	380	500	250(500)	380	250(500)	380	380	500	380	500
倾角 β　30°	(229)	299	(342)	422	512	437	780	707	(272)	355	(406)	501	614	525	940	852
40°	(175)	231	(262)	345	440	345	709	614	(208)	274	(311)	410	527	413	855	740
50°	281	185	(210)	276	363	276	634	515	334	220	(249)	328	436	331	764	621
60°	229	151	342	225	296	225	549	420	272	179	406	267	355	270	662	507
70°	187	123	279	184	241	183	451	313	222	146	331	218	289	220	543	413
90°	115	75	171	113	148	112	277	210	136	90	203	134	178	135	333	253

注：1. 表中输送量单位为 m³/h;

2. 表中输送量按带速 $v=1.0$m/s 计算;

3. 括号里的输送量与带括号的横隔板间距相对应。

　　在小型煤矿，当回采工作面采用炮采或其他非机械采煤时，根据采区上、下山倾角，采区生产能力，工作面数量及其分布情况，也可以采用铸石溜槽或搪瓷溜槽。

　　（一）溜槽的布置

　　在使用溜槽的倾斜巷道，其倾角一般以 25°～45° 为宜。在设计中应通过计算来确定。使煤炭在溜槽中的运行速度控制在 1.0～1.5m/s。溜槽两端的斜坡垂高一般为 60m，但最高也有达到 200m 的。

　　在溜槽斜巷的上、下口应设置煤仓，其容量要能保证连续溜煤不溢槽和上、下口卸装的连续进行。

　　对溜放距离长的斜坡，须分段并加设给料机以调节溜煤量和溜速，分段长度一般可取 100～120m。

　　溜煤斜坡断面可分成三个间隔，两侧为溜煤间，中间为检修道。

　　在溜槽入料点上口卸料处宜加设铁箅子，防止大块物料或大于 300mm 块煤落入溜槽内造成堵塞。

　　（二）溜槽的断面

溜槽断面形状一般取 U 形断面，内衬为异形的耐磨材料如铸石、搪瓷、超高分子量聚乙烯等。京西大安山煤矿使用坛子型断面，内衬铸石块，宽度为 800mm，使成柱状溜放，不溢槽，使用效果良好，见图 7－3－15，供参考。

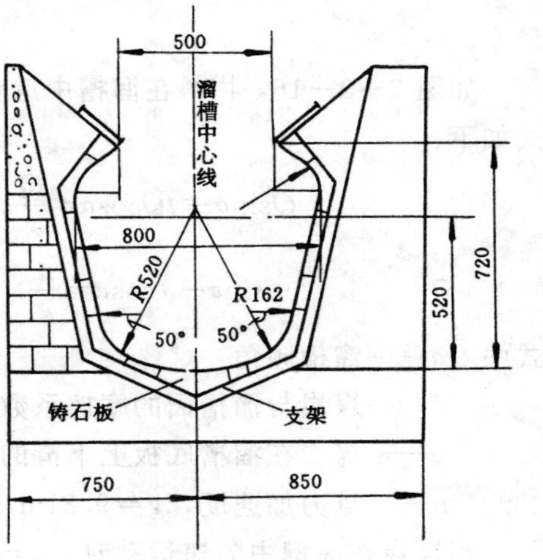

铸石衬与其他材料相比较，前者使用较成熟，铸石块耐磨、耐冲击、摩擦系数小，铸石形状可按设计要求而定，订货方便，成本低，施工、维修方便。

溜槽断面尺寸，一般按输送物料的最大块度及输送量来决定。

常用倾斜溜槽使用矩形断面，推荐尺寸为 b/h＝400/350、500/350、600/400、700/500、800/600、900/700。

图 7－3－15 坛子型溜槽断面

按块度来决定溜槽的最小断面：

断面宽 $b > 2d_{max} + 100$

断面高 $h > 1.5d_{max}$ (7－3－35)

按输送能力决定溜槽断面

$$A = \frac{Q}{3600\psi v\gamma} \qquad (7－3－36)$$

式中 A——溜槽断面积，m^2；

      Q——输送量，t/h；

      ψ——装满系数，对于煤炭，取 ψ＝0.4～0.5，断面大时取大值。

      γ——煤炭的松散密度，t/m^3，一般取 γ＝0.85～1；

      v——煤炭在溜槽底板上的运动速度，m/s。

按计算所得的 A 值，在上述常用倾斜溜槽矩形断面尺寸中选取 b/h 值。

（三）物料在溜槽中的运动速度

溜槽倾角影响煤炭在溜槽中的运动速度，而后者又与溜槽落煤点（入料点）煤炭的初速度有关。

$$v_0 = \sqrt{2gh\sin\alpha} \qquad (7－3－37)$$

式中 v_0——溜槽底板落煤点的初速度，m/s；

      g——重力加速度，g＝9.81m/s^2；

      h——落煤点煤的落差，m；

      α——溜槽倾角，(°)。

例如：h＝0.4m，α＝27°

则 $v_0 = \sqrt{2 \times 9.81 \times 0.4} \cdot \sin 27° = 1.27 m/s$

如果确定物料按 v_0 值等速运动，则可按式（7－3－36）算出溜槽的输送能力。

（四）溜槽倾角计算

选取溜槽倾角应保证物料有一定的运动速度，使物料可靠的滑到终点，并使其破碎率为最小。

如图7-3-16，物料在溜槽中运动时，其运动方程
式如下：

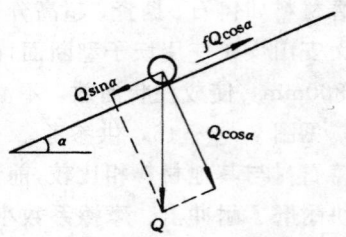

$$Q\sin\alpha - fQ\cos\alpha = \frac{Q}{g}a$$

$$\sin\alpha - f\cos\alpha = \frac{a}{g} \qquad (7-3-38)$$

式中 α——溜槽倾角，(°)；

f——煤炭与溜槽面的摩擦系数；

a——煤炭在溜槽底板上下滑的加速度；m/s²；

图7-3-16 直溜槽上物料受力分析图

g——重力加速度，$g=9.81$m/s²。

当煤炭在溜槽中匀速运动时，$a=0$

则

$$\sin\alpha - f\cos\alpha = 0$$

$$\tan\alpha = f \qquad (7-3-39)$$

因此，在得到煤炭与溜槽底板间的摩擦系数以后就可以确定溜槽倾角。

摩擦系数一般与物料种类、粒度、外在水分及溜槽材料（或衬板）有关，它可以通过测定或邻近矿井生产数据来确定。

各种煤炭对铸石的摩擦系数平均值：

$$f=0.25 \text{（使用过的铸石）}$$
$$f=0.3\sim0.4 \text{（新铸石）}$$

当溜槽底板铺砌铸石时，溜槽倾角参考表7-3-50选取。

表7-3-50 溜 槽 倾 角

煤 种	煤 的 水 分	
	<7%	>7%
无烟煤	28°～34°	34°～38°
气肥煤、长焰煤	25°～35°	35°～40°
焦煤、肥煤、瘦煤	35°～42°	42°～45°

注：1. 取值宜按表列低值增加2°～3°；

2. 由于溜槽底板衬材品种较多，有条件时尽可能先测定其摩擦系数。

五、提升绞车选型

（一）概 述

采用串车提升用于采区上、下山煤炭和其他物料的运输，具有投资少、建设速度快的优点。但是由于受一次串车数和提升速度的限制，运输量不大，而且工人劳动强度较大，钢丝

绳磨损较快。通常适用于运煤量在150kt/a及以下，或者作为大中型矿井采区上下山的辅助运输。

上、下山轨道运输的倾角通常在6°～25°之间。一般为单钩串车提升。

单钩串车提升的井巷断面小，投资少，可适应多水平提升，提升系统的中部和下部车场大多为甩车场；上部车场通常为平车场，有时也可以采用甩车场。

采区上、下山提升能力应符合下列规定：

(1) 当只提煤时，提升作业时间每班应取5.5h；

(2) 混合提升作业时间每班应取6.5h；

(3) 提煤或提矸石的不均衡系数应取1.25；

(4) 上提和下放时间可重合计算；

(5) 提升设备宜满足采区内采掘设备的最大、最重部件的运输。

(二) 提升原始数据

(1) 井巷倾角和斜长；

(2) 上部、中部和下部车场的型式和尺寸；

(3) 每班运输种类和数量；

(4) 提升方式：单钩或双钩；

(5) 矿车型式；

(6) 是否升降人员。

(三) 提升有关数据

1. 最大提升速度

《煤矿安全规程》第四百二十六条规定，斜井提升的最大提升速度v_m为：

(1) 升降人员或用矿车升降物料时，$v_m \leqslant 5.0 \text{m/s}$，并不得超过人车设计的最大允许速度；

(2) 箕斗升降物料时，$v_m \leqslant 7.0 \text{m/s}$，当铺设固定道床并采用大于或等于38kg/m钢轨时，$v_m \leqslant 9.0 \text{m/s}$。

2. 加速度和减速度

《煤矿安全规程》第四百二十六条规定，升降人员时加速度和减速度不得超过0.5m/s^2。对物料提升的加速度和减速度没有限制，一般可采用0.5m/s^2，也可稍大一些。但要考虑自然加速度和自然减速度。

3. 车场内的速度和加减速度

串车在车场内，应低速运行，其速度$v_0 \leqslant 1.5 \text{m/s}$。在车场内低速运行的加减速度$a_0 \leqslant 0.3 \text{m/s}^2$。

4. 提升休止时间

(1) 提升绞车换向时间，$\theta_1 = 5\text{s}$。

(2) 井上下车场内摘挂钩时间$\theta_2 = 25\text{s}$。

(四) 一次提升循环时间

根据初选的绞车型号、绳速、井筒特征和提升方式，可以确定串车一次提升循环时间。

1. 上部及下部车场均为甩车场的单钩串车提升

其速度图见图7-3-17。

上、下甩车场单钩串车提升是由提升重串车 (用于采区下山提升) 和下放空串车两部分

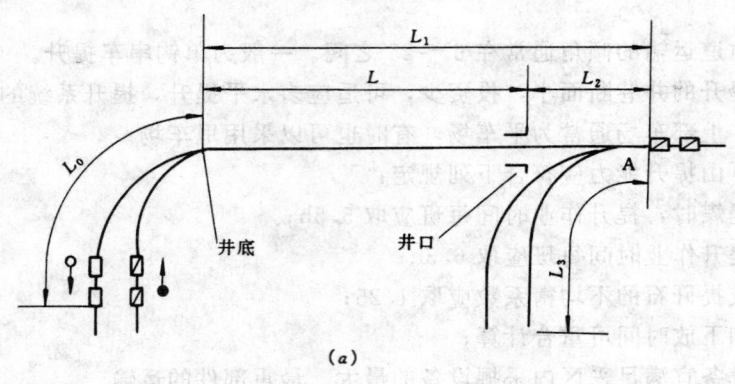

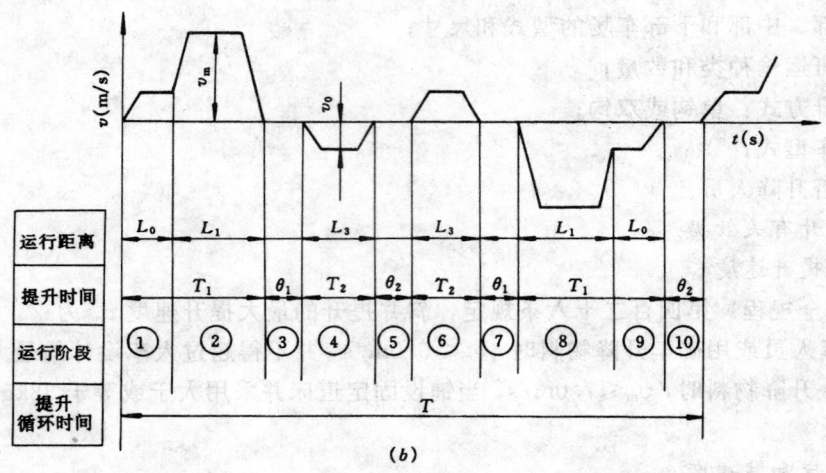

图 7—3—17 井上下甩车场单钩串车提升

工作组成的。图 7—3—17 中各"运行阶段"分述于下：

①提升开始时，重串车在井底车场重车甩车道上。由于甩车道的坡度是变化的，并且串车又在弯道中运行，为防止矿车在弯道上掉道，要求初加速度 a_0 不能太大，一般 $a_0 \leqslant 0.3$ m/s²，并要求 v_0 以小于或等于 1.5m/s 的低速提升。

②当全部重串车提过井底甩车道进入井筒后，以主加速度 a_1 加速到最大提升速度 v_m，并以 v_m 等速运行。在停车前一定运距，串车开始以减速度 a_2 减速。全部重车提过道岔 A 以后，提升机断电施闸，重车在栈桥停车点前停车。

③提升机停止、抱闸，并换向开始下放。

④搬过道岔 A 后，提升机松闸、反向，重串车低速向井口甩车道下放至摘挂钩点停车。

⑤在井上甩车道把重串车摘钩，挂上空串车。

⑥提升机把空串车从井口空车甩车道低速提过道岔 A 后，在栈桥上停车点前停车。

⑦搬过道岔 A、提升电动机反向。

⑧空串车沿井筒向下运行。在到达井底前开始以减速度 a_2 减速，当空串车尾部到达井底时，提升速度为 v_0。

⑨空串车在下部车场空车甩车道上运行，至空串车摘钩点停车。

⑩在下部车场把空串车摘钩，挂上重串车，准备下一次提升。

通过以上 10 个运行阶段，完成了单钩串车提升的全过程。各阶段时间之和就是提升循环时间。

在采区上山提升中，是重串车下放，空串车上提，其运行过程与此类似。

提升循环时间为

$$T=2\times\left(\frac{L_1}{v_m}+\frac{v_m}{a}+\frac{v_0^2}{2a}\cdot\frac{1}{v_m}+\frac{2L_0}{v_0}+\frac{3v_0}{2a_0}-\frac{v_0}{a}+\theta_1+\theta_2\right)$$

令 $a=0.5\text{m/s}^2$，$a_0=0.3\text{m/s}^2$，$v_0=1.5\text{m/s}$，$L_0=25\text{m}$，$\theta_1=5\text{s}$，$\theta_2=25\text{s}$ 代入上式，并适当整理后，得

$$T=\frac{2L_1+5}{v_m}+4v_m+135 \qquad\qquad (7-3-40)$$

式中　T——上、下车场均为甩车场，提升循环时间，s；

　　　L_1——从井底至井口栈桥串车停车点尾部的斜长，m；

　　　v_m——提升绞车绳速，m/s；

　　　a——主加减速度，m/s²；

　　　a_0——车场内加减速度，m/s²；

　　　v_0——车场内速度，m/s；

　　　L_0——井底甩车场串车尾部到井底的运距，或井口栈桥串车停车的尾部到井口甩车道串车尾部，m；

　　　θ_1——提升绞车换向时间，s；

　　　θ_2——摘挂钩时间，s。

2. 井底甩车场、井口平车场的单钩串车提升

其速度图见图 7—3—18。

一次提升全过程也是由提升重串车（用于采区下山提升）和下放空串车两部分组成的。图 7—3—18 中各"运行阶段"分述于下：

①提升开始时，重串车在井底车场重车甩车道上，以低速运行，重串车尾部到达井底为止。

②当全部重串车进入井筒后，以主加速度加速到最大提升速度，并以等速运行至井口以前开始减速。到达井口时，提升速度降至低速 v_0。

③串车在井口平车场以低速运行至停车点。

④在井口平车场，重串车摘钩并挂上空矿车。

⑤空串车低速在平车场内向井口运行至串车全部进入井筒。

⑥以主加速加速到最高提升速度直至空串车尾部到达井底。

⑦空串车以低速运行至井底甩车道空串车停车点。

⑧在下部车场空串车摘钩，再挂上重串车。

通过以上 8 个阶段，完成了下部甩车场、上部平车场单钩串车提升的全过程，其各阶段

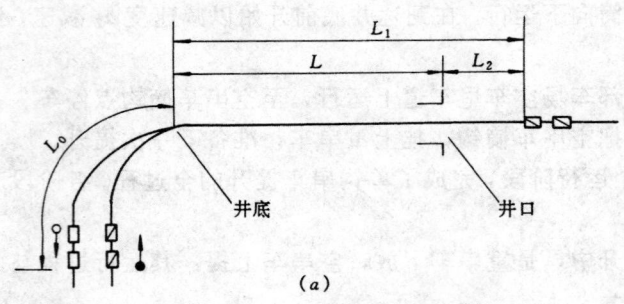

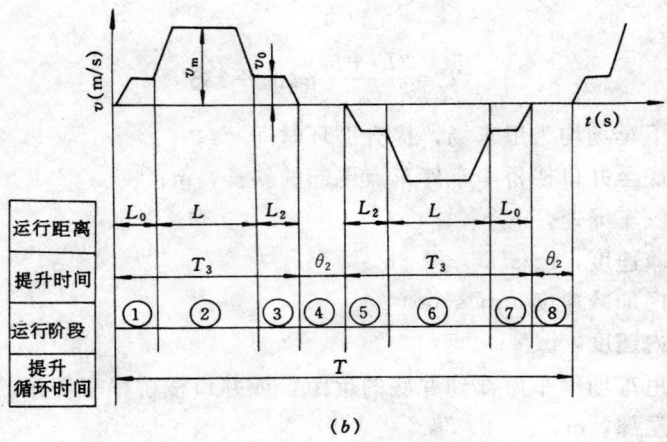

图 7-3-18   井下甩车场、井上平车场单钩串车提升

时间之和就是提升循环时间。在上山提升中，重串车下放、空串车上提，运行过程与此类似。

提升循环时间为

$$T = 2 \times \left(\frac{L}{v_m} + \frac{v_m}{a} + \frac{v_0^2}{a} \cdot \frac{1}{v_m} + \frac{2L_0}{v_0} + \frac{v_0}{a_0} - \frac{2v_0}{a} + \theta_2 \right)$$

令 $a = 0.5\text{m/s}^2$，$a_0 = 0.3\text{m/s}^2$，$v_0 = 1.5\text{m/s}$，$L_0 = 25\text{m}$，$\theta_2 = 25\text{s}$，代入上式，并适当整理后，得

$$T = \frac{2L + 10}{v_m} + 4v_m + 115 \qquad (7-3-41)$$

式中 T——井底甩车场，井口平场，提升循环时间，s；

L——从井口至井底斜长，m；

v_m——提升绞车绳速，m/s；

θ_2——摘挂钩时间，s。

（五）一次提升串车数

1. 按产量要求一次提升串车数

一次提升量按下式：

$$Q = \frac{kA_{\mathrm{b}}T}{3.6T_{\mathrm{b}}} \tag{7-3-42}$$

式中　Q——按产量要求的一次提升量，kg；

　　　k——上、下山提升不均衡系数，取 $k=1.25$；

　　　A_{b}——上、下山最大班提升量，t；

　　　T——提升循环时间，s；

　　　T_{b}——每班提升工作小时数，h。

　　一次提升串车数：

$$n_1 = \frac{Q}{q} \tag{7-3-43}$$

式中　n_1——按产量要求的一次提升串车数，辆；

　　　q——每一矿车装载质量，kg。

　　计算出的 n_1 值如果是小数，应取较大的整数。

　　2. 按矿车连接器强度，要求一次提升串车数

　　串车在最大斜坡上的绳端荷重应小于矿车连接器允许的牵引力。

$$n_2 \leqslant \frac{F_1}{(q+q_0)(\sin\beta + \omega\cos\beta)g} \tag{7-3-44}$$

式中　n_2——按矿车连接器强度要求的一次提升串车数，辆；

　　　F_1——矿车连接器允许的最大牵引力，N，常用 $F_1=60000\mathrm{N}$；

　　　q——矿车装载质量，kg；

　　　q_0——矿车质量，kg，见表 7-2-32～表 7-2-44；

　　　β——井筒最大倾角，(°)；

　　　ω——矿车运行阻力系数，1t 矿车取 $\omega=0.015$；

　　　g——重力加速度，m/s²，$g=9.8\mathrm{m/s^2}$。

　　如果 $n_2 < n_1$，应减少串车数，并缩短提升循环时间，以保证产量要求。

　　（六）提升钢丝绳选择

　　1. 钢丝绳单位质量

$$p = \frac{n(q+q_0)(\sin\beta + \omega\cos\beta)g}{\dfrac{\sigma_{\mathrm{B}}}{\gamma_0 m} - L_{\mathrm{c}}(\sin\beta + f\cos\beta)g} \tag{7-3-45}$$

式中　p——钢丝绳每米质量，kg/m；

　　　σ_{B}——钢丝绳抗拉强度，N/mm²；

　　　γ_0——钢丝绳密度，kg/m³，对于 6×7 钢丝绳，取 $\gamma_0=9550\mathrm{kg/m^3}$；

　　　m——钢丝绳安全系数，按《煤矿安全规程》第四百条规定，升降人员时 $m \geqslant 9$，升降物料时 $m \geqslant 7.5$，专为升降物料时 $m \geqslant 6.5$。

　　　n——一次提升串车数，辆；

　　　q——矿车装载质量，kg；

　　　q_0——矿车质量，kg；

　　　ω——矿车阻力系数，1t 矿车取 $\omega=0.015$；

　　　f——钢丝绳运行阻力系数，取 $f=0.25$；

β——井筒倾角，(°)；

g——重力加速度，m/s^2，$g=9.8m/s^2$；

L_c——钢丝绳弦长，m，等于井筒斜长与井口到天轮切点斜长之和。

2. 最大静张力和最大静张力差

(1) 双钩串车提升

$$F_m=[n(q+q_0)(\sin\beta+\omega\cos\beta)+pL_c(\sin\beta+f\cos\beta)]g \qquad (7-3-46)$$

$$F_c=F_m-nq_0(\sin\beta+\omega\cos\beta)g \qquad (7-3-47)$$

(2) 单钩串车提升（图 7-3-19）

$$F_m=[n(q+q_0)(\sin\beta+\omega\cos\beta)+pLc(\sin\beta+f\cos\beta)]g \qquad (7-3-48)$$

$$F_c=F_m \qquad (7-3-49)$$

式中　f——钢丝绳运行阻力系数，取 $f=0.25$；

　　　F_m——提升系统最大静张力，N；

　　　F_c——提升系统最大静张力差，N。

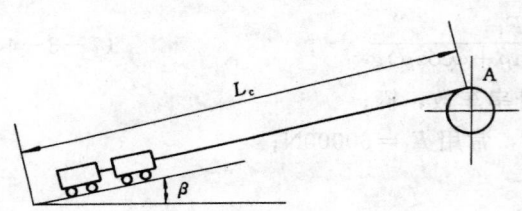

图 7-3-19　单钩串车提升示意图

3. 钢丝绳选择和校验

根据式（7-3-45）的计算值，从钢丝绳规格表中选取标准钢丝绳，并按下式验算安全系数。

$$\frac{F_p}{F_m}\geqslant m \qquad (7-3-50)$$

式中　F_p——钢丝绳中钢丝破断拉力和，N。

（七）提升绞车选择

1. 按最大静张力和最大静张力差

选择绞车时，应使提升系统的最大静张力和最大静张力差小于绞车设备的规定值，这样才能保证各部件的强度，即

$F_m\leqslant$绞车设备最大静张力规定值；

$F_c\leqslant$绞车设备最大静张力差规定值。

2. 绞车卷筒尺寸

根据《煤矿安全规程》第四百一十六条规定，井下提升绞车应满足下式。

1）卷筒直径

$$D\geqslant60d \qquad (7-3-51)$$

式中　D——绞车卷筒直径，mm；

　　　d——提升钢丝绳直径，mm。

2）卷筒宽度和缠绳层数

(1) 单层缠绕时卷筒宽度

$$B=\left(\frac{L_t+l}{\pi D}+n'\right)(d+\varepsilon) \qquad (7-3-52)$$

(2) 多层缠绕时卷筒宽度

$$B=\left[\frac{L_t+l+(n'+n'')\pi D}{K\pi D_p}\right](d+\varepsilon) \qquad (7-3-53)$$

式中 B——绞车卷筒宽度，mm；

L_t——提升距离，m；

l——试验钢丝绳长度，m，一般 $l=30$m；

K——缠绕层数；

D——卷筒直径，mm；

D_p——平均缠绳直径，m，

$$D_p = D + (K-1) d \times 10^{-3}$$

n'——最少摩擦圈数，$n' \geqslant 3$；

n''——每季度将钢丝绳移动四分之一圈所需的备用圈数，$n''=4$；

d——钢丝绳直径，mm；

ε——钢丝绳之间的间隙，mm，一般采取 $\varepsilon = 2 \sim 3$mm。

绞车卷筒宽度要大于卷筒计算宽度。关于缠绳层数，《煤矿安全规程》第四百一十九条规定，在倾斜井巷中升降人员或升降人员和物料的，准许缠绳两层；升降物料的，准许缠绳三层。如果满足不了要求，则应加大卷筒直径，以减少缠绳层数。或采用卷筒加宽型提升机。

3. 校验电动机功率

按提升系统最大静张力差和提升速度确定绞车电动机功率。

(1) 单钩上提重物时：

$$N = \frac{kF_m v_m}{1000\eta} \qquad (7-3-54)$$

(2) 单钩下放重物时：

$$N = \frac{kF_m v_m \times 1.05}{1000}\eta \qquad (7-3-55)$$

式中 N——提升绞车电动机功率，kW；

F_m——单钩提升系统最大静张力，N；

v_m——绞车绳速，m/s；

η——减速机传动效率，一级传动时 $\eta=0.90$，二级传动时 $\eta=0.85$；

k——电动机功率备用系数，取 $k=1.15 \sim 1.20$；

1.05——下放重物时，电动机超同步运行的超速系数。

上、下山提升绞车大多为防爆型，其传动电动机通常是配套供应的。只要计算的电动机功率小于绞车的规定值就可以了。甚至只要使提升系统的最大静张力（双钩提升时为最大静张力差）小于绞车的规定值，而不必计算电动机功率。

（八）实用选型计算

1. 设备情况

近年来井下提升机发展较快，规格和性能种类较多，可用于采区上、下山提升，从性能方面区分，大致有三种类型。

(1) 防爆电控绞车；

(2) 液压防爆绞车；

(3) 双机差动变速防爆绞车。

防爆电控绞车是常规产品，采用防爆型绕线式交流感应电动机，其转子外接电阻装在防爆箱中，箱数较多。这种绞车各煤矿使用较多，优点是：启动力矩较大，调速性能尚可，各矿有运行经验。缺点是：效率低，占用面积大，低速时调速性能不好。

液压绞车是近年来发展起来的，其原理是用防爆鼠笼型电动机驱动液压泵，由液体压力驱动液压马达使绞车卷筒旋转。其优点是：启动、调速、制动及换向平稳，操作简单，做到无级调速，启动力矩大，低速性能好。缺点是：效率低，工作噪声较大，液压马达等维修技术要求较高。

双机差动变速绞车是采用内齿式行星变速机构。利用机械变速方法。其优点是：有多档速度（一般三档或五档速度）在各档速度可长期稳定运行。两台电机都是鼠笼型普通防爆电动机，省去大量的起动调速电阻。效率较高。如有一台电机损坏，依靠另一台电动机，在减载下运行，还可以完成一定的提升任务。缺点是：调速是有极的，在速度转换时有一定冲击力。减速机构制造工艺较复杂，成本较高。

各生产厂家出产的绞车，在性能方面各有千秋、速度等具体参数也稍有不同。但是提升绞车的基本技术特征是按国家标准的要求制定的。

为了便于掌握其主要技术特征，可以参看表7—3—51。表中的钢丝绳直径是按《煤矿安全规程》第四百一十六条的要求，提升绞车卷筒同钢丝绳直径之比不得小于60倍选择的。在选型计算时，如果钢丝绳直径小于表中的数值，考虑到井下条件复杂，钢丝绳磨损严重，建议仍采用表中的钢丝绳。由于各生产厂家提供的提升速度等级较多，因此表中仅有速度范围。在具体选型时，应根据其结构性能，按样本上的速度等级确定。

表 7 - 3 - 51 单筒防爆提升绞车主要技术特征

项 目 习惯名称	卷筒尺寸（m）		最大载荷（kN）		钢丝绳		速度范围 (m/s)	提升距离（m）		
	直径	宽度	静张力	静张力差	直径 (mm)	质量 (kg/m)		一层	二层	三层
1.2m 绞车	1.2	1.0	30	30	18.5	1.259	1.5~2.5	138	308	513
1.6m 绞车	1.6	1.2	45	45	24.5	2.129	1.9~4.0	178	388	645
2.0m 绞车	2.0	1.5	60	60	30.0	3.224	2.5~4.0	337	514	847

注：此表仅供设计选型计算用，具体技术特征应参看产品样本。

2. 已知条件

(1) 提升种类和数量；

(2) 井筒倾角和斜长；

(3) 上、中和下部车场型式；

(4) 提升矿车规格；

(5) 单钩或双钩提升；

(6) 重物上提或下放。

3. 计算步骤

(1) 在上、下山提升常用的直径1.2m、1.6m和2.0m单筒绞车中，根据提升量、井筒倾角和斜长，首先初选任一种绞车。

(2) 求一次提升串车数：

按提升绞车卷筒直径，并根据井筒倾角和斜长，在图7－3－20、图7－3－21和图7－3－22中找出一次提升串车数，并取其较小整数值。

（3）求提升循环时间：

已知每班产量 A_b 和一次提升串车数 n，可求出按产量要求的最大提升循环时间：

$$T=\frac{3.6T_bnq}{kA_b} \qquad (7-3-56)$$

式中 T——最大提升循环时间，s；

T_b——每班提升工作小时数，h；

n——一次提升串车数，辆，按初选绞车尺寸在计算图中找出的 n 值，取较小整数；

q——矿车装载质量，kg；

A_b——最大班产量，t；

k——提升不均衡系数，提煤或提矸时取 $k=1.25$。

（4）求提升速度：

按井筒斜长 L 和提升循环时间 T 求需要的提升速度 v_m。

（1）上部及下部车场均为甩车场，单钩串车提升速度为

$$v_m=\frac{(T-135)-\sqrt{(T-135)^2-32L_1-80}}{8} \qquad (7-3-57)$$

式中 v_m——需要的提升速度，m/s；

L_1——从井底至井口栈桥串车停车点尾部斜长，可取井筒斜长加25m。

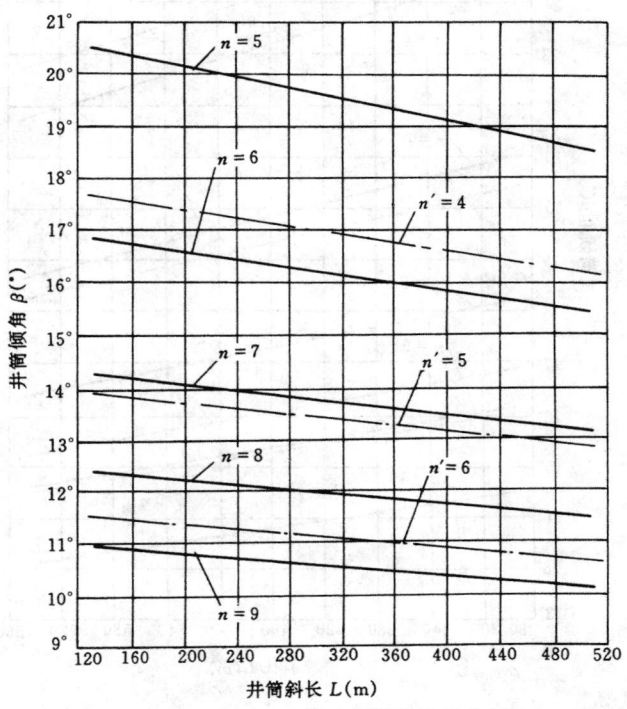

图7－3－20 一次提升串车数计算图

（直径1.2m单筒绞车）

n—载煤一次提升串车数（1t固定矿车）；n'—载矸一次提升串车数（1t固定矿车）

（2）上部平车场，下部甩车场，单钩串车提升速度为：

$$v_{\mathrm{m}}=\frac{(T-115)-\sqrt{(T-115)^2-32L-160}}{8} \qquad (7-3-58)$$

式中　L——从井底到井口斜长，m。

求出的 v_{m} 与样本上的速度对照，可分三种情况：

① v_{m} 在样本中速度范围之内，原确定的提升绞车是合适的。可在样本中找出与 v_{m} 相近而较高的标准速度；

② v_{m} 在样本中速度范围上限之上，应选较大一级绞车，再重复以上计算步骤；

③ v_{m} 在样本中速度范围下限之下，应选较小一级的提升绞车。再重复以上计算步骤。

4．举　例

某矿，采区下山、提升煤炭，每班需运煤 250t，用 1t 矿车、单钩串车提升。井筒斜长 400m，倾角 16°，上部平车场，下部甩车场。

初选提升绞车卷筒直径 1.2m，根据井筒倾角 $\beta=16°$ 和井筒斜长 $L=400$m 在图 7—2—20 中求出一次提升串车数约为 5.9 辆，取较小整数 $n=5$ 辆，每班工作 5.5h，则按产量要求的提升循环时间为

$$T=\frac{3.6T_{\mathrm{b}}nq}{kA_{\mathrm{b}}}=\frac{3.6\times5.5\times5\times1000}{1.25\times250}=316.8\mathrm{s}$$

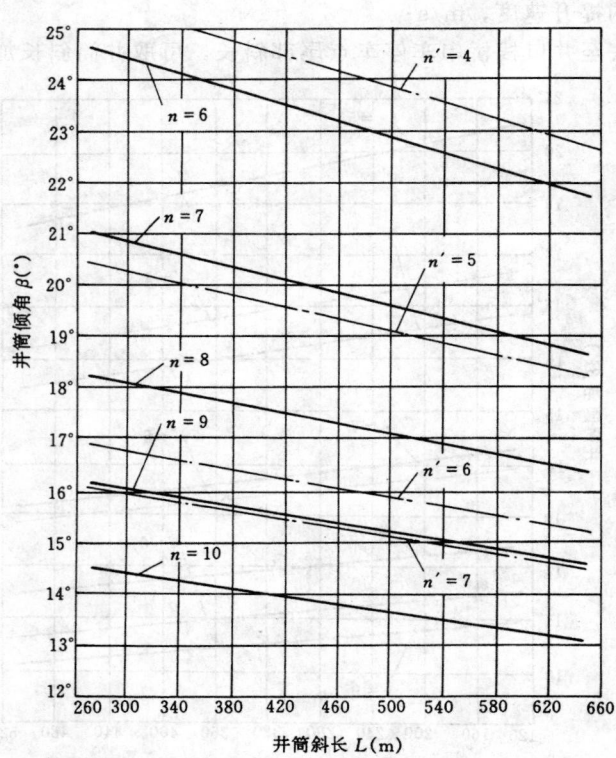

图 7—3—21　一次提煤串车数计算图

（直径 1.6m 单筒绞车）

n—载煤一次提升串车数（1t 固定矿车）；n'—载矸一次提升串车数（1t 固定矿车）

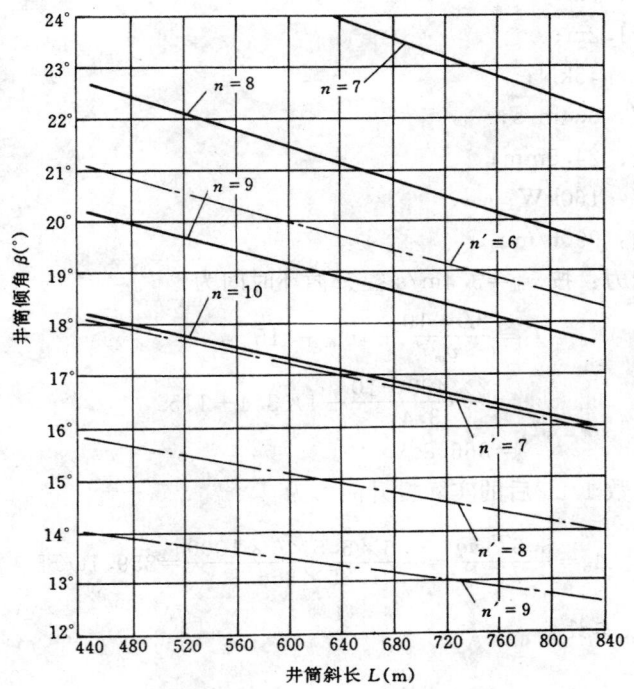

图 7-3-22 一次提煤串车数计算图

(直径 2.0m 单筒绞车)

n—载煤一次提升串车数（1t 固定矿车）；n'—载矸一次提升串车数（1t 固定矿车）

需要的提升速度为

$$v_m = \frac{(T-115) - \sqrt{(T-115)^2 - 32L - 160}}{8}$$

$$= \frac{(316.8-115) - \sqrt{(316.8-115)^2 - 32 \times 400 - 160}}{8}$$

$$= 4.4\text{m/s}$$

此速度已超过卷筒直径 1.2m 绞车的最大速度，应选大一级的提升绞车。

选用直径 1.6m 提升绞车，根据 $L=400\text{m}$，$\beta=16°$在图 7-3-21 中求出一次提升串车数约为 8.8 辆，考虑到车场长度限制，取 $n=6$ 辆。按产量要求的提升循环时间为

$$T = \frac{3.6 \times 5.5 \times 6 \times 1000}{1.25 \times 250} = 380.16\text{s}$$

需要的提升速度为

$$v_m = \frac{(380.16-115) - \sqrt{(380.16-115)^2 - 32 \times 400 - 160}}{8}$$

$$= 3.21\text{m/s}$$

在提升绞车样本上（见表 7-3-53）找出相近而较高的速度为 3.4m/s。设计决定选用提升绞车规格如下：

（1）提升绞车型号：JTB1.6×1.2—24；

（2）卷筒直径：1.6m；

（3）卷筒宽度：1.2m；

（4）最大静张力：45kN；

（5）钢丝绳速度：3.4m/s；

（6）钢丝绳直径：24.5mm；

（7）电动机功率：160kW；

（8）电动机转速：990r/min。

验算实际提升能力：按 $v_m=3.4m/s$ 提升循环时间为

$$T=\frac{2L+10}{v_m}+4v_{nm}+115$$

$$=\frac{2\times400+10}{3.4}+4\times3.4+115$$

$$=366.8s$$

考虑到提升不均衡系数 1.25 后的实际提升能力为

$$A_b=\frac{3.6T_bnq}{kT}=\frac{3.6\times5.5\times6\times1000}{1.25\times366.8}=259.1t/班$$

（九）井下提升绞车设备

1. 防爆电控绞车

矿用防爆电控绞车主要用于含有甲烷空气混合物和煤尘等爆炸性气体的矿井中，用作提升煤炭、矸石、升降人员、下放材料、工具和设备等。

矿用防爆电控提升绞车性能见表7—3—52、表7—3—53。

2. 防爆液压绞车

（1）用途：防爆液压绞车主要用于有瓦斯或瓦斯与煤尘突出的煤矿井下，作提升和下放人员及物料之用。

（2）结构特点：防爆液压绞车是将液压传动技术应用于提升机械的一种新型防爆提升绞车。结构紧凑、体积小、占用硐室小、安装费用低，可无级调速，操作简单，电控简单，安全可靠。

（3）技术性能见表7—3—54、表7—3—55和表7—3—56。

3. 双机差动变速防爆绞车

1）KSTB—1.6型双机差动变速防爆绞车

（1）用途：KSTB—1.6型双机差动变速单筒防爆绞车适用于有瓦斯与煤尘爆炸危险的矿井井下作业，是提升和下放煤炭、矸石、设备、材料的理想设备，也可在其他矿山的井下和地面使用。

（2）结构特点：由中国煤炭科学研究院、江西省煤炭科学研究院和国营淮海机械厂共同研制，并获得国家专利证书。其特点是：

①设计新颖、结构简单，满足矿井防爆和调速要求。

②具有五档速度，可在任何一档长期运行。能满足检查钢丝绳、提升设备、绞车道清理、巷道及事故处理等矿井的特殊情况对速度的要求。

表 7-3-52　矿用防爆提升绞车技术性能表

规格型号	载荷(kN) 最大静张力	最大静张力差	卷筒 个数	直径(m)	宽度(m)	两卷筒中心距(m)	容绳量(m) 一层	二层	三层	四层	钢丝绳 直径(mm)	速度(m/s)	电动机 型号	功率(kW)	转速(r/min)	电压(V)	减速比	外形尺寸 L×W×H (m)	转动部分变位质量(kg)	主机质量(kg)
JKB-2/20	45	45	1	2	1.5		306	669	1044		24.5	3.88	JBR0450S-8	185	743	660	20	7.15×6.58×2.82	7670	23629
JKB-2/30	50	50	1	2	1.8		363	800	1260		24.5	3.46	JBR0400L-6	185	992	660	30		8077	23629
	60	60										2.59	JBR0450S-8		743					
JTPB-1.6	45	45	1	1.6	1.2		177	405	645	880	24.5	4.00	JBR0400L-6	185	992	380	20	5.3×4.73×2.5	3631.4	9619
					1.5		230	550	790	1100		3.06	JBR0400M-8	132	740	660		6.17×5.3×2.25	3886.4	11856
												2.45	JBR0400M-10	110	592					
2JTPB-1.6	30	30	2	1.6	0.9	0.978	120	290	430	640	20	4.00	JBR0355M-6	132	990	380	20	6.67×4.73×2.25	3700.4	15160
												3.06	JBR0355S-8	90	740	660				
												2.45	JBR0355S-10	75	590					
JTPB-1.2	30	30	1	1.2	1		133	305	486	660	20	2.50	JBR0315S-6	75	980	380	24	4.92×4.76×2.23	3353.4	7530
												1.84	JBR0315S-8	55	737	660				
2JTPB-1.2	20	20	2	1.2	0.8	0.882	98	235	380	520	20	2.50	JBR0280M-6	55	985	380		5.46×4.76×2.23	3476	8870
												1.84	JBR0280M-8	45	740	660				
JTD-800	25		1	0.8	0.8		400				18.5	1.06	YR250M₁-6 / YB225M-6	30	970	380	42.26	2.32×2.22×1.27		3700
	16												YR225M₂-6 / YB200L₂-6	22				2.22×2.22×2.27×1.37		

注：生产厂：山西机器制造公司。

表7-3-53　矿用防爆提升绞车技术性能表

型号	卷筒 个数	直径(m)	宽度(m)	缠绕层数	容绳量(m)	载荷 最大静张力(kN)	最大静张力差(kN)	钢丝绳 最大直径(mm)	速度(m/s)	速比	电动机 功率(kW)	转速(r/min)	整机质量(kg)	主轴质量(kg)
JTB1.2×1-24	1	1.2	1.0		660	30	20	20	1.84	24	55	737	5880	2010
									2.50	24	75	985		
JTB1.2×1-30									1.50	30	45	735		
									2.00	30	55	985		
JTB1.2×1.2-24			1.2		810				1.84	24	55	737	6150	2270
									2.50	24	75	985		
JTB1.2×1.2-30									1.50	30	45	735		
									2.00	30	55	985		
2JTB1.2×0.8-24	2		0.8		520				1.84	24	45	735	7630	3615
									2.50	24	55	985		
2JTB1.2×0.8-30									1.50	30	37	733		
									2.00	30	45	983		
2JTB1.2×1-24			1.0		660				1.84	24	45	735	8120	4105
									2.50	24	55	986		
2JTB1.2×1-30									1.50	30	37	733		
									2.00	30	45	983		
JTB1.6×1.2-20	1	1.6	1.2	4	880	45	30	24.5	2.45	20	110	593	11650	5471
									3.06	20	132	743		
									4.00	20	185	992		
JTB1.6×1.2-24									2.00	24	90	592		
									2.50	24	110	741		
									3.40	24	160	992		
JTB1.6×1.5-20			1.5		1130				2.45	20	110	593	12150	5896
									3.06	20	132	743		
									4.00	20	185	992		
JTB1.6×1.5-24									2.00	24	90	592		
									2.50	24	110	741		
									3.40	24	160	992		
2JTB1.6×0.9-20	2		0.9		640				2.45	20	90	592	12540	7080
									3.06	20	110	740		
									4.00	20	132	990		
2JTB1.6×0.9-24									2.00	24	75	591		
									2.50	24	90	740		
									3.40	24	110	990		
2JTB1.6×1.2-20			1.2		880				2.45	20	90	592	15020	9550
									3.06	20	110	740		
									4.00	20	132	990		
2JTB1.6×1.2-24									2.00	24	75	591		
									2.50	24	90	740		
									3.40	24	110	990		

续表

型号（规格）	卷筒					载荷		钢丝绳	速度	速比	电动机		整机质量	主轴质量
	个数	直径(m)	宽度(m)	缠绕层数	容绳量(m)	最大静张力(kN)	最大静张力差(kN)	最大直径(mm)	(m/s)		功率(kW)	转速(r/min)	(kg)	(kg)
JTB2×1.5-20	1	1.5		3	930				3.70	20	160	743	18833	8234
JTB2×1.5-30									2.50	30	160	743		
									3.30		185	992		
JTB2×1.8-20		1.8			1125				3.70	20	160	743	19460	9340
JTB2×1.8-30									2.50	30	160	743		
									3.30		185	992		
2JTB2×1-20	2	2.0	1.0	4	585	60	40	26.5	3.70	20	160	743	19680	11180
									5.00		220	992		
2JTB2×1-30									2.50	30	110	741		
									3.30		160	992		
2JTB2×1.25-20			1.25		755				3.70	20	160	743	21560	13130
									5.00		220	992		
2JTB2×1.25-30									2.50	30	110	741		
									3.30		160	992		

注：生产厂：重庆矿山机器厂。

③主、副电动机均采用鼠笼型交流电动机。起动力矩大，调速特性曲线平缓，维修简易。由于采用双机差动结构而有效地解决了鼠笼电动机起动电流的问题。

④取消了传统的起动电阻箱，并在一、二档运行时副电机处在发电状态，大大节省电能。

⑤没有起动电阻箱，结构紧凑。

⑥采用盘形制动，并可实现二级制动。可自动加速和手动加速。操作简便可靠。

⑦简化了电控线路和液压系统，维修方便，造价较低。

（3）技术性能见表7-3-57及表7-3-58。

2）KJY4-A₃型双机差动矿用运输绞车

（1）用途：该产品是为建设和生产需要而开发的新一代矿用隔爆运输绞车，适用于有煤尘、瓦斯的矿井井下施工作业。

（2）结构特点：该绞车采用差动调速、动力换档、液压制动、三档速度；具备综合保护（失压、过载、断相、短路、漏电）功能以及工作状态（深度）显示，故障状态显示，检修状态显示。

该绞车机体为分块组合式结构，体积小，可分解搬动（分解后，最大外形尺寸宽小于1050mm，长小于1900mm）极为简便，适合井下经常"换头"施工，且运行平稳、操作方便、性能灵敏可靠、安全高效。

（3）技术性能见表7-3-59。

表7—3—54　防爆液压提升绞车

型号	卷筒数量(个)	卷筒直径(m)	卷筒宽度(m)	钢丝绳最大静张力(kN)	钢丝绳最大静张力差(kN)	钢丝绳最大直径(mm)	提升速度(m/s)	提升高度一层(m)	提升高度二层(m)	提升高度三层(m)	电动机功率(kW)	电动机电压(V)	最大件尺寸(m)	最大件质量(kg)	单位质量(kg)	外形尺寸 L×W×H(m)
JTY1.2/1B	1	1.2	1.0	30	20(双钩)	20.5	2.5 无极调速	145	335	530	≤90	380/660	φ1.45×2.115	1940	1500	4.7×3.1×2.4
JTY1.2/1.2B	1	1.2	1.2	30	20(双钩)	20.5	2.5 无极调速	174	402	636	≤90	380/660	φ1.45×2.315	2040	1600	4.7×7.3×2.4
JTY1.2/0.8BS	2	1.2	0.8	45	20	20.5	2.5 无极调速	116	263	424	≤75	380/660	φ1.45×3.015	2540	2260	4.7×4.1×2.4
JTY1.2/1BS	2	1.2	1.0	45	20	20.5	2.5 无极调速	146	335	530	≤75	380/660	φ1.45×3.415	2740	2700	4.7×4.5×2.4
JTY1.6/1.2B	1	1.6	1.2	60	30(双钩)	24.5	3 无极调速	175	405	640	≤160	660	1.925×1.0×0.46	1270	2800	5.6×3.5×2.6
JTY1.6/1.5B	1	1.6	1.5	60	30(双钩)	24.5	3 无极调速	273	525	825	≤160	660	1.925×1.0×0.46	1372	3050	5.6×3.8×2.6
JTY1.6/0.9BS	2	1.6	0.9	60	30	24.5	3 无极调速	131	303	480	≤132	660	1.925×1.275×0.96	4391	2900	5.6×4.2×2.6
JTY1.6/1.2BS	2	1.6	1.2	60	30	24.5	3 无极调速	175	405	640	≤132	660	1.925×1.55×0.96	4998	3200	5.6×4.5×2.6
JKY2/1.5B	1	2.0	1.5	90	40(双钩)	26	3 无极调速	280	610	950	≤220	660	2.35×1.17×0.46	2962	4150	6.8×4.0×2.6
JKY2/1.8B	1	2.0	1.8	90	40(双钩)	26	3 无极调速	310	700	1100	≤220	660	2.35×1.17×0.46	3362	4250	6.8×4.5×2.6
JKY2/1BS	2	2.0	1.0	60	40	26	4 无极调速	155	350	570	≤160	660	2.6×1.3×0.46	5958	4500	6.8×4.6×2.6
JKY2/1.3BS	2	2.0	1.3	60	40	26	4 无极调速	200	480	767	≤160	660	2.6×1.3×0.46	6408	5000	6.8×5.0×2.6
JKY2.3/2.3B	1	2.3	2.3	90	40(双钩)	31	3 无极调速	500	1100	1640	≤220	660	2.6×1.3×0.46	4260	7000	7.3×5.2×2.9
JKY2.3/1.5BS	2	2.3	1.5	90	40	26	4 无极调速	300	700	1072	≤200	6000	2.6×1.3×0.46	7650	7500	7.3×5.4×2.9
JKY2.5/2B	1	2.5	2.0	90	55(双钩)	31	4 无极调速	410	870	1340	≤440	660	2.8×1.4×0.46	4500	7600	7.3×4.9×2.9
JKY2.5/2.3B	1	2.5	2.3	90	55(双钩)	31	4 无极调速	480	1012	1551	≤440	660	2.8×1.4×0.46	5084	8000	7.3×5.2×2.9
JKY2.5/2.5B	1	2.5	2.5	90	40(双钩)	26	4 无极调速	600	1300	2000	≤250	660	2.8×1.4×0.46	4084	8300	7.3×5.6×2.9
JKY2.5/2.5B(A)	1	2.5	2.5	90	40(双钩)	26	4 无极调速	500	1100	1700	≤440	6000	2.8×1.4×0.46	5304	8500	7.3×5.6×2.9
JKY2.5/1.2BS	2	2.5	1.2	90	55(双钩)	31	4 无极调速	215	457	743	≤280	660	2.8×1.4×0.46	7962	8600	7.3×4.9×2.9
JKY2.5/1.5BS	2	2.5	1.5	90	55	31	4 无极调速	295	645	1000	≤280	660	2.8×1.4×0.46	8162	9000	7.3×5.4×2.9

注：生产厂：湖南株州煤矿机械厂。

表 7-3-55　防爆液压提升绞车

规格 型号	载荷(kN)		卷筒			容绳量(m)				钢丝绳		电动机				减速比	外形尺寸 L×W×H (m)	转动部分 变位质量 (kg)	主机质量 (kg)
	最大静 张力	最大静 张力差	数量 (个)	直径 (m)	宽度 (m)	一层	二层	三层	四层	直径 (mm)	速度 (m/s)	型号	功率 (kW)	转速 (r/min)	电压 (V)				
JYB-2	60	60	1	2.0	1.5	306	669	1044		24.5	3	YB355M-6	220	992	600	无极调速	6.58×4.5×2.82	6250	23000
JYB-1.6	45	45	1	1.6	1.2	177	405	645	880	24.5	3	JB0355M-6	160	990	660		5.43×3.77×1.26	3020.8	13200
JYB-1.2	30	30	1	1.2	1.0	133	305	486	660	20	2.5	JB0315S-6	90	986	380 660		4.93×3.16×1.05	2433.5	7850

注：生产厂：山西机器制造公司。

表 7-3-56　防爆液压提升绞车

规格 型号	载荷(kN)		卷筒			容绳量(m)	钢丝绳			减速比	电机功率 (kW)	额定工作 油压 (MPa)	质量 (kg)
	最大静 张力	最大静 张力差	数量 (个)	直径 (m)	宽度 (m)		直径 (mm)	速度 (m/s)	钢丝绳总破断力 (kN)				
JKBY-2	60	60	1	2.0	1.5	1000	26	0~3	439.5	28.4	160	32	21500

注：生产厂：焦作矿山机器厂。

表 7-3-57

顺序	项　　目			单　位	数　据
1	型　　号				KSTB-1.6
2	卷筒尺寸		个　数	个	1
			直　径	mm	1600
			宽　度	mm	1200
3	最大荷载		静张力	kN	45
			静张力差	kN	45
4	钢丝绳		最大速度	m/s	2.45
			直　径	mm	24.5
			钢丝破断力	kN	345
5	最大提升长度			m	880
6	电源电压			V	660
7	总功率			kW	75+55
8	安装尺寸			m	4×4×1.9（长×宽×高）
9	总重量			t	15
生产厂家				淮海机械厂	

表 7-3-58　KSTB-1.6型变速绞车各档速度及功率

档　位	1	2	3	4	5
牵引速度（m/s）	0.28	0.82	1.36	1.90	2.45
所需功率（kW）	14.5	42.6	70.6	98.6	127.0

表 7-3-59　KJY4-A$_3$型双机差动矿用运输绞车技术性能表

型　号	额定牵引力（kN）	额定绳速（m/min）			钢绳直径（mm）	容绳量（m）	卷筒尺寸直径×宽度（mm）
		高　速	中　速	低　速			
KJY4-A$_3$	40	112.6	60.9	9.2	21.5	714	φ550×688

型　号	电　机			电　压（V）	外形尺寸长×宽×高（mm）	质　量（kg）	生产厂家
	型　号	功　率（kW）	转　速（r/min）				
KJY4-A$_3$	YB225M-4	45×2	1480	380/660	3253×1890×1375	5132	上海市川建105工程公司机械厂

第四节　采区掘进煤的处理

随着综掘机械的推广应用，采区掘进煤运输已成为井下运输的重要组成部分，它直接影响巷道掘进速度。根据掘进煤的运输方式不同可分为一般处理方式和混入回采煤流处理方式两种型式。

一、一般处理方式

这种方式一般用于中、小型矿井，采区掘进矸石相对较多的矿井或者采区采用矿车运煤的矿井。这种矿井大巷一般采用矿车运输煤，采区掘进煤也采用 1t 系列、1.5t 系列或与大巷运输同类型的矿车运输，在井巷工作面配有装煤（岩）机装车，掘进煤由工作面、顺槽、上下山或直接从顺槽或上下山至水平运输大巷。

一般处理方式的优点是运输设备投资省、井巷工作面所需材料、设备可采用与煤炭同类型的容器运输，运输车辆单一，利于调配，溜眼及联络巷道工程量省。其缺点是掘进煤运输环节多、设备运量小、所需运输车辆多，且往往因空车不能及时供应而影响掘进速度。因此，一般处理方式多用于中、小型矿井或者大巷采用 1t 系列或 1.5t 系列矿车运煤的矿井。

二、混入回采煤流处理方式

这种方式一般用于大、中型矿井，尤其对开采厚及中厚煤层的大、中型矿井更为适宜。由于各矿井条件不同，掘进煤与回采煤流系统的混合方式也不同，一般可分为在采区混合和在井底混合两大类。其中在采区与回采煤流系统混合能及早地解决掘进煤的运输问题，条件允许时应优先采用。

掘进煤在采区与回采煤流混合的处理方式，根据采区煤层条件、巷道布置等方式不同，又分为如下几种方式：

第一种是矿车运输方式，即掘进煤利用矿车运输，在顺槽口翻入或自卸入采区溜煤眼、经溜煤眼溜至上、下山或大巷带式输送机上，有时也直接翻入或卸入采区煤仓内，实现与回采煤流的混合。这种方式由于矿车卸煤要求有一定的高差，因此多适用于近距离煤层群联合布置的采区或厚煤层开采的采区。采用连续采煤机掘巷的矿井，采用梭车运煤时，掘进煤可利用梭车卸入回采煤流系统。

第二种是普通可伸缩带式输送机运输方式。即将可伸缩带式输送机布置在掘进巷道的一侧，用于煤炭运输，输送机机头与上、下山带式输送机或大巷带式输送机搭接，直接将掘进煤混入回采煤流系统。掘进巷道的另一侧则铺设轨道，采用普通矿车、卡轨车、齿轮车或单轨吊运送掘进用材料、设备。这种方式一般适应于采用掘进机掘巷的综掘井巷工作面。

第三种是双向可伸缩带式输送机运输方式。双向可伸缩带式输送机是近几年新研制开发的运输设备，见表 7－3－60，它利用上带运送掘进煤炭，下带运送支护材料，同时解决了长距离掘进煤炭及材料运输问题。该种输送机是在普通可伸缩输送机的基础上增加了底带上料装置和卸料装置，底带布置成 V 型时（如 SJ－600A 型、SJ－800A 型）可运送松散材料及直长材料，底带布置成平型时（如 SSGJ－800/2×40B 型）可运送拱型支架或直长材料，上料或卸料采用人工操作。一般将输送机布置在巷道一侧，另一侧仍需布置轨道，主要用于较重掘

表 7—3—60　掘进带式输送机

型号	适应条件	运输能力(t/h)	运距(m)	运速(m/s)	胶带种类	胶带带宽(mm)	贮装长度(m)	电动机型号	电动机功率(kW)	电压(V)	机头部外形尺寸 长×宽×高(mm)	重量(kg)	厂家
SSGJ—800/2×40B	综掘面双向运输	200	1000	0.785 1.57		800×4 (3+1)	50 100		2×40	660	1297×1443	101000	徐州矿山设备制造二厂
SJ—800A	综掘面双向运输	400	600	2	SDSB —40	800×3 (3+1)	50 100		2×40	380/ 660	4000×1961×1443	55290	徐州矿山设备制造二厂
SJ—650A型	综掘面双向运输	100	1000	1.63	DSB —40	650×5 (3+1.5)	50		40	660	3210×1776×1350	68000	徐州矿山设备制造二厂
SSJ650/40	综掘面运煤	100	1000	1.6		650	100	DS$_2$B	40	380/ 660	4142×1919×1460	59000	原平起重运输机厂
SSL800/2×40	综掘面运煤	400	800	2		800	50	DS$_2$	2×40	380/ 660	4230×1961×1443	45000	原平起重运输机厂

表 7—3—61　掘进带式转载机

型号	转载能力(m³/h)	机头可转角度(°)	最小曲率半径(m)	允许岩石最大块度(mm)	胶带宽度(mm)	胶带速度(m/s)	滚筒型号	直径(mm)	电动机功率(kW)	电压(V)	外形尺寸 长×宽×高(mm)	适用范围	重量(t)	生产厂家
JZP—100	100	±5	30	350×350	650	1.25	BYD	500	10	660/ 380	1870×1500×1650	断面 6m² 以上	5	哈尔滨煤机厂
ZP—1	120	±15	12	400×400	700	1.17		480	7.5	660/ 380	11500×1344×2080	断面 8m² 以上	2.5	浙江长兴煤机厂

进设备的运输。上料部距机头一般约 30～50m，卸料部距机尾端约 15～20m。采用该种带式输送机使材料运输不因巷道底板起伏不平而增加掘进材料运输设备，使掘进材料的运送更加方便，因此应积极推广应用。

掘进煤在采区与回采煤流混合运输有以下优点：

（1）采用矿车运煤时，每个掘进头备有专用矿车、不因矿车供应影响掘进速度，矿车周转快、运输环节少、运输距离短。

（2）井下运输简单，大巷只拉矸石车，编组调度单一。

（3）井底车场运输系统简单，只有大吨位矿车或矸石车、线路布置简单，工程量省、调车时间短，通过能力大。

（4）掘进煤在采区处理后，运输系统简单，减少了运输环节，给快速掘进提供了条件。

（5）节省井底翻车机操作人员，取消了翻车机可降低煤尘，净化井下空气。

综掘配套设备见表 7－3－60、表 7－3－61。

除了掘进煤可混入回采煤流系统外，半煤岩巷掘进的煤和矸石，有条件时可汇入回采煤流系统。

第四章 井 下 辅 助 运 输

第一节 辅 助 运 输 方 式

一、概 述

1. 辅助运输概念

井下辅助运输是指人员、设备、辅助材料和矸石的运输，相对于"主运输"即煤炭运输而言，称为辅助运输。

运输过程中，若所运输的设备、材料、矸石等货物，需由一种容器或车辆转装至另一种容器或车辆上运输，称为换装。例如：单轨吊与轨道运输设备的转运、普通矿车与卡轨车的转运等，均称为换装。运输过程中，若不需改变承载车辆或容器，只改变牵引设备，称为转载或倒运。例如：矿车由机车牵引改为由绞车牵引或由多台绞车接力牵引等，即称为转载或倒运。

2. 辅助运输的特点

（1）货物品种多样，有重型设备、长材料、松散物品、液体材料、危险品及人员等，使辅助运输车辆、容器的规格、性能不一。

（2）运输量小，工作量大。虽然辅助运输量占井下运输量的比例不大（有资料表明某些矿区占10％左右），但由于其货物品种多、运输环节多、使用地点多，使辅助运输的工作量大，占用人员多。

（3）货流不均衡。辅助运输难以维持一衡定运输量持续运输，而是具有间断性特点。如人员运输，多集中在交接班时间；回采工作面搬家则集中在回采面接替的一段时间内。

（4）运输线路复杂、分支多。由于煤层赋存条件不同，为满足开采需要，井下巷道尤其是采区巷道多具有起伏不一、坡度不一、环境差、分支多的特点。

（5）货物重量向重型化发展。随着采煤机械化程度的提高，重型设备（如液压支架）在井下应用越来越广，运输最大件所占比例加大，对辅助运输设备的性能、质量提出了新的要求。

（6）具有双向运输的特点，即设备、材料、人员等所运货物，既需向井下作业地点运输，又需由井下作业地点运往井底或地面。

3. 辅助运输方式的分类

按照动力源不同，辅助运输方式可分为牵引式和自行式两大类，如图7－4－1。

牵引式是指牵引设备安装在某一固定地点，通过钢丝绳向设备车辆传递动力的方式。如绳牵引单轨吊、绳牵引卡轨车等，均由固定绞车牵引，即为牵引式。

自行式是指牵引设备直接安装在设备车辆上，通过齿轮或液压系统传递动力的方式。如

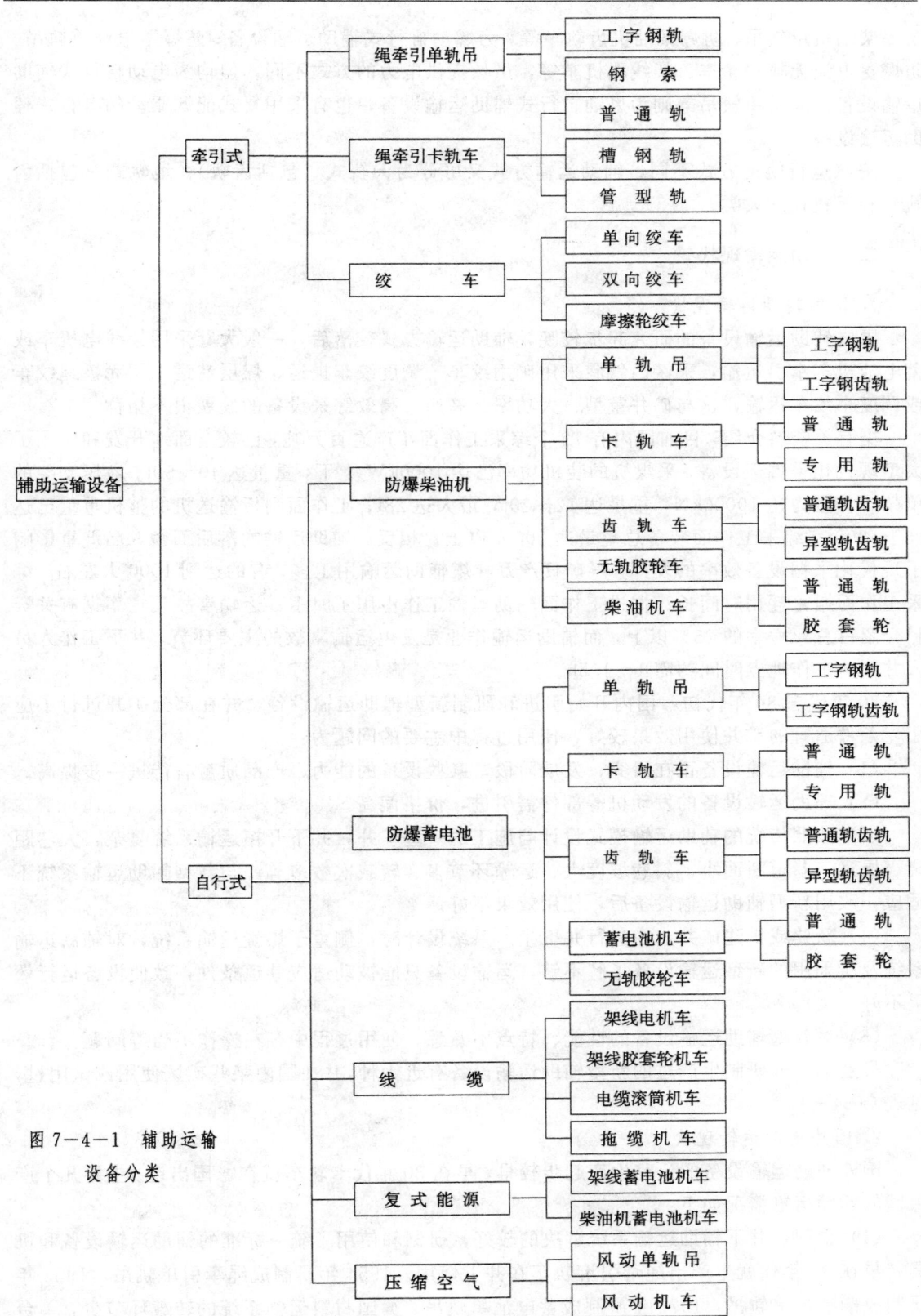

图 7—4—1　辅助运输
　　　设备分类

防爆柴油机单轨吊、防爆柴油机齿轨车等，为燃动自行式辅助运输设备；防爆蓄电池单轨吊、防爆蓄电池无轨胶轮车、架线电机车等，虽然提供电力的方式不同，但均为电动自行式辅助运输设备。风动单轨吊等则为风动自行式辅助运输设备，也有采用复式能源驱动的自行式辅助运输设备。

按照运行轨道方式不同，辅助运输方式又可分为天轨式（包括齿轨）、地轨式（包括齿轨）和无轨式三大类。

二、辅助运输现状

1. 国内辅助运输现状

国内辅助运输设备的研究起步较晚，辅助运输方式较落后，一般大巷采用架线电机车或蓄电池机车牵引运输，采区内斜巷采用矿用绞车、调度绞车提运，煤层巷道采用无极绳绞车或调度小绞车运输，这与矿井重型、大功率、高产、高效综采设备的发展很不相称。

据有关资料介绍，目前国内有 72 个综采工作面年产逾百万吨，已较全面地开发和应用了大型现代化采掘运设备。采煤机的装机功率已达 1000kW 上下，重量达 40～50t；液压支架的单架工作阻力达 10000kN，重量达 12～20t，最大达 28t；工作面刮板输送机的整机重量已达 150～200t；综采工作面装备总重量达 2000t 以上。相反，辅助运输的落后面貌，已严重影响了现代化采掘设备效率的发挥，煤矿日产万吨煤辅助运输用工多，有的达到 1000 人左右，综采工作面搬家耗用时间长；掘进工作面辅助运输工作占用工时多；运输事故死亡率据有关资料介绍占总死亡率的 25% 以上，而辅助运输作业是发生运输事故的主要环节。井下工作人员入井到达工作地点时间约需 1～1.5h。

70 年代末 80 年代初，国内开始引进和研制新型辅助运输设备，并在部分矿井进行了应用，条件适宜的矿井使用效果较好，使用过程中主要的问题为：

（1）辅助运输设备正在研究、发展阶段，某些设备的能力、产品质量有待进一步提高。

（2）辅助运输设备的发动机等部件需引进，价格偏高。

（3）按照传统的辅助运输模式设计与施工的一些矿井，井下开拓运输系统复杂，大巷距离煤层远、巷道断面小、斜巷坡度大、运输环节多、转载次数多等，与新型辅助运输系统不适应，改用新型辅助运输设备后，使用效果不好。

（4）新建或扩建矿井，在进行井下生产系统设计时，侧重于煤炭运输系统，对辅助运输系统及所采用的新型运输设备了解不够，运输设备只能被动适应巷道条件，致使设备运行效果不好。

（5）对新型辅助运输设备的性能、特点不熟悉，使用过程中存在操作不当等问题。

目前国内外研制生产过的新型辅助运输设备有近十种，并在国内某些矿区使用或试用过，见表 7—4—1。

2. 国外辅助运输现状

国外辅助运输设备的研究生产起步较早，早在 30 年代卡轨车就在德国出现。主要几个产煤国的辅助运输概况如下：

（1）德国：井下辅助运输系统解决的较好，研制和使用了统一标准的辅助运输设备和机具。早在 30 年代就生产出绳牵引卡轨车在井下使用。1954 年研制成绳牵引单轨吊，1963 年研制成柴油机单轨吊，1976 年研制成蓄电池单轨吊。德国材料运输系统的转载环节少，单台

表 7-4-1　新型辅助运输设备种类及使用或试用地点

设备类型	设备名称	使用或试用地点
单轨吊	绳牵引单轨吊	晋城局古书院矿、平顶山局十二矿、新密局裴沟矿
	柴油机单轨吊	潞安局漳村矿、潞安局常村矿、汾西局水峪矿、兖州局南屯矿、开滦局唐山矿、开滦局荆各庄矿
	蓄电池单轨吊	平顶山局一矿、平顶山局七矿
卡轨车	绳牵引卡轨车	潞安局石圪节矿、潞安局常村矿、霍州局白龙矿、兖州局兴隆庄矿、兖州局南屯矿、邢台局东庞矿、峰峰局万年矿、大屯公司姚桥矿
	柴油机卡轨车	
齿轨卡轨车	柴油机齿轨卡轨车（可带胶套轮）	潞安局王庄矿、潞安局石圪节矿、晋城局凤凰山矿、兖州局鲍店矿、兖州局济宁二号井、平顶山局一矿
胶套轮机车	柴油机胶套轮机车	兖州局北宿矿
	蓄电池胶套轮机车	
无轨胶轮车	柴油机无轨胶轮车	神府公司大柳塔矿、鸡西局小恒山矿、兖州局济宁三号井、大同局云岗矿、潞安局漳村矿
	蓄电池无轨胶轮车	

设备运输距离长。前联邦德国 1984 年拥有材料运输设备专用车约 4400 台，单轨吊 1695 台（其中柴油机牵引的 345 台）、卡轨车 247 台（其中柴油机牵引的 17 台）、无轨胶轮车 10 台。机车主要用于大巷，单轨吊和卡轨车主要用于采区，采区外使用的只占 7%。

前联邦德国 80%～90% 的井下材料由单轨吊和卡轨车运输，且单轨吊使用较多，原因是煤矿数目占前联邦德国煤矿总数 2/3 的鲁尔矿区，煤层底板不稳定，底鼓严重，在该区单轨吊占 95%，卡轨车仅占 5%，主要用于工作面搬家。下井材料一般采用捆扎或集装箱运输。

德国煤矿特别重视井下人员运输，人员运输的特点是充分利用运煤和运送材料的设备，采用混合的人员运输系统。运人设备中，轨道人车最多，人车速度从 8km/h 增加到 28km/h，最快达 40km/h。采用单车乘坐 12～24 人的列车可一次将 200 人运至工作地点。带式输送机运人也发展较快，1985 年双向运人带式输送机总长度约 130km，单机长度达 4km。

（2）英国：从 60 年代着手解决辅助运输机械化问题，辅助运输的特点是充分发挥井下已有辅助运输设备的潜力。大巷采用高速柴油机车，上山采用无极绳绞车、齿轨车或卡轨车，顺槽采用无极绳绞车或胶套轮机车。1982～1983 年绳牵引的辅助运输设备占 80%，机车占 7%。1985 年英国由于 33% 的工作面至井口的距离超过 5km，因此开始重视发展高速运人车辆。英国带式输送机运人也发展较快。1979 年英国煤炭局规定禁止使用单轨吊运人。

（3）美国和澳大利亚：这两个国家是使用无轨胶轮车较多的国家。巷道多采用锚杆支护，支护材料相对较少。煤层多为近水平和缓斜煤层，底板条件一般较好，有的矿井基本实现了无轨化运输，有一系列的无轨运输定型产品。在长壁工作面采煤法推广后，又成功地开发出几种用于长壁工作面生产的无轨设备，例如支架铲车、支架回收车、支架运输车、采煤机运输车等，短时间内完成支架整体搬运和综采工作面设备安装。

（4）前苏联：辅助运输以有轨运输为主，大巷采用机车运输，斜巷用索道架空运输。井下辅助运输量约占煤炭运输量的 10%，但辅助运输的劳动量占井下总劳动量的 30%～40%，因辅助运输迫使工作面的停工率达 17%。近十几年开始重视发展辅助运输，先后研制出绳牵引单轨吊和柴油机单轨吊。带式输送机运人及无轨运输也有一定发展，人员运输主要靠有轨运输。

（5）捷克：50 年代末开始解决辅助运输机械化问题。大部分矿井为中斜煤层，煤层倾角一般不大于 25°，矿井走向长度短，巷道系统复杂，交叉多、转弯多、底板底鼓严重，一般不宜采用地轨设备运输，因此，捷克井下辅助运输多采用柴油机单轨吊，目前该国约有 2000 台单轨吊在井下运行。

第二节　辅助运输方式选择

一、辅助运输的要求和规定

（一）一般要求

（1）辅助运输系统设计，应满足如下要求：减少辅助运输环节及多次倒运；减少辅助运输人员，提高运输效率。

（2）当矿井采用平硐或副井采用斜井、采区上下山沿煤层布置且倾角适宜时，宜从井筒至井底车场、大巷、采区上下山至回采工作面顺槽实行连续运输。

（3）当大巷、采区上下山沿煤层布置且倾角适宜时，从井底车场至大巷、采区上下山至回采工作面顺槽宜实行连续运输。

（4）采区上下山沿煤层布置且倾角适宜，采区上下山和回采工作面顺槽宜组成连续运输系统。

（5）辅助运输设备的选择应能满足辅助运输人员、物料、运距等的要求；应适应巷道倾角变化。

（6）煤巷及半煤岩巷的煤和矸石，有条件时可汇入回采煤流系统；岩巷掘进的矸石，有条件时，可在井下处理。

（7）辅助运输车辆的选择，应根据运输方式，运送的材料和设备的类型确定。应配备运输各种材料、设备的专用容器、集装箱及人车。

（二）《煤矿安全规程》（2001 年版）的有关规定

第一百七十三条：在煤（岩）与瓦斯突出的矿井和瓦斯喷出区域中，进风的主要运输巷道和回风巷道内使用矿用防爆特殊型蓄电池电机车或矿用防爆型柴油机车时，蓄电池电机车必须设置车载式甲烷断电仪或便携式甲烷检测报警仪，柴油机车必须设置便携式甲烷检测报警仪。当瓦斯浓度超过 0.5% 时，必须停止机车运行。

第三百四十七条：在瓦斯矿井中使用蓄电池及防爆柴油机车运输的规定：

（1）高瓦斯矿井进风（全风压通风）的主要运输巷道内，应使用矿用防爆特殊型蓄电池机车或矿用防爆柴油机车。

（2）掘进的岩石巷道中，可使用矿用防爆特殊型蓄电池机车或矿用防爆柴油机车。

（3）瓦斯矿井的主要回风巷和采区进、回风巷内，应使用矿用防爆特殊型蓄电池电机车或矿用防爆柴油机车。

（4）在煤（岩）与瓦斯突出矿井和瓦斯喷出区域中，如果在全风压通风的主要风巷内使用机车运输，必须使用矿用防爆特殊型蓄电池机车或矿用防爆柴油机车。

第三百五十条：采用矿用防爆型柴油动力装置时，应遵守下列规定：

（1）排气口的排气温度不得超过70℃及其表面温度不得超过150℃；

（2）排出的各种有害气体被巷道风流稀释后，其浓度必须符合本规程第一百条的规定；

（3）各部件不得用铝合金制造，使用的非金属材料应具有阻燃和抗静电性能。油箱及管路必须用不燃性材料制造。油箱的最大容量不得超过8h的用油量；

（4）燃油的闪点应高于70℃；

（5）必须配置适宜的灭火器。

第三百七十六条：单轨吊、卡轨车、齿轨车和胶套轮机车的运行坡度、运行速度和载荷重量不得超过设计规定的数值，胶套轮材料和钢轨的摩擦系数不得小于0.4。设备最突出部分与巷道之间以及对开列车最突出部分之间的间隙，必须符合本规程第二十二条和第二十三条的规定。

第三百七十七条：卡轨车、齿轨车和胶套轮机车运行的轨道，应采用不小于22kg/m的钢轨。轨道的铺设质量应符合本规程第三百五十三条的规定。

第三百七十八条：单轨吊、卡轨车、齿轨车和胶套轮机车的牵引机车和驱动绞车，应具有可靠的制动系统，其性能应满足以下要求：

（1）保险制动和停车制动的制动力应为额定牵引力的1.5～2倍；

（2）必须设有既可手动又能自动的保险闸。保险闸应具备以下性能：

①运行速度超过额定速度15%时能自动施闸；

②施闸的空动时间不大于0.7s；

③在最大载荷最大坡度上以最大设计速度向下运行时，制动距离应不超过相当于在这一速度下6s的行程；

④在最小载荷最大坡度上向上运行时，制动减速度不大于5m/s²。

（3）保险制动和停车制动装置，应设计成失效安全型。

第三百七十九条：在单轨吊车、卡轨车、齿轨车和胶套轮机车的牵引机车或头车上，必须装设车灯和喇叭，列车的尾部设有红灯。在钢丝绳牵引的单轨吊车和卡轨车的运输系统内，必须备有列车司机与牵引绞车司机联络用的信号和通信装置。

二、辅助运输方式选择

1. 架空式与落地式的选择

架空式运输方式主要指单轨吊车，落地式指有轨及无轨运输方式。架空式运输的最大优点是对巷道底板无特殊要求，在有底鼓现象或软底板巷道中，宜选择架空式辅助运输。落地式运输最大的优点是承载能力大，对巷道支架无特殊要求，运行安全可靠。因此，在需要重载运输的矿井中，只要底板条件允许，应先考虑采用落地式辅助运输方式。

2. 牵引方式与牵引动力的选择

牵引方式分为绞车牵引和机车牵引。牵引动力主要有电动、燃动及风动三类。

架线电机车为电动机牵引的运输方式，是大巷辅助运输的常用牵引方式，其缺点是不能直接入采区。防爆蓄电池机车营运费用较高，硐室及巷道工程量大，运距及牵引力要受蓄电池容量所限。

以防爆柴油机车为动力牵引的运输方式，在国外已使用较长时间，近年来在国内也已开始推广使用。实践证明，以柴油机为动力的运输方式具有机动灵活、经济、安全等优点。其缺点是有废气污染，对矿井通风有较高要求。有噪音，柴油在井下贮、运安全性差。

我国已于1984年12月研制成功第一台防爆低污染型柴油机，对在井下推广使用以柴油机为动力的国产辅助运输设备创造了条件。因此，只要矿井通风满足要求，采用柴油机为牵引动力的辅助运输设备，在技术上与经济上均是可行的。

绞车牵引的辅助运输方式突出的优点是牵引力大、爬坡能力强，无需克服机车的自身重量，能量利用率高。缺点是不能进入分支岔道，故不能满足多点直达运输的要求，常需转载，且运距受限，绳轮多、维修工作量大，初期投资高。因此，一般只用在采区上下山，对于巷道倾角较小，有条件实现多点直达运输的矿井则更不宜选用。

风动辅助运输设备国外已有使用，主要用在井巷工作面作为调度车使用，因风管软管敷设距离有限，不宜作为长距离运行的辅助运输设备使用。

3．运行方式的选择

运行方式分为有轨和无轨运行方式两类。煤矿井下运输多以有轨运输为主，其优点是车辆沿固定线路运行，可靠性高，易于驾驶，巷道断面较采用无轨设备小，但近年来无轨运输呈上升趋势，国内神华集团大柳塔等矿井、兖矿集团济宁三号矿井就较成功地使用了无轨运输设备。无轨运输车辆的车身一般为铰接，故可在起伏不平的巷道中自由行驶，且转弯半径小，机动灵活，运料容器采用插装式，可方便快速更换，其运输品种不限，可实现一机多用。但无轨车辆一般车体较宽，行驶中的安全间隙较有轨车辆大，必要时又要考虑错车、维修、加油、存放等硐室，故井巷工程量增大，投资增高。无轨运输对巷道底板路面也有一定要求。对于煤层埋藏较浅，倾角小，采用平硐或小角度斜井开拓的近水平煤层矿井，应优先采用无轨运输。对于煤层埋藏较深的立井开拓矿井，只要煤层赋存条件适宜，巷道围岩条件具备、路面处理简单，也可考虑采用无轨运输系统。

4．有轨机车类型选择

钢丝绳牵引卡轨车对巷道起伏适应性强，爬坡能力强，能够以较高的速度，安全可靠的运载单重较大的设备，但灵活性差且运距受限，因此，较多地用于坡度大、运距短、弯道少的巷道中搬运整体重型设备，例如采区上下山运输。

柴油机卡轨车可以比较机动灵活地进出分支巷道，但其机身自重大，牵引力小，爬坡能力差，一般选在不超过8°的斜巷中使用。

齿轨机车系统可适用巷道的起伏性较强。近些年有些生产厂家将齿轨轮、卡轨轮、胶套轮等车辆轮系合为一体，扩展了其运行的范围，因此对开采缓斜及近水平煤层，采用盘区布置的大型矿井，条件允许时应优先考虑选用。

单轨吊的最大吊运单体重量取决于单轨强度、吊挂单轨的可靠程度及巷道坡度。机车运输过程的紧急制动对悬挂点的冲击力较大，对巷道支架、顶梁或锚杆支护的可靠性要求较高。因此单轨吊的最大单件载重量不宜超过15t。

胶套轮机车是靠机车本身自重与胶轮的粘着力牵引和制动的，在上下坡时直接受机车自重的制约，再加上普通钢轨轨面较窄，胶轮比压有限，因此这种机车只适应于在5°以下的斜巷中使用，特别适合于起伏坡度不大的近水平煤层巷道。但是，由于胶套磨损严重，尚难负担重型设备运输，目前也只有小功率的柴油机或蓄电池机车。

5. 轨道系统选择

国内外有轨辅助运输轨道系统品种较多,规格不一,主要有用于架空(单轨吊)运输的工字钢轨和用于地轨运输的槽钢轨、异型轨、普通轨及齿轨。其中工字钢轨、槽钢轨和异型轨的横截面利于车辆的卡固作用。在地轨运输中,由于目前井下多采用普通轨道,轨道道岔也已形成较完整的系列,各类运输车辆轮系也均按普通轨设计,因此若局部地点采用槽钢轨或异型轨,轨道系统不统一,需增加换装环节。近些年来国内某些厂家已成功地生产了适应于普通轨的辅助运输车辆,在轨道两侧或中间加设护轨,以增加其运行的可靠性和安全性,这对统一井下轨道型式、减少换装环节有积极的作用,但缺点是增加了钢材消耗量和投资,也增加了铺轨难度。齿轨轨道是铺设在其他轨道中间的附加轨,主要用于提高机车的牵引力和制动力,作为齿轨轮牵引和制动的受力对象,对齿轨铺设质量和固定的可靠性要求较高。

因此,在进行矿井辅助运输轨道系统设计时,应统筹分析矿井辅助运输的各个环节,以减少换装次数为原则,结合所选用的辅助运输设备类型,合理选择。

三、辅助运输系统设计

矿井辅助运输系统设计是辅助运输选择是否合理的重要一环,在确定矿井开拓方式、大巷位置选择、巷道布置、支护形式时就应统筹考虑辅助运输系统的合理性。应综合矿井煤层赋存条件、地质构造、矿井装备方式、煤炭运输方式等因素,合理选择辅助运输系统。

矿井辅助运输系统设计主要考虑下列因素:

1. 煤层赋存条件

煤层赋存条件是确定矿井辅助运输方式的客观因素,一般开采近水平煤层或缓斜煤层的矿井,宜选用新型辅助运输设备。浅埋近水平或缓斜煤层矿井的开拓设计要为采用从地面至井下一条龙不换装不转载辅助运输创造条件。倾斜煤层及急斜煤层矿井,一般宜选择传统辅助运输设备或者在局部适宜地点选用新型辅助运输设备。中厚及厚煤层矿井,宜选择新型辅助运输设备;薄煤层矿井,一般不宜选择新型辅助运输设备。断层及熔岩陷落柱发育的矿井,若联络斜巷多、斜巷倾角大、岩巷工程量大,一般不宜采用新型辅助运输设备。

2. 巷道坡度与转弯半径

各类辅助运输设备所能适应的巷道坡度,除了与设备类型有关外,还与设备功率及动力传动方式有关。一般说来,设备在短距离内可爬行较大坡度,但设计一般不应选取设备铭牌中的极限爬坡角度。各类设备在发热、制动等条件允许的条件下,重载持续最大爬坡能力目前尚无可靠数据可循。

不同类型的辅助运输设备所适应的巷道参数可参考表7-4-2的有关数据选取。选取巷道坡度时,小功率设备取下限,较大功率的设备取上限。在巷道施工设计阶段,还应与设备生产厂家一起,根据设备的承运量及最大件重量,最终核定巷道参数。

3. 辅助运输系统和主运输方式的关系

辅助运输方式选择应与井下大巷主运输方式统筹考虑,本着减少辅助运输转载、换装环节、缩短辅助运输时间、减少辅助运输设备总台数等原则选取。

1) 井下大巷主运输方式采用矿车运输时辅助运输方式选择

井下煤炭采用矿车运输时,一般设有水平运输大巷,牵引机车一般为架线电机车或蓄电池机车。井底车场、大巷辅助运输宜采用与主运输同类型的机车牵引,采区内可选用新型辅助运输设备，选择原则如下：

（1）近水平煤层采区，巷道无底鼓现象时，可选择普通轨防爆柴油机或蓄电池胶套轮齿轨车或防爆柴油机卡轨车、无轨胶轮车，在采区口设材料车场，一般不设换装站；巷道有底鼓现象时，可选择柴油机或蓄电池单轨吊，在采区口设材料换装站。以防爆柴油机为动力时，还应在采区口设柴油机加油维修间，若各采区距井底较近，也可在井底设集中加油维修间。

表 7-4-2　不同辅助运输设备适应的巷道倾角与转弯半径

设备名称	设备铭牌中最大爬坡角度（°）	设计参考选用最大角度（°）	最小转弯半径（m）	
			水平	垂直
普通电机车	2～3	1	12～15	20
胶套轮机车	5～7	3～5	7～10	10～20
蓄电池单轨吊	18	12	4	7～10
柴油机单轨吊	18	12	4	8～10
绳牵引单轨吊	25～45	18～25	4～6	8～12
柴油机卡轨车	8～10	8（增粘）	4～6	10～20
无极绳摩擦牵引卡轨车	25	18	4～9	15
缠绕式绞车牵引卡轨车	45	25	4～9	15
柴油机齿轨卡轨车	18	8～12	8～10	15～20
无轨胶轮车	14	6～8	4～6	50

（2）缓斜煤层采区，倾角小于 12°且大巷位于煤层中或距离煤层较近时选择原则同（1）；倾角大于 12°或大巷距离煤层较远，无底鼓现象时，可选用无极绳摩擦方式牵引的普通轨卡轨车，在采区口设材料车场，不设换装站。有底鼓现象时，可采用绳牵引单轨吊，在采区口设材料换装站。绞车牵引的卡轨车或单轨吊还应设绞车房。

（3）倾斜煤层采区，无底鼓现象时，可选用缠绕式绞车牵引的卡轨车，有底鼓现象时，可选用绳牵引单轨吊。在采区口设材料换装站及牵引绞车房。

2）井下大巷主运输方式采用带式输送机运输时辅助运输方式选择

大巷采用带式输送机运煤时，带式输送机大巷一般沿煤层布置，辅助运输大巷有水平布置的，也有沿煤层布置的。

辅助运输大巷水平布置时，大巷辅助运输可选用柴油机胶套轮机车、柴油机齿轨机车、无轨胶轮车或架线电机车。采区辅助运输应尽量选择与大巷同类型的辅助运输设备，或选择不需在采区车场换装或换装次数少的辅助运输设备。

辅助运输大巷沿煤层布置时，运输系统的选择一般应遵循如下原则：

（1）大巷起伏倾角小于 5°且巷道无底鼓现象时，大巷辅助运输可选用柴油机胶套轮机车或柴油机胶套轮齿轨车；底板较坚硬，巷道底板比压大于 0.1～0.25MPa 且巷道无淋水时，可选用无轨胶轮车。巷道有底鼓现象，可选用柴油机单轨吊。

（2）大巷起伏倾角大于 5°小于 12°时，当巷道无底鼓现象，大巷辅助运输可选用柴油机齿轨车或普通轨柴油机卡轨车或齿轨卡轨车，当巷道有底鼓现象，可选用柴油机单轨吊或绳牵引单轨吊。

（3）采区辅助运输一般应选择与大巷同类型的辅助运输设备及不换装或自带换装吊卸机具的设备。

4. 工作面装备水平及整体搬运设备的重量

辅助运输系统设计应与矿井总体装备水平相适应，一般以综合机械化采煤为主的矿井，宜选用新型辅助运输设备；以高档普采为主的矿井，视煤层条件，可选用新型辅助运输设备，也可选用传统辅助运输设备；以普采为主的中小型矿井一般应选用传统辅助运输设备。

辅助运输系统设计还应充分考虑液压支架整体搬运的可能性，以尽量缩短综采工作面的搬家时间为原则。普采、高档普采、综合机械化采煤工作面设备总质量应统计计算得出，作为选择辅助运输方式及辅助运输设备计算的依据，估算时一般可参考表 7-4-3 的数据选取。

表 7-4-3　回采工作面设备总质量

工作面类别	主　要　设　备	设备总质量 （t）	最大件质量 （t）
普　采	金属摩擦支柱，金属铰接顶梁，单滚筒采煤机，小型可弯刮板输送机	130～200	2.0
高档普采	单体液压支柱，金属铰接顶梁，单、双滚筒采煤机，中小型可弯刮板输送机	200～300	4.0
综　采	液压支架，双滚筒采煤机，大型可弯刮板输送机	2000～5000	18.0

5. 辅助运输设备的自身因素

辅助运输设备自身因素是指设备的牵引能力、重载爬坡能力及设备列车的自身质量。一般设备功率越大，承运及爬坡能力就越大。

6. 轨道系统

进行辅助运输系统设计时，应尽量选择各类辅助运输设备通用的地轨轨道系统，地轨轨道系统主要有普通轨系统（在坡道增设护轨）、槽钢轨系统及异型轨系统。选择时以运行可靠、不换装或尽量减少换装次数为原则。

四、改扩建矿井辅助运输系统设计

改扩建矿井辅助运输系统设计的原则与新建矿井辅助运输系统设计的原则基本相同，设计时应结合老井的特点合理选择。改扩建矿井辅助运输系统的设计主要考虑如下因素：

（1）合理选择系统的重新构成和环节的衔接。

（2）应充分合理地利用已有设施，一般不因扩建区辅助运输系统的设置而刷大可利用的井筒、井底车场、主要运输大巷等。

（3）结合矿井现有生产区的井筒提升方式、大巷运输方式、巷道断面、巷道坡度等，合理选择扩建区的开拓系统、巷道断面、巷道坡度，使之与扩建区的辅助运输系统相适应。

（4）当生产区条件适宜，可与扩建区构成统一辅助运输系统时，应改造生产区，形成从生产区至扩建区的不换装辅助运输系统。

（5）当生产区条件不宜与扩建区构成统一辅助运输系统时，可在扩建区建立与生产区类型不同的辅助运输系统。在系统衔接地点，设置必要的转载、换装设施。

（6）扩建区煤层赋存条件、地质条件不宜采用单轨吊、卡轨车、齿轨车、无轨胶轮车等新型辅助运输系统时，应采用架线电机车、绞车等辅助运输方式，并考虑与生产区辅助运输系统的配套。

五、辅助运输系统设计举例

以山西晋城矿务局潘庄矿井一号井为例。

1. 矿井概况

晋城矿务局潘庄矿井位于山西省晋城市沁水县，跨沁水县的端氏、嘉峰两镇。矿井设计生产能力为 6.00Mt/a，以沁河为界将井田东西向分为潘庄一号井和潘庄二号井，生产能力各为 3.00Mt/a，先建设一号井。

井田主要含煤地层为石炭系上统太原组及二叠系下统山西组，可采煤层有四层，即：山西组的 3 号煤层、太原组的 5 号、9 号和 15 号煤层。3 号煤为前期主要可采煤层，为中灰～低灰、低硫、高发热量之优质无烟煤。可采煤层特征见表 7—4—4。

表 7—4—4　可 采 煤 层 特 征 表

煤层编号	煤层厚度（m）最小～最大 平均	煤层间距（m）最小～最大 平均	可采程度	顶底板岩性	
				顶　板	底　板
3	$\dfrac{5.04\sim7.16}{6.11}$	$\dfrac{3.57\sim27.06}{13.18}$	全区可采	泥　岩粉 砂 岩砂质泥岩	粉 砂 岩泥　岩
5	$\dfrac{0.00\sim1.30}{0.63}$	$\dfrac{19.24\sim52.94}{35.77}$	局部可采	粉 砂 岩泥　岩石 灰 岩	粉 砂 岩泥　岩
9	$\dfrac{0.32\sim1.90}{1.00}$		局部可采	泥　岩粉 砂 岩砂质泥岩	泥　岩粉 砂 岩
15	$\dfrac{0.30\sim6.17}{3.21}$	$\dfrac{30.45\sim53.28}{40.04}$	大部可采	泥　岩含钙泥岩	泥　岩

井田内主要以宽缓的褶曲构造为主，断裂构造及熔岩陷落柱不发育，煤层倾角平缓，一般为 3°～7°，局部达 11°～15°。矿井为高瓦斯，3 号煤层瓦斯含量为 4.34～25.74ml/g·f；矿井水文地质条件较简单。

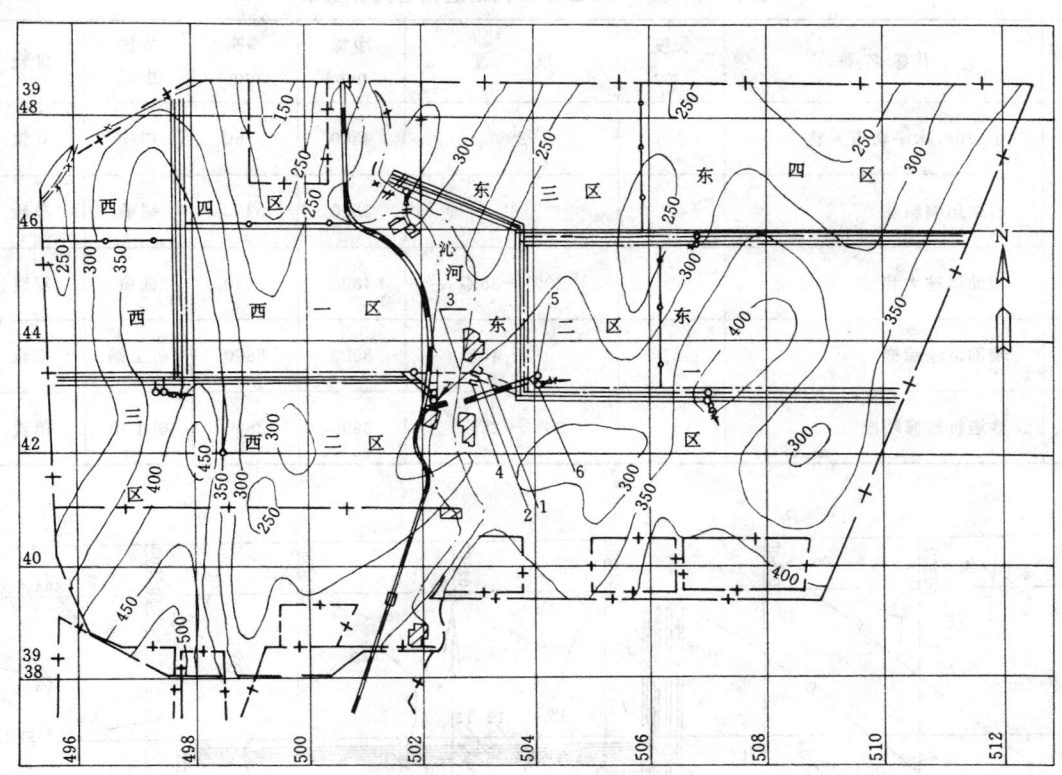

图 7—4—2　潘一井开拓图

1—潘一主斜井；2—潘一副斜井；3—潘二主斜井；4—潘二副斜井；5—潘河进风立井；6—潘河回风立井

潘庄一号井移交时共装备 2 套国产综采设备，分层开采，工作面设计单产为 1.50Mt/a，采用 AM—500 型电牵引采煤机采煤，采用 ZZP4000/17/35 型自动铺联网液压支架支护。

2. 井田开拓

潘庄一号井采用斜井开拓方式。主斜井倾角 16°，斜长 1090.4m，净宽 4.9m；副斜井倾角 20°，斜长 896.5m，净宽 4.6m。井筒落底后，沿东西向布置 2 组大巷，沿南北向布置 1 组大巷，每组大巷共 4 条，其中 2 条进风 2 条回风。带式输送机大巷、回风大巷、进风大巷均布置在 3 号煤层中。+270m 水平轨道大巷布置在 3 号煤层底板岩石中。矿井开拓及采区布置见图 7—4—2 及图 7—4—3。

3. 矿井运输系统

矿井煤炭采用带式输送机运输，由回采面顺槽 SSJ1200/2×250 型可伸缩带式输送机运输至大巷带式输送机上，运抵井底煤仓后，由主斜井钢绳芯强力带式输送机提至地面。掘进煤由可伸缩带式输送机运输，在井下与回采煤流系统汇合。

矿井辅助运输系统为：由副斜井将设备、材料下放至井底车场，由齿轨机车牵引经+270m 水平轨道大巷、辅助运输斜巷、辅助运输大巷、辅助运输顺槽运至回采工作面。掘进面所需的材料、设备也由+270m 水平轨道大巷、辅助运输斜巷、辅助运输大巷及联络巷运至各掘进工作面。矿井辅助运输系统见图 7—4—4，辅助运输线路参数见表 7—4—5 及表 7—4—6。

表7-4-5   一号工作面辅助运输巷道参数表

次序	井巷名称	长度(m)	坡 度	净宽(mm)	净高(mm)	支护形式	铺轨
1	+270m水平轨道大巷	255	3‰	4800	3750	锚喷	双轨
2	辅助运输斜巷	450	8°	3500	3250	锚喷	单轨
3	辅助运输大巷	400	20‰～35‰	4800	3600	锚喷	双轨
4	辅助运输顺槽	1370	10‰～40‰	3990	2800	矿工钢	双轨
5	输送机检修顺槽	1370	20‰～25‰	3990	2800	矿工钢	单轨

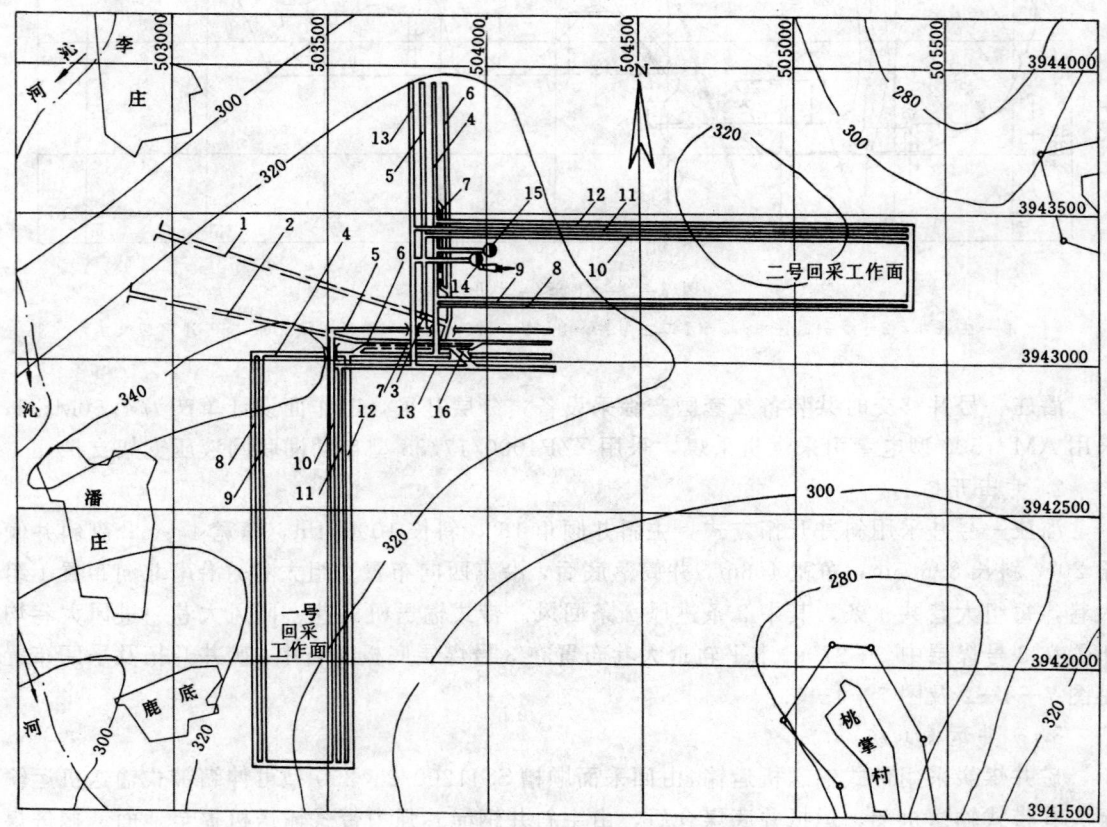

图7-4-3   潘一井采区巷道布置图

1—潘一主斜井；2—潘一副斜井；3—井底煤仓；4—辅助运输（进风）大巷；5—带式输送机（回风）大巷；6—+270m水平轨道大巷；7—辅助运输斜巷；8—进风顺槽；9—辅助运输顺槽；10—带式输送机顺槽；11—回风顺槽；12—检修顺槽；13—回风大巷；14—潘河回风立井；15—潘河进风立井；16—齿轨车加油检修间

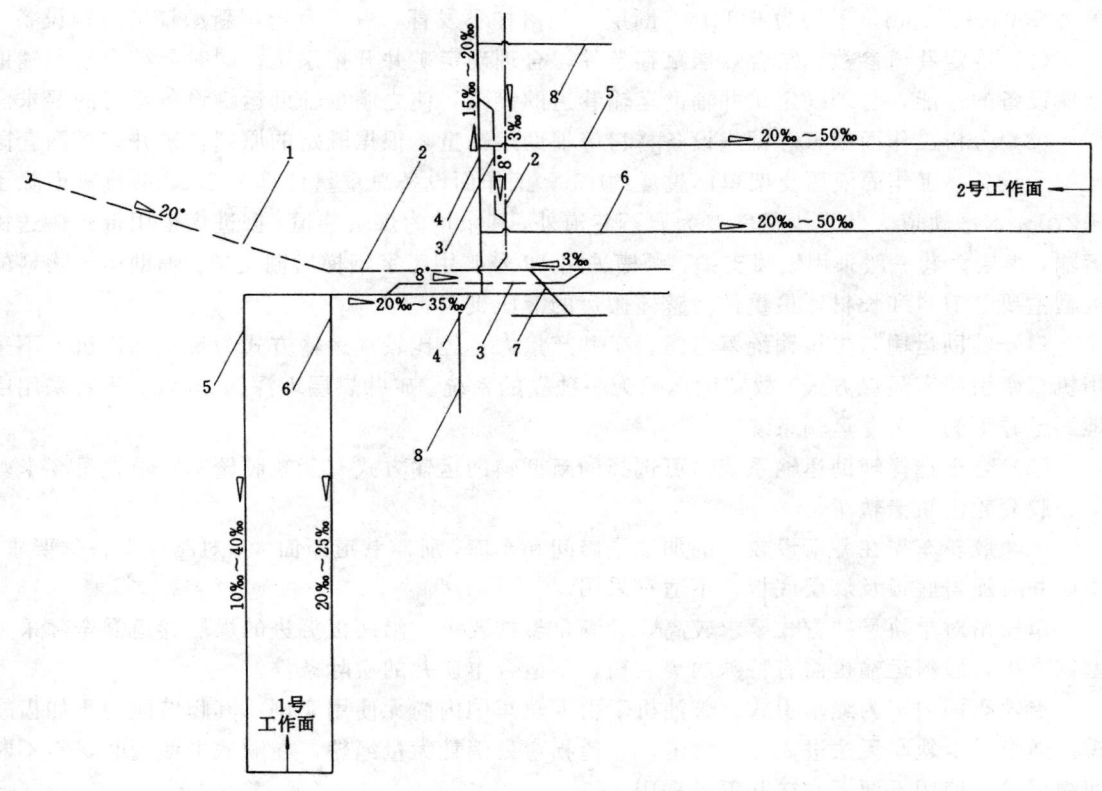

图 7—4—4 潘一井辅助运输系统图

1—潘一副斜井；2—+270m 水平轨道大巷；3—辅助运输斜巷；

4—辅助运输（进风）大巷；5—辅助运输顺槽；6—带式输送机检修顺槽；7—齿轨机车加油维修间；8—掘进头

表 7—4—6 二号工作面辅助运输巷道参数表

次序	井巷名称	长度 (m)	坡度	净宽 (mm)	净高 (mm)	支护形式	铺轨
1	+270m 水平轨道大巷	180	3‰	4800	3750	锚喷	双轨
2	辅助运输斜巷	378	8°	3500	3250	锚喷	单轨
3	辅助运输大巷	340	15‰～20‰	4800	3600	锚喷	双轨
4	辅助运输顺槽	1360	20‰～50‰	3990	2800	矿工钢	双轨
5	输送机检修顺槽	1360	20‰～50‰	3990	2800	矿工钢	单轨

4. 潘庄一号井辅助运输系统设计步骤

（1）分析矿井煤层赋存条件。一号井煤层大部区域为近水平，埋深为 260m 左右。煤层厚度为 5.04～7.16m，平均为 6.11m，断层、陷落柱不发育，井下宜选用新型辅助运输设备。

（2）确定巷道参数。结合煤层赋存条件，合理确定矿井开拓系统，同时要结合新型辅助运输设备的性能，合理确定矿井辅助运输巷道的参数，使之满足辅助运输设备运行的要求。

（3）分析工作面搬家、掘进设备材料等辅助运输量。根据既定的原则，矿井装备两套国产综采设备，工作面液压支架单体重量约 15t，工作面设备总重量计算为 2352t。掘进面除了 +270m 水平轨道大巷及少量斜巷为岩石巷道外，其余均为煤层巷道，掘进煤采用带式输送机运输，煤层大巷一般采用锚喷支护，顺槽采用 12 号矿用工字钢梯形棚支护。辅助运输物料的类型主要是散料和长材，最重件为整体搬运的液压支架。

（4）辅助运输与主运输统筹考虑。矿井产量大，经比较主运输方式为带式输送机，不采用机车牵引矿车运煤方式，故辅助运输为一独立的系统。矿井煤层埋深约 260m，不宜采用由地面至井下的一条龙运输系统。

（5）合理选择辅助运输系统。可选择的新型辅助运输方式有无轨胶轮车、单轨吊、卡轨车、胶套轮齿轨卡轨车。

无轨胶轮车需在井下设较大的加油维修间和车库，所需巷道断面大，对路面有特殊要求，本矿井有泥岩底板及煤层底板，不适宜采用。

单轨吊对单轨悬挂方式要求较高，为满足悬挂要求，沿底板掘进的煤层巷道需全部采用型钢支护，散料运输也需有特殊的集装箱，不适合本矿井的实际条件。

卡轨车国内多为绳牵引式，柴油机牵引卡轨车国内尚无使用实例，其爬坡能力不如齿轨车。绳牵引卡轨车无法进入分支岔道，巷道拐弯处消耗大量绳轮，在顺槽中使用时，需不断回缩尾轮，使用不便，本矿井不予采用。

齿轨车机动灵活，具有一定的爬坡能力，胶套轮齿轨卡轨车适应性强，可在水平轨道大巷、斜巷及煤层巷道中连续运行。在辅助运输斜巷铺设齿轨运行，在工作面顺槽利用胶套轮粘着牵引，可满足搬家及材料运输的要求。本矿井拟选用柴油机胶套轮齿轨卡轨车。

（6）合理选择轨道系统。轨道系统选择应考虑各种车辆运行的通行性，潘庄一号井选用普通轨轨道系统。

第三节 单 轨 吊

一、概 述

1. 分 类

根据动力不同单轨吊可分为防爆柴油机单轨吊、防爆蓄电池单轨吊、绳牵引单轨吊和风动单轨吊四种。单轨吊一般由主机、控制室、吊运车辆（梁）、制动车及轨道系统等组成。

2. 单轨吊优缺点

（1）能更有效地利用巷道断面，受底板因素影响小。

（2）具有一定爬坡能力，能适应巷道起伏，弯道半径小，机动灵活。

（3）柴油机或蓄电池牵引的单轨吊可进入多条分支岔道，可实现一条龙不转载运输。

（4）与同功能地轨式运输设备比，初期投资少运行维护费用低。

（5）需要有可靠的悬吊单轨的吊挂承力装置，对顶板岩石强度或支护的要求较高。

（6）绳牵引式不能进入分支岔道，需要大量绳轮，运距一般不宜超过 1500m。

（7）单轨吊与齿轨车及无轨胶轮车比较，运行速度较慢，长距离运输耗用时间长。

（8）柴油机单轨吊机车排气有少量污染和异味。

3. 单轨吊的适应性

（1）适应巷道底鼓较严重或底板条件差的矿井。

（2）适应机械化水平较高、生产效率高、下井人员少的矿井。

（3）对开采稳定性好、厚度大的近水平或缓斜煤层，开拓大巷沿煤层布置，岩巷工程量小的矿井，宜采用单轨吊运输。

（4）采区巷道倾角一般小于 8°，局部不大于 12°，适宜选用柴油机单轨吊，巷道倾角大于 12°，宜选用绳牵引单轨吊。

（5）采区上下山辅助运输选用卡轨车或普通绞车提升时，顺槽也可选用单轨吊，但需增设换装站。

（6）掘进工作面的材料及胶带机的检修材料也可由单轨吊运输。

二、防爆柴油机单轨吊

1. 结构特点

机车以防爆低污染柴油机为动力，通过主泵—制动泵泵站、控制泵泵站，液控单元控制并驱动高速变量马达，经行星减速机构使驱动轮沿轨道辐板旋转实现行走，主要由主司机室、副司机室、主机、驱动部四部分组成。有自动安全制动装置。

2. 列车组成

列车编组为机车和承载车辆（吊运梁）两部分。机车的主、副司机室分挂在列车的首尾。图 7—4—5、图 7—4—6、图 7—4—7 分别为单轨吊运送材料、人员及重型设备（液压支架）的编组图。

3. 主要技术参数

国内外各类防爆柴油机单轨吊的主要技术参数见表 7—4—7 及表 7—4—8。

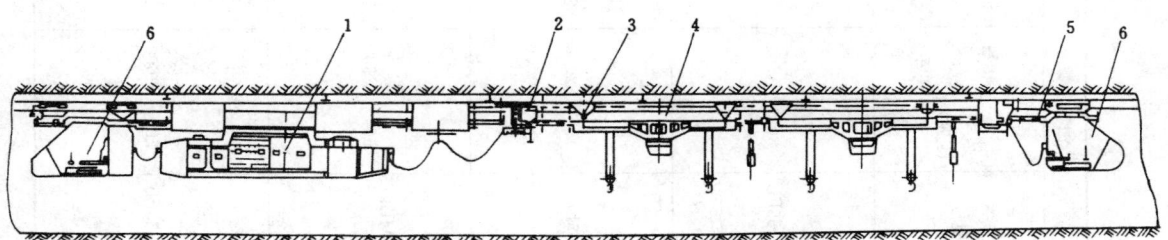

图 7—4—5　单轨吊运送材料编组图

1—机车；2—制动车；3—轨道系统；4—吊运梁；5—拉杆；6—司机室

表 7－4－7　国产柴油机单轨吊机车性能参数

| 型号 | | 柴油机参数 | | | | 机 车 结 构 参 数 | | | | | | 机车性能参数 | | | | | |
	型号	功率 (kW)	转数 (r/min)	油耗 (g/kW·h)	传动形式	制动形式	驱动轮直径 (mm×对数)	曲率半径 水平/垂直 (m)	适用轨型	质量 (kg)	结构特点	外形尺寸 长×宽×高 (mm)	最大牵引力 (kN)	最大制动力 (kN)	最大速度 (m/s)	最大爬坡 (°)	生产厂家或研制单位	备注
FND－40	X4105FB	30	1500	235	机械	1.静压内涨闸 2.钳式弹簧闸	φ400×2	4/18	I 140E	5265	主副机室 司机与主机铰接	8800× 872×1467	24	40.0	2.4	12	河北煤炭研究所	已鉴定
FND－20Y	295FB	15	2000	258	液压	1.液压自锁 2.钳形式蝶闸弹簧闸	φ360×1	4/8	I 140E 或14号工字钢	2430	主副机室 司机与主机螺栓连接	4230× 800×1200	12		1.8	12	河北煤炭研究所	已鉴定
FND－90	MWMD916－6	66	2300	258	液压	1.液压自锁 2.钳形式蝶闸弹簧闸	φ400×3	4/10	I 140E	5900	主副机室 司机与主机铰接	11000× 850×1180	60	90.0	2.0	18	石家庄煤矿机械厂	已鉴定
FND－20G	NJ385FB	20	2600	228	液压	1.液压自锁 2.钳形式蝶闸弹簧闸	φ360×1	4/8	I 140E 或14号工字钢	3000	主副机室与主机铰接 其中一司机室可折叠	5000× 750×1200	20		3.0	12	河北煤炭研究所	

表 7—4—8 国外柴油机单轨吊车机车性能参数

型 号	柴油机参数				机 车 结 构 参 数						机车性能参数				生产厂家
	型 号	功率 (kW)	转数 (r/min)	传动形式	制动形式	驱动轮直径 (mm×对数)	曲率半径水平/垂直 (m)	适用轨型	质量 (kg)	外形尺寸长×宽×高 (mm)	最大牵引力 (kN)	最大制动力 (kN)	最大速度 (m/s)	最大爬坡 (°)	
DZ66—3.1	MWMD—916/6	69	2300	液压	1. 闭式液压系统自锁 2. 弹簧液压踏速动作	$\phi450\times3$	4/10	I 140E	6500	9500×750×1100	65		2	18	德国沙尔夫公司
HL—90H/3—H	MWMD—916/6	69	2300	液压	1. 闭式液压系统自锁 2. 弹簧液压踏速动作	$\phi330\times3$	4/8	I 140E	5980	8150×740×1200	50	90	2	18	德国贝考瑞特公司
DML100—1.140	MWMD—916/6	63.5	2300	液压	1. 闭式液压系统自锁 2. 弹簧液压踏速动作	$\phi440\times2$	4/8	I 140E	5850	7880×900×1350	46		2.24	18	英国贝考瑞特公司
6—810	MWMD—916/6	73.5	2500	液压	1. 闭式液压自锁 2. 绞盘绳拉速动作	$\phi400\times4$	4/7	I 140E	8860	10800×875×1100	88（齿轨时107.5）		3.9	18（齿轨时27）	法国斯特凡努斯公司
4—810	Perkins 4—236	55	2250	液压	1. 闭式液压自锁 2. 绞盘绳拉速动作	$\phi420\times4$	4/7	I 140E	7450	10000×875×1360	75（齿轨时94.5）		3.35	25（齿轨时27）	法国斯特凡努斯公司

续表

型号	柴油机参数			传动形式	制动形式	机车结构参数					机车性能参数				生产厂家
	型号	功率(kW)	转数(r/min)			驱动轮直径(mm×对数)	曲率半径 水平/垂直(m)	适用轨型	质量(kg)	外形尺寸 长×宽×高(mm)	最大牵引力(kN)	最大制动力(kN)	最大速度(m/s)	最大爬坡(°)	
LZH50.3	Zetor7701	50	2200	液压	1. 闭式液压自锁 2. 弹簧液压超速动作	φ350×2	4/8	I 140E 或 I 140	3500	6500×800×1250	40		2	18~25	捷克
LZH50.2	Zetor7001	44	2000	液压	1. 闭式液压自锁 2. 弹簧液压超速动作	φ350×2	4/8	I 140E 或 I 140	3500	6373×800×1250	60		2	18~25	捷克
ЛMB5A	2ч9.5/11(10л2)	14.7	1800	液压	1. 闭式液压自锁 2. 弹簧液压超速动作	φ340×2	3/12	Y16	2300	2900×1000×1400	29.4		3	18	前苏联
2ПMЛ	PB-4	28	1900	液压	1. 闭式液压自锁 2. 弹簧液压超速动作	φ340×2	4.5/10	Y16	3500	5500×1000×1250	34.3		3	20	前苏联
3ПMЛ		57		液压	1. 闭式液压自锁 2. 弹簧液压超速动作	φ340×2	4.5/10	Y16	4500	7000×1050×7000	69		4		前苏联

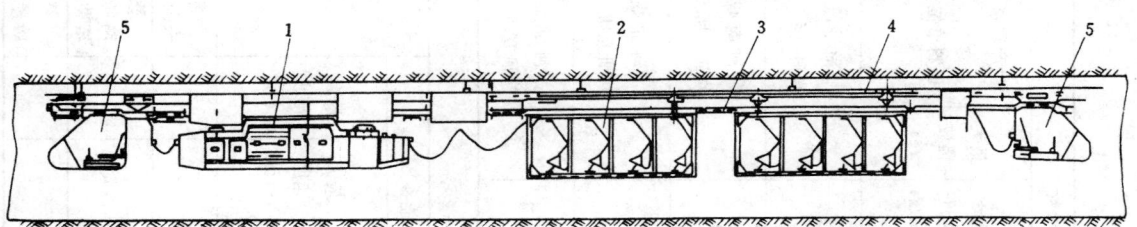

图 7—4—6 单轨吊运送人员编组图

1—机车；2—人车；3—拉杆；4—轨道系统；5—司机室

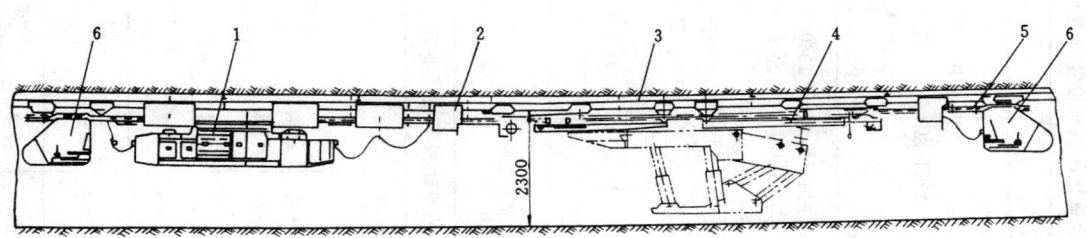

图 7—4—7 单轨吊运送重型设备编组图

1—机车；2—制动车；3—轨道系统；4—吊运梁；5—拉杆；6—司机室

4. 牵引特性及运输能力

表 7—4—9 为 FND—90 单轨吊运输能力表。

表 7—4—9 FND—90 型单轨吊运输能力表

速度（m/s）	坡度 运输能力（包括列车质量）（t）					
	0°	5°	8°	12°	14°	18°
0.55	218.18	55.92	38.76	27.59	24.15	19.39
1.00	120.00	30.76	21.32	15.17	13.28	10.67
1.30	92.31	23.66	16.40	11.67	10.22	8.20
1.50	80.00	20.51	14.21	10.12	8.86	7.11
1.80	66.67	17.09	11.84	8.40	7.38	
2.00	60.00	15.38	10.66	7.59		

表7—4—10　国产蓄电池单轨吊机车性能参数

型号	蓄电池电动机参数			机车结构参数								机车性能参数					
	电压(V)	功率(kW)	蓄电池电容量(Ah)	传动形式	制动形式	驱动轮直径(mm×对数)	曲率半径水平/垂直(m)	适用轨型	质量(kg)	结构特点	外形尺寸长×宽×高(mm)	最大牵引力(kN)	最大制动力(kN)	最大速度(m/s)	最大爬坡(°)	生产厂家或研制单位	备注
TXD-25	120	2×12.5	385	机械	1.液压叙簧 2.钳式簧 3.电阻能耗	φ400×2	4/10	DG15.5	6840	主副司机室与主机铰接	10600×800×1200	32.0	48.0	1.5	12	河北煤炭研究所	已鉴定
TXD-7	45	2×4.5	220	机械	1.工作制动 2.紧急制动 3.安全制动	φ400×2	4/7	14号工字钢	1580	铰接	4550×600×1100	10.3		1.5	12	河南煤炭研究所	已鉴定
CDX-4.8	56	2×2.4	330	机械	1.工作制动 2.紧急制动 3.安全制动	φ400×1	4/10	DG15.5	2500	铰接	4200×900×1100	9.0	13.5	0.7	8	河北煤炭研究所	未鉴定
CDX-15	90	2×7.5	385	机械	1.工作制动 2.紧急制动 3.安全制动	φ400×2	4/10	DG15.5	5400	铰接	10000×900×1200	21.0	31.5	0.8	10	河北煤炭研究所	未鉴定

表7—4—11　国外蓄电池单轨吊车性能参数

型号	蓄电池电动机参数			机车结构参数								机车性能参数				
	电压(V)	功率(kW)	蓄电池电容量(Ah)	传动形式	制动形式	驱动轮直径(mm×对数)	曲率半径水平/垂直(m)	适用轨型	质量(kg)	结构特点	外形尺寸长×宽×高(mm)	最大牵引力(kN)	最大制动力(kN)	最大速度(m/s)	最大爬坡(°)	生产厂家
ZB-43-4-31	108	2×15.5	600	齿轮	弹簧液压	φ450×2	4/10	I 140E	7300	铰接	10900×750×1100	45		2	18	德国沙尔夫公司
HL-40E/1	108	2×19	455	齿轮	弹簧液压	φ350×2	4/10	I 140E	7100	铰接	10200×700×1200	45		2	18	德国贝奥瑞特一鲁塔勒公司
HK-34/2/4	108	2×27	600	齿轮	弹簧液压	φ350×2	4/10	I 140E	7800	铰接	10200×800×1100	45~52		2	18	德国克兰姆普公司

三、防爆蓄电池单轨吊

1. 结构特点

以防爆蓄电池为动力源，直流电机牵引，由控制室、驱动车、电源车、紧急制动车等组成。

2. 主要技术参数

国内外蓄电池单轨吊主要技术参数见表7－4－10、表7－4－11。

3. 牵引特性及运输能力

图7－4－8及图7－4－9为国产TXD－7型及TXD－25型蓄电池单轨吊牵引特性曲线。

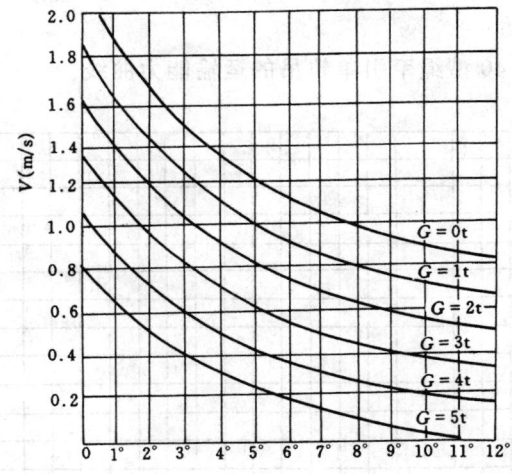

图7－4－8　XTD－7型蓄电池单轨吊牵引特性曲线

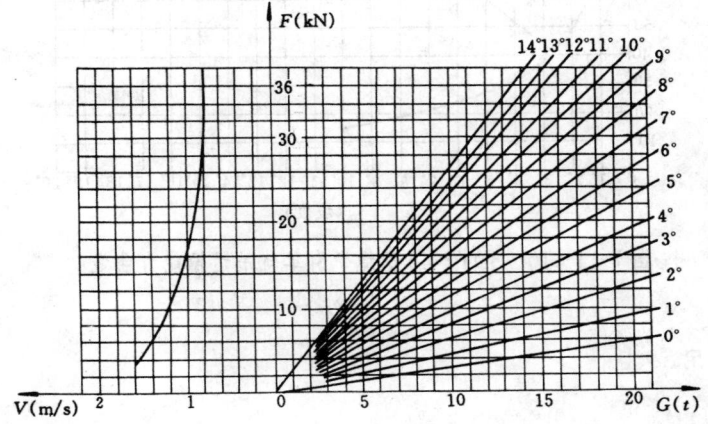

图7－4－9　TXD－25型蓄电池单轨吊牵引特性曲线

四、绳牵引单轨吊

1. 结构特点

采用液压绞车驱动，由钢丝绳牵引牵引储绳车，再由牵引储绳车牵引承载车辆（吊运梁）实现运输。由驱动部和运行部组成，驱动部主要有液压泵站、操纵台、液压绞车等，运行部主要有牵引储绳车、司机室、承载车辆（吊运梁）、安全制动车等。安全制动车在车辆出现超速或其他意外事故时，可自动刹车制动。起吊梁可采用风动或手动起吊。

2. 列车组成

根据运送物料不同，可有不同编组方式。主要有牵引储绳车、承载车（吊运梁）、司机室及安全制动车等组成。

3. 主要技术参数

国内外绳牵引单轨吊的主要技术参数，详见表7—4—12及表7—4—13。

4. 牵引特性及运输能力

图7—4—10为SDY—40型绳牵引单轨吊的运输能力曲线。

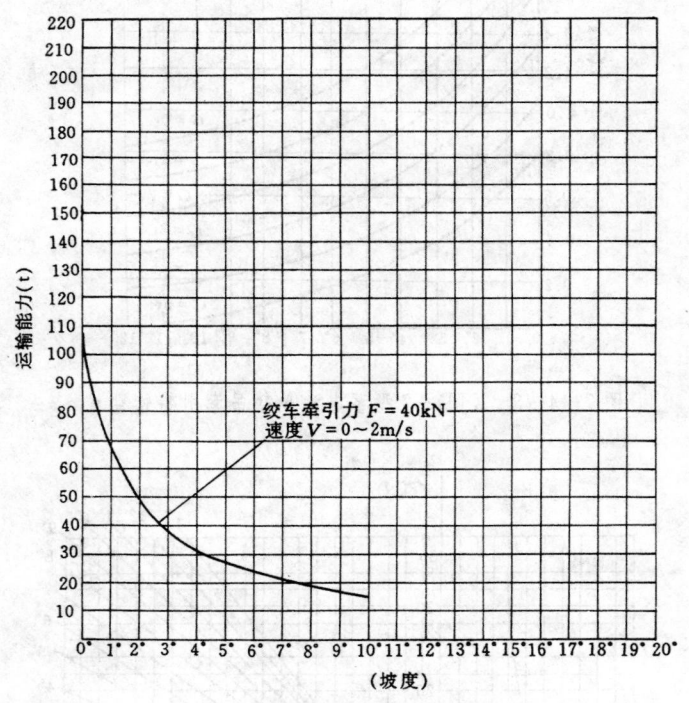

图7—4—10   SDY—40型绳牵引单轨吊运输能力曲线

五、风动单轨吊

1. 结构特点

采用风动马达驱动，有强力分动箱、传动系统、制动系统及行走机构组成。设有消音装置，以减小风动马达噪声。

表7-4-12　国产绳牵引单轨吊性能参数

型号	绞车参数			钢丝绳参数		结构参数			性能参数						生产厂家或研制单位
	型号	功率(kW)	电压(V)	绳径(mm)	最大绳速(m/s)	轨底至牵引中心垂距(mm)	曲率半径水平/垂直(m)	适应轨型	适应巷道最小断面(m²)	最大运距(m)	牵引力(kN)	料车最大装载质量(t)	人车标准乘人数(人)	适应巷道最大倾角(°)	
SDY-40	KBY550-132A	132	1100	21.5	2.0	200	6/10	I 140E	4.6	1000~2000	40	15	10	18	石家庄煤矿机械厂
CDD-140	JW500/33	13	380/660	12.5	0.8	150	4/8	I 140E	4.2	1000	30	2	6	12	河北煤炭研究所

表7-4-13　国外绳牵引单轨吊性能参数

型号	绞车参数		钢丝绳参数		结构参数		性能参数						生产厂家
	功率(kW)	电压(V)	绳径(mm)	最大绳速(m/s)	轨底至牵引中心垂距(mm)	曲率半径水平/垂直(m)	适应巷道最小断面(m²)	最大运距(m)	牵引力(kN)	料车最大装载质量(t)	人车标准乘人数(人)	适应巷道最大倾角(°)	
	66		6~26	2		4/10		3000	30	10		18	德国穆肯普特公司
	160		16~26	2		4/10		3000	60	20		18	德国穆肯普特公司
	110		16~26	2		4/10		3000	45	15		18	德国穆肯普特公司
	330		16~26	2		4/10		3000	90	20		18	德国穆肯普特公司
	66		16~26	2		4/10		3000	30	10		18	德国沙尔夫公司
	110		16~26	2		4/10		3000	45	15		18	德国沙尔夫公司
	330		16~26	2		4/10		3000	90	30		18	德国沙尔夫公司
	37×2		16~26	2		4/10		3000	30	6		18	德国贝卡瑞特公司
ДМКМ	90		16.5	2		4/15		3000	37.5	12	35	35	前苏联
6ДМКу	45		16.5	1.26		4/15		2000	31	8	18	前苏联
МгА	30		16.5	1.7		4/15		1200	18	2.9	12	前苏联
6ДМК	45		15	1.58		4/15		1500	35	6	18	前苏联
8ДМК-4МА	10		12.5	0.9		4/15		1200	12	6	10	前苏联
4ДМК	45		15	1.85		4/15		2000	18	4	10	前苏联
ДМК	22		12.5	0.84		4/15		1200	16	4	10	前苏联

风动单轨吊又称风动调度机车，主要用于井巷工作面附近的安装、材料换装点的短距离运输等。目前国内尚无风动单轨吊产品，德国沙尔夫公司有生产。

2. 主要技术参数

风动单轨吊主要技术参数见表7－4－14。

表7－4－14 沙尔夫公司风动单轨吊主要技术参数

型　　号	功　率 (kW)	牵　引　力 (kN)	运行速度 (m/s)	水平转弯半径 (mm)	耗　风　量 (m³/min)
RK15/9/250/P	2×4.5 (风压0.4MPa时)	15	0－0.6	4000	12

六、单轨吊配套设备

单轨吊主要配套设备见表7－4－15、表7－4－16、表7－4－17、表7－4－18、表7－4－19及表7－4－20。

表7－4－15 AZC/43安全制动车

制动力 (kN)	制动 限速度 (m/s)	下坡制动 减速度 (m/s²)	液压系统 压　力 (MPa)	重量 (t)	外形尺寸 长×宽×高 (mm)	配套单轨吊	生产厂家
43	2.6	1.37	8	0.22	690×426×512	FND－20Y、40、90型	石家庄煤机厂

表7－4－16 DQ系列吊运梁

序号	型　号	起吊 力 (kN)	起吊 速度 (m/s)	提升 高度 (m)	曲率半径 水平/垂直 (m)	外形尺寸 长×宽×高 (mm)	自重 (t)	配套单轨吊	生产厂家
1	DQ－3	30	1.2	0.5	4/10			各种型号单轨吊	石家庄煤机厂
1	DQ－6	60	1.4	1.76	4/10	3790×520×850	0.64	各种型号单轨吊	石家庄煤机厂
2	DQ－12	120	1.6	1.0	4/10	8650×500×480	1.48	各种型号单轨吊	石家庄煤机厂
3	DQ－16	160	1.6	1.0	4/10	9560×500×680	1.60	各种型号单轨吊	河北煤炭研究所

表7－4－17 单轨吊吊挂人车

型　　号	人车排座	外形尺寸 长×宽×高 (mm)	质量 (t)	配套单轨吊	生产厂家
RC－8	4排8座	3434×900×1530	0.57	各种型号单轨吊	石家庄煤矿机械厂
RC－10	5排10座	3750×900×1640	0.80	各种型号单轨吊	河北煤炭研究所

表7-4-18　单 轨 吊 安 装 平 台

平台调整长度范围(mm)	平台承载能力(kg)	主要用途	平台至单轨间距(mm)	吊挂中心距(mm)	平台最大宽(mm)	曲率半径水平/垂直(m)	自重(t)	生产厂家
3700~6300	3000	单轨安装、检修及拆卸	1200	2650	1220	4/8	0.96	河北煤炭研究所

表7-4-19　DY-40型 电 动 吊 车

牵引力(kN)	制动力(kN)	电机功率(kW)	运行速度(m/s)	适用坡度(°)	运行距离(m)	平道载重量(t)	5°坡道载重量(t)	研制单位
4	6.2	2×3	0.47	0~5	70	6	3	河北煤炭研究所

表7-4-20　单 轨 道 岔

道岔型号	活动轨摆角(°)	转撤机型号	转撤机功率(kW)	道岔质量(t)	外形尺寸 长×宽×高(mm)	研制单位
DDK	10.5	DKZZ	0.2	0.45	3200×1120×510	河北煤炭研究所
DDK（YZ)	10.5	DKZZ	0.2	0.53	2500×1680×500	河北煤炭研究所
GBDD	10.5	XZDB	0.2	0.62	3200×1200×530	河北煤炭研究所

七、单轨吊轨道系统

(一) 单 轨

单轨吊单轨主要有直轨、曲轨、连接轨和过渡轨四种，单轨规格及安装应满足下列要求：

(1) 使用专用单轨型材，每节直轨长度不得大于3m，用14号普通工字钢加工的单轨，每节直轨长度不得大于2m。

(2) 弯轨水平曲率半径不得小于4m，每节弧长不得大于2m，弧长超过1.6m时，应在其中点设一吊耳，垂直弯轨曲率半径不得小于10m，每节弧长不得大于3m，弧长超过1.6m的凸轨，应在其中点增设一吊耳。

(3) 同一线路必须使用同型号单轨，道岔单轨要与线路单轨型号一致，单轨接头间隙不得大于3mm，高低和左右允许误差分别为2mm和1mm，接头摆角垂直不得大于7°，水平不得大于3°。

(二) 单轨悬吊装置要求

(1) 要求吊挂单轨的各吊挂点间距偏差不得大于15mm，10组吊挂点间距的累计偏差不得大于30mm。

(2) 吊挂紧固件应使用GB5780M24×80螺栓和GB170M24螺母或10.9级高强度M20×80螺栓和M20螺母。使用前应做不小于150kN集中载荷的抽样试验。

（3）吊环可使用 16Mn 钢或机械性能相当的材料，使用前应做不小于 150kN 集中载荷的抽样试验。

（4）吊环链可选用符合 GB/T12718—91 标准的 φ18×64 规格的高强度圆环链，使用前应做不小于 150kN 集中载荷的抽样试验。

（5）当采用锚杆悬吊时，每个单轨吊挂点需有双锚杆吊挂，要求单根锚杆锚固力不得小于 90kN，安装单轨前要对每根锚杆进行预定 54kN 锚固力的集中载荷试验。锚杆的托板必须紧贴巷壁，应用机械或力矩扳手拧紧，锚杆露出长度不得小于 100mm，悬挂单轨的两条圆环链夹角应在 30°～60°之间。

（6）采用矿工钢梯形棚支护时，可用顶梁或在顶梁间加小短梁等方式悬挂单轨，支架间应设纵向拉杆，其悬挂点做 90kN 预定集中载荷试验时，顶梁不得产生塑性变形，顶梁与小短梁的连接不得产生松脱或破坏变形，整组支架应能可靠支承围岩压力。

（7）采用 U 型可缩性金属支架支护时，可用支架顶梁悬挂单轨，支架间应设纵向拉杆，在悬挂点做 90kN 预定集中载荷试验，试验过程中支架不得失去可缩性和产生塑性变形，应能可靠支承围岩压力。

（8）采用料石或混凝土墙金属横梁支护时，可用横梁悬挂单轨，要求梁每端的搭接长度不小于 50mm，两端高差不大于 20mm，梁墙连接处应固定密实，对悬挂点做 90kN 预定集中载荷试验时，钢梁及墙不得产生塑性变形。

（三）悬吊装置的布置方式

采用型钢支护的巷道，悬吊装置与顶梁一般均有固定的卡具连接。卡具的型式多样，一般由设备生产厂家供货。

矿工钢梯形棚支护巷道，悬吊装置有两种布置方式，一种是卡具直接固定在顶梁上，如图 7—4—11，另一种是卡具固定在顶梁间的小短梁上，布置方式如图 7—4—12。

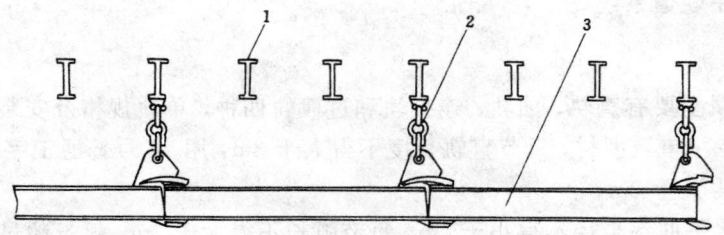

图 7—4—11 顶梁悬挂方式

1—梯形棚顶梁；2—悬挂链；3—单轨

矿工钢梯形支架顶梁受力时，在不发生塑性变形破坏的条件下，将发生弯曲变形，如图 7—4—13，所以不仅要求顶梁有足够的强度，还要求其有足够的刚度，故应计算顶梁的最大挠度，悬挂点位于顶梁中间时挠度最大，计算方法如式（7—4—1）。

$$y_{max} = \frac{Fl^3}{48EI_x}$$
（7—4—1）

式中 y_{max}——最大挠度，mm；

F——悬挂点最大集中载荷，kN；

l——顶梁净长度，mm；

E——弹性模量，kN/mm^2（钢材一般为 $171\sim216kN/mm^2$）；

I_x——中性轴 x 的断面惯性矩，mm^4。

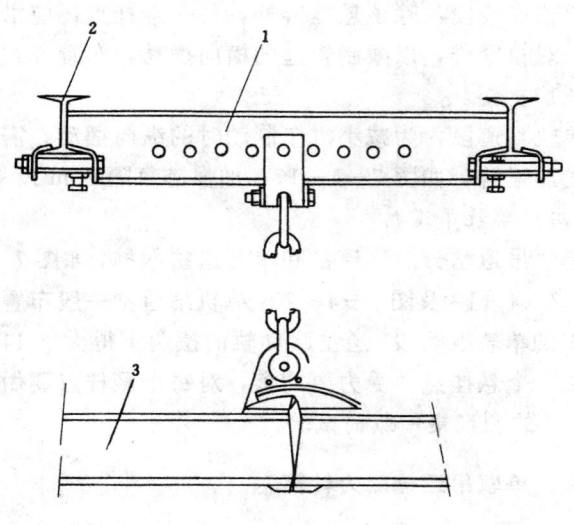

图 7—4—12　小短梁悬挂方式

1—小短梁；2—梯形棚顶梁；3—单轨

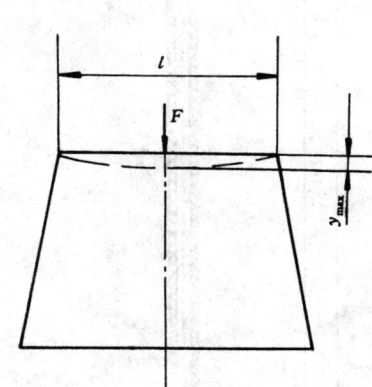

图 7—4—13　顶梁弯曲示意图

目前，对梯形金属支架顶梁的许用挠度 $[y]$，尚无明确规定，但在确定单轨吊悬挂高度时应考虑 y_{max} 值。在选择 F 值时，除了列车的重量外，还应考虑巷道顶板压力。

U 型可缩性金属支架支护巷道，当单轨中心线偏离巷中较小时，可采用单链悬挂，当单

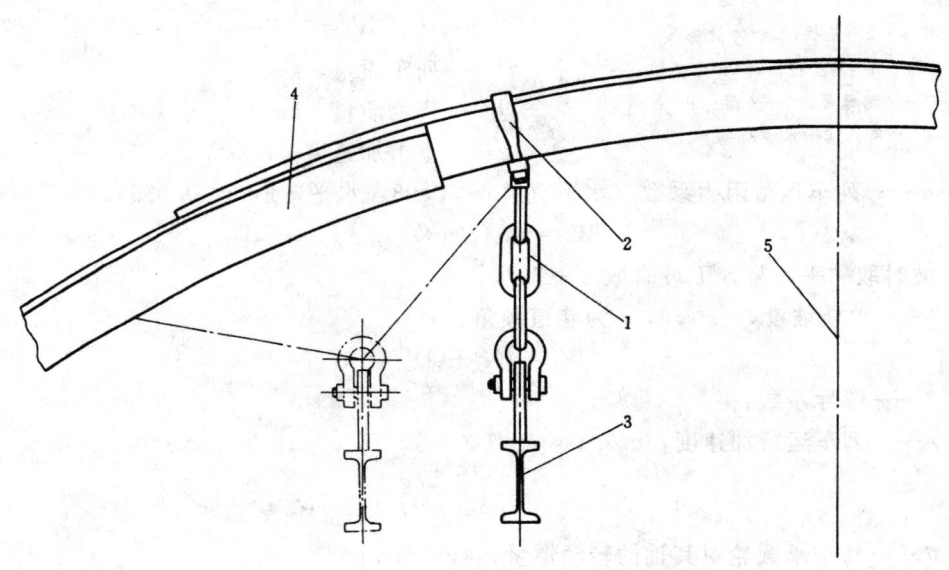

图 7—4—14　U 型钢悬挂方式

1—悬挂链；2—卡具；3—单轨；4—U 型钢；5—巷道中心线

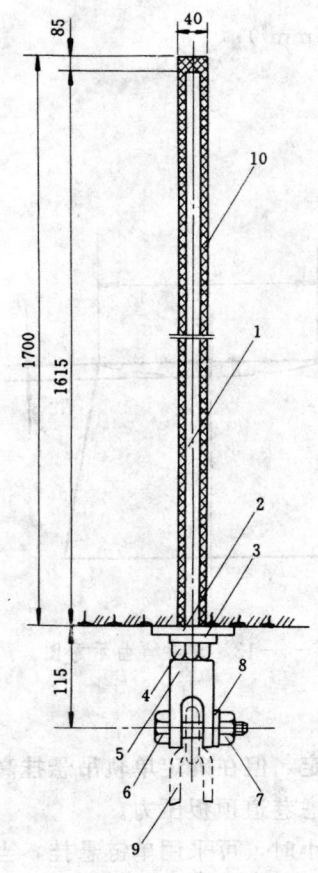

图 7－4－15 悬吊用锚杆图
1—杆体；2—垫板；3—弹簧垫圈；
4—螺母；5—悬挂接头；6—悬挂轴
销；7—紧固螺母；8—垫圈；9—悬
挂链；10—水泥药包

轨中心线偏离巷中较大时，应采用双链悬挂，布置方式如图 7－4－14。

采用锚杆悬挂单轨，锚杆型式如图 7－4－15。

单轨曲线段，除了悬挂链外，每一悬挂点还应沿径向增设一对拉紧链，以限制轨道的横向摆动，布置方式如图 7－4－16。

单轨直道段，为减小机车制动时的纵向摆动，需沿纵向增设加强链，如图 7－4－17，加强链每隔 30m 设一组。

（四）单轨吊道岔

单轨吊道岔分对称道岔和单开道岔两种，如图 7－4－18、图 7－4－19 及图 7－4－20。单轨吊道岔一般布置在不大于 5° 的单轨线路段。道岔活动轨的摆角不得大于 11°。道岔框架 4 个悬挂点的受力要均衡，对每个悬挂点要做不小于 90kN 的预定集中载荷试验。

八、单轨吊运输能力计算

1. 列车牵引能力理论计算

列车在牵引状态时，机车的牵引力 F（单位 N）与列车的静阻力和惯性力是平衡的，即：

$$F=W_o+W_i+W_a \tag{7-4-2}$$

式中 W_o——基本阻力，N；

W_i——坡道阻力，N；

W_a——惯性力，N。

$$W_o=(P+Q)g \cdot \omega \tag{7-4-3}$$

式中 P——列车质量，kg；

Q——货物质量，kg；

g——重力加速度，m/s²；

ω——列车运行阻力系数（水平直道 $\omega < 0.03$，水平弯道 $\omega < 0.055$）。

$$W_i=\pm(P+Q)g \cdot i \tag{7-4-4}$$

上坡时取"＋"号，下坡时取"－"号；

式中 i——单轨坡度，$i=\mathrm{tg}\alpha$，α 为巷道倾角。

$$W_a=(P+Q)\gamma \cdot a \tag{7-4-5}$$

式中 γ——惯性系数；

a——列车运行加速度，m/s²。

$$\gamma=1+\frac{4Jg}{R^2 G_c} \tag{7-4-6}$$

式中 J——每个承载轮对其轴的转动惯量，kg·m²；

R——承载轮半径，m；

G_c——承载物体（包括吊运梁）质量，kg。

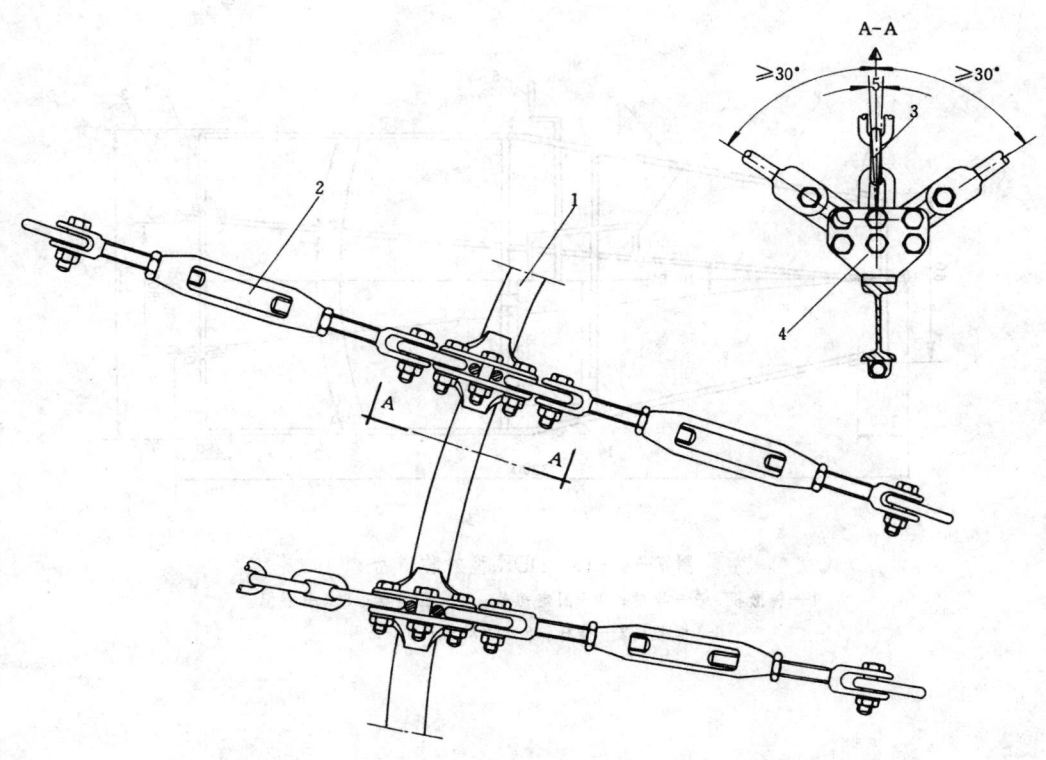

图 7-4-16　拉紧链悬挂方式
1—单轨；2—拉紧螺栓；3—悬挂链；4—连接装置

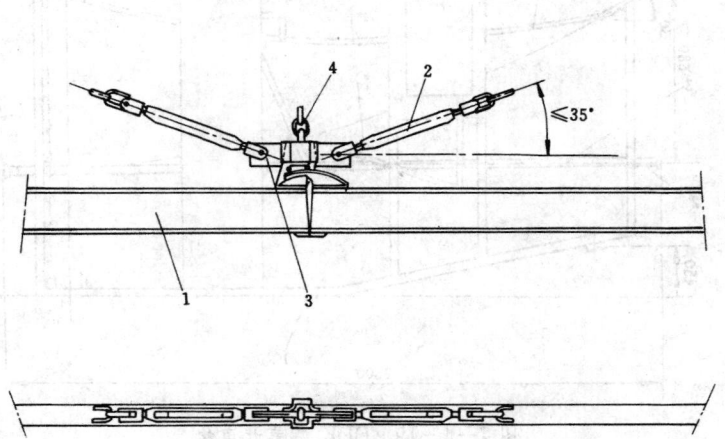

图 7-4-17　加强链悬挂方式
1—单轨；2—拉紧螺栓；3—平衡器；4—悬挂链

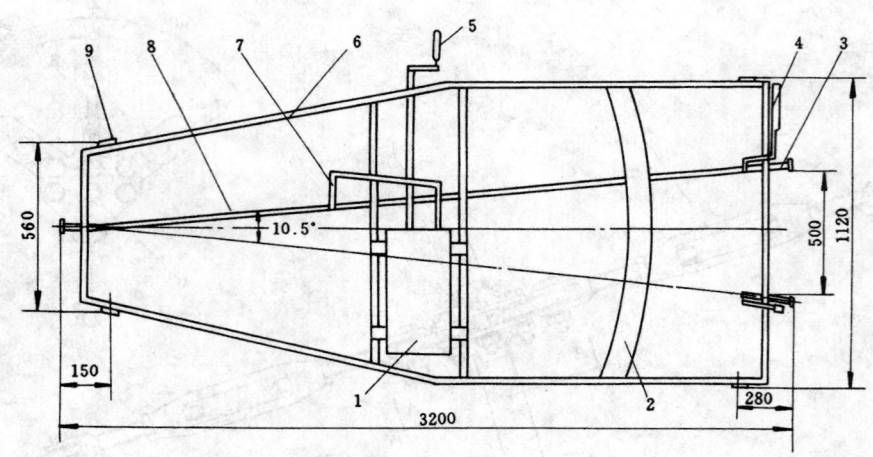

图 7—4—18 DDK 型对称道岔

1—转撤机；2—导槽；3—固定短轨；4—阻车器；5—手摇把；
6—框架；7—推杆；8—活动轨；9—吊耳

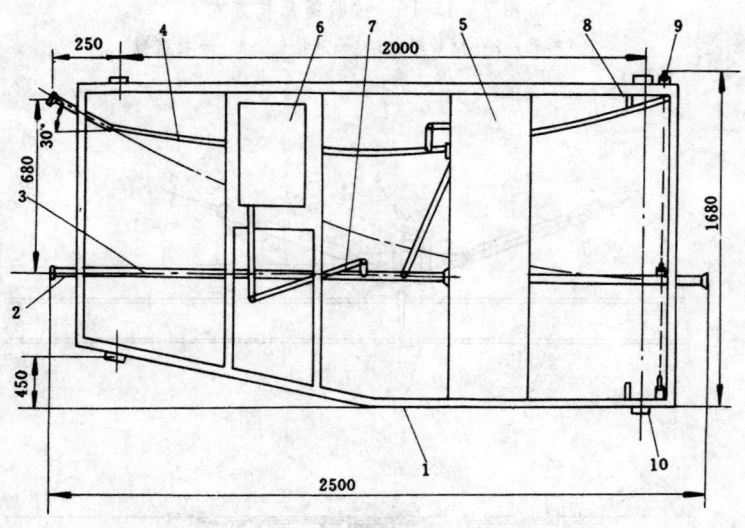

图 7—4—19 DDK 型单开道岔

1—框架；2—固定短轨；3—活动直轨；4—活动弯轨；5—导槽；
6—转撤机；7—推杆；8—阻车器；9—手动装置；10—吊耳

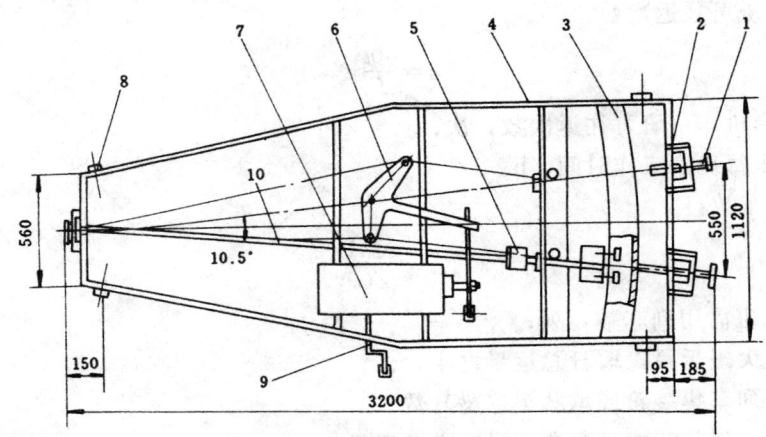

图 7—4—20　GBDD 型对称道岔

1—固定短轨；2—升降重锤；3—承载导轨导槽；4—框架；5—定位电磁铁；
6—重锤升降控制爪；7—转撒机；8—吊耳；9—控制摇把；10—活动轨

则

$$F = (P+Q)(\omega g \pm ig + \gamma a) \qquad (7-4-7)$$

若要校核上坡重载条件下的牵引力，则式（7—4—7）；转化为：

$$F = (P+Q)(\omega g + ig + \gamma a) \qquad (7-4-8)$$

若机车牵引力一定，最大上坡条件下的最大载荷为：

$$Q = \frac{F}{\omega g + ig + \gamma a} - P \qquad (7-4-9)$$

公式（7—4—7）、公式（7—4—8）、公式（7—4—9）中符号意义同上。

2. 漳村矿井柴油机单轨吊的计算方法

柴油机单轨吊的设计计算包括：柴油机车台数的计算，机车的牵引力计算和制动力的计算。

根据矿井材料设备的需用量和掘进的矸石量，计算单轨吊机车台数，并校核机车牵引力和防滑条件。

（1）运送材料、设备、矸石的机车台数

机车往返一次运行时间：

$$T_y = \frac{2L}{60 K_s v_p} \qquad (7-4-10)$$

式中　T_y——机车往返一次运行时间，min；

　　　L——加权平均运距，m；

　　　v_p——机车运行速度，m/s；

　　　K_s——速度影响系数，取 0.8。

机车往返一次全部时间：

$$T = T_y + T_f \qquad (7-4-11)$$

式中　T——机车往返一次全部时间，min；

　　　T_f——装载与调车辅助时间，min；

T_y——符号意义同上式。

每台机车一班可往返次数：

$$n = \frac{60t}{T} \qquad (7-4-12)$$

式中　n——每台机车一班可往返次数，次；

t——机车每班净工作时间，h。

每班需用列车数：

$$N_n = \frac{K_b A}{ZG} \qquad (7-4-13)$$

式中　N_n——每班需用列车数，列；

A——最大班运量，取日总运量之半，t；

Z——每列车集装箱或承载车（梁）数；

G——每一集装箱或承载车（梁）净载质量，t；

K_b——运输不均衡系数，取 1.2。

机车工作台数 N：

$$N = \frac{N_n}{n} \qquad (7-4-14)$$

式中　N——机车工作台数，台；

n——每台机车一班可往返次数。

（2）运送人员的机车台数

从井口候车室至工作面的运行时间：

$$T_r = \frac{L}{60 K_s v_p} \qquad (7-4-15)$$

式中　　T_r——从乘车点至下车点运行时间，min；

L、v_p、K_s——意义同前。

从井口候车室至工作面需用全部时间：

$$T_R = T_r + T_{sx} \qquad (7-4-16)$$

式中　T_R——包括上下人时间的全部运行时间，min；

T_{sx}——人车上下人时间，min。

每班运人需用机车台数：

$$N_R = \frac{A_R}{Z_R} \qquad (7-4-17)$$

式中　N_R——每班运人需用机车台数，台；

A_R——最大班下井人数；

Z_R——列车乘车人数。

（3）机车牵引计算

运送人员需用牵引力：

$$F_1 = (P_1 + n_r P_2 + Z_R P_4)(\sin\alpha + \omega \cdot \cos\alpha) g \qquad (7-4-18)$$

式中　F_1——运送人员所需牵引力，kN；

P_1——机车质量，t；

P_2——人车质量，t；

P_4——单人质量，t；

n_r——每列车牵引人车数，辆；

Z_R——每列车乘人数，人；

ω——机车运行阻力系数，取 0.03；

α——线路最大坡度，(°)；

g——重力加速度，m/s^2。

运送矸石时，若采用吊运梁吊挂集装箱运输则需用牵引力：

$$F_2 = (P_1 + n_g P_3 + n_l P_6 + n_g P_7)(\sin\alpha + \omega \cdot \cos\alpha) g \tag{7-4-19}$$

式中　　　F_2——运送矸石所需牵引力，kN；

ω、α、P_1、g——符号意义同上；

P_3——矸石集装箱质量，t；

P_6——吊运梁质量，t；

P_7——矸石集装箱装载质量，t；

n_g——每列车牵引矸石集装箱数，辆；

n_l——每列车悬挂吊运梁数，组。

运送液压支架需用牵引力：

$$F_3 = (P_1 + n_g P_6 + P_5)(\sin\alpha + \omega \cdot \cos\alpha) g \tag{7-4-20}$$

式中　　　F_3——运送液压支架所需牵引力，kN；

P_1、P_6、ω、α、g——符号意义同上；

P_5——液压支架质量，t。

运送其他材料时，需用牵引力均小于以上情况，不再计算。若机车牵引力大于所需牵引力，则能满足使用要求。

（4）机车防滑计算

运送液压支架时下滑力为：

$$F_4 = (P_1 + n_l P_6 + P_5)(\sin\alpha - \omega \cdot \cos\alpha) g \tag{7-4-21}$$

式中　F_4——下滑力，kN。

运送矸时为：

$$F_4 = (P_1 + n_g P_3 + n_l P_6 + n_g P_7)(\sin\alpha - \omega \cdot \cos\alpha) g \tag{7-4-22}$$

式中　F_4——意义同上式。

运送人员时为：

$$F_4 = (P_1 + n_r P_2 + Z_R P_4)(\sin\alpha - \omega \cdot \cos\alpha) g \tag{7-4-23}$$

式中　F_4——意义同上式。

计算结果取大值。

防滑系数 K，要求不小于 2，按下式计算：

$$K = \frac{F_z}{F_4} \tag{7-4-24}$$

式中　K——防滑系数；

F_z——机车制动力，kN。

3．利用设备运输能力表估算单轨吊运输

（1）主要参数：

①列车自重 ΣP，包括机车质量、承载车辆（吊运梁）质量，可从设备主要技术参数表中查出；

②货物总重 ΣQ_h；

③巷道长度 L；

④巷道倾角 α；

⑤运行速度 v。

（2）选择计算举例：

如图 7—4—21 为某采区巷道布置，辅助运输材料、设备等由轨道大巷运至采区材料换装站换装为单轨吊运输。例如由 A 点（换装站）运抵 B 点（回采工作面），计算步骤如下：

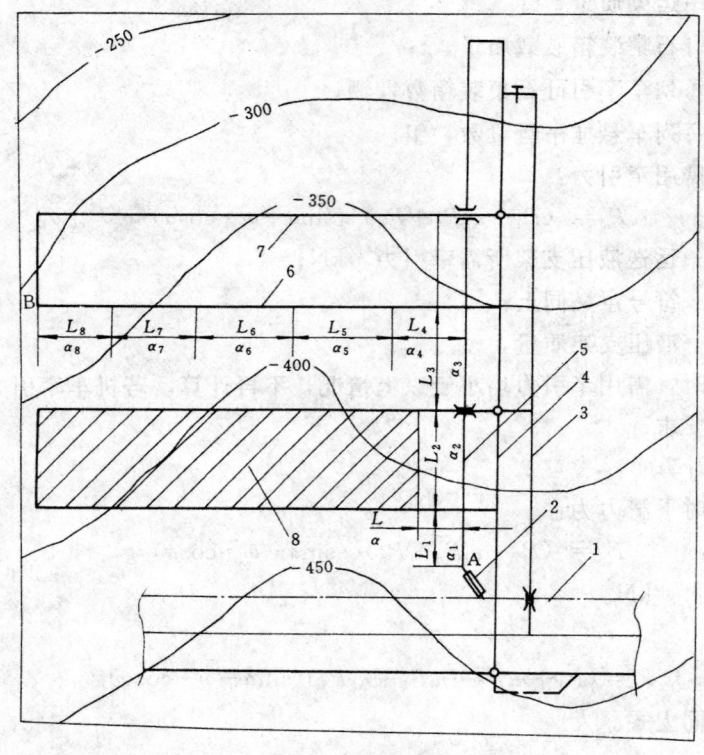

图 7—4—21 采区辅助运输示意图

1—辅助运输大巷；2—材料换装站；3—回风上山；4—输送机上山

5—辅助运输上山；6—辅助运输顺槽；7—输送机顺槽；8—采空区

①首先将运输线路按不同坡度划分为若干段

$$L_1, L_2, L_3, \cdots\cdots L_n, \ (m)$$

$$\alpha_1, \alpha_2, \alpha_3, \cdots\cdots \alpha_n, \ (°)$$

②计算列车和货物总质量 ΣQ

$$\Sigma P = P_{\mathrm{j}} + P_{\mathrm{c}} \quad (\mathrm{kg}) \tag{7-4-25}$$

$$\Sigma Q_{\mathrm{h}} = Q_1 + Q_2 + Q_3 + \cdots\cdots + Q_{\mathrm{n}} \quad (\mathrm{kg}) \tag{7-4-26}$$

$$\Sigma Q = \Sigma P + \Sigma Q_{\mathrm{h}} \tag{7-4-27}$$

式中　　　　　P_{j}——机车质量，kg；

　　　　　　　P_{c}——承载车辆（吊运梁）自身质量之和，kg；

　Q_1、Q_2、Q_3、Q_{n}——各承载车辆（吊运梁）所载货物质量，kg。

③确定货物最大装载质量

运送大件（如液压支架）时，装载货物的最大质量一般为单件质量；运送散件时，应根据机车运输能力、巷道坡度等合理选择，应使列车能顺利通过最大坡度段。

④查设备运输能力表，确定各段速度

重车时：v_1，v_2，v_3，$\cdots\cdots v_{\mathrm{n}}$，m/s；

空车时：v'_1，v'_2，v'_3，$\cdots\cdots v'_{\mathrm{n}}$，m/s。

⑤运行时间计算

重车运行时间：

$$\Sigma T_{\mathrm{zh}} = \frac{L_1}{v_1} + \frac{L_2}{v_2} + \frac{L_3}{v_3} + \cdots\cdots + \frac{L_{\mathrm{n}}}{v_{\mathrm{n}}} \quad (\mathrm{s}) \tag{7-4-28}$$

空车运行时间：

$$\Sigma T_{\mathrm{k}} = \frac{L_1}{v'_1} + \frac{L_2}{v'_2} + \frac{L_3}{v'_3} + \cdots\cdots + \frac{L_{\mathrm{n}}}{v'_{\mathrm{n}}} \quad (\mathrm{s}) \tag{7-4-29}$$

往返一次总运行时间：

$$T_{\mathrm{y}} = \Sigma T_{\mathrm{zh}} + \Sigma T_{\mathrm{k}} + T_{\mathrm{f}} \quad (\mathrm{s}) \tag{7-4-30}$$

式中　T_{f}——装载与调车辅助时间，s。

⑥每台机车一班可往返次数 n

$$n = \frac{t}{T_{\mathrm{y}}} \quad (次) \tag{7-4-31}$$

式中　t——机车每班净工作时间，s。

九、单轨吊巷道断面

1. 直线巷道断面尺寸的确定

单轨吊运行方式与地轨式设备运行方式不同，设备运行时会出现左右和上下摆动，确定巷道断面尺寸时，应充分考虑这些因素，按单轨吊运行轮廓尺寸计算。单轨吊运行轮廓尺寸可按式（7-4-32）和式（7-4-33）计算（见图 7-4-22）：

$$L_1 = L + 2L_2 \tag{7-4-32}$$

$$H_1 = H + H_2 \tag{7-4-33}$$

式中　L_1——单轨吊运行宽度，mm；

　　　L——单轨吊设备宽度，mm；

　　　L_2——单轨吊单侧摆动幅度，一般取 150mm；

　　　H_1——单轨吊运行高度，mm；

　　　H——单轨吊设备高度（至单轨轨底），mm；

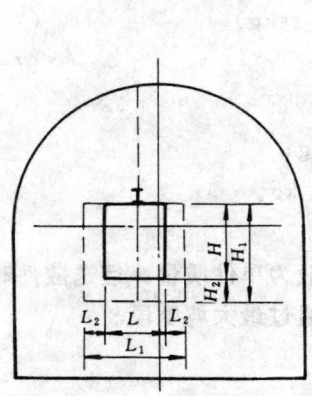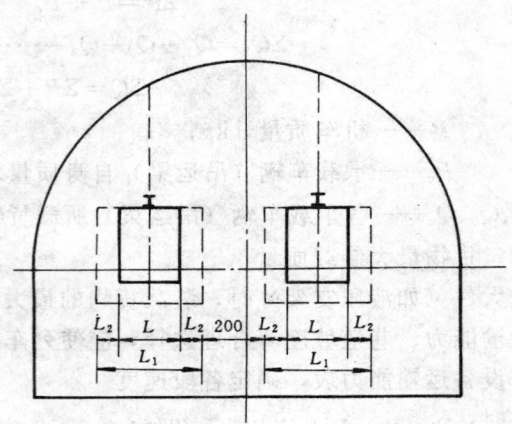

图 7—4—22　单轨吊巷道断面

H_2——单轨吊向下摆动幅度，一般取 200mm。

计算出运行轮廓后，参照《煤矿安全规程》第二十二条、第二十三条有关规定计算巷道断面。

2. 曲线巷道断面尺寸的确定

单轨吊通过弯道时，由于车体中线和线路中线不吻合，使车体的四角外伸或内移。外伸或内移量可参考第六篇第一章第二节的有关计算方法计算。

十、单轨吊硐室

1. 柴油机单轨吊加油维修间

（1）加油维修间位置。加油维修间应设在加油、维修较方便的地点，分为集中布置和分散布置两种方式。

集中布置是指在井下设一个加油维修间，为全矿井的柴油机加油和维修。加油维修间一般设在井底车场或其他合适的地点。集中布置的优点是集中储存燃油，便于管理，利于防火，通风条件好，对安全生产有利。集中布置的适应条件是：柴油机车的使用地点比较集中，矿井采用中央式通风。

分散布置是指矿井根据需要在井下不同地点布置多个加油维修间，每个加油维修间为一定区域内的柴油机加油和维修，优点是加油和维修方便，距离近，花费时间少，缺点是设置分散，不易管理，占用人员多。

矿井采用斜井或平硐开拓，辅助运输采用柴油机单轨吊由地面至井下一条龙运输时，加油维修间应设在地面。

矿井采用多水平同时生产时，每一水平可单设加油维修间；矿井采用分区开拓时，可在各分区设加油维修间；若机车仅限于在采区使用且采区距井底车场较远时，应在采区设加油维修间。

井下加油维修间必须设在稳定岩层中，且不受采动影响及其他矿山压力现象的威胁。

（2）单轨吊与维修间巷壁或其他设备的间距，行人侧不得小于 1.0m；单轨吊最底部距维修间底板间距，设检修地沟时不得小于 0.5m，地沟深度不得小于 0.5m，不设检修地沟时不得小于 1.0m。间内单轨铺设长度不小于机车长度的 1.5 倍。

（3）必须用不燃性材料支护。

（4）设计时要采取防水措施，间内不允许有淋水或渗水现象。

（5）地坪需用水泥抹面，地板须光平；间内地板四周要有围坎或其他防止柴油流出硐室的措施。硐室内不得设集油坑。

（6）必须设两个使人员能够安全撤离的出口。

（7）必须有单独的进风风流、回风风流，必须直接引入矿井总回风风流或主要回风风流，不得与回采面串联通风。

（8）燃料储存量不得超过 3 桶或 3 天的用量。

（9）进出口处应设向外开的防火防爆门。

（10）间内应设加水嘴、消防栓，应配备足够的消防器材。

柴油机单轨吊加油维修间实例如图 7—4—23。

2. 单轨吊列车存放库

只担负井下辅助运输的机车单轨吊运输系统，井下必须设置列车存放库。列车存放库有硐室式和巷道加宽式两种。

硐室式必须设在进风风流中，硐室内单轨线路的设计要利于单轨吊机车进出，要能容纳井下单轨吊车总数的 50％以上，列车与硐室、列车与列车的间隙应符合《煤矿安全规程》的有关规定，列车与列车间应设人行道。硐室内要设有灭火装置和专用照明设施，进出口应设双扇结构的防火门。

巷道加宽式存放库应设在主要进风巷中，并设有隔墙与巷道分开，其出入口应设栅栏门。线路间隙要求与硐室式相同。

3. 蓄电池单轨吊充电硐室

蓄电池单轨吊应设置充电硐室，硐室的通风要求及氢气浓度要符合《煤矿安全规程》第一百三十一条、第一百三十二条的有关规定。在充电室和变流室间及进出口均设防火门。

4. 绳牵引单轨吊绞车房

绳牵引单轨吊绞车房一般布置有拉紧装置、绞车、液压泵站、操纵台等，绞车房的尺寸，主要取决于设备基础大小、布置要求、检修要求及安全间隙要求等，按厂家提供的设备安装图设计。如图 7—4—24 为 SDY—40 型绳牵引单轨吊布置实例。

5. 单轨吊材料换装站

当大巷或上下山采用地轨式辅助运输设备，而采区或顺槽内采用单轨吊时，应在采区车场设材料换装站。单轨吊材料换装站一般布置比较简单，可充分利用单轨吊本身的吊卸机具进行换装，其线路布置如图 7—4—25，材料换装站的单轨吊单轨直接布置在地轨轨道中心线的上方，这样就可以利用单轨吊自身的吊运梁吊起货物，并吊运至各目的地。如果单轨吊本身无起吊装置，也可以利用单轨的高低道差进行换装，如图 7—4—26 所示，在换装点将单轨高度降低，可很容易地将货物吊起或放下，然后单轨吊驶出低轨段，使货物自然脱离原车，实现换装。

以上两种方式简单可行，不需其他辅助装置即可实现换装，但需要增加巷道高度，在巷道坡度不大时较为适应。如条件不允许，也可采用专用设备换装，但操作复杂，效率低，一般不予采用。

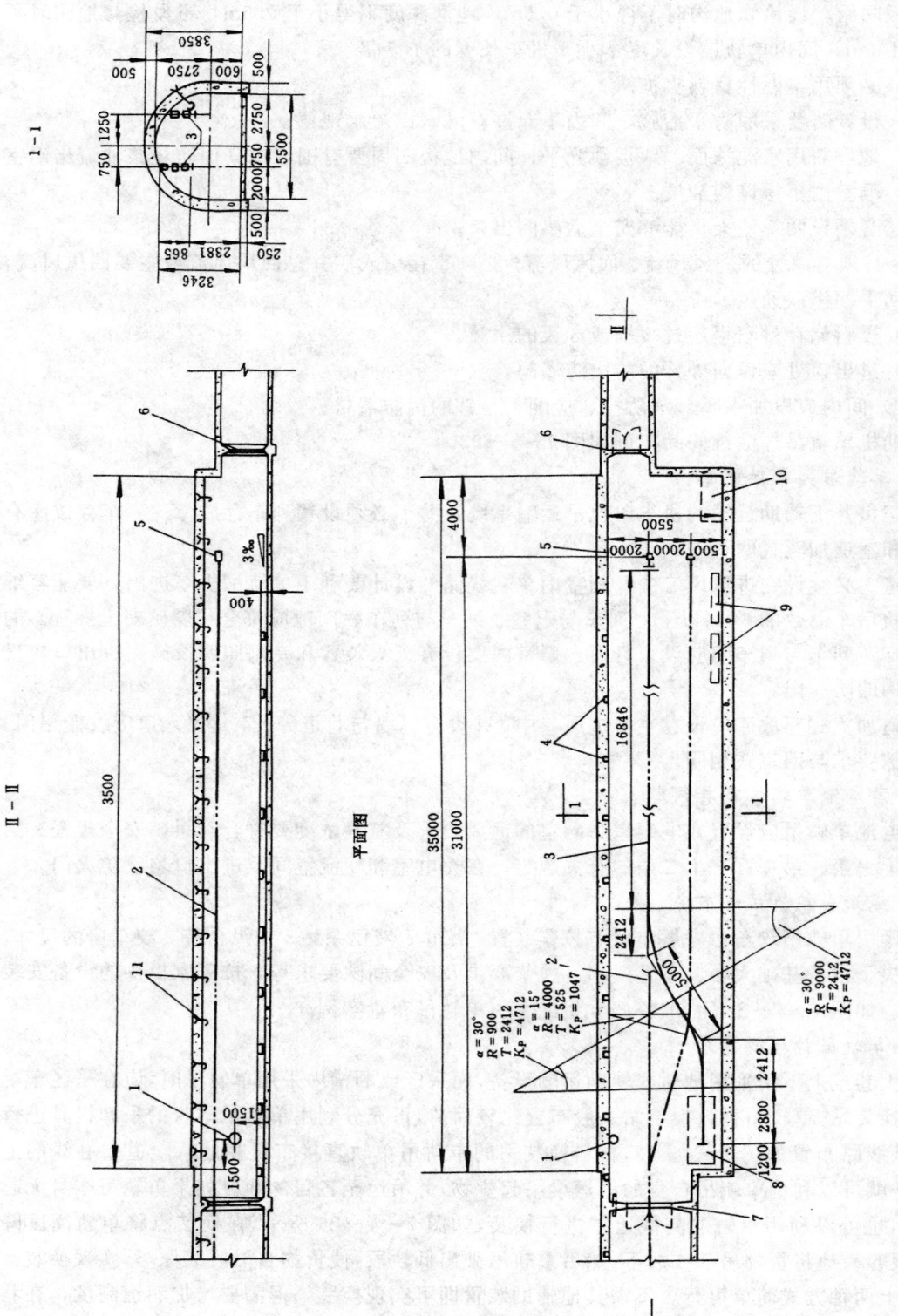

图 7—4—23　柴油机单轨吊加油维修间布置图

1—道岔控制闸；2—单轨中心线；3—地轨中心线；4—栗窝；5—单轨机道终端器；6—防火防爆门；
7—防火防爆门；8—油罐车位置；9—检修线瓷；10—工具箱及机车用油滑架放置位置；11—灯钩

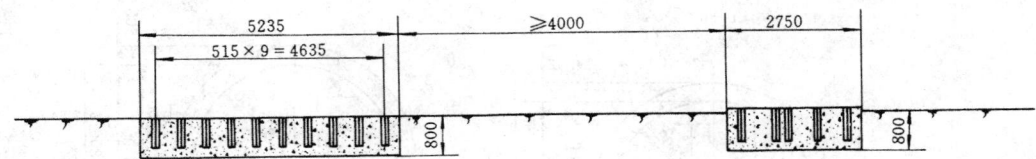

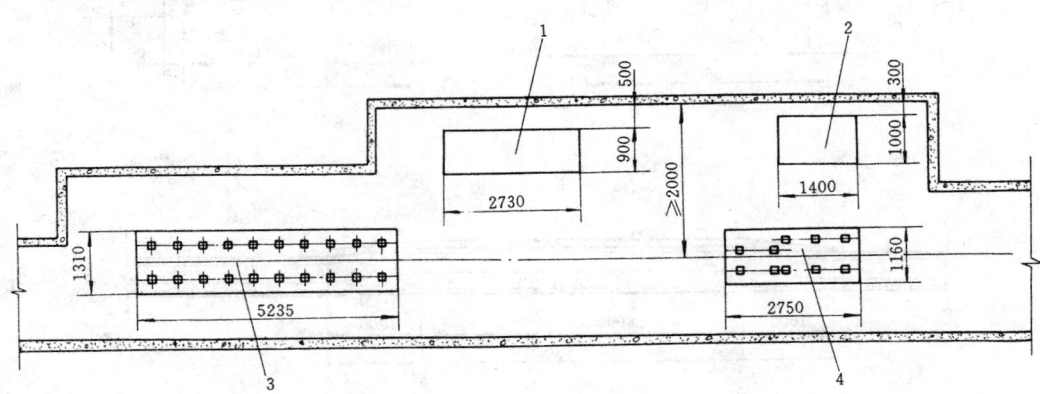

图 7—4—24　SDY—40 型绳牵引单轨吊绞车房布置

1—泵站；2—操纵台；3—紧绳器基础；4—绞车基础

十一、单轨吊应用举例

举例：潞安矿务局漳村煤矿单轨吊应用

1. 矿井概况

潞安矿务局漳村矿井位于潞安矿区中部，地处山西省长治市。井田南北长 3.8km，东西宽 5.7km，面积 20.4km²。

井田主要含煤地层为二叠系下统山西组和石炭系上统太原组。主要可采煤层为山西组的 3 号煤层和太原组的 15 号煤层。3 号煤层厚度为 1.97～7.50m，平均厚 6.48m，全井田稳定可采；15 号煤层厚度为 0.56～2.94m，平均厚 1.68m。矿井现开采山西组的 3 号煤层，顶板为泥质砂岩、泥岩，底板为砂岩、粉砂岩。

井田地层走向近南北向，倾向西，煤层倾角 3°～6°，埋深仅为 54m，相对瓦斯涌出为 2.94m³/d·t，为低瓦斯矿井，矿井无瓦斯突出现象，水文地质条件简单，正常涌水量 42m³/h。煤尘有爆炸危险，爆炸指数为 20.41%。

漳村矿井是由小井几经改造后发展为大型矿井的，1987 年完成最后一次技术改造后，设计生产能力为 1.50Mt/a，现实际生产能力达 2.40Mt/a。

2. 矿井开拓及装备情况

矿井采用片盘斜井开拓方式，沿煤层倾向由东向西共开凿三个井筒，分别为主斜井、副斜井和行人斜井。主斜井装备一套 GDS—100 型钢丝绳牵引带式输送机运煤，副斜井装备一台 JW—2100/100 型无极绳绞车，担负矿井小型材料的运输。行人斜井斜长 308m，倾角 10°，净

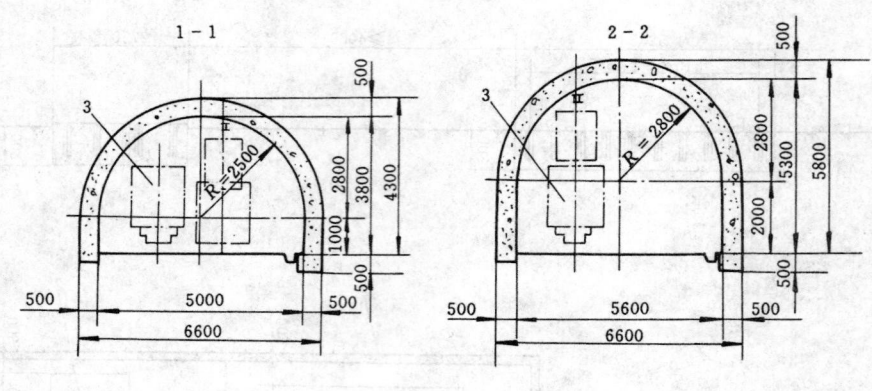

I - I 剖面

平面图

图 7-4-25 单轨吊卡轨车材料换装站
1—单轨吊单轨中心线；2—卡轨车轨道中心道；3—货载

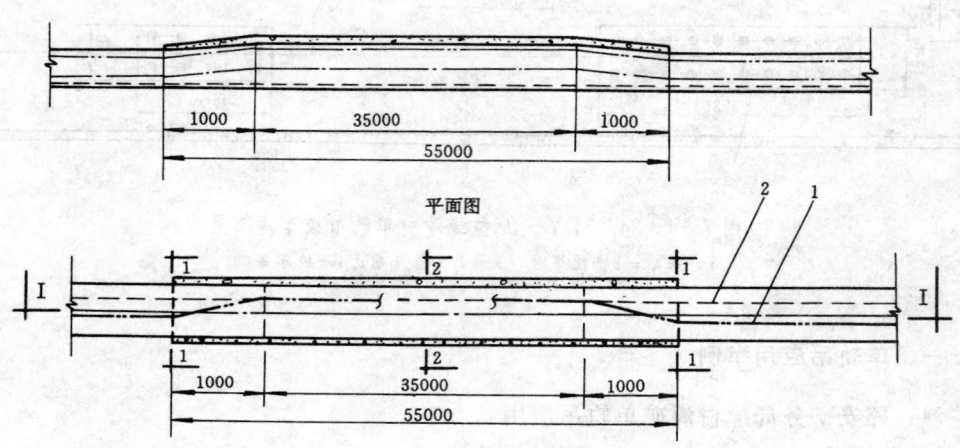

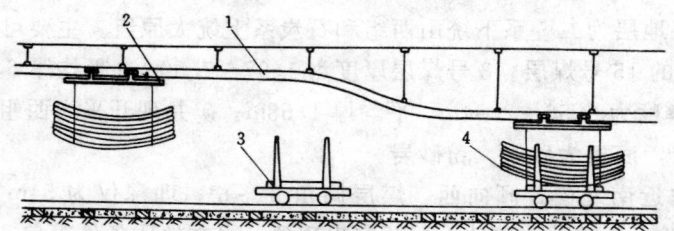

图 7-4-26 单轨吊高低差换装示意图
1—单轨；2—单轨吊车；3—平板车；4—货载

宽 3.50m，原作为行人之用，1988 年始装备单轨吊系统，担负矿井大型设备、材料及人员运输。

井筒落底后向西沿煤层倾向布置三条煤层大巷（西大巷），然后南北向布置两条大巷，将井田划分为 11、12、13、14 四个盘区，11、12 盘区已开采完毕，现矿井正在开采 13、14 盘区。矿井开拓布置如图7-4-27。

　　矿井装备一套国产综合机械化采煤设备生产，一套备用设备，采用放顶煤采煤方法。巷道掘进全部为综掘，掘进煤在井下混入回采煤流系统。

　　3.单轨吊运输系统及设施

　　矿井采用从地面至井下的一条龙不转载不换装单轨吊辅助运输系统。即由地面材料换装站与地轨设备换装，由行人斜井入井，经行人斜井、行人大巷、材料大巷至采区及回采工作面。井下辅助运输线路除行人斜井为10°外，其余均为煤层大巷，巷道倾角一般仅为0°～6°。在有坡度变化和水平转弯的地点安装垂直弯轨和水平弯轨，垂直弯轨曲率半径不小于10m，水平弯轨曲率半径不小于4m。井下辅助运输系统见图7-4-28。

　　根据矿井材料设备的运量和运输距离，全矿井共选用8台柴油机单轨吊，其中德国贝考瑞特公司产69kW，HL-90H/3-H型柴油机单轨吊1台，捷克产44kW，LZH50.2型柴油机

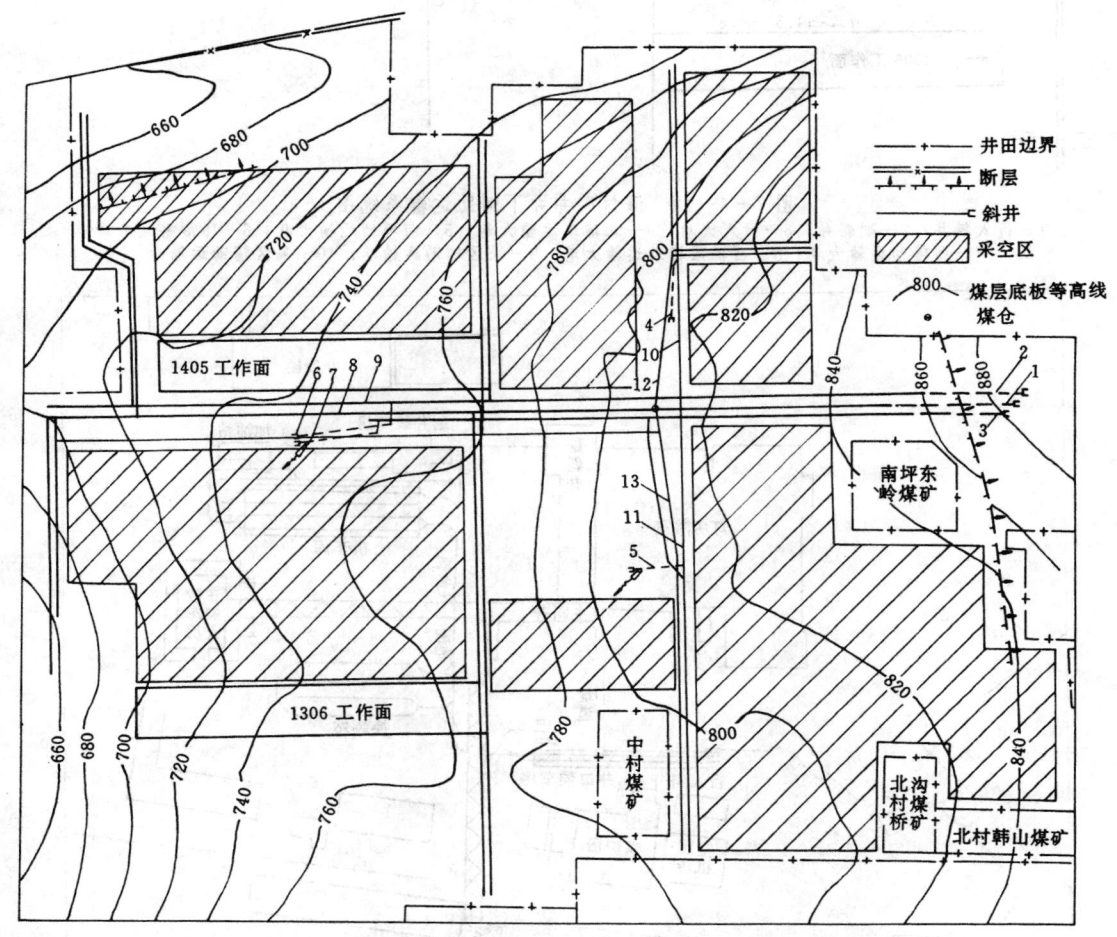

图7-4-27　漳村矿井井田开拓布置图

1—主斜井；2—副斜井；3—行人斜井；4—北风井；5—南风井；6—西进风井；7—西回风井；8—西带式输送机大巷；
9—西辅助运输大巷；10—北辅助运输大巷；11—南辅助运输大巷；12—北带式输送机大巷；13—南带式输送机大巷

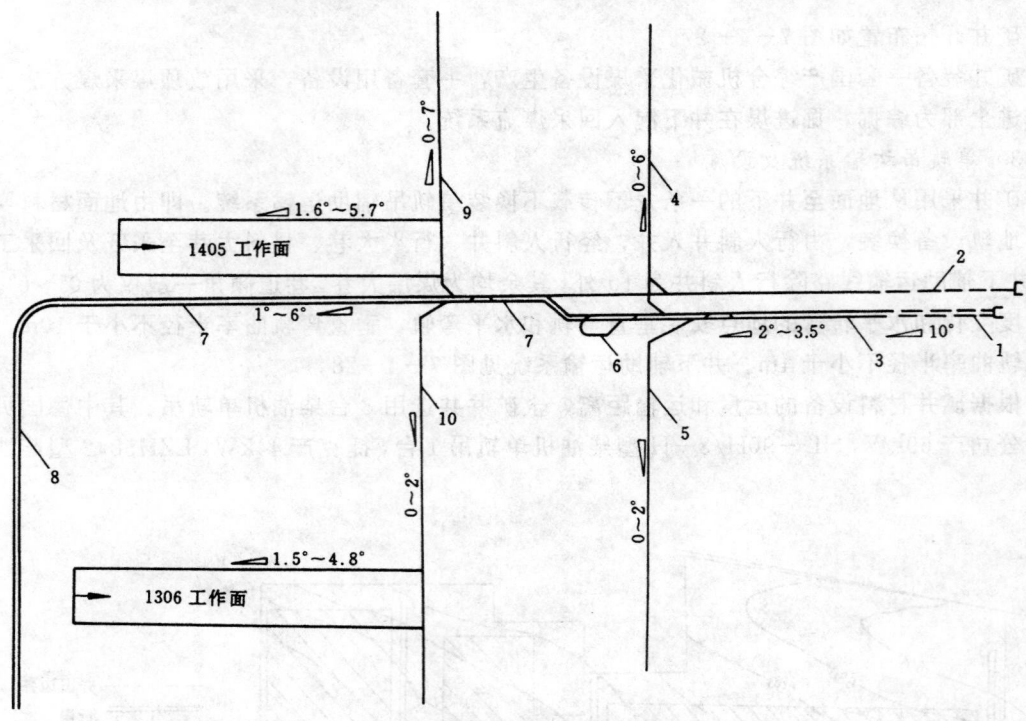

图 7—4—28　漳村矿井井下辅助运输系统图

1—行人斜井；2—副斜井；3—行人大巷；4—北辅助运输大巷；5—南辅助运输大巷；6—环形乘人车场；
7—西辅助运输大巷；8—西扩区辅助运输大巷；9—采区辅助运输巷；10—采区辅助运输巷

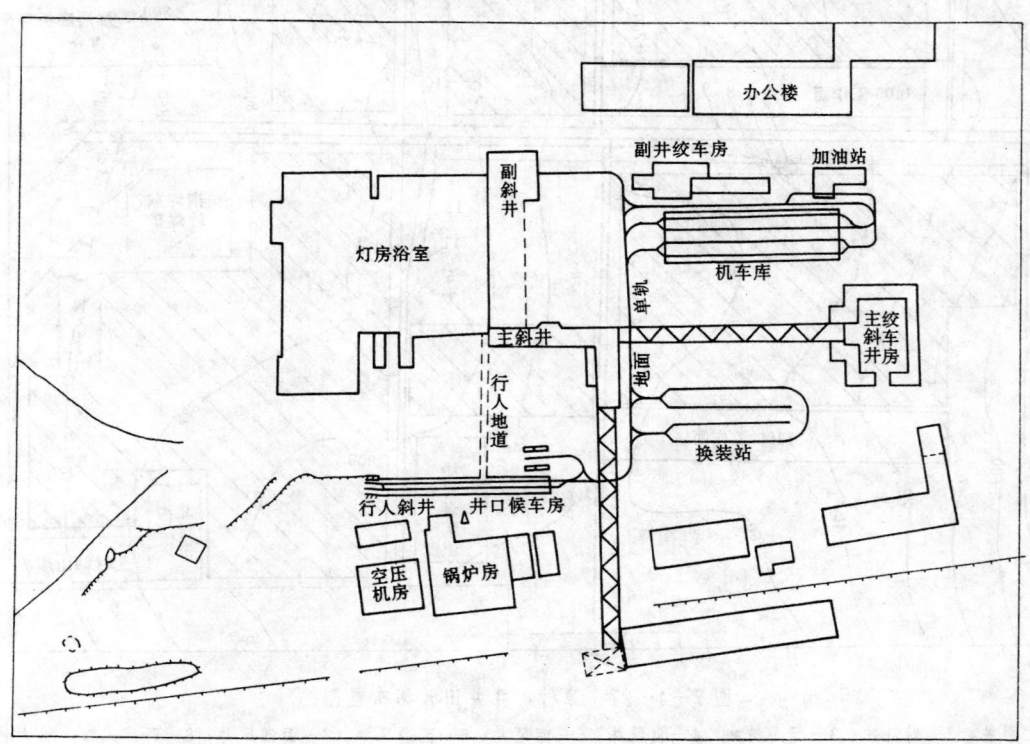

图 7—4—29　漳村矿井辅助运输地面系统及设施

单轨吊2台，国产66kW柴油机单轨吊5台。另配备有集装箱、液压吊运梁、人车等单轨吊配套设备。

单轨吊地面设施主要有机车库、加油站、材料换装站及井口候车房等，地面布置如图7—4—29。

井下辅助运输巷道主要有料石砌碹半圆拱形巷道和11号矿用工字钢棚巷道。行人斜井及大巷一般采用料石砌碹支护，巷道内预埋11号矿工钢单梁或双梁或预埋吊链悬挂单轨，如图7—4—30、图7—4—31、图7—4—32，钢梁或吊链每3m预埋一组即每3m设一组悬挂点。

采区巷道一般为11号矿用工字钢棚支护，采用小短梁悬挂方式固定单轨，11号矿用工字钢棚棚间距为0.75m，每3m设一组悬挂点。

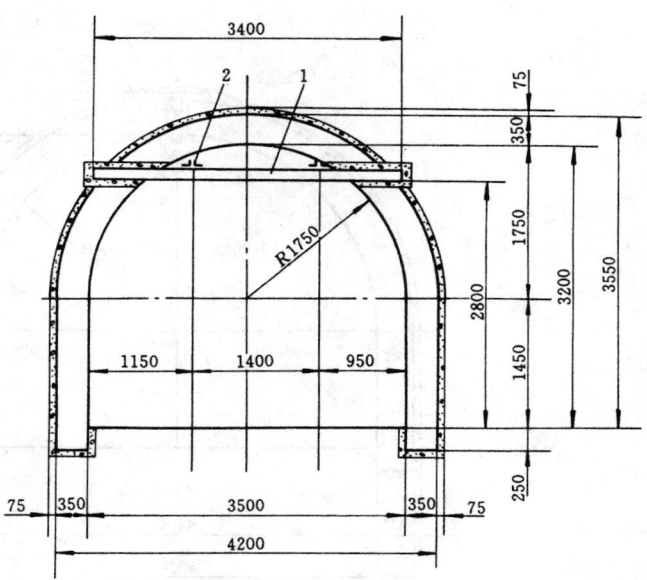

图7—4—30 漳村矿井料石碹巷道单梁悬挂方式
1—11号矿工钢单梁；2—焊接角钢

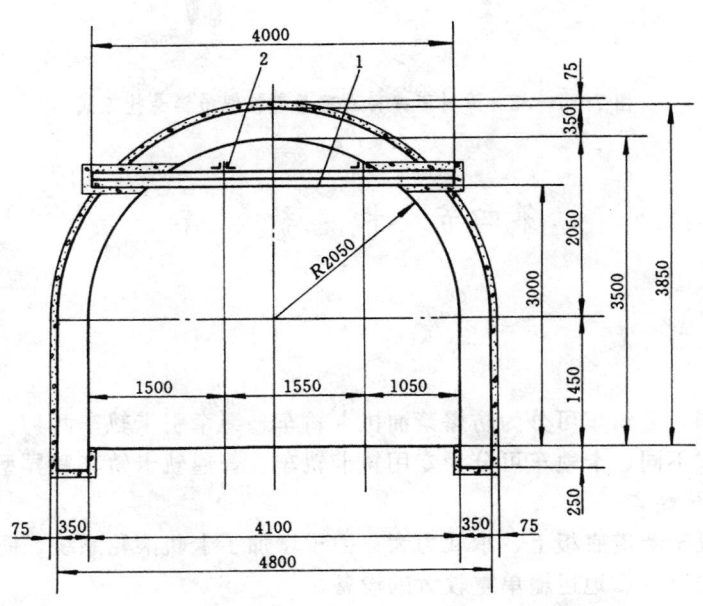

图7—4—31 漳村矿井料石碹巷道双梁悬挂方式
1—11号矿工钢双梁；2—焊接角钢

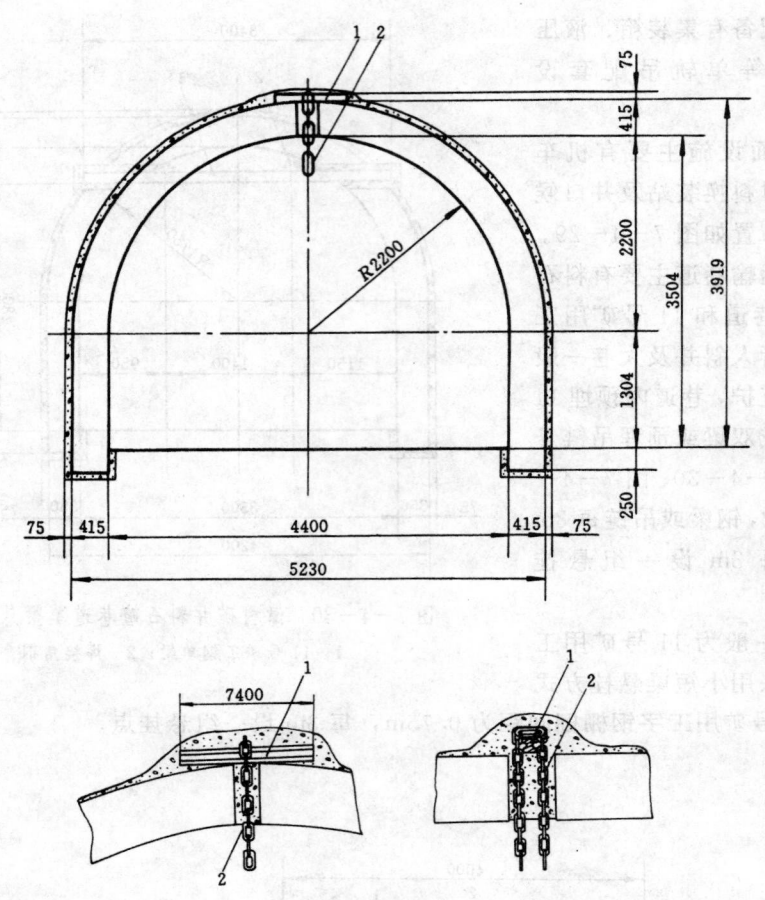

图 7—4—32 漳村矿井料石碹巷道预埋吊链悬挂方式
1—刮板；2—吊链

第四节 卡 轨 车

一、概 述

1. 分 类

根据动力不同，卡轨车可分为防爆柴油机卡轨车、绳牵引卡轨车两种。

根据轨道形式不同，卡轨车可分为专用轨卡轨车、普通轨卡轨车和异型轨卡轨车三种。

2. 卡轨车的优缺点

(1) 轨道铺设于巷道底板上，承载力大；由于增加了卡轨滚轮系统，防止脱轨掉道，因而能以较高速度安全可靠地运输单重较大的设备。

(2) 绳牵引卡轨车可适应较大角度巷道。

(3) 柴油机牵引卡轨车具有机动灵活的特点，可进入多条分支巷道运送物料。

(4) 绳牵引卡轨车一个系统不能进入多条分支轨道，轨道上特别是弯道段要装有众多托绳导绳轮，且需随运距变化频繁移装回绳轮。

（5）柴油机卡轨车机车自重较大，爬坡能力有限，一般不超过 8°～10°。

（6）卡轨车轨道系统投资较单轨吊高，对有底鼓的巷道适应能力差。

3．卡轨车的适应性

（1）绳牵引卡轨车适合巷道斜长大于 600m 的斜井、采区上下山及工作面顺槽等，以及巷道倾角大于 12°，需运送大型设备的斜巷。适应巷道支护方式不宜选用单轨吊的地点。绳牵引卡轨车的运输距离一般不大于 1500m。

（2）绳牵引卡轨车适应巷道倾角一般小于 25°，以滚筒绞车方式牵引的卡轨车，有关资料介绍最大倾角可达 45°。

（3）绳牵引卡轨车应尽量布置在拐弯较少的线路内运行，且不可进入分支岔道。

（4）柴油机卡轨车一般选用在倾角小于 8°的巷道内运行。

二、防爆柴油机卡轨车

1．结构特点

以防爆低污染柴油机为动力，采用轴向柱塞变量泵，定量液压马达驱动，一般由车体、司机室、动力系统、传动系统、制动系统及行走机构组成。

2．列车组成

柴油机卡轨车列车一般有牵引机车、承载车辆及紧急制动车三部分组成。

3．设备主要技术参数

柴油机卡轨车国内尚无产品，表 7－4－21 为几种国外柴油机卡轨车的主要参数。

表 7－4－21　国外柴油机卡轨车性能参数

型　号	柴油机参数			机车结构参数		
	型　号	功率（kW）	转速（r/min）	起动方式	适用轨型轨距（mm）	曲率半径（m）
RL100/400	D916－62	63.5	2300	液压蓄能	14 号槽钢轨距 400	水平 4 垂直 10
RL50/400	PerkinsD4.203	33.6	2000	液压蓄能	14 号槽钢轨距 400	水平 4 垂直 10

型　号	机车结构参数		机车性能参数			生产厂家
	外形尺寸 长×宽×高（mm）	机车质量（kg）	最大牵引力（kN）	最大速度（m/s）	最大爬坡（°）	
RL100/400	9368×1150×1365	5800	28	5.45	8	英国贝考瑞特公司
RL50/400	7800×1070×1355	5840	21	5.8	8	英国贝考瑞特公司

三、绳牵引卡轨车

1．结构特点

卡轨车由液压马达驱动，钢丝绳牵引储绳车，再由牵引储绳车牵引承载车辆来实现运输。主要由液压泵站、操纵台、液压绞车及牵引储绳车四部分组成。液压绞车的两个主马达在逻

表7-4-22 国产钢丝绳牵引卡轨车性能参数

型 号	电动机参数 型 号	电动机参数 功率(kW)	电动机参数 转数(r/min)	绞车形式	制动方式	结构参数 滚筒直径(m)	结构参数 钢丝绳直径(mm)	结构参数 轨型(kg/m)轨距(mm)	结构参数 卡轨形式	结构参数 曲率半径 水平/垂直(m)	性能参数 最大牵引力(kN)	性能参数 最大制动力(kN)	性能参数 最大速度(m/s)	性能参数 最大爬坡能力(°)	性能参数 最大运距(m)	生产厂家或研制单位	备注
KCY-6/600 KCY-6/900	KBY550-110A	110	1480	液压绞车,使用定量马达,变量泵	绞车用制动抱闸	φ1050	21.5	18号槽钢 轨距:600 900	内卡	4/15	马达并60 马达串30	制动车 制动力120	0~1.0 0~2.1	20	1000~2000	石家庄煤矿机械厂	已鉴定
KCY-8/600 KCY-8/900	KBT550-132A	132	1480	液压绞车,使用定量马达,变量泵	绞车用制动抱闸	φ1050	21.5 23.5	18号槽钢 轨距:600 900	内卡	4/15	40~80	120	2.0	20	1000~2000	石家庄煤矿机械厂	已鉴定
KWY-8/600	KBY550-132A	132	1480	液压绞车,使用定量马达,变量泵	绞车用制动抱闸	φ1050	21.5 23.5	18号槽钢 轨距:600	外卡	6/15	80	120	3	20	1000~2000	石家庄煤矿机械厂	已鉴定
KSP-8/600 KSP-8/900	KBY550-132A	132	1480	液压绞车	绞车用制动抱闸	φ1050	21.5	>22kg/m 轨距:600 900	内卡	6/15	40~80	120	2.5	14	1000~2200	石家庄煤矿机械厂	已鉴定
KJS-6/600	JJW-60- 0.5/1.0	40	1475	电绞车	绞车使用带式手闸制动车使用制动油缸	φ700	21.5	>22kg/m 轨距:600 900	坡道处使用槽钢护轨	6/15	60	制动车 制动力90	0.3	10	1000~2000	河北煤炭研究所	已鉴定

续表

型号	电动机参数			绞车形式	结构参数						性能参数					生产厂家或研制单位	备注
	型号	功率 (kW)	转数 (r/min)		制动方式	滚筒直径 (m)	钢丝绳直径 (mm)	轨型(kg/m)轨距(mm)	卡轨形式	曲率半径水平/垂直 (m)	最大牵引力 (kN)	最大制动力 (kN)	最大速度 (m/s)	最大爬坡能力 (°)	最大运距 (m)		
KJS-7/600	KBYD550—110/55—4/8	110/55	1500/750	双速电绞车	绞车使用带闸式手闸制动车使用油缸弹簧制动	φ1050	21.5	>22kg/m 轨距:600	坡道处使用槽钢护轨	9/15	70	制动车制动力 90	0.6 1.2	12	1000~2000	河北煤炭研究所	已鉴定
KJS-8/600	JJW—60—0.5/1.0	160	1475	调速机械绞车	液压推杆制动器	φ1050	21.5	>22kg/m 轨距:600	半卡	9/12	80	90	1.5	20	1000~2000	河北煤炭研究所	已鉴定
F-1	DBM—160S	170	1470	液压绞车	制动车使用蝶形弹簧制动油缸	φ1000	21.5 24.5	18号槽钢 轨距:600 900	外卡	4/15	马达并90 马达串45	135	0~1.5	25	3000	常州科研试制中心	已鉴定
F-1A	DBM—170S	170	1470	液压绞车	制动车使用蝶形弹簧制动油缸	φ1000 φ1600	21.5 24.5	18号槽钢 轨距:600 900	外卡	7/15 9/15	马达并90 马达串45	135	0~1.5 0~3.0	25	1000~3000	常州科研试制中心	已鉴定
SPK-90/600 SPK-90/900	DBM—170S	170	1470	液压绞车,使用变量泵,双速定量马达	制动车使用弹簧制动油缸,泄压制动	φ1000	23.5	>22kg/m 轨距:600 900	外卡	7/15 12/15	90	135	3	25	1000~3000	常州科研试制中心	已鉴定

表 7-4-23　国外钢丝绳牵引卡轨车性能参数

| 型号 | 结构参数 | | | | | | 性能参数 | | | | | 生产厂家 |
	功率 (kW)	制动方式	滚筒直径 (mm)	钢丝绳直径 (mm)	轨型 (mm) 轨距	卡轨形式	曲率半径 水平/垂直 (m)	外形尺寸 长×宽×高 (mm)	最大牵引力 (kN)	最大制动力 (kN)	最大速度 (m/s)	爬坡能力 (°)	
双轨 800	240 300	液压紧急制动车超速动作夹轨缘	φ800~φ1200	32 或 28	18 号槽钢 轨距:800	外卡	4/10	9430×1440×2070 9430×1440×2535	2×60	120~140	2.6 4	14~25	德国沙尔夫公司
双轨 500	110 240	液压紧急制动车超速动作夹轨缘	φ640~φ1200	30	18 号或 14 号槽钢 轨距:500	外卡	4/10	9430×1440×2070 9430×1440×2535	45 60	120~140	4	30~45	德国沙尔夫公司
400 650 900	66 110 160 330	液压紧急制动车超速动作夹轨缘	φ640~φ1800	15.5 30	18 号或 14 号槽钢 轨距:400,650,900	内卡	4/10	8200×1240×1700	30 45 60 90		4	25~45	德国穆青普特公司
400 600		液压紧急制动车超速动作夹轨缘	φ900~φ1800	19 35	18 号或 14 号槽钢 轨距:400,640	内卡	4/10		45 60 90	100 200	4.6	45	英国贝考瑞特公司
ДKH-1		液压紧急制动车超速动作夹轨缘	φ900	15	普通钢轨		12/20		30		2.4	6	前苏联
ДKH-2		液压紧急制动车超速动作夹轨缘	φ1000	16.5					35		2	20	前苏联

辑阀的控制下，可处于并联或串联两种工作状态，使液压绞车得到两种牵引速度和两种牵引力。

2. 列车组成

根据运输对象的不同可以有不同的编组方式。主要由牵引储绳车、承载车辆及安全制动车三部分组成，图7－4－33为绳牵引普通轨卡轨车运人车辆编组图。

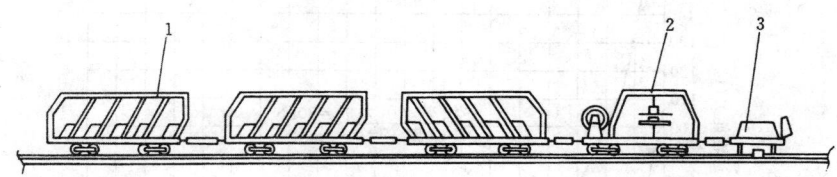

图7－4－33 绳牵引卡轨车运人列车组成

1—人车；2—牵引储绳车；3—制动车

3. 主要技术参数

国内外绳牵引卡轨车主要技术参数详见表7－4－22、表7－4－23。

4. 牵引特性及运输能力

几种绳牵引卡轨车的运输能力见表7－4－24、图7－4－34、图7－4－35。

表7－4－24 KSP－8/600（900）普轨卡轨车运输能力表

主马达工作状态	运行速度（m/s）	牵引力（kN）	运输能力（包括列车自重）(t)				
			0°	5°	10°	14°	20°
串 联	0～2	40	64	24	14.4	10.6	8.0
并 联	0～1	80	128	46.7	28.7	21.1	16.0

四、卡轨车配套设备

卡轨车配套设备见表7－4－25。

五、卡轨车轨道系统

卡轨车轨道是重型车辆运行承载及卡抓和制动的受力对象，必须结构坚固、铺设可靠。卡轨车多以18号槽钢或槽形特种轨作为轨道，德国也有使用φ90钢管作轨道的。为使普通钢轨适合卡轨车运行，减少换装环节，近年又研制出普通轨卡轨车，但总的看来，其可靠性、不如用槽钢轨或特种轨好。

1. 普通轨轨道系统

普通轨轨头与中腰是圆形过渡，尺寸窄小，较难用滚轮卡牢轨道。在坡道上解决普通轨卡轨有两种方式，一种是采用可翻起的卡抱轨系统，即轨头两侧由卡轨轮爪卡住，通过普通标准窄轨道岔时，翻起卡轨轮爪，若采用专用道岔不翻起卡轨轮爪也能顺利通过；另一种是护轨系统，即在弯道两侧加装槽钢护轨，车体两侧设有卡轨轮卡住护轨。一般在平直道上不设护轨。

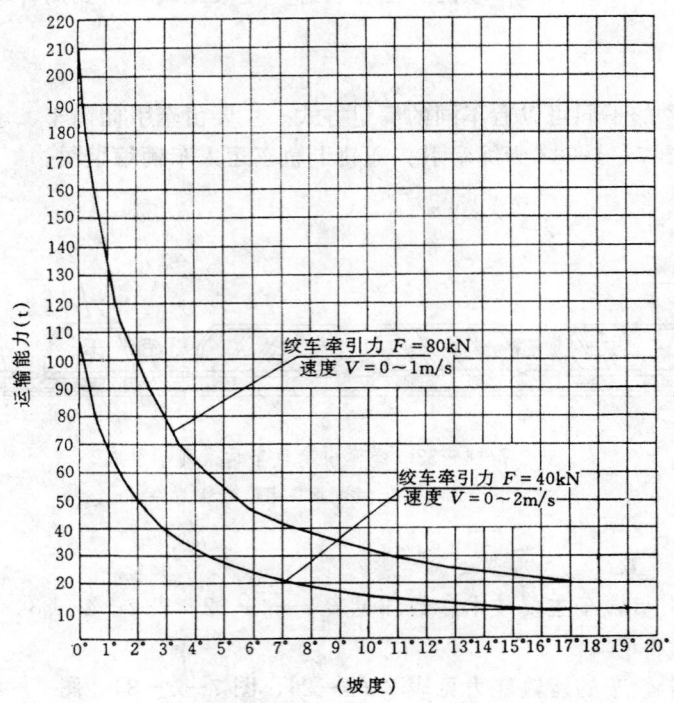

图 7—4—34　KCY—8/600（KWY—8/900）型绳牵引卡轨车运输能力曲线

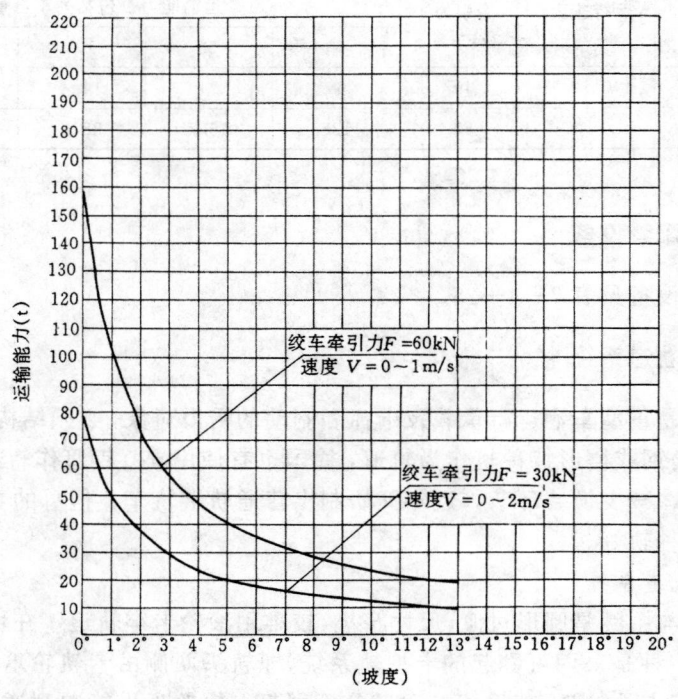

图 7—4—35　KCY—6/600（KWY—6/900）型绳牵引卡轨车运输能力曲线

表 7-4-25 卡 轨 车 配 套 设 备

序号	类 型		外形尺寸 长×宽×高 (mm)	质量 (t)	轴距 (mm)	轨距 (mm)	轨型 (kg/m)	生产厂家 或研制单位	备 注
1	安全制动车		1460×1040×660	1.00	990			石家庄煤矿机械厂	无单独型号
2	KCZ-100 型制动车		1935×1050×560	1.60				常州科研试制中心	
3	载重车	载重 5t	3100×1400×345	1.42	1800	600 或 900	22 或 30	石家庄煤矿机械厂	无单独型号
		载重 15t	3600×1400×345	1.60	2000				
4	人车（15 人/节）		4000×1300×1599	1.53	1800			石家庄煤矿机械厂	无单独型号
5	牵引储绳车		3362×1300×1605	2.40	1950			石家庄煤矿机械厂	无单独型号
6	RZ 型人车	10 人/节	4300×1060×1650	2.50				常州科研试制中心	
		15 人/节	4300×1300×1650	2.50					
7	KCP-18 型平板车（载重 18t）		3400×1300×350	1.70				常州科研试制中心	
8	KCP-25 型平板车（载重 25t）		3400×1300×350	2.00					

　　普通轨卡轨车采用车辆自重压板式制动闸较多，制动能力有限，适应角度小，前苏联规定在不加护轨的条件下，坡道最大角度为 6°，德国规定不大于 8°。普通轨轨型一般要求不小于 22kg/m，要求在巷道倾角大于 8°时，加装护轨，应加固轨道联接和道床结构，轨道的固定应满足制动时不被破坏的要求。钢轨联接一般不采用鱼尾板，便于滚轮顺利通过。普通轨卡轨车轨道见图 7-4-36、图 7-4-37 及图 7-4-38。

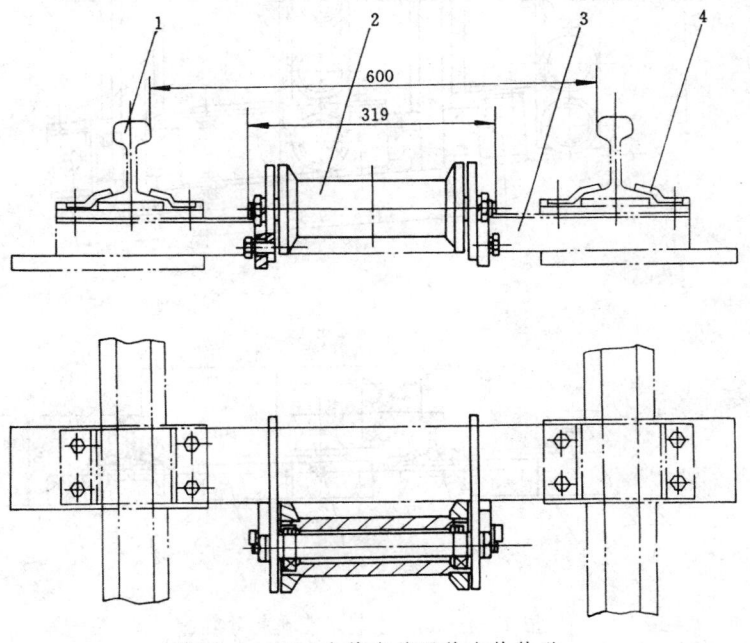

图 7-4-36 卡轨车普通轨卡轨轨道

1—普通轨；2—托辊；3—轨枕；4—扣件

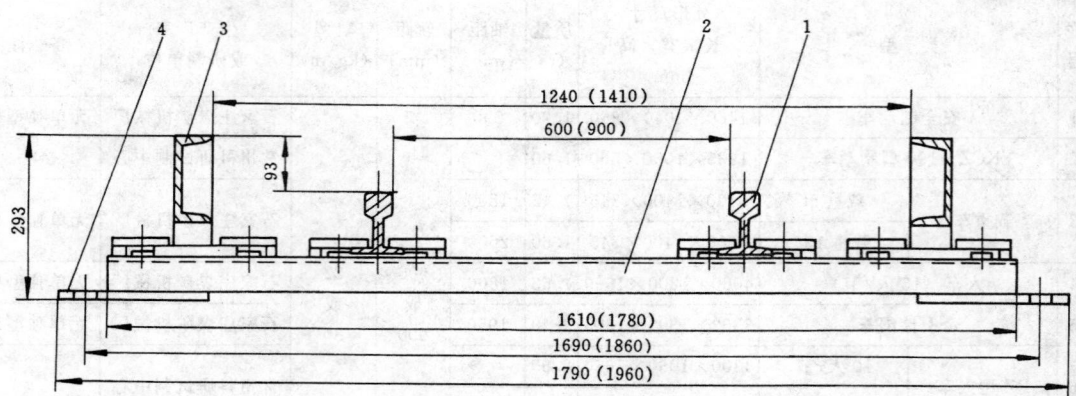

图 7-4-37 卡轨车普通轨护轨轨道
1—普通轨；2—轨枕；3—护轨；4—轨枕垫板

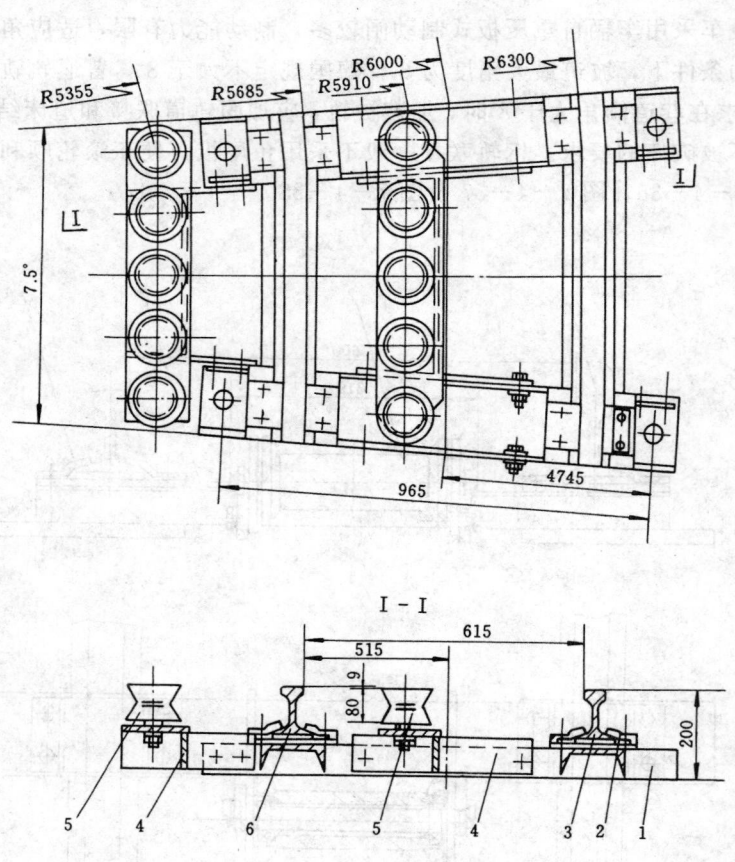

I-I

图 7-4-38 卡轨车普通轨弯轨图
1—钢枕；2—扣件；3—外侧弯轨；4—轮座；5—导绳轮；6—内侧弯轨

2. 槽钢轨轨道系统

槽钢轨以 14 号、18 号槽钢作为轨道，有外卡和内卡两种。道床采用焊接小型槽钢或工字钢，每节轨道以扣件铰接，便于拆装。水平弯轨加工成 7.5°、15°、18°、20°转角等，竖曲线轨有加工成竖直向弧轨的，也有采用小段直轨过渡的，见图 7—4—39、图 7—4—40、图 7—4—41、图 7—4—42、图 7—4—43。

3. 绳牵引卡轨车回绳站

绳牵引卡轨车回绳站有固定式和可拆装式两种。固定式主要用于采区上下山及大巷，如图 7—4—44。可拆装式主要用于回采工作面顺槽等回绳轮经常移动地点，便于回缩。国产绳牵引卡轨车一般采用可拆装式活动回绳站，回绳站每次移完后距工作面一般为 10～15 天的推进距离。

六、卡轨车运输能力计算

1.《煤炭科技情报专题研究》介绍的计算方法

(1) 钢丝绳计算

钢丝绳破断力 S_p 按下式计算：

$$S_p = gK \ (Q_j + Q_h) \ \sin\alpha$$

$$(7—4—34)$$

式中　S_p——钢丝绳破断力，N；

　　　　g——重力加速度，m/s²；

　　　　K——钢丝绳安全系数，运人取 10，运料取 6；

　　　　Q_j——各类车辆质量，kg；

　　　　Q_h——货载质量，kg；

　　　　α——巷道倾角，(°)。

(2) 牵引力计算

卡轨车所需牵引力 F 按下式计算：

$$F = \frac{g \ (Q_j + Q_h) \ (\sin\alpha + \omega\cos\alpha)}{\eta_g}$$

$$(7—4—35)$$

式中　F——牵引力，N；

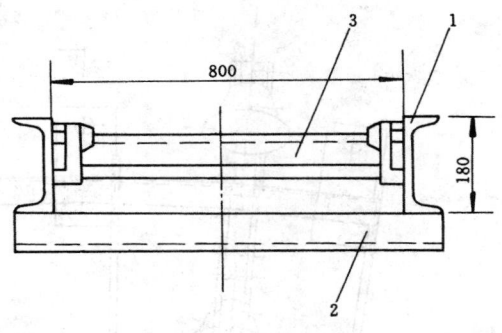

图 7—4—39　外卡槽钢轨
1—槽钢；2—轨枕；3—连接件

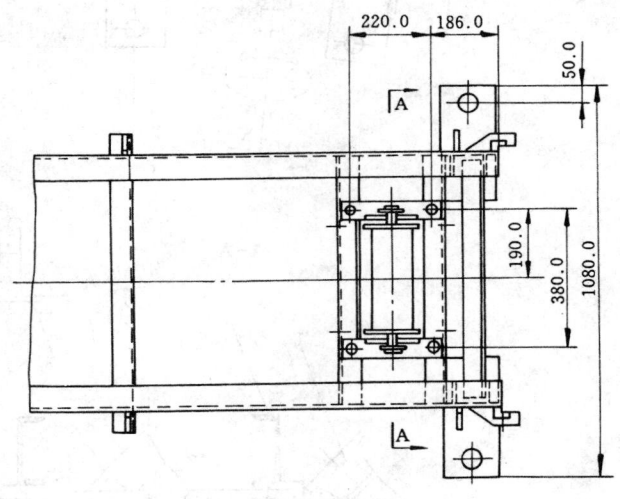

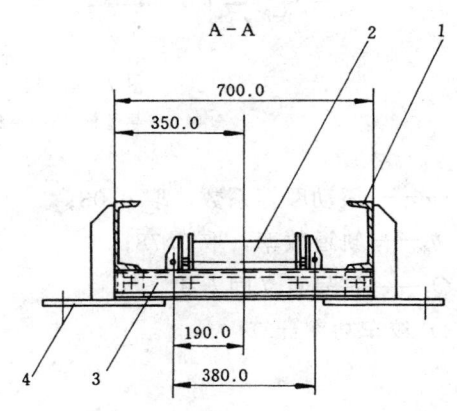

图 7—4—40　沙尔夫公司内卡槽钢轨
1—槽钢；2—托辊；3—托架；4—轨枕垫板

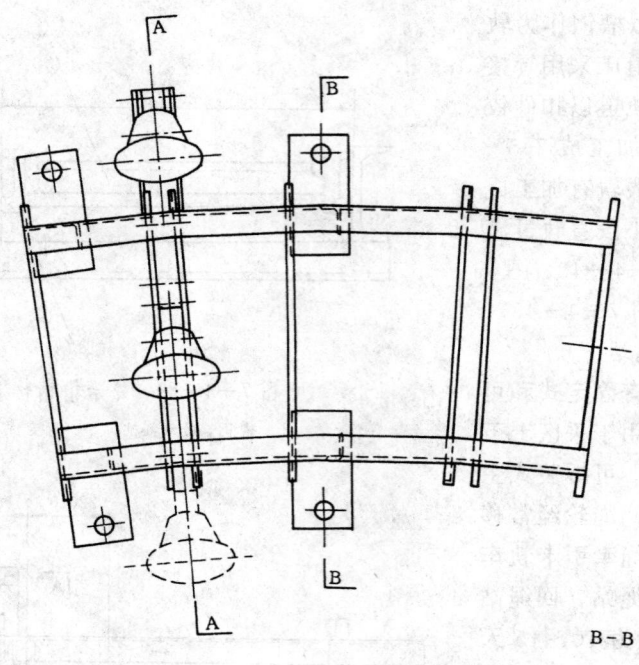

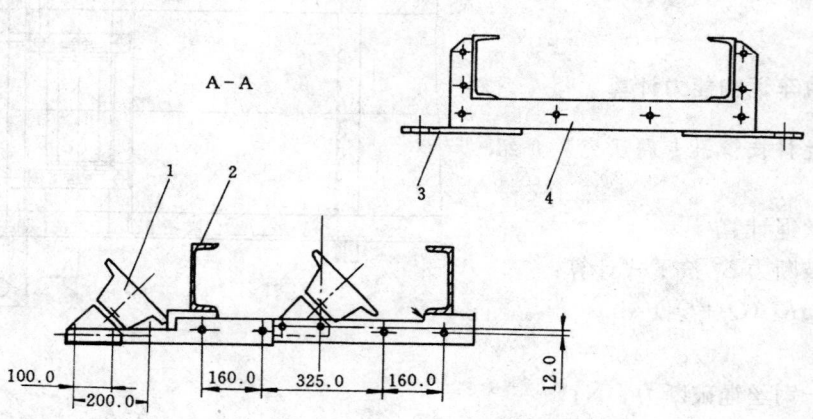

图 7—4—41 沙尔夫公司水平弯轨

1—导绳轮；2—槽钢；3—轨枕垫板；4—轨枕

ω——滚动摩擦系数，取 0.03；

η_g——轨道效率，取 0.78；

Q_j、Q_h——符号意义同上式。

（3）绞车功率计算

$$N=\frac{Fv}{1000\eta_j}\qquad\qquad(7-4-36)$$

式中 g——重力加速度，m/s²；

N——绞车功率，kW；

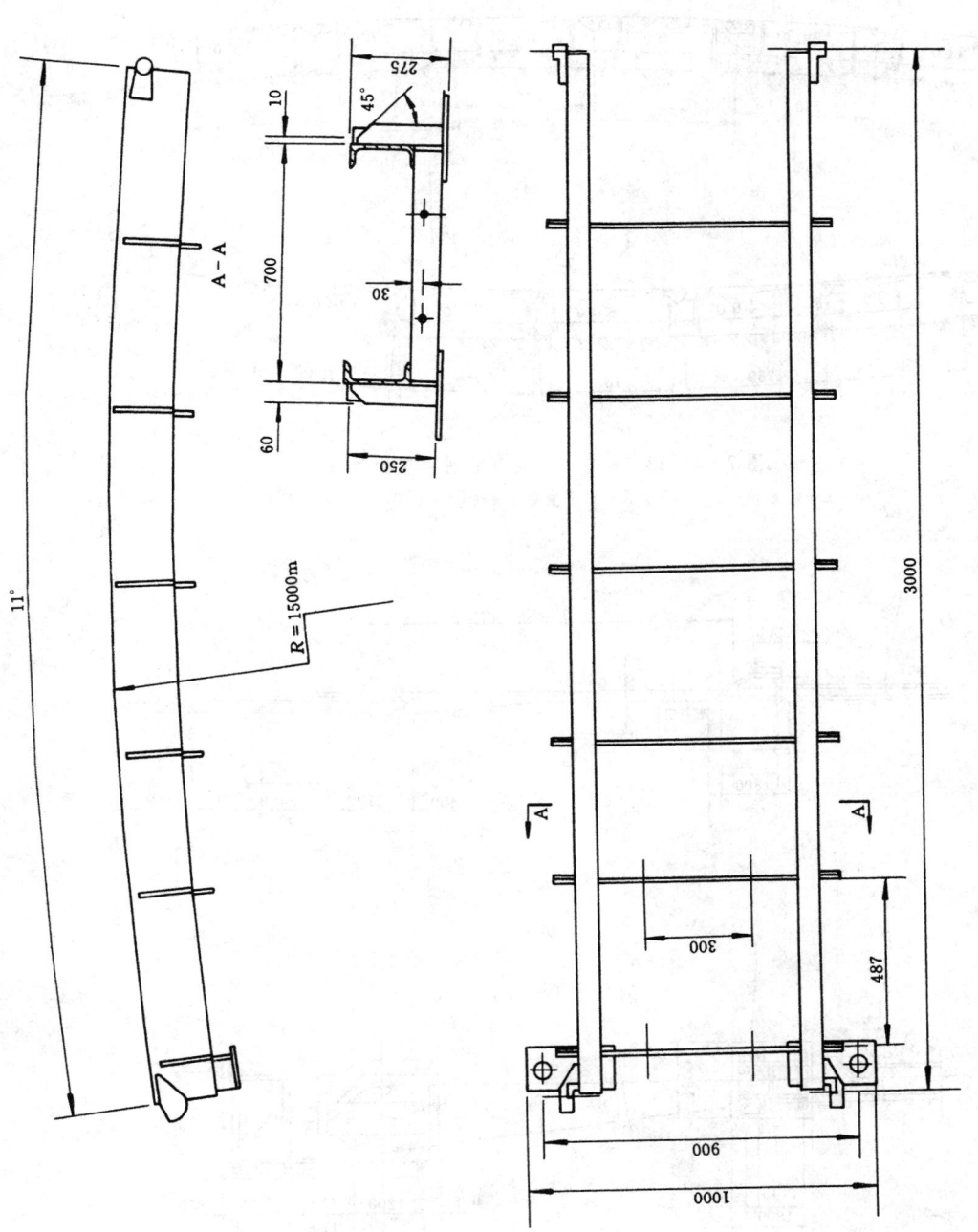

图 7－4－42　沙尔夫公司竖直弯轨

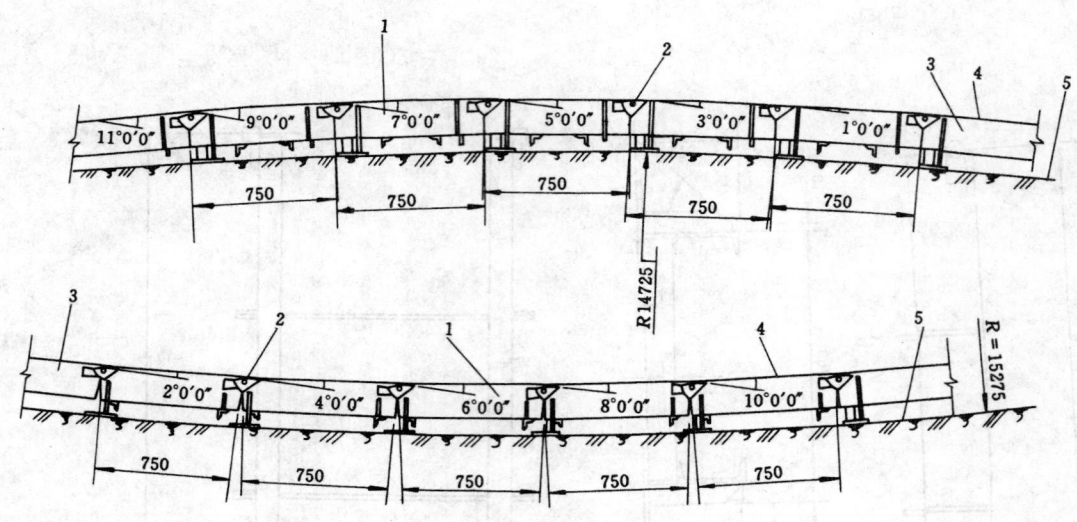

图 7—4—43　沙尔夫公司直轨过渡竖曲线轨

1—短直轨；2—扣件；3—水平直轨；4—轨面水平；5—巷道底板

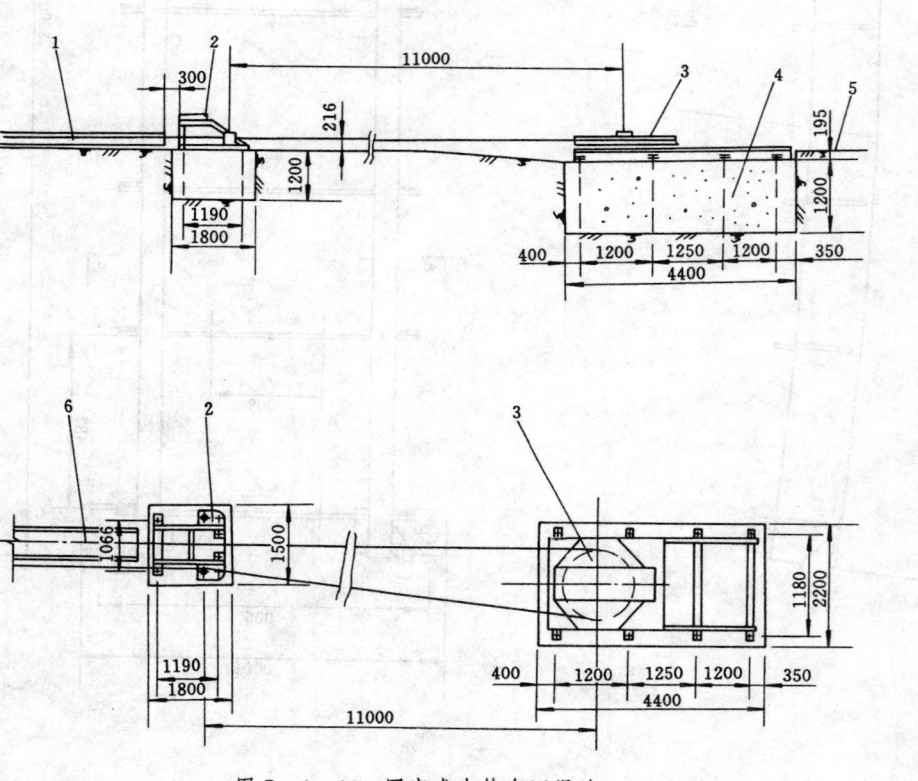

图 7—4—44　固定式卡轨车回绳站

1—轨道；2—终端控制器；3—回绳轮；4—回绳轮基础；5—巷道底板；6—轨道中心线

F——卡轨车牵引力，N；

v——卡轨车速度，m/s；

η_3——绞车效率，取 0.78。

2. 利用运行能力表或运输能力曲线估算

利用运行能力表（如表 7－4－24）或运输能力曲线（如图 7－4－34、7－4－35），可较快地查出在不同坡度的巷道中，卡轨车的最大载重量及最大运行速度。绳牵引卡轨车的两个马达串联时，可获得最大牵引速度，一般适应在小角度巷道中运行；并联时可获得最大牵引力，一般适应在大坡度巷道中运行。根据列车总重、巷道坡度，合理确定马达运行方式，查表估算运行速度，根据巷道长度计算出卡轨车完成一个循环的总运行时间，可求出每班的最大运量。估算方法与第三节介绍的单轨吊的计算方法相似。

七、卡轨车硐室

1. 绳牵引卡轨车绞车房

绳牵引卡轨车绞车房与绳牵引单轨吊绞车房相似，一般布置有拉紧装置、绞车、液压泵站、操纵台等。绞车房的尺寸，主要取决于设备基础大小、安装要求、检修要求及安全间隙要求等，按照厂家提供的设备安装图设计。如图 7－4－45 为绳牵引卡轨车绞车房布置实例。

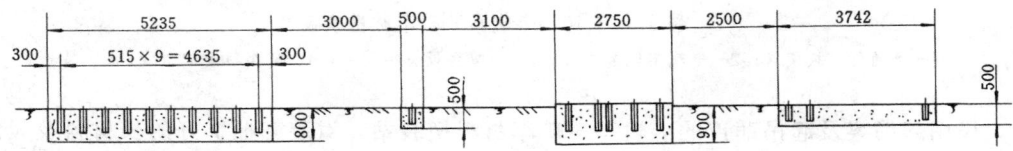

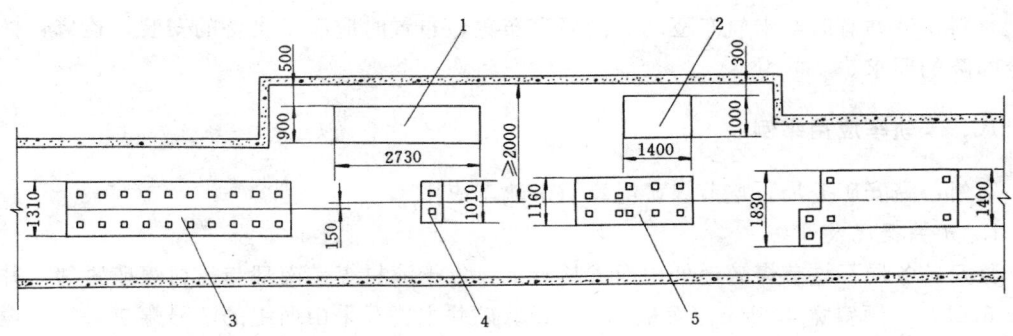

图 7－4－45　绳牵引卡轨车绞车房布置

1—泵站；2—操纵台；3—紧绳器基础；4—绳轮基础；5—绞车基础

2. 卡轨车材料换装站

卡轨车材料换装站包括卡轨车与天轨设备及与地轨设备的换装。卡轨车与天轨设备换装在单轨吊部分已介绍，卡轨车与其它地轨设备的换装一般仅用于轨道不能通行的其它地轨设备车辆。最常用的换装方法是采用起吊梁及起吊葫芦完成，如图 7－4－46 为卡轨车—矿车材料换装站。

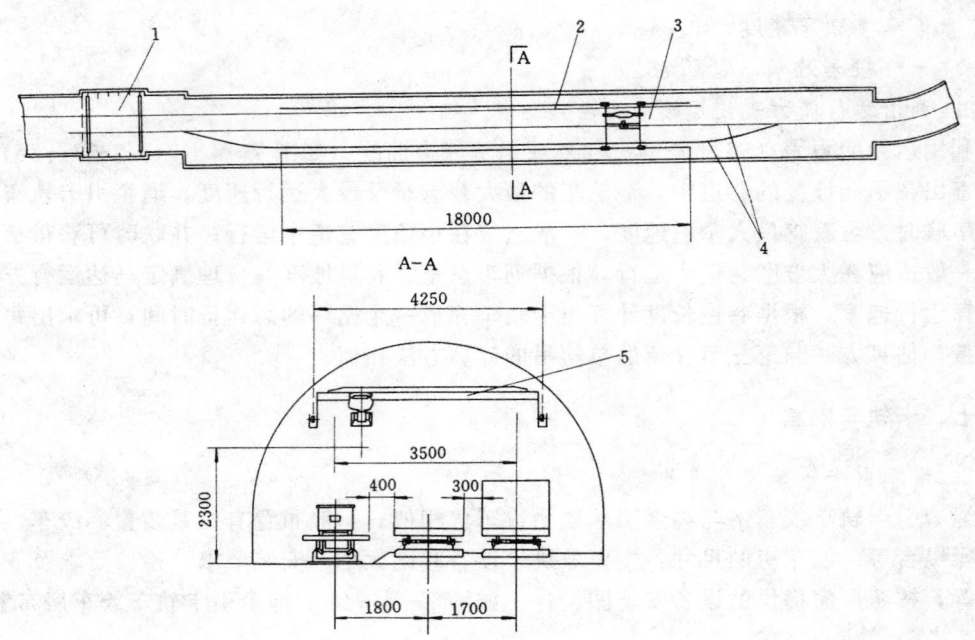

图 7—4—46　卡轨车—矿车材料换装站

1—普通材料换装点；2—卡轨车轨道中心线；3—重型设备换装点；4—矿车轨道中心线；5—起吊梁

采用起吊梁及起吊葫芦的卡轨车—矿车材料换装站，对装卸捆绑好的长材料及大件较方便，松散物料的换装需设专用集装箱，换装时连同集装箱一并吊起放至目的车辆上。普通轨卡轨车与矿车一般不需换装，转运较快捷，条件允许时应优先采用。

材料换装站有时与卡轨车驱动部同硐室布置，布置时应满足设备的安装、检修、换装及安全间隙的要求。

八、卡轨车应用举例

实例：潞安矿务局石圪节煤矿绳牵引卡轨车应用

1. 矿井概况及开拓

潞安矿务局石圪节煤矿地处山西省长治市，位于漳村煤矿南部与漳村煤矿紧邻。井田走向长 6.0km，倾斜宽 4.5km，面积 27.8km²。矿井主要开采山西组的 3 号煤层，煤层埋藏深度为 140m 左右，煤层赋存条件与漳村矿井相近。

矿井于 1959 年底投产，采用斜立井混合开拓，主斜井斜长 500m，倾角 20°，原装备一对 6t 斜井箕斗提煤，1992 年改为采用 SQD—500 型大倾角带式输送机提煤。另有一对立井担负矿井辅助提升任务。矿井开拓系统见图 7—4—47。

矿井装备一套放顶煤综采设备，高峰期产量达 1.50Mt/a，一般为 1.20Mt/a，近几年由于逐步过渡到老井挖潜期，产量有所降低。

2. 绳牵引卡轨车的应用

石圪节矿井基本以传统辅助运输方式为主，辅助材料由副立井入井，由北翼轨道大巷、盘

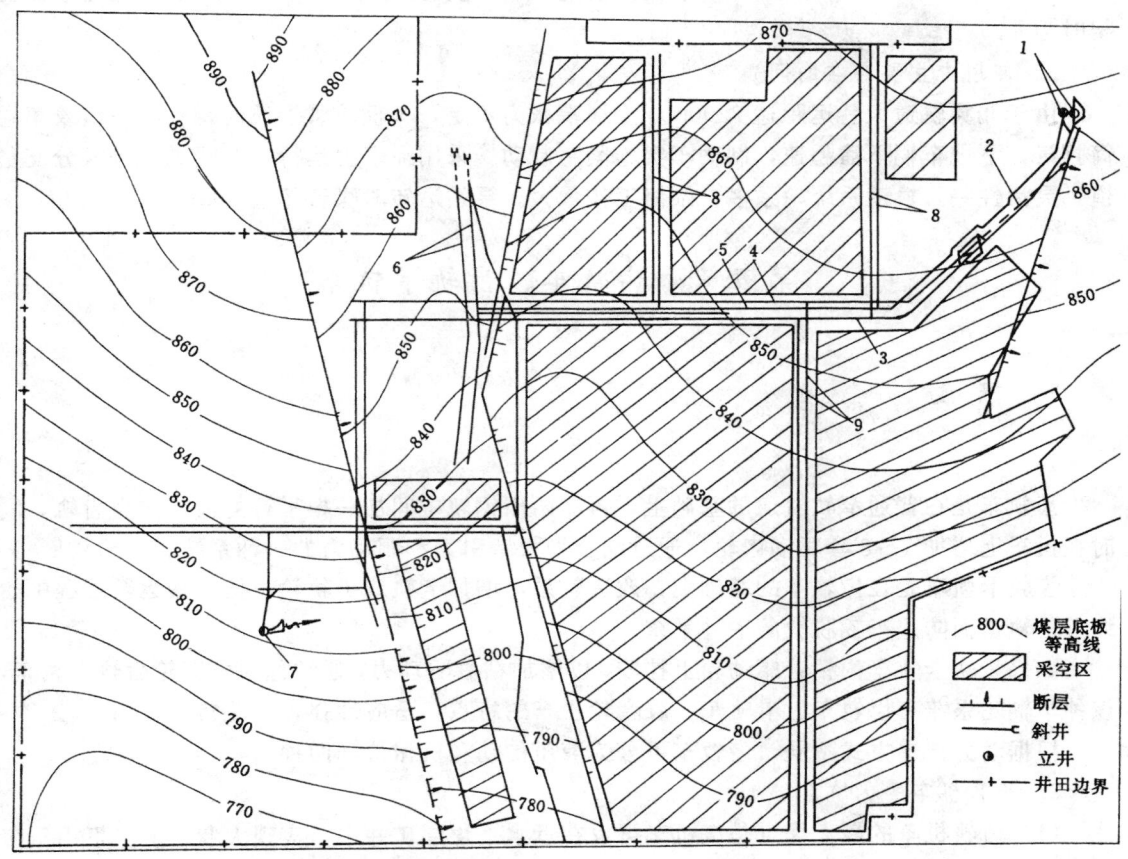

图7—4—47　石圪节矿井开拓图

1—副立井；2—主斜井；3—北翼轨道大巷；4—北翼胶带大巷；

5—北回风大巷；6—通风斜井；7—回风立井；8—盘区上山；9—盘区下山

区上下山、工作面顺槽运至回采面。仅在北翼轨道大巷采用了新型辅助运输设备，其余地点仍然采用绞车运输方式。

绳牵引卡轨车用于北翼轨道大巷，于1991年初开始试运行，运输距离为2100m，为国内运输距离最长的绳牵引卡轨车辅助运输系统。北翼轨道大巷全长2200m，底板起伏不平，最大倾角为4.53°，有三个弯道，最大水平转角为45°，巷道一般沿3号煤层底板掘进，支护形式一半为料石砌碹支护，另一半为料石或水泥柱墙、工字钢或钢轨梁支护，巷道净高较低，一般不足2m。矿方经技术经济比较，选用国产KSP—8/600型普通轨卡轨车。

为适应新型辅助运输设备的运行，对原北翼轨道大巷进行了改造，将原18kg/m、600mm轨距双轨轨道改为24kg/m、600mm轨距双轨轨道，并改造旧有巷道作为卡轨车绞车房和回绳站。改造后的轨道轨枕全部为钢枕，装有成套绳轮系的钢枕由厂家供货，其余轨枕利用煤矿现有的废旧矿工钢改造而成，钢枕长1200mm，每隔700mm铺设一根，巷底铺设100mm厚的道渣。卡轨车可一次牵引4～6辆15座人车，加上一辆牵引人车一次可运人72～102名。可一次运送 14t 液压支架一架。车辆制动安全系数运人时为 3，运送液压支架时为 1.5。选用 6×（19）—21.5—185—特—光—左交钢丝绳，钢丝绳安全系数运人时为 8.825，运送液压支架时为 4。

3. 使用中主要存在的问题

由于北翼轨道大巷运距达 2200m，空绳端张力不足，车辆重载上坡时钢丝绳易沿绞车卷筒打滑，下坡车辆下溜超速，制动车实施紧急制动。采用绳牵引运行，车辆无法进人分支岔道，灵活性差。轨道系统轮系多，维修工作量大。泵站运转时噪音超过 90dB。

第五节　齿轨车、齿轨卡轨车

一、概　述

1. 分　类

齿轨车是在普通窄轨轨道的基础上，再在两根钢轨中间加一根平行的齿条作为齿轨，同时在机车上增加 1～2 套驱动齿轮，通过啮合增大牵引力和制动力的一种系统。

齿轨卡轨车是在齿轨车的基础上，改造轮系，增加卡轨或护轨轮，使之在运行过程中始终卡住轨道而防止车辆脱轨的一种系统。

如果齿轨卡轨车的粘着驱动轮上挂胶，以增加粘着驱动力，通常称为胶套轮齿轨卡轨车，该种车辆轮系兼有齿轨车、卡轨车、胶套轮机车的特点，适应性强，因此常被采用。

根据动力传递方式不同，齿轨车可分为液压传动和机械传动两种。

2. 齿轨机车的优缺点

（1）齿轨机车的最大优点是该机车可以在近水平煤层矿井中，实现大巷、上、下山至工作面顺槽的连续运输。

（2）机车上一般装有工作制动、紧急制动、和停车制动三套制动系统。在巷道倾角大于 5°时设卡轨或护轨系统，使制动和运行更可靠。

（3）机车轮系可兼有卡轨轮和胶套轮，适应性较强。采用粘着驱动可在平巷或小角度斜巷中运行；采用齿轨牵引可在稍大角度斜巷中运行。

（4）轨道作为紧急制动的受力对象，要求坚固可靠。采区设计时要求水平弯道及垂直弯道半径较绞车牵引矿车运输时要大，给采区设计增加了难度。

（5）机车重量较大，造价较高，齿轨轨道安装要求较高，否则将影响正常啮合而脱轨，当底板膨胀或泥水较多时，齿轨啮合不好，对机车运行有影响。

3. 齿轨车、齿轨卡轨车的适应性

（1）齿轨车或齿轨卡轨车可适应井下大巷及采区的辅助运输，尤其适应开采近水平或缓斜煤层的辅助运输，其机动灵活，运距不限，易于实现由井筒（斜井或平硐开拓的浅埋煤层）或井底车场、大巷至采区、工作面的连续不转载运输。

（2）齿轨机车可适应倾角小于 8°的斜巷，加装护轨卡轨系统，即成为齿轨卡轨车后，适应最大倾角可达 14°，设计一般选用不大于 8°～12°。

（3）齿轨车、齿轨卡轨车可适应低瓦斯、高瓦斯、有瓦斯突出危险、有煤尘爆炸危险的矿井。

二、柴油机齿轨卡轨车

1. 结构特点

以防爆低污染柴油机为动力，采用机械传动时，柴油机动力经变速箱、驱动箱传至驱动轨道轮及齿轨轮上，实现行走。例如国产 JCP－8/600（900）型齿轨卡轨车，采用东风 EQ140 汽车离合器及变速箱，有五个前进档和一个倒车档。采用液压传动方式时，可实现恒功率无级调速牵引。制动系统设有工作制动和紧急制动系统。行走机构通过改变车辆轮系，可适合不同轨道系统。

2. 列车组成

列车编组一般有机车、承载车辆及制动车三部分组成，承载车辆根据运输物料不同有载重车、人车等。列车编组见图7－4－48、图7－4－49、图7－4－50。

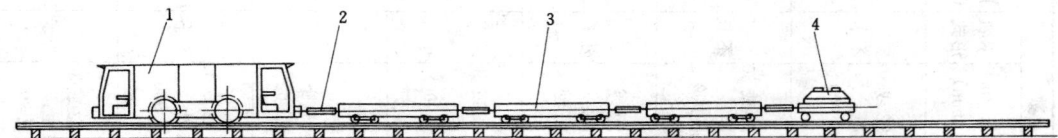

图7－4－48　齿轨车运送物料列车编组

1—机车；2—拉杆；3—载重车；4—制动车

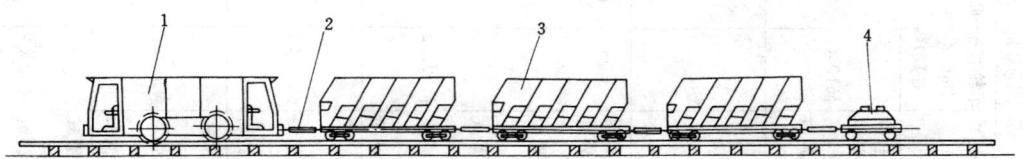

图7－4－49　齿轨车运送人员列车编组

1—机车；2—拉杆；3—人车；4—制动车

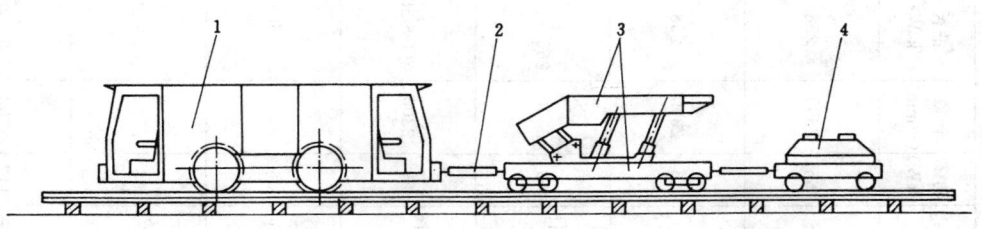

图7－4－50　齿轨车运送支架列车编组

1—机车；2—拉杆；3—支架及承载车；4—制动车

3. 主要技术参数

齿轨机车主要技术参数见表7－4－26、表7－4－27。

表7—4—26　国产柴油机窄轨机车性能参数

型号	柴油机参数				机车结构参数								机车性能参数				生产厂家或研制单位	备注
	型号	功率(kW)	转数(r/min)	油耗(g/(kW·h))	传动形式	制动形式	车轮直径(mm×对数)	曲率半径 水平/垂直(m)	轨型(kg/m) 轨距(mm)	卡轨形式	自重(kg)	外形尺寸 长×宽×高(mm)	最大牵引力(kN)	最大制动力(kN)	最大速度(m/s)	最大爬坡(°)		
JX90KBZ	X6105FB	66	2300	258	液压	1.液压自锁 2.液压制动缸 3.空气弹簧制动缸	Φ610×2	10/23	轨型:22或30 轨距:600或900	不卡	12000	5600×1140×1580	粘24 齿60	粘120	粘4.4 齿2.3	10	长沙重型机械厂	
CJ66FB	X6105FB	66	2300	258	液力-机械	1.充气制动 2.湿式摩擦制动片 3.液压弹簧制动缸	Φ610×2	10/18	轨型:22或30 轨距:600或900	不卡	12000	6890×1140×1600	粘24 齿80	粘120	粘1.4 齿2.8	10	江苏溧阳煤矿设备供应公司	
KZP-8/600 KZP-8/900-6	MWMD916-6	69	2300	260~280	液力	1.液压自锁 2.液压制动缸 3.多片摩擦制动	Φ570×4	10/15	轨型:22或30 轨距:600或900	外卡	7500 8400	10290×950×1650	粘21 齿80	粘120	粘2.5 齿2.0	12	石家庄煤矿机械厂	已鉴定
JCP-8/600 JCP-8/900-6	MWMD916-6	69	2300	260~280	机械	1.双蹄毂式制动 2.液压弹簧制动缸 3.抱轨制动	Φ570×2	10/20	轨型:22或30 轨距:600或900	外卡 或护轨	10000	5240×1620×1650 5240×1300×1650	粘28 齿80	粘120	粘3.0 齿2.0	12	石家庄煤矿机械厂	已鉴定
CK-66	X6105FB	66	2500	258	液压	1.双蹄毂式制动 2.液压弹簧制动缸 3.抱轨制动	Φ570×4	8/15	异型轨:22或30 异型轨轨距:600或900	外卡	14000	10500×1050×1650 10500×1300×1650	粘36 齿100	粘150	粘3.0 齿1.5	18	常州科研试制中心	已鉴定
CK66A	MWMD916-6	66	2200	260~280	机械	1.双蹄毂式制动 2.液压弹簧制动缸 3.抱轨制动	Φ570×2	10/20	轨型:22或30 轨距:600或900	外卡	11000	5600×1050×1800	粘35 齿60	粘120	3.5	10	常州科研试制中心	已鉴定
CK112	3306PCNA	112	2200	260~280	机械	1.双蹄毂式制动 2.液压制动缸 3.抱轨制动	Φ570×2	10/20	轨型:22或30 轨距:600或900	外卡	12000	5600×1100×1650	粘30 齿90	粘135	5.5	12	常州科研试制中心	已鉴定

表 7-4-27　国外柴油机齿轨车性能参数

型号	柴油机参数 型号	功率(kW)	传动形式	制动形式	曲率半径 水平/垂直(mm)	适用轨型 轨距(mm)	质量(kg)	外形尺寸 长×宽×高(mm)	最大牵引力(kN)	最大速度(m/s)	爬坡能力(°)	生产厂家
64HP	Parkins 6.354	48	液压	齿轨	7/12	异型卡轨 604~914	10000	4500×1220×1430 4500×1200×1165	粘着22 齿轨53.5	粘着3 齿轨1.5	齿轨10	英国双斯莱特公司
91HP	Parkins 6.354	67	液压	齿轨	10/23	异型卡轨 604~914	11600	4540×1370×1630 4540×1370×1370	粘着25 齿轨50	粘着4.4 齿轨2.2	粘着4.1 齿轨12	英国双斯莱特公司
150HP	Cat3306NA	112	液压	齿轨	10/12	异型卡轨 760~916	14600	5570×1370×1600	粘着41.3 齿轨63.5	粘着7.8 齿轨3.9	粘着5.7 齿轨14	英国双斯莱特公司
85R	MWMD916-8	63	液压	齿轨	6/10	异型卡轨 600~916	10000		粘着30 齿轨50			英国GMT公司
160RA	MWMD916-8	125	液压	齿轨	6/10	异型卡轨 600~916	15000		粘着37.5 齿轨70			英国GMT公司
DW-110-Z-69/86H	MWMD916-6	69	液压	齿轨	4/10	异型卡轨 轨距800	11000	7800×1150×1750	齿轨110	3	齿轨18	德国沙尔夫公司
BUIKLK TRACK		75	液压	齿轨	4/10	90钢管卡轨 轨距650	6200	8400×1100×1600	齿轨70	2	齿轨27	德国克兰普公司

4. 牵引特性及运输能力

机械传动 JCP-8/600（900）型柴油机齿轨卡轨车采用变速箱有级调速，运输能力见表7-4-28、表7-4-29。

表7-4-28　JCP-8/600（900）齿轨卡轨车齿轨牵引运输能力表

牵引力 (kN)	最大牵引速度 (m/s)	变速档次	运输能力（包括列车质量）(t)			
			5°	8°	10°	12°
80.0	0.41	1	69.7	48.3	40.2	34.4
61.7	0.71	2	53.7	37.3	31.0	26.6
35.0	1.24	3	30.5	21.1	17.6	15.0
22.0	2.0	4	19.1	13.3	11.0	
14.3	3.0	5	12.5			

表7-4-29　JCP-8/600（900）齿轨卡轨车胶套轮粘着牵引运输能力表

牵引力 (kN)	最大牵引速度 (m/s)	变速档次	运输能力（包括列车质量）(t)					
			0°	1°	2°	3°	4°	5°
28.0	1.24	3	95.2	59.0	43.1	34.0	28.0	23.9
20.0	2.0	4	71.4	45.2	33.0	26.0	21.5	18.3
14.3	3.0	5	48.6	30.8	22.5	17.7	14.6	12.5

部分液压传动柴油机齿轨卡轨车运输能力见表7-4-30、表7-4-31、表7-4-32、表7-4-33、表7-4-34、表7-4-35。

表7-4-30　KZP-8/600（900）齿轨卡轨车齿轮牵引运输能力表

牵引力 (kN)	最大牵引速度 (m/s)	运输能力（包括列车质量）(t)					
		0°	5°	8°	14°	16°	18°
80.0	0.45	266.0	68.0	67.4	29.5	26.3	23.7
36.0	1.0	120.0	31.0	21.3	13.3	11.8	10.7
24.0	1.5	80.0	20.5	14.2			
18.4	2.0	61.0	15.76	10.9			

表7-4-31　KZP-8/600（900）齿轨卡轨车胶套轮粘着牵引运输能力表

牵引力 (kN)	最大牵引速度 (m/s)	运输能力（包括列车质量）(t)					
		0°	1°	2°	3°	4°	5°
21.0	1.7	105.0	56.0	38.2	29.0	23.3	19.6
14.0	2.5	70.0	37.3	25.4	19.9	16.1	13.4

三、齿轨车轨道系统

齿轨车轨道系统一般可分为卡轨系统和护轨系统两种。

1. 卡轨系统

表 7-4-32　汉斯莱特 91HP 齿轨机车齿轨牵引运输能力表

速度 (km/h)	运输能力（t）										
	17%	16%	15%	14%	13%	12%	11%	10%	9%	8%	7%
4	10	11	13	14	16	18	20	23	26	30	35
8.0	—	—	—	—	3	4	6	7	9	11	14

表 7-4-33　汉斯莱特 91HP 齿轨机车粘着牵引运输能力表

速度 (km/h)	运输能力（t）							
	0	5‰	10‰	20‰	30‰	40‰	50‰	60‰
启动	189	115	82	49	33	24	18	13
10	193	117	83	50	34	24	18	14
16	174	88	56	30	18	11	9	4.7

表 7-4-34　汉斯莱特 150HP 齿轨机车齿轨牵引运输能力表

速度 (km/h)	运输能力（t）										
	17%	16%	15%	14%	13%	12%	11%	10%	9%	8%	7%
启动	20	22	24	26	29	32	36	40	45	51	58
6.4	12	13	15	17	19	22	24	28	32	36	42
14.0	—	—	—	—	—	—	—	0.5	2	4	6

表 7-4-35　汉斯莱特 150HP 齿轨机车粘着牵引运输能力表

速度 (km/h)	运输能力（t）							
	0	5‰	10‰	20‰	30‰	40‰	50‰	60‰
启动	726	442	321	203	146	113	77	75
8	725	375	250	146	101	76	59	48
16	331	169	111	61	40	28	20	15
28.0	139	65	61	31	18	11	6	3

卡轨系统由异型轨和齿轨两部分组成，异型轨是由 11 号矿工钢改制而成，如图 7-4-51。该种轨道也能使在普通轨道上运行的矿车顺利通过。

2. 护轨系统

护轨系统即在普通轨道的基础上，在斜巷（坡度大于 5°）增加护轨的一种轨道系统。主要由普通钢轨（轨型大于 22kg/m）、护轨和齿轨三部分组成。护轨有设置于两根钢轨两侧的，也有设在两根钢轨之间的，如图 7-4-52 及图 7-4-53。

3. 道岔

车辆在通过岔道时，可通过普通道岔，但有的轮系尤其是卡轨系统轮系需要设置专用道岔，专用道岔按转撤方式不同可分为平移式和旋转式两种，如图 7-4-54、图 7-4-55、图 7-4-56 及图 7-4-57。

4. 其他装置

600
1
2
3
1

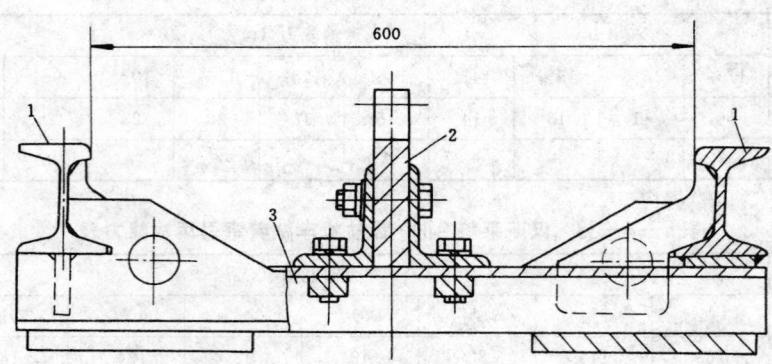

图 7—4—51　齿轨车卡轨轨道图

1—异型轨；2—齿轨；3—槽钢轨枕

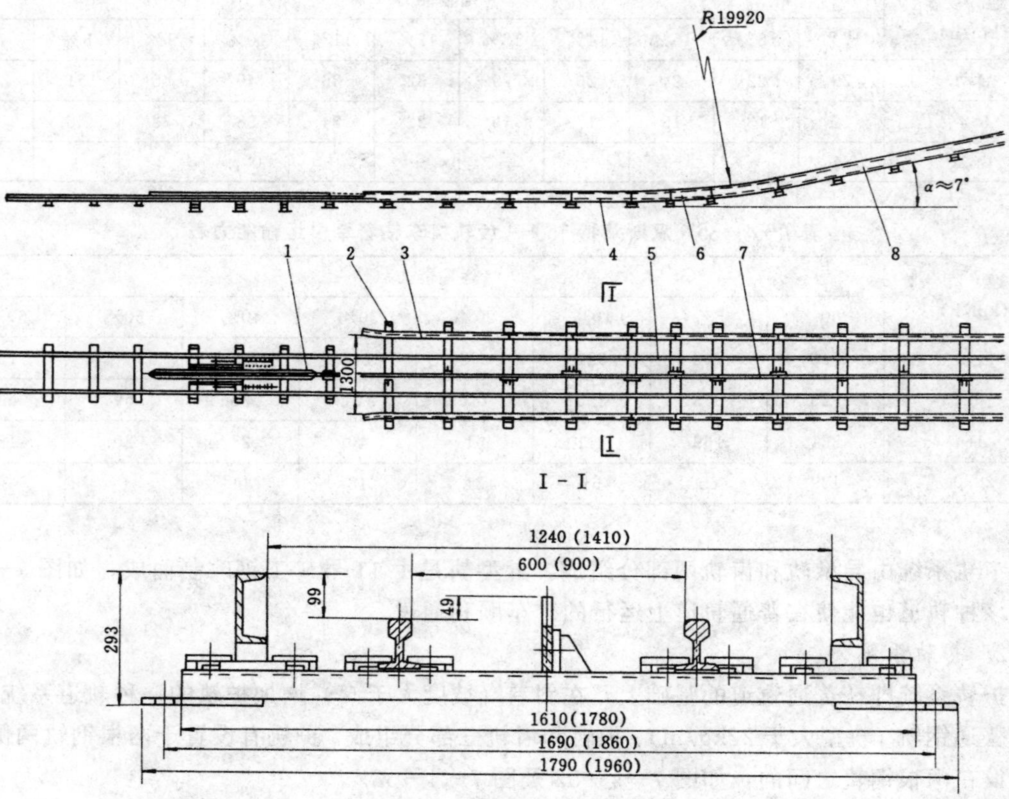

R19920
α≈7°
1
2
3
4
5
6
7
8
I
1300
I
I - I
1240 (1410)
600 (900)
99
49
293
1610(1780)
1690 (1860)
1790 (1960)

图 7—4—52　齿轨车护轨轨道图

（外　护）

1—齿轨导入装置；2—轨枕；3—护轨；4—短护轨；

5—普通轨；6—短护轨；7—齿轨；8—长护轨

（1）齿轨导入装置。由两个弹簧带动转臂和托辊支撑齿轨导入段，当机车的齿轨轮进入齿轨导入段斜面时，将导入段压下，形成一个斜面，以实现齿轨轮与齿轨正常啮合。齿轨导入段在弹簧的作用下复位。齿轨导入装置见图7—4—58。

（2）轨枕。目前使用的轨枕一般为钢轨枕，钢枕种类有工字钢、槽钢、钢板等，与轨道采用螺栓联接或焊接。平巷中也可采用混凝土轨枕。

齿轨车钢轨及齿轨为机车坡道制动的受力对象，要求其具有能抵御制动冲

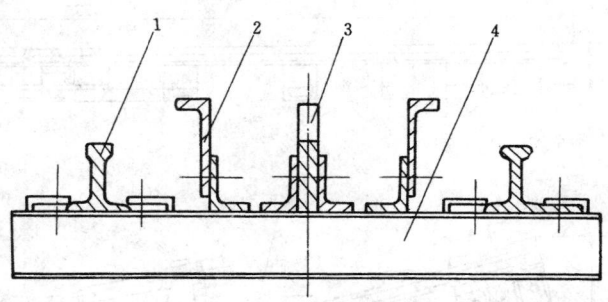

图7—4—53　齿轨车护轨轨道图

（内　护）

1—普通轨；2—护轨；3—齿轨；4—轨枕

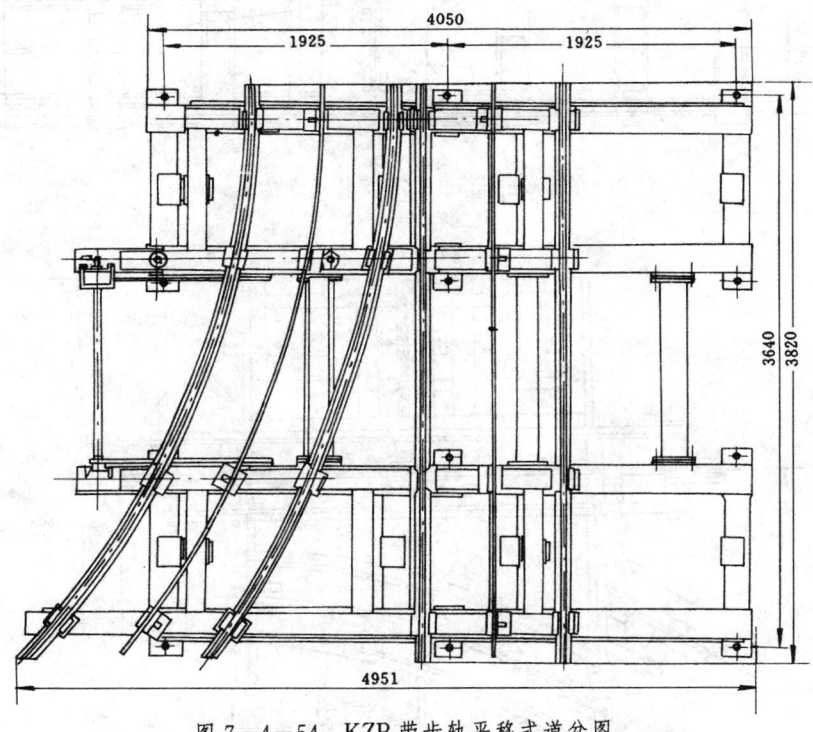

图7—4—54　KZP带齿轨平移式道岔图

击的强度。设计时可参考斜井轨道防滑装置的设置方法，每隔10~20m设一组固定装置或采用锚杆，锚固于巷道坚实底板中。

四、齿轨机车运输能力计算

胶套轮齿轨机车采用胶套轮粘着牵引时，牵引重量按下式计算：

$$Q = \frac{F - P\ (\omega_1 + \omega_i)}{\omega_2 + \omega_i} \qquad (7-4-37)$$

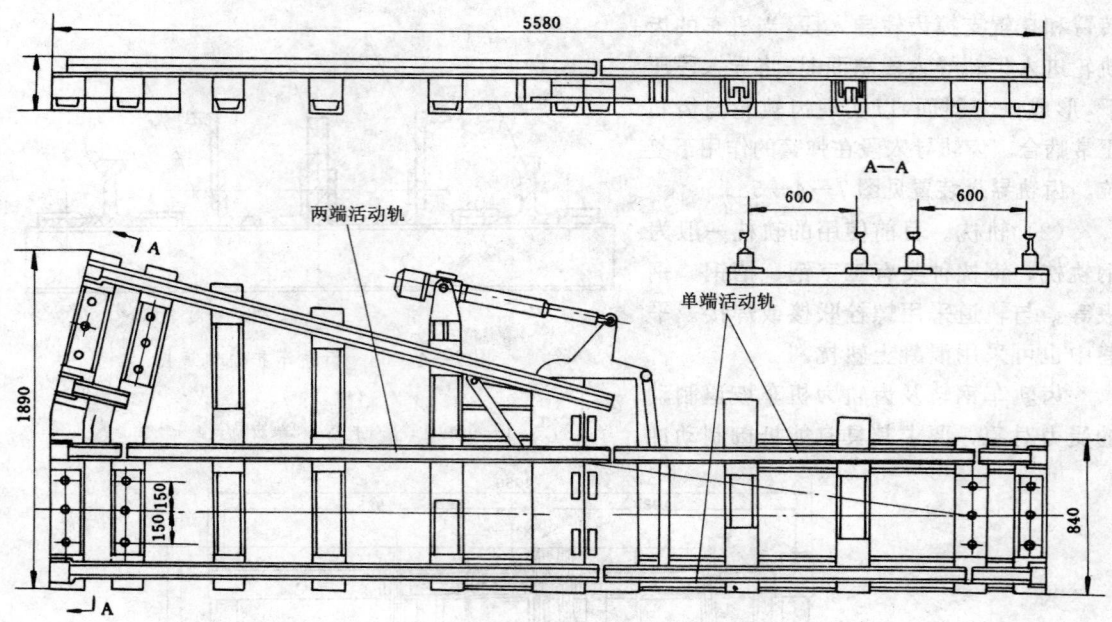

图 7—4—55 KZP 旋转式道岔图

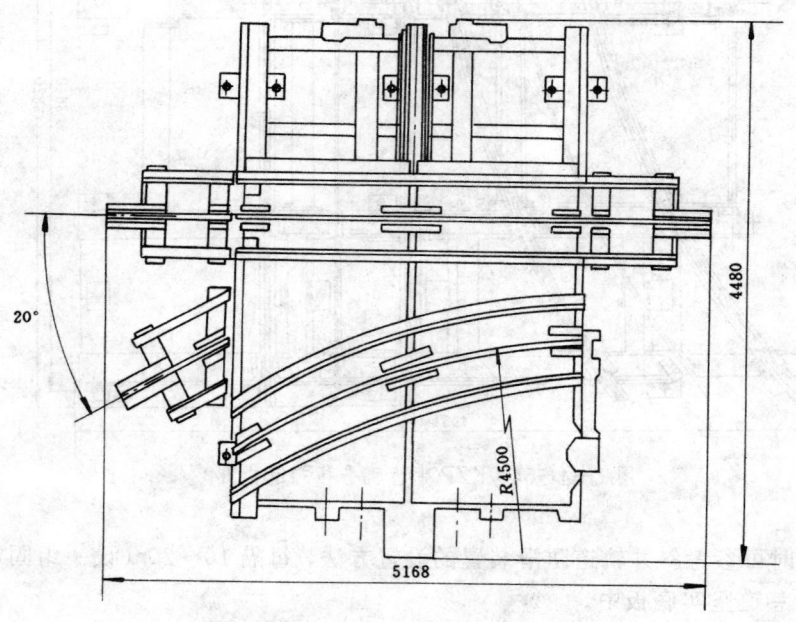

图 7—4—56 CK66 平移式道岔图

式中 Q —— 牵引质量，t；

F —— 粘着牵引力，N；

P —— 列车质量，t；

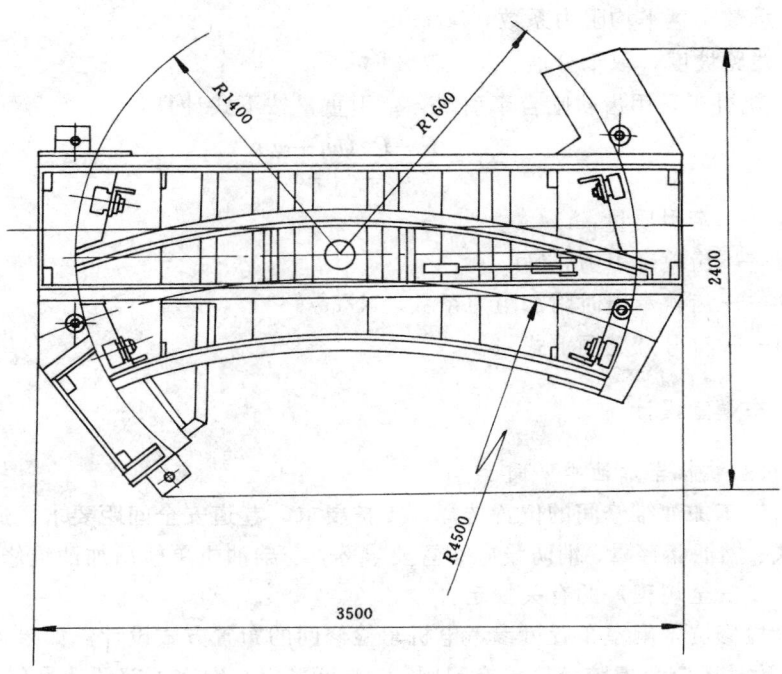

图 7—4—57　CK66 旋转式道岔图

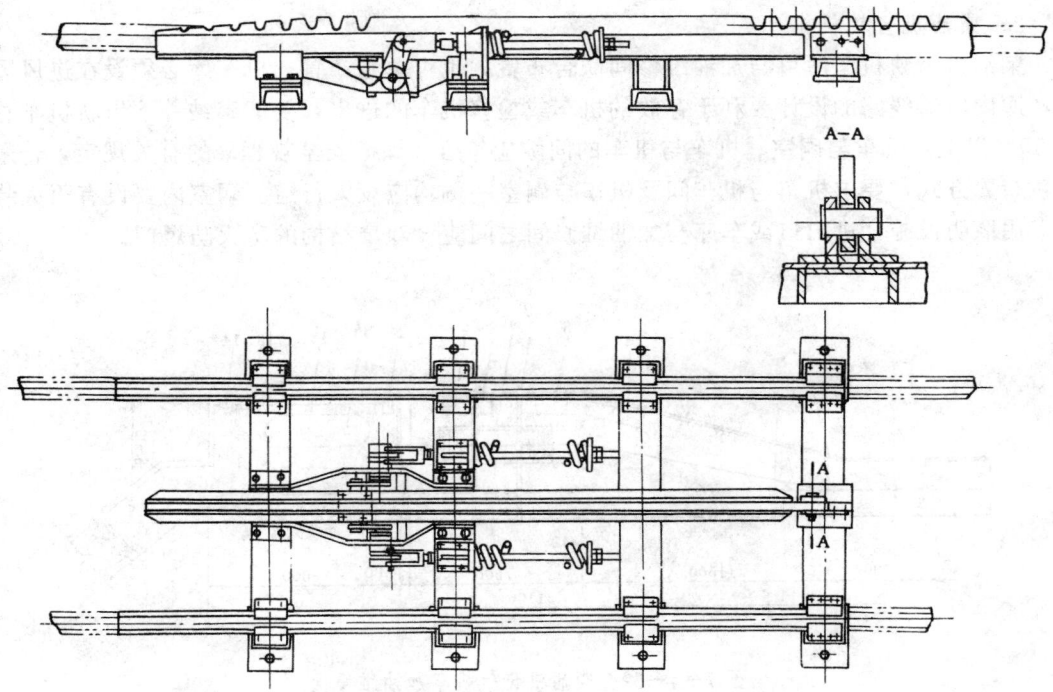

图 7—4—58　齿轨车齿轨导入装置图

ω_1——列车平均阻力系数，N/t；

ω_2——承载车辆平均阻力系数，N/t；

ω_i——线路坡度，取千分值。

胶套轮齿轨机车采用齿轨啮合牵引时，牵引重量按下式计算：

$$Q' = \frac{F - P\,(\omega_1 + \omega_i)}{\omega_2 + \omega_3 + \omega_i} \qquad\qquad (7-4-38)$$

式中 Q'——牵引质量，t；

         F——齿轨牵引力，N；

         ω_3——齿轨牵引时附加阻力系数，N/t；

P、ω_1、ω_2、ω_i——符号意义同上式。

五、齿轨车硐室设计

1. 柴油机齿轨机车加油维修间

柴油机齿轨车加油维修间的位置选择、支护要求、巷道安全间距要求、通风要求、安全出口布置方式、燃油储存量、消防设施布置要求等，与柴油机单轨吊加油维修间的原则相同，并应符合《煤矿安全规程》的有关规定。

间内应设检修坑，硐室布置可参考电机车检修间的布置方式设计。如果采用的是胶套轮齿轨机车，设计时还应考虑胶套轮更换问题，一般可采用在硐室顶部预埋吊装梁方式解决，吊装梁一般应布置两根，吊装梁间距及位置以满足吊装要求、利于检修为原则。维修间与加油间一般应隔为两间，中间设防火防爆门，如图 7-4-59。

2. 柴油机齿轨机车库

柴油机齿轨机车库可与加油维修间联合布置，也可单独布置，机车库必须设在进风风流中，库内轨道线路的设计要利于存放的机车或检修机车的进出，要能容纳井下齿轨机车总数的 50% 以上，机车与硐室、机车与机车的间隙应符合《煤矿安全规程》的有关规定，若采用双轨布置方式，要求机车与机车间及机车与硐室一侧均应设人行道。硐室内要设有灭火装置和专用照明设施，进出口或车库与加油维修间之间应设双扇结构的防火防爆门。

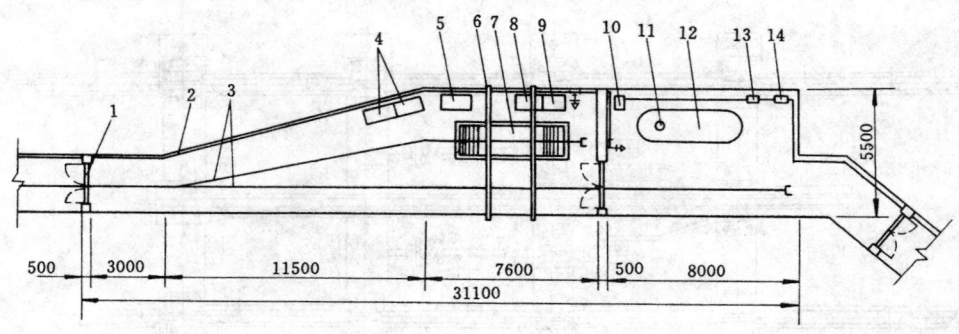

图 7-4-59 柴油机齿轨机车加油维修间

1—防火防爆门；2—消防水管；3—轨道中心线；4—配件台；5—工作台；6—起吊梁；7—检修坑；8—消防器材箱；
9—贮水箱；10—防爆加油装置；11—油罐进油口；12—贮油罐；13—控制开关；14—总开关

六、齿轨车应用举例

实例：兖州矿务局济宁二号矿井齿轨车应用

1. 矿井概况

兖州矿务局济宁二号矿井位于山东省济宁市，矿井设计生产能力为 4.00Mt/a。

井田地质构造以宽缓的褶曲构造为主，伴有少量断裂构造，地质构造属中等、简单类型。井田含煤地层为二叠系下统山西组和石炭系上统太原组，主要可采煤层为山西组的 $3_上$、$3_下$ 煤层和太原组的 $16_上$、17 号煤层，可采煤层特征见表 7－4－36。煤质为气煤～气肥煤。煤层倾角一般为 2°～10°，局部大于 20°。井田水文地质条件属简单类型，矿井正常涌水量为 320m³/h。属低瓦斯矿井。

表 7－4－36　可 采 煤 层 特 征 表

煤层编号	煤层厚度（m）最小～最大 平均	煤层间距（m）最小～最大 平均	稳定性	顶底板岩性	
				顶 板	底 板
$3_上$	$\dfrac{0.00\sim6.0}{2.1}$	$\dfrac{0\sim50.73}{28.2}$	较稳定 不稳定	砂 岩	粉泥砂岩
$3_下$	$\dfrac{0.00\sim17.96}{4.68}$		较稳定	砂 岩	粉砂岩
$16_上$	$\dfrac{0.75\sim1.64}{1.18}$	$\dfrac{125.9\sim205.0}{160.9}$	稳 定	石灰岩	泥 岩
17	$\dfrac{0.51\sim2.46}{0.89}$	$\dfrac{3.36\sim10.611}{7.35}$	稳 定 较稳定	石灰泥	泥 岩

2. 矿井开拓及装备

矿井采用立井开拓，主立井净直径 6.0m，垂深 645m，装备一对 34t 箕斗提煤，采用塔式多绳摩擦提煤。副立井净直径 8.0m，采用落地式多绳摩擦提升。回风立井净直径 6.0m。井筒落底后布置井底车场，设南、北翼带式输送机大巷、轨道大巷及回风大巷。南、北两翼在大巷两侧各布置 2 个盘区，即南一、南二、北一、北二共 4 个盘区，移交南一、北一、北二 3 个盘区生产，如图 7－4－60。南一盘区装备一个放顶煤长壁工作面生产，开采 $3_下$ 煤层；北一盘区装备一个普通长壁工作面生产，开采 $3_上$ 煤层；北二盘区装备一个放顶煤长壁工作面生产，开采 $3_下$ 煤层。放顶煤支架采用 ZFS5600－17/35 型，整架重约 18.8t；普通综采支架采用 ZY5600－15/32 型，整架重量约 14t。

3. 矿井辅助运输

矿井辅助运输全部采用齿轨车运输方式，选用 2 台国产 JCP－8/600 型机械传动齿轨机车及 2 台英国汉斯莱特 150 马力齿轨机车。辅助运输线路除井底车场及其附近大巷布置在煤层顶板岩石中外，其余均沿煤层布置。井底车场及南北轨道大巷净宽 5.0m，净高 4.2m，采用锚网喷支护，其坡度除南翼有一段 5°斜巷外，其余均为平巷。采区上下山均沿煤层布置，净宽 3.8～4.3m，净高 3.2～3.6m，全煤时采用 U 型钢金属支架支护，其余为锚网喷支护，巷道倾角为 6°～10°。顺槽净宽 3.2m（顶部），净高 2.8m，均采用工字钢梯形棚支护，巷道倾角为 6°～14°，一般为 8°～10°。

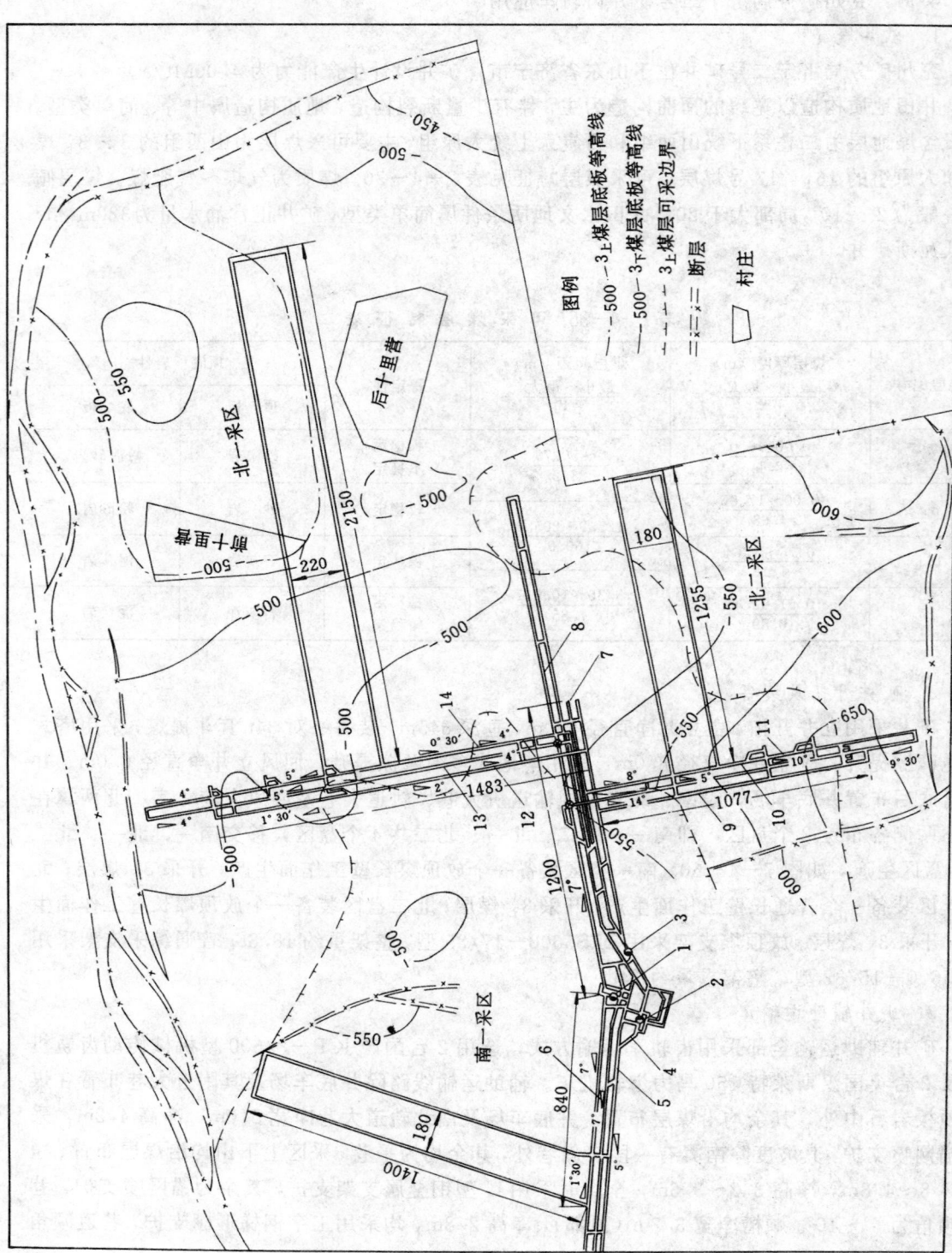

图7—4—60　济宁二号井井田开拓图

1—主立井；2—副立井；3—回风立井；4—井底车场；5—南轨道大巷；6—南带式输送机大巷；7—北轨道大巷；8—北带式输送机大巷；9—3下煤层回风下山；10—3下煤层轨道下山；11—3下煤层运输下山；12—3上煤层回风上山；13—3上煤层运输上山；14—3上煤层轨道上山；

图例

—500—3上煤层底板等高线
—500—3下煤层底板等高线
—500—3上煤层可采边界
断层
村庄

第六节 无 轨 胶 轮 车

一、概 述

1. 分 类

无轨胶轮车是一种以柴油机、蓄电池为动力，不需铺设轨道，使用胶轮在道路上自由行驶的车辆。根据牵引动力不同，可分为防爆柴油机无轨胶轮车和防爆蓄电池无轨胶轮车两种。

2. 无轨胶轮车的优缺点

(1) 无轨胶轮车一般采用铰接车身，前部为牵引车，后部为承载车，拐弯半径小，机动灵活，机身较低，一般为 1～1.7m，有可靠的制动系统。

(2) 车辆的前端工作机构可以快速更换，即可在 1～2min 内，由铲斗更换成铲板、集装箱、散装前卸料斗、侧卸料斗或起底带齿铲斗。还可改为乘人车、救护车、修理车、牵引起吊车等。有的车上还可装设绞车、钻机、锚杆机等，实现一机多功能。

(3) 蓄电池无轨胶轮车无排气污染，轻型车可以运人运料，重型车可运送支架设备。

(4) 无轨胶轮车一般车体较宽，行驶中要求巷道两侧的安全间距比有轨运输要大，因此需要巷道断面大，对巷道底板要求较高。

3. 无轨胶轮车的适应性

(1) 特殊防爆型无轨胶轮车可用于瓦斯、有煤与瓦斯突出危险的及有煤尘爆炸危险的矿井。

(2) 无轨胶轮车特别适应于煤层赋存浅，采用小倾角斜井开拓或平硐开拓的近水平煤层矿井，设备、材料可从地面不转载连续运抵井下各地点。

(3) 适应综合机械化采煤、搬家频繁，工作量大的矿井。

(4) 适应巷道倾角不大于 12°。巷道倾角大于 8.5° 时，连续纵坡长度一般应不大于 500m；巷道倾角为 5.7°～8.5° 时，连续纵坡长度一般应不大于 700～800m；巷道倾角小于 5.7° 时，一般无特殊要求。超过上述值时应设缓坡段，缓坡段坡度一般应小于 1.7°～3.4°。

(5) 巷道横向坡度与行车速度、转弯半径、路面状况等因素有关，一般可适应坡度 1.0°～3.4°。

二、柴油机无轨胶轮车

1. 结构特点

以防爆柴油机为动力，由动力装置、传动装置、转向机构、轮胎及电气等组成。动力装置采用水冷、自然进气、4 冲程、4～6 缸直列防爆柴油机。传动装置采用工业用重型变速箱，全动力变速或采用液压泵、液压马达静液驱动。制动系统分工作制动和紧急制动，工作制动为脚踏操作，双制动回路，四轮制动；紧急制动（手闸）为手动操作，弹簧制动液压解除。转向机构采用中央铰接式，方向盘操作，全动力液压转向，蓄能器保压或采用滑转式，通过控制两侧车轮的转速或转向，达到转向目的。

2. 主要技术参数

国内外柴油机无轨胶轮车主要技术参数见表 7—4—37 及表 7—4—38。

表7-4-37　国产柴油机无轨胶轮车性能参数

型号	柴油机参数					胶轮车结构参数					胶轮车性能参数					生产厂家或研制单位	备注
	功率(kW)	转数(r/min)	油耗(g/kW·h)	传动形式	制动形式	负荷分配前后(kg)	轮距/轴距(mm)	曲率半径 水平/垂直(m)	自重(kg)	外形尺寸 长×宽×高(mm)	最大牵引力 空/重(kN)	最大制动力 空/重(kN)	最大速度(m/s)	爬坡能力(°)	最大载荷(t)		
FNJ-30 X4105FB	30	1500	252	机械	1.手闸 2.脚踏静压制动	空载 1680/1200 满载 1832/2848	1480/2800	5.7/50	2880	4100×1850×1800	7/16	11.7/20.0	2.7	18	1.8	河北煤装研究所	
WY-20 小型运煤车 295FB	17	2000	287	液压	1.液压自锁 2.钳盘式弹簧制动	空载 3438/1218 满载 3877/2779	1250/3803	5.9/50	4700	5986×1500×1600~1800	11.5/16.7	16.0/17.5	3.4	8	2.0	河北煤装研究所	已鉴定
DZY-16 支架运输车 X6105FB	66	2300	258	液压	1.液压自锁 2.湿式多片制动器制动	空载 7200/2800 满载 7327/18673	2790/3800	6.235/50	10000	8600×2790×1463	47.5/53.9	47.1/116.0	3.3	12	16.0	河北煤装研究所	已鉴定
WCQ-3A 轻型车 WCQ-3A	75	2300	260	液压	多盘式制动液压闸	空载 4000/2000 满载 5300/3700	1450/2280	5.0/20	6000	4750×1750×1950	35	45	6.9	14	3.0	常州科研所	
WCQ-3B 轻型车 WCQ-3B	45	2600	260	液压	1.脚踏钳盘弹簧制动 2.湿式制动液压闸	空载 4000/2000 满载 5300/3700	1450/2350	5.0/20	6000	4750×1700×1950	30	45	5.0	14	3.0	常州科研所	
WCQ-3C 轻型车 WCQ-3C	45	2600	260	液压	1.双回路液压制动 2.中央湿式盘式制动	空载 1000/1000 满载 1900/3100	1420/2800	5.0/20	2000	5000×1700×2000	30	45	6.9	14	3.0	常州科研所	
TY6/20FB 客货车 MWMD916-6	74	2500	240		湿式多片摩擦制动	空载 8000/1985 满载 2227/4230	6/50		9985	8280×2542×1780			6.9	15	6.0	煤科院太原分院	已鉴定
TY306IFB 自卸车 MWMD916-4	48	2500	240		1.液压踏片式 2.盘式中央制动	空载 1800/1780 满载 2090/3990	1584/3148	6.7/50	3580	5740×2076×2100			15.5	15	2.5	煤科院太原分院	已鉴定

表7-4-38 国外柴油机无轨胶轮车性能参数

型号	柴油机参数 型号	功率(kW)	转速(r/min)	起动方式	传动方式	轮胎个数	制动装置	曲率半径 内轮/外轮(m)	自重(kg)	外形尺寸 长×宽×高(mm)	最大速度(m/s)	重载最大爬坡能力(°)	最大载荷(t)	选装件	生产厂家
Mode1280	Cat3306	93	2000	压风	液力变矩器/齿轮	4(载重车) 2(机车)	多盘闸 液压/弹簧操作	2.9/6.4	16900	9060×3000×1500 9060×3300×1500	1.89	11.33	27	支架叉车	澳大利亚诺依斯公司
MPV-MK11	Cat3304	75	2000	压风	液力变矩器/齿轮	4(铰接车身)	两套盘闸 液压操作	3.25/6.35	7600	7100×2360×1350	2~7.83	30	5 人车(17~21人)	料车、救护车、起吊车、修理车	澳大利亚诺依斯公司
MPV-MK11	MWMD916-4 MWMD916-6	48.5 73.5	2500	压风或液压	液力变矩器/齿轮	4(人车整身4轮)	多盘闸 弹簧操作	4.6/8.0	8100 9500	6900×2210×1520 7200×2380×1600	0.97~10		4.5	乘人12名 铲斗运料车	澳大利亚道米诺公司
FSV913C	Cat3304	82	2300	液压或手动	液力变矩器/齿轮	4(叉车为6轮)	轮装式弹簧液压	2.75/6.15(45°×2)	12700	8334×2400×1600 7800×1829×1890	2.78 4.17		5.45	料车铲车 铲斗叉车	英国艾姆科公司
FSV912D	MWMD916-6 Cat3304	73.5 75	2500	液压或手动	液力变矩器 齿轮变速箱	4(铰接车身)	轮装式弹簧液压	2.67/4.8(45°×2)	11900	8380×1884×1716	2.78 4.17		3.60 8	料车、铲车	英国艾姆科公司
FSV911C	Cat3304	44	2300	液压或手动	液力变矩器 齿轮变速箱	4	轮装盘式弹簧液压			6194×1220×1800			2.27 (5)	料车、铲车	英国艾姆科公司
913HLC	MWMD916-6 MWMD932-48	75 112	2300	液压或手动	液力变矩器 齿轮变速箱	4	轮装盘式弹簧液压	2.4/5.22	12500	8290×2200×1944	0.47 0.83	16	20 (14.6)	支架运输车	英国艾姆科公司

续表

型号	柴油机参数		起动方式	传动方式	胶轮					胶轮车性能参数			选装件	生产厂家
	型号	功率(kW)	转速(r/min)			轮胎个数	制动装置	曲率半径 内轮/外轮(m)	自重(kg)	外形尺寸 长×宽×高(mm)	最大速度(m/s)	重载最大爬坡能力(°)	最大载荷(t)		
913BUS	Cat3304 PC	75	2300	液压或手动	液力变矩器 齿轮变速箱	4	轮毂式 弹簧液压	2.85/5.45	12500	8763×2002 ×1880	4.17	14	30人	人车30座	英国 艾姆科公司
MP-100	D916-62	70	2300	液压 蓄能	液力变矩器 齿轮变速箱	4	四轮盘闸 液压操作	(45°×2)	15800	8930×2200 ×1690 8930×1800 ×1690	3.47~4.61	16	15.4	铲板、料斗 集装箱	英国 伽利克公司
MP-150	MWMD932 -8	112	2300	液压 蓄能	液力变矩器 齿轮变速箱	4	四轮盘闸 液压操作	(45°×2)	19200	9050×2200 ×1700	3.33	16	20.6	铲板、料斗 集装箱	英国 伽利克公司
L64D	D916-4	44	2300	液压 蓄能	液力变矩器 齿轮变速箱	4	四轮盘闸 液压操作	6.35 (35°×2)	7800	7040×1380 ×1700	1.69~4.28	16	2	铲板、料斗 集装箱	英国 伽利克公司
S450	Cat3304	75	2300	液压 蓄能	液力变矩器 齿轮变速箱	4	四轮盘闸 液压/弹簧	2.44/5.66 (45°×2)	13600	7925×2483 ×1270 7925×2184 ×1270	0.67~3.14	20	4.54	平铲斗	美国英格 索兰公司
912X	Cat3306	112	2300	液压 蓄能	齿轮变速箱	4	四轮盘闸 液压操作 弹簧制动	2.8/5.77	25000	9500×2126 ×1880	4.17	14.5	25	铲板、铲斗叉车	英国 艾姆科公司
880D-60	PERKins 1004-4	60	2300	液压 蓄能	齿轮变速箱	4	四轮盘闸 液压操作 弹簧制动	2.8/5.77	5700	4260×1660 ×1965	5.28	14.5	4	人车、料车、吊臂	英国 艾姆科公司
935	Cat3304	70	2300	液压 蓄能	齿轮变速箱	4	四轮盘闸 液压操作 弹簧制动	3.35/5.79	12500	9159×2616 ×965	5.56	16	13.6	平铲斗、 铲板叉车	美国 艾姆科公司

续表

型 号	柴油机参数		起动方式	胶轮车结构参数							胶轮车性能参数			选装件	生产厂家
	型号	功率 (kW)	转速 (r/min)		传动方式	轮胎个数	制动装置	曲率半径 内轮/外轮 (m)	自重 (kg)	外形尺寸 长×宽×高 (mm)	最大速度 (m/s)	重载最大 爬坡能力 (°)	最大载荷 (t)		
936	Cat3306	112	2300	液压蓄能	齿轮变速箱	4	四轮盘闸 液压操作 弹簧制动	3.45/6.55	16500	9184×2970 ×1588	4.73	16	18	平铲斗、铲板叉车	美国 艾姆科公司
LST—5S —14X	Cat3306	112	2300	液压蓄能	齿轮变速箱	4	四轮盘闸 液压操作 弹簧制动	2.28/6.43	16600	3700×2600 ×1220	3.75	25	12.7	铲斗、铲板	美国 华格纳公司
LST—5S —25X	Cat3306	112	2300	液压蓄能	齿轮变速箱	4	四轮盘闸 液压操作 弹簧制动	3.3/6.4	36700	9800×2850 ×1450	3.75	25	27.2	铲斗、铲板	美国 华格纳公司
LST—5S —30X	Cat3306	112	2300	液压蓄能	齿轮变速箱	4	四轮盘闸 液压操作 弹簧制动	3.3/6.4	36700	9800×2850 ×1450	3.75	25	27.2	铲斗、铲板	美国 华格纳公司
200	Cat3304	75	2300	液压蓄能	齿轮变速箱	4	四轮盘闸 液压操作 弹簧制动		20000	9200×2600 ×1420			10	铲斗、铲板	美国 斯皮柯公司
280	Cat3306	112	2300	液压蓄能	齿轮变速箱	4	四轮盘闸 液压操作 弹簧制动		27	9200×3230 ×1520		25	17	铲斗、铲板	美国 斯皮柯公司
ВГД3		57			液压传动					5700×1500 ×1400	6.94	12	3	人车(12座) 铲 斗	前苏联

续表

型号	柴油机参数 型号	功率 (kW)	转速 (r/min)	起动方式	传动方式	轮胎个数	制动装置	曲率半径内轮/外轮 (m)	自重 (kg)	外形尺寸长×宽×高 (mm)	最大速度 (m/s)	重载最大爬坡能力 (°)	最大载荷 (t)	选装件	生产厂家
T103	MWMD916-6	70	2300	液压蓄能			四轮盘闸液压操作弹簧制动			7920×2000×1650				铲斗	德国沙尔夫公司
F66	MWMD916-4	45	2200	液压蓄能			四轮盘闸液压操作弹簧制动			5600×1800×2000				铲斗、人车	德国沙尔夫公司
MYNE-truck4	MWMD916-4	48	2500	液压蓄能	齿轮变速箱	4	四轮盘闸液压操作弹簧制动		8000	8782×2300×1700	8.89	15	5.0	料车、铲板	澳大利亚道米诺公司
MYNE-taxi4	MWMD916-4	48	2500	液压蓄能	齿轮变速箱	4	四轮盘闸液压操作弹簧制动		7100	5724×2180×1700	8.89	15	0.9	铲斗、铲板	澳大利亚道米诺公司
MYNE-Loader	MWMD916-6	73.5	2500	液压蓄能	齿轮变速箱	4	四轮盘闸液压操作弹簧制动		11245	7715×2320×1750	5	15	3.0	铲板、叉车	澳大利亚道米诺公司
MYNEP.E.T6	MWMD916-6	73.5	2500	液压蓄能	齿轮变速箱	4	四轮盘闸液压操作弹簧制动		9720	7044×2200×1700	6.94	7.5	6.0	铲斗、集装箱	澳大利亚道米诺公司
912E	Cat3306	112	1800	液压蓄能	齿轮变速箱	4	四轮盘闸液压操作弹簧制动		25000	9500×2130×1900	4.17	14.5	25	铲板、铲斗、叉车	美国艾姆科公司
913	Cat3304	88	1800	液压蓄能	齿轮变速箱	4	四轮盘闸液压操作弹簧制动		13000	8760×2000×1900	6.94	14.5		铲板、铲斗、料车	美国艾姆科公司

3. 牵引特性及运输能力

几种胶轮车牵引特性见表7－4－39、表7－4－40、表7－4－41、表7－4－42、表7－4－43。

表7－4－39 DZY－16型支架运输车牵引特性表

牵引力 (kN)	Ⅰ 档 速度(km/h)	Ⅱ 档 速度(km/h)	Ⅰ档＋半排量 速度(km/h)	Ⅰ档＋全排量 速度(km/h)	Ⅱ档＋半排量 速度(km/h)	Ⅱ档＋全排量 速度(km/h)
2.45	7.06	15.43	5.36	3.73	7.61	4.70
3.43	7.06	15.43	5.36	3.73	7.61	4.70
4.41	7.06	15.43	5.36	3.73	7.61	4.70
5.39	7.06	15.43	5.36	3.73	7.61	4.70
6.37	7.06	15.43	5.36	3.73	7.61	4.70
8.22	7.06	15.43	5.36	3.73	7.61	4.70
9.36	7.06	15.43	5.36	3.73	7.61	4.70
11.69	7.06	15.43	5.36	3.73	7.61	4.70
12.99	7.06	15.43	5.36	3.73	7.61	4.70
14.09	7.06	15.43	5.36	3.73	7.51	4.70
15.26	7.06	15.43	5.34	3.73	7.48	4.70
16.70	7.01	15.43	5.31	3.73	7.31	4.70
18.56	6.29	13.91	5.29	3.73	6.64	4.69
20.42	5.71	8.90	5.22	3.73	6.00	4.67
22.27	5.22		5.07	3.73	5.47	4.65
24.13	4.81		4.80	3.72	5.03	4.63
25.36	4.58		4.34	3.71	4.78	4.61
27.90	4.16		3.94	3.69	4.33	4.50
30.44	3.81		3.62	3.68	3.96	4.14
32.97	3.73		3.37	3.62	3.65	3.80
35.35			3.08	3.54	3.40	3.53
38.56			2.77	3.22	2.70	3.22
41.77			2.53	2.95		2.96
42.75				2.87		2.89
46.64				2.62		2.64
50.52				2.41		2.43
54.66				2.22		2.25

表 7—4—40　CY—20 型多用途铲车牵引特性表

I 档		II 档		III 档		IV 档		V 档		VI 档	
牵引力 (kN)	速度 (km/h)	牵引力 (kN)	速度 (km/h)	牵引力 (kN)	速度 (km/h)	牵引力 (kN)	速度 (km/h)	牵引力 (kN)	速度 (km/h)	牵引力 (kN)	速度 (km/h)
174.3	0	91.3	0	41.3	0	84.4	0	44.2	0	20.1	0
168.0	0.324	88.4	0.626	40.0	1.399	81.7	0.677	42.8	1.306	19.4	2.909
156.6	0.640	82.0	1.234	37.1	2.709	75.8	1.336	39.7	2.576	18.0	5.737
147.9	0.797	77.4	1.537	35.0	3.435	71.6	1.663	37.5	3.207	17.0	7.143
130.9	1.041	68.5	2.008	31.0	4.488	63.3	2.173	33.2	4.191	15.1	9.334
115.6	1.240	60.6	2.391	27.4	5.344	56.0	2.587	29.4	4.990	13.3	11.113
95.5	1.464	50.0	2.825	22.6	6.313	46.2	3.056	24.2	5.894	11.0	13.128
76.5	1.586	40.1	3.059	18.1	6.838	37.0	3.310	19.4	6.384	8.8	14.219
0	1.817	0	3.505	0	7.834	0	3.801	0	7.313	0	16.289

表 7—4—41　EIMCO 913D 型多功能铲车牵引特性表

一　档			二　档			三　档		
速度 (km/h)	牵引力 (kN)	巷道坡度 (%)	速度 (km/h)	牵引力 (kN)	巷道坡度 (%)	速度 (km/h)	牵引力 (kN)	巷道坡度 (%)
0.0	132.9	90.4	0.0	62.8	32.2	0.0	23.0	10.0
0.3	125.1	81.0	0.6	59.1	30.0	1.8	21.7	9.3
0.6	114.8	70.6	1.3	54.3	27.1	3.4	19.9	8.4
0.8	102.8	59.9	1.9	48.6	23.9	5.1	17.8	7.3
1.0	96.6	55.0	2.0	45.6	22.3	5.8	16.7	6.7
1.1	88.8	49.2	2.4	42.0	20.2	6.7	15.4	6.0
1.4	76.9	41.1	3.0	36.4	17.1	8.5	13.3	4.9
1.8	66.9	34.7	3.7	31.6	14.6	10.3	11.6	4.0
1.9	62.1	31.7	4.2	29.3	13.4	11.2	10.8	3.6
2.0	57.1	28.8	4.5	27.0	12.1	12.2	9.9	3.1
2.3	51.7	25.7	4.8	24.4	10.8	13.2	9.0	2.6
2.6	45.3	22.1	5.5	21.4	9.2	14.8	7.8	2.0
2.7	42.8	20.7	5.9	20.2	8.5	16.1	7.4	1.8
2.9	32.1	14.8	6.3	15.2	5.9	17.2	5.6	0.8
3.2	15.9	6.3	6.9	7.5	1.9	18.7	2.8	0
3.5	5.6	0.9	7.4	2.7	0	20.1	1.0	0
3.7	0	0	7.7	0	0	21.2	0	0

表 7－4－42　EIMCO 913BUS 型人车牵引特性表

一　档			二　档			三　档		
速度 (km/h)	牵引力 (kN)	巷道坡度 (%)	速度 (km/h)	牵引力 (kN)	巷道坡度 (%)	速度 (km/h)	牵引力 (kN)	巷道坡度 (%)
0.0	76.4	73.8	0.0	36.1	28.1	0.0	13.2	8.7
0.3	75.5	72.4	0.8	35.7	27.7	2.3	13.1	8.5
0.8	73.7	69.8	1.6	34.8	26.9	4.3	12.8	8.3
1.1	71.3	66.3	2.4	33.7	25.9	6.6	12.3	7.9
1.4	68.3	62.4	3.2	32.3	24.7	8.7	11.8	7.5
1.6	66.2	60.0	3.5	31.4	23.9	9.6	11.5	7.3
1.9	64.5	57.4	4.0	30.5	23.1	10.8	11.2	7.0
2.0	57.1	28.8	4.5	27.0	22.1	12.2	9.9	3.1
2.3	59.7	51.8	4.8	27.7	21.1	13.0	10.3	6.3
2.4	57.0	48.7	5.1	26.9	20.0	14.1	9.9	5.9
2.7	54.2	45.7	5.6	25.6	18.9	15.4	9.4	5.5
2.9	51.0	42.3	6.3	24.1	17.6	16.9	8.8	5.0
3.2	47.6	38.9	6.7	22.5	16.3	18.5	8.2	4.6
3.5	43.7	35.1	7.4	20.6	14.7	20.3	7.6	4.0
4.0	38.6	30.3	8.5	18.2	12.7	23.1	6.7	3.3
4.3	36.9	28.7	9.0	17.4	12.1	24.6	6.4	3.0
4.7	15.8	10.8	10.0	7.5	4.0	27.2	2.7	0.1
5.1	0	0	10.9	0	0	29.9	0	0

表 7－4－43　EIMCO 912X 型载重车牵引特性表

一　档			二　档			三　档		
速度 (km/h)	牵引力 (kN)	巷道坡度 (%)	速度 (km/h)	牵引力 (kN)	巷道坡度 (%)	速度 (km/h)	牵引力 (kN)	巷道坡度 (%)
0.0	214.2	59.8	0.0	99.9	23.9	0.0	36.7	7.3
0.3	205.6	57.6	0.6	97.2	23.1	1.5	35.7	7.0
0.5	196.6	54.2	1.1	92.9	22.0	3.1	34.1	6.6
0.8	183.0	49.2	1.7	86.5	20.2	4.6	31.7	6.0
1.0	168.1	44.2	2.2	79.4	18.4	6.0	29.1	5.4
1.1	165.2	43.2	2.3	78.1	18.0	6.3	28.6	5.2
1.4	146.1	37.2	2.9	69.1	15.6	8.0	25.3	4.4
1.7	129.4	32.2	3.6	61.2	13.6	9.8	22.4	3.7
1.9	120.9	29.8	3.9	57.2	12.5	10.8	21.0	3.3
2.1	112.3	27.3	4.3	53.1	11.5	11.8	19.5	2.9
2.3	103.5	24.9	4.8	48.9	10.4	13.0	18.0	2.5
2.5	93.7	22.2	5.3	44.3	9.2	14.3	16.3	2.1
2.8	82.6	19.2	5.8	39.0	7.9	15.9	14.3	1.6
2.8	81.9	19.0	5.9	38.7	7.8	16.0	14.2	1.6
3.0	59.8	13.2	6.4	28.3	5.1	17.4	10.4	0.6
3.3	27.9	5.0	6.9	13.2	1.3	18.9	4.8	0.0
3.3	20.9	3.3	7.0	9.9	0.5	19.1	3.6	0.0
3.6	0	0.0	7.6	0	0.0	20.7	0	0.0

三、蓄电池无轨胶轮车

1. 结构特点

采用防爆蓄电池为动力源，直流电动机驱动。主要由动力系统、传动系统、转向机构和制动系统组成。传动系统采用减速传动箱差动行星减速机构，无级调速。转向机构采用中央铰接，液压转向。制动系统一般为盘式工作制动及弹簧制动液压解除手闸。

2. 主要技术参数

国外蓄电池无轨胶轮车主要技术参数见表7—4—44。

四、无轨胶轮车巷道断面设计

无轨胶轮车一般运行速度较高，车身较长，有时还需要和拖车铰接，运行中没有固定的轨道限制其运行轨迹，故其安全间距一般较有轨运输要大。目前，《煤矿安全规程》尚未对采用无轨胶轮车运输巷道的人行道宽度、车辆对开时的安全间隙及车辆与巷道另侧的安全间距作出规定。

1. 冶金出版社《采矿手册》中的规定

冶金出版社出版的《采矿手册》中对无轨胶轮车运输巷道的断面布置如图7—4—61所示。当设置人行道时，巷道宽度为：

$$B=a+A+b \tag{7—4—39}$$

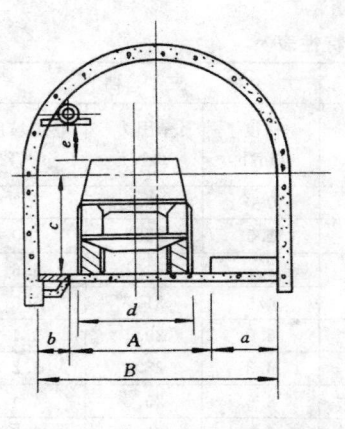

图7—4—61 无轨胶轮车
巷道断面布置

式中 B——巷道宽度，mm；

  a——人行道宽度，采用高出巷道底板200mm专用人行道时取800mm，否则可取1000mm；

  A——行车道宽度，mm；

  b——行车道边缘至巷道壁的最小距离，可取300～500mm。

行车道宽度 A 与车速有关，可利用下列经验公式计算：

$$A=d+1.6\delta+12v \tag{7—4—40}$$

  A——行车道宽度，mm；

  d——无轨胶轮车宽度，mm；

  δ——轮胎宽度，mm；

  v——行车速度，km/h。

在行车道拐弯处应根据曲线半径和胶轮车的结构参数，将巷道加宽 ΔB，车辆转弯示意图如图7—4—62所示。

$$\Delta B=(R_1-R_2)-d \tag{7—4—41}$$

式中 ΔB——巷道加宽宽度，mm；

  R_1、R_2——设备转弯时的最大外半径与最小内半径，mm。

  d——无轨胶轮车宽度，mm。

一般在计算的基础上，行车道转弯处除加宽 ΔB 外要求再加宽300～500mm。

表7—4—44　国外蓄电池无轨胶轮车性能参数

型号	蓄电池、电动机参数			胶轮车结构参数					胶轮车性能参数						生产厂家
	驱动电机(kW)	电池电压(V)	蓄电池容量(Ah)	车轮布置	制动系统	曲率半径 内轮/外轮(m)	质量(kg)	外形尺寸 长×宽×高(mm)	速度(m/s)	最大爬坡 重/空车(°)	最大载荷(t)	铲斗容积(m³)	选装件	绞车牵引力(kN)	
610	37.5	110	1200	4轮铰接车身	液压弹簧 紧急停车闸	4.0/6.81	23200	8949×2590×1422	1.40	11.8/32	20	5	铲斗、绞盘 瓦斯监测、灭火器	155	美国英格索兰公司
602A	37.5	110	900	4轮铰接车身	液压弹簧 紧急停车闸	4.26/7.13	18300	8260×2640×1060	1.61	11.8/32	12	3.1	铲斗、绞盘 瓦斯监测、灭火器	135	美国英格索兰公司
605	37.5	110	1200	4轮铰接车身	液压弹簧 紧急停车闸	3.88/6.73	15500	8196×2642×1321	1.61	11.8/32	18	3.1	铲斗、绞盘 瓦斯监测、灭火器	155	美国英格索兰公司
488				4轮铰接车身	液压弹簧 紧急停车闸	3.53/6.65	14380	8052×2743×927 8052×2438×1092	2.46		3.63		铲斗、灭火器 瓦斯监测		美国英格索兰公司
482			1200	4轮铰接车身	液压弹簧 紧急停车闸	3.28/6.5	11340	7709×2896×679 7709×2438×889	2.14		2.72		铲斗、灭火器 瓦斯监测		美国英格索兰公司
912HD	2×18.5	114	1200	4轮铰车身	液压操纵多 片油浴弹簧闸	3.31/5.57	5900	8920×1560×1600	1.67	14	16		铲板、铲斗		英国 艾姆科公司
DLF—1N	18.6	96		4轮铰车身	液压操纵多 片油浴弹簧闸			5700×2000×686	1.04 2.08		2.5	1.16	铲斗、灭火器 瓦斯监测		美国 艾姆科公司

续表

型号	蓄电池、电动机参数			胶轮车结构参数					胶轮车性能参数						绞车牵引力 (kN)	生产厂家
	驱动电机 (kW)	电压 (V)	蓄电池容量 (Ah)	车轮布置	制动系统	曲率半径 内轮/外轮 (m)	质量 (kg)	外形尺寸 长×宽×高 (mm)	速度 (m/s)	最大爬坡 重/空车 (°)	最大载荷 (t)	铲斗容积 (m³)	选装件			
500	18.6	128	1200	4轮铰车车身	液压操纵多片油浴弹簧闸		12100	7880×2540×660	2.5		3.4	2.7	铲斗、灭火器 瓦斯监测			美国 艾姆科公司
582	39	128	1200	4轮铰车车身	液压操纵多片油浴弹簧闸	3.5/6.8	19000	9100×2640×1140 8230×2430×1140	1.78	10	20.0	3.4	绞盘铲斗、灭火器 瓦斯监测			美国 艾姆科公司
550	24	128	1000	4轮铰接车身	液压操纵油冷盘型闸	2.85/5.69	10900	7620×2286×724	1.81	10	7.5	3.0	绞盘铲斗、灭火器 瓦斯监测	196		美国 艾姆科公司
585	39	128	1200	4轮铰接车身	液压操纵油冷盘型闸	3.6/6.8	26500	9195×2590×1295	1.81	10	30.0	3.0	绞盘铲斗、灭火器 瓦斯监测	196		美国 艾姆科公司
2684C	15	128	560	4轮铰接车身		3.1/6.1	10620	7600×2480×635	1.67		3.0	2.83	铲斗、灭火器 瓦斯监测			飞尔奇公司
3584C	30	128	750	4轮铰身				8050×2750×840			4.0	3.68	铲斗、灭火器 瓦斯监测			飞尔奇公司
590VLT	39	128	1500	4轮铰接车身				9603×3023×1676 9603×2692×1473		15	35		铲板、叉车	196		美国 艾姆科公司

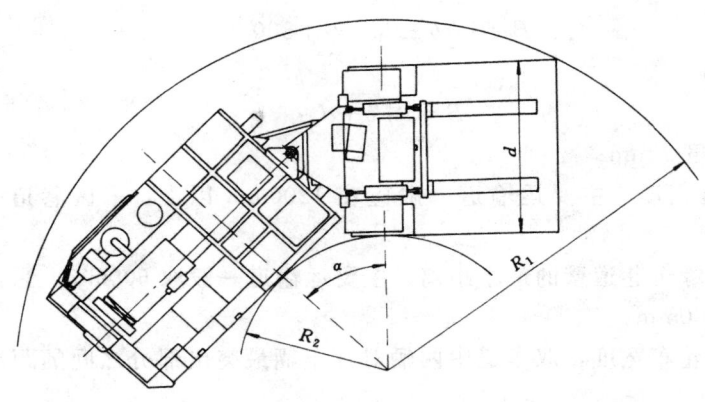

图 7—4—62　无轨胶轮车转弯示意图

某些西方国家的矿井规定巷道宽度 B、巷道高度 H 分别为：

$$B=d+（900\sim1200）\qquad\qquad（7-4-42）$$

$$H=c+（600\sim750）\qquad\qquad（7-4-43）$$

式中　d——无轨胶轮车宽度，mm；

　　　c——无轨胶轮车高度，mm；

　　　B——巷道宽度，mm；

　　　H——巷道高度，mm。

在车辆来往频繁的巷道，这些尺寸是偏小的，设计时可参考现行《规程》有关有轨运输的规定取上限或适当加大。

在确定巷道高度时，应考虑车辆行驶时的垂直跳动，在车辆顶部与上方悬挂物最小间距 e 可根据行驶速度和路面质量考虑，不得小于 $300\sim600$mm。

2. 其他有关资料规定

国内有些资料也介绍了无轨胶轮车断面设计的方法，巷道断面布置如图 7—4—63。

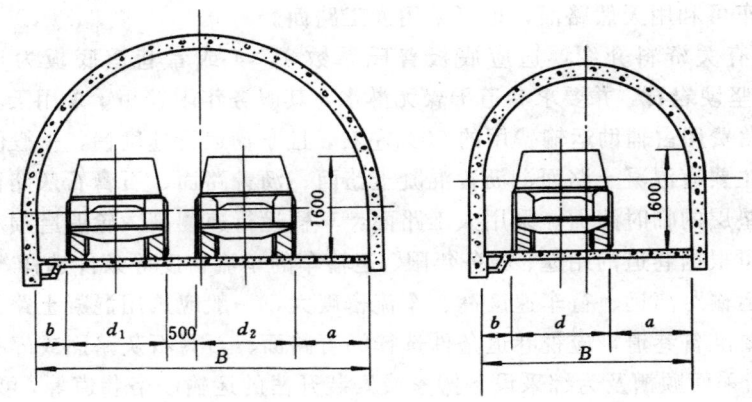

图 7—4—63　无轨胶轮车断面布置

双车巷道宽度 B

$$B=a+b+d_1+d_2+500 \tag{7-4-44}$$

单车巷道宽度 B

$$B=a+b+d \tag{7-4-45}$$

式中 B——巷道宽度，mm；

a——人行道宽度，主要运输道一般应在 1200mm 以上，采区巷道一般取 800～1000mm；

b——车辆边缘至巷道壁的最小距离，主要运输道一般取 500mm，采区巷道一般取 300～500mm；

d、d_1、d_2——无轨胶轮车宽度，双车道中两辆对开车辆最突出部分之间的距离一般不小于 500mm。

弯道巷道宽度 B 根据无轨胶轮车的转弯半径和安全间距确定。设有人行道的弯道宽度 B 可按下式计算：

$$B \geqslant (R_1-R_2)+1200+500 \tag{7-4-46}$$

式中 R_1——设备转弯时的最大外半径，mm；

R_2——设备转弯时的最小内半径，mm。

无轨胶轮车巷道可设计为单车双向行驶道、单车单向行驶道及双车道。单车双向行驶巷道通常采用信号闭锁装置或开拓会让道来解决错车问题。单车单向行驶道，要求车辆按一定方向行驶，禁止逆行。双车道要求来往车辆各行其道，来保证会让及行车安全。当需要开拓双车道时，应首先对开拓一条双车道还是开拓两条单车单行车道进行技术经济比较，一般认为两条单车单行车道运行干扰少、通过量大，故比一条双车道好，但两条单车道的缺点是巷道费用较高。有时为节省井巷工程投资，也常常设计一条单车双向行驶道，其优点是投资省，缺点是运行干扰大、通过量小。

巷道照明状况影响行车安全，灯具的安装应符合标准。在巷道转弯、交岔点及风门等处，都应设置专门标志。

五、无轨胶轮车道路设计

无轨胶轮车可利用天然路面，也可采用人工路面。

天然路面有关资料介绍，适应底板普氏系数 $f \geqslant 4$ 或者巷道底板为比压大于 0.1～0.25MPa 的较坚硬岩石，并要求巷道干燥无淋水，其服务年限较短。采用天然路面一般轮胎磨损较快，轮胎费用占辅助运输费用的 50% 左右，且车辆运行速度慢，一般仅为 4～6km/h。

人工路面主要有混凝土路面、沥青混凝土路面、沥青路面、石膏石灰路面、碎石路面及采用可回收铺垫层的临时路面。采用人工路面，车辆运行速度高，轮胎磨损小。

路面设计可根据巷道的用途、服务年限、运输车的车流密度等条件选择。主要运输巷道，服务年限长、运输距离远、行车速度高、车流密度大，一般应选用混凝土路面或沥青混凝土路面。采区主要准备巷道，应视巷道条件选择沥青路面、石膏石灰路面或碎石路面。临时路面，主要用于回采面顺槽及为综采设备搬家或安装开凿的运输联络巷道等，可采用碎石路面、平整压实自然底板或采用塑料板、橡胶板、网纹板等临时铺垫层硬化路面，铺垫材料作业完成后可回收 70% 左右。

我国冶金矿山无轨胶轮车运行的巷道路面，主要为混凝土路面，路面厚度，根据巷道服务年限及设备类型，一般为100~200mm。服务年限短，设备重量轻的取下限，反之取上限。根据法国经验，服务年限在2年以下的巷道，路面混凝土厚度一般为100~130mm，服务年限在2年以上的巷道，路面混凝土厚度一般为150~200mm。神东矿区大柳塔煤矿，主要巷道路面采用混凝土铺底，铺厚为200mm。

沥青混凝土路面、沥青路面、石膏石灰路面、碎石路面的铺设厚度，国内目前尚无成功的实例可参考，需在实践中进一步探讨。石膏石灰路面对粘土质的巷道底板较有效。

六、无轨胶轮车硐室

无轨胶轮车维修、加油、存放等硐室，当采用平硐或小倾角斜井开拓（无轨胶轮车可直达地面）时，宜设在地面。

采用胶轮车不能直驶至地面的立井或斜井开拓的矿井，应在井下设置维修、加油、存放等硐室。若条件适宜，借助提升设备，能较方便地将胶轮车提至地面维修的，也可在地面设维修站，但加油、存放一般仍在井下完成。

1. 胶轮车加油维修站

井下无轨胶轮车加油、维检修站一般采用联合布置，加油维修站应设在加油、维检修较方便的地点。一般每一矿井或每一水平集中设一个加油维修站。加油维修站的布置应利于车辆畅行，硐室及通道断面尺寸应保证加油、维检修、会让及通过的顺利完成。

加油维修站应采用独立的通风系统，不得与回采或掘进工作面串联通风；必须有两个使人员能够撤离的安全出口，并与矿井不同的安全出口相连。硐室出口处应设向外开的防火防爆门，站内应设加水、消防系统，并配备有足够的消防器材；应有完备的照明设施。

加油维修站应设在稳定的岩层中，采用不燃性材料支护，站内及通道应采用混凝土路面，路面要平整。站内不应有淋水和渗水，应有防止油类物质流出加油维修站的设施或措施。

加油站的燃油储存量不得超过3桶或3天的用油量。

维修站应设有检修坑，检修坑的数量根据井下运行车辆的数量确定。检修地点应安装吊装梁及起吊设备，以便吊装及更换车辆轮胎。

2. 蓄电池胶轮车充电硐室

蓄电池胶轮车充电硐室国内尚无使用实例，可参考蓄电池机车充电硐室的有关规定设计，硐室的通风要求、氢气浓度等应符合《煤矿安全规程》第一百三十一条的规定。在充电室和变流室之间及进、出口应设防火门。硐室断面应满足车辆进出、蓄电池拆装要求。

3. 无轨胶轮车存放硐室

井下无轨胶轮车存放硐室可分为壁龛式和硐室式两种，如图7—4—64、图7—4—65。

壁龛式存放硐室的优点是硐室断面小，进、出车及存放干扰少，缺点是硐室总工程量大。硐室式存放硐室的优点是硐室工程量省，缺点是硐室断面大，硐室跨度除了满足两车并放外，还应满足安全间隙的要求。

4. 其它硐室

除了上述硐室外，无轨胶轮车行驶时如果是单车双向行驶线路还需设会让站。会让站有两种形式，一种为巷道加宽式，另一种为壁龛式。会让站的间距与通行的无轨胶轮车的数量有关，一般可考虑每隔300m左右设置一个。会让站应设置信号装置，司机在车上可启动巷道

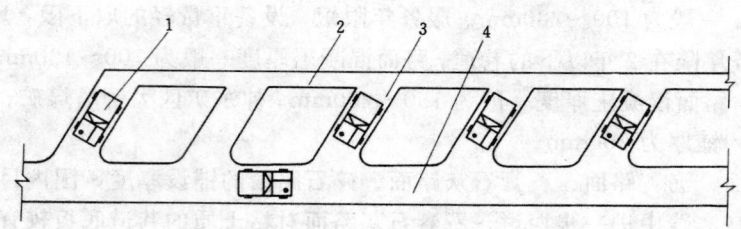

图 7-4-64 壁龛式无轨胶轮车存放硐室

1—胶轮车；2—通风道；3—存放间；4—通过道

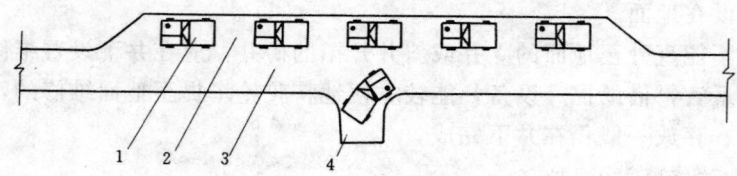

图 7-4-65 硐室式无轨胶轮车存放硐室

1—胶轮车；2—移车间隙；3—通过道；4—调车间

顶上的信号开关，使迎面的车辆得到红灯信号后停车，车辆通过后关闭红色信号灯。

在某些地点如果有必要使车辆调头的话，还应设换向硐室，换向硐室可采用壁龛式，胶轮车行驶至硐室口可倒入其内，实现调头，以保证车辆重载行驶时，车头在前，使司机视线畅通，利于行车安全。

七、无轨胶轮车运输能力计算

1. 牵引力计算

胶轮车所需最大牵引力 F 按下式计算：

$$F=g\left(Q_{\mathrm{j}}+Q_{\mathrm{h}}\right)\sin\alpha+g\cdot\omega\left(Q_{\mathrm{j}}+Q_{\mathrm{h}}\right)\cos\alpha \qquad (7-4-47)$$

式中　F——牵引力，N；

　　　g——重力加速度，m/s²；

　　　Q_{j}——胶轮车质量，kg；

　　　Q_{h}——货物质量，kg；

　　　α——巷道倾角，(°)；

　　　ω——车辆和地面滚动摩擦系数。一般混凝土路面和沥清路面取 0.01～0.012；处理后的碎石路面取 0.012～0.02；碎石、砂石路面取 0.015～0.025；泥土和砂路面取 0.02～0.035。

2. 胶轮车台班运输能力

$$A=\frac{60GT}{t}K_{1}K_{2} \qquad (7-4-48)$$

式中　A——无轨胶轮车台班运输能力，t/台班；

G——无轨胶轮车装载质量，t；

T——每班工作时间，h；

t——无轨胶轮车往返一次所需的时间，min；

$$t = t_1 + t_2 + t_3 + t_4 \tag{7-4-49}$$

t_1——装车时间，min；

t_2——无轨胶轮车行驶时间，min；

$$t_2 = 120L/v \tag{7-4-50}$$

L——运输距离，km；

v——平均行驶速度，它与运行条件、路面质量、无轨胶轮车性能以及行驶区间的坡度和长度等有关，km/h；

t_3——无轨胶轮车的卸车时间，在正常情况下，取 $t_3 = 0.5 \sim 1.0 \text{min}$；

t_4——无轨胶轮车调车等待停歇时间，它与装卸地点的布置形式，尺寸大小有关。调车时间一般可取 1min，等待停歇时间包括在装卸点等装、等卸和难以预见的停车时间，其影响因素很多，应根据矿井具体情况决定，一般可取 2~4min；

K_1——无轨胶轮车载重量利用系数，一般取 $K_1 = 0.9$；

K_2——无轨胶轮车工作时间利用系数，每日一班工作时 $K_2 = 0.9$，两班工作时 $K_2 = 0.85$，三班工作时 $K_2 = 0.8$。

3. 胶轮车台数的确定

$$n = \frac{CQK_4}{AK_3} \tag{7-4-51}$$

式中　n——无轨胶轮车台数，台；

C——运输不均衡系数，取 $C = 1.05 \sim 1.15$；

Q——按年运输量计算的班运输量，t/班；

$$Q = \frac{\text{全年运输总量}}{\text{全年工作日} \times \text{每日工作班数}} \tag{7-4-52}$$

A——无轨胶轮车台班运输能力，t/台班；

K_3——无轨胶轮车出车率，$K_3 = 0.5 \sim 0.75$；

K_4——无轨胶轮车备用系数。由于井下装运地点分散，且台数较少，一般可取 $K_4 = 1.5 \sim 2$。

为了提高无轨胶轮车的出车率和保证安全生产，在运输距离较长的情况下，可采用编组运输方式，即在装车和卸车时，利用调车道等进行调车和等待；重车和空车行驶时，则按编组形式进行。

4. 胶轮车防滑条件计算

胶轮车下滑力 f_h 按下式计算：

$$f_h = g\,(Q_j + Q_h)\,\sin\alpha - g\omega\,(Q_j + Q_h)\,\cos\alpha \quad (\text{N}) \tag{7-4-53}$$

机车的静摩擦力 f_m 按下式计算：

$$f_m = g \cdot \omega_h\,(Q_j + Q_h)\,\cos\alpha \quad (\text{N}) \tag{7-4-54}$$

式中　ω_h——胶轮和路面间的滑动摩擦系数，一般取 $0.6 \sim 0.8$。

机车安全防滑条件：

$$\frac{f_m}{f_h} \geqslant 2 \qquad (7-4-55)$$

5. 胶轮车运行时间计算

胶轮车在某段线路上的运行时间 T 按下式计算

$$T = K\frac{L}{v} + S \quad (s) \qquad (7-4-56)$$

式中　K——车辆运行不平衡系数，取 $1.1 \sim 1.2$；

　　　　L——运输区间单程长度，m；

　　　　S——上下人员装卸货物时间，s；

　　　　v——车辆平均运行速度，m/s。

八、无轨胶轮车应用举例

实例：神华集团神东公司大柳塔矿井。

1. 矿井概况

大柳塔矿井是神华集团建设的第一个特大型现代化矿井，位于陕西省神木县大柳塔镇南端，乌兰木伦河东侧，井田面积 $131.54km^2$，地质储量 1369Mt，可采储量 907Mt。主要可采煤层为 3 层，即 1^{-2} 煤层和 2^{-2} 煤层（上组煤）、5^{-2} 煤层（下组煤），为特低灰、特低硫、特低磷、中高发热量、高化学活性之优质动力和化工用煤。

煤层自东向西倾斜，倾角一般为 1°左右，地质构造简单，无大的断裂构造，矿井瓦斯含量低，煤层属易自然发火煤层，煤尘有爆炸危险。

可采煤层特征见表 7—4—45。

表 7—4—45　可 采 煤 层 特 征 表

煤层编号	煤层厚度（m） 最小～最大 平均	煤层间距（m） 最小～最大 平均	可采程度	顶底板岩性	
				顶　板	底　板
1^{-2}	$\dfrac{0.00\sim8.56}{4.38}$	$\dfrac{12.69\sim36.56}{24.82}$	局部 可采	粉砂岩 泥岩	粉砂岩
2^{-2}	$\dfrac{1.14\sim5.37}{3.94}$		稳定 可采	粉砂岩 细砂岩	粉砂岩 细砂岩
5^{-2}	$\dfrac{4.30\sim8.44}{6.08}$	$\dfrac{137.0\sim169.0}{156.0}$	稳定 可采	中砂岩 细砂岩	粉砂岩 细砂岩

矿井设计生产能力 6.00Mt/a，分两期建设，一期设计生产能力 3.60Mt/a，二期增加设计生产能力 2.40Mt/a。一期装备两套长壁综采设备和一套连续采煤机设备。两套综采设备，一套为引进设备，一套为国产设备。引进设备主要开采 2^{-2} 煤层，产量为 2.44Mt/a；国产设备主要开采 1^{-2} 煤层，产量为 0.7Mt/a；连续采煤机设备主要开采边角煤。

矿井年工作日为 300d，日净提升时间为 14h。全矿井服务年限为 108a，其中平硐（开采上组煤）服务年限 68a。矿井全员效率 25t/工。

2. 矿井开拓及运输方式

矿井采用平硐、斜井混合开拓方式，一期开凿 3 个平硐开采上组煤，二期再开凿斜井开采下组煤。主平硐坡度为 4‰，长度 557m，位于 2^{-2} 煤层底板下 30m 处的岩石中。一号副平硐坡度 4‰，长度 745m，断面净宽 3.6m；二号副平硐坡度为 4‰，长度 1008m，断面净宽 4.7m。

主平硐以 8°斜巷与 2^{-2} 煤层带式输送机大巷连通，1^{-2} 煤层的煤炭由煤仓卸至主带式输送机上。

辅助运输巷道基本为单行线。2^{-2} 煤层辅助运输大巷布置在主带式输送机大巷两侧各一条，分别用于进、出车，即 2^{-2} 煤层一号辅助运输大巷、2^{-2} 煤层二号辅助运输大巷，并分别通过一、二号辅助运输上山和一、二号副平硐联通，实现单向环行运输。1^{-2} 煤层辅助运输大巷，通过 1^{-2} 煤层辅助运输上山及进车联络巷，分别与 2^{-2} 煤层一、二号辅助运输大巷连通。

矿井开拓见图 7—4—66。

3. 运输设备配备及辅助运输系统

大柳塔矿井主运输方式为带式输送机，辅助运输方式为无轨胶轮车。

矿井主运输及辅助运输设备见表 7—4—46 及表 7—4—47。

矿井无轨胶轮车运行线路参数见表 7—4—48 及表 7—4—49。

表 7—4—46　主 运 输 主 要 设 备 表

序号	设备名称	型号	带宽 (mm)	运量 (t/h)	长度 (m)	备注
1	主平硐带式输送机	L252	1200	2200	4674	引进
2	2^{-2}煤顺槽带式输送机	FSW	1200	2000	2820	引进
3	1^{-2}煤盘区带式输送机	DSP—1080/1000	1000	800	365	
4	1^{-2}煤顺槽带式输送机	DSP—1080/1000	1000	800	1000	
5	1^{-2}煤顺槽带式输送机	DSP—1040/800	800	400	900	连续采煤机

表 7—4—47　辅 助 运 输 主 要 设 备 表

序号	设备名称	型号	数量	功率 (kW)	用途	备注
1	支架搬运车	912E	2	110	搬运支架	引进艾姆科
2	多功能运输车	MYNZ TRUCR	6	73.5	运送材料、设备	引进道米诺
3	30座人车	913BUS	2	73.5	运人	引进艾姆科
4	小型人车	MYNZ TAXI4	2	48	指挥抢险	引进道米诺
5	装卸车	MYNZ LOADER	1	73.5	装卸货物	引进道米诺

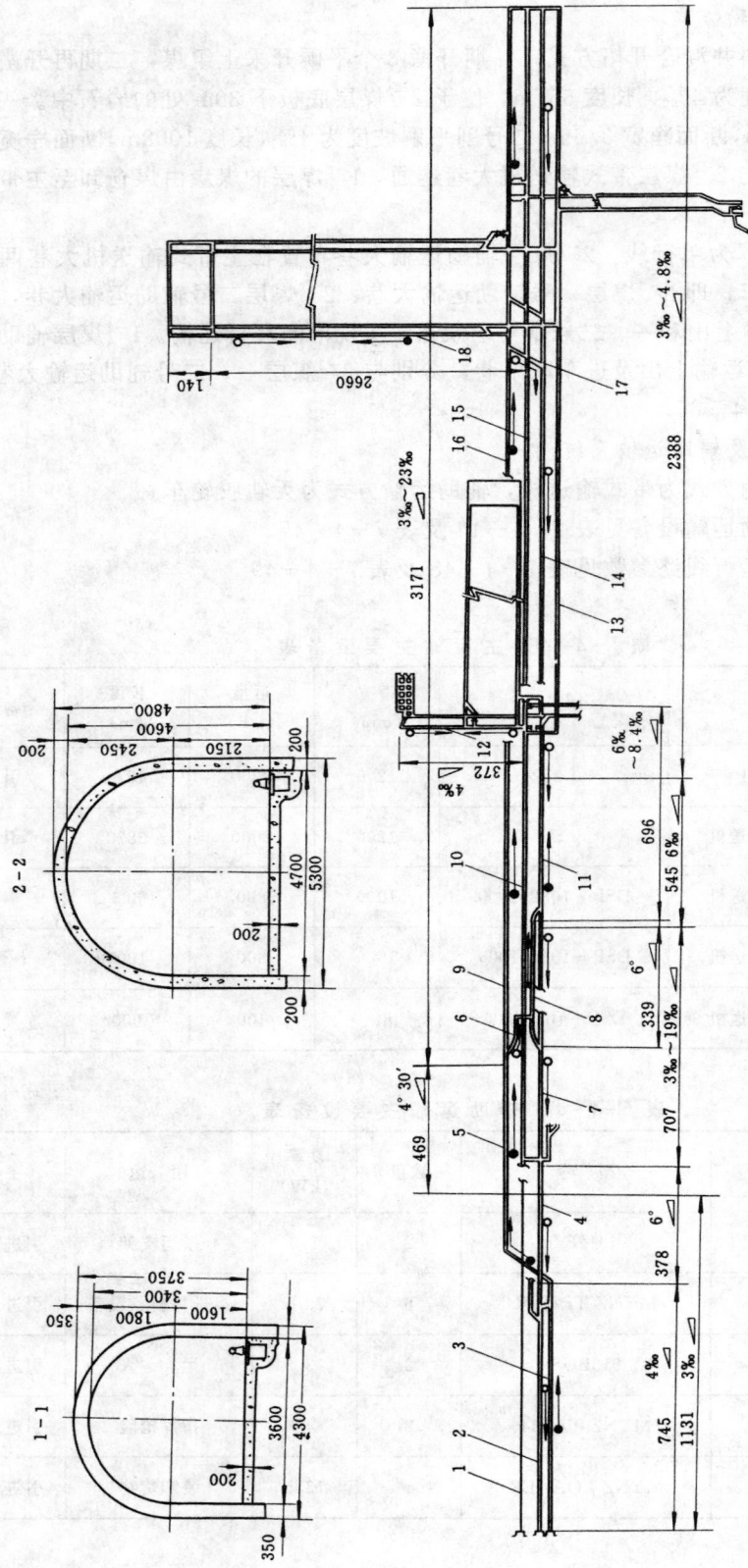

图 7—4—66 大柳塔矿井开拓布置图

1—主平硐; 2—一号副平硐; 3—二号副平硐; 4—2-²煤一号辅运上山; 5—2-²煤二号辅运上山; 6—进车联络巷; 7—2-²煤一号辅运大巷; 8—1-²煤辅运大巷; 9—2-²煤二号辅运大巷; 10—1-²煤总回风巷; 11—1-²煤辅运大巷; 12—1-²煤回风大巷; 13—2-²煤回风大巷; 14—2-²煤一号辅运机大巷; 15—2-²煤带式输送机大巷; 16—2-²煤二号辅运大巷; 17—胶轮车联络巷; 18—2-²煤辅助运输顺槽

表 7—4—48　2⁻²煤层工作面无轨胶轮车运行线路参数表

次序	井巷名称	长度 （m）	坡度	净宽 （mm）	净高 （mm）	支护形式	用途	性质
1	二号副平硐	1008	4‰	4700	4500	混凝土	进车	单车道
2	2⁻²煤二号辅运上山	469	4.5°	4700	3950	混凝土	进车	单车道
3	2⁻²煤二号辅运大巷	3171	3‰~23‰	4600	3900	锚喷	进车	单车道
4	辅助运输顺槽	2660	沿煤层	5000	3400	锚喷	进出车	双车道
5	2⁻²煤一号辅运大巷	3640	3‰~48‰	4000	3500	锚喷	出车	单车道
6	2⁻²煤一号辅运上山	378	6°	4000	3600	混凝土	出车	单车道
7	一号副平硐	745	4‰	3600	3400	混凝土	出车	单车道

表 7—4—49　1⁻²煤层工作面无轨胶轮车运行线路参数表

次序	井巷名称	长度 （m）	坡度	净宽 （mm）	净高 （mm）	支护形式	用途	性质
1	二号副平硐	1008	4‰	4700	4500	混凝土	进车	单车道
2	2⁻²煤二号辅运上山	469	4.5°	4700	3950	混凝土	进车	单车道
3	进车联络巷						进车	单车道
4	1⁻²煤辅运上山	340	6°	4600	3900	锚喷	进出车	双车道
5	1⁻²煤辅运大巷	696	6‰~8.4‰	4600	3900	锚喷	进出车	双车道
6	1⁻²煤盘区辅运巷	372	4‰	4600	3600	锚喷	进出车	双车道
7	2⁻²煤一号辅运大巷	400	3‰~19‰	4000	3500	锚喷	出车	单车道
8	2⁻²煤一号辅运上山	378	6°	4000	3600	混凝土	出车	单车道
9	一号副平硐	745	4‰	3600	3400	混凝土	出车	单车道

4. 辅助运输方式选择比较

大柳塔矿井对采用架线电机车和绞车、单轨吊车、齿轨卡轨车等辅助运输方式，与无轨胶轮车进行了比较，结论见表 7—4—50 及表 7—4—51。

表 7—4—50　各辅助运输方式投入对比表　　　　　　　万元

辅助运输方式	电机车、绞车	单轨吊	齿轨卡轨车	无轨胶轮车
巷道工程费用	4128.93	4194.15	4076.13	5261.12
巷道设施	1101.70	1726.40	1172.10	257.40
设备安装	1304.00	2291.00	2719.00	2415.30
合　计	6534.63	8211.55	7967.23	7933.82

表 7—4—51　各辅助运输方式人员配备表

辅助运输方式	电机车、绞车	单轨吊	齿轨卡轨车	无轨胶轮车
辅运岗位定员	462	282	220	30
在册人数	592	362	282	38

比较结果为：架线电机车、绞车方式优点为初期设备投入少，但转载环节多、速度慢、效率低、劳动强度大、占用人员多，地面行政福利设施及居住区投资相应提高，对矿井高产高效也不利。单轨吊方式优点是机械化程度高，运输能力大，劳动强度小，但工作面搬家不如

无轨设备方便，初期设备投入多，占用人员也较无轨设备多。齿轨卡轨车方式优点是转载环节少，机械化程度高，运输能力大，劳动强度小，缺点是工作面搬家不如无轨设备方便，初期设备投入与无轨设备相当，占用人员也较无轨设备多。因此，大柳塔矿井辅助运输方式选择无轨胶轮车。

　　5. 无轨胶轮车存在的问题

　　根据大柳塔矿井使用无轨胶轮车的经验，无轨胶轮车的主要问题是：

　　(1) 路面硬化问题。辅助运输巷道若采用自然路面，煤巷掘进应严格沿底板，不留浮煤，巷道中不应有淋水，应设排水沟和集水坑，对泥化较严重的地段应进行特殊处理。

　　大柳塔矿井煤层顺槽在未做任何处理的情况下，巷道有淋水，道路泥化严重，车沟深达700mm，车辆无法行驶，后封住淋水铲除煤泥铺设碎石路面后，问题得以解决。主要巷道均以200mm厚混凝土铺底，使用效果较好。

　　(2) 备件问题。进口设备的易损备件因受引进数量的限制，往往在损坏时无货不能及时更换，这是需要解决的问题。

　　(3) 轮胎。轮胎为无轨胶轮车的易磨损件，价格昂贵，应正确使用。路面质量是影响轮胎使用寿命的重要因素，在车流密度大的线路段，应铺设较高质量的路面。轮胎选择，一般载人车辆应选择加厚的充气轮胎，载重车辆尤其支架搬运车应选择充填轮胎。

　　大柳塔矿井成功地使用了无轨胶轮车，井下辅助运输实现了无轨化，这是中国辅助运输系统的重大改革。但该矿井煤层埋藏浅、倾角平缓、地质构造简单、矿井涌水量小、煤层底板条件好，初期采用平硐开拓，且辅助运输巷道的最大倾角仅6°，6°辅助运输巷道的长度仅为378m，这些是成功使用无轨运输的有利条件。

　　采用立井开拓的矿井，也有成功使用无轨胶轮车的实例。如济南设计院设计的兖矿集团济宁三号井，该矿走向长10km，倾斜宽10～13km，地层倾角5°～9°，副立井净直径8.0m。辅助运输采用无轨胶轮车运输方式。与采用平硐或小倾角斜井相比，辅助运输另需解决的问题是胶轮车下井、胶轮车井下组装、部分材料井下换装等问题。

　　小型胶轮车（载重3t）连同一般材料、小型设备等载荷，由大罐笼直接升降至井底或地面，再由井底直接驶向用料地点或由工作面经大巷直接驶入井底罐笼。重型胶轮车需解体后入罐，降至井底后在井下换装组装综合硐室组装成整车，以后便可在井下行驶、加油、维修及存放，必要时方可解体升至地面。

　　需解体入井的大型设备，入井后在换装组装综合硐室组装成整机；不需解体而又不能装入小型胶轮车直接入井的设备或材料，装箱或捆扎后入井，在换装组装综合硐室换装或存放、周转。

　　换装组装综合硐室设于井底车场，通过轨道与井底联系，井底车场及硐室内轨道均为埋入式，铺设300mm厚混凝土，硐室及车场地坪与轨面相平，以便有轨、无轨车辆均可运行。换装组装综合硐室采用半圆拱形断面，净高、净宽均为6m，长50.97m。硐室内安装有两套电动起重设备：一套为2×15t电动葫芦起重机，主要用于起吊液压支架等大于8t的重型设备、集装物料等；另一套为2×5t电动葫芦起重机，用于吊装大于3t小于8t的设备或物料。

　　井底车场除设有换装组装综合硐室外，还设有专门服务于无轨胶轮车的检修硐室、加油硐室及车库等。

　　采用立井开拓是否采用无轨运输，应结合煤层赋存条件等矿井条件，结合矿井开拓系统统筹考虑；济宁三号矿井成功使用无轨运输，正是因为设计中体现了上述原则。采用无轨运输效率高，用人少，例如综采工作面的搬家效率大大提高，安装一个 200m 长的综放工作面，仅需 10～15 天时间。

<h2 style="text-align:center">第七节　胶套轮机车</h2>

一、概　述

1. 分　类

胶套轮机车是指在普通机车的钢轮外缘，套上一个胶质圈套作轮缘踏面，以增加轮与轨道的粘着系数，增大机车牵引力和制动力的一种机车。

胶套轮机车按动力源不同一般可分为柴油机胶套轮机车、蓄电池胶套轮机车和架线式胶套轮电机车，其中柴油机胶套轮机车和蓄电池胶套轮机车已开始使用，而架线式胶套轮电机车正在研制中。

2. 胶套轮机车的优缺点

（1）与普通机车相比，其牵引力大，制动可靠性高，可在小角度斜巷中使用，直达地点较普通钢轮机车广。

（2）胶套轮机车的胶套是机车的薄弱环节，易磨损，需经常更换，维护费用高。要求胶套轮具有较高的粘着系数（一般轨道应大于 0.45）和较大比压（不小于 50MPa），且具有阻燃和抗静电性能。

（3）由于靠粘着驱动，对轨道环境条件要求较高。如轨面有泥水时，将显著降低其粘着系数。

（4）目前生产的胶套轮机车能力都较小，效率较低，蓄电池胶套轮机车需经常充电，故较难胜任重型设备的长距离运输。

3. 胶套轮机车的适应性

胶套轮机车可在瓦斯矿井中使用，适应坡度一般不超过 5°，若巷道有淋水、轨面潮湿时，坡度还应适当降低。

二、柴油机胶套轮机车

1. 结构特点

以防爆低污染柴油机为动力，采用液压或机械传动方式。有动力装置、变速箱（机械传动）、行走装置、制动装置及驾驶室等组成。

2. 主要技术参数

国内柴油机胶套轮机车主要技术参数见表 7－4－52。

3. 机车运输能力及牵引特性

几种柴油机胶套轮机车的运输能力及牵引特性见表 7－4－53、图 7－4－67、表 7－4－54。

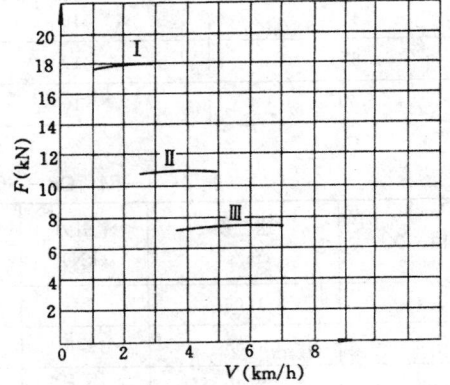

图 7－4－67　JX18KBJ 型柴油机胶套轮机车牵引特性曲线

表 7-4-52   国产柴油机胶套轮机车性能参数

型 号	柴油机参数				机车结构参数			
	型 号	功率 (kW)	油耗 (g/kW·h)	传动 形式	制动形式	曲率半径 水平/垂直 (m)	外形尺寸 长×宽×高 (mm)	质量 (kg)
CK-30	MWMD916-4	46	265	机械	液压制动	8/18	4250×1060×1680	7000
JX18KBJ	2105FB	2×18	240	机械	工作制动油缸	7/15	3280×1040×1600 3280×1360×1600	4500

型 号	机车结构参数	机车性能参数				生产厂家 或 研制单位	备 注
	轨型（kg/m） 轨距（mm）	最大牵引力 (kN)	最大制动力 (kN)	最大速度 (m/s)	最大爬坡 (°)		
CK-30	轨型：22 或 30 600	22	40	3.3	5.7	常州科研所	已鉴定
JX18KBJ	轨型：22 或 30 600	18	30	1.94	5.7	河北煤炭研究所	

表 7-4-53   JX18KBJ型柴油机胶套轮机车运输能力表

坡 度	运输能力（不包括机车质量）(t)		
	1 档	2 档	3 档
	0.83m/s	1.39m/s	1.94m/s
0	96	54	37
5‰	74	41	28
10‰	60	33	22
15‰	50	27	18
20‰	43	23	15
30‰	33	17	11
40‰	26	13	8
50‰	22	11	6
3°	21	10	5
4°	16	7	4
5°	12	5	3
5.71°	10	4	2

表 7-4-54   CK-30型柴油机胶套轮机车运输能力表

档 次	速度 (m/s)	牵引力 (kN)	运输能力（包括机车质重）(t)					
			1°	2°	3°	4°	5°	6°
1	1.06	22	47.3	34.6	27.3	22.5	19.2	16.7
2	1.58	19.5	41.9	30.7	24.2	20.0	17.0	14.8
3	2.20	13.7	29.5	21.5	17.0	14.0	12.0	10.4
4	3.30	9.3	20.0	14.6	11.5	9.5	8.1	7.1

表7-4-55　国产蓄电池胶套轮机车性能参数

型号	蓄电池、电动机参数			机车结构参数							机车性能参数					生产厂家或研制单位	备注
	电压(V)	电动机功率(kW)	蓄电池容量(Ah)	传动形式	制动形式	车轮直径(mm×对数)	曲率半径 水平/垂直(m)	轨型(kg/m) 轨距(mm)	质量(kg)	外形尺寸 长×宽×高(mm)	最大牵引力(kN)	最大制动力(kN)	最大速度(m/s)	最大爬坡(°)	最大载荷(kN)		
CDJ6/6	100	2×12.5	440	机械	机械	φ520×2	7/34	轨型:22.30 轨距:600,900	6000	4000×1042×1550	18	27	1.9	5.7	76	六盘水煤机厂	
XKJ5-6/90-EXST	90	2×7.5	385	机械	机械动力	φ500×2	7/10	轨型:22.30 轨距:600,900	5000	3200×1040×1600	20	30	1.2	5.7	85	河北煤炭研究所	已鉴定
GXJ-10	192	2×21	560	液压机械	机械	φ550×4	6/15	轨型:22.30 轨距:600,900	10000	7380×1060×1650 7380×1320×1650	30	44	2.0	5.7	105	常州科研所	

表7-4-56　国外蓄电池胶套轮机车性能参数

型号	蓄电池、电动机参数				机车结构参数						机车性能参数					生产厂家
	电压(V)	电动机功率(kW)	蓄电池容量(Ah)	放电时间(h)	传动系统	制动形式	曲率半径 水平/垂直(m)	适用轨距(mm)	质量(kg)	外形尺寸 长×宽×高(mm)	最大牵引力(kN)	最大制动力(kN)	牵引速度(m/s)	最大爬坡(°)	最大载荷(kN)	
CRT3 $\frac{1}{4}$ /2	72 或 114	9 或 13	219	5	机械	反向电弹簧磁盘闸螺杆轮闸瓦	4/10	502/914	4200	3030×1016×1600 3030×1016×1220	20.5		0.83 或 1.33	5.7		英国NEI公司克莱顿机器厂
BL065	114	2×18.7	439	5	机械	反向电弹簧、风动盘闸风动闸瓦	6/15	610/914	10000	7584×1220×1600	50		1.74	5.7		英国NEI公司克莱顿机器厂
BRT1814	114	13	219		机械	手把动力制动弹簧盘闸螺杆闸瓦	4/10	604/914	4000	2880×1120×1606	20		1.39			英国贝考瑞特公司
BRT50/10	114	2×18.7	730		机械	压风轮闸弹簧盘闸风动闸瓦	6/15	604/914	10000	5660×1120×1625	50		3.17			英国贝考瑞特公司

三、蓄电池胶套轮机车

1. 结构特点

以防爆蓄电池为能源，以直流电动机为动力，主要由机械和电动两大部分组成，有车架装置、行走装置、制动装置、电源及电动机、司机控制装置及液压系统等组成。

2. 主要技术参数

国内外蓄电池胶套轮机车主要技术参数，见表7－4－55、表7－4－56。

3. 牵引特性及运输能力

几种蓄电池胶套轮机车的牵引特性及运输能力见表7－4－57、图7－4－68、表7－4－58及图7－4－69。

表 7－4－57   XKJ5－6/90 型蓄电池胶套轮机车运输能力表

牵引工况	机车速度 (km/h)	机车电流 (A)	牵引质量（t）							
			3‰	15‰	30‰	50‰	1/15	1/12	1/10	1/8
半小时制	3.6	340	108	63	40	26	20	16	12	10
小时制	4.5	222	101	45	25	15	10	7	5	—
长时制	6.8	90	24	9	—	—	—	—	—	—

表 7－4－58   CDJ6/6 型蓄电池胶套轮机车运输能力表

坡　　度	牵引重量（t）	坡　　度	牵引重量（t）
$i=100‰$（1：10）	6	$i=33.3‰$（1：30）	13
$i=83.3‰$（1：12）	8	$i=25.0‰$（1：40）	14
$i=66.7‰$（1：15）	11	$i=3.0‰$（考虑 40m 制动）	17.6
$i=50.0‰$（1：20）	12		

四、胶套轮机车运输能力计算

1. 牵引力计算

机车所需牵引力 F 按下式计算：

$$F=g\ (Q_j+Q_c+Q_h)\ \sin\alpha+g\ [\omega_1\cdot Q_j+\omega_2\ (Q_c+Q_h)]\ \cos\alpha \qquad (N) \qquad (7-4-57)$$

式中 g——重力加速度，m/s^2；

Q_j——机车质量，kg；

Q_c——承载车质量，kg；

Q_h——货物质量，kg；

α——巷道倾角，（°）；

ω_1——胶套轮和轨道的滚动摩擦系数，取 0.02～0.03；

ω_2——承载车轮和轨道的滚动摩擦系数，取 0.007～0.01。

2. 机车防滑条件计算

机车下滑力 f_m 按下式计算：

$$f_h=g\ (Q_j+Q_c+Q_h)\ \sin\alpha-g\cdot\omega_2\ (Q_c+Q_h)\ \cos\alpha \qquad (N) \qquad (7-4-58)$$

机车的静摩擦力 f_m 按下式计算：

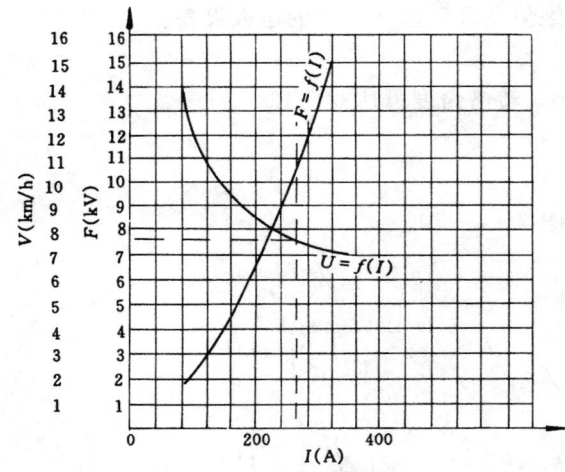

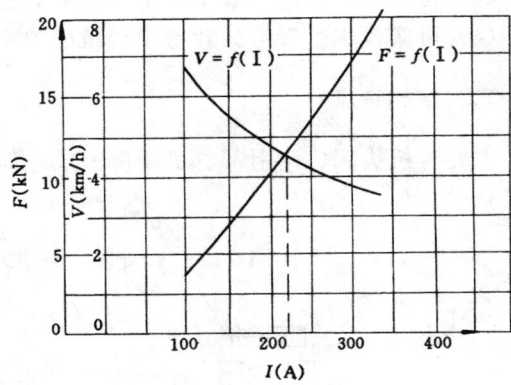

图7—4—68　XKJ5—6/90型蓄电池胶套轮机　　　　　图7—4—69　CDJ6/6型蓄电池胶套
车牵引特性曲线　　　　　　　　　　　　　　　　轮机车牵引特性曲线

$$f_m = g \cdot \omega_h Q_j \cos\alpha \quad \text{(N)} \tag{7—4—59}$$

式中　　ω_h——胶套轮和轨道间的滑动摩擦系数，规定不得小于0.4。

　　机车安全防滑条件：

$$\frac{f_m}{f_h} \geqslant 2 \tag{7—4—60}$$

第八节　井下索道架空人车

一、概　述

1. 索道架空人车的分类

　　井下索道架空人车俗称"猴车"，是通过移动的无极架空索道，牵引承人吊椅运动，而实现运人的一种系统。

　　索道架空人车分为固定吊椅型和活动吊椅型两种。固定吊椅架空人车在许多矿井已有使用，是利用无极绳绞车改装而成，在山西潞安矿务局王庄矿、山西汾西矿务局柳湾矿、四川沫江煤矿、安徽淮北矿务局相城矿等矿井均有使用。

　　活动吊椅架空人车是近几年才发展起来的新型架空乘人系统，它的吊椅可取下，人员可在静止状态下上下车。在上人地点，将活动吊椅挂在滑道上靠自重滑入钢丝绳，自动卡紧运行，至下人地点活动吊椅可滑上滑道，自动脱离钢丝绳。活动吊椅架空人车的保护装置较传统固定吊椅架空人车更加完善，安全性更好。该系统已在峰峰矿务局薛村矿使用。

　　2. 索道架空人车的适应性

　　(1)适应巷道倾角不大于25°的斜巷或斜井。用于矿井上下人运输，可缓解副井的提升压力，缩短人员上下井时间。

（2）作为井筒上下人提升时，多用于主斜井采用带式输送机提升的矿井，一般布置在主斜井带式输送机一侧；也可作为大巷、水平联络斜巷及采区上下山的运人设备。

（3）适应巷道长度一般不大于 2500m。

（4）可实现水平转弯，转弯半径最小为 4m，转弯角度可达 0°～120°。

二、结构特点

主要有机头部、牵引部、机尾部组成，如图 7—4—70。

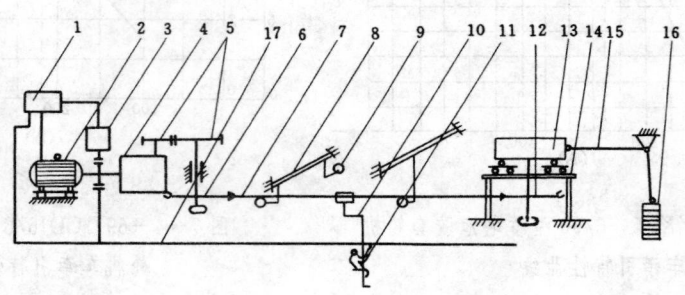

图 7—4—70 架空人车运转系统图

1—控制屏；2—电动机；3—刹车装置；4—减速器；5—减速齿轮；6—牵引轮；7—钢丝绳；
8—支架；9—托绳轮；10—吊杆；11—吊椅；12—回绳轮；13—导绳轮支架；14—机尾架；
15—拉紧绳；16—重锤；17—事故信号线

机头部主要有电动机、减速器、控制装置、刹车装置及机头导绳轮组组成。牵引部主要有牵引绳、索道支架、绳轮及乘人吊椅组成。活动吊椅架空人车还有上、下机站装置。

机尾部主要有机尾导绳轮、机尾支架及机尾拉紧装置等组成。

三、索道架空人车的有关规定

《煤矿安全规程》第三百六十八条规定：用架空乘人装置运送人员，应遵守下列规定：

（1）巷道倾角不得超过设计规定的数值；

（2）蹬座中心至巷道一侧的距离不得小于 0.7m，运行速度不得超过 1.2m/s，乘坐间距不得小于 5m；

（3）驱动装置必须有制动器；

（4）吊杆和牵引钢丝绳之间的连接不得自动脱扣；

（5）在下人地点的前方，必须设有能自动停车的安全装置；

（6）在运行中人员要坐稳，不得引起吊杆摆动，不得手扶牵引钢丝绳，不得触及邻近的任何物体；

（7）严禁同时运送携带爆炸物品的人员；

（8）每日必须对整个装置检查 1 次，发现问题及时处理。

四、架空人车托梁及驱动装置的布置

驱动装置硐室多见布置在斜巷上部，主要布置有电动机及牵引轮支架等，一般每布置两

个托绳轮需布置一个压绳轮,托绳轮间距在水平巷道一般为 8～12m,在倾斜巷道一般为 5～10m;压绳轮间距在水平巷道一般为 16～24m,在倾斜巷道一般为 10～20m。

在凹竖曲线段,托绳轮间距一般为 12～16m,压绳轮间距一般为 6～8m,如钢丝绳重量较大,托绳轮可加密;在凸竖曲线段,压绳轮可减少或不变,托绳轮应适当加密。

巷道断面布置应符合《煤矿安全规程》的有关规定,托绳轮一般采用预埋工字钢梁固定,图 7—4—71 为牵引轮直径为 1500mm 斜井固定吊椅架空人车的布置方式。

硐室尺寸大小主要取决于驱动设备尺寸及安装、检修要求。硐室内安全间隙应符合《煤矿安全规

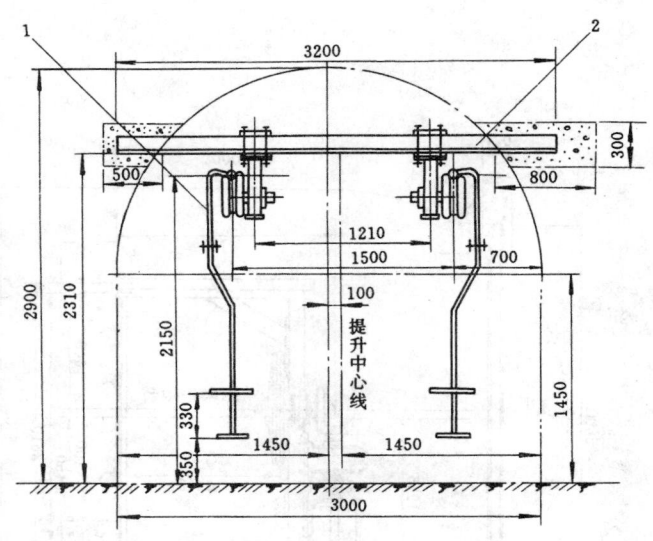

图 7—4—71 架空人车巷道断面布置
1—乘人吊椅;2—工字钢梁

程》的有关规定,并满足设备检修要求,硐室一般应布置在进风风流中。图 7—4—72 为驱动装置布置实例。

五、架空人车运输能力计算

架空人车计算,目前尚无规定的计算方法,设计可参考无极绳运输的计算方法进行计算。

1. 钢丝绳选择计算

钢丝绳每米质量 P_k 可按下式计算:

$$P_k = \frac{ZG_d \ (\sin\beta + \omega\cos\beta) \ + S_{min}}{\dfrac{110\delta_B}{m} - L \ (\sin\beta + \omega\cos\beta)} \quad (\text{kg/m}) \qquad (7-4-61)$$

式中　　Z——沿线长度每侧所挂吊椅的数量;

G_d——吊椅包括所乘人员的质量,kg(吊椅自重一般不大于10kg);

δ_B——钢丝绳抗拉强度,kg/mm^2;

m——钢丝绳安全系数,《煤矿安全规程》规定不小于 6;

L——运输线路长度,m;

S_{min}——钢丝绳最小张力,取决于拉紧重锤及钢丝绳的质量,并直接影响索道负载时的悬垂度,kg;

ω——托绳轮转动阻力系数;

β——运行线路倾角,当线路倾角有变化时,用其加权平均值;

$$\beta = \frac{\beta_1 l_1 + \beta_2 l_2 + \cdots\cdots + \beta_n l_n}{l_1 + l_2 + \cdots\cdots + l_n} \qquad (7-4-62)$$

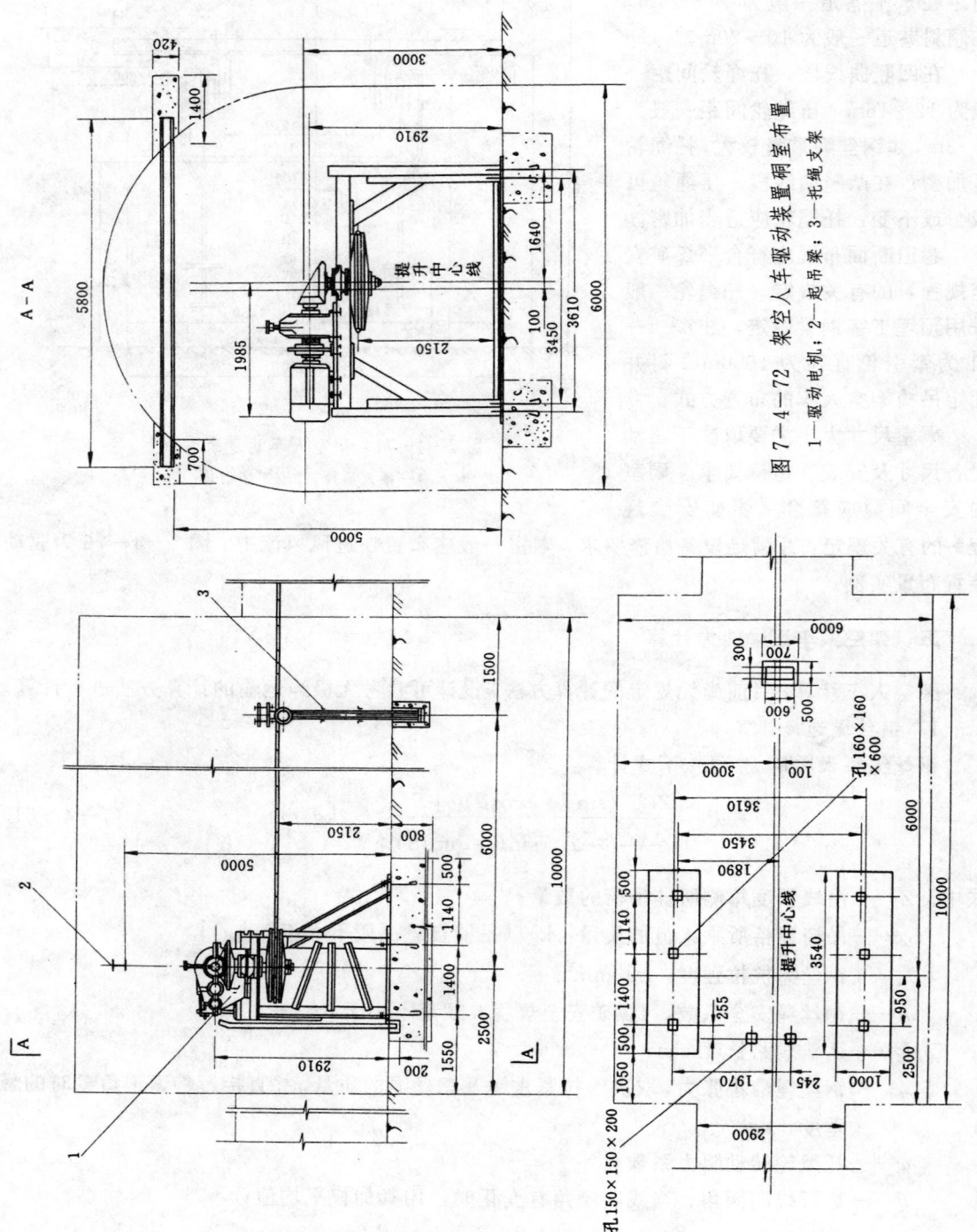

图 7-4-72 架空人车驱动装置硐室布置
1—驱动电机；2—起吊梁；3—托绳支架

β_n、l_n——第 n 段线路的倾角和长度。

2. 运行阻力和电机功率计算

架空人车驱动装置无论布置在斜巷上部或下部，均按如下方法计算：

上运侧运行阻力：

重载时：
$$W_{sh}=(ZG_d+P_kL)(\omega\cos\beta+\sin\beta) \quad \text{(kg)} \tag{7-4-63}$$

空载时：
$$W'_{sh}=(ZG'_d+P_kL)(\omega\cos\beta+\sin\beta) \quad \text{(kg)} \tag{7-4-64}$$

式中 G'_d——吊椅自重，kg。

其余符号意义同式（7-4-61）。

下运侧运行阻力：

重载时：
$$W_x=(ZG_d+P_kL)(\omega\cos\beta-\sin\beta) \quad \text{(kg)} \tag{7-4-65}$$

空载时：
$$W'_x=(ZG'_d+P_kL)(\omega\cos\beta-\sin\beta) \quad \text{(kg)} \tag{7-4-66}$$

设备牵引力和电机功率计算：

一般说来，当上运侧重载，下运侧空载时，设备牵引力最大，设备总牵引力 W 可按下式近似计算：

$$W=1.1(W_{sh}+W'_x) \quad \text{(kg)} \tag{7-4-67}$$

电动机功率为：

$$N=1.15\sim1.20\frac{Wv}{102\eta} \quad \text{(kW)} \tag{7-4-68}$$

式中 v——吊椅运行速度，m/s；

η——机械传动效率，取 $0.8\sim0.85$。

3. 架空人车运输能力计算

单侧最大小时运输能力 Q：

$$Q=\frac{3600v-L}{l_d} \quad \text{（人/h）} \tag{7-4-69}$$

式中 v——吊椅运行速度，m/s；

L——巷道斜长，m；

l_d——吊椅敷设间距，m。

人员运输时间计算：

运输一定数量人员所用的时间 T，系指从第一人上车至最后一人下车的一段时间，用下式计算：

$$T=\frac{Knl_d+L}{60v} \quad \text{(min)} \tag{7-4-70}$$

式中 n——乘车人数；

K——乘车延误系数，大于1。

主 要 参 考 资 料

1. 国家煤矿安全监察局. 煤矿安全规程. 煤炭工业出版社，2001

2. 煤炭科技术语工作委员会. 煤炭科技术语. 煤炭科学技术信息研究所出版

3. 《煤矿矿井采矿设计手册》编写组. 煤矿矿井采矿设计手册. 煤炭工业出版社. 1984

4. 化工部编写. 运输机械手册. 化学工业出版社. 1983

5. 中国统配煤矿总公司物资供应局编. 煤炭工业设备手册. 中国矿业大学出版社. 1992

6. 北京起重运输机械研究所等编. DJ II 型波状挡边节式输送机系列设计选用手册. 1996

7. 煤矿井下内燃机车牵引的分析.《煤矿机械》1991，6 期

8. 煤矿井下柴油机车污染及防治措施.《煤矿设计》1988，12 期

9. 阳泉矿务局矿井辅助运输现状.《阳煤科技》1990，4 期

10. 中煤建设开发总公司编. 现代化矿井辅助运输设备选型及计算. 煤炭工业出版社. 1994

第八篇

通风与安全

编写单位　中煤国际工程集团重庆设计研究院
　　　　　中煤国际工程集团武汉设计研究院
本篇主编　卢溢洪
本篇副主编　张世良
编写人　　王学太（第一、七、十章）
　　　　　卿恩东（第二、九、十三章）
　　　　　张　刚（第三、四章）
　　　　　杜太亮（第五章）
　　　　　沈大志（第六、八、十三章）
　　　　　彭华富（第七章）
　　　　　卢溢洪（第七、十二、十三章）
　　　　　于新胜　张世良　梅甫定　刘应秋（第十一章）
　　　　　李秀琴（部分工作）

第八篇

通风与安全

第一章 井 下 空 气

第一节 井下空气的成分、特征与安全浓度

一、地面空气

地面空气的主要成分及其所占比例见表 8−1−1。

表 8−1−1 地面空气的主要成分

主要成分	氮 N_2	氧 O_2	氩 Ar	二氧化碳 CO_2	氢 H_2	氖 Ne	氦 He	氪 Kr	氙 Xe
体积浓度(%)	78.03	20.90	0.93	0.03	0.01	1.6×10^{-3}	4.6×10^{-4}	1×10^{-4}	8×10^{-6}
质量浓度(%)	75.53	23.14	1.28	0.05	6×10^{-6}	1.2×10^{-3}	7×10^{-5}	3×10^{-4}	4×10^{-5}

二、井下空气

(一)空气进入井下后的变化

地面空气进入矿井后,在成分和性质上将发生下列变化:

(1)氧的浓度减少;

(2)混入了各种有害气体(如:CH_4、CO、H_2S、SO_2、NO_2、CO_2、N_2……);

(3)混入了煤尘及岩尘;

(4)空气的温度、湿度、压力发生了变化:温度一般冬季升高,夏季降低;绝对湿度增大,相对湿度增高;在压入式通风方式中,井下空气压力大于地面大气压力;在抽出式通风方式中,井下空气压力低于地面大气压力。

(二)井下生产废气

随着矿井采掘综合机械化和辅助运输现代化,诸如柴油机车、空压机等排出的废气会造成井下空气污染。

井下空气的主要成分及其含量见表 8−1−2。

表8-1-2 井下空气的主要成分

主要成分	氮 N_2	氧 O_2	二氧化碳 CO_2	氢 H_2	一氧化碳 CO	氮氧化物 NO_x	醛类 HCHO	碳氢化物 CH	二氧化硫 SO_2	碳烟
按体积 （%）	76~78	2~18	1~10	0~0.05	0.01~0.5	0.001~0.4	0~0.002	0.002~0.02	0~0.003	
按质量 （g/m³）	950~970	30~260	20~200	0~0.004	0.12~6.25	0.02~8	0~0.03	0.01~0.1	0~86	0.01~1.5

三、井下空气的安全浓度

井下空气的成分、特征与安全浓度见表8-1-3,国外对井下空气安全浓度的规定见表8-1-4。

表8-1-3 井下空气主要成分、特征、安全浓度及防治措施

空气成分	主要来源	相对密度	色味	特征及危害性	《煤矿安全规程》规定允许浓度 按体积 （%）	《煤矿安全规程》规定允许浓度 按质量 （mg/m³）	防治措施
氧 （O_2）	地面大气	1.11	无色、无味、无臭	难溶于水；性活泼，能助燃，供呼吸，空气中含量<10%~12%时，人有生命危险	采掘工作面的进风流≤20		1.进入停风巷道要先检查；2.封闭报废巷道
氮 （N_2）	1.地面大气；2.生产废气；3.煤体或岩层中；4.火药爆破；5.有机物腐烂	0.97	无色、无味、无臭	微溶于水，按体积可溶2%；惰性气体，不助燃，无毒，无害；超过正常浓度会引起缺氧窒息	无规定，但一般≥79		1.进入停风巷道先检查；2.封闭报废巷道
瓦斯 （CH_4）	煤层或岩层中涌出	0.554	无色、无味、无臭	微溶于水，在20℃时，按体积可溶3.5%；无毒，但不能供呼吸，当浓度过大时，会引起缺氧，使人窒息；易燃，且能引起强烈爆炸	1.矿井总回风或一翼回风流中须≥0.75；2.采区和采掘工作面回风流中须≥1；3.各工作地点风流中浓度：≥1,必须停止用电钻打眼；≥1.5,必须停止工作，切断电源，进行处理；放炮地点附近20m内≥1,禁止放炮；采掘工作面个别地点≥2,附近20m内必须停止工作，撤出人员，切断电源，及时处理		1.加强检查与通风，及时发现并冲淡；2.预抽煤体或采空区内瓦斯；3.超限地点瓦斯不能冲淡时，应封闭，禁止人员入内

空气成分	主要来源	相对密度	色味	特征及危害性	《煤矿安全规程》规定允许浓度		防治措施
					按体积（％）	按质量（mg/m³）	
一氧化碳 (CO)	1.火药爆炸； 2.井下火灾、煤炭自燃； 3.生产废气； 4.煤尘和瓦斯爆炸	0.97	无色、无味、无臭	微溶于水，按体积可溶 3%；性极毒，与血色素的亲和力比氧与血色素的亲和力大 250～300 倍，使血液中毒，阻碍氧同血色素的结合，使人体缺氧引起窒息和死亡；含量 0.02%～0.05%时初感头痛、耳鸣、心跳；含量＞0.1%时初感四肢无力，呕吐；含量＞0.4%时，可立即出现痉挛以致死亡	≯0.0024	＜30	1.水封爆破，及时冲淡； 2.加强火区密闭附近的检查，超限时，应及时处理； 3.加强通风
二氧化碳 (CO₂)	1.煤、岩中涌出； 2.火药爆炸； 3.可燃物氧化； 4.人员呼吸	1.52	无色、微酸、臭味	易溶于水；惰性气体，不助燃，能窒息，性微毒；含量 1%时，呼吸感到急促，含量 5%，呼吸困难，耳鸣，感到血液流动很快；含量 10%时，头昏，神志昏迷，含量 10%～20%时，呼吸处于停顿状态，失去知觉；含量 20%～25%时，中毒死亡	1.矿井总回风或一翼回风流中须≯0.75； 2.采掘工作面进风流须≯0.5； 3.采区和采掘工作面回风流中须≯1.5		1.加强检查与通风，防止超限； 2.超限地点二氧化碳不能冲淡时，应及时处理
二氧化氮 (NO₂)	1.火药爆炸； 2.生产废气	1.57	棕红色、有刺激臭味	极易溶于水；有强烈毒性，能和水结合成硝酸，对眼、鼻腔、呼吸道等有强烈刺激作用，对肺组织起破坏作用；含量 0.006%时，短时间内咳嗽，胸部发痛，含量 0.01%时，剧烈咳嗽，呕吐，神经系统麻木；含量 0.025%时，短时间内死亡	≯0.00025	＜5	1.放炮后及时冲淡； 2.采用水炮泥放炮； 3.用水雾吸收； 4.加强通风
硫化氢 (H₂S)	1.煤岩中放出； 2.硫化矿物水化； 3.有机物腐烂	1.19	无色、微甜、有臭鸡蛋味	易溶于水，有强烈毒性，能使人的血液中毒；对眼睛、粘膜及呼吸系统有强烈刺激作用；浓度达 4.3%～46%有爆炸性；含量 0.0001%时，可嗅到刺激味；含量 0.01%时，时间稍长，使人失明，呼吸困难；含量 0.02%时，昏迷中毒，含量 0.05%时，经 30min，人即失去知觉，痉挛死亡	≯0.00066	＜10	1.加强检查与通风； 2.用石灰水预湿煤体； 3.及时封闭不能冲淡的超限地点

续表

空气成分	主要来源	相对密度	色味	特征及危害性	《煤矿安全规程》规定允许浓度		防治措施
					按体积（%）	按质量（mg/m³）	
二氧化硫（SO₂）	1.含硫高的煤炭自燃；2.瓦斯、煤尘、火药爆炸；3.生产废气	2.2	无色、有强烈硫磺味和酸味	易溶于水，有强烈毒性，能与湿气合成亚硫酸，对眼及呼吸道有强烈腐蚀作用，引起肺水肿；含量0.0005%时，能嗅到刺激味；含量0.002%时，对眼和呼吸器官有刺激作用；含量0.005%时，能引起急性支气管炎，肺水肿，并在短时间内使人死亡	≯0.0005	<15	1.放炮后及时冲淡；2.封闭火区与废弃巷道；3.加强通风
氢（H₂）	1.充电室电解；2.生产废气；3.伴随瓦斯从地层涌出	0.07	无色、无味、无臭	能燃烧爆炸；在体积浓度为4%～74%的范围内，遇明火能爆炸	井下充电室风流中以及局部积聚处≯0.5		1.保证充电室有足够风量；2.加强通风
氨（NH₃）	火区自燃	0.59	无色、有刺激性气味	易溶于水；刺激眼睛、皮肤和呼吸系统	≯0.004	<30	1.加强通风；2.防止火灾发生
浮尘	各种采、掘、运、操作业过程			遇750℃明火能引燃；吸入肺内能发生尘肺病		含$SiO_2$10%以上须≤2；含$SiO_2$10%以下须≤10	加强通风，综合防尘

表 8-1-4　国外对井下空气安全浓度的规定

国 别	井下空气中有毒有害气体最高允许浓度，体积（%）							
	CO	CO₂	NO	NOₓ	NO₂	CH	醛类	SO₂
前苏联	0.002				0.0005		0.0005	0.001
美 国	0.005	0.50	0.0025		0.0005	0.001	0.0005	0.0005
英 国	0.005							
日 本	0.005		0.0025		0.0005		0.0006	0.0003
法 国	0.005			0.0010				
南 非	0.010	0.50		0.0005				
加拿大	0.010	0.75		0.0010		0.0005	0.0005	
瑞 典	0.005			0.0005				
罗马尼亚	0.004			0.00048				

第二节　矿　井　瓦　斯

矿井生产过程中,从煤层或岩层中涌出的各种有毒、有害气体,统称为矿井瓦斯,其主要成分为甲烷(CH_4)。

一、瓦斯成分

矿井瓦斯成分比较复杂,除甲烷(80%～90%)外,还含有其它烷类,如乙烷(C_2H_6)、丙烷(C_3H_8)以及二氧化碳和其它气体。个别煤层中含有氢气、一氧化碳或硫化氢等。

二、瓦斯参数

(一)瓦斯风化带

根据 Г. Ц. 黎金提出的煤层带状分布观点,煤层瓦斯自上向下分为四个带:Ⅰ,CO_2—N_2 带;Ⅱ,N_2 带;Ⅲ,N_2—CH_4 带;Ⅳ,CH_4 带。其中前三个带通称之为瓦斯风化带。

每个带的煤层瓦斯气体组分见表 8—1—5。

表 8—1—5　煤层瓦斯垂向各带气体组分

带　名	CO_2		N_2		CH_4		Ar+Kr+Xe		He+Ne (%)
	(%)	($m^3/$ t 煤)	(%)	($m^3/$ t 煤)	(%)	($m^3/$ t 煤)	(%)	($m^3/$ t 煤)	
CO_2—N_2	20～80	0.19～ 2.24	20～80	0.15～1.42	<10	<0.16	0.21～1.44	0.0021～ 0.0178	<0.001
N_2	<20	<0.27	>80	0.22～1.86	<20	<0.22	0.61～ 1.88	0.0037～ 0.0561	<0.001
N_2—CH_4	<20	<0.39	20～80	0.25～1.78	20～80	0.06～ 5.27	0.36～ 0.81	0.0051～ 0.012	<0.001
CH_4	<10	<0.37	<20	<1.93	>80	0.61～ 10.5	<0.24	0.004～ 0.0052	0.001～ 0.06

1. 瓦斯风化带下部边界的确定

瓦斯风化带的下部边界,可按下列指标确定:

1) 煤层瓦斯中甲烷及重烃含量 80%处;

2) 煤层瓦斯压力 0.1～0.15MPa 处;

3) 相对瓦斯涌出量 2～3m^3/t 处;

4) 煤层瓦斯含量 1.0～1.5m^3/t(长焰煤)、1.5～2.0m^3/t(气煤)、2.0～2.5m^3/t(肥、焦煤)、2.5～3.0m^3/t(瘦煤)、3.0～4.0m^3/t(贫煤)、5.0～7.0m^3/t(无烟煤)处。

2. 影响瓦斯风化带深度的主要因素(表 8—1—6)

表 8-1-6　影响瓦斯风化带深度的主要因素

影响因素	简要说明
含煤地层排放瓦斯时间的长短	长期风化、自由排放瓦斯时间愈长，瓦斯风化带深度愈深
地层破坏程度	地层破坏程度愈高，煤层排放瓦斯的不均匀性和排放深度愈大
剥蚀过程	剥蚀过程可使含煤地层瓦斯化的范围减少或局部消失
覆盖层透气性	致密透气性差的覆盖层可阻止瓦斯风化带的扩大

我国部分矿井瓦斯风化带下限深度，见表 8-1-7。

表 8-1-7　我国部分矿井瓦斯风化带下限深度

矿井名称	煤牌号	煤层倾角（°）	瓦斯风化带深度（m）
抚顺龙凤矿	气煤、长焰煤	30	205
抚顺胜利矿	气煤、长焰煤	30	188
抚顺老虎台矿	气煤、长焰煤	30	180
北票台吉矿	气煤	60	125
涟沼洪山殿矿	贫煤	30	130
焦作焦西矿	无烟煤	30	180
南桐鱼田堡	瘦煤	30	70

（二）瓦斯压力

煤层瓦斯压力是处于煤的裂隙和孔隙内的游离瓦斯分子热运动的结果。在甲烷带内，多数煤层的瓦斯压力随深度增加呈线性增加。在地质条件相近的块段内，相同深度的同一煤层具有大致相同的瓦斯压力。

（三）瓦斯含量

瓦斯含量是指煤层或岩层在自然条件下，单位重量或单位体积所含有的瓦斯量，其单位为 m^3/m^3 或 m^3/t。它是游离瓦斯和吸附瓦斯的总和。

《煤矿安全规程》规定，新矿井设计前，地质勘探部门应提供各煤层的瓦斯含量资料。

影响煤层瓦斯含量的主要因素，见表 8-1-8。

表 8-1-8　影响煤层瓦斯含量的主要因素

影响因素	简要说明
煤层埋藏深度	煤层瓦斯含量与埋深的关系如同郎格缪尔双曲线所示：当深度不太大时，煤层瓦斯含量随埋深呈线性增加；当深度很大时，煤层瓦斯含量趋于常量或已是常量
煤层和围岩的透气性	煤层及其围岩的透气性越大，瓦斯越易流失，煤层瓦斯含量小；反之，瓦斯易于保存，煤层瓦斯含量大
煤层倾角	在同一埋深下，煤层倾角越小，煤层瓦斯含量越高
煤层露头	煤层露头存在时间越长，瓦斯排放越多
地质构造	封闭型地质构造易于封存瓦斯，开放型地质构造利于排放瓦斯
煤化程度	煤层煤化程度越高，其存贮瓦斯的能力越强（挥发分低于 120mL/g 的高变质无烟煤例外）
水文地质条件	地下水活跃的地区，通常煤层瓦斯含量较小；"水大瓦斯小，水小瓦斯大"

（四）瓦斯涌出量

瓦斯涌出量是指在矿井建设和生产过程中从煤岩内涌进井巷的瓦斯量。对于整个矿井的涌出量叫矿井瓦斯涌出量，对于个别翼、采区或工作面的涌出量，叫翼、采区或工作面的瓦斯涌出量。

瓦斯涌出量大小的表示方法：

1）绝对瓦斯涌出量：单位时间内涌出的瓦斯量，单位为 m^3/d 或 m^3/min。

2）相对瓦斯涌出量：在正常生产条件下，平均日产一吨煤所涌出的瓦斯量，单位为 m^3/t。

影响瓦斯涌出量的主要因素，见表 8-1-9。

表 8-1-9　影响瓦斯涌出量的主要因素

影响因素	简　要　说　明
1. 自然因素	
煤岩瓦斯含量	煤岩瓦斯含量，直接影响瓦斯涌出量的大小。煤岩瓦斯含量越高，其相对瓦斯涌出量越大
开采深度	开采深度越深，相对瓦斯涌出量越大
地面大气压力变化	地面大气压力下降，工作面后部采空区与老采区的瓦斯涌出量增加
2. 开采技术因素	
开采顺序与回采方法	首先开采的煤层（或分层），其相对瓦斯涌出量大，而后开采的煤层（或分层），其涌出量减少；回采率越低，相对瓦斯涌出量越大
回采速度与产量	绝对瓦斯涌出量随回采速度或产量的增加而增高量低于线性增量；在高瓦斯综采面，快采快运可明显减少瓦斯涌出
落煤工艺与老顶来压步距	两者对瓦斯涌出量的峰值与波动即瓦斯涌出不均匀系数有显著影响。采用浅截深的连续落煤工艺和缩短老顶来压步距能显著减少瓦斯涌出不均匀系数；据统计，同正常平均瓦斯涌出相比，风镐落煤时瓦斯涌出可增大到 1.1～1.3 倍，放炮时为 1.4～2.0 倍，采煤机采煤时为 1.3～1.6 倍，水枪落煤时为 2～4 倍
通风压力与采空区密闭质量	通风压力小，采空区密闭质量好，可减少老采区瓦斯涌出不均匀系数及涌出量
采场通风系统	顺槽设在采空区比设在煤体内的绝对瓦斯涌出量高 3.2 倍

（五）瓦斯涌出量梯度

瓦斯涌出量梯度是指在甲烷带内，相对瓦斯涌出量平均每增加 $1m^3/t$，开采深度增加的米数，单位为 $m/m^3 \cdot t$。

三、瓦斯的爆炸性

（一）瓦斯爆炸界限

1. 爆炸上、下限

下限：最低 3.2%，最高 6.7%，一般为 5%～6%。当在空气中的瓦斯浓度低于下限时，只能燃烧不能爆炸，过低时不能燃烧。

上限：一般为 14%～16%，当在空气中的瓦斯浓度高于上限时，不爆炸。

理论上瓦斯爆炸最强烈的浓度为 9.5%，因井下空气中含有较大的水蒸气，故瓦斯实际爆炸最强烈的浓度为 8.5% 左右。

2. 爆炸界限的计算

矿井内由煤层涌出的可燃性气体，不单纯是甲烷，而且还含有一部分重碳氢化合物。重碳氢化合物分子量越大，其爆炸下限越低。

我国几个瓦斯比较大的矿井，可燃性气体的组成见表 8—1—10。

表 8—1—10　部分矿井可燃性气体组成

矿 井 名 称	可燃性气体组成（体积）%					
	甲 烷 CH_4	乙 烷 C_2H_6	丙 烷 C_3H_8	丁 烷 C_4H_{10}	戊 烷 C_5H_{12}	乙—辛烷 C_2H_3
阳泉七尺煤	90.03	2.075	0.020	0.001		2.0962
铁法七层	84.92	1.687	0.006	0.0005		1.7063
红卫六号层	73.12	4.120	0.035	0.0101	0.0046	4.1947
焦作大煤	56.68		0.002	0.0003	0.0001	0.0061
松藻六号层	58.67	1.177	0.013	0.0005		1.2169
南桐四号层	77.48	9.077	0.290	0.0046	0.0003	9.3740
中梁山 K_2	80.95	1.473	0.012	0.0023	0.0004	1.4939

可燃性气体混合物的爆炸界限按下式计算：

$$C = \frac{X}{\dfrac{x_1}{C_1} + \dfrac{x_2}{C_2} \cdots \dfrac{x_n}{C_n}} \tag{8—1—1}$$

式中　　C——混合气体的爆炸下限或上限，以体积% 计；

C_1、$C_2 \cdots C_n$——混合气体各可燃气体的爆炸下限或上限；

x_1、$x_2 \cdots x_n$——混合气体各可燃气体的体积百分数；

　　　　X——可燃气体之总含量（$X = x_1 + x_2 \cdots x_n$）。

可燃性气体的爆炸界限见表 8—1—11。

表 8—1—11　可燃性气体的爆炸界限

气 体 名 称	分子量	与空气混合的爆炸界限			
		按体积（%）		按密度（g/m^3）	
		下限	上限	下限	上限
一氧化碳　CO	28.011	12.5	75.0	145	870
甲烷　CH_4	16.043	5.3	15.0	33	100
乙烷　C_2H_6	30.070	3.0~3.2	12.5~15.5	37~40	155~195
丙烷　C_3H_8	44.097	2.4	9.5	39	180
丁烷　C_4H_{10}	58.124	1.5~1.8	8.5	37~44	210
戊烷　C_5H_{12}	72.151	1.4	8.0		

续表

气 体 名 称	分子量	与空气混合的爆炸界限			
		按体积（%）		按密度（g/m³）	
		下限	上限	下限	上限
乙烯 C₂H₄	28.054	3.0	16.0		
乙炔 C₂H₂	26.038	2.3	82.0		
氢 H₂	2.016	4.1	74.2	33	64
硫化氢 H₂S	34.080	4.3	45.5	60	650
氨 NH₃	17.031	15.7	27.4		
炼焦煤气		5.6	31.0		
水煤气		6.2	72.0		
发生炉煤气		20.7	73.7		

[例] 某矿封闭火区内的可燃气体成分是（体积百分数）：$CH_4=4.5\%$，$CO=2.1\%$，$C_2H_4=0.04\%$，$H_2=0.07\%$，试确定该火区内可燃气体的爆炸界限。

爆炸下限：

$$C_下=\frac{4.5+2.1+0.04+0.07}{\dfrac{4.5}{5.3}+\dfrac{2.1}{12.5}+\dfrac{0.04}{3}+\dfrac{0.07}{4.1}}=6.11\%$$

爆炸上限：

$$C_上=\frac{4.5+2.1+0.04+0.07}{\dfrac{4.5}{15}+\dfrac{2.1}{75}+\dfrac{0.04}{16}+\dfrac{0.07}{74.2}}=20.24\%$$

（二）影响瓦斯爆炸界限的主要因素

1. 环境温度

环境温度升高，甲烷爆炸下限降低、上限升高，爆炸界限范围扩大。其关系见表8—1—12。

表8—1—12 温 度 与 爆 炸 界 限 关 系

环境温度 （℃）	烷空气体爆炸界限（%CH₄）		
	下 限	上 限	爆炸范围
20	6.00	13.40	7.40
100	5.45	13.50	8.05
200	5.05	13.80	8.75
300	4.40	14.25	9.85
400	4.00	14.70	10.70
500	3.65	15.35	11.70
600	3.35	16.40	13.05
700	3.25	18.75	15.50

2. 氧浓度

瓦斯爆炸界限随混合气体中氧浓度的降低而缩小（下限变化不大，上限明显降低）。当氧浓度降低到12%时，瓦斯混合气体即失去爆炸性。

3. 气 压

随着环境压力升高，瓦斯爆炸界限范围逐渐扩大（CO例外，其爆炸界限范围随压力升高而变窄）。其关系见表8—1—13。

表 8—1—13 环境压力与爆炸界限关系

环境压力 (MPa)	烷空气体爆炸界限 （%CH₄）		
	下 限	上 限	爆炸范围
0.1	5.6	14.3	8.7
1.0	5.9	17.2	11.3
5.1	5.4	29.4	24.0
12.7	5.7	45.7	40.0

4. 煤 尘

煤尘本身具有爆炸性，而且遇热（300～400℃）时能从中挥发出可燃气体，使甲烷爆炸下限降低，增加瓦斯的爆炸危险性。

5. 其他可燃气体的存在

在烷—空气混合气体中，若混入的其它可燃气体的爆炸下限比甲烷的爆炸下限低，那么混合气体的爆炸下限也就比甲烷单独存在时的爆炸下限低。爆炸上限也是这样。

6. 引火源点燃能量

引火源向邻近的烷空气体层传输的能量越大，爆炸范围越宽。其关系见表8—1—14。

表 8—1—14 点燃能量与爆炸界限关系

引火源点燃能量 (J)	烷空气体爆炸界限 （%CH₄）		
	下 限	上 限	爆炸范围
1	4.90	13.8	8.9
10	4.60	14.2	9.6
100	4.25	15.1	10.8
10000	3.60	17.5	13.9

7. 惰 气

若烷空气体中混入了惰性气体，则爆炸下限升高，上限降低。

（三）瓦斯爆炸压力

当瓦斯浓度为9.5%时，其瞬间爆炸压力可达0.75MPa。发生连续爆炸时，第二次爆炸的压力可达1.03MPa。

四、矿井瓦斯等级

矿井瓦斯等级，按照平均日产 1t 煤涌出瓦斯量和瓦斯涌出形式划分为：

低瓦斯矿井：$10m^3$ 及其以下；

高瓦斯矿井：$10m^3$ 以上；

煤与瓦斯突出矿井。

国外部分国家矿井瓦斯等级划分标准，见表 8－1－15、表 8－1－16。

表 8－1－15　前苏联矿井瓦斯等级分级

矿井等级	指　　标
无瓦斯矿	无瓦斯涌出
Ⅰ　级	矿井相对瓦斯涌出量＜$5m^3/t$
Ⅱ　级	矿井相对瓦斯涌出量 $5\sim10m^3/t$
Ⅲ　级	矿井相对瓦斯涌出量 $10\sim15m^3/t$
超　级	矿井相对瓦斯涌出量≥$15m^3/t$ 及有瓦斯喷出的矿井
突出矿井	开采突出危险或突出威胁煤层的矿井和岩石突出危险的矿井

表 8－1－16　波兰煤层瓦斯等级分级

煤层瓦斯等级	瓦斯含量（m^3/t 可燃基）	相对瓦斯涌出量（m^3/t）
无瓦斯煤层	＜0.02	—
Ⅰ　级	0.02～2.5	＜5
Ⅱ　级	2.5～4.5	5～10
Ⅲ　级	4.5～8.0	10～15
Ⅳ　级	＞8.0	＞15
突出煤层	＞8.0	—

五、瓦斯气体常数计算

（一）标准状态下瓦斯气体常数计算

根据任何气体的理想气态方程式：

$$\frac{P_0V_0}{T_0}=\frac{P_1V_1}{T_1}=\frac{P_2V_2}{T_2}=\cdots\cdots=\frac{P_iV_i}{T_i}=R_i \qquad (8-1-2)$$

或

$$R_i=\frac{P_0}{T_0\rho_0}=\frac{P_1}{T_1\rho_1}=\frac{P_2}{T_2\rho_2}=\cdots\cdots\frac{P_i}{T_i\rho_i}=\frac{P}{T\rho}$$

式中　R_i——气体常数，气体不同各气体常数也各异，J/kg·K；

P_i——大气压力，Pa；

T_i——绝对温度，$T=273+t$，K；

t——气体温度，℃；

V_i——气体的比容积，$V=\dfrac{1}{\rho}$，m^3/kg；

ρ_i——气体的密度，kg/m^3；

i——1，2，……n。

$$\rho_0=\frac{m}{22.4}$$

$$R=\frac{P_0}{T_0\rho_0}=\frac{101325}{273}\times\frac{22.4}{m}=\frac{8313.846}{m}$$

式中　ρ_0——标准状态下气体的密度，·kg/m^3；

　　　R——标准状态下的气体常数，$J/kg\cdot K$；

　　　m——任何气体的克分子量，kg。

$$R_{CH_4}=\frac{8313.846}{16.0429}=518.226 J/kg\cdot K$$

（二）标准状态下瓦斯密度计算

标准状态下瓦斯密度按下式计算

$$\rho=\frac{m}{22.4}$$

式中　22.4——标准状态下瓦斯的容积，m^3。

$$\rho_{CH_4}=\frac{16.04}{22.4}=0.716$$

常用气体的物理参量见表8-1-17。

表 8-1-17　常 用 气 体 的 物 理 参 量

气 体 名 称	分子量	标准状态下的密度 ρ (kg/m^3)	气体常数 R ($J/kg\cdot K$)	等压比热 C_p ($kJ/kg\cdot K$)	等容比热 C_v ($kJ/kg\cdot K$)	绝热指数 C_p/C_v	和干空气相比的相对密度	和干空气相比的扩散速率
干空气	28.96	1.292	287.041	1.010	0.716	1.410	1	1
O_2	32.00	1.429	259.876	0.913	0.652	1.400	1.105	0.951
CH_4	16.04	0.716	518.226	2.470	1.930	1.280	0.554	1.344
CO_2	44.00	1.964	188.974	0.879	0.687	1.280	1.519	0.811
CO	28.00	1.250	297.043	1.047	0.749	1.398	0.967	1.017
NO_2	46.00	2.050	180.694	0.841	0.658	1.278	1.588	0.794
H_2S	34.09	1.523	243.695	1.026	0.767	1.337	1.177	0.922
SO_2	64.07	2.860	129.840	0.645	0.516	1.250	2.212	0.672
N_2	28.03	1.251	296.749	1.043	0.745	1.400	0.968	1.016
NH_3	17.03	0.760	488.273	2.219	1.720	1.290	0.588	1.304
H_2	2.01	0.090	4124.677	14.256	10.132	1.407	0.069	3.807
水蒸气	18.02	0.804	461.393	1.85	1.445	1.280	0.622	1.268

第三节　矿　井　粉　尘

一、粉尘及其危害

（一）粉尘的产生

在矿井采掘生产过程中所产生的各种煤、岩矿物微粒统称为粉尘。煤矿的粉尘包括煤尘和岩尘。

在开拓、掘进中，打眼、爆破是产生粉尘的主要工序；在湿式凿岩条件下，工作面的粉尘浓度可达 $6\sim10mg/m^3$，打眼、爆破产生的粉尘比例为 $40\%\sim50\%$ 和 $35\%\sim45\%$，其它工序为 $10\%\sim20\%$。在采煤过程中，如采用机械落煤，则煤尘发生量最大。

据有关资料统计，在现代化矿井中，一昼夜煤尘的生成量可以达到矿井煤产量的 3%。

（二）影响粉尘发生量的主要因素

粉尘发生量随煤层的地质构造情况、赋存条件、煤质及矿井开采技术条件的不同而变化。影响粉尘发生量的主要因素见表 8—1—18。

表 8—1—18　影响粉尘发生量的主要因素

影响因素	简　要　说　明
1. 自然因素	
地质构造	在地质构造复杂、断层褶曲发育、煤岩层破坏强烈的矿井，开采时易产生大量粉尘
煤层赋存条件	煤层厚、倾角大，节理发育、结构疏松、脆性大且水分低的煤层和岩层，开采中煤尘发生量就大
2. 技术因素	
采煤方法	急倾斜煤层采用倒台阶采煤法比水平分层采煤法的煤尘产生量大；全面冒落采煤法比充填采煤法的煤尘产生量大
采掘机械化程度及截割参数	随采掘机械化程度的提高，工作面推进度的加快，煤尘产生量会增大。如机采工作面工作地点的煤尘浓度最高达 $8888mg/m^3$，一般炮采工作面为 $400\sim600mg/m^3$，风镐落煤煤尘浓度为 $800mg/m^3$ 左右； 全面实现了机械化开采的矿井，$70\%\sim85\%$ 的煤尘是由采掘工作面产生的； 如采用宽截齿、合理的截割速度、牵引速度、截割深度以及合理的截齿排列均能减少煤尘的产生
煤的运输与装载方式	工作面或上山采用自溜或自重运输，煤尘发生量就大； 原煤采用大巷直接装车比开底板（或顶板）绕道装车产生的煤尘量大
工作面通风状况	工作面的风量和风速与煤尘有密切关系。风量较大能冲淡煤尘；过大又将使落尘飞扬，煤尘浓度增大。风速较小，不能将工作面煤尘带出，煤尘浓度就大

（三）粉尘的浓度、粒度及分散度

1. 粉尘浓度

单位体积矿井空气中所含浮尘的数量叫粉尘浓度，其表示方法有两种：

质量浓度——单位体积空气中所含粉尘的质量，其单位为 mg/m^3。

数量浓度——单位体积空气中所含粉尘的粒子数，其单位为 $粒/cm^3$。

我国采用质量浓度表示粉尘浓度。为了保护工人健康，我国对作业地点矿物粉尘最大允许浓度，按粉尘中游离 SiO_2 含量确定如表 8-1-19。

表 8-1-19　空气中粉尘允许浓度

粉　尘　类　别	最大允许粉尘浓度（mg/m^3）
含游离 SiO_2 在 10% 以上的粉尘	2
含游离 SiO_2 在 10% 以下的粉尘	10
水泥粉尘（锚喷作业）	6

国外主要产煤国家对粉尘允许浓度的规定，见表 8-1-20。

表 8-1-20　国外主要产煤国家的粉尘标准

国别	粉　尘　类　别	最大允许粉尘浓度（mg/m^3）
前苏联	1. 含游离 SiO_2 在 10%～70% 的煤岩尘	2
	2. 含游离 SiO_2 在 2%～10% 的煤岩尘	4
	3. 含游离 SiO_2 低于 2% 的煤岩尘	10
	4. 石灰岩尘和白云岩尘	6
	5. 含游离 SiO_2 大于 70% 的硅岩尘等	1
	6. 页岩尘	4
美国	全尘：允许浓度同游离 SiO_2 的含量有关，并由公式确定呼吸性粉尘	$\dfrac{30}{\text{游离 } SiO_2\% + 2}$
	1. 含游离 $SiO_2 < 5\%$ 的煤岩尘	2
	2. 含游离 $SiO_2 > 5\%$ 时，允许浓度由公式确定	$\dfrac{10}{\text{游离 } SiO_2\% + 2}$
	3. 天然矽藻土粉尘	1.5
	4. 非结晶 SiO_2 粉尘	3
	5. 不含纤维的滑石粉尘	2
	6. 含纤维的滑石粉尘	2（根/cm^3）
英国	呼吸性粉尘：	
	1. 长壁工作面	5
	2. 掘进工作面	3
	3. 进风巷	3
	4. 矿柱、矿房及其它作业点	4
波兰	全尘：	
	1. 游离 SiO_2 含量 <2%	10
	2. 游离 SiO_2 含量 2%～10%	4
	3. 游离 SiO_2 含量 10%～70%	2
	4. 游离 SiO_2 含量 >70%	1
	呼吸性粉尘：	
	1. 游离 SiO_2 含量 <10%	2
	2. 游离 SiO_2 含量 10%～70%	1
	3. 游离 SiO_2 含量 >70%	0.3

续表

国别	粉 尘 类 别			最大允许粉尘浓度 （mg/m³）	
德国	1. 德国有害物质检验委员会对井下含尘量的规定： 石英含量<5％的细尘 石英细尘			4 0.15	

对井下工人而言，作业环境中粉尘的等级因子 F 乘上工作班的数量 S，5 年内 ΣFS 不超过 1500

当 q_c<5％时，可按 C 或 C_q 分级；当 q_c>5％时，按 C_q 分级。其中 q_c 为石英含量

含尘 等级	含石英细 尘浓度 C	石英细尘 浓度 C_q	等级 因子 F
0	≤2.5	≤0.125	0.8
I	>2.5～5.0	>0.125～0.25	1
II	>5.0～7.5	>0.25～0.375	2
III	>7.5～9.5	>0.375～0.475	3
IV	>9.5～12.5	>0.475～0.60	5
不允许	>12.5	>0.6	

国别	粉 尘 类 别	最大允许粉尘浓度（mg/m³）
日本	全尘： 1. 游离 SiO_2 含量>10％，允许浓度由公式确定	$\dfrac{12}{0.23\times 游离 SiO_2\% +1}$
	2. 游离 SiO_2 含量<10％	4
	煤尘、石灰石尘、大理石尘、氧化铁尘等	2
	滑石、硅藻土、硫化矿、活性炭等粉尘呼吸性粉尘：	$\dfrac{2.9}{0.23\times 游离 SiO_2\% +1}$
	1. 游离 SiO_2 含量>10％，允许浓度由公式确定	1
	2. 游离 SiO_2 含量<10％： 煤尘、石灰石尘、大理石尘、氧化铁尘等	1
	滑石、硅藻土、硫化矿、活性炭等粉尘	0.5

2. 粉尘粒度及分散度

粉尘粒度——粉尘颗粒的平均直径称粒度，其单位用微米（μm）表示；

粉尘分散度——各种粒度的尘粒在全部粉尘中所占的百分比称粉尘分散度。粉尘粒度越小，分散度越高；粉尘粒度越大，分散度越低。

（四）粉尘的危害

粉尘是造成矿工职业病的有害物质，长期被矿工吸入体内能引起煤矽肺病，严重危害矿工身体健康，使矿工丧失劳动能力，以致缩短寿命。粉尘的物理化学性质，如粒度、分散度、浓度及游离二氧化硅含量等的不同，对人体的危害程度也不同。

影响煤矽肺病的因素，见表 8-1-21。

二、煤尘的爆炸性

（一）煤尘爆炸的必要条件

煤尘发生爆炸，必须同时具备以下三个条件：

1. 自身为爆炸危险煤尘

煤尘是否具有爆炸性，主要决定了它的挥发分含量，挥发分含量大于10％的煤尘一般都具有爆炸危险性。

表 8-1-21 影响煤矽肺病的因素

影响因素	简 要 说 明
游离二氧化硅的含量（SiO₂）	游离二氧化硅是游离存在的二氧化硅晶体或非晶体。人吸入的粉尘中游离二氧化硅含量愈多，肺组织的纤维化过程愈短，发病也愈严重，游离二氧化硅是致病的主要因素，含量愈大，致病率愈强。砂岩、页岩和煤中的二氧化硅含量约为 35%～45%、27%～30% 和 1%～5%。游离二氧化硅含量约为 80%～90% 时，几年内即可致病
粉尘的粒度和分散度	0.1～5μm 以下的粉尘能直接进入肺泡内对人的危害最大。它能使肺泡失去弹性，旷日持久，呼吸功能便会减退，最后导致煤矽肺病等症； 粉尘粒度越小，分散度越大，对人体的危害也越大。粉尘中 0.1～5μm 的尘粒所占比重较大时，其危害程度最严重
粉尘的浓度	粉尘浓度越高对人体的危害也越大。如果粉尘浓度为 1000mg/m³ 时，1～3 年即可致病
从事岩石作业时间的长短	从事岩石作业的时间越长，吸收粉尘的积累量就越多（粉尘浓度×时间），发病率就越高。据统计，工龄在 10 年以上的开拓掘进工人的发病率比 10 年以下的高两倍

据煤尘爆炸性鉴定统计，我国 90% 以上煤矿的煤尘都具有爆炸危险性。

2. 煤尘云的浓度

煤尘在空气中呈悬浮状态，并且达到一定浓度时，才可能引起爆炸。煤尘未达爆炸下限浓度或超过上限浓度都不会发生爆炸。

3. 着火源

煤尘云的着火温度因其可燃挥发分含量、粒度、浓度等的差异而不同，一般为 610～1015℃，多数为 700～900℃。

井下能引起煤尘云产生爆炸的高温热源很多，如爆炸作业时产生的炸药火焰、电器设备产生的电火花、提升运输及采掘机械设备产生的摩擦火花、架线机车及电缆破坏产生的电弧、瓦斯燃烧或爆炸、井下火灾或明火、矿灯故障产生的火花等。

（二）煤尘爆炸指数

煤尘爆炸指数（即可燃挥发分指数）就是根据煤尘的可燃挥发分含量初步评价煤尘的爆炸危险性。

计算公式：

$$V^r = \frac{V^t}{100 - A^g - W^t} \times 100 \qquad (8-1-3)$$

式中　V^r——煤尘爆炸指数或可燃挥发分含量，%；

　　　V^t——分析煤样的挥发分，%；

　　　A^g——分析煤样的灰分，%；

　　　W^t——分析煤样的水分，%。

一般情况下，$V^r < 10\%$ 的煤尘除个别外，基本无爆炸性危险；$V^r = 10\% \sim 15\%$ 的煤尘爆炸性弱；$V^r = 15\% \sim 28\%$ 的煤尘爆炸性较强；$V^r > 28\%$ 的煤尘爆炸性很强。

国外判断煤尘具有爆炸性的煤尘爆炸指数，见表 8-1-22。

表 8—1—22 国外煤尘爆炸指数

国别或矿区	法国	英国	美国	比利时	德国鲁尔矿区	前苏联
煤尘爆炸指数	14	10	14	15	12	>10

（三）影响煤尘爆炸的主要因素（表 8—1—23）

表 8—1—23 影响煤尘爆炸的主要因素

影响因素	简 要 说 明
煤尘的可燃挥发分	1. 可燃挥发分含量是影响煤尘有无爆炸性及爆炸性强弱的主要原因。一般情况下，煤尘的可燃挥发分越高，其爆炸性越强；可燃挥发分含量越低，其爆炸性越弱，甚至无爆炸性； 2. 煤尘的可燃挥发分依无烟煤、贫煤、瘦煤、焦煤、肥煤、气肥煤、长焰煤、褐煤的顺序依次增高，其爆炸性也依次增强； 必须指出，由于煤的成分很复杂，同类煤的挥发分成分及其含量也不同，所以可燃挥发分含量不能作为确定煤尘有无爆炸性的唯一指标。如重庆松藻二井，煤的挥发分为 15.92%，却无爆炸性；萍乡青山矿，煤的挥发分含量低于 10%，却有煤尘爆炸危险。因此，必须通过煤尘爆炸性试验来确定煤尘有无爆炸危险
煤尘粒度	粒度在 1mm 以下的煤尘均能参与爆炸，其中小于 $75\mu m$ 的煤尘则是爆炸的主体，其危险性最大
空气中的瓦斯和氧含量	1. 瓦斯的存在，会扩大煤尘云爆炸浓度的上、下限范围，其降低和增高的范围随瓦斯浓度的增高而增大。瓦斯浓度对煤尘云爆炸下限浓度的影响如下表所示： 瓦斯浓度对煤尘爆炸下限的影响 空气中的瓦斯浓度（%）：0 / 0.5 / 1.4 / 2.5 / 3.5 / 4.5 爆尘爆炸下限浓度（g/m³）：45 / 34.5 / 26.4 / 15.5 / 6.4 / 6.1 2. 空气中氧含量高时，点燃煤尘的温度可以降低，煤尘爆炸较充分，爆炸压力大；当空气中氧含量低于 17% 时，煤尘不再爆炸
煤尘水分	水分含量越高，爆炸性越弱
煤尘灰分	1. 煤尘中灰分（或混入的岩粉量）越高，爆炸性越弱； 2. 煤尘的灰分含量小于 20% 时，对其爆炸性影响不显著；灰分含量达 30%～40% 时，煤尘爆炸性会明显下降； 3. 混合 75% 的岩粉后，爆炸性完全消失（抚顺龙凤矿煤尘）
煤尘硫分	硫分越高，煤尘爆炸性越强。甚至有些本属无爆炸性的煤尘，但如硫分很高，也会使其具有爆炸性
煤尘浓度	经试验，褐煤、烟煤的爆炸下限浓度为 45～55g/m³，110～335g/m³；其爆炸上限浓度为 1500～2000g/m³。爆尘爆炸最强时的浓度为 300～400g/m³

第四节　井下气候条件

一、井下气候条件的规定及评价

（一）井下气候条件的规定

为保证井下良好的工作条件，《煤矿安全规程》和《煤炭工业矿井设计规范》规定：

1）采掘工作面的空气温度不得超过 26℃，机电硐室的空气温度不得超过 30℃。对于少数地温较高的矿井及其局部超温地点，应采取降温措施。

2）井下温度过低和进风井筒冬季结冰，对工人身体健康、提升和其它装置有危害时，必须装设空气预热设备，保持进风井口以下的空气温度经常在 2℃ 以上。

国外对井下气候条件的规定，见表 8—1—24。

表 8—1—24 国外矿井气候标准

国 别	标 准	国 别	标 准
美 国	等感温度＜34～37℃	波 兰	$t_干＜28℃$
比利时	$(0.9t_干+0.1t_湿)＜31℃$	日 本	$t_干＜31.5℃$
法 国	$(0.9t_干+0.1t_湿)＜31℃$	新西兰	$t_干＜26.7℃$
荷 兰	$t_干＜30℃$	德 国	$t_干＜28℃$，等感温度＜32℃
前苏联	$t_干＜25℃$	南非马茵哩夫	$t_湿＜33℃$

（二）井下气候条件的评价

1. 井下气候条件的表示方法

1）卡他度：卡他度是衡量温度、湿度和风速三者综合作用的指标。其意义是表示在一定环境条件下，人体在单位时间内通过单位面积可散发出的热量（J/m²·s）。卡他度分为干卡他度（$H_干$）和湿卡他度值（$H_湿$）两种。

各种劳动条件下感到比较舒适的卡他度值，见表 8—1—25。

表 8—1—25 感到比较舒适的卡他度值

劳动强度	干卡他度（$H_干$）	湿卡他度（$H_湿$）
办公室工作	5	14～15
轻 工 作	6	18
中等紧张工作	8	25
重 工 作	10	30

对从事井下中等劳动强度[①]的工作人员，比较舒适的干、湿卡他度分别为 8～10 和 25～30。

2）等感温度：等感温度又称有效温度，它是表示当风速为零、湿度为 100% 时与该环境的气温、湿度、风速有同样冷热感觉的温度。

3）比冷力：比冷力又称空气最大冷却力。它是指任何特定环境下，人体同风流间的最大传热量。

2. 对井下气候条件的评价

[①]井下中等劳动强度工作与重工作内容包括：

中等劳动强度工作—用手风钻采煤打眼、装药或手扶凿岩机掘进打眼等；重工作—擢煤、支柱、砍木头、背运支柱、移溜子、推车运矸、手搬运石头、抬钢轨支架等。

空气温度、水汽分压力、风速、辐射温度及气压是决定人体向周围介质散热的五个主要热强参数。它们是相互联系和相互制约地对人体产生作用。因此各种单独表示方法都有它的局限性。其中以比冷力考虑的热强度参数较全面。用作表示闷热井下气象条件的指标,用等感温度和湿卡他度还是合适的。等感温度与湿卡的关系,见表8-1-26。

目前,在评价井下气候条件时,最好能就等感温度与湿卡他度这两种指标综合进行判断。

表 8-1-26 等感温度与湿卡他度的关系

等感温度 (℃)	湿卡他度 (J/m² · s)	条 件
33	约1.2	地表、穿衣、轻劳动
28	2	湿度90%
20	4.2	风速2m/s
12	6.3	
4	8.4	

二、井下空气的温度

井下最适宜的空气温度是15~20℃。

因井下相对湿度颇大,要控制和改变它甚为困难,一般均采取调节井下空气的温度和风速来改变井下的气象条件。井下采掘工作面的温度和风速间较合适的关系,见表8-1-27。

表 8-1-27 温度和风速的合适关系

空气温度(℃)	适宜的风速(m/s)
<15°	<0.5
15~20°	<1.0
20~22°	>1.0
22~24°	>1.5
24~26°	>2.0

三、井下空气的湿度

井下最适宜的相对湿度为50%~60%。

井下空气湿度的表示方法:

绝对湿度——单位体积或质量的湿空气中所含水蒸气的质量,其计算公式如下:

$$\rho_v = \frac{P_v}{461393T} \tag{8-1-4}$$

式中　ρ_v——湿空气的绝对湿度,g/m³;

　　　P_v——湿空气中的水蒸气分压力,Pa;

　461393——水蒸气的气体常数,J/g·K;

　　　T——湿空气的绝对温度,K。

相对湿度——空气中水蒸气的绝对湿度与同温度下的饱和绝对湿度之比的百分数，其计算公式如下：

$$\psi = \frac{\rho_v}{\rho_s} \times 100 = \frac{P_v}{P_s} \times 100 \qquad (8-1-5)$$

式中　ψ——湿空气的相对湿度，%；

　　　ρ_s——湿空气的饱和绝对湿度，g/m^3；湿空气的饱和绝对湿度，见表8-1-28；

　　　P_s——湿空气中的饱和水蒸气分压力，Pa。

表8-1-28 饱和湿空气的绝对湿度

空气温度 t (℃)	饱和空气绝对湿度 ρ_s		空气温度 t (℃)	饱和空气绝对湿度 ρ_s		空气温度 t (℃)	饱和空气绝对湿度 ρ_s	
	(g/m^3)	(g/kg)		(g/m^3)	(g/kg)		(g/m^3)	(g/kg)
−20	1.1	0.8	7	7.7	6.1	34	37.3	33.1
−19	1.2	0.8	8	8.3	6.6	35	39.3	35.0
−18	1.3	0.9	9	8.8	7.0	36	41.4	37.0
−17	1.4	1.0	10	9.4	7.5	37	43.6	39.2
−16	1.5	1.1	11	9.9	8.0	38	45.9	41.4
−15	1.6	1.2	12	10.6	8.6	39	48.3	43.8
−14	1.7	1.3	13	11.3	9.2	40	50.8	46.3
−13	1.9	1.4	14	12.0	9.8	41	53.4	48.9
−12	2.0	1.5	15	12.8	10.5	42	56.1	51.6
−11	2.2	1.6	16	13.6	11.2	43	58.9	54.5
−10	2.3	1.7	17	14.4	11.9	44	61.9	57.5
−9	2.5	1.9	18	15.3	12.7	45	65.0	60.7
−8	2.7	2.0	19	16.2	13.5	46	68.2	64.0
−7	2.9	2.2	20	17.2	14.4	47	71.5	67.5
−6	3.1	2.4	21	18.2	15.3	48	75.0	71.1
−5	3.4	2.6	22	19.3	16.3	49	78.6	75.0
−4	3.6	2.8	23	20.4	17.3	50	82.3	79.0
−3	3.9	3.0	24	21.6	18.4	51	86.3	83.2
−2	4.2	3.2	25	22.9	19.5	52	90.4	87.7
−1	4.5	3.5	26	24.2	20.7	53	94.6	92.3
0	4.9	3.8	27	25.6	22.0	54	99.1	97.2
1	5.2	4.1	28	27.0	23.4	55	103.6	102.3
2	5.2	4.1	28	27.0	23.4	55	103.6	102.3
3	6.0	4.7	30	30.1	26.3	57	113.3	113.2
4	6.4	5.0	31	31.8	27.8	58	118.5	119.1
5	6.8	5.4	32	33.5	29.5	59	123.8	125.2
6	7.3	5.7	33	35.4	31.2	60	129.3	131.7

第二章 矿 井 通 风

第一节 矿井通风设计依据及主要内容

一、矿井通风设计依据

(1) 矿区气象资料：常年风向，历年气温最高月、气温最低月的平均温度，月平均气压。

(2) 矿区恒温带温度，地温梯度，进风井口、回风井口及井底气温。

(3) 矿区降雨量、最高洪水位、涌水量、地下水文资料。

(4) 井田地质地形。

(5) 煤层的瓦斯风化带垂深，各煤层瓦斯含量、瓦斯压力及梯度等。

(6) 煤层自然发火倾向，发火周期。

(7) 煤尘的爆炸危险性及爆炸指数。

(8) 矿井设计生产能力及服务年限。

(9) 矿井开拓方式及采区巷道布置。

(10) 主、副井及风井的井口标高。

(11) 矿井各水平的生产能力及服务年限，采区及工作面的生产能力。

(12) 矿井巷道断面图册。

(13) 矿区电费。

二、矿井通风设计的主要步骤及内容

(1) 对影响通风设计的自然因素进行必要的概述。

(2) 提出矿井通风系统可行方案，进行技术经济比较，选择最佳通风系统，并论证其合理性。

(3) 矿井风量计算和分配：

根据《煤炭工业矿井设计规范》规定，按照采煤、掘进、硐室及其它地点的实际需风量进行计算，同时按照井下同时工作的最多人数每人每分钟供给风量不得小于 $4m^3$ 进行验算。

(4) 矿井总负压计算：

如小型矿井服务年限不长 (10~20 年)，应选出全矿井通风容易和通风困难两个时期通风网络计算最小和最大通风负压；如服务年限较长的大型矿井，应选择计算达到设计产量和通风机最大使用年限期内通风容易和通风困难两个时期的最小和最大负压，并将计算结果列入负压计算总表。

(5) 将矿井初、后期及达产时的矿井总风量和总负压（如多风井抽风，每个回风井应单独计算）提交机电专业，选择矿井通风机。

(6) 计算矿井通风等积孔，评价矿井通风难易程度。

（7）选择井下通风构筑物，包括种类、数量及使用地点。

（8）绘制矿井通风系统示意图。

（9）编写说明书。

第二节 矿井通风系统

一、选择矿井通风系统的主要原则

1）必须符合《煤矿安全规程》和《煤炭工业矿井设计规范》有关规定：

（1）每个矿井必须有完整的独立通风系统。

（2）应根据矿井的灾害类型及等级选择适宜的通风系统。

（3）箕斗提升井或装有胶带输送机的井筒不应兼作风井，如果兼作风井使用，必须遵守《煤矿安全规程》的有关规定。

2）通风系统的选择应有利于加快矿井建设速度，有利于矿井高产高效、安全生产，整个系统技术经济合理。

3）还应综合考虑以下因素：

（1）风井位置要在洪水位标高以上（大中型矿井考虑百年一遇、小型矿井50年一遇），进风井口须避免污染空气进入，距有害气体源的地点不得小于500m。

（2）井口工程地质及井筒施工地质条件简单。

（3）占地少，压煤少，交通方便，便于施工。

（4）通风系统简单，风流稳定，易于管理。

（5）发生事故时，风流易于控制，井下每一水平到上一水平和每个采区至少要有两个通向地面的安全出口，以便于人员撤出。

（6）使专用通风巷道的数目最少，风路最短，贯通距离短，井巷工程量省。

（7）尽可能使每个采区的产量均衡，阻力接近，避免过多的风量调节，尽量少设置通风构筑物，以免引起大量漏风。

（8）多风机抽出式通风时，为了保持风机联合运转的稳定性，应尽量降低总进风道公共风路段的风阻（一般要求公共区段的负压不超过任何一个通风机负压的30%）。

（9）新设计矿井不宜在同一井口采用多台主要通风机串、并联运转。

（10）井下爆破材料库必须有单独的进风流，回风必须引入矿井主要回风道。井下充电硐室必须独立通风，回风可引入采区回风道。

（11）应满足防治瓦斯、煤层自燃、煤尘爆炸及火灾对矿井通风系统的特殊要求。

（12）后期通风合理。

二、通风系统

按进、回风井的相对位置分为中央式（包括中央并列与中央分列）、对角式、混合式（包括中央并列与对角、中央分列与对角、中央并列与分列式等），以及分区式（分区进风和回风的独立通风系统）。

1）选择通风系统主要考虑因素：

表 8-2-1　通 风 系 统 分 类

分类	通风系统	图示	适用条件及优缺点
中央式 中央并列式	出风井与进风井大致并列于井田中央	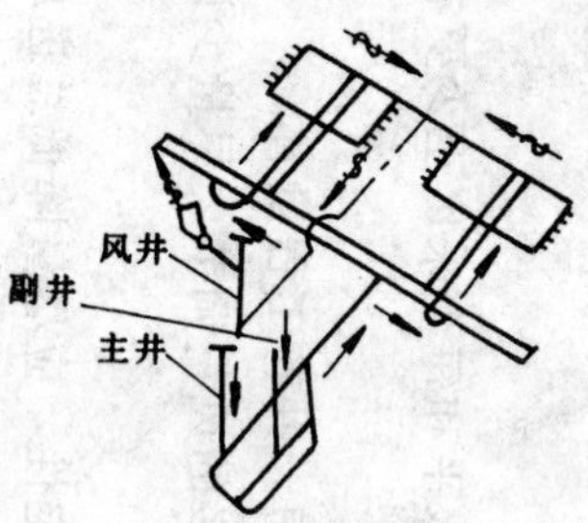 风井　副井　主井	适用于煤层倾角较大、走向不长（一般小于4km左右），投产初期暂未设置边界安全出口、采区生产集中，并便于管理、且自然发火不严重的矿井 1. 初期投资少，采区生产集中，并便于管理； 2. 节省风井工业场地，占地少，比在井田内打边界风井压煤少； 3. 进出风井之间的漏风较大，风路较长，阻力较大； 4. 工业场地有噪音影响
中央式 中央分列式	进风井与出风井大致位于井田走向的中央，沿井田倾斜方向有一定距离	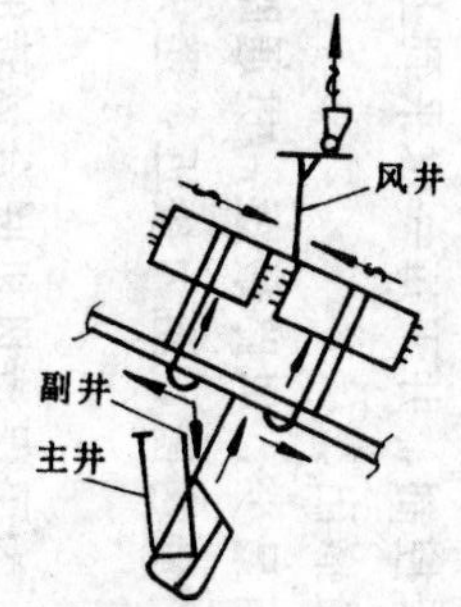 风井　副井　主井	适用于煤层倾角较小，走向长度不大的矿井 1. 比中央列式安全性要好； 2. 矿井通风阻风较小，内部漏风少，有利于对瓦斯、自然发火的管理； 3. 工业场地没有噪音影响； 4. 多一个风井场地，压煤较多
对角式	进风井大致位于井田走向的中央，出风井位于井田倾斜浅部走向的两翼	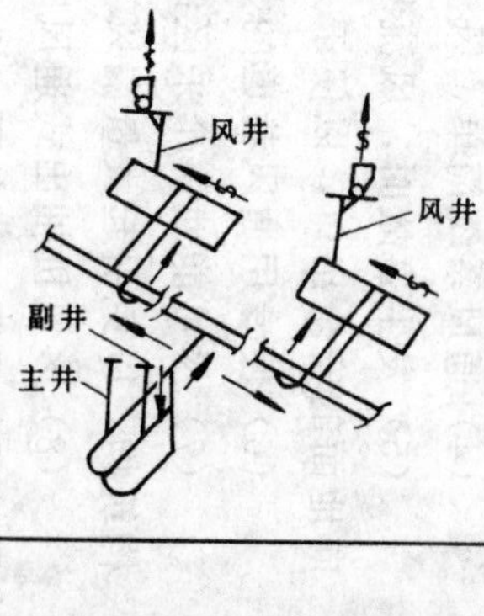 风井　副井　主井	一般适用于煤层走向长（超过4km），井田面积大、产量较大的矿井。其优缺点与中央列式相反，比中央列式安全性要好，建井期投资大，建井期较长。对有瓦斯喷出或有煤与瓦斯突出的矿井，应采用对角式的通风系统

续表

分类	通风系统	图示	适用条件及优缺点
混合式	进风井与出风井由三个以上井筒按中央式与对角式混合式组成。其中有中央分列与对角混合式、中央并列对角混合以及中央并列与中央分列混合等	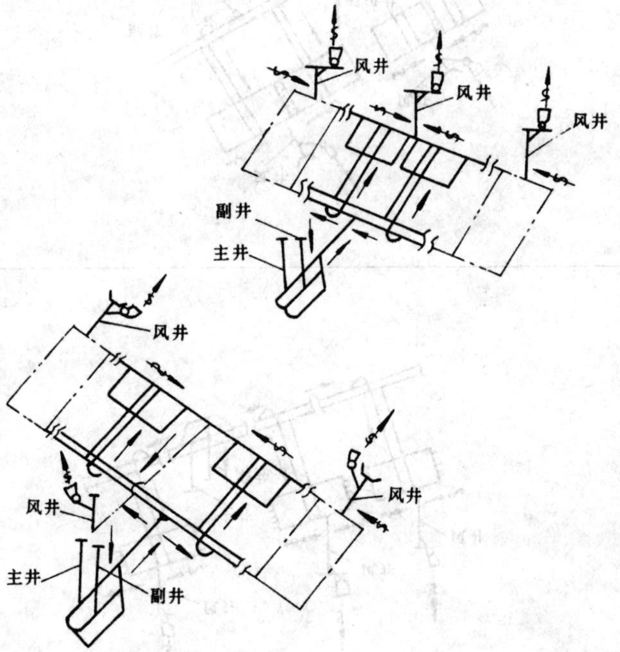	混合式是前几种的发展，适用于： 1. 矿井走向距离很长以及老矿井的改扩建和深部开采； 2. 多煤层多井筒的矿井。有利于矿井分区分期投产； 3. 大型矿井井田面积大、产量大或采用分区开拓的矿井

续表

分类		通风系统	图示	适用条件及优缺点
分区回风式	分区回风	进风井大致位于井田走向中央，在采区开掘回风井，并分别安设通风机分区抽出	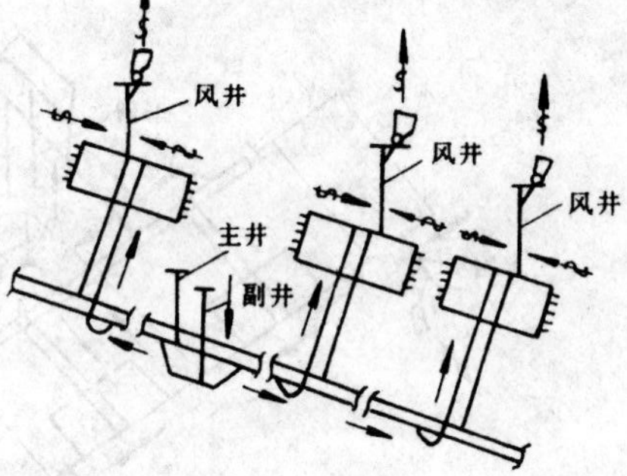	适用于煤层距地表层位较浅，或因地表高低起伏较大，无法开凿浅部的总回风道的矿井。在开采第一水平时，只能采用这种分区回风方式。另外矿井走向长、多煤层开采、高温矿井，亦有采用此方式。对有瓦斯喷出或有煤与瓦斯突出的矿井应采用分区通风系统。除适用于上述条件外，还适用于高瓦斯矿井和具备一定条件的大型矿井
分区式	分区通风	各分区有独立的进回风系统。但与中央进风系统大巷没有通风设施隔绝。如陕西的桑树坪矿及大同云岗矿	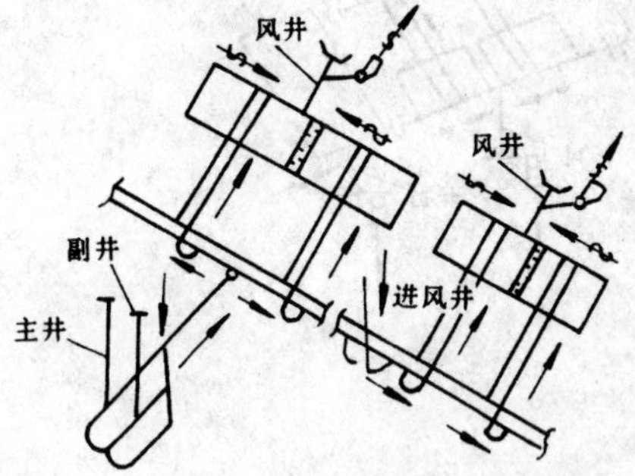	1. 各分区有独立的通风路线，互不影响是此方式主要优点，便于管理； 2. 建井工期短； 3. 安全生产好； 4. 分区进风井多，需增加风井场地、通风机管理分散

（1）自然因素：煤层赋存状态、埋藏深度、冲积层厚度、矿井瓦斯等级、煤尘爆炸性、煤层自然发火性、矿井地形条件、井田尺寸及矿井年生产能力等。

（2）经济因素：井巷工程量、通风运营费、设备运转、维修和管理条件等。

另外根据开采技术条件，要考虑灌浆、注水以及瓦斯抽放等要求。

2）各种通风系统的适用条件和优缺点分析（表8-2-1）。

三、通风方式

（一）选择通风方式考虑的主要因素

表8-2-2　通风方式分类

通风方式	图　　示	适用条件及优缺点
抽出式		是当前通风方式中的主要形式，适应性较广泛，尤其对高瓦斯矿井，更有利于对瓦斯的管理，也适用于矿井走向长，开采面积大的矿井 优点： 1. 井下风流处于负压状态，当主扇因故停止运转时，井下的风流压力提高可能使采空区瓦斯涌出量减少，比较安全； 2. 漏风量小，通风管理较简单； 3. 与压入式比，不存在过渡到下水平时期通风系统和风量变化的困难 缺点：当地面有小窑塌陷区并和采区沟通时，抽出式会把小窑积存的有害气体抽到井下使矿井有效风量减少
压入式		低瓦斯矿的第一水平，矿井地面地形复杂、高差起伏，无法在高山上设置通风机。总回风巷无法连通或维护困难的条件下 优缺点： 1. 压入式的优缺点与抽出式相反，能用一部分回风把小窑塌陷区的有害气体压到地面； 2. 进风线路漏风大（如：井口棚及翻笼煤仓漏风）管理困难； 3. 风阻大、风量调节困难； 4. 由第一水平的压入式过渡到深部水平的抽出式有一定困难； 5. 通风机使井下风流处于正压状态，当通风机停止运转时，风流压力降低，有可能使采空区瓦斯涌出量增加
抽压联合式一、二水平过渡		可产生较大的通风压力，能适应大阻力矿井需要，但通风管理困难，一般新建矿井和高瓦斯矿井不宜采用，只是个别用于老井延深或改建的低瓦斯矿井

一般根据煤层瓦斯含量高低，煤层埋藏深度和赋存状态，冲积层厚度，煤层自然发火性，小窑塌陷漏风情况、地形条件，以及开拓方式等综合考虑确定。

（二）通风方式分类、适用条件和优缺点分析

通风方式分为压入式、抽出式、抽压混合式3类。其适用条件和优缺点分析详见表8—2—2。

四、采区通风系统

（一）《煤矿安全规程》有关采区通风的规定

1）每一个生产水平和每一个采区，都必须布置回风道，实行分区通风。

2）回采工作面和掘进工作面都应采用独立通风。

同一采区内，同一煤层上下相连的两个同一风路中的回采工作面，其工作面总长度不得超过400m……。

回采工作面和其相连接的掘进工作面，布置独立通风有困难时，可以采用串联通风，但串联通风的次数不得超过1次。

回采工作面之间或采掘工作面之间的串联通风，进入串联工作面的风流中必须装有瓦斯自动检测报警断电装置。在此种风流中，瓦斯或二氧化碳浓度都不得超过0.5%，其它有害气体都应符合规程的规定（见本篇第一章）。

开采有瓦斯（二氧化碳）喷出或有煤（岩）与瓦斯（二氧化碳）突出危险的煤层时，严禁任何两个工作面之间串联通风。

3）煤层倾角大于12°的回采工作面都应采用上行通风。如果采用下行通风时，必须报矿总工程师批准，并遵守下列规定：

（1）回采工作面风速不得低于1m/s。

（2）机电设备设在回风道时，回采工作面回风道风流中瓦斯浓度不得超过1%，并应装有瓦斯自动检测报警断电装置。

（3）应有能够控制逆转风流、防止火灾气体涌入进风流的安全措施。

在有煤（岩）与瓦斯（二氧化碳）突出危险的、倾角大于12°的煤层中，严禁回采工作面采用下行通风。

4）开采有煤尘爆炸危险煤层的矿井，在矿井的两翼、相邻的采区和相邻的煤层，都必须用水棚隔开；在所有运输巷道和回风巷道中，必须撒布岩粉或冲洗巷道。

（二）采区通风系统的要求及内容

采区通风系统是矿井通风系统的基本组成部分。它主要取决于采区巷道布置和采煤方法，同时要满足通风的特殊要求。如高瓦斯或地温很高，有时是决定采区通风系统的主要条件。

在确定采区通风系统时还应满足：在采区通风系统中，保证风流流动的稳定性，尽可能避免对角风路，尽量减少采区漏风量，并有利于采空区瓦斯的合理排放及防止采空区浮煤自燃，使新鲜风流在其流动路线上被加热与污染的程度最小。

1. 采区上山的通风系统

采区上山的通风系统见表8—2—3。

2. 回采工作面通风系统

1）回采工作面通风系统的基本要求：

（1）回采工作面与掘进工作面都应独立通风。

表 8-2-3 采 区 上 山 通 风 系 统

通风系统	上山数目	适用条件及优缺点
输送机上山进风，轨道上山回风	2条	1. 输送机上山进风，其风流与运煤路线相同而方向相反，所以风门较少，比较容易控制风流； 2. 由于风流方向与运煤方向相反，风流与煤的相对速度增加，造成大量的煤尘飞扬；同时，煤在运输过程中不断涌出瓦斯，使进风中的煤尘和瓦斯浓度增高； 3. 输送机上山电气设备散热，使进风流温度升高； 4. 轨道上山下部车场需安设风门，不易管理
轨道上山进风，输送机上山回风	2条	1. 轨道上山的下部车场可不设风门、车辆通过方便； 2. 上山绞车房便于得到新鲜风流； 3. 进风风流不受上山运煤和瓦斯污染，含煤尘较少； 4. 当采用煤层双巷布置时，作为回风、运料用的各区段中部车场、上山上部车场内均需设置风门，不易管理，漏风大
轨道上山、输送机上山进风，回风上山回风	3条	采区生产能力大，所需风量多，瓦斯涌出量大，上、下阶段同时生产等，是目前大、中型矿井普遍采用的采区通风系统 避免了上述两种系统的缺点，同时具备两者的优点，但需增加一条上山，工程量较大

（2）**风流稳定。**在矿井通风系统中，回采工作面分支应尽量避免处在角联分支或复杂网络的内联分支上；当无法避免时，应有保证风流稳定的措施。

（3）**漏风小。**应尽量减小回采工作面的内部及外部漏风，特别应避免从外部向回采工作面的漏风。

（4）**回采工作面的调风设施可靠。**

（5）**保证风流畅通。**

2）回采工作面通风系统分类：

（1）按回采工作面回风方向分（表 8-2-4）。

（2）按进、回风巷数目分类（表 8-2-5）。

表 8-2-4 回采工作面上、下行通风适用条件及优缺点

通风系统	适 用 条 件 及 优 缺 点
上行通风	在煤层倾角大于 12° 的回采工作面，都应采用上行通风 优缺点： 1. 瓦斯自然流动方向和风流方向一致，有利于较快地降低工作面瓦斯浓度； 2. 风流方向与运煤方向相反，引起煤尘飞扬，增加了回采工作面进风流中煤尘浓度；同时，煤炭在运输中放出的瓦斯又随风流带到回采工作面，增加了工作面的瓦斯浓度； 3. 运输设备运转时所产生的热量随进风流散发到回采工作面，使工作面气温升高
下行通风	在没有煤（岩）与瓦斯（二氧化碳）突出危险的、倾角小于 12° 的煤层中，可考虑采用下行通风（详见本节采区通风有关规定） 工作面下行通风，除了可以降低瓦斯浓度和工作面温度外，还可以减少煤尘含量，降低水砂充填工作面的空气湿度，有利于提高工作面的产量 平顶山--矿十采区将上行风流改为下行风流后，回采工作面的温度从 30℃ 下降到 26℃；徐州新河矿、青山泉矿等，为了减少工作面煤柱，提高回收率和少掘巷道，采用两面三道的"对掌子面"开采方法，将中间巷进风、上工作面上行，下工作面下行，而克服了上、下工作面采用上行风流的串联通风系统；四川芙蓉矿工作面风上行时，上隅角瓦斯经常超限达 1%～3%，采用下行通风后，则不超限 但运输设备均处于回风流中，不太安全

表8-2-5 工作面通风系统分类表

类型	图 示	适用条件及优缺点
一进一回		U型后退式，在我国使用比较普遍，其优点是结构简单，巷道维修量小，工作面漏风小，风流稳定，易于管理，但上隅角瓦斯容易超限，工作面进、回风巷要提前掘进。适用于低瓦斯矿井
一进一回		U型前进式，可缓和采、掘紧张关系，采空区瓦斯不涌向工作面，而涌向回风顺槽。其缺点是采空区漏风不易管理，且需沿空护巷。这种通风系统适用于推进距离短、低瓦斯、自燃倾向性弱的煤层
一进一回		Z型通风系统，前期掘进巷道工程量小，风流比较稳定，采空区漏风介于U型后退式和U型前进式之间，但需沿空护巷和控制经过采空区的漏风，其难度较小
一进二回		Y型通风系统，在U型通风系统的基础上增设一条尾巷，改变了采空区瓦斯在上隅角处的流动方向，使上隅角瓦斯不易超限，但需沿空护巷并作边界回风上山。在国内外高瓦斯矿井中应用广泛
一进二回		U型+尾巷排放，优点同上，不需边界回风上山，但要另作一条专用回风顺槽

类型	图 示	适用条件及优缺点
一进二回		W 型后退式通风系统
		W 型前进式通风系统
二进一回		双 Z 型后退式通风系统，工作面风量较 U 型可增加一倍；漏风带涌出的瓦斯不进入工作面，比较安全，但工作面漏风较大，需沿空护巷和设置边界回风上山
		双 Z 型前进式通风系统，工作面风量较 U 型增加一倍，工作面漏风大，需在采空区同时维护两条巷道

类型	图示	适用条件及优缺点
二进一回	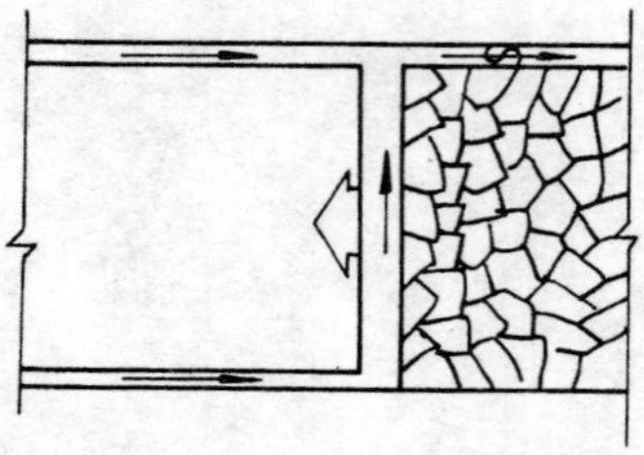	
二进二回		W型后退式通风系统，是高瓦斯矿井综采工作面的主要通风系统。工作面的风量较U型通风可增加一倍，产量可显著提高，缺点是巷道工程量较大，且中间巷和工作面联接处支护较困难 W型前进式通风系统，较后退式可缓和采、掘紧张关系，但巷道均维护在采空区内，不易保证巷道有足够的断面积，且漏风大，采空区涌出的瓦斯量也较大

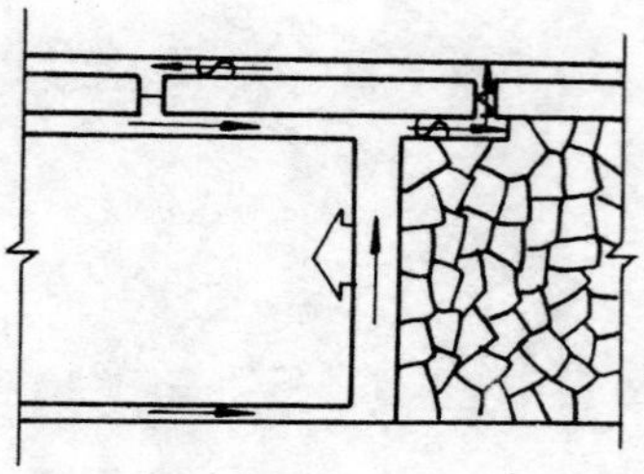

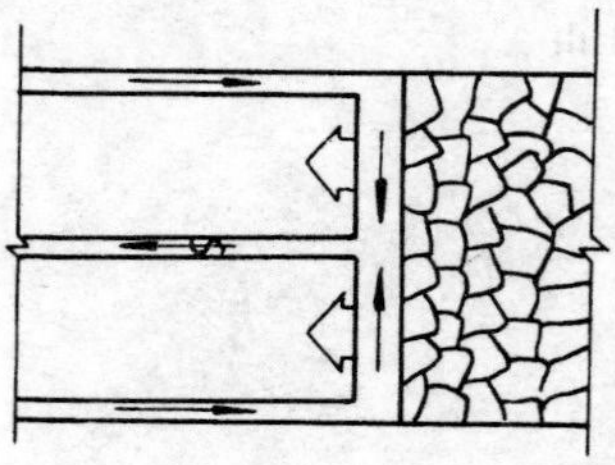

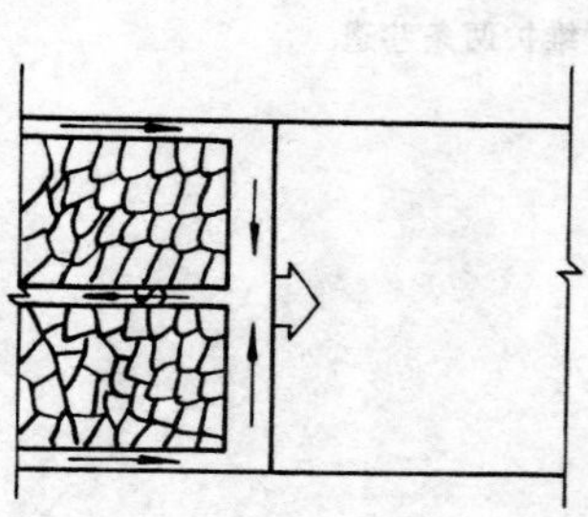

续表

类型	图 示	适用条件及优缺点
二进二回		H 型后退式通风系统，采空区瓦斯不涌向工作面，上隅角瓦斯不易超限，增加了工作面安全出口，机电设备均在进风巷中，通风阻力小，缺点是有两条巷需沿空维护且可能影响风流的稳定性，管理复杂
三进二回		此型通风系统风排瓦斯能力大，上隅角瓦斯不易超限，机电设备均在进风巷中，风流稳定，适合于高产高效矿井，但巷道工程量较大，维护巷道多

五、掘进通风

(一) 掘进通风方法

1) 利用矿井总风压通风（表 8－2－6）。

2) 利用局部动力设备通风。

(1) 引射器通风。

引射器通风的原理是利用压力水或压缩空气经喷嘴高速喷出产生射流,在射流的作用下周围静止的空气被卷吸到射流中，经混合管混合，整流后继续共同向前运动，造成风筒内的风流流动。目前井下常用的引射器有环隙式压气引射器和拉伐尔喷管、水引射器和抚顺型喷嘴。

引射器通风的优点是设备简单且没有电器设备，用于瓦斯涌出的巷道中，更为安全，有利于除尘和降温。但其产生的风压低、送风量小，效率低（仅 15%～18%），且掘进面敷设有高压水或压风管路时才能使用。

(2) 局部通风机通风。

表 8-2-6 掘进通风总风压通风方法

通风方法	图 示	说 明
纵向风墙导风		可分为砖、石风墙、木板风墙及帆布,塑料等柔性风障,柔性风障漏风大,通风距离短,砖、石风墙漏风小,导风距离可超过500m,墙需1砖至1砖半厚,并用砂浆勾缝,施工较复杂
风筒导风		采用风筒导风,挡风墙上设有调节风窗以调节导入掘进工作面的风量,但这种通风方法的风量小,通风距离短,在中梁山煤矿使用时,曾达350m
平行巷道通风		双巷掘进时,当前一个联络眼沟通后,就封闭后一个,依次将挡风墙和风筒前移。多用于有配风巷同时并进的双巷掘进
		开启最后一个联络眼,用风障将风流引导到下一个工作面,由于两个工作面串联通风,故需增加一套瓦斯自动检测报警断电装置,一般用于低瓦斯矿井的双巷掘进

表 8-2-7 掘进通风局部通风机通风方法

分类 内容	压 入 式	抽 出 式
图 示		
说 明	压入式通风是国内矿井应用最为广泛的掘进通风方式，在枣庄煤矿矿风送风距离最大达到3795m 为了保证有效地排出炮烟，风筒出口与工作面的距离按下式确定： $$K \leq (4 \sim 5)\sqrt{S} \quad (m)$$ 式中 S—掘进巷道净断面积，m²	抽出式通风在国内一般很少单独使用，主要与压入式结合，构成混合式通风： 为了保证有效地排出炮烟，风筒入口与工作面的距离按下式确定： $$L \leq 1.5\sqrt{S} \quad (m)$$ 式中 S—掘进巷道净断面积，m²
优缺点	1. 局部通风机和启动装置都位于新鲜风流中，运转较为安全； 2. 风筒出口风速和有效射程大、排烟能力强、使用柔性风筒，风筒漏风也利于巷道排烟排出； 3. 污风沿巷道排出缓慢，污染范围广，恶化了劳动环境。在粉尘污染严重的地方，应尽量使用抽出式通风	1. 掘进巷道处于新鲜风流中，可以很快吸入工作面内的烟尘，减少巷道的污染； 2. 有效吸程短、通风效果差，一般较少采用； 3. 必须使用刚性风筒

续表

分类 内容	长压短抽方式	长抽短压方式	
		前压后抽	前抽后压
图示	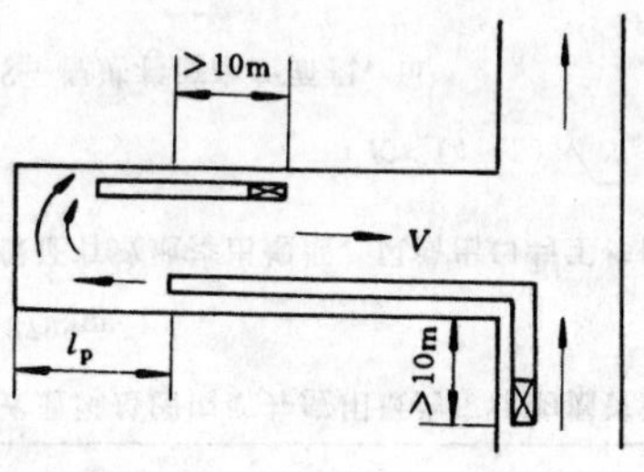	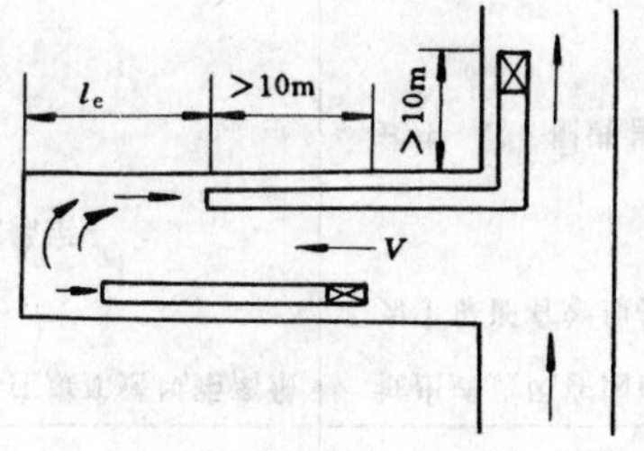	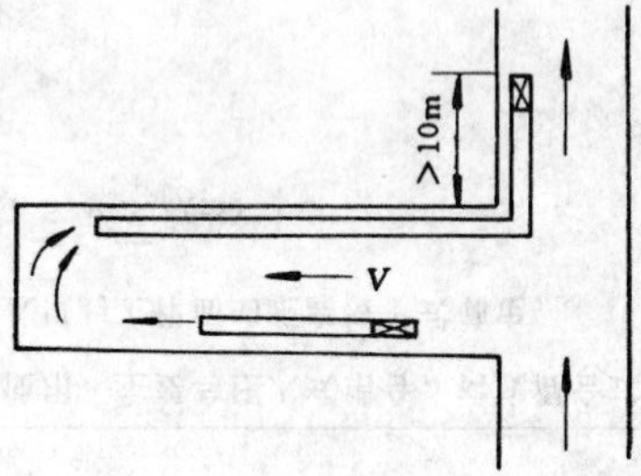
说明	以压入式通风为主，靠工作面一段用抽出式通风。抽出式通风要配备除尘装置，风筒重叠段风速 $V \geqslant 0.25m/s$（煤巷），$V \geqslant 0.15m/s$（岩巷）	以抽出式通风为主。靠近工作面设一段压入式通风。压入风筒靠近工作面。抽出风筒口在压入的后面。不需配备除尘装置	以抽出式为主。抽出风筒口靠近工作面，巷道中设一段压入式通风。风筒出口在抽出的后面
优缺点	主要使用柔性风筒，成本低 除尘器随风筒需经常移动。且增大抽出式通风的通风阻力，除尘效果差时（微细尘粒）可使巷道受到一定程度的污染	不需配备除尘装置。消除附加通风阻力能解决巷道被烟、尘污染问题。使整个巷道通风状况好转 抽出式系统全部采用带刚性骨架的柔性风筒（KSS型风筒）或硬质风筒，成本高	工作面污染范围最短。其他优缺点同左
备注	压入式风筒出口距工作面的距离：炮掘同前，机掘应在机组转载点后面一定的距离，吸入式风筒吸口应靠近工作面约为 5m		

表 8-2-8 轴流式局部通风机

序号	型号	适用环境	电动机			风机				外形尺寸 (mm)	重量 (kg)	生产厂家
			功率 (kW)	电压 (V)	转数 (r/min)	级数	外径 (mm)	风量 (m³/min)	风压 (Pa)			
1	FD—№5/11	适用于瓦斯、煤尘爆炸危险的矿井	2×5.5	380/660	2900	2		210~150	500~2800	1842×650×920	400	重庆煤科分院
2	FD—№5/15	适用于瓦斯、煤尘爆炸危险的矿井	2×7.5	380/660	2900	2		250~190	200~3200	1842×650×920	400	重庆煤科分院
3	FD—№5.6/22	适用于瓦斯、煤尘爆炸危险的矿井	2×11	380/660	2930	2		300~230	800~3700	2255×740×990	650	重庆煤科分院
4	FD—№6/30	适用于瓦斯、煤尘爆炸危险的矿井	2×15	380/660	2930	2		400~300	1000~4500	2458×780×1010	900	重庆煤科分院
5	JBT₁61—2	适用于瓦斯、煤尘爆炸危险的矿井	14	380/660	2900	1	600	250~390	343~1569	Φ720×735	280	佳木斯电机厂 丹东防爆电机厂
6	JBT₁62—2	适用于瓦斯、煤尘爆炸危险的矿井	28	380/660	2900	2	600	250~390	686~3138	Φ690×866 Φ720×995	380	佳木斯电机厂 无锡煤矿扇风机厂
7	FD—№6/44	适用于瓦斯、煤尘爆炸危险的矿井	2×22	380/660	2940	2		450~320	1250~5000	2612×790×1050	1100	重庆煤科分院
8	FD—№6.3/60	适用于瓦斯、煤尘爆炸危险的矿井	2×30	380/660	2950	2		600~430	1500~5800	2815×837×1082	1300	重庆煤科分院
9	FD—№8/110	适用于瓦斯、煤尘爆炸危险的矿井	2×55	380/660	2970	2		900~700	2000~6200	3315×1010×1400	2000	重庆煤科分院
10	FD—№7.1/90	适用于瓦斯、煤尘爆炸危险的矿井	2×45	380/660	2970	2		800~600	2000~6000	3110×915×1115		重庆煤科分院
11	YBT₄512—2	适用于瓦斯、煤尘爆炸危险的矿井	12	380/660	2900	1	508	250~400	588~1961			鸡西煤机厂

续表

序号	型　号	适用环境	功率 (kW)	电压 (V)	转数 (r/min)	级数	外径 (mm)	风量 (m³/min)	风压 (Pa)	外形尺寸 (mm)	重量 (kg)	生产厂家
			电　动　机			风　机						
12	FD—№10/110	适用于瓦斯、煤尘爆炸危险的矿井	2×55	380/660	1480	2		1100~750	1000~4600	3500×1210×1600	2800	重庆煤科分院
13	FD—№12/150	适用于瓦斯、煤尘爆炸危险的矿井	2×75	380/660	1480	2		1650~900	1250~5000	3950×1410×1800	3500	重庆煤科分院
14	BKY65—3A	适用于瓦斯、煤尘爆炸危险的矿井	8	380/660	2915	1	430	170~278	941~1765	190	萍乡南方煤机厂
15	BKY65—1X	适用于瓦斯、煤尘爆炸危险的矿井	4	380/660	2915	1	390	96~164	863~1363	φ530×802	165	萍乡南方煤机厂
16	BKY65—4X	适用于瓦斯、煤尘爆炸危险的矿井	11	380/660	2915	1		163~309	1393~2079	φ600×1050	380	萍乡南方煤机厂

表 8—2—9　抽　出　式　局　部　通　风　机

序号	型　号	适用环境	功率 (kW)	电压 (V)	转数 (r/min)	级数	外径 (mm)	风量 (m³/min)	风压 (Pa)	外形尺寸 (mm)	重量 (kg)	生产厂家
			电　动　机			风　机						
1	FSD—2×18.5	掘进头抽排瓦斯	2×18.5	380/660	2900	2	580	270~450	500~4600	φ780×3720	950	重庆煤科分院
2	FSWZ—11B	掘进头抽排瓦斯	11	380/660	2900	1	380	230~150	200~1820	φ400×2400	450	重庆煤科分院

局部通风机通风是目前矿井掘进巷道时最为常用的方法,按其工作方式可分为压入式、抽出式和压抽混合式,详见表8-2-7。

（二）掘进通风设备

各类掘进通风设备详见表8-2-8～表8-2-11。

表8-2-10 可调前导叶局部通风机

序号	型 号	用 途	功率(kW)	电压(V)	额定风量(m³/min)	额定风压(Pa)	全压效率	噪声A(dB)	外形尺寸(mm)	重量(kg)	生产厂家
1	KJZ—55	用于煤矿井下采掘工作面局部通风	55	380	500	4500	≥0.8	≤85	φ955×2970	800	煤科总院抚顺分院

表8-2-11 刚 性 风 筒

型 号	直径(mm)	每节长度(m)	螺距(mm)	百米风阻(N·s²/m³)	阻力系数(N·s²/m⁴)	耐压值(kPa)	生 产 厂 家
KSS—600—150	600	10	150	30.224	36.157×14⁻⁴	3.12	上海塑料配件厂
KSS—600—100	600	10	100	37.854	45.287×10⁻⁴	5.39	上海塑料配件厂
KST—580	580	10	150			3.138	
ZSD—580	600	10	150	26.086	31.381×10⁻⁴	3.73	镇江橡胶厂 沈阳橡胶四厂
SHS—600—110	600	10	110	20.888	25.527×10⁻⁴	4.81	浙江嵊县塑料一厂

六、矿井通风系统图

根据矿井开拓、采区巷道布置及上述所确定的通风系统绘制矿井通风容易时期、通风困难时期及达到设计生产能力时的通风系统示意图,见图8-2-1。

在通风系统图中,应包括:

（1）标注进、回风风流方向。

（2）各通风构筑物和安全设施所在巷道位置。

（3）根据矿井总风量计算和风量分配,在各巷道、硐室标注进、回风的风量值,并使进、回风量相等。

（4）在最大阻力线路上标注巷道长度。

第三节 井下通风构筑物

为了保证风流按拟定路线流动,必须在巷道中设置相应的通风构筑物以用于引导风流、截断风流或控制风流。

根据用途的不同,通风构筑物可分为两大类,详见表8-2-12。

表 8—2—12　井 下 通 风 构 筑 物

分类	名称	用途与设置地点	要 求	图 示
截断风流	风门	用于行车、行人巷道中截断风流 风门有木、金属和混合材料三种,按启动方式又分为普通通风门和自动风门	1. 避免在弯道和倾斜巷道设置风门; 2. 门前后5m内支架完好,门墙厚不小于0.45m,四周掏槽深0.2~0.3m; 3. 结构严密、漏风少,向关门方向倾向80°~85°; 4. 风门应迎风开启、行电机车巷道、两风门间的距离应大于一列车长度; 5. 列车通过风门区域,应设置声光信号	
	挡风墙(纵风墙)	用以截断风流流动或防止瓦斯自采空区向工作区扩散。临时挡风墙用木板及黄泥建筑,永久挡风墙用砖、料石、水泥等建筑 纵风墙一般用于较长巷道通风,将巷道隔开,一边进风一边回风构成临时通风系统	1. 挡风墙两帮、顶、底震掏槽,槽深在煤中不得小于1m;岩石中不小于0.5m; 2. 用不燃性材料建筑,墙无裂缝,无漏风; 3. 墙内外5m内支架良好; 4. 永久性挡风墙应设U型放水管	
	风帘	用以临时局部遮断风流		

续表

分类	名称	用途与设置地点	要求	图示
通过风流	风桥	在进、回风道的交叉地点，为避免风流短路使进、回风流隔开互不干扰，应设置风桥	铁筒式风桥，通过风量小于10m³/s时使用，由铁筒及风门组成，风筒直径不小于0.8~1.0m 混凝土风桥，风量在10~20m³/s时使用。风量大于20m³/s时采用绕道式 1. 用不燃性材料建筑成流线形坡度不大于25°，结构坚固； 2. 主要风桥断面积不小于原巷道断面的80%，砌墙厚度不小于0.45m，掏槽深度同主要风门； 3. 风阻要小； 4. 漏风小，桥下巷道前后6m支架需加固	
	调节风门	用以增加局部阻力的方式来调节井下风量。从运输角度考虑，调节风门应尽量设在回风巷道中（在抽出式通风矿井）	同风门	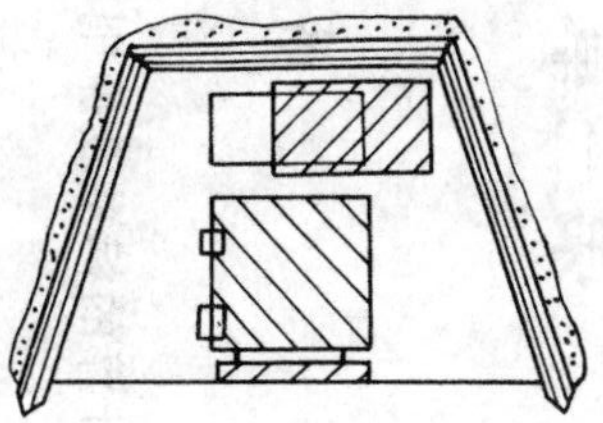
	测风站	用以测量全矿井总进风量和回风量，以及各翼各水平各掘进面，各回采工作面的进风量和回风量	1. 测风站须设在直线巷道中； 2. 测风站本身长度不得小于4m，附近至少要有10~15m断面没有变化； 3. 测风站不得设在风流汇合处附近，站内不得有障碍	

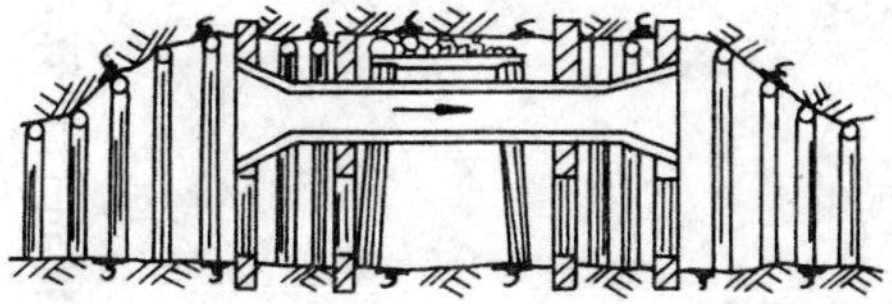

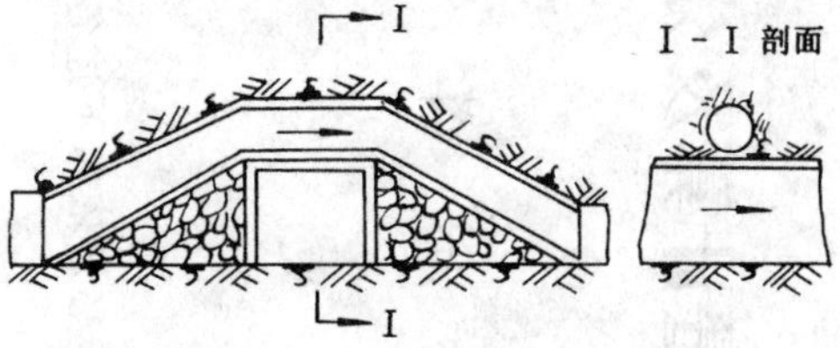

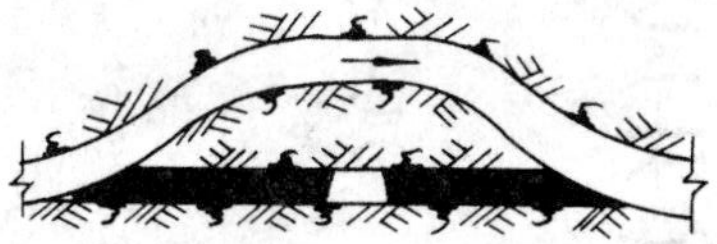

第三章　矿井风量计算及分配

第一节　风　量　计　算

一、风量计算的标准及原则

1. 风量计算的标准

供给煤矿井下任何工作用风地点的新鲜风量，必须依照下述各种条件进行计算，并取其最大值，作为该工作用风地点的供风量。

1) 按该用风地点同时工作的最多人数计算，每人每分钟供给风量不得少于 $4m^3$。

2) 按该用风地点的风流中瓦斯、二氧化碳、氢气和其它有害气体浓度，风速以及温度等都符合《煤矿安全规程》的有关各项规定要求分别计算，取其最大值。

2. 风量计算原则

无论矿井或采区的供风量，均按该地区各个实际用风地点，按照风量计算标准，分别计算出各个用风地点的实际最大需风量，从而求出该地区的风量总和，再考虑一定的备用风量系数后，作为该地区的供风量。即"由里往外"的计算原则，由采掘工作面、硐室和其它用风地点计算出各采区风量，最后求出全矿井总风量。

3. 矿井风量计算的基础资料

1) 新井设计、生产矿井的改、扩建和水平延深时的采、掘工作面，硐室和其它用风地点的配置数量、工程设计、平面布置图和地质说明书。

2) 矿井和采掘工作面瓦斯涌出量预测资料。根据煤层瓦斯含量预测瓦斯涌出量，或按矿井实际瓦斯涌出量和瓦斯梯度推算。新井设计当瓦斯资料不足时，也可参照邻近生产矿井的瓦斯资料进行计算。

3) 采、掘工作面和通风巷道风流温度预测资料。按矿井当地的气温、地温、井下机械设备等热源，其他热源和岩石的热物理性能，计算井下各通风巷道和采、掘工作面的风流温度。

4) 每个机械硐室的装机容量和运转的电动机总功率，爆破材料库的空间总容积和充电硐室中蓄电池机车同时充电的台数和吨数。

二、矿井风量计算

按下列要求分别计算，并且必须取其中最大值。

（一）按井下同时工作的最多人数计算

$$Q = 4NK \qquad\qquad (8-3-1)$$

式中　Q——矿井总供风量，m^3/min；

　　　N——井下同时工作的最多人数，人；

　　4——每人每分钟供风标准，m^3/min；

　　K——矿井通风系数，包括矿井内部漏风和分配不均匀等因素。采用压入式或中央并列式通风时，可取 1.20～1.25；采用中央分列式或混合式通风时，可取 1.15～1.20；采用对角式或分区式通风时，可取 1.10～1.15。上述备用系数在矿井产量 $T \geqslant 90 \times 10^4 t/a$ 时取小值；$T < 90 \times 10^4 t/a$ 时取大值。

（二）按采煤、掘进、硐室等处实际需风量计算

$$Q = (\Sigma Q_采 + \Sigma Q_掘 + \Sigma Q_硐 + \Sigma Q_它) \cdot K \qquad (8-3-2)$$

式中　$\Sigma Q_采$——采煤工作面实际需风量总和，m^3/min；

　　　$\Sigma Q_掘$——掘进工作面实际需风量总和，m^3/min；

　　　$\Sigma Q_硐$——独立通风硐室实际需风量总和，m^3/min；

　　　$\Sigma Q_它$——除采掘硐室外其它需风量总和，m^3/min；

　　　其他符合意义同前。

1. 采煤工作面需风量计算

采煤工作面应按瓦斯（或二氧化碳）涌出量、工作面温度、炸药用量、同时工作的最多人数分别计算，取其中最大值，并用风速验算。

1）按瓦斯（或二氧化碳）涌出量计算

$$Q_采 = 100 \times q_采 \times K_c \qquad (8-3-3)$$

式中　$Q_采$——采煤工作面需要风量，m^3/min；

　　　$q_采$——采煤工作面绝对瓦斯涌出量，m^3/min；

　　　K_c——工作面因瓦斯涌出不均匀的备用风量系数，即该工作面瓦斯绝对涌出量的最大值与平均值之比。通常，机采工作面可取 1.2～1.6；炮采工作面可取 1.4～2.0；水采工作面可取 2.0～3.0。

2）按工作面温度计算

采煤工作面应有良好的气候条件，其进风流气温和风速应符合表 8-3-1 的要求。

采煤工作面的需要风量可按下式计算

$$Q_采 = 60 \cdot V_c \cdot S_c \cdot K_i \qquad (8-3-4)$$

式中　V_c——回采工作面适宜风速，m/s；

　　　S_c——回采工作面平均有效断面，按最大和最小控顶有效断面的平均值计算，m^2；

　　　K_i——工作面长度系数，按表 8-3-2 选取。

表 8-3-1　采煤工作面空气温度与风速对应表

采煤工作面进风流气温 （℃）	采煤工作面风速 （m/s）
＜15	0.3～0.5
15～18	0.5～0.8
18～20	0.8～1.0
20～23	1.0～1.5
23～26	1.5～1.8

表 8-3-2　采煤工作面长度风量系数表

采煤工作面长度（m）	工作面长度风量系数
＜50	0.8
50～80	0.9
80～120	1.0
120～150	1.1
150～180	1.2
＞180	1.30～1.40

3）按炸药使用量计算

$$Q_{采} = \frac{A_c \cdot b}{t \cdot c} \qquad (8-3-5)$$

式中 A_c——采煤工作面一次使用最大炸药量，kg；

　　　　b——每公斤炸药爆破后生成的当量 CO 的量，根据炸药爆破后的有毒气体国家标准取 $b=0.1\text{m}^3/\text{kg}$；

　　　　t——通风时间，一般取 20～30min；

　　　　c——爆破经通风后，允许工人进入工作面工作的 CO 浓度，一般取 $c=0.02\%$。

将各参数取值代入上式后，简化为

$$Q_{采} = 25A_c \qquad (8-3-6)$$

4）按工作人员数量计算

$$Q_{采} = 4n_c \qquad (8-3-7)$$

式中   4——每人每分钟应供给的最低风量，m^3/min；

　　　　n_c——采煤工作面同时工作的最多人数。

5）按风速验算

根据《煤矿安全规程》规定，回采工作面最低风速为 0.25m/s，最高风速为 4m/s 的要求进行验算。即回采工作面风量应满足：

$$15 \times S_c \leqslant Q_{采} \leqslant 240 \times S_c \qquad (8-3-8)$$

式中 S_c——回采工作面平均有效断面，m^2。

采煤工作面若有串联通风时，按其中一个最大需风量计算。备用工作面应按上述要求，满足瓦斯、二氧化碳、风流温度和风速等规定计算需风量，且不得低于其回采时需风量的 50%。

部分综采（放顶煤）工作面实际供风量见表 8-3-3。

2. 掘进工作面风量计算

煤巷、半煤岩巷和岩巷独头通风掘进工作面的风量，应按下列因素分别计算，取其最大值。

1）按瓦斯（二氧化碳）涌出量计算。

$$Q_{掘} = 100 \times q_{掘} \times k_d \qquad (8-3-9)$$

式中 $Q_{掘}$——掘进工作面实际需风量，m^3/min；

　　　　$q_{掘}$——掘进工作面平均绝对瓦斯涌出量，m^3/min；

　　　　k_d——掘进工作面因瓦斯涌出不均匀的备用风量系数。即掘进面最大绝对瓦斯涌出量与平均绝对瓦斯涌出量之比。通常，机掘工作面取 $k_d=1.5\sim2.0$；炮掘工作面取 $k_d=1.8\sim2.0$。

2）按炸药使用量计算。

$$Q_{掘} = \frac{A_j \cdot b}{t \cdot c} \qquad (8-3-10)$$

式中 $Q_{掘}$——掘进工作面实际需风量，m^3/min；

　　　　A_j——掘进面一次爆破所用的最大炸药量，kg；

　　　　b——每公斤炸药爆破后生成的当量 CO 的量，根据炸药有毒气体国家标准，取 $b=0.1\text{m}^3/\text{kg}$；

表 8-3-3　部分综采（或放顶煤）工作面实际供风量调查表

矿名	工作面编号	煤层厚度 (m)	煤层倾角 (°)	采高 (m)	工作面长度 (m)	推进度 (m/年)	支架型号	工作面温度 (℃)	实际风量 (m³/s)	工作面风速 (m/s)	CH₄浓度 (%)	备注
大明二矿	W₂E9			2.8	81	1200			15.5	1.93	0.9	根据1996年11月份
大明二矿	E₁Sₕ			3.0	120	800			12.1	1.51	0.8	调查资料汇编
大隆矿	N₂701			3.0	110	900			14.0	1.74	0.8	
小青矿	N₁E407		3~6	2.7	154	800		21	16.7	2.38	0.6	
大头矿	S₅701			2.9	160	600		21	14.3	1.59	0.8	
大头矿	S₁702			4.2	150	800			27.6	3.07	0.9	
大头矿	S₁701			2.8	150	600			245	3.07	0.5	
小康矿	N₁E5			6.0	168	500			15.3	2.19	0.8	
小康矿	S₁W₂			8.0	138	500			11.8	1.69	0.3	
杜儿坪	63301	3.3	2~7	3.3	178	1100		11	11.6	1.87	0.6	
杜儿坪	62407	3.3	4~10	3.3	142	1200		11	25.9	2.9	0.3	
西铭	综一	3.5~4	4	3.5~4	100	900		16	25	2.1	0.3~0.4	尾巷浓度1.4%~1.8%
西铭	综二	3.5~4	10	3.5~4	120	600		16	16.6	1.7	0.3~0.4	
东曲	12204	1.9	8	1.9	150	1300		13	21.6	3.3	0.2	
东曲	12218	1.9	8	1.9	150	1800		14	18.7	2.9	0.26	
南屯矿	3311	3.07	2~3	3.07	212	2000	ZY560	25	10.8	1.05	0	
鲍店矿	1306	5.8	1~15	5.8	157	1200	2FS5200	24	11.7	1.25	0.10	
东滩矿	4302	6.5	2~11	6.5	206	1200	ZFS5200	26	12.68	1.32	0.24	

t——通风时间，一般不少于 20min；

c——爆破经通风后，允许工人进入工作面工作的 CO 浓度，一般取 $c=0.02\%$。

将各参数取值代入上式后，简化为：

$$Q_掘 = 25A_j \tag{8-3-11}$$

3）按局部通风机吸风量计算。

$$Q_掘 = Q_f \times I \times k_f \tag{8-3-12}$$

式中　Q_f——掘进面局部通风机额定风量，m^3/min；

　　　　I——掘进面同时运转的局部通风机台数，台；

　　　　k_f——为防止局部通风机吸循环风的风量备用系数，一般取 1.2～1.3，进风巷中无瓦斯涌出时取 1.2，有瓦斯涌出时取 1.3。

各种局部通风机的额定风量见表 8-3-4。

表 8-3-4　局部通风机额定风量

风　机　型　号	额定风量 (m^3/min)	风　机　型　号	额定风量 (m^3/min)
JBT-51 (5.5kW)	150	JBT-61 (14kW)	250
JBT-52 (11kW)	200	JBT-62 (28kW)	300

4）按工作人员数量计算。

$$Q_掘 = 4 \times n_j \tag{8-3-13}$$

式中　n_j——掘进工作面同时工作的最多人数，人。

5）按风速进行验算

按《煤矿安全规程》规定岩巷掘进工作面的风量应满足：

$$9 \times S_j \leqslant Q_掘 \leqslant 240 \times S_j \tag{8-3-14}$$

煤巷、半煤巷掘进工作面的风量应满足：

$$15 \times S_j \leqslant Q_掘 \leqslant 240 \times S_j \tag{8-3-15}$$

式中　S_j——掘进工作面巷道过风断面，m^2。

部分矿井掘进面实际供风量见表 8-3-5。

表 8-3-5　部分综掘工作面实际供风量及设计单位推荐值

矿井名称	煤/岩巷	送风距离 (m)	局部通风机功率 (kW)	供风量 (m^3/s)	设计风量 (m^3/s)	备　　注
小青矿	煤	950	28	3.3		
大兴矿	煤	1150	28×2	8.3		
	煤	426	28	4.2		
	煤	50	11	3.8		
杜儿坪	煤	420	28×2	5.5	＞5.0	
	煤	240	28	4.0	＞3.3	
	煤	580	11	2.3	＞2.1	

矿井名称	煤/岩巷	送风距离 (m)	局部通风机功率 (kW)	供风量 (m³/s)	设计风量 (m³/s)	备　　注
杜儿坪	煤	901	4×28	16.6	>16.0	
西　曲	煤	1400	28	2.5	72.3	
	煤	400	28	3.0	>2.5	
马　兰	煤	1100	28	2.9	>2.9	
东　曲	煤	800	2×15	5.4	>2.5	对旋风机
南　屯	半煤岩	1190	11	4.17	3.33	
	煤	590	11	4.1	3.33	
	煤	760	28	4.55	4.17	
	半煤岩	500	30	4.4	4.17	
兴隆庄矿	煤	250	28	5.32	5.00	
鲍店矿	半煤岩	320	11	4.5	4.17	
东滩矿	煤	1030	30	7.33	66.7	
	煤	500	11	4.03	3.67	

3. 硐室需风量计算

1)《煤矿安全规程》有关规定

（1）井下爆破材料库必须有单独的新鲜风流，回风风流必须直接引入矿井的总回风巷或主要回风巷中。在新建矿井采用对角式通风系统时，投产初期可利用采区岩石上山作爆破材料库回风巷。必须保证爆破材料库每小时能有其总容积 4 倍的风量。

（2）在多水平生产的矿井内，在井下爆破材料库距放炮地点超过 2.5km 的矿井内，或在井下无爆破材料库的矿井内，都可设立爆破材料发放硐室。发放硐室必须设在有独立风流的专用巷道内。管理制度必须同井下爆破材料库相同。

（3）井下充电硐室必须有单独的新鲜风流通风，回风风流引入回风巷。

井下充电室在同一时间内 5t 及其以下的电机车充电电池的数量不超过三组或 5t 以上的电机车充电电池数量不超过一组，可不采用独立的风流通风，但必须在新鲜风流中。

井下充电室风流中以及局部积聚处的氢气浓度，都不得超过 0.5%。

（4）井下机电硐室必须设在进风风流中，如果硐室不超过 6m，入口宽度不小于 1.5m 而无瓦斯涌出时，可采用扩散通风。

2) 硐室风量计算

各个独立通风硐室的供风量，应根据不同类型的硐室分别进行计算。

（1）井下爆破材料库：

按库内空气每小时更换 4 次计算。

$$Q_硐 = \frac{4V}{60} \tag{8-3-16}$$

式中　$Q_硐$——爆破材料库硐室供风量，m³/min；

　　　4——爆破材料库总容积的倍数；

V——爆破材料库总容积，m^3；

60——每小时分钟数。

但一般大型爆破材料库供风为 $100\sim150m^3/min$；中小型爆破材料库供风为 $60\sim100m^3/min$。

（2）机电硐室：

按硐室中运行的机电设备发热量进行计算：

$$Q_硐=\frac{3600\times\Sigma W\times\theta}{\rho\times C_p\times60\times\Delta t}\qquad(8-3-17)$$

式中 $Q_硐$——机电硐室供风量，m^3/min；

ΣW——机电硐室中运转的电动机（或变电器）总功率（按全年中最大值计算），kW；

θ——机电硐室发热系数，可根据实际考察由机电硐室内机械设备运转时的实际发热量转换为相当于电器设备容量作无用功的系数确定，也可按表 8-3-6 选取。

ρ——空气密度，一般取 $\rho=1.2kg/m^3$；

C_p——空气的定压气热，一般可取 $C_p=1.000kJ/kg\cdot K$；

Δt——机电硐室进回风流的温度差，℃；

3600——热功当量，$1kW\cdot h=3600kJ$。

表 8-3-6 机电硐室发热系数（θ）表

机电硐室名称	发热系数（θ）
空气压缩机房	$0.15\sim0.23$
水 泵 房	$0.01\sim0.04$
变电所、绞车房	$0.02\sim0.04$

采区小型机电硐室,设计建议采用经验值 $60\sim80m^3/min$。

（3）充电硐室：

按其回风流中氢气浓度小于 0.5% 计算。

$$Q_硐=200\cdot q_d\qquad(8-3-18)$$

式中 q_d——充电硐室在充电时产生的氢气量，m^3/min。

通常充电硐室的供风量不得小于 $100m^3/min$。

（4）柴油机硐室：

柴油机设备工作时排放出大量的废气。废气的成分很复杂，所包含的有害成分有一氧化碳、氮氧化合物、碳氢化合物、二氧化碳、二氧化硫、甲醛、乙醛、油烟等，其中以一氧化碳和氮氧化合物居多。采用柴油设备时的需风量计算方法较多，主要有以下几种：

A．按单位功率的需风量指标计算：

$$Q_硐=q_0\cdot N\qquad(8-3-19)$$

式中 q_0——单位功率的供风指标，可取 $3.8\sim4.0m^3/min$；

N——各种柴油设备按使用时间比例的总功率，kW；

即

$$N=N_1k_1+N_2k_2\cdots\cdots+N_nk_n=\Sigma N_ik_i\qquad(8-3-20)$$

N_i——各种柴油设备的额定功率，kW；

k_i——时间系数，即各种柴油机设备每小时作业时间的百分比，%。

B．按柴油设备说明书计算风量。第一台柴油机设备风量按 $5.4m^3/min\cdot kW$；如果有多台设备运行时通风量为：第二台加单台的 75%；第三台及以上各台分别加 50% 的风量。

C．按柴油设备废气排放量计算：

柴油机车排出的主要有害气体是 CO 和 NO_x，当矿井中 CO_2 涌出量较大时，CO_2 也可能成为确定风量的条件，所以柴油机硐室风量按稀释以上三种有害气体的要求计算。计算式如下：

$$Q_{CO} = \frac{q_{CO} \cdot Q_1 \cdot k_1 \cdot k_2 \cdot N + 10^6 \cdot q'_{CO}}{C_{CO} - C'_{CO}} \cdot k_{CO} \qquad (8-3-21)$$

$$Q_{NO_x} = \frac{q_{NO_x} \cdot Q_1 \cdot k_1 \cdot k_2 \cdot N + 10^6 \cdot q'_{NO_x}}{C_{NO_x} - C'_{NO_x}} \cdot k_{NO_x} \qquad (8-3-22)$$

$$Q_{CO_2} = \frac{q_{CO_2} \cdot Q_1 \cdot k_1 \cdot k_2 \cdot N + 10^6 \cdot q'_{CO_2}}{C_{CO_2} - C'_{CO_2}} \cdot k_{CO_2} \qquad (8-3-23)$$

式中　　Q_{CO}、Q_{NO_x}、Q_{CO_2}——释稀 CO、NO_x、CO_2 所需风量，m^3/min；

$\qquad C_{CO}$、C_{NO_x}、C_{CO_2}——《煤矿安全规程》规定的井下空气中 CO、NO_x、CO_2 的允许浓度，

$\qquad\qquad\qquad\qquad$ ppm；

$\qquad C'_{CO}$、C'_{NO_x}、C'_{CO_2}——入风侧 CO、NO_x、CO_2 的浓度，ppm；

$\qquad q_{CO}$、q_{NO_x}、q_{CO_2}——柴油机废气中 CO、NO_x、CO_2 的浓度，ppm；

$\qquad\qquad\qquad N$——柴油机设备台数，台；

$\qquad\qquad\qquad Q_1$——单台设备排气量，m^3/min；

$\qquad\qquad\qquad k_1$——柴油机设备同时运行系数，一般为 0.5～1.0；

$\qquad\qquad\qquad k_2$——柴油机设备满负荷系数，一般为 0.6～1.0；

$\qquad k_{CO}$、k_{NO_x}、k_{CO_2}——释稀 CO、NO_x、CO_2 的风量备用系数，一般为 1.2～1.8；

$\qquad q'_{CO}$、q'_{NO_x}、q'_{CO_2}——井下柴油机使用地点 CO、NO_x 和 CO_2 的涌出量，m^3/min。

供风量按上述三式分别计算，取其中最大值作为柴油机硐室的供风量。

4. 井下其它巷道需风量计算

井下其它巷道的需风量，应根据巷道的瓦斯涌出量和风速分别进行计算，并采用其最大值：

1) 按瓦斯涌出量计算

$$Q_它 = 133 \times q_t \times k_t \qquad (8-3-24)$$

式中　　$Q_它$——其它巷道需风量，m^3/min；

$\qquad q_t$——用风巷道的绝对瓦斯涌出量，m^3/min；

$\qquad k_t$——其它巷道因瓦斯涌出不均匀的备用风量系数，一般可取 $k_1 = 1.1～1.3$。

2) 按风速验算

$$Q_它 \leqslant 60 \times 0.15 \times S \qquad (8-3-25)$$

式中　　S——其它用风井巷净断面，m^2。

若二氧化碳涌出量较大时，亦应按此原则计算。若采用柴油机设备作辅助运输时，应按柴油机设备排放废气量计算各条巷道用风量，具体计算方法请参见硐室部分。

新矿井设计、其它用风巷道所需风量难以计算时，也可以采取按采煤、掘进、硐室的总和的 3%～5% 进行考虑。

5. 矿井通风系数

矿井通风系数包括矿井内部漏风和风量分配不均匀等因素。该系数是反映井下通风构筑

物及通风管理水平的一个综合性指标。根据统计资料（见表 8-3-7、表 8-3-8），其 K_m 值小于 1.10 的占 17.0%，其 K_m 值大于等于 1.10 小于 1.15 的占 43.4%，K_m 值大于 1.15 小于 1.20 的占 39.6%。在新井设计时，根据矿井所选择的通风系统和通风方式不同，其 K_m 值也不同，通过分析认为：

当采用压入式或中央并列式通风时 $K_m = 1.20 \sim 1.25$

当采用中央分列或混合式通风时 $K_m = 1.15 \sim 1.20$

当采用对角式或分区式通风时 $K_m = 1.10 \sim 1.15$

K_m 值在矿井产量 $T \geqslant 90 \times 10^4 \text{t/a}$ 时，取小值；在 $T < 90 \times 10^4 \text{t/a}$ 时，取大值。

表 8-3-7 矿井通风系数统计表分析

K_m	<1.10	1.10~1.15	1.15~1.20	≥1.20	合　计
矿井数目	9	23	21	0	53
百分率（%）	17.0	43.4	39.6	0	100.0

表 8-3-8 矿井井下通风系数统计

序　号	矿井名称	总进风量 (m³/min)	有效风量 (m³/min)	漏风量 (m³/min)	漏风率 (%)	通风系数 K_m	资料来源
1	南屯矿	9334	8121	1213	13.0	1.15	1996.9~10 统计
2	兴隆庄矿	12204	10495	1709	14.0	1.16	
3	鲍店矿	10653	9162	1491	14.0	11.6	
4	东滩矿	9041	7775	1266	14.0	1.16	
5	北宿矿	5238	4609	629	12.0	1.14	
6	杨权矿	6308	5362	946	15.0	1.18	
7	白家庆矿	8036	6918	1118	13.9	1.16	
8	杜儿坪矿	22885	20162	2723	11.9	1.14	
9	西曲矿	14210	13256	954	6.7	1.07	
10	东庞矿	8179	7656	523	6.4	1.07	
11	邢台矿	8523	7304	1219	14.3	1.17	
12	葛家矿	3857	3433	424	11.0	11.2	
13	六枝矿	3978	3509	469	11.8	1.13	
14	地宗矿	3966	3676	290	17.3	1.08	
15	化处矿	4690	4099	591	12.6	1.14	
16	四角田矿	444	3810	631	14.2	1.17	
17	朱村矿	9045	7842	1203	13.3	1.15	
18	中马树矿	9380	8067	1313	14.0	1.16	
19	冯营矿	6649	5718	931	14.0	1.16	
20	九里山矿	11901	10116	1785	15.0	1.18	

序　号	矿井名称	总进风量 （m³/min）	有效风量 （m³/min）	漏风量 （m³/min）	漏风率 （%）	通风系数 K_m	资料来源
21	位村矿	5899	5250	649	11.0	1.12	1996.9～10 统计
22	白皎煤矿	11798	10536	1262	10.7	1.12	
23	杉木树矿	11157	9539	1618	14.5	1.17	
24	巡场矿	4772	4280	492	10.3	1.11	
25	珙泉煤矿	5866	5162	804	12.0	1.14	
26	冠山矿	12782	11491	1291	10.1	1.11	
27	合吉矿	13740	11901	1839	13.4	1.15	
28	三宝矿	6039	5351	688	11.4	1.13	
29	西河矿	10017	9015	1002	10.0	1.11	
30	夏庄矿	5383	4619	764	14.2	1.17	
31	龙泉矿	3585	3090	495	13.8	1.16	
32	百谷矿	4827	4103	724	15.0	1.18	
33	双沟矿	4233	3632	601	14.2	1.17	
34	南定矿	7021	6235	786	11.2	1.13	
35	阴营煤矿	25124	23360	2764	11.0	1.12	
36	铁东矿	5969	5611	358	6.0	1.06	
37	龙湖矿	5024	4496	528	10.5	1.12	
38	新建矿	16038	14354	1684	1.5	1.12	
39	新兴矿	15451	14153	1298	8.4	1.09	
40	挑山矿	13680	12629	951	7.0	1.08	
41	东风矿	5400	4860	540	10.0	1.11	
42	新立矿	5580	5201	379	6.8	1.07	
43	富强矿	8110	7510	600	7.4	1.08	
44	孔庄矿	7673	6860	813	10.6	1.12	
45	龙东矿	5429	4778	651	12.0	1.14	
46	徐庄矿	5674	5107	567	10.0	1.11	
47	姚桥矿	10605	9725	880	8.3	1.09	
48	袁庄矿	8135	7224	911	11.2	1.13	
49	张庄矿	12179	10912	1267	10.4	1.12	
50	朱庄矿	11710	10164	1546	13.2	1.15	
51	岱河矿	11970	10402	1568	13.1	1.15	
52	杨庄矿	13986	12462	1524	10.9	1.12	
53	芦岭矿	24565	21101	3464	14.1	1.16	

第二节　矿井总风量分配

一、风量分配方法及原则

（一）分配原则

矿井总风量确定后，应将其分配到各用风地点，其分配原则主要是：

（1）分配到各用风地点（包括回采面、掘进面、硐室等）的风量，应不低于第一节所计算出的风量。

（2）为维护巷道，防止坑木腐烂，金属锈蚀，以及行人安全等，所有巷道都应分配一定的风量。

（3）风量分配后，应保证井下各处瓦斯浓度，有害气体浓度，风速等满足《煤矿安全规程》的各项要求。

（二）分配方法

（1）当矿井总风量确定后，首先按照采区布置图给各回采面、掘进面、硐室分配用风量。

（2）从总风量中减去各回采面、掘进面、硐室用风量，余下的风量按采区产量、采掘面数目、硐室数目等分配到各采区。再按一定比例将这部分风量分配到其它用风地点。用于维护巷道和保证行人安全。

二、风量分配后的风速校核

当风量分配到各用风地点，应结合运输条件选择经济断面，防止巷道内风速过大或过小，尽量使各条巷道内风速处于适宜风速（见表8-3-9）范围内。如确有困难，也必须满足《煤矿安全规程》对风速的要求（见表8-3-10）。

表 8-3-9　各种巷道和采煤工作面适宜风速

序　号	巷　道　名　称	适宜风速（m/s）
1	运输大巷、主石门、井底车场	4.5～5.0
2	回风大巷、回风石门、回风平硐	5.5～6.5
3	采区进风巷、进风上山	3.5～4.5
4	采区回风巷、回风上山	4.5～5.5
5	采区运输机巷、胶带输送机中巷	3.0～3.5
6	采煤工作面	1.5～2.5

表 8-3-10　井巷中风流风速

井 巷 名 称	允许风速（m/s）	
	最　低	最　高
无提升设备的风井和风硐	—	15
专为升降物料的井筒	—	12
风　桥	—	10
升降人员和物料的井筒	—	8
主要进回风巷	—	8
架线电机车巷道	1.0	8
运输机巷道、采区进回风巷	0.25	6
回采工作面、掘进中的煤巷和半煤岩巷	0.25	4
掘进中岩巷	0.15	4
其他人行巷道	0.15	

第四章 矿井通风阻力计算

第一节 摩 擦 阻 力

　　风流流动时，必须具有一定的能量（通风压力），用以克服井巷及空气分子之间的摩擦对风流所产生的阻力。由通风机或自然因素造成的通风压力与矿井的通风阻力因次相同，数值相等，方向相反。因此，在通风设计中，计算出矿井通风阻力的大小，就能确定所需通风压力的大小，并以此作为选择通风设备的依据。

一、摩擦阻力计算

（一）摩擦阻力

　　摩擦阻力是风流与井巷周壁摩擦以及空气分子间的扰动和摩擦而产生的阻力，由此阻力而引起的风压损失即摩擦阻力损失。

　　摩擦阻力一般占矿井通风阻力的 90% 左右。它是矿井通风设计、选择扇风机的主要参数。

（二）摩擦阻力计算

$$h_{摩} = \frac{\alpha L P Q^2}{S^3} = R Q^2 \tag{8-4-1}$$

式中　$h_{摩}$——摩擦阻力，Pa；

　　　α——摩擦阻力系数，$N \cdot s^2/m^4$；

　　　L——井巷长度，m；

　　　P——井巷净断面周长，m；

　　　Q——通过井巷的风量，m^3/s；

　　　S——井巷净断面积，m^2；

　　　R——井巷摩擦风阻，$N \cdot s^2/m^8$。

二、摩擦阻力系数 α 及其与空气容重 γ 和达西系数 λ 的关系

（一）摩擦阻力系数 α

　　α 是一个与巷道粗糙度有关的反映井巷摩擦阻力程度的系数。

$$\alpha = \frac{\lambda \gamma}{8} \tag{8-4-2}$$

式中　λ——达西系数；

　　　γ——空气容重，N/m^3。

　　α 亦可按下式计算：

$$\alpha = \frac{h_{摩} S^3}{L P Q^2} \tag{8-4-3}$$

式中　$h_摩$、S、L、P、Q 等符号均同公式（8—4—1）。

利用公式（8—4—3），在已知井巷基本参数 L、P、S 和通过井巷的风量 Q 以及该段的摩擦阻力 $h_摩$ 实测后，可求得该井巷的 α 值。

（二）α 与 γ 的关系

由公式（8—4—2）可知 α 与 γ 成正比。

γ 随空气温度、湿度及气压的变化而变化，故在不同海拔高度和不同季节 γ 有较大变化。因此在温度 $t=20℃$，气压 $P=760×13.6×9.8Pa$，相对湿度 $\psi=60\%$ 时，$\gamma=1.2kg/m^3$ 的条件下的 α 值，在高海拔地区的矿井设计中，不能直接引用，应根据公式（8—4—4）修正：

$$\alpha_实=\frac{\alpha_标 \gamma_实}{1.2} \tag{8—4—4}$$

式中　$\alpha_实$——高海拔地区实际使用的摩擦系数，$N·s^2/m^4$；

　　　$\alpha_标$——标准状态下的摩擦系数值，$N·s^2/m^4$；

　　　$\gamma_实$——高海拔地区实际空气容重，kg/m^3；

　　　1.2——标准状态下的空气容重，kg/m^3。

（三）α 与 λ 的关系

λ 是一个与巷道粗糙度有关的系数，当 γ 不变时，α 与 λ 成正比关系。

当 $\gamma=1.2kg/m^3$ 时，

$$\alpha=0.15\lambda \tag{8—4—5}$$

或

$$\lambda=6.67\alpha$$

（四）摩擦阻力系数 α

1. 井筒、暗井及溜道

1）无任何装备的光滑的混凝土和钢筋混凝土井筒 α 值见附表 8—4—1。

表 8—4—1　无装备混凝土井筒 α 值

井筒直径 (m)	井筒断面 (m²)	$\alpha×10^4$	
		平滑的混凝土	不平滑的混凝土
4	12.6	33.3	39.2
5	19.6	31.4	37.2
6	28.3	31.4	37.2
7	38.5	29.4	35.3
8	50.3	29.4	35.3

2）砖和混凝土砖砌的无任何装备的井筒的 α 值按表 8—4—1 中值增大一倍。

3）有装备的井筒，井壁用混凝土、钢筋混凝土、混凝土砖及砖砌碹的 $\alpha×10^4$ 值为 343～490N·s^2/m^4，选取时应考虑到罐道梁的间距，装备情况以及有关梯子间和梯子间规格等。

4）木支护的暗井和溜道 α 值见表 8—4—2。

2. 水平巷道

1）裸体巷道 α 值见表 8—4—3。

2）砌碹巷道 α 值见表 8—4—4。

表 8—4—2　木支护的暗井和溜道 α 值

井 筒 特 征	断面（m²）	α×10⁴
人行格间有平台的溜道	9	460.6
有人行格间的溜道	1.95	196.0
下放煤的溜道	1.8	156.8

表 8—4—3　裸体巷道 α 值

巷 道 壁 的 特 征	α×10⁴
顺走向在煤层里开掘的巷道	58.8
交叉走向在岩层里开掘的巷道	68.6～78.4
巷壁与底板粗糙程度相同的巷道	58.8～78.4
以上三种巷道在底板阻塞的情况下	98～147

表 8—4—4　砌碹巷道 α 值

砌 碹 类 别	α×10⁴
混凝土砌碹、外抹灰浆	29.4～39.2
混凝土砌碹、不抹灰浆	49.0～68.6
砖砌碹、外抹灰浆	24.5～29.4
砖砌碹、不抹灰浆	29.4～39.2
料石砌碹	39.2～49.0

注：巷道断面小者取大值。

3）圆木棚子支护的巷道 α 值见附表 8—4—5。

表 8—4—5　圆木棚子支护的巷道 α 值

木柱直径 d_0 (mm)	支架纵口径 $\Delta = \dfrac{L}{d_0}$ 时的 α×10⁴ 值							按断面校正	
	1	2	3	4	5	6	7	断面（m²）	校正系数
150	88.2	115.6	137.2	155.8	174.4	164.6	158.8	1	1.2
160	90.16	118.6	141.1	161.7	180.3	167.6	159.7	2	1.1
170	92.12	121.5	144.1	165.6	185.2	169.5	162.7	3	1.0
180	94.03	123.5	148.0	169.5	190.1	171.5	164.6	4	0.93
200	96.04	127.4	154.8	177.4	198.9	175.4	168.6	5	0.89
220	99.0	133.3	156.8	185.2	208.7	178.4	171.5	6	0.86
240	102.9	138.2	167.6	193.1	217.6	192.1	174.4	8	0.82
260	104.9	143.1	174.4	199.9	225.4	198.0	180.3	10	0.78

4）金属支架巷道。

工字梁拱形和梯形支架巷道 α 值见表 8—4—6。

金属横梁和帮柱混合支护巷道 α 值见表 8—4—7。

5）锚喷巷道 α 值见表 8—4—8。

3. 采煤工作面

1）炮采面

采用金属摩擦支架时，α×10⁴ 的值为 270～350N·s²/m⁴；

采用木支柱时，α×10⁴ 值为 300～350N·s²/m⁴。

2）普采面

表 8-4-6 工字梁拱形和梯形支架巷道 α 值

金属梁尺寸 d_0 (mm)	支架纵口径 $\Delta = \dfrac{L}{d_0}$ 时 $\alpha \times 10^4$ 值					按断面校正	
	2	3	4	5	6	断面 (m²)	校正系数
100	107.8	147.0	176.4	205.8	245.0	3	1.08
120	127.4	166.6	205.8	245.0	294.0	4	1.00
140	137.2	186.2	225.4	284.2	333.2	6	0.91
160	147.0	205.8	254.8	313.6	392.0	8	0.88
180	156.8	225.4	294.0	382.2	431.2	10	0.84

表 8-4-7 金属梁、柱支护巷 α 值

边柱厚度 d_0 (mm)	支架纵口径 $\Delta = \dfrac{L}{d_0}$ 时 $\alpha \times 10^4$ 值					按断面校正	
	2	3	4	5	6	断面 (m²)	校正系数
400	156.8	176.4	205.8	215.6	235.2	3	1.08
						4	1.00
						6	0.91
						8	0.88
500	166.6	196.0	215.6	245.0	264.6	10	0.84

表 8-4-8 锚喷巷道 α 值

序 号	支护形式及巷道种类	巷道成形状态 (平均凸凹高度，mm)	$\alpha \times 10^4$
1	轨道平巷	光面爆破＜150 普通爆破＞150	50.0～76.5 83.4～103.0
2	轨道斜巷 (设有人行台阶)	光面爆破＜150 普通爆破＞150	81.4～89.2 93.2～120.6
3	通风行人巷 (无轨道、无人行台阶)	光面爆破＜150 普通爆破＞150	67.7～74.5 74.5～97.1
4	通风行人斜巷 (无轨道、有台阶)	光面爆破＜150 普通爆破＞150	71.6～84.3 84.3～109.8
5	胶带输送机巷 (铺轨)	光面爆破＜150 普通爆破＞150	85.3～119.6 118.7～174.6
6	锚杆支护轨道平巷	锚杆外露 100～200 锚杆间距 600～1000	94.1～149.1
7	锚杆支护胶带输送机巷 (铺轨)	锚杆外露 150～200 锚杆间距 600～800	127.5～153.0

采用单体液压支架时，$\alpha \times 10^4$ 值为 420～500Ns^2/m^4；

采用金属摩擦支柱时，$\alpha \times 10^4$ 值为 450～550Ns^2/m^4。

3) 综采面

采用支撑式液压支架时，$\alpha \times 10^4$ 值为 300～420Ns^2/m^4；

采用掩护式液压支架时，$\alpha \times 10^4$ 值为 220～330Ns^2/m^4；

采用支撑掩护式液压支架时，$\alpha \times 10^4$ 值为 320～350Ns^2/m^4。

第二节　局　部　阻　力

一、局部阻力计算

风流经过井巷的一些局部地点，如井巷突然扩大或缩小、转弯、交叉以及堆积物或遇矿车等，由于风流速度或方向发生突然的变化，导致风流本身产生剧烈的冲击，形成极为紊乱的涡流，从而损失能量。造成这种冲击与涡流的阻力即称局部阻力，由这种阻力所产生的风压损失就叫局部阻力损失。局部阻力计算公式如下：

$$h_{局} = \xi \frac{1}{2} \rho V_1^2 \qquad\qquad (8-4-6)$$

或
$$h_{局} = \xi \frac{1}{2} \rho \frac{Q^2}{S_1^2} \qquad\qquad (8-4-7)$$

或
$$h_{局} = R_{局} \cdot Q^2 \qquad\qquad (8-4-8)$$

式中　$h_{局}$——局部阻力，Pa；

　　　　ξ——局部阻力系数；

　　　　ρ——空气密度，kg/m^3；

　　　　V_1——小断面平均风速，m/s；

　　　　S_1——小断面面积，m^2；

　　　　Q——通过的风量，m^3/s；

　　　　$R_{局}$——局部风阻，N·s^2/m^8。

二、局部阻力系数ξ

突然扩大或缩小 ξ 值：

当突然扩大时
$$\xi = \left(1 - \frac{S_1}{S_2}\right)^2 \qquad\qquad (8-4-9)$$

当突然缩小时
$$\xi = 0.5\left(1 - \frac{S_1}{S_2}\right)^2 \qquad\qquad (8-4-10)$$

式中　ξ——局部阻力系数，见表 8-4-9；

　　　　S_2——大断面面积，m^2。

其他几种局部阻力 ξ 值见表 8-4-10。

降低局部阻力措施见表 8-4-11。

表 8-4-9　各种巷道突然扩大与缩小 ξ 值

S_1/S_2	1	0.9	0.8	0.7	0.6	0.5	0.4	0.3	0.2	0.1	0.01	0
	0	0.01	0.04	0.09	0.16	0.25	0.36	0.49	0.64	0.81	0.98	1.0
	0	0.05	0.10	0.15	0.20	0.25	0.30	0.35	0.40	0.45	0.50	

表 8-4-10　其它几种局部阻力 ξ 值

序　号	局部阻力类型	图　示	ξ	备　注
1	矿井进风井口		0.6	当风速为 V 时
2	矿井圆边进风井口 ($r=0.1D$)		0.1	当风速为 V 时
3	矿井切边进风井口		0.2	当风速为 V 时
4	两边缘均为 90°转弯		1.4	当风速为 V 时
5	两边缘均为 90°转弯（安有导风板）		0.2	当风速为 V 时
6	内边成圆角的 90°转弯		0.75 0.52	$r=b/3$　　风速为 $r=2b/3$ V 时
7	两边缘均为圆角转弯		0.6 0.3	$r_1=b/3$　$r_n=3b/2$ $r=2b/3$　$r_n=17b/10$ 风速为 V 时
8	通过的风流与分流成直角的分风点		3.6	当 $S_2=S_3$ 时 $V_2/V_3=1$

续表

序　号	局部阻力类型	图　示	ξ	备　注
9	出风流的分流成直角的结合点		2.0	当风速为 V 时
10	风流的分流在一定角度下流入一巷道的汇合点		1.0	当风速为 $V_1 = V_2$ 时
11	侧面风流与正面通过的风流成60°角的汇合点		1.5	当风速为 V_2 时
12	风流向两个成直角的方向分风的分风点		2.5	当风速为 V_2 时
13	风流向两个成直角的方向分风的分风点，但转弯处的边缘成45°切角		1.5	当风速为 V_2 时
14	两个方向一致各为90°的转弯		2.1	$L < 8b$ 当风速为 V 时
15	两个方向相反各为90°的转弯		2.4	当风速为 V 时
16	两个互相垂直的转弯		2.8	当风速为 V 时
17	风流通向大气的进口		1.0	当风速为 V 时

表 8—4—11　降低局部阻力措施

序号	项　目	具　体　措　施
1	尽量减少局部阻力的出现	1. 避免采用风桥； 2. 在主要巷道内不长期存放矿车； 3. 减少风路中的物料堆积
2	降低 ξ 值	1. 断面变化处做成圆弧形成斜线形； 2. 巷道弯曲时要转成圆弧形； 3. 迎风面的设备外型尽量做成流线型
3	降低内速（特别是总风巷和风硐）	1. 及时清除硐内的堆积物； 2. 风硐与井巷交接处做成圆滑的壁面

序号	项 目	具 体 措 施
4	设置导风板	在风速高,风量大的井巷中,为了降低拐弯处的局部阻力,可在拐弯处设置若干块导风板。如导风板安设得当,可使该处局阻系数ζ降到0.05~0.20的范围 导风板分弯曲薄板和流线型厚板两种,如图 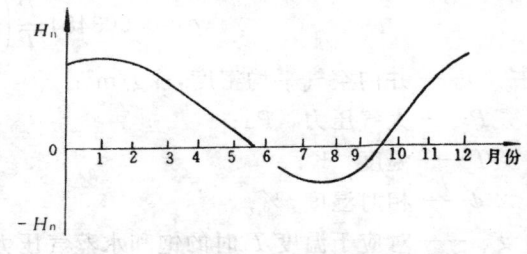 前一种制作简便,但效果不如后一种 导风板通常用于风速高,风量大、拐弯角度大的弯道中,如总回风道、风硐、通风机扩散器的拐弯处等

第三节 自 然 风 压

一、自然风压的产生

在矿井通风系统中,由于进风井和出风井空气温度以及地形高差不同,进出风井空气柱密度也不同,从而造成进出风井两侧空气柱重量的不同而产生压差即自然风压。

二、影响自然风压的因素

(一)空气密度

影响矿井自然风压的决定性因素是进回风两侧空气柱的密度差,密度差愈大,自然风压值愈大,反之愈小。影响空气密度的因素有气温、气压、相对湿度、空气成分、地形地貌等。

1. 气 温

进回风两侧空气柱的气温差是造成密度差的重要原因。入风流气温受地面气温影响较大,回风流气温常年保持稳定。在冬季,地面气温低,自然风压值大;在夏季,地面气温高,自然风压值低,甚至反向;相同条件的矿井,在北方,冬夏季温度均比南方低,产生的自然风压大,风流反向时间短,影响较小。在南方,气温高,产生的自然风压比北方小,风流反向时间长,影响较大。如图8—4—1。

图8—4—1 自然风压随季节的变化

2. 大气压力

大气压力对自然风压有一定影响。同一地点大气压力变化幅度不大,对自然风压影响较小;条件相同的矿井海拔愈高,大气压力愈低,自然风压愈小;海拔愈低,大气压力愈大,自然风压愈大。

3. 地形地貌

矿井进回风井口的标高差对自然风压值有较大的影响。在其它条件相同的情况下，高山地区矿井自然风压大，平原地区自然风压小。

4. 相对湿度和空气成分

相对湿度和空气成分影响空气密度，对自然风压也有一定的影响，但影响较小。

（二）开采深度

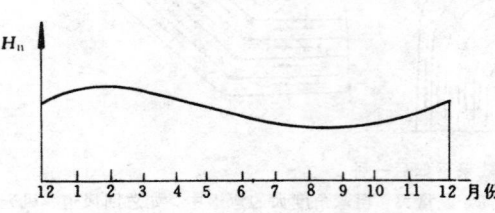

图 8—4—2　深矿井自然风压的变化

开采深度是影响矿井自然风压的另一主要因素。开采深度愈大，自然风压愈大；开采深度愈小，自然风压愈小。另外开采深度对自然风压变化趋势也有一定影响。对于浅井、围岩与入风流的热交换作用弱，受地表气温影响大，一年四季甚至昼夜之间自然风压都有明显变化，对于深井，围岩与入风流热交换充分，受地表气温影响小，一年四季自然风压变化较小。如图 8—4—2。

三、自然风压的计算

（一）一般公式

$$H_n = \Sigma h_i \rho_i g - \Sigma h_j \rho_j g \qquad (8-4-11)$$

式中　H_n——矿井自然风压，Pa；

h_i——进风侧某分段垂高，m；

ρ_i——进风侧某分段平均密度，kg/m³；

h_j——回风侧某分段垂高，m；

ρ_j——回风侧某分段平均密度，kg/m³；

g——重力加速度，m/s²。

井下空气平均密度 ρ 可用下式计算：

$$\rho = 0.003484 \frac{P}{T} \left(1 - \frac{0.378 \psi P_{sat}}{\rho} \right) \qquad (8-4-12)$$

式中　ρ——井内空气平均密度，kg/m³；

P——大气压力，Pa；

T——温度，K；

ψ——相对湿度，%；

P_{sat}——对应于温度 T 时的饱和水蒸气压力，Pa。

进行近似计算时，可使用下式：

$$\rho = (0.003458 \sim 0.003473) \frac{P}{T} \qquad (8-4-13)$$

（二）经验公式（"科马洛夫"公式）

1. 当井深小于 100m 时

$$H_n = \frac{P_0 H}{R} \left(\frac{1}{T_1} - \frac{1}{T_2} \right) g \qquad (8-4-14)$$

2. 当井深大于 100m 时

$$H_n = \frac{P_0 H}{R}\left(\frac{1}{T_1} - \frac{1}{T_2}\right)g\left(1 + \frac{H}{10000}\right) \qquad (8-4-15)$$

式中　H_n——地面井口大气压力，Pa；

　　　H——矿井开采深度，m；

　　　T_1——进风侧平均温度，K；

　　　T_2——回风侧平均温度，K；

　　　R——矿井空气常数，干空气的常数 287J/（kg·K），水蒸气气体常数 $R = 461$J/（kg·K）。

[例 1] 某矿井井深 300m，地面大气压力 740mmHg，进风井平均温度 10℃，出风井平均温度 25℃，求该矿井自然风压？

不计空气水分，用两种方法分别计算：

（1）由一般公式计算：

进风流平均密度：

$$\rho_1 = 0.003484\frac{P}{T} = 0.003484\frac{740 \times 13.6 \times 9.8}{273 + 10} = 1.2142$$

回风流平均密度：

$$\rho_2 = 0.003484\frac{P}{T} = 0.003484\frac{740 \times 13.6 \times 9.8}{273 + 25} = 1.1531$$

故自然风压为：

$$\begin{aligned} H_n &= H\rho_1 g - H\rho_2 g \\ &= 300 \times 1.2142 \times 9.8 - 300 \times 1.21531 \times 9.8 \\ &= 179.6\text{Pa} \end{aligned}$$

（2）由经验方式计算：

因井深大于 100m，故用公式：

$$\begin{aligned} H_n &= \frac{\rho H g}{R}\left(\frac{1}{T_1} - \frac{1}{T_2}\right)\left(1 + \frac{H}{10000}\right) \\ &= \frac{740 \times 13.6 \times 9.8}{287} \times 300 \times 9.8\left(\frac{1}{273 + 10} - \frac{1}{273 + 25}\right)\left(1 + \frac{300}{10000}\right) \\ &= 185.7\text{Pa} \end{aligned}$$

注意：

①由一般公式计算求进回风流空气柱的平均密度时，应采用空气柱的平均压力。此例进回风两侧均用地面井口大气压力作为平均压力，有一定误差，但影响不大。在生产矿井中，可采用空盒气压计实测进回风两侧井上井下大气压力，求出平均压力，再求密度，最后求出自然风压。

②由一般公式计算求空气柱的平

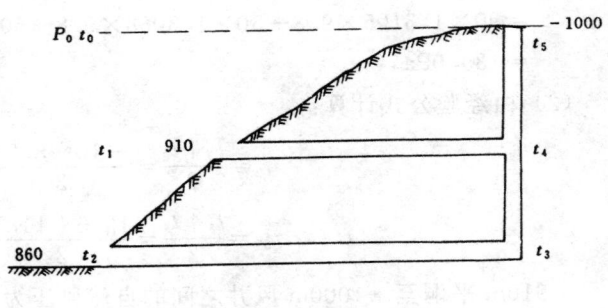

图 8-4-3

均密度时涉及到相对湿度，由经验公式计算时没有考虑相对湿度，为了比较两种方法的计算结果，该例不计空气相对湿度。在实际生产中，可考虑空气的相对湿度。

［例 2］某矿井通风系统如图 8—4—3 所示，$P_0=743$mmHg，$t_0=-10$，$t_1=-9.42$，$t_2=-8.51$，$t_3=12.5$，$t_4=12.1$，$t_5=11.5$℃。求 +910m 平硐及 +860m 平硐至 +1000m 风井之间的自然风压。

不计水分用两种方法分别计算如下：

（1）由一般公式计算：

各段平均温度为：

$$t_{01}=\frac{t_0+t_1}{2}=\frac{-10+(-9.42)}{2}=-9.71$$

$$t_{12}=\frac{t_1+t_2}{2}=\frac{-9.42-8.51}{2}=-8.96$$

$$t_{34}=\frac{t_3+t_4}{2}=\frac{12.5+12.1}{2}=12.3$$

$$t_{45}=\frac{t_4+t_5}{2}=\frac{12.1+11.5}{2}=11.8$$

各分段平均密度：

$$\rho_{01}=0.003484\frac{743\times13.6\times9.8}{273-9.71}=1.3105$$

$$\rho_{12}=0.003484\frac{743\times13.6\times9.8}{273-8.96}=1.3068$$

$$\rho_{34}=0.003484\frac{743\times13.6\times9.8}{273+12.3}=1.2094$$

$$\rho_{45}=0.003484\frac{743\times13.6\times9.8}{273+11.8}=1.2115$$

+910m 平硐至 +1000m 风井自然风压为：

$$H_{n1}=H_{01}\rho_{01}g-H_{45}\rho_{45}g$$
$$=90\times1.3105\times9.8-90\times1.2115\times9.8$$
$$=87.3\text{Pa}$$

+860m 平硐至 +1000m 风井自然风压为：

$$H_{n2}=H_{01}\rho_{01}g-H_{34}\rho_{34}g-H_{45}\rho_{45}g$$
$$=90\times1.3105\times9.8+50\times1.3068\times9.8-50\times1.2094\times9.8-90\times1.2115\times9.8$$
$$=135.0\text{Pa}$$

（2）由经验公式计算：

$$t_{02}=\frac{t_0+t_2}{2}=\frac{-10-8.51}{2}=-9.255$$

$$t_{35}=\frac{t_3+t_5}{2}=\frac{12.5+11.5}{2}=12.0$$

+910m 平硐至 +1000m 风井之间的自然风压为：

$$H_{n1}=\frac{p_0Hg}{R}\left(\frac{1}{T_1}-\frac{1}{T_2}\right)$$

$$= \frac{743 \times 13.6 \times 9.8 \times 90 \times 9.8}{287} \left(\frac{1}{273-9.71} - \frac{1}{273+11.8} \right)$$

$$= 87.31 \text{Pa}$$

+860m 平硐至+1000m 风井之间的自然风压为：

$$H_{n2} = \frac{p_0 Hg}{R} \left(\frac{1}{T_1} - \frac{1}{T_2} \right) \left(1 + \frac{H}{10000} \right)$$

$$= \frac{743 \times 13.6 \times 9.8 \times 140 \times 9.8}{287} \left(\frac{1}{273-9.255} - \frac{1}{273+12.0} \right) \left(1 + \frac{140}{10000} \right)$$

$$= 135.7 \text{Pa}$$

注意：

①、②同上例。

③本例求 02 段和 35 段空气柱平均温度采用的简单平均法，有一定误差。精确计算应按空气柱体积和温度求加权平均。

第四节　井巷通风总阻力

一、井巷通风总阻力计算

（1）计算方法。

当风量按各用风地点的需要或自然分配后，达到设计产量时，选择通风最容易和最困难的两个时期通风阻力最大的风路（一般只计算到通风机服务期限内），然后分别计算两条风路中各段井巷的通风阻力，分别累加后即为矿井通风最易和最难时期的通风阻力 $h_{阻小}$ 和 $h_{阻大}$，其计算公式如下：

$$h = \Sigma \frac{\alpha L P}{S^3} Q^2 + h_{局} + H_e \qquad (8-4-16)$$

式中　h——矿井通风总阻力，Pa；

　　　α——井巷摩擦阻力系数，$N \cdot s^2/m^4$；

　　　L——井巷长度，m；

　　　P——井巷净断面周长，m；

　　　S——井巷净断面积，m^2；

　　　Q——井巷通过风量，m^3/s；

　　　$h_{局}$——局部阻力，Pa；

　　　H_e——自然风压，Pa。

（2）计算表格样式见表 8-4-12。

表 8-4-12　井巷通风总阻力计算

序号	巷道名称	支护方式	摩阻系数 α (N·s²/m⁴)	巷道长度 L(m)	断面净周长 P (m)	净断面 S(m²)	S^3 (m²)³	风量 Q(m³/s)	Q^2 (m³/s)²	风速 v(m/s)	阻力(风压) H (Pa)	备注
1												
2												
⋮												

（3）各种井巷断面积和周边长的计算见表 8-4-13。

表 8-4-13　各种井巷断面积和周边长的计算

序号	井巷断面形状	图　示	断面积计算公式	周边长计算公式
1	正方形		a^2	$4a$
2	长方形		$a \times b$	$2(a+b)$
3	圆形		$3.1416r^2$	$2 \times 3.1416r$
4	椭圆形		$3.1416 \times b$	$3.1416\sqrt{2(a^2 \times b^2)}$
5	梯形		$\dfrac{h}{2}(a+b)$	$a+b+2c$
6	六边形		$3a \times r$	$6 \times a$
7	半圆拱		$a(b+0.392a)$	$2b+2.57a$
8	三心圆拱		$a(b+0.26a)$	$2b+2.33a$
9	圆弧拱		$a \times b + \dfrac{\theta \times 3.1416r^2}{360} - \dfrac{a(r-e)}{2}$ $\left(r=\dfrac{e^2+0.25a^2}{2e}\right)$	$a+2b+\dfrac{\theta \times 3.1416r}{180}$

二、井巷通风总阻力计算注意事项

（一）外部漏风与风硐阻力

由于存在外部漏风（指防爆门和通风机附近的漏风），通风机和引风道的风量 $Q_{通}$ 必定大于 $Q_{井}$，为了准确计算引风道的阻力，一般应按下式计算 $Q_{通}$，然后用 $Q_{通}$ 计算出引风道阻力。

$$Q_{通}=KQ_{井} \tag{8-4-17}$$

式中　K——外部漏风系数；

　　$Q_{井}$——矿井所需风量，m^3/s；

　　在抽出式且风井有提升任务时，$K=1.10$；

　　在抽出式且风井无提升任务时，$K=1.05$；

　　在压入式且风井有提升任务时，$K=1.15$；

　　在压入式且风井无提升任务时，$K=1.10$。

（二）局部阻力

在实际通风设计中，并不逐个计算各个局部阻力。按《煤炭工业矿井设计规范》规定：矿井井巷的局部阻力，新建矿井（包括扩建矿井独立通风的扩建区）宜按井巷摩擦阻力的10%计算，扩建矿井宜按井巷摩擦阻力的15%计算。

（三）自然风压

1. 对于抽出式通风机

$$h_{静小}=h_{阻小}-h_{n1} \tag{8-4-18}$$

$$h_{静大}=h_{阻大}+h_{n2} \tag{8-4-19}$$

2. 对于压入式通风机

$$h_{全小}=h_{阻小}-h_{n1} \tag{8-4-20}$$

$$h_{全大}=h_{阻大}+h_{n2} \tag{8-4-21}$$

式中　$h_{静小}$——通风容易时期通风机静压，Pa；

　　$h_{静大}$——通风困难时期通风机静压，Pa；

　　$h_{阻小}$——通风容易时期的总阻力，Pa；

　　$h_{阻大}$——通风困难时期的总阻力，Pa；

　　h_{n1}——通风容易时期与通风机同向的自然风压，Pa；

　　h_{n2}——通风困难时期与通风机反向的自然风压，Pa；

　　$h_{全小}$——通风容易时期通风机的全压，Pa；

　　$h_{全大}$——通风困难时期通风机的全压，Pa。

（四）最大允许风压值

按《煤炭工业矿井设计规范》规定：矿井通风的设计负（正）压，不应超过2940Pa。

（五）高山地区矿井通风

由于高山地区大气压力较低，因此一般应对矿井负压进行校正，负压校正按下式进行：

$$h_1=\frac{760\times13.6\times9.8}{p_1}h \tag{8-4-22}$$

式中　h_1——高山地区矿井负压，Pa；

　　p_1——高山地区大气压力，见表 8-4-14，Pa；

h——正常条件下的矿井负压，Pa。

表 8—4—14 通风井口绝对海拔标高 H 与大气压力关系

海拔标高 H (m)	大气压力 Pa（mmHg）	海拔标高 H (m)	大气压力 Pa（mmHg）
0	101292.8(760)	2400	75436.5(566)
200	98627.2(740)	2600	73570(552)
400	96628.0(725)	2800	72104.5(541)
600	94362.2(708)	3000	70105.3(526)
800	92096.5(691)	3200	68372.6(513)
1000	89830.7(674)	3400	66506.7(499)
1200	87698.2(658)	3600	64374.2(483)
1400	85566.8(642)	3800	63174.7(474)
1600	83433.3(626)	4000	62241.8(467)
1800	81434.1(611)	4200	60642.4(455)
2000	79434.9(596)	4400	58376.6(438)
2200	77435.7(581)		

三、矿井等积孔

等积孔就是用一个与井巷或矿井风阻值相当的理想孔的面积值（m²）来衡量井巷或矿井通风的难易程度的抽象概念。它是反映井巷或矿井通风阻力和风量依存关系的数值。等积孔愈大，表示其通风愈容易，反之，等积孔愈小，表示通风愈困难。

各类矿井等积孔的计算方法，见表 8—4—15。

表 8—4—15 各类矿井等积孔计算

矿井种类	图 示	计 算 公 式	符 号 注 释
单台通风机矿井		$A=\dfrac{1.19Q}{\sqrt{h}}$	A—等积孔，m²； Q—风量，m³/s； h—风压，Pa；
双台通风机矿井		$A_1=\dfrac{1.19Q_1}{\sqrt{h_1}}$ $A_2=\dfrac{1.19Q_2}{\sqrt{h_2}}$ $A_{总}=\dfrac{1.19(Q_1+Q_2)}{\sqrt{\dfrac{Q_1h_1+Q_2h_2}{Q_1+Q_2}}}$	A_1、A_2—通风机1、2之等积孔，m²； Q_1、Q_2—通风机1、2之风量，m³/s； h_1、h_2—通风机1、2之风压，Pa； A_n—通风机 n 之等积孔，m²； Q_n—通风机 n 之风量，m³/s； h_n—通风机 n 之风压，Pa；
多台通风机矿井		$A_n=\dfrac{1.19Q_n}{\sqrt{h_n}}$ $A_{总}=\dfrac{1.19Q_{总}^{\frac{3}{2}}}{\sqrt{\sum\limits_{i=1}^{i=n}Qh_i}}$	$A_{总}$—矿井总等积孔，m²； $Q_{总}$—矿井总井量，m³/s； Q—多风机矿井中每台风机的风量，m³/min； h_i—多台通风机中每台的风压，Pa

矿井按等积孔分类见表 8—4—16。

表 8—4—16 矿井通风阻力等级分类

等 积 孔	风 阻 $(N \cdot s^2/m^8)$	矿井通风阻力等级	矿井通风难易程度评价
小于 1	大于 1.416	大阻力矿	难
1～2	1.416～0.354	中阻力矿	中
大于 2	小于 0.354	小阻力矿	易

［例］某矿为角式通风，1号风井风量为 $60m^3/s$，负压为 $225 \times 9.8Pa$；2号风井风量为 $40m^3/s$，负压为 $169 \times 9.8Pa$，求矿井等积孔，并评定其通风之难易程度。

1号风井等积孔 A_1：

$$A_1 = \frac{1.19Q_1}{\sqrt{h_1}} = \frac{1.19 \times 60}{\sqrt{225 \times 9.8}} = 1.52m^2$$

2号风井等积孔 A_2：

$$A_2 = \frac{1.19Q_2}{\sqrt{h_2}} = \frac{1.19 \times 40}{\sqrt{169 \times 9.8}} = 1.17m^2$$

全矿井等积孔 $A_总$

$$A_总 = \frac{1.19(Q_1+Q_2)}{\sqrt{\frac{Q_1h_1+Q_2h_2}{Q_1+Q_2}}} = \frac{1.19 \times (60+40)}{\sqrt{\frac{60 \times 225 \times 9.8 + 40 \times 169 \times 9.8}{60+40}}} = 2.67m^2$$

因此，1号风井和2号风井服务区域，通风属中等难易程度，即中等阻力；全矿井属通风容易矿井，即小阻力矿。

第五章 通风网络解算及通风系统图绘制

第一节 通风网络中风流的一般规律

一、通风网络中风流的基本规律

（一）风量平衡定律

$$\Sigma Q = 0 \tag{8-5-1}$$

上式表示：流入节点、回路或网孔的风量与流出节点、回路或网孔的风量的代数和等于零。一般取流入的风量为正，流出的风量为负。

（二）风压平衡定律

$$\Sigma_{hi} + \Sigma_{hf} + \Sigma_{hn} = 0 \tag{8-5-2}$$

式中　Σ_{hi}——网孔或回路中，各风流风压的代数和，Pa。要求取顺时针方向风流的风压为正，逆时针方向风流的风压为负；

Σ_{hf}——网孔或回路中通风机风压的代数和，Pa。要求取逆时针方向的风机风压为正，顺时针方向的风机风压为负；

Σ_{hn}——网孔或回路中自然风压的代数和，Pa。要求取逆时针方向的自然风压为正，顺时针方向的自然风压为负。

（三）通风阻力定律

$$h_i = R_i Q_i^2 \tag{8-5-3}$$

式中　h_i——第 i 条风路的风压或阻力，Pa；

R_i——第 i 条风路的风阻，N·s²/m⁸；

Q——第 i 条风路的风量，m³/s。

二、通风网络中风流的特殊规律

（一）串联风路规律

$$Q_{总} = Q_1 = Q_2 = \cdots\cdots = Q_n \tag{8-5-4}$$

$$h_{总} = h_1 + h_2 + \cdots\cdots + h_n = \sum_{i=1}^{n} h_i \tag{8-5-5}$$

$$R_{总} = R_1 + R_2 + \cdots\cdots + R_n = \sum_{i=1}^{n} R_i \tag{8-5-6}$$

式中　$Q_{总}$——串联风路中的总风量，m³/s；

$h_{总}$——串联风路中的总风压，Pa；

$R_{总}$——串联风路的总风阻，N·s²/m⁸；

Q_i——第 i 条分风路的风量，m^3/s；

$\sum\limits_{i=1}^{n} h_i$——串联风路中所有分风路的风压的代数和，$Pa$；

$\sum\limits_{i=1}^{n} R_i$——串联风路中所有分风路的风阻之和，$N \cdot s^2/m^8$。

（二）并联网络规律

1. 并联网络中风量和风压规律

$$Q_总 = Q_1 + Q_2 + \cdots\cdots + Q_n = \sum\limits_{i=1}^{n} Q_i \qquad (8-5-7)$$

$$h_总 = h_1 = h_2 = \cdots\cdots = h_n \qquad (8-5-8)$$

式中　$Q_总$——并联网络的总风量，m^3/s；

$h_总$——并联网络的总风压，Pa；

$\sum\limits_{i=1}^{n} Q_i$——并联网络中所有分风路的风量的代数和，$m^3/s$；

h_i——并联网络中第 i 条分风路的风压，Pa。

2. 并联网络中风阻规律

$$R_总 = \frac{R_i}{\sqrt{\dfrac{R_i}{R_1}} + \sqrt{\dfrac{R_i}{R_2}} + \cdots\cdots + \sqrt{\dfrac{R_i}{R_n}}} = \frac{R_i}{\sum\limits_{j=1}^{n} \sqrt{\dfrac{R_i}{R_j}}} \qquad (8-5-9)$$

式中　$R_总$——并联网络的总风阻，$N \cdot s^2/m^8$；

R_j——并联网络中各分风路的风阻，$N \cdot s^2/m^8$；

R_i——并联网络中 i 风路的风阻，$N \cdot s^2/m^8$，$i=1, 2, \cdots\cdots, n$。

3. 并联网络中风量自然分配规律

$$Q_1 = \frac{Q_总}{\sqrt{\dfrac{R_1}{R_1}} + \sqrt{\dfrac{R_1}{R_2}} + \cdots\cdots + \sqrt{\dfrac{R_1}{R_n}}}$$

$$\cdots\cdots\cdots\cdots$$

$$Q_i = \frac{Q_总}{\sqrt{\dfrac{R_i}{R_1}} + \sqrt{\dfrac{R_i}{R_2}} + \cdots\cdots + \sqrt{\dfrac{R_i}{R_n}}}$$

$$\cdots\cdots\cdots\cdots$$

$$Q_n = \frac{Q_总}{\sqrt{\dfrac{R_n}{R_1}} + \sqrt{\dfrac{R_n}{R_2}} + \cdots\cdots + \sqrt{\dfrac{R_n}{R_n}}} \qquad (8-5-10)$$

式中　$Q_总$——并联网络的总风量，m^3/s；

Q_i——并联网络中各分风路的风量，m^3/s；

R_i——并联网络中各分风路的风阻，$N \cdot s^2/m^8$，$i=1, 2, \cdots\cdots, n$。

三、通风网络中角联巷道的风向变化规律

下面以表格形式归纳了几种形状的角联网络对角巷道的风向判别式。

（一）单角联网络

如图 8—5—1 所示的单角联网络，其对角巷道 e_5 的风向判别条件归纳于表 8—5—1 中。

表 8—5—1　单角联网络风向判别条件

风流方向稳定性系数计算式	风流方向判别式	风流方向
$K=\dfrac{R_1 R_4}{R_2 R_3}$	$K>1$	e_5；$V_3 \to V_2$
	$K<1$	e_5；$V_2 \to V_3$
	$K=1$	e_5；无风流

（二）双角联网络

如图 8—5—2 所示的双角联网络，其对角巷道 e_3、e_6 的风向判别条件归纳于表 8—5—2 中。

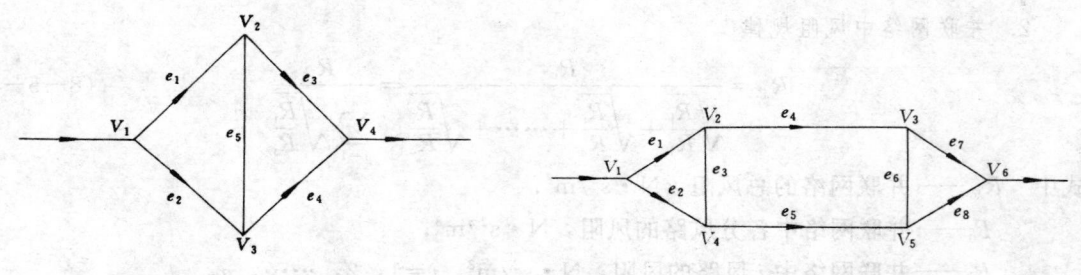

图 8—5—1　单角联网络　　　　　　　　图 8—5—2　双角联网络

表 8—5—2　双角联网络风向判别条件

条件式	风流方向稳定性系数计算式	风向判别式	风流方向
$R_1 R_5 \leqslant R_2 R_4$	$K=\dfrac{R_8\left(\sqrt{R_1 R_6}-\sqrt{R_2 R_4-R_1 R_5}\right)^2+R_1 R_5 R_6}{R_7\left(\sqrt{R_2 R_6}+\sqrt{R_2 R_4-R_1 R_5}\right)^2+R_2 R_4 R_6}$	$K>1$	e_3：$V_4 \to V_2$
		$K<1$	e_3：$V_2 \to V_4$
		$K=1$	e_3：无风流
$R_1 R_5 \leqslant R_2 R_4$	$K=\dfrac{R_8\left(\sqrt{R_1 R_6}+\sqrt{R_1 R_5-R_2 R_4}\right)^2+R_1 R_5 R_6}{R_7\left(\sqrt{R_2 R_6}-\sqrt{R_1 R_5-R_2 R_4}\right)^2+R_2 R_4 R_6}$	$K>1$	e_3：$V_4 \to V_2$
		$K<1$	e_3：$V_2 \to V_4$
		$K=1$	e_3：无风流
$R_4 R_8 \leqslant R_5 R_7$	$K=\dfrac{R_1\left(\sqrt{R_3 R_8}-\sqrt{R_5 R_7+R_4 R_8}\right)^2+R_3 R_4 R_8}{R_2\left(\sqrt{R_3 R_7}-\sqrt{R_5 R_7-R_4 R_8}\right)^2+R_3 R_5 R_7}$	$K>1$	e_3：$V_5 \to V_3$
		$K<1$	e_6：$V_3 \to V_5$
		$K=1$	e_6：无风流
$R_4 R_8 \geqslant R_5 R_7$	$K=\dfrac{R_1\left(\sqrt{R_3 R_8}+\sqrt{R_4 R_8-R_5 R_7}\right)^2+R_3 R_4 R_8}{R_2\left(\sqrt{R_3 R_7}-\sqrt{R_4 R_8-R_5 R_7}\right)^2+R_3 R_5 R_7}$	$K>1$	e_6：$V_5 \to V_3$
		$K<1$	e_6：$V_3 \to V_5$
		$K=1$	e_6：无风流

（三）T 型角联网络

如图 8−5−3 所示的 T 型角联网络，

令
$$x=\sqrt{\frac{R_7+R_5}{R_3}},\ y=\sqrt{\frac{R_6+R_5}{R_1}},$$

其对角巷道 e_6、e_7 的风向判别条件归纳于表 8−5−3 中。

表 8−5−3　T 型角联网络风向判别条件

第一判别条件	第二判别条件	风流方向
$\dfrac{R_2}{R_1}=\dfrac{R_4}{R_3}$		$e_6:\ V_2\rightarrow V_3$
		$e_7:\ V_2\rightarrow V_4$
$\dfrac{R_2}{R_1}>\dfrac{R_4}{R_3}$	$\dfrac{R_2}{R_1}=\dfrac{R_7}{R_5}+\dfrac{R_4}{R_5}(1+x)^2$	$e_6:\ 无风流$
		$e_7:\ V_2\rightarrow V_4$
	$\dfrac{R_2}{R_1}>\dfrac{R_7}{R_5}+\dfrac{R_4}{R_5}(1+x)^2$	$e_6:\ V_3\rightarrow V_2$
		$e_7:\ V_2\rightarrow V_4$
	$\dfrac{R_2}{R_1}<\dfrac{R_7}{R_5}+\dfrac{R_4}{R_5}(1+x)^2$	$e_6:\ V_2\rightarrow V_3$
		$e_7:\ V_2\rightarrow V_4$
$\dfrac{R_2}{R_1}<\dfrac{R_4}{R_3}$	$\dfrac{R_4}{R_3}=\dfrac{R_6}{R_5}+\dfrac{R_2}{R_5}(1+y)^2$	$e_6:\ V_2\rightarrow V_3$
		$e_7:\ 无风流$
	$\dfrac{R_4}{R_3}>\dfrac{R_6}{R_5}+\dfrac{R_2}{R_5}(1+y)^2$	$e_6:\ V_2\rightarrow V_3$
		$e_7:\ V_4\rightarrow V_2$
	$\dfrac{R_4}{R_3}<\dfrac{R_6}{R_5}+\dfrac{R_2}{R_5}(1+y)^2$	$e_6:\ V_2\rightarrow V_3$
		$e_7:\ V_2\rightarrow V_4$

（四）V 型角联网络

如图 8−5−4 所示的 V 型角联网络，令

$$x=\sqrt{\frac{R_7}{R_4}+\frac{R_3}{R_4}\left(1+\sqrt{R_7/R_2}\right)^2},\ y=\sqrt{\frac{R_6}{R_5}+\frac{R_1}{R_5}\left(1+\sqrt{R_6/R_2}\right)^2},$$ 其对角巷道 e_6、e_7 风向判别

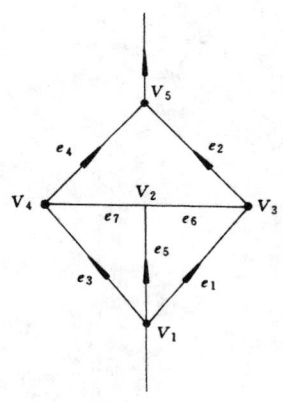

图 8−5−3　T 型角联网络

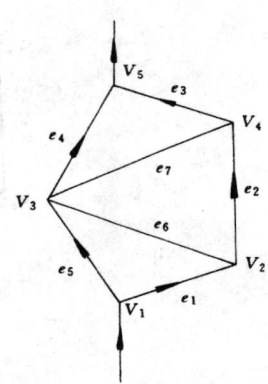

图 8−5−4　V 型角联网络

表 8-5-4 V 型角联网络风向判别条件

第一判别条件	第二判别条件	风流方向
$\dfrac{R_1}{R_5}=\dfrac{R_3}{R_4}$		$e_6: V_2 \to V_3$
		$e_7: V_3 \to V_4$
$\dfrac{R_1}{R_5}>\dfrac{R_3}{R_4}$	$\dfrac{R_1}{R_5}=\dfrac{R_2}{R_7}(1+x)^2$	$e_6:$ 无风流
		$e_7: V_3 \to V_4$
	$\dfrac{R_1}{R_5}>\dfrac{R_2}{R_7}(1+x)^2$	$e_6: V_3 \to V_2$
		$e_7: V_3 \to V_4$
	$\dfrac{R_1}{R_5}<\dfrac{R_2}{R_7}(1+x)^2$	$e_6: V_2 \to V_3$
		$e_7: V_3 \to V_4$
$\dfrac{R_1}{R_5}<\dfrac{R_3}{R_4}$	$\dfrac{R_3}{R_4}=\dfrac{R_2}{R_6}(1+y)^2$	$e_6: V_2 \to V_3$
		$e_7:$ 无风流
	$\dfrac{R_3}{R_4}>\dfrac{R_2}{R_6}(1+y)^2$	$e_6: V_2 \to V_3$
		$e_7: V_4 \to V_3$
	$\dfrac{R_3}{R_4}<\dfrac{R_2}{R_6}(1+y)^2$	$e_6: V_2 \to V_3$
		$e_7: V_3 \to V_4$

条件归纳于表 8-5-4 中。

（五）Y 型角联网络

如图 8-5-5 所示的 Y 型角联网络，令 $x=\sqrt{\dfrac{R_5}{R_1}\Big(1+\sqrt{R_6/R_4}\Big)^2+\dfrac{R_6+R_7}{R_1}}$，$y=\sqrt{\dfrac{R_3}{R_2}\Big(1+\sqrt{R_8/R_4}\Big)^2+\dfrac{R_7+R_8}{R_2}}$，$z=\sqrt{\dfrac{R_6+R_8}{R_4}}$，其对角巷道 e_6、e_7、e_8 的风向判定条件归纳于表 8-5-5 中。

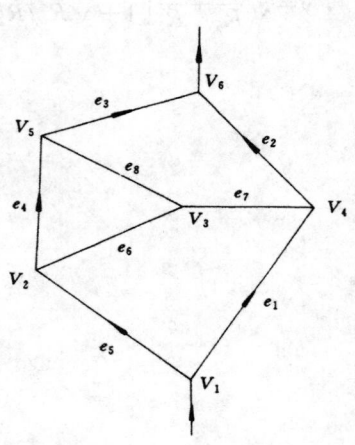

图 8-5-5 Y 型角联网络

表 8-5-5　Y 型角联网络风向判别条件

第一判别条件	第二判别条件	第三判别条件	风流方向
$\dfrac{R_1}{R_5}=\dfrac{R_2}{R_3}$		$\dfrac{R_8}{R_2}=\dfrac{R_6}{R_1}+\left(\dfrac{R_5}{R_1}-\dfrac{R_3}{R_2}\right)(1+z)^2$	$e_6:\ V_2\to V$
			$e_7:$ 无风流
			$e_8:\ V_3\to V$
		$\dfrac{R_8}{R_2}>\dfrac{R_6}{R_1}+\left(\dfrac{R_5}{R_1}-\dfrac{R_3}{R_2}\right)(1+z)^2$	$e_6:\ V_2\to V$
			$e_7:\ V_3\to V$
			$e_8:\ V_3\to V$
		$\dfrac{R_8}{R_2}<\dfrac{R_6}{R_1}+\left(\dfrac{R_5}{R_1}-\dfrac{R_3}{R_2}\right)(1+z)^2$	$e_6:\ V_2\to V$
			$e_7:\ V_4\to V$
			$e_8:\ V_3\to V$
$\dfrac{R_1}{R_5}>\dfrac{R_2}{R_3}$	$\dfrac{R_1}{R_2}=\dfrac{R_4}{R_3}+\dfrac{R_5}{R_3}\left(1+\sqrt{\dfrac{R_4}{R_6}}\right)^2$		$e_6:\ V_2\to V$
			$e_7:\ V_3\to V$
			$e_8:\ V_3\to V$
	$\dfrac{R_1}{R_2}>\dfrac{R_4}{R_3}+\dfrac{R_5}{R_3}\left(1+\sqrt{\dfrac{R_4}{R_6}}\right)^2$	$\dfrac{R_6}{R_4}=\dfrac{R_7}{R_3}+\dfrac{R_2}{R_3}(1+x)^2$	$e_6:\ V_2\to V$
			$e_7:\ V_3\to V$
			$e_7:$ 无风流
		$\dfrac{R_6}{R_4}>\dfrac{R_7}{R_3}+\dfrac{R_2}{R_3}(1+x)^2$	$e_6:\ V_2\to V$
			$e_7:\ V_3\to V$
			$e_8:\ V_5\to V$
		$\dfrac{R_6}{R_4}<\dfrac{R_7}{R_3}+\dfrac{R_2}{R_3}(1+x)^2$	$e_6:\ V_2\to V$
			$e_7:\ V_3\to V$
			$e_8:\ V_3\to V$
	$\dfrac{R_1}{R_2}<\dfrac{R_4}{R_3}+\dfrac{R_5}{R_3}\left(1+\sqrt{\dfrac{R_4}{R_6}}\right)^2$	$\dfrac{R_8}{R_2}=\dfrac{R_6}{R_1}+\left(\dfrac{R_5}{R_1}-\dfrac{R_3}{R_2}\right)(1+z)^2$	$e_6:\ V_2\to V$
			$e_7:\ V_3\to V$
			$e_8:\ V_3\to V$
		$\dfrac{R_8}{R_2}>\dfrac{R_6}{R_1}+\left(\dfrac{R_5}{R_1}-\dfrac{R_3}{R_2}\right)(1+z)^2$	$e_6:\ V_2\to V$
			$e_7:\ V_3\to V$
			$e_8:\ V_3\to V$
		$\dfrac{R_8}{R_2}<\dfrac{R_6}{R_1}+\left(\dfrac{R_5}{R_1}-\dfrac{R_3}{R_2}\right)(1+z)^2$	$e_6:\ V_2\to V$
			$e_7:\ V_4\to V$
			$e_8:\ V_3\to V$
$\dfrac{R_1}{R_5}<\dfrac{R_2}{R_3}$	$\dfrac{R_2}{R_1}=\dfrac{R_4}{R_5}+\dfrac{R_3}{R_5}\left(1+\sqrt{\dfrac{R_4}{R_8}}\right)^2$		$e_6:\ V_2\to V$
			$e_7:\ V_4\to V$
			$e_8:\ V_3\to V$

续表

第一判别条件	第二判别条件	第三判别条件	风流方向
$\dfrac{R_1}{R_5} < \dfrac{R_2}{R_3}$	$\dfrac{R_2}{R_1} > \dfrac{R_4}{R_5} + \dfrac{R_3}{R_5}\left(1+\sqrt{\dfrac{R_4}{R_8}}\right)^2$	$\dfrac{R_8}{R_4} = \dfrac{R_7}{R_5} + \dfrac{R_1}{R_5}\ (1+y)^2$	e_6: 无风流
			e_7: $V_4 \to V$
			e_8: $V_3 \to V$
		$\dfrac{R_8}{R_4} > \dfrac{R_7}{R_5} + \dfrac{R_1}{R_5}\ (1+y)^2$	e_6: $V_3 \to V$
			e_7: $V_4 \to V$
			e_8: $V_3 \to V$
		$\dfrac{R_8}{R_4} < \dfrac{R_7}{R_5} + \dfrac{R_1}{R_5}\ (1+y)^2$	e_6: $V_2 \to V$
			e_7: $V_4 \to V$
			e_8: $V_3 \to V$
	$\dfrac{R_2}{R_1} < \dfrac{R_4}{R_5} + \dfrac{R_3}{R_5}\left(1+\sqrt{\dfrac{R_4}{R_8}}\right)^2$	$\dfrac{R_8}{R_2} = \dfrac{R_6}{R_1} + \left(\dfrac{R_5}{R_1} - \dfrac{R_3}{R_2}\right)(1+z)^2$	e_6: $V_2 \to V$
			e_7: 无风流
			e_8: $V_3 \to V$
		$\dfrac{R_8}{R_2} > \dfrac{R_6}{R_1} + \left(\dfrac{R_5}{R_1} - \dfrac{R_3}{R_2}\right)(1+z)^2$	e_6: $V_2 \to V$
			e_7: $V_3 \to V$
			e_8: $V_3 \to V$
		$\dfrac{R_8}{R_2} < \dfrac{R_6}{R_1} + \left(\dfrac{R_5}{R_1} - \dfrac{R_3}{R_2}\right)(1+z)^2$	e_6: $V_2 \to V$
			e_7: $V_4 \to V$
			e_8: $V_3 \to V$

第二节　复杂通风网络的解算

复杂通风网络解算是在给定风网结构、风网各分支风阻、风机特性、部分巷道需风量和自然风压等条件下，求解网络各分支的风量。

复杂通风网络解算的方法较多，不同算法各有其特点，但大体上可分为两类：一类是以回路为基础的回路法；另一类是以节点压力为基础的节点风压法。这两种方法都可用于风网解算。但国内外应用最普遍的是回路法中的斯考德——恒斯雷迭代法。这种方法的实质是以图论为基础，以风流运动的基本定律为依据。利用高斯——塞得尔迭代法逐次求得回路修正风量，直到其值不大于一个事先给定的精度为止，以获得接近方程组真实解的渐近风量。下面以该法为例，介绍复杂网络的人工和计算机解算的算法。

一、复杂通风网络的人工解算

（一）网络的简化

矿井实际通风网络图，一般都比较复杂，不易解算，因此应尽可能使之简化。简化的方法一般从局部结构开始，合并或略去某些通风网络。简化时可参照如下原则：

（1）通风网络中两节点间压差不大时，可舍去这段巷道，将两点合并成一点进行计算。

（2）风量很小或风阻很大的并联支路，可舍去不计。

（二）网络的分解

网络的网孔愈多，计算愈麻烦。网络的分解就是将大的整体分解成小块，使计算简化。

进行网络分解时，要考虑自然分配风量和按需分配风量的因素，并使每个独立单元网络的总风量为已知。分解时首先把采区系统中的独立单元网络分解出来，再把入风系统独立单元网络和回风系统独立单元网络分解出来，进一步再将各系统独立网络中的小单元网络再分解出来。例如，图 8-5-6 所示的通风系统图可分解为：

（1）入风系统独立单元网络，如图 8-5-7；

（2）采区按需分风独立单元网络，如图 8-5-8；

（3）回风系统独立单元网络，如图 8-5-9；

（4）回风井筒独立单元网络，如图 8-5-10。

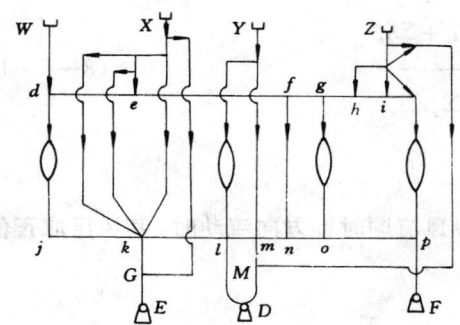

图 8-5-6　通风系统图

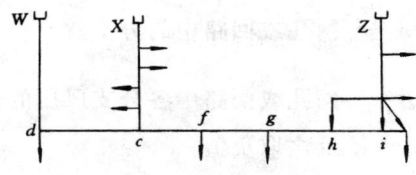

图 8-5-7　入风系统独立单元网络

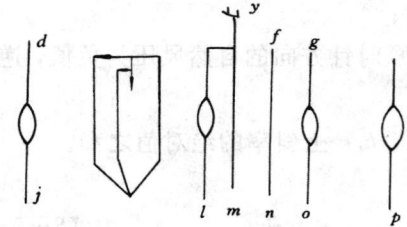

图 8-5-8　采区按需分风独立单元网络

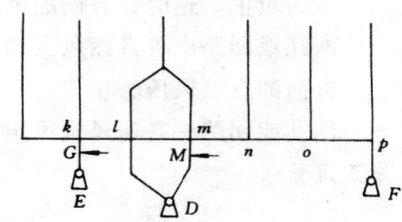

图 8-5-9　回风系统独立单元网络

（三）人工解算复杂通风网络的方法与步骤

1. 判断对角分支的风向

根据对角分支风向判别式判断对角分支的风流流动方向。如果事先无法判别其中不稳定风流的方向，可先假定其方向，若计算出该假定风向分支的风量是负值时，则假定的风向不正确。

2. 确定独立网孔或回路的数目

$$M = B - J + 1 \qquad (8-5-11)$$

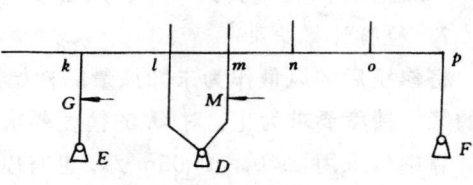

图 8-5-10　回风井筒独立
单元网络

式中 M——独立网孔或回路的数目；

B——网络中的分支数；

I——网络中的节点数。

3. 选择独立网孔或回路

通常是用最小树的概念来选择网孔或回路。即在风网中选择风阻值较小的 $(J-1)$ 条分支为树枝，选择风阻值较大的 M 条分支为弦，这样构成的一棵树叫做最小树。由这棵树的树枝和弦所构成的网孔或回路就是所选定的网孔或回路。

4. 拟定各分支的初始分量

根据已赋初值的分支风量值，利用风量平衡定律和串、并联规律，求出每一条巷道的第一次风量近似值。

5. 计算风量校正值

网孔或回路中各分支的风量校正值 ΔQ_i 的计算式为：

$$\Delta Q_i = \frac{\sum\limits_{i=1}^{n} R_i Q_i^2 + \Sigma h_f + \Sigma h_n}{2\sum\limits_{i=1}^{n} R_i Q_i - \Sigma |a_i|} \qquad (8-5-12)$$

式中 n——网孔或回路中的分支数；

$\sum\limits_{i=1}^{n} R_i Q_i^2$——网孔或回路中各分支风压的代数和，Pa，风流顺时针方向流动时，其风压取正值，反之取负值；

$2\sum\limits_{i=1}^{n} R_i Q_i$——网孔或回路中各分支的2倍风阻与风量乘积之和，均取正值；

Σh_f——网孔或回路中各通风机对应于风量 Q 之风压的代数和，Pa，顺时针方向的风机风压为负值，逆时针方向的风机风压为正值；

Σh_n——网孔或回路中各自然风压的代数和，Pa，顺时针方向的自然风压为负值，逆时针方向的自然风压为正值；

$\Sigma |a_i|$——网孔或回路中各通风机风压方程在点 $(Q_i,\ h_i)$ 上斜率的绝对值之和。

6. 修正风量值

$$Q'_i = Q_i + \Delta Q_i \qquad (8-5-13)$$

式中 Q'_i——网孔或回路中分支风量的第二次近似值（假设精确值），m^3/s；

Q_i——网孔或回路中分支风量的第一次近似值，m^3/s；

ΔQ_i——网孔或回路中分支风量校正值，m^3/s。

7. 检验计算结果

将修正后的风量作为未知风量的初始风量，依4-5-6步骤反复重算，直到 $|\Delta Q_i|$ 小于规定的某一精度要求为止。对 Q_i 的精度要求，在电算中常采用 $|\Delta Q_i| \leqslant 0.01 \sim 0.005 m^3/s$，在人工计算中可采用 $|\Delta Q_i| \leqslant 0.05 m^3/s$。也有以相对误差（指网孔或回路中两个不同方向风流的累计风压之差与较小的累计风压之比）不大于5%作为终止迭代的计算条件。

（四）实 例

某矿井有3个进风井和2个回风井，已知巷道风阻、用风区域的风量和假定的风流方向，

如图 8—5—11 和表 8—5—6 所示。要求计算每条巷道的自然分配风量。其精度要求满足 $|\Delta Q_i|$ ≤0.05,并确定风流的方向。解算步骤及方法如下:

1. 网络的分解

将如图 8—5—11 的网络图分解为进风部分和回风部分。现以进风部分(如图 8—5—12 所示)为例进行解算。

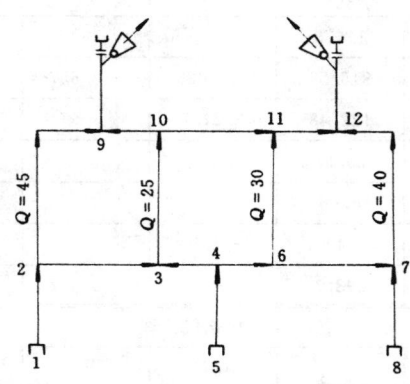 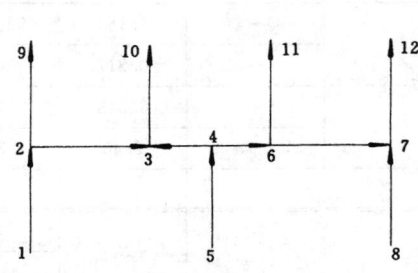

图 8—5—11　矿井通风网络　　　　　图 8—5—12　进风系统网络

2. 选择回路或网孔

由公式 $M=B-J+1=11-10+1=2$(节点 1、5、8 与大气相通、视为一个节点),可知,进风系统网络中可选择两个独立的网孔,即 1—2—3—4—5—1 和 5—4—6—7—8—5 两个网孔,并以 1—2 和 5—4 为未知风量巷道。

3. 赋存始风量近似值

对未知风量巷道赋给初始风量的近似值。方法是将所需总风量,根据 1—2,5—4,8—7 三条巷道风阻大致进行分配。假定 $Q_{1-2}=60\mathrm{m^3/s}$,$Q_{5-4}=50\mathrm{m^3/s}$。其它巷道的初始风量计算如下:

$$Q_{2-3}=Q_{1-2}-45=60-45=15\mathrm{m^3/s}$$
$$Q_{4-3}=25-Q_{2-3}=25-15=10\mathrm{m^3/s}$$
$$Q_{8-7}=45+25+30+40-Q_{1-2}-Q_{5-4}=30\mathrm{m^3/s}$$
$$Q_{4-6}=Q_{5-4}-Q_{4-3}=50-10=40\mathrm{m^3/s}$$
$$Q_{6-7}=Q_{4-6}-30=40-30=10\mathrm{m^3/s}$$

4. 计算风量校正误差 ΔQ_i 并修正风量

用式 (8—5—12) 对上面所选定的 2 个独立网孔的风量校正值 ΔQ_i 进行计算,再用式 (8—5—13) 修正各分支的风量,迭代几次,直到满足精度要求为止。为清晰起见,把有关的已知数和计算值列入表 8—5—6 中。表中带括号的风量值是上一次校正过的风量值,这样可以加快收敛,减少迭代次数。

5. 检验计算结果

将修正后的风量作为未知风量的初始风量,按第 4 步的步骤反复计算,直到 $|\Delta Q_i|$≤0.05

表 8-5-6　通风网络迭代计算成果表

回路或网孔	分支	R_i (N·s²/m⁸)	第一次迭代计算				
			Q_i (m³/s)	$2R_iQ_i$	$R_iQ_i^2$ (Pa)	ΔQ_i (m³/s)	Q'_i (m³/s)
1-2-3-4-5-1	1-2	0.974	60	116.88	3506.4		57.343
	2-3	1.757	15	52.71	395.33		12.343
	3-4	1.532	10	30.64	-153.2		12.657
	4-5	1.163	50	116.3	-2907.5		52.657
	Σ			316.53	841.025	-2.657	
5-4-6-7-8-5	5-4	1.163	(52.657)	122.48	3224.7		47.28
	4-6	0.317	40	25.63	507.2		34.623
	6-7	0.343	10	6.86	34.3		4.623
	7-8	2.40	30	144	-2160		35.377
	Σ			298.7	1606.22	-5.377	

回路或网孔	分支	R_i (N·s²/m⁸)	第二次迭代计算				
			Q_i (m³/s)	$2R_iQ_i$	$R_iQ_i^2$ (Pa)	ΔQ_i (m³/s)	Q'_i (m³/s)
1-2-3-4-5-1	1-2	0.974	57.343	111.704	3202.73		55.285
	2-3	1.757	12.343	43.373	267.68		10.285
	3-4	1.532	12.657	38.781	-245.43		14.714
	4-5	1.163	(46.28)	109.973	-2599.8		49.338
	Σ			303.831	625.21	-2.058	
5-4-6-7-8-5	5-4	1.163	(49.338)	114.876	2831.02		48.645
	4-6	0.317	34.623	21.95	380.00		33.93
	6-7	0.343	4.623	3.171	7.331		3.93
	7-8	2.40	35.377	169.81	-3003.68		36.07
	Σ			309.807	214.67	-0.693	

回路或网孔	分支	R_i (N·s²/m⁸)	第三次迭代计算				
			Q_i (m³/s)	$2R_iQ_i$	$R_iQ_i^2$ (Pa)	ΔQ_i (m³/s)	Q'_i (m³/s)
1-2-3-4-5-1	1-2	0.974	55.285	107.695	2976.96		55.023
	2-3	1.757	10.285	36.141	185.86		10.023
	3-4	1.532	14.725	45.087	-331.73		14.977
	4-5	1.763	(48.645)	113.148	-2752.05		48.907
	Σ			203.071	79.04	-0.262	
5-4-6-7-8-5	5-4	1.163	(18.907)	113.758	2781.77		48.371
	4-6	0.317	34.623	21.951	380.0		34.087
	6-7	0.343	35.377	169.81	-3003.68		35.913
	Σ			308.69	165.421	-0.536	

续表

回路或网孔	分支	R_i (N·s²/m⁸)	第四次迭代计算				
			Q_i (m³/s)	$2R_iQ_i$	$R_iQ_i^2$ (Pa)	ΔQ_i (m³/s)	Q'_i (m³/s)
1-2-3-4-5-1	1-2	0.974	55.023	107.185	2948.81		54.822
	2-3	1.757	10.023	35.221	176.51		9.822
	3-4	1.532	14.977	45.890	-343.64		15.178
	4-5	1.163	(48.371)	112.511	-2721.13		48.572
	Σ			300.807	60.55	-0.201	
5-4-6-7-8-5	5-4	1.163	(48.572)	112.978	2743.80		48.499
	4-6	0.317	34.087	21.611	368.33		34.005
	6-7	0.343	35.913	172.382	-3095.38		35.986
	Σ			309.78	22.479	-0.073	

回路或网孔	分支	R_i (N·s²/m⁸)	第五次迭代计算				
			Q_i (m³/s)	$2R_iQ_i$	$R_iQ_i^2$ (Pa)	ΔQ_i (m³/s)	Q'_i (m³/s)
1-2-3-4-5-1	1-2	0.974	54.822	106.793	2927.31		54.794
	2-3	1.757	9.822	34.515	169.50		9.794
	3-4	1.532	15.178	46.505	-352.93		15.206
	4-5	1.163	(48.499)	112.809	-2735.55		48.527
	Σ			300.622	8.33	-0.028	
5-4-6-7-8-5	5-4	1.163	(48.527)	112.874	2738.71		48.518
	4-6	0.317	34.005	21.559	366.56		33.996
	6-7	0.343	35.986	172.733	-3107.98		35.995
	Σ			309.92	2.82	-0.09	

为止。计算结果如表 8-5-6 所示。经过五次迭代计算以后，$|\Delta Q_i|\leqslant 0.05$，故停止迭代计算。第五次迭代计算后的风量 Q 即为所求的自然分配风量。由于 Q 值皆为正，说明实际风流方向与计算前假定的风流方向一致。

二、复杂通风网络的电子计算机解算

(一) 解算复杂通风网络的电子计算机程序分类

解算复杂通风网络的电子计算机程序，根据其功能可分为两类：第一类是风网自然分风解算；第二类是风网按需分风（风量调节）解算。前者研究在风网结构、分支风阻、风机特性（或总风量）已知条件下各分支风量如何分配的问题；后者是在已知风网各分支现有风阻和风量的前提下，研究如何人为地采取措施使风网的风量分配满足生产和安全的需要。具体地说，主要是研究调节方法、调节量、调节点的位置和个数，以使选定的调节方案在保证调节效果的前提下最经济。

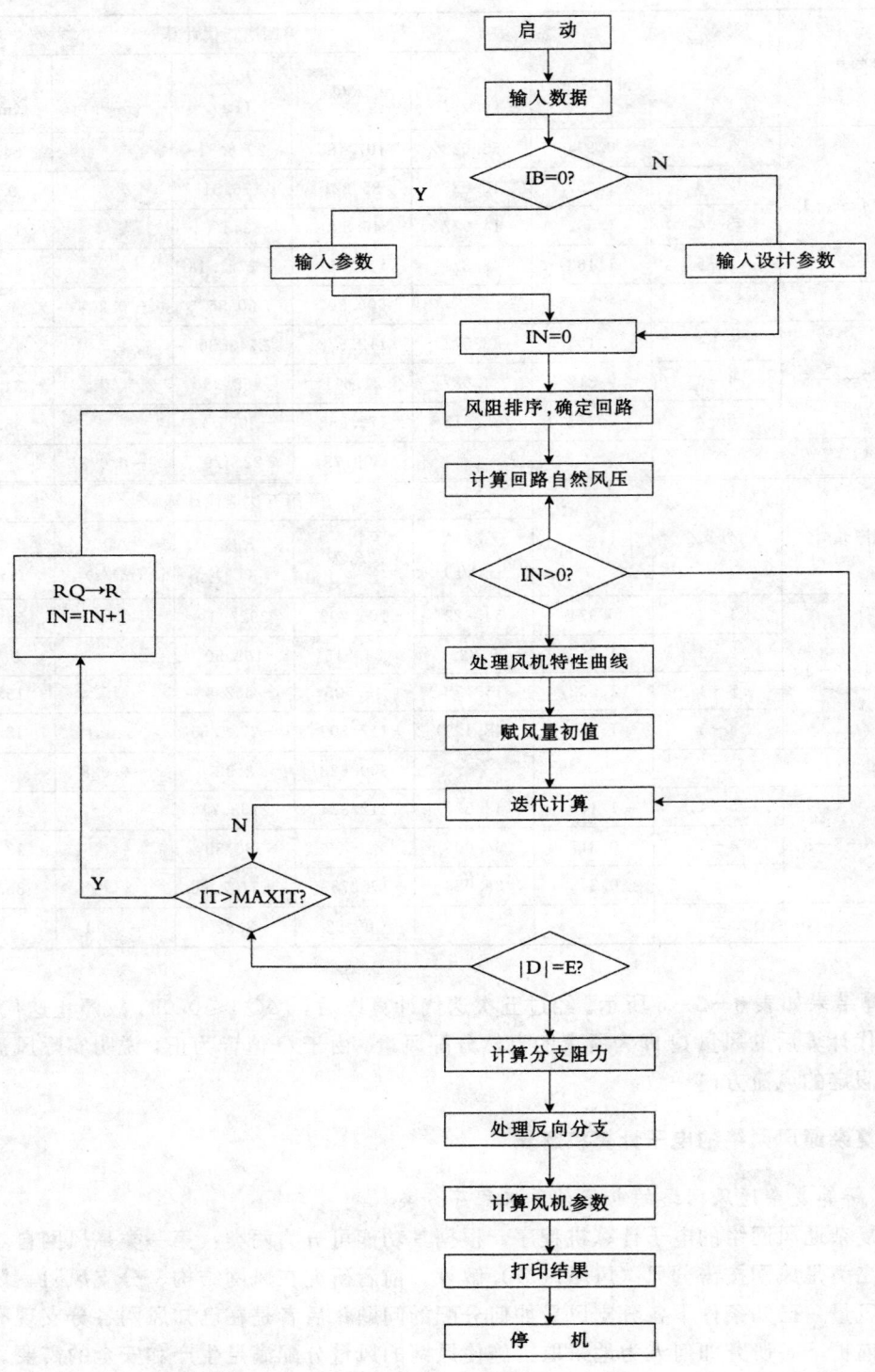

图 8-5-13 程序框图

（二）自动分风解算程序

1. 程序框图

如图8—5—13。

2. 程序的适用条件及功能

（1）可进行局部风网解算；

（2）可进行有风机的风网解算；

（3）允许在任意风道上安排自然风压；

（4）允许某些用风地点的风量预先给定；

（5）可直接输入巷道风阻值。如果巷道风阻未知，可输入巷道参数计算风阻值；

（6）具有自选网孔和回路的功能；

（7）通过迭代计算后，可计算出各分支的风量、风速和阻力；

（8）能计算出各风机的拟合曲线方程和各风机系统的等积孔。

3. 实例

某矿的通风系统如图8—5—14所示，有两个进风

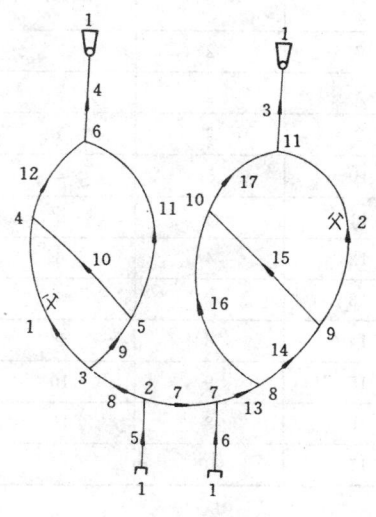

图8—5—14　某矿通风系统图

井：一个为斜井，另一个为立井，两翼对角通风方式，分支3、4、6的自然风压分别为300Pa、200Pa、—150Pa。左翼主通风机为2K58№18，$n=1000$r/min，动能叶片安装角40°；右翼主通风机为70B₂11№18，$n=1000$r/min，风叶安装角45°。从风机性能特性曲线上各选取3点的风量、风压值，见表8—5—9。分支1和分支2是两个采煤工作面，分别需要风量30m³/s。风网中各井巷的风阻和断面数据如表8—5—8中所示。解算各井巷风时并验算风速。

1）输入数据，见表8—5—7～表8—5—9。

2）输出数据，见表8—5—10～表8—5—12。

表8—5—7　输　入　数　据　表　一

风网的支数	风机台数	最大迭代次数	自然风压个数	固定风量数	精　度
17	2	50	3	2	0.0001

表8—5—8　输　入　数　据　表　二

分支号	始节点	末节点	风阻 (N·s²/m⁸)	断面 (m²)	自然风压 (Pa)	固定风量 (m³/s)
1	3	4	0.02200	8.0000	0	30
2	9	11	0.02500	10.0000	0	30
3	11	1	0.02600	15.0000	300	
4	6	1	0.02600	15.0000	200	
5	1	2	0.00420	15.0000	0	
6	1	7	0.00640	20.0000	—150	

续表

分支号	始节点	末节点	风 阻 (N·s²/m⁸)	断 面 (m²)	自然风压 (Pa)	固定风量 (m³/s)
7	2	7	0.02500	12.0000	0	
8	2	3	0.00500	12.0000	0	
9	3	5	0.01200	8.0000	0	
10	5	4	0.02500	8.0000	0	
11	5	6	0.02500	8.0000	0	
12	4	6	0.02500	8.0000	0	
13	7	8	0.01200	10.0000	0	
14	8	9	0.01000	10.0000	0	
15	9	10	0.01200	10.0000	0	
16	8	10	0.02300	10.00000	0	
17	10	11	0.02180	10.0000	0	

表 8—5—9 输 入 数 据 表 三

	(Q_1, h_1)	(Q_2, h_2)	(Q_3, h_3)
左翼主通风机	(44.0,3160)	(60.0,2580.0)	(68.3,1140.0)
右翼主通风机	(50.0,2400)	(57.5,20000)	(65.0,1300)

表 8—5—10 输 出 数 据 表 一

回路号	分支数	自然风压	回路分支组成
1	4	0.0000	1 12 —11 —9
2	3	0.0000	2 —17 —15
3	6	150.0000	3 6 13 14 15 17
4	5	200.0000	4 —5 8 9 11
5	3	150.0000	7 —6 5
6	3	0.0000	10 12 —11
7	3	0.0000	16 —15 —14

表 8—5—11 输 出 数 据 表 二

序号	始点—末点	风 量 (m³/s)	阻 力 (Pa)	风 速 (m/s)
1	3—4	30.0000	19.800	3.750
2	9—11	30.0000	22.500	3.000
3	11—1	71.8863	134.3585	4.79242
4	6—1	73.7898	141.5685	4.91932

续表

序号	始点—末点	风量 (m³/s)	阻力 (Pa)	风速 (m/s)
5	1—2	130.3899	71.4064	8.69266
6	1—7	15.2862	1.4955	0.76431
7	2—7	56.6000	80.0891	4.71667
8	2—3	73.7898	27.2247	6.14915
9	3—5	43.7898	23.0106	5.47373
10	5—4	6.5998	1.0889	0.82479
11	5—6	37.1901	34.5775	4.64876
12	4—6	36.5998	33.4886	4.57497
13	7—8	71.8863	62.0116	7.18863
14	8—9	42.4697	18.0368	4.24697
15	9—10	12.4697	1.8659	1.24697
16	8—10	29.4166	19.9027	2.94166
17	10—11	41.8863	38.2472	4.18863

表 8—5—12　输 出 数 据 表 三

	风机拟合曲线 $H=C_1+C_2Q+C_3Q^2$	风机系统等积孔 (m²)
左翼通风机	$C_1=-26598$, $C_2=1065.9$, $C_3=-9.66$	8.3083
右翼通风机	$C_1=-2600$, $C_2=233.33$, $C_3=-2.667$	8.8798

（三）按需分风解算程序

1. 程序框图

程序框图见图 8—5—15。

2. 程序的适用条件及功能

（1）既可进行局部风网的按需分风解算，也可进行全矿规模的按需分风解算；

（2）具有处理自然风压的功能；

（3）绘制通风网络图时，节点编号可以是不连续的或没有一定的次序，程序将输入的所有分支节点号重新排列，满足 $i \rightarrow j$ 且 $j > i$ 的要求，其中 i 为分支始节点，j 为分支末节点。同时规定风网的入风节点号为 1，风网末节点号为最大；

（4）能解算输入风网的最大阻力路线参数、风网部阻力、原有风路数、调阻风路数、必需加阻分支号及其节点编号、调阻方案数、调阻方案有关参数、允许加阻的方案以及按选定方案的解算结果；

（5）在确定一个调阻方案时，计算出方案中各分支的加阻值以及相应的风窗面积。

3. 实 例

某矿风网如图 8—5—16 所示，有 3 个进风井，2 台风机对角抽出通风，共有 17 个分支，各分支的风阻、需风量和断面积如表 8—5—13 所示。分支 13、15 和 16 为不能加阻分支，解算网络并求调阻方案。

1）主要输入数据，见表 8—5—13。

表 8-5-13　输　入　数　据

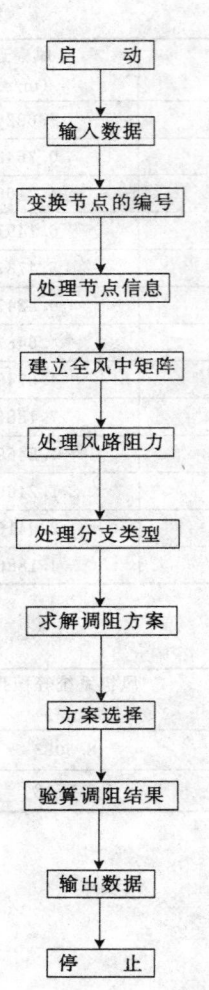

分支号	始节点	末节点	风　阻 (N·s²/m⁸)	风　量 (m³/s)	断　面 (m²)
1	1	2	0.0100	100.00	6.00
2	1	3	0.0120	50.00	6.00
3	1	4	0.0150	50.00	6.00
4	2	3	0.0100	80.00	6.00
5	2	4	0.0700	20.00	6.00
6	3	5	0.0200	80.00	6.00
7	3	10	0.0500	50.00	6.00
8	5	9	0.0800	40.00	6.00
9	5	9	0.0900	40.00	6.00
10	9	10	0.0400	80.00	6.00
11	4	6	0.0500	40.00	6.00
12	4	7	0.0300	30.00	6.00
13	6	7	0.0700	20.00	6.00
14	6	8	0.0600	20.00	6.00
15	7	8	0.0600	20.00	6.00
16	8	11	0.0400	70.00	6.00
17	10	11	0.0300	130.0	6.00

图 8-5-15　程序框图

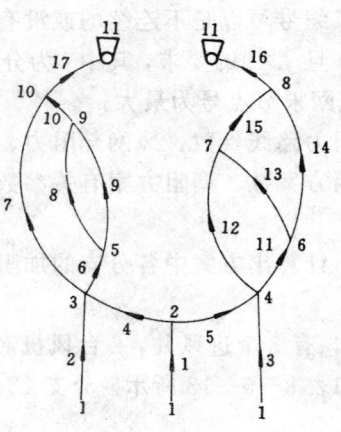

图 8-5-16　某矿通风网络图

2) 主要输出数据，见表8－5－14、表8－5－15。

表8－5－14　输　出　数　据　表

分支号	加阻 (Pa)	风窗面积 (m²)
8	16.0	4.12
2	84.0	3.27
3	40.50	3.80
12	623.0	1.35
7	403.0	2.42
11	543.0	1.82
14	229.0	1.46

表8－5－15　输　出　数　据　表　二

分支号	始节点－末节点	调后风阻 (N·s²/m⁸)	风量 (m³/s)	阻力 (Pa)	调后阻力 (Pa)	风速 (m/s)
1	1－2	0.0050	100.00	50.00	50.00	16.67
2	1－3	0.0456	50.00	30.00	114.00	8.33
3	1－4	0.0312	50.00	37.50	78.00	8.33
4	2－3	0.0100	80.00	64.00	64.00	13.33
5	2－4	0.0700	20.00	28.00	28.00	3.33
6	3－5	0.0200	80.00	128.00	128.00	13.33
7	3－10	0.2112	50.00	125.00	528.00	8.33
8	5－9	0.0900	40.00	128.00	144.00	6.67
9	5－9	0.0900	40.00	144.00	144.00	6.67
10	9－10	0.0400	80.00	256.00	256.00	13.33
11	4－6	0.38875	40.00	80.00	622.00	6.67
12	4－7	0.72222	30.00	27.00	650.00	5.00
13	6－7	0.0700	20.00	28.00	28.00	3.33
14	6－8	0.6325	20.00	24.00	253.00	3.33
15	7－8	0.0900	50.00	225.00	225.00	3.33
16	8－11	0.0400	70.00	196.00	196.00	11.67
17	10－11	0.0300	130.00	507.00	507.00	21.67

第三节　矿井通风系统图绘制

矿井通风系统图是在矿井开拓，采区巷道布置基础上绘制而成的，反应矿井通风系统的示意图。在通风系统图中，应标注以下内容：

（1）标注进、回风风流方向；

（2）标注各通风构筑物和安全设施所在巷道位置；

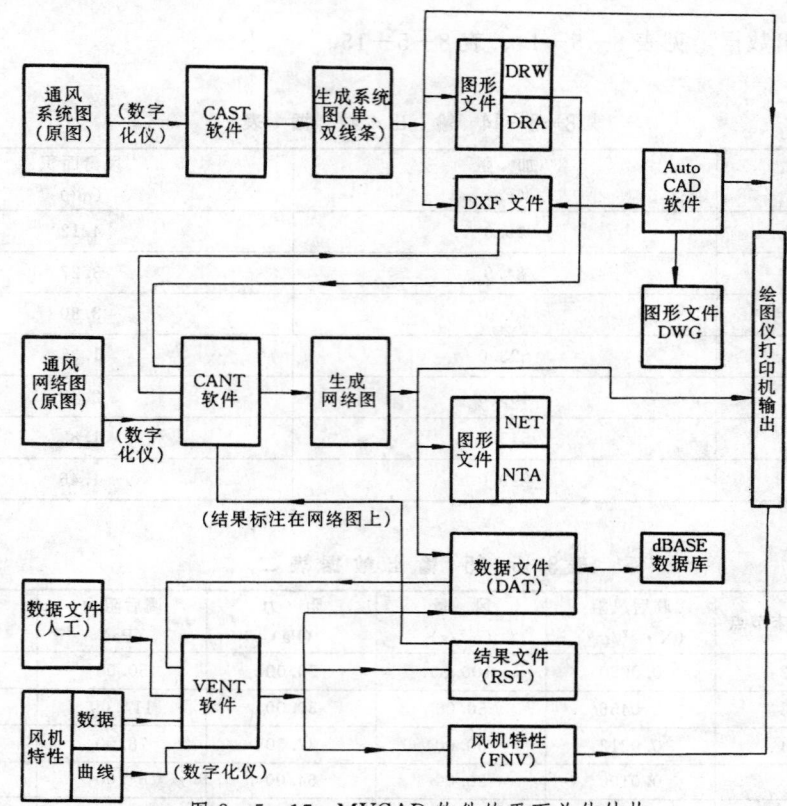

图 8-5-17　MVCAD 软件的平面总体结构

（3）根据矿井总风量和风量分配，在各巷道、硐室标注进、回风的风量值。

绘制矿井通风系统图的得力工具是 AutoCAD 软件。该软件是美国 Auto desk 公司开发的计算机辅助绘图的应用程序包，根据用户的指令迅速准确地绘出所需要的图形，具有容易校正绘图误差以及作较大的修正而无需重新绘制全图的特点，最后能绘出清晰、精确的图形。但是，AutoCAD 软件是一种通用软件，为更好地适用和满足矿井通风系统图绘制的需要，矿井设计人员在该软件的二次开发和应用方面进行了大量的工作，开发出一些高效、方便、针对性强的专业绘图软件。给矿井通风系统图的绘制工作带来极大方便。

MVCAD 软件是淮南矿业学院和平顶山矿务局合作开发的。该软件分为三大部分：一是矿井通风系统图绘制部分——CAST；二是通风网络图生成部分——CANT；三是矿井通风网络解算部分——VENT。这三部分各自相对独立，通过数据文件的共享，而构成一个有机的整体。MVCAD 软件的

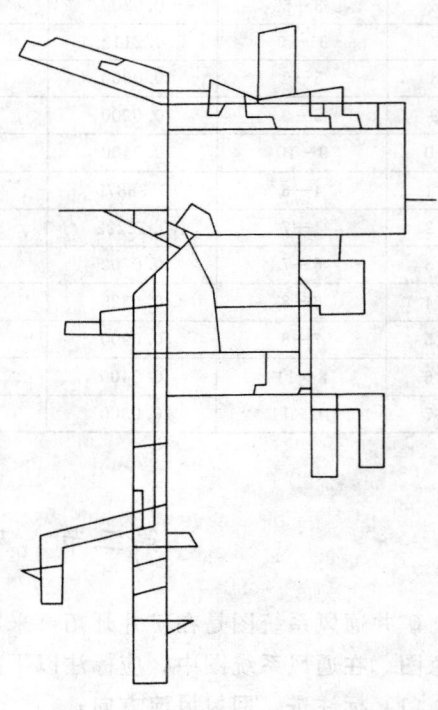

图 8-5-18　通风系统单线条图

系统总体结构如图 8—5—17 所示。

MVCAD 软件具有以下功能：

（1）绘制矿井通风系统平面图和立体示意图。

（2）绘制的图形可以以 ASCⅡ 码格式和二进制文件格式存贮在磁盘上。

（3）只要绘出通风系统单线条图，就可以由计算机自动将单线条图转变为双线条图，并自动进行巷道交岔点的联通关系处理及空间交错点的消隐处理。

（4）在通风系统图上可以标注各种中英文文字符号和图形符号。该软件提供了五种英文字体和五种汉字字体，及各种常用通风图形符号，如通风构筑物、风流方向等。

（5）软件提供了一系列修改操作命令，可对绘制的通风系统图进行各种修改。

（6）由通风系统单线条图能自动生成通风网络图。在生成通风网络图时，可根据用户需要进行串、并联自动简化。生成通风网络图的同时自动形成网络的分支、节点数据文件。自动生成的通风路图在屏幕绘图区显示出来，并可以用图形编辑修改命令进行处理。

（7）软件具有对通风网络图进行简化、修改和变形的功能

（8）可对矿井通风网络进行解算。

第六章　开采煤与瓦斯突出煤层防突措施

第一节　突出矿井设计要点

一、突出矿井设计有关规定

（一）一般规定

开采有突出的矿井，在新矿井、新水平和新采区的设计中，必须编制防治突出的专门设计，应规定保护层的选择、开拓方式、煤层开采顺序、采煤方法、支护形式以及抽放瓦斯和局部防治突出措施等内容。

（二）开采保护层

（1）在突出矿井中开采煤层群时，必须首先开采保护层。在未受到保护的地区，必须采取防治突出措施。

（2）被保护范围的划定方法及有关参数，应根据对矿井实际考察的结果确定，报矿务局总工程师批准。但保护层的采煤工作面必须超前于被保护层的掘进工作面，其超前距离不得小于这两个煤层之间的垂直距离的 2 倍，并不得小于 30m。

（3）开采保护层时，采空区内不得留煤柱。特殊情况非留不可时，在煤（岩）柱的影响范围内进行采掘工作，必须采取防治突出的措施。

（4）开采保护层时，具有抽放瓦斯系统的矿井，应同时抽放被保护层的瓦斯。

（5）石门应避免布置在地质构造复杂和破坏地带。如果条件许可，石门应尽量布置在被保护的地区，或利用已有巷道先掘出石门揭煤地点的煤层巷道，然后再以石门贯通。

（三）突出煤层的掘进和回采

（1）在突出煤层中进行采掘工作时，在一个或相邻的两个采区中，同一煤层的同一区段，在应力集中的影响范围内，不得布置两个工作面相向回采和掘进。突出煤层的掘进工作面，不得进入本煤层或邻近煤层采煤工作面的应力集中区。

（2）急倾斜煤层倒台阶回采工作面，各个台阶的高度应尽量加大，台阶宽度应尽量缩小。

（3）采煤工作面可采用松动爆破、注水湿润煤体，超前钻孔，预抽瓦斯等防治突出措施，并尽量采用刨煤机或浅截深滚筒式采煤机采煤。

（4）开采突出的急倾斜厚煤层时，可利用上分层或上阶段开采后造成的卸压作用保护下分层或下阶段，并将采掘工作面布置在采空区的卸压范围内。

二、突出矿井特点

保护层开采与一般矿井煤层群开采相比有以下几个特点。

1. 在开采程序上

一般矿井煤层群开采，在程序上只要满足于先开采煤层不影响、破坏未开采的煤层，即具备了按此程序开采的技术条件。但是突出矿井开采保护层除满足上述煤层群开采的条件外，还应满足使突出危险煤层受到保护，及本身安全开采的要求。现以南桐煤矿为例加以说明。

该矿一井开采二叠系乐平统龙潭组煤层，其开采煤层由上往下，如表8-6-1。

表8-6-1　南硐煤矿一井由上往下开采煤层特征表

项　目　　　煤　层	煤层厚度（m）　平均 ＿＿＿＿＿＿＿ 最小～最大	煤层间距（m）	倾角（°）	备　注
3 号层（K4）	不可采	10	15～48	作保护层开采
4 号层（K3）	$\dfrac{2.7}{2.0\sim3.82}$		15～48	有突出危险
5 号层（K2）	$\dfrac{0.9}{0.4\sim1.36}$	25	15～48	前期不突出后期突出
6 号层（K1）	$\dfrac{1.2}{0.68\sim2.19}$	15	15～48	有突出危险

在5号层不突出以前，矿里采用的开采顺序是先采5号煤层作保护层，然后采4号层和6号层。在5号层突出后，矿里用不可采的3号层作保护层，然后再采4号、5号、6号层。如无保护层可采，一般是由上往下（4号、5号、6号）的开采程序。

2. 在分散与集中布置上

一般矿井开采煤层群尽量做到联合布置，集中生产，以取得较好的技术经济效果。但在突出矿井开采保护层的条件下，为使突出煤层充分卸压，必须有一定的时间差和空间位置差，否则突出煤层的开采就不安全。对此，南桐、中梁山等煤矿总结出了突出矿井保护层开采的"三区成套四超前"的典型经验。三区即保护层开拓区；保护层的准备回采区；突出层的准备回采区。四超前即保护层开拓区超前于保护层准备；保护层的准备超前于保护层的回采；保护层的回采超前于被保护层的掘进；被保护层的掘进超前于被保护层的回采。这一经验集中体现了突出矿井保护层开采较一般矿井煤层群开采难以联合的特性。实际上突出矿井均采用分层布置，没有采用联合布置。

3. 在揭穿煤层上

一般矿井只要生产需要可不受限制地任意揭穿煤层。而在突出矿井中如要揭穿突出煤层，则要采取足够的安全技术措施来预防突出，否则将给生产、安全带来影响。为此要求保护层开采后再来揭开突出煤层。

三、突出矿井防突设计要点

(1) 矿井概况：包括矿井地质概况（所属煤田成煤时代、地质构造、煤层赋存情况），矿井开拓开采概况（开拓方式、开采顺序、巷道布置、采煤方法、采掘工艺参数及使用的设备、支护形式、顶板管理方法、生产水平和开拓水平的标高与垂高），矿井通风瓦斯情况（通风方式、风量、瓦斯涌出量、瓦斯压力、瓦斯含量）等。

(2) 发生突出地点情况，突出点的位置、巷道名称、类别、标高及距地表垂深、与邻近层开采的相对位置，地质构造、煤层厚度与倾角的变化，煤层的瓦斯压力、瓦斯含量、煤的坚固性系数和破坏类型等资料；以及邻近矿井（矿区）发生突出的概况与现状。

另外还要有：矿井突出危险性预测预报方法；防治突出的技术措施；防治突出效果检验方法；防治突出的总体工程概算。

第二节 防 突 措 施

防突措施一般分为两类：一类是区域性防突措施，属于该类措施的有开采保护层、预抽煤层瓦斯；另一类措施为局部防突措施，属于该类措施的有超前钻孔、抽放瓦斯和排放瓦斯钻孔，大直径超前钻孔，水力冲孔及水力割缝、水力压裂，金属骨架，深孔松动爆破，震动放炮等。

一、开采保护层

开采保护层是迄今防突最有效、最经济的根本措施。这一措施现几乎为所有发生煤与瓦斯突出的国家所普遍采用。我国部分局、矿开采保护层的简况，见表8-6-2。

表8-6-2 我国部分局、矿开采保护层的简况

煤田	矿井	开采深度(m)	保护层					被保护层	层间垂距(m)	层间岩性简况
			层名	位置	倾角(°)	采高(m)	采面长(m)			
中梁山	中梁山南井	200	2	下	65	0.7	110	1	3~7	粉砂岩
天府	磨心坡矿	360	7	上	60	0.5~0.6	120	9	23	页岩、砂岩
天府	磨心坡矿	500	2	上	60	0.5~0.6	120	9	80~90	砂岩、石灰岩
天府	刘家沟矿	450	3	上	60	0.5~0.7	120	9	75	砂岩、石灰岩
天府	刘家沟矿	450	5	上	60	1.1	120	9	64	砂岩、石灰岩
南桐	鱼田堡矿	300	3	上	30	0.5~0.7	40	4	6~9	粉砂岩、砂岩
南桐	鱼田堡矿	360	6	下	30	1~1.3	60	4	36	灰岩、页岩
南桐	南桐一井	310	3	上	27	0.6	40	4	6~16	粉砂岩、砂岩
南桐	南桐一井	200	5	下	30	0.7~1	60	4	22	粉砂岩、砂岩
南桐	原东林井	200	5	下	86	1.5	110	4	36	灰岩、页岩
松藻	松藻一井	250	10	下	30	0.5	60	8	21	灰岩、页岩
松藻	松藻二井	250	6	上	30	0.8~1	60	8	16	灰岩、页岩
北票	台吉一井	500	3C	上	46	0.8	42	4	19	坚硬砂岩、细砾岩
北票	台吉二井	530	3A	上	50	1.5	40	4	28	坚硬砂岩、细砾岩
北票	台吉三井	440	2	上	62	1.2	46	3	22	坚硬砂砾、细砾岩
北票	冠山二井	400	3A	上	41	1.4	110	4 1/2	60	砂岩、砂质页岩
白沙	红卫里王庙井	150	5	上	30	0.8	44	6	30	砂岩、砂页岩
涟邵	立新蛇形山井	250	1上	上	30	1.15	76	3中	35	砂岩、砂页岩
涟邵	立新蛇形山井	250	1上	上	30	1.15	76	4	45~50	砂岩、砂页岩
乐平	涌山二井	280	4	下	70	2.7	64	6	55	
六枝	地宗矿	270	3	上	50	1.23	60	7	43	细粒砂岩、页岩
水城	老鹰山矿	390	8	上	28	1.5	120	12	21	砂岩、粉砂岩
鸡西	滴道四井	500	13	上	24	0.6	80	12	6~12	砂岩
鸡西	滴道四井	500	19	下	24	1.3	80	20	17	砂岩

续表

| 煤田 | 矿　井 | 开采深度 (m) | 保　护　层 | | | | | 被保护层 | 层间垂距 (m) | 层间岩性简况 |
			层名	位置	倾角 (°)	采高 (m)	采面长 (m)			
淮南	新庄孜矿	400	C_{14}	上	12～45	1.5	80	C_{13}	14～18	页岩、砂岩
淮南	谢二矿	470	C_{15}	上	13～30	1.82	100	C_{13}	16.8	页岩、砂岩
淮南	谢三矿	500	C_{15}	上	25	0.57～1.2	120	C_{13}	13～18	页岩、砂岩
淮南	谢一矿	570	B_{16}	下	26	0.77～1.2	220	$B_{11}b$	18～24	页岩、砂岩
淮南	李一矿	450	C_{15}	上	20～30	1.5	140	C_{13}	13	页岩、砂岩

（一）保护层的确定

1．保护层的分类

根据保护层的位置不同，可分为上保护层和下保护层。凡保护层位于突出危险煤层上部的称为上保护层，反之则称为下保护层。

根据保护层与突出层之间的垂直距离（h）不同，可分为近距离、中距离和远距离保护层。

近距离保护层：　　　　　　　　　　$h \leqslant 10m$

中距离保护层：　　　　　　　　　　$10m < h < 60m$

远距离保护层：　　　　　　　　　　$h \geqslant 60m$

2．保护层的选择

选择保护层应遵守下列规定：

（1）首先选择无突出危险的煤层作为保护层。当煤层群中有几个煤层都可作为保护层时，应根据安全、技术和经济的合理性，综合比较分析，择优选定；

（2）矿井中所有煤层都有突出危险时，应选择突出危险程度较小的煤层作保护层，但在此保护层中进行采掘工作时，必须采取防治突出措施；

（3）选择保护层时，应优先选择上保护层，条件不允许时，也可选择下保护层，但在开采下保护层时，不得破坏被保护层的开采条件。

开采下保护层时，上部被保护层不被破坏的最小层间距离应根据矿井开采实测资料确定。如无实测资料时，可参用式（8—6—1）和式（8—6—2）确定：

当 $\alpha < 60°$ 时，　　　　　　　$H = KM\cos\alpha$ 　　　　　　　　　（8—6—1）

当 $\alpha \geqslant 60°$ 时，　　　　　　　$H = KM\sin(\alpha/2)$ 　　　　　　　（8—6—2）

式中　H——允许采用的最小层间距，m；

　　　M——保护层的开采厚度，m；

　　　α——煤层倾角，（°）；

　　　K——顶板管理系数。冒落法管理顶板时，K 采用10；充填法管理顶板时，K 采用6。

（二）保护范围

划定保护层有效作用范围的有关参数，应根据矿井实测资料确定，报矿务局总工程师批准后执行。对暂无实测资料的矿井，可参照下述方法确定。

1．保护层与被保护层之间的有效垂距

研究表明，在一定的地质条件和开采条件下，保护层的作用效果随层间距加大而减少，达到某一临界距离以后，保护作用基本消失。

（1）查表法。可参用表8-6-3确定：

表8-6-3 保护层与被保护层之间的有效垂距

煤 层 类 别	最大有效垂距（m）	
	上保护层（h_2）	下保护层（h_1）
急倾斜煤层	<60	<80
缓倾斜和倾斜煤层	<50	<100

（2）公式计算法。可按式（8-6-3）、（8-6-4）计算得出：

下保护层最大有效垂距：

$$S_下 = S'_下 \beta_1\beta_2 \tag{8-6-3}$$

上保护层最大有效垂距

$$S_上 = S'_上 \beta_1\beta_2 \tag{8-6-4}$$

式中 $S'_下$、$S'_上$——分别为下保护层和上保护层的理论有效垂距，m。它与工作面长度 L 和开采深度 H 有关，可参照表8-6-4取值，当 $L>0.3H$ 时，则取 $L=0.3H$，但 L 不得大于250m；

β_1——保护层开采影响系数，当 $M\leq M_0$ 时，$\beta_1=M/M_0$；当 $M>M_0$ 时，$\beta_1=1$；M 为保护层的开采厚度，m；M_0 为开采保护层的最小有效厚度（m），（M_0）可按图8-6-1确定；

β_2——层间硬岩（砂岩、石灰岩）含量系数。以 η 表示硬岩在层间岩石中所占有的百分数（%），当 $\eta\geq50\%$ 时，$\beta_2=1-(0.4\times\eta/100)$；当 $\eta<50\%$ 时，$\beta_2=1$。

表8-6-4 $S'_下$和$S'_上$与开采深度 H、工作面长度 L 的关系

开采深度 H (m)	$S'_下$ (m)								$S'_上$ (m)						
	工作面长度 L (m)								工作面长度 L (m)						
	50	75	100	125	150	175	200	250	50	75	100	125	150	200	250
300	70	100	125	148	172	190	205	220	56	67	76	83	87	90	92
400	58	85	112	134	155	170	182	194	40	50	58	66	71	74	76
500	50	75	100	120	142	154	164	174	29	39	49	56	62	66	68
600	45	67	90	109	126	138	146	155	24	34	43	50	55	59	61
800	33	54	73	90	103	117	127	135	21	29	36	41	45	49	50
1000	27	41	57	71	88	100	114	122	18	25	32	36	41	44	45
1200	24	37	50	63	80	92	104	113	16	23	30	32	37	40	41

（3）参考采用的方法。中梁山南矿和南桐煤矿一井曾采用煤层膨胀变形量 ε_c 表示其保护作用。经矿井观测表明，在大多数情况下煤层膨胀变形值按指数方程随层间距增加而减小，如图8-6-2所示。其数学表达式为：

$$\varepsilon_e = \varepsilon_{e0} e^{-bh} \tag{8-6-5}$$

式中　ε_e——距离保护层 h 处被保护层的膨胀变形值；

　　　h——保护层到被保护层的垂直距离，m；

　　　ε_{e0}——开采层处的相对膨胀变形值；

　　　b——取决于层间岩层的岩石力学性质的常数；

　　　e——自然对数的底。

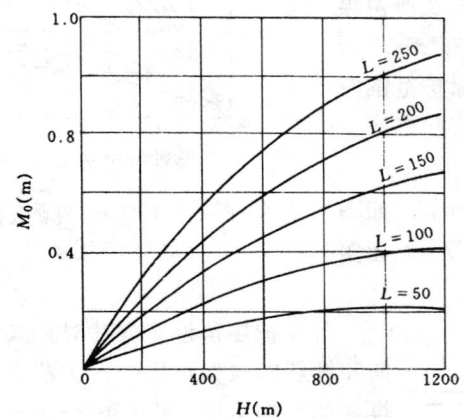

图 8—6—1　确定保护层最小有效
开采厚度 M_0 曲线图

L—工作面长度；
H—开采深度（m）

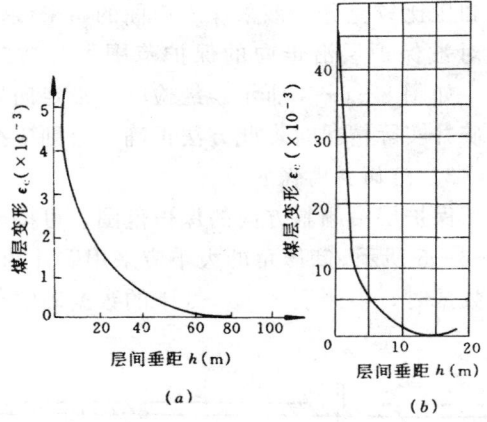

图 8—6—2　距上保护层不同垂距的
煤层膨胀变形曲线

a—中梁山煤矿南矿；
b—南桐煤矿一井

对于中梁山南矿，$\varepsilon_{e0} = 6.65 \times 10^{-3}$，$b = 0.067$；对于南桐煤矿一井，$\varepsilon_{e0} = 63.92 \times 10^{-3}$，$b = 0.3833$。根据实测，得出式（8—6—5）中的两个系数后，就可计算出距保护层 $h(m)$ 处的被保护层的膨胀变形值 ε_e。根据膨胀变形值趋近于最小极值的 h 值即可确定为有效层间垂距。

（4）原苏联确定有效垂距的方法。它是根据保护层厚度、顶板管理方法、回采工作面长度和开采深度等因素确定有效垂距。

如果保护层有足够的有效采高，即当有效采高满足下式时，可按式 8—6—6 确定有效垂距。

$$m_{эф} = KM \geqslant m_0 \tag{8-6-6}$$

式中　$m_{эф}$——保护层有效采高，m；

　　　K——系数，用冒落法管理顶板时，$K=1$；水沙充填管理顶板时，$K=0.2$；局部充填或其他形式的充填管理顶板时，$K=0.38$；

　　　M——保护层厚度，m；

　　　m_0——保护层基准高度，按图 8—6—3 选取。

如果 $m_{эф} < m$，那么按表 8—6—5 确定的 h_1 和 h_2 值还要乘以系数 $C = m_{эф}/m_0$。

实际上我国规定的保护层有效垂距与苏联基本上是一致的。例如，天府磨心坡矿 +110m 水平，开采深度 500m 左右，上保护层厚度 0.5～0.6m，回采工作面长 120m，采用全部冒落法管理顶板（$K=1$），$m_{\mgeq\phi}=0.5\sim0.6m>m_0=0.35m$，按表 8-6-5取 $h_2=62m$，按表 8-6-3 取 $h_2=60m$。

2. 沿走向的保护范围

（1）正在开采的保护层采煤工作面，必须超前于被保护层的掘进工作面，其超前距离不得小于保护层与被保护层层间垂距的两倍，并不得小于30m；

（2）对停采的保护层采煤工作面，停采时间超过 3 个月，且卸压比较充分，该采煤工作面的始采线、停采线及所留煤柱对被保护层沿走向的保护范围可暂按卸压角 56°～60°划定，如图8-6-4所示。经检验，沿走向划定的保护范围符合矿井实际情况时，此方法正确。否则应按实际情况修改。

3. 沿倾斜的保护范围

保护层沿倾斜方向的保护范围，可按卸压角划定，如图8-6-5所示。卸压角的大小应采用矿井的实测数据。如无实测数据时，参照表 8-6-6 中的数据确定。

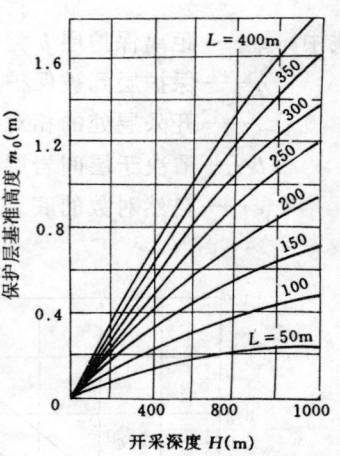

图 8-6-3　确定 m_0 的曲线图
L—回采工作面长度

若保护层留设有煤柱时，其沿走向和倾斜的被保护层的保护范围（或煤柱的影响范围）可按图8-6-4（δ_5卸压角）图8-6-6和表8-6-6中的卸压角确定。

在开采下保护层时受岩石移动角所限，同水平保护范围将缩小，通常要超水平或阶段开采，或再开采上保护层来保护，如图8-6-7所示。

（三）保护层开采的特征

（1）开采保护层的矿井，主要巷

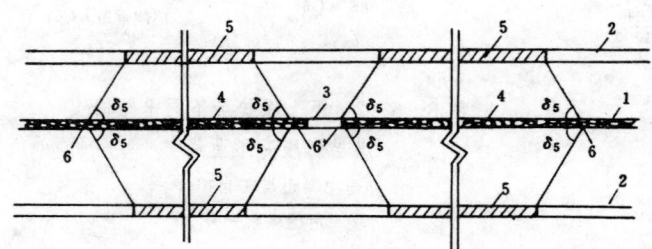

图 8-6-4　保护层工作面始采线、停采线和
煤柱的影响范围

1—保护层；2—被保护层；3—煤柱；4—采空区；
5—被保护范围；6—始采线或停采线；δ_5—卸压角

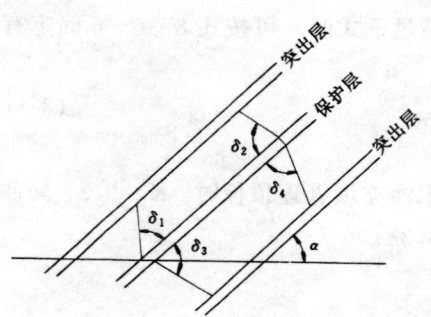

图 8-6-5　沿倾斜保护范围

δ_1、δ_2、δ_3、δ_4—卸压角；
α—煤层倾角

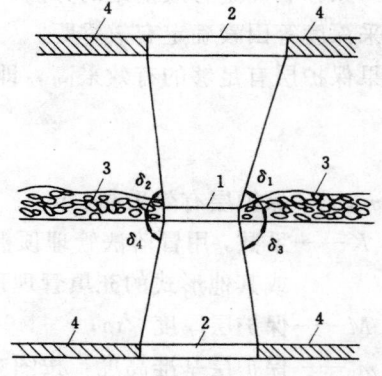

图 8-6-6　倾斜煤柱的影响范围

1—煤柱；2—未被保护范围；3—保护层
采空区；4—被保护范围

表 8—6—5　保 护 层 有 效 垂 距

有效垂高	下保护层 h_1(m)								上保护层 h_2(m)						
回采工作面长度 L(m) / 开采深度 H(m)	50	75	100	125	150	175	200	250*	50	75	100	125	150	200	250*
300	70	100	125	148	172	190	205	220	62	74	84	92	97	100	102
400	58	85	112	134	155	170	182	194	44	56	64	73	79	82	84
500	50	75	100	120	142	154	164	174	32	43	54	62	64	73	73
600	45	67	90	109	126	138	146	155	27	38	48	56	61	66	68
800	33	54	73	90	103	117	127	135	23	32	40	50	50	55	56
1000	27	41	57	71	88	100	114	122	20	28	35	40	45	49	50
1200	24	37	50	63	80	92	104	113	18	25	31	36	41	44	45

* 当 $L>250$m 时,在确定 h_1、h_2 时取 $L=250$m。

表 8—6—6　保护层沿倾斜的卸压角

煤层倾角 α(°)	卸 压 角 (°)			
	δ_1	δ_2	δ_3	δ_4
0	80	80	75	75
10	77	83	75	75
20	73	87	75	75
30	69	90	77	70
40	65	90	80	70
50	70	90	80	70
60	72	90	80	70
70	72	90	80	72
80	73	90	78	75
90	75	80	75	80

道应布置在岩层或非突出煤层中，并应充分利用保护层的保护范围，将煤层巷道尽可能布置在卸压范围内。

（2）井巷揭穿突出煤层的地点应避开地质构造破坏带，且揭穿突出煤层的次数和突出煤层中的掘进工作量应尽可能减少。

（3）在有抽放瓦斯系统的矿井开采保护层时，应同时抽放被保护层的瓦斯。

开采近距离保护层时，必须采取措施严防被保护层初期卸压的瓦斯突然涌入保护层采掘工作面或误穿突出煤层。

（4）保护层的有效保护范围及有关参数，应根据矿井实测资料确定。若无矿井实测资料，可按国家现行标准《防治煤与瓦斯突出细则》设计，或参照邻近矿井的经验确定。

表8-6-7　采区上山布置方式

方式	分煤层上山	底板岩石集中上山	多上山
图示	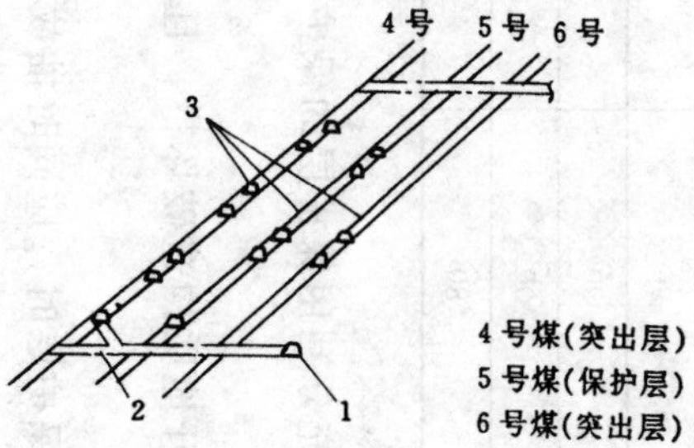 4号煤(突出层) 5号煤(保护层) 6号煤(突出层)	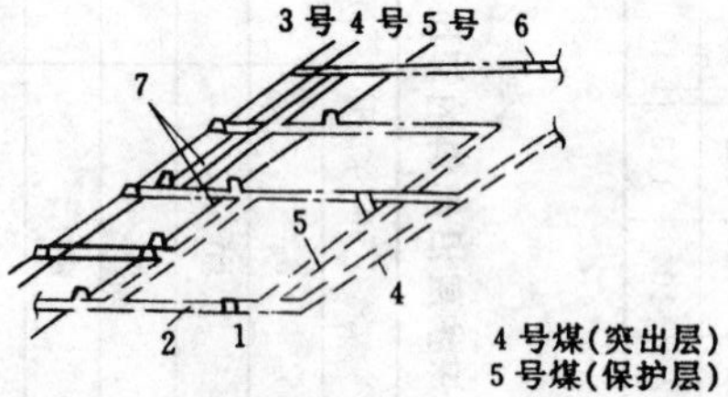 4号煤(突出层) 5号煤(保护层)	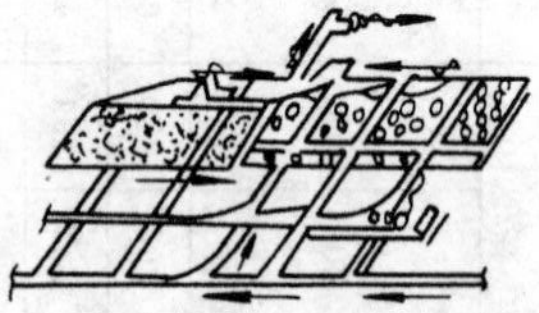
适用条件	保护层居于突出层之上或两突出层之间	保护层居于所有突出层之下的情况	为提高采区抗灾能力,保证采掘互不干扰,建立独立的通风系统,实行工作面跨上山连续开采
符号注释	1—运输大巷;2—采区石门;3—煤层上山;4—轨道上山;5—溜煤上山;6—总回风道;7—回风上山		

（5）保护层的采煤工作面，必须超前被保护层的掘进工作面，其超前距离不得小于保护层与被保护层间垂距的两倍，并不得小于 30m。

（6）突出煤层中，在一个或相邻的两个采区中，同一煤层的同一区段，在应力集中的影响范围内，不得布置两个工作面相向回采和掘进。

突出煤层的掘进工作面，不得进入本煤层或邻近煤层采煤工作面的应力集中区。

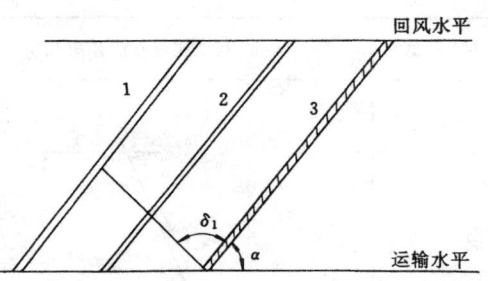

图 8-6-7　开采下保护层的保护范围

1、3—保护层；2—突出层；

δ_1—卸压角；α—煤层倾角

（7）开采保护层时应布置跨石门或跨上山回采、采空区内不得留有煤柱。特殊情况非留煤柱不可时，应经矿务局总工程师批准，并将煤（岩）柱的位置和尺寸准确地标在采掘工程图上。每个被保护层的瓦斯地质图上，也应相应地标出煤（岩）柱的影响范围，在这个范围内进行采掘工作时，必须采取防治突出的措施。

（8）在煤与瓦斯（二氧化碳）突出煤层或瓦斯喷出区域，掘进通风方式不得采用混合式。严禁任何两个采掘工作面之间串联通风。掘进工作面的局部通风机应实行"三专"、"两闭锁"。

（9）井巷揭穿突出煤层前，必须具有独立的、可靠的通风系统。在石门掘进工作面的进风侧，必须设置两道牢固可靠的反向风门，以控制突出时的瓦斯能沿回风道进入回风系统。

煤与瓦斯突出矿井中采区上山的布置方式和分阶段平巷适应瓦斯抽放和瓦斯排放的布置方式分别见表 8-6-7、表 8-6-8、表 8-6-9。

（四）其他应注意的问题

（1）矿井首次开采保护层时，必须进行保护层保护效果及范围的实际考察，并不断积累、补充完善资料，以便尽快得出确定本矿保护层有效作用范围的参数。

（2）开采厚度等于或小于 0.5m 的保护层时，必须检验保护层的实际保护效果。如果保护层的实际保护效果不好，在开采被保护层时，还必须采取防治突出的补充措施。

表 8-6-8　适应瓦斯抽放巷的布置方式

方　　式	利用保护层回风巷兼作瓦斯抽放巷	利用岩石运输巷兼作瓦斯抽放巷
图　示	保护层　突出层	63° 40° 17° 24° 保护层采空区　保护层　突出层
适用条件	开采上保护层	走向长度较大的采区

表 8-6-9　适应瓦斯排放的布置方式

方　式	利用尾巷石门排放瓦斯	利用回风顺槽加尾巷石门排放瓦斯
图　示		
适用条件	在工作面前方不布置回风巷，只布置尾巷石门回风时，尾巷石门间距 30m 左右，工作面后方一般保持尾巷石门两个	在工作面前方布置回风巷和尾巷石门时，工作面后方保持一个尾巷石门
符号注释	1—回风巷道；2—石门；3—运输巷道	

二、其他防突措施

（一）单一突出煤层防突措施

1）适用条件：

开采单一的突出危险煤层和无保护层可采的突出危险煤层群的矿井，可采用预抽煤层瓦斯防治突出的措施，但必须遵守下列规定：

（1）预抽煤层瓦斯钻孔，应控制整个预抽区域并均匀布孔。

（2）预抽煤层瓦斯防治突出措施的有效性指标，应根据矿井实测资料确定，报矿务局总工程师批准后执行。

在未达到预抽有效性指标的区段进行采掘作业时，必须采取补充的防治突出措施。

2）预抽煤层瓦斯方法：

预抽煤层瓦斯的方法包括邻近层和本煤层瓦斯抽放。预抽煤层瓦斯钻孔可采用沿煤层或穿层钻孔布置方式，其抽放方法和钻孔布置方式见第七章第五节有关内容。由于抽放瓦斯的目的是防治突出，所以在钻孔布置方式和抽放参数方面还应注意以下几个问题：

（1）要严格根据钻孔的有效抽放范围及抽放有效时间均匀布置钻孔。在钻孔未控制区域仍按突出危险煤层处理。

（2）为使突出危险煤层卸压更充分，应尽可能布置密集钻孔，一般大直径钻孔间距应小于 4m，小直径孔距应为 1m 左右。密集钻孔的优点是钻孔间可利用它们的卸压作用，提高煤层透气性和瓦斯抽放率。

（3）钻孔一般应选择在软分层厚度大于 0.45m，坚固性系数为 1 左右的煤层里；

（4）要保证有足够的抽放时间（至少半年），和一定的抽放负压，其钻孔孔口抽放负压不应小于 13kPa。钻孔封堵必须严密，穿层钻孔的封孔深度应不小于 3m，沿层钻孔的封孔深度应不小于 5m。尤其是对于高瓦斯、低透气性的厚煤层，设计密集钻孔，长时间抽放可取得较好的防突效果。

3）预抽煤层瓦斯防治突出措施的有效性指标，应根据矿井实测资料确定。如果无实测数据，可参考下列指标之一确定：

（1）预抽煤层瓦斯后，突出煤层残存瓦斯含量应小于该煤层始突深度的原始煤层瓦斯含量；

（2）煤层瓦斯预抽率应大于 25％。煤层瓦斯预抽率应用钻孔控制范围内煤层瓦斯储量与抽出瓦斯量（包括打钻时钻孔喷出的瓦斯量、自然排放量）来计算。

如果经长时间抽放瓦斯后仍达不到上述指标时，应考虑采取强化瓦斯抽放措施，或在采掘过程中采取其他局部防突措施。

4）预抽瓦斯防突措施应用概况与实例。

一些矿井如中梁山、焦作、六枝、北票、鹤壁和红卫等局矿应用预抽防突措施概况及效果见表 8—6—10。

表 8—6—10 一些矿井预抽瓦斯防突措施的应用概况

局、矿别	钻孔布置方式	预抽时间（月）	煤层原始瓦斯压力（kPa）	预抽后瓦斯压力（kPa）	平均抽放率（％）	预抽后煤层透气性增加的倍数	煤体收缩变形率（％）	防突效果
中梁山南矿井	穿层扇形	19	2837.1	405.3～810.6	48	9	1.5～2.6	有　效
北票台吉（4号层）	沿层扇形和平行	10	4458.3	1013.25	12.2～25.2	80		在钻孔控制范围以外及断层处有少量突出
北票台吉（10号层）	沿层扇形和平行	4			1.27			无　效
红卫矿		4.5	1621.3	405.3～1013.25	24.5		0.6	有　效
六枝大用矿	穿层扇形	12	1600～1800	400～500①	26.5	124		有　效
焦作李封矿	沿层平行	15.2			29.8			有　效

①预抽时间为半年的瓦斯压力值。

实例：

（1）六枝矿务局大用矿。

概况：1984 年在 1175₂ 采区应用预抽措施防治 7 号煤层突出。该区 7 号煤层厚 5～10m，其中有夹矸多层厚 0.05～5m，煤层倾角 29°～34°；

预抽钻孔布置：预抽瓦斯钻孔布置在走向长 150m 的区段内，共有钻场 7 个，钻场间距 24～26m，每一钻场打上、中、下三排扇形钻孔，中排孔设计位于机巷靠顶板的上角部位，上排孔位于中排孔沿煤层倾斜向上 5m 处，下排孔位于沿煤层倾斜向下 6m 处。各孔沿走向间距多数为 7～8m，如图 8—6—8 所示。钻孔开孔直径 90mm，钻进 8m 后换为直径 75mm 终孔。

预抽瓦斯防突效果：抽放近半年时间，在距抽放孔 2.5m 的测压孔，瓦斯压力由原始值 1600kPa～1800kPa 降至 400kPa～500kPa。经过一年多时间的抽排，按 10～12 号钻场抽放瓦斯总量占抽放区段的煤层瓦斯储量的比例计算，抽放率为 26.5％。煤层透气性系数由 $6.82\times10^{-2}m^2/MPa\cdot d$ 增至 $847.6\times10^{-2}m^2/MPa\cdot d$，增加了 124 倍。随后掘进煤层巷道，不仅消除了突出危险，而且瓦斯涌出量也由 3m³/min 左右降为 1～1.5m³/min，只是个别钻孔间距过大（10～12m）时，掘进放炮后出现过瓦斯超限和一次片帮。

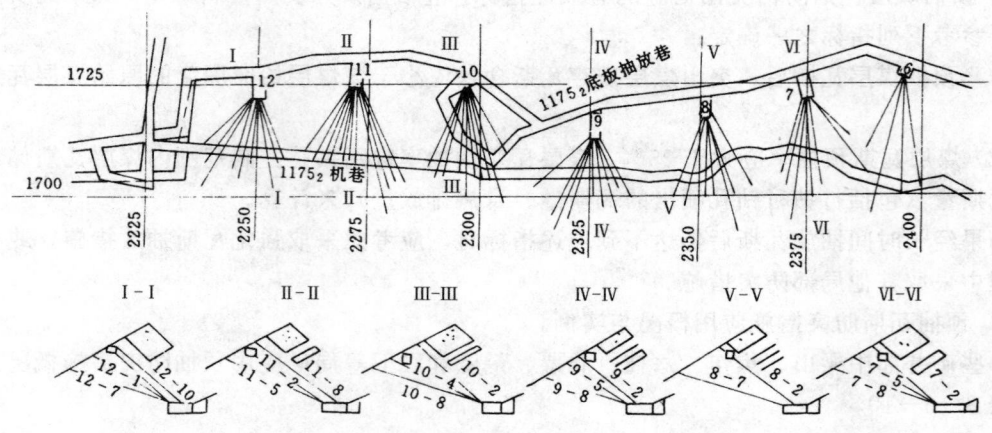

图 8-6-8　六枝大用矿 1175_2 采区预抽瓦斯钻孔布置图

　　此外，六枝局大用矿和化处矿为防止回采工作面的突出，采取在机巷沿煤层倾斜向上打抽放钻孔，钻孔间距 5～10m，经过几个月的抽放，也取得了较好的防突效果。通过 20 多个工作面的实践表明，凡在钻孔的有效范围内，回采过程中都没有发生突出。

　　(2) 阳泉矿务局一矿和三矿。

　　在一矿的北头嘴井的 906、912 和三矿一号井的 802、803 工作面分别采用直径 300mm、钻孔间距 1.7～3.0m 和直径 73mm、孔距 1m 左右的沿层平行钻孔抽放瓦斯。在采煤工作面的进、回风巷中平行于采面布置钻孔或呈扇形布置，孔长 100m 左右。

　　几个工作面预抽瓦斯的防突情况见表 8-6-11。由表看出，应用抽放瓦斯防治突出的效果是明显的。

表 8-6-11　阳泉矿务局一矿工作面预抽瓦斯防突情况

工作面	钻孔		排放瓦斯时间(d)	排放瓦斯		防治效果(%)	排放方式
	孔数(个)	平均长(m)		数量(m³)	占钻孔控制煤量的瓦斯量(%)		
906	28	50	180	未测		96	自排
912	大 17	31.4	485	13966	35.4		预抽
	小 76	53.2	466	56217	21.7	100	预抽
	大 4	61.5	300	5279	8.4		自排
502	39	33	30	未测		94.4	自排
	57	44	180	未测			自排

(二) 石门和岩石井巷揭煤防突措施

　　石门揭穿突出煤层，即石门自底 (顶) 板岩柱穿过煤层进入顶 (底) 板的全部作业过程，都必须采取防治突出措施，并应编制设计。

　　1. 石门揭穿突出煤层前必须遵守的规定

1）石门揭穿突出煤层前，必须打钻控制煤层层位、测定煤层瓦斯压力或预测石门工作面的突出危险性。前探钻孔、测压钻孔可参照图8−6−9布置。

2）在石门工作面掘至距煤层10m（垂距）之前，至少打2个穿透煤层全厚并进入顶（底）板不小于0.5m的前探钻孔，并详细记录岩芯资料，以便确切掌握煤层赋存条件和瓦斯情况。在地质构造复杂、岩石破碎的地区，掘进工作面距煤层垂距20m以外，必须在石门四周外缘5m的范围内布置一定数量的钻孔，以保证确切掌握煤层赋存条件和瓦斯情况。

3）在石门工作面距煤层垂距5m以外，至少打2个穿透煤层全厚的测压（预测）钻孔，测定煤层瓦斯压力、煤的瓦斯放散初速度指标与坚固性系数或钻屑瓦斯解吸指标等。为准确得到煤层原始瓦斯压力值，测压孔应布置在岩层

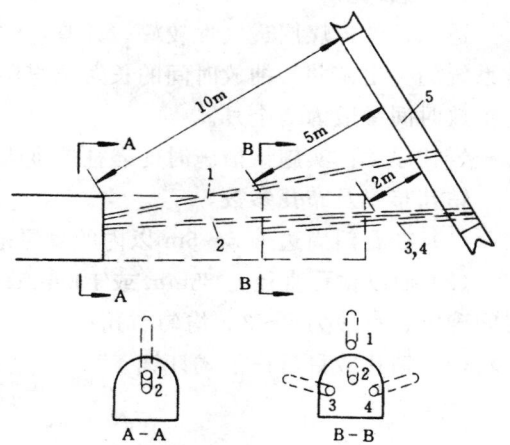

图8−6−9　控制突出危险煤层的
前探钻孔布置示意图

1、2—控制煤层层位钻孔；3、4—测定
煤层瓦斯压力钻孔；5—突出危险煤层

比较完整的地方，测压孔与前探孔不能共用时，两者见煤点之间的间距不得小于5m。

在近距离煤层群中，层间距小于5m或层间岩石破碎时，可设计测压孔穿透这些煤层测出各煤层的综合瓦斯压力。

4）为了防止误穿煤层，在石门工作面距煤层垂距5m时，应在石门工作面顶（底）部两侧补打3个小直径（42mm）超前钻孔，其超前距不得小于2m。当岩巷距突出煤层垂距不足5m且大于2m时，应重新打超前钻孔，确定突出煤层层位，保证岩柱厚度不小于2m（垂距）。

5）石门掘进工作面与煤层之间必须保持一定厚度的岩柱。岩柱的尺寸应根据防治突出措施的要求、岩石的性质、煤层倾角等确定。但石门工作面距煤层的最小垂距为：急倾斜煤层不小于3m；倾斜、缓倾斜煤层不小于2m。采用震动放炮措施时，石门掘进工作面距煤层的最小垂距为：急倾斜煤层2m，倾斜、缓倾斜煤层1.5m。如果岩石松软、破碎，还应适当增大垂距。

6）在开凿或延深立井揭穿突出危险煤层时，立井工作面距煤层垂距10m处至少打2个前探钻孔，查明煤层赋存情况。如果立井工作面附近有地质构造（断层、褶曲或煤层走向与倾角急剧变化等），前探钻孔不得少于3个，并按照《防突细则》第32条的规定预测工作面突出危险性。

2．防突措施

在石门揭穿突出煤层前，经预测有突出危险或煤层瓦斯压力大于0.74MPa时，可采用抽放瓦斯、水力冲孔、排放钻孔、金属骨架或其它经试验证明有效的防治突出措施。经效果检验有效或检验无效，经采取补充措施、效果检验有效后，可用远距离放炮或震动放炮揭穿煤层。

经预测无突出危险时，可不采取防治突出措施，但必须采用震动放炮揭穿煤层。当石门揭穿厚度小于0.3m的突出煤层时，可直接用震动放炮揭穿煤层。

1）抽放瓦斯。

适用条件：煤层透气性较好，并有足够的抽放时间（一般不少于 3 个月）或已建立有抽放系统的突出矿井。抽放时间的长短视煤层的透气性和瓦斯压力大小而定。例如，天府煤矿的抽放时间一般为 3 个月。

岩柱厚度：实施该措施时的岩柱厚度大于或等于 3m。

钻孔布置及布孔参数：

（1）在石门周边外 3～5m 以内的煤层范围内布孔；

（2）抽放钻孔直径为 75mm 或 100mm；钻孔孔底间距，可根据煤层透气性和允许抽放的时间确定，一般为 2～3m 均匀布孔；

（3）钻孔数目可按下式计算

$$N = K \frac{(h + 2L)(b + 2a)}{\pi r^2} \tag{8-6-7}$$

式中 N——钻孔数目，个；

　　　　K——系数，视煤层的危险程度而定，一般取 $K = 1.2$；

　　　　h——巷道高度，m；

　　　　b——巷道宽度，m；

　　　　L——巷道周边上部（下部）的煤层面的高度，m；

　　　　a——巷道周边两侧以外抽放瓦斯的煤层宽度（只计一侧宽度），m；

　　　　r——有效抽放瓦斯半径，m。

要求达到的效果及指标：在抽放钻孔控制范围内如预测指标降到突出临界值以下，措施效果检验有效；或瓦斯压力小于 0.74MPa。

例如，天府煤矿南井在石门揭开突出煤层时，采取抽放瓦斯措施。根据钻孔有效抽放瓦斯半径，确定钻孔间距为 2m，在石门周边上部取 8m，两侧取 6m 的煤层范围内共打了直径为 75mm 的钻孔 26 个，且多布置在石门巷道断面外（见图 8-6-10）。抽放瓦斯时间为 3 个月。在煤层原始瓦斯压力高达 4.0～4.5MPa，经采取这种方法 10 个月内 7 次安全揭穿突出危险煤层。

2）水力冲孔。

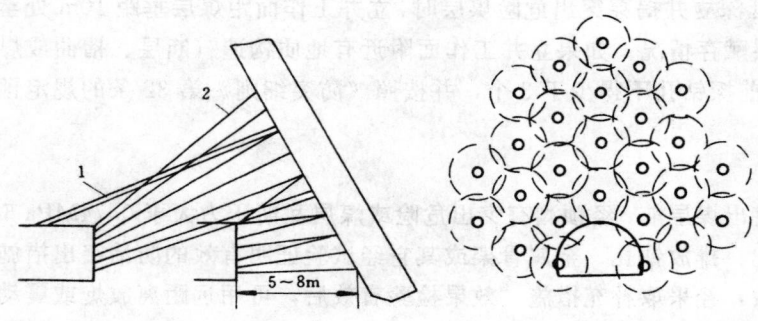

图 8-6-10 天府煤矿的石门抽瓦斯钻孔布置图

1—测压孔；2—抽瓦斯钻孔

（1）适用条件：对于打钻时有自喷（喷煤、喷瓦斯）现象的煤层，同时适用于煤质较软或存在软分层，煤的坚固性系数一般在 0.5 以下的条件。

（2）岩柱厚度：实施该措施时的岩柱厚度大于或等于 5m。

（3）钻孔布置及布孔参数：钻孔布置主要根据水力冲孔的影响范围来确定。

A. 石门揭穿煤层时，在石门周边外 3m 以内的范围内布孔，布置呈上、中、下三排，每排呈左、中、右，共 9 个钻孔。钻孔布置参见图 8—6—11 和图 8—6—12 所示。

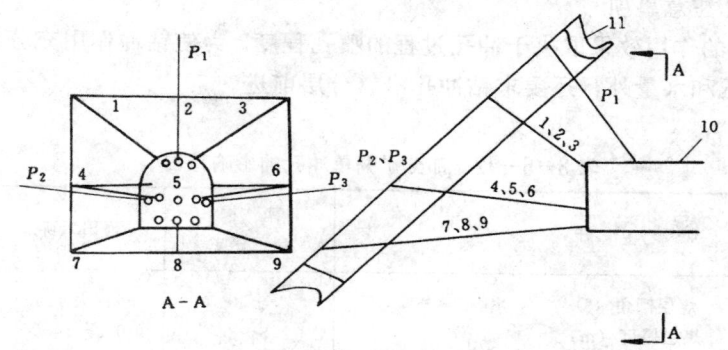

图 8—6—11　水力冲孔钻孔布置图

1~9—水冲孔；P_1、P_2、P_3—瓦斯压力孔；10—巷道；11—突出危险煤层

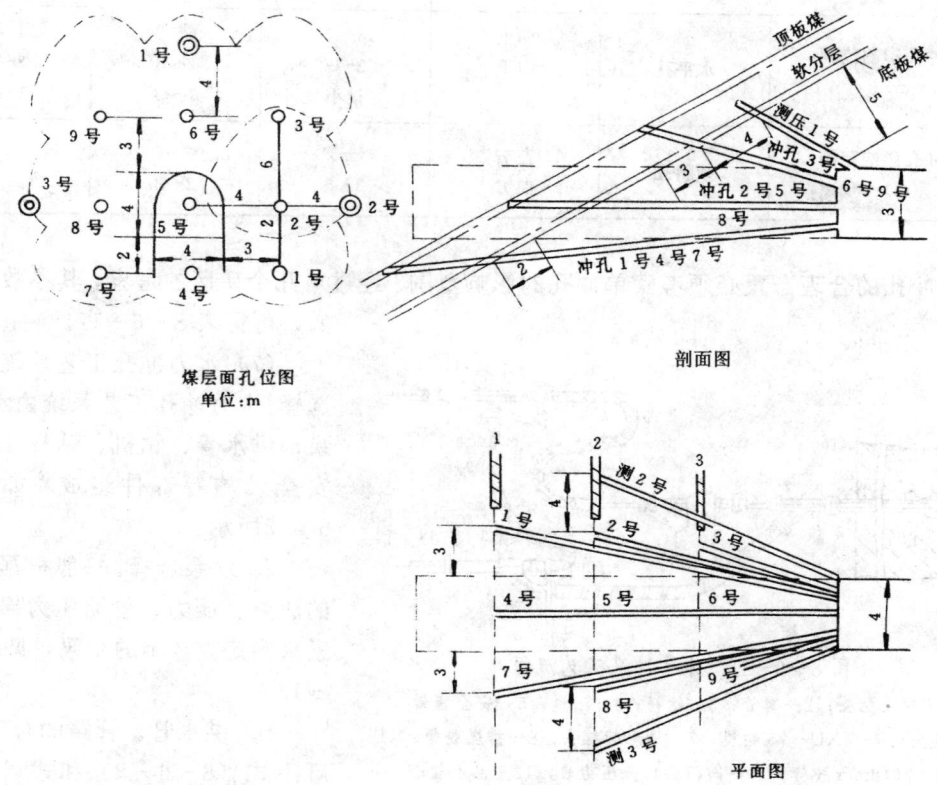

图 8—6—12　石门揭煤水力冲孔布置图

根据鱼田堡煤矿的统计资料，在石门揭开煤层时，冲出的总煤量每米煤厚一般应大于20t，水力冲孔揭开煤层的过程约1个月左右。

B. 冲孔顺序相间进行，可先冲对角孔，后冲边上孔，最后冲中间孔。

（4）水力冲孔的水压：应视煤层的软硬程度而定，一般应大于3MPa。

（5）要求达到的效果及指标：石门全新面冲出的总煤量（t）不得少于煤层厚度20倍的煤量（t），如冲出的煤量较少时，应在该孔周围加补冲孔。

（6）水力冲孔注意事项

A. 水力冲孔的作用效果取决于冲孔过程的喷孔程度。为使钻冲作用充分和有效地发挥，除保证足够的水压和水量外，还要求钻冲孔沿软分层前进。

表 8—6—12　部分矿井单冲孔的影响范围

矿　　井		南　桐 鱼田堡矿	梅田二矿	涟邵立新矿
煤层倾角（°） 煤层厚度（m）		±30 2.5~3.0	多数大于45 0.2~14.0	30~45 1.2~3.0
穿层冲孔影响范围 （m）	向上 向下 二边	7以上 2~3 ±5	6~8 2~3 4~6	3.6 2.2~3.6
本层冲孔影响范围 （m）	水平孔 向上 向下 前方	5~7 2~3 很小	6~8 2~3 1~2	4~6 2~4 1~2
本层冲孔影响范围 （m）	倾斜孔 左右 前方	±5 3~5	4~6 2~3	

B. 冲孔的合理布置必须考察单冲孔的影响范围。经过对几个矿区的考察，其参数大体相似，可见表8—6—12。

（7）水力冲孔工艺系统及设备选择：水力冲孔工艺系统由水源、水泵、供水管、钻机、钻杆、枪头和安全设施等部件组成，如图8—6—13所示。

A. 水泵选择。一般根据冲孔时的流量、压力、管路压力损失等因素来确定。常用的水泵，见表8—6—13。

B. 供水管。管路的合理直径，可用式（8—6—8）和式（8—6—9）计算，再选两者之间的标准管径。

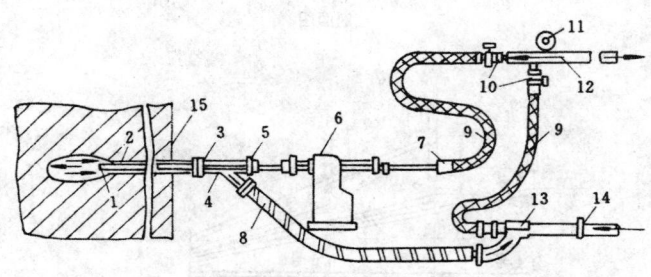

图 8—6—13　水力冲孔工艺流程

1—逆止钻头；2—套管；3—钻杆；4—三通；5—安全密封卡头；6—TXU—75钻机；7—尾水管接头；8—排煤胶管；9—50.8mm胶管；10—阀门；11—压力表；12—供水管；13—射流泵；14—排煤管；15—煤层

表 8—6—13 水泵型号及参数

型 号	扬 程 （m）	流 量 （m³/h）	生 产 厂 家
4GC—8	304	54	上海水泵厂
4DA9×8	270	72	沈阳水泵厂
DG46—5×9	450	46	长沙水泵厂

$$D_V = 13.3\sqrt{Q_D} \qquad (8-6-8)$$

$$D_H = 20.7Q_D^{0.4} \qquad (8-6-9)$$

式中　D_V——满足合理流速的管径，mm；

　　　D_H——满足合理压头损失的管径，mm；

　　　Q_D——管路中通过的最大流量，m³/h。

管道壁厚可用下式计算选择：

$$\delta \geqslant kPD \qquad (8-6-10)$$

式中　δ——管壁厚度，mm；

　　　k——管材综合影响系数。当 45 号钢时，$k=0.004$；不知钢号时，$k=0.008$；

　　　P——管道内的工作水压，MPa；

　　　D——管道的内径，mm。

C. 供水压力和水量。供水压力一般是 3.0～4.0MPa；水量为 30～35m³/h。

D. 钻机与机具。钻机一般常采用 TXU—75 型液压钻机，钻杆外径 ϕ42mm，内径为 ϕ32mm，接手内径 ϕ16mm。钻头包括伸缩钻头（变径范围 ϕ90～ϕ200mm 不等）。

E. 安全装置。主要有套管及三通、密封器及卡头、输排胶管和铁管、射流泵和煤水瓦斯分离器。

3）排放钻孔。

（1）适用条件：煤层透气性较好，并有足够的排放时间或当矿井无抽放瓦斯系统时，可采用钻孔排放措施。

（2）岩柱厚度：实施该措施的岩柱厚度大于或等于 3m。

（3）钻孔布置及布孔参数：

A. 在距石门周边 3～5m 的煤层范围内布孔；

B. 排放钻孔的直径为 75～100mm，钻孔间距可根据煤层透气性和允许排放的时间或根据实测的有效排放半径确定，一般孔底间距不大于 2m，一般 1～2m。钻孔布置可参见图 8—6—14 所示；

C. 采用排放钻孔作为揭穿缓倾斜厚煤层时，当钻孔不能一次打穿煤层全厚，可采取分段打钻，但第一次打钻钻孔穿煤长度不得小于 15m。见煤后继续掘进时必须留有 5m 最小超前距离，掘进到煤层顶（底）板时不在此限。下一次排放钻孔参数（直径、间距、孔数）应与第一次相同。

（4）要求达到的效果及指标：在排放钻孔的控制范围内，预测指标降到突出临界值以下，措施效果检验有效；或瓦斯压力小于 0.74MPa。

（5）当立井揭煤采用排放钻孔措施时，应符合下列要求：

A. 立井工作面距煤层 5m（垂距）时，必须打测定煤层瓦斯压力的钻孔，并进行工作面突出危险性预测；

B. 立井工作面距煤层 3m（垂距）时，打直径 75～90mm 的排放钻孔，钻孔必须穿透煤层全厚，外圈钻孔超出井筒轮廓线外的距离不得小于 2m，钻孔间距一般取 1.5～2.0m，在控制断面内均匀布孔，钻孔布置可参照图 8—6—15 所示；

C. 为加速瓦斯排放，可采用松动爆破、煤层注水或抽放瓦斯等辅助措施。

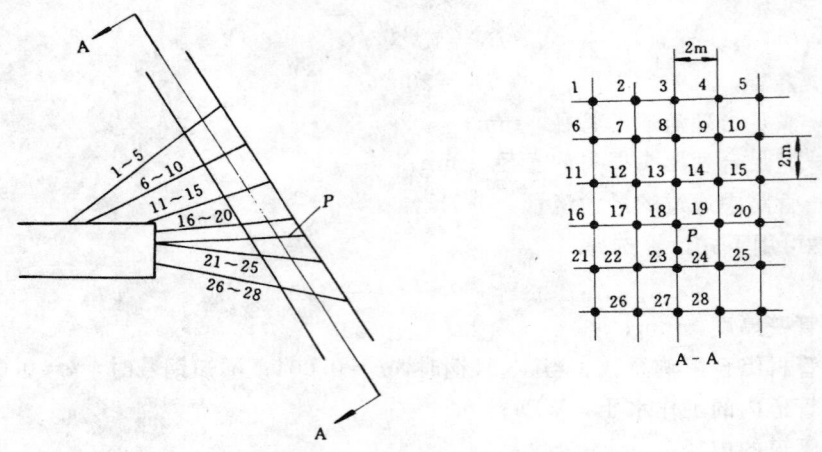

图 8—6—14　石门排放钻孔布置图

P—测压孔；1～28—排放钻孔

多排钻孔排放瓦斯是石门揭穿突出煤层的一种最为常用的措施，其钻孔布置与施工如下：

当掘进石门（斜井或立井）距突出煤层 6～7m 处，停止掘进。在石门断面周边外 5～7m 的范围内布置 2～3 排（圈）直径为 75mm 或 90mm 的扇形钻孔网，其孔底间距为 2m 左右，钻孔穿透煤层全厚，打孔顺序为先外后内，先上后下。一般先打 10～14 个孔后，将钻孔后移 3～5m，再打一排（圈），根据各矿井突出危险程度，必要时后退几米，再打第三排，共计打 20～40 个钻孔，以便在石门周边外形成一个宽度为 5～8m 左右的卸压和瓦斯排放带。即沿走向长为 14～16m，沿倾斜宽为 10～12m 以上，如图 8—6—16 所示。

钻孔的孔数也可根据石门断面的大小和该处的地质构造、巷道方向，以及打钻时钻孔喷瓦斯、煤粉的情况来确定。排放瓦斯钻孔的布置，还可根据该煤层历次石门突出实际孔洞的尺寸大小而定。在急倾斜突出煤层中，煤的自重参与作用，突出危险主要来自中、上部；缓倾斜煤层不仅上部

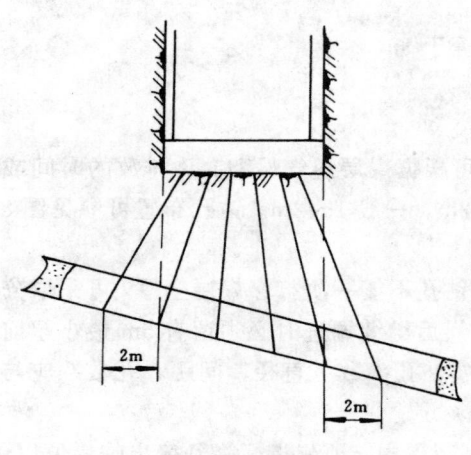

图 8—6—15　立井揭穿突出
煤层时的钻孔布置图

发生突出，两侧和底部也发生突出，因此这些范围内的煤层均要打钻孔排放瓦斯。

打钻过程中遇到能喷孔就诱导，以扩大每一个孔的影响范围，减少钻孔数；如不喷孔的则排放，有条件的地点还可以预抽。

多排钻孔措施，在天府磨心坡矿、梅田矿务局等33个矿井得到了广泛的应用。钻孔排放瓦斯时间一般为3个月左右，用震动放炮一次揭开煤层。天府矿务局已安全揭开突出煤层90余次，效果良好，如表8－6－14所示。

多排钻孔在使用中，如孔数或排放时间不够，揭开煤层时也会发生突出，中梁山煤矿就有这方面的实例。

4）金属骨架。

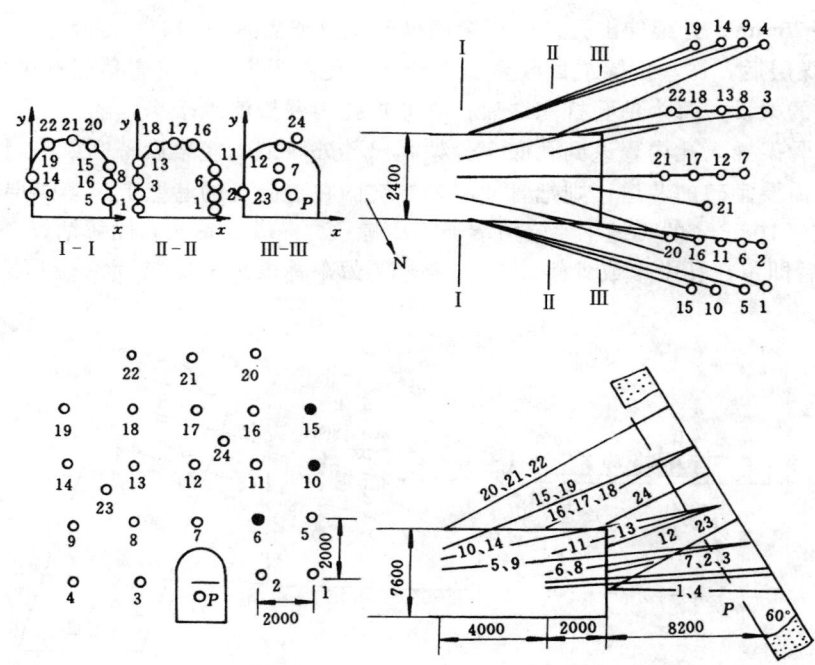

图8－6－16　多排钻孔排放瓦斯钻孔布置

表8－6－14　天府局多排钻孔效果

地　点	钻孔数（个）	排放瓦斯时间（月）	排放前			排放后			排放瓦斯（m³）
			变形（10⁻³）	瓦斯压力（MPa）	透气性（mD）	变形（10⁻³）	瓦斯压力（MPa）	透气性（mD）	
磨心坡矿＋110m水平南8石门	25	8	0	4.3	0.003		0.13	0.1775	7371（3个月）
磨心坡矿＋110m水平南9石门	25	10	0	4.3	0.0013	－1.8	0.25	0.5	3230（3个月）
磨心坡矿－110m水平主石门	18	13	0	6.4	0.00125	－1.5～2.3	0.6	0.663	31495

金属骨架是一种辅助防突措施，因此在采用该措施时应与抽放瓦斯、水力冲孔或排放钻孔等措施配合使用。

（1）适用条件：石门与煤层层面的交角大于 45°的软煤和软围岩的薄及中厚突出煤层。

（2）岩柱厚度：实施该措施的岩柱厚度为 2～3m。坚硬岩层，稍大于或等于 2m；松软岩层，稍大于或等于 3m。

（3）骨架的布置与措施要求：

A．在石门上部和两侧周边外 0.5～1.0m 范围内布置骨架孔，钻孔向外偏斜 7°～12°。骨架钻孔穿过煤层并进入煤层顶（底）板至少 0.5m，钻孔间距不大于 0.3m；对于软煤要架两排金属骨架，钻孔间距应小于 0.2m。

B．骨架材料可选用 8kg/m 的钢轨、型钢或直径不小于 50mm 钢管，因此骨架钻孔直径一般应为 60～75mm。骨架伸出孔外端用金属框架支撑或砌入碹内。

C．揭开煤层后，严禁拆除或回收金属骨架，以免由于煤体上部冒落引起突出。

（4）骨架的架设：每个钻孔打完之后，立即把孔内残渣清除干净，随后把预先准备好的钢管或钢轨等骨架插入孔内，直到孔底。骨架露出孔外一端，应架设密棚或坚固的金属支架加以支承；在需要砌碹的巷道，则把骨架的外端浇固在混凝土的巷壁上。若煤层松软，垮孔严重，则用 75～108mm 的无缝钢管，两端加工成螺纹，一端上钻头，代替钻杆，直接钻进煤层顶（底）板后即留在孔中形成骨架。图 8—6—17 为东林煤矿＋110m 水平 11 石门金属骨架布置图。

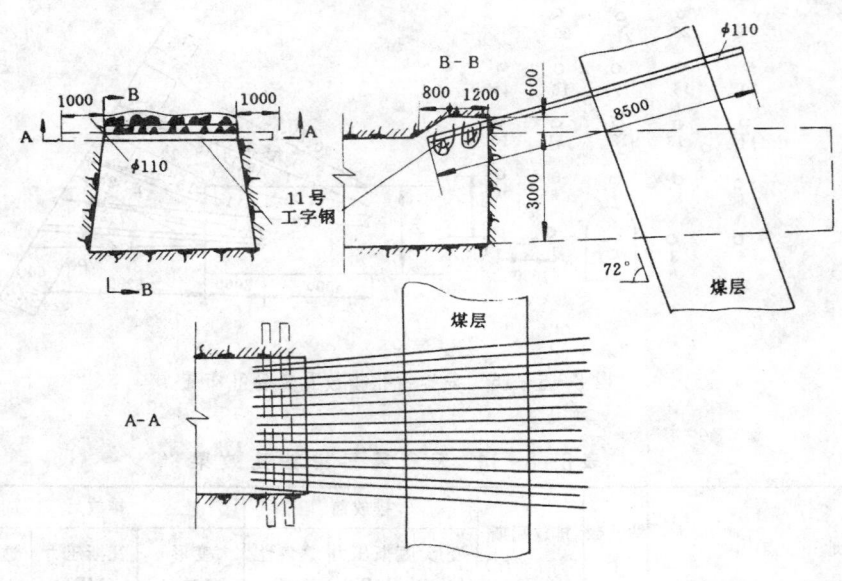

图 8—6—17　金属骨架布置图

（5）要求达到的效果及指标：骨架经施工验收后达到设计要求，必须配合其他防突措施，并按《防突细则》第 32 条的规定进行效果检验。检验证实措施有效后或瓦斯压力小于0.74MPa，方可用震动放炮揭穿煤层。

当立井揭穿突出煤层采用金属骨架防突措施时，应符合下列要求：

A. 立井工作面距突出煤层最小垂距为 3m 时，沿井筒周边打直径 75～90mm 的钻孔。钻孔呈辐射状布置，并穿透煤层全厚，进入底板岩石深度不得小于 0.5m。钻孔见煤层的间距应小于 0.3m；

B. 向钻孔插入直径 50mm 的钢管或型钢，然后向孔内灌注水泥砂浆，将骨架外端封固在井壁上；

C. 骨架安设牢固后，必须配合其他防治突出的措施，并按《防突细则》第 32 条的规定进行效果检验。检验证实措施有效后，或煤层瓦斯压力小于 0.74MPa，方可用震动放炮或远距离放炮揭穿煤层。

5）震动放炮。

震动放炮是当前国内外应用最广泛的诱导突出措施。目前，我国大部分局矿只在突出危险性小，煤层较硬的条件下才单独使用；在严重突出煤层作为配合其它措施使用的一种辅助措施。

（1）适用条件：对于石门（或立井）揭穿突出煤层，预测有突出危险的掘进工作面，在采取其他防突措施后，经效果检验有效可用震动放炮揭穿煤层。对于无突出危险的石门（或立井）揭穿厚度小于 0.3m 的突出煤层时，可直接用震动放炮揭穿煤层。

（2）岩柱的留设：采用震动放炮措施时，掘进工作面距煤层的最小垂距为：急倾斜煤层 2m、倾斜和缓倾斜煤层 1.5m，如果岩石松软、破碎，还应适当增加垂距。

（3）掘进工作面刷斜：当揭穿急倾斜突出危险煤层时，工作面掘到岩柱尺寸达到设计要求后可直接布置震动放炮钻孔。当揭开倾斜或缓倾斜突出危险煤层时，为避免揭煤后巷道底部残留"门坎"，可先卧底并刷成斜面（见图 8－6－18）；如果石门从顶板方向揭煤时，巷道断面上半部作成台阶状（见图 8－6－23）再布置震动放炮钻孔，以利于全断面揭开煤层。

（4）炮眼布置：震动放炮的炮眼布置，根据断面和岩性确定。

A. 炮眼数目的确定。按照《防突细则》第 92 条的规定，每平方米石门断面可按 4～5 个确定。岩石坚硬时，可偏大选取。

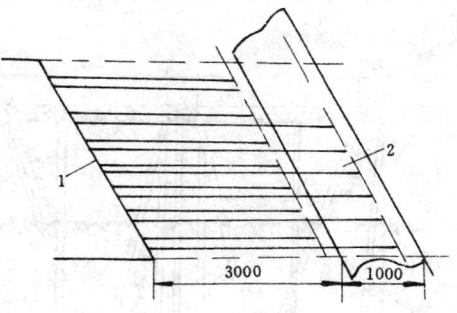

图 8－6－18 掘进工作面刷斜示意图
1—石门工作面；2—突出危险煤层

炮眼数目也可按北票局总结的经验公式计算：

$$N = 5S^{\frac{1}{2}}f^{\frac{2}{3}} \qquad (8-6-11)$$

式中　N——炮眼数目，个；

　　　S——石门的全断面，m^2；

　　　f——岩柱岩石的坚硬系数，如无实测数据，可按表 8－6－15 中的数据选取。

B. 震动放炮的炮眼布置。一般采用单列和双列三组楔形掏槽的炮眼布置方式，或直眼掏槽。

单列三组楔形掏槽炮眼布置见图 8－6－19，一般用于煤层厚度 1m 以下的中硬岩石；煤层厚度大于 1m 时需要用双列三组楔形掏槽，见图 8－6－20；直眼掏槽是钻一个或几个中心

表 8-6-15　一些岩石的 f 值

岩石名称	煤质页岩	页　岩	硬页岩	砂质页岩
f 值	2	3	4	4~5
岩石名称	软砂岩	砂　岩	硬砂岩	砾岩或火成岩
f 值	5	6~7	8~9	10~12

孔（空心不装药）掏槽作自由面,以缩短最小抵抗线。

C. 岩眼和煤眼的深度。岩眼不得打入煤层,岩眼眼底距煤层应保持 0.2m 的距离。如果岩眼已打入煤层,必须在眼底的岩石中充填 0.2m 的炮泥。煤眼深度应打穿煤层全厚,煤层厚度大于 2m 时,煤层炮眼应打穿煤层全厚不小于 2m,一般为 2~3m。

(5) 装药与封孔:

A. 炸药消耗量:震动放炮的炸药消耗量,应按正常掘进量的 1.5~2 倍确定。亦可采用北票局总结的经验公式计算

$$q=1.72f^{1.2}S^{-0.75}K_m \qquad (8-6-12)$$
$$Q=SLq \qquad (8-6-13)$$

式中　Q——炸药的消耗总量,kg;

　　　q——单位岩体炸药消耗量,kg;

　　　S——巷道断面积,m²;

　　　L——爆破进尺（岩柱与煤柱之和）,m;

　　　f——岩柱岩石的坚硬系数;

　　　K_m——煤层厚度影响系数,按表 8-6-16 选取。

B. 装药方法及封孔:打穿煤层的炮眼在煤层段和岩石段应分段装药,并用长 0.25m 的炮泥隔开,所有炮眼都在炸药与封泥间装 1~2 个水炮泥,封泥都必

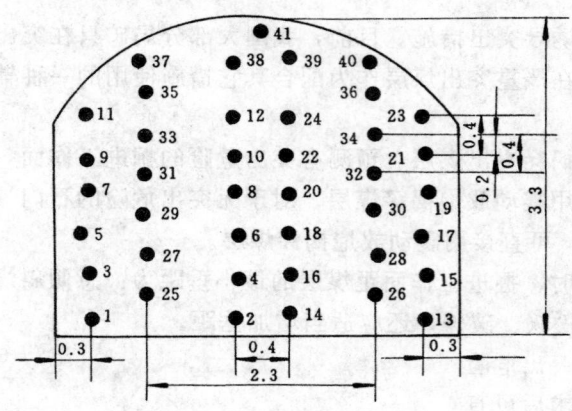

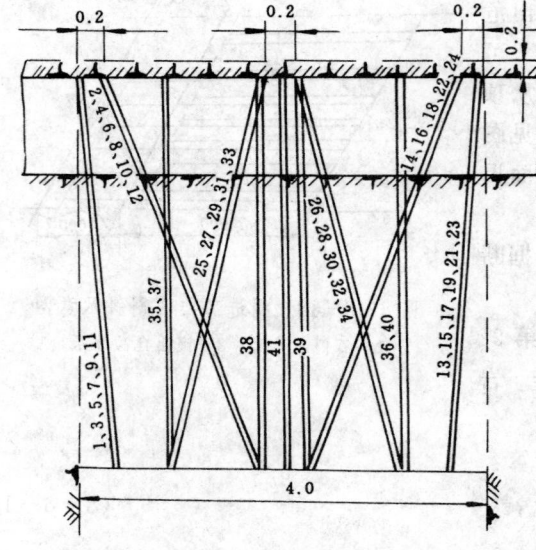

图 8-6-19　单列三组楔形掏槽
炮眼布置

须密实地装至孔口。

C. 联线和起爆方式:震动放炮必须采用铜脚线的毫秒雷管,最后一段的延期时间不得超过 130ms,并不得跳段使用。电雷管使用前必须进行导通试验。电雷管的联接方式可采用串联、

串并联或并串联方式，但都必须使通过每一电雷管的电流达到电雷管的引爆电流的 2 倍。放炮母线必须采用专用电缆，并尽可能的减少接头，以减少放炮母线的电阻，有条件的可采用遥控引爆器。

表 8－6－16 煤 层 厚 度 影 响 系 数 K_m

煤层厚度(m) 巷道断面(m²)	0.4～0.6	0.61～1.0	>1
≤8	0.95	0.95	0.85
>8	1.00	0.95	0.90

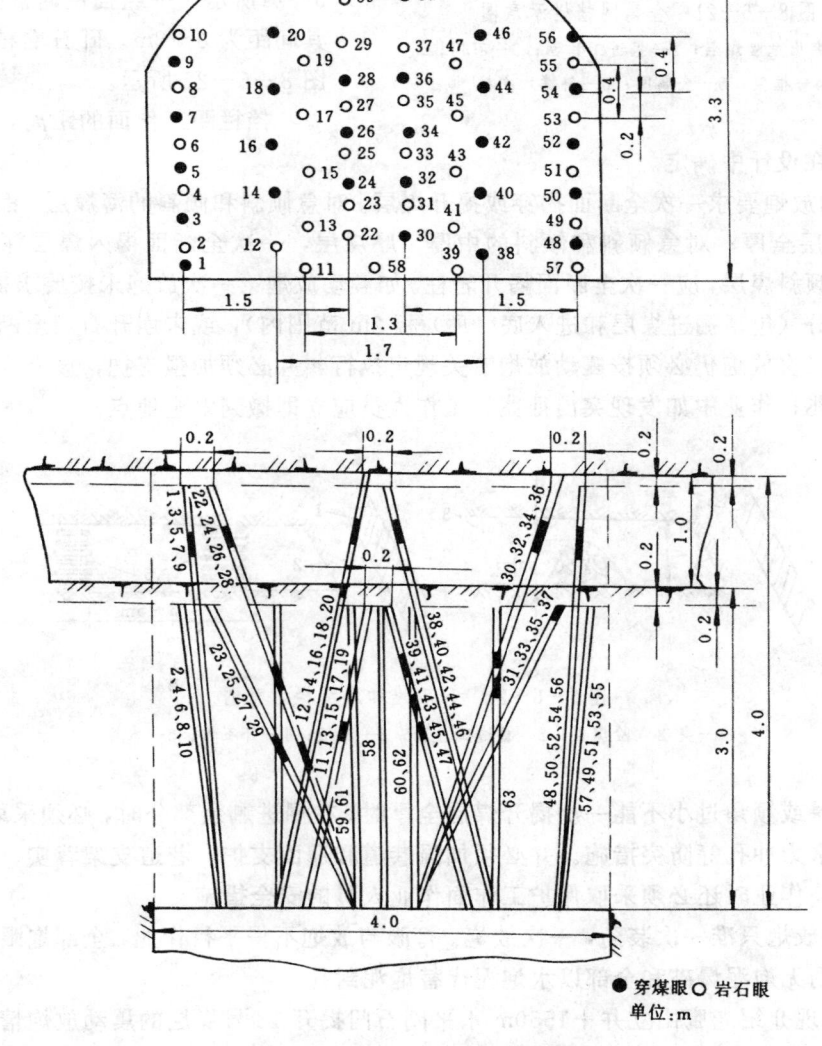

●穿煤眼○岩石眼
单位:m

图 8－6－20 双列三组楔形掏槽炮眼布置图

（6）震动放炮的安全技术措施：

A. 震动放炮工作面，必须具有独立可靠的回风系统，确保回风系统中风流畅通。在其进风侧的巷道中，应设置两道坚固的反向风门。

B. 震动放炮时，回风系统内电气设备必须切断电源，并严禁人员作业和通过。

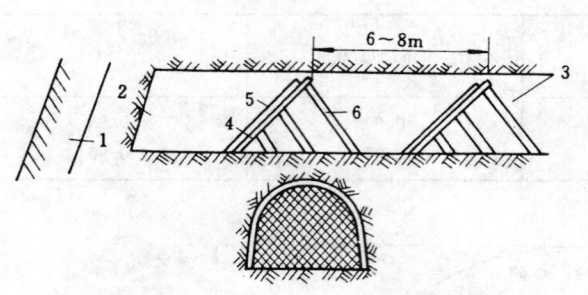

图 8—6—21 金属网挡栏示意图

1—突出危险煤层；2—掘进工作面；3—石门；
4—框架；5—金属网；6—斜撑木支柱

C. 采用震动放炮揭煤时，为降低震动放炮时诱发突出的强度，可采用金属、矸石或木垛等挡栏措施。金属挡栏是由槽钢排列成的方格框架，框架中槽钢的间距为 0.4m，槽钢彼此用卡环固定。使用时在迎工作面的框架上，再铺上网眼为 20mm×20mm 的金属网，然后用木支柱将框架撑成 45°的斜面，如图 8—6—21 所示。一组挡栏通常由两架组成，其间距为 6～8m。矸石堆和木垛挡栏如图 8—6—22 所示。

挡栏距工作面的距离，可根据预计的突出强度在设计中确定。

D. 震动放炮要求一次全断面揭穿或揭开煤层。对急倾斜和倾斜的薄煤层，都必须一次全断面揭穿煤层全厚；对急倾斜和倾斜的中厚、厚煤层，一次全断面揭入煤层深度应不小于1.3m；对缓倾斜煤层，应一次全断面揭开岩柱。如震动放炮第一次放炮未按要求揭穿煤层，在掘进剩余部分（包括掘进煤层和进入底（顶）板 2m 范围内），或未崩开石门全断面的岩柱和煤层时，第二次放炮仍必须按震动放炮有关规定执行，并必须加强支护，设专人检查瓦斯和观察突出征兆；作业中如发现突出征兆，工作人员应立即撤到安全地点。

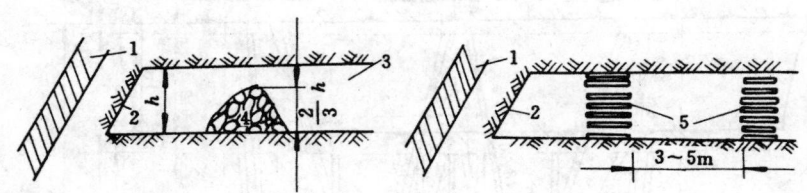

图 8—6—22 矸石堆和木垛栏示意图

1—突出危险煤层；2—掘进工作面；3—石门；4—矸石堆；5—木垛

煤层特厚或倾角过小不能一次揭开煤层全厚时，在掘进剩余部分时，必须采取抽放瓦斯、排放钻孔、水力冲孔等防突措施。并必须加强巷道和迎面支护，巷道支架背实、背严后，方可进行作业。作业时还必须采取保护工作面作业人员的安全措施。

E. 震动放炮只准一次装药，一次放炮。打眼与放炮不得平行作业，全部炮眼必须填满炮泥，严禁使用无炮泥爆破和全部以水炮泥代替炮泥封孔。

实例1：现介绍老鹰山立井＋1550m 水平副石门揭开13 号煤层的震动放炮情况。该矿13号煤层为厚煤层，有 3 个分层，其中第一分层为 5.1m，倾角 23°，顶板为泥质粉砂岩，底板为泥岩，石门断面 $10.8m^2$。由顶板方向穿过煤层，已测得原始瓦斯压力为 1.773MPa。根据瓦斯压力，顶板岩性和煤层倾角，确定揭煤的安全岩柱厚度为 1.7m，此时水平距应为 9.6m。为了尽可能一次揭开煤层，因此在保证安全岩柱 1.7m 的条件下，将工作面刷成阶梯状，如图 8−6−23所示。

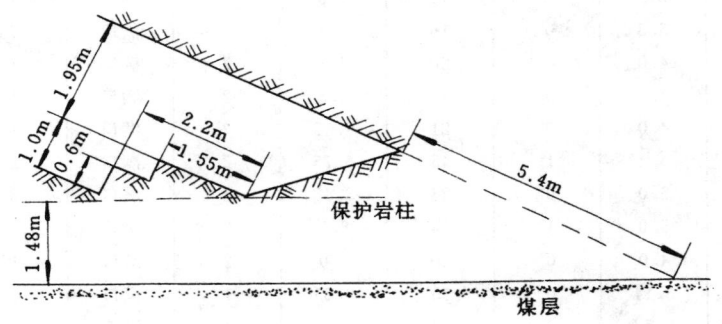

图 8−6−23　石门爆破前工作面刷成阶梯状

　　震动放炮揭煤时的炮眼布置如图 8−6−24 所示。根据条件要求，爆破进度必须在 5m 以上，才可能按预计揭开煤层，设计采用直眼掏槽。为了给掏槽创造较多的自由面，在工作面中部布置了 3 个大孔（0_1、0_2、0_3），穿过岩层的孔径为 150mm，穿过煤层部分为 127mm。炮眼为 45mm、75mm 两种。全工作面共打大小炮眼 58 个，其装药量见表 8−6−17。共消耗炸药 196.75kg，雷管 85 个，使用 2 号硝胺炸药毫秒雷管。

　　中间 3 个大孔，除起自由面的作用外，并利用 0_1 号孔装药作为爆破孔，0_2 和 0_3 孔全部水封，作为降尘消焰之用。

　　炮眼联线方法为横排并联与母线汇合，母线使用橡胶电缆，共长 1318m，由工作面经由石门与进风副井，直引至地面距井口 80m，使用 380V

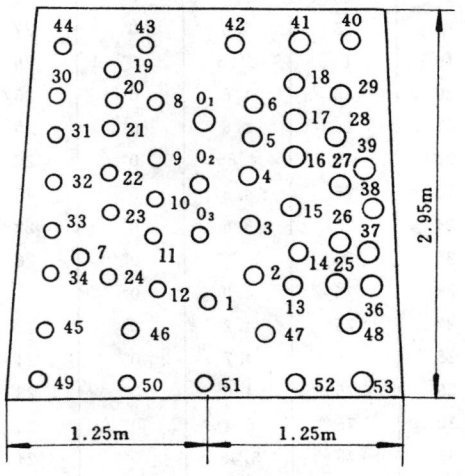

图 8−6−24　石门的炮眼布置图

电压放炮。计算出的电流值为 9.33A，为可靠起见，爆破时实际采用 15A。

　　这次震动放炮后，揭露煤层斜面积 $9.1m^2$。露煤平均高度 2.17m，为全断面的 84%，但不足之处，在巷道顶部与左帮遗留部分岩石未能崩落。未爆出全断面的主要原因是：个别雷管的脚线绞合为一股，造成一些瞎炮，另外在装药时，错用了雷管的段号，影响了爆破效果。因此，实际爆破进度底部为 5.6m，上部为 4.8m，共崩落煤岩 $56m^3$。爆破时与爆破后并均未发生煤与瓦斯突出现象。经过 110min 左右，便恢复了正常通风。

　　实例 2：震动放炮要求一次要全断面揭开煤层。但由于有时岩柱较厚（特别是缓斜煤层），实践中难以一次揭开。近年来试验应用了带中心孔的震动放炮，即在布孔时打 3～4 个中心孔，

表 8-6-17　震动放炮炮眼布置及装药量

孔号	孔径 (mm)	孔长 (m)	角度 方向	每孔装药量		每孔装 雷管数 (个)	每孔装 炮　泥	起爆 顺序	装药量合计	
				个	kg				个	kg
1	45	2.90	0°	12	1.8	1	满口	1	1	1.8
2	45	3.3	0°	16	2.4	1	满口	1	16	2.4
3	45	4.0	0°	20	3.0	2	满口	1	20	3.0
4	45	4.9	0°	22	3.3	2	满口	1	22	3.3
5	45	4.0	0°	21	3.15	2	满口	1	21	3.15
6	75	4.4	1°	45	6.75	2	满口	2	45	6.75
7	45	5.0	0°	23	3.45	2	满口	3	23	3.45
8	75	5.0	1°	54	8.1	2	满口	2	54	8.1
9	45	4.0	0°	20	3.0	2	满口	1	20	3.0
10	45	3.14	0°	15	2.25	1	满口	1	15	2.25
11	45	3.58	0°	19	2.85	1	满口	1	19	2.85
12	45	3.4	0°	15	2.25	1	满口	1	15	2.25
13	45	3.4	0°	13	1.95	1	满口	2	13	1.95
14	45	3.35	0°	13	1.95	1	满口	2	13	1.95
15	75	4.8	1°	45	6.75	1	满口	2	45	6.75
16	45	4.85	0°	24	3.6	1	满口	2	24	3.6
17	45	5.4	0°	26	3.9	1	满口	2	26	3.9
18	45	5.5	0°	27	4.05	1	满口	3	27	4.05
19	45	5.95	0°	26	3.9	1	满口	4	26	3.9
20	45	4.8	0°	25	3.75	1	满口	3	25	3.75
21	45	4.8	0°	25	3.75	1	满口	2	25	3.75
22	45	4.85	0°	20	3.0	1	满口	2	20	3.0
23	75	4.8	0°	45	6.75	1	满口	2	45	6.75
24	75	3.6	0°	22	3.3	1	满口	2	22	3.3
25	75	3.35	0°	20	3.0	2	满口	3	20	3.0
26	75	4.0	0°	24	3.6	2	满口	3	24	3.6
27	75	4.2	0°	22	3.3	2	满口	3	22	3.3
28	75	4.7	0°	24	3.6	2	满口	3	24	3.6
29	75	4.6	0°	23	3.45	2	满口	3	23	3.45
30	75	5.4	0°	26	3.9	2	满口	4	26	3.9
31	75	5.45	0°	24	3.6	2	满口	4	24	3.6
32	75	4.4	0°	23	3.45	2	满口	3	23	3.45
33	75	4.34	0°	23	3.45	2	满口	3	23	3.45
34	75	3.7	0°	21	3.15	2	满口	3	21	3.15
35	75	4.0	0°	24	3.6	2	满口	5	24	3.6
36~39	45	4.0	0°	20	3.00	2	满口	4	80	12.00
40~44	75	5.0	0°	22	3.3	2	满口	5	110	16.5
45~48	75	5.4	0°	18	2.7	2	满口	4	72	10.8
49~53	75	5.4	0°	24	3.6	2	满口	5	120	18.0
0_1	127	6.0		96	4.4	4	满口	1	96	14.4
合　计									1325	196.75

孔径 110～150mm，然后用直径为 300mm 的钻头扩孔。采用该措施后，四川南桐矿务局的东林、松藻矿务局等矿多次成功地揭开了厚 5～10m，甚至更厚的岩柱。现以南桐矿务局东林煤矿震动放炮为例，介绍如下：

　　该矿曾采用楔形掏槽、浅眼多循环的爆破方式。这种爆破方式，每次揭深仅 2m 左右，在缓倾斜条件下，不可能一次揭穿煤层，按岩柱最小垂距 1.5m 计，巷底岩柱水平长度达 6～13m 左右。为缩小缓倾斜煤层岩柱的长度，减少爆破次数，采取了挑顶卧底，把桩头刷成与煤层倾角大体一致的斜面，如图 8－6－25。掏斜面对缩短岩柱有一定效果，但是由于底板岩石都比较松软破碎，斜

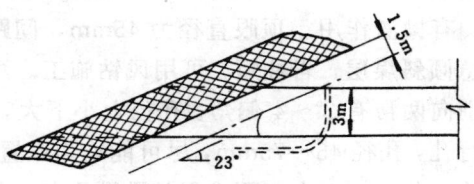

图 8－6－25　用掏斜面缩短石门坎操作示意

面很难形成，即使斜面形成，在斜面下作业也很不安全。70 年代试验成功了直眼掏槽、深孔爆破全断面一次揭穿突出煤层。其爆破方式及操作工艺如下：

　　（1）大钻头掏槽孔（中心自由大孔）：

　　这个大孔的直径由岩柱的长短来决定。岩柱大于 10m 时，钻直径 300mm 的两个大孔；岩柱在 5～10m，钻一个直径 300mm 的大孔；岩柱小于 5m 时，钻一个直径 150～200mm 的大孔。

　　由于钻机能力有限，大孔的施工采用"组合钻孔切割"的方法。即按设计中心孔的圆周，等距离地布置平行的小钻孔，然后再用大直径钻头切割小孔形成中心大孔。这种组合钻孔可布置成品字形、正方形或梅花形。小孔直径是 110mm 或 150mm，扩孔用 15kW 的岩石钻机或 EC－300 型的穿孔机，配自制的直径 200mm 岩芯管切割。

　　中心孔的布置方式见图 8－6－26、图 8－6－27。

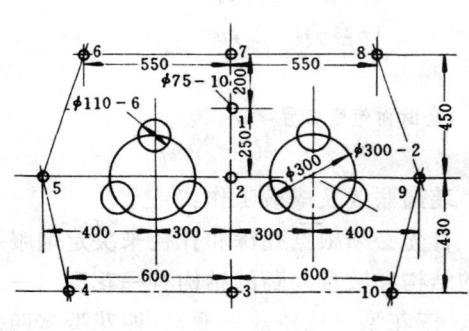

图 8－6－26　中心自由大孔掏槽
（双孔）方式

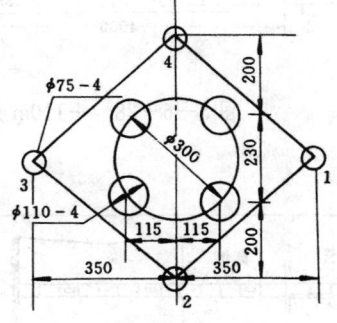

图 8－6－27　中心自由面大孔

　　中心孔只有穿透煤层，位置靠巷道下部，一般在巷高的三分之一处，才能保证岩柱部分的爆破效果。

　　（2）全断面的炮眼布置：

　　炮眼密度一般是在 0.2～0.25m² 内布置一个炮眼，由于石门一般是由底板进入煤层，巷

道下部的岩柱长，因此，炮眼间距上部稍稀，下部稍密。

掏槽眼在中心孔的周围，距中心孔帮 250mm 左右（图 8－6－26、图 8－6－27），并全部穿透煤层，直径 75mm。它最先起爆，扩大中心孔，爆破后可保证形成直径约 1m 的槽孔。底眼直径 75～90mm，间距 500mm 左右，打水平孔，距巷底高 150mm，全部穿透煤层。最后起爆，有抛渣作用。顶眼直径为 45mm，间距 600mm 左右，见煤即可，向上有 2°左右的仰角。在急倾斜煤层，岩柱短，可用风钻施工。两帮眼按上稀下密的原则布置，间距 400～500mm，分别向两帮有 2°～4°偏角。孔径上小下大，为 45～75mm，全部穿透煤层。辅助眼全部为水平平行孔，孔径 45～75mm，尽可能均匀布置，间隔穿煤。整个断面穿煤炮眼的数量应控制在总数的二分之一左右，要求保持孔孔平行，防止割孔（图 8－6－28）。

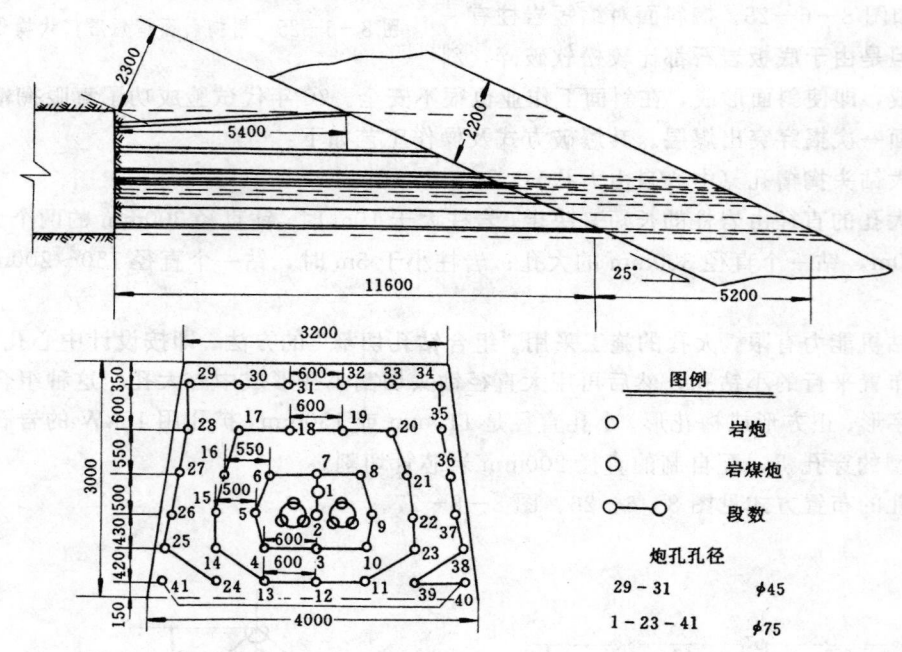

图 8－6－28　＋110m 水平八石门全断面炮眼布置

装药联线及爆破工作：

首先必须根据孔深和孔径来决定炮眼装药的结构和数量。药的结构有一花型（一条药）、三花型（三条药一捆）、四花型（四条药一捆）。孔径 42～45mm 的为一花型；孔径 75mm 的为三花型；孔径 90mm 的为四花型。根据炮眼深度，除去孔口封泥 0.7m 和煤岩

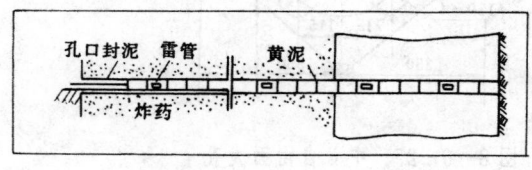

图 8－6－29　炮眼装药示意图

交接面处的封泥 0.3m，其余全部装填炸药，每隔 1.6～1.8m 安放一个雷管（图 8－6－29）。

装填炸药时，为了避免差错，应按设计将药分组，孔编号挂牌，凭牌取药，记录员监察对照，记录校核数据。

由于在打眼过程中会有垮孔现象，如孔间煤柱松动产生裂缝，甚至出现空洞与中心孔连

通，破坏了煤体的完整性。因此，应在煤岩交接面装填 0.3m 左右的黄泥，保证岩柱爆破效果。若煤体内出现明显空洞时则不宜装药，中心孔内不装药。

起爆采用 1～5 段毫秒管，按总迟发时间不超过 130 毫秒考虑。起爆顺序按掏槽眼、辅助眼、帮顶眼、底眼次序安排各段雷管。

雷管必须进行精选，在一批雷管中分别测出电阻值，确定适合的中间值，管阻值差不得超过 ±0.15Ω。根据炮眼施工后的实测长度，算出各雷管到孔口的距离，用双蕊胶线将脚线接长至设计长度。接好后再复测一次电阻。合格后，将接头用绝缘胶布包好，按炮孔编号，分组包装上卡存放。装配引药时要对号入座，孔内各雷管引出线要集中靠孔帮一侧，才好控制炮棍推力方向。

采用晶体管放炮器时，每个桩头的雷管全部串联。采用动力电源放炮时（220V）用串并联。雷管分组应保证每一个雷管通过的电流大大超过 0.5A 的起爆电流。实际联线时，接头用砂布擦净，绞接紧密牢固，用胶布包好。放炮母线在巷帮悬挂好，有水时应进行必要的保护。接入母线后，应在放炮地点再次测定总阻值，检查与设计网路阻值的误差不超过 10％时，（一般小于设计值）即可通电放炮。

实践证明，这种爆破方式，只要操作正确，完全可确保一次揭穿煤层，不留煤岩门坎，达到安全、经济、高效的效果。该矿用直眼掏槽深孔爆破方法所揭石门情况见表 8－6－18。

表 8－6－18　南桐矿务局东林煤矿直眼掏槽深孔爆破揭石门情况

地　　点	倾角 （°）	断面 （m²）	爆破孔深 （m）	连线 方法	放炮器	药量 （kg）	雷管 （个）	爆破立方 （m³）	瓦斯动力 现象
＋130m 北三石门	78	4.4	12.00	大串联	晶体管 300 发			52.8	无
＋210m 北三石门	78	4.4	500	大串联	晶体管 300 发	78	51	22.0	无
＋110m 南四石门	50	9.5	7.5	串并联	晶体管 300 发	450	175	71.25	无
＋110m 南二石门	61	9.5	6.2	串并联	动力电 380V	375	115	58.9	无
＋170m 南十石门	21	4.4	19.8	大串联	晶体管 300 发			87.12	无
＋210m 南十石门	22	8.4	19.4	大串联	晶体管 300 发	621	138	162.96	无
＋210m 南 6$\frac{1}{2}$石门	37	9.5	8.5	串并联	动力电 380V	162	154	80.75	无
＋260m 南十石门	23	4.4	13.38	大串联	晶体管 300 发	854.4	141	158.9	无
＋110m 南六石门	35	10.0	13.0	串并联	动力电 380V	960.5	214	125	无
＋110m 南八石门	24	9.5	15.78	串并联	动力电 380V	933	211	198	无
＋210m 南十二石门	26	9.0	15.0	大串联	晶体管 300 发	176	198	180	无
＋110m 北十一石门	74	9.4	5.5	大串联	晶体管 200 发	158.1	74	81	无
＋110m 北十三石门	71	10.0	5.5	大串联	晶体管 200 发	411.6	274	90	无
＋110m 北九石门	85	11.1	5.5	串并联	动力电 380V	280	132	86	无
＋210m 北九石门	82	9.7	5.5	串并联	动力电 380V	479	176	89	无
＋210m 北十一石门	71	9.0	5.5	大串联	晶体管 200 发	95	90	95	无
＋160m 南十石门	21	5.5	12.0	串并联	动力电 380V			80	无
＋260m 南十四石门	27	9.5	9.0	串并联	动力电 380V			120	无
＋110m 北九石门 （大号层）	82	9.7	5.5	大串联	晶体管 300 发	86	70	97	无

（三）煤巷掘进防突措施

目前国内煤巷掘进主要采用超前钻孔、松动爆破、水力冲孔、前探支架等局部防突措施。

1. 超前钻孔

超前钻孔是我国掘进煤巷时使用最广泛的一种防突措施。超前钻孔可分为大、小直径两种，通常孔径小于 120mm 的称为小直径超前钻孔；孔径大于 120mm，实际多采用钻孔直径 200～300mm 的称为大直径超前排放钻孔。

1) 适用条件：超前钻孔可适用于煤层透气性较好，煤质较硬的突出煤层；

2) 超前钻孔的布置与要求：

(1) 钻孔应尽量布置在煤层的软分层中；

(2) 超前钻孔的控制范围，应控制到巷道断面轮廓线外 2～4m（包括巷道断面内的煤层）；

(3) 超前钻孔的有效排放半径必须经实测确定。其测定方法可按《防突细则》附录五的规定进行。

若实测很困难时，可借鉴其他矿井的经验数据。大直径超前钻孔的有效影响半径：硬煤，一般为 0.2～0.7m；软煤，一般为 0.6～1.2m。具体取值的原则是：煤层较硬的取小些值，煤层较软的取大些值；超前钻孔直径大的取大些值，而直径小的取小些值。例如，某矿经测定，120mm 直径的超前钻孔在软煤中的有效影响半径为 0.4～0.6m，在硬煤中为 0.15～0.2m；而 300mm 直径的超前钻孔，软煤为 1.0～2.5m，硬煤为 0.3～0.5m。

(4) 超前钻孔参数的确定：

A. 超前钻孔直径一般为 75～120mm，尽可能打大直径钻孔。若钻孔直径超过 120mm 时，必须采用专门的钻进设备和制定专门的施工安全措施。在地质条件变化剧烈地带也可采用直径 42mm 的钻孔。

B. 超前钻孔超前于掘进工作面的距离不得小于 5m。

C. 超前钻孔长度一般为 15～20m，钻孔的最短长度不应小于 10m。

D. 超前钻孔数目应根据控制范围和钻孔的有效排放半径确定。当孔径为 120～150mm 时，钻孔数目不应少于 5 个；孔径大于 150mm 时，不应少于 4 个；孔径 75～90mm 时，不应少于 7～8 个。

E. 煤层赋存状态发生变化时，应及时探明情况，再重新确定超前钻孔的参数。

(5) 超前钻孔的布孔方式。在实际工作中多采用作图法来设计。其方法是：画出巷道的垂直剖面和纵向剖面；按比例标明巷道的轮廓、煤层尺寸和需要排放瓦斯的控制范围；在垂直剖面上画出钻孔的开口位置、终孔位置和每个钻孔的影响范围，如果钻孔数目多可分别画两个垂直剖面图；在纵向剖面图上画出钻孔的长度、角度、相邻 2 次打超前钻孔的距离（即巷道 1 次可掘进的长度），钻孔的超前距离。大直径超前排放钻孔布置如图 8－6－30 所示。

(6) 钻机的选择。超前钻孔所用的钻机有 EC－300 型扩孔机，TXU－75 型油压钻机，MZ－12 型矿用隔爆煤电钻和 QFZ－22 轻便型防突钻机等。

3) 要求达到的效果及指标：超前钻孔的效果必须按《防突细则》第 35 条的规定进行效果检验。如经检验措施无效，必须补打钻孔或采取其他补充措施。

实例：我国一些矿井使用超前钻孔防突的统计参数见表 8－6－19。

湖南红卫煤矿大直径（ϕ300mm）超前钻孔的布置方法及有关参数见图 8－6－31 和表 8－6－20所示。

2. 松动爆破

　　松动爆破分浅孔与深孔两种，经研究与实践表明，浅孔起诱导突出的作用，而深孔则起防突作用。因此，要求炮眼有足够的深度，一般应在8m以上，故称其为深孔松动爆破。

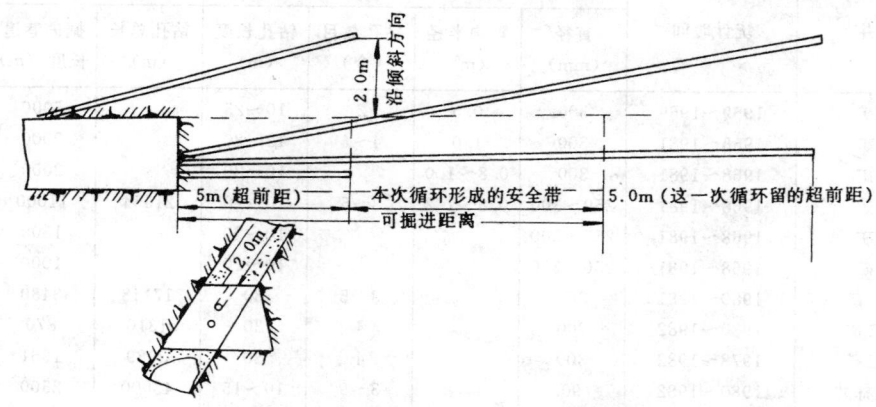

图 8—6—30　大直径超前排放钻孔布置

　　1）适用条件：深孔松动爆破适用于煤质较硬、突出强度较小的煤层。

　　2）深孔松动爆破的技术参数及要求

　　（1）深孔松动爆破的有效影响半径（即松动圈的半径）应进行实测。测定方法与超前钻孔有效影响半径的测定方法相同。北票台吉三井在10号煤层进行过测定，10号煤的坚固性系数为0.8～0.9时，松动圈的半径为0.8m左右。

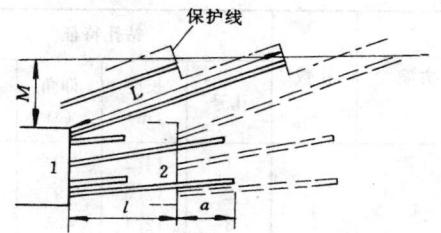

图 8—6—31　红卫煤矿大直径
超前钻孔的布置

1—第一次钻孔位置；2—第二次钻孔位置；
M—上部保护高度；L—钻孔长度；l—掘进
进度；a—最小超前距

　　（2）超前距离（或安全煤柱）不小于5m。每次松动爆破后允许掘进的长度为松动爆破钻孔的长度减去5m的距离。例如，钻孔深为12m，则一次掘进长度为12m－5m＝（12－5）m＝7m。上一循环留下的超前距（5m）作为下一循环的安全煤柱。

　　对于第一次采用深孔松动爆破的掘进工作面，必须采用排放钻孔或其它防突措施处理工作面前方5m的超前距未经松动的煤体。

　　（3）深孔松动爆破的孔径为42mm；孔深一般为8～12m，不得小于8m；钻孔数目应根据松动爆破的有效半径确定，一般为3～5个。

　　（4）钻孔的布置：中心孔沿巷道掘进方向布置在巷道断面范围内；其它孔的终孔位置应位于巷道轮廓线外1.5～2.0m的范围。

　　（5）装药与封孔。深孔松动爆破孔的装药长度为孔长减去5.5～6.0m。每个药卷（特制药卷）长度为1m，每个药卷装入一个雷管。装药必须装到孔底。装药后还应装入长度不小于0.4m的水炮泥，水炮泥外侧还应充填长度不小于2m的封口炮泥。

　　单孔装药量一般为3～6kg；在装药和充填炮泥时，应防止折断电雷管的脚线。联线方式采取孔内外大串联，一次起爆。

　　3）深孔松动爆破要求达到的效果及指标：深孔松动爆破后，必须按照《防突细则》第35

表 8-6-19 一些矿井超前钻孔防治突出的统计参数

矿井	统计时间	钻孔参数				效果		
		直径 (mm)	影响半径 (m)	钻孔数目 (个)	钻孔长度 (m)	钻孔总长 (m)	掘进巷道长度 (m)	掘进中突出次数
南桐煤矿	1959~1969	300	0.5	2	10~25		6000	不详
红卫煤矿	1958~1981	300	1.0	4~6	12~20		9000	41
梅田一矿	1968~1981	300	0.8~1.0		10~20		2000	无
梅田三矿	1968~1981	250~300	0.8~1.2	3~5	10~20	21354	11000	3
梅田四矿	1968~1981	250~300			10~20		1500	无
梅田九矿	1968~1981	250~300			10~20		1000	无
淮南谢一矿	1980~1981	300		3~5	30	17148	3430	无
淮南谢二矿	1980~1982	300		4	30	1310	870	无
淮南谢三矿	1978~1982	300		4	30	3089	1961	无
英岗岭枫林井	1980~1982	90		3~9	10~15	45000	2500	9
鸡西滴道矿	1981~1982	130		3~9	15	5530	1446	7

表 8-6-20 大直径超前排放钻孔布孔参数

方案	孔数	钻孔特征				保护范围		钻孔总长度 (m)	掘出每米巷道所需钻孔长 (m)	布孔示意图
		孔号	长度 (m)	仰角 (°)	偏角 (°)	巷道上部 (m)	巷道侧帮 (m)			
I	4	1	14.2	9	9	2.3	2.2~3.2	40.2	7.03	○1 ○2 ○3 ○4
		2	12.5	9	13					
		3	12.1	4.5	6					
		4	12.2	4.5	10					
II	5	1	12.3	9	6	2.3	0.02~1.75	64.4	8.73	○1 ○2 ○3 ○4 ○5
		2	12.2	9	0					
		3	12.3	9	6					
		4	12.1	5	2.5					
		5	12.1	5	2.5					
III	6	1	12.5	15	1	4.6	0.75	73.4	10.19	○1 ○2 ○3 ○4 ○5 ○6
		2	12.5	15	1					
		3	12.2							
		4	12.2							
		5	12.0							
		6	12.0							

条的规定进行措施效果检验。如果措施无效,必须采取补救措施。

4) 安全措施及注意事项:

(1) 为使松动爆破充分和有效,布置的松动爆破孔应符合设计要求,装药到位,药量适当,炮泥装到位并堵严;

(2) 松动爆破的方向与掘进巷道方向要一致。在地质构造破坏带或煤层赋存条件急剧变化处不能按原措施要求实施时,必须打钻孔查明煤层赋存条件,然后采用直径为 42~75mm 的钻孔进行排放,并经检查确认措施有效后方可继续掘进;

（3）深孔松动爆破时，必须执行撤人、停电、设警戒、远距离放炮、反向风门等安全措施；

（4）为保证一次起爆，每个雷管都要经过导通试验。放炮前，在放炮地点应对整个爆破网路作一次导通试验，确认无问题、方可起爆；

（5）爆破后的处理。爆破后应有足够的瓦斯排放时间。瓦斯排出后，瓦斯检查员和放炮员方可进入掘进巷道检查，确认无危险后方可恢复掘进工作。

实例：我国一些矿井采用松动爆破的主要参数见表 8—6—21。

表 8—6—21 我国一些矿井松动爆破的主要参数

地 点	统计时间	钻孔直径 （mm）	孔 深 （m）	孔 数 （个）	孔炸药量 （kg）	超前距 （m）
北票局	1966～1967	42	6～8	3～4	1.2～1.5	3
立新矿	1968～1982	42	6～10	3～5	3.0～4.5	5
梅田矿	1981～1983	42	8～10	3～4	3～4	5
梅田二矿	1980～1982	42	8～10	3～5	3～5	5
焦作朱村矿	1971～1982	42	8～10	3～5	3～5	4.5
高顶山二矿	1980～1981	42	10～12	2～3	3～4.5	5

六枝矿务局化处矿深孔松动爆破布孔及主要参数，如图 8—6—32 和表 8—6—22 所示。

3. 水力冲孔

水力冲孔也是在突出危险煤层中掘进巷道的主要防突措施，它适用于有自喷孔象的严重突出危险煤层。其水力冲孔系统及一些工艺参数与石门揭煤时大致相同。但设计时对如下一些问题应加以区别。

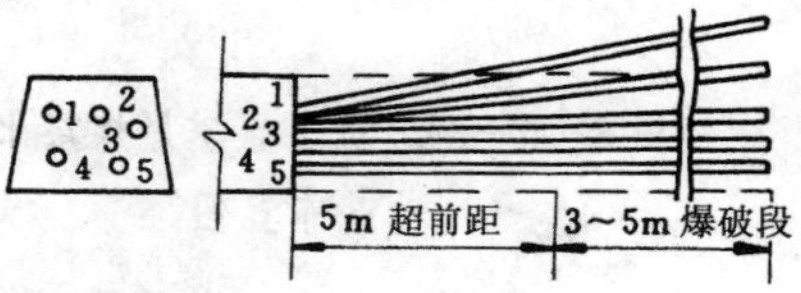

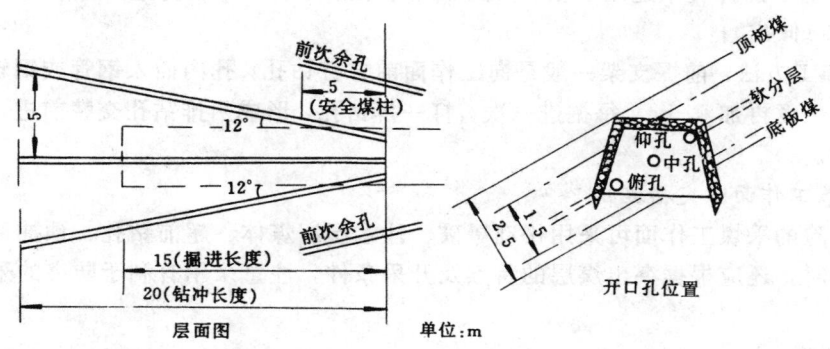

图 8—6—32 六枝矿务局化处矿深孔
松动爆破布孔图

1）水力冲孔的钻孔布置：冲孔应选在煤层软分层之中。在煤层厚度 3m 左右和小于 3m 的突出煤层，按扇形布置 3 个冲孔如图 8—6—33 所示；在地质构造破坏带或煤层较厚时，应适当增加孔数，孔底间距控制在 5m 左右，孔深通常为 20～25m。红卫煤矿厚煤层水力冲孔布置如图 8—6—34 所示。

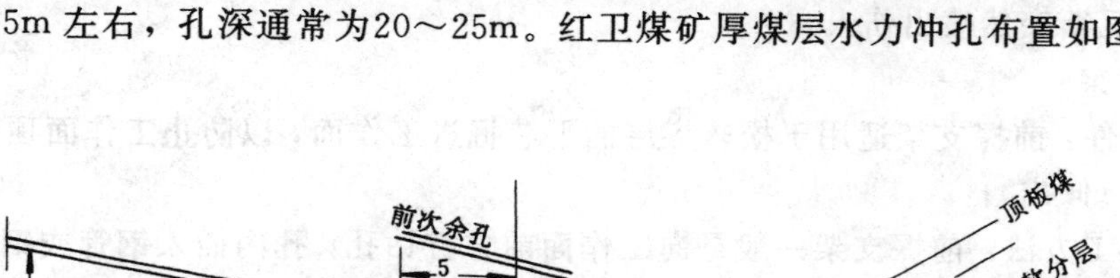

图 8—6—33 煤巷水力冲孔布置图

表 8—6—22　六枝矿务局化处矿松动爆破参数表

孔号	深度 (m)	直径 (mm)	孔底间距 (m)		偏角 (°)	仰角 (°)	装药量 (kg)	雷管数 (个)	联线方式
			距底板	距帮					
1	8~10	42	1.4	0.4（左）	9	10	3~4.5	3~4	
2	8~10	42	1.2	1.2	4	7	3~4.5	3~4	孔内外
3	8~10	42	1.0	0.45（右）	4	3	3~4.5	3~4	大串联
4	8~10	42	0.65	0.7（左）	3	2	3~4.5	3~4	
5	8~10	42	0.5	0.9（右）	2	2	3~4.5	3~4	

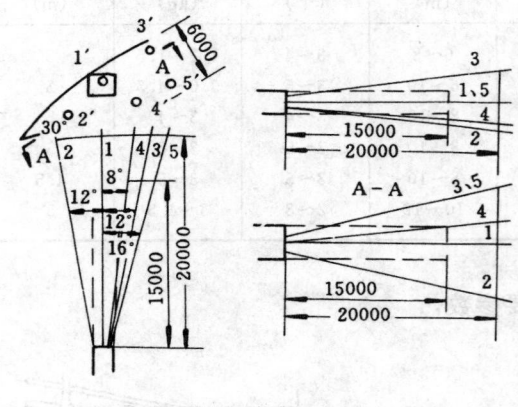

图 8—6—34　红卫煤矿厚煤层水力
冲孔布置图

2）冲孔的超前距离：掘进工作面与冲孔之间应保持一个安全距离（亦叫安全煤柱）。冲孔钻孔超前掘进工作面的距离不得小于 5m。冲孔孔道应沿软分层前进。相邻两次冲孔的距离等于冲孔长度减去 5m 的距离，该距离就是巷道允许一次掘进的长度。

3）冲孔的影响范围：根据经验或测定结果，冲孔的有效影响范围：在有效冲孔长度以内，水平钻孔冲孔时，沿煤层层面上方为 5~7m，下方为 2~3m，前方约 1m。倾斜向上冲孔时，上方 3~5m，下方为 2~3m，前方约 1~2m。冲孔两侧各 5m 左右。

4）冲孔后，必须按《防突细则》第 35 条的规定进行效果检验，经检验有效后，方可采取安全措施施工。若措施无效，必须采取补充措施。

冲孔注意事项：

冲孔前，掘进工作面必须架设迎面支架，并用木板和立柱背紧背牢，对冲孔地点的巷道支架必须检查和加固。冲孔后和交接班，都必须退出钻杆、并应将导管内的煤冲洗出来，以防止煤、水、瓦斯突然喷出伤人。

4．前探支架

1）适用条件：前探支架适用于松软煤层的平巷掘进工作面，以防止工作面顶部悬煤垮落而引起的突出（倾出）；

2）具体施工方法：前探支架一般是向工作面前方打钻孔，孔内插入钢管或钢轨，其长度可按两次掘进长度再加 0.5m，每掘进一次，打一排钻孔，形成两排钻孔交替前进，钻孔间距为 0.2~0.3m。

（四）回采工作面防突措施

有突出危险的采煤工作面可采用松动爆破、注水湿润煤体、超前钻孔、预抽瓦斯等防突措施。与此同时，还应根据突出煤层的特点及开采条件，注意采用有利于防突的采煤方法及回采工艺。

1．松动爆破

1）适用条件：松动爆破适用于煤质较硬、围岩稳定性较好，突出强度不大的采煤工作面；

2）炮眼布置及布孔参数与施工：松动爆破孔沿采煤工作面煤壁向煤层打眼。炮眼间距应根据单炮眼松动爆破后的影响范围而定，一般炮眼间距为 2～3m。我国一些矿井测定的松动影响半径见表 8－6－23。

表 8－6－23　我国一些矿井松动影响半径测定结果

矿　井	煤　层	松动半径 (m)	松动炮眼	
			眼深（m）	装药量（kg）
六枝局化处矿	7	1.5～2.2	8～10	3.0～4.5
涟邵矿务局洪山殿煤矿蛇形山井	3	1.39～3.1	6～7	0.9～2.4
	3	1.73～3.8	8～9	2.4～3.0
	3	2.4～4.6	10～12	2.7～3.6
林东局南山煤矿	5	2.0	8～12	3.0～6.0
北票局台吉三井	10	0.8～1.0	5～10	3.0～6.0

炮眼长度（深度）一般为 5～10m，不得小于 3m。当集中应力区距工作面较远和工作面推进度大的炮眼应长些。图 8－6－35 为林东局南山煤矿在回采工作面使用松动爆破防突的炮眼布置。

每孔装药量一般为 300～450g。使用炮泥封孔，封孔长度不得小于 1m。

放炮距离一般不小于 200m。

钻孔施工常用 MSZ－12 型（矿用隔爆型）煤电钻安装直径为 40mm 的麻花钻杆（每节长 1.2～2m）和直径为 42mm 的钻头打眼，炮眼直径为 42mm。

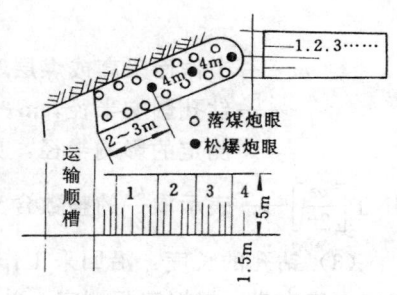

图 8－6－35　采煤工作面
松动爆破炮眼布置图

3）超前距离：采用松动爆破防突措施的超前距离不得小于 2m；

4）措施效果检验：措施实施后，必须经措施效果检验有效后，方可进行采煤。

实例：林东矿务局南山煤矿在回采工作面使用松动爆破时，以 1.2kW 的电煤钻打眼，眼深 5m，眼距 2m，每眼装药量 1.8～2.1kg，雷管 2 个，封泥长度不小于 1m（炮眼布置见图 8－6－35）。爆破在整修班回柱放顶后进行，并规定松爆 2 小时后且无异常情况时，才准进入工作面作业。该矿采用该措施后，安全回采煤炭 24.5 万 t，防治突出效果明显。

鸡西矿务局滴道煤矿在回采工作面以浅截深机组配合松动爆破，取得了成功的经验，突出次数明显减少，突出强度大大减小，保障了安全生产。其做法是：垂直于工作面布置钻孔，眼深 2m，眼距 3m，每眼装药量 300～450g，放炮距离一般不小于 200m。

2. 超前钻孔

超前钻孔也是回采工作面常用的一种防突措施。

1）钻孔参数选择。

（1）钻孔直径：从排放煤层瓦斯与卸压的观点出发，应偏重大直径钻孔；从打钻的工艺和安全来说，钻孔直径不宜过大。综合考虑，合理的钻孔直径为 120～150mm，条件好的矿井也可采用 200~300mm 的钻孔直径。

(2) 钻孔个数：对于回采工作面布置超前大直径钻孔的数目，应使煤层整个断面被钻孔排放半径所组成的影响面所覆盖，即钻孔间距可根据单孔影响半径来确定。煤层透气性好、钻孔排放瓦斯时间长，则钻孔的影响半径大；反之亦然。影响半径可按《防突细则》附录五的规定进行实际测定。

当钻孔影响半径的两倍相当于煤层厚度时，可布置单排钻孔。钻孔数目可按下式计算：

$$n = \frac{L}{2r} \qquad (8-6-14)$$

当煤层厚度大于 2 倍钻孔影响半径时，钻孔数目按下式计算：

$$n = C\frac{L}{2r} \qquad (8-6-15)$$

式中　n——钻孔数目；

　　　L——工作面煤壁长度，m；

　　　C——沿工作面煤壁的高度上布置的钻孔排数，可按式（8-6-16）计算。

$$C = \text{INT}\left[\frac{m}{2r}\right] \qquad (8-6-16)$$

　　　m——工作面采高或煤层厚度，m；

　　　r——钻孔影响半径，m。应经实际测定，如无实测数据，可参考我国部分突出矿井测定的影响半径，见表 8-6-24；

$\text{INT}\left[\dfrac{m}{2r}\right]$——表示取 $\dfrac{m}{2r}$ 的整数含义。

(3) 钻孔的长度：沿回采工作面走向布置超前钻孔的长度，从理论上分析应穿过卸压带和应力集中带。根据实际测定，采面前方应力的影响范围约 40~60m 左右，现有的钻孔工艺要在突出煤层中打这样长的钻孔是困难的。由于应力高峰值一般与采面的距离是 5~10m，因此钻孔的长度一般为 15~20m，超前 5m 较适宜。

2）超前钻孔布置方式。

表 8-6-24　我国部分矿井影响半径测定结果

矿　井	钻孔直径 （mm）	影响半径 （m）	备　注
南桐东林煤矿	300	0.5	硬 煤
梅田三矿	300 250 150	1.5 1.2 0.5	中硬煤 中硬煤 中硬煤
焦作李封矿	300 300	1.14 0.7	软 煤 硬 煤
六枝矿区	300 100 75~91	0.75~1 0.6 0.2~0.5	
红卫煤矿	300	0.94~1	

回采工作面的布孔方式一般有两种：一是垂直采面布孔（如图8-6-36a）；二是平行工作面布置钻孔（如图8-6-36b）。前者优点是少掘辅助巷道，缺点是干扰采煤，工作面管理复杂化。后者优点是打钻条件好，缺点是巷道开掘量较大。

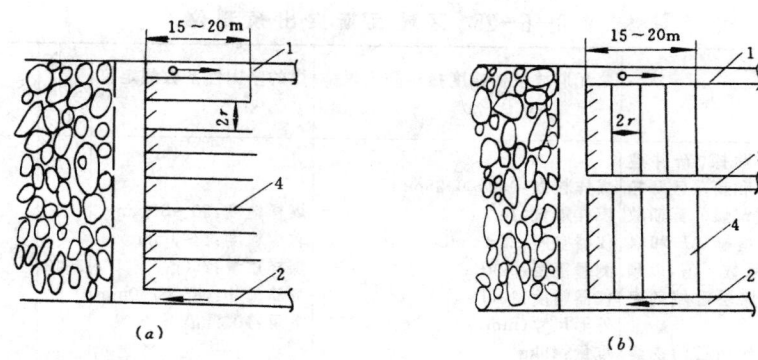

图8-6-36　回采工作面采用大直径超前钻孔防突的布孔方式

1—回风巷；2—进风巷；3—辅助巷道；4—大直径钻孔

3）注意事项。

超前钻孔一个很大的缺点是在钻进过程中可能发生突出，并且钻孔直径越大，突出机率越大。根据国外研究，钻进直径100~120mm钻孔时的突出几率是200~300mm钻孔的1/3；当钻孔直径从200mm减少到120mm时，有效影响半径下降不多。因此，超前钻孔的直径以100~120mm较适宜，并要相应减小钻孔间距适当增加孔数和保持一定的超前距，方能达到预期的效果。

3. 注水湿润煤体

注水湿润媒体防突措施可参考第九章煤层注水防尘措施进行设计。

采煤工作面浅孔注水湿润媒体措施，可用于煤质较硬的突出煤层。注水孔沿工作面每隔2~3m打一个，孔深不小于3.0m，向煤体注水压力不得低于8MPa。发现水由煤壁或相邻注水钻孔中流出时，即可停止注水。注水后必须经措施效果检验有效后，方可进行采煤。注水孔超前工作面的距离不得小于2m。

4. 预抽瓦斯

抽放瓦斯防突措施可参考第七章的本煤层瓦斯抽放方法进行设计。

三、煤与瓦斯突出预测仪器

煤科总院抚顺分院和重庆分院研制生产的防突预测仪器，其用途及参数见表8-6-25~表8-6-31。

四、避灾硐室设计

（一）设计依据

在突出煤层的采掘工作面附近的进风巷中、必须设有通达矿调度室的电话，并必须设置有供给压缩空气设施的避难硐室或急救袋。在其回风巷中，如果有人作业，也应设置供给压缩空气设施的避难硐室或急救袋。

《防突细则》第 97 条规定，突出矿井应在井下设避难所或压风自救系统，根据具体情况，可设置其中之一或混合设置。

表 8－6－25　区域瓦斯突出预测仪

序号	型号	用途	瓦斯放散初速度指标测定仪 ΔP	煤的坚固性系数测定仪 f	全套重量 (kg)	生产厂家	备注
1	WF－1	在地质勘探、新井建设、新水平和新采区开拓时，用于测定煤的瓦斯放散初速度指标 ΔP 和煤的坚固性系数 f 值，以预测煤层和煤层区域的突出危险性 也用于预测石门揭煤工作面的突出危险性	煤样粒度：0.2～0.25mm 煤样重量：7g 仪器空间：27±2mL 测量范围：52kPa 仪器精度：136Pa 外形尺寸(mm)：220×470×650 重量：49kg	煤样粒度：20～30mm 软煤粒度：1～3mm 煤样重量：750g 测筒尺寸：ϕ85×770mm 重量：10.2kg	59.2	煤科总院抚顺分院	全套仪器包括主机、真空泵、分样筛(一套6个)、秒表和感量为0.1g 的天平

表 8－6－26　瓦斯解吸仪及配套取样装备

序号	型号	用途	瓦斯解吸仪	取样装备	全套重量 (kg)	生产厂家	备注
1	GWRVK－2	用于井下采掘工作面，测定煤层瓦斯含量和突出危险性指标 K_1、K_t、V_1 等。为矿井的瓦斯抽放和防突措施有效性确定，提供基础参数，还可预测工作面前方突出危险性	测量范围：0～50mL/min 测量精度：1% 分辨率：0.5mL/min 采样点数：35 个 微机容量：ROM8K，RAM8K 存储数据：15 组 测定周期：6min 工作时间：≥8h(连续) 供电方式：1.8Ah 镉镍电池10节 防爆型式：矿用本安 外形尺寸(mm)：250×140×67 主机重量：2kg	取样深度：0～10m 取样风压：≥0.35MPa 取样粒度：1～3mm 取样重量：约20g 取样时间：10s 取样点准确度：±10cm 取样器外形尺寸(mm)：650×470×170 取样器重量：10kg	57	煤科总院抚顺分院	瓦斯解吸仪包括：主机、单片微机、微型打印机、充电器和煤样罐等 取样装备含：煤粉取样器、空心螺旋钻杆和特制钻头等

（二）主要设计原则

1. 井下避灾硐室

（1）避灾硐室设在采掘工作面附近和放炮器启动地点，其距采掘工作面的距离应根据具体条件确定，一般在距采掘工作面 40m 外设置；

（2）避难硐室必须设向外开启的隔离门，室内净高不得小于 2m，长度和宽度应根据同时避难的最多人数确定，但每人占用面积不得少于 0.5m²；

（3）避难硐室内支护必须良好，并设有与矿（井）调度室直通电话；

（4）避难硐室内必须设有供给空气的设施，每人供风量不得少于 0.3m³/min。如果用压缩空气供风时，应有减压和过滤装置并带有阀门控制的呼吸管嘴；

（5）避难硐室内应根据避难最多人数，配备足够数量的隔离式自救器；

（6）避难硐室在使用时必须用正压通风。

表 8-6-27　瓦斯突出综合预测仪

序号	型号	MD-2型煤钻屑瓦斯解吸仪		ZLD-1型钻孔多级流量计		JN-1型胶囊封孔器		瓦斯放散煤坚固初速度指性系数标测定仪 ΔP f	全套重量(kg)	生产厂家	备注
		用途	主要参数	主要参数	用途	主要参数	用途				
1	MZJWF	用于预测采掘工作面、石门揭煤工作面和煤层突出危险区域突出危险性；前三种仪器也用于防突出措施效果检验	煤样粒度:1~3mm，煤样重量:10g，最大压差:2kPa，仪器精度:10Pa，外形尺寸(mm):270×120×34或270×120×34，重量0.8kg	流量范围:0.1~100L/min，压差范围:0~1.6kPa，分辨能力:10Pa，外形尺寸(mm):250×120×34或250×120×34，重量0.8kg	用于测定钻屑瓦斯解吸指标Δh_2，以预测采掘工作面和石门揭煤工作面煤层突出危险性	封孔深度:≤10m，封孔直径:40~60mm，封闭压力:0.05MPa，胶囊充气:0.15~0.2MPa，外形尺寸:ϕ150×1050mm，重量:10kg	用于快速封闭钻孔，以测定钻孔瓦斯涌出初速度或涌出特征	用于测定指标值ΔP和f值，以预测煤层区域和煤层突出危险性，也用于预测石门揭煤工作面的突出危险性	71	煤科总院抚顺分院	前三种仪器被选为1990~1995年煤炭工业《100推》第43项

附注:全重59kg，其他参数见区域瓦斯突出预测仪

表 8—6—28 钻孔瓦斯涌出初速度测定装置

序号	型号	用途	主要技术参数	重量	生产厂家
1	ZWC—2	用于测定钻孔瓦斯涌出初速度,以预测采、掘工作面的突出危险性	最大封孔深度 10m 适用钻孔直径 42～50mm 额定充气压力 0.2MPa	8kg	煤科总院重庆分院

表 8—6—29 瓦 斯 突 出 危 险 预 报 仪

序号	型号	用途	测量参数	测量范围	测量误差	连续工作时间(h)	数据存储容量	显示方式	防爆型式	仪器型式	生产厂家
1	WTC	用于煤层突出危险性预测、防突措施效果检验等	钻屑瓦斯解吸指标 K_1、钻屑温度差 ΔT、钻屑及孔底煤壁温度 T、工作面炮后 30min 吨煤瓦斯涌出量 V_{30}、涌出特征 K_C、工作面风流中 8h 内瓦斯浓度等	压差:0～1kPa 温度:0～40℃ 甲烷浓度:0%～5%	压差、温度:±1.5%FS 浓度:0%～2%,≤0.1%CH₄ 2%～3.5%,≤0.2%CH₄ 3.5%～5%,≤0.3%CH₄	>8	最多90个测量数据	4位LCD显示	矿用本质安全型	便携式	煤科总院重庆分院

表 8—6—30 瓦 斯 突 出 危 险 预 报 仪

序号	型号	用途	测量参数	测量范围	测量误差	连续工作时间(h)	数据存储容量	显示方式	防爆型式	仪器型式	生产厂家	备注
1	TWY	用于煤层突出危险性预测、防突措施效果检验等	钻孔瓦斯涌出初速度、钻孔瓦斯涌出衰减系数、钻孔瓦斯解吸压力	初速度:0～50L/min 衰减系数:0.00～1.00 解吸压力:0～0.4MPa	±2.5%(0～15L/min) ±4%(15～50L/min)	>8	最多100个测量数据	5位LED显示	矿用本质安全型	便携式	煤科总院重庆分院	也可用于测量钻孔瓦斯流量

表 8—6—31 MTT—92 型煤与瓦斯突出危险探测仪

型号	用途	防爆型式	工作效率(kHz)	灵敏度	显示方式	存储器(k)	连续工作时间(h)	传感器	质量(kg)	生产厂家
MTT—92	该突探仪是以接受煤岩电磁辐射信号的强度为依据,主要用于预测煤矿采掘前方有无突出危险及应力集中区的方位,其预测距离可达 10～16m,也可用于防突措施效果的检验。此外,可用于预测矿井冲击地压危险、顶板管理以及各种地下工程施工安全监测	iBI(150C)本质安全型	50	(信噪比 3∶1)≤2μV	6位LED	64	>6	扁长方形	<3	煤科总院重庆分院

2. 井下急救袋

(1) 急救袋设置在距采掘工作面25～40m进风侧的巷道中、放炮地点、撤离人员停留处、警戒人员站岗处，以及回风巷道有人作业处。长距离掘进巷道中，每隔50m设置一组急救袋；

(2) 急救袋安设在井下压缩空气管路上，经减压装置后，分设一定数量带闸门控制的管嘴，每个管嘴上设有塑料薄膜罩，平时卷起，用时放开罩住人体，阀门打开即可供人呼吸。

(3) 每组急救袋一般可设5～8个。急救袋的空气供给量每人不得少于0.3m³/min。

我国煤矿现普遍采用压风急救袋组（即设置压风自救系统或采用压缩空气供风的设施）权作避难硐室。由煤科总院重庆分院研制生产的ZY—J型压风自救系统和ZY—M型综采工作面压风自救系统，见表8—6—32、表8—6—33。

表8—6—32 压风自救装置系统

型号	用途	压气源压力(MPa)	输出压力调节范围(MPa)	单个装置的耗气量(L/min)	供气方式	减压噪声(dB)	操作方式	生产厂家	备注
ZY—J	该自救系统使用在煤与瓦斯突出矿井中，安装在巷道、硐室及工作面附近，利用矿井压风管路组成自救系统	0.3～0.7	≤0.09	150～200	连接压风系统或单独配气站（地面）	≤85	手动调节操作	煤科总院重庆分院	

表8—6—33 综采工作面压风自救系统

型号	用途	系统供风压力(MPa)	装置供风量(L/min)	噪声(dB)	操作方式	生产厂家	备注
ZY—M	该自救系统的适应性强，既可用于有瓦斯突出危险的综采工作面，也可用于其它场所	0.4～0.6	>100	≤75	一次手动快速通气	煤科总院重庆分院	该系统由阀门、放水分离器、主气管、支气管及自救装置组成

（三）主要设计内容

(1) 根据上述原则和矿井采掘工作面位置，以及"矿井灾害预防和处理计划"中规定的井下避灾路线图，确定避灾硐室或井下急救袋组的设置地点和距离；

(2) 根据同时避难的最多人数，确定避难硐室的长度和宽度和急救袋组的组数；

(3) 绘制矿井压风自救系统布置图，并标出避难硐室和急救袋组的位置、长度、间距等参数及压风管路系统；

(4) 避难硐室工程量和压缩空气供风设施的部件与管材数量，以及ZY—J型（或ZY—M型）自救装置系统的套数。

（四）实例

1. 南桐鱼田堡矿

鱼田堡矿四采区急救袋安装如图8—6—37所示。压风急救袋主要安设在井下各避难硐室内：在距采掘工作面40m以外的巷道中，每隔50～100m都应安装一组压风急救袋；爆破工

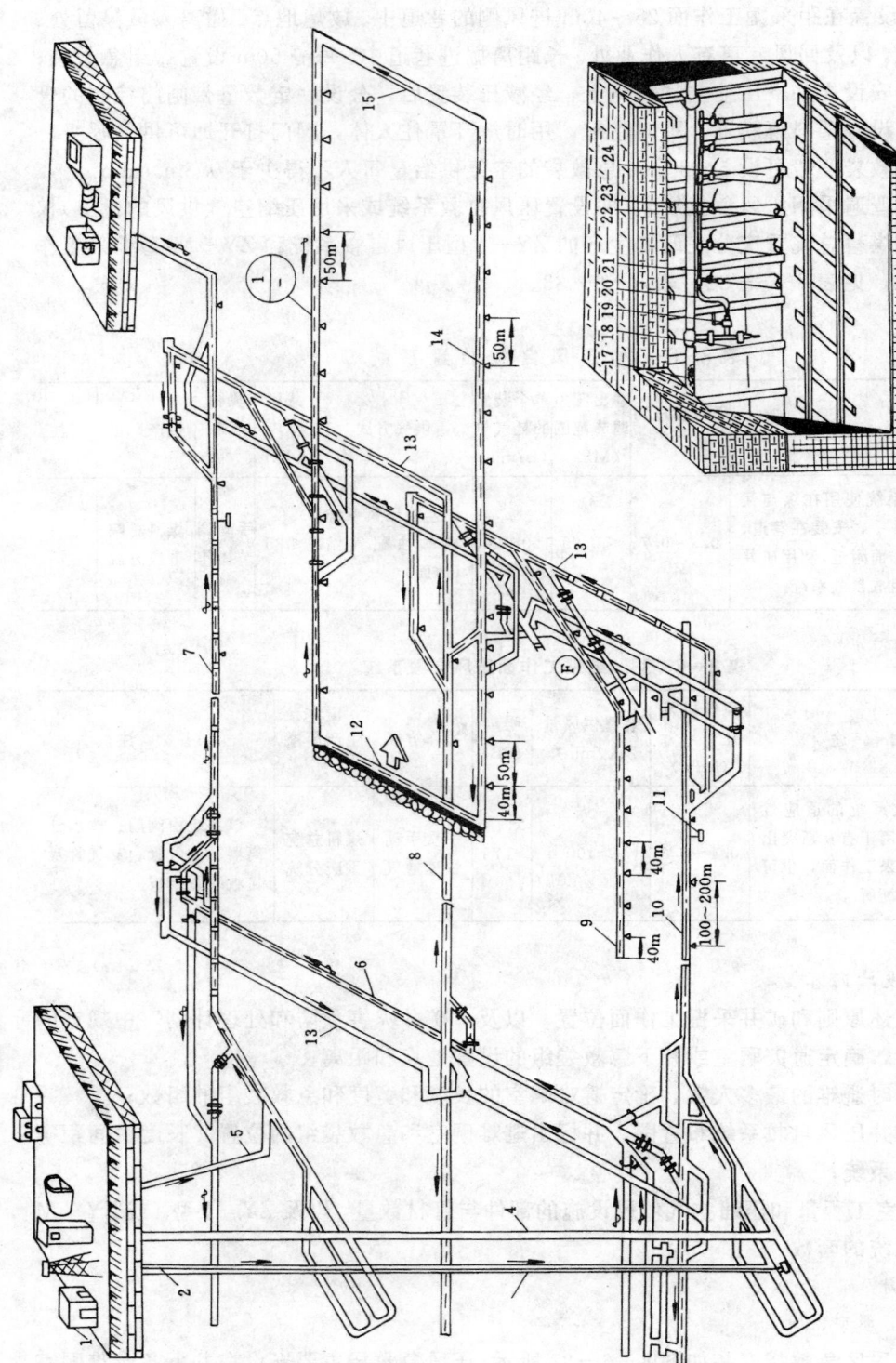

图 8-6-37　南桐鱼田堡矿四采区压风区风自救系统

1—压风机房；2—压风管；3—副井；4—主井；5—人车井；6—回风上山；7—回风大巷；8—辅助大巷；9—掘进工作面；10—运输大巷；11—轨道上山；12—采煤工作面；13—压风急救袋组；14—压风管（φ50mm）；15—备用采煤工作面；16—主要通风机房；17—压风管；18—气水分离器；19—阀门；20—软管；21—压风管（φ18mm）；22—减压阀过滤嘴；23—面定卡；24—压风急救袋；①—压风急救袋组

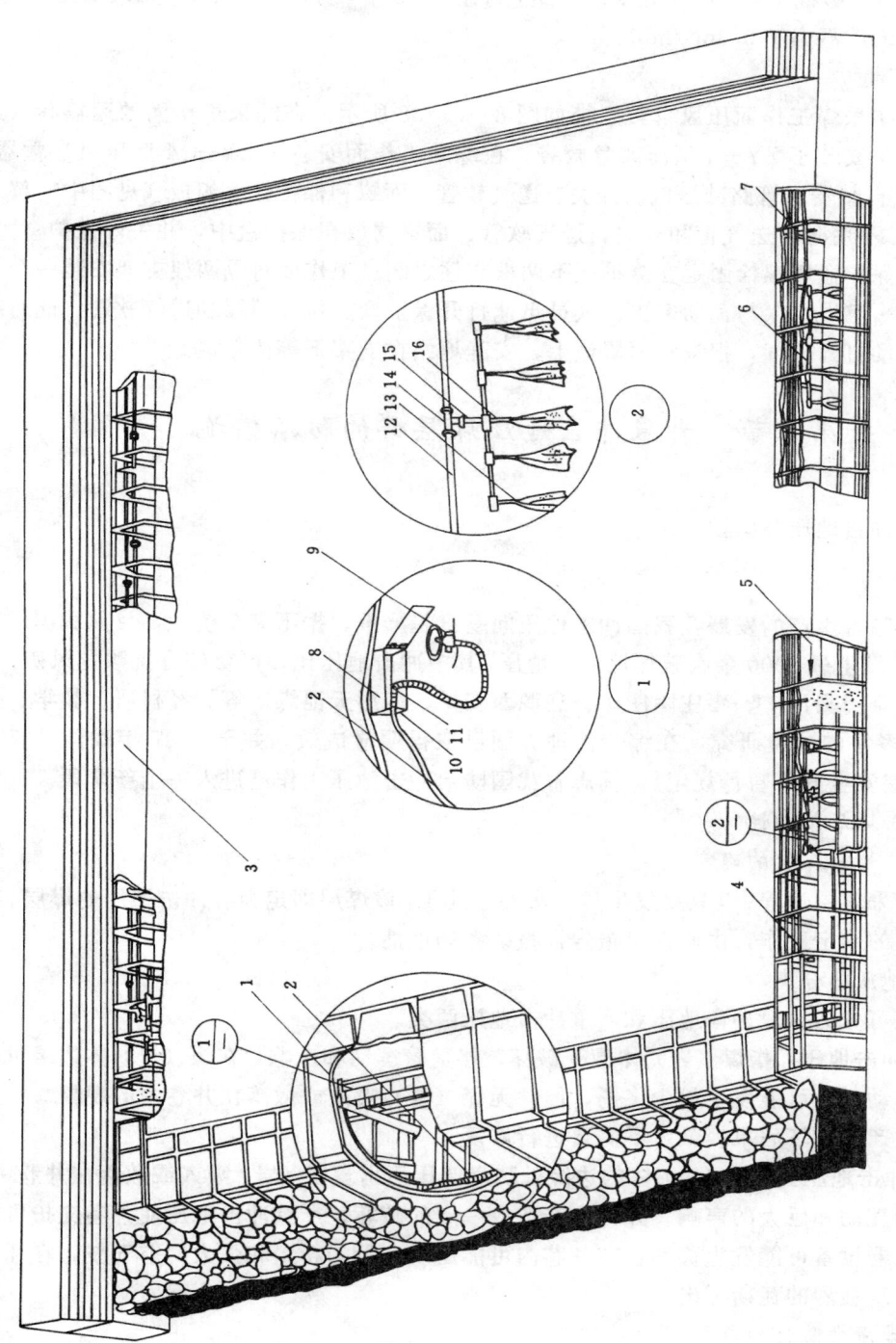

图 8—6—38 松藻石壕矿采煤工作面压风自救系统

1—ZY—M 型压风急救器;2—压风胶管;3—回风巷;4—瓦斯传感器;5—运输巷;6—ZY—J 型压风争救袋组;7—手动水幕;8—保护盒;9—呼吸面罩;10—磁铁;11—ZY—M 型急救器开关;12—压风管;13—压风急救袋;14—三通;15—水幕;16—ZY—J 型压风急救器;①—ZY—M 型急救器;②—ZY—J 型急救袋总开关;①—ZY—J 型急救袋开关;②—ZY—M 型急救袋

程起爆地点，撤除人员停留处及警戒人员站岗处，回风巷道中经常有人作业处，进风巷道的风流分支处，水平运输大巷每隔 100～200m 也应安装一组。每组急救袋的数量根据不同地点可能避难的最多人数确定，一般每处安装一组，每组 3～5 个，可同时避难 3～5 人或更多。每个急救袋的供风量不小于 0.3m³/min。

2. 松藻石壕矿

松藻石壕矿采煤工作面压风自救系统如图 8—6—38 所示。在综采工作面的运输巷（进风）和回风巷中安装了 ZY—J 型压风急救袋；在综采工作面安装了 ZY—M 型压风自救器。ZY—M 型压风自救器由管路减压阀、开关、送气软管、面罩和保护盒等组成（见图中局部放大图①）。平常不用时，送气管和开关，送气软管、面罩均放在保护盒中，并关好保护盒。

该自救器保护盒用螺栓固定在掩护板下两根支柱之间。工作面每隔两架支架安装一个自救器保护盒。一旦发生煤与瓦斯突出，人员迅速打开保护盒、拉开面罩和送气软管，此时减压阀和开关自动打开放气，把吸气面罩戴上，安静地站在支架下等待救援。

第三节　开采冲击地压煤层群的防治措施

一、煤层冲击地压倾向性

（一）概　况

近年来，随着生产的发展，我国冲击地压问题日趋严重。据不完全统计，目前我国已有 35 对矿井累计发生过 2000 余次破坏性冲击地压。其中冲击地压比较严重的有抚顺龙凤矿、开滦唐山矿、北京门头沟矿、枣庄陶庄矿、辽源西安矿、四川天池煤矿等。经科研、教学、生产单位近 10 多年的试验研究，在综合治理方面已取得明显成效，并于 1987 年我国颁布了《冲击地压煤层安全开采暂行规定》，标志着我国防治冲击地压工作已进入一个新阶段。

（二）冲击地压倾向性

1. 有冲击地压煤层的确定

矿井在开采煤层过程中，只要发生过一次冲击地压，该煤层即定为有冲击地压的煤层。有冲击地压煤层的确定工作，由矿提出报告，报矿务局审批。

2. 冲击地压的分类

冲击地压可分为一般冲击地压和严重冲击地压两类。

1）一般冲击地压：指煤（岩）体遭受破坏，伴随着震动和声响，在煤（岩）体边缘可能出现裂缝，震动时还可能发生粉尘飞扬，但并无煤（岩）喷入或散落在井巷中的现象。一般冲击地压对生产的破坏后果轻微，不需要进行修复。

2）严重冲击地压：指煤（岩）体的边缘处瞬息卸压而出现煤（岩）喷入或散落在井巷中，伴随着强烈的震动和巨大的声响，并对生产造成一定的破坏。严重冲击地压使井巷支护可能遭受破坏，机器设备可能发生移动，在井巷内可能出现大量的粉尘和强大的空气波，在瓦斯煤层中可能出现强烈的瓦斯涌出。

3. 冲击地压危险性的判别

用钻粉率指数方法判别工作地点的冲击地压危险性，其指标可参照表 8—6—34 的规定执行。

表 8-6-34　钻 粉 率 指 标 表

钻孔深度/煤层采厚	1.5	1.5～3	3
每米实际钻粉量/每米正常钻粉量	≥1.5	2～3	≥4

在表 8-6-34 所列的钻孔深度内,实际钻粉率达到相应的指标或出现钻杆卡死现象,可判别为所测工作地点有冲击地压危险。

煤炭科学院和波兰采矿总院合作研究提出的煤样动态破坏时间(D_T)、弹性能指数(W_{ET})、冲击能指数(K_E)三项综合判别煤的冲击倾向的指标,已列入《冲击地压煤层安全开采暂行规定》,如表 8-6-35 所示。

表 8-6-35　煤的冲击倾向鉴定指标

项　目	指　　　标		
D_T（ms）	≤50	50～500	>500
K_E	≥5	1.5～5	<1.5
W_{ET}	≥5	2～5	<2
鉴定结果	强烈	中等	无

二、设计程序与设计内容

(一) 设计程序

(1) 对矿井冲击地压事故进行调查分析,搞清已发生冲击地压的类型和原因。大量地收集有关基础资料和数据,并查阅国内外有关防治冲击地压的先进技术和先进经验;

(2) 选择并确定适合本矿区(井)的冲击地压的预测预报方法;

(3) 选择技术上可行、经济合理、效果显著的防治冲击地压的技术措施;

(4) 详细设计综合防治冲击地压工程。包括:冲击地压危险性的预测预报;防治冲击地压的技术措施,实施防冲击地压的安全措施和防冲击地压措施实施后的效果检验方法;

(5) 防治冲击地压措施的工程概算。

(二) 设计内容

《规程》规定,开采有冲击地压的煤层,必须编制专门设计,报矿务局总工程师批准。专门设计应包括设计说明书和工程图。说明书除应有正常的开采设计的一般内容外,还应包括以下内容:

1. 地质条件

煤层的地质年代、赋存情况、冲击地压倾向性及其他物理力学性质、顶底板的岩性和厚度,地质构造。

2. 开采条件

开采范围、储量、开采程序、采煤方法和巷道布置、上下煤层及本煤层相邻地区的开采情况(包括遗留煤柱、开采边界、工作面错距、开采时间等)。

3. 冲击地压危险程度

根据地质开采条件及相似地区发生冲击地压的情况，评价本地区的冲击地压危险程度。

4. 防治冲击地压生产技术措施

根据《煤矿安全规程》开采有冲击地压煤层的有关规定，应合理地选择开拓方式、开采顺序、推进方向、采煤方法和巷道布置等；合理地确定顶板管理方法、支护形式、放炮要求（躲炮地点、时间、撤人范围）及采煤前煤层预注水、顶板稳定地区宽巷掘进等。

防治冲击地区的具体防治措施，内容包括：建立冲击地压危险的预测预报制度，规定煤粉率指数法、地音法或微震法等预测方法与危险指标数值；采取煤层注水卸压、钻孔卸压、爆破卸压、顶板注水或强制放顶等减缓应力集中程度的措施，相应的工艺参数及检查实施效果的方法。

5. 工程图

（1）采掘工程图。表示开采范围、开采顺序、巷道布置、地质构造等；

（2）上下煤层对照图。表示上层、下层和本层煤的开采情况，遗留煤柱位置；

（3）冲击地压预测和防治工程图。表示预测和防治方法、实施地点及实施顺序；

（4）地质剖面图和柱状图。

三、防治措施

根据治理作用、目的和时空范围，治理措施分为三大类：即防范措施、解危措施和防护措施，见表8—6—36。

表8—6—36　防治措施简介

类别	防范措施	解危措施	防护措施
作用原理	避免形成高应力集中区，避免产生能量积聚条件	破坏煤岩结构，降低应力梯度	避免造成灾害事故
措施	1. 开采保护层 2. 合理开拓布置 3. 煤层压力注水 4. 松动爆破 5. 顶板软化	1. 煤层卸载注水 2. 煤层卸压爆破 3. 钻孔卸压	1. 加强支护 2. 宽巷掘进 3. 爆破工艺控制

1. 防范措施

该类措施属于战略性或区域性措施，它能在消除产生冲击地压条件方面起着控制作用。其特点是具有较强的时空性。

2. 解危措施

这类措施旨在对已形成冲击地压危险或可能具有冲击危险地段进行解危处理，属于暂时、局部性措施。如爆破卸压等。

3. 防护措施

本类措施基本属于被动性的，目的是在发生小规模冲击地压时，尽量避免人员伤害或设备损坏。如加强支护、选择合适躲炮距离等。

四、开采技术措施

（一）开拓方式和开采顺序

（1）开采煤层群时，应首先开采无冲击地压或弱冲击地压煤层作为保护层；并应根据对矿井实际考察的结果划定保护层的有效范围；在未受到保护的地区，必须采取放顶卸压、煤层注水、打卸压钻孔、超前爆破松动煤体以及其他防治措施；

（2）开拓巷道及永久硐室应布置在岩层或无冲击地压危险的煤层中；

（3）采煤工作面应先采向斜轴部或盆地底部，背向断层、背向采空区推进，避免形成孤岛煤柱等应力集中区。

（二）采煤方法和巷道布置

（1）应选择不留煤柱或少留煤柱、少掘煤层巷道、避免大面积悬顶的采煤法；

（2）有条件应采用无煤柱开采或跨上山连续开采，对无自燃倾向的缓倾斜或倾斜煤层可采用无煤柱护巷；为尽可能避免产生采掘集中应力，在同一区段内不得布置两个回采工作面同时相向或相背回采，并不得形成三面或四面为采空所包围的地区和构造应力区；

（3）有冲击地压的煤层巷道可根据顶板岩性采用宽巷掘进或沿空掘巷；在有严重冲击地压的厚煤层中，所有巷道都应布置在应力集中圈外。当煤巷双孔掘进时，两条平行巷道之间的煤柱不得小于 8m；

（4）必须留有煤柱时，煤柱形状应规则，不得有锐角处。

（三）采区巷道支护和顶板管理

（1）提高支护强度和稳定性，并有整体性结构；

（2）有冲击地压的煤层巷道支架应采用可缩性拱形或环形金属支架，严禁采用混凝土支架和金属刚性支架；

（3）采煤工作面应采用冒落法管理顶板，并应采用液压支架或液压支柱；

（4）采煤工作面必须加强上下端头、前方巷道和后方切顶线的支护强度。

五、煤体注水工程设计

（一）煤层注水措施的要求

1．煤层预注水

1）注水孔的布置形式和注水参数，应使煤层均匀湿润，孔距根据煤的渗透性确定，一般可采用 10～20m。孔长不得小于待注水煤体尺寸的 2/3；

2）注水超前时间不得少于 10d，注水后含水率增加值不得低于 2%；

3）多孔并联注水时，注水系统应有水量分配调节计量装置。

2．煤层卸压注水

1）孔深应根据注水有效湿润深度确定：有效湿润深度对巷道两帮不得小于 3.5 倍的采厚；对采掘工作面不得小于 3.5 倍的采厚加每次注水间隔的预定推进度，以便在煤壁内形成足够宽的保护带；

2）注水孔距对采煤工作面或巷道两帮不得大于 10m，对掘进工作面按 10m² 一个孔确定；

3）注水压力一般可采用 8MPa 以上。

（二）注水基本参数选择

1. 注水孔径

据国内外经验，注水孔径一般通用有 45mm、60mm、75mm、90mm 等几种。

2. 注水孔布置形式

注水孔布置原则是有利于均匀湿润煤层。注水孔可沿走向布置，也可沿倾向布置，如图 8—6—39 所示。

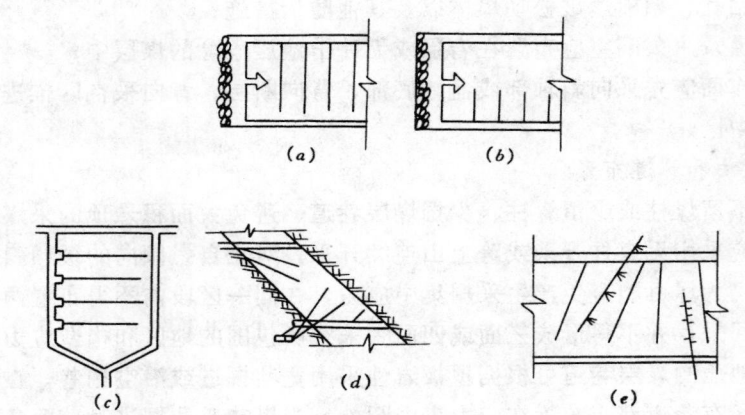

图 8—6—39 注水孔布置形式图

a—沿倾斜方向布置下行钻孔；b—沿倾斜方向布置的上行钻孔；c—沿走向布置的水平钻孔；

d—特厚煤层综合钻孔；e—钻孔布置方式的选择（避免过断层）

3. 注水压力和流量

该两项参数应按实际情况进行针对性试验确定。一般注水压力为 6~12MPa，每孔流量 1.5m³/h。

4. 注水量

注水量应根据注水孔承担的湿润煤量相关因素计算，一般可参考下式计算：

$$Q=kTW/100q \tag{8-6-17}$$

式中 Q——一个孔的注水量，m³；

q——水的密度，t/m³；

k——水量不均衡系数，一般取 1.2~1.5；

T——一个注水孔湿润煤量，t；

W——预计含水率增值，%。

5. 注水时间

注水时间可根据需要的注水量和实际的注水流量进行计算。

（三）注水设备与注水工艺

1. 注水设备

有高压注水泵；高压注水管路；钻机及钻具；各种高压阀及水表等。

2. 注水工艺

1）钻孔。

钻孔一般采用MYZ—150钻机、TXU—75型油压钻等钻机施工。钻孔施工应严格按钻孔施工设计进行。

2）封孔。

一般要求封孔深度大于巷道松动圈的深度，即3～5m，并随注水压力提高而增大。目前国内注水钻孔封孔方法常见有3种，见表8—6—37。

3. 注　水

常用的注水泵有5D—2/150及3DS—1.8/200等。注水系统一般由水源、泵站和管路组成。水泵出口处装有压力表和高压阀门，压力水经高压软管和钻孔阀门注入钻孔、进而注入煤体内。高压流量表可以串接在水泵出口，也可以在泵的入口处安装，借以统计注水流量。一般应采用单孔注水，在多孔同时注水时，应有流量分配调节装置。典型注水系统如图8—6—40所示。对透水性好的煤层也可选用静压注水系统，如图8—6—41所示。

（四）注水效果

1. 检查注水效果的方法

注水后要通过煤层含水率测定和矿压观测进行效果检查。即工作面每推进5m左右，沿工

表 8—6—37　封 孔 方 法 和 适 用 条 件

封孔方法 适用条件	1	2	3
	水泥封孔	胶筒封孔器	胶垫封孔器
使用条件 适用压力 可封孔深度（m）	软煤、孔形不规则 各种压力 10	硬煤、孔形规则 中压以下 10	硬煤、孔形规则 低　压 10
封孔方法	人工送泥 风压送泥 钻杆送泥器送泥	接在水管或钻杆上 送入封孔位置	接长内外套管送入孔内

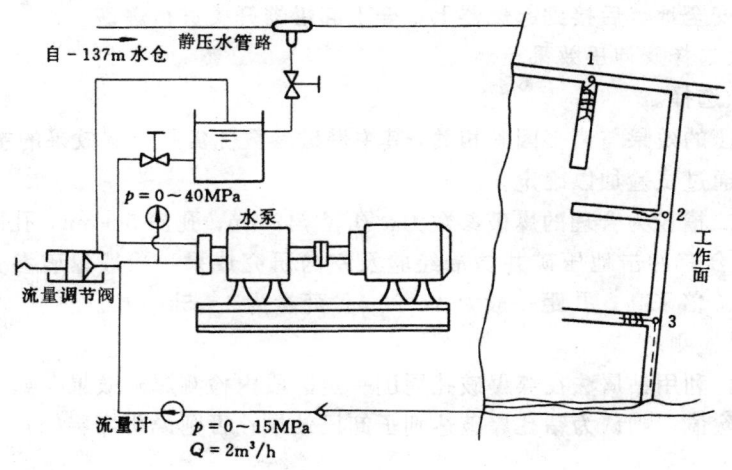

图 8—6—40　高压注水系统

1、2、3—钻孔

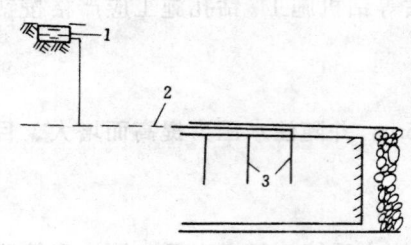

图 8—6—41 静压注水系统
1—水池；2—管路；3—钻孔

作面长度方向，每 5m 取一组样（沿煤层厚度方向按上、中、下取三个煤样作为一组），化验测出每组样品的平均含水率，并绘在煤层层面图上，予以分析注水效果。

2. 提高注水效果的措施

有间歇注水；孔内松动爆破；使用湿润剂。

3. 注水方法的使用条件

煤层压力注水是防治冲击地压行之有效的措施，只要条件允许就应及时采用。其使用条件是：

1）煤层具有一定的孔隙率和亲水性；

2）煤层赋存稳定，能够保证钻孔施工和成孔后的钻孔壁稳定；

3）顶底板岩石不是遇水膨胀软化的岩石。

六、煤层钻孔爆破卸压工程设计

1. 设备及爆破工艺

1）设备：有 1.2kW 煤电钻及钻具；起爆器及电线；硝铵炸药；其他。

2）爆破工艺：

（1）钻孔。

在待卸压区内，按事先确定的爆破方案，使用 1.2kW 煤电钻沿垂直工作面方向钻孔，孔深应达到设计的深度（一般孔深应达到支承压力峰值位置）。

（2）装药。

将药卷连同雷管或导爆物，按一定的装药方式推入钻孔中。

（3）封孔。

用封孔材料（黄泥、水泥砂浆等）填塞钻孔剩余部分的全长或一段长度。

（4）起爆。

将母线拉到安全地点后接到起爆器上，合上起爆器开关进行爆破。

2. 爆破参数选择及卸压效果检测

1）爆破参数选择。

煤层爆破卸压的效果与诸多因素相关，其中爆破参数优劣是影响效果的主要因素。因此，在实际应用中应通过试验加以确定。

门头沟煤矿二槽较为合理的爆破参数为：孔径 $\phi42mm$；孔深 5～8m；孔距 4～8m；药量 900～1500g。综合有冲击地压矿井防治经验及室内研究成果，一般爆破参数为孔径 $\phi38$～48mm，孔深 2～4 倍采高；孔距一般为 4～20m；药量为 1～5kg/孔。

2）爆破效果检测。

爆破卸压后，利用钻屑法在煤爆破孔周围一定区段内检测爆破效果。如果钻粉率等指标明显低于冲击危险值，则认为钻孔爆破达到了卸压效果；否则说明煤层仍具有冲击危险，应实施二次爆破。

表8-6-38　地音监测系统

型号	用途	模拟测量通道数	开关量通道数	传输距离(km)	环境温度(℃)	相对湿度(%)	防爆型式	外形尺寸(mm)	重量(kg)	生产厂家	备注
SAK	用于监测采掘工作面能产生冲击地压的危险程度(岩体或煤体的稳定程度)	32	4	10	10~30	40~80	安全火花"KH"	1100×1800×720		西安煤矿仪表厂	

表8-6-39　微震监测定位系统

型号	用途	通道数量	数据处理方式	传输距离(km)	通道供电方式	延迟时间(s)	地面装置电源(V)	整机功率(kW)	适用环境条件			生产厂家	备注
									温度(℃)	湿度(%)	粉尘(mg/m³)		
SYLOK	可连续监测矿井范围内的岩体微震活动(次数、能量),确定发生冲击地压的危险程度,能圈定应力集中区域的位置时间	8(可扩展到10)	8通道同时进行	10	各通道单独供电	1	$220^{+15\%}_{-10\%}$	2	10~30	40~80	0.2	西安煤矿仪表厂	该系统以电子计算机为核心,在10~20km内对矿井冲击地压连续监测长期连续监测

七、冲击地压预测仪器

由西安煤矿仪表厂生产的地音监测系统及微震监测定位系统,见表8—6—38,表8—6—39。

第七章 矿井抽放瓦斯

第一节 矿井抽放瓦斯设计依据及内容

一、设计依据

（1）煤层赋存条件（煤层和岩层的性质、厚度、倾角、层间距等）；

（2）矿井瓦斯等级；

（3）矿井瓦斯地质图（或瓦斯等值线图）；

（4）有关煤层瓦斯基础参数，如煤层瓦斯压力及梯度、煤层瓦斯含量、煤层透气性系数、钻孔瓦斯流量衰减系数等；

（5）矿井瓦斯储量及其分布、矿井及工作面瓦斯来源构成情况；

（6）矿井开拓部署、采区布置、采煤方法、通风系统及方式等。

二、设计内容

（1）矿井概况：煤层赋存条件、矿井煤炭储量、生产能力、巷道布置、采煤方法及瓦斯、通风状况；

（2）瓦斯鉴定参数：瓦斯压力、瓦斯含量及分布、煤层透气性系数及钻孔瓦斯流量衰减系数；

（3）瓦斯基础参数计算或预测：如瓦斯含量、瓦斯涌出量、瓦斯储量、瓦斯可抽量及抽放年限；

（4）抽放方法：钻场钻孔布置及工艺参数；

（5）抽放设备：抽放泵、管路系统、监测及安全装置；

（6）抽放泵站：泵房、供水、供电、采暖、避雷及其他；

（7）瓦斯利用：可利用量、利用方案、资金概算（属瓦斯利用专篇内容）；

（8）技术经济：投资概算、完成工期、技术经济分析；

（9）设计文件：包括设计说明书、设备清册、资金概算、图纸；

（10）主要图纸：①综合地质柱状图；②煤层瓦斯地质图（或瓦斯等值线图）；③抽放瓦斯方法平、剖面图；④抽放管路系统图；⑤抽放瓦斯泵房设备平面布置图；⑥抽放站场地平面布置图；⑦供电系统图。

第二节 建立瓦斯抽放系统的条件和指标

从煤矿安全生产角度而言，建立矿井瓦斯抽放系统主要取决于抽放瓦斯的必要性指标，如瓦斯含量、瓦斯涌出量等，即在保持回采面适宜风速（或允许风速）前提下合理的通风能力所能稀排的瓦斯量；同时取决于抽放瓦斯的可能性指标，如煤层透气性、瓦斯压力、钻孔瓦斯流量衰减系数等。

《矿井瓦斯抽放管理规范及反风规定》指出，凡申请建立瓦斯抽放系统的矿井，应同时具备下列4个条件：

(1) 1个采煤工作面的瓦斯涌出量>3 m³/min 或1个掘进面的瓦斯涌出量>3 m³/min；

(2) 矿井瓦斯涌出量>15 m³/min；

(3) 每1个瓦斯抽放系统的抽放量预定可保持在不小于 2 m³/min；

(4) 瓦斯抽放系统服务在 10 年以上。

上述 (1)、(2) 项条件指标值是基于在保持回采面适宜风速（$v=2.0$ m/s）前提下合理的通风能力所能稀排的瓦斯量，并假定回采面过风断面 $S=5.0$ m²，瓦斯涌出不均衡系数取 $K_w=1.3$。符合这一条件的矿井可遵循上述指标值。然而，在任意条件下，上述指标值不宜套用。

在任意取定回采面风速（在规程规定范围内）、回采面断面不确定的情况下，建立瓦斯抽放系统可参照下列指标。

一、回采工作面瓦斯涌出量参考指标

1. 绝对瓦斯涌出量指标（q_0）

回采面绝对瓦斯涌出量指标根据回采面过风断面的大小及回采面风速的取值来确定，即

$$q_{绝}>q_0=\frac{V_i \cdot S_{min} \cdot C \times 60}{K_w} \approx 0.46 V_i \cdot S_{min} \qquad (8-7-1)$$

式中 $q_{绝}$——回采面绝对瓦斯涌出量指标，m³/min；

q_0——通风所能稀释的瓦斯涌出量，m³/min；

C——回风流最大瓦斯浓度，取 1%；

K_w——瓦斯涌出不均衡系数，取 1.3；

S_{min}——回采面最小过风断面，m²；

V_i——回采面风速，m/s。

若取工作面适宜风速 $V=2.0$ m/s，式 (8-7-1) 则为：

$$q_{绝}>q_0 \approx 0.92 \cdot S_{min} \qquad (8-7-2)$$

若取工作面最大风速 $V=4.0$ m/s，则式 (8-7-2) 则为：

$$q_{绝}>q_0 \approx 1.84 \cdot S_{min} \qquad (8-7-3)$$

为便于设计及管理人员参考和套用指标，可根据回采面的最小过风断面 S_{min} 值，直接在图 8-7-1 中查出回采面考虑抽放的绝对瓦斯涌出量指标值。

在回采面过风断面 $S=5.0$ m²，取回采面风速 $V=2.0$ m/s 的情况下，绝对瓦斯涌出量指标值约为 5.0 m³/min。

2. 相对瓦斯涌出量指标（$q_{0相}$）

回采面相对瓦斯涌出量指标表达式为：

$$q_{相}>q_{0相}=\frac{1440 \times 60 \cdot V \cdot C \cdot S_{min}}{A \cdot K_w}=665 \frac{V \cdot S_{min}}{A} \qquad (8-7-4)$$

式中 $q_{相}$——回采面相对瓦斯涌出量指标，m³/t；

$q_{0相}$——通风所能稀释的相对瓦斯涌出量，m^3/t；

A——回采面产量，t/d；

V——工作面风速，m/s；

其余符号意义同（8-7-1）式。

当取适宜风速 $V = 2$ m/s 时，则（8-7-4）式变为：

$$q_{相} > q_{0相} \approx 1330 \frac{S_{min}}{A} \qquad (8-7-5)$$

若取最大风速 $V = 4$ m/s，则（8-7-4）式变为：

$$q_{相} > q_{0相} \approx 2660 \frac{S_{min}}{A} \qquad (8-7-6)$$

$q_{0相}$ 随 V 的取值而成正比关系。按式（8-7-4）作曲线如图 8-7-2。

在取定回采面风速 V 值的前提下，根据过风断面 S_{min} 值及产量 T 即可在图中查出相应的指标值 $q_{0相}$。

若求风速为任意值 V' 时的 $Q_{0相}'$，那么，应在图 8-7-2 中查出 $q_{0相}$ 值的基础上

$$q_{0相} = \frac{1440 \times 60 V \cdot C \cdot S_{min}}{A \cdot K_w} \approx 1330 \frac{S_{min}}{A}$$

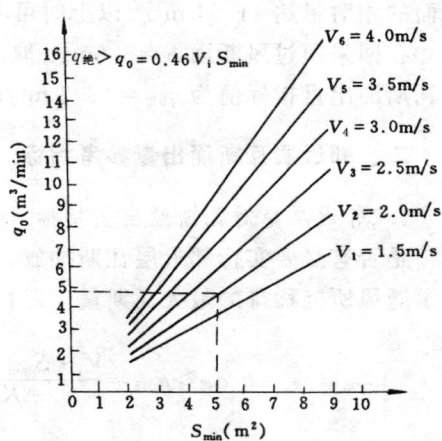

图 8-7-1　工作面绝对瓦斯涌出量指标图

乘以系数 $\dfrac{V'}{2}$，即：

$$q_{0相}' = \frac{V'}{2} q_{0相} \qquad (8-7-7)$$

式中　$q_{0相}'$——回采面风速为任意值时，通风所能稀排的相对瓦斯涌出量指标值，m^3/t；

$q_{0相}$——回采面采用适宜风速（$V = 2$m/s）时的相对瓦斯涌出量指标值，m^3/t；

V'——回采面取定的任意风速，m/s。

[例] 某矿一个回采面的产量为 1000 t/d，采场最小过风断面 $S_{min} = 5$ m^2。当根据回采面适宜风速 $V = 2$ m/s 配风时，在图 8-7-2 中查得 $q_{0相} = 6.65$ m^3/t，即当 $q_{相} > 6.65$ m^3/t 时就应考虑抽放；若按风速 $V' = 3.5$ m/s 配风，则

$$q_{0相}' = \frac{3.5}{2} \times 6.65 = 11.64 \ m^3/t$$

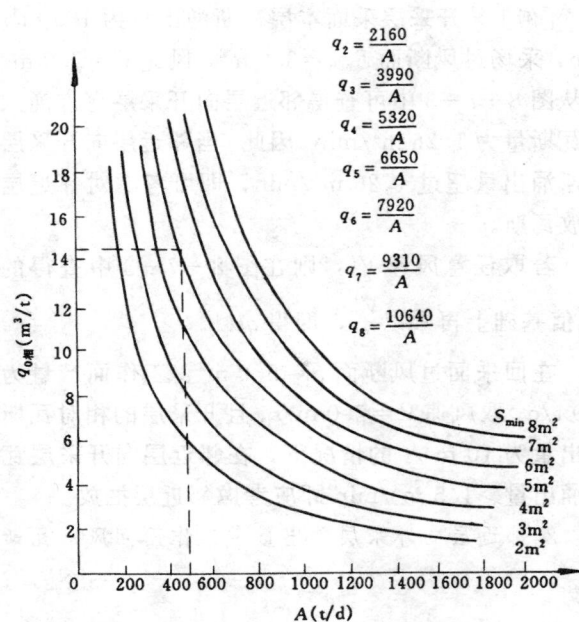

图 8-7-2　工作面相对瓦斯涌出量指标图

（$V = 2.0$ m/s 时）

说明加大风量后，相对瓦斯涌出量指标值可达到 $11.64\ \text{m}^3/\text{t}$。这样，加大工作面风速后，采面的相对量达 $11.64\ \text{m}^3/\text{t}$ 以上时可考虑抽放。

在回采面过风断面 $S=5.0\text{m}^2$、取风速 $V=2.0\text{m/s}$，工作面产量为 500 t/d 的情况下，相对瓦斯涌出量指标值为 $q_{0相}=13.3\ \text{m}^3/\text{t}$（接近 $15\ \text{m}^3/\text{t}$）。

二、邻近层瓦斯涌出量参考指标

1. 邻近层绝对瓦斯涌出量指标（$q_{0邻}$）

是否有必要实行邻近层瓦斯抽放，主要取决于邻近层与开采层的瓦斯涌出量之和是否超过了通风所能稀排的最大瓦斯量。即：

$$q_{邻}>q_{0邻}=\frac{V_i\cdot S_{min}\cdot C\times 60}{K_w}-q_{本}=0.46\,V_i\cdot S_{min}-q_{本} \qquad (8-7-8)$$

式中　$q_{邻}$——邻近层向开采层瓦斯涌出量指标，m^3/min；

$q_{0邻}$——回采面通风所能稀排的瓦斯量，m^3/min；

S_{min}——开采层采面最小过风断面，m^2；

$q_{本}$——开采层本层瓦斯涌出量（或经本煤层抽放后的瓦斯）；

K_w——瓦斯涌出不均衡系数，取 1.3；

C——回风流最大瓦斯浓度 1%。

将式（8-7-8）绘成曲线如图 8-7-3。

根据 S_{min} 值、$q_{本}$ 值即可在图中查出相应的指标值 $q_{0邻}$。

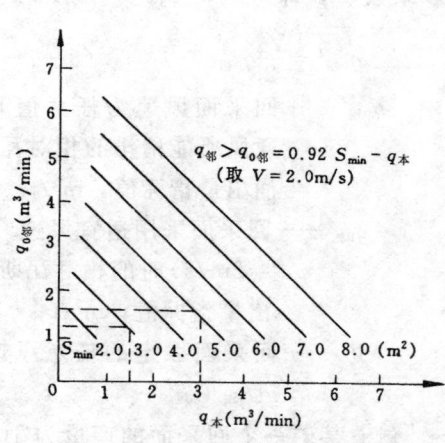

图 8-7-3　邻近层向开采层
瓦斯涌出量指标图

［例］某开采层采面本层瓦斯涌出量为 $1.5\ \text{m}^3/\text{min}$，采场过风断面 $S_{min}=3.0\ \text{m}^2$，风速 $V=2.0\ \text{m/s}$，从图 8-7-3 中可查得邻近层向开采层允许涌入的瓦斯量为 $1.26\ \text{m}^3/\text{min}$。因此，当邻近层向开采层瓦斯涌出量超过 $1.26\ \text{m}^3/\text{min}$，即可考虑对邻近层抽放瓦斯。

若取任意风速 V'，则在图 8-7-3 中查得的 $q_{0邻}$ 值基础上再乘以 $\dfrac{V'}{2}$，即得 $q_{0邻}'$。

在回采面过风断面 $S=5.0\ \text{m}^2$、工作面产量为 500 t/d、取风速 $V=2.0\ \text{m/s}$，且开采层的相对瓦斯涌出量为 $10\ \text{m}^3/\text{t}$ 的情况下，在邻近层向开采层瓦斯涌出量 $>1.5\ \text{m}^3/\text{min}$ 即应考虑邻近层抽放。

2.邻近层向开采层涌出量占工作面回风总瓦斯量的百分比指标（p）

$$p>p_0=\frac{q_{0邻}}{q_0}=\left(1-\frac{q_{本}}{0.46\cdot V_i\cdot S_{min}}\right)\times 100\% \qquad (8-7-9)$$

上式的图示见图 8-7-4，符号意义见式（8-7-1）及式（8-7-8）。

根据有关已知条件即可在图中查出相应的邻近层向开采层涌出量占工作面回风总瓦斯量的百分比指数值 p_0。

在矿井条件符合上述"1"的情况下，该指标值为 $p_0=30\%$。

是否实行邻近层抽放，还应考虑是否有一定的邻近层抽放量。若邻近层瓦斯抽放量 $<0.6\ m^3/min$，一般无抽放价值。

三、矿井抽放瓦斯参考指标

随着矿井工作面单产的日益提高，在矿井相对瓦斯涌出量一定的条件下，绝对瓦斯涌出量大大提高。因此，套用原有的相对涌出量指标已显得不能适应形势的发展，且意义不大。只要通风或其他措施不能解决瓦斯问题，或矿井有稳定的抽放量（一般应大于 $2\ m^3/min$）满足利用要求，就应建立抽放系统。

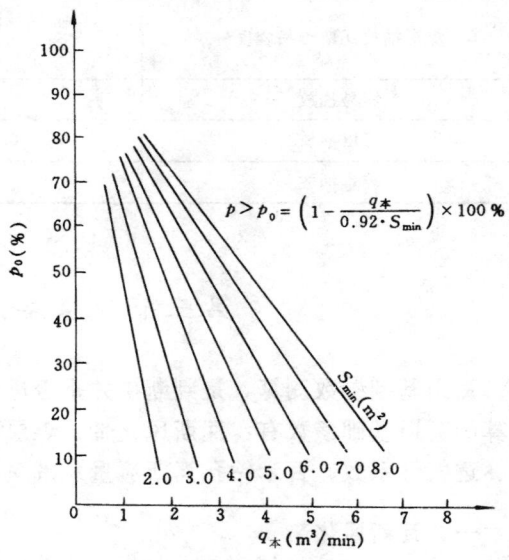

$$p > p_0 = \left(1 - \frac{q_{本}}{0.92 \cdot S_{min}}\right) \times 100\%$$

图 8—7—4 邻近层瓦斯涌出量百分比指标图

（$V=2\ m/s$ 时）

四、本煤层瓦斯抽放参考指标（W_{OB}）

通风可以解决的瓦斯含量指标，由下式求得，当瓦斯含量大于 W_{OB} 时，需进行瓦斯抽放。

$$W_B > W_{OB} = \frac{1440 \cdot QC}{100AK_w} + W_C \tag{8-7-10}$$

式中 W_{OB}——通风可以解决的瓦斯含量指标，m^3/t；

　　　W_C——残存瓦斯量，m^3/t，见表 8—7—1；

　　　Q——工作面配风量，m^3/min；

　　　A——工作面日产量，t/d；

其余符号同式（8—7—1）。

表 8—7—1 残 存 瓦 斯 量 表

煤 质	残存量（m^3/t）	煤 质	残存量（m^3/t）
无烟煤	6～10	焦煤	2～4
贫煤	4～8	气煤	2～3
粘结煤	6～8	长焰煤	1～2.5

五、抽放瓦斯难易程度参考指标

抽放瓦斯难易程度可参照表 8—7—2 所列指标。

表 8-7-2　抽放瓦斯难易程度分类

煤层抽放瓦斯难易程度	钻孔流量衰减系数 (d^{-1})	煤层透气性系数 ($m^2/MPa^2 \cdot d$)
容易抽放	<0.003	>10
可以抽放	0.003～0.05	10～0.1
较难抽放	>0.05	<0.1

第三节　煤层瓦斯基础参数测算

瓦斯基础参数测算，是判断矿井是否进行瓦斯抽放的先决条件。矿井瓦斯抽放设计必须测算的瓦斯基础参数有：瓦斯风化带、煤层瓦斯压力、煤层瓦斯含量、瓦斯储量、瓦斯涌出量、透气性系数、百米钻孔瓦斯流量衰减系数和瓦斯抽放率等。

一、瓦斯风化带

煤中的瓦斯成分随着煤层埋藏深度的不同而变化。由浅到深大致可分为四个带：二氧化碳—氮气带，氮气带，氮气—沼气带，沼气带，见表 8-7-3。

表 8-7-3　瓦斯带划分表

序号	带　　名	瓦斯成分	情况说明	带的大致垂深
1	二氧化碳—氮气带	主要是二氧化碳，少量氮气、沼气	二氧化碳显著增加，有的可达 $5m^3/t \cdot d$ 以上	缓倾斜煤层 60m 左右；急倾斜煤层 200～300m
2	氮气带	主要是氮气，少量二氧化碳、沼气	此带以上二氧化碳增高 此带以下二氧化碳减少	缓倾斜煤层 60～150m 左右 急倾斜煤层 300～400m
3	氮气—沼气带	主要是氮气、沼气	沼气涌出量显著增加，可达 $5m^3/t \cdot d$ 以上	此带较短 缓倾斜煤层 20～30m 急倾斜煤层 100m 左右
4	沼气带	主要成分是沼气	沼气涌出量可达日产吨煤数十立方米	氮气、沼气带以下皆是

沼气带以上的三个带通称为瓦斯风化带，它的下部边界可按下列指标确定：

沼气浓度：　　　　　　$CH_4\% = 80\%$

沼气压力：　　　　　　$P = 0.1 \sim 0.15$ MPa

沼气含量：　　　　　　$W_h = 1.0 \sim 1.5$ m^3/t（长焰煤）

　　　　　　　　　　　$W_h = 1.5 \sim 2$ m^3/t（气煤）

　　　　　　　　　　　$W_h = 2 \sim 2.5$ m^3/t（肥、焦煤）

　　　　　　　　　　　$W_h = 2.5 \sim 3$ m^3/t（瘦煤）

　　　　　　　　　　　$W_h = 3 \sim 4$ m^3/t（贫煤）

　　　　　　　　　　　$W_h = 5 \sim 7$ m^3/t（无烟煤）

各带瓦斯成分见表 8—7—4。

表 8—7—4　各 带 瓦 斯 成 分 变 化 表

带　别	CO₂		N₂		CH₄		Ar＋Kr＋Xe		N₂＋N₂ (%)	Ar/Xe
	%	m³/t 煤	%	m³/t 煤	%	m³/t 煤	%	m³/t 煤		
N₂—CO₂	20～80	0.19～2.24	20～80	0.15～1.42	0～10	0～0.16	0.21～1.44	0.0021～0.0178	＜0.001	0.012
N₂	0～20	0～0.27	80～100	0.22～1.86	0～20	0～0.22	0.61～1.88	0.0037～0.0561	＜0.001	0.014
N₂—CH₄	0～20	0～0.39	20～80	0.25～1.78	20～80	0.06～5.27	0.36～0.81	0.0051～0.012	＜0.001	0.014
CH₄	0～10	0～0.37	0～20	0～1.93	80～100	0.61～10.5	0～0.24	0.004～0.0052	0.001～0.06	0.014

CO₂、N₂、CH₄、Ar、Kr、Xe、H₂：为二氧化碳、氮、沼气、氩、氪、氙、氢气体

前苏联在顿巴斯煤田进行的研究表明，在其他条件相同时，瓦斯风化带深度和瓦斯涌出量梯度与煤的变质程度有关（见表 8—7—5）。变质程度愈高，瓦斯风化带深度和涌出量梯度愈小，反之亦然。这是因为煤的变质程度愈高，其透气性愈差。

表 8—7—5　煤的变质程度与瓦斯风化带深度关系表

煤的牌号	瓦斯风化带深度 (m)	瓦斯涌出量梯度 (m/m³·t)
气煤和长焰煤	500	30～40
肥　煤	450～500	20～25
焦　煤	150～200	15～20
瘦　煤	100～150	10～15
贫煤和无烟煤	50～100	5～10

瓦斯风化带深度是煤田长期地质过程的结果，它取决于一系列地质因素的影响：

（1）含煤地层排放瓦斯时间越长，瓦斯风化带就越深；

（2）地质错动程度愈高，煤层排放瓦斯的不均匀性和排放深度就愈大；

（3）剥蚀过程，它使含煤地层无瓦斯化的范围减少或局部消失；

（4）覆盖层（或一些地区的冻土层）阻碍瓦斯风化带的进一步扩大。

上述因素决定了瓦斯风化带的不同深度，不同矿区，煤层瓦斯风化带深度变动很大，表 8—7—6 列举了几个矿井的瓦斯风化带深度。

瓦斯风化带的深度各地不一，一般也有取垂深 110m 或 H 值的 1/5 的，或取瓦斯涌出量小于 2 m³/t 的垂深。

从沼气带起，煤层瓦斯含量和瓦斯涌出量按一定梯度增加，借以可确定抽放瓦斯区域或

及时确定巷道在接近沼气带前预先采取相应的措施。同时还可估计某一矿井或矿区未来瓦斯涌出的规模，因此瓦斯带的划分和确定有着生产实际意义。

表 8-7-6　部分矿井瓦斯风化带深度

矿　名	煤牌号	平均倾角 (°)	瓦斯风化带深度 (m)	瓦　斯　记　载
抚顺龙凤矿	气煤、长焰煤	30	205	通风报表中开始有瓦斯记录
抚顺胜利矿	气煤、长焰煤	30	188	开始有瓦斯事故
抚顺老虎台矿	气煤、长焰煤	30	180	采-80m 时瓦斯尚小
北票台吉矿	气　煤	60	125~140	垂深 270m 时开始有瓦斯突出
六枝四角田矿			60	
湖南立新矿	贫　煤	30	130	135m 开始有动力现象
焦作焦西矿	无烟煤	30	180~200	180 m 时瓦斯 8~10 m³/t
南桐鱼田堡矿	瘦　煤	30	190	

二、瓦斯压力计算及测定

瓦斯压力是标志煤层瓦斯流动特性和赋存状态的一个重要参数。在研究煤和瓦斯突出、瓦斯涌出和瓦斯抽放时，瓦斯压力是其重要的基本参数之一。

未受开采影响的煤层原始瓦斯压力测算方法通常有推算法和实测法，且以实测法最好。

（一）推算法

1. 根据瓦斯压力梯度推算某一垂深瓦斯压力

$$P = P_0 + P_M (H - H_0) \tag{8-7-11}$$

式中　P——瓦斯压力，MPa；

P_0——瓦斯风化带的瓦斯压力，一般可取 $P_0 = 0.196$ MPa；

P_M——瓦斯压力梯度，MPa/m，由式（8-7-12）计算；

H——垂深，m；

H_0——瓦斯风化带的垂深，m。

$$P_M = \frac{P_1 - P_0}{H_1 - H_0} \tag{8-7-12}$$

式中　P_1——实测瓦斯压力，MPa；

H_1——测瓦斯压力 P_1 地点的垂深，m。

［例］抚顺龙凤矿于-400m 水平（地表标高 100 m），曾测得瓦斯压力为 0.784 MPa，欲求下水平-460 m 水平的瓦斯压力。

取 $H_0 = 205$ m、$P_0 = 0.196$ MPa，瓦斯梯度为：

$$P_M = \frac{P_1 - P_0}{H_1 - H_0}$$

$$= \frac{0.784 - 0.196}{500 - 205}$$

$$= 0.00199 \text{ MPa/m}$$

预测－460 m 水平的瓦斯压力为：

$$P = P_0 + P_M (H - H_0)$$
$$= 0.196 + 0.00199 \times (560 - 205)$$
$$= 0.902 \text{ MPa}$$

经计算：－460 m 水平的瓦斯压力为 0.902 MPa。

2. 根据经验公式计算瓦斯压力

开采同一煤层的相邻矿井，可根据该式推算瓦斯压力

$$P = 0.098 \times (KH^\alpha - b) \qquad (8-7-13)$$

式中　P——瓦斯压力，MPa；

　　　K——系数；

　　　H——测定瓦斯压力地点的垂深，m；

　　　α——指数常数；

　　　b——常数。

几个矿井的 K、α、b 数值见表 8－7－7。

表 8－7－7　几个矿井的 K、α、b 数值表

矿　名	K	α	b
北票台吉矿	3.87	0.462	36.8
北票台吉矿	0.156	1	35.1
北票冠山二井	0.1154	1	12.24
湖南红卫矿	0.07	1	1.75

3. 国内各主要煤田实测的煤层瓦斯压力

经对国内一些矿区瓦斯压力实测值分析，瓦斯压力 P 和深度 H 的关系可以表示为下列直线关系：

$$P = (2.03 \sim 10.13) H \qquad (8-7-14)$$

式中　P——距地表垂深 H 处煤层瓦斯压力，kPa；

　　　H——垂深，m。

部分矿井实测瓦斯压力见表 8－7－8。

表 8－7－8　部分矿井实测瓦斯压力表

矿区	矿　井	煤层	成煤年代	煤牌号	垂深 H (m)	瓦斯压力 P (MPa)	$\dfrac{P}{H}$
南桐	南桐一井	4	二叠纪	焦、瘦煤	218	1.55	0.0071
	南桐一井	4	二叠纪	焦、瘦煤	307	2.90	0.0095
	南桐一井	4	二叠纪	焦、瘦煤	503	4.30	0.0085

矿区	矿 井	煤层	成煤年代	煤牌号	垂深 H (m)	瓦斯压力 P (MPa)	$\dfrac{P}{H}$
南桐	南桐二井	4	二叠纪	肥、瘦煤	315	2.50	0.0079
	南桐二井	4	二叠纪	肥、焦煤	381	4.10	0.0108
	鱼田堡矿	4	二叠纪	瘦煤	418	>6.00	>0.015
	鱼田堡矿	4	二叠纪	瘦 煤	432	4.95	0.0115
	鱼田堡矿	4	二叠纪	瘦 煤	630	3.95	0.0063
	东林矿	4	二叠纪	焦、瘦、贫煤	200	2.35	0.0115
	东林矿	4	二叠纪	焦、瘦、贫煤	402	4.50	0.0112
中梁山	南 井	西10	二叠纪	焦 煤	378	2.80	0.0075
	南 井	东5	二叠纪	焦 煤	240	2.00	0.0083
	北 井	东1	二叠纪	焦 煤	320	3.00	0.0094
	北 井	东8	二叠纪	焦 煤	310	3.06	0.0099
	北 井	西10	二叠纪	焦 煤	483	4.47	0.0093
天府	磨心坡矿	K_2	二叠纪	焦 煤	360	3.57	0.0094
	磨心坡矿	K_2	二叠纪	焦 煤	513	4.80	0.0093
	磨心坡矿	K_2	二叠纪	焦 煤	550	7.30	0.0133
	磨心坡矿	K_2	二叠纪	焦 煤	652	8.00	0.0123
	刘家沟矿	K_2	二叠纪	焦 煤	335	3.59	0.0105
	刘家沟矿	K_2	二叠纪	焦 煤	395	5.30	0.0134
	刘家沟矿	K_2	二叠纪	焦 煤	490	5.75	0.0117
	杨柳坝矿	K_1	二叠纪	焦 煤	435	1.20	0.0028
	三汇五矿	K_1	二叠纪	贫 煤	278	1.75	0.0063
松藻	打通一矿	8	二叠纪	无烟煤	330	1.80	0.0048
	打通二矿	8	二叠纪	无烟煤	345	1.65	0.0048
华蓥	高顶山一矿	K_1	二叠纪	瘦 煤	130	1.81	0.0139
	高顶山二矿	K_1	二叠纪	瘦 煤	438	1.98	0.0045
芙蓉	白皎矿	2	二叠纪	无烟煤	457	2.00	0.0044
	芙蓉矿	1	二叠纪	无烟煤	351	1.95	0.0043
六枝	大用矿	7	二叠纪	瘦、贫煤	280	1.75	0.0070
	地宗矿	7	二叠纪	焦、瘦煤	230	1.50	0.0065
	六枝矿	7	二叠纪	焦 煤	240	1.70	0.0071
	四角田矿	7	二叠纪	瘦、贫煤	170	1.98	0.0116
	木岗矿	7	二叠纪	贫 煤	330	1.5	0.0045
	凉水井矿	7	二叠纪	焦 煤	184	1.50	0.0082
	化处矿	7	二叠纪	贫 煤	300	1.50	0.0050
水城	老鹰山矿	13	二叠纪	气 煤	325	2.40	0.0074

续表

矿区	矿　井	煤层	成煤年代	煤牌号	垂深 H (m)	瓦斯压力 P (MPa)	$\dfrac{P}{H}$
英岗岭	东林井	6	二叠纪	无烟煤	180	1.00	0.0056
新华	一　井	B_4	二叠纪	无烟煤	307	1.78	0.0057
	一　井	B_4	二叠纪	无烟煤	409	3.50	0.0086
乐　平	涌山矿井	1	三叠纪	无烟煤	285	1.60	0.0056
	涌山矿井	3-1	三叠纪	无烟煤	180	1.83	0.0102
	涌山矿井	4	三叠纪	无烟煤	180	1.53	0.0085
	涌山矿井	6	三叠纪	无烟煤	180	1.78	0.0099
	涌山矿井	8-1	三叠纪	无烟煤	285	2.11	0.0074
梅　田	二　矿	12-2	二叠纪	无烟煤	200	1.50	0.0075
	三　矿	12-2	二叠纪	无烟煤	200	1.65	0.0083
	四　矿	12-2	二叠纪	无烟煤	250	1.60	0.0064
	八　矿	12-1	二叠纪	无烟煤	350	0.95	0.0032
	沙泥坳工区	12-2	二叠纪	无烟煤	180	0.85	0.0047
红　工	四　矿	5.2	二叠纪	无烟煤	261	1.35	0.0052
淮　南	毕家岗矿	$B4_6$	石炭二叠纪	肥气煤	340	2.80	0.0082
	谢一矿	B_{11b}	石炭二叠纪	肥气煤	570	2.60	0.0046
	谢二矿	C_{18}	石炭二叠纪	肥气煤	550	3.62	0.0066
	谢三矿	C_{18}	石炭二叠纪	肥气煤	520	2.31	0.0045
	新庄孜矿	B_{11b}	石炭二叠纪	肥气煤	440	1.85	0.0042
	李一矿	B_{11b}	石炭二叠纪	肥气煤	516	0.76	0.0015
水　城	汪家寨斜井	中煤组	二叠纪	肥煤	375	1.69	0.0045
	汪家寨平硐	中煤组	二叠纪	肥　煤	350	1.65	0.0047
白　沙	红卫里王庙井	6	二叠纪	无烟煤	260	1.73	0.0063
	红卫坦家冲井	6	二叠纪	无烟煤	138	1.26	0.0092
	马田艾和山井	5	二叠纪	无烟煤	150	0.88	0.0059
	马田桐子山井	5	二叠纪	无烟煤	181	1.40	0.0077
涟　邵	立新蛇形山井	4	二叠纪	贫煤	214	2.18	0.0102
	立新蛇形山井	4	二叠纪	贫煤	252	2.65	0.0105
	立新咸沙坝井	4	二叠纪	贫煤	192	1.46	0.0076
	斗笠山矿	2	二叠纪	瘦煤	218	1.40	0.0064
	半笠山矿	2	二叠纪	瘦　煤	433	3.40	0.0079
	洪山矿鲤鱼塘井	1	二叠纪	瘦、贫煤	378	2.45	0.0065
	洪山矿彭家冲井	1	二叠纪	贫　煤	228	1.70	0.0075
邵阳地区	隆回县大园煤矿	3	二叠纪	无烟煤	211	1.68	0.0080
涟源地区	资江煤矿	5	二叠纪	无烟煤	140	0.97	0.0069

续表

矿区	矿井	煤层	成煤年代	煤牌号	垂深 H (m)	瓦斯压力 P (MPa)	$\dfrac{P}{H}$
衡阳地区	常宁县红旗煤矿	6	二叠纪	无烟煤	165	1.82	0.0110
郴州地区	桂阳县三五矿	6	二叠纪	无烟煤	130	1.00	0.0077
	耒阳县新生矿	6	二叠纪	无烟煤	197	1.05	0.0053
丰城	坪湖矿	B_3	二叠纪	焦煤	482	3.75	0.0078
	建新矿	B_2	二叠纪	焦煤	444	4.18	0.0094
淮北	芦岭一矿	8	石炭二叠纪	肥、气煤	425	2.83	0.0067
太湖	园田矿	1	石炭二叠纪	肥、气煤	283	1.25	0.0044
焦作	李封矿	大煤	二叠纪	无烟煤	270	0.96	0.0036
	演马庄矿	大煤	二叠纪	无烟煤	275	0.96	0.0035
	九里山矿	大煤	二叠纪	无烟煤	220	0.90	0.0033
安阳	龙山矿	大煤	二叠纪	无烟煤	365	1.90	0.0052
阳泉	一矿北头嘴井	3	二叠纪	无烟煤	305	1.20	0.0039
开滦	马家沟矿	9−2	石炭二叠纪	肥煤	733	2.08	0.0028
	赵各庄矿	9	石炭二叠纪	气、肥煤	959	2.65	0.0028
包头	五当沟矿	1	侏罗纪	弱粘结气肥煤	310	1.20	0.0039
韩城	下峪口矿	3	石炭二叠纪	贫煤	397	1.10	0.0028
本溪	牛心台矿	臭大槽	石炭二叠纪	无烟煤	442	2.90	0.0066
北票	台吉一井	4 及 3A	侏罗纪	气煤	713	7.00	0.0098
	台吉一井	4	侏罗纪	气煤	560	5.23	0.0094
	台吉一井	5	侏罗纪	气煤	458	4.00	0.0087
	台吉一井	10	侏罗纪	气煤	729	8.15	0.0115
	冠山二井	$4\frac{1}{2}$	侏罗纪	气、气肥煤	397	3.69	0.0091
	冠山二井	$4\frac{1}{2}$	侏罗纪	气、气肥煤	590	5.40	0.0093
	三宝一井	9B	侏罗纪	肥、焦煤	226	2.10	0.0095
	三宝一井	9B	侏罗纪	肥、焦煤	597	5.40	0.0090
抚顺	胜利矿	2−2	第三纪	气、长焰煤	586	1.60	0.0017
	老虎台矿	本层	第三纪	气、长焰煤	740	3.20	0.0043
	龙凤矿	3	第三纪	气、长焰煤	620	0.85	0.0014
辽源	西安矿	下层	侏罗纪	长焰、气煤	470	2.57	0.0055
鸡西	滴道立井	12	侏罗纪	焦煤	520	3.70	0.0071
	滴道立井	12	侏罗纪	焦煤	728	5.00	0.0069
鹤岗	新一矿	22	侏罗纪	肥煤	395	4.50	0.0114

（二）瓦斯压力实测

测量瓦斯压力一般是在地质勘探钻孔中进行，或是在井下巷道中打钻孔测压，由于地勘测压工艺较复杂、精度较低。所以生产中广泛采用井下巷道打钻测压法，其钻孔、封孔、测压施工要求为：

1. 钻孔测压施工要求（表 8—7—9）

表 8—7—9 钻孔测压施工要求

步　骤	技　术　要　求	使用材料及设备
孔位选择	打钻开口至煤层要有一定距离： 1. 砂岩、坚硬岩石＞3 m； 2. 砂页岩、页岩＞5 m； 钻孔要避开褶曲、断层和裂隙带	
钻　孔	1. 孔口要完整，并穿透煤层； 2. 孔口不宜过大，一般在 $\phi 42 \sim 75$ mm	岩石电钻
放入测压管	1. 孔内煤粉必须清除，测压管要通畅； 2. 测压管不可紧靠孔壁一边，要适当弯曲	1. 测压管一般采用紫铜管，直径 4～6 mm，如兼测透气性时，管径可采用 8～12 mm； 2. 测压管开口处，包以铜网
封　孔	1. 封孔深度不得小于 3 m； 2. 打完钻立即封孔，封孔必须捣实； 3. 打入木楔时要注意不要把铜管压扁	1. 封孔材料选用干硬粘土，孔口 0.5 m 处要用水泥加固孔口； 2. 选用压力表最好在预计压力之内，以免中途换表

2. 封孔测定瓦斯压力方法（图 8—7—5）

三、煤层瓦斯含量计算

瓦斯含量是指煤层或岩层在自然条件下，单位重量或单位体积所含有的瓦斯量。瓦斯含量包括游离瓦斯和吸附瓦斯两部分，影响瓦斯含量的因素有煤的吸附能力、瓦斯压力、温度等。

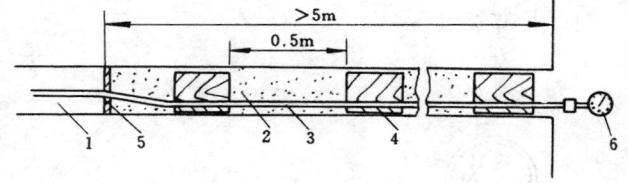

图 8—7—5 封孔测定瓦斯压力
1—测定室；2—堵孔材料；3—测压管；
4—木楔；5—挡板；6—压力表

（一）间接测定计算法

该类方法需在实验室作出吸附常数，在井下实测瓦斯压力，然后进行计算。由于实验室测出的 a、b 值是根据干煤样测定出来的，而实际上水分对瓦斯吸附容量有很大影响，为此，公式（8—7—16）考虑了 $1+0.31\ W^f$ 的修正系数。

计算公式

$$W_h = W_X + W_Y \tag{8—7—15}$$

$$W_X = \frac{abp}{1+bp} \cdot \frac{1-W^f-A^f}{1+0.31\ W^f} \tag{8—7—16}$$

$$W_Y = \frac{10.2+f_n p}{\gamma} \tag{8—7—17}$$

式中　W_h——煤层瓦斯含量，m^3/t；

W_X——在瓦斯压力为 p、煤层温度为 t 时煤的吸附瓦斯量，m^3/t；

W_Y——游离瓦斯量，m^3/t；

　a——吸附常数，表示在给定温度下，单位质量固体的表面饱和吸附气体的气体体积，m^3/t，一般为 $15\sim55\ m^3/t$；

　b——吸附常数，MPa^{-1}，一般为 $0.5\sim5\ MPa^{-1}$；

W^f——煤中水分，%；

A^f——煤中灰分，%；

f_n——煤的孔隙率，%；参见表 8-7-10；

　γ——煤的容重，t/m^3。

[例] 打通一矿 6 号煤层实测 $a=28.089\ m^3/t$、$b=0.136\ MPa^{-1}$、$p=1.47MPa$、$W^f=2.14\%$、$A^f=24.99\%$、$f_n=10.89\%$、$\gamma=1.57\ t/m^3$，求 $W_h=?$

解：
$$W_h=W_X+W_Y$$
$$=\frac{10.2\ abp}{1+10.2bp}\cdot\frac{(1-W^f-A^f)}{1+0.31\ W^f}+\frac{10.2f_np}{\gamma}$$
$$=\frac{10.2\times28.089\times0.136\times1.47}{1+10.2\times0.136\times1.47}\cdot\frac{(1-0.0214-0.2499)}{1+0.31\times0.0214}+$$
$$\frac{10.2\times0.1089\times1.47}{1.57}$$
$$=14.61\ m^3/t$$

经计算，6 号煤层瓦斯含量为 $14.61\ m^3/t$。

国内部分矿井煤的孔隙率，见表 8-7-11。

(二) 由瓦斯含量系数 α 求煤层瓦斯含量

1. 计算公式

$$W=\alpha\sqrt{P} \qquad\qquad (8-7-18)$$

或

$$W_h=\frac{W}{\gamma}$$

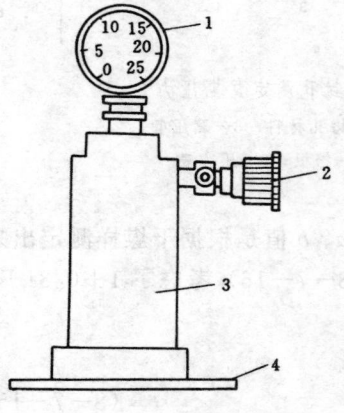

图 8-7-6　瓦斯含量测定罐
1—压力表；2—高压阀；
3—瓦斯罐；4—底盖

式中　α——瓦斯含量系数，$m^3/(m^3\cdot MPa^{0.5})$；

　P——煤层瓦斯压力（绝对压力），MPa；

　γ——煤的容重，t/m^3；

　W——每 m^3 煤层的瓦斯含量（$0.1\ MPa$，℃），m^3/m^3；

W_h——每吨煤的瓦斯含量（$0.1\ MPa$，℃），m^3/t。

该公式用在瓦斯压力大于 $0.2\ MPa$ 的情况下，进行煤层的瓦斯含量计算。

2. 瓦斯含量系数 α 测定方法

1) 测定方法：

(1) 在掘进煤巷的新鲜煤壁上，用电钻向煤层打眼，取钻深 1 m 以内处排出的煤粉，选取粒度在 $0.18\sim0.20\ mm$ 的煤粉，装入瓦斯含量测定罐，见图 8-7-6，并密封。

(2) 向测定罐注入瓦斯，并将压力打到 $2\ MPa$ 以上，见图 8-7-7。

(3) 在实验室恒温水槽内保持煤层温度，恒温 8h，记录罐内瓦斯压力 P_1（MPa）。

(4) 用水准瓶和集气瓶测出一次放气的瓦斯量 Q_{1-2}cm³，见图 8—7—8。

(5) 记录放气后的稳定瓦斯压力 P_2（MPa）。

2）计算公式：

根据上述测定结果用下式进行计算：

$$\alpha = \frac{\left[P_d Q_{1-2} - \left(V - \dfrac{G}{\gamma}\right)(P_1 - P_2)\right]\gamma}{\left(\sqrt{P_1} - \sqrt{P_2}\right)G} \qquad (8-7-19)$$

式中　α——瓦斯含量系数，m³/（m³·MPa^0.5）；

　　　P_d——大气压力，MPa；

　　　G——煤粉重量，g；

　　　γ——煤的容重，g/mL；

　　　P_1——放瓦斯前的稳定瓦斯压力（绝对压力），MPa；

　　　P_2——放瓦斯后的稳定瓦斯压力（绝对压力），MPa；

　　　Q_{1-2}——由 P_1 降到 P_2 时放出的瓦斯量，mL；

　　　V——瓦斯含量罐的体积，mL。

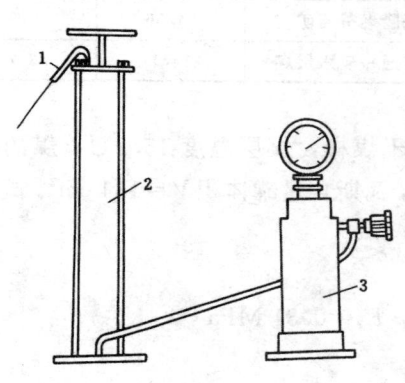

图 8—7—7　向测定罐注入高压瓦斯

1—钻孔瓦斯入口；2—高压打
气筒；3—瓦斯含量测定罐

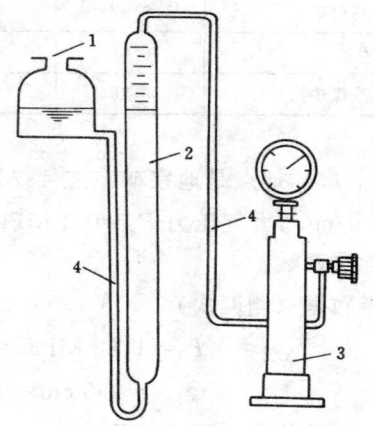

图 8—7—8　用水准瓶和集气瓶测出
一次放气的瓦斯量

1—水准瓶；2—量管；3—瓦斯
含量测定罐；4—胶管

表 8—7—10　煤质与孔隙率关系

煤的牌号	挥发分 V^r （%）	灰 分 A^f （%）	水 分 W^f （%）	比 重 (t/m³)	容 重 (t/m³)	孔隙率 f_n	
						(m³/t)	（%）
无烟煤	2.1~6.1	2~10	0.7~2.5	1.53~1.66	1.4~1.56	0.081~0.439	6~11.4
瘦 煤	7.1~11.5	1.4~12	0.5~0.7	1.35~1.5	1.32~1.37	0.031~0.073	4.8~9.6
粘结煤	12.2~16.6	2.7~19	0.9~2.2	1.33~1.75	1.22~1.53	0.025~0.128	4.2~18.3
焦 煤	18.1~25.9	2.5~22	0.5~3.0	1.26~1.54	1.22~1.44	0.017~0.114	2.2~14.9

煤的牌号	挥发分 V^r (%)	灰 分 A^f (%)	水 分 W^f (%)	比 重 (t/m³)	容 重 (t/m³)	孔隙率 f_n	
						(m³/t)	(%)
肥 煤	26.6~34.4	1.0~32	0.5~1.7	1.24~1.58	1.08~1.33	0.027~0.169	3.0~18.9
气 煤	37.8~41.5	2.4~17	1.6~10.1	1.24~1.54	1.2~1.3	0.03~0.121	3.6~15.1
长焰煤	42~45.3	5.2~14	4.2~9.9	1.31~1.5	1.15~1.4	0.064~0.107	7.9~13.1

表 8-7-11 国内部分矿井煤的孔隙率

矿 井	V^r (%)	f_n (%)	矿 井	V^r (%)	f_n (%)
抚顺龙凤矿	42.83	8.18	本溪田师傅矿三层	13.71	6.7
抚顺老虎台矿	45.76	14.05	甘肃贺兰山	24.45	6.7
焦作王封矿	5.82	18.5	鹤岗大陆井	31.85	10.6
焦作小马村矿	6.84	11.2	通化砟子煤矿	33.12	5.9
焦作小马村矿	6.92	13.7	开滦唐家庄矿	33.16	3.8
阳泉三矿	6.66	14.1	河北兴隆老爷庙矿	34.56	5.7
阳泉丈八煤中层	9.28	1.19	重庆打通一矿六层煤	14.1	3.7

[例] 取样地点是地宗矿东二 1373 风巷，新鲜的干煤样，煤层温度 15.2℃，煤的容重 $\gamma = 1.45$ g/cm³，大气压力 $P_d = 0.1$ MPa，煤样重＝42g，瓦斯含量罐体积 $V = 134$ cm³。试求煤层瓦斯含量系数？

测得数据（测两次）

$$P_1 = 1.62 \text{ MPa}, \quad P_2 = 0.85 \text{ MPa}, \quad P_3 = 0.31 \text{ MPa}$$

$$Q_{1-2} = 965 \text{ cm}^3, \quad Q_{2-3} = 747 \text{ cm}^3$$

将上列数值代入下式计算

$$\alpha = \frac{\left[P_d Q_{1-2} - \left(V - \dfrac{G}{\gamma} \right) (P_1 - P_2) \right] \gamma}{\left(\sqrt{P_1} - \sqrt{P_2} \right) G}$$

第一次

$$\alpha = \frac{\left[0.1 \times 965 - \left(134 - \dfrac{42}{1.45} \right) (1.62 - 0.85) \right] 1.45}{\left(\sqrt{1.62} - \sqrt{0.85} \right) 42}$$

$$= 1.537 \text{ m}^3 / (\text{m}^3 \cdot \text{MPa}^{0.5})$$

第二次

$$\alpha = \frac{\left[0.1 \times 747 - \left(134 - \dfrac{42}{1.45} \right) (0.85 - 0.31) \right] 1.45}{\left(\sqrt{0.85} - \sqrt{0.31} \right) 42}$$

$$= 1.699 \text{ m}^3 / (\text{m}^3 \cdot \text{MPa}^{0.5})$$

取瓦斯含量系数平均值，则

$$\alpha = \frac{1.537 + 1.699}{2} = 1.618 \ \text{m}^3/\ (\text{m}^3 \cdot \text{MPa}^{0.5})$$

该方法的优点是直接采样、装样，煤样的水分与煤层相同，注入罐中瓦斯就是煤层瓦斯，因而设备简单、易行，两天可以测定结果。

（三）经验公式计算煤层瓦斯含量

在无测定参数条件或要求精度不高的情况下，可用经验公式计算煤中的瓦斯含量。

1. 经验公式之一

$$W_{\text{X}} = \frac{65.5 \ (100 - A^{\text{f}} - W^{\text{f}})}{\left(\dfrac{0.098a}{P} + b \right) \ (V^{\text{r}})^{0.146} e^{n} \ (1 + 0.31 \ W^{\text{f}}) \ 100} \qquad (8-7-20)$$

$$W_{\text{Y}} = \frac{f_{\text{n}} P}{9.8 \ K_{\text{Y}} \gamma} \qquad (8-7-21)$$

式中　　　W_{X}——煤的瓦斯吸附量，m^3/t；

W^{f}、A^{f}、V^{r}——煤的水分、灰分、挥发分，%；

P——实测瓦斯压力，MPa；

e^{n}——温度系数，查表 8-7-12；

e——自然对数底；

n——$\dfrac{0.02 t}{0.993 + 0.007 P}$；

a——$2.4 + 0.21 V^{\text{r}}$ 或查表 8-7-13；

b——$1 - 0.004 V^{\text{r}}$ 或查表 8-7-13；

W_{Y}——游离瓦斯量，m^3/t；

f_{n}——煤的孔隙率，%，查表 8-7-10；

γ——煤的容重，t/m^3，查表 8-7-10；

K_{Y}——相当于煤层瓦斯压力下的瓦斯压缩系数，查表 8-7-14；

t——温度，℃。

表 8-7-12　$1/e^{n}$ 值

压 力 (MPa)	温 度　（℃）					
	10	20	25	30	35	40
0.1	0.819	0.670	0.607	0.549	0.497	0.449
0.2	0.820	0.672	0.609	0.551	0.500	0.452
0.4	0.822	0.676	0.613	0.555	0.504	0.457
0.6	0.824	0.680	0.617	0.560	0.509	0.462
0.8	0.826	0.683	0.621	0.564	0.513	0.467
1	0.828	0.687	0.625	0.569	0.518	0.471
1.2	0.830	0.690	0.629	0.578	0.522	0.476
1.372	0.832	0.693	0.633	0.577	0.527	0.481

续表

压　力	温　度　（℃）					
（MPa）	10	20	25	30	35	40
1.568	0.834	0.696	0.636	0.581	0.531	0.485
1.764	0.836	0.700	0.640	0.585	0.535	0.490
1.96	0.838	0.703	0.643	0.589	0.540	0.494
2.156	0.840	0.706	0.647	0.593	0.544	0.498
2.352	0.842	0.709	0.650	0.596	0.548	0.502
2.548	0.844	0.712	0.654	0.600	0.552	0.506
2.744	0.845	0.714	0.656	0.604	0.555	0.510
2.94	0.847	0.717	0.660	0.607	0.559	0.514
3.038	0.848	0.719	0.662	0.609	0.561	0.517
3.136	0.849	0.720	0.663	0.611	0.563	0.519
3.234	0.850	0.721	0.665	0.613	0.565	0.521
3.332	0.850	0.723	0.666	0.614	0.567	0.523
3.43	0.851	0.724	0.668	0.616	0.569	0.525
3.528	0.852	0.725	0.670	0.618	0.571	0.527
3.626	0.853	0.727	0.671	0.619	0.572	0.528
3.724	0.853	0.728	0.672	0.621	0.573	0.530
3.822	0.854	0.729	0.674	0.622	0.575	0.532
3.92	0.855	0.731	0.676	0.624	0.577	0.534
4.018	0.856	0.732	0.677	0.626	0.579	0.535
4.116	0.856	0.733	0.678	0.627	0.580	0.537
4.214	0.857	0.734	0.680	0.629	0.582	0.539
4.312	0.857	0.736	0.681	0.631	0.584	0.541
4.41	0.858	0.737	0.682	0.632	0.586	0.545
4.508	0.860	0.738	0.684	0.634	0.587	0.545
4.606	0.860	0.739	0.685	0.635	0.589	0.547
4.704	0.860	0.740	0.687	0.636	0.590	0.548
4.802	0.861	0.742	0.688	0.638	0.592	0.550
4.9	0.862	0.743	0.689	0.640	0.594	0.552
4.998	0.862	0.744	0.691	0.641	0.596	0.553
5.096	0.863	0.745	0.692	0.643	0.597	0.555
5.194	0.864	0.746	0.694	0.644	0.599	0.557
5.292	0.864	0.747	0.695	0.645	0.600	0.558
5.39	0.865	0.748	0.696	0.647	0.602	0.560
5.488	0.866	0.749	0.697	0.649	0.604	0.562
5.586	0.866	0.751	0.698	0.650	0.605	0.563

压　力 (MPa)	温　度（℃）					
	10	20	25	30	35	40
5.684	0.867	0.752	0.699	0.651	0.607	0.565
5.782	0.868	0.753	0.700	0.652	0.608	0.566
5.88	0.868	0.754	0.702	0.654	0.610	0.568
6.076	0.869	0.756	0.705	0.657	0.613	0.571
6.272	0.870	0.758	0.707	0.660	0.616	0.574
6.468	0.871	0.760	0.709	0.662	0.618	0.577
6.664	0.873	0.762	0.712	0.664	0.621	0.580
6.86	0.874	0.764	0.715	0.667	0.621	0.583
7.35	0.876	0.768	0.720	0.673	0.631	0.590
7.84	0.879	0.773	0.725	0.679	0.638	0.597
8.33	0.882	0.777	0.730	0.685	0.644	0.604
8.82	0.884	0.782	0.735	0.691	0.650	0.611
9.8	0.889	0.790	0.745	0.701	0.662	0.624

表 8-7-13 瓦斯含量系数值

V^r (%)	$\dfrac{65.5}{(V^r)^{0.146}}$	α	b	残存量 (m³/t) $t=0℃$ $P=0.1$ MPa
1	65.5	2.61	0.996	18.20
2	59.0	2.82	0.992	15.50
3	55.3	3.03	0.988	13.80
4	53.5	3.24	0.984	12.60
5	51.8	3.45	0.980	11.70
6	50.5	3.66	0.976	10.90
7	49.4	3.87	0.972	10.20
8	48.4	4.08	0.968	9.60
9	47.6	4.29	0.964	9.06
10	46.8	4.50	0.960	8.57
11	46.1	4.71	0.956	8.14
12	45.5	4.92	0.952	7.75
13	45.0	5.13	0.948	7.40
14	44.6	5.34	0.944	7.08
15	44.1	5.55	0.940	6.78
16	43.7	5.76	0.936	6.50
17	43.3	5.97	0.932	6.25
18	42.9	6.18	0.928	6.02

V^r (%)	$\dfrac{65.5}{(V^r)^{0.146}}$	α	b	残存量 (m³/t) $t=0$℃ $P=0.1$ MPa
19	42.6	6.39	0.924	5.81
20	42.3	6.60	0.920	5.61
21	42.0	6.81	0.916	5.42
22	41.7	7.02	0.912	5.24
23	41.4	7.23	0.908	5.07
24	41.4	7.44	0.904	4.92
25	40.9	7.65	0.900	4.78
26	40.7	7.86	0.896	4.64
27	40.5	8.07	0.892	4.52
28	40.3	8.28	0.888	4.39
29	40.1	8.49	0.884	4.27
30	39.9	8.70	0.880	4.16
31	39.7	8.91	0.876	4.05
32	39.5	9.12	0.872	3.95
33	39.3	9.33	0.868	3.85
34	39.1	9.54	0.864	3.76
35	38.9	9.75	0.860	3.67
36	38.7	9.96	0.856	3.58
37	38.6	10.17	0.852	3.50
38	38.4	10.38	0.848	3.42
39	38.3	10.59	0.844	3.35
40	38.1	10.80	0.840	3.28

表 8-7-14　瓦斯压缩系数（K_Y）值

P (MPa)	t（℃）					
	0	10	20	30	40	50
0.1	1.0	1.04	1.08	1.12	1.16	1.20
1	0.97	1.02	1.06	1.10	1.14	1.18
2	0.95	1.00	1.04	1.08	1.12	1.16
3	0.92	0.97	1.02	1.06	1.10	1.14
4	0.90	0.95	1.00	1.04	1.08	1.12
5	0.87	0.93	0.98	1.02	1.06	1.11
6	0.85	0.90	0.95	1.00	1.05	1.10
7	0.83	0.88	0.93	0.98	1.04	1.09

[例] 某矿井煤层 $W^f=3.1\%$，$A^f=1.9\%$，$V^r=14.1\%$，$P=1.47$ MPa，$t=20$ ℃，$\gamma=1.4$ t/m³，求瓦斯含量？

解：

$$W_x=\frac{65.5\,(100-A^f-W^f)}{\left(\dfrac{0.98a}{P}+b\right)(V^r)^{0.146}e^n\,(1+0.31\,W^f)\,100}$$

式中　查表 8—7—12，$1/e^n=0.695$

　　　查表 8—7—13，$\dfrac{65.5}{(V^r)^{0.146}}=44.5$

$$a=2.4+0.21\times14.1=5.36$$
$$b=1-0.004\times14.1=0.94$$

$$W_x=\frac{65.5\,(100-1.9-3.1)}{\left(\dfrac{0.525}{1.47}+0.94\right)e^n\,14.1^{0.146}\,(1+0.31\times3.1)\times100}$$

$$=11.5\,m^3/t$$

根据 V^r 查表 8—7—10，$f_n=6$，根据压力 P 查表 8—7—14，$K_Y=1.05$。

$$W_Y=\frac{f_nP}{9.8\,K_Y\,\gamma}=\frac{6\times1.47}{9.8\times1.05\times1.4}=0.6\,m^3/t$$

最终求得煤层瓦斯含量

$$W_h=W_x+W_Y=11.5+0.6=12.1\,m^3/t$$

2. 经验公式之二

当挥发分 V^r 小于 15% 时可用下式：

$$W_x=\frac{10.2\times[0.0016\,t^2-0.19\,t+87.54\,(V^r)^{-0.55}]\,P\,[1-0.01\,(A^f-W^f)]\,f_nB_0}{10.2P+\dfrac{1}{0.34-0.004\,t}}$$

$$(8-7-22)$$

当挥发分 V^r 在 15%～40% 时可用下式：

$$W_x=\frac{10.2\times(0.0016\,t^2-0.19\,t+23-0.2\,V^r)\,P\,[1-0.01\,(A^f-W^f)]\,f_nB_0}{10.2P+\dfrac{1}{0.34-0.004\,t}}$$

$$(8-7-23)$$

$$W_Y=f_n\frac{10.2\,P}{K_Y} \qquad (8-7-24)$$

式中　W_x——在 P、t 条件下的吸附瓦斯量，m³/t；

　　　W_Y——在 P、t 条件下的游离瓦斯量，m³/t；

　　A^f——煤中灰分，%；

　　W^f——煤中水分，%；

　　f_n——孔隙率，%；

　　B_0——水分对吸附能力影响系数，

$$B_0=\frac{P}{0.098\times0.9792}，一般取1。$$

3. 经验公式之三

该公式一般用来计算残余瓦斯量。

当挥发分 V^r 小于 21% 时用下式：

$$W_h = \frac{10.2\ (0.0003835\ t^2 - A_t + B)\ P}{1 + 10.2\ (C - 0.002172)\ P} + 10.2 f_y P \qquad (8-7-25)$$

当挥发分 V^r 大于 21% 时用下式：

$$W_h = \frac{10.2 \times 15.53\ (C_1 - 0.00218\ t)\ P}{1 + 10.2\ (C_1 - 0.00218\ t)\ P} + 10.2 \cdot f_y P \qquad (8-7-26)$$

式中　　W_h——在 P、t 条件下的煤的瓦斯含量，m^3/t；

　　　　f_y——煤单位重量的孔隙容积 m^3/t，见表 8-7-15；

A、B、C、C_1——系数，见表 8-7-16。

表 8-7-15　煤 的 孔 隙 容 积

V^r（%）	<5	5~9	9~17	18~30	>30
f_y	0.10	0.09	0.07	0.06	0.09

表 8-7-16　A、B、C 系 数

挥 发 分（%）	系　　数		
	A	B	C
3.0	0.1683	15.770	0.3689
3.5	0.1603	14.634	0.3664
4.0	0.1537	13.703	0.3639
4.5	0.1482	12.922	0.3614
5.0	0.1435	12.250	0.3588
5.5	0.1393	11.665	0.3563
6.0	0.1356	11.166	0.3538
6.5	0.1323	10.684	0.3513
7.0	0.1293	10.267	0.3488
7.5	0.1265	9.888	0.3463
8.0	0.1240	9.542	0.3437
8.5	0.1216	9.224	0.3412
9.0	0.1195	8.928	0.3387
9.5	0.1174	8.652	0.3362
10.0	0.1155	8.395	0.3337
11.0	0.1120	7.929	0.3286
12.0	0.1083	7.514	0.3236

挥 发 分 (%)	系　数		
	A	B	C
13.0	0.1059	7.143	0.3186
14.0	0.1032	6.803	0.3135
15.0	0.1008	6.494	0.3085
16.0	0.0985	6.212	0.3035
17.0	0.0963	5.949	0.2985
18.0	0.0942	5.700	0.2934
19.0	0.0923	5.470	0.2884
20.0	0.0904	5.255	0.2834
21.0	0.0886	5.052	0.2783
22.0			0.2733
23.0			0.2683
24.0			0.2632
25.0			0.2582
26.0			0.2532
27.0			0.2481
28.0			0.2431
29.0			0.2381
30.0			0.2330
31.0			0.2280
32.0			0.2230
33.0			0.2179
34.0			0.2129
35.0			0.2079
36.0			0.2029
37.0			0.1978
38.0			0.1928
39.0			0.1878
40.0			0.1827
41.0			0.1777
42.0			0.1727
43.0			0.1676
44.0			0.1626
45.0			0.1576

四、瓦斯储量计算

矿井瓦斯储量，是指井田开发过程中，受采动影响能够排放瓦斯的煤层（包括不可采煤层）所储存的瓦斯量。

$$W = W_1 + W_2 + W_3 \tag{8-7-27}$$

式中　W——矿井瓦斯储量，Mm^3；

W_1——矿井可采煤层瓦斯储量，Mm^3；

$$W_1 = \sum_{i=1}^{n} A_{1i} W_{1i} \tag{8-7-28}$$

A_{1i}——矿井 i 可采煤层的地质储量，Mt；

W_{1i}——矿井 i 可采煤层的瓦斯含量，m^3/t；

W_2——受采动影响后能够向开采空间排放的各不可采煤层的瓦斯储量，Mm^3，

$$W_2 = \sum_{i=1}^{n} A_{2i} W_{2i} \tag{8-7-29}$$

A_{2i}——受采动影响后能够向开采空间排放的 i 不可采煤层的地质储量，Mt；

W_{2i}——受采动影响后能够向开采空间排放的 i 不可采煤层的瓦斯含量，m^3/t；

W_3——受采动影响后能够向开采空间排放的围岩瓦斯储量，Mm^3，实测或按下式计算：

$$W_3 = K(W_1 + W_2) \tag{8-7-30}$$

式中　K——围岩瓦斯储量系数，一般取 $K = 0.05 \sim 0.20$。

如果要计算某区域（水平、采区、工作面等）的瓦斯储量，方法同上，但要将 A_{1i}、A_{2i}、W_{1i}、W_{2i} 变为所计算区域的煤层储量和煤层瓦斯含量。

五、瓦斯涌出量计算

瓦斯涌出量是指在生产过程中，矿井或采区涌出的瓦斯数量，主要由回采、掘进、采空区三部分瓦斯组成。

（一）回采、掘进及采空区瓦斯涌出量

1. 回采瓦斯涌出量

1）开采单一煤层时的回采瓦斯涌出量计算（不考虑邻近层的瓦斯涌出）。

$$q_f = \mu K_p W_n \tag{8-7-31}$$

式中　q_f——开采层本层瓦斯涌出量，m^3/t；

μ——机械化程度系数，联合采煤机和风镐采煤时等于 1.0，截煤机掏槽落煤等于 1.2；

K_p——瓦斯放出系数，即计算的瓦斯涌出量对煤层瓦斯含量的比例，由图 8-7-9 查得；

W_h——煤层瓦斯含量，m^3/t。

2）多煤层条件下回采瓦斯涌出量。

（1）有邻近层的回采瓦斯涌出量计算之一：

$$q_f = K_w \cdot q_c + q_h + q_s + q_x \tag{8-7-32}$$

式中　q_f——采煤时瓦斯涌出量，m^3/t；

K_w——围岩瓦斯涌出系数，一般取 1.2；

q_c——采出煤中的瓦斯涌出量，m^3/t，其计算公式见式（8-7-33）；

q_h——开采层由于回采率不高而产生的附加瓦斯涌出量，m^3/t，其计算公式见式（8-7-34）；

q_s、q_x——分别为顶、底板邻近层及不可采夹层泄出的瓦斯量，m^3/t，其计算公式见式（8-7-35）、式（8-7-36）。

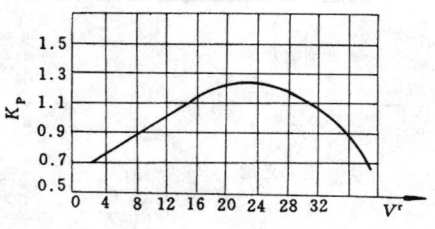

图 8-7-9 瓦斯放出计算系数值曲线

$$q_c = W_h - W_c \qquad (8-7-33)$$

式中 W_h——邻近层的瓦斯含量，m^3/t；

W_c——邻近层的残存瓦斯量，m^3/t，可按表 8-7-1 选取。

$$q_h = b \frac{C}{100-C} W_h \qquad (8-7-34)$$

式中 b——考虑丢失在井下煤中瓦斯涌出程度系数，取 0.6~0.8；

C——丢煤百分率，%。

$$q_s = \frac{L_0}{L_0 - \Sigma h} b_s \frac{m_s}{m} (W_h - W_c) \qquad (8-7-35)$$

$$q_x = \frac{L_0}{L_0 - \Sigma h} b_x \frac{m_x}{m} (W_h - W_c) \qquad (8-7-36)$$

式中 L_0——阶段倾斜长度，m；

Σh——阶段煤柱总长度，m；

m_s——上部邻近层的厚度，m；

m_x——下部邻近层的厚度，m；

m——开采层的可采厚度，m；

b_s、b_x——邻近层向开采层涌出瓦斯程度系数，其计算公式见式（8-7-37）。

$$b_s 、 b_x = 1 - \frac{N\cos\gamma}{L\cos\alpha}\left[\frac{1}{\sin(\gamma-\alpha)} + \frac{1}{\sin(\gamma+\alpha)}\right] \qquad (8-7-37)$$

式中 N——邻近层至开采层的法线距离，m；

L——开采工作面长度，m；

α——煤层倾角，(°)；

γ——卸压角，(°)。

γ 值也可按表 8-7-17 选取。

表 8-7-17 层间相对厚度对卸压角关系

$\frac{N}{m}$层间相对厚度	3~10	10~30	30~80
γ 值 (°)	70	75	80

b_s、b_x 值也可按表 8-7-18（经验数据）选取。

表 8-7-18　邻近层向开采层瓦斯涌出程度

邻近层别	间　距 (m)	b_s	b_x
上邻近层	20	1.0	
	40	0.70	
	70	0.35	
	>120	0	
下邻近层	5~10		1.0
	20		0.45
	40		0.10
	>60		0

　[例]　逢春矿井为急倾斜煤层开采，共计有五层无烟煤，从上往下为 6、7、8、9、11 号层，6 号层为开采层（保护层），8 号层为主要突出层，地质资料提供煤层瓦斯含量值如下表：

煤　层	煤层厚度 (m)	煤层间距 (m)	平均瓦斯含量 (m³/t)	备　注
6 号	1.02		14.83	
7 号	0.77	6.10	18.13	
8 号	3.23	7.69 3.21	20.46	
9 号	0.63	19.07	18.21	取 11 号层资料
11 号	0.63		18.21	

　求 6 号层回采时的瓦斯涌出量是多少？
　根据公式

$$q_f = K_W \cdot q_c + q_h + q_s + q_x$$

取 $K_W = 1.2$

查表 8-7-1，$W_c = 8 \text{ m}^3/\text{t}$（无烟煤）

$$q_c = W_h - W_c = 14.83 - 8 = 6.83 \text{ m}^3/\text{t}$$

$$K_W \cdot q_c = 1.2 \times 6.83 = 8.2 \text{ m}^3/\text{t}$$

$$b = 0.7, \quad c = 15\%$$

$$q_s = b \frac{c}{100-c} W_h$$

$$= 0.7 \frac{15}{100-15} \times 14.83 = 1.83 \text{ m}^3/\text{t}$$

各邻近层涌向开采层的瓦斯量 q_x：

7 号层向 6 号层的涌出量

取阶段倾斜长度 90 m，阶段煤柱总长度 15 m

$$q_{7-6} = \frac{90}{90-15} \times \frac{0.77}{1.02} \times 1 \times (18.13-8)$$
$$= 9.2 \text{ m}^3/\text{t}$$

8 号层向 6 号层的涌出量

$$q_{8-6} = \frac{90}{90-15} \times \frac{3.23}{1.02} \times 0.5 \times (20.46-8)$$
$$= 23.7 \text{ m}^3/\text{t}$$

9 号层向 6 号层的涌出量

$$q_{9-6} = \frac{90}{90-15} \times \frac{0.63}{1.02} \times 0.45 \times (18.21-8)$$
$$= 3.4 \text{ m}^3/\text{t}$$

11 号层向 6 号层的涌出量

$$q_{11-6} = \frac{90}{90-15} \times \frac{0.63}{1.02} \times 0.2 \times (18.21-8)$$
$$= 1.5 \text{ m}^3/\text{t}$$

总计 6 号层回采的瓦斯涌出量为：

$$q_f = K_w q_c + q_h + q_{7-6} + q_{8-6} + q_{9-6} + q_{11-6}$$
$$= 8.2 + 1.83 + 9.2 + 23.7 + 3.4 + 1.5$$
$$= 47.83 \text{ m}^3/\text{t}$$

6 号层回采时，瓦斯涌出量为 47.83 m³/t。

(2) 有邻近层时回采瓦斯涌出量计算之二：

$$q_f = q_b + q_n \tag{8-7-38}$$

式中 q_f——开采层瓦斯涌出量，m³/t；

q_b——开采层本层瓦斯涌出量，m³/t，其计算见公式 (8-7-39)；

q_n——邻近层瓦斯涌出量，m³/t，其计算见公式 (8-7-40)。

$$q_b = K_w K_d K_z K_s \frac{m}{m_0} W_h \tag{8-7-39}$$

$$q_n = \sum \frac{m_i}{m_0} b_i K_s W_i \tag{8-7-40}$$

式中 K_w——围岩瓦斯涌出系数，一般取 1.2；

K_d——丢煤损失系数；$K_d = \frac{100}{100-C}$；

C——损失率，%；

K_z——掘进回采巷道瓦道预排系数；其计算见公式 (8-7-41)；

$$K_z = \frac{L-2h}{L} \tag{8-7-41}$$

L——工作面长度，m；

h——掘进预排宽度，无烟煤、贫煤取 10 m，瘦煤、焦煤取 14 m；其他煤种取 18 m；

K_s——瓦斯涌出程度系数，一般取 0.8（运到地表的煤中还残存一部分瓦斯，这部分残余量约占沼气含量的 20%）；

　　　　m——开采层厚度，m；

　　　　m_0——开采分层厚度，m；

　　　　W_h——本煤层瓦斯含量，m³/t；

　　　　m_i——邻近煤层厚度，m；

　　　　b_i——邻近煤层瓦斯涌出程度系数，其计算见公式（8-7-42）。

$$b_i = \frac{(W_i - W_{ci}) \, L_i}{W_i \cdot L}$$　　　　　　　　　　（8-7-42）

式中　W_i——第 i 邻近层瓦斯含量，m³/t；

　　　　W_{ci}——i 邻近层残余瓦斯量，m³/t；

　　　　L_i——i 邻近层的瓦斯排放带宽度，m；其计算见公式（8-7-43）。

$$L_i = \frac{2H_i}{\tan\delta} + L$$　　　　　　　　　　（8-7-43）

式中　H_i——第 i 煤层与开采层的间距，m；

　　　　δ——卸压角，(°)，按表 8-7-19 选取；

　　　　L——回采工作面长度，m。

表 8-7-19　开采层沿倾斜的卸压角

煤层倾角 α (°)	卸　压　角 (°)				最大下沉角 θ (°)
	δ_1	δ_2	δ_3	δ_4	
0	80	80	75	75	90
10	77	83	75	75	83
20	73	87	75	75	86
30	69	90	77	70	70
40	65	90	80	70	65
50	70	90	80	70	56
60	72	90	80	70	48
70	72	90	80	72	36
80	73	90	78	75	22
90	75	80	75	80	0

　　卸压角范围见图 8-7-10。

　　（3）中厚、厚煤层分层开采时的回采瓦斯涌出量计算：

$$q_t = (1+n)(W_h - W_c)\left(1 + \frac{m_1\gamma_1}{m\gamma}\right) + [M(W_h - W_1) + Z(W_h - W_2)]$$

（8-7-44）

式中　q_t——回采瓦斯涌出量，m³/t；

　　　　W_h——回采的自然分层中煤的瓦斯含量，m³/t；

　　　　W_c——煤运至地面残余瓦斯含量，m³/t；

W_1——煤柱内剩余的瓦斯量，m^3/t；

W_2——未采的自然分层中剩余的瓦斯量，m^3/t；

m——回采的自然分层厚度，m；

γ——回采的自然分层煤的容重，t/m^3；

m_1——未采的自然分层厚度，m；

γ_1——未采的自然分层煤的容重，t/m^3；

n——围岩中涌出的瓦斯量占采煤中涌出的瓦斯量的比值系数；

　　全部充填管理顶板时取 0.1；

　　局部充填管理顶板时取 0.15；

　　全部冒落管理顶板时取 0.20；

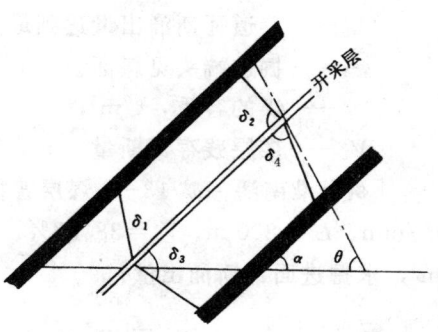

图 8—7—10　沿倾斜卸压角示意图

M——煤柱煤量占采区煤量比，%；

Z——采空区残煤占采区煤量比，%。

[例] 某矿单一煤层长壁式工作面，煤厚 8 m，分层采高 2 m，全部冒落管理顶板，预计瓦斯含量 20 m^3/t，求回采期间吨煤瓦斯涌出量？

已知：围岩瓦斯涌出系数 $n=20\%$；煤中残存瓦斯量 $W_c=8\ m^3/t$；煤柱中残留瓦斯量 $W_1=12\ m^3/t$；未采的自然分层中剩余瓦斯量 $W_2=10\ m^3/t$；煤柱煤量占采区煤量比 $M=20\%$；采空区残煤占采区煤量比 $Z=5\%$；煤的比重 $\gamma=\gamma_1=1.4\ t/m^3$。

由公式得：

$$q_f = (1+0.2)(20-8)\left(1+\frac{6\times1.4}{2\times1.4}\right)+0.2(20-12)+0.05(20-10)$$
$$=59.7\ m^3/t$$

则该工作面预计瓦斯涌出量为 59.7 m^3/t

2. 掘进瓦斯涌出量

掘进工作面瓦斯涌出量按下式计算

1）计算式一：

$$q_j=q_m+q_L \tag{8-7-45}$$

$$q_m=n\cdot m\cdot V\cdot q_v\ (2\sqrt{L_0}/V-1) \tag{8-7-46}$$

$$q_L=s\cdot V\cdot\gamma\ (W_h-W_c) \tag{8-7-47}$$

式中　q_j——掘进工作面瓦斯涌出量，m^3/min；

　　　　q_m——掘进煤壁瓦斯涌出量，m^3/min，其计算见公式（8—7—46）；

　　　　q_L——落煤瓦斯涌出量，m^3/min，其计算见公式（8—7—47）；

　　　　n——暴露煤面个数，单巷掘进时 $n=2$；

　　　　m——煤层厚度，m；

　　　　V'——平均掘进速度，m/min；

　　　　q_v——煤壁瓦斯涌出初速度，$m^3/m^2\cdot min$（无实测数据时可参照公式(8—7—48)取值）；

$$q_v=0.026\left[0.0004\ (V')^2+0.16\right]\cdot W_h \tag{8-7-48}$$

　　　　V^r——煤的挥发分，%；

　　　W_h——煤层瓦斯含量，m^3/t；

　　　L_0——巷道瓦斯涌出量达到最大稳定值时的巷道长度，m；

　　　s——掘进端头见煤面积，m^2；

　　　γ——煤的容重，t/m^3；

　　　W_c——煤层残存瓦斯量，m^3/t。

　　[例] 淮南潘一矿 13-1 煤层普掘工作面，有关参数为：$n=2$、$m=4.97m$、$V=0.00347$ m/min、$L_0=800$ m、$V^r=38.67\%$、$W_h=8.18\ m^3/t$、$W_c=3.5\ m^3/min$、$S=8\ m^2$、$\gamma=1.4\ t/m^3$，求掘进面瓦斯涌出量？

　　解：
$$q_m = nmVq_v\ (2\sqrt{L_0/V}-1)$$
$$=2\times4.97\times0.00347\times0.161\times(2\sqrt{800/0.00347}-1)$$
$$=5.32\ m^3/min$$
$$q_v = 0.026\ [0.0004\ (V^r)^2+0.16]\cdot W_h$$
$$=0.026\ [0.0004\times(38.67)^2+0.16]\times8.18$$
$$=0.161\ m^3/min$$
$$q_L = s\cdot V\cdot\gamma\ (W_h-W_c)$$
$$=8\times0.00347\times1.4\ (8.18-3.5)$$
$$=0.18\ m^3/min$$
$$q_j = q_m+q_L$$
$$=5.32+0.18=5.50\ m^3/min$$

则该煤层掘进工作面预计瓦斯涌出量为 5.50 m^3/min。

　　2）计算式二：

对于单巷　　　　$q_j=4mvc_1t^{0.5}+bmv\ (W_h-W_c)$　　　　　　　　　　（8-7-49）

对于双巷　　　　$q_j=8mvc_2t^{0.5}+m\ (W_h-W_c)\ [v\ (b_1+b_2)+v_1b_1]$　　　　（8-7-50）

式中　m——煤层厚度，m；

　　　v——巷道的掘进速度，m/d；

　　　t——巷道掘进时间，d；

　　　b——单巷宽度，m；

b_1、b_2——分别为双巷主巷与副巷的宽度，m；

W_h、W_c——分别为煤层的原始瓦斯含量与残余瓦斯含量，m^3/t；

　v_1、b_1——分别为联络巷的掘进速度与宽度，$m/d\cdot m$；

　　　c_1——单巷的瓦斯涌出量特性系数，$m^3/m^2\cdot d^{0.5}$或 $m/d^{0.5}$；

　　　c_2——双巷的瓦斯涌出量特性系数，$m/d^{0.5}$；

　　　q_j——单巷或双巷掘进工作面瓦斯涌出量，m^3/d。

　　煤壁暴露面的瓦斯涌出随着暴露时间的延长而逐减，当达到一定时间 t_1 时，它就接近于零，这个时间 T_1 定义为排放瓦斯极限期，一般为 6～12 个月，当巷道掘进时间 $t>T_1$ 时，则

单巷　　　　　　　　　　　$q_j=4mvc_1T_1^{0.5}$　　　　　　　　　　　　（8-7-51）

双巷　　　　　　　　　　　$q_j=8mvc_2T_1^{0.5}$　　　　　　　　　　　　（8-7-52）

　　如果巷道在掘进中有停掘期，则应分段计算。以上计算适用于巷道周围瓦斯地质条件相

同，煤厚不超过巷高两倍和掘进速度变化不大的条件下。

瓦斯涌出特性系数可以按下列方法直接从掘进巷道中测得。在图8－7－11所示断面①②③三处，同时测定巷道风流中的瓦斯平均浓度与风量，进而算出其瓦斯涌出量，即求得q_j①、q_j②、q_j③，然后求出瓦斯涌出特性系数的平均值作为该巷的c值。

$$q_j① - q_j② = 4mvc_1 \left(\sqrt{t_1} - \sqrt{t_2} \right) \tag{8-7-53}$$

$$q_j② - q_j③ = 4mvc_1 \left(\sqrt{t_2} - \sqrt{t_3} \right) \tag{8-7-54}$$

式中 q_j①、q_j②、q_j③已测得，t_1、t_2、t_3为各测点的暴露时间和m、v等均为已知，未知数c_1即可解出，c_2的求法类似可求出。

3. 采空区瓦斯涌出量

采空区瓦斯涌出量可参照下式计算：

$$q_k = K \left(q_c + q_j \right) \tag{8-7-55}$$

式中　q_k——采空区瓦斯涌出量，m^3/t；

K——采空区瓦斯涌出系数，一般为0.15～0.25；

q_c——采出煤的瓦斯涌出量，m^3/t；

q_j——掘进煤的瓦斯涌出量，m^3/t。

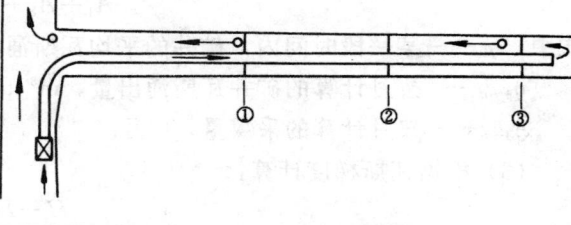

图8－7－11　实测巷道瓦斯涌出
特性系数测点示意图

（二）采区瓦斯涌出量

采区瓦斯涌出量，由下式计算：

$$q_a = \frac{\Sigma q_f + \Sigma q_j + q_k}{A} \tag{8-7-56}$$

式中　q_a——采区瓦斯涌出量，m^3/t；

Σq_f——采区采煤工作面瓦斯涌出量总和，m^3/d；

Σq_j——采区掘进工作面瓦斯涌出量总和，m^3/d；

q_k——采区采空区瓦斯涌出量，m^3/d；

A——采区日产煤量，t/d。

（三）矿井瓦斯涌出量

矿井瓦斯涌出量可采用矿山统计法或根据前述煤层瓦斯含量计算确定。

1. 矿山统计法

1）线性方程计算法。

根据矿井不同生产水平的实测相对瓦斯涌出量，用作图或数理统计分别找出矿井及采区，回采工作面的涌出量与开采深度的函数关系，通常可用线性方程表示：

$$q_k = aH + b \tag{8-7-57}$$

式中　q_k——瓦斯涌出量，m^3/t；

a、b——常数；

H——矿井、采区或回采工作面的平均采深，m。

2）统计法。

当矿井的风量比较均衡正常时，其平均瓦斯涌出量的计算为：

（1）月平均瓦斯涌出量：

$$q_k = \frac{1440T \ (Q_1C_1 + Q_2C_2 + \cdots\cdots + Q_nC_n)}{nA} \tag{8-7-58}$$

式中 q_k——矿井月平均瓦斯涌出量，m^3/t；

　　　　T——该月中的天数，d；

　　$Q_{1\sim n}$——进行测定时的回风量，m^3/min；

　　$C_{1\sim n}$——进行测定时回风流中的瓦斯浓度，%；

　　　　n——测定次数；

　　　　A——采煤量，t/月。

（2）某一时期的瓦斯涌出量：

在某一段时期内平均瓦斯涌出量，如年、月测定的结果：

$$q_k = \frac{q_1A_1 + q_2A_2 + \cdots\cdots + q_nA_n}{A_1 + A_2 + \cdots\cdots + A_n} \tag{8-7-59}$$

式中 q_k——某一段时间内，矿井的平均瓦斯涌出量，m^3/t；

　　$q_{1\sim n}$——按月计算的矿井瓦斯涌出量，m^3/t；

　　$A_{1\sim n}$——按月计算的采煤量，t/月。

（3）根据瓦斯梯度计算：

$$q = \frac{(H - H_0)}{a} + 2 \tag{8-7-60}$$

式中 q——H深度的瓦斯涌出量，m^3/t；

　　　　H——开采深度，m；

　　　H_0——瓦斯风化带深度，m；

　　　　a——瓦斯梯度数，$m^3/t \cdot m$。瓦斯梯度按下式计算：

$$a = \frac{(q - q_0)^n}{(H - H_0)^n} \tag{8-7-61}$$

式中 q_0——瓦斯风化带内瓦斯涌出量，一般取 $q_0 = 2\ m^3/t$ 或查表；

　　　　n——梯度指数，在现代开采条件下等于1；

　　　其余符号意义同前。

按上式可求出不同深度的瓦斯涌出量，但应注意以下三个问题：

A. 开采方法的变化影响瓦斯涌出量，因此开采方法不变时统计法比较容易做，在有变化时，预测深部瓦斯要作适当修正。

B. 当地质条件没有大变化时，统计法可以比较切合实际的估算深部瓦斯大小，如果有较大的断层、褶曲，就不宜应用。

C. 根据已有理论及其他煤田的实际资料表明，瓦斯不是随着开采的延深而无限增加，因此应用时应注意梯度指数的变化。

2. 计算法

按前述公式根据煤层瓦斯含量计算出回采、掘进工作面及采空区瓦斯涌出量后，按下式计算矿井瓦斯涌出量：

$$q_k = \frac{\sum\limits_{i=1}^{n} q_{ai}}{N_1} + \frac{\Sigma q_{kj}}{N_2} \tag{8-7-62}$$

式中 q_k——矿井瓦斯涌出量，m^3/t；

Σq_{ai}——各采区瓦斯涌出量总和，m^3/t；

Σq_{kj}——矿井开拓巷道掘进瓦斯涌出量总和，（岩石巷道 $q_{kj}=0$），m^3/t；

N_1——采区数量；

N_2——同时掘进的矿井开拓巷道掘进工作面数量。

六、煤层透气性系数

煤层透气性系数是煤层瓦斯流动难易程度的标志。煤层透气性系数 λ 的测算方法有径向稳定流动测算法和径向不稳定流动测算法等。

1. 径向稳定流动测算法

1）测定方法：在石门见煤前，先打两个钻孔 M_1、M_2 测定瓦斯压力，待压力平衡后，在中间打一个排瓦斯钻孔 M_c。因钻孔 M_c 涌出瓦斯使钻孔 M_c 与测压钻孔 M_1、M_2 之间造成瓦斯压力变化，并测得钻孔 M_c 瓦斯流量 Q_0，将测得数据代入下式计算透气性系数 λ。此法简便，用于煤层透气性较大，打完排放孔后即可明显看出 P_1、P_2 变化，不适于透气性较小的煤层。

2）计算公式：

$$\lambda = \frac{CQ_0\ln\frac{\gamma_1}{\gamma_c}}{m\,(P_1^2-P_y^2)} \qquad (8-7-63)$$

式中 λ——透气性系数，$m^2/MPa^2 \cdot d$；

γ_1——测压孔 M_1 距排放孔 M_c 的距离，m；

γ_c——排放孔半径，m；

Q_0——当大气压等于 0.101325 MPa（1atm）时的钻孔流量，m^3/d；

m——煤层厚度，m；

P_y——排放钻孔瓦斯压力，$P_y=0.101325$ MPa；

P_1——测压孔绝对瓦斯压力，MPa；

C——系数，$C=1.634\times10^{-3}$。

3）实例。抚顺龙凤矿－460 m 水平№ 10 钻场测定煤层透气性系数 λ，$\gamma_c=0.055$ m，$\gamma_1=9.5$ m，$P_1=4.66\times0.101325$ MPa，$P_2=4.27\times0.101325$ MPa，$m=6.0$ m，$Q_0=2292$ m^3/d，$P_y=0.101325$ MPa。将上述数值代入式（8－7－63），得：

$$\begin{aligned}\lambda_1 &= \frac{CQ_0\ln\frac{\gamma_1}{\gamma_c}}{m\,(P_1^2-P_y^2)}\\[2mm]
&= \frac{1.634\times10^{-3}\times2292\times\ln\frac{9.5}{0.055}}{6.0\times\,(0.47217^2-0.101325^2)}\\[2mm]
&= 14.98\ m^2/MPa^2\cdot d\end{aligned}$$

同理算得 $\lambda_2=18.7$ $m^2/MPa^2 \cdot d$；取均值 $\lambda=(\lambda_1+\lambda_2)/2=16.84$ $m^2/MPa^2\cdot d$。

2. 径向不稳定流动测算法

1）测定方法：

（1）从岩石巷道向煤层打钻孔，记录钻孔方位角、仰角和钻孔在煤层中的长度、钻孔进入煤层和打完煤层的时间，取平均值作为打钻时钻孔开始排放瓦斯时间（年、月、日、时、分）。

（2）封孔测定瓦斯压力，上表前要测定钻孔瓦斯流量，记录流量和测定流量时的时间（年、月、日、时、分）。

（3）压力上升到煤层真实压力或压力稳定后，卸下压力表排放瓦斯，测定钻孔瓦斯流量，记录每次瓦斯流量和测定时间。

煤层透气性系数测定方法如图 8−7−12 所示。

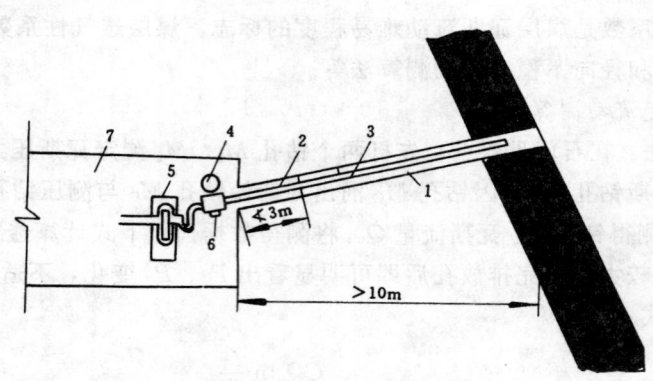

图 8−7−12 煤层透气性系数测定

1—钻孔；2—封孔材料；3—测定管；4—压力表；5—流量计；6—控制阀；7—巷道

2）计算公式：

$$Y=aF_0^b \qquad (8-7-64)$$

式中 Y——流量准数，无因次，其计算见公式（8−7−65）；

F_0——时间准数，无因次，其计算见公式（8−7−67）；

a、b——系数，无因次，见表 8−7−20。

$$Y=\frac{q\gamma_1}{\lambda(P_0^2-P_1^2)} \qquad (8-7-65)$$

式中 q——在排放时间为 t 时钻孔壁单位面积的瓦斯流量（即比流量），m³/m²·d，其计算公式（8−7−66）；

γ_1——钻孔半径，m；

λ——透气性系数，m²/MPa²·d；

P_0——煤层原始绝对瓦斯压力（表压力值），MPa；

P_1——钻孔内瓦斯压力，$P_1=0.101325$ MPa。

$$q=\frac{Q_t}{2\pi\gamma_1 L} \qquad (8-7-66)$$

式中 Q_t——在时间 t 时的钻孔瓦斯流量，m³/d；

L——钻孔长度，一般等于煤厚，m。

$$F_0=\frac{4\lambda t p_0^{1.5}}{a\gamma_1^2} \qquad (8-7-67)$$

式中 t——从开始排放瓦斯到测量瓦斯比流量 q 的时间间隔，d；

$\quad\quad \alpha$——煤层瓦斯含量系数，$\alpha = W_h / \sqrt{P}$，其中 W_h 为瓦斯含量，单位 m^3/m^3，P 为瓦斯压力，单位 MPa。

由于流量准数随时间准数变化，难以用一个简单公式表达，所以采用分段表达方法，有关透气性系数 λ 的计算及参数见表 8-7-20。

表 8-7-20　透气性系数 λ 的计算式及参数

公　式	F_0	$[\lambda]$ 计算公式	a	b	参　数
$Y = aF_0 b$	$10^{-2} \sim 1$	$\lambda = A^{1.61}B^{\frac{1}{1.64}}$	1	-0.38	$A = \dfrac{qr_1}{P_0^2 - P_1^2}$
	$1 \sim 10$	$\lambda = A^{1.39}B^{\frac{1}{2.56}}$	1	-0.28	$B = \dfrac{4tp_0^{1.5}}{ar_1^2}$
	$10 \sim 10^2$	$\lambda = 1.1A^{1.25}B^{\frac{1}{4}}$	0.93	-0.20	
	$10^2 \sim 10^3$	$\lambda = 1.83A^{1.14}B^{\frac{1}{7.3}}$	0.588	-0.12	$Y = \dfrac{A}{\lambda}$
	$10^3 \sim 10^5$	$\lambda = 2.1A^{1.11}B^{\frac{1}{9}}$	0.512	-0.10	
	$10^5 \sim 10^7$	$\lambda = 3.14A^{1.07}B^{\frac{1}{14.4}}$	0.344	-0.065	$F_0 = B\lambda$

3）计算步骤：

（1）根据测定所得参数，计算出 A、B 值。

（2）一般选择 $[\lambda]$ 计算公式进行试算（时间 $t < 1d$ 时，可先用 $F_0 = 1 \sim 10$ 公式；时间在 1d 以上时，可先用 $F_0 = 10^2 \sim 10^3$ 公式作第一次试算）。

（3）把求出的 λ 值代入 $F_0 = B\lambda$ 中，校验 F_0 值是否在选用公式的范围内。如 F_0 不在所选公式范围，则根据算出的 F_0 值，另选公式计算，直到符合所选公式的范围为止。

4）实例。已知 $P_0 = 4.053$ MPa，$\alpha = 13.194$ $m^3/m^3 \cdot MPa^{0.5}$，$\gamma_1 = 0.05$ m，$Q_t = 3.53$ m^3/d，$L = 3.5$ m，$t = 41$ d。求 $\lambda = ?$

解：

$$q = \frac{Q_t}{2\pi\gamma_1 L} = \frac{3.53}{2 \times 3.1416 \times 0.05 \times 3.5} = 3.21 \ m^3/m^2 \cdot d$$

$$A = \frac{q\gamma_1}{P_0^2 - P_1^2} = \frac{3.21 \times 0.05}{4.053^2 - 0.101325^2} = 9.7767 \times 10^{-3}$$

$$B = \frac{4tp_0^{1.5}}{\alpha\gamma_1^2} = \frac{4 \times 41 \times 4.053^{1.5}}{13.194 \times 0.05^2} = 4.0569 \times 10^4$$

由于时间较长，选择 $F_0 = 10^3 \sim 10^5$。

$$\lambda = 2.1A^{1.11}B^{1/9} = 8.5776 \times 10^{-2} \ m^2/MPa^2 \cdot d$$

检验 $\quad\quad\quad\quad\quad\quad\quad\quad F_0 = \lambda B = 3479.5$

F_0 在 $10^3 \sim 10^5$ 范围内，公式应用正确。故 $\lambda = 8.5776 \times 10^{-2} m^2/MPa^2 \cdot d$。

七、百米钻孔瓦斯流量衰减系数

百米钻孔瓦斯流量衰减系数，是衡量煤层预抽瓦斯难易程度的一种指标，它反映不受采动影响条件下，煤层内钻孔瓦斯流量随时间呈衰减变化的特性。

1. 测量方法

选择有代表性、未受采动影响的煤层区域，向煤层打直径 75mm 的钻孔，测出其初始瓦斯量 q_0，经过时间 t（10d 以上）后，测其流量 q 即可。

2. 计算公式

根据钻孔瓦斯流量 $q=q_0e^{-at}$ 衰减变化的关系：

$$a=\frac{\ln q_0 - \ln q}{t} \tag{8-7-68}$$

式中　　a——百米钻孔瓦斯流量衰减系数；

q_0——百米钻孔初始瓦斯流量，$m^3/min \cdot 100\ m$；

q——经过 t 时间的百米钻孔瓦斯流量，$m^3/min \cdot 100\ m$；

$\ln q_0$、$\ln q$——为 q_0、q 的自然对数；

t——时间，d。

八、瓦斯抽放率和可抽量计算

（一）瓦斯抽放率

瓦斯抽放率是指矿井、采区或工作面的瓦斯抽放量占相应瓦斯涌出量或瓦斯储量的百分比，前者在生产实践中应用广泛更具有实际意义，它是衡量矿井、采区或工作面瓦斯抽放效果的主要标志。瓦斯抽放率的计算参见表 8-7-21。

表 8-7-21　瓦斯抽放率计算公式

计　算　公　式	符　号　注　释
矿井（采区）瓦斯抽放率 $\eta_K=\dfrac{100Q_K}{Q_K+Q_Z}$	η_K—矿井（采区）瓦斯抽放率，%； Q_K—矿井（采区）瓦斯抽放量，Mm^3/a； Q_Z—矿井（采区）总回风绝对瓦斯涌出量，Mm^3/a
单一煤层工作面瓦斯抽放率 $\eta_d=\dfrac{100q_g}{q_g+q_f}$	η_d—单一煤层工作面（本煤层）瓦斯抽放率，%； q_g—工作面瓦斯抽放量，m^3/min； q_f—工作面回风顺槽回风流中瓦斯量，m^3/min
工作面（有邻近层）瓦斯抽放率 $\eta_n=\dfrac{100q_n}{q_n+q_{gl}}$	η_n—工作面（邻近层）瓦斯抽放率，%； q_n—邻近层瓦斯抽放量，m^3/min； q_{gl}—工作面回风顺槽回风流中瓦斯量，m^3/min

（二）可抽量计算

1. 单一煤层

$$N = \frac{100}{100-C} (W_h - W_c) b \qquad (8-7-69)$$

式中　N——每吨煤瓦斯可抽量，m^3/t；

C——丢煤百分率，%；

b——解吸瓦斯系数，一般取 1；

W_h——煤层瓦斯含量，m^3/t；

W_c——煤层残存瓦斯量，m^3/t。

2. 多煤层

1）对陷落的顶板邻近层

$$N = \frac{100}{100-C} b_p \frac{m_c}{m} W_h \qquad (8-7-70)$$

2）对不陷落的顶板邻近层

$$N = \frac{100}{100-C} b_m \frac{m_c}{m} (W_h - W_c) \qquad (8-7-71)$$

3）对下邻近层

$$N = 0.9 \frac{100}{100-C} b_m \frac{m_c}{m} (W_h - W_c) \qquad (8-7-72)$$

式中　b_p——陷落邻近层的瓦斯放出系数，对距开采层 15 倍开采层厚度的邻近层取 0.8，距开采层 15~30 倍开采层厚度的邻近层取 0.9；

m_c——邻近层的厚度，m；

m——开采层的厚度，m；

b_m——不陷落的邻近层的瓦斯放出系数，在实际计算时 b_m 值取 0.9。

应当指出，如果矿山地质条件和矿山技术条件发生变化，确定邻近层瓦斯可抽量用这种方法在实际计算中可能产生较大误差，因此，必须附加一修正值，见表 8-7-22。

表 8-7-22　瓦 斯 可 抽 量 修 正 值

开采层至邻近层距离与开采层厚度之比	上　邻　近　层			下　邻　近　层		
	煤　层　倾　角　（°）					
	20 以下	20~40	40 以上	20 以下	20~40	40 以上
10	—	—	—	0.6~0.7	0.3~0.4	0.1~0.2
20	—	—	0.2~0.3	0.5~0.6	0.4~0.5	0.3~0.5
30	0.3~0.6	0.3	0.4	0.2~0.4	0.6~0.7	0.5~0.8
40	0.4~0.6	0.4	0.5~0.6	—	0.4~0.5	0.6~0.7
50	0.5~0.7	0.5~0.6	0.6	—	—	0.3~0.6
60	0.6~0.8	0.6	0.7~0.8	—	—	—
70	0.7~0.8	0.6~0.7	0.8	—	—	—
80	0.7~0.8	0.7	0.8	—	—	—

续表

开采层至邻近层距离与开采层厚度之比	上 邻 近 层			下 邻 近 层		
	煤 层 倾 角 (°)					
	20 以下	20~40	40 以上	20 以下	20~40	40 以上
90	0.7~0.8	0.7	—	—	—	—
100	0.8	0.7~0.8	—	—	—	—
110	0.8	—	—	—	—	—

第四节 抽放瓦斯系统

一、选择抽放瓦斯系统的一般原则

（一）系统分类

目前，我国抽放瓦斯系统一般分为地面钻孔抽放系统、矿井集中抽放系统和井下临时抽放系统三类。

（二）选择原则

选择抽放瓦斯系统，主要根据煤层赋存、地形条件、总体规划状况，矿井瓦斯涌出特点和采煤方法等因素综合分析确定。抽放瓦斯系统的选择基本原则为：

（1）若煤层赋存较浅（＜800 m），煤层较厚，或煤层层数较多，层间距较近，且首采层又为中、下部煤层，地面又较平坦，可采用地面钻孔抽放系统。

（2）若煤层透气性较低，地面地形条件复杂，不适宜采用地面钻孔抽放，则应设立矿井集中抽放系统。

（3）不具备建立全矿井抽放瓦斯系统的矿井，个别区域瓦斯涌出量达到3~5 m³/min，或采用加大风量稀释瓦斯不经济时（如采掘工作面、岩石裂隙带、溶洞等），可采用局部抽放措施。

（4）在选择管路系统时，应根据抽放层位或钻场的分布、地面地形或井下巷道布置、利用瓦斯的要求，以及发展规划等状况，全盘考虑，避免和减少以后在主干系统上频繁改动。瓦斯管路系统的选择是地面或矿井瓦斯抽放工作中的一项重要环节，选择是否合理，不仅直接影响着抽放费用和日常的检查、修理和维护等工作，而且影响着整个矿井的安全生产。

二、井下临时抽放系统

井下临时抽放系统主要针对个别地点瓦斯涌出量较大而采取的局部抽放措施，其设备一般选用YD和YWB系列煤矿井下移动式瓦斯抽放泵，其适用条件和特点为：

（一）适用条件

（1）局部瓦斯涌出量大或局部煤与瓦斯突出矿井；

（2）需抽放瓦斯的地方中小煤矿；

（3）采空区抽放、预抽、边采边抽及新区试抽放、瓦斯卸压抽放等。

（二）系统特点

（1）投资少，可有效地解决井下个别地点瓦斯涌出量较大的矛盾；

（2）投入设备少，系统简单、抽放泵体积小、移动方便、用途较广泛；

（3）YD系列煤矿井下移动式瓦斯抽放泵具有瓦斯浓度检测，超限报警断电，抽放量数码显示等功能（该设备有关技术参数见表8-7-23）。

表 8-7-23 YD 系列移动式瓦斯抽放泵

型 号	YD-I	YD-II	YD-III	YD-IV
水封压力（MPa）			0.15	
耗水量（L/min）	30	35	80	80
最大抽气量（m³/min）	4.5	7.5	15.6	20.2
极限真空度（kPa）	81	81	81	81
电机功率（kW）	11	15	30	37
电 压（V）			380/660	
外形尺寸（m）	2×1.05×1.3	2×1.05×1.3	2.7×1.32×1.46	2.7×1.32×1.46
生产厂家			煤炭科学研究总院抚顺分院瓦斯安全研究所	
备 注			该系列产品被列为煤炭部100项技术推广项目	

表 8-7-24 YWB 系列智能式瓦斯抽放移动泵

型 号	YWB-5	YWB-7	YWB-15	YWB-20	YWB-25	YWB-30	YWB-40	YWB-60
水封压力（MPa）				0.2~0.4				
耗水量（L/min）	30	60	70	80	80	90	100	150
最大抽气量（m³/min）	5	7.6	15.6	20.2	25	33.2	42	60
绝对压力（kPa）	6.67	6.69	9.33	9.33	14.67	6.67	14.67	14.67
电机功率（kW）	11	15	30	37	37	55	75	90
电 压（V）				380/660				
外形尺寸（m）		1.7×1.2×1.2		2.9×1.33×1.55		3.9×1.37×1.65		4.2×1.37×1.65
生产厂家				煤炭科学研究总院重庆分院				
备 注								

表8-7-25　国内抽放瓦斯矿井有关参数统计表

序号	省名	局名	矿井名称	抽放浓度(%)	抽放率(%) 采区实际	抽放率(%) 矿井实际	吨煤抽放钻孔量(m)	钻机 型号	钻机 在籍	钻机 实用	抽放主干管(m) D100(mm)	D150(mm)	D200(mm)	D250(mm)	D300(mm)	D300及以上	抽放泵 型号	在籍台	使用台	备注
1	河北	峰峰局	二一矿	32.00	36.00	22.00	0.00700	HQ-150	6	1	3300	1035	2224	510	0	600	SZ-4	5	2	
2	河北	峰峰局	牛儿庄矿	35.00	36.00	21.90	0.03300	MK-150	3	1	4850	1000	1170	0	0	0	SZ-4	3	1	
3	河北	峰峰局	羊渠河矿	40.00	30.00	5.30	0.02000	TXU-75	3	1	4140	2780	0	0	0	0	SZ-20	3	1	
4	河北	峰峰局	薛村矿	33.00	25.00	14.00	0.00100	MYZ-15	5	1	6200	3080	1300	5040	0	0	SK-42	3	1	
5	河北	峰峰局	小屯矿	10.00	26.00	4.80	0.03200	MK-150	3	1	2150	1400	1200	0	0	0	SK-20	3	1	
6	河北	峰峰局	九龙矿	25.00	20.00	9.70	0.00500	MK-150	2	2	480	370	0	3350	450	717	SK-25	4	2	
7	安徽	淮北局	芦岭矿	39.30		14.50	0.02300	TXU-75	11	4	5220	1440	1580	240	0	1400	SK-6	2	1	
8	河南	平顶山	一矿	30.50	28.20	26.20	0.03000	MYZ-10	2	2	3000	0	0	0	0	0	SK-12	3	1	1个采空抽
9	河南	平顶山	五矿	22.00	12.00	3.90	0.04600	MK-50	2	2	3500	0	0	0	0	0	SK-7	3	2	
10	河南	平顶山	八矿	23.00	17.40	7.10	0.01500	MK-50	3	2	3160	0	0	0	0	0	SK-7	3	1	
11	河南	平顶山	十矿	30.00	12.70	6.30	0.11000	MYZ-10	2	2	5500	1200	2900	0	0	0	SK-7	2	1	
12	河南	平顶山	十二矿	18.00	21.90	11.10	0.04000	MK-150	2	2	2500	2000	0	0	0	0	SK-7	2	1	2个采空抽
13	陕西	铜川局	陈家山矿	46.40	39.20	33.90	0.00500	MK-50	2	2	870	2670	0	1375	0	2220	SK60/3	5	3	
14	陕西	韩城局	下峪口矿	12.00				MK-75	4	3	0	1900	0	0	0	0	2S-4	2	2	
15	广东	梅田局	三矿	35.00	25.00	20.00	0.03500	TXU-75	2	2	5158	4128	0	0	0	0	SK-12	3	1	
16	广东	梅田局	四矿	5.00	0.00	0.00		TXU-75	1	1	600	2500	0	0	0	0	SZ-3	2	1	
17	河南	焦作局	朱村矿	42.00	31.00	25.00	0.03500	MYZ-15	3	1	3230	1300	1080	0	0	0	ZYK-27	2	1	
18	河南	焦作局	焦西矿	35.00	28.00		0.01000	MYZ-15	3	1	764	318	569	322	0	0	ZYK-27	2	2	
19	河南	焦作局	中马村矿	27.00	21.00		0.06875	MYZ-15	4	3	1408	2476	4230	0	0	0	ZYK-27	6	2	
20	河南	焦作局	韩十矿	85.00	23.00		0.04080	MYZ-15	1	1	356	0	184	20	0	0	YD-1	2	1	
21	河南	焦作局	演马庄矿	45.00	22.00		0.03000	MYZ-15	4	1	2001	1750	1848	200	0	0	SK-30	2	1	

续表

序号	省名	局名	矿井名称	抽放浓度(%)	抽放率(%)采区实际	抽放率(%)矿井实际	吨煤抽放钻孔量(m)	钻机型号	钻机在籍	钻机实用	D100(mm)	D150(mm)	D200(mm)	D250(mm)	D300(mm)	D300及以上	抽放泵型号	在籍台	使用台	备注
22	河南	焦作局	九里山矿	38.00	27.00	19.60	0.04925	MYZ-15	4	4	4170	150	1410	1870	130	0	ZYK-27	6	2	
23	河南	焦作局	位村矿	25.00	9.50	9.50	0.03600	MYZ-15	2	1	1580	0	510	310	720	0	ZYK-27	2	1	
24	河南	鹤壁局	二矿	25.00	9.27	12.87	0.04030		2	1	3240	400	3490	600	0	0	ZYK-27	3	1	
25	河南	鹤壁局	三矿	33.00	21.22	13.23	0.01900	ZY-100	2	0	1600	360	2900	2700	260	0	ZYK-27	3	1	
26	河南	鹤壁局	四矿	30.00	18.50	10.00	0.01320	ZY-150	2	1	3610	1220	0	2740	1606	0	SK-42	3	1	
27	河南	鹤壁局	六矿	34.00	15.00	12.20	0.01600	ZY-150	3	1	3705			3250			SK-42	3	1	
28	河南	鹤壁局	八矿	30.00	5.00	10.10	0.05675	ZY-150	2	1	1141	930	790	450			ZYK-17	3	1	
29	河南	鹤壁局	五矿	25.00		9.97		MK-75	1	1							ZYK-27	2	1	局部抽放
30	河南	鹤壁局	九矿	25.00				MK-75	2	1							ZYK-27	2	1	局部抽放
31	辽宁	抚顺局	老虎台矿	48.30	69.28	69.28	0.03000		35	15	22271	1380	9063	1747	11274	27454		9	3	
32	辽宁	抚顺局	龙凤矿	34.85	59.06	59.06	0.03000		52	27	5040	930	4545		1150	11610		6	3	
33	辽宁	抚顺局	胜利矿	30.86	56.74	56.74			10	2	3790	2080	900	2090	250	6700		3	1	
34	辽宁	北票局	冠山矿	33.00	2.50	2.50	0.01000		2	2	1289	3122	5074	3380				2	1	
35	辽宁	北票局	台吉矿	15.00	5.82	5.82	0.01100		3	2	2420	3055	5354	1900				2	1	
36	辽宁	北票局	三宝矿	45.00	31.00	31.00	0.01600		3	2	2591	7159						3	1	
37	辽宁	阜新局	王营矿	45.00	40.00	30.00	0.05000		5	4	1986	2134						3	1	
38	辽宁	铁法局	大明一矿	49.70	41.80	15.27	0.00700		4	2	3710	2060	1050					4	2	
39	辽宁	铁法局	大明二矿	29.00	42.80	24.08	0.00100		2	2	3574	1290	1525	460				5	5	
40	辽宁	铁法局	晓明矿	76.00	26.80	20.60	0.00000		2	0	3912	4447	1700					4	4	
41	辽宁	铁法局	大隆矿	44.80	44.20	20.40	0.00150		4	1	6940	5248	1195					6	6	
42	辽宁	铁法局	晓南矿	46.00	26.60	18.03	0.00760		2	2	3460	2869	4919					3	2	
43	辽宁	铁法局	小青矿	43.70	40.40	24.80	0.00300		3	2	1550	2900	2900					3	3	

续表

序号	省名	局名	矿井名称	抽放浓度(%)	抽放率(%) 采区实际	抽放率(%) 矿井实际	吨煤抽放钻孔量(m)	钻机 型号	钻机 在籍	钻机 实用	D100(mm)	D150(mm)	D200(mm)	D250(mm)	D300(mm)	D300及以上(mm)	抽放泵 型号	抽放泵 在籍台	抽放泵 使用台	备注
44	辽宁	铁法局	大兴矿	48.00	30.00	26.20	0.00750		5	4	2100	1880	4120			900		6	2	
45	辽宁	沈阳局	红菱矿	35.60					2	2	500	600	2340					2	2	
46	湖南	涟邵局	蛇形山井	35.00	21.00	15.00	0.00114	ZY-150	4	2	3404	1364	1069				SK-30	3	2	
47	湖南	邵阳市	肖家冲	42.00						0							SZ-3	1	1	
48	黑龙江	鸡西局	滴道立井	0.80	8.10	3.50		MAZ	16	1	2100				6560		ZYK-10	3	1	
49	黑龙江	鸡西局	滴道三井						0	0							SK-60	2	1	
50	黑龙江	鸡西局	城子河立					MAZ	9	0				0	6710		SK-100	2		
51	黑龙江	鸡西局	城子河西斜					TXU	2	0					2700		SK-60	2	1	
52	黑龙江	鸡西局	穆棱七井	16.50	42.00	35.00		MAZ	4	0	140				2405		ZYK-10	2	1	
53	黑龙江	鸡西局	小恒山立					MAZ	4	0					2448		ZYK-60	2		
54	黑龙江	鸡西局	大通沟一	4.20	17.00	13.00	0.006	MAZ	5	1			1048		2698		SK-60	2	1	
55	黑龙江	鸡西局	平岗皮带	14.00	29.00	20.00		MAZ2	2	0	1400					300	SZ-1	2	1	
56	黑龙江	鹤岗局	南山矿	48.00	38.00	21.30		MK-500	5	3	980	1360		1350	3580		SZ-4	2	2	发火封采区
57	吉林	辽源局	梅河三井	28.00	40.29			MHYD-4	3	2	2160	624		560			SZ-3/4	7	4	
58	贵州	六枝局	六枝矿	42.40	52.40	33.60	0.09000	MK TX	6	4	4140	2603	260	462		2300	SK-60	4	2	
59	贵州	六枝局	地宗矿	39.00	44.00	37.40	0.08000	MK TX	6	2	7260	3285	0	460		1500	SK-60	4	4	
60	贵州	六枝局	四角田矿	40.20	22.40	19.30	0.07000	ZY TX	5	3	2641	2500	1700	0			SZ SK	3	2	
61	贵州	六枝局	化处矿	31.40	23.20	20.10	0.10000	ZY TX	6	3	3050	1966	3670	0			SZSK-1	4	4	
62	贵州	六枝局	凉水井矿	30.00	35.50	16.70	0.01000	MK TX	2	1	1676	1085	93	1074			SZ-4	4	4	
63	贵州	盘江局	老屋基矿	36.00	27.70			MYZ-15	2	0		1325	530	1400	0		SK-60	4	4	
64	贵州	盘江局	山脚树矿	28.20	22.70			MYZ-15	2	2			2039	2153	3660		SK-85	3	2	
65	贵州	盘江局	月亮田矿	21.00	13.60			MYZ-15	5	3		280	2109	1180	1200		SK-85	4	2	

续表

序号	省名	局名	矿井名称	抽放浓度(%)	抽放率(%) 采区实际	抽放率(%) 矿井实际	吨煤抽放钻孔量(m)	钻机 型号	钻机 在籍	钻机 实用	抽放主干管(m) D100(mm)	D150(mm)	D200(mm)	D250(mm)	D300(mm)	D300及以上(mm)	抽放泵 型号	抽放泵 在籍台	抽放泵 使用台	备注
66	贵州	盘江局	土城矿	9.60		15.10		MYZ-15	4	0		1140	1660	0	1320		SK-85	4	2	
67	贵州	水城局	汪家寨矿	21.00	25.70	16.70	0.02100	MK MY	6	2	2400	2800	1180	350	3250		SZSK	7	4	
68	贵州	水城局	老鹰山矿	28.00	36.20	27.30	0.05100	MK MY	6	2	0	620	2080	680	1320		SZSK	8	2	
69	贵州	水城局	大河边矿	30.00	33.60	32.20	0.03800	MK MY	6	2	480	2250	1760	2700			SZSK	3	2	
70	贵州	水城局	木冲沟矿	23.00	31.20	27.90	0.01900	MK MY	5	2		1000	1620	180			SZSK	4	3	
71	贵州	水城局	那罗寨矿	26.00	27.20	21.60	0.05200	MK MY	6	3	2250	1050	1090				SZ-4	6	6	
72	贵州	水城局	顶拉矿	19.00	31.10	26.60	0.00700	MK MY	3	1		3500					SZ-4	2	2	
73	四川	芙蓉局	白皎矿	41.00	25.00	12.00	0.02700	TXU-75	12	8	1069	8920	800	4350			SK-60	3	2	
74	四川	芙蓉局	杉木树矿	55.00	11.00			ZY-100	4	2	370	800	1280				SK-27	2	1	
75	四川	芙蓉局	珙泉矿	50.00	40.00	38.00	0.22300	TXU-75	5	2	2714	2651	1866				SK-60	3	2	
76	四川	芙蓉局	巡场矿	45.00	8.70	39.00	0.06000	SGZ-10	2	1	2080	600	1790				SK-27	2	2	
77	四川	芙蓉局	芙蓉矿	60.00	6.50	40.00	0.02100	TXU-75	3	1	1870	940		1709			SZ-4	4	4	
78	四川	广旺局	唐家河矿	33.00	35.00	22.00	0.08000	TXU-75	2	2	140	2800					SK-27	2	2	
79	内蒙古	包头局	河滩沟矿					MK-150	3	0	90						SZ-4	4		1995年下半年恢复
80	内蒙古	乌达局	黄白茨矿	24.60		21.40	0.00490	TXU-75	3	2		8848	855	250	868		YD-1	3	2	局部抽放
81	河南	开滦	赵各庄矿	38.00		12.60	0.00210	MAZ-20	15	8	10711	9505	4631	1672		1565	SZSK	4	1	
82	河南	开滦	唐山矿	35.00		22.30	0.00800	SGZ-1A	10	5	4065	800	815	90			SK-42	4	1	
83	河南	开滦	马家沟矿	42.00				XU-300	45	9	1560	800			3460		SK-42	5	1	
84	宁夏	石嘴山	一矿	31.00				TXU-75	9	3	0	768	2865				SK-42	3	3	
85	宁夏	石嘴山	二矿					ZY-150	5	2	770	0	3520				SK-30	2	2	
86	宁夏	石炭井	乌兰矿			10.20	0.00360	MYZ-15	4	2	3516		882				SZ-4	3	1	

续表

序号	省名	局名	矿井名称	抽放浓度(%)	抽放率(%) 采区实际	抽放率(%) 矿井实际	吨煤抽放钻孔量(m)	钻机 型号	钻机 在籍	钻机 实用	抽放主干管(m) D100(mm)	D150(mm)	D200(mm)	D250(mm)	D300(mm)	D300及以上(mm)	抽放泵 型号	抽放泵 在籍台	抽放泵 使用台	备注
87	宁夏	石炭井	白芨沟矿			33.30	0.00250	MYZ-15	2	2	90	699	608		1451		SK-35	5	3	
88	甘肃	窑街局	皮带斜井		0.06	0.03		TXU-75	3	3	550	2000			3618		SZ-3	3	2	
89	甘肃	靖远	魏家地			15.00	0.01200	MYZ-15	13	4	7493	3482	715	2222		0	SZ-4	3	1	
90	江西	萍乡	青山矿			11.80	0.00510	MK-150	6	4	350	1533	1664	150	0	0	SZ-3	3	1	
91	江西	萍乡	巨源矿			23.96	0.04003	MK-150	4	3	2350	1250	3150	0	0	0	SZ-4	3	3	
92	江西	丰城	坪湖矿		19.90	17.32	0.06101	ZY-150	7	5	5171	2340		0	2768	0	SK-4	6	5	
93	江西	丰城	建新矿		26.80	18.00	0.02400	ZY-150	6	3	9338	0	4506	0	1230	0	SZ-4	4	4	
94	江西	丰城	尚一矿				0.00400	TXS-75	4	2	4100	1778		1002		0	SZ-4	3	3	
95	江西	英岗岭	桥头矿		18.00	8.60	0.10000	ZY-50	2	2			300		18	0	SZ-2	3	1	
96	江西	英岗岭	东村矿					ZY-50	2	1	1250	2560			0	0	SZ-3	1	1	
97	江西	乐平局	涌山矿				TXU-75		7	0	500				0	0	SZ-4	2	1	
98	江西	乐平局	沿沟矿					MYZ-10	4	0	0	0	0	0	0		YD-1	1	1	
99	江西	八井矿	杉林井			9.60		油压75	2	1								2	1	
100	淮南		新庄孜矿			0.00	0.00300	ZF-100	4	4	3240	2690	780	544	356	0	SZ-4/8	10	6	
101	淮南		谢一矿			6.32	0.00300	MYZ-15	6	6	2900	2610	520	1180	1900	0	SZ-4	4	4	
102	淮南		谢二矿			8.40	0.00180	SGZ-15	7	5	3450				3330	0	SZ-4	3	3	
103	淮南		潘一矿				0.01200	SGZ-1A	7	6	6888					0	YD-1	5	4	
104	淮南		潘二矿				0.00700	TXU/4	6	5	1400					0	YD-1	2	2	
105	淮南		李一矿					MYZ-15	5	2	250	800	500	450		0	SZ-4	4	2	
106	重庆	松藻局	松藻矿		46.76	36.04	0.07800	MYZ-15	5	3	7320	4720	4320	4880	1500	0	GK-60	2	1	
107	重庆	松藻局	打通一矿		51.00	38.32	0.07600	MYZ-15	11	8	4950	7880	1300	3464	1870	1200	AX-83	6	3	
108	重庆	松藻局	打通二矿		0.00	44.44		MYZ-15	11	6	0	9400	1000	3146	1490	480	SK-60	6	5	

续表

序号	省名	局名	矿井名称	抽放浓度(%)	抽放率(%) 采区实际	抽放率(%) 矿井实际	吨煤抽放钻孔量(m)	钻机 型号	钻机 在籍	钻机 实用	抽放主干管(m) D100(mm)	D150(mm)	D200(mm)	D250(mm)	D300(mm)	D300及以上(mm)	抽放泵 型号	抽放泵 在籍台	抽放泵 使用台	备注
109	重庆	松藻局	石壕矿	58.5	31.30	30.37	0.04400	MYZ-15	15	11	1210	6030	580	920	5340	0	SK-85	5	5	
110	重庆	松藻局	逢春矿	53.0	59.80	28.70	0.02300	MYZ-15	7	3	4810	0	0	1674	0	0	SZ-4	3	2	
111	重庆	松藻局	同华矿	38.0	35.10	34.65			3	1	4720	1130	1710	200	0	0	SZ-4	3	1	
112	重庆	永荣局	永川六井	43.0	41.68	21.38	0.07000	MY-150	6	3	5360	2300	2100	0	0	0	SK-20	2	2	
113	重庆	南桐局	南桐一井	41.0	62.98	18.10	0.03300	MYZ-15	3	2	5005	520	570	2222	0	0	SZ-4	3	1	
114	重庆	南桐局	南桐二井	40.0	48.98	14.51	0.02600	MYZ-15	1	1	3791	300	5001	0	0	0	SZ-4	3	1	
115	重庆	南桐局	红岩矿	39.0	38.00	19.20	0.02100	MYZ-15	1	1	5626	1059	6662	520	0	0	SZ-4	3	1	
116	重庆	南桐局	鱼田堡	60.0	62.30	23.99	0.01601	MYZ-15	2	2	1400	509	2847	431	544	0	SK-60	2	1	SZ-4/1
117	重庆	南桐局	东林矿	41.0	60.50	39.70	0.01900	MYZ-15	3	3	8665	2524	6850	246	0	0	SK-60	2	1	
118	重庆	南桐局	砚石台	42.0	49.30	28.10	0.01400	MYZ-15	4	3	2120	1937	360	0	0	0	SZ-4	3	1	
119	重庆	中梁山	南矿	45.0	47.00		0.09100	TXU-75	15	13	800	3650	8560	0	750	0	SK-60	3	2	
120	重庆	中梁山	北矿	40.0	48.00		0.07200	TXU-75	4	4	215	650	11200	0	3090	0	SK-60	3	1	
121	重庆	天府局	磨心坡矿	43.0	39.00		0.04700	TXU-75	5	2	3600	9600	4600	0	0	0	SZ-4	5	5	
122	重庆	天府局	刘家沟矿	46.0	37.70		0.02100	TXU-75	6	6	4168	4815	5980	0	0	0	SZ-4	5	5	
123	重庆	天府局	杨柳坝矿	39.0	12.70		0.02700	ZY-150	3	1	7000	5788	0	0	0	0	SK-20	3	3	
124	重庆	天府局	三汇一矿	73.0	25.00		0.01700	TXU-75	4	1	1000	3000	5100	0	0	0	SZ-4	3	3	
125	重庆	天府局	三汇三矿	51.0	46.30		0.03300	TXU-75	2	2	8134	3710	1170	0	0	0	SZ-4	2	2	
126	重庆	合川市	三汇煤矿	15.0						0	800	900	0	0	0	0	SZ-4	2	1	
127	重庆	綦江县	藻渡煤矿					MYZ-15	3		0	0	0	0	0	0	SZ-4	2	1	
128	山西	西山局	杜儿坪矿	30.00	32.34				3	1	0	0	1200	1000	3876	0	SZA/2	4	1	
129	山西	阳泉局	北头嘴	50.00	3.68	1.02	0.00370	MKD-5	3	1	0	0	0	0	0	5700	VRTIG	4	0	VRT-350/2

续表

序号	省名	局名	矿井名称	抽放浓度(%)	抽放率(%) 采区实际	抽放率(%) 矿井实际	吨煤抽放量钻孔量(m)	钻机 型号	钻机 在籍	钻机 实用	抽放主干管(m) D100(mm)	D150(mm)	D200(mm)	D250(mm)	D300(mm)	D300及以上	抽放泵 型号	抽放泵 在籍台	抽放泵 使用台	备注
130	山西	阳泉局	北四尺	35.00	52.21	30.14	0.00700	MYZ-15	2	1	0	0	0	0	6900	0		0	0	0/1, LGA-64包括
131	山西	阳泉局	北丈八	30.00	48.96	35.56		MK-5	4	0	0	0	0	0	0	8200	0	0	0	四尺煤包括
132	山西	阳泉局	三一号井	40.00	3.97	1.74	0.00380	MK-150	8	2	0	0	0	0	0	6400	LGA-60	8	2	D60-160(12)
133	山西	阳泉局	三二号井	45.00	14.92	6.79	0.00350	MKD-5	3	0	0	0	0	0	8000	0	0	0	0	各1台,叶氏
134	山西	阳泉局	三裕公井	35.00	41.28	25.08	0.00380		0	0	0	0	0	0	0	7905		0	0	
135	山西	阳泉局	四矿12号井	35.00	40.05	19.16	0.00100	KY-100	9	3	0	0	0	0	0	3350	LGA-60	4	1	D60-120(16)
136	山西	阳泉局	五矿大井	50.00	87.75	75.50		TXU-75	5	0	0	0	0	0	8200	0	R601R	4	2	
137	山西	阳泉局	五矿小井	30.00	23.55	11.20		MYZ-15	6	0	0	0	0	0	0	6000		5	0	
138	山西	阳泉局	二矿西四	40.00	49.97	16.69	0.00350	TXU-75	9	2	0	0	0	0	0	15368	D60-16	1	1	LGA-60(80)
139	山西	大同局	云冈南翼	80.00					3	0	0	0	0	0	0	0	YD-2	2	1	
140	山西	南庄矿	南庄矿	32.00	53.00	28.00		TXU-75	3	2	0	0	3350	0	2150	0	D36-42	4	1	地方重点
141	山西	阴营矿	九尺井	46.00	30.00	25.00		TXU-75	2	2	6000	6400	0	0	0	8000	JS116-	4	2	地方重点
142	山西	固庄矿	九尺平硐	35.00	30.00	15.70		TXU-75	4	2	2000	1998	864	1840	1242	0	JZ116-	2	1	地方重点
143	山西	阳泉局	大阳泉矿	28.00		25.00		TXU-75	2	1	500	0	0	0	1420	0	141449	4	1	地方采空抽
144	山西	永红矿	永红矿	50.00	50.00	12.00		TXU-75	1	1	2500	2500	1500	0	0	0	SK30S	4	4	地方国有
		平　均		36.59	31.13	21.74														

（4）YWB系列智能式瓦斯抽放移动泵主要包括：SK水环式真空泵、参数（抽放量、抽放负压、抽放浓度、环境瓦斯浓度、泵的运行状态参数和供水参数等）监测、安全控制等三大部分。该泵具有可移动、易安装、易操作、运行安全可靠和勿需专人值守等特点。该泵有关技术参数见表8—7—24。

三、矿井集中抽放系统

（一）适用条件

当矿井瓦斯涌出量大，采用地面钻孔抽放瓦斯不经济，采用井下临时抽放方式不能有效解决瓦斯超限问题，则应建立矿井集中抽放系统。

（二）系统特点

矿井集中抽放瓦斯系统，是解决井下风流中瓦斯浓度高的有效措施。它是在地面设置抽放泵房，由抽放泵房到井下，敷设主管、干管、分管（或支管）至钻场钻孔，并设置相应附属设施所组成的专用管道系统，将采、掘工作面、采空区等地的瓦斯抽排至地面。其特点是能较有效地抽出部分或大部分煤层解吸瓦斯，减轻矿井通风负担，且抽出的瓦斯浓度较高，是优质的工业或民用能源。

全国约98％的抽放瓦斯矿井采用建立矿井集中抽放系统抽放瓦斯，国内抽放瓦斯矿井的基本情况见表8—7—25。

四、地面钻孔抽放系统

地面钻孔抽放瓦斯技术美国最为发达，1953年美国在圣胡安盆地钻成第一个地面抽放瓦斯钻孔后，曾一度趋于低潮，自70年代以来，基于大量基础研究，凭借丰富的资源、良好的储层条件和优惠的税收政策，在全面系统地研究煤层瓦斯的形成机理、储集方式、开发特点、经济可行性分析的基础上，在勘探、开发煤层瓦斯技术上有重大突破。短短10年来，地面抽放瓦斯能力从70年代末年产不足1亿m³，迅速上升到1993年的175.71亿m³，平均单孔日产量达16207 m³，个别高产孔超过560000 m³。地面瓦斯抽放孔不仅深度浅、风险小，而且每孔的生产寿命较长，一般可达16～20年，故相当一部分抽放孔的经济效益明显高于普通天然气井，因而煤层瓦斯的勘探开发已成为美国能源工业最活跃的领域。

70年代初，国内有关单位从煤矿安全生产出发，在湖南里王庙矿、山西阳泉一矿、辽宁抚顺北龙凤矿、河南焦作中马村矿等进行过地面钻孔抽放瓦斯的试验工作，打过40余个钻孔，效果均不够理想。80年代中期，又在开滦煤矿施工两个钻孔亦未取得生产性效果。

70年代国内部分单位地面钻孔抽放瓦斯情况见表8—7—26。

近几年来，地面钻孔抽放瓦斯技术已引起国家有关部门的高度重视，国家计委将煤层瓦斯勘探开采列入"八五"重点科技攻关项目。1992年联合国开发计划署利用全球环境基金与煤炭部合作执行"中国煤层甲烷资源开发"项目，1993年又与地矿部签订了"深层煤层甲烷勘探"项目合同。经近几年实施的部分地面钻孔的试测和抽气试验，已初步查明山西离柳、晋城、河北大城、安徽淮北等矿区具有地面钻孔抽放的较好条件。

90年代国内有关单位施工地面钻孔分布情况见表8—7—27。

地面钻孔抽放瓦斯系引用天然气勘探开发技术，由地面向煤层或采空区钻孔抽放瓦斯。其主要优点是抽放工作有充分的时间，地面作业不受井下采掘工作的干扰，也不干扰井下的生

表 8-7-26　70年代国内部分单位地面钻孔抽放瓦斯情况表

矿　区	孔　号	见煤深(m)	煤　厚(m)	完孔方式	强化措施	初始产量(m³)	平均产量(m³)	维持年限(a)
湖南白沙里王庙	1	164	12	套　管	清水压裂	720	23	2
	2	164	14	套　管	清水压裂	1008	189	5
	3	173	12	套　管	清水压裂	129	10	5
	4	176	11	套　管	清水压裂			
	5	161	1.7	套　管	清水压裂			
辽宁抚顺龙凤矿	4	485	28.7	套管筛管	田管压裂	1440	360	10
	5	500	20.9	套管筛管	清水压裂	576		
	6	500	22.1	套管筛管	清水压裂	144		
河南焦作	13	320	7	裸　眼	清水配气	1278	631	0.6
	15	307	5	裸　眼	泡沫压裂	625	202	0.6
	12	321	6.8	裸　眼	洞　穴	1020	315	1.3
	14	304	5	裸　眼	洞　穴	518	195	0.8
	5	351	6.29	裸　眼	洞　穴	1307	590	2.8
河南中马村矿	7	233	5.15	裸　眼	洞　穴	2652	241	2.3
内蒙古包头五当沟	1	268	2			1450	318	1.5
	2	306	2			3640	930	1.5
	3	329	2			8640	1305	1.5
	5	320	2			6048	1021	1.5

表 8-7-27　90年代国内部分局矿地面钻孔施工分布情况

地　区	孔数(个)	所属系统	地　区	孔数(个)	所属系统
辽宁下辽河	1	石油	河南安阳	5	地矿
辽宁沈北	1	地方	安徽淮北	1	煤炭
辽宁红阳	2	地方	安徽淮南	4	煤炭
辽宁阜新	1	煤炭	安徽淮南	2	地矿
河北开滦	2	煤炭	河南荥巩	1	地方
河北大城	1	石油	江西丰城	1	石油
山西晋城潘庄	2	煤炭	湖南冷水江	1	石油
山西沁水	1	石油	湖南双峰	1	地矿
山西柳林三交	3	煤炭	湖南锡矿山	1	地方
山西柳林沙曲	6	地矿	陕西澄台	1	地矿
河南平顶山	1	煤炭	合　计	39	

产工作。适用条件一般为：

(1) 煤层埋深为 300～1000 m；

(2) 煤质以低、中挥发分烟煤至无烟煤最好；

(3) 煤厚≤1.5 m；

(4) 煤层瓦斯含量＞7 m³/t；

(5) 煤层渗透率 3～4×10⁻³μm² 以上最好，但≤1×10⁻³μm²。

由于国内多数矿区煤层赋存条件比较复杂，煤层渗透率较低，在地面钻孔并采用何种经济合理的提高瓦斯抽出率的方式，以及地面钻孔抽放相关的基础参数、设备配备等均处于探索实验阶段。因此，本节所述内容仅供参考。

（一）抽放系统

地面钻孔抽放瓦斯系统一般较简单（但压裂技术措施却较复杂），主要为钻孔——→地面管路——→抽放泵——→地面管路——→用户，地面钻孔抽放系统见图 8—7—13、图 8—7—14。

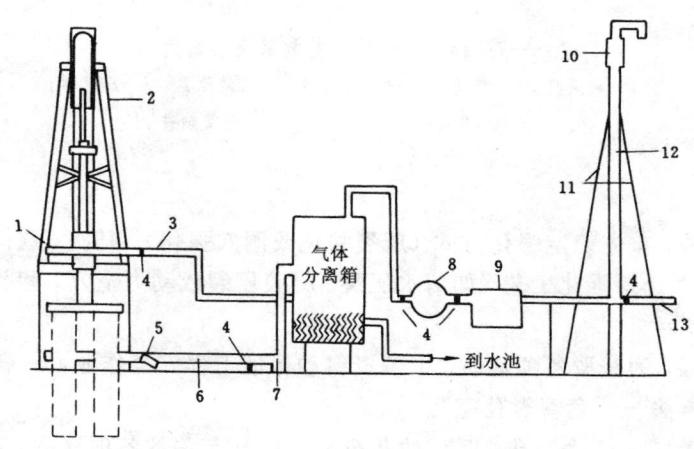

图 8—7—13　地面钻孔抽放瓦斯系统

1—针形阀；2—泵支架；3—管道（水）；4—阀；5—滤网1；6—管道（水）；7—滴水器；
8—过滤器；9—气体流量计；10—火焰消除器；11—绷绳支架；12—火炬装置；13—接天然气管道

（二）孔位选择

(1) 尽量选在构造比较稳定的地点，避开构造带和岩浆侵入区，将地质风险降到最小限度；

(2) 孔位应选在煤层比较稳定，煤层单层厚度较大，煤层渗透性比较好的地带，以利于获得高产瓦斯；

(3) 应选在煤层埋深较浅的地带，以缩短钻孔长度，节约钻孔投资；

(4) 交通方便（或修建公路方便），以便钻机和其它重型设备能顺利地进出场地；

(5) 瓦斯输送管道易于铺设，水源方便、抽出的钻孔水易于排放；

(6) 尽量不占或少占良田熟土。

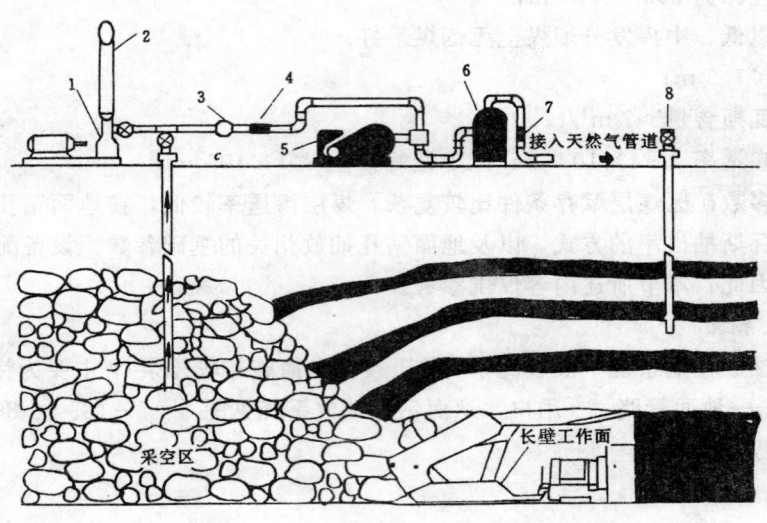

图 8—7—14 地面钻孔抽放采空区瓦斯系统

1—通风机；2—风筒；3—过滤器；4—火焰消除器；5—压缩机；

6—水分离器；7—流量计；8—超前钻井

（三）完孔方法

根据地质条件，首先确定强化方式（压裂强化或洞穴强化）。其次，选择入口方式（裸眼、射孔或割缝），进而选择强化工艺（如清水压裂、凝胶压裂或动力造穴）和孔眼结构（如裸眼、筛管或套管）。

对于勘察新区，为获取各项地质、工程资料和保证工程安全作业，一般应选择安全性大、施工便利的完孔方法——套管射孔完孔。

在有一定数量（2～3 个）孔之后，收集分析与完孔有关的各项地质、工程资料，选择合理的强化方式（压裂强化或洞穴强化）。

若选择洞穴强化，可根据产层压力的大小，进一步确定洞穴强化工艺（动力造穴或自然造穴）；

若选择压裂强化时，依据储层层数和地质条件，进一步确定完孔方式（裸眼完孔或套管完孔）；

若选择套管完孔时，可依据最初孔口孔的压裂作业压力情况，进一步确定入口方式（套管射孔或套管割缝）。

用于地面钻孔完孔的方法大致有两类，即套管完孔和裸眼完孔。套管完孔有射孔和割缝两种方法，而裸眼完孔则包括筛管、裸眼、砾石充填、水力切割洞穴、自然造穴和动力造穴六种方法。

完孔方法选择见 8—7—15 流程图。

（四）抽放参数

合理确定地面钻孔抽放参数是提高瓦斯抽出率、降低抽放成本的先决条件。

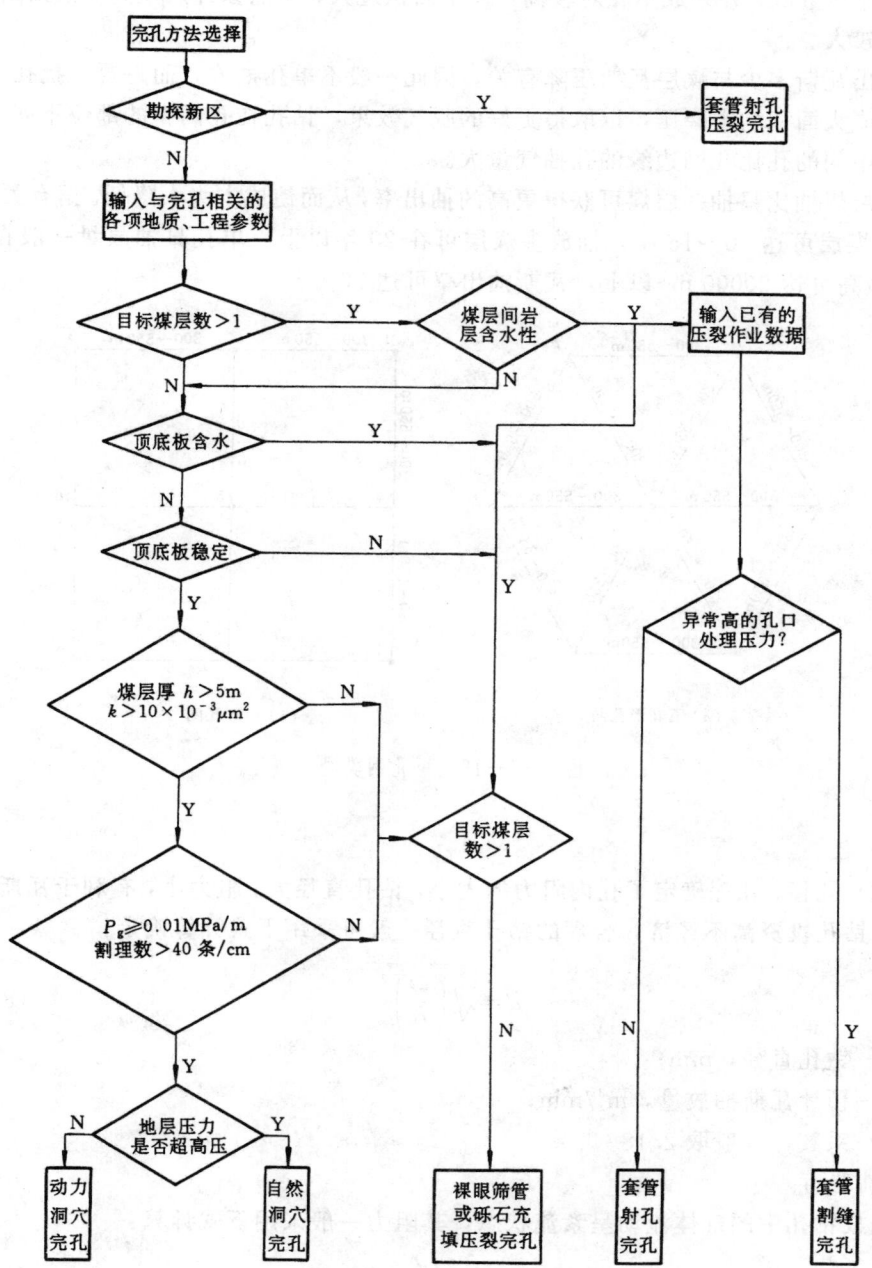

图 8—7—15 完孔方法选择流程图

1. 孔 距

优选孔网类型和孔距，以确定单位孔控制面积，常见孔网类型见图 8—7—16。

由于煤的节理系统造成渗透性的各向异性，抽放孔多采用矩形孔网。单孔控制面积视具体情况而定，一般为 0.1～0.31 km²。单孔控制面积过小，早期抽气量高，可较快地获得经济效益，但累计产量低，开采成本相对较高；控制面积过大，虽然累计产量高，但抽出率较低，开采成本亦较大。

由于抽出瓦斯多少与煤层瓦斯压降有关，因此一般不单孔抽放，而是要一批孔，进行群孔抽放，造成大面积均衡降压，以取得更好的脱气效果，钻孔在孔网中的部位不同，产量也不同，孔网中间的孔比孔网边缘的孔抽气量大。

单孔多层煤抽比只抽一层煤可获得更高的抽出率，从而使成本大大降低。据有关资料，单孔抽放单一煤层可达 10～15 年，抽放多煤层可在 20 年以上。单孔日抽放量一般在 5000～6000 m³，最高可达 20000 m³ 以上，瓦斯抽出率可达 70%。

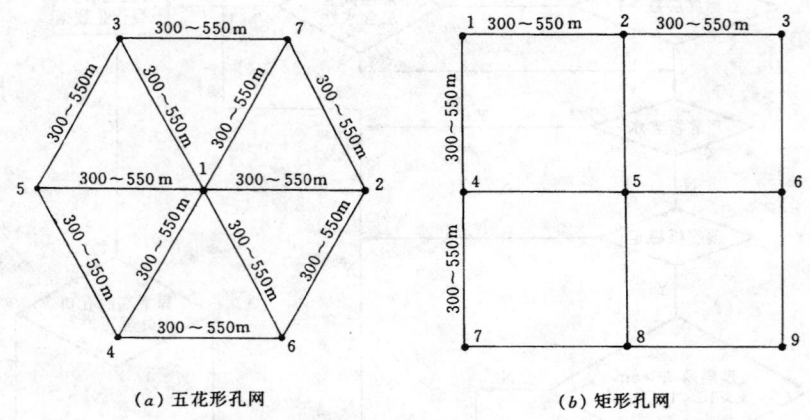

图 8－7－16 矩孔网类型

2. 孔 径

地面钻孔孔径、孔深确定了孔内阻力的大小，钻孔直径大、阻力小，有利于瓦斯抽放，但孔径太大、钻孔投资高不经济，合理的钻孔直径一般可采用下式计算确定：

$$d=\sqrt[5]{\left(\frac{Q}{K}\right)^2} \qquad (8-7-73)$$

式中 d——钻孔直径，mm；

　　　Q——预计瓦斯抽放量，m³/min；

　　　K——系数，一般取 2.18。

3. 钻孔阻力

由于抽放钻孔中的气体流动呈紊流状态，其阻力一般采用下式计算：

$$H=64\lambda\frac{L\gamma}{d^5}\cdot Q^2 \qquad (8-7-74)$$

式中 H——钻孔阻力，kPa；

　　　λ——摩擦系数，一般取 0.005；

　　　L——钻孔有效长度，m；

　　　γ——混合瓦斯容重，按表 8－7－28 选取；

　　　Q——预计抽放瓦斯量，m³/min；

　　　d——钻孔直径，mm。

表 8—7—28　在 0℃及 1 个标准大气压时，不同浓度瓦斯与空气混合气体容重表

瓦斯浓度 (%)	0	1	2	3	4	5	6	7	8	9
0	0	1.28724	1.28148	1.27531	1.26995	1.26419	1.25843	1.25267	1.24691	1.24114
10	1.23538	1.22962	1.22386	1.21810	1.21233	1.20657	1.20081	1.19505	1.18929	1.18353
20	1.17776	1.17200	1.16624	1.16048	1.15472	1.14805	1.14319	1.13743	1.13167	1.12591
30	1.12015	1.11438	1.10862	1.10286	1.09710	1.09134	1.08558	1.07981	1.07405	1.06829
40	1.06253	1.05677	1.05100	1.01524	1.08948	1.03372	1.02796	1.02220	1.01643	1.01067
50	1.00491	0.99915	0.99339	0.98762	0.98186	0.97610	0.97934	0.96458	0.95882	0.95305
60	0.94729	0.94153	0.93577	0.93001	0.92124	0.91848	0.91272	0.90696	0.90120	0.89544
70	0.88967	0.88391	0.87815	0.87239	0.86663	0.86087	0.85510	0.81934	0.84358	0.87782
80	0.83206	0.82629	0.82053	0.81477	0.80001	0.80825	0.79749	0.79172	0.78596	0.78020
90	0.77444	0.76868	0.76291	0.75715	0.75189	0.74563	0.73987	0.73411	0.72834	0.72258
100	0.71682									

4. 抽放负压

　　抽放负压大小直接影响着瓦斯抽放量和抽放浓度高低，因此地面钻孔的抽放负压以调整到钻孔抽放量大、抽放浓度高为准，一般为 0.02～0.1 MPa。

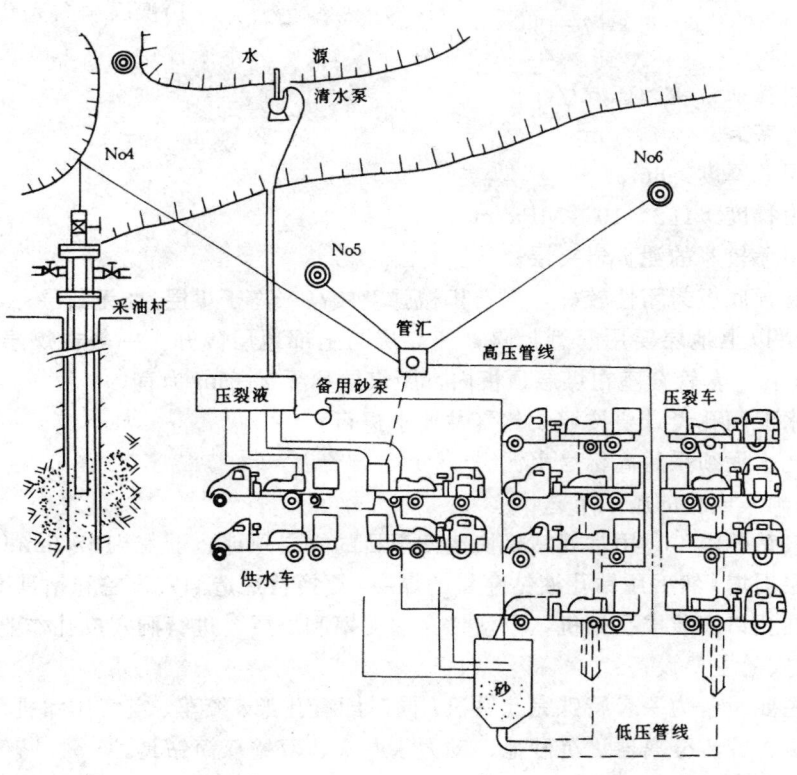

图 8—7—17　煤层压裂工艺与设备布置示意图

（五）提高抽放率的措施

为提高地面钻孔瓦斯抽出率，往往需要采取以下相应措施：

1. 水力压裂

水力压裂技术是石油勘探行之有效的增产措施。原理是用高压泵将一定压力的压裂液（水或其它液体，还加入一定粒度的石英砂，压入煤层，使其沿着煤层的自然裂隙而劈开裂缝，随着液流的运动将砂沉留在裂缝中，当泵压撤除后可将裂隙支撑，从而在煤层中形成高渗透性能的砂缝，并围绕钻孔形成一个范围较大的裂缝域。当钻孔排水后，裂缝域内的瓦斯沿着砂缝从钻孔排出，压裂钻孔的可排瓦斯范围取决于压开裂缝的范围，较之一般钻孔的排放范围要大得多。

水力压裂的工艺流程见图 8－7－17。

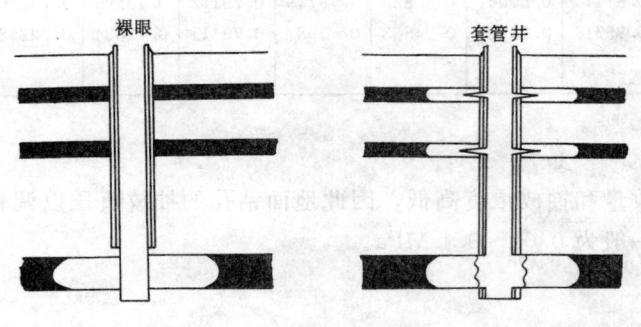

图 8－7－18

2. 裸眼洞穴成孔

裸眼洞穴成孔，是利用特殊的井下工具使目的煤层坍塌，在坍塌和煤屑的不断排出过程中形成一个比孔径更大的穴腔。裸眼洞穴完孔按照是否下套管又可分为有套管裸眼洞穴完孔和无套管裸眼洞穴完孔，见图 8－7－18。

1）裸眼洞穴完孔需要满足的基本条件：

（1）煤层瓦斯含量＞15 m^3/t；

（2）渗透率＞$5×10^{-3} \mu m^2$；

（3）煤层总厚度＞5m；

（4）压力梯度＞$1.2×10^{-2} MPa/m$；

（5）煤层无较厚的泥页岩夹层；

（6）煤层顶底板封闭性较好，岩石机械强度较高（高于煤层），无断层；

（7）煤层以上地层要用套管封隔，使煤层与上部地层隔开。一般在煤层以上地层下入 ϕ177.8mm 套管，套管鞋座在煤层顶板内，距煤层顶界 2～3m 为宜；

（8）注水泥固孔设计要按照天然气井要求进行；

（9）固孔水泥须采用高标号水泥。

2）裸眼洞穴成孔的施工工艺：

裸眼洞穴钻孔施工：用常规钻机快速钻至目的煤层顶部，下入 ϕ177.8mm 套管固孔，以防止上部地层坍塌，然后用钻孔液钻穿目的煤层，更换特殊造洞穴设备和钻具准备造洞穴，或移开原钻机在孔口安装成孔钻机，以便钻穿水泥塞和煤层，进行洞穴成孔作业。

3）造洞穴的主要设备：

造洞穴主要设备为一套特殊完孔钻机，同时配有孔架、绞车、空气压缩机、防喷器组、孔口排岩屑管汇、旋流分离器、沉砂池、动力水龙头、双壁双筒钻具。

造洞穴地面装置及流程见图 8－7－19。

造洞穴孔内装置及流程见图 8－7－20。

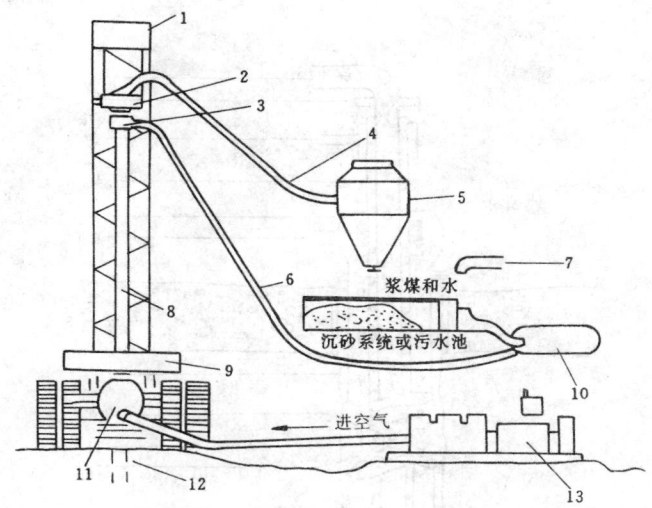

图 8-7-19 造洞穴地面装置及流程图

1—绞车；2—顶部驱动装置和水龙头；3—外部水龙头；4—浆液和空气排出废气；
5—旋流分离器；6—高压水；7—追加水；8—双壁钻杆柱；9—双壁钻井设
备；10—进空气；11—高压水泵；12—井；13—旋转头防喷器

4）造洞穴主要技术措施：

造洞穴时第一步首先将钻具下入孔底，将孔底沉渣循环干净。第二步关闭封孔器，同时向孔位内注入高压水和空气，进行整压，压力达到一定程度开始稳压，观察孔口压力变化情况，当孔底压力超过煤层破裂压力，煤层发生张性破裂，然后迅速卸压形成剧烈的孔内压力"激动"，迅速的压力降导致煤层产生应力释放，使煤层发生剪切破坏，引起煤岩向孔洞内崩落形成洞穴，可以使用空气和泡沫大排量循环，清除井筒积聚的煤屑和地层水。重复使用这种压力"激动"法直至回收的煤屑很少，说明洞穴达到稳定。形成洞穴之后可在裸眼洞穴孔段下入 139.7 mm 衬管，衬管预先钻好直径为 20 mm 的孔，煤层段衬管上孔的密度为 32～38 孔/m。有时要在孔口压力的情况下把衬管强行下入到孔底，这种措施系维持孔壁稳定，如果煤层段孔眼稳定，可以不必下入衬管，即无衬管裸眼洞穴完孔。

5）裸眼洞穴成孔与水力压裂技术对比：

裸眼洞穴成孔与水力压裂技术比较有以下特点：

（1）水力压裂无法消除钻孔和固孔作业对煤层所造成的伤害，水力压裂施工时注入的流体在垂直于裂缝方向加剧了煤层伤害；而造洞穴时，由于煤层受到张性破坏和剪切破坏，增加了煤层内的微孔隙数量和深度，从而降低了钻井液和固孔对煤层的伤害。

（2）水力压裂裂缝垂直于最小主应力方向，所以沿裂缝方向煤岩由于张性破裂提高了煤层导流能力，而垂直裂缝方向相对地处于压实状态，此方向的原始裂隙由于压实作用而压缩，渗透率反而比原始渗透率有所下降，也加剧了煤岩渗透率各向异性。在洞穴的形成过程中，由于应力释放作用反而使固有裂隙增大，而且这种裂隙无固定的方向性，即煤岩各个方向都存在裂隙，闭合的微裂隙也会张开，所以降低了煤岩渗透率的各向异性，提高了煤层渗透率。

（3）水力压裂裂缝尺寸大小及方向受地层的非均质影响，特别是断层、漏失层及水平方向渗透率很高的煤层。而裸眼洞穴完井则不受地层非均质性的影响。除非煤层上下围岩机械

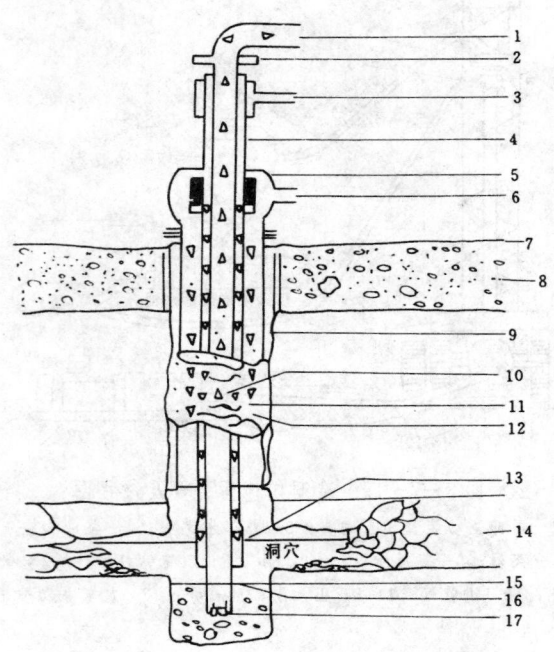

图 8—7—20　造洞穴孔内装置及流程

1—排出浆液：包括空气、水；2—水龙头：顶部驱动装置；3—注入高压水；

4—双壁钻杆柱；5—旋转头防喷器；6—进空气；7—地面；8—基岩；9—水泥固

结的套管；10—上返浆液；11—下驱高压水；12—下驱空气；13—喷嘴；14—煤；

15—水平面；16—吸入虹吸管；17—破碎大块煤层的钻头

强度极低，比煤层更加松软、更易压缩，造洞穴时不是煤岩坍塌而是煤层上下围岩的坍塌，达不到提高煤层渗透率和强化增产的目的。

（4）水力压裂是向煤层注入流体，增加煤层段流体的含量，从而延长了气体解吸时间，也增加了气体的扩散运移阻力，特别是压裂时滞留在煤层内携砂所用的流体对煤层影响更大。而在造洞穴时，只有空气和少量水注入钻孔内，从而导致饱和水在孔壁的相对渗透率重新分布，而且水和空气很快就会排出洞穴，进一步提高气体的相对渗透率。

（5）裸眼洞穴完孔效果显著，正常情况下，成功的裸眼洞穴成孔只需 8～12 天即可完成。孔底煤屑和地层水也会迅速地排出钻孔，使煤层瓦斯抽出量成倍增加，与水力压裂相比其抽放量可大 7.5～10 倍。

地面钻孔抽放实例。

［例 1］晋城矿务局潘庄矿：

晋城矿务局于 1991 年 8 月由能源部牵头，对美国的煤层气开发利用情况进行了考察，并与美国美中能源公司合作，进行了晋城矿区煤层气地面开发利用的可行性研究。针对该区地质条件和甲烷储集条件，选择了具有代表性的潘庄井田进行地面开发试验。

首先在井田中部煤层甲烷含量较高的地段施工了第一眼取芯试验孔，并进行了一系列测试、分析和评估。接着又在试验井田周围布置了六口示范孔，布置形式为五花形，孔间距均为 300 m。至目前已完成了三口示范孔的施工和压裂工程，并已相继进入采气阶段。在开发过程中，运用了美国目前广泛采用的"地面钻孔、酸化压裂、释压抽气"技术，并根据该区储层特点，选择了相应的技术参数。以潘 2 号孔为例，施工工艺过程大致可分为以下三个阶段：

（1）地面钻孔：从地面施工直径为 215.9 mm 的钻孔，到 15 号煤层下 55 m 结束，然后下入直径 139.7 mm 的套管，并在套管与孔壁之间压注水泥浆固孔。如图 8—7—21。

（2）酸化压裂：固孔结束后用射孔方式打开煤层入口，使煤层与孔沟通，并进行酸化处理，以清除打钻及固孔形成的煤层污染物和煤层本身含有的影响压裂效果的有机物。酸化处理后即可开始压裂，压裂所用压力为 20 MPa，压裂过程中按顺序加入细、中、粗砂，加砂浓度为 0～40%，即浓度逐渐增大。最后将液体排出而砂子仍留在煤层中支撑压裂裂缝。

（3）排水抽气：压裂结束后，安装螺旋泵、油水分离器等即可开始工作。

潘 2 号孔自开始排采的 260 天里，总排水量为 3500 m³，累计产气量 160300 m³，如图 8—7—22。由于换泵或因故障长期停泵，故有效排采时间只有 151 天，并以此大致分为以下三个排采测试阶段：

第一阶段从开始排采至泵发生故障之前共 30 天，总排水量 428 m³，累计产气量 100 m³，单位产气量非常小，仅为 0～2.84 m³/h，如图 8—7—22 间段 1。

第二阶段从第一次停泵 33 天后，又排采了 29 天。29 天中总排水量 832 m³，累计产气量 50500 m³。前 11 天排采情况与第一阶段相同，产气量小于 10 m³/h，到了第 12 天，产气量突然增大到 260 m³/h，随后的 17 天里，平均日产气量为 6160 m³，如图 8—7—22 中间段 2。

第三阶段从第二次停泵 76 天后，新更换的螺旋泵运行了 92 天，产水量 2240 m³，产气量 110000 m³。前 55 天产气量小于 10 m³/h，之后产气量逐渐增大到 100 m³/

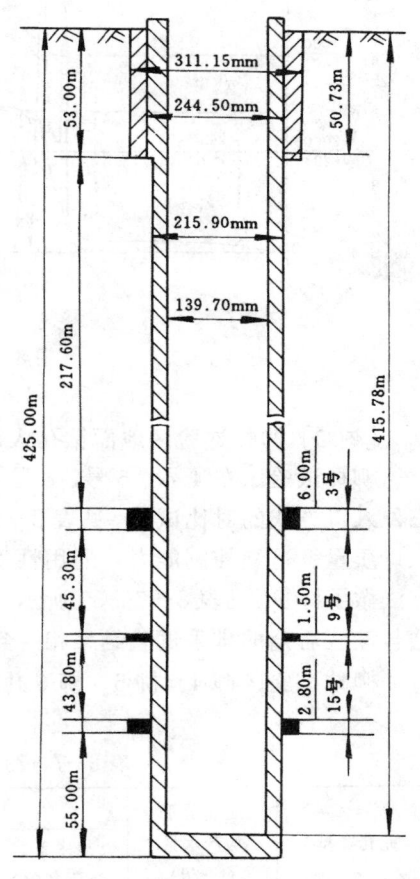

图 8—7—21　潘 2 号孔井径结构

h。到了第 82 天，产气量突然增大到 607 m³/h，此时排水量为 1.4 m³/h。第三阶段排采的后 10 天，平均日产气量为 7963 m³，最高达到 9428 m³/d，如图 8—7—22 间段 3。

从上述情况可以看出该孔产气特点为：开始阶段，产气量随着排水量的增加而逐渐增大，最后突然增大。这是由于开始时排水量小于来自钻孔周围的补充水量，储层压力较大，不利于排气，故产气量微弱。随着排水量的增加，储层压力逐渐降低，产气量逐渐增加，当排水量超过钻孔周围补充水量，使孔内液面不断降低，周围煤层越来越多地脱离水面，甲烷得以解吸释放，产气量大增。但是一旦停止排水，周围的水便向钻孔附近补给，产气量下降，并恢复原来状况。

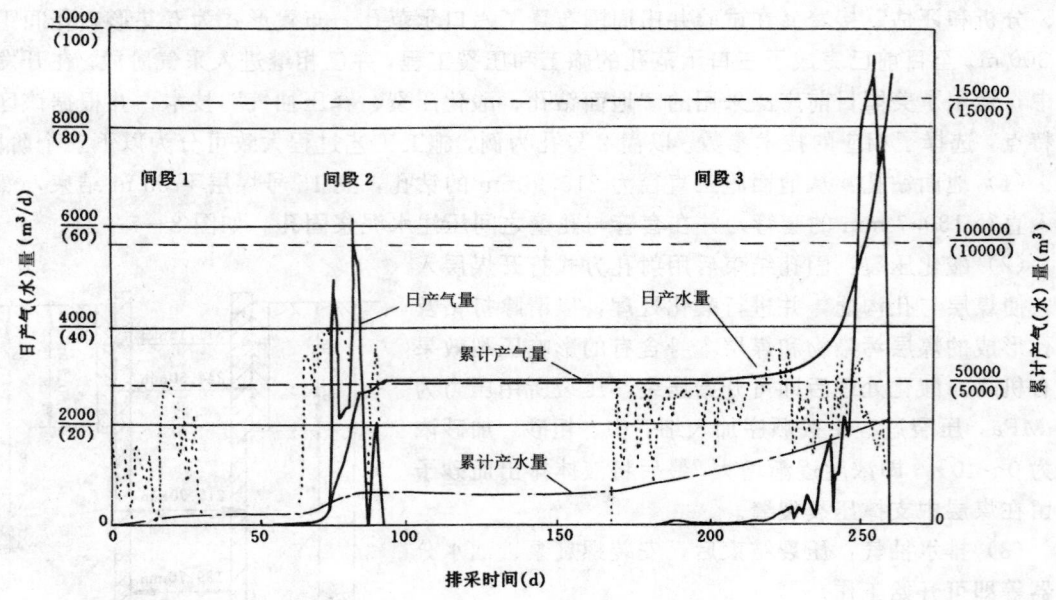

图 8—7—22　潘 2 号孔排采测试图

[例 2] 柳林试验区地面钻孔入口方式及压裂参数测试:

柳林试验区在 4 号、5 号、8 号煤合采的情况下,在 8 号煤层中进行了射孔、割缝和裸眼三种入口方式的对比试验,见表 8—7—29 所示。试验表明因入口方式的不同,导致了生产率、入口质量、造缝控制能力、通用性以及费用等方面的差异。并利用权衡分析法对这三种完孔方法做了评价。见表 8—7—30 所示。其结果表明套管射孔完孔是柳林试验区最佳的完孔方法,这与该区后期的排采试验结果相一致。

柳林试验区柳 4、柳 5、柳 6 孔压裂参数测试结果见表 8—7—31。

表 8—7—29　柳林试验区三种完孔方法试验结果

完孔类型	压裂前平均产水量 (m³/d)	入 口 质 量		产量稳定性	造缝控制能力	通用性	费用	备　注
		表皮系数 (压裂前)	压裂压力 (MPa)					
套管射孔	6.9	3.1	22.34	好	高	好	低	ML1 孔 8 号煤
套管割缝	20.7	1.41	19.3	好	中	差	高	ML1 孔 8 号煤
裸眼(筛管)	17.7	2.1	14.6	好	差	中	中	ML1 孔 8 号煤

[例 3] 丰城矿区曲试 1 孔裸眼洞穴完孔试验结果:

丰城矿区曲试 1 孔历次试气情况见表 8—7—32。

通过反复试验,发现几个规律性的现象;

(1) 造洞穴后比造穴前提高产气量 2.5 倍(表 8—7—32 中第一次和第六次稳定产气量比较);

(2) 真空泵负压抽吸比常压自然测气的产气量提高 1.5 倍(造穴前)至 2.5 倍(造穴

后）；

（3）自然测气气量在 1～2 天内很快就趋于稳定；真空泵抽吸（负压 0.05～0.07 MPa）气量也在最初的 1～2 天内迅速下降，而稳定则稍长（是否游离气，尚待研究）；

（4）造洞穴中和造洞穴后储层产水量变小，由造穴前后 0.87 m^3/d 变至 0.05～0.1 m^3/d；

（5）长时间的抽吸试气，煤层瓦斯的最高产量有上升的趋势。如 1996 年 1 月 10 日至 4 月 26 日第六次试气期间，开始最高气量 1 月 10 日为 5183 m^3/d，在因机械等原因中间停抽 2～3 天后再抽气时，最高气量上升，1 月 22 日为 5894 m^3/d，3 月 15 日为 6802 m^3/d，3 月 19 日为 6719 m^3/d。似乎被堵的通道有所抽通。遗憾的是因资金所迫，不能继续加长抽吸；

（6）通过注入/压降试孔，被污染伤害的储层似乎有所改善。如 1995 年 10 月 16 日至 11 月 7 日第五次试气和 1996 年 1 月 5 日至 4 月 26 日第六次试气相比较，其洞穴、砂面和液面条件基本一致，前者在注入/压降试孔前，其稳定气量为 50～60 m^3/d，而后者在注入/压降试孔之后，其稳定气量为 120～150 m^3/d，提高了 2 倍。

表 8－7－30 柳林试验区三种完孔方法权衡评价结果

等级数权衡系数 / 完孔方法	生产率	入口质量	造缝控制能力	通用性	孔眼稳定性	成本费用	总得分
分析项（权衡系数）	×4	×2	×4	×3	×4	×3	
套管射孔	1	1	3	3	3	3	48
套管割缝	3	2	3	1	3	1	46
裸眼（筛管）	2	3	1	2	2	2	38

表 8－7－31 柳林试验区柳 4、柳 5、柳 6 孔压参数测试结果

序号	有关参数项目 / 编号煤层	柳 4 孔 8 层	柳 4 孔 4＋5 层	柳 5 孔 8 层	柳 5 孔 4＋5 层	柳 6 孔 8 层
1	压裂缝长（英尺）	219.3	251.3	69.23	83.75	177.8
2	压裂缝向上发育（英尺）	155.5	170.1	113.6	145.7	149.8
3	压裂缝向下发育（英尺）	113.4	112.9	36.5	61.52	87.59
4	支撑缝长（英尺）	200.2	225.9	69.2	83.75	173.8
5	上部支撑缝高（英尺）	132.9	127.4	113.6	97.23	139.0
6	下部支撑缝高（英尺）	113.4	112.0	36.5	61.52	87.59
7	射孔处缝宽（英寸）	0.822	0.730	0.143	0.549	0.861
8	最大缝宽（英寸）	0.847	0.763	0.143	0.662	0.862
9	平均缝宽（英寸）	0.513	0.438	0.083	0.439	0.556

续表

序号	有关参数项目 \ 编号煤层	柳4孔 8层	柳4孔 4+5层	柳5孔 8层	柳5孔 4+5层	柳6孔 8层
10	压裂缝总高（英尺）	269.0	282.4	150.2	207.2	237.4
11	支撑缝总高（英尺）	246.1	239.4	150.2	158.7	226.6
12	压裂液效率（%）	44.3	61.9	9.1	35.0	29.5
13	相互作用等效裂缝数（个）	10.0	1.0	8.704	1.601	1.0
14	发育等效裂缝数（个）	1.0	1.0	10.44	3.274	1.0
15	滤失等效裂缝数（个）	2.5	1.0	4.40	2.212	1.0
16	综合滤失系数	1.9×10^{-2}	1.0×10^{-2}	2.3×10^{-2}	1.5×10^{-2}	2.7×10^{-2}

表 8-7-32　丰城矿区曲试 1 孔历次试气情况

序号	时间	天数	试气方式及负压值（MPa）	试气条件 洞穴条件	试气条件 砂面深度变化（m）	试气条件 液面深度变化（m）	火焰高度（m）	自然测气量 最大～最小 稳定（m³/d）	抽吸测气量 最大～最小 稳定（m³/d）	说明
第一次	1994 5.11～6.8	9	0.07	造洞穴前钻井最后因故下了泥浆土1t	起969.48 终966.92	起860（回声仪测）终724（回声仪测）	1～1.8	$\dfrac{169～27}{30～35}$	$\dfrac{95～44}{45.0}$	真空泵抽吸时间短未稳定
第二次	1994 10.4～10.9	5	0.07	造洞穴中，出煤岩35 t，其中出煤14 t，R1.66 m	起962.17 终962.22（误差）	起961.0（回声仪测）终945.0（回声仪测）	2～3	$\dfrac{288～91}{91～104}$	$\dfrac{182～91}{100}$	时间太短，未稳定不作比较用
第三次	1995 3.11～3.31	21	0.07	造洞穴完，出煤岩71 t，其中出煤30 t，顶板岩石41 t，体积38 m³，园台最大半径2.39 m	起967.64（钻杆硬探）终961.76（钻杆硬探）	起965.0（钻杆硬探）终957.0（钻杆硬探）		$\dfrac{112～27}{30～35}$	$\dfrac{142～76}{80～85}$	

续表

序号	时间	天数	试气方式及负压值(MPa)	试气条件			火焰高度(m)	自然测气量最大～最小 稳定(m³/d)	抽吸测气量最大～最小 稳定(m³/d)	说明
				洞穴条件	砂面深度变化(m)	液面深度变化(m)				
第四次	1995 7.7～7.8	2		洞穴条件同上,洞穴内下筛管护壁,口径108 mm,眼径5 mm	起970.16(筛管内) 962.0 ±(筛管外) 终963.69(筛管内) 961.5 ±(筛管外)	起966.0(钻杆硬探) 终963.0(钻杆硬探)		16～8 漏气	$\dfrac{211～50}{60～70}$	漏气不用停止
第五次	1995 10.16～11.8	22	0.03 ～ 0.07	洞穴条件及筛管同上。CO₂洗井后	起970.2(筛管内) 961.5 ±(筛管外) 终970.15(筛管内) 961.5 ±(筛管外)	起966.79(钻杆硬探) 软泥面 终969.2(钻杆硬探) 硬砂面		$\dfrac{21～11}{15}$	$\dfrac{5194～56}{60～70}$	
第六次	1996 1.5～4.26	92	0.07 ～0.1 ～0.02	洞穴条件及筛管同上,注入/压降试井之后	起964.0(筛管内) 961.0 ±(筛管外) 终963.99(筛管内) 961.0 ±(筛管外)	起963.0(钻杆硬探) 终962.5(钻杆硬探)		$\dfrac{318～40}{50～60}$	$\dfrac{6802～113}{120～115}$	漏气不用停止

第五节　抽放瓦斯方法及钻场布置

一、抽放方法分类

按抽放瓦斯来源分类可分为开采层抽放、邻近层抽放和围岩抽放三类；抽放瓦斯方法可分为开采层未卸压抽放、开采层卸压抽放、邻近层抽放和围岩瓦斯抽放法四种；按抽放工艺（或钻孔布置）可分为多种抽放方式，瓦斯抽放类型、方法、方式、适用条件见表8—7—33。

表 8-7-33　瓦斯抽放类型、方法、适用条件

抽放分类		抽放方式	适用条件	工作面抽放率（%）
开采层抽放	未卸压抽放	岩巷揭煤与煤巷掘进预抽：由岩巷向煤层打穿层钻孔；煤巷工作面打超前钻孔	高突出危险煤层、高瓦斯煤层	10～30 / 10～30
		采区大面积预抽：由开采层机巷、风巷或煤门等打上向、下向顺层钻孔	有预抽时间的高瓦斯煤层、突出危险煤层	10～30
		由岩巷、石门、邻近层煤巷等向开采层打穿层钻孔	属"勉强抽放"煤层	10，个别超过50
		地面钻孔	高瓦斯"容易抽放"煤层，埋深较浅	10
		密封开采层巷道	高瓦斯"容易抽放"厚煤层	10
	卸压抽放	边掘边抽：由煤巷两侧或岩巷向煤层周围打防护钻孔	高瓦斯煤层突出煤层	10
		边采边抽：由开采层机巷、风巷等向工作面前方卸压区打钻	高瓦斯煤层	10～20
		由岩巷、煤门等向开采分层的上部或下部未采分层打穿层或顺层钻孔	高瓦斯煤层	10～20
		水力割缝、松动爆破、水力压裂（预抽）：由开采层机巷、风巷等打顺层钻孔；由岩巷或地面打钻孔	高瓦斯"难以抽放"煤层	20～30 / <30
邻近层抽放	卸压抽放	开采层工作面推过后抽放上、下邻近层瓦斯：由开采层机巷、风巷、中巷等向邻近层打钻		30～60
		由开采层机巷、风巷、中巷等向采空区方向打斜交钻孔	邻近层瓦斯涌出量大，影响开采层安全时	30～60
		由煤门打沿邻近层钻孔		30～60
		在邻近层掘汇集瓦斯巷道	邻近层瓦斯涌出量大，钻孔的通过能力满足不了抽放要求时	30～60
		从地面打钻孔	地面打钻优于井下时	15～40
采空区抽放		开采层工作面推过后抽放采空区瓦斯：密封采空区插管抽放	无自燃危险或采用防火措施时	15
		现采采空区设密闭墙插管或向采空区打钻抽放		15
综合抽放		多种抽放方式相组合	采用单一的抽放方式效果较差时，应采用该种抽放方式	40～80
围岩瓦斯抽放		由岩巷两侧或正前方向溶洞或裂隙带打钻、密闭岩石巷道抽放、封堵岩巷喷瓦斯区并插管抽放	围岩有瓦斯喷出危险，瓦斯涌出量大或有溶洞，裂缝带储存高压瓦斯时	

二、抽放方法选择

（一）抽放方法选择原则

矿井瓦斯抽放的类型和方法，可按下列因素考虑确定：

（1）为提高瓦斯抽放率，宜选用多种抽放方法相结合的综合抽放方式。

（2）当井下采掘工作所遇到的瓦斯主要来自开采层本身，只有抽放开采层本身的瓦斯才能解决问题时，应采用开采层瓦斯抽放。

（3）煤层群条件下首采层开采时，来自邻近层的瓦斯占有很大比例威胁工作面安全生产，应采用邻近层瓦斯抽放。

（4）工作面后方采空区瓦斯涌出量大，危害工作面安全生产或老采空区瓦斯积存量大，向邻近的回采工作面涌出瓦斯量多以及增大采区和矿井总排瓦斯量，应采取采空区瓦斯抽放。

（5）对于瓦斯含量大的煤层，在煤巷掘进时，难以用加大风量稀释瓦斯，可在掘进工作开始前对煤层进行大面积预抽或采取边掘边抽的方法加以解决。

（6）对于煤层透气性较低，采用预抽方法不易直接抽出瓦斯，掘进时瓦斯涌出不很大而回采时有大量瓦斯涌出的煤层，可采用边采边抽或采用水力割缝、松动爆破和水力压裂煤体注酸等措施人为卸压后抽放瓦斯的方法。

（7）若煤层赋存较浅（一般600 m以内），煤层较厚，或煤层层数较多，煤层瓦斯含量较高，地面施工钻孔条件较好，可采用地面钻孔抽放。

（8）若围岩瓦斯涌出量大，以及溶洞、裂缝带储存有高压瓦斯并喷出时，应采取围岩瓦斯抽放措施。

（二）抽放方法选择

1. 开采层抽放

开采层瓦斯抽放分未卸压抽放法，采（掘）卸压抽放和人为卸压抽放法。

1）开采层未卸压抽放法。

开采层未卸压抽放法适用于透气性较高的煤层，煤层透气性系数一般要求大于 $0.1 \ \mathrm{m^2/MPa^2 \cdot d}$。

开采层未卸压抽放法的布孔方式一般可分为穿层式和沿层式两种，其优点分别为：

（1）穿层钻孔。

A. 由于钻孔正交或斜交煤层，穿透了煤层的全部分层接触面，而沿这些接触面方向的透气性较垂直于这些层理和接触面方向的透气性为高，所以在煤层孔长相同的条件下，穿层钻孔抽出的瓦斯大于沿层钻孔抽出的瓦斯量。

B. 可以利用开拓巷道提前打钻孔，赢得充分的抽放时间，对有突出危险的煤层，可以避免石门揭煤和掘进煤巷时采用其它麻烦的局部防突出措施。

C. 一般在岩石中开孔，封孔较可靠。

（2）沿层钻孔。

A. 钻孔揭露煤层的面积大。

B. 在煤层中打钻通常速度较快、成本低。

因此，采用未卸压抽放法抽放薄及中厚煤层瓦斯时，一般应优先考虑沿层布孔的方式。当煤层特厚或煤层突出危险性大时，可打穿层钻孔。

2）开采层采（掘）卸压法。

该方法除靠煤层天然透气性外，主要靠采（掘）工作或人为采取措施，对周围煤体的卸压作用来实现抽放瓦斯的目的。该抽放方法的主要特点是：

（1）在薄及中厚煤层条件下，鉴于采掘工作对开采层本身的卸压范围较小，且卸压区的位置随采掘工作面推进而变化，所以同时起作用的抽放瓦斯孔数少，且钻孔服务期短。

（2）在分层开采厚煤层条件下，向开采分层上下各未采分层打钻抽瓦斯时，由于煤体充分卸压松动，在其中产生大量裂隙，且大面积与采空区相连，为此，只有在煤层厚度特别大（＞10～20 m）时，该法效果才会较好。

（3）开采层采（掘）卸压抽放瓦斯，因卸压范围小，抽放时短，可作为辅助抽放方法应用。在特厚煤层条件下，利用该法可取得较好的效果。

（4）人为卸压抽放，单一低透气性高瓦斯含量煤层的瓦斯抽放是煤矿瓦斯抽放的最困难的问题，人工卸压抽放瓦斯法的基本原则为：

A. 从煤层中取出部分物质，形成空洞使煤体卸压、扩大原有裂隙，并产生新裂隙以提高煤体透气性。

B. 在有自由面的情况下，使煤体膨胀变形，以提高煤层的透气性。

C. 在煤体无自由面的情况下，改善煤中裂隙的分布情况，使煤体中产生透气性良好的贯通裂隙，以提高整个煤层的透气性。

按上述原则，国内外所采用的措施为：

a. 水力压裂：在钻孔揭穿煤层处注入携带支撑剂（一般为石英砂）的高压水，在一定时间后瞬时卸压，如此反复卸压，使煤体在一定范围内形成无数微小裂缝，并由支撑剂支撑其微裂缝而增大煤层透气性。

b. 水力割缝：利用高压水流射向煤体，掏出部分煤炭，形成卸压缝隙以提高抽放效果。

c. 高压水射流扩孔：采用高压水射流，扩大预抽钻孔的直径，增加煤层暴露面积，增大钻孔卸压范围，降低地应力，提高低透气煤层的抽放效果。

d. 松动爆破：在钻孔见煤层段装入炸药引爆，使之扩大孔径和使煤体部分膨胀变形增大透气性。

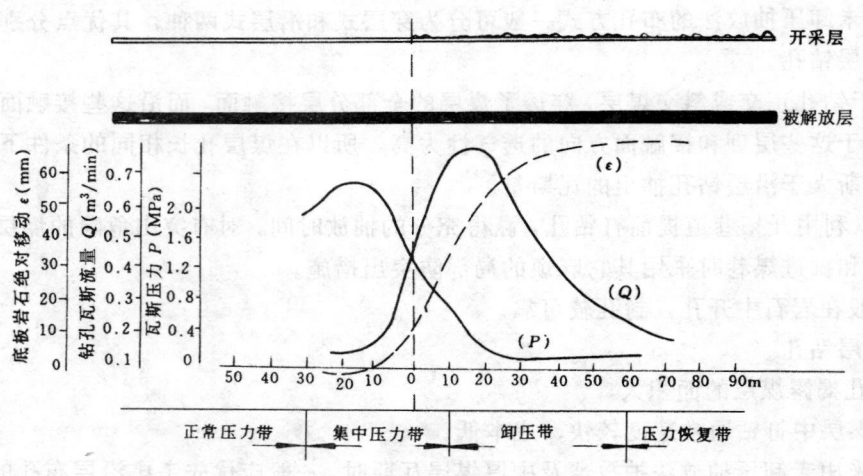

图 8—7—23　沿走向岩压与瓦斯变化曲线

表 8-7-34　开采层抽放瓦斯方法及钻孔布置方式

抽放类型	抽放方法及布孔方式	图　示	有关参数	适用条件及评述
开采层卸压瓦斯抽放　底板专用瓦斯抽放巷预抽	在底板开掘专用抽放巷,设钻场向煤层打钻,进行密集网格钻孔预抽	 1—钻孔;2—抽放巷	1. 孔距:根据煤层透气系数及抽放影响半径来定,宜采用密集钻孔,布孔方式可采用"三花孔"; 2. 孔口负压:16000~46600Pa 为宜,可根据煤层透气性及瓦斯压力等加以调整; 3. 预抽时间:一般为 2~4 年; 4. 封孔:可用水泥砂浆或膨胀水泥,封深 2~4m 即可	钻孔施工简便,易封孔。钻场设于岩巷,避免了预抽时揭穿突出煤层,生产时干扰小。但岩巷工程量大,系统可靠,抽放时间长,抽放与透气性,突出较严重,有一定倾角的中厚、厚煤层,并在开拓开采方面上有可容许的预抽时间,这是一种应用广泛的有效抽放方法
未采煤层岩巷揭煤与煤巷掘进抽放	(1)由石门向煤层打超前钻孔抽放,预抽一定时间后继续掘进揭煤	 1—钻孔;2—石门	1. 孔距:每隔 10m 左右向煤层打钻; 2. 孔口负压:约 10600~13300Pa; 3. 预抽时间:视具体情况而定,一般不小于 6 个月; 4. 封孔:膨胀水泥或聚氨酯,封深 8m 左右	利用石门设置钻场,施工较安全,简便。预抽阶段可免于穿突出煤层,系统可靠,工程量较小,但抽放量较小,适用于预抽与生产干扰小,难以保证足够的预抽时间,适用于具有一定透气性,有一定倾角的中厚、厚煤层,可为石门揭煤创造安全条件
	(2)由煤巷工作面打超前钻孔抽放,预抽一定时间后继续掘进	 1—钻孔;2—煤巷		在掘进回采巷道的同时,给出一定时间对煤体进行预抽可在一定程度上解决回采中的瓦斯问题。但抽、采、掘干扰大,矛盾多,预抽时间不充分,在生产时接替不紧张,预抽不充分的情况下可以采用
巷道预抽	预先掘出回采巷道加以密封,然后进行预抽	 1—密闭巷;2—抽放巷; 3—密闭;4—顺槽;5—回采面	1. 煤巷间距:取 20~40m; 2. 孔口负压:6500~10000Pa; 3. 抽放时间:一般不小于 6 个月; 4. 密闭:设 2 道密闭墙	煤巷暴露面积大,抽放效果较好,但需预掘回采巷道,工程量大,维护困难,掘进瓦斯没有解决,仅适用于一些顶底板条件好,突出不严重,需临时解决瓦斯问题的工作面

续表

抽放类型	抽放方法及布孔方式	图示	有关参数	适用条件及评述
未卸压煤层瓦斯抽放 — 顺层钻孔预抽	由煤门或联络眼钻场向煤层打顺层钻孔进行预抽，对于特厚煤层可实现卸压抽及采空区抽	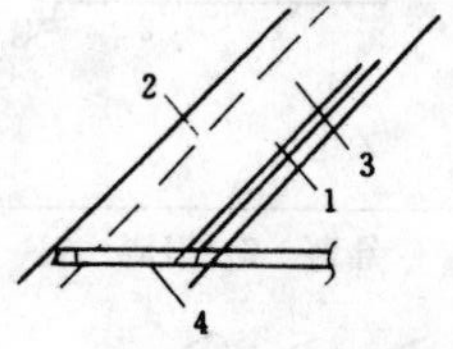 1—顺层钻孔；2—上分层；3—下分层；4—煤门或联络巷	1. 孔底间距：20~30m，扇形孔； 2. 孔口负压：预抽阶段 13000~20000Pa，采上分层后可降为 5300~10000Pa； 3. 抽放时间：预抽阶段<6个月，并贯穿上分层开采的始终进行卸压抽； 4. 封孔：聚氨酯及膨胀水泥，封深 7~10m	适用于有一定倾角，突出不严重的厚及特厚煤层，特别对分层开采的特厚煤层，可实现采前预抽、边采及抽上分层的采空区瓦斯，效果好，边采及抽进时间长，抽放时间长；但需揭煤、掘进及封孔以解决，钻孔及封孔施工困难，系统可靠性差，当采过上分层后，抽放浓度将会大大降低
开采层瓦斯抽放动卸压抽放 — 掘边抽边掘	由煤巷两侧每隔一定距离掘一钻场，向掘进方向打钻孔抽放	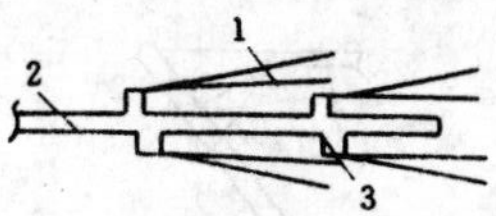 1—钻孔；2—煤巷；3—钻孔	1. 钻场间距 40~60m，孔长 45~65m； 2. 孔口负压：根据巷道高度及钻孔与巷道间平行距离确定，5870~50400Pa 不等； 3. 封孔：膨胀水泥，封深 7~9m	利用煤巷掘进动压增加煤的透气性，可基本解决掘进瓦斯问题，但打钻及封孔较困难，系统可靠性较低，适用于厚及特厚煤层预抽瓦斯问题
压抽边采边放	(1) 由运输或回风顺槽向煤层打钻，随着回采面的推进，可起到卸压抽及采动卸压抽的作用	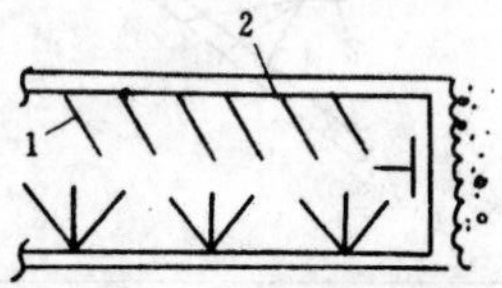 1—钻孔；2—顺槽	1. 孔距：10~20m； 2. 孔口负压：6700~10700Pa； 3. 抽放时间：随工作面推进逐一报废； 4. 封孔：可用膨胀水泥，封深 5~8m	利用回采动压提高抽放效果，可大大提高抽放效果，适用于局部瓦斯大，时间受限，用预抽抽不能满足预抽要求或预抽不充分的回采面

抽放类型	抽放方法及布孔方式	图示	有关参数	适用条件及评述
采动卸压抽放（边采边抽开采层卸压瓦斯抽放）	(2) 由石门或底板岩巷向开采层下部未采分层打钻抽放（可实现预抽和卸压抽放的结合）	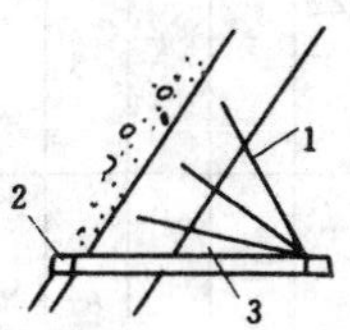 1—钻孔；2—上分层顺槽；3—石门	1. 孔底：打至离上分层底板 1～2m 处；2. 孔口负压：预抽阶段 13300～20000Pa，开采上分层后可降为 4000～6700Pa；3. 抽放时间，保证一定预抽时间，直至上分层采毕；4. 封孔：水泥砂浆或膨胀水泥，封深 3～5m	可实现预抽、边采边抽及上分层采空区的抽放，时间长、效果好，系统可靠，以掌握。但采过上分层后抽放浓度可能急剧降低，适用于透气性较低、有一定倾角的分层开采特厚煤层（煤厚在 10～20m 以上）
	(3) 由煤门或联络眼向开采场向未开采分层打钻抽放（下部尚未开采分层打顺层钻孔抽放）	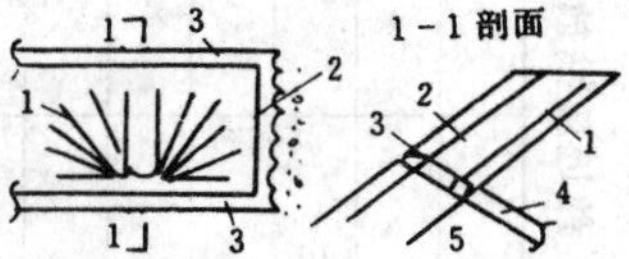 1—钻孔；2—上分层工作面；3—顺槽；4—煤门或联络眼；5—未采的下分层　1—1剖面	1. 钻孔，孔底间距 10～15m，每个钻场 20～30个孔，沿中 下分层打钻；2. 孔口负压：预抽 10700～16000Pa，卸压 4000～6700Pa；3. 抽放时间，保证一定预抽时间，直至上分层采毕；4. 封孔：聚氨酯或膨胀水泥，封深 7～10m	可实现预抽、边采边抽及上分层采空区的抽放，效果好。但打钻及封孔施工困难，系统可靠性较低，采过上分层后抽放浓度可能急剧降低，适用于透气性较低、有一定倾角的分层开采特厚煤层（煤厚在 10～20m 以上效果更佳）
人为卸压抽放	水力割缝		1. 钻孔，沿层扇形钻孔，孔长 60～80m，硬煤层则取上限；2. 水射流压力：$7840～11760kPa$（软煤层取低值，硬煤层则取上限）；3. 水射流流量：$10～15m^3/h$	对煤体施行水力割缝、水力压裂、松动爆破等人为卸压措施以后，可提高煤层透气性，使钻孔瓦斯流量大幅度增加，是单一低透气性高瓦斯煤层有效卸压的方法
	水力压裂		1. 钻孔：可从抽放层的岩石平巷，下层的煤巷或岩石平巷向抽放层打钻，2. 水压 $4900～17640kPa$；流量 $0.4～0.7m^3/min$；3. 封孔后应能承受 $19600kPa$ 的压力	但人为卸压工艺较复杂，成本较高，限于解决局部瓦斯问题。随着该技术的发展利于将会得到普遍采用
	松动爆破		1. 钻孔：$150～200m$，2. 炸药：采用8号硝铵炸药；3. 每个钻孔内装爆破简数：$2～3$个；4. 爆破简长 $2.5m$	对钻孔松动爆破，使钻孔周围煤层松动破裂，提高透气性
	酸洗煤层		利用盐酸（HCl）与煤体中的碳酸钙（$CaCO_3$）反应生成易于溶解的氯化钙（$CaCl_2$）的原理增大煤的孔隙率，从而提高其透气性	由于盐酸在运输、泵过过程中困难较多，腐蚀问题不好解决，所以浆有得到推广应用

e. 煤体物化处理：一般用酸来溶解煤杂质中的碳酸盐，以提高煤层的透气性。

开采层瓦斯抽放方法及钻孔布置方式、适用条件见表8－7－34。

2. 邻近层抽放

邻近层瓦斯抽放是国内外应用最广泛的抽放类型，就首采层与邻近层的相互位置来看，通常把邻近层分为上邻近层和下邻近层两种，抽放上邻近层的效果一般较下邻近层为好。

1）邻近层瓦斯来源。

邻近层瓦斯来源，一般是根据回采工作面开采过程中的瓦斯涌出变化来区分。开采初期的瓦斯涌出不大且比较平稳，可以认为是本煤层涌出的瓦斯（Q_1）；当工作面推进一段距离（L）后，瓦斯逐渐增加，随着老顶的冒落，瓦斯大量泄出而使其达到最高值（Q_2），则邻近层的瓦斯量近似为$Q_3 = Q_2 - Q_1$。

邻近层的瓦斯涌出，随着开采层工作面的推进，沿走向方向的变化，可划分为几个带（图8－7－23）。正确掌握每个带的位置对邻近层抽放瓦斯的布孔角度和间距有着重要关系。

2）邻近层的选择。

邻近层的选择主要考虑岩层的卸压和瓦斯变化，邻近层的层位与开采层的距离、层间岩性、倾角等因素，一般数值见表8－7－35。

几个国家的邻近层抽放极限层间距，见表8－7－36。

表8－7－35 邻近层的可抽放距离

煤 层 倾 角	上邻近层（m）	下邻近层（m）
缓倾斜（25°以下）	＜120	＜80
急倾斜（45°～90°）	＜60	＜60

表8－7－36 邻近层抽放瓦斯极限间距

国 家	地 点	上邻近层（m）	下邻近层（m）
德 国	鲁尔矿区	100	60
荷 兰		120	50～60
前苏联	顿巴斯矿区	开采层厚的60倍	70
	顿巴斯矿区	77	60～80
	叶果尔申煤田	80～120	
前捷克斯洛伐克		60	20
日 本		35	
中 国		120	80
波 兰	巴拉巴斯试验井	65	65

3）邻近层抽放方法及钻孔布置。

（1）邻近层抽放钻孔布孔原则。

A. 钻孔的孔底要位于卸压带内，保证能有充足的瓦斯源进行抽放。

B. 钻孔孔口部分要严密不漏气，孔身位于未卸压的非裂隙带内。

表 8—7—37　邻近层抽放瓦斯方法及钻孔布置方式

抽放类型	抽放方法及布孔方式	图　示	有　关　参　数	适用条件及评述
邻近层卸压瓦斯抽放	(1) 由顶底板岩石巷道向上、下邻近层打钻孔抽放	〔图〕1—钻孔；2—顺槽；3—顶底板岩巷钻场	1. 孔距：15~25m； 2. 孔口负压：10700~20000Pa； 3. 抽放时间，从解放层工作面开采线前2~3个月开始抽放，直至采毕； 4. 封孔：膨胀水泥砂浆，封深2~4m	打钻及封孔施工简便，抽放系统高效、安全、可靠，抽放时间长、浓度高，只要布孔合理，负压适宜即可解决瓦斯问题。但工程量大，适用于下有上或下解放层开采的倾斜或急倾斜煤层
	(2) 从工作面尾巷向上、下邻近层打钻孔抽放瓦斯	〔图〕1—钻孔；2—工作面尾巷；3—运输顺槽；4—回风顺槽	1. 钻孔：根据煤层倾角及不同陷落角，避开了冒落带，打至邻近层抽放； 2. 孔口负压：10700~20000Pa，卸压后可降低； 3. 抽放时间：贯穿解放层工作面开采的始终； 4. 封孔：聚氨酯或膨胀水泥，封深8~10m	可实现对邻近层的预抽、卸压抽及在采层采空区抽，效果好，但打钻及封孔工艺要求较高，钻场不易维护，不能实现邻近层大面积抽放，适用于有下解放层开采或上解放层开采的缓倾斜或急倾斜近距离离煤层的抽放
	(3) 由下区段工作面回风顺槽向上、下邻近层打钻孔抽放	〔图〕1—钻孔；2—下区段回风顺槽；3—运输顺槽	1. 钻孔：根据煤层倾角及不同陷落角，避开冒落带，打至邻近层； 2. 孔口负压：10700~20000Pa，卸压后可降低； 3. 抽放时间：自下区段顺槽漏出至该顺槽报废止； 4. 封孔：聚氨酯或膨胀水泥，封深8~10m	可实现对邻近层的卸压抽放及一定程度上的开采空区瓦斯空区抽放，有一定的抽放效果。但封孔及钻孔施工较困难，钻场不易维护，需提前掘出下区段的局部抽放顺槽，且只能实现对邻近层开采的局部抽采顺槽，适用于实行下解放层开采的缓倾斜煤层或上解放层开采的倾斜及急倾斜近距离离煤层群的抽放

续表

抽放类型	抽放方法及布孔方式	图　　示	有关参数	适用条件及评述
邻近层卸压瓦斯抽放	(4) 利用石门、联络巷钻场向上、下邻近层钻场打钻孔抽放	1—钻孔；2—运输顺槽；3—石门或联络巷	1. 孔距: 15～25m; 2. 孔口负压: 13300～20000Pa; 3. 抽放时间: 贯穿解放层工作面开采的始终; 4. 封孔: 膨胀水泥或聚氨酯, 封深5～8m	可实现对邻近层的预抽及卸压抽放，效果较好，且工程量小，但钻孔施工及钻场维护较困难，不能实现邻近层的大面积抽放。适用于有一定间距的倾斜、急倾斜煤层群
	(5) 由煤门打顺层钻孔抽放	1—钻孔；2—运输顺槽；3—联络巷	1. 钻孔，利用联络巷（煤门）沿煤层布顺层孔; 2. 孔口负压: 6500～10700Pa; 3. 抽放时间: 贯穿解放层开采始终; 4. 封孔: 聚氨酯或膨胀水泥, 封深8～10m	沿煤层布孔，暴露面积较大，卸压后抽放效果较好，但打钻及封孔施工较困难，钻场难以维护，系统可靠性差，适用于急倾斜较近距离煤层群上（或下）邻近层抽放（邻近层突出危险不严重的情况下）
	(6) 预先掘出邻近层回采巷道或掘出一条专用集瓦斯巷道，加以密闭，进行抽放	1—邻近层集瓦斯巷道；2—回采工作面顺槽	1. 层层间距要求: 上部煤层应处于下解放层开采的卸压范围以内，最好处于其冒落带上的裂隙带范围以内; 2. 孔口负压: 2800～6100Pa; 3. 抽放时间: 贯穿下解放层开采的始终; 4. 为增加暴露面，可在集瓦斯巷内打一些钻孔	免去打钻工程及相应的部分管路设施，抽放半径大，效果显著，但需预先掘出上邻近层巷道（或专用集瓦斯巷道），工程量大，掘进瓦斯问题难以解决，巷道维护工程量大、费用高，适用于有下解放层可采，邻近层突出不严重的缓倾斜（近水平）近距离煤层群

续表

抽放类型	抽放方法及布孔方式	图示	有关参数	适用条件及评述
邻近层卸压抽放瓦斯	(7)在开采层卸压区内(裂隙带)打集瓦斯巷道,加以密闭,抽放上邻近层及开采层采空区卸压的瓦斯	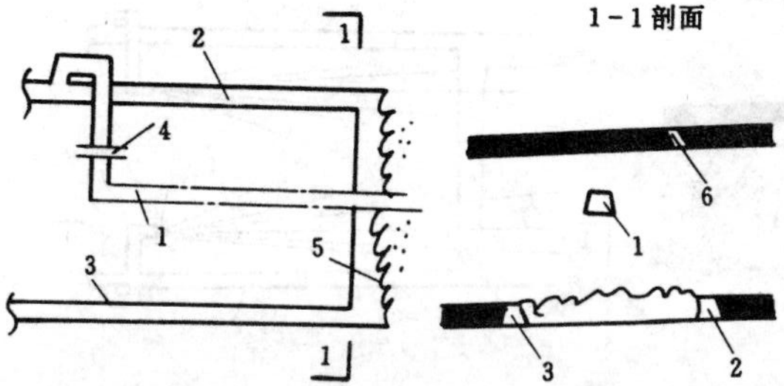 1—1剖面 1—集瓦斯抽放巷;2—回风顺槽;3—运输顺槽;4—密闭;5—回采面;6—邻近突出煤层	1.集瓦斯巷道的层位:应位于下邻近放层开采所形成的裂隙带范围以内; 2.抽放时间:贯穿上邻近层开采的始终; 3.孔口负压:2800~6100Pa; 4.可在集瓦斯巷道内向上邻近层打一些钻孔	可实现卸压抽放上邻近层及上、下各煤层的采空区瓦斯,抽放时间特别显长,抽放影响半径大,效果显著,并可免去打钻路设施,油放系统简单,但岩石工程量大,抽巷工程不好控制,适用于有下解放层可采、煤层突出严重的缓倾斜中等距离近距离离煤层群
	(8)在下解放层上部的低瓦斯的煤层不可采煤层(或集裂隙岩层内)每隔一定距离集集瓦斯巷道,加以密闭后进行抽放	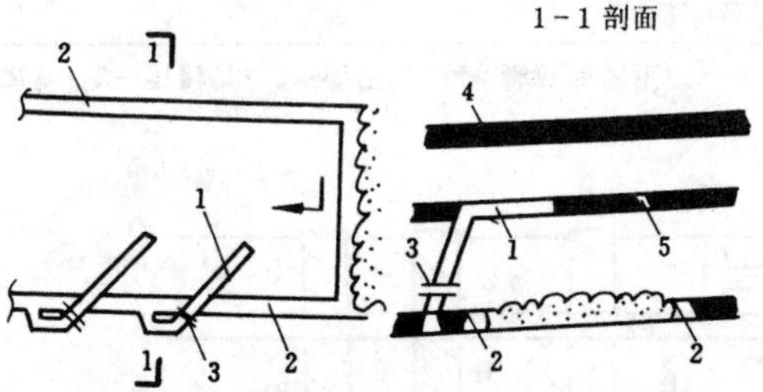 1—1剖面 1—集瓦斯抽放巷;2—回采顺槽;3—密闭;4—突出煤层;5—不可采煤层	1.集瓦斯巷道间距:200~300m;层位:位于解放层上部不可采煤层之中(或裂隙带范围内),巷长40~50m; 2.孔口负压:2800~6100Pa; 3.抽放时间:自下邻近层开采至上邻近层开采完毕; 4.可在集瓦斯巷道内打一些钻孔(不封孔)	可免去打钻、封孔,可实现卸压抽上邻近层瓦斯及上、下邻近层抽放,抽放系统简单,安全,可靠,但有一定工程量,效果好,适用于有下解放层可采的缓倾斜(近水平)煤层群,特别适用于有一层低瓦斯不可采煤层的近距离离煤层群
	(9)从地面垂直钻孔进行抽放	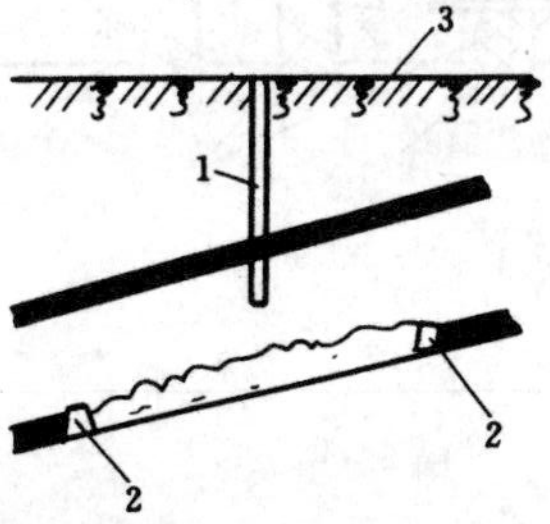 1—地面垂直钻孔;2—回采面顺槽;3—地表	1.孔距:60~70m,孔底应进入抽放层底板3~5m处; 2.抽放负压:2000~27000Pa; 3.抽放时间:利用同钻孔,可进行煤层预抽,抽放卸压瓦斯及采空区瓦斯	地面钻孔施工方便,易于建设,抽放负压高,系统简单,时间长,效果好,仅适用于以下情况: a)瓦斯风化带较浅,开采深度<400~500m,瓦斯含量高的煤层; b)地面有施工及打钻的条件; c)由于某种原因不便从井下打钻抽放,或不经济时

续表

抽放类型	抽放方法及布孔方式	图示	有关参数	适用条件及评述
采空区瓦斯抽放	全封闭式采空区抽放 将老采空区加以密闭，插入抽放管进行抽放。为防止漏气，在密闭墙外设一均压室，通过均压达到防漏的目的	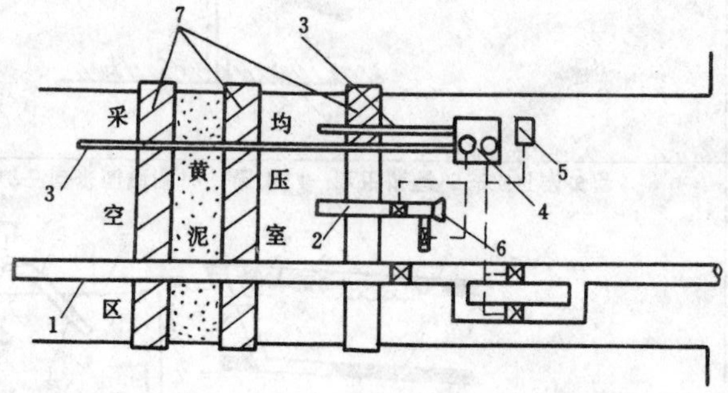 1—抽放管；2—引射管；3—调压管；4—抽放与调压；5—CO传感器；6—引射器；7—料石密闭	1. 引射器：KY—50型引射器； 2. 采空区抽放监测系统采用抚顺煤科分院研制并配套的系统； 3. 抽放负压：7000～11000Pa； 4. 料石密闭厚：各1m，黄泥充填1m； 5. 均压室尺寸：长约7m，容积约42m³	该技术为抚顺煤科分院共同系松藻矿务局"七五"期间国家科技攻关项目。这项技术简单易行，设备配套完善，基本解决了全封闭采空区抽放一漏风的关键难题，加之采空区瓦斯抽放监控装置的研制与应用，为推广采空区瓦斯抽放创造了条件，今后应积极应用这项技术
	半封闭式采空区抽放 (1)顶板裂隙钻孔抽放。钻孔与工作面推进方向相迎，可起到一定的边采边抽的作用，工作面推至即将钻孔之下进行采空区抽放	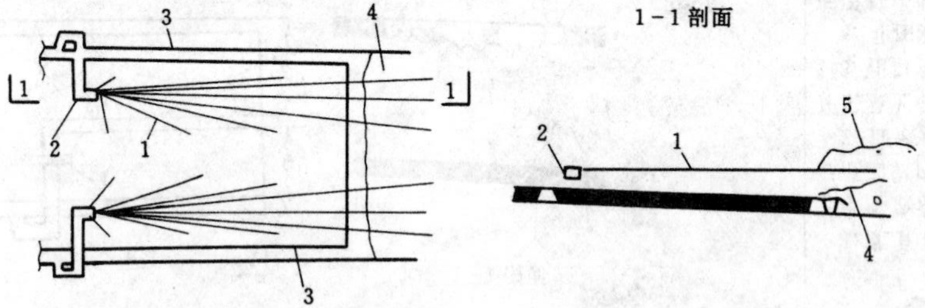 1—钻孔；2—顶板钻场；3—顺槽；4—采空区；5—裂隙带 1—1剖面	1. 钻孔：钻孔应位于冒落裂隙带范围内，长度80～100m； 2. 为保证连续有效地抽放，前后钻孔的钻场应交叉10～15m； 3. 抽放时间：工作面推过钻场后，还可将钻孔密闭接入管路进行"巷抽"	钻孔全面整制采空区上方的裂隙带，可实现采空区上的边和一定程度上的作用，有邻近到到采边抽放的作上邻近层瓦斯的作用，但钻场及钻孔工程量较大，适用于透气性低的缓倾斜煤层（或煤层群）

续表

抽放类型	抽放方法及布孔方式	图　示	有关参数	适用条件及评述
采空区瓦斯抽放　半封闭式采空区抽放	(2)顶板裂隙钻孔抽放。钻孔可直接从下区段工作面回采面回风、顺槽，也可从顶板钻场或尾巷打	 (a)　(b)　(c) 1—钻孔；2—顶板钻场；3—回采面顺槽；4—裂隙带	1. 孔距：10～20m，打至裂隙带内； 2. 孔口负压：8000～14000Pa； 3. 直接从顺槽打钻时，可在钻场处留设尺寸约 $2\times8m^2$ 左右的钻窝； 4. 聚氨酯或膨胀水泥，封孔深度为采高的5～6倍(约9～10m为宜)	顶板裂隙钻孔法具有工程量省、抽放效果较好的特点，但钻孔及封孔施工困难，打钻前须较准确地计算出冒落带及裂隙带范围，以免钻孔误穿冒落带，系统受采动影响大，不可靠。图(a)、(b)适用于缓倾斜(近水平)煤层，图(c)适用于缓倾斜及急倾斜煤层
	(3)利用煤层底板瓦斯抽放巷道向采空区打汇流孔抽放采空区瓦斯	 1—汇流孔；2—抽放管；3—采空区；4—煤层底板瓦斯抽放巷道	1. 汇流孔间距：20～30m； 2. 孔口负压：7000～11000Pa； 3. 抽放时间：视抽放浓度而定； 4. 汇流孔也可利用开采前的抽放孔	抽放系统位于开采底板，不受采动影响，系统安全可靠，效果较好，并可利用预抽或卸压抽放实现采空区抽放，适用于有底板岩石抽放系统或底板中巷的矿井
	(4)在采空区上方掘进瓦斯抽放巷道进行密闭抽放	 1—集瓦斯抽放巷；2—裂隙带；3—密闭；4—顺槽	1. 集瓦斯巷层位：应位于冒落带上方的裂隙带内； 2. 抽放负压：2800～6100Pa	可免去打钻及相应的部分管路设施，系统简单可靠，效果好，但岩石工程量大，适用于缓倾斜煤层，尤其适用于煤层群，这样可起到抽放各邻近层瓦斯及采空区瓦斯的多重作用

（2）抽放方法及钻孔布置。

抽放方法及钻孔布置方式见表8-7-37。

（三）采空区抽放

抽放采空区的瓦斯方法较多，选择适宜的抽放方法的同时，更应注意合理的钻孔布置方式。

1. 采空区瓦斯抽放布孔原则

1）瓦斯抽放钻孔或插管应布置在采空区回风侧（压能低）位置，以便利用通风压力及采空区内漏风对瓦斯起运移作用，以便提高瓦斯抽放浓度和效果。

2）向采空区（冒落后）插管或打钻孔抽放瓦斯，并利用瓦斯密度小的特点，钻孔或插管应尽量偏向冒落带上部，以提高瓦斯抽放浓度。

3）插管式钻孔蕊管周围应封闭严密，尽量减少外部空气漏入，有条件地点（如采空区插管抽放），可设置均压密闭等。

4）采空区瓦斯抽放的孔口负压应适当，以瓦斯浓度满足要求为前提，并注意防止局部漏风引起煤炭自燃。

2. 采空区瓦斯抽放的钻孔参数计算

当采用斜交钻孔向采空区冒落拱上方打钻孔抽放时，钻孔倾角β可用下式计算：

$$\tan\,(\beta\pm\alpha)=\frac{m\cdot n\cdot\cos\varphi}{b+n\cdot m\cdot\cot\psi} \qquad (8-7-75)$$

式中 α——煤层倾角，(°)，沿煤层倾斜方向打钻孔时取正值，沿煤层仰斜方向打钻孔时取负值，倾斜长壁工作面取$\alpha=0$；

n——采高的倍数，$n=4\sim11$；

m——采高，m；

φ——斜交角，(°)；

b——煤柱宽度，m，采用矸石垛护巷，当矸石带宽度小于12m时，取$b=0$；当矸石带宽度大于12m时，b取0.5倍矸石带宽度；

ψ——岩石冒落角，(°)，可参照表8-7-38。

表8-7-38 几种岩石冒落ψ值

层间岩性	砂岩及粉砂岩			泥质页岩		
岩石所占百分比（%）	≥80	50	40	50	60	≥80
冒落角ψ(°)	50~55	60~65	65~70	60~65	65~70	70~80

钻孔孔底一般应位于直接顶上方5~10m处，钻孔近似长度L（m）按下式计算：

$$L=\frac{n\cdot m}{\sin\,(\beta\pm\alpha)\cdot\cos\varphi} \qquad (8-7-76)$$

式中 L——钻孔长度，m；

n——采高的倍数，$n=4\sim11$；

m——采高，m；

β——钻孔倾角，(°)；

α——煤层倾角，(°)；

φ——斜交角，(°)。

3. 采空区抽放方式

1）密闭老采空区抽放。

（1）设密闭墙插抽放管抽放。

将回采完毕的采煤工作面有关巷道封闭，在回风巷道侧设抽放密闭进行抽放。

抚顺煤科分院、阜新矿院、打通二矿联合在松藻矿务局打通二矿进行的《采空区瓦斯抽放技术研究》科研课题中，采用该项抽放措施，在抽放密闭处设置均压室，安设可自动进、排压风的装置，使密闭处均压防止漏气，并设置自动检测采空区 CO、CH_4 浓度及自动开关抽放闸阀的装置，有效地解决了采空区可能自然发火和抽放浓度低易引起灾害事故的矛盾，取得了较好的抽放效果。这种抽放方法用于 N1705 采空区，在 552 天抽放时间中，抽出瓦斯量平均为 0.906 m^3/min。该种抽放方式见图 8—7—24，抽放效果见表 8—7—39。

表 8—7—39　N1705 采空区瓦斯抽放统计表

日　　　期	抽放时间 (d)	抽放瓦斯浓度 (%)	平均瞬时抽放量 (m^3/min)	抽放瓦斯量 (km^3)	抽放负压 (kPa)
1988.3～11	268	25～45	0.97	374.34	4～13
1989.3～12	225	25～45	0.84	272.16	4～13
1990.1～2	59	40	0.84	73.66	4～13
总　　　计	552	25～45	0.906	72.16	4～13

（2）向密闭的采空区打钻孔抽放。

开采急倾斜煤层时，可从运输水平或回风水平的岩石平巷直接向采空区打钻抽。四川天府局磨心坡矿采用该种抽放方式，在岩石回风巷沿走向每间隔 100 m 向采空区打一个抽放孔，单孔抽放纯量达 0.5～1.2 m^3/min，抽放中，若孔口瓦斯浓度低于 25%，CO 含量低于允许值时，则关闸停抽，经几年来的生产实践，该种抽放方法投资省，效果好。

生产中，若开采层距岩石平巷较远，也可从下部煤层的巷道向采空区打钻，抽放钻孔穿过采空区的地点，距运输水平的垂高一般按阶段高度的 7/10 考虑。

钻孔倾角 β 和孔长 L_0 按下式确定：

从运输水平打钻时：

$$\tan\beta = \frac{0.7\ H_0\sin\alpha}{M - 0.7H_0\cos\alpha} \tag{8-7-77}$$

$$L_0 = \frac{0.7\ H_0}{\sin\beta} \tag{8-7-78}$$

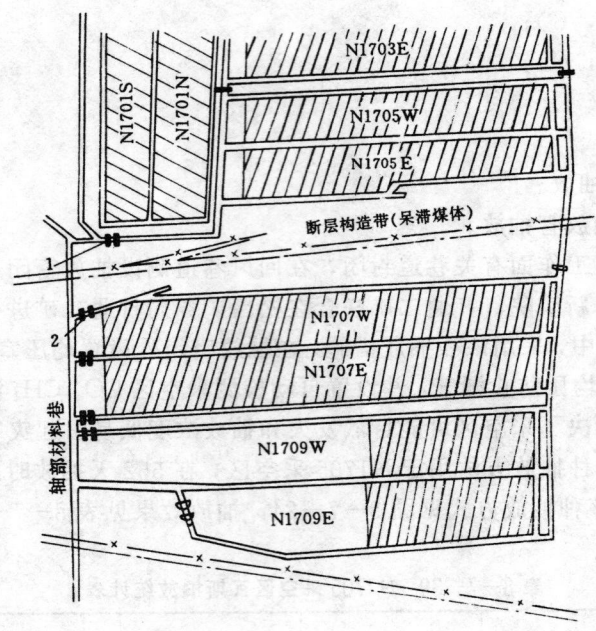

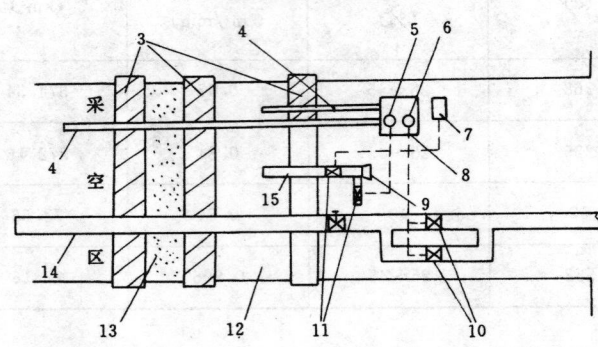

图 8-7-24 打通二矿全封闭采空区抽放瓦斯平面图

1—05抽放密闭；2—07抽放密闭；3—料石密闭；4—调压管；5—控制引射器信号；

6—控制抽放信号；7—CO传感器；8—抽放与调压传感器；9—引射器；10—抽放电磁阀；

11—引射器电磁阀；12—均压室；13—黄泥；14—抽放管；15—引射管

从回风水平打钻时：

$$\tan\beta = \frac{0.3H_0\sin\alpha}{M + 0.3H_0\cos\alpha} \qquad (8-7-79)$$

$$L_0 = \frac{0.3H_0}{\sin\beta} \qquad (8-7-80)$$

式中　H_0——阶段高度，m；

　　　M——孔口到开采层的法线距离，m；

　　　α——煤层倾角，(°)。

2) 预埋管抽放采空区瓦斯。

开采缓倾斜煤层时，可采用在回风顺槽预埋管抽，利用配风巷向采空区打钻抽。淮南矿务局谢二、谢三矿为解决工作面上隅角瓦斯超限，在回风顺槽敷设抽放瓦斯管的同时外套水泥管，以防瓦斯管在顶板冒落时被砸坏，每间隔100 m左右向采空区伸入一短管，边回采，边抽放采区瓦斯，该种抽放方式见图8—7—25。

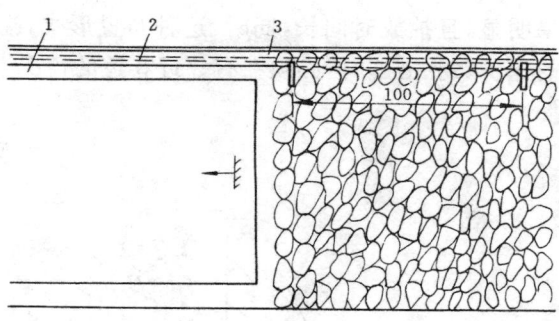

图8—7—25　瓦斯管外套水泥管抽放采空区瓦斯
1—回风巷；2—抽放瓦斯管；3—水泥管

3）利用配风巷抽放采空区瓦斯。

贵州小河边矿，山西阳泉等矿，则利用配风巷敷设抽放管，从配风巷打钻至采空区（或从联络巷处插管至采空区）抽放。该种方式布置形式见图8—7—26。

配风巷抽放，据小河边矿0136工作面实测，抽出量为0.81 m³/min，占该面瓦斯涌出量的11.1%，而回风流中的瓦斯浓度由抽前的1.5%下降到抽后的0.78%，大大改善了工作面的安全生产状况。

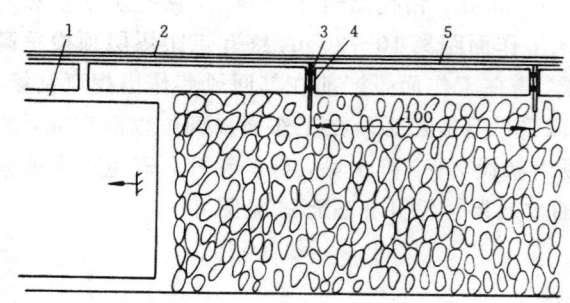

图8—7—26　利用配风巷抽放采空区瓦斯
1—回风巷；2—配风巷；3—密闭；4—联络巷；5—抽放瓦斯管

前苏联，广泛采用插管法抽放采空区瓦斯，即把$\phi 75\sim100$ mm的抽放管在顶板冒落前敷设至采空区，并沿倾斜方向插入长5～6 m，带网孔的短段管子，该段管子敷设时尽量靠近顶板，并用木垛或其它支护材料支撑顶板，防止管子被砸和堵塞。卡拉干达煤田，采用该种抽放方法，一个回采工作面抽出的纯瓦斯量为1.4～2.1 m³/min，有时可达2.8～4.2 m³/min，可使采区瓦斯涌出量降低10%～20%。

4）随采随抽采空区瓦斯。

随采随抽采空区瓦斯可分两种类型，一种是用顶板裂隙钻孔抽采空区瓦斯，另一种是直接在工作面回风顺槽预埋管抽。

打通二矿在生产中摸索出一套向开采层上方围岩裂隙带打钻抽放的方法，该种方法充分利用设在茅口石灰岩的专用抽放瓦斯巷道，在巷内每间隔60～80 m向上打一个$\phi 108$ mm的竖直钻孔至7号煤层工作面回风巷，孔内下$\phi 75$ mm套管，利用套管将7号层回风巷的抽放钻孔与茅口灰岩抽放瓦斯巷的$\phi 108$ mm抽放支管连接，使抽放瓦斯主要管道位于受采动影响较小的岩石巷道内，形成系统可靠的独特的抽放方式。该种抽放方式抽放时间较长，不仅可在工作面回采期间抽放本层及邻近层的卸压瓦斯，工作面采完后还可继续抽放采空区的瓦斯，该种方式抽放钻孔的布置形式有以下三种：

（1）邻近巷道打钻孔抽放。

利用邻近巷道向工作面上部打抽放孔，钻孔布置成前倾扇形，每个钻场施工2～3个孔，见

图 8—7—27,钻场间距 15～20 m,采用这种布孔方式抽放,工作面瓦斯超限次数大大减少,抽放效果明显,且抽放时间长,同时,这种布置形式,施工钻孔时不影响工作面回采,也不需采取特殊的保护钻孔措施,但必须在有邻近巷道的情况下方可实施,因此,受一定的条件限制。

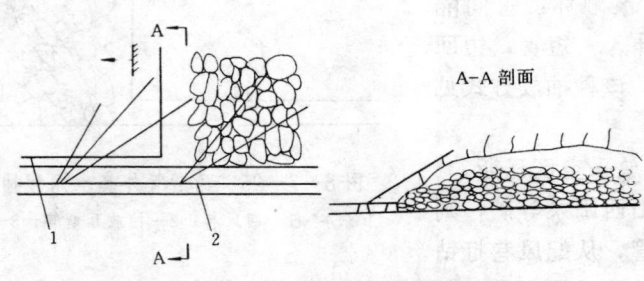

图 8—7—27　在邻近巷道打钻孔抽放
1—N1707 东回风巷；2—N1709 西回风巷

（2）在钻场内向工作面上方打钻孔抽放。

该种抽放方式在工作面回风巷施工拐弯钻场,在钻场内向工作面上部打抽放孔,钻孔呈扇形布置,每个钻场打 6～8 个孔,钻场间距 60～80 m,钻孔倾角 20°～40°,钻孔水平投影与巷道轴线夹角 30°～150°,钻孔水平投影伸入工作面距离 10～20 m,终孔点距煤层顶板垂高 15～22 m,孔长 30～44 m。采用这种布孔形式,需在工作面投产前在其回风巷作出拐弯钻场,钻场呈“L”形,施工钻孔期间不影响工作面回采,但钻孔必须在工作面采到位以前完成,并接入抽放系统,当工作面接近钻场时,在钻场内架设 2～3 排木垛,保护钻孔,避免工作面采过后,孔口遭受到破坏而降低抽放浓度影响抽放效果。钻孔布置形式见图 8—7—28。

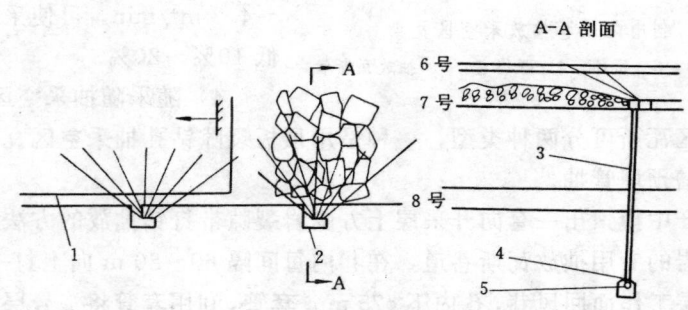

图 8—7—28　设钻场抽采空区瓦斯
1—回风巷；2—钻场；3—汇流管；4—抽放瓦斯巷；5—抽放瓦斯支管

（3）直接从回风巷向工作面上方打钻孔抽放。

在工作面回风巷内向工作面上部打抽放孔,钻孔呈扇形布置,沿回风巷每间隔 40～60 m 施工 3～7 个钻孔,钻孔有关参数同拐弯钻场,布置形式见图 8—7—29。

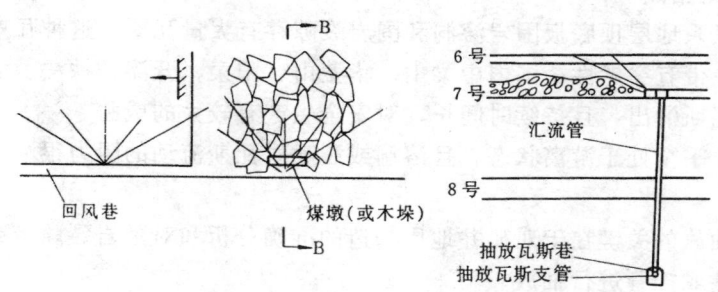

图 8-7-29　不设钻场抽采空区瓦斯
1—回风巷；2—煤墩；3—汇流管；4—抽放瓦斯巷；5—抽放瓦斯支管

这种布孔方式，要求工作面投产前施工一部分，在回采过程中，边回采边施工，一般应保证超前工作面 2~3 个钻场。

由于钻孔开口位置在工作面回风巷内，因此，当工作面采至钻场位置时，需在钻场处留煤墩，煤墩长 8 m，宽 3~4 m，并且在钻场前后架 2~3 排木垛，以保护钻场，防止工作面采过后，顶板冒落造成断孔或孔口破坏而报废。

该种抽放形式适用范围广，抽放效果好。

上述三种布孔方式抽放效果见表 8-7-40。

表 8-7-40　三种布孔方式采空区抽放参数表

布孔形式	钻场抽放量 （m³/min）	单孔抽放量 （m³/min）	抽放瓦斯浓度 （%）	一个钻场的钻孔数 （个）	钻场间距 （m）
在邻近巷道打钻孔	0.94	0.46	50	2~3	10~15
在钻场内打钻孔	2.03	0.28	60	6~8	60~80
在回风巷内打钻孔	1.60	0.24	40	6~7	70~80

5）采空区抽放孔口负压及抽放率。

采空区抽放孔口负压及抽放率如表 8-7-41 所示。

表 8-7-41　采空区抽放孔口负压表

抽放方式	抽放负压（kPa）	抽放率（%）
密闭采空区隔离抽放	6.7~9.33	10~30
插管抽	1.3~5.33	10~15
向冒落拱上方打钻孔抽	2.6~5.33	10~25
在老顶岩石中打水平钻孔抽	2.6~5.3	10~20
直接向采空区打钻抽	4.0~9.33	10~20
顶板巷道抽	2.0~4.0	15~30
地面垂直钻孔抽	20~26	15~30

4. 围岩瓦斯抽放

某些矿井煤系地层顶底板围岩溶洞和围岩裂隙存有大量瓦斯，这种瓦斯的涌出特点是强度较大而且往往带有突然性，国内中梁山、华蓥山、阳泉、开滦、铁法、北票等矿区皆发生过这种形式的瓦斯涌出，且持续时间长，对安全生产有较大的威胁。

围岩瓦斯几乎全处于游离状态，且溶洞或裂隙对瓦斯流动的阻力很小，所以抽放围岩瓦斯是较容易的。

围岩瓦斯抽放的关键在于对矿井地质构造的准确分析和对围岩裂隙带或溶洞位置的准确预测，然后打钻或插管进行抽放。

[例] 四川华蓥山矿务局绿水洞矿长 1800 m 的 +528 m 主平硐，施工掘至 1618 m 处（进入茅口灰岩地层 12 m）遇 1 号、2 号裂隙涌出瓦斯，继续掘进在长 127 m 区段范围内，先后遇 7 条围岩裂隙及两个溶洞涌出瓦斯，涌出量 7～8 m³/min，其浓度一般为 70%，最高达 92%，迫使掘进停工达三个月之久待处理。

处理方式是：对溶洞进行封堵后插管抽，在裂隙带附近打钻孔，用钻孔连通各裂隙，为避免巷道空气经围岩裂隙进入钻孔，在围岩裂隙地段，喷 30 mm 厚砂浆封堵裂隙。采取上述措施处理后，抽出瓦斯量为 4～5 m³/min，浓度一般为 78% 左右，经 8 年来的抽放，目前仍能抽出 1.5～2.2 m³/min 瓦斯。

绿水洞矿 +528 m 平硐裂隙、溶洞瓦斯处理及抽放措施详见图 8－7－30。

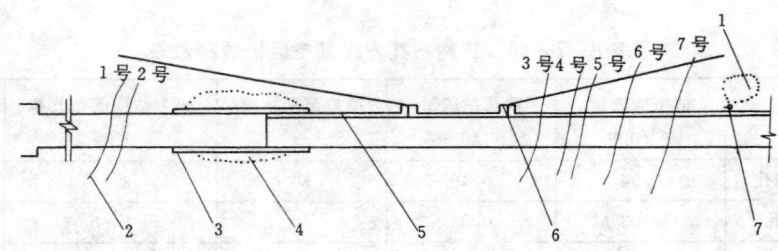

图 8－7－30　绿水洞矿 +528 m 平硐裂隙，溶洞瓦斯抽放

1—2 号溶洞；2—围岩裂隙；3—密闭墙；4—1 号溶洞；5—抽放瓦斯管；6—抽放钻场；7—封堵插管

（四）综合抽放

矿井瓦斯涌出来源多，分布范围广，任何单一的抽放方式其抽放效果均有限，若遇煤层透气性低，煤层赋存条件复杂，难以收到理想的抽放效果。因此，在目前的抽放技术条件下，为较好地解决矿井机械化程度日益提高，采煤工作面产量逐渐增大、绝对瓦斯涌出量大幅度上升，工作面通风困难的矛盾以及目前全国相当一部分矿井瓦斯抽放率普遍较低的弊端，采取多种抽放方式相结合的综合抽放是解决上述矛盾的有效途径。

表 8－7－42 为提高矿井瓦斯抽放率的一般措施。

表 8－7－43 为国内部分局矿所采取的综合抽放措施，其中多数局矿瓦斯抽放率提高幅度大，经济效益好。如抚顺矿务局各矿在采取以本煤层预抽瓦斯方法为主的同时，采用了边采边抽和采空区抽为辅的综合抽放方法，不断提高矿井瓦斯抽放率，全局瓦斯抽放率由原来的 40% 提高到 56% 以上，其中：瓦斯预抽率达 54%～69%，边采边抽率和采空区抽放率达到

45％和31％,抽放效果详见表8-7-44。

三、抽放钻场布置

(一) 钻场 (钻孔) 的间距

1. 开采层抽放钻孔布置

1) 沿倾斜布孔。

以钻孔与钻场工作面水平所成的角度来划分，有上向孔、下向孔、水平孔三种形式。

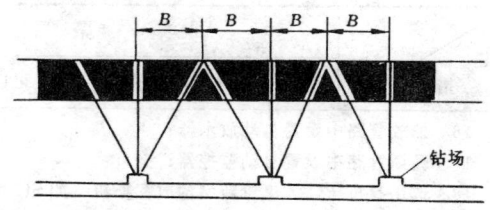

图8-7-31　开采层抽放钻孔沿煤层走向分布

三种形式的优缺点：

(1) 下向式钻孔瓦斯流量较大，可以加速排放瓦斯，但下向孔中易积水，打钻施工困难。

(2) 上向式钻孔不会积水，瓦斯涌出量较均衡，但在相同条件下比下向孔略小。

(3) 水平孔处于二者之间。三种形式根据各矿具体条件均可选用。

2) 沿走向布孔。

沿走向布孔的间距，决定于抽放瓦斯的影响范围，即抽放半径 B，而影响范围的大小与煤质、瓦斯等诸因素有关，各矿煤层抽放半径可由实测中得出，见图8-7-31。

表8-7-42　提高矿井瓦斯抽放率主要措施一览表

类别　　主要措施	单　一　煤　层		多　煤　层	
	勉强抽放～较难抽放	可以抽放	勉强抽放～较难抽放	可以抽放
	1. 人为卸压抽：①水力割缝；②水力压裂；③水力冲孔；④煤体化学处理（煤体注酸）； 2. 密集钻孔予抽（时间＞1年），厚煤层时穿层钻孔，中厚及薄煤层顺层钻孔	1. 巷道抽； 2. 加强预抽（时间＞6个月）厚煤层时穿层钻孔，中厚及薄煤层顺层钻孔	1. 开采解放层； 2. 密集钻孔预抽（时间＞1年）	1. 加强预抽（时间＞6个月）； 2. 开采解放层
	3. 合理选择抽放方法； 4. 合理布置开拓，开采及抽放巷道； 5. 边掘边抽； 6. 边采边抽； 7. 采空区抽：①由回风顺槽向煤层顶板裂隙带打钻抽；②由配风巷向煤层顶板裂隙带打钻抽；③由回风顺槽直接向采空区打钻抽；④由岩石回风巷向煤层顶板裂隙带打钻抽；⑤由岩石回风巷向采空区打钻抽；⑥密闭老采空区抽； 8. 工作面长度＞100 m(倾斜～急倾斜煤层)，可设抬高钻场或增设中间巷抽；工作面长＞150 m(缓倾斜煤层)，工作面回风，运输顺槽侧应同时布孔抽； 9. 穿层钻孔开孔点应按钻孔抽放半径沿工作面走向和倾斜方向均匀分布； 10. 合理选择钻场，钻孔间距； 11. 采用聚铵脂封孔； 12. 封孔长度：岩石＞3 m，煤层＞5 m； 13. 孔口负压宜＞13 kPa，（＞100 mmHg）； 14. 选用新型高效钻机，打钻时有自喷或卡钻现象的煤层，可选用风动钻孔； 15. 吨煤钻孔工程量应＞0.12 m；		3. 合理选择抽放方法； 4. 合理布置开拓，开采及抽放巷道； 5. 合理选择钻场，钻孔间距； 6. 有条件时建立底板岩巷抽放系统； 7. 在多煤组条件下，对主采层抽放的同时，还应同时对受采动影响范围内的其它煤层进行抽放； 8. 上邻近层抽放，煤层埋藏较浅，可采用地面钻孔抽； 9. 边掘边抽； 10. 边采边抽； 11. 采空区抽：（同单一煤层采空区抽）； 12. 穿层钻孔抽：①钻孔应向采空区方向为偏斜；②在钻机能力范围内，应穿透各抽放煤层； 13. 下向钻孔抽； 14. 穿层钻孔终孔点应钻透所采煤层并进入岩层1 m，钻孔沿工作面走向和倾斜方向均匀布孔； 15. 工作面长度＞100 m(倾斜～急倾斜煤层)，可设抬高钻场或增设中间巷抽，工作面长＞150 m(缓倾斜煤层)，工作面回风，运输顺槽侧应同时布孔抽；	

主要措施 \ 类别	单 一 煤 层		多 煤 层	
	勉强抽放～较难抽放	可以抽放	勉强抽放～较难抽放	可以抽放
	16. 抽放管路中设置自动放水器； 17. 瓦斯管路中设置自动监控器； 18. 选用高负压，大流量新型抽放瓦斯机（如 SK 系列抽放泵）		16. 缓倾斜近距离煤层群①巷道抽；②"网格"布孔抽（即密钻孔抽）； 17. 采用聚铵脂封孔； 18. 封孔长度：岩石＞2 m，煤层＞5 m； 19. 孔口负压：勉强～较难抽放煤层＞13 kPa（＞100 mmHg），可以抽放煤层＞6.7kPa（＞50mmHg）； 20. 选用新型高效钻机，打钻时有自喷或卡钻现象的煤层，可选用风动钻机； 21. 吨煤钻孔工程量应＞0.1 m； 22. 抽放管路中设置自动放水器； 23. 瓦斯管路中设置自动监控器； 24. 选用高负压、大流量新型抽放瓦斯机（如 SK 系列抽放泵）	

表 8-7-43　国内部分矿井综合抽放措施表

煤层赋存条件	综合抽放方式	使用局矿	备　注
单一煤层	本煤层预抽＋边采边抽＋采空区抽	焦作各局矿、抚顺局等	层间距大于 50m 的多煤层也可用
	边掘边抽＋本煤层预抽＋边采边抽	焦作局各矿、抚顺局等	
多煤层 （开采保护层）	底板岩巷钻孔预抽下邻近层＋卸压抽下邻近层	松藻局各矿、中梁山、水城局等	
	底板岩巷钻孔抽下邻近层＋采空区抽	松藻局打通二矿等	
	边掘边抽＋预抽＋卸压抽	涟邵立新矿等	
	底板岩巷钻孔预抽下邻近层＋保护层顶板岩巷抽上邻近层	阳泉、松藻等	
	顶板岩巷钻孔抽上邻近层＋采空区	阳泉局等	
	底板岩巷钻孔抽下邻近层＋地面钻孔抽上邻近层	阳泉局等	
	尾巷上向钻孔抽上邻近层＋尾巷下向钻孔抽下邻近层	阳泉二矿等	
多煤层	本煤层预抽＋边采边抽＋采空区抽	淮南局等	
	边掘边抽＋本煤层预抽	涟邵局等	
	本煤层预抽＋顶板钻孔抽	淮南局等	
	本煤层预抽＋地面钻孔抽	包头、铁法等	

表 8-7-44 抚顺局综合抽放瓦斯量统计表

年度	瓦斯抽放量 （m³/min）				百分比 （%）			矿井抽放率 （%）
	预抽	边采边抽	采空区抽	合 计	预抽	边采边抽	采空区抽	
1978	131.6	16.3	45.1	192.9	68.2	8.5	23.4	44.4
1979	111.5	20.3	73.2	204.8	54.4	9.9	35.7	40.0
1980	107.3	24.3	65.4	197.1	54.5	12.3	33.2	50.8
1981	116.1	24.5	58.9	204.8	57.9	12.2	29.4	57.0
1982	130.7	9.5	69.2	207	63.1	4.6	32.4	56.3
1983	147.8	20.6	45.4	213.9	69.1	9.6	21.2	56.8
1984	138.9	23.83	47.2	209.6	66.1	11.4	22.5	56.8

表 8-7-45 各矿区抽放半径

矿 井	淮南	焦作	鹤壁	峰峰	抚顺	中梁山	北票	天府
抽放半径 （m）	7~8	10~13	3~4	10~17	40	20	2	10~15
抽放时间 （月）		4		6	30	48	3	

由各矿实践经验所得出的钻孔抽放半径，见表 8-7-45。

2. 邻近层抽放钻孔间距

决定钻孔间距主要是根据钻孔的抽放影响范围。我国各矿井由于邻近层赋存条件不同，钻孔间距的大小也不一样。在一定条件下，上邻近层的影响范围要大些，下邻近层要小些，近距离邻近层要小些，远距离邻近层要大些。

1）抽放影响距离 L，它是随着开采层工作面的推移，瓦斯量逐渐增加，当达到最大值后又逐渐下降，直至恢复到原来的水平，此时钻孔至回采工作面的距离为"抽放影响距离"。

2）有效抽放距离 L_1，当满足下列条件，工作面推过钻孔的距离称为"有效抽放距离"。

（1）钻孔抽出的瓦斯浓度不应小于 30%。

（2）回采工作面回风流中的瓦斯可以维持在允许限度之内。

（3）钻孔瓦斯流量不应小于一个常数，例如阳泉矿务局当小到 $0.3\sim0.5m^3/min$ 以下时，即可不再抽放。

3）可抽距离 L_2，钻孔能够抽出瓦斯是在回采工作面采过钻孔一定距离后才开始的，这个距离称为"可抽距离"。

抽放影响距离、有效抽放距离、可抽距离见图 8-7-32。

钻孔的可抽距离，为设计布置采区内第一个抽放钻场位置提供了依据，而钻孔

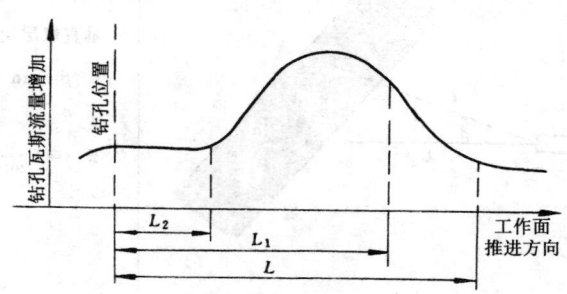

图 8-7-32 邻近层抽放钻孔间距的确定

的有效抽放距离，决定着工作面的钻场个数。

钻场间距 M

$$M = K(L_1 - L_2) \qquad (8-7-81)$$

式中 K——抽放不均衡系数。

钻孔参数的确定见表 8-7-46。

表 8-7-46 钻孔间距参数

	层间距（m）	有效抽放距离 L_1（m）	可抽距离 L_2（m）	K	合理孔距（m）
上邻近层	10	30～50	10～20	0.8	16～24
	20	40～60	15～25	0.8	20～28
	30	50～70	20～30	0.9	27～36
	40	60～80	25～35	0.9	32～41
	60	80～100	35～45	0.9	42～50
	80	100～120	45～55	0.9	50～60
下邻近层	10	25～45	10～15	0.8	12～24
	20	35～55	15～20	0.9	18～32
	30	45～60	20～25	0.9	23～41
	40	70～90	30～35	0.9	36～50
	80	110～130	30～60	0.9	54～83

（二）钻孔角度的确定

1. 本层抽放钻孔角度计算（表 8-7-47）

表 8-7-47 本层抽放钻孔角度计算

图示	公式	符号注释
	垂直煤层走向钻孔 1. $\beta = \tan^{-1} \dfrac{H}{L \pm \dfrac{H}{\tan\alpha}}$ 2. $l = L \dfrac{\sin\alpha}{\sin(\alpha \pm \beta)}$	α—煤层倾角，（°）； β—钻孔角度，（°）； L—钻场至煤层顶、底板的水平距离，可在井巷平面图上量取，m； H—钻孔终孔高度，m； ±号—钻场在底板时，上向孔取（-）下向孔取（+），钻场在顶板时，上向孔取（+），下向孔取（-），公式 2 中的±号与 1 中±号相反； l—钻孔长度，m

图 示	公 式	符号注释
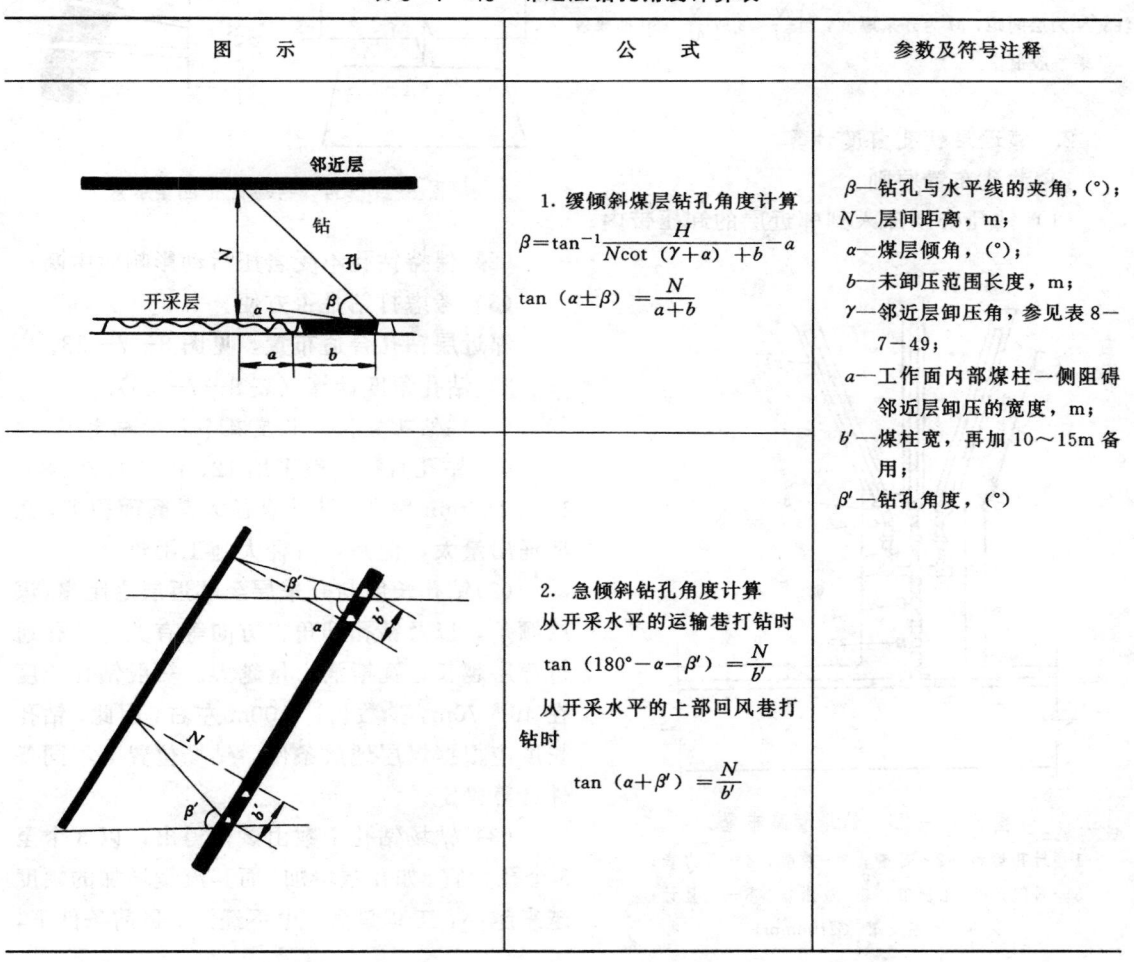	斜交煤层走向钻孔 1. $\gamma' = \tan^{-1}\dfrac{B}{l\cos\beta}$ 2. $\beta' = \tan\left(\dfrac{H}{B}\sin\gamma'\right)$ 3. $l' = \dfrac{H}{\sin\beta'}$	γ'—垂直煤层走向钻孔与斜交煤层走向钻孔的水平投影的夹角,(°); l—垂直煤层走向钻孔长度,m; B—孔底分布距离,m,由钻孔抽放半径确定; β'—斜交煤层钻孔的角度,(°); β、H—同上; l'—斜交煤层钻孔长度,m; γ—垂直煤层走向钻孔与斜交煤层走向钻孔的夹角,(°)

表 8—7—48 邻近层钻孔角度计算表

图 示	公 式	参数及符号注释
	1. 缓倾斜煤层钻孔角度计算 $\beta = \tan^{-1}\dfrac{H}{N\cot\,(\gamma+\alpha)\,+b}-a$ $\tan\,(\alpha\pm\beta) = \dfrac{N}{a+b}$	β—钻孔与水平线的夹角,(°); N—层间距离,m; α—煤层倾角,(°); b—未卸压范围长度,m; γ—邻近层卸压角,参见表8—7—49; a—工作面内部煤柱一侧阻碍邻近层卸压的宽度,m; b'—煤柱宽,再加 10~15m 备用; β'—钻孔角度,(°)
	2. 急倾斜钻孔角度计算 从开采水平的运输巷打钻时 $\tan\,(180°-\alpha-\beta') = \dfrac{N}{b'}$ 从开采水平的上部回风巷打钻时 $\tan\,(\alpha+\beta') = \dfrac{N}{b'}$	

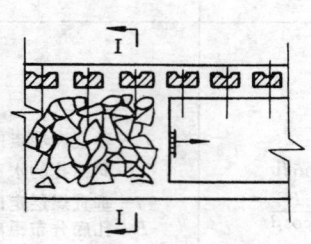
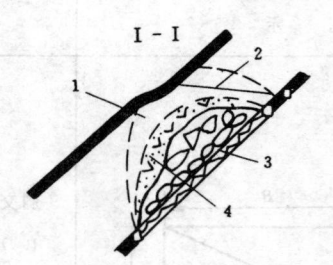

图 8—7—33　邻近层钻孔合适位置

1—弯曲带；2—钻孔；3—冒落带；4—裂隙带

表 8—7—49　邻近层卸压角 γ 值

N/M	3~10	10~30	30~80
γ (°)	70	75	80

注：N 为层间距，M 为开采厚度，当 $\frac{N}{M}<3$ 或 $\frac{N}{M}>80$ 抽放效果一般很差。

2. 邻近层钻孔角度计算

1) 钻孔布置原则。

(1) 钻孔必须深入到邻近层的卸压带内；

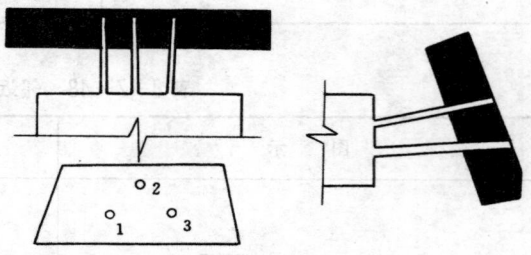

图 8—7—34　钻场钻孔位置示意

(2) 保持钻孔不受岩压活动影响而中断；

(3) 考虑打钻是否方便。

邻近层钻孔合适布置，见图 8—7—33。

2) 钻孔角度计算（表 8—7—48）。

(三) 钻孔直径、长度及个数的确定

(1) 钻孔直径一般采用 42、50、73、75、89、127、130mm 钻孔，钻孔直径大暴露面积多，瓦斯涌出量大，但是，直径大施工困难。

(2) 钻孔长度与开采层至邻近层之距离，煤层倾角，以及钻孔仰角、方向等有关，钻孔通过煤层越长，瓦斯涌出量越大。一般钻孔长度在 40~70m，少数长达 100m 左右，因此，钻孔长度应根据煤层地质条件，钻场位置等不同条件计算确定。

(3) 钻场钻孔个数由试验得出，以 3 个至 5 个孔为宜。如孔数增加，而其流量增加的幅度越来越小，工程量大，也不经济。目前条件下，

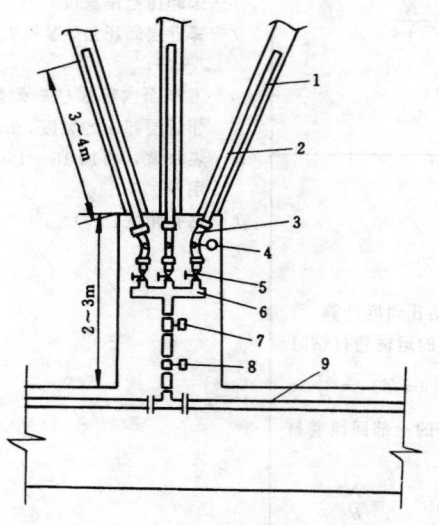

图 8—7—35　钻场管路布置

1—封孔堵料；2—导管；3—胶管；4—压力表；
5—阀门；6—汇流管；7—放水器；8—流量计；
9—瓦斯支管（d108mm）

表8－7－50 我国主要矿井邻近层钻孔布置状况

抽出方式	矿井	开采煤层 名称	厚度(m)	邻近煤层 名称	厚度(m)	层间距(m)	煤层倾角(°)	布孔位置	合适间距(m) 钻场	合适间距(m) 钻孔	钻孔的有效抽放距离(m)
上邻近层	阳泉四矿	T₃	1.55	T₄层 / S₁层 / S₂层	0.13 / 0.82 / 1.74	9~10 / 20~25 / 29~35	10以下	回风及 运输水平	50~60	50~60	70~150 / 80~120以上 / 150~200以上
	阳泉一矿北头嘴井	14层	2.2	煤线 / 15层 / 16层	0.20 / 0.28 / 0.69	11.57 / 15.41 / 22	3~5	回风水平	30~40	30~40	43~67 / 43~162
	包头五当沟矿	G₂层	1.4~2.8	G₁层 / G层	0.38 / 1.16	30.75 ~	40~50 平均45	回风水平	50~60	50~60	109~117
	北票台吉二井	9层	1.2~2.3	煤线多层	累厚2.6~2.8	5.25	50~52	运输水平		8	
	重庆中梁山煤矿南井	2层	0.8	8层 / 1层	2~2.3 / 3.61	14~19 / 5.6	68	运输水平			
	贵州六枝大用矿	9层	1	8层、7层	0.4、6.2	6、17.4	30	回风水平			

抽出方式	矿井	钻孔的合适角度	钻孔孔径 开孔(mm)	钻孔孔径 钻进(mm)	钻孔孔口负压(kPa)	钻孔抽出瓦斯浓度(%)	一个钻孔的抽出量(m³/min) 一般	最大	瓦斯抽出率(%) 抽出占采区总瓦斯量的	抽出占邻近层总瓦斯量的	抽出占邻近层瓦斯含量的
上邻近层	阳泉四矿	近似岩石塌陷角 8°~10°	127	73	1.96以上	65~80以上	1~2	3~4	44~78	62~93	
	阳泉一矿北头嘴井	仰角 8°~10°	127	73	0.98~1.96	20~80	0.4~1.4	2.7	37	53	
	包头五当兆矿	仰角 10°~15°	89	75	4.9~1.96	18~59 多数40	1~2	2.5	56~63	69~71	
	北票台吉二井		103	75	0.59以下	45~50	0.1以下	0.9	40	43	
	重庆中梁山煤矿南井		89	75	1.96以下	53~86			37		
	贵州六枝大用矿	46°~67°	89	75		50左右	0.5~1.0		45	55	

续表

抽出方式	矿　井	开采煤层 名称	开采煤层 厚度(m)	邻近煤层 名称	邻近煤层 厚度(m)	层间距(m)	煤层倾角(°)	布孔位置	合适同距(m) 钻场	合适同距(m) 钻孔	钻孔的有效抽放距离(m)
下邻近层	重庆南桐直属一矿	3层	0.4	4层	2.5	7.35	30	运输水平	30~50	15~20	20以上
	重庆天府煤矿南井	K2 / K7	0.53~1 / 0.58	K9 / K8、K9 / K10	3.98 / 0.62、3.98 / 0.33	77 / 11.244 / 36	58~60 / 58~60	运输水平	60 / 60~80	40~60	100以上 / 46以上
	鸡西滴道四井	13层	0.6	12层	0.05	59~14	18~31	运输水平	30~40	10~15	40以上
	重庆中梁山煤矿南井	K2	0.8	K3~K6	2.4~3.8	4~6 / 13~15	65~80		30~40	5~15	40以上
	北票台吉一井	3C层	0.4~0.6	4层	3~4	18.5	46	运输水平	40		

抽出方式	矿　井	钻孔的合适角度	钻孔孔径 开孔(mm)	钻孔孔径 钻进(mm)	钻孔口负压(kPa)	钻孔抽出瓦斯浓度(%)	一个钻孔的抽出量(m³/min) 一般	一个钻孔的抽出量 最大	瓦斯抽出率(%) 抽出占采区总瓦斯量的	瓦斯抽出率 抽出占邻近层总瓦斯量的	抽出占邻近层瓦斯含量的
下邻近层	重庆南桐直属一井	仰角5°~15°	90	73	1.47~2.45	75~82	0.76	1.66	35~67	40~70	
	重庆天府煤矿南井	仰角15°	108	75	1.47~1.96	80~90	0.5	1.0	46~68	60~82	
	鸡西滴道四井	仰角22°~70°		75	0.78~1.47	80~90			42		47
	重庆中梁山煤矿南井	仰角60°~70°		75	0.1~0.59	40~97	0.3以上	0.66~1.0	20~28	46~75	
	北票台吉一井	60°~70°	130	75	1.96~3.92	1~36平均25	0.1~0.6	0.83			约50

多数矿井钻场布置 3 个孔，孔位成三角形布置，见图 8—7—34、图 8—7—35。

我国主要矿井邻近层钻孔布置状况，见表 8—7—50。

四、抽放钻孔封孔方法

1. 水泥砂浆封孔

水泥矿浆采用 C40 号以上的硅酸盐水泥、砂子与水混合搅拌而成，水泥与砂子的质量比为 1∶2.4～1∶2.5。砂子颗粒直径为 0.5～1.5mm。

由于采用人工封孔时封孔长度只能达到 3m，因此通常采用压气封孔，或利用泥浆泵封孔，封孔长度可达 5m 以上。

2. 聚氨酯封孔

聚氨酯封孔长度可达 5m 以上，常用的聚氨酯封孔方式为卷缠药液法，但这种方法的封孔深度将受到限制。最近几年开始采用压注药液法封孔，煤科总院重庆分院为此专门研制了封孔泵及封孔材料。

3. 速凝膨胀水泥封孔

普通水泥砂浆不仅凝固时间长，并且当钻孔小于 30° 时，凝固后要形成收缩缝口。为此研制了速凝水泥，1d 内即可达到普通水泥砂浆 28d 固化强度的 80％，并有膨胀性，适合于密封水平孔。

第六节　瓦斯管路布置及选择

一、瓦斯管路的布置及敷设

(一) 瓦斯管路系统布置的原则

为了进行瓦斯抽放，必须在井上、下敷设完整的抽放管路系统，以便把矿井瓦斯抽出并输送至地面利用。在布置抽放管路系统时，应遵循以下原则：

(1) 布置瓦斯管路，应根据井下巷道的布置、抽放地点的分布、地面瓦斯泵站的位置、瓦斯利用的要求以及矿井的发展规划等因素统筹考虑，尽量避免或减少以后在主干管路系统进行频繁改动。

(2) 瓦斯管路应敷设在曲线段最少、距离最短的巷道中。

(3) 瓦斯管路要敷设在矿车不经常通过的巷道中，避免撞坏漏气，故一般放在回风系统的巷道中为宜。若设在运输巷道内，应将管路架设一定高度并加以固定，防止机车或矿车一旦掉道不至于撞坏管子。

(4) 所布置的抽放设备或管路一旦发生故障，管路内瓦斯不至于流入采、掘工作面和井下硐室。

(5) 管路布置应考虑到运输、安装、维修和日常检查的方便。

(二) 瓦斯管路系统的组成

瓦斯管路系统由以下几部分组成：

(1) 支管：抽排和输送一个回采工作面或掘进区的瓦斯管路；

(2) 分管：抽排一个采区或区段的瓦斯管路；

（3）主管：抽排和输送一个矿井或几个采区的瓦斯；

（4）抽放管路的附属装置，包括：

测压、测流量和调节装置：用于调节、控制和测量管路中瓦斯浓度、流量和负压等。

安全装置：包括防爆炸、防回火装置、放水器和放空管等。

（三）瓦斯管路敷设

煤矿井下条件复杂，如巷道变形、坡度变化和矿内空气湿度大、易腐蚀管路等，都不利于管路的敷设、安装和维护。为此，在敷设瓦斯管路时，为保证敷设质量，应采取必要的措施。

（1）为了防止瓦斯管锈蚀，安装前应对管内外涂抹防腐剂。防腐材料可用经过热处理的沥青、油漆和红丹等。

（2）在巷道敷设管路必须用可缩木支垫，以防底板隆起折损管路。垫木高度应不小于 0.3m，并保证每节管子下面有两个托木。

（3）在敷设倾斜管路时，为了防止管路下滑，应采用管卡将管子固定在巷道支架上。管卡间距根据巷道倾角 α 而定，一般 $\alpha \leqslant 30°$ 时，为 15～20m。

（4）管路敷设应尽量将管道敷设平直，坡度一致，尽量减少弯头、气门等附属管件，避免急转弯。

（5）敷设运输巷道的管路时，应将其牢固地悬挂（或架）在专用支架上，且管路高度应 $\geqslant 1.8m$，以便于行人和运输。

（6）根据巷道高低、进、回风巷温度有明显差别等情况，敷设管路时应创造排除管中积水的条件。

（7）井下敷设管路，一般采用法兰盘或快速接头接合。法兰盘中间应夹有胶皮垫，且垫的厚度最好不小于 5mm。

（8）凡是新敷设的瓦斯管路都要进行漏气检验。检验方法可采用负压方法试验或用 SF_6 检漏仪检测。

一般瓦斯抽放管路系统，如图 8-7-36 所示。

二、管路选择

（一）管　径

根据主管、分管、支管中不同瓦斯流量，合理的瓦斯管径均可按下式计算：

$$d = 0.1457 \left(\frac{Q}{V} \right)^{\frac{1}{2}} \tag{8-7-82}$$

式中　d——瓦斯管内径，m；

Q——瓦斯管内流量，m³/min；

V——瓦斯管内流速，一般取 5～15m/s。

按上式计算的管径、流量、流速见表 8-7-51，由此，已知流量和初定适当流速后，即可从表中查取相应的管径。

（二）管壁厚度

当采用钢管卷焊管或强度要求较高的远距离输瓦斯干管，可按下式计算壁厚

表8—7—51　不同管径、流速与流量值表

流速 (m/s)／速 (m/min)，表中数据为流量 (m³/min)

内径 (英寸)	内径 (mm)	断面 (m²)	1	2	3	4	5	6	7	8	9	10	11	12	13	14	15	16	17	18	19	20
速 (m/min)			60	120	180	240	300	360	420	480	540	600	660	720	780	840	900	960	1020	1080	1140	1200
1	25	0.0005	0.03	0.06	0.09	0.12	0.15	0.18	0.21	0.24	0.27	0.30	0.33										
1 1/2	38	0.0011	0.07	0.13	0.20	0.26	0.33	0.40	0.46	0.53	0.59	0.66	0.72	0.79									
2	50	0.0020	0.12	0.24	0.36	0.48	0.60	0.72	0.84	0.96	1.08	1.2	1.32	1.44	1.56								
3	75	0.0044	0.26	0.53	0.79	1.06	1.32	1.58	1.85	2.11	2.38	2.64	2.90	3.17	3.43	3.70							
4	100	0.0079	0.47	0.95	1.42	1.90	2.37	2.84	3.32	3.79	4.27	4.74	5.21	5.69	6.16	6.64	7.11						
5	125	0.0123	0.74	1.48	2.21	2.95	3.69	4.43	5.17	5.90	6.64	7.38	8.12	8.86	9.59	10.33	11.07	11.81					
6	150	0.0177	1.06	2.12	3.19	4.25	5.31	6.37	7.43	8.50	9.56	10.62	11.68	12.74	13.81	14.87	15.93	16.95	18.05				
7	175	0.0241	1.45	2.89	4.34	5.78	7.23	8.68	10.12	11.57	13.01	14.46	15.91	17.35	18.80	20.24	21.69	23.14	24.58	26.03	27.47		
8	200	0.0314	1.90	3.80	5.70	7.50	9.40	11.30	13.20	15.10	17.00	18.80	20.70	22.60	24.50	26.40	28.30	30.10	32.00	33.90	35.80	37.70
9	225	0.0398	2.40	4.80	7.20	9.60	11.90	14.30	16.70	19.10	21.50	23.90	26.30	28.70	31.00	33.40	35.80	38.20	40.60	43.00	45.40	47.80
9	226	0.0401	2.40	4.80	7.20	9.60	12.00	14.40	16.80	19.20	21.70	24.10	26.50	28.90	31.30	33.70	36.10	38.50	40.90	43.30	45.70	48.10
10	250	0.0491	2.90	5.90	8.80	11.80	14.70	17.70	20.60	23.60	26.50	29.50	32.40	35.40	38.30	41.20	44.20	47.10	50.10	53.00	56.00	58.90
11	275	0.0594	3.60	7.10	10.70	14.00	18.00	21.00	25.00	29.00	32.00	36.00	39.00	43.00	46.00	50.00	53.00	57.00	61.00	64.00	68.00	71.00
12	300	0.0707	4.20	8.50	12.70	17.00	21.00	25.00	30.00	34.00	38.00	42.00	47.00	51.00	55.00	59.00	64.00	68.00	72.00	76.00	81.00	85.00
13	325	0.0830	5.00	10.00	15.00	20.00	25.00	30.00	35.00	40.00	45.00	50.00	55.00	60.00	65.00	70.00	75.00	80.00	85.00	90.00	95.00	100.00
14	350	0.0962	5.80	11.50	17.00	23.00	29.00	35.00	40.00	46.00	52.00	58.00	63.00	69.00	75.00	81.00	87.00	92.00	98.0	104.00	110.00	115.00
15	375	0.1104		13.20	20.00	26.00	33.00	40.00	46.00	53.00	60.00	66.00	73.00	79.00	86.00	93.00	99.00	106.00	113.00	119.00	126.00	132.00
15	380	0.1134		13.60	20.00	27.00	34.00	41.00	48.00	54.00	61.00	68.00	75.00	82.00	88.00	95.00	102.00	109.00	116.00	122.00	129.00	136.00
16	400	0.1257			23.00	30.00	38.00	45.00	53.00	60.00	68.00	75.00	83.00	91.00	98.00	106.00	113.00	121.00	128.00	136.00	143.00	151.00
18	450	0.1590			29.00	38.00	48.00	57.00	67.00	76.00	86.00	95.00	105.00	114.00	124.00	134.00	143.00	153.00	162.00	172.00	181.00	191.00
20	500	0.1963					59.00	71.00	82.00	94.00	106.00	118.00	130.00	141.00	153.00	165.00	177.00	188.00	200.00	212.00	224.00	236.00

表 8－7－52　我国部分抽放瓦斯矿井采用的瓦斯泵和管径

矿井名称	瓦斯泵型号	瓦斯管径（mm）		
		主管	分管	支管
抚顺龙凤矿	D100－31、32 型，D－325－11 离心式鼓风机	426	305 178	100
抚顺老虎台矿	D60－200 回转式鼓风机 LG200 容积式鼓风机 LGA80－5000－1 罗茨鼓风机	426	305 178	100
抚顺胜利矿	离心式鼓风机：风量 160m³/min，压力 70kPa	426 335	273 245	159 127
	罗茨鼓风机：风量 80m³/min，压力 50kPa	377		114
阳泉一矿	波兰离心式鼓风机：风量 100m³/min，压力 20kPa，功率 75kW	380	380	226
阳泉二矿	RG60－3500 回转式鼓风机 LGA80－500－1 罗茨鼓风机 叶氏 7 号、9 号风机	380	380 226	226
阳泉三矿	叶氏 7 号、9 号风机 LGA80－5000 罗茨鼓风机	380	220	220
阳泉四矿	LGA60－3500－2 罗茨鼓风机	380	380	226
北票冠山二井	SZ－4 型真空泵	159	127	114
北票台吉竖井	SZ－4 型真空泵	273	200	159
阜新新邱矿竖井	SZ－4 型真空泵	165	108	100
包头五当沟矿	SZ－4 型真空泵	200	150	100
包头河滩沟矿	SZ－4 型真空泵	200	150	100
中梁山南、北矿	SZ－4 型真空泵	305	219	108
涟邵立新井	SZ－4 型真空泵	200	150	100
淮南谢二矿	叶氏 7 号风机	250 300	150 200	50～ 100
辽源西安矿	叶氏 7 号风机	150	100～ 500	50～ 100
松藻一井	SZ－4 型真空泵 日本 SMD－2064 型：风量 60m³/min，压力 90kPa	250	150～ 200	100
天府磨心坡矿	SZ－4 型真空泵	219	159	108

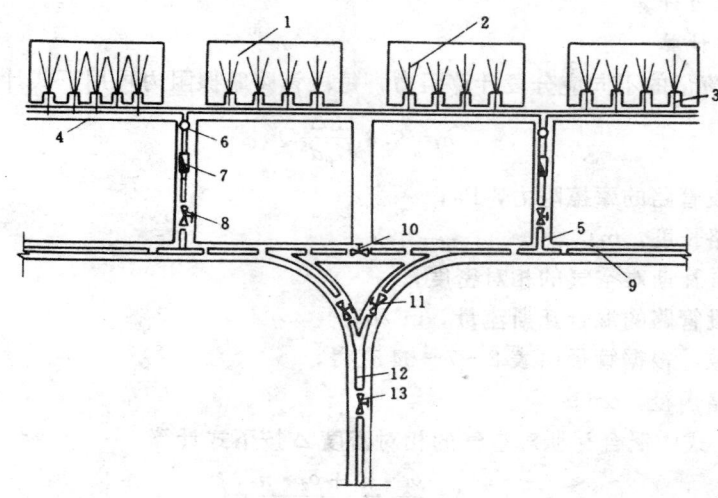

图 8-7-36　瓦斯抽放管路系统示意

1—抽放瓦斯区；2—钻孔；3—钻场；4—抽放区支管系统；5—分支管；

6—分支管放水器；7—分支管流量计；8—分支管阀门；9—主管系统；10—主管隔绝阀门；

11—主管系统分支控制阀门；12—总干管系统；13—总抽放管路控制阀门

$$\delta = \frac{P \cdot d_{\mathrm{w}}}{2\,[\sigma]} \qquad\qquad (8-7-83)$$

式中　δ——输瓦斯管管壁厚度，cm；

　　　P——管路最大工作压力，MPa；

　　d_{w}——瓦斯管外径，cm；

　　$[\sigma]$——容许压力，取屈服极限强度的 60%，缺少此值时，可参考以下数值：对于铸铁管

　　　　　取 20MPa；焊接钢管取 60MPa；无缝钢管取 80MPa。

我国部分抽放瓦斯矿井采用的瓦斯泵和管径见表 8-7-52。

国外一些抽放瓦斯管径见表 8-7-53。

表 8-7-53　国外一些矿井抽放瓦斯管径、流量

国家或地区	矿井名称	最大流量 （m³/min）	管路长度 （km）	管　径 （mm）
萨　尔	维支托利亚	2.84		200
比利时	新特—阿尔别尔	17.4	3.0	200
比利时	葛兰—特尔	15.5～13.9	2.0	225
鲁　尔	哈思托	3.5	1.57	200
萨　尔	维克托利亚	5.5	3.55	200
荷　兰	爱　玛	11.0		300
荷　兰	汉得利亚	14.0		300
英　国	海　格	31.9	5.6	355
英　国	玛兹里	5.76	7.75	152

（三）管路阻力计算

1. 摩擦阻力计算

根据管径、流量的不同应分段计算阻力，每段管路摩擦阻力可用下式计算

$$h_f = 9.8 \frac{L\Delta}{K_0 d^5} Q^2 \qquad (8-7-84)$$

式中 h_f——某段管路的摩擦阻力，Pa；

　　L——管路长度，m；

　　Δ——混合瓦斯对空气的相对密度；

　　Q——某段管路的混合瓦斯流量，m^3/h；

　　K_0——系数，根据管径由表 8-7-54 查得；

　　d——管路内径，cm。

（8-7-84）式中混合瓦斯对空气的相对密度 Δ 按下式计算

$$\Delta = \frac{\rho_1 \cdot n_1 + \rho_2 \cdot n_2}{\rho_2}$$

式中 ρ_1——瓦斯密度，取 $0.715 kg/m^3$；

　　n_1——混合瓦斯中瓦斯浓度；

　　ρ_2——空气密度，取 $1.293 kg/m^3$；

　　n_2——混合瓦斯中空气浓度。

表 8-7-54   不同管径的系数 K 值

通称管径 (mm)	15 (1/2 英寸)	20 (3/4 英寸)	25 (1 英寸)	32 ($1_{1/4}$英寸)	40 ($1_{1/2}$英寸)	50 (2 英寸)
K_0 值	0.46	0.47	0.48	0.49		
通称管径 (mm)	70 ($2_{1/2}$英寸)	80 (3 英寸)	100 (4 英寸)	125 (5 英寸)	150 (6 英寸)	150 以上
K_0 值	0.55	0.57	0.62	0.67	0.70	0.71

2. 局部阻力计算

1）基本方程。

$$h_1 = \xi \cdot \frac{1}{2} \rho v^2 \qquad (8-7-85)$$

式中 h_1——瓦斯管路的局部阻力，Pa；

　　ξ——局部阻力系数，见表 8-7-55；

　　ρ——混合瓦斯密度，kg/m^3，见表 8-7-56；

　　v——瓦斯平均流速，m/s。

表 8-7-55　各种管件的局部阻力系数

管件	直角三通	分支三通	对管径相差一级突然收缩	弯头	直通阀	90°弯头	闸阀	球阀
ξ	0.30	1.50	0.35	1.10	2.00	0.30	0.50	9.00

2）折算法。

实际计算时，可把各种管件局部阻力折算成相当于一定管路长度所产生的阻力，即阻力强度。

一支阀门相当于 $\frac{1}{5}d$ 的阻力长度，m；

一支丁形件相当于 $\frac{1}{10}d$ 的阻力长度，m；

一支滑阀相当于 $\frac{1}{20}d$ 的阻力长度，m；

一支弯头相当于 $\frac{1}{100}d$ 的阻力长度，m；

以上 "d" 单位为 mm，代入上式后再扩大 1000 倍即可。

表 8-7-56　不同瓦斯浓度时瓦斯与空气的混合气体密度

瓦斯浓度（%）	0	1	2	3	4	5	6	7	8	9
0	1.293	1.28724	1.28148	1.27531	1.26995	1.26419	1.25843	1.25267	1.24691	1.24114
10	1.23538	1.22962	1.22386	1.21810	1.21233	1.20657	1.20081	1.19505	1.18929	1.18353
20	1.17776	1.17200	1.16624	1.16048	1.15472	1.14895	1.14319	1.13743	1.13167	1.12591
30	1.12015	1.11438	1.10862	1.10286	1.09710	1.09134	1.08558	1.07981	1.07405	1.06829
40	1.06253	1.05677	1.05100	1.04524	1.03948	1.03372	1.02796	1.02220	1.01643	1.01067
50	1.00491	0.99915	0.99339	0.98762	0.98186	0.97610	0.97034	0.96458	0.95882	0.95305
60	0.94729	0.94153	0.93577	0.93011	0.92424	0.91848	0.91272	0.90696	0.90120	0.89544
70	0.88967	0.88391	0.87815	0.87239	0.86663	0.86087	0.85510	0.84934	0.84358	0.87782
80	0.83206	0.82629	0.82053	0.81477	0.80901	0.80325	0.79749	0.79172	0.78596	0.78020
90	0.77444	0.76868	0.76291	0.75715	0.75139	0.74563	0.73987	0.73411	0.72834	0.72258
100	0.71682									

［例］在直径为 175mm 的导管中，有一支阀门，它的阻力长度为 $\frac{1}{5} \times 175 \times 1000 = 35$m 导管长度。

3）估算法。

在实际工作中或初步设计时，亦可用估算的办法计算局部阻力，一般取摩擦阻力的 10%～20%。

［例］某煤矿抽放瓦斯系统中，一条最长、阻力最大的管路系统的情况是，支管长 360m，

管径 150mm，瓦斯量 600m³/h，瓦斯浓度 60%；分管长 800m，管径 226mm，瓦斯量 1800m³/h，瓦斯浓度 50%；主管长 3800m，管径 380mm，瓦斯量 3600m³/h，瓦斯浓度 45%；局部阻力用估算法计算，按摩擦阻力 15% 考虑。试计算该矿井瓦斯抽放管路的总阻力。

由公式（8-7-84）得

（1）支管阻力：

$$h_{支} = 9.8 \times \frac{360 \times 600^2 \times 0.733}{0.71 \times 15^5}$$

$$= 1728.48\text{Pa}$$

（2）分管阻力：

$$h_{分} = 9.8 \times \frac{800 \times 1800^2 \times 0.777}{0.71 \times 22.6^5}$$

$$= 4719.81\text{Pa}$$

（3）主管阻力：

$$h_{主} = 9.8 \times \frac{3800 \times 3600^2 \times 0.799}{0.71 \times 38^5}$$

$$= 6861.64\text{Pa}$$

（4）管路阻力：

$$h_{总} = (h_{支} + h_{分} + h_{主}) \times 1.15$$

$$= (1728.48 + 4719.81 + 6861.64) \times 1.15$$

$$= 15306.42\text{Pa}$$

第七节　瓦斯泵及附属装置选择

一、瓦斯泵选择

（一）瓦斯泵布置方式

瓦斯泵的布置方式，要根据矿井开拓系统、瓦斯管路系统、抽放量等因素，满足技术可行、经济合理和安全可靠的要求。一般矿井瓦斯泵的布置方式及适用条件见表 8-7-57。

表 8-7-57　瓦斯泵布置方式及适用条件

布　置　方　式		适　用　条　件
几个矿井联合抽放和一个矿单独抽放	多矿井联合抽放	1. 几个矿井敷设瓦斯管路的回风井筒距离较近； 2. 几个矿井利用瓦斯的用户比较集中； 3. 在整个抽放瓦斯期限内，几个矿井抽放瓦斯量比较均衡，抽放初期、高峰期和收尾期互相弥补，用一个抽放系统经济上合理时； 4. 抽放瓦斯区域较小，抽出量不大，不适宜建立单独抽放站的情况下
	一个矿井单独抽放	1. 井田范围较大，而且又与其它抽放矿井相距较远时； 2. 抽放瓦斯规模大，区域多，抽出量较大时； 3. 有单独利用瓦斯的用户

布 置 方 式		适 用 条 件
单翼和多翼抽放	单翼抽放方式	1. 抽放瓦斯管路必须设置在回风井巷中，所以单翼通风系统的矿井多采用单翼抽放； 2. 井田范围较小时； 3. 有时虽然是两翼通风系统和井田范围较大，但瓦斯用户集中在矿井的一翼时； 4. 受地面地形限制（比如高山河流等），地表管路敷设困难时
	两翼或几个系统抽放方式	1. 矿井系对角式通风方式，或有 2 个以上排风井口； 2. 矿井井田范围较大，管路系统较长； 3. 瓦斯用户分散，有 2 个以上集中点
串联运转和并联运转	串联运转：分集中串联（在一个泵房内）和接力串联（二瓦斯泵相距很远）	1. 管路系统较长，阻力较大； 2. 瓦斯泵能力小、压力低，不能满足抽放瓦斯的需要； 3. 用户距矿井较远，管路系统阻力大或用户对瓦斯压力有特殊要求需要加压时； 4. 为满足矿井抽放初期井浅、管路短、阻力小（选用低压瓦斯泵）和后期井深、管路长、阻力大的要求，充分利用原有设备，后期再选一台瓦斯泵与前期瓦斯泵串联工作
	并联运转	1. 瓦斯用户分别是在不同地点，需要单独供给瓦斯时； 2. 矿井抽放初期流量不大，抽放中期阻力变化不大但流量增加很大时，再增设一台； 3. 不同抽放区抽出的流量、浓度不同，要求有不同的抽放负压，当用阀门调整达不到要求时，往往敷设 2 条以上管路，分别用 2 台瓦斯泵单独抽放
抽出式和压出式	抽出式（瓦斯泵安装在地面）	目前国内外抽瓦斯矿井的瓦斯泵绝大多数均设在地面，即用抽出式进行瓦斯抽放。除了个别条件以外，抽出式可以适应任何条件下进行抽放瓦斯。抽出式，即瓦斯泵安装在地面具有很多优点： 1. 瓦斯泵在地面易于管理和维护； 2. 井下瓦斯管内是负压，当管路损坏时，矿井空气被抽入管路，瓦斯不至于涌到井巷中，可以保证矿井安全； 3. 瓦斯泵设在井下时，当矿井发生其它灾变使瓦斯泵不能运转时，瓦斯量会大量增加，导致灾变扩大；而瓦斯泵在地面则无此害； 4. 井下抽放区经常变动和发展时，设在井下的瓦斯泵也须经常移动，增加了移设费用；如不移设则需保留旧有巷道，增加了巷道维护费，地面瓦斯泵则无此项费用
抽出式和压出式	压出式（瓦斯泵安装在井下）	国外个别矿井有把瓦斯泵安设在井下的，但在国内尚无此例，只有在下述几种情况下才有安设在井下的必要： 1. 在个别边远的抽放区，由于瓦斯管路长、阻力大，地面瓦斯泵造成的负压不能满足要求时，可在这个局部区域安设小型瓦斯泵与地面瓦斯泵串联工作； 2. 个别采区需提前开采，没有足够的抽放时间，为提高该区的抽放效果，缩短抽放时间，需提高该区抽放负压时，安设小型瓦斯泵； 3. 个别抽放区的煤层透气性系数较其他区小，用地面瓦斯泵正常抽放不能满足需要和要求时； 4. 没有形成抽放瓦斯系统的矿井，某一个区瓦斯大需单独进行抽放，可以在该区设瓦斯泵，通过瓦斯管把抽出瓦斯放到回风道中，新密裴沟矿和鹤壁六矿即利用 SZ—1 型真空泵，将抽出瓦斯放到采区回风道中； 5. 进行技术革新和科学试验时采用，比如阳泉一矿利用 SZ—1 型真空泵在井下进行大直径抽放瓦斯试验。白沙红卫矿坦家冲井利用井下安装的 SZ—2 型真空泵进行密集钻孔抽放试验

（二）瓦斯泵参数计算

1. 瓦斯泵压力计算

瓦斯泵压力就是从井下钻孔开始，经过抽放瓦斯管路至瓦斯泵，再从瓦斯泵送到用户所消耗的全部阻力损失之和，即：

$$H_f = (H_i + H_0) \cdot K$$
$$= [(h_i + h_{zf}) + (h_o + h_{oz})] \cdot K \qquad (8-7-86)$$

式中 H_f——瓦斯泵压力，Pa；

H_i——井下负压管路系统全部阻力损失，Pa；

H_0——井上正压管路系统全部阻力损失，Pa；

K——备用系数，$K = 1.2$；

h_i——井下负压段管路最大总阻力，Pa；

h_{zf}——井下抽放钻场或钻孔必须造成的负压，Pa；

h_o——井上正压段管路总阻力，Pa；

h_{oz}——用户在瓦斯管出口所必须造成的正压，Pa。

钻孔负压 h_{zf} 的确定决定于以下因素：

煤层透气性低，负压应大些，相反应小些；

抽放的允许时间短，负压应大些，相反应小些；

预抽钻孔负压应大些，邻近层、采空区、边采边抽的负压应小些。

我国部分抽放瓦斯矿井钻场负压见表 8-7-58。

克服管路正压段损失，所必须的压力包括：

最远用户（即最大管路阻力系统）至瓦斯泵出口之间的管路摩擦损失。

该段管路中的局部阻力损失。

表 8-7-58 我国部分抽放瓦斯矿井钻场负压

压 力	矿 井	钻场（钻孔口）负压（Pa）
高负压抽放	涟邵立新矿蛇形山井	68000～81600
	白砂红卫矿里王庙井	68000
	中梁山北矿	27200～40800
	南桐直属一井	20400～34000
	鸡西滴道四井	10880～20400
中等负压抽放	包头河滩沟矿	2720～27200
	阜新新邱竖井	2720～20400
	抚顺各矿	4000～12000
	中梁山南矿	1360～8160
	北票台吉竖井	2000～4000
低负压抽放	阳泉各矿	400～2000
	天府南井	1500～2000
	六枝大用矿	2000
	淮南谢二矿	<2000

用户在瓦斯出口处所必须的正压，取 500～1000Pa。

2. 瓦斯泵流量计算

$$Q = \frac{\Sigma Q_c}{X \cdot \eta} \cdot K \tag{8-7-87}$$

式中　Q——瓦斯泵额定流量，m^3/min；

ΣQ_c——在抽放期间内抽出的最大纯瓦斯量之和，m^3/min；

　X——瓦斯泵入口处瓦斯浓度，《煤矿安全规程》规定 $X \geqslant 0.3$；

　η——瓦斯泵的机械效率，$\eta = 0.8$；

　K——抽放备用系数，一般取 $K = 1.2$。

3. 真空度计算

$$\eta_z = \frac{H_c}{101.3} \times 100\% \tag{8-7-88}$$

式中　H_c——矿井抽放负压，kPa；

$$H_c = (H_i + \Sigma H_L + H_{zf}) \times 1.2 \tag{8-7-89}$$

H_i、ΣH_L、H_{zf}符号与（8-7-85）式和（8-7-86）式同。

（三）瓦斯泵选型

1. 瓦斯泵选型原则

（1）瓦斯泵的抽气速率必须满足矿井瓦斯抽放期间，预计最大瓦斯抽出量的要求。

（2）在抽放期间，瓦斯泵压力必须满足克服瓦斯管路系统最大压力损失。

（3）抽放设备本身必须具有高气密性，防止运转时瓦斯渗入站房。

（4）抽放设备必须配备防爆电气设备及防爆电动机。

2. 瓦斯泵的选型

目前国内使用的瓦斯泵类型有：

（1）离心式鼓风机。

表 8-7-59　各种类型瓦斯泵的优缺点及适用条件

类　型	优　点	缺　点	适　用　条　件
离心式鼓风机	1. 运转可靠，不易出故障； 2. 运行平稳，供气均匀，便于维修、保养、使用寿命长； 3. 该机流量大，最大可达 1200m^3/min	1. 工作效率较低，2 台并联运转，性能较差； 2. 相同的功率、流量、压力与回转式鼓风机相比，成本高 1.5～2 倍	1. 适用于瓦斯流量大（80～1200m^2/min），负压要求不高（4000～50000Pa）的抽放瓦斯矿井； 2. 可作为正压鼓风输往用户，同时又可作负压抽出瓦斯
回转式鼓风机	1. 流量不受阻力变化的显著影响，接近一个常数； 2. 运行稳定，供气均匀，效率高，便于保养； 3. 相同功率、流量和压力的瓦斯泵成本只是离心鼓风机的 70%～80%	1. 检修工艺复杂，机械加工要求较高； 2. 运转中噪音大； 3. 压力高时，气体漏损较大、磨损较严重； 4. 转子表面易粘灰尘，需定期清洗	1. 因压力改变时流量不变，故适用于用户要求流量稳定的工艺过程； 2. 适用于瓦斯流量大（1～600m^3/min），负压较高（20000～90000Pa）的抽放瓦斯矿井； 3. 空气冷却的鼓风机适用于缺水地方

续表

类　型	优　点	缺　点	适　用　条　件
水环真空压缩机	1. 真空度高，且可正压输出； 2. 工作水不断带走气体压送时产生的热量，泵体不会升温发热；当抽出瓦斯浓度达到爆炸界限时，也没有爆炸危险； 3. 结构简单，运转可靠，平稳，供气均匀； 4. 将负压抽出与正压输送合二为一，一般不需另设正压输送设备	需要提供工作水	1. 单机瓦斯抽出量由 1.8～450m³/min，适用范围广，煤层透气性低，管路阻力大需要高负压抽放的矿井； 2. 适用于负压抽出瓦斯； 3. 适用于瓦斯浓度经常变化的矿井，特别适用于浓度变化较大的邻近层抽放矿井
往复式压气机	1. 最大特点是加压能力大，最大出口压力可达 800kPa； 2. 流量只与转数成正比，而与压力无直接关系	1. 机械体积大，重量大，占地多，造价高； 2. 供气不均匀，有冲击震动和脉动； 3. 有曲柄、联杆装置，不能直接与电动机连接，转速低； 4. 活塞与气缸经常摩擦，磨损快	1. 适用于输出流量不大（50m³/min以下），但需要高压（400～600kPa）输送瓦斯的条件； 2. 只用于正压输送瓦斯，不能作为负压抽出瓦斯用

（2）回转式鼓风机（包括罗茨鼓风机、叶氏鼓风机、滑板式压气机等）。

（3）水环真空压缩机。

（4）往复式压气机（只用于井上正压输送瓦斯）。

各种类型瓦斯泵的优缺点及适用条件，见表 8－7－59。

［例］某矿抽放瓦斯最大纯量为 5m³/min，浓度要求不低于 35%，管路最大总阻力 16000Pa，钻孔口负压要求达到 26000Pa，不考虑瓦斯利用，试选抽放设备。

瓦斯泵流量计算，应用公式（8－7－87）：

$$Q = \frac{5 \times 1.2}{0.35 \times 0.8} = 21.4 \text{m}^3/\text{min}$$

瓦斯泵压力计算，应用公式（8－7－86）：

$$H = (16000 + 26000) \times 1.2 = 50400 \text{Pa}$$

真空度计算，应用公式（8－7－88）：

$$\eta_z = \frac{50.4}{101.3} \times 100\% = 49.8\%$$

根据计算结果，查产品目录，可选广东省佛山水泵厂生产的 SKW27（D）水环真空压缩机两台，一台工作，一台备用，设备性能见表 8－7－60。

国内部分抽放瓦斯矿井瓦斯泵型号，见表 8－7－52。

矿井常用瓦斯泵的性能、规格和技术参数，见表 8－7－60 或表 8－7－61。

二、瓦斯抽放泵房设备布置

（一）瓦斯抽放泵房设计原则

表 8-7-60　SKW 水环真空压缩机性能及规格

型　号	转速 (r/min)	排气压力(表压)(MPa)	最大气量 (m³/min)	极限真空绝压 (hPa)	不同吸入压力下的气量 (m³/min)					供水量 (m³/h)	电机功率 (kW)	配套电机	口径 (mm)	泵重 (kg)
					200 hPa	250 hPa	350 hPa	400 hPa	1013 hPa					
SKW12	820	0.00	10.2	100	6.8	8.1	9.4	9.6	10.2		18.5	YB180M—4dI		
	970		12		8.1	9.7	11.0	11.3	12		22	YB200L2—6dI		
SKW12(D)	820	0.01	10.0	107	5.9	7.6	9.3	9.5	9.7		18.5	YB180M—4dI		
	970		11.8		7.0	9.0	10.9	11.2	11.5		22	YB200L2—6dI		
SKW12(C)	820	0.03	9.6	160	2.1	5.1	8.0	8.9	9.2	4~6	22	YB200L2—6dI	100	320
	970		11.3		2.5	6.0	9.5	10.5	11.0		30	YB225M—6dI		
SKW12(B)	820	0.05	9.1	240	0	0.9	4.2	7.2	8.5		30	YB225M—6dI		
	970		10.8		0	1.0	5.0	8.5	10.0		30	YB225M—6dI		
SKW20	730	0.00	15.9	100	9.0	12.5	14.5	15.2	15.9		30	YB250M—8dI		
	970		20.4		11.6	15.6	18.3	18.8	20.4		37	YB250M—6dI		
SKW20(D)	730	0.01	15.5	107	7.8	11.1	13.6	14.0	15.5		30	YB250M—8dI		
	970		20.0		10.4	14.8	17.8	18.3	20.0	6.5~8	37	YB280M—6dI	150	950
SKW20(C)	730	0.03	14.1	190	3.5	8.2	12.1	12.9	14.1		37	YB280S—8dI		
	970		18.7		4.6	10.9	16.1	17.1	18.7		45	YB280S—6dI		
SKW20(B)	730	0.05	13.0	240	0	3.0	7.6	11.1	13.0		45	YB280M—8dI		
	970		17.2		0	4.0	10.1	14.8	17.2		55	YB280M—6dI		

续表

型号	转速 (r/min)	排气压力 (表压)(MPa)	最大气量 (m³/min)	极限真空绝压 (hPa)	不同吸入压力下的气量 (m³/min)					供水量 (m³/h)	电机功率 (kW)	配套电机	口径 (mm)	泵重 (kg)
					200 (hPa)	250 (hPa)	350 (hPa)	400 (hPa)	1013 (hPa)					
SKW27	450	0.00	25.8	133	18.5	21.2	24.7	25.2	25.8	8.8~11	37	YB250M—6dI	200	1300
	490		28.1		20.0	23.0	26.8	27.2	28.1		45	YB280S—6dI		
	550		33.2		22.5	26.0	30.5	31.2	33.2		55	YB280M—6dI		
	660		38.0		27.0	31.0	36.1	36.6	38.0		75	YB315S—6dI		
SKW27(D)	450	0.01	24.9	160	18.0	20.8	23.5	24.2	24.9		37	YB250M—6dI		
	490		27.0		19.5	22.5	25.5	26.2	27.0		45	YB280S—6dI		
	550		30.4		22.0	25.3	28.7	29.5	30.4		55	YB280M—6dI		
	660		36.4		26.3	30.3	34.3	35.3	36.4		75	YB315S—6dI		
SKW27(C)	450	0.03	23.1	190	12.8	18.0	22.0	22.6	23.1		45	YB280S—6dI		
	490		25.0		13.8	19.5	23.8	24.5	25.0		55	YB280M—6dI		
	550		28.2		15.6	22.0	26.8	27.6	28.2		75	YB315S—6dI		
	660		33.7		18.6	26.3	32.1	33.0	33.7		90	YB315M—6dI		
SKW27(B)	450	0.05	23.1	200	0	12.0	17.1	20.3	21.2		55	YB280M—6dI		
	490		25.0		0	13.0	18.5	22.0	23.0		55	YB280M—6dI		
	550		28.2		0	14.6	20.9	24.8	25.9		75	YB315S—6dI		
	660		31.0		0	17.5	24.9	29.6	31.0		90	YB315M—6dI		

续表

型　　号	转速 (r/min)	排气压力 (表压) (MPa)	最大气量 (m³/min)	极限真空绝压 (hPa)	不同吸入压力下的气量 (m³/min) 200 (hPa)	250 (hPa)	350 (hPa)	400 (hPa)	1013 (hPa)	供水量 (m³/h)	电机功率 (kW)	配套电机	口径 (mm)	泵重 (kg)
SKW42	430	0	37.0	120	26.8	31.0	34.7	35.5	37.0	9~12	55	YB280M—6dI	200	1770
	490		42.0		28.0	33.0	38.5	40.8	42.0		75	YB315S—6dI		
	590		51.0		28.6	40.5	45.3	47.6	51.0		90	YB315M—6dI		
SKW42(D)	430	0.01	37.0		24.0	29.0	33.3	35.1	37.0		55	YB280M—6dI		
	490		42.0		25.3	32.0	36.5	40.0	42.0		75	YB315S—6dI		
	590		51.0		26.3	33.2	44.2	46.3	51.0		90	YB315M—6dI		
SKW42(C)	430	0.03	36.5	150	20.0	26.0	32.0	34.2	36.5		75	YB315S—6dI		
	490		41.5		21.0	28.1	36.5	39.0	41.5		75	YB315S—6dI		
	590		50.0		21.3	28.5	41.6	44.4	50.0		110	YB315L1—6dI		
SKW42(B)	430	0.05	35.0	170	14.0	22.3	30.7	32.6	35.0		75	YB315S—6dI		
	490		41.0		14.4	24.8	35.0	37.2	41.0		90	YB315M—6dI		
	590		49.5		15.0	25.5	38.5	42.4	49.5		110	YB315L1—6dI		
SKW60	372	0	53.0	147	35.4	37.6	46.7	48.7	53.0		90	YB280M—4dI	250	2610
	420		60		40	42.5	52.8	55	60		110	YB315S—dI		
	472		67.4		45	47.7	59.3	61.8	67.4		132	YB315M1—4dI		
SKW60(D)	372	0.01	49.2	170	33.6	36.7	46.0	48.3	49.2		90	YB280M—4dI		
	420		55.5		38	41.5	52	54.5	55.5		110	YB315S—4dI		

续表

型号	转速 (r/min)	排气压力 (表压) (MPa)	最大气量 (m³/min)	极限真空绝压 (hPa)	不同吸入压力下的气量 (m³/min)					供水量 (m³/h)	电机功率 (kW)	配套电机	口径 (mm)	泵重 (kg)
					200 (hPa)	250 (hPa)	350 (hPa)	400 (hPa)	1013 (hPa)					
SKW60(D)	472	0.01	62.3	170	42.7	46.6	58.4	61.2	62.3		132	YB315M$_1$-4dI		
	372		48.1		17.7	35.4	44.3	47.3	48.1		110	YB315S-4dI		
SKW60(C)	420	0.03	54.5	190	20	40	50	53.5	54.5		132	YB315M$_1$-4dI		
	472		61.2		22.5	45	56.2	60.1	61.2	14~12	160	YB315L$_1$-4dI	250	2610
SKW60(B)	372	0.05	47.3	230	0	17.7	42.5	47	47.3		132	YB315M$_1$-4dI		
	420		53.5		0	20	48	53	53.5		160	YB315M$_1$-4dI		
	472		60		0	22.5	54	59.5	60		185	YB315L$_1$-4dI		
SKW85	330	0	80	130	45	56.5	68	70	80		110	YB315S-4dI		
	365		85		50	63	74.5	78	85		132	YB315M-4dI		
	372		90.5		50.5	64	76.5	79	90.5		132	YB315M-4dI		
	420		100.5		56	71	85	88	100.5		185	YB315L$_{12}$-4dI		
SKW85(D)	330	0.01	73	150	43	53	62.5	66	73	13~18	110	YB315S-4dI	300	4200
	365		81		48	59	69.5	73	81		132	YB315M-4dI		
SKW85(C)	372	0.03	82	170	48.5	60	70.5	74	82		132	YB315M-4dI		
	420		91		54	66.5	78.5	82.5	91		185	YB315L$_{12}$-4dI		
	330		71		31	47	61	65	71		132	YB315M-4dI		
	365		79		35	52	68	72	79		160	YB315L$_1$-4dI		

续表

型　号	转速 (r/min)	排气压力(表压) (MPa)	最大气量 (m³/min)	极限真空绝压 (hPa)	不同吸入压力下的气量 (m³/min)					供水量 (m³/h)	电机功率 (kW)	配套电机	口径 (mm)	泵重 (kg)
					200 (hPa)	250 (hPa)	350 (hPa)	400 (hPa)	1013 (hPa)					
SKW85(C)	372	0.03	80	170	35.5	52.5	69	73	80	13~18	185	YB315L$_{12}$—4dI	300	4200
	420		89		39.5	58.5	76.5	81	89		220	YB355M$_1$—4dI		
SKW85(B)	330	0.05	67.5	190	11	38	57.5	62	67.5		160	YB315L$_1$—4dI		
	365		75		12.5	42.5	64	69	75		185	YB315L$_{12}$—4dI		
	372		76		12.5	43	65	70	76		185	YB315L$_{12}$—4dI		
	420		84.5		13.5	47.5	72.5	78	84.5		220	YB355M$_1$—4dI		
SKW120	246	0	120	147	74	91	106	110	120	18~22	185	YB355M$_2$—6dI	300	8000
	276		128.5		80	98	114.5	118	128.5		220	YB355M$_1$—4dI		
	298		137.5		85.5	105	122.5	126	137.5		250	YB355M$_2$—4dI		
SKW120(D)	246	0.01	114	170	54	76	95.5	100.5	114		185	YB355L$_1$—4dI		
	276		124.5		59	83	104	109.5	124.5		220	YB355L$_1$—4dI		
	298		133		63	88.5	111	117	133		280	YB355L$_1$—6dI		
SKW120(C)	246	0.03	108	230	0	23.5	78	86.5	108		220	YB355L$_1$—6dI		
	276		118		0	25.5	85	94.5	118		280	YB355L$_1$—4dI		
用　途	本系列水环真空压缩机组用于抽吸或用于抽吸同时压送不含颗粒、不溶于水、无腐蚀性的气体。本系列水环真空压缩机组采用单级向进气、径向排气双作用。工作过程中，工作液可不断带走气体压送时产生的热量，泵体不会升温发热，配上防爆电机适合干抽吸。叶轮在泵体内旋转，形成水环，叶片与水环之间的空间变化，实现吸气和排气过程。本系列水环真空压缩机配有水分离器，使易燃易爆气体与液体充分分离，对抽吸、输送矿井安全可靠，运转时瓦斯不会渗入站房。确保站房人站房安全。用户可根据不同的输送压力要求，选择不同排压的水环真空压缩机。燃易爆气体。													
生产厂家	佛　山　水　泵　厂													

表 8-7-61　CBW 系列水环真空压缩机组性能及规格

型号	排气压力范围（表压）(MPa)	吸入压力范围（绝压）(hPa)	转速 (t/min)	气量 (m³/min) 干空气	气量 (m³/min) 饱和空气	最大轴功率 (kW)	配用功率 (kW)	供水量 (m³/h)	口径 (mm)	泵重 (kg)	生产厂家
CBW101-0											
CBW102-0			1300~2190	1.8~3.5	2.3~3.5	3.5~13	4~15	0.3~1.3	65	85	
CBW103-0			1300~2190	2.8~6.0	3~6.0	5.6~19.5	7.5~22	0.5~2.8	65	110	
CBW104-0			1300~2190	3.5~7.8	4.5~7.8	7.0~24.3	11~30	0.5~2.2	65	125	佛
CBW151-0	0.01 ~ 0.05	80 ~ 1013	1300~2190	3.8~8.5	5~8.5	8~26.5	11~30	0.6~2.5	65	135	山 水 泵 厂
CBW152-0			1100~1810	2.5~5.5	3.2~5.5	6~18	7.5~22	0.4~2	100	125	
CBW153-0			1100~1810	4~9.0	5.2~9.0	8.5~28	11~30	0.6~2.8	100	174	
CBW154-0			1100~1810	5~11.5	6.5~11.5	10.6~35.0	15~37	0.7~3.5	100	190	
CBW202-0			1100~1810	5.5~12.5	7~12.5	11.5~39	15~45	0.8~4	100	210	
CBW203-0			790~1300	7.8~18.8	10~18.8	17~57	18.5~75	0.8~4	125	345	
CBW204-0			790~1300	9.7~22.5	12.5~22.5	21.2~70.8	30~75	0.92~5.0	125	410	
CBW252-0			790~1300	10.7~22.5	14~25.5	24~78	30~90	1~5.5	12.5	430	
CBW253-0			565~920	15~40	20~40	30~98	45~160	2~7.0	150	890	

续表

型号	排气压力范围(表压)(MPa)	吸入压力范围(绝压)(hPa)	转速(r/min)	气量(m³/min)		最大轴功率(kW)	配用功率(kW)	供水量(m³/h)	口径(mm)	泵重(kg)	生产厂家
				干空气	饱和空气						
CBW254-0	0.01~0.05	80~1013	565~920	18~48	23.5~48	37.2~123.5	45~160	2~7.0	150	890	佛山水泵厂
CBW303-0			565~920	20~55	26~55	50~136	55~160	2.5~10.5	200	1440	
CBW353-0			372~660	32.5~95	42~95	62~183.6	75~220	4~15	250	2000	
CBW403-0			330~565	52.5~144	68~144	97~280	110~315	5.5~22	300	3300	
CBW355-1	0.01~0.03	200~1013	372~660	51~116	55~116	68~192	75~220	4~15	250	2200	
CBW405-1			330~565	77~168	83~168	100~283	110~315	5.5~22	300	3400	
CBW505-1			266~472	106~230	115~230	130~376	160~400	7.5~28	350	5100	
CBW605-1			236~398	162~319	175~319	187~513	200~560	10~38	400	7900	
CBW705-1			197~330	230~450	250~450	302~718	355~800	14~52	500	11500	

用途：本系列水环真空压缩机组是国优产品 2BE1 系列及 CBF 系列产品基础上改进、发展而成。用于抽吸同时压送不含颗粒、不溶于水、无腐蚀性的气体。采用耐腐蚀材料时可用于腐蚀性介质使用场合。

本系列水环真空压缩机组采用单级单作用,轴向进气轴向排气结构。叶轮偏心置于泵体内。工作时,叶轮在泵体内旋转,形成水环,叶片与水环之间的空间变化,实现吸气和排气过程。工作过程中,工作液可不断带走压送气体的热量,泵体不会升温发热。配上防爆电机适合于抽吸或抽吸同时压送易燃易爆气体。本系列水环真空压缩机配有气水分离器,工作液与排出液体充分分离,对抽吸、输送矿井瓦斯安全可靠。机组具有高气密性,运转时瓦斯不会渗入站房,确保站房安全。用户可根据不同的输送压力要求,选择不同排压的水环压真空压缩机。

（1）泵房建筑必须采用不燃性材料，耐火等级为二级。

（2）泵房周围必须设置棚栏或围墙。

（3）泵房应有防雷电、防火灾、防洪涝、防冻等设施。

（4）泵房内要有良好的通风照明设施并设有直通矿井调度室的电话。

（5）泵房的建筑面积应根据设备尺寸与台数决定，并留有余地。

（6）机械室、电气室和司机室都要有单独房间，避免相互干扰。

（7）泵房应有双回供电线路。

（8）泵房应有供水系统。泵房设备冷却水一般采用闭路循环，给水管路及水池容积均应考虑消防水量。

（9）泵房应配置专用检测各项参数的仪器仪表。

（10）泵房内电气设备、照明和其它电气、检测仪表均应采用矿用防爆型。

（11）泵房附近管路应设置放水器、放空管及防爆、防回火、防回水装置，并设置压力、流量、浓度测量装置以及采样孔、阀门等附属装置。

（二）瓦斯抽放泵房位置选择的原则

（1）泵房应设在不受洪涝威胁且工程地质条件可靠地带，避开滑坡、溶洞、断层破碎带及塌陷区等。

（2）泵房宜设在回风井工业场地内，泵房距井口和主要建筑物及居住区不得小于50m。

（3）泵房及泵房周围20m范围内禁止有明火。

（4）泵房应建在靠近公路和有水源的地方。

（5）泵房应考虑进出管敷设方便，有利瓦斯输送，并尽可能留有扩能的余地。

（三）瓦斯泵房布置及附属设备

瓦斯泵房内设有瓦斯泵、气水分离器（水环式真空压缩机用）、管路、阀门、大小循环管（回转式鼓风机用）等设备。

在泵房附近进出口处设有放水器，防爆防回火装置，放空管，压力、流量、浓度测定装置以及采样孔、阀门等附属装置。

一般瓦斯泵房管路和附属设备布置示意图，见图8－7－37。

水环式真空压缩机管路系统及附属设施布置，见图8－7－38。

瓦斯泵房内管路和阀门及附属设备的作用、设置位置及要求，见表8－7－62。

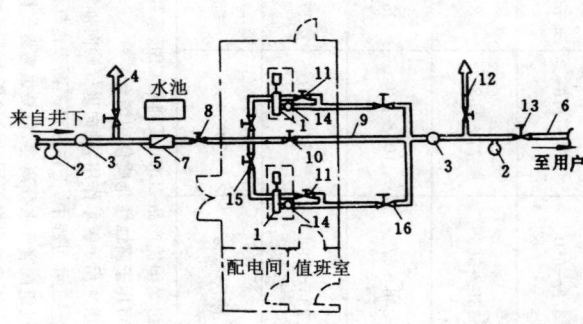

图8－7－37 一般瓦斯泵房平面布置图

1—瓦斯泵；2—放水器；3—防爆防回火装置；4—入口入空管；5—入口负压和浓度测定孔；6—出口正压和浓度测定孔；7—流量测定装置；8—入口总阀门；9—大循环管（回转式鼓风机用）；10—大循环阀门；11—小循环管和阀门（回转式鼓风机房）；12—出口放空管；13—出口总阀门；14—分水器（水环式真空压缩机用）；15—瓦斯泵入口阀门；16—瓦斯泵出口阀门

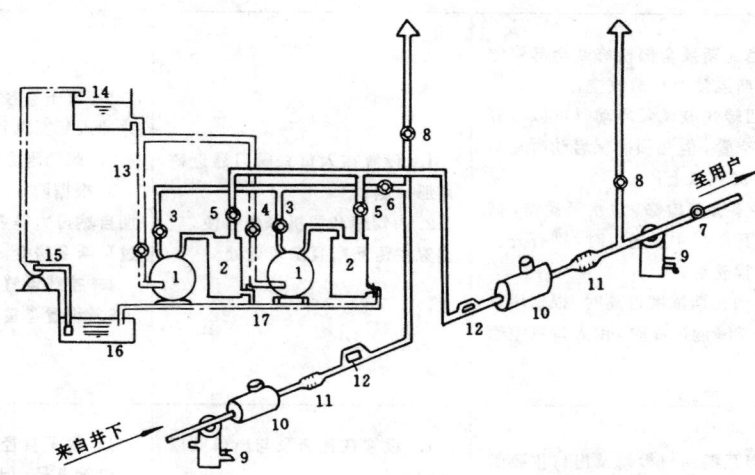

图 8—7—38　水环式真空压缩机管路系统及附属设施布置示意图

1—水环式真空压缩机；2—气水分离器；3—进气阀门；4—进水阀门；5—排气阀门；
6—进气总阀门；7—排气总阀门；8—入空管阀门；9—入水器；10—防爆器；11—防回
火器；12—取样及流量计；13—供水管路；14—水箱；15—水泵；16—水池；17—回水管路

表 8—7—62　瓦斯泵房内管路、阀门及附属设备

名　称	作　　用	位　　置	要　　求
瓦斯泵入口阀门	1. 启动瓦斯泵时调节瓦斯流量、限制启动电流； 2. 停止瓦斯泵后，关闭阀门； 3. 正常运转时调节瓦斯流量； 4. 调节入口负压和出口正压	每台瓦斯泵的入口和出口各1个	阻力要小,最好用闸板式阀门
出入口总控制阀门	1. 正常运转时阀门全部打开； 2. 瓦斯泵全部检修或全部停电时关闭入口总阀门，打开入口放空管阀门放空； 3. 当用户管路或设备检修或临时瓦斯浓度低不合要求时关闭出口总阀门，打开出口放空管放空； 4. 也可以起瓦斯泵出入口阀门的作用	入口总阀门设备在入口放空管与瓦斯泵之间的总管上；出口总阀门设置在出口放空管与用户之间	1. 为便于管理和司机操作方便，应设置在距瓦斯泵房较近的管路上； 2. 阻力要小,最好用闸板式阀门

名　称	作　用	位　置	要　求
入口放空管	1．当瓦斯泵全部检修或全部停电时靠瓦斯泵浮力自然放空； 2．回转式鼓风泵启动时可以打开入口放空管，但必须确保启动时瓦斯浓度在 30％以上； 3．井下管路检修、放水等操作，需要停止瓦斯泵才能进行时，则打开入口放空管放空； 4．管内瓦斯浓度过高时，根据用户需要要求降低浓度时，由入口放空管掺入空气	1．设置在入口总阀门靠近矿井那一侧； 2．为管理和司机操作方便，应设置在距瓦斯泵房较近处	1．管子直径要大于或等于矿井抽入瓦斯总管路的直径； 2．阀门阻力要小； 3．根据防火、防空气污染和增加自然排力等要求，其高度应超过瓦斯泵房脊 3m 以上为宜； 4．拉线设置牢固； 5．设置避雷器
出口放空管	1．当瓦斯用户检修及出口主要管路检修时放空； 2．当瓦斯浓度高于 30％但低于用户要求时放空； 3．瓦斯泵出口正压值超过规定数值时放空（比如夜间民用量减少时）	1．设置在瓦斯泵与出口阀门之间； 2．为管理和司机操作方便，应设置在距瓦斯泵房较近处； 3．为了 2 台瓦斯泵并联运转和换机过程中不中断供气以设置 2 个单独放空管为宜	1．管子直径可小于瓦斯泵出入口管直径，但其阻力必须小于出口总管路系统阻力； 2．高度应超过瓦斯泵房脊 3m 以上为宜； 3．拉线设置牢固； 4．设置避雷器
小循环管	回转式瓦斯泵启动时，为降低启动电流打开小循环管阀门，启动完了则关闭	与单台瓦斯泵并联连接	管路直径取出入口管径的 0.3～0.4 为宜
大循环管	1．回转式瓦斯泵当流量小于瓦斯泵启动额定流量时适当启开大循环管阀门； 2．调正入口负压和出口正压用	与 2 台瓦斯泵并联连接	管路直径与出口、入口管路直径相同
入口负压测量装置—静压管	测量瓦斯泵入口负压	1．瓦斯泵入口总阀门的井下一侧； 2．管路平直，前后 5 倍管径长度无弯曲、障碍处	1．管口垂直于管子中心线； 2．注意测压管内不能积水
出口正压测量装置—静压管	测量瓦斯泵出口正压	1．瓦斯泵出口总阀门的靠用户那一侧； 2．泵管路平直，前后 5 倍管径长度无弯曲、障碍处	1．管口垂直于管子中心线； 2．注意测压管内无积水
流量测定装置—流量计、皮托管测定孔等	测定管内瓦斯流量	1．可以在入口也可以在出口； 2．管路平直，前后 5 倍管径长度无弯曲、障碍处	详见流量测定部分

三 瓦斯管路系统附属装置的选择

（一）阀 门

在瓦斯主管、分管、支管和钻场以及认为需要的地点，都必须设备阀门，用于调节和控制各抽放区、钻场的抽放量、浓度和负压。此外，阀门还用于管路检修、更换、连接时的局部关闭系统。

矿井抽放瓦斯管路常用闸阀，见表8—7—63。

表 8—7—63 常用闸阀规格尺寸

型 号	结构型式	公称通径 (mm)	管子外径 (mm)	法兰外径 (mm)	重量 (kg)	参考价格 (元)	生产厂家	备 注
$Z_{80}X$—2.5Q		50	60		8	410		
$Z_{80}X$—2.5Q		80	89		14	710		
$Z_{80}X$—2.5Q		100	108		17	1020		一、适用范围
$Z_{80}X$—2.5Q	卡箍式	150	159		39	1340		适用于煤炭、石油、化工、冶金、电力及建筑等各种工业管道；
$Z_{80}X$—2.5Q		200	219		60	1500		二、结构特点
$Z_{80}X$—2.5Q		250	273		85	2500		本阀型采用弹性闸板，具有密封性能好、寿命长、体积小、重量轻等优点；
$Z_{80}X$—2.5Q		300	325		150	3500	煤科院抚顺分院	三、性能指标
$Z_{40}X$—2.5Q		50		160	10	410		压力：2.5 MPa；
$Z_{40}X$—2.5Q		80		195	19	710		温度：130℃以下；
$Z_{40}X$—2.5Q		100		230	25	1020		介质：适用各种气、水及油
$Z_{40}X$—2.5Q	法兰式	150		300	55	1340		
$Z_{40}X$—2.5Q		200		360	80	1500		
$Z_{40}X$—2.5Q		250		425	100	2500		
$Z_{40}X$—2.5Q		300		485	170	3500		

（二）放水器

由于管路在敷设中有一定的倾斜角度，管中不断有水流向管路中的低洼处，影响瓦斯流动，故需在管路中每200～300m、最长不超过500m的低洼处安设一放水器，及时放出管中积水。放水器分人工和自动放水器两种。

人工放水器如图8—7—39所示，其特点是：加工简单、安设容易，但需安排专人放水。多设于井下瓦斯主管系统和积水量较大，负压较高的地点。

U型自动放水器如图8—7—40所示，其特点是：将多余积水靠自重压力自动从U型管排

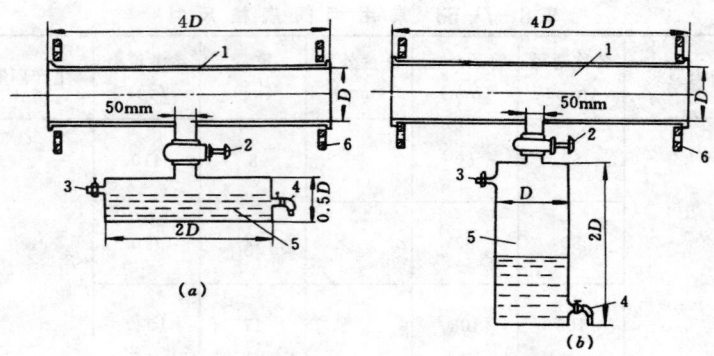

图8—7—39　高负压人工放水器结构

a—卧式；b—立式

1—瓦斯管路；2—放水器阀门；3—空气入口阀门；4—放水阀门；5—放水器；6—活法兰盘

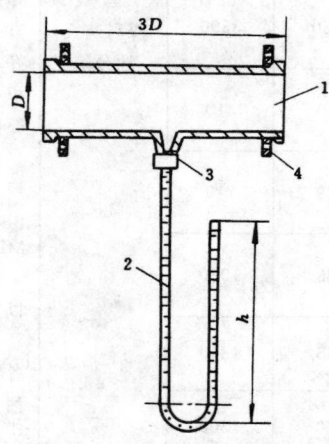

图8—7—40　U型管自动施水器结构

1—瓦斯管；2—U型管；3—放水管

接头；4—活法兰盘

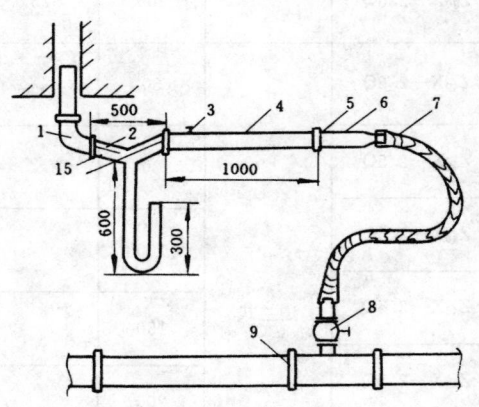

图8—7—41　抽放瓦斯钻孔管道联接

1—弯头；2—自动放水器；3—观测管；

4—短管；5—孔板流量计；6—接头；

7—胶管；8—阀门；9—支管

出，常用于钻场或长孔抽放地点。U 型管的有效高度必须大于管内正常作用的最大负压，制作 U 型管自动放水器的常用管径可参考表 8—7—64，自动放水器安装，见图 8—7—41。

煤科院抚顺分院 1989 年研制成功瓦斯抽放正、负压自动放水器，其性能见表 8—7—65。

表 8—7—64 U 型管自动入水器常用管径

瓦斯管直径 d		U 型管直径 d		瓦斯管直径 d		U 型管直径 d	
（英寸）	（mm）	（英寸）	（mm）	（英寸）	（mm）	（英寸）	（mm）
4	106.6	1/2	12.7	12	304.8	1	25.4
5	127.0	1/2	12.7	13	330.2	1	25.4
6	152.4	1/2	12.7	14	335.6	1	25.4
7	177.8	3/4	19.05	15	381.0	1	25.4
8	203.2	3/4	19.05	16	406.4	1.5	38.1
9	228.6	3/4	19.05	17	431.8	2	50.8
10	245.0	1	25.4	18	457.2	2	50.8
11	279.4	1	25.4	19	482.6	2	50.8

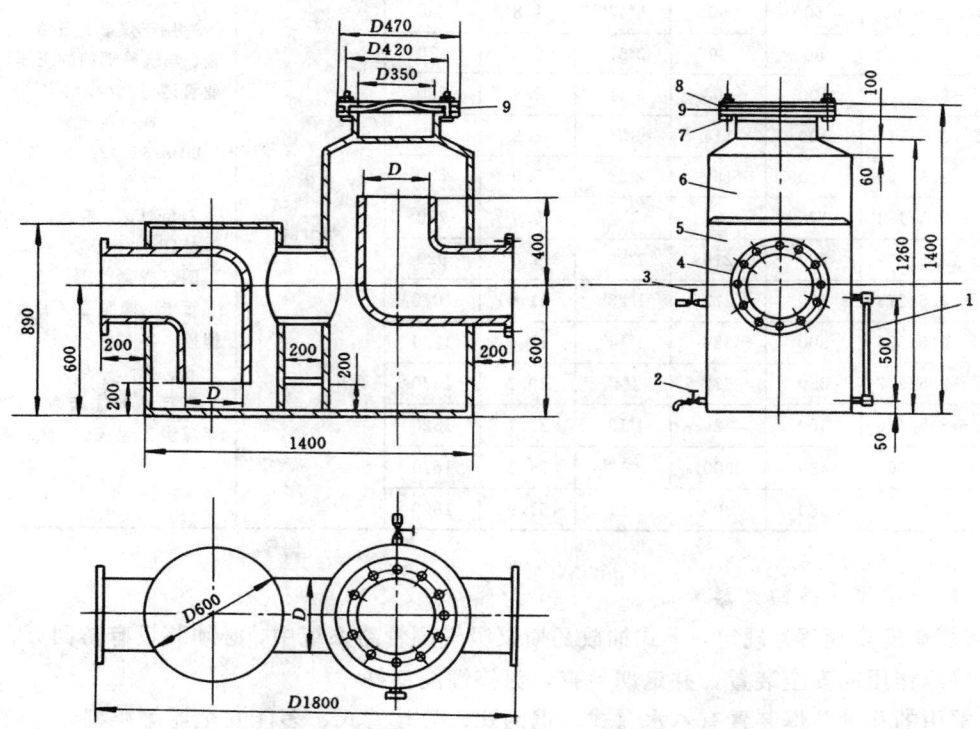

图 8—7—42 水封式防爆、防回火器

1—水位表（$L=500$mm）；2—放水闸门（$d=1$in）；3—进水闸门（$d=1$in）；

4—法兰盘（$D=6$in）；5—分离器（厚 3mm）；6—防爆罐（厚 3mm）；7—螺母

（M20，12 个）；8—法兰盘（$D=14$in）；9—防爆盖（厚 3mm）

（三）快速接头

煤科总院抚顺分院及重庆分院相继研制成功适于矿井抽放瓦斯使用的快速接头，它克服了法兰盘连接的缺点，具有连接速度快、密封性能好、轻便的特点，其性能及规格见表8－7－66。

表8－7－65　自 动 放 水 器 性 能 表

名 称	型 号	用 途	压力范围 （MPa）	放水速度 （L/min）	外形尺寸 （mm）	重量 （kg）	参考价格 （元）	生产厂家
正压自动放水器	CWG－ZY	抽放系统主管、分管和支管的自动放水	0～＋0.08	10～90	300×300×350	20	2900	煤科总院 抚顺分院
负压自动放水器	CWG－FY		−0.09～0	7	300×300×410	25	3600	
多功能自动放水器	CF－2	同上	0～91kPa	4.2t/a				煤科总院 重庆分院

表8－7－66　管路快速接头性能及规格

型号－压力/规格	配用管径（mm）		允许转角	重 量 （kg）	参考价格 （元）	生产厂家	备 注
	公称通径	外 径					
CDU－2.5/40	35	40	8°32′	1.0	20	煤科院抚顺分院	一、适用范围： 　适用于煤矿、石油、化工、冶金、建筑等部门的正压、负压工业管道 二、执行标准： GB8259～8261—87 三、工作压力： 2.5MPa、本表、4.0MPa和6.4MPa 四、成套范围： 管卡、橡胶圈（耐油）、钢环、螺栓 五、推广序号： 　本产品被优选为1990～1995年煤炭工业《100推》第58项
CDU－2.5/50	45	50	6°50′	1.2	20		
CDU－2.5/60	50	60	5°43′	1.8	20		
CDU－2.5/89	80	89	3°51′	2.2	170		
CDU－2.5/108	100	108	3°11′	2.8	320		
CDU－2.5/114	100	114	3°8′	3.2	470		
CDU－2.5/159	150	159	2°31′	5.0	620		
CDU－2.5/194	175	194	2°4′	8.0	770		
CDU－2.5/219	200	219	1°50′	8.6	920		
CDU－2.5/273	250	273	1°28′	11.0	1070		
CDU－2.5/325	300	325	1°14′	12.6	1220		
CDU－2.5/377	350	377	1°4′	20.7	1370		
CDU－2.5/426	400	426	1°13′	25.1	1520		
CDU－2.5/500	480	500	2°17′	34.8	1670		
CDU－2.5/600	580	600	1°51′	51.9	1800		

（四）防爆、防回火器

《煤矿安全规程》规定，干式抽放瓦斯泵吸气侧管路系统中，必须装设有防回火、防回气和防爆炸作用的安全装置，并定期检查，保持性能良好。

常用的几种防爆装置有：水封式、铜网式、分歧管式、多能安全器等类型。

1. 水封式防爆、防回火器

该装置一般安装在泵房进、出口处或靠近用户附近为宜。在北方冬季须考虑防冻措施，一般是在地面砌筑暗井，并加设盖板。

水封式防爆、防回火器见图8－7－42。

中小型矿井也可采用图8-7-43形式的水封式防爆、防回火器，它的优点是制作简单，效果较好。

2. 铜网式防爆、防回火器

设装置是利用铜网的散热，隔绝火焰的传播，适用于瓦斯泵输出管路系统，一般安装在距泵房和用户较近的地点，以保护机械设备和用户的安全。

铜网式防回火装置见图8-7-44。

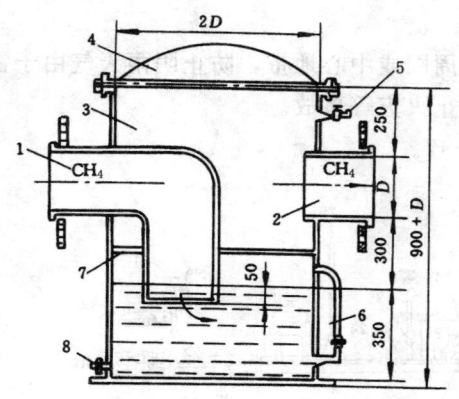 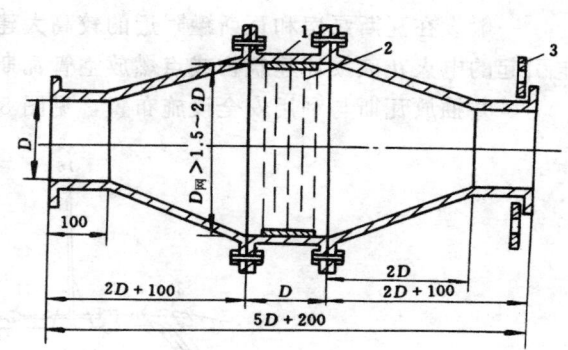

图8-7-43 水封式防爆、防回火器

1—入口瓦斯管；2—出口瓦斯管；3—水封罐；
4—防爆阀（胶皮板加工）；5—注水管；6—水位计；
7—支承柱；8—放水管

图8-7-44 防回火网构造示意

1—挡圈；2—铜丝网
（铜丝直径0.25mm，孔数16×
12/cm²）；3—活法兰盘接头

3. 分歧管式防爆器

分歧管式防爆器，在管内发生瓦斯爆炸时，冲击波冲破胶板，压力得到释放，可以减轻和消除爆炸威力及火焰传播，从而保证井上下安全。

该简易装置多设在泵房和住宅附近，分区、分支地点也可设置。分歧管一般与瓦斯管成45°角，也有竖直安装的，在竖直安装时，高度应超过用户房顶。

分歧式简易防爆阀和设置，见图8-7-45、图8-7-46。

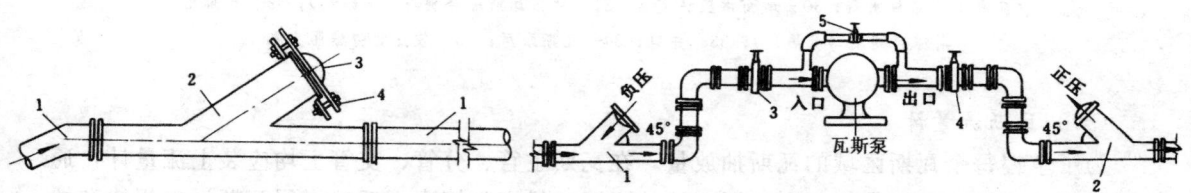

图8-7-45 分歧式简易防爆阀示意

1—瓦斯管；2—分歧三通防爆阀管；
3—防爆胶板；4—法兰压盖

图8-7-46 简易防爆器设置示意

1—瓦斯泵房入口总管防爆器；2—瓦斯泵房出口总
管防爆器；3—瓦斯泵入口总管路阀门；4—瓦斯泵
出口总管路阀门；5—瓦斯泵循环管路阀门

（五）放空管和避雷器

1. 放空管

放空管一般安设在地面瓦斯泵进、出口侧的管路上，靠近泵房。当瓦斯泵因故停抽时，可打开泵房入口放空管对空排放。当井下瓦斯浓度低于规定，不利于民用安全时，可打开泵房出口放空管对空排放，而瓦斯泵仍继续工作不影响正常的抽放工作。

放空管设置位置，一般距泵房墙壁 0.5～1.0m 为宜，最远不得超过 10m，且出口应加防护帽。

放空管出口至少应高出地面 10m，且至少高出 20m 范围内建筑物房脊 3m 以上。

2. 避雷器

一般设在瓦斯泵房和瓦斯罐附近的较高大建筑物周围或中心地带，防止阴雨天气由于雷电引起的电火花破损坏建筑物或点燃放空管瓦斯，防止火灾等事故。

矿井抽放瓦斯与利用安全设施布置，见图 8—7—47。

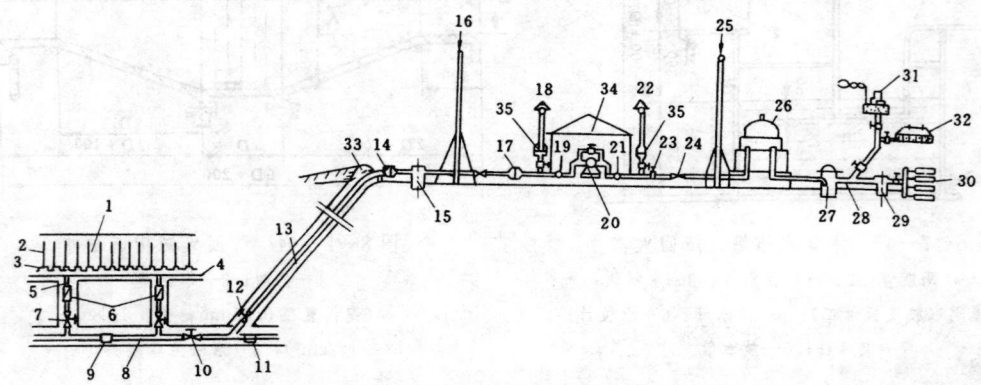

图 8—7—47 矿井抽放瓦斯与利用安全设施布置

1—井下抽放瓦斯区；2—瓦斯钻孔；3—瓦斯钻场；4—钻场分支管；5—抽放区支管；6—抽放区流量计；7—抽放区控制阀门；8—抽放瓦斯主管路；9—简易自动放水器；10—抽放主管控制阀瓣；11—放水器；12—抽放主干管阀门；13—井下抽放主干管路；14—井口地面防爆阻火器；15—地面瓦斯管路放水器；16—瓦斯机入口管路附近避雷器；17—瓦斯机入口防爆阻火器；18—瓦斯机入口入空管；19—瓦斯机入口管路总阀门；20—瓦斯机；21—瓦斯机出口总阀瓣；22—瓦斯机出口放空管；23—瓦斯机出口总管路控制阀门；24—瓦斯机出口管路流量计；25—瓦斯机出口啼路附近避雷器；26—瓦斯罐；27—防爆阻火器；28—地面瓦斯供应干管系统；29—供应瓦斯管路放水器；30—地面供应住宅区；31—地面瓦斯综合利用（甲醛厂）；32—地面瓦斯综合利用（炭黑厂）；33—井口；34—瓦斯泵房；35—放空管防爆阻火器

（六）瓦斯流量计

为了掌握每个瓦斯区域的瓦斯抽放量，在瓦斯主管、分管、支管上均应装上流量计，通过其流量的测定，可以掌握每个瓦斯区域的瓦斯流量变化情况，反映煤层瓦斯涌出规律和抽放效果。

瓦斯流量的测定方法较多，各种流量计测量仪表的性能及参数见表 8—7—67。

目前煤矿瓦斯抽放多应用以下 5 种方法测定：

变压降法测定：即是用气体通过事先校正过的节流装置时，产生压力降（或压差），测定

表 8—7—67　各种流量计测定仪表性能及参数

仪表类别		被测介质	管径 (mm)	流量范围 (m³/h)	工作压力 (MPa)	工作温度 (℃)	精度 (%)	最低雷诺数和粘度界线	量程比
节流装置	孔板	液、蒸、气	50~1000	1.5~900 16~100000	20000	500	±1~2	>5000~800	3:1
	喷嘴	液、蒸、气	50~400	5~2500 50~26000	20000	500	±1~2	>2000	3:1
	文特利管	液、蒸、气	150~400	30~1800 240~1800	2500	500	±1~2	>80000	3:1
转子流量计	玻璃管子转子流量计	液、气	4~100	0.01~40 0.16~1000	1600	120	±1~2.5	>10000	10:1
	金属管转子流量计	液、气	15~150	0.012~100 0.4~3000	6400	150	±2	>100	10:1
容积式流量计	椭圆齿轮流量计	液	10~250	0.05~500	6400~10000	60	±0.5	500	10:1
	旋转活塞流量计	液	15~100	0.2~90	6400	120	±0.2~0.5	500	10:1
	腰转流量计	液、气	15~300	~100	6400	60	±0.2~0.5	500	10:1
	皮裹式流量计	气	15~25	0.2~0	400	40	±2		10:1
流量表	水表	液	15~600	0.045~3000	1000	400~100	±2		>10:1
	滑轮流量计	液、气	4~500 10~50	0.04~600 ~200	6400	120	±0.5~1.0	20	10:1
	靶式流量计	液、气	15~200	0.8~400	6400	200	±1~4	>2000	3:1
	电磁流量计	导电液体	6~900	0.1~20000	1600	100	±1	无限	10:1
旋涡式流量计	旋进旋涡型	气	50~150	10~5000	1600	60	±1	无限	30:1
	卡门旋涡型	气	150~1000	3600~108000	6400	150	±1	无限	30:1

注：1. 液体流量范围以 20℃时计算的；

　　2. 气体流量范围是以 20℃及 100kPa 时的空气计算的；

　　3. 节流装置流量范围及压力损失，是以液体压差选 20kPa，气体压差选 1.6kPa 计算的。

此压力。

恒压降法测定：即转子流量计，可以测量低雷诺数，中、小管径的中、小流量。

皮托管测定：气体在管道运动时，通守皮托管测定其动、静压头来确定流速，再计算流量。

流速式直接测定：主要是以风速表和热球风速计等直接测定管道内气体流速，再计算流量。

容积式流量计测定：它是直接测定流过仪表的气体体积，一般煤气表属此类。

下面介绍矿井使用比较广泛的孔板流量计测定法。

1. 孔板流量计的制作

1）孔板材料最好采用不锈钢或镀铬钢材。

2）制造工艺中注意保持孔口圆度和光洁度。

3）安装时要求孔板圆孔与管道同一圆心，端面与管道轴线垂直，偏心度应小于1%～2%。

4）孔板安装处前后应留有 5m 以上直线段，以消除涡流紊流的影响。

孔板流量计结构，见图 8—7—48。

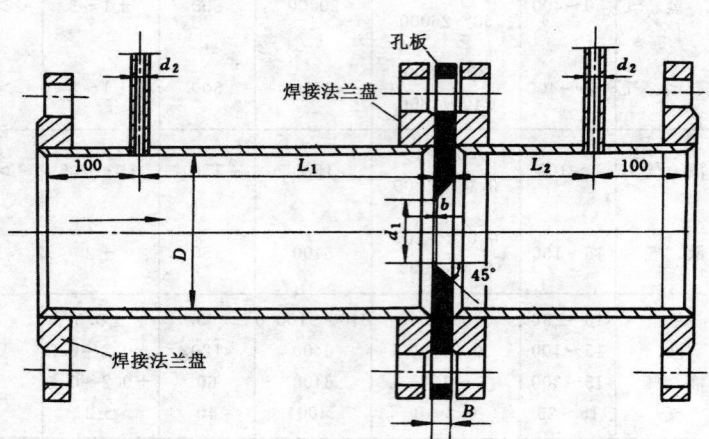

图 8—7—48　孔板流量计结构

不同瓦斯管径孔板流量计尺寸见表 8—7—68。

2. 孔板流量计的测定计算

在孔板前后端测出压差后，按下式计算瓦斯流量：

$$Q_混 = kb \sqrt{\Delta h} \delta_P \cdot \delta_T \qquad (8-7-90)$$

$$Q_纯 = Q_混 X \qquad (8-7-91)$$

式中　$Q_混$——抽放的混合瓦斯量，m^3/min；

　　　$Q_纯$——抽放的纯瓦斯量，m^3/min；

　　　k——实际孔板流量特性系数，查表 8—7—69，计算公式见（8—7—92）；

　　　b——瓦斯浓度校正系数，计算公式见（8—7—94）；

　　　Δh——孔板前后端所测压差，Pa；

　　　δ_P——压力校正系数，计算公式见（8—7—95）；

　　　δ_T——温度校正系数，计算公式见（8—7—96）；

　　　X——瓦斯浓度，%。

$$k = 189.76 a_0 \cdot m \cdot D^2 \qquad (8-7-92)$$

式中　a_0——标准孔板流量系数；

　　　m——截面比，计算公式见（8—7—93）；

　　　D——管道直径，m。

$$m = d^2/D^2 \qquad (8-7-93)$$

表 8－7－68　不同瓦斯管径的孔板流量计尺寸　　　　　　　　mm

序　号	D	B	b	d_1	d_2	L_1	L_2
1	50	5	1	25	2	50	25
2	70	7	1.4	35	2	70	35
3	80	8	1.6	40	3	80	40
4	100	10	2	50	3	100	50
5	125	12	2.5	62	4	125	62
6	150	15	3	75	5	150	75
7	175	17	3.5	87	6	175	87
8	200	20	4	100	6	200	100
9	250	25	5	125	7	250	125
10	300	30	6	150	9	300	150
11	350	35	7	175	10	350	175
12	400	40	8	200	12	400	200

式中　d——孔板直径，m。

$$b=\sqrt{\frac{1}{1-0.00446X}} \tag{8-7-94}$$

$$\delta_\mathrm{P}=\sqrt{\frac{P_\mathrm{t}}{101.3}} \tag{8-7-95}$$

式中　P_t——孔板上风端测得的绝对压力，kPa；

P_t——测定当地气压（kPa）＋该点管内正压（正）或负压（负）（kPa）；

$$\delta_\mathrm{T}=\sqrt{\frac{293}{273+t}} \tag{8-7-96}$$

式中　t——瓦斯管内测点温度,℃。

　　[例] 某钻场瓦斯支管 $D=50\mathrm{mm}$，孔板直径 $d=25\mathrm{mm}$，在井下实测，测得压差 0.1kPa，瓦斯浓度 50%，测点大气压 80kPa，管内负压为 1.3kPa，瓦斯管内之温度为 25℃，求瓦斯流量；

　　由公式（8－7－90）：

$$Q_混=3.13kb\sqrt{\Delta h}\delta_\mathrm{P}\cdot\delta_\mathrm{T}$$

　　求 k 值

$$m=\frac{d^2}{D^2}=\frac{25^2}{50^2}=0.25$$

　　查表 8－7－69 得

$$a_0=0.6387\ k=0.0633$$

　　求 b 值

$$b=\sqrt{\frac{1}{1-0.00446\times50}}=1.134$$

　　求 δ_P 值

表 8-7-69　实际孔板流量特性系数 k 值

$$m = \frac{d^2}{D^2}$$

管径 D (mm)	a_0, k	0.05	0.10	0.15	0.20	0.25	0.30	0.35	0.40	0.45	0.50	0.55	0.60	0.65	0.70
15	a_0	0.6155	0.6192	0.6257	0.6335	0.6426	0.6532	0.6654	0.6815	0.6992	0.7192	0.7406	0.7673	0.7961	0.8223
	k	0.0013	0.0026	0.0040	0.0054	0.0069	0.0070	0.0099	0.0118	0.0134	0.0154	0.0174	0.0197	0.0221	0.0246
20	a_0	0.6151	0.6188	0.6252	0.6330	0.6423	0.6528	0.6647	0.6808	0.6984	0.7184	0.7398	0.7664	0.7953	0.8218
	k	0.0023	0.0047	0.0071	0.0096	0.0122	0.0125	0.0177	0.0207	0.0239	0.0273	0.0309	0.0349	0.0393	0.0437
25	a_0	0.6137	0.6184	0.6247	0.6325	0.6417	0.6524	0.6640	0.6801	0.6976	0.7176	0.7390	0.7655	0.7945	0.8215
	k	0.0037	0.0073	0.0111	0.0150	0.0190	0.0232	0.0275	0.0322	0.0371	0.0425	0.0481	0.0544	0.0612	0.0681
38	a_0	0.6137	0.6173	0.6234	0.6313	0.6402	0.6512	0.6624	0.6783	0.6954	0.7154	0.7371	0.7633	0.7928	0.8208
	k	0.0084	0.0169	0.0256	0.0236	0.0329	0.0425	0.0525	0.0634	0.0748	0.0870	0.1001	0.1145	0.1301	0.1464
50	a_0	0.6128	0.6162	0.6221	0.6293	0.6387	0.6492	0.6607	0.6764	0.6934	0.7134	0.7350	0.7610	0.7900	0.8200
	k	0.0145	0.0292	0.0333	0.0487	0.0633	0.0799	0.972	0.1159	0.1355	0.1567	0.1793	0.2041	0.2311	0.2598
75	a_0	0.6109	0.6140	0.6196	0.6261	0.6357	0.6460	0.6574	0.6727	0.6892	0.7092	0.7310	0.7565	0.7858	0.8185
	k	0.0306	0.0655	0.0992	0.1337	0.1696	0.2062	0.2456	0.28722	0.3310	0.3785	0.4292	0.48445	0.5452	0.6116
100	a_0	0.6090	0.6117	0.6170	0.6238	0.6327	0.6428	0.6541	0.6690	0.6850	0.7050	0.7270	0.7520	0.7815	0.8170
	k	0.0578	0.1161	0.1755	0.2366	0.3001	0.3547	0.4231	0.4965	0.5736	0.6576	0.7461	0.8436	0.9513	1.0726

$$m=\frac{d^2}{D^2}$$

管径 D (mm)	a_0,k	0.05	0.10	0.15	0.20	0.25	0.30	0.35	0.40	0.45	0.50	0.55	0.60	0.65	0.70
125	a_0	0.6078	0.6105	0.6160	0.6223	0.6310	0.6411	0.6524	0.6675	0.6835	0.7032	0.7252	0.7500	0.7794	0.8145
	k	0.0901	0.1810	0.2740	0.3690	0.4677	0.5703	0.6770	0.7917	0.9120	1.0425	1.1826	1.3343	1.5021	1.6905
150	a_0	0.6067	0.6093	0.6150	0.6209	0.6294	0.6394	0.6505	0.6660	0.6820	0.7015	0.7235	0.7480	0.7773	0.8120
	k	0.1293	0.2602	0.3939	0.5302	0.6718	0.8190	0.9722	1.1374	1.3103	1.4976	1.6990	1.9162	2.1572	2.4268
175	a_0	0.6055	0.6081	0.6134	0.6195	0.6277	0.6377	0.6488	0.6645	0.6805	0.6998	0.7218	0.7460	0.7751	0.8095
	k	0.1760	0.3534	0.5347	0.7200	0.9120	1.1118	1.3197	1.5447	1.7800	2.0334	2.3071	2.6012	2.9279	3.2756
200	a_0	0.6043	0.6069	0.6119	0.6180	0.6260	0.6360	0.6170	0.6630	0.6790	0.6080	0.7200	0.7440	0.7730	0.8070
	k	0.2294	0.4607	0.6979	0.9382	1.1879	1.4483	1.7189	2.0130	2.3193	2.6491	3.0058	3.3884	3.8138	4.2651
225	a_0	0.6035	0.6059	0.6409	0.6172	0.6255	0.6355	0.6465	0.5622	0.6782	0.6872	0.7190	0.7430	0.7717	0.8057
	k	0.2899	58.12	0.8804	1.1858	1.5023	1.8815	2.1738	2.5446	2.9318	3.3489	3.7990	4.2826	4.8188	5.3892
250	a_0	0.6027	0.6060	0.6100	0.6165	0.6250	0.6350	0.6460	0.66150	0.6775	0.6965	0.7180	0.7420	0.7705	0.8045
	k	0.3575	0.7173	1.0852	1.4623	1.8531	2.2593	2.6816	3.1382	3.6159	4.4303	4.6835	5.2801	5.9398	6.6434
275	a_0	0.6018	0.6040	0.6090	0.6157	0.6245	0.6315	0.6455	0.6608	0.6762	0.6958	0.7170	0.7440	0.7693	0.8033
	k	0.4318	0.8639	1.3109	1.7710	2.2406	2.7316	3.2422	3.7932	4.3706	4.3706	5.6663	6.3803	7.1760	8.0264
300	a_0	0.6010	0.6030	0.6080	0.6150	0.6240	0.6340	0.6450	0.6600	0.6760	0.6950	0.7460	0.7400	0.7630	0.8020
	k	0.5132	1.0298	1.5576	2.1006	2.6642	3.2483	3.8555	4.5087	5.1953	5.9347	6.7255	7.5828	8.5255	9.5366

注:1.$D\leqslant300$mm 时,a_0 值采用内插法;
$D>300$mm 时,a_0 值采用 $D=300$mm 时的值。

表 8—7—70 煤矿用标准孔板流量计规格

型号	用途	孔板规格(英寸)	抽放管尺寸(mm) 公称直径	抽放管尺寸(mm) 外径×壁厚	孔板外圆直径(mm)	孔口直径(mm)	孔板厚度(mm)	测量咀内径(mm)	孔板重量(kg)	参考价格 孔板(元/块)	参考价格 孔板流量计(元/套)	生产厂家	备 注
FKL	测量煤矿抽放瓦斯主管、支管及钻场支管内的瓦斯流量	1	25	32×2.5~3.5	34	12.7 6.35	3	3	0.10	60	790	煤科院抚顺分院	1. 表中所列规格尺寸,是煤矿常用的;表中未列的,如用户需要,厂家可按抽放管实际尺寸设计制造符合标准的孔板; 2. 孔板参数符合国家 JIG311—83 规程规定,每块孔板均提供流量系灵敏及安装结构图; 3. 孔板流量计包括:孔板、钢管、橡胶垫圈,法兰及测量嘴等
		1.5	40	45×2.5~3.5 50×2.5~3.5	88	19.05 9.53	4	3	0.15	96	926		
		2	50	57×3~4 60×3~4	90	25.4 12.7	4	3	0.20	118	1028		
		2.5	70	76×3~5	110	31.75 15.88	5	3	0.34	158	1158		
		3	80	83×3.5~5 89×3.5~5	128	38.1 19.05	5	3	0.50	180	1260		
		4	100	108×4~6 114×4~6	148	50.8 25.4	6	3	0.72	216	1496		
		6	150	159×4.5~8 168×5~8	202	76.2 38.1	8	3~4	1.80	240	1920		
		8	200	219×6~10	258	101.6 50.8	10	3~5	3.40	480	1960		
		10	250	273×7~12	312	127.0 63.5	12	3~5	6.0	600	4080		
		12	300	325×8~13	365	152.4 76.2	15	3~5	10.2	720	5300		
		14	350	377×8~14	422	177.8 88.9	12	4~5	17.0	1100	7100		

$$P_T = 80 - 1.3 = 78.7\text{kPa}$$

$$\delta_P = \sqrt{\frac{78.7}{101.3}} = 0.88$$

求 δ_T 值

$$\delta_T = \sqrt{\frac{293}{273 + 25}} = 0.992$$

则

$$Q_混 = 0.32 \times 0.0633 \times 1.134 \times \sqrt{100} \times 0.88 \times 0.992$$
$$= 0.2005\text{m}^3/\text{min}$$

由公式（8-7-91）：

$$Q_纯 = Q_混 X = 0.2005 \times 50\% = 0.1003\text{m}^3/\text{min}$$

煤矿用瓦斯流量计，见表 8-7-70～表 8-7-72。

表 8-7-71　四通阀两用压差计规格

型　号	用　途	U 型管长度（mm）		外形尺寸（mm）	重量（kg）	参考价格（元）	生产厂家	备　注
		水　柱	汞　柱					
UP-2	测孔板前后端瓦斯流量压差和抽放瓦斯负压	400	605	690×125×95	1.9	480	煤科院抚顺分院	四通阀的作用，避免在安装过程中水柱或水银流失

表 8-7-72　毛细管瓦斯流量计规格

型　号	用　途	测量范围（L/min）	外形尺寸（mm）	重量（kg）	参考价格（元）	生产厂家	备　注
FC-1	测钻孔低瓦斯流量和抽放瓦斯量	0.1～30	500×120×50	0.7	320	煤科院抚顺分院	利用变压降法制造附带玻璃毛细管3支和甲烷校正曲线图

另外，煤科总院重庆分院研制的 WGC 型瓦斯抽放管道参数测定仪，可测定抽放管道中压差、负压、浓度、温度、流量等参数。

四、瓦斯抽放监测系统

瓦斯抽放监测系统一般由地面信号接收机、记录仪、计算机、井下信号发送机、电源箱、传感器等部分组成。一般在原安全监测系统基础上配备高瓦斯浓度传感器、压差传感器、气压传感器和采样泵后，即可对瓦斯抽放系统进行监测。

煤炭科学研究总院重庆分院研制的 MDM95 型瓦斯抽放泵房自动监控系统，既具有对瓦斯抽放参数（抽放浓度、负压和瓦斯纯量）、泵站设备运行状态参数、环境瓦斯浓度、循环供水参数、供电参数、瓦斯利用系统和设备开停状态等进行实时监测功能，又具有泵站设备运行异常、环境瓦斯浓度超限和供水系统发生故障时报警和断电控制输出的功能。本系统可以独立运行，也可以与矿用环境监测系统进行联网运行。

第八节　地面钻孔生产设备及设施

一、产出水的收集、计量及处理

（一）产出水的收集

1. 泵送设备的选择

目前地面钻孔抽水最常用的泵送设备有：

1）梁式泵（有杆泵）。

2）前进式空腔泵。

3）气举。

4）电潜水泵。

各种类型泵送设备的优缺点及注意事项，见表 8—7—73。

表 8—7—73　各种类型泵送设备的优缺点及注意事项

泵送设备	优　　点	缺　　点	注　意　事　项
梁式泵（有杆泵）	1. 可在大的深度和水量范围内操作； 2. 不一定在水下操作； 3. 便宜耐用，仅需要很少的常规维修	1. 抽油杆柱会出故障； 2. 如果钻孔产出大量煤粉或砂会出现卡钻，特别是在底部压住安装条件下； 3. 弯曲井筒中磨损增加	1. 在浅部低压孔中，泵应安装顶位压紧装置； 在深的高压孔中，泵应安装底位压紧装置； 2. 泵入口（底端）要安装一个气锚； 3. 尽可能深地将泵没入液体中
前进式空腔泵	1. 能升举高产水量； 2. 仅有一个活动内部件； 3. 由于孔口安装，所需地表空间小； 4. 地面设备不引人注目	1. 如果水位降到泵以下泵会烧坏； 2. 定子和转子磨损时要更换； 3. 下入深度有限； 4. 扭矩太大时活塞会断裂	所送泵的规格要能满足连续运转而避免间歇运转，防止关孔时可能使砂或煤粉沉淀和堵塞泵
气举	1. 操作固相井； 2. 可适应大范围的流量	1. 开始生产时需要气源； 2. 可能需要训练现场人员	最好使用可用钢丝绳回收的气举阀
电潜水泵	1. 能提升大量的水； 2. 操作安装，效率高	1. 初期费用和维修费用高； 2. 如干转易烧坏	在煤粉（或砂）和水垢严重的地区不实用

2. 产出水的收集

水由揭露的地层流入钻孔，汇入孔底口袋。流进孔下泵（一般是柱塞泵或前进式空腔泵），通过生产油管升举至地面。然后，经由水流管线导入两相分离器中，除去水中夹带的气体。气体从分离器顶部排出，而水留在分离器底部并通过聚乙烯或聚氯乙烯（PVC）地下管线流入水处理池。

（二）产出水的计量

产出水流量测定，通常采用下列方法：

（1）吊桶试验法：即通过计量充满一个吊桶所需的时间，换算每日产出水桶数测得。

（2）容积式流量计法：安装在水流管线中，但易因煤粉、砂粒堵塞水表。

（3）涡轮流量计法：实际为一带透平叶水表，安装在水流管线中，精度易受岩屑和流量超出流量计有效范围而大大降低。

（三）产出水的处理

地面钻孔抽水由于层位浅和相对洁净，故大多将抽出水直接排入地表水系。

处理方法：将产出水注入处理池，进行充气除铁处理，使固态物沉淀，然后可通过扩散喷管将水排入河流。用河流排放法时，务必要有预备性措施，以保证钻孔全年不间断抽放和河流处于低流量期时的生产，为此在水处理系统中还需建造一个储水池，在河流流量低的时期减少向河流的排放量。

二、瓦斯的收集及计量

（一）瓦斯的收集

地面钻孔一般通过套管与生产油管之间的环形空间排出瓦斯。瓦斯井一般在最小的回压下生产，以优化瓦斯从煤层中解吸及水的抽排。瓦斯一旦到达地面，通常被泵入气——水分离器，在分离器中除去瓦斯中的水（或瓦斯直接进入集气系统，以减小套管头的回压）。然后，瓦斯流经一个孔板流量计，而后流经集气管线，在利用的要求下，进入气体洗涤器，在瓦斯进入气体压缩机之前除去瓦斯中残余的水。最后瓦斯经压缩机和干燥器进入用户管线。

（二）瓦斯的计量

瓦斯流量测定，多采用孔板流量计或涡轮流量计，其各自的优缺点见表8—7—74。

表8—7—74 瓦斯流量计的对比

流量计类型	优 点	缺 点
孔板流量计	1. 连续记录纸能提供井生产情况记录； 2. 维修量少	需要有人更换记录纸
涡轮流量计	1. 可提供容易迅速读出的数据； 2. 可提供高精度的瞬时数据	1. 不能提供钻孔的生产情况记录； 2. 对液体、固体物的污泥较敏感

三、气体压缩机

由于煤层中采出的瓦斯自然压力很低，在瓦斯进入输送和用户管线之前，必须将瓦斯压缩以增大其压力。

（一）压缩机类型选择

目前用于煤层瓦斯抽放的压缩机主要有两种，即旋转式压缩机和往复式压缩机，它们都是容积式压缩机，都是通过减小气体体积来增大气体压力。两种压缩机都具有其自身的优缺点，见表8—7—75。

（二）压缩机辅助设备

为保证压缩机安全有效地运行，还需要其它附件以完成压缩机的配套组合。这些附件包括：气体洗涤器、水位控制器、高速停车控制器、燃料滤清器、固体滤清器，导向器、催化转换器等。

表 8-7-75 气体压缩机的比较

压缩机类型	优 点	缺 点
旋转式压缩机	1. 能压缩大量低压气体； 2. 特别适合作为煤层瓦斯生产的集气系统的一级压缩机； 3. 紧凑耐用，初始成本低，维护保养简单	当需要较高的排出压力或气体管线中遇到较大压力差或压力波动时，效率较往复式压缩机低
往复式压缩机	1. 使用范围广； 2. 运行效率高，能适应较高的排出压力，较大的压力差及压力和容积的波动	复 杂

四、气体脱水设备

由于煤层瓦斯抽放是在较低压力下进行的，气体中含有大量的水，为防止气体输送管线中水合物的形成，必须除去这些水。除去气体中的水的最常用方法是使用液体干燥剂，如乙二醇。可以使用三甘醇（TEG）、二甘醇（DEG）、单乙基二醇（MEG）或亚乙基二醇（EG），其中 TEG 因热稳定性好而最为常用。

乙二醇干燥剂系统由下列设备组成：

（1）入口气体洗涤器。

（2）乙二醇—气体接触塔。

（3）乙二醇热变换器。

（4）乙二醇再生器。

（5）过滤器。

（6）乙二醇泵。

五、地面其他生产设施选择

（1）每个钻场孔口应安装一个分离器，并在分离器与流量计之间安装一过滤器。安装分离器时，要在分离器周围安装分支管线。

（2）所选择水管直径要足够大。

（3）为维持瓦斯流量计的管线压力稳定，在流量计下游紧靠流量计端应安装一回压调节器，其压力应略比管线压力高一点。

（4）钻场宜安装天然气火炬装置，并在孔口安装一手动球形阀。

（5）气体压缩机进气口上游宜安装一气体洗涤器（小型分离器）。如果气体洗涤器不能靠重力迅速有效地排水，应在洗涤器上安装一小型气动泵和水位控制器。

（6）在切实可行时，应避免气体流动管线穿插低洼地，管线要水平安置或略为有一点坡度。

第八章　煤层自燃及其预防

第一节　煤层自燃及其预防措施

根据《煤矿安全规程》规定：开采有自燃倾向性煤层的矿井，在矿井和新水平的设计中，必须采用综合（包括开拓方式，巷道布置，开采方法，回采工艺，通风方式和通风系统等）以及专项（包括灌浆或注砂、喷注阻化剂、注入惰性气体、均压技术等）预防煤层自然发火措施。又规定：开采有自燃倾向的煤层，必须对采空区、突出和冒落孔洞等空隙采用预防性灌浆或全部充填、喷洒阻化剂、注入阻化泥浆、惰性气体以及均压通风等措施，防止自然发火。

根据《设计规范》规定：一级自燃矿井应建立以灌浆（或注砂）为主、以阻化剂或均压技术为辅的防灭火系统和预测预报系统并配备惰气灭火装置；二级自燃矿井应建立灌浆（或注砂）为主，以阻化剂或均压技术为辅的防灭火系统和预测预报系统……。

一、煤层自燃的因素与特征

煤层自燃发展过程的三个必要条件：煤层具有自燃倾向性；有连续的供氧条件；热量易于积聚。煤层的自燃因素与特征见表8-8-1。

表8-8-1　煤层的自燃因素与特征

煤层自燃因素	基　本　特　征
煤 的 炭化程度	煤层的自燃性随煤炭的变质程度的增高而降低。煤的炭化程度越低，挥发份含量越高，煤层自然发火倾向越强。一般说来，褐煤易于自燃，烟煤中长焰煤危险性最大，贫煤及挥发分含量在12%以下的无烟煤难以自燃
煤岩成分	煤岩成分包括有丝煤、暗煤、亮煤和镜煤。煤层中有集中的镜煤和亮煤，特别是含有丝煤时，煤的自燃倾向就大；而暗煤多的煤，一般不易自燃
煤的含硫量	含硫分越多，吸氧能力愈大，越易自燃；含黄铁矿、黄铜矿结核较多，也具有自燃危险性
煤 的 破碎程度	煤的破碎程度大，增加了煤的氧化表面积，使煤的氧化速度加快，容易自燃。脆性与风化率较大的煤就易于自燃
煤的水分	水分能加速煤的氧化过程，同时使煤体疏松，造成细微裂缝，加大吸氧能力，并降低着火温度，但过多水分则可抑制煤的氧化作用
温　度	随着温度的升高，氧化作用加剧。据试验煤的温度由30℃升高到60℃时，吸氧能力要增加3～10倍，如果温度达到临界值（一般为70～80℃），则开始迅速氧化，并积极增高温度，导致燃烧

续表

煤层自燃因素	基 本 特 征
地质构造	煤层厚度与倾角大，开采时煤炭损失、破碎程度大，以及围岩等受到破坏，形成裂缝，而煤层厚还易于局部储热，故自燃危险性也愈大 在地质构造破坏的地带（如褶曲、断层破碎带及岩浆侵入等），自然发火频率较煤层赋存正常地段高
开拓开采条件及通风方式	矿井开拓方式和开采方法及通风方式选择不合理，往往造成丢煤多、煤柱破碎、漏风严重，给煤层自燃造成良好条件，增加自燃的可能性

二、煤层自燃的阶段及征兆（表 8-8-2）

表 8-8-2　煤层自燃的阶段及征兆

阶　　段	征　　兆
潜伏阶段 （低温氧化阶段）	其特征比较隐蔽，煤重略有增加，煤被活化（化学活泼性增加），着火温度降低。潜伏阶段的长短取决于煤的变质程度和外部条件，如褐煤几乎就没有潜伏阶段
自燃阶段	其特征是巷道内或老塘及密闭内空气中氧含量降低，一氧化碳、二氧化碳含量逐渐增加，空气湿度增大并成雾状，在支架及巷道壁上有水珠，在自燃阶段末期温度达 100℃ 出现煤焦油味
着火阶段	其特征是放出大量一氧化碳、沼气及其它碳氢化合物与水分等。由于这个阶段还没有完全燃烧，所以二氧化碳还不明显，火区温度及岩石温度显著升高，在巷道还可以出现特殊的火灾气味、烟雾
燃烧阶段	其特征是生成大量二氧化碳，在高温下，分解生成更多的一氧化碳，巷道中出现强烈的火灾气体、烟及明火。火源附近温度高达 1000℃ 左右
熄灭阶段	其特征是二氧化碳的浓度继续增高，氧气和一氧化碳则急骤降低，烟及火焰消失，灾区空气及岩石温度逐渐降低

　　具有自燃倾向的煤，经与空气中的氧相互作用，其煤层自燃的阶段，如图 8-8-1 所示。
　　在煤的自燃阶段，如果在达到临界温度（一般为 70~80℃）以前，改变了供氧和散热条件，则自燃增温过程可能终止，并逐渐冷却，继续氧化至惰性的风化状态，如图 8-8-1 中虚线所示。

三、煤层自燃倾向性等级及其早期识别

（一）煤层自燃倾向性等级

　　《煤矿安全规程》规定，设计矿井前，所有煤层的自燃倾向性，新开煤田（矿井）和在建矿井分别由地质勘探部门和由设计部门确定采样点，建设部门提供煤样和资料，送部授权单位作出鉴定，报省（区）煤炭局备案。生产矿井延深新水平时，也必须对所有煤层的自燃倾向性进行鉴定，并将鉴定结果报上级主管部门备案。
　　煤的自燃倾向性鉴定，应采用"双气路气相色谱吸氧鉴定法"，并使用 ZRJ-1 型煤层自

燃性检测仪进行煤的自燃倾向性鉴定。根据鉴定结果（30℃，常压下煤吸附的氧量），对煤的自燃倾向性等级按表8-8-3和表8-8-4分类。

（二）煤层自燃的早期识别

我国煤矿井下火灾的预测预报主要应用气体分析法，使用的仪器广泛采用气相色谱仪，同时也在大力推广束管集中监测系统。

应用气体分析法预测预报矿井火灾，可以用氧减量（$-\Delta O_2$）或二氧化碳

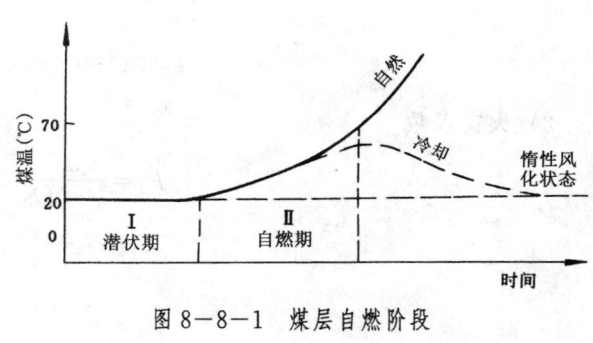

图8-8-1　煤层自燃阶段

增量（$+\Delta CO_2$）、一氧化碳增量（$+\Delta CO$）为指标，或者它们的比值（R_1、R_2、R_3），以及上述指标的综合。视各矿的具体情况，可选取灵敏度高的指标作为预报指标。

表8-8-3　煤自燃倾向性分类表（方案）

（褐煤烟煤类）

自燃等级	自燃倾向性	30℃常压煤的吸氧量〔cm³/（g·干煤）〕	备　注
I	容易自燃	≥0.80	
II	自　燃	0.41～0.79	
III	不易自燃	≤0.40	

表8-8-4　煤自燃倾向性分类表（方案）

〔高硫煤、无烟煤（含可燃挥发）〕

自燃等级	自燃倾向性	30℃常压煤的吸氧量〔cm³/（g·干煤）〕	全　硫（S^f/％）
I	容易自燃	≥1.00	＞2.00
II	自　燃	≤1.00	＞2.00
III	不易自燃	≥0.80	＜2.00

注：本分类系初步方案，最终将依国标（行标）认定的分类值为准。

1. 火灾监测参数

矿井实践表明，为确切监测火情，须对进、回风流的空气成分作系统的检测，以掌握下列四种气体的变化：氧浓度减少量（$-\Delta O_2$）、二氧化碳增加量（$+\Delta CO_2$）、一氧化碳增加量（$+\Delta CO$）及氮的变化量（N_2、N'_2）。

1）根据气体分析结果，按下式计算氧浓度减少量和二氧化碳、一氧化碳浓度的增加量：

$$-\Delta O_2 = O'_2 - O''_2 + 0.265 \ (N''_2 - N'_2) \qquad (8-8-1)$$

$$+\Delta CO_2 = CO''_2 - \frac{N''_2}{N'_2} CO'_2 \qquad (8-8-2)$$

$$+\Delta CO = CO'' - \frac{N''_2}{N'_2} CO' \qquad (8-8-3)$$

2）火灾系数

$$R_1 = \frac{+\Delta CO_2}{-\Delta O_2} \times 100 \qquad (8-8-4)$$

$$R_2 = \frac{+\Delta CO}{-\Delta O_2} \times 100 \qquad (8-8-5)$$

$$R_3 = \frac{+\Delta CO}{+\Delta CO_2} \times 100 \qquad (8-8-6)$$

式中 O'_2、N'_2、CO'、CO'_2——分别代表检测区段进风流中 O_2、N_2、CO、CO_2 的浓度，%；

O''_2、N''_2、CO''、CO''_2——分别代表检测区段回风流中 O_2、N_2、CO、CO_2 的浓度，%；

$-\Delta O_2$、ΔCO_2、ΔCO——分别代表气体分析时 O_2 浓度的减值和 CO_2、CO 的增值，%；

R_1、R_2、R_3——分别为第一、第二、第三火灾系数。当 R_1、R_2 受外来因素
（外界空气掺入）影响时，可靠性较低，而系数 R_3 则不受火
区风流稀释的影响。

2. 一氧化碳绝对量

$$H = C \cdot Q \qquad (8-8-7)$$

式中 H——自然发火指标，m^3/min；

C——工作面回风侧风流中的 CO 浓度，%；

Q——回风侧风量，m^3/min。

平庄矿务局古山矿通过大量实际观测结果表明，$H < 0.0049 m^3/min$，无发火征兆；H 达
到 $0.0059 m^3/min$ 以上时，即有自然发火表面征兆出现；H 达到 $0.0316 m^3/min$ 时，即有明火
出现。因此把 0.0059 定为井下火灾预报临界值，把 0.0049 定为无发火危险的安全值。应该
指出的是：古山矿的煤种属老年褐煤，其指标值的适用范围有一定局限性。各煤矿可在生产
实践中积累数据，提出适合本矿的临界值。

3. 格雷哈姆系数（G）

煤炭在自然发火过程中，氧化源产生的一氧化碳与耗氧量之比（$CO/-\Delta O_2$），是与氧化
源的温度及氧化时间成正比。该比值通常称为格雷哈姆（Graham）系数。

1）计算公式一。

煤矿工程师安全技术知识更新刊授班教材《矿井火灾及其防治》所列计算公式：

$$G = \frac{\Delta CO}{-\Delta O_2} \qquad (8-8-8)$$

式中 ΔCO——从密闭区内取出的气样中一氧化碳的浓度，%；

$-\Delta O_2$——相对于纯空气计算出的氧减量的值，它可以根据下式计算：

$$-\Delta O_2 = 20.93 - O''_2 + 0.2648 \ (N''_2 - 79.04)\%$$

O''_2、N''_2——从密闭区内取出的气样中氧和氮的浓度，%。

2）计算公式二。

《煤矿安全手册》第四篇"矿井防灭火"所列计算公式：

$$G=\frac{CO\times N'_2/N_2-CO'}{O'_2-O_2\times N'_2/N_2}\times 100$$

式中　CO、O_2、N_2——在氧化源气流出口测得的气体体积浓度，%；

　　　CO′、O'_2、N'_2——在新鲜风流入口测得的气体体积浓度，%。

由于空气中的氮气不参与任何化学反应，也很少从井下的岩层中涌出。因此只考虑两个取样点间的气体压缩过程，对出口测得的一氧化碳和氧值，都要用N'_2/N_2来校正。假定进风流中不含一氧化碳，即CO′＝0，用N'_2/N_2除以上式的分母与分子，可得出：

$$G=\frac{CO}{\dfrac{O'_2}{N'_2}\times N_2-O_2}\times 100$$

氧化源进风侧风流中的氧与氮之比，可等于大气中氧与氮之比（O'_2/N'_2）。取空气中氧的浓度为20.96%，氮气为79.0%（即取氮气78.13%与其它惰性气体0.78%的总和），其比值为0.265。则氧耗量为：

$$-\Delta O_2=0.265N_2-O_2$$

预测指标G可写成：

$$G=100\times\frac{CO}{0.265N_2-O_2}$$

在现今的气体分析方法中，都是把氮气看成是矿井大气中的全部惰性气体，并按下式计算：

$$N_2=100-(CH_4+CO_2+O_2)$$

则氧耗量可按下式计算：

$$-\Delta O_2=0.265N_2-O_2$$
$$=26.5-0.265(CH_4+CO_2)-1.265O_2$$

计算实例：气体分析结果中CO_2为0.4%，CH_4为0.7%，O_2为20.4%，CO为0.0024%，将这些数值代入上式得：

$$-\Delta O_2=26.5-0.265(0.7+0.4)-1.265\times 20.4$$
$$=0.4025$$

$$G=\frac{CO}{-\Delta O_2}=\frac{0.0024}{0.4025}\times 100=0.596$$

由于煤释放气体的链烷比随煤升温而上升，六枝局以链烷比：丙烷C_3H_8/乙烷C_2H_6的变化作为预报自然发火的指标。当链烷比为0.02～0.06时，煤炭处于正常；链烷比为0.1～0.12时，煤炭进入自然发火阶段，链烷比为0.15～0.18时，煤炭进入自燃阶段。它比单独依据CO指标预报自然发火解决了自燃进展程度的确定。另日本采用链烷比（C_2H_6/CH_4、C_3H_8/CH_4、C_4H_{10}/CH_4）来预测煤的早期自燃。

《防灭火规范》规定，应通过统计自然发火的临界值，确定适于本矿应用的自然发火预报指标，一般以一氧化碳的相对量和绝对量以及格雷哈姆系数作为自然发火的预报指标。

四、煤层自燃预防措施

（一）开拓、开采技术措施（表8—8—5）

表 8-8-5　开拓、开采技术措施

措　　施	内　　　　容
选择合理的巷道布置与开采顺序	1. 按《煤矿安全规程》规定"开采有自然发火的单一厚煤层或煤层群的矿井，集中运输大巷和总回风道应布置在岩层内或无自然发火的煤层内"，这样可减少对煤层的切割，少留煤柱，一旦发生火灾时也易于隔绝； 2. 当开采有自然发火的煤层群时，在开采顺序上，应先采上层后采下层；在开采倾斜和急倾斜煤层时，应先采上阶段后采下阶段，以避免先采下层或下阶段破坏上层或上阶段，空气进入煤层逐渐氧化自燃； 3. 开采有自燃发火的厚煤层，为了避免支承压力，其倾斜分层上、下分层煤巷一般应采用内错式布置方式
选择合理的采煤方法	1. 壁式采煤法回采率高，巷道布置比较简单，便于使用机械化装备与加快回采进度，有较大的防火安全性； 2. 水力采煤效率高、速度快，采完一个采区后能及时隔绝封闭，有利于防止煤炭自燃； 3. 开采有自然发火危险的煤层，要慎重选择顶板管理方法。全部陷落法管理顶板，一般说来易发生采空区的自燃；若顶板松软，易于冒落且很快压实或自然形成再生顶板，空气难以进入采空区，自燃危险性小。用水砂充填法或矸石全充填法管理顶板，煤的自燃危险性就小
提高回采率，加快回采进度	1. 实现采煤机械化和综合机械化，这样既可提高煤炭产量，又可在空间上、时间上减少煤炭的氧化； 2. 根据煤层的自燃倾向、发火期和采矿、地质开采条件合理划分采区、确定回采速度，以期在自然发火期以内将工作面采完，且在采完后立即封闭采空区

（二）通风安全技术措施（表 8-8-6）

表 8-8-6　通风安全技术措施

措　　施	内　　　　容
选择合理的通风系统	每一生产水平、每一采区都必须布置单独的回风道，实行分区通风。这样可降低矿井总风阻，增大矿井通风能力，减少漏风，易于调节风量；且在发生火灾时，便于控制风流，隔绝火区
结合开采方案和开采顺序，选择合适的通风方法	 前进式 (a)　(b) 后退式 (c)　(d) 不同通风系统时的漏风 如采用前进式回采，则采用上图 (b) 所示的对角式通风系统； 如后退式回采，则采用上图 (d) 所示的中央式通风系统

续表

措　施	内　容
正确选择通风构筑物的设置地点	 煤柱有裂隙时调节风门的设置地点 　辅助通风机，调节风门、风门、风墙和风桥等通风设施，应设置在围岩坚固、地压稳定的地点，还应避免引起采空区或附近煤柱裂隙漏风量（$Q_{漏}$）的增大 　A、B 两平巷间煤柱有裂隙 ab，沿此裂隙有短路漏风，如果由于生产需要必须减少该系统的风量而按图中位置安设调节风门时，则巷道风量减少，ab 两端压差降低漏风量减小

（三）其他预防措施

1. 预防性灌浆

预防性灌浆是目前我国使用较广泛的一种行之有效的预防煤炭自燃的方法。其灌浆材料主要为黄土（粘土、砂质粘土）或以页岩代替黄土，在我国土源丰富、水源充足的地区使用甚为广泛。

由于黄泥灌浆的黄土耗量大，且存在破坏耕地和环境污染等问题，为此，国内科研和生产单位进行了各种灌浆材料的研究和试验，如芙蓉局的飞仙关页岩灌浆；兖州南屯的矸石灌浆；萍乡局高坑矿的尾矿灌浆；平顶山局和赵各庄矿的粉煤灰灌浆，均取得了成功的经验。据测试上述灌浆材料化学成分和物理性能均接近粘土，灌浆效果不亚于粘土，还能减少对矿区环境的污染和不与民争土，故只要代用材料来源可靠，综合效益好，可推广使用。

2. 阻化剂防灭火

阻化剂防灭火是目前国内外正在积极推广应用的一种防止自然火灾的新方法，它对缺水、少土地区煤矿的井下防灭火具有重大现实意义。

由于阻化剂防灭火技术较先进、工艺系统简单、投资较少，且阻化剂来源广、阻化率高、价格低廉，它的广泛应用充分显示了这一新技术的优越性。近年来，为提高防火效果，更进一步降低成本，煤科总院抚顺分院自1988年开始开展了工作面流动气雾阻化防火技术的研究，取得了较好的社会效益和经济效益。

3. 气氮防灭火

目前许多采煤国家都把氮气作为常规的防灭火手段。由于气氮工艺系统较简单，需用大型设备少，更兼适用于煤矿井下、方便灵活、效率高、运转费用低的移动式制氮设备研制成功，使我国近年气氮防灭火得到迅速发展。目前我国已有10多个局矿建立了气氮防灭火系统，如西山杜儿坪矿、乌鲁木齐六道湾矿、抚顺龙风矿、老虎台矿及兴隆庄、汝箕沟矿等。

4. 均压防灭火

目前在许多国家推广和应用这种方法，并已成为一种常规的防灭火技术。我国近10年来得到迅速推广和应用。实践证明，它不仅可用于局部均压单独使用，或配合其它措施使用，也可用于全矿性均压防灭火。1984 年大同煤峪口矿与波兰救护总站合作，对该矿西一风井进行了大面积均压防灭火，取得了良好效果。

第二节 预防性灌浆

一、设计依据及主要内容

（一）防火灌浆设计依据及基础资料

（1）煤层的赋存条件；

（2）煤的炭化程度、水分、煤岩成分、含硫量、自然发火倾向及发火期；

（3）各种灌浆材料的质量、数量、开采条件及采土场与井口位置关系图；

（4）矿井开拓方式和采区布置图；

（5）灌浆站工作制度。

（二）防火灌浆设计主要内容

（1）灌浆系统选择；

（2）灌浆材料选择；

（3）地面制浆工艺流程；

（4）井下灌浆方法的确定及其参数计算（每日用水量、用土量、灌浆量计算）；

（5）灌浆管道（管径、壁厚）及泥浆泵选型计算；

（6）绘制灌浆系统图；

（7）绘制地面灌浆站设备布置图；

（8）编写说明书、主要设备、器材清册和概（预）算书。

二、灌浆系统及方法

（一）灌浆系统

1. 灌浆系统分类及适用条件

根据我国各矿使用的灌浆系统，基本上可归为两大类；

集中灌浆：在地面工业场地或主要风井煤柱内设集中灌浆站，为全矿或一翼服务的灌浆系统；

分散灌浆：在地面煤层走向打钻孔网或分区打钻灌浆，地面有多个灌浆站，分区设灌浆站的系统；

灌浆系统分类及适用条件，见表 8—8—7。

2. 影响灌浆系统选择的主要因素

影响灌浆系统选择的主要因素见表 8—8—8。

3. 灌浆系统实例简介

图 8—8—2 为窑街矿务局某矿的黄泥灌浆系统。因采土场位置高于井口灌浆干管，故系统为水力取土自流输送的灌浆系统，其灌浆工艺流程为：加压供水、拌制泥浆、灌浆及井下脱、排水五个过程。

表 8-8-7　灌浆系统分类及适用条件

名　称		优　缺　点	适　用　条　件
集中灌浆		优点： 1. 工作集中，便于管理； 2. 人员少，效率高； 3. 便于掌握泥浆的浓度和质量； 4. 占地较少 缺点： 1. 初期投资大，建设时间长； 2. 采、运土工作比较复杂	1. 煤层埋藏较深； 2. 矿井灌浆量大，且采区生产集中； 3. 取运土距离较远
分散灌浆	钻孔灌浆或分区灌浆	优点： 1. 设备简单、投资少、建设速度快； 2. 制浆工艺简单，操作容易； 3. 可减少井下所需的干管 缺点： 1. 灌浆站分散，管理分散，人员多； 2. 占用土地多（需打分区灌浆钻孔）	1. 煤层埋藏浅； 2. 灌浆采区分散； 3. 土源丰富可就地开采，运输距离近
	井下移动灌浆	优点： 1. 机动灵活； 2. 灌浆距离短，管材消耗少，且发生堵管的机会小 缺点： 1. 生产能力低； 2. 管理分散、效率低	1. 灌浆量不大； 2. 输浆困难或无法用钻孔灌注时采用

表 8-8-8　影响灌浆系统选择的因素

影响因素	要　求　及　内　容
土源	1. 应满足灌浆对其材料的要求； 2. 土源丰富； 3. 运送距离近，最好就地取材； 4. 尽可能不占和少占良田好土； 5. 易于开采
水源	灌浆对供水水源的水质虽无特殊要求，但应以水的 pH=6～9 为宜，以免水的酸碱度太大，对管道的腐蚀厉害
下浆地点	不同的下浆地点，可以形成不同的灌浆系统
煤层埋藏深度	煤层埋藏浅，则可采用地面钻孔灌浆；如果煤层埋藏深，究竟采用何种方式灌浆，应进行技术经济比较确定
地形条件	地形条件决定了泥浆的输送是自流输送或是加压输送；矿车运土是否需要牵引；取土场是否要考虑排水措施等

设若采土场位置低于井口下浆地点,由水枪冲刷表土而成的泥浆自泥浆沟流入搅拌池后,则需安设泥浆泵经加压输往井口下浆地点,再沿管路送往灌浆地点。图示系统则为水力取土加压输送的灌浆系统。

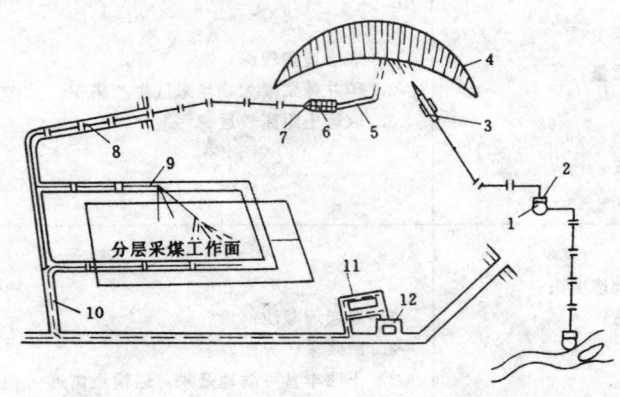

图8—8—2 水力取土自流输送的灌浆系统

1—水池;2—供水泵房;3—水枪;4—采土场;

5—泥浆沟;6—筛子;7—喇叭口;8—入浆干管;

9—支管;10—水流;11—水仓;12—水泵房

(二)灌浆方法

我国煤矿现在使用的预防性灌浆方法有:随采随灌和采后灌浆两种。

1. 随采随灌

随采煤工作面推进的同时向采空区灌注泥浆。

在灌浆工作中,灌浆与回采保持有适当距离,以免灌浆影响回采工作。

随采随灌适用于自然发火期短的煤层。

1)打钻灌浆。

优点:速度快、安全、效率高、成本低。

适用条件:在采前预灌、随采随灌、采后灌浆及消灭火区等方面均可应用。

作法:如图8—8—3所示,在煤层底板运输巷或回风巷以及专门开凿的灌浆巷道内,每隔10～15m,向采空区打钻灌浆,钻孔直径一般为75mm;又如图8—8—4所示,为减少钻孔深度,亦可由底板巷道或灌浆巷道每隔20～30m开一小巷(钻窝),在此小巷内向采空区打钻灌浆。

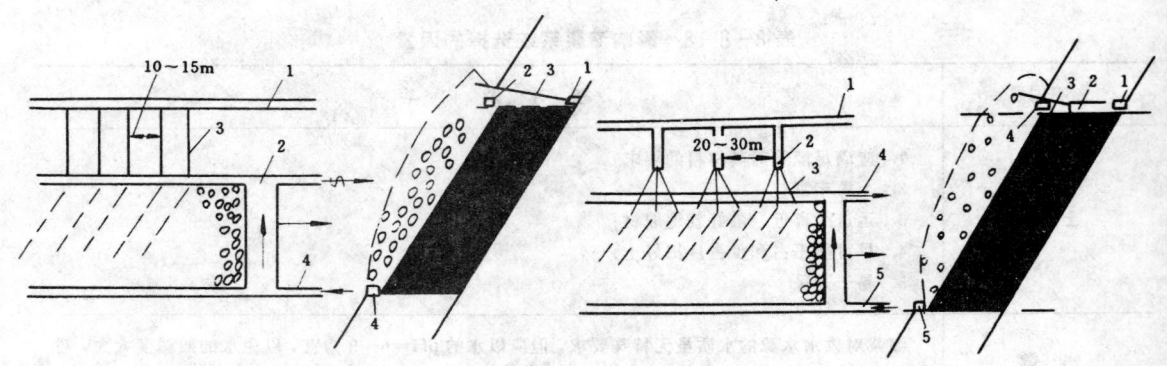

图8—8—3 由底板巷道打钻灌浆

1—底板巷道;2—回风巷;

3—钻孔;4—进风巷

图8—8—4 由钻窝打钻灌浆

1—底板巷道;2—钻窝;3—钻孔;

4—回风巷;5—进风巷

灌浆钻孔必须打到采空区的空顶内,且钻孔应深入采空区内5～6m,并在打钻后立即下套管(套管直下到见老塘为止),以利灌浆。

钻孔的位置和角度,应根据灌浆孔和采空区上部回风巷间的标高差、二者间的水平距,以及顶板岩石冒落高度等因素确定。

钻孔间的距离视采空区岩石冒落后的压实程度而定，一般为 15～20m。

2）埋管灌浆。

优点：简便，省管材，但注浆时间短，量少。

适用条件：适用于回采工作面随采随灌。

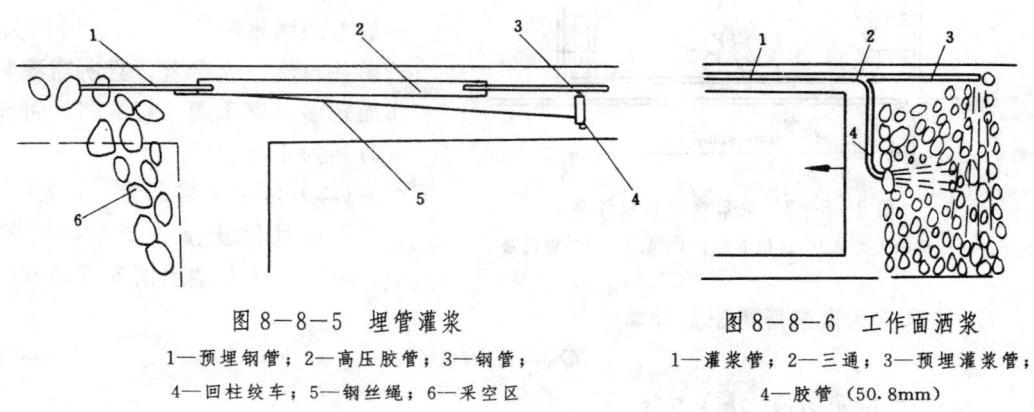

图 8－8－5　埋管灌浆

1—预埋钢管；2—高压胶管；3—钢管；
4—回柱绞车；5—钢丝绳；6—采空区

图 8－8－6　工作面洒浆

1—灌浆管；2—三通；3—预埋灌浆管；
4—胶管（50.8mm）

作法：如图 8－8－5 所示，在放顶前沿回风道在采空区预先铺好灌浆管（一般预埋 5～8m
钢管），预埋管一端通采空区，一端接胶管，胶管长一般为 20～30m，放顶后立即开始灌浆。
随工作面的推进，按放顶步距用回柱绞车逐渐牵引灌浆管，牵引一定距离灌一次浆。

3）洒浆。

优点：能均匀地使整个采空区特别是下半段灌到足够的泥浆。

适用条件：用作埋管灌浆的一种补充措施。

作法：如图 8－8－6 所示，从灌浆管道接出一段胶管（一般为 50.8mm 胶管），沿倾斜方
向分段（一般 10～20m 为一段）向采空区均匀地洒浆。

2. 采后灌浆

在采区或采区的一翼全部采完后，将整个采空区封闭灌浆。采后灌浆仅适用于发火期较
长的煤层。

优点：安全、可靠、效率高，灌浆工作在时间和空间上不受回采工作的限制。

适用条件：可用于采后灌浆或巷道火灾封闭后灌浆。

作法：由采空区两侧（开切眼和采毕线）的石门向采空区打钻灌浆，如图 8－8－7 所示，
或由邻近巷道向采空区上、中、下三段分别打钻灌浆，亦可在每一中间顺槽砌筑密闭插管灌
浆（该方法多用于急倾斜水平分层工作面），在采空区周围形成一个泥浆防护带。

钻孔间距一般为 15～20m。

泥浆在采空区内的流动距离，决定于煤层的倾角、顶板岩性、冒落时间与泥浆浓度，如
顶板为砂岩或砂质页岩泥浆流动距离可达 60m 以上；如为泥质页岩一般只有 30m 左右。

三、灌浆参数计算及选择

（一）灌浆站工作制度

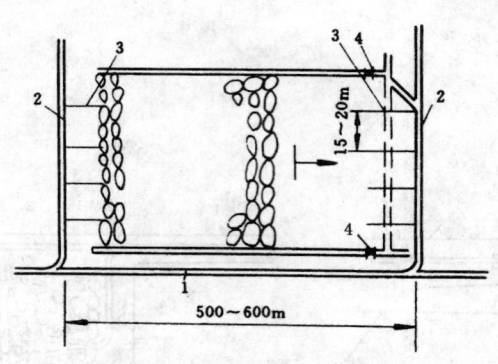

图8—8—7 采后密闭打钻灌浆

1—运输大巷；2—运输石门；3—钻孔；4—密闭墙

地面灌浆站在原则上应与矿井工作制度相一致，全年工作日数一般为300d。灌浆站每天工作班数视矿井煤层自然发火严重程度，可按如下原则确定：

灌浆工作是与回采工作紧密配合进行，矿井回采多为两采一准，故灌浆站一般考虑两班灌浆，纯灌浆时间为10h。若矿井自然发火严重，且所需灌浆的工作面较多，宜采用三班灌浆，每天纯灌浆时间为15h。

（二）灌浆所需土量

灌浆所需土量主要根据灌浆区容积、采煤方法及地质情况等因素确定。

1. 按采空区灌浆所需土量计算

$$Q_{t1} = KmLHC \qquad (8-8-9)$$

式中 Q_{t1}——灌浆所需土量，m^3；

m——煤层采高，m；

L——灌浆区走向长度，m；

H——灌浆区的倾斜长度，m；

C——采煤回收率，%；

K——灌浆系数，为灌浆材料的固体体积与需要灌浆的采空区容积之比，该系数应根据各矿的实际情况确定，部分矿井灌浆系统 K 参见表8—8—9。

表8—8—9 灌 浆 系 数 K

矿井名称	K 值	说 明
窑街局一矿	0.30	矿井综合性灌浆黄土量（m^3/t）
窑街局二矿二号井	0.25	矿井综合性灌浆黄土量（m^3/t）
石嘴山局一矿	0.05	引黄河水灌浆
开滦唐山矿	0.01	电厂炉灰
开滦赵各庄矿	0.05~0.1	电厂炉灰
大同局	0.05	
	0.1~0.2	灭火灌浆
辽源局	0.10~0.15	
枣庄陶庄矿	0.013	灌浆、洒浆
枣庄魏庄矿	0.125~0.13	管子易坏，跑浆量大
淮南谢家集二矿	0.03~0.04	
淮南谢家集三矿	0.15	
重庆中梁山煤矿	0.03	在沿走向方向形成隔离带
芙蓉杉木树煤矿	0.05~0.1	页岩防灭火灌浆

2. 按日灌浆所需土量计算

$$Q_{t2} = KmlHC \qquad (8-8-10)$$

或

$$Q_{t2} = K\frac{G}{\gamma_{煤}}$$

式中　　　Q_{t2}——日灌浆所需土量，m^3/d；

　　　　　l——工作面日推进度，m/d；

　　　　　G——矿井日产量，t；

　　　　　$\gamma_{煤}$——煤的密度，t/m^3；

K、m、H、C——符号注释同（8-8-9）公式。

（三）日灌浆所需实际开采土量

$$Q_{t3} = \alpha Q_{t2} \qquad (8-8-11)$$

式中　Q_{t3}——日灌浆所需实际开采土量，m^3/d；

　　　α——取土系数（考虑土壤含一定杂质和开采、运输过程中的损失），一般取 $\alpha=1.1$；

　　　Q_{t2}——符号注释同（8-8-10）公式。

（四）灌浆泥水比的确定

灌浆泥水比应根据泥浆的输送距离、煤层倾角、灌浆方式及灌浆材料和季节等因素通过试验确定。

我国部分矿井灌浆泥水比经验数据，见表8-8-10。

表 8-8-10　部分矿井灌浆泥水比

矿井名称	一　般	夏　季	冬　季	说　　　明
窑街局一矿	1:3	1:2～1:3	1:3～1:4	加压注浆时为 1:5～1:6
窑街局二矿	1:3	1:2～1:3	1:3～1:4	二号井与四号井条件相同
石嘴山局一矿	1:7～1:8		1:10	引黄河水灌浆
石嘴山局二矿	1:5～1:6			引黄河水灌浆
大 同 局	1:5		1:6	
开滦唐山矿	1:7～1:8	1:7	1:10	电厂炉灰灌浆
开滦赵各庄	1:7～1:8	1:5	1:8～1:10	
辽 源 局		1:5～8	1:10	煤层倾角：10°～25°，10°～25°，K 为 1:5～6
				煤层倾角：25°～40°，K 为 1:3～5
枣庄陶庄矿	1:4			
枣庄魏庄矿	1:5	1:4	1:6	
淮南谢家集二矿	1:3			地面加压输送
淮南谢家集三矿	1:3	1:2	1:4	
芙蓉杉木树煤矿	1:4～1:6			页岩制浆

（五）每日制泥浆用水量

$$Q_{s1} = Q_{t2}\delta \qquad (8-8-12)$$

式中　Q_{s1}——制备泥浆用水量，m^3/d；

　　　δ——泥水比的倒数，泥水比根据所要求的泥浆浓度选取。

（六）每日灌浆用水量

$$Q_{s2} = K_s Q_{t2}\delta \qquad (8-8-13)$$

式中　Q_{s2}——灌浆用水量，m^3/d；

　　　K_s——用于冲洗管路防止堵塞的水量备用系数，一般可取 1.10～1.25；

　　Q_{t2}、δ——符号注释同（8-8-10）、（8-8-12）公式。

（七）每日灌浆量

$$Q_{j1} = (Q_{s1} + Q_{t2})M \qquad (8-8-14)$$

式中　Q_{j1}——日灌浆量，m^3/d；

　　　M——泥浆制成率，M 值按表 8-8-11 表选取；

　　Q_{t2}、Q_{s1}——符号注释同（8-8-10）、（8-8-12）公式。

每小时灌浆量计算：

$$Q_{j2} = \frac{Q_{j1}}{n \times t} \qquad (8-8-15)$$

式中　Q_{j2}——每小时灌浆量，m^3/h；

　　　n——每日灌浆班数，班/d；

　　　t——每班纯灌浆时间，h/班；

　　　Q_{j1}——符号注释同（8-8-14）公式。

表 8-8-11　泥浆制成率（M）

泥水比	1：1	1：2	1：3	1：4	1：5	1：6
密度（γ_j）	1.45	1.30	1.20	1.16	1.13	1.11
泥浆制成率	0.765	0.845	0.880	0.910	0.930	0.940

（八）泥浆密度

$$\gamma_j = \frac{\gamma_s \cdot Q_s + \gamma_t \cdot Q_t}{Q_s + Q_t} \qquad (8-8-16)$$

式中　γ_j——一定泥水比条件下的泥浆密度，t/m^3；不同密度土的各种泥水比的泥浆密度见表 8-8-12；

　　　γ_s——水的密度，t/m^3；

　　　γ_t——土壤密度，t/m^3；

　　　Q_s——单位时间水的流量，m^3/h；

　　　Q_t——单位时间土的流量，m^3/h。

表 8-8-12　不同密度土的各种泥水比的泥浆密度

泥水比	土 壤 密 度　(t/m³)			
	2.5	2.6	2.7	2.8
	泥 浆 密 度　(t/m³)			
1:5	1.17	1.19	1.20	1.21
1:8	1.11	1.12	1.13	1.14
1:10	1.09	1.10	1.11	1.11
1:12	1.07	1.08	1.09	1.09

四、灌浆材料

（一）对灌浆材料的要求

（1）颗粒要小于 2mm，而且细小颗粒（粘土：≤0.005mm 者应占 60%～70%，页岩：≤0.077mm 者应占 70%～75%）要占大部分。

（2）主要物理性能指标：

密度为 2.4～2.8；

塑性指数为 9～11（亚粘土）；

胶体混合物（按 MgO 含量计）为 25%～30%；

含砂量为 25%～30%（粒径为 0.5～0.25mm 以下）；

容易脱水和具有一定的稳定性。

（3）不含有（或少含有）可燃物。

（二）灌浆材料的选择

煤矿井下常用的灌浆材料，一般多采用粘土、亚粘土、轻亚粘土等。在其它粘土缺乏的矿区，可以页岩或炉灰等代用。

1. 粘 土

1）土的分类。

粘土按塑性指数（I_P）和按粒径级配的分类，分别见表 8-8-13 和表 8-8-14。

表 8-8-13　粘土按塑性指数分类

土壤名称	塑性指数（I_P）
粘 土	$I_P > 17$
亚粘土	$10 < I_P \leqslant 17$
轻亚粘土	$3 < I_P \leqslant 10$

2）土的密度。

土的平均和天然密度（在天然含水量的情况下），分别见表 8-8-15、表 8-8-16。

3）土的化学成分。

部分矿井灌浆材料化学成分，见表 8-8-17。

4）部分矿井灌浆用粘土特征（表 8-8-18）。

2. 页 岩

四川芙蓉矿务局杉木树矿以飞仙关页岩代替黄土用作灌浆材料。其各项指标满足灌浆材料的要求，见表 8-8-19。

表 8－8－14 土按粒径级配分类

土壤名称	粒级组成（%）			
	粘粒 <0.005（mm）	尘粒 0.005～0.05（mm）	砂粒 0.05～2（mm）	砾石 2～20（mm）
粘土				
重粘土	＞60			
粘土	30～60	小于粘粒含量	小于粘粒含量	
亚粘土				
重亚粘土	20～30 ⎫		⎫	
中亚粘土	15～20 ⎬	小于砂粒含量	⎬大于尘粒含量	小于10%
轻亚粘土	10～15 ⎭		⎭	
亚砂土				
重亚粘土	6～10 ⎫	小于砂粒含量	大于尘粒含量	
轻亚砂土	3～6 ⎭			
砂土	<3	0～50	47～100	
尘土	<3	＞50	<50	

表 8－8－15 土的平均密度

土的名称	密度
砂	2.66
轻亚粘土	2.70
亚粘土	2.71
粘土	2.74
页岩	1.9～2.6

表 8－8－16 土的天然密度

土的名称	天然密度（t/m³）	
	中实	密实
粗砂土	1.98	2.05
中砂土	1.94	2.00
细砂土	1.92	2.00
轻亚粘土	1.95	2.00
亚粘土	2.00	2.10
粘土	2.05	2.10

表 8－8－17 部分矿井灌浆材料化学成分

矿井名称	二氧化硅 SiO_2	氧化铝 Al_2O_3	氧化铁 Fe_2O_3	氧化钙 CaO	氧化镁 MgO	二氧化钛 TiO_2	氧化钠、氧化钾 Na_2O、K_2O	密度
淮南新庄孜	45.28	14.63	6.15	8.32	0.22	0.55		
淮南李一矿	77.22	9.15	3.1	0.42	0.05	0.51		
淮南谢二矿	72.18	11.50	4.42	0.60	0.07	0.57		
辽源富国矿	63.62	17.83	5.95	0.80	1.68	0.94		2.5
开滦赵各庄	63.80	15.92	4.38	1.32	2.61	0.47	4.07	2.61

表 8-8-18　窑街矿务局、赵各庄矿灌浆用粘土特征

矿井名称	粘土粒度及成分				粘土密度	土壤密度 (t/m³)	备注
	砂 (mm)		土 (mm)	泥 (mm)			
	0.1~0.05	0.25~0.05	0.05~0.005	0.005 以下			
窑街矿务局	9%		76%	15%	2.7	1.31~2.11	土壤塑性指数为 9~14
开滦赵各庄矿一号井灌浆站		30%	66%	4%	2.54		
开滦赵各庄矿白道子灌浆站		25%	59%	16%	2.54		

表 8-8-19　试　验　结　果

序号	比 较 内 容		飞仙关页岩	杉矿黄土	中梁山黄土
1	化学成分	SiO_2	51.05	58.46	68.04
		Fe_2O_3	13.46	10.12	8.16
		Al_2O_3	16.62	15.55	14.76
		CaO	0.67	0.05	0.63
		MgO	2.49	1.19	0.63
		可燃物	9.65	9.44	6.46
2	土工试验	塑性指标	18.6（<0.077)	19.5	
		土壤分类	粘土	粘土	粘土
3	物理性能	密度（真)	2.65	2.64	2.43
		密度	1.92（<0.1)	1.81	1.89
		孔隙率（%)	27.5（<0.1)	31.4	22.2
		抗压强度（MPa)	27.3~35.5		
		普氏系数	3~4		
4	沉降速度 (cm/min)	粒度<0.07mm	0.11	0.36	0.13
		粒度<0.5mm	0.24	1.08	0.23
5	稳定性指标 (min/cm)	粒度<0.07mm	9.07	2.78	7.7
		粒度<0.5mm	4.10	0.90	4.30
6	粘结性	粘结量（mg)	20（<0.1)	13	22.3
		MgO 胶体混合物（%)	32~34.5		
7	含砂量（%)		12~15（<1)	>20	10~15

3. 电厂粉煤灰

开滦赵各庄矿、平顶山十一矿应用粉煤灰的结果证明，它完全可以代替黄土作灌浆材料。我国电厂粉煤灰的一般化学成分和主要物理性能指标，分别见表8-8-20和表8-8-21。

表 8-8-20   粉 煤 灰 的 化 学 成 分

SiO_2	Al_2O_3	Fe_2O_3	CaO	MgO	SO_3	TiO_2	剩余发热量 (kJ/kg)	固定碳
53.0~59.03	26.0~21.78	7.0~11.4	2.74~11.0	0.08	0.82~1.0	1.3	2093.4	<5

表 8-8-21   粉 煤 灰 的 主 要 物 理 性 能 指 标

密度 (t/m³)	粒 径 (mm)			孔隙率 (%)	浸水收缩率 (%)	沉降速度 (cm/min)
	0.2~0.1	0.1~0.05	<0.05			
2.06~2.07	7.1~28	29.5~34	38~61.4	61.1~64.0	15	0.02~0.03

4. 尾 矿

萍乡矿务局高坑矿利用尾矿掺入20%的粘土可达到灌浆材料的要求，为提高其粘结性可在尾矿中再掺入3%的石灰。尾矿的化学成分、物理性能、工业分析、粒度组分及吸氧量见表8-8-22～表8-8-26。

表 8-8-22   尾矿与页岩及粘土的化学成分比较表

样 品 名 称	SiO_2	Al_2O_3	Fe_2O_3	CaO	MgO	SO_3	SiO_2/Al_2O_3
尾 矿	61.39	26.10	3.36	1.66	1.87	0.38	2.35
西风井粘土	73.80	12.50	4.58	0.56	0.47	0.18	5.90
一般黄土	55.0	12.50	5.50	6.0	<2		3.00
飞仙关页岩	48.53	15.62	12.71	0.88	3.57		3.10
尾矿+20%粘土	62.20	23.99	4.19	1.62	1.73	0.39	2.59
尾矿+5%粉煤灰	61.23	24.84	4.10	1.67	1.88	0.39	2.46
尾矿+5%粉煤灰+20%粘土	62.0	24.03	4.03	1.63	1.73	0.39	2.58

表8-8-23　尾矿物理性能表

注浆材料的物理性能			高坑矿样					试样		
		尾矿	尾矿加5%粘土	尾矿加5%飞灰	西风井粘土	尾矿加20%粘土加5%飞灰	南屯矸石	飞仙关页岩	中梁山粘土
密度（t/m³）		2.23	2.30	2.30	2.71	2.35			
沉降速度 (mm/min)	泥水比（体积） 0.1mm	1:4	1:4	1:4	1:4	1:4	1:4	1:4	1:4
	界面沉积速度 0.1mm	1.47	1.43	1.51	4.31	1.41	2.0	3~5	0.84
	泥水比（体积） 0.5mm	1:4	1:4	1:4	1:4	1:4	1:4	1:4	1:4
	界面沉积速度 0.5mm	3.0	2.89	3.06	8.5	2.85	4.3	5~10	1.0
塑性指数 (I_P)	塑性指数（I_P） 0.1mm	11.1	10.5	9.7	8.8	10.1	7	7~9	
	土壤分类 0.1mm	亚粘土	亚粘土	轻亚粘土	轻亚粘土	亚粘土	亚粘土	亚粘土	
	塑性指数（I_P） 0.5mm	8.8	7.9	9.6	9.3	8.2	5	4~7	
	土壤分类 0.5mm	轻亚粘土	轻亚粘土	轻亚粘土	轻亚粘土	轻亚粘土	亚砂土	亚砂土	
粘度系数 (P_I)	泥水的质量比 0.1mm	1:4	1:4	1:4	1:4	1:4	1:4	1:4	1:4
	粘度系数（P_I） 0.1mm	1.5	1.6	1.4	1.8	1.6	1.0	1.1~1.5	
MgO胶体混合物品度（%）	0.1mm	27.8	27.0	27.5	22.0	27.8	27.0	25~30	34.5
	0.5mm	27.3	26.0	27.1	21.5	27.4	25.0	23~25	

表 8-8-24　尾 矿 工 业 分 析 表

样品名称	工 业 分 析　（%）				粘结性	发热量 (kJ/kg)
	水 分	挥发分	灰 分	固定碳		
高坑尾矿 开滦粉煤灰	0.96～1.06 1.25	12.78～14.5 1.97	71.0～76.2 81.70	9.41～14.23 15.08	1～2 1	5334～6188

表 8-8-25　尾 矿 颗 粒 组 分 表

粒　径（mm）	＞2	2～0.5	0.5～0.1	0.1～0.05	0.05～0.01
尾　矿（%）		1～2	2～6	92～97	
一般黄土（%）	1～2	2～5	2～7	1～2	65～95
飞仙关页岩（%）	2～5	2～5	13～20	1～3	65～75

表 8-8-26　尾矿及尾矿加入粘土的吸氧量表

样 品 名 称	交叉温度 (℃)	恒温吸氧量 (mL/g)	备 注
尾矿（＜0.5mm）	260～265	0.0937	氧化性一般比矸石强
尾矿+20%粘土（＜0.5mm）	272	0.0764	
尾矿+40%粘土（＜0.5mm）	310	0.0634	
尾矿+60%粘土（＜0.5mm）		0.0424	
12.5g 粘土成浆处理 37.5g 煤	231	0.01648	作被比较值（1）
12.5g 尾矿成浆处理 37.5g 煤	238	0.1864	比（1）略高
加入 20%粘土尾矿成浆处理 37.5g 煤		0.1547	比（1）相近
加入 40%粘土尾矿成浆处理 37.5g 煤		0.1547	比（1）相近

五、泥浆的制备

（一）取土方式

1) 人工取土（风镐或岩石电钻打眼放炮）；

2) 机械取土（抓斗、推土机、挖掘机、铲运机）；

3) 水力取土（水枪高压水力冲刷）。

上述三种取土方式，水力取土的优点是设备简单，投资少、管理方便，且无大型复杂设备，可就地取材，效率高，劳动强度低。

（二）灌浆站

1. 地面灌浆站工作制度

全年工作为 300 天。

2. 灌浆站形式及适用条件

1) 灌浆站形式：固定式、分区式、移动式。

2) 适用条件：

（1）固定式适用于煤层赋存或开采深度较深，地面建立永久或半永久式灌浆站的条件；

（2）分区式适用于煤层赋存或开采深度较浅，灌浆区分散和从地面可打钻灌浆的条件；

（3）移动式适用于井下采区分散、灌浆量小和从地面输送泥浆困难的条件。

3．灌浆站主要设施

1）集泥池。集泥池的设置是便于泥浆泵吸送泥浆。根据具体条件，因地制宜砌筑或用水枪冲成土坑；集泥池大小，可根据水枪冲土能力或泥浆泵的吸泥能力确定。一般按 10min 冲土能力或 10min 吸泥能力确定。设计时，以大者为依据；集泥池上应设箅子，池底应有 5％～10％的坡度。集泥池的标高，应根据泥浆泵的吸程高度和泥浆沟的坡降确定。池深一般为 5～6m。

2）泥浆搅拌池。

（1）搅拌池的容积。一般按 2h 灌浆量计算。一般池身 20m，宽 1m，深 1m。

搅拌池宜分成两格，轮换使用，且向出口方向应有 2％～5％的坡度，在泥浆出口处应设箅子。

（2）泥浆搅拌池的布置。图 8－8－8 是淮南大通煤矿地面灌浆站泥浆搅拌池布置图。矿井灌浆站设在工业场地副井附近，水源为井下排出的废水，由工业场地以外采土场采土，经专用轨道车运至灌浆站。

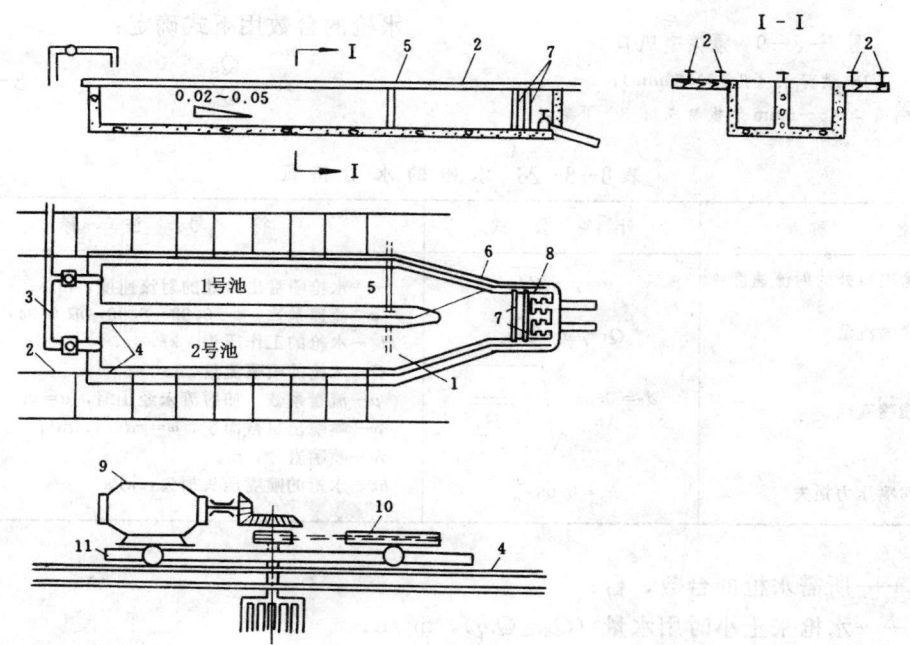

图 8－8－8　泥浆搅拌池布置

（搅拌机为行走式）

1—泥浆搅拌池；2—窄轨铁路；3—供水管；4—搅拌机轨道；5—闸板；6—道岔；

7—筛箅；8—管头筛箅；9—电动机；10—胶带轮；11—平板车

表 8-8-27　泥 浆 沟 最 小 坡 度

土　壤　性　质	泥浆沟最小坡度	土　壤　性　质	泥浆沟最小坡度
黄土、细粘土、淤泥 含 15% 以下的细砂粘土	0.015～0.02 0.02～0.03	细粒砂及砂土 中　粒　砂	0.03～0.04 0.04～0.07

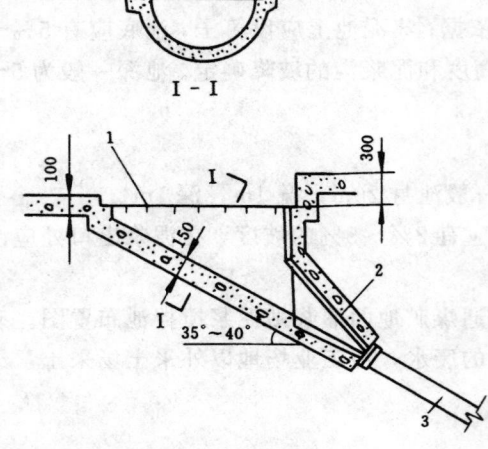

图 8-8-9　灌浆喇叭口

1—铁筛子（孔 20×20mm）；

2—喇叭口（5～6mm 铁板卷成）；3—下浆口

3）贮土场。贮土场根据地形情况，可设置栈桥或绞车房栈桥的结构形式。贮土场容量，根据场地，可按 10 天左右黄土量计算。贮土场的土可采用水力或矿车运至搅拌池。

4）水力取土时泥浆沟的最小坡度。水力取土时，输送泥浆的泥浆沟可用水枪冲成，也可用砖砌筑或用溜槽组成，泥浆沟最小坡度见表 8-8-27。

5）灌浆喇叭口。灌浆喇叭口如图 8-8-9所示。

（三）制浆主要设备

1. 水　枪

水枪常用开滦 755 型，性能见表 8-8-28。

水枪的台数用下式确定：

$$N=\frac{Q_s}{Q_q} \qquad (8-8-17)$$

表 8-8-28　水 枪 的 水 力 特 征

名　　称	计　算　公　式	符　号　注　释
水枪喷嘴出口处的射流速度	$v=\varphi\sqrt{2H_0}$	v—水枪喷嘴出口处的射流速度，m/s； φ—流速系数，$\varphi=0.92～0.96$，取 0.94；
水枪的喷嘴流量	$Q=\mu\omega\sqrt{2H_0}$	H_0—水枪的工作头，kPa； Q—水枪的喷嘴流量，m³/s；
水枪的喷嘴直径	$d_0=0.55\sqrt{\sqrt{\dfrac{Q}{\sqrt{\dfrac{H_0}{9.81}}}}}$	μ—流量系数，如射流未经压缩，$\mu=\varphi$； ω—喷嘴出口截面积，$\omega=\pi d_0^2/4$，m²； d_0—喷嘴直径，m；
水枪的喷嘴压力损失	$h_\mu=0.06\dfrac{v^2}{2}$	h_μ—水枪的喷嘴压头损失，kPa

式中　N——所需水枪的台数，台；

　　　Q_s——水枪采土小时用水量（$Q_s=Q_t q$），m³/h；

　　　Q_q——水枪的流量 m³/h·台，按表 8-8-29 选取；

　　　Q_t——小时取土量，m³/h；

　　　q——单位耗水量（水枪在某一水压下取 1m³ 土所消耗的水量，按表 8-8-30 选取），m³/m³。

表 8-8-29 水枪水压、喷嘴直径和流量的关系

水枪工作压头 H_0 (kPa)	流速 (m/s)	水枪喷嘴直径 (mm)				
		32	38	44	50	62.5
		喷嘴流量 (m³/h)				
98.1	13.32	38	54	72	96	148
196.2	18.80	54	76	102	133	209
294.3	23.07	66	93	125	156	256
392.4	26.60	76	108	144	191	292
490.5	29.70	85	121	162	212	328
588.6	32.60	94	132	177	230	360
686.7	35.20	101	143	191	248	389
784.8	37.60	108	152	204	266	414
882.9	39.90	115	161	217	284	439
981.0	42.10	121	170	228	299	464
1079.1	44.15	127	179	240	313	485
1177.2	46.15	132	187	250	328	508
1275.3	48.00	138	194	261	339	529
1373.4	49.80	143	202	271	349	547
1471.5	51.60	148	208	278	360	565

表 8-8-30 水枪采土的单位耗水量

土壤组别	土壤名称	水枪压头 (kPa)	单位耗水量 (m³/m³)
I	预先松散的非粘性土壤	294.3	5
II	细粒砂	294.3	6
	粉状砂	294.3	
	轻砂土	294.3	
	松散黄土	392.4	
	风化泥炭	392.4	
III	中粒砂	294.3	7
	各种粒子砂	392.4	
	重砂土	490.5	
	轻砂质粘土及坚固黄土	588.6	
IV	大粒砂	294.3	9
	重砂土	490.5	
	中及重砂质粘土	686.7	
	瘦粘土	686.7	

注：本表所列数字是在取土高度为 3~5m 的结果。

2. 破碎机

常用破碎机，技术性能见表 8-8-31。

3. 球磨机

常用球磨机技术性能见表 8-8-32。

表 8-8-31　常 用 碎 破 机 技 术 特 征

名称	型号及规格	进料口尺寸 长(mm)	宽(mm)	最大进料粒度(mm)	出料口调整范围(mm)	生产能力(t/h)	主轴转速(r/min)	配套电动机 型号	功率(kw)	转速(r/min)	外形尺寸 长×宽×高(mm)	重量(t)	生产厂家
复摆颚式	PE-250	400	250	210	25~60	7.5 (m³/h)		Y180L-6	15	970	1108×1090×1392	2.15	四川江油矿山机器厂
	PE-400	600	400	340	40~90	18 (m³/h)		Y225M-6	30	980	1710×1748×1670	5.99	四川江油矿山机器厂
	PE-400（改）	600	400	400	30~90			Y200L-4	30	1470	1800×1720×1700	5.93	浙江义乌矿山机械厂
	PE25 2 50×400	250	400	210	20~80	5~20	291	Y180L-6	15		1430×1310×1340	2.80	浙江义乌矿山机械厂
	PE40 400×600	400	600	350	40~100	17~115	243.3	Y250M-8	30		1700×1732×1655	6.50	湖南长沙重型机械厂
双齿辊破碎机	2PGC 450×500双齿辊	轮子尺寸 直径×长度 450×500		出粒度 100, 200	0~25; 0~50; 0~75; 0~100	20; 35; 45; 55		IJB21-8; IJB22-8	8; 11	725		2.80	湖南长沙重型机械厂
双辊破碎机	2PG 600×400双辊	辊子尺寸 直径×长度 600×400		辊轮表面型式 光面 装料粒度 36	2~9	4~15	辊轮转速 118	Y180L-8IMB3	11×2	720	1810×1265×890	2.795	四川江油矿山机器厂
	Φ610×410	610×410		沟槽形 40	2~10	5~20	152	Y200-8IMB3	15×2	730	1880×1103×976	3.192	四川江油矿山机器厂

表 8-8-32　常 用 球 磨 机 技 术 特 征

名称	型号及规格	筒体直径(mm)	筒体长度(mm)	旋转方向	装球量(t)	生产能力(t/h)	配套电动机 型号	功率(kW)	转数(r/min)	电压(V)	外形尺寸 长×宽×高(m)	重量(t)	生产厂家
湿式格子型	MQS1224	1200	2400	左右	4.8	0.4~5.8	Y315S-8	55	730	380	6.5×2.8×2.54	13.43	沈阳重型机器厂
湿式格子型	MQS1515	1500	1500	左右	5	1.4~4.3	JR115-8	60	725	380	5.77×3.3×2.7	13.9	
湿式格子型	MQS1530	1500	3000	左右	10	2.8~9	JR125-8	95	725	380	7.6×3.3×2.7	17.4	

（四）泥浆制备

1. 泥浆制备方式

1）水力搅拌。这种搅拌用于灌浆量小的条件。

2）机械搅拌。这种搅拌分为固定式和行走式两种。固定式泥浆搅拌机结构如图8－8－10，行走式泥浆搅拌机结构如图8－8－11所示，性能见表8－8－33。

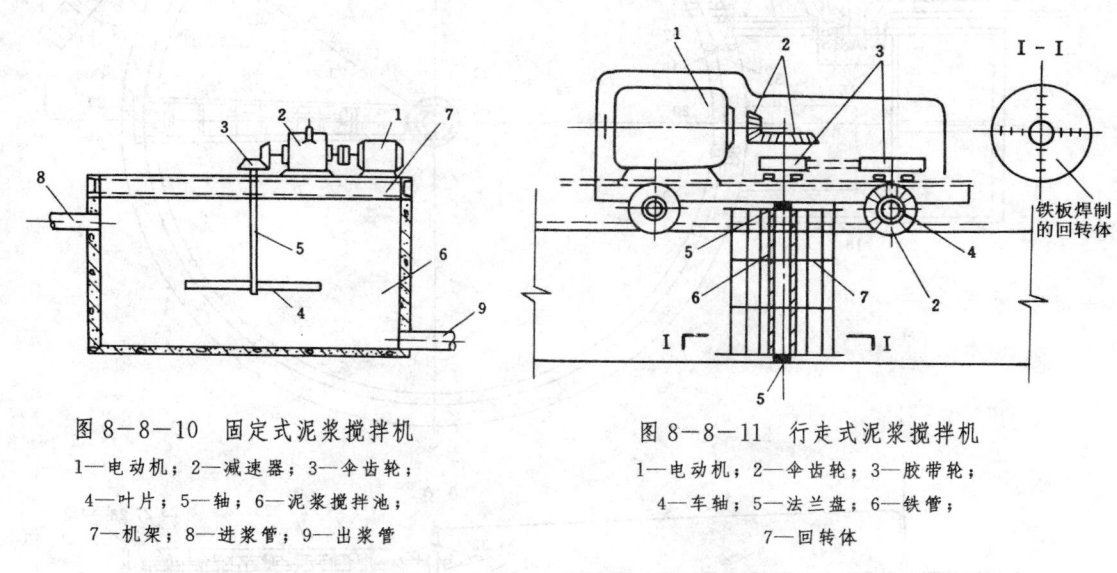

图8－8－10　固定式泥浆搅拌机

1—电动机；2—减速器；3—伞齿轮；
4—叶片；5—轴；6—泥浆搅拌池；
7—机架；8—进浆管；9—出浆管

图8－8－11　行走式泥浆搅拌机

1—电动机；2—伞齿轮；3—胶带轮；
4—车轴；5—法兰盘；6—铁管；
7—回转体

表8－8－33　行走式泥浆搅拌机技术规格

功率 (kW)	电压 (V)	转速 (r/min)	搅拌能力 (黄土) (m³/h)	搅拌轮叶 转速 (r/min)	高度 (mm)	宽度 (mm)	轴距 (mm)	轨距 (mm)	长度 (mm)	行走速度 (m/min)
10	220	105	30	65	980	1100	780	1340	2730	2.5

另外，有一些矿采用圆池搅拌池，由圆池、搅拌机、过滤池三部分组成，如图8－8－12所示。萍乡局高坑矿尾矿浆制备，即使用此种圆池搅拌机。

2. 泥浆搅拌

黄土被送入泥浆池经浸泡2～3h后，待土质松软即可进行搅拌。泥浆浓度由供水管的控制阀调节。泥浆搅拌均匀后，经泥浆池出口通过两层孔径分别为15mm和10mm的过滤筛流入灌浆管，然后送入井下注浆点。

（五）灌浆站制浆系统与工艺流程

1. 灌浆站制浆系统

1）水力取土钻孔灌浆的制浆系统。水力冲刷表土制成泥浆，然后经泥浆沟流入灌浆钻孔至井下干管。其制浆系统如图8－8－13。

2）水力取土加压输送的制浆系统。水力冲刷表土制成泥浆，然后由泥浆沟流入泥浆搅拌池，再经泥浆泵加压输至灌浆钻孔，最后流至井下灌浆干管。其制浆系统如图8－8－14所示。

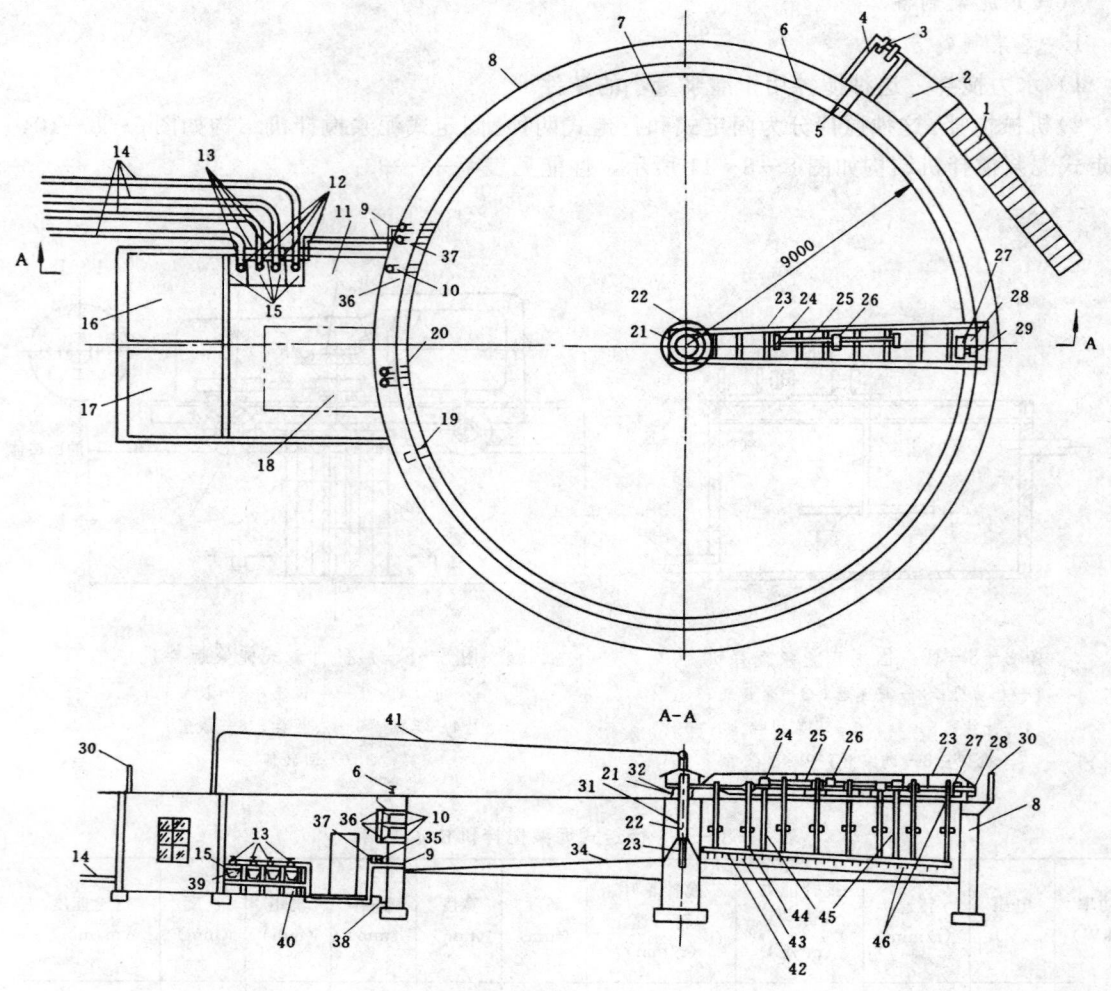

图 8—8—12 圆池浆料搅拌设备及结构图

1—阶梯；2—平台；3—地面输浆管；4、15—过滤池；5—输浆道；6—外环轨；7—浆料搅拌池；8—
池壁面；9、20—放浆管；10—调节管；11—放浆操作室；12—放浆分管；13—闸门；14—井下输浆
管；16—电话室；17—配电室；18—输浆室；19—清池孔；21—内环轨；22—中心柱；23—横梁；24—
升降轮盘；25—传动杆；26—升降电动机；27—行走电动机；28—从动轮；29—主动轮；30—栏杆；
31—中心轴；32—内行走轮；33—三角支架；34—池底；35—放浆闸门；36—调节闸门；37—清水闸；
38—水沟；39—向井下放浆漏斗；40—过滤筛；41—电缆；42—耙齿；43—耙杆；44—套杆；45—升
降杆；46—套向环

3）人工取土自流输送的制浆系统。在取土场，人工取土装入矿车或胶带运输机。其中由一条窄轨铁路运至搅拌池，另一条经窄轨铁路运至贮土场。搅拌的泥浆由灌浆管送到井下。冬季或雨季无法取土，可由水枪从贮土场直接冲土成浆，然后经泥浆沟流入搅拌池。其制浆系统如图 8—8—15 所示。

4）高压水采土的分区灌浆站制浆系统。高压水冲刷钻孔附近黄土，泥浆沿泥浆沟自流到钻孔，通过钻孔上设置的筛箅清除杂物后，再从钻孔流到井下干管内，系统如图 8—8—16 所示。

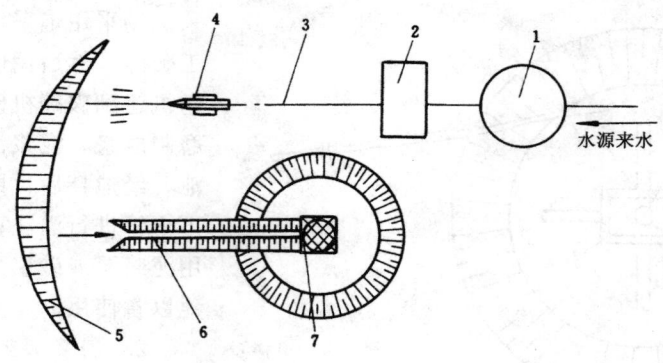

图 8-8-13　水力取土从钻孔下浆的制浆系统

1—水池；2—水泵房；3—水管；4—水枪；5—取土场；6—泥浆沟；7—灌浆钻孔（带箅子）

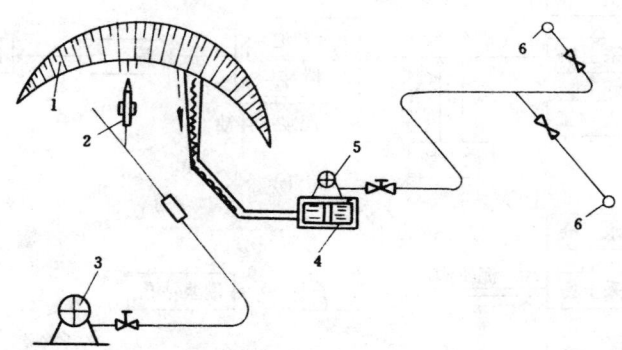

图 8-8-14　水力取土加压输送的制浆系统

1—取土场；2—水枪；3—水泵站；4—泥浆搅拌池；5—泥浆泵；6—灌浆钻孔

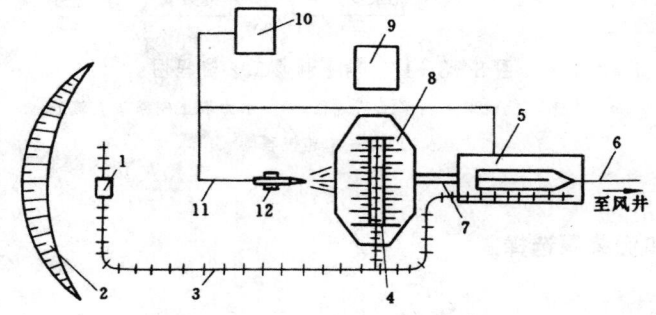

图 8-8-15　人工取土自流输送的灌浆系统

1—V 型矿车；2—取土场；3—窄轨铁路；4—栈桥；5—泥浆搅拌池；6—灌浆管；
7—泥浆沟；8—储土场；9—绞车房；10—水泵房；11—水管；12—水枪

5）人工采土的页岩制备系统。采土场采用炮采，大块岩石经由人工破碎，然后用电扒斗耙往胶带输送机运到破碎机破碎，再经球磨机磨制成浆，泥浆沿泥浆沟进入集泥池，经搅拌后，即可由下浆孔往井下干管进行灌注；若集泥池盛满，可用泥浆泵或砂浆泵将泥浆送到泥浆池以备使用。

2. 制浆工艺流程

1）粘土制浆工艺流程，如图 8—8—17。

2）页岩制浆工艺流程，如图 8—8—18。

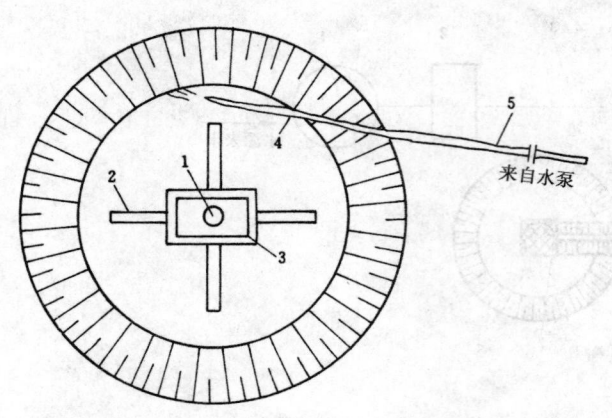

图 8—8—16 高压水采土的分区灌浆站制浆系统

1—灌浆钻孔；2—泥浆沟；3—筛箅；4—高压胶皮管；5—水管

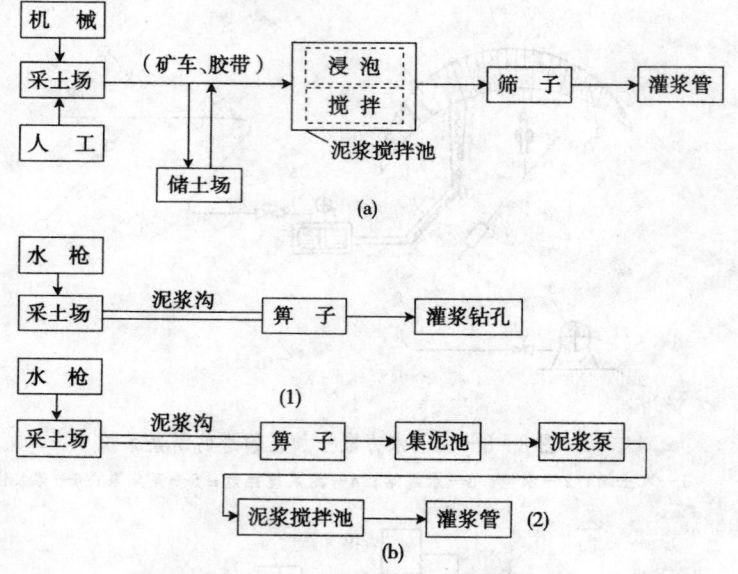

图 8—8—17 粘土制浆工艺流程图

a—人工、机械取土制浆工艺流程；b—水力取土制浆工艺流程

1、2—工艺流程

六、灌浆管道和泥浆泵选择

（一）灌浆管道

1. 主要灌浆管道直径计算

1）计算原则。主要灌浆干管直径是根据管内泥浆的流速来选择。为保证泥浆中的固体颗粒在管道输送时不沉淀或堵管的最小平均流速，称临界流速。在设计中，泥浆给定后，先确定泥浆在管道中流动的临界流速，再求出泥浆的实际工作流速，使之略大于临界流速。按此

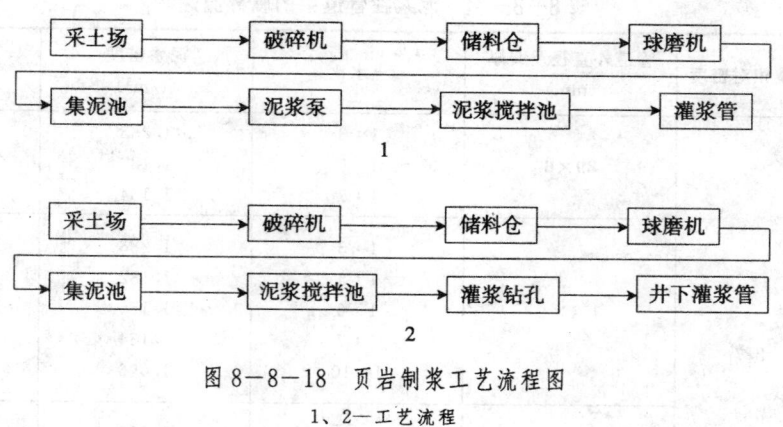

图 8-8-18　页岩制浆工艺流程图
1、2—工艺流程

选定的管径是保证管流正常运行（不堵管）时的最经济管径。

2）临界流速。目前，用于泥浆输送的临界流速可参照表 8-8-34。

3）实际工作流速：

$$v = \frac{4Q_{j2}}{3600\pi d^2} \tag{8-8-18}$$

式中　v——管内泥浆的实际工作流速，m/s；

　　　Q_{j2}——小时的灌浆量，m³/h；

　　　d——管道内直径，m。

4）管道选择。

地面灌浆管道一般选用铸铁管。井下灌浆管道根据压力大小，可分别选用水、煤气输送管和无缝钢管。

当灌浆压力为（10～16）×98.0665kPa，选用水、煤气输送管；若大于 16×98.0665kPa，选用无缝钢管。

根据各矿实际使用情况，井下灌浆管道多采用无缝钢管。其干管直径一般为 100～150mm；支管直径一般为 75～100mm；工作面管道直径一般为 50mm 或 40～50mm 胶管。

无缝钢管、焊接钢管和水、煤气输送管规格见第一篇。

普通铸铁管和高压铸铁管规格分别见表 8-8-35 和表 8-8-36。

2. 灌浆钻孔直径

灌浆钻孔直径一般常用 108mm（套管的标准直径），灌浆钻孔打通后要放置套管。根据唐山矿实际使用经验，灌浆钻孔套管上部 50～60m 范围内，下浆时为非满流状态，冲击磨损下部较严重，使用几年后，上部管壁厚度变薄。因此，套管上部 70～80m 以内管壁厚度宜采用10mm。当泥浆材料含砂量较大时，钻孔内宜设双层套管，外套管为 d127，内套管为 d108，外套管下到穿过冲积层为止。唐山矿使用钻孔套管规格及使用年限见表 8-8-37。

3. 管壁计算

1）垂直管路。

$$\delta = 0.5d\left(\sqrt{\frac{0.0102R_C + 0.0041P}{0.0102R_C - 0.0133P}} - 1\right) + a_f + b \tag{8-8-19}$$

表 8-8-34　泥浆在管道中的临界流速

土壤名称	土壤相对密度	管道外直径及壁厚 (mm)	土水比	泥浆密度 (t/m³)	临界流速 (m/s)
粘 土	2.7	89×6	1∶3	1.283	1.121
			1∶5	1.182	1.329
			1∶7	1.134	1.490
		114×6	1∶3	1.283	1.230
			1∶5	1.182	1.453
			1∶6	1.155	1.55
			1∶7	1.134	1.636
			1∶10	1.096	1.934
		168×7	1∶3	1.283	1.412
			1∶5	1.182	1.674
			1∶6	1.155	1.779
			1∶7	1.134	1.877
			1∶10	1.096	2.219
轻 亚 粘 土	2.7	89×6	1∶3	1.283	1.429
			1∶5	1.182	1.694
			1∶7	1.134	1.90
		114×6	1∶3	1.283	1.570
			1∶5	1.182	1.88
			1∶6	1.155	1.978
			1∶7	1.134	2.086
			1∶10	1.096	2.467
		168×7	1∶3	1.283	1.801
			1∶3	1.182	2.13
			1∶6	1.155	2.270
			1∶7	1.134	2.394
			1∶10	1.096	2.830

注：表中临界流速是按（原苏联）乌克兰建筑工业科学院试验公式所得之结果。计算公式采用《金属矿山充填采矿法设计参考资料》一书所列公式。

表 8-8-35　普 通 承 插 铸 铁 管 规 格
（砂型离心式）

公称直径 (mm)	管壁厚 (mm)	内 径 (mm)	外 径 (mm)	有效长度 (mm)	重　量（kg）	
					每米重量 （直部）	总　重
200	8.8	202.4	220.0	5000	42.0	227.0
250	9.5	252.6	271.6	5000	56.3	304.0
300	10.0	302.8	322.8	5000	70.7	380.3
300	10.0	302.8	322.8	6000	70.7	451.0

注：普压管承压不大于 7.5×98.0665kPa

表 8-8-36　高压承插铸铁管规格

（砂型离心式）

公称直径 （mm）	管壁厚 （mm）	内 径 （mm）	外 径 （mm）	有效长度 （mm）	重 量（kg）	
					每米重量 （直部）	总 重
200	10.0	200	220.0	5000	47.5	255.0
250	10.8	250	271.6	5000	63.7	341.0
300	11.4	300	322.8	5000	80.3	428.0
300	11.4	300	322.8	6000	80.3	509.0

注：高压管承压不大于 10×98.0665 kPa

表 8-8-37　唐山矿第一灌浆站灌浆钻孔套管规格及使用年限

套 管 规 格	安 装 部 位	使 用 年 限 （a）
$d108 \times 6$	上 部	4～5
$d108 \times 6$	下 部	9～10
$d89 \times 5$		4～5

式中　δ——管壁厚度，mm；开滦、枣庄等矿使用情况见表 8-8-38；

d——管路内直径，mm；

R_C——许用应力，无缝钢管 $R_C = 800 \times 98.0665$ kPa；焊接钢管 $R_C = 600 \times 98.0665$ kPa；

P——管内压力，kPa，$P = 10.79 \gamma_j H$；

γ_j——泥浆密度，t/m^3；

H——井深，m；

a_f——因管壁厚度不均等的附加厚度，无缝钢管 $a_f = 1.0 \sim 2.0$ mm，铸铁管 $a_f = 7 \sim 9$ mm；

b——考虑垂直管道磨损量的附加厚度，目前尚无足够实验数据，根据不同用途的巷道（井筒、总回风巷或上山巷道）及服务时间的长短，$b = 1.0 \sim 4.0$ mm。

井下管道壁厚、转管情况及管道寿命见表 8-8-38。

表 8-8-38　管道壁厚、转管情况及管道寿命

矿井名称	管 径 （mm）	壁 厚 （mm）	转管情况	管道寿命 （a）
开滦唐山矿	108、102、89	4.5～5	1～2 年转一次， 一次转 90°	7～8
开滦赵各庄矿	127、108、102、89	4.5～5 最大为 7	1 年转一次 转 60°～90°	7～8
枣庄陶庄矿	159、108、50	4～6	未转过	已使用 10 年未换
枣庄莱村矿	100、80、50	4（d100、80） 3.5（d50）	未转过	12 年以内仅部分更换
徐州权台矿	100	4	未转过	已使用 8 年未换
说　明	唐山、赵各庄矿因灌浆材料含砂量大（达 90%），磨损速度快，所以管道寿命短一些，其他各矿由于含砂量小，泥浆也较稳定，磨损小，所以寿命长一些			

无缝钢管的磨损见表 8—8—39。

表 8—8—39 无 缝 钢 管 的 磨 损

管子尺寸（mm）		砂质粘土（万 m³）		亚粘土（万 m³）		砂（万 m³）		砾石（万 m³）	
直径	壁厚	A	B	A	B	A	B	A	B
200	8	11.5	46	15.0	60	10.4	41.6	6.3	29
300	10	25.0	156	33.8	200	23.4	140.0	13.0	78

注：表中 A 为使管壁磨损 1mm 的土岩通过量；B 为管子完全磨坏时的土岩通过量。

2）水平管道

$$\delta = \frac{0.0102Pd}{1.4284nR_C} + a_f \qquad (8-8-20)$$

式中　　δ——管壁厚度，mm；

　　　　n——管道质量与壁厚不均的变动系数，取 $n=0.9$；

　　　　R_C——许用应力，无缝钢管 $R_C = 800 \times 98.0665$kPa；灰铸铁管 $R_C = 200 \times 98.0665$kPa；

　　P、d、a_f——符号注释同前式。

灌浆管道管壁厚度计算也可按第三篇水力采煤输送流体用钢管所列管壁厚度的计算公式计算。

（二）灌浆管路布置

1. 输浆倍线

灌浆喇叭口至工作面灌浆管出口间管路总长度 ΣL 与管路首末两端高差 ΣH 之比，称为输送倍线，即 $N = \frac{\Sigma L}{\Sigma H}$。倍线与水土比、土质、井下灌浆管路布置等因素有关。倍线的实质是表示泥浆在输送过程中的能量损失关系。在给定的系统中，将有相应的倍线比与一定的水土比相适应。水土比越大；倍线也就增大；泥浆中含砂量较少，则倍线也增大。

当借自然压头输浆压力不够或倍线不能满足要求时，用 PN 型泥浆泵和 PS 型砂泵加压。常用输浆倍线见表 8—8—40。

表 8—8—40 输 浆 倍 线

矿井名称	土水比	$\frac{\Sigma L}{\Sigma H}$	常用倍线范围	目前阶段最大倍数	说　　明
窑街局一矿	1:2～1:5	2960:270	8～9	10.96	自 1～3 灌浆站至 1325 工作面的二上山
窑街局二矿二号井	1:2～1:5	2638:272	7～8	9.70	自 2～3 灌浆站至 2422 工作面
石嘴山局一矿	1:10	3000:188	8～12	16	最大倍线是在密闭灌浆时用过几次（即 922 水平灌浆使用过）
	1:8	1500:136	11		974 水平用
枣庄陶庄矿	1:4		10		

矿井名称	土水比	$\dfrac{\Sigma L}{\Sigma H}$	常用倍线范围	目前阶段最大倍数	说　明
枣庄魏家庄	1:5	1800:270	5	6.6	
淮南谢家集二矿	1:3		10		
开滦唐山矿	1:7~1:8 或 1:10		7~8	<10	电厂炉灰作灌浆材料
开滦赵各庄	1:10		7~8	<10	电厂炉灰作灌浆材料
重庆中梁山煤矿	1:5	1930:220	8~12	16	
芙蓉杉木树矿南井	1:4~1:6		4~5	6~7	灌浆材料为页岩

2. 灌浆管路布置

灌浆管路有"L"形和"阶梯"形两种,如图8—8—19所示。

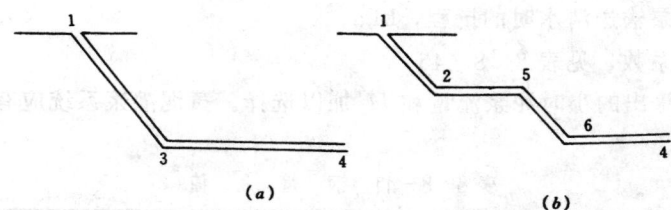

图 8—8—19　灌浆管路布置形式

a—"L"形布置(1—3—4);b—"阶梯"形布置(1—2—5—6—4)

"L"形布置能量集中,能充分利用自然压头,有较大的注浆能力,安装维护和管理等方面均较简单。但是随采深增加,泥浆压头也随之增大,斜管与平管相连处压力最大,当最大压力接近或超过管路抗压强度时,将发生崩管。故"L"形适用浅部灌浆管路布置。深井时"阶梯"形布置优于"L"形布置。

（三）泥浆泵选择

根据不同的取土方式,可分别按单位耗水量或土水比确定。

泥浆泵所需总扬程:

$$H_j = h_n + h_y + h_\xi + h_X + h_p + h_s \qquad (8-8-21)$$

式中　H_j——输送泥浆所需的总扬程,kPa;

　　　h_n——与泥浆提升几何高度相当的水柱高,$h_n = 9.81\gamma_j h_0$,kPa;

　　　γ_j——泥浆密度,t/m^3;

　　　h_0——泥浆提升几何高度,m;

h_y——泥浆管路沿程水头损失，$h_y = L \cdot i_j$，kPa；

L——泥浆管路长度，m；

i_j——泥浆管道每米长度的水压头损失，设计中一般采用 $i_j = K \cdot i_s$ 即马卡维耶夫公式计算，kPa；

i_s——清水状态下的水压头损失，$i_s = \dfrac{\lambda_s v^2}{2d}$，kPa；

λ_s——清水阻力系数，见表 8−8−41；

v——泥浆实际工作流速，m/s；

d——管路内直径，m；

K——泥浆阻力系数，见表 8−8−42；

h_ξ——泥浆管路总的局部阻力损失，一般按 h_y 的 10% 计算，kPa；

h_x——泥浆泵或砂浆泵的吸程，一般按 39.24～49.05kPa 选取。当条件许可，其吸口进浆方式为压入式时，h_x 为负值；

h_p——泥浆泵站内管道及零件的水头损失，一般取 19.62～29.43kPa；

h_s——剩余水压头，一般取 19.62～49.05kPa。

为了简化计算，泥浆泵输送泥浆时的扬程与输送清水时的扬程换算关系如下：

$$H_j = AH_s \tag{8−8−22}$$

式中　H_j——泥浆泵输送泥浆时的扬程，kPa；

H_s——泥浆泵输送清水时的扬程，kPa；

A——换算系数，见表 8−8−43。

泥浆泵根据计算出的小时泥浆流量和 H_j 加以选择。黄泥灌浆系统应有备用泵。

表 8−8−41　钢　管　λ_s　值

d (mm)	178	140	123	93	67
λ_s	0.0203	0.0222	0.0237	0.0260	0.0292

注：铸铁管的 λ_s 值，在设计中可按 $\lambda_s = 0.02$ 选取。

表 8−8−42　泥　浆　阻　力　系　数　K

土　　水　　比		1:3	1:5	1:6	1:7	1:10
土的名称	粘　土	1.15	1.14	1.135	1.13	1.125
	亚粘土	1.155	1.145	1.14	1.135	1.125
	轻亚粘土	1.16	1.15	1.145	1.14	1.125

表8-8-43　换　算　系　数　A

泥浆密度 γ_j	系　　数　　A			
	土　的　密　度　(t/m³)			
	2.5	2.6	2.7	2.8
1.05	1.03	1.03	1.03	1.03
1.10	1.06	1.06	1.06	1.06
1.15	1.09	1.09	1.09	1.09
1.20	1.11	1.11	1.12	1.12
1.25	1.14	1.15	1.15	1.15
1.30	1.17	1.18	1.18	1.18

第三节　氮气防灭火

一、设计技术要求

（一），采用氮气防灭火的要求

1）氮气源稳定可靠；

2）注入的氮气浓度不小于 97%；

3）至少有一套专用的氮气输送管路系统及其附属安全设施；

4）有能连续不断地监测采空区气体成分变化的监测系统；

5）有固定或移动的温度观测站（点）和监测手段；

6）有专人定期进行检测、分析和整理有关记录、发现问题及时报告处理等规章制度。

（二）火区灭火熄灭条件要求

1）火区内的空气温度下降到 30℃ 以下，或与火灾发生前该区的日常空气温度相同；

2）火区内空气中的氧气浓度降到 5% 以下；

3）火区内空气中不含有乙烯、乙炔，一氧化碳浓度在封闭期间内逐渐下降，并稳定在 0.001% 以下；

4）火区的出水温度低于 25℃，或与火灾发生前该区的日常出水温度相同；

5）上述 4 项指标持续稳定的时间在 1 个月以上。

二、设计依据及内容

（一）设计依据

1）矿井开拓方式、采区布置、开采深度；

2）采煤方法、工作面通风系统及配风量与工作面（或采区）开采要素；

3）煤层赋存条件，地质构造、顶板岩性和丢煤情况；

4）防灭火区的自然条件。

（二）设计主要内容

1）氮气防灭火工艺系统；

2）氮气的制备与设备；

3）氮气的注氮方法；

4）氮气防灭火参数计算；

5）氮气防灭火的监测；

6）工艺系统图的绘制及说明书的编写。

三、注氮工艺、设备和方法

（一）氮气防灭火概况

液氮是一种超低温技术制取的液态氮。它是由空气分离设备制氧机的副产品——气氮，经压缩和深冷（－195.8℃）等技术流程制取而成。

液氮防灭火是我国"六·五"初期首先开始试验研究的一种防灭火技术，为我国煤矿氮气防灭火技术的推广应用奠定了基础。经多年应用实践表明，液氮的制取、贮存和运输设备不仅投资大，制液氮成本高，而且厂房及地面占地多，基建投资高，不完全适合我国煤矿的国情，于 20 世纪 90 年代初遂转为采用变压吸附与膜分离技术制氮设备的开发研制，近几年来，已有地面固定式（如靖远局魏家地矿）、地面移动式（如西山局杜儿坪矿）和井下移动式（如淮北矿务局）变压吸附制氮装置及膜分离（如兖州局济宁二、三号井，济北矿；姚桥矿；平顶山局；神户矿区东胜矿）制氮装置相继投入使用。目前我国已有 50 余个局矿建立了氮气防灭火系统，而变压吸附及膜分离制氮设备已在约 40 余个局矿中应用，为我国煤矿安全生产，发挥着重要的作用。

（二）确定工艺系统的原则

1）对于自然发火频繁，且火灾范围大的矿井，可根据地表与火区的距离远近采取地面固定式制氮装置，管道或直接从地表打钻输送氮气的工艺系统；

2）对于矿区范围大，火灾又频繁，地表与井下工作面距离近的矿井，可采取地面移动式制氮装置，管道输送氮气的工艺系统；

3）对于井田范围大，风井多，井口距火区较远，且火区多而分散，输氮管路长的矿井，可采取井下移动式制氮装置的工艺系统。

由于煤矿条件千差万别，设计时，应根据矿井具体条件，进行技术经济比较，择优选取。

（三）注氮工艺

1. 注氮系统

1）制氮设备

我国煤矿防灭火目前所选用的制氮设备有：地面固定式深冷制氮设备；矿用地面固定式、地面移动式和井下移动式变压吸附制氮设备，以及矿用地面固定式、地面移动式和井下移动式膜分离制氮设备。按空分原理可将其分为深冷式、变压吸附式和膜分离式。近几年来，尤以变压吸附和膜分离制氮设备在煤矿现场应用得最多。

煤科总院重庆分院、抚顺分院最近研制开发的系列制氮装置见表 8－8－44。

2）注氮系统

地面固定式和地面移动式制氮设备生产的氮气，经井上下输氮管路送达采空区内或火区内。该系统的优点是制氮设备产氮能力大，灭火速度快。缺点是需专门铺设一趟输氮管路。

井下移动式制氮设备安置于距需要防火或灭火区域的就近处，经供电、供水、管路连接，便可开机生产氮气，经输氮管将氮气送达防灭火区内。该系统的优点是不需铺设专用输氮管

表 8—8—44　制氮装置技术性能

空分方式	设备形式	设备型号	生产能力 氮气 (Nm³/h)	氧气 (Nm³/h)	氮气纯度 (%)	开机到出氮时间	氮气出口压力 (MPa)	生产厂家
深冷	地面固定式	KZON-150/600-3	600	150	99.9	8~12h	0.05	江西制氧机厂
变压吸附碳分子筛	地面固定式	KGZD	600~2000		≥98	30~50min	0.6	煤科总院重庆分院温州瑞气空分设备有限公司
	地面移动式	KYZD	600~1500		≥98	40min	0.6~0.85	
	井下移动式	JXZD	200~700		≥97	30min	0.5 可调	
	井下移动式	MD	200~600		≥97	30min	0.65	
膜分离	井上固定式或移动式		氮气纯度 97%~99.9%，压力 0.65~1.0MPa，产氮量可达到 2000Nm³/h					煤科总院抚顺分院

路。缺点是制氮设备产氮能力较小。

2. 注氮工艺

根据矿井具体条件，可选择如下的注氮工艺：

埋管注氮——在工作面的进风侧沿采空区埋设一趟注氮管路。当埋入一定深度后开始注氮，同时又埋入第二趟注氮管路（注氮管口的移动步距通过考察确定）。当第二趟注氮管口埋入采空区氧化带与冷却带的交界部位时向采空区注氮，同时停止第一趟管路注氮，并又重新埋设注氮管路，如此循环，直至工作面采完为止。

拖管注氮——在工作面的进风侧沿采空区埋设一定长度（其值由考察确定）的厚型钢管作为注氮管，它的移动主要利用工作面的液压支架，或工作面运输机头、机尾，或工作面回风巷的回柱绞车牵引。注氮管路随工作面的推进而移动，使其始终埋入采空区内的一定深度。

钻孔注氮——在地面向井下火灾或火灾隐患区域打钻孔，通过钻孔套管（全套管）将氮气注入防灭火区。利用工作面消火道，或与工作面相邻的巷道，向采空区或火灾隐患区域打钻孔注氮。

插管注氮——工作面开切眼或停采线，或巷道高冒顶火灾，可采用向火源点直接插管的注氮方式进行注氮。

密闭注氮——利用密闭墙上预留的注氮管向火灾或火灾隐患的区域实施注氮。

旁路式注氮——利用采用改进风巷的工作面，可利用与工作面平行的巷道，在其内向煤柱打钻孔，将氮气注入采空区。

3. 注氮方式与防灭火方法

1）注氮方式

注氮方式分为开放式注氮和封闭式注氮。在不影响工作面的正常生产和人身安全时，可采用开放式注氮。火灾及其火灾隐患影响工作面的正常生产，或突然性外因火灾，或瓦斯积聚区域达到爆炸界限时，可采用封闭式注氮。

2）注氮防灭火方法

连续式注氮——工作面开采初期和停采撤架期间，或因地质原因，或因机电设备原因造成工作面推进缓慢，宜采用连续性注氮。

间断性注氮——工作面正常回采期间，可采用间断性注氮。

注氮地点——应尽可能选在进风侧，或靠近火源。工作面注氮防火，注氮管口应处于采空区氧化带内。

注氮抑制瓦斯爆炸——注氮惰化瓦斯积聚区域，或扑灭瓦斯积聚区的火灾，密闭墙须建防爆墙，同时密闭墙的构筑顺序严格按要求执行。注氮的同时，应取样分析灾区气体成分的变化，并用空气——甲烷混合物的爆炸三角形进行失爆性的判定。

4. 堵漏措施

目前，我国煤矿采用的堵漏措施主要有水泥砂浆、尿醛树脂泡沫、凝胶堵漏和泵送高水速凝巷旁充填等，设计时可因地制宜采用。

煤炭科学研究总院重庆分院于"九·五"期间研究成功了以铝酸钠为促凝剂的凝胶、粉煤灰凝胶和黄泥胶体（凝胶多以水玻璃作基料，用量4%～5%；促凝剂铝酸钠含量为27%时，用量1%～4%；粉煤灰凝胶和黄泥胶体则以粉煤灰或黄泥作骨料，用量为20%～50%；其余为水。目前，兖州矿业集团公司东滩煤矿4308综放面采用粉煤灰凝胶堵漏防灭火的配比为：

粉煤灰用量 30%、水玻璃 3%、铝酸钠 1.5%，其余为水，初凝时间约 3min)，并采用了 KBJ 系列注浆设备，可用于矿井注氮堵漏的需要。KBJ 系列注浆设备基本配置及技术参数见表 8－8－45。

表 8－8－45　KBJ 系列注浆设备基本配置及技术参数

型　号	基　本　配　置						搅拌机（2 台）
	注浆泵（1 台）			计量泵（1 台）			
	型　号	压力 (MPa)	流量 (m³/h)	型　号	压力 (MPa)	流量 (m³/h)	
KBJ－50/1.6	KLB－3/1.6	1.6	3	ZJ₃－400/2.0	2.0	0～0.4	型号：KJJ－0.25 有效容积 0.25m³
KBJ－50/2.0	KLB－3/2.0	2.0					
KBJ－50/2.4	KLB－3/2.4	2.4		ZJ₃－400/3.0	3.0		
KBJ－50/3.0	KLB－3/3.0	3.0					
KBJ－100/1.6	KLB－6/1.6	1.6	6	ZJ₃－500/2.0	2.0	0～0.5	型号：KJJ－0.4 有效容积 0.4m³
KBJ－100/2.0	KLB－6/2.0	2.0					
KBJ－100/2.4	KLB－6/2.4	2.4		ZJ₃－500/3.0	3.0		
KBJ－100/3.0	KLB－6/3.0	3.0					
KBJ－100/5.0	KLB－6/5.0	5.0		ZJ₃－500/4.0	4.0		

（四）注氮气体监测

为便于采空区取气样分析，在铺设注氮管的同时，采空区应同时预埋束管监测探头，其数量视取气样点数而定。在注氮管或支管分叉处必须设置观测点（测定流量、压力、浓度及温度）。为了考查注氮的流向与分布，可借助施放 SF_6 示踪气体加以检测。

（五）注氮防灭火效果考察

为保证注氮防灭火的有效性，必须对注氮的区域采取局部均压或区域性均压，并采取严格的堵漏措施以及有效的火灾监测，使防灭火区的漏风量降到最低限度。

注氮防灭火期间，应对其效果进行考察，其内容包括：工作面采空区注氮防火，注氮后采空区"三带"的变化；注氮量、注氮扩散半径、注氮口的移动步距等参数；采空区煤自然发火指标。

"八·五"以来，综采放顶煤开采技术在我国条件适宜的矿井得到广泛应用，因此，氮气防灭火技术成为该采煤方法的主要防灭火措施。

［实例一］1991 年 10 月，乌鲁木齐矿务局六道湾煤矿放顶煤综放工作面采空区自燃，封闭工作面后采用黄泥灌浆灭火 1 个月无明显效果，采用氮气灭火后，使火区 CO 浓度为零，O_2 浓度为 1.5%，气体温度为 18℃ 常温，当即打开密闭恢复生产。

［实例二］1993 年 6 月，西山矿务局杜儿坪矿 19110 综采工作面撤架刚结束时，已撤除支架的运输顺槽发生自燃，立即对采空区用板闭临时封闭注氮，当时通过埋设的束管测得火源点附近的 2 号测点 CH_4 和 O_2 的浓度分别为 7% 和 14%，此点正处于爆炸三角形之内，而此点的 CO 浓度正以 300ppm/d 速度上升，瓦斯即将爆炸，注氮 4h 后，将此点的 O_2 浓度降为 10%，抑制了火区的瓦斯爆炸，注氮 10d 后，彻底扑灭了火灾。

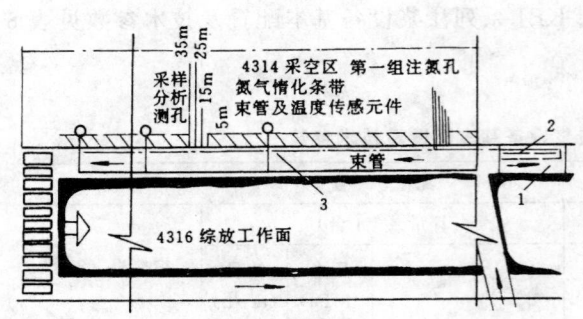

图 8-8-20 4316 综放工作面注氮工艺系统
1--制氮硐室；2—制氮装置；3—注氮管路

[实例三] 兖州矿务局兴隆庄矿 4316 综放工作面注氮工艺系统，如图 8-8-20 所示。

4316 工作面为无煤柱开采综放工作面，工作面斜长 160m，走向长 1676m，平均煤厚 8.11m，近水平，低瓦斯煤层，自然发火期 3～6 个月，工作面风量 550m³/min～600m³/min。该工作面上邻 4314 综放工作面（已采），下接 4318 综放工作面（未采）。火灾威胁主要来自 4314 工作面采空区，防治火灾的重点也是该采空区，并在 4316 开采过程中曾出现过发火征兆。

工作面采用 MD-350 型井下移动式膜分离制氮装置。该装置安设在距 4316 停采线 200m 的巷道硐室内，在井下直接制取氮气。注氮管路沿 4316 进风顺槽布置，采用旁路支流式注氮，通过钻孔向 4314 采空区注氮，同时把注氮孔不断前移，最终使 4314 采空区沿 4316 进风顺槽一侧形成 20～40m 的氮气惰化条带。并在重点隐患区域，设注氮支口，向火源点注氮灭火，直到消除火点。注氮工艺参数：注气氮钻孔孔径为 25mm；注氮管路直径 φ50mm，氮气纯度为 97%，注气氮量 350～370m³/h，注氮时间 12～14h/d，注氮压力 0.75MPa，注气氮总量 16 万 m³。

为观测注氮效果，测取注氮工艺参数，监视 4314 采空区煤自燃状况，布置了束管监测、温度监测及人工检查系统。

注氮效果：依 4314 采空区上下两侧存在着风压差，沿漏风方向则依次划分成"三带"。冷却带位于 4316 工作面进风巷一侧，深度 0～10m；氧化带深度 10～40m；而后是窒息带。4314 采空区注氮后，35m 深外的氧浓度为 2.6%，5m 深处的氧浓度为 12.2%，氧化带的面积缩小了一半以上。通过气体成分的观测，氮气沿 4314 走向的扩散半径可达 230m。

四、参数计算

（一）注氮防灭火惰化指标

1）注氮防火惰化，即注氮后采空区内氧气浓度不得大于 7%；

2）注氮灭火惰化，即火区内氧气浓度不大于 3%；

3）注氮抑制瓦斯爆炸，其采空区氧气浓度指标小于 12%。

（二）注氮量

确定注氮量主要根据防灭火区的空间大小及自燃程度确定。目前尚无统一的计算方式，可按综放面（综采面）的产量、吨煤注氮量、瓦斯量、氧化带内氧浓度进行计算。

1. 按产量计算

此法计算的实质是在单位时间内注氮充满采煤所形成的空间，使氧气浓度降到防灭火惰化指标以下，其经验计算公式为：

$$Q_N \left[A/(1440\rho t n_1 n_2)\right] \times (C_1/C_2 - 1) \qquad (8-8-23)$$

式中 Q_N——注氮流量，m³/min；

A——年产量，t；

t——年工作日，取 300d；

ρ——煤的密度，t/m³；

n_1——管路输氮效率，%；

n_2——采空区注氮效率，%；

C_1——空气中的氧浓度，取 20.8%；

C_2——采空区防火惰化指标，可取 7%。

2. 按吨煤注氮量计算

此法计算是指综放面（综采面）每采出 1t 煤所需的防火注氮量。根据国内外的经验，每吨煤需 5m³ 氮气量，可按下式计算注氮流量：

$$Q_N = 5AK / 300 \times 60 \times 24 \tag{8—8—24}$$

式中　Q_N——注氮流量，m³/min；

A——年产量，t；

K——工作面回采率。

3. 按瓦斯量计算

$$Q_N = Q_c C / (10 - C) \tag{8—8—25}$$

式中　Q_N——注氮流量，m³/min；

Q_c——综放面（综采面）通风量，m³/min；

C——综放面（综采面）回风流中的瓦斯浓度。

4. 按采空区氧化带氧浓度计算

此法计算的实质是将采空区氧化带内的原始氧浓度降到防灭火惰化指标以下，可按下式计算：

$$Q_N = [(C_1 - C_2) Q_v] / (C_N + C_2 - 1) \tag{8—8—26}$$

式中　Q_N——注氮流量，m³/min；

Q_v——采空区氧化带的漏风量，m³/min；

C_1——采空区氧化带内原始氧浓度（取平均值）；

C_2——注氮防火惰化指标，防火取 7%；

C_N——注入氮气中的氮气纯度。

将以上计算结果取最大值，再结合煤矿具体情况考虑 1.2～1.5 的安全备用系数，即为采空区防灭火时的最大注氮流量。

在设计中应根据注氮量的计算，参照对比国内实际经验，并结合矿井具体情况确定井下防灭火注氮量。最终确定的注氮量，要能够满足井下所有采煤工作面正常防火需要和井下一般灭火需要。

根据国内外经验：

1）防火注氮量一般为 5m³/min（氮气）；

2）灭火注氮量，原则上最初强度要大，将火势压住，然后逐渐降低强度。若回风敞口，单位时间注氮量不能小于 9.2m³/min；全封闭时，可控制在 8m³/min。

煤科总院重庆分院根据多年注氮防灭火经验，灭火注氮量为 500～600m³/h。注氮的同时，必须加强均压和堵漏，控制火区漏风；并探明火源位置，向火源点范围连续注入。

（三）输送压力验算

输送氮气的管道多采用无缝钢管。设计时，可根据输送氮气（或注氮）的单位时间流量大小参考第七章矿井抽放瓦斯有关管径公式或按经验预选管径。

在确定制氮设备的类型和产氮量以后，对制氮设备的输出压力是否满足用户的要求，需通过压力验算，其公式如下：

$$P_1 = \{0.0056\ (Q_{max}/1000)^2 \Sigma\ (D_0/D_i)^5\ (\lambda_i/\lambda_0)\ \times L_i + P_2^2\}^{\frac{1}{2}}$$

$$(8-8-27)$$

式中　P_1——管路初端的绝对压力，MPa；

　　　P_2——管路末端的绝对压力，MPa；

　　　Q_{max}——最大输氮流量，m^3/min；

　　　D_0——基准管径，150mm；

　　　D_i——相同直径的输氮管径，mm；

　　　L_i——相同直径管路的长度，km；

　　　λ_0——基准管径的阻力损失系数，0.026；

　　　λ_i——实际输氮管径的阻力损失系数，可按表8－8－46选取。

表 8－8－46　不同直径钢管的阻力损失系数

管径 P_1 (mm)	70	80	100	150	200	250	300
阻力系数 λ_1	0.032	0.031	0.029	0.026	0.024	0.023	0.022

通过上式计算，只要制氮设备输出的氮气压力大于 P_1 值便可满足输送要求。

第四节　阻 化 剂 防 灭 火

一、设计技术要求

1）任何一个矿井在使用阻化剂进行防火前，应将阻化剂对金属的腐蚀性，对人体的呼吸器官、视觉系统及皮肤的刺激等进行分析测定，以确定合适的阻化剂种类，喷注工艺和合理的浓度与数量。同时还应编制阻化剂防火专门设计，经矿总工程师批准后方可使用。

2）采用阻化剂防火，必须遵守下列规定：

（1）阻化剂必须不污染井下空气，不危害人体健康；

（2）阻化剂的种类和数量、阻化效果等主要参数，都必须在设计中作出明确规定；

（3）应采取防止阻化剂腐蚀机械设备、支架等金属构件的措施。

二、设计依据及内容

1. 设计依据和基础资料

1）煤的物理化学性质（煤的水分、煤结构上的化学活性分子团及煤的成分等）；

2）阻化剂的化学性质、物理性质及其来源；

3）矿井周围地理环境、水源、气候条件；

4）煤层顶底板岩性；

5）采煤方法、开拓系统、采区布置；

6）煤的自然发火期，发火特征等。

2．设计主要内容

阻化剂防火的设计内容应包括：

1）喷洒（注）阻化剂地点或煤层概况：工作面名称、煤层倾角、厚度及开采厚度、采煤方法、工作面长度、循环进度、工作面通风方式及工作面风量，开采煤层自燃倾向性等级及自然发火期。

2）阻化剂种类及其配制。

3）阻化剂喷洒工艺系统。

4）阻化剂喷洒（注）方式、方法。

5）喷洒（注）周期与参数计算。

6）阻化剂防灭火管理（操作规程、质量、效果检验、日常观测制度）。

7）阻化剂防灭火劳动组织和成本概（预）算及设计说明书编写。

三、材料及工艺

（一）阻化剂材料

1．阻化剂选择要求

煤的种类不同，阻化剂的阻化效果也不相同，同时所需用的阻化剂溶液的最适宜浓度也不一样。设计时应因地制宜、就地取材选用阻化剂材料，并通过阻化剂检验装置来确定最佳阻化剂和最适合的溶液浓度。选择阻化剂，应综合考虑以下几个方面：

1）来源广泛，货源充足，购置方便、价格便宜；

2）阻化率高，阻化寿命长；

3）配制容易，井下使用操作方便，工艺过程简单；

4）对井下设备和金属构件腐蚀性小，对人体无害。

2．阻化率与阻化寿命

良好阻化剂应是阻化率高，阻化寿命（阻化衰退期）长。

1）阻化率计算。

（1）烟煤、褐煤的阻化率：

$$E = \frac{A-B}{A} \times 100\% \qquad (8-8-28)$$

式中　E——烟煤、褐煤的阻化率，%；

　　　A——原煤样在100℃、160mL/min空气通过反应管时CO的ppm数；

　　　B——阻化煤样在同样条件下CO释放量的ppm数。

（2）高硫煤的阻化率：

$$E_1 = \frac{A_1 - B_1}{A_1} \times 100\% \qquad (8-8-39)$$

式中 E_1——高硫煤的阻化率，%；

      A_1——高硫煤原煤样在 180℃、80mL/min 纯氧中氧化 5h 放出 SO_2 的 mg 数；

      B_1——高硫煤阻化煤样，在与原煤样相同的反应条件下放出的 SO_2 的 mg 数。

    2）阻化寿命。

煤科院抚顺分院在沈阳蒲河煤矿和内蒙五家煤矿所作的两种阻化剂的寿命试验，见表 8-8-47 和表 8-8-48。沈阳蒲河煤矿的煤样，经 20% 卤块水溶液处理后，4 个月阻化率下降 13%，而内蒙五家煤矿经 20% 氯化钙水溶液处理后阻化率下降 19.7%，两个矿的阻化效果均有下降，但下降的幅度不是很大。

表 8-8-47   蒲河煤矿井下阻化寿命

取样日期	煤样名称	阻化剂	阻化率（%）
1976 年 6 月 8 日	蒲河煤矿	卤块 20%	78.5
1976 年 7 月 8 日	蒲河煤矿	卤块 20%	66.8
1976 年 8 月 8 日	蒲河煤矿	卤块 20%	50.3
1976 年 9 月 8 日	蒲河煤矿	卤块 20%	59.2
1976 年 10 月 8 日	蒲河煤矿	卤块 20%	65.5

    3. 阻化剂种类及其效果

    1）阻化剂种类：

用于煤矿防灭火的阻化剂主要有 $CaCl_2$、$MgCl_2$、$ZnCl_2$、$AlCl_3$、P_2O_5、$NaHPO_4$、NaCl、KCl、$Ca(OH)_2$、H_3BO_3、水玻璃（$Na_2O \cdot nSiO_2$），以及铝厂的炼镁槽渣、化工厂的硼酸废液，造纸厂的氯化锌废液、酿酒厂的废液等。其中以工业氯化钙（$CaCl_2 \cdot 5H_2O$），卤块、片（$MgCl_2 \cdot 6H_2O$）阻化效果好，货源充足，运贮方便，使用较广泛。经试验，褐煤、烟煤最适宜的阻化剂为工业氯化钙，卤块、片，高硫煤最适宜的阻化剂为消石灰 $[Ca(OH)_2]$、水玻璃。

表 8-8-48   五家煤矿井下阻化寿命

取样日期	煤样名称	阻化剂	阻化率（%）
1976 年 6 月 7 日	五家矿二井	工业氯化钙 20%	71.3
1976 年 7 月 7 日	五家矿二井	工业氯化钙 20%	59.5
1976 年 8 月 7 日	五家矿二井	工业氯化钙 20%	56.9
1976 年 9 月 7 日	五家矿二井	工业氯化钙 20%	51.2
1976 年 10 月 7 日	五家矿二井	工业氯化钙 20%	51.6

2）各种阻化剂对不同煤种的阻化效果：

（1）褐煤的阻化效果，见表8－8－49、表8－8－50；

（2）长焰煤的阻化效果，见表8－8－51；

（3）气煤的阻化效果，见表8－8－52；

（4）高硫煤的阻化效果，见表8－8－53；

（5）化工厂废渣废液的阻化效果，见表8－8－54。

3）阻化剂溶液浓度和用量，对阻化效果的影响：

阻化剂的阻化效果，是随阻化剂溶液的浓度和用量的增加而提高。

（1）阻化剂溶液的浓度对阻化效果的影响（阻化剂为沈阳化工厂硼酸废液），见表8－8－55。

（2）阻化剂溶液的用量，对阻化效果的影响（阻化剂为沈阳化工厂硼酸废液），见表8－8－56；

4）不同煤种最适宜的阻化剂和浓度：

通过多次试验，不同煤种最适宜的阻化剂和浓度，见表8－8－57，可供各矿采用阻化剂防火时参考。

表8－8－49　不同阻化剂对褐煤的阻化效果

阻化剂名称	纯　度	浓　度 （%）	用　量 （mL）	阻化率 （%）
$ZnCl_2$	化学纯	20	45	81.2
$MgCl_2 \cdot 6H_2O$	化学纯	20	45	78.4
$CaCl_2$	工　业	20	45	75.8
$AlCl_3 \cdot 6H_2O$	工　业	20	45	75.6
P_2O_5	化学纯	20	45	69.3
卤块	工　业	20	45	69.2
$CaCl_2$	化学纯	20	45	68.7
HCl	37%	20	45	63.7
KCl	化学纯	20	45	54.6
$Na_2HPO_4 \cdot 12H_2O$	化学纯	20	45	54.3
$CdCl_2 \cdot 2.5H_2O$	化学纯	20	45	52.4
$SrCl_2 \cdot 6H_2O$	化学纯	20	45	52.4
$Na_2B_4O_7 \cdot 10H_2O$	化学纯	20	45	52.2
NaCl	化学纯	20	45	51.6

续表

阻化剂名称	纯度	浓度 (%)	用量 (mL)	阻化率 (%)
$H_2B_4O_7$	化学纯	20	45	49.4
$BaCl_2 \cdot 6H_2O$	化学纯	20	45	35.5
H_2O	蒸馏水		7	34.4
H_2SO_4	化学纯	20	45	33.8

表 8-8-50　褐煤的阻化率

煤矿名称	卤块 (20%)			工业氯化钙 (20%)			沈化硼酸废液 (45mL)		
	原煤样 CO (ppm)	阻化样 CO (ppm)	阻化率 (%)	原煤样 CO (ppm)	阻化样 CO (ppm)	阻化率 (%)	原煤样 CO (ppm)	阻化样 CO (ppm)	阻化率 (%)
蒲河矿褐煤	768.0	228.0	70.3	784.0	168.0	78.7	832.0	58.0	93.0
五家矿褐煤	596.0	184.0	69.2	569.0	138.0	75.8	618.0	56.0	91.0
清水矿褐煤	544.0	104.0	81.0	544.0	70.0	87.2	544.0	13.0	97.8

表 8-8-51　长焰煤的阻化率

煤矿名称	卤块 (20%)			工业氯化钙 (20%)			沈化硼酸废液 (45mL)		
	原煤样 CO (ppm)	阻化样 CO (ppm)	阻化率 (%)	原煤样 CO (ppm)	阻化样 CO (ppm)	阻化率 (%)	原煤样 CO (ppm)	阻化样 CO (ppm)	阻化率 (%)
八道壕矿长焰煤	384.0	82.0	78.7	386.0	68.0	82.5	392.0	41.0	89.8
新邱矿长焰煤	544.0	150.0	72.4	340.0	106.0	68.8	400.0	116.0	71.2
陈家山矿长焰煤	180.0	45.7	74.6	182.0	45.0	75.3	193.0	40.0	79.3

表 8-8-52　气煤的阻化率

煤矿名称	卤块 (20%)			工业氯化钙 (20%)			沈化硼酸废液 (45mL)		
	原煤样 CO (ppm)	阻化样 CO (ppm)	阻化率 (%)	原煤样 CO (ppm)	阻化样 CO (ppm)	阻化率 (%)	原煤样 CO (ppm)	阻化样 CO (ppm)	阻化率 (%)
老虎台矿气煤	238.0	128.0	46.2	196.0	93.0	52.6	268.0	92.0	65.7
邱皮沟矿气煤	230.0	100.0	56.5	168.0	32.0	81.0	236.0	10.0	95.7
西安矿气煤	280.0	140.0	50.0	260.0	135.0	48.1	200.0	50.0	75.0

表 8—8—53 高 硫 煤 的 阻 化 率

| 煤矿名称 | 含硫量 (%) | 阻 化 剂 | | | 原煤样 SO$_2$ (mg) | 阻化样 SO$_2$ (mg) | 阻化率 (%) |
		名 称	浓度 (%)	用量 (mL)			
义马杨村煤矿	14.33	水玻璃	20	45	2192.64	115.2	94.7
义马杨村煤矿	14.33	Ca (OH)$_2$	20	45	2019.84	19.2	99.0
杨梅山煤矿	6.57	水玻璃	25	22.5	1430.0	15.1	99.3
杨梅山煤矿	6.57	Ca (OH)$_2$	10	45	4166.4	3.46	99.92
天府煤矿南井	2.40	水玻璃		45	307.2	0.32	99.9
宜洛煤矿	2.33	水玻璃	20	45	92.8	1.4	98.5
乐平煤矿	6.18	水玻璃	20	45	4.64	0.96	79.3
青山煤矿	24.86	水玻璃	25	32.1	763.0	88.4	88.6
韩城煤矿	2.21	水玻璃	20	45	310.4	48.2	84.5
涟邵煤矿		Ca (OH)$_2$	10	45	476.16	129.6	72.8

表 8—8—54 化学工厂废渣废液的阻化率

| 煤样名称 | 阻 化 剂 | | 阻化率 (%) | 工 厂 名 称 |
	名 称	浓度 (%)		
五家煤矿二井	废盐酸白灰中和	10	67.6	抚顺有机化工厂废盐酸白灰中和
五家煤矿二井	炼镁槽渣	20	71.5	抚顺铝厂废渣
五家煤矿二井	三氯乙烯废酸中和	45mL	76.6	锦西化工厂盐酸白灰中和
五家煤矿二井	硼酸废液	20	89.4	沈阳化工厂盐酸法制硼酸废液
五家煤矿二井	氯化亚铁废液	45mL	72.0	沈阳电镀厂废液
五家煤矿二井	盐 卤	45mL	80.6	兴城盐场废卤水

表 8—8—55 不同浓度的阻化剂溶液的阻化效果

| 浓度 (%) | 煤 样 名 称 | | |
| | 五家煤矿 | 邱皮沟煤矿 | 蒲河煤矿 |
	阻 化 率 (%)		
20	89.4	93.8	97.4
15	85.6	82.2	94.4
10	77.2	64.0	80.3
6	63.9	55.9	68.2
4	56.1	43.3	51.5
1	20.0	23.3	22.8

表 8-8-56 阻化剂溶液用量对阻化效果影响

用量 (mL)	煤 样 名 称		
	五家煤矿	邱皮沟煤矿	蒲河煤矿
	阻 化 率 （%）		
45	89.4	93.8	97.4
35	78.8	81.7	89.3
25	75.3	65.9	88.3
15	67.7	62.2	61.1
5	28.2	44.4	41.6

表 8-8-57 不同品种煤最适宜的阻化剂和浓度

褐 煤			长 焰 煤			气 煤			高 硫 煤		
最 适 阻化剂	浓度 (%)	阻化 率 (%)	最 适 阻化剂	浓度 (%)	阻化 率 (%)	最 适 阻化剂	浓度 (%)	阻化 率 (%)	最 适 阻化剂	浓度 (%)	阻化 率 (%)
工业氯化钙 $CaCl_2$	10 20	70~80 75~90	工业氯化钙 $CaCl_2$	10 20	60~70 70~90	工业氯化钙 $CaCl_2$	10 20	40~50 45~60	水玻璃	10 20	80 90
卤块、片、粒 $MgCl_2 \cdot 6H_2O$	10 20	50~60 60~80	卤块、片、粒 $MgCl_2 \cdot 6H_2O$	10 20	50~60 60~80	卤块、片、粒 $MgCl_2 \cdot 6H_2O$	10 20	40~50 45~60	消石灰 $Ca(OH)_2$	20	80

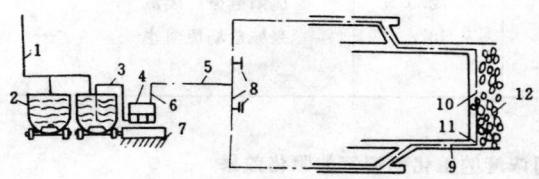

图 8-8-21 电动喷洒系统示意图

1—供水管；2—药液车；3—水泵上药液管；

4—拉杆泵；5—50.8mm 输药液管；6—压力表；

7—水泵底座；8—闸门；9—38.1mm 胶皮输药管；

10—喷枪；11—喷洒管；12—采空区

（二）喷洒压注工艺系统

目前我国煤矿常用机动性、半永久和永久性三种喷洒压注系统。

1. 机动性喷洒压注系统

这种系统是将喷洒压注设备和阻化剂溶液池安装在矿用平板车上，采用电动或气动两种动力方式喷洒压注阻化剂。

1）电动喷洒压注装置。

由直径 50.8mm 胶管或铁管，从 3D—5/40 拉杆泵接到防灭火处理地点，并与喷嘴和封孔器连接。由电动机启动，拉杆泵进行压注和喷洒，该系统工艺简单，施工快，投资小，机动性大，工艺系统示意图如图 8-8-21 所示。

2）气动喷洒压注装置。

在井下有压气系统的矿井，利用压风作动力，将配制好的阻化剂溶液装入密封罐内，从阀门控制的排出口由 38.1~50.8mm 铁管或耐压胶管将压气罐和喷枪（19.1mm）或封孔压注器相连接使之形成系统，依靠压气进行喷洒或压注。气压一般为（4～6）×98.0665kPa。

2. 半永久性喷洒压注系统

这种系统是在采区上下山或硐室内设置贮液池（一般为15～20m³）和注液泵，由38.1mm或50.8mm铁管铺设到进、回风巷直至工作面上下口。贮液池内阻化剂溶液（或药剂溶解后），由注液泵压至工作面进行喷洒或压注，也可向上、下顺槽破裂煤壁进行压注防灭火，工艺系统如图8－8－22所示。该系统能为几个工作面服务，服务年限较长。

3. 永久性喷洒压注系统

在地面设置永久性贮液池，用50.8～76.2mm铁管从贮液池铺设到进、回风巷道直至采煤工作面上下口，利用自然压头进行喷洒或低压压注。该系统适用于开采深度较浅井田范围不大的中小型矿井，系统如图8－8－23所示。

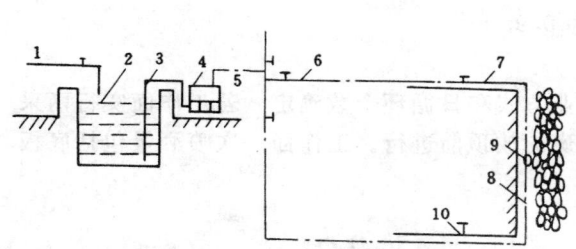

图8－8－22 半永久喷洒系统示意图

1—供水管路；2—药液池；3—水泵上药液管；
4—往复拉杆泵；5—压力表；6—50.8mm 输药液管；
7—38.1mm 输液胶管；8—喷洒管；9—喷枪；10—阀门

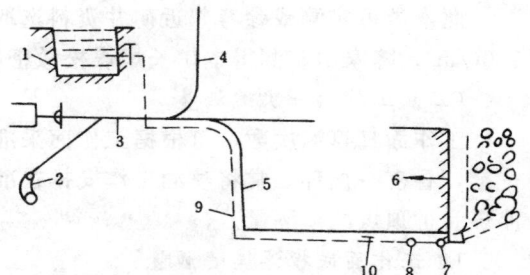

图8－8－23 永久喷洒系统示意图

1—贮液池；2—回风井；3—回风斜井；
4—北翼回风巷；5—南翼回风巷；6—工作面；
7—喷枪；8—流量计；9—喷洒管路；10—阀门

四、参数计算

（一）阻化剂溶液的浓度和密度

1. 阻化剂溶液的浓度

$$\rho = \frac{T}{C} \times 100\%$$
$$= \frac{T}{T+W} \times 100\% \qquad (8-8-30)$$

式中 ρ——阻化剂溶液浓度，%；

C——阻化剂溶液量，kg；

T——阻化剂用量，kg；

W——用水量，kg。

2. 阻化剂溶液的密度

此参数由实测取得。陈家山矿测得10%CaCl₂和15%MgCl₂溶液的平均密度为1.05t/m³；轩岗黄甲堡矿测得20%CaCl₂或MgCl₂溶液的平均密度为1.11t/m³。

（二）原煤的吸药液量和松散煤（浮煤）的密度

1. 原煤的吸药液量

此参数由实测或参考邻近矿取得。原煤的吸药液量与煤的粒度、阻化剂浓度、煤的硬度及含矸率有关。铜川局焦坪煤田测得原煤浮煤的吸药液量如表8—8—58。护顶煤（粒度大于15mm）平均吸药液量为11kg/t。

表8—8—58　陈家山矿原煤浮煤的吸药液量

阻化剂名称	CaCl$_2$		MgCl$_2$		备　注
溶液浓度（%）	10	20	10	20	10%CgCl$_2$，15%MgCl$_2$的平均吸液量
吸液量（kg/t）	47	67	54	63	为58kg/t

2. 松散煤（浮煤）的密度

此参数可实测或参考邻近矿井资料选取。原煤（褐煤、烟煤、无烟煤）的松散密度为0.85～1.0t/m³，陈家山矿测得本矿长焰煤松散密度为0.9t/m³。

（三）工作面一次喷洒量

工作面日喷洒次数，可根据工作面采准作业方式和日循环个数确定。若工作面实行两采一准，昼夜一循环，常将喷洒工作安排在准备班的放顶前进行。工作面一次喷洒量包括底板浮煤和护顶煤的喷洒量。

1. 工作面底板浮煤喷洒量

$$G_1 = K_1 K_2 LBh_1 A_1 \qquad (8-8-31)$$
$$V_1 = K_1 K_2 LBh_1 A_1/g \qquad (8-8-32)$$

式中　G_1——按重量计算浮煤一次喷洒量，kg 或 t；
　　　V_1——按体积计算浮煤一次喷洒量，m³；
　　　K_1——一次喷洒加量系数，一般取1.2；
　　　K_2——松散煤（浮煤）的密度，t/m³；
　　　L——工作面长度，m；
　　　B——一次喷洒宽度，m；
　　　h_1——底板浮煤厚度，m；
　　　A_1——原煤（浮煤）的吸液量，kg/t 或 t/t；
　　　g——不同阻化剂溶液的密度，t/m³。

2. 工作面护顶煤喷洒量

$$G_2 = K_3 LBh_2 A_2 \qquad (8-8-33)$$
$$V_2 = K_3 LBh_2 A_2/g \qquad (8-8-34)$$

式中　G_2——按重量计算护顶煤一次喷洒量，kg 或 t；
　　　V_2——按体积计算护顶煤一次喷洒量，m³；
　　　K_3——护顶煤（原煤）密度，t/m³；
　　　h_2——护顶煤厚度，m；
　　　A_2——护顶煤的吸液量，一般为11kg/t（或 t/t）；
L、B、g——符号意义同前式。

3. 工作面一次喷洒总量

$$G = G_1 + G_2 \qquad\qquad (8-8-35)$$

$$V = V_1 + V_2 \qquad\qquad (8-8-36)$$

式中　G——工作面一次喷洒的阻化剂溶液总重量，kg 或 t；

　　　　V——工作面一次喷洒的阻化剂溶液总体积，m^3。

（四）巷道（或煤柱）煤壁的喷洒量与钻孔压注量

1. 巷道（或煤柱）煤壁喷洒量

$$G_0 = K L_0 A_0 \qquad\qquad (8-8-37)$$

式中　G_0——喷洒范围内巷道（或煤柱）所需溶液的喷洒量，kg 或 t；

　　　　K——喷洒加量系数，取 1.2；

　　　　L_0——喷洒巷道（或煤柱）的长度，m；

　　　　A_0——巷道（或煤柱）单位长度的吸液量，kg/m 或 t/m；此参数生产中可实际测定。

2. 巷道（煤柱）钻孔压注量

$$G'_0 = K S n A'_0 \qquad\qquad (8-8-38)$$

式中　G'_0——钻孔压注范围内所需的溶液压注量，kg 或 t；

　　　　S——压注范围内的巷道（或煤柱）煤壁面积，m^2；

　　　　A'_0——钻孔的平均压注量，kg/个。此参数生产中可实际测定；

　　　　n——钻孔数目，个/m^2；

　　　　K——符号意义同前式。

五、阻化剂喷洒压注配套设备

1. 喷洒压注设备

国内煤矿常用的喷洒压注设备主要有 WJ—24 型阻化剂喷射泵、3D—5/40 型及 TBW—50/15、TBW—75/20 型泥浆泵。其技术特征见表 8—8—59、表 8—8—60。

2. 主要配套器材

与喷洒压注设备配套的器材有铁管（钢管）、压力（中低压）胶管、闸阀、喷枪，及压力表、流量计等。

局部地区打钻孔压注，可采用小型钻机或岩石电钻与煤电钻打眼进行压注。若采用 YPA 型水力膨胀式封孔器或其他型式封孔器（规格见第九章第二节），应注意使钻孔直径与封孔器的直径相一致。

六、阻化气雾防火工艺系统及设备

（一）兖州局东滩矿 14303—1 综采面阻化气雾防火工艺系统

该系统由储液箱（或矿车）、高压泵、过滤器、电器开关、高压胶管、雾化器等组成。储水箱、高压泵、电器开关等主要

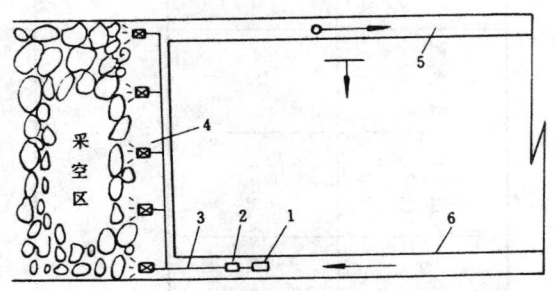

图 8—8—24　阻化气雾防火工艺系统

1—储水箱；2—水泵；3—高压胶管；
4—雾化器；5—运输顺槽；6—轨道顺槽

表 8-8-59　阻化剂喷射泵技术特征

序号	型号	最大射程 (m)	压力 (MPa)	防爆电机 功率 (kW)	防爆电机 电压 (V)	吸水高度 (m)	流量 (m³/h)	外形尺寸 (mm)	重量 (kg)	生产厂家	备注
1	WJ-24	30	2~3	2.2	380/660	≤5	2.4	1500×490×600	58	煤科总院抚顺分院	随机带高压胶管80m

表 8-8-60　泥浆泵

序号	型号	流量 (m³/h)	压力 (MPa)	缸套内径 (mm)	活塞行程 (mm)	往复次数 (r/min)	吸浆管径 (mm)	排浆管径 (mm)	配套电机 型号	配套电机 功率 (kW)	配套电机 转速 (r/min)	外形尺寸（长×宽×高）(mm)	重量 (kg)	生产厂家
1	3D-5/50	5.0	4.0	32		110	32	32		10	947	772×670×558	250	中州煤矿机械厂
2	TBW-50/15	3.0	1.5	6.0	50	单190 双380	27	23	BJO$_2$-32-4	2.2		1054×353×645	192	鸡西矿院工厂、镇江、石家庄煤矿机械厂
3	TBW-75/20	4.5	2.0	60	50	单280 双560	27	23	BJO$_2$-41-4	4	1440	1054×353×645	210	鸡西矿院工厂

设备安放在两辆平板矿车上，距工作面30m，与轨道巷内乳化液泵站相连接，并随之移动，并在采煤工作面内等距离设有五个三通及高压球阀与五台雾化器。其系统如图8-8-24。

（二）主要设备及工艺参数

1）高压泵采用XRB-50/125型，泵流量为50L/min、额定工作压力为12.5MPa。因该泵无回流装置，故在高压泵出口与储水箱之间连接一条管路，并加设调压球形阀，以保证泵压不超载，和防止泵被损坏。

高压泵的泵压：根据试验，雾化器入口的压力达到3～4MPa才能达到雾化防火的要求。根据该工作面雾化器设备个数、管路长度、管路直径等参数，确定泵压为5～7.5MPa。单个雾化器工作时泵压为5MPa，两个雾化器工作时，泵压为7.5MPa。

2）雾化器型号为抚顺分院研制的单系统Ⅱ型，过滤器为GL-1型，孔网为50目。

3）高压管干管为φ25mm，支管为φ13mm。

4）储液箱容积为2m³。

某些矿井采用由高压泵出口直接连接高压胶管和气雾喷枪进行喷雾，其阻化剂防火气雾喷枪技术特征，见表8-8-61。

表8-8-61　阻化剂防火气雾喷枪技术特征

序号	型号	喷口直径（mm）	工作压力（MPa）	雾化率（%）	流量（m³/h）	外形尺寸（mm）	重量（kg）	生产厂家	备注
1	QWF-1	2.5			0.3				
2	QWF-2	3.0	5	85	0.4	φ30×500	5	煤科总院抚顺分院	可与喷雾泵、乳化液泵或注水泵等配套使用。喷枪接口为高压胶管快速接口
3	QWF-3	3.5			0.5				

（三）阻化气雾日喷洒量

$$V=K_1K_2d\gamma Lhl/R \qquad (8-8-39)$$

式中　V——日喷雾量，m³/d；

K_1——喷雾加量系数，$K_1=1.2$；

K_2——每吨遗煤喷洒气雾量，阻化剂浓度为20%，K_2为0.02m³/t；

d——工作面采空区丢煤率，%；

γ——煤的实体密度，t/m³；

L——工作面长度，m；

h——工作面采高，m；

l——工作面日进度，m/d；

R——气雾转化率，80%～90%。

东滩矿14303-1综采工作面采用阻化气雾防火，其参数为：K_1-1.2，K_2-0.02，d-

0.03, $\gamma-1.35$; $L-175$, $h-2.8$, $l-3.6$, $R-0.8$。

按上式计算，$V=1.2\times0.02\times0.03\times1.35\times175\times2.8\times3.6/0.8=2.1m^3/d$。

设计时，应根据矿井具体条件选择气雾喷洒系统和合理确定各工艺参数。

七、实　例

某矿一采区1011上分层工作面采用10%浓度的$CaCl_2$溶液和15%浓度的$MgCl_2$溶液进行喷洒。该工作面长90m，每次采高2m，顶煤一般有0.8m，工作面底板浮煤平均厚度为0.3m，一次喷洒宽度为1.6m。松散煤（浮煤）密度为$0.9t/m^3$，其吸药液量为0.058t/t；护顶煤的吸药液量为0.011t/t。

（一）喷洒工艺及设备

该采区采用半永久性的喷洒系统，用水泥砌成容积为$11m^3$的储液池，采用3D—5/40型往复式拉杆泵，将溶液经50.8mm铁管和25.4mm胶管送到工作面进行喷洒。喷洒工作安排在整修班放顶前进行，工作面上下口喷枪相向喷洒，在工作面中部相遇喷洒完毕。

喷洒系统和喷枪结构见图8—8—25和图8—8—26。

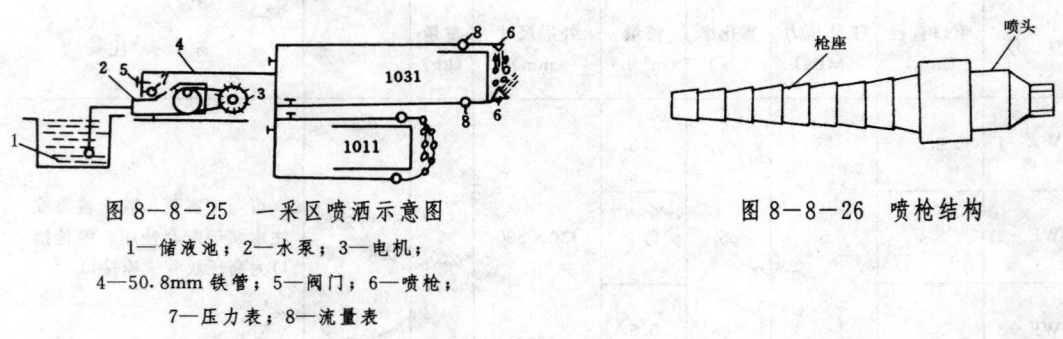

图8—8—25　一采区喷洒示意图　　　　　　　图8—8—26　喷枪结构

1—储液池；2—水泵；3—电机；

4—50.8mm铁管；5—阀门；6—喷枪；

7—压力表；8—流量表

（二）喷洒范围

工作面最大最小控顶距离分别为3.4m和1.8m，每次喷洒宽度为1.6m，一般在放顶前进行喷洒。根据工作面自燃规律对底板浮煤、老塘护顶煤，工作面的上下口、上下顺槽处、巷道煤柱破碎带和分层联络巷等进行喷洒。

（三）工作面一次喷洒量

1）底板浮煤喷洒量：

$$G_1=K_1K_2LBh_1A_1$$
$$=1.2\times0.9\times90\times1.6\times0.3\times0.058=2.71t$$

2）护顶煤喷洒量：

$$G_2=K_3LBh_2A_2$$
$$=0.9\times90\times1.6\times0.8\times0.011=1.14t$$

3）工作面一次喷洒量：

$$G=G_1+G_2=2.71+1.14=3.85t$$

4）工作面一次喷洒所需阻化剂用量：

$$G_2 = G \times \rho = 3.85 \times 15\% = 0.578t = 578kg$$

第五节　均压防灭火

一、设计技术要求

均压（调压）技术就是采用通风技术措施，调节漏风风路两端的风压差，使之减小或趋于零，使漏风量降至最小，从而抑制控制区内煤的自燃，抑制封闭火区的火势发展，加速其熄灭。

采用均压技术防火，必须遵守下列规定：

（1）应编制设计报矿务局总工程师批准；

（2）应有完整的区域风压和风阻资料以及完善的检测手段；

（3）采空区或火区的漏风量、漏风方向、空气温度、防火墙内外空气压差等状况，必须有专人定期观测与分析，并记录在专用的防火记录簿内；

（4）改变矿井通风方式、主要通风机工况以及井下通风系统时，对均压地点的均压状况必须及时进行调整，保证均压状态的稳定；

（5）应有防止瓦斯爆炸的安全措施。

因此，进行均压防灭火设计，要按下列规定和程序进行：

1）采用均压技术防灭火时，必须首先绘制通风系统图、通风立体图、通风网络图和通风压能图；其次要查明均压区域、风流压能分布和漏风状况。在此基础上制定"均压方案和措施"，并付诸实施。在实施中应进行均压效果实测。发现有不符合均压技术要求时，要采取风压调节措施，以保证达到均压防灭火的目的。

2）绘制通风压能图时，须对有关风路同时进行通风阻力测定。为准确查明漏风状况，可利用六氟化硫 SF_6 气体示踪技术。

3）采用均压技术，设计时应注意下列要点：

（1）实行区域性均压时，应顾及邻区通风压能的变化，不得使邻区老塘、采煤工作面，采空区或护巷煤柱的漏风量有所增加，严防火灾气体涌入生产井巷和作业空间；

（2）回采工作面采用均压法均压时，必须保证均压风机持续稳定地运转，并有确保均压风机突然停止运转时保证人员安全撤出的措施；

（3）利用均压技术灭火时，必须查明火源位置、瓦斯流向，并有防止瓦斯流向火源引起爆炸的措施。

二、设计依据及主要内容

1. 设计依据

1）通风系统图，通风系统立体图、通风网络图、通风压能图及矿井开拓布置图和采区采掘工程平面图；

2）漏风形式、漏风量及其位置；火区位置及范围；

3）采区工作面风量及其通风方式；

4）工作面风压分布；

5）矿井通风方式、通风方法及矿井通风阻力分布和所有密闭内外风压差；

6）采煤方法，工作面巷道断面、工作面走向长、倾斜长；

7）通风构筑物的位置，矿井瓦斯涌出量等。

2．设计的主要内容

1）均压方式和均压措施及其选择；

2）均压参数计算；

3）均压措施设置；

4）工程及设备费用概算；

5）绘制均压设施系统图（包括监测系统图）及编写设计说明书。

三、均压方式和均压措施

（一）均压方式

根据使用条件不同，均压防灭火可分为开区均压和闭区均压两大类。

1．开区均压

开区均压系统的具体措施应根据工作面不同的漏风形式而异。若将各种形式的漏风通道作为组成风网的支路来考虑，则可归结为并联、角联、复杂联接等三种最基本的漏风形式。不同的漏风形式，采取不同的均压方法。针对不同形式的漏风，主要漏风通道及漏风范围，采取降低或改变其端点压差是实现开区均压的关键。

2．闭区均压

闭区均压措施主要是加固防火墙，提高封闭区的风阻或采取降低封闭区进回风口之间的压差，以减少漏风。

（二）均压措施

1）开区均压措施见表8－8－62；

2）闭区均压措施见表8－8－63。

以上各种均压措施在实际应用中，要针对矿井具体情况，在保证满足均压效果的前提下，应选择最简便易行、经济合理、安全可靠的方式。必要时，应对几种方案作技术经济比较。

四、压能图绘制

压能图实质上就是以井口节点（O）为基准节点、各节点按压力大小从下而上排列的网路图，通常绘成如图8－8－27b所示的形式。

绘制压能图的步骤如下：

1）将计算出来的各点压能值，按节点列表，如表8－8－64；

2）在坐标纸上画出以压能为纵从标，以节点位置为横坐标的直角坐标系；

3）根据各节点的压能及位置，以网路图（图8－8－27a）为依据，画压能图，如图8－8－27b所示；

4）最后在该图上标出防火墙、火区、密闭和调节窗等设施位置，并将主扇形象地绘成喇叭形。

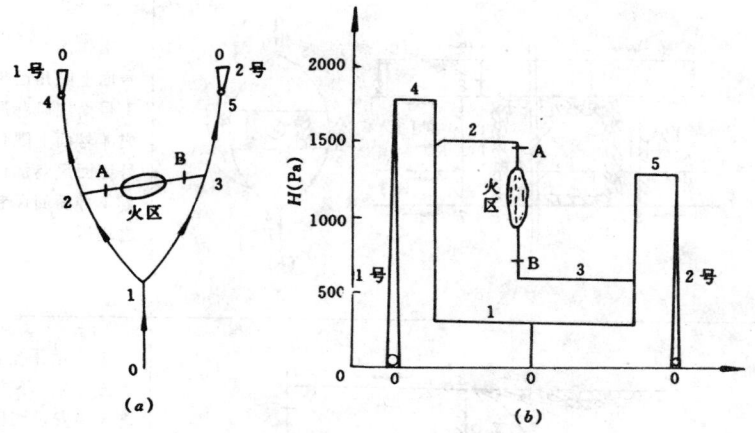

图 8—8—27　压能图

a—网路图；b—压能图

表 8—8—62　开 区 均 压 措 施

均压措施	漏风系统及漏风网路图		措 施 要 点
调节风门均压	(a)	(b)	在工作面回风巷内安设调节风门 A 后，工作面风量减少，通风压差降低
改变工作面通风系统	(a)	(b)	原 U 型（a）通风系统端点压差较大，采空区已发生自燃，后改为 W 型（b）通风系统，工作面端点压差减小

续表

均压措施	漏风系统及漏风网路图	措　施　要　点
利用角联支路风向可变特性均压	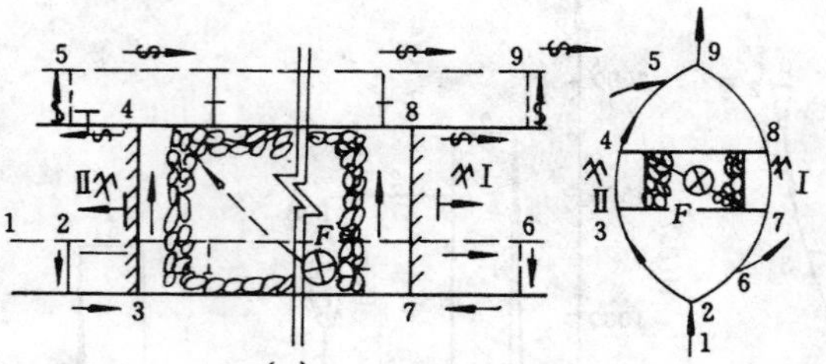 *(a)* *(b)*	工作面（I、II）相背回采，II号面上隅角已出现自燃征兆，及I号面回风巷局部断面过小，形成II号面上隅角联漏风。在II号面回风巷加设调节风门，并修复I号面回风巷，调两上隅角使之均压
调节风门与辅扇联合均压	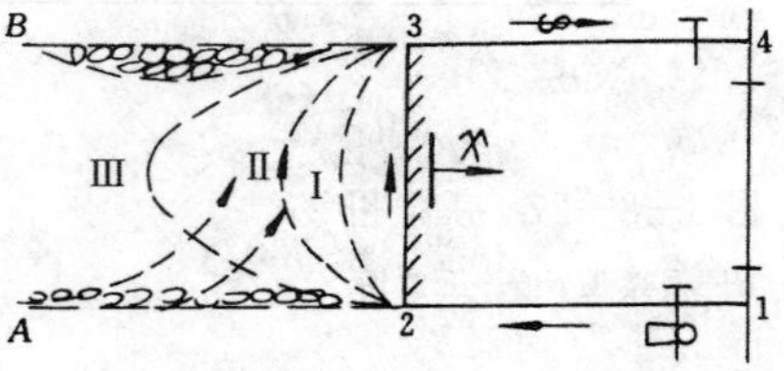	工作面采空区漏风来自后部上方B点，下方A点。在工作面进风巷安设调压风机，在回风巷安设调节风门，工作面局部区段（2～3）的绝对压力提高，当等于后部漏风源A、B处绝对压力时，会阻止向采空区漏风供氧
风筒与辅扇联合均压	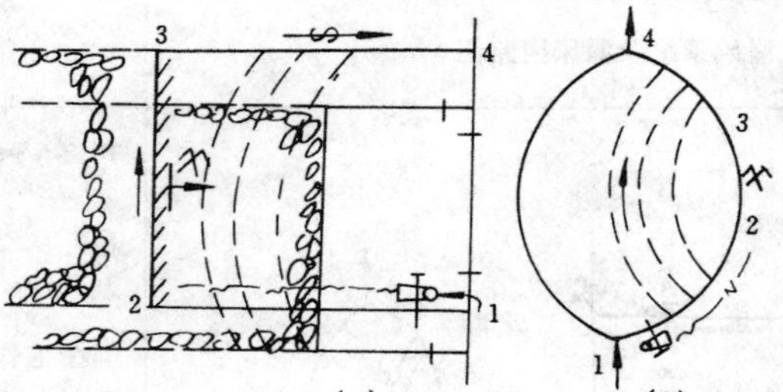 *(a)* *(b)*	厚煤层开采，回采下分层，上分层采空区漏风形成多并联漏风系统。在下分层进风巷安设风机，风筒向工作面直接供风，减小下分层进、回风巷之间的压差。或在下分层回风巷铺设风筒、风机作抽出工作，可得到相同效果

表 8—8—63　闭区均压措施

均压措施	封闭区漏风及漏风网路图	措　施　要　点
并联风路与调节风门均压	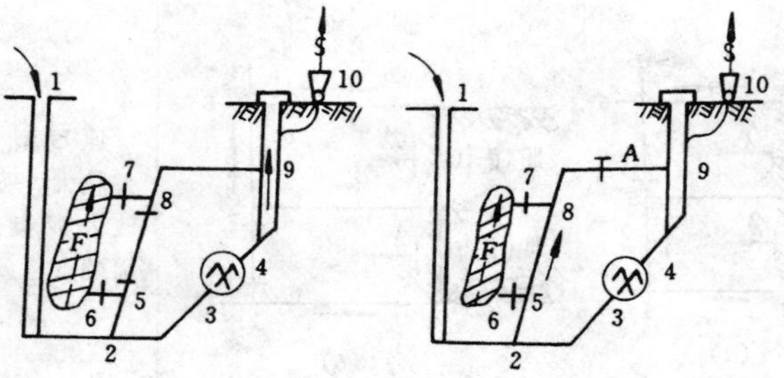 *(a)* *(b)*	封闭区（F）进回风口6、7两点的压差过大，漏风严重，如图a所示。采取措施为：取消5～8上山内的两道密闭，使之与封闭区相并联，同时在8～9区段内设置调节风门A，6、7两点压差减小，漏风降低

均压措施	封闭区漏风及漏风网路图	措 施 要 点
调压风机与调节风门联合均压	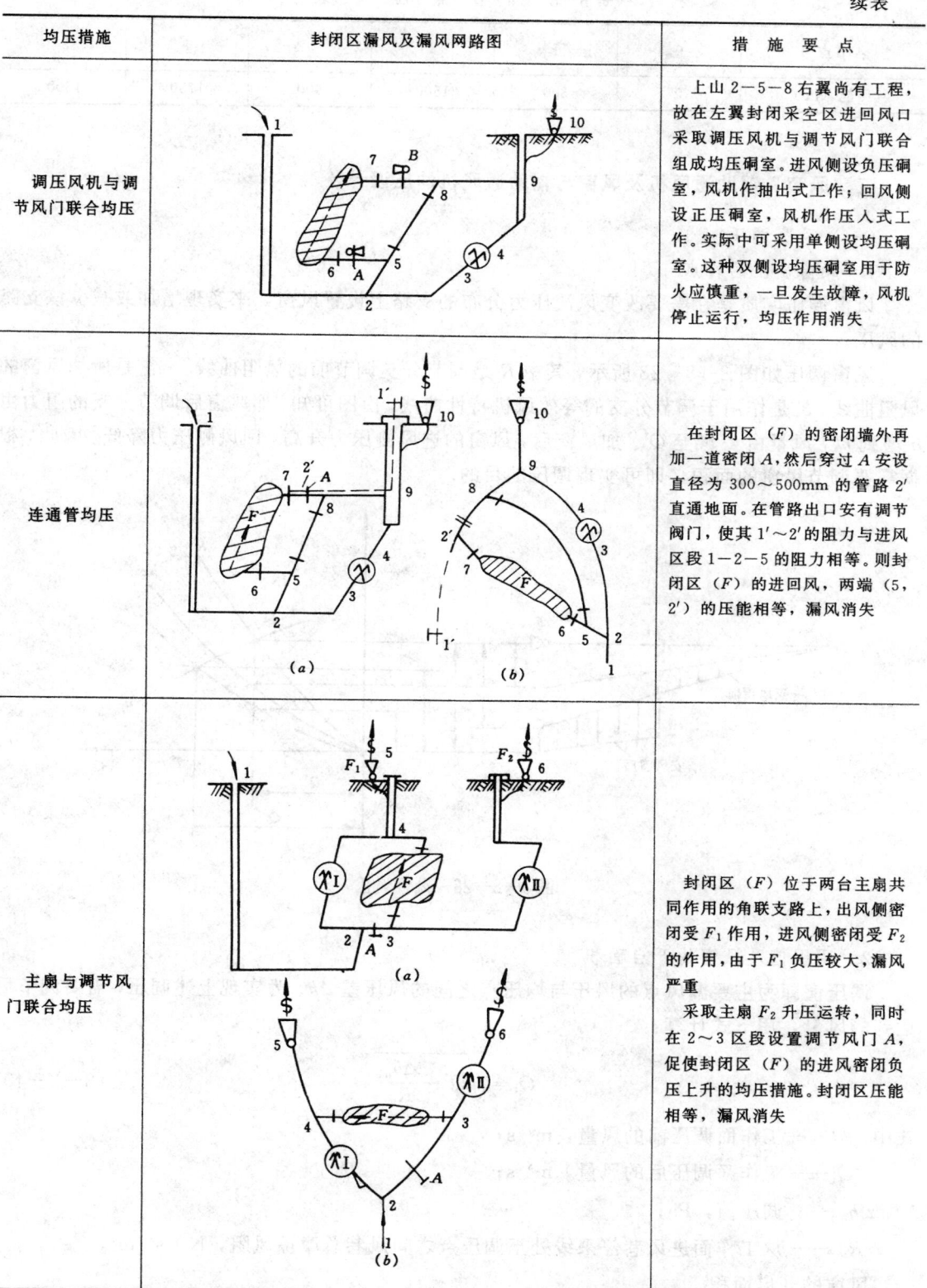	上山2—5—8右翼尚有工程,故在左翼封闭采空区进回风口采取调压风机与调节风门联合组成均压硐室。进风侧设负压硐室,风机作抽出式工作;回风侧设正压硐室,风机作压入式工作。实际中可采用单侧设均压硐室。这种双侧设均压硐室用于防火应慎重,一旦发生故障,风机停止运行,均压作用消失
连通管均压		在封闭区(F)的密闭墙外再加一道密闭A,然后穿过A安设直径为300~500mm的管路2′直通地面。在管路出口安有调节阀门,使其1′~2′的阻力与进风区段1—2—5的阻力相等。则封闭区(F)的进回风,两端(5,2′)的压能相等,漏风消失
主扇与调节风门联合均压		封闭区(F)位于两台主扇共同作用的角联支路上,出风侧密闭受F_1作用,进风侧密闭受F_2的作用,由于F_1负压较大,漏风严重 采取主扇F_2升压运转,同时在2~3区段设置调节风门A,促使封闭区(F)的进风密闭负压上升的均压措施。封闭区压能相等,漏风消失

(a)

(b)

(a)

(b)

表 8-8-64 节 点 压 能 表

各节点号	0	1	2	3	4	5
压能（Pa）	0	300	1500	600	1750	1300

五、风窗、辅助通风机及风窗与辅助通风机均压设计

（一）风窗调压

1. 风窗调压的特点

风窗调压实质是在需要改变风流压力分布的支路上设置风窗，来实现增加或减少该支路的风压。

风窗调压如图 8-8-28 所示，其中 R 是调节分支调节前的风阻曲线，r 窗是所加风窗的风阻曲线，F 是作用于调节分支的等效风机特性曲线。由图可知，加风窗后调节分支的阻力由 h 增到 h'，风量由 Q 减至 Q'。加风窗后，风窗的进风侧压力升高，回风侧压力降低。因此，根据需要调节风窗的面积，即可实现调压的目的。

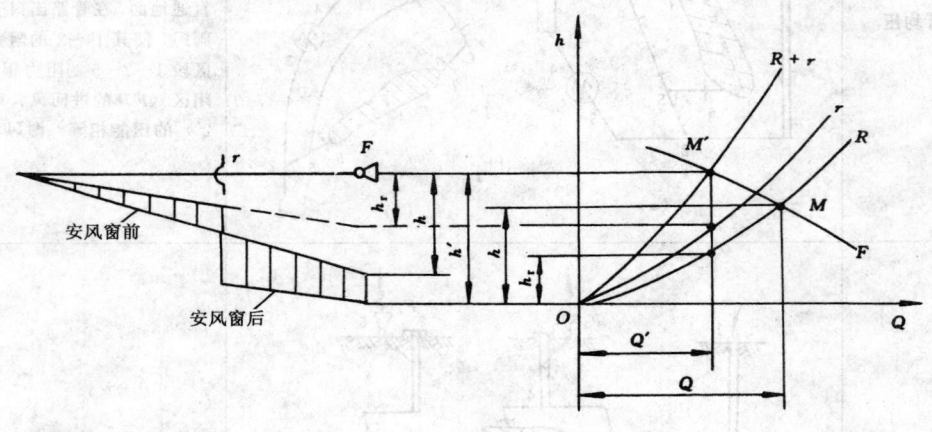

图 8-8-28 风窗调压

2. 调压值及风窗的开启面积

调压值即为主要漏风点的风压与均压点之间的风压差 Δh。为实现上述调压，需要调节后达到的风量，用下式计算：

$$Q_t = \sqrt{Q^2 - \frac{\Delta h_{me}}{R_{me}}}$$ (8-8-40)

式中 Q——工作面调压前的风量，m^3/s；

   Q_t——工作面调压后的风量，m^3/s；

Δh_{me}——调压值，Pa；

R_{me}——从工作面进风巷停采线处至调压点之间风巷总摩擦风阻，$N \cdot s^2/m^8$。

风窗的开启面积

$$S_w = \frac{QS}{Q_t + 0.759S\sqrt{h_w}} \tag{8-8-41}$$

$$S_w = \frac{S}{1 + 0.759S\sqrt{R_w}} \tag{8-8-42}$$

式中　S_w——调节风窗的开启面积，m^2；

　　　　h_w——风流经过风窗产生的局部阻力，Pa；

　　　　R_w——风窗的局部风阻，$N \cdot s^2/m^8$；

　　　　Q_t——通过调节风窗的风量，m^3/s；

　　　　S——安设风窗处的巷道断面积，m^2。

3. 风窗的设置

1）设置位置。采用风窗调压时，风窗必须设在漏风导线上。

（1）并联漏风时：如图 8-8-29 所示，1 为需风分支，2 为漏风分支，1 与 2 相互并联，风窗设在调节分支 3 上，3 与 2 共导线。加风窗后，在漏风量减少的同时也减少了需风分支的有效风量。

（2）角联漏风时：如图 8-8-30 所示，角联分支 5 是漏风分支。根据均压法则，欲使漏风量 Q_5 减少或为零，应在漏风导线上的分支 1 或分支 4 中加风窗。如果分支 2 是需风分支，在分支 4 中加风窗时会同时减少有效风量 Q_2；如 Q_2 允许减少，可用试调法一边测 Q_2，一边测 Q_5，一边调节风窗面积 $S_窗$，直到使 Q_2 达到允许下限或 Q_5 等于零为止。如改在分支 1 中加风窗，则在减少漏风量 Q_5 的同时还会增加有效风量 Q_2。

在采煤工作面，升压时，一般设在回风巷工作面以里；降压时，设在进风巷工作面停采线以里。

2）设置方法。为提高均压效果，一般应设置两道，两道风门的间距以行人通车两道风门不同时开启为原则。只行人时一般不小于 5m。

（二）辅助通风机调节均压

1. 辅助通风机调压特点

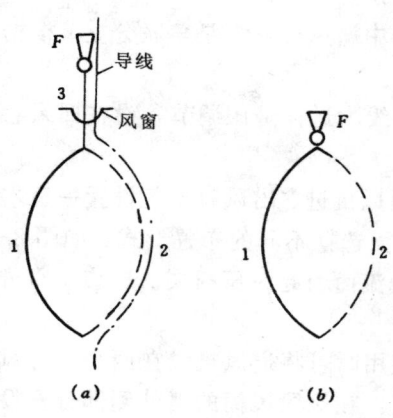

图 8-8-29　并联漏风时的风窗调压

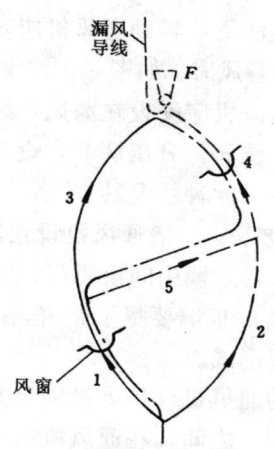

图 8-8-30　角联漏风时的风窗调压

辅助通风机调压实质是在风路上安设带有风墙的局部通风机，用以改变该风路上的风压分布状态。

辅助通风机处于工作状态时，进风侧呈负压状态，出风侧呈正压状态。如果将调压通风机设在一条在原有风压 h 作用的进风巷，则使工作面压力升高；设在回风巷内，则使工作面风压下降。因此，根据需要，合理布置调压风机，可实现调压的目的。

2. 调压值的计算

$$\Delta h_{me} = h_f - R_{me}(Q_t^2 - Q^2) \tag{8-8-43}$$

式中　Δh_{me}——调压值，Pa；

　　　　h_f——辅助通风机的工作风压，Pa；

　　　　R_{me}——进、回风巷的摩擦风阻，N·s²/m⁸；

　　　　Q_t——工作面调压后的风量，m³/s；

　　　　Q——工作面调压前的风量，m³/s。

3. 通风机的选型

采用辅助通风机调压时，辅助通风机选择至关重要，只有选择适宜才能取得较好的调压效果。

1）所选通风机特性曲线的工况参数应满足上述要求，若通风机性能不满足时，可考虑通风机的串联或并联；

2）由于通风机实际特性曲线与理论曲线有误差，所选通风机实际的工况参数应略大些；

3）只要风量满足生产安全要求，风机型号应尽量小一点，以减少风压损失；

4）通风机一定要选取防爆性能最好的风机。

目前，我国煤矿均压所采用的通风机主要为 JBT 系列、BKJ66-11 系列防爆型局部通风机。由于 JBT 系列通风机效率低，现多数矿采用沈阳鼓风机厂、鸡西电机厂生产的 BKJ66-11 系列子午加速轴流通风机，该系列风机效率高，耗电少，噪音低，其技术性能见表 8-8-65。

4. 辅助通风机的设置

1）设置位置。采用辅助通风机调压时，辅助通风机必须安设在漏风导线外。

（1）并联漏风时：如图 8-8-31 所示，漏风分支 2 与需风分支 1 相互关联，F 为等效风机。根据导线法则，辅助通风机应安设在漏风导线外的分支 1 内。

（2）角联漏风时：如图 8-8-32 所示，在角联子网中漏风分支 5 是角联分支。根据导线法则，辅助通风机应安设在漏风导线外的分支 2 或 3 上。

在采煤工作面，升压调节，设在进风巷工作面停采线附近；降压调节，设在回风巷工作面停采线附近（此种情况甚少）。

2）设置方法。一般通风机设在靠进风巷一侧，在通风机进、出风口处各设置一道木板墙或轻质预制块墙，墙中间设风门，风门因运输设备不同而选择不同的布置形式，如图 8-8-33 所示。设置的板墙要尽量严密，以避免因产生循环风流而引起风压损失。严禁设通风机不设风墙的布置形式。

若选择的通风机仅是风量满足要求，风压偏大，使用时可将通风机设在两个带有风门的风墙（密闭墙）之间，在通风机的出口接一小段铁风筒，在该段风筒的墙外侧部分安设一个闸门 4，如图 8-8-34 所示。使风流通过闸门时，把超出要求的风压消耗掉。

为保证调压效果，辅助通风机安装后要测出调压工作面的风量和辅助通风机两侧风流的

表8-8-65　BKJ66-11型子午加速轴流通风机技术性能

项目＼型号	№3.2	№3.8	№4.5	№5	№5.6	№6.3	№7.1	№8	№9
电动机功率（kW）	2.2	4	8	15 (2.2)	30 (3)	45 (5.5)	11	18.5	30
转速（r/min）	2900	2900	2900	2900 (1400)	2900 (1400)	2900 (1400)	1400	1400	1400
全风压（Pa）	640~930	910~1310	1270~1840	1570~2270 (370~530)	1970~2850 (460~660)	2500~3610 (580~840)	740~1070	940~1360	1190~1720
风量（m³/min）	94.7~61.4	158~102.8	263.4~170.7	361.3~234.2 (174.4~113.0)	507.7~323.0 (245.0~158.8)	722.7~468.4 (348.9~226.1)	499.4~323.7	714.4~463.0	1017.2~659.3
叶轮级数	1	1	1	1	1	1	1	1	1
全压效率（%）	>90	>90	>90	>90	>90	>90	>90	>90	>90

压差，根据已知的巷道风阻值，画出安装辅助通风机后工作面进、回风巷的压力坡线，并对着调压前的压力坡线，计算出风路沿程各点的增压值。如果增压值不够，要更换风量较大的通风机，或者再并联一台通风机；如果增压值过大，可在设置辅助通风机的风门上开调节风窗，使之减小。

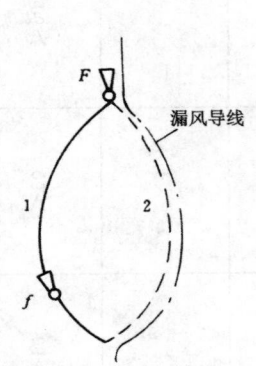

图 8—8—31 并联漏风时的辅助
通风机调压

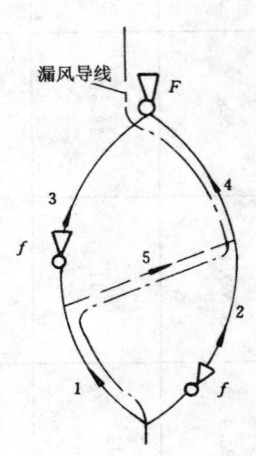

图 8—8—32 角联漏风时的辅助
通风机调压

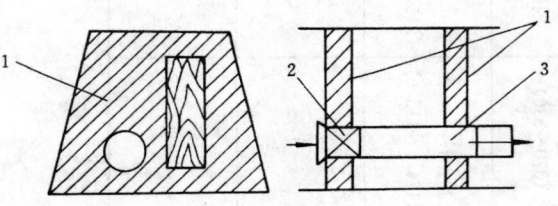

图 8—8—33 辅助通风机调压装置布置图
1—带风门的风墙；2—调压风机；3—风筒

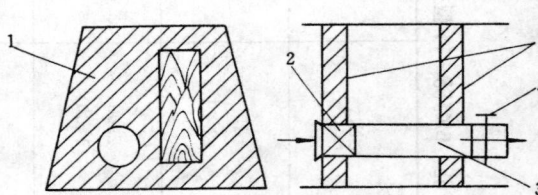

图 8—8—34 带调压阀的辅助通风机装置
1、2、3—符号注释同图 8—8—33；4—闸门

（三）风窗与辅助通风机联合调压

1. 风窗与辅助通风机联合调压特点与布置

风窗与辅助通风机联合调压实质是风窗调压和辅助通风机调压相结合，在风窗和辅助通风机的联合作用下，使漏风分支风压降低或均衡，达到防止漏风的目的。

风窗和辅助通风机有两种布置方式，如图 8—8—35 所示，a 为局部升压；b 为局部降压。辅助通风机和风窗的布置遵循导线法则：辅助通风机布置在漏风导线外，风窗布置在漏风导线内，辅助通风机和风窗应靠近漏风分支的起点或终点布置。

采用这种调压方法应特别注意根据漏风方向选择局部升压或局部降压，如果选错了反而会增加漏风，造成不良后果。

在采煤工作面，因从采空区流入工作面的漏风和火灾气体直接危及工作面安全生产，因此在现场广泛采用局部升压法。即将辅助通风机布置在工作面进风巷中，风窗布置在工作面

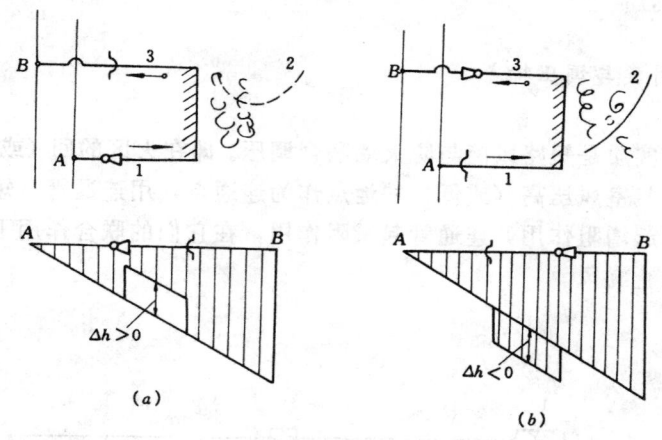

图 8-8-35　辅助通风机—风窗调压法

a—局部升压法；b—局部降压法

回风巷中。

2. 辅助通风机和风窗的计算、选择和调节

1) 进行漏风分析，把漏风通道绘入网路图中，并实测调节范围内的风量和风压分布。

2) 确定辅助通风机工况参数并选择辅扇：

$$h_f \geqslant R_1 (Q_x + Q_1)^2 \qquad (8-8-44)$$

$$Q_f \geqslant Q_x + Q_1 \qquad (8-8-45)$$

式中　Q_f——辅助通风机工况点的风量，m^3/s；

h_f——辅助通风机工况点的负压，Pa；

R_1——漏风分支风阻，$N \cdot s^2/m^8$；

Q_x、Q_1——分别为安辅助通风机分支原有效风量和漏风分支风量，m^3/s。

根据上述工况参数（h_f、Q_f），选择相应的通风机。辅助通风机应采用防爆型局部通风机。

3) 计算风窗风阻：

$$R_{窗} = \frac{R_1 Q_1^2}{(Q_x + Q_1)^2} \qquad (8-8-46)$$

式中　$R_{窗}$——风窗风阻值，$N \cdot s^2/m^8$；

R_1、Q_x、Q_1——符号注释同前式。

根据计算的风窗风阻值，按式（8-8-42）计算风窗面积。

4) 辅助通风机和风窗的调节：

根据实测的需风分支风量 Q_x 和漏风量 Q_1 或漏风压差 h_1 调节辅助通风机和风窗：

(1) 欲使 Q_x 增加则增大风窗面积，或增大辅助通风机调节窗面积；

(2) 欲使 Q_1 减小则减小风窗面积，或增大辅助通风机调节窗面积；

(3) 欲使 Q_x 增加和 Q_1 减少，则主要靠增大辅助通风机调节窗面积。

设计中按上述方法计算选择的辅助通风机能力足够。

六、均压气室设计

（一）均压气室种类与调压特点

1. 连通管气室

连通管均压气室实质是短路风筒与防火墙联合调压。即在火区的回（或进）风侧筑气室，在通风系统中选择比气室风压高（或低）的地点作为连通点，用连通管（短路风筒）将气室与连通点连通，气室起增阻作用，连通管起减阻作用，在它们的联合作用下减少或均衡漏风压差，从而减少和防止漏风。

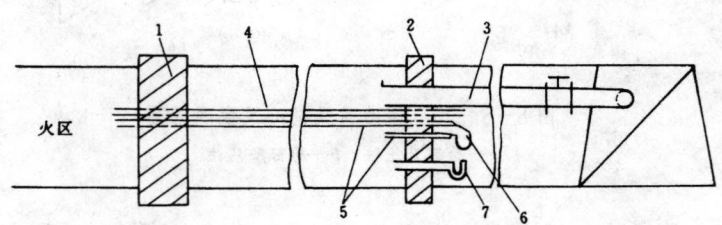

图 8—8—36　气室结构

1—永久防火墙；2—气室防火墙；3—连通管；4—观测管；

5—测压管；6—水柱计；7—放水管

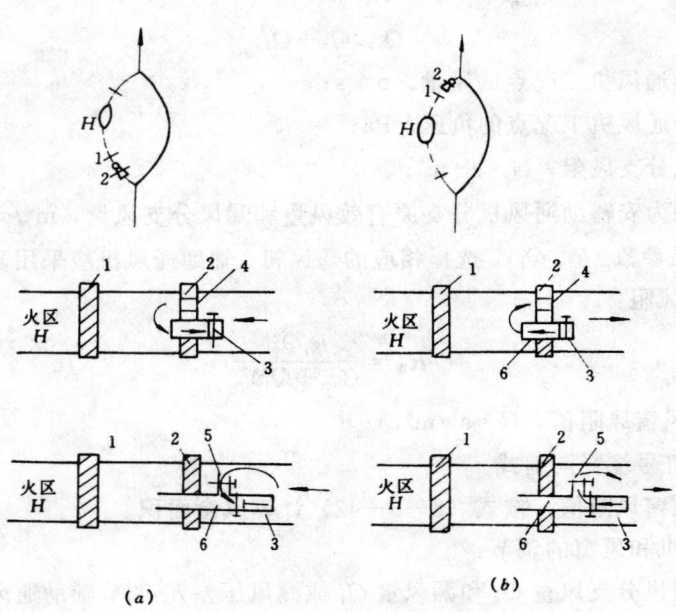

(a)　　　　　　　　　　(b)

图 8—8—37　风机—气室调压法

a—进风侧降压气室；b—回风侧升压气室

1—永久防火墙；2—气室墙；3—调压风机；4—气室风窗；5—短路风窗；6—短节风筒

2. 调压风机气室

调压风机气室是在火区的进风侧或回风侧构筑气室。在气室墙上直接安设或通过一段风筒安设调压风机，利用调压风机降低或升高气室的压力，达到均衡火区漏风压差的目的。

（二）气室结构及位置选择

1. 气室结构及其位置

连通管气室如图 8－8－36 所示，调压风机气室如图 8－8－37 所示。气室主要由原永久防火墙和新筑的气室防火（密闭）墙组成，形成一个封闭空间、连通管通过气室墙插入气室内；或在气室墙上直接安设或通过一段风筒安设调压风机。

气室墙应用不燃性材料按永久墙的要求砌筑。墙厚一般不小于 1m。气室墙的气密性越好，增阻效果也越好，连通管的直径也容许越小。

气室墙上应安设测压管和 U 形水柱计，用于测定火区与气室之间的压差；应安装观测管，用于测定火区气温和取样；气室墙下方还应安装放水管。

气室按结构分为单体气室和联合气室，如图 8－8－38 所示。单体气室只含一个永久墙和一个气室墙，气室长度一般为 5～10m。

气室按位置可布置在火区进风侧或回风侧，称为单侧气室；也可同时布置在进回风两侧，称为双侧气室，如图 8－8－39 所示。

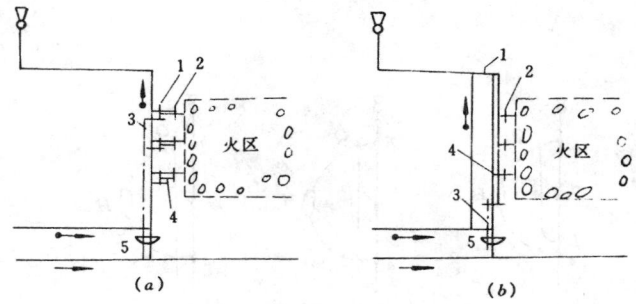

图 8－8－38　气室种类

a—单体气室；b—联合气室

1—气室防火墙；2—永久防火墙；

3—连通管；4—气室；5—连通点

2. 连通管气室连通点位置选择及其直径计算

1）连通点位置选择。

该调压法连通点的位置在很大程度上决定着这种方法的调压效果。连通点的布置见图 8－8－40 和图 8－8－41。对于进（或回）风侧气室连通点位置通常有三种选择：

如图 8－8－40a、b、c 三种布置中，前两种（a、b）连通管起短路分流作用，皆不能使漏风压差为零。而在第三种布置（c）中，连通点位于需风分支和漏风分支的公共进（或回）风段，该段内的压力高于（或低于）气室的压力，连通管的安设可使漏风分支角联化，从而有可能使漏风压差为零。连通点越靠近地面越好，选在地面是这种情况的特例。连通点位置选择要因地制宜，尽量减少连通管长度。

对于双侧气室，连通管实为并联短路风筒，对火区漏风起分流作用。

对图 8－8－40c、图 8－8－41 的布置形式，安设连通管后，可使火区分支转化为角联分支。而在图 8－8－41c、d 中连通点 L 至漏入点 a 和连通点 L 至漏出点 b 安设风窗，可以增大连通管的风阻（R）值，从而可以选择较小直径的连通管。

2）连通管直径计算。

$$D_t = \left(6.5 \frac{\alpha L_t}{R_t} \right)^{\frac{1}{5}} \qquad (8-8-47)$$

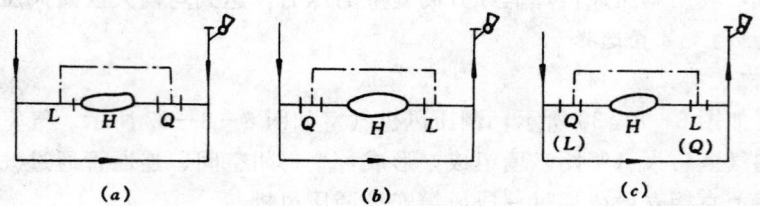

图 8-8-39 气室位置

a—回风侧气室；b—进风侧气室；c—双侧气室
Q—气室；L—连通点；H—火区

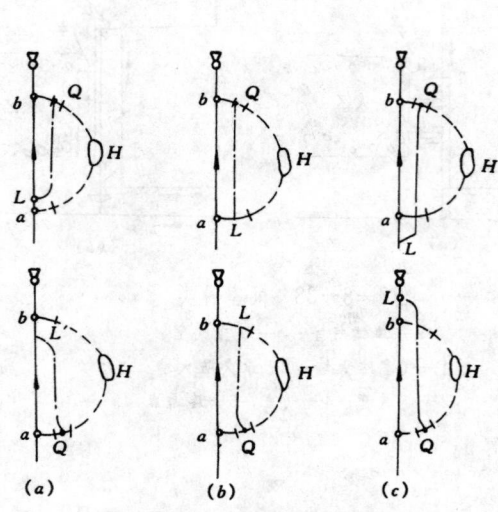

图 8-8-40 连通点的布置

a—漏入点；b—漏出点；L—连通点
Q—气室；H—火区

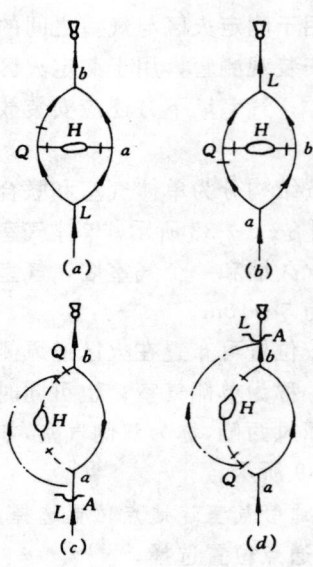

图 8-8-41 火区转化为角联分支

a、c—回风侧建气室；b、d—进风侧建气室

式中 D_t——连通管直径，m；

　　L_t——连通管长度；m；

　　R_t——连通管风阻，$N \cdot s^2/m^8$；

　　α——连通管的摩擦阻力系数，$N \cdot s^2/m^4$。

不同直径的铁风筒，其 α 值及百米风阻值 R_{100}，见表 8-8-66。

3. 调压风机气室布置

调压风机、气室调压见图 8-8-37。

调压风机、连通管（风筒）、气室调压如图 8-8-42 所示。

调压风机必须采用防爆型，因在使用过程中火区爆炸性气体有可能通过通风机。在图 8-8-42 布置中，当连通管太长，工程量太大时可增加调压风机。

表 8-8-66　铁风筒的百米风阻值

风筒直径 D (m)	α 值 $(N \cdot s^2/m^4)$	百米风阻 R_{100} $(N \cdot s^2/m^3)$
0.1	0.007	455000
0.15	0.006	51358
0.20	0.0055	11172
0.30	0.005	1337
0.40	0.0045	286
0.50	0.0035	73
0.60	0.0030	25
0.80	0.0025	5

（三）均压气室设置参数计算

1. 气室墙的厚度与长度

大同矿务局的经验是墙厚 1m；气室长度不小于 8m。

2. 连通管路直径的选择

1）气室密闭墙漏风风阻：

$$R_p = \frac{\alpha \tau R_0}{S} \qquad (8-8-48)$$

式中　R_p——气室密闭墙漏风风阻，$N \cdot s^2/m^8$；

　　　　τ——气室密闭墙的厚度，m；

　　　　S——气室密闭墙所在巷道的断面面积，m^2；

　　　　R_0——密闭墙类型漏风风阻，$N \cdot s^2/m^8$；设计时此参数应进行实测；

　　　　α——系数，取 $\alpha=5$。

2）在回风侧均压后，气室密闭墙内外压力差：

$$\Delta h_p = E_K - E_n \qquad (8-8-49)$$

式中　Δh_p——气室密闭墙内外压力差，Pa；

　　　　E_K——火区回风侧节点静压，Pa；

　　　　E_n——火区进风侧节点静压，Pa；

3）气室调成均压气室后的漏风量：

$$Q_L = \sqrt{\frac{\Delta h_p}{R_p}} \qquad (8-8-50)$$

式中　Q_L——气室均压后的漏风量，m^3/s。

4）气室调成均压后，连通管路口至均压气室内管路两端风压差：

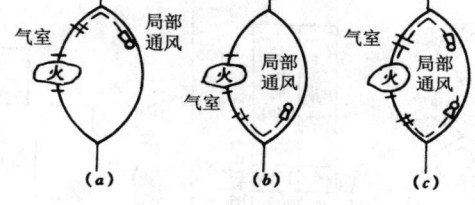

图 8-8-42　调压风机、连通管
（风筒）、气室布置

a—局部通风机回风单侧均压气室密闭；
b—局部通风机进风单侧均压气室密闭；
c—局部通风机进、回风双侧均压气室密闭

$$\Delta h_g = E_K - E_g - \Delta h_p \qquad (8-8-51)$$

式中 Δh_g——连通管路两端压差，Pa；

　　E_g——设计的连通管路口实际压力值，Pa。

5）所需连通管路每百米的风阻值：

$$R_{100} \leqslant \frac{\Delta h_g}{L_t Q_L^2} \qquad (8-8-52)$$

式中 R_{100}——连通管路每百米的风阻值，$N \cdot s^2/m^8$；

　　L_t——设计中的连通管路长度，m；在计算时应以 $L_t/100m$ 代入公式。

6）确定连通管路直径：

根据计算的 R_{100}，查表 8-8-66，选择金属连通管直径，使选择值等于或略大于计算值。

3．连通管路口的最小压力值

在回风侧设均压气室时：

$$E_{min} = E_K - \Delta h_p - L_t R_{100} Q_L^2 \qquad (8-8-53)$$

式中 E_{min}——连通管路口的最小压力，Pa。

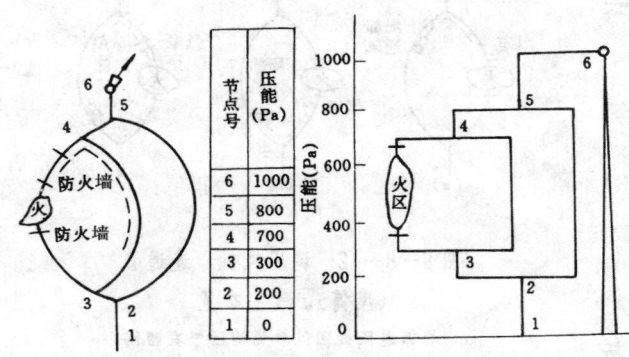

图 8-8-43 回风侧连通管路均压气室
布置与压能图

4．通风机的选型

用于调节气室均压的通风机，必须采用防爆型，可选用 JBT 系列（5.5kW、11kW、28kW）或 BKJ66-11 系列防爆型局部通风机。

（四）均压气室调压方法

1．连通管均压气室调压方法

1）回风侧连通管路均压气室调压方法。

该调压方法是气室和管路设在火区的回风侧。室外连通管接到超过火区进风侧压能处。在这种条件下，在连通管两端开口间的压差作用下，使气室内的一部分气体被抽至气室外，抽出的气体量，由连通管的控制阀控制。当 U 型水柱 $\Delta h \leqslant 10Pa$ 时，即防火密闭墙两侧压力趋于平衡，如图 8-8-43 所示。

2）进风侧连通管路均压气室调压方法。

这种方法是气室和连通管设在进风侧。室外部分连通管接至小于火区回风侧压能的巷道处。调节控制阀门的阻力，使进风侧气室的压能降至和火区压能相等，如图 8-8-44 所示。

3）进、回风双侧连通管均压气室调压方法。

这种调压方法是在火区的进、回风侧各设一个气室，连通管路一端进入回风侧气室，另一端进入进风侧气室。用管路调节控制阀调节各侧防火墙两侧压力平衡，U 形水柱 $\Delta h \leqslant 10Pa$，即平衡，如图 8-8-45 所示。

2．调压风机均压气室调压方法

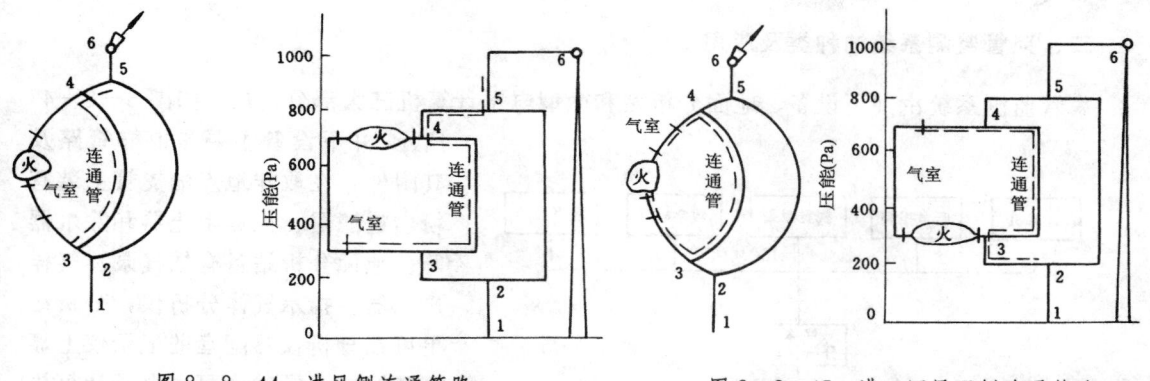

图 8-8-44 进风侧连通管路
均压气室布置与压能图

图 8-8-45 进、回风双侧连通管路
均压气室布置与压能图

1）回风侧通风机均压气室调压方法。

气室和通风机设在回风侧。用通风机向气室内压风，使通风机送入气室的风量正好等于气室密闭墙向外漏出的风量，以此稳定气室与火区里的压力平衡。由于目前风机多为不可调速，可在气室密闭墙设一个调节门，进行辅助调节，如图 8-8-46 所示。

2）进风侧通风机均压气室调压方法。

气室和通风机设在进风侧。与1）不同的是使通风机做抽出式工作。

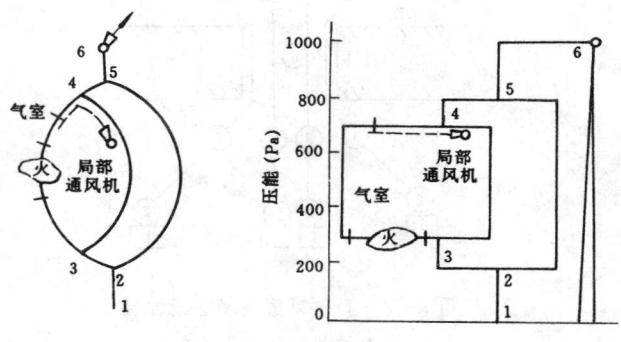

图 8-8-46 回风侧辅助通风机布置与压能图

3）进、回风双侧辅助通风机均压气室调压方法。

这种方法是在进、回风两侧均设气室和通风机。进风侧调节同2），回风侧调节同1）。调节时要互相协调。

第六节 束管监测系统

一、建立束管监测系统的规定

《煤矿安全规程》第二百四十一条规定，开采容易自燃和自燃的煤层时，在采区开采设计中，必须明确选定自然发火观测站或观测点的位置并建立监测系统和自然发火预测预报制度。

《煤矿安全规程》第二百四十二条规定，采用放顶煤采煤法开采容易自燃和自燃的厚及特厚煤层时，在编制采区或工作面开采设计时，必须同时编制防止采空区自然发火的设计，并必须建立完善的火灾监测系统和综合防火措施。

二、束管监测系统的种类及应用

束管监测系统由井下设备、地面分析站和微型电子计算机三大部分组成，如图8—8—47所示。井下设备主要是取样管路及其附件，在取样地点的支管上装有粉尘过滤器、火焰阻止器和除水器等。地面分析站备有抽气泵、气样选取器、指示气体分析仪，分析结果可在分析仪器配套的记录仪上显示和记录，同时也可由电子计算机将各取样点的气体分析结果，进行储存处理和打印，并可实现超限声光报警。

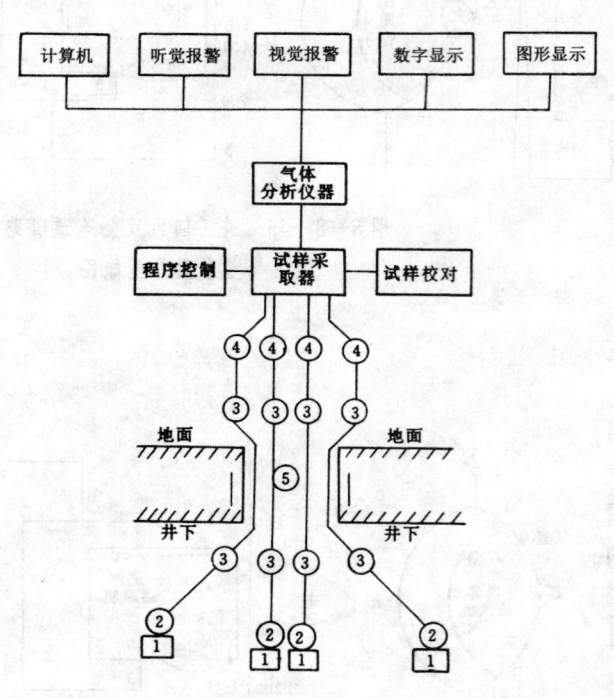

图8—8—47 束管监测系统示意图

1—取样点；2—粉尘过滤器；
3—水分过滤器；4—抽气泵；5—束管

目前，我国研制开发和煤矿使用的束管监测系统主要有煤科总院抚顺分院研制生产的ASZ—Ⅱ型矿井火灾预报束管监测系统、GC—85型煤矿火灾多参数色谱监测系统和煤科总院重庆分院研制生产的KHY—1、KHY—2、KHY—3型矿井自然发火束管监测系统，见表8—8—68～表8—8—70。

上述几种束管监测系统在我国煤矿的应用，见表8—8—67。

表8—8—67 各种束管监测系统的应用

序号	型号	使 用 矿 井
1	ASZ—Ⅱ	抚顺局龙凤矿、老虎台矿，靖远局魏家地矿，兖州局南屯矿，枣庄柴里矿，灵武局灵新矿，龙口局梁家矿，西山局东曲矿和淮南局谢桥矿等
2	GC—85	兖州局兴隆庄矿，平顶山局十一矿
3	KHY—1	大同局四、五矿，靖远红会一矿，西山杜儿坪矿，萍乡局高坑矿、青山矿
4	KHY—2	淮南局孔集矿等
5	KHY—3	华亭局一矿等

表 8-8-68 矿井火灾预报束管监测系统

序号	型号	用途	测量范围	测点数量	检测显示	外形尺寸 (mm)		重量 (kg)	生产厂家
1	ASZ-Ⅱ	系统通过束管取样,利用安在地面上的抽气泵(15L/s)、各种气体分析仪器以及微机等,连续监测井下巷道、采空区、密闭区中的 CO、O_2、CO_2、CH_4 等气体组分浓度,根据 CO 变化趋势和格雷哈系数 ($CO/\Delta O_2$),早期预报煤炭自然发火	CO: $0 \sim 200MPa$ $0 \sim 0.5\%$ O_2: $0 \sim 25\%$ CO_2: $0 \sim 15\%$ CH_4: $0 \sim 100\%$	12 16 (任选)	自动巡回检测,屏幕显示并打印各气体参数及其变化曲线、$CO/\Delta O_2$ 数值、爆炸三角形及日月报表等	抽气泵 $700 \times 460 \times 550$ 气路控制柜 $400 \times 1020 \times 1040$ 分析仪器柜 $600 \times 560 \times 1600$		275	煤科总院抚顺分院

表 8-8-69 煤矿火灾多参数色谱监测系统

序号	型号	用途	分析组分	分析精度	最小检测浓度 (ppm)	分析周期 (min)	工作电源	成套范围	外形尺寸 (mm)	重量 (kg)	生产厂家	备注
1	GC-85	应用气相色谱技术,对煤层在自燃升温过程中产生的各种气体进行分析,监测煤层自燃过程。特别是,该系统可直接与井下束管连接,从井下 12 个监测点巡回自动取样分析,早期预报煤炭自然发火 该系统也用于判断密闭墙内火区熄灭程度	O_2 N_2 H_2 CO_2 CO CH_4 C_2H_2 C_2H_4 C_2H_6 C_3H_8 C_4H_{10} SF_6	常 常 常 常微 常微 常微 微 微 微 微 微 微	10 2 0.5 100 0.5 0.1	15	200V $\pm 10\%$ 50Hz ± 0.5 5kW	1. 专用气相色谱仪; 2. 12 路巡回,自动取样器; 3. 色谱数据处理微机系统; 4. 专用色谱柱:主柱与预柱; 5. 备品配件	$480 \times 360 \times 640$	50	煤科总院抚顺分院	本系统是以 CO、C_2H_4、C_2H_2 作为预测煤层自燃的主要指标 应用微机汉化操作系统,实现进样—分析—检测—报表打印全过程自动化

表 8—8—70　矿井自然发火束管监测系统

序号	型号	用途	测量范围及精度	分析仪原理	测点数与抽吸距离	检测显示	生产厂家	备注
1	KHY—1	主要用于监测煤矿各采区、工作面、采空区等处气体成分,预报大中型煤矿自然发火。适用于大中型煤矿自然发火监测、预报	CO: 0~100~1000ppm, ±2%; CO₂: 0~2~20%, ±2%; CH₄: 0~10~100%, ±2%; O₂: 0~25%, ±3%	QGS—10型、红外; QGS—10型、红外; QGS—10型、红外; 磁氧	18路采样"束管",样管抽吸距离≤6.5km	微机程序控制18路"束管"采样分析,接收18路采样存贮分析数据;以单元解算自然发火预报参量,提出发火预报;打印报表	煤科总院重庆分院	仪器包括四部分: (1)采样件及4台分析仪 (2)微机:486微机、打印机、UPS各1台,接口1套 (3)主抽气泵:2台水环式真空泵 (4)井下"束管"管缆1套
2	KHY—2 (为KHY—1型的改进型)	主要用于监测煤矿各采区、工作面、采空区等处气体成分。适用于大中型煤矿作自然发火监测、预报	一次进样可分析O₂、H₂、CO、CO₂、CH₄、C₂H₄、C₂H₆、C₂H₂等8个组分,其中CO最低检知浓度为1ppm, C₂H₄、C₂H₂最低检知浓度为0.2ppm	采用1台自动气相色谱仪作气体分析	18路采样"束路",样管抽吸距离≤6.5km	微机控制色谱仪的进样、分析、结果解算、数据存贮,并根据分析结果解算气体预报参量,提出发火预报	煤科总院重庆分院	该系统的采样分析柜,抽气泵,"束管"管缆均与KHY—1型相同
3	KHY—3	可用于矿井高产高效工作面采空区气体监测自然发火预报或中小型煤矿自然发火预报	CO: 0~50~500ppm; CH₄: 0~4~100%; O₂: 0~25%; C₂H₄: 0~100ppm	电化学、传感器; 热催化、传感器; 电化学、传感器; 电化学、传感器	6路采样"束管",管路抽吸距离≤2km	6位数码显示	煤科总院重庆分院	该系由采样分析柜、电源控制箱、抽气泵、6路采样管组成;主要设备安装于采区进风巷硐室,6路采样管经顺槽敷设到工作面及采空区,采集回风巷及采空区气样进行分析;该系统已实现与KJ—4、KJ—90型环境监测系统联网(与其他系统联网可协商解决),也可单独运行;单片机存贮15天分析数据

三、井下采样点设置原则

为及时掌握自然发火动向，必须作好观测站（点）的建设，气样的采集、分析、记录和火灾的判断。

采用束管集中监测或其他手段集中监测时，采样点即观测站（点）设置与观测内容如下：

1）在全矿井的自燃危险区建立自然发火观测站（点），进行系统的、定期的观测。观测站（点）应设在矿压较小的地点，至少长 10m 的一段巷道支护规整、断面不变，巷内无一切风阻物，以便完成气样采集、气体成分、风速测定和风温测定。井下观测站（点）分为固定观测点、移动观测点和临时观测点三种。

（1）采区、工作面固定观测站（点）：在采区、工作面的进回风流都必须各建立一个观测站（点），并符合井下测风站的要求。其观测站（点）的位置应使进风观测点能控制全部进风流，回风观测点能控制全部回风流，即两个观测站（点）间不允许再有其它的进风流和回风流。

（2）移动观测点：在工作面的进回风巷内距工作面 10～20m 处设置，并随工作面的推进而移动的观测点。

（3）临时观测点：发现有异常现象，为缩小火区范围以便准确查找火源点而增设的观测点。

2）一般防火监测探头的观测气样为：一氧化碳、二氧化碳、瓦斯、氧气、风量、风温及氮气等。注氮工作面的氮气释放口（孔）及监测探头布置参见图 8-8-20。

封闭火区防火墙内的观测气样为：一氧化碳、二氧化碳、氧气、氮气、瓦斯，以及防火墙内温度（℃）、防火墙出水温度（℃）、防火墙内外压差（Pa）等。

平庄矿务局古山矿采用气体分析法的一氧化碳增量法预测工作面火灾观测站（点）布置，如图 8-8-48 所示。

波兰 Z 矿采用气体分析法的氧减量法预测矿井内因火灾，其观测站（点）布置如图 8-8-49（a）所示。位于该矿的 510 煤层内，层厚 10m 左右，监测区内有四个采区。为早期发现矿内火灾，采集矿内大气气样，在监测区内建立了四个观测站。其中 1 号观测站控制全区的进风流，3 号和 4 号观测站则控制全区的回风流。为了检测特别危险的沿运输大巷的煤柱中的火情，在运输大巷内另增建了一个 2 号观测站。各观测站每星期采取两次气样。

在 5 个月的时间内在 1 号、2 号观测站取得的气样分析后的氧减量如图 8-8-49（b）所示，其正常值如虚线所示，约为 0.15%（对其他区此值可能不同）。应用此法于 1959 年 12 月 8 日开始发现监测区内氧减量增加，超过了正常值，于是加强了观测，于 1960 年 1 月 7 日找到了煤炭自热点，它位于运输大巷里一个高冒点处。将高冒点采用水砂充填法包帮充死后，防止了煤的自热的发展，氧减量又逐渐恢复至正常值，从而避免了一场内因火灾。

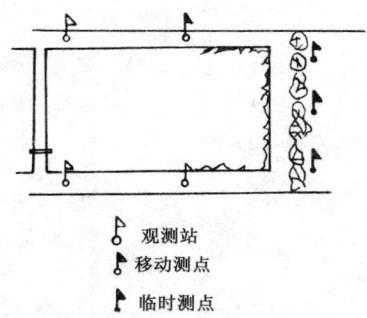

♪ 观测站
♪ 移动测点
♪ 临时测点

图 8-8-48 古山矿采用气体分析法的一氧化碳增量法预测工作面火灾示意图

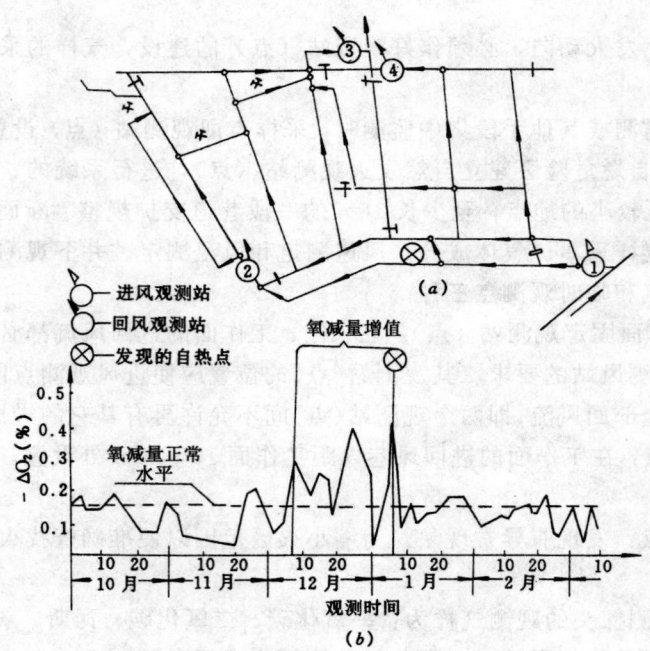

图 8—8—49 波兰 Z 矿应用气体分析法的氧减量法
预测矿井内因火灾观测区

a—为观测站布置示意图；b—为氧减量变化曲线图

第九章　井下防尘、防爆及隔爆

第一节　防治技术措施

《煤矿安全规程》第152条规定："矿井必须建立完善的防尘供水系统。没有防尘供水管路的采掘工作面不得生产"；第155条规定："开采有煤尘爆炸危险煤层的矿井，必须有预防和隔绝煤尘爆炸的措施"。

一、防尘措施

（一）防尘工作的原则

1. 防尘工作的原则

1）尽量减少浮游煤尘的产生；

2）将煤尘消灭在尘源地点，防止飞扬和进入风流中；

3）使已经浮游的煤尘沉降下来，捕集起来；

4）剩余的煤尘用足够的风量加以稀释，但又要防止因风速过大，使已沉积的煤尘重新飞扬。

2. 选择防尘措施的注意事项

1）在尘源处抑制煤尘比从风流中的降尘要好；

2）强制性防尘方法比非强制性防尘方法要好；

3）用水抑制煤尘比干式防尘效果要好，而且可靠；

4）有良好的通风条件；

5）需采用综合防尘措施。

（二）防尘措施分类及适用条件（表8—9—1）

表8—9—1　防　尘　措　施

措　施		作用与原理	措施内容	优缺点及适用条件
减少煤尘产生量降尘、除尘措施	煤层注水	煤层注水防尘是在采掘之前，利用钻孔向煤层注入压力水，使其沿着煤层的层理、节理和裂隙向四周扩散，然后渗入到煤的孔隙中去，增加煤的水分，使煤体预先得到湿润，以减少采掘时浮游煤尘的产生量	煤层注水包括钻孔、封孔和注水等三道工艺。详见本章第二节	本措施是井下防尘的有效方法。降尘率一般达到60%～90%，在国外得到广泛运用，尤其是长孔注水更为普遍

续表

措　施		作用与原理	措施内容	优缺点及适用条件
减少煤尘产生量降尘、除尘措施	采空区灌水	以不同方式将水灌入采空区及巷道内，使水依靠自重及毛细管作用，通过煤体内的裂隙，缓慢渗入煤体中，使煤体得到湿润，达到降尘目的	灌水分为前采后灌、采后封闭灌、超前钻孔灌水及超前水窝灌水等方式。详见本章第三节	灌水湿润煤体的设备简单、施工方便、易于推广，同时也湿润上方碎渣与浮煤，形成再生顶板本方法适应条件： 1. 煤层透水性好； 2. 有较长的超前渗润期； 3. 厚煤层分层开采及近距离煤层群开采时 4. 含硫煤层铺金属网不宜采用
	水封爆破与水炮泥	水封爆破和水炮泥的防尘作用是借炸药爆破时产生的压力将水压入煤层使之湿润，而且爆破时水的汽化将使降尘效果更加显著	水封爆破是将水注入炮眼中的炸药与眼口间的空间，见图 a 水炮泥则是将盛水的塑料袋填于炮眼内，以代替粘土炮泥，水炮泥在炮眼上的布置见图 b （a） （b）	水炮泥的降尘效果： 1. 降尘 80% 左右； 2. 减少点燃瓦斯的可能性，但同时也降低了炸药爆燃可能性； 3. 降低炮烟量 70%； 4. 空气中有害气体下降 37%～46%
	选用合理的采煤机	使破落的煤粒度加大，粉煤率降低，从而降低煤尘产生量	1. 采用深截齿割煤，减少齿数； 2. 选择呈指数曲线形断面的滚筒； 3. 刀头前角要大，后角约为 6°； 4. 截齿最大切割速度为 3.5m/s； 5. 牵引速度以达到 2.4～3.6m/s 为准； 6. 减少滚筒转速； 7. 采用与通风风流方向一致的单向割煤方式； 8. 采用滚筒逆向旋转的装煤方向	

续表

措　施		作用与原理	措施内容	优缺点及适用条件
减少煤尘产生量降尘、除尘措施	选择合理的采煤方法和生产工艺	尽量避免采用生尘量高的采煤方法及其生产工艺	1. 有条件时，尽量采用水采和水力掘进； 2. 避免采用短壁、水平分层、巷柱式等掘进率高的采煤方法； 3. 减少炮眼数目； 4. 减少放炮次数和炸药量	
	喷雾洒水	雾状水捕捉浮游煤尘、使其湿润，增加煤尘重量而迅速沉降下来，另外煤尘湿润后，也降低了飞扬性	煤矿常用的喷雾器有单水喷雾器和风水喷雾器两类，目前已有高压喷雾技术出现	喷雾洒水简单方便，而且是有效的措施，降尘率一般可达30%～60%它广泛用于采煤、掘进、运输、提升及风流净化等几乎所有的井下作业中。《煤矿安全规程》第159条规定：井下装载及转载点都应进行喷雾洒水 高压喷雾耗水量低、喷嘴不易堵塞，降尘效率高，大于95%，尤其对呼吸性粉尘，降尘效率高达70%以上,适用于井下采掘工作面及定点尘源
	声波雾化降尘	利用声波凝聚、空气雾化的原理，从而提高尘粒与尘粒、雾粒与尘粒的凝聚效率以及雾化程度来提高呼吸性粉尘的降尘效率	采用声波雾化喷嘴。使用风压压力在0.3～0.6MPa	对总粉尘的降尘率可达到88%，对呼吸性粉尘的降尘率可大于74%。 但噪音较大
	磁化水降尘技术	在外加磁场作用下，可使水的粘度、表面张力降低，吸附、溶解能力增强，致使雾化程度得到提高，从而提高捕捉粉尘的几率	采用磁化喷嘴	对总粉尘的降尘效率比清水提高14.7%,对呼吸性粉尘降尘率提高14%
	预荷电高效喷雾降尘技术	由于悬游粉尘大多带有电荷，让水雾带有极性相反的电荷，就可使雾粒和尘粒之间产生较强的静电引力，从而提高水雾对粒尘的捕捉效果	采用电介喷嘴	对呼吸性粉尘的降尘率可达60%以上
	湿润剂除尘	在湿润剂作用下，可降低水的表面张力，同时可增加与粉尘的吸附作用，使粉尘得到充分的湿润	可广泛使用于煤层注水、湿式打眼、湿式除尘器、及其他湿式作业的用水	1. 较清水降尘率可提高40%； 2. 需增加一套添加设备
	泡沫降尘	无空隙的泡沫体几乎可以捕集所有与之相遇的粉尘，对微细尘更具聚集能力	使用高倍数泡沫发生器	用于综采机组、掘进机组、带式运输机及尘源较固定的场所。 一般泡沫降尘率可达90%以上
	自移支架降尘	清除工作面移架过程产生的高强度粉尘	在支架上安设喷嘴	移架作业人员操作地点粉尘浓度可减少80%～88%

续表

措　施	作用与原理	措施内容	优缺点及适用条件
减少煤尘产生量降尘、除尘措施　湿式钻眼	湿式钻眼就是不断地向钻眼中送水，使凿岩过程中形成的粉尘湿润并排出眼外，并使粉尘不致飞扬到空气中	《煤矿安全规程》第14条规定：掘进时，岩石眼和煤眼均需采用湿式凿眼　湿式凿岩按供水方式分中心供水和侧式供水两种，目前中心供水使用较为广泛；水电钻供水与侧式供水凿岩机相同	湿式钻眼是综合防尘最主要的技术措施。湿式凿岩已普遍采用。　在煤层和软岩（普氏系数 $f<4$）中使用水电钻打眼，也可使粉尘浓度下降 5～6 倍
冲洗巷壁，清扫和刷白巷道	清除巷道壁上的沉积粉尘	冲洗巷壁的工作应在放炮后恢复工作前进行，冲洗、清扫和刷浆工作应定期由专人负责	湿式凿岩时，冲洗巷壁较不冲洗时矿尘浓度要低 30%
采用合理风速	风速过小，不能将空气中的浮尘及时带出工作面；风速过大则把大量落尘重新扬起	从防尘角度要求掘进风速宜大于 0.63m/s，回采面风速以 1.2～2m/s 为宜（最佳为 1.4～1.6m/s）	
风流的净化	对含尘的进风流和尘源地点的含尘空气进行净化，可降低粉尘浓度	1. 避免进风流的污染；2. 尽量避免串联通风；3. 在含尘量大的风流中和局扇风筒中设置水幕；4. 使用各种矿井除尘器、湿式除尘器以及空气过滤器等	
捕尘措施	捕尘器是利用扩散、碰撞、拦截、重力、离心力等使尘粒与空气分离，以降低空气中的浮尘	煤矿多用湿式捕式器及干式布袋除尘器	国内外矿用除尘器除尘效率不小于 98%，湿式除尘器对呼吸性粉尘除尘效率大于 80%，干式布袋除尘器对呼吸性粉尘的除尘效率达 95% 以上
个体防护	个体防护是借助于防尘口罩、防尘面罩及防尘矿帽等装置，防止工人吸入呼吸性粉尘	个体防护的主要工具是口罩，口罩分为：1. 普通纱布口罩；2. 普通过滤式防尘口罩；3. 过滤式送风口罩	普通纱布口罩结构简单，使用方便，但阻尘率低，呼吸阻力大，有不适感；　过滤式送风口罩有小型通风机作动力，可净化吸入的空气

二、防爆措施

防爆措施包括防止浮游煤尘发生爆炸和防止沉积煤尘再次飞扬起来参与爆炸的措施，详见表8−9−2。

表8−9−2　防　爆　措　施

措　施	作用与原理	内　　容	适　用　条　件
部分减少煤尘产生量及降尘、除尘	见表8−9−1	见表8−9−1	见表8−9−1

措 施	作用与原理	内 容	适 用 条 件
清扫并运出巷道中积聚的煤尘	防止沉积的煤尘参与爆炸	凡有煤尘沉积的巷道,均需根据情况定期清扫,并必须将煤尘运出 清扫时尽量勿使煤尘飞扬蔓延	平硐、斜井、井底车场、主要运输大巷、运输大巷、石门、主要绞车道以及其他有煤尘堆积处
冲洗巷壁	用水将沉积于巷道周边的煤尘冲掉并运出,防止爆炸时沉积的煤尘被扬起参与爆炸	冲洗顺序由顶板至两帮和底板,并必须将顶帮、底背板后的煤尘冲净,并将煤尘运出 冲洗巷壁的耗水量按 $2L/m^2$ 巷壁面积计算 冲洗分管路冲洗法和水车冲洗两种,前者利用巷道中的防尘管路,后者是在无防尘管路时用水车冲洗	定期冲洗总回风巷、主要回风道、采区回风道、采掘工作面附近,以及凡属需清扫的巷道等处
巷道刷浆	用石灰水或水泥石灰水喷洒在巷道周壁,使煤尘固结起来不能飞扬到空气中参与爆炸,巷道刷浆后,还能改善井下环境,并有利于冲洗煤尘	刷浆用石灰水为生石灰与水按1：1.5(体积比)配制,或以水泥：石灰：水＝1：2：10(体积比)配制成水泥石灰水 使用时先用压气(或高压氧气)搅拌石灰水,然后盖上风包盖,用压气(或高压氧气)加压,将石灰水刷到巷道四壁上 刷浆时浆膜要求均匀(约0.2mm),设计时可按 $0.6\sim0.8L/m^2$ 计算 刷浆前,需将巷道底板煤尘清扫运出 刷浆工作一般每半年进行一次	平硐、斜井、井底车场、石门、运输大巷、回风大巷、主要运输巷、主要回风巷及主要绞车道等
撒布岩粉	在巷道内撒布岩粉,增加了沉积煤尘的灰分,能抑制煤尘的爆炸,也能起到隔爆作用	1.对岩粉的要求 (1)可燃物含量＜5%; (2)游离 SiO_2 含量＜5%; (3)不含有毒有害的混合物; (4)色淡白、鲜明、通常用石灰石制作; (5)潮湿巷道应使用抗湿性岩粉; (6)岩粉必须全部通过50号筛(筛径＜0.2mm),其中70%以上应通过200号筛(筛径＜0.074mm) 2.对岩粉用量的要求可按下列指标计算 在开采瓦斯煤层时,岩粉与沉积的煤尘混合后的粉尘中要求不燃物质的含量应不小于80%; 在开采非瓦斯煤层时,应不小于70% 3.对撒布岩粉的要求 撒布岩粉需将巷道所有表面,包括顶、底、帮都用岩粉覆盖,撒布长度应大于300m,不足300m的巷道则全部撒布 4.岩粉撒布方法 人工撒布和压气撒布均可,撒布时人员必须站在风流上方	1.所有运输巷和回风巷 2.当有和没有煤层爆炸危险的煤层同时开采时,应在两种煤层连接处撒布岩粉; 3.在有爆炸性煤尘经常积累的地点须经常撒布岩粉; 4.工作面上口、下口,须经常撒布岩粉,但设有喷雾洒水地点或巷道潮湿,已使煤尘中水分大于12%的地区可以不撒布岩粉

措　施	作用与原理	内　　　容	适　用　条　件
喷洒粘结液	本方法的实质是把氧化钙等吸水物质和湿润剂的混合水溶液喷洒在巷道周壁上，使已沉积的煤尘湿润成团或粘结，不致重新扬起形成煤尘云参与爆炸		
喷雾洒水	喷雾洒水不但湿润煤尘，起到降尘作用，而且由于水分能吸收大量的热量以及隔绝火焰，所以洒水喷雾也能起到阻止引燃的防爆作用	参见表8-9-1中喷雾洒水措施内容部分	参见表8-9-1中喷雾洒水适用条件部分
消除引燃煤尘爆炸的火源	消除火源，即使空气中煤尘达到爆炸浓度，也不致被引燃爆炸	1. 严格执行《煤矿安全规程》中消除明火的规定； 2. 防止瓦斯燃烧和爆炸； 3. 消除放炮时产生的火焰； 4. 消除电器火源； 5. 消除其他火源，譬如斜井（巷）跑车及金属强烈碰撞产生的火源等	

三、隔爆措施

隔爆措施是把已发生的爆炸截住，不使其传播开来，以限制在最小的范围内，使爆炸不致由局部扩大为全矿性的大灾难，见表8-9-3。

表8-9-3 隔　爆　措　施

措　施	作用与原理	内　　　容	适　用　条　件
设置水棚	水棚隔爆原理是以水代替岩粉，利用水在爆炸高温下汽化为雾带并吸收大量热量，熄灭火焰并阻止爆炸的传播	详见本章第四节"隔爆水棚"部分	详见本章第四节"隔爆水棚"部分
撒布岩粉	在巷道内撒布岩粉，增加了沉积煤尘的灰分、抑制了煤尘的爆炸，被爆炸波扬起的岩粉，起着翻倒岩粉棚后飞散的岩粉同样的隔爆作用	详见本章表8-9-2防爆措施中"撒布岩粉"部分	详见本章8-9-2防爆措施中"撒布岩粉"部分

续表

措　施	作用与原理	内　　容	适用条件
自动式防爆棚	自动式防爆棚是利用各种传感器测量煤尘爆炸所产生的各种物理参数并迅速转换成电讯号，指令机构的演算器根据这些信息准确地计算出火焰传播的速度并在最恰当的时候发出动作讯号，让抑制装置强制喷撒岩粉、水或各种消火剂，准确、可靠地扑灭爆炸火焰，阻止煤尘爆炸蔓延	1. 根据爆炸时产生的火焰红外线、温升、紫外线、压力波等参数，划分传感器为以下四种： 红外线传感器 紫外线传感器 温度传感器 压力传感器 2. 自动式防爆棚使用的消火材料有：水、岩粉、重碳酸钙、重碳酸钠、重碳酸钾、氮气、二氧化碳等惰性气体和磷酸铵等； 3. 自动式防爆棚使消火材料飞散的动力有雷管、导爆索、压缩气体（惰性气体）以及它们的组合形成； 4. 自动式防爆棚种类有：自动岩粉棚、自动水棚、自动水袋、自动水幕及自动式岩粉飞散装置	近10年来许多国家先后研制和使用了各种形式的自动式防爆棚，试验表明，自动式防爆棚对抑制各种爆炸都是有效的
隔爆水幕	隔爆水幕利用爆炸时的高温将水汽化为水雾带，并吸收大量的热，致使爆炸火焰熄灭，不能扩展蔓延 	水幕分普通型隔爆水幕和自动隔爆水幕两类，见附图 水幕需牢固地安装在不易崩坏的岩石巷道内，以免冲击波将其摧毁	普通型水幕只有安在距离爆炸源较远处，而且需经常打开才能起到隔爆作用，这影响了生产和行人 自动隔爆水幕类似于自动式防爆棚，作用准确可靠，避免了上述缺点，但技术要求严格，成本投资较高

第二节　煤层注水防尘

一、设计基础资料和主要内容

（一）设计基础资料

1）煤的物理机械特征（煤的透水性、原始水分、孔隙率、湿润边角、硬度、裂隙发育情况、煤的饱和含水率）、顶底板的物理力学性质（透水性、孔隙率、硬度、自然含水率、饱和含水率）、煤尘爆炸指数。

2）煤的赋存条件，包括倾角、厚度、构造及稳定性等。

3）矿井开拓系统、采区巷道布置及采煤方法。

4）工作面产量、推进度、通风方式，进、回风巷几何尺寸和支护形式。

5）水源及供水系统。

（二）煤层注水设计主要内容

1）煤层注水方式选择。

2）煤层注水工艺及参数计算。

3）煤层注水设备及供水管径的选择。

4）绘制煤层注水系统图。

5）编写煤层注水设计说明书。

（三）煤层注水设计应注意的问题

1）煤层厚度小于 0.6m 时，不宜注水。

2）煤层孔隙率小于 4% 时，其透水性接近于零，此时不宜注水。

3）煤层孔隙率大于或等于 40% 时，煤层成为多孔均质体，天然含水率已达 1，此时已无需注水。

4）煤层湿润边角 $\theta \geqslant 90°$ 时，为不可湿润煤体，注水防尘效果不好。

5）长孔注水，孔长不能小于待注水煤层工作面倾斜长的 2/3。

6）应有比较充裕的注水时间。

二、注水方式及其选择

（一）注水方式

煤层注水方式是指钻孔长度、位置和方向的概念，一般分为长孔、短孔、深孔和巷道注水等四种注水方式。

各种注水方式及其优缺点和适用条件详见表 8—9—4。

表 8—9—4　注水方式分类、优缺点及适用条件

注水方式		示意图	优缺点	适用条件
长孔注水	下向钻孔注水		优点： 1. 一个钻孔能湿润较大区域的煤体； 2. 注水时间长，湿润均匀； 3. 预注时，注水与生产无干扰； 4. 经济 缺点： 1. 打钻技术较复杂； 2. 对地质条件的变化适应性差，易穿顶底板，不仅难以达到设计长度，而且还影响正常注水； 3. 封孔较复杂	长孔注水是最先进的注水方式，选择时应优先考虑，特别是回采强度大（如综机采煤时）和地质条件好的中厚和厚煤层更宜采用长孔 但在地质变化大的煤层，本方式受到较大的限制
	上向钻孔注水			

注水方式		示 意 图	优 缺 点	适 用 条 件
长孔注水	双向钻孔注水			
	伪斜钻孔注水			
	伪斜钻钻注水（前进式）	钻孔	优点： 1. 一个钻孔能湿润较大区域的煤体； 2. 注水时间长，湿润均匀； 3. 预注时，注水与生产无干扰； 4. 经济 缺点： 1. 打钻技术较复杂； 2. 对地质条件的变化适应性差，易穿顶底板，不仅难以达到设计长度，而且还影响正常注水； 3. 封孔较复杂	长孔注水是最先进的注水方式，选择时应优先考虑，特别是回采强度大（如综机采煤时）和地质条件好的中厚和厚煤层更宜采用长孔 但在地质变化大的煤层，本方式受到较大的限制
	倒台阶工作面钻孔布置			
	倾斜与伪斜联合布置钻孔			
	扇形钻孔布置			

注水方式		示　意　图	优　缺　点	适用条件
长孔注水	刀柱式工作面走向钻孔布置		**优点:** 1. 一个钻孔能湿润较大区域的煤体; 2. 注水时间长,湿润均匀; 3. 预注时,注水与生产无干扰; 4. 经济 **缺点** 1. 打钻技术较复杂; 2. 对地质条件的变化适应性差,易穿顶底板,不仅难以达到设计长度,而且还影响正常注水; 3. 封孔较复杂	长孔注水是最先进的注水方式,选择时应优先考虑,特别是回采强度大(如综机采煤时)和地质条件好的中厚和厚煤层更宜采用长孔 但在地质变化大的煤层,本方式受到较大的限制
	上行穿层钻孔布置			
	下行穿层钻孔布置			
短孔注水	垂直煤壁钻孔		**优点:** 1. 对地质条件适应性强; 2. 注水设备、工艺、技术均较简单 **缺点:** 1. 钻孔数量大而湿润范围小; 2. 封孔频繁而不易严密,易跑水; 3. 注水与采煤面其他工序相互干扰	有走向断层或煤层倾角不稳定的煤层;煤层较薄及围岩有吸水膨胀性质而影响顶底板管理时,采用这种方式的最为合适 国内外采用短孔注水方式的比例较小
	斜交煤壁钻孔			

续表

注水方式		示　意　图	优　缺　点	适用条件
深孔注水			优点： 　1. 具有短孔注水的很多优点； 　2. 更能适应围岩的吸水膨胀性质； 　3. 较"短孔"钻孔数少，湿润范围大而均匀 缺点： 　1. 因压力要求高，故设备、技术复杂； 　2. 较"长孔"钻孔数量较大，封孔工序也较频繁	西德、法、英、日、俄等国均广泛采用深孔注水方式 　这种方式适用于采煤循环中有准备班或每周有公休日，以便在此期间进行注水工作
巷道注水	邻近煤层巷道布置钻孔		优点： 　1. 钻孔少，湿润范围大； 　2. 湿润效果较好 缺点： 　1. 岩石钻孔量大； 　2. 不够经济； 　3. 有时因邻近巷道损坏而影响注水工作的正常进行	采用巷道钻孔注水的条件是在注水煤层的上、下部要有现成的巷道，且其他条件适宜时 　目前只有德国、比利时及我国龙凤矿使用过
	底板岩巷钻孔布置			

（二）注水方式选择

1. 选择原则

注水工艺简单，使用设备、人工尽可能少，湿润效果能达到预期目的，有利于推广使用。

2. 选择依据

确定煤层注水方式主要根据煤层厚度、倾角、煤体硬度、透水性、围岩性质、井巷布置、采煤方法、工作面推进度、作业方式以及注水方式与岩层注水压力的关系选择。

注水方式与岩层压力的关系详见图8—9—1和表8—9—5。

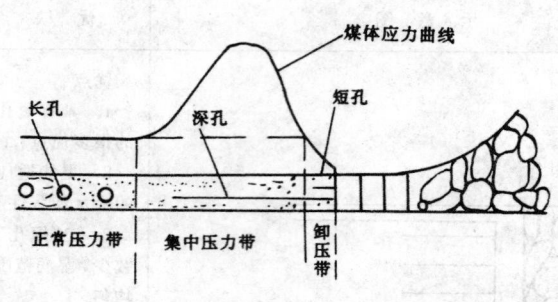

图 8—9—1

表 8—9—5 注水方式与岩石压力关系

注水方式	所处压力带	注水区域透水性	要求的注水压力	裂隙发育情况
短 孔	卸压带	变 强	低	次生裂隙很发育
深 孔	集中压力带	变 弱	高	不发育，孔隙率较低
长 孔	正常压力带	不 变	低于深孔要求，高于短孔要求	未受地应力影响
巷道钻孔				

三、注水工艺及参数确定

（一）长孔煤层注水工艺参数确定

1. 钻孔直径

钻孔直径主要由钻机、钻杆直径所决定。我国采用岩石电钻打孔时，孔径一般为 45mm 左右，用钻机打钻时，孔径为 53～60mm，少数大于 70mm。

在孔径选择时，要考虑煤的硬度、破碎情况、封孔技术及注水量等因素。通常，如果煤的硬度大、注水量大、封孔技术好，孔径可取较大一些，反之宜取较小的钻孔直径。根据我国目前统配煤矿注水实情，钻孔直径均在 45～75mm 之间。重庆中梁山矿曾采用过 75mm 的孔径。

2. 钻孔长度

1）影响钻孔长度的因素。

（1）煤层透水性；

（2）工作面长度；

（3）注水时间和注水压力；

（4）钻机能力；

（5）煤层的倾角、厚度、构造及夹矸情况等。

2）单向钻孔注水时孔长的计算。

$$L = L_1 - M \tag{8—9—1}$$

式中 L——钻孔长度，m；

　　　L_1——工作面长度，m；

M——与煤层透水性和钻孔方向有关的参数，透水性弱的煤层上、下向孔，M 均取 20m；对透水性强的煤层，上向孔取 $M \geqslant 20$m，下向孔 $M=(1/3 \sim 2/3) L_1$。

根据我国的注水经验，钻孔长度为 30～100m，即工作面长度的 1/3～9/10 的范围。

3. 钻孔间距

钻孔间距可根据煤层湿润半径计算，即：

$$B = 2.5R = 5h \qquad (8-9-2)$$

式中　B——钻孔间距，m；

　　　R——湿润半径，m；

　　　h——巷道净高（注水工作面、回风巷），m。

但在实际注水中，合理的钻孔间距一般通过实践来确定。我国矿井注水采用的钻孔间距大多为 10～25m（参见表 8—9—13），设计时可按 15～20m 考虑。

4. 钻孔角度

1）钻孔角度原则上与煤层倾角保持一致，使钻孔始终保持在煤层内，以免穿透顶底板。

2）考虑到钻杆的下沉，开口位置宜靠近煤层上部。

3）煤层有夹矸时，应使钻孔穿透夹石，以使各自然分层均被湿润。

5. 封孔深度

1）对封孔深度的要求。

（1）不从孔口及其附近煤壁透水、泄水、渗水。

（2）在湿润半径未达到设计要求前不发生泄水、渗水现象。

（3）操作方便、工艺简单。

2）对封孔深度的影响因素。

（1）注水压力：压力越大，封孔深度越深。

（2）煤层裂隙发育程度：裂隙发育，就应增加封孔深度。

（3）沿巷道边缘煤体破坏带宽度：封孔深度必须大于破碎带宽度。

（4）煤的硬度：煤越软，要求封孔深度越大。

3）封孔深度的确定。

封孔深度一般通过试验和生产实践确定，我国煤矿封孔深度一般为 2.5～10m（参见表 8—9—13）；而国外较深，原苏联经验值为 5～15m，德国和法国则均达 20m 左右。

6. 封孔方式

封孔方式分水泥封孔和封孔器封孔两类，具体作法和优缺点详见表 8—9—6。

7. 注水系统及注水参数

1）注水系统。

（1）静压注水系统。

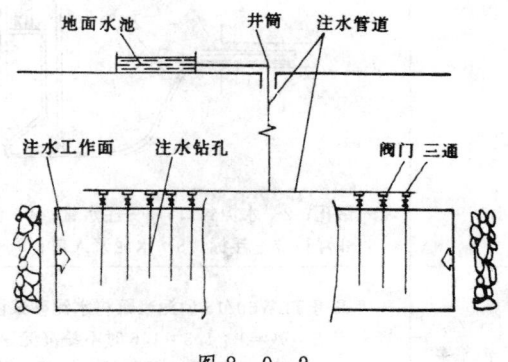

图 8—9—2

静压注水系统比较简单，见图 8—9—2。多孔注水时，只需将每个孔中的注水管通过胶管和阀门联接在供水干管上即进行注水。如果压力不超过1.0MPa，为了记录每个钻孔的注水

表 8-9-6　封 孔 方 式 分 类

封孔方式		具 体 作 法	优缺点及适用条件
水泥封孔	灌注水泥砂浆	封孔段直径一般为 75～100mm。先将注水管（略长于封孔段长度）插入孔内，并将封孔段底部用木楔或棉纱堵住，然后将 1:2～1:4 的水泥砂浆灌入钻孔待砂浆凝固后，便可进行注水	方法简便，安全可靠，使用广泛。多用于下向孔封孔
	人工封堵法	用普通水泥掺入一定量的砂子，与水拌和成炮泥状，同装填炮泥一样用人工填入孔内，并捣实以保证封孔质量	操作困难，劳动强度大。适用于封孔长度较短、倾角不太大的煤层注水
	送泥器封堵法	这种方法是通过送泥器（见附图）利用水泵的水压把稠水泥砂浆送到 10m 多深的钻孔内。接头 2 与钻杆联结，钻杆再通过高压胶管与水泵相连；开泵后，水压将活塞推动，从而将水泥砂浆送进钻孔内 <center>1—拉杆；2—接头；3—套筒；4—压垫；5—活塞 6—密封圈；7—螺杆；8—存泥腔</center>	
	压气封堵法	采用压风罐（见附图）把水泥砂浆送入钻孔。所用的压气，既可是井下压风管网的压气，也可采用 2V—0.6/7 型空压机产生的压气；使用硅酸盐水泥加入 12% 的矾土水泥和 12% 的石膏粉。水与灰的重量比为 1:2.5～1:2.8。这种水泥浆流动性较好，易于向钻孔内注入，凝固后能膨胀，封孔严密。注浆前应先用水泥掺石膏把孔口封住，并将注浆和注水管固定在其中 <center>1—钻孔；2—水泥封口；3—注水管；4—注浆管；5—压风入口； 6—阀门；7—浮标；8—水泥浆入口；9—压风罐；10—水泥浆</center>	本方法主要用于上向钻孔的封孔，并在某些矿井封孔中取得良好效果
	泥浆泵封堵法	可采用 TBW50/15 型泥浆泵将水泥砂浆注入钻孔。采用的砂浆，当水:灰:砂=1:1.5:1.6 时不易沉淀，便于泵吸入和排出。对于孔口的封堵，可采用木模固紧，黄泥封堵的方法 德国已研制出一种专门输送稠水泥浆的单作用活塞泵，并注入速凝水泥，封孔后 25min 即可进行注水	本方法主要用于上向孔的封孔。松藻煤矿使用本方法封孔取得了良好效果

续表

封孔方式	具　体　作　法	优缺点及适用条件
封孔器封孔	长孔注水时，因封孔深度较大，一般都采用膨胀式封孔器和水力压缩式封孔器，国外广泛采用前面一种 　使用封孔器时，对钻孔质量要求高，孔径要圆，孔壁要平，弯度要小，孔径比封孔器胶筒的直径大5～10mm为宜	优点：操作简便，工艺简单，可以复用，省工省料 　缺点：当煤质较软时，容易跑水，注水压力高时，封孔器有时被抛出 　在煤层较软易碎的煤层中，封孔器有从钻孔中取不出来的情况

量，可在胶管中间安装流量表。

（2）动压注水系统。

动压注水系统比较复杂，图8－9－3为移动式水泵单孔注水时的一般系统示意图。

在单孔注水系统中（图8－9－3），当压力超过1.0MPa时，在没有高压水表的情况下，为了记录钻孔的注水量，应在水泵的吸水端和排水支管上各安一个普通水量表（即水表）。以吸水端的流量减少去排水支管的回水流量算出钻孔的注水量。利用支管上的高压阀门控制注水流量和压力。

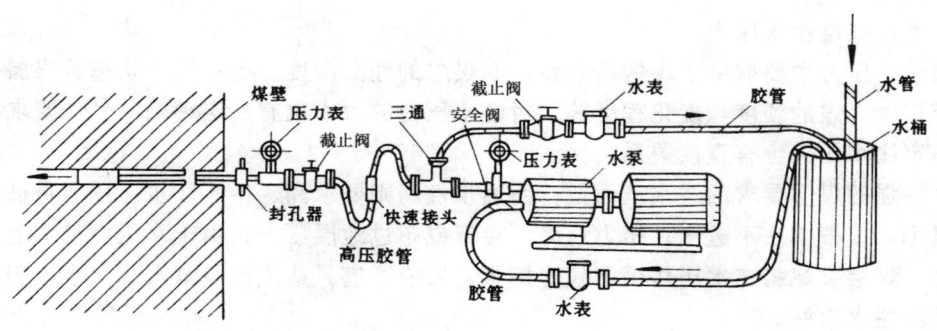

图8－9－3　动压注水系统示意图

多孔注水系统中（图8－9－4），通过流量调节器（即分流器）的自动调节，使各钻孔的注水流量达到基本相等。总注水量由中高压水表测出。

钻孔注水的水必须是无杂质的清水，对于动压注水，特别是动压多孔注水，更应保证水的质量，不得有木屑和泥砂。

2）注水压力。

注水压力是注水中的一个重要参数。

（1）注水压力分类。

根据绝对压力，可将注水压力分为五类，见表8－9－7。

根据注水压力与上覆岩层压力和瓦斯压力之间的相对关系，可将注水压力分为三类，见表8－9－8。

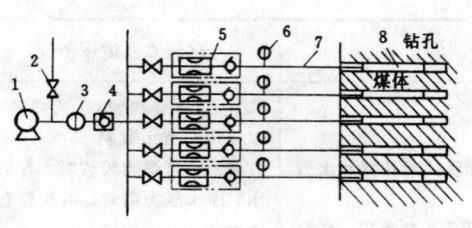

图 8—9—4

1—水泵；2—截止阀；3—中高压水表；4—单向阀；
5—流量调节阀；6—压力表；7—注水钢管；8—封孔器

表 8—9—7　注水压力分类

压力分级	注水压力（kPa）
低压注水	0～2450
中压注水	2450～7840
中高压注水	7840～15680
高压注水	15680～31360
超高压注水	＞31360

表 8—9—8　注水压力与岩压和瓦斯压力相对关系的压力分类

压力分类	三种压力的相对关系	表达式	符号注释
强压注水	注水压力大于上覆岩压	$P>\gamma H$	P—注水压力，MPa
平压注水	注水压力小于上覆岩压，但大于煤层瓦斯压力	$P_w<P<\gamma H$	γ—上覆岩层平均容重，t/m³
			H—上覆岩层厚度，m
弱压注水	注水压力小于煤层瓦斯压力	$P<P_w$	P_w—煤层瓦斯压力，MPa

（2）确定煤层注水压力。

煤层注水压力主要取决于煤的透水性。而煤层的埋藏深度、支承压力状态、煤层裂隙及孔隙发育程度，煤的硬度和炭化程度等，对注水压力的大小也有一定影响，另外要求的注水流量与确定注水压力也有直接关系。

透水性强的煤层要求的注水压力低，而透水性弱则要求高、中压注水。压力过低，则注水流量很小，或根本注不进水；压力过高，接近或超过地层压力，由于水压力基本上抵消了地层压力，煤层裂隙将在水压作用下猛烈扩张，形成通道，造成大量窜水或跑水。因此一般认为以平压注水为好。

静压注水一般为低压，动压注水多属中压，少数为低压和中高压，我国注水经验，一般静压注水水压不超过 2450kPa，动压注水一般可达到 4900～19600kPa 左右。

国外采用的压力情况见表 8—9—9。

表 8—9—9　国外注水压力情况

国　　别	加压方式	压力（kPa）
法国	静压	1470～2940
德国	动压	8000～12000
原苏联	静压及动压	588～34300
美国	动压	12740～27440

3）注水量计算。

（1）钻孔注水量（按水分增加值）。

$$Q = BLM\gamma (W_1 - W_2) K \qquad (8-9-3)$$

式中　Q——一个钻孔注水量，m^3；

　　　B——孔间距，m；

　　　L——工作面长度，m；

　　　M——煤层厚度，m；

　　　γ——煤容重，t/m^3；

　　　W_1——注水后要求达到的水分，%；一般取 4%；

　　　W_2——煤层原有水分，%；

　　　K——考虑围岩吸收水分、水的漏失和注水不均匀系数，一般取 1.5～2.0。

（2）钻孔注水量（按吨煤注水量计算）。

$$Q = LBM\gamma q \qquad (8-9-4)$$

式中　q——吨煤注水量，它应根据注水时的水分流失率，煤的孔隙率，及注水实践中的经验
　　　　确定，一般按 $0.03m^3/t$ 考虑；

　　　Q、L、B、M、γ 等符号同上式（8-9-3）。

我国部分矿井的吨煤注水量见表 8-9-10。

表 8-9-10　我国部分矿井的吨煤注水量

矿井名称	吨煤注水量（L/t）	备注
大同煤峪口矿及同家梁矿	15～20	中厚煤层
	20～25	厚煤层
	25～40	同家梁矿 3.2m 厚煤层
抚顺龙凤矿	20～25	薄煤层
	20～40	厚煤层
山西白家庄矿	30	机采
	20	炮采

波兰在设计孔隙发育的煤层注水时，q 取 30～60L/t，在孔隙率不发育的煤层注水时，q 取
10～20L/t。

（3）矿井日注水量（按水分增加值计算）。

$$Q_H = K_1 G (W_1 - W_2) \qquad (8-9-5)$$

式中　Q_H——矿井日注水量，m^3/t；

　　　G——矿井计划注水采掘工作面日产量，t/d；

　　　K_1——注水系数，一般取 1.5～2.0；

　　　W_1、W_2 同上。

（4）矿井日注水量（按吨煤注水量计算）。

$$Q_H = Gq \qquad (8-9-6)$$

式中　q——吨煤注水量；

　　　Q_H、G 同上式（8-9-5）。

4）注水流量。

注水流量亦称注水速度，即单位时间内的注水量。为比较各钻孔注水流量的状况，用每米钻孔单位时间的注水流量来衡量，常用 L/min 或 m³/h·m 表示。

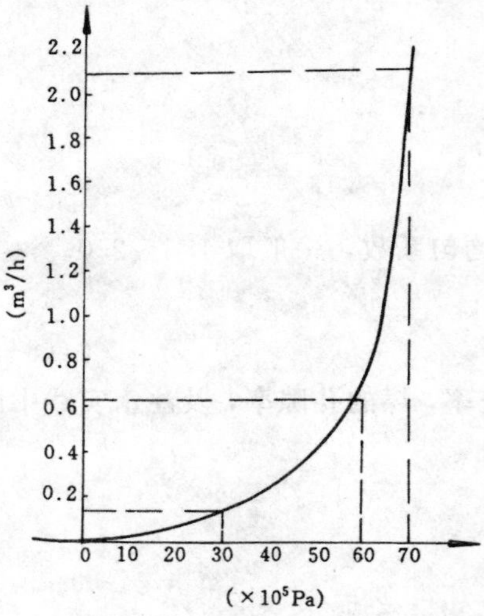

注水流量与注水压力直接相关，本溪彩屯矿采用的关系式如下：

$$U = KP_e y \qquad (8-9-7)$$

式中　U——单位长度钻孔的注水流量，L/h·m；

　　　K——单位长度钻孔的渗透系数，L/MPa·m·h；

　　　P_e——注水有效压力，MPa；

　　　y——钻孔的渗透指数，为 2.03，计算时可取 $y = 2$。

$$P_e = P_\psi - P_w$$

式中　P_ψ——钻孔内水的压力，MPa；

　　　P_w——煤层的瓦斯压力，MPa。

上述关系式与英国在实验室得到的公式基本相同，我国阳泉和松藻矿的实测曲线也证实了上述关系式，松藻煤矿实测的注水流量与注水压力的关系曲线见图 8-9-5。

注水流量的统计数据见表 8-9-11。我国矿井的注水流量情况见表 8-9-12。

图 8-9-5

表 8-9-11　注水流量一般数据

国　别	注水方式	流水流量（m³/h·m）
中　国	长孔、静压 长孔、动压	0.001~0.027 0.002~0.24
法　国	长孔、静压	0.001
德　国	长孔、动压 巷道钻孔注水	0.005~0.006 0.0045~0.0075

5）注水时间。

$$T = \frac{Q}{V} \qquad (8-9-8)$$

式中　T——注水时间，h；

　　　Q——钻孔注水量，m³；

　　　V——注水流量，m³/h。

在注水压力相同时，注水流量随注水时间延长而降低，阳泉二矿的注水实测曲线，突出地反映出这一趋势，见图 8-9-6。

注水时间加长，水在煤体中流程渐远，阻力相应增加，注水压力将在一定范围内波动，并有缓慢升高的趋势。图 8-9-7 为中梁山煤矿二号煤动压水时注水压力与注水时间的实测曲线图。

　　现场经常把湿润范围内煤壁出现均匀的"出汗"渗水作为煤体已全面湿润的标志，并以此作为控制注水时间的依据。

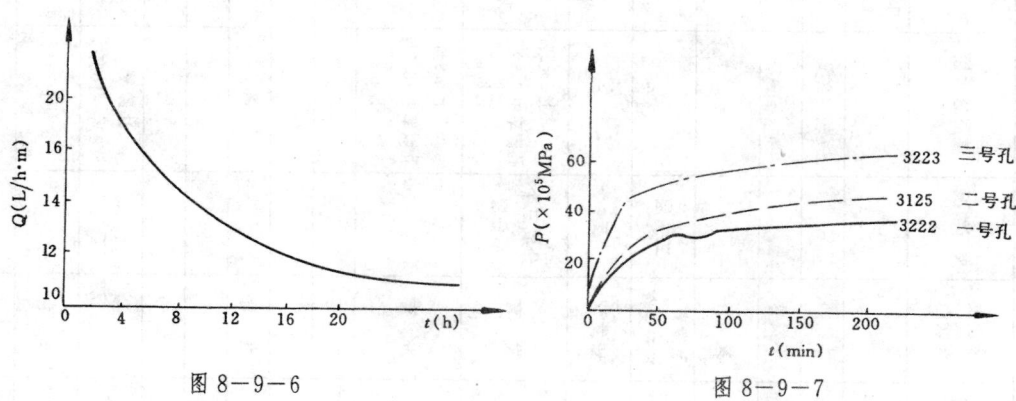

图 8—9—6　　　　　　　　　　　　　　　　　图 8—9—7

　　静压注水时间一般为数天至数十天，动压注水时间一般为十数小时至数天；总的说来，注水时间越长，湿润效果越好。

　　我国注水矿井注水工作面一般情况及煤层特征，见表 8—9—12。

　　我国长孔注水参数一览表，见表 8—9—13。

　　（二）短孔煤壁注水

　　1. 短孔煤壁注水参数确定（一般按经验取）

　　1）钻孔直径 d。

　　一般取 $d=40\sim50mm$，有时使 d 等于炮眼直径，以便共用打眼工具。

　　2）钻孔长度 L。

　　一般取
$$L=L_d+0.25 \tag{8—9—9}$$

式中　L——钻孔长度，m；

　　　L_d——工作面日推进度，m。

　　3）封孔长度 L。

　　封孔长度应根据 L 确定，一般为 $0.6\sim1.0m$。

　　4）钻孔间距 B。

　　一般取 $B=L$，m。

　　5）注水压力 P。

　　对于软煤　　　　　　　　　　$P=0.6\sim1.0MPa$

　　对于硬煤　　　　　　　　　　$P=1.0\sim1.8MPa$

　　对很硬的煤 P 为 2.5MPa 左右。

　　6）注水速度 V。

$$V=LV_u \tag{8—9—10}$$

式中　V——注水速度，L/min，一般取 $10\sim20L/min$；

　　　V_u——单位钻孔长度上的注水速度，L/min·m；

　　　L——钻孔长度，m。

表 8－9－12　注水工作面一般情况及煤层特征表

序号	矿井名称	工作面长度(m)	采煤方法	破煤方式	开采深度(m)	煤层名称	煤种牌号	煤层厚度(m)	煤层倾角(°)	煤体硬度	节理发育状态	夹石情况	煤层透水性	备注
1	枣庄陶庄矿	130~150	走向长壁	机采	390~450	2	气肥煤	1.5~3	5~10	摩氏 1.5~2.5				1975年始,已注10个采煤工作面
2	新汶孙村矿	130	走向长壁	炮,机采	700	2,4,11,15	气肥煤	1.5~2.1	13~27	$f=2~3$	一般		较差	
3	阳泉一矿		走向长壁	炮采	125~175	四尺煤	无烟煤	1.48	近水平	坚硬	不发育			
4	阳泉二矿	89	走向长壁	炮采		四尺煤	无烟煤	1.48	近水平	松软	发育			
5	抚顺胜利矿		水砂充填	炮采			焦煤	50~60	30	上软下硬	上发育、下不发育	三层		
6	中梁山煤矿	90	倒台阶	风镐	280~290	K_2,K_3,K_4	焦煤	0.7~1.3	68	$f=2$	较发育	无		已注四个采煤工作面
7	松藻煤矿	90~110	走向长壁	风镐		K_3	无烟煤	1.8~2	25~30	上 $f=1.8$ 中 $f=1$ 下 $f=2.2$	发育	分成三个小分层	上13.5% 孔隙率中7.5% 下8.1%	已注七个采煤工作面
8	北京门头沟矿		刀柱	炮,机采		8层	无烟煤	2.5	13~28	中硬	发育		上8.9% 孔隙率中16.5% 下4.2%	
9	本溪彩屯矿		走向长壁					1.2~1.8	16.5	松软易碎	发育			
10	大同四老沟矿	100	走向长壁	机采				2.3	3					
11	大同煤峪口矿	140	走向长壁					1.8~2	3~5		发育		强	
12	大同永定庄矿								3~5					
13	大同同家梁矿	120						3	3~5	$f=3~4$			强	
14	抚顺龙凤矿		倾斜分层走向长壁	机,炮采			长焰煤	8%~50	25~30	$f=1.5~3$	发育	三层	孔隙率 8%~10%	
15	石炭井	100~200	倾斜分层走向长壁		20~190		肥、焦、瘦无烟煤	薄、中厚、厚	22~25	$f=1~1.5$	发育		好	
16	淮北张庄矿		走向长壁			3 5		3.4~4.4 5~8	3~12	松软较硬	发育		好	已注八个采煤工作面

续表

序号	矿井名称	采煤方法	破煤方式	工作面长度(m)	开采深度(m)	煤层名称	煤种牌号	煤层厚度(m)	煤层倾角(°)	煤体硬度	节理发育状态	夹石情况	煤层透水性	备注
17	汾西水峪矿	倾斜分层走向长壁	机采	140	100~200	10	焦煤	7.5~8	3~6	$f=2$	发育	5~6层	较好	采高2.2m，已注三个采煤工作面，今后全注
18	西山白家庄矿	走向长壁	机、炮采	100	150~300	15尺煤 9尺煤 7尺煤	贫	2~3	0~10	$f=2$	一般		一般	
19	轩岗六亩地矿	分层长壁	机、炮采	80~120	80~120	2 5	肥 气肥	5~8 6~9	12~16	$f=3\sim3.5$ $f=0.7$	发育 不发育	3~5层 3层	好 差	

表 8—9—13 长 孔 注 水 参 数 一 览 表

序号	局矿名称	钻孔长度(m)	钻孔间距(m)	钻孔地点	加压方式	注水压力(MPa)	封孔深度(m)	钻孔直径(mm)	封孔直径段(mm)	封孔方式及材料	每米有效钻孔流量(m³/m·h)	吨煤注水量(m³/t)	钻孔注水量(mg/孔)	注水时间(d)	注水超前回采时间(d)	注水流量(m³/h)
1	枣庄陶庄矿	≤80	10	上风巷	动压	6.0~8.0	5~6	50	75	水泥砂浆	0.013~0.02		30~40	2~3	30	1~1.5
2	新汶孙村矿	50~70	15~20	上风巷	动压	4.0~9.0	6~9	50	98	水泥砂浆	0.0083	0.1	45	4	<180	
3	阳泉一矿	60	4~10	上风巷	动压	5.0~9.0	10	73	89	1:2水泥砂浆	0.0134 L/min·m	9~19L/t	3.83 L/min	间歇	30	9.28 L/min
4	阳泉二矿	40~60	3~6	上风巷	动压	1.1~1.3	3	73	127	1:3水泥砂浆	0.015~0.035 L/min		3~6	0.5~1		1~2
5	抚顺胜利矿	40~70	14~16			6.0~10.0	≤7	50~75	50~75	1:4水泥砂浆	0.03~0.06			2~9		
6	重庆中梁山煤矿	30~50	20~30	下风巷	动压	8.0~10.0	10	50~75		1:4水泥砂浆	0.0026	0.01~0.02	18	16h	110	
7	松藻煤矿	50	20~25	上,下风巷	动压	5.0~6.0	10	45,58.5,73		1:2水泥砂浆	0.03~0.08		30~40	1~2		0.5~1

续表

序号	局矿名称	钻孔长度 (m)	钻孔间距 (m)	钻孔地点	加压方式	注水压力 (MPa)	封孔深度 (m)	钻孔直径 (mm)	封孔段直径 (mm)	封孔方式及材料	每米有效钻孔流量 (m³/m·h)	吨煤注水量 (m³/t)	钻孔注水量 (mg/孔)	注水时间 (d)	注水超前回采时间 (d)	注水流量 (m³/h)
8	北京门头沟矿	17~45	25		动压	7.0~11.0	10				0.037~0.243		102~233	16~32 h		
9	本溪彩屯矿	37~50	8		动压	0.6~1.1	2.5				0.002~0.021	0.014~0.023	4.7~22	0.5~5		
10	轩岗六亩地矿	50~60	15		动、静压	1.5~2.5	3~4	73	73	水泥砂浆		0.012~0.016	68	20	30	
11	大同四老沟矿	2/3面长	20~25	上风巷	静压	0.7~1.0	2	45	80	1：3水泥砂浆						
12	大同煤峪口矿	100~130	15~20	上风巷	静压	1.0~1.4	3	42	66	1：3水泥砂浆		厚 0.02~0.025 中厚 0.015~0.02			2~5孔	
13	大同永定庄矿	($\frac{1}{2}\sim\frac{2}{3}$)面长 (70~90)	15~20	上风巷	静压	0.8~1.2	2~3		75	1：3水泥砂浆		16.7L/t				0.2~0.5
14	大同忻家梁矿	$\frac{2}{3}$面长	10~15	上风巷	静压	0.2~1.2	3.5	42	89	水泥砂浆	0.0164	15~40L/t	100~200		40~50	
15	抚顺龙凤矿	>60	15~20	上风巷	静压	1.0~2.0	4~6	42			0.002~0.016	20~40L/t	30~340	100		
16	石炭井各矿	1/3面长 (25~90)	15~20	上风巷	静压	0.35~0.8	4~5	50	91	1：3水泥砂浆	0.006~0.027	0.02	30~80	15	30~45	0.5
17	淮北张庄矿		15	上风巷	静压	0.3~0.5	2~5		75~91	1：2水泥砂浆			10~15			0.05~0.15
18	汾西水峪矿*	30~80	20	上、下风巷	静压	0.7~1.0	3~5	73	108	封孔器	0.025	0.034	200~300	5~7	30~45	
19	西山白家庄矿	30~80	15~20	上风巷	静压	0.8~1.2	2~3	42	42	锯木粉封孔	0.004~0.005	0.02~0.03	15~50	15~30	15~30	
20	井陉三矿	45~62	10~15		静压	0.1~1.9	5~7	42	42		0.001~0.01		20~200	6~25		

* 文八煤上分层注水参数。

7）每孔注水量 q。

$$q = K \cdot n \cdot V_c \times 10^3 \qquad (8-9-11)$$

式中　q——每孔注水量，L；

　　　K——漏水系数，取 $K=1.2$；

　　　n——湿润系数，取 $\eta = 2\% \sim 2.5\%$；

　　　V_c——湿润体积，m^3，$V_c = LBM$；

　L、B——钻孔长度与钻孔之间距，m；

　　　M——煤层平均厚度，m。

8）每孔注水时间 t。

$$t = \frac{q}{V} = \frac{K \cdot n \cdot B \cdot M}{V_u} \times 10^3 \qquad (8-9-12)$$

式中　t——注水时间，min；

　　　其他符号同上式（8-9-10、8-9-11）。

2. 短孔注水方法与设备

1）短孔注水方法。

（1）短孔注水全部工序在准备班进行；

（2）钻孔力求穿过煤层的所有分层（见图 8-9-8），其孔口布置在较硬煤中。

（3）人员配备以 3 人注 60m 工作面为宜；

（4）封孔要求严密，防止跑水；

（5）注水压力要求逐步升高；

（6）煤壁发现"汗珠"则停止注水。

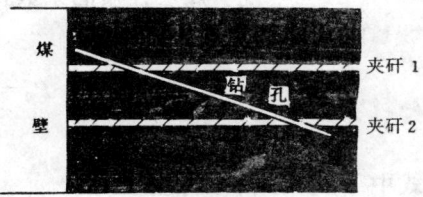

图 8-9-8

2）短孔注水设备。

（1）打钻使用电煤钻和麻花钎子；

（2）使用机械式封孔器或低压自动封孔器封孔；

（3）注水多为静压供水系统，及低压水表，低压流量表等。

（三）深孔煤壁注水

深孔煤壁注水又分中深孔和深孔注水两种。中深孔深度，一般为两个日进度，其特点和参数确定类似于短孔而介乎短孔与深孔之间，采用中深孔注水时，可参照短孔和深孔注水部分。

1. 注水参数的确定

1）钻孔直径 d：

一般取　　　　　　　　$d = 40 \sim 45mm$

2）钻孔长度 L：

一般取　　　　　　　　$L = (5 \sim 6) L_d$ 　　　　　　　　$(8-9-13)$

式中　L——钻孔长度，m；

　　　L_d——工作面日推进度，m。

3）封孔长度 l：

$$l \geqslant B_0 \qquad (8-9-14)$$

式中　l——封孔长度，m；

　　B_0——破碎带宽度，m。

4）钻孔间距 B：

合理的孔间距 B 可用下式计算：

$$B=\sqrt{2L}\cdot l \qquad (8-9-15)$$

式中　B——钻孔间距，m；

　　L、l——同上式（8-9-13）及式（8-9-14）。

5）注水压力 P：

根据经验公式

$$P=P_0+KV_u \qquad (8-9-16)$$

式中　P——初始注水压力，MPa；

　　P_0——给定条件下的最小注水压力，MPa；

　　V_u——单位注水速度，L/min·m；

　　K——说明煤层性质的系数，MPa·min·m/·L。

同时，据经验公式

$$P_0=15.6-\frac{7.8}{0.001H+0.5}\text{MPa}$$

$$K=6.75f-3$$

式中　H——开采深度，m；

　　f——煤的硬度系数。

最佳初始注水压力值的波动范围可按下式确定：

$$2.5P_0<P<3P_0$$

6）注水速度 V：

$$V=V_uZ_B \qquad (8-9-17)$$

式中　V——注水速度，L/min，一般为 10～25L/min；

　　V_u——单位注水速度，$V_u=\dfrac{P-P_0}{K}$，L/min；

$$Z_B=L-l$$

　　L、l——钻孔长度与封孔长度，m。

7）每孔注水量 q：

$$q=q_y\gamma LBM \qquad (8-9-18)$$

式中　q——每孔注水量，L/孔；

　　q_y——吨煤水消耗量，$q_y=$（15～30）L/t；

　　γ——煤的容重，t/m³；

　　L——钻孔长度，m；

　　B——钻孔间距，m；

　　M——煤层厚度，m。

8）每孔注水时间 t：

$$t=\frac{q}{V}=\frac{q_yLBM}{V_u\cdot Z_B}=\frac{q_y\gamma LBMK}{Z_B(P-P_0)}\text{min} \qquad (8-9-19)$$

式中各符号见前公式（8－9－16）和公式（8－9－18）。

2. 深孔注水方法及设备

1）深孔注水方法：

（1）按设计的参数，首先进行注水试验；

（2）封孔长度应大于破碎带宽度，防止跑水；

（3）钻孔、封孔、注水由两个三人小组在公休日进行。

2）深孔注水设备：

（1）钻孔一般使用手扶式钻孔机和岩石电钻。德国试制了一种骑在运输机上，拆装方便的轻型钻机，大大减轻了劳动强度，提高了效率。

（2）封孔要求使用封孔器的自动封孔器（详见本章"五、煤层注水设备"）。

（3）注水采用移动式注水泵或者设置容量较大泵站。

（4）附属的压力表，高压水表及恒定流量调节阀等设备。

（四）巷道钻孔注水

1. 注水参数确定

1）钻孔直径 d：

根据岩层性能及打钻能力，选用适合的 d。

2）钻孔长度 L：

$$L = l_{岩} + l_{煤} \qquad (8－9－20)$$

式中　L——钻孔长度，m；

$l_{岩}$——岩石内钻孔长度，m；

$l_{煤}$——煤层内钻孔长度，m；

$$l_{煤} = (0.5 \sim 0.75) M$$

M——煤层厚度，m。

3）封孔位置：

封孔布置在岩石与煤层界面附近的岩石中。

4）钻孔间距 B：

一般取 $B = 20 \sim 30$m

5）注水压力 P：

注水压力的确定同长孔注水部分。

6）注水速度 V：

$$V = l_{煤} V_{u} \qquad (8－9－21)$$

式中　V——注水速度，L/min；

V_{u}——单位钻孔长度的注水速度，L/min·m。

7）每孔注水量 q：

$$q = nV_{c} \qquad (8－9－22)$$

式中　q——每孔注水量，L；

n——湿润系数；

V_{c}——湿润体积，L；

$$V_{c} = BL_{斜} M \times 10^{3}$$

B——孔间距，m；

$L_斜$——倾斜方向的湿润长度（由试验确定），m；

M——煤厚，m。

8）每孔注水所需时间 t：

$$t=\frac{q}{V}=\frac{nBL_斜 M}{L_煤 V_u}\times 10^3=\frac{nBL_斜}{(0.5\sim 0.75)\,V_u}\times 10^3 \qquad (8-9-23)$$

式中 t——每孔注水所需时间，min；

其余各符号说明均同上式（8－9－21）及式（8－9－22）。

2. 巷道钻孔注水方法及设备

1）巷道钻孔注水方法。

（1）巷道钻孔注水系统与长孔注水系统相同；

（2）用钻机在顶板或底板巷道内向煤层打注水孔；

（3）封孔方法与长孔注水相同。

2）巷道钻孔注水设备。

巷道钻孔注水设备（包括钻孔设备、封孔设备和注水设备），均与长孔注水相同。

（五）有关煤层注水的几个问题

1. 采前预注与随采随注

注水总是在回采之前预先进行的，而超前的时间长短，对防尘效果有一定的影响，超前时间太长（确切地说是从停止注水到回采至该钻孔湿润区域的时间太长），注入的水分会因水蒸发、流失而降低；超前时间太短，则因水分来不及渗入到煤体的微孔隙内而达不到充分湿润煤体的作用。因此，超前时间太长或太短都会使防尘效果降低。一般来说，对裂隙发育，孔隙率较高的煤层，停止注水的超前时间以半个月至一个月为宜；孔隙率较低的煤层，超前时间可长一些，如门头沟和中梁山矿有的煤层在注水后 $3\sim 6$ 个月才回采，仍取得了良好的降尘效果。

采前预注是在准备工作面掘进完毕，回采前的一段时间内进行注水工作的，因而不与采掘工作相干扰，可以有较充分的注水时间，使煤体得到充分的湿润。我国目前大都采用这种采前预注的方式。

随采随注时的注水工作与回采工作同时进行，注水工作会与回采工作相互干扰，同时只有短促而有限的注水时间，因此在实际中使用较少。

2. 静压注水与动压注水

静压注水由于不用水泵，因而设备简单，操作方便，易于管理，注水费用低，在有条件时应予优先采用。静压注水较适合于透水性强或上、下部煤层已被采动情况下的低压注水。

静压注水由于压力较低，因而流量也较低，注水时间则往往要求较长（抚顺龙凤矿和石炭井采用静压注水时，都曾注水几十天，甚至百来天，这当然不是一般矿井所允许的）。为提高注水煤层的透水性和渗水面积，我国一些矿井在采用静压注水时，常在封孔前，将防水炸药送至孔底进行孔内爆破，然后封孔注水。石炭井用这种方法提高煤层透水性后，注水流量可增加数倍以至十数倍。

动压注水适用于中压以上注水压力和透水性较弱的煤层。动压注水分为移动式水泵供水和集中泵站供水两种方式，前一种水泵随注水孔位置改变而移动，我国目前大都采用这种方式。后一种方式是把大流量水泵固定安放在地面或井下硐室，通过管网向各处注水钻孔供水。国外有采用这种方式的，它的优点是节约水泵，简化了工艺，实施方便，易于管理。

3. 单孔注水与多孔注水

静压注水常采用多孔注水，在压力小于 1MPa 时，可用一般水表计量各钻孔的流量与注水量。多孔注水的注水时间较长，流量较小，湿润效果好，而且工艺简单，实施方便，便于管理。

单孔注水多用于移动式水泵供水，我国目前动压注水大都采用这种方式。

4. 连续注水与间断注水

连续注水多用于静压注水中，而动压注水往往采用间断注水。

连续注水可使水分在正常压力下不断向煤层深部渗透，容易达到均匀湿润的效果，而间断注水时，在间隔时间内有可能造成堵孔或塌孔的现象。

5. 上向注水与下向注水

上向注水是仰角钻孔，封孔后向上注水（参见表 8—9—4）。上向注水打孔时排粉容易，但封孔较困难，注水时不能利用水的自重则是它的缺点，中梁山煤矿采用上向注水。其他一些矿区，如松藻煤矿及汾西水峪矿采用双向注水（参见表 8—9—4）时，也包含了上向注水因素。

下向注水时是打俯孔，向下注水（见表 8—9—4）这种注水方式的优点是钻孔、封孔均较方便，注水时能利用水的自重，因此一般说来下向注水比上向注水优越性较大，国内外普遍采用这种注水方式。

四、煤层注水的效果

（一）煤层注水的防尘效果

1. 降尘率的计算

$$C=\frac{(G_2-G_1)-(G'_2-G'_1)}{G_2-G_1}\times100\%\qquad(8-9-24)$$

表 8—9—14　测尘位置选定要求

尘　源	测尘位置	距离（m）	备　注
回采工作面	回风巷	距采面上口 15～20	要求在生产高峰时测定，有条件的矿井可在工作班内定时间断或连续监测
打钻时	下风侧	距煤电钻手 1.5	必须在产尘高峰且稳定时测定
风镐采煤时	下风侧	距风钻手 1.5～2.0	
装煤时	下风侧	距装车点 1.5	
机械化采煤时	下风侧	距采煤机 10～15	

式中　C——降尘率,%;

　G_2、G_1——分别为开采未注水煤层时,沿风流方向,在尘源后方风流中(下风侧)及前方风流中(上风侧)的含尘量,mg/m^3;

　G'_2、G'_1——分别为开采注水煤层时的尘源上、下风流中的含尘量,mg/m^3。

表 8-9-15　国外注水防尘效果

国　　别	降尘率(%)	备　　注
波　兰	90	
原苏联	70～90	
美　国	50～80	
法　国	85	透水性强的煤层
	49	透水性中等的煤层
日　本	43～90	透水性中等的煤层
	74～99	透水性强的煤层

表 8-9-16　我国一些矿井注水防尘效果

序号	矿井名称	注水方式	加压方式	注水前原煤水分(%)	注水后要求增加的水分(%)	注水后实际达到水分(%)	空气中的含尘量(mg/m³) 注水前	空气中的含尘量(mg/m³) 注水后	降尘率(%)
1	石炭井各矿	长孔	静	1～2	达到3		150～600	50	60～95
2	中梁山煤矿	长孔	动	1.2	1	2.2～2.5	400		
3	抚顺龙凤矿	长孔	静	1.55～2.00		2.83～5.33	460～5040	72～80	60～87
4	萍乡青山矿	短孔	静				898	102	86
5	新汶孙村矿	长孔	动	2.48	1		128	56	73
6	西山白家庄矿	长孔	静	1.5～1.8		1.87～2.5	100～700	50～100	50～86
7	淮北张庄矿	长孔	静				356	50	86
8	枣庄陶庄矿	长孔	动	0.8～2		2.5～3.5	227	78	65.6
9	新汶潘西矿	长孔	静				26.6～5460	5～814	68～95
10	本溪彩屯矿	短孔	动				1401	295	79
11	北京门头沟矿	长孔	动	1.8～3.8		3～5.1	28.1～57.5	7.9～9.7	73～83
12	松藻煤矿	长孔	动	1.6	1	2.32～2.6	1000～1600	450～1500	52～75
13	大同同家梁矿	长孔	静	4.95		7.16	800～1320	64～584	58～95
14	大同永定庄矿	长孔	静				270～2130	130～855	37.9～77.8
15	大同四老沟矿	长孔	静				1083～1308	106～630	48.5～50
16	大同煤峪口矿	长孔	静				600～800	56～165	70～92
17	阳泉二矿	长孔	动	1.9～2.3	实际平均增加1.2	2.8～3.7	532～1820	861～46	63.8～91.8
18	轩岗六亩地矿	长孔	动				404	132	67.3
19	汾西水峪矿	长孔	静	1.5		4.9	1000～1500	100	90

表8-9-17　各种煤层注水设备

水泥砂浆封孔泵

序号	型号	用途	压力(MPa)	负压(MPa)	流量(m³/h)	允许通过砂粒粒径	电压(V)	重量(kg)	生产厂家
1	SLB-I	用于煤层注水、抽放瓦斯钻孔及其他场合封孔,封水平孔可达30m	1	0.06	0.5	≤2mm	380/660	165	重庆煤科分院

封孔器

序号	型号	用途	额定注水压力(MPa)	爆破压力(MPa)	适用钻孔直径(mm)	封孔器外径(mm)	封孔长度(mm)	封孔器全长(mm)	重量(kg)	生产厂家
1	YDA25	为煤层注水的配套设备之一,其用途是密封注水的钻孔	≤2.5	≤3.0	52~56	44±1	500~2000	730~2230	2.7~3.1	重庆煤科分院
2	YPA120		≤2.5~12.0	12.0~15.0						

注水表

序号	型号	用途	最高工作压力(bar)	额定流量(m³/h)	最小示值(m³)	最大示值(m³)	外形尺寸(mm)	重量(kg)	生产厂家
1	DC4.5/200	安设于注水泵高压侧,以测定注水压力	200	4.5	0.001	9999.999	150×100×134	4.5	浙江兰溪国营水进化工厂

轻型回转式风动钻机

序号	型号	用途	额定功率(kW)	钻进深度(m)	钻孔直径(mm)	输出转速(r/min)	输出扭矩(N·m)	适用煤层硬度	耗气量(m³/min)	工作风压(MPa)	外形尺寸(mm)	重量(kg)	生产厂家	备注
1	QHFZ-25	主要用于高瓦斯矿井和突出矿井打排放孔、放炮孔和抽放孔等,也适用于建设中的一般矿井使用,浅注注水孔和采样孔	2.4	25	φ38~50	0~600	35	f<2.5	1.7	>0.4	320×110×180	15	抚顺煤科分院	全套包括:主机FT-100型气腿φ42钻杆30m φ45钻头5个联连套1个

续表

序号	型号	用途	钻进深度(m)	开孔直径(mm)	钻孔直径(mm)	钻孔倾角(°)	立轴转速(r/min)	配套电机 型号	功率(kW)	电压(V)	外形尺寸(mm)	重量(kg)	生产厂家	备注
1	ZYG-150	用于抽放瓦斯、煤层注水、探水孔等	150	85 115	65、75、85	0~±90	72.5		15	380/660			重庆煤科分院	
2	ZY-200	用于抽放瓦斯、煤层注水、探水孔等	200	85 115	65、75、85	0~±90	80		22	380/660			重庆煤科分院	
3	ZSM-250	用于抽放瓦斯、煤层注水、探水孔等	250	85 150	75、85	0~±90	100 60		37	380/660			重庆煤科分院	
4	MYZ-50	用于抽放瓦斯、煤层注水、探水孔等	50	91	65	0~90	75 150	YB132M-4	4	380/660	1560×600×2013	1.0	镇江煤矿专用设备厂	
5	MYZ-100 MYZ-100Z	用于抽放瓦斯、煤层注水、探水孔等	100	115 86	65	0~90	60 97.225	YB160M-4	11	380/660	2174×600×940	1.06	镇江煤矿专用设备厂	MYZ-100Z为煤层注水钻机,并带注水泵
6	MYZ-150	用于抽放瓦斯、煤层注水、探水孔等	150	115 87	65	0~90	765, 119,230	YB160M-4	15	380/660	2089×800×2013	1.2	镇江煤矿专用设备厂	
7	MYZ-200	用于抽放瓦斯、煤层注水、探水孔等	200/300	115 87	65	0~90	100 200	YB180L-4	22	380/660	3200×600×940	1.5	镇江煤矿专用设备厂	
8	ZF-100	用于抽放瓦斯、煤层注水、探水孔等	100	75 85	65	0~360	200	空气压 0.4MPa	4	380/660	2309×1110×2232	0.42	镇江煤矿专用设备厂	风动钻机 f<6
9	ZF-120	用于抽放瓦斯、煤层注水、探水孔等	120	115	65	0~360	120	空气压 0.4MPa	6	380/660	2885×670×2136	0.739	镇江煤矿专用设备厂	风动钻机 f<7
10	TXU-100	用于抽放瓦斯、煤层注水、探水孔等	75	89	50	0~360	112.340, 192		4	380/660	1150×600×1080	0.515	石家庄煤机厂	

续表

钻　机

序号	型号	用　途	钻进深度 (m)	开孔直径 (mm)	钻孔直径 (mm)	立轴转速 (r/min)	配套电机			外形尺寸 (mm)	重量 (kg)	生产厂家	备注
							型号	功率 (kW)	电压 (V)				
11	TK-5	用于抽放瓦斯、煤层注水、探水孔等	300	146	76	91,188,344,581	BJO₂-62-4	17	380/660	1870×850×1490	1.0		石家庄煤矿机厂
12	MAZ-200	用于抽放瓦斯、煤层注水、探水孔等	200	110	75	80,155,215,410	BJO₂-52-4	10	380/660	1450×900×1450	1.0		鸡西煤矿专用设备厂
13	HQ-150	井下探水、排水通风等	150	66	64	85	BJO₂-52-6	7.5	380	1600×900×1250	0.731		鸡西煤矿专用设备厂
14	HQ-150A	井下探水、排水通风等	150	66	64	85	BJ-160M		380	1600×900×1250	0.731		鸡西煤矿专用设备厂
15	KY-100	井下探水、排水通风等	100	89	50	112,191,340		5.5	380/660	1230×600×1160	0.7		黑龙江矿业学院工厂

便携式快速水分测定仪

序号	型号	用　途	测量试样粒度 (min)	测量范围 (%)	误差 (%)	外形尺寸 (mm)	重量 (kg)	生产厂家	备注
1	WM-A	快速、准确测定煤中水分	<0.28	0~17	±0.6	φ75×276	2.3	煤科院重庆分院	也适用于测定矿粉、面积、土壤、矿、石等水分
2	WM-B	快速、准确测定煤中水分	<0.28	0~6	±0.3	φ75×178	2.0	煤科院重庆分院	也适用于测定矿粉、面积、土壤、矿、石等水分

等　量　分　流　器

序号	型号	用　途	额定压力 (MPa)	分流误差 (%)	固定阻尼管直径 (mm)	固定流量 (m³/h)	适用流量 (m³/h)	生产厂家
1	DF-3	实现一台泵多孔同时注水，干孔口管路串接，保证注水量相等	12	<15	27	2.2,2.5,2.85	0.5,0.7,1.0	重庆煤科分院

2. 测尘位置的选定

测定位置的选定见表8—9—14。

3. 国内外 煤层注水防尘效果

1) 国外注水防尘效果（表8—9—15）。

国外对各种注水方式的降尘率进行了对比，资料表明：长孔注水比深孔或短孔注水的降尘率高30%；据前苏联资料：当吨煤注水量相近的情况下（10～11L/t），深孔注水降尘率达到79%，而短孔注水时仅为55%～62%。

2) 国内煤层注水降尘效果。

一般长孔注水降尘率为60%～90%，而短孔注水为40%～90%。我国一些矿井注水的防尘效果见表8—9—16。

（二）煤层注水的其他效果

1) 煤层注水后能抑制瓦斯的涌出。

2) 煤层注水后能降低采煤工作面的温度，大同和抚顺的一些矿井采面温度平均下降1～3℃。

3) 煤层注水后减轻了煤壁的片帮现象。

4) 煤层注水后降低了煤的硬度，从而降低了采煤时的炸药、雷管和采煤机截齿消耗，同时还降低了采煤机的电耗。

5) 煤层注水缓和了冲击地压。

6) 在某些条件下，煤层注水对防止煤和瓦斯突出能起一定作用。

五、煤层注水设备

各种煤层注水设备详见表8—9—17。

第三节　灌　水　防　尘

一、灌水方法分类

按照煤层条件和开采方法以及不同的灌水方式，可以分为以下几种类型，详见表8—9—18。其中以超前钻孔采空区灌水最为常用。

二、技术效果

1. 防尘效果

采空区灌水降尘率一般能达77%～92%，我国部分矿井灌水效果详见表8—9—19。

2. 其他效果

顶板再生效果明显，再生顶板厚度有时可达0.7～0.9m，漏顶事故减少，工时利用率及产量均有提高。

石嘴山二矿实行采空区灌水后，（1231工作面）单产提高46.5%，坑木消耗降低21%，同时少铺一次网，工作面最高月产达31450t。

汾西局水峪矿3404工作面灌水前后技术经济指标对比详见表8—9—20。

表 8-9-18 灌 水 方 法 分 类

序号	方法名称	图示	简述	优缺点及适用条件
1	倾斜分层超前钻孔采空区灌水	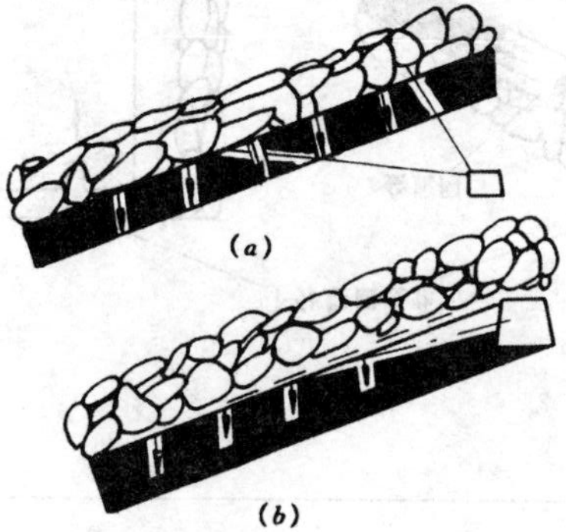 (a) (b)	由岩石集中巷向采空区钻孔(附图 a),或上分层开采后,用煤电钻在下分层回风巷向上分层采空区钻孔(附图 b)。孔间距 5～7m,孔长 3～5m,以穿过金属网假顶即可。在孔内插入注水管灌水,一般不封孔。如遇反水,可用水泥封孔。0.2～0.5m,注流量整控制在300～700L/h 之间,灌水缓慢进行,运输巷见水便停灌。每隔 3～7 天反复进行灌水,直到开采前煤体湿润为止	
2	水平分层采空区灌水	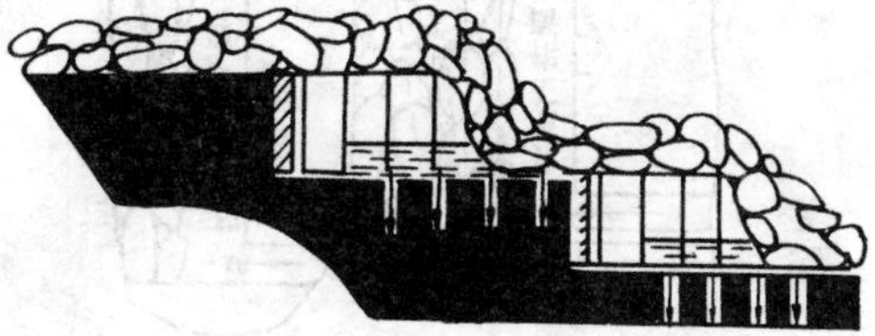	上分层边回采边向采空区灌水,水积存在上分层底板中,由水的自重和毛细作用在沿煤层裂隙缓慢渗入下分层煤体中。灌入量以下分层工作面得到湿润为准,流量以充分湿润下分层而又不跑水为原则,一般取 0.5～2m³/h	工艺简单,不需设备,但在回采时增加了一项灌水工序
3	采后封闭灌水		在倾斜分层开采厚煤层并用采后封闭灌水法时,当上分层回采工作面过某一横川后,及时在上分层风巷与横川交汇处封堵一道密闭,并接入上水管向密闭内灌水,水流入采空区缓慢渗入下分层湿润煤体	有一定效果,但增加了密闭费用和工作量

续表

序号	方法名称	图 示	简 述	优缺点及适用条件
4	工作面埋管灌水		上分层开采时，在工作面回风巷铺设供水管路直接向采空区灌水。水管随工作面放顶线的推移而埋入采空区内，每隔2~5天向前整体移动一次。注水管埋入采空区3~8m	适用于近距离煤层群中其夹矸透水性好，夹矸厚度不大于0.3m
5	工作面回风巷下行水窝灌水		在缓倾斜煤层分层开采中，超前水窝设在下分层回风巷内靠近假顶处，沿走向每隔7~10m开一深1m，宽2m的小水窝。小水窝均超前回采工作面做好，提前灌入充足的水。水窝中水缓慢渗入煤体，流入采空区而湿润下分层煤体	增加了开凿小水窝的工作量

表 8-9-19 灌 水 防 尘 效 果 表

矿井名称	煤种	灌水方法	未灌水工作面		灌水工作面		降尘率(%)
			煤尘浓度(mg/m³)	平 均	煤尘浓度(mg/m³)	平 均	
石炭井三矿	焦	缓斜短孔	203～572	390	12～55	30.7	92
石炭井卫东矿	无烟	缓斜长孔及短孔	153～800	458	18～226	105	77
通化八道江矿	贫	水平分层，边采边灌		123.4		14.3	89
本溪彩屯矿	焦	采空区埋管灌水	120～400	260	2～59	30.5	87
淮北张庄矿		超前短孔		356		50	86
石嘴山二矿	气肥	缓斜超前短孔	646～5262		156～328		76～98
汾西水峪矿	焦	底板长孔	最高 7174		接近国家允许范围		

表 8-9-20 汾西水峪矿 3404 工作面灌水前后技术经济指标对比

指　　　标	灌水前 14 个月指标平均值	灌水后 14 个月指标平均值	灌水后为灌水前的百分比(%)
平均月产量（t）	7745.8	12147.2	156.8
回采工效率（t/工）	2.549	3.82	150
坑木消耗（m³/10kt）	102.23	66.82	65.7
金属支柱丢失（根）	49	6	12.3
漏、冒顶次数（次）	26	14	61.5
漏、冒顶影响工作（h）	777.7	134.3	17.1

三、存在问题

虽然灌水防尘具有设备及工艺简单，防尘效果较好等优点，但也存在以下问题：

1）透水性弱的煤层，湿润效果差，应考虑在水中加入适量湿润剂，以增加渗透能力。

2）当下分层有不透水的夹矸时，难以湿润煤体。

3）水对金属网有一定腐蚀作用，尤其是含硫化物的煤层腐蚀性更大。

4）采空区灌水，下分层回风巷和机巷易泄水，造成局部水患。

5）灌水对煤层的自燃有促进作用，但加入一定的阻化剂可以克服。

6）采空区灌水增加了工作面工序，并对采煤有一定干扰。

第四节 隔 爆 水 棚

一、结构与布置

（一）结　构

水棚是由架设于巷道顶部充满水的水槽及水袋组成，当发生爆炸时，冲击波将水槽或水袋震翻及破碎，水被瀑洒出来，形成水雾带并充满整个巷道，以此抑制、熄灭接踵而来的火焰，阻止爆炸的传播。

由于水棚与岩粉棚相比具有以下优点：

水的比热比岩粉高五倍，因而吸热量大，隔爆效果更好；

水在接触高温火焰时形成的水蒸气，更有利于扑灭火焰；

在冲击波的作用下，水飞洒的时间比岩粉更短；

水的供给较岩粉更为方便，可长期使用不必更换，而岩粉必须经过加工和定期更换。

因此近年来水棚已逐渐取代岩粉棚成为隔爆的主要形式。

1. 水 槽

水槽有木制（铺以塑料布）、铁制及塑料制品，其中以塑料制品为主要形式。塑料水槽主要规格有 40L、80L 两种，其尺寸见表 8－9－21。

表 8－9－21 水 槽 规 格 表

型 号 项 目	GS40－4A	GS80－4A
上平面尺寸（mm）（长×宽）	570×390	760×470
下平台尺寸（mm）（长×宽）	510×350	700×410
净 高（mm）	210	260
设计水量（L）	40	80

2. 水 袋

水袋主要为塑料制品，主要规格有 40L、60L、80L 三种、其尺寸详见表 8－9－22。

表 8－9－22 水 袋 规 格 表

型 号 项 目	GBSD－40	GBSD－60	GBSD－80
长×宽×高（mm）	600×400×250	900×400×250	900×480×270
设计水量（L）	40	60	80
孔数（个）	3	4	4

（二）布 置

1. 布置原则

水棚按隔绝煤尘爆炸的保护范围,可分为主要隔爆棚与辅助隔爆棚,但由 40L 及小于 40L 的水袋所组成的水袋棚不得作主要隔爆棚。其布置原则如下：

1) 主要隔爆棚应在下列地点布置：

（1）矿井两翼与井筒相连通的主要运输大巷和回风大巷。

（2）相邻采区之间的集中运输巷和回风巷。

（3）相邻煤层之间的运输石门和回风石门。

2) 辅助隔爆棚应在下列地点设置：

（1）采煤工作面进风巷和回风巷。

（2）采区内的煤巷、半煤巷掘进巷道。

（3）采用独立通风，并有煤尘爆炸危险的其他巷道，和隔绝与煤仓、装载点相通的巷道。

2. 布置方式

水棚的布置方式可分为集中式与分散式，但分散式水槽棚和水袋棚不得作主要隔爆棚。水棚设置位置详见表 8—9—23、图 8—9—9。

表 8—9—23　水　棚　设　置　位　置

水棚名称	布置方式	水　棚　设　置　位　置			
		巷道直线段	与采掘工作面装载点距离	与巷道交叉口转弯处距离（m）	与风门、调节风门距离（m）
水槽棚	集中式	水棚安设前后 20m 的断面一致	与工作面、装载点的距离为 60～200m	50～75	＞25
水袋棚	集中式	水棚安设前后 20m 的断面一致	距掘进头、回采面上下口、装载点距离为 60～160m，但≯200m	50～75	＞25
	分散式	水棚安设前后 20m 的断面一致	首列棚组距掘进头、回采面上下口距离为 30～35m，但≯60m	≮30	

另外，尚需遵循以下原则：

1）水棚排间距为 1.2～3.0m，主要水棚的棚区长度不小于 30m，辅助棚的棚区长度不小于 20m。

2）水槽排（列）中的水槽，占据巷道宽度之和与巷道最大宽度的比例为：巷道净断面积 ＜10m²，至少为 35%；巷道净断面积 10～12m²，至少为 50%；＞12m²，至少为 65%。

3）水槽在井下巷道的安装方式采用吊挂式，并呈横向布置（即水槽长边垂直于巷道轴线）。

4）水槽排（列）内水槽之间的间隙与水槽同支架或巷道之间的间隙之和≯1.5m，特殊情况≯1.8m；两个水槽之间的间隙≯1.2m。

5）水槽外边缘与巷壁、支架、顶板、构筑物之间的垂直距离≯100mm。水槽底部至顶梁（顶板）的垂直距离≯1.6m，如果槽列内的水槽距顶梁（顶板）的距离超过 1.6m 时，必须在该水槽的上方增设 1 个水槽。水槽的底部至巷道轨面的垂直距离，不得低于巷道的 1/2，并不得小于 1.8m。

6）高度大于 4m 的巷道，应设置双层棚子。上层水槽的总水量，按巷道全面积每平方米 30L 单独计算，下层水槽棚用水量，仍按前述水槽棚用水量计算。

7）用集中式水槽棚保护运输机巷道，当运输机高于底板 0.6m 时，应在水槽棚区的运输机下方，再均匀增设 4 个 80L 底板水槽。

8）用分散式水槽棚保护运输机巷道，当运输机高于底板 0.6m 时，在每个槽组的运输机下方，再增设 1 个 80L 底板水槽。

9）水袋在巷道中的安装方式呈横向吊挂式布置。

10）水袋边缘与巷壁、支架、顶板（梁）之间的垂直距离≯100mm，水袋距顶板（梁）的距离≯1.0m。

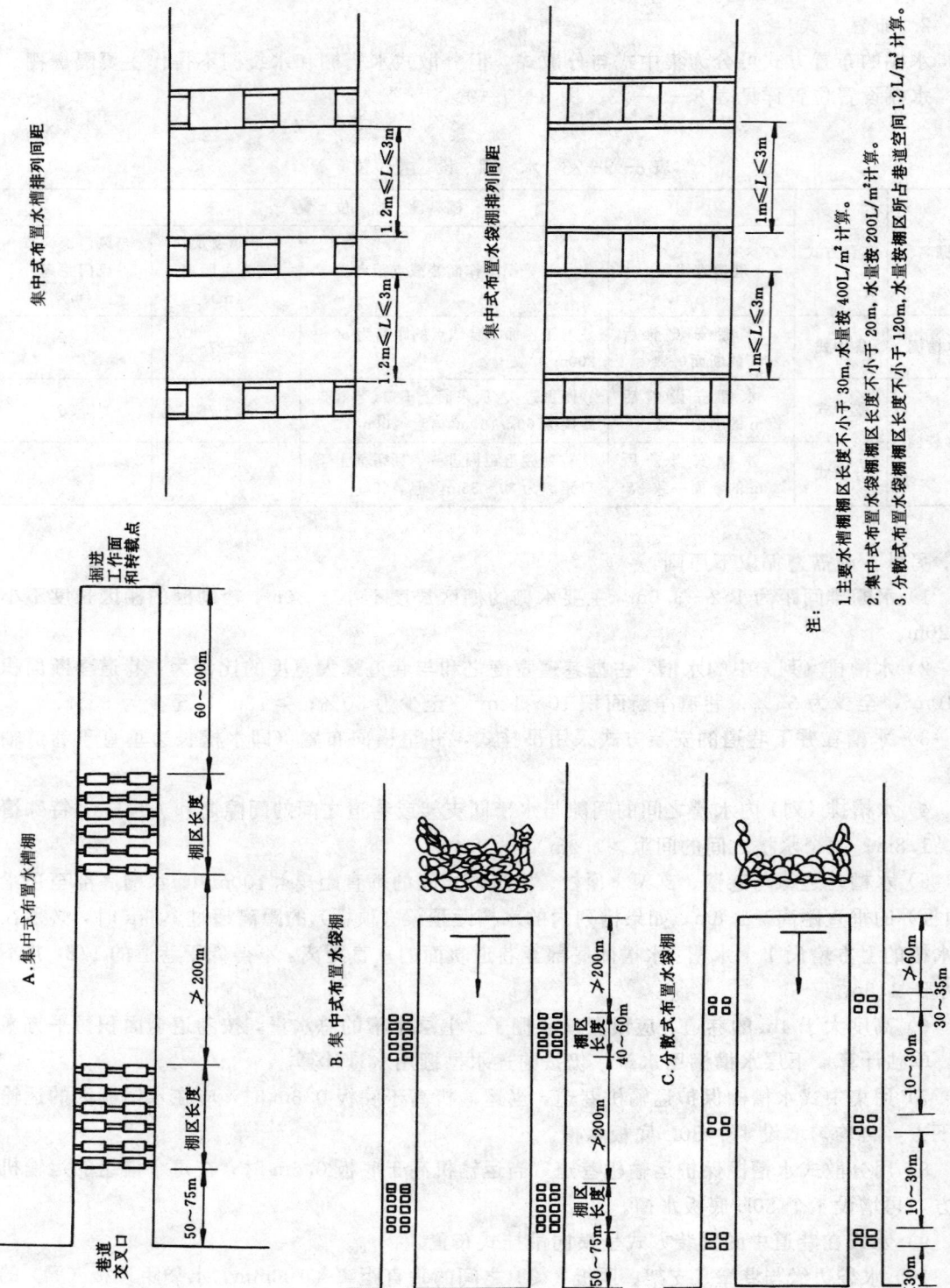

集中式布置水槽排排列间距

1.2m≤L≤3m　　1.2m≤L≤3m

集中式布置水袋棚排列间距

1m≤L≤3m　　1m≤L≤3m

注:
1. 主要水槽棚棚区长度不小于30m, 水量按400L/m²计算。
2. 集中式布置水袋棚棚区长度不小于20m, 水量按200L/m²计算。
3. 分散式布置水袋棚棚区长度不小于120m, 水量按棚区所占巷道空间1.2L/m³计算。

掘进工作面和转载点

A. 集中式布置水槽棚

棚区长度　60~200m
≥200m
棚区长度　50~75m
巷道交叉口

B. 集中式布置水袋棚

棚区长度　≥200m
≥200m
棚区长度　50~75m

C. 分散式布置水袋棚

棚区长度　40~60m
≥200m
棚区长度　40~60m

≥60m
30~35m
10~30m
10~30m
10~30m
≤30m

图 8-9-9　水棚设置位置

11）同一排（列）中水袋之间的最小间隙≮100mm，也≯1.2m。

12）在倾斜巷道中，安装水袋棚时，棚子与棚子之间应用铅丝拉紧，以免水袋棚晃动，并应调整水袋架与金属支架连接构件使袋面保持水平。

二、水棚计算

1. 总水量

$$G = gs \qquad\qquad (8-9-25)$$

式中　G——总水量，L；

　　　g——每平方米巷道所需水量，L/m^2；主要水棚按 $400L/m^2$，辅助水棚为 $200L/m^2$；

　　　s——巷道断面积，m^2。

2. 单架水棚水量

$$G_n = S_n L = \frac{1}{2} H (B_1 + B_2) L \qquad\qquad (8-9-26)$$

式中　G_n——单架水棚水量，m^3；

　　　S_n——水槽净断面积，m^2；

　　　L——水槽平均净长度，m；

　　　H——水槽盛水高度，m；

　　　B_1——水槽净上宽，m；

　　　B_2——水槽净下宽，m。

3. 水棚架数

$$n = G/(G_n \times 1000) \qquad\qquad (8-9-27)$$

式中　n——水棚架数（取整数），架；

　　　其他符号同前。

4. 水棚区长度

$$L = nC \qquad\qquad (8-9-28)$$

式中　L——水棚区长度，m；

　　　C——水棚间距，m。

第十章　矿井水害防治

第一节　矿井突水预测

矿井突水是指矿井开拓和开采时，煤层上覆含水层或底板含水层的水，在水压、矿压等因素作用下，克服煤层和含水层间相对隔水层的岩体强度及断层、节理等结构面的阻力，以突然方式涌入矿井的现象。

矿井突水一般可归纳为两种情况，一种是突水量小于矿井的最大排水能力，地下水形成稳定的降水漏斗，迫使矿井长期大量排水。另一种是突水量超过矿井的最大排水能力，造成矿井淹没。

一、突水征兆

（一）一般征兆

1）煤层变潮湿、松软；煤帮出现滴水、淋水现象，且淋水可由小变大；有时煤帮出现铁锈色水迹。

2）工作面气温降低，或出现雾气及硫化氢气味。

3）有时可闻到水的"嘶嘶"声。

4）矿压增大，发生片帮冒顶及底鼓。

（二）工作面底板灰岩含水层突水征兆

1）工作面压力增大，底板鼓起，底鼓量有时可达 500mm 以上。

2）工作面底板产生裂隙，并逐渐增大。

3）沿裂隙或煤帮向外渗水。

随着裂隙的增大，水量增加，当底板渗水量增大到一定程度时，煤帮渗水可能停止，此时水色时清时浊，底板活动时水变混浊、底板稳定时水色变清。

4）底板破裂，沿裂缝有高压水喷出，并伴有"嘶嘶"声或刺耳水声。

5）底板发生"底爆"，伴有巨响，水大量涌出，水色乳白或呈黄色。

（三）冲积层水的突水征兆

1）突水部位发潮，滴水。滴水逐渐增大，仔细观察可发现水中有少量细砂。

2）发生局部冒顶，水量突增并出现流砂。流砂常呈间歇性，水色时清时混，总的趋势是水量、砂量增加，直至流砂大量涌出。

3）发生大量溃水、溃砂，这种现象可能影响到地表，致使地表出现塌陷坑。

二、突水水源分析

矿井突水后，应仔细观察突水点及周围情况，包括出水点的位置、周围的地质情况、巷道压力，一般水的气味、颜色、声音、水压、水温及水中携带的物质。

（一）不同水源的突水现象及特征

不同水源突水现象及特征见表 8—10—1。

表 8—10—1　不同水源突水现象及特征

水　源	突水地点	突水现象	突水特征
洪　水	井筒或浅部老空	井筒灌水，水势迅猛	水混浊，含砂土量高
地表水	浅部采掘区，水从顶板出	顶板压力增大，先出现淋水，黄泥或砂，与地面冒通后水量猛增，其势迅猛	水混浊，含砂量较大。如水源少，会很快疏干；如水源丰富，则水量很难下降直至淹井
冲积层水	回采工作面，水从顶板出	顶板压力增大，先出现淋水，放顶后水量突然增大	水混浊，一般水量不大，出水点多而分散，往往涌砂或流砂水溃入井巷，水势迅猛
顶板水	回采工作面，水从顶板出	顶板压力增大，先出现淋水，放顶后水量突然增大，经常伴有冒顶、垮面现象	冒顶前后为清水，冒顶时出现混水。水源不丰富，水量很快下降；如水源丰富，则水量很快稳定，延续时间长
老空水	掘进工作面	一般都在打眼放炮时发生突水，往往为突发性，非常迅猛，破坏性大	H_2S 含量高，水涩，水中含有机物高，化验有负硬度，耗氧量大。水量视老空大小而异，疏干时间短
钻孔水	采掘工作面遇封孔不良的钻孔	接近钻孔时煤壁发潮，揭露后水集中涌出，水量视穿透的含水层的富水性及水压大小而定	先出混水，以后水变清，最大水量一般在 $10m^3/min$ 以下
断层及陷落柱水	采掘工作面，断层陷落柱附近	一般为底部灰岩岩溶水突破断层带或陷落柱。先出小水后出大水	1. 断层水突出时，水量有大有小，若无其他水源，水很小，多清水，若有丰富的含水层水补给，则瞬时涌水量大，往往为混水，水势迅猛，水压大，涌水量很稳定，并常夹带大量泥砂或岩块等； 2. 陷落柱突水同样也有大小之分，大者迅猛异常，突水量很大至特大（$2053m^3/min$），水压大并夹带大量泥砂，无法疏干
底板灰岩岩溶水	采掘工作面，水从底板涌出	底板压力增大，出现底鼓，突破底板后，涌水如江河决堤，其势迅猛，破坏性大，亦有迟到透水情况	突水初期，若水小时，则为清水，水量逐渐增大；若初期水量很大时，则为混水，往往携带大量岩石碎块、泥砂或突出大量黄泥后，渐变清水。也有一开始为清水的，水量大、水势迅猛、水压大、涌水量十分稳定

（二）突水水源分析

分析矿井突水水源的方法很多，目前煤矿多采用以下五种方法进行分析和判断：

1）直观分析法：即通过观察突水点的突水现象及突水特征确定突水水源。

2）水文地质条件分析法：矿井发生突水的因素，可从分析突水的水文地质条件进行判断：

（1）煤层底板接近强含水层，致使水突破隔水层。

（2）底板有断层、裂隙、隐伏的陷落柱，发生地下水垂向补给。

（3）采掘工作面接近或揭露含水陷落柱。

（4）断层使强含水层与煤层中的薄层灰岩含水层接触，地下水发生侧向补给。

（5）工作面接近或揭露与强含水层串通的钻孔。

（6）浅部露头补给。

（7）地表水和冲积层水补给。

（8）断层带含水，并与地表水或强含水层勾通。

（9）采掘工作面揭露含水层或含水溶洞。

（10）上下采空区被导水裂缝带连通。

上述10项突水因素应逐一分析，以便准确地判断突水水源和地点。

3）水化学试验法：即通过查清不同含水层地下水的水质差别，判别出水水源。

4）水质判别模型法：利用不同含水层水化学成分的横向差异判断突水水源。

5）地下水动态分析法：根据突水前后地下水动态变化来推断突水水源。

三、影响底板突水的主要因素

我国煤矿较大的突水多属于底板水，其水源主要是煤层底板中奥陶统（厚500～600m）和

表 8-10-2　影响底板突水的主要因素

影响因素	简要说明
含水层富水性及水压	1. 含水层的富水性是突水发生的内在因素，决定着突水量的大小及其稳定性； 2. 水压是底板水突出的基本动力，含水层的高压水，在适合的条件下，可以克服隔水层岩体结构面的阻力，突入矿井； 3. 对于遭受变形破坏较为严重的底板隔水层，水压的作用愈明显，此时水压成为发生突水的决定性因素
破裂构造	破裂构造与底板突水有着密切的关系。由于断层、节理等破裂结构面的存在，使岩体强度低于岩石强度数倍或十几倍。据统计，80%～90%以上的突水发生在断裂带（破裂带）及其附近（见下表） 断裂带突水点所占百分数 表如下
矿压	矿压进一步破坏和降低了底板隔水层的岩体强度和阻隔水能力，促使突水通道的形成。据几个矿区的多次试验资料，采矿对底板岩层的破坏深度一般为 6～14m 底板破坏深度公式： $$h = 7.9291\ln\left(\frac{L}{24}\right) + 0.009H + 0.0448\alpha - 0.3113f$$ 式中　h—底板破坏深度，m； 　　　L—工作面斜长，m； 　　　H—开采深度，m； 　　　α—煤层倾角，(°)； 　　　f—底板岩石的坚固性系数
隔水层	据统计，在其他条件相同的情况下，隔水层厚度越大越不易发生突水；隔水层的岩性及其组合不同，其隔水的能力亦不同

断裂带突水点所占百分数

矿区或国家	断裂带突水点所占百分数（%）	矿区或国家	断裂带突水点所占百分数（%）
井陉	97	淄博	70～80
峰峰	84～90	匈牙利	96

早二叠统茅口组（厚 200～400m）的厚层灰岩水。尤其是突水量大于 10m³/min 的突水，主要（约 90%）是底板厚层灰岩岩溶水突出造成的。

影响底板突水的主要因素见表 8—10—2。

第二节　防水煤（岩）柱的留设

一、防水煤（岩）柱的种类

根据防水煤（岩）柱所处的位置，可以分成不同的种类。常用的防水煤（岩）柱有：断层煤柱、井田边界煤柱、相邻水平（采区）防水煤（岩）柱、水淹区防水煤（岩）柱、地表水体防水煤（岩）柱、冲积层防水煤（岩）柱、顶板防水岩柱、底板防水岩柱等。

二、防水煤（岩）柱的留设原则

1）在有突水威胁但又不宜疏放（疏放会造成成本大大提高时）的地区采掘时，必须留设防水煤（岩）柱。

2）防水煤柱一般不能再利用，故要在安全可靠的基础上把煤柱的宽度或高度降低到最低限度，以提高资源利用率。

3）留设防水煤（岩）柱必须与当地的地质构造、水文地质条件、煤层赋存条件、围岩的物理力学性质、煤层的组合结构方式等自然因素密切结合，与采煤方法、开采强度、支护形式等人为因素互相适应。

4）一个井田或一个水文地质单元的防水煤（岩）柱应该在它的总体开采设计中确定。即开采方式和井巷布局必须与各种煤柱的留设相适应，否则会给以后煤柱的留设造成极大的困难，甚至无法留设。

5）在多煤层地区，各煤层的防水煤（岩）柱必须统一考虑确定，以免某一煤层的开采破坏另一煤层的煤（岩）柱，致使整个防水煤（岩）柱失效。

6）在同一地点有两种或两种以上留设煤（岩）柱的条件时，所留设的煤（岩）柱必须满足各个留设煤（岩）柱的条件。

7）对防水煤（岩）柱的维护要特别严格，因为煤（岩）柱的任何一处被破坏，必将造成整个（煤）岩柱无效。防水煤（岩）柱一经留设即不得破坏，巷道必须穿过煤柱时，必须采取加固巷道、修建防水闸门和其它防水设施，保护煤（岩）柱的完整性。

8）留设防水煤（岩）柱所需要的数据必须在本地区取得。邻区或外地的数据只能参考，如果需要采用，应适当加大安全系数。

9）防水岩柱中必须有一定厚度的粘土质隔水岩层或裂隙不发育、含水性极弱的岩层，否则防水岩柱将无隔水作用。

三、防水煤（岩）柱的留设方法及宽度计算

（一）断层煤（岩）柱的留设

断层破坏了岩层的完整性，在没有掌握断层各区段的导水性时，应把整个断层作为导水断层对待。断层防水煤柱不得小于 20m。

1. 煤层位于导水断层上盘时，煤（岩）柱的留设

如图8—10—1a、b所示，可用下面经验公式计算顺层防水煤柱宽度：

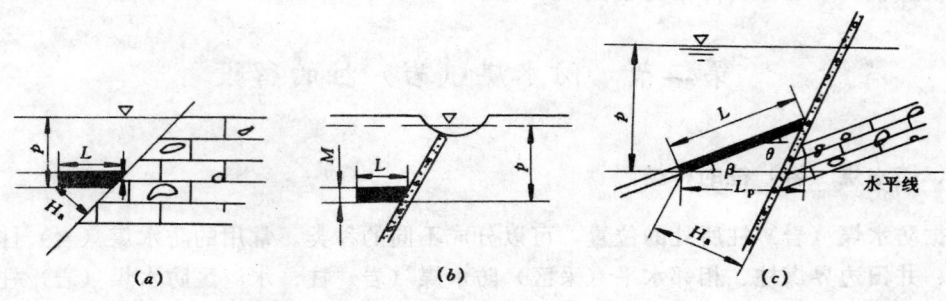

(a)   (b)   (c)

图8—10—1 煤层位于导水断层上盘时的防水煤柱

L—顺层防水煤柱宽度（m）；p—隔水层所承受的水压（MPa）；

M—煤层厚度或采高（m）；H_a—安全防水岩柱厚度（m）

$$L = MA \sqrt{\frac{3p}{K_p}} \qquad (8-10-1)$$

式中 M——煤层厚度或采高，m；

     p——隔水层所承受的水压，MPa；

     K_p——煤的抗张强度，MPa；

     A——安全系数，一般取1～2.5。

当岩层倾角较大时，如图8—10—1c所示，可用下式计算水平防水煤柱宽度：

$$L_p = L\cos\beta \qquad (8-10-2)$$

式中 L——顺层防水煤柱宽度，m；

     β——煤层倾角。

当岩层与断层间夹角（锐角）较小时，应考虑底板突水的可能性，并用底板防水岩柱厚度来校验。校验时先按"底板防水岩柱的留设"中的方法计算底板防水岩柱，再根据煤层与断层之夹角用下式计算顺层防水煤柱宽度：

$$L = \frac{H_a}{\sin\theta} \qquad (8-10-3)$$

式中 H_a——安全防水岩柱厚度，m；

     θ——岩层与断层夹角。

将两次计算结果进行比较，采用较大的数值。

2. 煤层位于导水断层下盘时，煤（岩）柱的留设

煤层位于导水断层下盘时，必须使导水裂隙带与断层间保持一定的防水岩柱厚度，如图8—10—2所示。

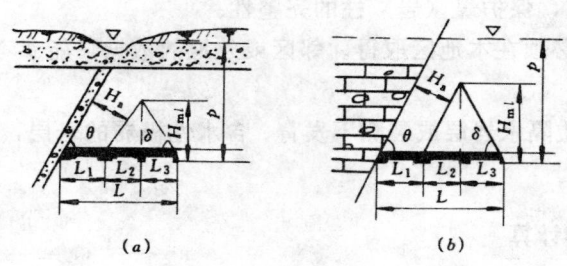

(a)   (b)

图8—10—2 煤层位于导水断层
下盘时的防水煤柱

计算公式

$$L = L_1 + L_2 + L_3 = \frac{H_a}{\sin\theta} + \frac{H_{ml}}{\tan\theta} + \frac{H_{ml}}{\tan\delta} \qquad (8-10-4)$$

式中　　L——顺层防水煤柱宽度，m；

$L_1、L_2、L_3$——顺层防水煤柱分段宽度，m；

H_a——断层安全防水岩柱宽度，m；

H_{ml}——导水冒落裂隙带高度，m；

θ——断层面与煤层夹角（取锐角）；

δ——岩移塌陷边与煤层的夹角（取锐角）。

θ、δ 和断层倾角 α、岩层倾角 β、岩层移动角 γ 的关系如下：

断层与岩层倾向一致时，

$$\theta = \alpha - \beta, \quad \delta = \gamma + \beta$$

断层与岩层倾向相反时，

$$\theta = \alpha + \beta, \quad \delta = \gamma - \beta$$

3. 煤层位于不导水断层上盘时，煤（岩）柱的留设

1）含水层高于冒裂带。

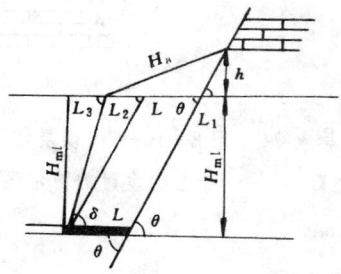 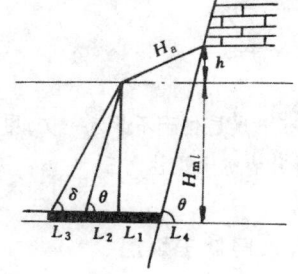

图 8-10-3　煤层位于不导水断层　　　　图 8-10-4　煤层位于不导水断层
上盘时的防水煤柱之一　　　　　　　上盘的防水煤柱之二

（1）$\delta > \theta$ 时（见图 8-10-3），用下式计算顺层防水煤柱的宽度：

$$L = (L_2 + L + L_1) - L_2 - L_1$$
$$= (L_2 + L + L_1) - [(L_2 + L_3) - L_3] - L_1$$
$$= \sqrt{H_a{}^2 - h^2} - \left(\frac{H_{ml}}{\tan\theta} = \frac{H_{ml}}{\tan\delta}\right) - \frac{h}{\tan\theta}$$
$$= \sqrt{H_a{}^2 - h^2} + \frac{H_{ml}}{\tan\delta} - \frac{H_{ml} + h}{\tan\theta} \qquad (8-10-5)$$

式中　h——含水层至冒裂带的高度，m。

（2）$\delta < \theta$ 时（见图 8-10-4），用下式计算顺层防水煤柱的宽度：

$$L = L_1 + (L_2 + L_3)$$
$$= [(L_1 + L_4) - L_4] + (L_2 + L_3)$$

$$= \left[\left(\sqrt{H_a{}^2 - h^2} \right) - \frac{h + H_{m1}}{\tan\theta} \right] + \left(\frac{H_{m1}}{\tan\delta} \right)$$

$$= \sqrt{H_a{}^2 - h^2} + \frac{H_{m1}}{\tan\delta} - \frac{H_{m1} + h}{\tan\theta} \tag{8-10-6}$$

式中 L_4——岩柱宽度，m。

2）含水层在冒裂带高度以内。

（1）$\delta > \theta$ 时（见图 8-10-5），用下式计算顺层防水煤柱的宽度：

$$L = \frac{H_a}{\sin\theta} \tag{8-10-7}$$

（2）$\delta < \theta$ 时（见图 8-10-6），用下式计算顺层防水煤柱的宽度：

$$L = L_1 + L_2 = L_1 + \left[(L_2 + L_3) - L_3 \right]$$

$$= \frac{H_a}{\sin\theta} + \frac{H_{m1}}{\tan\delta} - \frac{H_{m1}}{\tan\theta} \tag{8-10-8}$$

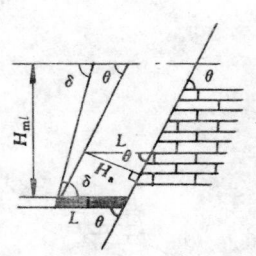

图 8-10-5 煤层位于不导水
断层上盘时的防水煤柱之三

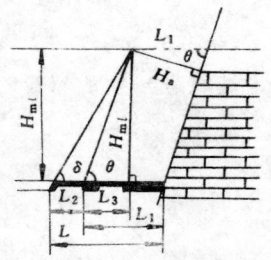

图 8-10-6 煤层位于不导水
断层上盘时的防水煤柱之四

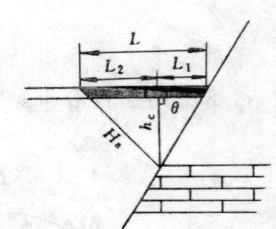

图 8-10-7 煤层位于不导水
断层上盘时的防水煤柱之五

（3）含水层低于煤层。

含水层低于煤层时（见图 8-10-7），用下式计算顺层防水煤柱的宽度：

$$L = L_2 + L_1 = \sqrt{H_a{}^2 - h_c{}^2} + \frac{h_c}{\tan\theta} \tag{8-10-9}$$

式中 H_a——含水层至设计采空区的安全防水岩柱宽度，m；

h_c——含水层至煤层的层间距，m；

θ——断层与煤层的交角。

4．煤层位于不导水断层下盘时，煤（岩）柱的留设

1）含水层位于冒裂带上限附近。

含水层在冒裂带上限附近时（见图 8-10-8），断层防水煤柱的留设方法与"煤层位于导水断层下盘时"相同。

2）含水层底面高于冒裂带高度。

含水层底面高于冒裂带高度时（见图 8-10-9），计算顺层防水煤柱宽度的公式为：

$$L = L_1 + L_2 + L_3$$

$$= \sqrt{H_a{}^2 - h^2} + \frac{H_{m1}}{\tan\delta} + \frac{H_{m1} + h}{\tan\theta} \tag{8-10-10}$$

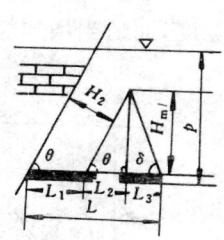
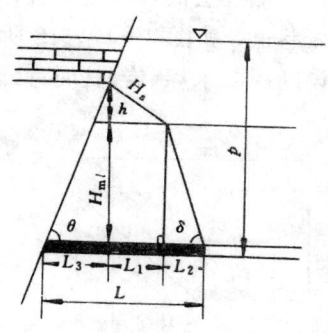

图 8—10—8　煤层位于不导水
断层下盘时的防水煤柱之一

图 8—10—9　煤层位于不导水
断层下盘时的防水煤柱之二

式中　h——含水层至冒裂带的高度，m。

3）含水层顶面低于冒裂带高度。

含水层顶面低于冒裂带高度时（见图 8—10—10），计算顺层防水煤柱宽度公式为：

$$L = L_1 + L_2 + L_3 = \frac{H_a}{\sin\delta} + \frac{M_2}{\tan\delta} + \frac{M_2}{\tan\theta} \tag{8—10—11}$$

式中　M_2——含水层顶面至煤层底板的层间距，m。

4）含水层顶面低于煤层。

含水层顶面低于煤层时（见图 8—10—11），计算顺层防水煤柱宽度，公式为：

$$L = (L + a) - a = \sqrt{H_a{}^2 - h_c{}^2} - \frac{h_c}{\tan\theta} \tag{8—10—12}$$

式中　a——含水层至煤层的顺层距离，m；

　　　h_c——含水层至煤层的层间距，m。

5．断层两侧相邻煤层的防水煤（岩）的留设

断层两侧相邻煤层的防水煤（岩）柱，应同时考虑确定，每一侧煤层的煤（岩）柱，不

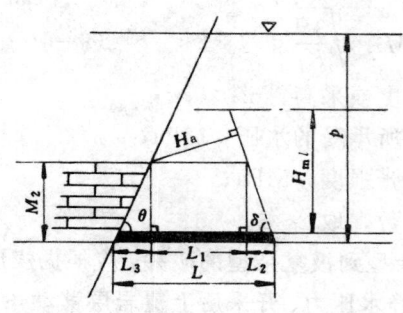
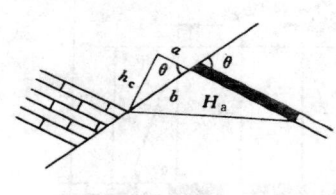

图 8—10—10　煤层位于不导水
断层下盘时的防水煤柱之三

图 8—10—11　煤层位于不导水
断层下盘时的防水煤柱之四

得破坏另一侧煤层的煤（岩）柱；既不能使断层两盘设计采空区互相勾通，又要防止强含水层水涌入巷道，如图 8－10－12 所示。两侧防水煤（岩）柱关系确定后，仍按前述方法计算。

留设断层防水煤（岩）柱时，必须注意断层的实际破坏影响宽度，而适当增加煤柱的宽度。

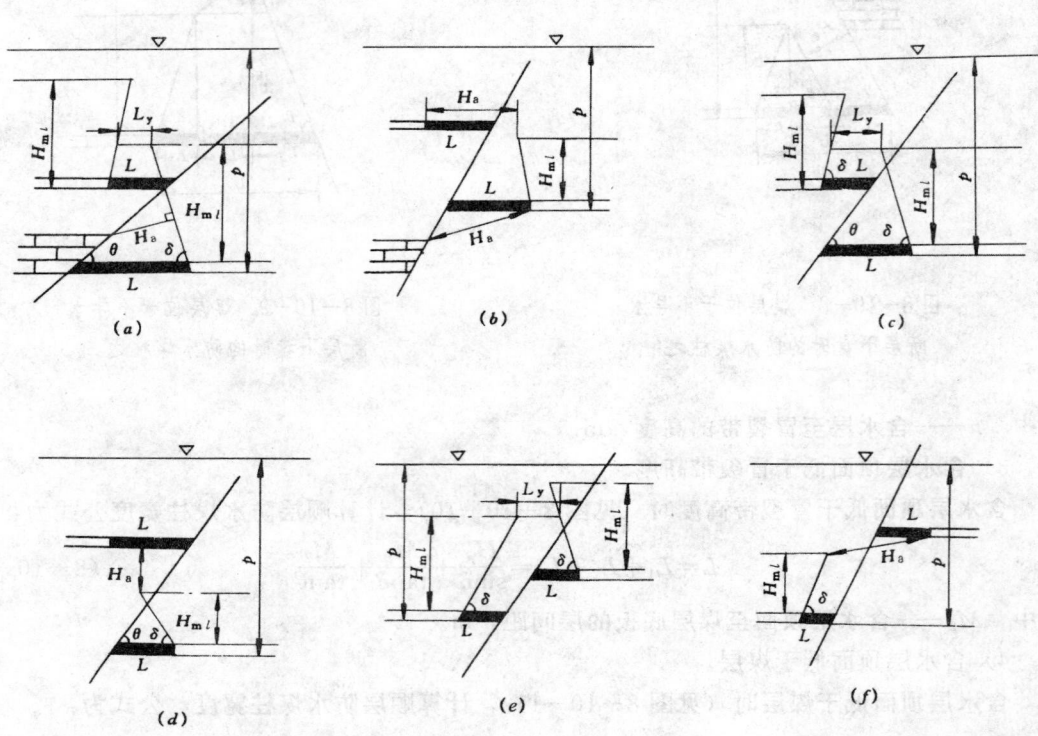

图 8－10－12　断层两侧相邻煤层防水煤柱关系

H_a—需留足的安全防水岩柱厚度；L—顺层防水煤柱宽度；H_{ml}—冒裂带高度；
p—隔水层所承受的水压；δ—塌陷边与煤层交角；L_y—冒裂带上限安全防水岩柱宽度

（二）井田边界煤（岩）柱的留设

1）水文地质简单型到中等型的矿井，可用下面经验公式计算，但煤柱宽度不得小于40m。

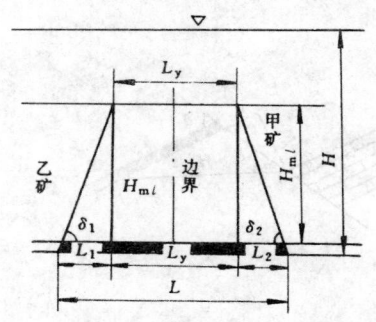

图 8－10－13　相邻矿井
边界防水煤柱

$$L = MA\sqrt{\frac{3P}{K_p}} \qquad (8-10-13)$$

式中　　M——煤层厚度或采高，m；

P——隔水层所承受的水压，MPa；

K_p——煤的抗张强度，MPa；

A——安全系数，取 2～5。

2）水文地质复杂型到极复杂型的矿井，应根据煤层赋存条件、地质构造、静水压力、开采后上覆岩层移动角、导水裂隙带高度等因素确定，可参照图 8－10－13 用下式计算冒落带上限岩柱宽度 L_y 和顺层边界煤柱宽度 L，但 L_y 不得小于 20m。

$$L_y = \frac{H - H_{ml}}{10T_s} \qquad (8-10-14)$$

$$L = L_1 + L_2 + L_y = \frac{H_{ml}}{\tan\delta_1} + \frac{H_{ml}}{\tan\delta_2} + \frac{H - H_{ml}}{10T_s} \qquad (8-10-15)$$

上式适用于两井田沿倾向相邻且 $\delta \neq \delta_2$ 的条件。若沿走向相邻则 $\delta_1 = \delta_2$，以 δ 代替 δ_1 和 δ_2，上式可简化为：

$$L = \frac{2H_{ml}}{\tan\delta} + \frac{H - H_{ml}}{10T_s} \qquad (8-10-16)$$

式中　L_1、L_2——部分边界煤柱宽度，m；

　　　　H_{ml}——冒裂带高度，m；

　　　　H——静水位高度，m；

　　　δ、δ_1、δ_2——岩移塌陷边与煤层交角；

　　　　T_s——突水系数。

（三）相邻水平（采区）防水煤（岩）柱的留设

当相邻水平（采区）需留设防水煤（岩）柱隔离时，其留设方法与"井田边界煤柱的留设"相同，但安全系数 A 一般取 $1 \sim 2.5$，L_y 不小于 10m。

（四）水淹区或老窑积水区防水煤（岩）柱的留设

1）在水淹区下或老窑积水区下掘进时，巷道与水体之间的最小距离不得小于巷道高度的 10 倍。

2）在水淹区下或老窑积水区下同一煤层中进行开采时，先查明积水区边界，然后用式（8-10-1~8-10-3）计算防水煤柱厚度。

3）在水淹区下或老窑积水区下的煤层中进行回采时，防水煤（岩）柱的尺寸不得小于导水裂隙带最大高度与保护带厚度之和。

（五）地表水体下防水煤（岩）柱的留设

1）基岩面上有一定厚度的松散含水层覆盖时，防水安全煤岩柱的垂高 H_f，应等于导水裂缝带高度 H_L 与保护层高度 H_b 之和，如图 8-10-14 所示，即：

$$H_f = H_L + H_b$$

2）基岩面上无松散层覆盖，水体与基岩面直接接触时，则应考虑采后地表裂缝带深度 H_{dL}，如图 8-10-15 所示，此时

$$H_f = H_L + H_b + H_{dL}$$

3）松散强含水层或地表水体直接与基岩面接触，且基岩风化带的导水性比较强时，则应考虑基岩风化带深度 h_f。

有关冒落带和导水裂缝带高度的计算：

（1）冒落带高度计算

$$H_m = \frac{M}{(k-1)\cos\alpha} \qquad (8-10-17)$$

式中　H_m——冒落带最大高度，m；

　　　　M——煤层厚度或采厚，m；

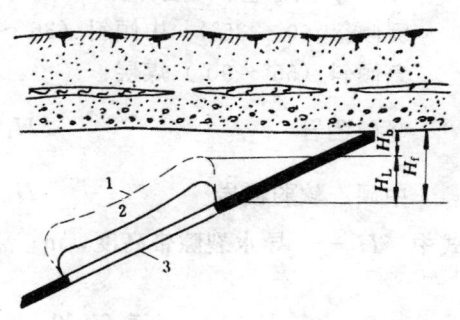

图 8-10-14　防水煤柱留设示意

1—裂隙带边界；2—冒落带边界；3—采空区；

H_b—保护带高度；H_L—冒裂带垂高；

H_f—防水煤柱全高

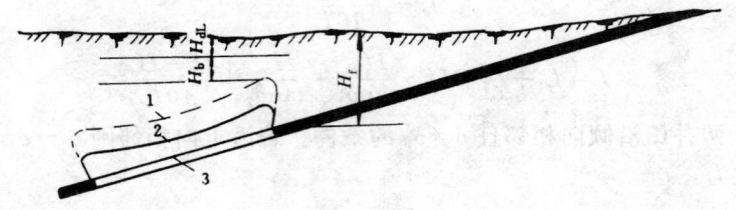

图 8—10—15　防水煤柱留设示意

1—裂隙带边界；2—冒落带边界；3—采空区；

H_{dL}—采后地表裂隙垂深；H_b—保护带高度；H_f—防水煤柱全高

　　k——岩石碎胀系数；

　　α——煤层倾角。

　　厚煤层分层开采的冒落带最大高度可按表 8—10—3 公式计算。

表 8—10—3　冒落带高度计算公式

覆岩岩性（单向抗压强度及主要岩石名称）（MPa）	计算公式（m）	计算中误差（m）
坚硬（40~80，石英砂岩、石灰岩、砂质页岩、砾岩）	$\dfrac{100M}{2.1M+16}$	±2.5
中硬（20~40，砂岩、泥质页岩、砂质页岩、页岩）	$\dfrac{100M}{4.7M+19}$	±2.2
软弱（10~20，泥岩、泥质砂岩）	$\dfrac{100M}{6.2M+32}$	±1.5
极软弱（<10，铝土岩、风化泥岩、粘土、砂质粘土）	$\dfrac{100M}{7.0M+63}$	±1.2

注：M—煤层累计采厚。

　　（2）导水裂缝带高度计算：

　　缓倾斜（0°~35°）、中倾斜（36°~54°）煤层见表 8—10—4。

　　急倾斜（55°~90°）煤层：

　　坚硬覆岩

$$H_L=\frac{100Mh}{4.1h+133}\pm8.4 \tag{8—10—18}$$

　　中硬、软弱覆岩

$$H_L=\frac{100Mh}{7.5h+293}\pm7.3 \tag{8—10—19}$$

式中　H_L——导水裂隙带高度，m；

表 8—10—4　导水裂缝带高度计算公式

岩性	计算公式（m）	计算中误差（m）	岩性	计算公式（m）	计算中误差（m）
坚硬	$\dfrac{100M}{1.2M+2.0}$	±8.9	软弱	$\dfrac{100M}{3.1M+5.0}$	±4.0
中硬	$\dfrac{100M}{1.6M+3.6}$	±5.6	极软弱	$\dfrac{100M}{5.0M+8.0}$	±3.0

注：M—煤层累计采厚。

h——回采阶段垂高；

M——煤层法线厚度。

（3）保护层厚度选取。

缓倾斜（0°～35°）、中倾斜（36°～54°）煤层见表 8-10-5。

急倾斜（55°～90°）煤层见表 8-10-6。

表 8-10-5 防水安全煤岩柱保护层厚度

保护层厚度（m） 覆岩岩性	松散层底部粘性土层 厚度大于累计采厚	松散层底部粘性土层 厚度小于累计采厚	松散层底 部无粘土层	松散层全厚 小于累计采厚
坚 硬	4A	5A	7A	6A
中 硬	3A	4A	6A	5A
软 弱	2A	3A	5A	4A
极软弱	2A	2A	4A	3A

注：$A=\dfrac{\Sigma M}{n}$，ΣM—累计采厚，n—分层数。

表 8-10-6 急倾斜煤层防水煤岩柱保护层厚度

保护层厚度（m） 覆岩岩性	55°～70°				71°～90°			
	a	b	c	d	a'	b	c	d
坚 硬	20	22	18	15	22	24	20	17
中 硬	15	17	13	10	17	19	15	12
软 弱	10	12	8	5	12	14	10	7

注：a—松散层底部粘土层小于累计采厚；

b—松散层底部无粘性土层；

c—松散层全厚为小于累计采厚的粘土层；

d—松散层底部粘性土层大于累计采厚。

（六）顶板防水岩柱的留设

1）隔水层厚度宜大于或等于导水裂缝带高度与保护层高度之和。

2）隔水层厚度宜大于或等于水淹区防水煤柱厚度。

3）用水压与岩柱强度平衡方程式计算

$$H_a=\frac{l\ (\sqrt{\gamma^2 l^2+8KP}+\gamma l)}{4K} \tag{8-10-20}$$

式中 H_a——顶板安全防水岩柱厚度，m；

l——采掘工作面最大控顶距离，一般为 20～30m；

γ——隔水岩层密度，t/m^3；

K——隔水岩柱抗张强度，无实际资料时可暂取 0.4～0.8MPa；

P——隔水层顶板所承受的水压，MPa。

（七）底板防水岩柱的留设

1）根据矿井实际观测资料确定。

2）用突水系数计算底板安全防水岩柱厚度：

$$H_a = \frac{P}{T_s} + M_0 \tag{8-10-21}$$

式中　H_a——底板安全防水岩柱厚度，m；

$\quad\quad P$——隔水层底板所承受的水压，MPa；

$\quad\quad T_s$——突水系数，隔水层突水临界水压与隔水层有效厚度的比值，MPa/m，一些矿区的突水系数经验值如表8-10-7所列；

$\quad\quad M_0$——采矿活动对底板岩层的破坏深度，m。

表8-10-7　一些矿区的突水系数

矿区名称	峰　峰	焦　作	淄　博	井　陉
突水系数（MPa/m）	0.066~0.076	0.06~0.10	0.06~0.14	0.06~0.15

3）用相对隔水层厚度计算底板安全防水岩柱厚度：

$$H_a = \gamma p \tag{8-10-22}$$

$$\gamma = \frac{\sum m_i \delta_i - M_0}{p_0} \tag{8-10-23}$$

式中　H_a——底板安全防水岩柱厚度，m；

$\quad\quad \gamma$——相对隔水层厚度，m/MPa；

$\quad\quad m_i$——组成有效隔水层的各分层的厚度，m；

$\quad\quad \delta_i$——组成隔水层的各分层的阻（隔）水性能等值系数，查表8-10-8求得；

$\quad\quad M_0$——采矿活动对底板岩层的破坏深度，m；

$\quad\quad p_0$——临界水压值（引起突水的最低水压），MPa；

$\quad\quad p$——隔水层底板所承受的水压，MPa。

表8-10-8　隔水层隔水性能等值系数

岩　性	等值系数	岩　性	等值系数
页岩、粘土质页岩、粘土、海相堆积灰岩、角砾岩	1.0	煤（第三系褐煤）	0.7
没有岩溶化的灰岩、泥灰岩	1.3	砂、碎石、岩溶化的灰岩、泥砂	0
砂质页岩	0.8		

4）用水压与岩柱强度平衡方程式计算：

$$H_a = \frac{l\left(\sqrt{\gamma^2 + 8Kp} - \gamma l\right)}{4K} \tag{8-10-24}$$

式中　l——采掘工作面底板最大宽度，m。

（八）多煤层地区综合防水煤（岩）柱的留设

1）上、下两层煤的层间距小于下层煤开采后的导水裂隙带高度时，下层煤的防水煤柱，应根据采动塌陷角和煤层间距，从上层煤煤柱边界向下推算，如图8-10-16所示。

2）上、下两层煤之间的垂距大于下煤层开采后的导水冒裂带高度时，上、下煤层的防水煤柱可分别留设，如图8-10-17所示。

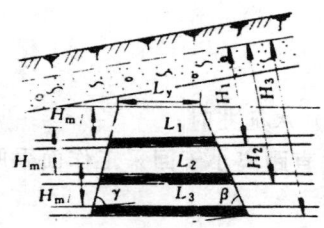

图 8—10—16 多煤层地区边界煤柱之一

L_y—安全防水岩柱宽度；L_1—上层煤防水煤柱宽度；
L_2、L_3—下层煤防水煤柱宽度；H_{ml}—冒裂带高度；
H_1、H_2、H_3—各煤层水柱高度；$β$、$γ$—岩移塌陷角

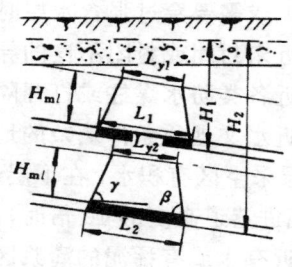

图 8—10—17 多煤层地区边界煤柱之二

L_{y1}、L_{y2}—上、下煤层防水岩柱宽度；L_1、L_2—上、
下煤层防水煤柱宽度；H_{ml}—冒裂带高度；$β$、$γ$—岩
移角；H_1、H_2—上、下煤层的水柱高度

[例] 某矿采区上方地表有一湖泊，湖面标高+70m，水深20m，湖底下方为10m厚的砂岩层，基岩风化带垂深10m，属富水性强的基岩含水层；开采煤层厚6.5m，倾角20°，采用倾斜分层长壁法分3个分层开采，用全部陷落法管理顶板，开采煤层上覆岩层为砂质页岩。要求留设安全防水煤岩柱并确定安全开采上限。

导水裂缝带高度计算，由表8—10—4的公式选取：

$$H_L = \frac{100\Sigma M}{1.6\Sigma M + 3.6} + 5.6$$

$$= \frac{100 \times 6.5}{1.6 \times 6.5 + 3.6} + 5.6 = 52\text{m}$$

松散层底部无粘土层，岩性中硬，保护层厚度计算，由表8—10—5的数值选取：

$$H_b = 6A = 6\frac{\Sigma M}{n} = 6 \times \frac{6.5}{3} = 13\text{m}$$

水体的底界面为基岩风化带的底界面，故防水安全煤岩柱的最小尺寸为：

$$H_f = H_L + H_b = 52 + 13 = 65\text{m}$$

选择采区不利的地质剖面，绘制防水安全煤岩柱设计图，由图得该采区留设防水安全煤岩柱后安全开采上限为－35m标高，如图8—10—18所示。

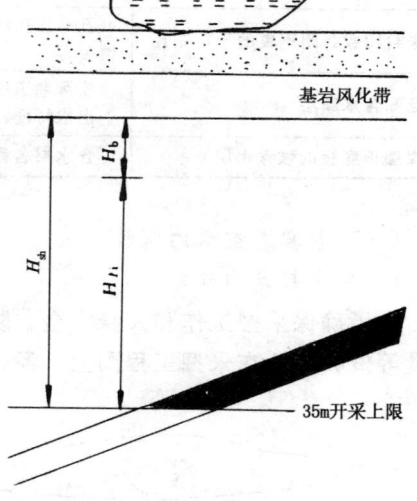

图 8—10—18 防水安全煤岩柱设计

第三节 井下探放水

一、探水原则

采掘工作必须执行"有疑必探，先探后掘"的原则，在遇到下列情况之一时，必须探水：

1) 接近水淹或情况不明的井巷、老空、老窑或小煤矿时；

2) 接近含水层、导水断层、含水裂隙密集带、溶洞或陷落柱时；

3）接近或需要穿过强含水层时；

4）接近未封闭或封闭不良的导水钻孔时；

5）接近各类防水煤柱或打开隔离煤柱放水时；

6）接近水文地质条件复杂的地段，采掘工作有突（出）水征兆时；

7）上层采空区有积水，在下层进行采掘工作，两层间垂直距离小于回采工作面采厚的40倍或小于掘进巷道高度的10倍时；

8）接近有水或有稀泥的灌浆区时；

9）采掘地点受顶底板承压含水层的威胁，其岩柱厚度小于计算的安全值时。

二、探放水方法的确定

根据探放水对象不同，探放水前应进行内容不同的调查研究，见表8－10－9。

表8－10－9　探放水对象调查表

探放水对象	调查研究内容
老窑老空积水	老窑名称、编号、地理位置、经纬距、标高、开采时间、层别、范围、采出煤量、停产原因、各层间的关系、相邻老窑的关系、老窑距地表的深度及积水范围、积水量、经常涌水量、水头等
老采区积水	积水巷道名称、标高、层别、积水量、经常涌水量、水头等
未封闭或封闭不良的导水钻孔	孔号、孔深、孔径、地表位置、经纬距及标高与各煤层新旧采区的关系，含水层情况等
已知含水断层	实际巷道所见的断层走向、倾向、倾角、落差、破碎带宽度及其胶结情况，历史上出水特征、涌水量、水压或水位标高等
煤层顶底板的强含水层	含水层名称、岩性、厚度、水位水量及其与可采煤层的间距等

（一）老窑老空水的探放

1. 探水起点的确定

为了确保采掘工作和人身安全、防止误穿积水区，将水淹区的积水范围、水位标高、积水量等资料填绘在采掘工程图上，经过分析划出三条界线，如图8－10－19所示。

积水线：积水边界线（小窑采空区范围）即为积水线，其深部界线应根据小窑或老空的最深下山划定。

探水线：根据积水区的位置、范围、地质及水文地质条件及其资料可靠程度、采空区和巷道受矿山压力破坏情况等因素确定。具体有如下规定：

（1）对采掘工作造成的老空、老巷、硐室等积水区，如边界准确，水文地质条件清楚，水压不超过10kPa时，探放线至积水区的最小距离：煤层中不得小于30m；岩层中不得小于

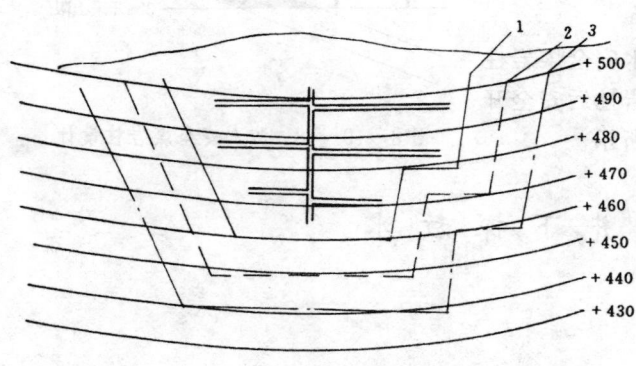

图8－10－19　积水线、探水线和警戒线示意
1—积水线（采空边界）；2—探水线；3—警戒线

20m。

（2）对虽有图纸资料，但不能确定积水区边界位置的积水区，探水线至推断积水区边界的最小距离不得小于 60m。

（3）对有图纸资料的小窑，探水线至积水区边界的最小距离不得小于 60m；对没有图纸资料可查的小窑，必须坚持有疑必探，先探后掘的原则，防止发生透水事故。

（4）掘进巷道附近有断层或陷落柱时，探水线至最大摆动范围预计煤柱线时的最小距离不得小于 60m。

（5）石门揭开含水层前，探水线至含水层的最小距离不得小于 20m。

警戒线：沿探水线外推 50～150m（在上山掘进时指倾斜距离）即为警戒线。

2. 老窑老空积水量估算

$$W=\frac{K \cdot M \cdot a \cdot h}{\sin\alpha} \tag{8-10-25}$$

式中　W——老空积水量，$\mathrm{m^3}$；

　　　M——采厚，m；

　　　a——老窑老空走向长度，m；

　　　h——老窑老空垂高，m；

　　　α——煤层倾角，（°）；

　　　K——老空的充水系数，一般采空区取 0.3～0.5，煤巷取 0.5～0.8，岩巷取 0.8～1.0。

3. 探放水钻孔的布置

1）超前距、允许掘进距离、帮距和密度的确定（图 8-10-20）。

（1）超前距：

$$a=0.5AL\sqrt{\frac{3P}{K_\mathrm{p}}} \tag{8-10-26}$$

式中　a——超前距，m；

　　　A——安全系数，一般取 2～5；

　　　L——巷道跨度（宽或高取其大者），m；

　　　P——水头压力，Pa；

　　　K_p——煤的抗张强度，Pa。

（2）允许掘进距离：

指经探水后，证实无水害威胁，可以安全掘进的长度。

（3）帮距：

指扇形布置的最外侧探水孔所控制的范围与巷道帮的距离，其值一般应与超前距相同，有时可略比超前距小 1～2m。

（4）钻孔密度（孔间距）：

指到允许掘进距离的终点处的探水钻孔之间的间距。间距的大小视具体情况而定，一般不得超过 3m。

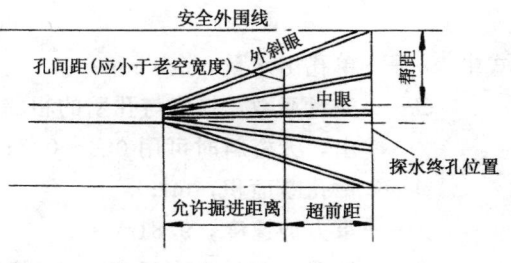

图 8-10-20　探水钻孔的超前距、帮距、
密度和允许掘进距离示意

2) 探水钻孔布置方式。

（1）一般倾斜煤层平巷和上山巷道探水钻孔的布置方式、数量和夹角大小可参见表 8－10－10。

（2）在水压高、水量大或煤层松软、节理裂隙发育的情况下，煤层中打钻不安全，应采用隔离式探水。隔离式探水有三种类型，其使用条件及钻孔布置参考表 8－10－11。

（3）探放水应采用深孔、中深孔和浅孔相结合的方式（见图 8－10－21）。

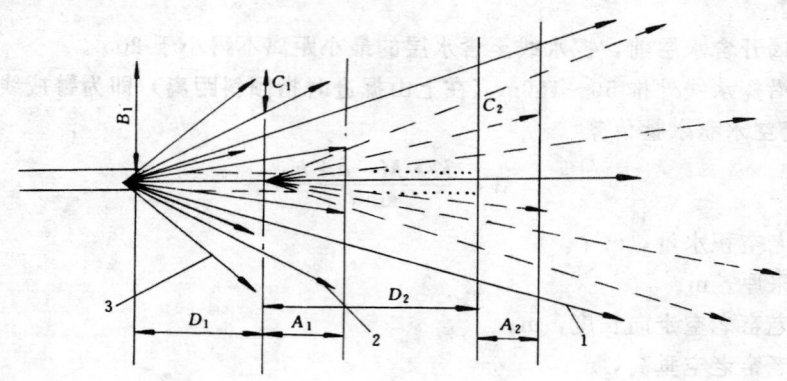

图 8－10－21　深孔、中深孔和浅孔相结合探放水示意

1—深孔；2—中深孔；3—浅孔

A_1、A_2—第一、二次超前距；B_1—帮距；C_1、C_2—第一、二次孔间距；D_1、D_2—第一、二次允许掘进距离

3) 放水钻孔孔径及孔数的确定。

（1）钻孔孔径：

放水钻孔孔径应根据煤层的坚硬程度，放水孔深度等因素确定。如煤层坚硬系数较大，钻孔较深，可选用稍大一点的孔径；反之，则选较小孔径。在生产实践中常采用的孔径为 42mm、54mm、60mm，一般不超过 60mm，以免因流速过高，冲垮煤柱。

（2）钻孔孔数的确定：

A. 单孔出水量估算：

$$q = 60C \cdot \omega \sqrt{2gh} \tag{8-10-27}$$

式中　q——单孔出水量，m³/min；

　　　C——流量系数，其值与孔壁的粗糙度、孔径大小、钻孔深度等因素有关，可由试验得出，无资料时可用 0.6～0.7；

　　　ω——钻孔断面积，m²；

　　　g——重力加速度，9.81m/s²；

　　　h——钻孔出口处水头高度，m，随着积水的放出，其水头高度将逐渐降低，为简便计算钻孔的平均放水量，可用钻孔出口处最大水头高度的 40%～50%。

B. 平均放水量计算：

$$Q_{cp} = \frac{W}{t} + Q_{动} \tag{8-10-28}$$

式中　Q_{cp}——平均放水量，m³/min；

表 8—10—10　探 水 钻 孔 布 置 方 式

采掘巷道类型	煤层厚薄	探水孔布置方式		孔数	钻孔水平夹角	钻孔倾角	探水孔布置特殊要求
倾斜煤层平巷	薄煤层	钻孔呈半扇形布置在巷道上帮		一般布置3组每组1～2孔	分大夹角与小夹角两种，前者钻孔夹角7°～15°，后者1°～3°，视小窑老空的规模而定。老空规模大取大夹角，规模小取小夹角	按地层产状换算而定	—
	厚煤层 一次采全高	安全外围线 允许掘进距离　超前距		一般布置3组每组不少于3孔			
	厚煤层 分层开采巷道沿顶掘进						每组至少应有一个探水孔见底
	厚煤层 分层开采巷道沿底掘进						每组应至少有一个探水孔见顶
倾斜煤层上山巷道	薄煤层	钻孔呈扇形布置，布置在巷道前方		一般布置5组每组1～2孔	分大夹角小夹角两种，取何者视小窑老空的规模而定	按地层产状换算而定	—
	厚煤层 一次采全高	安全外围线 安全外围线 允许掘进距离　超前距		一般布置5组每组不少于3孔			—
	厚煤层 分层开采，巷道沿顶掘进						—
	厚煤层 分层开采巷道沿底掘进						每组探水孔至少应有一个见顶

注：1. 煤层中夹矸在0.5m左右，上下层煤厚均大于0.5m，有开采价值时，最好分层探水。

2. 一般都采用钻机探水，如系水压低、水量小的局部积水，也可以采用活节麻花钎子探水。

3. 必须根据巷道的方向以及煤层产状，事先换算好钻孔水平夹角、方位角、倾（仰）角以及钻孔深度等。

表 8—10—11   隔离式探放水类型及使用条件

探型	钻孔布置示意图	使 用 条 件	备 注
探水石门探放水		积水区水压高（水头＞100m），水量大、附近又无巷道可以利用时，由煤层向岩层中掘石门并应使石门与积水煤层之间的距离不小于 10m	应选择安全、经济、合理的位置打放水石门
墙 外探放水		煤层松软或节理发育，采掘工作已邻近积水区时，应先修筑隔水墙，并预埋套管，在墙外进行探放水	水闸墙上预埋孔管，其孔口安全装置经试压达到设计要求后，再探放水
隔层探水（穿层探水） 井下		煤层间距大于 20m，相邻煤层又有探水和排水条件时，可在煤巷内向上方打探放水孔；也可向下方打探放水孔，将水位高于探放水孔孔口位置的上或下层煤老空水放出来	必须埋好孔口安全装置，放水后要注意钻孔堵塞情况，防止重新积水
隔层探水（穿层探水） 地面		（1）多层煤重叠积水时，利用 1～2 个地面钻孔，将积水串联，同时放水，并使水压降至安全标高； （2）为了控制积水区的最深边界，在地面布置排钻，沿煤层走向，向预测积水区下边界打探水孔	（1）煤层顶板有强或中等含水层时应下套管止水； （2）放水时钻机不撤，用钻具在孔内控制放水量，以保安全； （3）孔口管不撤并埋孔口标志，以便随时进行封孔或其它作业

  W——静储量或老窑老空总积水量，m³；

   t——计划放水期限，min；

  $Q_动$——补给量，m³/min。

 C. 钻孔孔数计算：

$$N = \frac{Q_{cp}}{q} + k \qquad\qquad (8-10-29)$$

式中 N——放水钻孔孔数；

  k——备用孔个数，一般取 1～2。

（二）断层水及其他可疑水源的探放

探断层水的方法与探老空水相同，但探水钻孔的孔数较探老空水要少。钻孔的布置，可参照表 8－10－12。

表 8－10－12　探断层水钻孔布设一般要求

探查目的	钻孔布置示意图	简　要　说　明
工作面前方已知或预测有含（导）水的断层的探查	平面图　　剖面图	一般应先布 1 号孔，尽可能一钻打透断层，然后再分别打 2 号、3 号孔，以确定断层走向、倾向、倾角和断层的落差及两盘的对接关系，其中至少有一个孔打在断层与含水层交面线附近
隔水岩柱厚度处于临界状态时，对掘进工作面前方有无断层突水危险的探查	平面图	一般应沿巷道掘进方向打三个孔，尽量打深，力争一次打透断层，否则就必须留足超前距，边探边掘直至探明断层的确切情况，再决定具体的防水措施
巷道实见断层，在采动影响后有无突水危险性的探查	剖面图	一般应向下盘预计采动影响带内打 1 号孔，探明断层带的含（导）水和水压、水量等情况。若有水，采后就很可能突水；若无水，则还应向预计采动带以下打 2 号孔，然后根据具体条件分析突水的可能性，和采取相应的防水措施

探强含水层及其他可疑水源的方法也与探老空水类似，探水方式可参照表 8－10－10。

第四节　疏　干　降　压

疏干降压是指借助于各种不同的排水工程（井筒、巷道、石门、钻孔、沟渠等）和相应的排水设备，疏干煤层顶板或煤层含水层水，迫使煤层底板含水层水降低到一定水平，使采掘工作得以在水量尽可能小甚至完全疏干的条件下进行。

一、疏干方式

（一）地表疏干

地表疏干主要用在预先疏干阶段，是在地表钻孔中用潜水泵预先降低含水层的水位或水压的疏干方式，常用于煤层赋存浅的露天矿。随着高扬程、大流量潜水泵的出现，井工矿也可采用此种方式。

地表潜水泵预先疏干较之井下并行疏干方式,具有施工方便、速度快、投资和经营费用较低、安全可靠等优点,且排出的地下水水质未受煤层污染,便于综合利用。

（二）地下疏干

地下疏干主要用在并行疏干阶段,通常采用巷道疏干和井下钻孔疏干方式。

（三）联合疏干

联合疏干常用于水文地质条件复杂的矿井,或水文地质条件趋向恶化的老矿井。由于经济上和安全上的考虑,单纯疏干或单一矿井的井下疏干不能满足矿井生产要求时,应考虑采用井上下配合或多井的联合疏干方式。

二、疏干工程

（一）地面疏干井

疏干井施工前必须掌握下列资料:

1）施工地段的地质、水文地质条件和其他勘探资料（包括附近已有的钻孔资料）。

2）有关设计图件和说明,以及井的规格、水量要求等。

3）施工现场的运输、安装、动力及材料供应情况等。

疏干井的钻进方法按表 8—10—13 选用。

表 8—10—13 疏 干 井 的 钻 进 方 法

钻进方法	适用的岩层	备 注
钢绳冲击钻进	松散岩层,如粘土、砂土、砾石、卵石等	松散岩层一般用泥浆护壁钻进法或套管钻进法施工,基岩层一般用清水钻进法施工
转盘钻进	粒径较小的松散岩层和基岩层	

井的结构应根据地层情况,采用多径阶梯式结构。井径应根据井的出水能力及泵体直径决定,一般要求表土层、含水层、沉砂段要变径。沉砂段的长度根据井的深度和含水层出砂的可能性确定。如石录铜矿的黄龙灰岩疏干井沉砂段,长度为 20～30m,茂名油页岩矿的含粘土砂砾石层疏干井沉砂段,长度为 10m。

过滤器的类型应根据表 8—10—14 选用。

表 8—10—14 过 滤 器 选 型

含水层的特征	适用过滤器的类型	含水层的特征	适用过滤器的类型
坚硬或半坚硬的稳定岩层	砾石过滤器或不需要安装过滤器	中 砂	砾石过滤器
卵石、砾石	圆孔、条孔、管缠金属丝过滤器或钢筋骨架过滤器、砾石过滤器	细砂、粉砂	砾石过滤器或筐状砾石过滤器
粗 砾	圆孔、条孔、管缠金属丝过滤器或包网状过滤器、砾石过滤器	裂隙、岩溶含水层	根据具体条件决定

泥浆护壁钻进时,井内泥浆的相对密度、含砂量和粘度,可参照下列标准:

（1）一般地层使用的泥浆,其相对密度应为 $1.1～1.2g/cm^3$,有高压自流水和易坍塌地层,可根据具体情况适当加大泥浆的相对密度。

（2）井内泥浆含砂量，在用冲击式钻进时不应大于 8％，用转盘式钻进时不应大于 12％。

（3）井内泥浆的粘度在砾石、粗砂、中砂层中应为 18～22s，细砂层中应为 16～18s。

采用套管钻进法时，套管的下置深度应视岩性和钻进设备的具体情况而定，一般下置深度可参照表 8—10—15。

表 8—10—15 不同岩性中，套管下置深度参照

岩石性质	第一层套管 进入深度（m）	第二层套管 进入深度（m）	第三层套管 进入深度（m）	第四层套管 进入深度（m）
大卵石	30	30	25	20～25
砂 砾	40～45	35～40	30	25
粗、中砂	40～45	35～40	30	25
细、粉砂	30	25	20	20
硬粘土	35	30	25	20
砂质粘土	40～45	40	30	25
粘质砂土	40～45	40	30	25

（二）疏干巷道

含水层埋藏较深时采用。疏干巷道可直接布置在含水层中，也可利用石门或采准巷道（运输巷和生产巷道）来进行含水层疏干。

井下疏干时，应有工作、备用、检修三套水泵，工作泵的能力，应能在 20h 内排出 24h 的正常涌水量。备用泵的能力应不小于工作泵能力的 70％。并且，工作泵和备用泵的总能力，应能在 20h 内排出矿井 24h 的最大涌水量。

正常涌水量大于 1000m³/h 的矿井，主要水仓的有效容量 V 可按下式计算：

$$V = 2（Q + 3000）\qquad (8—10—30)$$

式中 V——主要水仓有效容量，m³；

Q——矿井每小时正常涌水量，m³。

第五节 注 浆 堵 水

一、注浆堵水方法及工艺

（一）注浆堵水方法

目前对注浆堵水方法的分类尚未统一。

一般有下列分类方法：按施工时间分为预注浆、后注浆；按注浆材料分为水泥注浆、粘土注浆、化学注浆；按工程性质分为突水口注浆、帷幕截流注浆、加厚加固底板隔水层注浆、井巷或井筒注浆；按地层岩石孔隙性质分为岩溶、裂隙地层注浆、砂砾松散层注浆等。

（二）一般注浆工艺

注浆堵水工程一般分为钻孔准备、建立注浆站、注浆系统试运转并对设备及管路系统做耐压试验、钻孔冲洗及压水试验、造浆注浆、观测与记录、注浆结束后压水、封孔及检查注浆效果等工艺程序，其主要措施及要求见表 8—10—16。

表 8—10—16　注浆堵水一般施工工艺流程

工艺内容	说　明	主　要　措　施　及　要　求
方案设计	制定方案时应反复研究分析，在弄清水文地质条件等情况的基础上，对堵水工程作出正确的部署，对堵水方法提出明确的要求，在资金来源、设备、人力、物力上进行安排	1. 确定堵水部位或地段，堵住主要水源通道； 2. 方案设计内容： 1）确定堵水范围、注浆层位和部位以及注浆孔、观测孔、检查孔孔数及其布设方式； 2）确定注浆深度，划分注浆段，选择注浆方式和止浆方法； 3）选择注浆材料，提出配方试验要求； 4）确定注浆参数及质量检查和评价的方法； 5）选择钻探设备，确定钻孔结构及施工方法； 6）注浆设备选用及注浆站布置； 7）确定主要安全技术措施（含注浆操作规程）； 8）估算材料消耗量，编制设备、材料及试验仪表等清单和资金概算； 9）确定施工劳动组织与工期安排； 10）编制相应的图件
钻孔准备（施工注浆孔）	工程进展快慢，关键是施工注浆孔，既要速度快，又要取准取全资料 注浆孔结构与注浆方式、岩层条件有关，根据注浆目的和裂隙发育程度及主要分布方向进行布孔	1. 采取措施，防止钻孔偏斜； 2. 尽量用注浆法护壁，孔内不下套管； 3. 注浆段必须清水钻进，遇坍孔可注浆或下护壁管； 4. 受注层钻进须取芯，并对岩心的溶隙、裂缝等进行详细记述； 5. 注浆孔过老空区应下套管通过，至受注层前 1.5m 时应止水换径； 6. 注浆孔尽量与更多的裂隙或岩溶交切，或沿主要岩溶裂隙发育方向和部位布孔
建立注浆站	注浆站必须充分估计注浆孔位置的变化，设立在最适中的地点，即应靠近注浆孔，输浆管路要短、弯头少、变径少，设备及管路排列要紧凑，便于操作和管理	1. 密封式风动运灰和造浆系统（图 8—10—22）是较科学的注浆系统；目前射流造浆更先进、更好，大的堵水工程应尽可能采用； 2. 水泥浆必须两次搅拌； 3. 采用地道吸尘； 4. 要求供水充足，运输畅通，能风雨无阻地工作； 5. 注浆泵的易损件要有足够的备用件； 6. 冰冻季节施工要有保暖防冻设施； 7. 设置排水沟
注浆系统试运转并对管路设备做耐压试验	注浆系统安装后，应立即进行耐压试验，以便发现问题及时处理	1. 操作时应先打开回水阀，然后开泵，逐渐关闭回水阀，使整个管路逐步升压； 2. 试压时须有安全措施
钻孔冲洗与压水试验	由于受注层钻进使用清水，易使岩粉沉淀后进入岩层裂隙、溶隙中；另外裂隙、溶隙或溶洞内充填有粘土或粘泥，它们与水泥浆浆液或其它浆液不胶结，故须把它们冲洗掉或冲走，从而提高注浆质量和堵水效果 压水试验压力值应视工程的具体情况确定，为便于成果分析对比，所采用的压力标准应尽量一致	1. 下止浆塞前冲洗受注层段，事先应测定漏失量。如失水量不大，应找出原因，必要时可刷孔、冲孔，加化学剂 Na_2CO_3、$NaOH$、HCl（对灰岩段），以至采用爆破方法等措施，扩大裂隙或沟通裂隙、溶隙或巷道； 2. 冲洗前应先测定注浆孔及邻孔水位，冲洗过程中也要观测邻孔水位，以了解孔间串通或有水力联系与否； 3. 下塞前应测水位，下钻试探孔深； 4. 止浆塞应下至受注层以上 0.5～1.5m 处，尽量选在坚硬岩石、孔壁规则和无垂直节理处； 5. 压水过程中及压水后，应观测邻孔水位及下降速度

工艺内容	说 明	主 要 措 施 及 要 求

造浆注浆	注浆孔注浆一般有下列方式：自上而下分段注浆法（下行式）；自下而上分段注浆法（上行式）；综合注浆法；全孔一次注浆法（不分段）；钻孔孔口封闭注浆法
	
	由于我国煤矿水害主要为岩溶水，因此，浆液浓度多以稠浆为主。一般水泥浆或粘土水泥浆水灰比为1：1、0.9：1、0.8：1、0.7：1、0.6：1、0.5：1
	
	泵液扩散距离与注浆压力、浆液稠度、浆液初凝速度、注浆材料、注浆方法、地下水流速、溶洞裂隙宽度及其形态，以及注浆孔穿过溶洞裂隙的部位等有关，因此，每项工程的浆液扩散距离应通过现场试验确定。在灰岩中注浆，扩散距离最远可达100m，有的方向为零（无裂隙），一般为5～20m（松散地层例外）
		1. 注浆段长度，一般长为5～10m，如受注层厚度小于10m，则不分段；
		2. 一般先注下游孔，后注上游孔；
		3. 浆液浓度：应遵循由稀到浓的原则，逐级改变，结束时又略变稀。初始浓度根据单位吸水量确定：
		
		表格见下
		
		4. 根据单位吸水量和岩石裂隙率，应对每一注浆段的浆液注入量作出估算，与实际注入量比较，以判断浆液充填的范围或距离，一般采用下面公式：
		
		$$V = AH\pi R^2 nB$$
		
		式中 V——本段浆液预计注入量，m^3，（可按水灰比0.75：1考虑）；
		    A——浆液消耗系数，一般取1.2～1.3；
		    H——注浆段岩溶裂隙层厚度，m；
		    R——浆液有效扩散半径（距离），m；
		    n——岩溶裂隙率，%；
		    B——浆液充填系数，约为0.7～0.9。
		5. 当注浆压力保持不变，吸浆量均匀减少时；或当吸浆量不变，压力均匀升高时，注浆工作应持续下去，一般不得改变水灰比；
		6. 注浆前后及注浆时必须观测邻孔的孔深及水位变化，以判断或发现钻孔串浆，便于及时处理；
		7. 一般注浆工作必须连续进行，直至结束；
		8. 注浆孔段注到最浓一级浆液，仍不升压（吸浆不减），以至采用间歇注浆也仍无升压显示时，或单位吸水量大于10L/min·m，又同时是较大溶洞、裂隙或破碎带时，可注砂、碎石、石渣等骨料；
		9. 注浆结束标准
		1）结束压力，可随注浆深度增加而增大，一般取大于含水层静水压力的2倍，也可按下式计算：
		
		$$P = P_H + 9.8 \times 10^{-6} H\rho_c$$
		
		式中 P——有效全压力，MPa；
		    P_H——孔口压力，MPa；
		    H——计压点以上浆液柱高度，m；
		    ρ_c——浆液相对密度，kg/m^3。
		2）结束吸浆量，一般20～60L/min，越小越好

观测与记录	观测记录泵压、孔口压力、泵量及浆液浓度，借以判断注浆是否正常，跑浆或堵塞管路或接近注浆结束	1. 用流量计观测钻孔受注层段的吸浆量或用液面下降及计量直尺、浮标指示器观测泵的吸浆量； 2. 观测吸浆量的同时，观测泵压及孔口压力； 3. 根据泵压、孔口压力及吸浆量的观测和记录，判断正常进浆、跑浆或接近结束注浆
注浆结束后压水	掌握好这一工序，有利于保证注浆质量，防止堵管、堵孔，从而充分发挥注浆孔的作用。这种压水分间歇压水和结束压水两种情况	1. 间歇压水目的是为了保留再次注浆的条件，而又不冲刷已注入的浆体。压水量一般不宜太大或太小，多为注浆管路（含钻孔）容积的4倍左右； 2. 结束压水是指注浆段已达结束标准，在准备起拔套管前，为防止堵管和提管后的喷浆而进行的工序。一般以压入注浆管路容积1～2倍的水量为宜

浆液浓度初始浓度表：

吸水率 (L/min·m·m)	0.5～1.0	1.0～5.0	5.0～1.0	>10
初始浓度 （水灰比）	4：1	2：1	1：1	0.5：1 （或注砂）

续表

工艺内容	说　明	主　要　措　施　及　要　求
关孔口阀，拆洗孔外注浆管路及设备等	注浆结束后压水，必须关闭孔口阀门，待孔内压力消失后方可打开	1. 关闭时间一般达 4h，待水泥初凝后，方可慢慢启动，放气放水察看情况； 2. 孔外注浆系统须及时冲洗检查；冬季放尽积水，或包孔防冻
打开孔口阀提取止浆塞或再次注浆	正确分析孔内情况，防止埋住注浆管。无埋管危险，可不提止浆塞，再次注浆（复注）；有埋管危险应及时提塞冲管，再次扫孔复注	注意事项： 1. 如发现止浆塞有返浆可能，应及时打开孔口阀观察动静。无严重喷浆现象，即可提出止浆塞； 2. 无埋管危险，可待水泥初凝后，打开孔口； 3. 如系间歇注浆，不论喷浆与否，可立即再次注浆
封　孔	已达到注浆结束标准的注浆孔，必须全部封孔	浆液初凝后，应下钻探测封孔深度，达不到要求者，须重封
分析检查注浆效果	检查注浆效果的方法有： 1. 注浆前后压水试验对比； 2. 观测已注孔岩芯是否有注浆体充填； 3. 注浆时及前后，邻孔、观测孔水位变化； 4. 注浆前后放水试验的漏水量、钻孔水位对比； 5. 注浆前后钻孔无线电波透视	1. 进行放水试验，检查矿井漏水量是否减少； 2. 为防止已封堵的出（突）水点第二次突水，对关键部位应打检查孔，注浆加固； 3. 应在下列地段打检查孔： 1）地质条件复杂地段，如岩石破碎，有洞穴或构造破碎带，或单位吸水量大的地段； 2）注浆施工实践结果与设计出入较大的地段，或主要水源通道地段； 3）注浆过程中，曾出现过事故或注浆质量较差的地段

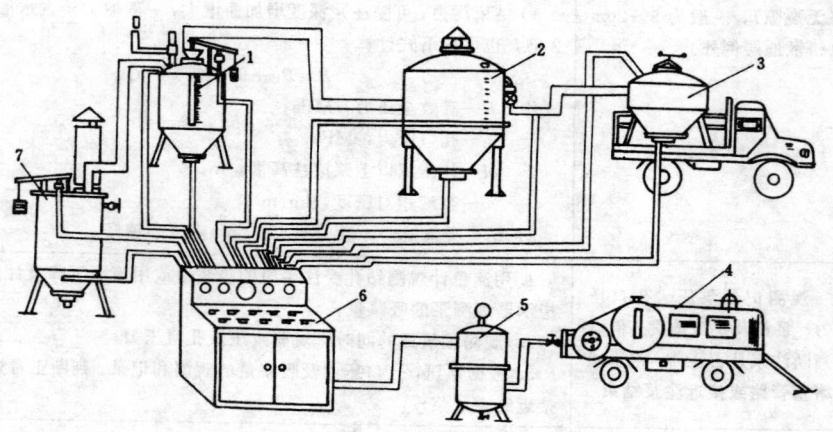

图 8-10-22　风动散装水泥造浆系统工艺流程示意

1—水泥计量泵；2—水泥贮存仓；3—汽车运输罐；4—移动式空气压缩机；

5—油水分离器；6—操纵台；7—风动搅拌机

二、注浆参数选择

1. 注浆孔数

$$N = \frac{\pi \ (D_0 \pm 2A)}{L} \tag{8-10-31}$$

式中　N——注浆孔数；

　　　D_0——井筒荒径，m；

　　　A——井筒荒径至布孔圈距离，$A = 0 \sim 1.5$m，如施工场地允许尽量取小值；

　　　L——注浆孔间距，根据岩层裂隙连通情况，一般为 $3 \sim 6$m。

2. 注浆孔终孔深度

一般要求超过含水层底板 $10 \sim 15$m。

3. 注浆孔偏斜率

孔深小于 200m，偏斜率低于 0.5%；

孔深 $200 \sim 400$m，偏斜率低于 0.8%；

孔深大于 400m，偏斜率低于 1%。

4. 注浆段高

当钻孔较深、含水层较厚时，一般采用止浆塞分段注浆，其段高可参照下列规定：

强风化破碎带或极大裂隙，段高 $5 \sim 10$m；

大裂隙岩层，段高 $10 \sim 20$m；

中小裂隙岩层，段高 $30 \sim 50$m；

重复注浆时，段高 $60 \sim 100$m。

5. 注浆终压

按钻孔垂直深度计算，根据式（8-10-32）或式（8-10-33）确定：

$$P_n = (2 \sim 3) \frac{H\gamma}{100} \tag{8-10-32}$$

$$P_n = (0.018 \sim 0.023) H_0 \tag{8-10-33}$$

式中　P_n——注浆终压，即受注点压力，MPa；

　　　H——受注点至静止水位的水柱高度，m；

　　　H_0——地面至受注点深度，m；

　　　γ——水的比重，$\gamma = 1$。

6. 浆液凝胶时间

采用水泥—水玻璃浆液，其凝胶时间控制范围如下：

注浆深度小于 100m 时，采用孔口混合方式，凝胶时间 $3 \sim 5$min；

注浆深度大于 200m 时，采用双管孔内混合方式，凝胶时间小于 3min；

地下水流速大于 200m/d，凝胶时间小于 1min。

7. 浆液注入量

$$Q = A\pi R^2 H_1 n\beta / m \tag{8-10-34}$$

式中　Q——浆液注入量，m^3；

　　　A——浆液消耗系数，取 $1.2 \sim 1.5$；

R——以注浆钻孔布置中心为基点的浆液有效扩散半径，m；

H_1——注浆段总高，m；

n——岩层平均裂隙率，%；

β——浆液充填系数，取 0.9～0.95；

m——浆液结石率，取 0.85～0.9。

三、注浆堵水材料

（一）注浆材料分类

注浆材料按其主剂进行分类，见表 8－10－17。

表 8－10－17　注 浆 材 料 分 类

注浆材料	无机类	单液水泥浆类 水泥—粘土类 水泥—砂浆类 水泥—水玻璃类	水玻璃类 砂砾石等骨料类 其他类
	有机类	丙烯酰胺类 铬木素类 脲醛树脂类 聚氨酯类	糠醛树脂类 其他类

（二）对主要注浆材料的要求（表 8－10－18）

表 8－10－18　注 浆 材 料 的 规 格 要 求

材 料 种 类	规 格 要 求
水　泥	不过期及未变质的 325 号或 425 号普通硅酸盐水泥或矿渣水泥
水玻璃	模数 2.4～3.4；浓度 50Be′以上
纸浆废液	酸法木浆废液（浓度 40%以上）或其干粉
其它化学药品	工业品或试剂

（三）浆液主要性能及测定方法

1. 粘　度

几种常用注浆材料的粘度及测定方法见表 8－10－19。

2. 凝胶时间

几种常用注浆材料的凝胶时间可控制范围及测定方法见表 8－10－20。

3. 渗透能力

几种常用注浆材料的渗透能力及适用范围见表 8－10－21 和表 8－10－22。

4. 抗压强度

几种常用注浆材料的抗压强度及测定方法见表 8－10－23。

（四）常用注浆材料的配制

表 8-10-19 几种注浆材料的粘度及测定方法

浆液名称		粘度 (Pa·s)	测定方法
悬浊液型浆液	单液水泥类	0.0015～0.014	常用 ZNN 型泥浆粘度计
	水泥—水玻璃类	0.0015～0.014	
溶液型浆液	水玻璃类	0.003～0.004	使用旋转式粘度计、落球式粘度计等
	丙烯酰胺类	0.0012	
	铬木素类	0.003～0.004	
	脲醛树脂类	0.005～0.006	
	聚氨酯类	百分之几～十分之几	
	糠醛树脂类	<0.002	

注：粘度单位换算关系 $S_t = 10^{-4} m^2/s$，$Pa·s = S_t·\rho$，ρ 为液体密度。

表 8-10-20 几种注浆材料的凝胶时间及测定方法

浆液名称	凝胶时间	测定方法
单液水泥浆类	6～15h	维卡仪
水泥—水玻璃类	十几秒～十几分钟	人工搅拌、手感为准或用 NJY-1 型凝胶时间测定仪（糠醛树脂类浆液除外）
水玻璃类	瞬间～几十分钟	
丙烯酰胺类	十几秒～几十分钟	
铬木素类	十几秒～几十分钟	
脲醛树脂类	十几秒～几十分钟	
糠醛树脂类	几十秒～几十分钟	
聚氨酯类	十几秒～几十分钟	PM 型浆液专用仪器

表 8-10-21 几种注浆材料的适用范围

类别	浆液名称	砾石			砂粒			粉砂	粘土
		大	中	小	粗	中	细		
无机类	单液水泥类								
	水泥粘土类								
	水泥—水玻璃类								
	水玻璃类								
有机类	丙烯酰胺类								
	铬木素类								
	脲醛树脂类								
	聚氨酯类								
	糠醛树脂类								
粒径（mm）		10	4	2	0.5	0.25	0.05	0.005	
渗透系数（cm/s）			10^{-1}	10^{-2}		10^{-3}	10^{-4}	10^{-5}	

表 8—10—22   几种常用注浆材料的渗透能力

浆液名称	可能注入的砂层 最小粒径（mm）	浆液名称	可能注入的砂层 最小粒径（mm）
单液水泥类	1.1	铬木素类	0.03
水泥—水玻璃类	1.0	脲醛树脂类	0.06
水玻璃类	0.1	聚氨酯类	0.03
丙烯酰胺类	0.01	糠醛树脂类	0.01

表 8—10—23   注 浆 材 料 的 抗 压 强 度

煤液名称	抗压强度（kPa）	测定仪器及方法
单液水泥浆类	5000～25000	
水泥水玻璃类	5000～20000	
水玻璃类	＜3000	
水泥粘土类	3000～20000	试块均放在 20±5℃水中养护，测定 1 天，3 天，14 天，28
脲醛树脂类	2000～8000	天抗压强度，每组 3 块取平均值，仪器用 1～5t 压力机或高分
糠醛树脂类	1000～6000	子材料万能试验机
丙烯酰胺类	400～600	
铬木素类	400～2000	
聚氨酯类（PM 型）	6000～10000	

1. 单液水泥类浆液

单液水泥类浆液是注浆堵水工程中最常用的一种浆液，具有材料来源丰富、浆液结石体抗压强度高、抗渗性能好、工艺设备简单、操作方便等优点，其配比及性能见表 8—10—24 及表 8—10—25。

2. 水泥粘土类浆液

水泥粘土浆一般采用材料为 425～525 号普通硅酸盐水泥、峰峰粘土或加一定量 45Be′水玻璃。配制方法可先配制水灰比为 1∶1 的水泥浆，然后按照水泥重量的 5%～50%的粘土搅拌成 50%浓度的粘土浆（可加入 10%～30%的水玻璃同时搅拌）再与水泥浆均匀混合。这种浆液较单液水泥浆不但成本低、流动性及稳定性好，而且结石率可达 87%～95%，但抗压强度随粘土比例的增大而降低，多适应于充填注浆，配制时要先做地面试验选择合适配比。

表 8—10—24   纯 水 泥 浆 配 比 及 性 能

水灰比 （重量比）	粘度 （Pa·s）	相对密度 （g/cm³）	凝胶时间		结石率 （%）	抗压强度（MPa）			
			初凝 （h—min）	终凝 （h—min）		3d	7d	14d	28d
0.5∶1	0.0139	1.86	7～41	12—36	99	4.14	6.45	15.30	22.00
0.75∶1	0.0033	1.62	10～47	20—33	97	2.43	2.60	5.54	11.27
1∶1	0.0018	1.49	14～56	24—27	85	2.00	2.40	2.42	8.90
1.5∶1	0.0017	1.37	16—52	34—47	67	2.04	2.33	1.78	2.22
2∶1	0.0016	1.30	17—7	48—15	56	1.66	2.56	2.10	2.80

表 8—10—25　单液水泥类浆液配比及性能

水灰比	外加剂		凝胶时间		抗压强度（MPa）			
	名　称	用量（%）	初　凝（h—min）	终　凝（h—min）	1d	3d	7d	28d
1：1	—	—	14—56	24—27	0.8	2.0	5.9	8.9
1：1	水玻璃	3	7—20	14—30	1.0	1.8	5.5	—
1：1	氯化钙	2	7—10	15—04	1.0	1.9	6.1	9.5
1：1	氯化钙	3	6—50	13—08	1.1	2.0	6.5	9.8
1：1	三乙醇胺	0.05	6—45	12—35	2.4	3.9	7.2	14.3
	氯化钠	0.5						
1：1	三乙醇胺	0.1	7—73	12—58	2.3	4.6	9.8	15.2
	氯化钠	1.0						
1：1	三异丙醇胺	0.05	11—03	18—22	1.4	2.7	7.4	12.0
	氯化钠	0.5						
1：1	三异丙醇胺	0.1	9—36	14—12	1.8	3.5	8.2	13.1
	氯化钠	1.0						

注：1. 水泥为 P.O32.5。

2. 外加剂用量是指占水泥重量的百分数。

3. 氯化钙用量一般占水泥重量 5% 以下，水玻璃占 3% 以下。

3. 水泥—水玻璃类浆液

水泥—水玻璃类浆液亦称 CS 浆液，其组成及配方见表 8—10—26。

表 8—10—26　水泥—水玻璃浆液组成及配方

材料	规格要求	作用	用量	主要性能
水　泥	P.O32.5水泥或矿渣硅酸盐水泥	主　剂	1	1. 凝胶时间可控制在几秒至几十分钟范围内；2. 抗压强度在5～20MPa
水玻璃	模数 2.4～3.4，浓度 30～45Be′	主　剂	0.5～1	
氢氧化钙	工业品	速凝剂	0.05～0.2	
磷酸氢二钠	工业品	缓凝剂	0.01～0.03	

注：1. 水玻璃用量为与水泥浆的体积比数。

2. 速凝剂和缓凝剂的用量为占水泥重量的比数。

4. 水玻璃类浆液

水玻璃（$Na_2O \cdot nSiO_2$）由于来源丰富、价格低廉，加上各种新的固化剂不断研究出现，使这类浆液不断改善并广泛应用于注浆堵水。由于品种繁多，这里仅介绍几种较普遍且效果良好的浆液配方见表 8—10—27。

5. 丙烯酰胺类浆液

丙烯酰胺类浆液亦称 MG—646 化学浆液，其组成、配方及性能见表 8—10—28。

6. 铬木素类浆液

浆液组成、配方及主要性能见表 8—10—29。

表 8—10—27 水玻璃类浆液组成、性能及主要用途

浆液名称	材料	规格要求	用量（体积比）	凝胶时间	注入方式	抗压强度（MPa）	主要用途	备 注
水玻璃—氯化钙	水玻璃	浓度 43～45Be′ 模数 2.5～3.0	0.45	瞬间	单液或双浆	<3.0	加固地基	注浆效果受操作技术影响较大
	氯化钙	比重 1.26～1.28 浓度 30～32Be′	0.55					
水玻璃—铝酸钠	水玻璃	模数 2.3～3.4 浓度 40Be′	1	几十秒～几十分	双液	<3.0	堵水或加固	改变水玻璃模数浓度、铝酸钠含铝量和温度，可调节凝胶时间
	铝酸钠	含铝量 160～190g/L	1					
水玻璃—硅氟酸	水玻璃	模数 2.4～3.4 浓度 30～45Be′	1	几秒～几十分	双液	<1.0	堵水或加固	1. 两液等体积注入，硅氟酸不足部分加水； 2. 两液相遇有絮状沉淀产生
	硅氟酸	浓度 28%～30%	0.1～0.4					
水玻璃—乙二醛	水玻璃	模数 3.2 浓度 42Be′	1	几秒～几十分	双液	<2.0	堵水或加固	1. 两液等体积注入，乙二醛不足部分加水； 2. 醋酸为速凝剂
	乙二醛	浓度 35%	0.2～0.6					
	醋 酸	浓度 90%	0～0.02					

表 8—10—28 MG—646 化学浆液组成、配方及主要性能

体系	材料名称	分子式	作用	简称	配方（重量比）	主要性能		
						粘度（Pa·s）	凝胶时间	抗压强度（MPa）
甲液	丙烯酰胺	$CH_2=CHCONH_2$	主剂	AAM	9.5	0.0012	十几秒～几十分	0.4～0.5
	NN′—亚甲基双丙烯酰胺	$(CH_2=CHCONH)_2CH_2$	交联剂	MBAM	0.5			
	β—二甲氨基丙硝	$(CH_3)_2NCH_2CH_2CN$	还原剂	DMAPN	0.3～1.2			
	硫酸亚铁	$FeSO_4·7H_2O$	强还原剂	Fe	0～0.16			
	铁氰化钾	$K_3Fe(CN)_5$	缓凝剂	KFe	0～0.05			
乙液	过硫酸铵	$(NH_4)_2S_2O_8$	氧化剂	AP	0.3～1.2			

注：1. 甲、乙液等体积注入。
2. 配方其余部分为水。
3. MBAM 应先用温水溶解。

7. 聚氨酯类浆液

聚氨酯类浆液分为非水溶性聚氨酯浆液（简称 PM 型浆液）和水溶性聚氨酯浆液（简称 WPU 型浆液），其组成、配方及性能见表 8—10—30。

表 8—10—29 铬木素类浆液组成、配方及主要性能

浆液名称	体系	材料	作用	分子式	浓度(%)	用量(体积比)	注入方式	凝胶时间	抗压强度(MPa)	备注
纸浆废液—重铬酸钠浆液	甲液	纸浆废液	主剂		20～45	1	双液	几分～几小时	0.4～1.0	1. 甲、乙两液等体积注入；2. 重铬酸钠用量不足部分加水
	乙液	重铬酸钠	固化剂	$Na_2Cr_2O_7$	100	0.1～1				
纸浆废液—三氯化铁—重铬酸钠浆液	甲液	纸浆废液	主剂		20～45	1	双液	十几秒～几十分	0.4～1.0	1. 甲、乙两液等体积注入；乙液不足部分以水代替；2. $FeCl_3$量增加会降低强度
	乙液	重铬酸钠	固化剂	$Na_2Cr_2O_7$	100	0.1～0.5				
		三氯化铁	促进剂	$FeCl_3$	100	0.1～0.5				
纸浆废液—铝盐及铜盐—重铬酸钠浆液	甲液	纸浆废液	主剂		40～50	1	双液	几分～几十分	<20	1. 甲、乙液等体积注入，不足部分用水代替；2. 采用氯化铝、氯化铜亦可
	乙液	重铬酸钠	固化剂	$Na_2Cr_2O_7$	100	0.15～0.20				
		硫酸铝	促进剂	$Al_2(SO_4)_2$	50	0.20～0.40				
		硫酸铜	促进剂	$CuSO_4$	20	0.10～0.25				

表 8—10—30 聚氨酯类浆液组成、配方及性能

浆液名称	材料名称	规格	作用	用量（重量比）			凝胶时间(min)	抗压强度(MPa)
				PM—311	PM—21	WPU		
PM 型浆液	甲苯二异氰酸酯	65/35 或 80/20	制成预聚体为主剂	3	2		十几秒～几十分钟	6～10
	丙二醇聚醚(N—204)	羟值280±20		1				
	丙三醇聚醚(N—303)	羟值480±50		1	1			
	邻苯二甲酸二丁脂		溶剂	1	0.4			
	丙酮		溶剂	1	0.4			
	发泡灵		表面活性剂	0.1%～0.5%	0.1%～0.5%			
	三乙胺		催化剂	0.1%～3.0%	0.1%～3.0%			
WPU 型浆液	甲苯二异氰酸酯		制成预聚体为主剂			1	<2	<1
	聚醚							
	邻苯二甲酸二丁脂		溶剂			0.15～0.5		
	丙酮		溶剂			0.5～1		
	2，4—二氨基甲苯		催化剂			适量		
	水		反应剂兼溶剂			5～10		

注：1. 发泡灵、三乙胺用量为占总体系重。

　　2. WPU 与 PM 主要区别在于聚醚。

　　3. WPU 中聚醚以环氧乙烷为开始剂，分子量 3000～4000。

8. 糠醛树脂类浆液

浆液组成、配方及主要性能见表8—10—31。

表8—10—31　糠醛树脂浆液组成、配方及性能

材料名称	状　　态	浓　度（%）	用量（体积比）（%）	凝胶时间	抗压强度（MPa）
糠　醛	浅黄色油状液体	100	15～35		
脲　素	白色晶体	50 水溶液	45～55	几十秒～几十分	1～6
硫　酸	无色透明液体	10 水溶液	10～20		

（五）各种注浆材料主要经济技术指标比较（表8—10—32）

四、注浆设备

注浆施工中，钻孔设备除煤矿常用的各类凿岩机外，各种地质钻机和坑道钻机均可用于注浆钻孔的施工。注浆泵种类很多，除专用泵外，其它各类泥浆泵均可用于注浆作用。下面仅介绍几种常用钻机和注浆泵。

（一）钻　机

钻机主要技术参数及其适用条件，见表8—10—33。

表8—10—32　各种注浆材料基本性能、主要成分、成本及适用范围一览表

浆液名称	粘度（Pa·s）	注入砂层的最小粒径（mm）	渗透系数（cm/s）	凝胶时间	抗压强度（MPa）	注入方式	砂层中扩散半径（mm）	适用范围	主要成分	材料来源难易程度	备　注
单液水泥浆	0.0015～0.014	1	10^{-1}～10^{-3}	6～15h	10.0～25.0	单液	200～300	基岩裂隙、孔隙、溶洞、陷落柱及断层破碎带的注浆	水泥、其他外加剂	容易	
水泥—水玻璃浆	0.0015～0.014	1	10^{-2}～10^{-3}	十几秒～几十分	5.0～20.0	双液	200～300	基岩裂隙、溶洞、陷落柱、断层破碎带注浆及封堵特大涌水等	水泥、水玻璃	容易	
水玻璃类	0.003～0.004	0.1	10^{-2}	瞬间～几十分	<3.0	双液	300～400	冲积层注浆	水玻璃、其他外加剂	容易	有些固化剂昂贵，成本很高
铬木素类	0.003～0.004	0.03	10^{-3}～10^{-5}	十几秒～几十分	0.4～2.0	单或双液	300～400	冲积层注浆	亚硫酸盐纸浆废液、重铬酸钠、过硫酸铵、其他	较容易	使用重铬酸钠对地下水有污染

续表

浆液名称	粘度(Pa·s)	注入砂层的最小粒径(mm)	渗透系数(cm/s)	凝胶时间	抗压强度(MPa)	注入方式	砂层中扩散半径(mm)	适用范围	主要成分	材料来源难易程度	备注
丙烯酰胺类	0.0012	0.01	$10^{-5}\sim10^{-6}$	十几秒~几十分	0.4~0.6	双液	500~600	冲积层堵水防渗	丙烯酰胺、过硫酸铵NN'-亚甲基双丙烯酰胺、β-二甲氨基丙腈等	难	
脲醛树脂类	0.005~0.006	0.06	$10^{-3}\sim10^{-4}$	十几秒~几十分	2.0~8.0	单或双液	300~400	冲积层注浆，钻孔堵漏	脲醛树脂或尿素甲醛,酸或酸性盐	较难	
聚氨酯类（PM型浆液）	百分之几至十分之几	0.03	$10^{-4}\sim10^{-5}$	十几秒~几十分	6.0~10.0	单液	400~500	冲积层或裂隙中堵水加固	甲苯二异氰酸酯、聚醚树脂、溶剂、催化剂、表面活性剂等	难	
糠醛树脂类	小于0.002	0.01	$10^{-4}\sim10^{-5}$	几十秒~几十分	1.0~6.0	双液	500~600	冲积层或小裂隙堵水加固	糠醛树脂、尿素、硫酸等	较容易	

注：对过水断面大的空隙（裂隙、孔隙、溶洞…等），必须先注骨料（砂、石、炉渣、岩块等）。

表8-10-33　常用钻机技术参数及适用条件

型　号	TXU-50	TXU-75	TK-5	TK-4	TK-3	XY-5	DZJ 500-1000
钻进深度（m）	50	75	300	600	1000	1000	1500
开孔与终孔直径（mm）	$\dfrac{\phi91}{\phi50}$	$\dfrac{\phi91}{\phi50}$	$\dfrac{\phi146}{\phi76}$	$\dfrac{\phi168}{\phi91}$	$\dfrac{\phi146}{\phi91}$	$\dfrac{\phi146}{\phi91}$	$\dfrac{\phi220}{\phi91}$
转速（r/min）	73~311	112~340	90~581	85~778	114~778	85~1232	55~215
配备动力（kW）	2.2	4	17	30	37	40	100
外形尺寸 长×宽×高（mm）	900× 850× 850	1150× 600× 1080	1870× 850× 1490	2500× 1100× 1800	2600× 1330× 1860	3190× 1495× 2140	3400× 1740× 1200
重量（kg）	130	515	1000	1900	3280	3500	4800
适用条件	井下与工作面注浆	井下与工作面注浆	工作面与地面注浆	地面注浆	地面注浆	地面注浆	地面注浆

（二）注浆泵

1．选型原则

1）根据设计的注浆终压及注浆量选型，应尽量选用压力、流量可调节的注浆泵。

2）根据单液或双液注浆系统及备用量确定台数。

3）根据注浆材料选用注浆泵。

2．注浆泵主要技术参数及其适用条件（表8－10－34）

表8－10－34 注浆泵技术参数及适用条件

型 号	2MJ－3/40	2TGZ－60/210	KBY－50/70	TBV－20/15	NBB－250/60	YSB－250/120
泵压（MPa）	4	21	7	1.5	6	12
排量（L/min）	50	16～60	50	20	250～40	250～50
配套功率（kW）	7.5	7.5	10	0.8	30	75
重量（kg）	1000	1050	300	60	1538	3000
外形尺寸 长×宽×高 （mm）	1130×720 ×1050	1750×720 ×700	1300×720 ×700	670×300 ×490	2148×1260 ×1000	3100×700 ×1725
适用条件	井壁与工作面注浆	井壁与工作面注浆	井壁与工作面注浆	井壁与工作面注浆	地面注浆与堵涌水	地面注浆与堵涌水

注：2MJ－3/40，2TGZ－60/210为单体双液注浆泵。

第六节 井下防排水设施及设备

一、强行排水

（一）被淹井巷的几种情况及采取的措施

1）当采区或一个水平淹没时，可关闭水闸门，以控制事故的扩大。并根据已有永久排水系统的能力及增设的临时排水能力，有计划地开放水闸门上的放水管，进行排水。

2）采区和大巷被淹，可关闭大巷水闸门，保住井底车场正常排水。当确认井底车场及泵房有被淹没的可能时，应突击安装潜水泵，以便在撤出卧泵和全部工作人员后，潜水泵能继续排水。

3）当全矿井被淹没后，应根据具体情况，经过技术经济比较，确定恢复被淹矿井的排水方案。一般可采用强行排水，先堵后排、放泄排水和钻孔排水4种方式。在条件允许时亦可采用综合排水。

（二）排水能力计算

1．排水系统选择

排水系统选择，见表8－10－35。

表 8—10—35 排 水 系 统 选 择 表

项目	优 缺 点	适 用 范 围
一段排水	1. 系统简单，事故少，管理方便； 2. 泵体大，移动不便，占用井巷断面大； 3. 吊挂荷重大； 4. 出水点压力高，不便使用胶管； 5. 受扬程限制，排高有限	1. 用于 350m 以下，管、泵同吊的立井或斜井的强行排水； 2. 管、泵分吊，适用深度可以更大些，但由于井下接管困难，除利用原有被淹管路外，一般很少采用
多段排水	1. 泵体小而轻，移动方便，占用面积小； 2. 吊挂设备受力小； 3. 能充分利用小断面排水； 4. 系统复杂，准备工程量大； 5. 排水高度不受限制； 6. 设备多，事故多，管理困难	1. 适用于井深、水大、井巷断面小的强行排水； 2. 在淤塞坍塌井巷内排水，为腾出空间进行清理、修复工作时采用； 3. 斜井强行排水，由于移动困难，采用较少； 4. 通过水仓间接串联，系统可靠，适用于有中间水平巷道可利用的井巷排水； 5. 直接串联排水系统，适用于断面较大的井巷排水
混合排水	1. 系统复杂，管理困难； 2. 可充分利用原有排水设备和井巷断面	1. 适用于中间水平有排水设备可利用的井巷排水； 2. 为提高井巷断面利用率，在小间隔采用箕斗、气压泵、潜水泵等排水设备配合排水时采用

2. 矿井排水能力计算

1）正常排水能力计算。

（1）正常排水能力：

$$Q_1 = \frac{24Q_c}{20} \tag{8—10—35}$$

式中　Q_1——矿井正常排水能力，m^3/h；

　　　Q_c——矿井正常涌水量，m^3/h。

（2）最大排水能力：

$$Q_2 = \frac{24Q_{max}}{20} \tag{8—10—36}$$

式中　Q_2——矿井最大排水能力，m^3/h；

　　　Q_{max}——矿井最大涌水量，m^3/h。

（3）备用排水能力：

$$Q_3 \geqslant 0.7Q_1 \tag{8—10—37}$$

式中　Q_3——矿井备用排水能力，m^3/h。

（4）检修排水能力：

$$Q_4 \geqslant 0.25Q_1 \tag{8—10—38}$$

式中　Q_4——矿井检修排水能力，m^3/h。

（5）矿井总排水能力：

$$Q=Q_1+Q_3+Q_4 \qquad (8-10-39)$$

2）抢险排水能力计算。

（1）按水泵排水能力利用率确定最小排水能力：

$$Q_5=\frac{K \cdot Q_6}{\eta} \qquad (8-10-40)$$

式中　Q_5——最小排水能力，m^3/h；

　　　　Q_6——最大动力量，m^3/h；

　　　　K——井巷围岩裂隙中的静水，在疏干过程中转变为动水的增加系数，此值与排水下降速度有关，速度大 K 值也大，一般 K 值为 $1.1\sim1.2$；

　　　　η——排水设备利用率，即整个排水期间水泵实际的平均排量与铭牌排量的比值。根据统计资料，η 值：立井为 65%，斜井为 50% 左右。

（2）按移动泵条件确定最小排水能力：

$$Q_5=Q_7+Q_8 \qquad (8-10-41)$$

式中　Q_7——其他水泵排水能力，$Q_7=\frac{K \cdot Q_6}{\eta_1}$，$m^3/h$；

　　　　Q_8——停止运转的大水泵排水能力，m^3/h；

　　　　η_1——大水泵停止运转后，其他水泵能力利用率。据统计资料，η_1 值：立井为 80%，斜井为 65% 左右。

3．排水扬程计算

扬程计算，见表 $8-10-36$。

表 $8-10-36$　扬　程　计　算　表

项　目	潜　水　泵	卧　泵
计算公式	$H=H_1+H_2+h_1+\dfrac{V_2^2}{2g}$	$H=K_1(H_x+H_p)$
符号意义及系数的选择	H—总扬程，m； H_1—动水位到压力表中心距离，m； H_2—泵座出口处压力表读数，m； h_1—管路摩擦损失，m； V_2—泵座出口处水流速度，m/s； g—重力加速度，$g=9.81m/s^2$	H—总扬程，m； H_x—吸水高度，m，$H_x=5.5m$； H_p—排水高度，m； K_1—管路损失程系数：垂直管路，$K_1=1.1\sim1.15$；倾斜管路，$K_1=1.25\sim1.3$

4．排水管路选择

1）排水管径。

$$d_p=\sqrt{\frac{Q_B}{900\pi V_p}} \qquad (8-10-42)$$

式中　Q_B——水泵流量，m^3/h；

　　　　π——圆周率；

　　　　V_p——排水管经济流速，取 $1.5\sim2.2m/s$。

2）管路通过流量（表 $8-10-37$）。

表 8-10-37　管 路 通 过 流 量 表

经济流速 1.5~2.2m/s

管径（mm）	75	100	125	150	175	200
流量（m³/h）	23.84~34.94	42.39~62.17	66.23~97.14	95.38~139.89	129.82~190.4	169.56~248.69
管径（mm）	250	300	350	400	450	500
流量（m³/h）	264.94~388.58	381.51~559.55	519.28~761.6	678.24~994.75	858.4~1259	1059.8~1554.3

5. 排水时间计算

1）正常涌水量排水时间。

$$T=\frac{Q_c}{n_c Q_B} \tag{8-10-43}$$

式中　n_c——工作水泵台数，$n_c=\dfrac{Q_1}{Q_B}$；

　　Q_c、Q_1、Q_B 符号与（8-10-35）式和（8-10-42）式同。

2）抢险恢复排水时间。

$$T_{1\cdots n}=\frac{Q_{1\cdots n静}}{\eta \cdot Q_B-Q_{1\cdots n动}} \tag{8-10-44}$$

式中　$T_{1\cdots n}$——各阶段纯排水时间，h；

　　$Q_{1\cdots n静}$——预计各排水阶段的静水量，m³/h；

　　$Q_{1\cdots n动}$——预计各排水阶段的动水量，m³/h；

　　η——排水设备利用率；立井为 65%，斜井为 50%；

　　Q_B——排水设备铭牌能力，m³/h。

（三）潜水泵排水

潜水泵是先进的排水设备，具有很多优点，特别是用于强行排水，效果很好，应优先采用。

1. 矿用潜水泵的结构特点

潜水泵按其叶轮型式可分轴流式、混流式和径向式三种，按其叶轮布置形式分单吸式和双吸式两种，其特点及适用条件见表 8-10-38。

表 8-10-38　矿用潜水泵结构特点及适用条件

类型	单　吸　式	双　吸　式
特点	1. 叶轮同向布置，只有一个吸水口，体积小，重量轻，价格便宜； 2. 流量小，扬程低，效率高； 3. 寿命短（比双吸式短 10%）； 4. 制造安装简单	1. 两组叶轮对向布置，有两个吸水口，泵体长，重量大，价格贵； 2. 流量大，扬程高，效率高； 3. 轴向推力平衡，磨损小，寿命长； 4. 制造安装复杂； 5. 泵中的水流速度小，可避免产生涡流和气蚀现象，减少流道内的沉淀物
适用条件	1. 扬程不超过 300m 的矿井排水； 2. 井筒或钻孔排水	1. 大于 300m 扬程的多级排水； 2. 要求扬程高，而且排水井或钻孔直径有限的矿井排水

2. 矿用潜水泵的组装方式

矿用潜水泵排水组装方式及特点，见表8—10—39。

表8—10—39 潜水泵排水组装方式及特点

方式	带吸水罩的潜水泵	无吸水罩的潜水泵	带接力泵的潜水泵
图号	图8—10—23	图8—10—24	图8—10—25
性能特点	1. 提高了吸水深度，增大了落底能力； 2. 电动机周围的水流速度较快，可以防止电动机外壳上产生沉积物； 3. 能保护水泵和电机； 4. 在同一水井内可同时布置多台泵，而互不干扰； 5. 简化了冷却方式； 6. 增加了水泵外径	1. 体积小，占用井巷断面小； 2. 电动机散热条件差，特别是当潜水泵从上部或直接从吸水口进入泵内时，可能使电机周围水的流速很慢，或干脆不流动，形成一个静止区，由于电机连续运转，温度不断升高，所以水温度也越来越高； 3. 落底排水能力差	1. 提高了吸水深度，增大了落底的排水能力； 2. 减少了水窝深度，减少了井巷工程量； 3. 可强制潜水电动机冷却； 4. 可防止潜水电动机外壳产生沉淀层； 5. 增加了设备，增大了设备投资，增加了事故可能性
适用条件	用于吸水深度不高，吸水井断面较大，立井、斜井、平巷、斜巷的排水	用于水位深，排量大，断面小的立井、斜井、平巷、斜巷排水	用于立井、井底水窝不深的矿井排水

3. 潜水泵的选择

1）根据排水井的直径选择。

2）根据排水量，排水高度选择（排水量按动水量计算）。

3）根据水质的特殊要求选择（注意潜水泵的材质）。

4. 潜水泵的布置形式

1）钻孔中的潜水泵布置。

钻孔潜水泵排水布置，见图8—10—26。

图5—8—26a 表示矿井涌水量大，水压高，有突水可能性的矿井疏干降压。

图5—8—26b 表示涌水量大的矿井排水。为确保钻孔质量，防止井壁坍塌和含水层出水，必须采取分段施工方法，即施工一段，用钢管和混凝土固定一段。图中Ⅰ为含水层深度，Ⅱ为易坍塌地段长度，Ⅲ应视具体情况决定，一般不大于井深的1/3。此方式钻孔有效面积利用小，投资大。

2）暗立井潜水泵排水布置。

暗立井潜水泵排水布置，见图8—10—27。

图8—10—27 为9台6736×11型潜水泵，用于涌水量大，有突水可能性的矿井，配合卧泵综合排水。潜水泵控制开关安装在地面，一旦矿井淹没时，潜水泵能继续工作。

3）潜水泵和离心式卧泵混合排水的布置。

潜水泵和离心式卧泵混合排水的布置，见图8—10—28。

图8—10—28 表示用于涌水量可能突然增大的矿井扩建和新建的泵房。潜水泵在正常水量时备用；用闸门切断与水道的联系，以防止煤泥沉淀将泵淤塞。

4）箕斗井潜水泵群的布置。

箕斗井潜水泵群的布置，适用于被淹井的强行排水，见图8—10—29。

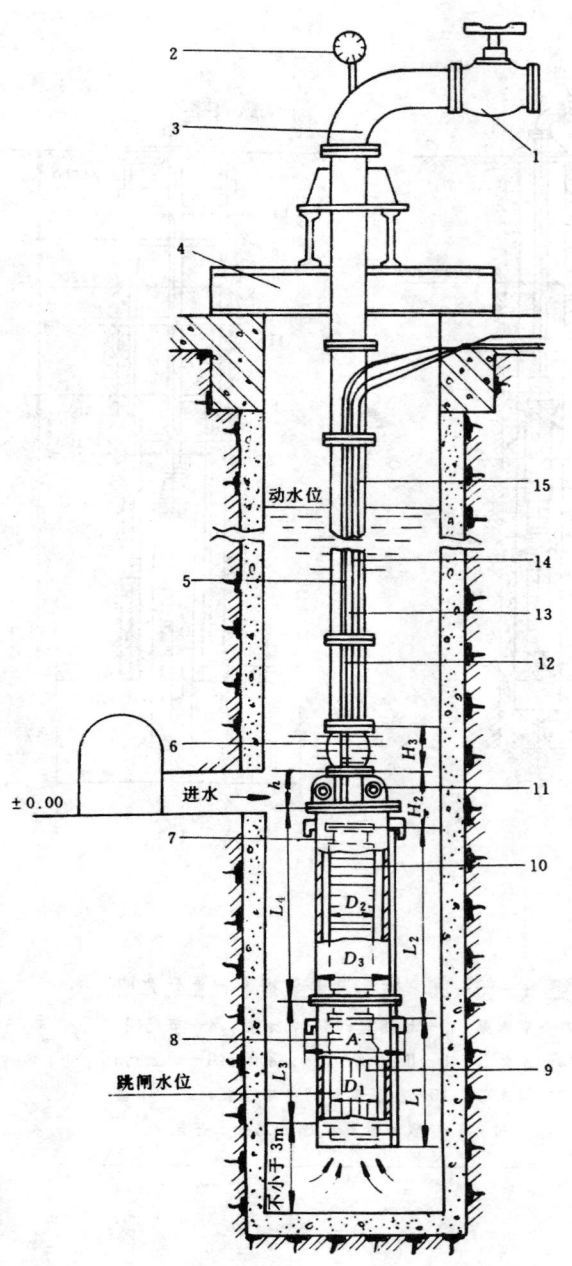

图 8—10—23 带吸水罩潜水泵组装图

1—闸阀；2—压力表；3—弯管；4—井口安装架；5—扬水管；6—逆止阀；7—水泵吸罩；8—电动机吸罩；9—潜水电动机；10—潜水泵；11—连接法兰；12—测温电缆；13—高压电缆；14—水位电缆；15—低压电缆

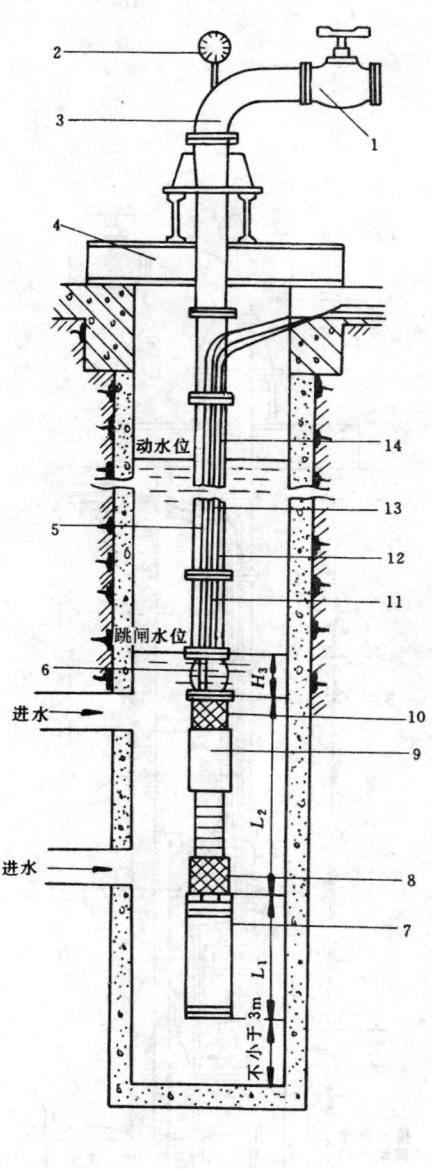

图 8—10—24 无吸水罩潜水泵组装图

1—闸阀；2—压力表；3—弯管；4—井口安装架；5—扬水管；6—逆止阀；7—潜水电动机；8、10—吸水滤阀；9—潜水泵；11—测温电缆；12—高压电缆；13—水位电缆；14—低压电缆

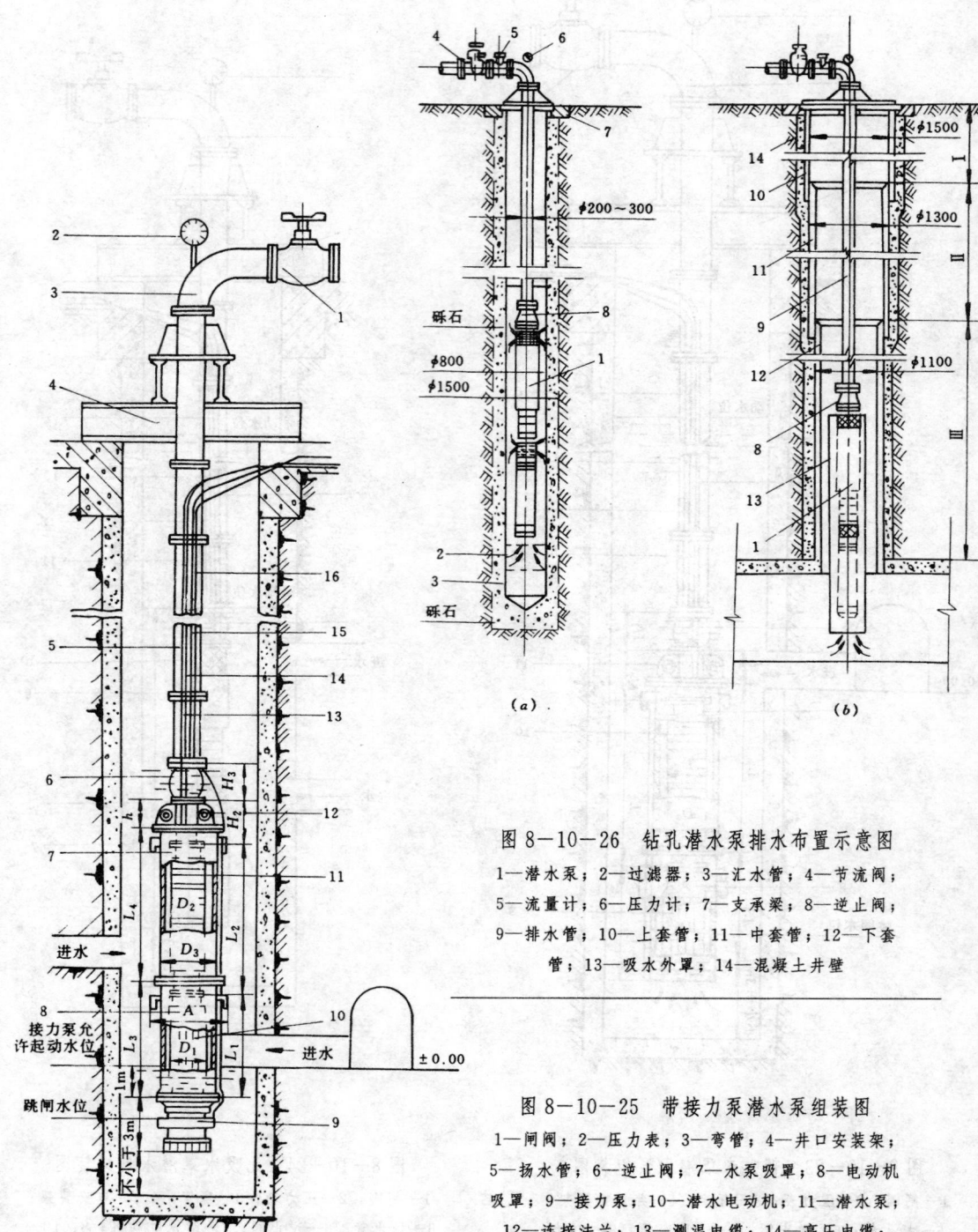

图 8—10—26　钻孔潜水泵排水布置示意图

1—潜水泵；2—过滤器；3—汇水管；4—节流阀；
5—流量计；6—压力计；7—支承梁；8—逆止阀；
9—排水管；10—上套管；11—中套管；12—下套
管；13—吸水外罩；14—混凝土井壁

图 8—10—25　带接力泵潜水泵组装图

1—闸阀；2—压力表；3—弯管；4—井口安装架；
5—扬水管；6—逆止阀；7—水泵吸罩；8—电动机
吸罩；9—接力泵；10—潜水电动机；11—潜水泵；
12—连接法兰；13—测温电缆；14—高压电缆；
15—水位电缆；16—低压电缆

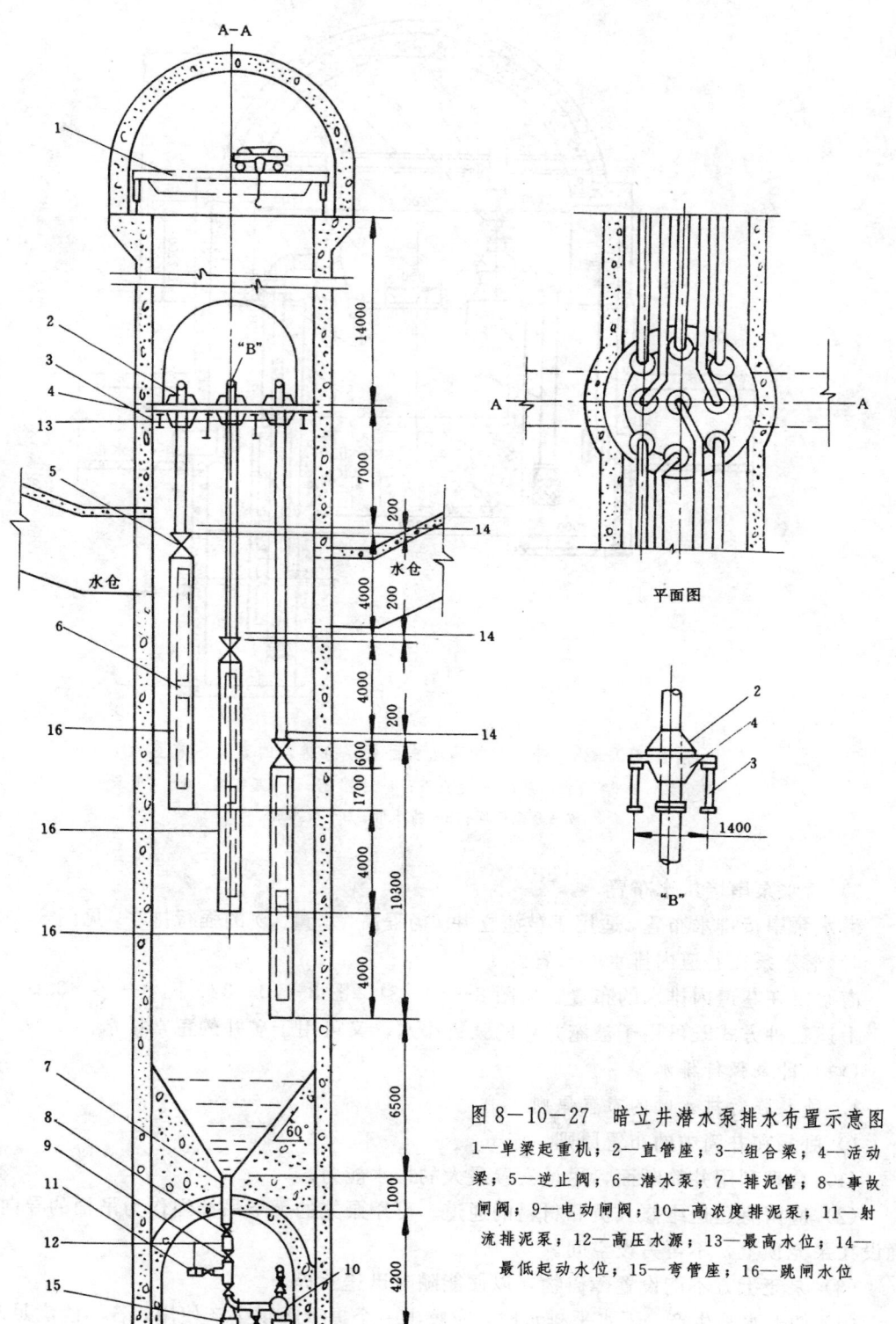

图8-10-27　暗立井潜水泵排水布置示意图

1—单梁起重机；2—直管座；3—组合梁；4—活动梁；5—逆止阀；6—潜水泵；7—排泥管；8—事故闸阀；9—电动闸阀；10—高浓度排泥泵；11—射流排泥泵；12—高压水源；13—最高水位；14—最低起动水位；15—弯管座；16—跳闸水位

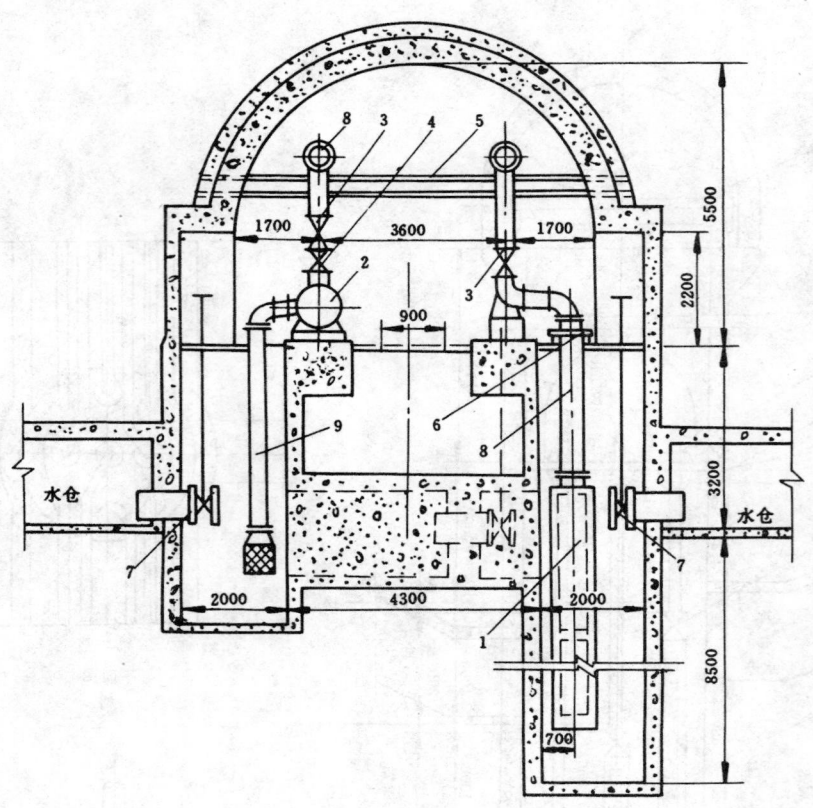

图 8—10—28　潜水泵和离心式卧泵混合排水的布置示意图

1—潜水泵；2—离心式卧泵；3—逆止阀；4—操作阀；5—起重梁；6—支管座；

7—分配闸阀；8—排水管；9—吸水管

5）潜水泵串接排水布置。

潜水泵串接排水布置，适用于被淹立井（扬程高、水量大）的强行排水，见图 8—10—30。

6）潜水泵在巷道内排水的布置。

潜水泵在巷道内排水的布置，见图 8—10—31、图 8—10—32、图 8—10—33。

上述三种方式既可用于被淹井巷的强行排水，又可用于矿井的正常排水。

（四）卧泵强行排水

1．卧泵强行排水时的布置原则

1）卧泵在井筒中的布置原则。

（1）合理利用井筒断面，尽量安置最大的排水能力。

（2）应留有运送维修人员和材料的通道。可用泵笼的无卡吊挂绳作为吊桶的导向绳，吊桶设在泵笼顶上，不再另设空间。

（3）泵笼上方不能设置障碍物，以便能随时迅速上提。

（4）如上水平生产，下水平排水时，应腾出一个提升间供生产使用，若不能满足此要求，则应改为阶段排水。

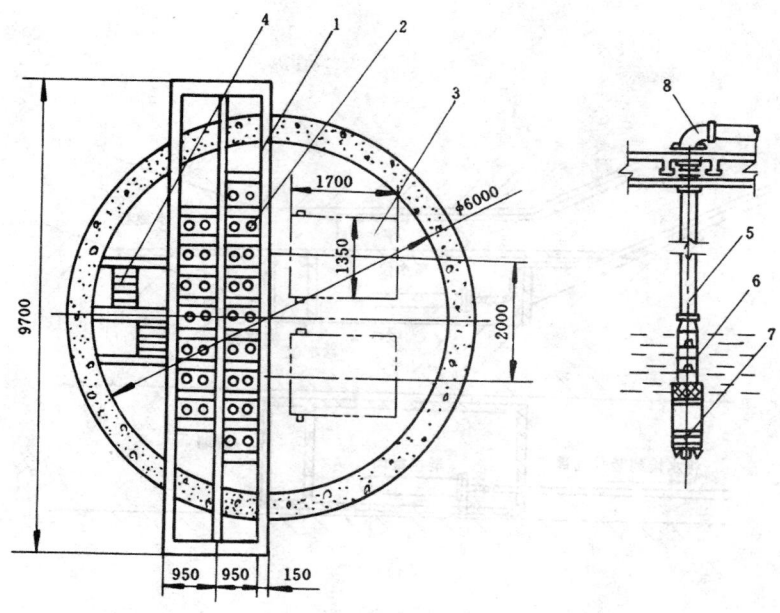

图 8-10-29　箕斗井潜水泵群的布置示意图

1—托罐梁；2—潜水泵安装位置；3—箕斗；4—安全梯；5—排水管；6—潜水泵；7—电动机；8—弯管座

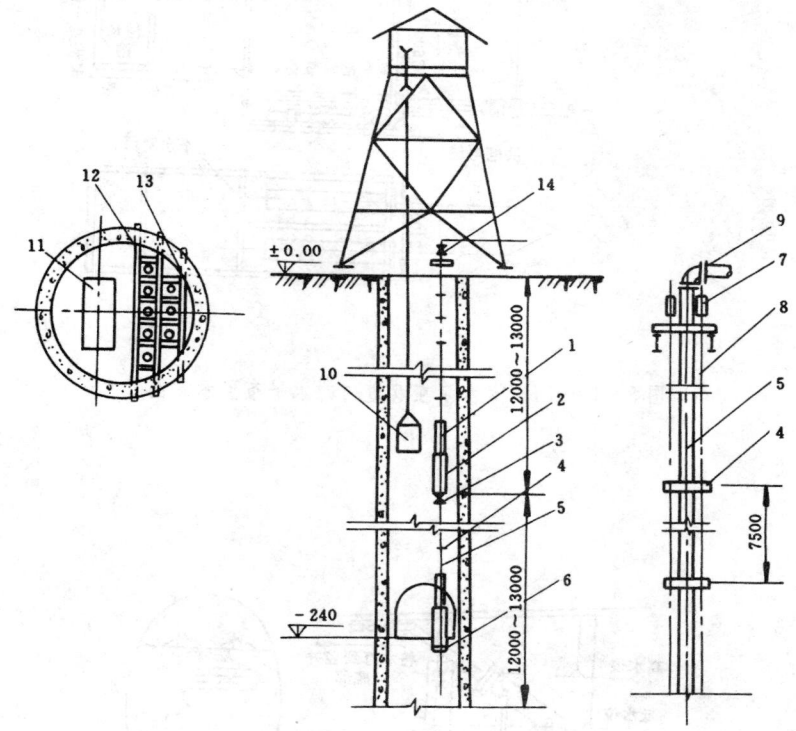

图 8-10-30　潜水泵串接排水布置示意图

1—潜水泵；2—接力筒；3—逆止阀；4—管卡；5—排水管；6—笼头；7—座绳卡；8—钢丝绳；
9—弯管座；10—罐笼；11—罐笼间；12—潜水泵安装位置；13—托泵梁；14—闸阀

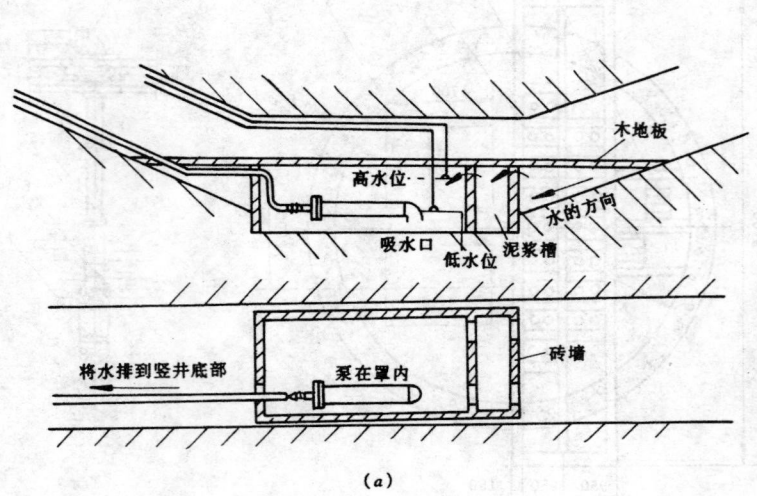

(a)

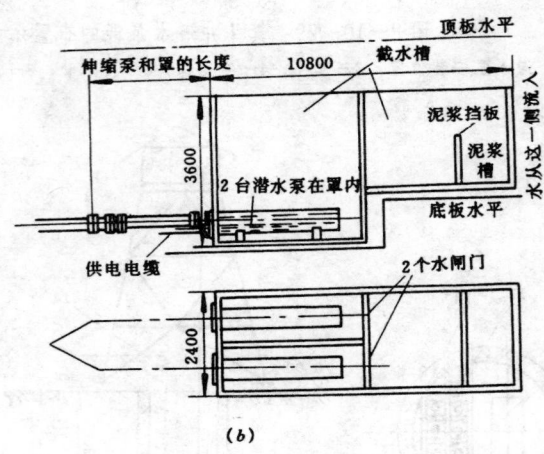

(b)

图 8—10—31　潜水泵在巷道内的水平布置示意图

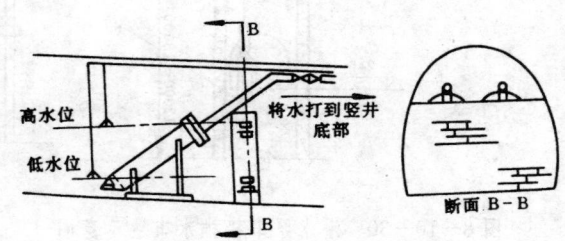

图 8—10—32　潜水泵在巷道内排水的倾斜布置示意图

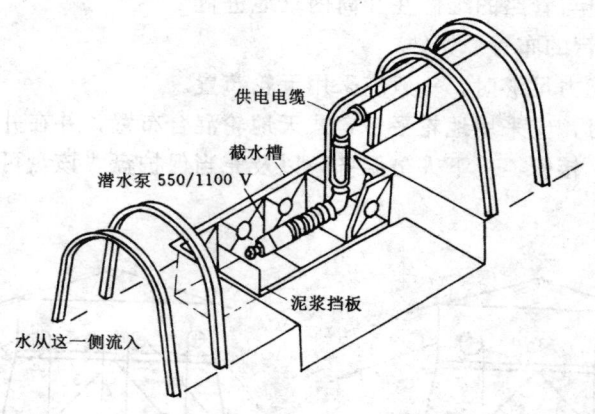

供电电缆
截水槽
潜水泵 550/1100 V
泥浆挡板
水从这一侧流入

图 8—10—33　潜水泵在巷道内临时排水的布置示意图

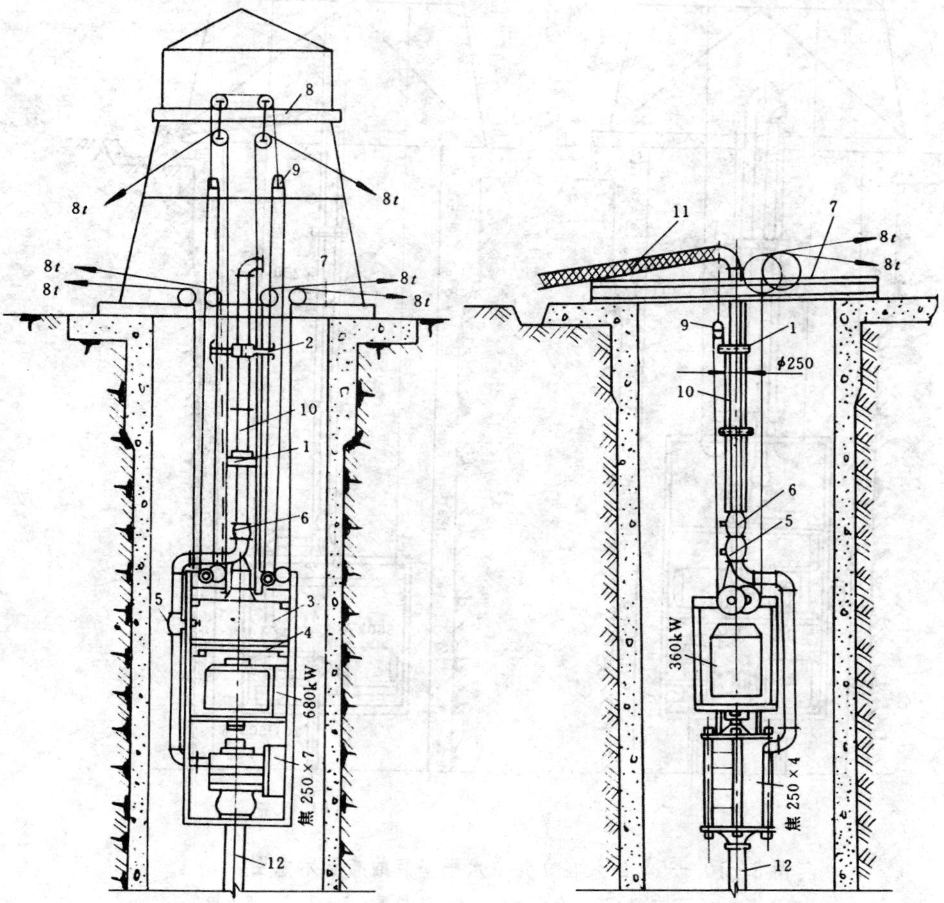

8
9
8t
8t
8t
8t
7
8t
8t
2
10
1
6
5
3
4
680kW
焦 250×7
12
(a)
11
7
8t
8t
9
1
φ250
10
6
5
360kW
焦 250×4
12
(b)

图 8—10—34　卧泵垂直安装在立井中强行排水的布置示意图

1—混合卡；2—防弯卡；3—司机台护罩；4—电动机防水罩；5—闸阀；6—逆止阀；7—地轮平台；8—天轮平台；9—滑轮；10—排水管；11—胶管；12—吸水管

（5）应尽量使泵组与管路的维修在井筒内就地进行。

2）天轮和地轮平台的布置原则。

（1）当井架的承能力足够时，一般应采用天轮布置。

（2）井架超荷载时，应采用地轮平台，或天地轮混合布置，并在井口以下适当位置设置工作盘，为泵组组装、接管、上下人员服务，以及充当保护盘，该盘可以利用风道或人行梯与地面相连。

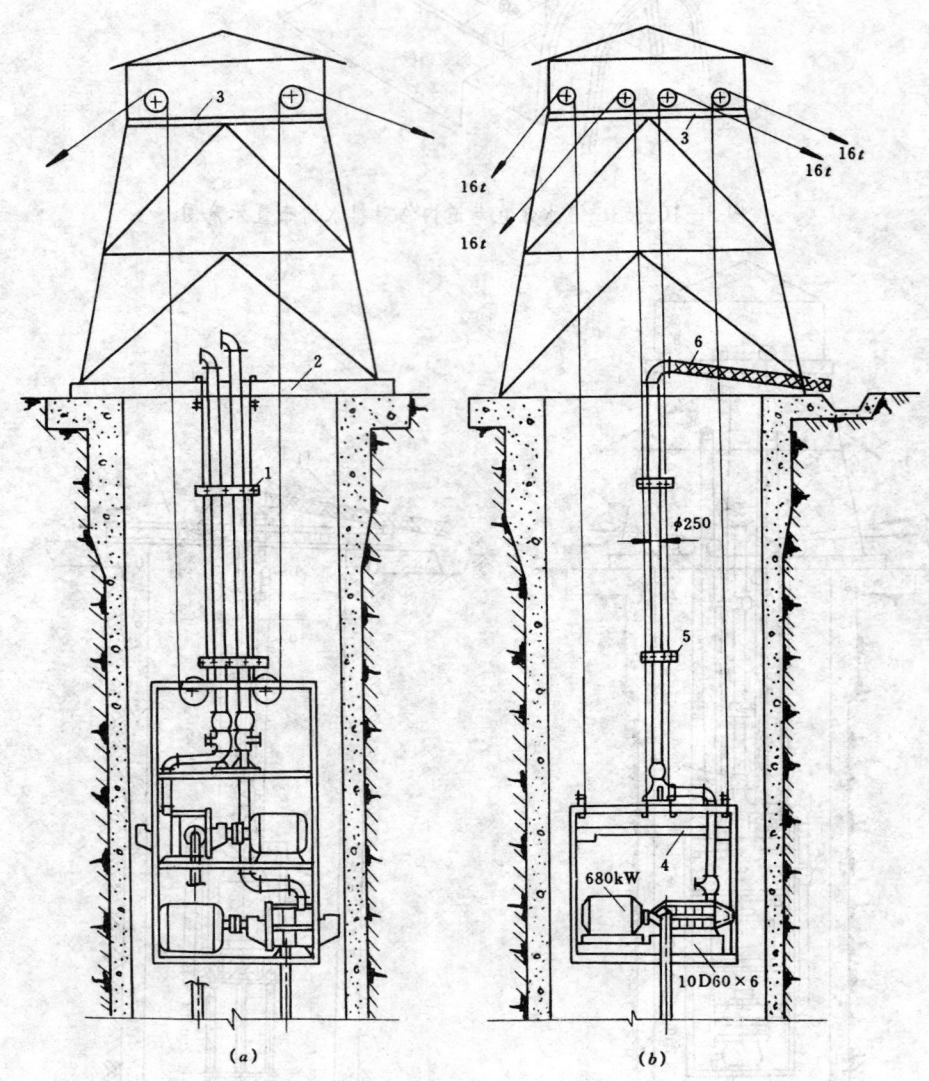

（a）　　　　　　（b）

图 8—10—35　卧泵在立井中水平安装的布置示意图

1—双管活卡；2—固定梁；3—天轮平台；4—防护罩；5—死卡；6—胶管

3）提升绞车系统的布置原则。

（1）适用井筒排水间隔的方位，对照绳轮的位置，使提吊绞车尽可能直线出绳。

（2）尽量对称布置，使平台受力平衡。

（3）避开地面永久建筑物，尽量少拆临时建筑物。

（4）提升绞车设备尽量靠近井口，以便于指挥。

（5）提升设备之间隔，应满足停电时用人力提升绞车和安全间距的要求。

2. 卧泵垂直安装

卧泵垂直安装是焦作地区常用的一种强行排水方式。图8-10-34a、b为两种典型的卧泵垂直安装实例，可用于涌水量大，井筒断面小的强行排水。

3. 卧泵水平安装

卧泵水平安装是最普通的强行排水方式，布置形式也很多，图8-10-35a、b为其中的两种，用于涌水量大、井筒断面大的立井。

4. 卧泵串联安装

卧泵串联安装用于排水扬程很高的矿井（见图8-10-36），是利用永久罐梁作支承梁，水泵串联强行排水的布置方式。

5. 管、泵分吊布置

管、泵分吊布置用于排水量、井深、管径粗的强行排水，图8-10-37是其中布置方式之一。

6. 卧泵在倾斜井巷中的布置

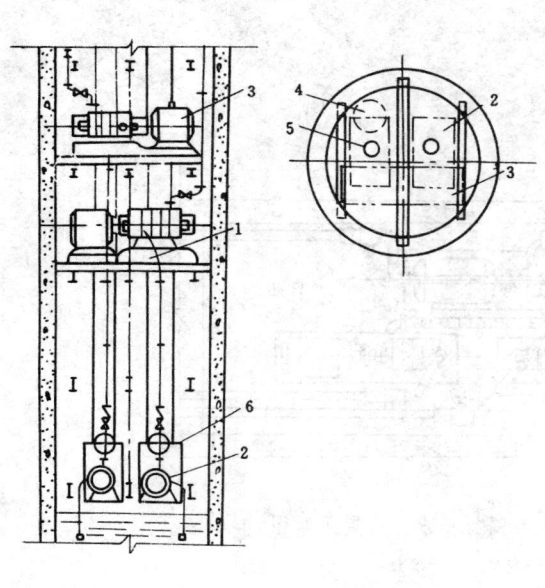

图8-10-36 水泵串联强行排水的布置示意图

1—胶管；2—水面低扬程泵；3—罐梁上的

高扬程泵；4—吊桶；5—水面出水管；6—泵笼

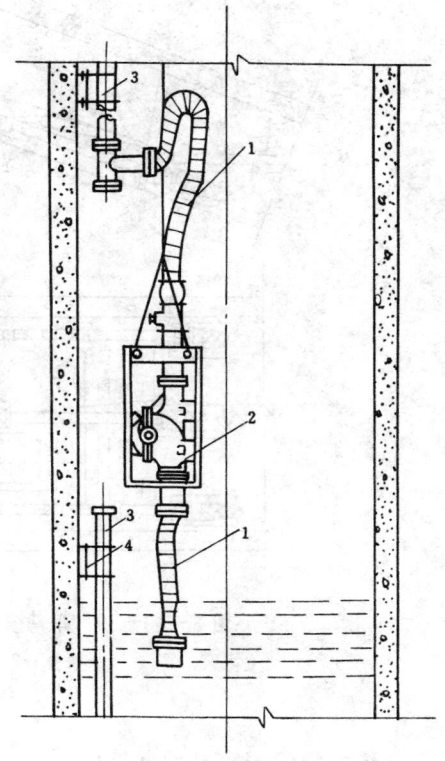

图8-10-37 Sh型水泵，泵管分吊

强行排水的布置示意图

1—胶管；2—12Sh—16型水泵；3—排水管；4—管卡

1）快速安装、拆除、撤退的强行排水的布置，见图8—10—38，可用于涌水量大的被淹井巷。

2）多台大型水泵强行排水的布置，见图8—10—39，可用于涌水量大的被淹倾斜井巷。

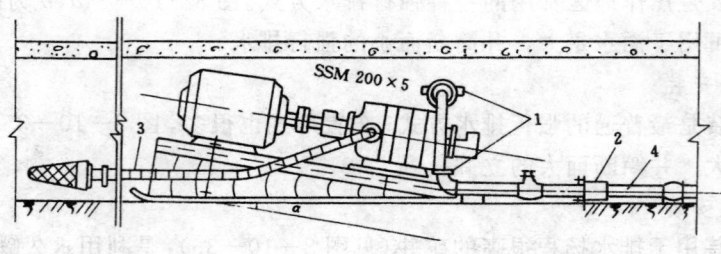

图8—10—38 单巷单台大型水泵强行排水的布置示意图
1—快速接头；2—伸缩管；3—胶管；4—排水管

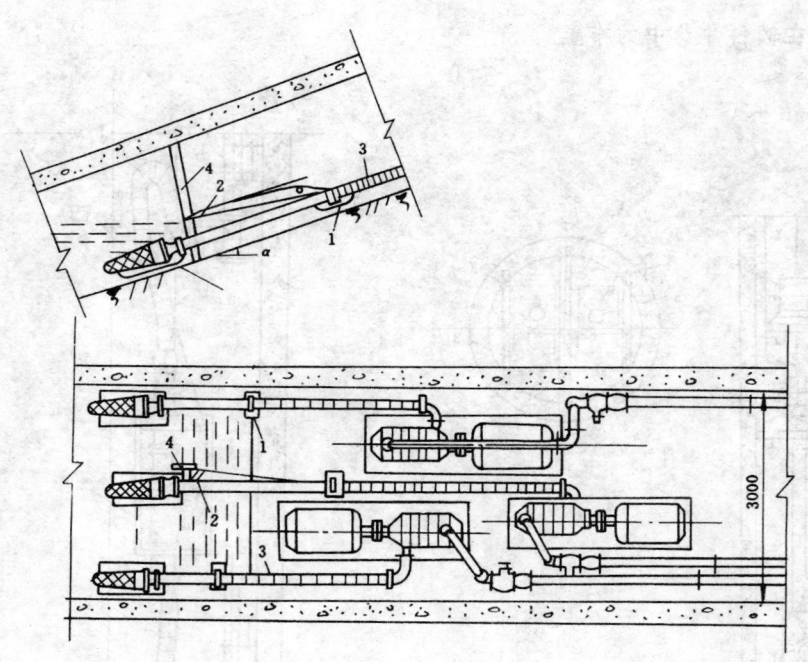

图8—10—39 单巷多台大型水泵强行排水的布置示意图
1—滑橇；2—倒链；3—胶管；4—顶柱

二、防水闸门硐室及水闸墙

防水闸门硐室和水闸墙为井下防水的主要安全设施。凡水患威胁严重的矿井，在井下巷道设计布置中，应在适当地点预留防水闸门硐室和水闸墙的位置，并在其附近保留足够的防水煤（岩）柱，使矿井形成分翼、分水平或分采区隔离开采。在水患发生时，能很快形成分区隔离、缩小灾情影响范围，控制水势，确保矿井安全。

防水闸门硐室和水闸墙位置的选择，须考虑如下因素：

1）所选位置应不受井下采动影响。

2）应尽可能选在较致密的岩（煤）层内。

3）应避开断层和岩石破碎地带。

4）应尽可能设在单轨运输的小断面巷道内。

5）不受多煤层开采因素影响。

6）从通风、运输行人、放水安全等方面考虑，要便于施工和灾后恢复生产。

（一）水闸门

水闸门包括门扇和门框两大部分，目前，国内已设计的井下钢制水闸门，有平板形、圆弧拱形和膜型扁壳三种基本类型。

钢制井下水闸门代表性总成结构示例，见图 8—10—40～图 8—10—44。

常用几种钢制井下水闸门设计特征，见表 8—10—40、表 8—10—41。

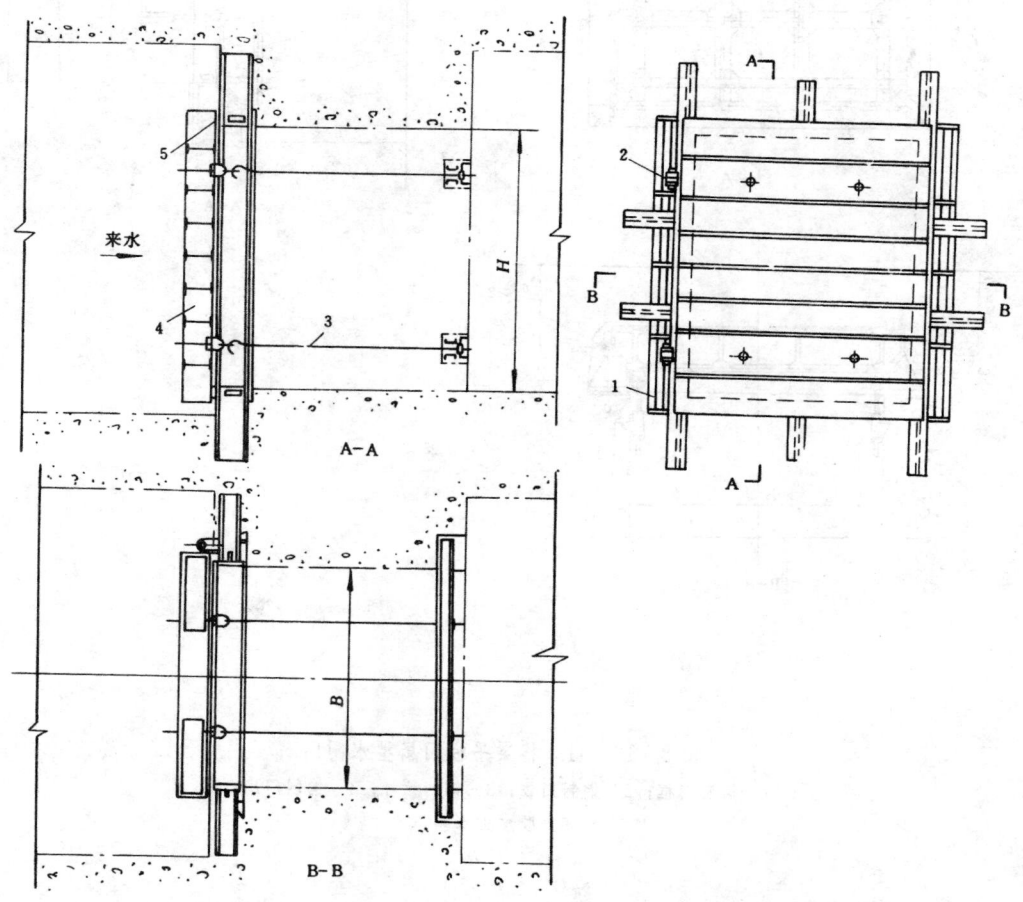

图 8—10—40　横梁平板门扇型水闸门

1—钢制门框；2—钢制门铰；3—钢制拉杆；4—钢制门扇；5—胶皮止水垫

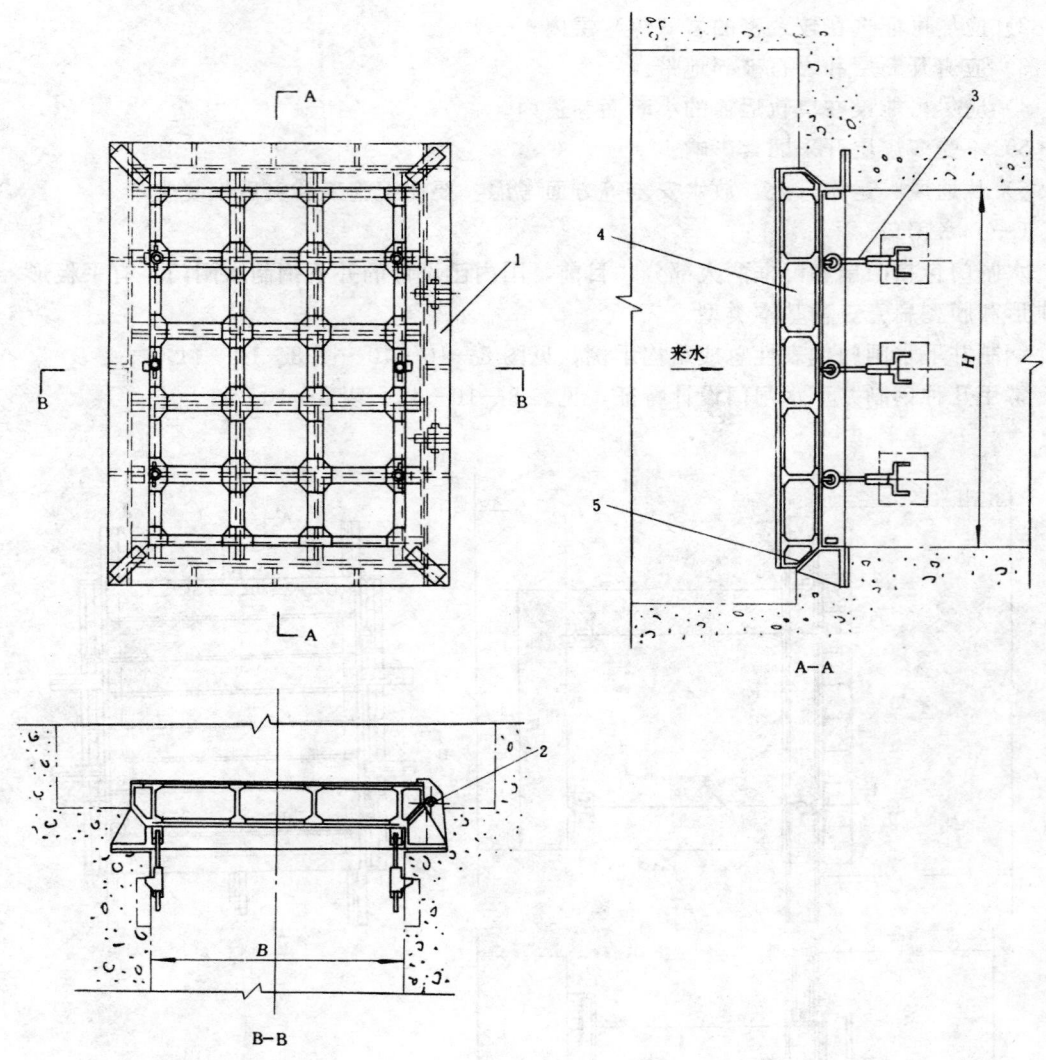

图 8—10—41　格梁平板门扇型水闸门
1—钢制门框；2—钢制门铰；3—钢制拉杆；4—钢制门扇；
5—胶皮止水垫

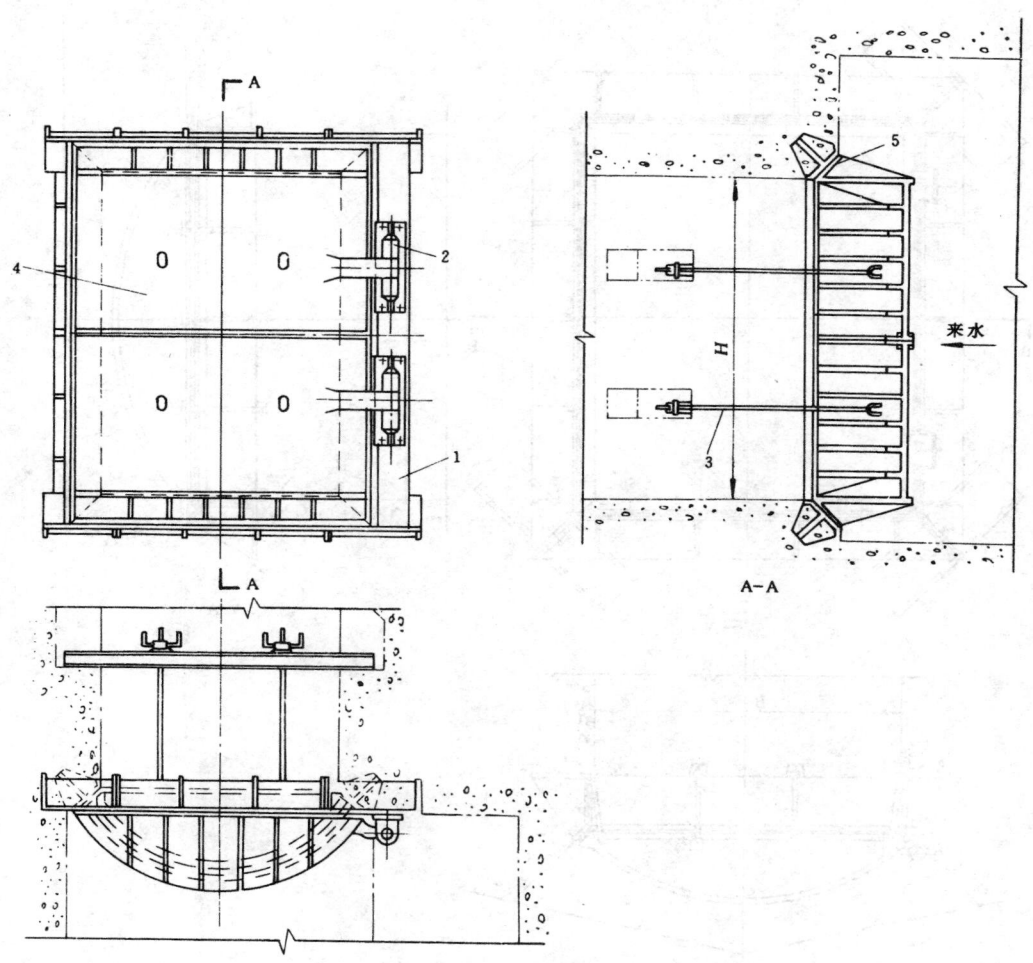

图 8—10—42　双铰圆弧拱形门扇型水闸门

1—钢制门框；2—钢制门铰；3—钢制拉杆；4—钢制门扇；

5—胶皮止水垫

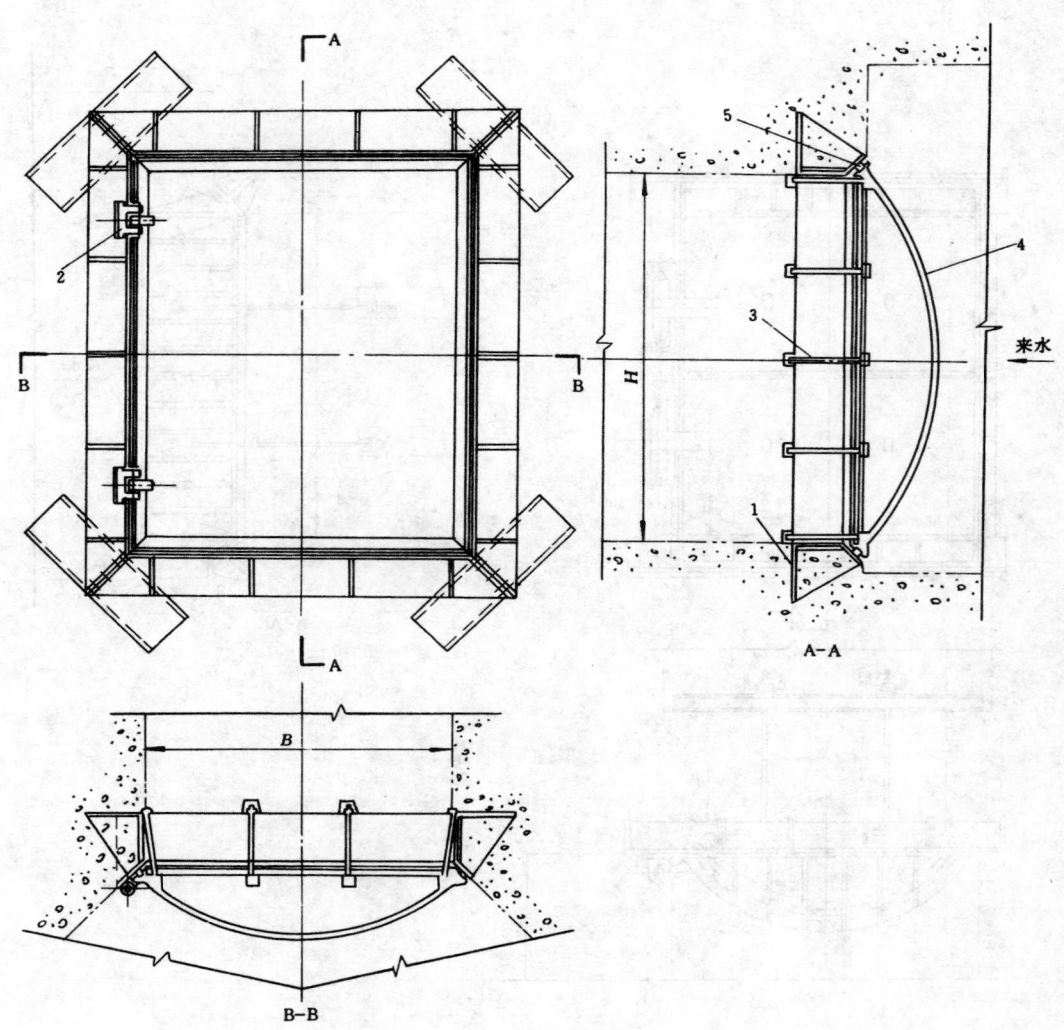

图 8-10-43 矩形底膜型扁壳门扇型水闸门

1—钢制门框；2—钢制门铰；3—钢制拉杆；4—钢制门扇；

5—铅口止水

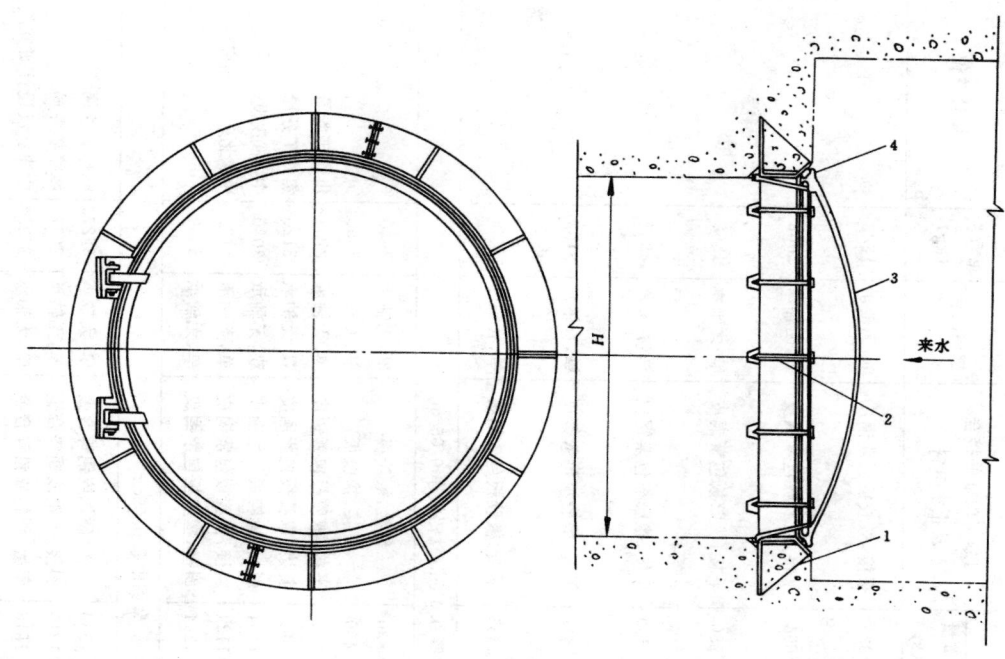

图 8—10—44 圆形底膜型扁壳门扇型水闸门

1—钢制门框；2—钢制拉杆；3—钢制门扇；4—铅口止水

表 8—10—40 国内几种钢制井下水闸门设计特征（一）

型 号	名 称	适 用 条 件				允许压力（MPa）	总重量（kg）	生产厂家	备 注
		门扇规格 宽×高（mm）	巷道规格 宽×高（mm）	轨距（mm）	标称压力（MPa）				
1.6LM/600		1700×2320		600	1.6	1.76	1387		
2.5LM/600		1700×2320		600	2.5	2.75	1784		
3.2LM/600		1700×2320		600	3.2	3.52	2148		
4.0LM/600		1700×2320		600	4.0	4.40	2625		
5.0LM/600		1700×2320		600	5.0	5.50	2844		
6.0LM/600		1700×2320		600	6.0	6.60	3560		1. 该系列产品为经原煤炭部组织严格检测试压和鉴定的独家产品，生产厂家可据用户特殊要求专门加工制造；
8.6LM/600	薄壳矿用防水闸门	1700×2320	单轨巷道	600	8.0	9.00	4350	咸宁地区煤机厂	
1.6LM/900		2000×2320		900	1.6	1.76	1565		
2.5LM/900		2000×2320		900	2.5	2.75	2015		
3.2LM/900		2000×2320		900	3.2	3.52	2412		
4.0LM/900		2000×2320		900	4.0	4.40	2935		2. 中煤武汉设计研究院可据用户要求承担各种规格的门及硐室设计
5.0LM/900		2000×2320		900	5.0	5.50	3185		
6.0LM/900		2000×2320		900	6.0	6.60	3967		
8.0LM/900		2000×2320		900	8.0	9.00	4882		
XT81—371		2040×2200	2000×2200	600、900	2.5	3.0	4143		
XT81—371	矿用防水闸门	2040×2200	2000×2200	600、900	3.5	4.0	4143	湖南涟邵机械厂	
XT81—371		2040×2200	2000×2200	600、900	5.5	6.0	4143		
W8502—371		2640×2200	2600×2300	600、900	4.5	5.0	5688		

表 8-10-41　国内几种钢制井下水闸门设计特征(二)

门扇形式	标称压力 (MPa)	门洞断面与净孔 矩形 B×H(m)	门洞断面与净孔 圆形 φ(m)	钢制门窗 制造	钢制门窗 用材规格 主要部位尺寸	钢制门窗 材料	钢制门窗 重量(kg)	钢制门框 制造	钢制门框 用材规格 主要部位尺寸	钢制门框 材料	钢制门框 重量(kg)	门扇与门框的接合及止水材料	钢制门铰	总重量(kg)	设计单位
横梁平板	1.0	1.1×1.5		整焊	I -1.2cm -18号	A₃	800	四段,焊	I 16号	A₃	335	平接,橡胶包紫铜皮	单,无轴承	1283	
	1.0	1.5×1.8		整焊	I -1.2~1.6cm -18号	A₃	1360	四段,焊	I,I 20号	A₃	654	平接,橡胶包紫铜皮	单,无轴承	2066	
	1.5	1.2×1.8		整焊	II -1.6cm -20号	A₃	1112	四段,焊	I -1.6cm	A₃	280	平接,橡胶包紫铜皮	单,无轴承	1568	
	1.5	1.46×2.3		整焊	I -2.0cm -30号	A₃	2524	四段,焊	I 30号	A₃	1690	平接,橡胶包紫铜皮	单,有轴承	4852	
	1.74	1.6×2.3		整焊	I -1.6cm -32号	A₃	2650	四段,焊	I 32号	A₃	1812	平接,橡胶包紫铜皮	单,有轴承	5103	
	2.8	1.75×2.4		整焊	I -3.0cm -40号	A₃	5124	两整件,焊	I 40号(24号)	A₃	6665	平接,橡胶包紫铜皮	单,有轴承	12500	

注:止水用材规格—橡胶板厚0.5~2cm;紫铜皮厚0.04cm;软铝板厚0.05cm

门扇形式	标称压力 (MPa)	矩形 B×H(m)	圆形 φ(m)	门窗制造	门窗用材规格	门窗材料	门窗重量(kg)	门框制造	门框用材规格	门框材料	门框重量(kg)	接合及止水材料	门铰	总重量(kg)	设计单位
圆弧板	1.8	1.6×2.3		两段焊	拱板厚1.4cm	A₃	1635	四段,焊	按结构要求	A₃	830	斜接,橡胶板	单,无轴承	2640	焦作矿务局
	1.8	1.76×2.3		两段焊	拱板厚1.6cm	A₃	2525	四段,焊	按结构要求	A₃	430	平接,橡胶板	单,无轴承	3258	焦作矿务局
	2.1	1.6×2.0		两段焊	拱板厚2.0cm	ZG35	1840	八段,焊	按结构要求	A₃	642	平接,橡胶板包紫铜皮	单,无轴承	2754	焦作矿务局
	2.1	1.6×2.0		四段焊	拱板厚2.0cm	ZG35	2150	八段,焊	按结构要求	A₃	691	斜接,橡胶板包紫铜皮	单,无轴承	3120	中煤武汉设计研究院
	2.1	1.6×2.3		四段焊	拱板厚3.0cm	ZG35	2750	八段,焊	按结构要求	A₃	1134	斜接,橡胶板包紫铜皮	双,无轴承	3060	焦作矿务局
	3.0	1.4×1.9		两段铸	拱板厚3.0cm	ZG35	2750	八段,焊	按结构要求	ZG35	1134	斜接,橡胶板包紫铜皮	双,无轴承	4180	中煤北京设计研究院
	3.0	1.6×2.3		两段铸	拱板厚3.0cm	ZG35	3800	八段,铸	按结构要求	ZG35	1244	斜接,橡胶板包软铝皮	单,无轴承	5350	

注:止水用材规格—橡胶板厚0.5~0.8cm;紫铜皮厚0.05cm

门扇形式	标称压力 (MPa)	矩形 B×H(m)	圆形 φ(m)	门窗制造	门窗用材规格	门窗材料	门窗重量(kg)	门框制造	门框用材规格	门框材料	门框重量(kg)	接合及止水材料	门铰	总重量(kg)	设计单位
膜型扁壳	3.2	1.8×2.2		整铸	壳顶厚2.5cm	ZG35	1600	四段铸	壳顶厚2.5cm	ZG35	1550	斜接,硬铜或铜锌合金	单,无轴承	3227	峰峰矿务局
	3.2		φ2~3	整铸	壳顶厚2.0cm	ZG35	1350	两半,铸	壳顶厚2.0cm	ZG35	1210	斜接,硬铜或铜锌合金	单,无轴承	2637	峰峰矿务局
	4.0	1.6×2.3		整铸	壳顶厚2.5cm	ZG35	1685	四段,铸	壳顶厚2.5cm	ZG35	1816	斜接,橡胶板包铝或铝锌合金	单,无轴承	3598	中煤武汉设计研究院

表8—10—42　国内部分井下防水闸门硐室实例

使用地点	设计水压(MPa)	一段混凝土墙体规格						墙体掘进体积(m³)	混凝土		墙体前后巷道			水闸门规格		放水方式		备注
		混凝土墙长度(m)	段数(段)	长度(m)	掘进宽度(m)	墙高(m)	断面形状		强度等级	消耗量(m³)	净宽(单轨或双轨)(m)	掘进宽(m)	墙高(m)	形式	门硐净孔宽×高(m)	方式	规格(mm)	
湖南桥河立井+90m水平	1	2.7	1	2.7	4.9	3.57	三心拱	47.1	C20	42.9	2.6(单)	3.1	1.92	平板	1.5×1.8	钢管	2×φ300	
山东肥城中一竖井	1	4.6	2	2.3	4.94	3.79	三心拱	75.9	C20	62.1	2.8(单)		1.79	平板	1.5×2.0			配筋0.257t
陕西韩城桑树坪北+280m大巷	1	2.35	1	2.35	5.41	5.61	半圆拱	49.4	C20	39.6	3.4	4.0	2.0	平板	1.7×2.3	水沟	400×600	
山东枣庄柴里竖井	1.5	7.86	3	2.62	5.29	4.42	三心拱	167.21	C20	140.8	2.91	3.61		平板	1.46×2.3			配筋0.485t
湖南恩口三号井土0m水平	1.5	3.5	1	3.5	3.4	2.85	三心拱	~100	C15	~65				平板	1.3×1.8	钢管	1×φ350	
山东新汶良庄北二四层石门	1.5	6.0	2	3.0	6.4	4.1	三心拱	154.6	C20	135.8				平板	1.44×2.4			
安徽淮南孔集矿-140m水平	1.7	4.2	1	4.2	6.46	3.61	半圆拱	150			3.2	3.8	1.53/1.32		1.75×2.0			
河南焦作李封矿东十	1.7	4.0	1	4.0	6.6	6.1	矩形	134.5	C17	121.7	3.2	3.8	1.77		1.6×2.0			
河南焦作演马庄矿	1.8	1.2	1	1.2	3.43	2.57	三心拱	35.6	C14	78.9	1.93	2.43			1.5×1.9			
北京门头沟矿	1.8	~6.5	2	~3.5	7.44	6.9	六角形	150		159.3	3.912/4.412	3.68/5.31	3.68/2.63		1.44×2.4			
河北峰峰通二井+50m水平	1.9	10.63	5	3.43		φ6.968	圆形	206	C25	170	3.6	4.4	1.35/1.15	扁壳	φ2.3	钢管	1×φ250	
山东新汶华丰-80m水平	1.9	6.6	3	3.2	7.86	3.83	三心拱		C20		4.0	5.0	2.25	平板	1.554×2.2			
湖南水口山柏坊铜矿	2.0	6.0	1	6.0	5.7	5.7	方形	210.3	C20	161.3	4.0(双)	5.1	2.10		1.6×2			
河南焦作李封矿东十八	2.0	5.5	2	2.75	7.7	6.58	矩形	282.0	C17	227	5.1(双)	6.1		弧形	1.6×2.3	钢管	1×φ400	
河南新密芦沟矿	2.1	6.43	2	3.22	8.17	6.85	矩形	131	C15	107	2.9	3.5		弧形	1.6×2.3			
山东新汶协庄矿	2.1	7.82	3	2.61	5.31	4.06	三心拱	187	C15	170					1.43×2.117			
湖南桥头头一号井	2.4	6.9	3	2.3	5.71	3.87	三心拱		C20		3.15/4.10	4.35/4.70	2.04/1.66	平板	1.75×2.4	钢管	2×φ500	
河南焦作演马庄矿	2.4	6.8	2	3.6		8	三心拱		C20		3.0	4.0	2.30	弧形	1.6×2.0			破坏、淹井
河南观音堂甘泉矿	2.5	5.6	2	2.8	9.14	8.0	三心拱	289.52	C20	213.06	5.9(双)		3.08	弧形	1.7×2.3	钢管	1×φ402	

续表

使用地点	设计水压 (MPa)	混凝土墙长度 (m)	段数 (段)	一段混凝土墙规格 长度 (m)	掘进宽度 (m)	墙高 (m)	断面形状	墙体进体积 (m³)	混凝土强度等级	混凝土消耗量 (m³)	墙体前后巷道 净宽或(单轨或双轨) (m)	掘进宽 (m)	墙高 (m)	水闸门形式	门调净孔 宽×高 (m)	放水方式	放水规格 (mm)	备注
湖南石坝矿	2.6	6.4	2	3.2	6.35	4.38	三心拱		C20		3.6	4.3	2.10	弧形	1.6×2.3	钢管	2×φ500	门框后加钢筋
河南平顶山七矿二水平	2.5	8.49	3	2.83	7.72	2.4	三心拱	264.1	C25	217.8	5.1	5.9	2.25	弧形	1.8×2.2			
河南新峰一矿	2.5	5.4	2	2.7	8.49	7.66	矩形	551.5	C20	235	4.6(双)	5.4	2.50	平板	1.6×2.3	钢管	1×φ500	
安徽淮南孔集—250m水平	2.8	12.6	3	3.88	7.14	4.67	半圆拱	338.0	C25	290	3.8	4.6	2.90/2.19		1.76×2.55			
湖南恩口三号井—150m水平	3.0	5.0	1	5.0	5.40	3.2	三心拱	95.5	C15	84.9	3.4/2.3	4.0/2.9	1.74/1.90	弧形	1.4×1.5	水沟	600×700	
湖南恩口一号井—140m水平	3.0	12.0	4	3.0	7.53	4.44	三心拱	545.1	C25	501.9	5.3/4.4	6.2/5.3	1.80	弧形	1.6×2.3	水沟	2×φ800	门框后加钢筋
湖南水口山铅锌矿	3.0	9.5	4	2.0	4.94	5.34	三心拱		C15		4.7/3.8	5.7/4.8	2.30/1.80	平板	1.8×2.2	水沟	1000×1000	配筋15t
河南焦作九里山矿	3.2	10.0	2	5.0	8.0	2.30	三心拱	520.0	C20	250	4.7	5.6	1.95	扁壳	2.2×2.2	水沟	1300×720	
河北开滦荆各庄矿	4.0	15.85	6	3.35	8.6	7.32			C15					扁壳				
山东新汶华丰矿—270m水平	4.0	19.3	5	3.76	7.15	4.07	三心拱		C30	454	3.2	4.2		扁壳	1.5×2.2			
河南安阳龙山矿	4.0	11.72	3	4.04	8.67	8.67	矩形	618.2		513.6	3.7/4.0(双)	4.73/5.03	2.75/3.06	扁壳	1.6×2.3			
辽宁红阳四井	4.5	6.0	1	6.0	6.0	1.40	半圆拱	180.0	C25	156.4	4.0/3.4	4.8/4.2	1.40	扁壳	1.8×2.3	钢管	2×φ400	
辽宁红阳四井	6.0	7.5	1	7.5	6.4	1.40	半圆拱	224.0	C25	194.5	4.0/3.4	4.8/4.2	1.40	扁壳	1.8×2.3	钢管	2×φ400	
湖南斗笠山矿香花台井	3.5	4.7	1					108.0	C25	84.5	4.4	5.0	0.95/1.00	扁壳	2.2×2.0	钢管	2×φ500	配筋1.13t
湖南斗笠山矿香花台井	4.0	5.0	1					149.5	C25	120.8	4.4	5.2/5.0	0.95/1.00	扁壳	2.2×2.0	钢管	2×φ500	配筋1.09t

注："墙体前后巷道"栏内，横线上数字为墙前，横线下数字为墙后，无横线的为墙前后数字。

（二）水闸墙

水闸墙亦是井下分区隔离的一种措施。在水文地质条件复杂的新井巷道布置中，和生产矿井开拓延深或采区设计时，均应考虑留出建筑水闸墙的位置，并在其附近保留足够的防水煤柱。

水闸墙应嵌入围岩中，与围岩形成一个整体，并在施工前对围岩的性质、强度和破碎情况有所了解。

（三）防水闸门硐室和水闸墙计算

见本手册第五篇第八章第二节。

（四）国内部分井下防水闸门硐室实例（表8－10－42）

三、排水设备

常用的排水设备有潜水泵、离心泵、深井泵、气压泵和射流泵等，现将其性能、特点及适用条件列于表8－10－43。

国外先进国家已多采用地面潜水泵预先疏干排水方法，保证在矿井突水淹井情况下的正常排水。国外常用矿用大型潜水泵主要技术性能参数，见表8－10－44。

表8－10－43　常用排水设备的性能、特点及适用条件

类型	型号	流量(m^3/h)	扬程(m)	性能及特点	适用条件
立式潜水泵	QKSG JQA JQC 6112 65 66 6715 68	275～1450 65～110 100～170 85～170 1.5～18 10～66 150～260 270～1330	27～995 19～214.5 14～203.5 15～208 6.1～242 12～306 53.5～498 510～1160	1. 结构先进、效率高、排水能力大、抗灾能力强； 2. 泵体细长，占用面积小，便于单井布置群泵，利用小间隔见缝插针布置； 3. 安全可靠，不受瓦斯等级、矿井淹没和温度变化的影响； 4. 可一次潜入井底，不停顿地把水位降到最低； 5. 操作简单，维修量小； 6. 可在井上操作，不受有害气体的影响，人员安全； 7. 运行平稳，噪音小； 8. 水质要求高	1. 水大矿井的快速排水； 2. 短时间突击性排水； 3. 有突然涌水的地段排水； 4. 有瓦斯和煤尘爆炸的矿井排水； 5. 矿井的永久排水； 6. 立井、暗井、井筒或钻孔排水
卧式潜水泵	QKSG—M	550	190～400	除具有立式潜水泵的特点外，还有： 1. 可利用空间地段进行排水； 2. 不穿很深的底板，避免出水； 3. 起吊设备简单、搬运方便； 4. 使用寿命较立式泵短	与立式潜水泵的适用条件1～5条相同外，还可以用于斜巷、平巷等地强行排水
单级单吸离心泵	B BA BZ BAZ	4.5～360	8～98	1. 结构简单，维修方便 2. 出口可做90°、180°、270°旋转 3. 巷道断面利用率高	1. 可作为强行排水的前置泵； 2. 可作为立井、斜井、平巷强行排水的转排泵
单级双吸离心泵	Sh S	120～12500 108～2020	10～140 28～56	1. 泵壳为水平中开式 2. 维修方便 3. 泵体宽而低，巷道断面利用率不高； 4. 排水量大	1. 适用于流量大，扬程低的阶段排水； 2. 用于立井、斜井、平巷的强行排水

续表

类型	型号	流量 (m³/h)	扬程 (m)	性　能　及　特　点	适　用　条　件
中开式 多级 离心泵	DK	244～1360	79～250	1. 效率高、水量大; 2. 维修方便	用于流量大、中等扬程的强行 排水
分段式 多级 离心泵	D DA₁ GD DS JG JSW	6.5～450 12.6～320 100～720 320～600 440～690 15～345.6	21.9～1815 13～738 285～925 336～990 204～540 14～350	1. 水泵类型多，排水范围大; 2. 改变过流部分的零件材质可排酸性 水; 3. 效率高	1. 可用于立井、斜井及各种巷 道的强行排水; 2. 可用于立井、斜井的一级及 多级排水
深井泵	J JD	20～160 10～230	40～165 30～92	1. 体积小、重量轻; 2. 泵体可以垂直于井下，也可组装在 特制的泵车上，电机以外部分可潜入水底 排水; 3. 作强行排水的前置泵可减少频繁移 动和接管	1. 适于作强行排水的前置泵; 2. 适用于钻孔或大于30°轨道 及斜井强行排水
气压泵	并列式 和 同心式	<50	<120	1. 体积小，占用面积小; 2. 制造简单、管理方便; 3. 无电器和转动部分，运转人员无需 下井维护; 4. 工作安全可靠，不易发生故障; 5. 能排除含污杂的水; 6. 气压泵的混合器必须沉入水面以下 才能工作，排水能力随埋入深度、压气压 力、管径增加而增加; 7. 排水效率低; 8. 排水费用高	1. 被淹井巷中静水体积很大 时用来加大排水能力，但不能加 大落底的排水能力; 2. 在有下部水平作为沉没深 度时，用来恢复上水平排水; 3. 用于有瓦斯等有害气体超 限，或有突然涌水威胁的地段排 水; 4. 串接于排水管中，提高水泵 扬程; 5. 在淹井过程中，可与其它能 快速建立临时排水的设备（如箕 中提水）相配合，保持某一水平 基地不淹; 6. 一般都用于强行排水
射流泵	非标准	<30	60～100	1. 体积小，制造简单，占地少; 2. 能排含砂量较大的水; 3. 操作维护简单、工作可靠; 4. 需要高压水作为工作水源; 5. 排水效率低; 6. 排水费用高	1. 立井或斜井强行排水时，串 于水泵进水管下部，可提高吸水 扬程，减少移泵次数; 2. 用于坍塌淤塞的井巷前置 排水; 3. 可用含泥量大的地段排水

表 8—10—44 国外矿用大型潜水泵主要技术性能参数

潜水泵型号	最大外径 (mm)	流量 (m³/h)	扬程 (m)	水泵效率 (%)	电动机型号	输出功率 (kW)	转数 (r/min)	工作电压 (V)	电机效率 (%)	供电电缆规格 (mm²)	潜水泵总长 (m)	潜水泵总重 (t)
1. 德国 KSB 公司												
DPG554/11	630	900	322	80	KLKQ163—305	1200	1450	3000	93			
DPG495/11		450	419	77	KLGV113—305	830	1480	3000	92	3×95		
DPG445/13		280	292	78	ALHQ47—305	350	1475	3000	90			
DPG554/9		1080	330		KLKQ113—605	830	1450	6000				
DPG585/7	680	1500	255	78		1600	1470	6000	83.2	3×50	9.183	12.25
DPG504/5	680	600~700	360~300			700~734	1480	3000				
2. 德国里茨公司												
6730/11	660	900	300			1000	1450	3000		3×95		
6736	770	1560	300	80	6H1166/1600/4	1600	1465	6000			9.400	13
6740		2000	300		6H11x/2400/4	2400	1470	6000				
6825	770	550	460	75	6H1166/1200/4	1200	1465	6000			8.000	15
6835		1130	500		6H11x/2400/4	2400	1470	6000				
3. 德国普洛伊格尔公司												
NZ244—12	900	600	500	77	VR30—140—4	1400	1450	6000		4×1×70	9.1	
NZ244—6	850	600	250	77	VR22—150—4	700	1450	6000		4×1×25	6.7	
NZ246—12	970	1130	500	78	VRW40—180—4	2400	1450	6000		4×1×120	11.475	
NZ287—5	1100	2000	295	78.5	VRW40—180—4	2400	1450	6000		4×1×120	10.05	
N167—2×4		750	330			932						
4. 英国海沃德·泰勒公司												
20ABR	858.5	270	232.5			268	1470 或 1485	3300			3.7	5
20KRL	685.8	334	360			370	1470 或 1485	3300		25mm²—196/0.4mm	5.8	5
20KRL	685.8	282.5	500			555	1470 或 1485	3300		50mm²—196/0.4mm	6.2	7.5
20KRL	685.8	300	500			592	1470 或 1485	3300		50mm²—196/0.4mm	6.5	7.75
5. 英国韦尔公司 (型号不详)		405	564	—	U	850	1470	3300			约6.6	90 (包括扬水管)

第十一章　矿井气象条件预测及热害防治

第一节　矿井气象条件预测

矿井气象条件预测应遵循的国家有关标准有《煤矿安全规程》、《煤炭工业矿井设计规范》（GB—50215）及《煤矿井下热害防治设计规范》（MT5019—96）。

一、矿井气象条件预测基础资料

（一）矿井热源

造成矿井井下气温升高的主要热源如表8—11—1。

1. 地　热

地壳在地热和太阳辐射热的共同作用下，形成三个垂直分布的温度变化层带，即变温带、恒温带和增温带。变温带为离地表约20～30m以上的地表层，地温受太阳辐射热影响而具有周期性变化。恒温带是在变温带之下某一深度处，大地热流与太阳辐射的热流达到平衡，该处地温常年基本保持恒定的层、带。其深度一般在30m左右。增温带是在恒温带之下，在这里已不受地面温度周期变化的影响，只受大地热流的作用，地温随深度的增加而增加。

表 8—11—1　矿 井 主 要 热 源

热源性质	主要热源	发生地点
物理 因素 热源	地热（包括井下热水）	井巷、硐室、热水疏排巷道
	压缩热	进风立井、斜井、斜巷、上下山巷道
	机电设备散热	机电设备工作地点
化学因素热源	氧化散热	煤、硫化物、坑木腐烂处、采空区漏风
生理因素热源	人体散热	作业人员作业地点

1）恒温带参数确定。

恒温带参数是指恒温带的深度和温度，它是深部岩温计算的起点，是井下气象条件预测的基础资料之一。恒温带参数主要随当地的地理坐标、气候条件、植被情况、太阳光照射强度、地形起伏、地下水活动的强弱及岩石的热物理性质等因素而变化。我国部分地区的恒温带参数见表8—11—2。确定恒温带参数的方法有地面钻孔实测法和利用地表温度变化向下衰减推算等方法。实际工作中也可由表8—11—3中的公式进行计算。

2）地温梯度。

在恒温带以下（增温带）垂直深度每增加100m地温所增加的度数称为地温梯度。

表 8-11-2 我国部分地区恒温带有关数据

地 区	北 纬	恒温带温度 （℃）	恒温带深度 （m）	地面多年平均 气温（℃）	地表零米处多年 平均地温（℃）
辽宁抚顺	41°50′	10.5	20～30	7.4	8.3
辽宁营口	40°39′	10.0	20～30		
辽宁北票	41°49′	10.6	27～32	8.3	10.7
河北怀来	40°21′	9.0	14	8.5	10.6
河北雄县	38°58′	13.9	15		
河北唐山	39°38′	13.6	35	10.7	12.9
天 津	39°10′	12.7	32	12.8	13.5
山东陶庄	34°52′	15.6	40	16	15.5
山东东营	37°27′	14.5	20	12.5	14.9
江苏徐州	34°15′	17.0	25	14.0	15.1
陕西蓝田	34°10′	16.6	20	13.5	
平顶山（按101孔）	33°46′	16.9	15～20	14.8	17.2
河南新郑	34°40′	16.5	19		
河南确山	32°56′	16.2	20		
安徽淮南	32°40′	16.8	20～30	15.5	
安徽庐江	31°0′	18.9	25	15	
广西合山	23°53′	23.0	20	21.1	
浙江长广	31°0′	18.9	30～35	15.7	18.4
湖北黄石	30°15′	18.8	31	16.9	18.9
广东湛江	21°15′	26	15	23.0	26.1

表 8-11-3 恒温带温度和深度计算

计 算 公 式	符 号 注 释
$t_h = t_{地表} = t_{气} + \Delta t$ $= t_{地} + 0.2 \pm 0.006H$	t_h—恒温带温度，℃； $t_{地表}$—矿区或附近气象站地表零厘米处多年平均地温，℃； $t_{气}$—地面多年平均气温，℃； Δt—一般海平面附近为0.8℃，海拔500～2000m地面为1～2℃； $t_{地}$—该区气象站地下深度1.6～3.2m处的多年平均地温，℃； H—矿区和气象站的相对高差，m，高于气象站测点时取负号，低于测点时取正号
$Z_{恒} \approx 19.1 Z_{日恒}$	$Z_{恒}$—恒温带深度，m； $Z_{日恒}$—平均日恒温带深度，m，即每日2；8；14；20点四次观测温度均不变的深度， 由该区气象站查得

$$G_T = \frac{100(t_z - t_h)}{Z - Z_{恒}} \qquad (8-11-1)$$

式中　G_T——地温梯度，℃/hm；

t_z——深度为 Z 米处的原始岩层温度，℃；

Z——地表至测算处的深度，m。其他符号含义见表 8—11—3。

地温率是指原始岩层温度（简称原始岩温）每增加 1℃ 所增加垂直深度的米数。

$$q_w = \frac{Z - Z_\text{恒}}{t_z - t_h} \qquad (8-11-2)$$

式中　q_w——地温率，m/℃。

若已知矿井的地温梯度或地温率及恒温带温度和深度，可按下式计算出任意深度处的原始岩温。

$$t_z = t_h + G_T(Z - Z_\text{恒})/100 = t_h + (Z - Z_\text{恒})/q_w \qquad (8-11-3)$$

地温梯度随岩石成份、构造部位、岩层产状、上覆地层厚度、山丘情况、沼泽盆地等情况有一定的差异。我国部分地区和矿区的地温梯度见表 8—11—4。

3）热水。

热容量大的地下水是强载热体。当地下水通过某些构造通道如断层裂隙带、倾斜透水层等进入深部岩层加热后承压上升或由于无排泄通道承压上升形成深循环地下热水。它可以与上部岩层进行强烈的热交换，造成局部范围高温异常。在矿井建设和生产过程中遇到高温热水会使矿井井下气温升高。

4）地热对矿井气象条件的影响。

地质变动如岩浆侵入、断层面摩擦和挤压、地层沉降等，都会形成局部地热异常区。岩层热量通过岩壁与井巷内空气进行热交换，采掘工作面和采空区采落、冒落的煤岩及煤岩在运输中与空气进行热交换，井下的水尤其是热水与空气进行质交换和热交换，都会引起对井下气象条件的变化。

2. 压缩热

随着空气向矿井深部流动，空气位能减少，因体积压缩转化为热能而使气温升高。

3. 机电设备散热

井下的各种机电设备、电缆、电线、照明设施、机械摩擦和碰撞等能量消耗，都可能转化为热能。随着我国采、掘、运等机械化程度的提高，机电设备的散热对井下气象条件的影响也会越来越大。

4. 氧化热

煤，含碳、硫的围岩，支护材料，充填材料等氧化发热也是井下气温升高的热源之一。

5. 人体散热

井下工人在工作中身体会放出一定的热量进入空气中，其中显热放热量将会引起温升。

表 8—11—4　我国部分地区和矿区的地温梯度

地区或矿区	简　要　说　明	地温梯度 $G_\text{温}$（℃/hm）
华北中原	背景值	2～3（深 300m 以内）
华北平原边缘区	靠近地下水补给区，地下水活动强烈，如焦作、峰峰、邯郸、鹤壁、阳泉	1～2（深 300m 以内）
开平盆地	煤系下伏巨厚灰岩含水层	1～2～3

续表

地区或矿区	简　要　说　明	地温梯度 $G_温$ （℃/百米）
隆起区	仓县隆起（局部异常区）	3～4（>4）（深300m以内）
	内黄隆起、郑州、开封	3～4（深300m以内）
	淮南、阜阳、漯河、许昌至平顶山一带	3～4（深300m以内）
河南平顶山	东部（西部地下水活动强烈）	3～4～5（1～2～3）
江苏沭阳盆地	第三系断陷盆地	4.28
山东坊子		1.63～2.79
山东陶庄矿		2.13
山东淄博奎山		2.17
安徽淮南潘集		2.97，3.11
安徽九龙岗		1.82
辽宁抚顺		2.72～4.57（平均3.31）
辽宁北票台吉		2.74
吉林辽源太信四井	中生代断陷盆地	3.42
黑龙江双鸭尖子矿		3.57
广西合山		2～3
浙江长广	扬子凹陷区	2.28
湖北黄石		2.31～2.54
东北冶金矿山		1.75～2.13

6. 其他热源

其他如岩层下沉产生的摩擦热、爆破热等对风流的加热时间较短或相对上述主要热源可以忽略，对于不同的矿井可做具体分析。

(二) 矿井气象条件预测基础资料

矿井气象条件预测是高温矿井热害论证、降温设计（无论是非人工或人工制冷降温措施）的基础。进行矿井气象条件预测需要的主要基础资料见表8-11-5、表8-11-6、表8-11-7。有关常用参数值见表8-11-8、表8-11-9，常用有关空气状态参数计算见表8-11-10。

表 8-11-5　预测所需基础资料

阶段	基　础　资　料
地质勘探阶段	1. 矿区恒温带温度、深度、及地表零厘米处多年平均地温； 2. 矿区平均地温梯度及变化； 3. 矿区历年气象资料，包括：历年及各月平均气温，冬夏最冷旬及最热旬平均气温、大气压力、大气平均相对湿度等； 4. 矿井可采范围内主要可采煤层上下主要岩层的岩石热物理性质参数，包括：导热系数、比热、容重等，参见表8-11-6、表8-11-7； 5. 煤的可燃性物质组成及自然发火情况； 6. 矿区热水的形成、贮集、运移条件、热水的温度、水量、水压、水质、热水进入矿井的可能途径、超前疏放热水及井下治理热水的条件等； 7. 矿井地温分布状况图件，包括：地温剖面图、等温线图、热害区域测定等
设计阶段	1. 矿井开拓、采煤、通风方案，包括：井巷断面、长度、围岩性质、支护形式、通风量等； 2. 井下机电设备的特点和配置地点及容量； 3. 其他绝对散热量（不因空气温度变化，均为放热的热源散热量）的情况； 4. 邻近矿井井下气温波幅衰减规律及风量； 5. 邻近矿井井下空气相对湿度的变化规律

表 8-11-6　岩石导热系数 λ_g 实测数据

地　区　及　岩　类		时　　代	岩样测定数	导热系数 λ_g (W/m·℃)	
				平均值	变化范围
北京市	砂岩	新生代	4	1.17	0.91～1.40
	砂质页岩	新生代	1	1.06	
	细砾岩	新生代	3	1.17	1.09～1.35
	灰　岩	震旦纪	8	4.43	3.83～5.57
	砂质灰岩	震旦纪	2	5.30	4.71～5.56
	白云岩	震旦纪	20	4.23	3.24～5.38
	花岗岩	燕山期	1	2.37	
	玄武岩	新生代	5	1.43	1.38～1.46
	辉绿岩	新生代	3	1.67	1.41～2.08
	计		47		
河北省	角页岩	中生代	7	2.5	2.17～2.81
	页　岩	中生代	3	2.57	1.99～3.84
	细砂岩	中生代	14	2.66	1.76～3.36
	中砂岩	中生代	11	3.28	2.16～4.59
	粗砂岩	中生代	6	3.52	3.04～5.00
	含砾粗砂岩	中生代	1	3.84	
	大理岩	早古生代	30	3.4	2.12～5.13
	白云岩	早古生代	1	3.84	
	灰　岩	早古生代	2	2.64	2.29～4.15
	花岗岩	燕山期	20	2.66	2.12～3.66
	闪长花岗岩	燕山期	10	2.42	2.02～2.93
	片麻岩	前古生代	2	2.49	2.27～2.69
	混熔岩	前古生代	5	2.88	2.08～3.92
	闪长玢岩	中生代	4	2.89	2.01～3.13
	安山玢岩	中生代	2	2.11	2.08～2.23
	煌斑岩	中生代	2	1.77	1.73～1.80
	粗安斑岩	中生代	15	2.04	1.78～2.30
	云辉岩	中生代	8	2.35	2.00～2.94
	辉石岩	中生代	10	2.43	1.74～3.27
	霏细岩	中生代	2	2.66	2.31～3.00
	透辉石，石榴子石矽卡岩	中生代	1	4.55	
	计		156		
河南省	平顶山矿区				
	泥砂岩	石炭～二叠纪	28	2.11	1.27～3.24
	粉砂细砂岩	石炭～二叠纪	7	2.39	1.77～3.15
	中砂岩	石炭～二叠纪	19	2.72	1.98～3.71
	角砾岩	石炭～二叠纪	4	3.02	2.63～3.29
	铝　土	石炭～二叠纪	4	1.88	1.40～2.63
	灰　岩	早古生代	50	2.2	1.84～3.13
	状灰岩	石炭～二叠纪	16	2.38	1.95～2.73
	白云质灰岩	早古生代	10	3.11	1.86～4.93
	泥质灰岩	早古生代	4	2.13	1.79～2.45
	豹皮灰岩	早古生代	5	2.72	2.47～2.95
	燧石灰岩	早古生代	1	4.84	
	碎屑状白云岩	早古生代	13	3.29	2.58～3.99
	漯河				
	片麻岩	前古生代	4	3.07	2.58～4.22
	花岗岩	燕山期	2	2.61	2.44～2.69
	计		167		

续表

地区及岩类	时代	岩样测定数	导热系数 λ_g（W/m·℃）	
			平均值	变化范围
东滩煤田				
粘土岩	侏罗纪	4	2.03	1.87~2.17
粉砂岩	石炭~二叠纪	21	2.11	1.33~3.76
细砂岩	石炭~二叠纪	23	2.47	1.29~3.70
中粗砂岩	石炭~二叠纪	7	1.95	0.62~3.35
砂砾岩	石炭~二叠纪	3	2.76	2.21~3.14
莱芜金岭铁矿				
大理岩	奥陶纪	7	2.67	2.30~3.66
灰 岩	奥陶纪	15	2.81	1.92~4.08
沂南铜矿				
角岩	石炭~二叠纪	4	2.57	2.28~2.97
矽卡岩		4	2.67	2.05~3.68
闪长岩	燕山期	5	2.44	1.87~2.88
温泉区				
花岗岩	燕山期	20	2.89	2.45~3.29
计		113		
泥质粉砂岩	三叠纪	5	2.62	2.67~2.79
角砾岩	三叠纪	1	2.99	
角砾凝灰岩	侏罗~白垩纪	1	3.69	
高岭石	侏罗~白垩纪	4	3.17	2.37~3.92
硬石膏	侏罗~白垩纪	3	3.71	3.51~4.09
硬石膏绿泥石	侏罗~白垩纪	4	4.15	3.08~6.16
硅质岩	侏罗~白垩纪	3	3.78	2.98~4.51
粗安岩	侏罗~白垩纪	18	1.87	1.55~2.34
石英岩	侏罗~白垩纪	5	4.14	3.42~4.63
正长斑岩	侏罗~白垩纪	4	2.11	1.83~2.21
闪长斑岩	侏罗~白垩纪	2	2.78	2.67~2.87
磁铁矿	侏罗~白垩纪	4	5.35	3.36~6.68
黄铁矿侵染硅质岩	侏罗~白垩纪	4	6.23	4.47~6.97
黄铁矿				
磁铁矿集合体	侏罗~白垩纪	4	3.86	3.16~4.52
黄铁矿集合体	侏罗~白垩纪	1		
硬石膏			9.09	
计		63		
北票煤矿				
砂 岩	侏罗纪	2	2.47	2.37~2.57
砾 岩	侏罗纪	4	2.52	1.85~3.36
集块岩	侏罗纪	7	1.66	1.54~1.91
安山岩	侏罗纪	2	1.84	1.81~1.85
计		15		
合山煤矿				
灰 岩	二叠纪	11	2.38	2.16~2.87
锰石灰岩	二叠纪	3	3.37	3.02~3.97
计		14		

（第一列行标：山东省 / 安徽省 / 辽宁省 / 广西壮族自治区）

地 区 及 岩 类		时 代	岩样测定数	导热系数 λ_g（W/m·℃）	
				平 均 值	变 化 范 围
大庆	含油砂岩	新生代	3	0.71	0.65～0.79
	泥 岩	新生代	2	0.91	0.49～1.35
	计		5		

表 8-11-7　部分岩石密度、比热容测试数据
（平均值）

地 区 及 岩 类		样品测定数	密度 γ_g（kg/m³）	比热容 C_g（kW/kg·℃）
安徽省	粗 安 岩	5	2630	0.879
	水云母化正长斑岩	2	2580	0.85
	角砾凝灰岩	1	2691	0.917
	水云母高岭岩	1	2639	0.059
	高岭石石英岩	1	2770	0.888
	硬石膏石英岩	1	2990	0.892
	硬石膏高岭石岩	1	2757	0.795
	硅 质 岩	1	2732	0.862
	黄铁矿浸染硅质岩	1	2968	0.854
	黄铁矿、硬石膏浸染硅质岩	1	3225	0.716
	硬 石 膏	1	3147	0.783
	不纯的黄铁矿硬石膏块	1	3656	0.842
	磁铁矿化硬石膏绿泥石	1	4716	0.712
	石曲硬石膏岩	1	4950	0.703
	脉状磁铁矿	1	3517	0.775
	磁 铁 矿	1	4538	0.724
	黄 铁 矿	1	4476	0.641
	计	22		
河南省	平顶山矿区			
	泥 砂 岩	15	2648	0.946
	中 砂 岩	9	2640	0.883
	细 砂 岩	2	2560	0.984
	粉 砂 岩	1	2874	0.867
	石英砂岩	1	2748	0.921
	鲕状灰岩	5	2721	0.913
	白云质灰岩	2	2709	0.921
	灰 岩	1	2720	
	豹皮灰岩	1	2743	
	泥质灰岩	1	2634	
	计	38		
广西壮族自治区	合山煤矿			
	炭质页岩	1	2332	
	燧石灰岩	4	2661	
	灰 岩	10	2687	
	计	15		

表 8-11-8 空 气 相 对 湿 度 φ
%

干球温度 t(℃)	干球温度与湿球温度差 Δt(℃)																													
	0	0.2	0.4	0.5	0.6	0.8	1.0	1.2	1.4	1.5	1.6	1.8	2.0	2.2	2.4	2.5	2.6	2.8	3.0	3.2	3.4	3.5	3.6	3.8	4.0	4.2	4.4	4.5	4.6	4.8
15.0	100	98	96	95	94	92	90	89	86	86	85	83	81	80	78	77	76	75	73	72	70	69	69	67	66	64	63	62	62	60
.2	100	98	96	95	94	92	90	89	87	86	85	83	81	80	78	77	76	75	73	72	70	69	69	67	66	65	63	62	62	60
.4	100	98	96	95	94	92	90	89	87	86	85	83	81	80	78	77	77	75	73	72	70	70	69	67	66	65	63	63	62	60
.6	100	98	96	95	94	92	90	89	87	86	85	83	81	80	78	77	77	75	73	72	70	70	69	67	66	65	63	63	62	61
.8	100	98	96	95	94	93	90	89	87	86	85	83	82	80	78	78	77	75	74	72	71	70	69	68	66	65	64	63	62	61
16.0	100	98	96	95	94	93	90	89	87	86	85	83	82	80	78	78	77	75	74	72	71	70	69	68	66	65	64	63	62	61
.2	100	98	96	95	94	93	91	89	87	86	85	84	82	80	79	78	77	75	74	72	71	70	69	68	66	65	64	63	62	61
.4	100	98	96	95	94	93	91	89	87	86	85	84	82	80	79	78	77	76	74	73	71	71	70	68	67	65	64	64	63	62
.6	100	98	96	95	94	93	91	89	87	86	85	84	82	80	79	78	77	76	74	73	71	71	70	68	67	65	64	64	63	62
.8	100	98	96	95	94	93	91	89	87	86	85	84	82	80	79	78	77	76	74	73	71	71	70	68	67	65	64	64	63	62
17.0	100	98	96	95	94	93	91	89	87	86	85	84	82	80	79	78	78	76	74	73	71	71	71	69	67	66	64	64	63	62
.2	100	98	96	95	94	93	91	89	88	87	86	84	82	81	79	79	78	76	75	73	72	71	71	69	67	66	65	64	63	62
.4	100	98	96	95	94	93	91	89	88	87	86	84	82	81	79	79	78	76	75	73	72	71	71	69	68	66	65	64	63	62
.6	100	98	96	95	94	93	91	89	88	87	86	84	83	81	80	79	78	77	75	74	72	71	71	70	68	66	65	64	64	62
.8	100	98	96	95	93	93	91	89	88	87	86	84	83	81	80	79	78	77	75	74	72	71	71	70	68	66	65	65	64	63
18.0	100	98	96	95	94	93	91	89	88	87	86	84	83	81	80	79	78	77	76	74	72	72	71	70	68	67	65	65	64	63
.2	100	98	96	95	94	93	91	89	88	87	86	84	83	81	80	79	78	77	76	74	73	72	71	70	68	67	66	65	64	63
.4	100	98	96	95	94	93	91	89	88	87	86	84	83	81	80	79	78	77	76	74	73	72	71	70	68	67	66	65	65	63
.6	100	98	96	95	94	93	91	89	88	87	86	84	83	81	80	79	78	77	76	74	73	72	71	70	68	67	66	65	65	63
.8	100	98	96	95	95	93	91	89	88	87	86	84	83	81	80	79	78	77	76	74	73	72	71	70	69	67	66	65	65	63

续表

干球温度与湿球温度差 Δt (℃)

干球温度 t (℃)	4.8	4.6	4.5	4.4	4.2	4.0	3.8	3.6	3.5	3.4	3.2	3.0	2.8	2.6	2.5	2.4	2.2	2.0	1.8	1.6	1.5	1.4	1.2	1.0	0.8	0.6	0.5	0.4	0.2	0
19.0	64	65	66	66	67	69	70	72	72	73	74	76	77	79	79	80	82	83	85	86	87	88	89	91	93	95	95	96	98	100
.2	64	65	66	66	68	69	70	72	72	73	74	76	77	79	79	80	82	83	85	86	87	88	90	91	93	95	96	96	98	100
.4	64	65	66	66	68	69	70	72	72	73	74	76	77	79	79	80	82	83	85	86	87	88	90	91	93	95	96	96	98	100
.6	64	65	66	67	68	69	70	72	72	73	74	76	77	79	79	80	82	83	85	86	87	88	90	91	93	95	96	96	98	100
.8	64	66	66	67	68	69	70	72	73	73	75	76	78	79	80	80	82	83	85	87	87	88	90	91	93	95	96	97	98	100
20.0	65	66	66	67	68	69	71	72	73	73	75	76	78	79	80	80	82	83	85	87	87	88	90	92	93	95	96	97	98	100
.2	65	66	67	67	68	70	71	72	73	73	75	76	78	79	80	81	82	83	85	87	87	88	90	92	93	95	96	97	98	100
.4	65	66	67	67	68	70	71	72	73	74	75	76	78	79	80	81	82	84	85	87	87	89	90	92	93	95	96	97	98	100
.6	65	66	67	67	69	70	71	73	73	74	75	76	78	79	80	81	82	84	85	87	88	89	90	92	93	95	96	97	98	100
.8	65	66	67	68	69	70	71	73	73	74	75	77	78	79	80	81	82	84	85	87	88	89	90	92	93	95	96	97	98	100
21.0	65	66	67	68	69	70	72	73	73	74	75	77	78	79	80	81	82	84	85	87	88	89	90	92	93	95	96	97	98	100
.2	66	67	67	68	69	70	72	73	74	74	75	77	78	80	80	81	82	84	85	87	88	89	90	92	93	95	96	97	98	100
.4	66	67	67	68	69	70	72	73	74	74	76	77	78	80	80	81	82	84	85	87	88	89	90	92	93	95	96	97	98	100
.6	66	67	68	68	69	71	72	73	74	74	76	77	78	80	80	81	82	84	85	87	88	89	90	92	93	95	96	97	98	100
.8	66	67	68	68	69	71	72	73	74	74	76	77	78	80	80	82	83	84	85	87	88	89	90	92	93	95	96	97	98	100
22.0	66	67	68	68	70	71	72	73	74	75	76	77	79	80	81	81	83	84	86	87	88	89	90	92	93	95	96	97	98	100
.2	66	67	68	68	70	71	72	74	74	75	76	77	79	80	81	81	83	84	86	87	88	89	90	92	93	95	96	97	98	100
.4	66	67	68	69	70	71	72	74	74	75	76	77	79	80	81	81	83	84	86	87	89	89	90	92	93	95	96	97	98	100
.6	66	67	68	69	70	71	72	74	74	75	76	78	79	80	81	81	83	84	86	87	88	89	90	92	93	95	96	97	98	100
.8	67	68	68	69	70	71	72	74	75	75	76	78	79	80	81	82	83	84	86	87	88	89	90	92	93	95	96	97	98	100

续表

干球温度与湿球温度差 Δt (℃)

干球温度 t (℃)	0	0.2	0.4	0.5	0.6	0.8	1.0	1.2	1.4	1.5	1.6	1.8	2.0	2.2	2.4	2.5	2.6	2.8	3.0	3.2	3.4	3.5	3.6	3.8	4.0	4.2	4.4	4.5	4.6	4.8
23.0	100	98	97	96	95	93	92	90	89	88	87	86	84	83	82	81	80	79	78	76	75	75	74	72	71	70	69	68	68	67
.2	100	98	97	96	95	93	92	91	89	88	88	86	85	83	82	81	81	79	78	77	75	75	74	73	71	70	69	69	68	67
.4	100	98	97	96	95	93	92	91	89	88	88	86	85	83	82	81	81	79	78	77	75	75	74	73	72	70	69	69	68	67
.6	100	98	97	96	95	93	92	91	89	88	88	86	85	83	82	81	81	79	78	77	75	75	74	73	72	71	69	69	68	67
.8	100	98	97	96	95	93	92	91	89	88	88	86	85	83	82	81	81	79	78	77	75	75	74	73	72	71	69	69	68	67
24.0	100	98	97	96	95	94	92	91	89	88	88	86	85	84	82	81	81	79	78	77	76	75	74	73	72	71	70	69	69	67
.2	100	98	97	96	95	94	92	91	89	88	88	86	85	84	82	81	81	79	78	77	76	75	74	73	72	71	70	69	69	67
.4	100	98	97	96	95	94	92	91	89	89	88	86	85	84	82	82	81	80	78	77	76	75	75	73	72	71	70	69	69	68
.6	100	98	97	96	95	94	92	91	89	89	88	86	85	84	82	82	81	80	78	77	76	75	75	73	72	71	70	69	69	68
.8	100	98	97	96	95	94	92	91	89	89	88	86	85	84	82	82	81	80	78	77	76	75	75	74	72	71	70	69	69	68
25.0	100	98	97	96	95	94	92	91	89	89	88	86	85	84	82	82	81	80	79	77	76	75	75	74	72	71	70	69	69	68
.2	100	98	97	96	95	94	92	91	89	89	88	87	85	84	82	82	81	80	79	77	76	76	75	74	73	72	70	70	69	68
.4	100	98	97	96	95	94	92	91	90	89	88	87	85	84	83	82	81	80	79	78	77	76	75	74	73	72	71	70	69	68
.6	100	98	97	96	95	94	92	91	90	89	88	87	85	84	83	82	81	80	79	78	77	76	75	74	73	72	71	70	69	69
.8	100	98	97	96	95	94	92	91	90	89	88	87	85	84	83	82	81	80	79	78	77	76	76	75	73	72	71	71	70	69
26.0	100	98	97	96	95	94	92	91	89	89	88	87	85	84	83	82	81	80	79	78	76	76	75	74	73	72	71	70	70	68
.2	100	98	97	96	95	94	92	91	89	89	88	87	85	84	83	82	81	80	79	78	77	76	75	74	73	72	71	70	70	68
.4	100	98	97	96	95	94	92	91	90	89	88	87	85	84	83	82	81	80	79	78	77	76	75	74	73	72	71	71	70	69
.6	100	98	97	96	95	94	93	91	90	89	88	87	86	84	83	82	82	81	79	78	77	76	76	74	73	72	71	71	70	69
.8	100	98	97	96	95	94	93	91	90	89	88	87	86	84	83	82	82	81	79	78	77	76	76	75	73	72	71	71	70	69

续表

干湿球温度差 Δt (℃)

干球温度 t (℃)	0	0.2	0.4	0.5	0.6	0.8	1.0	1.2	1.4	1.5	1.6	1.8	2.0	2.2	2.4	2.5	2.6	2.8	3.0	3.2	3.4	3.5	3.6	3.8	4.0	4.2	4.4	4.5	4.6	4.8
27.0	100	98	97	96	95	94	93	91	90	89	88	87	86	84	83	82	82	81	79	78	77	76	76	75	73	72	71	71	70	69
.2	100	98	97	96	95	94	93	91	90	89	88	87	86	84	83	82	82	81	79	78	77	76	76	75	74	72	71	71	70	69
.4	100	98	97	96	95	94	93	91	90	89	88	87	86	84	83	83	82	81	79	78	77	76	76	75	74	73	71	71	70	69
.6	100	98	97	96	95	94	93	91	90	89	89	87	86	85	83	83	82	81	80	78	77	77	76	75	74	73	72	71	71	69
.8	100	98	97	96	95	94	93	91	90	89	89	87	86	85	83	83	82	81	80	78	77	77	76	75	74	73	72	71	71	70
28.0	100	98	97	96	95	94	93	91	90	89	89	87	86	85	83	83	82	81	80	78	77	77	76	75	74	73	72	71	71	70
.2	100	98	97	96	96	94	93	91	90	89	89	87	86	85	83	83	82	81	80	79	77	77	76	75	74	73	72	71	71	70
.4	100	98	97	96	96	94	93	91	90	89	89	87	86	85	83	83	82	81	80	79	77	77	76	75	74	73	72	71	71	70
.6	100	98	97	96	96	94	93	91	90	89	89	87	86	85	84	83	82	81	80	79	78	77	76	75	74	73	72	72	71	70
.8	100	99	97	96	96	94	93	91	90	89	89	87	86	85	84	83	82	81	80	79	78	77	76	75	74	73	72	72	71	70
29.0	100	98	97	96	96	94	93	91	90	89	89	87	86	85	84	83	83	81	80	79	78	77	77	75	74	73	72	72	71	70
.2	100	99	97	96	96	94	93	91	90	90	89	88	86	85	84	83	83	81	80	79	78	77	77	76	75	73	72	72	71	70
.4	100	99	97	96	96	94	93	92	90	90	89	88	86	85	84	83	83	81	80	79	78	77	77	76	75	73	72	72	71	70
.6	100	99	97	96	96	94	93	92	90	90	89	88	86	85	84	83	83	81	80	79	78	77	77	76	75	73	72	72	71	70
.8	100	99	97	96	96	94	93	92	90	90	89	88	86	85	84	83	83	82	80	79	78	78	77	76	75	73	73	72	71	70
30.0	100	99	97	96	96	94	93	92	90	90	89	88	87	85	84	83	83	82	80	79	78	78	77	76	75	74	73	72	72	71
.2	100	99	97	96	96	94	93	92	90	90	89	88	87	85	84	84	83	82	81	79	78	78	77	76	75	74	73	72	72	71
.4	100	99	97	96	96	94	93	92	90	90	89	88	87	85	84	84	83	82	81	79	78	78	77	76	75	74	73	72	72	71
.6	100	99	97	96	96	94	93	92	90	90	89	88	87	85	84	84	83	82	81	79	78	78	77	76	75	74	73	73	72	71
.8	100	99	97	96	96	94	93	92	90	90	89	88	87	85	84	84	83	82	81	80	78	78	77	76	75	74	73	73	72	71

注：空气相对湿度 φ，是指空气的绝对湿度和同温下饱和空气的绝对湿度之比的百分数。当知空气的干、湿球温度时可由此表查得，或按测试仪器所附换算表查得。〔例〕：干球温度 t 为17.6℃，湿球温度 t' 为15.6℃时，求空气的相对湿度。解：据：t=17.6℃，干、湿球的温度差 Δt=17.6－15.6=2.0℃，查表得：φ=82%。

二、矿井气象条件预测内容

对于新设计矿井，应预测移交生产期、达产期及热害严重期的采掘工作面和机电设备硐室的进出口的最高月平均气温和相对湿度。

对于生产矿井或改扩建矿井，应预测出降温工程建成运行时及后期热害最严重时期的采掘工作面和机电设备硐室的进出口的最高月平均气温和相对湿度。

同时应计算出各采、掘工作面和机电设备、硐室气象参数超过有关规程、规范规定的月份或时间。

表 8-11-9 饱和水蒸气分压力 P_s kPa

$t(℃)$ \ $\phi(\%)$	0	0.1	0.2	0.3	0.4	0.5	0.6	0.7	0.8	0.9
10	1.228	1.236	1.245	1.253	1.261	1.269	1.279	1.287	1.295	1.304
11	1.312	1.321	1.329	1.339	1.348	1.357	1.365	1.375	1.384	1.379
12	1.401	1.411	1.42	1.431	1.44	1.449	1.459	1.468	1.479	1.488
13	1.497	1.508	1.517	1.528	1.537	1.548	1.557	1.568	1.577	1.588
14	1.597	1.608	1.619	1.629	1.64	1.651	1.661	1.672	1.683	1.693
15	1.704	1.715	1.727	1.737	1.748	1.76	1.771	1.781	1.793	1.804
16	1.815	1.827	1.839	1.852	1.864	1.876	1.888	1.90	1.913	1.925
17	1.937	1.949	1.963	1.975	1.988	2.00	2.012	2.025	2.037	2.051
18	2.063	2.076	2.089	2.103	2.116	2.129	2.143	2.156	2.169	2.183
19	2.196	2.211	2.224	2.239	2.252	2.267	2.281	2.295	2.309	2.323
20	2.337	2.352	2.367	2.383	2.397	2.412	2.427	2.441	2.457	2.472
21	2.487	2.503	2.517	2.533	2.549	2.565	2.58	2.596	2.612	2.627
22	2.643	2.66	2.676	2.693	2.709	2.727	2.743	2.76	2.773	2.793
23	2.809	2.827	2.844	2.861	2.879	2.897	2.915	2.932	2.949	2.967
24	2.984	3.003	3.02	3.039	3.057	3.076	3.093	3.112	3.131	3.148
25	3.167	3.187	3.205	3.225	3.244	3.264	3.283	3.303	3.323	3.341
26	3.361	3.381	3.403	3.423	3.443	3.464	3.484	3.504	3.524	3.545
27	3.565	3.587	3.608	3.629	3.651	3.673	3.695	3.716	3.737	3.759
28	3.780	3.803	3.559	3.848	3.871	3.893	3.915	3.937	3.96	3.983
29	4.005	4.029	4.053	4.077	4.102	4.125	4.148	4.172	4.196	4.22
30	4.244	4.269	4.293	4.319	4.344	4.355	4.393	4.419	4.444	4.468
31	4.493	4.52	4.545	4.572	4.599	4.624	4.651	4.677	4.704	4.729
32	4.756	4.757	4.811	4.839	4.865	4.893	4.921	4.948	4.976	5.003
33	5.031	5.06	5.088	5.117	5.145	5.175	5.204	5.233	5.263	5.291
34	5.32	5.351	5.381	5.411	5.441	5.472	5.503	5.533	5.563	5.593
35	5.624	5.656	5.688	5.72	5.752	5.784	5.815	5.847	5.879	5.911

续表

t(℃) \ φ(%)	0	10	20	30	40	50	60	70	80	90
36	5.943	5.976	6.009	6.043	6.076	6.109	6.144	6.177	6.211	6.244
37	6.277	6.312	6.347	6.383	6.417	6.452	6.487	6.508	6.557	6.592
38	6.663	6.664	6.70	6.737	6.773	6.809	6.847	6.883	6.92	6.956
39	6.993	7.032	7.071	7.109	7.148	7.185	7.224	7.263	7.301	7.34

注：表中数据为大气压力 101.3323kPa(760mmHg)时的数据。

表 8-11-10 常用有关空气状态参数计算

参数	计算公式	符号注释
大气压力	$P = P_0 + 9.8ZY = P_0 + K_p Z$ $= P_0 e^{-\frac{Z}{29.27 \cdot T}}$	P—大气压力，Pa； P_0—井口(地面)大气压力，Pa； K_p—大气压随深度增长的梯度，Pa/m，一般 K_p = 10～12.27； T—空气的绝对温度，K
水蒸气分压力	$P_{s1} = P_s \cdot \varphi$ $P_s = 610.5 e^{\frac{17.27T}{237.3+t}}$	P_{s1}—水蒸气分压力，Pa； P_s—饱和蒸汽分压力，Pa； φ—相对湿度，%； t—空气的温度，℃
湿球温度	$t_{湿} = t - \frac{P_{ss} - \varphi P_s}{P} \times 1510$	$t_{湿}$—空气的湿球温度，℃； P_{ss}—对应于湿球温度的饱和蒸汽分压力，Pa
容重	$\gamma = 0.46457 \frac{P}{T}\left(1 - \frac{0.378 P_s \varphi}{P}\right)$	γ—空气的密度，kg/m³

三、矿井气象条件预测方法

按照《煤矿井下热害防治设计规范》中的有关原则，矿井气象条件预测方法主要有三类：即数学分析法、实验室模型模拟法和实测统计法。三种方法各有优缺点，比较普遍采用的是数学分析与实测统计相结合的方法。目前国内煤炭部武汉设计研究院和煤科院抚顺分院在这方面做了不少工作。预测的精度可以满足矿井降温工程设计的依据。

矿井气象条件预测宜分段计算，其分段的原则主要是：一是按不同的井巷类型分；二是按巷道断面、支护方式是否有变化；三是按巷道是否有分风或混合风；四是按巷道长度，一般最好不超过 1km；五是巷道标高变化处。

下面介绍国家"七·五"攻关成果"矿井气温预测及计算程序研究"中的预测方法。

(一) 矿井主要热源散热的计算

矿井的各项主要热源散热量可按表 8-11-11、表 8-11-12 中的公式计算，其当量氧化热系数由 8-11-13 中选取。主要热源的总散热量可按下式计算：

$$\Sigma Q_i = Q_w + Q_R + Q_Y + Q_d + Q_h + Q_t + Q_{其他} \qquad (8-11-4)$$

式中 ΣQ_i——风流从环境中吸收（放出）的热量总和，kW；

$Q_{其他}$——其他热源的总散热量，kW；

其他符号含义见表 8—11—11。

（二）井筒、长年通风巷道、回采工作面的终点气象参数计算

1．计算公式

表 8—11—11 主要热源散热量计算表

种类	计 算 公 式	符 号 注 释	备 注
围岩散热	$Q_w = \alpha F_L\left(t_b - \dfrac{t_1+t_2}{2}\right)$ $\alpha = 0.0002326\dfrac{\varepsilon W_p^{0.8}\gamma^{0.8}P_L^{0.2}}{F^{0.2}} + 0.00535\times$ $\dfrac{\left(\dfrac{T_b}{100}\right)^4 - \left(\dfrac{T_1+T_2}{200}\right)^4}{T_b - \left(\dfrac{T_1+T_2}{2}\right)}$ $t_b = t_p - K\left(t_p - \dfrac{t_1+t_2}{2}\right)\ln(e^{1/k}+1)$ $t_p = \dfrac{t_{y1}+t_{y2}}{2}$ $t_y = t_h + \dfrac{Z-Z_h}{q_w} + G_{hh}L_h\cos\beta_h$	Q_w—井巷围岩散热量，kW； α—巷道壁面向风流的放热系数，kW/ $m^2\cdot$℃； F_L—巷道壁面积，m^2； t_b—巷道壁面平均温度，℃； $t_1、t_2$—巷道的起点、终点风流温度，℃； ε—巷道壁面粗糙系数； W_p—巷道平均风速，m/s； γ—巷道风流密度，kg/m^3； F—巷道断面积，m^2； P_L—巷道周长，m； T_b—巷道壁温的绝对温度，K； $T_1、T_2$—巷道风流起、终点的绝对温度，K； K—经时系数； t_p—巷道的平均原始岩温，℃； $t_{y1}、t_{y2}$—巷道起、终点的原始岩温，℃； t_y—巷道某点的原始岩温，℃； G_{hh}—水平地温变化梯度，℃/m； β_h—巷道与水平地温变化方向的夹角 L_h—巷道某点距计算采用地温率 q_w 处的距离，m	ε：与巷道支护方式有关，一般砌碹取 1，锚喷取 1.65，木支架和金属支架等取 2.4～2.8； K：可通过表 8—11—12 计算； G_{hh}：水平方向地温变化不大时，计算时可取 $G_{hh}=0$
热水水沟散热	$Q_R = (0.0057+0.0041V_b)F_s\times$ $\left[(t_s-t)S_x + \dfrac{\gamma(d_s-d_p)}{C_p}\right]$ $V_b = (0.5185+0.0353W_p)W_p$	Q_R—热水水沟的散热量，kW； V_b—水面上空气流动的速度，m/s； F_s—热水表面积，m^2； t_s—热水平均温度，℃； t_q—水沟附近空气的温度，℃； S_x—水沟形式系数； d_s—对应于 t_s 的饱和空气含湿量，kg/kg 干空气； d_p—巷道风流的平均含湿量，kg/kg 干空气； C_p—巷道风流的定压比热，kJ/kg·℃	t_q：一般 $t_q = \dfrac{t_1+t_2}{2}$； S_x：一般明水沟 $S_x = 1$；暗水沟 $S_x = 0.6$；且 $d_s=d_p$； C_p：一般 $C_p = 1.005$kJ/kg·℃
压缩热	$Q_y = GA(Z_1-Z_2)\cdot E$	Q_y—风流的压缩热（膨胀热），kW； G—风流的质量流量，kg/s； A—功热当量，kJ/kg·m； $Z_1、Z_2$—风流的起点，终点标高，m； E—风流充吸收或放出热量的系数	$A = 9.81\times10^{-3}$ kJ/kg·m； E：一般 E 小于 1

种类	计 算 公 式	符 号 注 释	备 注
机电设备散热	$Q_d = \Sigma\psi \cdot N_d$	Q_d—机电设备对风流的加热量，kW； $\Sigma\psi$—机电设备散热折算系数； N_d—同时使用的机电设备总额定功率，kW	$\Sigma\psi$：一般 $\Sigma\psi$ = 0.2，水泵 $\Sigma\psi$ = $0.035\sim0.040$
氧化散热	$Q_h = q_0 F_h W_p^{0.8}$	Q_h—氧化散热量，kW； q_0—当量氧化散热系数，kW/m^2； F_h—氧化散热面积，m^2	q_0：是一个综合系数，可通过表 8—11—13 或参照邻近矿井选取 F_h：一般 $F_h = F_L$
	$Q_t = R_t \cdot n_t$	Q_t—人体散热量，kW； R_t—人体散热系数，kW/人； n_t—巷道（包括采、掘面、硐室）工作的人数，人	R_t：轻劳动 R_t = 0.14 中等程度劳动 R_t = 0.21 重劳动 R_t = 0.47

表 8—11—12 经时系数 K 值计算表

条 件	K 值计算公式	有关参数计算
$0 < F_0 \leqslant 2$ $0 < B_i < +\infty$	$K = e^{kk}$ $KK = K_1 + K_2 LnF_0 + K_3 Ln^2 F_0 + \dfrac{K_4 + K_5 LnF_0 + K_6 Ln^2 F_0}{B_1 + 0.375}$ $0 < F_0 \leqslant 1$ 时， $K_1 = 2.409 \times 10^{-2}, K_2 = -0.31426$ $K_3 = 1.469 \times 10^{-2}, K_4 = -1.06322$ $K_5 = 0.15100, K_6 = -1.625 \times 10^{-2}$ $1 < F_0 \leqslant 2$ 时， $K_1 = 2.001 \times 10^{-2}, K_2 = -0.29984$ $K_3 = 1.598 \times 10^{-2}, K_4 = -1.06163$ $K_5 = 0.13668, K_6 = -9.703 \times 10^{-3}$	$A_1 = \dfrac{\lambda g}{C_g r_g}$ $R_0 = 0.564 \sqrt{F}$ $F_0 = \dfrac{A_1 \tau}{R_0^2}$ $B_i = \dfrac{\alpha \cdot R_0}{\lambda_g}$ 式中 A_1—岩石的导温系数，m^2/s； R_0—巷道的等效半径，m； F_0—傅里叶准数； τ—巷道的通风时间，s； B_i—比奥准数
$2 < F_0 < +\infty$ $0 < B_i < +\infty$	$K = T'(K_7 Y^2 + K_8 Y + K_9)$ $T' = \dfrac{1}{0.0011x^5 - 0.0045x^4 - 0.0157x^3 + 0.1459x^2 + 0.7288x + 1.017}$ $x = lgF_0$ $Y = \dfrac{1}{K_0 + \dfrac{1}{B_i}}$ $K_0 = -0.1622x^3 + 0.1634x^2 + 0.5587x + 0.6227$ $K_7 = 0.0125x^3 - 0.1207x^2 - 0.3984x - 0.2553$ $K_8 = 0.0099x^3 + 0.1034x^2 + 0.7627x + 1.0415$	
$0 < F_0 < +\infty$ $B_i \to +\infty$	$K_9 = -0.000007x^3 - 0.00025x^2 + 0.00129x - 0.001661$ $K = T'$	

表 8-11-13 当量氧化热系数

地　　点	q_0 (kW/m²)	地　　点	q_0 (kW/m²)
一般岩石井巷	0.00058~0.00233	岩巷掘进面	0.00116~0.00233
煤　巷	0.00349~0.00582	煤巷掘进面	0.0093~0.01163
回采工作面	0.01163~0.01745	掘进巷道回风段	0.00232

$$t_2 = t_1 + \frac{\Sigma Q_i}{G \cdot C_p} - \frac{\gamma h(d_2 - d_1)}{C_p} \qquad (8-11-5)$$

$$d_2 = d_1 + \frac{F_L f \beta (P_{ts} - \varphi_p P_{ts})}{R_V TG(1-h)} \qquad (8-11-6)$$

$$\varphi_2 = \frac{P_2}{P_{s2}\left(1 + \frac{0.622}{d_2}\right)} \qquad (8-11-7)$$

式中　h——巷道水分蒸发从空气中吸热的比值。

h 值与巷道的原始岩温、巷道壁温与巷道中的空气的干、湿球温度之间关系有关。一般，空气的干球温度高于壁温而湿球温度低于壁温时，壁面水分蒸发既从空气中吸热也从围岩中吸热，$0<h<1$，计算时，取 $h=0.4\sim0.7$；当空气湿球温度高于壁温时，壁面水分蒸发所需的全部热量将取自空气，$h=1$，计算时取 $0.8\sim0.95$；如壁温超过空气的干球温度，则壁面水分蒸发只从围岩吸取热量，若无其他湿源时，$h=0$，一般计算时取 $0.1\sim0.3$。

d_1、d_2——巷道始末端风流的含湿量，kg/kg 干空气；

f——巷道潮湿率，壁面完全潮湿时为 1，完全干燥时为 0，处于中间状态下，$0<f<$ 1。计算时，稍潮湿（无明显湿痕）取 $0.1\sim0.3$，一般潮湿（有湿痕）取 $0.3\sim$ 0.7，潮湿取 $0.7\sim1.0$；

β——传质系数，m/s；$\beta = \dfrac{0.001\alpha}{C_p \gamma}$；

F_L——巷道壁面积，m²；

P_{bs}——对应于壁面平均温度的饱和水蒸气分压力，Pa；

P_{ts}——对应于风流平均温度的饱和水蒸气分压力，Pa；

R_V——水蒸气气体常数，kJ/kg·K·s，$R_V=0.46189$；

T——巷道壁面平均绝对温度与风流平均绝对温度的平均值，K，$T = \dfrac{T_b + \dfrac{T_1 + T_2}{2}}{2}$；

φ_2——巷道终点风流的相对湿度，%；

P_2——巷道终点风流的大气压力，Pa；

P_{s2}——对应巷道终点风流温度的饱和水蒸气分压力，Pa；

其他有关符号含义见表 8-11-11。

2. 计算步骤

按上述计算公式计算终点气象参数时，需采用迭代方法计算，步骤如下：

1）假设巷道终点风流温度 t_2 和相对湿度 φ_2；

表 8−11−14　掘进巷道的气候预测

计 算 段	计　算　公　式	符　号　注　释	备　注
局部通风机入口至局部通风机出口	$t_{j1}=t_1+\dfrac{AP_FK_{jd}}{9.81C_p\gamma\eta_1\eta_2}$ $P_F=\dfrac{R_FL_FQ_{md}}{100-N_FL_F}+0.973\dfrac{Q_{md}^2}{D_F}$	t_{j1}—局部通风机出风口的风流温度，℃； P_F—局部通风机的工作压力，Pa； K_{jd}—局部通风机电动机容量安全系数，一般 $K_{jd}=1.15$； η_1—局部通风机效率，一般 $\eta_1=0.5\sim0.8$； η_2—局部通风机电机效率，一般 $\eta_2=0.8\sim0.9$； R_F—风筒百米风阻，$N\cdot s^2/m^8$； L_F—风筒的总长度，m； Q_{md}—风筒出风口的风量，m^3/s； N_F—风筒的百米漏风率，$1/100m$； D_F—风筒的直径，m	R_F，N_F:可参照邻近矿选取或参照表 8−11−15、表 8−11−16 选取
局部通风机出口至风筒末端	$t_{j2}=t_{jh}-(t_{jh}-t_{j1})e^{-A_jL_j}$ $A_j=0.86\dfrac{\pi D_F}{G_{j1}C_p}\cdot K$ $K_j=\dfrac{1\times10^{-3}}{\dfrac{1}{\alpha_1}+\Sigma\dfrac{dh_j}{\lambda_j}+\dfrac{1}{\alpha_2}}$ $\alpha_1=2.236\dfrac{W_F^{0.8}\gamma^{0.8}U_F^{0.2}}{F_F^{0.2}}$ $\alpha_2=1.319\sqrt{\dfrac{\Delta t_2}{dh_j}}+5.35\dfrac{T_{F1}^4-T_{F2}^4}{T_{F1}-T_{F2}}\times10^{-6}$ $\Delta t_2=\dfrac{\Delta t_1}{\alpha_2\left(\dfrac{1}{\alpha_1}+\Sigma\dfrac{dh_3}{\lambda_j}+\dfrac{1}{\alpha_2}\right)}$	t_{j2}—风筒内任意处（含风筒出口）的风流温度，℃； t_{jh}—计算段风筒外巷道风流的平均温度，℃； L_j—计算段风筒的长度，m； π—圆周率，$\pi=3.14159$； G_{j1}—风筒内风流的平均质量风量，kg/s； K_j—风筒的总传热系数，$kW/m^2\cdot℃$； α_1—风筒内壁面对风筒内风流的放热系数 $W/m^2\cdot℃$； λ_j—风筒壁及隔热层的导热系数，$J/m\cdot s\cdot℃$； d_{hj}—风筒壁及隔热层的厚度，m； α_2—风筒外壁对巷道风流的放热系数，$W/m^2\cdot℃$； W_F—风筒内的平均风速，m/s； U_F—风筒内壁周长，m； F_F—风筒内截面积，m^2； Δt_2—巷道风流平均温度与风筒外壁面平均温度之差，℃； T_{F1}，T_{F2}—风筒内、外壁面的平均绝对温度，K； Δt_1—风筒内风流与巷道风流间的平均温度差，℃	
风筒末端至掘进迎头	$t_{j3}=t_{j2}+\dfrac{\Sigma Q_{ji}}{G_{j2}C_p}-\dfrac{\gamma h}{C_p}(d_{j3}-d_{j2})$	t_{j3}—掘进面风流温度，℃； ΣQ_{j1}—掘进面热源放热量，kW； G_{j2}—掘进面风流的质量风量，kg/s； d_{j3}—掘进面风流的含湿量，kg/kg 干空气； d_{j2}—风筒末端风流的含湿量，kg/kg 干空气；一般可视与局部通风机入风口风流含湿量相等	

续表

计算段	计 算 公 式	符 号 注 释	备 注
掘进迎头至出风口	$t_{j41} = t_{j3} + \dfrac{\Sigma Q_j}{G_{j2}C_p} - \dfrac{\gamma h}{C_p}(d_{j4} - d_{j3})$ $t_{j4} = \dfrac{t_{j41}G_{j2} + \left(\dfrac{t_{j1} + t_{j2}}{2}\right)(G_{j0} - G_{j2})}{G_{j0}}$	t_{j41}, t_{j4}——不考虑，考虑风筒漏风时的回风流末端温度，℃； d_{j4}——回风风流的含湿量，kg/kg 干空气； G_{j0}——风机出风口处的风流质量风量，kg/s	

表 8-11-15 风筒的百米风阻 R_f

风筒直径（m）	0.4	0.5	0.6	0.7	0.8	0.9	1.0
百米风阻（N·s²/m⁸）	130	50～96	35～50	10～20	10	5	3

表 8-11-16 风筒的百米漏风率 N_f

风筒长度（m）	100	200	300	400	500	600	700	800	900	1000
百米漏风率（%）	0.2	0.18	0.1～0.15	0.1	0.09	0.08	0.07	0.06	0.055	0.05

2）以上述假设值，按下述公式计算 d_2，再按式（8-11-5），计算出 t_2^1；

$$d_2 = \frac{0.622\varphi_2 P_{s2}}{P_2 - \varphi_2 P_{s2}} \qquad (8-11-8)$$

3）当 t_2 与 t_2^1 之差不符合给定精度（如 ±0.01）时，则重新以二者的平均值作为假设的 t_2，重新计算，直到满足精度为止。这时假设 t_2 即为所求的巷道终点风流温度的初算值，以 t_2^2 表示；

4）用 t_2^2、φ_2 及式（8-11-6）计算出巷道终点风流的含湿量 d_2^1；

5）若 d_2^1 与 d_2 之差在给定精度范围时，则 t_2^2 和 φ_2 即为所求的巷道终点风流温度和相对湿度，否则，用 t_2^2 及 d_2 按式（8-11-7）计算出 φ_2^1；

6）以 φ_2^1 和 φ_2 的平均值作为 φ_2 的假定值，以 t_2^2 作为 t_2 的假定值、再按步骤 2）～6）计算，直到二者的精度都能满足要求为止。这时计算的巷道终点风流温度和相对湿度即为所求之值。

（三）掘进巷道的气象参数预测

由于掘进巷道特殊的供风关系，对于压入式通风的掘进面按风流的流向分四段计算。也就是局部通风机入口到局部通风机出风口，局部通风机出口至风筒末端、风筒末端至掘进工作面、掘进工作面至掘进巷道出风口。各段的气象参数计算见表 8-11-14。

采用抽出式通风的掘进巷道进风段可按（二）中的方法计算。在降温工程中掘进巷道的通风建议不采用抽出式。

（四）混合风流参数的计算

矿井气象参数计算可以从地面开始，按不同井巷类型及风量、断面等的变化分段计算，也可以从某一已知风流参数点开始计算，直到计算段的终点。在风流汇合处要考虑混合风流的影响。混合风流的参数可按下式计算：

$$t = \frac{\Sigma(t_i G_i)}{\Sigma G_i}, \quad \varphi = \frac{\Sigma(\varphi_2 G_i)}{\Sigma G_i} \tag{8—11—9}$$

式中　t——混合风流的温度，℃；

　　　t_i——汇入该点的第 i 分支巷道的风流温度，℃；

　　　G_i——汇入该点的第 i 分支巷道的风流质量风量，kg/s；

　　　φ——混合风流的相对湿度，%；

　　　φ_2——汇入该点的第 i 分支巷道的风流相对湿度，%。

四、矿井气象参数预测程序

由于矿井气象参数预测计算比较繁琐，手工计算速度很慢，且精度难以保证。用编制的计算机程序能克服上述缺点，并能满足矿井降温工程设计的需要。

矿井气象参数预测程序目前有单独对已知风量的通风井巷进行预测和风量、温度、湿度联合解算程序。后者主要考虑了自然风压对矿井风量的影响。从而使计算出的矿井风量、温度、湿度比较准确。下面介绍一下这个程序的主要内容。

1. 数学模型

该程序中的矿井风量计算采用改进的斯考德恒期雷法即回路法，气象参数预测则根据计算出的各井巷风量，按前面介绍的方法计算各井巷端点的温度、相对湿度等。

2. 程序主要流程

该程序的主要流程如图 8—11—1、8—11—2、8—11—3。

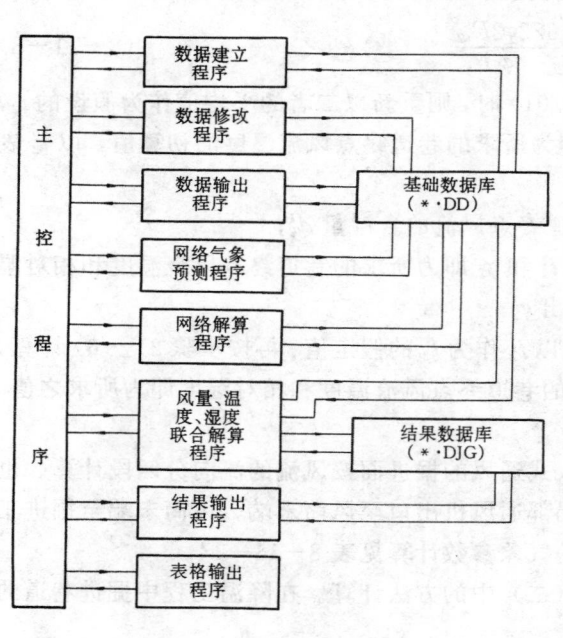

图 8—11—1　矿井通风风量、温度、
湿度联合解算程序结构

3. 程序主要功能

1）有自己的数据库管理程序；

2）能按通风设计要求计算出各项通风有关参数如风量、阻力等；

3）既可单独进行气象参数预测和网络解算，也可进行风量、温度、湿度联合解算；

4）可计算出矿井井巷中任意处的温度、湿度、大气压力。自动进行矿井热源分析，从而为找出治理的重点提供依据；

5）可根据用户需要输出各项计算结果，报表；

6）设置出错提示，报警等功能；

7）全部中文菜单提示，方便用户操作。

五、计算实例

1. 示例简介

本例在某矿实际资料的基础上，作了大量的简化。采面总数为 3，掘进面总数为 5，恒温带温度为 17.2℃，恒温带标高为 95m，地面标高为 +125m，为一多进、回风井的复杂通风系统。

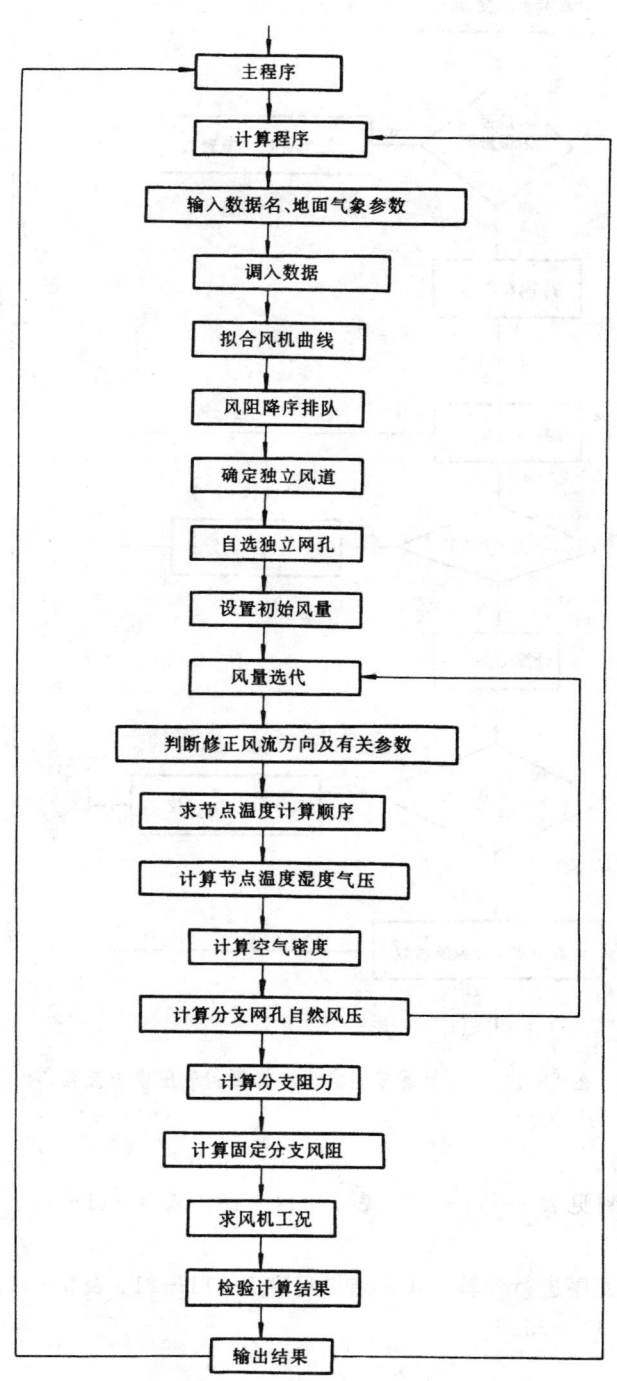

图 8—11—2 风量温度湿度联合解算程序流程图

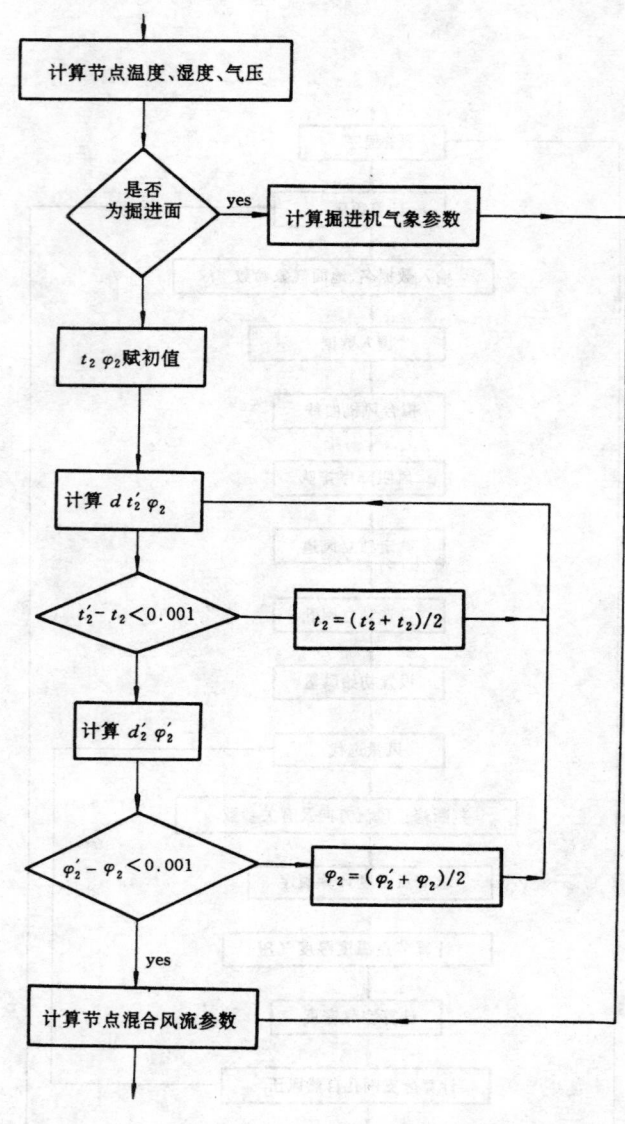

图 8—11—3 计算节点温度、湿度、气压模块流程图

2. 计算基础资料

简化后的基础资料见表 8—11—17、表 8—11—18、表 8—11—19、表 8—11—20。

3. 计算方法

采用上述介绍的程序进行计算,计算结果见表 8—11—21、表 8—11—22、表 8—11—23、表 8—11—24、表 8—11—25。

4. 结 论

本例基本反映了程序的各项功能,表明该程序能较全面地为降温工程论证、设计提供必需的资料。

表 8-11-17 网 路 分 支 基 础 数 据 表

巷道编号	节点编号		风阻 (N·s²/m⁸)	节点标高 (m)		巷道断面 (m²)	巷道周长 (m)	巷道长度 (m)	井巷类型	固定风量 (m³/s)	通风时间 (d)	工作人数
	起点	终点		起点	终点							
1	17	18		−400	−400	5	9	100	掘进面	8.4	50	5
2	10	19		−400	−400	5	9	180	采 面	20.1	50	5
3	10	19		−400	−400	5	9	180	采 面	30.4	50	5
4	8	16		−400	−400	5	9	150	掘进面	2.5	50	3
5	11	14		−400	−400	6.5	10	150	掘进面	3	50	5
6	12	13		−400	−400	5	9	200	采 面	20.1	50	5
7	6	15		−400	−400	5	9	150	掘进面	4.6	50	5
8	4	3		−400	−400	5	9	300	掘进面	10	50	5
9	3	1	0.096	−400	125	5	9	525	井 筒	0	1900	0
10	16	1	0.0557	−400	125	5	9	525	井 筒	0	1900	0
11	19	1	0.175	−400	125	5	9	525	井 筒	0	1900	0
12	1	2	0.0343	125	−400	5	9	525	井 筒	0	1900	0
13	1	5	0.0684	125	−400	5	9	525	井 筒	0	1900	0
14	1	9	0.0166	125	−400	5	9	525	井 筒	0	1900	0
15	2	4	0.0088	−400	−400	4.5	8	450	岩 巷	0	1000	0
16	4	5	0.0118	−400	−400	5	9	220	岩 巷	0	1000	0
17	5	6	0.093	−400	−400	5	9	230	岩 巷	0	1000	0
18	6	7	0.0519	−400	−400	5	9	110	岩 巷	0	1000	0
19	7	8	0.0897	−400	−400	5	9	130	岩 巷	0	1000	0
20	8	9	0.0834	−400	−400	5	9	170	岩 巷	0	1000	0
21	9	10	0.0417	−400	−400	5	9	445	岩 巷	0	1000	0
22	7	11	0.863	−400	−400	5	9	266	岩 巷	0	1000	0
23	11	12	0.0141	−400	−400	5	9	211	岩 巷	0	1000	0
24	12	13	1.327	−400	−400	5	9	222	岩 巷	0	1000	0
25	13	14	0.0731	−400	−400	5	9	233	岩 巷	0	1000	0
26	14	15	0.1122	−400	−400	5	9	133	岩 巷	0	1000	0
27	15	16	0.233	−400	−400	5	9	255	岩 巷	0	1000	0
28	10	17	2.394	−400	−400	5	9	322	煤 巷	0	1000	0
29	17	18	1.548	−400	−410	5	9	230	岩 巷	0	900	0
30	18	19	0.191	−400	−400	5.5	10	99	煤 巷	0	860	0
31	2	3	4.71	−400	−400	5	9	266	岩 巷	0	860	0

表 8—11—18　网路分支基础数据续表

巷道编号	节点编号 起点	节点编号 终点	岩石导热 (W/m·℃)	岩石比热容 (kJ/kg·℃)	岩石密度 (kg/m³)	潮湿系数	氧化系数 (W/m²)	机电热源 (kW)	水沟水温 (℃)	水沟宽度 (m)	垂直地温梯度 (℃/100m)	水平地温梯度 (℃/100m)	水平梯度投影角
1	17	18	1.745	0.959	1430	0.3	11.6	100	0	0	3.33	0	0
2	10	19	1.745	0.959	1430	0.3	11.6	100	0	0	3.33	0	0
3	10	19	1.745	0.959	1430	0.3	11.6	100	0	0	3.33	0	0
4	8	16	1.745	0.959	1430	0.15	9.8	0	0	0	3.33	0	0
5	11	14	1.745	0.959	1430	0.15	9.3	0	0	0	3.33	0	0
6	12	13	1.745	0.959	1430	0.3	11.6	30	0	0	3.33	0	0
7	6	15	1.745	0.959	1430	0.5	11.6	0	0	0	3.33	0	0
8	4	3	1.745	0.959	1430	0.3	11.6	30	0	0	3.33	0	0
9	3	1	2.254	0.938	2678	0.3	1.2	0	0	0	3.33	0	0
10	16	1	2.254	0.938	2678	0.3	1.2	0	0	0	3.33	0	0
11	19	1	2.254	0.938	2678	0.5	1.2	0	0	0	3.33	0	0
12	1	2	2.254	0.938	2678	0.4	1.2	0	0	0	3.33	0	0
13	1	5	2.254	0.938	2678	0.5	1.2	0	0	0	3.33	0	0
14	1	9	2.254	0.938	2678	0.4	1.2	0	0	0	3.33	0	0
15	2	4	2.279	0.907	2658	0.3	1.2	0	0	0	3.33	0	0
16	4	5	2.279	0.907	2658	0.3	15.1	0	0	0	3.33	0	0
17	5	6	2.219	0.907	2658	0.2	1.2	0	0	0	3.33	0	0
18	6	7	2.279	0.907	2658	0.3	1.2	0	0	0	3.33	0	0
19	7	8	2.279	0.907	2658	0.3	1.2	0	0	0	3.33	0	0
20	8	9	2.279	0.907	2658	0.3	1.2	0	0	0	3.33	0	0

表 8—11—19　掘进工作面基础数据表

序号	掘进工作面所在分支号	风筒直径 (m)	风筒类型	掘进速度 (m/d)	进风段长度 (m)	风筒总长度 (m)	风筒百米风阻 (N·s²/m⁸)	风筒百米漏风率 (%)	空冷器距工作面距离 (m)
1	1	0.5	1	3	20	500	50	0.09	0
2	4	0.5	1	3	20	300	50	0.1	0
3	5	0.5	1	3	20	300	50	0.1	0
4	7	0.5	1	3	20	300	50	0.1	0
5	8	0.5	1	3	20	300	50	0.1	0

表 8—11—20 风 机 特 征 参 数 表

序号	风机所在的分支号	特征点数	1		2		3	
			特征风量 (m³/s)	特征风压 (Pa)	特征风量 (m³/s)	特征风压 (Pa)	特征风量 (m³/s)	特征风压 (Pa)
1	9	3	20	1509.2	25	1362.2	28	1195.6
2	10	3	34	3528	44	2548	48	1960
3	11	3	62	3292.8	81	2048.2	88	1244.6

表 8—11—21 某矿通风容易时期采、掘工作面计算结果

巷道编号	节点编号		井巷类型	分支风量 (m³/s)	温度（℃）		相对湿度（%）		气压（kPa）	
	起点	终点			起点	终点	起点	终点	起点	终点
2	10	19	采 面	20.1	29	30.7	97.5	97.4	106.36	106.36
3	10	19	采 面	30.4	29	30.7	97.5	97.4	106.36	106.36
6	12	13	采 面	20.1	29.6	30.8	97	97.1	106.36	106.36
1	17	18	掘进面	8.4	29.1	31.5	97.5	96.6	106.36	106.36
4	8	16	掘进面	2.5	29.2	30.7	95.2	96.6	106.36	106.36
5	11	14	掘进面	3	29.6	31.9	96.8	96.6	106.36	106.36
7	6	15	掘进面	4.6	29.6	30.7	95.4	96.6	106.36	106.36
8	4	3	掘进面	10	29.5	30.3	95.9	96.5	106.36	106.36

表 8—11—22 某矿通风容易时期风量、温度、湿度联合解算结果

巷道编号	节点编号		井巷类型	分支风量 (m³/s)	温度（℃）		相对湿度（%）		气压（kPa）	
	起点	终点			起点	终点	起点	终点	起点	终点
1	17	18	掘进工作面	8.4	29.1	30	97.6	86.5	106.36	106.36
2	10	19	回采工作面	20.1	29	30.7	97.5	97.4	106.36	106.366
3	10	19	回采工作面	30.4	29	30.7	97.5	97.4	106.36	106.36
4	8	16	掘进工作面	2.5	29.2	30.6	95.2	99.7	106.36	106.36
5	11	14	掘进工作面	3	29.6	30.8	96.8	97.5	106.36	106.36
6	12	13	回采工作面	20.1	29.6	30.8	97	97.1	106.36	106.36
7	6	15	掘进工作面	4.6	29.6	30.7	95.4	97.4	106.36	106.36
8	4	3	掘进工作面	10.	29.5	29.3	95.9	96.4	106.36	106.36
9	3	1	井 筒	26.07	29.2	26	96.4	80	106.36	100.00
10	16	1	井 筒	44.79	30.6	26	96.4	80	106.36	100.0
11	19	1	井 筒	72.93	30.7	26	97.4	80	106.36	100.00
12	1	2	井 筒	31.09	26	29.2	80	94.2	100.00	106.36
13	1	5	井 筒	24.71	26	29.6	80	94.3	100.00	106.36
14	1	9	井 筒	87.98	26	29.1	80	94.3	100.00	106.36
15	2	4	岩 巷	15.03	29.2	29.5	94.2	95.9	106.36	106.36

续表

巷道编号	节点编号		井巷类型	分支风量 (m³/s)	温度（℃）		相对湿度（%）		气压（kPa）	
	起点	终点			起点	终点	起点	终点	起点	终点
16	4	5	岩 巷	5.03	29.5	29.6	95.9	94.3	106.36	106.36
17	5	6	岩 巷	29.74	29.6	29.6	94.3	95.4	106.36	106.36
18	6	7	岩 巷	25.14	29.6	29.5	95.4	95.8	106.36	106.36
19	8	7	岩 巷	12.55	29.2	29.5	95.2	95.8	106.36	106.36
20	9	8	岩 巷	15.05	29.1	29.2	94.3	95.2	106.36	106.36
21	9	10	岩 巷	72.93	29.1	29	94.3	97.5	106.36	106.36
22	7	11	岩 巷	37.69	29.5	29.6	95.8	96.8	106.36	106.36
23	11	12	岩 巷	34.69	29.6	29.6	96.8	97	106.36	106.36
24	12	13	岩 巷	14.59	29.6	30.8	97	97.1	106.36	106.36
25	13	14	岩 巷	34.69	30.8	30.8	97.1	97.5	106.36	106.36
26	14	15	岩 巷	37.69	30.8	30.7	97.5	97.4	106.36	106.36
27	15	16	岩 巷	42.29	30.7	30.6	97.4	99.7	106.36	106.36
28	10	17	煤 巷	22.43	29	29.1	97.5	97.6	106.36	106.36
29	17	18	岩 巷	14.03	29.1	30	97.6	96.5	106.36	106.36
30	18	19	煤 巷	22.43	30	30.7	96.5	97.4	106.36	106.36
31	2	3	岩 巷	16.07	29.2	29.3	94.2	96.4	106.36	106.36

表 8-11-23　某矿通风容易时期矿井热源分析报告　　　　　　kW

巷 道	岩 热	压缩热	氧化热	热 水	机电热	人体热	累 计
1	-3.67	0	50.24	0	20	1.05	66.58
2	59.02	0	18.84	0	6.22	2.35	86.43
3	88	0	18.84	0	6.22	2.35	115.41
4	-2.18	0	14.65	0	0	0.63	12.47
5	-0.74	0	26.05	0	0	1.05	25.31
6	46.67	0	20.93	0	1.87	2.35	71.82
7	-3.26	0	29.31	0	0	1.05	26.05
8	-11.63	0	29.31	0	6	1.05	23.68
9	0.07	-113.36	5.5	0	0	0	-107.8
10	0.13	-193.91	5.5	0	0	0	-188.29
11	0.14	-315.7	5.5	0	0	0	-310.06
12	0.06	189.51	5.5	0	0	0	195.07
13	0.06	150.64	5.5	0	0	0	156.2
14	0.08	536.25	5.5	0	0	0	541.82
15	9.88	0	4.19	0	0	0	14.07

续表

巷 道	岩 热	压缩热	氧化热	热 水	机电热	人体热	累 计
16	1.02	0	29.94	0	0	0	30.95
17	5.03	0	2.41	0	0	0	7.43
18	2.36	0	1.15	0	0	0	3.52
19	2.88	0	1.36	0	0	0	4.24
20	3.93	0	1.78	0	0	0	5.7
21	11.4	0	4.66	0	0	0	16.06
22	5.95	0	2.78	0	0	0	8.73
23	4.64	0	2.21	0	0	0	6.85
24	4.43	0	2.32	0	0	0	6.75
25	3.62	0	2.44	0	0	0	6.06
26	2.05	0	1.39	0	0	0	3.45
27	4.17	0	2.67	0	0	0	6.84
28	6.03	0	3.37	0	0	0	9.4
29	5.34	1.67	2.41	0	0	0	9.42
30	2.03	0	1.15	0	0	0	3.19
31	6.23	0	2.78	0	0	0	9.01
总值	253.74	255.1	310.18	0	40.31	11.88	871.21
比例	0.29	0.29	0.36	0	0.05	0.01	1

表 8—11—24 某矿通风机特性系数表

序号	通风机所在分支号	特征点数	$FQ=C1\times Q5+C2\times Q4+C3\times Q3+C4\times Q2+C5\times Q+C6$					
			C1	C2	C3	C4	C5	C6
1	9	3	0	0	0	−0.333	12	47.333
2	10	3	0	0	0	−0.357	17.857	165.714
3	11	3	0	0	0	−0.193	20.981	−221.157

表 8—11—25 某矿通风容易时期通风机工况点计算表

序号	通风机所在分支号	节点编号		通风机风量 (m³/s)	通风机风压 (Pa)
		起点	终点		
1	9	3	1	26.07	1309.6
2	10	16	1	44.79	2440.9
3	11	19	1	72.93	2744.2

第二节 矿井热害防治

矿井热害防治措施很多，但归纳起来不外乎两大类，即采用非人工制冷降温和采取人工制冷降温。热害矿井一般进行综合治理。

一、非人工制冷降温措施

(一) 通风措施

通风降温简单易行，既经济，效果亦佳。常用的通风措施有：

1. 加大通风强度

采用增风降温的矿井，进行通风设计时应分别设计出矿井各局部降温所需风量，经调整后再确定矿井总风量。采掘工作面及机电设备硐室降温所需风量按下式计算：

$$Q_{需}=4.87\Sigma Q_i/C_p \cdot r \ (t_1-t_2) \qquad (8-11-10)$$

式中　$Q_{需}$——采掘工作面及机电设备硐室降温所需风量，m^3/h；

　　　ΣQ_i——诸热源的散热量之和，kW；

　　　C_p——矿井空气平均定压比热，$kJ/kg \cdot C$；

　　　r——矿井空气平均密度，kg/m^3；

　　　t_1——采掘工作面及机电设备硐室入风温度，C；

　　　t_2——采掘工作面及机电设备硐室允许的最高气温，C。

表8—11—26为我国部分煤矿实施加大风量后的降温效果。由表可知，加大风量对改善矿内气象条件是有效的，但当风量加大到一定程度后，风温的降低就不太明显了，而且风量的加大又受到许多技术经济条件的约束，因此增风降温存在一个有效范围。我国煤矿高温采面在净断面积为 $6\sim8m^2$ 的情况下，增风降温合理的风量上限为 $800\sim1000m^3/min$。

表 8—11—26 增大风量降温效果

矿井及回采工作面	矿井总风进风量（m³/min）			回采面进风量（m³/min）			回采面气温下降值（℃）	备　注
	前	后	增加	前	后	增加		
云南一平浪煤矿	2200	3000	800				1～2	1977 年测
广西合山里兰矿	2300	5500	3200	300～400	500～600	200	2～3	1977 年测
淮南九龙岗矿—630m 水平 $W_2S_6L_4$ 工作面	3670			200	300	100	1.3	1966 年 5 月测
淮南九龙岗矿—630m 水平 $W_2S_6L_4$ 工作面	3670			150	280	130	1.8	1965 年 6 月测
淮南九龙岗矿—630m 水平 $W_8S_6L_4$ 工作面	3670			100	200	100	0.5	1965 年 5 月测

2. 采用同流通风

在风的流向与运煤方向一致的同流通风条件下，采区进风道和回采工作面，由于不存在外运的煤和运输机械这两个热源，致使这些地点的气象条件得到改善。根据德国的经验，与在进风道里运煤相比，回采工作面入风的同感温度可降低 4～5℃。

3. 选择合理的通风系统

从改善矿井气象条件的观点来选择合理的通风系统，就是要尽量缩短进风线路的长度。当井田走向长度一定时，采用的通风系统不同，进风线路的长度也不相同。表 8—11—27 列出了在不同的通风系统中，新鲜风流沿走向的流动距离。当设计采用中央式、对角式及混合式时，有不同的降温效果，详见表 8—11—28。从表中可以看出，与中央式通风系统相比，在风速相同时，对角式风温低 2.2～6.3℃；混合式低 2.4～9.3℃。

表 8—11—27　新鲜风流线路长度

井田走向长度 （km）	通 风 系 统　（km）		
	中 央 式	对 角 式	混 合 式
5	2.5	1.25	0.83
6	3.0	1.50	1.00
7	3.5	1.75	1.17
8	4.0	2.00	1.33

表 8—11—28　风流的温升与通风系统的关系

风速 （m/s）	中 央 式			对 角 式			混 合 式		
	1 月	4 月	7 月	1 月	4 月	7 月	1 月	4 月	7 月
2	23.0	26.0	30.0	16.8	20.7	26.3	13.4	18.9	25.0
3	18.6	22.7	27.8	13.6	18.5	24.8	11.5	17.6	24.0
4	16.1	21.0	26.4	12.0	17.4	24.0	10.7	16.9	23.7
5	15.4	19.7	25.6	11.9	16.9	23.5	10.1	16.5	23.3

注：1. 该矿井深 960m，走向长 6km；
　　2. 表中气温为集中运输大巷终端风温。

4. 选择合理的通风形式

从降温角度考虑，采用 W 型通风，能改善采面的气候状况。W 型通风是指由工作面上下顺槽进风，由工作面中部顺槽回风。W 型通风实际上是将回采工作面的通风长度缩短一半，这不仅可减小采面通风阻力，加大采面风量，同时减小了围岩的散热面积和对风流的加热量。W 型通风的采面气温分布见图 8—11—4。

（二）开拓措施

根据井田的地质特征及热害来源，主要进风巷尽可能布置在低岩温巷道中，尽可能避开局部高温区。例如，在新汶孙村矿，−210m 水平（岩温为 21.5℃）夏季风流通过 1000m 巷道的温升为−1.92℃，而在−600m 水平则为 0.56℃。

（三）开采措施

1. 采用工作面后退式采煤

在各种条件相同时，采用工作面后退式采煤较采用工作面前进式采煤采面降温效果好些，这可从图8－11－5中不难看出。

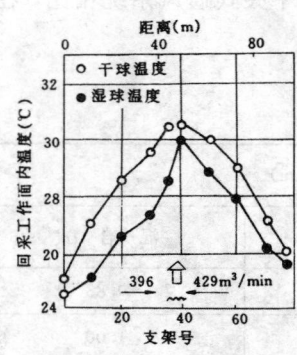

图8－11－4　W型通风的采面
气温分布图

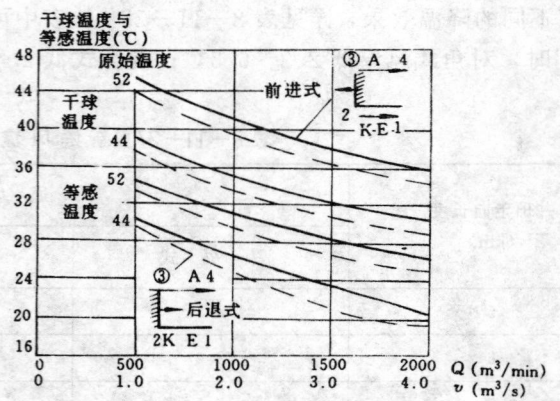

图8－11－5　前进式采煤工作面与后退式采煤工
作面（1000t/d）出口处③干球温度与等感温度
（℃）的关系曲线

2. 充填法管理顶板

全部充填法管理顶板，是一种有效的降温措施。用此法管理顶板，采空区岩石散热影响减小，采空区漏风量大大降低；另外，充填物又大量吸热，可起到冷却矿内空气的作用，从而改善了采面的气象条件。

（四）其他措施

1. 隔绝热源

采用某些隔热材料喷涂岩壁，以减少围岩放热。目前国内外常用的隔热材料有：聚乙烯泡沫、硬质氨基甲酸泡沫、膨胀珍珠岩以及其他防水性能较好的隔热材料。

2. 预冷煤层

利用回采工作面附近的平巷或斜巷布置钻孔，将低温水通过钻孔注入煤体中，使回采工作面周围的岩体受到冷却。预冷煤层，要比采用制冷设备更为经济有效，并可兼收降尘之利。

3. 进风井喷水

在进风井处，用冷水喷雾降低矿井进风温度，从而达到改善主要作业点的气象条件。表8－11－29是淮南九龙岗矿采用该法的效果表。

（五）个体防护

所谓矿工个体防护，就是在矿内某些气候条件恶劣的地点，由于技术和经济上的原因，不宜采取风流冷却措施时，可让矿工穿上冷却服，以实行个体保护。研究表明，穿着冷却服是保护个体免受恶劣气候环境危害的有效措施。

表 8—11—29　淮南九龙岗矿进风井筒冷水喷雾降温

(1965 年)

日　期 (月.日)	地面井口房				−530m 水平井口				温差(℃)	
	温度 (℃)	湿度 (%)	含湿量 (g/kg)	含热量 (kJ/kg)	温度 (℃)	湿度 (%)	含湿量 (g/kg)	含热量 (kJ/kg)	喷　雾	不喷雾
7.31	28.1	90	21.91	83.99	27.8	95	21.27	82.06		−0.3
7.31	28.8	88	23.52	88.84	27.3	99	21.75	82.73	−1.5	
8.24	29.6	54.5	14.31	67.91	26.2	87	17.74	54.51		−3.4
8.27	29.2	53	13.66	60.37	25.4	95	18.58	72.72	−3.8	
9.8	23.4	73	13.17	56.90	23.4	87	14.93	61.46		0
9.9	25.4	91	18.79	73.27	22.8	95	15.82	63.10		−2.6
9.10	28.8	38	9.45	51.83	22.0	94	15.40	61.84	−6.8	
9.11	27.0	49	10.98	55.01	22.2	99	15.85	62.51	−4.8	
9.14	26.2	57	12.10	57.11	23.8	84	14.69	61.17		−2.4

注：于井筒 −270m，−360m 处各设一排喷嘴，每排有 Y—1，每个平均喷水量为 10.7t/h，平均水压为 11×10^5 Pa，冷却水初温为 21℃，终温平均为 22℃。

总之，非人工制冷降温措施很多，在此不再详述。

二、人工制冷降温措施

在高温矿井中，当采用加大风量等非人工制冷降温措施后，矿内主要作业地点的气象条件仍达不到现行规程规定的要求时，或不经济时，应采取人工制冷降温措施，即采用矿井空调。

(一) 矿井空调系统分类

根据空调对象，制冷站位置，空气处理设备位置，载冷介质性质，冷量传输管数量和系统开闭情况等，矿井空调系统可分为四种基本类型：

1. 制冷站设在地面的矿井集中空调系统

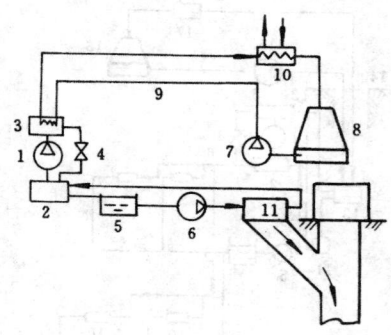 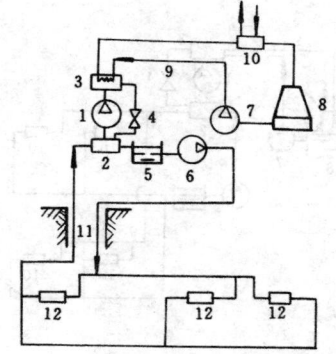

图 8—11—6　制冷站设在地面　　　　　　图 8—11—7　制冷站设在地面且
　　且在地面冷却总进风　　　　　　　　　在井下设高压空冷器

1—压缩机；2—蒸发器；3—冷凝器；4—节流阀；　　　1—压缩机；2—蒸发器；3—冷凝器；4—节流阀；
5—水箱，6、7—水泵；8—冷却塔；9—冷却水管；　　　5—水池；6、7—水泵；8—冷却塔；9—冷却水管；
10—热交换器；11—空冷器　　　　　　　　　　　10—热交换器；11—冷水管；12—空冷器

如图 8—11—6 所示,在地面冷却矿井总进风,并在地面排放冷凝热。图 8—11—7 表示制冷站设在地面,在井下采用高压空冷器。图 8—11—8 表示制冷站设在地面,在井下采用高低压换热器。图 8—11—9 表示制冷站设在地面,且在地面冷却部分进风流。

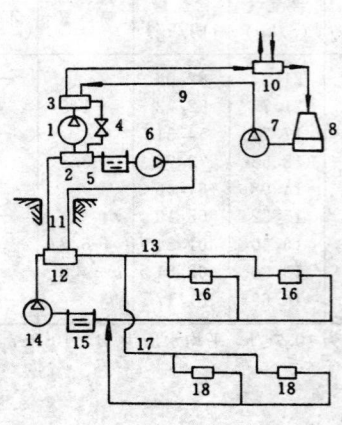

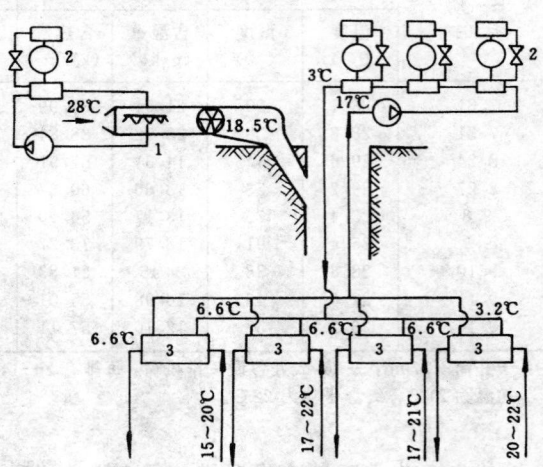

图 8—11—8 制冷站设在地面
井下设高低压换热器

1—压缩机;2—蒸发器;3—冷凝器;4—
节流阀;5、15—水池;6、7、14—水泵;8—
冷却塔;9—冷却水管;10—热交换器;
11、13、17—冷水管;12—高低压换热器;
16、18—空冷器

图 8—11—9 制冷站设在地面且
在地面冷却部分进风流

1—喷雾式空冷器;2—制冷机;
3—高低压换热器

2. 制冷站设在井下的矿井集中空调系统

图 8—11—10、图 8—11—11、图 8—11—12 表示制冷站设在井下的矿井空调系统。

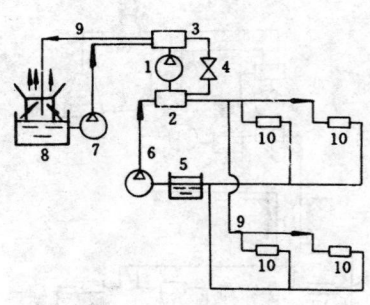

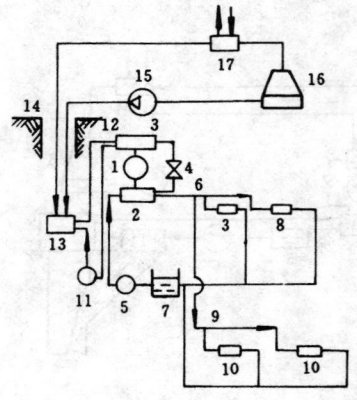

图 8—11—10 制冷站设在井下,
在井下排除冷凝热

1—压缩机;2—蒸发器;3—冷凝器;4—
节流阀;5—水池;6—冷水泵;7—冷却水
泵;8—水冷器;9—冷水管;10—空冷器

图 8—11—11 制冷站设在井下冷凝热排到地面

1—压缩机;2—蒸发器;3—冷凝器;4—节流阀;5、
11—冷水泵;6—主水平冷水管;7—冷水池;8—主
水平空冷器;9—下水平冷水管;10—下水平空冷器;
12—冷水管;13—高低压换热器;14—冷却水管;
15—冷却水泵;16—冷却塔;17—换热器

3. 井上下同时设制冷站的联合集中空调系统

图 8—11—13 表示地面、井下同时设制冷站的联合集中空调系统。

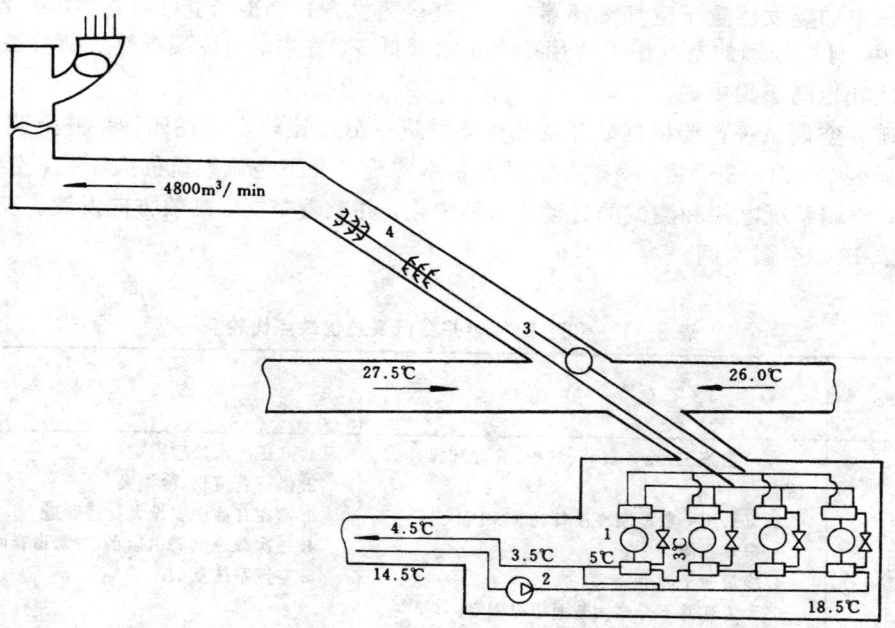

图 8—11—12　制冷站设在井下利用回风流排热

1—制冷站；2—冷水泵；3—冷却水泵；4—喷雾硐室；

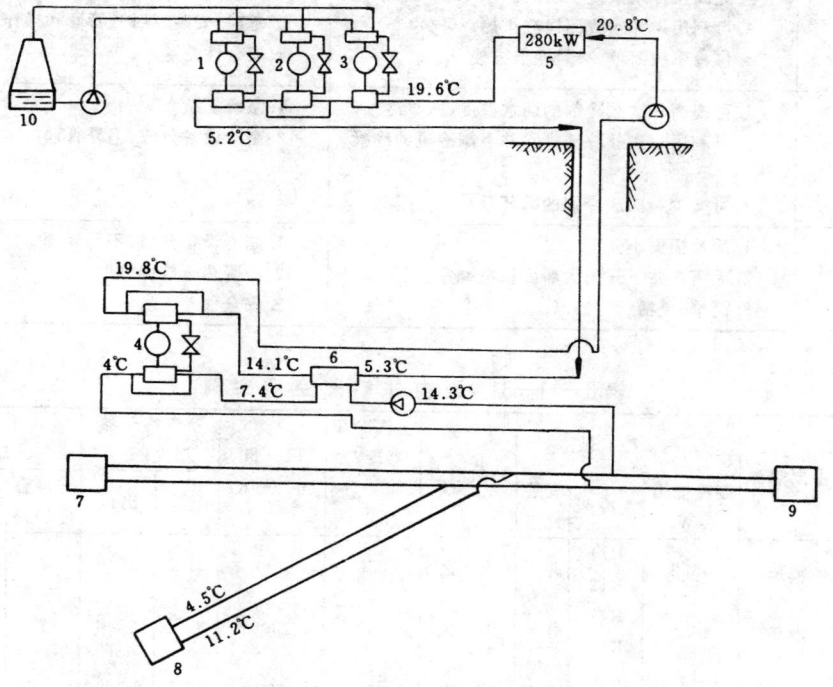

图 8—11—13　地面井下同时设制冷站的联合空调系统

1~4—制冷机；5—空气预冷器；6—高低压换热器；7~9—空冷器；10—冷却塔

4. 井下移动式矿井空调系统

该系统的制冷机不作固定安装,可以移动,仅服务于单个工作面,或其他局部作业场所。由于制冷机中的蒸发器置于空气冷却器中,用直接蒸发方式制冷(也可用二次冷却器),因此冷量损失少,且被处理的空气温度比用冷水机组要低5℃左右。但冷凝器热负荷分散,不便处理,且总能耗也高于集中式。

选择矿井空调系统,要根据矿井的具体条件进行分析比较。上述四种矿井空调系统优缺点比较表见表8—11—30。目前,矿井空调已基本实现了井下空调系统的大型化,空气冷却器的多样化,空调系统电控和测试的自动化、集中化,并朝着节能、高效方向发展。表8—11—31为国内外矿井空调实例。

表8—11—30 四种矿井空调系统优缺点比较表

空调系统	优 点	缺 点
地 面	1.厂房施工、设备安装、维护、管理和操作方便 2.可采用一般型制冷设备,安全可靠 3.排热方便 4.冷量便于调节 5.无需在井下开凿大断面机电硐室 6.冬季可利用地面天然冷源	1.高压冷水处理困难 2.供冷管道长,冷损大 3.需在井筒中安设大直径管道 4.一次载冷剂需用盐水,对管道有腐蚀作用 5.空调系统复杂
井 下	1.供冷管道短,冷损小 2.无高压冷水系统 3.可利用矿井水或回风流排热 4.供冷系统简单,冷量调节方便	1.井下要开凿大断面机电硐室 2.对制冷设备有特殊要求 3.基建、安装、维护、管理和操作不方便 4.安全性差
联 合	1.可提高一次载冷剂的回水温度,减少冷损 2.可利用一次载冷剂排除井下制冷机的冷凝热 3.可减少一次载冷剂的循环量	1.系统复杂 2.制冷设备分散,不易管理
移 动	1.冷量损失小 2.无需在井下开凿大断面机电硐室 3.简单、灵活	1.制冷设备分散,不易管理 2.冷凝热排放困难 3.安全性差

表8—11—31 国内外矿井空调实例

矿井名称	主要热源	制 冷 站			降温地点	空气冷却器冷却能力(kW)	风量(m³/min)	空气冷却器温度(℃)		通过空气冷却器冷水		
		制冷能力(kW)	制冷剂	安装地点				进口	出口	进口温度(℃)	出口温度(℃)	水量(L/min)
南非金矿	地热	4652	R11 R12	井下	采 区	250	480	31.5	26.0	7	18	324
南非金矿	地热	4652	R11 R12	井下	采 区	750	1800	31.0	26.0	7	18	978
赞比亚铜矿	地热	1046.7 2093.4		井下	采 区	281	735	28.5	23.9			

续表

矿井名称	主要热源	制冷站			降温地点	空气冷却器冷却能力(kW)	风量(m³/min)	空气冷却器温度(℃)		通过空气冷却器冷水		
		制冷能力(kW)	制冷剂	安装地点				进口	出口	进口温度(℃)	出口温度(℃)	水量(L/min)
赞比亚铜矿	地热	1046.7 2093.4		井下	采区	401	1300	27.5	23.8			
美国麦哥码铜矿	地热	3175		地面	采区	498—597	1400—1700	25.5	21.2	18.2	22.2	1140
日本二子坑煤矿	地热(有热水)	1744.5 1395.6	R11 R14	地面	采煤工作面	232.6	400	32.0	28.7	12	24	265
日本菱刈金矿	热水	790.8 632.7	R11	地面	掘进工作面	29.1 46.5	300	34.0	29.0	7	14	50
日本赤平煤矿	地热	762 (移动式)	R11	井下	采煤工作面	412.9 174.4	400 180	29.2	13.0			
前苏联巴扎诺夫煤矿	地热	11630	R717	地面	井口集中冷却入风				2.0			28333
联邦德国伊本比伦煤矿	地热	9000		地面	接力冷却方式至采面	317	500			7		241.7
湖南711矿	地热(有热水)	1302.6	R717	地面	采区	216	204	32.8	21.1	6.4	14.7	373.3
平顶山一矿	地热	232.6	R22	井下	采煤工作面	93 (58)	100	26.5	17.3			220 (168)
沣沛三河尖矿	地热	930		井下	掘进工作面	116.8	136	32.6	16.8	9.6	11.7	797
北票台吉矿	地热	69.78 (移动式)	R12	井下	掘进工作面	58.5	120	28.2	15.1			

(二)矿井空调系统的组成

矿井空调系统由以下几个基本部分构成：

1. 制冷站

制冷站是矿井空调系统的核心部分。它主要由制冷机组、循环水泵、供配电设备及整个系统的测控装置等组成。制冷机又分为风冷式和水冷式两种。矿用制冷设备的选型应满足现行规程规范的要求。

2. 空气冷却器

空气冷却器是矿井空调系统的终端设备，它的作用是将被冷却地点的风流冷却。因此，它是矿井空调系统的重要组成部分。矿用空气冷却器分为两大类，即喷淋式空气冷却器和表面式空气冷却器。表8—11—32是煤炭部武汉设计研究院与江苏希达空调总公司等单位联合开发的GBL型矿用表面式空气冷却器技术特征表。表8—11—33是联邦德国文德—马尔特公司生产的七种巷道用表冷器的技术特征。图8—11—14为平巷喷雾式空气冷却器示意图。

3. 载冷剂管道

载冷剂管道是连接制冷机(或高低压换热器)和空冷器的管道，并通过泵把载冷剂送到空气冷却器，以冷却风流。

表 8—11—32 GBL 型矿用表面式空气冷却器技术特征表

	GBL—100	GBL—150	GBL—200
名义风量(m³/min)	180	270	350
名义冷量(kW)	100	150	200
进水温度(℃)	7	7	7
冷水流量(m³/h)	6	10	13
工作水压(MPa)		2.5	

表 8—11—33 前联邦德国 WKW 型表面式空气冷却器技术特征

编号	型 号	外形尺寸 (mm)			重 量 (kg)	冷水量 (m³/h)	风 量 (m³/min)	冷却能力 (kW)
		长	宽	高				
1	WKW75—H	3900	870	600	900	8.0	170	98
2	WKW95—H	3900	870	700	1100	10.0	200	123
3	WKW150—H	3900	870	1000	1600	16.0	350	198
4	WKW190—H	3900	870	1200	1950	24.0	440	278
5	WKW225—H	3900	870	1400	2300	24.0	500	295
6	WKW265—V	4600	1240	1240	2840	14.5	500	317
7	WKW160—V	4700	1000	1000	1750	9.0	330	192

注：设计参数：入风温度 31℃，相对湿度 75％，冷水入口温度 7℃。

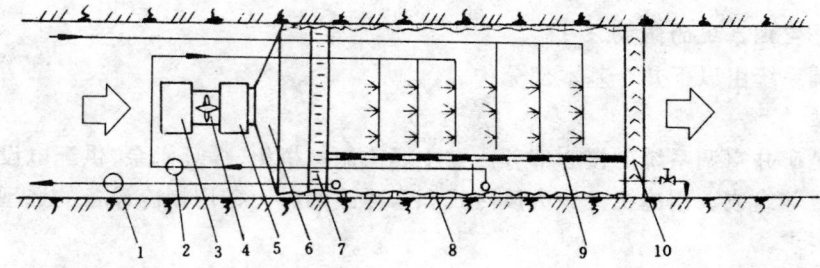

图 8—11—14 平巷喷雾式空气冷却器示意图

1—回水泵；2—第二级喷水泵；3—消音器；4—通风机；5—消音器；6—接头；
7—整流器；8—外壳；9—滤水层；10—挡水板

4. 冷却水的冷却装置

冷却水的冷却装置包括：冷却塔（地面或井下），喷雾硐室和水冷却器(水冷器或风冷装置)等,它的作用是将制冷机冷凝器所产生的冷凝热排到空气或水中,图 8—11—15、图 8—11—16 分别为井下冷却塔及喷雾硐室布置图。

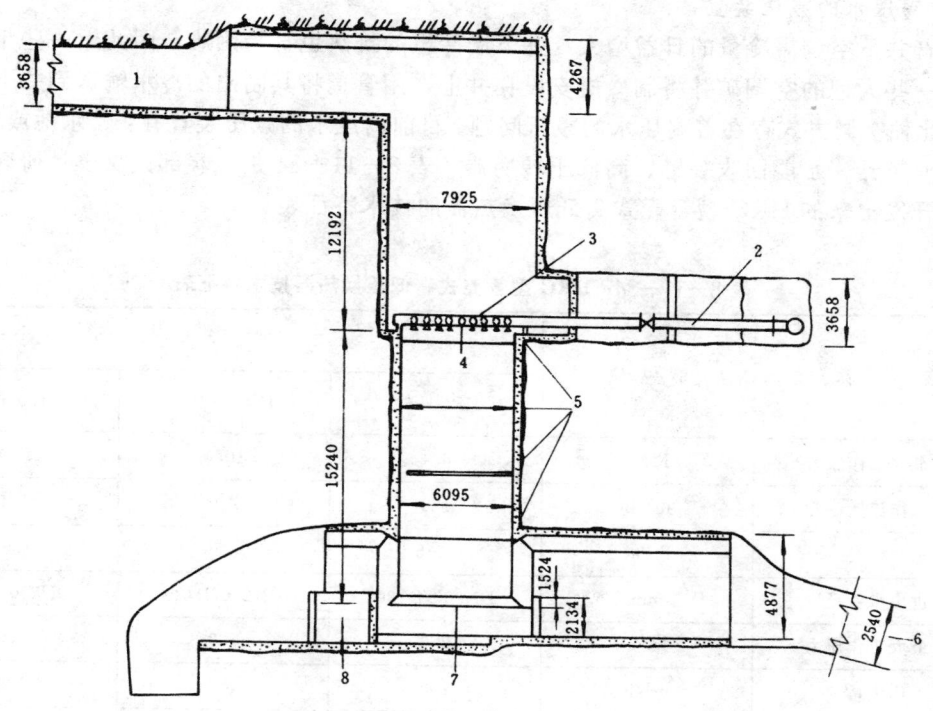

图 8—11—15　井下冷却塔布置图

1—乏风出口；2—待冷却水进水管；3—喷淋分管；4—喷嘴；5—4 层不锈钢筛网；
6—进入冷却塔的风流进口；7—喇叭形进风分布装置；8—水位调节装置

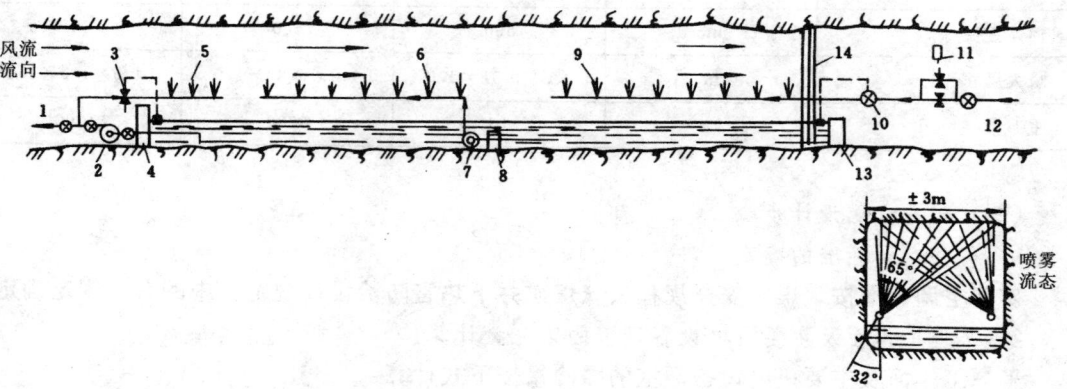

图 8—11—16　两级半喷雾室布置图

1—回水管道；2—水泵；3—水位调节阀；4—集水池墙；5—半级喷嘴及喷雾；6—第 2 级喷嘴及喷雾；
7—潜水泵；8—集水池内矮隔水墙；9—第 1 级喷嘴及喷雾；10—高水位控制阀；
11—温度调节阀；12—进水管道；13—集水池墙；14—水滴分离器

5. 冷却水管道

它的作用是连接冷凝器（水冷式）和水冷却装置。

6. 高压水的减压装置

随着井下空调需冷量的日益增大，井下制冷机的排热也日趋困难，因此近一些年来，迫使国外一些大型的空调矿井将制冷机安设在井上，用管道将其制出的冷水输送到井下的需冷地点，此种空调方式存在着高压水的减压问题。目前高压水的减压装置有：贮水池或减压阀、高低压换热器、水能回收装置、高低压转换器。表 8-11-34 是煤炭部武汉设计研究院等单位联合开发出来的 HRG 型管壳式高低压换热器的技术特征表。

表 8-11-34   HRG 型管壳式高低压换热器技术特征表

名　称		单　位	型　号		
			HRG-64	HRG-100	HRG-160
高压侧	最大工作压力	MPa	6.4	10.0	16.0
	工作流量	m³/h	180	200	200
	水压损失	kPa	<35	<50	<50
	进出水管径	mm	DN200/D180	DN200/D180	DN200/D180
低压侧	最大工作压力	MPa	2.0	2.0	2.0
	工作流量	m³/h	100	120	120
	水压损失	kPa	<25	<35	<35
	进出水管径	mm	DN100/D102	DN100/D102	DN100/D102
换热面积		m²	50	60	65
综合换热系数		kW/m²·K	2.5	2.9	2.5
简体直径		mm	560	560	600
最大尺寸		m	3.8×0.78×1.0	4.0×0.82×1.0	4.0×1.0×1.1
重　量		kg	3100	3500	4200

（三）矿井空调设计步骤

1. 矿井空调标准的确定

矿井空调标准按《煤矿安全规程》、《煤矿井下热害防治设计规范》中的有关规定确定。

2. 采掘工作面及主要机电设备硐室的需冷量计算：

采掘工作面及主要机电设备硐室的需冷量按下式计算：

$$Q = G \times (i_1 - i_2) \tag{8-11-11}$$

式中　Q——采掘工作面及机电设备硐室的需冷量，kW；

　　　G——采掘工作面及机电设备硐室的质量风量，kg/s；

　　　i_1——处理前采掘工作面及机电设备硐室的进风风流焓值；kJ/kg；

　　　i_2——处理后采掘工作面及机电设备硐室的进风风流焓值；kJ/kg。

3. 空气冷却器选型

根据采掘工作面及主要机电设备硐室需冷量计算结果等，选择匹配的空气冷却器。

4. 供冷管径及保温层厚度计算：

供冷管径可参照下式计算：

$$D = 1.13 \sqrt{W/V} \qquad (8-11-12)$$

式中　D——供冷管径，m；

　　　W——载冷剂循环量，m³/s；

　　　V——流速，一般可选用 $1.5 \sim 2.5$ m/s。

保温层厚度可按下式计算：

$$\frac{t_2 - t_1}{t_2 - t_l} = 1 + \frac{\alpha}{2\lambda} D_1 \cdot \ln \frac{D_1}{D_2} \qquad (8-11-13)$$

式中　D_1——隔热管外径，m；

　　　D_2——无隔热层管外径，m；

　　　t_1——管内介质温度，℃；

　　　t_2——管外周围空气温度，℃；

　　　t_l——隔热管外表面温度，℃；

　　　α——隔热层外表面的放热系数，W/（m²·K）；

　　　λ——隔热材料的热导率，W/（m·K）。

5. 载冷剂在管道中的冷量损失计算

载冷剂在沿管道循环的过程中，由于管壁传热、摩擦以及局部阻力等原因，造成一定的冷量损失。保温管道的冷量损失可按下式计算：

$$q = \frac{\pi (t_2 - t_1)}{\frac{1}{2\lambda} \ln \frac{D_1}{D_2} + \frac{1}{\alpha D_1}} \qquad (8-11-14)$$

式中　q——每 1m 管道的冷损失量，W/m。

6. 水泵扬程计算及设备选型

水泵扬程按下式计算：

$$H = 1.2 \times (h_1 + h_2) \qquad (8-11-15)$$

式中　H——水泵扬程，mH₂O；

　　　h_1——总的管路水头损失，mH₂O；

　　　h_2——蒸发器出水口与空调作业地点最高点的标高差，m。

根据载冷剂流量及水泵扬程，选择相匹配的水泵。

7. 水泵对载冷剂的加热量计算

水泵对载冷剂的加热量按下式计算：

$$Q_B = \frac{W \cdot H}{102 \eta_s} \qquad (8-11-16)$$

式中　Q_B——水泵对载冷剂的加热量，kW；

　　　W——载冷剂流量，kg/s；

　　　η_s——水泵效率，$\eta_s = 0.5 \sim 0.8$。

8. 制冷站负荷计算及设备选型

制冷站的负荷是载冷剂从风流中吸收的热量、供冷管道的冷损量以及供冷水泵对载冷剂的加热量等之和。根据制冷站位置及负荷等，选择对应的制冷设备。

9. 冷凝热的排放计算

制冷机由于布置位置的不同，其排热方式有很大的差异。当制冷机组布置在地面时，冷凝器可以利用普通的冷却塔、凉水池所获得的冷却水或地面的大气来排除冷凝热。当制冷机组布置在井下时，冷凝热排放比较复杂，一般有三种方式：其一是利用矿井水排热。在矿井水温低于冷凝温度 7～8℃ 以上时，矿井水可以用来为冷凝器排热。但矿井水的水量往往有限，只够排除部分冷凝热，所以该法只能作为辅助措施，或是出于节约电能而采取的节能措施。其二是利用矿井回风排热。利用矿井回风排热，首先是利用蒸发式水冷却器在回风巷中冷却水，回风被加温加湿，再利用已经冷却了的水去排除冷凝器的冷凝热。其三是从地面或经过地表层供水排热。在遇到利用矿井水和利用矿井回风排热有困难时，必须由地面供水或经过地表层（使水温降到接近恒温带的温度）供水排热。

三、矿井热害防治设计程序

（一）程序数学模型

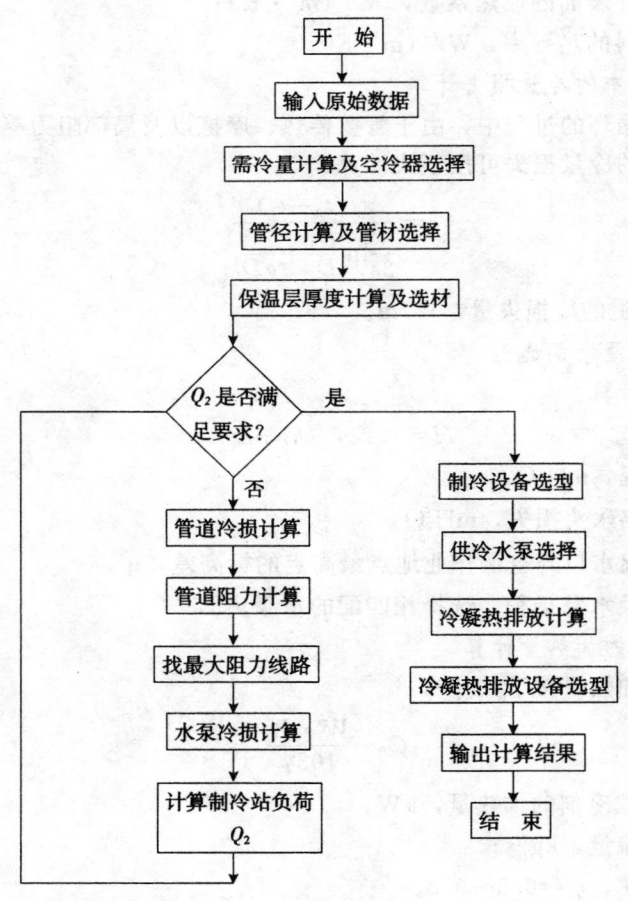

图 8—11—17 程序框图

矿井热害防治设计程序的编写，采用目前较为流行的C++语言，所考虑的措施有：地面集中制冷降温、井下集中制冷降温、井上下联合制冷降温。程序所用主要数学模型见本章所提及的有关公式。

（二）程序框图及源程序

程序框图见图8—11—17。由于源程序所占篇幅较多，在此省略。

（三）程序计算示例

1. 程序计算示例简介

某矿原设计分为东西两翼开采，井型为180万t/a。东翼地温较高，但煤层赋存条件较好，故在东翼设首采区，布置一个面两个头。水平标高为—525.0m。布置5个井筒，独立回风井东西翼各一个。矿井恒温带温度17.2℃，恒温带标高95.0m，平均地温梯度2.7℃/100m。

本程序计算只考虑东翼。

2. 输入数据

见表8—11—35、表8—11—36、表8—11—37、表8—11—38、表8—11—39、表8—11—40。

表8—11—35　输入巷道单值参数表

巷道数	节点数	掘进面数	恒温带温度（℃）	恒温带标高（m）	限定温度（℃）	限定湿度（%）	进风温度（℃）	进风湿度（%）	进风压力（kPa）
90	73	2	17.2	95.0	28.0	95.0	27.8	85.0	99.33

表8—11—36　输入巷道参数基础数据表

巷道编号	起点编号	终点编号	巷道长度（m）	巷道周长（m）	巷道面积（m²）	巷道类型	岩石导热系数〔W/(m·℃)〕
1	1	2	641.5	15.70	17.60	2	2.250
2	1	3	642.0	23.60	44.20	2	2.250
3	2	12	280.0	14.70	14.80	4	2.279
4	3	7	149.0	14.70	14.80	4	2.279
			......				
90	49	42	0.0	15.70	14.50	4	2.279

巷道编号	岩石比热〔kJ/(kg·℃)〕	岩石密度（kg/m³）	巷道风量（m³/s）	通风时间（d）	局部热源（kW）	地温梯度（℃/100m）	当量氧化系数〔W/(m²·℃)〕	潮湿系数
1	0.946	2678.0	7.6	1825	0.0	2.70	1.16	0.50
2	0.946	2678.0	91.4	1825	0.0	2.70	1.16	0.50
3	0.913	2658.0	34.8	1095	0.0	2.70	1.16	0.50
4	0.913	2658.0	56.0	1095	0.0	2.70	1.16	0.50
				......				
90	0.913	2658.0	8.0	365		2.70	1.16	0.50

表 8－11－37   输入掘进面基本数据表

巷道编号	日进度 (m/d)	掘进面 人 数	风筒直径 (m)	风筒长度 (m)	风筒类型	进风段 长 度 (m)	风筒风阻 (kμ/100m)	风筒漏风 率（%）
40	2.0	10	0.60	800.0	1	50.0	0.80	0.020
58	2.0	10	0.60	800.0	1.	50.0	0.80	0.020

表 8－11－38   输入管道单值参数表

管 道 数	节 点 数	空调方式	制冷站标高 (m)	制冷站出水温度 (℃)
13	12	2	−525.0	5.0

表 8－11－39   输入管道参数基础数据表

管道 编号	起点 编号	终点 编号	管道 类型	管道长度 (m)	放热系数 〔W/ (m²·℃)〕	冷冻水量 (m³/h)	空冷器负荷 (kW)	空冷器阻力 (kPa)
1	1	2	1	370.0	8.14	62.60		
2	2	3	1	845.0	8.14	24.00		
3	3	4	2		8.14	24.00	233.4	68.6
4	4	11	1	845.0	8.14	24.00		
					······			
12	10	11	1	90.0	8.14	38.60		
13	11	12	1	370.0	8.14	62.60		

表 8－11－40   输入管道节点参数

节点编号	节点坐标 (m)	节点风温 (℃)	节点编号	节点坐标 (m)	节点风温 (℃)
1	−525.00	28.0	5	−310.00	29.5
2	−375.00	29.0		······	
3	−375.00	29.2	11	−375.00	29.2
4	−375.00	29.2	12	−525.00	28.0

3. 输出计算结果

见表 8－11－41、表 8－11－42、表 8－11－43、表 8－11－44、表 8－11－45。

表 8—11—41　矿井需冷量计算结果

巷道编号	巷道类型	起点编号	终点编号	需冷量 (kW)
40	6	32	33	233.50
58	6	48	49	227.74
84	5	65	66	373.67

表 8—11—42　管道热力计算结果

管道编号	起点编号	终点编号	管道外径 (m)	管道壁厚 (m)	绝热层厚 (m)	冷冻水量 (m³/h)	起点水温度 (℃)	终点温 (℃)	温差 (℃)	管道冷损 (kW)
1	1	2	0.159	0.0045	0.050	62.60	5.0	5.05	0.05	3.68
2	2	3	0.108	0.0040	0.050	24.00	5.05	5.26	0.021	5.83
3	3	4	0.000	0.0000	0.000	24.00	5.26	12.37	7.11	0.00
4	4	11	0.108	0.0040	0.050	24.00	12.37	15.35	2.98	5.83
5	2	5	0.108	0.0040	0.050	38.60	5.05	5.06	0.01	0.62
6	5	6	0.108	0.0040	0.050	24.00	5.06	5.27	0.21	5.94
					......					
11	9	10	0.108	0.0040	0.050	14.60	24.13	16.99	−7.14	6.18
12	10	11	0.108	0.0040	0.050	38.60	16.99	15.60	−1.69	0.62
13	11	12	0.157	0.0045	0.050	62.60	15.30	15.35	0.05	3.68

表 8—11—43　管道水力平衡计算结果

管道编号	起点编号	终点编号	管道外径 (m)	管道壁厚 (m)	冷冻水量 (m³/h)	流速 (m/s)	阻力 (kPa)
1	1	2	0.159	0.0045	62.60	0.98	39.2
2	2	3	0.1098	0.004	24.00	0.85	115.6
3	3	4	0.000	0.0000	24.00	0.00	68.6
4	4	11	0.108	0.004	24.00	0.85	115.6
5	2	5	0.108	0.004	38.60	1.37	32.3
6	5	6	0.108	0.004	24.00	0.85	117.6
7	6	7	0.000	0.0000	24.00	0.00	68.6
8	7	10	0.108	0.004	24.00	0.85	117.6
9	5	8	0.108	0.004	14.60	0.52	50.0
10	8	9	0.000	0.0000	14.60	0.00	98.0

续表

管道 编号	起点 编号	终点 编号	管道外径 （m）	管道壁厚 （m）	冷冻水量 （m³/h）	流　速 （m/s）	阻　力 （kPa）
11	9	10	0.108	0.004	14.60	0.52	50.0
12	10	11	0.108	0.004	38.60	1.37	32.3
13	11	12	0.158	0.0045	62.60	0.98	39.2

表 8-11-44　计 算 结 果 汇 总

制冷站出水 温度（度）	制冷站回水 温度（度）	总需冷量 （kW）	管道总冷损 （kW）	水泵总冷损 （kW）	制冷站负荷 （kW）	二次侧水泵 扬程（mH₂O）	冷却水泵 扬程（mH₂O）
5.0	15.4	834.9	53.4	93.8	982.1	357.8	683.7

表 8-11-45　主 要 设 备 清 册

序号	名　称	型　号	单位	数　量	单重（kg）	总重（kg）
01	空冷器	kWK190—H	台	2	1950.0	3900.0
02	空冷器	WkW265—V	台	1	2840.0	2840.0
03	无缝钢管	G159×4.5（mm×mm）	m	740.0000	0.0	0.0
04	无缝钢管	G109×4.5（mm×mm）	m	5580.000	0.0	0.0
05	保温材料	50.0	m³	69.41976	0.0	0.0
06	冷冻水泵	D155—30—6	台	3	840.0	2520.0
07	冷水机组	JZS—KF16—48	台	3	6500.0	19500.0
08	铸铁直管	P—300—600—GB3421—82		5840.0	0.0	0.0

四、矿井降温工程设计实例

矿井降温工程设计示例选自新汶矿务局孙村煤矿第二期降温工程。

（一）矿井概况

孙村矿位于山东省新泰市新汶煤田的中部，该矿是个老矿，1987 年矿井技术改造工程完成后，年产量可达 120 万 t。井田走向东西，平均走向长 2500m，深部开采界限暂定为 -800m 水平，井田内共有七个可采煤层，属薄及中厚煤层。煤层倾角为 25°，采用走向长壁采煤法，回采工作面长为 100～200m。矿井开采方式为斜井多水平主要石门开拓。矿井为中央边界式通风系统，矿井总进风量为 153～157m³/s。矿井为低瓦斯矿井。恒温带深度为 20～30m，恒温带温度为 15.5～16.5℃，平均地温梯度为 2.7℃/100m。-600m 水平回采面气温在 28～30℃，掘进面气温在 30～32℃，采掘面高温每年要持续 9～10 个月。

（二）制冷站负荷计算及设备选型

第二期降温工程采用井下空调方式，制冷站在－400m水平北风井井底附近，服务三个回采工作面和五个掘进工作面。

1. 采掘工作面需冷量计算

每个回采工作面供冷量为256kW，3个回采工作面总供冷量为768kW。

每个掘进工作面供冷量为128kW，5个掘进工作面总供冷量为640kW。

2. 冷损计算

供冷管道总冷损为196.5kW，供冷水泵冷损为184.9kW，蒸发器、冷水池、油冷器等耗冷量为23.3kW，总冷损为404.7kW。

3. 制冷站负荷计算及设备选型

制冷站负荷 Q 为：

$$Q=768+640+404.7=1812.7kW$$

选用3台Ⅱ—JBF50×0型制冷机，按变工况运转，产冷量可达1860kW，可满足要求。

（三）供　冷

制冷站出水温度定为6℃。供冷管材选用无缝钢管，管径分别为G273×11、G159×4.5、G108×4。保温材料选用聚苯乙烯，保温层厚度为50mm。循环冷水流量为200m³/h，经计算管道总阻力为191.4m水柱。供冷水泵选用200D43×5水泵，扬程为204m水柱，流量为288m³/h。管道连接采用快接头。总冷损为404.7kW。

（四）排热计算及设备选型

经计算，冷凝器的热负荷为2163kW。主要利用矿井回风排热。喷淋硐室分两处设置，一处设在北风井马头门附近，一处设在南石门内。冷凝器所需冷却水量为465t/h。由两处喷淋室流回的冷水与由南石门引进的100t/h冷水（20℃）混合后进入储水小井，再由冷却水泵打到冷凝器中，由冷凝器流出的热水，175t/h进入风井东翼喷淋室，190t/h进入南石门喷淋室，100t/h由水管引到东回风大巷水沟中放掉。南回风石门喷淋室排除的冷凝热为817kW；东翼喷淋室排除的冷凝热为814kW；补给水的热负荷为1744kW；总排除的冷凝热为3375kW，大于2163kW，满足要求。经计算，水泵所需扬程为58.74m水柱。冷却水泵选择为12Sh—6A型，额定参数为扬程86m水柱，流量为576t/h。

第十二章　矿井集中安全监测

第一节　设计依据及内容

一、主要设计原则

1）煤（岩）与瓦斯突出矿井、高瓦斯矿井应设置集中安全监测系统，并配备便携式个体检测设备；

2）低瓦斯的大型矿井及重点采区（或高瓦斯采掘工作面），应设置集中安全监测系统；

3）设计应对矿井安全监测、生产监控、监视、监测系统进行统筹考虑。安全监测系统宜与生产监测系统统一设置；

4）设计应根据矿井的灾害种类和程度，确定安全监测内容、参数、地点及传感器数量，选择安全监测系统类型。

二、设计依据

（一）煤层开采技术条件

1）矿井瓦斯等级；

2）井下瓦斯来源、瓦斯组分及瓦斯涌出量；

3）煤层自燃倾向性等级；

4）煤尘爆炸性；

5）冲击地压危险性及其分布情况。

（二）矿井设计资料

1）矿井开拓方式平剖面、采区布置图；

2）矿井通风系统示意图；

3）井下煤炭运输方式及运输系统；

4）瓦斯抽放系统图；

5）矿井生产监控、监视、监测系统。

三、设计内容

1）根据矿井主要灾害种类，确定主要监测内容；

2）根据矿井开拓布置和开采布置，确定监测地点；

3）作出安全监测系统井下传感器布置图（在采区布置图上标明监测内容、地点、传感器类别及代号、数量等内容）；

4）监测系统：包括系统主机选型、地面中心站设置、井下分站数量及位置、传输系统设备配置、传感器选型等；

　　5）机构设置及人员配备。

　　其中1）～3）项为采矿专业设计内容。

第二节　监测地点、内容和参数

　　矿井安全监测系统井下测点，应根据《煤矿安全规程》及其执行说明及其他有关规定的要求，按灾害类型及程度分别设置。井下主要监测地点为回采工作面、煤及煤（岩）巷掘进工作面、回风巷道等。主要监测内容为矿井瓦斯（CH_4），其次为各测风站的风速，有关地点的一氧化碳浓度等。

一、回采工作面

（一）低瓦斯矿井

1）监测内容：在回采工作面回风流侧布置1个低浓度瓦斯传感器。

2）测点布置：测点按图8－12－1的要求布置。

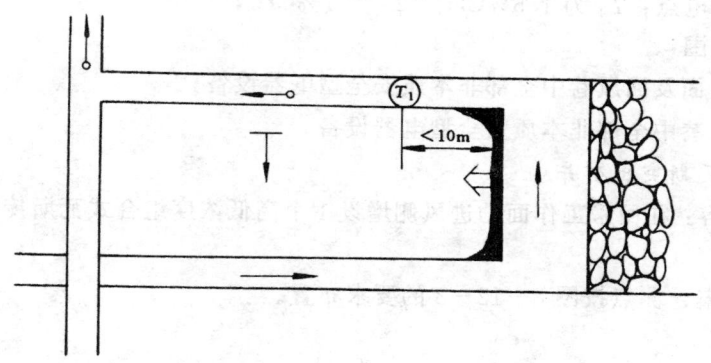

图8－12－1　低瓦斯矿井测点布置图

T_1—回采工作面风流中的瓦斯传感器

3）参数要求：

（1）瓦斯警报点：$1\%CH_4$；

（2）瓦斯断电点：$1.5\%CH_4$；

（3）断电范围：工作面及回风巷中全部非本质安全型电器设备；

（4）复电点：$<1\%CH_4$。

（二）高瓦斯矿井

1）监测内容：在回采工作面回风侧布置2个高低浓度组合式瓦斯传感器。

2）测点布置：测点按图8－12－2的要求布置。

3）参数要求

（1）T_1、T_2均为高低浓度组合式瓦斯传感器；

（2）瓦斯警报点：T_1为$1\%CH_4$，T_2为$1\%CH_4$；

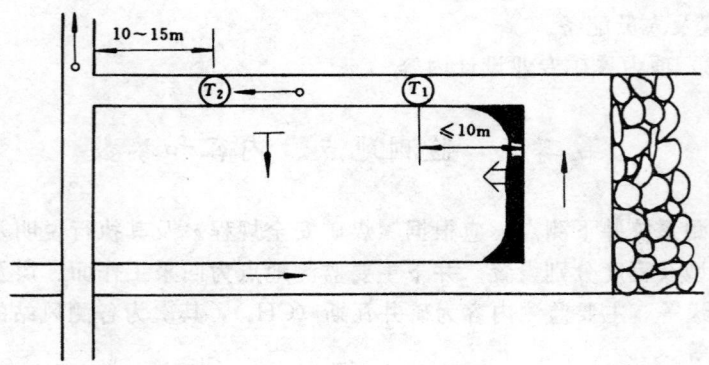

图 8-12-2 高瓦斯矿井测点布置图

T_1—回采工作面风流中的瓦斯传感器；

T_2—回采工作面回风流中的瓦斯传感器

（3）瓦斯断电点：T_1 为 1.5%CH$_4$，T_2 为 1%CH$_4$；

（4）断电范围：

T_1——工作面及回风巷中全部非本质安全型电器设备；

T_2——回风巷中全部非本质安全型电器设备。

（三）煤与瓦斯突出矿井

1）监测内容：在回采工作面的进风侧增设 1 个高低浓度组合式瓦斯传感器。其余同"高瓦斯矿井"。

2）测点布置：测点按图 8-12-3 的要求布置。

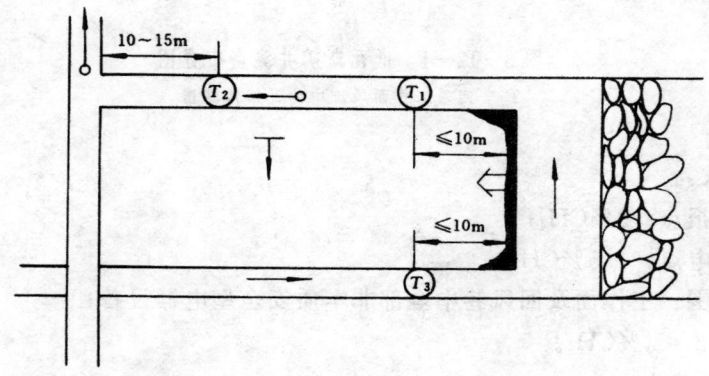

图 8-12-3 煤与瓦斯突出矿井测点布置图

T_1—回采工作面风流中的瓦斯传感器；

T_2—回采工作面回风流中的瓦斯传感器；

T_3—回采工作面进风巷中的瓦斯传感器

3）参数要求：

（1）T_1、T_2、T_3 均为高低浓度组合式瓦斯传感器；

（2）瓦斯警报点：T_3 为 1%CH_4；

（3）瓦斯断电点：T_3 为 1%CH_4；

（4）断电范围：T_3 为工作面进风巷内全部非本质安全型电器设备；

（5）复电点：T_3＜0.5%CH_4。

二、掘进工作面

（一）低瓦斯矿井

1）监测内容：在煤及煤（岩）巷道掘进面设 1 个低浓度瓦斯传感器。

2）测点布置：见图 8-12-4 所示。

3）参数要求：

（1）瓦斯警报点：T_1 为 1%CH_4；

（2）瓦斯断电点：T_1 为 1.5%CH_4；

（3）断电范围：T_1 为掘进工作面全部非本质安全型电器设备；

（4）复电点：T_1＜1%CH_4。

（二）高瓦斯、煤与瓦斯突出矿井

1）监测内容：在掘进面回风流中增设 1 个高低浓度组合式瓦斯传感器。

2）测点布置：见图 8-12-5 所示。

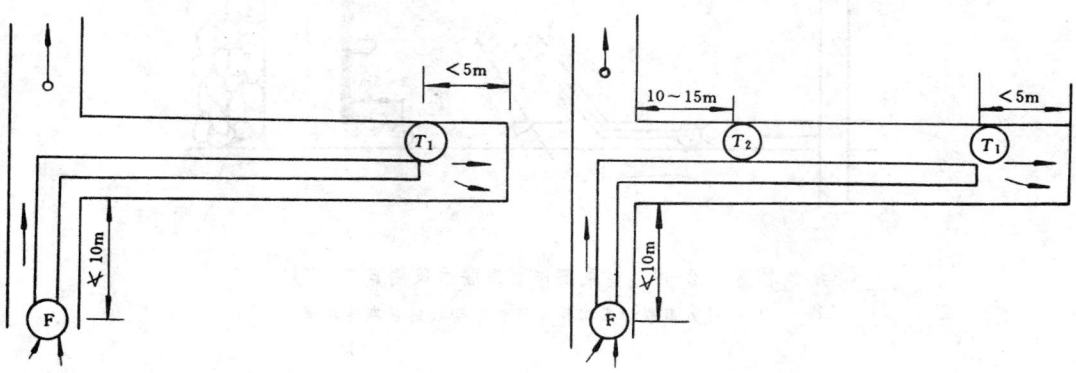

图 8-12-4　低瓦斯矿井测点布置图
T_1—掘进工作面风流中的瓦斯传感器

图 8-12-5　高瓦斯矿井将与
瓦斯突出矿井测点布置图
T_1—掘进工作面风流中的瓦斯传感器；
T_2—掘进工作面回风流中的瓦斯传感器

3）参数要求：

（1）瓦斯警报点：T_2 为 1%CH_4；

（2）瓦斯断电点：T_2 为 1%CH_4；

（3）断电范围：T_2 为掘进工作面巷道中全部非本质安全型电器设备；

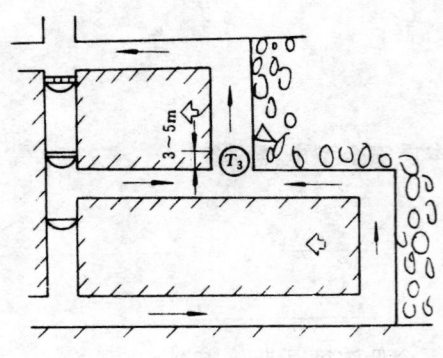

图 8-12-6　回采工作面之间串联
通风测点布置图

T_3—回采面串联通风时增设的瓦斯传感器

（4）复电点：$T_2 < 1\%CH_4$。

三、串联通风的工作面

（一）回采工作面之间串联通风

1）监测内容：在进入串联工作面的风流中增设低浓度瓦斯传感器。

2）测点布置：见图 8-12-6 所示。

3）参数要求：

（1）瓦斯警报点及断电点：T_3 为 $0.5\%CH_4$；

（2）断电范围：回采工作面全部非本质安全型电器设备；

（3）复电点：$T_3 < 0.5\%CH_4$。

（二）掘采工作面串联通风

1）监测内容：在进入回采工作面的风流中，增设 1 个低浓度瓦斯传感器。

2）测点布置：应符合图 8-12-7 的要求。

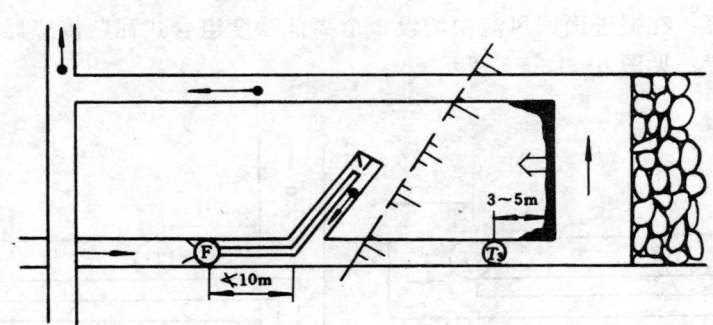

图 8-12-7　掘采工作面串联通风测点布置图

T_3—进入串联回采工作面风流中增设的瓦斯传感器

3）参数要求：

（1）瓦斯警报及断电点：T_3 为 $0.5\%CH_4$；

（2）断电范围：回采工作面及其回风道中全部非本质安全型电器设备；

（3）复电点：$T_3 < 0.5\%CH_4$。

（三）掘进工作面之间串联通风

1）监测内容：在 2 个掘进面之间增设 1 个低浓度瓦斯传感器。

2）测点布置：应符合图 8-12-8 的要求。

3）参数要求：

（1）瓦斯警报点及断电点：T_3 为 $0.5\%CH_4$；

（2）断电范围：被串入的掘进工作面及其回风流中全部本质安全型电器设备；

（3）复电点：$T_3 < 0.5\%CH_4$。

四、其他地点

（一）回风流中设机电硐室时

1）监测内容：在低瓦斯矿井及高瓦斯矿井，只需在硐室入风口设 1 个低浓度瓦斯传感器；在煤与瓦斯突出矿井，还需在各进风侧分别布置 1 个低浓度瓦斯传感器。

2）测点布置：见图 8－12－9 所示。

3）参数要求：

（1）瓦斯警报点：T_1 为 $0.5\%CH_4$，T_2、T_3、T_4 同为 $1\%CH_4$；

（2）瓦斯断电点：T_1 为 $0.5\%CH_4$，T_2、T_3、T_4 同为 $1\%CH_4$；

（3）复电点：$T_1 < 0.5\%CH_4$，T_2、T_3、T_4 同为 $<1\%CH_4$。

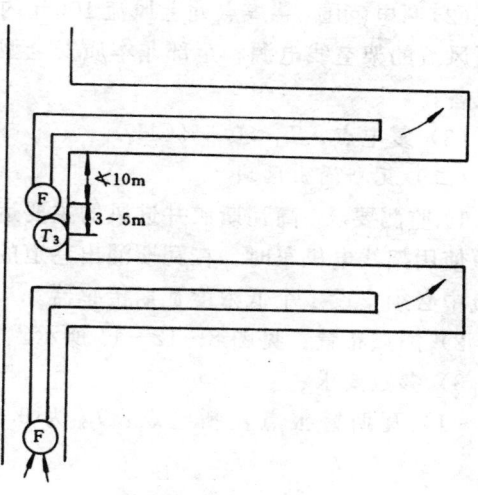

图 8－12－8　掘进工作面之间
串联通风测点布置图

T_3—被串入工作面进风流中的瓦斯传感器

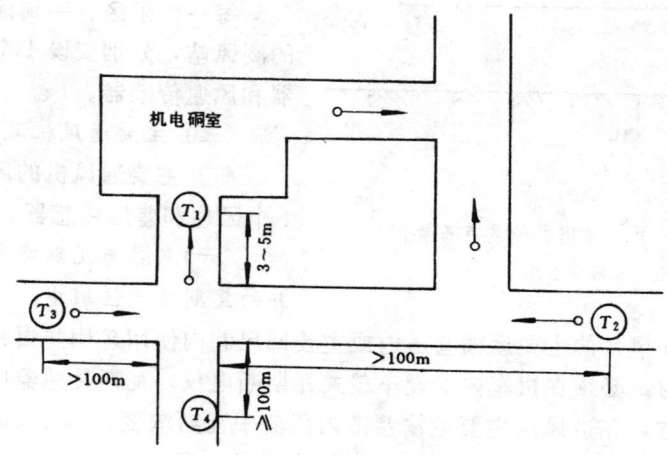

图 8－12－9　回风流中设机电硐室时测点布置图

T_1—机电硐室进风流中的瓦斯传感器；

T_2、T_3、T_4—煤与瓦斯突出矿井中应设置的瓦斯传感器

（二）装煤点

1）监测要求：在高瓦斯矿井进风（全风压通风）的主要运输巷道内使用架线电机车时，装煤点处都必须装设低浓度瓦斯传感器。

2）测点布置：见图 8－12－10 所示。

3）参数要求：

（1）瓦斯警报点及断电点：T_1 为 $0.5\%CH_4$；

（2）断电范围：装煤点处上风流100m内及其下风流的架空线电源和全部非本质安全型电器设备；

（3）复电点：$T_1 < 0.5\%CH_4$。

（三）瓦斯涌出区域

1）监测要求：高瓦斯矿井进风的主要运输巷道使用架线电机车时，在瓦斯涌出巷道的下风流中必须安设1个低浓度瓦斯传感器。

2）测点布置：见图8－12－11所示。

3）参数要求：

（1）瓦斯警报点及断电点：T_1 为 0.5%

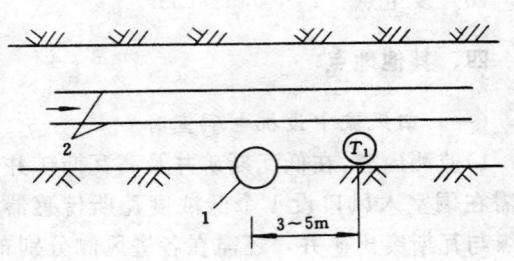

图8－12－10　装煤点测点布置图

1—装煤点；2—架空线；T_1—瓦斯传感器

CH_4；

（2）断电范围：瓦斯涌出巷道上风流100m内及其下风流的架空线电源和全部非本质安全型电器设备；

（3）复电点：$T_1 < 0.5\%CH_4$。

（四）测风站

每一个采区、一翼回风巷及总回风巷的测风站，分别安设1个低浓度瓦斯传感器和风速传感器。

（五）主要通风机风硐

矿井主要通风机的风硐内应分别安设1个风速和差压传感器。

（六）在煤与瓦斯突出矿井和高瓦斯矿井的瓦斯喷出区域中

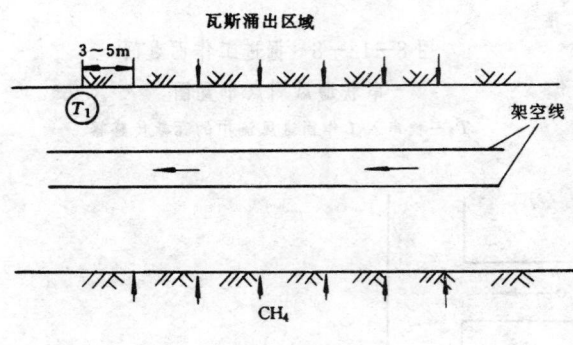

图8－12－11　瓦斯涌出区域测点布置图

T_1—瓦斯传感器

进风（全风压通风）的主要运输巷道内或主要回风巷内使用矿用防爆特殊型电机车或防爆特殊型柴油机车时，必须在机车内安设车载式瓦斯断电仪，瓦斯传感器应布置在机车上最容易接触瓦斯的地方，在进风的主要运输巷道内风流中瓦斯浓度为0.5%或在主要回风巷内风流中瓦斯浓度为0.75%时，切断防爆特殊型机车上的电源。

（七）有煤层自燃倾向性的矿井

应在易发生煤炭自燃的地点，如老采空区、煤柱、浮煤等处的回风流中适量安设一氧化碳传感器。

（八）瓦斯抽放泵站

1）地面抽放与井下抽放站机房内，都应在距房子（或井下抽放站机房硐室）顶部300mm处安设瓦斯传感器，当空气中瓦斯浓度超过0.5%时，发出声、光报警信号。

2）抽放泵输入管路中应安设高浓度瓦斯、流量、差压、温度传感器。采用干式泵抽放时，输入管路中的瓦斯浓度低于25%时应发出声、光报警信号。

表 8-12-1 矿井安全监测系统井下传感器装备表

矿井瓦斯等级	传感器种类	回采工作面	煤及煤(岩)掘进工作面	串联通风的工作面			架线机车巷道		回风巷测风站			回风流中的机电硐室	矿井主要风门	矿井主要通风机风硐	其 他
				2个回采工作面	2个掘进工作面	1掘1采	装煤点	瓦斯涌出地点	采区回风巷	一翼回风巷	矿井总回风巷				
煤与瓦斯突出矿井	低浓瓦斯								1	1	1	4			根据具体条件设置适宜的传感器
	高低浓瓦斯	3	2												
	风速								1	1	1			1	
	差压													1	
	风筒开关		1												
	风门开关												1		
	一氧化碳	1													
高瓦斯矿井	低浓瓦斯			1	1	1	1		1	1	1	1			根据具体条件设置适宜的传感器
	高低浓瓦斯	2	2	3	4	4									
	风速								1	1	1			1	
	差压													1	

续表

矿井瓦斯等级	传感器种类	回采工作面	煤及煤（岩）掘进工作面	串联通风的工作面 2个回采工作面	串联通风的工作面 2个掘进工作面	串联通风的工作面 1掘1采	架线机车巷道 装煤点	架线机车巷道 瓦斯涌出地点	回风巷测风站 采区回风巷	回风巷测风站 一翼回风巷	回风巷测风站 矿井总回风巷	回风流中的机电硐室	矿井主要风门	矿井主要通风机风硐	其他
高瓦斯矿井	风筒开关		1												
	风门开关												1		
	一氧化碳	1													根据具体条件设置适宜的传感器
低瓦斯矿井	低浓瓦斯	1		3	3	3	1	1	1						根据具体条件设置适宜的传感器
	高低浓瓦斯									1	1				
	风速													1	
	压差													1	
	风筒开关														
	风门开关												1		
	一氧化碳	1													

备注

1. 表中一氧化碳传感器系煤层有Ⅰ、Ⅱ、Ⅲ级自燃发火倾向时采用。除采面外，其余地点可酌情配备。
2. 表中数字为每一地点所配备的传感器数量，单位均为"个"。

3）利用瓦斯时，还应在储气罐输出管路中安设高浓度瓦斯、流量、差压、温度传感器，当输出管路中的瓦斯浓度低于 30％时，发出声、光报警信号。

此外，还可酌情配置局部通风机风筒开关、风门开关、自动洒水、喷雾、粉尘、火灾及烟雾等传感器。

第三节　井下传感器装备量

一、井下传感器装备水平

矿井安全监测系统井下传感器的配置主要根据矿井灾害类型和矿井开拓开采布置确定。

影响传感器装备量的主要因素，首先是矿井瓦斯等级及煤层自燃倾向性，其次是矿井采掘工作面数。为便于设计人员操作，可将传感器装备水平按瓦斯等级及煤层自燃倾向性归纳成表 8-12-1。

二、井下传感器装备量

（一）部分矿井实际装备量

进入 20 世纪 80 年代以来，我国煤炭部逐步从国外引进并自行生产了一系列矿井安全监测系统，在灾害较为严重的矿井试用。煤炭部第一批装备的 15 个矿井安全监测系统传感器装备量见表 8-12-2。

表 8-12-2　煤炭部首批装备的 15 个矿井监测系统传感器量

序　号	装备矿井名称	传感器使用量（个）	传感器备用量（个）	备用率（％）
1	大同忻州窑矿	75	35	47
2	北票台吉立井	80	35	44
3	辽源西安矿	97	43	44
4	沈阳红阳二井	61	29	48
5	鸡西城子河矿	55	25	45
6	丰城坪湖矿	44	18	41
7	焦作朱村矿	63	27	43
8	鹤壁六矿	65	30	46
9	中梁山南矿	66	30	42
10	中梁山北矿	70	30	43
11	南桐鱼田堡矿	45	20	44
12	天府磨心坡矿	67	28	42
13	松藻打通一矿	64	26	41

续表

序　号	装备矿井名称	传感器使用量 （个）	传感器备用量 （个）	备用率 （％）
14	水城汪家寨矿	46	24	52
15	鹤岗南山矿	131	59	45

根据 1996 年 11 月份调查，全国大部分国有大中型矿井装备了安全监测系统，但井下传感器装备量普遍不足。部分矿井截止到 1996 年三季度装备情况见表 8—12—3。

表 8—12—3　1996 年部分矿井监测系统传感器装备量

序号	矿　名	瓦斯等级	传感器实际装备数量（个）				监测系统 型　号
			瓦　斯	风　速	一氧化碳	合　计	
1	兖州兴隆庄煤矿	低	10	10	7	27	TF—200
2	兖州鲍店煤矿	低	20	15	4	39	KJ—2
3	芙蓉白皎煤矿	突	105			105	TF—200
4	芙蓉杉木树煤矿	突	42			42	KJ10
5	南桐砚石台煤矿	突	70	6	8	84	A—1
6	盘江火铺煤矿	突	35	9		44	KJ90
7	盘江土城煤矿	高	58			58	KJ12
8	淮北芦岭煤矿	高	70	8		78	KJ90
9	淮南潘一矿	高	65	10	4	79	KJ4
10	淮南谢一矿	高	80	14	6	100	KJ4
11	焦作中马煤矿	高	60	10		70	TF—200
12	北票冠山煤矿	高	50			50	KJ10
13	淄博岭子煤矿	高	60	10		70	KJ2
14	阜新清河门矿	高	50	15	4	69	KJ4

（二）井下各类传感器装备量估算

为便于高阶段设计测算各种井型、各类灾害矿井井下传感器装备量，以便与生产监控一并考虑选择适宜的矿井集中监测系统，根据现行《煤炭工业矿井设计规范》中井型划分及采区个数的限制，结合当前及今后矿井生产发展趋势，由表 8—12—4、表 8—12—5 可测算出各类矿井各种传感器装备数量。

从表 8—12—4 及表 8—12—5，只要已知矿井设计生产能力、设计采区个数及回采工作面个数，结合矿井瓦斯等级及煤层自燃倾向性，即可在表中查出每种传感器的大致装备量及矿井传感器装备总量。

表 8—12—4　各类矿井各种传感器配备量参考表

设计生产能力 (Mt/a)	采区个数 (个)	回采面个数 (个)	高低浓瓦斯 突出矿井	高低浓瓦斯 高瓦斯矿井	低浓瓦斯 突出矿井	低浓瓦斯 高瓦斯矿井	低浓瓦斯 低瓦斯矿井	风速	差压	风筒开关 高瓦斯及突出矿井	风门开关	一氧化碳 煤层自燃矿井
1.2及以下	1~2	1	5~7	4~6	1~3	2~3	4~6	2	1	1~2	2	2
		2	10~12	8~10	2~4	3~5	7~10	2	1	2~3	2~4	2~3
		3	15~17	12~14	2~4	3~5	9~12	3	1~2	3~4	3~5	3~4
		4	20~22	16~18	2~5	3~6	11~15	3	1~2	4~5	4~6	4~5
1.5~1.8	2~3	2	10~12	8~10	3~5	4~6	8~11	3~4	1~2	2~3	3~5	2~4
		3	15~17	12~14	3~5	4~6	13~16	3~4	1~3	3~4	4~6	3~5
		4	20~22	16~18	4~6	5~7	13~16	3~5	2~3	4~5	5~7	4~6
		5	25~27	20~22	4~6	5~7	15~18	3~5	2~3	5~6	6~8	5~7
2.4~3.0	3~4	3	15~17	12~14	4~6	5~7	11~14	4~5	2~4	3~4	5~7	3~5
		4	20~22	16~18	5~7	6~8	13~16	4~5	2~4	4~6	6~8	4~6
		5	25~27	20~22	5~7	6~8	16~19	4~6	2~4	5~6	7~9	5~7
		6	30~32	24~26	5~7	6~8	18~21	4~6	2~4	6~7	7~9	6~8

续表

设计生产能力 (Mt/a)	采区个数 (个)	回采面个数 (个)	高低浓瓦斯 突出矿井	高低浓瓦斯 高瓦斯矿井	低浓瓦斯 突出矿井	低浓瓦斯 高瓦斯矿井	低浓瓦斯 低瓦斯矿井	风速	差压	风筒开关 高瓦斯及突出矿井	风门开关	一氧化碳 煤层自燃矿井
4.0~5.0	4~6	4	20~22	16~18	5~7	6~8	14~17	5~7	4~6	4~5	7~9	5~6
		5	25~27	20~22	5~7	6~8	16~19	6~7	4~6	5~6	7~9	5~7
		6	30~32	24~26	6~8	7~9	19~22	6~8	4~6	6~7	8~10	6~7
		7	35~37	28~30	6~8	7~9	21~24	6~8	4~6	7~8	8~10	7~8
		8	40~42	32~34	6~8	7~9	23~27	6~8	4~6	8~9	9~11	8~9
6.0及以上	6~7	6	30~32	24~26	7~9	8~10	20~23	7~8	5~7	6~7	9~10	6~8
		7	35~37	28~30	7~9	8~10	22~25	7~8	5~7	7~8	9~10	7~9
		8	40~42	32~34	8~10	9~11	25~28	7~9	5~7	8~9	10~11	8~10
		9	45~47	36~38	8~10	9~11	27~30	7~9	6~7	9~10	10~11	9~11
		10	50~52	40~42	9~11	10~12	30~33	8~10	6~7	10~11	11~12	10~12
		11	55~57	44~46	9~11	10~12	32~35	8~10	6~7	11~12	11~12	11~13

表 8-12-5 矿井安全监测系统井下传感器装备总量参考表

设计生产能力 (Mt/a)	采区个数 (个)	回采面个数 (个)	井下传感器装备总量（个）					
			突出矿井		高瓦斯矿井		低瓦斯矿井	
			有"自燃"	无"自燃"	有"自燃"	无"自燃"	有"自燃"	无"自燃"
1.2及以下	1~2	1	14~19	12~17	14~18	12~16	11~13	9~11
		2	21~29	19~26	20~28	18~25	14~20	12~17
		3	30~39	27~35	28~37	25~33	19~26	16~22
		4	38~48	34~43	35~45	31~40	23~31	19~26
1.5~1.8	2~3	2	24~35	22~31	23~34	21~30	17~26	15~22
		3	32~44	29~39	30~42	27~37	24~34	21~29
		4	42~54	38~48	39~51	35~45	27~37	23~31
		5	50~62	45~55	46~58	41~51	31~41	26~34
2.4~3.0	3~4	3	36~48	33~43	34~46	31~41	25~35	22~30
		4	44~56	40~50	41~53	37~47	29~39	25~33
		5	53~66	48~59	49~62	44~55	34~45	29~38
		6	60~73	54~65	55~68	49~60	37~48	31~40

续表

设计生产能力 (Mt/a)	采区个数 (个)	回采面个数 (个)	井下传感器装备总量 (个)					
			突出矿井		高瓦斯矿井		低瓦斯矿井	
			有"自燃"	无"自燃"	有"自燃"	无"自燃"	有"自燃"	无"自燃"
4.0~5.0	4~6	4	50~62	45~56	47~59	42~53	35~45	30~39
		5	57~69	52~62	53~65	48~58	38~48	33~41
		6	66~78	60~71	61~73	55~66	43~53	37~46
		7	73~85	66~77	67~79	60~71	46~56	39~48
		8	81~93	73~84	74~86	66~77	50~61	42~52
6.0及以上	6~7	6	70~81	64~73	65~76	59~68	47~56	41~48
		7	77~78	70~79	71~82	62~73	50~59	43~50
		8	86~98	78~88	79~91	71~81	55~65	47~55
		9	94~105	85~94	86~97	77~86	59~68	50~57
		10	104~115	94~103	95~106	85~94	65~74	55~62
		11	111~122	100~109	101~112	90~99	68~77	57~64

三、传感器备用量

1. 瓦斯传感器

瓦斯传感器备用量按图 8—12—12 选取。

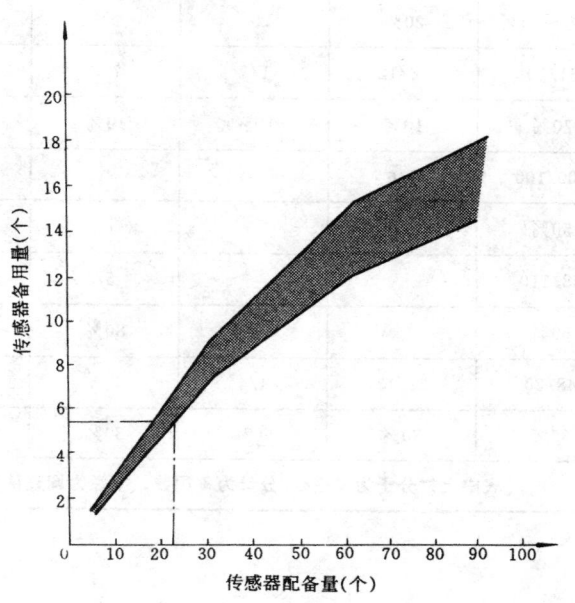

图 8—12—12　瓦斯传感器备用量曲线

按上图曲线查出传感器备用个数小数点之后均进 1。

2. 其他传感器

一氧化碳、风速、差压、风筒开关、风门开关传感器备用系数一般按 15%～20% 计。

3. 部分矿井传感器实际备用量

据调查，部分矿井安全监测系统井下传感器实际备用量见表 8—12—6。

表 8—12—6　部分矿井安全监测传感器备用量调查

序号	矿名＼传感器	瓦　斯	风　速	一氧化碳	差　压	风门开关	风筒开关
1	晓南矿	27/8	5/2	3/2			
		20%	30%	30%			
2	马家沟矿	80/49	2/1				4/4
		20%	10%				50%

序号	矿名　传感器	瓦 斯	风 速	一氧化碳	差 压	风门开关	风筒开关
3	平顶山七矿	50/10	20/5			20%	15/0
		15%~20%	20%				
4	阳泉一矿	51/29	18/12	1/1	7/3		
		20%	10%	10%	10%		
5	赵各庄矿	100/100	9/6			26/4	10/50
		50%					
6	龙凤矿	78/110			5/		
		60%			80%		
7	平顶山五矿	48/20	22/13	4/4	3/5	10/30	22/16
		30%	30%	50%	50%	30%	30%
备 注		表中上栏分子为实用数/分母为备用数；下栏为调查认为合适的备用量					

第十三章 矿井通风安全装备及矿山救护队

第一节 矿井主要通风安全设备

一、通风检测设备

各种通风检测仪器仪表是通风安全装备的重要组成部分，是检测井下通风状态和气候条件的重要工具，也是生产矿井和通风实验室必备的设备，包括测定风速、压力、温度和湿度等项的各类仪器仪表。主要仪器仪表的工作原理如下：

（一）风速计

1. 机械翼式风速计

这类风速计的工作原理是：风流吹动风表的风力感受部分——风轮，并记下一定时间内风轮的转动次数，这样即可推算出风速。如 AFC、DFA 等均属此类。

2. 电子翼式风速计

这是一种保留机械翼式风速计的翼轮部分，并辅以电子计数装置的风速计，具有开机自动回零、数字显示等功能。此类风速计有 MFS-1、AT-3 等。

3. 涡街式风速计

它的原理是：当空气绕过障碍物流动时，在障碍物的下游会产生两列旋涡，形成涡街。根据卡曼涡街理论，旋涡的频率与流体的流速成正比，通过测定旋涡的频率也就可以确定流体的流速。这类仪器具有许多优点，如无转动摩擦部件、寿命长、性能稳定，精度高，从原理上讲没有零漂，灵敏度的变化不会影响测量值，不受温度、湿度和压力的影响。FC-1、KG-5002 均属此类。

4. 时差式风速计

利用一已知运动速度的物体（一般为超声波）在流体中顺流与逆流传播速度之差，即可测定该流体的流速。如 FS-C1 超声波风速计。由于超声波时差法属于非接触的风速测量方法，无机械转动部件、不干扰流体的状态，不影响测试点的风速分布，它基于时间、距离等几个基本物理量的检测，因此不受流体压力、温度、湿度的影响；测值可由公式推算出来，属于绝对测量法，精度高，不必校正，适于长期连续使用。

（二）湿度计

1. 毛发湿度计

利用脱脂后的人发能随湿度变化而改变其长度的原理制成。这种仪器小巧、轻便，但精度较差。

2. 通风干湿表

由于湿温度计中的水分比空气湿度大而蒸发，导致湿温度计温度下降得较多，根据干、湿两支温度计的读数差，即可得出空气的相对湿度，再根据相对湿度值及干球温度下的饱和水蒸气含量，就可以得到绝对湿度。该型通风干湿表可满足一般工程的需要。

（三）各类检测仪器仪

详见表 8－13－1～表 8－13－5。

二、瓦斯及其它气体检测

瓦斯及其他气体检测仪器对矿井的安全生产具有重大意义，特别是对高瓦斯及突出矿井更是必不可少。可分为：瓦斯、氧气、一氧化碳及多种检测仪器。

（一）瓦斯检测仪器

这类仪器按其主要功能可分为检测仪、警报仪和断电仪三类。检测仪一般作定点的间歇测量，供流动人员使用，重量轻、体积小；警报仪一般为定置式，可连续监测；断电仪笨重结实，使用井下交流电源，能自动监测和超限报警，同时切断瓦斯超限区域的电源，也可直接安装在采煤机及电机车上作专用断电仪。各类仪器的工作原理如下：

1. 瓦斯检测仪

1）光干涉型。

利用瓦斯与空气对光的折射率不同而使光程差所造成的干涉条纹偏移，其偏移的大小与瓦斯浓度成正比，从而得以用条纹的偏移量来获知瓦斯浓度的大小。但这类仪器体积较大、携带不便。如：GWJ－1、AQG－1、2、3 型。

2）催化燃烧型。

可燃性气体在充足的氧气前提下，并在一定温度的催化剂表面就能产生无焰燃烧。瓦斯浓度在爆炸下限以内，催化燃烧的热量与瓦斯浓度呈比例关系。目前这种类型是我国瓦斯检测仪器的主导型，如：AJB－2、XJ1、AXZ－1B、AZJ－2000 型。

3）热导型。

每种气体都有固定的热导率，混合气体的热导率也随混合的比例而相应地改变。利用瓦斯与空气的热导率的不同而用灵敏度很高、热容量很小的热敏元件测定温度的变化，从而测出瓦斯浓度。由于各元件的工作温度一般不超过 180℃，因此这类仪器为本质安全型，更适合于高浓度瓦斯的检测。如 AQJ－1、JC/DB－1 型。

2. 瓦斯警报仪

由于瓦斯警报仪首先应具备检测功能，其中工作原理同瓦斯检测仪，但在实际应用中只有催化燃烧和热导型。

3. 瓦斯断电仪

目前实际应用中大多数瓦斯断电仪采用热催化燃烧型，其中大部分采用载体催化元件，少部分采用铂丝催化元件。只有少数采用热导原理。随着风电连锁功能的需要，要求在瓦斯浓度超限时仍允许传感元件的连续监测，而热催化元件已难胜任（不能监测高浓度瓦斯和防爆性能达不到本质安全型的要求）。因此，近年来，在具有风电连锁的瓦斯断电仪上，已逐渐出现热载催化与热导型相结合的新型断电仪。

（二）其他气体测定器

1. 比长式气体测定器

目前各种比长式气体测定器均采用线性比色法原理，即以某种物质为载体（如活性硅胶、

表 8—13—1　风　表

序号	仪表名称	型号	用途及适用条件	风速测量范围 (m/s)	起动风速 (m/s)	平均风速的订正值 (m/s)	外形尺寸 长×宽×高 (mm)	重量 (kg)	生产厂家	备注
1	高速风表（三杯风向风速表）	DEM6	用于测风向和平均风速	1～30	≮0.8～1	风向±10° 风速≯0.4	360×70×75	0.5	天津气象海洋仪器厂	测量风向 0°～360°
2	高速风表	DFA—4	主要用于矿井、坑道、厂房等测量平均风速	1～25	≮0.8	≮±(0.8+0.05×风速)	φ70×39		鞍山市铁东光学仪表厂	
3	微速风表	DFA—3	主要用于矿井、坑道、厂房等测量平均风速	0.3～5	≮0.2	≮±(0.2+0.02×风速)	φ70×39	0.3	鞍山市铁东光学仪表厂	
4	中速风表	DFA—2	主要用于矿井、坑道、厂房等测量平均风速	1～10	≮0.5	≮±(0.5+0.02×风速)	φ70×39	0.3	鞍山市铁东光学仪表厂	
5	高中速风表	AFC—121	测量巷道的平均风速也可供其他通风工程测量用	0.5～25	≮0.5	−10%～±10%	φ80×50	0.3	重庆煤科分院	
6	中速风表	EM90	用于矿山测量风速	0.5～10	≮0.3	≮0.4	160×140×70	0.65	天津气象海洋仪器厂	
7	便携式数字风表	EY11B	测量瞬时风速	1～30	≮0.8	0.5×0.02V	传感器 94×94×170 数显器 37×80×120	0.1 0.2	天津气象海洋仪器厂	
8	风速检测仪	SF—C	用于矿山测量风速	0～15	<0.2		迎风部分 200×φ23 指示部分 190×94×82	1.2	沈阳光学电子仪器厂	
9	电子翼式风速计	MSF—1	测量瞬时风速	0.5～25		≮±(0.2+0.02×风速)	240×65×30	0.35	鞍山市光学仪表厂	
10	超声风速仪	FC—C1	测量瞬时风速	0.4～15		≮±(0.1+0.02×风速)	探头 120×96×43 主机 350×250×120	20	哈尔滨自动化成套控制设备厂	可遥测 100m

表 8-13-2　风 速 表、管 校 验 仪

序号	名称	型号	用途及适用条件	工作段流速范围 (m/s)	测量段流速范围 (m/s)	外形尺寸 长×宽×高 (mm)	重量 (kg)	生产厂家
1	风速表、管校验仪	SFY-I	测量和校验风速表与皮托管	0~12	0~40		500	鞍山市光学表厂
2	风速表、管校验仪	DJM13	专门用于检定 DEM6 及其他可以放进的风表	0.5~30	0.5~30	1500×500×600		天津气象海洋仪器厂
3	风洞	EDE14	校验风速表、风速管及空气动力学试验	0.1~40	0.1~40	2800×680×1420	132	天津气象海洋仪器厂
4	风洞	XRS	校验风速表、风速管及空气动力学试验	0.2~30	0.2~30	15000×8000×4000		鞍山市光学表厂

表 8-13-3　超 声 波 旋 涡 风 速 传 感 器

序号	型号	用途	风速测量范围 (m/s)	就地显示方式 (m/s)	信号输出 (DC)	电源 (V)	耗电功率 (W)	测量精度 (m/s)	外形尺寸 长×宽×高 (mm)	重量 (kg)	生产厂家	备注
1	FC-1	可对风速长期连续检测，并有相应的电信号供远传，同时具有就地数字显示功能。适合各级瓦斯矿井使用	0.4~15	3位数字 最小读数 0.1	0~1V 0~100mV 0~160mV	DC 15~28	2	$\pm(0.1+2\%\times$风速$)$	主机：350×250×120 测头：120×96×63	20	哈尔滨自动化成套控制设备厂	成套仪器：主机1个 测头1个
2	CW-1	同上	0.3~15	3位数字 LED	1~5mV	DC 18~24	1.4	满量程的±1%	230×80×60	2	重庆煤科分院	主机、测头一体

表 8—13—4 矿井通风多参数检测仪

序号	型号	用 途	测量范围	测量分辨率	测量精度	外形尺寸(mm)	重量(kg)	生产厂家
1	JFY	同时测定井下绝对压力、相对压力、风速、温度、湿度以及时间,便携式使用	绝对压力:800~1200hPa 相对压差:±4000Pa 温度:-30℃~+40℃ 湿度:50%~99%RH 风速:0.4~15m/s 时间:能显示月、日、时、分秒	绝对压力:0.1hPa 相对压差:1Pa 温度:0.1℃ 湿度:1% 风速:0.1m/s	绝对压力:±1hPa 相对压差:±10Pa 温度:±0.5℃ 湿度:±4% 风速:<5m/s 为±0.2m/s 5~10m/s 为≤±0.3m/s >10m/s 为≤0.5m/s	240×110×240	≤3.5	太原大行矿务局大行仪表厂

表 8—13—5 矿井主扇性能测定仪

序号	型号	用 途	干温度传感器		湿温度传感器		大气压力传感器		负压传感器		电压传感器		转速传感器		风速传感器		生产厂家
			范围	误差	范围	误差	范围	误差	范围	误差	范围	误差	范围	误差	范围	误差	
1	KSC-2	用于现场测定风机的性能参数,也可用于风机生产厂家进行风机出厂性能测定	-10~+40℃	≯0.5℃	-10~40℃	≯0.5℃	0~150 kPa	0.5%	0~10 kPa	≯20Pa	0~5A	1.00%	0~10000 rpm	≈0	0.6~30m/s	2.5%	中国矿业大学

活性氧化铝等），吸附带有变色指示剂的能与特定气体起反应的溶液（如测定一氧化碳用碘酸钾和发烟硫酸，而二氧化碳用氢氧化钙），充填并密封于检定管。当含有特定气体通过检定管时，就与溶液起化学反应，使原来的药柱变色，变色的长度与气体的浓度成正比，这样就可测定气体的浓度，如 AQJ－50 型、DQJD－1 型等。

2．定电位电解式气体测定器

目前此类仪器主要用于一氧化碳的测量，其主要部件为一氧化碳传感元件（既定电位电解电池），当一氧化碳气体扩散渗透到传感元件内部，在工作电极与测量电极之间即产生微小的电流，其大小与一氧化碳的浓度成正比，这样就可测出其浓度大小。如 KG3013、AT2 型等。

各类瓦斯及其他气体检测仪器详见表 8－13－6～表 8－13－35。

三、粉尘检测

粉尘检测仪器从原理上区分有滤膜称重法、光吸收法和光散射法三种，其中滤膜称重法为基本方法，其他方法均以此作为基准。

（一）滤膜称重法

滤膜称重法是抽取一定体积的含尘空气，将粉尘阻留在已知质量的滤膜上，由采样后滤膜的增量来求出单位体积空气中粉尘的质量，其计算方法如下式所示：

$$C=\frac{m_2-m_1}{Q \cdot t}\times 1000 \qquad (8-13-1)$$

式中　C——粉尘质量浓度，mg/m^3；

m_1——采样前的滤膜质量，mg；

m_2——采样后的滤膜质量，mg；

Q——采样流量，L/min；

t——采样时间，min。

（二）光吸收法

其原理是利用粉尘对光的透射性来获得透射光与被测粉尘的质量浓度的对应关系。

（三）光散射法

则是利用粉尘对光的散射特性来获得散射光与被测粉尘的质量浓度的对应关系。

各类粉尘检测仪器详见表 8－13－36～表 8－13－42。

四、矿山压力及地质测量

矿山压力及地质测量按其被测对象可分为：支护阻力测量仪器、围岩变形测量仪器、岩体应力及冲击地压检测仪器，各类仪器仪表详见表 8－13－43～表 8－13－44。

五、矿山救护

（一）呼吸器

呼吸器是矿山救护队的基本技术装备，对提高矿山救护队的作战能力、迅速有效地处理矿井事故、保护职工安全和国家财产起着积极作用。目前实际应用的各种呼吸器基本上可分为两大类：即氧气呼吸器及空气呼吸器，其中氧气呼吸器应用最为广泛。其原理分述如下：

1．氧气呼吸器

表 8-13-6　甲 烷 检 测 仪
（催化燃烧）

序号	型号	应用原理	检测范围 (%)	检测精度	检测反应时间 (s)	防爆类型	显示方式	电源	进气方式	传感元件寿命	外形尺寸 (mm)	重量 (g)	生产厂家
1	AW	铂热催化	0~5 5~100 (估测)	0%~2% ±0.2% 2%~3% ±0.3% 3%~5% ±0.3% 5%~100% ~+1%（估测）	3		电表指针显示	镉镍蓄电池	吸气靠手动吸气	>6个月	110×75×55	420	抚顺煤矿安全仪器厂
2	AW（数字式）	低浓度载体催化 高浓度：热导	0~5 5~100	0%~1% ±0.1% 1%~2% ±0.2% 2%~4% ±0.3% 4%~100% ±0.5%	15	dib I (150C)	LED数字显示	GNY 0.45×4	电泵吸气	催化元件>1年 热导元件10年	140×80×46	560	抚顺煤矿安全仪器厂
3	AW（数字式）	载体催化	0~4	0%~1% ±0.1% 1%~2% ±0.2% 2%~4% ±0.3%	15	dib I (150C)	LED数字显示	GNY 0.45×4	自由扩散	>1年	115×66×26	230	抚顺煤矿安全仪器厂
4	SJ-1（数字式）	载体催化	0~4 红光报警	0%~1% ±0.1% 1%~2% ±0.2% 2%~4% ±0.3%	7		LED数字显示	GNY-1 2.6V	自由扩散		160×80×74	800	西安煤矿仪表厂
5	SWJ-1（数字式）	载体催化	0~4	0%~2% ±0.1% 2%~3% ±0.2% 3%~4% ±0.3% 分辨率0.01%CH_4			LED数字显示	GNY-0.5	自由扩散		135×75×37	450	江西吉安电讯器材厂 萍乡市无线电厂
6	AZJ-9113	催化燃烧	0~5	0%~2%≤0.1% 2%~3.5%≤0.2% 3.5%~5%≤0.3%	≤30	ibd I	3位LED液晶	GNY-0.5	自由扩散	>1年	115×60×25	215	重庆煤科分院

续表

序号	型号	应用原理	检测范围 (%)	检测精度	检测反应时间 (s)	防爆类型	显示方式	电源	进气方式	传感元件寿命	外形尺寸 (mm)	重量 (g)	生产厂家
7	W821	低浓度载体催化 高浓度：热导	0~5 5~10	0%~2% ±0.1% 2%~5% ±0.2% 5%~30% ±0.3% 30%~100% ±10%			电表指示	GNY	气囊手动吸气	>6个月	133×6×40	500	呼兰县煤矿安全器材厂
8	M502	低浓度载体催化 高浓度：热导	0~2 1.6~5.0	0%~2% ±0.1% 1.6%~5% ±0.5%	6s/1m 9s/2m 12s/3m		电表指示	DKZ-500 ×3	电泵吸气 0.3L/min		142×82×46	540	德国AVER、CO
9	ABD-31 (数字式)	载体催化	0~3	0%~1% ±0.1% 1%~2% ±0.2% 2%~3% ±0.3%		KHB	LED 数字显示	GNY0.5 ×4	手动、自动吸气	>6个月	159×86×32	400	上海电表厂
10	XJ1 (数字式)	载体催化燃烧	0~4	0%~1% ±0.1% 1%~2% ±0.2% 2%~4% ±0.3% 报警点>1%		did I (150C)	LED 数字显示	GNY0.5 ×3	周期显示 10s 间歇35s	>1年	110×70×30	260	阳泉煤矿安全仪器制造公司
11	AJB-1	催化燃烧	0~3	0%~1% ±0.1% 1%~2% ±0.2% 2%~3% ±0.3%	≤30	Lbd I	三位液晶	GNY 2×2	自由扩散	>1年	156×77×40	580	重庆煤科分院
12	AJB-2	催化燃烧	0~3	0%~1% ±0.1% 1%~2% ±0.2% 2%~3% ±0.3%	≤30	Lbd I	三位液晶	GNY 0.5Ah×4	自由扩散	>1年	100×60×30	260	重庆煤科分院

表8-13-7 光干涉甲烷检测仪

序号	型号	测量范围 (%)	基本误差 (%)	读数方式	光 源	电 源	气室长度 (m)	外形尺寸 (mm)	重量 (kg)	生产厂家
1	AQG-1	0~10	0~1 ±0.05 1~4 ±0.10 4~7 ±0.20 7~10 ±0.30	有测微机构 最小读数 0.02%CH₄	特制1.35V扁型白炽灯泡	R20型(1号)干电池1节	120	225×195×70	1.8	抚顺煤矿安全仪器厂 沈阳光学电仪器厂
2	AQG-1A	0~10	0~1 ±0.05 1~4 ±0.10 4~7 ±0.20 7~10 ±0.30	有测微机构 最小读数 0.02%CH₄	特制1.35V扁型白炽灯泡	R20型(1号)干电池1节	120	225×195×70	1.8	抚顺煤矿安全仪器厂
3	AQG-2	0~10	0~1 ±0.05 1~4 ±0.10 4~7 ±0.20 7~10 ±0.30	在分划刻度上直接读小数,最小读数 0.02%CH₄	普通2.5V手电筒灯泡	R14型(2号)干电池2节	100	180×85×36	0.9	抚顺煤矿安全仪器厂
4	AQG-3	0~100	0~1 ±0.05 10~40 ±1.0 40~70 ±2.0 70~100 ±3.0	有测微机构 最小读数 0.2%CH₄	特制1.35V扁型白炽灯泡	R20型(1号)干电池1节	120	225×195×70	1.8	抚顺煤矿安全仪器厂
5	GWJ-1	0~10	0~1 ±0.05 1~4 ±0.10 4~7 ±0.20 7~10 ±0.30	有测微机构 最小读数 0.02%CH₄	特制1.35V扁型白炽灯泡	R20型(1号)干电池1节	120	225×195×70	1.8	西安煤矿仪表厂

续表

序号	型号	测量范围 (%)	基本误差 (%)	读数方式	光源	电源	气室长度 (m)	外形尺寸 (mm)	重量 (kg)	生产厂家	备注
6	GWJ-1A	0~10	0~1 ±0.05 1~4 ±0.10 4~7 ±0.20 7~10 ±0.30	有测微机构最小读数 0.02%CH_4	普通2.5V手电筒灯泡	R20型（1号）干电池1节	120	225×195×70	1.8	西安煤矿仪表厂	
7	GWJ-2	0~100	0~10 ±0.5 10~40 ±1.0 40~70 ±2.0 70~100 ±3.0	有测微机构最小读数 0.02%CH_4	普通2.5V手电筒灯泡	R20型（1号）干电池1节	22	225×195×70	1.8	西安煤矿仪表厂	

表 8-13-8　智能化瓦斯检测记录仪

序号	型号	测量范围 (%)	用途	测量精度 (%)	报警方式	打印功能	存贮容量	外形尺寸 (mm)	重量 (kg)	生产厂家
1	AZWJ-1	0~3		±0.1	声光	可打印测量数量和图表	1000个数试数据	120×50×180	1.0	瑞安华侨电器仪表厂 常熟电子仪器厂

表 8-13-9　瓦斯检测警报器

序号	型号	用途	测量范围(%)	测量误差(%)	报警可调范围(%)	警报误差(%)	警报方式	工作时间(h)	外形尺寸(mm)	重量(kg)	生产厂家
1	AZJ-2000	连续监测井下瓦斯浓度，超限时发声、光警报信号	0~5	0~2　<0.1 2~3.5　≤0.2 3.5~5.0　≤0.3	0.5~3	≤0.15	声光	≥12	115×60×25	0.215	重庆煤科分院
2	AZJ-95A	连续监测井下瓦斯浓度，超限时发声、光警报信号	0~5	0~1.25　≤0.1 1.25~5　≤10	0.5~3	±0.1	声光	≥10	135×66×28	0.25	重庆煤科分院
3	JC/DB-1	连续监测井下瓦斯浓度，超限时发声、光警报信号	0~100	1.00~2.00　≤0.2 2.00~4.00　≤0.3 4.00~100　≤10	0.5~3	±0.1	声光	≥9	140×50×28	0.28	重庆煤科分院
4	AZJ-91	连续监测井下瓦斯浓度，超限时发声、光警报信号	0~5	±0.1~±0.3	1	±0.1	声光	8			重庆煤科分院
5	AZJ-92	连续监测井下瓦斯浓度，超限时发声、光警报信号	0~5	±0.1~±0.3	0.5~2	±0.1	声光	12			重庆煤科分院
6	ACB-2	连续监测井下瓦斯浓度，超限时发声、光警报信号	0~5	0~2　±0.1 2~3　±0.2 3~5　±0.35	0.5~2	±0.1	声光	8	140×72×33	0.33	重庆无线电二厂
7	AJW-1	连续监测井下瓦斯浓度，超限时发声、光警报信号	0~4	±0.1~±0.3	≥0.1	±0.1	声光	3	93×58×22	0.24	镇江煤矿专用设备厂
8	AQJ-9	连续监测井下瓦斯浓度，超限时发声、光警报信号	0~4	±2	0.5~3	±0.25	声光	9	200×106×56	1.2	抚顺煤矿安全仪器厂
9	AQJ-1	连续监测井下瓦斯浓度，超限时发声、光警报信号	0~3	0~1　±0.1 1~2　±0.2 2~3　±0.3	0.5~3	±0.1	声光	27	300×90×80	2	沈阳光学电子仪器厂
10	SD-3	连续监测井下瓦斯浓度，超限时发声、光警报信号	0~3	±0.25	0.5~3	±0.1	声光	27	300×90×80	2	沈阳光学电子仪器厂
11	DMA-1	连续监测井下瓦斯浓度，超限时发声、光警报信号	0~5	0~1　±0.1 1~5　其值的10	0.5~2.5	±0.1	声光	8			浙江省煤矿安全仪器设备公司

表8—13—10　瓦斯检定器校正仪

序号	型号	用途	校验范围	测量误差	气密性	电源电压	外形尺寸(mm)	重量(kg)	生产厂家
1	GJX-2	用于校验光学瓦斯检定器的精度气密性，以及干涉条纹变化	0%~10%CH₄	误差绝对值小于被检仪器基本误差绝对值的2/5	700mmH₂O压力3min水柱不下降	初级交流电压220V，次级电压分别为1.5V、2.5V、6.3V	220×160×380	7.5	西安煤矿仪表厂
2	AJW-10	用于校正瓦斯检定器的基本误差和检查吸气系统的气密性	0%~10%CH₄	水柱高度0~52.7 允差±1 水柱高度52.7~711 允差±2 水柱高度211~369.1 允差±3 水柱高度369.2~527.4 允差±4			210×200×410	4	抚顺煤矿安全仪表厂
3	JZG-1	用于检定、校准光学瓦斯检定器	0%~10%CH₄	0%~4% ±0.015 4%~10% ±0.06	7000Pa压力大3min压力不下降		300×400×900	15	重庆煤科院

表8—13—11　瓦斯检定器综合校验台

序号	型号	用途	水柱压力校验(710mmH₂O)	标准气样配备	高低温度试验	气密试验	颤震试验	生产厂家
1	WZX-2	依据国标MT28—79光干涉型甲烷测定器技术条件的要求而研制 广泛用于煤炭安全系统的仪器修校工作	7kPa	0.5~95%CH₄	-10~40℃	7kPa	50~200Hz	西安煤矿仪表厂

表 8-13-12 头灯式瓦斯报警仪

序号	型号	用途	报警范围(%)	报警误差(%)	响应时间(s)	报警方式	连续工作时间(h)	外形尺寸(m)	重量(kg)	生产厂家	备注
1	KSW₁S (A)	连续性监测瓦斯，尤其适用于班长、管理干部	0.5~3	≤±0.1	<20	声光报警	>11		1.82	广东煤矿安全仪器厂	重量包括矿灯
2	KSW₁	连续性监测瓦斯，尤其适用于班长、管理干部	0.5~2.5	≤±0.2	<20	灯光闪动	>11			焦作矿灯厂	
3	KSW-8A₁	连续性监测瓦斯，尤其适用于班长、管理干部	0~3	≤±0.2	<20	灯光闪动	>11	190×54×152	1.90	镇江煤矿专用设备厂	
4	KSW-8	连续性监测瓦斯，尤其适用于班长、管理干部	0~1.5	≤±0.2	<10	灯光闪动	>10	135×54×223	2.0	抚顺矿灯厂	重量包括矿灯
5	KDJ-3 KDJ-3B	连续性监测瓦斯，尤其适用于班长、管理干部	0.5~2	≤±0.2	<20	灯光闪动	>11			重庆煤科分院	
6	KDJ-J3	连续性监测瓦斯，尤其适用于班长、管理干部	0.5~2	≤±0.2	<20	灯光闪动	>11			重庆煤科分院	
7	KSW-8S	连续性监测瓦斯，尤其适用于班长、管理干部	0.5~1.5	≤±0.1	<20	灯光闪动	>11	76×34×24		常熟电讯设备厂	
8	KSW10(S)	连续性监测瓦斯，尤其适用于班长、管理干部	0.5~1.5	≤±0.1	<20	声光报警	>11	148×61×202	2.4	抚顺煤科分院	装有矿灯短路保护器及灯泡破碎自动断电装置

表 8-13-13 便携式复合气体检测报警器

序号	型号	用途	测定气体	测定范围	指示精度(%)	警报点	警报指示	电源电压(V)	连续使用时间(h)	外形尺寸(mm)	重量(kg)	生产厂家	备注
1	GX-82CO	仪器为便携式微处理器机自动控制仪器，适用于检测可燃气体，如O₂、CO气体	氧气 可燃性气体 一氧化碳	0~40% 0~99% 0~155PM	±0.7% ±10% ±10%		声光	3 (2节干电池)	8	90×51×182	0.7	沈阳光学电子仪器厂	

表8-13-14　瓦斯断电仪

序号	型号	用途	测量范围 (%)	断电点范围 (%)	断电误差 (%)	主机电源 (V)	主机功率 (W)	使用环境条件 湿度 (%)	温度 (%)	外形尺寸 (长×宽×高)(mm)	重量 (kg)	生产厂家	备注
1	ACD-2,3气车载式瓦斯报警断电装置	可连续监测机车所在位置瓦斯浓度，当超限时发出声光报警，并切断机车电源	0~2.5	0.3~2.0	±0.1	24 -0.5 +1.6	≤30	≤98	0~35	240×210×130	6	重庆煤科分院	ACD-2用于2.5t机车，ACD-3用于5t和8t机车
2	AK201-A瓦斯断电仪	可连续监测矿井中瓦斯浓度，当超限时，发出声光报警，并切断断电源	0~4.0	0.5~3.0	±0.1	24	≤15			433×296×183	40.3	抚顺煤矿安全仪器厂	
3	AGD-1ZA组合瓦斯断电仪	可连续监测矿井中瓦斯浓度，当超限时，发出声光报警，并切断采煤机电源	0~4.0	0.5~3.0	±0.1	660+10% 380 127-15%	≤100	≤98		576×408×345	70	抚顺煤矿安全仪器厂	由6个断电单元和1个共用报单元组成
4	AQD-1采煤机瓦斯断电控制仪	可连续监测采煤机周围瓦斯浓度，当超限时出声光报警，并切断采煤机电源	0~4.0	1.5~2.5	±0.1		≤15			290×305×130	30	抚顺煤矿安全仪器厂	
5	AWD-3瓦斯报警断电仪	可连续监测机车在位置，当超限时，出声光报警，并切断机车电源	0~4.0	0.3~2.0	±0.2	660/380 660/127 660/36	≤60			325×350×300	32	淮南市无线电一厂	
6	MJC-100A1组合瓦斯警报断电仪	可连续监测机车在位置，当超限时，发出声光报警，并切断机车电源	0~2.5	0.5~2.0	±0.1	660/380	≤60			257×132×144	3.2	西安煤矿仪表厂	该厂还生产AQD-1Z组合瓦斯警报断电仪
7	MJC-100A2组合瓦斯警报断电仪	可连续监测机车在位置，当超限时，发出声光报警，并切断机车电源	0~4.0	0.5~2.0	±0.1	660/380	≤60			257×132×144		西安煤矿仪表厂	

表 8—13—15 甲烷—氧气两用报警仪

序号	型号	用途	CH₄	O₂	报警方式	使用温度	防爆型式	外形尺寸 (mm)	重量 (kg)	生产厂家
1	JJY—1	用于矿山井下使用，测定CH₄、O₂等两种气体；具有手动开关测定和自动转换功能，任一种气体显示超限报警优先	检测范围：0%~4% 测定误差： 0%~1%误差≤0.1% >1%~2%误差≤0.2% >2%~4%误差≤0.3% 分辨率：0.01% 报警设定值：0.5%以上任选 响应时间：30s 采气方式：扩散式 浓度指示方式：液晶数字	检测范围：0~25% 测定误差：≤±0.5% 分辨率：0.1% 报警设定值：18% 响应时间：15s 采气方式：扩散式 浓度指示方式：液晶数字	指示灯蜂鸣器	0~40℃	矿用隔爆兼本安型	70×35×153	0.51	惠州华威电子企业有限公司

表 8—13—16 智能化便携式瓦斯—氧气检测报警仪

序号	型号	用途	测量范围		基本误差		报警点		报警方式	工作方式	工作时间 (h)	元件使用时间	生产厂家
			CH₄	O₂	CH₄	O₂	CH₄	O₂					
1	DMA—I	采用低功耗单片计算机技术，具有高度自动化，能自动检测、报警、记录(10个点)	0~5%	0~25%	0~1%：±0.1%CH₄；1%~5%：其值的±10%	±0.5%	0.5%~2.5%：每0.05%任意可调	18%或按用户要求设定	声光	连续测量	>8	>1年	浙江省煤矿矿安全仪器设备公司

表 8—13—17　液晶数字氧气浓度计及测氧仪

序号	型号	用途	测定范围(%)	指标精度	显示方式	使用温度(℃)	使用压力范围(大气压)	电源电压(V)	外形尺寸(长×宽×高)(mm)	重量(kg)	生产厂家	备注
1	XO—326A	用于煤矿井下氧气浓度的精密测量	0~40	±0.7	三位液晶数字	0~+40	<2	9	66×170×29	0.27	沈阳光学电子仪器厂	
2	AY—1B	用于煤矿井下氧气浓度的精密测量	0~25	±1	三位液晶数字	0~40	11	9	120×62×40	0.25	抚顺煤矿安全仪器厂	
3	AYJ—91	用于煤矿井下氧气浓度的精密测量	0~25	±3.5	三位液晶数字	0~40	<2				重庆煤科分院	
4	AOY—1	用于煤矿井下氧气浓度的精密测量	0~25	±0.5	三位液晶数字	0~40		9		0.22	重庆煤科分院	
5	CY—87A	用于煤矿井下氧气浓度的精密测量	0~25	±0.5	三位液晶数字	0~40		9	100×70×25	0.15	浙江省煤矿安全仪器设备公司	

表 8—13—18　CO 检定器

序号	型号	用途	测量范围(ppm)	测量误差(%)	反应时间(s)	使用条件 温度(℃)	使用条件 湿度(%)	传感器寿命(年)	电源 1	电源 2	外形尺寸(长×宽×高)(mm)	重量(kg)	生产厂家
1	AT2	用于煤矿井下工作面、回风巷、煤层自然发火区和密闭区中CO含量检测	0~50 0~500	±5 (20±5℃)	≤30 (20±5℃)	0~40	<98	1	5号干电池2节	SR44氧化银电池1节	156×106×47	0.7	抚顺煤矿安全仪器厂
2	ABQ (CO)	测量巷道中CO含量,测量作业迅速、携带方便	100	0~200 ±2ppm 20~200 ±4ppm 200~1000 测量值的±5%		0~40	<98	2			110×56×23	1.2	重庆煤科分院
3	MYJ	可连续或同断检测煤矿井下CO含量	0~500 0~1000	<5	30	0~40	<98	>1	6F22型 9VDC		132×67×30	0.2	抚顺煤科分院

表 8-13-19 多种气体检定器

序号	型号	用途	检测气体浓度	一次动作吸气体积 (mL)	外形尺寸 (mm)	重量 (kg)	生产厂家	备注
1	DQJD-1	适用于煤矿井下测量空气中 CO、CO_2、H_2S 等有害气体的浓度	CO: 0.0005%~1% CO_2: 0.0005%~10%	50±1.5	120×60×40	0.35	西安煤矿仪表厂	
2	AZD-1	适用于煤矿井下测量空气中 CO、CO_2、H_2S 等有害气体的浓度	CO: 0~500ppm H_2S: 0~100ppm O_2: 1%~25% CH_4: 0%~5%		73×34×159	0.37	重庆煤科分院	
3	ZB1	用高浓度甲烷和空气配制 1%~4% 甲烷三级标准气			390×310×310	8	抚顺市平宇安全装备厂 0413-7692260	标准气校体配气检验装置

表 8-13-20 煤矿专用气相色谱仪

序号	型号	用途	最小检测浓度 (ppm)	基本漂移 (mV/0.5h)	程序升温控制 (C)	分析周期 (min)	主机外形尺寸 (mm)	重量 (kg)	生产厂家	备注
1	GC-4008	可分析矿井大气中 H_2、O_2、N_2、CH_4、CO_2、NO_2、H_2S、C_2H_6、C_2H_4、C_3H_6、C_2H_2 等，用于自燃发火的预测、封闭区内火势动态的判断、瓦斯爆炸危险性的判别以及配气站标准气的标志等	$H_2 \leq 5$ $CH_4 \leq 100$ $CO \leq 0.5$ $CO_2 \leq 2$ $C_2H_4 \leq 0.1$ $C_2H_2 \leq 0.5$	热导检测器 ≤0.5 氢焰检测器 ≤0.3	20~400 (8阶) 温度指示偏差<1%	10	455×577×540	45	北京东西电子所 010-62881688 抚顺煤科分院	全套包括：主机、A4800型数据处理机、色谱机、转化炉和流通阀等 具有两种检测器同时使用和并井三柱同时进样的功能

表 8-13-21　氢氧化钙分析仪

序号	型号	用途	吸收率测定仪器		二氧化碳含量测定仪器		水分含量测定仪器		全套重量 (kg)	生产厂家	备注
			目的	成套性	目的	成套性	目的	成套性			
1	QF	本仪器系矿山救护队的化验设备。用来检验氢氧化钙的二氧化碳和水分含量，以保证其安全性	检验氢氧化钙对二氧化碳的吸收率是否≥30%	吸收率测定装置 探针取样器具 标准套筛 $\phi 3 \sim 7mm$	检验氢氧化钙中的二氧化碳含量是否≤4%	二氧化碳反应装置 二氧化碳分析装置	检验氢氧化钙中的水分含量是否在15%~21%之间	分析天平（精度万分之一）烘箱0~300℃烘干样样及干燥器等	约55	抚顺煤科分院	本套仪器为执行《煤矿安全规程》第503条和《煤矿救护规程》第249条对氢氧化钙的要求设计

表 8-13-22　气体化验车

序号	型号	用途	化验车简介	汽车	分析仪器	数据处理机	供电电源	生产厂家	备注
1	YH5020KJ-1	矿山救护队处理事故时，本化验车能及时到达井口，对井下采集的气样进行分析，判断井下空气是否存在爆炸危险性，判断密闭火区熄灭程度，为启封提供依据，检验注氮（或惰气）防灭火的效果等等	用燕京620A型面包车改装。车内配有常量色谱仪、微量色谱仪、数据处理机、打印机、显示器、载气、标准气样以及必要的辅助器材，构成一个完整的工作化验室。车内仪器装在工作台上，配有小型配电盘以及外接电缆，化验车到达现场接通电源即可开始工作	最大功率：75HP 百公里耗油量：14.5L 最高时速：100km/h 制动距离：车速30km/h时≤6.5m 车速50km/h时≤17.5m	常量色谱分析组分：O_2, N_2, CO_2, CO, CH_4, C_2H_4, C_2H_2; 微量色谱分析组分：C_3H_6 仪器最小检知量：CO: 1ppm, C_2H_4: 0.2ppm, C_2H_2: 1ppm 分析相对误差：≤4%	主机：486兼容机 内存：4M 硬盘：650M 驱动器：1.2M+1.44M 显示器：14寸0.28彩显 键盘：101键 打印机：24针窄行 LQ150k型	220V 2500W	抚顺煤科分院	要求配警灯，外加3000元

表 8—13—23　红外线气体分析仪

序号	型号	用途	测量范围(%)	精度(%)	基本误差(%)	稳定性	重复性	反应时间(s)	指示方式	消耗功率(VA)	供电电源(V)	外形尺寸(宽×深×高)(mm)	使用环境温度(℃)	重量(kg)	生产厂家	备注
1	FQC—CO_2	用于连续范围测定%内的CO_2气体浓度	0~100	3	≯±5	48h内≯±5%	≯±3%	≯15	真读式	120	220	310×210×430	5~40	20	佛山分析仪器厂	价格不包括二次记录在内
2	FQC—CO	用于连续范围测定%内的CO气体浓度	0~100	3	≯±5	48h内≯±5%	≯±3%	≯15	真读式	120	220	310×210×430	5~40	20	佛山分析仪器厂	价格不包括二次记录在内
3	FQC—CH_4	用于连续范围测定%内的CH_4气体浓度	0~100	3	≯±5	48h内≯±5%	≯±3%	≯15	真读式	120	220	310×210×430	5~40	20	佛山分析仪器厂	价格不包括二次记录在内
4	FQW—CO_2	用于连续测定ppm范围内的CO_2气体浓度	0~50	5	≯±5	48h内≯±5%	≯±3%	≯30	真读式	120	220	310×210×610	5~40	30	佛山分析仪器厂	价格不包括二次记录在内
5	FQW—CO	用于连续测定ppm范围内的CO气体浓度	0~100	5	≯±5	48h内≯±5%	≯±3%	≯30	真读式	120	220	310×210×610	5~40	30	佛山分析仪器厂	价格不包括二次记录在内
6	FQW—CH_4	用于连续测定ppm范围内的CH_4气体浓度	0~1	5	≯±5	48h内≯±5%	≯±3%	≯30	真读式	120	220	310×210×610	5~40	30	佛山分析仪器厂	价格不包括二次记录在内
7	QGS—OB	用于测定气体和蒸汽的相对浓度			≯±1		≯0.5%				220	483×293×264	0~45	18	北京分析仪器厂	

表 8—13—24 便携式爆炸三角形测定仪

序号	型号	用途	分析组分	分析精度 (%)	分析周期 (s)	防爆型式	外形尺寸 (mm)	主机重量 (kg)	生产厂家	备注
1	BMK—1	矿山救护队在井下从事封闭火区、启封火区，注氮（或惰气）或其他可能发生二次爆炸的作业时，本仪器可直接带到二次区测定出瞬时爆炸的危险性并预测其发展趋势	O_2 CH_4 CO_2	10	45	隔爆兼本安	56×191×161	2.2	抚顺煤科分院	全套包括：主机单片微机充电器

表 8—13—25 风电瓦斯闭锁装置

序号	型号	用途	测量范围	联网参数	传输距离 (m)	交流电源 (V)	防爆型式	外形尺寸 (mm)		重量 (kg)	生产厂家	备注
1	FDZB—1A	用于煤矿掘进工作面，实现风电闭锁和瓦斯闭锁。本装置能连续监测掘进工作面和与其相关巷道内的瓦斯浓度的开、以及局部通风机的开、停状态等，据此对风机和巷道内的电气设备进行控制	0%~4% ±0.1%~0.3% CH_4	模拟量输出 200~1000Hz 1~5mA3组 开关量输出 5mA（闭合） 1mA（断开）	≤1000	380~660	隔爆兼本安	主机 430×280×180	瓦斯传感器 225×180×85	46	抚顺煤科院	装置包括一台主机、一台警报器和三台瓦斯传感器，主机采用单片微机控制该装置故列为煤炭工业《100推》第43项

表8—13—26　瓦斯突出预报仪

序号	型号	用途	测量范围(Pa)	测量精度(%)	分辨率(Pa)	连续工作时间(h)	采样速率	数据储存容量	显示方式	防爆型式	生产厂家	备注
1	ATY	用于煤层突出危险性预测、防突措施效果检查	0~10000	±1.5	10	8	每5min测量一个煤样	3组共9个	液晶	本质安全型	重庆煤科分院	

表8—13—27　瓦斯突出综合预测仪

序号	型号	用途	MD—2型煤钻屑瓦斯解吸仪		ZLD—1型钻孔多级流量计		JN—1型胶囊封孔器		瓦斯放散初速度指标测定仪 ΔP	煤坚固性系数测定仪 f	全套重量(kg)	生产厂家	备注
			主要参数	用途依据	主要参数	用途依据	主要参数	用途依据					
1	MZJWF	用于预测采掘工作面、石门揭煤工作面和煤层区域突出危险性 用于防突措施效果检验	煤样粒度 1~3mm 煤样重量 10g 最大压差 2kPa 仪器精度 10Pa 外形尺寸 270mm×120mm×34mm 重量 0.8kg	用于测定钻屑瓦斯解吸指标 K_1、C，以预测掘进工作面和石门揭煤工作面突出危险性 依据细则第 26、28、29、32、34~37条	流量范围 0.1~100L/min 压差范围 0~1.6kPa 分辨能力 0.1Pa 外形尺寸 250mm×120mm×34mm 重量 0.8kg	用于测定钻孔瓦斯初涌速度或涌出特征，以预测工作面突出危险性 依据细则第 29~31、33~35、37、38条	封孔深度 ≤10m 封孔直径 40~60mm 封闭压力 0.05MPa 胶囊充气 0.15~0.2MPa 外形尺寸 φ150×1050mm 重量 10kg	用于快速封闭钻孔，以测定钻孔瓦斯涌出初速度或涌出特征 依据细则第 29~31、33~35、37、38条	用于测定指标值 ΔP 和 f 值，以预测煤层的突出危险性，也用于预测石门揭煤工作面突出危险性 依据细则第 10、17、21~23、25~27条 附注：全套39kg，其他参数见选型表中区域瓦斯突出预测仪		71	抚顺煤科分院	细则是指煤炭工业部安字(1995)30号文颁发的《防突细则》 被选为90~95年同煤炭工业《100推》第43项

表 8—13—28 钻 孔 瓦 斯 流 量 仪

序号	型号	用途	测量范围 (L/min)	测量精度 (L/min)	测量方式	连续工作时间 (h)	仪器型式 防爆型式	仪器型式 型式	外形尺寸 (mm)	全套重量 (kg)	生产厂家	备注
1	DMF	用于煤矿井下测定煤层(或岩石)钻孔的自然瓦斯流量和《防治煤与瓦斯突出细则》中规定的钻孔瓦斯涌出初速度 q 值	0~20	±0.5	1. 定时测量,测量 2min 后自动停止并保持测出的数据 2. 连续测量过程连续测量,可随时显示数据	8	矿用本安	携带式	检测器 φ50×130 主机 190×118 ×64	1.85	抚顺煤科分院	本仪器采用进口热导元件,实现了无阻力瞬时测定瓦斯流量

表 8—13—29 瓦斯解吸仪及配套取样装备

序号	型号	用途	瓦斯解吸仪	取样装备	全套重量 (kg)	生产厂家	备注
1	GWRVK —2	用于井下采掘工作面,测定煤层瓦斯含量和突出危险性指标 K_1,K_4,V_1 等。为煤矿的瓦斯抽放和防突措施有效地确定基础参数,还可预测工作面前方突出危险性	测量范围:0~50mL/min 测量精度:1% 分辨率:0.5mL/min 采集点数:35 个 微机容量:ROM8K,RAM8K 存储数据:15 组 测定周期:6min 工作时间:≥8h(连续) 供电方式:1.8Ah 镉镍电池 10 节 防爆本安:矿用本安 外形尺寸:250×140×67 (mm) 主机重量:2kg	取样深度:0~10m 取样风压:≥0.35MPa 取样粒度:1~3mm 取样重量:约 20g 取样时间:10s 取样点准确度:±10cm 取样器外形尺寸:650×470× 170 (mm) 取样器重量:10kg	57	抚顺煤科分院	瓦斯解吸仪包括:主机、单片微机、微型打印机、充电器和空样罐等 取样装备含:煤粉取样器、空心螺旋取样杆和特制钻头等

表 8—13—30　瓦 斯 压 力 测 定 仪

序号	型号	用途	测定压力(MPa)	粘液缸压力(MPa)	封孔深度(m)	液体封孔段长度(m)	钻孔直径(mm)	每节钢管长(m)	外形尺寸(mm)	重量(kg)	生产厂家	备注
1	ACW—1	对各类矿井、不同煤层测定瓦斯压力	0~8.0	0~8.0	8	1.8	61~63	1.8	1950×370×250	140	镇江煤矿专用设备厂	

表 8—13—31　地勘用煤层瓦斯含量和成分测定仪

序号	型号	用途	AMG—1型 自动化瓦斯解吸仪(携带式) 解吸仪主机	打印机电源	气体集气仪	FH—4型真空脱气仪	LB801超级恒温器	球磨机	全套重量(kg)	生产厂家	备注
1	AMG	主要用于矿井生产和地质勘探部门在勘探煤层同时测定瓦斯含量和成分，也用于生产矿井测定煤层瓦斯含量和成分以及残存瓦斯含量	测量范围：0~7kPa 测量精度：±1.5% 分辨率：9.8Pa 工作时间：一次≥3h 仪器功能：计时、采样数据处理、显示、打印 外形尺寸：320mm×195mm×70mm 重量：2.5kg	电源型式：碱性电池 供电参数：DC5V、3A 外形尺寸：235mm×105mm×60mm 重量：2.9kg	集气瓶容积：800mL 储水瓶容积：1300mL 重量：3.5kg 煤样密封罐容积：410mL 密封压力：≥1.5MPa 重量：3kg	大量管：容积900×2=1800mL 刻度4mL 小量管：容积300mL 刻度2mL 外形尺寸：1030mm×640mm×120mm 重量：10kg	最高温度：95℃ 电压：220V 功率：1.5kW 外形尺寸：600mm×500mm×500mm 重量：15kg	附球磨罐：2个 外形尺寸：500mm×400mm×450mm 重量：30kg	123	抚顺煤科分院	全套仪器中还包括气相色谱仪和附属设备及真空泵等 参考价格中不包括气相色谱仪 测定煤炭方法按部标准MT77—84

表 8—13—32 抽瓦斯多参数监测控制系统

序号	型号	用途	瓦斯浓度		瓦斯流速		瓦斯压力		CO浓度		隔爆本安电源		外形尺寸(mm)		重量(kg)	生产厂家	备注
			范围(%CH₄)	精度(%)	范围(m/s)	精度(%)	范围(kPa)	精度(%)	范围(ppm)	精度	输入(V)	输出	主机	探头			
1	WCP85	可对瓦斯管道的瓦斯浓度、流量、压力、温度等参数进行长期连续检测,就地循环显示,有相应的电信号供远传,还可根据设计对瓦斯管道、抽放泵进行控制	0~100	±3	0.4~15	±1	±100	±2	0~100	±4	127/380 660	15V/450mA 或 18V 250mA	310×120×170	190×160×90	405	抚顺煤科分院	成套范围:工业控制机、打印机、接口及软件、分站电源箱、组合传感器、流量传感器、低浓传感器、水位传感器、控制柜、防爆电动阀

表 8-13-33　瓦斯泵站监控系统

序号	型号	用途	监测参数 指标	范围	精度	显示报警	系统供电	防爆型式	成套范围	主机外形尺寸(mm)	全套重量(kg)	生产厂家	备注
1	WCJX-1A	用于煤矿井下地面瓦斯抽放泵站,实现多参数集中监测。还可根据用户要求,对泵站的各种阀门实现自动控制,以及通过电话线实现实测数据远程通讯等	管道流量	全范围	1%	显示:变化曲线 数值 工作状态 日月报表 报警:对监测的参数都有声光报警	220V 500W	矿用本安	主机 WCJX-1A　1套 打印机 SV-868型　1台 差压传感器 P316　1只 高浓度传感器 AW401A型　1只 低浓度传感器 AW401A型　1只 正压传感器 D-1300型　1只 负压传感器 D-1300X型　1只 水压传感器 D-1200型　1只 温度传感器 BT524X型　3只 水温传感器 BT524型　1只 电压传感器 KV-1型　2只 电流传感器 KT-100型　2只 孔板 8~12寸　1块 不同断电源　1只 计算机图像监视系统(可选件)1套 (3只镜头,参考价格3万元) 送气阀控制器(可选件)　1套 (参考价格取决于所用的防爆电动闸阀数量,每只阀3万元) 放空阀控制器(可选件)　1件 (参考价格同上)	700×610×1240	150 (不包括可选件)	抚顺煤科分院	
			管道浓度	0~100%CH₄	2%								
			环境浓度	0~5%CH₄	1%								
			管道正压	0~0.2MPa	0.5%								
			管道负压	0~-0.1MPa	0.5%								
			正压温度	0~100℃	0.2%								
			负压温度	0~100℃	0.2%								
			泵轴温度	0~100℃	0.2%								
			泵水压力	0~0.3MPa	0.2%								
			供电电压	0~450V	0.5%								
			供电电流	0~100A	1%								
					0.5%								

表 8—13—34　高负压瓦斯采样器

序号	型号	用途	取气负压 (MPa)	外形尺寸 (mm)	重量 (kg)	参考价格 (元)	生产厂家	备注
1	FW—1	在负压状态下采集抽放瓦斯管路内气样	0~-0.085	75×40×310	1.3	880	抚顺煤科分院	采样器由进气接头、出气接头、压力平衡接头、薄膜阀、芯阀、拉杆、舌塞、气筒及密封圈等组成，结构合理，密封良好，采样准确

表 8—13—35　聚氨酯快速封孔剂及配套封孔装置

序号	型号	用途	膨胀率 (倍)	适用压力 (MPa)	封孔深度 (m) 卷堵药液	封孔深度 (m) 压注药液	参考价格 (元/kg)	聚氨酯压注封孔装置	生产厂家
1	FYS—3	快速密封各种深度、不同孔径及角度的抽放瓦斯孔和煤层注水孔	>20	-0.08~-0.06 +1~+2	3~6	随意	36	装置型号：FKG 工作压力：0.3~0.6MPa 外形尺寸：φ280×500mm 重量：9.3kg 参考价格：1700元	抚顺煤科分院

表 8-13-36 粉 尘 采 样 器

序号	型 号	用 途	采样流量范围 (L/min)	抽气负压 (kPa)	连续工作时间 (h)	防爆性能	使用温度 (℃)	使用湿度 (%)	外形尺寸 (mm)	重量 (kg)	生产厂家	备注
1	AQF-1	通过气体采样,利用称量法测量气体中粉尘浓度	15~20	≥1.5	2	本质安全型	0~35	<98	260×90×200	3.5	镇江煤矿专用设备厂	
2	AQH-1	通过气体采样,利用称量法测量气体中粉尘浓度	2.5±0.1	>1.5	8	本质安全型	0~35	<98	240×130×190	4.5	镇江煤矿专用设备厂	
3	AQG-1	通过气体采样,利用称量法测量气体中粉尘浓度	1~3	>1.5	8	本质安全型	0~35	<98	124×111×49	0.8	镇江煤矿专用设备厂	
4	ALN-95	是集粉尘采样和粉尘粒度分布测定的多功能粉尘测定仪	15	>1.5	2	本质安全型	0~35	<95	300×130×210	4.8	重庆煤科分院	
5	AZF-01	适用于粉尘作业环境中进行长时间呼吸性粉尘连续采样	3.8	>1.5	8	本质安全型	0~35	<95	250×110×110	2	重庆煤科分院	
6	AZF-02	适用于粉尘作业环境中进行短时大流量采样	20	>1.5	2	本质安全型	0~35	<95	200×160×100	1.5	重庆煤科分院	
7	AFC-1	通过气体采样,利用称量法测量气体中粉尘浓度	5~640		8	本质安全型	-10~40	<95	230×100×180	2.5	广东煤矿安全仪器厂	

表 8-13-37 湿式除尘器

序号	型号	用途	处理风量 (m³/min)	工作阻力 (Pa)	除尘效率 (%)	风机风量 (m³/min)	电机功率 (kW)	外形尺寸 (mm)	重量 (kg)	生产厂家	备注
1	KGC-I	用于井下局部通风除尘	150~180	1800	99	150~180	18.5	2664×780×1075	1226	煤科总院重庆分院	
2	KGC-I(B)	用于井下局部通风除尘	200~350	1500	99	200~350	18.5		1300	煤科总院重庆分院	
3	JTC-IV	用于井下局部通风除尘	90~123	1200~1500	99.5		5.5	1500×500×800	170	重庆除尘器厂	
4	JTC-II	用于井下局部通风除尘	120~175	1200~1470	98	24	7.5	1490×640×1000	300	重庆除尘器厂	
5	JTC-I	用于井下局部通风除尘	120~175	980~1470	98	20		2100×740×1000	350	重庆除尘器厂	

表 8-13-38 旋流除尘器

序号	型号	用途	处理风量 (m³/min)	工作阻力 (Pa)	除尘效率 (%)		电机功率 (kW)		重量 (kg)	生产厂家	备注
					总粉尘	呼吸性粉尘	配套电机	旋流喷嘴			
1	UO	用于井下局部通风除尘	150~350	1800	99.2	94~96	2×15	15	1144	煤科总院重庆分院	

表 8-13-39 布袋除尘器

序号	型号	用途	处理风量 (m³/min)	过滤面积 (m²)	工作阻力 (Pa)	除尘效率 (%)		外形尺寸 (mm)	重量 (kg)	生产厂家	备注
						总粉尘	呼吸性粉尘				
1	KLM-60	机械化掘进迎头面通风除尘	230~250	58	2500	99.5	≥90	5820×990×1080	2300	煤科总院重庆分院	

表8-13-40　混凝土喷射机除尘器

序号	型号	用途	处理风量(m³/min)	工作阻力(Pa)	除尘效率(%)	耗水量(L/min)	风机型号	电机型号	外形尺寸(mm)	重量(kg)	生产厂家	备注
1	MLC-I	主要用于井下锚喷支护时的除尘，也可用于煤仓、转载点等处除尘	50~60	1000	98	12	B₄-72№3.6A	YB112M-2	1600×600×1400	258	重庆除尘器厂	
2	MLC-Ⅱ	主要用于井下锚喷支护时的除尘，也可用于煤仓、转载点等处除尘	70~80	1000	98	16	B₄-72№4A	YB132S₁-2	1600×600×1400	300	重庆除尘器厂	
3	MLC-I	主要用于井下锚喷支护时的除尘，也可用于煤仓、转载点等处除尘	50~60	<400	98	20	B₄-72№3.6A	YB100L-2	1250×560×790	122	重庆除尘器厂	
4	MLC-I	主要用于井下锚喷支护时的除尘，也可用于煤仓、转载点等处除尘	70	980	98	10	B₄-72№3.6A	YB112M-2	1500×640×950	250	广东煤矿专用设备厂	
5	MLC-IB	主要用于井下锚喷支护时的除尘，也可用于煤仓、转载点等处除尘	70	980	98	10	B₄-72№3.6A	YB112M-2	1670×918×1444	432	广东煤矿专用设备厂	
6	MLC-I	主要用于井下锚喷支护时的除尘，也可用于煤仓、转载点等处除尘	70	1000	98	10	B₄-72-11№3.6A		1500×640×950	250	重庆第二水泵厂	
7	MLC-Ⅳ	主要用于井下锚喷支护时的除尘，也可用于煤仓、转载点等处除尘	70~90	1200~1500	99.5	20			1200×500×79	120	重庆除尘器厂	

表 8-13-41　钻机孔口除尘器

序号	型号	用途	洗孔压风压力 (MPa)	风压消耗量 (m³/min)	除尘率 (mm)	封孔深度 (mm)	封孔器长度 (mm)	外形尺寸 (mm)	重量 (kg)	生产厂家	备注
1	CZK-I	用于矿山隧道等干式钻孔时在孔口引导含尘气流进入除尘器	0.4~0.6	≥3	99	500	800	600×400×1100	52	重庆煤科分院工厂	
2	CZK	用于矿山隧道等干式钻孔时在孔口引导含尘气流进入除尘器				800		700×450×1500	95	镇江煤矿专用设备厂	

表 8-13-42　水射流除尘风机

序号	型号	用途	风筒管径 (mm)	水压 (MPa)	风量 (m³/s)	全风压 (MPa)	除尘率 (%)	耗水量 (L/min)	泵流量 (L/min)	电机功率 (kW)	重量 (kg) 风机重量	重量 (kg) 泵站重量	重量 (kg) 系统重量	生产厂家	备注
1	PSCF	用于矿山和所有产生工业粉尘的场所,作通风除尘用			3.0~4.75	200~480	99	7	100	7.5	20	450	<800	常熟电子仪器厂	
2	PSCF-A₃	用于矿山和所有产生工业粉尘的场所,作通风除尘用	300	3.5	2.4	200~480	99	7	100	7.5	20	450	<800	淮南矿务局潘一除尘风机厂	
3	PSCF-A₄	用于矿山和所有产生工业粉尘的场所,作通风除尘用	400	3.5	3.0	200~480	99	7	100	7.5	20	450	<800	淮南矿务局潘一除尘风机厂	
4	PSCF-A₅	用于矿山和所有产生工业粉尘的场所,作通风除尘用	500	3.5	4.0	200~480	99	7	100	7.5	20	450	<800	淮南矿务局潘一除尘风机厂	
5	PSCF-A₆	用于矿山和所有产生工业粉尘的场所,作通风除尘用	600	3.5	4.75	200~480	99	7	100	7.5	20	450	<800	淮南矿务局潘一除尘风机厂	

表 8-13-43　超声波围岩裂隙探测仪

序号	型号	用途	发射电压 (V)	超声波频率 (kHz)	测量范围 (μs)	重复测量误差 (μs)	探测深度 (m)	防爆型式	外形尺寸 (mm)	重量 (kg)	生产厂家	备注
1	CT-2	用于探测巷道围岩的松动范围、应力分布和爆破对围岩裂隙的影响，以确定锚杆长度、直径及锚杆间距，保证锚喷支护效果	≤296	36	0.1～999.9	±1	>2	矿用本安	225×210×105	5	抚顺煤科分院	全套包括：主机、探头 2 根、充电器、封孔器、注水器各 1 套

表 8-13-44　围岩变形速度测量仪

序号	型号	用途	最大直线位移量 (mm)	最小位移分辨率 (mm)	定时选择范围	工作方式选择	防爆型式	重量 (kg)	生产厂家	备注
1	WS-1	用于观测矿山井巷围岩、隧道、涵洞顶底板、采掘工作面顶底板及带壁之间的变形速度量、总变形量、实际时间	280	0.01	1min～8h	多点自动测量（最多 4 点）	安全火花型 "KH" 型	6600	常州煤矿电器厂 常州煤矿机械厂	

表 8—13—45　氧　气　呼　吸　器

序号	型号	用途	贮氧量 (20MPa) (L)	定量供氧量 (L/min)	自动排气压力 (Pa)	自动补给压力 (Pa)	自动补给定量 (L/min)	有效使用时间 (h)	呼吸器重量 (kg)	外形尺寸 (mm)	手动补给流量 (30MPa) (L)	生产厂家
1	AHG—1	救护队备用呼吸器，也供其他人员在有毒气体中工作使用	110	1.4±0.1	+200~+300	−150~−250	60	1	6.5	300×300×140	>60	抚顺煤矿安全仪表厂
2	AHG—2	救护队备用呼吸器，也供其他人员在有毒气体中工作使用	200	1.2±0.1	+200~+300	−150~−250	60	2	6.5	355×340×190	>60	抚顺煤矿安全仪表厂 重庆煤科分院
3	AHG—3	救护队备用呼吸器，也供其他人员在有毒气体中工作使用	300	1.4±0.1	+100~+300	−100~−300	90	3	10	390×330×130	90	抚顺煤矿安全仪表厂 重庆煤科分院
4	AHG—4	救护队备用呼吸器，也供其他人员在有毒气体中工作使用	400	1.4±0.1	+200~+300	−150~−200	>60	4	10	415×385×195	>90	重庆煤科分院
5	AHY—6	救护队备用呼吸器，也供其他人员在有毒气体中工作使用	400	1.4±0.1	+100~+300	−100~−300	100	4	8.8	450×375×165	60~150	抚顺煤矿安全仪表厂
6	BG4	救护队备用呼吸器，也供其他人员在有毒气体中工作使用		1.5±0.1				4		595×450×145		重庆煤科分院
7	ZG1	呼吸器干燥装置干燥正压或负压氧气呼吸器							37	630×300×680		抚顺市平宇安全装置厂 0413—7692260

表 8-13-46　氧 气 呼 吸 器 校 验 仪

序号	型号	用途	压力检测参数		流量检测参数					手摇泵供气流量(L/min)	定量供气流量(L/min)	外形尺寸(mm)	生产厂家
			测量范围(Pa)	精度(级)	测量范围(L/min)	大流量计(L/min)	小流量计(L/min)	精度(级)	测量比				
1	AJH	校验氧气呼吸器十项性能	0~250	0.5	0~2	30~60	0~30	0.5		10		395×170×140	重庆煤科分院
2	AJH-3	校验氧气呼吸器十项性能	-1000~+1200	2.5	2~100	100	2	2.5	1:10	12	0~60	360×210×190	重庆煤科分院
3	JD9	校验正压或负压氧气呼吸器前五项性能	-1200~+1200	2.5	0.5~2.5	60~150	0.5~2.5	2.5		电动9	0~150	220×240×320	抚顺市平宇安全装备厂 0413-7692260

表 8-13-47　氧 气 充 填 泵

序号	型号	用途	最大排气压力(MPa)	吸入气体压力(MPa)	吸入条件下排气量(L/min)	最大压力提高倍数	电机功率(kW)	外形尺寸(mm)	重量(kg)	生产厂家	备注
1	CT-250	将氧气从大储氧瓶中抽出并充填到小储氧瓶中。主要用于矿山救护队	25	2~14	3	9	3	587×570×532	135	抚顺煤科自救器气密检查仪器厂 联系电话:0413-6677567,6200066	柱塞密封材料无毒，符合GB8982-88《医用氧气》要求
2	AE101	将氧气从大储氧瓶中抽出并充填到小储氧瓶中。主要用于矿山救护队	20	5~14	5	4	2.2	860×565×640	116	抚顺煤矿安全仪器厂	
3	AE102	将氧气从大储氧瓶中抽出并充填到小储氧瓶中。主要用于矿山救护队	30	5~14	3	8	2.2	860×515×640		抚顺煤矿安全仪器厂	

表 8—13—48 化 学 氧 自 救 器

序号	型号	用途	使用时间 (22L/min) (min)	初期生氧量 30s内 (L)	初期生氧量 50s内 (L)	气囊容积 (L)	最高吸气温度 (℃)	携带使用寿命 (a)	外形尺寸 (mm)	重量 (kg)	生产厂家	备注
1	AZH—20	在任何氧气、瓦斯浓度下均可作个体防护	≥20	≥2	≥4	5	≤60	3	178×89×162	1.7	抚顺、湖南煤矿安全仪器厂 西安煤矿仪器厂	
2	AZH—40	在任何氧气、瓦斯浓度下均可作个体防护	≥40	≥2	≥3.5	5	≤50	3	167×190×95	2.3	抚顺、重庆、湖南煤矿安全仪器厂 西安煤矿仪器厂	
3	OSR—20	在任何氧气、瓦斯浓度下均可作个体防护	≥20	≥2	≥3.5	5	≤45	3	130×165×95	1.6	抚顺煤科分院	
4	OSR—40	在任何氧气、瓦斯浓度下均可作个体防护	≥40	≥2	≥3.5	5	≤45	3	162×185×95	1.9	抚顺煤科分院	

表 8—13—49 化学供氧式集体数护装置

序号	型号	用途	同时防护人数	防护时间 (min/人)	贮存化学氧自救器 (台)	使用期限 (a)	外形尺寸 (mm)	重量 (kg)	生产厂家	备注
1	HJG—1	该装置为矿工自救系统的一部分。当隔绝小型化学自救器不能退出灾区时，可利用本装置化学药剂产生的氧气呼吸待救，或换戴装置内贮存的 40～60min 型化学氧自救器继续退出灾区。本装置可方便地移动	6	130	15	5	900×350×950	64	抚顺煤科分院	1. 装置应设置在采区变电所或者避难硐室内 2. 重量不包括贮存的 15 台自救器

表 8－13－50　压 缩 氧 自 救 器

序号	型号	用途	使用时间 (min)	气瓶压力 (MPa)	定量供氧量 (L/min)	自动排气压力 (Pa)	自动补给压力 (Pa)	外形尺寸 (mm)	重量 (kg)	生产厂家	备注
1	AZY－15	在任何氧气、瓦斯、一氧化碳浓度下均可作个体防护	≥15	19.6	1.4~1.8	+150~+490	-100~-390	190×167×95	2.5	重庆煤科分院	
2	AZY－15	在任何氧气、瓦斯、一氧化碳浓度下均可作个体防护	≥45	19.6	≥1.2	+150~+490	-100~-390	235×105×270	3.5	重庆煤科院	
3	AZY－60	在任何氧气、瓦斯、一氧化碳浓度下均可作个体防护	≥60	19.6	1.4~1.6	+150~+490	-100~-390	297×212×130	5.5	重庆煤科分院	
4	AZY－30	在任何氧气、瓦斯、一氧化碳浓度下均可作个体防护	≥30	19.6	≥1.2	+150~+490	-100~-390	230×180×100	≤3	抚顺煤矿安全仪表厂	
5	ZS1	专门校验 ASZ－30 型自动苏生器全部性能						380×300×300	8	抚顺市平宇安全装备厂 0413 7692260	自动苏生器专用校验仪

表 8—13—51　过 滤 式 自 救 器

序号	型号	用途	保护时间 (min)	吸气温度 (0.1%)	CO防护极限 (%)	封口带开启力 (N)	呼气阻力 (L=30 L/min)	吸气阻力 (L=30 L/min)	外形尺寸 (mm)	重量 (kg)	生产厂家	备注
1	AZL—60SW	在氧气浓度不低于18%时作个体防护	60	<65℃	1.5	39~118	≤98Pa	≤275Pa	100×94×115	0.9	广东煤矿安全仪器厂	可产生适量的空气
2	AZL—60S	在氧气浓度不低于18%时作个体防护	60	<65℃	1.5	39~118	≤98Pa	≤275Pa	100×94×145	1.1	广东煤矿安全仪器厂	
3	AZL—60W	在氧气浓度不低于18%时作个体防护	60	<65℃	1.5	39~118	≤98Pa	≤275Pa	100×94×115	0.9	广东煤矿安全仪器厂	
4	AZL—90	在氧气浓度不低于18%时作个体防护	90	<65℃	1.5	39~118	≤98Pa	≤275Pa	100×94×145	1.2	广东煤矿安全仪器厂	
5	AZL—40	在氧气浓度不低于18%时作个体防护	40		1.5	30~100	≤150Pa	≤300Pa	145×100×93	1.1	广东煤矿安全仪器厂	
6	AZL—60	在氧气浓度不低于18%时作个体防护	60		1.5	30~100	≤150Pa	≤300Pa	145×100×93	1.1	湖南煤矿安全仪器厂	
7	AZL—60A	在氧气浓度不低于18%时作个体防护	60		1.5		≤150Pa	≤300Pa		1.1	抚顺煤矿安全仪器厂	
8	AZL—60	在氧气浓度不低于18%时作个体防护	60	<50℃	1.5		≤150Pa	≤300Pa		1.1	西安煤矿仪表厂	
9	MZ-1 MZ-2	在氧气浓度不低于18%时作个体防护	40	<65℃	1.5	≤100	≤150Pa	≤300Pa	100×94×145	1.1	太原新华化工厂	MZ-2型加装滤层装置
10	MZ-3 MZ-4	在氧气浓度不低于18%时作个体防护	60	<65℃	1.5	≤100	≤150Pa	≤300Pa	100×94×145	1.1	太原新华化工厂	MZ-4型加装滤层装置

表 8-13-52　自救器气密检查仪

序号	型号	用途	工作压力 (kPa)	压力计最小刻度值 (Pa)	压力计精度 (级)	检查时间 (s)	外形尺寸 (mm)	重量 (kg)	生产厂家	备注
1	ZJ-1	用于检查煤矿用的各种型号过滤式自救器的气密性	5.3±0.3	10	2.5	15	300×290×330	11	抚顺煤科自救器气密检查仪厂 联系电话:0413-6200066 0413-6677567 邮编:113123	
2	ZJ-2	用于检查煤矿用的各种型号化学氧自救器的气密性	5.3±0.3 13.34~14（高压档）	10	2.5	15	380×300×460	20	抚顺煤科自救器气密检查仪厂 联系电话:0413-6200066 6677567 邮编:113123	国家检验中心、部级检验站以及自救器的生产厂和修复厂等,利用其高压氧和过滤式自救器的高压气密性检验

表 8-13-53　自救器专用称重仪

序号	型号	用途	最大称重 (g)	精度等级 (级)	最大去皮重 (g)	使用温度 (℃)	使用湿度 (%)	外表尺寸 (mm)	重量 (kg)	生产厂家	备注
1	TD2000	除用于称重量外、还能显示增重,并判断自救器报废否	2000	≤±1g	300	-10~+40	<80%	盘面直径 120mm	2.3	抚顺煤科自救器气密检查仪厂	联系电话 0413-6200066
2	ACS-3Z	除用于称重量外、还能显示增重,并判断自救器报废否	3000	3	300	-10~+40	<80%	350×270×125	4	广东传感器厂	

表 8—13—54　煤 自 燃 性 测 定 仪

序号	型号	用　途	吸氧量测量范围 (mL/g)	测量误差 (%)	载气	灵敏度 (mV/mL)	外形尺寸 (mm)	重量 (kg)	生产厂家	备注
1	ZRJ—1	利用双气路流动色谱吸氧法测定煤低温吸附流态氧的特性;对煤自燃倾向性进行分类鉴定。微机系统实现了温度控制、测定、显示及计算结果打印自动化	0.05~4	>5	氮气	hs>10	480×435×460	25	北京市东西电子所 010—62881688 抚顺煤科分院	中煤总安通字[1992]第18号文通知:用本法取代《着火点》法,以实施《煤矿安全规程》第211条要求的规定

表 8—13—55　阻 化 剂 喷 射 泵

序号	型号	用　途	压力 (MPa)	最大射程 (m)	流量 (m³/h)	吸水高度 (m)	防爆电机 功率 (kW)	防爆电机 电压 (V)	外形尺寸 (mm)	重量 (kg)	生产厂家	备注
1	WJ—24	用于井下喷洒阻化剂溶液,防止煤炭自然发火。采煤工作面和老塘,喷洒在浮煤上;高顶浮煤,插管压注;采空区上顺槽,埋管喷注	2~3	>15	2.4	≤5	2.2	380/660	1500×490×600	58	抚顺煤科分院	随机带高压胶管80m 符合《煤矿安全规程》第215条关于喷洒阻化剂的要求。每个采煤工作面配一台

表 8-13-56　燃油除氧惰气发生装置

序号	型号	用途	产气量 (m³/min)	氧气量 (%)	耗油量 (kg/min)	总重量 (t)	生产厂家	备注
1	DQ-50	用于煤矿井下扑灭大型火灾，抑制瓦斯爆炸，用于远距离火场入风侧	>450	≤3	11~12	0.8	黑龙江呼兰煤矿安全仪器厂	
2	DQ-150	用于煤矿井下扑灭大型火灾，抑制瓦斯爆炸，用于远距离火场入风侧	>140	≤3	4	0.45	黑龙江呼兰煤矿安全仪器厂	

表 8-13-57　压注式燃油惰气灭火装置

序号	型号	用途	惰气量 (m³/min)	氧含量 (%)	温度 (℃)	压力 (kPa)	耗油量 (kg/min)	CO (ppm)	功率 (kW)	电压 (V)	外形尺寸 (mm)	重量 (kg)	生产厂家	备注
1	YZD-20/700	用于扑灭煤矿井下已封闭区域的火灾	20	≤3	<60	6.8	1~2	<300	7.5	380	6.0×0.5×1.0	400	抚顺煤科分院	
2	YZD-20/5000		20	≤3	<60	49	1~2	<300	32	380	6.5×0.8×1.0	700	抚顺煤科分院	

表 8-13-58　惰泡发射机
（高倍惰泡灭火装置）

序号	型号	用途	惰泡量 (m³/min)	惰气量 (m³/min)	耗油量 (kg/min)	发泡水量 (L/min)	供水压力 (MPa)	泡沫剂浓度 (%)	功率 (kW)	电压 (V)	惰气成分 (%)	外形尺寸 (m)	重量 (kg)	生产厂家	备注
1	DQP-100	用于扑灭煤矿井下中小型火灾，抑制瓦斯爆炸，减少或杜绝残留火复燃，也用于扑灭地下商场及隧道火灾	100~120	150	4~5	80~160	0.15	3~5	8	380~660	O_2<5 CO_2>10 CO<0.5 N_2>80	6.5×0.56×0.8	600	抚顺煤科分院	
2	DQP-200	用于大型火灾	150~200	500	10~13	90~160	0.15	3~5	20			12×0.58×1.0	900	抚顺煤科分院	

表 8—13—59　泡　沫　药　剂

序号	型号	用途	泡沫倍数	耐受温度 (℃)	泡沫破灭一半时间 (min)	泡沫液温度 (℃)	发泡液温度 (℃)	燃烧原料	燃气主要成分	药剂主要成分	生产厂家	备注
1	NGP	主要用来产生耐高温惰气高泡,应用于高倍惰泡灭火装置(惰泡发射机)等,也用来产生常温空气高泡,应用于高倍数泡沫灭火机	>500	<90	>30	15~30	70~90	民用煤油	N₂ CO₂ 水蒸气 少量油汽	脂肪醇硫酸钠树加一些助剂	抚顺煤科分院	

表 8—13—60　高倍数泡沫灭火机

序号	型号	用途	发泡量 (m³/min)	发泡倍数	泡沫输送距离 (m)	喷嘴压力 (MPa)	防爆电机功率 (kW)	电源电压 (V)	发泡机出口直径 (mm)	外形尺寸 (mm)	重量 (kg)	生产厂家	备注
1	BGP—200	适用于扑灭煤矿井下、地下商场、人防工程以及仓库等有限空间内发生的煤炭、木材、橡胶、织物等火灾。也适用于扑灭大面积油类火灾	200	800	300	0.08 ~ 0.15	10.5	380 ~ 660	ϕ650	1390×650×1020	170	哈尔滨市北方煤矿劳动设备厂	
2	BGP—400		350 ~ 400	800	300	0.12 ~ 0.20	15.0	380 ~ 660	ϕ820	1620×820×1080	250	抚顺煤科分院设计	

表8-13-61 井下移动式膜分离制氮装备

序号	型号	用途	产氮量(m³/h)	氮气纯度(%)	氮气压力(MPa)	外形尺寸(m)	全套质量(kg)	生产厂家	备注
1	MD-200	直接牵引到井下大气中分离出高压氮气,注入到采区进行防火或灭火。轻便灵活,可节省地面土建、管路等投资,制氮成本低	>200	>97	>0.65	(2.5×1.4×1.5)×3	4500	抚顺煤科分院	装备由空压机段(电机防爆)、空气预处理段和膜分离三部分组成,组装在3~4辆平板车上,整套或分段牵引
2	MD-300		>300	>97	>0.65	(2.5×1.4×1.5)×3	4500		
3	MD-400		>400	>97	>0.65	(2.5×1.4×1.5)×4	4500		
4	MD-500		>500	>97	>0.65	(2.5×1.4×1.5)×4	6000		
5	MD-600		>600	>97	>0.65	(2.5×1.4×1.5)×4	6000		

井上固定或移动膜分离制氮装备 氮气纯度97~99.9%,压力0.65~1.0MPa,产氮量可达到2000m³/h

表8-13-62 矿用隔爆型电缆热补器

序号	型号	用途	额定电压(V)	额定功率(kW)	温控范围(℃)	模腔直径(mm)	修补长度(mm)	防爆类型	外形尺寸(mm)	重量(kg)	生产厂家	备注
1	BAR_2-127/1.4	可在有瓦斯和煤尘爆炸危险的煤矿中及时修补受损的橡套电缆,也可在地面应用	127	1.4	100~170	22~70	400	Exdl	565×480×397	70	抚顺煤科分院	每个综采或高档面配1台

表 8—13—63　胶带机硐室自动灭火系统

序号	型号	用途	探测器和洒水喷头数量（个）	喷头动作温度（℃）	输给环监系统信号（mA）	防爆型式	其他参数	外形尺寸		重量（kg）	生产厂家	备注
1	DMH	用于煤矿井下胶带输送机、硐室以及其他类外源火灾的自动监视、报警、灭火	各 10	70±5	正常 0 火管 5	隔爆兼本安	监视直径<200m，洒水长度≥16m；干粉弹灭火面积≥40m²	主机	380×250×120	70	抚顺煤科分院	配备本系统依据：《矿井防灭火规范》第 26 条。主运输胶带在机头机尾各配一套，其余胶带在各机头配用于硐室灭火时，探测 10 个中包含一个感烟传感器，并加 20 个电控引发干粉灭火弹
								电源控制箱	500×430×300			

表 8—13—64　矿井火灾预报束管监测系统

序号	型号	用途	测点范围	测点数量	检测显示	外形尺寸（mm）		重量（kg）	生产厂家	备注
1	ASZ—I	系统通过束管取样，利用安在地面上的抽气泵（15L/S）、各种气体分析仪器以及微机等，连续监测井下巷道、采空区、密闭区中的 CO、O₂、CO₂、CH₄ 等气体组分浓度，根据 CO 变化趋势和格雷哈姆系数（CO/△O₂），早期预报煤炭自燃发火	CO： 0～200ppm 0%～0.5% O₂： 0%～25% CO₂： 0%～15% CH₄： 0%～100%	12 16 （任选）	自动巡回检测，屏幕显示并打印各气体参数及其变化曲线，CO/△O₂ 数值，爆炸三角形及日月报表等	抽气泵	700×460×550	275	抚顺煤科分院	本系统通合《矿井防灭火规范》第 38 条规定的预报指标，达到《煤矿安全规程》第 220、223 和 224 条中关于干火监测预报方面的要求，被选为 1990～1995 年间煤炭工业《100 推》第 51 项
						气路控制柜	400×1020×1040			
						分析仪器柜	600×560×1600			

目前各厂家的产品均为隔离式，即呼吸器的呼吸循环系统与外界空气是隔绝的，由呼吸器内储存的氧气供给人体吸入，而人体呼出的浊气，则进入呼吸器内的吸收药筒吸收掉二氧化碳后，又将再生空气混入氧气后供给人体。因此人体与呼吸器构成一个封闭式的循环呼吸系统，从而有效地保证免受外界有害有毒气体的侵害。氧气呼吸器的氧源分为压缩氧、液压氧、化学氧3种形式，其中又以压缩氧应用最为广泛。

2. 空气呼吸器

一般采用自给开放式：即自身带有高压空气瓶，并保持面罩内的压力高于周围环境的大气压力，使外界气体不能进入面罩。

3. 压风呼吸器

利用低压压风管道的压缩空气为气源，然后进行减压、限压、稳压、过滤，最终使压风成分达到卫生标准，再通过弹性正压口罩供呼吸，并形成一定的正压，从而隔离粉尘及有害气体。该型呼吸器主要用于工人的工作范围不大的场合，如锚喷、掘进等，并可用于避难硐室。

（二）自救器

自救器分为过滤式、化学氧、压缩氧三大类，其工作原理如下：

1. 过滤式

过滤式自救器的防护特征是把外界有毒空气通过药剂生成无毒空气，再供佩戴者呼吸需要。使用这种自救器时，最低的氧气浓度应在18%以上，但当矿井发生瓦斯或二氧化碳突出时，就无法保证氧气浓度，因此不宜在突出矿井中使用。

2. 化学氧

化学氧自救器是利用碱性超氧化物，与佩戴者呼气中的水汽及二氧化碳起化学反应，生成氧气，再供人体呼吸，因此自救器与人体组成一个与外界隔绝的系统，可在任何条件下使用。

3. 压缩氧

压缩氧自救器是以高压氧气作为供氧源的隔绝式自救器，并可反复多次使用，且呼吸的空气温度比其他类型的自救器低。

各类矿山救护设备详见表8−13−45～表8−13−53。

六、火灾检测及防灭火

各类火灾检测及防灭火设备详见表8−13−54～表8−13−64。

第二节　通风安全设备装备参考标准

一、通风安全设备装备依据和内容

（一）通风安全设备装备依据

1）矿井生产能力；

2）矿井瓦斯等级；

3）矿井煤层自燃倾向性等级；

表 8-13-65　矿井通风安全基本装备

序号	名称	推荐型号	单位	各种井型 (Mt/a) 矿井设备器材配备数量							备注
				≤0.3	0.45, 0.6	0.9, 1.2	1.5, 1.8	2.4, 3.0	4.0, 5.0	≥6.0	
一	矿井通风检测										
1	高速风表	EY11B便携数字式	个	1	1	2	3	4	5	≥6	
2	高中速风表	AFC-121	个	1	2	4	6	8	10	≤12	
3	微速风表	DFA-3	个	1	1	2	3	4	5	≥6	
4	秒表	SFY-2	块	4	5	8	10	12	14	≥14	
5	风速表、管校验仪		台	矿务局配1~2台							自动记录（日记或周记）
6	通风干湿表	DWHJ₂, DHJ₁	个	1	1	1	2	2	2	≥2	手摇，风翎式
7	干湿度计	DHM₁, DHM₂	个	3	4	5	6	8	8	≥10	
8	空盒气压计	DYM₃	个	3	3	4	6	6	8	≥8	
9	双管水银压力表	DYB₃	支	1	1	2	2	2	2	≥2	
10	U型倾斜压差计	AFJ-150	台	3	3	4	5	5	6	≥6	
11	皮托管	AFP系列	支	6	6	8	10	10	12	≥12	
12	补偿式微压计	BWY-250	台	1	2	3	3	4	4	≥4	
13	矿井通风多参数检测仪	JFY	台	2	2	3	4	4	6	≥6	
14	矿井主扇性能检测仪	KSC-2	套	矿务局配1~2套							
二	矿井气体检测及其他										
1	瓦斯检定器	GWJ-1A	台	≤40	60~90	100~140	160~190	200~230	240~270	≥280	CH₄: 0%~10%
2	光学瓦斯检定器	GWJ-2	台	2	3	4	6	8	10	≥10	CH₄: 0%~100%
3	瓦斯检定器校正仪	GJX-2	台	1	1	2	3	4	5	≥5	
4	瓦斯检定器综合校验台	WZX-2	台	矿务局集中配备1~2台							
5	便携式瓦斯检测报警仪	AZJ-91, AZJ-92	台	≤30	50~90	100~150	200~250	300~350	380~420	≥450	
6	充电器	CDQ-91, CDQ-92	台	15	25~45	50~75	100~125	150~175	190~210	≥225	

续表

序号	名　称	推荐型号	单位	各种井型（Mt/a）矿井设备器材配备数量							备　注
				≤0.3	0.45、0.6	0.9、1.2	1.5、1.8	2.4、3.0	4.0、5.0	≥6.0	
7	瓦斯、氧气检测仪	JJY-1	台	5	10~15	15~20	20~25	30~35	35~40	≥45	
8	瓦斯报警矿灯	KSW10（S）	个	≤60	80~120	120~140	150~170	180~200	210~230	≥250	
9	一氧化碳检定器	AT_2	台	2	3	4	6	8	19	≥12	
10	标准气样配气装置	ZP-1	套	矿务局集中配备1~2套							
11	风电瓦斯闭锁装置	FDZB-1A	套	每个掘进面配1套，无瓦斯喷出的低瓦斯矿井只配其中的风电闭锁装置							备用量20%
12	矿用隔爆型电缆化硫补器	BAR_2-127/1.4	台	综采、高档普采矿井，每个采煤工作面应配1台，其他矿井每个采区应配1台							
13	采煤机瓦斯断电控制仪	AQD-1	台	每台采煤机配1台							
三、	矿井粉尘检测										
1	粉尘采样器	AQF-1	台	≤2	3	4	5	6	6	≥6	
2	呼吸性粉尘采样器	AQH-1	台	≤2	3	4	5	5	6	≥6	
3	矿用粉尘采样器	AFQ-20A	台	≤2	3	4	5	5	6	≥6	
4	呼吸性粉尘测定仪	ACH-1	台	≤2	3	4	5	5	6	≥6	
5	矿用个体粉尘采样器	ACGT-2	台	≤2	3	4	5	5	6	≥6	
6	电光分析天平	TG-328A	台	1	1	1	1	1	1	1	
7	电热恒温干燥器	QZ77-104	台	1	1	1	1	1	1	1	
8	掘进机除尘器	KGC	台	每台掘进机配1台							
9	掘进通风除尘器	JTC	台	每个钻爆法掘进面配1台，备用量20%							
10	混凝土喷射机除尘器	MLC-Ic	台	每个锚喷掘进面配1台，备用量50%							
11	压风呼吸器	AYH-1A，AYH-2	台	每个锚喷工作面1型、2型各配1台							
12	呼吸性粉尘连续监测仪	ALJH-1	台	—	1	1	1	1	2	≥2	

续表

序号	名　称	推荐型号	单位	各种井型（Mt/a）矿井设备器材配备数量							备　注
				≤0.3	0.45、0.6	0.9、1.2	1.5、1.8	2.4、3.0	4.0、5.0	≥6.0	
13	矿井（局）粉尘化验室 1. 天平：感量不低于0.0001g 2. 干燥器 3. 其他配套仪表及器材：气体流量计、采样器、滤膜及秒表等	TG328A Q277-104	套	矿井、矿务局应配备一套							矿井、矿务局配备
14	粉尘中游离二氧化硅（SiO₂）含量的测定 1. 红外线光度计 2. 微量分析天平：感量为0.00001g 3. 其他配套器材：可调式高温电炉、压模盘、压片机、玛瑙乳钵、振荡器、瓷坩埚、两级粉尘采样器等	TJ270－30	套	目前各矿务局多采用焦磷酸质量测定法，如用此法，宜按本标准所列仪器及配套器材配备一套 新建矿区（局）或经济条件允许时							矿务局配备
15	粉尘分散度测定 1. 显微镜：600~675倍 2. 目镜测定标尺、物镜测定标尺 3. 其他配套器材：瓷坩埚、玻璃凹面管及乙酸丁脂等		套	矿务局可按本标准所列仪器及配套器材配备一套							矿务局配备
四、	矿山压力及地质测量										
1	圆图压力记录仪	YTL-610	台	根据综采工作面支架类型和布置的测点数确定							综采工作面配备
2	液压支柱压力下缩自记仪	YSZ-1	台	配备数量同圆图压力记录仪							综采工作面配备
3	单体液压支柱测力计	DZ-CL-1	台	每个高档普采工作面配备5个							高档工作面配备
4	量板动态仪	KY-82	台	每个回采工作面配备2台							可选择其中一种配备
5	顶板下沉速度报警仪	DSB-1	台								

续表

序号	名称	推荐型号	单位	≤0.3	0.45	0.6	0.9	1.2	1.5、1.8	2.4、3.0	4.0、5.0	≥6.0	备注
6	测枪	BHS—10	支									5	
7	液压计	YZ系列	个	20	20	20	30	30	30	40	40	50	
8	钻孔油枕应力计	HCZ	个	每个回采工作面配5个									
9	超声波装岩裂隙探测仪	CT—2	台	1	2	2	2	3	3	3	4	≥4	锚喷支护巷道配备
10	防爆型坑透仪	WKT	台	大型矿井各配1~2台；中、小型矿井可不配，由矿务局装备1~2台									
11	防爆矿井地质雷达仪	KDL	台										地质构造复杂的矿井配备
12	地音监测系统	SAK	套	根据矿井冲击地压的严重程度，每个矿井各配1~2套									
13	微震监测定位系统	SYLOK	套										有冲击地压的矿井备
14	激光经纬仪	J_2—JD	台							1	1	1	
15	组合式防爆速测仪	$RED_{min}2+DJ_2$	台			1	1	1	1	1	1	1	防爆光电测距仪加防爆电子经纬仪，0.9Mt/a
16	光学经纬仪	J_2	台	1	1	1	1,						矿井配J_2光学经纬仪
17	光学经纬仪	DJK—6	台	35	8	8	8		10	10	12		
18	陀螺经纬仪	JT15	台	矿务局装备1台									
19	水准仪	DS_1	台	1	1	1	1		1	1	1	1	
20	水准仪	DS_3—2	台	2	2	3	3		3	5	5	5	
21	防爆光电测距仪	$RED_{min}2$	台						1	1	1	1	井下用
22	中型程红外线测距仪	DCH—2	台						1	1	1	1	地面用
23	激光指向仪	JTY—3	台	每个掘进工作面配1台									
24	激光指向仪	JZB—1	台										
25	平板仪	$PG3-X_2$	台	2	2	3	3		4	4	4	5	
26	矿山挂罗盘	KL—100	个	3	3	4	4		5	5	5	6	可选择其中一种配备
27	地质罗盘	CKX—1	个	2	3	3	4		4	5	5	5	

续表

序号	名　称	推荐型号	单位	各种井型 (Mt/a) 矿井设备器材配备数量							备　注
				≤0.3	0.45、0.6	0.9、1.2	1.5、1.8	2.4、3.0	4.0、5.0	≥6.0	
五、	矿井救护类设备										
1	过滤式自救器	AZL-60A AZL-60W	台	按下井人员每人1台，并配备5%~10%备用量							低瓦斯矿井配备
2	自救器气密检查仪	ZJ-1	台	每200个自救器配1台							
3	自救器专用称重仪	TD2000 ASC-3Z	台	1	2	2~3	3	3	4	≥4	过滤式自救器配备
4	化学氧自救器	OSR-40	个	按下井人员每人1台，并配5%~10%备用量							高、突矿井配备
5	自救器气密检查仪	ZJ-2	台	每200个自救器配1台							
6	氧气呼吸器	AHG-2	台	5	10	10	10	10	10	10	辅助矿山救护队配备
7	氧气呼吸器	AHY-6	台	10	10~15	20~25	30~35	35~40	40~45	50	
8	氧气充填泵	CT-250	台	1	2	3	4	4	5	≥5	
9	氧气呼吸器校验仪	AJH-3	台	1	2	3	3	4	5	≥5	
10	高倍数泡沫灭火机	BGP-200 BGP-400	台	1	2	3	3	4	4	≥4	

表 8-13-66　高瓦斯和煤与瓦斯突出矿井装备表

序号	名　称	推荐型号	单位	各种井型 (Mt/a) 矿井设备器材配备数量									备　注
				≤0.3	0.45、0.6	0.9、1.2	1.5、1.8	2.4、3.0	4.0、5.0	≥6.0			
1	瓦斯压力测定仪	ACW-1	台	≤2	2	3	3	4	4	≥4			高、突矿井配备
2	瓦斯解吸仪及取样装备	GWRVK-2	套	1	2	3	3	4	4	≥4			高、突矿井配备
3	瓦斯突出综合预测仪	MZJWF	套	1	2	3	4	5	5	≥5			高、突矿井配备
4	风动钻机	QHFZ-25	台	每个采区配备 1 台									高、突矿井配备
5	矿用塑料气动局部通风机	SQF-5	台	每个 U 型通风工作面配备 1~2 台									高、突矿井 U 型通风工作面有压风系统时配备
6	地勘用煤层瓦斯含量和成分测定仪	AMG	套	1	1	1	2	2	2	2			高、突矿井配备
7	压风自救系统	ZY-1	套	数量可根据矿井的突出煤层和掘进工作面情况确定									

4）矿井煤尘爆炸危险性；

5）矿井冲击地压危险程度；

6）矿井采区、采煤工作面及掘进工作面数量；

7）掘进方式及开采方式；

8）煤层厚度；

9）井下煤炭运输方式；

10）巷道支护方式；

11）矿井下井人数；

（二）装备内容

分为矿井基本装备、高瓦斯及煤与瓦斯突出矿井装备和矿井火灾检测及防灭火设备。其中矿井基本装备有：

1）矿井通风检测设备；

2）矿井气体检测及其他设备；

3）矿井粉尘检测设备；

4）矿山压力及地质测量设备；

5）矿山救护设备；

6）矿山其他设备。

二、装备标准

矿井通风安全基本装备详见表8—13—65。高瓦斯及煤与瓦斯突出矿井装备详见表8—13—66。火灾检测及防灭火装备详见表8—13—67。煤层注水配套装备详见表8—13—68。瓦斯抽放配套装备详见表8—13—69。

表8—13—67　火灾检测及防灭火装备表

序号	名　称	推荐型号	单位	装备数量及要求	备　注
1	煤矿专用气相色谱仪	GC—400S	套	1.8Mt/a 及其以下自燃矿井应配备 1 套，1.8Mt/a 以上的矿井配 2 套	矿务局应装备 1～2 套
2	煤自燃性测定仪	ZRJ—1	套	0.9～1.8Mt/a 自燃矿井应配备 1 套，1.8Mt/a 以上的矿井配 2 套	0.6Mt/a 及其以下的矿井可不配，送煤样到部授权的煤炭科研单位鉴定
3	矿井火灾预报束管监测系统	ASZ—2	套	一、二级自燃矿井应配备 1 套 采用氮气防火的矿井、采用综采放顶煤法开采有自燃倾向的厚及特厚煤层的矿井，必须配备 1 套	
4	阻化剂喷射泵	WJ—24	台	一、二级自燃矿井每个采煤工作面必须配备 1 台，三、四级自燃矿井每个采区必须配备 1 台	

序号	名　称	推荐型号	单位	装备数量及要求	备　注
5	胶带机硐室自动灭火系统	DMH	套	要求实现火灾的连续监测、报警和自动洒水或撒干粉（硐室）灭火，并应接入矿井安全监测系统　主胶带机机头、机尾应各配备1套，其余的只在机头配；主要机电硐室也应配备1套	胶带机机头与机电硐室或检修硐室相距不超过200m的，可共用1套DMH型灭火系统
6	惰性气体防灭火装置 ①燃油除氧惰气发生装置 ②深冷空分法制液氮装备 ③井下移动式膜分离制氮装备	DQ—500 MD系列	套	采用综采放顶煤法开采有自燃倾向的厚及特厚煤层的矿井，必须配备其中1套	可选择其中一种装备1套

表8—13—68　煤层注水配套装备表

序号	名　称	推荐型号	单位	装备数量及要求	备　注
	动压注水				
1	煤层注水钻孔	MYZ—100 MYZ—150 或ZY—100	台	每个工作面配1台	可与探水钻机共用
2	煤层注水泵	5D—2/150 或7BG型	台	每个工作面配1～2台，综采面可采用KBZ—100/150注水喷雾泵站，中压注水时用5BZ—1.5/80型	根据工作面注水量和压力确定型号及台数，每个采区备用1台
3	夹布压力胶管	（与泵配套）	m	每台泵配20m	
4	冷拔无缝钢管	（与泵配套）	m	每台泵配120m	
5	高压钢丝编织胶管	（与泵配套）	m	每台泵配100m	长度有3m、5m两种
6	快速接头	K型	个	每100m配20个	与高压钢丝编织胶管配套
7	安全阀	（单向阀）	个	每台泵配1个	
8	内螺纹升降止回阀	$H_{41}H$—160	个	每台泵配1个	
9	弹簧式压力表		个	若注水泵自带压力表，每台泵配4～5个；不然，则每台泵需配5～6个	

序号	名　称	推荐型号	单位	装备数量及要求	备　注
10	叶轮湿式水表		个	每台泵配1个	安设于注水泵进水口低压侧
11	高压注水水表	DC−4.5/200	个	每台泵配2个	
12	等量分流器	DF−3	个	每个钻孔1个，每台泵4～5个	
13	高压闸阀	J13H−160Ⅲ	个	每个钻孔1个，每台泵4～5个	
14	封孔器	YPA−120	个	每个钻孔1个，每台泵4～5个	机械封孔配备
15	水泥砂浆封孔泵	SLB−Ⅱ	台	每个工作面配1台	人工封孔配备
16	钢制三通	K型	个	每台泵4～5个	
17	便携式快速水分测定仪	WM−A或WM−B	台	每个工作面配1台	
18	水池	5～10m³	个	每个分阶段设1个（或每个工作面配2个矿车）	
	静压注水				
1	煤层注水钻机	MYZ−150或ZY−100	台	每个工作面配1台	可与探水钻机共用
2	冷拔无缝钢管		m	每个工作面配120m	根据水量和压力配
3	中压钢丝编织胶管		m	每个钻孔配30m	根据水量和压力配，长度有3m、5m两种规格
4	注水水表	DC−4.5/200	个	每个工作面配2个	注水压力一般为中压，低压均大于10kgf/cm²
5	快速接头	K型	个	每个钻孔配6个	与中压钢丝胶管配套
6	钢制三通	K型	个	每个钻孔配1个	
7	等量分流器	DF−3	个	每个钻孔配1个	
8	中压闸阀	Z80X−2.5Q	个	每个钻孔配1个	
9	弹簧式压力表	Y−150	个	每个工作面配1个	
10	封孔器	YPA−25或YPA−120	个	每个钻孔配1个	机械封孔时配备
11	水泥砂浆封孔泵	SLB−Ⅱ	台	每个工作面配1台	人工封孔时配备
12	便携式快速水分测定仪	WM−A或WM−B	台	每个工作面配1台	

表8—13—69 瓦斯抽放配套装备表

序号	名 称	推荐型号	单位	装备数量及要求	备 注
1	地面抽放泵	ZBE₁系列		一般要求配备水环式真空泵,电机应为矿用防爆型 备用量要求:当只有一台工作时,应备用一台;当有两台以上工作时,备用量可按工作数量的60%计算	
2	井下移动式瓦斯抽放泵	YD—2	台	凡矿井有下列条件之一者,均应配备: ①不具备建立地面泵站条件,但井下个别区域瓦斯涌出量大于3m³/min;②应建立地面泵站,但目前经济条件不具备;③已建立地面泵站,但距离太远,需增加局部抽放负压 备用量要求,同地面抽放泵	
3	瓦斯泵站监控系统	WCJK—1A	套	在地面抽放泵站内应设置1套,并有1套备用	
4	瓦斯抽放正、负压自动放水器	CWG—ZY CWG—FY	台	设置在管路低洼处、拐点及温度突变处,间距一般为200m、300m,最大不超过500m。按照设置处在正、负压选型 备用量按工作数量的60%计算	
5	聚氨酯快速封孔剂	FYS—3	kg	按每孔1.5kg配备 备用量可按工作数量的60%计算	
6	聚氨酯压注封孔装置	FKG	台	每10个钻场应配备1台(含备用,下同)	如全部采用卷缠药液工艺法封孔,可不配
7	孔板流量计	FKL	套	设置在瓦斯主管、分管、支管和钻场联接装置上 备用量按工作数量的60%计算	
8	四通阀两用压差计	UP—2	套	要求能测量孔板前后端瓦斯流量压差(水柱)和抽放瓦斯负压(水柱),每10个钻场应配备1套	
9	高负压瓦斯采样器	FW—1	只	要求适用负压0~—0.08MPa,每10个钻场应配备1只	
10	瓦斯检定器	LRD—8	只	测量范围:CH₄0%~100%,每10个钻场应配备1台	
11	瓦斯检定器	WS21	台	测量范围:CH₄0%~10%,每10个钻场应配备1台	
12	风动钻机 钻机 钻机 钻机 钻机	QHFZ—25 TXU—75A QMK—100 MYZ—150 MAZ—200	台	根据抽放条件、钻机台月效率和钻孔月进尺要求等进行选型并确定数量 备用量按工作台数的60%计算	QMK—100型的为全液压钻机

序号	名 称	推荐型号	单位	装备数量及要求	备 注
13	闸阀	Z80X—2.5Q	个	设置在瓦斯主管、分管、支管钻场联接装置以及管路的分叉点上，主管间距取500～1000m 备用量可按工作个数的60%计算	
14	管道快速接头	CDU	套	适用管径 $D=40～600mm$ 备用量按工作数量的20%计算	
15	标准直径钢管			要求采用的规格(外径×壁厚,单位mm)如下： $60×3～4$ $89×3.5～5$ $108×4～5.5$ $114×4～5.5$ $159×4.5～7.5$ $219×6～10$ $273×7～11$ $325×8～11$ 备用量按工作量的10%计算	确需选用外径小于60mm或大于325mm的,作例外处理

第三节 矿山救护队的设置及装备

一、矿山救护队的设置

矿区应根据矿区规模、灾害隐患严重程度、交通条件等因素确定救护队的设置。

矿山救护队以常备队为主,常备队和辅助队相结合的原则进行设置。常备队一般分为区域矿山救护大队、矿山救护中队(直属中队)及救护小队。

区域矿山救护大队是本区域的救灾专家、救护装备和演习训练中心,负责区域内矿井重大灾变事故的处理与调度、指挥,对直属中队实行领导,并对区域内其他矿山救护队、辅助矿山救护队进行业务领导。

矿山救护中队是独立作战的基层单位,具有处理各种矿井事故的能力。小队是执行作战任务的最大战斗集体。

各省(区)煤炭管理机构将本省(区)的产煤地区,以100km为服务半径,合理划分为若干区域。在每个区域选择一个交通位置适中、战斗力较强的矿山救护队,作为重点建设的矿山救护中心,即区域矿山救护大队。

矿山救护中队距所服务的矿井一般不应超过10km或行车时间一般不超过15min。

区域矿山救护大队由2个以上的中队组成;救护中队由3个以上的小队组成,直属中队应由4个以上的小队组成;小队由9人以上组成。

各生产矿井都要设立不脱产的辅助矿山救护队(但应设置专职队长和专职仪器装备维修

表 8-13-70　矿山救护队人员配备表

队别	大队长	副大队长	总工程师	副总工程师	工程技术人员	中队长	副中队长	小队长	副小队长	司机	化验员	仪器维修工	氧气充填工	电台话务员	队员	合计
区域矿山救护大队	1	2	1	1	5					6						
矿山救护中队					1	1	2			3~4	1	1	1	1		11~12
救护小队								1	1						7	9

注：区域矿山救护大队尚需配备必要的管理及办事机构（如战训、后勤等）人员和医务人员。

工),并应根据矿井的生产规模、自然条件、灾害情况确定编制,原则上应由 3 个以上的小队组成。

矿山救护队人员配备详见表 8—13—70。

二、矿山救护队装备

区域矿山救护大队最低限度技术装备详见表 8—13—71。

矿山救护中队最低限度技术装备详见表 8—13—72。

矿山救护小队最低限度技术装备详见表 8—13—71。

辅助矿山救护队最低限度技术装备详见表 8—13—72。

矿山救护队指战员个人最低限度技术装备详见表 8—13—73。

表 8—13—71　区域矿山救护大队最低限度技术装备表

类别	装备名称	要　求	单位	数量	备　注
车辆	指挥车	120km/h	辆	2～3	
	气体化验车	能安装和操作化验设备	辆	1	面包车
	装备车		辆	2	
通讯	录音电话		部	2	
	灾区移动电话		套	1	
	移动电话		部	5	
	寻呼机		部		每人 1 部
设备	惰气灭火装备	500m³/min	套	1	
	高位数泡沫灭火机	BGP400 型	套	1～2	
	惰泡发射机		套	1	
	高扬程灭火泵		台	2	
仪表	气体分析仪		套	1	
	便携式爆炸三角形测定仪		台	1	
信息	计算机		台	1	
	传真机		台	1	
	复印机		台	1	
	摄像机		台	1	
	录像机		台	1	

表 8-13-72 矿山救护中队最低限度技术装备表

类别	装备名称	要 求	单位	数量	备 注
车辆	矿山救护车	100km/h	辆	2~3	
	指挥车	120km/h	辆	1	
	装备车		辆	1	
通讯	程控电话		部	1	
	灾区电话		套	4	
	移动电话		部	4	
	寻呼机				每人1部
仪器	呼吸器		台	9	4h,正压氧
	呼吸器		台	9	2h,正压氧
	自动苏生器		台	6	
	红外线测温仪		台	2	
	氧气呼吸器校验仪	JD9型	台	6	
装备	液压起重器		台	5	
	高倍数泡沫灭火机	BGP400型或BGP2000型	台	1	
	防爆工具		套	5	
	氧气充填泵	CT-250型	台	2	
	工业冰箱		台	1	
	呼吸器干燥装置	ZG1型	台	3	
	自动苏生器专用校验仪	ZS1型	台	2	

表 8-13-73 矿山救护小队最低限度技术装备表

装备名称	要 求	单位	数量	备 注
氧气呼吸器	1h或2h	台	1	
自动苏生器		台	1	
呼吸器校验仪	JD9型	台	1	
自救器气密检查仪	ZJ-2型	台	1	
瓦斯检定器	10%、100%	台	2	各1台
一氧化碳检定器	MYJ型	台	1	
氧气检定器		台	1	
温度计	0~100℃	支	1	
采气样工具		套	1	其中球胆4个
灾区电话		套	1	
引路线	金属芯	m	1000	
担架		副	1	

续表

装备名称	要　求	单位	数量	备　注
呼吸器干燥装置	ZG1 型	台	1	
自动苏生器专用校验仪	ZS1 型	台	1	
温　毯		条	1	
铜顶斧		把	2	
矿工斧		把	2	
刀　锯		把	2	
氧气瓶	2L	个	2	备用
氧气瓶	1L	个	1	
起钉器	防　爆	把	2	
小　锹	两用防爆	把	1	
小　镐	防　爆	把	1	
帆布水桶		个	2	
帆布风幛	4m×4m	块	1	
瓦工工具		套	1	
电工工具		套	1	
急救箱		个	1	含药品和负压夹板
备件袋		只	1	装鼻夹及呼吸器易损件等
记录本		本	2	
圆珠笔		支	2	
信号喇叭		个	2	
皮　尺	10m	把	1	
卷　尺	2m	把	1	
钉　子	长 50mm、100mm	kg	1	装在包内

表 8−13−74　辅助矿山救护队最低限度技术装备表

装备名称	要　求	单位	数量	备　注
自救器		台		每人 1 台
自动苏生器		台	2	
干粉灭火器		只	20	
风　障	4m×4m	块	1	
风　障	6m×6m	块	1	
呼吸校验仪	JD9 型	台	2	
自救器气密检查仪	ZJ−2 型	台	1	
一氧化碳检定器	MYJ 型	台	2	

装备名称	要　求	单位	数量	备　注
瓦斯检定器	10%、100%	台	2	
呼吸器干燥装置	ZG1 型	台	1	
自动苏生器专用校验仪	ZS1 型	台	1	
防爆工具		套	1	锤、钎、锹、镐等
两用锹		把	2	
氧气充填泵	CT－250 型	台	1	
氧气瓶	40L	个	5	
氧气瓶	2L	个	30	
氧气瓶	1L	个	10	
大绳		根	1	
担架		副	2	
保温毯	棉织	条	2	
绝缘手套		双	1	
氧气检定器		台	1	
温度计		支	2	
采气样工具		套	1	包括球胆 4 个
灾区电话		套	1	
引路线		m	1000	
铜顶斧		把	2	
矿工斧		把	2	
刀锯		把	2	
起钉器		把	2	
手表		块		队长每人 1 块
电工工具		套	1	
氢氧化钙		t	0.5	

表 8－13－75　矿山救护队指战员（含辅助救护队）个人最低限度技术装备表

装备名称	要　求	单位	数量	备　注
4h 呼吸器	推广使用正压呼吸器	台	1	
自救器	压缩氧	台	1	
企业消防服装	按公安消防服装标准执行	套/a	1	
战斗服	带反光标志	套/a	1	
劳动保护用品	按规定执行	套	1	

主 要 参 考 资 料

1.《煤矿矿井采矿设计手册》编写组. 煤矿矿井采矿设计手册. 第十篇. 煤炭工业出版社,1984

2. 中华人民共和国煤炭工业部制定. 煤矿安全规程. 煤炭工业出版社,2001

3. 煤炭工业部制定. 防治煤与瓦煤突出细则. 煤炭工业出版社,1995

4. 煤炭工业部制定. 矿井防灭火规范(试行). 煤炭工业出版社,1988

5. 中国统配煤矿安全管理局主编. 矿井瓦斯抽放管理规范. 煤炭工业出版社,1989

6. 煤炭工业部重庆设计研究院主编. 煤炭工业部发布. 矿井抽放瓦斯工程设计规范. 煤炭工业出版社,1996

7. 煤炭工业部武汉设计研究院主编. 煤炭工业部发布. 煤矿井下热害防治设计规范. 煤炭工业出版社,1996

8. 煤炭工业部重庆设计研究院主编. 煤炭工业部发布. 矿井通风安全装备标准. 1996

9. 煤炭工业部发布. 煤矿救护规程. 煤炭工业出版社,1996

10. 李学诚、王省身主编. 中国煤矿通风安全工程图集. 中国矿业大学出版社,1995

11.《煤矿安全工程设计》编写组. 煤矿安全工程设计. 煤炭工业出版社,1995

12.《煤炭科研参考资料》编辑部编. 煤矿工程师安全知识更新刊授班教材. 煤科总院,1989

13. 陈先蓉、彭华富、卢溢洪编著. 提高矿井瓦斯抽放率研究科学技术报告. 煤炭工业部重庆设计研究院,1991

14. 煤科院西安分院等合编. 矿井防治水. 煤炭工业出版社,1992

15. 李义禺编. 水文地质及工程地质学. 中国矿业大学出版社,1988

16. 煤科院重庆分院主编. 矿井粉尘防治. 煤炭工业出版社,1992

17. 王惠宾等. 矿井通风网络理论与算法. 中国矿业大学出版社,1996

18. 吴中立等. 矿井通风与安全. 中国矿业大学出版社,1989

19. 张惠忱编著. 计算机在矿井通风中的应用. 中国矿业大学出版社,1992

20. 赵全福主编. 煤矿安全手册. 煤炭工业出版社,1991

21. 卢溢洪. 浅谈建立矿井瓦斯抽放系统条件. 煤矿设计,1992(8)

22. 卢溢洪. 高瓦斯矿井实现"双高"的可行性探讨. 煤矿设计,1993(7)

23. 鲜保安等. 裸眼洞穴完井技术及作用机理分析. 中国煤层气,1995(2)

24. 金安信等. 运用液压裂洁改造晋城无烟煤煤层渗透性浅探. 中国煤层气,1995(2)

25. 何宝兴等. 煤层气钻井完井技术的研究和应用. 中国煤层气,1996(1)

26. 李志刚等. 煤层气井压裂技术方法研究与应用. 中国煤层气,1996(2)

27. 王纯信等. 晋城矿区煤层气赋存条件及地面开发现状. 中国煤层气,1996(2)

28. 梁政国等. 鸟瞰我国十年来冲击地压灾害的研究. 阜新矿业学院学报(自然科学版),1990(4)

29. 煤科总院重庆分院注浆设备及工艺组. KBJ—100/6井下移动式注浆设备及工艺研究. 煤炭工程师,1995(3)

30. 宋文忠等. 阻化气雾防火技术在东滩煤矿分层开采工作面的应用. 煤矿安全,1992(12)

31. 史晶等. 惰气技术用于煤矿井下防灭火. 煤矿设计,1996(7)

32. 张提. 放顶煤综采氮气防灭火设计的几个主要问题. 煤矿设计,1996(4)

33. 高广伟等. 膜分离与膜分离制氮装置. 煤炭科学技术,1996(1)

34. 吕锡田. 综放工作面开采综合防灭火研究. 煤矿安全, 1996 (3)

35. 方安炉. 淮面矿区防火灌浆材料探讨. 煤矿设计, 1996 (9)

36. 边庆林等. 气雾阻化防火及其应用. 煤矿安全, 1993 (8)

37. 卢溢洪、陈国忠. 矿井监测系统井下传感器装备量探索. 煤矿设计, 1987 (9)

38. 覃渝昌、卢溢洪、卿恩东. 矿井通风安全装备水平初探. 煤炭工程师, 1994 (10)

39. 黄继声. 矿井通风设计自动化. 煤炭工程师, 1994 (3)

40. 李湖生. 矿井通风设计软件包 MVCAD 功能及其应用. 淮南矿业学院, 1996

41. 高俊超. 中国煤矿水害问题与防治方法的探讨. 煤炭科学技术, 1992 (8)

42. 李志信. 综采放顶煤工作面风量探讨. 煤炭科学技术, 1994 (8)

43. 黄位轩. 采场通风与防火. 煤炭工业出版社, 1992

44. 赵以惠等. 通风空调. 中国矿业学院通风安全教研室, 1985

45. 谭允祯. 矿井通风系统优化. 煤炭工业出版社, 1991

46. 穆智宏. 煤矿防尘与粉尘检测. 黄河出版社, 1991

47. 叶钟元. 矿井防尘. 中国矿业大学出版社, 1991

48. 王晋育等. 综采放顶煤工作面高浓度粉尘综合防治技术的研究. 煤炭工程师, 1995 (6)

49. 黄声树. 自调式风水降尘喷雾器的研究. 煤炭工程师, 1995 (6)

50. 冉文清等. 综采放顶煤综合防尘技术在乌兰矿的应用. 煤炭工程师, 1995 (4)

51. 张延松. 综采放顶煤工作面综合防尘技术. 煤炭科学技术, 1995 (10)

52. 赵正均. 采煤机割煤防尘. 煤炭工程师, 1995 (3)

53. 余恒昌主编. 矿山地热与热害治理. 煤炭工业出版社, 1991

54. 岑衍强等. 矿内热环境工程. 武汉工业大学出版社, 1989

55. 武汉煤炭设计研究院. 国家"七五"重点科技攻关项目"平八矿矿井降温技术"专题"矿井气温预测及计算程序研究"专题, 1989

第九篇

计 算 机 应 用

编 写 单 位　中煤国际工程集团南京设计研究院
主　　　编　陈元艳
副 主 编　由胜武　薛跃兵
编 写 人　由胜武　薛跃兵（第一章）
　　　　　　于为芹　由胜武（第二章）
　　　　　　薛跃兵　倪渐贵　由胜武　于为芹
　　　　　　田立汉　李树仁　孙怀志（第三章）

计 算 机 应 用

第一章　计算机软件开发

第一节　软件开发过程

一、软件工程

软件工程是指导计算机软件开发和维护的工程学科。采用工程的概念、原理、技术和方法来开发与维护软件，把经过时间考验而证明正确的管理技术和当前能够得到的最好的技术方法结合起来，这就是软件工程。

《计算机软件开发规范》（GB8566—88）中详细规定了计算机软件开发过程的各个阶段及每一阶段的任务、实施步骤、实施要求、完成标志和交付文件。该规范的目的是使整个软件开发过程阶段清晰、要求明确、任务具体，使之规范化、系统化和工程化，向广大从事软件开发的技术人员和管理人员提供一系列行之有效的准则、方法和规程。使用该规范，有利于提高软件开发过程的能见度，有利于开发过程的控制和管理，便于采用工程化的方法开发软件，从而提高所开发软件系统的质量，缩短开发时间，减少开发和维护费用，便于软件开发和维护人员之间的协作、交流，使软件开发活动更加科学、更有成效。

一项计算机软件的筹划、研制及实现，构成一个软件开发项目。一个软件开发项目的进行，一般需要在人力和自动化资源等方面作重大的投资。为了保证项目开发的成功，最经济地花费这些投资，并且便于运行和维护，在开发工作的每个阶段，都需要编制一定的文件。这些文件连同计算机程序及数据一起，构成计算机软件。文件是计算机软件中不可缺少的组成部分，它的作用是：

（1）作为开发人员在一定阶段内的工作成果和结束标志。

（2）向管理人员提供软件开发过程中的进展和情况，把软件开发过程中的一些"不可见"事物转换成"可见的"文字资料。以便于管理人员在各个阶段检查开发计划的实施进展，使之能够判断原定目标是否已达到，还将继续耗用资源的种类和数量。

（3）记录开发过程中的技术信息，便于协调以后的软件开发、使用和修改。

（4）提供对软件的有关运行、维护和培训的信息，便于管理人员、开发人员、操作人员和用户之间相互了解彼此的工作。

（5）向潜在的用户报道软件的功能和性能，使他们能判定该软件能否服务于自己的需要。

《计算机软件产品开发文件编制指南》中根据软件规模的大小列出了各阶段文件及名称，见表 9—1—1。

表 9-1-1 各 阶 段 文 件 及 名 称

小规模软件	中规模软件	大规模软件	特大规模软件
软件需要与开发计划	项目开发计划 软件需求说明 测试计划 ———	可行性研究报告 项目开发计划 软件需求说明 数据要求说明 测试计划	对应于大规模软件所规定的文件 可进一步细分
软件设计说明 ———	软件设计说明	概要设计说明 详细设计说明 数据库设计说明	
使用说明 ———	使用说明	用户手册 操作手册	
测试分析报告	模块开发卷宗 ——— 测试分析报告 ———	模块开发卷宗 测试分析报告	
项目开发总结	开发进度月报 ——— 项目开发总结 ———	开发进度月报 项目开发总结	

注:1. 小规模软件,源程序行数小于 5000 的软件;
　2. 中规模软件,源程序行数为 10000～50000 的软件;
　3. 大规模软件,源程序行数为 100000～500000 的软件;
　4. 特大规模软件,源程序行数大于 500000 的软件。

煤炭设计系统自 20 世纪 90 年代初开始应用软件工程开发大型工程软件"煤矿采矿设计软件包"。该项目是一个特大型采矿工程软件,共有 2000 多个模块。因为模块很多,模块之间的数据传递关系复杂,需采用统一的原理、技术和方法编写程序形成一个整体来统一运行。

二、软件开发的阶段划分

软件工程强调使用生存周期方法学和各种结构分析及结构设计技术,把软件生存周期划分成若干个阶段,每个阶段的任务相对独立,而且比较简单,便于不同人员分工协作,从而降低整个软件开发工程的困难程度;在软件生存周期的每个阶段都采用科学的管理和良好的技术,而且每个阶段结束之前都从技术和管理两个角度进行严格的审查,合格之后才开始下一阶段的工作,这就使软件开发的全过程以一种有条不紊的方式进行,保证了软件的质量,特别是提高了软件的可维护性。

软件开发的阶段划分大致如下:

(1) 可行性研究阶段;

(2) 需求分析阶段;

(3) 概要设计阶段;

(4) 详细设计阶段;

（5）编码及单元测试阶段；

（6）总体测试阶段。

对于小规模的软件，可对某些阶段进行合并。

以下概括地描述各阶段的任务、方法及表达方式。

三、可行性研究

可行性研究阶段要解决的关键问题是：系统分析员对用户提出的问题要进行一次压缩和简化了的系统分析和设计的过程，也就是在较抽象的高层次上进行的分析和设计的过程。这个阶段的任务是研究问题范围，探索这个问题是否值得去解决，是否有可行的解决办法。

用户提出的对工程的目标和规模通常是比较模糊的。可行性研究阶段应该导出系统的高层逻辑模型（最好用数据流程图表示），并且在此基础上更准确、更具体地确定工程规模和目标，然后系统分析员更准确地估计系统的成本和效益，对建议的系统进行成本和效益分析是这个阶段的主要任务之一。

可行性研究的结果是用户决定是否继续进行这项工程的重要依据。

进行可行性研究的步骤如下：

（1）复查系统规模和目标；

（2）研究目前正在使用的系统；

（3）导出新系统的高层逻辑模型；

（4）重新定义问题；

（5）导出和评价供选择的解法；

（6）草拟开发计划；

（7）书写文档提交审查。

可行性研究阶段系统的表达方式主要有如下两种：

1. 系统流程图

系统流程图用来描绘未来的物理系统的概貌，是描绘物理系统的传统工具。它的基本思想是用图形符号以黑盒子形式描绘系统里面的每个部件（程序、文件、数据库、表格、人工过程等）。系统流程图表达的是信息在系统各部件之间流动的情况，而不是对信息进行加工处理的控制过程。

系统流程图的表示符号见表 9—1—2。

表 9—1—2　系统流程图的表示符号

符　号	名　称	说　明
□	处　理	能改变数据值或数据位置的加工或部件，例如，程序、处理机、人工加工等都是处理
▱	输入/输出	表示输入或输出（或既输入又输出），是一个广义的不指明具体设备的符号
○	连　结	指出转到图的另一部分或从图的另一部分转来，通常在同一页上

续表

符 号	名 称	说 明
	换页连结	指出转到另一页图上或从另一页图上转来
	数据流	用来连结其它符号，指明数据流动方向
	文 档	通常表示打印输出，也可表示用打印终端输出数据
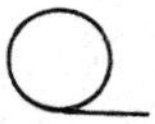	磁 带	磁带输入/输出，或表示一个磁带文件
	联机存储	表示任何种类的联机存储，包括磁盘、磁鼓、软盘和海量存储器等
	磁 盘	磁盘输入/输出，也可表示存储在磁盘上的文件或数据库
	显 示	CRT 终端或类似的显示部件，可用于输入或输出，也可既表示输入又输出
	人工输入	人工输入数据的脱机处理，例如，填写表格
	人工操作	人工完成的处理，例如，会计在工资支票上签名
	辅助操作	使用设备进行的脱机操作
	通信链路	使用远程通信线路或链路传送数据

2. 数据流程图

数据流程图描绘系统的逻辑模型，图中没有任何具体的物理元素，只是描绘信息在系统中流动和处理的情况。因为数据流程图是逻辑系统的图形表示，既使不是专业的计算机技术人员也容易理解，所以是极好的通信工具。此外，设计数据流程图只需考虑系统必须完成的基本逻辑功能，完全不需要考虑如何具体地实现这些功能，所以它也是软件设计很好的出发点。

　　数据流程图的表示符号见图9-1-1。

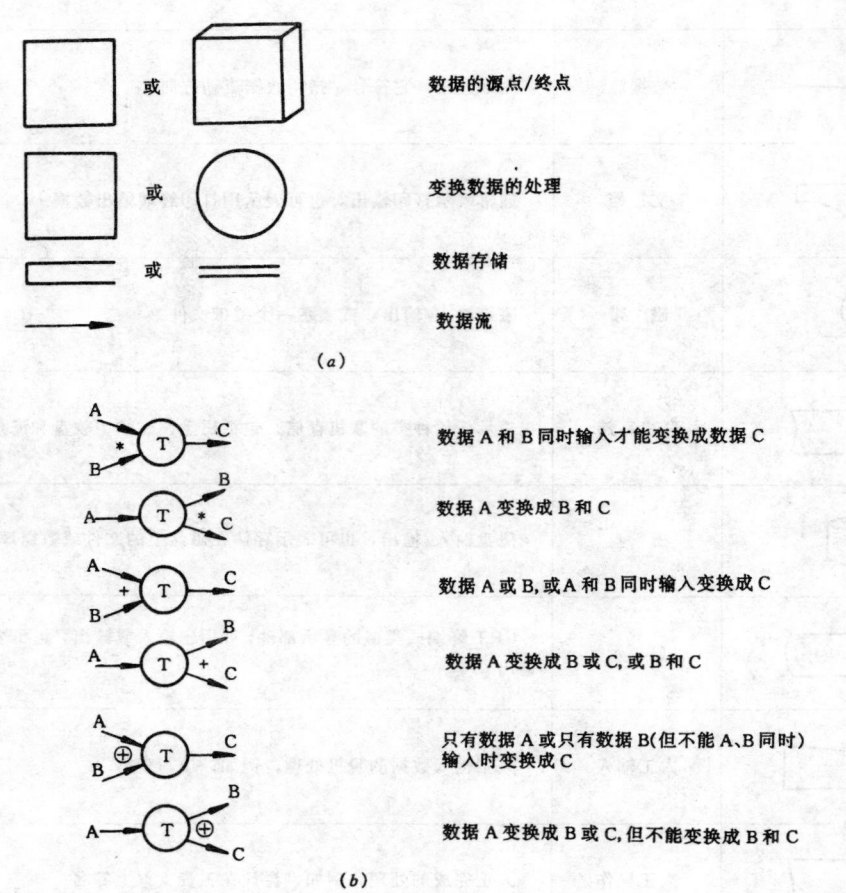

数据的源点/终点

变换数据的处理

数据存储

数据流

(a)

数据A和B同时输入才能变换成数据C

数据A变换成B和C

数据A或B,或A和B同时输入变换成C

数据A变换成B或C,或B和C

只有数据A或只有数据B(但不能A、B同时)
输入时变换成C

数据A变换成B或C,但不能变换成B和C

(b)

图9-1-1　数据流程图表示符号

四、需求分析

　　需求分析是软件生存周期的一个重要阶段，也是软件定义时期的最后一个阶段，它的根本任务是为了满足用户的需要，确定系统必须具有的功能和性能，系统要求的运行环境。需求分析的结果是系统开发的基础，关系到工程的成败和软件产品的质量。

　　虽然在可行性研究阶段已经粗略了解了用户的需求，甚至还提出了一些可行方案，但是，可行性研究的目的是确定用较小的成本在较短的时间内是否存在可行的解法，因此，许多细节被忽略了。然而在最终的系统中却不能遗漏任何一个微小的细节，所以可行性研究不能代替需求分析。

需求分析的主要步骤如下：

（1）确定对系统的综合要求；

（2）分析系统的数据要求；

（3）导出系统的逻辑模型；

（4）修正系统开发计划；

（5）书写文档提交审查。

需求分析的工具和表达方式较多，但在工程软件开发过程中，利用数据流程图、数据字典、IPO 图表示的系统逻辑模型最为直观。

1. 数据流程图

可行性研究产生的系统数据流程图是需求分析的出发点。原数据流程图中已经划分出系统必须完成的许多基本功能，在需求分析阶段系统分析员要仔细研究这些功能，把数据流程图由高向低层次逐步细化，即把一个功能比较复杂的处理，分解成若干个子功能处理，以此类推，直至功能不能再分解为止。

2. 数据字典

数据字典和数据流程图密切配合，能清楚地表达数据处理的要求。数据流程图绘出了系统的组成及其相互的关系，但却未说明数据元素的含义。数据字典的任务是对数据流程图中出现的所有数据元素给出定义。数据字典由以下四种数据字典卡片组成：

（1）数据元素卡；

（2）数据流程卡；

（3）文件卡；

（4）基本加工卡。

3. IPO 图

IPO 图能够方便地描绘输入数据、对数据的处理和输出数据之间的关系。IPO 图包括内容如下：

（1）主要的输入参数；

（2）主要处理过程；

（3）主要的输出参数；

（4）局部数据元素。

五、概要设计

概要设计的基本目的就是概括地回答"系统应该如何实现？"这个问题。通过这个阶段的工作划分出组成系统的物理元素——程序、数据库、人工过程和文档等。

概要设计阶段的另一项重要任务是确定软件的结构，也就是确定系统中每个程序由哪些模块组成，以及这些模块的相互关系。

概要设计阶段的主要步骤如下：

（1）设想供选择的方案；

（2）选取合理的方案；

（3）推荐最佳方案；

（4）功能分解；

（5）设计软件结构；

（6）数据库设计；

（7）制定测试计划；

（8）书写文档提交设计审查。

在需求分析阶段数据流程图已画得较细，因此，概要设计阶段要尽量利用需求分析的成果，采用面向数据流的设计方法，自顶向下扩展，对高层模块，采用以事务为中心的设计策略，把一个大的复杂系统逐步分解成若干个较小的、简单的暗盒模块；对低层模块，采用以变换为中心的策略，将低层的数据流程图转换成结构图，将结构图中的一个功能模块分解成分别具有输入、中心变换、输出功能的简单模块。

系统模块（或程序模块）不同于需求分析阶段的"功能模块"，它是完成系统功能的物理元素，概要设计应在原需求分析的基础上细划数据流程图，特别应注意低层模块。通过抽象、分解、组合，并在多个方案的基础上提出合理的布局方案。对于程序模块一定要具有较高的内聚性和较松的耦合性，一般每个程序模块的程序框图不超过一张 16 开纸，程序量不多于 200 行，当然这也不是绝对的，在分解一个大模块时，不能单凭语句条数的多少，主要是按功能分解，直至无法做出明确的功能定义为止。

概要设计的表达方式如下：

（1）系统结构用层次图或结构图来表示，一般较高层次采用层次图表示，低层次采用结构图表示，图的深度、宽度、扇入、扇出都应适当。

（2）模块说明采用 HIPO 图表示，HIPO 图的主要内容包括：

①模块名称；

②层次编号；

③输入；

④输出；

⑤处理。

（3）逻辑数据结构采用数据结构卡表示。

（4）物理数据结构采用一览表的形式表示，其内容主要包括：

①数据结构编号；

②数据结构名称；

③数据项名称；

④存储要求；

⑤访问方法；

⑥存取单位；

⑦存取物理关系。

六、详细设计

详细设计阶段的根本目标是确定应该怎样具体地实现所要求的系统，也就是说，经过本阶段的设计工作，应该得出对目标系统的精确描述，从而在编码阶段把这个描述直接翻译成用某种程序设计语言书写的程序。

详细设计阶段面临两个方面的问题，一个是决定实现每个模块的算法，另一个是如何正确地表达这些算法。前者从需求分析到概要设计都已充分考虑过了，在本阶段只需决定下来就可以了；后者是主要的研究对象。

适用的算法表达形式很多，常用的有程序流程图，但对于开发大型工程软件，最大的缺点是流程图麻烦，与算法语言的差别较大，把流程图转换成算法语言的难度较大。

PDL（Process Design Language）语言具有正文格式，且仅有少量的简单语法规则，大量地使用了习惯的自然语言，这就为灵活方便地描述程序算法以及提高可读性创造了良好条件。建议在今后的软件开发过程中采用 PDL 语言表达方式。

七、编码及单元测试

编码是把软件设计作进一步转换，产生源程序的过程。实际上，源程序中体现了前面各个开发阶段软件人员设计意图。按照软件工程的原则，软件项目的开发更重视前面各阶段的工作。这些工作已经为编码打下了良好的基础，主要的困难在前面各阶段已经解决，编码只是把详细设计得到的算法描述转换成某种语言表示的程序，相对而言，编码要比前面几个阶段的工作容易得多，普通的程序员完全可以胜任编码工作。

为了保证编码的质量，程序开发人员必须深刻地理解，熟练地掌握并正确地运用程序设计语言的一些特性，只有在语法上没有错误的程序才能通过编译系统的语法检查。然而，软件工程项目对代码编写的要求，绝不仅仅是源程序语法的正确性，也不只是源程序中没有各种错误，它还要求源程序具有良好的结构性和良好的设计风格。因此，编码一定要采用结构化程序设计，主要包括两个方面：

（1）编码时强调使用几个基本控制结构，尽量避免可能降低程序结构性的转向语句。

（2）在软件开发的设计与实现过程中，提倡采用自顶向下和逐步细化的原则。这一设计原则有如下优点：

①同一层次节点上的细化工作彼此独立无关；

②任何一步发生了错误，只能影响它所在树枝的子女节点；

③测试工作可按顺序，逐个节点独立进行，最后再集成；

④每一步工作仅在上层节点的基础上作少量的设计扩展，便于检查；

⑤有利于设计的分工和组织工作。

结构化程序设计要有一种结构化设计语言来实现，目前最为流行的语言是 C++。

编码要有良好的设计风格，具体体现在以下几个方面：

（1）符号名的命名；

（2）程序中的注释行；

（3）恰当地使用空格、空行；

（4）数据说明的次序；

（5）语句结构；

（6）输入和输出格式。

编码过程中，应及时对每个程序进行单元测试，只有每个程序都测试通过了，才能保证总体组装和测试的顺利进行。单元测试期间主要评价模块的下述五个特性：

（1）模块接口；

（2）局部数据结构；

（3）重要的执行通路；

（4）出错处理通路；

（5）影响上述各方面的边界条件。

八、总体测试

软件进行总体测试前提是软件的各个程序模块都已进行了单元测试和子系统测试。

测试阶段的关键技术问题就是设计测试方案。所谓测试方案包括预定要测试的功能，应该输入的测试数据和预期的结果。

不同的测试数据发现程序错误的能力差别很大，为了提高测试效率，降低测试成本，应该选用高效的测试数据，即选用少量"最有效的"测试数据。

设计测试方案技术较多，但在工程软件测试中通常用黑盒设计基本的测试方案，再用白盒测试的逻辑覆盖法补充一些方案。

九、软件维护

在软件开发阶段结束以后，作为产品的软件交付用户使用，进入运行阶段。

在此阶段需进行软件维护工作，其内容包括如下三个方面：

（1）改正性维护；

（2）适应性维护；

（3）完善性维护。

改正性维护是在软件运行中发生异常或故障时进行的。这种故障常常是由于遇到了从未用过的输入数据组合情况或是发生在与其它软件的接口或与硬件的接口出现了问题。

适应性维护是要使运行的软件能适应外部环境的变动。要求应用软件能跟上计算机硬件的发展，并使之不致因不能适应操作系统的新版本而影响正常工作。

完善性维护是为扩充软件的功能，提高原有软件性能而开展的软件工程活动。这里所说的新功能和新性能都是在原来开发中编制的软件需求说明书中并未规定的内容，用户在使用了一段时间以后，提出了新的要求，希望在原开发软件的基础上加以补充。

维护工作的过程除了增加维护的管理环节以外，其它部分工作和软件开发的过程极为相似。

第二节   计算机辅助设计软件

煤炭设计系统采矿专业自 80 年代中期开始应用 CAD，各设计单位边应用边开发软件，已先后开发出巷道断面、交岔点、井底车场等施工图绘图软件；开发出了"煤矿采矿设计软件包"等阶段设计软件，这些软件的应用，极大地提高了设计速度，提高了绘图精度和设计质量。

辅助设计软件的开发离不开合适的开发平台。在微机开发平台中，美国的 AutoCAD 软件最为流行；在工作站上（SGI），已有十个设计院装备了澳大利亚 Mincom 公司推出的 Minescape 软件。这两个软件均可作为采矿辅助设计软件的开发平台，前者着重于开发施工图设计软件，后者着重于开发阶段设计软件。

一、AutoCAD 开发平台

AutoCAD 是美国 Autodesk 公司推出的通用计算机辅助绘图和设计软件包，自 1982 年 12 月推出第一个版本后，经多次升级，现在的 AutoCAD 功能更加强大，且日趋完善。Auto-CAD 广泛应用于机械、建筑、电子、冶金、气象等工程设计领域。具有如下主要特点：

（1）良好的工作界面以及强大的绘图与图形编辑功能；

（2）利用 AutoCAD 既可以交互方式绘图（人机对话），也可实现自动绘图（编程实现）；

（3）开放的体系结构，功能强大的应用程序编程接口（API），易于二次开发；

（4）软件易于掌握，适用于各种层次的用户。

（一）应用 Visual LISP 进行软件开发

多年来，AutoLISP 一直是自定义 AutoCAD 的标准。现在 Visual LISP（VLISP）增加了许多重要功能，是新一代的 AutoCAD LISP 语言。VLISP 对语言进行了扩展，可以通过 Microsoft ActiveX Automation 接口与对象交互。同时，通过实现反应器函数，还扩展了 AutoLISP 响应事件的能力。作为开发工具，VLISP 提供了一个完整的集成开发环境（IDE），包括编译器、调试器和其他工具，可以提高自定义 AutoCAD 的效率。

AutoLISP 是为扩展和自定义 AutoCAD 功能而设计的一种编程语言。LISP 最初是为编写人工智能（AI）应用程序设计的，现在仍是许多人工智能程序的基础。

Visual LISP（VLISP）是为加速 AutoLISP 程序开发而设计的软件工具。VLISP 的集成开发环境提供了许多功能，使编写、修改代码以及测试和调试程序更加容易。另外，VLISP 还提供了工具，用于发布用 AutoLISP 编写的独立应用程序。

1. Visual LISP 提供的功能

在 AutoLISP 应用程序的开发周期中，AutoLISP 用户要执行许多 AutoCAD 软件未提供的操作。这些操作中的某些操作（例如文字编辑等）可以由其他软件工具提供，但其他的一些操作（例如完整的 AutoLISP 源代码级的调试等）则只在 VLISP 中才能够实现。在 VLISP 中，可以在单个环境中完成绝大多数必要的操作，其中包括文字编辑、程序调试以及与 Auto-CAD 和其他应用程序的交互等。

Visual LISP IDE 包括：

（1）语法检查器，可识别 AutoLISP 语法错误和调用内置函数时的参数错误。

（2）文件编译器，改善了程序的执行速度，并提供了安全高效的程序发布平台。

（3）专为 AutoLISP 设计的源代码调试器。利用它可以在窗口中单步调试 AutoLISP 源代码，同时还在 AutoCAD 图形窗口显示代码运行结果。

（4）文字编辑器，可采用 AutoLISP 和 DCL 语法着色，并提供其他 AutoLISP 语法支持功能。

（5）AutoLISP 格式编排程序，用于调整程序格式，改善其可读性。

（6）全面的检验和监视功能。用户可以方便地访问变量和表达式的值，以便浏览和修改数据结构。这些功能还可用来浏览 AutoLISP 数据和 AutoCAD 图形的图元。

（7）上下文相关帮助，提供 AutoLISP 函数的信息。强大的自动匹配功能方便了符号名查找等操作。

（8）工程管理系统。维护多文件应用程序更加容易。

（9）可将编译后的 AutoLISP 文件打包成单个模块。

（10）桌面保存和恢复能力。可保存和重用任意 VLISP 任务的窗口环境。

（11）智能化控制台窗口。它给 AutoLISP 用户提供了极大的方便，从而大大提高了用户的工作效率。控制台的基本功能与 AutoCAD 文本屏幕类似，还提供了许多交互功能，例如历史记录功能和完整的行编辑功能等。

2. Visual LISP 程序的开发步骤

用 Visual LISP 开发 AutoLISP 程序必须按以下步骤进行：

（1）明确应用程序要完成的任务以及如何完成这些任务。

开发 AutoLISP 程序的出发点是为了实现某些 AutoCAD 操作的自动化，它可能是为了加快重复性绘图工作的步伐，或简化一系列复杂操作。

（2）设计程序。

（3）编写代码。

（4）设置代码格式以增强可读性。

（5）检查程序错误。

（6）测试和调试程序。

3. Visual LISP 程序调试

程序并非总是能够按设计者所预计的那样运行。如果程序执行的结果不对，或者引起了程序崩溃，可能很难查出程序错在何处。VLISP 提供了许多功能来帮助用户调试程序、查找并改正程序错误。

调试往往是程序开发中最费时间的过程，所以 VLISP 提供了一个功能强大的调试器，它的功能包括：

（1）跟踪程序执行过程；

（2）跟踪程序执行过程中的变量值；

（3）查看表达式的求值顺序；

（4）检验函数调用时的参数值；

（5）中断程序执行；

（6）单步执行程序；

（7）检验堆栈。

4. Visual LISP 程序编译

VLISP 编译自己的程序文件来创建单独的可执行模块，并发布给最终用户。如果应用程序包括多个文件，推荐使用 VLISP 中集成的工程管理工具来进行编译。工程管理工具将自动重编译已修改的文件，它还能让用户在不知道代码所处文件的情况下查找代码，并对函数调用和已编译文件中的局部变量进行优化。

5. Visual LISP 程序的维护

维护包含多个文件的应用程序，这种大的应用程序也称为 VLISP 工程。通过工程来维护多文件应用程序，VLISP 工程包括 AutoLISP 源文件列表和如何编译这些文件的规则集。通过定义工程，VLISP 可完成下列工作：

（1）检查应用程序中哪些.lsp 文件已被修改，在重新编译时将仅自动编译修改过的文件，该过程即生成过程。

（2）列出与工程相关的所有源文件，使对它们的访问变得更简单。

（3）如果不知道哪个源文件包含了要查找的文本，可利用字符串搜索功能帮您查找代码段。VLISP 可将搜索限制在工程所包括的文件。

（4）通过直接链接多个源文件的相应部分，可优化已编译代码。

（二）应用 ActiveX Automation 方法进行软件开发

ActiveX Automation 是一种新的方法，通过它可以用编程方式操作 AutoCAD 图形。许多语言和环境可使用 ActiveX 编程界面，如 C++、Visual Basic 和 Delphi 等。在许多实例中，在操作 AutoCAD 图形对象时，ActiveX 的速度比传统的 AutoLISP 函数要快。可以通过 ActiveX 与支持 ActiveX 功能的其他 Windows 应用程序交互。

1. AutoCAD 对象

对象是 ActiveX 应用程序的主要组成部分。AutoCAD 图形中的直线、圆弧、多义线和圆等都被称为对象。但在使用 ActiveX 时，如下 AutoCAD 概念也被称为对象：样式设置，如线型和标注样式等；组织结构，如图层、组和块等；图形显示，如视图和视口；图形的模型空间和图纸空间：甚至连图形和 AutoCAD 应用程序本身都被认为是对象。

ActiveX 包括许多由标准 AutoLISP 函数（如 entget、entmod 和 setvar 等）提供的功能，和这些函数相比，ActiveX 运行速度更快，访问对象特性更容易。

AutoCAD 用层次结构来组织它的对象，结构的根是应用程序对象。该层次结构的视图被称为对象模型，它显示出哪个对象提供了对下一层对象的访问。

有些时候我们必须使用 ActiveX，例如从反应器回调函数中访问图形对象时，就只能使用 ActiveX。

（1）对象特性。

AutoCAD 对象模型中的所有对象都有一个或多个特性，例如，圆对象可用半径、面积或线型等特性进行描述，椭圆对象则只有面积和线型特性，而没有半径特性。但可以用其长轴和短轴的比例（即名为 RadiusRatio 的特性）来描述它，通过 ActiveX 函数访问 AutoCAD 数据时必须知道特性名称。

（2）对象方法。

ActiveX 对象也包括方法，它们是为特定类型对象所提供的动作。某些方法可应用到大多数 AutoCAD 图形对象。例如，Mirror 方法（创建对象关于镜像轴的镜像拷贝）和 Move 方法（沿指定矢量移动图形对象）可应用到大多数图形对象。相反，用于在距现有对象指定距离处创建新对象的 Offset 方法，只能应用到几种 AutoCAD 对象如圆弧、圆、椭圆和直线等。

（3）对象集合。

AutoCAD 通过集合来将对象模型中的所有对象进行分类。例如，Blocks 集合是由 AutoCAD 图形中的所有块组成的，而 ModelSpace 集合则包括图形模型空间中的所有图形对象（圆、直线、多义线等），在对象模型图表中标出了对象集合。

2. 访问 AutoCAD 对象

Application 对象是 AutoCAD 对象模型中的根对象。从应用程序对象可以访问其他任何对象，或这些对象的特性和方法。

如果要在 AutoLISP 中使用 ActiveX 函数，必须先加载支持代码来使这些函数可用。调用如下函数加载 ActiveX 支持函数：

(vl-load-com)

注意：所有使用 ActiveX 的应用程序，都应在开始时就调用 v1-load-com 函数。如果应用程序不调用 vl-load-com，除非用户已加载了 ActiveX 支持函数，该应用程序将运行失败。

在加载了 ActiveX 支持函数之后，访问 AutoCAD 对象的第一步是与 AutoCAD 应用程序对象建立联系，可如下例所示，调用 vlax-get-acad-object 函数建立该联系：

(setq acadobject (vlax-get-acad-object))

vlax-get-acad-object 函数返回指向 AutoCAD 应用程序对象的指针，在上例中，该指针被存储在 acadobject 变量中，该返回值的类型是一种称为 VLA 对象（VLISP ActiveX 对象）的 VLISP 数据类型。

（1）使用检验工具查看对象特性。

如果要查看与应用程序对象相关的特性，可先选择指向该对象的变量（如上例中的 acadobject），然后选择 VLISP "视图" 工具栏上的 "检验" 按钮（如下所示）：

VLA-Object 检验窗口中列出的许多特性很容易理解。例如，FullName 是 AutoCAD 可执行文件的文件名，Version 是当前 Auto CAD 的版本，而 Caption 是 Auto CAD 窗口标题栏上显示的标题。如果特性名称后跟有 [RO] 标志，则说明该特性是只读的，您不能修改它。

（2）应用程序对象以下的其他 ActiveX 对象。

顺着 AutoCAD 对象模型层次图，Appication 对象的 Active Document 特性将把你带到 Document 对象，它代表当前 Auto CAD 图形。利用如下 Auto LISP 命令将返回活动文档：

(setq acad Document (vla-get-Active Document acad Object))

文档对象有许多特性。对非图形对象（如图层、线型和组等）的访问是由名称相近的特性（如 Layers、Linetype 和 Groups 等）提供的。如果要访问 Auto CAD 图形中的图形对象，您必须访问图形的模型空间（通过 Model Space 特性）或图纸空间（通过 Paper Space 特性），例如：

(setq mSpace (vla-get-Model Space acad Document))

这时，可以访问 AutoCAD 图形或向图形中添加对象，例如，可以用如下命令将圆添加到模型空间中：

(setq mycircle (vla-add Circle mSpace (vlax-3d-point' (3. 0 3. 0 0.0)) 2.0))

（3）编程技巧。

我们应该避免反复调用函数来访问 Auto CAD 应用程序、活动文档和模型空间对象，因为它们降低了程序的运行速度。在编写程序时，应该让应用程序一次获取这些对象，然后在整个应用程序中都引用所获取的对象指针。

例如，可通过如下函数调用绘制一个圆；

(vla-add Circle (model-space) (vlax-3d-point (3. 0 3. 0 0.0)) 2.0)

model-space 函数返回活动文档的模型空间，如果必要的话，它可调用 active-document 函数访问文档对象。类似地，active-document 函数在必要时也好调用 acad-object 函数获取应用程序对象。

3. 使用 ActiveX 与其他应用程序交互

ActiveX 的作用远不止和标准 AutoCAD 对象交互，可以从其他支持 ActiveX 的应用程序访问对象。例如，可以打开 Microsoft　Word 文档，从 AutoCAD 图形中获取文本数据，然后将文本复制到 Word 文档中。还可以访问 Microsoft Excel 电子表格的单元中的数据，并将它用到您的 AutoCAD 图形中。

如果要编写和其他 ActiveX，应用程序交互的应用程序代码，需要参考那些应用程序的文档，学习该应用程序的对象名称以及怎样使用其方法和特性。一般来说，在支持 ActiveX 的 Windows 应用程序的在线帮助中，会包含其 ActiveX 界面的信息。例如，AutoCAD 提供了 ActiveX and VBA Reference 和 ActiveX and VBA Developer's Guide，为用户通过 Visual Basic for Applications （VBA） 使用 ActiveX 提供帮助。

4. 高级功能

反应器是一种可附着到 AutoCAD 图形对象上的对象，它能让 AutoCAD 在某些事件发生时通知应用程序。例如，如果用户移动了一个图元，而应用程序已在该图元上附着了一个反应器，应用程序将接到通知，从而知道该图元被移动。如果需要，应用程序可以用适当的动作（如移动与该图元相关的其他图元，或更新记录图形修改信息的文字标签等）响应该通知。

反应器通过调用与它相关联的函数来与应用程序通讯，这样的函数被称为回调函数。反应器的回调函数和用 VLISP 写的其他函数没有什么不同，将它们附着到反应器事件时，它们就成为了回调函数。

（1） 反应器类型和事件。

AutoCAD 反应器有多种类型，每种反应器对应一个或多个 AutoCAD 事件。不同类型的反应器可以分为如下几个大类：

数据库反应器：当图形数据库发生特定类型事件时，数据库反应器将通知应用程序。

文档反应器：如果当前图形文档发生改变（如打开新的图形文档、激活其他文档窗口、改变文档的锁定状态等），文档反应器将通知应用程序。

编辑器反应器：在调用 AutoCAD 命令（如打开图形、关闭图形、保存图形、输入输出 DXF 文件、改变系统变量的值等） 时，编辑器反应器将通知应用程序。

链接反应器：当加载和卸载 ARX 应用程序时，链接反应器将通知应用程序。

对象反应器：当特定对象被修改、复制或删除时，对象反应器将通知应用程序。

除了编辑器反应器外，其他类别的反应器只有一种反应器类型。表 9-1-3 列出了 AutoLISP 代码中的所有反应器类型。

（2） 回调函数。

表 9-1-3 反 应 器 类 型 表

反应器类型标志符	说 明
: VLR-AcDb-Reactor	数据库反应器
: VLR-DocManager-Reactor	文档管理反应器
: VLR-Editor-Reactor	通用编辑器反应器，为向后兼容而保留
: VLR-Linker-Reactor	链接反应器
: VLR-Object-Reactor	对象反应器

在给应用程序添加反应器功能之前，首先要完成回调函数的编码，以便在发生反应器事件时执行相应任务。在定义了回调函数之后，只需通过创建反应器对象，将函数与事件相连即可。

回调函数是一个常规 AutoLISP 函数，也需用 defun 定义。但对回调函数的编码有一定的限制：不能用 command 函数调用 AutoCAD 命令，只能用 ActiveX 函数访问图形对象，在回调函数中还不能用 entget 和 entmod 函数。详细信息请参见反应器使用规则。

除对象反应器之外的所有其他反应器的回调函数，必须设计为接受两个参数：

第一个参数指定调用该函数的反应器对象。

第二个参数是由 AutoCAD 设置的参数表。

下例中的名为 saveDrawingInfo 的函数，将显示文件的路径和大小等信息。该函数将被附着到 DWG 编辑器反应器，在保存 AutoCAD 图形时将被激活：

```
(defun saveDrawinginfo (calling-reactor commandinfo/dwgname filesize)
    (vl-load-com)
    (setq dwgname (cadr commandinfo)
        filesize (vl-file-size dwgname)
)
(alert (strcat"The file size of"dwgname"is"
                (itoa filesize)"bytes."
            )
)
```

（princ）

在该例中，变量 calling-reactor 标识了调用该函数的反应器。该函数通过参数 command-info 获取图形名，然后用函数 vl-file-size 获取图形的大小，最后在 AutoCAD 窗口的警告对话框中显示这些信息。

传给回调函数的参数依赖于与该回调函数相关联的事件类型。例如，

saveDrawingInfo 与 saveComplete 事件相关，该事件表明 Save 命令已完成。对于 save-Complete 事件，AutoCAD 传给回调函数一个包含保存图形的文件名的字符串。另一方面，与修改系统变量事件（sys VarChanged）相关的回调函数，接收的参数列表包括一个系统变量名（字符串）和一个指示修改是否成功的标志。在 AutoLISP 参考中，对每种反应器类型，都标明了可关联的事件列表，而对每个事件，也都给出了相应参数。事件列表在定义每种反应器的函数说明之后。

（3）创建反应器。

创建反应器时要把回调函数和事件关联起来。每种类型的反应器都有一个用于创建该反应器的 AutoLISP 函数，这些函数的名称和反应器类型的名称相同，只是没有前面的冒号。例如，vlr-acdb-reactor 创建数据库反应器，vlrtoolbar-reactor 创建工具栏反应器，依此类推。除对象反应器之外，其他反应器的创建函数需要如下参数：一是与反应器对象关联的 AutoLISP 数据；一是标识符对列表，标识事件和与该事件相关联的回调函数：（event-name callback-function）

例如，下述命令定义了一个 DWG 编辑器反应器。当用户发出 Save 命令时，该反应器将激活 saveDrawing Info 函数：

（vlr-dwg-Reactor nil，（（：vlr-saveComplete. saveDrawingInfo）））

在该例中，第一个参数为 nil 是因为没有将与应用程序相关的数据附着到该反应器上，第

二个参数是点对表。每个点对表都指定了反应器要通报的事件，以及该事件发生时要调用的回调函数。在本例中，只指定了一个事件：vlr-saveComplete。只要用户发出命令，不管是从 AutoCAD 命令行、菜单、工具栏或 AutoLISP 程序，编辑器反应器都会被通知。所以，该 DWG 反应器的回调函数需要明确它应对什么事件作出响应。在该例中，save-drawingInfo 只是检查 Save 命令。

所有的反应器构造函数都返回一个反应器对象。

（4）反应器使用规则。

由于将来可能修改反应器的内部实现机制，使用反应器时请尽量遵守下述规则，如果不遵守这些规则，可能会导致应用程序出现不可预料的结果。

第一，不要依赖于反应器通报的顺序。

除了少数特例之外，不要依赖于反应器通报的顺序。例如，OPEN 命令将触发 BeginCommand、BeginOpen、EndOpen 和 EndCommand 事件。然而，它们发出的顺序可能不是这样的。安全地依赖的顺序只有 Begin 事件是在相应 End 事件之前发生。例如 commandWillStartO 总是在 commandEndedO 之前发生，而 beginInsertO 总是在 endInsertO 之前发生。因为将来可能引入新的事件通报，可能会重新排列现有通报顺序，所以依赖于更复杂的顺序，可能会给应用程序带来问题。

第二，不要依赖于通报间函数调用的顺序。

在通报之间函数调用的顺序也是不能保证的。例如，当收到对象 A 的通报：vlr-erased 时，它仅表示对象 A 被删除，如果在收到对象 A 的通报：vlr-erased 之后收到了对象 B 的通报：vlr-erased，这只是表示对象 A 和 B 都已被删除。它并不能保证 B 是在 A 后面被删除。如果应用程序依赖于这个层次的关系，那应用程序在后续版本的 AutoCAD 中很可能会崩溃。所以不要依赖于这些顺序，而应该依赖于用反应器来指示系统状态。

第三，不要在反应器回调函数中使用任何需要和用户交互的函数（如 getPoint、entsel 等）。

在反应器回调函数中试图执行交互函数会导致严重问题，因为在事件发生时，AutoCAD 可能仍在处理某命令。所以要避免使用要求用户输入的函数，如 getPoint、entsel 和 getkword 等，也不要使用选择集操作函数和 command 函数。

第四，在事件处理函数中不要加载对话框。

对话框和用户交互函数一样，也会影响 AutoCAD 的当前操作。然而，消息对话框和警告对话框可认为是非交互的，所以可以使用它们。

第五，不要更新发出事件通报的对象。

引起对象触发回调函数的事件可能仍在处理之中，当调用回调函数时 AutoCAD 可能仍在使用该对象。所以，在回调函数中不要试图更新该对象。然而，您可以安全地从触发事件的对象中读取信息。例如，假设有一块用砖填充的地板，而且将反应器附着到地板边界土。如果修改地板的尺寸，反应器回调函数将自动添加或删除砖以填充新的地板面积。该函数将能获取边界的新面积，但它不能去修改边界本身。

第六，不要在回调函数中执行能触发相同事件的操作。

如果在反应器回调函数中执行的某操作触发了同样事件，将陷入无限循环。例如，如果在 BeginOpen 事件的回调函数中试图打开一个图形，AutoCAD 持续打开更多的图形，直到打开的图形数目达到上限,无法再打开图形为止。

第七,在设置反应器以前要确认当前没有设置该反应器,否则可能在发生同一事件时调用多个回调函数。

第八,记住当 AutoCAD 显示模式对话框时,不会发生任何事件。

二、Minescape 开发平台

Minescape 软件是澳大利亚 Mincom 公司的一个基于交互式软件环境下开发的三维 CAD 设计软件,Minescape 软件的设计充分利用了当今世界以 Unix 为基础的图形工作站的优点,是一个全新的开放式采矿软件开发平台。

（一）技术管理环境

Minescape 技术管理环境主要由五部分组成。

1. 项　目

技术管理环境的核心是环境数据库,每个项目由以后设置的数据库来定义。

当在一个新项目中执行技术管理时,项目会自动生成该数据库。项目的数据库用于对环境进行任何修改的贮存器。

2. 模块、输入、执行和监控

技术管理环境内应用程序的功能由一系列模块来提供,每个模块执行一个明确的任务,该任务清楚地定义了输入要求、处理过程和结果。

模块在执行前必须对要求输入的参数输入有效的值,用特定类型定义变量或一系列定义的规格说明来实现模块通讯。

模块运行时必须预先准备好模块所需要的输入参数,引导模块初始的步骤是:

（1）从模块控制文件中读入模块所需要的输入参数表;

（2）从全局参数或规格文件中读入当前值;

（3）建立邮箱连接,在技术管理和模块之间打开一个通讯通道;

（4）打开一个记录文件,记录所有的模块反馈;

（5）引导模块。

模块监控包括:

（1）运行期间已执行的模块;

（2）当前执行的模块;

（3）模块输出;

（4）模块开始和中止时间;

（5）有关错误信息的中止状态;

（6）模块反馈。

3. 说明及全局变量

每个模块在执行前有一系列固定参数,这些参数需要有效的输入值,说明及全局变量用于提供系统或用户定义参数缺省值。每一个 Minescape 数据屏幕显示所需输入参数的当前设置均允许用户改写或接受。

4. 文本驱动菜单

Minescape 提供了操作方便的命令菜单,并提供了良好的用户接口,用户可根据需要对菜

单进行编辑、修改等。

5. 技术管理命令

技术管理中可用的命令分成下面几个大类：

（1）原生命令；

（2）数据库管理命令；

（3）Magicad 命令；

（4）内部命令。

（二）文件类型

Minescpe 文件具有 15 种不同类型，分别是：设计文件、网格文件、表文件、报告文件、屏幕文件、绘图文件、临时文件、登录文件、数据库文件、菜单文件、用户命令文件、数据文件、表达式文件、报告定义文件和帮助文件。

其中前四种文件主要用来存贮、交换及执行模块中所需要的数据。网格文件主要存贮有规律的采样点数据；表文件通常是随机数据和表格；设计文件主要存贮无规律的空间数据；数据文件通常是文本文件。

（三）图形环境及输出管理

Minescape 软件的图形环境由显示定义来决定，可以通过显示定义来改变输出图形（如等值线、剖面线等）的显示情况。

Minescape 软件支持多种形式的输出设备（打印机、绘图仪等），产生多种形式的输出图形，用户可以通过编辑输出配置文件来达到目的。

（四）Mincom 表达式语言（Mincom Expression Language）

Mincom 表达式语言简称 MXL，它与 MPL（Mincom Program Language）的语法是一致的，但 MXL 结构简单。用户利用 MXL 可以丰富 Minescape 软件的功能。MXL 主要由如下几部分组成：

（1）变量；

（2）常量；

（3）运算符；

（4）函数；

（5）定义常量的语言；

（6）字符串；

（7）注释；

（8）语句分隔符。

（五）插值方法

插值就是对表面值或其它值进行空间估算，即对面上任给一点 (X, Y)，估算其 Z 值，即 $Z = F(X, Y)$。

Minescape 提供了如下插值方法：

（1）三角形法；

（2）高程法；

（3）直线法；

（4）等值线法；

（5）距离反比法；

（6）多边形法；

（7）平面法；

（8）剖面法；

（9）样条法；

（10）有限元法；

（11）有限差分法；

（12）趋势面法。

（六）程序语言

Minescape 软件使用 MPL 语言，Minescape 各种环境中，都可支持 MPL 语言，MPL 主要面对 Minescape 开发和应用，MPL 除了具有高级语言所需要的基本功能外，Mincom 公司还开发了许多函数，涉及 Minescape 软件的各个方面，这些函数包括：

（1）一般应用函数；

（2）一般 MXL 函数；

（3）说明函数；

（4）表函数；

（5）网格函数；

（6）表面函数；

（7）设计文件函数；

（8）Magicad 函数。

除了以上这些函数外，为扩展其功能，满足各种不同用户的要求，MPL 设计有 C、Fortran 语言接口，以兼容用这两种语言开发的程序。

（七）Mincom 操作系统（Mincom Operation System）

Mincom 操作系统简称 Minos，它提供了一种简单的工具用于完成应用 Mincom 软件基本的操作。利用 Minos，可以进入所有 Mincom 应用程序和模块，也可以打印、绘制、复制、编辑和删除 Mincom 软件生成的文件。

（1）提供了一个简单的强有力的全屏幕交互工具；

（2）为用户执行命令提供了一个可以配置的用户菜单结构；

（3）以有组织的形式执行 Shell；

（4）为用户提供了一系列文件，并允许用户进行管理。

（八）Magicad 图形系统

Magicad（Mincom Application Graphicl Interface Computer Aided Design）是一个三维的计算机辅助设计图形系统，主要用来编辑、管理、生成其它系统输出的图形数据。图形数据既包括从各个模块（如等值线、剖面线等）输出的数据，也包括实际数据（如测量数据）。所有的图形数据均存贮在设计文件或图形数据库中。

Magicad 结构叙述如下：

1. 设计文件

设计文件有两种类型，分为三维（3D）设计文件和二维（2D）设计文件。

存储在设计文件中的数据有五种，分别是：线串、点串、多边形、文件、无点。

设计文件包含许多图，可以将包含数据的图形组成"组"，相当于 AutoCAD 中的层。图形组既可打开又可关闭，被打开的组被称为"激活"的组。一个设计文件中最多可有 1023 个组，其中 1000～1023 组由 Magicad 存贮临时文件。

每个图形由图素组成，图素的特性分为：图素标识符、显示定义、标签、X、Y、Z 坐标、用户数据、目标数据域。

2. 窗　口

Magicad 通过一个图形窗口进行操作，该图形窗口由三个"子窗口"组成，分别是：图形窗口、菜单窗口、状态窗口。

此外，Magicad 还提供了"对话窗口"（该窗口显示的不是图形）。图形窗口是一个动态窗口，允许图形动态旋转。具有动态窗口是 Magicad 最具特点的地方之一。

3. 菜　单

Magicad 菜单为一文本文件，用户可根据需要对其进行编辑、修改。菜单采用多级结构（主菜单——子菜单——子菜单……），使用极为方便。

（九）地层模型（Stratmodel）

"地层模型"（以下简称"地模"）是 Minescape 的应用软件，它可以利用多种数据文件格式，建立地层三维实体模型，用以输出各种图形及报表。

1. 原始数据输入

"地模"的数据输入较灵活，可用键盘输入，也可用数字化仪在 Magicad 环境下直接采集。数据内容包括钻孔的测量数据、岩性数据及各种边界数据等，钻孔数据既包括直孔，也包括斜孔。钻孔数据输入后直接存入设计文件数据库中。

重要的曲面（如地形）可用数字化仪直接输入，也可利用测量数据生成。

2. 处理过程

"地模"的处理过程如下：利用存贮在设计文件中的钻孔数据等生成地形、装入断层、定义"地模"纲要（Schema），生成"地模表"，然后，利用上述数据建立地层模型，最后通过对"地模"的访问产生所需的图形及表格。

"地模"处理流程见图 9-1-2，"地模"系统流程见图 9-1-3。

3. 输　出

"地模"可产生多种输出，分述如下：

（1）基本网格：

"地模"中的基本网格实际上就是一个经纬网，整个网的范围、空间位置及线型都可以定义。

基本网格的间距可以根据用户的需要来定，另外，基本网格上的文字大小可以灵活地改变。

（2）装入钻孔数据：

被提供的钻孔数据由两个 ASCII 文件组成，分别是钻孔测量数据和钻孔岩性数据，钻孔岩性数据可包括分界线数据（例如：第四系与基岩的分界线）。另外，在无地形测量数据前提下，可用钻孔孔口测量数据代替。

钻孔的线型、岩性类型、显示颜色及线宽、钻孔标定位置均可按用户的定义生成。

编辑修改钻孔可以通过图形方式和非图形方式来进行，既可通过 Magicad 编辑，也可通过 Minescape 来编辑。

（3）统计报告：

报告钻孔数据的统计值，以表格形式输出。该模块可完成钻孔中的各煤层、煤层顶底板的统计。统计值可以统计所有的钻孔，也可以统计部分钻孔，这由选择表达式来定。

（4）等值线：

"地模"软件具有很强的等值线处理功能，可以生成煤层底板标高、顶板标高、煤层厚度等内容的等值线图。

等值线图可由数据库、表模型及网格模型生成。

生成等值线时可选择曲线的圆滑程度，分为点圆滑、低圆滑、中级圆滑、高级圆滑。

等值线可用阴影、彩虹来描述，不同的颜色表示不同的高度，形象直观。

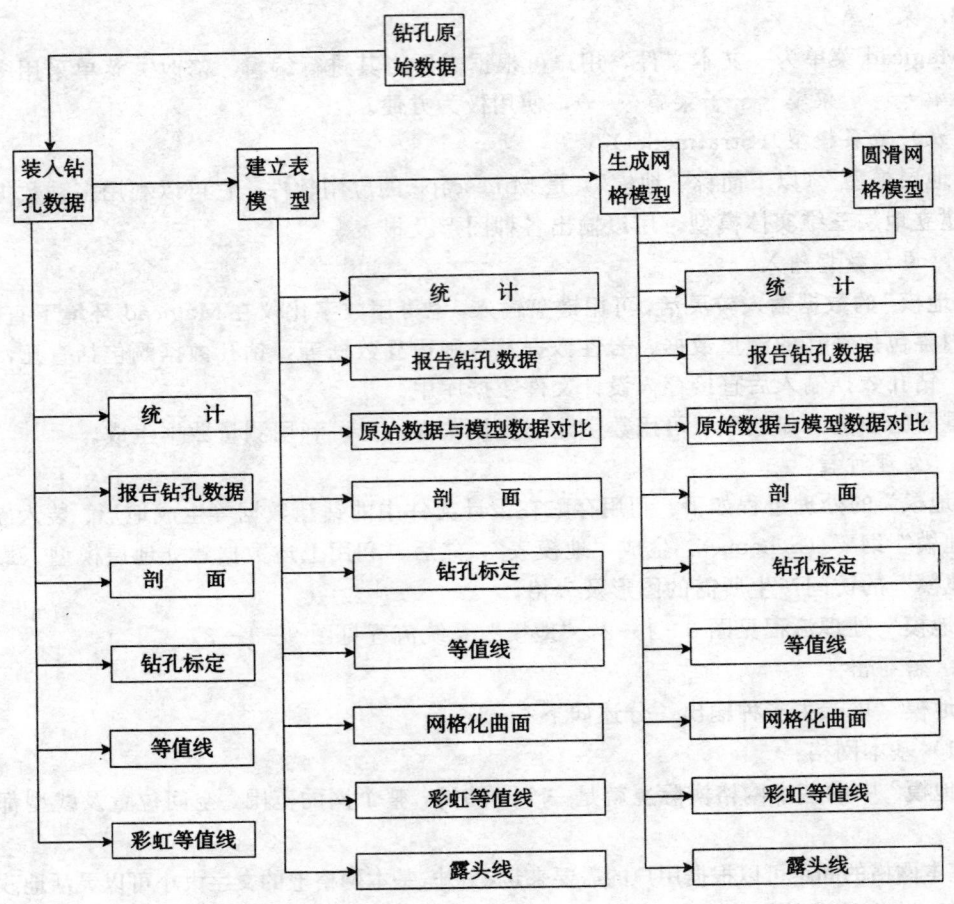

图 9-1-2　地层模型主要处理流程

（5）剖面：

"地模"软件所提供的剖面，分为二维剖面和三维剖面。二维剖面只体现了剖面的平面形式，其剖面线的长度为实际长度；三维剖面可以从不同的方向来进行观测，其剖面线的长度为观测方向的投影长度。

剖面既可由"地模"数据库生成，又可通过访问"地模"生成。

（6）钻孔标定：

根据选择表达式的不同，可以煤层顶、底板的钻孔值，标定文字的形式，如文字的大小、角度均可依需要改变。

（7）网格化曲面（Mesh）：

网格化曲面，即是将"地模"中的面进行网格化，可选择的面有顶板、底板或表面。

网格曲面的网格密度、标高范围均可定义。

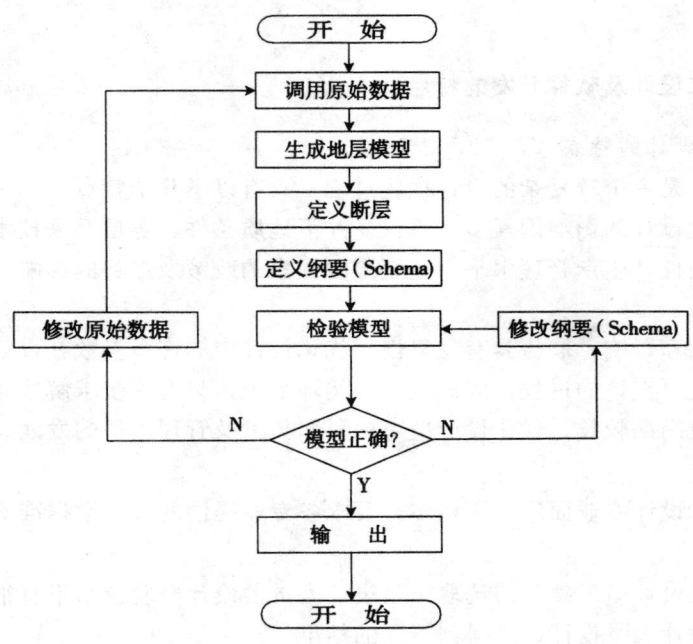

图 9—1—3　地层模型系统流程

Mesh 图是三维的，可实现动态显示和着色。

（8）断层：

"地模"中断层要单独定义，其装入方法有两种，一种方法是以文件的形式输入，另一种方法就是利用 Magicad 直接绘制。

所定义的断层可以是垂直断层、正断层和逆断层，不同类型的断层其落差、倾角等有不同的定义方法。

断层被建模后，通过访问"地模"所生成的图形（例如等值线、剖面）均含断层。

总之，Minescape 软件是一个功能强大的采矿软件开发平台，可以直接利用其为采矿专业的阶段设计服务，也可以在其基础上进行二次开发，"煤矿采矿设计软件包"就是一个成功的实例。

第二章　采矿计算机优化（优选）软件开发

第一节　采矿计算机优化（优选）软件开发方法

一、采矿优化设计及软件开发的特点

1. 采矿优化设计的特点

采矿优化设计是一个较复杂的设计优化过程，具有以下几个特点：

（1）矿井优化设计的影响因素多。不仅受井下地质条件、煤层开采技术条件等多种因素影响，还受地面条件，生产管理水平，甚至当时国家的政策及形势的影响，因此，优化设计系统属一复杂结构。

（2）诸因素相互影响，取值具有反复性。优化设计中的许多参数在设计中不可能一次求得，需要一个反复再设计的过程，因此是一个闭环系统，只有逐步求解才能实现设计优化。

（3）矿井建设周期较长，优化设计应考虑科学技术及管理水平的发展，设计要具有一定的先进性。

（4）采矿优化设计专业面广、资料多，要求各专业提供的技术数据准确可靠，才能实现矿井设计的优化。

（5）采矿优化设计诸多参数的选取，与设计人员的设计经验及水平有很大关系，同一个矿井不同水平的设计人员设计，可得到不同的结果。

（6）采矿优化设计没有固定的模式，耗力、费时。

2. 软件开发的特点

根据以上矿井优化设计的特点，在优化设计软件开发中应注意如下几点：

（1）较广泛的适应性。虽因矿井设计的影响因素多，目前难以找到一个通用的优化模型，但在软件开发过程中，要尽量全面考虑优化设计的各方面因素，使软件具有较广泛的使用范围。

（2）良好的仿真性能。矿井优化设计属于复杂的结构系统，很难找到一个最优解，故优化软件应尽量仿照人工优化设计的全过程，使优化更切合实际。

（3）充分利用计算机运算速度快的特点，解决优化设计中大量的数据计算及方案比选工作。

（4）软件开发应从实际出发，对客观情况要进行周密调查研究，不要随意忽视某些影响因素，更不要因数学模型复杂而任意简化。

二、采矿优化设计软件开发步骤

采矿优化设计软件不论是大型综合性优化软件，还是小型单项优化软件开发均需经过以

下几个主要步骤：

（1）认真分析目标，广泛收集资料，充分征求设计、科研和生产单位的意见，作出系统划分，提出详细的系统功能，建立合理的数学模型，完成优化软件开发的功能需求分析。

（2）在系统功能划分的基础上，应详细整理出各功能模块的输入输出数据，作好接口设计、绘出层次图，确定系统和子系统模块的最优化计算方法。

（3）选择合理的方法（如 PDL 语言），对各功能模块进行功能实现描述，在此过程中还可对功能模块划分不合理者进行调整，以求得到最佳的模块设计结构，为编程作好准备。

（4）上机编程及单元测试，完成各模块的编程并准备数据，对各分支进行单项逐步测试。

（5）组装及系统测试。组装程序，并选择几个实例进行组装测试，验证结果，发现问题及时修改。

（6）文档编制。为方便用户，利于推广，应编写软件环境手册、用户手册、操作手册、模块开发卷宗和测试报告等文件。

三、采矿优化设计数学模型及其类型

采矿优化设计数学模型按其最优目标的数量可分为两大类：单目标优化模型和多目标优化模型，但按建模时所运用的主要数学方法来分，矿井优化设计中的数学模型可分为以下几种：

概率统计模型、数学分析模型、线性规划模型、非线性规划模型、动态规划模型、模糊决策模型、排列模型、模拟模型和专家系统。

四、数学模型的构成要素及表达式

矿井设计优化的数学模型较多，下面仅对优化设计中最常用的模糊决策、模拟及专家系统三种数学模型作简单介绍。

（一）模糊决策模型

模糊决策模型又可细分为：多目标模糊决策法，层次权重决策分析法、模糊优先比相似选择法和意见集中排序法等，模糊决策方法很多，但均有相似之处，在此仅以多目标模糊决策法作以说明：

设决策论域 U 是评价方案的集合

$$U = \{方案 1，方案 2，\cdots\cdots，方案 n\}$$
$$= \{u_1，u_2，\cdots\cdots u_m\}$$

对所研究问题起重要影响作用的常数目标函数或者因素指标的集合为：

$$V = \{f_1，f_2，\cdots\cdots f_n\}$$

因此，各方案的因素指标向量为：

$$u_j = \{f_{1j}，f_{2j}，\cdots\cdots f_{mj}\}^T \qquad j = 1，2，\cdots\cdots，m$$

第 i 个方案的第 j 个因素指标值记为 f_{ij}，则得 m 个方案的几个因素指标值矩阵 F：

$$F = \begin{bmatrix} f_{11}； & f_{12}； & \cdots\cdots； & f_{1m} \\ f_{21}； & f_{22}； & \cdots\cdots； & f_{2m} \\ \vdots & \vdots & \vdots & \vdots \\ f_{n1}； & f_{n2}； & \cdots\cdots； & f_{nm} \end{bmatrix}$$

设
$$\delta_{ij} = \frac{f_{ij}^0 - f_{ij}^1}{f_{imax} - f_{imin}}$$
$$i = 1, 2 \cdots\cdots, n$$
$$j = 1, 2 \cdots\cdots, m$$

式中 f_{imax}——各方案第 i 项因素指标中最大指标值，即：
$$f_{imix} = \max (f_{i1}, f_{i2}, \cdots\cdots, f_{im})$$

f_{imin}——各方案第 i 项因素指标中最小指标值，即：
$$f_{iman} = \min (f_{i1}, f_{i2}, \cdots\cdots, f_{im})$$

$f_i^0 = \begin{cases} f_{imax}, & \text{当因素指标 } f_i \text{ 为正指标时,} \\ f_{imin}, & \text{当因素指标 } f_i \text{ 为负指标时,} \end{cases}$

f_{ij}——各因素指标值，为定量指标，若为定性指标时需量化；

δ_{ij}——相对偏差值。

$m \times n$ 个相对偏差 δ_{ij}，构成一个模糊矩阵：

$$\Delta = \begin{bmatrix} \delta_{11}; & \delta_{12}; & \cdots\cdots; & \delta_{1m} \\ \delta_{21}; & \delta_{22}; & \cdots\cdots; & \delta_{2m} \\ \vdots & \vdots & \vdots & \vdots \\ \delta_{n1}; & \delta_{n2}; & \cdots\cdots; & \delta_{nm} \end{bmatrix}$$

运用德尔斐法，由专家评定出各影响因素或者常值目标函数权系数 a_i，即可绘出因素重要程度模糊子集。

$$A = (a_1, a_2, \cdots\cdots, a_n)$$

计算加权相对偏差距离：

$$d_j = d_j (u_j, f^0) = \frac{1}{a} \sqrt{\sum_{i=1}^{n} (a_i \cdot \delta_{ij})^2}$$
$$j = 1, 2, \cdots\cdots, m$$

式中 $a = \dfrac{\sum\limits_{i=1}^{n} a_i}{n}$ 为 n 项指标权值的平均值。

设把由 m 个方案中的几个因素指标的标准值向量 $f^0 = (f_1^0, f_2^0, \cdots\cdots, f_n^0)$ 构成的方案拟定为最理想方案，则 m 个决策方案中与最理想方案之间的加权相对偏差距离 d_j 最小者相对应的方案 u_i 应为最优方案，即当：

$$d_j = d_j (u_j, f^0) = \min (d_j)$$

$1 \leqslant j \leqslant m$ 时，方案 u_i 为最优方案。

（二）模拟模型

模拟模型可根据系统是否与时间因素有关而分为静态模拟模型和动态模拟模型两大类。静态模拟模型正如投掷硬币实验，以求得出现正面或反面的频率近似为 0.5 一样，模型原理比较简单，在煤矿实际中应用较少；动态模拟模型是一种用来模拟离散的、动态的及随机的模拟模型，在煤矿矿井设计及生产实际中应用较多，根据模拟方法亦可分时间步长法和最短时间事件步长法两类。

1. 时间步长法

一个系统各种量和参数往往随着时间的变化而变化，可把时间分成等段，随时间的推进来模拟求得各段时间内各种量和参数的变化，用图9—2—1可以看出时间步长法动态模拟模型的原理。

该模拟模型可用于煤矿煤仓容量模拟，主、辅运输系统模拟及提升系统模拟等。

2．最短时间事件步长法

该方法不同于时间步长法以相等时间为增量，而是把处理许多事件中所用的时间最短的事件作为增量，来考虑系统中各种量和参数的变化，其模型原理见图9—2—2。

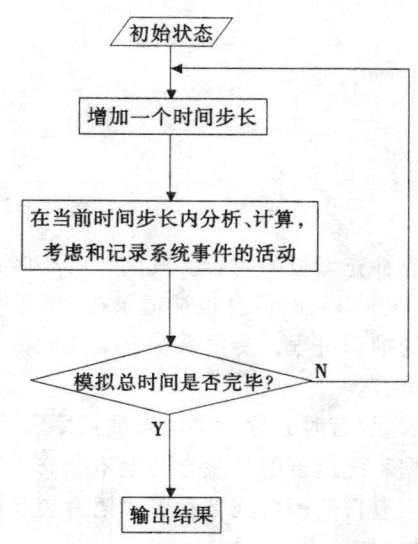
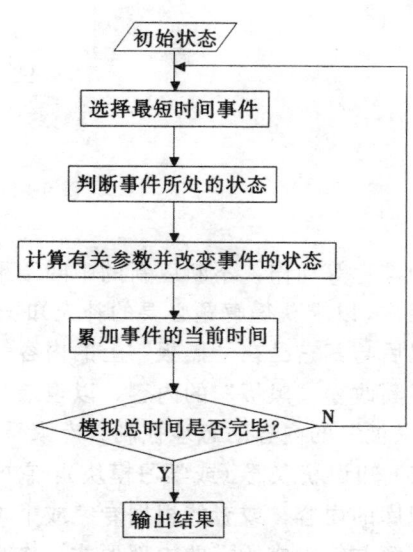

图9—2—1　时间步长法模拟模型图　　　　图9—2—2　最短时间步长法模拟模型图

此类模拟模型主要应用于矿井采区接替配产模拟、工作面接替配产模拟及井底车场调度机车模拟等。

（三）专家系统

专家系统应用于社会科学的各个领域，其功能亦多种多样，但从专家系统内容结构上，大体上由知识库、推理机构、用户界面、中间数据库、知识获取器和解释器六部分组成，其专家系统结构见图9—2—3。

（1）用户接口：专家系统与用户间的基于声、文、图、象的接口，它提供手段向系统提出问题或下达指令，并从系统获得答案和解释，一般包括输入输出两大部分。

（2）推理机构：推理机构是专家系统工作的核心，是用于协调和控制整个系统，执行各种任务、进行各种推理和搜索等功能的程序模块。

（3）知识库：存放着某领域的专门知识（包括事实及启发性知识两部分），一般常识和普适规则等等。

（4）中间数据库（或称"黑板"）：这是专家系统在执行与推理过程中用以存放中间结果或论据等工作的存储器。首先把专家系统从外界获得的关于欲解问题的事实和初始状态、初始数据等写入"黑板"，然后，专家系统根据黑板和知识库的内容进行各种可能和需要的搜索、

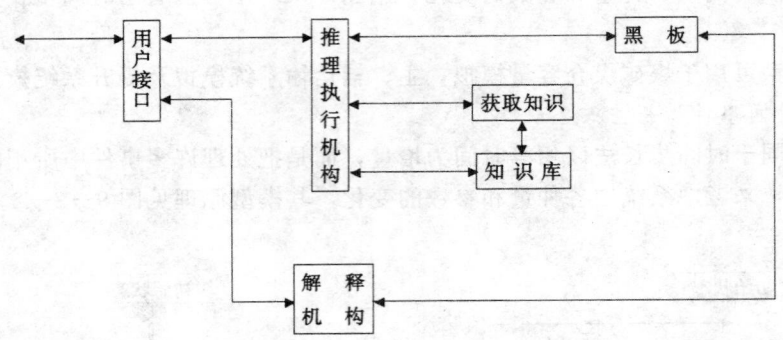

图 9—2—3　专家系统结构图

匹配和推理等动作，不断以新的中间结果修改、替代或补充黑板的内容。其间，必要时还可询问用户，以求获得解题必要的补充知识，这些后来从用户得到的信息也被记录在"黑板"上，以便以后与其它已在"黑板"上的内容一起参与后续的推理过程。专家系统就是如此循环往复地不断改变"黑板"的内容，以至最终获得问题的解答。

"黑板"的内容动态地控制着专家系统的工作过程，故有时亦称为"动态数据库"。

（5）知识获取器（或学习模块）：它的功能在于根据系统运行的经验自动地不断修正和补充知识库的内容，或者能根据专家或书本提供的知识（以自然语言或某种形式语言表示的），经过理解并编辑成所需的内部形式，作为新知识加入知识库。

（6）解释器：它是解答用户对专家系统的行为询问"为什么？"或"如何？"等问题的程序模块，即具有解释功能，也可发现系统错误或不合理性，并对知识库或推理机构进行调试。

专家系统在矿井设计及生产实际中应用刚刚起步，已有矿井提升设备选型专家系统及PROSPECTOR 探矿咨询专家系统。

五、采矿优化软件开发应注意的问题

采矿优化设计软件开发，不同于单项施工图软件开发，从规模上讲比较大，影响因素有定量的，又有定性的，不但多变，建模困难，且没有成熟的完全适应于优化设计的数学方法，故开发起来难度较大，应注意以下几点：

（1）要广泛收集资料，不要仅限于某一个或几个单位，建造的数学模型要具有普遍性，增加其应用范围。

（2）要立足于优化设计，解决采矿优化设计中的实际问题，不要仅求得理论上的最优而忽略实际上的应用。

（3）开发的优化设计软件不要只追求自动化程度高，而忘记设计师智慧的发挥，预留中间干预接口，以满足矿井设计需要。

（4）应严格按照软件开发规范要求进行软件开发，合理分配各阶段的时间，把握重点抓住关键，并保证各阶段文档齐全。

第二节　煤矿采矿设计软件包

一、采矿设计软件包开发

70 年代末，我国煤炭系统对系统工程理论和计算机技术应用的研究开始起步，取得了一些阶段性的成果。例如在矿床地质模型、矿井优化、矿井运输模拟等方面，开发完成了由 32 个软件组成的采矿设计软件包（一期工程）。由于受当时计算机软、硬件等技术条件的限制，特别在软件包的整体性、CAD 水平和仿真性能等方面还很不够，因此，这些成果还不能真正地形成一个有机的整体。为此，煤炭设计系统从 1991 年底正式着手采矿设计软件包二期工程（正式命名为"煤矿采矿设计软件包"）的研究、论证，1993 年正式转入开发阶段 1996 年底开发完成并通过部级鉴定。

（一）总体开发目标

（1）完成煤矿现代化矿井阶段设计采矿专业方案优化（或优选）。

（2）完成煤矿可行性研究和初步设计两个阶段设计中图形的绘制、表格及设备清册等文档输出。

（3）提高设计自动化程度，处理好人机交互环境，缩短设计周期，提高设计效率。

（4）提高设计参数精度，使设计计算、绘图标准化，比传统的设计手段在设计质量上有明显的提高。

（5）提高设计工程效益，通过利用计算机辅助设计，优化设计方案，进一步促进矿井设计合理布置，节省基建投资，降低生产经营费用，缩短矿井建设周期，使设计推荐的方案体现良好的经济效益。

（6）适应采矿设计特点，使采矿设计软件包在地质模型的基础上，各系统既能独立运行，又能联合运行。

（7）充分利用先进的设备和手段，并应考虑计算机的发展，高起点开发采矿设计软件包。

（二）适用范围

矿井井工开采设计是一个相当复杂的过程，前面一个参数的求得，往往需要对后面计算的参数进行假定；后面参数结果的改变，往往需要对前面一些参数进行重新计算。软件包需要考虑基建生产中各方面问题及多种影响、制约因素，且矿井煤层赋存条件相差悬殊，矿井开发方案变化多，难以研制出一种适用于所有条件的通用模型。因此本软件包主要用于倾角小于 25°、矿井设计生产能力大于或等于 0.3Mt/a、地质条件简单到中等的矿井，对于地质条件复杂和特殊条件的矿井，通过增加人工干预等措施，也可以使用本软件包。

（三）运行环境

1. 硬件设备

（1）SGI 三维图形工作站。

（2）微机。

（3）输入设备：数字化仪、鼠标、键盘、扫描仪。

（4）输出设备：打印机、绘图机、图形终端。

2. 支持软件

(1) 操作系统：Unix 系统、MS—DOS、Windows。

网络协议：TCP/IP。

微机网络文件系统：PC—NFS。

(2) 编程语言：C++、FORTRAN、MPL、Visual Basic。

(3) 软件开发平台：Minescape、Auto CAD 。

(4) 数据库管理系统：Table、Fox BASE。

3. 图形标准

DWG

DGN

图形交换文件按 DXF 格式

二、软件包系统组成及系统流程

采矿软件包共由 10 个系统组成，分别是：

(1) 地质模型系统；

(2) 开拓系统；

(3) 开采系统；

(4) 井筒系统；

(5) 井底车场系统；

(6) 井下运输系统；

(7) 通风与安全系统；

(8) 建井工期系统；

(9) 经济指标库；

(10) 规程、规范及技术指标数据库。

其中，第 10 个系统独立运行，前 9 个系统既可独立运行，也可联合运行。为了能使前 9个系统联合运行，还开发了一个公用数据库，用以管理各系统之间的数据传递及管理。

采矿软件包总系统流程见图 9—2—4。

采矿软件包数据流程见图 9—2—5。

三、各系统功能及数据流程

(一) 地质模型系统

地质模型系统是采矿软件包的基础，开发该系统的主要目的在于建立一个体现与地质报告提供的地质条件近似的矿床实体，且能反映煤层赋存位置及空间变化规律，煤层与各类岩层岩性的三维矿床模型，用以完成各种地质平、剖面图的绘制，各种储量计算及向本软件包的其他系统传递必要的数据和图形。该系统主要功能如下：

(1) 地质数据库管理：提供地质钻孔、煤层、煤质等数据的录入与编辑修改。

(2) 地质规则管理：提供生成地质模型所用各种规则的列表、生成、修改、删除、复制等功能。

(3) 生成三维地质模型：通过输入的钻孔测量、岩性数据及断层数据建立三维地质层状模型，模型可用离散型的表格表示，也可用网格方式表示。

（4）访问地模：提供访问地质模型数据的各种功能。

（5）文件管理与维护：提供地模各种数据文件的管理与维护功能，包括数据文件的列表、生成、显示信息、编辑、修改、删除、复制、输入、输出等功能。可供管理的数据文件有以下几类：

数据文件、表格文件、网格文件、设计文件、报告文件、表达式文件、用户命令文件。

（6）地模层与面的维护：提供地模生成的层与面的管理与维护功能。

（7）地模图形管理：用于生成地模的各种图形如下：

①钻孔标定图；

②三维网格图；

③剖面图；

④统计报告图（直方图等）；

⑤基本坐标网；

⑥面等值线图。用于各种空间曲面等值线图；

⑦层等值线图。用于绘制层的底板、顶板及厚度等值线图；

⑧表达式面等值线图；

⑨煤质等值线图；

⑩煤的露头线；

⑪各种面或层的彩虹等值线图。

（8）图形输出的管理：用于管理输出图形的格式及比例等。

（9）储量计算：用于计算矿井地质及可采储量。

（10）地质数据统计及地质块段开采条件评估：用于统计地质数据，生成统计报告，并对块段的开采条件进行评估。地质模型系统数据流程见图9－2－6。

（二）开拓系统

以地质模型为基础，模拟人工设计过程，提出各种矿井开拓方案，采用层次模糊多目标决策及相似优先比模糊决策经济数学模型对矿井开拓方案进行决策，该系统主要功能如下：

（1）提出矿井生产能力方案，计算各类保护物的煤柱保护范围，计算煤柱、估算矿井可采储量，提出矿井生产能力方案并计算相应的服务年限。

（2）提出井口位置方案，显示地表、地形及地物，利用人机交互方式在地形图上选取井口位置方案，计算工厂保护煤柱。

（3）水平划分：根据《煤矿矿井设计规范》及《煤矿安全规程》划分阶段，计算水平参数，产生水平标高方案，然后进行编辑、修改。

（4）由计算机提供所选择井口位置处第四系冲积层厚度，选择井筒形式方案（立井、平硐、斜井）。

（5）调用地质模型，对煤层群进行分组，对圈定范围进行地质条件分析，初步确定采区的机械化水平及采区参数，利用人机交互方式对采区进行划分。

（6）判断煤层上行开采的可行性，提出首采区方案并进行方案优选。

（7）调用地质模型，布置大巷（或石门）。

（8）计算风井数目，初步确定风井参数，确定各风井位置。

（9）对采区内工作面切割划分，并进行属性处理和配产模拟；对采区进行接替模拟。

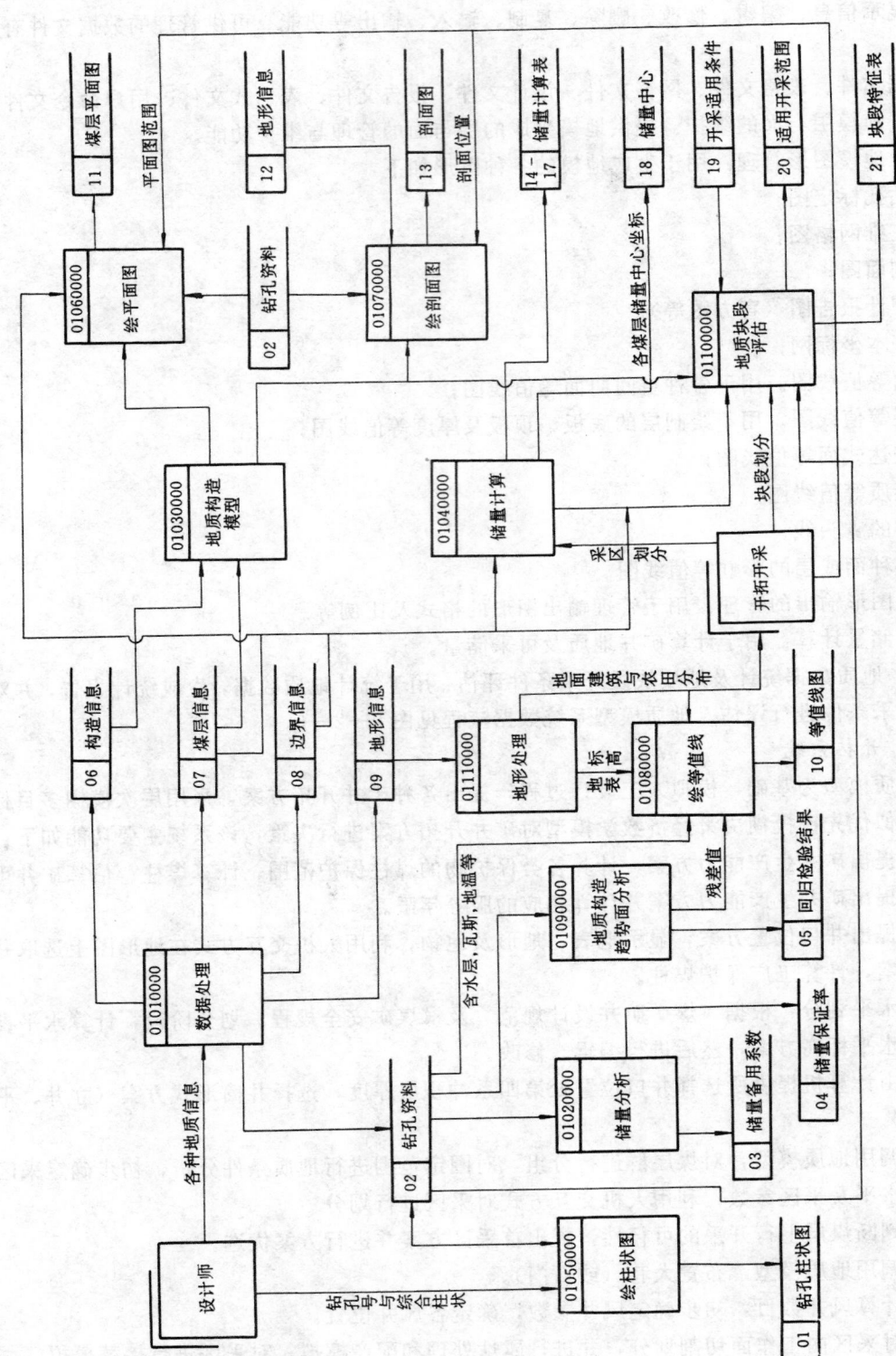

图 9—2—6 地质模型系统数据流程图

（10）计算矿井技术经济指标。

（11）对矿井开拓方案进行决策。

（12）输出成品图纸及各种表格。

矿井开拓方案优化系统数据流程见图 9－2－7。

（三）开采系统

以地质模型为基础，模拟人工设计过程，采用以吨煤费用为最低的单目标决策数学模型对采区参数进行优化，按三维视图原理，对巷道进行消隐处理。该系统主要功能如下：

（1）对给定区域进行地质条件分析。确定其采煤工作面机械化程度，主要包括：地质构造评价，煤层结构评价，煤层直接顶分类，煤层老顶分类、煤层底板分类、煤层稳定性评价，采用多目标决策确定采煤工作面机械化程度。

（2）采区参数优化。通过拟定采区巷道布置形式，选择采掘设备，计算采区各类费用，确定采区参数。通过多方案优化，确定合理的工作面参数。

（3）选择采区内采掘设备。可以查询采掘设备数据库，直接选取各类设备，也可以根据煤层地质条件及开采技术条件，程序自动选取合适的设备，输出采掘设备配备表及采区机电设备清册、投资。

（4）布置采区巷道。根据已确定的采区工作面个数及采区巷道布置方式，布置单线条巷道，确定巷道断面，对巷道布置图进行单线变双线，交叉巷道消隐处理，标注尺寸及文字，输出巷道工程量表、巷道断面特征表及巷道基建投资。

开采系统数据流程见图 9－2－8。

（四）井筒系统

以井筒设计理论为基础，考虑矿井初步设计井筒部分的设计特点，采用设计"仿真"技术，尽可能模拟人工条件下的井筒设计过程，以此为基础建立井筒系统的开发模型。该系统主要功能如下：

（1）根据井筒穿过的地层条件，自动选择井筒施工方法。

（2）根据地层条件，通过人工干预选择合理的井筒支护方案。

（3）采用积木拼装方式和拖动方式相结合的方法合理布置井筒断面内的各种设备和设施。

（4）生成矿井井筒有关附图、插图、表格等。

（5）计算井筒工程量、材料清册及井筒投资。

（6）对已设计的矿井井筒和正在设计的矿井井筒有关特征数据以数据库形式存储，以供查询、编辑等。

井筒系统数据流程见图 9－2－9。

（五）井底车场系统

以现有的设计理论为基础，模拟人工设计过程，建立井底车场系统开发模型。采用时间－事件步长模拟方法对井底车场列车运行过程进行模拟。验证车场线路设计的合理性。该系统主要功能如下：

（1）采用类比法或框架法提出井底车场方案。

（2）绘制井底车场平面图、坡度图、断面图，并输出。

（3）绘制列车运行调度图表，验算井底车场通过能力。

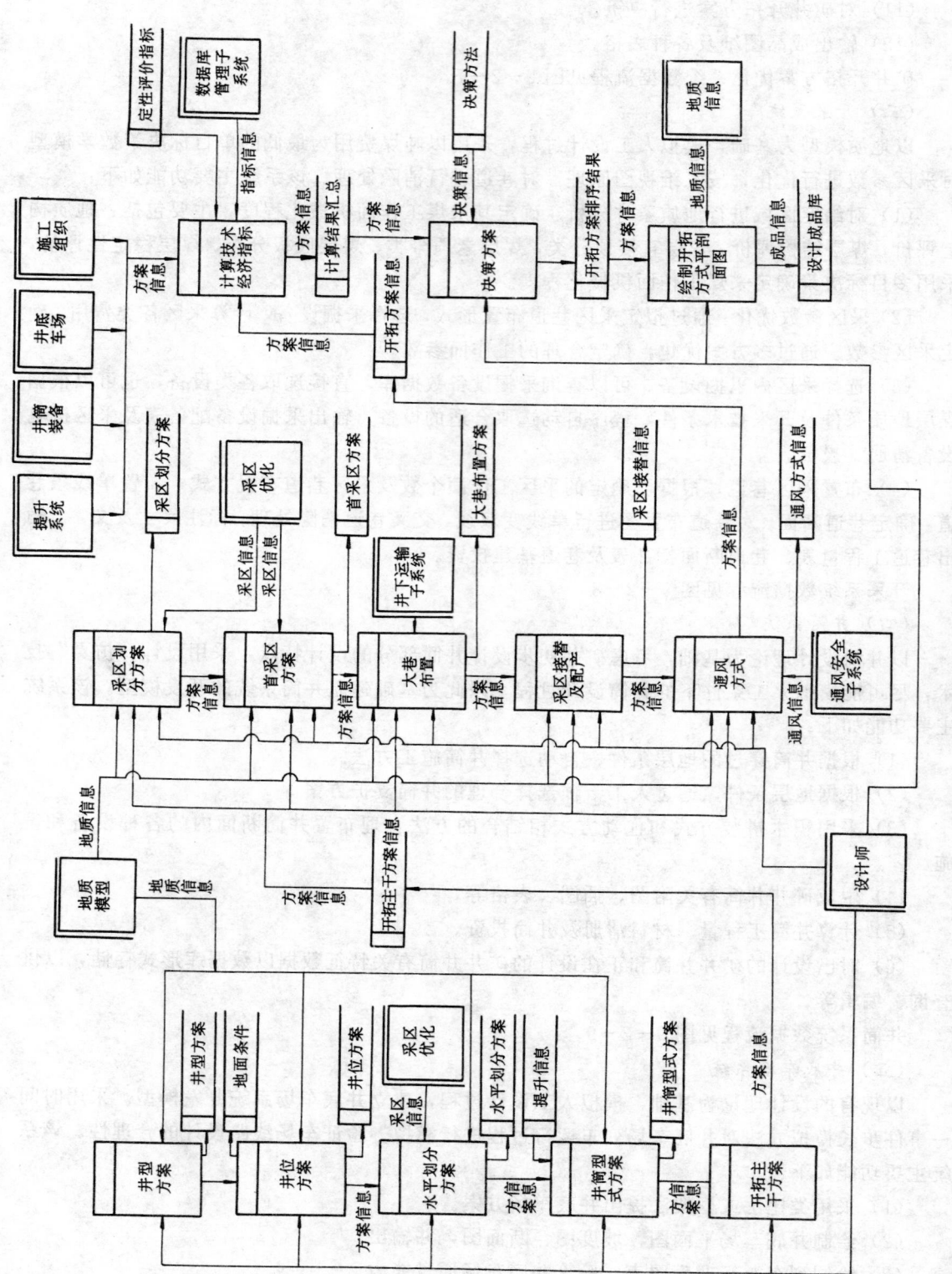

图 9—2—7 矿井开拓方案优化系统数据流程图

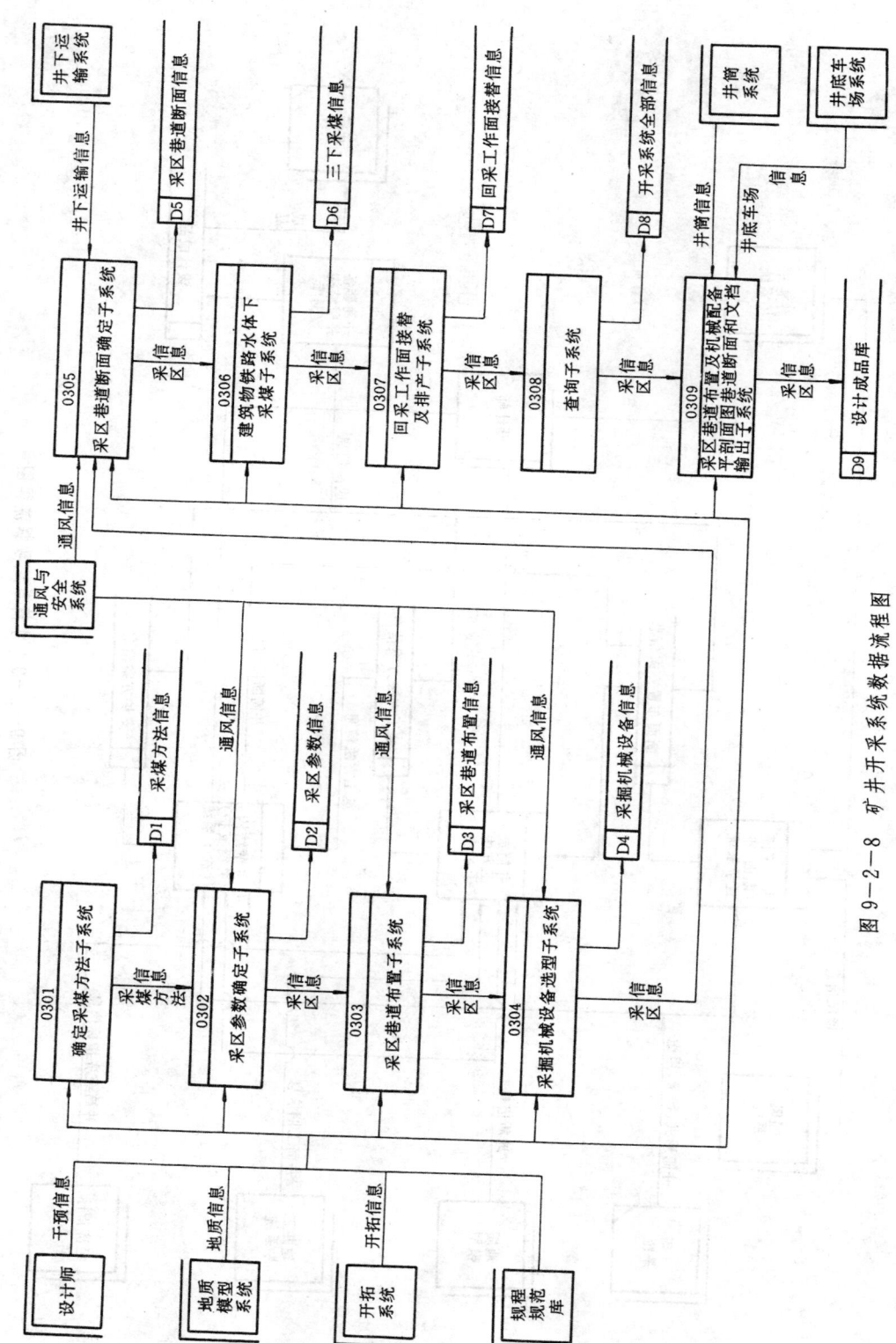

图 9－2－8　矿井开采系统数据流程图

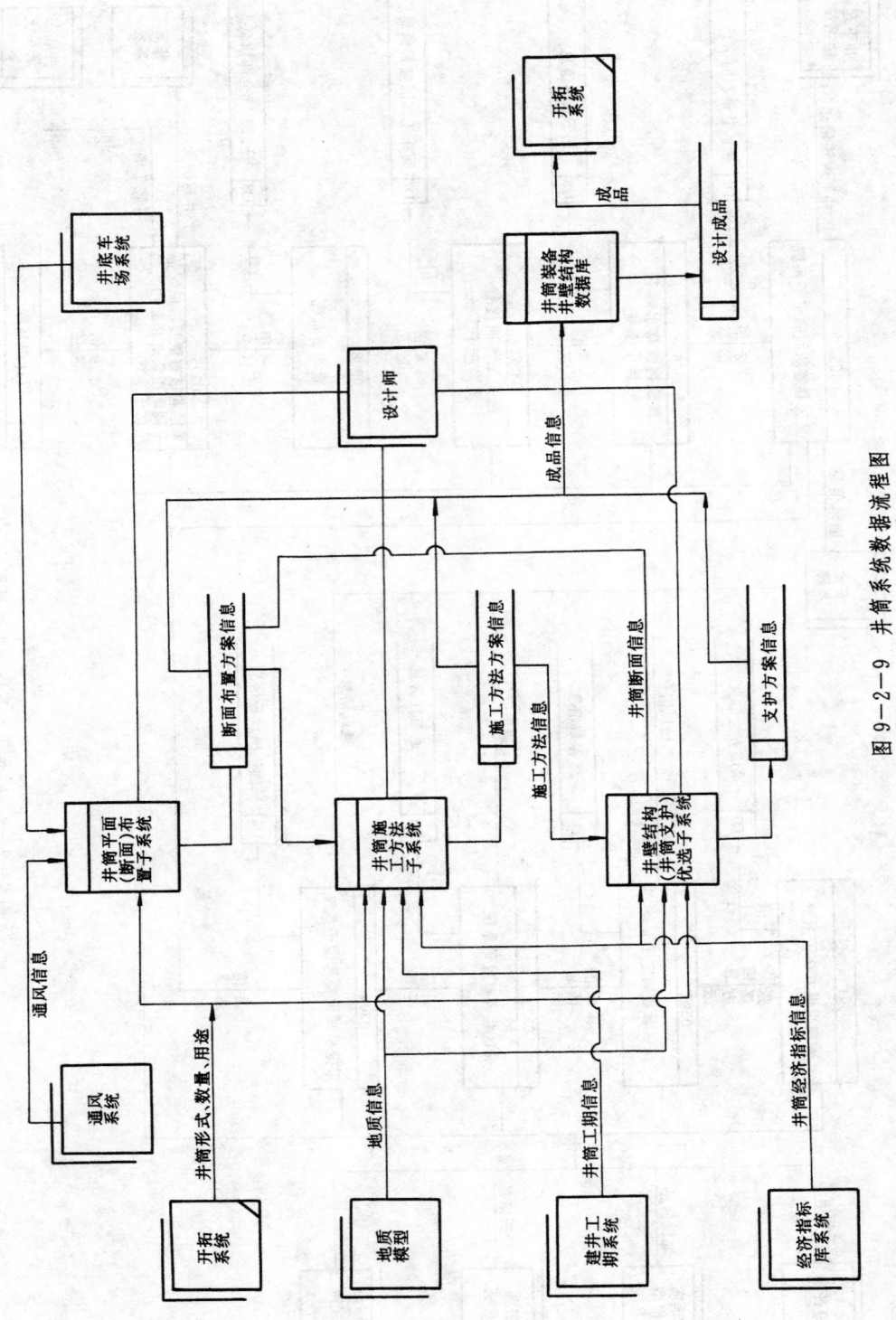

图 9—2—9　井筒系统数据流程图

（4）计算井底车场巷道及硐室工程量，也可以快速估算井底车场工程量。

（5）计算各项费用，对井底车场方案进行决策。

（6）输出工程量表、巷道断面特征表及材料清册等。

井底车场系统数据流程见图9—2—10。

（六）井下运输系统

以矿井运输工艺为基础，采用专业设计"仿真"模型，并引进系统工程中成熟的理论和方法，建立其方案优化（优选）模型，该模型将主运输与辅助运输有机地结合起来。该系统主要功能如下：

（1）形成主运输方案，选择主运输设备。

（2）形成大巷及采区辅助运输方案，选择辅助运输设备。

（3）优化主运输、辅助运输系统及运输系统整体优化。

（4）模拟主运输系统。

（5）管理运输设备库。

（6）形成运输方案比较表，运输设备清册并输出。

井下运输系统数据流程见图9—2—11。

（七）通风与安全系统

该系统主要功能如下：

（1）通风与安全仪器、仪表及装备数据库管理，可提供矿井通风与安全单项设备，也可以按矿井不同地质条件和井型提供成套设备。

（2）矿井瓦斯预测及防治，可选择多种方法计算矿井瓦斯涌出量和瓦斯抽放量，并进行管网设计。

（3）矿井通风系统优化，计算矿井总风量及各需风点风量，自动形成矿井通风网络，并对网络进行解算，优化矿井巷道断面和负压，自动生成通风系统示意图。

（4）矿井气温预测及热害防治，采用"矿井温度湿度双向迭代法"对矿井气象参数预测，计算矿井需冷量，进行矿井空调设计。

（5）计算矿井灌浆参数，选择灌浆管道。

通风与安全系统数据流程见图9—2—12。

（八）建井工期系统

该系统主要功能如下：

（1）采用极大代数法和矩阵乘法，求解网络工期，同时计算出各工序的最早开工时间，并找出网络中的主要矛盾线。

（2）由网络解算结果，自动生成井巷工程施工网络图，同时提供简单的图形编辑环境，可以对网络图中各节点拉伸来调整图面布局。

（3）自动生成各工序的施工横道图，同时提供年度井巷工程量表。

（4）输出矿井达产计划表。

建井工期系统数据流程见图9—2—13。

（九）经济指标数据库管理系统

本系统以《煤炭井巷工程综合预算定额》、《煤炭井巷工程辅助费综合预算定额》、《煤炭特殊凿井工程综合预算定额》及《矿井生产经营费用指标》（包括提升、运输、通风、排水、

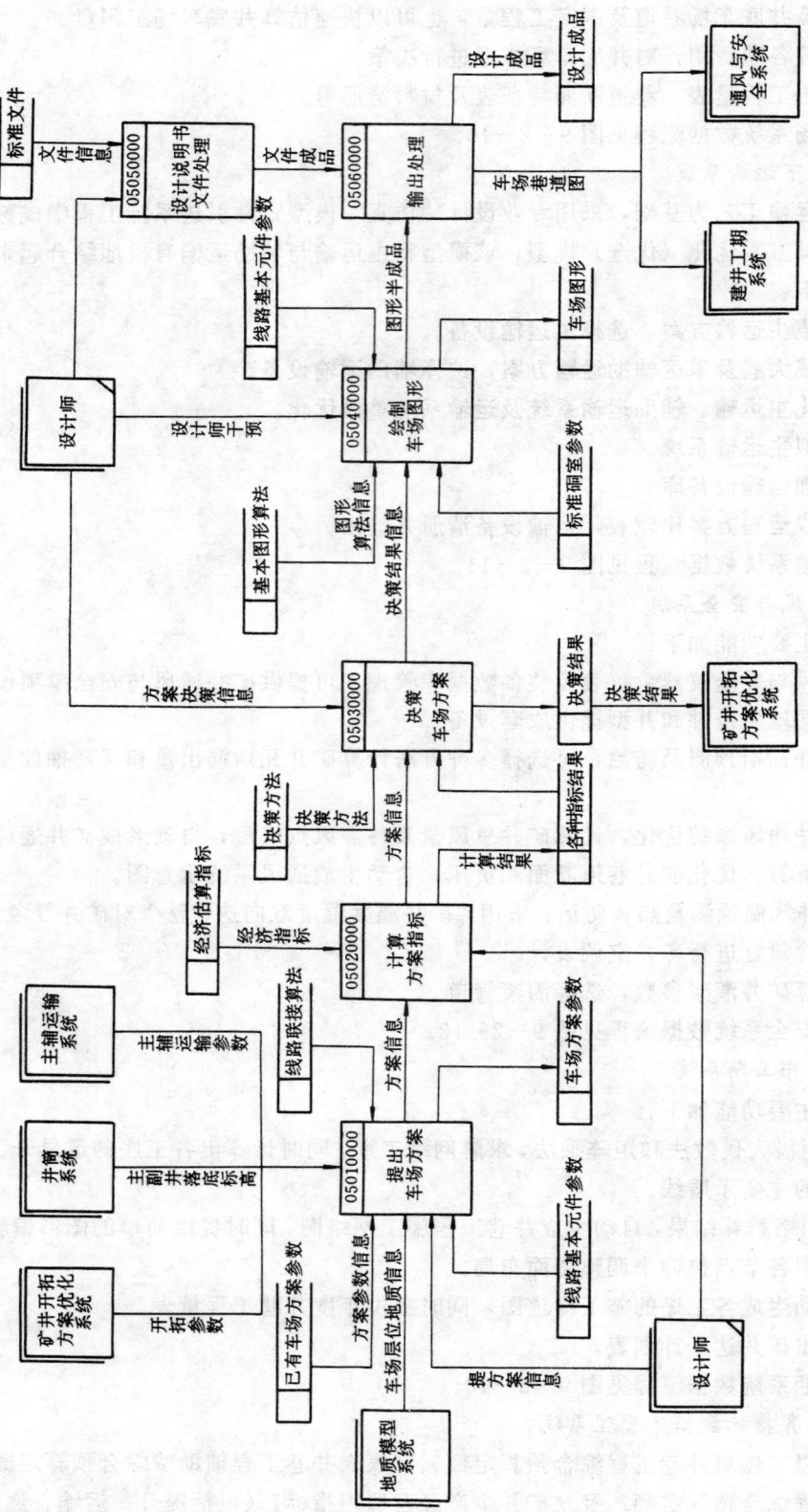

图 9-2-10 井底车场系统数据流程图

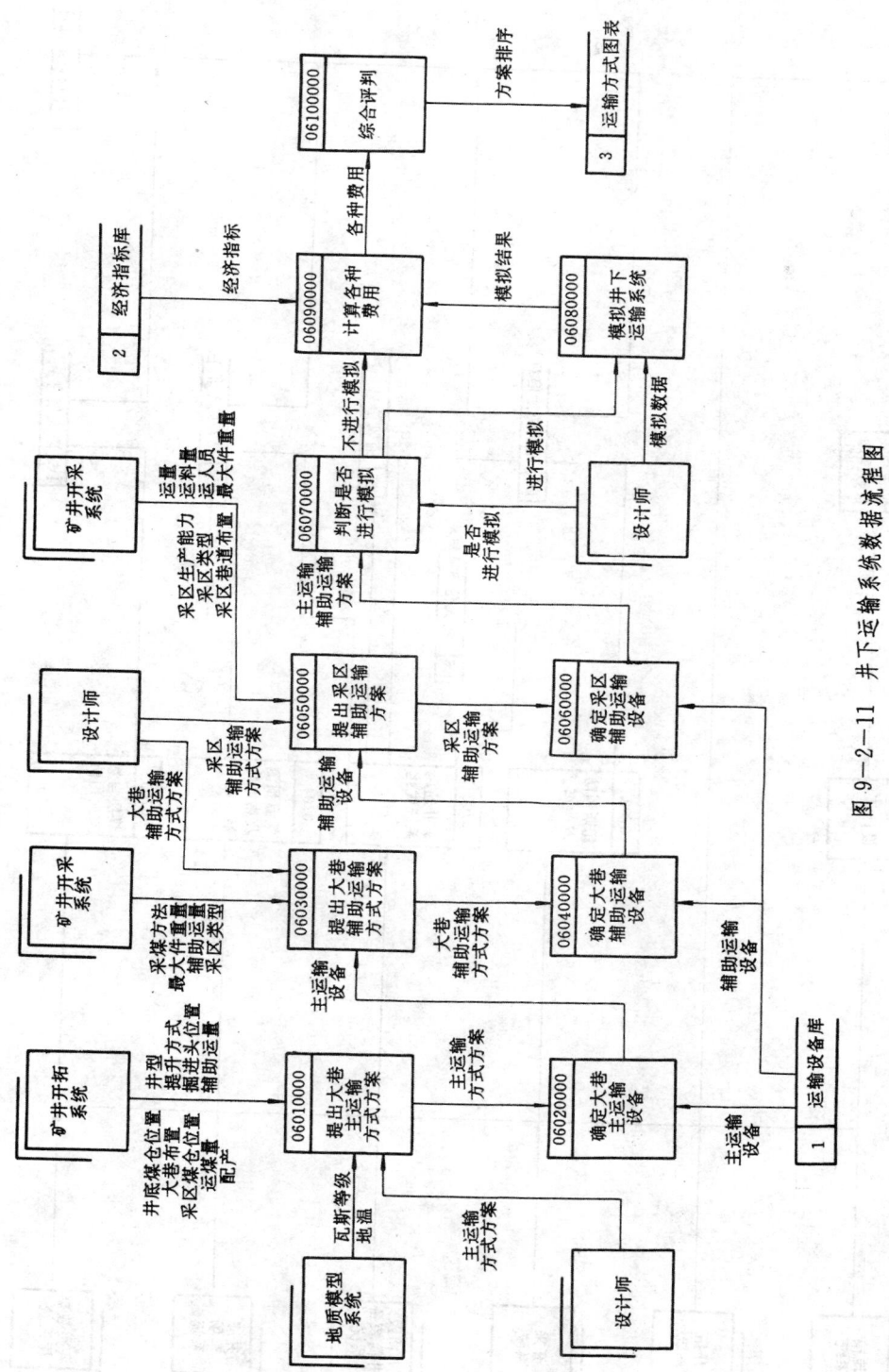

图 9—2—11 井下运输系统数据流程图

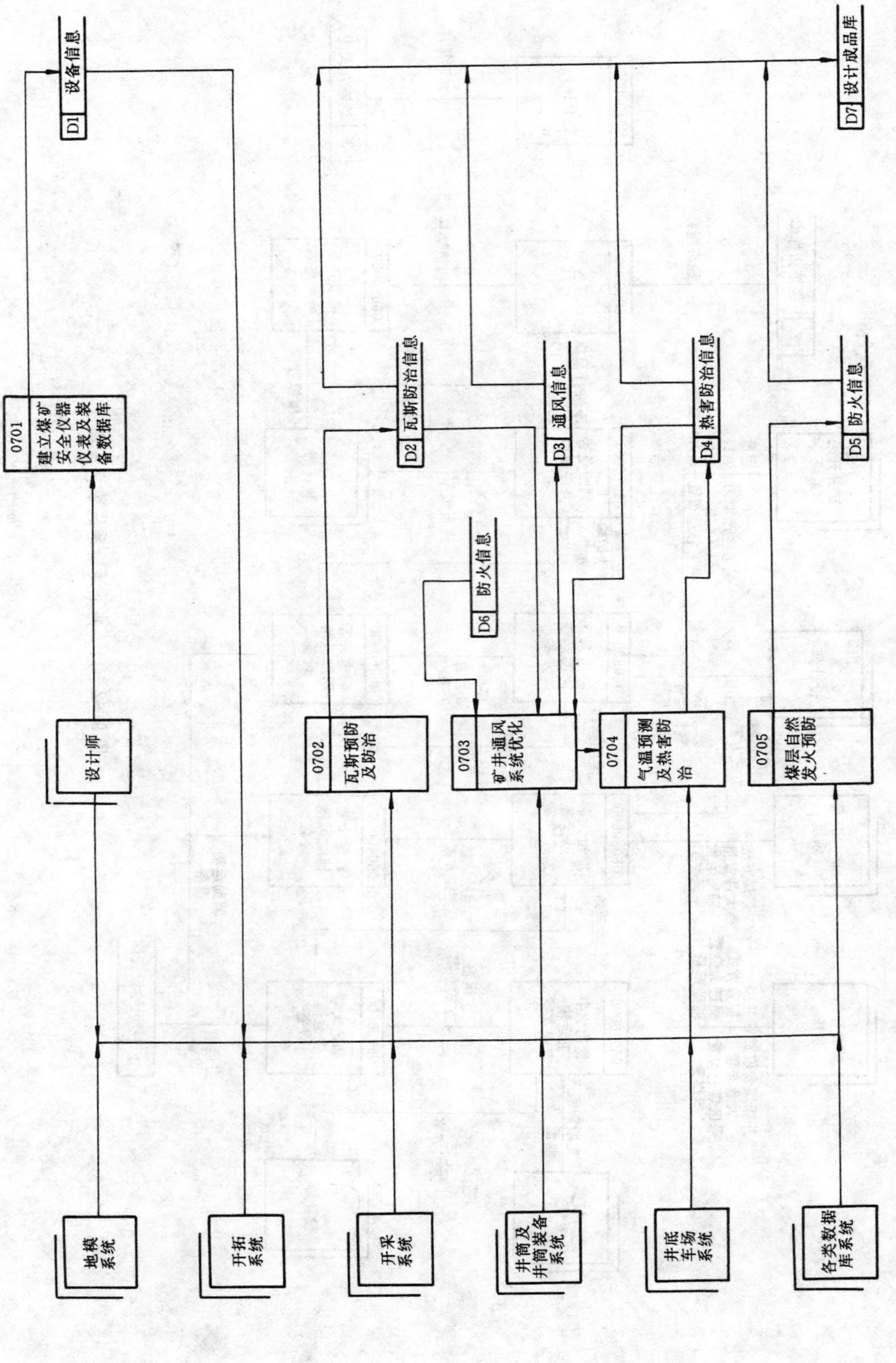

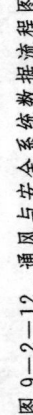

图 9—2—12　通风与安全系统数据流程图

D1	设备信息

D7	设计成品库

0701 建立煤矿安全仪器仪表及装备数据库

设计师

D2	瓦斯防冶信息

D3	通风信息

D4	热害防冶信息

D5	防火信息

D6	防火信息

0702 瓦斯预防及防冶

0703 矿井通风系统优化

0704 气温预测及热害防冶

0705 煤层自然发火预防

地模系统

开拓系统

开采系统

井筒及井筒装备系统

井底车场系统

各类数据库系统

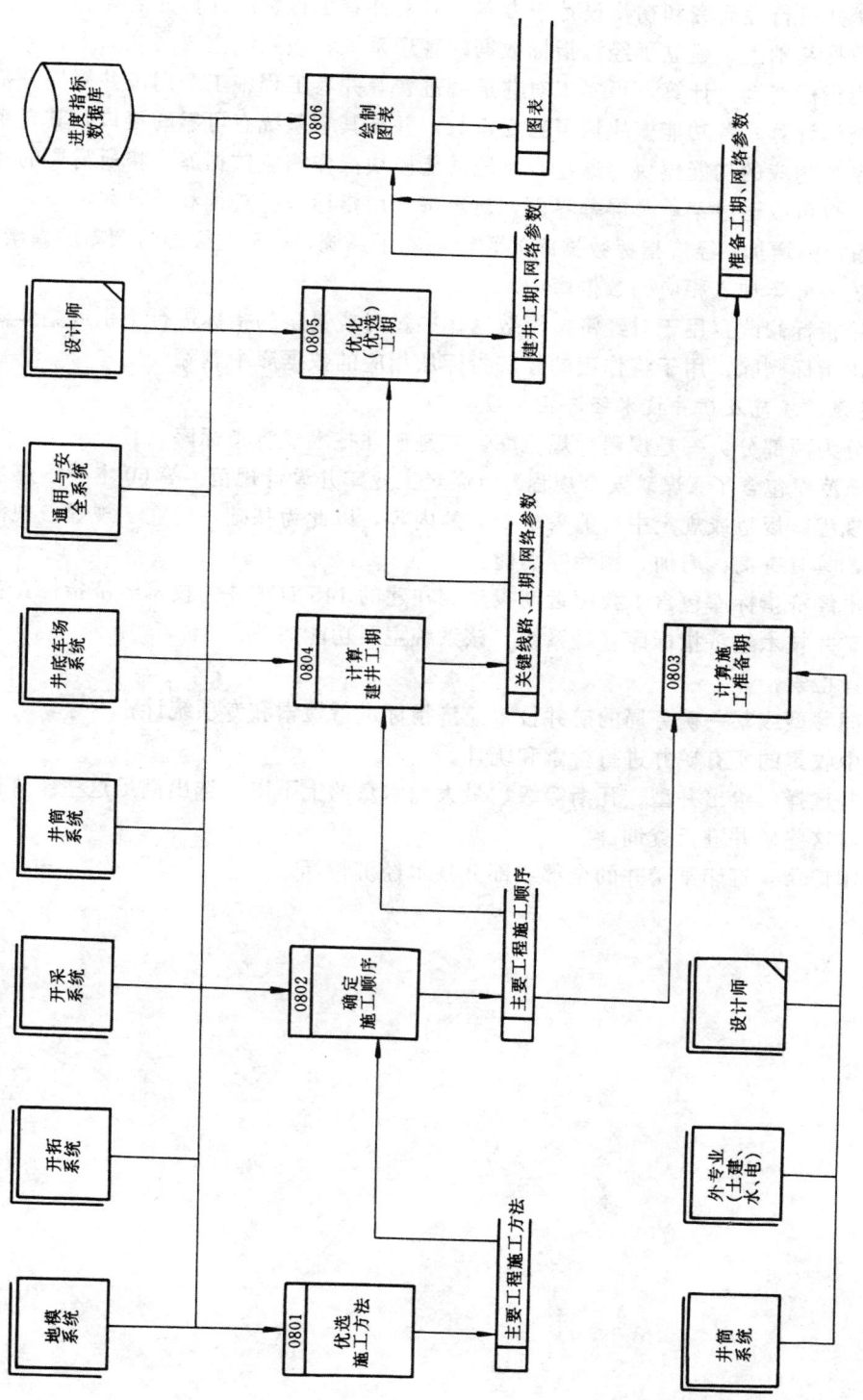

图 9−2−13　建井工期系统数据流程图

巷道维护等共 16 分册）为基础，建立了经济指标库共分八类，共计 42 个子库，完全可以满足采矿专业矿井可行性研究和初步设计中方案比较及井巷工程费用计算的需要。

在上述数据基础上，建立了经济指标数据库管理系统，该系统主要功能如下：

（1）费用指标查询、计算：可实现对巷道掘进费等井巷工程施工费用及井筒提升费等生产经营费的查询计算，各功能模块均可独立运行，并与其它系统有可靠的接口，其它系统可直接调用本系统相应的功能模块，通过本系统功能模块操作相应数据库，将所需要的费用返回调用系统，也可以通过菜单及屏幕界面，对经济费用指标进行查询和计算。

（2）费用指标增加：经济指标数据库的管理功能子系统，对于上级部门颁布的新增指标，通过该子系统将分类加入相应的数据库中。

（3）费用指标修改：用于对经济指标数据库中过时或错误的指标进行个别或整体修改。

（4）费用指标删除：用于将作废的经济指标从相应的数据库中删除。

（十）规程、规范及矿井技术经济指标数据库

本库共分为两部分：一是规程、规范库，二是矿井技术经济指标库。

规程、规范库包含了《煤矿安全规程》、《煤炭工业矿井设计规范》等 60 本我国煤炭工业现行的有关规程、规范或规定中有关采矿专业的内容，以此为基础，建立了规程、规范数据库管理系统，具有查询、增加、删除等功能。

矿井技术经济指标库包含了我国近期投产或在建的 145 对矿井的技术经济指标，在此基础上建立了矿井技术经济指标库管理系统。该系统主要功能如下：

（1）统计检索：

①对相同井型或某一矿务局的矿井技术经济指标进行检索和专项统计；

②对库中收集的所有矿井进行检索和统计。

（2）矿井选择：给出井型、瓦斯等级、最大涌水量的上下限，选出满足这些条件的所有矿井，并可对这些矿井进行查询。

（3）打印记录：打印某矿井的全部或部分技术经济指标。

第三章　采矿施工图计算机辅助 设计软件开发

第一节　采矿施工图计算机辅助设计软件的开发方法

根据采矿施工图的内容以及设计的特点，从辅助设计软件开发的角度，对采矿施工图进行类别划分，以选择较为适宜的软件开发方法。采矿施工图大致可划分为以下几种：

（1）基本元件类。不宜再划分的具有相对独立性的单个施工图，也是较为复杂的施工图的基本组成部分，如巷道断面、各种交岔点、单个直线或曲线段巷道等。

（2）线路类。以轨道线路或其他运输设备线路设计为主的施工图，如井底车场、采区车场、联络巷等。

（3）硐室类。如井下的各类硐室。

（4）复杂的巷道布置类。以地质信息为基础，以巷道布置为主的施工图，如采区巷道布置及机械设备配备、大巷布置、采区上下山布置等。

针对以上采矿施工图的不同类型，目前主要有四种辅助设计软件的开发方法，分别为参数化绘图软件开发、智能型交互式绘图软件开发、图形数据库软件开发和专用工具软件包。

一、参数化绘图软件开发

输入软件所需的参数后，软件即自动进行设计、计算和绘图，生成图形，中间过程无需用户交互，自动化程度高。主要特点是用户只需输入较少的数据即可获得所需的图形。主要开发步骤如下：

（1）类型划分。对施工图的设计特点进行研究，找出共性，划分类型，以开发不同的单功能模块。

（2）输入接口设计。以满足设计绘图为前提，尽可能提取较少的基本数据，作为软件的输入接口，以减少用户的数据准备和数据录入工作量。

（3）模型建立与实现。按施工图的设计特点建立模型，并对软件自动绘图所需的各级数据进行计算，包括尺寸计算、各特征点坐标计算等。

（4）成图设计。按施工图的设计要求调用相应的功能模块，生成 AutoCAD 的接口文件或直接在 AutoCAD 绘图窗口绘出图形。

软件开发平台为 AutoCAD，编程语言可选高级语言或 AutoCAD 内嵌的专用语言。

适宜采用该方法的采矿施工图有基本元件类、简单的线路类和大部分的硐室类，如巷道断面、交岔点、爆炸材料库、采区煤仓、井下各种门、中央变电所等。

二、智能型交互式绘图软件开发

该方法适合较复杂的线路类采矿施工图软件开发。按先拆后合的思路进行开发，将较复杂的图形拆分为共用性强的较小单元，逐个对单元进行编程，并编制一个主控模块对所有单元进行管理，按用户交互的信息完成整个施工图的设计。主要特点是通过用户与计算机的交互获取信息而完成施工图的设计，适应性强。主要开发步骤如下：

（1）图形拆分。研究图形组成特点及各单元之间的内在联系，按用户使用方便、软件开发易于实现，对较复杂图形进行合理拆分。

（2）单元及组件编程。对拆分下来的单元以及由此组成的常用组件进行编程。

（3）主控模块编程。根据图形设计特点，按人工设计的思路，编制各单元及组件的控制模块，完成特定的动作。

（4）面向用户的信息提取及成图设计。根据用户交互的信息，触发主控模块的运行，按用户的设计重新组合图形单元或组件，形成完整的施工图图形。

软件开发平台为 AutoCAD，编程语言适宜采用 AutoCAD 内嵌的专用语言，便于用户交互及信息通讯。

采用智能型交互式绘图软件开发方法，可以实现较复杂的线路类采矿施工图辅助设计软件的开发，如井底车场、采区车场、联络巷等。

三、图形数据库软件开发

图形数据库软件包括两方面内容，一是采矿专业的通用设计、标准设计、可重复使用的图形、符号以及设计完成的施工图的图形等组成的类似于数据库的图形库；一是对图形数据库中图形进行检索、浏览、调用等管理图形数据的管理软件。设计人员在完成一个设计后启用图形数据库管理软件，按某种规则存入图形，供将来浏览或调用。当设计人员开始一个新的施工图设计时，启用图形数据库管理软件，检索或浏览图形库中的类似图形进行参考，调用一个图形或图形中的一部分，以提高设计效率。

建立图形库并对其进行有效的管理是十分必要的，具有较强的实用性，应推广使用。

四、专用工具软件包

针对复杂的巷道布置类施工图，如采区巷道布置及机械设备配备、采区上下山布置等，开发自动化程度高的辅助设计软件目前尚有一定的难度，而开发适用性强、功能明确的工具类软件就较为实用。因而，开发专用工具软件包是进行复杂的巷道布置类施工图辅助设计的有效方法。专用工具软件开发主要步骤如下：

（1）明确软件功能。分析施工图中相关联的图元关系，明确工具软件要解决的问题，功能要单一，以方便用户使用。

（2）模型的建立与实现。

（3）与 AutoCAD 通讯设计。

综上所述的四种方法是目前开发 AutoCAD 辅助设计软件较为流行的方法，可根据不同的条件选用。当然这几种方法不是孤立的，编写一个大规模的 CAD 应用软件，往往需要多种方法结合应用，以达到较好的开发和使用效果。

第二节 立井井筒设计软件

立井井筒设计软件不仅能对井筒设计进行计算、而且能绘制绝大部分图形。目前，已开发的设计软件有：钻井法井壁结构设计软件；主副井井筒装备零构件设计软件；风井井筒装备设计软件等。

一、钻井法井壁结构设计软件

以钻井法井壁结构设计理论为基础，按人工设计的过程，对井壁进行各种计算并生成施工所需图纸。主要功能为：均匀或非均匀地压计算，井壁厚度计算，配筋计算，井壁强度及稳定性验算，法兰盘、吊环及井壁底计算等；生成钻井井壁结构有关施工图，简体结构（各段井壁配筋图），节间注浆图，局部放大图，井壁底浮起时的井壁结构图，法兰盘结构图，岩层柱状图，井壁与岩层对比图等。

钻井法井壁结构软件系统流程见图 9—3—1。

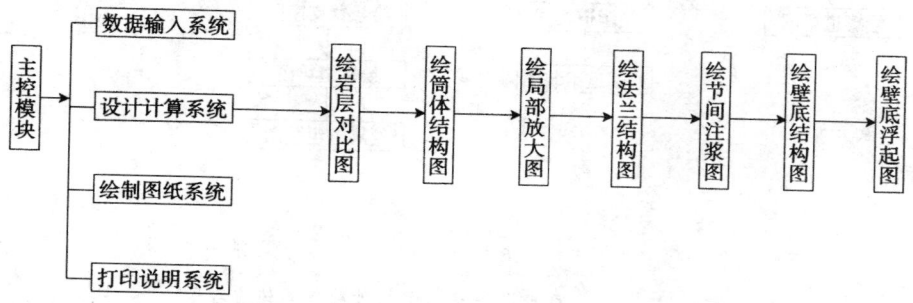

图 9—3—1 钻井法井壁结构软件系统流程图

二、主副井井筒装备零构件设计软件

主副井井筒平面布置形式千变万化，其设备及其布置也多种多样，没有统一标准和固定的形式。主副井井筒装备零构件软件能完成钢轨罐道、球扁钢组合罐道、槽钢组合罐道的主副井装备部分零构件设计与绘图，包括罐道梁及支座、罐道、固定罐道所用的所有构件、悬臂支座等。

主副井井筒装备零构件软件系统流程见图 9—3—2。

三、风井井筒装备软件

风井井筒装备较主副井井筒装备要简单得多，一般没有提升设备，只作为矿井回风之用，仅装备有人员上下的梯子间，梯子间有几种布置形式。风井井筒装备容易形成较为统一的标准，可对整个风井井筒装备进行程序设计。

输入软件所需的基本数据后，能自动生成平面图、节点放大图、剖面图、全井装备布置图、休息硐室布置图、安全出口平面布置图、材料表及构件加工图等。

风井井筒装备软件系统流程图见图 9—3—3。

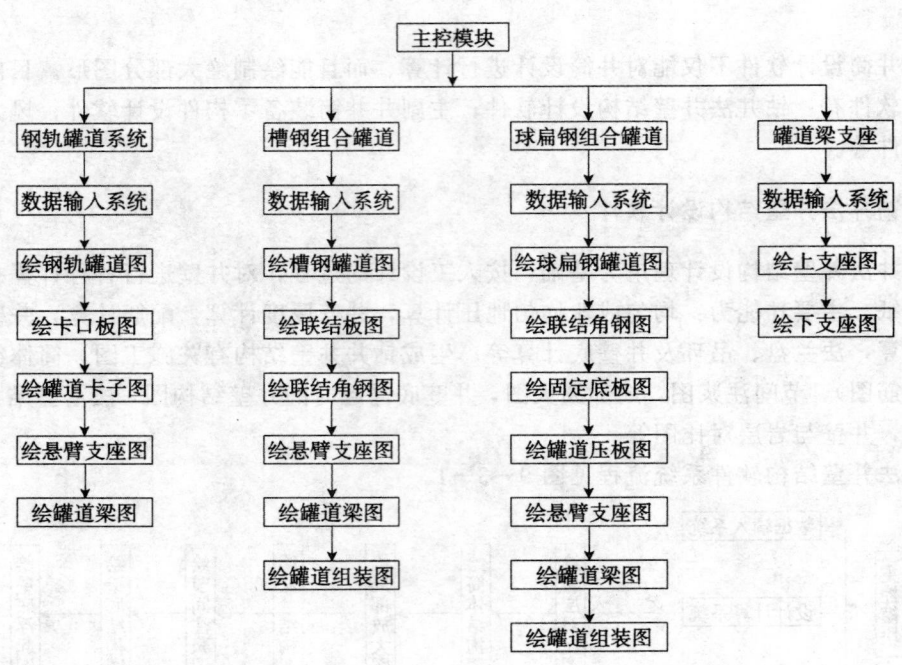

图 9—3—2　主副井井筒装备零构件软件系统流程图

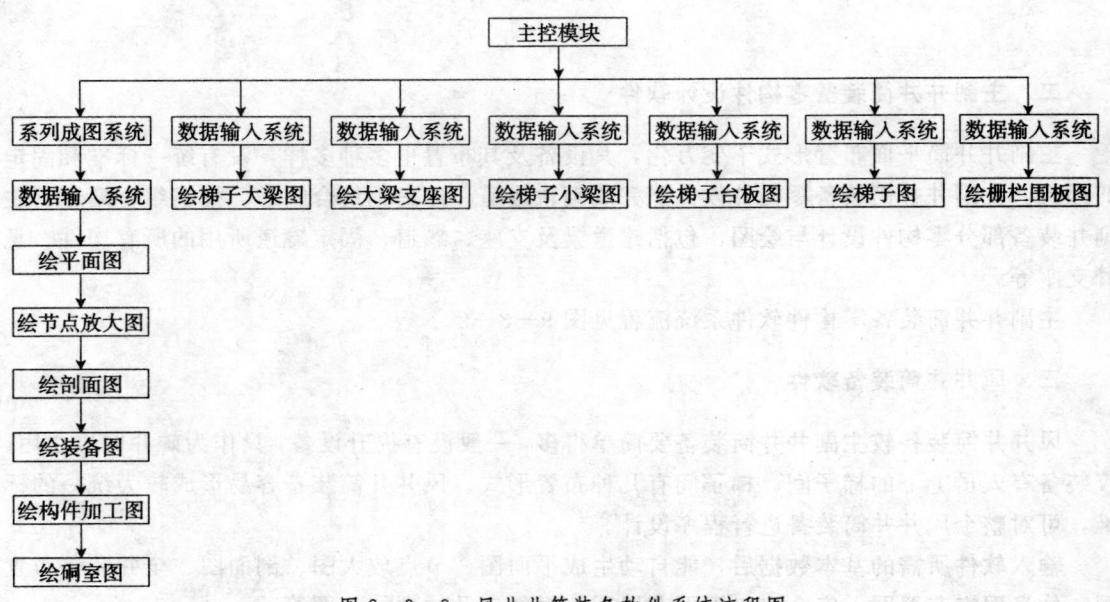

图 9—3—3　风井井筒装备软件系统流程图

第三节　井底车场设计软件

井底车场设计应包括以下主要内容：线路布置、硐室布置、坡度闭合、通过能力计算、断面设计、交岔点设计、工程量及材料消耗量计算等。

一、巷道断面设计软件

输入必要的基本数据后，软件可自动设计、计算并生成各种断面图。

（1）能设计并绘制满足现行井下各种运输设备的锚喷、混凝土硐、料石硐、锚喷与混凝土硐、锚喷与混凝土硐或锚网喷联合支护的半圆拱形，圆弧拱形，三心拱形和矩形巷道断面图形及断面特征表；

（2）能设计并绘制满足现行井下各种运输设备的 U 形钢直腿半圆拱形或三心拱形巷道断面图形及断面特征表；

（3）能设计并绘制满足现行井下除架线电机车的其他各种运输设备的梯形刚性，梯形可缩性巷道断面图形及断面特征表；

（4）能设计并绘制井下圆形煤仓断面图形及断面特征表；

（5）能设计并绘制矩形水沟断面图形及特征表，可进行流量验算。

巷道断面设计软件系统流程见图 9-3-4。

二、交岔点设计软件

交岔点设计软件包含平巷交岔点、斜巷交岔点和抬棚交岔点三个软件。

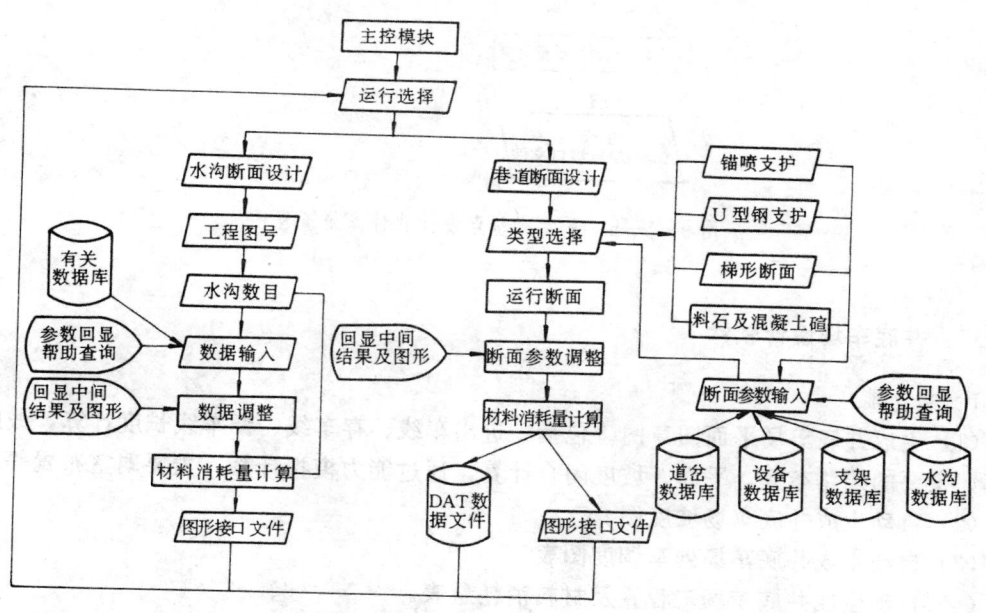

图 9-3-4　巷道断面设计软件系统流程图

输入断面参数、道岔型号、转弯半径等数据后，能一次性生成相应各交岔点的平面图、剖面图、变断面特征表及工程量表等。交岔点断面形状包括半圆拱、圆弧拱、三心拱和梯形，支护方式包括锚喷、砌碹、锚砌联合或工字钢支护。

平巷交岔点、斜巷交岔点和抬棚交岔点三个软件的系统流程较为相似，其中平巷交岔点设计软件的系统流程见图9—3—5。

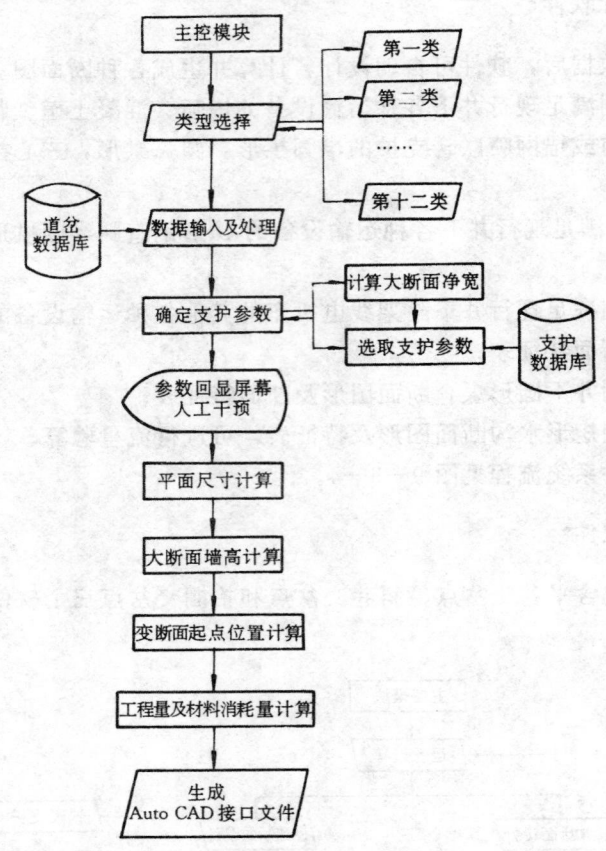

图9—3—5 平巷交岔点设计软件系统流程图

三、井底车场设计软件

1. 功 能

（1）生成井底车场平面图草图。包括：进出车线、存车线、调车线长度计算，线路联接计算，主要的线路布置，平面、坡度闭合计算，通过能力模拟计算，主要硐室布置等。

（2）自动生成井底车场坡度图。

（3）自动生成井底车场列车调度图表。

（4）自动生成井底车场工程量及材料消耗量表。

2. 系统流程

井底车场设计软件系统流程见图9—3—6。

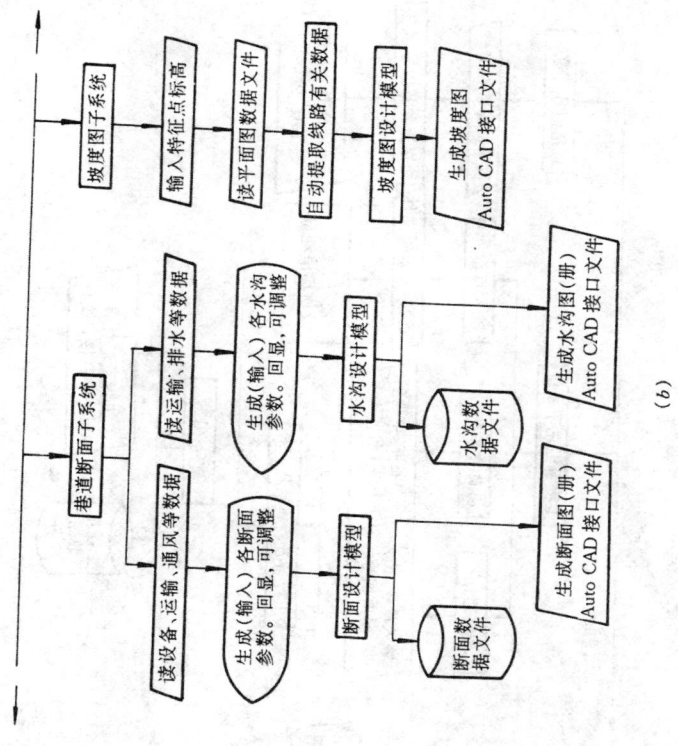

(b)

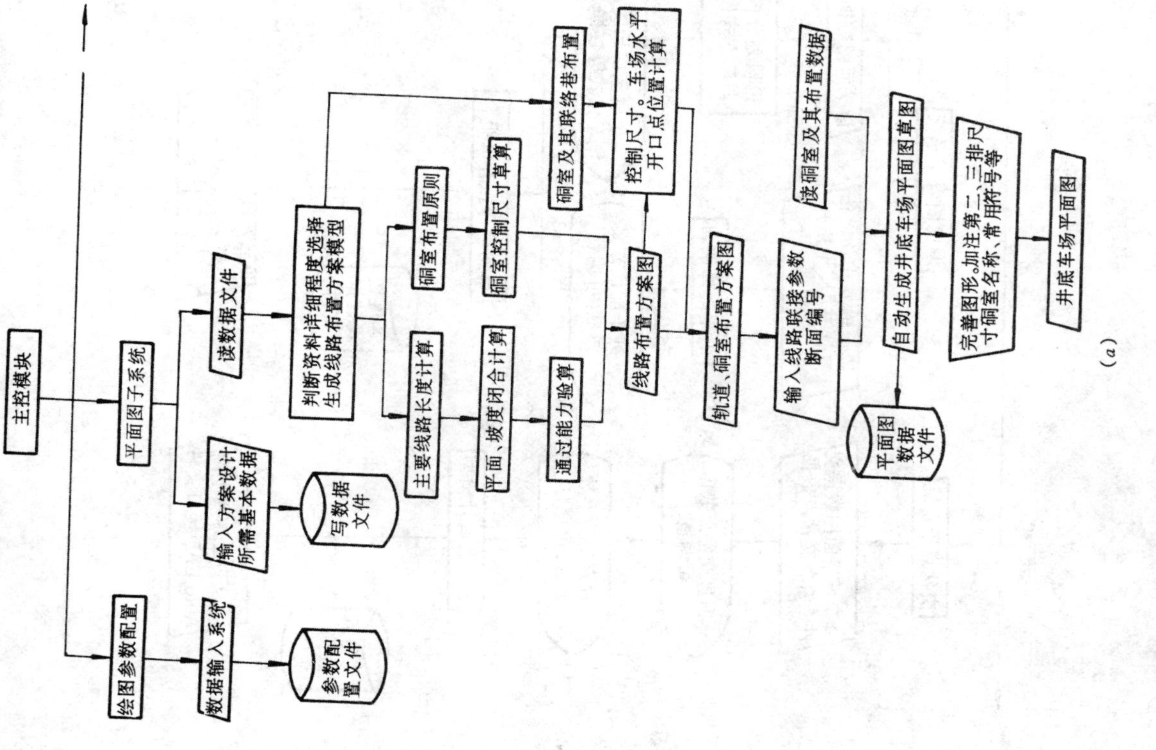

(a)

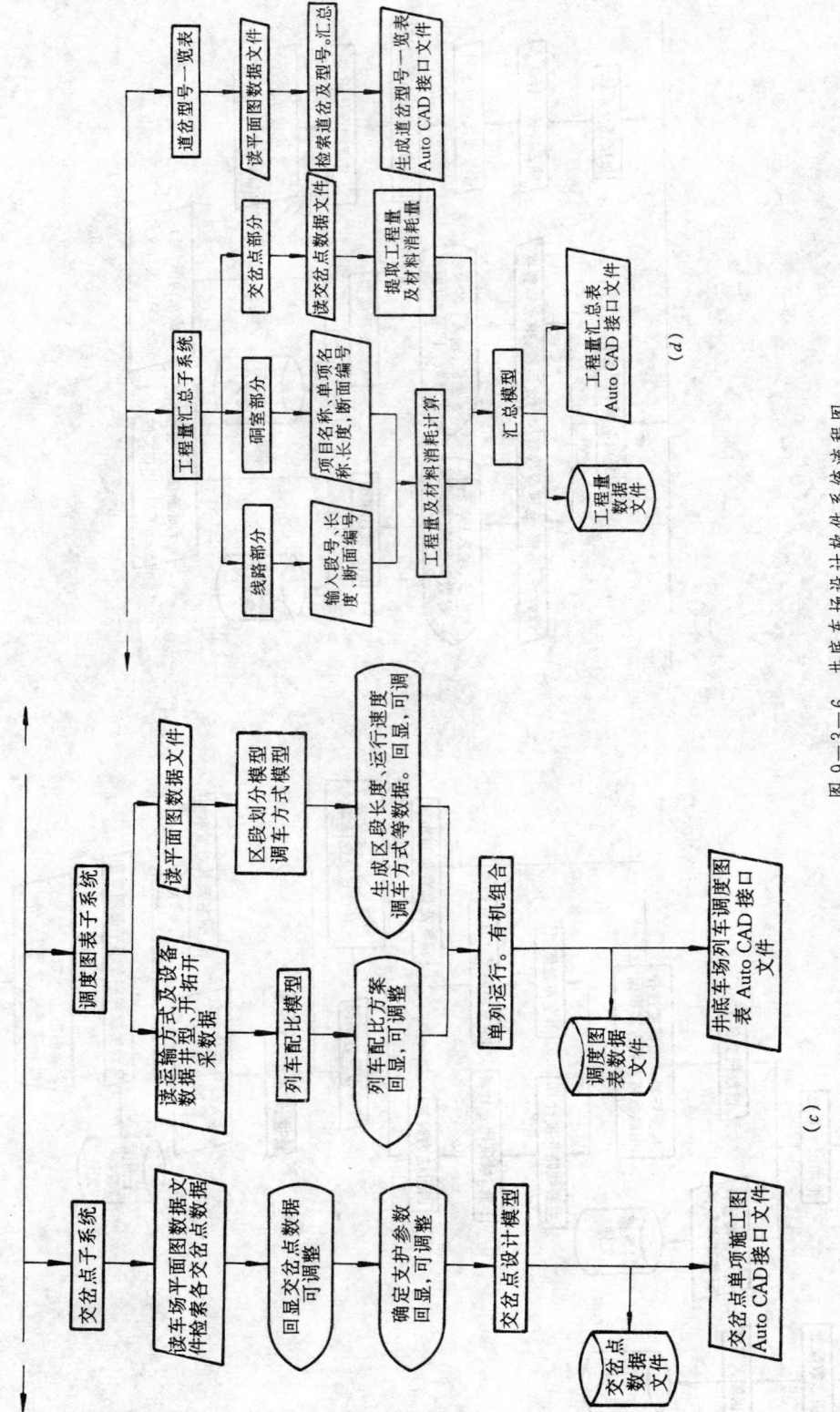

图 9—3—6 井底车场设计软件系统流程图

第四节　采区车场设计软件

采区车场设计软件分为采区上部车场、采区中部车场、采区下部车场和采区斜巷四部分。

一、软件功能

输入线路设计所需的基本数据，如巷道关系定位尺寸、上山倾角、上山或基准巷道某已知点标高、各巷道断面尺寸、已知坡度等数据后，软件可自动进行线路设计、计算和绘图，生成车场的线路图和坡度图。调用车场软件工具包，可在线路图的基础上进行巷道轮廓绘制、尺寸标注、工程量及材料消耗量统计等。

1. 采区上部车场

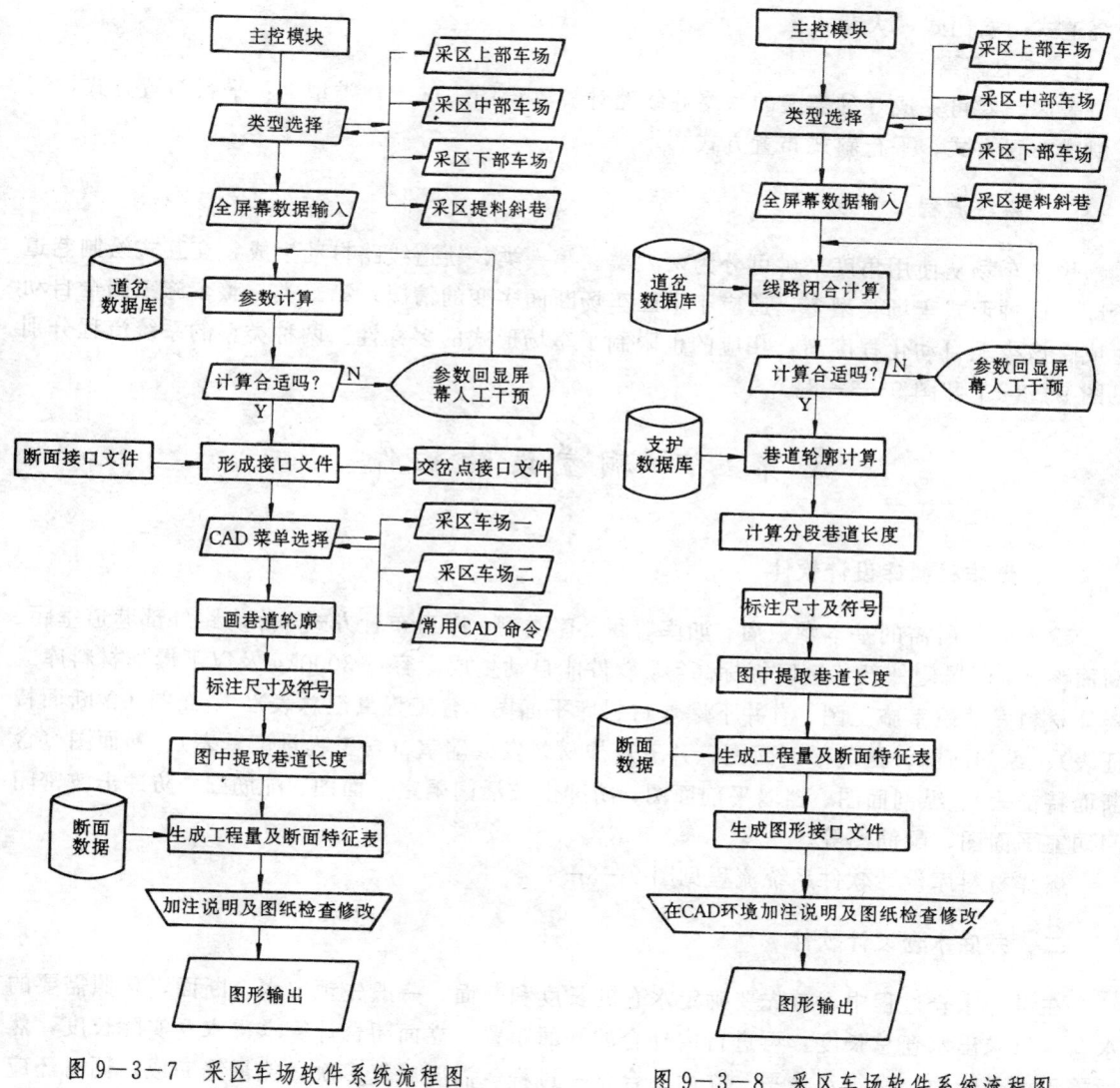

图 9—3—7　采区车场软件系统流程图
（第一类）

图 9—3—8　采区车场软件系统流程图
（第二类）

采区上部车场可完成 8 种类型的车场线路计算、绘图。这 8 种类型为：顺向平车场后总回风巷布置方式，顺向平车场前回风巷布置方式，顺向平车场轨道巷布置方式，顺向平车场回风石门布置方式，顺向平车场大巷布置方式，逆向平车场绕道布置方式，逆向平车场石门布置方式，转盘车场。

2. 采区中部车场

采区中部车场可完成 11 种类型的车场线路计算、绘图。这 11 种类型为：双道起坡二次回转石门式，双道起坡二次回转斜式，双道起坡二次回转卧式，双道起坡二次回转中巷式，单道起坡二次回转石门式，单道起坡二次回转斜式，单道起坡二次回转中巷式，单道起坡二次回转卧式，双道起坡一次回转方式，单道起坡一次回转方式，吊桥式。

3. 采区下部车场

采区下部车场可完成 4 种类型的车场线路计算、绘图。这 4 种类型为：顶板绕道式，底板绕道式，石门式，大巷式。

4. 采区斜巷

采区斜巷可完成 3 种类型的联络巷线路计算、绘图。这 4 种类型为：平行布置方式，交叉斜式布置方式，平行斜式布置方式。

二、系统流程

采区车场从使用角度来讲可分为两大类。第一类，轨道线路自动生成，交互式绘制巷道轮廓。这种形式车场类型多，适应于采区车场断面多变的情况；第二类，整套施工图全自动生成。该类型自动化程度高，相应的也限制了车场形式的多样性。两种类型的系统流程分别见图 9-3-7 和图 9-3-8。

第五节　硐室设计软件

一、爆炸材料库设计软件

输入软件所需的基本参数后，如库容量、库类型、库房布置方式、库房距外部巷道垂距、断面参数、回风侧外部巷道底板标高等，软件能自动生成库容量 3000kg 及以下爆炸材料库或爆炸材料发放硐室施工图。有井下爆炸材料库平面图（含工程量汇总表）、断面图（含断面特征表）、纵剖面图、挡墙平剖面图；井下爆炸材料发放硐室（含工程量汇总表）、断面图（含断面特征表）、纵剖面图、挡墙平剖面图；防冲击波活门硐室平面图、配筋图；防冲击波密闭门硐室平面图、配筋图等。

爆炸材料库设计软件系统流程见图 9-3-9。

二、井底水仓设计软件

在设计水仓过程中，首先要确定水仓的长度和断面。一般先预定水仓断面，按照需要的水仓容量求出水仓总长度，再进行内外仓的平面布置，立面闭合计算求得水仓实际长度，然后校正水仓断面。进行水仓平、立面闭合这一过程，需要反复多次才能最终完成，同时还应进行多次校核，以使其符合有关规定和要求。

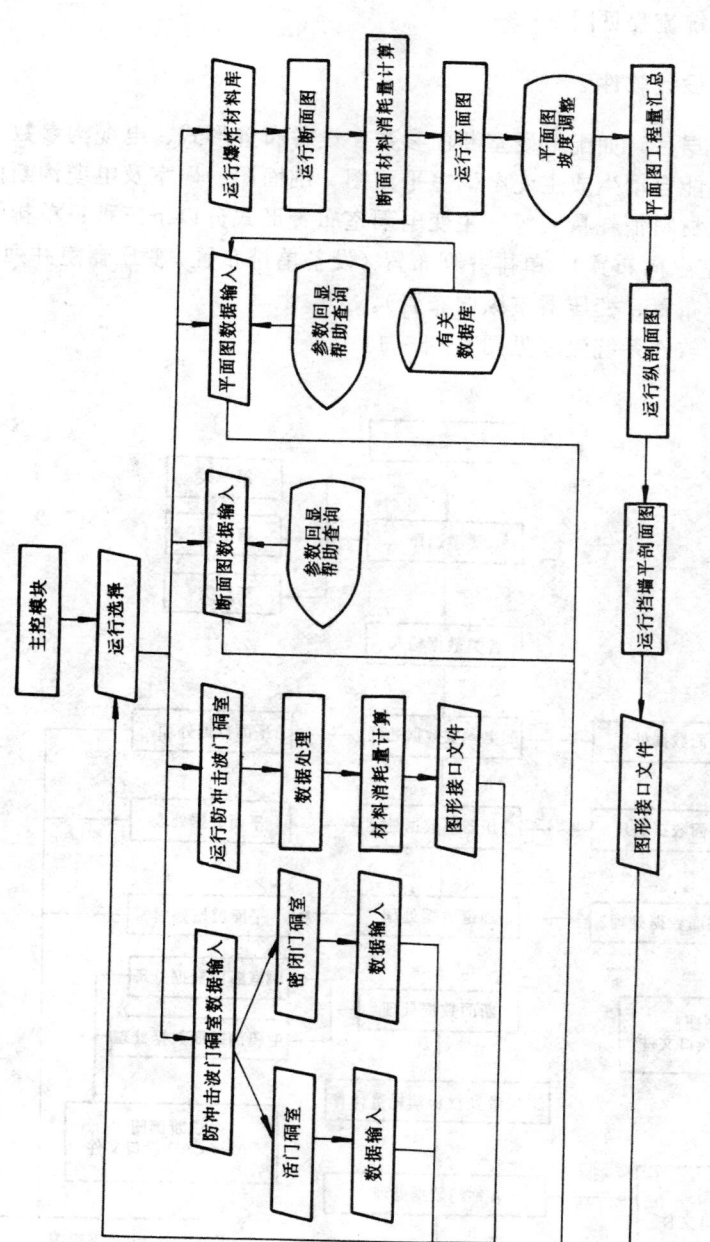

图 9-3-9　爆炸材料库设计软件系统流程图

输入软件所需基本数据后，如矿井正常涌水量、水仓清理方式、吸水井与水仓联接处参数、水仓入口交岔点参数及标高等数据，软件能自动进行水仓长度、平面及坡度闭合计算，水仓容量、长度及断面校核，生成水仓平面图、剖面图、断面图，水仓入口交岔点平剖面图，工程量及材料消耗量表等。

井底水仓设计软件系统流程见图 9—3—10。

三、井下中央变电所设计软件

输入软件所需基本数据后，如配电硐室断面参数、设备布置形式、电缆沟参数、变压器室断面参数等数据，软件能自动生成主变电硐室平面图、剖面图、硐室及电缆沟断面图、各种门的施工图、工程量及材料消耗量表等。主变电硐室布置形式分以下三种：单排纵向布置（设备单排布置、变压器室纵向布置）、单排并列布置（设备单排布置、变压器室并列布置）和双排纵向布置（设备双排布置、变压器室纵向布置）。

井下中央变电所设计软件系统流程见图 9—3—11。

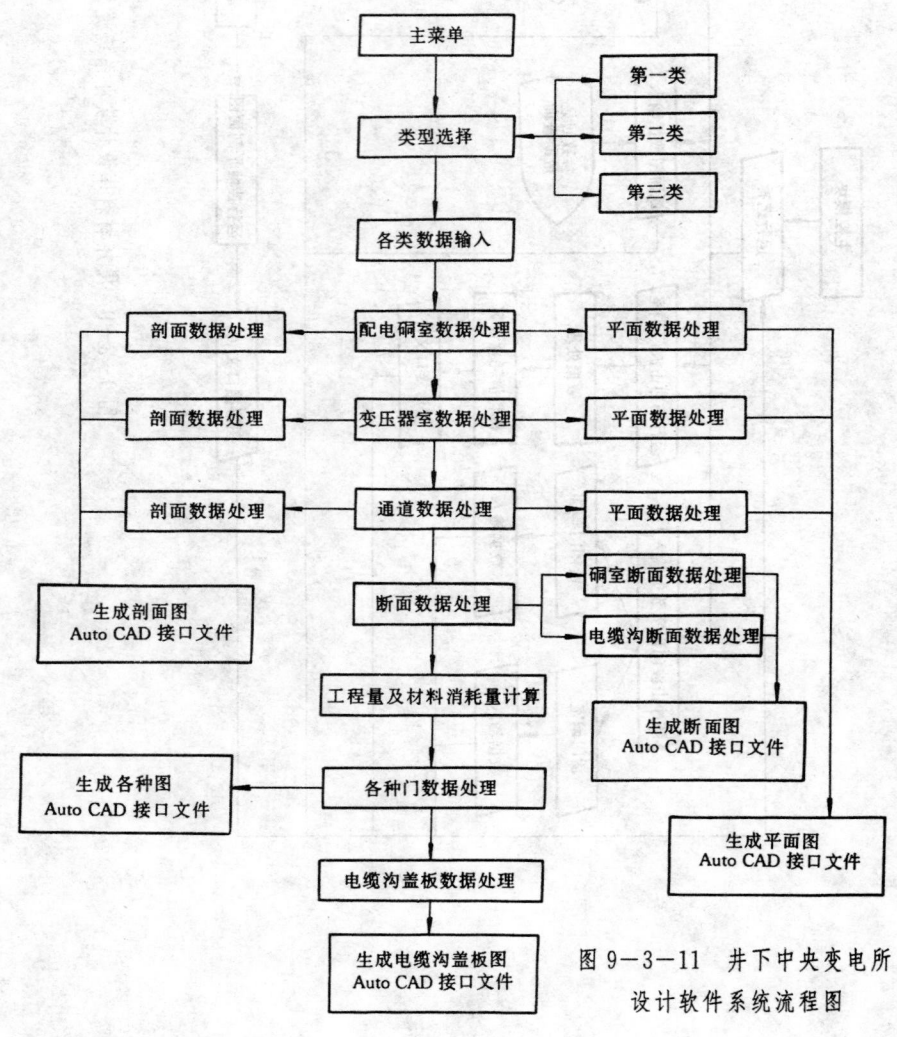

图 9—3—11　井下中央变电所
设计软件系统流程图

第十篇

矿井技术经济

编 写 单 位　煤炭工业西安设计研究院

主　　　　编　吴嘉林

副　主　编　刘晓侠　张平安

编　写　人　刘晓侠(第一章一至四节,第五章一、三、四节)

　　　　　　高建国(第一章五节)

　　　　　　吴嘉林(第二章,第四章一至十节,第五章一节)

　　　　　　宋丰年(第四章十一、十二节)

　　　　　　张平安(第三章,第五章一、二节)

　　　　　　王文伟(第五章二节)

第十篇

矿井技术经济

第一章 矿井建设工程造价

第一节 矿井建设项目的划分与费用构成

一、矿井建设项目的划分

(一) 基本建设项目

1. 基本建设项目定义

是编制和实施基本建设计划的基层单位，指在一个总体设计或初步设计范围内，由一个或几个单项工程所组成，经济上实行统一核算，行政上实行统一管理的建设单位，一般以一个企业（或联合企业）、事业单位或独立工程作为一个建设项目。凡不属于一个总体设计、经济上分别核算、工艺流程上没有直接联系的几个独立工程，应分别列为几个基本建设项目。

2. 单项工程

单项工程是指有独立的设计文件，建成后能独立发挥能力（或效益）的工程。单项工程是建设项目的组成部分，如矿区中的矿井、露天矿、选煤厂、电厂、矿区机修厂、铁路专用线、矿区公路、矿区供水工程、救护队等。

3. 单位工程

单位工程是指不能独立发挥能力，但具有独立施工条件的工程。单位工程是单项工程的组成部分。通常根据单项工程所包含不同性质的工程内容、能否独立施工的要求，将一个单项工程划分为若干个单位工程，如矿井是一个单项工程，井筒、井底车场、绞车房、绞车安装、住宅等均为单位工程。

建筑安装工程一般按单位工程编制预算和进行成本核算。

4. 分部工程

分部工程是指不能独立发挥能力（或效益），又不具备独立施工条件，但具有结算工程价款条件的工程。分部工程是单位工程的组成部分，通常一个单位工程，可按其工程实体的各部位划分为若干个分部工程，如房屋建筑单位工程，可按其部位划分为土石方工程、砖石工程、混凝土及钢筋混凝土工程、屋面工程、装饰工程等。

5. 分项工程

把分部工程按照不同的施工方法、不同的材料、不同的规格等，作进一步的分类，可划分成许多分项工程。分项工程是建筑安装工程进行施工活动的基本环节，是编制单位工程预算时计算工程量的基本对象，也是预算定额分项的最基本单位。分项工程既不能独立发挥能力（或效益），也不具备独立施工条件。如房屋建筑工程中的砖石分部工程可按砌体材料的种类及砌体的厚度，划分为一砖墙、一砖半墙、毛石墙等分项工程。

（二）基本建设项目的分类

1. 按建设性质分类

建设项目和单项工程按其建设性质可分为新建、扩建、改建和恢复建四类。

1）新建项目

指从无到有，"平地起家"，新开始建设的项目和单项工程。有的建设项目或单项工程原有的基础很小，经扩建后，新增固定资产的价值超过原有固定资产价值的三倍以上，也算新建性质。由于各种原因而中途停、缓建的原新建项目，后经国家主管部门批准恢复建设的，仍属于新建项目。

2）扩建项目

指原有企业为扩大原有产品生产能力（或效益）或增加新的产品生产能力而新建主要车间或工程项目。凡按设计规定全部建成投产后，又在已有规模上进行新的建设，并增加生产能力（或效益）的项目或单项工程，均列为扩建。

3）改建项目

指原有企业为提高生产效率、改进产品质量，对原有设备或工程进行大规模技术改造的项目。有的企业为了平衡生产能力，增建一些附属、辅助车间或非生产性工程，也算改建。矿井改建主要包括后期工程井、收尾井和老矿挖潜。

4）恢复建项目

指企、事业单位因自然灾害、战争等原因，使原有固定资产全部或部分报废，以后又投资按原有规模重新恢复起来的项目和单项工程。在恢复的同时进行扩建的，应作为扩建项目或单项工程。

一个建设项目只能具有一种建设性质。新建的建设项目，在原来的总体设计全部完成后，又进行扩建或改建的，则另作为扩建项目或改建项目。

2. 按建设规模分类

矿井按设计生产能力分大、中、小型。

大型：1.2，1.5，1.8，2.4，3.0，4.0，5.0，6.0（Mt/a）及以上；

中型：0.45，0.6，0.9（Mt/a）；

小型：0.3（Mt/a）及以下

二、矿井投资范围及划分

（1）**新建矿井**：包括矿井从筹建至达到设计生产能力前，设计规定的全部矿建工程、土建工程、设备及工器具购置、安装工程和工程建设其他费用的投资。

（2）**改扩建矿井**：包括设计规定因扩大或维持生产能力而增加的工程和费用。

（3）**恢复建矿井**：除执行新建矿井的投资范围外，还应包括井巷疏干、清理及井上、下修复工程的费用。但不包括矿井原有的固定资产投资。

（4）两个或两个以上的矿井共用的地面生产系统、辅助厂房或其他设施，不作为单项工程设计时，其投资按矿井生产能力进行分摊。

（5）矿井选煤厂作为单项工程设计时，选煤厂与矿井投资的划分：竖井从箕斗受煤仓以下，斜井（平硐）从井筒胶带运输机或翻车机以下至产品装车全部工艺系统及铁路站线，属选煤厂投资；矸石系统、铁路专用线及其余工程属矿井投资；居住区的投资，除住宅、宿舍分别计算外，公共建筑由矿井统一计算投资，专为选煤厂服务的工程，投资归选煤厂。土地征用费和耕地占用税，应按矿井和选煤厂设计的占地面积分别计算。

三、矿井建设单位工程名称及划分

矿井建设单位工程名称及划分详见矿井建设单位工程统一名称表（表10-1-1）。

表 10-1-1　矿井建设单位工程统一名称表

项　目	单 位 工 程 名 称	单位工程分类		
		按建安工程分	按工程类别分	按工程用途分
一、施工准备工作	1. 临时场外公路；	土建		
	2. 临时场外输水管路；	土建安装		
	3. 临时场外输电线路；	安装		
	4. 临时平整场地；	土建		
	5. 冻结工程措施工程费；	土建安装		
	6. 冻结工程费；	其他		
	7. 预注浆工程措施工程费；	土建安装		
	8. 预注浆工程费；	其他		
	9. 钻井工程措施工程费；	土建安装		
	10. 普通凿井措施工程费	土建安装		
二、井筒	1. 主井井筒（包括立井井颈斜井井颈、斜井井口硐门、平硐硐口及硐门、井筒躲避硐、胶带斜井胶带输送机接头硐室、斜井硐或平硐交岔点）；	井巷	井巷	开拓
	2. 主井硐装备；	井下安装	金属结构	
	3. 副井井筒（包括立井井颈、斜井井颈、斜井井口硐门、平硐硐口及硐门、井筒躲避硐、斜井井筒或平硐交岔点、人车存放线、矸石井筒）；	井巷	井巷	开拓
	4. 副井井筒装备（包括矸石井筒装备）；	井下安装	金属结构	
	5. 风井井筒（包括立井井颈、斜井井颈、斜井井口硐门、平硐硐口及硐门）；	井巷	井巷	开拓
	6. 风井井筒装备；	井下安装	金属结构	
	7. 注砂井井筒（包括井颈）；	井巷	井巷	其他
	8. 注砂井井筒装备；	井下安装	金属结构	
	9. 暗井井筒；	井巷	井巷	开拓
	10. 暗井井筒装备；	井下安装	金属结构	
	11. ××井筒横川及联络巷道；	井巷	井巷	开拓
	12. ××斜井井筒铺轨或平硐铺轨；	井巷	井巷	
	13. ××井筒各类门；	井巷	其他	
	14. ××井筒硐室	井巷	井巷	开拓
三、井底车场巷道及硐室	1. 主井井筒与井底车场连接处；	井巷	井巷	开拓
	2. 主井井底设备安装；	井下安装	设备安装	
	3. 副井井筒与井底车场连接处；	井巷	井巷	开拓
	4. 副井井底设备安装；	井下安装	设备安装	
	5. 风井井筒与井底巷道连接处；	井巷	井巷	开拓
	6. 风井井底设备安装；	井下安装	设备安装	

项　目	单　位　工　程　名　称	单位工程分类		
		按建安工程分	按工程类别分	按工程用途分
三、井底车场巷道及硐室	7. 井底车场巷道及交岔点；	井巷	井巷	开拓
	8. 井底车场铺轨（包括转辙系统）；	井巷	井巷	开拓
	9. 井底车场转辙控制系统安装；	井下安装	设备安装	
	10. 推车机及翻车机硐室或自卸式矿车卸载站硐室；	井巷	井巷	开拓
	11. 推车机及翻车机（卸载站）设备安装；	井下安装	设备安装	
	12. 箕斗（或胶带）装载硐室（包括联络通道）；	井巷	井巷	开拓
	13. 箕斗（或胶带）装载硐室设备安装；	井下安装	设备安装	
	14. 井底煤仓及装载硐室；	井巷	井巷	开拓
	15. 井底煤仓及装载硐室设备安装；	井下安装	设备安装	
	16. 清理井底撒煤斜巷及水窝泵房；	井巷	井巷	开拓
	17. 清理井底撒煤设备安装；	井下安装	设备安装	
	18. 液压站硐室；	井巷	井巷	开拓
	19. 井下材料换装站；	井巷	井巷	开拓
	20. 井下爆破材料库（包括防爆门、墙垛及通道爆破材料发放硐室）；	井巷	井巷	开拓
	21. 电机车库及修理间硐室（包括充电硐室及变流室）；	井巷	井巷	开拓
	22. 矿车清理硐室；	井巷	井巷	开拓
	23. 井下绞车硐室（包括卡轨车，单轨吊驱动硐室）；	井巷	井巷	开拓
	24. 矿车修理硐室；	井巷	井巷	开拓
	25. 无极绳绞车硐室；	井巷	井巷	开拓
	26. 消防材料列车库（或消防器材库）；	井巷	井巷	开拓
	27. 工具备品保管室；	井巷	井巷	开拓
	28. 人车库及乘人车库；	井巷	井巷	开拓
	29. 等候室；	井巷	井巷	开拓
	30. 调度室；	井巷	井巷	开拓
	31. 井下医疗室；	井巷	井巷	开拓
	32. 井下厕所；	井巷	井巷	开拓
	33. 暗井井底车场巷道及硐室；	井巷	井巷	开拓
	34. 井底车场各类门硐室；	井巷	井巷	开拓
	35. 其他硐室；	井巷	井巷	开拓
	36. 井下电机车库及修理间设备安装；	井下安装	设备安装	
	37. 井下绞车设备安装；	井下安装	设备安装	
	38. 井下矿车清理设备安装；	井下安装	设备安装	
	39. 无极绳绞车设备安装；	井下安装	设备安装	
	40. 暗井井底车场设备安装；	井下安装	设备安装	
	41. 液压站硐室设备安装；	井下安装	设备安装	
	42. 井下材料换装站设备安装；	井下安装	设备安装	
	43. 井巷车场各类金属门安装；	井下安装	设备安装	
	44. 多层出车平台	井下安装	设备安装	
四、主要运输道及回风道	1. 主要运输石门（包括配风巷及横川）；	井巷	井巷	开拓
	2. 主要回风石门（包括横川）；	井巷	井巷	开拓
	3. 主要运输大巷（包括配风巷及横川）；	井巷	井巷	开拓
	4. 主要回风道；	井巷	井巷	开拓
	5. 运输与回风巷道铺轨；	井巷	井巷	开拓
	6. 胶带输送机接头硐室；	井巷	井巷	开拓

续表

项 目	单 位 工 程 名 称	单位工程分类		
		按建安工程分	按工程类别分	按工程用途分
四、主要运输道及回风道	7. 大巷胶带输送机设备安装；	井下安装	设备安装	
	8. 井下运输车辆；	井下安装	设备安装	
	9. 井下电机车运输信号；	井下安装	设备安装	
	10. 井下电机车架线	井下安装	设备安装	
五、采区	1. ××采区输送机上山；	井巷	井巷	准备
	2. ××采区轨道上山；	井巷	井巷	准备
	3. ××采区回风上山；	井巷	井巷	准备
	4. ××采区人行上山；	井巷	井巷	准备
	5. ××采区上山绞车（胶带运输机头、尾）硐室；	井巷	井巷	准备
	6. ××采区上山绞车（运输机）设备安装；	井下安装	设备安装	准备
	7. ××采区输送机下山；	井巷	井巷	准备
	8. ××采区轨道上山；	井巷	井巷	准备
	9. ××采区回风下山；	井巷	井巷	准备
	10. ××采区人行下山；	井巷	井巷	准备
	11. ××采区溜煤下山；	井巷	井巷	准备
	12. ××采区下山绞车（胶带运输机头、尾）硐室；	井巷	井巷	准备
	13. ××采区下山绞车（或胶带输送机）设备安装；	井下安装	设备安装	
	14. ××采区中间巷道（包括主、副巷道及横川）；	井巷	井巷	准备
	15. ××采区中间巷道运输设备安装；	井下安装；	设备安装	准备
	16. ××采区顺槽；	井巷	井巷	回采
	17. ××采区顺槽设备安装；	井下安装	设备安装	
	18. ××采区工作面开切眼；	井巷	井巷	回采
	19. ××采区运输石门；	井巷	井巷	准备
	20. ××采区回风石门；	井巷	井巷	准备
	21. ××采区上部车场；	井巷	井巷	准备
	22. ××采区中部车场；	井巷	井巷	准备
	23. ××采区下部车场；	井巷	井巷	准备
	24. ××采区下部车场设备安装；	井下安装	设备安装	
	25. ××采区材料车场；	井巷	井巷	准备
	26. ××采区巷道铺轨（包括上、下山及转辙系统）；	井巷	井巷	准备
	27. ××采区溜煤眼；	井巷	井巷	准备
	28. ××采区溜煤眼设备安装；	井下安装	设备安装	
	29. ××采区煤仓；	井巷	井巷	准备
	30. ××采区煤巷设备安装；	井下安装	设备安装	
	31. ××采区矸石仓；	井巷	井巷	准备
	32. ××采区矸石仓设备安装；	井下安装	设备安装	
	33. ××采区无极绳绞车硐室；	井巷	井巷	准备
	34. ××采区无极绳绞车设备安装；	井下安装	设备安装	
	35. ××采区调度绞车硐室；	井巷	井巷	准备
	36. ××采区调度绞车设备安装；	井下安装	设备安装	
	37. ××采区炸药发放硐室；	井巷	井巷	准备
	38. ××采区风井；	井巷	井巷	准备
	39. ××采区风井绞车设备安装；	井下安装	设备安装	
	40. ××采区其他附属工程（包括风门、风桥、风眼、调节风门、密闭墙等）；	井巷	井巷	准备
	41. ××采区采掘工作面设备安装（含综采、高档普采设备）；	井下安装	设备安装	

续表

项 目	单 位 工 程 名 称	单位工程分类		
		按建安工程分	按工程类别分	按工程用途分
五、采区	42.××采区运输机集中控制设备安装；	井下安装	设备安装	
	43.××采区其他设备安装	井下安装	设备安装	
六、提升系统	1. 暗井绞车硐室；	井巷	井巷	开拓
	2. 暗井绞车设备安装；	井下安装	设备安装	
	3. 暗井提升设施；	井下安装	设备安装	
	4. 主井井架（或井塔）；	土建	其他	
	5. 主井金属井架；	安装	金属结构	
	6. 主井金属井架基础；	土建	其他	
	7. 副井井架（或井塔）；	土建	其他	
	8. 副井金属井架；	安装	金属结构	
	9. 副井金属井架基础；	土建	其他	
	10. 风井井架（或井塔）；	土建	其他	
	11. 风井金属井架；	安装	金属结构	
	12. 风井金属井架基础；	土建	其他	
	13. 斜井矿车栈桥；	土建	其他	
	14. 斜井矿车金属栈桥；	土建	金属结构	
	15. 主井绞车房（多绳塔式提升并入井塔、包括电气控制室）；	土建	房屋	厂房
	16. 主井提升机（或胶带运输机）设备安装（多绳提升、包括附属设备及其设施）；	安装	设备安装	
	17. 主井提升设施；	安装	设备安装	
	18. 主井提升信号；	安装	设备安装	
	19. 副井绞车房（多绳塔提升并入井塔、包括电气控制室）；	土建	房屋	厂房
	20. 副井提升机设备安装（多绳提升、包括附属设备及设施）；	安装	设备安装	
	21. 副井提升设施；	安装	设备安装	
	22. 副井提升信号；	安装	设备安装	
	23. 胶带斜井检修绞车房；	土建	房屋	厂房
	24. 胶带斜井检修绞车设备安装；	安装	设备安装	
	25. 人车棚	土建	房屋	其他
七、排水系统	1. 主排水泵房（包括水泵房通路、吸水井、配水仓、防水门硐室及铺轨）；	井巷	井巷	开拓
	2. 井下主排水泵设备安装；	井下安装	设备安装	
	3. 主排水泵房管子道；	井巷	井巷	开拓
	4. 井底车场水仓沉淀池；	井巷	井巷	其他
	5. 井底车场水仓沉淀池清理设备安装；	井下安装	设备安装	
	6. 井底车场水仓；	井巷	井巷	开拓
	7. 清理水仓绞车硐室及斜巷；	井巷	井巷	开拓
	8. 清理水仓绞车设备安装；	井下安装	设备安装	
	9. 井筒转排水泵硐室；	井巷	井巷	开拓
	10. 井筒转排水泵设备安装；	井下安装	设备安装	
	11. 井底水窝水泵硐室；	井巷	井巷	开拓
	12. 井底水窝水泵设备安装；	井下安装	设备安装	
	13. 井底水窝水泵排水自动化；	井下安装	设备安装	
	14. 采区水泵硐室；	井巷	井巷	开拓
	15. 采区水泵设备安装；	井下安装	设备安装	
	16. 采区水仓沉淀池；	井巷	井巷	其他

续表

项　目	单 位 工 程 名 称	单位工程分类		
		按建安工程分	按工程类别分	按工程用途分
七、排水系统	17.采区水仓沉淀池设备安装;	井下安装	设备安装	
	18.采区水仓;	井巷	井巷	准备
	19.清理采区水仓绞车硐室及斜巷;	井巷	井巷	准备
	20.清理采区水仓绞车设备安装;	井下安装	设备安装	
	21.主排水管路;	井下安装	管路安装	
	22.采区水泵排水管路;	井下安装	管路安装	
八、通风系统	1.通风机房延长风道（掘巷施工）;	井巷	井巷	开拓
	2.通风机房（包括设备基础基本风道及延长风道）;	土建	房屋	厂房
	3.通风机设备安装（包括附属设备及设施）	安装	设备安装	
九、压风系统	1.井下空气压缩机硐室;	井巷	井巷	开拓
	2.井下空气压缩机设备安装;	井下安装	设备安装	
	3.地面空气压缩机房（包括设备基础）;	土建	房屋	厂房
	4.地面空气压缩机设备安装（包括冷却系统）;	安装	设备安装	
	5.冷却水池及冷却塔;	土建	其他	
	6.井上压缩空气管路;	安装	安装	
	7.井下压缩空气管路	井下安装	安装	
十、地面生产系统				
（一）主井生产系统	1.主井井口房;	土建	房屋	厂房
	2.主井井口房设备安装;	安装	设备安装	
	3.箕斗存放室及箕斗修理间;	土建	房屋	厂房
	4.箕斗修理间设备安装;	安装	设备安装	
	5.斜井箕斗栈桥;	土建	其他	
	6.斜井箕斗金属栈桥;	安装	金属结构	
	7.外来煤受煤坑;	土建	其他	
	8.外来煤受煤坑设备安装;	安装	设备安装	
	9.选矸楼;	土建	房屋	厂房
	10.选矸楼设备安装;	安装	设备安装	
	11.××输送机栈桥及地道（包括受煤及回煤）;	土建	其他	
	12.××输送机栈桥及地道设备安装;	安装	设备安装	
	13.××转载站;	土建	房屋	厂房
	14.装载煤仓（或装车站）;	土建	其他	
	15.装车煤仓（或装车站）设备安装;	安装	设备安装	
	16.半地下煤仓;	土建	其他	
	17.半地下煤仓设备安装;	安装	设备安装	
	18.装车添煤平台;	土建	其他	
	19.平煤器设备安装;	安装	设备安装	
	20.斗式提升机房;	土建	房屋	厂房
	21.斗式提升机设备安装;	安装	设备安装	
	22.贮煤场建筑物;	土建	其他	
	23.贮煤场栈桥及地道;	安装	其他	
	24.贮煤场回煤漏斗;	土建	其他	
	25.贮煤场回煤漏斗设备安装;	安装	设备安装	
	26.贮煤场扒煤绞车房;	土建	房屋	厂房

续表

项　目	单　位　工　程　名　称	单位工程分类		
		按建安工程分	按工程类别分	按工程用途分
（一）主井生产系统	27. 贮煤场扒煤绞车设备安装；	安装	设备安装	
	28. 贮煤场扒煤机柱；	土建	其他	
	29. 贮煤场尾车轨道；	土建	其他	
	30. 贮煤场扒煤机设备安装；	安装	设备安装	
	31. 贮煤场堆取料机基础；	土建	其他	
	32. 贮煤场堆取料机设备安装；	安装	设备安装	
	33. 贮煤场堆取料机轨道；	土建	房屋	
	34. 推车机及翻车机房；	土建	房屋	厂房
	35. 推车机及翻车机设备安装；	安装	设备安装	
	36. 爬车机房及爬车沟；	土建	房屋	厂房
	37. 爬车机设备安装；	安装	设备安装	厂房
	38. 地磅房及地磅沟；	土建	房屋	厂房
	39. 轨道衡设备安装；	安装	设备安装	
	40. 调度绞车基础；	土建	其他	
	41. 调度绞车设备安装；	安装	设备安装	
	42. 主井地面生产系统集中控制设备安装	安装	设备安装	
（二）副井生产系统	1. 副井井口房；	土建	房屋	厂房
	2. 副井井口房设备安装（包括安装门、摇台、罐座、阻车器、推车机、爬车机、上下罐行人平台）；	安装	设备安装	
	3. 排矸绞车房；	土建	房屋	厂房
	4. 排矸绞车设备安装；	安装	设备安装	
	5. 矸石翻车机房、矸石仓及地道；	土建	房屋	厂房
	6. 矸石推车机及翻车设备安装；	安装	设备安装	
	7. 矸石仓；	土建	其他	
	8. 矸石仓设备安装；	安装	设备安装	
	9. 矸石地道；	土建	其他	
	10. 矸石山栈桥；	土建	其他	
	11. 矸石山卸矸架；	土建	其他	
	12. 矸石山信号架；	土建	其他	厂房
	13. 矸石卸载设备安装；	安装	设备安装	
	14. 汽车排矸设备	安装	设备安装	
（三）风井	1. 风井井口房；	土建	房屋	厂房
	2. 风井井口房设备安装	安装	设备安装	
十一、安全技术及控制系统				
（一）充填系统	1. 充填注砂巷道及喇叭沟硐室；	井巷	井巷	开拓
	2. 采区充填沉淀池；	井巷	井巷	开拓
	3. 采区充填沉淀池设备安装；	井下安装	设备安装	
	4. 采区充填水泵硐室；	井巷	井巷	准备
	5. 采区充填水泵设备安装；	井下安装	设备安装	
	6. 贮砂场及卸砂仓；	土建	其他	
	7. 贮砂场及卸砂仓设备安装；	安装	设备安装	
	8. 充填材料仓及注砂室；	土建	房屋	厂房

续表

项目	单位 工 程 名 称	单位工程分类		
		按建安工程分	按工程类别分	按工程用途分
（一）充填系统	9. 充填材料仓及注砂室设备安装；	安装	设备安装	
	10. 充填水泵房；	土建	房屋	厂房
	11. 充填水泵房设备安装；	安装	设备安装	
	12. 充填注水池、储水池；	土建	其他	
	13. 充填调度室；	土建	房屋	厂房
	14. 充填调度室设备安装；	安装	设备安装	
	15. 充填信号及通讯线路；	安装	安装	
	16. 井上充填管路；	安装	管路安装	
	17. 井下充填管路	井下安装	管路安装	
（二）灌浆系统	1. 清水泵房；	土建	房屋	厂房
	2. 清水泵设备安装；	安装	设备安装	
	3. 水泵设备安装；	安装	设备安装	
	4. 加压水泵房；	土建	房屋	厂房
	5. 加压水泵房设备安装；	安装	设备安装	
	6. 泥浆泵房；	土建	房屋	
	7. 泥浆泵房设备安装；	安装	设备安装	厂房
	8. 贮水池；	土建	其他	
	9. 加压水池；	土建	其他	
	10. 泥浆池；	土建	其他	
	11. 泥浆池设备安装；	安装	设备安装	
	12. 沉淀池；	土建	其他	
	13. 灌浆沟槽及算子间；	土建	其他	厂房
	14. 灌浆设备安装；	安装	设备安装	
	15. 灌浆设备安装；	安装	设备安装	
	16. 井下灌浆管路	井下安装	管路安装	
（三）井下洒水	1. 井下洒水加压泵硐室；	井巷	井巷	开拓
	2. 井下洒水加压设备安装；	井下安装	设备安装	
	3. 井下洒水降压水池；	井巷	井巷	开拓
	4. 井下消防洒水设备及管理	井下安装	安装	
（四）安全检测控制系统	1. 安全监控中心；	土建	房屋	
	2. 井下安全监控设备安装；	井下安装	设备安装	
	3. 井下洒水降压水池；	井巷	井巷	开拓
（五）安全设备及仪表	1. 安全设备及仪表；	安装	安装	
	2. 自救器室；	土建	房屋	
	3. 自救器室内设备安装	安装	设备安装	
（六）瓦斯抽排	1. 瓦斯抽排钻孔；	井巷	井巷	
	2. 钻孔管路；	安装	安装	
	3. 瓦斯抽排钻；	土建	房屋	厂房
	4. 瓦斯抽排站设备安装；	安装	设备安装	
	5. 瓦斯管路	安装	安装	
（七）热害防治	1. 井下制冷站硐室；	井巷	井巷	
	2. 井下热交换器硐室；	井巷	井巷	
	3. 井下泵房（包括通道、铺轨、各类门）；	井巷	井巷	
	4. 淋水暗井；	井巷	井巷	开拓
	5. 淋水硐室；	井巷	井巷	开拓

项 目	单 位 工 程 名 称	单位工程分类		
		按建安 工程分	按工程 类别分	按工程 用途分
(七)热 害防治	6. 地面制冷站;	土建	房屋	厂房
	7. 地面制冷站泵房;	土建	房屋	
	8. 值班室;	土建	房屋	
	9. 库房;	土建	房屋	
	10. 井下制冷站设备安装;	井下安装	设备安装	
	11. 井下移动制冷设备安装;	井下安装	设备安装	
	12. 井下制冷泵房设备安装;	井下安装	设备安装	
	13. 井筒管路;	井下安装	管路安装	
	14. 井下管路;	井下安装	管路安装	
	15. 地面制冷站设备安装;	安装	设备安装	
	16. 地面制冷站泵房设备安装;	安装	设备安装	
	17. 地面制冷站冷却塔设备安装;	安装	设备安装	
	18. 地面制冷站管路	安装	安装	
十二、 通信调度 和计算中 心				
(一)通 信调度系 统	1. 井下通信调度设备安装;	井下安装	设备安装	
	2. 井下通信线路;	井下安装	安装	
	3. 地面通信调度中心;	土建	房屋	
	4. 地面通信调度设备安装;	安装	设备安装	
	5. 地面通信线路;	安装	安装	
	6. 卫星通信地面接收站;	土建	房屋	
	7. 卫星通信地面接收站设备安装;	安装	设备安装	
	8. 地面微波通信站;	土建	房屋	
	9. 地面微波通信设备安装;	安装	设备安装	
	10. 工厂共用天线;	安装	安装	
(二)计 算机系统	1. 计算机中心;	土建	房屋	
	2. 计算机中心设备安装	安装	设备安装	
十三、 供电系统	1. 井下主变电所硐室及通道(包括防火门及其硐室);	井巷	井巷	开拓
	2. 井下主变电所电气设备安装;	井下安装	设备安装	
	3. ××采区变电所及通道;	井巷	井巷	开拓
	4. ××采区变电所电气设备安装;	井下安装	设备安装	
	5. 井下电机车充电(或变流)室(包括风道);	井巷	井巷	开拓
	6. 井下电机车充电(或变流)室设备安装;	井下安装	设备安装	
	7. 地面变(配)电所;	土建	房屋	厂房
	8. 地面变(配)电所设备安装;	安装	设备安装	
	9. 地面变电所室外构架;	土建	其他	
	10. 地面变电所室外设备基础;	土建	其他	
	11. 地面变电所室外电缆沟;	土建	其他	
	12. 地面变(配)电所围墙及大门;	土建	其他	
	13. ××车间(或厂房)变(配)电室;	土建	房屋	厂房
	14. ××车间(或厂房)变(配)电设备安装;	安装	设备安装	
	15. 地面电机车充电(或变流)室;	土建	房屋	
	16. 地面电机车充电(或变流)设备安装;	安装	设备安装	

续表

项　目	单　位　工　程　名　称	单位工程分类		
		按建安工程分	按工程类别分	按工程用途分
十三、供电系统	17. 地面变电亭；	安装	设备安装	
	18. 井下动力照明线网（包括灯具）；	井下安装	安装	
	19. 井下照明设备安装；	井下安装	设备安装	
	20. 下井电缆；	井下安装	安装	
	21. ××～××场外输电线路（一条输电线路为一个单位工程）；	安装	安装	
	22. 工业场地动力照明线网（包括灯具）；	安装	安装	
	23. 风井工业场地动力照明线网（包括灯具）；	安装	安装	
	24. 井下电机车接触网架设；	井下安装	安装	
	25. 地面电机车接触网架设	安装	安装	
十四、地面运输 （一）标准轨距铁路	1. 标准轨距铁路专用线路基；	土建	其他	
	2. 标准轨距铁路专用线上部建筑；	土建	其他	
	3. 标准轨距铁路专用线桥梁；	土建	其他	
	4. 标准轨距铁路专用线隧道；	土建	其他	
	5. 标准轨距铁路专用线涵洞；	土建	其他	
	6. 标准轨距铁路站线路基；	土建	其他	
	7. 标准轨距铁路站线上部建筑；	土建	其他	
	8. 标准轨距铁路站线桥梁；	土建	其他	
	9. 标准轨距铁路站线涵洞；	土建	其他	
	10. 标准轨距铁路行车室、调度室；	土建	房屋	厂房
	11. 标准轨距铁路客货运站房；	土建	房屋	
	12. 标准轨距铁路机务人员办公室；	土建	房屋	办公室用房
	13. 标准轨距铁路搬道房；	土建	房屋	厂房
	14. 标准轨距铁路平交道及道口看守房；	土建	其他	
	15. 标准轨距铁路立交桥；	土建	其他	
	16. 标准轨距铁路站台；	土建	其他	
	17. 标准轨距铁路其他建筑（如养路工区、通讯工区等）；	土建	其他	
	18. 标准轨距铁路上煤台；	土建	其他	
	19. 标准轨距铁路水鹤；	土建	其他	
	20. 标准轨距铁路灰坑；	土建	其他	
	21. 铁路站场配电及照明；	安装	安装	
	22. 标准轨距铁路通信；	安装	安装	
	23. 标准轨距铁路信号	安装	安装	
（二）窄轨铁路	1. 窄轨铁路路基；	土建	其他	
	2. 窄轨铁路铺轨；	土建	其他	
	3. 窄轨铁路桥涵；	土建	其他	
	4. 窄轨铁路运转室；	土建	其他	厂房
	5. 窄轨铁路养路工房；	土建	房屋	
	6. 窄轨铁路道口；	土建	其他	
	7. 无极绳绞车房；	土建	房屋	厂房
	8. 无极绳绞车设备安装；	安装	设备安装	
	9. 摘挂钩及信号房；	土建	房屋	厂房
	10. 地面窄轨铁路通信及信号	安装	安装	

项 目	单 位 工 程 名 称	按建安工程分	按工程类别分	按工程用途分
		单位工程分类		
(三)公路	1. 公路（不包括工业广场部分、该部分应列入厂区道路）；	土建	其他	
	2. 公路桥涵；	土建	其他	
	3. 生产车辆	设备	设备	
(四)架空索道	1. 驱动机房；	土建	房屋	厂房
	2. 驱动机设备安装；	安装	设备安装	
	3. 装载站；	土建	房屋	厂房
	4. 装载站设备安装；	安装	设备安装	
	5. 卸载站；	土建	房屋	厂房
	6. 卸载站设备安装；	安装	设备安装	
	7. 转角站；	土建	房屋	厂房
	8. 转角站设备安装；	安装	设备安装	
	9. 锚固站；	土建	房屋	厂房
	10. 锚固站设备安装；	安装	设备安装	
	11. 张力站；	土建	房屋	厂房
	12. 张力站设备安装（包括金属构架）；	安装	设备安装	
	13. 保护桥；	土建	其他	
	14. 索道支架；	土建	其他	
	15. 金属索道支架；	土建	金属结构	
	16. 机修间；	土建	房屋	厂房
	17. 机修间设备安装；	安装	设备安装	
	18. 电控设备安装；	安装	设备安装	
	19. 索道运输信号	安装	安装	
十五、室外给排水及供热				
(一)水源及供水工程	1. 取水构筑物（如水源井、集水井、囤船、斜坡道等）；	土建	其他	
	2. 取水设备安装；	安装	设备安装	
	3. 给水净化构筑物（如反应池、沉淀池、过滤池、投药池等）；	土建	其他	
	4. 给水净化构筑物配管；	安装	安装	
	5. 水泵房（或深井泵房）；	土建	房屋	厂房
	6. 水泵房设备安装；	安装	设备安装	
	7. 水塔；	土建	其他	
	8. 水塔水位信号；	安装	安装	
	9. 贮水池；	土建	其他	
	10. 贮水池水位信号；	安装	安装	
	11. 贮水、配水管道（包括地沟及检查井）；	土建	其他	
	12. 日用消防水泵房；	土建	房屋	厂房
	13. 日用消防水泵房设备安装；	安装	设备安装	
	14. 加压水泵房；	土建	房屋	厂房
	15. 加压水泵房设备安装；	安装	设备安装	
	16. 给水净化站；	土建	房屋	厂房
	17. 给水净化站设备安装	安装	设备安装	
(二)排水系统	1. 化粪池；	土建	其他	
	2. 污水泵房；	土建	房屋	厂房
	3. 污水泵房设备安装；	安装	设备安装	

续表

项　目	单 位 工 程 名 称	单位工程分类		
		按建安工程分	按工程类别分	按工程用途分
（二）排水系统	4. 排水管道（包括地沟及检查井）；	土建	其他	
	5. 地面排水沟	土建	其他	
（三）供水系统	1. 锅炉房及烟囱（包括锅炉基础及砌体、烟囱及出灰地道）；	土建	房屋	厂房
	2. 锅炉房设备安装；	安装	设备安装	
	3. 锅炉来煤、出灰设施建筑物；	土建	其他	
	4. 锅炉来煤、出灰设备安装；	安装	设备安装	
	5. 热力网回水站；	土建	房屋	厂房
	6. 热力网回水站设备安装；	安装	设备安装	
	7. 空气加热室；	土建	房屋	厂房
	8. 空气加热室设备安装；	安装	设备安装	
	9. 热风道；	土建	其他	
	10. 供热管道（包括地沟与检查井）；	土建	其他	
	11. 热交换站；	土建	房屋	厂房
	12. 热交换站设备安装	安装	设备安装	
十六、辅助厂房及仓库	1. 机修厂；	土建	房屋	厂房
	2. 机修厂设备安装；	安装	设备安装	
	3. 坑木加工房；	土建	房屋	厂房
	4. 坑木加工设备安装；	安装	设备安装	
	5. 坑木场大龙门吊轨道；	土建	其他	
	6. 坑木场设备安装；	安装	设备安装	
	7. 坑木场围墙及大门；	土建	其他	
	8. 钢筋混凝土预制构件厂；	土建	房屋	厂房
	9. 钢筋混凝土预制构件厂设备安装；	安装	设备安装	
	10. 金属网编织间；	土建	房屋	厂房
	11. 金属网编织间设备安装；	安装	设备安装	
	12. 煤样室，销售煤样室；	土建	房屋	厂房
	13. 煤样室设备安装；	安装	设备安装	
	14. 化验室；	土建	房屋	厂房
	15. 化验室设备安装；	安装	设备安装	
	16. 地面电机车库及修理间；	土建	房屋	厂房
	17. 地面电机车库及修理间设备安装；	安装	设备安装	
	18. 地面炸药库；	土建	房屋	仓库
	19. 地面炸药雷管库场内照明线路（包括灯具）；	安装	安装	
	20. 地面雷管库；	土建	房屋	仓库
	21. 地面雷管库消防泵房；	土建	房屋	
	22. 地面炸药、雷管库哨楼及警卫室；	土建	房屋	
	23. 地面炸药、雷管库空箱棚；	土建	房屋	仓库
	24. 地面炸药、雷管库水池；	土建	其他	
	25. 地面炸药、雷管库输配水管道；	土建	其他	
	26. 地面炸药、雷管库场内道路；	土建	其他	
	27. 地面炸药、雷管库防护工程；	土建	其他	
	28. 地面炸药、雷管库围墙及大门；	土建	其他	
	29. 设备库；	土建	房屋	仓库
	30. 综采设备周转库；	土建	房屋	仓库
	31. 综采设备周转库设备安装；	安装	设备安装	

项 目	单 位 工 程 名 称	单位工程分类		
		按建安工程分	按工程类别分	按工程用途分
十六、辅助厂房及仓库	32. 综采设备备品备件库;	土建	房屋	仓库
	33. 设备棚;	土建	房屋	仓库
	34. 材料库;	土建	房屋	仓库
	35. 材料棚;	土建	房屋	仓库
	36. 地面消防器材;	土建	房屋	仓库
	37. 材料绞车房;	土建	房屋	厂房
	38. 材料绞车设备安装;	安装	设备安装	
	39. 矿井救护车库及车辆;	土建	房屋	设备
	40. 油脂库;	土建	房屋	仓库
	41. 加油设备安装;	安装	设备安装	
	42. 汽车库及车辆;	土建	房屋	
	43. 汽车修理间（包括工具库）;	土建	房屋	仓库
	44. 汽车修理间设备安装;	安装	设备安装	
	45. 汽车库停车场	土建	其他	
十七、行政福利设施	1. 办公楼;	土建	房屋	办公用房
	2. 矿灯房（包括充电室）;	土建	房屋	厂房
	3. 矿灯房设备安装;	安装	设备安装	
	4. 浴室及更衣室（包括理发室）;	土建	房屋	
	5. 太阳灯室设备安装;	安装	设备安装	
	6. 锅炉房（浴室专用，包括烟囱及烟道）;	土建	房屋	
	7. 锅炉房（浴室专用）设备安装（包括消声除尘设备）;	安装	设备安装	
	8. 洗衣机房及干燥室;	土建	房屋	生活用房
	9. 洗衣机房及干燥室设备安装;	安装	设备安装	
	10. 下井人行地道（或走廊）;	土建	其他	
	11. 任务交待室及区段办公室;	土建	房屋	办公用房
	12. 职工俱乐部;	土建	房屋	社会用房
	13. 职工俱乐部设备安装;	安装	设备安装	
	14. 井口等候室及井口急救室;	土建	房屋	
	15. 门诊所;	土建	房屋	医疗用房
	16. 医疗设备安装（包括救护车辆）;	安装	设备安装	
	17. 小卖部;	土建	房屋	社会用房
	18. 职工食堂;	土建	房屋	社会用房
	19. 班中餐食堂;	土建	房屋	社会用房
	20. 职工食堂设备安装;	安装	设备安装	
	21. 班中餐食堂设备安装;	安装	设备安装	
	22. 职工食堂菜窖（库房）;	土建	其他	社会用房
	23. 冷藏库;	土建	库房	社会用房
	24. 冷库设备安装;	安装	设备安装	社会用房
	25. 招待所;	土建	房屋	社会用房
	26. 茶炉房;	土建	房屋	
	27. 自行车房;	土建	房屋	
	28. 厕所;	土建	房屋	
	29. 门卫室;	土建	房屋	
	30. 小车库，客车库及车辆;	土建	房屋设备	
	31. 交通及通勤车候车亭	土建	其他	

续表

项目	单位工程名称	单位工程分类		
		按建安工程分	按工程类别分	按工程用途分
十八、场地设施	1. 工业场地土石方；	土建	其他	
	2. 场区道路；	土建	其他	
	3. 专用场地（不包括汽车库停车场）；	土建	其他	
	4. 工业场地防护工程（如护坡、挡土墙、防排水工程等）；	土建	其他	
	5. 工业场地其他设施（如围墙大门等）；	土建	其他	
	6. 风井工业场地土石方；	土建	其他	
	7. 风井工业场地防护工程；	土建	其他	
	8. 注砂井工业场地土石方；	土建	其他	
	9. 注砂井工业场地防护工程	土建	其他	
十九、居住区	1. 家属住宅；	土建	房屋	住房
	2. 单身宿舍；	土建	房屋	住房
	3. 居住区食堂；	土建	房屋	生活用房
	4. 中小学校；	土建	房屋	文化用房
	5. 医院门诊所；	土建	房屋	医疗用房
	6. 居民区浴室及理发室；	土建	房屋	生活用房
	7. 托儿所及幼儿园；	土建	房屋	社会用房
	8. 家属探亲房；	土建	房屋	社会用房
	9. 文化娱乐中心（包括阅览室、游艺室、茶室、舞厅、老干部活动中心等）；	土建	房屋	文化用房
	10. 职工培训中心；	土建	房屋	社会用房
	11. 粮店；	土建	房屋	社会用房
	12. 百货商店；	土建	房屋	社会用房
	13. 综合服务部；	土建	房屋	社会用房
	14. 副食品商店；	土建	房屋	社会用房
	15. 饭店小吃部；	土建	房屋	社会用房
	16. 居委会；	土建	房屋	
	17. 居住区公共厕所；	土建	房屋	
	18. 居住区土石方；	土建	其他	
	19. 居住区道路；	土建	其他	
	20. 居住区桥涵；	土建	其他	
	21. 居住区日用消防泵房；	土建	房屋	
	22. 居住区日用消防水池；	土建	其他	
	23. 居住区水泵房设备安装；	安装	设备安装	
	24. 居住区水塔、储水池；	土建	其他	
	25. 居住区水塔水位信号；	安装	安装	
	26. 居住区室外给水管道（包括地沟及检查井）；	土建	其他	
	27. 居住区室外排水管道（包括地沟及检查井）；	土建	其他	
	28. 居住区供热管道（包括地沟及检查井）；	土建	其他	
	29. 居住区锅炉房（包括烟囱及烟道）；	土建	房屋	
	30. 居住区锅炉房设备安装；	安装	设备安装	
	31. 居住区围墙及大门；	土建	其他	
	32. 居住区防护工程；	土建	其他	
	33. 居住区变电亭；	安装	设备安装	
	34. 居住区动力照明网；	安装	安装	
	35. 居住区通讯；	安装	安装	

续表

项 目	单 位 工 程 名 称	单位工程分类		
		按建安工程分	按工程类别分	按工程用途分
十九、居住区	36. 居住区室外煤气管道；	安装	安装	
	37. 居住区电视共用天线；	安装	安装	
	38. 居住区热交换站；	土建	房屋	
	39. 居住区热交换站设备安装	安装	设备安装	
二十、环境保护及"三废"处理				
（一）环境检测站	1. 环境检测站；	土建	房屋	环保
	2. 环境检测站设备安装；	安装	设备安装	环保
	3. 环境检测站围墙大门；	土建	其他	环保
	4. 环境检测站道路	土建	其他	环保
（二）消声（烟）除尘	1. ××车间消声除尘设备安装；	安装	设备安装	环保
	2. 锅炉房消声（烟）除尘设备安装	安装	设备安装	环保
（三）污水（矿井水）处理站	1. 污水（矿井水）处理泵房及构筑物；	土建	房屋	环保
	2. 污水（矿井水）处理泵设备安装；	安装	设备安装	环保
	3. 污水（矿井水）处理化验室；	土建	房屋	环保
	4. 污水（矿井水）处理设备安装；	安装	设备安装	环保
	5. 污水（矿井水）处理加药间；	土建	房屋	环保
	6. 污水（矿井水）处理加药间设备安装；	安装	设备安装	环保
	7. 污水（矿井水）处理站内管路；	土建	安装	环保
	8. 污水（矿井水）处理站围墙大门；	土建	其他	环保
	9. 污水（矿井水）处理站道路；	土建	其他	环保
	10. 污水（矿井水）处理站厕所；	土建	房屋	环保
	11. 居住区污水处理构筑物	土建	其他	环保
（四）场外排污工程	1. 排污沟；	土建	其他	环保
	2. 排污管道	安装	安装	环保
（五）固体废弃物处理工程	1. 固体废弃物处理站构筑物；	土建	其他	环保
	2. 固体废弃物处理站设备安装；	安装	设备安装	环保
	3. 矸石灭火设备安装；	安装	设备安装	环保
	4. 矸石灭火输水管路；	安装	安装	环保
	5. 矸石灭火构筑物	土建	其他	环保

注：施工准备工程，编制概算按指标执行，预算按有关定额以单位工程编制。

四、矿井建设项目工程造价费用构成

矿井建设项目工程造价，由建筑安装工程费（包括矿建工程、土建工程、安装工程）、设备及工器具购置费、工程建设其他费用、预备费、建设期间贷款利息组成，详见构成图1（图10—1—1）。图中工程建设其他费用中的生产工器具及生产家具购置费从费用性质看属于设备工器具购置费，在概（估）算中亦可归于设备工器具购置费中。

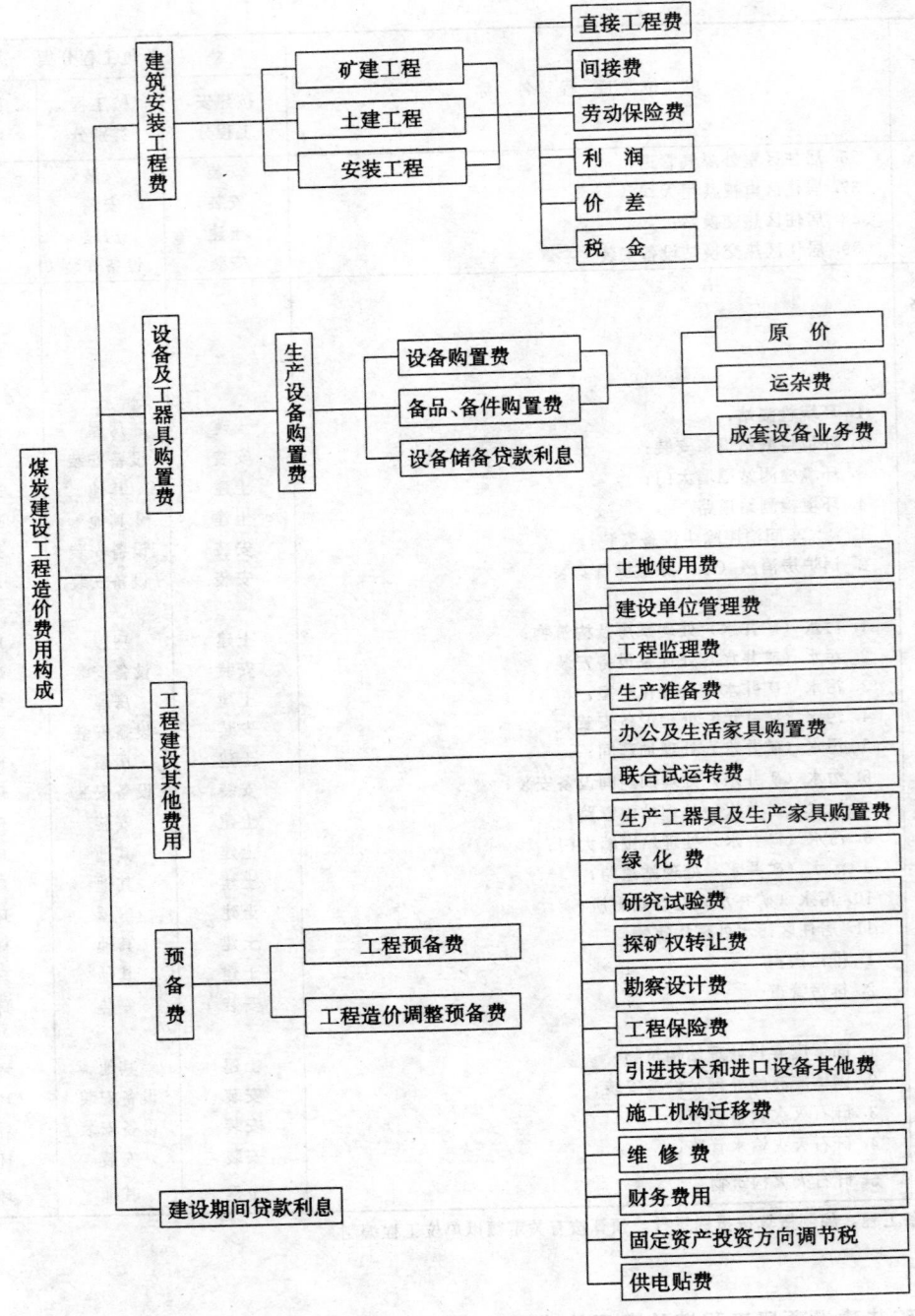

图 10—1—1　构成图 1

五、建筑安装工程费用构成

建筑安装工程费由直接工程费、间接费、劳动保险费利润、差价和税金组成，详见构成图 2（图 10—1—2）。

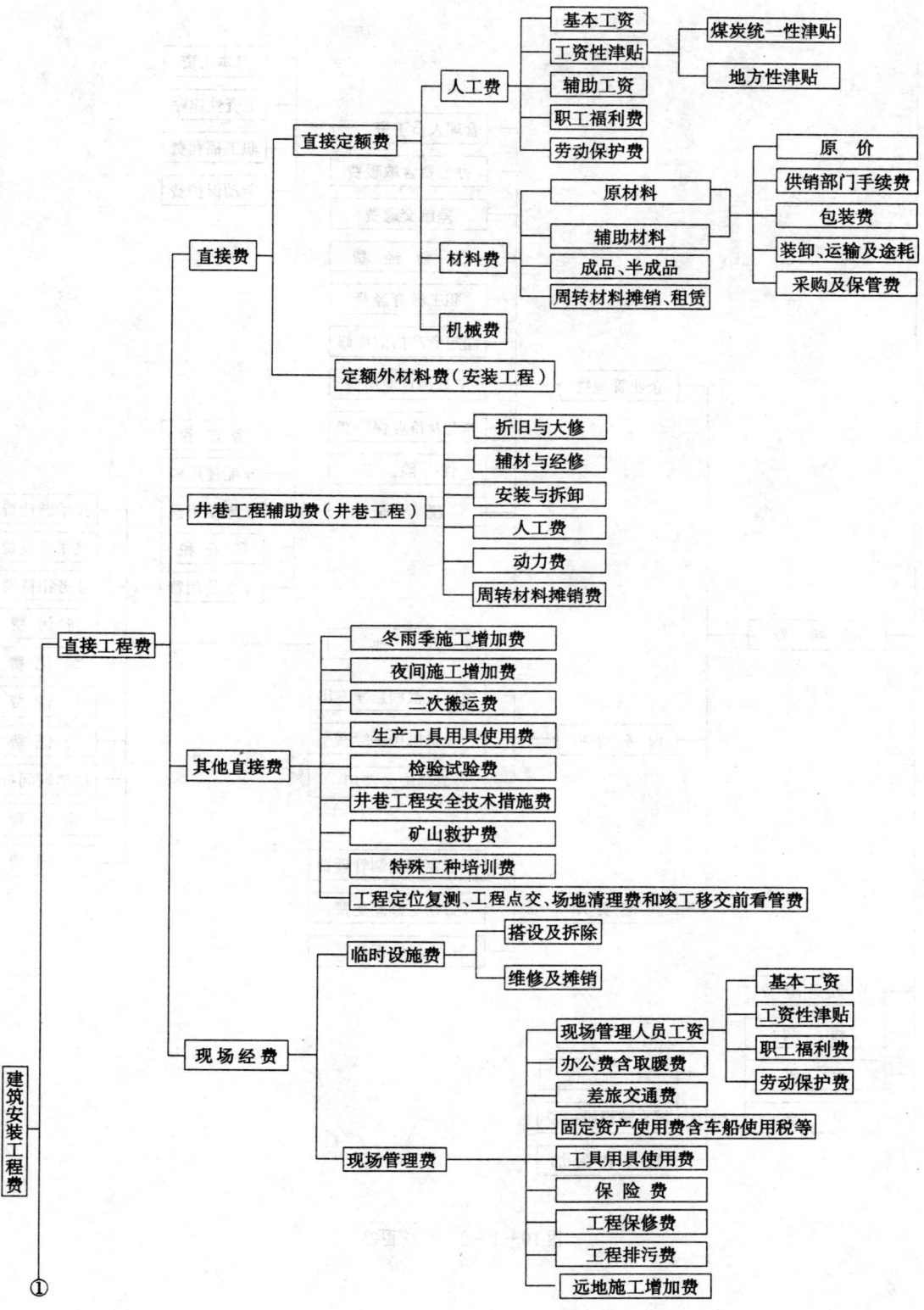

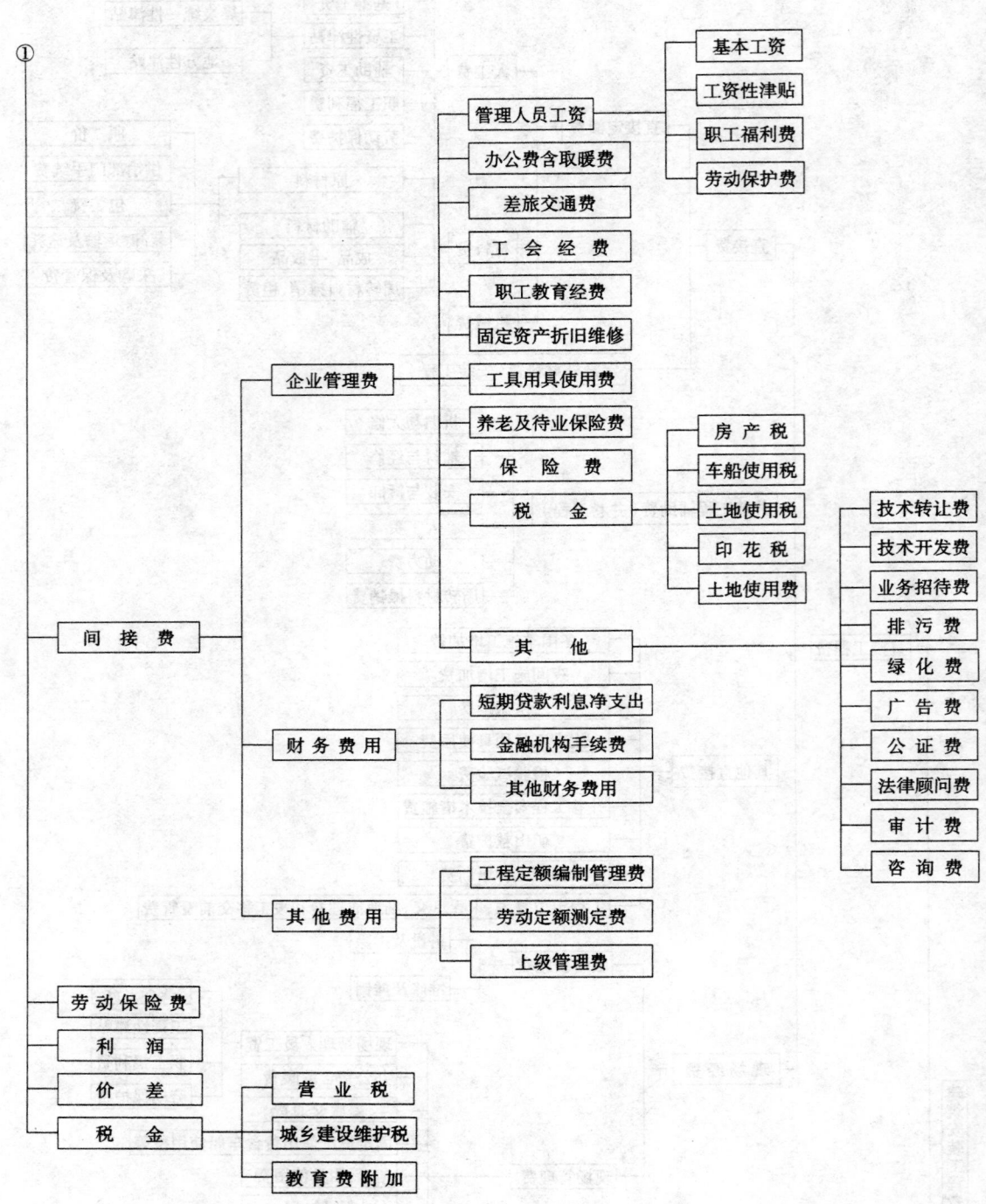

图10—1—2 构成图2

第二节 投 资 估 算

一、投资估算的作用

投资估算是可行性研究报告的重要组成部分。单项工程投资估算是项目决策的重要依据之一。可行性研究报告一经批准，估算应作为工程造价的最高限额（按可比价格计算），不得任意突破。遇有国家重大的技术经济政策变化时，建设部门应及时调整估算，并报原审批部门批准。

二、投资估算的依据

（1）建设项目（矿区总体）、单项工程（矿井、露天矿、选煤厂及其他单项工程）的设计文件及附图。

（2）煤炭行业及其他有关部门的现行估算指标。

（3）煤炭行业的现行概算指标；《煤炭建设工程费用定额》等有关规定。

（4）其他有关资料。

三、投资估算方法

建设项目及单项工程投资估算方法一般有以下三种：扩大指标估算法，估算指标估算法及概算指标估算法。

1. 扩 大 指 标 估 算 法

选用类似项目单位生产能力的实际投资指标和建设项目概算投资指标估算。如矿井、选煤厂按每吨煤设计能力的投资指标，铁路按每公里投资指标，自备电厂按每千瓦发电能力投资指标等。计算公式为：

$$I_2 = X_2 \left(\frac{I_1}{X_1} \right)$$

式中　X_1——类似项目生产能力；

　　　X_2——拟建项目设计生产能力；

　　　I_1——类似项目投资额；

　　　I_2——拟建项目投资额。

用这种方法估算要注意拟建项目的生产能力、主要技术条件、地域等方面与类似项目的可比性，并应根据影响投资条件的不同与投资计算年度的不同，估算时予以调整。

2. 估 算 指 标 估 算 法

参照煤炭行业及有关专业部门颁发的现行投资估算指标进行估算，或参考类似工程实际造价指标进行估算。

3. 概 算 指 标 估 算 法

参照煤炭行业现行的概算指标以及现行的取费标准估算，不足部分参照有关部门颁发的概算指标及取费标准估算。

当采用后两种估算方法进行估算时，对于矿、土、安三类工程及设备购置费用，可以依估算（概算）指标估算出所有工程环节的投资及全部设备费用；亦可先估算出矿、土、安工程主要环节投资及主要设备购置费用，再参照类似矿井（项目）投资比例，估算出其他环节的投资。矿井工程投资比例可参考本章附录 10—1—8 附 4 及表 10—1—8 附 5。

实际工作中，在项目建议书及矿区总体可行性研究设计中，多采用第一种估算方法，在矿井等单项工程可行性研究设计中，多采用后两种估算方法。

四、估算书的组成

1. 建设项目（矿区总体）估算书

由下述内容组成：

(1) 封面；

(2) 编制说明：包括投资范围、编制依据、总投资构成及投资分析；

(3) 总估算表；

(4) 总投资逐年分配表；

(5) 单项工程投资估算表；

(6) 单项工程投资及投资逐年分配表；

建设项目估算表格式详见表 10—1—2。

2. 单项工程估算书

由下述内容组成：

(1) 封面；

(2) 编制说明：包括投资范围、编制依据、总投资构成及投资分析；

(3) 矿井总估算表（表 10—1—3）；

(4) 单位工程估算表（参考有关概算表格）；

(5) 工程建设其他费用估算表（参考有关概算表格）；

(6) 估算书附件；

(7) 其他有关基础资料。

表 10－1－2　估　算　表　格　式

×× 省（自治区）　　×× 矿区（矿务局）

估　算　书

设计能力　　　Mt/a

工程编号

×× 煤炭设计研究院

二〇　　年　月　日

表 10－1－2 估 1 矿 区 总 估 算 表 万元

顺序	项 目 名 称	矿建工程	土建工程	设备及工器具购置	安装工程	其他费用	合计	吨煤投资（元/t）	投资比重
1	2	3	4	5	6	7	8	9	10
	矿 井								
	露天矿								
	选煤厂								
	辅助企业及附属企业								
	矿区行政、文教及医疗设施								
	矿区运输								
	矿区供电及通讯								
	矿区给水排水								
	环 保								
	基价总投资								

表 10－1－2 估 2 矿 区 总 投 资 逐 年 分 配 表 万元

顺序	项 目 名 称	总投资	投 资 逐 年 分 配									
			年	年	年	年	年	年	年	年	年	年
	矿 井											
	露天矿											
	选煤厂											
	辅助企业及附属企业											
	矿区行政、文教及医疗设施											
	矿区运输											
	矿区供电及通讯											
	矿区给水排水											
	环 保											
	基价总投资											

1. 本表由估表四各单项工程合计汇入。

2. 吨煤投资＝总投资（元）/矿区年设计生产能力（t）。

表 10-1-2估3　单项工程投资估算表

顺序	项目名称	设计能力或工程量	开拓方式或技术特征	总投资（万元）						单位投资（元）
				矿建工程	土建工程	设备及工器具购置	安装工程	其他费用	合计	
一	矿井									
	……									
	……									
	合　计									
二	露天矿									
	……									
	……									
	合　计									
三	选煤厂									
	……									
	……									
	合　计									
四	辅助企业与附属企业									
	……									
	……									
	合　计									
五	矿区行政、文教及医疗设计									
	……									
	合　计									
六	矿区运输									
	……									
	合　计									
七	矿区供电和通讯									
	……									
	合　计									
八	矿区给水、排水									
	……									
	合　计									
九	环保									
	……									
	合　计									

注：基本预备费、摊入各类工程和费用中。

表 10-1-2估 4　单项工程投资及投资逐年分配表　　　　万元

顺序	单项工程名称	总投资	投 资 逐 年 分 配									
			年	年	年	年	年	年	年	年	年	年
	项目排列顺序同估表三											

表 10—1—3 估 算 表 格 式

××省（自治区）××矿区（矿务局）××××工程

估 算 书

设计能力 Mt/a

工程编号

××煤炭设计研究院

二〇 年 月 日

表 10—1—3 矿 井 总 估 算 表　　　　　　　万元

生产环节或费用名称	估 算 价 值						吨煤投资（元/t）	占总投资比重（%）
	矿建工程	土建工程	设备及工器具购置	安装工程	其他费用	合计		
1. 施工准备工程								
2. 井 筒								
3. 井底车场巷道及硐室								
4. 主要运输道及回风道								
5. 采 区								
6. 提升系统								
7. 排水系统								
8. 通风系统								
9. 压风系统								
10. 地面生产系统								
11. 安全技术及监控系统								
12. 通讯调度及计算中心								
13. 供电系统								
14. 地面运输								
15. 室外给排水及供热								
16. 辅助厂房及仓库								
17. 行政福利设施								
18. 厂区设施								
19. 居住区								
20. 环境保护及三废处理								
21. 工程建设其他费用								
计								
22. 工程预备费								
合计								
23. 价差预备费								
总计								
24. 建设投资贷款利息								
建设项目总造价								
吨煤投资（元/t）								
占总投资比重（%）								
25. 铺底流动资金								
建设项目总资金								

注：施工准备工程内容包括：1. 井筒预注浆工程；2. 冻结工程；3. 四通一平工程；4. 凿井措施工程

第三节 设 计 概 算

一、概算的作用

设计概算是单项工程初步设计文件的重要组成部分,经批准后,是确定单项工程造价、编制基本建设计划、控制施工图预算、签订单项工程承包合同和贷款合同的依据,是工程招标制定标底的基础和考核设计经济合理性的尺度。

二、编制依据

(1) 单项工程初步设计说明书及附图、设备器材清册。

(2) 概算指标:井巷工程、土建工程、安装工程及其他费用执行煤炭行业现行的概算指标,铁路工程、公路工程执行铁道部、交通部现行的概算指标。

(3) 设备价格:以厂价为主,不足部分采用煤炭行业或建设部现行价格本价格。

(4) 材料预算价格:执行各省、市、自治区现行材料预算价格。不足部分执行煤炭行业统一材料预算价格或矿区材料预算价格。

(5) 动力预算价格:执行煤炭系统现行的《煤炭建设工程风、水、电预算价格计算办法》。

(6) 人工费、其他直接费、现场经费、间接费、利润、税金、价差的计算办法及设备、材料运杂费等,执行煤炭行业现行的《煤炭建设工程费用定额》。

(7) 矿井单位工程名称及划分按《矿井建设单位工程统一名称表》(见表10—1—1)。

三、编制方法

(一)接受任务后首先了解设计意图,查阅有关文件,如可行性研究报告、矿区总体设计及审批意见书、设计规范及有关技术政策。

(二)了解土地征用有关资料,当地建筑材料供应情况及材料价格,当地民用建筑造价指标,收集编制概算基础资料的有关资料,并签定概算基础资料有关协议。

(三)编制概算基础资料,其内容包括:

1) 工资单价

2) 其他直接费费率

3) 现场经费费率

4) 间接费费率

5) 利润、劳动保险费费率

6) 大型土石方工程费率

7) 公路工程费率

8) 铁路工程费率

9) 井巷、土建、安装工程地区差价调整系数

(四)编制单位工程概算

以单位工程为概算编制单位,按矿建工程、土建工程、设备及工器具购置费、安装工程

分类，分别按生产环节汇总。

1. 矿、土、安三类工程单位工程概算费用

矿、土、安三类工程单位工程概算费用由直接工程费、间接费、劳动保险费、利润、价差和税金组成。其中直接定额费根据设计工程量和技术特征套用统一基价概算指标计算，价差根据直接定额费和辅助费与地区差价调整系数计取，其他直接费、现场经费、间接费、利润、劳动保险费、税金则根据现行《煤炭建设工程费用定额》，按概算基础资料取定的费率计取。

(1) 井巷工程概算：井下临时工程视同永久工程列入概算，设计应提出临时巷道和硐室的工程量。采用表 10—1—6 概 2 编制。

(2) 土建工程概算：包括地面建筑、地面运输、大型土石方及各种构筑物，用表 10—1—6 概 4 编制。

(3) 设备及安装工程概算：包括全部需要安装和不需要安装的机械电气设备、运输设备和非标准设备的购置（制作）费等，以及需要安装的设备、管线路等安装工程的安装费，用表 10—1—6 概 5 编制。

使用库存设备或调用其他企业属于固定资产的设备，均应计算其设备价值。

(4) 煤炭建设施工准备工程费：指建设项目开工前修建为施工服务的临时工程，主要包括：四通一平工程费和凿井措施工程费，执行《煤炭建设施工准备工程概算指标》。

2. 设备及工器具购置费

设备及工器具购置费指生产设备、备品备件、进口及大型、特殊施工设备的购置费，内容包括设备原价、设备运杂费、成套设备业务费及设备储备贷款利息。

(1) 设备原价：指设备供货地点的出库价格。概算一般用厂价。进口设备原价按各进口公司规定的进口设备价格或国外承制厂报价计算。

(2) 设备运杂费：指设备采购、运输（从设备供货地至项目所在地工地仓库）装卸、保管费。其计算标准按设备原价的 6% 计算。进口设备国内运杂费按到岸价的 3% 计算。安装工程定额外材料运杂费按材料原价的 8% 计算。

(3) 成套设备业务费：指按设计所列设备成套供应，承包方向发包方收取的业务费，其计算标准：通用设备按设备价值的 1% 计算，综采和煤炭专用设备按设备价值的 0.5% 计算。

(4) 备品备件购置费：指煤炭建设项目在竣工验收前的建设阶段，为生产所准备的备品备件及专用材料的购置费用。其计算标准按设备价值的 1% 计算。当设备清册列出备品备件的明细项目时，需按备品备件各自的原价计算，不再按上述标准另外计算。

(5) 设备储备贷款利息：指为满足大型设备的合理储备，保证储备资金的正常供应，由建设单位向银行申请储备贷款而支付的利息。

$$\begin{matrix}设备储备\\贷款利息\end{matrix} = \begin{matrix}设备\\价值\end{matrix} \times 0.4 \times \begin{matrix}国家规定的\\贷款利率\end{matrix} \times \begin{matrix}贷款\\期限\end{matrix}$$

贷款期限：

矿井：年生产能力   <0.90Mt   6 个月

                     <2.40Mt   9 个月

                     >2.40Mt   12 个月

选煤厂   9 个月

其他单项工程：   6 个月

（6）引进设备价格换算：引进设备价格一般由货价（FOB），海运费，保险费，外贸手续费，银行财务费，关税，增值税构成。

①综合常数。

海运费、运输保险费、外贸手续费、银行财务费可参考中国机械进出口总公司人民币常数表中的常数计算（详见中机（91）字第 1405 号文《中国机械进出口公司关于调整运保费的通知》所发布的常数表），如表 10—1—4。

表 10—1—4　中国机械进出口总公司进口商品海运运费（远洋）常数表

1991 年 7 月 10 日起实行　　　　　　　　年　　月　　日

| 费用定额类别＼商品类别＼价格条件及运输方式 | FOB 海运 | | | | 其他机械 | FOB 空、邮运 | CIF 价 |
	矿山、石油、钻井设备、拖拉机、土建设备	铁路车辆	汽车、起重挖掘机械	其他农业机械			
货　价	1.00	1.10	1.00	1.00	1.00	1.00	1.00
运　费	0.088		0.132	0.154	0.055	按实计收	
保险费	0.002924		0.002924	0.002924	0.002924	0.0053	
公司 1.5% 手续费（CIF 价计）	0.016364		0.017024	0.017354	0.015869		0.015
银行财务费	0.004		0.004	0.004	0.004	0.004	0.004
结算常数合计	1.111288		1.155948	1.178278	1.077793		1.019

②税金：包括关税和增值税。

关税：进口货物以海关审定的成交价格为基础的到岸价格作为完税价格。到岸价格包括货价，加上货物运抵中华人民共和国境内输入地点起卸前的包装费、运费、保险费和其他劳务费等费用。

$$进口关税税额＝到岸价格×进口关税税率$$

$$增值税税率＝（到岸价格＋进口关税税额）×增值税税率$$

"进口关税与进口环节代征税（增值税）计税常数表"见表 10—1—5。

常数表使用方法：本表适用于只征关税与增值税，但不征消费税的进口货物。应先确定此类货物的关税税率和增值税税率，然后在表内找出这两个税率交叉栏内的常数；用进口货物的到岸价格乘以该常数，所得之积即为应纳税款总额（进口关税及增值税额之和）。

（五）工程建设其他费用概算

按照现行《煤炭工程建设其他费用指标》，用表 10—1—6 概 6 编制。

（六）预备费

由工程预备费和工程造价调整预备费组成。

1. 工程预备费计算标准

投资估算：新建矿井 13%；改扩建矿井 10%。

表 10-1-5 进口关税与进口环节代征税（增值税）计税常数表

关税（%）	增值税税率（%）		关税（%）	增值税税率（%）		关税（%）	增值税税率（%）	
	13	17		13	17		13	17
0	0.1300	0.1700	17	0.3221	0.3689	57	0.7741	0.8369
1	0.1413	0.1817	18	0.3334	0.3806	60	0.8080	0.8720
1.5	0.1470	0.1876	19	0.3447	0.3923	63	0.8419	0.9071
2	0.1526	0.1934	20	0.3560	0.4040	65	0.8645	0.9305
3	0.1639	0.2051	21	0.3673	0.4157	70	0.9210	0.9890
4	0.1752	0.2168	22	0.3786	0.4274	75	0.9775	1.0475
5	0.1865	0.2285	23	0.3899	0.4391	80	1.0340	1.1060
5.5	0.1922	0.2344	25	0.4125	0.4625	85	1.0905	1.1645
5.8	0.1955	0.2379	26	0.4238	0.4742	90	1.1470	1.2230
6	0.1978	0.2402	28	0.4464	0.4976	91.2	1.1606	1.2370
7	0.2091	0.2519	29	0.4577	0.5093	100	1.2600	1.3400
7.5	0.2148	0.2578	30	0.4690	0.5210	110	1.3730	1.4570
8	0.2204	0.2636	32	0.4916	0.5444	114	1.4182	1.5038
9	0.2317	0.2753	35	0.5255	0.5795	120	1.4860	1.5740
9.7	0.2396	0.2835	36	0.5368	0.5912	121.6	1.5041	1.5927
10	0.2430	0.2870	38	0.5594	0.6146	130	1.5990	1.6910
11	0.2543	0.2987	40	0.5820	0.6380	150	1.8250	1.9250
12	0.2656	0.3104	42	0.6046	0.6614	160	1.9380	2.0420
12.5	0.2713	0.3163	45	0.6385	0.6965	170	2.0510	2.1590
13	0.2769	0.3221	48	0.6724	0.7316	180	2.1640	2.2760
14	0.2882	0.3338	50	0.6950	0.7550	190	2.2770	2.3930
15	0.2995	0.3455	52	0.7176	0.7784	230	2.7290	2.8610
16	0.3108	0.3572	55	0.7515	0.8135	270	3.1810	3.3290

注：常数＝进口关税率＋增值税率＋进口关税率×增值税率。

——摘自《海关进出口关税与代征税对照使用手册》海关总署关税司编印 1996 年版。

初步设计概算：新建矿井 10%；改扩建矿井 7%。

计算基数：建筑安装工程费、设备及工器具购置费、工程建设其他费用之和。

2. 工程造价调整预备费计算标准

计算公式：
$$P_c = \sum_{t=1}^{n} C_t \left[(1+e)^{(t-1)} - 1 \right]$$

式中 P_c——工程造价调整预备费；

C_t——计算期第 t 年的建筑安装工程费用、设备及工器具购置费、工程建设其他费用、工程预备费；

e——价格指数。根据国家计委发布的指数执行；

n——计算期年数，以概算编制年份为基期，计算至项目建成的年份；

t——计算第 t 年（以编制概算年度为计算期第一年）。

（七）建设期间投资贷款利息

按建设期分年度投资贷款额及有关银行、金融机构及部门规定的固定资产投资贷款利率计算建设期利息，以复利计算。

每年应计利息的计算公式为：

$$项目投产前各年建设期利息 = \left(年初借款本息累计 + \frac{本年借款额}{2}\right) \times 年利率$$

$$项目投产后各年建设期利息 = \left(\frac{本年借款额}{2}\right) \times 年利率$$

依据煤规字（1996）第 501 号文，建设期间投资贷款利息为项目投产前各年借款利息和项目投产后各年建设投资当年借款利息之和。

固定资产投资贷款利率执行有关银行、金融机构及相关部门的规定。

四、概算书的组成及表格

（1）封面、编制人员名单

（2）编制说明：应包括以下内容：①概况；②投资范围；③编制依据；④总投资及构成表；⑤投资分析；⑥其他需说明的问题

（3）矿井总概算（表 10—1—6 概 1）。

（4）单位工程概算

①井巷工程概算表（表 10—1—6 概 2）

②特殊凿井工程概算表（表 10—1—6 概 3）

③土建工程概算表（表 10—1—6 概 4）

④设备及安装工程概算表（表 10—1—6 概 5）

（5）工程建设其他费用概算表（表 10—1—6 概 6）

（6）工程造价调整预备费概算表（表 10—1—6 概 7）

（7）概算书附件：

①概算基础资料；

②补充概算指标编制基础；

③概算基础资料协议书；

④其他有关资料。

概算表格式详见表 10—1—6。

表 10-1-6 概 算 表 格 式

$\times\times$省（自治区）$\times\times$矿区（矿务局）　$\times\times\times\times$工程　初步、设计

概　算　书

设计能力　　Mt/a

工程编号

$\times\times$煤炭设计研究院

二〇　　年　月　日

概 算 编 制 人 员 名 单

顺序	姓 名	专 业	职 称	资格证章	职 责	备 注

表 10-1-6概 1　矿井总概算表　　　　　　　　　　　　　　万元

生产环节或费用名称	概算价值						吨煤投资（元/t）	占总投资比重（%）
	矿建工程	土建工程	设备及工器具购置	安装工程	其他费用	合计		
1. 施工准备工程								
2. 井筒								
3. 井底车场巷道及硐室								
4. 主要运输道及回风道								
5. 采区								
6. 提升系统								
7. 排水系统								
8. 通风系统								
9. 压风系统								
10. 地面生产系统								
11. 安全技术及监控系统								
12. 通讯调度及计算中心								
13. 供电系统								
14. 地面运输								
15. 室外给排水及供热								
16. 辅助厂房及仓库								
17. 行政福利设施								
18. 厂区设施								
19. 居住区								
20. 环境保护及三废处理								
21. 工程建设其他费用								
计								
22. 工程预备费								
合计								
23. 价差预备费								
总计								
24. 建设投资贷款利息								
建设项目总造价								
吨煤投资（元/t）								
占总投资比重（%）								
25. 铺底流动资金								
建设项目总资金								

注：施工准备工程内容包括：1. 井筒预注浆工程；2. 冻结工程；3. 四通一平工程；4. 凿井措施工程

表 10-1-6 概 2　井巷工程概算表

元

序号	单位工程名称及简要说明	单位	数量	统一基价				基价概算价值				地区差价		概算价值	经济指标
				直接定额费		辅助费		直接定额费	辅助费	综合取费	合计	直接定额费	辅助费		
				编号	单价	编号	单价								
1	2	3	4	5	6	7	8	9	10	11	12	13	14	15	16

填表说明：

(1) 单位工程名称按统一工程名称表填写

(2) 直接定额费、辅助费编号、单价按概算定额填写

(3) 9 栏＝4 栏×6 栏

(4) 10 栏＝4 栏×8 栏

(5) 11 栏＝（9 栏＋10 栏）×综合取费费率

(6) 12 栏＝9 栏＋10 栏＋11 栏

(7) 13 栏＝9 栏×（造价信息公布调整系统－1）×（1＋劳动保险费率）×（1＋定编费率）×（1＋税率）

(8) 14 栏＝10 栏×（造价信息公布调整系统－1）×（1＋劳动保险费率）×（1＋定编费率）×（1＋税率）

(9) 15 栏＝12 栏＋13 栏＋14 栏

(10) 16 栏＝15 栏÷4 栏

注：1. 综合费率＝（1＋其他直接费率＋现场经费率）×（1＋间接费率）×（1＋劳动保险费率）×（1＋利润率）×（1＋税率）－1

2. 劳动保险费按项目所在地和行业规定计算

表 10-1-6 概 3　特殊凿井工程概算表

元

序号	单位工程名称及简要说明	单位	数量	统一基价			基价概算价格					地区差价	概算价值	经济指标
				编号	单价		直接定额费		综合取费		合计			
					金额	其中工资	金额	其中工资	按人工取费	按税前造价取费				
1	2	3	4	5	6	7	8	9	10	11	12	13	14	15

填表说明：

(1) 单位工程名称，统一基价编号，单价填写要求同概表 2

(2) 8 栏＝4 栏×6 栏

(3) 9 栏＝4 栏×7 栏

(4) 10 栏＝9 栏×人工工资综合取费率

(5) 11 栏＝（8 栏＋10 栏）×税率

(6) 12 栏＝8 栏＋10 栏＋11 栏

(7) 13 栏＝8 栏×（综合消耗价差调整系数－1）×（1＋定编费率）×（1＋税率）

(8) 14 栏＝12 栏＋13 栏

(9) 15 栏＝14 栏÷井筒全深

注：1. 按人工取费综合费率＝其他直接费率＋现场经费率＋间接费率＋利润率

2. 第 10、11、13 栏应视项目所在地和行业劳动保险费规定综合和计算

表 10-1-6概4　土建工程概算表   元

序号	单位工程名称及简要说明	单位	数量	统一基价		基价概算价值			地区差价	概算价值	经济指标
				编号	单价	直接定额费	综合取费	合计			
1	2	3	4	5	6	7	8	9	10	11	12
	填表说明：										
	(1) 单位工程名称，统一基价编号、单价填写要求同概表2										
	(2) 7栏=4栏×6栏										
	(3) 8栏=7栏×综合取费率										
	(4) 9栏=7栏+8栏										
	(5) 10栏=7栏×(造价信息公布调整系数-1)×(1+劳动保险费率)×(1+定编费)										
	(6) 11栏=9栏+10栏										
	(7) 12栏=11栏÷4栏										

表 10-1-6概5　设备及安装工程概算表   元

序号	设备及安装工程名称	型号及规格	单位	数量	单　　　价					总　　　价			
					指标编号	设备	主要材料	安装		设备	主要材料	安装	
								计	其中：工资			计	其中：工资
1	2	3	4	5	6	7	8	9	10	11	12	13	14

填表说明：1. 单价各栏取小数两位；
　　　　　2. 总价各栏取整数。

表 10－1－6 概 6　工程建设其他费用概算表　　　　　元

顺序	指标编号	工程和费用名称	计 算 基 础	单位	数量	单价	总价

表 10－1－6 概 7　工程造价调整预备费概算表

基期价格　　　年　　　　　　　　　　　　　　　万元

年序	总 投 资		年度投资	工程造价调整预备费	备 注
	起止年度	价格系数（%）			
1	199 年				
2					
3					
4					
5					
6					
7					
8					
9					
10					
11					
12					
13					
14					
合 计					

第四节　施工图预算

一、施工图预算的作用

施工图预算是施工图设计文件的重要组成部分，经会审批准的预算是确定工程造价，编制和调整年度基本建设计划、统计工程进度，签订承发包工程合同，拨付工程价款，办理工程结算、考核工程成本和施工企业备工备料的依据，也是工程招标编制标底的基础和衡量设计经济合理性的尺度。

二、编制依据

（1）批准的初步设计及概算书。

（2）施工图及说明。

（3）批准的施工组织设计或施工技术措施。

（4）单位工程统一名称表。

（5）现行的《煤炭建设工程费用定额》。

（6）煤炭行业颁发的各类工程现行预算定额。

不足部分执行《全国统一安装工程预算定额》及各省、自治区现行价目表。

其他专业工程：铁路、公路、通讯、110kV 输变电工程等，执行有关专业部门现行预算定额及取费标准。

三、编制方法

根据煤炭工业基本建设预算工作经验，施工图预算的编制方法有以下两种：

（一）实物法

按这种方法编制施工图预算，首先，按照施工图纸计算各分部、分项工程的工程量，然后根据相应的预算定额，分别计算出分部、分项工程的人工、材料和机械台班的消耗量，并按单位工程加以汇总，得到完成该单位工程所需人工、材料、机械台班的总耗用量，再各自乘以相应的工资、材料和机械台班单价，其和即为该单位工程的直接定额费。

（二）单位估价法

在编制施工图预算前，先根据预算定额与地区人工工资单价、材料预算价格和施工机械台班单价编制地区单位估价表。采用单位估价法编制预算时，计算直接定额费可采用以下步骤：

（1）根据预算定额和施工图纸划分分部、分项工程。

（2）根据施工图纸及工程量计算规则，计算各分项工程的工程量。

（3）按照分项工程的技术特征及预算定额的工程内容，选用相应的定额子目。

（4）按照各分项工程的工程量和相应的定额单价计算直接定额费。

$$直接定额费＝\Sigma 分项工程工程量×定额单价$$

目前煤炭工业部门采用的施工图预算编制方法为：按单位估价法计算工程造价又按实物法计算人工、材料及施工机械台班数量（施工图预算书要求附工、料、机分析表），以满足备料、经济核算及结算时调整价差的需要。

编制预算时，如果遇到预算定额缺项，设计单位可根据施工图纸，施工技术规范及劳动定额等资料编制补充定额，并随同预算一并发送，同时，报煤炭工程造价管理部门履行补充定额审批手续。

预算技术经济指标所用的计量单位必须与单位工程概算表计量单位一致。

四、预算书的组成

(1) 施工图预算书封面；

(2) 编制说明；

(3) 单位工程造价及消耗量分析表（表10－1－7预1）；

(4) 单位工程预算总表（表10－1－7预2）；

(5) 建筑安装工程预算表（表10－1－7预3）；

(6) 定额外材料预算表（表10－1－7预4）；

(7) 工程量计算表（表10－1－7预5）；

(8) 补充定额及基价表（表10－1－7预6）；

(9) 人工及主要材料消耗量汇总和地区差价计算表（表10－1－7预7）；

(10) 第一类费用计算表（表10－1－7预8）；

(11) 辅助工工资计算表（表10－1－7预9）；

(12) 动力及燃料费计算表（表10－1－7预10）。

预算表格式详见表10－1－7。

表 10-1-7　预　算　表　格　式

施 工 图 预 算 书

_____工程

经济处室负责人：（签章）　　　审核人：（资格证章）

项目负责人：（签章）　　　　　编制人：（资格证章）

××煤炭设计研究院

××工程造价咨询中心（公司）

年　月　日

填写说明：施工图预算书上方需填写省（自治区）名及单项工程名称

表 10—1—7预 1 单位工程造价及消耗量分析表

顺序	项 目 名 称	单位	消耗量	顺序	项 目 名 称	单位	消耗量
	填表说明（实例）				三、每 1000m² 主要工程量		
	一、技术特征				毛石基础		
	结构形式				毛石混凝土基础		
	跨　度				砖外墙		
	檐　高				钢筋混凝土圈梁及过梁		
	基础构造				钢筋混凝土肋形屋面板		
	基础深度				木　门		
	墙身构造				钢　窗		
	屋　盖				混凝土地坪		
	屋　面				屋　面		
	地　坪						
	门　窗				四、每 1000m² 工料消耗		
					人　工		
	二、每 m² 指标				钢　筋		
	1. 综合指标				原　木		
	2. 分项指标				水　泥		
	（1）土　建				红（青）砖		
	一砖半墙有保温双层窗				石　灰		
	一砖半墙有保温单层窗				砂　子		
	（2）照　明				碎（砾）石		
					毛　石		

注：1. 本表要求将单位工程的主要技术特征、每 m² 指标、每 1000m² 主要工程量、工料消耗等名称、品种，尽量齐全。实际操作时如一张不够，可编二张或三张表格。

2. 本表以土建工程为例、井巷、安装工程则按本工程具体情况，设置技术特征、指标等项目名称。

表 10-1-7 预 2 单位工程预算总表

费用项目名称	计算基础	金额（元）	编制说明
（一）直接工程费			
1. 直接费			
（1）直接定额费			
①人工费			
②材料费			
③机械费			
（2）安装工程定额外材料费			
2. 井巷工程辅助费			
3. 其他直接费			
4. 现场经费			
（1）临时设施费			
（2）现场管理费			
（二）间接费			
1. 企业管理费			
2. 财务费用			
3. 其他费用			
（三）劳动保险费			
（四）利润			
（五）地区差价			
（六）税金			
（七）工程造价			
工程数量			
技术经济指标			

表 10-1-7预3-1　建筑安装工程预算表　　　　　　　　　　　　元

定额编号	分部分项名称	单位	数量	单　价（基　价）				总　价			
				人工费	材料费	机械费	合计	人工费	材料费	机械费	合计

表 10-1-7 预 3-2　建筑安装工程预算表　　　　　　　　　　　　元

定额编号															本页小计
分部、分项工程名称															
工程数量及单位															
预算定额	项　　目		单价	金额	单价	金额	单价	金额	单价	金额	单价	金额	单价	金额	金　额
	价　　值														
	其中	人工费													
		材料费													
人工、材料消耗	工料名称	单位	定额	数量	定额	数量	定额	数量	定额	数量	定额	数量	定额	数量	数　量

表 10-1-7 预 4　安装工程定额外材料预算表

元

序号	价格依据	材料名称	型号及规格	单位	数量	单 价（元）			合　计
						单价	运杂费	小计	

表 10-1-7预 5 工 程 量 计 算 表

序 号	分部分项工程名称	单位	工程量	计 算 公 式

表 10-1-7预 6 补充定额及基价表   元

定额基价编号																
名称或特征																
单位及数量																
序号	项 目	单位	单价	定额	金额	定额	金额	定额	金额	定额	金额	定额	金额	定额	金额
	综 合 工 日	工日													

表 10－1－7 预 7　人工及主要材料消耗量汇总和地区差价计算表 〔元〕

序号	工 料 名 称	规格型号	单位	数量	单 价 差			总价差
					统一基价	矿区单价	单价差	

表 10－1－7 预 8　第一类费用计算表

序号	设备、设施名称及使用地点	规格型号	单位	数量	起止日期	工期（月）	定额编号	折旧及摊销		经修及辅材		安装及拆卸		合计（元）
								月折旧（元）	金额（元）	月费用（元）	金额（元）	月费用（元）	金额（元）	
1	2	3	4	5	6	7	8	9	10	11	12	13	14	15
	填表说明：													
	(1) 2、3、5 栏根据施工组织设计或实际配备，按辅助系统顺序填写													
	(2) 6 栏按施工组织设计或实际使用日期填写，如：99.5.5－99.11.8													
	(3) 7 栏＝使用天数÷30													
	(4) 8，9，11，13 栏按基础定额填写													
	(5) 10 栏＝5 栏×7 栏×9 栏													
	(6) 12 栏＝5 栏×7 栏×11 栏													
	(7) 14 栏＝5 栏×7 栏×13 栏													
	(8) 15 栏＝10 栏＋12 栏＋14 栏													
	注：试用表格，实际执行中各单位可局部调整													

表 10—1—7 预 9　辅助工工资计算表　　元

序号	设备系统名称	工种名称	设备名称、规格及工作地点	单位	数量	使用起止日期	工期（月）	定额		地面			井下			合计
								编号	出勤工数	预算用工	单价	金额	预算用工	单价	金额	
1	2	3	4	5	6	7	8	9	10	11	12	13	14	15	16	17
	填表说明：															
	各栏表格的关系类似预表 7															
	注：同表 7															

表 10—1—7 预 10　动力及燃料费计算表

序号	辅助系统名称	设备名称	规格型号	承担工程量及工作内容	安装地点	起止日期	单位	工期或工程量	动力及燃料费				
									单位	定额数量	预算用量	单价（元）	金额（元）
	注：同表 7												

第五节 附 录

一、编制说明

(1) 所选矿井为全国近年来设计的各种类型的典型矿井，开拓方式包括平硐、斜井、立井，工作面类型包括高产高效综采面、综采面、综采放顶煤面、滑移顶梁高档面、高档普采面等。

(2) 矿井概算均依照煤规字（1995）第 175 号文《煤炭建设工程造价费用构成及计算标准》编制，定额采用煤规字（1995）第 176 号文《关于调整煤炭建设现行各类定额指标统一基价的通知》，即"1993 年统一基价"和"1993 年统一基价调整系数"。价格水平为 1995 年水平。

(3) 其他见各种附表说明。

二、井巷工程投资指标（表 10—1—8 附 1）

表 10—1—8 附 1 井 巷 工 程 投 资 指 标

编号	项目名称	工程技术特征	投资指标（元/m 或元/m³）
一	双鸭山局东荣三矿	1.50Mt/a	
1	井底车场	$S=9.8$，$f<6$，锚喷，$T=100$	6470
2	一号交岔点	锚喷，$T=100$	928
3	南翼轨道大巷	$S=9.8$，$f<6$，锚喷，$T=100$	6470
4	东部集中运输石门	$S=8.5$，$f<6$，锚喷，$T=100$	6244
5	轨道上山	$S=11$，$f<6$，$\alpha=16°$，锚喷，$T=100$	6882
6	运输机上山	$S=9.6$，金属支架，$\alpha=13°$	7087
7	顺 槽	$S=10.1$，锚杆加钢带	3493
8	中央水泵房	混凝土砌碹，$T=350$	1111
二	江西丰城局曲江矿井	0.90Mt/a	
1	主井（立）	$D=5m$，$f<3$，$S=26.4$，混凝土砌，$T=400$，$Q=5m^3/h$	19708
2	副井（立）	$D=6.5m$，$f<3$，$S=44.2$，混凝土砌，$T=500$，$Q=5m^3/h$	28939
3	一号交岔点	锚喷，$T=200$，$f<6$	921
4	电机车修理间	混凝土砌，$T=430$，$f<6$	937

续表

编号	项目名称	工程技术特征	投资指标 （元/m 或元/m³）
5	东翼轨道运输大巷	$S=16.5$，$f<6$，锚喷，$T=120$	7928
6	东翼皮带运输大巷	$S=14.5$，$f<6$，锚喷，$T=100$	6973
7	东翼轨道大巷铺轨	混凝土轨枕，30kg/m，有碴	707
8	轨道上山	$S=14.7$，煤，锚喷，$T=120$，$\alpha=13°$	3798
9	东一斜巷	$S=11.5$，煤，梯形金属支架，$\alpha=11.5°$	4736
10	主排水泵房硐室	混凝土砌，$f<6$，$T=300$	1004
三	河南永夏矿区城郊矿井	2.40Mt/a	
1	主井（基岩段）	$D=5m$，钢筋混凝土井壁，$T=350$，$f<6$，$Q=15m^3/h$	19440
2	主井特凿工程		
(1)	特殊凿井		55796
(2)	掘进及支护（冻结段）	荒径 7.45m	47706
3	副井（基岩段）	$D=6.5m$，钢筋混凝土井壁，$T=450$，$f<6$，$Q=15m^3/h$	29905
4	副井特凿工程		
(1)	特殊凿井		70614
(2)	掘进及支护（冻结段）	荒径 9.4m	110068
5	电机车修理间	$f<6$，混凝土砌，$T=400$	422
6	运输石门	$S=16.2$，$f<6$，锚喷，$T=100$	8580
7	轨道运输大巷	$S=14.6$，煤，锚喷，$T=150$	7568
8	轨道顺槽	$S=11.1$，煤，只锚不喷	3704
9	胶带输送机顺槽	$S=13.5$，煤，只锚不喷	3912
10	主排水泵房硐室	$f<6$，混凝土砌，$T=350$	1068
四	阳泉局韩庄矿井	3.00Mt/a	
1	主井（立）	$D=6m$，$f<6$，混凝土，$T=400$	27311
2	副井（立）	$D=8m$，$f<6$，混凝土，$T=500$	36981
3	交岔点	$f<6$，混凝土，$T=500$	837
4	+500m 水平南轨道大巷	$S=16.2$，$f<6$，锚喷，$T=100$	5642

编号	项目名称	工程技术特征	投资指标 （元/m 或元/m³）
5	＋500m 水平胶带机大巷	$S=15.9$，$f<6$，锚喷，$T=120$	5873
6	东一采区进风巷	$S=18.9$，煤，锚喷，$T=100$	4855
7	东一采区回风巷	$S=19$，煤，锚喷，$T=100$	4996
8	轨道运输顺槽	$S=12.2$，煤，锚杆支护	2611
9	胶带运输顺槽	$S=12.2$，煤，锚杆支护	2769
10	主变电所硐室	$f<6$，粗料石，$T=350$	582
五	济（宁）北矿区许厂矿井	1.50Mt/a	
1	主井（基岩段）	$D=4.5m$，混凝土，$T=300$	13506
2	主井特凿工程		
(1)	特殊凿井		39865
(2)	掘进及支护（冻结段）		30193
3	副 井	$D=6.5m$，混凝土，$T=500$	22450
4	副井特凿工程		
(1)	特殊凿井		58043
(2)	掘进及支护（冻结段）		44880
5	轨道运输上山	$S=13$，锚喷，$T=100$	7418
6	胶带输送机上山	$S=12.2$，锚喷，$T=100$	7230
7	轨道顺槽	$S=13$，煤，梯型支架，金属网	5968
8	运输顺槽	$S=14.9$，煤，梯型支架，金属网	6296
9	主排水泵房硐室	混凝土砌，$T=400$	983
10	主变电所硐室	混凝土砌，$T=300$	701
六	山西荫营矿井	1.20Mt/a 扩建至 2.40Mt/a	
1	2号副井（立）	$D=6.5m$，混凝土，$f=4\sim6$	9056
2	风 井	$S=11.5$，$f=4\sim6$，锚喷	5031
3	854 水平副巷	$S=13.7$，$f<6$，粗料石，$T=350$	4219
4	1502 盘区煤仓	$f<6$，混凝土，$T=500$	610
5	8014 面回风顺槽	$S=8.6$，煤，梯形支架	3070

续表

编号	项目名称	工程技术特征	投资指标 (元/m 或元/m³)
6	8014 面运输顺槽	$S=11.5$，煤，梯形支架	3553
7	中央变电所	$f<6$，粗料石，$T=350$	398
七	黄陵一号井	3.00Mt/a	
1	主皮带巷	$S=11.9$，锚喷，$T=100$	6099
2	一号主要轨道巷	$S=16.6$，锚喷，$T=100$	7429
3	主要皮带巷	$S=11.9$，半煤岩，锚喷，$T=100$	6453
4	主要轨道巷	$S=16.6$，半煤岩，锚喷，$T=100$	7423
5	盘区煤仓	$f<3$，混凝土，$T=300$，90°	718
6	轨道运输顺槽	$S=10.3$，煤，锚喷，$T=100$	3439
7	井下火药发放硐室	$f<6$，混凝土，$T=300$	1108
八	宁夏灵武局羊场湾矿井	3.00Mt/a	
1	主斜井	$S=18.1$，半煤岩，锚喷，$T=150$，$\alpha=9.5°$	16750
2	一号副斜井	$S=19.4$，$f<6$，锚喷，$T=150$，$\alpha=16°$	12520
3	+1254 运输石门	$S=10.1$，$f<6$，锚喷，$T=100$	6906
4	区段煤仓	$f<3$，混凝土，$T=250$，90°	971
5	110105 回风顺槽	$S=14$，半煤岩，拱型支架	10087
6	110105 上运输顺槽	$S=9.7$，半煤岩，锚喷，$T=20$	4085
7	110105 下运输顺槽	$S=14$，半煤岩，拱型支架	9932
8	采区轨道下山	$S=11.3$，煤，锚喷 $T=100$，$\alpha=9°$	6293
9	主排水泵房硐室	$f<6$，混凝土，$T=300$	936
10	主变电所硐室	$f<6$，混凝土，$T=300$	657
九	神府大柳塔矿井	（一期平硐）3.60Mt/a	
1	主平硐	$S=10.9$，$f<6$，料石砌，$T=300$，结算价	4253
2	二号副平硐	$S=23.5$，$f<6$，混凝土和锚杆混合支护，$T=300$，结算价	5772
3	双沟进风斜井	$S=16.7$，$f<6$，$\alpha=22°$，混凝土，$T=350$，结算价	4112

编号	项目名称	工程技术特征	投资指标 （元/m 或元/m³）
4	2⁻²煤中央胶带机大巷	$S=10.7$，$f<3$，锚喷加钢带支护，$T=120$，结算价	2287
5	2⁻²煤中央辅助运输巷	$S=17.9$，锚喷金属网支护，$T=120$，结算价	3555
6	2⁻²煤二号辅助运输上山	$S=20.57$，混凝土砌，锚杆混合支护，$T=300$	6386
7	20601 面运输顺槽	$S=17.5$，锚喷，挂网，$T=100$	1440
8	变电所硐室	混凝土，$T=350$	227
9	20602 面运输顺槽	$S=17.5$，煤，锚杆支护	2192
十	陕西何家塔矿井	1.20Mt/a	
1	主斜井	$S=18.9$，$f<6$，混凝土砌，$T=350$，$\alpha=16°$	7957
2	副斜井	$S=13.7$，$f<6$，混凝土砌，$T=300$，$\alpha=20°$	6628
3	一号交岔点	$f<6$，混凝土，$T=300$	580
4	机车修理间	煤，粗料石，$T=300$	361
5	轨道大巷	$S=14.6$，煤，锚喷，$T=120$	3972
6	大巷铺轨	混凝土轨枕，18kg/m，有碴	462
7	胶带大巷	$S=10$，$f<6$，锚喷 $T=100$	4247
8	运输顺槽	$S=12$，煤，只锚不喷	1800

注：除硐室工程单位为元/m³ 外，其他工程单位均为元/m。

三、工作面设备及安装费（表 10－1－8 附 2）

表 10－1－8 附 2　工 作 面 设 备 及 安 装 费　　　　万元

编号	工作面名称	设计 年产量 （Mt/a）	设备及安装费				
			机械设备	安装	配电设备	安装	合计
一	东荣三矿东八采区	0.70	3561	259	135	115	4070
	（国产综采工作面）						
二	曲江矿井国产综采面	0.90	2152	74	125	43	2394
三	城郊矿井北 112 采区	1.20	3302	222	127	42	3693
	（国产综采工作面）						

续表

编号	工作面名称	设计年产量(Mt/a)	设备及安装费				
			机械设备	安装	配电设备	安装	合计
四	韩庄矿井西一采区	1.50	2610	189	146	45	2990
	(国产综采工作面)						
五	许厂矿井综采面	1.50					
1	国际招标设备		4914	68			4982
2	国内设备		1871	150	273	85	2379
六	何家塔矿井						
1	国产综采面	0.80	2506	149	154	53	2862
2	高档普采面	0.30	761	59	50	24	894
七	黄陵一号井一盘区	1.00	5852	35	67	69	6023
	(房柱式开采,美国连续采煤机,其中二台用于煤巷掘进)						
八	羊场湾矿井	3.0(二个面)	9137	345	367	235	10084
	(两个国产综采面)						
九	大柳塔矿井(一期平硐)						
	高产高效工作面(进口)	2.5	17064	733	935		18732
十	葫营矿井						
1	放顶煤综采面(国产)	0.6	2910	255	73	43	3281
2	滑移顶梁高档面	0.40	804	70	75	46	995
3	高档普采面	0.20	465	41	71	53	630

四、采区工作面主要机械设备费汇总表（表10-1-8附3）

表10-1-8附3 采区工作面主要机械设备费（出厂价）汇总表　　　　万元

编号	设备名称	型号	单位	数量	单价	合计
一	东荣三矿（八采区综采面）					
1	双滚筒采煤机	MXA-600/4.5, 2×300kW	台	1	416.25	416.25
2	液压支架	ZZ5600/23/47	架	110	18.50	2035

续表

编号	设 备 名 称	型 号	单位	数量	单价	合计
3	端头支架		组	2	52.50	105
4	单体液压支柱	DZ31	根	144	0.225	32.40
5	可弯曲刮板输送机	SGZ－730/320	台	1	177.32	177.32
6	转载机	SZZ－764/132A	台	1	40.50	40.50
7	破碎机	PEM1000×1000	台	1	22.20	22.20
8	可伸缩胶带机	DSP1080/1000	台	2	139.50	279
9	乳化液泵站	MRB160/31.5A	套	1	15	15
10	喷雾泵站	PB320/63	套	1	2.06	2.06
11	液压安全绞车	YAJ－13	台	1	28.50	28.50
12	回柱绞车	JH2－14	台	2	4.13	8.26
13	调度绞车	JD－11.4	台	12	3.5	42
二	曲江矿井（综采面）					
1	采煤机	MG200－W，200kW	台	1	125	125
2	可弯曲刮板输送机	SGB－764/264W	台	1	102	102
3	掩护式液压支架	BY3A240－17/35	架	148	9	1332
4	单体液压支柱	BZ31－35/110	根	295	0.19	56.05
5	转载机	SZB－764/132	台	1	40.00	40.00
6	可伸缩胶带机	SSJ100/200X	台	1	180	180
7	乳化液泵	MRB125/31.5A	台	2	6.125	12.25
8	乳化液箱	X10RX	台	1	2.28	2.28
9	喷雾灭尘泵	XPB－250/55	台	1	2.20	2.20
10	四柱绞车	JH2－14	台	2	3.8	7.60
11	调度绞车	JD－11.4	台	6	3.5	21.0
12	金属绞接顶梁	HDJA－1200	根	83	0.02	1.66
三	城效矿井（北112采区综采面）					
1	采煤机	MG400－900－D	台	1	550	550
2	液压支架	HZY38/480	架	127	14.30	1816.10

编号	设 备 名 称	型 号	单位	数量	单价	合计
3	端头支架	ZT3900/18/38	架	2	45	90
4	单体液压支柱	DZ31.5－30/100	根	80	0.19	15.20
5	金属绞接顶梁	HDJA－1200	根	80	0.02	1.60
6	可弯曲刮板输送机	SGZC－764/500	台	1	354	354
7	转载机	SZZ－764/132A	台	1	34.05	34.05
8	破碎机	PEM－1000×1000	台	1	18.80	18.80
9	可伸缩胶带机	SSJ－1200，1450m	台	1	398	398
10	乳化液泵	MRB125/1.5	套	2	6.90	13.80
11	乳化液站	X10.2RX	台	1	4.32	4.32
12	喷雾泵站	XPB－250/55	套	1	4.65	4.65
四	韩庄矿井（西一采区综采面）					
1	采煤机	MG375/830－WD	台	1	301	301
2	可弯曲刮板输送机	SGZ880/2×400	台	1	339	339
3	液压支架	ZZ4000/17/35	架	147	10.80	1587.60
4	端头支架	ZT9100/17/35	架	4	40.60	162.40
5	破碎机	LPS－150	台	1	51.25	51.25
6	刮板转载机	SZZ－960/200	台	1	49.75	49.75
7	可伸缩胶带输送机	SSJ－1200/2×200	台	1	111	111
8	乳化液泵站	WRB20/31.5	套	1	6.82	6.82
9	喷雾泵站	PB－320/63	套	1	1.52	1.52
五	许厂矿井（综采面）					
1	国际招标设备					
(1)	采煤机	采高2.0－3.5，1500t/h，600－800kN	台	1	1753.50	1753.50
(2)	前部可弯曲刮板运输机	170m，1500t/h，3×375kW	台	1	1160.65	1160.65
(3)	刮板转载机	1500t/h，200kW	台	1	183.70	183.70
(4)	多点驱动可伸缩胶带机	1900m，1500t/h，65kW	台	1	1077.15	1077.15
(5)	乳化液泵站（三泵二箱）		套	1	25.05	25.05
(6)	喷雾泵站	80kW	套	1	16.70	16.70

续表

编号	设　备　名　称	型　号	单位	数量	单价	合计
(7)	破碎机	160kW	台	1	167	167
2	国内设备					
(1)	放顶煤液压支架	ZFS5100－17/35	架	114	13.27	1513
(2)	放顶煤端头液压支架	ZFG5400－18/32	架	4	40.00	160
(3)	单体液压支柱	DZ35－30/110	根	500	0.25	125
(4)	后部可弯曲刮板输送机	SGZ－764/400	台	1	206	206
(5)	回柱绞车	JH－8，7.5kW	台	2	3.5	7
六	何家塔矿井					
1	国产综采面					
(1)	采煤机	MXA－600/35B	台	1	316.64	316.64
(2)	可弯曲刮板输送机	SGZC－760/320W	台	1	182.48	182.48
(3)	破碎机	LPS1000	台	1	26.40	26.40
(4)	转载机	SZZ－764/160	台	1	41	41
(5)	液压支架	QY320－15/35	架	132	8.85	1168.71
(6)	端头支架		组	2	48.02	96.04
(7)	可伸缩带式输送机	SSJ1000/160	台	2	131.67	263.34
(8)	乳化液泵站（三泵二箱）	RB－160/31.5	组	1	17.62	17.62
(9)	喷雾泵站	XPB－205/55	组	2	1.92	3.82
2	高档普采面					
(1)	采煤机	MXP－350	台	1	109.55	109.55
(2)	可弯曲刮板输送机	SGD－630/180	台	1	171.22	171.22
(3)	破碎机	LPS500	台	1	21	21
(4)	转载机	SZD－730/90	台	1	36	36
(5)	单体液压支柱	DZ30－25/110Q	根	2063	0.08	165
(6)	金属绞接顶梁	HDJB－1200	根	1625	0.017	27.63
(7)	可伸缩带式输送机	SSJ1800/90	台	1	75.03	75.03
(8)	乳化液泵站	XRB2B80/35	组	1	3.33	3.33
七	黄陵一号井一盘区					

续表

编号	设备名称	型号	单位	数量	单价	合计
	（房柱式开采、美国连续采煤机）					
1	连续采煤机（进口）	LN800B—41,440kW	台	4		4340
	包括：梭车	ESC412,78.75kW	台	8		
	蓄电池铲车		台	4		
	锚杆机	TD₂—43,60kW	台	4		
	转载破碎机	1030,131kW	台	4		
2	抽出式风机	CF—6	台	4	0.99	3.95
3	可伸缩带式输送机	DSP—1040/800,90kW	台	3	115	345
4	可伸缩带式输送机	DSP—1080/1000,160kW	台	3	118.90	356.70
5	单体液压支柱	NDZ22	根	250	0.07	17.55
6	采煤机、梭车进口配件					251
八	羊场湾矿井（二个国产综采面）					
1	一采面					
(1)	双滚筒采煤机	2×400+2×40kW	台	1	457.96	457.96
(2)	可弯曲刮板输送机	SGZC—764/500,2×250kW	台	2	490.48	980.96
(3)	液压支架	ZFSJ200—17/35	架	147	16.2	2381.40
(4)	端头支架	ZT9100/17/35	组	2	40.60	81.20
(5)	注液枪	DZ—YQZ	个	3	0.01	0.03
(6)	乳化液泵	RB—160/315,110kW	台	3	3.63	10.89
(7)	乳化液箱	RX—1500	个	2	2.25	4.50
(8)	可伸缩带式输送机	SSJ—1200/M,4×250kW	台	1	426.27	426.27
(9)	转载机	SZZ830/200,200kW	台	1	73.88	73.88
(10)	破碎机	LPS1500,160kW	台	1	38.25	38.25
(11)	喷雾泵站	PB—320/63,45kW	套	1	1.52	1.52
2	二采面					
(1)	双滚筒采煤机	AM500,2×375kW	台	1	269.10	269.10
(2)	可弯曲刮板输送机	SGZC—764/500,2×250kW	台	2	490.48	980.96
(3)	液压支架	ZY3200/13/32	架	147	12.40	1822.80
(4)	端头支架	ZTFS12000/22/32	架	2	46.48	92.96

续表

编号	设 备 名 称	型　号	单位	数量	单价	合计
(5)	注液枪	DZ－YQZ	个	3	0.01	0.03
(6)	乳化液泵	RB－160/315，110kW	台	3	3.63	10.89
(7)	乳化液箱	RX－1500	个	2	2.25	4.50
(8)	喷雾泵站	PB－320/63，45kW	套	1	1.52	1.52
(9)	可伸缩带式输送机	SSJ－1200/M，4×160kW	台	1	426.27	426.27
(10)	转载机	SZZ764/132	台	1	48.75	48.72
(11)	破碎机	LPS1000，100kW	台	1	35.70	35.70
九	大柳塔矿井（一期平硐）（高产高效综采面，进口）					
1	采煤机	CLS，$N=955$kW	台	1	2978.40	2978.40
2	液压支架	WS1.7～2.1/4.5	架	133		7874.04
3	可弯曲刮板输送机	AFC，2×525kW	套	1	1973.89	1973.89
4	转载机	$L=25$，$N=200$kW	台	1	407	407
5	破碎机	$N=200$kW	台	1	105.77	105.77
6	泵站（三泵一箱）		组	1	314.36	314.36
7	顺槽胶带输送机	F·S·W	台	1	2749.07	2749.07
十	荫营矿井					
1	放顶煤综采面（国产）					
(1)	双滚筒采煤机	AM500，375×2kW	台	1	269.10	269.10
(2)	水平刮板输送机	SGB－630/220，90×2kW	台	5	165	825
(3)	皮带输送机	SSJ1000/160，160kW	台	1	157.35	157.35
(4)	转载机	SZD－730/160，160kW	台	1	91.73	91.73
(5)	综采放顶煤液压支架	ZFS$_a$4400－16.5/26	架	96	15.71	1507.81
(6)	端头液压支架	ZJG6000－1.75/2.7	架	2	27.27	54.54
(7)	乳化液泵站	MRB－125/320，75kW	套	2	7.99	15.98
(8)	喷雾泵站	XPB－250/5.5，30kW	台	1	2.81	2.81
2	滑移顶梁高档面					
(1)	双滚筒采煤机	MXP－240，2×100+4kW	台	1	88.30	88.30
(2)	可弯曲刮板输送机	SGZ－764/264，110×2kW	台	1	191	191

续表

编号	设 备 名 称	型　号	单位	数量	单价	合计
(3)	皮带输送机	SSJ800/90, 90kW	台	1	98.18	98.18
(4)	转载机	SZD－630/75, 75kW	台	1	28.92	28.92
(5)	滑移顶梁液压支架	HDY－2A	架	180	0.91	164.11
(6)	乳化液泵站	XRB$_2$B80/200, 55kW	套	2	6.5	13.00
(7)	喷雾泵站	XPB－250/5.5, 30kW	台	1	2.81	2.81
3	高档普采面					
(1)	双滚筒采煤机	MXP－240, 2×100＋4kW	台	1	88.30	88.30
(2)	可弯曲刮板输送机	SGW－40T, 40kW	台	1	22.50	22.50
(3)	胶带输送机	SJ－650A, 40kW	台	1	91.73	91.73
(4)	转载机	SZD－630/75, 75kW	台	1	28.92	28.92
(5)	乳化液泵站	XRB$_2$B80/200, 55kW	台	1	6.15	6.15
(6)	喷雾泵站	XPB－250/5.5, 30kW	台	1	2.81	2.81
(7)	单体液压支柱	DZ25－25/100	根	488	0.086	41.97
(8)	单体液压支柱	DI22	根	1375	0.080	110
(9)	金属顶梁	HDJA－1.2M	根	1608	0.017	27.34
(10)	回柱绞车	JH$_2$－5, 7.5kW	台	2	1.43	2.86

五、矿井概算投资汇总表（表 10－1－8 附 4）

表 10－1－8 附 4　矿 井 概 算 投 资 汇 总 表

编号	矿井名称	投资指标	概　算　投　资（万元）					
			井巷工程	土建工程	设备及工器具购置	安装工程	其他费用	合计
1	双鸭山局东荣三矿（1.50Mt/a，立井开拓，二个国产综采面，5.5t/工，低瓦斯，在建矿井）	合计（静态）	28650.63	15979.27	16310.18	6519.09	15928.33	83387.50
		吨煤投资（元/t）	191.00	106.53	108.73	43.46	106.19	555.92
		占投资比例（%）	34.36	19.16	19.56	7.82	19.10	100
2	丰城局曲江矿井（0.9Mt/a，立井开拓，一个国产综采面，在建矿井）	合计（静态）	18155.00	3949.40	8184.78	4792.88	8463.39	43545.45
		吨煤投资（元/t）	201.72	43.88	90.94	53.25	94.04	483.84
		占投资比例（%）	41.69	9.07	18.80	11.01	19.43	100

续表

编号	矿井名称	投资指标	概 算 投 资（万元）					
			井巷工程	土建工程	设备及工器具购置	安装工程	其他费用	合计
3	永夏矿区城郊矿井（2.40Mt/a，立井开拓，二个国产综采面）	合计（静态）	35365.89	11647.22	19720.25	6675.92	18336.68	91745.96
		吨煤投资（元/t）	147.36	48.53	82.17	27.82	76.40	382.28
		占投资比例（%）	38.55	12.70	21.49	7.28	19.98	100
4	阳泉韩庄矿井（3.00Mt/a，立井开拓，二个国产综采面，高瓦斯）	合计（静态）	25934.74	8800.86	31570.83	8017.11	15377.27	89700.81
		吨煤投资（元/t）	86.45	29.34	105.24	26.72	51.26	299.01
		占投资比例（%）	28.91	9.81	35.20	8.94	17.14	100
5	济（宁）北矿区许厂矿井（1.5Mt/a，立井开拓，一个综采面，部分采掘设备引进，6t/工）	合计（静态）	17279.67	15724.89	19081.04	5527.05	16439.73	74052.38
		吨煤投资（元/t）	115.20	104.83	127.21	36.85	109.60	493.68
		占投资比例（%）	23.33	21.23	25.77	7.46	22.21	100.00
6	黄陵一号矿井（3.00Mt/a，平硐开拓，一盘区为房柱式开采，配进口连续采煤机，二、三盘区为国产综采）	合计（静态）	28233.11	11864.22	24434.01	5543.04	17446.29	87520.67
		吨煤投资（元/t）	94.11	39.55	81.45	18.48	58.15	291.74
		占投资比例（%）	32.26	13.56	27.92	6.33	19.93	100.00
7	陕西何家塔矿井（1.20Mt/a，斜井开拓，一综一高）	合计（静态）	3401.00	10109.11	8102.47	2426.78	9046.41	33085.77
		吨煤投资（元/t）	28.34	84.24	67.52	20.22	75.39	275.71
		占投资比例（%）	10.28	30.55	24.49	7.33	27.35	100.00
8	灵武矿区羊场湾矿井（3.00Mt/a，斜井开拓，二个国产综采面）	合计（静态）	24012.42	9738.69	21640.39	6049.37	11605.96	73046.83
		吨煤投资（元/t）	80.04	32.46	72.14	20.17	38.87	243.50
		占投资比例（%）	32.87	13.33	29.63	8.28	15.89	100.00
9	大柳塔矿井（一期平硐）（3.60Mt/a，平硐开拓，一套进口高产高效综采面，一套国产综采面，在建）	合计（静态）	14466.30	10816.66	42474.29	6691.40	11363.63	85812.28
		吨煤投资（元/t）	40.18	30.05	117.08	18.59	31.57	238.37
		占投资比例（%）	16.86	12.60	49.50	7.80	13.24	100.00
10	山西荫营矿井（改扩建）（1.20～2.4Mt/a，斜井开拓。一个放顶煤综采面，一个滑移顶梁高档面，一个高档面，在建）	合计（静态）	10076.63	13259.04	11735.22	6519.03	5464.85	47054.77
		吨煤投资（元/t）	83.97	110.49	97.79	54.33	45.54	392.12
		占投资比例（%）	21.41	28.18	24.94	13.85	11.62	100.00

六、矿井生产环节概算投资比例（表10—1—8附5）

表10—1—8附5　矿井生产环节概算投资比例

生产环节费用占静态总投资比例（%）

编号	生产环节名称	东荣三矿 (1.5Mt/a)	曲江矿井 (0.9Mt/a)	城郊矿井 (2.4Mt/a)	韩庄矿井 (3.0Mt/a)	许厂矿井 (1.5Mt/a)	黄陵一号矿井 (3.00Mt/a)	何家塔矿井 (1.2Mt/a)	羊场湾矿井 (3.00Mt/a)	大柳塔矿井 (一期平硐)(3.60Mt/a)	荫营矿井 (改扩建)(1.20~2.40Mt/a)
一	井筒	13.31	20.06	16.00	7.77	10.20	5.35	1.49	9.88	1.39	2.31
二	井底车场巷道及硐室	4.21	4.59	2.92	3.88	4.02	1.78	0.51	2.71		2.67
三	主要运输巷道及回风道	4.35	12.33	12.25	6.31	4.98	22.68	6.29	0.53	13.37	7.55
四	采区	24.00	12.93	17.25	21.04	21.89	25.08	16.38	39.62	40.86	24.58
五	提升系统	3.96	6.07	3.87	8.51	3.92	3.44	0.58	8.15	2.44	3.41
六	排水系统	1.61	1.36	1.80	0.50	1.28	0.85	0.52	0.60	0.05	0.75
七	通风系统	0.40	1.73	0.52	0.62	0.27	0.71	0.78	0.34	0.44	1.43
八	压风系统	0.74	0.90	0.36	0.51	0.21	0.07	0.03	0.44		0.86
九	地面生产系统	0.69	3.63	0.54	6.31	1.44	0.37	9.08	0.55	2.95	1.18
十	安全技术及监控系统	1.34	6.32	0.43	2.52	1.68	1.33	0.80	1.75	4.16	0.65
十一	通信调度和计算中心	0.37	0.27	0.27	1.20	0.56		1.97	1.85	1.70	0.45
十二	供电系统	4.38	4.77	4.47	3.89	4.49	2.39	4.46	2.67	4.57	6.78
十三	地面运输	2.89	0.79	0.33	1.86	5.44	1.79	0.28	1.27	0.07	0.57

续表

生产环节费用占静态总投资比例（%）

编号	生产环节名称	东荣三矿 (1.5Mt/a)	曲江矿井 (0.9Mt/a)	城郊矿井 (2.4Mt/a)	韩庄矿井 (3.0Mt/a)	许厂矿井 (1.5Mt/a)	黄陵一号井 (3.00Mt/a)	何家塔矿井 (1.2Mt/a)	羊场湾矿井 (3.00Mt/a)	大柳塔矿井(一期平硐) (3.60Mt/a)	蔺菖矿井(改扩建) (1.20~2.40Mt/a)
十四	室外给排水及供热	3.48	1.00	1.50	1.83	2.49	3.36	5.10	3.19	0.78	7.84
十五	辅助厂房及仓库	0.93	0.81	1.02	1.24	0.79	0.52	2.33	0.99	1.65	3.21
十六	行政福利设施	1.38	1.21	1.31	2.09	4.77	1.69	5.99	0.95	2.30	2.76
十七	场区设施	1.04	1.24	0.63	0.51	2.68	1.86	3.94	0.84	3.08	9.90
十八	居住区	8.38	0.28	5.27	1.02	5.99	6.46	4.50	7.92	3.02	11.30
十九	环境保护及"三废"处理	0.24	0.27	0.31	0.42	0.71	0.34	2.03	0.41	1.25	0.19
二十	其　他	3.20		2.62 (铁路)				5.66 (监管区)		2.44 (已施工未利用)	
二十一	劳保统筹				3.39						
二十二	工程建设其他费用	12.37	10.93	17.53	15.58	14.46	16.38	16.27	6.80	11.72	8.69
	小　计	93.27	91.49	91.20	91.00	92.26	96.45	88.99	91.46	98.24	97.08
二十三	基本预备费	6.73	8.51	8.80	8.99	7.74	3.55	11.01	8.54	1.76	2.92
	合　计	100	100	100	100	100	100	100		100	100

第二章　原煤成本计算方法

第一节　原煤成本的构成

原煤设计成本是煤炭建设项目经济评价中一个很重要的基础数据，也是影响项目经济评价结论敏感因素之一。根据国家计委、建设部计投资〔1993〕530 号文颁发的《建设项目经济评价方法与参数》（第二版）、煤炭部煤规字（1996）第 501 号文颁发的《煤炭工业建设项目经济评价方法与参数》及财政部（92）财工字 574 号文颁发的《工业企业财务制度》，结合煤炭建设项目的具体情况，计算原煤成本。

一、现行原煤成本的项目划分

按照新财税制度，原煤成本可划分为：制造成本（也称生产成本）、管理费用、财务费用、销售费用四项。其中：

制造成本是指为生产原煤和提供劳务而发生的直接和间接费用，包括直接材料、直接工资、其他直接支出和制造费用。

管理费用是指行政管理部门为管理和组织经营活动的各项费用，包括公司经费、工会经费、劳动保险费、待业保险费、董事会费、咨询费、审计费、诉讼费、排污费、绿化费、税金、土地使用费、土地损失补偿费、技术转让费、技术开发费、无形资产摊销、开办费摊销、业务招待费、坏账损失、存货盘亏、毁损和报废以及其他管理费用。

财务费用是指企业为筹集资金而发生的各项费用，包括企业生产经营期间发生的利息支出、汇兑净损失、调剂外汇手续费、金融机构手续费以及筹资发生的其他财务费用等。

销售费用是指企业在销售产品、自制半成品和提供劳务等过程中发生的各项费用以及专设机构的各项经费，包括应由企业负担的运输费、装卸费、包装费、保险费、委托代销手续费、广告费、展览费、租赁费和销售服务费用、销售部门人员工资、职工福利费、差旅费、办公费、修理费、物资消耗、低值易耗品摊销以及其他费用。国内销售煤炭如为仓下交货，则一般不单独出现销售费用，有关费用支出由管理费支付。外销产品如按离岸价计算销售费用，其销售费用应单独计算计入总成本中，不再按费用要素分解计算。

二、原煤成本的费用要素划分

在经济评价中，现行原煤成本的项目划分不便于原煤成本和有关基础数据的计算；按照费用要素计算成本可以简化计算，同时方便国民经济评价时对原煤成本进行影子价格调整。即将现行原煤成本中制造成本和有关费用中名称和性质相同的费用进行适当归并。

矿井原煤成本的费用要素划分为：材料、动力、工资、福利费、修理费、地面塌陷赔偿费、其他支出、折旧、井巷工程费、维简费、摊销费、利息支出等要素。其中材料、动力、工资、福利费、修理费、地面塌陷赔偿费、其他支出构成经营成本。

三、原煤制造成本和有关费用与费用要素的相互关系

将原煤制造成本和有关费用按照费用要素进行分解，可以弄清原煤制造成本和有关费用与原煤成本费用要素之间的相互关系，以"原煤制造成本和费用与费用要素的相互关系表"表示（见表10-2-1）。

表 10-2-1　原煤制造成本和费用与费用要素的相互关系表

序号	成本项目 / 费用要素	制造成本（生产成本）				管理费用	财务费用	总成本
		直接材料	直接工资	其他直接支出	制造费用			
1	材料	√			√	√		√
2	动力				√	√		√
3	工资		√		√	√		√
4	福利费			√	√	√		√
5	修理费				√	√		√
6	地面塌陷赔偿费							√
7	其他支出				√	√	√	√
	经营成本（1~7项小计）	√	√	√				
8	折旧				√	√		√
9	井巷工程费				√	√		√
10	维简费				√			√
11	摊销费					√		√
12	利息支出						√	√
（1）	流动资金利息						√	√
（2）	生产期基建借款利息						√	√
	总成本	√	√	√	√	√	√	√

第二节　原煤成本的费用要素计算方法

通过对原煤制造成本和费用与费用要素之间相互关系的分析，得出简便实用的原煤成本的要素计算方法，按费用要素分述如下：

一、材　料

材料为原煤生产成本（制造成本）管理费用中的物质消耗。分为主要材料和其他材料两部分。

（一）主要材料

主要材料费用包括木材、支护用品、火工产品、大型材料、配件、专用工具、自用煤及

劳保用品等费用。

（二）其他材料

基他材料费用指建工材料、油脂乳化液、材料价差、材料节约奖以及其他材料等费用。

材料费用可由下面公式求得：

$$材料费＝主要材料费＋其他材料费＝主要材料费×（1＋系数）$$

式中主要材料费按照表10－2－2格式，以下面公式计算：

$$主要材料费＝\Sigma 某种材料消耗量×单价$$

式中系数指其他材料费用为主要材料费用的比例系数，经调查研究以及统计资料分析，普采、炮采系数按0.45－0.55计取，高档普采、综采系数按0.3－0.35，开采条件好时取小值，开采条件差时取大值。主要材料消耗量可根据项目设计方案详细计算，也可参考相邻地区或类似矿井的实际资料估算；单价可以参照相邻矿井的实际综合单价。

表10－2－2　原煤成本材料费用计算表

序号	项目名称	单位	数量	单价（元）	金额（元）	备　注
一	主要材料	元				一＝1＋2＋3＋4＋5＋6
1	木材	m³				
2	支护用品					2＝(1)＋(2)＋(3)＋(4)＋(5)＋(6)＋(7)＋(8)＋(9)
(1)	单体液压支柱	根				
(2)	金属支架	根				
(3)	金属支柱	根				
(4)	铰接顶梁	根				
(5)	水泥支架	根				
(6)	锚杆	根				
(7)	金属网	m²				
(8)	笆片	片				
(9)	其他	元				为以上8小项的9%
3	火工产品					3＝(1)＋(2)＋(3)
(1)	火药	kg				
(2)	雷管	kg				
(3)	其他（火工产品）	元				为火药、雷管的10%
4	大型材料					4＝(1)＋(2)＋(3)＋(4)＋(5)
(1)	钢铁管	kg				
(2)	钢丝绳	kg				
(3)	钢轨	kg				
(4)	电缆	m				

序号	项目名称	单位	数量	单价（元）	金额（元）	备　注
（5）	运输皮带	m				
5	自用煤	t				
6	配件、专用工具及劳保用品	元				按机械化程度较高或较低分别为 1～5 项的 70% 或 50%
二	其他材料	元				按主要材料的百分率求得
	材料费合计	元				

材料费在计算增值税应纳税额时，可作为含税允许扣除项目金额。

二、动　力

计入原煤成本的动力指原煤生产经营过程中耗用的全部电力,包括生产原煤的直接电耗,以及制造费用、管理费用、销售费用的电耗。

电力费根据项目设计提供电耗量,采用综合电价来计算电力费用,公式表示为:

$$电力费＝原煤电耗量×综合电价$$

电耗量由项目设计提供的年总耗量,电价选用本矿区实际综合电力电价或临近矿井的实际综合电力电价计算,实际综合电力电价综合了基本电费、电度电费、力率奖罚、照明电费和电力附加费等。

动力费在计算增值税应纳额时,可作为含税允许扣除项目金额。

三、工　资

原煤成本工资可分为主要工资和其他工资两部分。主要工资指制造成本（生产成本）中的工资,也就是参与计效的原煤生产人员的工资、奖金、津贴和补贴；其他工资是指管理费用中的工资,即不参与计效的原煤生产人员以及部分服务人员及其他人员的工资。

（一）计算原煤成本工资,必须遵循的几项原则

（1）原煤成本工资是支付给全体职工的劳动报酬:不论是生产人员和非生产人员,不论是原固定职工,合同制职工,临时工和计划外员工,只要是企业原煤生产职工,其工资均应计入原煤设计成本工资中。

（2）原煤成本工资是支付给职工劳动报酬总额,凡不属于劳动报酬性质的开支,如劳动保险费、职工福利费、劳动保护费以及从其他成本项目中开支的费用,不应计入原煤成本工资中。

（3）原煤成本工资由各种工资（包括计时工资,计件工资,加班工资及其他工资）,各种奖金,各种津贴构成。

（二）原煤成本工资的计算方法

原煤成本工资采用平均工资单价,由下面公式计算:

$$工资＝主要工资＋其他工资$$
$$＝主要工资＋主要工资×系数$$

式中主要工资可以按照参与计效的原煤生产人员中各类在籍生产人员（在籍生产人员包括：井下工人、地面工人和部分管理人员）及其平均工资单价计算。公式表示为：

$$主要工资 = \Sigma 某类在籍生产人员 \times 该类人员年平均工资单价$$

式中某类在籍生产人员按岗位定员人数；

该类人员年平均工资单价按当地或相邻矿区的平均工资单价计算；但效率提高时，平均工资单价应适当提高，体现高效率、高效益的特点；

其他工资　包括了不参与计效的原煤生产人员，服务人员和其他人员中的50％计入原煤成本工资人员及定员之外人员工资，如临时工工资等；

系数　指其他工资为主要工资的比例系数，经调查研究及统计资料分析，系数以20％～30％计取。

四、职工福利费

原煤成本中的职工福利费用总额，是指工资之外实际支付给职工个人和用于集体的福利费用。它包括：

（1）医疗卫生费，包括职工及其供养的直系亲属的医药费（包括企业参加职工医疗保险交纳的医疗保险费），医护人员工资、医务经费，职工因工负伤就医路费等。

（2）职工生活困难补助费，是对生活困难的职工，实际支付的定期补助和临时性的补助。

（3）集体福利事业的补贴，是对职工浴室、理发室、洗衣室、哺乳室、托儿所等集体福利设施各项支出与收入相抵后的差额补助费。

（4）集体福利设施费，是按照国家规定开支的集体福利设施费用，如职工食堂炊事用具的购置，修理费用，职工宿舍的修缮费用等。不包括由企业职工自筹经费开支的职工福利设施的基本建设费用。

（5）其他，如探亲路费，因工负伤医疗期间的伙食补贴，计划生育补贴（独生子女儿童保健费）、以及按照国家规定开支的其他职工福利开支。

福利费按原煤成本工资额和14％的提存比例计算。

五、修理费

企业为了保证固定资产的正常使用年限，对固定资产进行修理而发生的费用。

原煤成本中的修理费指项目设备及安装工程的大修理费用。项目设备及安装工程的中小修理费，井巷工程和土建工程的修理费均已按照费用要素分解计算在材料、动力、工资等费用要素中。

修理费按照设备及其安装工程的固定资产和提存率计算，公式如下：

$$修理费 = 设备及其安装工程固定资产原值 \times 提存率$$

式中设备及其安装工程固定资产原值包括设备及其安装工程中的基建投资，基本预备费分摊，其他基本建设费（扣除无形资产、递延资产）分摊，建设期利息分摊。租用租赁站的综采综掘设备，租赁费已包括折旧、大修和管理费，故计提修理费的固定资产原值应将该部分固定资产原值扣除。

综机设备提存率为5％。

其他设备（设备及其安装工程固定资产原值扣除综机设备的固定资产原值）提存率为

2.5%。

经济评价时为了简化计算修理费中增值税应纳税额，其中41%的费用可作为外购材料、动力费等，作为含税允许扣除项目金额处理。

六、地面塌陷赔偿费

煤矿进行生产而引起民用地的塌陷所应支付的费用（包括青苗赔偿费）和按合同规定一次50户以下的民房拆迁赔偿费，应计入原煤成本的地面塌陷赔偿费中。

原煤成本中地面塌陷赔偿费应根据矿井的实际情况，参考邻近矿区或矿井的调查资料以及建设单位提供的资料计算。

七、其他支出

其他支出指制造费用、管理费用、财务费用中属于其他支出的费用。包括：劳动保险费、待业保险费、工会经费与职工教育经费纳入经营成本中的维简费、其他费用、矿产资源补偿费。

（一）劳动保险等费用

劳动保险费、待业保险费、工会经费与职工教育经费以原煤设计成本工资的27.6%计算。其中

1. 劳动保险费

劳动保险费是指企业支付离退休职工的退休金（包括按照规定交纳的离退休统筹金），价格补贴、医药费（包括企业支付离退休人员参加医疗保险的费用），6个月以上病假人员的工资，职工死亡丧葬补助费、抚恤费，按照规定支付给离退休人员的各项费用。

经统计资料分析，考虑到设计项目矿井的劳动保险费较生产期矿井的劳保费用少的实际情况，劳动保险费以原煤成本工资的23.5%计算。

2. 待业保险费

待业保险是指企业按照规定交纳的待业保险基金。按照原煤成本工资的0.6%提取。

3. 工会经费与职工教育经费

规定列入原煤成本的工会经费，按企业职工实发工资总额扣除副食品价格补贴，落实政策补发工资和生活困难补助费以后的工资提取。为方便计算，工会经费以原煤成本工资的2%提取。

列入成本的职工教育经费，按原煤成本工资的1.5%提取。

工会经费与职工教育经费以原煤成本工资的3.5%提取。

（二）纳入经营成本中的维简费

维简费是指维持煤矿原有生产规模的简单再生产所需进行的诸如技术措施、安全措施、提高煤质、节能等工程费用，以及50户以上民房拆迁费等。其中有相当于固定资产折旧性质的部分，也有相当于直接进入经营成本的部分。从长远看，维简费不需在原煤成本中单列，应按实际发生数额计入成本的有关项目中。目前生产矿井仍按原煤炭部、财政部有关规定计算维简费。

维简费是原煤成本构成的一个独立的费用要素，在项目经济评价及原煤成本计算时，为了计算方便将维简费计算标准的50%纳入经营成本，计入其他支出；维简费计算标准的另外

50%作为固定资产折旧性质的费用，单独列项计入维简费项目。

财政部（92）财工字第380号文规定的维简费计算标准如下：

（1）吨煤提取标准6元的地区：

河北、山西、山东、安徽、江苏、甘肃、宁夏、新疆、云南；

（2）吨煤提取标准6.2元的地区：

东北内蒙古煤炭工业联合公司（包括：内蒙古东部、黑龙江、吉林、辽宁）。

（3）吨煤提取标准7元的地区：

内蒙古西部三局一矿。

（4）吨煤提取标准8元的地区：

贵州、四川、陕西、湖南、江西、重庆、北京。

（三）矿产资源补偿费

根据国务院1994年第150号令《矿产资源补偿费征收管理规定》，在中华人民共和国领域和其管辖海域开采矿产资源，应当按规定缴矿产资源补偿费。矿产资源补偿费按照矿产品销售收入的一定比例计征，其计算公式如下：

$$\frac{征收矿产资源}{补偿费金额}=\frac{矿产品}{销售收入}\times\frac{补偿费}{费率}\times\frac{开采回采率}{系数}$$

$$开采回采率系数=核定开采率\div实际开采回采率$$

为了计算方便，以原煤销售收入的1%计算矿产资源补偿费

$$矿产资源补偿费金额=原煤销售收入\times1\%$$

（四）采矿权使用费

根据中华人民共和国国务院令第241号（1988年2月12日发布）发布的《矿产资源开采登记管理办法》规定，采矿权使用费，按照矿区范围的面积逐年缴纳，标准为每平方公里每年1000元。

（五）其他费用

其他费用包括：咨询及审计费、诉讼费、排污费、办公费、水费、业务招待费、取暖费、技术开发费、出国人员经费、运输费、仓库经费、坏账损失、消防费、税金、绿化费、班中餐、上级管理费、汇兑净损失、调剂外汇手续费、金融机构手续费以及筹资发生的其他财务费用等。原煤成本中的其他费用，也可以按照邻近或类似项目单位产量占用其他费用数额计取。

通过以上各项的计算，可以得出其他支出的全部费用。

八、折旧费

在原煤生产过程中固定资产可以长期参加生产经营而仍保持其原有的实物形态，但其价值将随着固定资产的使用而逐渐转移到生产出的原煤中，构成了企业的成本或费用。这部分随着固定资产的磨损而逐渐转移的价值，即转移到原煤中去的价值，称之为固定资产折旧。

（一）固定资产计提折旧的范围

煤矿在用的固定资产（包括经营用固定资产、非经营用固定资产、租出固定资产等）一般均计折旧，具体范围包括：在用的机器设备、仪器仪表、运输工具；房屋和建筑物（除矿井建筑物）；季节性停用、大修理停用的设备；以融资租入和以经营租赁方式租出的固定资产。

不提固定资产折旧的包括：以经营租赁方式租入的固定资产；在土建工程项目交付使用以前的固定资产；已提足折旧继续使用的固定资产，未提足折旧提前报废的固定资产；国家规定不提折旧的其他固定资产，如矿井井筒及巷道工程。

（二）固定资产原值计算需注意问题

（1）基建投资中的其他费用扣除无形资产和递延资产后分摊到矿建、土建、设备及安装工程投资中。

（2）基建投资中的预备费可按投资比例分摊到矿建、土建、设备及安装工程以及无形资产和递延资产投资中。

（3）基建投资借款的建设期利息，按投资构成比例分摊到矿建、土建、设备及安装工程以及无形资产、递延资产投资中。

（三）原煤成本的折旧费计算

原煤成本的折旧费按平均年限法计算。

$$年折旧率 = \frac{1 - 净残值率}{折旧年限}$$

一般近似简化为：

$$年折旧率 = \frac{1}{折旧年限}$$

$$年折旧额 = \Sigma 分类固定资产原值 \times 综合年折旧率$$

煤炭工业地面建筑及构筑物按 40 年综合服务年限，其年综合折旧率为 2.5%；综采、综掘国产设备按 8 年综合服务年限，其年综合折旧率为 12.5%；引进设备按 10 年综合服务年限，其综合年折旧率为 10%；一般采掘设备按 10 年综合服务年限，其综合年折旧率为 10%；其他设备按 15 年综合服务年限，其综合年折旧率为 6.67%。

九、井巷工程费

井巷工程费，是用于矿井开拓延深的，属于折旧性质的费用。依据（89）财工字 302 号文规定原煤实际产量吨煤提取 2.5 元的井巷工程费，不另计提折旧。

计算原煤成本时，井巷工程费可按设计年产量吨煤提取 2.5 元计算。

十、摊销费

摊销费用是指无形资产与递延资产的摊销额。

根据资本保全原则，当项目建成投入经营时，固定资产投资、固定资产投资方向调节税、建设期借款利息，形成固定资产、无形资产和递延资产。

固定资产是指使用期限超过一年的房屋及建筑物、机器、机械、运输工具以及其他与经营有关的设备、器具、工具等；不属于生产经营主要设备的物品，但单价在 2000 元以上并且使用期限超过两年的，也应当作为固定资产。

无形资产是指能长期使用但没有实物形态的资产，如专利权、商标权、著作权、土地使用权、非专利技术、商誉等。

递延资产是指不能全部计入当年损益，应当在以后年度摊销的各项费用，如开办费和以租赁方式租入的固定资产改良支出等。开办费是指企业在筹建期间发生的费用。

固定资产原值以折旧、井巷工程费等形式从成本中提取。

无形资产及递延资产通过摊销进入原煤成本，一般分为10年摊销，其具体计算和摊销方法为：

（1）可按设计项目发生的无形资产和递延资产范围的实际费用计算。

（2）也可按照设计项目基建总投资及建设期借款利息的3%估算。

关于土地征用费和土地使用权的成本计算处理：

土地征用费，即通过划拨方式取得无限期土地使用权而支付的土地补偿费、附着物和青苗补偿费、安置补助费、迁移费等，应计入有关房屋、建筑物的价值中。为简化计算，可将其一并计入土建工程价值并进行相应的折旧计算。

土地使用权，即指土地经营者对依法取得的土地在一定期限内进行建筑、生产或其他活动的权利。通过出让方式取得有限期的土地使用权而支付的出让金，作为无形资产处理并进行相应的摊销计算。根据目前国家规定，对国家投资的国有工业等建设用地继续采用划拨方式供应，而不采用土地使用权有偿有限期出让的办法，故在目前对国有煤炭建设项目的评价中一般不涉及此项无形资产。

十一、利息支出

主要由流动资金借款利息，生产期基建借款利息构成。

（一）流动资金借款利息

流动资金借款（包括短期借款）利息支出，根据流动资金借款额及流动资金借款年利率计算，即：

$$流动资金借款利息＝流动资金年初借款额×年利率$$

（二）生产期基建借款利息

生产期基建借款利息可根据生产期各年年初基建借款本息累计余额乘以年利率求得。生产期各年年初借款本息余额，由财务评价报表中"损益表"、"总成本费用估算表"、"借款还本付息表"逐年计算。

原煤成本按表10—2—3格式计算。

表 10—2—3　原 煤 成 本 计 算 表

序号	项 目 名 称	单位成本（元/t）	计 算 依 据
1	材 料		见原煤成本材料费用计算表
2	动 力		消耗量乘以综合电价
3	工 资		主要工资×（1＋系数）
4	福利费		按工资的14%
5	修理费		设备固定资产原值及百分率
6	地面塌陷赔偿费		
7	其他支出		

序号	项 目 名 称	单位成本 （元/t）	计 算 依 据
	经营成本小计		为 1～7 之和
8	折 旧		
9	井巷工程费		2.5 元/t
10	维简费		（92）财工字第 380 号文标准的 50%
11	摊销费		分 10 年摊销
12	利息支出		
（1）	流动资金利息		借款额、年利率
（2）	生产期基建借款利息		借款额、年利率
13	单位成本		
（1）	不含生产期基建借款利息		
（2）	含生产期基建借款利息		

十二、原煤成本计算需注意的问题

（1）矿井开采条件恶化需增加成本费用

矿井达到设计产量后，由于采煤工作面的推进，采区接续、矿井延伸等原因使煤炭提升高度加大，矿井巷道总长度增加，同时井下水、瓦斯、地温、地压也相应增大，使煤炭生产中提升、运输、排水、通风、压风、供电、巷道维修等费用越来越高。随着采煤工作面和采区的推进，地面塌陷赔偿费、复耕费也将逐年增加，形成矿井原煤成本的增加趋势。

矿井达到设计产量后，随着技术进步和管理水平的提高原煤成本也会有降低的趋势。

在计算矿井开采条件恶化需增加成本费用时，还要考虑到由于技术进步和管理水平提高所降低成本的因素，即计算净增加成本的费用。

（2）矿井投产 10 年后不再计算无形资产及递延资产摊销费用。

（3）更新的固定资产不再计算建设期利息，但要按更新后的固定资产原值计提折旧费。

第三节 达产前逐年成本计算

一、固定成本与可变成本

在建设项目财务评价的不确定性分析时，需要计算出设计项目原煤成本的固定成本与可变成本，固定成本与可变成本的划分，同时用于达产前经营成本的估算。

固定成本是指一定时间和范围内，不随产量增减而变动的成本费用，例如按时间计算费用的税金、保险费、固定资产折旧等。

可变成本是随产量的变化而变化的成本费用，例如按产量提取的井巷工程费等。

不同的矿井，固定成本与可变成本所占比例是不相同的，因此应按照成本构成的费用要素，逐项计算固定成本与可变成本，求出原煤成本中固定成本与可变成本所占的比例。

根据统计资料分析得出：原煤成本中固定成本、可变成本参考比例，见表10-2-4。

表10-2-4 原煤成本中固定成本、可变成本参考比例

序号	项 目 名 称	原 煤 成 本	其 中	
			固定成本 （%）	可变成本 （%）
1	材 料		57	43
2	动 力		67	33
3	工 资		50	50
4	福利费		50	50
5	修理费		100	
6	地面塌陷			100
7	其他支出		67	33
8	折 旧		100	
9	井巷工程费			100
10	维简费			100
11	摊销费		100	
12	利息支出			
(1)	流动资金利息		30	70
(2)	生产期基建借款利息		100	
13	原煤成本			
(1)	不含生产期基建借款利息			
(2)	含生产期基建借款利息			

注：1~7项为经营成本。

二、达产前逐年经营成本

$$\begin{matrix}\text{达产前某年}\\\text{单位经营成本}\end{matrix}=\begin{matrix}\text{达产年固定}\\\text{总经营成本}\end{matrix}\times\begin{matrix}\text{调整}\\\text{系数}\end{matrix}\div\begin{matrix}\text{当年}\\\text{产量}\end{matrix}+\begin{matrix}\text{年单位可变}\\\text{经营成本}\end{matrix}\times\begin{matrix}\text{熟练}\\\text{系数}\end{matrix}$$

式中年固定总经营成本调整系数，当产量不足设计能力50%时，按0.5计算；产量为设计能力50%~75%时，按0.75计算；产量为设计能力的75%以上时，按1.0计算。

年单位可变经营成本的熟练系数，投产第一年度按1.2；第2年按1.1；第3年及以后按1.0计算。

三、达产前逐年总成本

$$\begin{matrix}\text{达产前某年}\\\text{单 位 成 本}\end{matrix}=\begin{matrix}\text{达产前某年}\\\text{单位经营成本}\end{matrix}+\begin{matrix}\text{达产前某年}\\\text{单位折旧费}\end{matrix}+\begin{matrix}\text{达产前某年单位}\\\text{井 巷 工 程 费}\end{matrix}+\begin{matrix}\text{达产前某年}\\\text{单位维简费}\end{matrix}$$

$$+ \frac{达产前某年}{单位摊销费} + \frac{达产前某年}{单位利息支出}$$

达产前某年单位折旧费，应按照已形成的固定资产及其折旧率计算，为了简化计算可采用下列公式计算：

$$达产前某年单位折旧费＝达产年总折旧费×调整系数÷当年产量$$

式中调整系数当年产量不足设计能力50%时，按0.5计算；产量为设计能力50%～75%时，按0.75计算；产量为设计能力的75%以上时，按1.0计算。

$$达产前某年总成本＝达产前某年单位成本×当年产量$$

第四节 原煤成本计算实例

一、原煤成本计算

某矿井井田内煤质属弱粘结煤，低灰、中硫、低磷，储量为35476.3万t，可采储量为25172.6万t，矿井服务年限125年，设计生产能力为150万t/a。井田地质结构简单，煤层赋存十分稳定，一般厚度10m左右，开采条件优越，采用一对立井，单水平，主石门及两翼大巷的开拓方式，主井井筒净直径5m，深534m，装备一对12t多绳箕斗提煤，年提升能力174万t，副立井井筒净直径6.5m，深518m，设一窄一宽多绳罐笼作辅助提升。

经岗位定员配备，全矿在籍人数为1640人，其中：参与计效的原煤生产人员在籍人数1290人（其中井下工人896人，地面工人281人，管理人员113人）；不参与计效的原煤生产人员143人；服务人员及其他人员为207人。

矿井固定资产总投资（含基本预备费、建设期利息）为58430万元，其中矿建工程为20199万元，土建工程为15245万元，设备及安装工程为21233万元（其中：综机设备及安装工程12315万元、其他设备及安装工程8918万元），无形资产及递延资产1753万元（其他基本建设费用、基本预备费、建设期利息在扣除无形资产及递延资产后已分配到各类固定资产中形成固定资产原值）。

矿井投产后第一年产量为50万t，第二年产量为100万t，第三年为达产年，产量为150万t。

按照费用要素法计算该矿井原煤成本：

（一）材 料

1. 木 材

木材消耗量0.003m³/t，单价为334.63元/m³，计算求得：

$$0.003×334.63＝1元/t$$

2. 支护用品

支护用品为2.55元/t。

3. 火工产品

火药：

$$0.23kg/t×3.15＝0.72元/t$$

雷管：

$$0.45×0.61＝0.27元/t$$

其他火工产品为：

$$(0.72+0.27)\times10\%=0.10\ \text{元/t}$$

火工产品为 1.09 元/t

4. 大型材料

大型材料为 1.59 元/t。

5. 自用煤

$$0.007\times55.84=0.39\ \text{元/t}$$

以上（1）～（5）项合计为 6.62 元/t。

6. 配件、专用工具及劳保用品

$$6.62\times70\%=4.63\ \text{元/t}$$

主要材料费（1）～（6）项合计为 11.25 元/t。

其他材料费为：

$$11.25\times55\%=6.19\ \text{元/t}$$

材料费合计为：

$$11.25+6.19=17.44\ \text{元/t}$$

（二）动 力

设计吨煤耗电量为 20 度，平均电价为 0.23 元/度，动力费为：

$$20\times0.23=4.6\ \text{元/t}$$

（三）工 资

1. 主要工资

井下工人年平均工资单价为 12000 元/人·年,地面工人年平均工资单价为 8000 元/人·年，管理人员年平均工资单价为 10000 元/人·年。

$$\text{主要工资}=896\times12000+281\times8000+113\times10000$$
$$=14130000\ \text{元}$$
$$\text{其他工资}=14130000\times22.0\%$$
$$=3108600\ \text{元}$$
$$\text{工资}=14130000+3108600$$
$$=17238600\ \text{元}$$
$$17238600\div150\ \text{万 t/a}=11.49\ \text{元/t}$$

（四）职工福利费

$$11.49\times14\%=1.61\ \text{元/t}$$

（五）修理费

$$12315\times5\%+8918\times2.5\%=838.7\ \text{万元}$$

吨煤修理费为 5.59 元。

（六）地面塌陷费

参照矿区实际统计资料，按吨煤 0.4 元计算。

（七）其他支出

1. 劳动保险等费用

按成本工资的 27.6％计算得：

$$11.49\times20.1\%=3.17\ \text{元/t}$$

2. 纳入经营成本中的维简费

$$8 \times 50\% = 4 \ 元/t$$

3. 矿产资源补偿费

吨煤售价按 110 元，按照销售收入的 1% 计算得

$$110 \times 1\% = 1.1 \ 元/t$$

4. 其他费用

参照矿区实际资料按 4.5 元/t 计算。

其他支出（1）～（4）项合计为：12.77 元/t

以上 1～7 项合计即为经营成本 53.90 元/t

（八）折　旧

1. 综机设备折旧费为

$12315 \times 12.5\% = 1539.38$ 万元，即 10.26 元/t。

2. 其他设备折旧费为

$8918 \times 6.67\% = 594.83$ 万元，即 3.97 元/t。

3. 土建工程折旧费为

$15245 \times 2.5\% = 381.13$ 万元，即 2.54 元/t。

折旧费（1）～（3）合计为 16.77 元/t。

（九）井巷工程费

2.5 元/t。

（十）维简费

$8 \times 50\% = 4.0$ 元/t。

（十一）摊销费

无形资产及递延资产为 1753 万元，分 10 年摊销，每年摊销费为 175.3 万元，即 1.17 元/t。

（十二）利息支出

（1）流动资金借款额为 1614 万元，借款年利率按 10.98%，则年流动资金借款利息为：

$$1614 \times 10.98\% = 162.85 \ 万元，即 1.09 \ 元/t。$$

（2）生产期间基建投资借款利息（略）

达产年矿井原煤成本 1～12 项总计（不含生产期基建投资借款利息）为：79.43 元/t。

二、固定成本与可变成本计算

达产年矿井原煤设计单位成本为 79.43 元/t，其中固定成本为 51.98 元/t，可变成本为 27.45 元/t。

达产年经营成本为 53.90 元/t，其中固定经营成本为 33.71 元/t，可变经营成本为 20.19 元/t。

详见达产年原煤成本计算汇总表（表 10—2—5）。

三、达产前逐年单位经营成本计算

生产第一年单位经营成本为：

表 10-2-5 达产年原煤成本计算汇总表

序号	费 用 项 目	原煤设计成本（元/t）	其中：固定成本（元/t）	其中：可变成本（元/t）
1	材 料	17.44	9.94	7.5
2	动 力	4.6	3.08	1.52
3	工 资	11.49	5.74	5.75
4	福利费	1.61	0.80	0.81
5	修理费	5.59	5.59	
6	地面塌陷赔偿费	0.40		0.40
7	其他支出	12.77	8.56	4.21
	经营成本合计	53.90	33.71	20.19
8	折 旧	16.77	16.77	
9	井巷工程费	2.5		2.5
10	维简费	4.0		4.0
11	摊销费	1.17	1.17	
12	利息支出	1.09	0.33	0.76
(1)	流动资金借款利息	1.09	0.33	0.76
(2)	基建投资借款利息			
	单位成本	79.43	51.98	27.45

$$33.71 \times 150 \times 0.5 \div 50 + 20.19 \times 1.2 = 74.79 \text{ 元/t}$$

生产第二年单位经营成本为：
$$33.71 \times 150 \times 0.75 \div 100 + 20.19 \times 1.1 = 60.13 \text{ 元/t}$$

生产第三年（达产年）经营成本为：
$$33.71 \times 150 \times 1.0 \div 150 + 20.19 \times 1.0 = 53.90 \text{ 元/t}$$

四、达产前逐年单位成本计算

生产第一年单位成本为：

$74.79 + 16.77 \times 150 \times 0.5 \div 50 + 2.5 + 4 + 1.17 \times 150 \div 50 + 0.33 \times 150 \div 50 + 0.76 = 111.71 \text{ 元/t}$

生产第二年单位成本为：

$60.13 + 16.77 \times 150 \times 0.75 \div 100 + 2.5 + 4 + 1.17 \times 150 \div 100 + 0.33 \times 150 \div 100 + 0.76 = 88.51 \text{ 元/t}$

生产第三年（达产年）单位成本为：

$53.90 + 16.77 \times 150 \times 1.0 \div 150 + 2.5 + 4 + 1.17 \times 150 \div 150 + 0.33 \times 150 \div 150 + 0.76 = 79.43 \text{ 元/t}$

第五节 附 录

一、劳动定员

矿井的劳动定员范围,应为达到设计生产能力时所需的全部生产工人、管理人员、服务人员和其他人员。

矿井原煤生产人员,系指在矿井原煤生产过程中的全部工人和管理人员,管理人员包括行政管理、政治工作和工程技术人员。矿井原煤生产人员又分为参与计效的原煤生产人员和不参与计效的原煤生产人员。

按照煤炭部煤规字(1994)第 152 号文件规定,参与计效的原煤生产人员是指在原煤生产过程中,直接从事原煤生产活动的工人和部分管理人员。包括以下各类人员:

(1)井下工人:

指以矿井井口为界,凡在井下直接从事原煤生产活动的生产工人均属井下工人。在井下工人中参与计效的工人有:

①回采工人:指由回采工作面上安全出口至顺槽运输机头溜煤眼为止从事工作面采煤和服务于采煤工作的工人。在回采工人中回采工作面工人包括:机采面(综采、高档普采、普采、水采)工人,只算到上下出口为止采面内的全部工人;非机采面工人,除工作面工人外,对顺槽用溜子或皮带运输的,算至顺槽溜煤眼为止,包括顺槽巷道修理工、看溜子工、溜子修理工等;对顺槽与上下山有溜子或皮带连接的,对顺槽溜子或皮带运输机为两个工作面共同服务的,均应算至顺槽溜煤眼止,对工作面无运输设备而以人力推车运输的,其范围算至第一次接车为止(不包括接车工人)。

②掘进工人:是指在掘进工作面范围内,至运输道第一次接车止,皮带运输的算到第一部皮带止的从事掘进工作和服务于掘进工作的工人。

③井下运输工人:是指在采、掘工作范围以外从事井下运输的全部工人。

④巷道维修工人:是指从事井下巷道维修工作的全部工人。

⑤井下其他生产工人:除上列井下工人外的井下工人。如:通风、排水、压风、安检、火药管理、设备移装、机电维修、液压修理、变配电、生产地质勘探、水文、测量、工具与材料保管等工人。

(2)地面运输工人中的井口推车工、摘挂钩工、翻罐笼工人以及绞车、压风机司机。

(3)直接从事原煤生产活动的部分管理人员。包括:井口直接从事生产管理的正副井、区、段长和工程技术人员,以及局、矿两级机关为原煤生产服务的正副局长、正副矿长、局矿三总师,局与矿采、掘、机、运、通、地测、调度等部门的行政管理和工程技术人员。

原煤生产人员中扣除参与计效的原煤生产人员为不参与计效的原煤生产人员。

服务人员,系指食堂、浴室、文教、卫生、保健、警卫、消防、招待所、托儿所、住宅管理维修和勤杂人员。

其他人员,系指厂外铁路专用线的维修、房屋建筑大修理、处理劣质煤和地销煤、修旧利废和小型综合利用等的技术工人和管理人员。

矿井劳动定员的出勤人数应根据矿井的生产规模、开拓开采条件、采区和工作面布置,采煤方法和机械化自动化程度，地面生产系统等状况，按照生产环节和岗位工种配备。

矿井劳动定员的在籍人数，按矿井劳动定员各类人员的出勤人数乘以各类人员的在籍系数确定。各类人员的在籍系数：

不参与计效的原煤生产人员，包括部分工人和部分管理人员，其在籍系数一般为1.0。

服务人员和其他人员的在籍系数为1.0。

参与计效的原煤生产人员中管理人员在籍系数为1.0；生产工人在籍系数可按下式计算：

$$K = \frac{D}{(365 - 7 - 104) \times \eta}$$

式中　K——生产工人在籍系数；

　　　D——设计年工作日；

　365——年日历天数；

　　7——年法定假日；

　104——年双休日数；

　　η——出勤率。

按上式可分别计算出计效原煤生产人员中井下工人、地面工人在籍系数 K。

二、劳动生产率

1. 原煤生产人员效率

$$\frac{\text{原煤生产人员}}{\text{效率}(t/\text{工} \cdot d)} = \frac{\text{原煤产量（t）}}{\text{参与计效的原煤生产人员实际年工作日数（工} \cdot d\text{）}}$$

2. 回采工作面工人效率

$$\frac{\text{回采工作面工人}}{\text{效率}(t/\text{工} \cdot d)} = \frac{\text{回采产量（t）}}{\text{回采工作面工人实际工作日数（工} \cdot d\text{）}}$$

3. 掘进工作面工人效率

$$\frac{\text{掘进工作面工人}}{\text{效率}(m/\text{工} \cdot d)} = \frac{\text{生产掘进进尺（m）}}{\text{掘进工作面工人实际工作日数（工} \cdot d\text{）}}$$

第三章　煤炭产品出厂定价方法

产品定价方法大体可归纳为三大类型：第一类为成本导向定价法、第二类为需求导向定价法、第三类应付或避免竞争的定价方法。为适应市场经济要求和便于设计人员使用，着重介绍需求导向定价法。

第一节　需求导向定价法

一、煤炭出厂价格的确定准则

（1）遵循市场经济的客观规律和国家对煤炭宏观调控政策，在正确分析煤炭市场供求状况、销售渠道、合理流向及用户情况的基础上，确定煤炭产品出厂价格。

（2）坚决执行按质论价和同一地点、同一时点同质同价的原则。

（3）对不同煤种（品种）、不同质量规格的煤炭产品，制定合理的比价率，按比价率确定不同煤质的煤炭出厂价格。

（4）煤炭出厂价格按质论价分两种方式：冶炼用煤和供一般用户使用的煤，按煤的灰分为计价基础，供电厂和铁路机车用动力煤按煤的发热量为计价基础，分别计算其出厂价格。

二、煤炭出厂价格的定价方法

（一）方法一

以拟建项目煤炭产品供应的主要城市现行的煤炭销售合同为确定拟建项目参照煤价的依据。根据拟建项目煤炭产品的煤种、煤质指标和煤炭销售合同中规定的等级标准及相对应的煤炭销售价格，确定拟建项目的参照煤价，再根据煤炭产品合理的销售途径和销售渠道计算出拟建项目煤炭产品的出厂价格。

计算公式为：

$$P = P_1 - C$$

式中　P_1——拟建项目的参照煤价；

　　　P——煤炭出厂价格；

　　　C——拟建项目运至主要城市的运杂费等各种费用之和。

关于拟建项目的参照煤价及运杂费的统计计算等问题，参照方法二中的有关问题。

（二）方法二

选择某一地点（产地、销地或煤炭交易市场）、某一时点的煤炭销售价格作为确定煤炭出厂价格的参照煤价（以下简称参照煤价），根据项目煤质与所选择参照煤价的质量差异及煤炭的合理流向等情况计算煤炭出厂价格。

1. 计算公式

$$P = \frac{K_1}{K_0} P_0 - C$$

式中　P——煤炭出厂价格；

　　P_0——所选择的某一地点、某一时点的参照煤价；

　　K_1——拟建项目煤炭质量比价系数；

　　K_0——所选参照煤价的煤炭质量比价系数；

　　C——拟建项目所在地运到参照煤价所在地运费等各种费用之和（以下简称运杂费）。

2. 选择参照煤价应遵循的原则

（1）对于老矿改扩建项目，应选择该煤矿煤炭销售价格为其参照煤价；

（2）对于老矿区建新井项目，应选择该矿区范围内与该项目煤种、煤质相同或相似的煤炭销售价格为其参照价格；

（3）对于新矿区建新井项目

在选择拟建项目的参照煤价时，应优先选择本矿井、本矿区及邻近矿区煤种、煤质相同（或相似）的煤炭销售价格为其参照煤价。当上述条件无法满足拟建项目的实际需要时，也可以选择拟建项目拟销往的主要城市，国内煤炭交易市场、国际煤炭交易市场煤种、煤质相同（或相似）的煤炭交易价格为其参照煤价。

3. 选择参照煤价应注意的几个问题

（1）时点问题：拟建项目参照煤价以该项目的设计日期为时点。

（2）时间范围问题：拟建项目参照煤价时点确定后，具体确定参照煤价时，还应考虑确定参照煤价的时间范围问题。因为对煤炭价格作出长达十余年的科学预测，难度很大，因此，拟建项目财务评价中的煤炭价格应选择拟建项目当时（当期）的煤炭价格为其参照煤价。

市场经济所固有的客观规律是：在一定时期内，煤炭产品的销售价格围绕其价值上下波动。因此，在选择拟建项目的参照煤价时，应该分析一定时间范围内的煤炭价格的变动情况，以便使确定的拟建项目煤炭价格更加科学合理。在具体选择参照煤价时，应该以所确定的拟建项目的时点为基础，以其前后 3 个月、6 个月或 12 个月为时间范围，分析该段时间范围内煤炭价格的变动情况。

4. 参照煤价的统计方法

（1）加权平均法。以煤炭交易量为权数，计算参照煤价。

计算公式：
$$P_0 = \frac{\sum\limits_{t=1}^{n} 煤炭交易价格 \times 煤炭交易量}{\sum\limits_{t=1}^{n} 煤炭交易量}$$

（2）算术平均法：
$$P_0 = \frac{\sum\limits_{t=1}^{n} 煤炭交易价格}{n}$$

式中　n——所选择的煤炭交易价格个数；

（3）去高去低平均法。去掉所选择的煤炭交易价格（平均价格）中的最高价和最低价后，计算参照煤价。计算公式为

$$P_0 = \frac{\sum_{t=1}^{n-2} 煤炭交易价格}{n-2}$$

5. 运杂费的统计计算

（1）所选择的参照煤价为同矿区、同矿井的出矿价时，则运杂费为零。

（2）当选择的参照煤价为中转口岸价时，运杂费 C 的统计计算可分为以下三种情况：

①当选择的参照煤价为中转口岸的车站价时：

$$C = C_1$$

②当选择的参照煤价的中转口岸场存价时。

$$C = C_1 + C_2$$

③当选择的参照煤价为中转口岸平仓价时：

$$C = C_1 + C_2 + C_3$$

式中　C_1——从矿区运转至中转口岸的铁路运费；

　　　C_2——中转口岸的卸车费、仓贮费及管理等各种杂费；

　　　C_3——中转口岸的装车费及管理费等各种杂费。

（3）当选择的参照煤价为主销区价时，运杂费 C 的统计计算可分为以下两种情况。

①当煤炭产品从矿区由铁路或公路或水路直接运至主销区时，运杂费 C 分别为：

当所选择的参照煤价为主销区的车站价时：

$$C = D_1$$

当所选择的参照煤价为主销区的场存价时：

$$C = D_1 + D_2$$

当所选择的参照煤价的主销区的用户价时：

$$C = D_1 + D_2 + D_3$$

式中　D_1——从矿区运至主销区的铁路或公路或水路运杂费；

　　　D_2——主销区的卸车费、仓贮费及管理费等各种杂费；

　　　D_3——主销区的仓贮费、装车费、短途运费及管理费等各种杂费。

②当煤炭产品从矿区经中转口岸由海路运至主销区时，运杂费 C 分别为：

当所选择的参照煤价为主销区的码头价时：

$$C = E_1 + E_2 + E_3$$

当所选择的参照煤价为主销区场存价时：

$$C = E_1 + E_2 + E_3 + E_4$$

当所选择的参照煤价为主销区的平仓价时：

$$C = E_1 + E_2 + E_3 + E_4 + E_5$$

式中　E_1——从矿区运至中转口岸的铁路运费；

　　　E_2——中转口岸的卸车费、仓贮费、装车费及管理费等各种杂费；

　　　E_3——从中转口岸运至主销区码头的海路运费；

　　　E_4——主销区码头的卸车费、仓贮费及管理费等各种杂费；

　　　E_5——主销区码头的仓贮煤、装车费、短途运输费及管理费等各种杂费。

6. 煤炭质量比价系数的确定

（1）供冶炼用的洗精煤和一般用户的质量比价系数按其煤种、品种、灰分、水分、硫分、块煤限下率的质量比价率计算的。

计算公式为：

$$K_1 = K_{al}K_{ml}K_{pl}K_{wl}K_{sl}K_{xl}$$
$$K_0 = K_{a0}K_{m0}K_{p0}K_{w0}K_{s0}K_{x0}$$

式中　K_{al}、K_{a0}——拟建项目和所选参照煤价煤炭产品灰分比价；

　　　K_{ml}、K_{m0}——拟建项目和所选参照煤价煤炭产品煤种比价；

　　　K_{pl}、K_{p0}——拟建项目和所选参照煤价煤炭产品品种比价；

　　　K_{wl}、K_{w0}——拟建项目和所选参照煤价煤炭产品水分比价；

　　　K_{sl}、K_{s0}——拟建项目和所选参照煤价煤炭产品硫分比价；

　　　K_{xl}、K_{x0}——拟建项目和所选参照煤价煤炭产品块煤限下率比价。

（2）供电厂、铁路机车用的动力煤实行发热量计价时，质量比价系数按其发热量、品种、灰分、挥发分、硫分、块煤限下率的质量比率计算的。

计算公式为：

$$K_1 = K_{rl}K_{pl}K_{al}K_{vl}K_{sl}K_{xl}$$
$$K_0 = K_{r0}K_{p0}K_{a0}K_{v0}K_{s0}K_{x0}$$

式中　K_{rl}、K_{r0}——拟建项目和所参照煤价煤炭产品发热量比价；

　　　K_{vl}、K_{v0}——拟建项目和所参照煤价煤炭产品可燃基挥发分比价；

　　　K_{al}、K_{a0}——拟建项目和所参照煤价煤炭产品应用基灰分系数；

　　　其余符号同前。

三、煤炭产品比价表

比价率表参考国家物价局（92）价工字 315 号文规定。详见表 10—3—1～表 10—3—18。上述表格所列的各种比价及系数，是计划经济条件下定价的依据，在市场经济条件下仅作参考。

（一）按灰分计价的比价率表

1. 煤种分群及其比价率

煤种分群及其比价率见表 10—3—1。

2. 煤炭品种及其比价率

煤炭品种及其比价率见表 10—3—2。

3. 灰分间隔及其对价格的比值

（1）灰分间隔：

各个煤炭品种都以一定灰分范围作为一个等级。

冶炼用炼焦精煤灰分范围在 5.01%～12.5%，灰分间隔 0.5% 为一个等级，共分为 15 个等级（见表 10—3—3）。

其他用炼焦精煤灰分范围在 12.51%～16.0%，灰分间隔 0.5% 为一个等级，共分为 7 个等级（见表 10—3—4）。

其他品种煤灰分范围在 4.01%～40%，灰分间隔 1% 为一个等级，灰分范围在 40.01%～49%，灰分间隔 3% 为一个等级，共 39 个等级（见表 10—3—5）。

表 10-3-1　煤 种 分 群 及 其 比 价 表

群　别	煤　　种	比价 (%)	备　　注
第一群	焦煤、肥煤	125	焦、肥、1/3焦煤,气煤中的中煤,煤泥及灰分大于10%
第二群	肥　煤	120	的各品种煤比价均按100%计算。其余各煤种中的中煤、煤
第三群	1/3焦煤	118	泥及灰分大于40%的各品种煤均按该煤种的比价率计算
第四群	气肥煤	115	
第五群	气　煤	104	
	长焰煤、1/2中粘煤、弱粘结煤、不粘结煤、瘦煤、无烟煤		
第六群	贫瘦煤	100	
第七群	贫　煤	98	
第八群	褐　煤	95	
		83	

表 10-3-2　煤 炭 品 种 及 其 比 价 表

品 种 名 称	比价 (%)	品 种 名 称	比价 (%)
精煤(灰分≤12.5%)	177.8	洗粉煤	107
精煤(灰分＞12.5%)	152	水采煤泥、煤泥	60
洗中块	150	中　煤	60
洗混中块	143	中　块	140
洗大块	139	混中块	137
洗混块	139	特大块、大块	129
洗特大块	132	混　块	134
洗小块	136	小　块	130
洗粒煤	132	粒　煤	125
洗原煤	108	混　煤	105
洗混煤	107	粉　煤	103
洗末煤	109	末　煤	103

表 10-3-3　冶炼用炼焦精煤比价表

等级	灰分范围 (%)	比价 (%)	等级	灰分范围 (%)	比价 (%)
1	5.01~5.50	135.00	9	9.01~9.50	107.00
2	5.51~6.00	131.50	10	9.51~10.00	103.50
3	6.01~6.50	128.00	11	10.01~10.50	100.00
4	6.51~7.00	124.50	12	10.51~11.00	96.50
5	7.01~7.50	121.00	13	11.01~11.50	93.00
6	7.51~8.00	117.50	14	11.51~12.00	89.50
7	8.01~8.50	114.00	15	12.01~12.50	86.00
8	8.51~9.00	110.50			

表 10—3—4 其他用炼焦精煤比价表

等级	灰分范围 (%)	比价 (%)	等级	灰分范围 (%)	比价 (%)
1	12.51～13.0	92.50	5	14.51～15.0	86.50
2	13.01～13.5	91.00	6	15.01～15.5	85.00
3	13.51～14.0	89.50	7	15.51～16.0	83.50
4	14.01～14.5	88.00			

表 10—3—5 其他品种煤（原煤）比价表

等级	灰分范围 (%)	比价 (%)	等级	灰分范围 (%)	比价 (%)
1	4.01～5	157	21	24.01～25	97.60
2	5.01～6	154	22	25.01～26	95.20
3	6.01～7	151	23	26.01～27	92.80
4	7.01～8	148	24	27.01～28	90.40
5	8.01～9	145	25	28.01～29	88.00
6	9.01～10	142	26	29.01～30	85.60
7	10.01～11	139	27	30.01～31	83.20
8	11.01～12	136	28	31.01～32	80.80
9	12.01～13	133	29	32.01～33	78.40
10	13.01～14	130	30	33.01～34	76.00
11	14.01～15	127	31	34.01～35	73.60
12	15.01～16	124	32	35.01～36	71.20
13	16.01～17	12	33	36.01～37	68.80
14	17.01～18	118	34	37.01～38	66.40
15	18.01～19	115	35	38.01～39	64.00
16	19.01～20	112	36	39.01～40	61.60
17	20.01～21	109	37	40.01～43	54.40
18	21.01～22	106	38	43.01～46	47.20
19	22.01～23	103	39	46.01～49	40.00
20	23.01～24	100			

（2）灰分与价格的比值（表 10—3—6）：

冶炼作炼焦精煤的灰分与价格的比值为 1：7，其它用炼焦精煤的灰分与价格的比值为 1：3。

其它品种煤灰分在 24% 及其以下的各等级，灰分与价格的比值为 1：3，灰分大于 24% 的各等级，灰分与价格的比值为 1：2.4。

4. 水分及其对价格的比值

水分是按照各煤种和各品种煤含水量的不同，分为四类，比值为 1：1，计算精煤价格时，以精煤计量水分为标准。

（1）长焰煤、弱粘结煤、不粘结煤、气煤、1/3 焦煤、气肥煤、1/2 中粘煤煤种的原、混、粉、末，各种粒度的块煤以及各群（褐煤除外）的洗原煤，水采原煤、洗粉煤、水采粉煤、洗混煤、洗末煤和各种粒度的洗块、中煤的水分及比价见表 10—3—7。

表 10-3-6　灰分与价格的比值表

品　　种	灰　　分			灰分比值（灰分比价格）	
	范围（%）	间隔（%）	等级数	范围（%）	比　值
冶炼用炼焦精煤	5.01~12.50	0.5	15	≤12.5	1:7
其它用炼焦精煤	12.51~16.0	0.5	7	12.51~16	1:3
其它品种	4.01~40.0	1	36	≤24	1:3
其它品种	40.01~49.0	3	3	>24	1:2.4

表 10-3-7

水分（%）	2.01~3	3.01~4	4.01~5	5.01~8	8.01~9
比价（%）	103	102	101	100	99
水分（%）	9.01~10	10.01~11	11.01~12	12.01~13	13.01~14
比价（%）	98	97	96	95	94
水分（%）	14.01~15	15.01~16	16.01~17	17.01~18	18.01~19
比价（%）	93	92	91	90	89
水分（%）	19.01~20	20.01~21	21.01~22	22.01~23	余类推
比价（%）	88	87	86	85	余类推

　（2）焦、肥、瘦、贫、无烟煤、贫瘦煤煤种的原、混、粉、末和各种粒度块煤的水分及比价见表 10-3-8。

表 10-3-8

水分（%）	1.01~2	2.01~3	3.01~4	4.01~5	5.01~6
比价（%）	103	102	101	100	99
水分（%）	6.01~7	7.01~8	8.01~9	9.01~10	10.01~11
比价（%）	98	97	96	95	94
水分（%）	11.01~12	12.01~13	13.01~14	14.01~15	15.01~16
比价（%）	93	92	91	90	89
水分（%）	16.01~17	17.01~18	18.01~19	19.01~20	余类推
比价（%）	88	87	86	85	余类推

　（3）褐煤煤种的原、混、末、粉、块煤和洗煤以及各群的煤泥、水采煤泥的水分及比价见表 10-3-9。

　（4）精煤（按计量水分）的水分及比价见表 10-3-10。

　5. 硫分及其对价格的比值（表 10-3-11~表 10-3-12）

　精煤硫分共分为五个等级，间隔为 0.5%，比值为 1:5。其它品种煤的硫分共分为四个等级，间隔 2%，比值为 1:1.5。

表 10-3-9

水分(%)	14.01~15	15.01~16	16.01~17	17.01~18	18.01~19
比价(%)	106	105	104	103	102
水分(%)	19.01~20	20.01~23	23.01~24	24.01~25	25.01~26
比价(%)	101	100	99	98	97
水分(%)	26.01~27	27.01~28	28.01~29	29.01~30	30.01~31
比价(%)	96	95	94	93	92
水分(%)	31.01~32	32.01~33	33.01~34	34.01~35	余类推
比价(%)	91	90	89	88	余类推

表 10-3-10

水分(%)	3.01~4	4.01~5	5.01~6	6.01~7	7.01~8
比价(%)	107	106	105	104	103
水分(%)	8.01~9	9.01~10	10.01~12	12.01~13	13.01~14
比价(%)	102	101	100	99	98
水分(%)	14.01~15	15.01~16	16.01~17	17.01~18	余类推
比价(%)	97	96	95	94	余类推

表 10-3-11　精煤硫分间隔范围及比值

间隔范围(%)	≤0.5	0.51~1.0	1.01~1.5	1.51~2.0	2.01~2.5
比价(%)	102.5	100	97.5	95	92.5

表 10-3-12　其他品种煤硫分间隔范围及比值

间隔范围(%)	≤3	3.01~5	5.01~7	>7
比价(%)	100	97	94	91

6. 块煤限下率及对价格的比值（表 10-3-13）

块煤限下率共分为七个等级，每个等级的间隔为 3%，比值为 1：0.5。

（二）按发热量计价的比价率计算表

表 10-3-13　块煤限下率及其比价表

块煤限下率及间隔范围(%)	≤12	12.05~15	15.01~18	18.01~21
比　价　(%)	103	101.5	100	98.5
块煤限下率及间隔范围(%)	21.05~24	24.01~27	27.01~30	
比　价　(%)	97.0	95.5	94.0	

1. 发热量比价（表 10—3—14）

发热量从 9.51～29.5MJ/kg，每级间隔 0.5MJ/kg，共分 40 个等级（编号），以收到基底位发热量值在 20.51～21.0MJ/kg 的比价率为 100%，发热量每增加 0.5MJ/kg，其比价提高 1.2%，每降低 0.5MJ/kg，其比价下降 0.6%。

表 10—3—14 发 热 量 比 价 表

编 号	Q_{DW}^Y (MJ/kg)	K_r (%)	编 号	Q_{DW}^Y (MJ/kg)	K_r (%)
29.5	29.01～29.5	120.4	19.5	19.01～19.5	98.2
29	28.51～29.0	119.2	19	18.51～19.0	97.6
28.5	28.01～28.5	118	18.5	18.01～18.5	97
28	27.51～28.0	116.8	18	17.51～18.0	96.4
27.5	27.01～27.5	115.6	17.5	17.01～17.5	95.8
27	26.51～27.0	114.4	17	16.51～17.0	95.2
26.5	26.01～26.5	113.2	16.5	16.01～16.5	94.6
26	25.51～26.0	112	16	15.51～16.0	94
25.5	25.01～25.5	110.8	15.5	15.02～15.5	93.4
25	24.51～25.0	109.6	15	14.51～15.0	92.8
24.5	24.01～24.5	108.4	14.5	14.01～14.5	92.2
24	23.51～24.0	107.2	14	13.51～14.0	91.6
23.5	23.01～23.5	106	13.5	13.01～13.5	91
23	22.51～23.0	104.8	13	12.51～13.0	90.4
22.5	22.01～22.5	103.6	12.5	12.01～12.5	89.8
22	21.51～22.0	102.4	12	11.51～12.0	89.2
21.5	21.01～21.5	101.2	11.5	11.01～11.5	88.6
21	20.51～21.0	100	11	10.51～11.0	88
20.5	20.01～20.5	99.4	10.5	10.01～10.5	87.4
20	19.51～20.0	98.8	10	9.51～10.0	86.8

2. 挥发分比价（表 10—3—15）

挥发分以浮煤（标定牌号的）干燥无灰基挥发份值为标准，挥发分从≤20% 到＞37% 及褐煤共分为 5 个等级。挥发分在 20.01%～28% 的比价为 100%。

表 10—3—15 挥 发 分 比 价 表

干燥无灰基挥发分(%)	≤20	20.01～28	28.01～37	＞37	褐煤挥发分
挥发分比价(%)	90	100	110	120	125

3. 煤炭品种比价

煤炭品种比价，按灰分计价的各品种煤比价为准（见灰分计价的煤炭品种比价率表 10—3—2）。

4. 硫分比价（表 10—3—16）

硫分划分为 8 个等级，全硫在 2%～3% 的比价为 100%，硫分＞1 的间隔 1%，比值 1∶1.5；硫分≤1%，间隔 0.5%，比值 1∶3。

表 10—3—16　硫 分 比 价 表

全硫分(%)	≤0.5	0.51~1	1.01~2	2.01~3	3.01~4	4.01~5	5.01~6	>6
硫分比价(%)	104.5	103.0	101.5	100.0	98.5	97.0	95.5	94.0

5. 块煤限下率比价（表 10—3—17）

块煤限下率划分为 10 个等级，间隔 3%，以限下率 15.01%~18.0% 的比价为 100%，比值为 1:0.5。

表 10—3—17　块 煤 限 下 率 比 价 表

块煤限下率(%)	≤3	3.01~6	6.01~9	9.01~12	12.01~15
比价(%)	107.5	106.0	104.5	103.0	101.5
块煤限下率(%)	15.01~18	18.01~21	21.01~24	24.01~27	27.01~30
比价(%)	100.0	98.5	97.0	95.5	94.0

6. 灰分系数（表 10—3—18）

以收到基灰分为计算基础，共分为 9 个等级，灰分小于 40% 的间隔为 5%，灰分不大 5% 的灰分系数为 1；灰分 5.01%~25%，灰分系数由 0.99 按 0.02 递减；灰分 25.01%~40%，灰分系数由 0.93 按 0.01 递减；灰分大于 40%，其系数为 0.89。

表 10—3—18　灰 分 系 数 表

应用基灰分(%)	≤5	5.01~10	10.01~15	15.01~20	20.01~25
灰分系数	1.00	0.99	0.97	0.95	0.93
应用基灰分(%)	25.01~30	30.01~35	35.01~40	>40	
灰分系数	0.92	0.91	0.90	0.89	

第二节　实　　例

一、实例 1

某新建井煤矿，原煤质量如下：灰分 13.62%、全水分 14%、硫分 1.59%，供化工企业使用。邻近矿井筛末煤煤种煤质与新建矿井相似，市场售价为 142 元/t，作为参照煤价，参照煤的灰分为 10%、全水分 15%、硫分 1.44%，交货地点距新建矿井 13km，运杂费为 5.2 元/t。计算原煤坑口价。

解

（1）煤主要供一般用户使用，按灰分计算煤价

（2）按煤的质量，从按灰分计价的比价表中查找其比价。

（3）计算煤价：

$$P_{坑口价}=\frac{设计原\left(\begin{array}{c}煤种\\比价\end{array}\times\begin{array}{c}品种\\比价\end{array}\times\begin{array}{c}灰分\\比价\end{array}\times\begin{array}{c}硫分\\比价\end{array}\right)}{参\quad照\left(\begin{array}{c}煤种\\比价\end{array}\times\begin{array}{c}品种\\比价\end{array}\times\begin{array}{c}灰分\\比价\end{array}\times\begin{array}{c}水分\\比价\end{array}\times\begin{array}{c}硫分\\比价\end{array}\right)}\times 参照煤价-运杂费$$

$$=\frac{1.0\times1.0\times1.3\times0.94\times1.0}{1.0\times1.03\times1.42\times0.93\times1.0}\times142-5.2$$

$$=122.37\ 元/t$$

二、实例 2

新建矿井选煤厂设计产品种类，质量及产率详见表10-3-19。

表 10-3-19

产品名称	产率（%）	灰分（Ad%）	全水分	$Q_{at\cdot ar}$（MJ/kg）	硫 分
洗大块(100~50mm)	14.27	7.53	12	24.17	1.23
中块(50~25mm)	13.48	7.74	12	24.12	1.23
末煤(25~0mm)	69.5	13.48	14	21.63	1.23
矸　石	2.75	77.77	17		

其中洗大块、洗中块为一般动力用煤，末煤为供电厂的动力煤。其邻近矿井煤质相似的产品的大块售价为175元/t、电煤（筛末煤）为142元/t，作为参照煤价。

其煤质如下：大块、灰分10%、水分12%、硫分0.5%、块煤限下率10%。

电煤：灰分10%，应用基低位发热量为5000大卡。

参照煤的交货地点相同，运杂费为5元/t。请计算其出厂价。

解：

（1）计算原则：

洗大块、洗中块为动力用煤，按灰分计算。

电煤供电厂，按发热量计价。

（2）按煤质，从比价表查其比价。

（3）煤价计算：

1）洗大块

$$P_{大}=\frac{设计产\left(\begin{array}{c}煤种\\比价\end{array}\times\begin{array}{c}品种\\比价\end{array}\times\begin{array}{c}灰分\\比价\end{array}\times\begin{array}{c}硫分\\比价\end{array}\times\begin{array}{c}水分\\比价\end{array}\times\begin{array}{c}块煤下\\限率比价\end{array}\right)}{参\quad照\left(\begin{array}{c}煤种\\比价\end{array}\times\begin{array}{c}品种\\比价\end{array}\times\begin{array}{c}灰分\\比价\end{array}\times\begin{array}{c}硫分\\比价\end{array}\times\begin{array}{c}水分\\比价\end{array}\times\begin{array}{c}块煤下\\限率比价\end{array}\right)}\times 参照煤价-运杂费$$

$$=\frac{1.0\times1.39\times1.48\times0.96\times1.0\times1.03}{1.0\times1.39\times1.42\times0.96\times1.0\times1.03}\times175-50$$

$$=177.39\ 元/t$$

2）洗中块

$$P_{中}=\frac{1.0\times1.5\times1.48\times0.96\times1.0\times1.03}{1.0\times1.39\times1.42\times0.96\times1.0\times1.03}\times175-5.0$$
$$=191.83\ 元/t$$

3）末煤

$$P_{末}=\frac{设计产品比价\left(\begin{array}{c}品种\\比价\end{array}\times\begin{array}{c}发\ \ 热\\量比价\end{array}\times\begin{array}{c}可燃量挥\\发分比价\end{array}\times\begin{array}{c}应\ \ 用\ \ 量\\灰分比价\end{array}\times\begin{array}{c}硫分\\比价\end{array}\right)}{参\ \ 照煤比价\left(\begin{array}{c}品种\\比价\end{array}\times\begin{array}{c}发\ \ 热\\量比价\end{array}\times\begin{array}{c}可燃量挥\\发分比价\end{array}\times\begin{array}{c}应\ \ 用\ \ 量\\灰分比价\end{array}\times\begin{array}{c}硫分\\比价\end{array}\right)}\times参照煤价-运杂费$$

根据已知资料情况，公式及计算可简化为：

$$P_{末}=\frac{设计产品比价（品种比价\times发热量比价）}{参照煤比价（品种比价\times发热量比价）}\times参照煤价-运杂费$$
$$=\frac{1.024\times1.03}{1.0\times1.03}\times142-5$$
$$=140.41\ 元/t$$

第四章　建设项目经济分析与评价

第一节　资金时间价值的常用计算公式

一、资金时间价值的概念

资金投入生产或流通领域，随着时间的推移，按照几何级数增长，资金的这种属性就称做资金的时间价值。由于资金最好的表现形式为货币，因此，资金的时间价值也称为货币的时间价值。

二、资金时间价值的计算

1. 一次支付终值公式

已知现值 P，期利率 i，期数 n，求未来期末 n 的本利和 F。

$$F=P\,(1+i)^n \text{ 或 } F=P\,(F/P,\,i,\,n)$$

式中　$(1+i)^n$——一次偿付复利系数，用 $(F/P,\,i,\,n)$ 表示，可查表或直接计算求出。

2. 一次支付现值公式：

已知未来某一时间的资金（本利和）F，期利率 i，期数 n，求 F 的折现值 P。

$$P=F\,(1+i)^{-n} \text{ 或 } P=F\,(P/F,\,i,\,n)$$

式中　$(1+i)^{-n}$——一次偿付现值系数或折现系数，用 $(P/F,\,i,\,n)$ 表示，可查表或直接计算。

3. 等额序列终值公式

已知从 1 到 n 期末的收益或费用（也称年值或年金）A 都相等，期利率为 i，求 n 期的本利和 F。

$$F=A\cdot\frac{(1+i)^n-1}{i} \text{ 或 } F=A\,(F/A,\,i,\,n)$$

式中　$\frac{(1+i)^n-1}{i}$——等额序列复利和系数，通常用 $(F/A,\,i,\,n)$ 表示，可查表或直接计算。

4. 等额序列偿付基金公式

已知未来 n 期末要用一笔未来值 F，若期利率为 i，则从 1 到 n 期末每期应存入多少钱，到 n 期末才能得到 F。

$$A=F\cdot\frac{i}{(1+i)^n-1} \text{ 或 } A=F\,(A/F,\,i,\,n)$$

式中　$\frac{i}{(1+i)^n-1}$——基金存储系数，用 $(A/F,\,i,\,n)$ 表示，可查表或直接计算求出。

5. 等额序列资金回收公式

已知现值 P，利率 i，期数 n，求每期期末收回多少资金 A，到 n 期末正好全部收回本金及利息。

$$A=P\frac{i(1+i)^n}{(1+i)^n-1}\text{或}A=P(A/P,i,n)$$

式中　$\frac{i(1+i)^n}{(1+i)^n-1}$——资金回复系数，通常用$(A/P,i,n)$表示，可查表或直接计算求出。

6. 等额序列现值公式

已知从1到n期每期期末有一数值相等收入（或支出）A和期利率i，求相当于初期（0期末）的现值是多少。

$$P=A\frac{(1+i)^n-1}{i(1+i)^n}\text{或}P=A(P/A,i,n)$$

式中　$\frac{(1+i)^n-1}{i(1+i)^n}$——等额序列的现值系数，通常用$(P/A,i,n)$表示，可通过查表或直接计算求出。

7. 不等额序列的终值公式

若从1到n期末，每期末的净现金流量不相等，分别为$A_1,A_2,A_3,\cdots\cdots,A_{n-1},A_n$，到$n$期末净终值$F$为：

$$F=\sum_{t=1}^{n}A_t(1+i)^{n-1}$$

8. 不等额系数的现值公式

若从1到n期末每期末的净现金流量不相等，分别为$A_1,A_2,A_3,\cdots\cdots,A_{n-1},A_n$，到$n$期末净现值$P$：

$$P=\sum_{t=1}^{n}\frac{A_t}{(1+i)^t}$$

第二节　经济评价的几种价格

一、世界银行推荐的几种价格的概念

1. 基　价

基价是指某一特定基准年的价格，也称不变价格。

2. 时　价

时价是指市场价或包括本物品实际增值及通货膨胀因素在内的价格；或既包括了本物品相对价格上涨因素（或差异上涨因素），又包括了社会通货膨胀上涨因素在内的价格。时价也称现价。

3. 实　价

实价是指该物品时价扣除通货膨胀因素后的实际价格；或指该物品差异上涨的真值。

二、时价的计算方法

$$\text{时价}=\text{基价}\times(1+P_1)(1+P_2)\cdots(1+P_n)=\text{基价}\times\sum_{i=1}^{n}(1+P_i) \tag{1}$$

时价还可用另一公式计算：

$$时价 = 基价 \times (1+f_1)(1+y_1)(1+f_2)(1+y_2)\cdots(1+f_n)\cdot(1+y_n)$$

$$= 基价 \times \sum_{i=1}^{n}[(1+f_i)(1+y_i)] \tag{2}$$

$$y_i = \frac{1+p_i}{1+f_i} - 1 \tag{3}$$

当 $p_i = P$ 时 $(i=1, 2, \cdots, n)$ 公式（1）变成：

$$时价 = 基价\ (1+p)^n$$

当 $f_i = f$ 且 $y_1 = y$ 时 $(i=1, 2, \cdots n)$ 公式（2）变成：

$$时价 = 基价\ [(1+f)\ (1+y)]^n$$

式中　p_i——第 i 年的该物品时价上涨指数，包括了该物品实际增长及通货膨胀因素在内的指数；

　　　　f_i——第 i 年的通货膨胀指数；

　　　　y_i——第 i 年该物品的差异上涨指数或相对上涨指数；

三、实价的计算方法

$$实价 = \frac{时价}{(1+f_1)\ (1+f_2)\ \cdots\ (1+f_n)}$$

$$= \frac{时价}{\sum\limits_{i=1}^{n}\ (1+f_i)} \tag{4}$$

或

$$实价 = 基价 \times \left(\frac{1+p_1}{1+f_1}\cdot\frac{1+p_2}{1+f_2}\cdots\frac{1+p_n}{1+f_n}\right)$$

$$= 基价 \times \sum_{i=1}^{n}\left(\frac{1+p_i}{1+f_i}\right) \tag{5}$$

或

$$实价 = 基价 \times\ (1+y_1)\ (1+y_2)\ \cdots\ (1+y_n)$$

$$= 基价 \times \sum_{i=1}^{n}\ (1+y_i) \tag{6}$$

当 $f_i = f$ 时 $(i=1, 2, \cdots, n)$，公式（4）变为：

$$实价 = \frac{时价}{(1+f)^n} \tag{4}'$$

当 $f_i = f$ 且 $p_i = P$ 时或 $y_i = Y$ 时 $(i=1, 2, \cdots, n)$ 公式（5）变为：

$$实价 = 基价 \times \left(\frac{1+p}{1+f}\right)^n \tag{5}'$$

或

$$实价 = 基价 \times\ (1+y)^n \tag{6}'$$

四、应用举例

某手表 1993 年基价为 100 元/只，该手表 1994～1997 年的年时价上涨指数分别为：30%、15.38%、20%、11.11%，这 4 年平均年上涨指数为 18.92%、假设 1994～1997 年社会通货膨胀率分别为：11%、10%、9%、8%，这 4 年平均社会通货膨胀率为 9.4%。

求：（1）1997 年该手表的时价；

（2）1997 年该手表的实价；

（3）该手表的差异上涨指数；

（4）利用 f_i、Y_i 求 1997 年该手表的时价和实价。

1. 求该手表 1997 年的时价

由公式（1）得：

$$时价 = 100（1+30\%）（1+15.38\%）（1+20\%）（1+11.11\%）$$
$$\doteq 200 \, 元/只$$

或由公式（1）得：

$$时价 = 100 \times （1+18.92\%）^4$$
$$\doteq 200 \, 元/只$$

2. 求该手表 1997 年的实价

由公式（4）得：

$$实价 = \frac{200}{（1+11\%）（1+10\%）（1+9\%）（1+8\%）}$$
$$\doteq 139 \, 元/只$$

或由公式（4）′得：

$$实价 = \frac{200}{（1+9.49\%）^4}$$
$$\doteq 139 \, 元/只$$

同理由公式（5）或（5）′亦求得实价为 139 元/只。

3. 求该手表逐年差异上涨指数

由公式（3）得 1994～1997 年逐年差异上涨指数分别为：

$$y_1 = \frac{1+30\%}{1+11\%} - 1 = 17.12\%$$

$$y_2 = \frac{1+15.38\%}{1+10\%} - 1 = 4.89\%$$

$$y_3 = \frac{1+20\%}{1+9\%} - 1 = 10.09\%$$

$$y_4 = \frac{1+11.11\%}{1+8\%} - 1 = 2.88\%$$

平均差异上涨指数为：

$$y = \sqrt[4]{（1+17.12\%）（1+4.89\%）（1+10.09\%）（1+2.88\%）} - 1$$
$$= 8.61\%$$

4. 利用 f_i、y_i 求时价和实价

（1）求 1997 年该手表的时价：

由公式（2）得：

$$时价 = 100 \times （1+11\%）（1+17.12\%）（1+10\%）（1+4.89\%）（1+9\%）（1+10.09\%）$$
$$（1+8\%）（1+2.88\%）$$
$$\doteq 200 \, 元/只$$

或由公式（2）′得：

$$时价 = 100 \times [（1+9.49\%）（1+8.61\%）]^4 \doteq 200 \, 元/只$$

（2）求 1997 年该手表的实价：

由公式（6）得：

实价＝100×（1＋17.12％）（1＋4.89％）（1＋10.09％）（1＋2.88％）

＝139 元/只

或由公式（6）′得：

$$实价＝100×（1＋8.61％）^4＝139 元/只$$

五、关于价格的有关规定

1．《建设项目经济评价方法与参数》（第二版）的规定

国家计委、建设部计投资（1993）530 号文颁发的《建设项目经济评价方法与参数》（第二版）中规定：

国内项目财务评价使用财务价格，即以现行价格体系为基础的预测价格。对于价格变动因素，在进行项目财务盈利能力分析和清偿能力分析时，原则上宜作不同处理。进行财务盈利能力分析时，计算期内各年采用的预测价格，是在基年（或建设期初）物价总水平的基础上预测的，只考虑相对价格的变化，不考虑物价总水平的上涨因素（即实价）；在进行清偿能力分析时，计算期内各年采用的预测价格，除考虑相对价格的变化外，还要考虑物价总水平的上涨因素（即时价），物价总水平上涨因素一般只考虑到建设期末。即两种分析分别采用两套预测价格，两套计算数据。

为简化计算，根据项目具体情况，两种分析也可采用一套预测价格，一套计算数据。建设期较短的项目，两种分析在建设期内各年均采用时价，生产经营期内各年均采用以建设期末（生产期初）物价总水平为基础、并考虑生产经营期内相对价格变化的价格；建设期较长，确实难以预测物价总水平上涨指数的项目，经主管部门同意，两种分析在计算期内各年亦可采用以基价年（或建设期初）物价总水平为基础、仅考虑相对价格变化、不考虑物价总水平上涨因素的价格。但须就可能的物价总水平变动因素对项目盈利能力和清偿能力的影响，认真地进行敏感性分析。

国民经济评价使用影子价格，在计算期内各年均不考虑物价总水平上涨因素。

2．《煤炭工业建设项目经济评价方法与参数》的规定

中华人民共和国煤炭工业部煤规字（1996）第 501 号文颁发的《煤炭工业建设项目经济评价方法与参数》中规定：

建设项目经济评价，应尽可能采用项目建设或计算期内各年既考虑价格相对变化、又考虑物价总水平上涨因素的价格——时价，计算评价指标。考虑到煤炭项目建设周期较长、价格变化确实难以预测，一般可采用以现行价格为基础的基准年的价格——基价，计算评价指标。但均应就未能得以考虑的价格变动因素对建设项目评价指标的影响，进行敏感性分析。项目评价人员应根据项目的实际情况，深入调查研究，实事求是地通过分析论证，对价格进行预测。

国民经济评价使用影子价格，对已实行市场价格的物品和服务项目，可使用财务价格，不考虑价格变动。

第三节　流　动　资　金

流动资金是用于购买原材料、燃料、动力、发放工资、支付管理费等的资金,它是存在于产品生产过程和流通过程中的周转资金。

一、流动资金的估算方法

1. 扩大指标估算法

一般可参照同类生产企业流动资金占销售收入、经营成本、固定资产投资的比率,以及单位产量占用流动资金的比率来确定。

2. 分项详细估算法

需要分项详细估算流动资金时,可采用下列公式:

流动资金＝流动资产－流动负债

流动资产＝应收账款＋存货＋现金

流动负债＝应付账款

流动资金本年增加额＝本年生产流动资金－上年流动资金

流动资金和流动负债各项计算公式如下:

$$周转次数 = \frac{360}{最低周转天数}$$

最低周转天数可根据项目具体情况按下面的范围来确定:

应收账款	30～60 天
库存材料	100～150 天
库存产品	3～7 天
现　金	15～30 天
应付账款	15～30 天

应收账款＝年销售收入÷周转次数

库存材料、燃料＝年材料、燃料费÷周转次数

库存产品＝年经营成本÷周转次数

现金＝(年经营成本－材料费－动力费－修理费)÷周转次数

应付账款＝(外购原材料、燃料及动力费用)÷周转次数

二、流动资金的处理规定

《煤炭工业建设项目经济评价方法与参数》中规定:根据项目总投资估算和资金筹措中必须安排 30% 铺底流动资金的规定,一般项目应安排自有资金作为铺底流动资金,另外 70% 的流动资金尚需向社会金融部门借款。

三、流动资金借款利息计算

流动资金借款利息是产品成本的一个组成部分。流动资金一般应在投产前开始使用,为简化计算,从投产第一年开始按逐年生产负荷或实际需要进行安排,流动资金借款利息按各年全部流动资金借款额乘流动资金借款利率计算,全年计息。

第四节 资 金 筹 措

一、资金总额的构成

随着中国投融资体制的改革，投资主体由政府单一主体转变为政府、企业、集体、个体、外商等多元化的主体，按照不同投资主体的投资范围和项目的具体情况，将投资项目大体划分为三类：

第一类：竞争性投资项目。以企业作为基本的投资主体，主要向市场融资。

第二类：基础性投资项目。在加强中央政策性投融资的同时，加重地方和企业的投资责任。

第三类：公益性投资项目。主要由政府拨款建设。

建设项目实行项目法人投资责任制，实行建设项目资本金制度，按照项目总投资的一定比例注册登记。

在资金筹措阶段，建设项目所需的资金总额由自有资金、赠款、借入资金三部分组成。

(一) 自有资金

企业自有资金是指企业有权支配使用，按规定可用于固定资产投资和流动资金的资金。也就是在项目资金总额中投资者缴付的出资额，包括资本金和资本溢价。自有资金不还本付息，但要分配利润或向股东分配股息。

1. 资本金

资本金是指新建项目设立企业时，在工商行政管理部门登记的注册资金。根据投资主体的不同，资本金可分为国家资本金、法人资本金、个人资本金及外商资本金等。资本金的筹集可以采取国家投资、各方集资或者发行股票等方式。投资者可以用现金、实物和无形资产等进行投资。

中国有关法规规定，强调实收资本制，要求实收资本与注册资本一致，并规定开办企业必须筹集最低资本金数额，即法定最低资本金。对无形资产进行投资，还规定了一定的投资比例限额。

2. 资本溢价

资本溢价是指在资金筹措过程中，投资者缴付的出资额超过资本金的差额。最典型的是发行股票的溢价净收入，即股票溢价收入扣除发行费用后的净额。

(二) 赠 款

赠款是指地方政府、社会团体、法人实体或个人以及外宾等赠予企业货币或实物等财产而增加的企业资产。

(三) 借入资金

借入资金也就是企业对外筹措资金，是指以企业名义从金融机构和资金市场借入的资金。借入资金包括国内外银行借款、国际金融机构借款、外国政府借款、出口信贷、补偿贸易、发行债券等方式筹集的资金。借入资金需要还本付息。

二、资金筹措规划

建设项目资金筹措规划是根据项目可行性研究估算的投资需要量,通过资金来源与运用表,研究、安排资金的来源与运用,为项目寻求适宜的筹资方案,选择财务费用最经济的筹资方式,并在此基础上估计获得资金的可能性,以适应项目预期的现金流量。

(一) 资金筹措和投资方案

资金筹措和投资方案的选择是资金估算中既有联系又有区别的两个方面。建设资金是项目建设的基本前提条件,只有在明确资金筹措方案的情况下,才有条件进行项目的可行性研究。如果筹集不到资金,投资方案再合理,也不能付诸实施。建设项目要分析投资方案在技术上和经济上的先进性和合理性以及资金筹措方案是否适当,并将它们联系起来同时作出评价,这对利用外资项目尤为重要。

(二) 资金筹措型式和借款类型

1. 资金筹措型式

按照资金来源划分,资金筹措可分为自有资金筹措、国内债务资金筹措和国外债务资金筹措以及 BOT 融资和 ABS 融资五种类型。

2. 借款类型

按照借款期限划分,借款类型有长期借款和短期借款。

按照借款用途划分,借款类型有固定资产投资长期借款、流动资金借款、其他短期借款。

三、企业自有资金筹措

竞争性投资项目主要由企业运用自有资金投资,并确定项目的最低资本金比例。不足部分则可根据具体情况进行直接或间接融资。

企业自有资金除投资者出资外,发行股票则是筹集企业自有资金的一种重要方式。按照《中华人民共和国公司法》规定,公司分为有限责任公司和股份有限公司。有限责任公司股东以其出资额为限对公司债务承担责任,公司以其全部资产对公司债务承担责任。股份有限公司是将其全部资本分为等额股份,股东以其所持股份为限对公司承担责任,公司以其全部资产对公司的债务承担责任。股份有限公司可以采取发起式设立或者募集式设立两种方式。发起式设立需发起人认购公司应发行的全部股份,而募集式设立则是由发起人认购应发行股份的一部分,其余部分向社会公开募集。

四、国内债务资金筹措

(一) 国内银行借款

1. 国内商业银行借款

通过商业银行间接融资是竞争性项目投融资的主要渠道。

2. 政策性银行借款

中国国家开发银行:主要办理国家重点建设项目(包括基本建设和技术改造建设项目)政策性借款及贴息业务。

中国农业发展银行:主要承担国家粮棉油储备,主要农副产品合同收购、农业开发方面的政策性借款。

中国进出口银行：主要为大型成套设备进出口提供信贷，为成套机电产品信贷提供贴息及出口信用担保。

（二）发行企业债券

债券与股票虽属于有价证券，但它与股票不同。债券是债权证书，它表明持券人和企业之间的债权债务关系。一般债券都有固定收益率，并具有一定的期限，到期可以收回本息。

五、国外债务资金筹措

（一）外国政府贷款

外国政府贷款，是指一些国家从预算中拨出资金开展对外援助或促进本国出口贸易而进行的贷款。其特点是贷款利率较低，一般年利率在 3％左右或无息贷款，还款期限较长，包括宽限期一般为 20～30 年或 30 年以上。外国政府贷款要通过政府间签订协议，国家银行具体办理。例如日本政府能源贷款等。

（二）国际金融机构贷款

如世界银行、亚洲开发银行等贷款。

（三）出口信贷

出口信贷是工业发达国家出于输出设备的竞争，为促进和扩大本国产品出口，在本国商业银行设立的一种供本国出口商或外国进口商使用的一种贷款。贷款利率低于商业贷款利率，二者之间的差额由国家担负。出口信贷费用包括贷款利息、承诺费、保险费及办理贷款的手续费等。

根据贷款期限不同，出口信贷一般分为长期（5～10 年）、中期（1～5 年）、短期（1 年以内）。

根据贷款对象不同，出口信贷分为卖方信贷和买方信贷。

1. 卖方信贷

卖方信贷是采用延期付款方式，是出口方银行向出口商提供的信贷。出口商将产品赊销给买方，收取货款的 10％～15％现汇作定金，其余贷款由出口方银行先垫付给出口商，在全部交货或建设项目投产后按协议的期限分期偿付。

卖方信贷是买方仅与出口商打交道，由于卖方把出口信贷的一切费用都加入产品售价中，转嫁给买方，从而买方不易了解产品本身的真实成本。

2. 买方信贷

买方信贷亦称设备贷款。是出口方银行直接向进口方银行提供信贷。一般是由买方与出口商签订贸易合同，买方银行与卖方银行签订贷款合同，买卖双方以即期现汇成交。签约后，买方向卖方先付 15％的定金，其余 85％贷款，由卖方银行贷给买方银行，再由买方银行转贷给买方，买方用此贷款按现汇条件支付给卖方。买方通过买方银行分期向卖方银行还本付息。使用买方信贷，进口商容易了解商品的真实价格，便于比较选用。

（四）商业信贷

银行信贷也称商业信贷、自由外汇贷款。贷款利率较高，一般按国际金融市场资金需求情况浮动，货币不同，利率也不同。按商业信贷期限可归纳为以下三类：

1. 长期信贷（5 年以上）

长期信贷通常由一家银行牵头，几家银行甚至几十家银行参加，组成银行联合贷款。贷款的偿还一般是经过一定的宽限期后，每半年等额分期付款，或到期一次支付或在一定期限内分期付款后到期将余额一次付清。

2．双边中期贷款（1～5年）

双边中期贷款通常是由一家银行对另一家银行。

3．短期信贷（1年以内）。

短期信贷通常在银行间进行。

（五）混合贷款

混合贷款是出口买方信贷的一种发展形式，是外国政府与商业银行联合提供的贷款，用以购买其资本货物和劳务。

例如有的国家提供包括政府贷款，政府赠款和出口信贷、商业信贷混合使用的贷款。因为含有政府贷款部分，所以较一般出口信贷利率低、期限长、费用少。

（六）补偿贸易

补偿贸易是指外国厂商向进口国提供设备、专利技术等费用作为贷款，用进口国项目的全部或部分产品分期返销补偿。这是在信贷基础上发展起来的一种特殊贸易方式，其优点是不必使用外汇，并可利用产品补偿的机会在国际市场上建立信誉，扩大销路，增加出口，对于设备进口国的产品在国际上畅销的，不宜搞补偿贸易。

（七）融资租赁

融资租赁是租赁业务中的一种最基本的形式，它是以建设项目不是通过贷款自行购买设备，而是通过租赁公司代为购入，租赁给企业，以"融物"代替"融资"。融资租赁实质上是建设项目筹措资金的一种特殊形式。

（八）发行国际债券

在西方资本市场上发行中、长期债券的筹集项目建设资金。

六、BOT 融资

BOT 是英文 BUILD－OPERATE－TRANSFER 的简称，即"建设——经营——移交"。典型的 BOT 形式，是政府同私营部门（在我国表现为外商投资机构）的项目公司签订合同，由项目公司筹资和建设基础设施项目。项目公司在协议期内拥有、运营和维护这项设施，并通过收取使用费或服务费用回收投资，并取得合理利润。协议期满后，这项设施的所有权无偿移交给政府。BOT 方式主要用于发展收费公路、发电厂、铁路、废水处理设施和城市地铁等基础设施项目。BOT 方式在实际运用过程中，还演化出几十种类似的形式。

BOT 融资方式，项目公司由一个或多个投资者组成，通常包括工程承包公司、设备供应商等。项目公司以股本投资的方式建立，也可以通过发行股票以及吸引少量政府资金入股的方式筹资。BOT 项目千差万别，但是每个项目的完成一般都要经过以下几个阶段：项目确定，准备，招标，合同谈判，建设，经营，产权移交，BOT 在世界上 80 年代初开始得到较快发展，但目前在我国尚处于探索阶段。设立 BOT 项目，按现行设立外商投资企业的程序申请审批。

七、ABS 融资

ABS 融资是在 BOT 融资的基础上发展起来的一种转化型的融资方式，它和 BOT 融资一样，同属于项目融资的范畴。ABS 是英文 ASSET—BACKED SECARITIZATION 的缩写，它是以项目所属的资产为支撑的证券化融资方式。即它是以项目所拥有的资产为基础，以项目资产可以带来的预期收益为保证，通过在资本市场发行债券来募集资金的一种项目融资方式。

　　ABS 融资由于能够以较低的资金成本筹集到期限较长、规模较大的项目建设资金，这对于投资规模大、周期长、资金回收慢的基础设施项目来说，无疑是一个比较理想的项目融资方式。在电信、电力、供水、排污、环保等领域的基本建设、维护、更新改造以及扩建项目中，ABS 融资方式得到了广泛应用。以这些项目或设施为支撑所发行的 ABS 债券，其收入来源通常是协议合同指定的收入项目（如高速公路过路费、机场建设费、电力购买合同等）。这些项目的建设，有相当一部分是以社会效益为主的，并可能在不同程度上有公营或私营的成分。为了保证以资产为支撑的债券（ABS 债券）能够有足够的按期还本付息的能力，增强项目的还贷能力，往往由多种不同的资产收入形式共同支撑某一个特定的项目的 ABS 债券。

第五节　税　金　计　算

一、固定资产投资中的税金计算

　　划分在固定资产投资中的税金主要有：营业税、城市维护建设税、教育费附加、耕地占用税、土地使用税、房产税、车船使用税、印花税以及因固定资产投资建设需要外购的设备、建筑材料、燃料、动力等价格内包含的增值税、消费税、关税等。

　　（一）营业税、城市维护建设税、教育费附加（简称综合税）

　　1. 计税文件依据

　　1993 年 12 月 13 日国务院第 136 号令发布的《中华人民共和国营业税暂行条例实施细则》、1993 年 12 月 27 日财政部《关于营业税会计处理的规定》；1993 年 12 月 29 日财政部财法字（93）第 42 号文《关于城建税征收问题的通知》、1985 年 2 月 8 日国务院国发（1985）第 19 号文发布的《中华人民共和国城市维护建设税暂行条例》；1994 年 2 月 7 日国务院国发明电（1994）第 2 号文《国务院关于教育费附加征收问题的紧急通知》，国发（1993）第 90 号文《国务院批转国家税务总局工商税制改革实施方案的通知》。

　　2. 税　率

　　建筑安装业营业税率 $P_{营}$ 为营业额的 3%；城市维护建设税税率 $P_{城}$：项目所在地在市区的为营业额的 0.6%、在县镇的为 0.4%、不在市区和县镇的为 0.2%；教育费附加率 $P_{教}$ 为营业税额的 3%。

　　3. 设计计算方法

$$综合税 = 税前工程造价 \times P_{设综}$$

$$P_{设综} = \frac{P_{营} + P_{城} + P_{营} \times P_{教}}{1 - (P_{营} + P_{城} + P_{营} \times P_{教})}$$

式中　$P_{设综}$——设计列入工程造价的综合税率，%；

　　由上式可求得：项目所在地在市区的 $P_{设综}$ 为 3.83%，在县镇的为 3.62%，不在市区和县镇的为 3.40%。

　　（二）耕地占用税、土地使用税、房产税、车船使用税、印花税等

　　1. 计税文件依据

1987 年 4 月 1 日国务院国发（1987）第 27 号文发布的《中华人民共和国耕地占用税暂行条例》；1988 年 9 月 27 日国务院第 17 号令发布的《中华人民共和国城镇土地使用税暂行条例》；1986 年 9 月 15 日国务院国发（1986）第 90 号文发布的《中华人民共和国房产税暂行条例》、《中华人民共和国车船使用税暂行条例》；1988 年 8 月 6 日国务院第 11 号令发布的《中华人民共和国印花税暂行条例》。

2. 计算方法

耕地占用税计入煤炭工程建设其他费用的土地征用费项目中，按征用耕地的面积和耕地占用税税率采用元/m^2 定额税率计算。

土地使用税和房产税均计入施工管理费中的固定资产使用费项目中，设计按照土地使用税定额税率单价元/m^2·a 选定施工管理费费率计算。

车船使用税计入施工管理费中的差旅交通费中。

印花税计入施工管理费中的其他费中。

因固定资产投资建设需要外购的设备、建筑材料、燃料、动力等价格内包含的增值税、消费税、关税等，由于税金已包括在买入价内，故不需另外计算税金。

（三）固定资产投资方向调节税

（1）计税文件依据：

1991 年 4 月 16 日国务院第 82 号令发布的《中华人民共和国固定资产投资方向调节税暂行条例》、1991 年 6 月 26 日国家税务总局国税发（1991）第 113 号文颁发的《固定资产投资方向调节税暂行条例实施细则》、1991 年 7 月 21 日国家计委、国家税务总局计投资（1991）第 1045 号文《固定资产投资方向调节税暂行条例的若干问题补充规定》。

（2）税 率：

执行国家计委、国家税务总局计投资（1994）286 号文颁发的"固定资产投资方向调节税煤炭行业税目注释"。

（3）计算方法：

在概（估、预）算总表中单独列项计算。计算公式：

$$固定资产投资方向调节税 = 全部完成投资额 \times 税率$$

（4）根据财政部、国家税务局、国家计委联合发出的财税字〔1999〕299 号《关于暂停征收固定资产投资方向调节税的通知》精神，固定资产应税项目自 2000 年 1 月 1 日起新发生的投资额，暂停征收固定资产投资方向调节税。

二、销售成本中的税金计算

划分在销售成本中的税金主要有：土地使用税、房产税、车船使用税、印花税以及生产需要外购原材料、低值易耗品、燃料、动力、包装物、支付委托加工费等买入价格内包含的增值税、消费税、关税等。

（一）土地使用税、房产税、车船使用税、印花税等

1. 计税文件依据

计税文件依据同一、（二）、1。

2. 税 率

土地使用税税率采用定额税率，税额标准为：大城市 0.5～10 元/m^2·a；中等城市 0.4～

8 元/m² · a；小城市 0.3～6 元/m² · a；县城、建制镇、工矿区 0.2～4 元/m² · a。

房产税，依照房产余值计算的，税率为 1.2%；依照房产租金收入计算的，税率为 12%。

车船使用税采用定额税率，分船舶税额及车辆税额两部分，税率详见国发（1986）第 90 号文规定的统一税额表。

印花税采用比例税率和按件定额税率两种，详见国务院第 11 号令中印花税税目税率表。

3. 计算方法

土地使用税、房产税、车船使用税、印花税，设计计算均列入销售成本中的管理费用中。

（二）增值税、消费税、关税

因生产需用外购的原材料、低值易耗品、燃料、动力、包装物和为生产所支付的委托加工费等买入价内包含的增值税、消费税、关税等税金，由于税金已包括在相应款项的买入价内，故不需另外计算。

三、销售收入中的税金计算

划分在销售收入中的税金主要有：增值税、城市维护建设税、教育费附加、资源税，简称销售税金及附加。其中：增值税、城市维护建设税、教育费附加简称流转税及附加。

（一）增值税、城市维护建设税、教育费附加（简称流转税及附加）

1. 计税文件依据

增值税依据 1993 年 12 月 13 日国务院第 134 号令发布的《中华人民共和国增值税暂行条例》、1993 年 12 月 25 日财政部发布的《中华人民共和国增值税暂行条例实施细则》、1993 年 12 月 27 日财政部发布的《关于增值税会计处理的规定》。

城市维护建设税及教育费附加计税文件依据同一、（一）、1。

2. 税　率

增值税税率：煤炭工业产品为 13%，其他绝大多数生产需用物的增值税税率为 17%。

城市维护建设税及教育费附加依据增值税额计算，城市维护建设税税率 $P_{城}$ 按项目所在地在市区、县镇及其他分别为增值税额的 7%、5%、1%；教育费附加率 $P_{教}$ 为 3%。

3. 计算方法

$$流转税及附加＝增值税应纳税额×（1＋P_{城}＋P_{教}）$$

$$增值税应纳税额＝销项税额－进项税额$$

$$销项税额＝销售额×增值税率$$

式中销售额是指不含增值税的销售收入，对于产品含增值税的销售额则应按下列公式计算销售额：

$$销售额＝\frac{含税销售额}{1＋增值税率}$$

$$进项税额＝允许扣除项目金额×增值税率$$

允许扣除项目金额，是指为生产应纳增值税产品所耗用的外购原材料、低值易耗品、燃料、动力、包装物和生产应纳税产品所支付的加工费金额，不包括支付的增值税额。对于允许扣除项目金额中包括增值税金额时，按下式计算允许扣除项目金额：

$$允许扣除项目金额＝\frac{含税允许扣除项目金额}{1＋增值税率}$$

4. 出口产品的流转税及附加计算

出口产品的销项增值税率为零,实行出口产品退还增值税款,即不计算销售收入应缴纳的增值税,凭出口报关单可办理出口货物的进项税额的退税,但不退还城市维护建设税及教育费附加。

(二) 资源税

1. 计税文件依据

1993 年 12 月 25 日国务院第 139 号令发布的《中华人民共和国资源税暂行条例》、1993 年 12 月 30 日财政部发布的《中华人民共和国资源税暂行条例实施细则》、国家税务总局国税发 (1994) 第 15 号文发布的《资源税若干问题的规定》。

2. 计税依据

煤炭资源税的计税依据是指原煤,不包括洗煤、选煤及其他煤炭制品。对于连续加工前无法正确计算原煤移送使用量的,可按加工产品的综合回收率,将加工产品实际销量和自用量折算成原煤数量作为课税数量。

3. 税　率

按照应税产品的课税数量和规定的单位税额 0.3~5 元/t 计算,详见 (93) 财法字第 43 号文发布的资源税税目税额明细表。

4. 计算方法

$$应纳资源税额＝原煤课税数量×单位税额$$

四、利润中的税金计算

划分在利润中的税金主要有所得税。

1. 计税文件依据

1993 年 12 月 13 日国务院第 137 号令发布的《中华人民共和国企业所得税暂行条例》、《中华人民共和国企业所得税暂行条例实施细则》。

2. 计税依据

所得税的计税依据为应纳税所得额,即销售收入减去有关的成本、费用、税金和损失。在建设项目经济评价中由销售总收入减去销售总成本、销售税金及附加和营业外净支出后为应纳税所得额。

3. 税　率

所得税率为 33%。

4. 计算方法

$$应纳所得税额＝应纳税所得额×33\%$$

第六节　财　务　评　价

一、财务评价的概念及作用

财务评价和国民经济评价是项目经济评价的两大组成部分。财务评价依据中国国家计划委员会、建设部计投资 (1993) 530 号文发布的《建设项目经济评价工作的若干规定》、《建设项目经济评价方法与参数》(第二版)、煤炭部煤规字(1996)第 501 号文发布的《煤炭工业建设项目经济评价方法与参数》。

(一)财务评价的概念

财务评价是根据国家现行财税制度和价格体系的条件下,从项目财务角度分析、计算项目直接发生的财务效益和费用,编制财务报表,计算财务评价指标,考察项目的盈利能力、清偿能力以及外汇平衡等财务状况,据以判别项目的财务可行性。

(二)财务评价的作用

项目的盈利水平如何、能否达到国家或行业规定的基准收益率或企业目标收益率;是否在国家或行业规定的基准回收期以内回收资金,项目清偿能力如何,能否按银行要求的期限偿还贷款等对项目立项及投资决策至关重要。财务评价可以衡量项目的财务盈利能力。

财务评价可以分析计算出项目的资金来源与运用计划,选择适宜的筹资方案,并据此安排项目投资计划或国家预算。

财务评价对于一些关系国计民生的非盈利项目或微利项目,可以为国家确定财政补贴及经济优惠措施或其他弥补措施提供决策依据。

财务评价对于中外合资或合作项目分析计算项目的盈利能力、投资各方的财务利益非常重要,也是项目决策的重要依据。

对于一般性工业项目,财务评价还是国民经济评价的基础。国民经济评价在财务评价的基础上,对其费用和效益范围、价格、汇率、折现率等进行适当的调整,进而进行国民经济评价极为方便。

二、财务评价方法及指标

财务评价一般包括项目财务效益和费用计算,财务盈利能力分析和财务清偿能力分析;涉及外汇收支的项目必要时进行外汇平衡分析。财务盈利能力分析和清偿能力分析是相辅相成的,两种分析涉及到投资项目不同方面的问题,因此,二者都必须进行,不能相互代替。财务盈利能力分析是衡量项目投资的盈利率,它是对提供一项资金的潜在收益能力的一种评价。而财务清偿能力分析必须考虑项目的财务特点,以便使可利用的资金能够保证项目顺利实施和运营。项目盈利能力分析旨在研究判定项目值不值得进行投资,而财务清偿能力分析旨在分析项目偿债能力,有利于解决该项目的资金供应问题。

(一)项目财务效益和费用计算

项目财务效益主要表现为生产经营的产品销售收入;项目财务费用主要表现为建设项目总投资、经营成本和税金等各项支出。财务效益和费用的范围应遵循计算口径对应一致的原则。计算效益和费用时,产出物和投入物价格的选用必须有充分的依据,并列表说明。

(1)产品销售收入是指项目销售产品取得的收入。

(2)建设项目总投资是固定资产、固定资产方向调节税,建设期借款利息和流动资金之和。

项目总投资形成的资产分为固定资产、无形资产、递延资产和流动资产。

(3)经营成本是指项目总成本费用扣除固定资产折旧、维简费、无形资产及递延资产摊销费和利息支出以后的全部费用,即:

$$经营成本=总成本费用-折旧费-维简费-摊销费-利息支出$$

（4）税金是指产品销售税金及附加，所得税等。产品销售税金及附加包括产品增值税，城市维护建设税及教育费附加、资源税。

（二）财务盈利能力分析

财务盈利能力分析主要是考察项目的投资盈利水平，要计算财务内部收益率，投资回收期等主要评价指标，以及财务净现值、投资利润率、投资利税率、资本金利润率等财务评价指标。

1．财务内部收益率（FIRR）

财务内部收益率是指项目在整个计算期内各年净现金流量现值累计等于零时的折现率，它反映项目所占用资金的盈利率，是考察项目盈利能力的主要动态评价指标。其表达式为：

$$\sum_{t=1}^{n}(CI-CO)_t(1+FIRR)^{-t}=0$$

式中　CI——现金流入量；

$\qquad$ CO——现金流出量；

CI-CO)$_t$——第 t 年的净现金流量；

$\qquad$ n——计算期。

财务内部收益率可根据财务现金流量表中净现金流量用试差法计算求得。在财务评价中，将求出的全部投资（税前及税后）或自有资金（税后）的财务内部收益率（FIRR）与行业基准收益率（ic）或设定折现率或贷款利率比较，当 FIRR≥ic 时，即认为其盈利能力已满足最低要求，在财务上是可以考虑接受的。

煤炭行业基准收益率 i_c（根据国民经济的需求及市场经济的需求随时调整）目前行业规定：

矿区采选 i_c 为 10%；

矿井、露天矿采选 i_c 为 10%；

煤炭洗选 i_c 为 15%。

2．投资回收期（P_t）

投资回收期是指以项目的净收益抵偿全部投资所需要的时间。它是考察项目在财务上的投资回收能力的主要静态评价指标、投资回收期以年表示，一般从建设开始年算起，如果从投产年算起时，应予注明。其表达式为：

$$\sum_{t=1}^{P_t}(CI-CO)_t=0$$

投资回收期可根据财务现金流量表（全部投资）中累计净现金流量计算求得。详细计算公式为：

$$投资回收期(P_t)=\left[\begin{array}{c}累计净现金流量开\\始出现正值年份数\end{array}\right]-1+\left[\frac{上年累计净现金流量的绝对值}{当年净现金流量}\right]$$

在财务评价中，求出的投资回收期（P_t）与行业基准投资回收期（P_c）比较，当 $P_t \leqslant P_c$ 时，表明项目投资能在规定的时间内收回。

煤炭行业基准投资回收期 P_c（根据国民经济需要及市场价格需要随时调整），目前煤炭行业规定：

矿区采选 P_c 为 20～24 年；

矿井开采 P_c 为 16～20 年；

煤炭洗选 P_c 为 5～8 年；

矿井（带选煤厂）P_c 为 15～18 年。

3. 财务净现值（FNPV）

财务净现值是指按行业基准收益率或设定的折现率，将项目计算期内各年净现金流量折现到建设期初的现值之和。它是考察项目在计算期内盈利能力的动态评价指标。其表达式为：

$$FNPV = \sum_{t=1}^{n} (CI-CO)_t (1+i_c)^{-t}$$

财务净现值可根据财务现金流量表计算求得。财务净现值大于或等于零的项目是可以考虑接受的。

4. 投资利润率

投资利润率是指项目达到设计生产能力后的一个正常生产年份的年利润总额与项目总投资的比率，它是考察项目单位投资盈利能力的静态指标。对生产期内各年的利润总额变化幅度较大的项目，应计算生产期平均利润总额与项目总投资的比率。其计算公式为：

$$投资利润率 = \frac{年利润总额或年平均利润总额}{项目总投资} \times 100\%$$

$$\frac{年利润}{总\quad额} = \frac{年产品}{销售收入} - \frac{年产品销售}{税金及附加} - \frac{年总成本}{费\quad用} - \frac{年营业外}{净\ 支\ 出}$$

$$\frac{年销售税金}{及\quad附\quad加} = \frac{年增}{值税} + \frac{年资}{源税} + \frac{年城市维护}{建\ 设\ 税} + \frac{年教育费}{附\quad加}$$

$$\frac{项\quad目}{总投资} = \frac{固定资产}{投\quad资} + \frac{投资方向}{调节税} + \frac{建设期}{利\quad息} + \frac{流动}{资金}$$

投资利润率可根据损益表中的有关数据计算求得。在财务评价中，将投资利税率与行业平均投资利税率对比，以判别单位投资对国家积累的贡献水平是否达到本行业的平均水平。

5. 资本金利润率

资本金利润率是指项目达到设计生产能力后的一个正常年份的年利润总额或项目生产期内的平均利润总额与资本金的比率，它反映投入项目的资本金的盈利能力。其计算公式为：

$$资本金利润率 = \frac{年利润总额或年平均利润总额}{资本金} \times 100\%$$

（三）清偿能力分析

项目清偿能力分析主要是考察计算期内各年的财务状况及偿债能力，要计算资产负债率，固定资产投资国内借款偿还期，流动比率，速动比率等财务评价指标。

1. 资产负债率

资产负债率是反映项目各年所面临的财务风险程度及偿债能力的指标。

$$资产负债率 = \frac{负债合计}{资产合计} \times 100\%$$

2. 固定资产投资国内借款偿还期

固定资产投资国内借款偿还期是指在国家财政规定及项目具体财务条件下，以项目投产后可用于还款的资金偿还固定资产投资国内借款本金和建设期利息（不包括自有资金支付的建设期利息）所需要的时间，它是考察项目财务清偿能力的主要静态评价指标。借款偿还期以年表示，一般从借款开始年计算，如果从投产年算起时，应予注明。其表达式为：

$$I_d = \sum_{t=1}^{P_d} R_t$$

式中　I_d——固定资产投资国内借款本金和建设期利息之和；

　　　P_d——固定资产投资国内借款偿还期；

　　　R_t——第 t 年可用于还款的资金，包括：利润、折旧、摊销、维简费及其他还款资金。

借款偿还期可由资金来源与运用表及国内借款还本付息计算表直接推算，以年表示。详细计算公式为：

$$\text{借款偿} \atop \text{还期} = \left[\text{借款偿还后开始} \atop \text{出现盈余年份数} \right] - \text{开始借款} \atop \text{年份} + \frac{\text{当年偿还借款额}}{\text{当年可用于还款的资金额}}$$

涉及外资的项目，其国外借款部分的还本付息，应按已经明确的或预计可能的借款偿还条件（包括偿还方式及偿还期限）计算。

当借款偿还期满足贷款机构的要求期限时，即认为项目是有清偿能力的。

3. 流动比率

流动比率是反映项目各年偿付流动负债能力的指标。其表达式为：

$$\text{流动比率} = \frac{\text{流动资产总额}}{\text{流动负债总额}} \times 100\%$$

4. 速动比率

速动比率是反映项目快速偿付流动负债能力的指标。其表达式为：

$$\text{速动比率} = \frac{\text{流动资产总额} - \text{存货}}{\text{流动负债总额}} \times 100\%$$

（四）外汇平衡分析

涉及外汇收支的项目，应进行外汇平衡分析，考察各年外汇余缺程度。对外汇不能平衡的项目，应提出具体解决办法。

（五）财务评价报表

财务评价的基本报表有现金流量表，损益表，资金来源与运用表，资产负债表及外汇平衡表。

1. 现金流量表

现金流量表反映项目计算期内各年的现金收支（现金流入和现金流出），用以计算各项动态和静态评价指标，进行项目盈利能力分析。按投资计算基础不同，现金流量表分为全部投资现金流量表和自有资金现金流量表。

（1）全部投资现金流量表：

该表不分投资资金来源，以全部投资作为计算基础，用以计算全部投资所得税前及所得税后财务内部收益率、财务净现值及投资回收期等评价指标，考察项目全部投资的盈利能力，为各个投资方案（不论其资金来源及利息多少）进行比较建立共同基础。

（2）自有资金现金流量表：

该表从投资者角度出发，以投资者的出资额作为计算基础，把借款本金偿还和利息支付作为现金流出，用以计算自有资金财务内部收益率，财务净现值等评价指标，考察项目自有资金的盈利能力。

2. 损益表

该表反映项目计算期内各年的利润总额、所得税及税后利润的分配情况，用以计算投资利润率、投资利税率和资本金利润率等指标。

3. 资金来源与运用表

该表反映项目计算期内各年的资金盈余或短缺情况，用于选择资金筹措方案，制定适宜的借款及偿还计划，并为缩制资产负债表提供依据。

4. 资产负债表

该表反映项目计算期内各年末资产、负债和所有者权益的增减变化及对应关系，以考察项目资产、负债、所有者权益的结构是否合理，用以计算资产负债率、流动比率及速动比率，进行清偿能力分析。

5. 财务外汇平衡表

该表适用于有外汇收支的项目，用以反映计算期内各年外汇余缺程度，进行外汇平衡分析。

财务评价除必须编制以上几种基本报表外，还应编制辅助报表，其格式参照第四章第八节报表格式。

三、财务评价的步骤

（一）财务评价前的准备

（1）熟悉拟建项目的基本情况。

拟建项目的基本情况包括建设目的、意义、要求、建设条件和投资环境，以及主要技术决定。

（2）收集整理基础数据资料。

基础数据资料包括项目投入物和产出物的数量、质量、价格及项目实施进度的安排等。

（3）编制辅助报表。

编制辅助报表是为编制财务评价的基本报表提供依据，例如投资估算、总成本和费用估算、产品销售收入和销售税金及附加估算等辅助报表。

（4）编制基本财务报表。

在辅助报表的基础上编制基本财务报表，包括现金流量计算表、损益表、资金来源与运用表、资产负债表及外汇平衡表（有涉及外资项目时）。

（二）进行财务分析

通过编制基本财务报表计算各项财务评价指标及财务比率，进行各项财务分析。

譬如计算财务内部收益率、资产负债率等指标和比率，进行财务盈利能力分析、财务清偿能力分析、财务外汇平衡分析等。

（三）进行不确定性分析

财务评价不确定性分析包括盈亏平衡分析，敏感性分析、概率分析等。

第七节 国民经济评价

一、国民经济评价与财务评价的关系

(一) 国民经济评价的概念

项目经济评价包括财务评价和国民经济评价两大部分。国民经济评价依据中国国家计划委员会、建设部计投资 (1993) 530 号文发布的《建设项目经济评价工作的若干规定》、《建设项目经济评价方法与参数》(第二版),原煤炭工业部煤规字 (1996) 第 501 号文发布的《煤炭工业建设项目经济评价方法与参数》。国民经济评价是按照资源合理配置的原则,从国家整体角度考察项目的效益和费用,用货物影子价格、影子工资、影子汇率和社会折现率等经济参数分析、计算项目为国民经济的净贡献,评价项目的经济合理性。

(二) 国民经济评价与财务评价的关系

在现行的财务和税务制度下,财务评价往往不能说明项目对于整个国民经济的真实贡献。有些项目财务评价效益很好,盈利性很高,但实际上对国民经济的贡献并不大。譬如某些地区上一些小烟厂,若从财务评价角度考察,企业盈利性很好,利润很高,税收也很高,似乎对国家的贡献也很大。可是如果站在国家的角度,从全社会的利益考察,这些项目的经济效益很成问题,由于我国烟草加工业的生产能力已经过剩,香烟消费和原料烟草的生产都是有限的,新上的烟厂势必与原有的烟厂抢市场,使生产能力过剩更加严重,造成生产和市场的混乱。有些项目,也许财务评价的盈利性并不高,但可能是由于价格、税收等方面的政策原因,项目实际上对国民经济的贡献还是很大的,譬如一些原油、煤炭开采、采矿、电力等基础设施项目,还有一些水利工程、公路、桥梁、社会文教、卫生等工程。国民经济评价正是为了解决财务评价不能正确反映项目对国民经济的真实效益和费用的问题。

项目的国民经济评价在项目决策中有着重要作用,《方法与参数》中规定,一个项目在评价中,要求财务评价和国民经济评价都得通过。财务评价与国民经济评价均可行的项目,可以通过。国民经济评价结论不可行的项目,一般予以否定。对于一些国计民生急需的项目,如国民经济评价合理,而财务评价不可行,应重新考虑方案,必要时可提出相应的财务政策方面的建议,调整项目的财务条件,使项目在财务上可行。譬如放松价格管制,允许部分产品以较高价格出售,或者给予税收优惠,减免部分税收,或者给予项目优惠贷款或者增加直接投资减轻项目负债等等。当前应特别强调要从国民经济的角度评价和考察项目,要支持和发展对国民经济贡献大的产业项目,要特别注意制止和限制对国民经济贡献不大的项目、正确运用国民经济评价方法,在项目决策中可以有效地察觉盲目建设、重复建设项目,可以有效地将企业利益、地区利益与全社会和国家整体利益有机地结合和平衡。

二、国民经济评价方法及指标

国民经济评价一般包括项目国民经济效益与费用计算,国民经济盈利能力分析和外汇效果分析,以经济内部收益率为主要评价指标。根据项目特点和实际需要,也可计算经济净现值等指标。产品出口创汇及替代进口节汇的项目,要计算经济外汇净现值,经济换汇成本和经济节汇成本等指标。此外还可对难以量化的外部效果进行定量分析。

（一）国民经济效益与费用计算

项目国民经济效益是指项目对国民经济所做的贡献，分为直接效益和间接效益。项目的费用是指国民经济为项目所付出的代价，分为直接费用和间接费用。为了正确计算国民经济效益与费用，原则上都应使用影子价格。为了简化计算，在不影响评价结论的前提下，可只对其价值在效益或费用中所占比重较大，或者国内价格明显不合理的产出物或投入物使用影子价格。

1. 国民经济效益

（1）直接效益：是指由项目产出物产生并在项目范围内计算的经济效益。一般表现为增加该产出物数量满足国内需求的效益；替代其他相同或类似企业产出物，使被替代企业减产以减少国家有用资源耗费（或损失）的效益；增加出口（或减少进口）所增收（或节支）的国家外汇等。

（2）间接效益：是指由项目引起而在直接效益中未得到反映的那部分效益。

2. 国民经济费用

（1）直接费用：是指项目使用投入物所产生并在项目范围内计算的经济费用，一般表现为其他部门为供应本项目投入物而扩大生产规模所耗用的资源费用；减少对其他项目（或最终消费）投入物的供应而放弃的效益；增加进口（或减少出口）所耗用（或减收）的外汇等。

（2）间接费用：是指项目引起而在项目的直接费用中未得到反映的那部分费用。

项目的间接效益与间接费用统称外部效果，对显著的外部效果能定量的要作定量分析，计入项目的效益和费用；不能定量的，应作定性描述。要防止外部效果重复计算或漏算。

国家对项目的补贴，项目向国家交纳的税金，由于并不发生实际资源的增加和耗用，而是国民经济内部的"转移支付"，因此不计为项目的效益和费用。

（二）国民经济盈利能力分析

国民经济盈利能力分析主要是考察项目的国民经济盈利水平，要计算经济内部收益率和经济净现值等国民经济评价指标。

1. 经济内部收益率（EIRR）

经济内部收益率是反映项目对国民经济净贡献的相对指标。它是项目在计算期内各年经济净效益流量的现值累计等于零时的折现率。其表达式为：

$$\sum_{t=1}^{n} (B-C)_t \ (1+EIRR)^{-t} = 0$$

式中　B——效益流入量；

　　　C——费用流出量；

$(B-C)_t$——第 t 年的净效益流量；

　　　n——计算期。

经济内部收益率等于或大于社会折现率，表明项目对国民经济的净贡献达到或超过了要求的水平，这时应认为项目是可以考虑接受的。

2. 经济净现值（ENPV）

经济净现值是反映项目对国民经济净贡献的绝对指标。它是指用社会折现率将项目计算期内各年的净效益流量折算到建设期初的现值之和。其表达式为：

$$ENPV = \sum_{t=1}^{n} (B-C)_t (1+i_s)^{-t}$$

式中　i_s——社会折现率。

经济净现值等于或大于零表示国家为拟建项目付出代价后，可以得到符合社会折现率的社会盈余，或除得到符合社会折现率的社会盈余外，还可以得到以现值计算的超额社会盈余，这时就认为项目是可以考虑接受的。

（三）外汇效果分析

涉及产品出口及替代进口节汇的项目，应进行外汇效果分析，计算经济外汇净现值、经济换汇成本、经济节汇成本指标。

1. 经济外汇净现值（$ENPV_F$）

经济外汇净现值是反映项目实施后对国家外汇收支直接或间接影响的重要指标，用以衡量项目对国家外汇真正的净贡献（创汇）或净消耗（用汇）。经济外汇净现值可通过经济外汇流量表计算求得，其表达式为：

$$ENPV_F = \sum_{t=1}^{n} (FI-FO)_t (1+i_s)^{-t}$$

式中　FI——外汇流入量；

　　　FO——外汇流出量；

$FI-FO)_t$——第 t 年的净外汇流量；

　　　n——计算期。

当有产品替代进口时，可按净外汇效果计算经济外汇净现值。

2. 经济换汇成本和经济节汇成本

当有产品直接出口时，应计算经济换汇成本。它是用货物影子价格、影子工资和社会折现率计算的为生产出口产品而投入的国内资源现值（以人民币表示）与生产出口产品的经济外汇现值（通常以美元表示）之比，亦即换取 1 美元外汇所需要的人民币金额，是分析评价项目实施后在国际上的竞争力，进而判断其产品应否出口的指标。其表达式为：

$$经济换汇成本 = \frac{\sum_{t=1}^{n} DR_t (1+i_s)^{-t}}{\sum_{t=1}^{n} (FI'-FO')_t (1+i_s)^{-t}}$$

式中　DR_t——项目在第 t 年为出口产品投入的国内资源（包括投资、原材料、工资、其他投入和贸易费用），元；

　　　FI'——生产出口产品的外汇流入，美元；

　　　FO'——生产出口产品的外汇流出（包括应由出口产品分摊的固定资产投资及经营费用中的外汇流出），美元；

　　　n——计算期。

当有产品替代进口时，应计算经济节汇成本，它等于项目计算期内生产替代进口产品所投入的国内资源的现值与生产替代进口产品的经济外汇现值之比，即节约 1 美元外汇所需的人民币金额。其表达式为：

$$经济节汇成本 = \frac{\sum_{t=1}^{n} DR_t^n \ (1+i_s)^{-t}}{\sum_{t=1}^{n} (FI'' - FO'')_t \ (1+i_s)^{-t}}$$

式中　DR''_t——项目在第 t 年为生产替代进口产品投入的国内资源（包括投资、原材料、工资、其他投入和贸易费用），元；

　　　FI''——生产替代进口产品所节约的外汇，美元；

　　　FO''——生产替代进口产品的外汇流出（包括应由替代进口产品分摊的固定资产及经营费用中的外汇流出），美元。

经济换汇成本或经济节汇成本（元/美元）小于或等于影子汇率，表明该项目产品出口或替代进口是有利的。

（四）国民经济评价的基本报表

国民经济评价的基本报表一般包括国民经济效益费用流量表。涉及产品出口创汇或替代进口节汇的项目，还应编制经济外汇流量表和国内资源流量表。

1. 国民经济效益费用流量表

（1）全部投资国民经济效益费用流量表

全部投资国民经济效益费用流量表，以全部投资作为计算基础，用以计算全部投资经济内部收益率，经济净现值等评价指标。

（2）国内投资国民经济效益费用流量表。

国内投资国民经济效益费用流量表，以国内投资作为计算的基础，将国外借款利息和本金的偿付作为费用流出，用以计算国内投资的经济内部收益率，经济净现值等指标，作为利用外资项目经济评价和方案比较取舍的依据。

2. 外汇流量表和国内资源流量表

涉及产品出口创汇或替代产品进口节汇的项目，还应编制经济外汇流量表和国内资源流量表。

三、影子价格的确定

影子价格按项目投入物和产出物分为外贸货物、非外贸货物和特殊投入物三种类型。

1. 外贸货物

外贸货物是指其生产或使用将直接或间接影响国家进出口的货物。包括：项目产出物中直接出口（增加出口）、间接出口（替代其他企业产品使其增加出口）或替代进口（以产顶进减少进口）者；项目投入物中直接进口（增加进口），间接进口（挤占其他企业的投入物使其增加进口）或挤占原可用于进口的国内产品（减少出口）者。

（1）产出物（项目产出物的出厂价格）影子价格计算方法：

①直接出口产品（外销产品）的影子价格（SP）：离岸价格（F·O·B）乘以影子汇率（SER），减去国内运输费用（T_1）和外贸费用（T_{r1}）。其表达式为：

$$SP = F \cdot O \cdot B \times SER - (T_1 + T_{r1})$$

②间接出口产品（内销产品，替代其他货物使其他货物增加出口）的影子价格（SP）：离岸价（F·O·B）乘以影子汇率，减去原供应厂到口岸的运输费用（T_2），加上原供应厂到用

户的运输费用（T_3）及贸易费用（T_{r3}），再减去拟建项目到用户的运输费用（T_4）及贸易费用（T_{r4}）。其表达式为：

$$SP = F \cdot O \cdot B \times SER - (T_2 + T_{r2}) + (T_3 + T_{r3}) - (T_4 + T_{r4})$$

原供应厂和用户难以确定时，可按直接出口考虑。

③替代进口产品（内销产品，以产顶进，减少进口）的影子价格（SP）：原进口货物的到岸价格（$C \cdot I \cdot F$）乘以影子汇率，加口岸到用户的运输费用（T_5）及贸易费用（T_{r5}），再减去拟建项目到用户的运输费用及贸易费用。其表达式为：

$$SP = C \cdot I \cdot F \times SER - (T_5 + T_{r5}) - (T_4 + T_{r4})$$

具体用户难以确定时，可按到岸价格计算。

（2）投入物（项目投入物的到厂价格）影子价格计算方法：

①直接进口产品（国外产品）的影子价格（SP）：到岸价格（$C \cdot I \cdot F$）乘以影子汇率，加国内运输费用和贸易费用。其表达式为：

$$SP = C \cdot I \cdot F \times SER + (T_1 + T_{r1})$$

②间接进口产品（国内产品）的影子价格（SP）：到岸价格（$C \cdot I \cdot F$）乘以影子汇率，加口岸到原用户的运输费用及贸易费用，减去供应厂到用户的运输费用及贸易费用，再加上供应厂到拟建项目的运输费用（T_6）及贸易费用（T_{r6}）。其表达式为：

$$SP = C \cdot I \cdot F \times SER + (T_5 + T_{r5}) - (T_3 + T_{r3}) + (T_6 + T_{r6})$$

原供应厂和用户难以确定时，可按直接进口考虑。

③减少出口产品（国内产品）的影子价格（SP）：离岸价（$F \cdot O \cdot B$）乘以影子汇率，减去供应厂到口岸的运输费用及贸易费用，再加上供应厂到拟建项目的运输费用（T_6）及贸易费用（T_{r6}）。其表达式为：

$$SP = F \cdot O \cdot B \cdot SER - (T_2 + T_{r2}) + (T_6 + T_{r6})$$

供应厂难以确定时，可按离岸价格计算。

2. 非外贸货物

非外贸货物是指其生产或使用将不影响国家进出口的货物。除了"天然"的非外贸货物如建筑，国内运输等基础设施和商业的产品和服务外，还有由于运输费用过高或受国内国外贸易政策和其他条件的限制不能进行外贸的货物。

（1）产出物影子价格计算方法：

①增加供应数量满足国内消费的产出物。供求均衡的，按财务价格定价；供不应求的，参照国内市场价格并考虑价格变化的趋势定价，但不应高于相同质量产品的进口价格；无法判断供求情况的，取上述价格中较低者。

②不增加国内供应数量，只是替代其他相同或类似企业的产出物，致使被替代企业停产或减产的。质量与被替代企业相同的，应按被替代企业相应的产品可变成本分解定价；提高产品质量的，原则上应按被替代产品的可变成本加提高产品质量而带来的国民经济效益定价，其中，提高产品质量带来的效益，可近似地按国际市场价格与被替代产品的价格之差确定。

③产出物按上述原则定价后，再计算为出厂价格。

（2）投入物：

①能通过原有企业挖潜（不增加投资）增加供应的，按可变成本分解定价。

②在拟建项目计算期内需通过增加投资扩大生产规模来满足拟建项目需要的，按全部成

本（包括可变成本和固定成本）分解定价。当难以获得分解成本所需要的资料时，可参照国内市场价格定价。

③项目在计算期内无法通过扩大生产规模增加供应的（减少原用户的供应量），参照国内市场价格，国家统一价格加补贴（如有补贴时）中较高者定价。

④投入物按上述原则定价后，再计算为到厂价格。

3. 特殊投入物

特殊投入物是指劳动力和土地。

（1）劳动力的影子工资计算方法：

劳动力的影子工资计算应能反映该劳动力用于拟建项目而使社会为此放弃的效益，以及社会为此而增加的资源消耗。影子工资可通过财务评价时所用的工资与福利费之和乘以影子工资换算系数求得。影子工资换算系数由国家统一测定发布。

（2）土地的影子价格计算方法：

土地的影子价格应能反映该土地用于拟建项目而使社会为此放弃的效益，以及社会为此而增加的资源消耗（如居民搬迁费等）。

4. 影子汇率

影子汇率反映外汇的真实价值，用于国民经济评价中外汇与人民币之间的换算，同时也用作经济换汇或节汇成本的判据。

影子汇率可通过国家外汇牌价乘以影子换汇率换算系数求得，影子汇率换算系数是一个重要的通用参数，由国家统一测定发布。

5. 社会折现率

社会折现率反映国家对资金、时间价值的估量，是计算经济净现值等指标时，采用的折现率，同时用它作为经济内部收益率的判据。社会折现率是一个重要的通用参数，由国家统一测定发布。

四、国民经济评价的步骤

（一）在财务评价基础上进行国民经济评价的步骤

1. 效益和费用范围的调整

（1）剔除已计入财务效益和费用中的转移支付。

（2）识别项目的间接效益和间接费用，对能定量的应进行定量计算，不能定量的，应作定性描述。

2. 效益和费用数值的调整

（1）固定资产投资的调整。

剔除属于国民经济内部转移支付的引进设备、材料的关税和增值税，并用影子汇率、影子运费和贸易费用对引进设备价值进行调整；对于国内设备价值则用影子价格、影子运费和贸易费用进行调整。

根据建筑工程消耗的人工、三材、其他大宗材料、电力等，用影子工资、货物和电力的影子价格调整建筑费用，或通过建筑工程影子价格换算系数直接调整建筑费用。

若安装费中的材料费占很大比重，或有进口安装材料，也应按材料的影子价格调整安装费用。

用土地影子费用代替占用土地的实际费用。

剔除涨价预备费。

调整其他费用。

（2）流动资金的调整。

调整由于流动资金估算基础的变动引起的流动资金占用量的变动。

（3）经营费用的调整

可以先用货物的影子价格、影子工资等参数调整费用要素，然后再加总求得经营费用。

（4）销售收入的调整

先确定项目产出物的影子价格，然后重新计算销售收入。

（5）在涉及外汇借款时，用影子汇率计算外汇借款本金与利息的偿付额。

3. 编制项目的国民经济效益费用流量表

（1）编制项目的全部投资国民经济效益费用流量表。并据此计算全部投资经济内部收益率和经济净现值指标。

（2）对使用国外贷款的项目，还应编制国内投资经济效益费用流量表。并据此计算国内投资经济内部收益率和经济净现值指标。

（3）对于产出物出口（含部分出口）或替代进口（含部分替代进口）的项目，编制经济外汇流量、国内资源流量表，计算经济外汇净现值，经济换汇成本或经济节汇成本。

（二）直接进行国民经济评价的步骤

（1）识别和计算项目的直接效益，对那些为国民经济提供产出物的项目，首先应根据产出物的性质确定是否属于外贸货物，再根据定价原则确定产出物的影子价格。按照项目的产出物种类、数量及其逐年的增减情况和产出物的影子价格计算项目的直接效益。对那些为国民经济提供服务的项目，应根据提供服务的数量和用户的受益计算项目的直接效益。

（2）用货物的影子价格、土地的影子费用、影子工资、影子汇率、社会折现率等参数直接进行项目的投资估算。

（3）流动资金估算。

（4）根据生产经营的实物消耗，用货物的影子价格，影子工资、影子汇率等参数计算经营费用。

（5）识别项目的间接效益和间接费用，对能定量的应进行定量计算，对难以定量的，应作定性描述。

（6）编制有关报表，计算相应的评价指标。

第八节　财务评价与国民经济评价基本报表及辅助报表格式

一、财务评价基本报表及辅助报表格式

表10—4—1　基本报表1.1　现金流量表（全部投资）

表10—4—2　基本报表1.2　现金流量表（自有资金）

表10—4—3　基本报表2　损益表

表10—4—4　基本报表3　资金来源与运用表

表 10—4—5　基本报表 4　资产负债表

表 10—4—6　基本报表 5　财务外汇平衡表

表 10—4—7　辅助报表 1.1　项目总投资估算表

表 10—4—8　辅助报表 1.2　各类固定资产投资逐年分配表

表 10—4—9　辅助报表 1.3　固定资产投资逐年分配汇总表

表 10—4—10　辅助报表 2　流动资金估算表

表 10—4—11　辅助报表 3　投资计划与资金筹措表

表 10—4—12　辅助报表 4　销售收入及销售税金计算表

表 10—4—13　辅助报表 5　总成本费用估算表

表 10—4—14　辅助报表 6　固定资产折旧费估算表

表 10—4—15　辅助报表 7　无形及递延资产摊销估算表

表 10—4—16　辅助报表 8　借款还本付息计算表

表 10—4—1　基本报表 1.1　现金流量表

（全部投资）　　　　　　　　　　　　　　　　　　万元

序号	项　目　　　　　年　份	1	2	3	4	5	6	…	n	合计
	生产能力（万 t）									
1	现金流入									
1.1	产品销售（营业）收入									
1.2	回收固定资产余值									
1.3	回收流动资金									
2	现金流出									
2.1	固定资产投资（含投资方向调节税）									
2.2	固定资产再投资									
2.3	流动资金									
2.4	经营成本									
2.5	营业外净支出									
2.6	销售税金及附加									
2.7	所得税									
3	净现金流量（1—2）									
4	累计净现金流量									
5	所得税前净现金流量									
6	所得税前累计净现金流量									

所得税后　　　　　　　　　　　　　　　　　　　　所得税前

计算指标:财务内部收益率:

财务净现值:　　　　　　　　　　　　　($i_c=$　　％)　　　　　　　($i_c=$　　％)

投资回收期:

注:1. 根据需要可在现金流入和现金流出栏里增减项目。

表 10-4-2 基本报表 1.2 现金流量表

（自有资金） 万元

序号	项 目 年 份	1	2	3	4	5	6	…	n	合计
	生产能力（万 t）									
1	现金流入									
1.1	产品销售（营业）收入									
1.2	回收固定资产余值									
1.3	回收流动资金									
2	现金流出									
2.1	自有资金									
2.2	借款本金偿还									
2.3	借款利息支付									
2.4	经营成本									
2.5	营业外净支出									
2.6	销售税金及附加									
2.7	所得税									
3	净现金流量（1—2）									

计算指标：财务内部收益率：

财务净现值（$i_c=$ ％）：

注：1. 根据需要可在现金流入和现金流出栏里增减项目。

表 10-4-3 基本报表 2 损益表 万元

序号	项 目 年 份	3	4	5	6	7	8	…	n	合计
	生产能力（万 t）									
1	产品销售（营业）收入									
2	销售税金及附加									
3	总成本费用									
4	营业外净支出									
5	利润总额（1—2—3—4）									
6	弥补以前年度亏损									
7	所得税									
8	税后利润（5—6—7）									
8.1	盈余公积金									
8.2	应分配利润									
8.3	未分配利润									
9	累计未分配利润									

表 10-4-4 基本报表 3 资金来源与运用表 万元

序号	项 目 \ 年份	3	4	5	6	7	8	…	n	合计	上年余值
	生产能力（万 t）										
1	资金来源										
1.1	利润总额										
1.2	折旧费（含井巷工程费和 50% 维简费）										
1.3	摊销费										
1.4	长期借款										
1.5	流动资金借款										
1.6	其他短期借款										
1.7	自有资金										
1.8	其 他										
1.9	回收固定资产余值										
1.10	回收流动资金										
2	资金运用										
2.1	固定资产投资（含投资方向调节税）										
2.2	建设期利息										
2.3	流动资金										
2.4	所得税										
2.5	应分配利润										
2.6	长期借款本金偿还										
2.7	流动资金借款本金偿还										
2.8	其他短期借款本金偿还										
3	盈余资金										
4	累计盈余资金										

注：为便于编制资产负债表，将第 n 年的回收固定资产余值、回收流动资金、流动资金本金偿还填在上年余值栏内。

表 10-4-5 基本报表 4 资金负债表 万元

序号	项 目 \ 年份	1	2	3	4	5	6	…	n
1	资 产								
1.1	流动资产总额								
1.1.1	应收账款								
1.1.2	存 货								
1.1.3	现 金								
1.1.4	累计盈余资金								
1.2	在建工程								
1.3	固定资产净值								
1.4	无形及递延资产净值								
2	负债及所有者权益								
2.1	流动负债总额								
2.1.1	应付账款								
2.1.2	流动资金借款								
2.1.3	其他短期借款								

续表

序号	项目 年份	1	2	3	4	5	6	…	n
2.2	长期借款								
	负债小计								
2.3	所有者权益								
2.3.1	资本金								
2.3.2	资本公积金								
2.3.3	累计盈余公积金								
2.3.4	累计未分配利润								

计算指标：1. 资产负债率（%）：

2. 流动比率（%）：

3. 速动比率（%）：

表 10—4—6　基本报表 5　财务外汇平衡表　　　　万美元

序号	项目 年份	1	2	3	4	5	6	…	n	合计
	生产能力（万 t）									
1	外汇来源									
1.1	产品销售外汇收入									
1.2	外汇借款									
1.3	其他外汇收入									
2	外汇运用									
2.1	固定资产投资中外汇支出									
2.2	进口原材料									
2.3	进口零部件									
2.4	技术转让费									
2.5	偿付外汇借款本息									
2.6	其他外汇支出									
2.7	外汇余缺									

注：1. 其他外汇收入包括自筹外汇等。

2. 技术转让费是指生产期支付的技术转让费。

表 10—4—7　辅助报表 1.1　项目总投资估算表　　　　万元

序号	项目名称	矿建工程	土建工程	设备购置	安装工程	其他费用		小计	工程预备费	计	涨价预备费	合计	建设期利息	总计	流动资金需要量	项目总投资
						5	其中：投资方向调节税									
		1	2	3	4			6	7	8	9	10	11	12	13	14
1	矿井（或露天矿）															
2	选煤厂															
3	焦化厂															
4	电厂															
5	辅助企业与附属企业															
6	矿区行政文教医疗设施															
7	矿区运输															
8	矿区供电及通信															
9	矿区给排水															
10	环保及污水处理															
11	其他															
12	合计															

注：如有外资应按各类工程分别列出"内币"、"外币"、"小计"，外币应折成人民币。

表 10—4—8　辅助报表 1.2　各类固定资产投资逐年分配表　　万元

序　号	项　　　　目	1	2	3	4	5	6	7	8	合计
1	固定资产投资									
1.1	工程费									
1.1.1	井巷工程									
1.1.2	土建工程									
1.1.3	设备购置及安装									
a	综采综掘设备									
b	一般采掘设备									
c	洗选设备									
d	其他设备									
1.2	其他费用									
1.2.1	土地征用费									
1.2.2	待摊投资									
1.2.3	其　他									
2	固定资产投资方向调节税									
	合　计									

注：1. 为简化计算，建设期利息可不予考虑。但编制资产负债表的项目不得简化，建设期利息则应分别计入各单项工程的各类工程费用里。

　　2. 待摊投资是指待摊销的无形资产和递延资产投资。

表 10—4—9　辅助报表 1.3　固定资产投资逐年分配汇总表　　万元

序　号	项目名称	第1年	第2年	第3年	第4年	第5年	……	合计
1	矿井（或露天矿）							
1.1	×××							
1.2	×××							
1.3	×××							
2	选煤厂							
2.1	×××							
2.2	×××							
2.3	×××							
3	焦化厂							
4	电　厂							
5	辅助企业与附属企业							
6	矿区行政文教医疗设施							
7	矿区运输							
8	矿区供电及通信							
9	矿区给排水							
10	环保及污水处理							
11	其　他							
12	合　计							

表 10—4—10　辅助报表 2　流动资金估算表　　　　　　　万元

序号	项目 \ 年份	最低周转天数	周转次数	3	4	5	⋯	n	合计
1	流动资产								
1.1	应收账款								
1.2	存货								
1.2.1	原材料								
1.2.2	燃料								
1.2.3	在产品								
1.2.4	产成品								
1.2.5	其他								
1.3	现金								
2	流动负债								
2.1	应付账款								
3	流动资金（1—2）								
4	流动资金本年增加额								

注：原材料、燃料栏目应分别列出具体名称，分别计算。

表 10—4—11　辅助报表 3　投资计划与资金筹措表　　　　万元、万美元

序号	项目 \ 年份	1	2	3	4	合计
1	总投资					
1.1	固定资产投资					
1.2	固定资产投资方向调节税					
1.3	建设期利息					
1.4	流动资金					
2	资金筹措					
2.1	自有资金					
	其中：用于流动资金					
2.2	借款					
2.2.1	长期借款					
2.2.2	流动资金借款					
2.2.3	其他短期借款					
2.3	其他					

注：如有多种借款方式时，可分项列出。

表 10－4－12　辅助报表 4　销售收入及销售税金计算表　　销售量单位：万 t

金额单位：万元

序　号	项　目　名　称	产品单价	1	2	3	……
1	设计规模 产品销售量及销售收入 A 产品 销售收入 B 产品 销售收入 ⋮					
2	销售收入合计 销售税金及附加 增值税（营业税） 城市维护建设税 教育费附加 资源税					

注：如有出口产品，其每年销售收入应分别列出"内销"、"外销"、"小计"，外币应折成人民币。

表 10－4－13　辅助报表 5　总成本费用估算表　　万元

序号	年　份　　　　项　目	3	4	5	6	…	n	合　计
1	外购原材料 ⋮							
2	外购燃料及动力 ⋮							
3	工资及福利费							
4	修理费							
5	折旧费							
6	井巷工程费							
7	维简费							
8	摊销费							
9	利息支出							
9.1	流动资金利息							
9.2	长期借款利息							
10	地面塌陷赔偿费							
11	其他费用							
12	总成本费用（1＋2＋…＋11） 其中：1. 固定成本 　　　2. 可变成本							
13	经营成本 （12－5－6－7×50％－8－9）							

表 10—4—14　辅助报表 6　固定资产折旧费估算表　　　万元

序号	项目＼年份	折旧年限	3	4	5	6	…	n
1	固定资产合计							
1.1	原值							
1.2	折旧费（含井巷工程费）							
1.3	固定资产更新投资							
1.4	折旧期满的固定资产							
1.5	净值							
2	矿建工程							
2.1	原值							
2.2	折旧费（含井巷工程费）							
2.3	固定资产更新投资							
2.4	折旧期满的固定资产							
2.5	净值							
3	房屋及建筑物							
3.1	原值							
3.2	折旧费							
3.3	净值							
4	综采综掘设备							
4.1	原值							
4.2	折旧费							
4.3	固定资产更新投资							
4.4	折旧期满的固定资产							
4.5	净值							
5	一般采掘设备							
5.1	原值							
5.2	折旧费							
5.3	固定资产更新投资							
5.4	折旧期满的固定资产							
5.5	净值							
6	洗选及其他设备							
6.1	原值							
6.2	折旧费							
6.3	净值							
7	其他							

注：1. 本表自生产年份起开始计算，各类固定资产按《工业企业财务制度》规定的年限分列。

　　2. 生产期内发生的更新改造投资列入其投入年份。

表 10—4—15 辅助报表 7 无形及递延资产摊销估算表 万元

序 号	项 目 ＼ 年 份	摊销年限	原值	3	4	5	…	n
1	无形资产小计							
1.1	土地使用权							
	摊 销							
	净 值							
1.2	专有技术和专利权							
	摊 销							
	净 值							
1.3	其他无形资产							
	摊 销							
	净 值							
2	递延资产（开办费）							
	摊 销							
	净 值							
3	无形及递延资产合计（1＋2）							
	摊 销							
	净 值							

注：摊销期相同的项目允许适当归并。

表 10—4—16 辅助报表 8 借款还本付息计算表 万元

序 号	项 目 ＼ 年 份	1	2	3	4	5	…	n	合 计
1	借款及还本付息								
1.1	年初借款本息累计								
1.1.1	本 金								
1.1.2	建设期利息								
1.2	本年借款								
1.3	本年应计利息								
1.4	本年还本								
1.5	本年付息								
2	可供还款及更新投资的资金								
2.1	本年未分配利润								
2.2	折旧费（含井巷工程费和50％维简费）								
2.3	摊销费								
2.4	基建其他收入								
2.5	其 他								
3	用于更新投资								
4	用于偿还借款（2—3）								
5	本年结余资金（2—3—4）								

二、国民经济评价基本报表及辅助报表格式

表 10—4—17 国民经济基本报表 1 国民经济效益费用流量表（全部投资）

表 10—4—18   国民经济基本报表 2   国民经济效益费用流量表（国内投资）

表 10—4—19   国民经济基本报表 3   经济外汇流量表

表 10—4—20   国民经济辅助报表 1   出口（替代进口）产品国内资源流量表

表 10—4—21   国民经济辅助报表 2   国民经济评价投资调整计算表

表 10—4—22   国民经济辅助报表 3   国民经济评价销售收入调整计算表

表 10—4—23   国民经济辅助报表 4   国民经济评价经营费用调整计算表

表 10—4—17   国民经济基本报表 1   国民经济效益费用流量表

（全部投资）   万元

序号	项目 \ 年份	建设期		投产期		达到设计能力生产期				合计
		1	2	3	4	5	6	…	n	
	生产负荷（%）									
1	效益流量									
1.1	产品销售（营业）收入									
1.2	回收固定资产余值									
1.3	回收流动资金									
1.4	项目间接效益									
2	费用流量									
2.1	固定资产投资									
2.2	流动资金									
2.3	经营费用									
2.4	项目间接费用									
3	净效益流量（1—2）									

计算指标：经济内部收益率：

经济净现值（$i_c=$ %）：

注：生产期发生的更新改造投资作为费用流量单独列项或列入固定资产投资项中。

表 10—4—18   国民经济基本报表 2   国民经济效益费用流量表

（国内投资）   万元

序号	项目 \ 年份	建设期		投产期		达到设计能力生产期				合计
		1	2	3	4	5	6	…	n	
	生产负荷（%）									
1	效益流量									
1.1	产品销售（营业）收入									
1.2	回收固定资产余值									
1.3	回收流动资金									
1.4	项目间接效益									
2	费用流量									
2.1	固定资产投资中国内资金									
2.2	流动资金中国内资金									
2.3	经营费用									
2.4	流至国外的资金									

续表

序号	项目 \ 年份	建设期		投产期		达到设计能力生产期				合计
		1	2	3	4	5	6	…	n	
2.4.1	国外借款本金偿还									
2.4.2	国外借款利息支付									
2.4.3	其 他									
2.5	项目间接费用									
3	净效益流量（1－2）									

计算指标：经济内部收益率：

经济净现值（$i_c=$ %）：

注：生产期发生的更新改造投资作为费用流量单独列项或列入固定资产投资项中。

表 10－4－19　国民经济基本报表 3　经济外汇流量表　　　万美元

序号	项目 \ 年份	建设期		投产期		达到设计能力生产期				合计
		1	2	3	4	5	6	…	n	
	生产负荷（%）									
1	外汇流入									
1.1	产品销售外汇收入									
1.2	外汇借款									
1.3	其他外汇收入									
2	外汇流出									
2.1	固定资产投资中外汇支出									
2.2	进口原材料									
2.3	进口零部件									
2.4	技术转让费									
2.5	偿付外汇借款本息									
2.6	其他外汇支出									
3	净外汇流量（1－2）									
4	产品替代进口收入									
5	净外汇效果（3＋4）									

计算指标：经济外汇净现值（$i_s=$ %）：

经济换汇成本或经济节汇成本：

注：技术转让费是指生产期支付的技术转让费。

表 10－4－20　国民经济辅助报表 1　出口（替代进口）产品国内资源流量表　　　万元

序号	项目 \ 年份	建设期		投产期		达到设计能力生产期				合计
		1	2	3	4	5	6	…	n	
	生产负荷（%）									
1	固定资产投资中国内资金									
2	流动资金中国内资金									
3	经营费用中国内费用									
4	其他国内投入									
5	国内资源流量合计（1＋2＋3＋4）									

国内资源流量现值（$i_s=$ %）：

出口产品中国内投入现值：

表 10－4－21　国民经济辅助报表 2　国民经济评价投资调整计算表 万元、万美元

序号	项　目	财　务　评　价				国民经济评价				国民经济评价比财务评价增减（±）
		合计	其中			合计	其中			
			外币	折合人民币	人民币		外币	折合人民币	人民币	
1	固定资产投资									
1.1	建筑工程									
1.2	设　备									
1.2.1	进口设备									
1.2.2	国内设备									
1.3	安装工程									
1.3.1	进口材料									
1.3.2	国内部分材料及费用									
1.4	其他费用									
	其中：（1）土地费用									
	（2）涨价预备费									
2	流动资金									
3	合　计									

表 10－4－22　国民经济辅助报表 3　国民经济评价销售收入调整计算表

单价单位：元、美元

销售收入单位：万元、万美元

序号	产品名称	年销售量					财务评价					国民经济评价							
		单位	内销	替代进口	外销	合计	内销		外销		合计	内销		替代进口		外销		合计
							单价	销售收入	单价	销售收入		单价	销售收入	单价	销售收入	单价	销售收入	
1	投产第一年负荷（×％） ⋮ 小　计																	
2	投产第二年负荷（×％） ⋮ 小　计																	
3	正常生产年份（100％） ⋮ 小　计																	

表 10-4-23 国民经济辅助报表 4 国民经济评价经营费用调整计算表 元、万元

序号	项 目	单位	年耗量	财务评价		国民经济评价	
				单价	年经营成本	单价（或调整系数）	年经营费用
1	外购原材料						
	⋮						
2	外购燃料和动力						
2.1	煤						
2.2	水						
2.3	电						
2.4	汽						
2.5	重油						
	⋮						
3	工资及福利费						
4	修理费						
5	其他费用						
6	合 计						

第九节 改扩建项目经济评价

改扩建项目经济评价依据中国国家计划委员会，建设部计投资（1993）530号文发布的《建设项目经济评价工作的若干问题规定》、《建设项目经济评价方法与参数》（第二版），煤炭工业部煤规字（1996）第501号文发布的《煤炭工业建设项目经济评价方法与参数》。

一、改扩建项目经济评价的特点

改扩建项目是在原有企业的基础上进行建设的，它与新建项目相比具有以下特点：

（1）在不同程度上利用了原有资产和资源，以增量调动存量，以较小的新增投入取得较大的新增效益。

（2）原来已在生产经营，而且其状况还会发生变化，因此项目效益和费用的识别、计算较复杂。

（3）建设期内建设与生产同步进行。

（4）项目与企业既有区别又有联系，有些问题的分析范围需要从项目扩展至企业。

因此改扩建项目的经济评价除应遵循新建项目经济评价的原则和基本方法外，还必须针对以上特点，在具体评价方法上做一些特殊规定。

二、改扩建项目经济评价方法

改扩建项目经济评价的基本方法与新建项目经济评价方法相同，也分为财务评价和国民经济评价。财务评价进行盈利能力分析，清偿能力分析；对涉及外汇收支的项目，还应进行外汇平衡分析。财务评价计算的评价指标有财务内部收益率，财务净现值、投资回收期、投

资利润率、投资利税率、资本金利润率、资产负债率、固定资产借款偿还期、流动比率、速动比率。国民经济评价进行盈利能力分析；涉及产品出口创汇及替代进口节汇的项目，还应进行外汇效果分析。国民经济评价计算的评价指标有经济内部收益率、经济净现值、经济外汇净现值、经济换汇（节汇）成本。

改扩建项目经济评价必须注意以下几个问题：

1. 项目与企业的关系

改扩建项目与原有企业之间存在既相对独立又相互依存的特定关系，在项目评价中应特别注意。除企业进行总体改造外，一般改扩建项目并不涉及整个企业，在经济评价中，项目范围的界定应以说明项目的效益与费用为准。这样可减少数据采集和计算的工作量，又不影响评价结论。

改扩建项目财务评价不光考核项目，还要考核企业法人的财务状况。

2. 关于"有无对比"

进行"有无对比"时，应注意：

（1）和现状相比，"无项目"情况下的效益和费用在计算期内可能增加，可能减少，也可能保持不变。必须预测这些趋势，以避免人为地低估或夸大项目的效果。

（2）"有项目"与"无项目"两种情况下，效益和费用的计算范围、计算期应保持一致，具有可比性。

为使计算期保持一致，应以"有项目"的计算期为基准，对"无项目"的计算期进行调整。

①一般情况下，可通过追加投资（局部更新或全部更新）来维持"无项目"时的生产经营，延长其寿命期到与"有项目"的计算期相同，并在计算期末将固定资产余值回收。

②在某些情况下，通过追加投资延长其寿命期在技术上不可行或经济上明显不合理时，应使"无项目"的生产经营适时终止，其后各年的现金流量为零。

3. 有关的几种数据

改扩建项目评价中，关于效益和费用的数据可以分为以下几种：

（1）现状数据。它反映项目实施前的效益和费用现状，是单一的状态值。具体计算时，一般可用实施前一年的数值，当该年数值不具有代表性时，可以选用有代表性年份数值或近几年数据的平均值。

（2）"无项目"数据。它是指不实施项目时，在现状基础上，考虑计算期内效益和费用的变化趋势（其变化值可能大于、等于或小于零），经预测得出的数值序列。

（3）"有项目"数据。它是实施项目后的总量效益和费用，是一个数值序列。

（4）新增数据。它是通过"有项目"效益和费用分别减去现状效益和费用将得到的差额。有些数据是先有新增值，再计算出"有项目"的数值。

（5）增量数据。它是通过"有项目"效益和费用分别减去"无项目"效益和费用得到的差额，即"有无对比"数据。

4. 关于盈利能力分析

改扩建项目的盈利能力分析从本质上讲是对"建项目"和"不建项目"两个方案进行比较，优选其中一个方案。方案比较最基本的方法是差额分析，在这里，也就是"有项目"相对于"无项目"的有无对比，计算增量效益和费用。通过盈利能力分析指标可以反映项目在财务上和经济上是否合理，是否应该投资建设。因此盈利能力分析的结论对投资决策起主导作用。

进行有无对比，计算增量效益和费用时，可选用以下两种方法之一：

（1）先计算改扩建后（即"有项目"）以及不改扩建（即"无项目"）两种情况下的效益和费用，然后通过这两套数据的差额（即增量数据，包括增量效益和增量费用），计算增量指标。

（2）有些改扩建项目，如新建生产车间或生产线，新增一种或数种产品，其效益和费用能与原企业分开计算的，可视同新建项目，直接采用增量效益和增量费用，计算增量评价指标。

5．关于清偿能力分析

清偿能力分析是在现状的基础上对项目实施后的财务状况作出评价，判断清偿能力和财务风险。分析的范围原则上是整个企业而不仅仅是项目本身。可用于还款的资金除项目新增的以外，还包括原企业所能提供的还款资金。

6．效益和费用计算中的有关问题

（1）固定资产投资和折旧的计算。在不涉及产权转移时，原有固定资产价值采用账面值（原值和净值）计算。固定资产投资和折旧计算时需注意以下几点。

①项目范围内的原有固定资产可分为"继续利用"和"不再利用"两部分。计算"有项目"投资时，原有资产无论其利用与否，均与新增投资一起计入投资费用。"不再利用"的资产如果变卖，其价值按变卖值和变卖时间另行计入现金流入及资金来源栏目，不能冲减新增投资。

②"有项目"情况下，不再利用的原有固定资产只要不处理（报废或变卖），就仍然是固定资产的一部分，但是不能提取折旧，因而导致新增折旧不等于新增固定资产的折旧。

新增折旧是指"有项目"折旧与现状折旧的差额，它等于新增固定资产的折旧减去不再利用的原有固定资产本来应该提取的折旧。只有在原有固定资产全部利用的情况下，这两个数值才相等。

在清偿能力分析中用到新增折旧数值时，如果不再利用的原有固定资产的价值较小，为简化计算，也可直接采用新增固定资产的折旧。

（2）增量数据和新增数据计算中对沉没费用和生产固定成本的处理。改扩建项目经济评价中所用到的增量数据和新增数据是对企业总体而言的，但改扩建项目的范围可能是一条生产线或一个车间，因此在项目评价中计算费用时，要注意识别属于企业范围内的沉没费用或生产成本中的固定部分，这部分费用不计为增量费用和新增费用。当企业进行局部改造时，应特别注意这个问题。

（3）停产或减产损失。改扩建与生产同时进行的项目，其停产或减产造成的损失，反映在"有项目"改造期内各年的销售收入和经营费用中，因此不需单独列项计算。如果直接计算增量效益和费用，则可将停产或减产造成的损失列为项目的费用。

7．重估值的计算

国有资产管理局对国有资产主体变动或国家资产经营、使用主体变动的项目，规定有以下几种评估办法。在改扩建项目经济评价中，如需要对原有固定资产价值进行重估时，可参照使用。

（1）收益现值法

即按被评估时资产预期盈利能力和平均资金利润率计算出资产的现值并以此确定重估价值。应用收益现值法评估资产必须具备两个基本条件：一是被评估资产必须是能以货币衡量其未来期望收益的单项或整体资产；二是产权所有者所承担的风险也必须是能用货币量衡量的。

（2）重置成本法

即根据估价时该项目固定资产在全新情况下的市场价格或重置成本，减去按重置成本计算的已使用年限的累计折旧额，并考虑资产功能变化等因素，确定重估价值。应用重置成本法评估资产的前提条件：一是被评估的资产将是持续使用的；二是实体特征与新购建设效能相同的资产能够进行直接的比较。在应用现行市价法和收益现值法的客观条件尚不具备时，应广泛应用重置成本法。

（3）现行市价法（也叫市场比较法）

即参照市场上同一的或类似的资产交易价格确定重估价值。应用现行市价法进行资产评估必须具备两个前提条件：一是需要有一个充分发育活跃的资产市场；二是参照物及其与被评估资产相比较的指标（项目）、技术参数等资料是可搜集的。

（4）清算价格法

即按企业破产清算时其资产可变现的价值确定重估价格。清算价格法适用于企业破产时、融资抵押品时、企业清理时及用实物资产来冲抵双方现金债务行为时等特殊情况下的资产评估，不适用于一般正常情况下的资产评估。

（5）其他经国家国有资产管理局规定的评估方法。

三、改扩建项目经济评价基本报表及辅助报表

报表格式可参照《煤炭工业建设项目经济评价方法与参数》，主要报表及辅助报表内容有：

改扩建基本报表 1.1.1   现金流量表（全部增量投资）（一）

改扩建基本报表 1.1.2   现金流量表（全部增量投资）（二）

改扩建基本报表 1.2.1   现金流量表（增量自有资金）（一）

改扩建基本报表 1.2.2   现金流量表（增量自有资金）（二）

改扩建基本报表 2   损益表

改扩建基本报表 3   资金来源与运用表

改扩建基本报表 4   资产负债表

改扩建基本报表 5   财务外汇平衡表

改扩建基本报表 6.1.1   国民经济效益费用流量表（全部增量投资）（一）

改扩建基本报表 6.1.2   国民经济效益费用流量表（全部增量投资）（二）

改扩建基本报表 6.2.1   国民经济效益费用流量表（国内增量投资）（一）

改扩建基本报表 6.2.2   国民经济效益费用流量表（国内增量投资）（二）

改扩建基本报表 7   经济外汇流量表

改扩建辅助报表 1   借款还本付息计算表

第十节 不 确 定 性 分 析

完成基本方案的评价后，要进行不确定性分析，以估计项目可能承担的风险，确定项目在经济上的可靠性。不确定性分析包括敏感性分析，盈亏平衡分析和概率分析。盈亏平衡分析只用于财务评价，敏感性分析和概率分析可同时用于财务评价和国民经济评价。

一、盈亏平衡分析

盈亏平衡分析是通过盈亏平衡点（BEP）分析项目产量成本与利润的平衡关系的一种方法。当项目的收益与成本相等时，即盈利与亏损的转折点，称为盈亏平衡点（BEP）。盈亏平衡点通常根据正常生产年份的产品产量或销售量，可变成本、固定成本、产品价格和销售税金及附加等数据计算。盈亏平衡点越低，表明项目适应市场变化的能力越大，抗风险能力越强，盈利的可能性越大，亏损的可能性越小。因为盈亏平衡分析是分析产量（销量）、成本与利润的关系，因此也称量本利分析。

1. 盈亏平衡点（BEP）生产能力利用率

$$\text{(BEP)生产能力利用率} = \frac{\text{年固定总成本}}{\text{年产品销售收入} - \text{年可变总成本} - \text{年销售税金及附加} - \text{营业外净支出}} \times 100\%$$

式中 年销售税金及附加——煤炭产品包括增值税，城市维护建设税，教育费附加，资源税。

营业外净支出——营业外收入减营业外支出。

2. 盈亏平衡点（BEP）产量

$$\text{(BEP)产量} = \frac{\text{年固定总成本}}{\text{单位产品售价} - \text{单位产品可变成本} - \text{单位产品销售税金及附加} - \text{营业外净支出}}$$

$$\text{(BEP)产量} = \text{设计生产能力} \times \text{(BEP)生产能力利用率}$$

3. 盈亏平衡分析图

盈亏平衡点可以用计算公式求得，也可直接绘制盈亏平衡分析图求得。盈亏平衡分析图是以产量（销量）或生产能力利用率为横坐标，以销售收入和产品总成本费用（包括固定成本和可变成本）即金额为纵坐标，绘制的销售收入曲线和总成本费用曲线。两条曲线的交点即为盈亏平衡点。与盈亏平衡点对应的横坐标，即为以产量或生产能力利用率表示的盈亏平衡点（BEP）。在绘制盈亏平衡分析图时，通常把销售税金及附加、营业外净支出绘入总成本费用曲线中。盈亏平衡分析图见图10—4—1。

二、敏感性分析

敏感性分析是研究建设项目的主要因素如产品售价、产量、经营成本、投资、建设期、汇率、物价上涨指数等发生变化时，

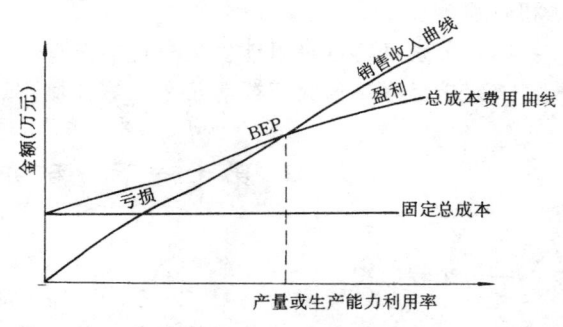

图 10—4—1 盈亏平衡分析图

项目经济效益指标如内部收益率、净现值等指标的预测值发生变化的程度。通过敏感性分析，可以找出项目的敏感因素，并确定这些因素变化后，对评价指标的影响程度。使决策者能了解项目建设中可能遇到的风险，从而提高投资决策的准确性，也可以预示对项目经济效益的影响最重要的因素，为提高投资决策的可靠性，对它们进行重新调查、分析、计算。还为进行各敏感因素对项目评价指标进行风险概率分析提供方向。

根据评价内容的不同，如经济评价中对经济净现值、经济内部收益率所做的敏感性分析，称为经济敏感性分析；对财务评价指标所做的敏感性分析，称为财务敏感性分析。

根据每次变动因素的数目不同，可分为单因素敏感性分析与多因素敏感性分析。在项目评价中，计算评价指标所涉及的重要因素只有一个发生变化，而其它因素不变时所做的敏感性分析，叫单因素敏感性分析。计算评价指标所涉及的重要因素同时变动并且同时变动的几个因素是互相独立的，每一个因素变动的幅度、方向与别的因素无关，这种多因素同时变动时所做的敏感性分析，叫多因素敏感性分析。

各主要因素的变化可以用相对变动数或绝对变动数表示。相对变动数是使某个因素的取值比基本方案的取值变动±10%、±20%、……等，并计算每次变动对评价指标的影响值。根据各不同因素对评价指标的影响程度的大小，可以按敏感程度进行排序。用各主要因素绝对值的变化，计算对评价指标的影响程度，可以获得同样的结论。各因素的变动对评价指标的影响程度可以列表或作图表示。

敏感性分析的原理比较简单，但计算工作量十分繁琐，即使是单因素敏感性分析，每一因素变动一个值，就要重新编制一套财务报表，以便计算评价指标，因此一般都需使用电子计算机代替手工计算。

三、概率分析

概率分析是使用概率研究预测各种不确定性因素和风险因素的发生对项目评价指标影响的一种定量分析方法。一般是计算项目净现值的期望值及净现值大于或等于零时的累计概率，累计概率越大，说明项目承担的风险越小。

概率分析的步骤：

(1) 列出各种要考虑的不确定性因素（敏感因素）；

(2) 设想各种不确定性因素可能发生的情况，即其数值发生变化的几种情况；

(3) 分别确定每种情况出现的可能性即概率，每种不确定性因素可能发生的情况的概率之和必须等于1；

(4) 分别确定各种可能发生事件的净现值、加权净现值，然后求出净现值的期望值；

(5) 求出净现值大于或等于零的累计概率。

第十一节　矿井财务评价实例

一、工程概况

某矿井井田内各层煤皆属特低灰、特低磷、特低硫、低熔灰、热稳定性好的动力和化工用煤，矿井能利用储量为 745.22Mt，D 级储量 73.55Mt，设计年生产能力 300 万 t，服务年限 133 年。矿井采用一组斜井开拓（四条斜井），主斜井为胶带井，副斜井为无轨胶轮车斜井，另两条斜井为通风井。无井底车场，井下除主排水硐室外，无其他硐室。

经岗位定员，全矿在籍总人数 580 人。其中参与计效的原煤生产人员在籍人数 460 人（其中井下工人 279 人，地面工人 141 人，管理人员 40 人），不参与计效的原煤生产人员 40 人，服务人员及其他人员 80 人。

二、基础数据

1. 基建投资

矿井固定资产总投资（含基本预备费）80002 万元，其中矿建工程的 27656 万元，土建工程 20873 万元，设备及安装工程 29072 万元（其中综机设备及安装工程 16862 万元，其他设备及安装工程 12210 万元）。

无形及递延资产 2400 万元其他费用、基本预备费扣除无形及递延资产后已分配到各类固定资产中形成固定资产原值。

2. 逐年投资分配，资金筹措及贷款利率

矿井基建期为 4 年，第五年投产产量为 150 万 t，第六年达到设计规模 300 万 t。

矿井逐年投资：第一年 12000 万元，第二年 24000 万元，第三年 24000 万元，第四年 12001 万元，第五年 8001 万元。

矿井建设资金拟从国家开发银行贷款，软硬贷比例为 3：7，软贷款利率为 4.68%，硬贷款利率为 12.42%。

流动资金向商业银行贷款，年利率 10.98%。

3. 原煤设计成本

经估算，达产年单位完全成本为 108.86 元/t，单位经营成本 53.81 元/t。详细计算结果见表 10-4-24。

表 10-4-24　达产年单位完全成本计算表

顺序	项目	单位成本（元/t）	其中	
			固定成本	可变成本
一	经营成本	53.81	36.08	17.73
1	材料费	19.62	11.18	8.44
2	动力	8.43	5.65	2.78
3	工资	1.92	0.96	0.96
4	福利费	0.27	0.13	0.14
5	修理费	10.02	10.02	
6	其他支出	12.15	8.14	4.01
7	地面塌陷赔偿费	1.40		1.40
二	折旧	13.82	13.82	
三	井巷工程费	2.50		2.50
四	摊销费	0.80	0.80	
五	维简费	4.00		4.00
六	利息支出	33.93	33.25	0.68
	合计	108.86	83.95	24.91

4. 商品煤销售价格

该矿井煤主要供国内电厂用,其坑口价为 150 元/t。

5. 税 金

增值税:销项税税率 13%,进项税税率为 17%

城市维护建设税:按增值税金的 5%

教育费附加:按增值税金的 3%

资源税:从量计征,吨煤 0.5 元

所得税:应纳税所得额的 33%

6. 其他有关数据

计算期:基建期 4 年,生产经营期 20 年,计算期为 24 年;基准收益率:10%

营业外净支出:为零

三、财务盈利能力分析

财务盈利能力分析主要是考察投资的盈利水平,用以下指标表示:

(1)据表 10—4—25 现金流量表计算财务内部收益率(FIRR)为 16.60%,财务净现值(FNPV)为 38813.08 万元,投资回收期(P_t)为 8.39 年。

(2)据表 10—4—26 损益表计算,投资利润率为 14.80%,投资利税率为 19.12%。

以上计算结果表明:财务内部收益率大于设定的基准收益率 10%,财务净现值大于零,项目在财务上可行;投资利润率,投资利税率高于行业水平,项目盈利水平较高。

四、财务清偿能力分析

项目清偿能力分析主要是考察计算期内各年的财务状况及偿债能力。用以下指标表示:

(1)通过借款还本付息计算表(表 10—4—27),借款偿还期,软硬贷款为 11.85 年。

(2)通过资产负债表(表 10—4—28)计算,资产负债率投产年最高为 108%,逐年迅速下降到 10% 以内;流动比率最高为 5106%,速动比率最高为 5040%。

以上指标说明项目清偿能力尚可。

五、不确定性分析

不确定性分析包括盈亏平衡分析和敏感性分析

1. 盈亏平衡分析

盈亏平衡点(BEP)通过正常年份的产品产量或销售量,可变成年、固定成本、产品价格和销售税金及附加等数据计算,用生产能力或产量表示,本实例以生产能力利用率表示。还清贷款后第一年(第 13 年)生产能力利用率为:

$$BEP(生产能力利用率)=\frac{年固定总成本}{产销售收入-年可变总成本-年销售税金及附加-营业外净支出}\times100\%$$

$$=\frac{14864}{45000-7473-4421-0}\times100\%$$

$$=44.9\%$$

当达到设计产量的 44.9% 时,即产量达到 134.7 万 t 时,可盈亏平衡,保本经营。

表10-4-25 现 金 流 量 表
(全部投资)

万元

序号	项目	建设期 1	2	3	4	投产期 5	6	7	达到设计能力生产期 8	9	10	11	12	13
	生产负荷(%)	0	0	0	0	50	100	100	100	100	100	100	100	100
1	现金流入	0	0	0	0	22500	45000	45000	45000	45000	45000	45000	45000	45000
1.1	产品销售收入	0	0	0	0	22500	45000	45000	45000	45000	45000	45000	45000	45000
1.2	回收固定资产余值	0	0	0	0	0	0	0	0	0	0	0	0	0
1.3	回收流动资金	0	0	0	0	0	0	0	0	0	0	0	0	0
2	现金流出	12000	24000	24000	13132	23010	21649	23586	24049	24482	24941	25429	42114	26584
2.1	固定资产投资	12000	24000	24000	12001	8001	0	0	0	0	0	0	16862	0
2.2	流动资金	0	0	0	1131	1554	1085	0	0	0	0	0	0	0
2.3	经营成本	0	0	0	0	11496	16143	16143	16143	16143	16143	16143	16143	16143
2.4	销售税金及附加	0	0	0	0	1959	4421	4421	4421	4421	4421	4421	4421	4421
2.5	所得税	0	0	0	0	0	0	3022	3486	3918	4377	4865	4688	6020
2.6	营业外净支出	0	0	0	0	0	0	0	0	0	0	0	0	0
3	净现金流量	-12000	-24000	-24000	-13132	-510	23351	21414	20951	20518	20059	19571	2886	18416
4	累计净现金流量	-12000	-36000	-60000	-73132	-73642	-50291	-28876	-7926	12593	32652	52223	55109	73526
6	所得前净现金流量	-12000	-24000	-24000	-13132	-510	23351	24436	24436	24436	24436	24436	7574	24436
7	所得前累计净现金流量	-12000	-36000	-60000	-73132	-73642	-50291	-25854	-1418	23018	47455	71891	79465	103902

续表

序号	项 目	14	15	16	17	18	19	20	21	22	23	24	合 计
	生产负荷（%）	100	100	100	100	100	100	100	100	100	100	100	
1	现金流入	45000	45000	45000	45000	45000	45000	45000	45000	45000	45000	78038	910538
1.1	产品销售收入	45000	45000	45000	45000	45000	45000	45000	45000	45000	45000	45000	877500
1.2	回收固定资产余值	0	0	0	0	0	0	0	0	0	0	29269	29269
1.3	回收流动资金	0	0	0	0	0	0	0	0	0	0	3770	3770
2	现金流出	26584	26663	26663	26663	26663	38604	43580	26718	26718	26718	26718	631265
2.1	固定资产投资	0	0	0	0	0	12210	16862	0	0	0	0	125936
2.2	流动资金	0	0	0	0	0	0	0	0	0	0	0	3770
2.3	经营成本	16143	16143	16143	16143	16143	16143	16143	16143	16143	16143	16143	318213
2.4	销售税金及附加	4421	4421	4421	4421	4421	4421	4421	4421	4421	4421	4421	85952
2.5	所得税	6020	6099	6099	6099	6099	5831	6154	6154	6154	6154	6154	97395
2.6	营业外净支出	0	0	0	0	0	0	0	0	0	0	0	0
3	净现金流量	18416	18337	18337	18337	18337	6396	1420	18282	18282	18282	51321	279274
4	累计净现金流量	91942	110279	128616	146954	165291	171686	173106	191389	209671	227953	279274	0
6	所得税前现金流量	24436	24436	24436	24436	24436	12226	7574	24436	24436	24436	57475	376668
7	所得税前累计净流量	128338	152775	177211	201647	226084	238310	245884	270321	294757	319193	376668	0

指 标：

	所得税后	所得税前
财务内部收益率（%）	16.60	19.30%
财务净现值 $i_c=10.0\%$	38813.08	61726.18
投资回收期（年）	8.39	8.06

表 10-4-26 损 益 表

单位：万元

序号	项 目	投产期	达到设计能力生产期																		合计
		5	6	7	8	9	10	11	12	13	14	15	16	17	18	19	20	21	22	23	24	
	生产负荷（%）	50	100	100	100	100	100	100	100	100	100	100	100	100	100	100	100	100	100	100	100	
1	产品销售收入	22500	45000	45000	45000	45000	45000	45000	45000	45000	45000	45000	45000	45000	45000	45000	45000	45000	45000	45000	45000	877500
2	销售税金及附加	1959	4421	4421	4421	4421	4421	4421	4421	4421	4421	4421	4421	4421	4421	4421	4421	4421	4421	4421	4421	85952
3	总成本费用	28624	32660	31257	30017	28707	27315	25837	26372	22337	22337	22097	22097	22097	22097	22910	21930	21930	21930	21930	21930	496413
4	营业外净支出	0	0	0	0	0	0	0	0	0	0	0	0	0	0	0	0	0	0	0	0	0
5	利润总额	−8083	7919	9322	10562	11873	13264	14743	14208	18242	18242	18482	18482	18482	18482	17669	18649	18649	18649	18649	18649	295135
6	弥补以前年度亏损	0	7919	165	0	0	0	0	0	0	0	0	0	0	0	0	0	0	0	0	0	8083
7	其他税前列支	0	0	0	0	0	0	0	0	0	0	0	0	0	0	0	0	0	0	0	0	0
8	应纳税所得额	0	0	9158	10562	11873	13264	14743	14208	18242	18242	18482	18482	18482	18482	17669	18649	18649	18649	18649	18649	295135
9	所得税	0	0	3022	3486	3918	4377	4865	4688	6020	6020	6099	6099	6099	6099	5831	6154	6154	6154	6154	6154	97395
10	税后利润	−8083	7919	6300	7077	7955	8887	9878	9519	12222	12222	12383	12383	12383	12383	11838	12495	12495	12495	12495	12495	197741
11	分配以前年度利润	0	0	0	0	0	0	0	0	0	0	0	0	0	0	0	0	0	0	0	0	0
12	可供分配利润	−8083	7919	6300	7077	7955	8887	9878	9519	12222	12222	12383	12383	12383	12383	11838	12495	12495	12495	12495	12495	197741
12.1	盈余公积金	0	0	614	708	795	889	988	952	1222	1222	1238	1238	1238	1238	1184	1249	1249	1249	1249	1249	19774
12.2	公益金	0																				
12.3	未分配利润	−8083	7919	5687	6369	7159	7998	8890	8567	11000	11000	11145	11145	11145	11145	10655	11245	11245	11245	11245	11245	177966
13	累计未分配利润	−8083	−165	5522	11891	19050	27049	35939	44506	55506	66506	77651	88795	99940	111085	121740	132985	144230	155476	166721	177966	0

表 10-4-27　借款还本付息计算表

万元

序号	项目	利率(%)	建设期 1	建设期 2	建设期 3	建设期 4	达到设计能力生产期 5	6	7	8	9	10	11	12	合计
1.1	年初借款本息累计		0	12606	39098	68297	87907	95908	82302	70280	57575	44080	29745	14519	
1.1.1	本金累计		0	12000	36000	60000	72001	95908	82302	70280	57575	44080	29745	14519	
	软贷款		0	3600	10800	18000	21600	26099	22396	19125	15667	11995	8094	3951	
	硬贷款		0	8400	25200	42000	50401	69809	59906	51155	41907	32085	21651	10568	
1.1.2	利息累计		0	606	3098	8297	15906	0	0	0	0	0	0	0	
	软贷款		0	84	425	1119	2098	0	0	0	0	0	0	0	
	硬贷款		0	522	2673	7178	13808	0	0	0	0	0	0	0	
1.2	本年借款		12000	24000	24000	12001	8001	0	0	0	0	0	0	0	80002
	软贷款		3600	7200	7200	3600	2400	0	0	0	0	0	0	0	24001
	硬贷款		8400	16800	16800	8401	5601	0	0	0	0	0	0	0	56001
1.3	本年应计利息		606	2492	5199	7609	9488	9892	8488	7248	5938	4546	3068	1497	66072
	软贷款	4.680	84	341	694	979	1165	1221	1048	895	733	561	379	185	8286
	硬贷款	12.420	522	2151	4505	6630	8322	8670	7440	6353	5205	3985	2689	1313	57786
1.4	本年还本金		0	0	0	0	0	13605	12023	12705	13495	14334	15226	14519	95908
	软贷款		0	0	0	0	0	3702	3272	3457	3672	3901	4143	3951	26099
	硬贷款		0	0	0	0	0	9903	8751	9248	9823	10434	11083	10568	69809
1.5	本年付利息		0	0	0	0	9488	9892	8488	7248	5938	4546	3068	1497	50166
	软贷款		0	0	0	0	1165	1221	1048	895	733	561	379	185	6188
	硬贷款		0	0	0	0	8322	8670	7440	6353	5205	3985	2689	1313	43978
2.0	还本金的资金来源		0	0	0	0	0	13605	12023	12705	13495	14334	15226	14519	95908
2.1	利润		0	0	0	0	0	0	5522	6369	7159	7998	8890	6078	42016
2.2	折旧		0	0	0	0	0	13090	6254	6096	6096	6096	6096	8202	51929
2.3	摊销		0	0	0	0	0	516	246	240	240	240	240	240	1962
2.4	其他资金		0	0	0	0	0	0	0	0	0	0	0	0	0
3.0	还利息资金来源		0	0	0	0	9488	9892	8488	7248	5938	4546	3068	1497	50166
3.1	计入财务费用		0	0	0	0	9488	9892	8488	7248	5938	4546	3068	1497	50166
3.2	建设期利息		0	0	0	0	0	0	0	0	0	0	0	0	0

软贷款偿还期: 11.85 年　　硬贷款偿还期: 11.85 年

软贷款还贷期: 11.85 年　　硬贷款还贷期: 11.85 年

表10—4—28　资 产 负 债 表

单位：万元

序号	项 目	建设期				投产			达到设计能力生产期				
		1	2	3	4	5	6	7	8	9	10	11	12
1.0	资产	12606	36098	68297	89213	90925	86492	80769	75141	69600	64153	58805	53805
1.1.0	流动资产余额	0	0	0	1306	2451	4354	4968	5675	6471	7359	8347	−5074
1.1.1	应收账款	0	0	0	605	1437	2018	2018	2018	2018	2018	2018	2018
1.1.2	存货	0	0	0	642	1524	2139	2139	2139	2139	2139	2139	2139
1.1.3	现金	0	0	0	59	140	197	197	197	197	197	197	197
1.1.4	累计盈余资金	0	0	0	0	−650	0	614	1321	2117	3005	3993	−9428
1.2	在建工程	12606	39098	68297	0	0	0	0	0	0	0	0	0
1.3	固定资产净值	0	0	0	87907	86313	80217	74121	68025	61929	53833	49738	58398
1.4	无形及递延资产净值	0	0	0	0	2161	1921	1681	1441	1201	960	720	480
2.0	负债及所有者权益	12606	39098	68297	89213	90925	86492	80769	75141	69600	64153	58805	53805
2.1	流动负债	0	0	0	967	2295	3223	3223	3223	3223	3223	3223	3223
2.1.1	应付账款	0	0	0	175	416	584	584	584	584	584	584	584
2.1.2	流动资金借款	0	0	0	792	1879	2639	2639	2639	2639	2639	2639	2639
2.1.3	其他短期借款	0	0	0	0	0	0	0	0	0	0	0	0
2.2	长期负债	12606	39098	68297	87907	95098	82302	70280	57575	44080	29745	14519	0
2.2.1	长期借款	12606	39098	68297	87907	95098	82302	70280	57575	44080	29745	14519	0
2.2.2	长期应付款	0	0	0	0	0	0	0	0	0	0	0	0
	负债小计	12606	39098	68297	88874	98203	85525	73503	60798	47303	32968	17742	3223
2.3	所有者权益	0	0	0	339	−7278	966	7267	14343	22298	31185	41063	50582
2.3.1	资本金	0	0	0	339	805	1131	1131	1131	1131	1131	1131	1131
2.3.2	资本公积金	0	0	0	0	0	0	0	0	0	0	0	0
2.3.3	累计盈余公积金	0	0	0	0	0	0	614	1321	2117	3005	3993	4945
2.3.4	累计未分配利润	0	0	0	0	−8083	−165	5522	11891	19050	27049	35939	44506
	计算指标：资产负债率（%）	100	100	100	100	108	99	91	81	68	51	30	6
	流动比率（%）	0	0	0	0	107	135	154	176	201	228	259	−157
	速动比率（%）	0	0	0	0	40	69	88	110	134	162	193	−224

续表

序号	项目	建设期				投产	达到设计能力生产期						
		13	14	15	16	17	18	19	20	21	22	23	24
1.0	资产	66027	78249	90632	103015	115398	127781	139620	154065	168509	182954	197399	208621
1.1.0	流动资产总额	13053	31180	49227	67275	85322	103369	109457	110605	128598	146590	164583	208621
1.1.1	应收账款	2018	2018	2018	2018	2018	2018	2018	2018	2018	2018	2018	0
1.1.2	存货	2139	2139	2139	2139	2139	2139	2139	2139	2139	2139	2139	0
1.1.3	现金	197	197	197	197	197	197	197	197	197	197	197	0
1.1.4	累计盈余资金	8699	26826	44873	62921	80968	99016	105121	106251	124244	142236	160229	208621
1.2	在建工程	0	0	0	0	0	0	0	0	0	0	0	0
1.3	固定资产净值	52734	47069	41405	35741	30077	24412	30145	43459	39912	36364	32816	0
1.4	无形递延资产净值	240	0	0	0	0	0	0	0	0	0	0	0
2.0	负债及所有者权益	66027	78249	90632	103015	115398	127781	139620	154065	168509	182954	197399	208621
2.1	流动负债	3223	3223	3223	3223	3223	3223	3223	3223	3223	3223	3223	0
2.1.1	应付账款	584	584	584	584	584	584	584	584	854	854	854	0
2.1.2	流动资金借款	2639	2639	2639	2639	2639	2639	2639	2639	2639	2639	2639	0
2.1.3	其他短期借款	0	0	0	0	0	0	0	0	0	0	0	0
2.2	长期负债	0	0	0	0	0	0	0	0	0	0	0	0
2.2.1	长期借款	0	0	0	0	0	0	0	0	0	0	0	0
2.2.2	长期应付款	0	0	0	0	0	0	0	0	0	0	0	0
	负债小计	3223	3223	3223	3223	3223	3223	3223	3223	3223	3223	3223	0
2.3	所有者权益	62804	75026	87409	99793	112175	124588	136397	150842	165286	179731	194176	208621
2.3.1	资本金	1131	1131	1131	1131	1131	1131	1131	1131	1131	1131	1131	1131
2.3.2	资本公积金	0	0	0	0	0	0	0	1950	3900	5850	7800	9750
2.3.3	累计盈余公积金	6167	7390	8628	9866	11104	12343	13527	14776	16026	17275	18525	19774
2.3.4	累计未分配利润	55506	66506	77651	88795	99940	111085	121739	132985	144230	155475	166721	177966
	计算指标：资产负债率（%）	5	4	4	3	3	3	2	2	2	2	2	0
	流动比率（%）	405	967	1527	2087	2647	3207	3397	3432	3990	4548	5106	0
	速动比率（%）	339	901	1461	2021	2581	3141	3330	3365	3924	4482	5040	0

表 10—4—29　单因素敏感性分析表

变化因素	名称	-20%	-10%	0%	+10%	+20%
价格	内部收益率（%）	12.09	14.48	16.60	18.58	20.45
	投资回收期（a）	9.77	8.92	8.39	7.96	7.62
	全投资净现值	11349.17	25179.53	38813.08	52649.27	66633.16
	软贷款偿还期（a）	16.10	13.45	11.85	10.79	9.97
	硬贷款偿还期（a）	16.10	13.45	11.85	10.79	9.97
投资	内部收益率（%）	19.38	17.88	16.60	15.52	14.59
	投资回收期（a）	7.79	8.09	8.39	8.66	8.92
	全投资净现值	47067.32	42984.21	38813.08	34724.53	30945.20
	软贷款偿还期（a）	10.28	11.08	11.85	12.70	13.59
	硬贷款偿还期（a）	10.28	11.08	11.85	12.70	13.59
成本	内部收益率（%）	18.13	17.37	16.60	15.82	15.01
	投资回收期（a）	8.03	8.20	8.39	8.58	8.80
	全投资净现值	48971.38	43861.50	38813.08	33862.83	28771.12
	软贷款偿还期（a）	11.06	11.43	11.85	12.35	12.94
	硬贷款偿还期（a）	11.06	11.43	11.85	12.35	12.94
产量	内部收益率（%）	13.12	14.92	16.60	18.21	19.73
	投资回收期（a）	9.34	8.82	8.39	8.04	7.74
	全投资净现值	17132.33	27863.17	38813.08	49955.71	61079.13
	软贷款偿还期（a）	14.93	13.12	11.85	10.95	10.22
	硬贷款偿还期（a）	14.93	13.12	11.85	10.95	10.22

表 10—4—30　产品销售收入及销售税金估算表

序号	项目	单位	5 内销	6 内销	合计 小计
1.	平均达产率	%	50		
1.1	产品销售收入	万元	22500	45000	877500
	煤				0.00
	售价	元	150.00	150.00	
	销售数量	万t	150.00	300.00	5850.00
	销售收入	万元	22500	45000	877500
2.	销售税金及附加	万元	1959.4	4420.6	85951.6
2.1	增值税	万元	1744.9	3954.3	76876.6
2.2	资源税	万元	75.0	197.7	2925.0
2.3	城市维护建设税	万元	87.2	118.6	3843.7
2.4	教育费附加	万元	52.3		2306.3

表 10-4-31　资 金 来 源 与 运 用 表

万元

序号	项目	建设期				投产期	达到设计能力生产期							
		1	2	3	4	5	6	7	8	9	10	11	12	13
	生产负荷（%）	0	0	0	0	50	100	100	100	100	100	100	100	100
1.0	资金来源	12606	26492	29199	20741	8905	15340	15658	16898	18209	19600	21079	22649	24147
1.1	利润总额	0	0	0	0	-8083	7919	9322	10562	11873	13264	14743	14208	18242
1.2	折旧费	0	0	0	0	7194	6096	6096	6096	6096	6096	6096	8202	5664
1.3	摊销费	0	0	0	0	240	240	240	240	240	240	240	240	240
1.4	长期借款	12606	26492	29199	19610	8001	0	0	0	0	0	0	0	0
1.5	流动资金借款	0	0	0	792	1088	760	0	0	0	0	0	0	0
1.6	其他短期借款	0	0	0	0	0	0	0	0	0	0	0	0	0
1.7	自有资金	0	0	0	339	466	326	0	0	0	0	0	0	0
1.8	其他	0	0	0	0	0	0	0	0	0	0	0	0	0
1.9	回收固定资产余值	0	0	0	0	0	0	0	0	0	0	0	0	0
1.10	回收流动资金	0	0	0	0	0	0	0	0	0	0	0	0	0
2.0	资金运用	12606	26492	29199	20741	9555	14691	15045	16190	17413	18712	20091	36070	6020
2.1	固定资产投资	12000	24000	24000	12001	8001	0	0	0	0	0	0	16862	0
2.2	建设期利息	606	2492	5199	7609	0	0	0	0	0	0	0	0	0
2.3	流动资金	0	0	0	1131	1554	1085	0	0	0	0	0	0	0
2.4	所得税	0	0	0	0	0	0	3022	3486	3918	4377	4865	4688	6020
2.5	偿还长期借款本金	0	0	0	0	0	13605	12023	12705	13495	14334	15226	14519	0
2.6	偿还流动资金	0	0	0	0	0	0	0	0	0	0	0	0	0
2.7	还短期借款本金	0	0	0	0	0	0	0	0	0	0	0	0	0
2.8	还租赁费	0	0	0	0	0	0	0	0	0	0	0	0	0
2.9	其他	0	0	0	0	0	0	0	0	0	0	0	0	0
3	盈余资金	0	0	0	0	-650	650	614	708	795	889	988	-13421	18127
4	盈余资金累计	0	0	0	0	-650	0	614	1321	2117	3005	3993	-9428	8699

序号	项　　目	达到设计能力生产期											合　计
		14	15	16	17	18	19	20	21	22	23	24	
	生产负荷（%）	100	100	100	100	100	100	100	100	100	100	100	
1.0	资金来源	24147	24147	24147	24147	24147	24147	24147	24147	24147	24147	57185	550174
1.1	利润总额	18242	18242	18242	18242	18242	17669	18649	18649	18649	18649	18649	295135
1.2	折旧费	5664	5664	5664	5664	5664	6477	5498	5498	5498	5498	5498	119922
1.3	摊销费	240	0	0	0	0	0	0	0	0	0	0	2401
1.4	长期借款	0	0	0	0	0	0	0	0	0	0	0	95908
1.5	流动资金借款	0	0	0	0	0	0	0	0	0	0	0	2639
1.6	其他短期借款	0	0	0	0	0	0	0	0	0	0	0	0
1.7	自有资金	0	0	0	0	0	0	0	0	0	0	0	1131
1.8	其他	0	0	0	0	0	0	0	0	0	0	0	0
1.9	回收固定资产余值	0	0	0	0	0	0	0	0	0	0	29269	29269
1.10	回收流动资金	0	0	0	0	0	0	0	0	0	0	3770	3770
2.0	资金运用	6020	6099	6099	6099	6099	18041	23016	6154	6154	6154	8793	341552
2.1	固定资产投资	0	0	0	0	0	12210	16862	0	0	0	0	125936
2.2	建设期利息	0	0	0	0	0	0	0	0	0	0	0	15906
2.3	流动资金	0	0	0	0	0	0	0	0	0	0	0	3770
2.4	所得税	6020	6099	6099	6099	6099	5831	6154	6154	6154	6154	6154	97395
2.5	偿还长期借款本金	0	0	0	0	0	0	0	0	0	0	0	95908
2.6	偿还流动资金	0	0	0	0	0	0	0	0	0	0	2639	2639
2.7	还短期借款本金	0	0	0	0	0	0	0	0	0	0	0	0
2.8	还租赁费	0	0	0	0	0	0	0	0	0	0	0	0
2.9	其他	0	0	0	0	0	0	0	0	0	0	0	0
3	盈余资金	18127	18047	18047	18047	18047	6106	1130	17992	17992	17992	48392	208621
4	盈余资金累计	26826	44873	62921	80968	99016	105121	106252	124244	142237	160229	208621	0

表 10—4—32　总成本费用估算表

万元

序号	项目	投产期 5	达到设计能力生产期 6	7	8	9	10	11	12	13	14	15	16	17	18	19	20	21	22	23	24	合计
1	外购原材料	4035	5886	5886	5886	5886	5886	5886	5886	5886	5886	5886	5886	5886	5886	5886	5886	5886	5886	5886	5886	115869
2	外购燃料及动力	1771	2529	2529	2529	2529	2529	2529	2529	2529	2529	2529	2529	2529	2529	2529	2529	2529	2529	2529	2529	49822
3	工资及福利费	450	657	657	657	657	657	657	657	657	657	657	657	657	657	657	657	657	657	657	657	12933
4	修理费	2255	3006	3006	3006	3006	3006	3006	3006	3006	3006	3006	3006	3006	3006	3006	3006	3006	3006	3006	3006	59369
5	折旧费	6219	4146	4146	4146	4146	4146	4146	6252	3714	3714	3714	3714	3714	3714	4527	3548	3548	3548	3548	3548	79824
6	维简费及井巷工程费	975	1950	1950	1950	1950	1950	1950	1950	1950	1950	1950	1950	1950	1950	1950	1950	1950	1950	1950	1950	40098
7	摊销费	240	240	240	240	240	240	240	240	240	240	0	0	0	0	0	0	0	0	0	0	2401
8	利息支出	9694	10181	8778	7538	6228	4836	3358	1787	290	290	290	290	290	290	290	290	290	290	290	290	55877
9	其他费用	2986	4065	4065	4065	4065	4065	4065	4065	4065	4065	4065	4065	4065	4065	4065	4065	4065	4065	4065	4065	80221
10	总成本费用	28624	32660	31257	30017	28707	27315	25837	26372	22337	22337	22097	22097	22097	22097	22910	21930	21930	21930	21930	21930	496413
11	经营成本	11496	16143	16143	16143	16143	16143	16143	16143	16143	16143	16143	16143	16143	16143	16143	16143	16143	16143	16143	16143	318213

2. 敏感性分析

敏感性分析对投资、售价、产量和经营成本作了以10%为幅度在－20%～＋20%范围内的单因素变化对财务内部收益率，净现值，贷款偿还期测算。计算结果见表10－4－29。

不确定性分析结果说明项目抗风险能力强。

六、财务评价其他报表

产品销售收入及销售税金估算表见表10－4－30；

资金来源与运用表见表10－4－31；

总成本费用估算表见表10－4－32。

第十二节　矿井国民经济评价实例

矿井国民经济评价在上节财务评价实例基础上作。

一、费用效益值调整

1. 转移支付的处理

以下两项费用均属国民经济内部转移支付，不作为项目的费用，应予以剔除。

（1）综合税、耕地占用税、土地使用税；

（2）增值税，城市维护建设税、教育费附加、资源税、所得税。

2. 间接效益及费用

项目的间接效益及费用理应计入项目内，但由于难以量化，只作定性描述（略）。

3. 固定资产投资调整

（1）建筑工程投资调整：矿建工程按影子价格换算系数1.2对财务评价的矿建工程投资进行调整，土建工程按影子价格换算系数1.1对财务评价的土建工程投资进行调整。

（2）设备购置投资调整：设备全为国家设备，调整系数为1.00。

（3）安装工程费用调整：安装工程影子价格换算系数为1.00。

（4）其他费用的调整：其他费用中扣除耕地占用税并用土地机会成本调整土地费用。

调整后固定资产投资72002万元。

4. 经营费用的调整

根据财务评价的经营成本进行逐项调整。

（1）原材料：对配件、火工器等主要材料进行调整。

（2）工资及福利费：按影子工资换算系数1.00调整。

（3）电力：按电力影子价格0.1944元/度调整。

（4）修理费：按调整后的固定资产投资，重新计算。

（5）其他费用：不作调整。

（6）地面塌陷赔偿费：不作调整。

调整后达到设计生产能力的年经营费为14561万元。

5. 流动资金需用量调整

以调整后的经营费用为基础，按财务评价中流动资金估算方法重新估算。

表10-4-33　国民经济效益费用流量表

（全部投资）

万元

序号	项目	建设期				投产期			达到设计能力生产期					
		1	2	3	4	5	6	7	8	9	10	11	12	13
	生产负荷（%）	0	0	0	0	50	100	100	100	100	100	100	100	100
1	效益流量	0	0	0	0	23250	46500	46500	46500	46500	46500	46500	46500	46500
1.1	产品销售收入	0	0	0	0	23250	46500	46500	46500	46500	46500	46500	46500	46500
1.2	回收固定资产余值	0	0	0	0	0	0	0	0	0	0	0	0	46500
1.3	回收流动资金	0	0	0	0	0	0	0	0	0	0	0	0	0
1.4	项目间接效益	0	0	0	0	0	0	0	0	0	0	0	0	0
2	费用流量	10800	21600	21600	11932	19124	15646	14561	14561	14561	14561	14561	29737	14561
2.1	固定资产投资	10800	21600	21600	10801	7201	0	0	0	0	0	0	15176	0
2.2	流动资金	0	0	0	1131	1554	1085	0	0	0	0	0	0	0
2.3	经营费用	0	0	0	0	10370	14561	14561	14561	14561	14561	14561	14561	14561
2.4	项目间接费用	0	0	0	0	0	0	0	0	0	0	0	0	0
	生产负荷（%）	100	100	100	100	100	100	100	100	100	100	100	100	
1	效益流量	46500	46500	46500	46500	46500	46500	46500	46500	46500	46500	72243	932493	
1.1	产品销售收入	46500	46500	46500	46500	46500	46500	46500	46500	46500	46500	46500	906750	
1.2	回收固定资产余值	0	0	0	0	0	0	0	0	0	0	21973	21973	
1.3	回收流动资金	0	0	0	0	0	0	0	0	0	0	3770	3770	
1.4	项目间接效益	0	0	0	0	0	0	0	0	0	0	0	0	
2	费用流量	14561	14561	14561	14561	14561	25550	29737	14561	14561	14561	14561	404145	
2.1	固定资产投资	0	0	0	0	0	10989	15176	0	0	0	0	113342	
2.2	流动资金	0	0	0	0	0	0	0	0	0	0	0	3770	
2.3	经营费用	14561	14561	14561	14561	14561	14561	14561	14561	14561	14561	14561	287033	
2.4	项目间接费用	0	0	0	0	0	0	0	0	0	0	0	0	

指标：经济内部收益率（%）　26.20　　　经济净现值 $i_c=12\%$　80412.91

6. 销售收入调整

煤的影子价格换算后为 155 元/t。

二、经济盈利能力分析

根据从调整后的费用与效益，编制全部投资经济效益费用流量，见表 10—4—33。

全部投资经济内部收益率为 26.20%，高于社会折现率 12%，全部投资经济净现值为 80412.91 万元。

三、敏感性分析

产品销售价格、经营费用、固定资产投资、产量四个因素变化时对全部投资经济内部收益率和经济净现值的影响程度见表 10—4—34。

表 10—4—34　国民经济敏感性分析表

变化因素	名　　称	−20%	−10%	0%	10%	20%
价　格	经济内部收益率（%）	21.47	23.11	26.20	29.04	33.99
	经济净现值（万元）	44735.25	59658.79	80412.91	101167.04	127751.78
投　资	经济内部收益率（%）	30.69	28.26	26.20	24.38	22.80
	经济净现值（万元）	92091.88	86243.52	80412.91	74546.80	68698.44
成　本	经济内部收益率（%）	28.08	27.15	26.30	25.20	24.19
	经济净现值（万元）	93747.35	87071.30	80412.91	73719.09	67043.04
产　量	经济内部收益率（%）	21.47	23.11	26.20	29.04	33.99
	经济净现值（万元）	44735.25	59658.79	80412.91	101167.04	127751.78

从敏感性分析表可以看出，上述四因素在−20%～+20%之间变化时，全部投资经济内部收益率均大于社会折现率 12%，经济净现值均大于零，说明项目抗风险能力强。

第五章 矿井技术经济附录

第一节 市 场 调 查 提 纲

为了在不同设计阶段准确地估算工程投资，计算矿井原煤设计成本、估算煤炭产品售价，必须作好前期的调查研究工作，准确、迅速地取得完整的基础资料。经济人员在下现场前就必须做好充分的准备，明确所搜集资料的范围和内容。市场调查提纲如下：

一、矿井建设工程造价计算调查提纲

（1）首先了解设计意图，查阅有关文件，如可行性研究文件，矿区总体设计文件及有关审批文件、技术政策。

（2）了解设计方案，如井下、地面布置，开拓、洗选方案等。

（3）了解建设项目现状及建设单位对拟建项目的要求。

（4）了解项目资金来源，以及有关贷款利率、条件、汇率及所要求的还款方式等。

（5）了解国家税收方面有关规定，如采用进口设备，还须了解进口设备关税及有关规定。

（6）了解当地建筑材料供应情况，地区材料预算价格，以及大宗地方材料如砖、砂、石、灰等来源，运输方式及运距。

（7）了解项目所在省、市、自治区或地区民用建筑控制指标，以及当地规定的有关指标、定额、取费规定。了解当地规定的人工工资标准。

（8）了解当地水、电预算价格。

（9）项目所在地地震烈度，国家规定的取暖期。

（10）了解项目建设需要发生的土地征用、旧有工程拆除、居民迁移及青苗、坟墓补偿等内容及费用情况。

（11）了解施工前发生的工程地质、井口检查钻等费用。

（12）了解临近地区同类项目实际造价指标，了解当地劳动力资源情况及实际工资水平。

二、矿井原煤设计成本计算调查提纲

（1）主要材料的吨煤消耗量以及综合单价：

①木材。

②支护用品：包括：单体液压支柱、金属支架、金属支柱、铰接顶梁、水泥支架、锚杆、金属网、笆片等。

③火工产品：包括：火药、雷管。

④大型材料：包括钢铁管、钢丝绳、钢轨、电缆、运输皮带、自用煤等。

（2）各类人员的年平均工资：

了解井下工人、地面工人、管理人员的年平均工资。

（3）了解邻近矿井地面塌陷赔偿费的支出情况及有关资料。

（4）了解邻近矿井其他费用支出情况。

（5）了解生产流动资金的筹措以及借款利率。

三、煤炭产品价格计算调查提纲

（1）了解主要用户的分布情况及对煤质的要求；

（2）了解拟销往地区的市场现实需求量和潜在需求量，竞争对手的规模，市场占有率、竞争产品的质量、价格及售后服务情况；

（3）了解本产品市场占有率，价格及信誉；

（4）了解现有煤炭产品的销售渠道；

（5）煤炭产品价格按以下原则调查：

①拟建项目有煤炭销售合同者，调查合同价；

②对于老矿改扩建项目，调查该煤矿以往煤炭价格；

③对于新建矿区建井项目，选择邻近矿煤种、煤质相同（或相似）的煤炭价格；

④当难以调查时，也可调查拟建项目拟销往的主要城市、国内煤炭交易市场、国际煤炭交易市场煤种、煤质相同（或相似）的煤炭交易价格；

（6）运输条件及运输费用调查：

①调查拟建项目外部交通状况，运输能力以及与项目有关的交通发展情况和规划；

②调查拟建项目的产品，多少可通过铁路外运（或国家拨给的运力指标）、多少可通过公路或水路运输；

③煤炭产品出口或水路运输时，还需了解港口的吞吐能力和贮放能力；

④调查拟建项目至用户的运输费用、港口作业费等有关费用；

（7）注意的问题：

①为使确定的价格更为合理，所调查的煤炭价格应为一段时间范围内的价格；

②注意所调查价格的种类，如是出厂价（坑口价）、车板交货价，还是离岸价等；

③调查当地政府对本地区煤炭产品外销的有关规定。

第二节　世界银行贷款项目财务分析特点与处理方法简介

一、世行贷款分软、硬贷款

根据贷款国的经济水平，软硬贷款比例不同。人均收入达到一定水平后，不再具备享受软贷款的条件。

贷款条件：

硬贷款：利率浮动，一般为 $7.0\%\sim8\%$，承诺费 0.75%，还款期 20 年，含宽限期 5 年。

软贷款：无息，收 0.75% 的手续费，承诺费 $0\%\sim0.5\%$，还款期 $35\sim50$ 年，含宽限期 10 年。

以上贷款条件只作为项目财务分析时使用，具体的贷款条件等项目实施时确定。

贷款特点：

贷款领域广泛，农业、水利、文教卫生、能源、基础设施等，重点是基础设施。世行贷款实行总控制，即各种货币混合，带有一定的汇率风险。世行对贷款的管理有一套严谨、科学的方法。

中国由财政部对世行承办业务。

世行贷款项目的设计、施工及设备采购等要实行公开招投标。

二、主要特点

（1）双方财务人员的沟通费时较长，有时伴随项目的进展而不断地进行。沟通的目的是为了统一思想，统一认识，以便财务评价工作的顺利进行。

造成这种现象的原因，主要有以下几点：

①由于要想从世行取得贷款，财务报告的编制形式就要符合世行的习惯，而这些习惯与国内的规定略有差异。

②各种费用估算，在方法上略有差异。

（2）世行注重在现行政策规定的基础上，预测将来的费用，注重各种费用的水平及真实性，将各种可能导致费用增加的因素考虑全。

（3）中方财务人员的任务重，要求高。这是因为财务报告的编写既要符合国家规定又要符合世行的习惯，使世行及其财务专家能够接受。

三、投资估算

依据项目所在地的建安工程材料市场价、可靠的成套设备合同，同时要考虑各种保险、进口设备征收的关税及可能增加的税收等。

1. 投资估算的方法

按照国家颁发的工程造价管理办法及各专业部颁发的估算或概算指标编制，在这点上世行专家是同意的。

但是，国内一般是根据设计人员提供的工程量及技术特征按概算指标计算费用。由于概算指标是在特定的时间用特定地区的价格编制的，所以采用地区差价调整系数将造价水平调整到项目所在地的投资估算编制期的价格水平。

由于国外一般是按实物法计算费用，所以，财务专家对怎样将所用指标的价格水平调整到项目投资估算期的价格水平的情况不理解，甚至产生误会，认为造价水平没有体现其真实性。对此，我方财务人员在了解国外做法前提下，将地区差价调整系数的作用及优点进行解释，消除财务专家对造价水平真实性的顾虑。

2. 固定资产投资中的外资部分

世行投资主要用于购置设备、材料和工程承包，但要通过国际招标形式确定。因中华人民共和国是世行成员国之一，也可参加投标。世行历来鼓励受援国的承包公司积极参与投标，规定给受援国公司优惠 7.5% 的报价。

世行对投招标及外资使用情况，全过程参与。为确保外资正当使用，外资部分由世行掌握。

世行代表对外资部分的使用情况及如何使用要求具体到设备、工程及培训，所以，投资估算表中将外资部分单独列支，另将逐年用汇量单独列支。

外资部分包括直接外汇与间接外汇两部分。

直接外汇：主要为设备、材料及工程承包的费用。

间接外汇：为合资企业、外资企业生产设备的外汇用量及国产设备所需引进的技术及配件的用汇。

引进设备的价格可到进出口公司了解或请咨询专家提供。一般按离岸价提供。这里要注意设备费包含的内容，如设备本身的价格、配件费占设备费的比例、金额及满足使用的年限、技术手册、安装、试运行、培训、海运保险等费用。为了便于财务评价也要了解设备的使用年限（如采煤机：按产量计算使用年限）及修理费（含大、中、小修）的提取方法。

3. 固定资产投资环节划分

世行根据主要的用款项目划分环节，逐年投资按施工组织设计及可靠的成套设备合同分配。

环节划分如下（由财务专家根据世行的要求提供）：

(1) 征地；

(2) 场地清理；

(3) 拆迁；

(4) 建筑工程（含井巷工程）；

(5) 设备及安装；

(6) 试生产和开办；

(7) 环境保护工程；

(8) 其他；

(9) 关税及税收；

(10) 小计 [Σ1～9]；

(11) 勘察设计费；

(12) 监理、项目管理；

(13) 培训；

(14) 技术援助；

(15) 基本费用 [Σ10～14]；

(16) 流动资金；

(17) 工程预备费；

(18) 基价合计 [Σ15～17]；

(19) 价差预备费；

(20) 现价合计 [Σ18～19]；

(21) 建设期利息；

(22) 承诺费；

(23) 现价总计 [Σ20～22]。

从以上划分可看出，环节划分与国内基本一致，只是国内属其他工程及费用的项目，世行按用款项目单独列支，没有其他工程及费用的这一概念。

环节划分中的流动资金是指投资中包括的备品备件、低值易耗品等转为自有流动资金。

单项工程分部分项划分，国外有具体的规定，具有代表性的是美国的 CSI（CONSTRUC-TION SCIENCE INSTITUTE），它是美国建筑图纸、说明书、投资估算依据的规范，其中投资估算的依据，共分为 16 大项，按此 16 大项估算费用。这 16 大项与国内施工图预算的分项接近。

4. 价差预备费

世行财务专家习惯将此系数称为通货膨胀系数，计算方法与国内相同，一般由世行财务专家提供，系数如下：

年　份	内　资	外　资
1993	10.90%	1.30%
1994	7.50%	1.30%
1995	6.00%	2.50%
1996～2005	6.00%	3.30%

本系数只给出了 1993～2005 年的通货膨胀系数，2005 年以后就难以预测。

四、经营及生产成本

世行财务专家提供的分项如下：

——劳动力费用：根据人员配备计算，要求按不同工种分别计算；

——原材料（含配件）；

——能源与燃料；

——其他服务项目；

——税收；

——行政管理费：分上级管理费及厂矿管理费；

——折旧费；

——销售费用；

——总生产费用（不含财务费用）。

以上可看到，分项上与国内区别不大，但是特别注重成本中的逐年外资使用情况，外资部分属国内不能制造且需引进的备品配件，外销产品的销售人员费用（如到国外市场考察、调研及谈判的费用）。

同时注重成本与当地类似企业的实际成本是否接近，价格水平可靠等。

在这里财务人员要对成本的可信度进行阐述和比较，同时解释各项费用的用途。

关于备品配件费用可在询价时注明占设备费的比例及满足使用的年限。

五、产品销售及价格

世行咨询和拟贷款的项目对市场预测很重视，市场对项目产品的需要直接影响着项目在财务上是否具有生存能力。如果得不到较好的效益，世行是不可能投资的。

一般情况下，市场调查报告单成一卷。包括国内外市场需求状况、销售价格及市场预测等，对国外市场，世行专门派人协助调研工作。

从此可看出市场调研报告的重要性，否则一切都是"纸上谈兵"。市场调研报告提供的价格就作为计算财务效益的依据。

对于国家所征收的税目及税率，在财务报告中要注明。

六、财务分析

1. 计算期

煤炭项目或其他工业项目按国家规定生产经营期一般为 20 年，但作为世行咨询和拟贷款项目，根据项目特点确定生产经营期，最高可达 25 年。

2. 宽限期及承诺费

宽限期：国际金融组织的贷款一般对宽限期有规定，宽限期内要还贷款利息，可不还本金。宽限期过后，本金和利息都要偿还。贷款偿还期包括宽限期。

承诺费：是对签约后未支用的贷款额收取的杂费，用于资金的筹措和准备的费用，硬贷款一般为 0.75%。

承诺费的处理方法：可加到建设期利息中。

计算方法：
$$A_i = (C - P_i) \times l$$

式中　A_i——第 i 年承诺费金额；

　　　C——世行贷款年初未支用额；

　　　P_i——当年支用的贷款；

　　　l——承诺费率。

3. 世行贷款的偿还方式

世行贷款的偿还方式要使世行能够接受，通过与财务专家的多次接触，明确要求在规定的偿还期内的偿还方式为等额还本息，而不是有多少钱就还多少钱，这主要是考虑通货膨胀对货币贬值的影响。

等额还本息公式：
$$A = I_c \times \frac{i\ (1+i)^n}{(1+i)^n - 1}$$

式中　A——每年的还本付息额；

　　　I_c——建设期末固定资产借款本息和；

　　　i——贷款利率；

　　　n——贷款方要求的借款偿还期（由还款年开始计算）。

每年支付的利息和本金的区分：
$$每年支付的利息 = 年初本金累计 \times 年利率$$
$$每年偿还的本金 = I_c - 每年支付的利息$$

式中　年初本金累计 $= I_c -$ 本金以前各年偿还本金累计。

从减少外汇变动风险的影响角度出发，在财务效益测算时，可先还世行贷款，后还国内配套资金。

这种偿还方式是否合理，可根据国内配套资金的贷款条件和经济效益好坏，从企业角度出发，制定合理的还偿方式。

4. 经济评价表格

由于财务制度与西方财务制度的逐步接轨，所以表格的种类上与国内基本接近，但从表格的出现形式与国内对比上看，有的简单，有的繁琐。简化的表格很明了，但对审查者及初次接触的人来说，难以适应，对于简化的表格往往要由我方财务人员对它充实和完善，对各数据间的关系根据国家规定进行理顺。

如世行代表提供的现金流量表：

年份	年量 (000t)	现 金 流 出			现 金 流 入			净现金流量
		投 资	经营成本	合 计	主要产品收入	其他产品收入	合 计	

从上表可看出，报表形式简单，各栏目明了，但不单指栏目所注明的意思，应包含其他的费用和收入，这就需要我方财务人员注意，否则就会出错。

如投资栏包括固定资产投资、更新改造投资、流动资金。

主要产品收入栏为销售收入，为了处理方便，在此栏应将销售税金及附加扣除，计算税后内部收益率时再将所得税扣除。

其它产品收入栏为除主要产品收入以外的收入、流动资金回收、固定资产余值回收等。

5. 财务指标

考察项目投资盈利水平的指标，主要以动态指标为主，且与国内的要求相近，常采用的经济指标如下：

(1) 财务内部收益率（FIRR）：

世行财务专家一般认为项目的财务内部收益率大于12%（相当国民经济评价的社会折现率），在财务上才可能具有生存能力。

(2) 财务净现值（FNPV）：

国内是按行业基准收益率或设定折现率，将项目计算期内各年净现金流量折现到建设初期的现值之和，而世行是按多个折现率（如：10%、12%、14%）计算净现值。

(3) 债务偿还比：

用来衡量项目偿还债务的能力，债务偿还比在1.5～3.0之间比较合适。

$$债务偿还比 = \frac{现金增值}{债务偿还}$$

现金增值，可从现金流量表或损益表中求得。

$$现金增值 = 税后利润 + 折旧 + 利息 - 再投资$$
$$债务偿还 = 借款偿还的本金及利息$$

七、集团项目费用及销售量汇总

集团项目一般由多个单项工程组成，各单项工程间有着内在的联系，作为财务人员一定要搞清各单项间的关系。这样才能准确地汇总集团项目的总费用和确定项目最终的产品销售量，为编制财务分析报告打下好的基础。

1. 投　资

汇总投资时，注意扣除重复计算的费用。

2. 成　本

(1) 世行财务专家要求集团项目内所有的项目（包括俱乐部、招待所、中小学）都要计算成本。

(2) 汇总成本时，注意扣除相关的费用。

某集团项目各单项的关系如下：矿井生产的原煤全部作为选煤厂的入洗原料煤，选煤厂的产品洗精煤的一部分作为焦化厂的炼焦原料煤；其余一部分销售（含外销、内销）；中煤作为电厂的原料煤，电厂为集团项目（除铁路外）各单项供电；剩余电量上网，铁路将各单项连接在一起。

根据项目上述关系，采用一种本文称之为表格法的方法，汇总成本。这种方法比较直观和准确。表格法举例如下：

项　目	矿井	选煤厂	铁路	焦化厂	电厂	合计
入洗原料煤		(b1)				
炼焦用洗精煤				(d1)		
发电用中煤					(e1)	
工资及福利基金	a1	b2	c1	d2	e2	
电　力	(a2)	(b3)	c2	(d3)		
燃　料		b4	c3	d4	e3	
水		b5	c4	d5	e4	
材　料	a3	b6	c5	d6	e5	
维　修	a4	b7	c6	d7	e6	
管理费	a5	b8	c7	d8	e7	
运费——专用铁路		(b9)		(d9)	(e8)	
——国家铁路		b10		d10		
港口作业费		b11		d11		
其　他	a6		c8			

从上表可看出，括号内的费用是由集团项目供给，包含在各单项的成本中，所以同类项合并时，就不汇总括号内的费用。这种方法避免了多个未知数的问题，比较直观和准确。

3. 产品销售量的确定

确定产品销售量时，注意扣除集团项目内部消耗的产品数量后，才可为集团项目的产品最终销售量。

八、设计阶段及优化

1. 设计阶段

中国煤炭工业建设工程设计阶段一般分为项目建议书、予可行性研究报告、可行性研究报告、初步设计、施工图设计五个阶段。

国际一般通用的是分为予可行性研究、可行性研究、详细设计三个阶段。由于从可行性研究阶段完成后即直接进入工程实施的详细设计阶段，中间不再有初步设计这一阶段，因此，为了有效的控制建设工程投资，提高资金投入后取得的企业内部收益率和投资经济效益，对于可行性研究阶段的"成本估算和财务分析"的准确性、可靠性和编制内容就相应提出了更高的要求。

2. 优　化

对每个设计可选方案均进行成本估算和财务分析，从中选出内部收益率最高的方案作为最优推荐方案。在任何情况下最佳的产量及产品方案的确定均应是通过市场调查结果确定。

某煤炭集团项目建设单位原拟定由矿井、选煤厂、焦化厂、电厂、铁路五个主要单项建设工程构成，可行性研究提出三个组成方案进行比选。

方案一：由上述五个单项组成；

方案二：由矿井、选煤厂、电厂、铁路四个单项组成；

方案三：由矿井、选煤厂、铁路三个单项组成。

在市场调查的基础上，经过对三个方案进行成本估算和财务分析后，方案二获得的财务内部收益率最高，这与当时焦炭生产成本较高，销售市场不稳定，有众多中、小型焦化厂生产，市场供大于求，价格偏低的实际情况是相吻合的，因此，就确定在实施阶段暂不建设焦化厂，改变了原定的建设方案。

第三节　中国造价工程师执业资格制度简介

一、中国造价工程师执业资格制度的基本概念及其特征

1. 造价工程师的基本概念

从字义上理解，造价是指建设项目从筹建至竣工验收交付使用所需的全部费用；工程是指把工程技术、工程原理和实践经验相结合，用于工程造价的确定与控制、项目方案的优化及管理；师是指有专门知识和技能的人。归纳起来讲，"造价工程师"就是既懂工程技术、又懂工程经济管理，并有实践经验，为建设项目提供全过程造价确定、控制和管理，使工程技术与经济管理密切结合，达到人力、物力和建设资金最有效的利用，使既定的工程造价限额得到控制，并取得最大投资效益的人。

造价工程师是指由国家授予资格并准予注册后执业，专门接受某个部门或某个单位的指定、委托或聘请，负责并协助其进行工程造价的计价、定价及管理业务，以维护其合法权益的一种独立设置的职业。造价工程师属于国家授权与许可执业的性质，是它与传统意义上的职称相区别的重要特征。也就是说无论你的职称是工程系列的，还是经济系列的；也不论你是高级的，还是中级的，只要没有取得造价工程师资格并注册，就不能在社会上执业。

2. 中国造价工程师的特点

中国造价工程师具有以下特点：

(1) 造价工程师是特指经全国统一考试合格，具有执业资格证书并通过合法注册取得注册证，准予在社会上从事建设工程造价业务的专业人员；未经国家授予资格并发给注册证书，不得以造价工程师名义在我国境内从事建设工程造价工作。

(2) 造价工程师是应某个部门或单位法人的指定、委托或聘请，参与工程造价的计价、定价和管理业务的专业人员，如果没有接受指定、委托和聘请，造价工程师则无权参与上述业务工作。

(3) 造价工程师是面向社会提供工程技术、工程经济和项目管理咨询服务的专业人员，其出具的工程造价成果文件，应本着"诚实、公信"原则和符合行业操作规程规定，以维护当事人和国家及社会公众利益。

(4) 造价工程师必须在一个单位执业，2 个造价工程师可以申请设立合伙制无限责任公司，5 个造价工程师可以申请设立工程造价咨询有限责任公司，但单独一个造价工程师不能申请设立从事工程造价咨询业务的企业。

(5) 造价工程师出具工程造价成果文件时，必须加盖执业专用章，承担由此带来的法律责任，并接受行业自律组织的监督管理。

(6) 造价工程师执业资格不是终身制，造价工程师必须按照规定参加继续教育、岗位培训和注册登记，继续教育不合格、违法乱纪或未按期注册的，将取消执业资格。

3. 造价工程师执业资格制度

中国造价工程师执业资格制度是指国家建设行政主管部门或其授权的行业协会，依据国家法律法规制定的规范造价工程师执业行为的系列化的规章制度。它主要包括：

1. 考试制度和资格标准；

2. 注册制度和执业范围与规程、规范系列；

3. 继续教育制度；

4. 纪律检查与行业监督制度；

5. 行业服务质量管理制度；

6. 风险管理与保险制度；

7. 造价工程师道德规范。

二、造价工程师的任务和业务范围

(1) 造价工程师的任务在建设部 75 号部令"总则"第一章第一条有明确的规定，这就是"提高建设工程造价管理水平，维护国家和社会公共利益"。对这一条规定，应从两个方面去理解，首先，通过造价工程师受国家、单位的委托为委托方提供工程造价成果文件；在具体执行业务时，必须始终要牢记的一个宗旨是，对工程造价进行合理确定和有效控制，并通过其达到不断提高建设工程造价管理水平，这是造价工程师执业中的具体任务。其次，通过造价工程师在执业中提供的工程造价成果文件，达到维护当事人或国家和社会公共利益，这是造价工程师执行具体任务的根本目的。

(2) 关于造价工程师的业务范围，人事部、建设部 1996 年下发的《关于建立造价工程师执业资格制度暂行规定》的文件及建设部 75 号部令第二十、二十一条的规定是：国家在工程造价领域实施造价工程师执业资格制度，凡是从事工程建设活动的建设、设计、施工、工程造价咨询等单位，必须在计价、评估、审核、审查、控制及管理等岗位配备有造价工程师，而其只能在一个单位执业。部令第二十一条还规定，造价工程师执业范围包括：建设项目投资估算的编制、审核及项目经济评价、工程概、预、结（决）算、标底价、投标报价的编审，工程变更及合同价款的调整和索赔费用的计算，建设项目各阶段工程造价控制，工程经济纠纷的鉴定，工程造价计价依据的编审，与工程造价业务有关的其他事项。

(3)造价工程师的权利义务和法律责任在建设部第75号部令的第二十三条～二十八条中有明确规定。部令规定造价工程师在执业中所享有的权利义务以及承担的相应法律责任，反映了造价工程师在依法执业中的地位，并起到规范造价工程师执业行为的目的，这些规定是十分重要的，也是整个造价工程师执业制度中的一个核心部分。

三、建立中国造价工程师执业资格制度的作用和意义

执业资格是政府对某些责任重大、社会通用性较强的、事关国家公众利益的专业，包括工种实行的准入控制，是专业技术人员依据法律独立开业和从事某一特定专业，在专业知识、技术能力以及其他方面的必备条件和标准，它是以明确的法律规定形式体现在行业准入控制上的一种手段。

实行执业资格制度通常需要有一整套的制度体系和严格的管理措施，如法律依据、确定标准、统一考试、注册管理、继续教育、调解仲裁、监督检查与惩罚措施等等，这些就是执业资格制度的一套系统。

执业资格制度是在社会主义市场经济体制下行业发展的客观需要，从某种意义上来讲，市场经济就是法制经济。随着改革开放的不断深入，依法参与市场竞争和依法保护自身权益的重要性越发明显，另一方面由于择业的市场化，按照自己的意愿选择和更换职业，将成为人们普遍的择业方式。因此国家对行业的管理提出了更高的要求，不仅要对单位进行管理，也要加强对执业人员的管理。从政府角度讲，对于那些涉及公众利益、涉及人民生命及财产安全的，技术性强的行业和专业人员进行强制性管理，这是我国政府的一项重要管理措施。

执业资格制度是人事管理制度改革的一个重要方面，也是深化职称改革的重要方面。深化职称改革的主要职能有以下几条：一是要完善专业技术职务聘任制，建立能上能下、能出能进的竞争机制；二是推行执业资格制度，规范行业市场的管理，提高专业技术人员的素质；三是建立考评结合、公平、公正、公开、平等的社会化人才评价机制，逐步推行个人申请、社会评价、单位聘用的职称制度。

执业资格制度是提高专业技术人员素质，促进专业技术队伍建设的一个重要手段。要取得执业资格，以及连续获得执业的注册权利，对于一个人来说就是要不断学习、不断进步，不能停滞不前。执业资格制度对专业技术人员综合素质要求是一种贯穿始终的动态管理。专业技术人员不断进取，自觉接受多方面的教育，这是岗位需要，如果你达不到，就不能注册。同时由于专业技术是在不断进步的，如果你达不到话，就不能继续去履行自己的岗位职责。

执业资格制度是改革开放，参与对外经济交流与合作的迫切需要。实行执业资格制度，实行对专业技术人员依法管理，是国际上一些发达国家通行的做法。这些国家近百年历史证明它对市场经济有序发展起到了积极作用。实行这一制度也是我们参与国际竞争，平等进行国际间经济与技术交流合作的需要。我国现已加入WTO，这就涉及人员资格问题，如果一个国

家在这个行业里没有建立执业资格制度，其他国家就可以要求这个国家给予国民待遇，也就是一般人都可以到你这里来执业，但如果你建立了这一制度，对方就必须达到我国的准入标准。

按照国家建立执业资格制度的总体要求，建立造价工程师执业资格制度的目的，就是要达到提高建设工程造价管理的质量和水平，规范造价工程师的执业行为，维护当事人或国家和社会的公众利益。具体讲，它具有以下几点意义：

（1）是深化工程造价管理体制改革的需要。随着社会主义市场经济体制的深入发展，国家对投资体制深化改革措施逐步出台，特别是新颁发的"招投标法"提出了淡化标底，企业以个别成本报价，评标定标以评审的最低价中标，这些都意味着工程造价管理体制将随之发生重大变化。这是专业人员在工作中面临的一个新形势，因此，建立造价工程师执业资格制度，形成一支高素质的专业队伍，是深化工程造价改革的需要。

（2）是我国加入 WTO，参与国际经济交流与合作的需要。国外大多数国家，为保证经济有序发展，都实施对技术人员依法管理。如英国称工料测量师，美国称造价工程师，日本称积算师，上述国家工程造价专业人员都经过学会组织的考试，继续教育等培训后取得执业资格。我国入关后，要取消对国民的歧视待遇，国外大批的机构和人员进入已经是必然趋势，如何对这些人员进行资格认定是迫切要解决的问题，为了能使我们的队伍尽快融入国际市场，建立造价工程师执业资格制度是当务之急。

（3）是维护国家和社会公众利益的需要。

（4）是加快人才培养，提高和促进工程造价专业队伍素质和业务水平的需要。

第四节　世界部分国家工程造价管理简况

一、美　国

（一）政府投资工程的造价管理

在美国，按照项目的投资渠道可分为政府投资工程和私人投资工程两大类。对于政府投资工程，由政府主管部门对这些工程的造价实行严格的直接或间接管理。主管部门设有设计和建设管理处。雇有设计工程师、估算师、评价工程师等专门人才，对工程造价、进度、质量等进行管理。

政府对私人投资工程在造价问题上完全不加干预，但对工程的技术标准，安全，社会环境影响和社会效益等则通过法律、法规、技术标准等加以引导或限制。

（二）政府建设主管部门制定的工程造价管理有关规定

美国是联邦制的国家，联邦政府、州政府和地方政府分别对各自管辖的工程项目造价管理工作制定有相应的规定。凡承担政府投资工程的，不论是政府部门的估算师或私营（估算）工程咨询公司的估算人员，都应遵照执行。

如美国首都华盛顿综合开发局（简称 GSA）为新建工程和改造维修工程项目制定了一系列规定，如《工程项目造价估算手册》(Project Estimating Requirements Hand Book)，《新建项目工程造价估算手册》(Project Development Cost Estimating Requirements New Construction)，《修建项目工程造价估算手册》(Project Development Cost Estimating Requirements

Reaqair and Alteration)，这些规定的内容大致包括：

（1）适用范围和对象，凡承担政府投资工程的政府部门估算师或私营（估算）工程咨询公司的估算师均应遵循；

（2）按照基建程序规定了项目建设阶段（相当我国的可行性研究阶段）投资估算的编制，不同的设计阶段，由粗及细的估算编制，以及在施工期间对造价分析、控制等要求；

（3）对估价（包括评价）的原则要求，如要求做到估算的完整性、准确性、总造价与分项工程造价应保持平衡等等；

（4）各类工程造价估算时所需的必要的依据，如图纸、技术标准说明等；

（5）工程项目的组成，包括分部工程、分项工程和费用项目等；

（6）工程总造价、单位造价和分项工程造价的标准格式等等；

美国能源部（简称 DQE）也制定有《造价估算、分析和标准》有关规程［Cost Estimating, Analysis, And Standardization (Order)］。

（三）工程造价管理的内容

在美国，不论政府投资工程或私人投资工程，其造价管理工作的内容大致包括以下四方面：

（1）按照基建程序进行估算。在工程项目立项阶段（预初步设计阶段）编制项目估算（相当于我国的投资估算）；初步设计阶段编估算（相当我国初步设计概算）；施工图阶段再作估算检查或对照初步设计估算检查。

所有的投资者对工程总造价的完整性和准确性都十分重视。要求总造价全面反映项目内容，不漏项；对工程量的准确度尤其重视，要求按照工程的技术质量标准，按设计计算；对价格上涨因素要求作出合理预测，每份估算都要反映编制期价值，物价上涨指数和考虑上涨后的价值；还要根据工程的难易预测将来可能发生的意外费用（相当于我国总概算中的预备费）。

在单项工程费用预算中还要计算现场费用和利润。

在整个建设项目的总造价中还要包括土地购置、拆迁、安置、设计、估算、监督等费用。

（2）在总造价计算的同时，要求把工程投产（使用）后的维护费一并考虑进去，在设计阶段作出寿命期费用估算，对工程作出全面的效益分析，以避免产生计算一次投资时片面追求低造价，而工程投产后维护费用不断增加的弊端。

（3）对于工程造价的计价，在美国已较广泛地应用价值工程原理。如纽约市 DGS 对大的工程在估算造价时，还要求评价工程师对工程作价值评价，以做到在保证功能实现的前提下，尽可能减少工程成本，从而取得最好的投资效益。据他们介绍，凡是这样做的工程，平均可节约投资 20％左右。

（4）对工程造价严格监控。美国工程造价管理的目的是非常明确的，就是控制预测，降低造价。工程总造价经政府批准或业主认可以后，即为业主的最高限价。

为控制造价，重点抓以下几个环节：

把造价、工期、质量三者融为一体进行综合管理。造价的确定首先要反映工程的质量，每份招标文件都要求附有详尽的技术标准要求，各估算师和投标商都是在同一标准的前提下考虑各自的估算或报价。在造价确定或签订承包合同时，必须考虑工期的要求，工程进行中只有严格按合同工期控制进度，才能实现预定的造价。工程进度与工程费用支出相适应，是工程实施阶段控制造价的重点。

严格控制造价的变更，这是现场工程师的重要职责之一。

（四）工程造价计价的有关依据

在美国，工程造价虽由承、发包双方商定合同价，政府无需制定并发布法定性的定额、指标、费用标准等，但是，作为政府，它对政府投资工程还是需要积累并制定有关工程造价依据，因此，政府有关建设主管部门也都有自己的计价标准。

政府部门编制的有关造价资料，一般来源于本身所承担的已完工程造价的积累，同时参考各工程公司出版的资料，如较著名的 R. S. Means 公司出版的《成本资料》、造价指数和地区的数据库等。

美国工程造价通称工程成本，其内容比我国的直接费、间接费广泛得多。美国工程成本中，包括设计费、环境评估费、地质土壤测试费、上下水、暖气、电接管费、场地平整绿化费、各种执照费、各类保险费（人身保险、施工意外保险等）、税金、以及人工、材料、机械费等等。在上述费用的基础上，营造商收取利润 15%～20%，管理费 10%，构成工程总成本。在建设过程中，营造商可根据市场价格变化，随时进行调整。

美国工程的人工、材料、机械消耗定额不是由政府部门组织制定的，而是由民间行会组织提出的。全国也没有统一标准的消耗定额，而是由几个大区的行会组织根据本地区的实际和特点，按照工程结构、材料种类、装饰方式，制定出平方英尺建筑面积的消耗量和基价。有些地区还以此为依据编制计算机软件，推向市场，得到了广泛应用。

这些消耗定额和计算机软件，虽然不是政府部门强制执行的法规，但因它建立在科学性、准确性、公正性基础上，得到了社会的普遍公认，一般都能顺利实施。

（五）招投标程序

美国工程招投标的基本做法是：首先由招标人（业主或招标公司）在当地报纸上刊登招标公告，发售标书，并编制好标底；其次，投标者（营建商或总包公司）见报后，立即购买标书，编制标价；最后开标，由招标人确定中标者进行工程建设。

对于标价与标底误差在 10% 以上的，多数被认为是废标，不予考虑。对误差 10% 以内的由投标人分别与招标者进行洽谈，不是以标底越少越好，而是根据企业信誉（最重要的因素）、施工经验和技术手段，综合确定中标者。对误差 10% 以上的也不是完全排除，只要投标者说清楚采取新技术、新材料，确能大幅度降低工程成本的，也可以中标。

（六）工程造价管理方面的社会咨询服务业情况

业主（包括政府投资工程的大业主）不可能拥有一套从事工程造价管理的大批专业技术人才，为了做好投资效益分析、造价预测和编制、招标管理和造价的控制等，就要借助于社会上的估算公司、工程咨询公司等专业力量来实现。在美国，这支队伍已形成一支专业力量，正充当着政府、业主等的代理人、顾问。它是一种经营性的业务活动，向业主收取一定的费用，据私营工程公司介绍，政府规定，他们所得的报酬视其工作量的大小，可占工程造价的 6% 左右。他们均以自己的服务质量和效果，赢得用户的信任。如 Stone&Webster、Hanscomb、Bechtel 等公司都是美国较著名的私营（估算）工程咨询公司，他们不但承担美国本土的任务，而且在国际上广泛地开展业务。

各（估算）咨询服务机构在工程造价管理业务方面服务范围大体上可归纳为：1. 项目可行性研究与投资估算编制、分析、评价；2. 设计阶段工程造价（估算）的编制、评价；3. 招标管理；4. 工程成本与工期（进度）的控制；5. 造价的预测、研究；6. 专业人才的培训；7. 有关软件的开发；8. 造价资料的出版等等。

在激烈的市场竞争中，随着科学技术的发展，计算机技术已广泛应用于（估算）咨询公司，以此改进服务手段，增强自己的竞争实力。

为准确地估价和控制造价，这些公司都十分注意历史资料的积累和分析整理，建立起本公司一套造价资料积累制度。同时十分注意服务效果的信息反馈，这样就建立起完整的资料数据库，形成了信息反馈、分析、判断、预测等一整套科学的管理体系。

（七）工程造价管理方面的学术团体——AACE 和 ICEC

美国造价工程师协会（The Amarican Association of Cost Engineers，简称 AACE）是一个全国性、非盈利的专业协会。它成立于 1956 年。最初只是由化工行业的造价工程师组成，会员只有 59 名。经过 30 多年的发展壮大，该协会已由化工行业扩展到多行业，目前已拥有6000 多名正式会员，由估算师、评价工程师、项目经理、建设管理等有关人员组成。会员遍及美国并发展到加拿大、沙特阿拉伯、澳大利亚、日本、南非等国家，并在 7 个国家设有分支机构。为反映该协会具有的国际性，AACE 更名为 AACE internationel。

ICEC 也是一个国际性的工程造价和工程管理学术团体。目前已有 42 个国家的工程造价和工程管理的社团参加，为团体会员制，人数达两万多人。

二、英 国

（一）英国工程造价管理概况

在英国，建设项目投资来源不同，对工程造价的管理方式也不同。

1. 政府投资的工程项目

每年财政部门根据各部门提出的建设项目需求，依据不同类别工程的建设标准和造价标准，并考虑通货膨胀对造价的影响等确定各部门的投资额，各部门在核定的建设规模和投资额范围内组织实施，不得突破。

2. 私人投资的工程项目

英国私人投资的工程在不违反国家的法律法规的前提下，政府不干预私人投资的工程项目建设。由于英国没有统一的计价标准，价格是通过市场确定的，投资者一般多是委托中介组织利用已建类似工程的数据资料，并进行必要调整和近期的价格及相应指数确定投资估算，作为控制设计、招标和施工造价限额。

3. 工程造价的确定和控制

英国工程造价的管理是通过立项、设计、招标签约、施工过程结算等阶段性工作，贯穿于工程建设的全过程。工程造价管理在既定的投资范围内随阶段性工作不断深化，从而使工期、质量、造价和预期目标得以实现。这些都是和预算师在工程建设全过程中的有效工作分不开的。

立项阶段：对拟建项目是否确实必要、能否立项建设，要作技术、经济调查、分析和论证，进行总体规划，提出可行性研究报告。预算师参与调查、分析论证，同时收集信息资料，编制投资估算，提供政府或业主决策。投资额一经批准或确认即为项目最高限额，预算师以此作为造价的控制目标在实施中不得超过。政府工程年度之间实行滚动计划。

设计阶段：设计师、工程师和预算师一起对设计方案（含初步设计与技术设计）作技术和经济分析论证、优化和相关专业的协调，避免施工中的设计变更，预算师要编制工程概算。随着工作的深入，造价越来越准确，但不能超过造价限额。

立约阶段：设计和概算审查后，确认设计和概算未超过既定的建设规模和造价限额即可进行招标。预算师要编制招标文件、标底及合同条件文本。政府工程一般都采用公开招标方式，如承包商报价都超过标底或造价限额时，只能修改设计降低标准后，再行招标。

在英国，一项工程一般必须同时有几个经过评估确有资格的承包商投标，在国家法律监督下当众开标，确保招标的公开和公正。一般以标准合同条件文本为基础经过协商确定，一经签订，双方必须共同遵守。

施工阶段：施工企业中标后，由企业根据自身工程实际情况和条件，编制施工设计，这样可以发挥技术专长，便于施工。受雇于业主的预算师，在施工过程中要根据工程进度签认工程结算款项和控制拨款，并根据工程变化情况调整工程预算。为确保结算不突破造价限额，在施工中一般不得随意更改设计。如遇特殊情况必须变更设计时，政府工程所增加的投资在不可预见费项下列支，不可预见费不够时，应向主管部门报告确切理由，用其他项目投资弥补。这一工程增加投资，就意味着其他工程减少投资。所以，施工过程也是预算师为使项目造价不超过造价限额的不断调整的过程。受雇于承包商的预算师，除按照招标文件参与工程调查、现场踏勘、编制报价和投标文件，中标后按中标造价进行资金分配和合同的履约外，在施工过程中还直接参与项目管理，按施工进度提供劳动力、材料、施工机械等供应计划，按月或周统计完成工程量，提出工程结算款项，竣工验收后提出竣工决算等项业务。要在各个环节严格控制工程费用的支出，确保在中标造价内实现预期利润。

（二）工程造价计价依据

1. 工程量计算规则

工程量的测量、计量方法是工程计价的基础。由于英国没有统一的定额，工程量计算规则就成为参与工程建设各方共同遵守的计量、计价的基本规则。现行的《建筑工程工程量计算规则》（SMM）是皇家测量师学会组织制定并为各方共同认可，在英国使用最为广泛。该规则自 1922 年发布以来已修订过 6 次，现行的是 1987 年修订的第 7 版（SMM7）。此外，还有《土木工程工程量计算规则》等。统一的工程量计算规则为工程量的计量、计价工作及工程造价管理提供了科学化、规范化的基础。

2. 建设标准和造价指标

英国政府投资的工程从确定投资和控制工程项目规模及计价的需要，各部门大都制定了并经财政部门认可的各种建设标准和造价指标，如政府办公楼人均面积标准 m^2/人及磅/m^2，卫生部规定政府投资的不同类型医院 m^2/病床及磅/病床或磅/m^2，其他部门也有类似的标准和指标，这些标准和指标均作为各部门向国家申报投资、控制规划设计、确定工程项目规模和投资的基础，也是审批立项确定规模和造价限额的依据。

3. 造价数据库

在英国十分重视已完工程数据资料的积累和数据库的建设，他们认为这样可以"不再重复已经犯过的错误"。每个皇家测量师学会会员都有责任和义务将自己经办的已完工程的造价资料，按照规定的格式认真填报，收入学会数据库，同时也即取得利用数据库资料的权利，计算机实行全国联网，所有会员资料共享。这些资料不仅为测算各类工程的造价指数提供基础，同时也为类似工程在没有设计图纸及资料的情况下提供类似工程造价资料和信息的参考。

4．造价调整规定

在英国对工程造价的调整及价格指数的测定、发布等有一整套比较科学、严密的办法，政府部门发布有《工程调整规定》和《价格指数使用说明》等文件，并且有明确的分工。如人工和施工机械的价格指数，由英国环境部测算，材料价格指数由英国贸易及工业部测算，均由英国女王陛下文书局在施工指数月报上公布。

对可调整合同一般多采用调价系数的办法调整，合同造价调整计算式为：

$$PFF = A\frac{LAC-LAO}{LAO} + B\frac{PLC-PLO}{PLO} + \cdots\cdots + L\frac{SSC-SSO}{SSO}$$

式中　PFF——调价系数；

　　$A，B$——人工、材料、施工机械等费用各占工程造价比例，一般在编制工程预算或确定可调合同价时，同时算出各分项价值占造价的比例；

$LAC，PLC$——报告期指数；

$LAO，PLO$——基期指数。

其中按材料费占工程造价比例，又分别列出各项主要材料费各占工程造价的分项比例。在合同总金额中一般应剔除15％的不调整因素，所以实际可调价差的部分为造价总金额的85％左右。

（三）合同形式

在英国为适应不同承包形式的需要，各独立的学会或协会制定多种不同类型的合同文本，供业主和承包商选择，对其他补充条款可由业主和承包商根据工程需要进行补充。作为确定承包合同价的合同主要形式有两类，即总价固定（闭口价）合同和可调整（开口价）合同。总价固定合同由于不考虑物价的涨落、设计变化和计价的错误等因素，承包商将因此蒙受损失或得益；对业主而言则因此可能付出不必要的高额投资，以支付承包商因承担风险和可能的涨价因素，同时因难以参与工程项目管理而得不到满意的工程，因此很少采用。而可调整合同形式可在合同条件内规定应调整的内容和范围，较为灵活，因而采用的比较多。

（四）预算师的培养与考核

英国注册预算师的资格是由皇家测量师学会采用会员认定制，取得了皇家测量师学会会员资格，也即取得了注册预算师资格。在工程建设领域要求预算师是工程经济方面的专家，通过考试证明确具有建设项目估算、概算、预算编制，成本控制、财务管理，建设项目可行性研究，财务分析，寿命期成本分析，合同文件的拟定、谈判、管理和监督等项业务的理论基础和实践经验，才能成为学会的会员。

在英国预算师被认为是工程建设经济师。在工程建设全过程中，他处于按照既定工程项目确定投资、在实施各阶段、各项活动中控制造价、使最终造价不超过既定的投资的重要地位。不论受雇于政府，还是企事业单位的预算师都是如此。

三、澳大利亚

（一）工程造价管理与控制的主要做法

澳大利亚建设项目分为政府投资项目（即公共工程——Public Works）和私人投资项目（包括国外投资者项目）两大类。政府公共工程项目一般分大项目和小项目两类，大项目由政府逐个进行审批，一年审批一次；小项目则由各部门提出，一组一组地按集团项目进行审批，获准后下达实施。私人项目则由业主（投资者）自主负责，同时承担各种投资和经营风险。

不论是政府投资项目，还是私人投资项目，从工程造价管理和控制的角度来看，其做法基本是一样的，区别之处就在于私人项目由业主负责，不受政府的规定或制度的约束，灵活性较强。

1. 政府间接控制、市场约定俗成

在澳大利亚，联邦政府部门对工程造价的管理和控制，并不直接制定和发布指令性的规章和制度，而是委托一些非政府机构（如：研究机构，学会、协会、公司等）负责起草、制定、公布和管理有关的统一性规定，供社会使用或参考使用。如：澳大利亚建筑工程标准计算方法、统一项目和分项目划分、造价控制手册等。这些规定通常来源于市场实践，是大量工程项目的经验总结，由分散到集中，先在实践中形成共识，再形成规章和制度。这些规定一经政府委托的机构以正规的程序制定、公布后，就将得到政府的同意和认可，成为政府的规章制度，并应用于各类政府公共工程项目。正是这些规定和制度，对澳大利亚工程造价全过程的管理起到了全面的控制和指导作用。

澳大利亚是一个联邦制国家，联邦政府和州政府分别对各自管辖的工程项目造价管理负责，因此，州政府与联邦政府在有关政策上也不尽相同。州政府可以结合地理、气候、环境的特点，制定适合本州实际的政策和制度，如：价格、消耗量等。但联邦政府规定的统一标准，如：标准计算方法、标准项目划分、工作程序等，各州政府是不能随便改变的。

政府投资的项目，必须遵照政府（联邦政府或州政府）的规章制度执行，不论是政府预算测量部门，还是私人预算测量公司，只要是承担了政府投资的项目就应遵守。私人投资项目可不受政府规章制度的约束，可执行，亦可不执行。但是，澳大利亚每年私人项目较多（占75%左右），业主为挑选最佳承包商，就必须要求承包商实行统一的标准，在同一个标准下进行竞争，增强可比性。实行统一的标准，最简单的办法就是搬政府的规章和制度，所以，虽然没有约束，但大多数私人项目的业主也都基本要求投标者遵循政府的规章制度执行。当然，承包商为了中标，也都自觉遵守，按业主的要求投标，参与竞争。

因此，澳大利亚工程造价管理和控制的各种制度和规定，虽然仅对政府投资的项目是指令性的，而对占大多数投资的私人项目没有任何约束，但实际上，都约定俗成，大多数的项目都基本上遵守政府的制度和规定。

2. 工程造价管理和控制的程序和方法

在澳大利亚，项目获准立项后，业主（政府项目，政府是业主）即可委托预算测量公司提供造价咨询或造价控制服务。

造价管理可分为以下几个阶段：

（1）简要研究阶段，为业主确定初步造价估算。在此阶段，利用已知的类似项目的造价资料，结合该项目的现有资料和数据，如：建筑面积、设计标准、地点及环境等，进行初步造价估算。

（2）方案建议（选择）阶段，依据项目的规模和类型，对提出的几个初步方案进行造价比较，选择最佳方案，为业主提供方案建议阶段造价。在此阶段，根据建筑物大小及内部构想，按品质、数量及价格计算分项造价（或分项概算）。

（3）设计图阶段，根据方案要求，进行最有效的全面设计，为业主提供设计图造价计划。在此阶段，在建筑图、结构图、地基基础等资料的基础上，根据大致工程量及当时的市场价格进行计算；同时，随着设计过程的循序渐进，逐步修订造价，并与方案造价进行比较。

（4）合同文本阶段，为业主提供合同文本阶段的造价计划。在此阶段，预算师按照设计图根据标准计算方法编制工程量清单，并根据工程量清单计算标底；确定招投标方式并按照统一合同格式编制招投标文件，准备组织招标。

（5）招、投标阶段，为业主提供招、投标情况报告。招投标可以采取公开招标、选择招标和指定招标的形式。承包商根据业主的要求、招标文件、工程量清单进行投标；业主则根据各承包商的投标情况，进行标书分析，比较标底与投标价格，选择最佳中标商。

（6）建设阶段，建设期工程造价控制，应严格按照投标文件进行，以确保工程费用在合同确定的预算之内。工程量清单是工程财务管理的基础。建设期要建立正常的监理和报告制度，报告工程进展、工期延期以及活动变更等情况，包括造价状况和支付建议，现行总造价和预测总造价，合同变更与调整。现金承诺，合同现金报告，合同造价调整报告等。

3. 价格和价格指数

在澳大利亚，工程价格在招投标期间就由业主和承包商双方在招投标文件中明确地确定下来；合同签订后，不应再作任何改动，除非双方认可。工程价格在招投标文件中，以综合价格表现，反映的是完成单位分项工程所需的全部费用，分项造价之和即为总造价。业主与承包商仅对综合价格达成协议，双方认可。通常，综合价格主要包括完成单位分项工程所消耗的工程实体费用（人工、材料等）、工程服务费用和工程风险费用等。

工程价格是由受委托的预算测量公司或预算测量师，根据项目情况分别从业主和承包商的角度确定的。业主标底价格由预算测量公司或预算测量师，根据业主的要求、预算测量师自身积累的经验、过去成功项目的历史数据以及现行的市场价格信息等综合分析确定。承包商投标价格由预算测量公司或预算测量师根据承包商的技术水平、施工工艺、人工、材料的消耗水平、预算测量师自己的经验、过去成功项目的历史数据以及现行的价格信息确定。通常，对于经验丰富的预算测量师来说，同一项工程所确定的标底价格和投标价格是不会相差很大的。

与我国工程建设概预算定额相类似，澳大利亚工程价格的确定也参考有关的工程定价信息，他们称之为建设手册。如 Rawlinsons 集团出版的澳大利亚建设手册（Australia Construction Handbook）就是其中之一，该手册是获得政府认可，公开发行，供社会参考的。除此之外，还有不少其他的价格手册，如有些承包商企业就有自己的价格手册（在我国称企业定额），供本企业报价竞争使用。

在澳大利亚，建筑价格指数是以某个时点或地点为基础，反映另一时点或地点的市场的价格变化情况。影响价格指数的因素较多，有工资、材料价格、工人的补偿奖金、劳动生产率、建设方法、市场条件和风险程度等。澳大利亚国家统计局负责建筑业的统计工作，统计局每月、每季、每年以不同的形式公布建筑业的状况，同时发布包括劳动力价格指数（LI）、材料价格指数（MI）和市场价格指数（MCI）在内的建筑价格指数（BPI）。业主、承包商依据这些资料测算自己所需的价格指数。

确定建筑价格指数的方法有：

（1）利用澳大利亚统计局发布的材料价格指数和劳动力价格指数按照适当的比例综合计算。

（2）选择典型项目重新测算。

（3）利用澳大利亚房屋与建设局的价格指数测算系统进行测算。该系统全国联网，对全国资料进行计算机处理。

4. 计算机应用和造价信息储存

澳大利亚现行的用于工程造价领域的计算机系统，包括：预算测量系统、承包商系统、项目造价管理系统、工程量与合同系统、造价指数系统、造价分析系统、造价信息系统等。

预算测量系统可以完成：工程量、工期、预算、投标评价、中间评价、最终决算和造价报告等内容。

造价分析系统是处理历史造价信息的主要方法，包括复杂的中心储存文件，用户与计算机中心的储存文件联网，可以在澳大利亚的任何地区随时使用该文件，并能直接回答用户提出的各类问题。

计算机作为一种工作手段，其开发和应用，在澳大利亚工程造价管理和控制方面是相当充分的，这使工程造价管理和控制的一系列工作变得既简便易行，又准确可靠。

（二）预算测量公司的服务范围和预算测量师职责

在澳大利亚，预算测量公司很多，有政府预算管理部门，也有私人的预算测量公司。在悉尼有预算测量公司就有近百家，大的公司（如瑞德—汉特公司）约 20～30 家，一般的预算测量公司有 70～80 家。预算测量公司既可为业主服务，也可为承包商服务，但在同一个项目中，只能为一方服务。有的业主、承包商有自己的预算测量师，但在承包大的工程项目时，不管是业主还是承包商，一般都要委托专业的预算测量公司或预算测量师进行咨询。

预算测量公司或预算测量师在接受委托承包工程项目的造价咨询服务时，通常提供比较详细的工程造价全过程的服务。包括：可行性研究、编制预算和造价计划、编制招投标文件和确定招投标方法、标书评价、谈判、造价监理和控制、最终决算、项目控制、计算机服务等。业主委托的预算测量公司或预算师，一般从项目简要研究开始到项目结束进行服务；承包商委托的预算测量公司或预算师，则从合同文本到项目结束进行服务。总之，澳大利亚工程造价控制是全过程的、连续的、造价控制者是稳定不变的。

具体地说，预算测量公司或预算师进行工程造价管理和控制的主要内容有：

1. 委托承包前

（1）根据草图，制定建筑成本初步估算，清楚地列出资金的分配，使资金得到最有效的利用，作为编制总投资预算的基础。

（2）在适当的设计阶段，根据工程量和当时的价格，编制更详细的分项预算，并就此与投资预算作比较。

（3）对不同的设计、结构及材料作成本研究，并向设计者提供成本建议，协助他们在投资预算范围内进行设计。

（4）根据预算及工程程序表，制定初步资金支出分配估算表。

（5）对投标程序、合同签约形式、合同签约内容提出建议。

（6）制定工程量清单、合同签约条文、工料规格等综合招标文件供招标或与选定的承包商商议价格。

（7）安排招标程序，将所有参与投标的文件加以详细的审核并作出报告。

（8）制定正式合同签约文件。

2. 委托承包商后

（1）定期对工程进度进行估价，制定中期付款建议。

（2）工程进展期间，按时制定总成本估算报告书。

（3）对考虑中的工程设计变更作出估价，向建筑师提出参考意见。

（4）制定工程设计变更清单，与承包商达成费用增减协议。

（5）在施工阶段密切控制工程费用，以维持原预算。

（6）对承包商在合同内所提出的合理增价要求，作出审核和评估。

（7）制定工程总决算。

预算测量师的职责是对工程造价提供全过程管理，为业主或承包商提供全面的成本顾问服务，保障业主或承包商的经济利益。职责如下：

初步成本估算，以制定实际的财务预算；

在设计过程中，制定分项概算，并与财务预算作比较；

协助设计人员有效地控制工程费用，以达到最佳设计；

以工程量清单招标，从承包商中选择最合理的价格。利用不同的投标方式，以求工期时间上的合理确定；

度量及评估工程变更的费用；

对工程进度进行评价，并提出中期付款建议；

工程进展期间，按时向业主提交财务报告书；

按照工程的特殊情况，草拟合同条文，并协助建筑师处理和了解合同细则，减少和避免合同纠纷；

审核及评价承包商在合同上提出的合理的增价要求；

制定工程决算。

除保障业主与承包商的经济利益外，预算测量师还要以公正的立场在业主和承包商之间合作磋商解决问题，务求维系业主与承包商在合同上的良好关系。

（三）预算测量师学会

澳大利亚是英联邦国家，预算测量师学会来源于英国，1968 年在英国创会，当时包括有：拍卖师，评价及估价师、公路测量师、土地测量师、地产代理、产业经理及预算测量师。预算测量师与建筑师和工程师并立齐名。

澳大利亚预算测量师学会是一个全国性的专业学会。学会内设机构有：总部办公室、财务管理理事会、外事理事会和内务理事会；全国各州都设有相应的分部（处）。此外，在马来西亚、新西兰、香港、新加坡和英国设有代表处。学会内松散地设有近 20 个学术委员会，包括：建筑经济、职业继续发展、合同问题、教育、工程服务、市场、会员评价、职业晋升、质量保证学术委员会等。学会现有会员 1906 名（包括海外会员 353 名），其中，正式会员 1103 名（包括终身会员 17 名，高级会员 146 名），非正式会员 803 名。1988 至 1992 年，会员人数增长 20%。

学会的主要活动是，在澳大利亚全国范围内，推动预算测量业的发展，加强预算测量师的联合，改善和提高从事或即将从事预算测量职业的专业人员的技术水平，确保预算测量工作方法的统一。具体内容有：考核和评价、认证和晋升学会会员；组织和举办预算测量师教育和培训课程；编制和发布澳大利亚预算测量标准计算方法；加强与国际、国内专业学会的合作；出版和发行《建筑经济》杂志等。

主 要 参 考 资 料

1. 煤规字（2000）第 48 号 "煤炭建设工程造价费用定额及造价管理有关规定"

2. 海关进出口关税与代征对照使用手册. 海关总署关税司编印，1996

3. 煤炭工业基本建设工程预算. 煤炭工业出版社，1980

4. 国家计划委员会、建设部发布. 建设项目经济评价方法与参数（第二版）. 中国计划出版社，1994

5. 于守法主编. 建设项目经济评价方法与参数应用讲座. 中国计划出版社，1995

6. 煤炭经济研究. 1995 [9]

7. 煤炭建设项目财务评价有关参数研究. 煤炭部、国家开发银行煤油综字（1994）第 04 号文件下达科研课题

8. 国家计委、建设部标准定额研究所、可行性研究与项目评价学会. 建设项目经济评价方法与参数参考资料. 中国统计出版社，1993

9. 中华人民共和国煤炭工业部发布. 煤炭工业建设项目经济评价方法与参数. 煤炭工业出版社，1996

10. 煤炭工业部基建司颁发. 矿井原煤设计成本计算方法，1997

11. 煤矿设计. 1994 年第 7 期

12. 陕煤经济. 1994 年第 4 期

13. 煤炭技术经济研究会论文选辑（1992—1995）. 煤炭工业出版社

14. 建设部标准定额司赴美考察团报告

15. 赴英工程造价管理考察组报告

16. 建设部标准定额研究所赴澳考察团报告

17. "如何对价格进行干预和调控——介绍香港的做法". 《江西月刊》第 7 期

18. 中国建设工程造价管理协会编. 造价工程师初始注册培训教材，2001

图书在版编目（CIP）数据

采矿工程设计手册/张荣立，何国纬，李铎主编．—北京：
煤炭工业出版社，2003（2020.12 重印）

ISBN 978－7－5020－1956－3

Ⅰ. 采…　Ⅱ. 张…　Ⅲ. 矿山开采－设计　Ⅳ. TD802－62

中国版本图书馆 CIP 数据核字（2000）第 58591 号

煤炭工业出版社　出版
（北京市朝阳区芍药居 35 号　100029）
网址：www.cciph.com.cn
北京玥实印刷有限公司　印刷
新华书店北京发行所　发行

*

开本 787mm×1092mm$^{1}/_{16}$　印张 254$^{1}/_{2}$　插页 12
字数 6055 千字
2003 年 5 月第 1 版　2020 年 12 月第 11 次印刷
社内编号 4727　定价 880.00 元
（上、中、下册）